縮刷版 2021

第3435号～第3482号

朝雲新聞社

「朝雲」主要記事索引

◆人事

◆叙勲・表彰

◆日米防衛交流

〈国際平和協力活動等〉

◆ソマリア沖海賊対策・中東派遣

◆南スーダンPKO

〈国際交流・地域情勢〉

◆多国間訓練

◆防衛交流

◆訓練・演習

◆装備・BMD・FX

◆災害派遣・急患空輸

◆不発弾処理

◆事故・不祥事

地本に臨時勤務して　未来輝く自衛官を導きたい」大島花菜陸士長（4・22）▽「東日本大震災　東北防衛局の『もう一つの災害派遣任務』伝えたかった『遺族対応業務』の教訓」髙橋光一訟務専門官（4・29）▽「『凡事徹底』最先任上級曹長としての決意」池田克己准陸尉（4・29）▽「明るく楽しく誠実に！14護衛隊で開始　トイレで学ぶ人間学」二瓶芳亮1海尉（5・13）▽「防大69期生、初めての外出」中山昭宏さん（5・13）▽「我が家にも自衛官2世が誕生『上下敬愛、左右親和』で」大西英洋准陸尉（5・20）▽「信じた道をまっすぐに」堀口知美さん（5・20）▽「『ウソをつかない』が指導方針」中野正3空佐（5・27）▽「次は組手で優勝を　全自少林寺拳法」小川龍也空士長（5・27）▽「衛生科から『普通科の女性小銃小隊長』へ」佐々木真奈美准陸尉（6・3）▽「『体内時計』整えて心身の健康を」山本正人准空尉（6・3）▽「コロナ下だからこそ大事な『同期の絆』」榮樂光浩事務官（6・10）▽「尊敬する先輩広報官と隊員募集」情野龍希3陸曹（6・10）▽「護衛艦『ゆうだち』の〝愛情どら焼き〟家族的な船乗りの和を垣間見る」二瓶芳亮1海尉（6・17）▽「佐世保教育隊の学生が鳥帽子岳登山」山田純一海曹長（6・17）▽「奄美大島で防災教室『自助』と『共助』中高生の意識向上確認」森田正2海尉（6・24）▽「さらなる知識・技量・指揮能力の向上に努めたい」大竹善大3陸曹（6・24）▽「官民の意気込みが次の10年の安心に」木藤剛太郎海曹長（7・1）▽「空自管制隊の『あけみそ運動』」大塚麻衣2空曹（7・1）▽「追憶　64オリンピック東京大会支援　上」是本信義さん（7・8）▽「聖火ランナーとして秋田・大潟村を走る」福地隆安1陸曹（7・8）▽「追憶　64オリンピック東京大会支援　下」是本信義さん（7・15）▽「健康上のサポート通して部隊の隊員教育に貢献」寺西伯元1陸曹（7・15）▽「第9師団の新たな通称『北東北の盾　玖師団』」仲村真3陸曹（7・29）▽「小学校の音楽鑑賞会に参加して」山崎夏摘3空曹（7・29）▽「米海軍の『デザート・チャレンジ』審査に協力」有坂太一1空曹（8・5）▽「自分にできる範囲で『SDGs』の実践を」中島太樹3空尉（8・5）▽「前回東京五輪でお召し艦を務めた『ゆうちどり』の生涯　上」福本出元海将（8・12）▽「先任上級曹長に上番して」羽場博信陸曹長（8・12）▽「前回東京五輪でお召し艦を務めた『ゆうちどり』の生涯　下」福本出元海将（8・19）▽「初めて狙撃手訓練に参加して」西尾愛璃3陸曹（8・19）▽「英空母『クイーン・エリザベス』がやってくる　上」是本信義さん（8・26）▽「岡山での広報官勤務の思い出」立花敏寛2空曹（8・26）▽「英空母『クイーン・エリザベス』がやってくる　下」是本信義さん（9・9）▽「護衛艦内で『eースポーツ大会』」二瓶芳亮1海尉（9・16）▽「補助担架員の養成集合教育を終えて」松浦独歩1陸士（9・16）▽「レンジャー教官を務めて」程田和光2陸尉（9・23）▽「防人に定年なし」揚野雅史元予備准陸尉（9・23）▽「『進んで難局に当る』初級陸曹に」松田大和3陸曹（9・30）▽「『ガラスの靴』で求婚」北川聖恭3陸曹（9・30）▽「射撃を通じて変わった自分」佐野真己3陸曹（10・7）▽「感謝の気持ちを忘れずに」椚太一3陸曹（10・7）▽「リモートでガールズトーク」田畑亜沙美1陸曹（10・14）▽「金鯱戦士に選ばれて」堂下拓海陸士長（10・14）▽「カッターレース交流会に参加して」奥篤史2海尉（10・21）▽「達成感感じた業務用天幕展張」大庭侑良々1陸士（10・21）▽「直に音楽を届けられることに心から感謝」池田沙恵3海曹（10・28）▽「『俺を見よ、俺に続け』の精神で訓練に邁進」大西晃二郎3陸曹（10・28）▽「はたらく自動車イベント参加で自衛隊をアピール」青戸栄儀2海曹（11・4）▽「令和3年度自衛隊殉職隊員慰霊祭を支援して」早坂秀之陸曹長（11・4）▽「前防衛省人事局長の追悼集を読んで」磯部礼奈石巻高校教諭（11・11）▽「陸上自衛隊究極の資質教育を受けて」葉山翔平2陸曹（11・11）▽「１００年続く老舗うどん店を目指して」牧野恭子・元1海尉（11・18）▽「おはようからおやすみまで」竹内達3陸曹（11・18）▽「失敗することはある！！」宮坂政行元1陸佐（11・25）▽「私も将来は広報官に」川口龍二空士長（11・25）▽「環境保全は日々の暮らしの中から」瀬口達也2海尉（12・2）▽「『那覇ハーリー』の思い出」市川敏2空曹（12・2）▽「我が家は親子3代陸上自衛官　災派部隊見て息子は決意」松川瑞彦陸曹長（12・9）▽「空の安全のために」飯田龍空士長（12・9）▽「歯科医ときどき予備自衛官・上」久保田敦予備2陸佐（12・16）▽「規則は適切な見直しが必要」松岡淳3空佐（12・16）▽「歯科医ときどき予備自衛官・下」久保田敦予備2陸佐（12・23）▽「高等工科学校の魅力発信」迫口真也1陸尉（12・23）

〈連載〉

◆「朝雲寸言」

（各号1面）

◆「春夏秋冬」

▽青木節子「トランプ政権の国家宇宙政策」（1・7）▽小谷賢「選挙とフェイクニュース」（1・14）▽田中浩一郎「中東で霞む民主主義の鏡」（1・21）▽村井友秀「『一帯一路』と『大東亜共栄圏』」（1・28）▽青木節子「中国の躍進と米国の実力」（2・4）▽小谷賢「21世紀の日英同盟」（2・11）▽田中浩一郎「米政権交代と中東政策」（2・18）▽村井友秀「日本の過激派はゲリラか」（2・25）▽青木節子「自由・民主主義の最前線としての宇宙」（3・4）▽小谷賢「戦略的自律性と不可欠性」（3・11）▽田中浩一郎「石油資源に埋もれる中東」（3・18）▽村井友秀「発展途上国とクーデター」（3・25）▽兼原信克「下田の吉田松陰」（4・1）▽河野克俊「最悪のシナリオへの備え」（4・8）▽土屋大洋「認知スペースをめぐる戦い」（4・15）▽松本佐保「英国の連合王国解体の危機」（4・22）▽兼原信克「生殺与奪の権を他人に握らせるな！」（4・29）▽河野克俊「憲法記念日に思うこと」（5・13）▽土屋大洋「サイバー傭兵の攻撃」（5・20）▽松本佐保「イスラエル・パレスチナ紛争再燃」（5・27）▽兼原信克「時代が人を呼ぶ」（6・3）▽河野克俊「台湾有事と尖閣」（6・10）▽土屋大洋「チープ・フェイク」（6・17）▽松本佐保「ポスト・コロナのデモクラシー連帯再構築」（6・24）▽兼原信克「一番大切なこと」（7・

1）▽河野克俊「クワッドと『海洋の自由』（1）」（7・8）▽土屋大洋「海底ケーブル」（7・15）▽松本佐保「環境問題と人権問題のジレンマ」（7・29）▽兼原信克「谷口智彦教授のこと」（8・5）▽河野克俊「クワッドと『海洋の自由』（2）」（8・12）▽土屋大洋「五輪へのサイバー攻撃」（8・19）▽松本佐保「『グレート・ゲーム』のアフガニスタン」（8・26）▽兼原信克「リベラルと革新の向こう側」（9・9）▽河野克俊「アフガン戦争について思うこと」（9・16）▽土屋大洋「サイバーツール」（9・23）▽松本佐保「AUKUSの波紋」（9・30）▽兼原信克「自衛官の覚悟と政治家の覚悟」（10・7）▽河野克俊「アフガン戦争と日米同盟」（10・14）▽土屋大洋「鳥鎮での世界インターネット会議」（10・21））▽松本佐保「タタ財閥、ゾロアスター、経済安全保障」（10・28）▽兼原信克「対等な同盟への覚悟」（11・4）▽河野克俊「いわゆる『空母化』について」（11・11）▽土屋大洋「舞鶴地方総監部での講演」（11・18）▽松本佐保「太平洋戦争中の日本とバチカンの国交樹立」（11・25）▽兼原信克「吉田茂の本懐」（12・2）▽河野克俊「リムパックと集団的自衛権」（12・9）▽土屋大洋「日本の『経済安全保障』」（12・16）▽松本佐保「2021年をふり返って」（12・23）

◆時の焦点

◇国内

▽21年の自衛隊（1・7）▽緊急事態再び（1・14）▽湾岸戦争30年（1・21）▽日米防衛相会談（1・28）▽コロナワクチン（2・4）▽緊急事態延長（2・11）▽潜水艦事故（2・18）▽G7首脳会議（2・25）▽米軍駐留経費（3・4）▽大震災10年（3・11）▽日米豪印（3・18）▽日米2プラス2（3・25）▽今年度予算成立（4・1）▽土地調査法案（4・8）▽沖縄振興計画（4・15）▽日米首脳会談（4・22）▽緊急事態宣言（4・29）▽国民投票法（5・13）▽大規模接種会場（5・20）▽ワクチン接種（5・27）▽東京五輪（6・3）▽尖閣諸島警備（6・10）▽G7サミット（6・17）▽緊急事態解除（6・24）▽防衛予算（7・1）▽熱海土石流（7・8）▽4度目の宣言（7・15）▽東京五輪開幕（7・29）▽こども庁構想（8・5）▽東京五輪閉幕（8・12）▽防衛白書（8・19）▽パラリンピック（8・26）▽新型コロナ対策（9・9）▽菅首相退陣（9・16）▽自民党総裁選（9・23）▽日米豪印会談（9・30）▽岸田内閣発足（10・7）▽所信表明演説（10・14）▽衆院選公示（10・21））▽衆院選投票へ（10・28）▽自民単独過半数（11・4）▽立憲民主党（11・11）▽防衛産業（11・18）▽経済安全保障（11・25）▽自民党改革（12・2）▽所信表明演説（12・9）▽立憲民主党（12・16）▽憲法審査会（12・23）

◇国外

▽国際情勢展望（1・7）▽再び緊張加速（1・14）▽米議会乱入（1・21）▽米新政権の課題（1・28）▽米政権始動（2・4）▽世界どう変化（2・11）▽米の外交演説（2・18）▽米イスラエル（2・25）▽メルケル外交（3・4）▽行政命令や新法（3・11）▽中国全人代（3・18）▽対中危機の行方（3・25）▽緊迫ミャンマー（4・1）▽関係険悪一段と（4・8）▽米人権報告書（4・15）▽イラン核計画（4・22）▽アフガン戦争（4・29）▽イラン政権の内実（5・13）▽対北朝鮮政策（5・20）▽中国VS台湾（5・27）▽ガザ衝突（6・3）▽米外交の変貌（6・10）▽イスラエル（6・17）▽政権交代の余波（6・24）▽バイデン外交（7・1）▽イラン新大統領（7・8）▽中国共産党（7・15）▽アフガン撤収（7・29）▽米同時テロ20年（8・5）▽核ミサイル増強（8・12）▽独総選挙（8・19）▽カブール陥落（8・26）▽アフガン戦争（9・9）▽アフガン戦争（9・16）▽タリバン政権（9・23）▽撤退の大混乱（9・30）▽独総選挙（10・7）▽アフガン公聴会（10・14）▽EU首脳会議（10・21））▽極超音速兵器（10・28）▽混迷ミャンマー（11・4）▽中国製ドローン（11・11）▽中間選挙・前哨戦（11・18）▽米中首脳会談（11・25）▽ハイブリッド攻撃（12・2）▽長津湖の戦い（12・9）▽ドイツ新政権（12・16）▽台湾来援に警告（12・23）

◆「前事不忘　後事之師」

▽映画『鬼滅の刃』を観る―この世のことは全て〝相対的〟（1・14）▽ノモンハン事件　名誉や威信に固執した関東軍（2・4）▽戦争指導―統帥には強固な性格が必要（3・4）▽なぜ第2次大戦は起こったのか　何が起こるか知る者は1人もいない（4・1）▽独ソ不可侵条約　ヒトラーとスターリンが〝死の抱擁〟（5・13）▽チェンバレンの「宥和政策」（6・3）▽世界大戦はポーランドから始まった（7・1）▽ヒトラーの失敗　待つ能力が勝敗を分けた（8・5）▽独ソ戦　大戦後の世界を決めた死闘（9・9）▽国際政治における道義の実現（10・7）▽現在の国際社会を見る視点「呉越同舟」の感覚が重要（11・4）▽ムッソリーニの焦燥と妬み（12・2）

◆「ひと」

▽黒川慈3陸尉（2・25）▽佐々木淳教官（4・8）▽篠﨑正郎3空佐（4・29）▽四ノ宮成祥防衛医科大学校長（5・13）▽小島肇元2陸佐（6・24）▽興梠拓朗1海佐（7・29）▽鹿山秀樹陸曹長（9・30）▽荒木美佳2海曹（11・18）▽佐々木千尋2空佐（12・23）

◆「OBがんばる」

▽生井広美さん（1・14）▽中川知哉さん（1・21）▽粟野徹さん（1・28）▽佐野敏幸さん（2・4）▽岩瀬直行さん（2・11）▽佐久間秋夫さん（2・18）▽増田良成さん（2・25）▽有留重人さん（3・4）▽三浦忠洋さん（3・11）▽東井上秀樹さん（3・18）▽大西喜隆さん（3・25）▽中川大作さん（4・1）▽加藤哲也さん（4・8）▽高園都美男さん（4・15）▽本多秀行さん（4・22）▽温水智洋さん（4・29）▽高橋勝幸さん（5・13）▽杉本幸三さん（5・20）▽服部基さん（5・27）▽高里盛進さん（6・3）▽大久保元嗣さん（6・10）▽伊東正大さん（6・17）▽木下広宣さん（6・24）▽宮田敬三さん（7・1）▽森下

敦子さん（7・8）▽永久明さん（7・15）▽松井正伸さん（7・29）▽楠本英樹さん（8・5）▽武田文男さん（8・12）▽三浦隼斗さん（8・19）▽内堀広さん（8・26）▽堤雅博さん（9・9）▽金澤嘉春さん（9・16）▽小柴拓也さん（9・23）▽平谷信義さん（9・30）▽濵上博則さん（10・7）▽山内一光さん（10・14）▽細野昭さん（10・21）▽絹田美千代さん（10・28）▽小野節子さん（11・4）▽中尾欽志さん（11・11）▽清水悠平さん（11・18）▽佐々木辰男さん（11・25）▽榎並光さん（12・2）▽甲斐教一郎さん（12・9）▽北川秀一さん（12・16）▽福田智司さん（12・23）

◆「朝雲・栃の芽俳壇」

▽（1・7）＝新春特別俳壇▽（1・14）▽（2・4）▽（3・4）▽（4・1）▽（5・13）▽（6・3）▽（7・1）▽（8・5）▽（9・9）▽（10・7）▽（11・4）▽（12・2）

◆「新刊紹介」

▽「地図とタイムラインで読む『第2次世界大戦全史』」河出書房新社、「『ジョン・ボルトン回顧録』トランプ大統領との453日」朝日新聞出版（1・7）▽「有事のプロに学ぶ　自衛隊式自治体の危機管理術」ぎょうせい、「自衛官になるには」ぺりかん社（1・14）▽「2021年以後の世界秩序」新潮社、「はやぶさ2　最強ミッションの真実」NHK出版（1・21）▽「『見えない手』中国共産党は世界をどう作り変えるか」飛鳥新社、「尖閣諸島が本当に危ない！」宝島社（1・28）▽「戦争と指揮」祥伝社、「『20世紀の世界航空戦史』第1次世界大戦から湾岸戦争まで」潮書房光人新社（2・4）▽「『自衛隊最強の部隊へ』―災害派遣編」誠文堂新光社、「『れいわ民間防衛』見えない侵略から日本を守る」飛鳥新社（2・11）▽「『軍議理論の教科書』戦争のダイナミクスを学ぶ」勁草書房、「特殊部隊VS精鋭部隊　最強を目指せ」並木書房（2・18）▽「『サイバーグレートゲーム』政治・経済・技術とデータをめぐる地政学」千倉書房、「小隊」文芸春秋（2・25）▽「防衛実務　国際法」弘文堂、「ロッキード」文藝春秋（3・4）▽「特務（スペシャル・デューティー）日本のインテリジェンス・コミュニティの歴史」日本経済新聞出版、「『目に見えぬ侵略』『見えない手』副読本」飛鳥新社（3・11）▽「『ハイブリッド戦争』ロシアの新しい国家戦略」講談社、「ハヤブサの血統」KADOKAWA（3・18）▽「中国が宇宙を支配する日」新潮社、「台湾を知ると世界が見える」ダイレクト出版（3・25）▽「ファクトで読む米中新冷戦とアフター・コロナ」講談社、「2040年の未来予測」日経BP（4・1）▽「復活！日英同盟―インド太平洋時代の幕開け」CCCメディアハウス、「教養としての『地政学』入門」日経BP（4・8）▽「尖閣諸島を自衛隊はどう防衛するか」徳間書店、「アクティベイター」集英社（4・15）▽「『スパイと日本人』インテリジェンス不毛の国への警告」ワニブックス、「バトル・オブ・ブリテン1940」芙蓉書房出版（4・22）▽「自衛隊最高幹部が語る『令和の国防』」新潮社、「台湾、あるいは孤立無援の島の思想」みすず書房（4・29）▽「安全保障戦略」日本経済新聞出版、「知能化戦争」五月書房新社（5・13）▽「コロナ下の奇跡　自衛隊中央病院　衝撃の記録」南々社、「ハッピー・ファントム・デイズ」イカロス出版（5・20）▽「知って楽しい世界の憲法」海竜社、「国を守る覚悟　予備自衛官が語る自衛隊と国防の真実」ハート出版（5・27）▽「中国の電撃侵略2021―2024」産経新聞出版、「足して二で割れない日本とアラブ世界―深層文化へのアプローチ」デザインエッグ社（6・3）▽「現代ロシアの軍事戦略」筑摩書房、「47都道府県の底力がわかる事典」文芸春秋（6・10）▽「情報分析官が見た陸軍中野学校―秘密戦士の孤独な戦い」並木書房、「図説　戦争と軍服の歴史―服飾史から読む戦争」河出書房新社（6・17）▽「NATOの教訓―世界最強の軍事同盟と日本が手を結んだら」PHP研究所、「『定年後知的格差』時代の勉強法」中央公論新社（6・24）▽「戦争の新しい10のルール　慢性的無秩序の時代に勝利をつかむ方法」中央公論新社、「就職先は海上自衛隊―文系女子大生の逆襲篇」潮書房光人新社（7・1）▽「戦争というもの」PHP研究所、「私たちの真実―アメリカン・ジャーニー」光文社（7・8）▽「中国ファクターの政治社会学　台湾への影響力の浸透」白水社、「スポーツとしての相撲論」光文社（7・15）▽「経理から見た日本陸軍」文藝春秋、「東京2020オリンピック公式ガイドブック」KADOKAWA（7・29）▽「インパールの戦い　ほんとうに『愚戦』だったのか」文芸春秋、「『太平洋の巨鷲』山本五十六　用兵思想から見た真価」KADOKAWA（8・5）▽「平成の自衛官を終えて―任務、未だ完了せず」幻冬舎、「決定版　大東亜戦争」（上・下）新潮社（8・12）▽「米国を巡る地政学と戦略　スパイクマンの勢力均衡論」芙蓉書房出版、「日本社会は自衛隊をどうみているか『自衛隊に関する意識調査』報告書」青弓社（8・19）▽「日米の絆　元駐米大使加藤良三回顧録」吉田書店、「陸上自衛隊部外土木工事のあゆみ」防衛施設学会（8・26）▽「ラストエンペラー習近平」文芸春秋、「新・階級闘争論」ワック（9・9）▽「権威主義の誘惑―民主政治の黄昏」白水社、「狙われた沖縄―真実の沖縄史が日本を救う」ハート出版（9・16）▽「中国『見えない侵略』を可視化する」新潮社、「アメリカ副大統領―権力への階段」白水社（9・23）▽「自衛隊はアフリカのジブチで何をしているのか」育鵬社、「双翼の日の丸エンジニア　ゼロ戦と飛燕の遺伝子は消えず」学研プラス（9・30）▽「気候安全保障　地球温暖化と自由で開かれたインド太平洋」東海教育研究所、「国際人道法　入門編」内外出版（10・7）▽「コロナと闘った男―感染対策最前線の舞台裏」幻冬舎、「マンガ黄色い零戦」飛鳥新社（10・14）▽「現実主義者のための安全保障のリアル」ビジネス社、「防大女子」ワニブックス（10・21）▽「在外邦人の保護・救出―朝鮮半島と台湾海峡有事への対応」東信堂、「陸曹が見たイラク派遣最前線」並木書房（10・28）▽「戦争はいかに終結したか―二度の大戦からベトナム、イラクまで」中央公論新社、「日本が感謝された日英同盟」産経新聞出版（11・4）▽「戦うことは『悪』ですか」扶桑社、「無駄（規制）をやめたらいいことだらけ　令和の大減税と規制緩和」ワニ

ブックス（11・11）▽「なぜ女系天皇で日本が滅ぶのか」ビジネス社、「サイバースパイが日本を破壊する」ビジネス社（11・18）▽「近未来戦の核心サイバー戦　情報大国ロシアの全貌」育鵬社、「F－Xの真実　次期戦闘機をめぐる日米の政治と技術の攻防史」秀和システム（11・25）▽「世界の動きとつなげて学ぶ日本国防史」並木書房、「EV（電気自動車）推進の罠『脱炭素』政策の嘘」ワニブックス（12・2）▽「防衛外交とは何か　平時における軍事力の役割」勁草書房、「鎌倉殿と呪術」ワニブックス（12・9）▽「日本分断計画 中国共産党の仕掛ける保守分裂と選挙介入」ビジネス社、「安全保障と防衛力の戦後史1971～2010『基盤的防衛力構想』の時代」千倉書房（12・16）▽「船の食事の歴史物語　丸木舟、ガレー船、戦艦から豪華客船まで」原書房、「超訳　孫子の兵法」彩図社（12・23）

◆社告・お知らせ

朝雲
発行所 朝雲新聞社
〒160-0002 東京都新宿区四谷坂町12−20 KKビル
電 話 03(3225)3841
FAX 03(3225)3831
振替00190-4-17600番
定価一部170円、年間購読料9170円（税・送料込み）

本号は12ページ

日米基軸の防衛協力推進

宇宙・サイバー・電磁波重点

岸大臣 新春に語る

コロナ禍の中で新たな年が幕を開けた。自衛隊は昨年、大型クルーズ船「ダイヤモンド・プリンセス号」への対応をはじめ、医療体制が逼迫した北海道と大阪府に看護官等を派遣するなど、「重症者・死亡者の発生を可能な限り食い止める」という政府全体の取り組みに大きく貢献した。一方で、日本を取り巻く安全保障環境は激変し、宇宙・サイバー・電磁波・AI（人工知能）といった新領域への対応を迫られている。世界に目を転じれば、米国のバイデン次期政権との同盟強化や日米豪印の連携など、日米同盟を基軸にポストコロナを見据えた各国との安全保障協力の重要性は高まるばかりだ。昨年9月に防衛相に就任し、25万人の隊員の先頭に立ってさまざまな課題に立ち向かう岸信夫大臣に、新年の意気込みと抱負を聞いた。（聞き手　中島毅一郎・朝雲新聞社社長）

中島毅一郎朝雲新聞社社長（右）のインタビューに答える岸信夫防衛相（大臣室で）

——アメリカでは1月下旬に民主党のバイデン政権が誕生します。日米同盟の一層の強化に向けた具体的な取り組みについて、大臣のお考えをお聞かせください。

岸大臣　現在、バイデン次期大統領が国防長官を含む閣僚について指名を進めているところです。新しい体制がどういった形になってくるか、そのもとで安全保障政策を含むバイデン政権の全体の政策がどうなっていくかについて注目しています。

その上で申しますと、日米同盟は我が国の安全保障の基軸であり、インド太平洋地域の平和と自由および繁栄の礎であることに変わりはありません。

バイデン次期大統領の就任後も、防衛省として引き続き「日米防衛協力のための指針（ガイドライン）」や、防衛大綱を踏まえ、日米同盟の抑止力・対処力の一層の強化に取り組んでいきますとともに、「自由で開かれたインド太平洋」という我々のビジョンを踏まえ、日米が基軸となって、望ましい安全保障環境の創出に努めていきたいと思います。

また、幅広い分野において日米同盟の防衛協力の強化を図ってまいります。具体的には、宇宙・サイバー・電磁波といった新たな領域における協力の推進、インド太平洋地域における能力構築支援での緊密な連携、防衛装備・技術協力の強化などにしっかりと取り組んでいきたいと思います。

陸イージス代替 省一体で検討

——「イージス・アショア」の代替案として昨年12月18日の閣議で決まった「あるべき方策」について、その内容と意義についてお話しいただけますか。

大臣　「イージス・アショア」の代替案としての「あるべき方策」が昨年、閣議決定されたところです。これは、陸上配備型のイージス・システムに替えて、①イージス・システム搭載艦2隻を整備していくこと、②海上自衛隊がそれを保持すること、③艦に付加する機能や設計上の工夫などを含む詳細について引き続き検討し、必要な措置を講じていくこと——となっております。

このような方向性を示すことができたのは、昨年6月の「イージス・アショア」の配備プロセスの停止以降、「我が国の防衛に空白を生むことは万一にも許されない」との意識の下で、代替案について防衛省一体となって検討してきた結果であります。

今回お示しした方向性によって、より厳しい我が国の安全保障環境に柔軟かつ効果的に対応していくことに貢献することができます。防衛省としてこの方向性を基に、イージス・システム搭載艦に係る運用構想の詳細、搭載される機能、艦の設計、要員確保——などについて、引き続き米国政府や日米の民間事業者を交えて鋭意、検討を進めていきたいと思います。

自衛隊 最大限のコロナ対応

——新型コロナウイルスのパンデミック（世界的な大流行）を受け、国内では自衛隊の医官や看護官の方々をはじめとする隊員の皆さんが災害派遣に出て精いっぱい働いていらっしゃいます。今年もまだこうした状況が続くと思われますが、自衛隊の限られた人材をどのように有効活用しながら災害派遣に臨まれていくお考えですか。

大臣　防衛省・自衛隊の医官・看護官等は、自衛隊のみならず地域の医療も支えている「自衛隊病院の機能」と、災害を含む各種事態への「即応性」をしっかり維持していくことが必要です。

一方で、新型コロナウイルスの市中感染が拡大する中で、北海道と大阪府の医療体制が大変逼迫し、維持が困難な状況になったことに対して、「応急的な医療支援が必要」との判断から、12月9日から21日まで10名の看護官等が旭川市内の医療施設において、また、12月16日から28日まで7名の看護官等が大阪府内の医療施設において医療支援を実施しました。

今後、北海道と大阪府以外の自治体からも支援ニーズが寄せられた場合、都道府県の医療情報を幅広く集めている厚生労働省等と調整しつつ、①緊急性②公共性③非代替性——の3要素を総合的に勘案し、重症者や死亡者を可能な限り食い止めていくためにも、引き続き自衛隊が持つ能力を最大限効果的な形で活用し、対応してまいります。

3面に続く

イージス搭載艦2隻建造

スタンドオフ・ミサイル開発も

閣議決定

政府は12月18日の閣議で、陸上配備型ミサイル防衛システム「イージス・アショア」の代替案として検討してきた「あるべき方策」の一環として、「海自が保持するイージス・システム搭載艦2隻」を整備することを決めた。同艦に付加する機能や設計上の工夫などを含む詳細については「引き続き検討し、必要な措置を講じる」とした。合わせて「スタンドオフ防衛能力の強化」に向けた「12式地対艦誘導弾能力向上型の開発」も決定した。

岸防衛相は同日の記者会見で「防衛省として今般の閣議決定に基づき、国民の命と平和な暮らしを守り抜くため、引き続き着実に防衛力の強化を図っていきたい」と述べた。

この閣議決定を受け、令和3年度の防衛予算案には「イージス・システム搭載艦」の検討に係る経費として17億円を計上。艦の設計などの検討に関し、民間事業者から専門的・技術的支援を得る方針を示した。

また、現在開発中の12式地対艦誘導弾（改）を長射程化し、艦艇や航空機からの発射も念頭に多様なプラットフォームからの運用を前提とした新たな「スタンドオフ・ミサイル」として開発する経費335億円も盛り込んだ。

「しらせ」が南極に到着

昭和基地への物資輸送を開始

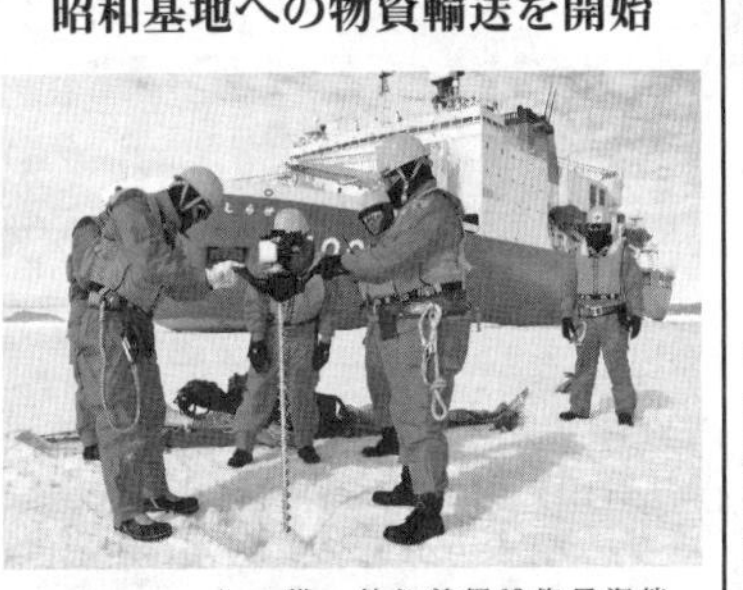

南極の昭和基地に〃接岸〃後、氷上に穴を開け、観測隊の野外観測支援を行う「しらせ」の乗員たち（12月30日）

文部科学省の第62次南極地域観測隊員44人を乗せた海自の砕氷艦「しらせ」（艦長・竹内周作1佐以下乗員約180人）は現地時間の12月21日午前9時30分、南極の昭和基地沖に無事到着、1月4日現在、持ち帰り物資の積み込み作業や野外観測支援を続けている。

「しらせ」は、11月6日に横須賀基地を出港。無寄港・無補給でインド洋を南下し、12月13日に南極圏に突入、62次隊の艦上での観測支援を行いながら昭和基地を目指した。

12月19日には昭和基地から約8キロ離れた定着氷に到達。竹内艦長と62次隊の橋田元隊長らは艦載CH101輸送ヘリで一足先に空路で昭和基地に入り、約1年間にわたり越冬生活を送ってきた61次越冬隊員に生鮮食料品などの〃初荷〃を届け、物資輸送を開始した。

その後、「しらせ」は氷海をラミング航行しながら前進を続け、21日、昭和基地の沖合約350メートルの定着氷に無事〃接岸〃を果たした。往路のラミング回数は391回だった。

米ロッキードが技術支援

次期戦闘機開発 防衛省が企業選定

防衛省は12月18日、空自F2戦闘機の後継として昨年10月から三菱重工業を主体に我が国主導で開発が始まった次期戦闘機（FX）について、米ロッキード・マーチン社を「インテグレーション支援の候補企業」に選定したと発表した。

「F35」など第5世代戦闘機の開発に豊富な経験を有する同社の提案が総合的に最も優れていると判断し、米ボーイング社、英BAEシステムズ社を含む3社の中から選定した。

令和3年度からは日米間の相互運用性（インターオペラビリティ）の確保に向け、米国と協力して新たな事業を開始するなど、米国から必要な支援と協力を受けながら、日本が主導して開発に当たる。

エンジンや搭載電子機器（アビオニクス）などの各システムについては、開発経費や技術リスクを低減するため、米英両国と引き続き協議し、協力の可能性を追求する。

岸防衛相は12月18日の記者会見で「この方向性を踏まえつつ、F2の退役・減勢が始まる令和17（2035）年頃までに量産初号機を配備できるよう開発を着実に進める」と述べた。

開発主体である三菱重工はロッキード社から、①ミッション・システム・インテグレーション②運動性能とステルス性の両立③コンピューター・シミュレーションを駆使した設計作業——の3分野について支援を受ける予定。

今後、三菱重工ではロッキード社と契約締結に向けた協議を進めるとともに、一方のロッキード社は米政府との間で輸出許可を取得するための調整を本格化させる。

防衛省 定年引き上げ

1佐57歳、2、3佐56歳に

防衛省は今年1月から、1佐の定年を56歳から57歳に、2佐と3佐の定年を55歳から56歳にそれぞれ1歳引き上げる。同省が2018年末に決めた段階的な定年延長施策の一環で、知見を豊富に備えた人材の有効活用を図ることが目的。

既に昨年1月には1尉から1曹までの定年がそれぞれ54歳から55歳へと1歳引き上げられており、残る2曹・3曹についても来年1月にそれぞれ53歳から54歳に引き上げられる予定だ。

今回の措置は、昨年12月11日に「自衛隊法施行令の一部を改正する政令」が閣議決定されたことを受けたもので、岸防衛相は同日の記者会見で「定年引き上げなどの人的基盤の強化に資する施策は、自衛隊に求められる多様な活動を適時適切に行っていくために極めて重要だ」と強調。今後もこうした施策を推進していく考えを表明した。

春夏秋冬

トランプ政権の国家宇宙政策

青木　節子

個々の政権による微妙な差異はあるが、米国の国家宇宙政策（NSP）の最大の特色は「変わらない」ということだと思う。軍事・民生両分野で宇宙の覇権を維持強化するという目標は、オバマ政権のNSP(2010年)でも示されており、国防省に「宇宙支援」「軍事力増強」「宇宙支配」「軍事力適用」という四つの任務実行能力の維持を要求した（14頁）。国防省の四つの任務は、レーガン政権が出した2度目のNSP（1988年）で初めて明示されたものであり、その後、歴代政権に受け継がれてきた。

四つのミッションのうち、前半の二つは軍事衛星からの情報を用いて地上の作戦能力を向上させること（「ミリタリゼーション」）を意味し、後半二つはそれ自体が攻撃能力をもつ宇宙兵器システムの準備をし、有事には宇宙で戦うこと（「ウェポニゼーション」）を意味する。国家安全保障のために、国際法を遵守しつつ、どこまでのウェポニゼーションを行い得るのか。現在、米中ロがしのぎを削り、フランスも宇宙での自衛権行使の可能性に備えようとしている。

そんななか2020年12月9日、トランプ政権としてのNSPが公表された。「国家宇宙戦略」（18年）で宇宙は「戦闘領域」になったと宣言し、宇宙軍を新編し（19年）、宇宙軍のドクトリン（20年）を採択した政権の最末期に出されたNSPは、意外にも全人類の福利向上のための宇宙開発利用や国際協力を強調し、人類の根源的な知への欲求を満たすための有人・無人の探査を重要任務とし、長期持続的な平和利用を確保するための宇宙秩序形成の主導を唱えるものであった。宇宙資源採取・利用を含む新たな宇宙ビジネス発展のために規制の打破と自由な活動の保障を掲げるところは、なじみのあるトランプ大統領らしさである。

オバマ政権ですら堅持した「宇宙支援」から「軍事力適用」までの四つの国防省の任務も記載されてはいない。国家安全保障は米国のNSPの普遍の部分であり、必要であれば攻撃に対して戦うとは宣言するが、抑えた言葉遣いである。一読して驚き、精読して、ようやく、21世紀にふさわしい、人類の共通の挑戦としての宇宙への航海図が示されたと感じた。

（慶應義塾大学大学院法務研究科教授）

防衛省発令

▽防衛技官、中央病院長（防衛医大幹事）　空将　福島　功二

▽退職（中央病院長）　上部　泰秀

（以上12月22日）

福島　功二（ふくしま・こうじ）中央病院長　防医大8期。昭和62年空自。平成11年2佐、16年1佐、24年将補、30年空将。中央病院神経科部長、医実隊3部長、空幕首席衛生官、岐阜病院長などを経て、30年12月防医大幹事。高知県出身。58歳。

朝雲寸言

自らのあり様について、思わずどきりとしてしまう指摘を他者から受ける。昨年は自衛隊にとってそんなことが相次いだ一年間ではなかったか。現代史家の大木毅氏は読売新聞（11月16日付）で「旧陸海軍の顕著な特徴であった精神主義、というよりも精神偏重主義は、今日の自衛隊においても、ときに頭をもたげてくるように思われる」と書いた▼自衛隊OBからも「（海外での任務が）危険だったことをあえて強調しない、やせ我慢の文化」や「突撃癖」といったことを論じる本が相次ぎ出版された。不都合な情報に向き合うことを避けたり、より合理的な方策を考えずにとにかく力業に頼ったりする姿勢を戒める声だ▼民族・国家には、個性や癖のようなものが時代を越えて存在し、その中には美徳と欠点が表裏一体でとけ込んでいる。精神主義は、日本人が困難に立ち向かう際の原動力になってきた半面、それが過剰になると合理性の足りない状態をもたらし、過去には日本を敗戦に導いた。現在も、自衛隊の任務が加速度的に多様化している割には予算や装備がそれに追いつかず、ひたすら隊員の頑張りに頼る状態を生んではいないか▼今年で没後25年となる故高坂正堯・京都大学教授は、戦前の日本の失敗について「今日のわれわれと無縁でなく、承認するのが嫌な体質のようなものを探し求めて反省するのでなければ、真の反省にはなりえない」と論じていた。

時の焦点

国内　21年の自衛隊

信頼に応える活動続けよ

新型コロナウイルスの感染拡大が、日本社会を根底から揺さぶった。自衛隊も昨年、クルーズ船での防疫に始まり、各地の自衛隊病院での患者の受け入れ、大阪府や北海道への看護官派遣など対応に追われた。安全保障環境は厳しく、自衛隊が担う本来の防衛任務は重みを増している。豪雨災害が頻発し、災害救援活動に携わることも多い。

様々な任務を献身的にこなしてきた隊員に敬意を表したい。2021年も着実に実績を重ね、国民からの信頼を一層高めていくことが重要だ。

読売新聞社と米ギャラップ社が昨年実施した日米共同世論調査で、信頼している組織や公共機関を調査したところ、15項目の選択肢のうち、日本では「病院」が74%で1位となり、「自衛隊」は70%で2位だった。自衛隊は、東日本大震災が発生した11年から19年まで、9回連続でトップだった。

米国でも「病院」は86%で、「軍隊」(86%)と並んで最も多かった。

新型コロナの流行が、日米両国で病院への信頼感を押し上げた形だ。自衛隊が軽んじられたわけではなかろう。

防衛省と自衛隊にとって大切なのは、世論に防衛政策への理解を深めてもらうことである。安保環境の変化や任務の重要性を丁寧に説明していくべきだ。政府は21年度予算案で、防衛費を今年度当初比で0・5%増の5兆3422億円とした。9年連続での増額で、過去最大となる。

軍事技術の進歩は著しい。周辺国の能力向上に対処するため、日本が最先端の装備の開発に一定の投資を行うのはやむを得ない。予算案の特徴は、宇宙、サイバー、電磁波といった新領域の能力強化や、新型ミサイルの開発だ。宇宙分野では、宇宙監視用の衛星設計費などで659億円を計上した。探知や追尾が難しい最新鋭ミサイルに対処するため、小型の人工衛星網を構築する「衛星コンステレーション」の研究費も盛り込んだ。

サイバー関連予算は301億円で、陸海空共同の「自衛隊サイバー防衛隊」を新設する。人工衛星や防衛ネットワークが破壊されれば、艦艇や戦闘機などの運用に支障が生じる。防御能力を高める意義は大きい。

島嶼防衛を強化するため、国産の「地対艦誘導弾」の射程を伸ばすという。相手の領域外から対処できる「スタンドオフ・ミサイル」として5年後の配備を目指す。敵基地攻撃能力の保有を視野に抑止力を高める取り組みを続ける必要がある。

重要性が高まっているとはいえ、財政の制約はある。防衛予算を際限なく増やすのは難しい。

政府は18年、中期防衛力整備計画で、19〜23年度の防衛費の総額を27兆4700億円と定めた。その枠を意識しつつ、計画的に予算を計上せねばならない。装備の見直しや経費の精査を進め、効率化を図ることも求められる。

夏川　明雄(政治評論家)

海外　国際情勢展望

米新政権を軸に展開へ

先の米大統領選で共和党から民主党への政権交代が現実のものとなるという「激震」が世界各国を襲ってから2カ月近くがたち、年が明けた新年の国際情勢はやはり、1月20日に発足する米国のバイデン新政権の内外政策運営を軸として、同国の対外関係に濃淡さまざまな波紋を描きながら展開することになりそうだ。本稿では年頭に当たり、依然として世界各地で猛威を振るう新型コロナ禍の終息の見通しが立たない中、今年もまた激動が予想される国際情勢を中心に展望したい。

バイデン次期大統領は外交・安全保障政策では、不動産王だったトランプ氏が主導した自国第一主義や損得優先のディール(取引)外交から、同盟国との関係再構築と国際協調路線に大きく舵を切る。米国社会の分断をあおり、国際的取り決めから次々と離脱するなど、世界最強国家の大統領として過去に例を見ない傍若無人、型破りの言動で名を馳せたトランプ氏の下で予見可能性が大きく減じたことと相まって国際秩序の安定にきしみを生んだ悪弊や波乱要因が、国際協調への復帰を掲げる米新政権の誕生により徐々に除去されることは期待できそうだ。年頭ということで希望的観測を容赦願いたい。

こうした米新政権による外交戦略の転換が、新冷戦といわれるほどに関係が悪化した米中対立の行方をはじめとして、▽核開発疑惑も絡んで再び険悪化した中東の地域大国イランとの関係▽こう着状態が続く北朝鮮の核・ミサイル問題の決着や米朝関係の今後──などにどのような影響を与えるかが当面の注目点となる。7年近く前のロシアによるウクライナ南部クリミア半島の併合以降、欧米主要国との関係が冷え切ったままのプーチン大統領率いるロシアとどう向き合うかも、失効期限が2月に迫った新戦略兵器削減条約(新START)への対処など核軍縮の行方と密接に絡むだけに目が離せない。ただ、バイデン氏の対ロシア観が前任者よりかなり厳しいだけに、米ロ関係の早期修復は望み薄だ。

バイデン氏は上院議員時代に外交委員長を務めたほか、オバマ前政権の副大統領として外交分野を担当するなど、米国が世界で再び指導力を発揮するためにはどのようなアプローチをとるのが最善かを熟知しており、新政権の外交・安保政策を担う陣容もそれぞれの分野で豊富な経験を有する側近や専門家で固めた。そうであれば、米国の同盟国であれ、敵対国であれ、あるいは中国のような激しい競争関係にある国も含め、それぞれの国家や地域・国際機関との間にある懸案や中長期的な視点での難しい交渉を要する重要な諸課題に関して、交渉相手と静かな外交環境の中で妥協を探ることも可能となろう。

わが国にとっては、覇権争いの様相を呈しつつある米中対立の今後の展開を注視しながら、日米同盟強化の方針を堅持すると同時に、トランプ時代とは異なる対米、対東アジア外交などの対外戦略を見直す好機と捉え、自由と民主主義、アジア太平洋地域の安定を確保していくための日本ならではの主体的な外交・安保戦略を追求したい。

伊藤　努(外交評論家)

5部隊に「首相特別賞状」

菅首相「地道な貢献」たたえる

岸防衛相(右端)が立会する中、菅首相から「内閣総理大臣特別賞状」を授与される上部中央病院長。後方は(左端から)陸自中央輸送隊長の黒田1佐、海自硫黄島航空基地隊司令の袴田1佐、海自硫黄島航空分遣隊長の伊藤2佐、空自硫黄島基地隊司令の中澤1佐(12月17日、首相官邸で)

令和2年度の自衛隊記念日行事の一環として12月17日、首相官邸で「内閣総理大臣特別賞状」の授与式が行われ、長年にわたって地道に任務に取り組んできた陸海空と機関の計5部隊に、自衛隊最高指揮官の菅首相から賞状が贈られた。

受賞したのは、▽自衛隊中央病院(三宿)▽陸自中央輸送隊(横浜)▽海自硫黄島航空基地隊▽海自硫黄島航空分遣隊▽空自硫黄島基地隊──で、いずれも初の受賞となった。

授与式は新型コロナ対策のため参加者を制限し、岸防衛相のみが立会。菅首相は、各部隊を代表して整列した中央病院の上部泰秀病院長、陸自中央輸送隊長の黒田耕太郎1佐、海自硫黄島航空基地隊司令の袴田重征1佐、海自硫黄島航空分遣隊長の伊藤岳仁2佐、空自硫黄島基地隊司令の中澤武志1佐の5人に対し、それぞれ「歴代の全隊員が使命の重要性を深く認識し、一致団結して任務にまい進したたまものだ」と述べ、賞状を授与した。

最後に「国民の命と平和な暮らしは日々黙々と任務に励む自衛隊の皆さんによって守られている。特に皆さんの活動は自衛隊が任務を全うするために欠かせない『縁の下の力持ち』というべきものです。今後も国民と我が国を守り抜くため、任務に精励されることを大いに期待しています」と激励の言葉を贈った。

首相による直接の部隊表彰は平成27(2015)年を皮切りに、官邸のほか、自衛隊記念日の最大行事「観閲式」などの会場で毎年行われており、今回で6回目。

◇受賞部隊の功績

▽自衛隊中央病院　昭和31年の開院以来、隊員への医療提供による人的基盤の維持増進や、一般患者の診療を通じた地域医療への貢献、平成12年以降は官邸における医療支援、最近では新型コロナの感染拡大防止に大きく寄与した。

▽陸自中央輸送隊　昭和58年の創隊以来、自衛隊の輸送業務の中核的役割を担い、災害派遣活動等に従事する第一線部隊の支援をはじめ、大型クルーズ船「ダイヤモンド・プリンセス号」への対応でコロナ感染防止に大きく寄与した。

▽海自硫黄島航空基地隊　昭和43年の創隊以来、太平洋海域の重要拠点として厳しい環境の中、基地機能の維持や飛行場の航空管制を担い、我が国の平和と安全の確保に大きく寄与した。

▽海自硫黄島航空分遣隊　昭和57年の創隊以来、太平洋海域の重要拠点として厳しい環境の中、離島の急患輸送などを担い、我が国の平和と安全の確保に大きく寄与した。

▽空自硫黄島基地隊　昭和59年の創隊以来、太平洋海域の重要拠点として厳しい環境の中、空自戦闘機の訓練支援などを行って任務遂行能力の向上に貢献するなど、我が国の平和と安全の確保に大きく寄与した。

日米仏3カ国の共同訓練

海自3護衛隊群3護衛隊(舞鶴)のヘリ搭載護衛艦「ひゅうが」(艦長・松田光央1佐)は12月15日から17日まで、東京・小笠原諸島の沖ノ鳥島周辺海域で、米海軍駆逐艦、仏海軍原子力潜水艦と3カ国の「日米仏共同訓練」を行った。

日米仏の共同訓練は2015年以来2回目で、仏海軍の潜水艦が加わるのは初めて。

「ひゅうが」は、仏原潜「エメロード」(水上排水量2449トン)、米駆逐艦「ジョン・S・マケイン」(満載排水量8364トン)、P8A哨戒機と共に、対潜戦訓練を行い、日米仏海上部隊の連携を強化した。

日米仏3カ国の共同訓練で仏海軍の原潜「エメロード」(手前)と訓練を行う海自のヘリ搭載護衛艦「ひゅうが」(12月17日、東京・小笠原諸島の沖ノ鳥島周辺海域で)

中露6機が共同飛行

日本周辺　空自スクランブル

12月22日午前から午後にかけ、中国軍のH6爆撃機4機とロシア軍のツポレフTu95爆撃機2機の計6機が日本海から東シナ海、太平洋上空にかけて共同飛行を行ったため、空自の中空、西空、南西空のF15戦闘機などが緊急発進して対応した。

中・露両軍の爆撃機が日本周辺で共同飛行するのは2019年7月以来2回目。領空侵犯はなかった。

韓国・済州島西方から東シナ海に飛来した中国軍のH6(2機)は、対馬海峡東水道上空を通過し、対馬海峡・竹島北方沖まで北上した後、露軍Tu95(2機)と合流した。

計4機は竹島・隠岐島間を抜け、対馬海峡を通過して東シナ海に入り、長崎・男女群島沖でさらに2機の中国軍H6と合流。この後、先発のH6(2機)は離脱し、残る中露軍4機は、東シナ海を南下して沖縄本島と宮古島間の宮古海峡を通過、太平洋に進出した。その後、4機は反転して往路とほぼ同ルートで東シナ海を北上した。

中国軍機は男女群島沖で自国領方面に戻ったが、露軍機は対馬海峡を抜けて日本海に進出。竹島・隠岐島間を通過した後、北西進して日本の領空から離れた。

統幕は同日、空自機が撮影した写真と航跡図を公表した。

中国機、ロシア機の航跡図(12月22日)

日本海　竹島　隠岐島　東シナ海　対馬　ロシア軍Tu-95×2　中国軍H6×2　中国軍H6×2　太平洋　宮古島　那覇

露駆逐艦1隻が宗谷海峡を西進

12月22日午前3時ごろ、ロシア海軍の「ウダロイI」級駆逐艦(満載排水量約8600トン、艦番号564「アドミラル・トリブツ」)1隻が北海道・宗谷岬の北東約60キロの公海上を西方に向け航行するのを海自2空群(八戸)のP3C哨戒機と15護隊(大湊)の護衛艦「ちくま」が確認した。

露軍艦はこの後、宗谷海峡を西進し日本海に抜けた。

共済組合だより

ライフプラン支援サイト

共済組合HPから3社のWebサイトに連接

皆さまは共済組合のホームページ(HP)からアクセスできる「ライフプラン支援サイト」をご存じですか? 共済組合HPから野村證券、第一生命、三井住友信託銀行の3社が開設する各Webサイトに進むことができます。

いずれのサイトも基本事項を入力するだけで将来の家族の状況が予測できる「ライフプラン・シミュレーション」をはじめ、結婚、出産、子供の教育、健康、老後など、人生のさまざまなシーンやそれに伴うお金にまつわる各種情報を得られます。

このほか、各サイトでは多彩なメニューをご用意。いずれもすぐに役立つ情報ばかりですので、ぜひご利用ください。

「ライフプラン支援サイト」閲覧は、共済組合HPのトップページ→生活さぽーと→ライフプラン支援サイトへと進み、各社Webサイトに進んでください。

なお、共済組合HPへのログイン用ユーザー名及びパスワードは「GOOD LIFE(共済のしおり)」や「さぽーと21」をご覧いただくか、ご所属の支部にお問い合わせください。

◇

共済組合の各支部では、防衛省が開催する「生涯生活設計セミナー」に合わせて、「個別相談会」も実施しています。こちらもぜひご利用ください。

開催予定等、詳しくはご所属の支部にお問い合わせください。

野村證券　第一生命　三井住友信託銀行

岸大臣 新春に語る

しっかりと意識改革

1面から続く

――防衛協力についてお尋ねします。安倍前政権から引き継いだ「自由で開かれたインド太平洋」ビジョンの下、日米豪印の連携をはじめ、各国とどのように防衛協力・交流を進めていかれますか。豪州との「円滑化協定」も含め、大臣のお考えをお聞かせください。

岸大臣　防衛省・自衛隊としては、防衛大綱の下、「自由で開かれたインド太平洋」というビジョンを踏まえ、日米同盟を基軸としつつ、それ以外の国々との間でも地域の特性や相手国の実情を考え、多角的・多層的な安全保障協力を戦略的に推進することとしています。

こうした方針のもと、私も防衛大臣就任以降、各国との間でポストコロナを見据えた防衛当局間の感染症対策協力を含め、戦略的かつ積極的な防衛協力・交流を進めてきたところです。例えば、我が国にとって「特別な戦略的パートナー」でありますオーストラリアとの間では、昨年10月に日豪防衛相会談を対面形式で実施し、その中で「自衛隊法第95条の2」に基づく豪州軍の武器等防護（武器等の警護任務）の実施に向けた体制構築に必要な調整を進めることとしました。これは、自衛隊と豪州軍の相互運用性を高め、平素からの連携の基礎となるものであります。

また、11月の日豪首脳会談において「日豪円滑化協定」の大枠合意が発表されました。インド太平洋地域の平和と安定に対する日豪両国の関与が強固に支えられて、基本的価値と戦略的利益を共有する「特別な戦略的パートナー」である豪州と安全保障、防衛協力がさらに促進されることを期待しています。

このほか、米国をはじめ、豪州、インドを含む同志国との協力関係は極めて重要です。11月に日米印豪4カ国の海上共同訓練「マラバール2020」が実現しました。これは、4カ国の海軍種間の連携を強化する上で大変成果があったものと考えています。

「自由で開かれたインド太平洋」の維持・強化に向けて、こうした同志国を含む国々との防衛協力・交流を引き続き進めていきたいと思います。

「男性の育児休業」推進

――日本では少子高齢化が問題になっております。宇宙・サイバー・電磁波やAI（人工知能）といった新たな分野で優秀な人材を確保するためにはどのように取り組まれていかれるのか、女性活躍に対する大臣のご期待も含めてお話をお聞かせください。

大臣　我が国の社会的な状況として、少子高齢化と人口減少が進んでいます。その結果として、採用対象人口が減少し、その中で優秀な人材を安定的に確保することが求められるわけです。

より多くの若者が目にするようなSNS（ソーシャル・ネットワーキング・サービス）を活用した積極的な採用方法や広報の展開など、採用に係る取り組みの強化をしていく必要があります。

また、隊員の生活・勤務環境の改善、女性自衛官の活躍推進などによる自衛隊の魅力向上、人材の流出防止、そして定年の引き上げや（定年退職者の）再任用の拡大、こうしたことによる即戦力となる人材の有効活用――こうした取り組みについて、これまで以上に総合的に進めていく必要があると思います。

先日の高級幹部会同の訓示の中で、「男性がしっかり育児にも取り組む」という趣旨の発言をしたのは、そうしたことができる環境をしっかり整備していくことが必要だと考えたからです。その上で、自衛官のほうも意識の改革が必要となってくるということです。

屈強な組織としての自衛隊の能力をしっかり維持しながらも、旧態依然とした考えは変えていかなければいけない。そうしないと、職場としての自衛隊の魅力が失われてしまいます。

特に、新領域における人材確保に関して申しますと、一つ目の「宇宙領域」については、▽米国の教育課程への要員派遣▽民間企業における教育▽各種演習への参加、二つ目の「サイバー領域」については、▽「サイバー共通課程」の実施など部内における教育の充実▽国内外の教育機関への留学▽民間企業における研修▽各種演習への参加▽部外人材の確保、そして、三つ目の「電磁波領域」については、▽ネットワーク電子戦システムの導入に伴う必要な教育の開始▽部内における教育の充実▽米国の教育課程への要員派遣――こういったものを推進していく必要があり、しっかり取り組んでまいらねばならないと思います。

働き方改革については、隊員が心身ともに健全であることと、その能力を十分発揮するということが大変重要です。フレックスタイム制やテレワークの推進、庁内託児所の整備、それから私が（高級幹部会同で）申しました、男性隊員を含めた育児休業の取得などについてこれまで以上に力を入れていきたいと思います。

女性活躍の分野も大変重要です。昨年10月には女性初の潜水艦の乗組員が誕生したところです。意欲と能力のある女性の登用や採用を促進するとともに、活躍の場を広げていきたい。そのためにも、生活・勤務環境の整備について一層進めていきたいと思います。↖

座右の銘は「至誠」

↙――さて、これまで大臣にいろいろとお話をお伺いしてまいりましたが、隊員の方々が大変興味を持っておられるのが、〝総大将〟である防衛大臣のお人となりです。ご信条、あるいは座右の銘はございますか。

大臣　大学（慶應義塾大学）を卒業した時（1981年）、祖父の岸信介（元首相）から一枚の書をもらったのですが、そこには孟子の言葉「至誠にして動かざるものは、未だこれあらざるなり」と書かれていました。これは吉田松陰先生が好まれた言葉です。

至誠、すなわち真心、誠を尽くせば、（心を）動かされないものはない、という意味です。大学を卒業して商社に（21年間）勤めた時には、誠の心をしっかり持って仕事に当たれということで、以来、

現場の声に耳を傾け一丸で

そのつもりでいろいろな仕事に当たってきました。政治家になってからも同じ気持ちで事に当たってまいりました。

――お忙しい中で健康維持のためにやっておられることはありますか。

大臣　還暦を超えましたが、できるだけ空いている時間を見つけ、ジムに週2回以上行くようにして体力維持に努めています。大臣になってからは多忙で行く時間を見つけられないことも多いのですが、少しでも体を動かす時間があればと思っています。

――ご趣味は。

大臣　長年、スキーをやってきたのですが、議員になってからはケガをしてはいけないので、行けなくなってしまいました。そんな中で、地元（山口県熊毛郡田布施町）が瀬戸内側で海が近いので、地元にいて時間がある時には釣りに行ったりしています。

――最後に隊員の方々に新年のメッセージをお願いします。

大臣　国民の命と平和な暮らしをしっかり守り抜くという崇高な使命を全うするために、年末年始も変わらず24時間365日、それぞれの持ち場で自らの職責を果たす隊員諸君の一人一人に心からの敬意と感謝の意を表したいと思います。

防衛大臣に着任してから早や4カ月となりますが、我が国を取り巻く安全保障環境が一層厳しさと不確実性を増していることを実感しております。

また、さまざまな部隊視察や訓練等で現場への訪問を通じて、日々隙のない姿勢で黙々と任務に取り組んでいる隊員の姿を目にして、改めて身の引き締まる思いがしています。

昨年は、新型コロナウイルスの感染拡大を受けて、大型クルーズ船「ダイヤモンド・プリンセス号」における活動をはじめとする感染拡大防止の各種の取り組みや、重症者・死亡者の発生を可能な限り食い止めるという政府全体としての方針に貢献すべく、看護官などの医療従事者の地方自治体への派遣などを行ってきました。引き続き、感染拡大防止のための取り組みに貢献してまいりたいと思います。

そのためにも、国民の命と安全を守ることを目的とする防衛省・自衛隊が、その活動によってこれらを脅かすような事態があってはならない。

今後とも隊員諸君と共に防衛省・自衛隊一丸となって感染症対策に万全を期すべくさまざまな取り組みを推進してまいりたいと思います。

また、防衛省・自衛隊には宇宙・サイバー・電磁波など新たな領域での優位性の確保、イージス・アショアの代替案、抑止力の強化、普天間飛行場の移設をはじめとする米軍再編など多くの政策課題があります。2021年も防衛大臣として常に全隊員の先頭に立ち、常に現場の声に耳を傾けて諸君と一丸となって立ち向かってまいりたいと思います。

諸君におかれても「日本の平和と安全は自らの双肩にかかっている」という気概を持って任務に精励していただきたい。諸君の奮励努力に大いに期待しています。

防衛省発令

▽解呉病院歯科診療部長事務取扱　呉病院長　1海佐　藤野　和浩
▽呉病院歯科診療部長兼呉衛生隊兼海自1術科学校（佐世保病院歯科診療部長兼佐世保衛生隊）　2海佐　森田　秀樹
▽佐世保病院歯科診療部長事務取扱　佐世保病院長　1海佐　松永　毅
▽兼佐世保病院検査研究課長　佐世保病院副院長兼診療部長　同　田村　格
（以上12月20日）
▽空幕防衛課業務計画班長（空幕防衛課）　1空佐　厚木　大輔
▽同情報通信課長（7航空団整備補給群司令）　同　林　育正
▽3高射群司令（空幕情報通信課長）　同　松川　昭紀
▽7航空団整備補給群司令（同防衛課業務計画班長）　同　有本　竜彦
（以上12月21日）
▽防衛大防衛学教育学群統率・戦史教育室長兼防衛大教授（北部方面総監部防衛部長）　1陸佐　貴島　康二
▽統幕総務課（空幕会計課）　2空佐　田苗　勉
▽同運用3課長（14護衛隊司令）　1海佐　青木　邦夫
▽同指揮通信システム企画課指揮通信システム開発室長（システム防護隊長）　1陸佐　平田　高志
▽陸幕人事教育計画課教育室長（37普通科連隊長兼信太山駐屯地司令）　同　山田　篤
▽同厚生課給与室長（1水陸機動連隊長）　同　牧瀬　孝幸
▽同防衛課研究室長（7特科連隊長）　同　川口　貴浩
▽同防衛課
（12特科隊長兼宇都宮駐屯地司令）　同　大山　修
（化学学校主任研究員）　同　森本　克也
▽同装備計画課（関東補給処松戸支処総務部長）　同　福岡　健人
▽同航空機課長（教育訓練研究本部総合企画官）　同　藤田　悟
▽同警務管理官（西部方面警務隊長）　同　長谷場修也
▽同副警務管理官（教育訓練研究本部研究調整官）　同　廣瀬　繁
▽陸上総隊後方運用部長（防衛装備庁調達事業部武器調達官）　同　吉岡　正孝
▽北部方面総監部総務部長（15旅団幕僚長）　同　井川　賢一
▽同防衛部長（陸幕防衛課）　同　井上　亙
▽同監察官（52普通科連隊長）　同　坂口浩一郎
▽北部方面航空隊長兼丘珠駐屯地司令（航空学校1教育部長）　同　森　貴義
▽同後方支援隊長（通信学校副校長兼企画室長）　同　川村　浩和
▽同副隊長（教育訓練研究本部主任教官）　同　徳田　優一
▽東北方面航空隊長兼霞目駐屯地司令（航空学校研究部長）　同　高岡　良一
▽青森駐屯地業務隊長（開発実験団計画科長）　同　田中　一要
▽東部方面総監部訓練課長（施設学校主任教官）　同　白石　稔
▽座間駐屯地業務隊長（関東補給処古河支処総務部長）　同　平野　善之
▽中部方面総監部装備部長（輸送学校教育部長）　同　小薗井明裕
▽同航空隊副隊長（3師団監察官）　同　岸田　佳明
▽西部方面総監部人事部長（陸幕航空機課長）　同　伊東　佳哉
▽同援護業務課長（富士学校総務課長）　同　塚本　洋邦
▽同情報課長（教育訓練研究本部）　同　溝上　学
▽同システム通信課長（九州補給処整備部長）　同　神藤　守
▽3師団監察官（座間駐屯地業務隊長）　同　伊藤　勇二
▽4師団4部長（5施設団高級幕僚）　同　湯田　哲彦
▽6師団4部長（西部方面総監部システム通信課長）　同　児島　隆幸
▽9師団幕僚長（陸幕人事教育計画課教育室長）　同　黒羽　明
▽13旅団副旅団長兼海田市駐屯地司令（西部方面特科隊長兼湯布院駐屯地司令）　同　牛島　弘樹
▽15旅団幕僚長（陸幕厚生課給与室長）　同　丸尾　寿明
▽1高射特科団高級幕僚（教育訓練研究本部）　同　奥田　嘉夫
▽5施設団高級幕僚（施設学校）　2陸佐　中村　祐治
▽東部方面混成団長（会計監査隊長）　1陸佐　藤原　修
▽開発実験団計画科長（1高射特科群長）　同　和田　伸一
▽24普通科連隊長兼えびの駐屯地司令（北部方面総監部監察官）　同　一宮　大介
▽25普通科連隊長兼遠軽駐屯地司令（西部方面総監部情報課長）　同　茶園　宗武
▽37普通科連隊長兼信太山駐屯地司令（富士学校主任教官）　同　東　直史
▽44普通科連隊長兼福島駐屯地司令（同）　同　湯舟　道彦
▽51普通科連隊長（東部方面総監部訓練課長）　同　山下　正浩
▽52普通科連隊長（輸送学校副校長兼企画室長）　同　今井　俊典
▽中央即応連隊長（教育訓練研究本部総合企画官）　同　山田　憲和
▽1水陸機動連隊長（教育訓練研究本部）　同　開　雅史
▽7特科連隊長（同企画調整官）　同　竹内　肇
▽西部方面特科隊長兼湯布院駐屯地司令（陸幕防衛課研究室長）　同　前田　尚男
▽12特科隊長兼宇都宮駐屯地司令（富士学校主任教官）　同　藤本　倫徳
▽14後方支援隊長（陸幕装備計画課）　同　吉元　雄一
▽1高射特科群長（1高射特科団高級幕僚）　同　村上　健児
▽システム防護隊長（陸幕防衛課）　同　西田　貴之
▽西部方面警務隊長（同副警務管理官）　同　古頭　慎一
▽会計監査隊長（同警務管理官）　同　福田　正弘
▽富士学校総務課長（富士学校）　同　田丸　正勝
▽同主任教官（51普通科連隊長）　同　谷口　慎
（教育訓練研究本部）　同　岩男　保博
（同）　同　南條　衛
（同）　2陸佐　柴田　慎一
▽航空学校1教育部長（東北方面航空隊長兼霞目駐屯地司令）　1陸佐　三浦　彰
▽同研究部長（中部方面航空隊副隊長）　同　加藤　浩
▽施設学校主任教官（教育訓練研究本部）　同　村田　秀将
▽通信学校副校長兼企画室長（指揮通信システム隊司令）　同　伊藤　幸二
▽武器学校1教育部長（防衛装備庁調達企画課連絡調整官）　同　椊　憲記
▽輸送学校副校長兼企画室長（北部方面後方支援隊副隊長）　同　村上　至
▽同教育部長（青森駐屯地業務隊長）　同　栗田　博文
▽衛生学校主任教官（体育学校総務課長）　2陸佐　國島　秀二
▽教育訓練研究本部総合企画課長（9師団幕僚長）　1陸佐　岡部　健
▽同総合企画官（25普通科連隊長兼遠軽駐屯地司令）　同　大野木秀樹
（教育訓練研究本部主任研究開発官）　同　青木　秀敏
▽同企画調整官（教育訓練研究本部）　同　新田　幸司
▽同主任教官（44普通科連隊長兼福島駐屯地司令）　同　土肥　直人
▽同研究調整官（教育訓練研究本部）　同　満田　繁久
▽同主任研究開発官（中央即応連隊長）　同　岩上　隆安
▽教育訓練研究本部（24普通科連隊長兼えびの駐屯地司令）　同　中川　宏樹
▽北海道補給処企画課長（6師団4部長）　2陸佐　山内　和也
▽関東補給処松戸支処総務部長（中央情報隊本部）　1陸佐　佐伯　暢彦
▽同古河支処総務部長（4師団4部長）　同　北島　靖彦
▽関西補給処装備計画部長（武器学校1教育部長）　同　加藤　隆雄
▽九州補給処整備部長（西部方面総監部援護業務課長）　同　藤本　正行
▽海幕人事計画課企画班長（海幕人事計画課）　1海佐　正木　一成
▽同防衛課防衛調整官（同防衛課）　同　横田　和司
▽同装備体系課長（同防衛調整官兼能力評価・分析室長）　同　一柳　公大
▽自衛艦隊作戦主任幕僚（同装備体系課長）　同　佐藤　正博
▽同司令部（呉システム通信隊司令）　同　水本　匡
▽14護衛隊司令（海幕人事計画課企画班長）　同　目賀田瑞彦
▽31航空群首席幕僚（31航空群司令部）　同　山田　元昭
▽51航空隊司令（徳島教育航空群司令）　同　山内　康司
▽教育航空集団幕僚長（51航空隊司令）　同　藤澤　豊
▽徳島教育航空群司令（31航空群首席幕僚）　同　町島　敏幸
▽呉システム通信隊司令（指揮通信システム隊サイバー防衛隊2班長兼統幕指揮通信システム企画課）　同　尾崎　立哉
▽空幕会計課経理班長（統幕総務課）　1空佐　中島　慎一
▽同補任課服務室長（5航空団基地業務群司令）　同　栗田　智哉
▽同厚生課長（空幕補任課服務室長）　同　世良　達裕
▽同厚生課給与室長（情報本部）　同　上嶋　久典
▽同情報通信課計画班長（空幕情報通信課情報通信運用班長）　同　吉村　径浩
▽同情報通信運用班長（同情報通信課）　同　石岡顯一郎
▽北部航空警戒管制団副司令（作戦情報隊電波情報収集群司令）　同　小森　圭
▽7航空団基地業務群司令（空幕厚生課給与室長）　同　三輪　信一
▽5航空団基地業務群司令（同情報通信課計画班長）　同　中村　大介
▽南西航空警戒管制団副司令（5術科学校副校長）　同　生村　徳朗
▽作戦情報隊電波情報収集群司令（7航空団基地業務群司令）　同　黒田　賢俊
▽航空教育集団医務官（航空医学実験隊3部長兼航空医学実験隊）　同　辻本由希子
▽航空医学実験隊3部長（那覇病院副院長兼診療部長）　同　高祖　裕司
▽空自5術科学校副校長（北部航空警戒管制団副司令）　同　冨永　直幸
▽空自幹部学校（情報本部）　同　風間　賢一
▽指揮通信システム隊司令（統幕指揮通信システム企画課指揮通信システム開発室長）　1陸佐　井上　勝
▽同サイバー防衛隊2班長兼統幕指揮通信システム企画課（指揮通信システム隊）　1海佐　中井　栄一
▽体育学校総務課長（部隊訓練評価隊）　2陸佐　津川　正宏
▽横須賀病院副院長兼企画室長（横須賀病院診療部長兼横須賀衛生隊）　1海佐　松崎　宏治
▽同診療部長兼横須賀衛生隊（横須賀病院）　同　小倉　敬浩
▽那覇病院副院長兼那覇病院診療部長（空幕首席衛生官付衛生官）　1空佐　納富　泰行
▽熊本地方協力本部長（北部方面総監部総務部長）　1陸佐　橋本　賦
▽防衛装備庁調達企画課連絡調整官（14後方支援隊長）　同　山本　正巳
▽同調達事業部武器調達官（関西補給処装備計画部長）　同　西田　博昭
（以上12月22日）

募集・援護 特集

平和を、仕事にする。
陸海空自衛官募集

ただいま募集中！
◇自衛官候補生◇貸費学生（技術）
◇予備自補（一般・技能）
★詳細は最寄りの自衛隊地方協力本部へ

なりで自分さ向がってブレねでまっすぐど！

山形　ブルー3隊員とコラボ

「なりで自分さ向がってブレねでまっすぐど！（なりたい自分に向かってブレずにまっすぐに！）ブルーインパルスも自衛官募集を後押しします」――。山形地本は同県出身のブルーインパルス隊長をメインに起用したオリジナルポスターを手に、隊長とともに地元自治体を訪問する斬新な広報を行っている。自衛隊の航空基地がなくパイロットに馴染みのない地域の若者に、認知度の高いブルーインパルスのポスターを掲示することで、新春の新規入隊者獲得につなげていく考えだ。

ブルーインパルスとコラボした山形地本オリジナルポスターを掲げる地本キャラ。山形県出身の3隊員がモデルを務めている

遠渡隊長と共に募集広報
オリジナルポスターを活用

【山形】鶴岡出張所長の齋藤史生1陸尉はこのほど、空自ブルーインパルスの隊長・遠渡祐樹2佐とともに同隊長の出身地・三川町役場を訪れ、阿部誠町長に対し空自をアピール、同時に募集広報を行った。

遠渡隊長は最初に自らがモデルを務めた地本オリジナルポスターを紹介。コロナの影響でブルーの展示飛行が中止になっていることや近況についても報告した。最後にサイン入りポスターを町長に手渡し、自衛官募集に対する協力を依頼した。

この後、隊長らは山形県酒田市の丸山至市長や庄内空港事務所長を表敬し、ブルーの紹介と募集への協力を依頼した。

地本が製作したブルーインパルスのポスターでは、三川町出身の遠渡隊長、寒河江市出身の遠藤拓廣3曹（整備員）、朝日町出身の鈴木智也3曹（飛行管理員）の3人を起用。3種類のポスターはいずれも、ブルーの機体とともに3隊員が凛々しい姿でポーズをとっている。

さらにキャッチフレーズも地元の若者にアピールできるよう、山形弁で「なりで自分さ向がってブレねでまっすぐど！」と描かれ、これに隊長のサインを加え、ブルーインパルス・チームでの山形県出身隊員の活躍をPRしている。

今後はこのポスターを遠渡隊長の出身地である庄内地区を走る路線バスの車中やバス停などに掲示することで、自衛隊の認知度のアップを図っていく計画だ。

地本では「自衛隊で頑張っている山形の先輩の姿を通して高校生が自衛官に親近感を持ってもらえたら」とポスターの効果に期待を寄せている。

生まれ故郷の三川町を訪れ、山形地本オリジナルポスターを阿部誠町長（右）に手渡すブルーインパルス隊長の遠渡2佐（山形県三川町役場で）

防衛大臣感謝状　御船町が初受賞
熊本

【熊本】仲西勝典地本長（当時）は12月4日、熊本県上益城郡御船町役場を訪れ、藤木正幸町長に防衛大臣感謝状を伝達した。同町の受賞は初めて。

御船町（人口約1万7000人）は恐竜の化石が多く発掘され、「恐竜の郷」として有名。同時に自衛隊の活動に対する協力も積極的で、これまで数多くの同町出身の自衛官が誕生している。今回その募集による功労で大臣表彰の受賞となった。

感謝状を受けた藤木町長は、「（災害派遣などの）自衛隊の活動にはとても感謝している。町としても、引き続き自衛官の募集に協力していきたい」と力強く語った。

仲西熊本地本長（中央右）から防衛大臣感謝状を伝達された御船町の藤木町長（同左）＝12月4日、御船町役場で

陸自守山駐屯地で生活体験
参加者がプロ野球選手に
愛知

【愛知】地本金山募集案内所は昨年1月、私立享栄高校野球部員47人の陸自守山駐屯地での生活体験（本紙5月14日付既報）を支援、その部員の一人、上田洸太朗さん（投手）が昨年のドラフト会議で、中日ドラゴンズから育成ドラフトでの2位指名を受けた。

上田投手は球速140キロ台のストレートが武器の左腕で、陸自での生活体験中、「必ずプロ野球選手になりたい」と話していた。

上田選手は「自衛隊での生活体験で、ふだん経験できないことに挑戦することができた。駐屯地では苦しい中での達成感が得られ、チームの団結力も高まり、充実した2日間を過ごせた。自衛隊のイメージも全く変わった。今後もこの経験を生かしたい」と話していた。

金山所は「夢をかなえた上田選手に祝意を表したい。今後も自衛隊での生活体験を通じ、高校運動部の結束力やメンタル面の強化に協力したい」と話している。

自候生合格者に「広報作戦」展開
FTC・評価支援隊

【FTC＝北富士】FTC（富士訓練センター）の専任対抗部隊の評価支援隊（滝ヶ原、隊長・小林知真2佐）は11月23、28の両日、山梨地本の支援を受け自衛官採用試験に合格した若者に対し、「広報作戦」を展開した。

小林隊長の「自衛官募集支援は全隊員の任務」という方針のもと、担任部隊に戦車中隊を指名し、広報活動を展開。23日は大原スポーツ公務員専門学校甲府校から自候生に合格した17人が参加した。

この日は「FTC運営」に参加する直前の90式戦車、装輪装甲車、軽装甲機動車が富士駐屯地の戦車パークに展示され、戦車中隊の近藤優介3尉がFTCのアグレッサー（対抗）部隊の意義などを説明した。

さらに同校OBの工藤大生士長が「入隊2年目の自分でも、こんな大きな戦車を自在に動かせるようになりました。皆さんもぜひ自衛隊を目指してください」とアピールすると、学生たちからは尊敬のまなざしと感嘆の声が上がった。

評価支援隊の隊員と共に90式戦車に乗って記念撮影する入隊予定者たち（11月28日、陸自富士駐屯地で）

サンタから音楽のプレゼント
福井

【福井】地本は12月16日、中部方面音楽隊（伊丹）の協力を得て、「クリスマスコンサートinふくい」を開催した。

コンサートは福井県民への自衛隊に対する理解促進に加え、コロナ禍で文化的イベントが減っている中、「クリスマス時期に音楽のプレゼントをしよう！」と地本が企画し、開催を実現させた。

当日は招待者や一般客など約600人が来場。開演前には、サンタクロースに扮した音楽隊員によるアンサンブルも演奏された。ステージでは中方音隊長の柴田昌宣3佐のダイナミックな指揮でクリスマスソングなどが披露され、馬渡英一1曹は得意のマリンバの音色で観客を魅了した。

さらに今上陛下御即位の奉祝曲「Ray of Water」をはじめ、上野海1士による「虹の子ども」のピアノ独奏、鶫真衣3曹の「Journey to Harmony」独唱が行われ、会場からは音楽隊に大きな拍手が送られた。

クリスマスコンサートの開演を前に、サンタクロースに扮してアンサンブル演奏を行う中方音の隊員たち（12月16日、福井県福井市で）

入隊する若者へメッセージ
金メダリスト清水氏が激励
帯広

【帯広】地本はこのほど、長野五輪スピードスケート金メダリストの清水宏保氏の協力を得て、今春入隊する若者への激励ビデオメッセージを撮影した。

清水さんは長野五輪で金と銅、米国のソルトレークシティ五輪で銀メダルを獲得した国民的人気のある元スケート選手。現在は北海道札幌市を拠点に、タレントなどとして幅広く活躍している。

帯広地本総務課長の飯嶋功昇事務官が清水さんと白樺学園高校時代の同窓生で、二人が旧知の仲であったことに着目した濱本博文地本長のアイデアで、激励メッセージへの出演を清水さんにお願いすることになった。

高校時代、アイスホッケー部の選手だった飯嶋課長は以前、函館地本に勤務していた際、清水さんのスケート部の先輩だった堀井学さん（現・衆議院議員）に激励ビデオに出演してもらった経緯を思い出し、まず堀井さんに相談。すると、堀井議員が後輩の清水さんに連絡を取り、自衛隊への撮影協力が実現した。

清水さんの父親は元自衛官で、本人の自衛隊への理解や関心も深かったことから、当日は原稿なしで自身の自衛隊への思いや入隊する若者たちに対し、「自衛官としての誇りをもってほしい」というメッセージを伝えた。

収録した映像は今春、全道各地で開催される入隊予定者激励会で放映される予定だ。

清水さんは「今後も自衛隊の広報活動でお役に立てることがあれば協力したい」と話していた。

帯広地本の激励ビデオメッセージに出演した長野五輪金メダリストの清水さん（左）と握手を交わす地本総務課長の飯嶋事務官（北海道札幌市で）

京丹後所、成人式会場で募集広報
京都

【京都】京丹後地域事務所は11月1日、415人の新成人が参加した「京丹後市成人式」の会場で、自衛官募集リーフレットを活用した募集広報を行った。

成人式は、3月に予定されていたが、新型コロナで延期となり、今回ようやく開催された。京丹後所は市の全面協力を受け、募集リーフレットを新成人に渡される記念品の袋に同封し、自衛官の募集を広報した。

この日の式には京丹後市出身で防大3年生の山﨑雅司学生も出席。中山泰市長と防大の制服姿で記念撮影する一幕もあった。

京丹後市の成人式に出席した防大生の山﨑学生（左）。中央は中山泰市長、右は京丹後所長の吉田豊1空尉（11月1日）

橋本1陸佐が熊本地本長に

12月22日付の異動で熊本地本長が交代した。新任本部長の略歴は次のとおり。

橋本 賦（はしもと・みつぎ）1陸佐　熊本地本長　防大36期。平成4年陸自。18年2佐、23年1佐。富士学校主任教官、陸幕教育訓練課制度班長、71戦車連隊長などを経て、30年8月北方総務部長。茨城県出身。52歳。

新春メッセージ　2021

真に実効的な防衛力を

防衛副大臣　中山　泰秀

明けましておめでとうございます。隊員諸君、ご家族の皆さま、読者の皆さまに謹んで新年のお慶びを申し上げます。

我が国を取り巻く安全保障環境は、国際社会のパワーバランスが大きく変化しつつある中、厳しさと不確実性を増しております。

厳しい安全保障環境下にあっても、国民の命と平和な暮らしを守り抜くという防衛省・自衛隊の任務を全うするため、本年も防衛大綱・中期防に基づき、真に必要な防衛力の整備に努めてまいります。

防衛力における最重要基盤の一つが他ならぬ「隊員」です。我が国の平和と安全が隊員諸君の日々の努力に依ることは論を俟ちません。昨年着任以来、可能な限り現場の部隊を訪問し、訓練の一端を体験する機会をいただいてきました。

これにより、諸君がいかに厳しくも有意義な訓練に取り組んでいるかを実感し、それらが我が国の平和と安全につながっていると確信しました。

本年も引き続き現場に赴き、真に実効的な防衛力構築に何が必要か思いを致し、隊員諸君と共に国民の皆さまの厚い信頼に応えることができるよう、全力で職務に精励してまいります。

そしてなにより大切なご家族を隊員として送り出し、日々銃後の守りでお支えいただいているご家族の皆さまには頭の下がる思いです。本当に感謝申し上げます。皆さまにおかれましても、より一層のご理解ご支援を賜りますよう、宜しくお願い申し上げます。

結びに、一刻も早く新型コロナウイルス感染症が終息することを願い、皆さまのご健勝を心より祈念しまして、年始のあいさつとさせていただきます。

日米同盟、一層の強化

防衛大臣政務官　大西　宏幸

明けましておめでとうございます。謹んで新春のお祝いを申し上げます。

我が国の平和と安全を維持するためには、我が国自身の防衛体制の強化とともに、我が国の安全保障の基軸である日米同盟の一層の強化が不可欠です。

さまざまなレベルでの累次の日米協議や、平和安全法制の整備等により新たに可能となった活動等を通じ、日米同盟は着実に強化されています。本年も引き続き、新たな領域における協力の推進や、「自由で開かれたインド太平洋」の維持・強化のための日米を基軸とした共同訓練・能力構築支援の実施など、日米同盟の抑止力・対処力の一層の強化に取り組み、我が国の平和と安全の確保に万全を期してまいります。

同時に、米軍の基地の所在する地元の方々の負担の軽減も進めてまいります。

特に、沖縄については、目に見える形で負担軽減を実現するため、地元の皆さまからご理解、ご協力が得られるよう丁寧にご説明しながら、普天間飛行場の一日も早い移設・返還などに向け全力で取り組んでまいります。

また、働き方改革も前進させます。テレワークやフレックスタイム制の積極的な活用だけでなく、業務の思い切った簡素化や効率化を図り、隊員一人一人が、日々、エネルギッシュに業務に向かえるように努めてまいります。

厳しい安全保障環境の下、防衛省・自衛隊が果たすべき役割は多岐にわたりますが、全国25万人の隊員諸君と力を合わせ、全身全霊で職責を全うしてまいる所存です。

最後になりますが、皆さまのますますのご健勝をお祈りして、新年のあいさつとさせていただきます。

国民の期待に応える

防衛大臣政務官　松川　るい

明けましておめでとうございます。隊員の皆さま、ご家族の皆さま、読者の皆さまにおかれましては、よき新年をお迎えのことと存じます。

グローバルなパワーバランスの変化が加速化・複雑化する中、我が国の防衛を全うしていくためには、我が国自身の防衛力強化に加え、安全保障における国際協力の必要性と重要性がかつてなく高まっています。

本年も、「自由で開かれたインド太平洋」というビジョンの下、日米同盟を基軸としつつ、基本的価値や安全保障上の利益を共有する国々と防衛協力・防衛交流を、戦略的に推進してまいります。

そのため、地域の特性や相手国の実情を考慮しつつ、共同訓練、防衛装備移転・技術協力等のさまざまな取り組みを一層積極的に行ってまいります。

また、日本関連船舶航行の安全確保のための中東地域における情報収集活動、海賊対処行動、多国籍部隊・監視団およびPKOへの司令部要員の派遣等のグローバルな安全保障上の課題に引き続き取り組み、国際社会の平和と安定に貢献していく考えです。

さらに、隊員が誇りをもって任務に専心できるよう、適切な環境整備と地位向上に注力するとともに、人材確保、育成にも一層力を入れ、女性活躍の推進はもちろんのこと、全ての隊員が能力をフルに発揮できる防衛省・自衛隊にしてまいります。

国民の皆さまから寄せられる期待に万全の態勢でお応えすることができるよう、本年も隊員諸君と共に職務に一層邁進してまいります。

最後に、本年が皆さまにとって素晴らしい年となるよう祈念申し上げ、新年のあいさつとさせていただきます。

士気高く、前へ

防衛事務次官　島田　和久

謹んで新年のお慶びを申し上げますとともに、旧年中に賜りましたご支援・ご協力に厚く御礼を申し上げます。

新しい年においても、既存の国際秩序をめぐる不確実性が増大する傾向に変わりはなく、政治・経済・軍事にわたる国家間の戦略的競争が顕在化しています。また、新型コロナウイルス感染症の世界的大流行は、安全保障上の重大な課題となっています。

加えて、各国は戦闘様相を一変させる「ゲーム・チェンジャー」となり得る最先端技術の開発にしのぎを削っており、宇宙・サイバー・電磁波といった新領域の急速な拡大と相まって、今や、安全保障の在り方は、根本から変わろうとしています。

このような中、今後も、防衛省・自衛隊は、激変する現実に正面から向き合い、揺るぎのない意思と能力で、我が国の平和と安全を維持し、その存立を全うするとともに、国民の生命・身体・財産、そして、領土・領海・領空を守り抜くという責務の完遂に全力をあげてまいります。

自らの自主的な努力によって、この責務を果たすことが、安全保障の根幹であり、引き続き、防衛力を強化し、果たし得る役割の拡大を図っていく考えです。

本年も、岸大臣をはじめとする政務のご指導の下、士気高く、厳正な規律を維持し、一致団結して前に進んでまいります。

最後になりましたが、皆さまのご多幸とご健勝を祈念致しまして、年頭のあいさつとさせていただきます。

多次元統合防衛力の構築

統合幕僚長　山崎　幸二

明けましておめでとうございます。皆さまにおかれましては、輝かしい新春をお迎えのこととお慶び申し上げます。

昨年は、新型コロナウイルス感染症が世界的に流行し、安全保障面にもさまざまな影響をもたらしました。自衛隊は、大規模な感染症対応や令和2年7月豪雨におけるコロナ禍での災害対応を実施し、派遣に従事した隊員から1名の感染者も出すことなく、任務を完遂することが出来ました。また、コロナ禍においても周辺国の活発な軍事活動が継続する中、警戒監視、対領空侵犯措置等の各種任務に万全を期してまいりました。

本年も「我が国の平和と独立を守り、領土・領海・領空を守り抜く」という自衛隊の使命を果たすため、各種任務を遂行するとともに、「多次元統合防衛力」の構築および「自由で開かれたインド太平洋」の実現に邁進致します。このため、引き続き、陸・海・空の従来領域の能力強化に加え、宇宙・サイバー・電磁波の新領域を含め、領域横断作戦に必要な能力の強化を推進します。

また、統合輸送能力や各種情報通信等の統合運用を支える能力のさらなる強化を図ってまいります。加えて、我が国の防衛力の主体的・自主的な強化と幅広い分野における日米共同対処能力の強化により、日米同盟を一層強化するとともに、米豪印をはじめとする普遍的価値やルールを共有する友好国との連携強化に努めます。

最後に、陸・海・空自衛隊が一丸となり、日々の隊務に精励することをお誓いするとともに、本年が皆さまにとって幸多き一年となりますようご祈念申し上げ、新年のごあいさつとさせていただきます。

強靭な陸上自衛隊に

陸上幕僚長　湯浅　悟郎

新年明けましておめでとうございます。

陸上自衛隊は、創隊70周年を迎えた昨年、新型コロナウイルスに係る災害派遣において1人の感染者も出すことなく任務を完遂しつつ、南西地域の防衛態勢や教育訓練体制の充実・強化を図ってまいりました。

また、コロナ禍においても、感染拡大防止措置の下、抑止・対処の実効性の向上を図るとともに、各国との意思の疎通により、安全保障協力の推進と「自由で開かれたインド太平洋」の実現に寄与してまいりました。

さて、我が国周辺には質・量に優れた軍事力を有する国家による軍事活動の活発化が進むとともに、グレーゾーンの事態やハイブリッド戦の出現等により我が国を取り巻く安全保障環境は厳しさと不確実性が増しています。

このような中、陸上自衛隊は我が国の防衛における「抑止の主体」として、また「領域横断作戦の要」として「多次元統合防衛力」の構築を着実に推進していく所存です。

複雑化する安全保障環境に対応するためには、従来の領域および新たな領域における作戦の組み合わせが極めて重要であり、領域横断作戦を含むあらゆる事態に的確に対応し得る能力等を強化してまいります。

また、強固な日米同盟の下、各国との関係強化や民生の安定に向けた努力を継続し、我が国に望ましい安全保障環境を創出するとともに、東京五輪等においても与えられた任務を完遂する所存であります。

本年も国民の皆さまから頼りにされる存在であり続けるため、強靭な陸上自衛隊を創造することをお誓いし、ごあいさつと致します。

変化に柔軟に適応

海上幕僚長　山村　浩

新年おめでとうございます。海上自衛隊を代表して旧年中賜りました数々のご支援、ご協力に対し深く感謝致しますとともに、謹んで初春のごあいさつを申し上げます。

さて、我が国周辺には、質・量に優れた軍事力を有する国家が集中し、活動を活発化させる傾向が顕著となっていることに加え、昨年から感染拡大が続く新型コロナウイルス感染症は、国際社会が連携して対応すべき課題となっております。

このような情勢の中、中東、ソマリア沖・アデン湾方面においては、海賊対処活動に加え、昨年1月から情報収集活動を開始し、当該海域で護衛艦2隻および哨戒機2機が活動を継続しています。

海外での活動が最も多かった9月には、海自として初の北極圏航行に加え、ハワイ、グアム、そしてインド洋方面と4方面に同時に部隊が展開し、共同訓練等に参加しました。これに中東、ソマリア沖・アデン湾方面における活動を加えると、コロナ禍において、一時的ではあるものの、約2800名もの隊員が日本国外において活動をしていたこととなります。

一方、装備や施設といったハード面としては、昨年10月に新型潜水艦「たいげい」および、新しいタイプの護衛艦「くまの」が進水するとともに、海上作戦センターが開所し運用を開始しました。

海自は、変化に対して柔軟に適応すべく、「精強・即応・変化への適合」を旗印に、引き続き国民の皆さまの期待にお応えしていく所存です。

最後になりますが、本年が皆さまにとって幸多き年になることを祈念致しまして、年頭のごあいさつとさせていただきます。

新領域の能力を強化

航空幕僚長　井筒　俊司

朝雲新聞をご愛読の皆さまに謹んで新春のごあいさつを申し上げます。旧年中は、航空自衛隊に対し格別のご厚誼を賜り、誠にありがとうございました。

昨年からの新型コロナウイルス感染症の感染拡大防止に向けた各種対策のもと、例年とは違った年始をお迎えの方も多いのではないかと存じます。空自も例外ではなく、各種の制約を受けつつも、「新しい生活様式」の徹底をはじめとする各種感染拡大防止策を、創意工夫をもって実施しながら、24時間365日上空を見上げ、我が国の平和と安全を守るための態勢をしっかりと維持しています。

我が国を取り巻く環境は、引き続き既存の秩序をめぐる不確実性が増大するとともに、一国のみでの対応が困難な安全保障上の課題が顕在化しています。よって、空自が担う役割や活動の場面も大きく広がっています。

本年は中期防衛力整備計画の3年度目として真に実効的な防衛力としての多次元統合防衛力の構築に向けた防衛力整備を着実に実施する年であり、宇宙作戦群(仮称)の新編、F35Bの取得等、新たな領域における能力の獲得・強化を着実に進めるとともに、人的基盤、スタンド・オフ防衛能力、機動・展開能力等の強化、さらには後方分野も含めた防衛力の持続性・強靭性の強化等を引き続き行っていくこととしています。

空自は引き続き、我が国の防衛のため、任務に邁進する所存です。今後とも紙面をお借りしまして、情報発信してまいります。本年も空自に対するご理解とご協力を賜りますよう、よろしくお願い申し上げます。

結びに、朝雲新聞社のますますのご発展と、ご愛読の皆さまのご健勝とご多幸を祈念して、新年のあいさつといたします。

課題に着実に取り組む

防衛装備庁長官　武田　博史

皆さま、新年明けましておめでとうございます。新型コロナ感染が深刻な状況の中にあって、新たな年を迎えました。早期に、新型コロナ感染が終息していくことを願います。

昨年は、防衛装備庁が発足して5年目の節目の年でした。ご支援・ご協力いただいている皆さまに、改めて感謝を申し上げます。

私は長官に着任して2年目を迎え、昨年は着任の際の課題を着実に進めることができました。

防衛装備移転では、初の完成品移転となるフィリピンへの警戒管制レーダーの移転が実現し、また、FMSの象徴的な問題である未納入・未精算が大きく改善し、さらに、経団連との意見交換の枠組みができ、産業界との連携をさらに進める基盤を作ることができました。本年も、引き続きこれらの課題に積極的に取り組んでまいります。

昨年は我が国主導の次期戦闘機の開発に着手しました。これから開発作業が本格化しますが、産業界との連携等により、さまざまな課題を乗り越え、着実に取り組んでまいります。研究開発については、ゲーム・チェンジャーとなり得る高出力レーザーに関する技術を含め、優先順位をつけながら、技術基盤の強化のため、着実に取り組みます。

このほか、サプライチェーンの維持・強化、輸入装備品などの維持整備等への国内企業の参画、契約制度の改善など、課題は多くありますが、組織を挙げて、適切な防衛装備行政を行ってまいります。

皆さまのご多幸とますますのご健勝を祈念するとともに、本年も力強いご支援とご協力を賜りますようお願い申し上げ、新春のごあいさつとさせていただきます。

家を買うとき、建てるとき、売るとき、借りるとき、リフォームするとき、貸すときも 「コーサイ・サービス」へまずご連絡を！
「紹介カード」で、お得なサービス【自衛隊員の皆さま限定の提携割引】 利用しないともったいない！

コーサイ・サービス ニュース

もれなくもらえる図書カード！
“お住まい何でも相談・ニューライフスタイルキャンペーン開催中！”

詳細は⇓
https://www.ksi-service.co.jp (限定情報 “得々情報ボックス”ID:teikei PW:109109)

【住まいのご相談・お問合せ】コーサイ・サービス株式会社 ☎03-5315-4170 (住宅専用) 担当:佐藤 東京都新宿区四谷坂町12番20号KKビル4F／営業時間 9:30～17:00 ／定休日 土・日・祝日

コーサイ・サービス おすすめ物件　防衛省・防衛弘済会・自衛隊病院にご勤務の皆様へ　分譲価格の1%(税込)を割引

◎割引特典のご利用の際は、コーサイ・サービス発行の紹介カードをご契約前までにご持参ください。【紹介カード発行窓口】コーサイ・サービス株式会社 TEL.03-5315-4170

ポレスター東舞鶴駅北 〈第1期/第2期〉連続完売御礼 第3期分譲 先着順申込受付中

温水式床暖房／24時間受け取り可能宅配ロッカー／24時間ゴミ出し可能／24時間遠隔監視システム／全室照明器具・カーテン付 お引越し無料サービス※2

東舞鶴を自在に住みこなし快適な日々へ。暮らすほどに住み良さを実感。家族の日常を輝かせます。

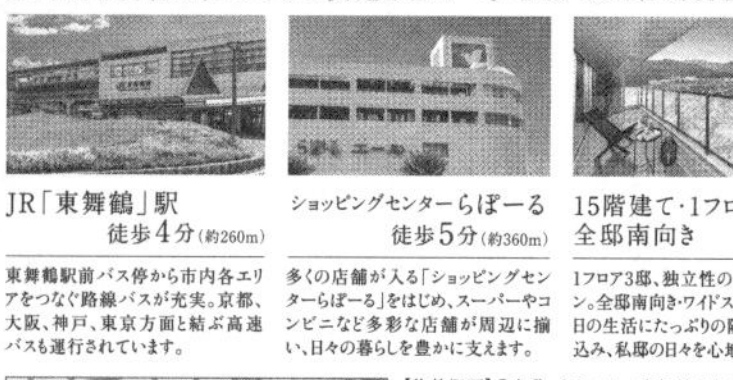

JR「東舞鶴」駅 徒歩4分(約260m)
東舞鶴駅前バス停から市内各エリアをつなぐ路線バスが充実。京都、大阪、神戸、東京方面と結ぶ高速バスも運行されています。

ショッピングセンターらぽーる 徒歩5分(約360m)
多くの店舗が入る「ショッピングセンターらぽーる」をはじめ、スーパーやコンビニなど多彩な店舗が周辺に揃い、日々の暮らしを豊かに支えます。

15階建て・1フロア3邸・全邸南向き
1フロア3邸、独立性の高い住戸プラン。全邸南向き・ワイドスパン設計で毎日の生活にたっぷりの陽光と風を取り込み、私邸の日々を心地よく彩ります。

温水式床暖房
足元から暖める温水式床暖房をリビング・ダイニングに設置。クリーンで安全、乾燥しすぎず肌にもやさしいなど、多くの長所があります。

マンションギャラリーへお車でお越しの方へ
カーナビをご使用のお客様は次の住所をご入力ください
京都府舞鶴市南浜町19番

【物件概要】●名称／ポレスター東舞鶴駅北●所在地／京都府舞鶴市字浜小字浜1172-1、943-1(地番)●交通／JR「東舞鶴」駅徒歩4分●総戸数／42戸●構造・規模／鉄筋コンクリート造地上15階建●敷地面積／マンション敷地:1,115.95㎡ 駐車場敷地:214.40㎡●建築面積／357.50㎡●建築延床面積／3,730.94㎡(容積対象外面積418.27㎡含む)●建築確認番号／第ERI-19025066号(令和元年8月21日付)●用途地域／近隣商業地域●建ぺい率／80%●容積率／300%●完成予定日／2021年9月末日●入居予定日／2021年11月末日●駐車場／35台(駐車場敷地10台を含む)●駐車場料金(月額)／5,000円～11,000円●バイク置場／2台●バイク置場料金(月額)／1,000円●駐輪場／70台●駐輪場料金(月額)／200円・300円●インターネット料金(月額)／1,966円(うち消費税等(10%)179円)●ケーブルテレビ料金(月額)／無料(有料チャンネルを除く)●GMアソシエライフアップサービス料金(月額)／275円(うち消費税等(10%)25円)●分譲後の権利形態／敷地:総専有面積に対する各戸専有面積の割合に基づく共有 建物:〈専有部分〉区分所有〈共用部分〉総専有面積に対する各戸専有面積の割合に基づく共有●管理形態／管理組合方式により、管理組合と管理会社の間で管理委託契約を締結していただきます。●管理会社／株式会社GMアソシエ●手付金等保証機関／住宅産業信用保証株式会社●設計・監理／株式会社マリモ●施工／りんかい日産建設株式会社大阪支店●事業主・売主／株式会社マリモ 宅地建物取引業免許 国土交通大臣(5)第6032号〒733-0821 広島県広島市西区庚午北1丁目17-23 Tel.082-273-7772 所属団体:(公社)広島県宅地建物取引業協会・中国地区不動産公正取引協議会加盟【第2期販売概要】●販売戸数／3戸●販売価格／3,140万円～3,510万円●最多販売価格帯／3,100万円台(1戸)、3,300万円台(1戸)、3,500万円台(1戸)●一戸当たりの専有面積／68.75㎡～75.60㎡●一戸当たりのバルコニー面積／14.60㎡～16.30㎡●管理費(月額)／8,550円～9,400円●修繕積立金(月額)／5,660円～6,220円●修繕積立基金(一時払)／406,450円～446,950円●管理準備金(一時払)／17,100円～18,800円●間取り／2LDK、3LDK●先着順申込受付／受付中※先着順販売につき、売約済の場合はご容赦ください。※申込の際は認印、本人確認書類(運転免許証、健康保険証等)、過去2年分の収入証明書類をご持参ください。※詳しくは係員にご確認ください。※広告有効期限／2021年1月末日

※1【唯一】とは2008年～2020年1月の間に広告を開始した舞鶴市の新築分譲マンションが1棟限りであることを示します。株式会社藤本コーポレーション調べ。(2020年5月31日現在)※2018年10月撮影の舞鶴市の空撮に一部CG加工を施し、「ポレスター東舞鶴駅北」のおよその位置を示したもので、実際とは異なります。※掲載の絵図は図面を基に描きおこしたもので、実際とは多少異なります。また周辺建物、電線、電柱等は省略しており、実際とは異なります。※植栽は花の開花時期を同時に表現したもので、実際は季節により異なります。また、竣工から一定の生育期間を経た状態を表現したものであり、植物の生育に必要な間隔をとって植えておりますので、竣工当初とは異なります。※2移動距離やお荷物の内容等により追加料金が発生する場合があります。詳しくはご契約時にお渡しするお引越無料サービスのご案内をご覧ください。※掲載のバルコニー写真はモデルルームを撮影したものです。バルコニー外は現地15階相当より撮影(2019年7月)し、CG加工を施した眺望写真を合成したもので、実際とは異なります。※眺望は住戸により異なります。また、将来にわたり、保障されるものではありません。※掲載のバルコニー写真の植栽等の配置は演出上の配置であり、避難器具上や隔板前には防災上の理由で物を配置することができません。※掲載の環境写真は2019年7月に撮影したものです。※掲載の徒歩による所要時間は、地図上の概測距離より80m/分で算出したおよその時間です。

詳しくは、フリーコールまたはホームページへ
フリーコール 0800-100-0508
営業時間／10:00～19:00 定休日／水・木曜日

二次元コードで簡単来場予約
お持ちの携帯電話からお読み取りください。ホームページへアクセスできます。※一部対応しない機種がございます。

あたらしい、あたりまえを。 事業主・売主・設計・監理業務
marimo 株式会社 マリモ
〒733-0821 広島市西区庚午北1丁目17番23号
TEL.082-273-7772
宅地建物取引業免許 国土交通大臣(5)第6032号

予告広告
本広告を行い取引を開始するまでは、契約又は予約の申込には一切応じられません。また、申込の順位の確保に関する措置は講じられません。(販売開始予定時期:2021年3月下旬)

PREMIST 横濱反町 Yokohama-Tammachi

第一期予定販売価格(税込/100万円単位)
1LDK 51.04㎡ 4,900万円台～
3LDK 65.30㎡ 6,400万円台～

JR東海道本線・横須賀線・湘南新宿ライン・京浜東北線・根岸線・横浜線、東急東横線・みなとみらい線、京浜急行線、相鉄線、横浜市営地下鉄ブルーライン
「横浜」駅(きた西口)徒歩16分(約1,230m)／18分※1(約1,380m)
東急東横線 「反町」駅徒歩4分(約320m)
JR京浜東北線・横浜線 「東神奈川」駅徒歩8分(約640m)

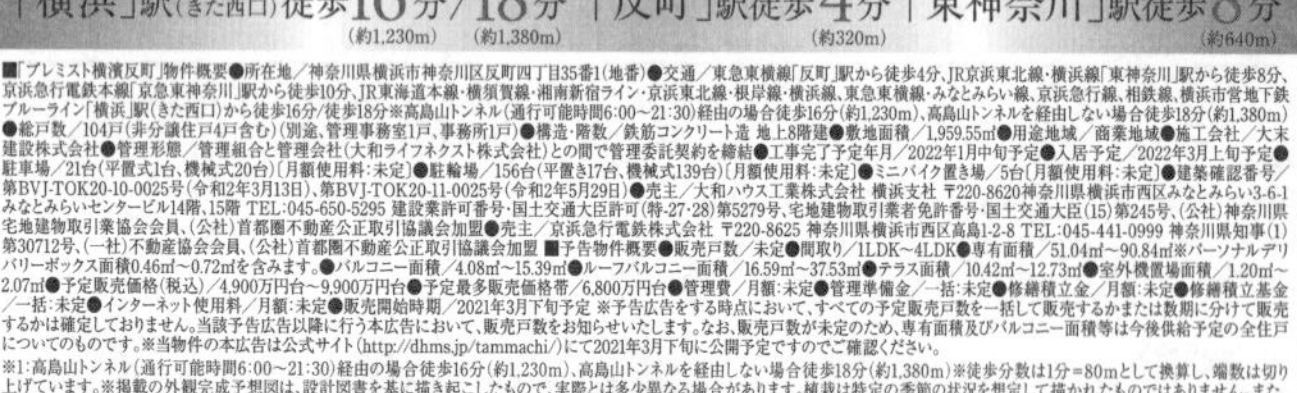

■「プレミスト横濱反町」物件概要●所在地／神奈川県横浜市神奈川区反町四丁目35番1(地番)●交通／東急東横線「反町」駅から徒歩4分、JR京浜東北線・横浜線「東神奈川」駅から徒歩8分、京浜急行電鉄本線「京急東神奈川」駅から徒歩10分、JR東海道本線・横須賀線・湘南新宿ライン・京浜東北線・根岸線・横浜線、東急東横線・みなとみらい線、京浜急行線、相鉄線、横浜市営地下鉄ブルーライン「横浜」駅(きた西口)から徒歩16分/徒歩18分※高島山トンネル(通行可能時間6:00～21:30)経由の場合徒歩16分(約1,230m)、高島山トンネルを経由しない場合徒歩18分(約1,380m)●総戸数／104戸(非分譲住戸4戸含む)(別途、管理事務室1戸、事務所1戸)●構造・階数／鉄筋コンクリート造 地上8階建●敷地面積／1,959.55㎡●用途地域／商業地域●施工会社／大末建設株式会社●管理形態／管理組合と管理会社(大和ライフネクスト株式会社)との間で管理委託契約を締結●工事完了予定年月／2022年1月中旬予定●入居予定／2022年3月上旬予定●駐車場／21台(平置式1台、機械式20台)〔月額使用料:未定〕●駐輪場／156台(平置き17台、機械式139台)〔月額使用料:未定〕●ミニバイク置き場／5台〔月額使用料:未定〕●建築確認番号／第BVJ-TOK20-10-0025号(令和2年3月13日)、第BVJ-TOK20-11-0025号(令和2年5月29日)●売主／大和ハウス工業株式会社 横浜支社 〒220-8620神奈川県横浜市西区みなとみらい3-6-1 みなとみらいセンタービル14階、15階 TEL:045-650-5295 建設業許可番号・国土交通大臣許可(特-27・28)第5279号、宅地建物取引業者免許番号・国土交通大臣(15)第245号、(公社)神奈川県宅地建物取引業協会会員、(公社)首都圏不動産公正取引協議会加盟●売主／京浜急行電鉄株式会社 〒220-8625 神奈川県横浜市西区高島1-2-8 TEL:045-441-0999 神奈川県知事(1)第30712号、(一社)不動産協会会員、(公社)首都圏不動産公正取引協議会加盟 ■予告物件概要●販売戸数／未定●間取り／1LDK～4LDK●専有面積／51.04㎡～90.84㎡※パーソナルデリバリーボックス面積0.46㎡～0.72㎡を含みます。●バルコニー面積／4.08㎡～15.39㎡●ルーフバルコニー面積／16.59㎡～37.53㎡●テラス面積／10.42㎡～12.73㎡●室外機置場面積／1.20㎡～2.07㎡●予定販売価格(税込)／4,900万円台～9,900万円台●予定最多販売価格帯／6,800万円台●管理費／月額:未定●管理準備金／一括:未定●修繕積立金／月額:未定●修繕積立基金／一括:未定●インターネット使用料／月額:未定●販売開始時期／2021年3月下旬予定 ※予告広告をする時点において、すべての予定販売戸数を一括して販売するかまたは数期に分けて販売するかは確定しておりません。当該予告広告以降に行う本広告において、販売戸数をお知らせいたします。なお、販売戸数が未定のため、専有面積及びバルコニー面積等は今後供給予定の全住戸についてのものです。※当物件の本広告は公式サイト(http://dhms.jp/tammachi/)にて2021年3月下旬に公開予定ですのでご確認ください。

※1:高島山トンネル(通行可能時間6:00～21:30)経由の場合徒歩16分(約1,230m)、高島山トンネルを経由しない場合徒歩18分(約1,380m)※徒歩分数は1分=80mとして換算し、端数は切り上げています。※掲載の外観完成予想図は、設計図書を基に描き起こしたもので、実際とは多少異なる場合があります。植栽は特定の季節の状況を想定して描かれたものではありません。また、竣工時には外観完成予想図程度には成長しておらず、形状、位置などは実際とは多少異なる場合があります。樹種は一部変更となる場合があります。外観形状の細部、設備機器などについては、再現されておりません。照明・カーテン・調度品等は販売価格に含まれません。

《資料請求受付中》 提携割引 防衛省にお勤めの方は販売価格(税込)より 1%割引 提携割引をご利用いただくには「紹介カード」が必要です。初回来場前にコーサイ・サービス(株)へご請求ください。

[売主] 大和ハウス工業　[売主] 京急電鉄
お問い合わせは「プレミスト横濱反町」販売準備室 0120-008-416
営業時間／10:00～18:00 定休日／毎週火・水曜日(祝日除く)※携帯電話・PHSからも通話可能です。
詳しくは公式サイトをご覧ください。 ダイワ 横濱反町 検索

建物内モデルルーム公開中！
「立地編」、「商品編」のショートムービーを公開中！「プレミスト船橋塚田」の公式サイトをCHECK！
プレミスト船橋塚田

■物件概要●物件名称／プレミスト船橋塚田●所在地／千葉県船橋市行田一丁目382番25(地番)●交通／東武アーバンパークライン「塚田」駅から徒歩3分●敷地面積／20,948.07㎡●用途地域／工業地域●構造及び階数／鉄筋コンクリート造 地上11階建(一部鉄骨造)●総戸数／571戸(別途管理事務室1戸、ゲストルーム3戸)●工事完了年月／2020年9月完成済●入居予定／即入居可●分譲後の権利形態／敷地は共有、建物は区分所有●土地の権利形態／所有権●管理形態／管理組合と管理会社(大和ライフネクスト株式会社)との間で管理委託契約を締結予定●設計・施工／株式会社長谷工コーポレーション●建築確認番号／第UHEC建確300383号(平成30年9月25日)、第UHEC建確300383変1号(令和元年5月24日)●売主・販売代理／大和ハウス工業株式会社 東京本店 〒102-8112 東京都千代田区飯田橋3-13-1 宅地建物取引業者免許番号・国土交通大臣(15)第245号、建設業許可番号・国土交通大臣許可(特-27・28)第5279号、(一社)不動産協会会員(公社)東京都宅地建物取引業協会会員(公社)首都圏不動産公正取引協議会加盟 TEL:03-5214-2794●売主／東武鉄道株式会社 〒131-8522東京都墨田区押上1-1-2 宅地建物取引業者免許番号・国土交通大臣(15)第328号、(一社)不動産協会会員(公社)首都圏不動産公正取引協議会加盟●販売代理／野村不動産アーバンネット株式会社 〒163-0576東京都新宿区西新宿1-26-2新宿野村ビル26階 宅地建物取引業者免許番号・国土交通大臣(4)第6101号(※更新手続き中)(一社)不動産流通経営協会会員(公社)首都圏不動産公正取引協議会加盟 TEL:03-3345-7778●駐車場空台数／65台(月額使用料／3,500円～13,000円)別途、来客用駐車場6台、カーシェアリング2台●駐輪場空台数／660台(月額使用料／100円～300円)別途、来客用自転車置場:16台●バイク置場空台数／18台(バイク:10台、ミニバイク:8台)(月額使用料／1,000円～1,500円)■第1期1次～第3期6次物件概要●販売戸数／41戸●販売価格(税込)／3,100万円～5,210万円●最多販売価格帯／3,800万円台(7戸)※100万円単位●間取り／2LDK～4LDK●専有面積／57.25㎡～85.35㎡●バルコニー面積／10.40㎡～22.92㎡●テラス面積／10.40㎡～12.48㎡●専用庭面積／10.40㎡～22.80㎡(月額使用料／400円・600円・1,000円)●管理費(月額)／12,300円～18,400円●管理準備金(引渡時一括)／12,300円～18,400円●修繕積立金(月額)／5,100円～7,600円●修繕積立基金(引渡時一括)／286,300円～426,800円●インターネット使用料(月額)／1,078円(税込)●申込受付場所:「プレミスト船橋塚田」現地販売センター●取引条件有効期限／2021年1月31日※お申込の際には、印鑑(認印)、直近2年分の収入証明書(源泉徴収票等)、本人確認資料(運転免許証等)をご持参ください。※819号室は2020年9月5日より、613号室は2020年9月12日より、1032号室は2020年11月20日より建物内モデルルームとして使用しております。※201号室は2020年9月10日より現地販売センターとして使用しております。※建物内モデルルームの819号室、613号室、1032号室、現地販売センターの201号室は今回販売対象外です。

※徒歩分数は1分=80mとして算出(端数切り上げ)したものです。※[新設]小学校の通学区域については今後、住居表示の変更や大きな環境の変化等があった場合には、改めて通学区域の見直し等が行われる可能性がございます。なお、開校までは行田東小学校(徒歩14分/約1,070m)が通学校となります。※本事業エリア57,456.19㎡(分譲マンション/571戸、賃貸住宅/中高層225戸(予定)、低層39戸、一戸建て街区/26区画、複合商業施設、道路・公園用地の敷地の合計面積)※認可保育所(予定)は入居者の入所を保証するものではなく、入居者以外の第三者も利用します。また各施設の運営は将来にわたって保証されるものではありません。

提携割引 防衛省にお勤めの方は、販売価格(税込)より 1%割引 提携割引をご利用いただくには「紹介カード」が必要です。初回来場前にコーサイ・サービス(株)へご請求ください。

[売主・販売代理] 大和ハウス工業　[売主] TOBU 東武鉄道　[販売代理] 野村不動産アーバンネット
お問い合わせは「プレミスト船橋塚田」現地販売センター 0120-571-090
営業時間:10:00～18:00 定休日:火・水曜日(祝日除く)

2021年も住まいのことなら長谷工グループへご相談ください！

掲載の提携特典をご利用の際は、「朝雲新聞を見た」とお伝えください。

新築　マンション施工実績No.1、長谷工コーポレーションおすすめ新築分譲マンション

長谷工 コーポレーション

New リビオ所沢　埼玉県所沢市

提携特典　販売価格（税抜き）より1.0％割引

未来へ進み、価値を彩るレジデンス。

MIRAIRO

西武新宿線・池袋線「所沢」駅徒歩10分／1~4LDKの多彩なプラン／全95邸

新スタイルを満たす、躍動と潤いが整ったエリア／共用部にコワーキングスペースを設置

3LDK 3,900万円台〜

公式HPにてオンライン案内も実施中

「所沢」駅徒歩5分のマンションギャラリーにて1/9(土)モデルルームグランドオープン（予約制）

お問い合わせは「リビオ所沢」マンションギャラリー　0120-834-095　営業時間／10:00〜18:00 定休日／水・木曜日

リビオ所沢　検索　資料請求はこちら！

（売主）日鉄興和不動産　（販売提携（代理））長谷工 アーベスト　（設計・監理・施工）長谷工 コーポレーション

ハイムスイート朝霞　埼玉県朝霞市

提携特典　販売価格（税込）より1.0％割引

軽やかに暮らそう。楽して楽しむ街ナカ暮らし。

HEIM SUITE Asaka

タウン内に2つ 保育園　徒歩1分 複合商業施設　選べる3つ 公園

くみまちモールあさか 2020年11月OPEN!

2020年 東武東上線沿線＆朝霞市内 供給戸数No.1

東武東上線 西武池袋線エリア 最大規模 複合開発タウン内 全212邸の新築分譲マンション

ADVANCE 事業企業グループとして ABINC ADVANCE 認証を取得（2020年6月）

第3期2次以降予定販売価格（税込）　2LDK+S 専有面積67.85m² 2,900万円台〜　4LDK 専有面積84.19m² 4,500万円台〜

モデルルーム公開中!!【予約制】

お問い合わせは「ハイムスイート朝霞」マンションギャラリーまで

0120-816-114　営業時間／10:00〜18:00 定休日／火・水曜日（祝日除く）

ハイムスイート朝霞　資料請求はこちら！

（売主）積水化学工業株式会社　（販売提携（代理））長谷工 アーベスト　（設計・監理・施工）長谷工 コーポレーション

リフォーム

提携特典　工事代金（税抜）より3％割引　お見積り無料

長谷工 リフォーム

新春リフォームフェア　今だから、過ごしやすい住まいに

新宿 1/23(土) 24(日) 1日30組限定 合計60組

横浜 1/30(土) 31(日) 1日15組限定 合計30組

大宮 船橋 1/30(土) 各10組限定

【完全予約制】合計110組様限定！

ご予約はこちらから！　長谷エリフォーム　www.haseko.co.jp/hrf/reform/

初参特典　ご来場者限定プレゼント！　ご成約期間／2021年2月末日

KITCHEN（キッチン）クリスタルシンクプレゼント

BATHROOM（バスルーム）浴室換気暖房乾燥機「三乾王」プレゼント

限定30セット　QUOカード2,000円分プレゼント

掲載商品以外にも特典をご用意！お気軽にお問い合わせください。

長谷エリフォーム　検索　www.haseko.co.jp/hrf/reform

住まい売買

提携特典　仲介手数料（税抜）10％OFF　買取の場合上限10万円諸経費サービス

長谷工 リアルエステート

中古住宅を多数取り揃えています！売却・買取ご相談ください。

長谷工の仲介は、「知人・親族にすすめたい」そんなお客様が90.8％

※2017年1〜9月に長谷工の仲介で不動産を売却されたお客様へのアンケート結果。

売る　査定から売却まで、しっかり資産を活かすお手伝い。

買う　中古マンション、戸建、土地などの購入をご相談可能。

お客さまの大切な資産に、独自の提案力でお応えします。

売却保証　一定期間内でご売却が成立できなかった場合、あらかじめお約束した価格で当社が買い取る、万が一に備えた安心のサービスです。

直接買取　買取後にリフォームして販売しますので、室内状況は問いません。「他人に室内を見せたくない」「急いで現金化したい」など、さまざまなお悩みにお応えします。

板橋店・府中店・大宮店限定 無料査定・ご売却応援キャンペーン

特典　期間中に訪問査定をご依頼のお客様を対象にクオカード2,000円相当をプレゼント!!　キャンペーン期間 2021年3月31日(水)まで

板橋店　東京都板橋区 仲宿39-1 渡田ビル1階

府中店　東京都府中市 府中町1-1-5 府中高木ビル6階

大宮店　埼玉県さいたま市大宮区桜木町2-2-20 斉藤ビル4階

webで中古マンション自動査定!　長谷工の仲介　検索　www.haseko-chukai.com

シニア向け住宅

提携特典　ご成約の場合「自立型」入居一時金0.5％割引「介護型」入居一時金15万円割引

長谷工 シニアホールディングス

お元気なときから、介護が必要になっても、自分らしい暮らしを。

確かな経験のもと、安心して快適に住み続けられる住まいを提供しています。離れて暮らすご家族のこと、自宅からの住みかえのこと、お気軽にご相談ください。

運営実績30年以上

24時間スタッフ常駐

安心の介護/医療体制

独自の住みかえシステム

マンションタイプの自立型居室

ペットとの入居可（規程あり）

おすすめホーム

介護付有料老人ホーム（一般型特定施設入居者生活介護）

センチュリーシティ王子　東京都北区

JR京浜東北線「東十条」駅徒歩7分（約510m）　自立型　介護型　2018年4月開設

商業施設に隣接した、利便性の良い都市型ホーム。お元気な方は今までと変わらない自由なライフスタイルを維持し、介護が必要な方はケアスタッフ常駐のフロアで安心の暮らしをサポート。

事業主体：株式会社センチュリーライフ

70歳からの住まい選びは

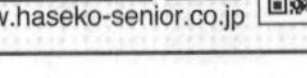

www.haseko-senior.co.jp

※事前にお申し出がない場合は、提携特典をご利用いただけませんので予めご了承ください。「リフォーム」「住まい売買」「シニア向け住宅」の提携特典は、各社営業エリアにより一部対象とならない地域がございます。

【提携先】長谷工 コーポレーション

提携特典に関するお問い合わせは（株）長谷工コーポレーション「提携お客様サロン」

0120-958-909　営業時間 9:00〜17:00 定休日 土・日・祝日　teikei@haseko.co.jp

その他の新築物件一覧はこちらのホームページからご覧いただけます▶ http://haseko-teikei.jp/kosaiservice/

※提携特典をご利用いただくためには、コーサイ・サービス（株）が発行する「紹介カード」が必要です。各社初回面会時にお渡しください。

〈紹介カード発行先〉コーサイ・サービス株式会社 担当：佐藤 TEL：03-5315-4170 E-mail：k-satou@ksi-service.co.jp

HP：https://www.ksi-service.co.jp/ [ID]teikei [PW]109109（トクトク）

行け!! 鉄牛連隊

7師団71戦車連隊長 東峰昌生1佐「丑年」の抱負

「今年は我ら〝鉄牛部隊〟の丑年だ。さらに飛躍の年にするぞ」――。北海道の大平原を道場として日々練成を重ねる陸自第7師団の第71戦車連隊（北千歳）。1961年の創隊時（第7特車大隊）より〝鉄牛〟をシンボルとする同連隊は、7師団で唯一、ネットワーク能力に優れる10式戦車を装備し、まさに突進する猛牛のごとく進化を続けている。「丑年の2021年を飛躍の年にしたい」と語る連隊長の東峰昌生1佐にリモート・インタビューで新年の抱負を聞いた。

（菱川浩嗣）

勇猛に着実に 日々の改善、一丸で

東峰71戦車連隊長

「鉄牛」旗印に60年

71戦連の部隊マーク「鉄牛」は前身の7特車大隊時代に由来する。「部隊シンボルの鉄牛は、平素は泰然自若としながらも有事の際には、平素培った勇猛ぶりを発揮し、祖国防衛に敢然と立つ様を象徴しており、代々当隊の戦車の砲塔には『鉄牛』が受け継がれている」と東峰連隊長は語る。

統率方針としては「伝統の継承と発展」を掲げる。最新鋭の10式戦車が配備されていることから、「戦闘団の基幹部隊としての責務を強く感じている」と語る。「昨年、連隊には10式が2個戦車中隊分配備された。今後も配備が継続されると想定しており、戦車連隊戦闘団の基幹部隊として10式のネットワークの効率的な活用を含め、現代戦の様相に的確に対応しつつ総合戦闘力を最大限発揮し得るよう練成を積み重ねていきたい」と目標を掲げた。

「前進」と「団結」

丑年の2021年を迎え、隊員には「前進」と「団結」の2点の継続を要望。「一人ひとりが良く考えて行動し、小さなことでも日々改善を重ねていくとともに、団結力をもって連隊一丸となり、任務にまい進していきたい」。

前年は他の部隊と同様、教育訓練と新型コロナへの対応に苦心した。今年も引き続き感染の予防に留意しなければならないが、達成するべき任務は変わらない。「このような時だからこそ、隊員も部隊もなすべきことをなす。それが最終的には抑止力にもつながるはずだ」と話す。

昨年の師団戦車射撃競技会では「完全優勝」という目標には届かなかった。今年はその教訓を糧に、方面隊戦車射撃競技会の優勝と71戦車戦闘団訓練検閲での任務達成を目指す。「隊員たちの『ここ一番』の力には目を見張るものがある。必ずや任務を達成するものと信じている」。

次代へ伝統継承

丑年に際し、昨年まいた種をさらに発展させる年にしたいと東峰連隊長。

「有事の際には、祖国防衛のため鉄牛のような勇猛ぶりを発揮しなければならない。そこで平素から黙々と部隊の精強化に努め、次代の隊員たちに〝鉄牛〟の伝統を着実に継承・発展させていきたい。全国の皆さま、本年も鉄牛の第71戦車連隊をよろしくお願いします」。

㊤総合戦闘射撃訓練で120ミリ砲を発射する71戦連の10式戦車。東峰連隊長も太鼓判を押す「ここ一番の集中力」が発揮された
㊨7師団の他部隊と協同訓練を行う71戦連の10式戦車（手前）。最新鋭戦車ならではの諸職種協同作戦が存分に展開された
（いずれも北海道大演習場で）

中村裕亮7師団長の前に整列した71戦連の東峰連隊長（先頭）以下の隊員たち（東千歳駐屯地で）

The 71st Tank Regiment

71戦連の部隊章。緑の北海道の大地に敢然と立つ「鉄牛」がトレードマークだ。「7」は前身の第7特車大隊からの伝統を意味している

まんが オリンピック今昔

作画 田﨑 義弘

日本国民、そして世界のスポーツファンが待ちわびる「東京オリンピック」が今年の夏、開催される。コロナ禍により1年遅れたが、その分、注目度も高まった。57年ぶりとなる東京オリンピックには自衛隊からも多くの選手が出場するほか、大会の期間中、防衛省・自衛隊もさまざまな場面で支援を行う予定だ。1964年の東京オリンピックを知る海自OBの田﨑義弘さん（81歳）に、前回オリンピックでの自衛隊の活躍の場面を得意のまんがで描いてもらった。

円谷幸吉選手を知ってますか。
1964年の東京オリンピックのとき
日本陸上陣でただ一人
日の丸をあげた
陸上自衛官です。

陸自の円谷選手が銅メダル

東京五輪のマラソンで、陸上自衛隊体育学校に所属する円谷幸吉選手（元2尉）が3位に入り、銅メダルを獲得した。日の丸が初めて国立競技場に掲げられ、日本中を沸かせた

今年の東京オリンピック・パラリンピックでも自衛隊の皆さまのご活躍を期待しています

1964年の東京オリンピック
開会式に海上自衛隊が
さっそうと登場しました

「五輪旗」掲げ入場

前回の東京オリンピック開会式で、「五輪旗」を掲げての入場行進は海上自衛官が務めた

ブルー、国立競技場で五輪のスモーク

空自のF86ブルーインパルスは国立競技場の上空に五輪をスモークで描き、東京五輪の開幕を祝った

陸自音楽隊が開会式のファンファーレ

1964年の東京オリンピックでは陸自音楽隊が開会式のファンファーレ演奏を担った。この時、自衛隊はまだ創設10年だったが、各方面で堂々の支援活動をみせた

軍事利用されるか 電動垂直離着陸機 eVTOL「空飛ぶクルマ」

世界で開発が進められるeVTOL（イーブイトール）（電動垂直離着陸機）は「空飛ぶタクシー」として次代の旅客輸送に期待されている。日本では大阪市が2025年の大阪万博での実現を宣言した。一方、世界ではすでに実用化が進み、中国では遊覧飛行にeVTOLを導入、量産機の販売も開始されている。この小型電動ビークルが軍事に転用されたらどうなるのか。その近未来図を探った。

実用化進む中国、量産へ

自律飛行する「空飛ぶクルマ」はパイロットを必要としない。これが既存の航空機との最も大きな違いだ。乗り込んで目的地を入力すれば、自動で飛び立ち、その場所に連れていってくれる。その手軽さからeVTOLはターミナル駅と空港間の旅客輸送など「空飛ぶタクシー」として需要が見込まれている。

その最先端をいく機体の一つ、中国・イーハン社の「EHang216」はすでに観光事業に投入され、遊覧飛行などに使われている。量産機は米国、韓国、日本などに輸出され、試験飛行も始まっている。日本では瀬戸内海の離島と本土（岡山県）を結ぶ輸送に利用される計画だ。

操縦士いらずボタン一つ

eVTOLの開発は中国、ドイツ、米国などが先行し、日本の企業も続々参入している。トヨタはeVTOL事業を進める米企業に出資し、東レはドイツ企業が開発中の機体に炭素繊維複合材の供給を始めた。

さらに日本のスタートアップ企業のスカイドライブは昨年夏、試験機「SD―03」の有人飛行試験に成功。同機は1人乗りで、外観は「空飛ぶバイク」。同社は全長・幅4メートルの「空飛ぶクルマ」も同時開発中だ。

日本のスカイドライブ社はパイロットが操縦するタイプの試験機「SD―03モデル」を開発、公開飛行試験も成功させている（同社HPから）

㊤中国・イーハン社の「EHang216」はすでに量産化され、観光事業に投入されている。機体は米国、韓国、日本などに輸出されている

㊨「EHang216」にはさまざまな派生型もあり、写真は高層ビルの消火活動にあたる消防型タイプ（いずれもイーハン社HPから）

特殊部隊の潜入用ビークルに

商船や漁船からも発進可能

eVTOLは軍用面にも利用可能だ。負傷者の後送など「空飛ぶ救急車」として使えるほか、特殊部隊のビークルにもなる。小型のため貨物船や漁船からでも発進でき、海上から島嶼への潜入などにも使えるだろう。これに武装したドローンが加われば、これまででは考えられないような奇襲作戦もできそうだ。

中国は「軍民融合発展戦略」をとっており、eVTOLも人民解放軍にすでに導入されていると考えるほうが自然だろう。中国軍の対テロ戦を描いた同国の映画『オペレーション：レッド・シー』（2018年）では敵の拠点攻撃に「自爆ドローン」が使われた。

軍用ドローンは進化を続け、爆弾やミサイルを積んだ武装タイプも登場している。これがスウォーム（群れ）となって守備隊を襲えば、現状では対抗できる手段はない。その後、eVTOLに乗った特殊部隊が奇襲をかければ、重要防護施設なども短時間のうちに制圧されてしまうだろう。

これまで島嶼への攻撃は、①水陸両用部隊による海からの上陸②飛来した航空機によるヘリボーンや空挺降下――などが考えられてきたが、eVTOLが実用化されれば、これが島嶼攻撃の主役になるかもしれない。なにしろ、eVTOLはパイロットがいらず、ボタン一つで複数機が一斉に目的地に潜入することができるのだから。

こうした新兵器の登場に備え、防衛省はその対策として「対空レーザー」の研究開発に着手した。将来的には車載、艦載型の対空レーザーを装備化し、武装ドローンのスウォーム攻撃などにも対処する計画だ。

しかし、ドローンの進化は早く、飛行して敵の陣地に近づいた後、着地して地上を走行し密かに潜入、偵察活動を行えるドローンなども登場している。今後、ドローンの撃退はますます難しくなり、これにeVTOLが加われば、その対処はさらに困難になるだろう。

中国・シャオペン社が開発中の「空飛ぶタクシー」。ドローンを大型化したようなタイプだ（同社HPから）

米軍に提案されているFlyt　Aerospace社製の「レッド・ハミングバード（赤いハチドリ）」のイメージ。航続距離320キロ、速力160キロ、滞空時間100分以上を目指す（同社HPから）

ドイツ・リリウム社のeVTOLは5人乗りで、前後の翼に計36基のダクテッドファンを配して垂直上昇、その後は固定翼で飛行する（同社HPから）

飛行＋自走侵入するドローンも

中国のHarwar社が開発中の武装ドローン「Zhanfu（トマホーク）H16―V12」。空対地ミサイルとグレネードランチャーを装備している（同社HPから）

米ロボティック・リサーチ社が開発した地上走行ができる偵察用ドローン「ペガサス」。数十分の飛行と数時間の地上走行ができる（同社HPから）

みんなのページ

木を植えることは未来を信じること

「日独修好160周年」を前に両国共同で慰霊祭

1海佐 本名 龍児（海上自衛隊幹部学校・目黒）

本年は「日独修好160周年」の記念すべき年となります。

今後の日独交流発展の象徴となりうる行事が去る11月13日、大分市において行われました。

本行事は第1次世界大戦時のドイツ捕虜病死者への慰霊祭で、在京ドイツ大使館から武官のカーステン・キーゼヴェッター陸軍大佐（以下、武官と表記）が出席し、地元大分県と自衛隊大分地方協力本部が支援しました。

大分市の桜ケ丘聖地（陸軍墓地）には多数の我が国の戦没将兵の墓碑に交じって、第1次大戦の中国・青島の戦いで捕虜となり、大分にあった収容所で病死したユリウス・パウル・キーゼヴェッター後備海軍歩兵（武官の曽祖父の弟）、リヒャルト・クライン後備海軍歩兵の2人が眠っています。

同武官による大分への墓参は、令和元年12月、武官の友人である私と海幕装備需品課資材班長の長野晋作1佐が墓所の調査協力に当たり、墓所の判明後、同地にご案内しました。（その経緯については「朝雲」令和2年4月23日号に詳しく紹介されました。）

これは武官にとってあくまで私的な墓参でしたが、当地の墓碑の管理状況にいたく感動した武官が、その後、大分県知事に礼状を送付したことが契機となって両者の関係は深まり、今般の公的な慰霊祭（ドイツ大使館主催）が実現し、大分県での日独交流が大いに深まりました。

11月13日、ドイツ連邦陸軍の制服で桜ケ丘聖地に到着した武官は、墓地入口で挙手の敬礼により、日独の死没者に敬意を表しました。そして日独の関係者を前にしたスピーチにおいては、病死した捕虜両名の経歴や長年にわたる墓地の管理に対する地域住民への感謝の意が述べられ、「日独修好160周年」の節目となる本年の再訪への希望が示されました。

次いで、武官による献花が実施されました。ドイツ連邦軍音楽隊との親善行事での演奏経験がある陸自西部方面音楽隊の矢口幸一1等陸曹のトランペットによるドイツの追悼曲『私には戦友がいた（Ich hatt einen Kameraden）』の奏楽は、式典をより荘厳なものとしました。

その後、参列者による献花が実施され、ドイツ人捕虜両名の墓碑は花や供物で埋め尽くされました。

この慰霊祭においては、前回の墓参後、約1年間にわたった私のドイツ人捕虜に関する研究成果が式の執行等に反映されました。病死した捕虜両名の詳細な経歴が武官のスピーチに盛り込まれるとともに、一昨年の墓参時点ではクライン氏の顔写真は入手できていなかったものの、ドイツ研究者が開設したサイトによってその後、写真が得られ、公式の慰霊祭に際しては墓碑に両名の遺影を供えることができました。

慰霊祭の終了後、桜ケ丘聖地ではドイツ大使館と大分県代表者による植樹が実施されました。武官は「木を植えることは未来を信じることです」と語り、参加者は日独両国の良好な未来を期待しました。

慰霊祭の翌日、地元・大分で武官夫妻と平素から墓地の清掃管理にあたっている地元の志手地区の方々との交流行事が行われ、手作りの日独国旗に歓迎された武官夫妻は嬉しそうに大分再訪を誓っていました。

この大分での出会いは、今後、我々が大切に紡いでいくべき「日独の縁」であり、この地に眠る二人のドイツ人捕虜もこの縁を静かに見守り続けることでしょう。

ドイツ大使館主催の「大分捕虜収容所慰霊祭」が昨年11月13日、大分市の桜ケ丘聖地（陸軍墓地）で行われ、同地に眠る2人のドイツ人兵士に敬礼する在京ドイツ大使館武官のカーステン・キーゼヴェッター大佐

キーゼヴェッター大佐夫妻（前列中央）を囲み、日独の旗を掲げる地元・大分市志手地区の人々

大分の地に眠るユリウス・パウル・キーゼヴェッター後備海軍歩兵（武官の曽祖父の弟）とリヒャルト・クライン後備海軍歩兵の墓碑はたくさんの花で埋め尽くされた

（世界の切手・ドイツ）

この道より、我生かす道はなし。この道を行く。

武者小路実篤（作家）

朝雲ホームページ
www.asagumo-news.com
<会員制サイト>
Asagumo Archive
朝雲編集部メールアドレス
editorial@asagumo-news.com

幸運もたらす二重虹

3空曹 村上 真純（44警隊・峯岡山）

航空自衛隊峯岡山分屯基地は南房総の山上にあります。先日、雨が止んだので、基地グラウンドを見ると、なんと、晴れ上がった空に「二重虹（ふたえにじ）」＝写真＝が架かっていました。

ふだん目にする虹と、配色が逆の薄い虹がその外側にできていて、とても神秘的な光景でした。

この二重虹は、海外では「ダブルレインボー」や「ダブルレイ」と呼ばれ、幸運をもたらすものとされています。東洋でも「龍の化身」などに見立て、吉兆とされているようです。

この二重虹を調べてみると、可視光線が通常1回反射して見える虹に対し、2回反射しているため逆向きになり、薄く見えるということですが、きれいな景色に余計な説明は不要ですね。

思わぬ自然からの贈り物に、コロナ禍で沈みがちな隊員たちの気分も晴れやかになりました。

新刊紹介

地図とタイムラインで読む「第2次世界大戦全史」

P・スノウ著、辻元よしふみ監訳

新春の冷気の中、「世界と戦争」を見つめ直すには最適な本だ。

第2次大戦はなぜ勃発し、アジア、欧州、アフリカ、海洋で戦いはどう展開したのか。本書は詳細な地図100点を含むカラー図版278点を盛り込んで解説し、主要な戦いについてはその推移が地図とタイムラインで再現され、読者は「戦略家の視点」から作戦の経緯を知ることができる。

著者は英国の歴史家で、本書ではナチスドイツの勃興、スペイン内戦、日中戦争、ドイツの欧州席巻、日本軍の真珠湾攻撃、独ソ戦とノルマンディー上陸作戦、ベルリン陥落、硫黄島・沖縄の戦い、原爆投下と日本の降伏までがビジュアルに解説されている。戦後についても米ソ冷戦やアジア諸国の独立が記される。

本書では戦場・兵器・人物など関係資料も充実し、初心者からベテランまで戦史の勉強に繰り返し使える豪華本だ。将来の戦略家・戦術家をめざす防大生や幹部候補生には、間違いなく座右の書となるだろう。

（河出書房新社刊、8580円）

「ジョン・ボルトン回顧録」トランプ大統領との453日

J・ボルトン著、関根光宏ら訳

1月20日、米国にバイデン新大統領が誕生する。新政権の外交・軍事施策が明らかになる前に、過去4年間のトランプ外交をおさらいしておくには格好の書だ。

ボルトン氏は4年前、トランプ政権の大統領補佐官（国家安全保障担当）に就任し、米国の対外政策を主導してきた。しかし、トランプ氏と意見が合わず、1年後に解任されるまでの日々を覚悟をもって描く。そこではホワイトハウス内での政策立案の現場から各国首脳とのやりとりまで生々しく記録されている。

ボルトン氏は在任中に日本を何度も訪れた。このため、日本に関する言及は140カ所以上あり、安倍首相や谷内正太郎国家安全保障局長とのやりとりなどはスリリングだ。

また、米朝首脳会談にも同席していたことから、北との交渉の推移も暴露、米国の対アジア政策の本質を知ることができる。

バイデン新政権が本格的にスタートする前に、ホワイトハウス内がどのように機能しているのか学んでおくには最適な一冊だ。

（朝日新聞出版刊、2970円）

4回目の年女の抱負は「謙虚」

2陸曹 吉田 美津子（49普連本管中隊・豊川）

4回目の年女を迎え、抱負として「謙虚」を挙げたいと思う。

「十二支」の順番が決まった由来の神話の中で、丑は自分が歩くのが遅いことを自覚していたので、神様に挨拶するために前日の晩から出発し、最後は背中に乗っていた子に一番の座を譲ったので、二番になったとある。丑は自分の能力を過信せず、謙虚であるから成果を出せたのだ。

人はみな傲慢である。当然、私もそうだ。自分の能力を過信し、傲慢になってしまうことは「退化の始まり」である。「謙虚」とは、卑屈でも傲慢でもなく、素直な状態をいう。素直に相手の意見を受け入れること、自分の至らない部分は素直に認め、改善していくことで人は成熟できると思う。

残りの人生、十二支の丑のように謙虚になり、周囲の人の良い部分を吸収し、この一年、より良い自分になろうと努力していきたい。

朝雲・栃の芽 新春特別俳壇

畠中草史 編（抽出）

鐘楼の階段上る去年今年　岩原 滋利
自づから初日に対し背を正す　増田 直美
朝雲俳壇見てゐるといふ年賀状　明田 眞雅
孫抱いて笑む教え子の賀状かな　渡辺美恵子
避難所の門に小さき飾松　井戸田盛男
淑気満つ幣あたらしき屋敷神　吉川 道男
四福を詣で墨堤折り返す　岩崎 清子
三が日ひねもすきままジャズを聴く　小窪美和子
腕白の聞く耳持たぬ福笑　佐賀あかり
読始去年の栞を開きたる　庵崎 京子
日章旗船首に掲げ漁始　三根 香南
浄衣にも火花飛び散る鍛冶始　髙木 智念
ひと種に三つ葉を加へ七日粥　牧 弘子

詰碁

第1250回出題

出題 日本棋院 九段 曲 励起

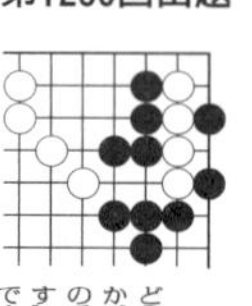

白先

『隅の白はどうなりますか。白は最初の手が大切です』。5分でできれば中級です。

▶詰碁、詰将棋の出題は隔週です◀

詰将棋

出題 日本将棋連盟 九段 石田 和雄

≫第834回の解答≪

先手 持駒 なし

【正解】▲2四歩△同玉▲1三馬△同玉▲3三竜△2三歩▲2五桂までの七手詰め。

【解説】▲2四歩の突き出し。この手が本題の主眼。こうして次に▲1三馬と捨てれば、最終▲2五桂のつるし桂の順を成立させることができます。単に▲1三馬△同玉▲3三竜では△2三歩で不詰み。

落下傘無事故で6000回の降下

空自千歳救難隊

約40年間かけて「落下傘降下訓練無事故6000回」を達成した千歳救難隊の隊員たち（千歳基地で）

【千歳】空自千歳救難隊（隊長・西村直樹2佐）はこのほど、千歳基地で「落下傘降下訓練無事故6000回」を達成した。1978（昭和53）年3月から約40年間をかけて記録した。

救難員は年15回以上の降下訓練が定められており、救難隊としては年間約百回を累積する。「6000回」の節目の降下訓練を行った救難員は、「脈々と先輩たちから引き継がれている記録を途切れさせることなく、達成でき安心した」と語った。

また、後に続く後輩たちに「1回1回集中して、安全に注意を払い、引き続き訓練を行ってほしい」とエールを送り、さらに「直接、命を救うことができる」と救難員の職務のやりがいも話した。

UH60J救難ヘリから「6000回」目の降下に飛び出した千歳救難隊員

五輪に照準

近代五種全日本選手権最終種目のレーザーランで集中する嶋野2曹（宇都宮市の河内総合運動公園で）＝体校広報班

体校、近代五種班の精鋭ら

新型コロナウイルス感染拡大のために1年延期され、この夏に開かれる東京五輪。これまでの大会で多くのオリンピアンを輩出している自衛隊体育学校（朝霞）の選手たちも出場、メダル獲得に〝照準〟を合わせ錬成に励み、大会で成果を挙げている。同校各班のうち近代五種班は、昨年の全日本選手権で男女アベック優勝した。

全日本選手権 そろって優勝

【体校＝朝霞】第60回近代五種全日本選手権大会が11月27〜29日、栃木県宇都宮市などで開かれ、体育学校近代五種班から14人（うち女子6人）が出場。男子は嶋野光2陸曹、女子は島津玲奈3陸曹がともに2年ぶり3度目の優勝を果たした。

初日の27日は男子の3種目（水泳、フェンシング、馬術）が行われた。嶋野2曹は水泳を11位、フェンシングを6位と出遅れたが、馬術（障害飛越）をミス・減点なしで終え300点満点を獲得。総合順位を5位とし、最終種目のレーザーラン（レーザー銃射撃後800メートル走×4回）へつなげた。

タイム差をつけてスタートする同種目で嶋野2曹は、先行する選手を抜き、11分8秒のトップのタイムで逆転優勝を果たした。

あと1枠残る五輪出場枠の獲得を目指し嶋野2曹はレース後、「コロナ禍の下で大会が開催されたことはとてもありがたく、優勝できたことはすごくうれしい。残る一枠を獲得できるよう頑張ります」と語った。

一方、女子の部を制した島津3曹はレース後、「オリンピックの（出場）枠を懸けた戦いの糧になる」と、今後の国際大会での出場枠獲得に意欲を示した。

自衛隊体育学校　陸海空自衛隊の共同機関として1961年8月、朝霞駐屯地に創設。1、2教育課、スポーツ科学科などを置く。国際級選手の育成を行う2教育課は、17年4月にカヌー、女子ラグビーが加わり、現在11個班で活動。2教育課各班からは前回東京五輪（64年）からリオデジャネイロ五輪（16年）までの五輪13大会に延べ143人が出場。合わせて20個のメダル（金8個、銀4個、銅8個）を獲得し、延べ19人が入賞する成果を挙げている。

父から子へ技術継承

海自「こんごう」

定年控え感無量

【佐世保】海自1護衛隊群5護衛隊のイージス護衛艦「こんごう」（艦長・藤崎勝1佐）はこのほど、長崎での修理を終え、練度の維持・向上のため航行諸訓練を実施。この間、父から子への術科の継承が見られた。

「こんごう」には、訓練指導を担当する佐世保海上訓練指導隊のベテラン指導官、吉野孝治准尉（特技＝電測）と、同准尉の長男で電測員の将矢3曹が乗艦。家では寡黙で温厚な父が、電測員の大先輩として熱意ある術科指導に当たった。

吉野准尉は「多くの後輩の育成に尽力してきたが、定年を控え、まさか実の息子に指導を行う機会があるとは。感無量です」と目を細め、将矢3曹は「父の背中に憧れて入隊した。初めて父から訓練指導を受け、術科の奥深さを改めて認識した。指導を糧に任務完遂の一助となりたい」と力強く決意を語った。

約3週間の訓練を経て、電測員の術科が継承されるとともに、親子の絆がより強くなった。

訓練指導を行った父吉野孝治准尉（右）と長男将矢3曹（護衛艦「こんごう」艦上で）

1普連

21人のレンジャー誕生

コロナ対策徹底し4カ月

【1普連＝練馬】陸自1普連（連隊長・小倉好文1佐）はこのほど、新型コロナウイルス感染防止を徹底し、約4カ月にわたって部隊集合教育「レンジャー」（43期）を行った。

練馬、立川両駐屯地、荒川などで基本訓練を、東富士、北富士両演習場や富士五湖周辺山地（標高約1800メートル）などで行動訓練をそれぞれ実施。選抜された21人（1普連18人、34普連3人）が九つの想定に臨んだ。

教育を実施した指導部（1普連2中隊長、加藤僚3佐以下35人）は訓練基盤の確保など多岐にわたる調整と助教要員の訓練を並行して行うとともに、感染防止に留意。学生たちは常にマスクとゴーグルを着用して訓練に参加し、また、可能な範囲で部外との接触を断った。

学生21人は肉体的・精神的に困難な状況下での小部隊の指揮官としての実員指揮能力を向上させ、全ての訓練を終えて練馬駐屯地に帰還。学生長の田中祐介2曹が小倉連隊長に帰還を報告し、連隊長は「レンジャーバッジを獲得するための想定を終了する。ただし、たった今から頭号レンジャーとしての終わりなき想定を開始する」と、「頭号レンジャー」隊員としてのさらなる成長を求めた。

約4カ月間の教育を終えて練馬駐屯地に帰還した1普連、34普連のレンジャー学生たち

こちら警務隊

法知識の不知①

高額売却は事業とみなし 古物営業法違反で懲役も

ネットで不用品等を高額で売却することは犯罪ですか？

不用品を出品することは、ただちに犯罪にはなりません。しかし、転売目的で繰り返し仕入れて、仕入れた金額よりも高額で売却する等の場合、「事業」に該当するため、古物商許可が必要であり、違反した者は、古物営業法違反で3年以下の懲役または100万円以下の罰金に処せられます。

古物営業法の「古物」には、中古品だけでなく、自分で買った一度も使用していない新品も含まれます。

隊員は原則として兼業禁止のため、事業として古物を販売することはできませんので、このような行為は絶対にやめましょう。

（中部方面警務隊）

小休止

▽…陸自34普連にこのほど、新ゆるキャラ「兵タンくん」が誕生した。

▽…兵タンくんはドラム缶をベースにし、胴体に連隊を象徴する「橘」の文字を記す。愛らしい顔立ちに小銃弾のキリっとした眉、手足は給油ホースをイメージしている。名前の由来の兵站は、戦闘部隊の後方で人員、燃料、食料、弾薬などの補給に当たる活動機能。兵タンくんは板妻駐屯地の正統派キャラ「イタヅマン」への燃料補給などを担う。

▽…イタヅマンと共に今後、静岡県民の安心と安全を守り、自衛隊のPRにも努めていく兵タンくん。富士山を背にやる気をみなぎらせている＝写真。（板妻）

門松に南天を飾る小野司令（奥）とマテルスキー司令官（右）

座間駐屯地

米軍司令官ら招き門松設置

【座間】座間駐屯地はこのほど、駐屯地曹友会が作製した門松を庁舎玄関前に設置し、最後の南天の飾り付けを在日米陸軍関係者を招いて行った。

招かれたのは在日米陸軍基地管理本部（キャンプ座間）司令官、トーマス・マテルスキー大佐と、同本部最先任上級曹長、ジャスティン・ターナー上級曹長。

小野一也駐屯地司令とマテルスキー司令官が門松に赤く丸い実を付けた南天を飾り、参加者全員で記念撮影に納まった。

12月に着任したばかりのターナー上級曹長は、日本の伝統文化に興味を示すとともに「前任者が築いた座間駐屯地とのつながりを引き継ぎ、より強固にしたい」と語った。

NISSAY
あなたの未来に、ずっと寄りそう。
みらいのカタチ
(登)日本20-3878,20/10/5,業務部

朝雲
発行所 朝雲新聞社
〒160-0002 東京都新宿区四谷坂町12－20 KKビル
電話 03(3225)3841
FAX 03(3225)3831
振替00190-4-17600番
定価一部150円、年間購読料9170円（税・送料込み）

主な記事

11都府県に緊急事態宣言

要請あれば速やかに災派

岸防衛相「最後の砦の役割果たす」

新型コロナウイルスの感染拡大を受け、菅首相は1月7日、東京、埼玉、千葉、神奈川の1都3県を対象に緊急事態宣言を発令した。期間は翌8日から2月7日までの1カ月間。岸防衛相は8日の記者会見で、緊急事態宣言の発令に伴い同日、防衛省・自衛隊の▽教育訓練▽勤務態勢▽出張▽外出▽行事――などについて定めた新たな大臣通達を発出したことを明らかにした。一方で、自治体からの具体的な要請があれば速やかに部隊を派遣できるよう準備を整えており、岸大臣は「国民にとって『最後の砦』として求められる自衛隊の役割を十分に果たしていきたい」と述べた。政府は13日、大阪、京都、愛知など7府県にも緊急事態宣言を発令した。

自衛隊の活動で新たな大臣通達

コロナ対策を協議する岸防衛相（テーブル左から2人目）以下、防衛省・自衛隊の幹部（1月5日、防衛省で）＝防衛省提供

緊急事態宣言の発令は昨年4月7日～5月25日以来、2度目。宣言に先立ち、岸大臣は1月4日、各幕僚長に対し、必要に応じてこれまでと同様、①医療支援②宿泊療養者に対する緊急支援③感染防止に係る教育支援④自衛隊の能力を生かした支援など――を講じるよう指示を出した。

翌5日には省内でコロナ対応に関する幹部会議を開催。大臣は、自治体などと連携して対応するための検討や準備と合わせ、隊員の感染防止対策に万全を期すよう指示した。13日現在、自治体からの災害派遣要請は受けていない。

一方、自衛隊の活動に関する8日の大臣通達について、教育訓練は1都3県に所在する部隊や隊員が1都3県以外で集合するものや、1都3県以外の部隊が1都3県で集合する場合は「原則中止・延期」とする。また、1都3県以外の道府県が「県境をまたいでの移動自粛」を要請している場合は、感染防止策を確実に講じて教育訓練を行うことを関係自治体等に事前に丁寧に説明するとした。

さらに、1都3県に所在する予備自衛官等が集合する訓練や、1都3県以外に所在する予備自衛官等が1都3県に集合するものは「中止または延期」とする。

勤務態勢ではテレワークを含む在宅勤務や時差出勤、交代制勤務などの取り組みをこれまで以上に推進。1都3県内の各機関等はテレワーク端末の稼働を徹底し、各日において職員の7割を出勤回避させることを目指し、夜8時以降の勤務を抑制する。

出張は1都3県とそれ以外の地域の往来が「原則中止・延期」となるほか、外出も1都3県に所在する機関等の職員は「夜8時以降の不要不急の外出を自粛し、1都3県以外への不要不急の外出を厳に慎む」ことが決まった。

行事も1都3県では100人以下の規模で実施。行事等では飲食を回避する方策を徹底し、会食も1都3県での夜8時以降の参加を「厳に慎む」とした。

岸大臣は8日の記者会見で、今が感染拡大防止に向けた重要局面との認識を示した上で、「防衛省・自衛隊の各種活動や職員・隊員個人の行動が国民の命と安全を脅かすような事態を発生させることのないよう、より慎重な対応が求められる。他方で、そうした中にあっても国民の命と安全を守る使命を全うするために部隊等の即応性を確保しなければならない」と指摘。

その上で「いかなる事態においても、国民の生命・身体・安全を守り抜くために、医療機関や保健所などの関係機関とも連携し、新型コロナウイルス感染拡大防止に万全を期した上で、求められる役割を十分果たしていきたい」と述べた。

大阪など7府県も 期間2月7日まで

政府

政府は1月13日、新型コロナウイルスの感染拡大が続く大阪、京都、兵庫、愛知、岐阜、福岡、栃木の7府県に緊急事態宣言を発令した。期間はいずれも、発令済みの首都圏4都県と同様に2月7日まで。これで緊急事態宣言の対象地域は計11都府県に拡大した。

岸防衛相 日ASEAN会合に出席

サイバー能力構築支援発表

「日ASEAN防衛担当大臣会合」と「ADMMプラス」会議にオンラインで出席し、各国国防相らに手を振ってあいさつする岸防衛相（12月10日、防衛省で）

岸防衛相は12月10日、東南アジア諸国連合（ASEAN）加盟全10カ国と日本による第6回「日ASEAN防衛担当大臣会合」と、ASEANに日米韓中露など8カ国を加えた第7回「拡大ASEAN国防相会議（ADMMプラス）」にオンラインで出席し、安全保障上の課題をめぐって各国の国防相らと意見交換した。

新型コロナウイルスの影響で、ASEAN議長国のベトナムがテレビ会議方式で各国の国防省などを結んで開催した。

岸大臣は「日ASEAN防衛担当大臣会合」で、日本とASEANとの防衛協力の指針「ビエンチャン・ビジョン2・0」に基づく新たな取り組みとして、「サイバーセキュリティー能力構築支援事業」の開始を発表した。

新事業では、サイバーセキュリティー分野で専門性を持つ自衛官が講師となり、講義と実習を交えた実践的なプログラムを年に1回、10日間程度実施する予定で、2021年中の開始を目指す。

会合で岸大臣は「自由、公正、安全なサイバー空間は、人々の自由な社会的・経済的活動を支える基盤だ」と指摘。「高まるサイバーセキュリティーへの脅威に対し、不正アクセスなどのインシデント（事案）対応能力を向上させ、安全で強靭なサイバー空間の形成に貢献していきたい」と新事業の意義を強調した。

一方、ADMMプラスの会議では、創設10周年記念式典も合わせて行われ、「プラス8カ国」の代表としてスピーチした岸大臣は、インド太平洋地域における政府主催の唯一の国防担当閣僚会合である「ADMMプラス」が今後も信頼醸成の場として機能し続けることに強い期待感を示した上で、「日本が責任ある『プラス国』として地域の安全保障協力に貢献していく」との決意を表明した。

会議では共同宣言が採択され、21年の議長国となるブルネイに引き継ぎが行われた。このほか、日本は21年から23年までベトナムと共にPKO専門家会合（EWG）の共同議長国を務めることが正式に決まり、4月からEWGを本格始動させることを確認した。

3カ国と相次ぎ会談

防衛相

インド国防相と協力推進で一致

シン印国防相

岸防衛相は12月22日、インドのラージナート・シン国防相と約45分間の電話会談を行い、「自由で開かれたインド太平洋」の維持・強化に向け、防衛協力・交流を引き続き活発に進めていくことで一致した。

両氏は、昨年9月に行われた「日印物品役務相互提供協定（ACSA）」の署名や、同11月に日米印豪4カ国がベンガル湾などで実施した海軍種間の共同訓練「マラバール」の成功とその成果を確認。コロナ禍においても二国間や日印両国を含む多国間の防衛協力・交流が推進されていることを歓迎した。

一方、コロナの世界的な感染拡大を踏まえ、①コロナ下の人道支援・災害救援活動で得られた教訓の共有②感染拡大への対処能力を高めるべく、第三国協力を進める新たな機会の模索③偽情報への対処を含め、法に基づく国際秩序を強化するための意見交換――の取り組みに互いに協力していくことを申し合わせた。

東・南シナ海情勢をめぐっては、海洋進出を強める中国を念頭に日印が緊密に連携し、「力を背景とした一方的な現状変更の試みや、緊張を高めるいかなる行為にも強く反対する」「法の支配に基づく自由で開かれた海洋秩序が重要だ」――とのメッセージを明確に発信していくことで一致した。

シンガポール国防相と意見交換

岸防衛相は12月7日、シンガポールのウン・エンヘン国防相と約30分間のテレビ会談を行い、最近の地域情勢について意見交換。「法の支配に基づく自由で開かれた海洋秩序が重要だ」との考えを共有した。

両氏は11月に同国で開かれた対面による「日シンガポール防衛当局間（MM）協議」など、二国間の防衛協力・交流がコロナ禍でも進んでいることを歓迎。

このほか、新型コロナウイルスの感染拡大を踏まえ、災害派遣活動における感染予防策に関する知見や教訓の共有など、感染症対策分野でも防衛協力を推進していくことで一致した。

ブラジル国防相と交流覚書に署名

岸防衛相は12月15日、ブラジルのフェルナンド・アゼヴェード・エ・シルヴァ国防相とテレビ会談を行い、両国間で初となる「防衛協力・交流覚書」に署名した。ハイレベル交流や人道支援・災害救援（HA／DR）分野での協力などを進める。

日本から同国へは2014年、中南米地域初の防衛駐在官（1陸佐）が派遣され、関係強化が図られていることから、両氏は緊密なコミュニケーションで防衛協力・交流を強力に推進していくことで一致した。

さらに、両国が民主主義や法の支配といった基本的価値を共有していることを

秋田県で21普連が除雪災派

年明けから東北・上信越・北陸地方は豪雪に見舞われ、秋田県横手市では1月5日、積雪が例年の4倍以上の1メートル70センチに達した。この大雪で自治体の除・排雪が追い付かず、家屋倒壊などの恐れが生じたため、秋田県知事は同日夕、陸自21普連（秋田）に災害派遣を要請した。同隊などは6日から10日まで、延べ約1110人が除雪に当たり、木造の小学校校舎や高齢者住宅の屋根の雪下ろしなどを行った＝写真。

その後、富山、福井、新潟の各県からも陸自に災害派遣要請があり、東北方、東方、中方の各部隊が雪に閉じ込められた高速道路のドライバーへの支援や民家の除・排雪作業に従事している。（7面に関連記事）

春夏秋冬

選挙とフェイクニュース

小谷 賢

2021年1月1日午前8時（日本時間）、英国はEUを完全に離脱し、「念願の」独立を果たした。英国が前身のECに参加したのが1973年なので、半世紀近くに及ぶ欧州との関係を清算したことになる。昨年12月には英国とEUが自由貿易協定を締結したものの、やはり制限も多いため、今後の英国は「グローバル・ブリテン」戦略を掲げ、世界的な自由貿易体制下での経済的繁栄を目指すようだ。

興味深いのは、世論調査会社「ユーガブ」によると、昨年12月の段階で離脱の選択が「正しかった」と答えた英国民の割合は40％、「誤りだった」と答えたのが51％となり、最近は「誤りだった」と答える割合が常に「正しかった」を上回るようになっている。2016年の国民投票の際には、英国民が一時的な感情で離脱を選択したと言われているが、上記の調査が示すのは、今や多くの国民がその選択に後悔しているということではないだろうか。

問題はなぜ2016年の段階で過半数の国民が離脱を支持したのか、ということだ。これは当時、多くの誤情報が流布された影響が大きい。例えば英国はEUに毎週約480億円もの拠出金を支払っており、離脱すれば払う必要がなくなる、といった主張が広まったが、これは後になって誤情報だったことが判明している。ただし当時これを確認しようとしても情報量が多すぎて、正しい情報に基づいた判断をすることができなかったようである。そうなると人は真実ではなく、自分の考えに近い情報や感情に訴えかける情報を選別するようになる。これが「ポスト真実」といわれる現象だ。

他方、世界各国の情報機関の任務の一つに、プロパガンダや情報操作がある。特にロシアの情報機関はこの手の工作を得意としており、誤情報によって他国民を誘導する有様から「影響力工作」と呼ばれている。英国の国民投票の際にもロシアの工作があったとされ、昨年7月に英国議会情報保安委員会が「ロシアの介入は明白」とした報告書を提出している。このような工作は昨年の米大統領選挙でもあったと推察されており、現在、米国家情報長官の下で報告書が作成されているところだ。

これは我々にとっても対岸の火事ではなく、もし今後、国論を二分するような議題を選挙で決定する際には、外国勢力の情報操作に基づいたフェイクニュースに配慮した上で、客観的な判断が求められることになるだろう。

（日本大学危機管理学部教授）

朝雲寸言

小惑星「リュウグウ」は地球から約3億キロの彼方にある。およそ46億年前に太陽系が形づくられる過程で塵やガスが集まって出来た惑星になれなかった数十万個の小惑星のひとつである▼中でも7割以上を占めるのが「リュウグウ」のようなC型と呼ばれる小惑星で太陽系と生命誕生の起源を知る手がかりになると言われている▼我が国のJAXAが打ち上げた「はやぶさ2」は6年かけて「リュウグウ」から貴重かつ十分な量のサンプルを持ち帰った。6年に及ぶ宇宙の旅を完全に成し遂げた最大の要因は日本の科学技術と品質の高さにある▼開発に関わった会社はおよそ100社に上るという。特筆すべきは大企業から町工場までいろいろな分野からさまざまなメーカーが参加していることである。その成功は奇跡ではない。前回の教訓を踏まえ愚直に積み上げた科学技術とチームワークの勝利である▼しかしながら、3億キロ離れた小惑星に無人の探査機を飛ばして試料を持ち帰るほどの高い技術を持つ一方で、我々は1年近く経っても眼前のコロナウイルス感染症の拡大を止めることができないでいる▼この問題の根本は我々自身にあるのではないか。ウイルスの感染を封じ込めるのは技術やシステムではない、人間集団の力なのだ。1月7日、政府は二度目の緊急事態を宣言した。身近な危機事態に対応する社会及び人間集団の民度が今問われているのである。

時の焦点

国内

緊急事態再び

社会の底力で感染抑止

昨年春に続いて、2度目の非常時である。短期で成果を挙げるには、一人一人が新型コロナウイルスの感染防止に努力する以外にない。

菅首相が新型インフルエンザ対策特別措置法に基づいて、緊急事態宣言を発令した。東京、埼玉、千葉、神奈川の1都3県が対象で、2月7日までだ。追って、大阪、京都、兵庫の3府県も対象となろう。

首相は、宣言発出に当たって記者会見を開き、こう強調した。

「私はこの状況は必ず克服できると思っています。そのためには、もう一度、皆さんに制約のある生活をお願いせざるを得ません」

連日のように新規感染者が過去最高を更新し、重症者も増えている。社会・経済活動を大きく制限してでも、感染抑止を最優先するのはやむを得ない。

コロナ患者を受け入れる病床の余裕は失われ、医療関係者からは「医療崩壊の瀬戸際にある」という強い危機感が示されている。

幅広い業種に休業や営業時間の短縮を求めた前回と異なり、今回は、飲食店にターゲットを絞っているのが特徴だ。

首相は、「専門家も、東京で6割を占める経路不明の感染の多くは飲食が原因だと指摘している」と語った。

飲食の際にマスクを外し、そのまま長時間会話する際に飛沫によって感染するというわけだ。

政府は、飲食店などへの営業短縮要請の実効性を高めるため、財政支援を明記して罰則を盛り込む特別措置法の改正案を通常国会に提出する方針である。

飲食店側からは、「なぜ狙い撃ちされるのか」といった不満が漏れている。忘れてならないのは、飲食店そのものが悪いわけではない、ということだ。

店が感染防止策を講じても、客がそれを無視したという例は数多い。

中小の飲食店は、都内だけでも約8万店に上るという。いくら罰則を設けても、違反を確認し、実際に適用するには相当の手間がかかる。

飲食店をはじめ、自粛を要請された各事業者の主体的な取り組みがなければ、緊急事態は空文化しかねない。なぜ営業自粛が必要か、一般市民にはどんな行動が求められるか、政府は丁寧に説明し、理解を広げなければならない。

感染拡大と歩調を合わせるように、報道各社の世論調査では、菅内閣の支持率が低下している。

政権に対する世論の視線が厳しくなるのは当然だとしても、政治のメッセージに耳を貸さない人が増えるようでは困る。

コロナ患者を受け入れない医療機関はおかしい。あるいは、経済を重視しすぎる政府はおかしい。このような他者批判が前面に立ち、協調する機運が失われるのは危険である。

みなが結束しなければ、この難局は乗り越えられない。社会の底力が問われていよう。

宮原 三郎（政治評論家）

海外

再び緊張加速

イラン、米を先制非難

イラン革命防衛隊のソレイマニ司令官がイラクの首都バグダッドで、米軍無人機の攻撃で殺害されて（2020年1月3日）から1年を機に、両国間で再び緊張が強まっている。

米軍がイランによる報復攻撃を警戒する中、ロウハニ同国大統領は12月30日の閣議で、トランプ米大統領の生命は「数日後に終わる」と警告した。

ロウハニ氏のこの発言は、トランプ氏の「政治生命」のことを言ったと受け取れるが、イラン政府の英語への公式翻訳では、肉体上の生命を指したものとも受け取れるようだ。

同大統領に続いて、ザリフ外相も31日、「トランプと彼の共犯者は、自国内でコロナウイルスと戦わないで、B52爆撃機や艦隊をわれわれの地域に派遣した。イラクからの情報によれば、米国は戦争の口実をでっち上げる陰謀を練っている」と主張した。

2人の発言に先立つ20日、在バグダッドの各国大使館が集まる旧米軍管理区域（グリーンゾーン）に多数のロケット弾が撃ち込まれ、一部が米大使館の敷地内に着弾した。

グリーンゾーンに向けたロケット弾による攻撃としては、10年以降最大規模（「ウォール・ストリート・ジャーナル」紙）だった。

同事件に対し、トランプ大統領は23日、「もしイランやその手先が米兵士を殺害したら、米国は反撃する」と報復攻撃の方針を明らかにしていた。

米軍が30日に2機の戦略爆撃機B52を中東に派遣したのはそのためで、イランに対するメッセージだった。また、空母「ニミッツ」もソマリア沖で待機していた。

しかし、AP通信によると、B52は同地域をその後すぐ離れ、「ニミッツ」も現在は米西海岸の母港に向かっている。

米軍がB52と「ニミッツ」を同地域から移動させたのは、新たなメッセージだったろう。イランが挑発行為を行わない限り、米国はイランを攻撃する計画はないとの。

にもかかわらず、最高指導者ハメネイ師に近い軍事アドバイザーのホセイン・デグハン氏の発言（31日）を読むと、米のイラン攻撃プランを既成の事実のように扱い、米国に警告している。

「米国は（ソレイマニ司令官殺害の）報復を恐れて警戒態勢をとり、B52爆撃機2機をペルシャ湾に飛ばした」

「同地域の米軍事基地はすべて、イラン軍のミサイルがとらえている。トランプにアドバイスする。新年を米国民の悲嘆の年にするな」

そして、ザリフ外相も相変わらず「イランは戦争を望まないが、自国の国民、安全保障、死活的利益は断固として防衛する」といった対米発言を繰り返している。

米軍が空・海の「軍事力誇示」を引き揚げた事実を考慮すれば、イラン側のこうした「警告」は逆に奇妙に映る。

イランの指導者は自国から攻撃に出ることを計画しており、攻撃前にトランプ政権を〝先制非難〟しているのではとの指摘である。

草野 徹（外交評論家）

陸海、八戸市が災害協定

津波発生時に避難所提供

「大規模災害時における緊急避難場所等に関する協定」を締結した、（左から）八戸駐屯地司令の松坂1陸佐、八戸市の小林市長、海自2空群司令の降旗海将補（11月30日、青森県の八戸市役所で）

【陸・海八戸】陸自八戸駐屯地と海自2航空群は11月30日、八戸市との3者間で「大規模災害時における緊急避難場所等に関する協定」を締結した。

同協定は、令和2年4月に内閣府が発表した「日本海溝・千島海溝沿いの巨大地震モデル」で同地震が発生すると八戸沿岸に最大26・1メートルの大津波が襲来すると予測されていることから、臨海部の事業者が八戸駐屯地に避難場所の提供を要望。地域の防災力を高めるため、陸・海自と八戸市の3者による連携・協力が進められてきた。

八戸市庁舎で行われた締結式には、小林眞市長、八戸駐屯地司令の松坂仁志1佐、2空群司令の降旗琢丸将補が出席。東北防衛局の熊谷昌司局長、海自大湊地方総監の二川達也海将らが同席し、3者代表が協定書に署名した。

今後、大規模災害が発生した際、陸自八戸演習場と海自八戸航空基地の一部を直ちに開き、地域住民らが緊急避難できる態勢とする。大津波の到達に備え、自治体が一時避難場所として自衛隊施設を活用する事例は全国的にも珍しい。

松坂駐屯地司令は調印後、「本協定により、大きな津波が到達する前に住民の皆さまが努めて早く、より安全な地域に避難し、命を守ることができるようになる。また、本協定の存在自体が皆さまの日頃の生活の安心にもつながれば幸いだ」と述べた。

降旗群司令も「市民の安全確保に向け、これからも協力体制を整えていきたい」と語った。

東北防衛局の熊谷局長は「大津波警報などが発表された段階で（自衛隊の）活動が可能となり、画期的かつ実務的な内容だ」と高く評価した。

先任520人が集合訓練

オンラインで36会場結び

空幕人計課

全国の部隊の准曹士先任にオンラインで訓示する井筒空幕長（右）。左手前は空自准曹士先任の甲斐修准尉（12月3日、防衛省で）

【空幕】空幕人事計画課は12月3日、「編成部隊等以上准曹士先任集合訓練」をオンラインで行った。

同訓練は全国の主要部隊の准曹士先任に対し、業務を行う上で必要な知識や各種施策などを教育し、識能の向上を図ることを目的に実施された。

これまでは東京・市ヶ谷基地に集めて演練していたが、新型コロナ対策のため、全国の36会場を結び、520人が参加した。

最初に井筒空幕長が訓示し、「諸官が曹士隊員の良き模範として指揮官を補佐し、熱意をもった指導で部隊の団結強化を図ってくれていることを心強く思う」と激励。その後、各担当から准曹士先任制度や空幕長が掲げる「空自の進化」に向けての施策が説明された。

同時にオンラインで日米下士官交流も行われ、米第5空軍（横田）のキャスリン・マクール最先任上級曹長が「上級下士官としての責任と教育の重要性」について隊員に向けて講話を行った。

中国艦1隻が対馬海峡を往復

12月21日午前9時ごろ、中国海軍の「ジャンカイII」級フリゲート（満載排水量約3900トン、艦番号529「舟山」）1隻が長崎・下対馬の南西約200キロの東シナ海の海上を北東に向け航行するのを海自3ミサイル艇隊（佐世保）のミサイル艇「おおたか」と43掃海隊（下関）の掃海艇「とよしま」、1空群（鹿屋）のP1哨戒機が確認した。

中国艦はこの後、対馬海峡を北上して一時的に日本海に進出。23日に再び対馬海峡を南下して東シナ海に戻った。

露軍艦3隻が日本周辺航行

12月25日午前9時ごろ、ロシア海軍の「スラバ」級ミサイル巡洋艦（満載排水量1万1600トン、艦番号011「ワリヤーグ」）、「ウダロイI」級ミサイル駆逐艦（同8600トン、548「アドミラル・パンテレーエフ」）、「ドゥブナ」級補給艦（同1万1500トン、「ペチェンガ」）の計3隻が沖縄・宮古島の南東約100キロの太平洋上を北上するのを海自の1海上補給隊（横須賀）の補給艦「はまな」（母港・佐世保）と2掃海隊（佐世保）の掃海艇「ひらしま」「たかしま」、1航空群（鹿屋）のP1哨戒機、5航空群（那覇）のP3C哨戒機が確認した。

ロシアの同艦隊は11月に日本海から対馬海峡を南西進して東シナ海に進出した艦艇群と同一で、3隻はこの後、沖縄本島と宮古島間の宮古海峡を北上した後、対馬海峡を抜けて日本海に入った。

仏陸軍参謀総長とテレビで意見交換

陸幕長

湯浅陸幕長は12月18日、フランス陸軍参謀総長（CEMAT）のティエリー・ビュルカール大将＝写真＝とテレビ会談を行った。

ビュルカール大将は2019年7月、陸軍参謀総長に就任。今回のトップ会談で両者は、今後の日仏陸軍種間の防衛協力・交流の方向性などをめぐって意見を交わした。

日米最先任がTV会議

下士官の関係強化で一致

陸自

【陸自最先任室】陸自最先任上級曹長の根本和男准尉は12月2日、東京・市ヶ谷と米ワシントンDC郊外の陸軍省を結び、米陸軍のマイケル・グリンストン最先任上級曹長と初のテレビ会談を行った。

グリンストン米陸軍最先任上級曹長とテレビで会談する根本陸自最先任上級曹長（12月2日、防衛省で）

両者は日米相互の下士官育成ついて意見を交換し、日米同盟に基づく両国陸軍種の下士官の良好な関係をさらに深化させていくことで一致した。

1佐定期昇任人事

防衛省発令

▽1陸佐に昇任
(防衛研究所) 2陸佐 池上 隆蔵
(教育訓練研究本部) 同 石岡 直樹
(開発実験団本部) 同 石崎 美生
(西部方面特科連隊) 同 井上 靖也
(10後方支援連隊) 同 今井 健二
(防衛装備庁) 同 今村政弘
(高射学校) 同 岩下 悟
(統幕) 同 内田 恭裕
(1施設団本部) 同 太田 耕輔
(陸上総隊司令部) 同 柿内 慎治
(中央業務支援隊) 同 鎌田 寛
(教育訓練研究本部) 同 辛島 雅和
(統幕) 同 川嶋 勇基
(中央病院) 同 河野 修一
(西部方面総監部) 同 吉良 隆文
(教育訓練研究本部) 同 小阪 剛士
(陸幕) 同 小林 憲治
(同) 同 齋藤 良平
(同) 同 笹川 豊秀
(警務隊) 同 佐藤 雅之
(陸幕) 同 品川 真之
(統幕) 同 柴田 哲良
(同) 同 高木耕一郎
(陸上総隊司令部) 同 田村 貴夫
(小平学校) 同 千葉 修治
(中央業務支援隊) 同 富野 匠
(陸幕) 同 富山 武史
(関西補給処) 同 鳥越千尋
(教育訓練研究本部) 同 中村 康男
(中央病院) 同 畑中 公輔
(東北方面航空隊) 同 東木場保貴
(教育訓練研究本部) 同 廣山 俊一
(会計監査隊) 同 古越万紀人
(教育訓練研究本部) 同 堀田 朗伸
(陸幕) 同 森下 輝彦
(中央業務支援隊) 同 八津尾宗之
(陸幕) 同 山田 大作
(同) 同 湯澤 憲治
(航空学校) 同 米谷 知久
(富士学校) 同 和田 毅

▽1海佐に昇任
(防衛政策局) 2海佐 臼井洋太郎
(海幕) 同 加藤 太輔
(同) 同 加藤 智聡
(同) 同 勘米良悠貴
(46掃海隊) 同 國田 貴之
(きりさめ) 同 白石 豪
(いかづち) 同 杉山 靖浩
(防衛政策局) 同 髙橋英樹
(海幕) 同 田中 裕昭
(佐世保病院) 同 長尾 華
(海自幹部学校) 同 中嶋 智己
(海幕) 同 中村 雄貴
(統幕) 同 東 和正
(海自補給本部) 同 堀田 剛志
(海幕) 同 水野 達彦
(海自幹部学校) 同 溝添 健次
(海幕) 同 横手 裕之

▽1空佐に昇任
(中部航空方面隊司令部) 2空佐 相澤 直樹
(空幕) 同 石田 智広
(同) 同 上田 和人
(防衛医大) 同 川本 博嗣
(空幕) 同 坂本まゆみ
(同) 同 佐藤 太郎
(空自幹部学校) 同 佐野 公則
(防衛装備庁) 同 澤田雅栄
(航空開発実験集団司令部) 同 品川千鶴子
(空自幹部学校) 同 高橋 裕司
(空幕) 同 田中 崇史
(同) 同 東田 和也
(統幕) 同 藤幡 健介
(空幕) 同 巻田 明輝
(同) 同 松崎 友和
(同) 同 眞部 誠司
(空自幹部学校) 同 村林 芳雄
(中部航空警戒管制団) 同 森 孝二
(空自5術科学校) 同 湯淺 幹生
(6航空団) 同 吉満 淳一
(空幕) 同 渡辺 憲彦
（以上1月1日）

よろこびがつなぐ世界へ
KIRIN
KIRIN'S PRIME BREW
一番搾り
KIRIN BEER
一番搾り
Brewed from only the first press of genuine malt for a crisp, delicious flavor.
〈麦芽100%〉
ALC.5% 生ビール
お酒
おいしいとこだけ搾ってる。
ストップ！20歳未満飲酒・飲酒運転。お酒は楽しく適量で。
妊娠中・授乳期の飲酒はやめましょう。のんだあとはリサイクル。
キリンビール株式会社

東京五輪イヤー再び　内定・有力視される体校選手

〝牛の如く〟着実に前へ

JSDF in TOKYO 2020

新型コロナウイルスの世界的な感染拡大を受け、史上初めて1年延期された東京五輪・パラリンピック。新たな年が明け、仕切り直しの今夏の大会に向けて自衛隊体育学校（朝霞、学校長・豊田真陸将補）の選手たちは〝牛〟の如く着実な一歩を進めている。活躍が期待される同校の有力選手を紹介する。

（榎園哲哉）

表彰台で恩返し

昨年2月の「GSデュッセルドルフ大会」を寝技で制す濵田2尉（円内も）。柔道班で初めて五輪出場を内定させた＝体校柔道班

五輪出場を内定させているのは体校2教育課隷下の6個班の9人（うち女子2人）。このうち、柔道班期待の濵田尚里2陸尉は、女子78キロ級で初出場を決めている。

濵田2尉は柔道班の酒井英幸監督譲りの寝技を駆使して昨年2月にドイツで行われた「グランドスラム・デュッセルドルフ大会」を制すなど堅実な強さを持つ。同班からの五輪出場も初めてで、「お世話になった皆さまに少しでも恩返しができるよう頑張りたい」と表彰台を目指す。

モー然と　技磨く

これまでの五輪で合わせて12個のメダルを獲得しているレスリング班からは、フリースタイル74キロ級に乙黒圭祐2陸曹が出場。大会の1年延期を「強くなるための時間ができた」とポジティブに捉え、海外の強豪に通用する技に磨きをかけている。

フリー65キロ級では2歳下の弟、拓斗さん（山梨学院大）が出場を決めており、兄弟そろってのメダル獲得を見据える。

レスリング・フリー74キロ級で出場を決めている乙黒2曹。65キロ級の弟拓也さんと兄弟そろってのメダル獲得を目指す（体校で）

女子発展の礎に

ボクシング班は3人（男子2人、女子1人）が内定。女子51キロ級の並木月海3陸曹は、「（五輪の）3分3ラウンドをハードに動き続けられる筋持久力の向上に取り組んでいる」。

五輪のボクシングに日本人女子が出場するのは初めてで、「女子ボクシングをさらに発展させていく礎になりたい」と静かに闘志を燃やす。

男子では成松大介1陸尉（63キロ級）が2度目、森脇唯人3陸曹（75キロ級）が初の五輪に挑む。

射撃班はライフル種目の国内第一人者、松本崇志1陸尉が、近代五種班は前回リオデジャネイロ五輪代表の岩元勝平3陸曹が内定。また、カヌー班はスプリントのカヤック・フォア（4人乗り）500メートルの代表メンバーに藤嶋大規2陸曹と松下桃太郎3陸曹の2人が名を連ねている。

アジア・オセアニア予選（昨年3月、ヨルダン）で攻める並木3曹。日本人女子で初めて五輪ボクシングに挑む＝日本ボクシング連盟

選考会に狙い定め

競泳の日本選手権で力泳を見せる高橋2曹（円内も）。800メートルフリーリレーの代表メンバー入りを目指す＝体校広報班

有力選手ら　虎視眈々

内定選手以外にも出場を虎視眈々と狙う有力選手がいる。水泳班の高橋航太郎2海曹は競泳の日本選手権（12月、東京）の200メートル自由形で2位に入賞。同種目の上位入賞者らで編成する800メートルフリーリレーの代表メンバーを目指す。

射撃班の山田聡子3陸曹は、全日本選手権（11月、千葉）の25メートルピストルで初優勝するなど波に乗る。「どうやって自分の射撃をするかをテーマに、一日一日を大切に頑張る」と今後の代表選考会に狙いを定めている。

自衛隊体育学校長　豊田真陸将補の談話

東京五輪に向けて選手の強化などに率先して取り組む豊田体育学校長（体校で）＝体校広報班

一昨年の暮れに発生した新型コロナウイルス感染症の影響で、東京2020オリンピックは1年間の延期となりました。

自衛隊体育学校のアスリートたちは、それぞれの思いを胸に、この延期を前向きに捉え、さらに強くなって来るべき東京オリンピックに臨みます。

アスリートたちが最高のパフォーマンスを、その一瞬に解き放つため、自衛隊体育学校は一丸となって東京オリンピックに全力で取り組みます。

全国津々浦々の自衛隊員およびご家族、またOBの皆様等の自衛隊体育学校アスリートたちへの応援をお願いします。

自衛隊体育学校　陸海空自衛隊の共同機関として1961年8月、朝霞駐屯地に創設。1、2教育課、スポーツ科学科などを置く。国際級選手の育成を担う2教育課は11個班で編成。前回東京大会（1964年）以降の五輪13大会に延べ143人が出場し、計20個のメダル（金8、銀4、銅8）を獲得している。

前事不忘　後事之師　第60回

映画『鬼滅の刃』を観る
―この世のことは全て〝相対的〟

映画『鬼滅の刃』が大ヒット中とのことなので観に行ってきました。簡単にストーリーを要約すれば、鬼退治の修行を終えた竈門炭治郎という少年が鬼殺隊に入隊し、友人たちと無限列車に乗り込み、強力な力を持つ鬼たちを撃退するという話です。

私は原作の漫画は読んでいませんので、評価する資格は無いかもしれませんが、この映画になぜ多くの人が集まるのか考えてみました。

『鬼滅の刃』第1巻（集英社刊）

この映画の魅力はそのクライマックスの場面に集約されているのではと考えます。そこでは竈門少年が属する鬼殺隊の最高位の地位である柱の一人煉獄杏寿郎が凄まじい力を持つ猗窩座という鬼と生死を賭けた戦いを行います。煉獄杏寿郎は猗窩座からその実力を認められて鬼にならないかと誘われますが、子供時代に亡き母から弱い人のために悪と戦う人間になりなさいと言われたことを忘れずに猗窩座と必死の戦いを繰り広げ、猗窩座を撃退しますが命を落とします。

コロナ禍でやりたいこともできずにストレスが溜まる状況が長期にわたり継続している中、正義の象徴煉獄杏寿郎が悪の象徴猗窩座を命がけで倒そうとする、その正義感、爽快感に人々が引き付けられるのではないかと想像します。世界では猖獗を極めている感染症が鬼であり、その鬼を撃退したいという人々の願いが込められているようにも見えます。

他方で、この『鬼滅の刃』という映画は、他の多くのエンターテインメント系の映画がそうであるように、世の中を善と悪の二元論で見て、善が悪を倒すという勧善懲悪ものです。人の心には悪が倒されるのを見たいとの願望があるので、世界を善と悪に分けたいという気持ちは理解できますが、現実世界は、この映画とは異なり完全なる善とか完全なる悪というものは極めて少ないか、あるいは存在しないと私は考えます。

19世紀、20世紀を生きた「知の巨人」ドイツの社会学者マックス・ヴェーバーは『職業としての政治』の中でこんなことを言っています。

「この世がデーモンに支配されていること、善からは善のみが、悪からは悪のみが生まれるというのは人間の行為にとって決して真実ではなく、しばしばその逆が真実であること。これが見抜けないような人間は未熟児である」

ヴェーバーと同様な議論は、戦争と平和についても可能です。ほとんどの人間は平和と戦争を完全に違うものと区別して平和が善、戦争を悪と見なしており、悪である戦争が平和をもたらすとの考えを受け入れません。しかしながら歴史を仔細に分析すれば、戦争を奨励するわけではありませんが、戦争を選択せざるを得ない局面があることも事実ですし、戦争が戦後の平和を生み出しもします。

1939年時点の英仏の政治指導者の立場になって考えてみましょう。彼らは、第1次大戦により、戦争がとてつもない損害を人々に与えることをいやというほど思い知らされていたので、1939年3月にヒットラーがチェコを侵攻するまで、ヒットラーの第三帝国は戦争という手段でしか止められないことを認めようとしませんでした。しかしながら、この時点になると、戦争は残された最後の手段でした。もちろんこの時に「何もしない」という選択肢もありましたが、それは西側諸国がヒットラーに東欧を差し出し、「我々もそれを望んで黙認している」というメッセージだと勘違いされる危険がありました。

それでもヒットラーとの戦争を選択した英仏の指導者を非難することは可能ですが、彼らの置かれた立場を考慮すればやむを得なかった選択だったと思います。またとてつもなく大きな犠牲がありましたが、戦争により決着がつき、戦後の平和が構築されたことも否定はできません。

クラウゼビッツは「戦争は他の手段をもってする政治の延長である」と主張しましたが、このことは戦争と平和は政治というコインの表と裏にすぎないことを示しているように思います。

私はこの世のことは、全て〝相対的〟であり、世界は白と黒ではなくて全て灰色だと考えます。映画を観てそんなことを考えましたが、つまらない人生経験を積んだ結果、純真だった子供時代の白い心のキャンパスが汚れただけなのかとも感じています。

鎌田　昭良（元防衛省大臣官房長、元装備施設本部長、防衛基盤整備協会理事長）

…… 前事忘れざるは後事の師 ……

厚生・共済

特集

共済組合の「割賦制度」

新車、中古車のご購入にご利用ください

皆さま、共済組合に新車や中古車を割賦で購入できる制度があることをご存知ですか？

この「割賦制度」は、組合員の皆さまがお車を購入する際にとてもおススメです！　年利相当（※1）が1．005％（令和2年度4月時点で60回払いの場合）と低くて利用しやすいだけでなく、支払いは給与から源泉控除されるため、支払いの度に金融口座へ振り込む必要もなく、給与振込口座を変えた際なども手続きは不要です。

「割賦制度」の利用法はとても簡単！　販売店（※2）でご購入したい車の見積書をもらったら、直近の給与明細と一緒に所属支部の共済組合物資窓口へ持っていくだけです！　まずはご所属の共済組合物資窓口へご相談ください。

※1　物資経理の割賦販売制度を利用した場合、総支払額には取扱手数料（仕入価格の3％）が含まれます。

※2　割賦制度の利用に当たっては、販売店が共済組合と契約している必要があります。ご利用したい店舗が契約状態にあるかどうかなど、ご利用の可否については各支部物資窓口にお問い合わせください。

優良ディーラーもご紹介します

車は欲しいけど、たくさんあって分からない…。そんなあなたにはご希望に沿える優良ディーラーを紹介し、ご商談の場を無償で提供します！

ご相談やカタログ請求、ご希望に沿えない場合は利用中止も可能なので、お気軽にご利用ください。取り扱いは次の保険会社となります。

○損害保険ジャパン㈱　電話0120—555—657（関東以北）、0120—419—669（中部以南）　平日午前9時から午後5時まで

○三井住友海上火災保険㈱　電話0120—155—238　平日午前9時から午後5時まで

○東京海上日動火災保険㈱　電話0120—086—590　平日午前9時から午後5時まで

○あいおいニッセイ同和損害保険㈱　電話0120—540—591　平日午前9時から午後6時まで

すでにディーラーを訪問されている場合はご利用できないことがありますので、訪問前にお問い合わせください。

春の引越しは「らくらく引越し窓口」で

ベネフィット・ステーション

春は転勤の季節。防衛省共済組合の福利厚生サービス「ベネフィット・ステーション」のおススメは、「らくらく引越し窓口by引越しラクっとNAVI」。「らくらく引越し窓口」経由のお見積り・申込で移転料請求に必要な3社の詳細な見積りの送付と対象引越会社の割引特典が受けられます。

面倒な引越しの見積取得をサポートデスクがお手伝いします。組合員の皆さまは各社の見積りを比較して、気に入った引越し会社を選ぶだけです。

なお、このサービスは異動に伴う引越し専用プランのため、ベネポの付与はありません。

また、「らくらくお部屋探し窓口」「らくらくネット窓口」といった賃貸物件やネット回線の見積りサービスもございます。

※荷物が多い場合等、各社の訪問見積りが必要になる場合があります。

※3～4月の異動については繁忙期のため、極力2月中のお申し込みをお願いします。

お問い合わせは電話0120—793—750へ。平日は10時から21時、休日は10時から18時まで受け付けています。

サポートデスク

1お申込み	2ヒアリング	3比較・検討	4決定！！
会員専用サイトよりお申込み	サポートデスクより組合員の方へご連絡	引越各社より見積書提出	ご希望の会社・物件があればお申込み

ホテルグランドヒル市ヶ谷

フォトプラン

新型コロナの影響が続き、「挙式や披露宴の予定は立てられないけれど、今というふたりの瞬間を写真に残しておきたい…」という皆さん、婚礼衣装をお召しになり、晴れの姿で写真撮影をしてみませんか。

グラヒルでは洋装・和装の婚礼衣装でさまざまな写真が撮影できます

「挙式や披露宴の予定はまだないけれど…」

おふたりの今という瞬間を写真に残そう

共済組合の直営施設「ホテルグランドヒル市ヶ谷」（東京都新宿区）では、3月31日までの期間限定で、婚礼衣装を着用して写真撮影ができる「フォトプラン」をご用意しています。

今という瞬間を美しい写真で残しておきたいとご希望する方には最適のプランです。どうぞご利用ください。

「フォトプラン」は2種類あり、いずれのプランも内容は▽撮影料▽新婦衣装1着▽新郎衣装1着▽ヘアメイク▽着付け▽小物一式▽記念写真（2ポーズ）となっています。

「スタジオフォトPLAN」

ホテル内の写真スタジオで撮影するプランです。料金（いずれも消費税10％込み）は、洋装が10万円、和装（洋髪）が13万5000円、和装（かつら）が16万円、和装（やまと髪）が18万円となっています。

「ロケーションフォトPLAN」

ホテル内写真スタジオとチャペル、神殿で撮影するプランです。こちらは、洋装が16万円、和装（洋髪）が20万円、和装（かつら）が22万円、和装（やまと髪）が25万円となっています。

ロケーションPLANにはスナップアルバム（100カットデータ）が付きます。

「フォトプラン」の詳細はホテルスタッフまでお問い合わせください。

また、ブライダルのご相談も電話・メール・オンラインで受け付けています。ご予約・お問い合わせは、電話03—3268—0115（直通）、専用線8—6—28853（婚礼予約）まで。ホームページ（https://www.ghi.gr.jp）、メール（salon@ghi.gr.jp）でも受け付けています。お気軽にお問い合わせください。

婚礼衣装着用、2種類のフォトプラン

3月31日までの期間限定

ロケーションフォトPLANでは、チャペル内での写真撮影ができます

インフルエンザの予防接種を助成

1月31日接種分まで

防衛省共済組合では、組合員の被扶養者を対象に「インフルエンザ予防接種」の助成を行っています。対象は1月31日接種分まで。インフルエンザが流行する前に、ぜひ予防接種を受けましょう。

助成対象は予防接種を受けた被扶養者全員で、1人につき年1回助成します。助成額は接種1回につき1500円。接種料金が1500円未満の場合はその額（100円未満切り捨て）とします。

共済組合に助成金を請求する際は、接種後、「インフルエンザ予防接種助成金請求書兼受領書」にインフルエンザ予防接種を受けたことが分かる記載のある医療機関発行の領収書またはそれと同等の書類を添え、所属する支部に提出してください。請求期間は2月末日までとなっています。

なお、「経鼻インフルエンザ生ワクチン（フルミスト）」等、厚生労働省未承認のワクチンは助成の対象となりません。ご注意ください。

年金Q&A

老齢年金にかかる税金の手続きは？

毎年10月に送られる「扶養親族等申告書」を提出してください

Q　私は3月に退職し、まもなく老齢厚生年金の受給開始年齢を迎える組合員です。老齢年金には税金がかかると聞いているため、手続き等の概要について教えてください。

A　公的年金には、所得税法上「雑所得」として、所得税がかかることになっており、老齢厚生年金の年金額が一定額を超えるときは、年金の支給時に所得税が源泉徴収されることになります（障害厚生年金・遺族厚生年金は非課税）。また、公的年金は給与所得のように、「年末調整」による税額の精算は行わないため、税額の過不足は確定申告で精算することになります。

源泉徴収の対象となる年金額は、その年中に受ける支給額が65歳未満の方については108万円以上、65歳以上の方については158万円（老齢基礎年金が支給されている方は、老齢厚生年金の額が80万円）以上のときです。

年金支給開始後の毎年10月上旬に国家公務員共済組合連合会（以下「連合会」という。）から送付される「公的年金等の受給者の扶養親族等申告書」（以下「扶養親族等申告書」という。）を連合会に提出すると、年金の支給額から所得控除（基礎的控除（受給者本人）、配偶者控除、扶養控除など）を受けることができます。「扶養親族等申告書」を連合会へ提出した場合の源泉徴収税額は、支給額から基礎的控除及び配偶者控除、扶養控除などの人的控除の合計額に支払月数を乗じて得た額を控除した残りの額（課税対象額）の5％となり、さらに平成25年から令和19年までの各年分の年金については、「復興特別所得税」として、前記により算出した所得税の2.1％の税額があわせて源泉徴収されます。

年金支給開始後、同年中に老齢厚生年金のほかに給与所得等がある方が、職場に「給与所得者の扶養控除等申告書」を提出し、連合会にも「扶養親族等申告書」を提出してしまうと、職場の給与等と老齢厚生年金それぞれから重複して所得控除を受けることになり、確定申告の際に所得税を追加徴収されることがあります。

そのため、3月にご退職される方並びに同年に別に給与を受ける方は、連合会にその年の「扶養親族等申告書」を提出する（記入する）必要はありません。

老齢厚生年金のほかに給与所得等がある場合は、年金と給与所得等からのそれぞれの徴収税額を合算した「合計税額」と、年金と給与所得等とを合算した所得の総額に対する「年税額」との過不足額を確定申告で精算することになります。

また、その年の所得が年金だけの場合でも、雑損控除、生命保険料控除、損害保険料控除、医療費控除、住宅取得等特別控除などを受けるときは確定申告が必要です。

なお、公的年金等の収入金額（年金額）の合計が400万円以下で、かつ、公的年金以外の所得金額が20万円以下である場合は、確定申告は原則として必要ありませんが、市区町村への住民税の申告が必要になる場合があります。

（本部年金係）

満を持して「陸自飯」参戦

160駐・分屯地の名物メニュー紹介

ネット投票上位でGP決戦も

「海自がカレー、空自が空上げ（唐揚げ）でアピールするのなら、陸自は全国約160の駐・分屯地の人気メニューで勝負だ」――。陸自は12月17日、満を持して各駐・分屯地の食堂人気メニューを広く国民に紹介する「陸自飯（めし）」の新企画をスタートさせた。各駐・分屯地の栄養士が〝おいしく食べて、強くなる〟というコンセプトの下、考案したそれぞれの自慢の絶品料理を陸自ホームページ上で公開していく企画で、知られざる「陸自の食の魅力」を発掘し、広く内外にアピールしていく計画だ。

㊨「陸自飯グランプリ」のボードを掲げ、報道陣に陸自給食の魅力をアピールする陸幕広報室長の横田紀子1佐（12月17日、防衛省で）＝陸自ツイッターから　㊦陸自のホームページに掲載された「陸自飯」コーナー。現在、駐屯地ご当地グルメコーナーでレシピも紹介されている

陸自は12月17日、国民への新たな広報活動の一環として、全国約160の駐・分屯地の名物メニューを順次紹介していく新企画「陸自飯」を開始した。

この企画は陸幕装備計画課需品室と総務課広報室が中心となり、各駐・分屯地の隊員食堂の協力を得て、戦士としての体をつくるため、地域の特産品を活用したご当地グルメやそれぞれの地域の栄養士が隊員の好みなどをくみ取って作ったオリジナルメニューを国民に広く紹介していくシリーズとなる。

陸自はホームページ上で、精強な陸自隊員の活力源となっているさまざまな「陸自飯」を紹介。すでに5個方面隊、計134駐・分屯地のレシピがHP上にアップされ、北海道は静内駐屯地の「炭焼豚丼」、2019年に新設された鹿児島・奄美駐屯地からは「奄美産鯛の塩焼きとマダ汁」などが紹介されている。

これをツイッターなどSNSを通じてさまざまな世代の人たちやグルメ愛好家にも発信し、陸自の魅力を広く伝えていく。

さらにHP上で「レシピ特集」なども行い、インターネットによる人気投票も計画中だ。上位にランクインした「陸自飯」については、ナンバー1を決定する「陸自飯グランプリ」も行う予定という。

企画を発表した陸幕広報室長の横田紀子1佐は報道陣に対し「陸自で食事は非常に重要で、隊員の身体を作り、部隊の活力源になる。陸自飯グランプリを通じて陸自の食事について国民の皆さまにご理解を頂けたら」とイベント開催に向けての意気込みを語った。

昨年は海・空の幕僚長二人がSNS上で「海自カレーVS空自空上げ」の構図で対決し、大きな話題となった。その海・空自に比べて、3倍の隊員数と防衛施設をもつ陸自が2021年、いよいよ「陸自飯」で本格参戦する。

この三つ巴の食の戦いで改めて3自の食文化の違いやそれぞれの魅力が発見され、今後、「自衛隊飯」を通じて自衛隊広報への相乗効果も期待できそうだ。

余暇を楽しむ

築城基地バドミントン部

紹介者：3空曹　福田　将平（8空団衛生隊）

マスクし、楽しく活動

朝雲新聞をご愛読の皆さま、こんにちは。

築城基地バドミントン部を紹介します。当部は階級、性別、技量に関係なく、毎日楽しく活動しています。

現在、新型コロナの感染拡大防止のため、マスクを着用しての練習となっていますが、息苦しさと戦いつつも、活気のあるプレーで練習を楽しんでいます。勤務の都合などにより、なかなかメンバーが集まらないこともありますが、4人以上参加するとダブルスでゲーム形式の練習ができるので、さらに楽しく体を動かせます。ペアで打ち合わせをして、「まずは1点取ろう！」と作戦を立てて闘う点もバドミントンの面白いところです。

最近はオリンピックなどでも注目されつつあるバドミントンですが、見た目以上にハードで難しいスポーツです。

そのため、興味があってもなかなか始められない人もいると思います。しかし、高齢となっても競技ができる生涯スポーツとしても人気がありますので、体力づくりと仲間づくりもかねて始めてみることをおススメします。

また、バドミントンはレベルに応じて出場できる地域の大会があり、力試しをしつつ技量の向上、さらに仲間の輪も広がります。全自衛隊の大会では、支部対抗の団体戦と個人戦で白熱した試合が展開されます。2年連続で大会は中止となっていますが、開催される日を楽しみに基地バドミントン部一同、練習に励んでいます。

部の練習時間は、毎日の昼休みや火曜日と木曜日の課業時間外、さらに土曜日の午前中で、上手くなるために皆で協力して練習をしています。

朝雲読者の皆さまも出張などで築城に来られる際には、お気軽に体育館をのぞきにきてください！大歓迎です。

㊤新型コロナ感染防止のため、マスクをして活動している築城基地バドミントン部の部員㊦ダブルスを組んで試合形式の練習を行うバドミントン部員。ペア間での作戦をもとに、攻め方を組み立てるのも醍醐味だ

ランチタイムコンサート開催

音楽で快適な食堂空間を演出

築城基地

【築城】築城基地は12月11日の昼食時、西部航空音楽隊（春日）による「ランチタイム・コンサート」を開催した。

航空中央音楽隊（立川）に勤務経験のある8空団業務隊長の吉原一郎3佐が企画したもので、音楽で快適な食堂空間を演出し、よりおいしく昼食を隊員に食べてもらおうというもの。会場となった基地隊員食堂ではコロナ対策として換気装置を複数台設置し、また食堂が混み合わないよう喫食時間を分散させてコンサートを行った。

西空音の演奏者13人は木管のクラリネットとサキソフォンに分かれアンサンブル演奏を行い、クリスマスソングや話題のアニメ『鬼滅の刃』主題歌などを披露。クラリネット奏者兼歌手の有末すみれ1士はヒット曲の『未来予想図Ⅱ』を歌い、喫食中の隊員たちから大きな拍手を受けた。

今回は、初の試みとして パソコンを使った隊内向けの映像配信や基地内放送によるライブ中継も行われ、食堂に来られなかった隊員も演奏を堪能するなど、基地全体が音楽に包まれた。

吉原業務隊長は、「コロナで厳しく辛い日々が続いた一年の締めくくりに、皆さんに笑顔になってもらいたいと企画した。基地で働く民間の方々や放送を聞いた近隣住民からも喜びの声をいただけて光栄。コロナ下での新しい演奏形態の一つになれば」と語った。

西部航空音楽隊員のアンサンブルを聴きながら昼食を味わう築城基地の隊員たち（12月11日、基地隊員食堂で）

自慢の一品料理

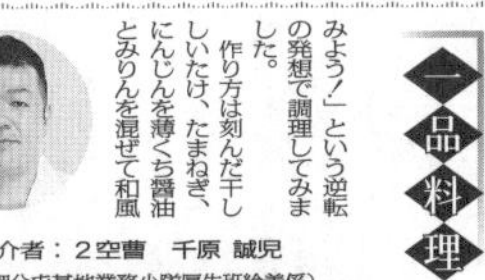

和風オムライス

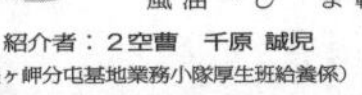

紹介者：2空曹　千原 誠児（経ヶ岬分屯基地業務小隊厚生班給養係）

京都府京丹後市に所在する経ヶ岬分屯基地では昨秋、昼食で「和風オムライス」を隊員に提供しました。「だし（うま味）を感じさせる」をテーマに献立を考えた時に、「和食ではなく、あえて洋食のオムライスでだしを生かした味付けをしてみよう！」という逆転の発想で調理してみました。

作り方は刻んだ干ししいたけ、たまねぎ、にんじんを薄くち醤油とみりんを混ぜて和風のあんを作ります。続いてフードプロセッサーで砕いたカツオぶしの粉、ごま、青じそを白米と混ぜ、その上に炒めたスクランブルエッグをのせます。

最後にだしのきいたあんをとろりとトッピングすれば和風オムライスの完成です。

通常であれば和風のあんを作るためには大量のこんぶや、カツオぶしが必要ですが、フードプロセッサーで粉状にすることで同様の味わいを出せるよう、工夫しました。

洋風のオムライスに慣れた隊員たちも、その和洋折衷の味わいに興味をもって食べてくれて、好評でした。これをきっかけに、若い隊員にも和の「だし」の文化になじんでほしいです。

あんに関しては、そばやうどんにかけてもおいしいと思いますので、ご家庭でもぜひ、作ってみてください。

手作りマスク運動

市ケ谷准曹会　児童養護施設に寄贈

【市ヶ谷】空自市ヶ谷基地准曹会はこのほど、「Withコロナ」のボランティア活動として、「手作りマスク運動」を行った。

同運動は新宿区内にある児童養護施設「あけの星学園」と「二葉乳児院」に手作りマスクを寄贈する活動。昨年、准曹会から市ヶ谷基地所在部隊の隊員とその家族にマスクの作製の協力を呼びかけたところ、大人用、子供用合わせて218枚の手作りマスクが集まった。

准曹会員はこのマスクに耳ゴムを取り付け、消毒、乾燥などの仕上げの作業を行い、会が用意したメッセージカードも同封。会を代表し、葛西孝勉会長、瀬﨑俊英副会長、市川悟副会長が両園を訪問し、マスクを贈った。

受け取った施設の職員は「かわいい」「とてもすてきですね」と歓声を上げていた。あけの星学園の石丸正史園長は「大切に使わせていただきます。これを機に今後も准曹会の皆さんと交流できれば」と語った。

二葉乳児院の都留和光院長も「大変ありがたい。職員と子供たちで大切に使わせてもらいます」と謝意を示した。

児童保育施設二葉乳児院を訪問し、手作りマスクを贈った葛西市ケ谷基地准曹会会長（左端）と瀬﨑副会長（その右）、市川副会長（右端）、前列中央は都留院長

地方防衛局

特集

恵庭市に公園オープン

北海道防衛局 約3億9600万円補助

防災拠点としての機能も

花の拠点「はなふる」

面積約3.7ヘクタール

【北海道局】北海道防衛局の補助金で平成30（2018）年度から整備が進められてきた恵庭市の公園「花の拠点『はなふる』」が昨年秋に完成し、11月11日、オープン式典が行われた。

式典には恵庭市の原田裕市長をはじめ多数の関係者が出席し、北海道防衛局からは末永広局長が参加してテープカットに臨んだ。

今回完成した「花の拠点『はなふる』」の面積は約3・7ヘクタール。「花と触れ合い、花を感じられる地域住民の交流の場」であるとともに、地域住民の「避難場所」や「防災拠点」としての機能も兼ね備えているのが大きな特徴だ。

北海道防衛局はこうした同公園の役割を鑑み、地域住民の生活環境の向上を図ることを目的として、「防衛施設周辺の生活環境の整備等に関する法律」第8条に基づく民生安定施設整備事業として、補助対象事業費約6億7700万円のうち、約6割を占める約3億9600万円の補助を行った。

式典で原田市長は「道内のみならず、全国に誇れる『花のまち恵庭』にふさわしい、大変すばらしい公園が完成した。多くの人々が触れ合い、交流する施設となることを期待している。

さらに、令和4年度には『全国都市緑化北海道フェア』のメイン会場となることから、『花のまち恵庭』を全国に発信し、にぎわいづくりや地域経済の活性化につなげたい」とあいさつ。公園が果たす役割に大きな期待感を示した。

◇民生安定施設整備事業

防衛省は、防衛施設の設置や運用によって生活や事業活動が阻害されると認められる場合、「防衛施設周辺の生活環境の整備等に関する法律」第8条に基づき、民生安定施設整備事業として、地方公共団体が必要な施設の整備を実施する時にその費用の一部を補助している。今回の公園整備は、「北海道大演習場周辺公園設置助成事業」として実施された。

㊤恵庭市に完成した公園「花の拠点『はなふる』」の全景。住民の「避難場所」としての役割も担う㊦テープカットし、花の拠点「はなふる」のオープンを祝う恵庭市の原田市長（左から4人目）、北海道防衛局の末永局長（同2人目）ら関係者（11月11日、北海道恵庭市で）

防衛施設と首長さん

石川県金沢市 山野 之義市長

やまの・ゆきよし　58歳。慶大仏文卒。ソフトバンクを経て1995年5月、金沢市議会議員に初当選（4期）。2010年12月に金沢市長に就任。現在3期目。金沢市出身。

金沢駐屯地と連携協力
災害への備えを進める

金沢市は市域の南部を山地が占め、北部は金沢平野を経て日本海に臨む自然環境に恵まれた土地で、四季の変化がはっきりと感じられます。

藩政期には加賀藩前田家の城下町として栄え、加賀友禅や金沢箔、九谷焼などの伝統工芸や能楽、加賀万歳などの伝統芸能は今日まで受け継がれています。

また、本市は戦災や大きな災害を免れたため、今も残る歴史的なまちなみや建造物は大切な財産となっています。

昨年10月には明治期の旧陸軍第9師団司令部庁舎・金沢偕行社建物に「東京国立近代美術館工芸館」が移転・オープンし、〝日本海側初の国立美術館〟として、またひとつ新たな魅力が加わりました。

陸上自衛隊金沢駐屯地では例年「桜まつり」や「盆踊り」などの敷地を開放したイベントなどを通じて多くの地域住民との交流が図られています。

また、市民防災訓練時の非常食の炊き出し、災害派遣車両・装備品展示のほか、20万人以上の沿道応援者が集まる「金沢マラソン」における参加者の安全確保など、広くご協力をいただいており、今後も自衛隊の皆さんとの連携・協力を図りながら、実効性のある災害への備えを進め、「安心・安全のまち」の実現のため、取り組んでまいりたいと考えています。

「ごみ処理施設」の安全祈願祭

三沢市 東北防衛局が43億円補助

【東北局】青森県三沢市に新設されるごみ焼却施設の着工に先立ち、12月15日、建設予定地で安全祈願祭が行われた。総事業費約85億円のうち、東北防衛局が約半分の43億円を補助し、令和5（2023）年度の稼働開始を目指す。

現在の施設は築40年を経て老朽化による機能低下が見られることから、三沢市が新たな施設を整備するもので、新施設は三沢飛行場周辺地域の民生安定を図るため、東北防衛局が「防衛施設周辺の生活環境の整備等に関する法律」第8条に基づく民生安定施設整備事業として補助を行い、平成28（16）年度から8年計画で進められている。

さらに、防災拠点としての機能も兼ね備えているのが特徴で、災害発生時には地域住民の「一時避難場所」としての活用も想定されている。

㊤青森県三沢市が令和5年度の稼働を目指す新たなごみ処理施設の完成予想図　㊦安全祈願祭であいさつする三沢市の小檜山市長

安全祈願祭には三沢市の小檜山吉紀市長をはじめ、東北防衛局からは佐藤彰悦企画部次長、地元関係者ら計約30人が出席し、工事期間中の安全を祈願した。

小檜山市長は「本施設には最先端の処理システムを導入するほか、太陽光発電を活用した自然エネルギーや焼却廃熱の利用など、環境に配慮した計画となっており、これまで以上に安定した質の高い廃棄物処理体制を提供できるものと確信している」とあいさつ。

続いて東北防衛局の佐藤企画部次長は「本施設は公共の根幹的な責務である廃棄物処理体制を確保し、市民の生活環境の向上に寄与するものと大いに期待されている。東北防衛局は、防衛施設がもたらすさまざまな障害を深く認識し、防衛施設と周辺地域との調和をより一層図る観点から、今後とも地元からの要望を真摯に受け止め、市民の生活の安定・福祉の向上に寄与できるよう、これまで以上に積極的に取り組んでまいります」と祝辞を述べた。

新たな施設は、動力に最新の「省エネルギー型」を導入し、太陽光発電など自然エネルギーの利用や焼却廃熱の有効利用によって二酸化炭素の排出を年間約900トン削減することが可能だ。

このほか、小学生などが学べる見学コースでは、ごみ処理量の多さを体感できるトリックアートなどの学習機能も充実し、ごみ問題の重要性を身近な問題として捉えられるような施設となっている。

急願のグラウンド完成

与那国駐屯地 9レーンで住民に開放

【与那国駐屯地】陸自与那国駐屯地で11月28日、グラウンドの落成式が行われ、駐屯地隊員と地域住民らが参加して〝日本最西端の陸上競技場〟の完成を祝った。今後は広く地域住民に開放される予定だ。

グラウンドは、町議会の要望に応じ、日本陸上競技連盟の公認基準を満たした全天候型、トラック1周400メートルの本格仕様。天然芝フィールドも備えていることから、全ての陸上競技種目の実施が可能だ。

さらに、陸上競技が盛んな町では各集落から9チームが出場するため、9レーンの特別仕様となっている。

愛称は地元の小中学生から募集し、約150件の応募の中から久部良中学校2年生の後安里蓮樹君の「黒潮の風（くるうすぬかじ）」に決まった。

式典には与那国町の外間守吉町長をはじめ、与那国町議会の前西原武三議長、与那国町体育協会の入慶田本朝政会長、大日本土木の南浦竜一代表ら、防衛省側から沖縄防衛局の田中利則局長、与那国沿岸監視隊長兼駐屯地司令の古賀聡明2佐らが出席し、テープカットを行った。

式典で外間町長は関係者に謝意を表明し、「このグラウンドが町民にも大いに親しまれ、町民の健康保持につながれば幸いだ」と祝辞を述べた。

古賀司令は式辞で地元からの支援と協力に謝意を表した上で、「足掛け8年半を掛けて駐屯地を整備してきた。このグラウンドの完成をもってようやく施設整備が節目を迎える。本施設の完成によって部隊の展開基盤・訓練基盤の拡充、ヘリポートなどの提供が可能になり、南西諸島の防衛力強化に寄与する」と安全保障面での意義を述べるとともに、「平素からの開放や各種陸上競技大会の開催を含め、町民の皆さまとのさらなる関係強化に役立てていきたい」と地元との連携強化に期待感を示した。

会場には多くの町民が訪れ、式典後振る舞われた〝かじきフライカレー〟を堪能したほか、親子二人三脚やソフトボール投げなどを行って爽やかな汗を流した。

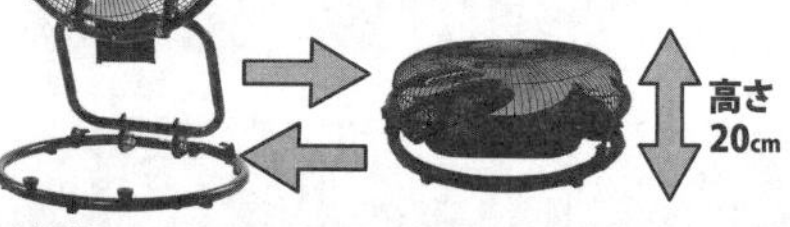

㊤グラウンド落成式に出席した古賀司令（中央）、（その右は）外間町長、田中沖縄防衛局長ら関係者（写真はいずれも11月28日、与那国駐屯地で）
㊦〝走り初め〟でグラウンドを疾走する子供たち

リレー随想　三原 祐和

令和2年盛夏。「観光都市長崎」に胸を膨らませて着任しましたが…観光客がいない。コロナ禍の下、蝉の声がやけに空しく響く船出でありました。

夏は長崎ペーロン、秋には長崎くんちなど四季折々華やかなイベントで大いに盛り上がる（らしい）のですが、中止や縮小が相次ぎ、街は静かな雰囲気に包まれています。

長崎市内には、グラバー園、大浦天主堂、出島跡、夜景の稲佐山をはじめ、必ず訪れたい原爆資料館もあり、少し足を伸ばせば東に雲仙温泉、北にハウステンボス、佐世保・平戸地区といった著名なスポットが目白押しです。

いまはコロナ対策に関する政府や自治体の方針を順守しつつ、平穏な日々が戻ったらぜひ訪れてみてください。1泊2日ではとても堪能できませんよ。

さて、ここからは長崎支局の業務紹介です。歴史的には昭和29年に当時の三菱造船内に海幕の監督官事務所が置かれたのが始まりで、昭和50年に調達実施本部長崎支部に改編、爾後、調達改革に伴う組織改編を経て、平成19年に九州防衛局の下に設置されることになりました。

コロナ禍の長崎着任

建制上は施設系にありながら、実務は装備系という特徴を持ち、地理的特性もあいまって自立性の高い組織です。支局の主な任務は、防衛装備庁が実施する中央調達に関する監督検査、原価監査、保全等であり、九州全域と山口県下関市を管轄区域としています。

今日も、三菱重工長崎造船所にて建造中の3900トン型護衛艦1番艦に係る監督検査のほか、魚雷の製造管理や発射試験、高品質の戦闘服や航空燃料の調達、大分県に駐在する支局員による弾火薬等の品質性能確認、事業者の秘密保全態勢の点検など、多様な装備品等を各々納期までに着実に調達するため、支局員は各地の製造現場を飛び回って職務に当たっています。

決して多くはない支局員が総出で業務を回している中、万一新型コロナに罹患すれば、担当する装備品等の品質管理や納入時期等に甚大な影響を及ぼしかねないことから、感染対策には特に気を遣います。

私自身、三密回避のため、なるだけ外食を控え、昼はデスクで仕出し弁当、終業後は単身宿舎に直帰し、出張先でも人気の少ない店でサッと食事を済ませホテルに戻る、という貴重な経験を積んでいます（苦笑）。

今年は令和3年、丑年です。牛の歩みは遅くとも力強く着実に進みます。そんな年になるよう心から願っています。

（長崎防衛支局長）

あさぐもドンマイS　吉本どんど

昨日の夕食何を食べたか思い出せますか？
えーと
たしか…
松竹庵のうな重【特上】をいただきました
前回来た時よりひどくなっている

陸自各部隊、全力災派

記録的大雪　鳥インフル　CSF

東北・上越・北陸の記録的な大雪で1月5日以降、陸自の各部隊が除排雪や立ち往生した車両への支援の災害派遣を担った。秋田、新潟両県では21普連（秋田）、5施群（高田）などが除排雪を、福井県内の北陸道と富山県の東海北陸道では14普連（金沢）などが車両の運転手らへの食料配布などを行った。一方、千葉県いすみ市と宮崎県小林市では鳥インフルエンザが、三重県伊賀市ではCSF（豚熱）が発生。空挺団（習志野）、24普連（えびの）、33普連（久居）などが全力で対処した。

秋田、新潟で除排雪

木造家屋、校舎、高齢者宅など

21普連など

秋田県横手市で平年の4倍の約1メートル70センチの積雪を記録（1月5日午後3時時点）。家屋が雪の重みで倒壊する危険性が高まった。

5日午後4時、秋田県知事から21普連長に災害派遣が要請された。大雪のために秋田県から陸自に災害派遣が要請されたのは平成18年1月以来15年ぶり。

県は横手市、湯沢市、羽後町、東成瀬村の4市町村への派遣を要請。21普連と39普連（弘前）の隊員約370人（最大時）が現地に展開し、木造の家屋や学校、高齢者宅などで6日朝から除排雪を行った。

隊員たちは高く積雪した家屋や校舎の屋根などに上がり、スコップで懸命に雪をかき下ろした。

10日午後4時、4市町村での作業を完了し知事から撤収要請が出され、部隊は帰隊した。6日からの5日間で隊員延べ約1110人が活動。高齢者宅など127棟と小・中学校3校の木造校舎などで除排雪を担い、倒壊を防いだ。

一方、新潟県でも積雪が平年の4倍以上となる大雪を記録。1月10日午後1時39分、新潟県知事から5施設群長に上越市での対処が要請され、さらに同午後6時36分には知事から12旅団長（相馬原）に柏崎市での対処が要請された。

上越市には5施設群の隊員約90人が、柏崎市には2普連（高田）の隊員約70人が障害者施設や高齢者宅などにそれぞれ展開し、屋上などで除排雪を行った。11日午後5時22分、作業を完了し、知事から撤収が要請された。

北陸道、東海北陸道で車両立ち往生

運転手に救援物資

14普連など

1月7日からの大雪で北陸道の福井IC～金津IC間と、東海北陸道の南砺IC～小矢部砺波IC間で車両の立ち往生が発生。運転手らへの救援物資の配布が必要となり、10日午前4時、富山県知事、福井県知事からそれぞれ14普連長に災害派遣が要請された。

10日朝から14普連基幹の部隊が現地に展開。滞留している車両周辺の除雪や、運転手への燃料、食料などの配布、滞留車両のけん引を行った。

14普連、35普連（守山）、6施群（鯖江）、7施群（富山）、10施大(春日井)、10後支連(同)、10戦大（今津）の隊員計約250人が活動した。立ち往生は11日夜までに解消し、部隊は撤収した。

上 滞留した車両の運転手に救援物資のパンを配布する14普連基幹災派部隊の隊員たち（東海北陸道で）　右 大雪で長い列をつくって滞留した車両の周辺で除雪に当たる隊員（北陸道で）＝いずれも統幕提供

千葉県いすみ市と宮崎県小林市

空挺団 24普連　鶏の殺処分を支援

千葉県いすみ市の養鶏場で12月24日、鳥インフルエンザが確認され、同日午前10時、千葉県知事から空挺団長（習志野）に鶏の殺処分等の支援の災害派遣が要請された。

要請を受け、24日夕方から空挺団と高射教導隊（下志津）を基幹とする対処部隊が現地に向かい、約650人態勢で活動を開始。8個部隊（各隊約50人）がローテーションしながら24時間態勢で殺処分等に当たった。

炭酸ガスを使って鶏を処置した後、段ボールに詰めて屋外へ運搬。養鶏場は日が経つにつれて劣悪な環境となり、隊員たちは鼻栓をし、マスクにハッカ油スプレーを吹きかけ、匂い対策を取りながら作業を続けた。

陸自に割り当てられた鶏の殺処分が完了し、自治体だけで防疫措置が対応可能となったことから31日正午、知事から撤収要請が出され、活動を終えた。殺処分数は約114万羽だった。

一方、宮崎県小林市の養鶏場でも12月29日、鳥インフルエンザが発生。宮崎県知事から24普連長(えびの)に災派が要請され、24普連、西方特科連隊3大隊（えびの）を基幹とする部隊（約260人態勢）が対処した。30日夜、陸自に割り当てられた殺処分が完了し、対処部隊は撤収した。殺処分数は約15万羽だった。

鶏舎内の臭い対策のためマスクにハッカ油スプレーを吹きかける空挺団の隊員（12月29日）＝統幕提供

三重県で豚熱発生

33普連など対処

三重県伊賀市の養豚場で12月28日、CSF（豚熱）が発生し、翌29日午後8時、三重県知事から陸自33普連長（久居）に豚の殺処分等の支援の災害派遣が要請された。

29日夜から、33普連を基幹とする対処部隊（約200人態勢）が現地で豚の運搬などを始めた。雪が降る中、5時間ごとにローテーションしながら24時間態勢で活動に当たった。

陸自に割り当てられた豚の追い込み作業、運搬などを完了し、自治体だけで防疫措置が対応可能となったことから1月1日午後6時41分、知事から撤収要請が出され、活動を終えた。殺処分数は約6600頭だった。

雪の降る夜間、豚を袋に詰めて口を縛る33普連の隊員（12月30日、三重県伊賀市の養豚場で）＝統幕提供

15旅団が不発弾等処理技能者養成教育

選抜の14人、女性も初参加

【15旅団＝那覇】陸自15旅団（旅団長・佐藤真将補）はこのほど、那覇駐屯地と中部訓練場で不発弾等処理技能者養成教育を行った。

各部隊に必要な不発弾処理技能者を養成し、射撃訓練等で発生した不発弾等を安全確実に処理することを目的に実施。

今回は旅団創設以来初となる女性隊員を含む各部隊から選抜された14人が参加。訓練開始式で植松佳朗101不発弾処理隊長に申告後、那覇駐屯地で学科を中部訓練場で実技（基本爆破、実弾爆破）をそれぞれ学んだ。

女性隊員で初めて養成教育に参加した木下美沙季3曹（15後支隊）は、「事前訓練を何回も行っていたので不安なく臨めた。知識と経験を増やし、不発弾処理技能を向上させたい」と決意を新たにした。

15旅団の不発弾等処理技能者養成教育で助教から指導を受ける木下3曹（右）ら（那覇駐屯地で）

小休止

▽…航空中央音楽隊（立川、隊長・松井徹生2佐）は12月27日、千葉県船橋市の中山競馬場で行われた競馬の最高峰レース「G1」の2020年最終戦「有馬記念」でファンファーレを演奏した。

▽…新型コロナ対策で入場者が制限された中、訪れた約3500人の観衆を前にさっそうと芝を踏みしめて入場。優勝馬が表彰されるウイナーズサークルで扇状の隊形を取った。

▽…競馬場職員の合図と同時に大石利勝2尉のタクトが振られ、勇ましいファンファーレが響き渡ると、会場は競馬ファンの手拍子と大歓声に包まれた。レースは一番人気のクロノジェネシスが勝利した。（空幕）

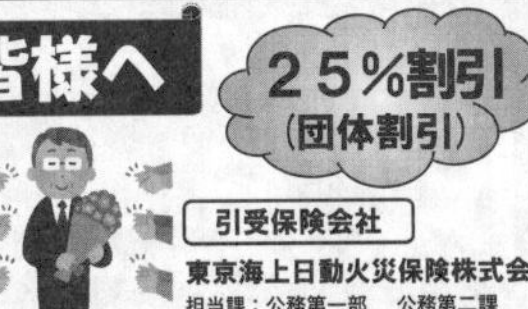

横須賀で清掃ボランティア

「地域住民に感謝示す」

防大の有志学生536人

【防大】防衛大学校の有志学生はこのほど、横須賀市内で清掃ボランティアを行った。

学生が主体となって毎年約3回、休日の早朝に行っているもので、今回は前回の倍以上の536人が参加。防大周辺や海岸、公園などさまざまな場所を分担して活動に当たった。

最後に校内で、志半ばに殉職した卒業生と在校生に感謝と敬意の念を示すため、顕彰碑の清掃と殉職者への黙祷を行った。

活動を企画した学生隊学生長付の加藤大樹学生（3年）は「コロナ禍の情勢を踏まえ、マスク着用やソーシャルディスタンスの確保などを徹底した。早朝にもかかわらず参加してくれた学生、また、ご理解とご協力をいただいた地域住民の方々に感謝したい。今後も日頃の感謝を示すことで、本校が地域に愛される存在であり続けるよう活動していきたい」と話していた。

清掃ボランティアで不用品を収集する防大生たち（神奈川県横須賀市で）

こちら警務隊

法知識の不知②

通報せず犯人をかくまう　口止めや依願退職も罪に

部隊で犯罪があったら、必ず警務隊に通報しないとダメですか？

犯罪の疑いがあれば、必ず警務隊に通報してください。

犯罪があったと知っているのに、犯人をかくまったら犯人蔵匿（ぞうとく）罪で3年以下の懲役または30万円以下の罰金に処せられます。

また、警務隊に通報せず、犯人を依願退職させた場合や事件関係者の口止め行為をした場合なども罪に問われることがあるため、服務指導の範ちゅうと安易に考えてはいけません。

特に公務員には、職務に関し犯罪告発義務があります。

犯罪が発生した際は最寄りの警務隊に通報し、適切に解決するようにしてください。（中部方面警務隊）

ダメ！犯人をかくまうな！
いいよ！ここに隠れてて
お、お願いだ　僕をかくまってくれ！
犯人
犯人
犯罪ですよ。

みんなのページ

朝雲・栃の芽俳壇

畠中草史　選

大根を抜き宇佐山を仰ぎけり　大津・陸OB　丸岡　正男
「宇佐山」は湖西と京都間の要衝地。季題の現実から宇佐山城址の歴史に思いを馳せる。

賀状書く鬼籍に入りし友多し　西東京・空OB　水島　孝雄
中七は死亡すること。賀状を書く本人は改めて自身の齢を思い寂しさが込み上げて来る。

鳴き交はし天辺渡る雁の棹　宮崎・空OB　髙木　智念

蔵をもつ本家の古りし花八つ手　浜松・空OB　宮本　立勇

花舗の前ポインセチアの色溢れ　江別・陸OB　鎌田日出雄

銘々の顔を思ひつ賀状書く　熊谷・空OB　明田　眞雅

夕波の綺羅に漂ふ鴨の群　船橋・陸OG　佐賀あかり

庭の柿貰ひそのまま話し込む　浜松・空OG　鈴木和歌惠

東秩父の山間の薄紅葉　熊谷・空OG　関田　絹江

露天風呂いま至福なり星月夜　新座・陸OB　船田藤三郎

亡き母の障子貼る背を偲ぶ夜　熊谷・空OG　關谷　桂子

嵯峨菊の館床しき日和かな　相模原・海OG　折口　桂子

噴煙のたなびく阿蘇の朱欒熟る　横浜・空OB　永澤　功

芋の茎鎌を光らせ刈る女　あきる野・一般　小和田一男

かけつこに爽やかな風ついてきし　小牧・陸OB　松岡　魚青

子供まで足早にせる師走かな　熊谷・空OG　佐藤　玲美

しぐるるやスカイツリーの見え隠れ　館山・海OB　斎藤　一向

湯豆腐や京で別れし友はいま　町田・陸OB　岩原　滋利

底知れぬ闇に糸引く流れ星　熊谷・空OB　蓮佛志向子

酒蔵のとほりに紅葉かつ散れる　佐賀・陸OB　一ノ瀬恵昭

極月に喪中の葉書多きこと　相模原・一般　森　謙二

潮の香の満ち来し白子干してをり　浜松・空OG　堀内ミサ子

赤門を濡らせる雨の一葉忌　東京・陸OG　杉山ふく美

越後より友の歳暮の地酒汲む　熊谷・空OB　工藤　敏雄

選者作品
墨堤の時に親しき百合かもめ

投句歓迎！
▽郵便はがきの裏面に未発表の自作3句以内と氏名、年齢、職業（自衛官・事務官＝所属部隊＝、OB、家族、一般など）、住所、電話番号を記入▽締め切り毎月15日▽宛先＝〒162—8801東京都新宿区市谷本村町5の1　防衛省D棟市ヶ谷記者クラブ朝雲俳句係☎03（5225）1750、専用線8・6・25515

レジリエンス・トレーニングとコロナ災派

1空曹　附柳　隼斗（航空開発実験集団司令部・府中）

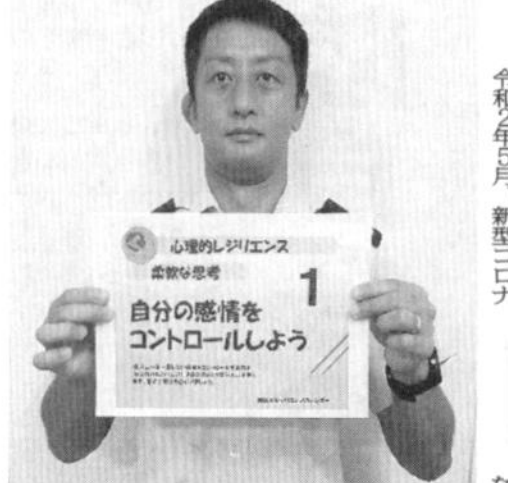

マスター・レジリエンス・トレーナーとして活動する航空開発実験集団司令部の附柳隼斗1曹

皆さん、「レジリエンス・トレーニング」をご存知ですか？　航空自衛隊では、隊員の「強く折れないしなやかな心」をつくり、人的戦力の健全性を維持・向上させることを目的として、平成28年度からレジリエンス・トレーニングを導入しています。

近年、このトレーニングは民間でも広く取り上げられるようになりました。一般的にレジリエンスというと心理学的な概念が多いのですが、航空自衛隊では「心と体」「コミュニケーション」などを総合的にトレーニングしています。私はマスター・レジリエンス・トレーナーとして、部隊等でレジリエンス・トレーニングを実施するトレーナーの養成を担当しています。

コロナ災派で威力発揮

そんな私が改めて「レジリエンス・トレーニングは素晴らしい」と確信する出来事がありました。それは令和2年5月、新型コロナウイルス水際対策強化に係る災害派遣活動に従事した際のことです。この経験は、私にマスター・レジリエンス・トレーナーとして自信と誇りを与えるものでした。今回の体験を皆さんに紹介することで、少しでもレジリエンス・トレーニングに興味を持っていただければ幸いです。

心と体の健康保つ術に

災害派遣に際しては、未知のウイルスに対する恐怖心がありました。当初、感染のリスクを考えると不安に押しつぶされそうになりましたが、自分の心理状態を客観的に理解することで「感染は局限できる」と前向きに考え、恐怖心を取り除くことができました。

また、派遣期間中は、待機時間を活用し、瞑想や適度な運動を意識的に実施することで、心と体の健康を保つことができました。私が実践した瞑想は、呼吸を集中し、余計なことを考えないようにすることで雑念を追い払える「マインドフルネス」というものです。

現地では部屋の中でできる運動ということで、ヨガマットを持参し、筋力トレーニングやサーキット・トレーニングを行いました。

空自の精強化につなげる

現地ではこのほか、コミュニケーションスキルを発揮して風通しの良い勤務環境を作ることができました。まさに災派現場でレジリエンス・トレーニングの効果が発揮されました。他にもいろいろあり、その効果を上げればキリがありません。私自身、災害派遣の中でこれを実践することで、改めてその効果を確認できました。少々大げさなことを言いますが、皆さんも心と体の健康を維持するためにこのトレーニングを実践すれば、より充実した人生を送ることができるのではないかと思います。

最後になりますが、私はレジリエンス・トレーニングの素晴らしさを隊員に広く普及するため、より身近で親しみやすいものとして「レジリエンス日めくりカレンダー」を作製しました。これを隊員に配布し、部隊で活用してもらっています。将来的には航空自衛隊全体にこれを普及させることが私の夢です。

微力ではありますが、レジリエンス・トレーニングを通じて航空自衛隊の精強化にも貢献していきたいと思います。

（世界の切手・スイス）

大将がくつろげば、下は大いに怠（なま）ける。
加藤　清正（戦国の武将）

朝雲ホームページ
www.asagumo-news.com
<会員制サイト>
Asagumo Archive
朝雲編集部メールアドレス
editorial@asagumo-news.com

最年長34歳でレンジャーに

3陸曹　増弘　大助（14施設群397施設中隊・釧路）

廣惠次郎5旅団長（右）からレンジャー徽章を受ける14施設群397施設中隊の増弘大助3曹

私は「令和2年度5旅団レンジャー集合教育」に最年長の34歳で参加しました。

私がレンジャー教育に参加した理由は「陸曹になったら挑戦したいな」という気持ちが以前からあったからです。しかし、年齢を重ねると迷いや体力不足を感じ、諦（あきら）めていました。

昨年、後輩がレンジャーに向けて練成に頑張っている姿を見て、自分はこのまま諦めていいのかと思い、再び教育に参加したい気持ちが芽生え、レンジャーを志願しました。

私は体力に自信がありませんでしたが、素養試験の練成に参加させていただき、立ち泳ぎや体力練成など、教官や助教の指導のおかげで素養試験に合格し、教育に挑むことができました。

課程が始まってからの基礎訓練間ではレンジャーに必要な知識や技術を学び、特別な体力調整においては、体力不足で最後まで残ってしまいましたが、何とか合格することができました。

想定訓練に入ると体力的にも精神的にも極限状態となり、体重がどんどん減っていき、力尽き、荷物の重さで足を前に進めることもできず、さらに幻覚と眠気で私は何度も心が折れかけ、時には弱音を吐いてしまった時もありました。

そんな中、助けてくれたり、励ましてくれたのがバディでした。バディや同期の助け、そして私を教育に送り出してくれた中隊の方々や家族の支えのおかげで、無事にレンジャー教育を修了することができました。

まだ、自分がレンジャーになれた実感はありませんが、理想とする体力・知識を得て経験豊富なレンジャーになれるよう、これからも日々精進するとともに、後輩の育成にも努めていきたいと思います。教官や助教の方々、16期「鷹還（おうかん）戦闘隊」の皆さん、ありがとうございました。

新刊紹介

「有事のプロに学ぶ　自衛隊式　自治体の危機管理術」

越野　修三著

阪神・淡路大震災で陸自の災派部隊を指揮し、退官後は岩手県の防災危機管理監となり、東日本大震災に対処した現・岩手大学地域防災研究センター客員教授の元陸将補が上梓した「非常時に有効に動ける組織」をつくるための手引書だ。

自衛隊を退官後、自治体の防災監や危機管理監に就くOBが近年増えているが、著者はその魁（さきがけ）といえる存在で、15年間に及ぶ岩手県での防災業務の経験を基に、自衛隊と自治体が理解し合い、協力して災害に対処するための技術やノウハウが具体的に語られている。

「自衛隊から何を学ぶか」「危機管理とは何か」「実践的な危機管理のノウハウ」「地域防災への取り組み」の各章からなり、「自衛隊の当たり前が（自治体では）当たり前ではない」点を前提にしながら、災害時（有事）に両者がどう連携すればスムーズに業務が進むか述べている。

本書では著者を悩ませた両者の組織の違いや異なる指揮の仕方を明らかにしており、本書を事前に読んでおけば、自治体との調整に当たる自衛隊の指揮官や連絡官（LO）も現場でとまどうことなく業務を進められるだろう。各駐屯地・基地の関係部署に常備しておきたい一冊だ。（ぎょうせい刊、2090円）

「自衛官になるには」

岡田　真理著

フリーライターの著者は思い立って陸自の予備自衛官補（一般）に志願する。そして50日間の厳しい教育訓練を経て、予備自衛官になる。そこで初めて知った自衛隊の内部を明かすとともに、自衛官のさまざまな仕事を紹介、さらに若者に向けて自衛官になる方法をやさしく解説しているのが本書だ。

第1章の「自衛隊の現場」では陸自の戦車マン、海自の潜水艦乗員、空自の輸送機パイロットの仕事場を、第2章「自衛官の仕事」では不発弾処理隊員から艦内で食事を作る給養員、戦闘機パイロットまで、さまざまな仕事を隊員へのインタビューを通して具体的に紹介している。

第3章「なるにはコース」は入隊の手引きで、志望する自衛官になるための採用試験や合格に向けた準備などを詳述。ここでは採用試験に「体力テストはない」と強調し、体力に自信のない人でも自衛隊にはいろいろな職種があるため大丈夫だとエールを送っている。入隊にいま悩んでいる若者の背中を押してくれるガイドブックだ。（ぺりかん社刊、1620円）

OBがんばる

再就職のイメージを持つ

生井　広美さん　55
令和元年5月、陸自高等工科学校（武山）管理班長を最後に定年退職（3佐）。丸全昭和運輸（本社・横浜市）に再就職し、自衛官OBの採用担当を務めている。

私は令和元年6月に丸全昭和運輸に入社しました。5月の連休後の退官ということもあり、時間的余裕もない中での再就職でした。当初、ドライバー職を目指し丸全京浜物流（同グループ企業）を見学に行きました。その後、同社から「自衛官採用リクルーター」としてお話をいただき、採用の運びとなりました。

当社は物流サービス分野で89年の歴史を有し、過去、自衛隊OBが数百名入社しております。私の主な職務は退職自衛官を対象とした専任リクルーターとして、採用活動を行っています。地本の地域援護センターに求人情報を提供するなど、当社と自衛隊の懸け橋となる仕事をしています。

再就職して感じたことは、業種・業態にもよりますが、待ち合わせ時間に対する考え方が異なると感じました。一般的な待ち合わせは5分前がベストだと思います。もし行動を急ぐあまり15分前に現れると、相手の業務時間を10分切り上げてしまう恐れがあり、迷惑をかけてしまいます。ここは自衛隊とは考えが異なります。

これから退官する皆さまにお伝えしたいことは、再就職後のイメージを明確に持つことです。通勤、自身の立ち位置、長く勤務できそうか、資格や免許が生かせるか――想像してみてください。第2の人生での皆さまのご活躍を祈念いたします。

年男「一日一生」念頭に日々精進

1陸曹　川原　啓詔（49普連4中隊・豊川）

49普連に異任し、1年8カ月が経ちました。即応予備自衛官と共に訓練をするのは初めてでしたが、部隊では一般公募予備自衛官の訓練を任され、各種訓練の計画や調整、準備など、慣れない業務が続き、いまも日々、東奔西走しております。

年男についてはこれまで深く考えたことはありませんでしたが、4回目の年男となる今年は、抱負として「一日一生」を掲げました。

昨年は中隊の業務がスムーズに流れ、小隊では訓練内容の把握に努めてきました。それを基盤に、今年も一日一日を大切にして新たな積み重ねをしていきたいと思います。私の性格上、積み重ねはあまり得意ではありませんが、「一日一生」を念頭に、日々精進していこうと思います。

詰将棋

第835回出題

出題　日本将棋連盟　九段　石田　和雄

5	4	3	2	1	
	金		桂	香	一
		歩	歩		二
	銀		王		三
			角	香	四
		飛	角		五
					六

☗先手　持駒　なし

【ヒント】邪魔駒除去の工夫（10分で初段）。

▶詰碁、詰将棋の出題は隔週です◀

詰碁

第1250回解答

出題　日本棋院　九段　曲　励起

【解答図】白先、白劫。白①が大切で、黒❷の時白③、黒❹の時白⑤、⑦がまた大切で、これで劫になります。

朝雲
発行所 朝雲新聞社
〒160-0002 東京都新宿区四谷坂町12-20 KKビル
電話 03(3225)3841
FAX 03(3225)3831
振替00190-4-17600番
定価一部150円、年間購読料9170円（税・送料込み）

主な記事

防衛費9年連続増

宇宙・サイバー・電磁波に重点

政府が昨年12月21日に閣議決定した令和3（2021）年度予算案の防衛費は、米軍再編関係費やSACO（沖縄に関する特別行動委員会）関係費などを含めると、前年度当初予算比0・5％増の5兆3422億円、一方、それらを除いた防衛費も5兆1235億円（同1・1％増）と共に9年連続で増加し、いずれも過去最大規模となった＝グラフ。政府は1月18日に召集した通常国会に予算案を提出し、3月末までの成立を目指す。来年度の防衛費について、今回の「全般」以降、「陸自」「海自」「空自」「統幕」「人事処遇」「研究開発」の各重要施策をシリーズで展望する。（4、5面に詳報）

2021年度防衛費 重要施策を見る〈1〉

全般

令和3年度は新たな大綱・中期防の3年度目として「多次元統合防衛力」の構築に向け、宇宙・サイバー・電磁波など新領域の能力強化を引き続き推進する。

宇宙分野では、空自に昨年5月に発足した「宇宙作戦隊」を隷下部隊に持ち、指揮統制を担う「宇宙作戦群（仮称）」を府中基地に新編するほか、防衛装備庁事業監理官（情報・武器・車両担当）に「宇宙事業管理班（仮称）」を新設し、名称を「事業監理官（宇宙・地上装備担当）（仮称）」に変更する。

さらに、中国やロシアが開発を進める高速で複雑な動きが特徴の極超音速滑空兵器（HGV）を宇宙空間から多数の小型衛星を連携させて探知・追尾する「衛星コンステレーション（群）」と呼ばれるシステムの検討に着手する。

日本の衛星に衝突する危険性がある宇宙ごみ（スペースデブリ）や不審な衛星などを監視するため、令和8年度に打ち上げ予定の「宇宙状況監視（SSA）衛星」の設計や、SSA衛星の複数機の運用に関する検討も盛り込んだ。

サイバー分野では「自衛隊指揮通信システム隊」を廃止し、同隊と同じく統幕が管理する大臣直轄の共同部隊「自衛隊サイバー防衛隊（仮称）」を約540人規模で新編する。陸海空自の関連部隊から要員を移管し、サイバー防護機能の一元化に着手する。

これと並行して、部外教育機関による高度なスキルを持った隊員の育成や、高度な知見を有する民間人の採用も進めていく。

このほか、防衛産業に対する情報保全施策の推進に向け、防衛装備庁装備保全管理官に「産業サイバーセキュリティ室（仮称）」を新設する。

電磁波領域では陸自の朝霞駐屯地に本部機能を持つ「電子作戦隊（仮称）」を新編するほか、留萌、相浦、奄美、那覇の各駐屯地と知念分屯地の計5カ所に電子戦専門部隊を新設する。

また、ゲームチェンジャーになり得る技術研究の一環として、ドローンを含む将来の経空脅威に効率的に対処可能な高出力レーザーシステムに関し、車載による実証研究を初めて行う。

一方、12月18日の閣議で陸上配備型ミサイル防衛システム「イージス・アショア」の代替案として、「海自が保持するイージス・システム搭載艦2隻の整備」が決まったことを受け、概算要求時には金額を明示しない「事項要求」だったイージス・アショアの代替措置関連経費として17億円を計上。艦の設計などの検討に関し、民間事業者から専門的・技術的支援を得る方針を示した。

合わせて、18日の閣議では「スタンドオフ防衛能力の強化」に向けて「12式地対艦誘導弾能力向上型の開発」が決まったことから、現在開発中の12式地対艦誘導弾（改）を長射程化し、艦艇や航空機など多様なプラットフォームからの運用を前提とした新たな「スタンドオフ・ミサイル」として開発する経費335億円も盛り込まれた。

情報機能の強化の観点からは、諸外国が人工知能（AI）や量子技術など先進技術の獲得にしのぎを削る中、主要国間の経済分野の競争は安全保障環境にも大きな影響を与えることから、防衛政策局調査課に「経済安全保障情報企画官（仮称）」を新設し、先進技術を含む経済安全保障全般に関する情報の「収集・分析」と「保全」の双方を掌握する体制を整備する。

防衛駐在官の増強も進め、3年度は新規派遣国としてニュージーランドに2空佐、スペインに2海佐各1人を派遣。既に1空佐が配置されているイスラエルには2陸佐を1人増派して2人体制とし、インテリジェンス機能の強化を図る。

（日置文恵）

防衛関係費の推移

年度	SACO・再編・政府専用機・国土強靭化を含む（兆円）	SACO・再編・政府専用機・国土強靭化を除く（兆円）
平成20	4.78	4.74
21	4.77	4.70
22	4.79	4.68
23	4.78	4.66
24	4.71	4.65
25	4.75	4.68
26	4.88	4.78
27	4.98	4.82
28	5.05	4.86
29	5.13	4.90
30	5.19	4.94
令和元	5.26	5.01
2	5.31	5.07
3	5.34	5.12

米軍再編関係費やSACO関係費などを含めた額は7年連続で過去最大、それらを除いた額は3年連続で過去最大を更新した（防衛省の資料を元に作成）

新春の空に落下傘

陸自第1空挺団の「降下訓練始め」が1月13日、千葉県・習志野演習場で行われた。

一年間の安全を祈願する恒例行事で、岸防衛相をはじめ、大西政務官、湯浅陸幕長も出席し、地上などから視察。コロナ禍のため米軍の参加や一般公開は見送られたが、隊員は自作の特製マスクを着けて訓練に参加した。

最初にCH47輸送ヘリが上空に現れ、空挺団長の堺一夫将補ら指揮官が降下。ヘリボーン作戦などに続いて現れた空自C2、C1、C130H各輸送機から一斉に隊員が降下し、計約240人が青空に落下傘の花を咲かせた。

地上に降着後、整列した空挺団員を前に岸大臣が訓示。昨年末、千葉県いすみ市で発生した鳥インフルエンザでの災害派遣の労をねぎらった後、「本日の展示で空挺団が『精鋭無比』という部隊の標語の通り、高い技量を保持していることが分かり、大変心強く感じた。あらゆる事態に対処可能な能力の構築に、一層まい進してほしい」と激励した。

空自のC2輸送機（右上）などから次々と降下する空挺団の隊員。左下は視察する岸防衛相（1月13日、習志野演習場で）

岸防衛相 英、仏国防相と個別に会談

両国と「2プラス2」早期開催へ

岸防衛相

岸防衛相は1月14日に英国のベン・ウォレス国防相、翌15日にフランスのフロランス・パルリ軍事相とそれぞれ約1時間のテレビ会談を行い、「自由で開かれたインド太平洋」の維持・強化に向けた緊密な連携を確認した。日英、日仏による外務・防衛担当閣僚協議「2プラス2」の早期開催を目指すことでも一致した。

英国防相との会談で岸大臣は、同国のジョンソン首相が昨年、英海軍空母「クイーン・エリザベス」を旗艦とする空母打撃群を2021年に東アジアを含む地域に展開させると発表したことについて、「英国の同地域に対するコミットメント（責任ある関与）を示すものだ」と高く評価し、歓迎の意を表した。

ウォレス英国防相

パルリ仏軍事相

岸大臣は英仏の両氏と地域情勢をめぐり意見交換。北朝鮮については、全ての大量破壊兵器とあらゆる射程の弾道ミサイルの「完全で検証可能、かつ不可逆的な廃棄（CVID）」の実現に向け、引き続き連携していく意思を再確認した。

また、英仏両国が北朝鮮船舶による違法な「瀬取り」を監視するため、艦艇や航空機を継続的に日本周辺に派遣していることに岸大臣から謝意が示された。

一方、東・南シナ海に関しては、海洋進出を強める中国を念頭に「力を背景とした一方的な現状変更の試みや、緊張を高めるいかなる行為にも強く反対する」「法の支配に基づく自由で開かれた海洋秩序が重要だ」――とのメッセージを明確に発信していくことを申し合わせた。

初の「豪陸軍連絡将校」

陸自座間駐屯地に着任

ジョン・ハウレット豪陸軍少佐

陸自はオーストラリア陸軍とのさらなる協力強化と相互運用性の向上を図る目的で、1月13日から初の「豪陸軍連絡将校」としてジョン・ハウレット少佐を座間駐屯地に受け入れた。

ハウレット少佐は陸上総隊司令部の日米共同部が置かれた座間駐屯地で同日から業務を開始した。同駐屯地は在日米陸軍キャンプ座間にも隣接していることから、今後、同少佐は日・豪・米3カ国陸軍種間の連絡業務も担うことになる。

湯浅陸幕長は12月17日の記者会見で豪陸軍連絡将校の受け入れについて「豪軍と一層の連携促進が期待できる。特にインド太平洋地域に関し、日豪はさまざまな価値観を共有しており、互いに望ましい安全保障環境を作るために努力している。（同連絡将校を通じて日豪が）連携しながら地域の平和と安定に貢献できると考えている」と述べた。

また、座間への配置に関しては「日・米・豪の訓練で（3カ国が）連携することも多い。在日米陸軍が座間に所在しているので、（3カ国が）最も円滑に連携できると考えた」と説明した。

豪陸軍連絡将校の日本配置については、令和元年11月の日豪防衛相会談で「さらなる協力強化および相互運用性の深化のため、陸自における豪陸軍連絡将校の配置を進める」と発表。昨年10月の岸防衛相とレイノルズ豪国防相の会談でも「陸自における豪陸軍連絡将校の配置を含む人的交流を通じて、自衛隊と豪州軍の相互理解の強化を継続する」と確認。これを受けて12月9日、湯浅陸幕長とリック・バー豪陸軍本部長との間で正式に「豪陸軍連絡将校」の配置が決まった。

コロナ災派に万全の態勢

防衛相「要請あれば迅速に対応」

岸防衛相は1月19日の記者会見で、新型コロナウイルスの全国的な感染急増を受け、「医療支援や緊急支援など（の災害派遣）については、自治体から具体的な要請があった場合、（自治体と）しっかり相談し、ニーズに迅速・的確に応えられるよう万全の態勢を備えている」と述べた。

一方、市中感染の拡大に伴い、隊員の間でも感染が広がっていることについては「防衛省・自衛隊としては感染者の早期発見や接触者の特定に努めるとともに、感染・接触が疑われる隊員については先行的に隔離し、健康観察を実施している。任務の遂行に影響を及ぼすことなく、また、周辺住民に対して感染源となって感染が拡大することのないよう、管轄の保健所や医療機関などと連携し、感染拡大防止に向けた方策を適宜適切に進めていきたい」と語った。

春夏秋冬

中東で霞む民主主義の鏡

田中　浩一郎

今日、中東には絶対王制の王国もあれば、民主体制を標榜する共和国も存在する。ある意味で多様性に富んでいると言えるだろう。だが、民主的手続きに則った統治体制を敷く国の多くは、実のところ外形ばかりの制度の適用に止まっている。そのような国では現職候補にとって脅威となる有力な対抗馬を事実上封じ込め、選挙が有名無実化してしまったケースも少なくない。さらに、90％を優に超える得票率で再選を果たす大統領が、半ば独裁的な長期政権を敷くことも珍しくなかった。

ここにくさびを打ったのが10年前の「アラブの春」である。視点を変えて見れば、イラク戦争後に当時のG・W・ブッシュ政権が掲げた「拡大中東・北アフリカ構想」が時間差で花開いた出来事だった。チュニジアから始まり、エジプト、シリア、リビア、イエメンへとその衝撃が伝わった。だが、当時、米国が焚きつけた市民の「民主化」に対する想いは、この10年間でほぼ潰えてしまったようである。これには各国に誕生した後継体制がいずれも脆弱であったことと、民主体制のモデルであり、体制転換の旗振り役でもあった米国が関心を喪失したことが作用している。要は、強権的な親米政権がバタバタと倒れていく現実に米国が目を覚ましたのだ。

その米国では昨年行われた大統領選挙の結果をめぐる与野党間の対立が顕在化し、年が明けてからも議事堂への暴徒乱入という前代未聞の展開を迎えた。テレビやネットを通じて、米国がこれまで途上国を蔑み、揶揄してきた「バナナ共和国」さながらの醜態が世界中に発信された。自由で公正な選挙に続き、その結果を敗者が受け入れ、平和裡に政権移行が果たされることも民主主義にとって重要な要件に他ならない。これが侵されたことの意味が明らかに軽視されている。

確かに、「アラブの春」を経たいまでも、中東に民主化が定着したと言えない。だが、米国憲政上の汚点を見て、その米国に民主化や開放を求められていた中東諸国の指導者や、米国を民主主義の鏡として崇めていた市民はいま何を思うのだろうか。世界がコロナウィルス禍で未曽有の危機に直面する中、議事堂襲撃によって発足したばかりのバイデン政権の国際的な信用にも疵が付けられた。

（慶應義塾大学大学院政策・メディア研究科教授）

朝雲寸言

「移民やイスラム教徒を排斥し、女性や退役軍人の尊厳を傷つけ、対立する者に罵声を浴びせ続けた人物が新たな米大統領に就いた」。小欄は4年前、当時就任したばかりの第45代米大統領への不安をこう記した。そして混乱の4年間の末に、彼に煽られた群衆が米議会に乱入するという前代未聞の事件に至り、不安は現実となった▼米政権はトランプ氏という「上部構造」と、専門家や官僚からなる「下部構造」の二層でできている――。こちらは2年前に書いたことだが、この下部構造は米国内政の混乱とは別に、台湾防衛テコ入れなど良い仕事を着々と続けている▼そして今、米国と世界の安定のため最も期待されている下部構造は米軍であろう。ミリー統合参謀本部議長らが12日「米国軍人は国家の価値や理想を体現し、憲法を順守しなければならない」と全軍に指示した。議会に乱入した暴徒の中に退役軍人がいたことなども踏まえ、一部の現役米兵が先々トランプ支持者の暴動に加わらないようクギを刺した異例の声明だった。米軍は自国の政権移行期に一部の国々が不規則な動きをしないよう、台湾海峡やペルシャ湾でにらみをきかせてもいる▼この記事が活字になっている頃、次期大統領の就任式は無事終わっているだろうか。混乱のトランプ時代をもたらした一因となったSNSなど情報技術（IT）の負の側面に世界は真剣に向き合わねばならないとも思う。

時の焦点

国内　湾岸戦争30年

「国際貢献」を続けたい

1991年1月17日、クウェートに侵攻したイラクに対して、米国中心の多国籍軍が軍事行動を取った湾岸戦争から、30年が経過した。日本は、当時の苦い思い出を教訓に、国際社会の平和と安定に主体的に貢献するようになっている。この歩みを止めてはならない。

湾岸戦争は、90年8月、フセイン政権のイラク軍が突如、クウェートに侵攻し、占領したことがきっかけだ。米国のブッシュ（父）政権は、米軍50万人をペルシャ湾周辺に集結させ、世界各国に派兵を呼びかけた。

国連安全保障理事会の決議に基づく多国籍軍の攻撃により、開戦から1カ月半でイラクはクウェートから撤退した。

自衛隊を海外に派遣したことがなかった日本は、憲法上の制約を理由に派遣を断ったところ、米国内で激しい批判にさらされた。最終的に支援金として総額130億ドルを拠出したが、「トゥーリトル　トゥーレイト」（少なすぎ、遅すぎ）と酷評された経緯がある。

外務省が昨年末に公開した外交文書でも、当時の米国の苛立ちは明白だ。緊張が高まっていた90年11月、天皇陛下の即位の礼に出席するために来日したクエール米副大統領が海部俊樹首相と会談し、「日本の姿が見えない」と伝えていた。

海部氏は、国連平和協力法案が野党の抵抗で廃案になったことを説明したが、副大統領は「同盟国である日本のプレゼンスが見られないことは目に付く」と不満を漏らしたという。

日本はその後、国連平和維持活動（PKO）協力法や、後方支援に関する周辺事態法など様々な法整備を行った。

国会では「軍国主義の復活だ」といった反対論があったが、そうした主張が的を射ていなかったことは、その後の自衛隊の活動が国際社会で評価されていることを見ても明らかだ。日本国内の世論も、自衛隊による貢献を支持している。

中東のシーレーン（海上交通路）を航行する船舶の安全を確保するため、海上自衛隊は昨年から、オマーン湾などに護衛艦や哨戒機を派遣し、情報収集活動を続けている。海賊対処の任務も担っている。

「平和を金で買った」という湾岸当時のイメージは、自衛隊の様々な活動のおかげで、完璧に払拭できたと言える。今後も「積極的平和主義」の方針に基づき、国際貢献を続けていくことが肝要だ。

米国の国力が相対的に落ちる中、米軍が湾岸当時のような危機に的確に対処できるか、不安がつきまとう。

日本は「自由で開かれたインド太平洋」の構想に基づき、米国は無論、欧州やアジア各国などと連携を深めなければならない。国際協調の体制構築に積極的に関わっていくことが大切である。

夏川　明雄（政治評論家）

海外　米議会乱入

政治的妥協への一歩に

世界の一部の国などでは政党間の対立・抗争が高じて議場での乱闘騒ぎや活動家の乱入といった映像を目にすることはこれまでもあったが、それが民主主義の総本山を自他ともに任じる米国の連邦議会議事堂を舞台に、より過激な騒乱が繰り広げられるとはやはり驚き、唖然の言葉に尽きる。近年の米国社会の深刻な分断状況を劇的に示す立法府でのおぞましい「乱」の一部始終は世界中に瞬時に伝えられ、西側民主主義陣営の指導者からも異口同音の厳しい批判と強い遺憾を示す落胆の声が交錯した。

昨年の米大統領選で再選を逃し、退任間近のトランプ氏による熱狂的支持者への呼び掛けが引き金となったのは言うまでもない。本人がそれをいまだに平然と否定するのは驚きではないが、卑怯・卑劣の感想があるだけである。

まれにみる接戦となった大統領選の最終結果を上下両院合同会議で確定するタイミングを狙った議事妨害の企ては、現職大統領の無責任極まりない教唆・扇動により、一部は銃などを持った過激な支持者の議会乱入、一時占拠という前代未聞の騒乱に発展。銃撃などによる死者は5人、訴追された者は数百人と、暴徒が下院議長執務室の机に足を投げ出すなどの当日の議場占拠の映像と併せ、騒乱のすさまじさがうかがえる。

野党・民主党の主導でトランプ氏の「反乱扇動」の責任を追及する弾劾訴追の決議が早々に可決されたが、上院で3分の2以上の賛成を得る必要があり、弾劾罷免の可能性は小さい。しかし、確たる根拠も示さずに「不正選挙」を呼号する米国の最高権力者による「逆クーデターの試み」との批判も出た今回の暴挙により、過去4年にわたって「トランプ党」に堕した共和党の指導部や連邦議員、経済界へとトランプ離反の動きが広く加速し、これを機に共和党が本来の責任ある保守政党に戻る方途を探ることへの期待が高まる。米ツイッター社などが、トランプ氏が政治的武器としてきた過激でかつ不適切な投稿をできなくさせるため、アカウントを永久停止する措置を相次いで取った。支持者へのアピールなど影響力を残したい同氏には手痛い打撃となろう。

米国では新年早々、ジョージア州上院議員選（2議席）の決選投票で民主党候補がともに僅差で勝利。この結果、バイデン新政権発足に合わせた上院の新しい勢力図は民主党、共和党が同数となり、上院議長を務めるハリス副大統領が民主党のため、同党が下院に続いて上院でも多数を握る。民主党がホワイトハウスと議会上下両院の三つの重要拠点を制した政治的意味合いは大きい。

同州の決選投票で民主党が一つでも落としていれば、共和党が上院で多数派を形成し、新大統領が意欲を示す重要政策の実現に支障を来すことが危ぶまれていた。そうした懸念もやや後退した。前任者と政治的立場や信条、人柄も好対照の新大統領には大きな困難はあるだろうが、米国社会の分断進行を食い止め、米国の友邦が期待を寄せる国民融合と国際協調の復活に向け、大いに指導力を発揮してもらいたい。

伊藤　努（外交評論家）

三沢基地に301飛行隊移駐　F35A2個飛行隊に

新編記念式典開催

空自は12月15日、F4戦闘機からF35Aステルス戦闘機に機種更新し、茨城県の百里基地から青森県の三沢基地に移駐した301飛行隊の新編記念式典を行った。

同基地の118格納庫で行われた式には3空団の隊員、三沢市長代理の副市長、三沢市議会議長代理の副議長、三沢基地周辺協力団体各会長、在日米空軍三沢基地司令官、米海軍三沢航空基地隊司令官ら約190人が出席した。

最初に301飛行隊長の井田好彦2佐が3空団飛行群司令の野村信一1佐に、次いで野村1佐が3空団司令の久保田隆裕将補に編成完結を報告。これを受け、久保田団司令が井田隊長に真新しい指揮官旗を授与した。

久保田司令は式辞で「新たな一歩を踏み出す諸官は、301飛行隊という看板を背負い、その伝統を継承できることに対して誇りを持ってF35Aの戦力化にまい進してほしい」と要望し、「飛行隊の今後の戦力化は、空自の精強化に直結しているという矜持を持ち、一人ひとりが一致団結、協力してその絆をさらに強めて前進せよ」と激励した。

続いて三沢市の米田光一郎副市長が小檜山吉紀市長の祝辞を代読、「皆さまの活躍に全国から大きな期待が寄せられている。国防の最前線で誇りを持って任務に励んでほしい」と述べた。

同日付で3空団は、2019年に編成した同じくF35部隊の302飛行隊と合わせて2個飛行隊体制となった。3空団では現在、F35A戦闘機21機を運用しており、最終的には42機体制となる計画だ。

301飛行隊のF35Aステルス戦闘機への機種更新と三沢基地への移駐を祝い、記念撮影する式典出席者（12月15日、三沢基地118格納庫で）

岸防衛相と独国防相が会談

インド太平洋めぐり意見交換

「日独防衛相フォーラム」で、クランプ＝カレンバウアー独国防相と意見を交わす岸防衛相（12月15日、防衛省で）＝防衛省提供

岸防衛相は12月15日、防衛研究所とドイツのコンラート・アデナウアー財団がオンラインで共催した「日独防衛相フォーラム」に出席し、同国のアンネグレート・クランプ＝カレンバウアー国防相とインド太平洋地域の安全保障をめぐって意見交換を行った。

冒頭、クランプ＝カレンバウアー国防相は、ドイツ国防省が同国の「インド太平洋ガイドライン」に基づき進めているこの地域へのコミットメント（責任ある関与）について説明。

同ガイドラインは、航行の自由、法の支配、連結性といった理念を共有する同志国や、「自由で開かれたインド太平洋」を提唱する我が国との協力を推進しようとするもので、岸大臣はこの取り組みを高く評価し、歓迎の意を表した。

一方、岸大臣は「自由で開かれたインド太平洋」の維持・強化に向けて日本が実施しているパートナー国との防衛協力について紹介した上で、インド太平洋地域におけるドイツのプレゼンスの向上に強い期待感を示した。

岸大臣は「ドイツ海軍艦艇のインド太平洋地域への派遣計画の実現に向け、我が国としても引き続き緊密に連携していきたい」と発言。これに対し、独国防相からも賛意が示された。

両氏は東アジアの地域情勢についても意見を交換。岸大臣は、北朝鮮の大量破壊兵器を含む全ての射程の弾道ミサイルの「完全で検証可能、かつ不可逆的な廃棄（CVID）」の実現に向け、北朝鮮船舶による違法な「瀬取り」をはじめとする「国連制裁逃れ」への対応の重要性を指摘した。

また、日本の尖閣諸島をめぐる情勢を踏まえ、岸大臣は「我が国の領土、領海、領空を守り抜く」という強い決意を表明。南シナ海情勢については「中国を含む各国が緊張を高める一方的な行動を慎み、法の支配に基づき行動することが重要だ」と強調した。

学生・独身寮「パークサイド入間」

共済組合だより

入間学生・独身寮 入居者を随時募集中！

防衛省共済組合の学生・独身寮「パークサイド入間」（埼玉県狭山市入間川4－24－11）では、独身・単身赴任の組合員及び大学生等の組合員子弟を対象に入居者を募集しています。希望者は共済組合支部までお問い合わせください。

「パークサイド入間」は鉄筋コンクリート（RC）5階建（男性）及び地上4階建（1階部分男性、2～4階部分女性）で、部屋数は計103室です。各室はフローリングのワンルームマンション形式で、広さ約19.05平方メートル。キッチン、3点式ユニットバス（お風呂、洗面台、トイレ）、バルコニー、エアコン、インターフォンを完備し、女子棟部分はセキュリティ錠付きで、日当たり良好です。

施設には管理人が常駐し、不在時の宅配便の受け取りや急病等緊急時の対応が可能です。なお、給食施設はありませんので、食事は自炊となります。

入居費は月額3万9800円（使用料3万6000円・共益費3800円）ですが、使用料は住居手当の支給対象となるので、支給される場合の組合員の自己負担額は月額2万4300円です。駐車場（30台）を利用する場合、料金は月額4987円となります。（いずれも令和3年1月1日現在）

交通は西武池袋線「稲荷山公園」駅から徒歩8分。同駅から都心の「池袋」に急行で40分、「新宿」に60分です（所沢で西武新宿線急行乗換）。

施設外観や内装は防衛省共済組合ホームページ（https://www.boueikyosai.or.jp/）からもご覧になれますので是非ご検討下さい。

OPCW査察受け入れ　過去全て問題なし

化学学校

ＯＰＣＷの査察団（左奥）に申告を行う陸自化学学校の職員（大宮駐屯地で）

【化校＝大宮】陸自化学学校は12月7日から10日まで、オランダ・ハーグ市の本部から来日した「化学兵器禁止機関（ＯＰＣＷ）」の査察を受けた。

ＯＰＣＷは、化学兵器禁止条約に基づき1997年に設立された国際機関。同校は今回を含め計11回の査察を受け、すべて申告内容に問題がないことが確認されている。

今回、来日した査察団はベアトリクス・タンプボロン団長以下3人で、設備などの現地確認を行ったほか、化学物質の各種記録を検証。一連の査察によって化校の申告内容に問題がないことが確認され、暫定報告書に署名した。

査察後、タンプボロン団長は「新型コロナウイルスの流行にもかかわらず、被査察締約国の積極的な協力により目的を達成できた」と謝意を示し、竹内綱太郎校長（当時、現・九州処長兼目達原駐屯地司令）は「化学兵器禁止条約に基づき締約国としての義務を確実に履行するとともに、これからもＯＰＣＷの活動に対し協力していく」と述べた。

「第3回女性活躍推進委員会」開催

20普連

【20普連＝神町】20普連は12月24日、第3回目となる「女性活躍推進委員会」を開催＝写真＝し、参加した女性隊員21人が部隊勤務や生活環境の基盤について意見交換した。

今回は9月に配置された新隊員も加わり、「女性活躍推進の背景」や「キャリアプラン（補職トラック）」などについて概要を説明。

後半は「女性自衛官が今後さらに活躍するには具体的に何をすべきか」などをテーマに、グループごとに意見交換と発表を行った。

隊員からは「育児・介護などの両立支援制度の理解と普及が大切」「女性だからと限界を決めずに体力・スキルの向上を図るべき」といった積極的な意見が出された。

防衛省発令

▽22航空群司令部（25航空隊副長兼本部幕僚室長）　1海佐　速水　孝明

（1月8日）

▽解海幕人事計画課募集推進室長事務取扱　海幕人事計画課長　1海佐　鈴木　克哉

▽海幕人事計画課募集推進室長兼人事計画調整官（海幕総務課総務調整官）　同　大宅　学

▽同制度班長（同人事計画課）　同　福澤　光恭

▽同補任課服務室長（同制度班長）　同　奈良　崇

▽同防衛課能力評価・分析室長（2護衛隊司令）　同　北川　敬三

▽2護衛隊司令（海幕補任課服務室長）　同　工藤　正徳

▽横須賀造修補給所副所長（航空補給処副処長）　同　村上　明弘

▽航空補給処副処長（横須賀造修補給所副所長）　同　髙梨　洋之

（以上1月12日）

▽201整備補給隊司令（標的機整備隊司令）　2海佐　福田隆太郎

▽兼空幕防衛課　空幕首席法務官付法務官　1空佐　田中　愛久

▽解空幕防衛課兼務　空幕首席法務官付法務官　同　坂本まゆみ

▽南西航空方面隊防衛課長（12飛行教育団航空学生教育群司令）　同　佐藤　薫

▽12飛行教育団航空学生教育群司令（南西航空方面隊防衛課長）　同　宮崎　剛

（以上1月15日）

支援隊第2波が出国

ジブチ海賊対処で約120人

善通寺駐屯地で行われた出国行事で、隊員に見送られてジブチに向け出発する海賊対処行動支援隊15次隊の派遣要員たち（12月22日）＝14旅団提供

アフリカ東部のジブチ共和国で自衛隊活動拠点の基地警備などに当たっている海賊対処行動支援隊の部隊交代のため、1月18日、15次隊第2波の隊員約90人が成田空港からチャーター機で出国した。

15次隊は眞鍋輝彦1陸佐を指揮官に陸自50普連（高知）を基幹に陸・海・空自隊員約120人で編成。現地に到着後、1月下旬に14次隊から任務を引き継ぐ。

任務を終える14次隊の第2波要員約90人は2月2日に民航機で羽田に帰国する予定。

哨戒機多国間訓練　P1部隊が初参加

シードラゴン

海自1空群1航空隊12飛行隊（鹿屋）の隊長・岡﨑真吾2佐以下約40人とP1哨戒機2機は1月14日から、米海軍が主催し、グアム島周辺海域で行われている固定翼哨戒機の多国間訓練「シードラゴン2021」に参加している。28日まで。

同訓練への海自の参加は昨年に続き2回目で、新型のP1の派遣は初めて。

訓練には日米のほか、豪空軍、加空軍、印海軍が加わり、米海軍の潜水艦と共同して対潜戦訓練などを行っている。

「せとしお」が派米訓練に参加

海自2潜群4潜水隊（横須賀）の潜水艦「せとしお」（艦長・近藤唯2佐以下約80人）は1月14日、米ハワイ方面での「令和2年度第2回米国派遣訓練（潜水艦）」に参加するため、横須賀基地を出発した。

「せとしお」は海中で各種訓練を行いながらハワイ方面に展開し、現地到着後は米海軍の施設を利用して対潜戦訓練などを実施する。同艦は4月1日に帰国予定。

陸自の大雪災派

除雪

コロナ禍の中、自然災害も北国の住民たちを苦しめている。東北・上信越・北陸地方は年明けから大雪に見舞われ、秋田県横手市では積雪が1メートル70センチに達した。このドカ雪で除・排雪が追い付かず、家屋倒壊の恐れも生じたことから、秋田県が1月5日、新潟県が10日、陸自にそれぞれ災害派遣を要請した。一方、北陸道と東海北陸道では大雪で車両が立ち往生し、凍えるドライバーの救助のため富山、福井両県が陸自に災派を要請。直ちに出動した隊員たちは背丈を超える積雪の中で屋根の雪下ろしや高速道路の滞留解消のための作業を夜を徹して行い、11日までに活動を終えた。（写真はすべて統幕提供）

人の背丈以上に雪が積もり、倒壊の危険がある家屋の屋根に上がり、雪下ろしの作業にあたる2普連（高田）の隊員たち（1月11日、新潟県柏崎市で）

雪上からトラックを脱出させるため、力を合わせて車体を押し出す14普連（金沢）の隊員たち（1月10日、富山県南砺市の東海北陸道で）

懸命に雪下ろし

長い雪落とし棒を使い、屋根に積もった雪を崩して落とす21普連（秋田）の隊員（1月7日、秋田県湯沢市で）

夜を徹して

福井県坂井市の北陸道入り口で地元関係機関の職員と除雪について調整を行う14普連の幹部（右）

凍えるドライバー救助

大雪により北陸道の路上で立ち往生したトラックのドライバーに食料の配布や健康確認を行う35普連（守山）の隊員たち（1月10日、福井県の北陸道で）

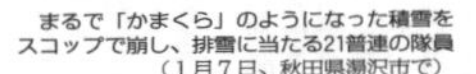

民家の除雪の災害派遣任務を終えて帰隊する21普連の車両（左）を手を振って見送る秋田県の職員や住民たち（1月11日、秋田県羽後町で）

まるで「かまくら」のようになった積雪をスコップで崩し、排雪に当たる21普連の隊員たち（1月7日、秋田県湯沢市で）

降雪の中、消防隊員と協力し、滞留車両に提供する燃料の準備を行う10戦大（今津）の隊員（1月10日、福井県の北陸道で）

高速道路の車両の滞留を解消するため、人力で路上の除雪を行う14普連の隊員たち（1月10日、福井県の北陸道で）

令和3年度防衛予算案 詳報

考え方

1 「平成31年度以降に係る防衛計画の大綱」（平成30年12月18日閣議決定）に基づく「中期防衛力整備計画（平成31～35年度）」（同）の3年度目として、真に実効的な防衛力として、多次元統合防衛力の構築に向け、防衛力整備を着実に実施。

2 領域横断作戦を実現するため、優先的な資源配分や我が国の優れた科学技術の活用により、宇宙・サイバー・電磁波といった新たな領域における能力を獲得・強化。また、領域横断作戦の中で、新たな領域における能力と一体となって、各種事態に効果的に対処するため、海空領域における能力、スタンド・オフ防衛能力、総合ミサイル防空能力、機動・展開能力を強化。さらに、平時から有事までのあらゆる段階において、必要とされる各種活動を継続的に実施できるよう、後方分野も含めた防衛力の持続性・強靭性を強化。加えて、少子高齢化等も踏まえた人的基盤の強化、軍事技術の進展を踏まえた技術基盤の強化等に優先的に取り組むとともに、安全保障環境の変化を踏まえ、日米同盟・諸外国との安全保障協力を強化。

3 この際、格段に速度を増す安全保障環境の変化に対応するため、従来とは抜本的に異なる速度で防衛力を強化。また、既存の予算・人員の配分に固執することなく、資源を柔軟かつ重点的に配分し、効果的に防衛力を強化。さらに、あらゆる分野での陸海空自衛隊の統合を一層推進し、縦割りに陥ることなく、組織および装備を最適化。

4 格段に厳しさを増す財政事情と国民生活に関わる他の予算の重要性等を勘案し、我が国の他の諸施策との調和を図りつつ、調達の効率化にかかる各種取り組み等を通じて、一層の効率化・合理化を徹底。

（本文中の青色部分は新規事業）

I 防衛関係費

1 ［ ］は対前年度伸率（%）である。

2 計数は四捨五入によっているので計と符号しないことがある（以下同じ）。

3 上段はSACO関係経費、米軍再編関係経費のうち地元負担軽減分および防災・減災、国土強靭化のための3カ年緊急対策に係る経費等を除いたもの、下段（ ）内は含んだものである。総額におけるその金額は、SACO関係経費として、令和2年度138億円、3年度144億円。

米軍再編関係経費のうち地元負担軽減分として、2年度1799億円、3年度2044億円。

防災・減災、国土強靭化のための3カ年緊急対策（平成30～令和2年度）に係る経費として、令和2年度508億円などである。

4 令和3年度予算額には、内閣官房およびデジタル庁（仮称）へ振り替える経費を含む。

その内訳（187億円）は、人件費0・4億円、歳出化経費137億円、一般物件費49億円である。

防衛関係費全般

【歳出予算（三分類）】　（単位：億円）

区分	令和2年度予算額	対前年度増△減額	令和3年度予算額	対前年度増△減額
防衛関係費	50,688 (53,133)	618 [1.2] (559 [1.1])	51,235 (53,422)	547 [1.1] (289 [0.5])
人件・糧食費	21,426	△405 [△1.9]	21,919	493 [2.3]
物件費	29,262 (31,708)	1,023 [3.6] (964 [3.1])	29,316 (31,504)	54 [0.2] (△204 [△0.6])
歳出化経費	19,336 (20,326)	905 [4.9] (651 [3.3])	19,377 (20,378)	41 [0.2] (52 [0.3])
一般物件費 ※活動経費	9,926 (11,382)	118 [1.2] (314 [2.8])	9,939 (11,125)	14 [0.1] (△257 [△2.3])

II 領域横断作戦に必要な能力の強化における優先事項

我が国を取り巻く安全保障環境が格段に速いスピードで厳しさと不確実性を増す中、宇宙・サイバー・電磁波を含む全ての領域における能力を有機的に融合し、平時から有事までのあらゆる段階における柔軟かつ戦略的な活動の常時継続的な実施を可能とする防衛力を構築する。

1 宇宙・サイバー・電磁波等の領域における能力の獲得・強化

領域横断作戦を実現するため、優先的な資源配分や我が国の優れた科学技術の活用により、宇宙・サイバー・電磁波といった新たな領域における能力を獲得・強化する。

(1)宇宙領域における能力（宇宙関連経費約659億円）※弾道ミサイル防衛関連経費の宇宙関連部門を除く。

SSA（宇宙状況監視）の強化

○SSA衛星（宇宙設置型光学望遠鏡）の整備（175億円）

・令和8年度をめどに打ち上げ予定のSSA衛星について、衛星の設計等に着手

・SSA衛星の複数機運用に関する概念検討

・軌道上サービスに関する調査研究

○SSAシステム等の整備（113億円）

・米軍および国内関係機関等と連携した宇宙状況監視を行うために必要な関連器材を取得等

ミサイル防衛のための衛星コンステレーション活用の検討

○衛星コンステレーションによるHGV（極超音速滑空兵器＝Hypersonic Glide Vehicle）探知・追尾システムの概念検討（2億円）

○高感度広帯域な赤外線探知素子の研究（12億円）

宇宙利用における抗たん性の強化

○衛星通信システムの抗たん性向上等（9億円）

・Xバンド防衛通信衛星と他の商用通信衛星をシームレスに活用できるシステムの構築等

○「みちびき」を活用した衛星測位能力の抗たん性向上（4億円）

・マルチGNSS（全球測位衛星システム＝Global Navigation Satellite System）受信機の研究

衛星測位能力の抗たん性を向上するため、みちびき（公共専用信号※を含む）・GPS・ガリレオの測位信号の共通化受信機を研究

※公共専用信号＝政府が認めた利用者のみが使用できる信号

宇宙を利用した情報収集能力等の強化

○画像衛星データ等の利用（151億円）

・画像解析用データの取得（多頻度での撮影が可能な小型衛星コンステレーションを含む各種商用衛星等）

・海洋状況監視に資する衛星情報の取得

○衛星通信の利用（96億円）

・Xバンド通信衛星の整備・維持

・商用通信衛星回線の借上げ、衛星通信器材の整備・維持等

組織体制の強化

○宇宙作戦群（仮称）の新編

宇宙領域における指揮統制を担う部隊を新編し、当該部隊および宇宙作戦隊を隷下部隊に持つ宇宙作戦群（仮称）を新編

○宇宙関連事業に係るプロジェクト管理業務に対応するため、防衛装備庁事業監理官（情報・武器・車両担当）に「宇宙事業管理班（仮称）」を新設するとともに、名称を「事業監理官（宇宙・地上装備担当）＝仮称」に変更

その他の宇宙政策に関する取り組み

○諸外国との国際協力（2億円）

・米国コロラド州の米空軍基地で実施する「Space100」課程等に要員を派遣し、宇宙全般に関する知見を習得

・宇宙分野における多国間机上演習への参加

※弾道ミサイル防衛関連経費（宇宙関連部分のみ）532億円

(2)サイバー領域における能力

サイバー防衛隊等の体制強化

○自衛隊サイバー防衛隊（仮称）の新編

自衛隊指揮通信システム隊を廃止して自衛隊サイバー防衛隊（仮称）を新編。より効果的・効率的な任務遂行が可能となるよう、陸海空自衛隊のサイバー関連部隊から要員を移管して、サイバー防衛能力の抜本的強化を図るため、サイバー防護機能の一元化に着手

サイバー人材の確保・育成

○サイバーセキュリティ統括アドバイザー（仮称）＝高度サイバー人材＝の採用（0・2億円）

サイバー領域における最新技術やサイバー攻撃の最新動向等サイバーセキュリティーに関する高度な知見を有する民間の高度サイバー人材を採用

○サイバーセキュリティーに関するハイスキル人材の育成（700万円）

サイバーセキュリティーに関する高度な知識・技能を有するハイスキル人材の育成を加速化するべく、部外教育機関を活用した教育を実施

○陸自通信学校におけるサイバー共通課程の拡充（0・6億円）

令和元年度から実施している各自衛隊の共通教育であるサイバー共通課程の規模を拡充し、人材育成の一元化を強化

○米国におけるサイバー戦指揮官要員の教育（0・3億円）

サイバー戦における指揮官の意思決定要領等に関する知見を習得するため、米国防大学の教育課程を受講

サイバーに関する最新技術の活用

○装備品に搭載されている情報処理システムを標的としたサイバー攻撃へ対処する技術の研究（9億円）

サイバー攻撃の状況下においても、防衛省・自衛隊が保有する装備品に搭載されている情報処理システムの運用継続を実現するため、装備品のサイバーレジリエンス（※）技術の研究を実施

※サイバーレジリエンス＝サイバー攻撃等によってシステムやネットワークの一部の機能が損なわれた場合においても、柔軟に対応して運用可能な状態に回復する能力

実戦的な訓練環境の整備

○サイバー攻撃等への実戦的な対処訓練を行うため、自衛隊の全てのサイバー関連部隊が利用可能な装置を整備（16億円）

システム・ネットワークの安全性の強化

○サイバー防護分析装置の整備（48億円）

サイバー攻撃に関する手法等を収集・分析し、防衛省・自衛隊に対するサイバー攻撃に対処するための装置を整備

○サイバー攻撃対処に関する高度な専門的知見を必要とする業務について、部外力を活用（27億円）

○内部侵入等によるサイバー攻撃からの防護のため、防衛情報通信基盤（DII）のクローズ系システムを整備（81億円）

情報セキュリティーに係る措置の強化

○防衛産業に対する各種情報セキュリティー施策を推進するため、防衛装備庁装備保全管理官に「産業サイバーセキュリティ室（仮称）」を新設

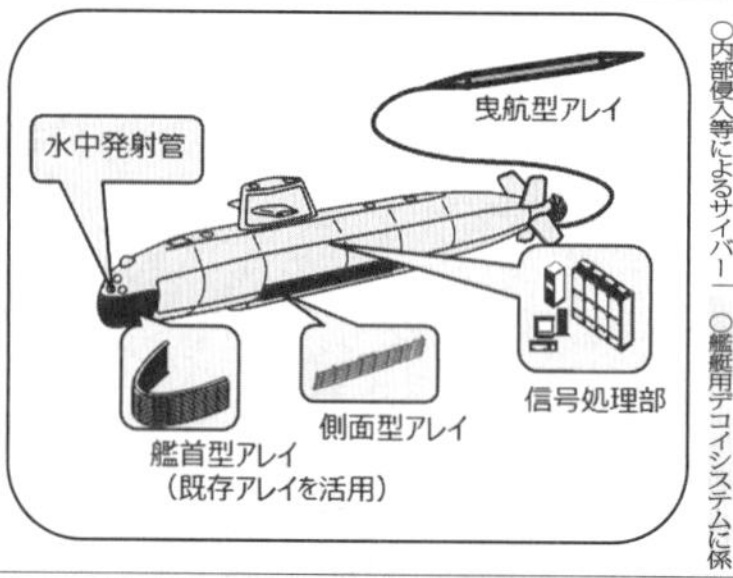

潜水艦の水中領域における優位性を継続保持するため、開発を進める将来潜水艦用ソーナー装置と雑音低減型水中発射管のイメージ図（予算資料から）

(3)電磁波領域における能力

我が国に侵攻する相手方のレーダー等を無力化する能力の強化

○スタンド・オフ電子戦機の開発（100億円）

効果的な電波妨害を実施することにより自衛隊の航空作戦の遂行を支援する、スタンド・オフ電子戦機を開発

○電波の収集・分析および通信の無力化により、作戦を有利に進めるため、陸自のネットワーク電子戦システムを取得（1式87億円）

○艦艇の電波探知妨害能力の研究（0・2億円）

航空機やミサイル等からの電波を探知し、無力化するための電波を照射する電波探知妨害装置の能力向上について実証検証を実施

我が国に対する侵攻を企図する相手方からの電磁波領域における妨害等に際して、その効果を局限する能力の強化

○電子防護能力に優れたF35Aを取得し、航空優勢を確保（4機391億円）

その他関連経費（整備用器材等）として、別途534億円を計上

○電子防護能力に優れ、短距離離陸・垂直着陸が可能なF35Bを取得し、戦闘機運用の柔軟性を向上（2機259億円）

その他関連経費（整備用器材等）として、別途62億円を計上

○艦艇用デコイシステムに係る調査研究（0・2億円）

高性能の対艦ミサイル等の脅威に対応するため、将来の艦艇用デコイシステムに係る研究を実施

○高機能・高性能化する電子戦器材や装備品の性能を正確に把握・評価するため、将来の電子戦評価システムに係る研究を実施（12億円）

電磁波領域におけるゲーム・チェンジャーになり得る技術の研究

○車載レーザーシステムの実証（28億円）

将来の経空脅威への効率的な対処が見込まれる高出力レーザシステムの研究の成果を活用し、レーザーシステムの車載化を実証

○高出力マイクロ波（HPM）発生装置の将来の実用化を見据え、小型化・高出力化等の研究を実施（5億円）

電磁波に関する情報の収集・分析能力の強化

○電波情報収集機（RC2）に搭載する装置の取得（69億円）

情報収集機能の強化のため、現有の電波情報収集機（YS11EB）の後継として、受信電波周波数範囲の拡大や遠距離目標収集能力の強化など能力向上した電波情報収集機の搭載装置を取得

○次期電子情報収集機の情報収集システムの研究（27億円）

多用機EP3の減勢に伴う後継機（次期電子情報収集機）の開発に向け、航空機搭載型情報収集システムの信号検出能力、方位精度および類識別能力の向上に関する研究を実施

情報通信能力・情報共有態勢の強化

○目標情報の迅速な伝達・共有を図るため、艦艇および航空機の戦術データリンクを整備（107億円）

電磁パルス（EMP）攻撃等からの施設の防護

○自衛隊施設のEMP防護性能を安定的に維持・機能させるための維持管理手法を検討（0・4億円）

訓練演習、人材育成

○統合電子戦訓練の実施（0・2億円）

電磁波領域における運用能力を強化するため、陸海空自衛隊の統合による電子戦訓練を実施

○英海軍が実施する電磁波領域を含む総合演習に参加（400万円）

○米国で実施する電子戦運用幕僚課程に空自の要員を派遣し、電子戦運用に関する指揮・統制能力を習得（400万円）

○米国等で実施される電子戦シンポジウムに要員を派遣し、最新の電子戦技術等に関する情報収集を実施（200万円）

(4)その他

5G導入に向けた取り組み

○5G実証実験（4億円）

空自千歳基地などに5Gネットワークを仮設して利用環境を整備し、基地のスマート化等に向けた取り組みの実証実験を実施

2 従来の領域における能力の強化

領域横断作戦の中で、宇宙・サイバー・電磁波の領域における能力と一体となって、航空機、艦艇、ミサイル等による攻撃に効果的に対処するため、海空領域における能力、スタンド・オフ防衛能力、総合ミサイル防空能力、機動・展開能力を強化する。

(1)海空領域における能力

常続監視態勢の強化

○自動警戒管制システム（JADGE）の探知識別能力、情報処理能力向上（221億円）

○固定翼哨戒機（P1）の取得（3機666億円）

○固定翼哨戒機（P3C）の機齢延伸（4機15億円）

○哨戒ヘリ（SH60K）の救難仕様改修（1機10億円）

○SH60Kの機齢延伸（3機71億円）

○救難飛行艇（US2）の取得（1機71億円）

○護衛艦「FFM」（30年度型護衛艦7番艦および8番艦＝3900トン）の建造（2隻944億円）

○「むらさめ」型、「こんごう」型および「あぶくま」型護衛艦の艦齢延伸（艦齢延伸工事4隻および部品調達4隻分123億円）

○探知能力等が向上した潜水艦（29年度型潜水艦5番艦＝3000トン）を建造（1隻684億円）

○「おやしお」型および「そうりゅう」型潜水艦の艦齢延伸（艦齢延伸工事9隻および部品調達4隻分64億円）

航空優勢の獲得・維持

○戦闘機（F2）の能力向上（30億円）

○空自救難ヘリ（UH60J）の減勢に対応し、救難態勢を維持・強化するとともに、多様な事態に実効的に対処し得る態勢を整備するためUH60Jを取得（5機261億円）

○「いずも」型護衛艦の飛行甲板上の耐熱塗装等に加え、F35Bを安全に運用するため、艦首形状を四角形に変更（203億円）

○防空能力強化のため、低空目標や高速目標への対処能力を向上させた03式中距離地対空誘導弾（改善型）を取得（1式120億円）

次期戦闘機（約731億円＝関連経費含む）

○次期戦闘機の機体の構想設計を引き続き実施するとともに、エンジンの設計等に着手し、着実に開発を推進（576億円）

○戦闘機等の作戦・任務遂行能力の根幹となるミッションシステムを将来にわたり我が国が自由にコントロールできるよう、ミッションシステム・インテグレーション技術の研究を実施（49億円）

○有人機の支援を行う遠隔操作型支援機の実現に求められる編隊飛行技術やヒューマン・マシン・インターフェース技術等に関する研究を実施（15億円）

○戦闘機等において、常時の広覆域捜索を可能とするため、将来の高機能レーダに係る技術を日英共同研究により確立（41億円）

海上優勢の獲得・維持

○将来潜水艦用ソーナー装置の開発（35億円）

将来にわたり潜水艦の水中領域における優位性を継続保持するため、探知能力を向上させたソーナー装置を開発

○雑音低減型水中発射管の研究（18億円）

潜水艦のさらなる静粛化のため、魚雷等を射出する際の発射音を低減する技術について研究

○高速高機動レーダ技術の研究（6億円）

低RCS（レーダ反射断面積＝Radar Cross Section）目標や極超音速ミサイルをはじめとした高速高機動目標に対応するため、レーダの探知追尾技術向上および探知距離の延伸を実験装置を用いた模擬環境の下で研究

○対艦戦闘能力強化のため、現有の88式地対艦誘導弾の能力を向上させた12式地対艦誘導弾を取得（1式55億円）

(2)スタンド・オフ防衛能力

○相手の脅威圏外（スタンド・オフ）から対処できるF35Aに搭載可能なスタンド・オフ・ミサイル（JSM）を取得（149億円）

○12式地対艦誘導弾能力向上型の開発（335億円）

開発中の12式地対艦誘導弾（改）を長射程化し、多様なプラットフォームからの運用を前提としたスタンド・オフ・ミサイルとして開発

○島嶼防衛のため、高速で滑空し、高精度で目標に命中する高速滑空弾について、早期装備化に向けて引き続き研究を推進（150億円）

(3)総合ミサイル防空能力（弾道ミサイル防衛関連経費1148億円）

ネットワークの機能強化

○国産汎用護衛艦に装備予定のFCネットワークと「まや」型護衛艦等に装備されるCECとの連接実現性に係る技術的検証を実施（2億円）

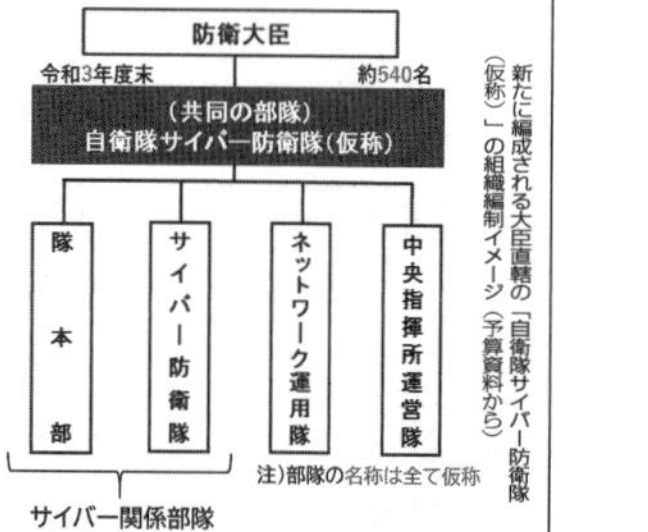

シューター・誘導弾の機能強化・増勢

○弾道ミサイル防衛と巡航ミサイルや航空機への対処の双方に対応可能で、かつ射程が延伸されている能力向上型迎撃ミサイル（PAC3MSE）を取得（356億円）

○03式中距離地対空誘導弾（改善型）の改修による弾道ミサイル対処能力の付与に必要な研究を実施（1億円）

○極超音速滑空兵器への効果的な対処のための迎撃ミサイルの在り方について研究を実施（0・4億円）

その他

○弾道ミサイル等対処に係る自衛隊の能力や日米共同対処能力を維持・向上

○イージス・システム搭載艦の検討に係る技術支援役務（17億円）

イージス・システム搭載艦の搭載機能、艦の設計等に関する検討について民間事業者から専門的・技術的支援を得る

(4)機動・展開能力

○PFI船舶の活用による統合輸送態勢の強化

○統合水陸両用作戦訓練の実施

○輸送機（C2）の取得（1機225億円）

○軽装甲機動車の後継装備品の研究（14億円）

部隊の機動・展開能力を担保する軽装甲機動車の後継となる車両選定のための参考品を取得

○16式機動戦闘車を整備し、作戦基本部隊（師団・旅団）の機動展開能力を強化（22両158億円）

○迅速に部隊を展開できる新多用途ヘリ（UH2）を取得（7機125億円）

○島嶼防衛における初動対処態勢を強化するため、警備部隊等の配置に関連する石垣島の隊庁舎等、宮古島の保良鉱山地区における構内道路等、奄美大島（瀬戸内分屯地）の火薬庫等を整備（390億円）

○輸送航空隊の配置に伴う施設整備（25億円）

佐賀駐屯地（仮称）新設に係る用地取得、調査、基本検討に要する経費を計上

○南西方面における後方支援基盤と位置づけ、佐世保・崎辺東地区（仮称）に大規模な岸壁等および後方支援施設を整備（133億円）

○常続的陸自展開訓練構想（CPEC）

高い練度を保持した陸自の部隊を南西地域等へ機動展開し、練成訓練を実施することにより、抑止力および対処力の向上を図る

～常続的陸自展開訓練構想に関連する訓練・演習～

○陸自演習（22億円）

○北海道をはじめとする国内や米国・豪州等の国外の良好な訓練基盤への機動展開訓練

・北海道訓練センター運営（7億円）

・米国等における米軍との実動訓練（8億円）

・豪州における米豪軍との実動訓練（2億円）

○機動師団・旅団の機動展開および島嶼部における練成訓練

・国内における米軍との実動訓練（0・4億円）

○水陸機動団の艦艇と連携した南西地域における洋上機動展開および島嶼部における練成訓練

・水陸機動団演習（0・5億円）

新たに編成される大臣直轄の「自衛隊サイバー防衛隊（仮称）」の組織編制イメージ（予算資料から）

防衛大臣

令和3年度末　約540名

（共同の部隊）自衛隊サイバー防衛隊（仮称）

隊本部　サイバー防衛隊　ネットワーク運用隊　中央指揮所運営隊

サイバー関係部隊

注）部隊の名称は全て仮称

3 持続性・強靭性の強化

平時から有事までのあらゆる段階において、部隊運用を継続的に実施し得るよう、弾薬および燃料の確保、自衛隊の運用に係る基盤等の防護等に必要な措置を推進するとともに、各種事態に即応し、実効的に対処するため、装備品の可動率確保のための取り組みを推進する。

(1)継続的な運用の確保

○継続的な部隊運用に必要な各種弾薬の取得（2293億円）

・航空優勢、海上優勢の確保に必要な対空ミサイル、魚雷の取得（270億円）

○抗たん性の強化のため、航空機の基地内分散に必要な分散パッドを整備（30億円）

○航空基地の滑走路が被害を受けた場合等に備え、より迅速な被害復旧を可能とする器材を取得（5億円）

○庁舎、隊舎および宿舎など自衛隊施設の改修等を行い、自衛隊の安定的な運用態勢を確保（483億円）

(2)装備品の維持整備に係る取り組みの推進

○装備品の維持整備に必要な経費の着実な確保（1兆1282億円）

PBL等の包括契約の推進

○陸自特別輸送ヘリ（EC225LP）のPBL（57億円）

平成24年度から実施しているEC225LPのPBL対象部品を拡大

○海自護衛艦ガスタービン機関のPBL（13億円）

○海自P3C部品のPBL（9億円）

○海自練習ヘリ（TH135）のPBL（119億円）

平成28年度から実施しているTH135のPBL対象部品を拡大

○空自戦闘機部品の包括契約（62億円）

・F2の機体（主翼）構造部品の取得

・F15の脚系統構成品等の修理

III 防衛力の中心的な構成要素の強化における優先事項

人口減少と少子高齢化が急速に進展する一方、装備品が高度化・複雑化し、任務が多様化・国際化する中、より幅広い層から多様かつ優秀な人材の確保を図るとともに、全ての自衛隊員が高い士気を維持し、自らの能力を十分に発揮できる環境の整備に向けた取り組みを重点的に推進する。

また、軍事技術の進展を背景に戦闘様相が大きく変化する中、我が国の優れた科学技術を生かし、防衛装備につながる技術基盤を強化するため、装備品の研究開発期間の短縮や技術的優勢の確保に向けた取り組みを実施するとともに、必要かつ十分な質および量の防衛力を効率的に確保するため、プロジェクト管理の強化等による費用対効果の向上を図る。

1 人的基盤の強化

(1)優秀な人材確保のための取り組み

募集業務の充実・強化

○ソーシャルメディア等を意識した話題性の高い採用広報動画の作成や広告バナーを活用し、採用対象者や保護者への採用広報を推進（2・4億円）

○インターネット上で採用説明会を行うことで、より多くの学生に職業としての自衛隊の魅力を発信するとともに、新型コロナウイルス感染症などにより、外出の自粛を余儀なくされる場合においても、安定した人材を確保するためWEBセミナーを実施（200万円）

○女性向けの採用広報（200万円）

再就職支援等の充実・強化

○任期制自衛官の充足の維持・向上に加え、予備自衛官および即応予備自衛官の充足向上を図るため、任期制自衛官の任期満了後に国内の大学に進学した者が、その在学期間中、予備自衛官または即応予備自衛官に任官した場合、一定額を給付（0・1億円）

○職業訓練課目の新設（300万円）

・主に女性自衛官の再就職の機会の拡大を図るため、登録販売者、ファイナンシャルプランナー、調剤薬局事務の資格取得に係る課目を新設

・採用上限年齢引上げに伴い、既に一定の資格を有している者を対象にさらなる再就職の機会の拡大を図るため、電気工事施工管理技士、消防設備点検資格者、ガス溶接作業主任者の資格取得に係る課目を新設

○女性自衛官向け職業訓練の実施（0・1億円）

その他

○ハラスメント防止施策の推進（0・2億円）

(2)女性の活躍、働き方改革の推進および生活・勤務環境の改善

女性職員の採用・登用のさらなる拡大等、女性職員の活躍をさらに推進するとともに、ワークライフバランスおよび生活・勤務環境の改善に関する施策を推進・強化する。

女性の活躍推進

○女性自衛官の教育・生活・勤務環境の基盤整備（46億円）

○メンター養成研修、女性自衛官のための部外カウンセラー招へいおよび災害発生時における女性隊員用の消耗品の整備等（0・7億円）

○女性自衛官教育隊の改編

陸自の女性自衛官活躍を推進するため、女性自衛官教育隊の教育体制を整備

国際協力分野における女性の活躍の推進等

○北大西洋条約機構（NATO）ジェンダー関連年次会合等への派遣

働き方改革のための環境整備

○新型コロナウイルス感染症等の感染症の拡大防止および感染症が拡大した場合における業務の継続性確保のためのテレワーク用端末の整備（2・9億円）

○働きやすい職場を実現するためのオフィスのペーパーレス化・省スペース化などによる勤務環境の改善（0・4億円）

職業生活と家庭生活の両立支援

○庁内託児施設の整備（0・8億円）

子育て中の隊員が安心して任務に従事できるよう、自衛隊の特殊な勤務態勢に対応するための庁内託児施設を整備

○緊急登庁支援（児童一時預かり）のための備品整備等（0・2億円）

意識啓発のための研修・訓練等の実施

○職場における性別に基づく固定的な役割分担意識を解消するとともに、育児・介護等で時間制約のある職員を含む全ての職員が十分に能力を発揮できる職場環境を醸成するための取り組み（0・3億円）

生活・勤務環境の改善

○自衛隊員が士気高く任務に専念できるよう、新しい生活様式への対応を含めた自衛隊員の生活・勤務環境改善のための自衛隊施設、備品・日用品等を整備

・自衛隊施設の整備（501億円）

・備品や日用品等の整備（38億円）

・被服等の整備（77億円）↖

主要な装備品

区分				令和2年度調達数量	令和3年度調達数量	令和3年度金額(億円)
航空機	陸自	新多用途ヘリコプター(UH-2)		—	7機	125
		輸送ヘリコプター(CH-47JA)		3機	—	—
	海自	固定翼哨戒機(P-1)		3機	3機	666(39)
		救難飛行艇(US-2)		—	1機	71(17)
		固定翼哨戒機(P-3C)の機齢延伸		(7機)	(4機)	15
		哨戒ヘリコプター(SH-60K)		7機	—	—
		哨戒ヘリコプター(SH-60K)の機齢延伸		(3機)	(3機)	71
		哨戒ヘリコプター(SH-60J)の機齢延伸		(2機)	—	—
		画像情報収集機(OP-3C)の機齢延伸		(1機)	—	—
		電波情報収集機(EP-3)の機齢延伸		—	—	—
	空自	戦闘機(F-35A)		3機	4機	391
		戦闘機(F-35B)		6機	2機	259
		戦闘機(F-2)の能力向上		(2機)	—	(30)
		輸送機(C-2)		—	1機	225(43)
		空中給油・輸送機(KC-46A)		4機	—	55
		救難ヘリコプター(UH-60J)		3機	5機	261(38)
		電波情報収集機(RC-2)(搭載装置)		—	—	69(37)
艦船	海自	護衛艦		2隻	2隻	944(3)
		潜水艦		1隻	1隻	684(1)
		掃海艦		1隻	—	—
		「あさぎり」型護衛艦の艦齢延伸	工事	(3隻)	(—)	—
			部品	(1隻)	(—)	
		「あぶくま」型護衛艦の艦齢延伸	工事	(3隻)	(2隻)	1
			部品	(—)	(—)	
		「こんごう」型護衛艦の艦齢延伸	工事	(1隻)	(1隻)	65
			部品	(2隻)	(2隻)	
		「むらさめ」型護衛艦の艦齢延伸	工事	(—)	(1隻)	58
			部品	(2隻)	(2隻)	
		「おやしお」型潜水艦の艦齢延伸	工事	(3隻)	(8隻)	62
			部品	(5隻)	(4隻)	
		「そうりゅう」型潜水艦の艦齢延伸	工事	(—)	(1隻)	2
			部品	(2隻)	(—)	
		「ひびき」型音響測定艦の艦齢延伸	工事	(1隻)	(1隻)	5
			部品	(1隻)	(—)	
		「とわだ」型補給艦の艦齢延伸	工事	(1隻)	(—)	—
			部品	(—)	(—)	
		「あすか」型試験艦の艦齢延伸	工事	(—)	(—)	25
			部品	(—)	(1隻)	
		「おおすみ」型輸送艦の艦齢延伸	工事	(—)	(—)	33
			部品	(—)	(1隻)	
		「あさひ」型護衛艦の能力向上	工事	(—)	(—)	14
			部品	(1隻)	(2隻)	
		「たかなみ」型護衛艦の短SAMシステムの能力向上	工事	(—)	(1隻)	1
			部品	(—)	(—)	
		「たかなみ」型護衛艦対潜システムの近代化改修	工事	(—)	(—)	7(14)
			部品	(—)	(1隻)	
		艦艇搭載戦闘システム電子計算機等の更新	工事	(—)	(7隻)	88
			部品	(8隻)	(5隻)	
		「あさぎり」型護衛艦戦闘システムの近代化改修	工事	(3隻)	(—)	—
			部品	(—)	(—)	
		「たかなみ」型護衛艦戦闘システムの近代化改修	工事	(—)	(—)	—
			部品	(2隻)	(—)	
		護衛艦CIWS(高性能20mm機関砲)の近代化改修	工事	(1隻)	(5隻)	2
			部品	(—)	(4隻)	
		「ちはや」型潜水艦救難艦の改修	工事	(1隻)	(—)	—
			部品	(—)	(—)	
		潜水艦戦闘システムの近代化改修	工事	(—)	(1隻)	22(2)
			部品	(—)	(1隻)	
		短SAMシステム3型等の計算機能力の向上	工事	(—)	(2隻)	10
			部品	(—)	(1隻)	
		「おおすみ」型輸送艦の能力向上	工事	(—)	(1隻)	3
			部品	(1隻)	(—)	
誘導弾	陸自	03式中距離地対空誘導弾(改)		1個中隊	1個中隊	120
		12式地対艦誘導弾		—	1個中隊	55
火器・車両等	陸自	20式5.56mm小銃		3,283丁	3,342丁	9
		9mm拳銃SFP9		323丁	297丁	0.2
		対人狙撃銃(B)		8丁	—	—
		60mm迫撃砲(B)		6門	6門	0.2
		120mm迫撃砲 RT		6門	11門	5
		19式装輪自走155mmりゅう弾砲		7両	7両	45
		10式戦車		12両	—	—
		16式機動戦闘車		33両	22両	158
		車両、通信器材、施設器材 等		493億円	—	318
BMD	海自	イージス・システム搭載護衛艦の能力向上		2隻分	2隻分	2
	空自	ペトリオットシステムの改修		8式	—	—

注1:2年度調達数量は、当初予算の数量を示す。
注2:金額は、装備品等の製造等に要する初度費を除く金額を表示している。初度費は、金額欄に( )で記載(外数)。
注3:調達数量は、令和3年度に新たに契約する数量を示す。(取得までに要する期間は装備品によって異なり、原則2年から5年の間)
注4:調達数量欄の( )は、既就役装備品の改善に係る数量を示す。
注5:海自の艦船については、上段が改修・工事の数量を、下段が改修・工事に必要な部品の調達を示す。
注6:イージス・システム搭載護衛艦の能力向上の調達数量については、「あたご」型護衛艦2隻のSM-3ブロックⅡAを発射可能とする改修にかかる隻数を示す。
注7:陸自の誘導弾の金額は、誘導弾薬取得に係る経費を除く金額を表示している。

(3)教育・研究体制の充実

防衛研究所、防衛大学校、防衛医科大学校等の教育・研究体制を強化するための施策を実施するとともに、職務に専念できる環境を整備する。

防衛研究所

○『安全保障戦略研究』の刊行

防衛大学校

○研究能力・教育水準の維持、向上(0・7億円)

防衛医科大学校

○防医大の運営改善

医師および看護師である幹部自衛官・技官となるべき者を養成する臨床教育および地域医療の拠点として、教育・研究に必要な症例を質的・量的に確保するために必要な診療機器の整備(0・4億円)

○防衛医学に関する研究機能の強化

・自衛隊の部隊運用ならびに防医大の教育および研究に資するため、研究区分および評価基準等を体系化し、防衛医学に関する研究の推進・発展を図る(4億円)

・感染症対処能力の向上等に必要な教育研究用器材の整備(0・4億円)

(4)持続的な部隊運用を支える予備自衛官等に係る施策の推進

即応予備自衛官および予備自衛官のより幅広い分野・機会での活用を進めるとともに、予備自衛官等の充足向上のための取り組みを推進する。

○応招確認態勢の整備を推進(0・1億円)

○被服、装具、それらを保管する容器・保管棚の整備の推進(1億円)

(5)衛生機能の強化

各種事態に対応するため、統合運用の観点も含め、第一線から最終後送先までのシームレスな医療・後送態勢の強化として、第一線救護能力の向上、医療拠点において患者の症状を安定化させるためのダメージコントロール手術(DCS)を行う機能および後送中の患者を管理する機能の充実を図る。

また、自衛隊病院の拠点化・高機能化等をより一層推進し、効率的で質の高い医療体制を確立する。さらに、戦傷医療対処能力を向上させるために必要な衛生教育訓練基盤等の整備や国際協力に必要な態勢の整備を推進する。

○第一線から最終後送先までのシームレスな医療・後送態勢の強化

・DCSおよび術後の患者管理に必要な資器材の整備(2億円)

・後送中の患者の全身管理等に必要な資器材の整備(100万円)

○救急車の応急装甲化の実証(3億円)

非装甲車両の防護性能を迅速かつ容易に付与するための応急装着付加装甲を実証

救急車両の防護性能を高める「応急装甲化」のイメージ(予算資料から)

○自衛隊病院の拠点化・高機能化等に向けた取り組み

・入間病院(仮称)の新編(※1)

・福岡病院建替のための本体工事に伴う準備工事等(0・3億円)

・横須賀病院建替(※2)のための調査工事(0・1億円)

・那覇病院の空自から陸自への管理の移管等(※3)に伴う医療用備品の整備(2億円)

※1入間病院(仮称)の新編に伴い、三沢病院および岐阜病院を令和3年度末に廃止(診療所化)、※2横須賀病院の機能強化に伴い、大湊病院、舞鶴病院および佐世保病院を令和3年度末に廃止(診療所化)、※3別府病院を令和3年度末に廃止

○戦傷医療対処能力の向上のための教育訓練および教育訓練基盤等の整備

・救急処置能力向上教材の整備(0・6億円)

・DCS班要員の育成(0・2億円)

○国際的に脅威となる感染症等への対応能力の向上

・エボラ出血熱感染症患者搬送に必要な各種器材の取得および維持(0・3億円)

・重篤な感染症に対する予防態勢の強化(2億円)

○新型コロナウイルス感染症対策

・海外派遣部隊等に対する新型コロナウイルス感染症対策(2億円)

(6)事務官等の増員

人件費と機構・定員要求の方針を示す内閣総理大臣決定(令和3年度内閣の重要課題を推進するための体制整備および人件費予算の配分の方針=R2・7・21)に内閣の重要政策の「安全保障の実施体制の整備」として、新防衛大綱・中期防の実施体制および感染症をはじめさまざまな事態に対応するための体制を整備するための、防衛省の事務官等の増員(純増)を確保。

領域横断作戦や先端技術の活用に必要な能力の強化(133人=うち、新たな領域・先端技術に係る体制強化=98人)

○自衛隊へのサイバー攻撃に対する防衛機能の強化、防衛産業等のサイバーセキュリティー向上のための防衛調達のセキュリティー基準の強化等に係る事務官等の増員

○自衛隊における宇宙分野の拡大に伴う人材育成、SSA衛星などSSAシステムに必要な装備品の取得の体制強化に係る事務官等の増員

○将来の安全保障に重要な影響を及ぼし得る革新的・萌芽的な先端技術の早期発掘・保護・育成の推進等を行うための事務官等の増員

感染症をはじめさまざまな事態への対処能力の強化(44人)

○防医大病院や自衛隊病院における感染症に対応する体制強化のための事務官等の増員

○感染症対策計画などの策定に係る企画立案および運用体制の検討を行う事務官等の増員

○感染症や激甚化・頻発化・多様化する災害などさまざまな事態に対し、自治体との連携強化を図り、自衛隊の即応性と対処能力を向上するための事務官等の増員

安全保障協力の強化、日米同盟の強化(59人)

○「自由で開かれたインド太平洋」というビジョンを踏まえた安全保障協力の推進や、日米防衛協力を推進していくための事務官等の増員

○嘉手納飛行場以南の土地の返還に係る移設整備、神奈川県内の米軍施設の整理や新たな環境問題等、地元の負担を軽減するため事業を推進するための事務官等の増員

上記のほか真に実効的な防衛力を構築するための増員(32人)

○実行的な防衛力を構築するため、自衛隊員の積極的な新規採用をはじめとした人的基盤の強化、情報機能の強化、産業基盤の強靱化、地域コミュニティーとの連携等に必要な事務官等の増員

国家公務員の高齢職員の活躍の場の拡大およびワークライフバランス推進のための定員(22人)

2 技術基盤の強化等

(1)技術基盤の強化

戦略的に重要な装備・技術分野において技術的優越を確保するため、新たな領域に関する技術や、人工知能等のゲーム・チェンジャーとなり得る最先端技術をはじめとする重要技術に対して重点的な投資を行う。

スタンド・オフ防衛能力等の取り組み

○極超音速誘導弾の研究(90億円)

極超音速(※1)で巡航が可能なスクラムジェットエンジン(※2)の構成要素技術について、早期装備化に向けて引き続き研究を推進

※1 極超音速=音速の5倍以上の速度域

※2 スクラムジェットエンジン=超音速の空気流中での燃焼を利用したエンジン

水中防衛の取り組み

○水中無人機(UUV)に関する試験評価を引き続き推進するとともに、不正な解析をソフトウエアにより防止する技術の研究に着手(6億円)

○UUV等の研究を効率的かつ効果的に推進するため、艦艇装備研究所に「岩国海洋環境試験評価サテライト(仮称)」を新設

先進的な民生技術の積極的な活用

○革新的・萌芽的な技術の発掘・育成(107億円)

・大学等における革新的・萌芽的な技術についての基礎研究を公募・委託する安全保障技術研究推進制度を推進

・革新的・萌芽的な技術を装備化につなげるための橋渡し研究を実施

○新技術の短期実用化の取り組み(8億円)

運用ニーズを踏まえながら、人工知能(AI)技術といった技術革新サイクルの速い民生先端技術を活用し、3~5年程度の短期間での実用化を図る

先進技術の研究体制の強化

○技術の進展を踏まえ、研究事業の重点化への対応を図るため、電子装備研究所および先進技術推進センターを統合し、「次世代装備研究所(仮称)」を新設

先進技術の調査・分析・連携体制の強化

○国内外の先端技術動向の調査・分析等を強化し、先進的研究の連携を推進するため、技術戦略部に「技術連携推進官(仮称)」を、技術戦略課に「先進技術戦略官(仮称)」を新設

(2)装備調達の最適化

装備品の効果的・効率的な取得を一層推進するため、ライフサイクルを通じたプロジェクト管理の実効性および柔軟性を高めるとともに、有償援助調達(以下「FMS調達」という)における価格、納期等の管理の重要性が増していることを踏まえ、FMS調達の合理化に向けた取り組み等を推進する。

FMS調達の合理化

○FMS調達の履行管理に係る体制強化

FMS調達の適切な管理に向けた履行管理体制の強化のため、輸入調達官付有償援助調達室に「履行管理・促進班(仮称)」を新設

(3)防衛産業基盤の強靱化

装備品の生産・運用・維持整備に必要不可欠である我が国の防衛産業基盤を強靱化するため、装備品に係るサプライチェーンの強化に政府として主体的に取り組むとともに、我が国の安全保障に資する場合等に装備移転を認め得るという防衛装備移転三原則の下、装備品の適切な海外移転を政府一体となって推進する。また、我が国の防衛産業の情報保全に必要な情報セキュリティーに係る措置の強化を進める。

サプライチェーンの強化

○産業基盤の維持・強化に向けた企業支援

事業撤退が生じた場合の円滑な事業承継支援に向けた取り組みを実施(0・8億円)

○革新的な技術、中小企業等の技術力の発掘・活用

・防衛省・自衛隊、在日米軍、日米防衛産業とのマッチングのための展示会等を開催(0・2億円)

・AI技術の防衛装備品の製造工程への適用可能性を調査(0・3億円)

輸入装備品等の維持整備への参画促進

○日米オスプレイの共通整備基盤の拡充

木更津駐屯地に日米オスプレイの定期機体整備用格納庫等を新たに整備(66億円)

適切な海外移転の推進

○海外移転の推進に向けた防衛装備・技術協力に関する取り組み

・官民間で連携し、相手国の潜在的なニーズを把握して提案に向けた活動を行う事業実現可能性調査を実施(2億円)

・防衛省開発航空機の海外移転の推進に向け、各機種の特性に応じた移転を実現するための調査を実施(0・8億円)

・我が国が開発した防衛装備品や中小企業等が有する優れた技術力を発信するため、国際防衛装備品展示会に出展(3億円)

○官民間での連携・情報共有を推進

・官民が連携して海外移転を推進するため、情報共有の場となるポータルサイトをWEB上に整備。併せて、情報発信を強化するため、海外移転の広報動画等を制作(0・2億円)

3 情報機能の強化

政策判断や部隊運用に資する情報支援を適時・適切に実施するため、情報の収集・分析等の各段階における情報機能を強化する。

○防衛駐在官制度の充実

ニュージーランド、スペインに各1人を新規派遣するとともに、イスラエルに1人を増員

○防衛政策局調査課に「経済安全保障情報企画官(仮称)」を新設

諸外国は先進技術の獲得(例:量子科学技術、レーザー、3Dプリンター、AI)にしのぎを削るなど、主要国間の経済分野の競争は安全保障環境にも大きな影響を与えることから、先進技術を含む経済安全保障全般に関する各種情報の「収集・分析」と「保全」の双方を所掌する体制を整備

○情報収集・分析能力の強化

情報本部等の国際軍事情報等に関する情報収集・分析能力の強化のため、所要の体制を整備

令和2年度航空観閲式の式場に展示されたRC2電波情報収集機(左奥)。令和3年度は能力強化のための搭載装置に69億円を計上した

自衛官定数等の変更 (単位:人)

	令和2年度末	令和3年度末	増△減
陸上自衛隊	158,676	158,571	△105
常備自衛官	150,695	150,590	△105
即応予備自衛官	7,981	7,981	0
海上自衛隊	45,329	45,307	△22
航空自衛隊	46,943	46,928	△15
共同の部隊	1,418	1,552	134
統合幕僚監部	382	385	3
情報本部	1,932	1,936	4
内部部局	49	50	1
防衛装備庁	406	406	0
合計	247,154	247,154	0
	(255,135)	(255,135)	(0)

注1:各年度末の定数は予算上の数字である。
注2:各年度の合計欄の下段( )内は、即応予備自衛官の員数を含んだ数字である。

Ⅳ 大規模災害への対応

各種の災害に際して、統合運用を基本としつつ、十分な規模の部隊を迅速に輸送・展開して初動対応に万全を期すとともに、対処態勢を強化するための措置を進める。

1 災害対処拠点となる駐屯地・基地等の機能維持・強化

○災害時における機能維持・強化のための耐震化・津波対策等の推進(100億円)

2 大規模・特殊災害等に対応する訓練等の実施

○自衛隊統合防災演習(JXR)

○日米共同統合防災訓練(TREX)

○離島統合防災訓練(RIDEX)

3 災害対処に資する装備品の取得等

○07式機動支援橋(1式12億円)

○18式個人用防護装備(1092組2・7億円)

○除染セット(除染車)=1両1億円

○浄水セット(1式1億円)

Ⅴ 日米同盟強化および基地対策等

米軍の抑止力を維持しつつ、沖縄県をはじめとする地元の負担軽減を図るため、在日米軍の兵力態勢の見直し等についての具体的措置を着実に実施する。

1 米軍再編関係経費【地元の負担軽減に資する措置】(2930億円)

在沖米海兵隊のグアム移転

○在沖米海兵隊のグアムへの移転事業(441億円)

国内での再編関連措置

○沖縄における再編のための事業(1905億円)

・普天間飛行場の移設(846億円)

・嘉手納以南の土地の返還(1060億円)

○空母艦載機の移駐等のための事業(7億円)

○緊急時使用のための事業(25億円)

○訓練移転のための事業(92億円)

○再編関連措置の円滑化を図るための事業(461億円)

2 SACO関係経費(117億円)

○日米安全保障協議委員会(「2プラス2」)共同文書による変更がないものについては、引き続きSACO最終報告に盛り込まれた措置(沖縄県民の負担軽減)を着実に実施

3 基地対策等の推進

防衛施設と周辺地域との調和を図るため、基地周辺対策を着実に実施するとともに、在日米軍の駐留を円滑かつ効果的にするための施策を推進する。

(1)基地周辺対策経費(1163億円、うち住宅防音513億円、周辺環境整備650億円)

(2)在日米軍駐留経費負担(2017億円、うち特別協定1538億円、提供施設の整備217億円、基地従業員対策等261億円)

(3)施設の借料、補償経費等(1497億円)

Ⅵ 安全保障協力の強化

自由で開かれたインド太平洋というビジョンを踏まえ、多角的・多層的な安全保障協力を戦略的に推進するため、防衛力を積極的に活用し、共同訓練・演習、防衛装備・技術協力、能力構築支援、軍種間交流を含む防衛協力・交流のための取り組み等を推進する。

1 インド太平洋地域の安定化への対応

能力構築支援の推進

○東南アジア諸国連合(ASEAN)全体の能力構築を企図した取り組みの推進

国際規範の認識共有を推進するとともに、人道支援・災害救援(HA/DR)、海洋安全保障、サイバーセキュリティーに関する能力構築支援を実施

○インド太平洋地域における能力構築支援の推進

・東南アジア、南アジア、太平洋島嶼国におけるHA/DR、国連平和維持活動(PKO)等の分野に係る能力向上や人材育成の支援の推進

・米豪と連携した能力構築支援の実施

防衛協力・交流の推進

○ASEAN域外国を含む拡大ASEAN国防相会議(ADMMプラス)の下での取り組み

○「ビエンチャン・ビジョン2・0」に基づく取り組み

○パシフィック・パートナーシップ2021への参加

○令和3年度インド太平洋方面派遣訓練(IPD)の実施

○ミクロネシア連邦等におけるHA/DR共同訓練

○インドにおける印陸軍との実動訓練

2 グローバルな安全保障課題への適切な対応

得意分野を生かした国連・友好国への国際協力

○アフリカ諸国等のPKOセンターへの講師派遣等

○ジブチ軍に対する災害対処能力強化に係る能力構築支援

○国連三角パートナーシップ・プロジェクト

海洋安全保障の確保

○ソマリア沖・アデン湾における海賊対処

日本関係船舶の安全確保のための取り組み

○中東地域における情報収集活動

・護衛艦およびP3Cによるオマーン湾、アラビア海北部およびバブルマンデブ海峡東側のアデン湾の三海域の公海における情報収集活動を実施

・我が国独自の取り組みとして活動を実施

・自衛隊が収集した情報は、政府としての航行安全対策に活用するため、必要に応じ関係省庁および関係業界に共有

海外での活動能力の強化

○多国間訓練「コブラ・ゴールド」「カーン・クエスト」への参加

友好国との防衛協力の強化

○英陸軍との実動訓練「ヴィジラント・アイルズ」を実施し、戦術技量の向上を図るとともに、陸自と英陸軍との関係を強化

Ⅶ 効率化・合理化への取り組み

—組織・装備最適化プロジェクト—

平成30年12月に策定された新たな大綱・中期防を踏まえ、防衛力整備の一層の効率化・合理化を徹底する。本取り組みのうち、経費の効率化が見込まれるものとして約4168億円の縮減を図る。

1 組織・定員の合理化

2 事業等に係る見直し(縮減見込額2068億円)

・20ミリ対空機関砲の運用停止(同39億円)

・機雷捜索用水中無人機の試供器材の転活用(同9億円)

・特殊降下傘の価格低減(同4億円)

3 仕様の共通化・最適化(同288億円)

・将来潜水艦用ソーナー装置の開発において、既存装備品を活用することで試作品費を抑制(同20億円)

4 一括調達・共同調達による効率化(同381億円)

・UH60Jの一括調達5機(同102億円)

5 長期契約を活用した装備品等および役務の調達(同104億円)

6 原価の精査等(同1327億円)

7 収入の確保

国有財産利用収入、不用物品の売却、市ヶ谷地区の大本営地下壕跡の有料公開、航空祭および富士総合火力演習の一部有料化などの取り組みを通じて収入の確保を図る

Ⅷ その他

1 編成・機構定員関連事業

各種事態における実効的な抑止および対処等に対応するため、各種部隊改編関連事業等を実施する。

○自衛官実員の増員要求

○機構定員関連事業

・防衛施設と周辺地域との調和を図るための施策については、対応しなければならない事業数や業務量が増大するとともに、業務の質の向上が求められていることから、「地元」との協力、「在日米軍」との協力および「環境」問題への対応を強化するため、「環境」に関する本省内部部局の課の一本化や局内の課の再編成を行う等、地方協力局を地域社会・環境政策局(仮称)に改編

2 税制改正要望

○軽油に係る課税免除の特例措置の恒久化【軽油引取税】

○試験研究を行った場合の法人税額等の特別控除の拡充等【法人税等】(経産省、内閣府など8府省と共同要望)

募集・援護 特集

平和を、仕事にする。
陸海空自衛官募集

ただいま募集中！
◇自衛官候補生
◇予備自補（一般・技能）
★詳細は最寄りの自衛隊地方協力本部へ

寒風の中、市街地で広報

「積雪や厳しい寒さにも負けず、全員が一丸となって目標を達成するぞ」――。年度末の募集目標達成期限が迫る中、全国の地本の広報官たちは寒風吹きすさぶ街頭に繰り出し、通学中の生徒たちに必死のPR活動を行っている。山陰の島根地本では例年の広報用ティッシュに加え、新型コロナ対策のマスクも配って自衛官採用試験の情報を積極的に伝えている。

マスク配布してPR
島根　3週間に渡り広報の日

「自衛官募集中」の幟を立て、通学する生徒たちに募集チラシを手渡す島根地本の源内瑞聡3空曹（右）＝12月3日、JR揖屋駅で

【島根】地本は12月1～18日を「広報の日」に設定し、島根県下14カ所の駅前などで「自衛官募集中！」と呼び掛けながら、ポケットティッシュやマスクを配布するPR作戦を行った。

今回は新型コロナ対策のため、広報官全員がマスク、手袋を着用し、感染症に配慮した形で広報。JR松江駅前では募集課長の安東孝紀2空佐以下8人で、通学時間帯の約1時間にわたりポケットティッシュ約180個、コロナ予防用マスク約160個を生徒らに配布した。

一方、JR浜田駅前では陸自の小型トラックも展示、さらに離島の隠岐の島では西郷港フェリーターミナルの2階待合スペースに出雲駐屯地のキャラ「レコナイザー」が出張し、待合客に自衛官募集をPRした。

島根県もこの冬は大雪に見舞われ、街頭広報は厳しい状況だが、「部員一丸となり少子化に伴う厳しい募集環境を克服すべく、募集目標達成に向けてまい進する」と島根地本の広報官たちは気合を入れている。

氷点下でも元気に手渡し

【山形】東根地域事務所は12月16日、JR天童駅やさくらんぼ東根駅で、通学途中の生徒たちに自衛官募集広報を行った。

市街地での広報活動は年度当初から月に1回の頻度で行っており、担当する地域の生徒たちに自衛隊を身近に感じてもらうことを目的に継続して行っている。

当日の県内はこの冬一番の寒波に見舞われて雪が降り、気温も氷点下に。広報官は防寒着に身を包み背中を丸めながらも通学する生徒たちに「おはようございます！自衛官を募集しています！」と、元気にあいさつしながら自衛隊を広報した。

この冬、東北地方は各地で大雪が観測され、自衛隊も除雪のため災害派遣に出動している。自衛隊の活動はテレビニュースなどで広く伝えられており、東根所の担当者は「我々としても雪に負けずに高校生たちに、自衛隊をより身近に感じ、さらに興味をもってもらえるように、さまざまな情報を積極的に発信していく」と話している。

東根所、通学学生らに市街地広報　山形

降雪の中、生徒に募集用ティッシュを手渡す東根所の宇田浩幸2陸曹（12月16日、JRさくらんぼ東根駅で）

3自隊員が体験談語る
札幌　自衛隊合格者・保護者説明会

【札幌】地本は12月20日、札幌市内のホテルで「自衛隊合格者・保護者説明会」を行った。

同説明会は今年度の自衛官採用試験に合格した生徒やその保護者たちの不安や疑問点を解消し、合格者に入隊意志を固めてもらうことを目的に開催。連日の降雪で足元が悪い中、80人が参加した。

最初に地本の担当者が自衛隊の任務、入隊後のキャリアアップ、福利厚生など、他の公務員や民間企業よりも充実している魅力的な制度などを説明。続く懇談では陸・海・空の合格者を男女別などに分け、参加者が話しやすい雰囲気を作った。

説明役として部隊から派遣された若手の3自隊員は、それぞれ入隊前後の自身の心境の変化やその後の体験などについて語った。一方、子供を入隊させた家族からは親としての気持ちなどについて聞き取り、保護者に対しても親身になって相談に乗った。

各グループとも和やかな雰囲気の中で懇談が行われ、参加者の不安を払拭した。

入隊予定者とともに車座になって懇談する説明役の若手隊員たち（12月20日、北海道札幌市で）

入隊予定者 不安を払拭

リクルーターが奮闘
茨城　入隊予定者懇談会を開催

【茨城】筑西地域事務所は12月13日、古河市の三和地域交流センターで「入隊予定者懇談会」を開催した。

入隊予定者と保護者に入隊後の隊内生活について説明する3自のリクルーターたち。左端は筑西所の広報官（12月13日、三和地域交流センターで）

コロナ禍のため今回は希望者のみの参加となったが、入隊予定者・保護者計80人が出席。説明役として県内の各駐屯地・基地から茨城県出身のリクルーター16人が参加し、約2時間にわたって懇談し、入隊への不安を払拭してもらった。

最初に募集課長の宮下友佳2空佐があいさつし、その後、筑西所長の鳩貝昇2陸尉が入隊予定者や保護者に対して心構えや福利厚生などを説明。後半は、各リクルーター隊員が教育隊での過ごし方や部隊勤務での心構えなどを語った。

参加者は会が終了した後も、リクルーターや広報官に個別に相談するなど交流を深めていた。

入隊予定者は、「入隊前に心構えを聞いて覚悟ができた」などと話し、保護者も「入隊の日まで子供としっかり向き合い、家族みんなで応援していきたい」と語った。

防大合格者を激励　神奈川
横浜中央募集案内所

【神奈川】横浜中央募集案内所はこのほど、防大に推薦合格した冨村凱也さんが通う県立横浜平沼高校を訪問し、防大入校を祝福した。

同校では冨村さんをはじめ、鍵英治校長と進路担当教諭の山本大先生が出迎え、所長の平原幸男1陸尉が合格のお祝いの言葉を述べた。その後の懇談では山本先生から冨村さんの高校での活躍、特に極真空手で全国大会に出場したことなどが紹介された。

冨村さんは「入校したら校友会活動で自分の経験と能力が生かせるクラブに入り、さらに努力したい」と力強く抱負を語った。校長からは地本に「志願手続きから受験に関する説明など、いろいろとお世話になりました」と感謝の言葉があった。

最後に平原所長は「合格は本人の努力のたまもの。今後の防大、部隊での活躍を祈っています」と冨村さんを激励した。

防大推薦合格を祝って記念撮影する（左から）山本教諭、鍵校長、冨村さん、平原横浜中央所長、広報官の赤間正信2曹（県立横浜平沼高校で）

防大生、京大生が討論
京都　オンラインで開催

【京都】地本は12月5日、京都地本と防大をつなぎ、オンラインで開催された「京大安全保障フォーラム2020防衛大学校学生との討論会」を支援した。

同フォーラムは、京大大学院公共政策学部公認の団体が主催し、防大生と安全保障に関する討論会を毎年秋に開催している。今年は「地政学」をテーマに京大の大学院生ら17人がリモートで参加した。

防大生と京大院生の参加者は混合の三つの班に分かれ、定義に対するそれぞれの考えを述べ合い、各班の合意した考えをまとめた。最後に各班の発表に対して他の参加者が自由に討論し、テーマに対する理解を深めた。

参加者は、「京大の院生と防大生との視点の違いについて学べた」「日本の安全保障についてより理解を深められた」などと話していた。

京大―防大間で恒例の「安全保障フォーラム」にオンラインで参加した防大生に話しかける京大大学院の学生たち（12月5日、京都地本で）

呉総監からの感謝状を伝達
大分

【大分】地本長の井村昭利1陸佐は12月4日、海自呉地方総監からの感謝状を別府市役所で長野恭紘別府市長に伝達した。

この感謝状は、別府市自衛艦入港歓迎協力会に対して贈られたもの。同会は自衛艦の別府国際観光港への寄港時に歓迎行事を積極的に開催するなど、地域住民に対する海自の理解促進に貢献したことに謝意を表した。

新型コロナの感染拡大で、呉地方総監から直接渡すことは厳しい状況となり、大分地本長が代理として同会会長の別府市長に伝達した。

長野の専門学校で災害派遣の講話
長野

【長野】長野地域事務所長の中塩毅2陸尉は11月6日、大原スポーツ公務員専門学校長野校に出向き、同校の学生27人に対し、自衛隊の災害派遣の枠組みや実績、実際の活動などについて講話を行った。

文部科学省から職業実践専門課程に認定されている同校から、地本は災害時の「公助」について教育要請を受け、初めて自衛官が教育を担任した。

一方、同校の松本校でも、松本地域事務所長の鈴木正人1陸尉が学生65人に対し、同じく教育を担当した。

自衛官から直接、教育を受けた学生からは、「普段から自衛隊が防災を考えていることを知った」「自分も入隊して災派などで活躍したい」といった声が聞かれた。

伊勢所、高校生に「防災講座」を開催
三重

【三重】伊勢地域事務所はこのほど、大台町の県立昴学園高校で1年生52人に対し「防災講座」を行った。

この講座は自衛隊式の防災実技を体験してもらい、いざという時に役立ててもらうことを目的に開講。実技は心肺蘇生法などの全8項目で、生徒たちは八つの班に分かれて1講座約50分の実習を2種類ずつ受講した。

ブルーシートと角材で応急担架を作った生徒たちは、限られた部材で人命救助用の担架を作り上げてしまう自衛隊の技術に驚いていた。

海自×農水省 ユーチューブでPR作戦

お堅いイメージを払拭！

省庁間の垣根を越えた〝クロスドメイン（領域横断）作戦〟で海自をPR――。動画サイト「ユーチューブ」で海自と農林水産省の両公式チャンネルが同時配信したコラボ動画が「垣根のないやり取りが最高」などと話題となっている。

「食レポ対決」でコラボした動画のワンシーン。左側が海幕広報室の3隊員（「ユーチューブ」海自公式チャンネルから）

海自は新型コロナウイルスの影響で大規模イベントなどが中止され、募集対象者へのPR活動が制限されていることを受け、ユーチューブでの広報プロジェクトを企画。海上自衛隊員を〝国家公務員初のユーチューバー〟として打ち出そうとしたところ、先んじて農水省が行っていたことから、「日本初〝制服系〟公務員ユーチューバー」と銘打ち、海自の仕事を動画で体験できる「艦TUBE（かんつべ）」を始動した。

一方、農水省は国産食材の良さと農林水産業の魅力を公式チャンネル「BUZZ MAFF（ばずまふ）」で発信。両者のコラボは農水省側が海自の公式ツイッターにアプローチしたことから実現した。

カレーで食レポ対決「コラボの相乗効果大きい」

動画では海幕広報室の隊員3人と農水省職員の3人が国産食材を使用したカレーで「食レポ対決」。それぞれが個性光るレポートを繰り広げ、公務員の〝お堅い〟イメージを払拭（ふっしょく）した内容に、コメント欄での反響も上々だ。

企画担当者で動画にも出演した海幕広報室の篠田祐司2尉は「防衛省と農水省という接点を持たない省庁が『食』を通じてコラボした相乗効果は大きいと思う。農水省公式チャンネルの主な視聴者である10代から20代の若者に対して自衛隊に関心を持つきっかけを投げかけることができた」と手応えを語った。

コロナ患者 CH47で空輸

石垣島―那覇 ボンベで酸素供給も　15旅団

石垣島から空輸した陽性患者を引き継ぐ15ヘリ隊の隊員（1月12日、那覇基地で）＝15旅団のツイッターから

陸自15旅団（那覇）は1月12日、沖縄県の石垣島から沖縄本島の那覇基地まで、新型コロナウイルス感染症の陽性患者1人を空輸した。

同日午後3時6分、沖縄県の玉城デニー知事が15旅団長の佐藤真将補に急患空輸の災害派遣を要請。これを受け、15ヘリコプター隊（同）のCH47輸送ヘリ（機長以下4人）が本島から南西に約400キロ離れた八重山諸島の石垣島に進出。新石垣空港で患者を乗せると直ちに那覇基地に向け飛び立ち、往復800キロの距離を搬送した。

機内では機長以下、全クルーが防護服を着用して任務に従事。患者は低酸素血症を引き起こしていたため、隊員は酸素ボンベで酸素の供給に努めるとともに、モップで機内の消毒にも当たった。

15ヘリ隊は那覇基地に到着後、救急隊に患者を引き継ぎ、同日午後8時19分、知事からの要請を受けて活動を終了した。

オンラインで優秀隊員表彰

北方管内の21人、就職援助に貢献

【北方＝札幌】北部方面総監の前田忠男陸将は12月18日、方面隊の人的基盤の充実や就職の援助に貢献した管内の優秀隊員計21人をオンラインで表彰した。

表彰式には北方幕僚副長の池田孝一将補、同人事部長の吉春隆史1佐が立会。新型コロナ拡大防止の観点から、方面総監部と各駐屯地などの10カ所をビデオ回線で結んで行われた。

受賞者の功績が紹介された後、前田総監は「自治体と地域との懸け橋として、厳しい環境の中それぞれの役割をよく認識し、努力した結果が受賞に結びついた。これからも知恵と工夫を凝らし、優秀な人材を確保するよう努めてほしい」と訓示した。受賞した隊員たちは「励みになる」「これからも頑張る」と感想を話していた。

受賞者は次のとおり。

◇令和元年度地本優秀隊員＝高山博幸准陸尉▽笹田真一陸曹長▽吉田正樹陸曹長▽鈴木友広1陸曹▽遠藤啓信2陸曹▽植木裕富2空曹▽三枝亮2空曹▽北出泰啓2陸曹▽星俊輔2陸曹▽道下雅之2陸曹◇令和2年度隊員自主募集情報優秀隊員＝加藤真治2陸曹▽角田圭司2陸曹▽塩澤恒幸2陸曹▽山内欣也2陸曹▽岩崎莉乃陸士長▽鈴木恵莉華陸士長▽村川海斗1陸士▽清水聖沙都1陸士▽小泉優星1陸士◇令和3年度陸士管外補充者募集ポスター＝久留えり陸士長▽高橋綾乃期間業務隊員

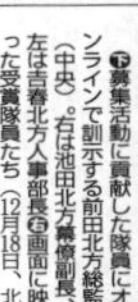

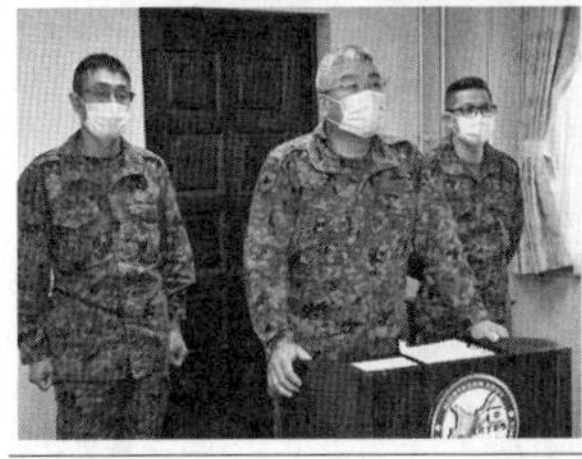
㊦募集活動に貢献した隊員にオンラインで訓示する前田北方総監（中央）。右は池田北方幕僚副長、左は吉春北方人事部長㊨画面に映った受賞隊員たち（12月18日、北方総監部で）

防衛省サラリーマン川柳

応募最多7522通

倍返し 言えぬ上司に「はい」返し

防衛省・自衛隊ならではの部隊や家庭の日常風景を切り取った「第34回防衛省版サラリーマン川柳」（第一生命主催）の入選作の選考会が12月9日、東京都新宿区のホテルグランドヒル市ヶ谷で行われ、優秀作品3作などが決定した。

応募総数は過去最多の7522通で、応募数の多かった高等工科学校（武山）、小平駐屯地、都城駐屯地（応募数順）が団体賞を受賞した。

選考会には省・自衛隊の広報担当者6人も参加。第一生命が1次選考した136句の中から独自性、話題性、面白さ、明瞭さなどを基準に優秀3、優良5、良好22の計30句が選ばれた。

優秀・優良作品は次の通り。

〈優　秀〉

倍返し言えぬ上司に「はい」返し　（ギレン総帥）
いつからか娘の返事が「了解」に　（サナちゃんのパパ）
サラ川で部下の心情把握する　（今時の指揮官）

〈優　良〉

Web会議要領わからず即呼集　（万年幕僚）
コロナ禍で家族の絆密になる　（詠み人知らず）
テレワーク端末もらえず手でワーク　（戦う事務職自衛官）
密ですとますます部下は近よらぬ　（急いで待て）
テレワークしたいが家に居場所なし　（悲しき管理職）

空幹校入校中の米軍少佐

米軍形式で昇任式行う

米軍形式の昇任式で宣誓を行う空幹校入校中のジョンズ少佐（左）＝空自目黒基地で

【空幹校＝目黒】空自幹部学校でこのほど、同校指揮幕僚課程に入校している米空軍のアレクサンダー・ジョンズ少佐の昇任式（少佐から中佐へ）が米空軍形式で行われた。

自衛隊の昇任申告とは異なり、米空軍の昇任式では「昇任に伴う宣誓」「家族による階級章の付け替え」が行われる。

ジョンズ少佐の昇任式でも、柿原国治学校長の祝辞に続いて同少佐が米空軍交換将校に対し宣誓を行い、夫人と子供たちから階級章を付け替えられた。

昇任式に参列した空自の指揮幕僚課程学生にとっても、米空軍昇任式は参考になった。

一方、昇任式当日は柿原学校長の誕生日と重なり、日米双方が祝福の雰囲気に包まれた。

静岡地本長の杉谷1空佐

ラジオで新年の抱負

【静岡地本】静岡地本長の杉谷康征1空佐は1月6日、ラジオ放送エフエムしみずの番組「自衛TIMES★静岡」に出演し、地本の活動や新年の抱負を語った＝写真。

地本長はコロナ下での広報活動として、「隊員や各駐屯地を取材した動画シリーズをホームページで配信し、ツイッターではクイズを出題した」とアピール。新年の意気込みについては、「新型コロナウイルスの終息後、イベントに参加して多くの方々とお話しできれば」と語った。

こちら警務隊

法知識の不知③

軽い気持ちで嘘の申告 その行為こそ犯罪です

警務隊や警察に嘘の犯罪を申告したら罪になりますか？

警務隊や警察等に虚構の犯罪、災害の事実を申し出た者は、軽犯罪法に該当し、拘留（1日以上30日未満、刑事施設に拘置）または科料（千円以上1万円未満の徴収）に処せられます。

虚構とは、事実ではないのに、あたかも事実であるように装うことです。

例えば、殴られていないのに、さも殴られたかのように警務官に事情を話すなどです。

また、前記の行為がさらに重罪の虚偽告訴等罪、偽計業務妨害罪に抵触する場合もあります。

「誰かを困らせてやろう」と軽い気持ちで嘘の申告をするのは絶対にやめましょう。

（中部方面警務隊）

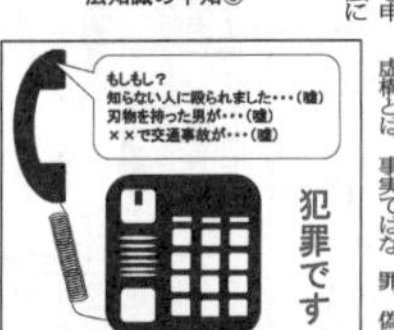

小休止

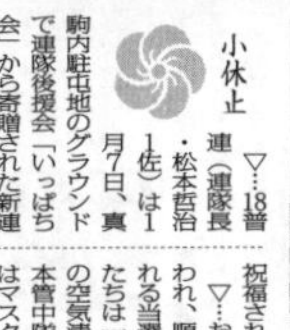

▽…18普連（連隊長・松本哲治1佐）は1月7日、真駒内駐屯地のグラウンドで連隊後援会「いっぱち会」から寄贈された新連隊旗＝写真＝を掲げ、「連隊年始行事」を行った。

▽…だるまの目入れ後、松本連隊長が年頭の辞を述べて各隊員の士気を鼓舞。3曹昇任式では、陸曹としての新たな一歩を踏み出す井上陽介3曹ら4人が抱負を述べ、全隊員から門出を祝福された。

▽…お年玉抽選会も行われ、順番に読み上げられる当選者の発表に隊員たちは一喜一憂。1等賞の空気清浄器を贈られた本管中隊の山﨑悦孝3曹はマスク越しに笑顔を見せていた。（真駒内）

日本赤十字社から感謝状受賞

海曹長　小倉　康広（下総教育航空群・先任伍長）

海上自衛隊下総航空基地で昨年11月12日、「日本赤十字社社長感謝状授賞式」が実施された。

栄誉あるこの「日本赤十字社社長感謝状」は、選考条件として日本赤十字社金色有功賞（活動20年以上が対象）を受賞後、さらに10年以上献血に協力している団体が授賞対象で、下総航空基地は過去に「厚生労働大臣表彰」も受賞（平成20年）している。

下総航空基地の献血協力の歴史は古く、基地内に保存されている資料（海上自衛隊下総基地新聞）によると昭和39年5月15日から始まり、本年まで56年間、延べ約2万5000名以上の隊員が献血に協力している。

現在、新型コロナウイルスの影響により、全国で献血協力者が減少傾向にある。

一方、国の緊急事態宣言解除に伴って医療機関が今まで延期していた手術等を再開したため、血液供給量が足りない状況に陥っている。

この危機的な状況は千葉県内に限らず、関東甲信越の広い地域で深刻化し、この状況が今後続けば、いずれ日本全国で血液を必要とする人たち全ての命に係わる問題となる。

そうした中、隊員が些細なきっかけであっても献血をした結果、一人の命が助けられることを知る。それがもしかしたら自分の知人かもしれないし、友人であるかもしれない。

この「些細なきっかけ」が少しずつ「献血で助けたい」という気持ちに変わっていくことを、われわれは他の人たちにも伝えなければならない。下総航空基地と千葉県赤十字血液センターの思いが、たくさんの人たちの「些細なきっかけ」につながるよう、これからも協力していきたい。

両者は震災や厄災など、日本に危機が訪れるたび、その協力関係を強固なものにしてきた。今回の授賞式では、感謝状だけでなく、千葉県赤十字血液センターの方々からの「思いあふれる寄書き」も下総航空基地の隊員に贈られた。

以前、コロナ禍の厳しい状況下、献身的に医療活動を闘っている千葉県赤十字血液センターの職員の皆さまに宛てて基地隊員が感謝の気持ちや応援メッセージを寄書きにして送ったことがあった。今回はその返礼として職員の皆さまが寄せ書きをしてくれたとうかがった。

これは下総航空基地と千葉県赤十字血液センターの、より大きく太い絆を実感できた瞬間であった。

千葉県赤十字血液センター所長（左）から感謝状を受ける下総教育航空群先任伍長の小倉康広曹長

（世界の切手・アメリカ）

自由社会が貧しい多数の人々を助けることができなければ、富める少数の人々も守ることができない。
J・F・ケネディ（米大統領）

朝雲ホームページ
www.asagumo-news.com
<会員制サイト>
Asagumo Archive
朝雲編集部メールアドレス
editorial@asagumo-news.com

みんなのページ

防医大生の父から見た自衛隊

家族　鳥羽　貴仁（新潟県長岡市）

一昨年の春、娘が防衛医科大学校看護学科に入校し、そのご縁で私も自衛官募集相談員の委嘱を受けることとなりました。

娘は小学生のころから医療従事者が希望で、中でも自衛官となる防衛医大が第1志望でした。高校1年生のとき、新潟地本・長岡出張所に自ら連絡して資料請求した折、広報官の方がわざわざ自宅までお越しになり、丁寧に説明してくださいました。

その後、実際に防衛医大の施設見学にも引率していただきました。娘も礼状を送るなどして広報官の方と親交を深めておりました。

そのような体験から、「自衛隊ではこんなにも入学希望者を気遣い、面倒を見ていただけるのか」とその広報官の方に私も親近感を覚え、とてもありがたいことだと感じています。

その後、娘の防衛医科大学校看護学科への入校が決まり、入校式で整然と行進する娘を見たときの感激はいまも忘れることができません。娘が自衛官になる道を選んだことを親として誇らしく思います。

現在、2年生となった娘は、学校生活にも慣れ、大勢の仲間とともに勉学や訓練、部活動に一生懸命に取り組んでいるようです。長岡に帰省した際は、当時お世話になった広報官の方とも連絡を取り、制服を着てイベントの募集ブースに参加するなど、広報活動にも積極的に協力しています。

私も自衛官募集相談員の委嘱を受け、これからは自衛官の親という目線から、今まで感じた自衛隊の素晴らしさを広めていき、未来ある若者やそのご両親にも自衛隊に興味を持っていただくことで募集活動に貢献できるよう、努力していきたいと思っております。今後とも、よろしくお願いいたします。

（防衛医大2年・鳥羽美帆学生の父）

防衛医科大学校看護学科に入校した鳥羽美帆学生（左）と、自衛官募集相談員の委嘱を受けた父親の鳥羽貴仁さん

「普通科部隊」での経験

防衛大学校3年　今西　くらむ

防大3年の定期訓練の1カ月を私は三重県の久居駐屯地で過ごしました。初めての部隊研修で、陸士・陸曹の方と同部屋での営内生活は不安だらけでしたが、年齢が近く、また部隊の方々の人柄の良さに助けてもらい、皆さんから仲良くしていただきました。

第33普通科連隊に着隊後の最初の訓練は諸職種協同訓練でした。これは普通科部隊だけでなく、戦車大隊や偵察部隊など、さまざまな部隊が協力して行いました。私は第2中隊の一員として、連隊主力の助攻撃に挑みました。

そこでの道なき道を進んでの地域の安全化、偽装網の展張など集結の準備、攻撃前の夜間偵察、交戦用訓練装置バトラーを着用しての攻撃、対戦車地雷を使った逆襲対処など、すべてが初体験ですごく勉強になりました。

1夜2日の連続状況も初めてで、中隊長や小隊長を間近から見て、部隊特性に応じた部隊の運用、経験や体力が違う陸士・陸曹をまとめる難しさなどを感じ、自分の将来の指揮官像を再確認することができました。

訓練後のAAR（研究会）では、連隊長をはじめ各部隊の指揮官、そして敵側の指揮官までが集い、教訓事項を出し合って問題点を見つけ、それを次回の作戦に繋げる手順を見て、得難い経験ができました。

今回の部隊研修を通し、普通科の最大の特徴は「人と人との関わり」だということが分かりました。この経験を決して忘れることなく、今後の自衛隊勤務の糧にしていきたいと思います。

国旗掲揚塔が生まれ変わる

3空曹　杉浦　麗（22警隊・御前崎）

御前崎分屯基地はこのほど、基地の国旗掲揚塔の整備作業を行った。

強風で破損した先端の「玉（球）」を修復するため、掲揚塔をグラウンド側に倒して一日かけて整備した。隊員たちが錆を落とし、きれいに再整形した後、新たに再塗装された掲揚塔と玉は、まるで新品のように生まれ変わった。

ちなみに先端の玉は国旗球や金玉と呼ばれ、一説には神武天皇が熊野から大和に抜ける際、神から道案内として遣わされた「八咫烏」が弓の先に止まる様子を表しているそうだ。この作業により、御前崎分屯基地はぴかぴかの国旗掲揚塔とともに新年を迎えた。

施設警備目的の訓練検閲に参加

1陸士　渡邉　絵愛（8普連2中隊・米子）

私は施設警備を目的とした中隊の訓練検閲に参加しました。

この検閲の1カ月前まで、私は新隊員教育隊の助手として勤務していたため、事前の練成訓練に参加できませんでした。このため他の隊員よりも遅れをとり、「本当に戦えるのか」「自分に警備ができるのか」と不安でいっぱいでした。

しかし、先輩が警備の仕方を丁寧に教えてくれ、不安は解消されていきました。

私が所属した第4小隊は検問での車両・人員の検査が主な任務でした。私は女性の身体検査を主に行い、常に油断せず、危険物を所持していないか慎重に検査しました。

私が本来所属するのは対戦車小隊で、今回は小銃小隊の任務であったので、その動きをしっかりと習得することを目標にしました。戸惑うこともありましたが、与えられた任務を最後までやり抜いたことで、目標は達成できたと思います。今後は自分の不十分な個所を見つめ直し、次に向けて練度の向上につなげていきたいと思います。

OBがんばる

中川　知哉さん　56
令和元年6月、空自南西航空警戒管制団付（那覇）を最後に定年退職（特別昇任1佐）。あいおいニッセイ同和損害保険に再就職し、沖縄サービスセンターで事故対応業務に当たっている。

業務管理講習の活用を

私は退職前年の夏ごろ、ハローワークへどんな仕事があるのか調べに行きました。イベント施設の企画運営、専門学校講師、予備校講師などに応募しましたが不採用でした。その後、部隊援護の方の紹介で、当社に無事入社することができました。

仕事は事故への対応です。安くない保険料をお支払いいただいた契約者のために、事故を解決し、被害者を救済するという社会に貢献できる仕事です。

業務はシステム化され、自分の娘みたいな年頃の同僚たちから仕事を教わっています。過去、40歳手前でローテク機からハイテク機に乗り換え、FMS（フライト・マネジメント・システム）を初めて扱った時を思い出しました。システムは進んでいて、文書はテンプレートの中から選ぶ方式で、個人差を少なくするようになっています。

また、人事や経理の処理も自分で入力するので、支店には人事や会計の担当者はおりません。

振り返れば、自衛隊の業務管理講習が非常に役立ちました。ぜひ、皆さまも講習を受けてみてください。自身で不足している点などが分かります。再就職では皆さんは中途入社となり、ビジネスマナーなどはひととおり身についているものとして扱われます。それに応えられるように準備しておくことが大事です。

さて、当社では「通信機能を持ったドライブレコーダー付きの保険」を販売しております。安心のため、ぜひご検討してみて下さい。

新刊紹介

「2021年以後の世界秩序」

渡部　恒雄著

激動のトランプ時代が終わり、アメリカは新たな指導者を迎えた。振幅が激しかったトランプ氏との関係を首脳間の個人的な関係で乗り切った日本は、今後バイデン新政権との関係をどう構築していくべきか。

本書は笹川平和財団上席研究員の著者が「ポスト・トランプ」時代に押さえておきたい世界を見るための「20の視点」を示し、次代に向けての頭の体操を勧めている。

対中国で立ち位置を問われている日本は、香港、ウイグル、チベットなどの人権問題で踏み絵を米国から差し出されるかもしれない。日本は習近平主席の訪日（現在は白紙）を目指すと同時に、存在感を増すインドとの関係強化など、バランスの取り方がより重要になる。

著者は「イースタニゼーション（東洋化）」という言葉を使い、経済力や軍事力の均衡点が米欧（西）からアジア（東）に移行すると説明。中国には共通ルールを順守することが自国の利益につながると理解させることが、日本の「自由で開かれたインド太平洋」構想の究極の目的とする。菅政権が本構想を今後どう運用していくべきか、国民も共に考えていくよう求めている。

（新潮社刊、836円）

小林武史（国会議員秘書）

「はやぶさ2　最強ミッションの真実」

津田　雄一著

小惑星探査機「はやぶさ2」が12月6日、6年ぶりに地球に戻り、JAXAは持ち帰ったカプセルを無事に回収した。地球から遠く離れた小惑星に向けて飛び、地表で試料を採取し、地球に戻るというミッションを成功させたのは日本だけだ。

本書はこの偉業を成功に導いたJAXA宇宙科学研究所プロジェクトマネジャーによる宇宙事業の舞台裏を描いた書だ。

「はやぶさ2」の計画段階から、新たな探査機の設計と開発、H2Aロケットによる打ち上げ、小惑星「リュウグウ」への飛行、試料の採取、地球への帰還までが記されている。

本書では、さまざまな分野の科学者や技術者をどう束ね、未知への挑戦に向け、いかにワンチームになってさまざまな問題を克服していったかが記される。その臨場感に、読者も「はやぶさ2」のプロジェクトに加わっているかのような感覚が得られるだろう。

防衛省はいま次期戦闘機の開発を進めている。本書は次代の戦闘機開発に情熱を注ぐ防衛省・自衛隊の「技術屋たち」にも多くの勇気とヒントを与えてくれることだろう。

（NHK出版刊、990円）

第1251回出題

詰碁

出題　日本棋院　九段　曲　励起

白先

『活きて下さい。最初の手が大切です』。5分でできれば初級以上です。

▶詰碁、詰将棋の出題は隔週です◀

詰将棋

出題　日本将棋連盟　九段　石田　和雄

≪第835回の解答≫

	5	4	3	2	1	
		金		桂	香	一
			歩	歩		二
		銀		王		三
				角	香	四
			飛	角		五
						六

☗先手　持駒　なし

【正解】☗3四銀不成☖3二玉☗4三銀不成☖2三玉☗3二飛成☖同金☗3四銀成までの七手詰め。

【解説】3二の歩が邪魔と直ぐに気付いた方は、相当な詰将棋マニア。☗3四銀不成から☗4三銀不成の順をへて、☗3二飛成がピッタリ決まります。ちょうど☗3四銀成まで詰め上がり。

朝雲

発行所 朝雲新聞社
〒160-0002 東京都新宿区四谷坂町12−20 KKビル
電話 03(3225)3841
FAX 03(3225)3831
振替00190-4-17600番
定価一部150円、年間購読料9170円（税・送料込み）

主な記事

日米同盟の強化で一致

「尖閣に安保条約適用」確認

バイデン政権発足後 初の防衛相電話会談

米国防長官 早期訪日を表明

岸防衛相は1月24日朝（米東部時間23日夕）、米国のバイデン新政権で国防長官に就任したロイド・オースティン氏（67）と約20分間、初の電話会談を行い、日米同盟の一層の強化で一致した。オースティン氏は元米中央軍司令官で、20日の新政権発足後、22日に黒人として初の国防長官に就任した。岸大臣は会談後、省内で記者団に「政権発足直後のタイミングで会談できたのは、東アジアや日米同盟を重視する（米国の）姿勢の表れだ。日米同盟は盤石であり、いかなる事態にも対処する準備ができていることを確認し、対外的に示すことができたのは大変有意義だった」と述べた。

米国のバイデン新政権で国防長官に就任したオースティン氏と初の電話会談に臨む岸防衛相（1月24日、防衛省で）＝防衛省提供

オースティン新国防長官

バイデン新政権の発足後、日米の閣僚が電話会談するのは初めて。

会談の冒頭、着任あいさつを述べたオースティン氏に対し、岸大臣は祝意を伝え、「インド太平洋地域の平和と安定、日米同盟の発展のために共に働くことを楽しみにしている」と呼び掛けた。

両氏は米国の政権交代や新型コロナウイルスへの対応のさなかにあっても「強固な日米同盟の絆」は揺るぎなく、地域におけるいかなる事態にも対処する準備ができていることを確認。地域と国際社会の安全保障上の課題に対処するため、日米同盟のさらなる強化に共に取り組んでいく方針を申し合わせた。

その上で、沖縄県の尖閣諸島が米国の対日防衛義務を定めた日米安全保障条約第5条の適用範囲であることを改めて確認し、「尖閣諸島に対する日本の施政を損なおうとするいかなる一方的な行動にも反対する」ことで一致した。

東・南シナ海情勢についても意見交換。力を背景とした一方的な現状変更の試みに反対するとともに、航行・上空飛行の自由を含め、「法の支配に基づく自由で開かれた海洋秩序」の維持・強化に向けた協力の重要性を確かめ合った。

一方、北朝鮮の核・ミサイル問題をめぐっては、全ての大量破壊兵器とあらゆる射程の弾道ミサイルの「完全で検証可能、かつ不可逆的な廃棄（CVID）」の実現を目指し、日米や日米韓3カ国の連携を確認。北朝鮮船舶による国連制裁逃れのための違法な「瀬取り」に対し、日米が引き続き有志国と連携して警戒監視活動などに当たっていくことで一致した。

併せて、日米を基軸に地域内外の多様なパートナーと協力を進め、「自由で開かれたインド太平洋」の維持・強化を推進していく方針もすり合わせた。

このほか、両氏は日本を取り巻く安全保障環境が一層厳しさを増す中、在日米軍の即応性維持には地元の理解と協力が不可欠との認識を共有し、米軍再編計画を着実に進展させるための緊密な協力で一致した。

その上で、沖縄県の米軍普天間飛行場（宜野湾市）の名護市辺野古への移設が「普天間の継続的な使用を回避するための唯一の解決策」であることを再確認。岸大臣は米側に対し、沖縄をはじめとする地元の基地負担軽減に向けた協力を要請した。

最後に、両氏は可能な限り早期に対面による会談を実現させることで一致し、オースティン氏は早期訪日の意向を表明した。

岸大臣は会談後、「今後、オースティン長官との信頼関係を築き、日米の防衛協力をさらに深め、日米同盟の抑止力・対処力をより一層強化していきたい」と記者団に語った。

「コープ・ノース21」始まる

260人を派遣、仏空軍初参加

日米豪共同訓練

空自は1月18日から、米グアム島のアンダーセン空軍基地などで行われている日米豪共同訓練「コープ・ノース21」に参加している。2月28日まで。

例年実施場所となっているファラロン・デ・メディニラ空対地射場とその周辺空域に加え、新たにパラオ共和国バベルダオブ島のロマン・トメトゥチェル国際空港やアンガウル島も使用して訓練。また、期間中に行われる人道支援・災害救援（HA/DR）の共同訓練には初めてフランス空軍も参加する。

空自は2空団（千歳）飛行群司令の門田大輔1佐を指揮官に、隊員約260人を派遣。航空機は、2空団のF15戦闘機6機、8空団（築城）のF2戦闘機3機、警空団（浜松）のE767早期警戒管制機1機、3輸空（美保）のC2輸送機1機で、現地では米豪軍とともに防空戦闘、戦術攻撃、対戦闘機戦闘、電子戦、空対地射爆撃、戦術空輸、物料投下など各種訓練を行っている。

グアム島での「コープ・ノース」は日米航空部隊の共同対処能力の向上を目的に1999年度に始まり、2011年度から豪空軍も参加している。

2021年度防衛費 重要施策を見る〈2〉

陸自

島嶼防衛と新領域を融合

「我が国の防衛で（高速のV22オスプレイは）島嶼部への機動展開能力を飛躍的に向上させる」――。昨年、念願のV22を2機初受領した陸上自衛隊。湯浅陸幕長は木更津駐屯地で行われた11月の飛行開始式で、V22運用開始の意義をそう強調した。

2021年度の予算案でも、V22を運用する輸送航空隊が暫定配置されている木更津駐屯地の「定期機体整備用格納庫」の建設に66億円、移転予定の「佐賀駐屯地（仮称）」の施設整備に25億円を計上するなど、着々とV22の戦力化施策を進めている。

前年度当初予算比0・5%増の1兆8264億円となった陸自の21年度予算案では、V22関連経費など島嶼防衛体制の充実化を図りつつ、同時に新領域の強化にも重点が置かれた。

島嶼へ侵攻してくる敵艦隊や航空部隊に対処するため、対艦、対空ミサイル体制を強化。一発で大型艦を仕留められる12式地対艦誘導弾一式を55億円で、対空ミサイルは03式中距離地対空誘導弾（改）一式を120億円で取得する。21年度から部隊への本格導入が始まる20式小銃についても3342丁（9億円）を調達する。

航空機では迅速な部隊展開を可能にするUH2新多用途ヘリ7機を125億円で取得。同機は双発エンジンとなり、海上での長距離展開でも安全な飛行ができる。

21年度には道北の3普連（名寄）が即応機動連隊に改編されるのを受け、同隊などに導入される16式機動戦闘車を22両調達（158億円）。クレーン能力を向上させた重装輪回収車（改）も1両取得する（約2億円）。

新領域の分野では、朝霞駐屯地に本部機能を持つ「電子作戦隊（仮称）」を新編。留萌、相浦、奄美、那覇の各駐屯地と知念分屯地には電子戦専門部隊を配置する。さらに中方の支援を担う「303システム防護隊（同）」を伊丹駐屯地に新編する。

電磁波関連では、電磁波情報を一元的に管理できる「電磁波作戦管理統制装置」を整備（約20億円）。電波の収集や分析をしながら相手の通信・電子情報を無力化できる「ネットワーク電子戦システム」一式も取得する（87億円）。

湯浅陸幕長は本紙の年頭あいさつで「領域横断作戦を含むあらゆる事態に的確に対処し得る能力を強化する」と決意を表明した。陸自は新領域での各種機能を高め、島嶼防衛力をさらに強化していく構えだ。（菱川浩嗣）

陸自に初配備された輸送航空隊のV22オスプレイ。21年度予算案では木更津、佐賀でのV22関連施設整備経費として91億円が計上された

春夏秋冬

「一帯一路」と「大東亜共栄圏」

村井 友秀

現在、中国は経済圏構想「一帯一路」を太平洋に拡大し、嘗て日米が激戦を繰り広げた南太平洋のソロモン諸島やマーシャル諸島に進出している。また、中国が構想する対米防衛線である小笠原諸島からグアムを結ぶ「第二列島線」は大日本帝国の「絶対国防圏」に重なる。米国から見れば、米国の海である太平洋に、再びアジアの覇者が手を伸ばしたように見えるだろう。

明治政府は、尊王攘夷という民族主義を掲げて徳川幕府を打倒したが、欧米列強の圧倒的な力に直面すると、開国という反民族主義的な政策を取らざるを得なかった。その後、日本は富国強兵に邁進し、日清戦争や日露戦争に勝利して1930年代には世界強国の一員になった。遂に日本が尊王攘夷を実行できる時が来たのである。大日本帝国は日本だけではなく広大なアジア地域から欧米勢力を駆逐しようとした。これが「大東亜共栄圏」である。しかし、大日本帝国は太平洋の戦いで米国に敗れ、「大東亜共栄圏」は崩壊した。

今、中国は米国に挑戦しようとしている。但し、米国の警戒感が高まることを恐れた鄧小平は、当面は頭を低くして目立たぬように国力を増強し（韜光養晦）、十分な力をつけてから挑戦する戦略であった。しかし、習近平は拡大する経済力と軍事力を背景に「韜光養晦」を捨て米国の覇権に挑戦している。

1941年の太平洋では、日本が戦艦、空母、潜水艦の数で米国を上回り、南太平洋の島に前進基地があった。現在、中国が太平洋に展開できる海軍力は米軍の比ではなく、太平洋に軍事基地もない。しかも、中国海軍は日本帝国海軍の轍を踏み、空母を中心に大艦巨砲主義に向かっている。艦艇の大型化は、戦力組成を小型化している米軍の攻撃に対する脆弱性を増す。中国の空母は戦艦「大和」になるだろう。軍隊に必要なものは一点豪華主義ではなく標準化である。

中国では「一つの山に二匹の虎はいない」という。世界の覇者である米国に挑戦する中国を米国は許さないだろう。中国は大日本帝国と同様に実力を過信し、早まった。

米国の覇権に挑戦する「一帯一路」という第二の「大東亜共栄圏」も大日本帝国の二の舞になるだろう。

（防大名誉教授、東京国際大学特命教授）

初の「サイバーコンテスト」

防衛省

締め切り2月12日（金） 優秀な人材を発掘

防衛省は3月14日（日）、一般人を対象とした初の「サイバーコンテスト」をオンライン形式で開催する。

サイバーセキュリティーに関する専門的知見を備えた優秀な人材を発掘することが目的で、参加資格は日本国籍を有する個人（隊員の参加は不可）。応募締め切りは2月12日（金）。定員200人になり次第、受け付けを終了する。

成績優秀者（上位5名）については、氏名またはハンドルネームを防衛省のウェブサイトに掲載し、表彰する予定だ。

詳しくは、防衛省のホームページ（https://www.mod.go.jp/j/approach/defense/cyber/c_contest/）で。

優秀人材確保にIT活用

岸防衛相 WEBセミナー開催

岸防衛相は1月19日の記者会見で、優秀な人材の確保に向け、防衛省・自衛隊の採用活動に積極的にIT（情報技術）を活用していく考えを示した。

具体例として、令和3年度予算案では、▽「自衛官という職業」について分かりやすく紹介する「WEBセミナー」の実施▽ソーシャルメディアを意識した話題性の高い採用広報用動画の作成▽広告バナーの活用――などの施策を盛り込んでいることを説明。

大臣は「自衛官等の採用をめぐる環境は今後、非常に厳しくなることが予想される。さらに、新型コロナウイルスの影響で対面による採用活動にも制限が加わっている状況だ」と指摘。「今後もITの活用を含め、さまざまな施策を推進していきたい」と述べ、優秀な人材確保に向けた取り組みの重要性を強調した。

560万羽に対処

年末年始の鳥インフル災派

会見で山崎統幕長

山崎統幕長は1月21日の記者会見で、全国的に猛威を振るう鳥インフルエンザへの自衛隊の災害派遣について言及。昨年11月から年末年始にかけて香川県や千葉県、宮崎県など全国9県の計20カ所で陸自隊員延べ約2万5000人が出動して約560万羽の殺処分等に係る支援を実施したことを明らかにした。

統幕長は、鳥インフルエンザに関する災害派遣が隊務（訓練等）に影響を及ぼしているとの認識を示しながらも「鳥インフルエンザは緊急性を要しており、それを放置するとまた拡大する。我々は引き続き関係省庁や自治体等と緊密に連携し、しっかりと任務を遂行していきたい」と述べた。

自衛隊ではこのほか、年末年始に①新型コロナウイルスに関する災派（医療支援、自治体職員等への感染防止教育、急患空輸）②秋田・新潟・富山・福井の各県における大雪災派③三重県におけるCSF（豚熱）災派――に全力で当たった。

防衛省発令

▽令和3年1月22日に勤務延長期限を繰り上げ（防衛医科大学校長）　長谷 和生

▽解防衛医科大学校教授併任、防衛医科大学校長（防衛医科大学校防衛医学研究センター長）　四ノ宮 成祥

（以上1月22日）

四ノ宮成祥（しのみや・なりよし）防衛医科大学校長　防医大4期。同大医学研究科修了。昭和58年海自。平成19年防医大教授＝分子生体制御学、23年兼ねて同動物実験施設長、25年同高等看護学院長などを経て、28年4月同防衛医学研究センター長。高知県出身。62歳。

朝雲寸言

年の始めにアメリカの某シンクタンクがその年の「世界の10大リスク」を予想していることを知る人は多いと思う。本年トップに掲げられたリスクは「46※」というものだった。第46代アメリカ大統領のことである。このシンクタンクがアメリカの国内政治を最上位に選んだことは初めてのことである▼就任式に臨んでバイデン大統領は「米国の魂を蘇らせ未来を確保するためには言葉以上のものが必要だ。それは民主主義の中で最も難しいもの、すなわち団結である」と述べた▼米国初の女性で非白人のハリス副大統領は、選挙の勝利が確定した日に昨年亡くなった黒人公民権運動家であるルイス下院議員の言葉を引用して次のように述べている。「民主主義は状態でなく行動である。アメリカの民主主義は保証されているのではない、私たちの意思があってこそ強いものになるのだ」と▼コロナウイルスの蔓延、米中対立をはじめ、世界各地で対立や不信・混乱が広がっている。それは我が国においても例外ではない▼冒頭の10大リスクには他にも注目すべきリスクがある。「メルケル後のEU」に代表される強力なリーダーの交代である。「ドイツと日本は何十年かぶりに現れた強力なリーダーが退任し、または退任しようとしている。世界全体は何世代にもわたって経験したことのないレベルの最悪な危機のただ中にいる」とある。コロナ後の世界はどのようになるのだろうか。

時の焦点

国内

日米防衛相会談

自由と開放性の大切さ

地域の平和と繁栄に責任を持つ日米両国は、政権交代があっても、感染症危機の中にあっても、共通の理念のもと、絶えず同盟関係を深める努力をしていかなければならない。

岸防衛相は、米国のオースティン国防長官と約20分にわたって電話で会談した。バイデン政権発足後、日米の閣僚による電話会談は初めてだ。

迅速で、かつ内容の充実した対話が行われたことは、日米の強い絆を国際社会に印象づけたことだろう。その意義は極めて大きい。

両氏は、東シナ海・南シナ海における、力を背景とした一方的な現状変更の試みに反対することで一致した。さらに、米国の対日防衛義務を定めた日米安全保障条約第5条について、沖縄県の尖閣諸島に適用されることを確認した。

かつてのオバマ政権は対中配慮を優先したせいか、尖閣諸島への安保条約適用をなかなか明言しなかった。昨年11月、大統領選勝利直後のバイデン氏が菅首相との電話会談で適用を明言したことに続き、国防長官が正式に発言したことは重い意味を持つ。

オースティン氏は、米上院での指名承認公聴会で、「中国はすでに地域の覇権国であり、彼らの目標は支配的な世界大国になることだ」と述べ、中国への強い警戒感を示した。こうした現実的な分析のもとで、日米両国はより高い次元の協力関係を構築することができよう。

会談のもう一つの大きな成果は、「自由で開かれたインド太平洋」実現に向けた協力を改めて確認したことだ。

オースティン氏は会談後、自らのツイッターに、「キシサン」という大臣への親しみを込めた呼びかけとともに、「フリーアンドオープン」の文字を書き込んだ。

バイデン氏側はこれまで、インド太平洋の重要性は指摘しつつも、「自由で開かれた」ではなく、「平和」や「安定」「繁栄」などの表現で説明することが多かった。

安倍前首相が提唱し、トランプ前大統領が同調した理念に対し、そのまま継承するのは避けたい、という思いがあったのかもしれない。

だが、自由と開放性はこのビジョンの核心である。繁栄さえしていれば中国主導であっても構わない、というわけにはいかない。

航行の自由や上空飛行の自由といった「法の支配」の原則に基づいて、世界の成長センターであるインド太平洋が各国に開かれていることが、真の繁栄に不可欠なのである。

くしくも中国は海警法を制定し、海洋進出を加速させようとしている。海警と中国海軍の連携が強まり、東シナ海や南シナ海で、強引な活動をさらに展開する可能性がある。

日米の新政権は、安保上の目標を共有することに成功した。あとは、具体的な連携を着実に進めるだけである。

宮原 三郎（政治評論家）

海外

米新政権の課題

「強固な同盟」維持が要

東西冷戦下の西側諸国の同盟・北大西洋条約機構（NATO）は、ソ連の崩壊で眼目を失い、2017年頃には事実上、消滅しかけていた。

プーチン・ロシア大統領が東欧や中東で再びパワーを主張し始めても、加盟国の多くは目を覚ますことはなかった。

NATOが「24年までに国防費を国内総生産（GDP）の2%レベルに引き上げる」という米国の主張に向けて現実に動き出すまでには、トランプ米大統領の「圧力」が必要だった。

協力的安保の実施面で、口先だけでなく実際の行動で示すよう要求すると、「同盟国に失礼だ」という党派性丸出しの批判が出たのには呆れた。そんな要求をされる体たらくこそ、同盟相手に失礼というものだろうに。

ストルテンベルグNATO事務総長は18年9月、米シンクタンク、ヘリテージ財団の本部で講演し、「トランプ大統領の就任以来、欧州、カナダのNATO同盟国は国防に410億ドルを追加支出した」と強調した。

流れは、予算の金額にとどまらない。仏国防省は20年11月、同国軍が21年4月に英、米軍と共同で大規模な軍事演習を実施すると発表した。

マクロン仏大統領は「米国は、われわれが国防に真剣である時のみ、米の同盟国として尊重することが分かってきた」。

ジョンソン英首相も20年11月中旬、国防費の大幅増額を発表した。今後4年間に165億ポンド（218億ドル）を防衛予算に追加する。過去30年間で最大の増額だ。

米国の同盟関係を再活性化しようとして、トランプ大統領が真剣な努力を続けてこなければ、上記のどれ一つとして起きなかっただろう。

オバマ政権はポーランドにミサイル防衛システムを供与する計画を中止した。ロシアが反対したためだが、トランプ政権は計画を復活した。

ウクライナはロシアが支援する武装勢力と戦うための武器を望んだが、オバマ政権は拒否。しかし、トランプ政権は供与した。

オバマ政権当時、ロシアがクリミアに侵攻した。これに対し、トランプ政権は黒海に軍艦を派遣し続けている。黒海はロシアの湖ではないとのメッセージだ。

さらに18年、トランプ政権は北大西洋－バルト海の海域の作戦を担当する第2艦隊を復活させた。ロシアの脅威への対抗策で、オバマ政権は11年、同艦隊を解体していた。

この種の海軍の行動が最も目立つのはアジアで、米の同盟国が中国の脅威に対処するため関係を深めている。

11月6日にはインドの西海岸沖で、米、インド、オーストラリア、日本の4カ国が空海の合同演習を実施した。

党派的な反トランプ勢力は、「アメリカ・ファースト」は孤立主義」との偽りをばら撒き、こうした成果を無視している。

新政権は国益を守るためより強固な同盟を築くと期待する前に、この精力的な4年間の真実か、その前の活気のない8年間の真実を直視する必要がある。

草野 徹（外交評論家）

桜島爆発総合訓練に参加

12普連と鹿児島地本　災派写真展示し防災意識啓発

桜島の噴火を想定した防災訓練の開始に当たり、参加者にあいさつを述べる鹿児島市の下鶴市長（壇上）＝1月9日、鹿児島市の城西中学校で

【鹿児島地本】鹿児島地方協力本部（本部長・赤岩英明1海佐）は1月9日、鹿児島市が主催する「令和2年度桜島火山爆発総合防災訓練」に参加した。

今年度の訓練は2回に分けて行われ、1回目は昨年11月に住民避難訓練として実施。今回は「避難所運営・展示訓練」として市内の城西中学校で行われ、校区住民らは大量降灰があった際の避難行動や、避難所での新型コロナウイルス対策を学んだ。

同校の校庭には35の防災関係機関がブースを開設。鹿児島地本は昨年の「7月豪雨災害」や「台風10号接近に伴う十島村事前避難」で自衛隊が実施した災害派遣の写真パネルを展示し、防災意識の啓発を図った。

当日は朝まで雪が降る寒さの中、コロナ対策で一般来場者の見学は制限されたものの、桜島の一部の住民をはじめ、原良・西田校区の住民、会場となった城西中学校生徒らが訓練を見学した。

自衛隊の展示サイトには、密にならない対策が取られた上で多くの人が訪れた。特に中学生たちは12普連（国分）の車両展示に興味を示し、高機動車の試乗には順番待ちの列ができるほどの盛況ぶりだった。

また、12月に鹿児島市長に就任した下鶴隆央市長による視察も行われ、鹿児島地本広報企画室長の平松久幸3陸佐が地本のパネル写真や12普連の展示車両などについて説明。市長は自衛隊の活動とその重要性についてさらに理解を深め、関係者の労をねぎらった。

空自戦闘機部隊、B1と共同訓練

要撃戦闘で共同対処能力を向上

雲海上で日米共同訓練を行う空自のF15戦闘機部隊（下の2機）と米空軍第9遠征爆撃飛行隊のB1B戦略爆撃機（上）＝1月12日

空自は1月12日、米グアム島に前方展開している米空軍第9遠征爆撃飛行隊（テキサス州ダイエス）所属のB1B戦略爆撃機1機と日本海、東シナ海、沖縄周辺空域で共同訓練を行った。

参加部隊は5空団（新田原）、6空団（小松）、9空団（那覇）のF15戦闘機各4機、8空団（築城）のF2戦闘機4機で、それぞれB1Bと要撃戦闘、編隊航法訓練などを行い、共同対処能力の向上を図った。

深澤北空司令官（右）から褒賞状を授与される2空団検査隊の高橋曹長（三沢基地で）

優秀空曹表彰　方面隊に貢献

北空司令官

【北空＝三沢】空自北部航空方面隊司令官の深澤英一郎空将はこのほど、任務遂行に貢献した優秀空曹3人に褒賞状を授与した。

式は北空司令部で行われ、同副司令官の高橋秀雄将補、同幕僚長の定免克己1佐（現・5高群司令）、同准曹士先任の三浦潤二准尉らが立会。深澤司令官は「空曹として平素から積極的に職務に精励し、方面隊の任務遂行に多大な貢献をした。他の隊員の模範であり、その功績を称える」と褒賞状を読み上げ、2空団検査隊（千歳）の高橋深充曹長、6高群20高射隊（八雲）の湯地康幸曹長、3空団装備隊（三沢）の山岡功明1曹に手渡した。3人には三沢つばさ会の倉持晶郎会長からも記念品が贈られた。

受賞した高橋曹長は「今後も任務遂行のため、後輩隊員の指導育成に尽力していきたい」と語った。

USO受賞した坂本准尉を表彰

空自連合准曹会

杉本連合准曹会会長（左から2人目）からUSOジャパンからの表彰盾を贈呈された坂本准尉（その右）。左端は甲斐空自准曹士先任（新田原基地で）

【空幕人計課】空自連合准曹会はこのほど、「2020年度USO（米軍慰問協会）ジャパン顕彰」を受賞した5空団管理隊（新田原）准曹士先任の坂本勝典准尉への表彰盾の贈呈式を新田原基地で行った。

顕彰はUSOが在日米軍と陸海空自衛隊で地域への社会貢献と任務遂行に著しく貢献した隊員を表彰する制度。今年は陸海空の6人（▽八原誠准陸尉＝総隊付隊▽石川治1陸曹＝普教連▽西村誠二1海曹＝水中処分隊▽杉山由美1海曹＝4整補隊▽坂本准空尉▽寺田大1空曹＝6空団）が受賞している。

顕彰式は9月5日に東京・ニュー山王ホテルで行われる予定だったが新型コロナウイルスの影響で中止に。これを受け、USOジャパンの代理として、准曹会長の杉本孝哉准尉と空自准曹士先任の甲斐修准尉が新田原基地を訪れ、表彰盾などを伝達した。

贈呈式で杉本会長は「受賞に敬意を表し、今後もさらなる活躍を祈念します」とたたえ、坂本准尉は「受賞に恥じないよう、部隊の任務遂行と地域貢献に全力を尽くします」と応えた。

坂本准尉は、イラク復興支援活動に警備要員として派遣された経験があり、プライベートではパワーリフティング世界大会に出場し、アジア記録を更新している。地域でのボランティア活動として、地元の中学生や高校生に筋力トレーニングも指導している。

米海兵機動隊と陸自が共同訓練

水機団など参加

陸自は1月28日、沖縄県のブルービーチや中部訓練場などで米31海兵機動展開隊との共同訓練を開始する。2月6日まで。

自衛隊からは水陸機動団（相浦）、ヘリ団（木更津）、西方航空隊（高遊原）など計約230人が参加。米側からは31海兵機動展開隊、11水陸両用戦隊（強襲揚陸艦「アメリカ」、ドック型揚陸艦「アシュランド」など）が参加する。

期間中は海自輸送艦「おおすみ」の支援を受け、偵察用ボートによる着上陸訓練や陸自CH47輸送ヘリを使った発着艦訓練などを実施する。

共済組合だより

「任意継続組合員制度」をご利用ください

皆さんは「任意継続組合員」の制度をご存知ですか。退職の日の前日まで引き続いて1年以上組合員であった方は、退職の日から起算して20日以内に「任意継続組合員となるための申出書」等を提出すると、任意継続組合員になることができます。

任意継続組合員になりますと、2年間を限度として退職後も引き続き短期給付（休業給付を除く。）と福祉事業（売店、宿泊施設、貯金の一部利用）の適用を受けられます。

任意継続組合員になった方は掛金の払込みが必要です。

任意継続組合員になった最初の月の掛金は、退職した日から起算して20日以内に、それ以降の月の掛金は継続しようとする月の前月の末日までに払い込んでください。

その金額については「任意継続組合員となるための申出書」等を提出する際、支部窓口にお問い合わせください。

なお、次のいずれかに該当したときは任意継続組合員の資格を喪失します。

▽任意継続組合員となった日から2年を経過したとき。▽死亡したとき。▽任意継続掛金を指定の期日までに払い込まなかったとき。▽再就職して共済組合員または健康保険等の被保険者となったとき。▽任意継続組合員でなくなることを希望し、その申出が受理された日の属する月の末日が到来したとき。▽後期高齢者医療の被保険者等となったとき。

2021 訓練始め 一斉に

雪煙を上げて離陸する3空団302飛行隊のF35Aステルス戦闘機（1月5日、空自三沢基地で）

2021年の幕明けとともに、陸海空の各部隊は一斉に訓練を開始した。陸自では13日、岸防衛相が視察する中、第1空挺団（習志野）が降下訓練始めを、15日にはV22オスプレイを昨年受領した第1ヘリコプター団（木更津）が編隊飛行を実施した。海自では下総教空群など全国の航空部隊が年頭の飛行訓練を開始。空自では3空団（三沢）のF35Aステルス戦闘機が5日、雪煙を巻き上げながら新春の空に飛び立った。

空挺団 恒例の落下傘降下

第1空挺団の新年恒例の「降下訓練始め」は13日、岸防衛相を迎えて習志野演習場で行われた。最初に堺一夫団長以下の幹部らがCH47輸送ヘリからの初降下を披露。続いてヘリボーンによる奪還作戦が開始された。

内容は「敵が侵攻、支配した地域にヘリで空挺隊員を逐次投入し、偵察や攻撃を行って奪還する」というもので、まずUH1多用途ヘリに乗り込んだ隊員が上空からドアガン射撃で敵を沈黙させ、この間に草を全身にまとった狙撃班員がヘリから飛び降りて密かに前進。

続いてCH47輸送ヘリが現れ、機内から情報小隊のオートバイ6両を降ろし情報収集を開始した。

その後、敵部隊が再び侵攻してきたため、団はCH47が増援の隊員を迅速に降ろし、さらに81ミリ迫撃砲や軽装甲機動車を吊り下げたCH47も装備を降ろし、左・右の陣地から迫撃砲弾を敵陣に浴びせると敵はひるんで後退した。

岸大臣迎えヘリボーン作戦

ヘリボーン作戦で地上に支援車両を降ろすヘリ団のCH47輸送ヘリ

この後、大規模な空挺降下が開始され、空自C130H、C1、C2輸送機計5機が、上空約340メートルから隊員や物資を空中に投じると、新春の空に落下傘の花が開いた。

コロナ下のため、空挺団員たちは自作のマスクを着けて降下。マスクは降下中の風圧でも飛ばされないように検証を重ねたという。

視察に訪れた湯浅陸幕長ら幹部（手前）が見守る中、C2輸送機（右上）などから一斉に降下する空挺団の隊員（1月13日、習志野演習場で）

コロナ感染予防用の自作のマスクを着用し、13式空挺傘で降着した隊員

海自航空部隊も発進

海自の航空部隊は1月4日から8日にかけ、全国の航空基地で一斉に「初訓練飛行」を行った。

6日には24空（小松島）のSH60J哨戒ヘリ3機が大鳴門橋上空から鳴門―徳島―小松島のルートで編隊飛行。

一方、搭乗員教育を担う下総教育航空群は7日、203教空のP3C哨戒機3機が参加し、初訓練に臨んだ。

整列した隊員約400人を前に井上竜三群司令が訓示し、その後、搭乗員に「かかれ！」と号令。基地隊員が見守る中、P3Cが次々と離陸し、3機は房総半島沖で新年初の教育訓練を行った。

艦艇部隊も年明けからそれぞれの艦で初訓練を実施した。

㊤鳴門海峡に架かる大鳴門橋の上空を編隊を組んで飛行する24空のSH60J哨戒ヘリ（1月6日）

㊧房総半島沖上空で初訓練飛行を行う203教空のP3C哨戒機（1月7日）

F35A 日本海上空へ
警空団、最新E2Dも演練

【3空団=三沢】空自の航空部隊は1月4日から一斉に飛行訓練を開始した。12月に301飛行隊が百里から移駐して2個飛行隊となった3空団（三沢）は5日、F35Aステルス戦闘機部隊の訓練を開始した。

4機のF35Aが次々と離陸し、日本海上空の訓練空域で約2時間にわたり飛行訓練を行った。

この日は三沢ヘリ空輸隊のCH47J輸送ヘリと警空団のE2D早期警戒機各1機も次々と離陸。E2Dは太平洋上で約3時間、CH47Jは基地周辺で約2時間、それぞれの任務のための連携要領を演練した。

ブルーインパルス 金華山沖で初飛行
4空団

金華山沖の訓練空域に向けて飛び立つ空自ブルーインパルス（1月6日、松島基地で）

【4空団=松島】昨年はコロナ禍に立ち向かう都内の医療従事者を激励するため、白いスモークを引いて都心上空で編隊飛行を行った4空団11飛行隊のブルーインパルスは1月6日、松島基地で初飛行訓練を行った。

当日は滑走路の除雪作業が終了した午後1時半過ぎから、11飛行隊長の遠渡祐樹2佐以下の隊員が乗り込んだT4練習機6機が順番に離陸し、金華山沖の太平洋上で訓練を行った。

この日は松島救難隊のUH60J救難ヘリとU125A救難捜索機も初飛行訓練を実施した。

ヘリ団は東京湾で

ヘリ団（木更津）は1月15日、年頭編隊飛行を実施した。

更谷光二団長以下70人がCH47輸送ヘリ、EC225LP特別輸送ヘリ、LR2連絡偵察の機計10機に分乗。在日米陸軍航空大隊からもUH60ヘリ4機がオブザーバーとして加わった。

更谷団長は訓示で「今年はV22（オスプレイ）が本格的に飛行を開始する年であり、ヘリ団の役割は今後も拡大する。諸官は本年も唯一無二の部隊として能力向上に取り組み、あらゆる事態に即応、任務を完遂することを要望する」と述べた。

この後、日米の航空機14機は編隊を組み、東京湾上空を飛行した。

東京湾上空を巡航する編隊飛行を終えて木更津駐屯地に帰隊したヘリ団のCH47輸送ヘリの編隊（1月15日）

心一つに やり遂げよ
航校宇都宮校

航空学校宇都宮校の上空を編隊で飛行するTH480B練習ヘリ（1月6日）

【北宇都宮】航空学校宇都宮校は1月6日、年頭編隊飛行訓練を行った。

開始に当たり酒瀬川友博分校長が「本年はコロナ対策を講じつつ、防衛・警備任務と東京オリンピック・パラリンピックをやり遂げる重要な年だ。強靭な航空戦士を育成するため、全職員が心を一つにして訓練に臨んでもらいたい」と訓示。

これを受けてTH480B練習ヘリ、UH1J多用途ヘリ各5機が一斉に飛び上がり、見事な隊形を保持して宇都宮校の上空を航過した。

綱引き総当たり戦
113教育大隊

【113教育大隊=国分】113教育大隊は1月6日、訓練始めとして「綱引き大会」を実施した。

開会式で大会会長を務めた東宏二郎大隊長は隊員たちに「一致団結」と「安全管理」を要望。綱引きは大隊本部と各中隊の総当たりで戦い、熱戦の結果、大隊本部が優勝した。

「わっしょい！」天突きで飛躍
13普連

冬空の下、半袖になって「天突き運動」を行う13普連の隊員たち（1月7日、松本駐屯地で）

【13普連=松本】13普連は1月7日、訓練始めで「天突き運動」を行った。

今年は連隊創立67周年、直接支援小隊は20周年を迎えることから、合わせて計87回の天突きを実施した。

凍てつく寒さの中、全隊員が上衣半袖となり〝天突き幹部〟の植田広大2尉（情報小隊長）の掛け声に合わせ「わっしょい！」を繰り返し、信州の澄んだ冬空を両腕で突き上げ、今年1年のさらなる飛躍を誓った。

対馬警備隊 御来光に誓い

山城の頂きで御来光を迎え、一年の任務完遂と安全を祈願する山口対馬警備隊長（左）＝1月12日、対馬市の清水城跡で

【陸対馬】対馬警備隊は1月12日、訓練始めとして夜明け前に清水城跡（標高206メートル）に登頂、全員で御来光に向かい一年の任務完遂を誓い、安全を祈願した。

各部隊は午前5時半に駐屯地を出発。新型コロナ感染防止の観点から市街地は避け、林道沿いのルートから登頂した。

東の空から現れた御来光に対し、隊員たちは手を合わせ、「国境防衛」の任務完遂を誓った。この後、山口勝隊長が訓示し、「今年は丑年。ゆっくり一歩一歩、確実に（練度を）積み重ねていこう」と隊員たちを激励した。

部隊だより

陸

岩手　駐屯地はこのほど、東北方面航空隊（霞目）の協力のもとでUH1多用途ヘリによる「航空機体験搭乗」を行った。当日は駐屯地モニターら14人が参加し、パイロットによる安全教育や災派での航空機の運用などの説明を受けた後、搭乗を開始。うっすらと雪の積もった駐屯地から航空機が飛び立ち、白く染まった岩手山と市街を眼下にヘリでの飛行を楽しんだ。

美唄　2地対艦ミサイル連隊はこのほど、連隊らっぱ競技会を行った。陸曹・陸士の2部に分かれて実施され、隊員26人は日頃から培った技術を発揮して課題の2曲を吹奏し、審査員らをうならせた。結果、陸曹の部は力強い吹奏の上久保雄央3曹（4中隊）が1位に、陸士の部は安定感のある演奏の多和春臣士長（本管中隊）が2連覇を達成した。

名寄　駐屯地は1月12日、新たに成人を迎えた隊員64人に対して激励行事を行った。同行事では曹友会が「雪上3本綱引き大会」を企画。隊員たちは互いに力強く綱を引き合い＝写真㊨、2偵察隊が優勝した。新成人代表の三橋正悟3曹（2偵）は「新成人、社会人としての確固たる自覚を持ち、自衛官として鋭意努力していきます」と抱負を述べた。

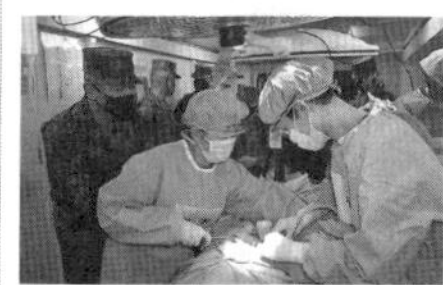

仙台　東北方面衛生隊はこのほど、駐屯地で衛生科職種統一訓練「東北練成会」を担任した＝写真㊤。同訓練には方面管内の28個部隊から136人が参加。期間中は第一線救護、収容所治療の練度判定などを行ったほか、戦傷治療の実習では後送間の救護を練成した。市街地戦闘における第一線救護の要領も展示し、参加者は救命ドクトリンへの理解を深めた。

神町　1月14～17日に開催された「令和2年度山形県総合スキー（ジャンプ）大会」に先立ち、20普連は12月17日、同大会の協定書に調印した。冨田政利・山形県スキー連盟会長らが来隊し締結。連隊は協定に基づき、本部管理中隊と3中隊の10人を大会支援で派遣し、飛距離判定、競技会場やコース整備・維持、気象計測の各項目で協力した。

宇都宮　中央即応連隊はこのほど、新着任者戦力化教育の課目として約26時間に及ぶ「無形戦闘力」を行った。最も肉体を酷使する重量物運搬では、隊員たちが3人1組で丸太を担いで約36キロメートルを完歩。群集約40人の突破を防ぐ盾操法では、各中隊から集められた精鋭が暴徒役を務め、隊員たちは一丸となって耐え抜いた＝写真㊤。

板妻　34普連は12月1～3日、2月に行う「令和2年度FTC第20次運営訓練」に向けた練成訓練を東富士演習場で行った。期間中、2中隊（中隊長・外崎海里3佐）基幹の約200人が小銃小隊による警戒部隊の駆逐について演練。状況開始後、各小・分隊長が実員指揮能力を発揮し前進、制限時間内における敵警戒部隊の駆逐数を確認した。

大津　47普連の櫻田和子即応予備准尉はこのほど、岡山県瀬戸内市立長船中学校の依頼を受け、教師や2年生計112人を前に講演した＝写真㊦。櫻田准尉は阪神淡路大震災などの災害派遣に従事した体験談を踏まえ、仕事のやりがいや達成感などを説明。生徒は「災派での自衛官の心境が聞けて、自衛隊の活動を身近に感じることができた」と語った。

「武田流」門松に願い込め

FTC

創設20周年記念ロゴをワッペンに

部隊訓練評価隊（FTC）は令和3年を迎えるに当たり、隊本部の玄関に「武田流門松」を作製し設置した。

FTCは甲斐国（山梨県）に唯一存在する部隊として、その〝戦場〟である北富士演習場を戦国武将の「武田信玄公が見守る練武の地」と位置づけ、武田家の家紋「武田菱」を取り入れた部隊創設20周年記念のロゴのワッペンを装着し、年明けから精力的に活動している。

一般的な門松（斜めに切った竹の周囲に松を配置）は「徳川式」と呼ばれるもので、徳川家康が「三方ヶ原の戦い」で武田信玄に大敗した後、「（憎い）竹（武田）を斬る」という意味を込め始めたという説がある。その家康が天下統一した後、全国に広がったという。

このような事情を踏まえ、FTCでは人事幹部・宮本岳1尉と隊本部の陸曹が年末に「門松製作工房」を編成。北富士駐屯地と連携し、協力会の支援も得て竹や藁など材料を調達、しっかりと勉強して門松を作った。隊員たちは先端が平らな竹を3本束ね、その向きにも「福を呼び込む内側向き、疫を追い出す外側向き」などに留意した。「松（徳川）を竹（武田）より低くする」のが武田流だ。

このFTCの流儀に倣い、これまで「徳川式」だった北富士駐屯地の門松も令和3年から全て「武田流」に統一した。

◇

FTCは「武田菱」を取り入れた創設20周年（令和2年3月）記念ロゴマークを作製し、隊員たちは同ワッペンを肩につけFTC運営に邁進している。

新ロゴは中央に4色の武田菱を配し、その上にFTCの文字を富士山に見立てたロゴを「荒々しく力強い」筆致で表現し、富士山の方向から信玄公が見守る姿を表している。

青は訓練部隊、赤は対抗部隊（評価支援隊）、緑は統裁部（隊本部）を示し、任務達成の気概を日の丸が表している。そして「錬磨無限」のキャッチコピーが入っている。

ワッペンはカラーとOD色を基調とした2バージョンがあり、隊員たちは教育や訓練などで使い分けている。

FTCは令和3年もさまざまな改善を図りつつ、全国の陸自部隊の精強化に寄与していく。

（北富士）

FTCの「創隊20周年記念ロゴ」をあしらったワッペン

㊤部隊訓練評価隊の玄関前で「武田流門松」を製作中の隊員たち㊧「武田流門松」を製作した部隊訓練評価隊「門松制作工房」の隊員たち。前列右から2人目が宮本1尉（北富士駐屯地で）

小倉　駐屯地は12月13日、北九州市のミクニワールドスタジアム北九州で「太鼓演奏支援」を行った＝写真㊦。同支援はJ2リーグの「ギラヴァンツ北九州対ジュビロ磐田戦」のイベントで実施。駐屯地太鼓部「小倉ひびき太鼓」がサッカーファン約5千人の前で演奏した。参加した隊員は「自衛隊の勇壮さを感じてくれるとうれしい」などと話していた。

前川原　幹候校は12月14日、101期一般幹候生（部内）課程（後段）に対し、伝統行事の「藤山武装障害走」を行った＝写真㊤。候補生257人は各4人のグループに分かれて出走し、障害がある走路で戦技能力を発揮。結果、個人男性部門で2候3区隊の小川隼人候補生（15分38秒62）、女性は1候3区隊の新井成美候補生（21分14秒）がそれぞれ優勝した。

対馬　警備隊は12月11～16日、射撃競技会を行った。開会式では、統裁官の山口勝司令が「勝ちにこだわれ」「正々堂々」「安全管理を徹底せよ」の3点を要望。寒波の中、本部・普通科中隊、後方支援隊の3個部隊が対抗。横風の吹く中で射撃し、2位と0・5点の僅差で後支隊が2連覇を達成した。同期間中には、らっぱ競技会も行われた。

久留米　駐屯地はこのほど、目達原駐屯地で西方航109飛行隊、福岡・佐賀両地本の支援を受け、募集対象者など計90人に対するヘリ体験搭乗のイベントを開催した。参加者たちは晴天の中CH47輸送ヘリに乗り込み、空から久留米市街地の眺めを満喫。体験後、「上空から見た町の景色は最高だった」「陸自にぜひ入りたい」などの反響があった。

空

三沢　基地はこのほど、中山副大臣の部隊視察を受けた。基地に到着した副大臣は、山崎統幕長や井筒空幕長、基地主要幹部ら立会のもと慰霊碑で献花後、グローバルホーク格納庫建設予定地や3空団のF35Aステルス戦闘機、警空団のE2D早期警戒機などを確認＝写真㊤。SOC／DC地区で幹部らによる状況報告の後、防空戦闘訓練を視察した。

百里　7空団は11月20日、301飛行隊でのF4戦闘機の運用終了にあたり、関係協力団体や歴代飛行隊長、航空総隊司令官などを招いて「壮行行事」を実施した＝写真㊤。最後のF4飛行隊長・岩木三西郎2佐は来賓に、これまでの飛行隊への支援に謝意を示し、残りわずかな期間を事故なく全うする決意を表明した。

芦屋　基地は12月15日、餅つき行事を行った。司令をはじめ、基地主要幹部や丑年生まれの隊員らが参加。臼の間隔を空けて3密を避けるなど、さまざまな感染拡大防止策を実施。隊員たちは「無病息災」を願いながら餅をつき、未曽有の1年を締めくくった。こうして各部隊に配られた餅はコロナ予防のため食べず、鏡餅として職場に飾られた。

海

大湊　地方隊は1月16日、昨年末から休館していた「北洋館」を土日・祝日限定で再開させた。3月31日まで。来館者を迎え入れるために1月8、12の両日、北洋館前の雪かき清掃が行われた＝写真㊤。同館では明治35年の帝国海軍大湊水雷団開庁から現在までの「北方の海上防衛」をテーマとした史料が約1000点展示されている。詳しくはHPまで。

横須賀　総監部ではこのほど衛生訓練を行い、小さな子供のための心肺蘇生法などを演練した＝写真㊤。自衛隊では災派などでの緊急登庁時、隊員の子供を一時的に預かることがあり、いざと言うときに備えて緊急事態を想定した訓練を実施。衛生員の指導を受けながら、乳幼児のマネキンを用いた心肺蘇生法や窒息時の応急処置などを演練した。

江田島　1術校は12月24日、職員有志で門松を手作りした＝写真㊤。基地では毎年、ベテランから若手に門松作りの技を伝承し続けており、素材の大部分を敷地内で調達している。完成品を見た岩﨑英俊学校長は「一年の計は元旦にあり。皆と共に新たな気持ちで1術校をさらに良い〝学びの場〟としていきたい。立派な門松をありがとう」とねぎらった。

崎辺　佐世保教育隊は1月6日、出口佳努佐世保地方総監臨席の下、10期海曹予定者課程の始業式を行った＝写真㊤。学生140人は3曹昇任に必要な精神面、身体的基盤・技能を修得するため入校。柳信男司令は「ここでの教育・訓練で自己を見つめ直し、理想を確立せよ」と式辞、出口総監は「海曹としてどうあるべきかを考えよ」と訓示した。

「次世代装備研究所」新設へ

防衛装備庁の令和3年度主な事業

政府は令和3年度予算案を12月21日、決定した。防衛予算の研究開発分野では次期戦闘機の設計などに731億円を計上。ドローンへの対処では車載レーザーシステムに28億円、艦載型の高出力マイクロ波(HPM)の研究に5億円を投じる。組織改編では電子装備研究所と先進技術推進センターを統合し、「次世代装備研究所」(仮称)を新設する。防衛装備庁の3年度の主な事業は次の通り。

将来の経空脅威

車載対空レーザーシステムのイメージ(防衛省の予算資料から)

ドローン撃退用「車載対空レーザー」の研究に着手

「先進技術戦略官」も新設

《防衛装備庁の改編》

◇研究事業の重点化への対応のため、電装研と先進技術推進センターを統合し「次世代装備研究所」(仮称)を新設。

◇宇宙関連事業に対応するため、事業監理官(情報・武器・車両担当)に「宇宙事業管理班」(仮称)を新設、名称も「事業監理官(宇宙・地上装備担当)」(同)にする。

◇技術戦略部に「技術連携推進官」(同)、技術戦略課に「先進技術戦略官」(同)を新設する。

◇FMS調達の適切な管理に向け、有償援助調達室に「履行管理・促進班」(同)を新設。

◇UUV(水中無人機)研究を推進するため、艦艇装備研究所に「岩国海洋環境試験評価サテライト」(同)を新設する。

《主な研究開発》

◇次期戦闘機の開発など(731億円)=機体の構想設計に続いてエンジン設計などにも着手する。

◇サイバー攻撃への対処(9億円)=サイバー攻撃下でも装備品に搭載されている情報処理システムの運用を継続するため、サイバー・レジリエンス(回復力)技術を研究。

空自向け次期戦闘機のイメージ(防衛省の予算資料から)

◇車載レーザーシステムの実証(28億円)=ドローン対処のため高出力レーザー装置の車載化を実証。艦載型HPMの研究も推進。

◇次期電子情報収集機の情報収集システムの研究(27億円)=海自EP3後継の次期電子情報収集機の開発に向け、信号検出能力、方位精度、類識別能力の向上に関する研究を行う。

◇高機能レーダー技術の研究(41億円)=戦闘機などの常時・広覆域捜索を可能にする将来レーダーを日英共同で研究。

◇将来潜水艦用ソーナー装置の開発(35億円)=潜水艦の優位性を継続保持するため、探知能力を向上させたソーナーを開発。

◇雑音低減型水中発射管の研究(18億円)=潜水艦の静粛化のため、魚雷などを射出する際の発射音を低減する技術を研究。

◇高速高機動レーダー技術の研究(6億円)=低RCS目標や極超音速ミサイルに対応するため、レーダー探知追尾技術を高め、同時に探知距離の延伸を模擬環境下で研究する。

◇12式地対艦誘導弾能力向上型の開発(335億円)=開発中の12式地対艦誘導弾(改)を長射程化し、多様なプラットフォームからの運用を前提としたスタンドオフ・ミサイルとして開発する。

《その他の研究開発》

◇艦艇の電波探知妨害能力の研究(0・2億円)=航空機やミサイルからの電波を探知し、無力化するための電波探知妨害装置の能力を高める。

◇艦艇用デコイシステムの調査研究(0・2億円)=高性能対艦ミサイルなどの脅威に対応するため、将来の艦艇用デコイシステムを研究。

◇03式中距離地対空誘導弾(改善型)の能力向上(1億円)=同誘導弾を改修し、弾道ミサイル対処能力付与の研究を行う。

◇軽装甲機動車の後継装備品の研究(14億円)=部隊の機動展開に用いられる同車の後継車両選定のため、参考品を取得する。

◇救急車の応急装甲化の実証(3億円)=非装甲車両に防護性能を迅速に付与するため、「応急装着付加装甲」を実証する。

技術が光る

>97<

「テラ・ドルフィン」　テラ・ラボ

旋回しやすい「逆Vテール型」

高度2万メートルから被災地を観測

東日本大震災から10年となる今年、被災地の状況を上空から高解像度のカメラで撮影し、伝送できる国産ドローンが登場する―。

昨秋、千葉市で開かれた国内最大のドローン産業の見本市「ジャパン・ドローン2020」の会場で、訪れた自衛隊員が注目したのが次世代地表観測用無人機のモックアップだった。株式会社テラ・ラボ(本社・愛知県春日井市)が開発中のこの機体は上空に滞空して地表の被害状況を3次元データとして収集できる長距離固定翼ドローン「テラ・ドルフィン」だ。同機は翼長が8メートルあり、航空機としては固定翼とVTOL(垂直離着陸)の両方の機能を兼ね備え、宇宙空間に近い高度約2万メートルまで上昇し、滞空する。

機体の形状は尾翼がつながった「逆Vテール型」で、特徴は機体のねじれに強い点という。「このドローンは地上観測が主目的であるため、上空で機敏に旋回ができる性能が求められています」と同社技術部の高橋良輔部長は話す。

機体はコンポジット(複合)素材でできており、主翼などは軽くしなやかに成形され、翼加重も軽い。さらに短い滑走で離陸ができるため、「離島などの小さな飛行場でも運用できます」と高橋部門長。

このドローンの航続時間は約20時間で、巡航速度は80~140キロ。機体には世界中どこでもつながる超小型グローバル衛星通信モジュールを搭載しており、利用範囲が制限されず、広域で運用が可能だ。衛星通信などを利用したフライトコントローラーも完備し、万が一、地上からの通信が途絶えた際も自動制御に切り替わり、安全に目的地までたどり着けるという。

地表観測用に備え付けられている高性能カメラシステムは高圧縮・高復元の画像データの収集が可能で、少ないデータ通信量で高精度の画像データを地上支援システムに伝送できる。また、機体のフライト状況なども地上で常時把握可能だ。

さらに専用車両に搭載された「ワークステーション」を使えば、その場で送られてきた画像の解析を行うことができ、その情報を衛星回線や地上回線を介して伝送できる。このため災害発生時などで、広域と局所的な被災状況の映像を重ね合わせることで、被害の全体像をリアルに可視化でき、救援部隊の規模やその装備など的確な意思決定につなげられる。この機能は自衛隊の大規模災害派遣活動などにも生かすことができるだろう。

「機体は可搬性の面でも優れており、分解して車両に搭載すれば、展開先の飛行場から発進させることも可能です」と高橋部門長。

令和3年度中には試作機が完成予定というテラ・ラボの「テラ・ドルフィン」。もし自衛隊に導入されれば、空自に配備される無人機「グローバルホーク」と並ぶ無人偵察機となるかもしれない。

「ジャパン・ドローン」で注目を集めたテラ・ラボが開発中の長距離固定翼ドローン「テラ・ドルフィン」。高度2万メートルを飛行し、災害発生時に高解像の被災地画像を撮影し、伝送できる

防衛技術

世界の新兵器

544

第6世代戦闘機「NGAD」 米

次世代機の開発手法の革命か

去る9月、米空軍の高官が「NGAD(Next Generation Air Dominance=次世代戦闘機、いわゆるF―X)の技術実証機がすでに飛行試験を行っている」と突然発表した。(そういえば、米南西部の砂漠上空を飛行するデルタ翼の機体が目撃されているとの情報もあるようだ。)

現在まで、その機体の規模・形状、製造会社名や初飛行の時期、有人機か無人機かなどは一切発表されておらず、秘密のベールに包まれている。

NGADは、F15とF22の後継機として位置付けられている第6世代戦闘機で、約10年前から検討が始まっていたとされるが、目標とする機体の機能・性能や任務態様が定まらず、今日に至っていると見られていた。

ところが、ここにきてそれらが絞り込まれ、開発が開始された模様で、わずか1年たらずで、その技術実証機が製造され、すでに飛行しているとは、これまでの常識からは考えられない驚くべき速さである。この背景には、VR(仮想現実)などを駆使したデジタル設計・試験技術や、3Dプリンターを活用した製造技術などの急速な発展と、中国空軍の近年の急激な脅威化への対処があるようである。

この技術実証機は、約1年前に「デジタル・センチュリーシリーズ」と名付けられ、これまでの開発手法とは大きく異なる概念が発表されていた、その最初の機体のようである。

「センチュリーシリーズ」とは、第2次世界大戦後の旧ソ連空軍の急激な脅威化に対処するため、1950年代にF100、F101、F102、F104(空自でも運用)、F105、F106といった様々な任務に対応した戦闘機を短期間で次々と開発したものである。

その後、ソ連の崩壊に伴いその速度は低下したが、21世紀に入って中国空軍の急激な脅威化が進んだことからこれに早急に対処する必要が出てきた。また近年の戦闘機の運用期間は約30年程度であるが、その後半の15年は維持費や、戦略環境の変化に伴う能力向上などに莫大な経費を必要としている。このため現用機を早期に退役させ、新世代後継機に交代させた方がライフ・サイクル・コストを削減できると考えられるようになってきた。

米空軍が開発中の次世代戦闘機「NGAD」のイメージ。垂直尾翼がないのが分かる(ボーイング社HPから)

こうしたことから、新たな「デジタル・センチュリーシリーズ」は、デジタル技術の急速な発展を背景に、いわば「現代版センチュリーシリーズ」の再構築を目指すものと言える。

まだ未知数も多く、これが順調に進展していくか疑問も多いが、今後の戦闘機開発に大きなインパクトになる可能性がある。空自向け「F3」の開発の開始が目前にせまっている我が国にとっても、NGADは決して無視できない状況にある。

髙島　秀雄(防衛技術協会・客員研究員)

イラク沖で商船に不発の吸着爆弾

ペルシャ湾

イラクのバスラ沖でリベリア船籍タンカー「ポーラ」の船体に吸着爆弾(リムペットマイン)が装着されているのが見つかった。同爆弾はバケツ型をしており、イランが武器展示会に出展していたものに酷似していた。

ペルシャ湾内ではこれまでも吸着爆弾によるものとみられるタンカー攻撃が相次いでいるが、不発弾の回収は珍しい。

その後のイラク当局の調べて同爆弾はイラン製であることが確認されたという。

ペルシャ湾を航行中のタンカー「ポーラ」の船体に装着されていた吸着爆弾(中央のバケツ状の物体)=インターネットから

技術屋のひとりごと

技術屋の思い込み

月森　利直

(防衛装備庁・艦艇装備研究所海洋戦技術研究部長)

思い込みというのは困りものです。中途半端な知識があったりすると、さらに性質が悪い。

私の職場では廊下の照明に「人感センサー」が付いています。しかしながら、自分一人のために毎回毎回パッと灯ってくれるもので、だんだん申し訳ない気分になってきました。そこである時、思い立ちました。

「点灯させずに通り抜けよう」

ということで、感知されない場所を探し始めました。しかし、廊下のどこを通っても、しゃがんだりしてみても天井センサーから逃れることはできません。

「探知のプロとして、ここで引き下がるわけにはいかない」

申し遅れましたが、我が部はソーナーなどの対潜戦で使用する装備品の研究開発に日夜取り組んでいる部署なのです。折しも、新しい水上艦用ソーナーの試験の真っ只中で「天井の水上艦ソーナーから潜水艦である自分はどう隠れる?」などと考えてしまったのがよろしくなかった。

「センサー網の穴を潜り抜けようとは、いかにも素人臭い。壁にペタッと張り付いて、壁と区別できなくすれば良い。ソーナーでも近くに別の物があると、目標を見つけづらいではないか」

ところが、あえなく撃沈! 天井センサーは何らかの方法で私を探知してしまったのです。

しかし、その時の私は冴えていました。

「ドップラーだ! 私の動きを波長の変化で感知しているに違いない。なんとも技術屋らしい気づきではないか」

ということで、ゆーっくり天井センサーにアプローチ。「パッ!」。私の負けが確定した瞬間でした。

さて、実のところ、多くの人感センサーは「熱」を感知していたのですね。水上艦ソーナーになぞらえて、天井から何か波ぽいものが放射されていると思い込んだ技術屋の恥ずかしい話でした。

横須賀と自衛隊の親和性が生んだ作品

『空の轍と大地の雲と』著者 山田深夜氏インタビュー

東日本大震災から今年で10年。3月11日に起きた「あの震災」をテーマに、22歳の元陸上自衛官の葛藤と成長を描いた長編青春小説『空の轍と大地の雲と』が1月24日、双葉社から刊行された。主人公の青年は当時、災害派遣に行けないまま除隊し、思い悩むが、ある日、バイクで旅に出た北海道でさまざまな人に出会い、「自衛官としての誇り」を取り戻していく。神奈川県横須賀市を拠点に20年以上にわたって多くのバイク小説を生み出し、根強い自衛官のファンを持つ著者の山田深夜氏（59）に電話でインタビューし、最新作に込められた思いを聞いた。（日置文恵）

東日本大震災をテーマに 元陸自隊員の青春を描く

「私もあの震災の被災者で、生まれ育った福島県須賀川市の実家が全壊しました。作家の端くれとして、あの震災を後世に伝えなければとの思いから筆を執りました」――。

以来、「災害派遣で奮闘してくれた自衛隊」について深く考えるようになったという山田氏。

もともと趣味のバイクツーリングやバンド活動などを通じて全国に多くの自衛官の友人・知人がいることから、自衛隊関係者に取材を進め、本格的な作品構想に入った約2年前からはこれまでに得た知識の蓄積を〝裏取り〟していく作業に当たった。

OBがモデルに

そうした中で出会ったのが、航空自衛隊のテストパイロット出身で、退官後は横須賀を拠点にアマチュアのジャズピアニストとして活動する元防大教授の道畑剛作元空将補（81）。〝異色の戦闘機乗り〟として知られる道畑氏から「マッハの世界」を教えてもらったことに着想を得て、物語では主人公・道畑直也の心を支え続ける伯父で空自パイロットの「道畑剛3佐」を登場させた。

小説は昨年3月に双葉社のウェブ文芸マガジン「カラフル」で連載を開始。「連載を始めてみると、書きたいことが次々に出てきました。そして、今度は自衛隊関係者に読んでいただきたいという思いが生まれてきました」。

執筆は順調で、昨年10月までに全編が掲載され、今回の出版につながった。

福島県から上京後、サラリーマン時代を含め、旧軍の歴史と自衛隊の日常が交差するまち横須賀に住み続けて42年。多くの自衛官たちとの交流の中から作品のプロット（筋書き）が生まれ、リアルな登場人物像が出来上がった。

「まさに、横須賀と自衛隊の〝親和性〟から生まれた作品といえるでしょう。タイトルの『空の轍と大地の雲と』の意味は、読者の数だけ解釈があります。『あの震災』と自衛隊の災害派遣が大きなテーマですが、一方で除隊や再入隊で将来について悩んでいる若い方々にもぜひ読んでいただき、自衛隊という職業について考えるきっかけにしてもらえればうれしい」と話している。

山田　深夜（やまだ・しんや）

1961年5月、福島県須賀川市生まれ。80年、日大東北高校を卒業後、京浜急行電鉄に入社。車両整備に携わる。99年、文筆業に専念するために退職。バイク誌やタウン紙などで紀行文や小説、エッセイを執筆。2005年、札幌の寿郎社から掌編集を2冊刊行。07年、初の長編作「電車屋赤城」（角川書店）が吉川英治文学新人賞の候補に。09年、徳間書店の文芸誌に掲載された「リターンズ」が日本推理作家協会賞短編部門にノミネート。これまで多くの文芸誌やバイク誌などに作品を発表している。著書に『横須賀Dブルース』『ロンツーは終わらない』『横須賀ブロークンアロー』『風になる日』など。趣味は愛車「ホンダワルキューレ」での一人旅と月下での一人酒。（写真は著者提供）

空の轍と大地の雲と　山田深夜

道に迷ったらさ、空を見上げるんだよ

東日本大震災から十年、ロングセラー『電車屋赤城』の著者が描く、渾身の青春小説

自衛官だった伯父に憧れ、陸上自衛隊に入隊した道畑直也。しかし、思い描いていた理想とのギャップから除隊を決めた直後、東日本大震災が起きる。何もできずに除隊した後ろめたさを抱える直也は、かつて伯父と交流のあった風間という男を訪ねて横浜から北海道へ。旅先で人々の思いに触れ、出会いと別れを繰り返しながら、若者が手にした答えとは。（双葉社刊、税込み1980円）

朝雲新聞読者5人に本書をプレゼント

希望者はハガキに住所・氏名を明記の上、2月15日（必着）までに、〒160－0002東京都新宿区四谷坂町12－20　朝雲新聞社編集部「空の轍と大地の雲とプレゼント係」へ。応募者多数の場合は抽選となります。当選者の発表はプレゼントの発送をもって代えさせていただきます。

ひろば

如月、梅見月、初花月、仲春――2月。

2日節分、7日北方領土の日、11日建国記念の日、14日バレンタインデー、23日天皇誕生日。

だるま供養　関東の厄除け大師として知られる西新井大師（東京都足立区）で毎年2月の節分の日に行われる恒例行事。氏子らから持ち寄られた役目を終えた古いだるまをお焚き上げで供養する。　2日

梅花祭　菅原道真を祀る京都市上京区の北野天満宮で約900年前から続く祭典。道真の命日に蒸した米を大小二つの台に盛り、白梅・紅梅の小枝を挿した「紙立（こうだて）」を神前に供え、遺徳を偲ぶ。　25日

マイヘルス Q&A

親知らず

抜歯は医師と相談を 妊娠予定者は要注意

Q　「親知らず」とはどんな歯ですか。

A　「親不知歯（おやしらずし）」「智歯（ちし）」「第三大臼歯（だいさんだいきゅうし）」とも呼ばれ、一番奥に生える永久歯です。

10代後半から20代で生えるのが一般的です。もともとない人や、顎の骨の中に十分なスペースがなくて斜めに生えたり、歯肉に埋まったりしたままの人もいます。

Q　治療について教えて下さい。

A　1本でも多くの歯を残した方がよいはずなのに、なぜ「親知らず」だけは「抜いたほうが良い」といわれるのでしょうか。抜くことを勧められるのにはそれだけの理由があります。

【抜歯を勧める場合】

①「親知らず」自体、あるいは手前の奥歯が虫歯になるリスクが高い場合②横向きに埋まって前方の歯に障害を及ぼしている場合③いつも食べ物がつまり、歯肉の腫れや痛みを繰り返している場合④骨の中に埋まっているが、X線写真で袋のような影が見られる場合⑤一部が生えてきていて、今後妊娠の予定がある場合⑥虫歯や歯周病のリスクが高い場合――など、周りの骨に影響を与えている場合は抜歯が推奨されます。

また、妊娠するとホルモンバランスの変化や免疫機構の変化が起こり、「親知らず」の腫れや口の中のトラブルが発生しやすくなります。

妊娠中は内服できる薬が限られるため、症状の出るリスクのある「親知らず」は抜歯した方がよいと考えられています。

【抜歯の必要性がない場合】

①「親知らず」が上下きちんと生えて互いにかみ合っている場合②顎の骨の中に完全に埋まっていて症状がない場合③入れ歯やブリッジの土台として必要な場合④「親知らず」を移植歯として使用する場合――です。

「親知らず」の抜歯は神経麻痺などのリスクが伴います。通常の向きに生えてしっかり磨けている場合や、完全に骨の中に埋まり、かつ症状がない場合は無理に抜歯する必要性は低いと考えられています。

抜歯の判断は歯の状態と検査結果を総合的に判断し、歯科医師と相談していくことが重要です。

なお、矯正治療に伴う抜歯は保険適用外となり、自衛隊病院では実施していません。

自衛隊中央病院　歯科医官　岡澤　亮平

BOOK NOW　私が読んだこの一冊

佐藤優著「人に強くなる極意」（青春出版社）
東北方航空野整備隊（霞目）吉田　勲2陸尉　38

本書は人間社会においてまっとうに生きるため、そして自己実現のためのアドバイスがさまざまな視点で紹介される極意書です。

私は人と活発に意見交換をしたり、細かく調整を行っていくことに苦手意識を持っていましたが、この本を読み、勇気を持って対人関係を改善していくことができました。「人」に対する苦手意識が少しでもある方には、おすすめの一冊です。

佐々木淳著「図解 かけ算とわり算で面白いほどわかる微分積分」（ソーテック社）
小月教空群司令部　川上達也1海尉　31

著者は海自小月教育航空隊の数学教官。航空学生の当時に欲しかった内容の本を、10年の時を経て恩師が出版しました。

タイトル通り、かけ算やわり算から始まり、構成の半分が図で表現されているなど数学が苦手な方も楽しく読める内容で、日本が誇るアニメやゲーム、AI（人工知能）など私たちの身の回りの物は数学で成り立っていることを知ることができる一冊となっています。

受験生のお子さんをお持ちの方や勉強をやり直してみたい方にはお勧めです。

カルロ・ゼン著「幼女戦記」（KADOKAWA）
作戦情報隊（横田）松本綾馬2空尉　29

本書は読みごたえのあるファンタジー小説です。ストーリーはエリートサラリーマンだった主人公が、20世紀初頭に転生させられ、帝国軍人として戦争に参加。強大な帝国とその周辺国との間で争いが絶えず、帝国が勝利を重ねるたびに周辺国への脅威は増し、世界大戦の様相へと進んでいきます。

軍事力とその脅威についてわかりやすく理解することができるため、ぜひ一読してみてはいかがでしょうか。

隊員愛読書ベスト5

<入間基地・豊岡書房>
❶防衛白書―日本の防衛―令和2年版　防衛省監修　日経印刷　¥1397
❷野良犬の値段　百田尚樹著　幻冬舎　¥1980
❸ゴーマニズム宣言SPECIALコロナ論2　小林よしのり著　扶桑社　¥1320
❹自衛隊新戦力図鑑2021　ラストファントムⅡ　三栄書房　¥990
❺AIM―J 2021年前期版　日本航空機操縦士協会　¥5500

<防衛省・三陽堂書店>
❶中国海軍VS海上自衛隊　トシ・ヨシハラ著、武居智久監訳　ビジネス社　¥1760
❷現代ミリタリーのゲームチェンジャー　潮書房光人新社　井上孝司著　¥2200
❸オペレーション雷撃　山下裕貴著　文藝春秋　¥1980
❹2021年以後の世界秩序　新潮社　渡部恒雄著　¥836
❺台湾有事と日本の安全保障　渡部悦和ほか著　ワニブックス　¥1100

<神田・書泉グランデミリタリー部門>
❶戦争は女の顔をしていない2　小梅けいと著　KADOKAWA　¥1100
❷幻の東部戦線―第二次大戦後のドイツ再軍備と冷戦　古峰文三著　アルゴノート　¥3000
❸超ワイド&精密図解日本海軍機図鑑　歴史群像編集部編　ワン・パブリッシング　¥2310
❹自衛隊感染予防BOOK　イカロス出版　¥1430
❺土が決め手の泥試合　アーマーモデリング編集部編　大日本絵画　¥3300

<トーハン調べ12月期>
❶世界一かんたん定番年賀状2021　KADOKAWA　¥438
❷はやわざ年賀状2021　インプレス　¥429
❸あっという間にかんたん年賀状2021年版　技術評論社編集部編　技術評論社　¥429
❹かんたん家計ノート2021　講談社　¥550
❺明るい暮らしの家計簿2021年版　ときわ総合サービス　¥770

尾崎南西空司令官 親子2代のファントムライダー

空自隊員の絆に支えられ

父が殉職した空域で初めて年間飛行

親子2代で「ファントムライダー」を務めた空自南西航空方面隊（那覇）の尾崎義典司令官（空将）はこのほど、茨城県の百里基地でF4での最後の年間飛行を行った。空自隊員の〝絆〟にも支えられ、F4導入期に事故で殉職した父が最後に飛んだ空域を初めて飛び、防空の思いを強めた。（榎園哲哉）

「父はもう帰ってこないかもしれない」――。1973年5月1日、臨時F4EJ飛行隊（後に301飛行隊に改編）の隊長を務めていた尾崎義弘2空佐は、太平洋・鹿島灘沖での飛行訓練中、F4の突然の空中爆発により前席に乗っていた部下1人と共に殉職した（享年40歳）。

旧陸軍19師団長としてフィリピンなどでの激戦を経験した祖父、故尾崎義春さん（元陸軍中将）から父の事故のことを聞いたが、当時はまだ小学2年生（7歳）。その意味がよく分からず、ただ父が帰らぬ人になったことは理解した。

父についての思い出はそう多くないが、事故の2日前に百里基地で行われた航空祭での雄姿は脳裏に焼き付いている。父が搭乗するF4が上空を航過。「初めて飛んでいるF4を見た。とてもかっこよく、自分も戦闘機パイロットになりたいと思った」。

北海道の札幌北高を卒業し防衛大学校に進学（32期、航空工学科）。母の故不二子さんは、当初防大への入学を猛反対したが、2時間の話し合いの末に入学を認めた。その条件は、「どうしても防大に行くのなら戦闘機パイロットになりなさい」ということだった。

難関を乗り越えパイロットに

防大を卒業し1988年3月、空自に入隊。「同期が何人も断念していく」中でいくつもの難関を乗り越え念願の戦闘機パイロットになり、F4を装備する83航空隊302飛行隊（那覇、当時）に配属された。

ファントムライダーとなってからも過酷な訓練は続いた。「操縦が難しかった」というF4。特に編隊飛行は苦手だった。

ある日、上司から梅雨時の天候が悪い日の2機での編隊飛行訓練を命じられた。リーダー機に続いて上空へ上がったが、「すぐに雲の中に入り、（リーダー機の）機体が見えなくなった」。厳しい状況に慌てたが、次第に対応していった。周囲の余計なものを見ず、体中の感覚を研ぎ澄まして操縦を続けた。

無事に訓練を終えて帰投すると、リーダー機の機長から「（操縦が）安定していたぞ」とほめられ、「大きな自信になった」。

それ以来、302飛行隊で約5年間、防空の任に当たり続けた。

父最後に見た景色思い涙が…

パイロットの操縦技量を維持するために必要な年間飛行。7空団301飛行隊（百里）の装備機がF35A戦闘機に更新され、F4が運用を終了（昨年12月15日付）することから、防大1年先輩の石村尚久7空団司令から「（年飛を）F4で最後に飛ばないか」と勧められた。

5空団（新田原）に勤務していたころの部下で、訓練当日にF4の前席に乗る青木明徳3佐（現13飛教団＝芦屋）が父義弘さんが殉職（機体の空中爆発）した場所をピンポイントで確認してくれた。

訓練を終えて基地に帰投する途中、太平洋・鹿島灘沖のまさに父がなくなった場所を初めて飛び、「父が最後に見たのはこの海、この空だったのか。最後にようやくこの場所に来ることができた」と思い、涙が頬をつたった。

着陸後、301飛行隊整備小隊がその日のために準備してくれたヘルメットを取り、あることに気付いた。バイザーカバーに描かれた名前の義典の「典」の文字に重ねるように、その下に薄く父義弘の「弘」の文字も描かれていた。

今、南西空司令官という要職に就き、「飛行安全に留意し、しっかり技術を磨き、鍛え備え、来るべき時には本領を発揮してほしい」と後進のパイロットを励ますとともに、防空への決意をさらに固めている。

（上）F4戦闘機の運用終了を前に同機での最後の年間飛行を行った尾崎空将。殉職した父と親子二代でF4に搭乗し、日本の空を守った（百里基地で）（下）F4戦闘機の後席に搭乗した尾崎空将。ヘルメットの名前の義典の「典」の下には薄く父義弘の「弘」の文字も描かれている＝いずれも7空団提供

F4戦闘機
愛称「ファントム（幻影、まぼろし）」。タンデム型（縦列複座）で最大速度はマッハ約2・2。空自のF4EJは米空軍のF4Eを改造。1972年8月、臨時F4EJ飛行隊、73年10月、7空団（百里）隷下に301飛行隊が編成された。約140機が導入され、7基地で対領空侵犯措置などに当たった。301飛行隊のF35Aへの機種更新に伴い、48年間の任務を終え昨年12月、運用を終了した。

成人祝賀行事に出席した那覇駐屯地所在各部隊の新成人隊員。マスクを着用し席を空けて臨んだ

那覇駐で成人祝賀行事

地元4首長 初めて祝賀メッセージ

うるま市長は祝電

那覇駐屯地の成人祝賀行事で初めて地元首長から寄せられた祝賀メッセージに見入る隊員たち（1月15日、同駐屯地で）＝いずれも15旅団提供

陸自那覇駐屯地の成人祝賀行事が1月15日、沖縄県那覇市の同駐屯地で行われ、初めて県内4市町の首長から祝賀メッセージが寄せられた。

動画で祝賀メッセージを寄せたのは駐屯地・分屯地が所在する那覇市、沖縄市、南城市、八重瀬町の市長、町長。また、うるま市長は祝電を寄せた。

那覇駐屯地では51普連など各部隊の85人が成人を迎え、このうち41人が祝賀行事に出席した。

那覇駐屯地司令の嶋本学1佐は訓示で、「自衛隊はリスクを抑える万全の準備をした上で、そのリスクと背中合わせで実働する組織である。リスクコントロールとリスクの中での実働の両立を、この日を機に改めて考えてほしい」と、新型コロナウイルスへ感染症が収束しない中で祝賀行事を行った理由を述べた。

また、1972年の駐屯地開設以来初めて4市町の首長から祝賀メッセージが寄せられたことについて「感謝の念に堪えない」と語るとともに、隊員たちに「地域の一員であることを改めて自覚し、地域に貢献できる成人となってもらいたい」と求めた。

4人の首長からのビデオ動画による祝賀メッセージは、会場前方のスクリーンに映し出された。

那覇市の城間幹子市長は、「周りの方々への感謝の気持ちを忘れず、節度と品位を持った素敵な社会人になってくれることを切に願います」と激励。

沖縄市の桑江朝千夫市長は、「沖縄市、うるま市で発生したCSF（豚熱）の防疫措置に協力していただくなど、国民の安全を守る自衛隊員の皆様に深く敬意を表します」と語った。

南城市の瑞慶覧長敏市長も、「新型コロナウイルス感染症が拡大する中で自衛隊には看護官や後方支援要員の派遣などを行っていただいた。国民が安心して生活を送ることができるのは、皆様の活動によるところが大きい」と日頃の活動への謝意を示した。

八重瀬町の新垣安弘町長は、「安全保障環境は一層厳しさを増している。皆様には節目に当たって新たに職務への責任、信条、自覚を持ち、ますます精進していただきたい」と話した。

沖縄部隊 コロナ下 医療支援、患者空輸

沖縄県内の自衛隊各部隊は長年、災害派遣など各種活動に努めてきた。県民の信頼は高まっている。

昨年初頭には、県内で約33年ぶりに確認されたCSFに伴う災害派遣に延べ約3700人の隊員で当たった。新型コロナウイルス感染症拡大でも教育、輸送、医療各支援、陽性患者空輸などに務めた。

那覇駐屯地
1972年5月、米国からの沖縄返還と同時に健軍駐屯地（熊本県）の分屯地として開設される。同年10月、駐屯地に昇格する。さらに翌年4〜5月、与座（現八重瀬）など五つの分屯地が開設される。15旅団をはじめとする各種部隊が駐屯する。

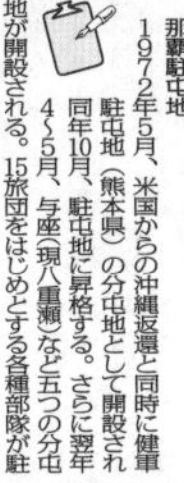
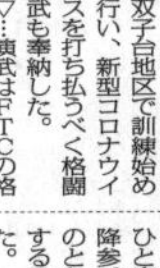
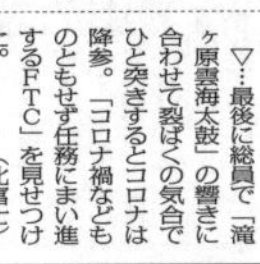
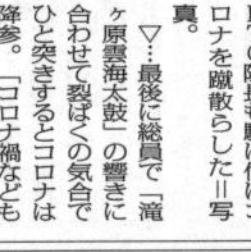
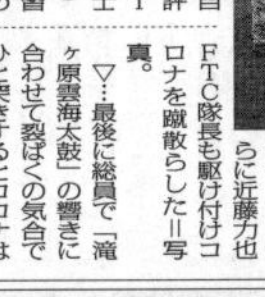

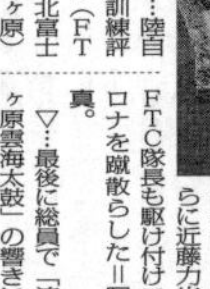
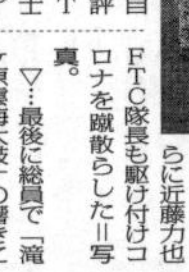
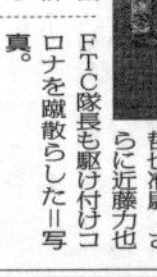
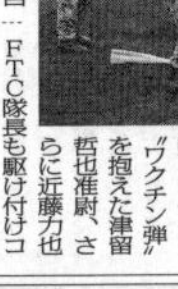
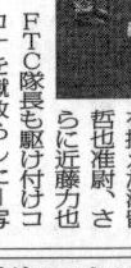

いすみ市 鳥インフル再び

千葉 1師団など約1000人が出動

千葉県いすみ市で再発した鳥インフルエンザの対処に当たる1師団の災派部隊（1月11日）

千葉県いすみ市の養鶏場で1月11日、鳥インフルエンザが再び確認され同日正午、千葉県知事から1師団長（練馬）に鶏の殺処分等の支援の災害派遣が要請された。

要請を受け32普連（大宮）、1普連（練馬）、1後支連（同）、空挺団（習志野）、高射学校（下志津）の計約千人態勢（5個対処部隊、各隊約200人、後方支援要員含む）の対処部隊が11日夜から殺処分などを開始。ローテーションしながら24時間、作業に当たった。

19日午後3時、全ての鶏の殺処分が完了。県知事から1師団長に対し撤収が要請され、活動を終えた。殺処分数は約115万羽だった。陸自は昨年末にもいすみ市で殺処分等の災派を行った。

小休止

▽…陸自部隊訓練評価隊（FTC、北富士・滝ヶ原）は1月12日、東富士演習場双子台地区で訓練始めを行い、新型コロナウイルスを打ち払うべく格闘演武も奉納した。

▽…演武はFTCの格闘指導官、高橋克彦曹長以下4人が披露。高橋曹長は黒い覆面のコロナに見立てた仮設敵を次々と撃破したが次第に劣勢に。そこに〝ワクチン弾〟を抱えた津留哲也准尉、さらに近藤力也FTC隊長も駆け付けコロナを蹴散らした＝写真。

▽…最後に総員で「滝ヶ原雲海太鼓」の響きに合わせて裂ぱくの気合でひと突きするとコロナは降参。「コロナ禍なども のともせず任務にまい進するFTC」を見せつけた。（北富士）

口座譲渡や売却ダメ！ 特殊詐欺等の犯罪助長

こちら警務隊 法知識の不知④

他人に預金口座を譲ったり、売却したりする行為は犯罪ですか？

自分の預金口座を有償または無償で他人に譲った場合、「犯罪による収益の移転防止に関する法律」違反となり、1年以下の懲役もしくは100万円以下の罰金または併科（懲役と罰金の両方）の刑に処せられます。

また、預金口座を譲るように人に働きかけることやそのような広告をインターネットなどに載せた場合も同様に罰せられます。

自分の預金口座を他人に譲ったり売却したりすることは、特殊詐欺等の犯罪行為を助長し、悪用される危険があります。絶対に渡してはいけません。

（中部方面警務隊）

「知らなかった。」
「そんなつもりじゃなかった。」
ではすまされない
NO!!
○○銀行 CASHCARD
キャッシュカードの譲渡は犯罪です！

（世界の切手・オーストリア）

自分のことを誰とも比べてはいけない。それは自分自身を侮辱する行為だ。
ビル・ゲイツ
（米国の実業家）

朝雲ホームページ
www.asagumo-news.com
＜会員制サイト＞
Asagumo Archive
朝雲編集部メールアドレス
editorial@asagumo-news.com

みんなのページ

高等工科学校の後輩の皆さんへ
対コロナ災派活動を今後の教訓に

1陸佐　**井内 裕雅**（陸自衛生学校教育部長・三宿）

昨年10月2日、久しぶりに母校である高等工科学校（神奈川県横須賀市）を訪れる機会に恵まれました。

昭和57年4月1日、自衛隊生徒28期生として武山駐屯地の門をくぐってから約38年の月日が流れましたが、自衛官としての第一歩を踏み出したあの日の事を忘れたことはありません。

今回の訪問は、同期生である同校の久守教育部長と武藤総務部長から「開校祭の前夜祭において、貴官の貴重な災害派遣活動の経験を後輩たちに伝えてもらいたい」という依頼によるものであり、私としても大変貴重な機会を頂いたと喜んで出かけた次第でした。

久しぶりに訪れた母校はとても綺麗に整備されており、生徒もコロナ禍の中ではありますが、体から充実した気力がみなぎっていました。陸上自衛隊が今もなお「生徒制度」を人材育成の重要な一正面として位置付けていることを感じ、そして生徒諸官もそれらの期待と代々の先輩が受け継いできた誇りと伝統を認識し、頑張っている姿を見て大変嬉しく、そして頼もしく感じました。

㊤「現場の主役たる陸曹をめざせ」と語る陸自衛生学校教育部長の井内1佐
㊦コロナ対処について講話を聴く生徒と学校の職員たち（横須賀市の高工校で）

意義深かった陸海空統合作戦

私が経験したこと、それは昨年2月から3月にかけて横浜港で実施した新型コロナウイルス感染症拡大防止のための客船「ダイヤモンド・プリンセス号」の乗員・乗客に対する災害派遣でした。

新型コロナの感染者が船内で多数発生した状況下、乗客らを安全に下船させるため、自衛隊も出動しました。未知のウイルスを相手にするという緊張感の高い災害派遣でしたが、陸海空の統合作戦という規模は小さいながらも大変意義深い活動でした。私は派遣部隊長として自衛隊による医療支援をはじめ、生活支援、患者搬送支援の全般の指揮を取らせて頂きました。

生徒の皆さんには、派遣部隊がどのような活動を実施したのか、また私がこの活動を通じて感じた教訓等に関し、大きく次の3点についてお話ししました。

価値観の違いをお互い認め合う

一つ目は「準備」の重要性です。これは活動前の物心両面の準備や任務直前のミッション・リハーサルといった活動に対する準備だけでなく、平素の業務や訓練を通じて自らの実力をしっかりと養うことも含んでいます。平素の業務に真剣に取り組むことがいかに重要であるかについて強調しました。

二つ目は「情報共有・認識共有」の重要性です。

本活動は新型コロナという正体不明なものを相手に、厚生労働省、防衛省、神奈川県、横浜市、DMAT等の各組織が一体となって実施した活動であり、省としても陸海空の統合作戦でした。このため特に、活動当初は状況が整理されていないこともあり、活動自体も急な変更等が多々ありました。

そのような中で「軍種」の異なる隊員たちの心を一つにして、任務完遂という目標にまい進するためには、また一人の感染者も出すことなく任務を完遂し、預かった隊員を無事に元の部隊に帰すには、お互いに信頼関係を築き、ヒューマン・エラーをなくして、高いモチベーションを持って活動し続けることが重要です。

そのためには、適時の情報共有により皆が頭をそろえ、状況や活動に対し認識を共有して心を一つにすることが重要であることをお話ししました。

このことは若い生徒の皆さんの状況に置き換えれば、お互いの性格や経歴、得意・不得意、好き・嫌いといった価値観の違いをお互いに容認し、その上で切磋琢磨して生徒生活を充実させることであると説明しました。

現場の主役たる陸曹の行動学べ

そして最後に、本活動の際に派遣部隊の隊員が見せてくれた自主積極的な任務遂行、特に現場の主役たる曹士の主体的な行動が重要であり、皆さんも卒業後、当面はそのような陸曹を目指し、先輩たちのような陸曹になってもらいたいということをお話ししました。

今回の講演の機会は、私にとって頑張って活動した災害派遣のご褒美を頂いたような、そんな夢のような時間でした。

私のつたない表現力のため、どれだけ伝えられたかは分かりませんが、少しでも皆さんの将来の参考になればとの思いで話をさせて頂きました。

20年後のより厳しい安全保障環境の中において、自衛隊の将来を担うであろう後輩の皆さんのご活躍に心からの期待と願いを込めて私からのメッセージを送ります。

「電気保安功労者」受章

空自OB　**仲山 達雄**（元中警団基業群施設隊・入間）

私は11月19日、「令和2年度電気保安功労者」として経済産業省の関東東北産業保安監督部長から個人の部（電気主任技術者）で表彰されました。

これは多年にわたり電力の保安確保に努力した功績が認められたもので、今日まで現役で「無事故の電力保安確保」に功績のあった者が表彰される制度です。

「危険業務従事者」の受章は、自衛官、警察官、消防士など危険性が高い業務に精励し、社会に貢献した公務員を表彰する制度ですが、元自衛官が電力の保安を確保し、社会に貢献した公務員と同じように経済産業省から表彰されたことには意義深いものがありました。

私は航空自衛官として入隊後、特技「電気員」の職種一筋に、そして定年退職後も「電気主任技術者」の資格を生かし、電力を管理する会社において無事故で業務に努めました。

現役の皆さんには、現在の「職種の特技」に誇りと自信をもって日々の業務に当たり、定年退職前も資格の取得や技術の向上に努めていただきたいと思います。

私は現在、個人事業および瑞穂町地域スマートエネルギー株式会社の顧問を務め、第2種電気主任技術者の免状を生かし、ブラックアウトを視野に入れた「コージェネレーションシステム」からの熱源を回収して熱融通を行い、特定区域で自前の発電設備や自営線を使いながら電力供給を行うプロジェクト事業の一員となって働いています。

私の経験が皆さんのお役に立てればと思い、一筆したためました。

「電気保安功労者」として経済産業省の関東東北産業保安監督部長から賞状を受ける空自OBの仲山達雄さん（右）

新刊紹介

「見えない手」中国共産党は世界をどう作り変えるか
C・ハミルトンら著、奥山真司ら訳

前作『目に見えぬ侵略』で中国が進めるのオーストラリア支配計画を暴き、豪州国民に衝撃を与えた本の続編だ。今回はドイツ人の中国研究者マレイケ・オールバーグ女史とタッグを組み、欧州諸国への中国の浸透工作を白日の下に晒し出している。

中国は大型の売買契約などをえさにして相手国から土地や資源を奪い、負債を負わせて徐々に従属国にしていく。政治家やメディアに対しても金にものを言わせて影響力を行使し、中国が望む通りに世論を動かしていく。中国の「一帯一路」構想はまさにその手段であり、海外に経済拠点を確保するための方策だ。民主主義国の自由な社会制度を最大限利用し、財界や学界にも影響力を広げ、現地の華僑や留学生も動員して国政選挙にも影響力を与えるなど、中国の数々の工作が列挙されている。

中国共産党は日本国内でも密かにネットワークを構築し、日本の安全保障よりも対中経済で利益を得るよう各方面に手を広げ、影響力を及ぼしているという。著者はこうした中国の経済・社会・文化の領域をも戦場とする「超限戦」の手法を明らかにし、「目に見えぬ侵略」に警戒するよう警鐘を鳴らしている。中国の恐るべき侵略の手口を理解しておくため、自衛隊員にはぜひ一読しておいてもらいたい書だ。（飛鳥新社刊、2200円）

「尖閣諸島が本当に危ない！」
潮 匡人ほか著

本書によれば、中国は沖縄・尖閣諸島周辺の日本領海でもついに警察権を行使し始めたという。しかし、海上保安庁の船艇には「中国を刺激するな」と上から指示があり、放水もできない状況という。尖閣周辺ではこのように中国公船が連日出没しているが、国民にとってあまりに「日常的」になりすぎ、もはや大きな変化がなければ日本のマスコミも報道しない。本書では気鋭のジャーナリストたちがテレビや新聞では報じない「尖閣の最前線」を明らかにしている。

尖閣に公船を送り込む中国の狙いについては、太平洋の覇権、海洋資源の獲得、日本の土地の奪取であるとし、沖縄と北海道で進む中国人の土地取得の実態も暴露。中国情報員の浸透はすでに官邸や自民党にも及び、多くの要人が中国の工作に影響を受けているとする。

著者らは尖閣紛争が勃発した場合のシナリオも予想、一度獲られたら尖閣の奪還は不可能であり、奪還の仕方を考えるよりも、沖縄の主要な島に長距離地対艦ミサイルを配置する方が先であると提言している。（宝島社刊、1595円）

粟野 徹さん　55
平成31年1月、陸自105施設器材隊（南恵庭）を最後に定年退職（3佐）。三井住友海上火災保険に再就職し、自動車事故の対応業務に従事している。

三井住友海上

新しい世界に飛び込め

私は陸自を定年退職後、北海道苫小牧市にある三井住友海上火災保険の苫小牧保険金お支払いセンターに勤務しています。会社では損害保険部門で自動車事故のアソシエイト社員（損害サポート専任職）として、対人事故の対応業務に従事していますが、日々、交通事故の被害者と向き合うのは決して楽しいことばかりではありません。自衛官として30年間も制服に身を包んでいた私たちにとって、社会に出ていくのはとても勇気のいることです。

再就職で大切なのは新しい世界に飛び込んでいく気持ちだと思います。自衛官としての勤務経験は大きな経験値となりますが、再就職先の職務に直結することは多くはないと思います。新しい環境、新しい人間関係、全くわからない職務内容など、戸惑いと挫折の毎日かもしれません。

私も再就職当初、定年前の自信にあふれた自分が崩れていくのを感じました。しかし、よく考えてみるとやっと経験1年、「なんだ1等陸士じゃないか！　できなくて当たり前」と思えば何とかなります。企業も理解してくれています。私たちが積み上げてきた自衛官としての経験をとても評価してくれますし、また期待もしてくれています。

再就職は給料・通勤・勤務内容など条件はさまざまです。自分のやりたい仕事があれば一番良いのですが、よくわからないのが現実です。援護担当者からの声掛けを待つのではなく、まず自分から興味を持つことが大切だと思います。援護担当の方、OBから再就職の実状をよく聞いて真剣に考えましょう。

私たちは崇高な国防の任務に携わった人間です。国を守るという職務を完遂した人にできない事はありません。自信を持って再就職しましょう。皆さんの第二の人生に幸多き事を！

検閲で学んだ助け合う重要性

3陸曹　**津曲 達也**（33普連1中隊・久居）

私は今回の中隊検閲で、仲間たちに強く感謝の気持ちを持ちました。その理由は、小隊唯一の「01ATM手」としての任務を拝命し、中隊の火力の骨幹として検閲に参加させていただいたからです。そして本番では約3カ月の練成の成果を十分に発揮し、目標とした戦車をATM（対戦車ミサイル）で撃破できたからです。これは小隊の皆さんの支えがあってからこそできた成果でした。

検閲1週間前に行われた中隊の練成訓練で私は失敗をしました。状況中、偽装網の展張を日没までに完了させられず、その結果、ATM陣地の適切な選定ができず、戦車の発見が遅れ、射撃後の退避もしづらい場所になり、実戦なら確実に敵にやられてしまっていました。

そこで訓練後のAAR（研究会）で指導された2点の改善に取り組み、何度もイメージトレーニングをして検閲に臨みました。その結果、円滑に偽装網の展張ができ、余裕をもって適切な位置に射撃陣地を置くことができました。攻撃の際は、攻撃発起位置手前で敵の動向を監視し、敵戦車を素早く発見し、正確に狙いを定め、戦車を撃破することができました。

この時、敵戦車を発見したのは仲間であり、その後の仲間との意思疎通など、助け合う重要性を学びました。

今後とも仲間への感謝の気持ちを忘れず、次は自分が「助ける側」になれるよう精進していきたいと思います。

詰将棋
出題　日本将棋連盟　九段　石田 和雄

第836回出題

	5	4	3	2	1
一			と		香
二		飛		王	
三		歩	歩		
四				角	飛
五				歩	
六					

▲先手　持駒　香

【ヒント】手筋で追い、飛が活躍（10分で二級）。

▶詰碁、詰将棋の出題は隔週です◀

詰碁
出題　日本棋院　九段　曲 励起

第1251回解答

白⑨（眼を作る）

【解答図】白先、白活。白①が大切です。黒❷には白③以下白⑨までで活きます。

「朝雲」へのメール投稿はこちらへ！
▽原稿の書式・字数は自由。「いつ・どこで・誰が・何を・なぜ・どうしたか（5W1H）」を基本に、具体的に記述。所感文は制限なし。
▽写真はJPEG（通常のデジカメ写真）で。
▽メール投稿の送付先は「朝雲」編集部（editorial@asagumo-news.com）まで。

発行所 朝雲新聞社
〒160-0002 東京都新宿区四谷坂町12−20 KKビル
電話 03(3225)3841
FAX 03(3225)3831
振替00190-4-17600番
定価一部150円、年間購読料9170円（税・送料込み）

主な記事

貴重な「防衛庁記録」公開

50年分、22時間 公式ユーチューブチャンネル

防衛省

防衛省の公式ユーチューブチャンネル「modchannel」で公開中の記録映像『防衛庁記録』が、防衛省・自衛隊OBや装備品ファンらの間で「懐かしい」「貴重な資料だ」と話題を呼んでいる。自衛隊発足3年後の昭和32（1957）年から平成18（2006）年までの50年分が各年1本ずつ、主要な出来事を中心に20〜30分程度にまとめられており、当時の様子をうかがい知ることができる。同省の川上直人広報課長は「その時々の世相も分かる貴重な映像です。『防衛庁記録』以外の昔の映像資料もあるので、今後も"国民の財産"としてデジタル化を進め、多くの方に見ていただければうれしい」と話している。

広報課「国民の財産」としてデジタル化

上 昭和32年10月1日、東京・明治神宮外苑での観閲式で自衛隊最高指揮官として登壇し、「自衛隊は『国民の自衛隊』であらねばならない」と訓示する岸信介首相（中央マイク前） 下 昭和39年10月10日、東京オリンピックの開会式で五輪旗を掲揚する海自隊員（国立競技場で）＝ユーチューブの動画から

50年分の計50本、トータル約22時間分の映像が一挙公開されたのは、昨年12月28日。防衛省の公式ツイッターに突如、「ユーチューブ」へのリンクを張った告知記事がアップされ、冬休み期間中だったこともあって瞬く間に拡散、シェアされていった。

『防衛庁記録』はこれまで公立図書館などに提供されてきたが、その存在は隊員の間でもあまり知られていなかった。

プロジェクトを担当した同省広報課の高塚雄一3空佐によると、平成19（2007）年の省昇格以降は『防衛省記録』として毎年の活動概要を公開してきたことから、過去の『防衛庁記録』についても「公開できる形にしてはどうか」とデジタル化に向けた検討を開始したのがきっかけだったという。

昨年3月ごろから構想を練り始め、翌4月に事業として本格着手。10月末までには当時の8ミリフィルムやビデオテープからのデジタル化を完了した。その後も引き続き公開に向けた作業に全力で当たり、12月上旬に一連の作業が終了したことから、無事に"デビュー"を果たした。

映像はチャプター（章）ごとにインデックス（見出し）が設定されているため、視聴者は映像下のリンクをクリックするだけで興味のある場面にダイレクトにアクセスできるのが特徴だ。

「昭和初期から平成初期にかけての記録映像はテーマ別などではなく、その年の出来事を時系列に編集してあるだけなので、それぞれのチャプター分けをどのようにするかが大変でした」と高塚3佐。

秒単位の細かなチャプター分けによって、お目当ての場面を探すのに最初から通しで映像を見る必要がなくなり、閲覧性が格段に向上した。これにより、SNSのユーザーたちがお気に入りの場面をピックアップしてツイッターなどで共有・拡散。特に昭和期の装備品に高い関心が集まっているという。

高塚3佐は「既に退役した陸海空の装備品が活躍している姿はもちろん、間もなく退役する空自のF4ファントム戦闘機の導入時や、C1輸送機の開発試験の様子なども含め、50年分の歳月を感じる場面が数多くあります。気になる場面からで良いので、一人でも多くの方に見ていただけたらうれしい。新たな発見があるかもしれません」とアピールし、チャンネル登録を呼び掛けている。

◇「防衛庁記録」の閲覧方法
①ユーチューブで開く（https://www.youtube.com/user/modchannel）
②防衛省HP→広報・イベント→情報発信→防衛省動画チャンネル→YouTube「防衛省動画チャンネル」へ

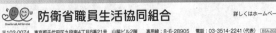

2021年度防衛費 重要施策を見る〈3〉

FFM 2隻建造 変化に柔軟適応

山村浩海幕長は「朝雲」紙上の年頭あいさつで、本年の海自の行動指針について「変化に対し柔軟に適応すべく、精強・即応・変化への適合に力を入れる」と表明した。

その象徴となるのが新型の3900トン型護衛艦（FFM）2隻の建造だ。乗員不足に悩む海自が従来の艦船の大型化から大きく舵を切り、「コンパクト・省人化」を初めて打ち出し建造したのがFFMだ。その名の通り、フリゲート（FF）の船体にマルチの機能（M）、さらに対機雷戦能力（M）も加えた新コンセプトの艦だ。乗員数は従来艦の半数の約90人となり、女性用区画も設けられる。さらに対機雷戦用の水中無人機「OZZ5」も搭載。「変化に柔軟に適応できる」FFMは今後、海自の新しい顔となるだろう。

海自の21年度予算案は前年度当初予算比1500億円（12・9％）増の1兆3088億円。陸・空自に比べ大きな伸びとなっているが、中国海軍の急速な軍備増強に対抗する予算編成となった。

艦艇の建造は他に「たいげい」型潜水艦1隻のみだが、既存艦の艦齢延伸に力を入れ、21年度は護衛艦「むらさめ」型1隻、「こんごう」型1隻、「あぶくま」型2隻、潜水艦「おやしお」型8隻、「そうりゅう」型1隻、音響測定艦「ひびき」型1隻の工事を行う。

航空機はP1哨戒機3機、US2救難飛行艇1機を整備。P3C哨戒機4機、SH60K哨戒ヘリ3機の機齢延伸工事も実施する。

新領域では衛星通信システムの抗たん性向上を図り、通信の多重化・多様化を進める。

ネットワーク戦の要となる戦術データリンクは、対潜・対空・対水上目標の情報共有化を図るため、ネット環境を強化する。

ヘリ搭載護衛艦「いずも」型の艦上で空自が今後導入予定のF35Bステルス戦闘機を運用するため、飛行甲板を耐熱塗装し、艦首の形状も四角型に改修する。

統合ミサイル防空能力の強化では、弾道ミサイル迎撃用のSM3ブロック2Aミサイルをイージス艦「まや」型から発射可能にするため装備認定試験を行う。

施設整備では、陸・海自の主要部隊が所在する長崎県の佐世保地区を南西方面における後方支援基盤と位置づけ、133億円を投入して「崎辺東地区」（仮称）に大型艦が接岸できる大規模な岸壁と後方支援施設を整備する。

組織改編では、自衛隊横須賀病院の機能を強化する一方、大湊・舞鶴・佐世保の各自衛隊病院は診療所化する。P1哨戒機の搭乗員教育を行う下総教育航空群に「P1課程教育用教材」を整備する。（薗田嘉寛）

海自初の多機能護衛艦（FFM）として昨秋進水した「くまの」。水中無人機を使い機雷捜索もできる（海自提供）

日米首脳が電話会談

菅首相の早期訪米で調整

菅首相は1月28日未明（米東部時間27日午前）、米国の新大統領に20日に就任したジョセフ・バイデン氏（78）と約30分間の電話会談を行った。バイデン氏の就任後、両首脳が電話会談するのは初めて。

両氏は日米同盟の一層の強化と、「自由で開かれたインド太平洋」の実現に向けた緊密な連携で一致。米国のインド太平洋地域におけるプレゼンス強化の重要性も確認した。

バイデン大統領は、沖縄県の尖閣諸島への日米安全保障条約第5条の適用を含む日本の防衛に対する「揺るぎないコミットメント（責任ある関与と約束）」を表明。さらに核戦力を含む軍事力で日本を守る「拡大抑止」の提供の決意も改めて示した。

両氏は日米豪印4カ国の連携を推進していくことでも一致し、バイデン大統領は日本の貢献を高く評価していることを伝えた。このほか、北朝鮮の非核化に向けた緊密な連携など、地域の諸課題に共に取り組んでいくことを申し合わせた。

今後はコロナの感染状況を見極めつつ、菅首相の早期訪米の実現を目指して調整を進めていくことで一致した。

看護官ら5人派遣

沖縄 宮古島市 高齢者施設で支援

新型コロナ

沖縄県宮古島市で新型コロナウイルスの感染が拡大し、医療体制が逼迫していることを受け、同県の玉城デニー知事は1月29日午後4時33分、陸自15旅団長（那覇）の佐藤真将補に対し、医療支援に係る災害派遣を要請した。

これを受けて15旅団は同日夜、15後支隊衛生隊の看護官・吉田茉以2尉（27）を看護班長とする計5人の「医療支援チーム」（看護官1人、准看護師4人）を、沖縄本島から約300キロ南西に離れた宮古島市に派遣。30日の業務調整を経て、31日からは入所者と職員計40人のクラスター（感染者集団）が発生した高齢者施設での活動を開始した。

看護官らは今後2週間の予定で、入所者の健康管理や汚染エリアでの看護業務を含む医療支援、入浴などの介助に当たる。

吉田2尉は31日、報道陣の取材に対し、昨年の横浜港での大型クルーズ船「ダイヤモンド・プリンセス号」への災派経験を踏まえ、「隊員から誰ひとり感染者を出すことなく、少しでも利用者や介護職員、スタッフの力になれ[illegible]ていきたい」[illegible]

人口約5万[illegible]島市では1月[illegible]が240人に[illegible]相は29日夕の[illegible]「関係省庁や[illegible]に連携し、ニ[illegible]応えられるよ[illegible]に対処してい[illegible]

新型コロナのクラスターが発生した高齢者施設に災害派遣され、入所者の介助に当たる陸自の准看護師ら（1月31日、沖縄県宮古島市で）＝統幕提供

令和2年度第1〜3四半期 空自緊急発進544回

統幕は1月22日、令和2年度第1〜3四半期（昨年4月〜12月）の空自戦闘機による緊急発進（スクランブル）回数が544回（前年同期742回）だったと発表した。

このうち中国機は331回（同523回）で前年に比べ約4割減少したものの、全体の約61％を占めた。一方、対ロシア機は前年同期と同水準の206回で、全体では2番目の約38％だった。

領空侵犯への対処は、10月2日に北海道知床岬沖で機体に赤十字マークのあるロシアのMi8ヘリに対しての1件だった。

空自方面隊別の緊急発進回数の内訳は、東シナ海で中国機に対応している南西空が284回と最も多く、次いで北海道周辺でロシア機に対応している北空が166回。西空68回、中空26回と続いた。

統幕は3四半期の特異な事例として、中国軍のH6爆撃機と露軍のTu95爆撃機による日本海から太平洋までの共同飛行など11件を公表。中国機の日本周辺での飛行について、「中国機に対する発進回数は減少しているが、中露長距離共同飛行に見られるように近年その飛行形態は変化しており、中国軍の活動が拡大・活発化の傾向にあることに変わりはない」としている。

春夏秋冬

中国の躍進と米国の実力

青木 節子

ロケットの打上げ回数は、保有する衛星数と並んで国家がもつ宇宙能力を比較する際に重要な指標とされてきた。その意味で、2018年、19年と2年連続して、中国が打上げ回数世界一位の座にあったことは、一種の米中逆転のような衝撃を与えた。

18、19年の打上げ回数を具体的にみると、中国（18年＝38、19年＝33、表記法は以下同じ）、米国（34、27）、ロシア（16、22）、欧州宇宙機関（ESA）（11、9）、インド（7、6）、日本（6、2）となる。

20年の結果は興味深い。領域単位での打上げ数をみると、中国37回、米国34回、ロシア13回、ESA9回、ニュージーランド6回、日本4回、インド2回、イラン2回、イスラエル1回であり、中国が3年連続世界一である。

ところで、ニュージーランドの6回とは、同国に自社の射場をもつ米国企業の自前のロケットの打上げ回数である。これを米国の打上げに含めると米国が40回で世界一となる。

ここから何が見えてくるだろうか。中国の強さは本物である。今後も「宇宙覇権」を目指して邁進するであろう。二番手は、ロシアとESAであり、ロシアはもはや米中に比肩する存在ではない。三番手の日本とインドは実力伯仲である。そしてロケットを保有する特権的なメンバー10カ国の一翼として、イランとイスラエルは定着しつつある。ここまでが伝統的な宇宙競争の姿である。

しかし、より重要なのは未来の競争のあり方である。中国の強さが本物である以上に、米国の強さもまた本物である。それは、一新興企業のロケット打上げが、日本やインドの打上げ回数を抜き去っている現実に現れている。

米国の別の新興企業は、20年12月、国際宇宙ステーション（ISS）に取り外し可能な大型の衛星放出機構を輸送した。ISSから小型衛星放出ビジネスを行う予定であり、また、将来自社が製造する小型宇宙ステーションにこの機構をとりつけてさまざまなビジネスを行う予定もある。

実は、日本も、米国型の個人の挑戦を政府が支援する方向に宇宙活動は姿を変えつつあり、新興宇宙企業の冒険と挑戦は多岐にわたる。その成果が出るときは、確実に近づいている。

（慶應義塾大学大学院法務研究科教授）

朝雲寸言

[illegible]

時の焦点

国内　コロナワクチン

円滑な接種へ課題克服を

政府が、新型コロナウイルスのワクチン接種に向けた計画づくりを本格化させている。16歳以上の約1億人を対象にした前例のないプロジェクトだ。円滑な実施に向けて、周到に準備してもらいたい。

日本は、米製薬大手ファイザー社から、今年中に7200万人分の供給を受ける予定だ。英国のアストラゼネカ、米モデルナの両社からも輸入する契約を結んでいる。アストラゼネカは、日本国内での生産も視野に入れる。

各国がワクチンの確保を急ぐ中、まずは安定して調達できるかどうかがカギを握ろう。

ファイザー社は昨年、日本にワクチンの承認を申請した。政府は、通常より審査期間を短縮するため、2月中旬にも特例承認を適用する方針だ。安全性を確認し、速やかに手続きを進めねばならない。

課題は山積している。ワクチンは、海外から輸送された後、市区町村の拠点病院に運び込まれ、さらに「サテライト型接種施設」という会場に届く。医療機関や公的施設に多くの住民を集め、効率的に接種できる仕組みを構築することが求められる。密集を避ける手立ても不可欠だ。

ファイザー社のワクチンは、零下75度前後に保ち、ドライアイス入りの特殊な保冷庫での搬送が必要だという。解凍後は5日以内に使い切らなければならない。管理は難しい。

神奈川県川崎市で行われた集団接種の訓練では、受付、問診、接種、経過観察という一連の流れを確認した。問診に想定以上の時間がかかることが判明したという。相談コーナーを設けるなどの工夫が欠かせない。

会場の設営や医療従事者の確保、クーポン券の発送など、市区町村の負担は大きい。各自治体にワクチンが届く日程や、供給量が不透明なため、準備は手探り状態だという。

欧米各社のワクチンは、いずれも2回の接種を必要としている。政府は、個人情報の管理システムを構築する方針だ。

ワクチン担当の河野行政改革相には、様々な課題を精査し、着実に解決の道筋を付けてもらいたい。国民に不安を生じさせないよう、丁寧な情報発信に努めるべきだ。

岸防衛相は、ワクチン接種のために自衛隊の活用を検討する考えを示した。自衛隊法83条の災害派遣に基づく措置である。政府内では、離島などへのワクチンの輸送を自衛隊が担う案が検討されているという。

災害派遣は、緊急性があり、代替措置が確保できないケースなどに限るという要件は重要だ。だが、今はコロナ禍の国難にある。自衛隊は昨年、医療支援のため、感染が拡大した地域に看護官などを派遣した。ワクチン接種に関わる任務にも適切に対応してほしい。

夏川　明雄（政治評論家）

海外　米政権始動

外交安保政策に方向性

私事となるが、この年末年始は海外の外交問題専門家や主要な地域の研究者のさまざまな論考に目を通した。米国のバイデン新政権の外交・安全保障政策の方向性を占う手掛かりを得たいと考えていたこともある。フタを開けてみれば、バイデン大統領の力強い就任演説をはじめ、主要閣僚や大統領補佐官らの議会公聴会などでの発言は簡潔明瞭で説得力があり、大方の専門家の見立て通り、新政権は順調なスタートを切ったとの印象が強い。

バイデン氏はかねがね、重要政策の推進に当たってチームワークを重視し、政権内の風通しを良くすることに意を用いる趣旨の発言をしている。過去4年間はトランプ大統領自らがツイッターを駆使し、首尾一貫しない言動で周囲を振り回していたのとは真逆の規律ある指導部体制に戻ったことも、政策決定過程の透明性と政策展開の予測可能性の向上につながっている。サキ大統領報道官らも定例会見で政権の方針を明確に伝える。

さて、米新政権の発足から日が浅いものの、大統領選を通じて訴えてきた米国第一主義からの脱却と多国間協調の重視、わが国を含む同盟国との関係再構築による国際的諸課題の解決に取り組む姿勢が明確になってきた。主要な外交案件では、覇権争いの様相を呈する米中対立から派生する安全保障上の対応をはじめ、北朝鮮の核・ミサイル問題解決に向けた取り組み、中東での緊張要因となっているイランの核開発問題、ウクライナ南部クリミア半島の併合を機に悪化した米ロ関係の改善に向けた外交交渉など難題が山積する。

バイデン氏は外交通を自任し、副大統領としてオバマ政権の対話重視の外交を支えた。就任初日に発表した地球温暖化対策の国際枠組み「パリ協定」への復帰や、世界保健機関（WHO）脱退の取り下げは、国際的信用を落とした米外交の軌道を元に戻す試みだ。指名が承認されたブリンケン国務長官は、北朝鮮核問題の突破口を首脳会談に求めたトランプ氏のやり方を「見直さなければならない」と明言した。同盟国や国際機関からは「米国の新たな夜明け」（フォンデアライエン欧州委員長）などと期待する声が相次ぐ。

当面は米中関係への対応に関心が集まるが、ブリンケン氏は上院公聴会で、前大統領の対中姿勢を「基本原則は正しかった」と評価。ポンペオ前国務長官が駆け込みで行った中国政府による新疆ウイグル自治区のウイグル族迫害のジェノサイド（集団虐殺）認定も「同意する」と表明した。バイデン政権は中国の人権侵害に厳しい姿勢で臨む意向だ。

プーチン・ロシア大統領との就任後初の電話会談では、2月に期限が切れる新戦略兵器削減条約（新START）の5年間延長で原則合意した。米ロ間に残る唯一の核軍縮の枠組みは維持されるが、新政権はロシアへの強硬姿勢を鮮明にしており、冷戦後最悪とされる米ロ関係の改善は見通せない。ただ、米新政権のめりはりある外交・安保政策の積極的発信には、同盟国のみならず、中ロ両国やイランなど関係国も米国との難交渉への準備を整えていくはずだ。わが国も頼りのある同盟国としてその取り組みを支援していきたい。

伊藤　努（外交評論家）

災害時に隊員家族サポート

大湊総監部　むつ市の3団体と協定

「隊員家族あんしん協定」を締結した（左から）白濵会長、柴田会長、二川総監、紺野会長（12月11日、青森県むつ市の「北の防人安渡館」で）

【大湊】海自大湊地方総監部は12月11日、大規模災害や突発的な事態の発生時に海自隊員の家族を地域の各団体がサポートする「隊員家族あんしん協定」をむつライオンズ、むつ中央ロータリー、むつロータリーの各クラブと締結した。

締結式はむつ市内にある「北の防人安渡館」で行われ、二川達也大湊地方総監（現・航空集団司令官）、紺野健治むつライオンズクラブ会長、柴田文彦むつ中央ロータリークラブ会長、白濵憲一むつロータリークラブ会長が出席し、4者で協定書に署名した。

協定内容は▽相談・情報提供（保育サービスと介護サービスを含む）▽会員近傍の支援対象家族の安否確認▽その他派遣隊員の家族支援に関して各団体が支援する――ことが盛り込まれた。

二川総監は署名後のあいさつで「留守を預かる家族と任務に就く隊員が安心できるように、三つの団体がそろって協力をいただけることは隊員や隊員の家族にとっても大変心強く、ありがたい。協定が初めの一歩となり、今後の家族支援体制を構築できれば」と述べた。

大湊総監部は、2014年にむつ市と、16年に家族会、水交会、隊友会とそれぞれ家族支援に関する協定を締結。今回の協定により家族支援体制のさらなる強化が図られた。

海賊対処航空隊、出国へ

航空42次隊、那覇からジブチに

アフリカ東部のジブチを拠点にソマリア沖・アデン湾で上空から警戒監視任務に当たっている海自海賊対処航空隊の部隊交代のため、2月5日、航空隊42次隊の要員約30人が民航機で成田から現地に向け出国する。

42次隊は5空群（那覇）の清水要平2佐（51飛行隊長）を指揮官に、隊員約60人で編成。P3C哨戒機2機は同11日に那覇航空基地からジブチに向け出発する。

任務を終える41次隊（司令・戸高祐明2佐＝22飛行隊長＝以下、2空群＝八戸＝基幹）の要員は2月23日に民航機で羽田に、2機のP3Cは同25日に八戸航空基地にそれぞれ帰国する予定。

海賊対処支援隊　船主協会が謝状

自衛隊護衛の商船　4040隻超える

【中即連＝宇都宮】アフリカ東部のジブチ共和国を拠点に、ソマリア沖・アデン湾の海賊対処にあたる自衛隊の拠点の警備などに従事した中央即応連隊基幹の「第14次派遣海賊対処行動支援隊」はこのほど、日本船主協会の内藤忠顕会長から感謝状と盾の贈呈を受けた。

これまでは同協会が主催して海賊対処活動関係者を招き「感謝の集い」で表彰が行われてきたが、2020年は新型コロナにより中止に。内藤会長以下の8人が昨秋、防衛省を訪れ、山崎統幕長に対し謝意を示し、派遣されていた水上部隊、航空隊、支援隊の各隊に感謝状を贈呈した。

感謝状には2009年3月から開始された同海賊対処任務より、これまで約4040隻の商船がアデン湾で被害なく航行できたことに対し、自衛隊への感謝の言葉が記されていた。

感謝状を受けた14次派遣海賊対処行動支援隊（指揮官・眞鍋輝彦1陸佐以下陸・海自隊員約110人）は、警備や基地業務の任務を終えて全隊員が2月2日までに民航機で羽田に帰国した。

緊急時の託児施設検証

宇治駐屯地　トイレやコロナ対策

「緊急登庁支援施設・子供の面倒を見る施設」の検証会に協力したこども園の関係者たち（12月17日、宇治駐屯地で）

【宇治】宇治駐屯地は12月16、17の両日、隊員の災害派遣時などに開設される「緊急登庁支援施設・子供の面倒を見る施設」の検証会を行った。

同施設は、子供の一時預かり協定を締結している部外保育施設の受け入れ態勢が整うまでに使われる駐屯地内の一時的な預かり所。協定先の保育施設「社会福祉法人・宇治福祉園みんなのき黄檗こども園」の園長と副園長の協力で機能面での検証が行われた。

当日は3歳児36人が参加。園長と副園長による保育目線でのアドバイスが行われたほか、緊急登庁支援用の備品などの安全性を確認。その結果、子供が長時間滞在する場合はトイレの設備などの必要性が判明した。さらに新型コロナ対策により現時点では受け入れ完了までに時間がかかることも分かった。

宇治駐屯地では「補給処のある当駐屯地は女性の比率が高く、その子息30人の児童が施設利用に登録している。年々登録者数も増えていることから、今後も検証を通じ施設の充実化を図っていきたい」としている。

伊勢湾で機雷戦

日米共同で訓練

海自は2月1日、伊勢湾で機雷戦訓練と日米共同の掃海特別訓練を開始した。10日まで。

訓練は掃海隊群幕僚長の吉田圭司1佐を統制官に、掃海母艦「うらが」「ぶんご」、掃海艦「あわじ」、掃海艇13隻、MCH101掃海・輸送ヘリ3機が参加。米海軍からは第7対機雷戦隊司令のデリック・プラディ大佐を統制官に水中処分員約10人が加わり、訓練機雷を使用した機雷敷設・掃海・潜水の各訓練を行っている。

例年は参加艦艇が三重県の四日市港に寄港し、事前・事後の研究会などを実施しているが、今回は新型コロナウイルス感染拡大防止のため、寄港は行わず、各艦艇は洋上に集結して訓練に臨んでいる。

山村海幕長は1月26日の定例記者会見で「与えられた任務を円滑に、効率的に遂行する上で必要な演習・訓練であると捉えている。機雷戦部隊に関わらず、部隊練成に必要な訓練はコロナ下においても工夫して実施していく」と語った。

ハラスメント防止集合教育　仙台駐屯地

上級監督者に対しハラスメント防止の最新情報を伝える講師の桃原さん（右）＝12月2日、仙台駐屯地で

【仙台】駐屯地は12月2、3の両日、人材育成コンサルタントの桃原則子さんを講師に招き、防衛省人事教育局の事業「令和2年度ハラスメント防止集合教育」を行った。

教育はパワハラ（優位な地位や立場を利用した嫌がらせ）、セクハラ（相手の意思に反して不快や不安な状態に追い込む性的な言動）など、各種ハラスメント防止を目的に開催。駐屯地の監督者（上級・初級）や相談員に対し最新の情報を伝えるとともに、グループワークを通じたケーススタディで隊員の識能向上を図った。

教育終了後には桃原さんが希望者の個別相談にも乗り、監督者や相談員の疑問に的確に答えていた。

共済組合だより

医療費の一定額を超えた額が「高額療養費」で支給されます　診療にかかる自己負担額

組合員または被扶養者が、同一の月にそれぞれ一つの医療機関等から受けた診療に係る自己負担額（食事療養または生活療養に係る標準負担額および保険診療外差額徴収料等は除きます。）が高額となり一定額を超えた場合は、その超えた額が「高額療養費」として共済組合から支給されます。算出方法は、高齢受給者と70歳未満の方とでは異なっています。

また、同一の世帯で同一の月に行われた療養が複数ある場合は、その療養に係る自己負担額を世帯単位で合算（高齢受給者は全ての自己負担額を、70歳未満の方は2万1000円以上の自己負担額を合算の対象とします。）して高額療養費支給額を算出します。

なお、高額療養費は現物給付（※1）もしくは事後に共済組合から組合員の方へ現金で支給します。

70歳未満の組合員または被扶養者の方が高額療養費の現物給付を受けるためには、組合員証等と併せて、組合員の方の所得区分を記載した「限度額適用認定証」（※2）を医療機関等に提示する必要があります。「限度額適用認定証」の交付を受けるには、支部で申請の手続きが必要となりますので、詳しくはご所属の支部短期係にお問い合わせください。

高額療養費や限度額適用認定証の詳細については、支部短期係または共済組合HP（トップページ→ライフシーン〈病気・ケガ〉から選ぶ）でご確認ください。

医療費等の給付を受ける権利は、その給付事由が生じた日から2年間行わないときは、時効によって消滅します。くれぐれもご注意ください。

※1　「現物給付」とは、組合員または被扶養者の方が、組合員証等を提示して病院等の医療サービス（治療、薬の処方等）を受け、その医療費（窓口で支払う自己負担額を除く）を共済組合が病院等へ支払うことにより、医療サービスそのものを皆様に提供することをいいます。

※2　「限度額適用認定証」は対象者お1人につき1枚交付します。所得に変動があり、高額療養費の算定基準の区分に変更があった場合は、新しい区分の「限度額適用認定証」が必要となります。その際は、再度、申請をしていただくことになります。

無寄港・無補給で到達

海自「しらせ」昭和基地へ物資輸送

南極の昭和基地で昨年末から文部科学省の第62次南極観測隊を支援している海自の砕氷艦「しらせ」（艦長・竹内周作1佐以下乗員約180人）は1月7日、越冬隊用の燃料や食料などの物資輸送を完了し、同19日に昭和基地を離れた。

今次の「しらせ」はコロナ感染を予防するため、無寄港・無補給で日本から南極に直行し、昨年12月21日に昭和基地の沖合約350メートルの氷上に無事"接岸"を果たした。

その後、直ちに昭和基地への支援活動に着手し、同日からパイプラインを展張して約527トンの燃料を基地に輸送、ドラム缶などの燃料約172トンや食料など他の物資約346トンは雪上車と艦載のCH101輸送ヘリを使い基地に届けた。

この間、「しらせ」乗員は基地設営や野外観測支援などの活動にも従事。2021年の正月には総員で新年を祝ったほか、「成人の日」には南極で新成人となった乗員6人の門出を祝うなど各種イベントも行った。

昭和基地では1月18日に観測隊の交代行事が行われた。62次越冬隊には元空自千歳基地救難隊員の久保木学氏も含まれており、「しらせ」の海自隊員からもエールが送られた。

「しらせ」は翌19日、61次越冬隊員と62次夏隊員の計41人を艦内に収容、廃棄物などの持ち帰り物資約470トンを積んで、昭和基地を離岸した。

復路もコロナ対策で無寄港・無補給で前進を続け、「しらせ」は2月22日に横須賀に帰国する予定だ。

昭和基地への輸送支援活動中の「しらせ」の上空に、太陽の周囲に光の輪ができる「ハロ現象」が発生。この珍しい現象を写真員がカメラに収めた（12月26日）

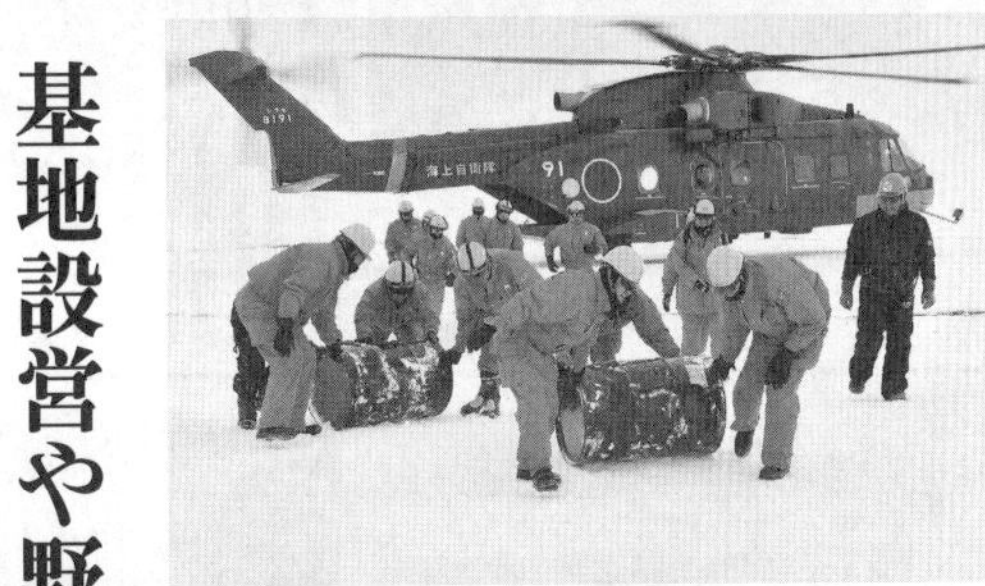

海が全面凍結した大自然の広がる白夜の南極で「沈まぬ太陽」の下、新年を迎えた「しらせ」（1月1日）＝多重露光撮影

南極大陸に生息するアザラシも「しらせ」の到着を迎えてくれた（12月26日）

基地設営や野外観測支援

㊧南極でも凍らない寒冷地仕様の燃料が入ったドラム缶を「しらせ」から艦載のCH101ヘリで空輸した後、人力で昭和基地に運ぶ隊員たち（1月7日）

雪上車がけん引する大型ソリの荷台に「しらせ」のクレーンでフォークリフトを降ろす乗員たち（1月22日）

㊤南極で「成人の日」を迎え、ジャンプして今後の飛躍を誓う新成人たち（1月11日）

南極の雪を裸足で踏みしめ、剣道の寒稽古を行う「しらせ」乗員（1月11日）

約1000本のアンテナが林立する大型大気レーダーのPANSYアンテナ地区で除雪を行い、基地設営の支援に当たる「しらせ」乗員たち（1月16日）

昭和基地での約1年間の越冬生活を終え、「しらせ」に帰艦した観測隊員（右）をハイタッチで迎える乗員たち（左列）＝1月19日

前事不忘 後事之師

第61回

ノモンハン事件

名誉や威信に固執した関東軍

"二正面作戦の罠"にはまらなかったソ連

米国の歴史学者スチュアート・ゴールドマンの手になる『ノモンハン1939』は、ノモンハン事件を当時の国際政治の文脈の中で捉えて、ソ連の指導者スターリンが日本との国境紛争をどのように指導していたのか分析しています。

ノモンハン事件は、日ソ間の国境紛争で、1939年5月から9月にかけて戦われました。9月にヒットラーのドイツがポーランドに侵攻し第2次世界大戦が始まりますので、当時のヨーロッパでは、緊張が高まっていました。前年の8月のミュンヘン会談で宥和政策を採った英仏がその後ヒットラーに裏切られ、ソ連との同盟を模索する中で、ソ連の指導者スターリンは極東での日本との紛争も考慮しながら何が自国にとって有利なのか慎重に考えていたようです。

ゴールドマンは、スターリンは英仏あるいはドイツのどちらと手をむすぶかを天秤にかけ、次のように計算していたのではと推測します。

「英仏と組めばドイツを抑止する効果がある半面、ヒットラーの矛先が自国に向かう恐れがあり、またドイツと近い関係にある日本からの脅威が増すこととなる。他方でドイツと手を組めば、その矛先を英仏に向かわせることとなり、ドイツを介して日本への働きかけも可能となる」

スターリンは最終的にヒットラーと手を組むことを選択し、1939年8月、世界を驚かせる独ソ不可侵条約が締結されますが、ゴールドマンは、「ノモンハン事件はスターリンをヒットラーとの同盟に向かわせた唯一の要因ではないが、それを計算に入れていた」と説明します。関東軍が関わった紛争がヒットラーとスターリンという不倶戴天（ふぐたいてん）どうしの抱擁につながったとの説明は興味深いですが、当の日本では、独ソ不可侵条約の成立の知らせに接して平沼騏一郎内閣が「欧州情勢複雑怪奇」との声明を残し総辞職します。

ゴールドマンの説明が正しいかどうか分かりませんが、スターリンが日本との国境紛争を国際的な文脈の中でとらえ、戦争指導していたことは確実だと思います。1938年の8月に張鼓峰で紛争がありました。この紛争では、ソ連が決定的勝利まであと一歩というところで停戦に応じました。ゴールドマンは、その理由を同時期にヨーロッパで生起していたチェコをめぐる危機において、英仏が実力を行使してでもドイツの東進を阻止する強い姿勢を示さなかったので、スターリンは極東において日本との本格的な戦争の危険は冒さず外交による解決を選んだのではないかと推測しています。

ノモンハン事件では、当初赤軍は守勢でしたが、ドイツとの不可侵条約締結の目途が立った8月に関東軍に対して大規模反撃にでます。ヨーロッパ方面でのドイツとの戦いが遠のいたので極東で日本を叩いても危険はないと判断したからです。ジューコフ将軍率いる赤軍は、関東軍の一個師団を壊滅させるほどの打撃を与えますが、彼らの主張する国境線を超えることはありませんでした。当時、参謀本部の作戦課長だった稲田正純大佐は、「（関東軍が採用するはずだった）侵さず侵さしめざるとの方針は、寧（むし）ろソ連側で確立しており、敵ながら見るべきものがある」と評価しています。

一方、日本側の中央は中国との戦いが泥沼化する中で、現地部隊である関東軍の独走を抑えることに苦労していました。しかし1939年6月にノモンハン事件についての会議が行われた際に、板垣征四郎陸軍大臣は、「一個師団ぐらいやかましく言わないで、現地に任せたらいいではないか」と発言。結局、政府中枢による強力な戦争指導は行われませんでした。他方で、現地の関東軍は一貫して事件を孤立した事件として扱い、事件に国際的な側面があることを認識した形跡はなく、戦闘が激化すると、部隊の名誉や威信に異常に固執します。

ゴールドマンは、著書の最後で第2次世界大戦を戦った日米英独ソの主要5カ国のうちで、唯一"二正面作戦の罠"にはまらなかったのは、スターリンのソ連だけだったと述べています。ノモンハン事件はしばしば戦場レベルでの旧日本軍の失敗の例としてとり挙げられますが、政治指導者による戦争指導の面においても明らかに日本はソ連に劣っていたと言わざるを得ないと考えます。

鎌田 昭良（元防衛省大臣官房長、元装備施設本部長、防衛基盤整備協会理事長）

ノモンハン事件当時の勢力図（河出書房新社刊『第2次世界大戦全史』から）

…… 前事忘れざるは後事の師 ……

部隊だより

陸

仙台　駐屯地は1月13日、新成人26人の祝賀行事を行った。腰塚浩貴司令は「自衛官として成人を迎えたことを誇りに思い、自らが担う責任の重さをしっかりかみしめてほしい」と式辞を述べた。これに対し、新成人代表の山本賢太朗3曹（東北方後支隊）が「自衛官として自信と誇りをもって成長し、自覚をもち任務にあたることを誓います」と答辞を述べた。

勝田　駐屯地は1月14日、成人行事で新成人31人を祝福した。山崎義浩司令は式辞で「天は自ら助くる者を助く」と激励。勝田駐屯地とひたちなか市から記念品も贈呈された。成人代表謝辞では施設教導隊水際障害中隊の真野文斗士長が、両親や諸先輩への感謝を述べた。式の最後には、新成人それぞれの抱負を漢字で記した色紙が発表された＝写真㊤。

北富士　部隊訓練評価隊は1月12日、東富士演習場の双子台地区で訓練始めを行った。御胎内神社の宮司が部隊の安全を祈願した後、高橋克彦曹長以下4人が格闘演武でコロナに見立てた仮想敵を撃破。達磨の目入れも行い＝写真㊤、各部隊長が戦闘車両をお神酒で清めた。近藤力也隊長は「変化する環境に対応すべく、FTCも進化を続ける」と訓示した。

伊丹　36普連は1月12日、連隊昼礼を行った。毎年の恒例で「今年の一文字」を隊員からの公募と投票で決定、今年は「燎」が選ばれた＝写真㊤。文字には「隊員がさぶろく魂を燃やし続け、国民に信頼されるように」との願いが込められている。伊藤博幸連隊長は年頭の訓示で「今年も真に与えられた任務が遂行できるよう錬磨に励みたい」と抱負を述べた。

金沢　駐屯地は1月18日、「令和2年度金沢駐屯地成人行事」を実施し、新成人59人の門出を祝った。式では根本勉駐屯地司令が「今まで支えてくれたご家族や恩師、地域住民の方々への感謝を忘れず、活躍せよ」と式辞。新成人を代表して2中隊の坂田大樹陸士長が「目標に向かって努力し、自分自身を磨き上げていきたい」と決意を表明した。

弘前　駐屯地は1月12日、「弘前城雪燈籠まつり」の自衛隊協力隊65人の編成完結式を行った。まつりのメイン会場・弘前公園で協力隊長を務める39普連本管中隊長・工藤義利1尉が編成完結を木原邦洋司令に報告。木原司令は「コロナ禍でも地域の皆さまに元気を与えられる雪像を作れ」と訓示した。同隊は今回、「弘前れんが倉庫美術館」の大雪像を制作する。

美唄　2地対艦ミサイル連隊は1月12日、駐屯地と美唄演習場で訓練始めを行った。行事に先立ち、小橋史行連隊長は年頭の辞で「SSMを装備している連隊は、いつでも戦える強い部隊を練成し、日々の進化が重要だ」と隊員を鼓舞した。訓練では全員でスキー機動を実施＝写真㊨。年初めに汗を流した連隊員はその後、中隊ごとに安全祈願を行った。

名寄　駐屯地業務隊は1月14日、毎週リモートで行っている隊のミーティングに先立ち、隊で唯一の新成人・舟木奈実事務官（稚内管理班保険・貸付係）を激励した。隊長の兼利純作2佐は「社会の一員であることを自覚し、行動せよ」と激励。船木事務官は「たくさんの方々に少しでも恩返しができたら。今まで以上に頑張りたい」と抱負を述べた。

スキー競技会場整備に汗

競技にも参加　国体出場権獲得者も

東北方面特科連隊

岩手　ジャンプ台など除排雪

東北方面特科連隊は1月7日から17日まで、岩手県八幡平市内の田山スキー場などで開催された「第73回岩手県民体育大会スキー競技会」の会場やコースの整備作業に協力した。

事前整備は1月7、8の両日に行われ、本部・情報中隊、9後支連2整備大隊から計約30人が加わった。13〜17日の本番には2大隊、9高特連から計約55人が参加。隊員たちは期間中、雪で覆われたスキー会場の滑走コースやジャンプ台の除・排雪などを担当。競技の審判など係員補助も献身的に務めた。ジャンプ台ではスキー選手が滑走した後のレーン上に溜まった雪をブロアーで吹き飛ばすなど、大会の円滑な運営に貢献した。

同大会のクロスカントリー競技では、大会顧問の香川賢士岩手駐屯地司令がスターターピストルを鳴らし、駐屯地の隊員たちも個人や市の代表選手として競技に出場した。

リレー競技では、隊員6人が滝沢市の選手として力走し、同市の3位入賞に貢献。個人では、クロスカントリー成年男子Cクラシカル5キロで2大隊の藤本健曹長が3位に、同女子Bクラシカル5キロで4大隊の関根めぐみ2曹が2位となり、それぞれ国体への出場権を獲得した。（岩手）

ジャンプ台の斜面で、ブロアーを使い選手が滑走後のレーンに溜まった雪を吹き飛ばす隊員たち（1月15日）

㊤大雪でジャンプ台に積もった雪を排雪する東北方特連の隊員たち（1月7日）
㊦「第73回岩手県民体育大会スキー競技会」のスキージャンプ本大会で、着地点横に並び計測補助に当たる岩手駐屯地の隊員たち（1月15日、いずれも田山スキー場で）

海

館山　館山市は12月15日、同月22日付で定年退職する小俵和之前21空群司令に感謝状を贈り、「館山ふるさと特使」に委嘱した＝写真㊤。金丸謙一市長から感謝状を受けた小俵司令は「これからも違った形で館山市のサポートをさせていただきたい」と語った。市長は「今後も館山の魅力を発信いただけると幸い」と謝意を示した。

厚木　4空群は1月7日、厚木航空基地でP1哨戒機1機の初訓練飛行を行った＝写真㊤。青空の下、雪をまとった富士山に見守られながら基地を飛び立った同23号機は、数時間かけて周辺空域を飛行。今年は新型コロナの感染防止のため、例年行われていた全隊員での見送り行事は実施しなかった。隊員たちは、各職場で一年の飛行安全を祈願した。

大村　22航空隊で救急救命士として勤務する川原亮太3曹は12月10日、熊本総合医療リハビリテーション学院で職業講話を行った＝写真㊤。川原3曹は同院の卒業生で、当日は学生約40人に対して自衛隊の説明や救命救急士の活動などを紹介。必要な資格についての講話や卒業後の活動が語られ、参加者たちは自衛隊への理解を深めていた。

崎辺　柳信男佐世保教育隊司令は12月18日、9期海曹予定者課程の修業式を出口佳努佐世保総監出席の下で挙行した＝写真㊤。総監は「自己の役割を果たせ」「同期の絆を大切にせよ」の2点を要望。柳司令は修業申し渡し後、「教育隊で身につけた海曹としての資質は基礎だ。部隊配属後もさらなる向上に努めてもらいたい」と式辞を述べた。

空

小牧　基地は12月4、7日、基地プレスルームで「共済セミナー・家族支援説明会」を開催した。2日間で計39人が参加し、概要説明を受けた後、エプロン地区でC130H輸送機や消防車の展示、給養小隊での喫食を体験。参加者は「隊員の日頃の勤務を見学できた」「食事はバランスが取れていてボリュームもあり、おいしい」と感想を語った。

築城　基地はこのほど、「菊花展」を開催した＝写真㊦。同展は昭和44年当時、角田義隆司令が情操教育の一環として先人の供養などの意味も込めて菊の育成を推奨したことが始まり。基地隊員が丹精込めて育てた143点の色とりどりの菊が司令部庁舎前や周辺役場などに並び、大嶋善勝団司令らが審査を行った。

百里　基地は1月4日、新春の清々しい空の下、今年の飛行安全などを祈願して「だるま目入れ式」を行った＝写真㊤。各部隊員たちが見守る中、各部隊長などが順番に筆を入れ、最後に石村尚久基地司令がだるまの左目に墨を入れて完成させ、基地一丸となって安全確保の決意を新たにした。翌5日には「飛行初め」を行い、F2戦闘機などが次々と離陸した。

福岡　19普連は1月7日、訓練始めを行った。寒空の下、昇任者と年男がそれぞれ決意を表明。今村英二郎連隊長は年頭の辞で「今年は辛抱強く真面目に取り組む姿勢が求められる年だ。結果を出せるよう、頑張ろう」と訓示した。その後、連隊一丸となって先任上級曹長の掛け声のもと隊列を組んで全員が駆け足を実施した＝写真㊤。

都城　駐屯地は1月8日、体育館で成人行事を行い、新成人49人を祝った。中尾圭司令は祝辞で「家族や先輩への感謝を忘れず、自覚・責任ある行動をお願いする」と述べた。一方、新成人たちは「中隊、小隊のため、頑張ります」「感謝の気持ちを忘れず精進します」などと決意を表明。会食や駐屯地記念碑横で記念植樹も行った。

久居　駐屯地はこのほど、駐屯地と久居訓練場で「募集広報の日」を行った。三重県内の若者と保護者計38人が参加。駐屯地などの概要説明、警務隊による実技指導、久居訓練場での戦車・軽装甲機動車の体験試乗などが行われた＝写真㊦。行事後、参加者からは「参加してよかった、次回も来たい」「自衛隊のイメージが変わった」などの声が聞かれた。

健軍　駐屯地は1月12日、体育館で新成人約50人の成人式を開催した。橋爪良友司令は「人に信頼される人になれ」「目標を定め、チャレンジせよ」と祝辞。新成人代表の西方システム通信群の中村正弥3曹は「自分の目標をしっかりと確立し、国民を守る立派な自衛官を目指して頑張ります」とあいさつした。式後は西方音が祝賀演奏で新成人を激励した。

「フォレストライト」

陸自、米海兵隊と実動訓練

島嶼部への攻撃　ヘリボーンで対処

30普連基幹に400人

陸自は12月7日から18日まで、新潟県の関山演習場、群馬県の相馬原演習場などで米海兵隊との日米共同実動訓練「フォレストライト」を実施した。

陸自は12旅団長の田尻祐介将補を担任官に、30普連（新発田）基幹の隊員約400人が参加。米海兵隊からは第3海兵師団長のジェームズ・ビアマン少将を担任官に、同団第4海兵連隊第3－8大隊基幹、第1海兵航空団第36海兵航空群第265飛行隊から計約500人が参加した。

訓練は、空中機動性を高めた12旅団と米海兵隊が共同し、「島嶼部への攻撃にヘリボーンで対処する」という内容。米海兵隊のMV22オスプレイ輸送機なども使い、前段では空中機動作戦や各種射撃の機能別訓練を行い、後段ではヘリボーン、リペリング降下での部隊展開から防御・攻撃戦闘までの一連の動作を日米共同で演練した。

7日の開始式で、遠藤裕一郎30普連長は「言語・文化の壁、教義の違いを乗り越えて、日米の隊員がいかに認識の統一を図り、共同して作戦を遂行していくか、今回の訓練で具体化せよ。陸自は米海兵隊の諸官を心から歓迎する。日米が共に本訓練で多くの成果が得られることを期待する」と訓示した。

日米共同実動訓練「フォレストライト」の訓練開始式で、記者会見する日米の指揮官。右後方は米海兵隊のMV22オスプレイ、左奥は陸自のCH47輸送ヘリ（12月7日、関山演習場で）

訓練開始式で訓示する30普連長の遠藤裕一郎1佐（右）。その左は米第4海兵連隊第3－8大隊長のニール・ペリー中佐

認識統一、作戦を遂行

格闘訓練も日米合同で行い、共に練度向上を図った（相馬原演習場で）

ホバリング中の米海兵隊MV22オスプレイの機内からリペリング降下を行う陸自隊員（相馬原演習場で）

陣地から機関銃の射撃を行う米海兵隊員（関山演習場で）

陸自のCH47輸送ヘリからリペリングで降下する米海兵隊員たち

テレビ会議で認識共有

ヤマサクラ

指揮幕僚活動を演練

陸自は12月2日から15日まで、健軍、朝霞両駐屯地と在沖米海兵隊のキャンプ・コートニーなどで「日米共同方面隊指揮所演習」（ヤマサクラ＝YS79）を実施した。

自衛隊は湯浅陸幕長を統裁官、竹本竜司西方総監を演習部隊長に、陸幕、陸上総隊、西方、教研本、統幕、海・空自などから約4000人が参加。米軍からはポール・ラカメラ太平洋陸軍司令官を統裁官、ランディ・ジョージ太平洋陸軍第1軍団長を演習部隊長に、太平洋陸軍司令部、在日米陸軍司令部、第1軍団、第3海兵機動展開旅団などから約1000人が参加した。

今回は新型コロナ感染症の拡大防止を考慮し、テレビ会議を活用した指揮所演習を実施。日米の隊員が同一画面を確認しながら両者の調整を図り、陸自西方による着上陸侵攻対処などの指揮幕僚活動を日米共同で演練した。

湯浅陸幕長は1月21日の定例会見でYS79の成果について「新領域と従来領域における戦力の連携、組織化についても日米間で成果を積み上げることができた。ラカメラ米太平洋陸軍司令官ともテレビ会議で認識を共有し、改めて日米間の強固な連携を確認することができた」と述べた。

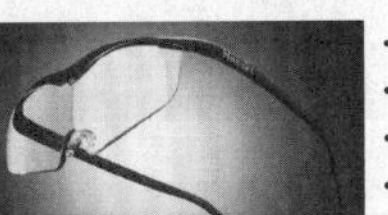
新型コロナ対策のため、飛沫防止の衝立の間で作業する隊員

YS79の演習中、調整活動を行う日米の隊員（健軍駐屯地で）

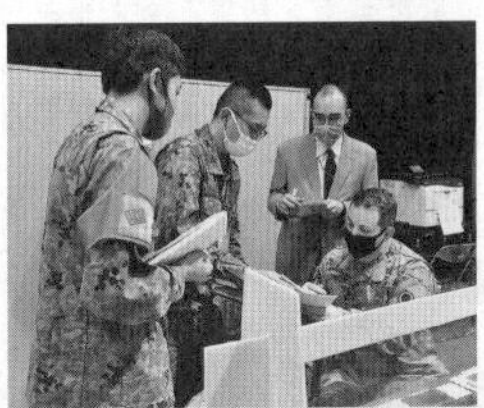

在日米陸軍司令官のヴィエット・ルオン少将（左）からメダルの贈呈を受ける陸自隊員（健軍駐屯地で）

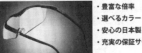

「ヤマサクラ（YS）79」の訓練開始式で訓示する竹本西方総監（画面左）とランディ・ジョージ米陸軍第1軍団長（同右）＝12月7日

募集・援護

特集

平和を、仕事にする。
陸海空自衛官募集

ただいま募集中！
◇自衛官候補生◇医科・歯科幹部
◇予備自補（一般・技能）
★詳細は最寄りの自衛隊地方協力本部へ

「女性限定」で募集広報

「かっこいい自衛官に」
大阪　職場体験で不安を払拭

「自衛官の試験に合格したけれど、女性の自分が自衛隊でやっていけるか不安です」──。過酷な災害派遣や厳しい訓練、さらに〝男社会〟のイメージもあり、女性合格者の中には不安を感じ、入隊を辞退してしまう人も少なくない。そこで大阪地本では「女性に限定した職場体験」を千僧駐屯地で行い、実際に隊員の生活を体感してもらった。各隊では女性隊員らが指導に当たり、女性同士の連帯感で入隊意欲を高めてもらっている。

【大阪】地本は12月5、6の両日、千僧駐屯地で中方後支隊など陸自5個部隊の協力を得て入隊予定者ら15人に対し女性限定の職場体験を行った。

この施策は、政府が推進中の「女性の活躍推進」を実現するために、昨年度から開始。令和2年度は初日に迷彩服の貸与、基本教練、体験喫食、女性曹士隊員との懇談、救急法教育、夜間の徒歩行進（約8キロ）のプログラムで行われた。2日目には参加者同士によるグループトークや、事務所などの職場、女性自衛官隊舎居室などの見学も実施した。

夜間の徒歩行進では、参加者15人が励まし合いながら全員が完歩し、「一人ではできないことも仲間となら達成できる」と自衛隊の団結力について学習した。

女性自衛官との懇談では、自衛官の日常生活、訓練や休日の過ごし方、福利厚生などの話に聞き入った。3分間グループトークでは、参加者それぞれの考え方や人生の教訓などを発表し合い、他の参加者の考え方などを聞くことで、国民に必要とされる自衛隊の重要性も知った。

体験後、参加者は「不安が解消された」「良いところも厳しいところも全て聞くことができた」と述べ、所感文にも「早く入隊してかっこいい女性自衛官になりたい」「入隊のモチベーションが上がった」などの感想があった。

大阪地本の担当者は「今後も女性自衛官の活躍推進を念頭に、生徒たちに職業として自衛官の魅力を伝えられるイベントを企画していきたい」と話していた。

女性限定の職場体験に参加し、陸自迷彩服を着て基本教練を学ぶ女性たち（12月5日、千僧駐屯地で）

ガールズトークを開催
海・空自の魅力をPR

群馬

【群馬】高崎地域事務所は12月27日、高崎市の事務所で「ガールズトーク」を開催した。

群馬県の自衛隊施設は陸自の駐屯地しかなく、海・空自希望の女性が海・空の女性自衛官と交流する機会が少ないことから、この日は海自館山基地から佐藤皇来海士長、同横須賀基地の掃海母艦「うらが」の大原梨奈1士、空自横田基地から伊藤菜生士長を招いて同イベントを企画した。

当日は、女性の入隊予定者3人のほか、ホームページやチラシで興味をもった計9人が参加。当初、女性自衛官を前に緊張ぎみだったため、その後は〝女子会〟形式で紅茶やチョコレートを飲食しながらリラックスして会話した。すると次第に緊張もほどけ、和やかに会は進行した。

最初に隊員が自己紹介や仕事のやりがいなどを説明し、トークでは入隊予定者とこれから受験を検討しているグループに分かれ、質問に答えた。

入隊予定者の「着隊までの期間は何をすればよいのか」「自分は、文化部で体力がないが、部隊で大丈夫か」といった相談に、3人の女性自衛官が自らの経験を語り「大丈夫です」と勇気づけた。

現役若手自衛官に海・空自の生活について聞く女子生徒たち（12月27日、群馬地本高崎地域事務所で）

「考え方が変わった」
東京　東京女子体育大で座談会

【東京】国分寺募集案内所はこのほど、国立市に所在する東京女子体育大学で「自衛隊説明会」を行った。

当日は女子会風の座談会をメインに、女性自衛官が実体験や人生設計を紹介した。さらに2020年度の自衛官採用試験に合格した同大の学生が体験談を発表。担当の女性広報官や国分寺所に臨時勤務中の空自教育集団（浜松）の矢作佳大3尉と空シス隊（市ヶ谷）の田鍋真理子士長も出席し、自衛隊が身近な存在であることをPRした。

女子学生からは「自衛隊は泥にまみれ、怖い、厳しいといったイメージしかなかったが、考え方が変わった」「さまざまな職種があり、自分に合った仕事がありそう」「女性自衛官ならではの経験や考え方を聞き、女性でも自衛隊で働けることがわかった」といった感想があった。

ラッピングカーで広報活動をPR
山梨

【山梨】地本は学校訪問などの際、「自衛隊が来ている！」と生徒たちがすぐに認識でき、街中を移動中にも広報ができる「ラッピングカー」を走行させている＝写真。

この広報計画は、山梨に「地本あり！」という存在感を訴えたもので、ラッピングカーには陸海空自をイメージする図柄と地本のHPにアクセスできるQRコードを装着した。

中島身依さんらに辞令書交付

予備自補辞令書交付式で宣誓書を読み上げる鹿児島地本広報大使の中島身依さん（中央）＝12月21日、鹿児島地本で

鹿児島

【鹿児島】地本は12月21日、地本広報大使も務めるマルチタレントの中島身依さんら7人の予備自衛官補採用者に対し、辞令書交付を行った。

中島さんはモデル、DJ、MCとして活動する一方、予備自補も志願し、採用試験に合格、式では採用者を代表して号令もかけた。

交付式では、赤岩英明地本長が一人一人に採用辞令書を手渡し、「皆、さまざまな経歴をお持ちだが、予備自を目指すという同じ志を持っている。計画的な履修に努め、一日も早い予備自衛官への任用を期待している」と訓示した。

予備自補の一人は、「仕事と自衛官の両立は大変だが、休みを利用して積極的に教育訓練に参加し、一日も早く予備自となって国防に貢献したい」と語った。

予備自　予備自補に任命
コロナ禍の中、教育訓練修了

札幌

【札幌】地本はこのほど、120教育大隊（真駒内）で予備自補教育訓練を修了した3人の予備自補（一般2人、技能1人）に対し、予備自衛官への任命辞令書を交付した。今年度の北方管内での公募予備自補の予備自任命は初めて。

技能予備自補は大学院生として勉学に励みながら10日間の教育訓練を、一般の予備自補2人は社会人や大学生として仕事や勉学に励みながら50日間の教育訓練をそれぞれ修了して予備自の資格を取得。札幌地本予備自衛官課長の平山恵美子事務官から予備自衛官の辞令書を交付された。

今年度は、新型コロナにより教育訓練の日程調整などで大きな影響を受けたが、3人の前向きな訓練への取り組みもあり、無事すべての教育訓練を修了した。

平山予備自課長（左）から予備自の辞令書を交付される細田了予備2士（12月7日）

「自衛隊を勧めてもらい感謝」
サッカー部ライバルの2隊員が母校広報

母校を訪問し、記念撮影する（左から）横浜地区隊の吉田勇太2陸曹、山田2士、大城教諭、中島2士（12月23日、県立新羽高校で）

神奈川

【神奈川】横浜地区隊は12月23日、今年度、横浜出張所から入隊した山田隆二2陸士と市ヶ尾募集案内所から入隊した中島和紀2空士の出身校・神奈川県立新羽高校を訪問する「母校広報」を行った。

二人は同じサッカー部出身で、ゴールキーパーのポジションを争うライバル同士だった。入隊した今では陸自と空自に分かれ、互いに切磋琢磨している。

母校では恩師の大城利恵子先生と懇談。先生は進路指導を振り返り、「自衛官になった教え子を何人も見ているが、成長した君たちを見て、自衛隊に送り出して本当によかった」と話すと、二人は「自衛官はやりがいがあります。自衛隊を勧めてもらって感謝しています」と語った。

制服姿の2人を見た後輩たちからは「先輩かっこいい！」と歓声があがり、二人は「後輩たちが自衛官を目指したくなる見本になれるよう自分たちも努力していきます」と力強く語った。

特輸隊WEB説明会を開催
京都

【京都】地本は12月7日、京都地方合同庁舎、福知山・宇治地域事務所と空自千歳基地をつなぎ、政府専用機の乗組員を希望する若者5人に対し、「空自特別航空輸送隊（千歳）WEB説明会」を開催した。

この説明会は政専機を運航する特輸隊の仕事内容や募集状況を広報し、受験・入隊意欲を高めてもらう目的で企画した。

参加者はまず特輸隊について説明を受け、続いて事前に用意した質問に対して、特輸隊の整備員とロードマスター（民間航空会社のCA）が回答した。

質問では「特輸隊員に求められる人材とやりがい」「選抜試験の倍率」「なりたい職種に就けなかった場合、どのようにやりがいを見つけているか」などで、特輸隊員への関心の高さが伺えた。

参加者は「特輸隊員になるには前向きな心と強い意志が必要だと感じた」「空自での厳しい訓練を経験した後に政府の活動や日本の外交を支える仕事に就けると実感した」「説明してくれた特輸隊の方がとてもかっこよく、強い方だと感じた。私のやりたいことは、空自でできると実感できた」などと語り、志望意欲を高めていた。

14普連基幹380人を急派

富山の養鶏場で鳥インフルエンザ

夜を徹して対処活動を続ける14普連基幹の隊員たち（富山県小矢部市で）＝いずれも統幕提供

西日本の各県などで発生し、陸自が対応に当たってきた鳥インフルエンザが1月22日、富山県小矢部市の養鶏場でも確認され、陸自14普連（金沢）を基幹とする対処部隊が災害派遣に出動、全力で鶏の処分に当たった。

24時間ローテーションで全力対処

石川県金沢市に隣接する小矢部市の養鶏場（飼育数約14万羽）で22日、鳥インフルエンザの発生が疑われ、検査の結果、翌23日、陽性が確定した。

大量の鶏の早急な処分が必要であるため23日午前8時、新田八朗富山県知事から根本勉14普連長に鶏の殺処分等の支援の災害派遣が要請された。

これを受け、部隊は活動準備を開始。隊員たちは10師団司令部の医務官による健康チェックを受け、防護服を着用。14普連を基幹とする対処部隊が現地に向け出発し、養鶏場に到着後、ただちに処置に取り掛かった。

5個部隊（各隊約50人、後方支援要員含む）計約380人態勢の対処部隊は、各隊がローテーションし、交代しながら昼夜を問わず24時間態勢で作業。炭酸ガスによる鶏の処分や処置した鶏の袋詰めなどに全力を尽くした。

自衛隊に割り当てられた殺処分が完了し、24日午後1時、知事から撤収要請が出され、対処部隊は活動を終了した。

鳥インフルエンザは昨年11月から今回にかけて、断続的に九州、中国、四国、関西、関東、北陸の計10県で発生。陸自西方、中方、東方の各部隊が出動し、それぞれ対処活動に努めている。

炭酸ガスで鶏を処分する対処部隊の隊員

こちら警務隊

窃盗・横領とは①

無形物も処罰対象　原因の一つは浪費

窃盗罪について教えて下さい。

窃盗罪は他人の物を盗む行為を罰するものであり、10年以下の懲役または50万円以下の罰金に処せられます。

窃盗の対象には、他人が管理している電気などの形が無い物も該当し、許可なく使用すると窃盗罪として同様に処罰されます。

窃盗を犯す原因には、ギャンブル等での浪費による金銭困窮が挙げられ、「収入に応じた生活をする」、「不必要な借金をしない」などの金銭管理がとても重要です。

また、窃盗の被害に遭わないためには、貴重品の管理を適切に行うことや外出時に確実に鍵を掛けることが大切です。

早速実践しましょう。

（西部方面警務隊）

52隊員が樹木伐採ボランティアに

沖縄募集案内所も

【沖縄地本】沖縄募集案内所の淵園悟1海曹と赤嶺あけみ2陸曹は12月19日、沖縄県北谷町の社会福祉協議会「ニライの里」が依頼した樹木伐採ボランティアに参加した。

北谷町家族会からの呼び掛けに応じた那覇駐屯地曹友会、白川、勝連両分屯地曹友会のレンジャー資格保有者、高所作業経験者ら計52人が参加した。

伐採現場は200坪の広範囲。樹木が急な斜面に生えているため、レンジャー経験者や施設隊員らが滑落防止のロープを体にくくりつけた上で、チェンソーを使い伐採した。

大雨の中での作業にもなったが、淵園1曹らは安全係の指導を受け、安全に最大限留意しながら朝から夕方まで黙々と伐採し、一件の事故もなく作業を完遂した。

「ニライの里」の関係者は「皆さまのひたむきに作業している姿とその能力の高さに感激しました」などと話した。

樹木伐採ボランティアに参加し、切り倒した木を運ぶ沖縄募集案内所の淵園1曹（左端）ら＝12月19日、「ニライの里」で

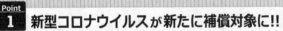

海田市（47、46普連）の秋本曹長ら
親子3人、職務に励む

親子3人そろって同一駐屯地で勤務する父・秋本真一曹長（中央）と長男・龍成士長（左）、次男・鴻明1士（右）＝海田市駐屯地で

「父を模範に」息子たち

【海田市】47普連連隊本部3科で先任陸曹として勤務する父・秋本真一曹長と、ともに46普連所属の長男・龍成士長、次男・鴻明1士の親子3人がそろって同じ海田市駐屯地に勤務している。

秋本曹長は息子2人について、「入隊を勧めたことはなく、家でも仕事の話はほとんどしたことがない。長男からは早い時期に入隊したいと聞いていたが、次男は高校の三者面談で（入隊の希望を）初めて聞かされ驚いた」と語る。

一方、龍成士長は「仕事の悩みを相談すると何でも答えてくれるので頼りになります」、鴻明1士は「父は兄と私の専属の射撃教官。射撃についての質問に的確にアドバイスしてくれ、心強い」と話す。

「困難を乗り越えろ」父

「自衛官の模範」の父の背中に憧れて入隊した2人に秋本曹長は「これから先、さまざまな困難なことが待ち受けていると思うが、一つ一つ乗り越え、理想とする自衛官像を描き、それに向かって頑張ってほしい」とエールを送っている。

防衛大臣感謝状を受賞

弘前市防衛協会　隊員に協力支援

防衛大臣感謝状を受賞した弘前市防衛協会の工藤会長（中央）と贈呈した亀山9師団長（左）。右は木原弘前駐屯地司令

【弘前】弘前市防衛協会（工藤武重会長）はこのほど、青森駐屯地で防衛大臣感謝状を受賞した。

同協会は創設以来半世紀以上にわたって自衛隊の必要性・重要性を唱え、地域住民の理解を得るとともに、防衛基盤の育成にも大きく貢献。

また、弘前駐屯地・駐屯地隊員に対し協力支援、激励を行い、士気高揚にも努めてきた。

感謝状は亀山慎二9師団長が贈呈。木原邦洋弘前駐屯地司令も立会した。工藤会長は「弘前駐屯地創立50周年の節目に防衛大臣感謝状を受賞できたのは駐屯地の皆さまと各方面でご活躍されている方々のおかげ。弘前市民の誇りです」と謝意を示した。

コロナ対策万全に

秋田駐屯地で成人式

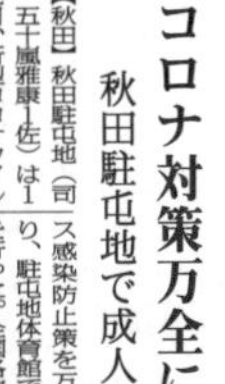
感染防止策を徹底して行われた秋田駐屯地の成人式で決意を表明する成人隊員代表（1月12日）

【秋田】秋田駐屯地（司令・五十嵐雅康1佐）は1月12日、新型コロナウイルス感染防止策を万全に取り、駐屯地体育館で成人式を行った。全国各地で成人式が延期、中止される中、秋田駐屯地は駐屯地内に起居する成人者に対象が限定されることなどから、万全の対策を講じた上で挙行。秋田県防衛協会の中泉松之助会長をはじめとする一部の来賓と各部隊長が参列する中、50人の新成人が式に臨んだ。

五十嵐駐屯地司令は「自衛官としての誇りを胸に、修養に励み、真に自立し、たくましく人生を歩んでいくことを期待します」と門出を祝った。

新成人を代表し堀江大鷹士長は、「国民、県民の皆さまから信頼を得られるよう日々努力します」と決意を表明。また、式典後、報道関係者の取材を受けた渡部桃音士長は、「失敗を恐れず何事にも挑戦していきたいと思います」と力強く答えていた。

15次海賊対処支援隊

50普連基幹　ジブチに到着

【14旅団＝善通寺】50普連基幹の15次派遣海賊対処行動支援隊は1月19日、ジブチ共和国に到着した。

派遣部隊は1月18日、大型バスに分乗して善通寺駐屯地から高松空港へ前進し、同空港内で野澤真中方総監、遠藤充14旅団長らに見送られ民間機に搭乗。成田空港からチャーター機で出国した。

ジブチに到着した隊員たちは、ジブチ国際空港北西地区に整備された自衛隊活動拠点で、新型コロナウイルス感染拡大防止のための2週間の隔離措置を経た後、同拠点で警備、維持管理などに当たる。

小休止

▽…陸自13普連は1月14日、2月上旬に予定される12旅団炊事競技会に向けて松本駐屯地で第3次炊事練成訓練を行った。

▽…連隊は一昨年度の惜敗を受けて、年度当初から「優勝」を目標に掲げ各種野営を最大限に活用し炊事能力を積み上げてきた。今回は選抜された8人が本番に準じた実施要領で調理し、6人の審査員に試食してもらった。

▽…メニューはトンカツ。味だけでなく具材の切り込み＝写真＝、盛り付けの色合いにも気を配るなど工夫を凝らしてこん身の〝勝負飯〟を完成させた。「普段は食でサポートする立場だが、今度はこれで勝つ（カツ）！」と炊事長の安田一道3曹は鼻息荒く語っている。

（松本）

あさぐもドンマイS　吉本どんど

お客様を満足させられるスープができなかったので本日休業します

沖縄・宮古島駐屯地の魅力

マリンスポーツを始めては

1陸曹　水谷　隆弘（7高特群1科・広報陸曹）

宮古島は沖縄本島から南西に約300キロ、東京から約2000キロに位置し、大小六つの島で構成されています。人口は約5・5万人で、大部分は島の北西に位置する平良地区に集中しています。

教育環境は小学校20校、中学校15校、高校4校があり、幼稚園等も17カ所設置されています（令和2年12月現在）。医療施設（病院）は総合病院（全科対応）2カ所をはじめ多くの病院・診療所・歯科医院があり、安心して生活をすることができます。

島と本土を結ぶ交通機関の状況ですが、宮古空港から那覇空港を経由して本土の各空港に向かいます。宮古島からの直行便は羽田、関西国際、中部国際空港があり、期間限定ですが福岡空港にも運航しているほか、2019年4月、下地島空港が商業用として開港し、東京、大阪との直行便が就航しています。

陸上自衛隊宮古島駐屯地は、佐藤慎二1佐（宮古警備隊長兼宮古島駐屯地司令）の下、南西諸島の防衛を任務とし、約700名の隊員が勤務しています。駐屯地は宮古空港から東に約4キロ離れた島のほぼ中央に位置し、宿舎については千代田宿舎と平良第1宿舎が国設宿舎として整備されており、このほか民間のアパート等が一般借受宿舎として契約されております。

駐屯地から車で20分圏内に商業施設や公園、ゴルフ場、ビーチなどの観光スポットがあり、家族とともにふだんの島の生活を十分に楽しむことができます。

宮古島駐屯地は「特地官署」に指定されており、特地勤務手当、特地勤務手当に準ずる手当が支給されます。併せて異動者には広域移動手当、単身赴任者には単身赴任手当が支給されます。これも宮古島駐屯地で勤務する一つの魅力といえると思います。

宮古島と聞いて、「離島で遊興事があまりないのでは？」と思われている方が多いと思いますが、島内では年間30回を超えるイベント（マラソン、祭り、ビーチ・パーティーなど）が計画されており、1年間を通して島の生活を楽しむことができます。美しい海でマリンスポーツなどを始めてみてはいかがでしょうか。

全国の陸上自衛官の皆さん、自然豊かな宮古島でぜひ一緒に勤務しませんか？

皆さんの来島をお待ちしております。

南国デザインの宮古島駐屯地。門の上にはシーサーも

美しい海　美味しい食べ物　フレンドリーな人々

一緒に勤務しませんか

地元食材、毎日美味しく

陸曹長　大宮　昭（102高直支大・2直接支援中隊）

私は令和2年3月の転属で、長崎県の竹松駐屯地から沖縄県の宮古島駐屯地で勤務することとなりました。沖縄自体、初めてというわけでもなかったので、特に構えることなく宮古島へ移動しましたが、よく考えると沖縄の夏は未経験で、朝6時の熱風から始まり、肌に突き刺さる直射日光を浴び、夜になっても温度が下がらない熱帯夜を過ごして次の日の朝を迎えるというサイクルに少しずつ慣れていき、もうすぐ1年が過ぎようとしています。

生活面では、島は硬水という種類の水で、最初はお腹がゆるくなっていましたが、いつの間にか慣れ、今では何も感じなくなりました。食事も「宮古そば」をはじめ、地元のソウルフードも私にはよく合い、美味しくいただいています。また、島特産の泡盛（あわもり）も毎晩美味（おい）しくいただいています。

最後に、沖縄の人はみんな優しくて独特のイントネーションに癒やされ、毎日を楽しく過ごせています。皆さんも一度は宮古島で勤務してみてはいかがでしょうか？

地域の人々が魅力的

2陸曹　児玉　千春（5地対艦連・302地対艦ミサイル中隊）

私は令和2年8月の定期異動で宮古島駐屯地の第302地対艦ミサイル中隊に配置になりました。

連隊内ではありますが、初めて経験する異動で、当初は期待や楽しみよりも不安の方が勝っていました。

いざ宮古島駐屯地での勤務が始まり感じたのは、宮古島の暑さに負けないくらいの周りの人の温かさと優しさでした。職場の同僚はひとりで異動してきた私に優しく接してくれ、また指導もしてくださり、本当に有難さを感じています。

前の職場でも頑張ってきましたが、今の職場でもより一層成長できるよう、また宮古島に来てよかったと思えるよう日々感謝の気持ちを忘れず精進していきたいと思います。

宮古島では職場の同僚だけではなく、地域の方々の温かさも感じます。お店に行けば多くの方がフレンドリーに話しかけてくださり、とても親しみを感じました。宮古島はきれいな海や自然、温暖な気候が魅力ですが、地域の方々も同じくらい魅力的です。

これからもっと宮古島の魅力を見つけて楽しみ、この島の良いところを発信し、宮古島駐屯地での勤務を充実させていきたいと思います。

OBがんばる

今を丁寧に過ごす

佐野　敏幸さん　61
平成25年4月、海自4整備補給隊（厚木）運用班を最後に定年退職（曹長）。NECファシリティーズに再就職し、相模原ファシリティマネジメント事業部で警備員を務めている。

私は平成25年4月に定年退官し、同月、NECファシリティーズに再就職し、警備員としてNEC相模原事業場に配属されました。

ここでの業務は日勤や夜勤を含むシフト制で、日々来場するお客さまの受付対応や事業場内各施設の巡回警備を担当しています。

入社から7年8カ月となり、昨年、60歳で「第2の定年」を迎え、希望による延長雇用で65歳まで勤務することとなりました。健康であれば希望によりさらに70歳までの延長も可能です。

自衛官の心構えとして、通称「しこせきだん」（使命の自覚、個人の充実、責任の遂行、規律の厳守、団結の強化の頭文字をとったもの）を教育されてきましたが、現在の会社勤務でもこれらは生かされています。

施設警備員として、不慮の事故から財産とお客さまの生命を守る「使命を自覚」し、入社以来教育を受け、消防設備士等の資格取得による「個人の充実」を図っていること。事業場内の保安要員でありつつも、サービス業の側面を要する業務としての「責任を遂行」するとともに、「規律を厳守」し、施設内の秩序の維持に寄与すること。そして、警備センターの一員としてコミュニケーションをとり、職場内の良いチームワークを醸成すべく目指す「団結の強化」を図ることです。

また、入社後の消防訓練や基本教練の訓練では、海上自衛官としての経験をそのまま生かすことができました。ただ、自衛官であった頃との違いとして来客への対応があり、入社当初は来客者に対して言葉づかいなどに慣れず緊張していましたが、経験を積むことで接客スキルも向上したように感じています。

このように、自衛隊での勤務経験は再就職先でも直接的、間接的に生かされます。再就職される皆さまもこのことを肝に銘じ、今の時間を丁寧に過ごすとともに、新しい物事へも物怖じせず、積極的に挑戦していってください。

みんなのページ

(世界の切手・ギルバート・エリス諸島)

機会が人を見捨てるよりも、人が機会を見捨てることのほうが多い。

フランスのことわざ

朝雲ホームページ
www.asagumo-news.com
＜会員制サイト＞
Asagumo Archive
朝雲編集部メールアドレス
editorial@asagumo-news.com

新刊紹介

「戦争と指揮」

木元　寛明著

危機的な状況でリーダーはどう動くべきか？

本書は陸自71戦連長、富士学校機甲科部副部長、幹部学校主任研究開発官などを歴任し、退官後は民間企業で幹部教育を担ってきた元陸将補の著者が、ナポレオンやロンメルなど各国の名将の思想や米軍の最新マネジメント理論などを駆使して「最善の指揮」について述べたリーダー論だ。

古今東西の戦例や米教範「フィールドマニュアル」などを基に、危機においてこそ、その能力を発揮できる指揮官のあり方について、過去のさまざまな実例を引きながら有事に即応できる「指揮の本質」を明らかにしている。

「指揮の実行（状況判断）」「指揮官の位置」「エリートの義務」「指揮と通信の変遷」などの章で構成され、若者に向け分かりやすく解説するが、ハイテク時代になっても指揮そのものの本質は変わらないと述べる。どのような環境においても「人と人のつながり」こそが基本で、濃密な人間関係がなければ戦場という不条理の世界では戦えないとする。

そしてリーダーとして上に立つ者は、すべからく「ノブレス・オブリージュ（高貴なる者の義務）」の気構えが必要であると説いている。

（祥伝社刊、968円）

「20世紀の世界航空戦史」

第1次世界大戦から湾岸戦争まで

秦　郁彦編

防衛省はいま空自F2戦闘機の後継となる次期戦闘機の開発に着手している。莫大な予算を投入しての開発となるが、それは戦闘機こそ戦争の帰趨（すう）を決するスーパーウエポンであるからだ。本書は過去100年の航空機の戦史を振り返り、空での激闘の主役を担ったグラマン、スピットファイアー、F4ファントムなど世界30数カ国の空軍機とパイロットたちの戦いぶりを網羅した決定版だ。

本書では昭和62年刊行の『第2次大戦　世界の戦闘機隊』（酣燈社）の執筆陣が再結集し、第1次大戦から1991年の湾岸戦争までの戦闘機、爆撃機、艦載機などの航空戦を取り上げる。400ページ超の大著で、使用する写真・図版も500点以上あり、ページをめくっていくだけで過去の航空戦の概要が理解できる。各国空軍の「エース列伝」なども収録、最先端技術と人の合体芸術――それこそが時代を代表する航空機であることが分かる。

（潮書房光人新社刊、4290円）

朝雲・栃の芽俳壇

畠中草史　選

雉飛んで視界の雪野かがやかす　江別・陸OB　鎌田日出雄

雉は留鳥で四季を通じて見られる。真っ白で単調な視界の雪野が雉によって一瞬輝いた。

初日の出秩父連山朱に染めて　熊谷・空OB　蓮佛志向子

東の初日、西の秩父連山の間が立ち位置。初日を拝して振り返ると朱に染まる連山。

杉玉の蒼枯の色の年詰まる　宮崎・空OB　高木　智念

いつの間に後ろ暮れたる焚火かな　大津・陸OB　丸岡　正男

自動扉にすべり込みたる枯葉かな　浜松・空OG　岩城　節子

蹲踞の水細々と実千両　浜松・空OB　宮本　立勇

食卓に朝日差し入る寒卵　町田・陸OB　岩原　滋利

数へ日や床屋のおばさんよく喋る　富谷・陸OB　加川　師亨

雪のなき富士の高嶺や今朝の春　館山・海OB　斎藤　一向

おでん鍋妻のこの味六十年　新座・陸OB　船田藤三郎

はやぶさの凍星を背に帰還せり　あきる野・一般　小和田一男

コロナ禍の無病を祈る初詣　熊谷・空OB　工藤　敏雄

目で追へぬ高さに消えて雪蛍　浜松・空OG　木通　佳子

自づから落ちる時あり寒椿　熊谷・空OG　佐藤　玲美

冬うらら八十路の母の手を引いて　横浜・一般　福本　祥子

混む前の一足先の初詣　熊谷・空OB　明田　眞雅

四つ割りの白菜ひろげ縁にほす　浜松・空OG　鈴木和歌恵

礼交わし無言で進む初詣　熊谷・空OG　関田　絹江

煮含めて冬至南瓜の艶やかに　相模原・海OG　折口　桂子

次の音の鳴る間は無為や除夜の鐘　熊谷・空OG　福元万理子

遠富士もスカイツリーも寒の入　相模原・一般　森　謙二

すつぽりと戦車を潜めゐる枯野　札幌・陸OB　坂元　順一

故郷の海一望の蜜柑山　佐賀・陸OB　一ノ瀬恵昭

迷ひつつ十日も過ぎし初詣　熊谷・空OG　関谷　桂子

選者作品

指先に血のめぐりきし初湯かな

投句歓迎！

▽郵便はがきの裏面に未発表の自作3句以内と氏名、年齢、職業（自衛官・事務官＝所属部隊＝、OB、家族、一般など）、住所、電話番号を記入▽締め切り毎月15日▽宛先＝〒162―8801東京都新宿区市谷本村町5の1　防衛省D棟市ヶ谷記者クラブ朝雲俳句係☎03（5225）1750、専用線8・6・25515

詰碁

第1252回出題

出題　日本棋院　九段　曲　励起

黒先

『隅の黒はどうなりますか。最初の手と三手目が大切です』。5分でできれば中級です。

▶詰碁、詰将棋の出題は隔週です◀

詰将棋

出題　日本将棋連盟　九段　石田　和雄

	5	4	3	2	1	
			と		香	一
		飛		玉		二
		歩	歩			三
				角	飛	四
				歩		五
						六

▲先手　持駒　香

≪第836回の解答≫

【正解】▲2三香△同玉▲1三角成△同香▲2四飛△1二玉▲2一飛成までの七手詰め。

【解説】▲2三香から1三角成が手筋の迫り方。そして次に▲2四飛から2一飛成と飛を活躍させれば、平易な詰み。

なお二手目△3一玉とと金を払うのは▲1一飛成以下駒余りの早詰み。

朝雲

発行所 朝雲新聞社
〒160-0002 東京都新宿区四谷坂町12-20 KKビル
電話 03(3225)3841
FAX 03(3225)3831
振替00190-4-17600番
定価一部170円、年間購読料9170円（税・送料込み）

本号は10ページ

- 2面 3幕長が各軍トップとリモート会談
- 3面 自衛隊の第一線で活躍する女性隊員
- 4面 揺れ動く米中台関係 防研・門間氏
- 5面 （厚生・共済）退職時の共済手続き
- 6面 （厚生・共済）中部事が働き方改革
- 7面 （地方防衛局）塀をフェンスに改修
- 8面 全面広告
- 9面 陸、空自が全力で災害派遣
- 10面 〈みんな〉対コロナ お茶でうがいを

英空母、今年中にアジアに
防衛協力推進で一致
日英が第4回「2プラス2」

日英両政府は2月3日、第4回外務・防衛担当閣僚協議「2プラス2」をテレビ会議形式で開き、「自由で開かれたインド太平洋」の実現に向けてさらに協力を進展させていくことで一致し、共同声明を発表した。会談で英国側は今年中に英海軍空母「クイーン・エリザベス」を旗艦とする空母打撃群を東アジアを含む地域に展開させることを表明。これに対し、日本側は歓迎の意を示した。岸防衛相は会談の冒頭、「我々4人が共にリーダーシップを発揮し、長い歴史と伝統のある日英関係を『新たな段階』に押し上げていきたい」と意気込みを述べた。

中国の「海警法」に懸念

日英「2プラス2」は2015年1月（ロンドン）、16年1月（東京）、17年12月（ロンドン）に続き4回目。日本側から茂木敏充外相、岸信夫防衛相、英国側からドミニク・ラーブ外務・英連邦・開発相兼首席大臣、ベン・ウォレス国防相が出席した。

今回は世界的な新型コロナウイルスの感染拡大を受けてテレビ会議方式となり、日本時間3日午後7時～9時（英国時間同日午前10時～正午）まで約2時間行われた。会談後の記者発表や会見は行われなかったが、会談内容をまとめた共同声明が発表された。

報道陣に公開された会談の冒頭、岸大臣は「航行の自由、上空飛行の自由は、共に『海洋国家』である日英が共有する重要な価値観だ」と述べ、両国が「グローバルな戦略的パートナー」として、さらに防衛協力を深化させていく必要性を強調した。

さらに岸、茂木両氏は、中国で海上警備を担う海警局に武器使用権限を付与した「海警法」が2月1日に施行されたことについて「国際法に反する形で適用されることはあってはならない」と懸念を伝えた。

英国側は、今年中に新型空母「クイーン・エリザベス」を旗艦とする空母打撃群を東アジアを含む地域に展開させる意思を表明。ウォレス国防相は「日英はこれまで『協力』と『一致』をもって関係を進めてきた」と述べ、英空母の派遣を通じて両国間のさらなる安全保障協力の強化に貢献していく考えを説明した。

これについて日本側は、英国のインド太平洋地域へのさらなるコミットメント（責任ある関与と約束）を示すものとして歓迎。4氏は「自由で開かれたインド太平洋」の実現に向けた協力の一環として、英空母の派遣を機に日英部隊間で共同訓練を行う方向で調整していくことを申し合わせた。

4氏は共同声明の中で、東・南シナ海情勢について「深刻な懸念」を表明。海洋進出を強める中国を念頭に、力を背景とした一方的な現状変更の試みに強く反対するとともに、法の支配に基づく「自由で開かれた海洋秩序」の重要性を再確認した。

その上で、国際法に従った紛争の平和的解決の重要性を指摘。全ての海洋権益に関する主張は「国連海洋法条約の関連規定に基づかなければならない」ことを強調し、こうした観点から、中国の「海警法」についても意見を交わした。

一方、北朝鮮の核・ミサイル開発をめぐっては、全ての大量破壊兵器と弾道ミサイルの「完全で検証可能、かつ不可逆的な廃棄」に向けた国際社会の連携の必要性を改めて確認。北朝鮮関連船舶による違法な「瀬取り」に対する警戒監視活動についても実践的に協力していく方針をすり合わせた。

共同声明ではこのほか、宇宙やサイバー、経済安全保障の課題について緊密に協議し、協力強化を図っていくことなどが盛り込まれた。さらに、海自と英海軍の間で今年1月、「海洋安全保障協力の深化に係る取り決め」が署名されたことに期待感を示した。

㊤テレビ会議形式で東京の外務省から日英「2プラス2」に臨む（右から）岸防衛相、茂木外相。㊦ロンドンから参加する（右から）英国のラーブ外相、ウォレス国防相（2月3日）＝防衛省提供

日英間の主な防衛協力

年月	内容
2004年1月	防衛協力覚書署名、12年6月改定
2013年7月	「情報保護協定」署名、「防衛装備品・技術移転協定」署名・発効
2014年1月	「情報保護協定」発効
5月	日英首脳会談（英国）
2015年1月	第1回「2プラス2」（英国）
2016年1月	第2回「2プラス2」（日本）
10～11月	日英初の2国間戦闘機共同訓練「ガーディアン・ノース16」（日本）
2017年1月	「物品役務相互提供協定（ACSA）」に署名。8月発効
8月	日英首脳会談（日本）で「安全保障共同宣言」を発表。メイ首相が護衛艦「いずも」視察
12月	第3回「2プラス2」（英国）
2018年8月	海自と英海軍が初の共同訓練（日本南方海域）
9～10月	初の陸軍種間共同訓練「ヴィジラント・アイルズ」（日本）
2019年5月	英陸軍のUNMISS派遣前訓練を陸自が支援、PKO分野で初の陸軍種間専門家交流が実現
9～10月	第2回陸軍種間共同訓練「ヴィジラント・アイルズ」（英国）
2020年8月	海賊対処共同訓練（アラビア海北部）
2021年2月	第4回「2プラス2」（テレビ会議）

2021年度防衛費
重要施策を見る 〈4〉
空自
スタンド・オフ能力を強化

井筒俊司空幕長は本紙の年頭あいさつで、「スタンド・オフ（敵部隊からの脅威圏外）防衛能力等の強化を引き続き行っていく」と決意を表明した。その言葉通り、空自の21年度予算案では、スタンド・オフ防衛能力強化の要となるF35A/Bステルス戦闘機とその搭載ミサイルなどの増強に力を入れたものとなった。

侵攻してくる敵艦隊などに対し、相手の対空ミサイルなど脅威圏外から発射可能な長射程のスタンド・オフ・ミサイルとして米国製「JSM（ジョイント・ストライク・ミサイル）」を149億円かけて取得する。JSMを搭載できる通常離陸型のF35Aを4機（391億円）、海自の「いずも」型護衛艦から発艦できるSTOVL型のF35B2機（259億円）も整備する。

電磁波領域の強化では、航空戦術教導団電子飛行測定隊（入間）に配備されている最新の電波情報収集機RC2の搭載装置を69億円で取得する。これにより受信電波周波数の範囲を広げ、遠く離れた航空目標についても情報収集・分析能力を高める。

対空ミサイルの分野では、従来のPAC3よりも広い範囲で弾道ミサイルを迎撃できる能力向上型迎撃ミサイル「PAC3MSE」を取得（356億円）。さらに同時・複数のミサイル攻撃などへの対処能力を高め、常続監視態勢を強化するため自動警戒管制システム（JADGE）の能力も強化する（221億円）。

宇宙分野では昨年5月に発足した宇宙作戦隊を隷下に置き、指揮統制を行う「宇宙作戦群」（仮称）を府中基地に新編。宇宙空間で不審な衛星などを監視するSSA衛星（宇宙設置型光学望遠鏡）の整備に175億円を計上し、26年度の打ち上げを目標に、設計などに着手する。さらにSSA衛星の複数運用に関する概念を検討、民間による衛星運用サービスの調査も行う。

医療・衛生の分野では、自衛隊病院の拠点化・高機能化に向け「自衛隊入間病院」（仮称）を21年度末に整備する。これに伴い、三沢、岐阜病院を廃止し、診療所化する。また、空自那覇病院の陸自への管理移管に伴い、備品を調達する（2億円）。

基地のネットワーク環境の整備では、第5世代移動通信システム（5G）導入に向け、千歳基地などに5Gネットワークを仮設して利用環境を整備し、基地のスマート化に向けた実証実験を行う（4億円）。

空自の21年度予算案は前年度当初予算比9・4％減の1兆1237億円となった。新年度も継続して宇宙領域をはじめとする各種機能を高めていく。

（古川勝平）

入間基地に配備された空自の電波情報収集機RC2。21年度予算では情報収集能力を強化するため、搭載装置を取得する

朝雲4賞
板妻が最優秀掲載賞2連覇
写真賞にブルー感謝の飛行

昨年1年間、本紙に掲載された部隊等からの優れた投稿を4部門にわたって表彰する令和2年の「朝雲賞」の受賞部隊・個人等が2月5日、選考委員の選出により決定した。

「朝雲賞」の対象は、全国の部隊、地本等から寄せられた約3500件の記事・写真・個人の所感文で、各部隊の「朝雲モニター」の意見を参考に67件がノミネートされた。

選考委員は内局広報・厚生両課長、広報課先任部員・報道室長、厚生課福利厚生調整官・先任部員、統幕総括副報道官、陸海空各幕広報室長・厚生班長、朝雲新聞社社長・編集局長の計15人。ノミネート作品の中から「掲載賞」「記事賞」「写真賞」「個人投稿賞」の4部門の優秀作品を選出した。

最も多く紙面を飾った「掲載賞」は、陸自板妻駐屯地が昨年に続き最優秀賞に選ばれ、次いで陸6、海3、空3、地本3、地方防衛局1の部隊等が優秀賞となった。

「記事賞」は海自1術校（江田島）の「学校給食に海自カレー」（5月14日付6面）が最優秀賞に。地元特産品などを使用した「江田島海自カレー」を学校給食として認定した内容で、食文化を通じた1術校長と児童たちとの触れ合いが高く評価された。

「写真賞」は「ブルーインパルス、伝統守りさらに〝上昇〟」（6月25日付7面）が最優秀賞となった。空自のブルーインパルス（4空団11飛行隊、松島）が新型コロナ感染症患者の治療などに当たる医療従事者への感謝と敬意を伝えたフライトの写真で、東京スカイツリーを眼下にスモークを描く1枚が選ばれた。

「個人投稿賞」の最優秀賞は、空自3補処（入間）の入口知美士長の所感文「『任期付自衛官』で現場復帰！」（3月26日付8面）。育児のため任期満了退職した入口士長が子育てを終えて任期付で自衛官に復帰した内容で、自衛官となった3人の息子と一緒の写真も高く評価された。

各賞に選ばれた部隊・個人等には後日、表彰状と記念品が贈られる。受賞部隊の詳細は2月25日付本紙に掲載の予定。

海自潜水艦 そうりゅう
民間商船と衝突
艦橋、潜舵など損傷

2月8日午前10時58分ごろ、海自潜水艦「そうりゅう」（1潜群5潜隊＝呉）が高知・足摺岬沖で訓練中、民間商船と衝突した。

潜航中の「そうりゅう」が同岬の南東約43キロの海域で露頂深度まで上昇中、海上を航行していた民間商船と接触。「そうりゅう」は艦橋、アンテナマスト、潜舵などを損傷、乗員3人が軽傷を負った。自力航行は可能な状態だった。

菅首相は関係省庁に、▽民間商船の安全確認と救助活動▽国民への情報提供――などを指示した。

海上保安庁が「そうりゅう」と接触したとみられる船舶に対して連絡したところ、「衝突した振動はなく、船体にもダメージはない」と説明したという。海自は午後2時40分、海幕監察官の小峯雅登将補を委員長とする調査委員会を設置し、原因究明に当たっている。

「そうりゅう」は午後11時21分、海保の指示で高知港に入港。海自は警戒のため潜水艦救難艦「ちはや」と多用途支援艦「げんかい」を現地に向かわせた。

岸防衛相は同日夜の記者会見で「関係機関と連携を図りながら、全力を挙げて対応していく」と述べた。

山村海幕長は翌9日の定例記者会見で、岸大臣から全ての潜水艦の露頂手続きに関する安全点検と同種事故の再発防止の指示を受けたことを明らかにした上で、「潜水艦隊司令官に、①露頂作業要領の再確認②過去の教訓等を含めた安全教育③上級者による艦内体制、知識・技量の再確認――の三つを指示した。今後は海保の捜査に全面的に協力するとともに、海幕に設置した事故調査委員会を通じて事故の原因を究明し、事故の再発防止に取り組んで参ります」と語った。

春夏秋冬

21世紀の日英同盟

小谷 賢

EUから完全に離脱した英国は、グローバル・ブリテン戦略を掲げて世界中に打って出る方針のようである。EUに加盟していた時とは異なり、今や英国は独自の判断で国際条約を締結できるようになったため、その動きは活発化している。2月1日に英国は環太平洋パートナーシップ協定（TPP）への加盟申請を公式発表し、アジア太平洋地域との経済的繋がりを強める動きに出た。

安全保障の分野においては、次年度内に空母「クイーン・エリザベス」を中心とする空母打撃群のインド太平洋への展開が計画されており、日米合同軍事演習にも参加する見通しだ。さらに日米豪印4カ国が参加する多者安保協議体「クアッド」に英国を加えて「クインテット」とする案も浮上している。

このように英国は経済・安全保障分野で、アジア太平洋地域への関与を強めている。もちろん英国側にも様々な思惑はあろう。元々、英国はアジアに多くの植民地を有していたため、今でも英連邦諸国との結びつきは強い。1968年に英国は「スエズ以東からの撤退」を合言葉に欧州との結びつきを強めていったが、それから半世紀を経て再びスエズ以東に戻ってきたのだ。さらに香港で強権を振るう中国に対して睨みを効かせる必要性も生じているのだろう。

日本からすれば、この100年間で最も英国との距離が近づいている印象だ。1921年のワシントン会議では日英同盟の破棄が決定され、その後、両国は太平洋戦争で戦うことになった。戦後の日英関係は専ら経済分野に限られ、安全保障の分野ではそれほど連携することはなかった。しかし今や英国の方から日本に対して経済・安全保障分野での協力を積極的に求めてきている。

ただし、それがかつての日英同盟のようにはならないだろう。今や、日英2カ国が組んだところで、米中に比肩するような国力とはならないからだ。そうなると日英はTPPのような多国間協定の中で連携していくことが現実的であり、その延長上に日本の「ファイブ・アイズ」加盟がある。既に昨年9月には英国のジョンソン首相が日本を加えて「シックス・アイズ」にしたいと秋波を送ってきた。日本もこの機会を逃さず、前向きに検討していくべきだと思う。恐らく21世紀の日英同盟は、経済・安全保障領域における複数の多国間協定、といった形をとるのではないだろうか。

（日本大学危機管理学部教授）

朝雲寸言

2月11日は「建国記念の日」である。日本書紀にある神武天皇の即位日、紀元前660年1月1日（旧暦）を新暦に換算した日付をもって「紀元節」としたのは明治6年の事だった▼戦後の占領時期に「紀元節」は廃止されたが9回の法案審議を経て1966（昭和41）年祝日に制定された。これほど時間がかかったのは各政党で国家建設の日の概念が異なっていたからである▼現行憲法の制定日5月3日を建国の日と主張する党もあった。聖徳太子が「十七条の憲法」を制定したとされる4月3日を主張する党もあれば、サンフランシスコ講和会議で日本が主権を取り戻した4月28日にすべきという政党もあったという▼独立や革命など明確な建国の期日が定まっている国がある一方で、我が国の建国の期日は明確ではないと見ることもできる。そこで調べてみた▼世界における「国家の日」で一番多いのは何と言っても独立記念日や革命記念日であった。これは我が国に当てはまらない。憲法[illegible]今上陛下の誕生日は「建国記念の日」と同じ月にある。

時の焦点

国内　緊急事態延長

今一度気を引き締めて

緊急事態であることに慣れ、緩みが出ては、「我慢」を続ける意味がない。この延長期間になんとしても感染を抑え込むという、国民一人一人の意識が大切となろう。

新型コロナウイルスの感染拡大を受けて発令された緊急事態宣言が、3月7日までに延長された。栃木県だけは解除され、東京都や大阪府など10都府県が対象である。

新規感染者数は減少傾向にあるものの、病床の使用率はなお厳しい水準にある。拙速に解除するのではなく、一層の状況改善を目指すのは当然だろう。

菅首相は記者会見で、「国民の皆様にもうひと踏ん張りしていただき、感染の減少傾向を確かなものにしなければならないと判断した」と強調した。コロナ対応について「私も日々悩み、考えながら走っている」と率直に語った真摯な姿勢は、国民の多くにも届いたのではないか。

不要不急の外出自粛や、飲食店の営業時間短縮を要請するなど、対策の骨格は変わらない。当初の説明で「外出自粛は夜間だけでいい」という誤解を呼んだ反省を踏まえ、明確に「日中を含めた不要不急の外出自粛」を求めることにした。

緊急事態宣言を解除する目安として、首相は、新規感染者数が「東京で1日500人」「大阪で1日300人」を下回ることなどを挙げた。

これに対し、医療関係者などからは、「感染者数をもっと減らさないと、解除後すぐに元に戻りかねない」と早期解除を警戒する声も出ている。

目標の水準は異なっても、両者の考え方は、必ずしも相いれないものではあるまい。

2カ月を超えて社会・経済活動を停滞させるのは影響が大きい。他方、会食時にマスクを外して会話するなど、感染しやすい状況は判明している。一人一人が徹底的に注意すれば、緊急事態を再度延長しなくとも、首相が示した目標より感染者数を減らすことは十分に可能ではないか。

通常国会では、コロナ対策を強化するため、新型インフルエンザ対策特別措置法や感染症などの改正法が成立した。13日に施行され、休業や営業時間短縮の命令に応じない事業者や、入院を拒否した感染者に対し、過料を科すことができるようになる。

与野党協議で罰則規定を弱める修正を行い、迅速に成立させたことは評価できよう。もともと飲食店は数も多く、罰則を細かく適用していくのは現実的ではない。感染を封じ込めるという目標に向けて、幅広く協力するという機運を高めたい。

愛知県や岐阜県など、感染状況が改善している一部地域では、3月7日の期限を待たずに宣言を解除することが検討されよう。

コロナの完全な収束がいつになるか、先行きは依然不透明だ。だが、行動に気をつければ、かなりの程度感染は抑制できる。今一度気を引き締めて、毎日を過ごしたい。

宮原　三郎（政治評論家）

海外　世界どう変化

米政権の「重し」不在で

過激派組織「イスラム国（IS）」は軍事的に敗北し、組織として壊滅した。テロ支援国家イランは、西側の制裁で経済がほぼ壊滅的状態だ。

米国に対し敵意むき出しできた北朝鮮は、姿勢を抑制気味の印象で、中東で不可能とされた和平の動きも広がりつつある。

トランプ前政権の「力」に基づく外交戦略が、「危険な世界」の拡散を何とか防いできた形だが、今後の展望はあまり明るくない。

ロシアのプーチン大統領にとって、冷戦は決して終わっていない。「可能なら、ソ連崩壊の歴史を変えたい」（18年3月記者会見）との心情は、ソ連復活のビジョンを描く。

同国は08年3月、かつての衛星国グルジア（現ジョージア）に侵攻し、グルジアからの独立を求めていた2州を〝奪還〟し、独立を承認した。米国がイラク問題に忙殺されていた隙だった。

14年2月、ウクライナに親米政権が誕生。ウクライナ南部のクリミアに海軍基地があるロシアは、駐留継続のため軍を投入、クリミアを併合した。「21世紀に欧州の国境は武力で変更できない」（オバマ米大統領）という空疎なセリフなど歯牙にもかけなかった。

ロシアはウクライナの分離独立主義者に武器を供与し、自国部隊を国境沿いに集結している。西側の危機認識次第では、いずれ東欧に再び鉄のカーテンが下りることになろう。

中国の習近平国家主席のビジョンは、新たな超大国になることだ。軍事支出は米国に次ぐ世界2位。しかし、米軍と違い、兵士に「白人の特権の否定」を教育するような無駄遣いはしない。

覇権政策を否定しても、現実には、全アジアを中国に同化させる政策を続けてきた。チベットが近代で最初の犠牲で、中国の支配下で120万人が殺害された（チベット仏教の最高指導者ダライラマ14世）。

中国は新年早々、香港で50人以上の民主活動家らを国家安全維持法違反の容疑で逮捕した。政治でタイミングが偶然ということはめったになく、この弾圧も偶然ではない。トランプ政権という〝重し〟が除かれたためだ。

香港の民主化弾圧の後は、台湾に照準が合わされるが、ここでも、唯一の障害だったトランプ政権の交代は、中国にとって好機。

「1月24日、中国軍の戦闘機15機が台湾本土と南シナ海のプラタス諸島の間を飛行し、台湾領空で活発に活動した。23日にも爆撃機8機と戦闘機4機が同じ領空を飛行した。タイミングと、大半が戦闘機と爆撃機という編隊構成は米新政権へのメッセージ」（25日・FOXニュース）

中国国防省スポークスマンは28日、現在の安保情勢に照らしてこの軍事活動は必要と強調、「台湾独立は戦争を意味する」と威嚇した。（同日・ロイター通信）

地球温暖化が世界平和に最大の脅威とかいう報告書を発表（国防総省）している時ではないのではないか。

草野　徹（外交評論家）

3幕僚長がリモート会談

インド太平洋各国軍トップと

コロナ禍で要人の往来ができない状況下、自衛隊の幹部はテレビ電話などリモートで外国軍トップと会談を重ねている。陸幕長は米陸軍、海幕長はチリ、米、オーストラリア各海軍、空幕長はカナダ空軍のトップとそれぞれテレビ会談を行った。

陸自と米陸軍の対処力一層強化

湯浅陸幕長は2月2日、米陸軍参謀総長のジェームズ・マッコンビル大将とテレビ会談を行った。

両者は会談で、米国のバイデン新政権発足後も引き続き、陸自と米陸軍間の防衛協力をさらに深め、日米同盟を基軸とした抑止力・対処力を一層強化させる方針で一致した。

チリ海軍と協力関係強化で一致

山村海幕長は1月26日、チリ海軍司令官のフリオ・レイヴァ・モリーナ大将とテレビ会談を行い、両部隊の協力関係を一層強化することで一致した。

両国の防衛交流は、チリ海軍の遠洋練習帆船「エスメラルダ」が来日した際、海自艦艇がホストシップを務め、乗員同士が各種行事を通じて親交を深めている。

会談で両者は「自由で開かれたインド太平洋」の実現に向け、同じ価値観を共有している日本とチリがさまざまな分野で協力していくことを確認した。

◇

山村海幕長は同29日、米海軍太平洋艦隊司令官のジョン・アクイリノ大将、豪海軍本部長のマイケル・ヌーナン中将と3者でテレビ会談を実施した。3者は昨年11月にインド洋で行った日米印豪共同訓練「マラバール2020」の成功をたたえ合うとともに、多様な課題について意見を交わし、日米豪が今後も緊密に連携していくことで一致した。

空自と加空軍の防衛協力を深化

井筒空幕長は1月28日、防衛省でカナダ空軍司令官のアレクサンダー・マインジンガー中将とテレビ会談を行った。

両者は「自由で開かれたインド太平洋」の強化のため、コロナ下においても空自とカナダ空軍間の防衛協力・交流をさらに深化させることで一致した。

㊤マッコンビル米陸軍参謀総長とモニター越しに会談する湯浅陸幕長（2月2日、防衛省で）㊥チリ海軍司令官のフリオ・レイヴァ・モリーナ大将とテレビ会談を行う山村海幕長（1月26日、防衛省で）㊦カナダ空軍司令官のマインジンガー中将とテレビ会談を行う井筒空幕長（1月28日、防衛省で）

PAC3発射機の展開訓練を行う空自4高群15高射隊の隊員（2月2日、陸自春日井駐屯地で）＝空自ツイッターから

空自がPAC3展開訓練

15高隊が初めて春日井駐屯地で

空自4高群15高射隊（岐阜）は2月2日、弾道ミサイル防衛用の地対空誘導弾PAC3の機動展開訓練を愛知県春日井市の陸自春日井駐屯地で初めて行った。

同訓練はPAC3の器材の布置や人員の移動、展開手順などの習熟度の確認を目的に実施。15高射隊長の井上直哉3佐以下隊員約30人が車両約15台で春日井駐屯地に進出し、PAC3の発射機や対空レーダー、射撃管制装置などを展開、システム立ち上げまでの一連の発射準備手順を演練した。

訓練後、井上隊長は「（PAC3部隊の）即応態勢を示すことで、国民の安心感の醸成につながれば」と語った。

陸自幹候生360人が卒業

学校長「部隊団結の核心に」

【陸幹候校＝前川原】陸自幹部候補生学校は1月26日、第101期一般幹部候補生（防大、一般大等出身者）課程360人の卒業式を行った。

新型コロナのため参加者は学校職員のみとし、厳粛に執り行われた。

藤岡史生学校長が学生一人一人に卒業証書を授与した後、「人として成長し、部隊団結の核心となることを心から願っている。強靭な陸自創造のため、常に部隊・隊員のために全力を注ぐ覚悟を持て」とはなむけの言葉を贈った。

湯浅陸幕長の訓示は映像で流され、「部隊・隊員を愛し、執念をもって日々の鍛成に努めよ」「幹部として私を捨てる修行を継続せよ」と要望、「新進気鋭の諸官が我々と共に歩んでくれることを誠に頼もしく感じている」と部隊着隊を歓迎した。

その後、グラウンドで卒業記念観閲行進（観閲部隊指揮官・森山源太候補生）が行われ、卒業生たちは堂々と行進し、全国の赴任地へ向かった。

㊤学校職員に見送られ、それぞれの赴任部隊に向かう卒業生たち（1月26日、陸自前川原駐屯地で）㊦藤永学校長（左）から修了証書を授与される3尉候補者課程の卒業生（12月22日、空自奈良基地で）

空自幹候生184人が卒業

学校長「不撓不屈の精神養った」

【空幹候校＝奈良】空自幹部候補生学校は12月22日、「防大及び一般課程（教育期間約9カ月）」と部内出身の「3尉候補者課程（約3カ月）」計184人の卒業式を行った。防大、一般両課程合同の卒業式は初。

式には防大の國分良成学校長、教育集団司令官の引田淳空将、空幕人教部長の小笠原卓人将補らが出席。

学校長の藤永国博将補は卒業生に修了証書を授与した後、式辞でコロナ下の教育を振り返り、「諸官は日夜厳しい教育訓練に身を投じ、大きな成果を修め、不撓不屈の精神を養った」とたたえ、「本校で学んだことを最大限に活用し、幹部としての役割をしっかりと果たしてもらいたい。同期と互いに助け合って、あらゆる困難を乗り越えよ」とはなむけの言葉を贈った。

両課程の学生たちはそれぞれ、全国の部隊に配属され、幹部としての第一歩を踏み出した。

防衛省発令

▽25航空隊副長兼幕僚室長（下総教育航空群首席幕僚）1海佐　糸瀬　博明

（1月25日）

▽自衛艦隊司令部（1海洋観測隊司令）1海佐　金子純一

▽1海洋観測隊司令（海洋業務・対潜支援群首席幕僚）同　野中　賢太

▽近畿中部防衛局調達部首席検査官（近畿中部防衛局調達部）2海佐　円山　敏範

（以上2月1日）

新庄雪まつり支援の協定書を取り交わした梶恒一郎20普連長（左）と高橋臣也実行委員長＝1月13日、神町駐屯地で

20普連 新庄雪まつりの協定書調印

【20普連＝神町】山形県新庄市の最上中央公園でこの冬行われる「第50回新庄雪まつり」（2月7〜15日）を支援するため、20普連は1月13日、連隊長室で同まつりの協力に関する協定書の調印式を行った。

当日は高橋臣也実行委員長ら5人が来隊し、連隊長の梶恒一郎1佐と協定書を取り交わした。

同イベントでは20普連から1中隊の藤盛智広曹長以下24人が協力に当たり、雪まつり会場でメイン雪像とメインステージの製作に当たるほか、まつり期間中は車両展示、6音楽隊の支援による音楽演奏などを行う予定。

2021年 輝く自衛隊クイーンズ

第一線部隊で活躍する女性隊員

3自衛隊の女性隊員たち(クイーンズ)が輝きを放っている。世界をまたにかける空自1輸空(小牧)では女性クルーで編成されたC130H輸送機の〝空女フライト〟がついに実現。北海道の大雪原では4普連(帯広)、18普連(真駒内)初の女性小銃小隊長たちが酷寒を物ともせず、先頭に立って部隊を引っ張っている。海外ではアフリカのジブチ共和国に派遣された海賊対処部隊の女性隊員たちが活躍中だ。国内外の第一線部隊から届いた〝自衛隊クイーンズ〟の活躍を写真で紹介する。

C130H輸送機(後方)のクルー5人すべてが女性による〝空女フライト〟が小牧基地で実現。左から航法士の梅田2佐、副操縦士の高取3尉、機長の樋口2佐、機上整備員の荒川1曹、空中輸送員の伊藤3曹(いずれも空自小牧基地で)

C130H輸送機のコックピットに集合した〝クイーンズ〟

401飛行隊のシンボルマークをバックにおそろいのTシャツでポーズをとる〝クイーンズ〟

〝空女フライト〟実現

1輸空401飛行隊

小牧基地史上初の編成

【小牧】小牧基地で第1輸送航空隊第401飛行隊の女性クルー5人で編成されたC130H輸送機による初の〝空女フライト〟が行われた。クルーがすべて女性自衛官で飛行したのは小牧基地の歴史上、初の快挙となった。

昨年11月6日に行われた最初の〝クイーンズ・フライト〟では、機長(樋口美登里2佐)、副操縦士(高取綾音3尉)、航法士(梅田昭美2佐)、機上整備員(荒川玲子1曹)、空中輸送員(伊藤摩由3曹)でクルーが編成された。

空自は26年前、女性パイロットに門戸を開放、現在は輸送機、救難機などで女性クルーが活躍しており、2018年8月には初の女性戦闘機パイロットも誕生した。

防衛省が女性隊員のワークライフバランス推進に力を入れる中で、小牧基地はそのパイオニア的な存在。基地の女性隊員たちはそれぞれキャリアパス、育児、介護の両立の「壁」に向き合いながら、周囲の支援や協力を得て、長時間フライトなど厳しいミッションにも挑んでいる。

連隊初の女性小銃小隊長

18普連の坂元伶衣3尉

一発一発を確実に

【18普連=真駒内】18普連で初となる「女性小銃小隊長」として令和2年1月に配置され、常に率先垂範で小隊を指揮してきた坂元伶衣3尉(福岡県出身)が1月20、21の両日、北海道大演習場西岡地区で行われた射撃訓練に参加した。

厳しい寒さの中で行われた同訓練で、坂元小隊長は個人携帯対戦車弾(縮射弾)と機関銃(上級検定)の射撃に挑んだ。銃を握る手も凍える中、坂元3尉は真剣な眼差しで目標をにらみ、静かに引き金に指を落とし、一発一発を確実に射撃して練度を向上させた。

坂元小隊長は連隊の基幹隊員の一人として今年も部下の隊員と一丸となり、連隊の任務完遂に寄与していく。

個人携帯対戦車弾を構え、照準する18普連の坂元伶衣3尉(手前)　=北海道大演習場西岡地区で

4普連の大橋まゆみ3尉

先頭でスキー機動

【4普連=帯広】4普連は1月11日から14日まで然別演習場で第3次連隊練成訓練を実施した。この訓練に連隊初の女性幹部で、BOC(幹部初級課程)を昨年12月に修了したばかりの小銃小隊長、大橋まゆみ3尉が参加した。

対抗部隊を務めた3中隊で、大橋3尉は約20キロのスキー機動に四苦八苦しながらも、常に先頭を務めた。マイナス22度の酷寒と標高差180メートルの起伏が激しいルートを最後まで見事に指揮し、一人の脱落者も出すことなく雪上機動を終えた。

続く防御戦闘では深雪の中に陣地を構築、その後の秘匿にも努め、戦闘が開始されると不意・急襲の火力で敵に多くの損耗を与えた。

大橋3尉は検閲で得た自信を胸に女性幹部の魁としてさらに前進し続ける決意だ。

距離20キロ、高低差180メートルの過酷なスキー機動で先頭を進む大橋まゆみ3尉(然別演習場で)

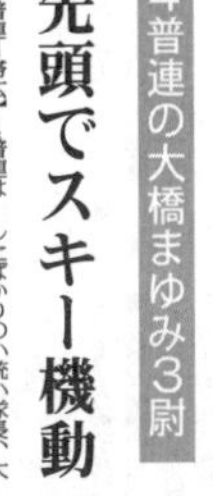

氷点下22度まで冷え込んだ雪の森林地帯で地図を手にスキー行進のコースを確認する大橋まゆみ3尉(左)　=然別演習場で

海賊対処航空・支援隊

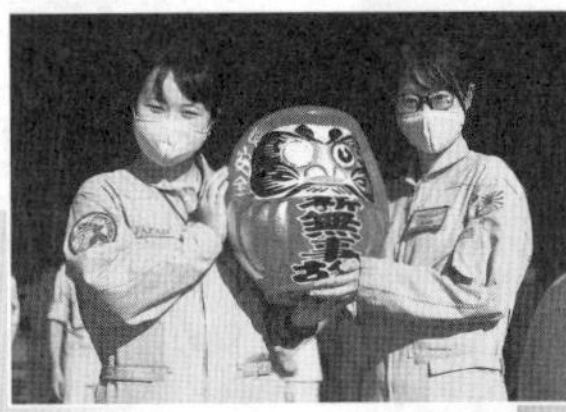

㊧安全祈願のダルマを手にする、41次航空隊P3C哨戒機パイロットの杉田結光花3尉(左)と大瀧真由美2尉(右)

ジブチからエール

3自女性隊員そろい横断幕

ソマリア沖・アデン湾で警戒監視活動などに当たる海自P3C哨戒機の拠点となっているアフリカ・ジブチの日本隊宿営地ではP3C操縦士をはじめ、陸海空3自の女性自衛官8人(41次航空隊4人、15次支援隊4人)が活躍中だ。

これまで陸・海自隊員で編成されてきた海賊対処支援隊に15次隊から空自隊員も加わり、3自の女性隊員がそろった。8人は新年に向けて横断幕を作製、新型コロナに立ち向かう母国に向けて「がんばれ日本」とエールを送った。

「がんばれ日本—We are doing best in Djibouti,too(私たちもジブチで頑張ってます)」の横断幕を掲げる、ジブチに派遣された陸海空3自衛隊の女性隊員たち(いずれもアフリカ・ジブチの日本隊拠点で)=統幕提供

防衛研究所 門間(もんま) 理良(りら) 地域研究部長に聞く

揺れ動く米中台関係

その将来展望と日本の対中国・対台湾政策

米国で1月20日、民主党のバイデン新政権が誕生した。新政権のインド太平洋戦略は、基本的にトランプ前政権の戦略を引き継ぐとみられるが、中でも対中国・対台湾政策はどうなるのか。今後の米中台関係と日本の取るべき政策について、防衛研究所の門間理良地域研究部長に分析・執筆をお願いした。（本稿は執筆者の個人的な見解であり、所属組織の見解を代表するものではありません）

悪化する米中関係、深化する米台関係

2020年は米中関係が悪化の一途をたどるのと裏返しに米台関係は深化を続けた。それと共に中台関係は緊張を高め、中国の台湾への圧力は強化された1年だった。

新型コロナウイルス感染症の大流行と46万人を超える死者（2月7日時点）を出し、終息の気配が未だ見えない米国は、中国への反感を煽る形で自らの国政運営に対する国内からの批判をかわそうとしていたように見えた。

他方、中国の習近平政権は権威主義統治体制を効果的に利用して新型コロナウイルス感染症封じ込めに成功すると、その余勢を駆って積極的な「コロナ外交」に転じたが、それは感謝を受けるよりも多くの国で批判の対象となった。

再選を果たして1年余りが経過した民進党の蔡英文政権の台湾と、本年1月に始動した民主党バイデン政権の米国は、攻撃的な中国とどのように対峙していくのだろうか。

歩み寄りが難しい中台関係

中台関係が雪解けを迎えるには、どちらかが、あるいは中国・台湾の双方が歩み寄るしかない。中国が歩み寄る状況は、政権が盤石な体制を維持しており、さらなる権威付けを必要としないとの判断を習近平主席が下した場合に発生すると考えられる。

中国にとって最後の未回収地である台湾に対する統一の歩みを一時的にでも押しとどめる決定を公にすれば、台湾側が中台関係の回復に応じる余地は生まれるだろう。

だが、愛国主義教育を受けた国民が納得しない。習近平政権は江沢民政権、胡錦濤政権と比較すれば盤石な体制を築いているものの、台湾統一の問題を棚上げする宣言を出せるほどの権威と声望を習氏が有しているわけではない。

そこには毛沢東や鄧小平と習氏とを隔てる深い谷が存在している。習政権が無理に飛び越えようとすれば、国民からの大きな批判を受けて失速し、深淵に落ちていく危険性を秘めているのである。しかも習政権が「中華民族の偉大な復興という中国の夢」の実現を声高に叫び続けていることも、台湾統一の手を緩められない状況に拍車をかけている。

中国共産党や政府は、何をどこまで達成すれば「中華民族の偉大な復興という中国の夢」が叶ったと宣言できるかの線引きは明示してはいない。

とはいえ、台湾統一を成し遂げないままに中国の夢が叶ったと強弁することは、不可能な国内環境にあることは確かである。さらに、もう一つの懸念は2021年が中国共産党結党100周年という記念の年に当たっていることである。

習近平政権は2021年には「小康社会」を全面的に実現させるという努力目標を提示している。

その達成が事実か否かはさておいて宣言することは可能であるものの、インパクトに欠けることは否めない。まして来年秋には習氏が総書記3期目あるいは党主席を復活させて就任する可能性が著しく高い第20回中国共産党大会が開催される予定である。

江沢民氏は天安門事件後の第13期四中全会で総書記に就任しており、例外的期間があるものの、基本的に胡錦濤氏ともども総書記を2期10年務めて引退している。

習氏の権威は両氏をすでに上回っているとはいえ、ここ20年の慣例を破って党トップを続投するにふさわしい華々しい実績をアピールしたい誘惑は持っているはずである。

2019年から激しさを増した反中国感情が200万人の大規模デモにまで発展した香港に対して、中国は2020年6月に香港国家安全維持法の施行をもって報いた。ウイグル族に対する抑圧や内モンゴル自治区での民族教育制限などを見ても、中国国内の漢民族居住地域周辺部における少数民族への政治的圧力は強化の傾向にある。

これらの状況からは、弱みを見せることへの恐れとともに、権力が肥大化した中国共産党が全能感に満たされていて、歯止めが利かない状況になっているようにも見える。

現実的には、台湾直接侵攻はハードルが高いものの、台湾の防空識別圏南西空域に中国軍機が連日のように進入する状況も相まって、東沙島など離島への侵攻といった台湾統一に向けた布石を打とうとすることは考えられよう。

他方、台湾側から中国に歩み寄ることも難しい状況である。一つには台湾住民の中国政府への反感が依然強い状況にあり、蔡英文政権としても中国側に歩み寄る理由がないからである。

特に香港の情勢を目の当たりにしている台湾民衆にとって、中国が台湾に適用するとしている「一国二制度」の呼びかけは、これまで以上に意味を持たなくなっている。台湾内で対中融和的な政党が選挙を通じて合法的に政権を奪取すれば、中国との対話路線にシフトすることはあり得るが、現状では国民党が民進党を超える党勢を獲得できる状況にはない。

両党の形勢が逆転する鍵は内政にある。一つには蔡政権が新型コロナウイルス感染症を制御し続けられるか否かである。最近は桃園市でクラスターが発生しており、その趨勢が心配されている。

また、蔡政権がBSE（牛海綿状脳症）を理由に生後30カ月以下の輸入に制限していた牛肉と、ラクトパミン（成長促進剤）を使用したアメリカ産豚肉の2021年1月からの輸入全面解禁の方針を明らかにしたが、この決定は食の安全に敏感な台湾住民から批判を浴びている。

今後は、台湾メディアが随時実施する政権の支持率調査結果や、2022年11月末に実施される統一地方選挙に注目する必要がある。

強化された米台関係をバイデン政権も維持

トランプ政権期に米台関係はいくつかの点でブレークスルー（飛躍的進歩）があった。台湾旅行法をはじめとした台湾との関係強化を目的とした法律が施行され、李登輝元総統の弔問を利用する形で閣僚や政府高官が訪台した。

台湾の地位を国と同格に表現し、その重要性を強調する米国政府の各種報告書が相次いで公表された。また、今年1月、ポンペオ米国務長官（当時）は米国の外交や軍事当局者が台湾側と交流するのに自主的に設けていた制限を撤廃するとの声明を発表した。

安全保障・軍事面で米台関係の強化も目立っていた。例えば、昨年に台湾で米海兵隊が台湾海軍陸戦隊と共同訓練を行っている。台湾本土での米台両軍共同訓練は1979年の米台断交以後初めて公式に明らかにされたもので、極めて大きな進展と評価できる。

また、トランプ政権は11回にわたり台湾に対して武器売却を行った。F16C/Dブロック70戦闘機66機、M1A2T主力戦車108両、ハイマース高機動ロケット砲システム11セット、シーガーディアン無人偵察機4機は、防空能力強化、陸軍主力兵器更新、中国への直接攻撃が可能な兵器、偵察監視能力強化および米軍との連携、といった点で目立つ買い物だった。2020年における米海軍艦艇の台湾海峡通過も、1996年の台湾海峡ミサイル危機以降、最多となる延べ13回を数えた。

トランプ政権はこのように米台関係を急速に深化・促進させた。しかしながら、台湾に肩入れした同政権であっても、米中台関係を根本的に改変させたわけではない。米国にとっては、あくまでも中国こそが外交関係を維持すべき相手であり、主要な交渉相手だったのである。

米国がこの大前提を変更させてしまうと、台湾を中国との交渉のカード、あるいは手持ちの駒として利用できなくなることをトランプ政権も理解していた。トランプ政権の台湾優遇政策は、駒として台湾の価値を高める意味があったと評価できるだろう。

バイデン政権も中国との対決姿勢を維持しつつも、従来の枠組みを崩すことはないと考えるべきである。バイデン大統領は、外交・安全保障政策ではトランプ前大統領のアメリカ第一主義から国際協調や同盟関係を重視する方針への転換を掲げ、国際社会で再び主導的な役割を果たすとしている。

中国への対応も最重要課題に掲げ、香港やウイグルなどをめぐる人権問題に厳しく対応し、海洋やサイバー、宇宙など軍事、安全保障の分野では日本をはじめ同盟国や友好国との連携を強化すると見られている。

この基本姿勢を閣僚も共有している。国務長官のブリンケン氏は、トランプ政権の対中強硬策を肯定し、中国を「最も重要な課題」としつつ「打ち負かすことができる」と述べた。オースティン国防長官は対中政策を「今後の最も重要な挑戦」と表現した。イエレン財務長官は中国の人権侵害を非難し、中国の知的財産権侵害や技術移転強要などに積極的に対抗すると述べている。

米国の東アジア政策の鍵を握るインド太平洋調整官のポストに就任するカート・キャンベル氏も、オバマ政権時代の反省から中国に対して厳しい姿勢を取ると見られている。

バイデン政権が中国に厳しい態度で臨む姿勢が明らかになる中で、ランド研究所のグロスマン研究員は、バイデン政権が盟友である台湾との協力パートナーシップ関係を強化して中国と対抗していくことと、トランプ政権が作り上げた米台関係を利用していくと分析する。

2020年に相次いだ台湾への武器輸出や政府高官の訪問はある程度抑制されることは考えられるが、バイデン政権の国際協調、同盟関係の重視、対中強硬姿勢からすると、実質的な米台関係が急速に冷え込むといった事態に陥ることはないと予想される。

日本は新たな対中・対台湾政策を打ち出す好機

大きく動いた米中台関係と比較すると、日中関係や日台関係はほぼ無風状態である。日本政府は中国の香港に対する抑圧強化やウイグル族弾圧に関しても事実上無反応であり、中国公船による尖閣諸島海域への進入が続く中でも、中国政府との関係維持を第一に考えている。

また、中国はこの2年ほど対米関係など外交環境が悪化する中で、習近平氏国賓訪日を外交的成果の目玉としたいと考えている。

そのため、日本に対してやや融和的な姿勢を取り続けている状況にある。言わば日本が珍しく中国に対して強気に出られる外交上の千載一遇のチャンスが訪れている。

中国は経済大国で軍事力も強く、重要な隣国であることは確かである。とはいえ、日本の対中外交姿勢に何らの変化がないのは、まことに惜しいと言わざるを得ない。

なお、日本が中国に対して友好的姿勢を維持しても、中国にとって主権争いと認識する尖閣諸島への対応で日本に配慮することは決してない。尖閣諸島を気にして中国に対して明確な意思表示を怠れば、それは事実上の後退となってしまう恐れが極めて高いのである。

他方、日台関係についても、大きな進展はない。敢えて挙げると米台が2015年に作り上げた人材育成のための枠組みで、2019年から日本も加わった「グローバル協力訓練枠組み（GCTF）」による取り組みが注目される程度である。日本単独での台湾支援や安全保障・軍事上の関係強化に躊躇していることがうかがわれる。

中国の国力が強化され、日本や台湾に対する圧力が強化され続けている中で、東アジアのパワーバランスも20年前、10年前とは大きく変化しているが、中国に対する批判も大きくなっている今が、日本の対中国政策・対台湾政策を修正する滅多にない好機である。

この機を最大限に利用して、これまで中国に遠慮して打ち出せなかった日本を守るのに資する施策を実現させていくべきである。

世界の民主主義国家と歩調を揃えることも重要である。天安門事件後、中国を率先して国際社会に再び招き入れたのは日本だった。

しかし、それに対する結果が今に繋がっていることを銘記すべきである。中国国内の人権侵害や、「一国二制度」維持の公約を反故にして強圧的姿勢で香港に臨む中国を正面から批判することも必要である。

尖閣諸島にしても、海上保安庁長官や防衛大臣の上空あるいは海上からの視察や、専門家を上陸させての環境調査を実施するのもよいだろう。

日台間では、米台間のようなレベルで外交・安全保障上のオフィシャルなハイレベル交流を実施するのは、さすがにハードルは高い。仮に実施するにしても、研究上・教育上の交流を固めてからになるだろう。

他方で、日台の実務部門が交流を強化する余地は多分に存在する。新型コロナウイルス感染症対策に関する厚生労働大臣と衛生福利部長の会談、海上保安庁と台湾海洋委員会海巡署とが船艇を尖閣海域に出しての「サーチ&レスキュー合同訓練」の実施、海上保安庁長官、水産庁長官、文化庁長官やスポーツ庁長官などの訪台を伴う実務・経済・文化領域の交流強化などは大いに推し進めるべきであろう。

Profile

1965年生まれ。筑波大学大学院博士課程単位取得退学。南開大学、北京大学留学。財団法人交流協会台北事務所専門調査員、外務省在中国日本国大使館専門調査員、文部科学省初等中等教育局教科書調査官、防研地域研究部中国研究室長などを経て現職。拓殖大学大学院国際協力学研究科客員教授。専門は▷中国・台湾の政治・軍事▷中台関係▷東アジアの国際関係▷中国人民解放軍史。著書に『台湾をめぐる安全保障』共編著（慶應義塾大学出版会、2016年）、『戦略論大系7・毛沢東』共編著（芙蓉書房、2004年）、『中国安全保障レポート』共著（防衛研究所、2014、17、21年版）など多数。学術月刊誌『東亜』誌上で「台湾の動向」を連載中。

中国と台湾の軍事力比較

		中国	（参考）台湾
総兵力		約204万人	約16万人
陸上戦力	陸上兵力	約98万人	約9万人
	戦車等	99/A型、96/A型、88A/B型など 約6,200両	M-60A、M-48A/Hなど 約700両
海上戦力	艦艇	約750隻　197万トン	約230隻　20万トン
	空母・駆逐艦・フリゲート	約90隻	約30隻
	潜水艦	約70隻	4隻
	海兵隊	約3万人	約1万人
航空戦力	作戦機	約3,020機	約520機
	近代的戦闘機	J-10×468機 Su-27/J-11×349機 Su-30×97機 Su-35×24機 J-15×20機 J-16×60機 J-20×22機 （第4・5世代戦闘機　合計1,080機）	ミラージュ2000×55機 F-16×143機 経国×127機 （第4世代戦闘機　合計325機）
参考	人口	約13億9,700万人	約2,400万人
	兵役	2年	徴兵による入隊は18（平成30）年末までに終了（ただし、94年以降に生まれた人は4か月の軍事訓練を受ける義務）

※ 令和2年版「防衛白書」から。　資料は、「ミリタリー・バランス（2020）」などによる。

厚生・共済

特集

「退職時の手続き」お早めに

退職翌日から組合員ではなくなります

医療、年金、保健、貯金など

防衛省共済組合では、退職予定の隊員の皆さまに、早めの共済手続きを呼び掛けています。自衛官・事務官等は退職日の翌日から共済組合の組合員ではなくなるため、退職前に短期（医療）、長期（年金）、保健、貯金、貸付・物資、保険などの各種手続きが必要となります。お早めに手続きをお願い致します。

1 短期（医療）

短期（医療）では、在職中に使っていた組合員証等が退職後使用できなくなるため、所属支部の短期係に組合員証等を返納してください。

退職後、民間会社等に再就職した時は会社等の健康保険に加入することになりますが、再就職しない場合は退職から2年間は在職中とほぼ同様の給付が受けられる任意継続組合員になるか、国民健康保険に加入することになります。

任意継続組合員となる場合は、退職日から起算して20日以内に所属支部の短期係に申し出る必要があります。定年退職者においては、任意継続組合員の掛金より国民健康保険の保険料の方が高くなる場合が多いですが、詳しくはお住まいの市区町村にお尋ねください。

2 長期（年金）

長期（年金）では、退職時に年金の支給開始年齢に達していない自衛官や事務官等については、組合員資格取得と喪失の年月日などを記入した「退職届」を所属支部の長期係に提出する必要があります。

また、退職後に住所や氏名が変わったときなどは国家公務員共済組合連合会へ届け出が必要となります。

3 保健

保健では、福利厚生サービス「ベネフィット・ステーション」の「会員証」を所属支部の保健係に返納してください。また任意継続組合員になった場合は、期間が終了しましたら会員証を返納してください。

また、定年退職者等には無料でOBカードを発行しています。OBカードを提示すると、ホテルグランドヒル市ヶ谷や共済組合が割引協定を結んでいる施設を組合員と同一料金で利用できます。利用施設については共済組合のホームページをご覧ください。

4 貯金

貯金では、普通貯金、定額積立貯金、定期貯金をしている組合員は、退職日までに、必ず窓口で解約手続き（ATMではすべての貯金の解約はできません。普通貯金残高0円でも解約手続きは必要です）を行ってください。

定年または応募認定退職の場合、退職日の前30日以内にその理由を証明する書面を提出のうえ解約手続きをすると定額積立貯金と定期貯金の利率で利息が付きます。

また、任意継続組合員になる場合に限り、退職前に預け入れた定期貯金は任意継続組合員期間中の満期日まで継続できます。

5 貸付・物資

貸付・物資では、退職時における残高を一括返済することになります。

貸付・物資とも退職手当からの返済が可能ですが、所定の手続きが必要となりますので、早めに所属支部の担当者までその旨を申し出てください。

6 保険

団体生命保険、団体年金保険、団体傷害保険及び団体医療保険に加入していた組合員は、所定の手続きが必要となりますので、早めに支部の担当者まで申し出てください。

また、退職後も引き続き「一時払退職後終身保険（販売休止中の会社もあります）」「退職後医療保険」「退職後団体傷害保険」に加入することができますので、お問い合わせください。

団体取扱生命保険・団体取扱火災保険に加入している方は、各保険会社にお問い合わせください。

◇

事務官等の定年退職は、年度末と重なり窓口の混雑が予想されるため、お早めの手続きをお勧めします。詳しい内容については所属支部の窓口にお問い合わせください。

■ 退職時の共済手続き

係名	必要事項	留意事項
短期（医療）	組合員証等の返納	
短期（医療）	任意継続組合員となる場合 ・「任意継続組合員となるための申出書」提出	短期給付が在職中とほぼ同様に受けられる。退職の日から20日以内に申し出て、初回の掛金を払い込むこと。
長期（年金）	老齢厚生年金の受給権がない方 （定年退職自衛官・事務官、依願退職の方） ・「退職届」の提出	受給開始年齢3カ月前に郵送される請求書を希望する年金請求窓口に提出。 退職時の支部窓口に提出
長期（年金）	特別支給の退職共済年金が決定している方（フルタイム再任用事務官等） ・「退職届（年金受給権者用）」と「老齢厚生年金請求書」の提出	退職時の支部窓口に提出
長期（年金）	特別支給の老齢厚生年金が決定している方 （フルタイム再任用事務官等） ・「退職届（年金受給権者用）」の提出	退職時の支部窓口に提出
保健	福利厚生アウトソーシングサービス ・「ベネフィット・ステーション会員証」の返納	任意継続組合員になった場合は、引き続き在職中の「ベネフィット・ステーション会員証」で在職中と同じサービスを受けられる。「ベネフィット・ステーション会員証」は任意継続組合員期間が終了した時点で返納。
保健	「福利厚生アウトソーシングサービス（希望者） ・「ベネフィット・ステーションお祝いステーション申請書」の提出 ・「定年退職者等に係る資格確認書」の提出	ベネフィット・ステーションの一般会員向けサービスであるナーブクラブ（現役組合員のサービスとは若干異なる）を利用できる。入会には入会金・年会費が原則必要。（後日会員証が発行される）
保健	OBカード交付申込書」の提出（希望者）	防衛省共済組合の宿泊施設等を組合員と同一料金で利用できる。利用施設については共済組合ホームページを参照。
貯金	共済組合貯金の解約	退職時における解約は支部窓口での手続きが必要。任意継続組合員になった場合は、定期貯金の継続利用ができる。
貸付	貸付金残高の一括返済	退職時における残高の返済。 退職手当から充当できる。（事前に支部窓口へ連絡が必要）
物資	売掛金残高の一括返済	退職時における残高の返済。 退職手当から充当できる。（事前に支部窓口へ連絡が必要） 一括返済するにあたり、残高を再計算するため返済額が若干軽減される。なお、残高が少ない場合は、軽減されないこともある。
保険	団体生命保険の脱退	退職後も生涯にわたる保障を継続できる一時払退職後終身保険がある。（販売休止中の会社もあります。）
保険	団体年金保険の請求	年金・一時金いずれの受取りの場合も事前の手続きが必要。
保険	団体傷害保険の脱退	退職後も継続できる退職後団体傷害保険がある。
保険	団体医療保険の脱退	退職後も継続できる退職後医療保険がある。
保険	その他団体取扱保険等	契約している保険会社にお問い合わせください。
その他（防衛省生協）	火災・災害共済・生命・医療共済の解約 ・「脱退届」等の提出	火災・災害共済は退職後も終身利用できる。
その他（防衛省生協）	退職者生命・医療共済保障期間へ移行（希望者） ・「長期生命共済契約確定届及び保障（据置）開始申込書」の提出 ・掛金（保障必要原資額－積立てた割戻金額）一括納入	退職後85歳までの間の死亡（重度障害）・入院保障。（配偶者も加入できる）

年金Q&A

育休明けの年金掛金は減額されますか？

3歳未満の養育に特例 早めに相談窓口へ

Q　現在、育児休業中で掛金免除を受けています。復職後は超過勤務が減ることが予想されますが、収入が減ると掛金も減額されるのでしょうか。

A　育児休業終了後、引き続き3歳未満の子を養育する場合は「育児休業等終了時改定」により、掛金等の額が下がる可能性があります。

月々の掛金等の額は、毎月の俸給、諸手当（期末・勤勉手当を除く。以下「報酬」といいます。）を基準として定められた「標準報酬月額」により算定されています。

掛金等の額は標準報酬月額に掛金率を乗じて算定されますので、標準報酬月額が下がれば掛金等の額も下がることになります。ただし、この場合は標準報酬月額に基づいて支給される傷病手当金や育児休業手当金等の短期給付や将来の年金額が減少することになります。

しかし、育児休業終了後、引き続き3歳未満の子を養育する方は、共済組合支部へ申出をすることで、標準報酬等級が下がったとしても、養育前の標準報酬月額で将来の年金額が算定され、年金額の減少を防止する特例が設けられています。

具体的には、共済組合支部へ「3歳未満の子を養育する旨の申出書」を提出することで「育児休業等終了時改定」の対象となり、育児休業が終了した日の翌日の属する月以後3ヶ月間に受けた報酬の平均月額をもとに算定した標準報酬の等級と、現に適用されている標準報酬の等級（以下「従前標準報酬」といいます。）との間に1等級でも差が生じた場合には標準報酬月額が改定されますが、年金計算時には従前標準報酬が用いられます。

なお、この特例は組合員の性別に関わらず受けることができますが、組合員ご本人からの申出が必要です。申出には2年間の時効が設けられており、申出が行われた月の前月から過去2年間の標準報酬までしか遡ることができません。

3歳未満の子を養育することとなった場合には、お早目にご所属の共済組合支部長期係へご相談ください。

※　「養育」とは、子と同居していることが条件です。

（本部年金係）

入間学生・独身寮の入居者を随時募集中

「パークサイド入間」

「パークサイド入間」外観

防衛省共済組合の学生・独身寮「パークサイド入間」（埼玉県狭山市入間川4－24－11）では、独身・単身赴任の組合員及び大学生等の組合員子弟を対象に入居者を募集しています。希望者は共済組合支部までお問い合わせください。

「パークサイド入間」は鉄筋コンクリート（RC）5階建(男性)及び地上4階建（1階部分男性、2～4階部分女性）で、部屋数は計103室です。各室はフローリングのワンルームマンション形式で、広さ約19・05平方メートル。キッチン、3点式ユニットバス（お風呂、洗面台、トイレ）、バルコニー、エアコン、インターフォンを完備し、女子棟部分はセキュリティ錠付きで、日当たり良好です。

施設には管理人が常駐し、不在時の宅配便の受け取りや急病等緊急時の対応が可能です。なお、給食施設はありませんので、食事は自炊となります。

入居費は月額3万9800円（使用料3万6000円・共益費3800円）ですが、使用料は住居手当(1万5500円）の支給対象となるので、支給される場合の組合員の自己負担額は月額2万4300円です。

駐車場（30台）を利用する場合、料金は月額4987円となります。（いずれも令和3年2月1日現在）

交通は西武池袋線「稲荷山公園」駅から徒歩8分。同駅から都心の「池袋」に急行で40分、「新宿」に60分です（所沢で西武新宿線急行乗換）。

施設外観や内装は防衛省共済組合ホームページ（https://www.boueikyosai.or.jp/）からもご覧になれますので是非ご検討下さい。

厚生・共済

特集

中即連が働き方改革推進

「CWIP」で仕事と私生活を調和

防衛省は2015年から、隊員の職務と私生活の調和（ワークライフバランス＝WB）を図る「WB推進のための取り組み」を行っているが、日々の防衛任務や災害派遣などに対処する第一線部隊では任務の特性上、WBの推進が難しかった。そのような中、陸自中央即応連隊（宇都宮）は、WBを推進する独自の施策「中即連ワーク・イノベーション・プラン（CWIP）」を策定し、部隊や隊員に徹底、各種任務の遂行と働きやすさの両立を進めている。

ライフプラン教育実施

【中即連＝宇都宮】中央即応連隊（連隊長・山田憲和1佐）は、隊独自の働き方改革施策「中即連ワーク・イノベーション・プラン（CWIP）」を部内で推進中だ。

新型コロナ対策を行いながら、同時にあらゆる任務に対応するとともに、「働き方改革」も推し進め、より効率的・効果的な業務遂行ができるよう、隊務の見直しを行っている。

中即連の各中隊等先任上級曹長に対し、働き方改革施策「CWIP」の徹底を呼び掛ける井上副連隊長（左）＝宇都宮駐屯地で

隊員も意識改革

CWIP施策の柱は、①新型コロナ対策②業務の効率化③ワークライフバランス④女性活躍⑤テレワークの推進――で、項目ごとに中即連1科の隊員を配置してプロジェクトチームを構成。連隊は昨秋、当時の連隊長だった岩上隆安1佐（現・教訓研本主任研究開発官）の指導を受け、より強靭な隊員や部隊づくりのため「働き方改革は必要不可欠」と判断してCWIPを発案した。現在は山田連隊長の指導の下でその施策を推進している。

同施策の実行を担当する副連隊長の井上裕策2佐がリーダーシップを取り、WBに向けた中隊等先任上級曹長間の討議、具体的なライフプラン教育などを隊内で実施し、隊員の意識改革を進めた。井上2佐は先任たちに「施策を声に出し、より良い環境づくりを実現しよう」と訴え、これに応えて先任たちも業務の見直しに着手。各中隊で教育訓練など効率化を探究し、隊員個人の自己啓発を促し、仕事に対するモチベーションを向上させた。

CWIPではさらに「自ら考えて実践できる働き方改革」も行い、仕事と私生活の調和を図ることで、任務への意欲を高めるなど、相乗効果と好循環を生み出している。

このほか、隊員の身体的、精神的な健康の保持についても良好な職場環境作りを進めることで、隊内のコミュニケーションや適切な後輩指導などを活発化させ、働きやすい雰囲気・職場づくりを進めている。

中即連の担当者は「今後もCWIPを通じ、隊員と部隊の特性に応じて目標を確実にとらえ、小さなことから着手して、柔軟な姿勢で取り組んでいく」と話している。

勝田駐で調理コンテスト

「汁物」で3技官腕振るう

【勝田】勝田駐屯地は12月2日、「令和2年度第2回調理コンテスト」を開催した。

同コンテストは技官3人の調理技術の向上と駐屯地献立の充実を目的として行われ、今回は「汁物」を課題に、使用食材も豆類、海藻類、芋類に指定して実施した。

小林憲次技官が作り上げた「冬の根菜豆乳味噌汁」は豆乳と味噌を合わせ、心身が温まる和風の一品に。西野孝司技官の「洋風野菜スープ」はプチトマトの酸味が加わり、絶妙なアクセントが光るスープとなった。そして西川保技官の「あさりのピリ辛韓国風スープ」は貝のだしを最大限に引き出し、それぞれ見た目もおいしそうな汁物に仕上がった。

審査は駐屯地司令の山﨑義浩将補以下、最先任、営内者代表ら約30人が担任し、3品それぞれの味、価格、大量調理の容易性、食材の工夫などを採点。厳正な審査の結果、西野技官の「洋風野菜スープ」が約半数の票を獲得して優勝した。

㊤「令和2年度第2回調理コンテスト」に出場した（左から）小林技官、西野技官、西川技官（12月2日、勝田駐屯地で）㊧コンテストで各技官が調理したスープ。左から冬の根菜豆乳味噌汁（小林）、洋風野菜スープ（西野）、あさりの韓国風スープ（西川）

余暇を楽しむ

草野球チーム「GGO」

紹介者：1空曹　金丸　顕太郎（空自3術校総務課・芦屋）

もっと人生を楽しもう

朝雲新聞をご覧の皆さまこんにちは。「もっと人生を楽しもう！」をコンセプトに約1年前、空自3術校総務課員が立ち上げた草野球チーム「GGO」を紹介します。

チーム名は「グッド（G）ゲーム（G）、俺（O）」の略で、チームの好プレーより自分の〝珍プレー〟を追求し、スポーツを通じて楽しく遊ぶことを目的としたチームです。家族や恋人を優先するため、チーム全体での練習は行っていません。

部員の野球歴は多種多様で、芦屋基地の隊員だけでなく他基地の隊員や民間の方も含め、現在19人がこのチームに在籍しています。ちなみに監督は野球経験のない女性事務官です。

発足当初は練習試合のみの活動でしたが、試合相手を探すのに苦労したため、全日本軟式野球連盟に登録し、公式戦も経験しました。全力で勝ちにいきましたが、結果は1回戦で敗退。芦屋基地野球部にも練習試合を申し込みましたが、大差で敗れる結果に。しかし、どんなに厳しい敗戦でも試合後は、「今日も楽しかったね！」と盛り上がるのがGGOです。「全員出場！」をチームの方針とし、打順や守備はジャンケンで決めるというゆるさも、このチームならではと言えるでしょう。

チームには若い隊員も多く在籍しているので、野球を通じた人と人のつながりが得られ、あいさつ、礼儀も先輩が教え、修得させており、有意義な価値のある活動であると確信しています。また、年配者には野球で汗をかくことによるアンチエイジング効果も期待されています。

コロナ禍で制約のある生活を強いられていますが、GGOの全員が社会的責任を忘れず、野球を通じて前を向いて人生を楽しんでいきます。

㊤勝利を収め、記念撮影するGGOの部員たち。試合に負けても笑顔で盛り上がるのがチームのモットーだ㊦ピッチャーを決めるため、グラウンドでジャンケンをする部員。エースが投球を免除となるのもGGOならでは

国分駐業

コロナに対応した緊急登庁支援訓練

緊急登庁支援運営訓練で、常設の子供預かり所の遊具などの移設作業を行う国分駐業の隊員たち（国分駐屯地で）

【国分】国分駐屯地業務隊はこのほど、大災害発生を想定しての緊急登庁支援運営訓練を行った。

これまでは隊員の子供を実際に駐屯地で預かり、宿泊も含めた訓練を行っていたが、今回はコロナ禍を受け、子供を預からずに訓練を実施した。

駐屯地の子供預かり施設は常設されているが、3密を回避した上で、通常の20人を収容するにはより広いスペースが必要になることが判明。そこで業務隊では常設施設の約3倍の広さを誇る教場に預かり施設を移設した。

対コロナを想定した初の試みだったため、施設完成までの所要時間を測定し、不足する物品の把握など、開設要領を検証した。さらに今回使用した教場以外の移設場所の検討なども行い、コロナ下での地震災害などの発生に備えた。

12施設群 勤続25年の9人

記念の湯呑みに揮毫

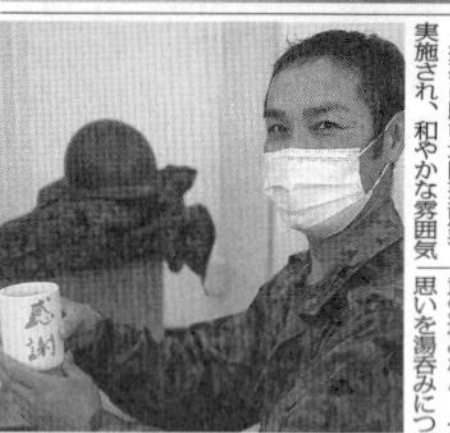

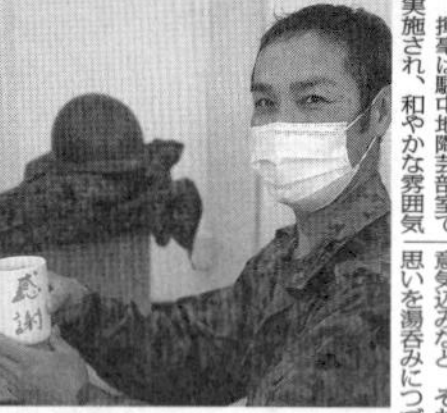

永年勤続者に贈られた記念品の湯呑みに揮毫する12施設群本管中隊の石川正人1曹（岩見沢駐屯地で）

【岩見沢】12施設群の永年勤続者9人はこのほど、勤務25年の記念に部隊から贈られた「湯呑み」への揮毫を行った。

揮毫は駐屯地陶芸部室で実施され、和やかな雰囲気の中、隊員たちは「あっという間の25年だった」「25年は長かった」などと語り合い、部隊での思い出や残りの自衛隊生活に向けての意気込みなど、それぞれの思いを湯呑みにつづった。

自慢の一品料理

サンマのしょうが煮

紹介者：空士長　阿川 翔平（峯岡山分屯基地業務小隊厚生班給養係）

千葉県南房総市に所在する空自峯岡山分屯基地（レーダーサイト）では昨秋、旬の魚を活用した「サンマのしょうが煮」を隊員に提供しました。

中部航空方面隊の統一テーマの「だし（うま味）を感じさせる献立」を考えた時に、サンマであれば可能ではと思い立ち、生のサンマを数十匹仕入れました。

作り方はまず、サンマを食べやすいように3等分に切ります。そしてライスボイラーに水としょうゆ、酒、砂糖を入れ、くさみを消すために千切りにしたしょうがを、サンマとともに入れて煮込みます。弱火で行うのがポイントで、約5分間じっくりと煮込むことで骨がやわらかくなり、とても食べやすくなります。「秋の味覚を感じられた」と分屯基地の隊員にも好評でした。

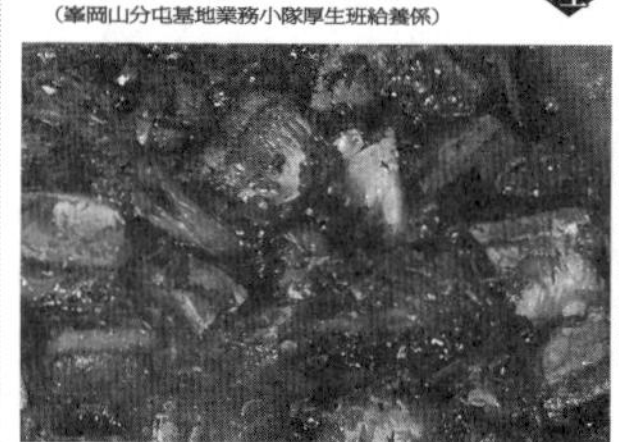

甘辛い味付けなので、弁当のおかずや酒のつまみにも最適で、予め内臓を除いてあるサンマを購入してくれば、さっと煮込むだけでおいしく食べられます。通常の鍋でも簡単に作れますので、ご家庭でもぜひ、調理してみてください。

地方防衛局 特集

中国四国局

海自呉総監部と呉教育隊 ブロック塀をフェンスに改修

安全性と歴史的景観追求

防災緊急対策の一環

【中国四国局】中国四国防衛局（森田治男局長）は昨年、民有地や公道に接する自衛隊施設の安全性確保に向けた整備の一環として、海上自衛隊呉地方総監部と呉教育隊のブロック塀やコンクリート塀などをフェンスに改修する工事を完了した。

防衛省では2018年6月の大阪北部地震でブロック塀の倒壊による痛ましい事故が起きた教訓を踏まえ、政府の「防災・減災、国土強靭化のための緊急対策」の一つとして、民有地や公道に接する全国の自衛隊施設について敷地境界にあるブロック塀等の安全点検を実施。今年度までの予定で、老朽化が進むなどして安全性に問題があるブロック塀等の早期撤去とフェンスへの改修を進めてきた。

中国四国防衛局も管轄区域で同様の整備を行っており、今回の改修では明治の呉鎮守府開庁以来、旧海軍や海上自衛隊と共に歩んできた歴史を踏まえ、呉市とも相談の上、改修後の鋼製フェンスの色調を既設ブロック塀と同じく「レンガ色」にするなど、安全性に加え、歴史的景観に配慮した設計・施工となっているのが大きな特徴だ。

同局で改修工事の中心的な役割を果たした調達部では「震災時の危険防止に役立つだけでなく、呉市民をはじめ、観光で訪れる方々にも自衛隊を身近に感じていただく一助になればうれしい」と話している。

海自呉地方総監部の正門。㊤は施工前、㊦㊨は施工後。㊦㊧ブロック塀から安全で見通しの良いフェンスに改修された呉教育隊の敷地境界部分。かつての面影を残しつつ、安全性を最優先した空間へと生まれ変わった（写真はいずれも広島県呉市で）

防衛施設と首長さん

山口県下関市　前田　晋太郎市長

まえだ・しんたろう　44歳。長崎大水産学部卒。安倍晋三事務所、下関市議会議員（2期）などを経て、2017年3月、下関市長就任。現在1期目。下関市出身。

市民に身近な存在の自衛隊 二つの海自基地と歩むまち

下関市は、本州と九州および大陸との接点でもある地理的条件から、内外の交通の要衝として古くから栄えた山口県最大の都市です。

街のシンボルでもある関門海峡では、日本が武家社会へ転換する契機となった源平最後の対決「壇ノ浦の合戦」や、明治への大きな転換期の始まりとなった「下関戦争」が起こるなど、日本の歴史の節目に登場してきました。

また、フグ、ウニ、クジラ、アンコウをはじめとする美食の街としても知られており、週末に屋台が登場する唐戸市場を中心に多くの方に親しまれております。

さて、本市の東西には、海上自衛隊の小月航空基地と下関基地隊があり、関門海峡を臨む「あるかぽーと岸壁」には、これまで数多くの護衛艦に寄港いただくなど自衛隊は市民にとり大変身近な存在です。

さらに、市民の安全・安心の確保のため、例年、長門市と美祢市とで開催する3市合同防災図上訓練への参加や、1日500隻の船が行き交う関門海峡での危険物の除去をはじめ、日夜を問わない献身的なご尽力に市民を代表して心より感謝申し上げます。

今後、「あるかぽーと」地区周辺では、星野リゾートとのホテル事業、日本海に面した長州出島地区ではクルーズ拠点の整備を進めてまいりますので、皆さま是非お越しいただき、下関をご堪能ください。

陸自 情報学校新庁舎が完成

高田富士学校長ら運用祝う

【情報学校＝富士駐屯地】陸自情報学校（学校長・楠見晋一将補）で2月1日、新庁舎の落成式が行われ、富士学校長兼富士駐屯地司令の高田祐一陸将をはじめ、同校職員ら約80人が参加して新庁舎の運用開始を祝った。

新庁舎は鉄筋コンクリート4階建てで、延床面積約4933平方メートル。2018年3月の情報学校の新編に伴い建設が計画され、翌19年5月に着工、昨年10月の工事完成を経て、今年1月までにこれまでのプレハブ仮庁舎からの移転を完了し、この日を迎えた。

式典で楠見学校長は、富士駐屯地に所在する各部隊をはじめ、南関東防衛局富士防衛事務所、陸幕、東部方面総監部などの関係者に謝意を表した上で、「新庁舎で校務を開始するに当たり、改めて情報学校の担うべき役割に思いを致し、校風である『智・魂・技』を体現するとともに、『情報力』を真の戦闘力にするため、『熱意』『創意』『誠意』をもって各種校務に取り組んでほしい」と式辞を述べた。

続いて、高田駐屯地司令は祝辞の中で「新庁舎が完成し、情報学校の基盤が整ったことによって、普通科・特科・機甲科の各戦闘職種と情報職種のさらなる連携強化が可能となった」と強調。その上で「学生教育や調査研究が充実することにより、『今そこにある危機』に対処し、将来の戦いに備える態勢が完整した。末永く大切に、愛情を注いでこの新庁舎が活用されることを期待する」と述べ、同校の職員と卒業生たちの活躍に期待感を示した。

㊤情報学校の新庁舎㊦新庁舎の正面玄関で「情報学校」の看板を除幕する富士学校長兼富士駐屯地司令の高田陸将（看板左）、情報学校長の楠見将補（同右）ら関係者＝2月1日、富士駐屯地で

東北局

「東北防衛施設地方審議会」開催

【東北局】東北防衛局主催の令和2年度「東北防衛施設地方審議会」が1月19日、宮城県仙台市の東北防衛局で開かれ、同局の熊谷昌司局長をはじめ職員が各種説明を行い、審議会の委員が見識を深めた。

同審議会は、自衛隊や駐留軍が使用する施設に関し、不動産権利の対価額や漁船の操業制限などによる損失の補償額などについて東北防衛局長の諮問に応じて調査・審議し、必要事項を建議する機関として9人の委員で構成され、同局に置かれている。

当日は、新型コロナウイルス対策を講じた上で同局の庁舎内で開催。今年度は任期満了（2年）に伴う新たな委員の任命と、審議会会長を選出する年に当たることから、冒頭、出席した委員の互選により、東北放送代表取締役社長の一力敦彦氏が会長に再選された。

続いて会合では、熊谷局長が参加した委員に対し、防衛行政や防衛施設に関する理解を一層深めてもらおうと、同局の業務を紹介した後、令和2年版「防衛白書」の内容について分かりやすく説明。この後、同局の防衛補佐官を務める佐藤孝洋1陸佐が自衛隊の災害派遣活動について講話を行った。

東北防衛局の業務についてスクリーンを使って紹介する熊谷局長（右奥演台）＝1月19日、仙台市の東北防衛局内で

災害訓練「みちのくアラート」に参加

青森県東通村など

【東北局】東北防衛局は昨年11月から12月にかけて陸自東北方面隊が中心となって青森県などで実施した災害対処訓練「みちのくALERT（アラート）2020」に参加した。

訓練は同県の東通原子力発電所の地震・津波事故を想定した避難訓練と連携。自衛隊の災害対処能力の維持・向上と、関係自治体や機関との連携強化を目的に11月12日に東通村で実動訓練、12月16日に東通村と仙台駐屯地で図上訓練がそれぞれ行われた。

実動訓練には自衛隊員や自治体職員のほか、原発30キロ圏内に所在する5市町村の住民ら計約1200人が参加。陸自ヘリによる避難訓練や段ボールベッドの準備、物資の受け渡しなど、具体的な避難手順の確認が行われ、東北防衛局の職員は住民避難訓練などを視察した。

一方の図上訓練では、原子力災害の初動対応時における東通オフサイトセンターでの連携要領の確認のほか、ヘリによる映像配信などに関する訓練も行われ、東北防衛局は仙台駐屯地に連絡員を派遣し、関係機関との情報共有・連携要領を演練した。

リレー随想　廣瀬　律子

福岡市の魅力 ～都市計画の観点から～

「空港から局まで本当に近いですね！」。東京から九州防衛局に初めて出張に来られる多くの方が驚かれます。

福岡空港から博多駅までは市営地下鉄で5分、博多駅から九州防衛局までは徒歩5分。2011年の九州新幹線全線開業を機に、さらに発展する博多駅のすぐそばの福岡第2合同庁舎に九州防衛局があります。

私は大学時代を福岡市で過ごしました。当時も大都市で、学生生活を送りやすい街でしたが、一昨年、九州防衛局に着任し、約30年ぶりに暮らしてみて、改めて住みやすさを実感するとともに、その発展ぶりには本当に驚きました。

福岡市の場合、空港だけでなく博多港も都心の近くにあり、鉄道、バス路線も充実しています。商業地域は、天神と博多駅を中心に発展し、都市機能がコンパクトにまとまっています。

また、天神近くには、大濠公園、福岡市美術館、舞鶴公園があり、街並みも緑にあふれ美しく、散歩にも最適です。ストレスなく短時間で移動でき、買い物や芸術も身近に楽しめ、住みやすさは抜群です。

ここまで福岡市が発展した背景の一つには、一級河川がないこと、つまり水の供給が十分にできる環境になかったという「制約」があります。

高度成長期、福岡市も、当時の成功モデルである工業都市としての発展を目指します。しかし、工業用水の確保は難しく、企業も福岡市に工場を置くメリットがなかったとみられ、工場誘致には成功しませんでした。

そこで、以前から盛んであったサービス産業の発展を目指す方向に舵を切ります。また、工業用水だけでなく、生活用水不足にも悩まされていた福岡市は、むやみな市街地開発を制限し、当時の流れに逆行する形でコンパクトシティを指向します。これが、住みやすい、満足度の高い街の実現につながっていくのです。

周りに流されず、「制約」を生かす発想、それを磨き続ける施策が、人をひきつける現在の福岡市を生み出したといえるでしょう。

移動が制限される期間が終わりましたら、皆さんにも是非お越しいただき、その魅力を十分に味わっていただきたいと思います。

なお、本稿は、『第9次福岡市基本計画』（福岡市、2012年）、『福岡市が地方最強の都市になった理由』（木下斉著、PHP研究所、18年）を参考にしました。

（九州防衛局長）

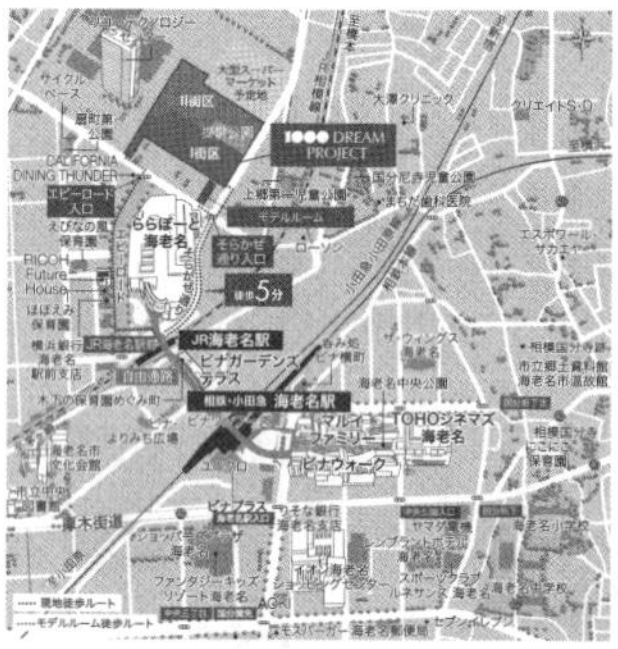

あさぐも ドリーマイ 5 吉本どんど

昔 親父が使ってたものなんだけど
おそろしく型は古いし いちいちネジも巻かなきゃいけないし…

今値段をつけるとしたら せいぜい1000円くらいかな…と
1000円？

陸、空自が全力災派

沖縄・宮古島

15後支隊の看護官らコロナ対応

高齢者施設で医療支援

沖縄・宮古島の新型コロナウイルス感染拡大に伴い、1月31日から宮古島市の高齢者施設に派遣されている陸自15旅団（那覇）の医療支援チームの隊員たちは、引き続き感染防護策を徹底しながら施設入所者の介助などに全力で当たっている。

宮古島市ではコロナの感染拡大に伴い医療体制がひっ迫。沖縄県は全国知事会などに看護師の派遣を求めたが、全国的に感染者が急増している中、看護師の確保は難しく、沖縄県の玉城デニー知事は1月29日午後4時33分、佐藤真15旅団長に医療支援の災害派遣を要請した。

要請を受け旅団は、15後支隊長の伊高賢1佐を長とする15旅団災害派遣隊（医療支援隊、管理支援隊）を編成。

29日夜、15後支隊衛生隊の吉田茉以2尉を看護班長とする医療支援隊看護班（看護官1人、准看護師4人）の隊員らを沖縄本島から南西約300キロの宮古島に派遣した。

宮古島市に到着した看護班の隊員たちは、入所者と職員計約40人の感染者が発生した高齢者施設で31日から活動を開始。

「少しでも療養者や介護職員、スタッフの力になれるよう頑張りたい」（吉田2尉）と、施設職員と協力しながら入所者の健康管理や看護・医療支援、入浴などの介助支援に当たっている。

支援活動は2月13日までの予定。一方、宮古警備隊の隊員で編成された災害派遣隊管理支援隊は、看護班が乗車した車両を除染し、使用した衣類を洗濯、手入れをするなど後方から活動を支えている。また、15通信隊写真班は支援の記録に努めている。

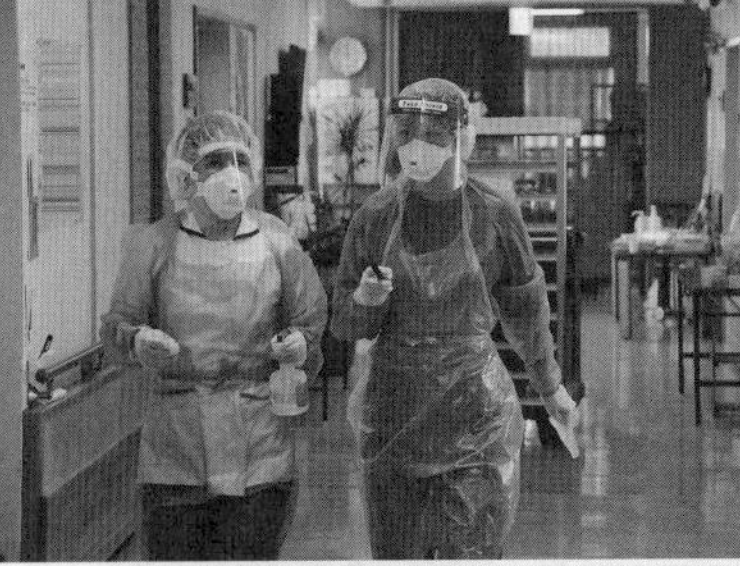

上 宮古島の高齢者施設で施設職員と業務に当たる15旅団災害派遣隊医療支援隊の隊員（右）（2月3日）下 看護班の輸送に使用した車両の消毒を行う同管理支援隊の隊員＝いずれも統幕提供

43普連、5空団が対処

宮崎県新富町　鳥インフル続発

昨年11月から西日本を中心に猛威を振るっている鳥インフルエンザが1月30日、宮崎県新富町の養鶏場（飼育数約8万羽）でも確認され、陸自43普連（都城）、空自5空団（新田原）の隊員でつくる対処部隊が災害派遣に出動。全力で鶏の処分などに当たった。

31日午前7時、河野俊嗣宮崎県知事から中尾圭43普連長に鶏の殺処分等の支援の災害派遣が要請された。43普連と5空団からなる対処部隊は、約200人態勢（後方支援要員含む）で活動を開始。協同し炭酸ガスによる鶏の処分や袋詰め、フォークリフトを用いた搬出作業に力を尽くした。

自衛隊に割り当てられた殺処分が完了し、同日午後5時12分、知事から撤収要請が出され、対処部隊は活動を終えた。

宮崎県新富町で発生した鳥インフルエンザの災派で、炭酸ガスで処分する空自5空団の隊員たち（1月31日）＝統幕

茨城県城里町　施校の隊員ら210人で

茨城県城里町の養鶏場でも2月1日、鳥インフルエンザの発生が確認され、陸自施設学校（勝田）を基幹とする対処部隊が処分に当たった。

養鶏場で飼育する約84万羽の早急な殺処分が必要なことから2日午前7時、大井川和彦茨城県知事から山崎義浩施設学校長に鶏の殺処分等の支援の災害派遣が要請された。

これを受け、施設学校、1施設団（古河）、武器学校（土浦）の隊員たちが2日午前10時過ぎから活動を開始。約210人態勢で、6個対処部隊（各隊約30人、後方支援要員を含む）がローテーションしながら昼夜を問わず鶏の殺処分や処分した鶏の袋詰め、搬送などに努めた。

15ヘリ隊　宮古島から患者空輸

陸自15ヘリ隊（那覇）は1月29日、沖縄県宮古島から那覇基地まで、宮古島在住の新型コロナウイルス感染症の陽性患者計2人を急患空輸した。

沖縄県知事から15旅団長（那覇）に28日午後11時12分と29日午前8時2分の2回、急患空輸の災害派遣が要請された。

要請を受けいずれも15ヘリ隊のCH47輸送ヘリ1機が基地を離陸。宮古島でそれぞれ1人を機内に収容して那覇基地まで空輸、消防に引き継いだ。

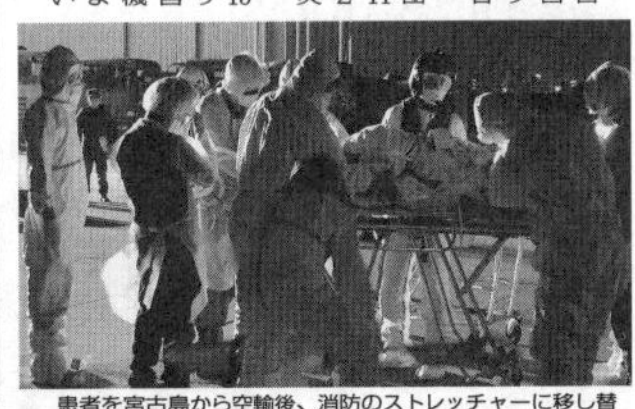

患者を宮古島から空輸後、消防のストレッチャーに移し替える15ヘリ隊の隊員たち（1月29日、那覇基地で）＝統幕

航空気象群（府中）の水村空曹長

振込詐欺を防ぎ　警察から感謝状

【航空気象群＝府中】航空気象群基地援護室の水村隆幸空曹長は1月27日、振り込め詐欺被害を防いだ功績で東京・石神井警察署から感謝状を贈られた。

水村曹長は12月10日午後6時ごろ、東京・練馬区の銀行の2台あるATMの1台で操作していたところ、隣のATMで高齢の女性が携帯電話で話しながら操作していることに気付いた。

小声で話していた女性の声が途中から「分からないわよ、どうやってやるの？」と強い口調になったため、怪しいと感じ、「その電話の相手は誰ですか？　大丈夫ですか」と声を掛けた。

さらに、勝手に操作をやめさせ電話を取り上げるのは問題があると思い、警察に通報。警察の指示を仰ぎ、女性に電話を切るよう伝え、操作をやめさせた。

その後、警察が経緯を調べたところ振り込め詐欺であることが判明。被害を食い止めることができた。

石神井警察署で行われた感謝状贈呈式では、山下信二署長から「振り込め詐欺は多発している。今後もご協力を」と伝えられ、水村曹長は「（被害防止のため）これからもできる範囲でお手伝いいたします」と力強く応えた。

振り込め詐欺被害を防いだ功績で山下石神井警察署長（右）から感謝状を贈られた水村曹長（1月27日、石神井警察署で）

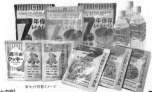

尖閣開拓記念碑の周辺を清掃活動

石垣出張所

【沖縄地本】沖縄地本石垣出張所（所長・岡本知力3陸佐）は、石垣市が条例で定める「尖閣諸島開拓の日」の1月14日、「古賀辰四郎　尖閣諸島開拓記念碑」周辺の清掃活動を行った。

記念碑は尖閣諸島の開拓に尽力した故古賀辰四郎氏の功績をたたえ1995年、市内の緑地公園に建立された。例年、記念碑の清掃は市民有志が行っているが、今年は新型コロナウイルス感染拡大の影響で十分に行われていないことから、石垣出張所の隊員が行うことに。

14人の所員が午前7時半から約1時間作業。道行く市民から「ありがとう」「お疲れさまです」と声も掛けられ、地域社会との絆も深められた。

「尖閣諸島開拓記念碑」の清掃活動後、全員で記念碑に敬礼する石垣出張所員（1月14日）

小休止

▽…海幕広報室は2月2日、同室で節分の豆まきを行った。例年は2月3日の「節分の日」が、今年は暦のずれで124年ぶりに2日となった。記念すべき日に邪気を払おうと、2月1日に広報室にSNS担当として着任した杉山由美1曹が呼び掛けた。

▽…明るく活気ある広報活動ができることを願い、「鬼は外、福は内」と掛け声を上げながら、みんなで鬼に向けて豆を投げた＝写真。鬼役は北川寛人3佐が務めた。

▽…杉山1曹は「伝統を重んじる海自としては豆をまかないわけにはいきません。広報を通して素敵な情報を〝マメ〟に提供していきます」と意気込みを語っている。

（市ヶ谷）

こちら警務隊

窃盗・横領とは②

他人の物を利用しない　一時的でも処罰対象に

雨の日に傘立てにあった他人の傘を無断で使った後、元の場所に戻した場合、何か罪に問われますか？

この行為は窃盗罪で10年以下の懲役または50万円以下の罰金に処される可能性があります。

判例によると、自転車や自動車の無断乗り回しなど、他人の物を自分の思いのままに利用すれば、たとえ、数時間の利用後に元の場所へ戻すことを予定していたとしても、「自分の物にする意思がある」として窃盗罪を認めています。

たとえ一時的であったとしても、他人の物を無断で使用することは、モラルの欠けた行為です。絶対にやめましょう。

（西部方面警務隊）

「しらせ」に乗って南極の昭和基地に到着後、越冬隊員として活動を開始した空自OBの久保木学さん（写真は海自横須賀基地で）

みんなのページ

定年後は海自「しらせ」で南極へ

空自OB　久保木 学（第62次南極地域観測隊・昭和基地）

私はこのたび文部科学省の「第62次南極地域観測隊」の越冬隊への参加が決まり、11月20日、海自の砕氷艦「しらせ」に乗艦し、日本を出発しました。現在は南極の昭和基地に到着し、今後は2022年3月まで、南極で調査活動などに当たります。

私は以前は航空自衛隊の救難員として勤務しておりました。空自在職中、登山仲間から「南極地域観測隊には野外観測支援員という枠が1名あり、登山ガイドを職業としている方が多く参加されているが、あなたの救難員と登山者としての経験なら、ガイドでなくても参加可能ではないか」と言われました。

この言葉をきっかけに、私は「自衛隊定年後は南極へ」の夢を抱くようになり、公募に応募したところ、実際に参加が決まりました。

昨年7月から東京・立川の国立極地研究所に勤務し、主に装備担当として準備を進めてきました。南極での主な任務は、昭和基地と周辺の観測、設営支援、安全管理などです。現地では隊員の安全教育や装備品の管理・調達、ルート工作、内陸調査に同行してガイドのような仕事をします。

南極には未知なる危険がたくさん待ち受けています。困っても、（救難機の）UHやアスコットは飛んできてくれません。危険を察知する能力がいま自分に一番に求められています。

念願の南極での越冬隊に参加でき、うれしいのは間違いないですが、責任は重大、しっかり準備を行い、救難員時代に培った能力を発揮し、自分の務めを果たしたいと思います。

最後に後輩の皆さんへ。いろいろな人との出会いの中にチャンスが潜んでいます。そのチャンスを生かせるように、自分の能力を高め、勇気を出して一歩を踏み出せば、夢はきっとかなうと思います。頑張って下さい！（元千歳救難隊）

飲むだけではもったいない!!
コロナに有効、お茶でうがいを！

自衛隊那覇病院長　1空佐　岩田 雅史（医官）

今からおよそ30年前、平成4年（1992年）に、私は昭和大学大学院の細菌学教室に国内留学しました。その時に出合ったのが「エピガロカテキンガレートEGCg」、通称・茶カテキンです。

そして私に与えられた研究テーマは「茶カテキンの抗ウイルス効果を利用して、インフルエンザ感染を予防できないか？」でした。

濃度・接触時間や温度をいくつか設定して、効果が変わるかを調べ、他の市販されているうがい薬とも予防効果を比較しました。

最終的に、市販されているペットボトル入りの緑茶や紅茶は濃度が5％で、これを使って温度に関係なく5秒以上うがいをすると、十分に抗ウイルス効果があることがわかりました。

そこで、「紅茶でうがいをするとインフルエンザ予防効果がある」と仮説を立て、当時勤務していた入間基地の隊員の協力を得て実証し、私の学位論文となりました。

この論文のおかげで、テレビや新聞、情報誌の取材を受けたのを、昨日のことのように覚えています。また、2018年には、この論文を参考に、榮太樓から「テアフラビンのど飴」が販売されています。

さて、2019年から始まったコロナウイルス感染、2021年になっても、まだ終息の兆しが見えませんが、ウイルスの実態は少しずつ判明してきて、治療薬・ワクチンも開発されてきました。今後に向け、明るい兆しが見えてきた気がします。

茶カテキンで予防

そんな中、昨年11月に奈良県立医大の矢野教授らが、カテキンの抗コロナウイルス効果を発表しました。茶に含まれるカテキンが、コロナウイルスに有効と認められたということは、紅茶に含まれるテアフラビンは、カテキンの2倍量体（カテキンが二つくっついたような形）であるので、当然効果があると思われます。

政府は、現在ワクチンを全国民に接種すべく、鋭意努力されています。しかし、ワクチンもいつ行き渡って、自分はいつ打ってもらって、いつから効果を発するようになるのか、また、変異株も出てきて、ワクチンの効果がどれほどのものなのか、副作用は…、不安は尽きません。

マスク、ソーシャルディスタンスなど、十分な効果を発しているものもたくさんあります。外出からの帰宅時には、うがい、手洗いもされているでしょう。しかし、感染を封じ込めるまでには至っていません。

では、もう一つ新しい予防対策を加えてみませんか？ そんなに大層なことではありません。皆さん、カバンの中を開けてみてください。飲み物のペットボトルあるいは水筒が入っていませんか？ その飲み物をお茶か紅茶かウーロン茶、茶葉を使って抽出した飲み物に替えてみませんか？

それを普段飲用する。そして、最後の一口は、含嗽する（口をすすぐ）かうがいをする。終わった後に飲み込んでも構いませんが、気分的に嫌であれば吐き出してください。これだけでも、感染予防効果が少し高まると思います。

あくまでも少しです。この様な話をすると、お茶を一日中飲んでいたり、子供に飲ませたりする人がいます。これは逆効果です。水中毒になったり、夜尿症の原因になったりします。何事も、ほどほど、適度にお願いします。

ちょっと古くなりましたが、さてさて、皆さん！ いつから始めますか？ 今でしょう！

熊本地本のリクルーターとして

海士長　杉安 あきら（1航空隊1整備補給隊・鹿屋）

私が所属している部隊は、鹿児島県鹿屋市にある海上自衛隊鹿屋航空基地です。

そこでの私の任務は航空機の電子機器の整備ですが、現在、熊本地方協力本部で「リクルーター」として勤務しています。

私は入隊する前の2年間は民間企業に就いていました。そこでは私が想像していた仕事とはほど遠く、やりがいのない毎日に疑問を抱いていました。そのような時期に『バトルシップ』という海上自衛隊の映画を観たことがきっかけで、入隊を決めました。

最初は、単純に「かっこいい」と軽い気持ちでしたが、自衛隊に興味を持ち調べていくにつれ、福利厚生等が充実していることや、またやりがいを見出せるのではないかと考えるようになりました。

しかし、自衛隊に対して不安もありました。私は工業高校卒で、部活は吹奏楽、勉強も苦手で、もちろん運動も体育の授業ぐらいでした。体力にも自信がありませんでしたが、そんな私も入隊して5年になりました。

違う企業に一度就職し、社会経験を積んだ私だからこそ言えることがあります。それは、自衛隊ほど仲間を大切にする心、団結・規律を培えるところはないという点です。これこそが自衛隊の魅力だと思います。私も入隊してその魅力を知ることができました。

私はこのことを多くの就活生にも伝えたいと思っています。入隊を考えていた当時の私の不安、体験談を伝えて、少しでも多くの方に自衛隊の良さを知っていただき、入隊者の獲得にも貢献していこうと思っています。

自衛隊の魅力を就活生に伝えている熊本地本リクルーターの杉安あきら海士長（右奥）

(世界の切手・アルゼンチン)

みんな、それぞれが、何か新しいことをやる。それはすべて冒険だと僕は思うんです。

植村 直己（冒険家）

朝雲ホームページ
www.asagumo-news.com
＜会員制サイト＞
Asagumo Archive
朝雲編集部メールアドレス
editorial@asagumo-news.com

新刊紹介

「自衛隊最強の部隊へ」―災害派遣編
二見 龍著

元40普連長（小倉）の著者による「陸自の精強化」に向けたシリーズ第5弾だ。東日本大震災からまもなく10周年になるが、本書では2005年3月の「福岡県西方沖地震」への40普連の災害派遣を主に、自衛隊の人命救助から、民生協力、復興支援までのさまざまな救援活動が詳しく紹介されている。

同地震で大きな被害を受けたのは福岡市沖に浮かぶ玄界島だった。連隊はヘリで先遣隊を急派し、その後、災派物資をCH47輸送ヘリに積んだ本隊が続いた。島では余震が続く中、隊員たちがどのように全島民を本土に脱出させたか、その経緯が詳細に描かれる。

本書では現職隊員が今後の災害派遣活動で参考になるよう、福岡市の防災担当者との連携や調整要領なども記述。さらに教訓事項をまとめた「個人でできる災害対策」として、実体験をもとにした「危機管理とは」「危機管理の『枠』の作り方」「サバイバルの優先順位」「EDC（常備防災グッズ）を作る」といったコラムも充実している。

災派経験が少ない若い隊員にとっては、現場で役に立つノウハウ満載の良きテキストだ。

（誠文堂新光社刊、1650円）

「れいわ民間防衛」見えない侵略から日本を守る
上念 司著

今日の戦争は「目に見えない戦場（デジタル、電磁波、認知領域など）」で行われていると経済評論家の著者はいう。本書は世界的な危機管理のバイブル『スイス民間防衛』の内容を、現在のネット時代にも適合するようアレンジした本だ。中国やロシアが進める「武力を使わない乗っ取り」を防ぐため、SNSを使ったプロパガンダや情報戦の手口などを具体的に明らかにしている。

新しい戦争「超限戦」の成功例として著者はロシアのクリミア併合を挙げ、中国が同じ手法を使って台湾併合を狙っているとする。すでにネット監視網を作り上げた中国はウイグル、チベット、香港を情報管理により支配し、反抗する者は次々と拘束する。中国は外国に対しても同様の政界・財界・学界・メディアなどに工作を仕掛け、自国の影響力拡大を図っているとする。

こうした「進化した戦争」に備えるには国民一人一人がデマやフェイクニュースに踊らされないことが重要で、今日の「民間防衛」では、国民の良識こそが外国の侵略を防ぐ第一歩になると強調している。

（飛鳥新社刊、1500円）

OBがんばる

岩瀬　直行さん　55
令和2年3月、陸自教育訓練研究本部（目黒）を最後に定年退職（1佐）。いちよし証券に再就職し、東京・成増オフィスで資産運用アドバイザーを務めている。

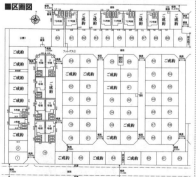

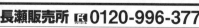

自分は何がしたいのか

私は、いちよし証券で資産運用アドバイザーとして勤務しています。自衛官の世界とは全く無関係な証券の分野になぜ、と不思議に感じる方も多いことと思います。入社のきっかけはもともと経済や金融に興味があり、趣味でファイナンシャル・プランナーについてコツコツ勉強し、運良く現役の間に「1級ファイナンシャル・プランニング技能士」の資格を取得していたことと、東京地本の方から仕事が営業と聞き、自衛官では絶対体験できない180度違った世界に飛び込んでみたいという強い思いがあったからでした。

私の部署は自衛隊員に対する年金や資産運用のアドバイスを主たる業務とし、アドバイザーは自衛隊OBで編成され、当社が創立70周年を迎える中、立ち上がって3年の新規事業部門です。

隊員の皆さまは平素、国土防衛任務に全力を注いでいるため、ご自身の将来に向けた資産運用等について考える余裕がなく、またお金のことを考えることが潔くないと思われている方が多いのではないでしょうか。しかし、それでは年金生活に入った後の老後において貯蓄が底を尽き、資産がマイナスとなる可能性もゼロではありません。そこで隊員の事情を熟知している我々OBが資産運用をフォローさせていただいている次第です。

営業は慣れない仕事で大変なこともありますが、皆さまの満足された表情を拝見するとそのような気持ちもどこかに飛んでしまいます。この仕事を選んで良かったと感じる瞬間です。

皆さまも新しい世界に飛び込むことは不安や状況によっては恐怖を感じることもあると思います。しかし、私が再就職して思うことは、どの仕事であっても基本的な考え方や仕事のやり方は自衛隊の思考過程や業務の進め方と違いはないということです。このため現役時に与えられた職務を一生懸命に頑張り、常に努力し続けることが将来への準備に繋がり、一番の近道であると考えます。自分が何をしたいのか良く考え、援護担当者と相談し、計画的に必要な特技や能力を身に付けていくことができればより有効であると思います。

皆さん、どうかお身体に気をつけて頑張ってください。ご健勝を心より祈念いたします！

あさぐも掲示板

■陸自東方音「第41回室内楽演奏会」

陸自東部方面音楽隊は3月9日、埼玉県川口市の川口総合文化センター「リリア音楽ホール」で第41回室内楽演奏会を開く。午後6時30分開演。入場は無料。

希望者は往復はがきで応募する（未就学児童の入場は不可）。詳細は東方音HPを参照。締め切りは2月22日。問い合わせは東方音（048―460―1711）まで。

■東音「60回定期演奏会」

海自東京音楽隊は3月7日（日）、東京都港区のサントリーホールで「第60回定期演奏会」を開く。指揮者は隊長の樋口好雄2佐で、午後2時開演。

入場料は無料だが、当選はがきが必要。希望者は往復はがきで応募する。詳細は東音HPを参照。受付期間は2月20日まで（必着）。重複応募や記載事項の不備は無効となる。応募多数の場合は抽選を行い、当選者には2月下旬に当選はがきが発送される。問い合わせは東音（03―3700―0136）まで。

詰将棋

第837回出題

6	5	4	3	2	1	
				馬		一
	歩				金	二
			銀	王	飛	三
				歩		四
		銀	歩		歩	五
						六

▲先手　持駒　金

出題　日本将棋連盟　九段　石田 和雄

【ヒント】3三銀が軸で馬が活躍（10分で初段）。

▶詰碁、詰将棋の出題は隔週です◀

詰碁

第1252回解答

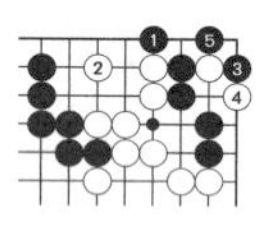

出題　日本棋院　九段　曲　励起

【解答図】黒先、黒劫。黒❶がまず大切で、白②の時、黒❸がまた大切です。次に白④黒❺で劫になります。

朝雲

発行所 朝雲新聞社
〒160-0002 東京都新宿区四谷坂町12-20 KKビル
電話 03(3225)3841
FAX 03(3225)3831
振替00190-4-17600番
定価一部150円、年間購読料9170円（税・送料込み）

主な記事

福島・宮城 震度6強
陸自部隊が給水支援

2月13日午後11時7分頃、福島県沖を震源とする地震が発生し、宮城、福島両県で震度6強の激しい揺れを観測した。防衛省・自衛隊は直ちに航空機約20機を出動させて上空から被害情報の収集と映像伝送を行うとともに、岩手、宮城、福島、栃木、千葉の5県55市町村に計140人の連絡員（LO）を派遣。翌14日には福島県の内堀雅雄知事から給水支援に係る災害派遣要請を受け、44普連（福島）と東北方面特科連隊（郡山）を基幹とする陸自部隊が同県新地町と天栄村の計13カ所に展開し、15日夕まで給水支援に当たった。

気象庁によると、震源の深さは約55キロで、地震の規模を示すマグニチュード（M）は7・3と推定される。東北から関東の10県で150人超の負傷者が出たものの、死者や行方不明者は確認されていない。

政府は地震発生直後の13日午後11時9分、官邸の危機管理センターに官邸対策室を設置。菅首相は、①早急な被害状況の把握②人命第一の救命・救助③国民への適時的確な情報提供――の3点の指示を出した。

これを受けて岸防衛相は同11時15分、防衛省・自衛隊に対し、①関係府省庁や自治体と緊密に連携し、情報収集に努める②万全な準備態勢を確立する③状況の推移に的確に対応し、災害対応に万全を期す――の3点を指示した。

自衛隊は同11時29分以降、陸自東北方面航空隊（霞目）、海自21航空群（館山）、空自6空団（小松）などの航空機を出動させ、上空から被害情報の収集と映像伝送を行うとともに、地上からは22即応機動連隊（多賀城）と44普通科連隊（福島）の計約60人からなる初動対処部隊が被害情報の収集に当たった。

翌14日午前8時には、防衛省で岸大臣以下の主要幹部が関係幹部会議を開き、今後の対応方針を協議。同日は福島県など5県55市町村に計140人の連絡員を派遣して情報収集に当たったほか、陸自はヘリ団のCH47J輸送ヘリ1機が内閣府調査チームを木更津駐屯地から福島駐屯地に輸送後、マイクロバスで福島県庁まで送り届けた。

一方、断水が発生した福島県では14日午前9時と午後4時の2回にわたって県知事が陸自44普連長（福島）の湯舟道彦1佐に給水支援に係る災害派遣を要請。これを受けて44普連が新地町、東北方面特科連隊（郡山）が天栄村にそれぞれ約20～30人態勢で展開し、15日午後3時50分に知事から撤収要請を受けるまで最大計13カ所で被災住民に対する給水支援を実施した。

◇主な活動部隊

【陸自】東北方航（霞目）、6飛行隊（神町）、20普連（神町）、22即機連（多賀城）、44普連（福島）、東北方特連（郡山）【海自】2空群（八戸）、4空群（厚木）、21空群（館山）【空自】6空団（小松）、7空団（百里）、百里救難隊、松島救難隊

内閣府などからなる官民の「災害時情報集約支援チーム」を乗せて福島駐屯地に向かう陸自ヘリ団のCH47J輸送ヘリ（2月14日午前2時過ぎ、千葉県の木更津駐屯地で）

岸防衛相

強固な日米同盟を確認
ヤング米大使と会談

米国のヤング駐日臨時代理大使（右）と会談する岸防衛相（2月9日、防衛省で）＝防衛省提供

岸防衛相は2月9日、米国のジョセフ・ヤング駐日臨時代理大使の表敬を受け、防衛省内で会談した。両氏の会談は昨年10月以来2回目で、バイデン政権の発足後は初めて。両氏は強固な日米同盟をさらに発展させていくことで一致した。

岸大臣は会談の冒頭、オースティン新国防長官と先月実施した電話会談について「就任翌日にお電話をいただき、バイデン政権の日米重視の姿勢の表れだと受け止めている」と謝意と期待感を表した。

一方、中国で海上警備を担う海警局に武器使用権限を付与した「海警法」が2月1日に施行されたことについても言及し、「大きな疑念も有しており、断じて受け入れられない」と指摘。

さらに、北朝鮮の全ての大量破壊兵器とあらゆる射程の弾道ミサイルの「完全で検証可能、かつ不可逆的な廃棄（CVID）」に向けた連携の重要性を訴え、「日米同盟の抑止力・対処力のさらなる強化に向け、バイデン政権との議論を深めていきたい」と述べた。

これに対し、ヤング大使は「岸大臣とオースティン長官との電話会談が極めて早期に実現したことは、日米同盟を重要視するバイデン政権の姿勢を示すものだ」と明言。

その上で「バイデン政権はインド太平洋地域をはじめ世界における同盟国やパートナー（友好）国とのネットワークによって課題に取り組んでいくつもりだ。『自由で開かれたインド太平洋』の価値観や原則を共有・促進していく中で、日米同盟はまさにそのネットワークの中心にある」と応え、日米同盟が世界の中で果たすべき役割の重要性を強調した。

コロナ医療の最前線視察
岸防衛相 防医大職員を激励

岸防衛相は1月30日、防衛医科大学校（所沢）を視察し、新型コロナウイルスへの対処など医療の最前線で任務に当たる医官や看護官ら職員を激励した。

大臣は四ノ宮成祥学校長の案内で防医大病院などを巡視。救急診療棟2階のコロナ対応ICU（集中治療室）や西棟9階のコロナ対応専用フロアなどを視察した後、浅野友彦病院長以下、現場の医療関係者と懇談を行い、現状を把握した。

視察後、現地で臨時記者会見を開いた岸大臣は「大変過酷な環境下で、高い意識を持ってコロナ患者への対応に真摯に取り組む医療従事者の姿を自らの目で確かめた」と述べ、関係者に謝意を表した。

その上で、「防医大病院は医師と看護師の養成を行う場であるとともに、埼玉県西部地域の基幹病院として、高度で安全な医療の提供を通じて地域医療への貢献を果たすことも求められている。今般のコロナ対応で得られた知見や教訓を、学生や研修医官にフィードバックさせ、医学・看護学教育の向上を図るとともに、防医大が有する人的資源等を一層活用し、自衛隊の衛生機能の強化と地域医療に積極的に貢献することを期待している」と述べた。

四ノ宮防医大校長（右端）の案内でコロナ対応病棟などを視察する岸防衛相（中央）＝1月30日、埼玉県所沢市の防医大病院で（防衛省提供）

サウジ国防副大臣と会談
岸防衛相 中東の平和へ協力確認

岸防衛相は2月4日、サウジアラビアのハーリド・ビン・サルマン・ビン・アブドルアジーズ国防副大臣と約30分間の電話会談を行い、両国間で防衛協力・交流を強化していくことで一致した。

両氏は地域情勢について意見を交わし、法の支配に基づく「自由で開かれた海洋秩序」の重要性を共有。岸大臣は、中東地域における日本関係船舶の安全航行の確保を目的とした自衛隊による情報収集活動を今年12月まで1年間延長したことを説明し、両氏は中東地域の平和と安定、航行の安全確保のために引き続き連携していく方針を確認した。

このほか、新型コロナウイルスの影響を踏まえ、感染症対策の分野でも教訓の共有など協力を推進していくことを申し合わせた。

「そうりゅう」が神戸港に到着

高知・足摺岬沖で2月8日に民間商船と接触し、高知港に停留していた海自1潜群5潜隊（呉）の潜水艦「そうりゅう」は同14日、兵庫・神戸港に入港した。

「そうりゅう」は13日、高知港を出港。潜水艦救難艦「ちはや」の移動支援を受けながら和歌山・由良港経由で神戸港に到着した。

「そうりゅう」と衝突した商船は香港船籍の貨物船「オーシャン・アルテミス」で、海上保安庁は両艦船の関係者への聞き取りなどの調査を進めている。海幕の事故調査委員会（委員長・小峯雅登将補）も9日から「そうりゅう」乗員への聞き取りを開始、事故の原因究明に当たっている。

春夏秋冬

米政権交代と中東政策

田中 浩一郎

1月20日に就任したバイデン大統領は、トランプ前政権とは対照的に、国際協調の下で米国として地球規模問題に取組む方針を発表した。コロナ・ウィルス禍、経済対策、対中戦略、気候変動などが政権発足当初の優先課題だが、その傍らで中東の優先度が低いことが懸念材料である。

中東地域には危機の芽が方々に残っている。米国の核合意離脱後、核開発を拡大してきたイランとの協議再開や、酷い人道危機に陥っているイエメン内戦などへの対応は米国にとって重要な課題であるはずだ。シリアとリビアでも内戦が続く。NATO同盟国トルコとの関係もギクシャクしたままである。「舞い戻った米国」の対応に自ずと注目が集まる。

実は、イランに関する政策変更は遅れている。米国は、イラン原油の禁輸措置を維持しており、両国とも核合意への完全復帰に向けた歩み寄りを見せていない。むしろ、米国は示威行動としてB52戦略爆撃機をイラン周辺へ派遣し、反発するイランが軍事演習で応じている。米国とイランとの接近を警戒するイスラエルは、シリアに駐留するイラン軍を挑発する軍事行動に加え、対イラン攻撃の作戦計画練り直しを公言することで米国をもけん制している。敵対姿勢のため情勢は緊迫化しており、核合意復帰を冷静に協議するような環境には遠い。

一方、サウジアラビアとイスラエルに対する米国の政策は変わった。イエメンで軍事介入を続けるサウジへの軍事支援ならびに武器売却の停止は泥沼に嵌っている同国には打撃だ。外交方針演説に際してイスラエルが「もっとも近しい友好国」の一群から洩れたことも衝撃的であった。バイデン大統領がイスラエルによる違法な入植地の拡大や併合の動きに不快感を示してきたことが影響している。前政権期のように米国の無条件支持は得られないという危機感が両国では募るが、それでも行動を改めようとする機運はどちらも乏しそうだ。

バイデン政権では中東における米国の一方的な肩入れが修正される方向にある。だが、米国が関係国間の力学に配慮し、交渉や調停に対する妨害行動に目を光らせたとしても、中東の優先度が低いままでは必要なリソースの投入は望めず、目指す中東政策の成功も覚束ないだろう。

（慶應義塾大学大学院政策・メディア研究科教授）

朝雲寸言

「断固反撃に転じ、上陸軍を粉砕せよ」――。昭和20年8月18日未明、日本領だった千島列島最北端の占守島守備隊に命令が下された。発したのは日本陸軍第5方面軍司令官、樋口季一郎中将。敵は、ポツダム宣言を受諾して日本軍が戦闘を停止したにもかかわらず武力侵攻をやめないソ連軍だった▼ハルビン特務機関長などを務めロシア人の特性を熟知していた樋口は、ここでソ連軍を阻止しなければ日本が危ういと直感。彼の判断と守備隊の大奮戦のおかげでソ連軍は足止めを強いられ、そうこうするうちに米軍が北海道に進駐した。択捉島など四島は不法占拠されてしまったが、北海道本島が「巨大な北方領土」となる事態は辛くも回避できた▼中国公船が2月6日から「北方領土の日」にあたる翌7日にかけ、尖閣諸島周辺の日本の領海に侵入したり、操業する日本漁船に接近したりした。中国側の法改正で同公船が武器使用もしかねない状況になって以降、最初の侵犯事案だったが、海上保安庁など日本側はよく漁船と主権を守り抜いた▼ロシア人も中国人も相手が自分より力で劣るとみるや否や、より力業で押してくるところで共通する。こちらも適切に力で押し返すのが相手に最も伝わる拒絶の意思表示となる。先々、我が国の島々を他国に奪われ「南方領土」などという呼称で呼ばずに済むよう、敵を熟知した樋口中将の流儀を一般国民にも広く知ってほしい。

2021年度防衛費

重要施策を見る 〈5〉

統幕

サイバー防衛隊を新編

陸海空3自衛隊の部隊運用を担う統幕は、新たな防衛大綱・中期防に掲げられた「多次元統合防衛力」の構築に向け、宇宙・サイバー・電磁波など新領域の能力強化に力を注いできた。

特に攻撃・防御手法が複雑化・巧妙化するなど目まぐるしく高度化するサイバー分野においては、将来を見据えた対応が求められている。

21年度の予算案で統幕は、サイバー分野での能力を高めるため、前年度比27・8%増の701億円を要求。防衛省・自衛隊が同分野で施策として掲げる①情報システムの安全性確保②専門部隊によるサイバー攻撃対処③サイバー攻撃対処態勢の確保・整備④最新技術の研究⑤人材育成⑥他機関等との連携――の6本柱を軸に強化を進める。

21年度は、現・サイバー防衛隊の上級部隊、自衛隊指揮通信システム隊を廃止し、大臣直轄の共同部隊「自衛隊サイバー防衛隊（仮称）」を新編。陸海空自のサイバー関連部隊から移管する要員を含め約140人を増員し、計約540人体制でサイバー防護機能を抜本的に強化する。

ハード面では、3自の関連部隊が利用できる実戦的な訓練環境を整備。サイバー空間における攻撃を模擬し、防御、統裁などの機能を備えた新たな装置を16億円かけ導入する。

このほか、システム・ネットワークの安全性を強化するため、サイバー攻撃に関する手法の収集・分析など各種機能を強化した装置も整備。サイバー防衛隊を中心に3自の関連部隊が連携して攻撃に迅速・的確に対処していく（48億円）。

関連装置の維持管理や運用支援などサイバー攻撃対処に関する高度な専門的知見を必要とする業務については、引き続き民間の技術者なども活用する（27億円）。

また、3自の共通教育として19年度から実施している陸自通信学校（久里浜）の「サイバー共通課程」の規模を拡充し、高度な知識・技能を持つ人材の充実を図る（0・6億円）。サイバー戦指揮官要員の教育では、昨年度に引き続き、米国防大学に1佐を1年間派遣し、サイバー戦で必要となる指揮能力を向上させる。

「電磁波領域」では、3自が別個に行っていた電子戦訓練を「統合電子戦訓練」として統合化。通信を妨害された場合などを想定し、3自の連携能力を高める（0・2億円）。諸外国の先進技術などの情報入手にも力を入れ、米国などで行われる電子戦シンポジウムに統幕の要員を派遣し、情報収集を行っていく。

このほか、弾道ミサイルへの対処など日米共同訓練や統合水陸両用作戦など各種訓練を継続。ソマリア沖・アデン湾での海賊対処やジブチ軍に対する能力構築支援などの活動も引き続き実施していく。

統幕は、山崎統幕長が年明けの記者会見で掲げた、①領域横断作戦に必要な能力の向上②日米同盟のさらなる強化③関係国との連携・協力の強化――の三つに重点を置き、多種多様な各種事態への即応態勢を維持しつつ、「多次元統合防衛力」のさらなる構築強化を進めていく。（星 里美）

防衛大臣
令和3年度末　約540名
（共同の部隊）自衛隊サイバー防衛隊（仮称）
中央指揮所運営隊／ネットワーク運用隊／サイバー防衛隊／隊本部
サイバー関係部隊
注）部隊の名称は全て仮称

サイバー防護機能の抜本的な強化のため、令和3年度末に新編される「自衛隊サイバー防衛隊（仮称）」の組織図（イメージ）＝2021年度予算資料から

「陸自飯グランプリ」開催
19日からセミファイナル投票開始

昨年12月にスタートした陸自各駐・分屯地の食堂人気メニューをネット上で紹介する新企画「陸自飯」で、その人気ナンバーワンを決める「陸自飯グランプリ」のセミファイナル投票が2月19日から陸自HP上の専用フォームで行われる。23日まで。

「陸自飯グランプリ」は約160の全国の駐・分屯地からエントリーした「自慢の料理」の中から人気を競い合い、上位の「陸自飯」を決めるイベント。

さらに、人気上位のメニューについては同24日から28日までSNS上で決選投票を行い、ナンバーワンの「陸自飯」を決定する予定だ。

中東派遣「むらさめ」帰国

3次隊に総理大臣特別賞状

中東のオマーン湾とアラビア海北部で約3カ月半にわたり情報収集活動に当たった海自派遣情報収集活動水上部隊3次隊（指揮官・平井克英1佐＝1護隊司令）の護衛艦「むらさめ」（艦長・野本直利2佐以下乗員約200人）が2月11日、148日ぶりに横須賀に帰国した。

「むらさめ」は昨年9月16日に横須賀を出港し、10月6日からオマーン湾とアラビア海北部で情報収集活動に従事。新型コロナウイルスの影響により、沿岸国の寄港地では岸壁以外の上陸が認められないなど乗員の行動が制限される中で活動を続け、今年1月20日までに延べ1万2000隻の船舶を確認した。

帰国行事には岸防衛相をはじめ、山崎統幕長、湯浅秀樹自衛艦隊司令官ら防衛省・自衛隊の関係者約50人が出席。乗員家族は新型コロナ感染防止のため出席が見送られた。

平井司令の帰国報告の後、表彰式が行われ、岸大臣から3次隊に総理大臣からの特別賞状と平井司令への1級賞詞が授与された。また、山崎統幕長から野本艦長に2級賞詞が手渡された。

岸大臣は訓示で「諸君の努力が中東を航行する我が国の商船の安全確保と、現地の安全に関する貴重な情報を我が国にもたらすことに結びついた」と述べるとともに、同艦が派遣期間中に参加した日米豪印4カ国の共同訓練「マラバール2020」について触れ、「安全保障環境が厳しさを増す中、インド太平洋の国々が結束することは重要だ。国際安全保障の観点から大いに評価を受けている」と訓練参加の意義を強調した。

続いて湯浅司令官が訓示し、「2次隊から引き継いだ情報収集任務をさまざまな工夫により効率化させ、整斉かつ粛々と任務に当たり、多大な成果を納めた。諸官が残した成果や教訓は4次隊の活動に反映されるとともに、今後派遣される部隊に引き継がれていく」と乗員らの労をねぎらった。

中東海域での情報収集活動を終えて帰国し、岸防衛相（左）から授与された総理大臣特別賞状の盾を掲げる平井司令（2月11日、横須賀・逸見岸壁で）

UNMISS要員帰国

岸防衛相「国益に寄与した」

岸防衛相（右）に帰国報告する山之内3佐（左手前）と中林1尉（その右）＝2月10日、防衛省で

国連南スーダン共和国ミッション（UNMISS）司令部要員として同国の首都ジュバに1年間派遣されていた山之内祐希3陸佐と中林由貴1陸尉（共に陸上総隊司令部）が1月24日に帰国し、2月10日、防衛省で岸防衛相に帰国報告を行った。

大臣室で行われた帰国報告には山崎幸二統幕長、湯浅悟郎陸幕長、加野幸司統幕総括官が立会。岸大臣は「コロナウイルスが世界的に蔓延する中、感染対策を取った上でしっかり任務を完遂されたことは素晴らしいことだ。各国から派遣された多くの隊員と良好な関係を作りつつ、UNMISSの活動に参加されたことは、まさに国益に寄与されたということだ」と労をねぎらった。

これに先立ち、2人は湯浅陸幕長に帰国を報告。陸幕長は、現地で得たノウハウを今後の活動に生かしていくよう要望するとともに、2人にそれぞれ3級賞詞を授与し、任務完遂の功績をたたえた。

現地で山之内3佐は兵站幕僚としてUNMISS歩兵部隊や軍事連絡要員の兵站支援を、中林1尉は航空運用幕僚としてUNMISSの飛行計画の作成や運航状況の把握、飛行場地区の管理などを担当した。

防衛省では2017年5月に陸自施設部隊による南スーダンPKO活動が終了した後も、UNMISS司令部（約400人）への陸自隊員4人（兵站、情報、施設、航空運用の各幕僚）の派遣を継続。4人は2人1組で出発時期を半年ずらして出国し、それぞれ約1年間の任務に就いている。

空軍参謀長等会議にテレビ会議形式で出席し、スピーチする井筒空幕長（画面上）。左はインド防衛駐在官の寺西竜哉1空佐（2月4日、インド・ニューデリーで）

「協力・連携の重要性」強調

井筒空幕長、印主催空軍参謀長等会議で

井筒空幕長は2月3、4の両日、インドのニューデリーで開かれた印空軍主催の「空軍参謀長等会議」に日本からリモートで参加し、4日には参加者に向けてスピーチも行った。

会議にはオンラインなどで28カ国が出席。空幕長は「インド太平洋におけるエア・パワーの重要性」と題して講演し、インド太平洋地域における協力・連携の重要性について各国空軍参謀長らに向けて情報を発信した。

時の焦点

国内　潜水艦事故

再発防止策を徹底せよ

海上自衛隊の潜水艦「そうりゅう」が、民間の貨物船と衝突した。死者や重傷者は出なかったとはいえ、自衛隊に対する国民の信頼を損ないかねない。防衛省は原因を徹底究明し、再発防止策を徹底する必要がある。

事故は、高知県足摺岬の沖合で起こった。香港船籍の貨物船は大型だったため、損傷はなく、けが人もいないという。もし小型の漁船だったら、大事故になっただろう。海自は、被害が小さかったからといって事故を軽視してはならない。

一方、「そうりゅう」は、船体上部がゆがみ、乗員3人が軽いけがをした。

通常、潜水艦は、水中音波探知機（ソーナー）で、地形や、周囲の船の存在などを把握する。

事故は、水中航行中の「そうりゅう」が、海面近くに浮上した時に起きた。潜望鏡を出して目視するまで、貨物船が近くを航行していることに気づかなかったという。「そうりゅう」は、慌ててよけようとしたが、衝突した。事故を起こした責任が、潜水艦の側にあるのは明らかだ。

岸防衛相は記者会見で謝罪するとともに、「浮上の際の安全手順の確認を再度徹底する」と語った。海自は、海上幕僚監部内に事故調査委員会を設けた。

これまでの説明では、ソーナーに不具合はなかった模様だ。浮上前の確認作業に問題はなかったのか。艦内での意思疎通は十分に行われていたのか。防衛省はあらゆる可能性を探り、詳細を調べる必要がある。

原因を隠さずに明らかにすることが重要だ。海上保安庁の捜査にも全面的に協力しなければならない。

事故は「そうりゅう」の定期検査後の訓練中に起きた。「そうりゅう」は、世界最高水準の性能を持っているという。乗組員の練度不足が影響した可能性も指摘されている。

事故後の対応も問題だ。防衛省が連絡を受けたのは、発生から3時間以上も後だった。

通信用のアンテナが損傷し、通常の携帯電話が使える海域に移動するまで、連絡ができなかったという。

もし大惨事になっていたら、救命対応は遅れていただろう。有事への備えも不十分だったと言わざるを得ない。

海自トップの山村浩海上幕僚長は、「通信アンテナ全部が一時的にでも使えなくなる想定はなかった。想定外は許されない」と述べている。

海自全体の危機管理体制が問われよう。衛星電話の配備などを急ぐべきだ。

過去には、ハワイ沖で実習船「えひめ丸」が米原子力潜水艦と衝突し、沈没した事故や、海自の潜水艦「なだしお」と遊漁船が衝突したこともある。今回の事故を含めて教訓を生かし、二度と繰り返さないようにしてもらいたい。

夏川　明雄（政治評論家）

海外　米の外交演説

権威主義に対抗と宣言

バイデン米大統領は2月初めに就任後初の外交演説を行い、中国とロシアを名指しし、「権威主義に対抗しなければならない」と強調した。トランプ前大統領の米国第一主義を転換し、欧州や日本などの同盟国と協調することにより、民主主義の価値を否定する国々と対峙（たいじ）していく米新政権の外交・安全保障の主要原則を明確に打ち出した意味合いは大きい。今後の国際社会の動向にもさまざまな影響を及ぼすことになりそうだ。

外交演説で一貫するのは、「民主主義国との協力」と「権威主義への対抗」であり、近年の国際情勢の潮流にとどまらず、現在進行形の世界各地での権威主義的な動きを受け止めた上でのバイデン政権による巻き返し戦略の二本柱と言える。

年明け以降の世界情勢を見ると、ロシアでは昨年8月に毒殺未遂に遭った反体制派指導者ナワリヌイ氏が療養先のドイツからの帰国直後にモスクワの空港で拘束され、過去の詐欺事件に絡んで実刑判決を受け、収監された。プーチン政権は、ナワリヌイ氏の呼び掛けに応じた大規模な抗議行動を徹底的に押さえ込む構えで、欧米諸国との関係も険悪化する一方だ。9月の下院選挙に向け、政権側と野党陣営の攻防も激化しよう。

アジアに目を移せば、ミャンマーでは昨年11月の総選挙で圧倒的勝利を収めたスー・チー最高顧問兼外相ら与党の国民民主連盟（NLD）や政権の要人を、国軍が2月初めの新議会開会直前に一斉に拘束するクーデターが起きた。国軍のフライン最高司令官は実権掌握後、選挙で不正があったためとしてクーデターを正当化しているが、議会開会を許せば、親軍政党の退潮と併せ、国軍も絶大な既得権益を失うことを恐れた末の自己防衛の決起だったことは疑いない。国民の多くが国軍の暴挙に反発し、街頭での抗議行動を展開しているが、隣国の中国が内政不干渉を理由に批判を抑え、静観を決め込むのも、今回の事態が自らの国益に反するとはみていない何よりの証左だ。

その中国自身、昨年は香港での民主的活動を厳しく取り締まる国家安全維持法を施行し、外国勢力の支援を受けていると非難する民主派の弾圧を強めている。香港にとどまらず、新疆（しんきょう）ウイグル自治区やチベット自治区でも中国共産党の指導に異を唱える勢力への締め付けを緩めず、ブリンケン米国務長官は中国外交トップとの電話協議などを通じ、新疆では少数民族のウイグル族に対するジェノサイド（大量虐殺）が行われていると批判し、中国指導部による大々的な人権侵害と断固闘っていく方針を示した。

バイデン新政権でインド太平洋調整官に就いたカート・キャンベル氏は外交誌への寄稿で、米国のアジアでの真のゴールは中国と力の均衡を図り、中国の覇権を阻止するために米国のプレゼンスを維持し、アジアの国々に米国の行動と目的に正当性があると確信させることだと論じている。日米同盟の深化への米政権の期待は大きく、わが国も国際的な分断と対立という波乱の時代を乗り切る外交・安保戦略と相応の覚悟が求められる。

伊藤　努（外交評論家）

岩手駐屯地が対テロ訓練

県警と共同で6回目

【岩手】岩手駐屯地は2月9日、岩手県警察とテロ対処の共同訓練を実施した。

両者の訓練は平成21年から継続的に積み重ねられ、6回目となった。今回は夏の東京オリンピック・パラリンピックも見据え、テロ対策をテーマに行った。

訓練は県警警備課長（今野清彦警視）と東北方面特科連隊4大隊長（槌本健2佐）が統裁官を務め、警察から約30人、陸自から約50人が参加し、「強力な殺傷力を持つ重火器を所持した武装工作員が国内に侵入、一般の警察力では治安維持ができない事態が発生し、自衛隊へ治安出動命令が下令された」という想定の下、岩手駐屯地と周辺地域を活用し訓練を開始した。

「緊急輸送訓練」では実際に一般道を使い、両者の車両が密接に連携、移動間の車列維持の練度向上を図った。武装工作員を発見・鎮圧する「共同検問訓練」では、これまで培ってきた連携要領を再確認するとともに、前年の問題箇所を実動により是正し、さらなる迅速・確実な事態対処の練度を向上させた。

訓練後には意見交換が行われ、両者で情報を共有するとともに、今夏のオリ・パラに向け、いま取り組むべき課題について認識を統一した。

テロリストの火力に対抗できる陸自戦車を研修する警察官（2月9日、岩手駐屯地で）

防衛省発令

▽統幕運用1課事態対処調整官（統幕運用1課）1海佐　原　利光

▽海幕総務課総務調整官（同事態対処調整官）同　石田　徹

▽下総教育航空群首席幕僚（海幕運用支援課兼自衛艦隊司令部）同　小俣泰二郎

（以上2月8日）

共済組合だより

共済組合の「割賦制度」
車の購入にご利用下さい
優良ディーラーもご紹介します

皆さま、共済組合に新車、中古車を問わず割賦で支払いができる制度があることをご存知ですか？

この制度は車を購入する際にとてもおススメです！

年利相当（※1）が1・005％（令和2年度4月時点で60回払いの場合）と低く、とても利用しやすいほか、支払いは給与から源泉控除されるため、支払いのたび金融口座に振り込む必要もなく、給与振込口座を変えた時なども手続きは不要です。

利用の仕方もとても簡単！　販売店（※2）で購入したい自動車の見積書をもらったら、直近の給与明細と一緒に所属支部の共済組合物資窓口へ持っていくだけ！　まずは気軽にご所属の共済組合物資窓口へご相談ください。

※1　物資経理の割賦販売制度を利用した場合、総支払額には手数料（仕入価格の3％）が含まれます。

※2　割賦制度の利用に当たっては販売店が共済組合と契約を締結している必要があります。利用したい店舗が契約状態にあるかどうかなど、利用の可否については各支部物資窓口にお問い合わせください。

優良ディーラーの紹介も

車は欲しいけどたくさんあって分からない…。そんなあなたには希望に沿える優良ディーラーを以下の会社がご紹介し、商談の場も無償で提供します！　ご相談やカタログ請求だけでも対応します。希望に沿えない場合は利用中止も可能です。以下の会社にお気軽にお電話を。

○損害保険ジャパン(株)　0120－555－657（関東以北）、0120－419－669（中部以南）平日午前9時から午後5時まで

○三井住友海上火災保険(株)　0120－155－238　平日午前9時から午後5時まで

○東京海上日動火災保険(株)　0120－086－590　平日午前9時から午後5時まで

○あいおいニッセイ同和損害保険(株)　0120－540－591　平日午前9時から午後6時まで（8月13～15日、12月31日～1月3日を除く）

なお、ディーラーを既に訪問されている場合は利用できないことがありますので、訪問前にお問い合わせください。

本格再開

国内外で3自 日米共同訓練

コロナ禍で一時自粛されていた日米共同訓練が年明けから本格再開した。陸自は1月28日から米海兵隊との共同訓練を沖縄で開始。米海軍の強襲揚陸艦「アメリカ」なども加わり、陸自部隊はＣＨ47ヘリで米艦から発艦、陸上へのヘリボーン降着などを行った。海自は1月15日から護衛艦「こんごう」「あさひ」が九州南方で米空母「セオドア・ルーズベルト」部隊と新年初の日米共同訓練を実施。米グアム島で行われた多国間訓練「シードラゴン2021」にも１空群（鹿屋）のＰ１哨戒機２機が参加した。空自はグアム島で始まった日米豪共同訓練「コープ・ノース21」にＦ15、Ｆ２戦闘機など航空部隊を派遣。本格的な防空戦闘、戦術攻撃、対戦闘機戦闘などの訓練を通じ、日米共同対処能力を高めている。

九州南方海域で行われた「セオドア・ルーズベルト」空母打撃群との日米共同訓練には海自から護衛艦「こんごう」と「あさひ」が参加した。写真は戦闘機を満載した「ルーズベルト」（右手前）後方を航行する日米の戦闘艦（海自提供）

「こんごう」など空母打撃群と

Ｐ１はシードラゴンに参加

多国間訓練「シードラゴン2021」で、外国の部隊指揮官と記念品を交換する海自１空群の岡﨑２佐（左）＝海自提供

年明け最初の日米海上部隊の共同訓練で、米空母「セオドア・ルーズベルト」（左）と航行する海自のイージス護衛艦「こんごう」（米海軍提供）

海自のイージス護衛艦「こんごう」と汎用護衛艦「あさひ」は1月15日、沖縄・沖大東島周辺海域で米海軍空母「セオドア・ルーズベルト」、巡洋艦「バンカー・ヒル」などと令和3年初となる日米共同訓練を行った。

戦闘機を満載した「ルーズベルト」の後方を「こんごう」と「あさひ」が航行し、防空戦闘や対潜戦など日米間の戦術技量を向上させた。

一方、米グアム島では固定翼哨戒機の多国間訓練「シードラゴン２０２１」が行われ、海自からは1空群（鹿屋）のＰ１哨戒機２機と12飛行隊長の岡﨑真吾2佐以下隊員約40人が参加。同訓練には日米のほか、オーストラリア、カナダ、インドの部隊も加わり、共に対潜訓練などを行った。

米グアム島で行われた多国間訓練「シードラゴン２０２１」で、勢ぞろいした各国の固定翼哨戒機部隊。右奥が海自から参加した１空群（鹿屋）のＰ１哨戒機（米海軍提供）

米艦から陸自ヘリ発進

「アメリカ」の飛行甲板上で陸自のＣＨ47輸送ヘリを手信号で着陸誘導する同艦の乗員（1月31日）

ヘリ団のCH47輸送ヘリでヘリボーン降着した後、展開して警戒態勢を取る水機団の隊員（2月1日、沖縄県金武町のブルービーチで）

陸自ＣＨ47ヘリから展開し、周辺警戒のため自動小銃を構える米海兵隊員

陸自は1月28日から2月6日まで、沖縄県のブルービーチ、中部訓練場などで米海兵隊31海兵機動展開隊との共同訓練を行った。

自衛隊からは水陸機動団（相浦）、ヘリ団（木更津）、西方航空隊（高遊原）の隊員が参加。米側からは31海兵機動展開隊、11水陸両用戦隊（強襲揚陸艦「アメリカ」、ドック型揚陸艦「アシュランド」など）が参加した。

当初は海自輸送艦「おおすみ」も加わり、同艦から偵察用ボートによる着上陸訓練や海上機動を行う予定だったが、機器の不具合で不参加となり訓練規模を縮小。ヘリ団による米揚陸艦からの発進訓練や空自のＣＨ47輸送ヘリを使ってのヘリボーン降着訓練など水陸両用作戦の共同対処能力を高めた。

米海軍の強襲揚陸艦「アメリカ」に着艦する陸自ヘリ団のＣＨ47輸送ヘリコプター

「コープ・ノース21」に２空団

米豪と編隊飛行

空自は1月18日から、米グアム島のアンダーセン空軍基地などで行われている日米豪共同訓練「コープ・ノース21」に参加、2月4日から現地で飛行訓練を開始した。

訓練指揮官の2空団（千歳）飛行群司令の門田大輔1佐以下約２６０人が1月26日までに現地に到着。２月9日には同団のＦ15戦闘機が米国、オーストラリア軍の航空機とともにグアム島上空を編隊で飛行した。

2月19日までの訓練期間中、３カ国の参加部隊は防空戦闘、対戦闘機戦闘、電子戦、空対地射爆撃、戦術空輸など各種訓練に挑む。

日米豪共同訓練「コープ・ノース21」が本格開始され、編隊飛行を行う３カ国の航空機。先頭は米空軍のＢ52戦略爆撃機、その下は空自のＦ15戦闘機、左後方は豪空軍のＦＡ18戦闘攻撃機など（2月9日、米グアム島で）＝米軍ＨＰから

１輸空のＣ１３０Ｈ輸送機で、米グアム島のアンダーセン空軍基地に到着した空自隊員（1月24日）

募集・援護 特集

平和を、仕事にする。

ただいま募集中！
◇自衛官候補生◇医科・歯科幹部
◇予備自補（一般・技能）
★詳細は最寄りの自衛隊地方協力本部へ

「夢は目標をかなえるためにあるもの」――。仕事としての自衛官の魅力を直接若者に伝えるため、地本は学校などに若手隊員らを派遣し、〝出張講義〟を行っている。山形地本では地元・山形大出身の女性幹部が後輩に講話、千葉地本はコロナを逆手に千葉出身のブルーインパルス・パイロットに宮城県からオンラインで出演してもらい、自衛隊の職業の魅力を生徒たちに熱くPRした。

各学校で自衛官が〝出張講義〟

山形大学の学生に自衛隊幹部の任務や日常の業務について話す岩松2佐（壇上）＝12月4日、山形大で

山形　「自分のやり方で乗り越えて」　山形大OG自身の想い語る

【山形】地本は12月4日、山形大学の卒業生・岩松由香2陸佐（衛生学校教育部運用教官室長）を講師として同大に派遣し、学生への〝出前授業〟を行った。

授業は主に1年生を対象に、基盤共通教育「仕事の流儀～プロから学ぶ仕事のやりがい～」の1コマとして実施され、岩松2佐は約60人の学生の前で自身の体験を話した。

山形大ではコロナ対策として前期授業の多くがオンライン形式で行われていたが、10月からは対面による授業が再開された。このため、〝出前授業〟は自衛官が学生に直接講義ができる貴重な機会となった。

岩松2佐は後輩を前に「自衛隊幹部の仕事にはもちろん体を使った訓練もあるが、デスクワークも多い。自分の専門だけでなく適性や希望によってさまざまな教育が受けられ、新しい分野にも挑戦することができる」と職種が多い陸自について説明。意欲があれば誰でも新しい分野に挑戦できる環境があることを伝えた。

これを聞いた学生たちからは「体力がなければ務まらない仕事という自衛隊のイメージが変わった」と驚きの声が上がった。

続けて岩松2佐は、「自衛隊は教育体制が整っている上、希望者には国内外の大学・大学院に留学したり国内の一流企業を研修したりする機会もある」と力説。自衛隊で大きな夢に挑戦できることを伝えた。

最後に、コロナ禍で将来に不安を持つ学生に向けて、「自衛隊では個性が尊重されるため、自分のやり方で状況を乗り越えることが大切。成長の方法は自分にできるやり方でいい。自衛隊の組織は個人の成長を後押ししてくれる」という自身の想いを伝えた。

後日、大学から届いた学生の感想の中には、「就職後も自分のやり方で成長していきたいと強く感じた」「女性幹部の話を聞き、自衛隊は女性が活躍できる職業であることがわかった」といったコメントがあった。

山形地本では「大学に限らず多方面への講師派遣を行い、さらなる優秀な人材の獲得にまい進していきたい」と話している。

ブルーパイロットが故郷の生徒に講話

千葉　「夢は目標をかなえるためにあるものです」

故郷・千葉の中学生にオンラインで講義するブルーインパルス・パイロットの久保1尉（画面上）＝1月28日、千葉県成田市で

【千葉】地本は1月28日、オンラインで空自松島基地と千葉県成田市の成田中学校をつなぎ、同県出身のブルーインパルス・パイロットの久保佑介1尉による特別講義を行った。

モニターにブルーの制服で現れた久保1尉は「夢の実現について」と題し、ブルーの歴史や活動内容を紹介。自身の夢だった空自パイロットになるまでの過程や、自衛隊の航空学生採用試験の受験と合格までの道のり、入隊後の団体生活や課程卒業後の航空部隊での体験を説明した。

久保1尉はパイロットの検定に合格するため、仲間に助けられながら自分を信じて頑張った日々を伝え、「夢は目標をかなえるためにあるものです！」と夢を持つことの大切さや自己実現に向けた努力の大切さを生徒たちに伝えた。

モニター越しに講義を聞いた生徒は「自分も久保さんから学んだ『夢を持つことの大切さ』を忘れずに、進学したら自分の夢に向かって頑張っていきたい」と話していた。

東京　幹部の魅力を伝える　東大学生主催「官公庁等講演会」

官公庁志望の東大生に向けて自衛官の職業としての魅力をオンラインで伝える牧野東京地本長（12月3日、東京地本で）

【東京】地本長の牧野雄三陸将補は12月3日、東京大学法学部の学生が主催した「官公庁等講演会」に自衛隊を代表して参加し、オンラインで講話を行った。

この講演は例年、東大構内で行われているが、今回はコロナ対策のためオンラインで開催。牧野地本長は市ヶ谷の地本本部庁舎からリモートで参加し、「幹部自衛官の仕事」と題して講話を行った。

牧野地本長は①国防を担う防衛省・自衛隊とは②幹部自衛官のキャリアパスと魅力③幹部自衛官になるためには――の3点について、自身の経歴や経験を踏まえて説明、現在、自衛隊の各部隊で活躍している東大OBの近況も紹介した。

聴講した東大生からは「防大卒業者と一般大の卒業者の違いはあるのか」「牧野さんが海外勤務をしていた時、各国は自衛隊をどのように見ていたのか」「キャリアパスの中で留学などの希望はかなうのか」などの質問があり、牧野地本長は一つ一つに丁寧に答えていた。

UH1体験搭乗　福島

【福島】地本は12月19日、東北方面ヘリコプター隊（霞目）の支援を受け、UH1多用途ヘリの体験搭乗を行った。

イベントはいわき市の21世紀の森公園で行われ、45人が参加した。コロナ対策のため搭乗時に毎回座席を消毒、搭乗者は約15分間に渡っていわき市上空を飛行する空中散歩を体験した。

プロサッカー最終戦で募集広報　山口

【山口】山口募集案内所は12月20日、維新みらいふスタジアムで開催された「レノファ山口FC」のホームゲーム戦会場に広報ブースを開設し、募集広報を行った。

会場では高機動車の展示や手作り限定オリジナル缶バッチコーナーを設けたほか、地本ツイッターフォロワーや新規登録者に、ファイルと缶バッチをプレゼントする企画も。

目の前でできる6種類の限定オリジナルデザインの缶バッチは人気を博し、中でもレノファの「レノ丸」と山口地本キャラの「牛山さん」がコラボしているバッチが一番の人気だった。

募集コーナーには自衛隊に興味を持つ学生たちが訪れ、広報官が自衛隊の活動や募集種目などをわかりやすく説明した。

広報史料館を研修　精神教育を実施　新潟

【新潟】地本は1月14日、新年の業務開始に当たり、新発田駐屯地白壁兵舎広報史料館などを研修する「精神教育」を行った。

研修では冒頭、大倉正義地本長が「いま一度、我々の使命は何かという原点に立ち返り、任務に向き合う際の糧としてもらいたい」と訓示した。

史料館内では、新発田の郷土部隊である歩兵第16聯隊の貴重な資料などを見学＝写真。館長の山崎智幸2尉（業務隊）らの案内で約1時間に渡って研修し、後半は新発田西公園に移動して雪に覆われた陸軍忠霊塔を参拝した。

研修を終えた部員たちは「いま我々が享受する平和の尊さを改めて痛感した」「先達の任務完遂にかける執念を見習って、自分も任務に向き合いたい」などと決意を新たにしていた。

合格者を呉・江田島に引率　香川

練習艦「はたかぜ」に乗艦し、女性自衛官と記念撮影に臨む入隊予定者ら（12月20日、海自呉基地で）

【香川】地本は12月19、20の両日、入隊予定者ら10人を引率し、呉地方総監部が行った呉・江田島地区でのつなぎ広報を支援した。

この広報は、入隊予定者が海自隊員の生活環境や職場環境を体験することで、入隊への不安解消につなげるとともに、海自への理解の促進を目的に行った。

初日は江田島にある1術科学校を訪問。教育参考館を見学した参加者からは「海自の歴史に触れ、自分も海を守る重責を担うその一員になりたいと思った」と話し、意欲を高めていた。

翌日は呉の大和ミュージアムを見学。午後は呉教育隊や練習艦「はたかぜ」などを見て回った。放水体験では研修者の女性が自ら積極的に名乗り出て、放水をする一幕もあった。

就活支援のエキスパート講師に合同で広報官教育

静岡「明日から実践していく」　山梨「非常に参考になった」

【静岡、山梨】静岡地本は1月21日、静岡市のツインメッセ静岡で、山梨地本と合同で広報官の「職能強化トレーニング」を行った。

これは部外講師による教育を通じて職能の向上を図るもので、両地本から広報官44人が参加した。

講師はマイナビパートナー（就活支援）のエキスパート・平尾英治氏が務め、大学生の就職意識調査のデータをもとに、新卒求人倍率の推移や学生側の就職観の変化、就職先の決め手となった項目などについて説明。広報官たちはそれぞれ熱心にメモを取っていた。

さらに平尾氏は、学生とのコミュニケーションのコツも伝授。①雰囲気作り②共感③相手への気遣い④前向きさ⑤正直さ――の5点を挙げ、「広報官は学生の立場に立ち、彼らが何を知りたいのかを先読みして伝えることが重要です」と説いた。

講師の平尾さん（右）から学生への広報のコツをアドバイスされる静岡、山梨両地本の部員たち（1月21日、静岡市のツインメッセ静岡で）

次に、広報官が事前課題としてまとめた防衛省での働きやすさ、自身のやりがいなどをグループに分かれて発表。

これを聞いた平尾氏は「学生の気持ちを動かすために重要なのは、分かりやすく、面白く、相手の心が動くように話すことです」とアドバイスし、実際に表情を変え、身振り手振りを加えて実演、広報官にコミュニケーションのコツを伝授した。

その後、山梨地本の隊員たちは静岡募集案内所に移動し、静岡地本の活動状況を研修。同地本の広報官と積極的に意見を交換した。

研修を終えた静岡地本の広報官は「新たな発見があった。明日から実際に実践していきたい」と語り、山梨地本の広報官も「静岡地本の施策を知って、非常に参考になった」と今後の広報活動への意欲を見せていた。

部隊だより

陸

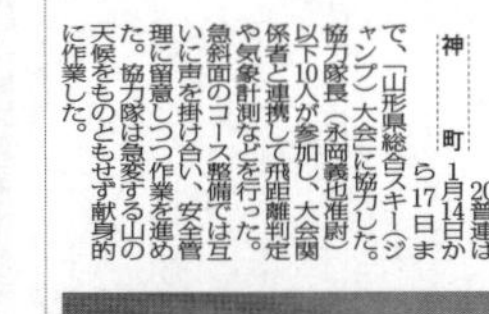

岩見沢　札幌地本岩見沢地域事務所が駐屯地でこのほど行った入隊予定者説明会に、12施設群から1科長ら2人が参加した。説明会には4家族8人が来場。昨年の説明会に入隊予定者として参加した大山唯斗1士（398施中）は、「少しでも皆さんの不安を除ければと思い、分かりやすくかみ砕いて説明した」と入隊後の生活などを語った。

神町　20普連は1月14日から17日まで、「山形県総合スキー（ジャンプ）大会」に協力した。協力隊長（永岡義也准尉）以下10人が参加し、大会関係者と連携して飛距離判定や気象計測などを行った。急斜面のコース整備では互いに声を掛け合い、安全管理に留意しつつ作業を進めた。協力隊は急変する山の天候をものともせず献身的に作業した。

仙台　東北方面衛生隊は1月12日、訓練始めを行った。訓練開始式で新成人が抱負、隊長が年頭の辞、各部隊長が新年の抱負をそれぞれ述べた。最後に一年の飛躍を願い、各部隊長がダルマの目入れを行った＝写真㊤。続いて衛生学校で行われる衛生技術競技会に向けた公開訓練（収容所治療）を実施、令和3年の隊務のスタートを切った。

武山　31普連はこのほど、横浜市と川崎市で実施された総合防災訓練に参加した。横浜市の訓練には本部管理中隊の中隊長・小又道1尉以下26人、川崎市の訓練には重迫中隊の中隊長・大谷孝博1尉以下19人がそれぞれ参加。隊員たちは情報収集や倒壊家屋からの要救助者の救出、トリアージ・ポストへの搬送などを行った＝写真㊤。

板妻　34普連は1月12日、初級らっぱ集合教育を開始した。教育は約3カ月間、駐屯地と東富士演習場で実施している。各中隊から選抜された陸士15人が参加し、吹奏技術をはじめ音楽理論、基本教練、吹奏行進などを学ぶ。参加者たちはらっぱ手として必要な技能の修得のため、寒さ厳しい中、日々の教育に励んでいる＝写真㊤。

美唄　駐屯地曹友会は北海道美唄養護学校で1月13日、同校のスキー授業のために、ボランティアでスキー山をつくった。毎年曹友会と教員が共同でつくっており、今年は35人の会員が参加した。例年にない大雪のため作業は順調に進み＝写真㊨、大きなスキー山が完成。学校長から「皆さんの協力のおかげです」と感謝の言葉が贈られた。

留萌　前田忠男北部方面総監がこのほど、初度視察で駐屯地を訪れ、かつての部下4人と懇談した。懇談したのは総監が平成元年に新隊員教育隊1区隊区隊長を務めていたときの1班長、2班付、2班班員2人で当時の思い出話を交わした。在勤中お世話になった上司夫人（留萌の母）もサプライズゲストとして来隊し、手料理の話などに花を咲かせた＝写真㊨。

2普連が原子力防災訓練に参加

新潟県柏崎市で厳冬期に初実施

雪中の孤立住民を救え！

2普連2中隊の隊員12人は1月26日、新潟県柏崎市で実施された「原子力防災訓練（冬季避難訓練）」に参加した。

原子力災害を想定した訓練はこれまでも行われているが、雪深い厳冬季に実施するのは今回が初となった。自衛隊のほか県の消防防災航空隊、柏崎市など関係機関から計50人が結集し、雪中で連携を強化した。

当日は降雪はなかったものの、すでに積雪が1・5〜2メートルあり、足場がかなり悪い中で訓練は行われた。想定は「柏崎市で震度6強を観測する大地震が起き、これを原因とする柏崎刈羽原発の災害が発生した」という複合的な内容。地震動によって道路沿いの雪壁が崩壊、車両が通行できなくなり、孤立地域が発生したという状況下、自衛隊が住民の安否確認や孤立者の救出を担当した。

2中隊の隊員たちは原発からの放射性物質の漏えいに備え、防護服に身を固め、スノーモービルで孤立地域に向けて出発、主に市野新田地区周辺の偵察を行った。孤立住民を確認すると直ちに部隊に通報し、その後、大型雪上車が救助に向かい、住民を安全な場所に後送した。

隊員たちは高齢者が雪に足をとられないよう手を引いて誘導したほか、コロナ対策として車内では密にならないよう乗車人数を半分に制限して輸送した。また、負傷者はストレッチャーに載せ、県防災ヘリのピックアップポイントまで搬送した。

この日の訓練では積雪期の災害発生を想定し、さまざまな救助の要領を検証。2普連の隊員たちも新潟県や柏崎市など、関係各機関と認識を共有しつつ、対処要領の技能を高めた。（高田）

㊤孤立地域の住民救出で、高齢者の手を引いて誘導する隊員㊦被災した原発からの放射能漏れに備え防護服に身を固め、スノーモービルで孤立地域の偵察に向かう2普連の隊員

㊤厳冬期初の防災訓練で、大型雪上車を使い孤立地域の住民を輸送する2普連の隊員
㊨負傷者を県消防防災航空隊に引き継ぐ連隊員（中央奥）

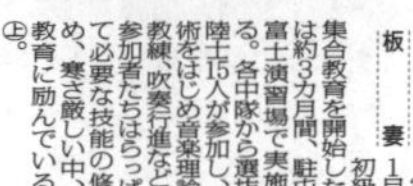

金沢　14普連はこのほど、駐屯地グラウンドで52期戦闘隊帰還報告式・レンジャー徽章授与式を行った。レンジャー学生10人は学生長の山﨑奨平2陸曹の指揮の下、旗手の榮鎮心陸士長を先頭に堂々と帰還した。駐屯地所在隊員、レンジャー学生家族、駐屯地モニターら約450人が出迎え、慰労し彼らの栄光を称えた＝写真㊤。

大津　中部方面混成団は1月6、7の両日、松山、大津両駐屯地で一般陸曹候補生課程と自衛官候補生課程の修了式を行った。立会官の芝伸彦混成団長は「多くの壁を乗り越えよ。絶対に諦めるな、逃げるな」と訓示。隊員代表が「この地で学んだことを忘れず、それぞれの地でも頑張ります」と力強く決意を述べ、新たな地へ巣立っていった。

目達原　駐屯地は1月8日、成人式を行った。今年の成人者は35人（男性28人、女性7人）。参加者を限定し、定期的に換気をするなど感染予防対策を万全に取って実施した。新成人代表の吉留嵩人3曹（3対戦ヘリ隊）は「成人者として、自衛官として、地域と我が国の平和と安定のために全力を尽くします」と、力強く答辞を述べた。

国分　113教育大隊はこのほど、一般曹候補生課程25人の修了試験を行った。学生たちは3カ月にわたる教育訓練の集大成を発揮しようと学科試験や体力検定、基本教練、戦闘訓練に全力で挑んだ＝写真㊤。馬場塚立樹2士は「戦闘訓練では班が一致団結して攻撃目標を奪取できた。最後まであきらめず全力を尽くせた」と達成感を語った。

空

三沢　基地はこのほど、輸送ヘリCH47Jの体験搭乗を実施、一般公募などで選ばれた75人が参加した。新型コロナ感染症対策を徹底、1回の搭乗者を15人に減らし計5回行った。約20分間のフライトでは、自分たちの住む街を探すなど上空からの景色を満喫。参加者からは「景色がきれいだった」、「もう一回乗りたい」などの声が聞かれた。

百里　基地はこのほど、茨城県が主催する「茨城空港エアポートミニフェス」に参加した。官民共用の同空港は開港10周年の節目を迎え、利用者や地元住民にイベントを通して感謝を伝えた。基地を紹介するパネル展示や基地の説明を行い、また301飛行隊の記念塗装機2機を展示、来場者に空自の魅力を伝えた＝写真㊨。

防府北　基地はこのほど、基地追悼式を行い、任務遂行中に殉職した隊員を慰霊した。新型コロナウイルス感染拡大を受け、部内者のみに参加者を限定して厳かに執り行なった。樋口達巳基地司令は「不幸な事故を繰り返さず、安全管理に万全を期し、不断の努力により部隊の精強化に努めます」と追悼の辞を述べた＝写真㊧。

海

下総　教育航空群は1月20日、基地周辺の清掃活動を行った。同群はこれまでも定期的に清掃を行っており、この日は7人が集まった。各隊員がビニール袋を持ち午後3時にスタート。柵沿いの約500メートルを約1時間かけて清掃した。タバコの吸い殻やダンボールの切れ端、空き缶やペットボトルなどを丁寧に回収した＝写真㊤。

江田島　1術科学校はこのほど、江田島市能美町の真道山（標高286・6メートル）で登山競技を行った。約500人の学生が参加、学校長の岩崎英俊将補がスターターを務めた。元気よく出発した学生たちは、関係者が見守るなか、アップダウンの激しい約3キロの山道をいっきに走り抜けた＝写真㊤。最速記録は13分4秒で、全員が完走した。

厚木　基地は1月20日、新たに成人となった29人の隊員たちを祝い記念撮影を行った。例年は成人式の行事を開催するが、今年は新型コロナウイルスの感染拡大を防ぐため、記念撮影のみ実施した。新成人たちはP1哨戒機の前に集まり、カメラマンの合図で大きくジャンプ＝写真㊤、今後のさらなる飛躍を誓った。

佐世保　警備隊はこのほど、警備犬取扱者の検定試験を実施した。清原めぐみ3曹が合格し、佐世保地区初の女性ハンドラーが誕生した＝写真㊤。試験当日、清原3曹と警備犬のエルカ（メス、3歳）のペアは障害物飛越や捜索作業、禁則咆哮などの計13項目をテストし、8割以上を得点。同ペアは今後、佐世保地区で基地警備を担っていく。

「朝雲」縮刷版 2020

2020年の防衛省・自衛隊の動きをこの1冊で！

コロナ感染症が日本で拡大、防衛省・自衛隊が災害派遣
九州豪雨災害で陸自の4、8師団各部隊が即応

『朝雲 縮刷版2020』は、コロナ感染症拡大による災害派遣やブルーインパルスの医療従事者への感謝飛行をはじめ、九州豪雨での即応、護衛艦「くまの」の進水、聖火到着時の祝賀演奏、オスプレイの木更津駐屯地への配備、女性空挺隊員や女性潜水艦乗組員の誕生の他、予算や人事、防衛行政など、2020年の安全保障・自衛隊関連ニュースを網羅、職場や書斎に欠かせない1冊です。

発売中!!

発　行　朝雲新聞社
判　型　A4判変形　456ページ　並製
定　価　3,080円（本体2,800円＋税10%）

防衛省・自衛隊の14年　「朝雲」縮刷版2006～2019バックナンバー発売中

◎陸海空自衛隊、統合運用体制スタート
◎防衛庁組織改編、装備本部、地方協力本部など始動
2006年版には「さくいん」がありません。

◎宿願の防衛省移行が実現
◎陸自中央即応集団がスタート

◎イラク復興支援、5年に及んだ活動終わる
◎イージス艦「あたご」と漁船が衝突

◎ソマリア沖海賊対処へ艦艇・航空機部隊を派遣
◎初の日米韓3カ国防衛首脳会談、北朝鮮対処で一致

◎尖閣沖事件発生、島嶼防衛態勢の強化が課題に
◎安保改定50周年、各地で記念行事続く

◎東日本大震災　自衛隊災害派遣の全記録
◎南スーダンPKOに施設部隊派遣へ

◎陸自と米海兵隊がグアムで初の水陸両用訓練
◎航空総隊司令部が横田への移転を完了

◎中国、突然の防空識別圏設定、レーダー照射
◎日本版NSC発足

◎御嶽山噴火、広島土砂災害などで災派活動
◎防衛省・自衛隊発足60周年

◎「平和安全法制」が成立、集団的自衛権限定的容認
◎防衛装備庁発足など組織改革

◎南スーダン11次隊に「駆け付け警護」など新任務付与
◎熊本地震で統合任務部隊2万6000人投入

◎北朝鮮が15回の弾道ミサイル発射。核実験も強行
◎5年間続いた陸自の南スーダンPKO活動が終了

◎新「大綱」「中期防」策定
◎陸自が大改革、陸上総隊、水陸機動団を創設

◎大型台風が関東・東北を直撃　統合任務部隊を編成
◎宮古島と奄美大島に駐屯地・分屯地が開庁　南西防衛を強化

バックナンバーのご注文はお電話で（03-3225-3841）。価格はすべて3,080円（本体2,800円）。送料別途。

朝雲新聞社　〒160－0002 東京都新宿区四谷坂町12－20 KKビル　TEL 03－3225－3841　FAX 03－3225－3831　http://www.asagumo-news.com

防衛省「働き方改革推進コンテスト」
「大臣賞」に空自35警戒隊
「副大臣賞」は陸自施設学校

【人事教育局人事計画・補任課】政府方針に基づく防衛省・自衛隊の人事施策の一環として、隊員のワークライフバランス推進に向けた業務の効率化や職場環境の改善を行った部署・部隊をたたえる令和2年度「働き方改革推進のための取り組みコンテスト」がこのほど開催され、「防衛大臣賞」に空自35警戒隊（経ヶ岬）、「防衛副大臣賞」には陸自施設学校（勝田）がそれぞれ選出された。このうち、「防衛大臣賞」の表彰式が1月19日、オンライン形式で開かれた。

業務効率化、職場環境改善

人事教育局が主催する同コンテストは平成28（2016）年に始まり、今回で5回目。令和2（20）年度は全国から計61件の応募があり、①独自性（特長のある取り組み）②継続性（継続させるための工夫）③効果（効果の明確性）④展開性（他の部署への発展性）――の観点から選考された。

今年は新型コロナウイルス対策の観点から防衛省での表彰式を取り止め、「大臣賞」を受賞した35警戒隊には岸防衛相からのビデオメッセージと共に井筒俊司空幕長がオンラインで伝達を行った。

伝達式には防衛省から井筒空幕長、阿部睦晴空幕副長、空幕人教部長の小笠原卓人将補をはじめ、防衛省人事教育局人事計画・補任課の緑川桂子ワークライフバランス推進企画室長が出席。部隊を代表して35警戒隊長兼経ヶ岬分屯基地司令の峯章恭2佐が表彰された。

岸大臣はビデオメッセージで祝意を伝え、「皆さんの取り組みは大変優れたものであり、新型コロナウイルス対策を踏まえた『新しい働き方』にも合致するものだ」とたたえた。

「副大臣賞」の陸自施設学校には今後、表彰状が伝達される予定だ。

オンライン表彰式で記念撮影に臨む（左から）緑川ワークライフバランス推進企画室長、井筒空幕長、小笠原空幕人教部長、阿部空幕副長。画面は「防衛大臣賞」を受賞した35警戒隊長兼経ヶ岬分屯基地司令の峯2佐（左）ら（1月19日、防衛省で）

◇受賞部隊とその功績

▽大臣賞＝35警戒隊

総合管理ソフト「シェアポイント」を活用して部隊専用特設ページを作成し、タスクやスケジュールの管理、お知らせなど、業務の進捗状況や各種予定などの可視化を図った。また、表計算ソフト「エクセル」を活用した部隊独自の電子決裁要領を確立し、従来の規則で定まった処置表に押印する報告要領を電子化した。

その結果、「シェアポイント」の活用では、各種情報を迅速・確実に共有し、伝達漏れなどを防ぎ、計画的・組織的に業務を管理することが可能となったことで、業務の効率化が図られ、休暇を取得しやすい環境を整えることができた。

「エクセル」の電子決裁では、報告する側・受ける側の時間的拘束を軽減。押印を廃止し、対面での報告をなくすことで、新型コロナウイルス対策のほか、業務の効率化、働き方改革推進の一翼を担った。

▽副大臣賞＝陸自施設学校

学校長の山﨑義浩将補自ら「働き方改革メッセージ」を発信。施設科職種の「女性幹部自衛官集合訓練」など全国横断的な女性活躍推進の取り組みや、生活・勤務環境の改善等を実施し、隊員の意識改革と女性が働きやすい勤務環境の構築に努めた。

また、隊員家族を含めた心身の健康維持のため、子供の休みに合わせた「キッズウイーク」を設定。このほか、木工所では飛沫防止セットを製作するなどしてコロナ対策を推進した。

その結果、隊員が家族共々、心身の健康を保ちながら仕事と生活の調和を図ることが可能となり、業務の質的向上と隊員の健康・休養・家庭生活の充実につなげることができた。

韓国軍事大総長賞をW受賞
養田3空佐　11カ国の留学生でトップ

空幹校の坂梨副校長（左）に韓国合同軍事大学校での留学成果を報告した養田3佐（1月29日、空自目黒基地で）

【空幹校＝目黒】韓国合同軍事大学校（大田）の指揮幕僚課程に1年間留学した養田智宏3空佐（36）＝当時空幹校、現統幕防衛課＝は昨年11月27日、同課程の卒業式で、留学生の最優秀者に贈られる「合同軍事大学校総長賞」を総合、研究報告両部門で受賞した。

養田3佐は防大（51期）時代を含め、韓国語の学習経験はなかったが、約8カ月間に及ぶ猛勉強の末、留学可能な水準まで語学力を高め、2019年12月から約1年間、同大学校に留学した。

教育課程では10数回にわたるプレゼンテーションが行われ、養田3佐は図などを駆使した分かりやすい資料を作って丁寧に発表。教育全般の総合部門において11カ国の空軍種の留学生の中で首席となった。

さらに、卒業論文に当たる研究報告書では、「日本の防衛装備品の開発」と題し、安全保障環境を踏まえた装備品開発の実態を論じた。その完成度が高く評価され、研究報告部門でも最優秀賞を受賞した。

養田3佐は卒業式で同軍事大学校総長の印成煥（イン・ソンファン）陸軍少将からの表彰状を、空軍大学校長の金曠振（キム・グァンジン）准将から伝達された。

帰国後、養田3佐は1月まで在籍していた東京都目黒区の空幹校で、学校長の柿原国治空将、副校長の坂梨弘明将補に受賞を報告。坂梨副校長は「得難い貴重な経験をした。この経験を将来に生かしてほしい」と激励した。養田3佐は「留学で得た語学力と各国軍人との人脈を生かし、今後も任務にまい進したい」と抱負を語った。

海賊対処37次隊「ありあけ」
直接護衛888回を達成

民間船舶護衛で通算888回を達成し、ヘリ甲板上に「888」の人文字を描いた護衛艦「ありあけ」の乗員たち（ソマリア沖・アデン湾で）

ソマリア沖・アデン湾で海賊対処任務に当たる海自水上部隊37次隊の護衛艦「ありあけ」（艦長・江澤斎高2佐以下乗員約190人）はこのほど、1次隊からの累計で民間船舶の通算護衛888回を達成した。

同湾での海賊対処活動は平成21年3月に1次隊の護衛艦「さざなみ」「さみだれ」が日本関係船舶に限定して護衛活動を開始。同年7月からは海賊対処法に基づき、2次隊の「はるさめ」「あまぎり」により外国船を含めた民間船舶の護衛活動を始めた。

延べ62隻目の派遣となる37次隊の「ありあけ」は昨年9月に佐世保を出港、10月中旬に36次隊の「おおなみ」から任務を引き継ぎ、民間船舶の護衛活動や多国籍の第151連合任務部隊（CTF151）に参加してシーレーンのゾーンディフェンスを実施している。

江澤艦長は「新型コロナウイルスの影響でさまざまな制約はあるが、一層気を引き締めて直接護衛や区域防護などの海賊対処に励んでいきたい」と語った。

CH47輸送ヘリでの急患空輸を終え、救急車に患者を搬送する15ヘリ隊の隊員たち（2月4日、那覇基地で）

宮古島から那覇へ
コロナ患者を空輸

陸自15旅団（那覇）は2月4日、沖縄県の宮古島から沖縄本島の那覇基地まで、宮古島在住の新型コロナウイルス陽性患者1人を急患空輸した。

同日午前8時13分、沖縄県の玉城デニー知事が15旅団長の佐藤真将補に急患空輸の災害派遣を要請。これを受け、15ヘリ隊のCH47輸送ヘリ1機（機長以下4人）が直ちに那覇基地を離陸し、本島から南西に約300キロ離れた宮古島に進出した。

クルーは宮古空港で患者1人を機内に収容し、午後0時30分ごろ、那覇基地に到着。基地に待機していた救急車に引き継いだ。

こちら警務隊
窃盗・横領とは③

落とし物見つけたら 警察などに届け出を

置き忘れと思われるカメラを電車内で見つけました。持ち帰ったらどのような罪になりますか？

「遺失物等横領罪」に該当します。

電車内等に置き忘れられた物など、本来の所有者の支配を離れた物を自己の物にした場合に該当し、1年以下の懲役または10万円以下の罰金もしくは科料（千円以上1万円未満の徴収）に処せられます。

また、落とし物以外にも、一見捨てられているような放置自転車であっても、持ち帰った場合は同様に処罰の対象となります。

落とし物を見つけた場合は、施設の管理者または最寄りの警察署等へ届けましょう。

（西部方面警務隊）

欲しいなぁ…
必ず届け出て！

目指せ"SNS映え"
写真技能講習会を開催　国分駐屯地

国分駐屯地で1月22日、広報担当者を対象にした写真技能講習会が開かれた。

この講習はSNSの普及で部外に情報発信することが増えたため、より質の高い写真を撮れるよう技能を高める目的で行われた。講師には陸自OBの板元幸仁氏＝「Studio iPlus（スタジオアイプラス）」代表＝を招き、参加した隊員たちはプロの技術をみっちり学んだ。

講習はまず、カメラの設定方法から始まった。ピントやアングルなど細かい調整のポイントなどを教わり、普段は何気なくシャッターを押すだけだった隊員も真剣に聞き入っていた。講義後の屋外実習では、学んだことを生かしつつ、らっぱ教育訓練の風景を撮影した。

最後は全員の撮った写真を並べ、板元講師から具体的なアドバイスをもらった。参加した重迫中隊の高橋朋宏3曹は「講義でコツをつかむことができた。これからもっと練成していきたい」と語った。

駐屯地広報班では「この講習で学んだことを生かし、ツイッターやフェイスブックに、より"映え"る写真掲載を目指していきたい」と話している。

板元講師（演台）からプロの技術を教わる広報班の隊員ら（1月22日）

▽…山形地本鶴岡出張所は1月17日、「日本海寒鱈まつり」に広報ブースを出展し、訪れた人々に「自衛官募集しています！」と元気にPRした。

▽…このまつりは鶴岡の冬の味覚・寒鱈汁を味わってもらうためのイベントで、毎年約2万人が来場。ブースでは地本キャラクターの花笠音頭之助がT4ブルーインパルスの模型に"搭乗"してソーシャルディスタンスを呼び掛けた＝写真。

▽…また、庄内地区出身のブルーインパルス隊長・遠渡祐樹2佐の等身大パネルには、ファンが詰めかけ、一緒に記念撮影するなどにぎわいを見せていた。出張所では「引き続き自衛隊の魅力を積極的に発信していきたい」と語っている。

（山形地本）

（世界の切手・ベトナム）

おれは落胆するよりも、次の策を考えるほうの人間だ。

坂本　龍馬（幕末の志士）

有能な後輩の今後が楽しみ

予備自の任期を終えるにあたって

予備准陸尉　関谷 悦史（札幌地本）

「予備自衛官をやれ！」約40年前、自衛隊生活を1任期で終えて退職する日、ふだんから厳しかった訓練陸曹の最後の一言に言い返せず、始まった私の予備自衛官生活。

予備自に採用された当初は朝霞の部隊で訓練を受けていました。当時の訓練は「5日間外出禁止」の泊まり込み。夜間の訓練も当たり前で、隊友会活動も盛んでした。

その後、北海道に来てからは訓練や周りの環境など、東京とのあまりの違いに唖然としてしまいました。招集訓練を通し、多くの知己を得ることもできました。東京にいる頃は仲間と会うことを目的に訓練を続けていた気がします。

予備自を続けるうち、日本を取り巻く安全保障環境はますます厳しくなり、周辺国の活動やテロも活発化してきている情勢を目の当たりにし、私も国防について真剣に考えるようになりました。「何かあれば自分も第一線へ行く」と。

毎年、招集訓練に合わせて身体を作ってきましたが、ここ数年、プライベートで精神的に落ち込んだこともあり、トレーニングの質・量共に高い水準を維持することが難しくなってきました。「オールドソルジャー・ネバーダイ！（古参兵は不死身だ！）」を座右の銘に続けてきましたが、そろそろ限界でしょうか。

この間、東日本大震災がありました。あの時ほど予備自として悔しい思いをしたことはありません。当時、たくさんの自衛隊員が被災地で活動しました。そして予備自衛官等制度の創設以降、初の即応予備自・予備自の災害招集がありました。

自分にも招集がかかると思い、準備していましたが、結局、招集はかかりませんでした。弟や息子は現役の自衛官として現場に出ているのに、なぜ予備自の私は出られないのか、もどかしい思いでいっぱいでした。大きな災害を目の前にして、個人でできることの限界を思い知らされました。

半年後、会社の仕事で復興支援のために被災地に赴きましたが、被災直後に動けなかったことが悔やまれました。

最近入ってくる若い予備自（常備自衛官を任期満了退職した隊員や予備自衛官補から任用された隊員）の訓練や国防に対するやる気は凄いです。ただ、若いために、彼らはそのやる気が空回りしてしまっていることがあります。

自衛隊経験の少ない任期満了退職隊員や、経験のない公募予備自衛官に対しても、それぞれ適切な教育を受けさせ、自覚や目標を持たせることで、大きく伸びるように思います。そこで、本人たちのモチベーションが上がるよう、予備自の魅力化施策を進めれば、彼らも気合が入るのではないでしょうか。自衛隊の皆さまにおかれましては、志願してくれた有能な若者たちをうまく導いてくれるよう願って止みません。

振り返ればあっという間に過ぎ去った40有余年でした。自分の自衛隊生活がこれで終わりと思うと寂しくもありますが、予備自衛官の後輩たちの今後を楽しみにしております。

札幌地本長（右）から北部方面総監顕彰状を受ける関谷悦史予備准陸尉（円内も）

自衛隊の防災研修に参加して

大阪市・平野区長　稲嶺 一夫

令和2年11月21日、陸上自衛隊八尾駐屯地において自衛隊の防災研修・航空偵察・装備品展示に参加しました。当日は好天に恵まれ、視界良好の絶好の研修日和になりました。

この研修は自衛隊大阪地方協力本部、第36普通科連隊、中部方面航空隊の全面的な支援を受けた大阪市24区の防災責任者である各区長と地域防災組織の代表を対象とした初の防災研修でした。

近年、全国的に自然災害が多発する中で大阪市においても防災意識が高まり、地域住民と行政が公助のプロである自衛隊と顔の見える関係づくりを目指して開催されました。

参加者は「大阪市域の自然災害は36連隊がしっかり対応する」という伊藤博幸連隊長の熱いメッセージに信頼を厚くし、熊本地震の経験を踏まえて日本人の誇りを述べられた濱田博之大阪地本長の言葉に胸を熱くしました。

またヘリコプターによる航空偵察では、河川氾濫や津波被害を明確にイメージすることができ、大変参考になりました。

今回の研修でご支援をいただいた自衛隊の皆さまにこの場をお借りしてお礼を申し上げます。本当にありがとうございました。

八尾駐屯地で自衛隊の航空機を研修する大阪市の関係者

遺族から感謝され感慨も

1陸尉　中村 稔（島根地本・援護課）

令和2年度より遺族援護業務を担当することになりました。自衛隊に入隊して30年余りの勤務において未経験の分野で、御遺族の方々にどのように接したらよいのか、当初はいろいろな不安がありました。

島根地本には御遺族が陸9名、海2名、空3名の計14名の方がいらっしゃいます。新型ウイルス感染症拡大に伴い自衛隊の行事等も規模が縮小され、昨年夏、私は初めて御遺族宅を訪問させて頂くこととなりましたが、どなたもお忙しい中で快く迎えてくださり、最近の健康状態や殉職された隊員のお話を伺い、御遺族の皆さまがみな元気にお過ごしの様子がうかがえました。

その後、11月に実施された自衛隊殉職隊員追悼式（市ヶ谷）、中国地区殉職隊員追悼式（海田市）に、私は御遺族への接遇支援で同行させて頂きました。私自身、大した役目を果たせたとは思っていなかったのですが、御遺族の皆さまからはとても感謝され感慨もひとしおでした。

これからも御遺族の皆さまの元気なお姿にお会いできますことを願っている次第です。

最後になりましたが、殉職された方々のご冥福をお祈りするとともに、御遺族皆さまのご健勝とご多幸を祈念申し上げます。

追悼式で弔銃を発射する陸自の儀仗隊員

みんなのページ

新刊紹介

「軍事理論の教科書」

戦争のダイナミクスを学ぶ

ヤン・オングストロームら著、北川 敬三監訳

海自2護衛隊司令の北川敬三1佐が幹部学校（目黒）で戦略研究室長を務めていた時に66期指揮幕僚課程の学生10人とともに訳した、まさに海自オリジナルともいえる「軍事理論の教科書」だ。執筆者はスウェーデン国防大学の教授らで、北川1佐が防衛駐在官として英国に滞在中、ロンドンの書店で本書と出合った。その素晴らしい内容に感銘を受けて、自衛隊員にも知らせねばとの使命感から翻訳したという。

内容は「軍事理論の定義」から「戦争の概念」「戦略思想における勝利の役割」「作戦術」「軍事作戦における指揮と命令」「ロジスティクス」「インテリジェンス」「戦いの原則」「統合作戦」「陸上・海上・航空作戦」まで、軍事のすべてを網羅している。

現役隊員の訳だけあって臨場感あふれる文体で、後輩である防大生や幹部候補生学校の学生には最高のテキストとなるだろう。北川1佐の著書『軍事組織の知的イノベーション――ドクトリンと作戦術の創造力』と合わせて読めば、さらに現代軍事理論の神髄が理解できる。

（勁草書房刊、3300円）

「特殊部隊 VS. 精鋭部隊 最強を目指せ」

荒谷 卓、二見 龍著

現役時代に陸自の精強化に尽力したOBの荒谷卓氏（初代特戦群長）と二見龍氏（元40普連長）の二人の元指揮官が、「最強を目指せ」をテーマに対談した。

逆風を受けながら特殊作戦群を立ち上げた荒谷氏は、政治的な色彩が強く、軍人であって軍人ではない特殊部隊員の任務について語る。

例えば海外での人質救出作戦の場合、命令する側（最高指導者）とオペレーター側（特殊部隊）が政治的な最終目標を共有しなければならないとする。そのために必要な隊員の資質は、「前例のないオペレーションのアイデアを企画・運営できる」ことだという。

また、心理戦や民事作戦についても触れ、派遣先国の現地住民と深い信頼関係を築く必要性なども説く。

一方、二見氏は高強度紛争（国家総力戦）のみを想定した攻撃と防御の訓練だけでは不十分で、「現実的なオペレーション、ハイブリッド型の戦いに対応した訓練が必要だ」と訴える。

軍事面もパラダイムシフトが進む中、「最強」であるために何をなすべきか。二人の武人の提言は、陸自隊員だけでなく、全自衛隊員に多くの示唆を与えてくれるだろう。

（並木書房刊、1540円）

通信維持で受閲

3陸曹　藤井 聡（318基通中・大津派遣隊）

第318基地通信中隊大津派遣隊は方面総監直轄部隊訓練検閲において、4夜5日の連続状況下、システム通信組織の構成・維持・運営、サイバー攻撃対処、通信所警備などの行動を中部方面通信群隷下部隊として受閲しました。

基地通信中隊は、基地システム通信部隊として平素より常続不断のシステム通信を構成・維持しています。有事の際には野外通信部隊を加入させることで、第一線部隊を支援するためのシステム通信の能力を最大限に発揮できることとなります。

また、検閲受閲中はシステム通信の構成・維持に加え、通信所に侵入しようとする不審者から通信所を防護するため、監視所を設置するとともに、夜間に屋外に光が漏れないよう遮光の処置をしつつ、昼夜にわたる間断のない警戒・監視を行いました。

警戒・監視中は、不審者をどのように警戒し、どのように警備すれば通信施設等を防護できるかを考えながら行動しましたが、夜間に近づいてくる不審者の早期発見が難しいことなどを痛感させられました。

これら検閲において得た教訓を基に、今後ともユーザーニーズへ的確に対応すべく、日々の業務・訓練において練度を高めていきたいと思います。

訓練検閲で隊容検査を受ける318基通中・大津派遣隊の隊員

OBがんばる

聞くは一時の恥

佐久間　秋夫さん　55

令和元年11月、空自6高射群整備補給隊（三沢）を最後に定年退職（特別昇任・准尉）。三沢警備保障に再就職し、現在、貴重品運搬業務に携わっている。

現役の皆さん、定年退職後の計画をされていますか？　私は現役時代に車両整備業務に従事していましたので、定年後も車両関係の仕事に就きたいと漠然と考えていました。しかし、定年の3年前に車両関係の仕事から離れることになったこともあり、再就職についてよく考えることなく、定年を迎えたように思います。

再就職時は援護担当の方々のおかげで、当社に正社員として入社、業務は貴重品運搬業で、お客さまの現金や貴重品等を2人1組で現金輸送車を使って集配金を行っています。運搬中はヘルメットや護身用具を装着し、不測の事態に対する緊張を維持する必要があり、責任は重いですが、貴重品を無事にお届けしたときは安心感と達成感があり、やりがいを感じます。

入社当時から私は心掛けていることが二つあります。一つは、元気に挨拶することです。挨拶をきっかけに会話が進み、コミュニケーションがとれるようになります。二つ目は、ことわざで「聞くは一時の恥、聞かぬは一生の恥」とあるように、知らないことは周囲の人に積極的に聞くようにする、と心掛けていることです。

これから再就職を迎える方々へのアドバイスは、常日頃から職場の仲間との挨拶や会話を通じて、コミュニケーション能力を高めておくことをお薦めします。

詰○●碁

第1253回出題

出題　日本棋院　九段　曲　励起

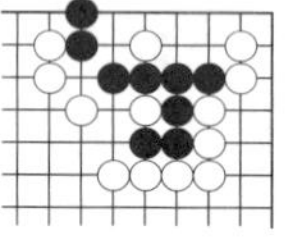

黒先

『活きて下さい。最初の手が大切です』。5分でできれば初級以上です。

▶詰碁、詰将棋の出題は隔週です◀

詰将棋

出題　日本将棋連盟　九段　石田　和雄

≫第837回の解答≪

	6	5	4	3	2	1
一					馬	
二		歩				金
三				銀	王	飛
四					歩	
五			銀	歩		歩
六						

▲先手　持駒　金

【正解】▲3二馬△3四玉▲4三馬△2三玉▲3四金△同銀▲3二馬までの七手詰め。

【解説】▲3二馬から▲4三馬と活用して行くのが手筋の追い方。△4三同玉なら▲4四金までの詰みなので、△2三玉。そこで▲3四金と放つのが急所で本題の眼目です。六手目△1四玉なら▲2四金まで。

朝雲

発行所 朝雲新聞社
〒160-0002 東京都新宿区四谷坂町12-20 KKビル
電話 03(3225)3841
FAX 03(3225)3831
振替00190-4-17600番
定価一部150円、年間購読料9170円（税・送料込み）

コロナワクチン

隊員の優先接種1万4000人

自衛隊病院など 早期実施へ調整

新型コロナウイルスのワクチン接種が2月17日、国内で始まり、全国100の医療機関の約4万人を対象に「先行接種」が開始された。これを受け、岸防衛相は19日の定例記者会見で、政府が定める防衛省・自衛隊の「優先接種」対象者は約1万4000人になる見込みであることを明らかにした。内訳は、全国16カ所の自衛隊病院と防衛医科大学校病院に勤務する計約6000人と、各自衛隊の衛生隊等に勤務する計約8000人。現時点で接種開始時期は未定とした上で、「自衛隊病院や防衛医大病院は地域の医療を担っており、緊急事態に備える意味からも（先行接種に次いで）優先的な接種が必要だ」と強調した。

地域医療の緊急事態に備え

「先行接種」に続いて3月にも始まる医療従事者などに向けた「優先接種」の対象となるのは、自衛隊中央病院（東京都世田谷区）のほか、全国15カ所（札幌・大湊・三沢・仙台・横須賀・岐阜・富士・舞鶴・阪神・呉・福岡・佐世保・熊本・別府・那覇）の自衛隊病院と、防衛医大病院（埼玉県所沢市）に勤務する▽医師▽歯科医師▽看護師▽薬剤師▽臨床検査技師などの医療資格を有する隊員▽病院受付窓口を担当する事務官――など。

このほか、全国の陸海空自衛隊の衛生隊などについては、▽医療資格を保持する隊員▽災害派遣の急患輸送等でコロナ患者と接する機会が想定される隊員――などが対象となる。

ワクチン接種は原則として各自治体が実施するが、岸大臣は会見で、自治体の負担を軽減する観点から、接種体制が整っている部隊等では当該部隊等の医官・看護官らによって自衛隊施設内で接種する方向で調整を進めていることを明らかにした。

一方、体制が整っていない部隊等では、接種体制が整っている最寄りの部隊に出向いて接種を受けることや、部隊等が所在する市区町村に接種を依頼することを検討しているとした。

岸大臣は「自衛隊の医療従事者に対するワクチン接種は、一般の医療従事者の方々へのワクチン接種と同等のスケジュールで実施されるが、現時点で具体的な開始時期については承知していない」と述べた上で、「緊急事態に備える意味からも、優先的な接種は必要だ。各自衛隊病院や防衛医大病院は地域の医療を担っているので、一般の医療従事者と同等に『優先接種』をしていくべきだ」と述べ、早期実施に向けて努力していく考えを示した。

米、英軍トップと会談

山崎統幕長 協力の重要性を確認

米統合参謀本部議長のマーク・ミリー陸軍大将

英国防参謀長のニック・カーター卿

山崎統幕長は2月17日、米国のバイデン新政権発足後初めて米統合参謀本部議長のマーク・ミリー陸軍大将とテレビ会談を行い、揺るぎない「強固な日米同盟の絆」を再確認した。

会談で両者は、地域におけるいかなる事態にも対処する準備ができていることを確認。東・南シナ海に関し、力を背景とした一方的な現状変更の試みに反対するとともに、中国で2月1日に施行された海警局に武器使用権限を付与した「海警法」について意見交換した。

また、米国のインド太平洋地域におけるプレゼンスの重要性を共有し、「自由で開かれたインド太平洋」を維持・強化するため、両国が基軸となり地域内外の多様なパートナーとの協力を強化していくことで一致した。

山崎統幕長は翌18日、英国防参謀長のニック・カーター卿（陸軍大将）とテレビ会談を行い、「自由で開かれたインド太平洋」の実現に向けた協力を強化することで一致した。

会談で山崎統幕長は、年内に予定されている英海軍空母「クイーン・エリザベス」を旗艦とする空母打撃群の東アジア方面への展開に歓迎の意を表し、日英防衛協力・交流の重要性を確認。国際社会と地域の平和と安定のため、共通の課題に対し、連携を強化していくことで合意した。

イラン国防軍需相と会談

岸防衛相 意思疎通の継続で一致

岸防衛相は2月15日、イランのアミール・ハータミ国防軍需相と約30分間のテレビ会談を行い、防衛当局間で意思疎通を継続していくことで一致した。

両氏は中東情勢をめぐって意見交換。岸大臣は、中東地域における日本関係船舶の安全航行の確保を目的とした自衛隊による情報収集活動を今年12月まで1年間延長したことを説明し、船舶の安全な航行確保のための理解と協力を求めた。

ハータミ氏は2019年10月に両国間で初となる防衛相会談を当時の河野太郎防衛相と電話で行っているが、岸大臣とは初めて。

会談後、岸大臣は自身のツイッターに「イランと（我が国）は伝統的に友好関係にあり、米国とも同盟関係にある日本は中東の安定回復のために努力していく」と記し、会談の意義を強調した。

2021年度防衛費 重要施策を見る〈6〉

女性、働き方改革推進

人事処遇

防衛省は21年度も優秀な人材の確保、女性の活躍と働き方改革の推進などで人的基盤の強化に力を入れる。

新型コロナウイルス感染症が終息しない中、優秀な人材の確保のために「WEBセミナー」を開き（200万円）、コロナで外出自粛を余儀なくされている学生らを対象に、インターネットサイトを通して採用説明会を行う。動画配信のほか、自衛隊と学生との双方向のコミュニケーションが可能なライブ中継も行う。

再就職支援策を充実・強化し、任期制自衛官の退職後の進学を支援する（1千万円）。予備自、即応予備自の充足向上を図るため、任期制自衛官が任期満了後に国内の大学（4年制、6年制＝医学系＝）に進学し在学期間中に予備自、即自に任官した場合、予備自に4万円、即自に24万円を給付する。大学は国立、私立を問わない。

職業訓練課目も新設（300万円）。主に女性自衛官の再就職の機会拡大のため、ファイナンシャルプランナー、調剤薬局事務などの資格取得のコースを設ける。

女性隊員の活躍を推進するため、生活、勤務環境の基盤を整える（46億円）。主な施設整備では空自那覇基地の浴場の新設、同熊谷基地の隊舎改修、防大学生舎等の新設・改修を行う。海自艦艇の女性用区画の整備も進める。

防衛省は2027年に女性自衛官の割合を9%以上とすることを目標としており、毎年度の採用目標を10%以上（事務官等は30%以上）に設定している。

3自衛隊で女性への職域が全面的に開放され、陸自では初の女性空挺隊員も誕生した。今後の入隊者の増加に対応できるよう、陸自女性自衛官教育隊（朝霞）を改編。共通教育中隊をこれまでの2個から3個にし、増員に対応する。

また、働き方改革と併せてコロナ感染対策のため、テレワーク用端末を内局、防衛装備庁、各地方防衛局に整備（2・9億円）。オフィスの省スペース化なども進める（4千万円）。

仕事と家庭の両立支援策では、庁内託児施設を引き続き整備（8千万円）。陸自真駒内の託児施設を改修、庁内託児施設で備品を調達する。

事務官等も増員。コロナ感染症などへの対処能力強化のため、防医大病院と各自衛隊病院で44人を増やすなど、合わせて290人を増員する。

岸防衛大臣は朝雲新聞の年頭インタビューで、働き方改革などの目的について、「隊員が心身ともに健全であること、その能力を十分発揮するということが大変重要です」と語った。

防衛力の人的基盤強化のために、防衛省は21年度も各種施策に力を注ぐ。（榎園哲哉）

女性隊員の活躍の場は世界に広がっている。ジブチ共和国の日本隊拠点で海賊対処任務に当たる陸海空8人の女性自衛官＝統幕提供

春夏秋冬

日本の過激派はゲリラか

村井 友秀

日本人の常識は世界の非常識である。先月の新聞に「124件のゲリラ事件を起こした過激派組織中核派の最高指導者（83歳）が記者会見した」との記事が掲載された。幹部が高齢化し、日本では過激派組織が絶滅危惧種になっていることが明らかになったが、日本の記者にはゲリラとテロの区別がつかない者も多い。日本の過激派はゲリラではなくテロリストである。

日本ではゲリラ、テロ、サボタージュが混同して使用されている。サボタージュとは破壊活動という意味であり、平時でも戦時でも、軍人でも民間人でも破壊活動を行えばサボタージュである。戦争で軍隊が敵の輸送路の要である橋を爆破すればサボタージュであり、平時に反政府運動家が政府の建物に放火すればサボタージュである。

ゲリラは小さな戦争という意味である。戦争には正義の戦争がある。侵略に対する自衛戦争、植民地の独立戦争、悲惨な人権侵害を止める人道的介入は正義の戦争である。ゲリラは戦闘に従事する兵士であり、兵士は戦闘員と分かる制服や標章をつけ、武器を隠さずに携行し、指揮官の命令で行動し、戦争法を守る。正義の戦争を戦うゲリラは多くの国で英雄である。

ゲリラが捕虜になれば、戦争法による捕虜資格があり、人道的に待遇しなければならない。尋問されても氏名、階級、生年月日、軍の番号、個人番号以外は答えなくてよい。犯罪者ではなく裁判にかけられ処罰されることもない。

他方、テロリズムは犯罪である。犯罪に正義はない。テロリズムは非合法な暴力を行使して大衆に恐怖を与え、政治目的を達成しようとする行為である。テロリストは戦争法を守る兵士ではなく、非合法な暴力を行使する犯罪者である。したがって、拘束された場合は捕虜資格がなく当事国の刑法によって裁かれる。現在の国際社会の常識は、「テロリストに恐怖の破壊と恐るべき代償の支払いを強要することがテロに対する究極の抑止法である」（ワインバーガー米国防長官）ということである。

平和と安全の敵であるテロリストをゲリラと呼ぶのは、犯罪者と兵士を混同することになり、正義の戦争を遂行する兵士に対する侮辱である。

（防大名誉教授、東京国際大学特命教授）

南極から帰国

海自砕氷艦「しらせ」 無寄港・無補給で

南極・昭和基地などで文部科学省の第62次南極地域観測を支援していた海自砕氷艦「しらせ」（艦長・竹内周作1佐以下179人＝うち女性9人）が2月22日、往路・復路ともに無寄港・無補給で南極への航海を終え、約3カ月ぶりに横須賀に帰国した。

「しらせ」は、午前7時52分、海自横須賀基地の吉倉桟橋に接岸。午後2時20分から、中山副大臣、山村海幕長、統幕長代理の鈴木康彦統幕副長、酒井良横須賀地方総監ら約60人を迎えて帰国行事に臨んだ。

式は飛行甲板で行われ、鈴木副長が竹内艦長に統幕長からの2級賞状を副賞の盾とともに伝達。この後、中山副大臣が整列した約40人の乗員を前に訓示し、「大変厳しい状況下においても隊員諸官は竹内艦長の指揮統率の下、南氷洋の荒波を乗り越え、千変万化する南極域の過酷な自然環境下においても日々の訓練の成果を十分に発揮して立派に任務を完遂した」と労をねぎらった。

続いて鈴木統幕副長が山崎統幕長の訓示を代読し、「（コロナ対策のため）無寄港・無補給という運用上も統率上も非常に困難な行動であったが、入念な事前の準備、行動中の士気・規律の維持および高い運航技量によりこれらを克服し、任務を完遂したことは称賛に値する」と乗員たちをたたえた。

「しらせ」は昨年11月6日に横須賀を出港、約2週間の停留期間を経た同20日、62次観測隊員44人を乗せ南極を目指した。12月21日に昭和基地沖に8年連続で接岸、燃料や食料など約1045トンの物資を基地に届けた。1月19日に61次隊越冬隊員と62次隊夏隊員の計41人を艦内に収容し、廃棄物などの持ち帰り物資約470トンを積んで現地を離れた。

今次の総航程は約2万6000キロで、氷上に船体を乗り上げて砕氷するラミング回数は往復で計560回だった。

南極観測支援を終えて約3カ月ぶりに帰国し、中山副大臣（壇上）に敬礼する竹内艦長（中央）以下「しらせ」乗員たち（2月22日、「しらせ」艦上で）

植崎2尉が殉職

米留 T38で航法訓練中に墜落

米国留学中の植崎廉偲2空尉（25）が搭乗したT38Cジェット練習機が2月19日午後5時（日本時間同20日午前8時）ごろ、米アラバマ州のモンゴメリー空港に着陸進入中、同空港の手前約3キロの森林地帯に墜落した。この事故で植崎2尉と同乗していた米空軍の教官（24）が共に死亡した。米空軍が事故原因を調べている。

T38Cは航法訓練のため午後4時4分、米ミシシッピ州のコロンバス空軍基地を離陸、モンゴメリー空港経由でフロリダ州のタラハシー空港に向かっていた。

米第14飛行教育団（コロンバス）が立ち上げた事故調査委員会が調査に当たり、空自も同基地に派遣している教育連絡官を通じて調査に協力している。

植崎2尉は教育集団（浜松）所属で、2019年から戦闘機パイロットになるため米留し、米空軍の教育課程を受講中だった。

岸防衛相は20日の臨時記者会見で「将来を期待する若手パイロットと米国の教官が亡くなったことは痛恨の極み。このような事案が再発しないように、飛行の安全に万全を期したい」と述べた。

朝雲寸言

コロナ禍で揺れたこの一年、多くのイベントや大会が中止を余儀なくされた。自衛隊も例外ではない。ほとんどの駐屯地・基地の記念日行事は中止され、富士総合火力演習や航空観閲式も一般公開せず規模を縮小して行われた▼主要な演習や教育訓練は粛々と実施されたが、コロナ感染症対策のための災害派遣待機と並行して行われ、一部の訓練や演習では実行に制約があったと聞く▼気になるのは安全保障対話である。同盟国はもちろん、近隣諸国などと行うあらゆるレベルの安全保障対話は現在の国際環境にあって必須のものである。そう言うと、ウエブ会議やオンライン会議があるではないかとの指摘を受けそうである。企業のリモートワークと同じではないかというのはもっともである▼しかし、フェイス・トゥ・フェイスでなければ分かり合えないものが安全保障の世界には存在する。そしてレベルが上がるほど「対面」の重要性は大きくなるのではないかと思える▼大臣や各幕僚長などによる安全保障対話では相手の表情・呼吸すらも重要な判断材料となる。利害を異にする恐れのある国家間の対話では会話のひとつひとつに特別の意味があるとさえ言われる▼いよいよワクチン接種がはじまった。この一年で中止となった多くのイベントや催しなどが復活する日も近いのではないか。もちろん東京オリンピックの開催に向けて最後の努力を継続することはいうまでもない。

時の焦点

国内　G7首脳会議

日本は国際協調の先頭に

コロナ禍を克服するためには、各国が自らの利益だけを追い求めず、国際社会が協調していくことが欠かせない。日本は欧米諸国と連携し、その先頭に立たなければならない。

先進7カ国（G7）の首脳会議がオンライン形式で開催された。昨年4月のオンライン会議以来である。

菅首相とバイデン米大統領、ドラギ伊首相の3首脳は初めての参加である。昨年の議長国は米国だったが、トランプ前大統領のもとで各国の調整が難航し、期待される役割は果たせなかった。

菅首相は、新型コロナウイルス対策について「ワクチンは感染収束に向けた決め手であり、公平なアクセスの確保や、ワクチンの普及を加速していくことが重要だ」と強調した。

そのうえで、ワクチン共同購入の国際的枠組み「COVAX（コバックス）」に日本として2億ドルを拠出する考えを表明した。

透明性の高い枠組みを通じて、途上国にワクチンを普及させる意義は大きい。世界的な感染症抑止に不可欠であることは言うまでもないが、中国やロシアが自国製のワクチンを途上国に広げる「ワクチン外交」を展開していることに対抗する意味もある。

途上国にワクチンが行き渡らなければ、先進国への反発を招き、中国やロシアの影響力が高まりかねない。

G7首脳声明は「2021年を多国間主義のために転換点とする」と明記したが、この目標が実現するかどうかはまず、コロナ対策にかかっていよう。

日本を含め、先進国でも十分にワクチンが供給されているわけではないことには、注意が必要である。

欧州連合（EU）は域内で生産されたワクチンの輸出について、事前承認を必要とする制度を導入した。英国や米国などに比べてワクチンの確保が遅れているという危機感があるのだろうが、域外への輸出が過度に制約されないように、適切に運用することが求められよう。

首相がG7首脳に対し、中国の行動に対する懸念を明確に伝えたことは重要な成果だ。

首相はまず、「主張すべきは主張し、中国側の具体的な行動を求めていく」という日本の基本的な考え方を説明した。さらに、東シナ海、南シナ海での中国による一方的な現状変更の試みに懸念を表明した。

中国は2月、海上保安機関・海警局の権限や軍事的役割を強化する海警法を施行し、実際に尖閣諸島周辺での活動をさらに強めている。

岸防衛相が海警法について、記者会見で「国際法との整合性の観点から問題がある点を含んでおり、断じて受け入れられない」とはっきりと語ったのは心強い。

日本は自ら領土・領海を守りつつ、国際法違反を容認しない国際世論を喚起する必要がある。

宮原　三郎（政治評論家）

海外　米イスラエル

〝冬の時代〟迎える可能性

イスラエルは米国の「同盟国」ではなかったのだろうか？

2月12日、ホワイトハウスのサキ報道官の記者会見を中継で見ていて、そんな印象を禁じ得なかった。

米新政権はイスラエルを同盟国と見なすのかという質問に対し、同報道官は、それに答えるには「関係する部局・組織」の間のプロセスと時間がかかるなどと、言葉を濁したのである。

イスラエルを率直に同盟国と呼ぶのを拒んだ同報道官の姿勢は、実に象徴的だった。そのうち、より明確になる政権の対イスラエル政策の方向を示唆するものだろう。

イスラエルは東西冷戦の時代にさかのぼっても、ずっと米国の強固な同盟国できた。同国は反米・反ユダヤの近隣諸国に囲まれている中東で唯一の自由主義国家で、米国は友好国として支援、保護する役割を担ってきた。

加えて、1979年にイラン革命が起きて以来、米イスラエル両国は、「米国に死を」「イスラエルを地上から抹殺する」と公言するイスラム過激主義者（国）によるテロという「共通の敵」に直面してきた。

オバマ米政権時代の2010年3月、イスラエルによるヨルダン川西岸、東エルサレムでのイスラエル人居住区の住宅建設問題で、両国関係は緊張した。

同月下旬、イスラエルのネタニヤフ首相はホワイトハウスでオバマ氏と会談した。しかし、写真撮影も記者会見もないという異例の待遇。それだけではない。米政府は同首相を迎えた公式晩餐会どころか、私的晩餐会も開かなかった。

イスラエルのメディアは「アフリカ中西部・赤道ギニアの大統領並みの扱い」と憤慨したものだが、時の副大統領が今のホワイトハウスの主なのを思えば、サキ報道官の対応は意外でも何でもないのかもしれない。

件の質問は、新大統領が就任挨拶を兼ねて外国指導者にかける慣例の儀礼的電話の件から始まった。

これまで、中国、ロシア、英、仏、独、日本、インド、韓国、メキシコの指導者に電話したのに、ネタニヤフ首相を電話する相手から外しているのはなぜかとの質問。

サキ報道官は「大統領はネタニヤフ首相と話すのを期待している」「近いうちに実現」と述べながらも、「特定の時期やいつまでにとの期限はない」と言う。

オバマ、トランプ両氏とも就任後数日内に同首相と電話会談していた。

この（バイデン氏は2月17日に電話）違いが示すものは何か？

イスラエル国内や中東専門家の間で広まっているのは「ネタニヤフ氏がトランプ氏との間で築いてきた緊密な関係への不快感の証拠ではないか」という観測だ。

中東政策でネタニヤフ首相はトランプ大統領と密接に歩調を合わせてきた。しかし、米国がイラン核合意に復帰や、イスラエルの安保を無視したパレスチナとの関係構築に踏み切れば、そうした関係も〝冬の時代〟に入る可能性大である。

草野　徹（外交評論家）

海自部内幹部候補生108人が卒業

南太平洋へ外洋航海出発

海自第54期一般幹部候補生課程（部内）の卒業式が2月9日、広島県江田島市の幹部候補生学校で行われ、学生108人（うち女性7人）が卒業した。

海自幹部候補生学校の卒業式で、学校長の八木将補（左）から卒業証書を授与される第54期一般幹部候補生部内課程の学生（2月9日、江田島の海自幹候校で）

学校長の八木浩二将補は卒業生一人一人に卒業証書を授与した後、式辞で「自信と誇りを持て」「任務に適切に対応せよ」の2点を要望。さらに「江田島で学んだことを基盤とし、誠実に積極果敢に幹部自衛官として精進することを希望する」と述べ、卒業生の門出を祝った。

山村海幕長はコロナ禍を受け、式場に流されたビデオメッセージで学生らを激励した。

卒業生はこの後、校内を行進して岸壁に向かい、1練習隊司令の井伊正章1佐を指揮官とする護衛艦「ゆうぎり」、練習艦「せとゆき」「はたかぜ」に分乗、外洋練習航海に出発した。

初級幹部を含め約620人で編成された同隊は洋上で各種教育訓練を行いながら太平洋を南下し、途中、補給のため米グアム島と北マリアナ諸島のサイパン島に寄港する。

さらに海自として初めてミクロネシア連邦のパリキール、ウエノ島にも入港、同隊は3月16日に帰国する予定。

予備自衛官等災害招集命令書

札幌地本が作成・交付訓練

【札幌地本】札幌地本は2月8、9の両日、本部庁舎と管内地域で「予備自衛官等災害招集命令書」の作成・交付訓練を実施した。

近年、大規模災害に即応予備自、予備自が招集される機会が増えていることを受け、本人、雇用企業、予備自担当部署のほか、災害招集命令書の使送・交付を担当する各援護センター、地域事務所などの隊員も訓練に加わった。

予備自課による招集命令書の作成では、予備自等に対する出頭意思の確認をはじめ、招集期間や命令書交付日時の調整要領について実践的な訓練を行った。

地域事務所などの命令書使送・交付訓練では、命令書を予備自課から受領し、本人に交付するまでの経路・要領等の確認を実施。積雪の多い冬季の特性や各地域状況も踏まえ、命令書使送計画の実効性を検証するとともに、予備自役の隊員に実際に命令書を交付し、要領の確認と不測事態への対処要領も訓練した。

札幌地本では災害招集があった場合に即自・予備自が円滑に活動に参加できるよう、今後も綿密な調整と迅速・確実な招集業務を行っていきたいとしている。

札幌地本の「災害招集命令書」作成・交付訓練で、予備自役に命令書を手渡す地本部員（右）

ひと

女性初の戦車小隊長

黒川　慈（めぐみ）3陸尉（25）

昨秋の7師団（東千歳）戦車射撃競技会で、初の女性小隊長として90式戦車に乗り込み、戦車4両（隊員計11人）を率いた。

「緊張して号令のかけ声がスムーズに出なかった」と振り返るが、2017年に戦車職域が女性に開放された後、初の女性戦車指揮官として堂々のデビューを飾った。

山口県出身。地元の下関市立大で経済を学んでいた時、防大生の兄が語った自衛隊の話に刺激を受けた。「衝撃的だった」。陸自に魅力を感じ、門をたたいた。

機甲科を志望したのは幹候校（前川原）時代に先輩から「戦車部隊は一体感の強い職場だ」という話を聞いてから。運動部で仲間と目標を達成することが好きだったため、迷わず志願した。

希望が叶い、卒業後は72戦連（北恵庭）1中隊の配属に。約1年間にわたり中隊長の西谷大平1尉（当時）から戦車部隊の運用法から指揮の仕方などを伝授された。そして昨秋、第2小隊長として120ミリの実弾を発射する競技会に臨むことに。隊の先任にも助言を求め、試行錯誤を重ねた。

「連携して頂点を目指すうちに一体感が高まっていった」。結果は参加41個小隊で13位と、初回でありながら健闘した。

現在は富士学校の幹部射撃課程（WOC）に入校中。「一回り成長して隊に戻れるよう努力したい」と意気込む。

休日は読書に没頭する。「今、読んでいるのは話し方の本。仲間とコミュニケーションを円滑にできる小隊長でありたい」。

後輩が戦車部隊に来やすいよう、最善を尽くすと決意を語る。女性戦車指揮官のさきがけとして、道を切り開いていく。（菱川浩嗣）

補給艦「とわだ」が共同訓練

米海軍と「ILEX21―1」

日米共同訓練「ILEX21―1」で、米海軍貨物弾薬補給艦「チャールズ・ドリュー」（右）とホースをつないで洋上給油訓練を行う海自補給艦「とわだ」（2月13日、沖縄周辺海域で）

海自1海上補給隊（横須賀）の補給艦「とわだ」（基準排水量8100トン、母港・呉）は2月13日、沖縄周辺海域で実施された米海軍補給艦との共同訓練「ILEX21―1」に参加した。

日米補給艦の共同訓練はこれまでも行われてきたが、「ILEX（Interchangeable Logistics Exercise）」の訓練名で行うのは初めて。

「とわだ」は米海軍貨物弾薬補給艦「チャールズ・ドリュー」（満載排水量4万1000トン）と並走しながら洋上補給を行い、戦術技量の向上を図った。

防衛省発令

▽航空集団司令部（51航空隊）1海佐　竹内　俊雅

（2月15日）

共済組合だより

有効成分や効き目は同じ「ジェネリック医薬品」
薬代や医療費の抑制のためご利用を

皆さまは「ジェネリック（後発）医薬品」をご存知ですか？ジェネリック医薬品は、医師が処方する医薬品であり、先発医薬品（新薬）と比べて安価で、なおかつ有効成分や効き目は同じです。

新しく開発された医療用医薬品は、先発医薬品として特許が与えられ、開発会社により独占的に販売されますが、ジェネリック医薬品は、先発医薬品の特許期間満了後に、同レベルの品質・有効性・安全性を有しているという国の審査・承認を受けて発売されます。既に有効性や安全性が確認されている先発医薬品の有効成分を利用するため、開発期間や費用を大幅に抑えることができ、そのため薬の価格も安く設定することができます。

組合員や被扶養者の皆さまが診療を受ける際、病院や薬局等でジェネリック医薬品を積極的に選んでいただくことにより、ご自身の薬代が軽減されるだけでなく、共済組合全体の医療費も抑制することができます。

医師と薬剤師それぞれに意思を伝え相談することによりジェネリック医薬品を選ぶことができます。相談は、口頭やメモ等で大丈夫ですが、「お願いカード」＝写真＝を利用すると便利です。皆さまのご協力をお願い致します。

なお、先発医薬品の特許が切れていない場合や医療上の理由等でジェネリック医薬品を選べない場合もあります。

ジェネリック医薬品お願いカード

医師・薬剤師の皆様へ

私は可能な場合、ジェネリック医薬品の処方を希望します

氏名

防衛省共済組合

切り取り線

自衛隊の鳥インフルエンザ災害派遣実績

自衛隊の鳥インフルエンザへの対応について

	活動期間	市町村	農場規模(羽数)	派遣部隊
①	令和2年11月5日～8日	香川県三豊市	約31.7万羽	陸自15即応機動連隊(善通寺)等
②	8日～9日	香川県東かがわ市	約4.6万羽	同
③	15日～16日	香川県三豊市	約7.7万羽	同
④	20日～24日	同	約80.5万羽	同
⑤	22日～23日	同	約7.5万羽	同
⑥	25日～27日	福岡県宗像市	約9.2万羽	陸自2高射特科団(飯塚)等
⑦	26日～28日	兵庫県淡路市	約14.5万羽	陸自3特科隊(姫路)等
⑧	12月　2日	宮崎県都農町	約2.9万羽	陸自43普通科連隊(都城)等
⑨	2日～4日	香川県三豊市	約36.7万羽	陸自15即応機動連隊(善通寺)等
⑩	6日～7日	奈良県五條市	約7.7万羽	陸自7施設群(大久保)等
⑪	7日～9日	広島県三原市	約13.7万羽	陸自46普通科連隊(海田市)等
⑫	8日	宮崎県都城市	約5.9万羽	陸自43普通科連隊(都城)等
⑬	8日	宮崎県小林市	約4.3万羽	陸自24普通科連隊(えびの)等
⑭	10日～11日	和歌山県紀の川市	約6.8万羽	陸自37普通科連隊(信太山)等
⑮	11日～14日	岡山県美作市	約64.4万羽	陸自13特科隊(日本原)等
⑯	14日	宮崎県宮崎市	約12.6万羽	陸自43普通科連隊(都城)等
⑰	14日～15日	宮崎県日向市	約4.6万羽	同
⑱	24日～31日	千葉県いすみ市	約116.0万羽	陸自空挺団(習志野)等
⑲	30日	宮崎県小林市	約15.4万羽	陸自24普通科連隊(えびの)等
⑳	令和3年1月11日～19日	千葉県いすみ市	約115.0万羽	陸自32普通科連隊(大宮)等
㉑	23日～24日	富山県小矢部市	約14.1万羽	陸自14普通科連隊(金沢)
㉒	31日	宮崎県新富町	約8.0万羽	陸自43普通科連隊(都城)等
㉓	2月2日～7日	茨城県城里町	約84.0万羽	陸自施設学校(勝田)等
㉔	6日～7日	千葉県旭市	約42.0万羽	陸自空挺団(習志野)
㉕	7日～8日	宮崎県新富町	約24.0万羽	陸自43普通科連隊(都城)等
㉖	7日～11日	千葉県多古町	約115.0万羽	陸自空挺団(習志野)等
㉗	9日～10日	千葉県匝瑳市	約25.6万羽	陸自空挺団(習志野)
㉘	12日～14日	同	約7.9万羽 約27.8万羽	同

※統幕資料を元に作成。数値等は速報値のため、今後変更される可能性があります。

昨年11月から 11県910万羽に対応
24時間態勢で延べ3万人

ペールに鶏を入れて炭酸ガスで処置を行う陸自空挺団（習志野）基幹の災派部隊（2月6日、千葉県旭市の養鶏場で）

高病原性鳥インフルエンザが各地で猛威を振るう中、自衛隊は昨年11月以来、香川、福岡、兵庫、宮崎、奈良、広島、和歌山、岡山、千葉、富山、茨城（発生順）――の11県で知事からの要請を受け、鶏の殺処分等の支援に係る災害派遣に断続的に従事している。

これまで11県の計30カ所で、隊員延べ約3万人が24時間のローテーションを組んで自治体の職員と協力しながら、計約910万羽の殺処分とその収集・運搬作業などの支援に当たってきた。

（7面に関連記事）

自治体と連携、3自830人

上空から被災地を偵察するため、熊本県の高遊原駐屯地から次々と離陸する陸自のＵＨ１多用途ヘリ（2月12日）

日米共同統合防災訓練で、海自掃海艇「なおしま」（下）が救助した負傷者を機内に収容する空自ＵＨ60Ｊ救難ヘリの救難員（2月13日、高知・土佐湾で）＝いずれも統幕提供

日米共同統合防災訓練 TREX

「しもきた」に臨時医療施設

情報収集や搬送、救護

陸自車両を高知県の興津海岸に揚陸する海自のエアクッション艇（ＬＣＡＣ）＝2月13日

実動訓練に先立ち、ヘリコプター運用のための調整を行う日米の隊員たち（2月11日）

災害医療チーム（ＤＭＡＴ）の看護師と協力して患者搬送に当たる海自の衛生隊員ら（2月13日、エアクッション艇上で）

南海トラフ地震の発生を想定した令和2年度「日米共同統合防災訓練（ＴＲＥＸ）」が2月12、13の両日、四国の高知、徳島両県を中心とした関東から西日本にかけての太平洋沿岸で行われた。

山崎統幕長が訓練統裁官を務め、統幕から隊員約20人、陸自から約450人と航空機12機、海自から約280人と輸送艦「しもきた」、掃海艇「なおしま」、航空機1機、空自から約80人と航空機11機が参加。米側は在日米陸・空軍の兵士約60人が加わった。

ＴＲＥＸは高知県など各自治体と連携して行われ、自衛隊は▽ヘリによる情報収集▽増援部隊、救援物資の輸送▽艦艇を拠点とした救出・救助活動――などをメインに日米共同で訓練。

陸自の増援部隊を空自Ｃ1 30Ｈ輸送機が空自美保基地から海自徳島基地まで空輸したほか、陸自ＵＨ1多用途ヘリと米陸軍のＵＨ60ヘリが高知県で収容した傷病者を土佐湾に展開する海自輸送艦「しもきた」に搬送した。

「しもきた」の艦内には航空搬送拠点臨時医療施設（ＳＣＵ）が開設され、衛生隊員らが災害派遣医療チーム（ＤＭＡＴ）と連携して負傷者の搬入から救護までの一連の流れを演練した。

一方、掃海艇「なおしま」は行方不明者の海上捜索を行うとともに、空自と米空軍輸送機が海上に投下した救援物資を高知県の須崎港まで輸送するなど、それぞれ在日米軍、自治体、関係省庁と連携し、震災発生時の対処能力の向上を図った。

朝雲賞

27部隊、4機関、7個人を選出

朝雲新聞社は全国の自衛隊各部隊・機関などから寄せられた優れた投稿を表彰する「朝雲賞」の制度を設けている。

「朝雲賞」は「記事賞」「写真賞」「個人投稿賞」と、最も多く紙面を飾った部隊を表彰する「掲載賞」の4部門からなる。

各賞の候補は陸海空各部隊の隊員65人に委託している「朝雲モニター」からの意見を参考に、朝雲新聞社編集局が集計し、2020年は67件がノミネートされた。

投稿総数は3335件

コロナ下の取り組み

最終選考は選考委員（内局広報・厚生両課長、広報課先任部員・報道室長、厚生課福利厚生調整官・先任部員、統幕総括副報道官、各幕広報室長・厚生班長、朝雲新聞社社長・編集局長の15人で構成）による投票形式で各部門の「最優秀賞」と「優秀賞」を決定した。

昨年の総投稿件数は3335件（所感文を除く）で、前年比7％減となったが、コロナ下での各部隊の取り組みや女性隊員の活躍、地域との関係向上に向けた取り組みなどをテーマとした力作がそろった。

昨年1年間、「朝雲」紙面に掲載された投稿記事・写真などを4部門にわたって表彰する「朝雲賞」の受賞部隊・機関・個人が2月5日、選考委員会の投票で決定した（2月11日付既報）。2020年は「記事賞」「写真賞」に各7部隊、「個人投稿賞」に7人、「掲載賞」に13部隊・4機関がそれぞれ選出された。各部門で「最優秀賞」となった部隊・個人に受賞の喜びと今後の抱負などを聞いた。

最優秀記事賞　海自1術校

地域交流の自信と励みに

「学校給食に海自カレー」（5月14日付6面）

海上自衛隊
第一術科学校
AED
「最優秀記事賞」に輝いた海自1術校広報係のメンバー。左から2人目が広報係長の井上敬義1尉

「給食に出る江田島カレーを通じ、子供たちに故郷への愛着や誇りを育てるきっかけとしたい」――。朝雲賞の「最優秀記事賞」に輝いた「学校給食に『江田島海自カレー』を認定」の記事は、江田島市内の学校給食の調理を担う現場の要望から始まった。

「海自カレー」は全国の各地区のレストランなどで提供されているが、学校給食のメニューに認定されるのは初めて。

レシピは江田島地区部隊の給食を担当する海自1術校が監修、同校広報係長の井上敬義1尉以下隊員4人のメンバーが「江田島所在部隊と地域交流について広く知ってほしい」という思いで記事をまとめ上げた。

「カレーの食文化を通じ、明治21年から続く、海軍・海自の歴史と地域交流を簡潔・明瞭に表現することに苦労した」と井上係長。最優秀賞受賞の一報に、「携わった全ての方たちの自信になるとともに、勤務意欲の向上と地域交流の励みになる」と喜びを語った。

歴史遺産の多い1術校では、一般向けの校内ツアーを行っており、年間で約6万人の見学者が訪れている。井上係長は「現在は新型コロナの影響で一般公開を中止しているので、少しでも1術校を知ってもらうため、今後はホームページを活用した情報発信も計画している」とさらなる広報意欲をにじませた。

最優秀個人投稿賞　空3補処総務課　入口　知美空士長

航空観閲式で親子共演も

「『任期付き自衛官』で現役復帰！」

（3月26日付8面）

「自衛官として再び紙面に載せていただけることがうれしい」――。

受賞の第一報を受け、そう語るのは息子3人が自衛官になったのを機に、自身も任期制隊員として空自への職場復帰を果たした入口知美士長（48）。働く女性隊員にエールを送りつつ、自衛官として再挑戦するにあたっての心情を記した。

任期制隊員となるきっかけは、退官して実家のそば店を切り盛りしていた時。2018年の観閲式で、「職場復帰した母が息子と観閲式で共に行進」という「朝雲」の記事を読み「再入隊が選択肢になり、目標となった」と話す。

その夢は叶い、入口士長自身も昨年の航空観閲式で、長男の翔馬士長と共に観閲官の菅首相に向けたそばの調理任務で〝共演〟を果たした。その経緯は朝雲にも掲載され、「不思議な縁を感じる」と目を細めた。

投稿した所感文では息子たち3人へのこみ上げる思いに加え、これまで自身も育児と任務継続の狭間で葛藤した体験をつづり、女性の読者に「復帰という選択肢もある」という思いを伝えた。現在勤務する入間でも、子育て中の隊員に積極的に助言する。「まだ制度を知らない方も多い。復帰したからこそ、直接伝えられた」。

個人投稿で最優秀の栄誉に、「先輩方や同僚の支えのおかげ。心から感謝したいです」と話す。今後については、「今度こそ悔いが残らないよう精一杯勤め上げたい」と力強く語った。

療養中の祖母三代子さん、自衛官になった息子たち（左から竜冴陸士長、隼杜陸士長、翔馬空士長）と写真に納まる入口知美士長（右奥）。所感文と共に掲載されたこの共演写真も高く評価された

最優秀写真賞　空4空団11飛行隊飛行班（松島）　眞鍋　成孝1空尉

隊形と名所の競演意識

「伝統守りさらに〝上昇〟」（6月25日付7面）

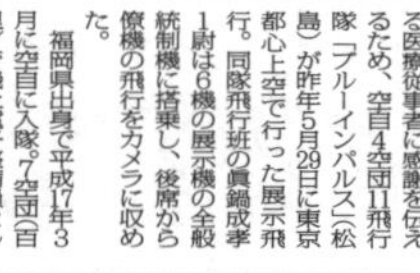

コロナ感染対策に尽力する医療従事者に感謝を伝えるため、空自4空団11飛行隊「ブルーインパルス」（松島）が昨年5月29日に東京都心上空で行った展示飛行。同隊飛行班の眞鍋成孝1尉は6機の展示機の全般統制機に搭乗し、後席から僚機の飛行をカメラに収めた。

福岡県出身で平成17年3月に空自に入隊。7空団（百里）で機上電子整備員として勤務していたがパイロットへの夢を諦め切れず、航空学生（12飛教団＝防府北）を再受験、合格した。

2空団203飛行隊（千歳）でF15戦闘機に搭乗していたときは、対領空侵犯措置で緊急発進し、上空で侵入機の写真を撮ったことも。今回の撮影でもその経験が生きた。

皇居や都庁などの上空約750～1350メートルを「フェニックス・ローパス」などの隊形を組みながら速度約500キロで編隊飛行する6機を、「（名所などに対して）どう見えるかイメージしながら全力を尽くして撮った」。

戦闘機操縦士から〝ドルフィン・ライダー〟に転換した理由は、「（国民に）希望を持ってほしいと伝えたかったから。コロナ禍に耐える多くの人たちに、次は飛行を通して『一緒に頑張りましょう』とメッセージを送るつもりだ」。

「デルタ」隊形でスモークを引きながら東京スカイツリー（右下）上空を航過するブルーインパルスの6機編隊（昨年5月29日）

最優秀掲載賞　板妻駐屯地広報班

ささいなことにも焦点

「まさか2年連続で最優秀賞とは！ 初の快挙か？」――。朝雲賞の「最優秀掲載賞」で史上初となる2連覇を飾り、その知らせを受けた板妻駐屯地広報班は沸き立った。

コロナ禍で部外広報イベントが相次いで中止となる中、同班の廣瀬亮2曹は、日頃から駐屯地・部隊行事を把握しながら取材計画を立てたという。

「2年連続で最優秀掲載賞を獲得でき、大変光栄に思う。今回の受賞は駐屯地司令の深田満男1佐以下の各隊員がコロナの制約の中、一致団結して訓練・業務に真摯に励んだ証だと考える。広報室長の濵田康高3佐、同班長の市村健一曹長をはじめ、支えてくれた班員には感謝の気持ちでいっぱい。この良好な広報環境を維持・発展させ、部隊の活性化につなげたい」と廣瀬2曹は語る。

取材を通じて小規模の訓練やささいな出来事にも、関わっている隊員の〝思い〟があることに気づき、幅広くフォーカスを当てたという。「訓練の状況が伝わる画（え）を撮ることに注力し、記事も伝わりやすい文章を心掛けた」と廣瀬2曹。そうした工夫の積み重ねがV2につながった。

「今後は写真、個人投稿賞も獲得したい」と廣瀬2曹は意気込みを見せる。同班員たちの投稿を通じて、令和3年度も板妻駐屯地の〝精強性〟が紙面で見られそうだ。

板妻駐屯地広報班のメンバー。前列左から廣瀬亮2曹、広報室長の濵田康高3佐、同班長の市村健一曹長。左端はイタツマン、右端は兵タンくん

記事賞（7部隊）

【最優秀】「学校給食に海自カレー」（5月14日6面）海1術校

【優秀】6件＝掲載順

▽「女性自衛官、潜水艦教育訓練隊に初入校」（2月20日7面）海潜水艦教育訓練隊▽「定期的研修が可能に、地元保育園と協定」（5月14日6面）陸伊丹業務隊▽「緊急事態宣言下オンライン説明会開催」（5月14日8面）東京地本▽「動画で基地内を『バーチャル・ツアー』」（8月6日5面）沖縄地本▽「九州豪雨『故郷を守る』即自が活躍」（8月20日6面）熊本地本▽「防衛省初のカーシェアリング」（9月10日6面）空中警団業務隊

写真賞（7部隊）

【最優秀】「伝統守りさらに〝上昇〟」（6月25日7面）空4空団11飛行隊

【優秀】6件＝掲載順

▽「海自砕氷艦『しらせ』任務完遂」（4月16日3面）海しらせ▽「感染拡大防止へ防衛省・自衛隊一丸」（5月21日3面）中央病院▽九州南部豪雨、孤立住民を救出（7月9日3面）陸えびの▽「中東情報収集活動1次隊『たかなみ』コロナ禍も200人従事」（7月30日4面）海幕広報室・前田誠海曹長▽「後期・遠洋練習航海部隊コロナ禍で深めた同期の絆」（11月5日6面）海練習艦隊▽「F4が運用終了」（12月24日1面）空7空団渉外室広報班・神谷雅俊空曹長

個人投稿賞（7個人）

【最優秀】「『任期付き自衛官』で現役復帰！」（3月26日8面）入口知美空士長＝空3補処総務課

【優秀】6件＝掲載順

▽「自衛官の『人を思う深さ』に感銘」（6月11日10面）嶽葉子さん＝隊員家族▽「幼稚園児から声援うけ行進」（7月16日8面）福山真悟3陸曹＝12普連1中隊▽「陸自駐屯地で唯一の『寿司店』が永年勤続50年」（8月13日10面）仲村真3陸曹＝秋田駐屯地広報室▽「海上自衛官の娘を応援」（9月10日10面）大原聡美さん＝隊員家族▽「育児と仕事の両立が目標」（10月15日8面）山岸紗希1陸士＝7通大1中隊▽「女性初の機動戦闘車乗員」（10月29日8面）藤原愛咲陸士長＝42即機連

掲載賞（13部隊・4機関）

【最優秀】陸板妻駐屯地

【優秀】▽陸自＝神町、那覇、名寄、高田、美幌、上富良野

▽海自＝崎辺、下関、下総

▽空自＝入間、三沢、百里

▽地本＝新潟、長野、沖縄

▽地方防衛局＝東北防衛局

「朝雲」への投稿方法

▷記事は書式、字数の制限なし。ワードなどで「5W1H」を参考にできるだけ具体的に記入する。

▷写真は紙焼きかJPEG形式のファイルにして添える。

▷郵送（〒162-8801東京都新宿区市谷本村町5の1防衛省D棟市ケ谷記者クラブ内朝雲編集部）またはEメール（editorial@asagumo-news.com）で送付する。

よろこびがつなぐ世界へ
KIRIN
一番搾り
おいしいとこだけ搾ってる。
KIRIN'S PRIME BREW
KIRIN BEER
一番搾り
〈麦芽100%〉
ALC.5%　生ビール
お酒
ストップ！20歳未満飲酒・飲酒運転。お酒は楽しく適量で。
妊娠中・授乳期の飲酒はやめましょう。のんだあとはリサイクル。
キリンビール株式会社

AAV7の後継に8輪戦闘車「ACV」

米海兵隊が導入開始

米海兵隊は過去半世紀にわたり装軌型の水陸両用車AAV7を主力装備としてきたが、いよいよ新型となるBAE製「ACV（Amphibious Combat Vehicles）」の導入を開始した。「ACV」は8輪タイプの戦闘車で、搭乗兵員数は約半分（13人）に減るが、地雷やIED（即席爆弾）からの防御力が高められ、陸上機動力も増している。新型車両は「強襲揚陸」の能力よりも「地上戦闘」により重きをおいた選択となった。

海上を航行するACV。速力11キロで、AAV7より若干遅くなった（BAE提供）

「強襲揚陸」より「陸上戦闘力」を重視

陸自の水陸機動団（相浦）も装備するAAV7は1960年代に開発され、すでに50年以上使用されている。このため米海兵隊は次期水陸両用車の調達計画を進め、当初は海上速力に優れた遠征戦闘車「EFV」の導入を計画していた。しかし、開発費が膨れ上り、EFVはキャンセルとなった。

これを受けて海兵隊は新たな車両の選定を進め、選ばれたのが英BAEシステムズの「ACV」だった。ACVは陸上の機動性、生存性、適応性に優れたプラットフォームで、あらゆる戦闘に対応が可能という。690馬力の6気筒エンジンを搭載し、時速55マイル（88キロ）以上で走行できる。車体はモジュラー設計となっており、その後の装備の追加や内装の変更などが容易だ。

ACVの乗車兵員は13人で、AAV7（25人）の約半分。水上速力は11キロで、こちらは13キロのAAV7よりも遅くなっている。

近年、陸上部隊が持つ対舟艇ミサイルの高性能化や、沿岸上空で待ち受ける「神風ドローン」の登場で、海上航行中の水陸両用車の危険性が高まっている。このため米海兵隊も「強襲揚陸」の能力よりも「上陸後の戦闘能力」の高さを選択した結果となった。

米海兵隊は昨年11月、「ACVが初期運用能力の要件を満たした」と発表、これを受けて正式に量産型ACVの導入が開始され、BAEは同車のフル生産体制に移行した。

今後、ACVは毎年80両の生産が予定されているが、米海兵隊はAAV7を各地に1000両以上装備しているため、すべてをACVに更新していくにはまだしばらく時間がかかりそうだ。

米海兵隊の新型水陸両用車ACV。8輪タイプで、陸上で高速機動できるのが特長だ。各種追加装備にも対応する（BAE提供）

米カリフォルニア州の海兵隊基地キャンプ・ペンデルトンで行われたACVの配備式典（米海兵隊提供）

防衛技術

技術が光る >98<

パノリン社製「生分解性潤滑油」　岡田商事

コスト削減し、エコマークを取得
10年以上保管しても、劣化はなし

自衛隊の施設作業や災害派遣の現場ではブルドーザーや油圧ショベルなどの建設機械が活躍している。それら重機に用いる潤滑油で、大幅なライフサイクルコストの削減や環境保全が期待できるのが岡田商事（東京都港区）が輸入・販売するスイス・パノリン社製の「生分解性」潤滑油だ。「生分解性」とは微生物により有機物を分解し、無機化する性質で、漏洩した場合でも自然に戻るため、環境への負荷が少ない。

岡田商事では2008年から同オイルの輸入を開始。パノリン社はスイス・マデツウィルに所在する欧州トップシェアの生分解性潤滑油メーカーで、環境配慮型潤滑材（EAL）のパイオニア的存在だ。主な商品として建設機械・特大車両、船舶向けの各種オイルなどを扱っている。

「パノリン潤滑油はオイルの精製方法に特徴があり、『飽和エステル』というベースオイルを使って長寿命化を図っています。空気中では水や酸素と結びつくことはなく、ドラム缶の中で10年以上保管しても問題なく使用できます」と同オイルの特長を説明するのは岡田商事商事部の葭田真也さん。

「近年の生分解性油のトレンドはエステルをベースとしたものですが、そのほとんどが『不飽和エステル』で、水や酸素と結びつき、酸化による劣化を起こしやすい性質があります。一方、『飽和エステル』をベースとしたパノリンは空気中の水や酸素と結びつかないので、自衛隊の駐屯地や基地に10年以上保管いただいても問題なく使用できます」

実際に同オイルが使われている鉄道保線車両の油圧装置の中には、20年間もオイル交換せずに稼働し続けているものもあるという。定期的なオイル交換が不要なため、大幅にコスト削減ができ、機械メーカーの中にはパノリンのオイルを指定する会社も少なくないという。

「パノリンを使うと、オイル交換のサイクルが延びるため、作業の停止期間に加え輸送コストなども削減でき、CO2（二酸化炭素）の削減にも寄与します」と葭田さん。

建設機械の場合、実際にどの程度のCO2削減が可能なのか、パノリン社のホームページ上からも試算が可能という。

これに加えて、作業中にオイルが万が一、土壌や水中に流出した場合でも、同オイルは「生分解性」のため、自然の中で速やかに分解される。このため、エコマークにも認定され、同製品は「自然界の微生物によって28日間で60パーセント以上が水と二酸化炭素に分解される」という基準も満たしている。

パノリンの潤滑油は重機類だけでなく、船舶のスラスターやプロペラボンネット、デッキクレーンなどにも使用できるため、3自衛隊の各分野での使用が期待できそうだ。これにより車両や船舶のメンテナンスの手間が大幅に省けるため、導入すれば部隊の省力化、即応性の面でも寄与できるかもしれない。

熊本地震の災害派遣現場に投入された自衛隊の油圧ショベル。パノリン社の潤滑油を使えばライフサイクルコストの大幅な削減が期待できる

「神風ドローン」欧州各国が警戒

実戦で戦果上げ　テロに利用懸念

ドイツの国防大臣はこのほど、「神風ドローン」が実戦に投入されていることに懸念を表明した。ナゴルノ・カラバフ紛争でアゼルバイジャンのドローンがアルメニア軍の車両に突入し、大打撃を与えたことに関しその脅威を強調した。

同紛争で使われたのはイスラエル製の「ハロップ」。全長2・5メートルで23キロの爆薬を積み、上空から地上の目標を探知すると、高速で突入し自爆する。

「神風ドローン」にはロシアも力を入れ、カラシニコフ社が開発した小型の「クブラ」はカタパルトで打ち出され、30分にわたり自律飛行、戦闘車両などを感知するとカミカゼ攻撃を行う。

特攻ドローンは安価でテロにも使われる可能性があるとして、欧州各国は警戒感を強めている。

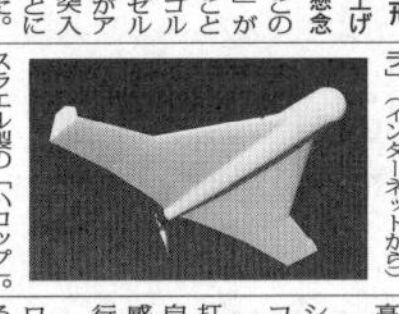

ロシアのカラシニコフ社が開発した神風ドローン「クブラ」（インターネットから）

世界の新兵器 ―545

小型・自衛用対空ミサイル「MSDM」〈米〉

より多く弾体の搭載が可能

米レイセオン社は米空軍から「飛行試験可能な小型ミサイル」の製造契約を獲得した。

この取り組みはロシアや中国がより高度なミサイルを開発し続けていることから、航空機による自衛兵器のコンセプトを模索してきたものの一つである。

この自衛用小型ミサイルは米空軍研究所（AFRL）が2015年から取り組んできた「小型自衛兵器（Miniature Self-Defense Munition＝MSDM）」と良く似ている。レイセオン社はMSDMプログラムの初期段階で競合していた同じ米国のロッキード・マーチン社、ノースロップ・グラマン社、ボーイング社に勝利して空軍との契約を獲得した。

これまでAFRLは、MSDMプログラムの詳細や目的、進捗状況について限定的な情報を開示してきたが、想定される兵器は「近接戦闘時の自己防衛用で、非常に攻撃的でレスポンスに優れたミサイルであり、プラットフォームのペイロード容量への影響を最小限にしたもの」と述べてきたが、この兵器は従来の爆発弾頭を持たず、標的を破壊するハードキル設計を有する計画であった。

AFRLが想定するミサイルはAIM9Xサイドワインダーの長さの約3分の1の全長約1メートルで、低価格なパッシブシーカーを装備するタイプ。これは電子戦妨害環境下でも目標を確実に捕捉できる「画像化赤外線シーカー」である可能性を示唆している。

しかし、このミサイルにアクティブ電波シーカーなど他のオプションを含めるかどうかは不明である。

このMSDMは戦闘機だけでなく、爆撃機や偵察機を含む他の航空機、無人機にももちろん適用可能である。空中給油機や輸送機のような対空攻撃に脆弱な非ステルス型の大型機を保護するためには特に有効であろう。

ステルス戦闘機F35の胴体下部の兵器倉。小型の自衛用ミサイル「MSDM」なら弾体をより多く搭載することができる（米空軍HPから）

十分に安価なミサイルとなれば、低空飛行する航空機やヘリコプター、特に離着陸時の際に脅威となる短距離携帯地対空ミサイルやロケット弾に対する有効な対策となり得る。

米海軍と海兵隊も近年、固定翼機とヘリコプター向けに同様の「ハードキル型対ミサイル防御装備」を模索しており、将来的には空軍のこの研究を活用する可能性がある。

柴田　實（防衛技術協会・客員研究員）

技術屋のひとりごと

先進技術によるブレークスルー

清水　泰斗
（防衛装備庁・先進技術推進センター研究管理官（先進技術担当）付第1先進技術計画室長）

大学での専攻を生かせる職場として艦船の基本設計に携わりたいと思い、平成6年に当時の防衛庁技術研究本部に入庁以降、内局の防衛計画課や技術計画官で技術行政にかかわる時期もありましたが、多くの時間を艦船の構造設計担当として過ごしてきました。

艦船の構造設計は、技術面でみると、成熟した技術を活用して、いかに効率的な構造にするかという点が重要であり、新しい素材や構造様式、接合技術の取り込みはしていましたが、既存技術の改善改良が主であると考えていました。

その環境が大きく変わったのが平成28年に技術振興官付に併任になり、安全保障技術研究推進制度に携わるようになってからです。当該制度は、平成27年度から開始された、防衛分野での将来における研究開発に資することを期待し、先進的な民生技術についての基礎研究に公募・委託する制度で、防衛装備庁では従前なかなかできなかったリスクの高い新たなアプローチの研究を部外の研究者に挑戦してもらうことで、将来の技術限界のブレークスルーも期待することができます。

また、当該制度に参加されている研究者のレベルも、レーザーや耐熱材料の分野をはじめ、日本のトップクラスの研究者が多数参加してくれていると実感しており、そういった研究者との交流や連携は今後、防衛装備庁にとっても自分自身にとっても大変な財産となると思われます。

従前から実施している既存技術の改善改良による能力向上の重要性は変わりませんが、いずれ漸近してしまうことを考えると、新たなアプローチにより技術限界をブレークスルーする選択肢を確保することの重要性を、当該制度に携わるようになって感じています。

ひろば

弥生、早花咲月、桜月、晩春――3月。

3日ひなまつり、8日国際女性デー、14日ホワイトデー、20日春分の日、25日電気記念日。

奉射祭　長野・安曇野に春の訪れを告げる穂高神社の祭事。東北（丑寅）と東南（辰巳）に「神の矢」を射て四方を清め、神楽殿前に吊るされた大的に12本の鏑矢を放ち、一年の作物の吉凶を占う。17日

菜種御供大祭　菅原道真を祀る道明寺天満宮（大阪府藤井寺市）の神事。クチナシの実で染めた菜種色の団子を供え、道真の御霊を慰める。団子は病気平癒のご利益があるとされ、参拝者に有料で提供される。25日

サイバー戦の危機に気づかない日本

ハイブリッド戦の実相描いた「破壊戦」著者 古川英治氏インタビュー

自衛隊にもサイバー防衛隊が新編されるなど、〝見えない戦争〟に備えた体制強化が進む中、その最前線を描いた新書『破壊戦』（KADOKAWA刊）が防衛省内でも話題になっている。著者で日本経済新聞社編集委員の古川英治氏は、2度のロシア特派員時代の取材経験をもとに今日の「ハイブリッド戦」の実相に迫る。古川氏に本書に込めた思いと日本の防衛に向けての「見えざる戦争」の実態について聞いた。

（菱川浩嗣）

東京五輪関係者へのロシアの攻撃

「日本はもっとしっかり防衛を」

著書を手に、ハイブリッド戦の実相について語る日本経済新聞社編集委員の古川氏（2月15日、東京都千代田区の同社で）

古川氏の著書『破壊戦』の表紙。モスクワ特派員時代の取材をもとに、情報戦の最前線を描いた

露特派員時代の取材で真実迫る

2015年に日経のロシア特派員としてモスクワに赴任した古川氏。露の隣国ウクライナへのロシアのサイバー攻撃が続く中、ハイブリッド戦の一環としてネットにあふれていたフェイクニュースやプロパガンダに同氏は注目、その分析を始めた。「さまざまな専門家とこれらの現象について議論をするうち、リトアニアの大学の方が言及した秘密工作を駆使するロシアの『ダークパワー』というコンセプトが浮かんできた」と話す。

このダークパワーについて取材を進めると、ウクライナの現場で起きていた「ハイブリッド戦」が欧米に対しても展開されていることに気付いたという。

「（ロシアは）プロパガンダやサイバーなどさまざまなものを組み合わせて（民主社会に）侵入している。欧米で次々に起こる事件を取材していく中で（これらの事象が）何を意味するのかと考えた時に、さまざまな点が一つの線になっていった」と語る。

古川氏はソ連時代の諜報機関KGB（国家保安委員会）の元職員だったハッカーから「これからはサイバー空間が（戦争の）最前線になる」と忠告される。「ロシアの場合は軍のGRU（ロシア連邦軍参謀本部情報総局）とFSB（同連邦保安局）がサイバー部隊を持っている。さらに犯罪組織のハッカーグループも関与しており、まさに総力戦。中国では総勢10万人規模のサイバー部隊が存在する」と知り、危機感を募らせた。

英政府の発表はロシア牽制狙い

『破壊戦』を書いた理由として、日本がこうしたサイバー戦の危機的な状況に気がつかない現状への問題提起を挙げる。「昨年10月、東京五輪を主催する組織や関連企業がロシアの情報機関によってサイバー攻撃を受けていたとイギリス政府が発表した時、サイバー防衛当局者の間では驚きの声が上がったと聞いた」と古川氏。

「一方、イギリスはこの発表によってロシアを牽制した。サイバーセキュリティーのソフトウエアも米国に依存している日本は、企業も含め、どこまで侵食されているのか。米もサイバー攻撃で被害を受けているのに、日本が受けていないわけがない。自衛隊が核になるかは分からないが、『日本はサイバー防衛をもっとしっかりやれ』という思いをこの本に込めた」と熱く語った。

最後にサイバー戦を戦う上で「戦略的コミュニケーションによる牽制を」と訴える。「イギリスのように『我々は（攻撃元が）分かっている』というメッセージを出すことで抑止力になる。『日本は何をしても大丈夫』と判断されないためにも、インテリジェンス（諜報活動）強化を含め、全体で対処することが必要ではないか」と提言した。

マイヘルス Q&A

腹部大動脈瘤

高血圧や喫煙が要因 早期発見で手術も可能

Q　腹部大動脈瘤とはどんな病気ですか。

A　お腹にある太い血管（腹部大動脈）が部分的に膨らんだ病気です。原因の9割以上は動脈硬化によるもので、生活習慣病（高血圧など）や喫煙などがその要因となります。高齢者に多く、家族性の発生も報告されています。

Q　症状は。

A　症状はほとんどありません。そのため、お風呂で体を洗っている時にお腹のしこりに気づいたり、人間ドックや他の病気の検査でたまたま見つかったりすることが多いです。症状が出るのは、大動脈瘤が破裂もしくは破裂しかかっている時です。激烈な腹痛に加え、破裂するとショック状態となり、救命できる可能性は低くなります。

Q　見つかればすぐに手術が必要ですか。

A　大動脈瘤の破裂の危険性が高ければ、手術適応です。55ミリ以上を一つの基準としていますが、性状によっては大きさに関わらず手術を勧める時があります。

その他は経過観察となりますが、大動脈瘤が小さくなることはないので、治療はいかにして現状維持もしくは大きくなるスピードを遅くするかがポイントとなります。そのためには動脈硬化の危険因子、特に高血圧と喫煙への対応が極めて重要で、血圧コントロールと禁煙は必須です。

Q　手術は。

A　二つの方法があります。一つは「人工血管置換術」で、お腹を切って大動脈瘤を切除し、人工血管に取り換える手術です。再手術の可能性が低く、良好な長期成績が得られていますが、体への負担がやや大きいです。

もう一つは「ステントグラフト内挿術」で、太ももの付け根を数センチだけ切って、カテーテル（血管内を通す細く柔らかい管）を使って大動脈瘤の中にステントグラフト（人工血管に金属の網を組み合わせたもの）を内挿する方法です。体への負担が少なく、現在では治療の主流となりつつあります。ただし、全ての患者に行えるわけではなく、術後も定期的なCT検査を要することや、場合によっては追加治療が必要になる時があります。

それぞれの方法には一長一短があるため、医師と相談して選択することになります。

自衛隊中央病院心臓血管外科医長兼6西病棟医長　吉川 英治

映画『荒野のコトブキ飛行隊 完全版』 2名にプレゼント

女性の凄腕パイロット集団「コトブキ飛行隊」の活躍を描くアニメ映画『荒野のコトブキ飛行隊 完全版』（発売・販売 元＝バンダイナムコアーツ）のブルーレイが2月25日から販売される。これを記念し、同社では同製品（税込5280円）を「朝雲」の読者2名にプレゼントする。

映画では、レシプロ戦闘機を駆る「コトブキ飛行隊」が、荒くれ者の空賊などを相手に戦い、やがては世界全体を巻き込む大きな争いへ立ち向かう姿が描かれている。

希望者は、はがきに郵便番号・住所・氏名・電話番号を記入し、〒160―0002東京都新宿区四谷坂町12―20　KKビル　朝雲新聞社営業部に申し込む。締め切りは3月19日（当日消印有効）。

BOOK NOW

私が読んだ この一冊

梅原猛、埴原和郎著「アイヌは原日本人か」（小学館）
15ヘリコプター隊本部付隊（那覇）小倉栄二郎1陸尉 45

本書は主に自然人類学の視点から見る日本人の起源についての対談だ。前半は自然人類学の成り立ちや人類の進化の概説、後半はアイヌ民族について考察する。

自然人類学的にも、言語・文化的にも大和民族とアイヌ民族に大きな差異はなく、どちらも祖先は同じ縄文人でそのレリックをより濃厚に継承しているアイヌのほうが日本人らしいと結論づけている。

我々日本人は、縄文の血が流れる唯一無二の民族であることを再認識できる一冊だ。

廣木隆一著「彼女の人生は間違いじゃない」（河出文庫）
下総航空基地隊経理隊 矢内雅孝3海佐 51

東日本大震災から数年後、震災のあとの原発事故により、農耕や水産業が廃れていく中、皮肉にもパチンコ店には満員御礼の札。生きがいを失い、パチンコに明け暮れる父親、不満と倦怠感が入り混じり、誘われるがままに身を落としてしまう娘、良いも悪いも団らんの場を失った家族。そんな中、復興に向け新たな目標を見つけ歩き出す。

東日本大震災から10年が過ぎようとしているが、復興にどう向き合っていくべきか考えさせられる一冊です。

小峯隆生著「永遠の翼F―4ファントム」（並木書房）
作戦情報隊（横田）松木淳2空尉 38

航空総隊のF4戦闘機は昨年12月、半世紀に及ぶ運用の歴史に幕を閉じた。この本は退役を目前に控えたF4ファントム飛行隊を取材した本だ。

現役のファントムライダーや整備、管制を任務とする隊員、さらに製造や定期修理に携わったメーカーの社員にいたるまで、多くの関係者にインタビューを行い、その「生の声」を詳細に伝えた貴重な一冊だ。

隊員愛読書ベスト5

＜入間基地・豊岡書房＞
❶防衛白書―日本の防衛―令和2年版　防衛省監修　日経印刷　￥1397
❷人類最強のヴェネチア　西尾維新著　講談社　￥1760
❸戦略航空偵察　西山邦夫著　並木書房　￥2640
❹オルタネート　加藤シゲアキ著　新潮社　￥1815
❺自衛隊メンタル教官が教える心をリセットする技術　下園壮太著　青春出版社　￥1144

＜防衛省・三陽堂書店＞
❶軍事理論の教科書　ヤン・オングストロームほか著、北川敬三監訳　勁草書房　￥3300
❷中国海軍VS海上自衛隊　トシ・ヨシハラ著、武居智久監訳　ビジネス社　￥1760
❸オペレーション雷撃　山下裕貴著　文藝春秋　￥1980
❹統合幕僚長―我がリーダーの心得　河野克俊著　WAC　￥1650
❺現代戦争論―超「超限戦」　渡部悦和ほか著　ワニブックス　￥1320

＜神田・書泉グランデミリタリー部門＞
❶図説狙撃手百科　J・ウォルター著、角敦子訳　原書房　￥4180
❷極超音速ミサイルが揺さぶる「恐怖の均衡」　能勢伸之著　扶桑社　￥960
❸特殊部隊SAT　イカロス出版　￥2500
❹ミリタリーギアカタログ2021　ホビージャパン　￥2200
❺可変翼戦闘機F―14マニアックス　青木謙知著、橋本隆写真　秀和システム　￥3850

＜トーハン調べ1月期＞
❶秘密の法―人生を変える新しい世界観　大川隆法著　幸福の科学出版　￥2200
❷星ひとみの天星術　星ひとみ著　幻冬舎　￥1320
❸推し、燃ゆ　宇佐見りん著　河出書房新社　￥1540
❹スマホ脳　A・ハンセン著、久山葉子訳　新潮社　￥1078
❺100分de名著カール・マルクス『資本論』　斎藤幸平講師　NHK出版　￥550

陸自各部隊 災派に全力

地震被害の福島で給水支援

陸自は全国各地で災害派遣活動に全力を挙げている。2月13日に発生した福島県沖を震源とする地震では、断水した福島県の2町村で44普連（福島）と東北方特科連隊1大隊（郡山）が給水支援を、千葉県の3市町では空挺団（習志野）などの部隊が鳥インフルエンザへの対処を担った。新型コロナの感染拡大のため沖縄・宮古島で医療支援に当たっていた15旅団（那覇）の災害派遣隊は2週間の活動を終えた。

東北方特連1大隊 天栄村9カ所で

【岩手】陸自東北方面特科連隊（連隊長・香川賢士1佐）の1大隊（郡山、大隊長・清野寛光2佐）は2月14、15の両日、地震の被害を受けた福島県天栄村で給水支援に当たった。

1大隊は44普連を基幹とする災害派遣部隊に配属され、地震の影響で上水道に濁りが発生した天栄村の9カ所に展開し、給水を行った。

給水支援小隊長に就いた境野果奈3尉の指揮の下、隊員たちは円滑、献身的に任務を遂行。2日間で延べ30人の隊員が約2・2トンを給水した。

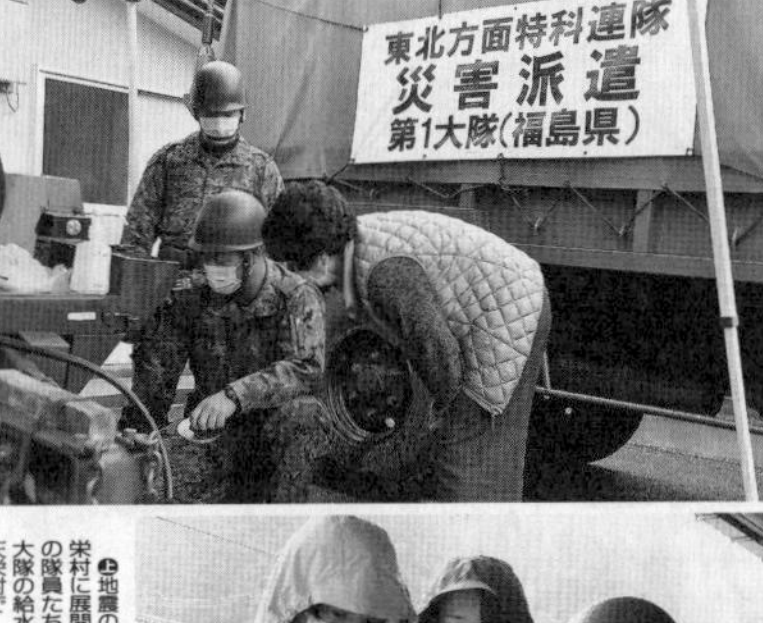

（上）地震のため上水道に濁りが発生した福島県天栄村に展開し、住民に給水する東北方特連1大隊の隊員たち（下）地元関係者と調整する東北方特連1大隊の給水支援小隊長、境野3尉（右）＝福島県天栄村で

44普連の30人は 新地町4カ所で

【福島】陸自44普連（連隊長・湯舟道彦1佐）は2月14、15の両日、地震の影響で断水などが発生した福島県新地町で給水支援を行った。

新地町では約300世帯が断水し、2月14日午前9時に、また同県天栄村では上水道に濁りが発生し同午後4時に、それぞれ県知事から44普連長に給水支援の災害派遣が要請された。

44連隊は3個支援部隊約30人態勢で新地町役場など4カ所に展開。2日間で延べ7・2トンを給水した。住民からは「本当に助かります」と感謝の言葉が聞かれた。

断水が起きた福島県新地町で水トレーラーから給水する44普連の隊員

養鶏場で鳥インフル 空挺団などの部隊が対処

千葉、宮崎

西日本を中心に猛威を振るい続ける鳥インフルエンザが2月6日から14日にかけて、千葉県の3市町村の養鶏場で確認され、陸自空挺団（習志野）を基幹とする対処部隊が殺処分などに当たった。（3面参照）

大量の鶏を早期に処分しなければならないため、森田健作千葉県知事から堺一夫空挺団長に災害派遣が要請された。

旭市の養鶏場（飼育数約42万羽）では空挺団の隊員、多古町の養鶏場（飼育数約115万羽）では空挺団、高射学校（下志津）、需品学校（松戸）、2高特群（同）の隊員、匝瑳市の養鶏場（3カ所、飼育数計約61・3万羽）では空挺団の隊員がそれぞれ約200～400人態勢で昼夜を問わず鶏の殺処分などに尽力した。暗い鶏舎の中で隊員たちはヘッドライトを着用し、室内での作業の効率化も図った。

感染拡大の危機的状況が回避され、自治体での対応が可能となり14日夜、県知事から空挺団長に撤収が要請された。

一方、宮崎県新富町の養鶏場（飼育数約24万羽）でも2月7日、鳥インフルエンザが発生。1月31日の同町での活動に引き続き、陸自43普連（都城）と空自5空団（新田原）の隊員でつくる対処部隊が殺処分などに当たった。

河野俊嗣宮崎県知事から中尾圭43普連長に災害派遣が要請され、7日朝から作業を開始。対処部隊（約280人態勢）は12時間交代でローテーションして作業し、8日朝までに割り当てられた処置を完了した。

ビニール袋に入れた鶏を鶏舎から搬出する空挺団の隊員（2月12日、匝瑳市の養鶏場で）＝空挺団提供

タイベックスを着用、手袋を装着して鶏舎での活動の準備をする隊員たち

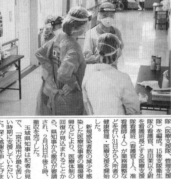

宮古島に派遣の15旅団 コロナ支援終える

新型コロナウイルスの感染拡大に伴い、沖縄・宮古島で医療支援などに当たっていた陸自15旅団（那覇）の災害派遣隊は2月13日、活動を終えた。

宮古島市の高齢者施設でクラスター（集団感染）が発生し、1月29日午後4時33分、玉城デニー沖縄県知事から佐藤真15旅団長に医療支援の災害派遣が要請された。

旅団は伊高賢15後支隊長を長とする15旅団災害派遣隊（医療支援隊、管理支援隊）を編成。15後支隊衛生隊の看護官、吉田茉以2尉を看護班長とする医療支援隊看護班（看護官1人、准看護師4人）が業務調整などを行い31日から入所者の健康管理・医療支援を開始した。

新規感染者数の減少や感染した医療従事者の職場復帰などにより、医療体制の回復が見込まれることから、県知事から撤収が要請され、2月13日午後5時、撤収を完了した。

玉城県知事は記者会見で、「宮古島市が最も苦しい時期に支援していただいた。深く感謝を申し上げます」と自衛隊の災派活動に謝意を表した。

宮古島市の高齢者施設で介護・看護の業務を確認する災害派遣隊医療支援隊の隊員たち（2月6日）＝15旅団提供

栃木山林火災で12ヘリ隊が消火活動

栃木県足利市で2月21日、山林火災が発生、陸自12ヘリ隊（相馬原）が消火活動に当たっている。

22日午前10時35分、栃木県知事から12特科隊長（宇都宮）に災害派遣が要請され、12ヘリ隊のCH47輸送ヘリ2機が現地に向かい、22日正午前から空中消火を開始した。

また、12特科隊は隊員3人を連絡員として足利市役所に派遣。調整に当たっている。

栃木県足利市の山林火災で上空から火点等を確認する12ヘリ隊のCH47ヘリ機上整備員＝12旅団

空自17警戒隊が緊急患者を搬送

山口・見島

【空自17警隊＝見島】空自17警戒隊は1月17日、同隊が置かれる山口県の見島で緊急患者の搬送を支援した。

17日午後5時ごろ、見島診療所から、見島在住の55歳の男性に脳卒中の疑いがあり搬送を依頼する可能性があるという連絡が17警戒隊に入った。

17日午後8時半、山口県知事から西空司令官（春日）に地上搬送の災害派遣が要請された。要請を受け同隊は救急車1台を見島診療所に派遣。患者と診療所医師を乗せ、見島分屯基地まで輸送し、海上保安庁のヘリに引き継いだ。

17警戒隊の9人（指揮所要員2人、救急車搬送要員2人、離着陸支援要員5人）が対処。救急車搬送要員は、新型コロナウイルスの感染防止のため、タイベックスーツを着用して任務を遂行した。

救急車で搬送した患者をヘリに引き継ぐため、車内から下ろす17警戒隊の隊員（1月17日、見島分屯基地で）

こちら警務隊

窃盗・横領とは④

業務上預かっている他人の物使えば犯罪

部隊で募金の集金を任された者が、集金したお金を私的流用した場合、どのような罪になりますか？

業務上預かっている他人の物を自己の物として使用した場合、業務上横領罪で10年以下の懲役に処せられます。

本罪にいう「業務」とは、「社会生活上の地位に基づいて反復または継続して行われる事務」をいい、公私を問わず、本来の仕事である必要はなく、問のような集金を任された場合も該当します。

また、生活費や遊興費等に流用した後に、たとえ補填や弁済したとしても罪を免れることはありません。

絶対にやめましょう。

（西部方面警務隊）

小休止

▽…名寄駐屯地は2月7日から11日まで北海道・上富良野演習場で行われた訓練検閲中、3普連の隊員らに家族からの応援メッセージを届けた。厳冬の中で訓練に励む隊員の士気高揚のため、今回初めて行った。

▽…検閲は冬季の師団の陣地防御をテーマに行われ、その間、駐屯地の呼び掛けに応えた44家族からの温かいメッセージを隊員たちに手渡した。

▽…子供たちの「お父さんがんばれ！」などのメッセージが紹介され、隊員たちは「厳しい訓練だがより一層頑張れる」「励みになる」と、応援文を手に寒さを吹き飛ばしていた。（名寄）

みんなのページ

15年ぶり大雪災派

4市町村に370人全力投入

命綱を着けて急勾配のかやぶき屋根に上り、降り積もった雪を慎重にかき下ろす隊員（秋田県羽後町で）

3陸曹 仲村 真（秋田駐屯地広報室）

秋田駐屯地（司令・五十嵐雅康1陸佐）は1月5日、秋田県知事からの災害派遣要請を受け、豪雪で大きな被害を受けた県内陸南部の各自治体へ部隊を派遣しました。

秋田県では1月始め、年の瀬から予想されていた大雪が想像をはるかに超える規模で降りました。特に県内陸南部の積雪は平年の約4倍を記録し、各自治体の除・排雪能力は早期に限界に達しました。

災害派遣要請を受けた駐屯地は、5日に横手市、6日に湯沢市と羽後町、8日に東成瀬村と、4市町村へ部隊（秋田・21普連と応援の弘前・39普連の最大約370人）を派遣しました。

大雪による災害派遣は平成18年以来15年ぶりでしたが、幾多の任務をこなしてきた先輩隊員が若手を指導・先導するなど、部隊は全力を挙げて臨みました。

現地には想像を超える積雪があり、隊員たちは当初、対象の家屋や建造物に近づくことさえ困難でした。

やっとたどり着き、作業に取り掛かりましたが、無計画に除・排雪すれば事故が起きるのは明白。そこで隊員たちは知恵を出し合い、作業現場では「安全と効率」を両立させ、5日間かけて任務を完了しました。

英霊が生きた証を未来に

凜々しい制服姿の自衛隊員に遺族は感激

隊員OB家族 倉形 桃代（公財・特攻隊戦没者慰霊顕彰会評議員）

ご縁を頂き、私は平成4年から14年間、航空自衛隊連合幹部会の機関誌『翼』のリポーターとして「航空自衛隊の文化人を訪ねて」という連載記事を書かせていただきました。

いろいろな分野で特技を持つ隊員さんと所属部隊・周辺の史跡等を紹介するコーナーで、北は北海道、南は沖縄まで38人の主人公を訪ね、紹介させていただきました。

部隊の皆さまからも多大なご支援を受け、貴重な体験をさせていただいたことは、今も私の人生の宝物になっています。本来、人見知りだった私が全く知らない土地に行って、初対面の方からお話を伺うことに最初は緊張と戸惑いを感じましたが、ある方から「取材の時はリポーターという役を演じる気持ちになればいいんですよ」とアドバイスを頂いてからは落ち着いて取材に臨めるようになりました。

相手に語っていただくには、まず自分から心の窓を開かなければならないということも回を重ねるうちに身を以て知りました。そのため、隊員さんの世界に興味を持ち、事前に資料に目を通し、読者の方々にも分かりやすく伝えられるよう文章も心掛けました。どの取材も「一期一会」の気持ちで取り組みました。

部隊では生き生きと任務に励む隊員の皆さんの姿を間近から拝見し、記事を通して応援できる機会を頂けたことも喜びでした。14年の間には、取材の数日後に墜落事故が起き、笑顔で懇談した隊員の方々が殉職された悲しい出来事もありました。今ある私の「育ての親」は、航空自衛隊の皆さまと言って過言ではないと思います。感謝の気持ちは言葉に尽くせません。

さて、私は現在、公益財団法人特攻隊戦没者慰霊顕彰会の評議員の一員として、各地で行われる戦没者慰霊祭に理事長の代理として、時に有志として参列し、会報『特攻』に記事を投稿するお役目を頂いています。リポーター時代の経験が、とても役に立っています。

特攻慰霊顕彰会は、主に特攻作戦で散華された英霊の慰霊顕彰を目的に設立され、慰霊行事への参列・英霊のご遺徳を後世に伝えるために「特攻勇士之像」を全国の護國神社に建立する事業を行っています。

参列した慰霊祭ではご遺族や戦友の方々が、当時を偲び、祈りを捧げるお姿に接し、時に体験談を伺い、戦後75年たった今も強い思いと悲しみは変わらないのだということを実感しています。

式典は自衛隊の駐屯地内にある慰霊碑前で行われることもあります。碑の周辺が、いつも清々しく整備されていること、凜々しい制服姿の隊員の方々がお世話してくださるお姿に、ご遺族は亡き人の面影を重ね、「本当にありがたいです」と感激していらっしゃいます。私はこれからも戦史を学び、英霊が生きた証を未来に語り継ぐために真心を尽くしていく所存です。

そして日々の生活では、ささやかながら隊員の皆さまの日常をサポートできる職場に勤務し、自衛隊を応援できる環境にあることに感謝しながら頑張っています。

鹿児島県霧島市の「十三塚原特別攻撃隊慰霊感謝の碑」の前で、碑を建立した霧島高原ビール会長の山元正博氏（右）と記念写真に納まる倉形桃代さん

木々たちが冬はまだ庭にいると言おうとも、春はいる、私の心の中に春はいる。
イワン・ヴァゾフ
（ブルガリアの詩人）

新刊紹介

「サイバーグレートゲーム」
政治・経済・技術とデータをめぐる地政学

土屋 大洋著

第5の作戦領域「サイバー」の第一人者である慶応大教授の著者が、いよいよ地政学的な戦いに突入したというサイバー攻防の最前線を描き出した本だ。

人類はいま、現実世界で新型コロナとの戦いの渦中にいるだけでなく、サイバースペースにおいても民主主義の骨幹である「情報」の自由な流通を揺るがす激しい戦いの中にあると説く。

地政学ではハートランド（中心地）を取るものが世界を支配するが、サイバー領域のハートランドはデータセンターであり、その富を狙った「グレートゲーム（覇権争い）」が世界で進行しているとする。その象徴的なものが中露の狙うコロナのワクチン情報だ。

本書ではサイバー・セキュリティにおける「前方防衛」の概念から、ネットワークの監視、攻撃が予期された場合の阻止といった「アトリビューション（攻撃実行者の特定）」、そして「グレートゲーム」で必須となるリスク管理などを解説。自衛隊でも令和3年度、新たな「サイバー防衛隊」が新編されるが、その一員としてグレートゲームに加わる"電脳科"隊員にとっては必読の書となっている。

（千倉書房刊、3740円）

「小　隊」

砂川 文次著

第164回芥川賞は宇佐見りんさんの『推し、燃ゆ』に決まった。現役大学生の受賞で話題になったが、候補作の中には元自衛官作家の作品も含まれていた。それが本書だ。

陸自隊員の経験を持つ著者はデビュー作『戦場のレビヤタン』でも芥川賞の候補となっており、すでに21世紀の戦争文学の旗手と目されている。前作は海外の戦地に派遣された元自衛官の話だったが、今回は3陸尉の小隊長が主人公だ。物語は「北海道に侵攻してきたロシア軍を迎え撃つ自衛隊」の架空戦記となっているが、元隊員だけに戦闘場面は非常にリアル。著者は「戦場は巨大な生き物」と捉えており、予測不能でグロテスクな現代戦の細部が見事に描かれている。

著者もまだ30歳と若い。元自衛官の作家が今後、何を描いてくれるのか楽しみに待ちたい。

（文芸春秋刊、1650円）

新鮮な気持ちで挑んだ初めての補給検閲

即応予備2陸曹 横田 勝利（東北方後支隊301弾薬中隊・仙台）

私は平成29年9月に即応予備自衛官として第301弾薬中隊に配置されました。私が常備自衛官として勤務していた時は施設科隊員であり、今回、補給の検閲に参加するのは初めてで、とても不安でした。しかし、それ以上に新鮮な気持ちで訓練に挑むことができました。

私は今回、作業組長となり、弾薬の受領・交付を行う立場でした。4名1組での夜間の弾薬交付は、受領するトラックが時間通りに到着せず、時間内での交付ができるか不安になりましたが、施設科時代の経験を生かした夜間作業や指示等によって無事任務を完遂することができました。

即応予備自も定年まで約1年ですが、本年も第301弾薬中隊の一員として、部隊が「常即一体」となるよう努め、「若手隊員の育成」と後方支援隊の訓練に励みたいと思います。

増田 良成さん 54
令和元年11月、自衛隊青森地方協力本部を最後に定年退職（3陸佐）。電気通信設備工事を請け負う鶴電工業に再就職し、青森営業所長を務めている。

自衛隊の経験、立派に通用

私は再就職活動にあたり、自衛隊勤務での職歴・経験を生かした業種に就職できないものかと思案していました。そんな時、電気通信設備工事を請け負う企業が事業拡大のため求人を出していることを知ったのがきっかけで、現在の勤務先にお世話になることとなりました。

現在、私は山形県酒田市に本社を置く鶴電工業の青森営業所所長として勤務しています。当社は主に大型風力発電、大規模メガソーラー、変電設備などの工事を東北6県はもとより全国で請け負う企業であり、所長として青森県津軽地方での取引先等への営業、派遣現場に入場するための本社との調整業務等をしています。そのほか所員の採用業務をはじめとする人事管理、営業所運営上の管理業務（物品、車両運行、安全、衛生等）を自衛隊時代の経験を生かして行っています。

再就職しても、つい日常的に「自衛隊用語」を使用してしまいます。所員の反応を見ると理解・納得していないと思われることが多く、このため安全教育など内容の徹底を図る場面では「一般的な言葉」に変換してから教育することを心掛けています。

後輩の皆さまへの助言としては、自衛隊での貴重な経験・体験はどんな就職先でも立派に通用するということです。新しい職場でも、やったことがある、何かと似てる、と感じられることが一つのきっかけや糸口となると思います。それが「就職先の早期決定」につながり、再就職後には「仕事に邁進できる糧」となります。それが引いては仕事が長く続けられることにもつながると思いますので、自信をもって再就職に臨んでください。

災害発生に備え野戦釜炊飯訓練

3空曹 岡野 達也（27警群・大滝根山）

27警戒群はこのほど、野戦釜を使用しての野外炊飯訓練を行いました。事前訓練では地元テレビ局の取材を受け、野戦釜で炊いたご飯と分屯基地オリジナルの「いか人参空干げ（唐揚げ）」を紹介しました。

本番の防災訓練では、本職の給養員以外の隊員にも炊飯を体験してもらいました。給養員の適切なアドバイスで、艶々と輝くご飯を炊き上げることができ、このご飯を使って昼食にはカレーライスを提供しました。野戦釜で炊いたご飯はとても好評で、私たちも重圧から解放されてほっとしました。

これからも調理技術の向上、そして他の隊員への指導にも磨きをかけ、災害発生時など、いざという時に実力を発揮できるよう給養業務に邁進していきます。

詰将棋

出題 日本将棋連盟 九段 石田 和雄

第838回出題

	5	4	3	2	1	
					香	一
				馬		二
			桂	銀		三
				玉		四
				銀		五
			歩	角	歩	六
						七

▲先手 持駒 飛金金

【ヒント】初手、三手と捨て駒の妙。トドメは馬捨て（10分で初段）。

▶詰碁、詰将棋の出題は隔週です◀

詰●○碁

出題 日本棋院 九段 曲 励起

第1253回解答

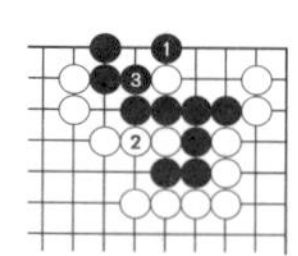

【解答図】黒先、黒活。黒❶が大切で白②の時、黒❸がまた大切。これで黒活きです。

朝雲

発行所 朝雲新聞社
〒160-0002 東京都新宿区四谷坂町12-20 KKビル
電話 03(3225)3841
FAX 03(3225)3831
振替00190-4-17600番
定価一部150円、年間購読料9170円（税・送料込み）

主な記事

防衛医大病院

ワクチン接種に協力

新型コロナ　所沢市の医療従事者2500人に

岸防衛相は2月24日の記者会見で、防衛医科大学校病院（埼玉県所沢市、淺野友彦病院長）が埼玉県からの要請を受け、所沢市内の医療機関に勤務する一部の医療従事者2500人を対象に、新型コロナウイルスのワクチン接種を実施することを明らかにした。3月に始まる医療従事者などに向けた「優先接種」の一環で、時期は未定。予防接種法に基づき協力する。

埼玉県要請「優先接種」の一環

岸大臣は会見で「防衛医大病院は、防衛省・自衛隊で唯一の高度な急性期医療を担う三次救急病院であるとともに、埼玉県西部地域における基幹病院としての地域医療への貢献が求められている。その中で医療従事者2500人に対する接種協力だ」と説明した。

実施場所は防衛医大病院の予定で、対象者は来院して同病院の医師や看護官等から接種を受ける計画だ。

一方で、防衛医大病院や自衛隊病院の活用を含む今後の具体的な活動予定については、「新型コロナウイルスのワクチン接種の実施主体は市区町村であり、政府の方針として、ワクチン接種に対する自衛隊による支援の方向性が現時点で決まっていないため、お答えすることができない」と述べた。

防衛省・自衛隊では、防衛医大病院をはじめ、全国16カ所の自衛隊病院（札幌・大湊・三沢・仙台・三宿・横須賀・岐阜・富士・舞鶴・阪神・呉・福岡・佐世保・熊本・別府・那覇）に勤務する約6000人と、陸海空自の衛生隊等に勤務する約8000人の計約1万4000人が「優先接種」の対象者となっており、各病院や部隊等では接種支援に先立ち、まずは自衛隊の医療関係者が接種を受けられる態勢を目指して準備を進めている。

「武器等防護」過去最多の25件　昨年

防衛省は2月19日、「平和安全法制」で新設された「自衛隊法95条の2」に基づき、自衛隊が2020年に実施した米軍等に対する「武器等防護」の実績が計25件だったことを公表した。全て米軍が対象で、公表を開始した17年以降の実績で過去最多となった。

内訳は「弾道ミサイル警戒を含む情報収集・警戒監視活動」中の艦艇防護が4件だったほか、共同訓練中の航空機防護が21件と例年に比べ倍増した。いずれも日時や場所などの詳細は非公表。

「武器等防護」は平時やグレーゾーン事態で自衛隊が最小限の武器使用で米軍等の装備を守る新任務。16年12月に運用を開始した。これまでの実績は17年が2件、18年が16件、19年が14件だった。

日米仏が共同訓練

補給艦「はまな」九州西方で

海自1海上補給隊（横須賀）所属の補給艦「はまな」（母港・佐世保、艦長・池田正人2佐）は2月19日、九州西方海域で米、仏海軍艦艇と3カ国の「日米仏共同訓練」を実施した。

訓練には米海軍第7艦隊所属のイージス駆逐艦「カーティス・ウィルバー」（満載排水量約8300トン）と、北朝鮮による密輸行為「瀬取り」の監視活動のために日本周辺海域に展開している仏海軍フリゲート「プレリアル」（同約3000トン）が参加。

「はまな」は米、仏の艦艇と並走しながら洋上で同時の燃料補給を行い、日米仏海上部隊間の連携強化を図った。

日米仏3カ国の共同訓練で海自の補給艦「はまな」（中央）から洋上給油を受ける米海軍駆逐艦「カーティス・ウィルバー」（左）と仏海軍フリゲート「プレリアル」（右）＝2月19日、九州西方海域で（海自提供）

米軍駐留経費で日米合意

来年度 現行協定を1年延長

日米両政府は2月17日、来年度以降の在日米軍駐留経費の日本側負担をめぐり、現行の負担水準を定めた特別協定を暫定的に1年延長することで合意した。

在日米軍施設の光熱水費をはじめ、基地従業員の労務費（基本給など）、米軍の訓練移転費などを含めた来年度の日本側負担額の予算は、現行水準に従い、2017億円となる。

在日米軍駐留経費の日本側負担額を定める特別協定は、原則5年ごとに締結しており、現行協定は今年3月末が期限となっていた。両政府は暫定的に2021年度分を現行水準のままとし、22年度以降については新たな特別協定の合意に向けて交渉を継続していくことを確認した。

岸防衛相は同日夕、省内で臨時記者会見を開き、「新型コロナウイルスの感染拡大や米国の政権交代などで交渉に割くことのできる時間が制約される特殊な状況の中で、日米間で（昨年11月から）交渉を重ね、必要な合意に至ることができた」と成果を強調。

「インド太平洋地域の安全保障環境が一層厳しさを増す中で、日米同盟は我が国の防衛のみならず、地域の平和と安定のためになくてはならない存在であり、在日米軍駐留経費は日米同盟の安定的な運営を確保する上で重要な役割を果たしている」と述べた。

両政府は2月24日、協定延長に関する改正議定書に署名。日本政府は年度内の国会承認を目指す考えだ。

2021年度防衛費

重要施策を見る〈7〉

研究開発

ドローン撃退用対空レーザー開発

猛禽類のように空から地上を監視し続け、現れた敵部隊を急襲する「神風ドローン」のような兵器が戦場の主役になろうとしている。これら武装ロボットを確実に撃退できる新たな対空レーザー装備が自衛隊にも求められている。

防衛装備品の研究開発を担う防衛装備庁の武田博史長官は「朝雲」の新年号で「ゲーム・チェンジャーとなり得る高出力レーザーに関する技術を含め、優先順位をつけながら技術基盤の強化に取り組む」と決意を述べた。

島嶼の奪回作戦なども、敵の武装ドローンが上空に待ち受けていては決行できない。これら小型の高速・精密兵器を確実かつ低コストで排除できるのが武田長官のいう高出力レーザーだ。21年度、装備庁は28億円を投じて可搬型「車載レーザーシステムの実証」を行う。また、艦艇向けには「高出力マイクロ波（HPM）発生装置」の実用化に向けた研究を推進する。

空自F2の後継機となる「次期戦闘機」の開発には731億円を計上。21年度は機体の構想設計に続き、搭載するハイパワー・スリムエンジンの設計にも着手する。戦闘機向けの「高機能レーダー技術の研究」には41億円を投入し、常時・広覆域の捜索が可能になる将来レーダーを日英共同で研究する。探知が難しい低RCS目標や極超音速ミサイルにも対処可能な「高速高機動レーダー技術」の研究も行う（6億円）。

島嶼防衛用の主力装備では、侵攻してくる敵艦隊を遠方から撃破できる「スタンドオフ・ミサイル」の開発に注力する。大型艦を1発で仕留められる陸自の「12式地対艦誘導弾（改）」を長射程化するとともに、航空機など多様なプラットフォームから運用できるよう335億円を投じて高機能化を図る。

新領域では「サイバー攻撃への対処」に9億円を計上。自衛隊の情報処理システムがサイバー攻撃に耐えられるよう部隊の「サイバー・レジリエンス（回復力）技術」を確立する。

電磁波分野では海自EP3の後継機となる次期電子情報収集機の開発に向け、信号検出能力、方位精度、類識別能力などを向上させた「情報収集システム」を研究（27億円）。飛来した敵の航空機やミサイルの電波を探知し、直ちに妨害する「艦艇の電波探知妨害能力」の研究にも力を入れる（0・2億円）。

このほか、海自潜水艦の優位性を保持するため、「将来潜水艦用ソナー装置」を開発（35億円）、「雑音低減型水中発射管」（18億円）の研究も行う。

戦い方を一変させる（ゲーム・チェンジャー）装備品の開発では、防衛省の先を行く民間の先進技術の導入が欠かせない。これについても武田長官は「産業界との連携等により、さまざまな課題を乗り越え、着実に取り組んでいく」と、官民の連携強化に向けた意欲を示している。

（薗田嘉寛）

＝終わり

長射程のスタンドオフ・ミサイルに改良される陸自の12式地対艦誘導弾。侵攻してくる敵艦隊を遠方から迎撃できるようになる（陸自HPから）

春夏秋冬

自由・民主主義の最前線としての宇宙

青木 節子

宇宙開発は、第2次大戦終結直後に大陸間弾道ミサイル（ICBM）、すなわちロケット開発競争という形で、米ソ間で始まった。その後、表舞台では初の有人月着陸や宇宙基地運営での競争と協力、世界の公衆が気づかないところでは、米国が29回、ソ連が23回実施した対衛星攻撃（ASAT）実験や宇宙兵器開発で鎬を削っていた。結局、ASAT実験が宇宙ゴミ問題を極度に悪化させることから米ソは1986年を最後に物理的なASAT実験を停止し、今日に到る。

冷戦終結前後、米中は宇宙協力の蜜月時代を迎え、宇宙貿易協定を結んで米国製衛星を中国の安価なロケットで打ち上げるビジネスが一時はさかんになった。しかし、中国のロケットに米国衛星を搭載するときに、接合部分の技術が協定違反の形で漏洩し、中国の核兵器の多弾頭化を招く結果となってしまい、20世紀末に、2国間の宇宙ビジネスは禁止となった。中国は、以後、市場を途上国に求め、同時に欧州からは衛星サービスを購入して協力を深め、国連その他の国際組織も活用して、宇宙強国への道を進むこととなった。

中国は、2013—14年頃にはロシアを抜き去り、現在は、機数だけならば米国のGPSに勝る「北斗」測位航法衛星群、世界で中国だけが保有する量子科学衛星、宇宙の「一帯一路」で世界各地に配置した宇宙監視用地上設備、各種ASAT兵器などを擁し、宇宙覇権を目指しつつある。

世界に目を転じると、2019年にはインドが物理的破壊を伴うASAT実験を成功させ、宇宙軍事大国争いに名乗りを挙げた。中東諸国も豊富な資金力を活かして宇宙活動に参入し、リーダー格のアラブ首長国連邦（UAE）は、将来の火星移住や宇宙資源開発に向けて動き出している。北朝鮮は、そのミサイル能力から潜在的な宇宙能力が高い。日本は、占領終了直後から宇宙をめざし、米欧に追随しつつ、宇宙科学を中心に、宇宙先進国の地位を築き上げてきた。

宇宙開発利用は、前半が米ソ対決、後半が米中対決の歴史といえるが、単純化すると、自由・民主主義諸国と全体主義国家との競争の歴史であったともいえるだろう。自由なインド太平洋のためにも、宇宙は一歩も引けない場所である。自衛隊には、日米同盟により、宇宙優勢を最前線で守り抜いていただきたい。

1年間、どうもありがとうございました。

（慶應義塾大学大学院法務研究科教授）

北朝鮮の「瀬取り」監視

豪空軍機と仏海軍艦艇

防衛省は2月24日、北朝鮮船舶による国連制裁逃れのための違法な「瀬取り」を監視するため、豪空軍のP8哨戒機が3月上旬から下旬まで、日本の周辺海空域で警戒監視活動を行うと発表した。

豪軍機による「瀬取り」監視活動への参加は2018年4月以来、昨年9月に続き8回目。国連軍地位協定に基づき、沖縄県の在日米軍嘉手納基地を拠点に活動に当たる。

一方、フランス太平洋海軍（タヒチ島パペーテ）のフリゲート「プレリアル」も2月から3月上旬までの予定で、東シナ海を含む我が国周辺海域で警戒監視活動を実施している。仏軍艦艇による「瀬取り」監視活動への参加は19年春のフリゲート「ヴァンデミエール」以来、2回目。

「瀬取り」監視には18年4月から英、仏、豪、ニュージーランド、カナダの艦艇や航空機が日本との共同訓練などあらゆる機会を捉え我が国とその周辺海空域に派遣され、海自や米軍と連携して活動に当たっている。

空自機が越へ

国外運航訓練

空自は3月3、8、10の各日、各種航空機をベトナム南部ホーチミン市郊外のタンソンニャット国際空港に派遣し、国外運航訓練を行う。

3日は2輸空（入間）のU4多用途支援機、8日は3輸空（美保）のC2輸送機、10日は1輸空（小牧）のC130H輸送機各1機で、それぞれ日帰りで航空路などを確認する。

参加人員はU4が西貝裕也3佐以下10人、C2が齋藤真吾2佐以下13人、C130Hが原野一広3佐以下14人。各機は所在基地と越国際空港を往復し、国際緊急援助活動などに関する任務遂行能力の向上を図る。

朝雲寸言

東京・多摩の小高い丘の上に二つの戦没者慰霊碑が並んでいる。左側の碑には「忠魂碑」と大きく刻まれ、建立された昭和4年までにあった日清戦争、日露戦争、第1次世界大戦などに、当時は横山村と呼ばれたこの地から出征した14人の戦没者を顕彰している▼その右に建つ碑には、上部に記された「殉國乃碑」という文字を除けば、ほぼ全面におびただしい数の戦没者の階級氏名が並ぶ。先の大戦で帰らぬ人となった士官や兵士の碑で、大戦の犠牲の甚大さを改めて知る思いがする。こちらは昭和28年、敗戦と占領、講和条約の発効を経て日本がようやく独立を回復してから1年余り後に建立されている。隣の碑よりやや小ぶりだがそれでも端正な姿で、敗れたとはいえ懸命に戦った戦没者を厳粛に歴史に刻もうとした建立者たちの気骨が伝わってくる▼敗戦間際の昭和20年8月、千葉の旧海軍茂原飛行場を発進して聯合国軍戦闘機と戦った末、同地に墜落した零式戦闘機の機体がこのほど見つかった。亡くなった若い搭乗員がかわいそうだと地元の人々が建ててくれた墓が近くにあったこともわかった▼国のために殉じた人々を深く悼み、その霊を慰めるごく自然な営みが、かつての日本にはそこここにあった。今はどうであろうか。市ヶ谷の防衛省の敷地の中にある殉職隊員慰霊碑も、せめて国民がもっと気軽に訪れやすい場所にあればよいのにと願うのは小欄だけか。

日米でミサイル防衛訓練

宮古島の7高特群が初参加

飛来した弾道ミサイルへの対処要領などをシミュレーションで演練する、令和2年度「日米共同統合防空・ミサイル防衛訓練」が2月22日から26日まで、全国の各駐屯地・基地と米海軍横須賀基地などをつないで行われた。

同訓練は、海自と米海軍が平成22年度から行っている「BMD（弾道ミサイル防衛）特別訓練」を同29年度から空自のPAC3対空ミサイル部隊を加えて統合化したもので、4回目となる今回は昨年3月に沖縄の宮古島駐屯地に配備された7高特群が初めて加わって演練した。

訓練は日本側が、統幕運用部長の下淳市海将を統制官に、統幕、陸自の陸上総隊、2高特群（松戸、古河）、8高特群（青野原）、2高特団（飯塚）、3、7高特群（飯塚、宮古島）、15高特連（八重瀬）、高射学校教導隊（下志津）、海自の自衛艦隊、イージス護衛艦「こんごう」「あたご」、空自の航空総隊、南西空（那覇）、南警団（同）、1高群（入間）、3、6、7基地防空隊（三沢、小松、百里）が参加。

米側は米海軍第7艦隊司令官のウイリアム・マーズ中将を統制官に、同司令部と艦艇数隻が加わった。

シミュレーション訓練では、陸海空自衛隊が構築したネットワークに各部隊が保有するアセットをそれぞれ連接。主に、①弾道ミサイル対処②防空戦闘③不測事態発生時における総合ミサイル防空能力の維持——に重点を置き、各種経空脅威を模擬した信号の受信、探知、追尾、迎撃までの一連の対処要領を日米共同で演練した。

山崎統幕長は2月25日の記者会見で「実動訓練では制約のある弾道ミサイル等への対処訓練を、シミュレーションを活用して実戦状況の再現性の高い環境下で行っているのが特徴だ。各種防空戦闘などと合わせて行っているのが特徴だ。各種脅威への対処能力の効果的かつ効率的な向上が期待できる」と述べた。

EU海上部隊のスペイン海軍揚陸艦「カスティーリャ」（奥）との共同訓練を終え、帽振れであいさつを交わす海自海賊対処水上部隊37次隊の護衛艦「ありあけ」の乗員たち（2月19日、中東・アラビア海北部の西方海域で）

海賊対処水上部隊が共同訓練

「ありあけ」がスペイン艦艇と

ソマリア沖・アデン湾で民間船舶の護衛任務などに当たっている海賊対処水上部隊37次隊の護衛艦「ありあけ」（艦長・江澤斎高2佐）は2月19日、欧州連合（EU）海上部隊に所属するスペイン海軍艦艇と共同訓練を実施した。

海自の海賊対処部隊とスペイン軍との訓練は11回目で、今回は「アトランタ作戦」の旗艦として中東海域に展開したスペイン海軍揚陸艦「カスティーリャ」（満載排水量約1万4000トン）が参加。2隻はアラビア海北部の西方海域で近接運動、戦術運動、クロスデッキ（相互乗艦）などの各種訓練を実施し、日EU海賊対処部隊間の連携を強化した。

「すずなみ」は多国間訓練に

パキスタン海軍主催「アマン21」

中東・アラビア海北部で情報収集活動に当たっている海自の護衛艦「すずなみ」は2月15、16の両日、パキスタンのカラチ港沖で開催された同国海軍主催の多国間共同訓練「アマン21」に参加した。

同訓練は2007年から隔年で開催しており、海自の参加は6回目。インド太平洋地域などから約45カ国が参加し、港湾フェーズと洋上フェーズに分かれて実施された。

「すずなみ」はパキスタン海軍はじめ参加各国の海軍と捜索救難、戦術運動など各種訓練を行い、相互理解の増進と信頼関係の強化を図った。最終日の16日には訓練のフィナーレとなる国際観艦式に参加し、米、露、中などの艦艇と共にフォーメーションを組んで航行した。

時の焦点

国内

米軍駐留経費

同盟深める議論続けよ

暫定的とはいえ、日本の平和と安定を維持する上で欠かせない予算について、日米両国が合意した意義は大きい。政府は米国との間で、同盟の役割と将来像について認識を共有する作業を絶えず行い、信頼を醸成していく必要がある。

在日米軍駐留経費の日本側負担（思いやり予算）について、日米両政府の交渉が、年間約2000億円の現行水準を1年間延長することで妥結した。

通常は5年ごとに特別協定を結んでいるが、今回は米国の政権交代の影響があり、期限の3月末まで時間がなかったためだ。

トランプ前政権は、米軍駐留経費の大幅な増額を求めていた。ボルトン元大統領補佐官は回顧録で、現行の4倍にあたる80億ドル（約8400億円）の負担を求める考えを日本側に伝えたことを明らかにしている。法外な要求と言わざるを得ない。

1978年に始まった思いやり予算は、在日米軍施設の労務費、光熱水料、訓練移転費のほか、施設整備費が対象で、本来は米軍が支払う経費である。

米国防総省が2004年に公表した報告書では、駐留経費に対する日本の負担割合は74・5％にのぼった。韓国やドイツなど他の同盟国に比べても、突出して高い。これ以上の増額は、現実的とは言えない。

バイデン米大統領が、同盟重視を掲げていることは心強い。

ただ、米国が様々な紛争に関与し、「世界の警察官」の役割を再び果たすのは、難しいだろう。同盟国に対し、一層の貢献を求める姿勢は今後も変わるまい。

日本は、安全保障関連法を制定し、自衛隊が米艦防護などの役割を担うようになった。日米同盟の抑止力を高めるために、米軍の活動を支えていくことが不可欠だ。そうした取り組みを通じて、米国内にある「安保ただ乗り論」を払拭していきたい。

菅政権は、攻撃能力の保有に関する検討を先送りした。打撃力の確保は、日米の協力関係を一層深めよう。日本を取り巻く安保環境の厳しさを踏まえ、本格的な論議に着手してほしい。

2022年度以降の駐留経費負担のあり方について、日米両国は改めて協議することになる。安定した同盟関係を構築する上で、複数年にわたる協定を結ぶことが重要となろう。

在日米軍は、東アジア全体の安定にも大きく関与している。日本に基地があることで、米国がこの地域で有利な立場を維持していることを、政府は粘り強く訴えるべきだ。

日米安保体制の重要性を国民に丁寧に説明し、日本が一定の負担と役割を担うことに理解を求めていくことも大切だ。

夏川　明雄（政治評論家）

海外

メルケル外交

修復に向かう米独関係

依然として収束のめどが見えない新型コロナ禍や米国での政権交代、英国の欧州連合（EU）離脱実現など世界の大きな出来事の陰に隠れ、ニュースとしてはまだ地味な扱いだが、西側民主主義国では長期政権を誇るドイツのメルケル首相が今年9月の総選挙後に退任する。独メディアではメルケル長期政権の評価をめぐりさまざまな論考が掲載されており、米欧同盟での立ち位置や対ロシア関係、対中国外交などで賛否が渦巻くが、関係の深い日本にとっても参考になることが多い。

2005年11月にドイツ初の女性宰相に就いて以来、今年で16年目に入るが、そのメルケル首相は5年ほど前に一度、退陣を決意していたことはよく知られている。それを翻意させたのは、2016年の米大統領選で米国第一主義のスローガンを掲げたトランプ氏の当選を見てのことだった。案の定、二人の指導者は先進7カ国（G7）首脳会議などの場で地球温暖化対策や米欧同盟をめぐって対立し、米独関係も冷え込んだ。

そんなメルケル首相にとって、同盟関係の再構築や多国間主義重視の外交・安全保障政策を掲げる旧知のバイデン氏の大統領就任は大きな安堵となったのは想像に難くない。もとより、バイデン政権下の米独二国間関係や大西洋同盟の今後は楽観一色というわけではない。米国、ドイツとも関係の深いロシア、中国との外交、経済といった分野での在り方一つをとっても、立場の隔たりは大きい。一例を挙げれば、ロシアとドイツ（欧州）を結ぶ天然ガス供給用の海底パイプライン「ノルドストリーム2」の建設事業をめぐって、経済・環境重視の立場からあくまで推進したいドイツと、欧州のエネルギー安全保障の観点から強く反対する米国の外交駆け引きは水面下で続く。北大西洋条約機構（NATO）加盟国に求める国防予算の対国内総生産（GDP）比2％の達成目標も、ドイツは未達で、バイデン政権は手法こそ違え、前政権と同様の要求をしてくるはずだ。

また、現行の国際秩序に挑戦する動きを強め、香港や新疆ウイグル自治区などで人権抑圧を強行する中国に対し、米国が超党派で厳しく対処する政策を打ち出していることに関しては、ドイツは緊密な経済関係の維持が基本的立場で、人権問題などで正面切って批判することは少ない。最近、南シナ海と東シナ海での中国による独善的な海洋権益拡大の動きに対処するため、ドイツがフランス、英国に続いて海軍艦船をインド・太平洋海域に派遣することを決めたのは、わが国にとっても歓迎すべき動きだ。

独シンクタンク「ミュンヘン安全保障会議」で長く議長を務める元外交官のウォルフガング・イッシンガー氏は最近のインタビューで、メルケル首相のEU重視はドイツの国益に資する程度にとどまっているとし、欧州を取り巻く周辺地域での内戦や紛争に対するEUとしての解決能力の強化を訴える。メルケル氏への遠回りの批判でもあるが、ポスト・メルケル時代の米欧同盟の強化やEUの影響力拡大は容易なことではないだろう。

伊藤　努（外交評論家）

2021年版『自衛隊手帳』景品当選者決まる

冨重1陸曹、阿部3空曹に旅行券

手帳賞20人、図書賞50人

朝雲新聞社発行の2021年版『自衛隊手帳』の景品当選者が決まりました。応募はがき4296通の中から朝雲新聞社社長立ち会いのもと厳正な抽選の結果、「朝雲賞」のJTB旅行券ナイストリップ（5万円相当）には冨重和生1陸曹と阿部貴穂3空曹の2人、「手帳賞」のJTBナイスギフト（5000円相当）には森川充1陸尉はじめ20人、「図書賞」の全国共通図書カード（1000円相当）には木村恒太1陸尉はじめ50人が、それぞれ当選しました。当選者への景品発送は3月下旬ごろになります。

各賞の当選者は次の通り（順不同、敬称略、カッコ内は所属）。

なお「図書賞」当選者の氏名は左記の方々のほか、景品の発送をもって発表に代えさせていただきます。

【朝雲賞】▽冨重和生1陸曹（西方後支隊）▽阿部貴穂3空曹（千歳救難隊）

【手帳賞】▽森川充1陸尉（2戦連）▽谷崎忠成1陸曹（11後支隊）▽志賀龍3陸佐（東北方指揮所訓支隊）▽鈴木政貴2陸曹（11施群）▽竹内啓佳2陸佐（部隊訓練評価隊）▽高橋京子1陸曹（関東処用賀支）▽鈴木勇人2陸尉（今津駐業）▽田路忠将1陸曹（中方情報隊）▽松尾信次1陸曹（15旅団司令部）▽山口伸彦陸曹長（9施群）▽加藤淳子2海佐（海幕）▽古本圭二1海曹（大湊基業）▽草場洋誓1海尉（補本）▽佐藤弘一3空佐（電子作戦群）▽宮本恭一空曹長（8空団）▽佐々木渉1空曹（青森地本）▽坂口泰樹事務官（福岡地本）▽加藤健（一般）▽鈴木真由美（一般）▽戸取義昌（一般）

【図書賞】▽木村恒太1陸尉（訓練評価支隊）▽牛島義雄海曹長（「あさひ」）▽大内哲也2空尉（飛実団）▽内堀智成事務官（長野地本）▽山田玲奈（一般）ほか45人

空幹候校公募幹部課程卒業式

学校長「人間力と資質磨け」

【奈良】空自幹部候補生学校は1月20日、技術や医療などの専門分野の業務経験や資格を有し、採用試験に合格した隊員を対象とする「公募幹部課程」（約2カ月）の卒業式を行った。

式典には教育集団司令部（浜松）幕僚長の小島隆将補が立会。今回は2人が課程を修了し、学校長の藤永国博将補から修了証書を授与された。

藤永学校長は式辞で、「30キロ徒歩行進訓練などで精神的、肉体的に大きな負荷がかかる状況を経験し、不撓不屈の精神をこれまで以上に養った。本校での学びと経験の全てが、諸官の貴重な財産となる」と述べ、「日々の特技能力の向上に加えて自分なりの課題を持ち、常に中長期的な視点を持って努力を継続し、引き続き己の人間力と資質を磨いていってもらいたい」と要望した。続いて井筒空幕長のビデオ訓示が放映された。

同課程学生は卒業後、その経験を生かし、装備品などの研究開発、情報通信、薬剤、看護などに精通した中級幹部として全国の基地などに配属される。

空自幹部候補生学校の「公募幹部課程」卒業式で藤永学校長（左）から修了証書を授与される卒業生。右後方は小島教育集団幕僚長（1月20日、奈良基地で）

共済組合だより

ライフプラン支援サイト

共済組合HPから3社のWEBサイトに

皆さまは共済組合のホームページ（HP）からアクセスできる「ライフプラン支援サイト」をご存じですか?

共済組合HPから野村證券、第一生命、三井住友信託銀行の3社が開設する各Webサイトに進むことができます。

いずれのサイトも基本事項を入力するだけで将来の家族の状況が予測できる「ライフプラン・シミュレーション」をはじめ、結婚、出産、子供の教育、健康、老後など、人生のさまざまなシーンやそれに伴うお金にまつわる各種情報を得られます。

このほか、各サイトでは多彩なメニューをご用意。いずれもすぐに役立つ情報ばかりですので、ぜひご利用ください。

「ライフプラン支援サイト」閲覧は、共済組合HPのトップページ→生活さぽーと→ライフプラン支援サイトへと進み、各社Webサイトに進んでください。

なお、共済組合HPへのログイン用ユーザー名及びパスワードは「GOOD LIFE（共済のしおり）」や「さぽーと21」をご覧いただくか、ご所属の支部にお問い合わせください。

◇

共済組合の各支部では、防衛省が開催する「生涯生活設計セミナー」に合わせて、ファイナンシャル・プランナーによる「個別相談会」も実施しています。こちらもぜひご利用ください。開催予定等、詳しくはご所属の支部にお問い合わせください。

野村證券

第一生命

三井住友信託銀行

大雪原で総力戦

コロナ禍が続いた今冬、北国の部隊は"冬将軍"とも戦った。道北の3普連（名寄）はマイナス20度の大雪原で防御戦闘に奮闘、7師団（東千歳）の戦車部隊は航空機と連携して総力戦に挑んだ。東北の22即応機動連隊（多賀城）は深雪の中で基地等警備を、広島の47普連（海田市）は射撃観測が難しい雪上での迫撃砲実射を行った。

7師団 冬季訓練 検閲

7師団の訓練検閲で雪原に整列した73戦闘団の隊員たちと主力装備の90式戦車。前列中央が戦闘団長の瀧澤英一1佐（写真はいずれも北海道大演習場で）

【7師団＝東千歳】7師団は1月28日から2月5日まで、73戦闘団（団長・瀧澤英一1佐）、7偵察隊（隊長・森本英樹2佐）、7飛行隊（隊長・内藤重臣2佐）に対する第4次師団訓練検閲を北海道大演習場で行った。

冬期積雪地での部隊の練度を評価し、さらなる進歩を促すことを目的に実施された。

統裁官の中村裕亮7師団長は73戦闘団の隊員に「諸職種の戦闘力を組織化し、総合戦闘力を最大発揮せよ」と訓示。7偵には「偵察能力を効果的に発揮して師団の作戦に最大限寄与せよ」、7飛には「戦況の推移に応ずる効果的な支援を」と強く求めた。

これを受け、各部隊は雪中の戦闘訓練に突入。73戦闘団は主動的な指揮・幕僚活動を通じて常に師団の作戦全般の状況を把握しつつ、創意工夫と各隊の緊密な連携で戦闘力の組織化に努め、戦車部隊の総合戦闘力を最大限に発揮した。

航空機と連携

7偵もスノーモービルなど冬期装備を駆使し、師団長の状況判断に必要な情報を迅速に収集し、敵情を解明した。7飛は悪天候にひるむことなく、UH1ヘリを飛ばして航空偵察をはじめ、部隊の空中機動、航空輸送、さらには射撃観測や空中からの地雷散布なども行い、地上部隊を支援した。

7師団は新型コロナの感染防止にも努めながら、さまざまな任務を遂行、冬期の機甲師団運用上の貴重な教訓事項も得た。

雪煙を巻き上げて航空偵察に飛び立つ7飛行隊のUH1ヘリコプター

構築された雪壁の奥から120ミリ砲の砲身を出し、敵部隊の接近に備える73戦闘団の90式戦車

3普連 「仲間を信じ 成し遂げよ」

3戦闘団1000人 マイナス20度を行く

編成完結式で装輪装甲車上から隊員に訓示する3戦闘団長の山崎潤1佐（上富良野演習場で）

【3普連＝名寄】3普連は2月5日から11日まで、上富良野演習場で2師団の戦闘団訓練検閲を受閲した。「第3戦闘団」として連隊は2戦連1中隊、2特連2大隊、2後支連1普直支中隊、2施大1中隊、2高特大1中隊1小隊、2対舟艇小隊の配属を受け、総勢約1000人で部隊を編成、マイナス20度の厳しい寒さの中で検閲に挑んだ。

編成完結式で戦闘団長の山崎潤1佐は「周りを見よ。第3戦闘団の仲間がいる。どんな時も仲間と自分を信じ、任務を成し遂げよ。その場、その時、その瞬間、目の前で起こることはもう2度と起こらない。あの時こうしておけば良かったと後悔してはならない。今という時が、いざという時、いざという時は今なのだ」と叱咤激励、隊員に「今、俺がやらなければ誰がやるとの気概をもって訓練に臨め」と訓示した。

部隊はこの後、10時間に及ぶスキー行進を実施し、ほぼ総員が前進目標に到達。戦闘団は引き続き障害構成や強固な陣地構築に当たった。

検閲中は何度も防風雪が襲ったが、各部隊はひるまず勇猛果敢に防御戦闘を続け、敵の侵攻を阻止して任務を完遂した。

検閲後は連隊射撃競技会を実施し、積雪寒冷地における射撃能力の向上を図った。

22即機連 基地等警備の戦闘想定

雪深い森の中を警戒しながら前進する22即機連の装輪装甲車（左）と105ミリ砲を備えた機動戦闘車（右）＝いずれも王城寺原演習場で

【22即機連＝多賀城】22即応機動連隊は1月11日から15日まで、王城寺原演習場で第8次連隊野営訓練（基地等警備）を実施した。

武力攻撃事態を想定し、連隊員の対敵行動の練度と冬季任務の要領を検証した。

各隊は不意急襲的に起こる「突発的事態」に対し、部隊間ネットワークなどを駆使して情報を収集・共有し、速やかにテロ攻撃に対処、工作員を排除する訓練を行った。

隊員たちは基地等警備に必要な改善・教訓事項も把握した。

「詭動戦」を具現

◇

これに先立ち、連隊は第7次連隊野営訓練（第2次中隊等検閲）を雪の降りしきる王城寺原演習場で実施した。

検閲では「赤部隊」が1普通科中隊と対戦車小隊、対する「青部隊」は3普通科中隊と2機動戦闘車中隊が協同し、雪上で対戦。ともに交戦用訓練装置「バトラー」を装着し、自由対抗方式で激しい戦闘を繰り広げた。隊員たちは連隊がテーマとする「詭動戦（迅速・集中的で予想外の行動）」に留意しながら戦い続けた。

訓練後の総評で連隊長の石井伸幸1佐は「詭動戦を具現した行動が随所に見られ、大変頼もしく感じた。引き続き各自が詭動戦とは何かを考え、パターンに陥ることなく、強い気持ちをもって研究・自学研さんし訓練に臨んでほしい」と述べた。

「基地等警備訓練」で森の中に設置された陣地から警戒に当たる22即機連の隊員

捕獲したテロリストを連行する22即機連の隊員

前事不忘 後事之師 第62回

戦争指導 ―統帥には強固な性格が必要

1939年に日ソ間の国境紛争として争われたノモンハン事件では、ソ連側では指導者スターリンが紛争を国際的な文脈の中でとらえて戦争指導し、しかも指導が現場レベルにまで浸透していました。他方、日本側では中央指導部がこの紛争の国際的な側面を十分考慮して戦争指導することなく、さらに中央が現地の関東軍にその意思を強要できずに独走を許しました。日ソ間の政治指導者の"統帥"上の差が出たということだろうと考えます。

ノモンハン事件の処理を現地関東軍で中心となって担っていた一人は作戦参謀辻政信中佐でした。ノモンハン事件に関わる多くの本のなかで、ソ連を相手に無謀な火遊びをしたと批判されている人物です。その辻が戦後、ノモンハン事件についてこんな説明をしています。

「新京で全満を見ながらノモンハンの局地を処理する立場と東京で世界を見ながら満州の局面を処理する立場とを心を虚うして冷静に考えると、ノモンハンの処理をして更に賢明に、より巧みに収拾し得たであろうに。しかし統帥は数学ではない。血を流し骨を曝す戦場に於いては理性より感情に支配される真理を辨え、第一線兵団の感情を先鋭化させず、上級司令部の処理、指導に喜んで従わせるような人間味ある統帥でなければならぬ」

ノモンハン事件が失敗した原因は自分たちにはなく、中央の統帥が悪かったという非難に聞こえますが、他面、この辻の主張には統帥について重要なことが含まれているように思います。私なりに解釈すればこうです。戦争には戦争指導を行う中央と実際に戦う現場部隊とがあり、中央では"理性"に基づく大局的判断が求められるのに対し、第一線の戦闘現場では"感情"が支配する。つまるところ統帥とは理性と感情のぶつかり合いであり、感情を理性に従わせることだということです。

後世の私たちは戦いを机の上で学んでおり、理性的な判断が現場でなぜ受け入れられなかったのかと考えがちですが、人間社会で理性と感情がぶつかれば往々にして感情が勝利します。戦場で一旦戦闘が開始されれば勝利が追求され、激しい戦いとなります。そうなれば甚大な被害が生じ、その結果、敵に報復する感情が生まれます。また戦闘の激化とともに、戦うこと自体が目的化しそこに自らの名誉と誇りがかかります。ノモンハン事件でソ連軍と戦い、自らの第23師団がほぼ壊滅した小松原師団長は最後まで戦うことを主張しますが、その気持ちは理解できなくもありません。重要なことは、そうした激情が支配する世界を政治指導者が理性でコントロールしようとするなら政治指導者には強い覚悟と精神力が求められるということです。

プロシャの戦略思想家クラウゼビッツはその著『戦争論』の中で「視野の広い卓抜な頭脳、強固な性格こそ（戦争指導する）首相が持たねばならぬ主要特質である」と書いています。

考えてみれば、第2次世界大戦を戦った日米英独ソの主要5カ国の指導者は日本を除けばとても強固な性格の"個性的な"人物でした。ヒットラーが強固な性格だったかについては議論がありそうですが、戦勝国となった英米ソの政治指導者は強い精神力と視野の広い頭脳で戦争指導したように思います。ソ連の指導者スターリンの粗暴さを称えるつもりはありませんが、彼はノモンハン事件の直前に赤軍の大粛清を行いました。それは空前絶後の規模の粛清の嵐であり、赤軍を観察していた各国の駐在武官は赤軍はもはや恐れるに足らずと分析していました。確かに大粛清は赤軍の弱体化をもたらしましたが、非情な独裁者スターリンの統制が軍に行き渡った副次効果がありました。一方、日本の場合は政権を投げ出した近衛文麿首相は強固な性格の持ち主とは言えませんし、東条英機首相は几帳面な軍事官僚でした。

第2次世界大戦で戦勝国となった英・米・ソの指導者は強い精神力を備えていた。写真はヤルタ会談に臨む（左から）チャーチル英首相、ルーズベルト米大統領、スターリン・ソ連首相（1945年2月）

戦後、我が国は軍事に対する政治の優越が制度として確立するとともに、様々な形で政治指導者の決定を補佐する枠組みも作られました。しかしながら、政治指導者が軍隊を統制するという本質は変わっておらず、制度は人が運用するものである以上、戦時となれば現在でも広い視野と強い覚悟を持った政治指導者による統帥が不可欠であることは変わらないと考えます。

鎌田 昭良（元防衛省大臣官房長、元装備施設本部長、防衛基盤整備協会理事長）

……前事忘れざるは後事の師……

47普連 雪中で総合戦闘射撃

4中隊の「最優秀」迫撃砲小隊が導く

雪上で制圧射撃を実施する47普連の迫撃砲分隊

【47普連＝海田市】47普連はこのほど、中部方面混成団が実施する総合戦闘射撃（戦闘射撃競技会）に参加し、120ミリ、81ミリ迫撃砲、個人携帯対戦車弾、対人狙撃銃、機関銃などの戦闘射撃に挑んだ。

いずれの実射も雪中の過酷な状況となったが、隊員たちは気迫と熱意をもって状況に応じた射撃を行った。

中でも4中隊の迫撃砲小隊は、弾着地と砲側が積雪で観測が困難な中、常備自衛官と即応予備自衛官が一体となり、3者（観測者、射撃指揮所、分隊間）の連携により、射撃実施迫撃砲小隊の中で唯一、効力射弾全弾を得点圏内に落達させ、4中隊を「最優秀中隊」に導く原動力となった。

降雪の中、現出した目標に向け個人携帯対戦車弾を発射する47普連の隊員

～地本　ホッと通信～

札　幌

千歳恵庭地域援護センターはこのほど、恵庭市の玉川組に令和2年度陸幕長感謝状を伝達した。

同社は日米共同演習での米軍兵士のホームビジット受け入れや、北海道大演習場内の新恵庭橋の改築などで長年自衛隊を支援しているほか、これまで退職自衛官を延べ27人採用したことが評価された。同社の玉川裕一社長は「退職自衛官は、当社で活躍している。今後は男性だけでなく女性も積極的に採用していきたい」と話していた。

山　形

地本は1月14日、東根市立小田島小学校体育館で行われた6音楽隊（神町）による「創立130周年記念音楽教室」の演奏会を支援した。

新型コロナ感染防止のため、演奏会は教職員・児童計約200人に限定して開催。同校校歌に始まり、小学生に親しみやすい曲が演奏され、生徒からは「とても感動しました。またぜひ演奏を聴かせてください」などの感想があった。終了後は、地本から迷彩ノートとスティックのりが生徒全員に贈られた。

群　馬

高崎地域事務所は1月18日と同21日、高崎市の高校2校でリクルーターによる就職ガイダンスを開催した。

1校目の県立富岡実業高校では2年生35人に対し、高崎所広報官の佐藤竜二1曹が自衛隊の任務概要と災派での活動状況を説明。その後、同校出身のリクルーター・松島管制隊の岡田歩斗空士長が自身の体験談を踏まえたアドバイスを後輩たちに熱く語った。

2校目の県立藤岡北高校では1年生118人に対し、同校出身のリクルーター・関川幸則陸士長（12対戦車中隊＝新町）が解説。関川士長が在学中の担任教師に近況報告を行うと、凛々しくなったその姿に教諭は喜んでいた。

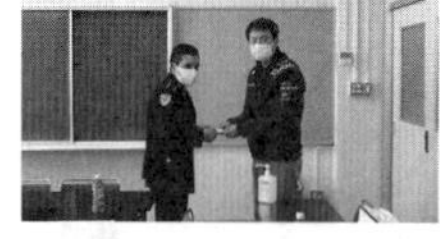

東　京

予備自課は東京地本の公式ユーチューブチャンネルで、予備自衛官でもあ

る声優の宮本佳那子さんの協力のもと、予備自制度の広報動画を配信中だ。

宮本さんは18歳で予備自衛官補となり、現在は毎年5日間の招集訓練に参加。動画は対談形式で行われ、「予備自に志願した理由」「声優と予備自の訓練をどのように両立させているか」など、事前にSNSで募集した質問に対し、宮本さんが回答。このほか、戦闘糧食の試食など、予備自衛官等制度や訓練内容についてわかりやすく紹介している。

新　潟

地本は2月11日、本部庁舎で自衛官候補生と一般曹候補生の入隊予定者25人とその保護者11人に向けて説明会を開催した。

説明会は、教育隊などの概要説明から始まり、その後、女性のみで3自の若年現職隊員との懇談会を行った。今回は女性の入隊予定者のために陸自は2普連（高田）、海自は山形地本、空自は新潟救難隊から女性隊員を招き、それぞれが入隊後の体験談などを話した。質疑応答では生活面での質問が特に集中した。

終了後、参加者からは「女性自衛官の話が聞けて、参考になった」「初めての集団生活で不安があったが、先輩方の体験談を聞いてイメージが鮮明になった」などの感想があった。

山　梨

地本と各事務所は年末年始にかけて、県内の商業施設や甲府駅で市街地広報を行った。

大月地域事務所は12月19日、河口湖ショッピングセンターBELLで市街地広報を行い、新型コロナ対策に留意しながら3自衛隊にちなんだグッズやチラシを配布。シールや缶バッヂが小学生以下の子どもに好評だった。

1月には、甲府駅とイオンモール甲府昭和でパネル展を開催。山梨地本マスコットキャラ「ふじくん」と「かえでちゃん」が自衛隊をパネルで紹介した。

長　野

地本は1月30日、相馬原駐屯地で29人を引率し、CH47J輸送ヘリの体験搭乗を行った。

参加者たちは安全教育を受けた後、約10分間のフライトを満喫。その後、格納庫で救難消防車の装備品などを見

学した。

今回、長野地本初の試みとしてフライト中のヘリ内で撮影した参加者の写真を記念品として着陸後にプレゼント。若者たちは「もうできたんですか、いい思い出になります」と喜んでいた。

静　岡

地本は1月26日、1空団整備補給群補給隊（浜松）からイベントで展示する空自の被服を受け取った。

今回、借用したのはパイロットが航空機に搭乗する際に着用する航空服（夏用・冬用）や航空ヘルメット、耐G服など合計13点。隊員が使用していたこれらの被服は今後、イベント時の広報ブースなどに展示される予定だ。

大阪　高校生の職場体験を支援

短艇訓練に挑戦

舞教が協力

海自のカッターに初めて乗り、重いオールに不安そうだった生徒たちも次第にコツをつかみ、号笛に合わせ懸命に漕いだ

【大阪】地本の阿倍野出張所はこのほど、海自の舞鶴地方総監部と舞鶴教育隊の協力を受け、私立興國高校（大阪市天王寺区）生徒の「キャリアトライ（職場体験）」を支援した。今回は男子生徒45人が1泊2日で参加した。

同高のキャリアトライは自衛隊を肌で感じることができる機会として生徒からも好評で、3年連続での実施となった。体験者の卒業後の入隊率も高く、前年度は30人の生徒がこの職場体験をきっかけに自衛隊に入隊している。

今年度も舞台となったのは海自舞鶴地区。生徒たちは期待と不安を胸に、バスで約2時間半かけて舞鶴教育隊に到着した。大講堂で海自の被服を受領後、同隊の藤原浩3尉から概要説明を受け、直ちに教育訓練が始まった。

基本教練やロープ結索

生徒たちはまず敬礼や行進など基本教練を受け、続いてロープを使い「二重結び」や「もやい結び」を学んだ。班対抗でロープ結索の出来栄えを競争すると、この日一番の盛り上がりを見せた。

2日目は5時に起床してランニングを行った後、隊員食堂で朝食をとった

2日目は全員が5時に起床し、隊員と一緒にランニング。朝食後、今回の職場体験のメインイベントである舞鶴湾での「短艇訓練」が始まった。

この訓練では1艘に各10人が乗り込み、力を合わせて海面を約3キロ漕ぐ内容。初めて手にするオールに、生徒たちからは「すごく重たい、漕げるかなあ」など不安の声も上がった。しかし、いざ訓練が始まると、海自の教官の笛の音に合わせ、全員が懸命にオールを漕ぎ、徐々に速度が上がった。そして目標の3キロを無事に漕ぎ終えると、「しんどかったけど楽しかった」「海の良さが分かった。僕も海上自衛隊に入ろうかな」といった感想が聞かれた。

生徒たちは、キャリアトライの最後にイージス護衛艦「みょうこう」を見学し、全日程を終了した。

「体験→入隊」へ期待感

地本では、この体験を通じて今年度は何人の生徒が自衛隊に入隊してくれるか、楽しみにしている。

初日の基本教練では敬礼の仕方を練習。腕の角度や指のそろえ方など細かくチェックされた

兵　庫

地本は2月12日から14日まで、姫路市の姫路港飾磨岸壁で掃海母艦「ぶんご」による艦艇広報を支援した。姫路港飾磨岸壁への自衛艦の入港は1年ぶり。

入隊予定者と保護者・学校教諭を対象とした特別公開では、掃海母艦の役割や海自艦艇の装備品、職種・職域などを説明。コロナ防止の観点から乗艦人数を制限したが、3日間で189人が訪れた。

参加者からは「ぜひ艦艇で勤務したい」「職業の幅の広さに驚き、調理の仕事にも興味を持った」などの感想があった。

島　根

地本は1月16日、即応予備自雇用企業に対する招集訓練研修を実施した。

今回は2企業から14人が参加し、47普連が行う即自の小銃射撃を研修。参加者たちは89式小銃の射撃音に驚きながらも、自社の社員や同僚の射撃姿を熱心に眺め、感心していた。

参加者からは「（同僚の）普段とは違う即応予備自としての姿が新鮮だった」などの声があった。

山　口

宇部地域事務所はこのほど、宇部市で開催された「トキスマクリスマスイベント」に参加した。

当日は「なりきり自衛官フォトブース」として広報ブースを開設した。ミニ制服の試着のほか、車両展示などで募集広報を実施。さらに福永泰人所長がサンタクロースの格好でサプライズ登場し、子供たちは大喜びで一緒に写真を撮っていた。

佐　賀

地本はこのほど、佐嘉神社記念館で「自衛隊佐賀地本創立64周年記念感謝状贈呈式」を開催した。今回は新型コロナの感染拡大防止を考慮し、感謝状贈呈に絞って行った。

当日は厳かな雰囲気の中、安藤和幸本部長が一般功労賞5人、就職援護功労賞3人、予備自等雇用功労賞3人、募集功労賞8人に感謝状を贈り、「日頃より佐賀地本や自衛隊の活動に多大なるご支援、ご協力いただき誠にありがとうございます。今後も部員一丸となって任務にまい進します」と述べた。

鹿児島

鹿児島募集案内所は1月19日、鹿児島市立桜島中学校で1年生を対象に職業講話を行った。

講話では迫口真也所長が自衛隊の役割や活動内容を紹介し、魅力を最大限にアピール。生徒たちからは「災派での活躍がかっこよかった」「レンジャー訓練に参加したい」などの声が聞かれた。

部隊だより

陸

弘前　駐屯地は1月8日、新たに成人を迎えた隊員60人の成人式を行った。式では木原邦洋司令が「ますます輝いていくことを願う」と訓示。新成人代表として小松伸一朗3曹が「いっそう自分を律し、自衛官として貢献したい」と力強く決意を述べた。午後からは弘前市内の盛雲院に移動、座禅を組み成人としての責任感を養った＝写真㊦。

仙台　駐屯地はこのほど、防衛・駐屯地モニター9人を招き部隊研修を行った。9人は最初に駐屯地内の防衛館を見学し、東北方音が演奏するミニコンサート、衛生隊が実施する職種統一訓練を研修。参加者からは「生演奏が素晴らしかった」「戦闘のイメージばかりだが、いろいろなことをしていることが分かった」などの感想が寄せられた。

松本　駐屯地は1月8日、飯山市、白馬村、野沢温泉村とスキー競技会の運営に協力する協定を調印した。長野県では今年、全国スキー選手権など四つの大会が予定され、駐屯地からは延べ100人を派遣、除雪やネット設営などに協力。調印式には3市村の首長らが出席し、大会成功を祈念して伊藤裕一司令とエルボータッチを交わした＝写真㊤。

板妻　昨年8月に開設した駐屯地のツイッターが、1月25日時点でフォロワー5000人を突破した。広報班が34普連など各所在部隊の訓練や行事を取材し、更新を続けた成果で、高評価の「いいね」の数も10万を超えている。広報班は「自衛隊への関心の高まりがうかがえる。今後も隊員の活躍を幅広く取り上げたい」としている。

久居　駐屯地はこのほど、10音楽隊（守山）によるランチタイムコンサートを開催した＝写真㊤。会場となった体育館には隊員のほか見学者とインターンシップで訪れていた高校生など総勢250人が集まった。中島みゆきさんの「糸」や「平成大ヒットメドレー」などが演奏され、特にメドレーは来場者の手拍子で盛り上がりを見せた。

玖珠　駐屯地は1月15日、隊員24人の成人行事を実施した。今年は新型コロナ感染防止のため規模を縮小して行われた。新成人は体育館で式に臨んだあと、隊舎屋上から両親への感謝や今後の目標、先輩への主張を元気よく披露した。最後は10式戦車との綱引きに挑戦＝写真㊦、最先任の声かけで先輩隊員も協力し、戦車を一気に引き寄せた。

対馬　駐屯地修親会の31人は1月30日、対馬市美津町の金田城跡の清掃を行った。昨年の台風10号の被害で側溝に落石・土砂が堆積、市の教育委員会などから除去の相談を受けた。朝8時に集合した会員は「マンパワー」を発揮し、堆積物の排出や崩れた土止め石の復旧を行った。作業中、一般見学者から感謝の言葉をかけられる一幕もあった。

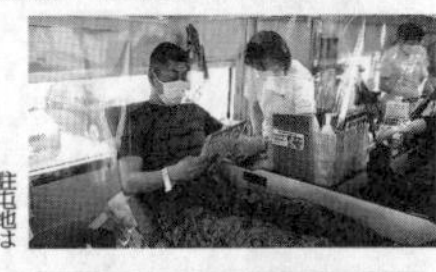

岩見沢　駐屯地は2月5日、今年度2度目となる北海道赤十字血液センターが行う献血に協力した＝写真㊨。当日は多数の隊員が昼休みなどの勤務時間外を利用して献血を行った。楢山正樹1陸尉は、「今回で73回目の献血。自分の血液が困っている人のために少しでも役に立てたら」と話した。駐屯地は今後も、継続的に献血に協力していく。

上富良野　4特群最先任の椋木規譲准尉は1月12日、駐屯地基本訓練場で6人の3曹昇任行事を行った。昇任者は部隊への感謝や、陸曹としての決意、意気込みなどを力強く述べた。その後、富樫賢司駐屯地曹友会長から記念品の贈呈も行われた＝写真㊨。先輩たちから新たな門出を祝福された6人は、部隊のためにいっそう奮闘することを誓った。

今年はSL&新幹線

自衛隊が巨大雪像

20普連「第50回新庄雪まつり」を支援

完成した「SL&新幹線」の雪像を実行委員会に引き渡す20普連の支援隊員（左側）＝2月12日

20普連は2月7日から15日までの間、山形県新庄市の最上中央公園で「第50回新庄雪まつり」の雪像制作を支援した。

このまつりは、巨大な雪像や滑り台などを会場に設けて雪遊びを楽しむ冬の風物詩となっており、毎年大勢の家族連れで賑わう。今年はコロナ下ではあったが、感染対策を万全にして決行された。

20普連から第1中隊の藤森智広曹長以下24人が参加し、7日から雪像制作に取りかかった。テーマは実行委員会の依頼により「SL（蒸気機関車）&新幹線」。明治36年の新庄駅開設当時に走っていたSLと、現在の山形新幹線の雪像を並べることで、市の発展を表現した。

隊員たちはまずチェーンソーやアルミスコップで全体の粗削りをし、その後、ノミやコテなどで細かな細工を施していった。夜間は冷え込みが厳しくなり雪が凍りついたが、隊員は寒さに耐えながら高さ7メートル、幅40メートルの大雪像を完成させた。制作に加わった隊員は「高所作業は危険が伴い大変だったが、頑張ったかいがあった」と語った。12日にはメイン雪像の引き渡し式が行われ、主催者側に引き渡された。

13、14日のイベント当日は大勢の家族連れが来場、自衛隊の巨大な雪像はひときわ目を引いた。また雪で作った高さ7メートルの巨大すべり台も人気で、子どもたちは何度も滑り、スリルを楽しんでいた。このほか、第6音楽隊がステージで「星影のエール」「おどるポンポコリン」などを演奏し、会場を盛り上げた。

隊員たちは安全管理に注意を払いつつ笑顔で来場者に対応、地元住民と交流を深めた。

（神町）

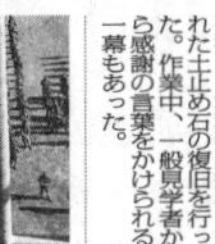

㊧夜間の厳しい寒さに耐えながら雪像を制作する20普連の隊員（2月7日）㊤イベント中、連隊の高機動車を展示し、子供と記念写真に納まる隊員（2月13日）㊨イベント終了後、実行委員会から贈られた感謝状を手にする20普連の梶恒郎連隊長（左）と藤森智広曹長（2月14日）

国分　駐屯地業務隊は1月26、27の両日、救急法検定を行い39人が受検した。検定は今年度から救急法教育訓練基準の一部見直しに伴い、筆記課題とAED（自動体外式除細動器）の使用法が追加されて行われた。受検者は事前に筆記試験の練習問題をこなし、衛生科隊員による練成時間を設けて本番に臨んだ。検定の結果、全員が合格した。

えびの　駐屯地は1月25日、成人行事を行った。駐屯地は毎年恒例の新成人の勇気と決断力を養う「レンジャー訓練塔からの懸垂降下」を実施。対象の4人は仲間が見守る中、最上階から元気よく抱負を述べた後、降下した＝写真㊤。行事に参加した米村滉陪士長は「人との信頼や支えを大切にし、成人らしい行動をとりたい」と語った。

空

防府南　基地太鼓部と空曹予定者課程3人の音楽専門員らはこのほど、リフレッシュコンサートを開催した。コロナによる外出制限のストレスを少しでも緩和させたいとの思いから、学生らの発案で実現。コンサートは体育館で行われ、クラリネットの二重奏から始まり、太鼓部の迫力ある演奏＝写真㊤、森田早貴空士長の歌唱などで盛り上がりを見せた。

芦屋　基地は1月20日、新成人31人を対象に祝賀会を行った。岩城公隆司令から記念品とともに、祝いの言葉が述べられた。新成人代表として釣本悠也一士が、宮沢賢治の言葉を引用し、「ウイルスに負けず己にも負けず、精進してまいります」と決意を語った。会の結びには基地太鼓部が駆けつけ、演奏でエールを送った＝写真㊦。

百里　基地援護室は1月19日から21日まで、能力開発設計集合訓練を行った。これは定年まで約10年となった准曹を対象に、退職後の生活設計に関する知識を習得させ、再就職の準備を行うためのもの。講師にはエイジェックの井上一氏が来基し、講義を行った。参加した隊員たちは熱心に学び、能力開発に一役買った。

海

大湊　地方隊は2月25日に基地で実施されるスキー競技会（クロスカントリー大会）に向け訓練を行った＝写真㊤。隷下の各部隊・艦艇から16チームが出場し、基地内のコースを各チームの代表7人が、1周ずつつなぎ順位を競う。代表選手たちは休日も返上して訓練に励み、着任間もない乾悦久総監も共にクロカンを演練した。

下総　教空群は2月4日、除籍され解体予定のP3C哨戒機を使用した脱出訓練を行った＝写真㊤。これは万が一、機体の非常出口から出られない場合に、緊急に脱出経路を確保するというもの。隊員は機内のオノを使用して機体の壁を破るなど、さまざまな状況を想定して訓練を行った。実機を使用して訓練する機会は少ないため、貴重な体験となった。

館山　21航空隊で2月4日、SH60K哨戒ヘリのパイロットが機長としてデビューした。新たに機長となったのは211飛行隊所属の長沼寛之1尉。単独セレモニーとして館山市周辺をフライト後、同僚や家族から水かけや花束贈呈などの温かい祝福を受けた＝写真㊤。長沼1尉は「任務機長に向けて努力し、国防に貢献していきたい」と語った。

小月　教空群は2月5日、山口大学で開催された「就職セミナー」の広報支援を行った。大学OGである足立麻理海士長が後輩に、自衛官の生活の様子や福利厚生など自衛隊の魅力について語った＝写真㊤。会場の学生たちからは「体力がなくても自衛官になれるか」「幹部の試験はどういったものか」など質問がなされ、活発に意見交換が行われた。

募集・援護 特集

各地で帰郷広報

ただいま募集中！
◇幹部候補生◇医科・歯科幹部
◇予備自補（一般・技能）
★詳細は最寄りの自衛隊地方協力本部へ

沖縄　「自衛隊を選択肢に」
宮古島出身隊員　母校でアピール

「先輩の話で自衛隊のことがよく分かり、安心しました」――。全国の地本は冬季休暇で帰郷した若手隊員や高等工科学校生徒とタッグを組み、この冬、学校で募集広報を推進した。沖縄、三重地本は隊員を母校に引率して恩師らにあいさつ、直に自衛隊の魅力を伝えた。

【沖縄】宮古島出張所は1月7日、15通信隊（那覇）所属で宮古高校OGの砂川亜美陸士長の支援を受け、同校への訪問広報を行った。

広報官とともに母校に到着した砂川士長は、校長室に案内され、津野良信校長、お世話になった比嘉、仲地、池田教諭と懇談。砂川士長の生徒時代を知る恩師は、陸自の制服姿を見て「見違えました」と、その成長した姿に驚いていた。

懇談では入隊時の心境をはじめ、陸自での災派活動、現在の仕事の内容などを報告した。

津野校長は砂川士長が通信科職種に進んだことについて、「自衛隊だけでなく一般社会においても通信（インフラ）は重要な仕事なので、今後もしっかり頑張れ」と、激励した。

砂川士長は後輩に向けて「自衛官は大変な職業のイメージがあるが、皆さんが心配するほどきつい仕事ではない。将来の職業選択の一つとして、自衛隊も検討してもらえれば」と自衛隊への進路をアピールした。

職員室では駅伝部時代に顧問だった大城正嗣教諭とも面談した。後日、池田教諭は「しっかりした受け答えをする姿に感動した。わざわざ当校まで来ていただきありがとうございました」と地本にも謝意を示した。

宮古島所広報官の新城政秀2陸曹（左手前）とともに母校を訪れ、校長らと懇談する15通信隊の砂川士長（その右）＝1月7日、宮古高校で

静岡　繁田生徒が後輩にPR
「安心感が増した」

高工校志望の中学生（右）にキャリアプランを説明する同校2年の繁田生徒（1月8日、静岡募集案内所で）

【静岡】地本は1月8日、静岡市の静岡募集案内所に集まった中学生に対し、高工校2年の繁田航史生徒の帰郷広報を行った。

繁田生徒は制服姿で来所。高工校を目指す中学生に対し、日々の授業や同期の絆を育む年間行事、入学から現在までの生活について分かりやすく説明した。

さらに卒業後のキャリアプランも解説。ほとんどの生徒が進む陸曹として活躍するコースのほか、防大に入校して幹部として活躍する道や、航空学生として空・海自のパイロットになる選択肢も紹介した。受験対策や心構えなどもアドバイスし、中学生からの多くの質問にも親身に答えた。

話を聞いた中学生は「高工校のことが詳しくわかり、安心感が増した。必ず入学できるよう、試験に向けて頑張る」と決意を話した。

中村生徒 高工校の魅力伝える
恩師「立派になった」

帰郷広報で母校の野球部を訪れ、恩師（右）から激励を受けた高工校の中村生徒（1月8日、嬉野中学校で）

三重

【三重】津募集案内所は1月8日、帰郷した高工校2年生の中村恒喜生徒を母校の松阪市立嬉野中学校に引率し、広報活動を行った。

当日、中村生徒は制服姿でまず三重地本を訪問。同校の1個区隊約30人の中で5人の役員だけが胸に付けることができる「五役バッジ」をつけた中村生徒の姿は誇らしげで、担当した広報官を驚かせた。

濵岡清隆地本長を表敬した中村生徒は、区隊役員として、生徒をまとめ上げることの難しさや、将来の希望進路などについて報告。濵岡地本長は「五役バッジ」を2年連続で着用していることをたたえ、「高工校出身の先輩隊員からよく話を聞いて、将来の進路はよく考えて決めてほしい」と助言した。

その後、広報官に引率され、母校の嬉野中学校を訪問、恩師の野球部顧問と再会した。恩師の先生は「たくましくなった。立派になった姿を見られてうれしい」と笑顔で出迎え、「後輩たちにも陸上自衛隊の話をしてほしい」と要望を受けた。

赤岩地本長が鹿児島市長表敬
鹿児島

【鹿児島】地本長の赤岩英明1海佐は1月27日、昨年12月に就任した鹿児島市の下鶴隆央市長を表敬訪問した。

地本と同市は、日頃から自衛官募集事務担当者を通じ、募集ポスターや試験日程などを掲示してもらうなど連携を図っているほか、2018年度からは新たに元陸自隊員の危機管理専門官を配置し、自衛隊と連携した災害への対策を強化している。今回、自衛隊の魅力をより広めてもらうため、赤岩地本長自ら就任へのお祝いあいさつも兼ねて表敬した。

地本長から地本の業務について説明を受けた下鶴市長は、「日頃から自衛隊の皆さまにはさまざまな場面、場所で市民を支えていただいており、とても心強い」と語り、地本長も「我々は今後とも鹿児島市民に安心・安全を与えられるよう日々精進し、信頼の維持・向上に努めて参ります」と応えた。

懇談では市長自身も学生時代に自衛隊に体験入隊した経験があることなどを明かし、規律正しい生活など当時の体験談を語り、自衛隊に対して関心が高いことを伝えた。

鹿児島市の下鶴新市長（右）を表敬し、募集への協力を要請する赤岩鹿児島地本長（その左）＝1月27日、鹿児島市役所で

自衛官募集看板のデザインを一新
山形

【山形】地本は1月22日、神町駐屯地の隣接地に常設している自衛官募集看板のデザインを一新した。

リニューアルは20普連（神町）の協力で実現したもので、同隊の3人（山田亮3曹、中川玲菜3曹、花田莉緒3曹）をモデルに自衛官募集を呼び掛けた。さらに看板には県の特産品のさくらんぼを掲載し、山形らしさを表現。今春、神町小学校が移転予定で、看板の場所が小学校の正面になることから、「爽やかさ」や「カッコよさ」をより強調し、小学生が自衛官に憧れを抱くデザインにした。

このほか、看板には最寄りの東根地域事務所の電話番号も表記。自衛隊に興味を持った人がすぐに連絡ができるようにした。

山形地本がリニューアルした神町駐屯地前の募集看板。同駐屯地の3隊員がモデルを務めた

イメージ刷新図る
高校授業で自衛隊説明会

高校1年生と教諭らに自衛官の職業的魅力を伝える福島所の猪俣2曹（1月21日、県立梁川高校で）

福島

【福島】福島募集案内所は1月21日、県立梁川高校で1年生24人と進路指導の先生ら8人に対して説明会を行った。

説明会は授業の一環として行われ、最初に福島所の猪俣悟2空曹が生徒に自衛隊のイメージを質問。すると「きつそう」「休みがなさそう」「具体的な仕事の内容がわからない」といった否定的なイメージが多かったことから、自衛隊をもっと身近に感じてもらうため、対話・質問形式で説明を行った。

話を聞いた生徒たちからは、「自衛隊のイメージが変わった」「専門学校への進学を考えていたが、自衛隊で働きながら資格が取れるなら入隊を考えたい」など好意的な意見に変わった。

進路指導の先生からは「ぜひ自衛隊のインターンシップに参加したい」との要望があった。

伊那所の開所式
長野

【長野】地本は2月14日、伊那地域事務所の移転に伴い、同所の開所式を行った。

伊那所は昭和44年に飯田出張所の伊那分駐所として開設以来、2度の移転を経て、平成12年から伊那市駅横のビルの一室を借りて業務を行ってきた。そしてこのたび、国の施設を有効活用する施策の一環として2月1日付で、北伊那駅近くにある南信森林管理署の1階に移転した。

開所式には上伊那郡市自衛隊協力会連合会員や伊那地区自衛官募集相談員協議会員ら約20人が参列。最初に三笠展隆地本長が北爪孝幸所長に同事務所の新たな看板を授与。続いて同連合会会長が「採用や広報の新たな拠点で一丸となって活動を」と、同協議会会長が「地域住民が気軽に立ち寄って相談できる事務所にしてほしい」とそれぞれ祝辞を述べた。最後に同連合会会長から広報用吊り下げ旗が北爪所長に贈られた。

三笠地本長は出席者に「地本創立65周年に合わせ、さらに地域との絆を醸成すべく一致団結して取り組んでいく」と決意を述べ、北爪所長も「新たな事務所で引き続き与えられた任務を完遂していきたい」と抱負を述べた。

三笠長野地本長（左）から伊那地域事務所の新看板を授与された北爪所長（2月14日、伊那市の南信森林管理署で）

男鹿海洋高校で進路ガイダンス
秋田

【秋田】地本は2月2日、男鹿海洋高校（秋田県男鹿市）でライセンスアカデミー進路ガイダンスを行った。

広報官が21年度の自衛隊受験対象者に対し「陸海空自のさまざまな職種」や「女性の活躍」を軸に自衛隊の魅力をアピール、広報用DVDなどを使い、先輩隊員の活躍も紹介した。

参加者は自衛隊の職種・職域、教育隊の生活などについて興味を示し、積極的に質問をしていた。

終了後、生徒たちは「海自の艦艇が秋田港に来たときも見に行ったが、今日の話を聞いて自衛隊をより好きになった」「仕事の内容がよくわかった」などと感想を語った。

母娘3人で自衛隊をアピール　愛知

母・娘3人で愛知地本の入隊予定者説明会に参加した（左から）松坂仁美曹長、三女の春奈さん、長女の千尋3曹（1月31日、守山駐屯地で）

【愛知】守山駐屯地業務隊補給班の松坂仁美陸曹長、長女で10通信大隊2中隊の松坂千尋3陸曹は親子で地本主催の入隊予定者説明会にリクルーターとして参加、今春に入隊予定の三女の春奈さんも加わり、親子で働きやすい自衛隊をアピールした。

愛知地本は1月17日と31日、守山駐屯地で一般曹候補生と自補生の入隊予定者に対する職業説明を実施、家族を含め87人が出席した。当日は制服の採寸、女性自衛官らを交えた懇談が行われ、入校に際する不安を払拭。地本の女性隊員やリクルーターの紹介も行われ、松坂親子も会場で説明し、多くの質問に丁寧に答えていた。

松坂曹長は「娘も入隊しているので保護者目線で話をした。親の不安が少しでも解消できれば」、千尋3曹も「この機会を通じ、楽しみな気持ちで入隊まで過ごしてもらえたら」と語り、春奈さんは「この会で着隊時に一緒に行ける同期と知り合えて、安心できた」と話していた。

陸空ヘリ部隊が空中消火

足利、桐生、青梅3市で山林火災

栃木県足利市、群馬県桐生市、東京都青梅市の3市で2月21日から25日にかけて山林火災が発生、陸空ヘリ部隊が全力で空中消火に当たった。足利市では12ヘリ隊（相馬原）、1ヘリ団（木更津）、空自入間ヘリ隊、桐生市では12ヘリ隊と1ヘリ団、青梅市では1ヘリ団と1飛行隊（立川）が活動し、鎮火につなげた。

足利市の山林火災現場に出動するため、CH47輸送ヘリに空中消火用バケットを取り付ける12ヘリ隊の隊員たち（いずれも2月22日）＝統幕提供

栃木県足利市では2月21日午後3時半ごろ同市西宮町の両崖山山頂から南西200メートル付近で火災が確認され、翌22日午前10時35分、福田富一栃木県知事から藤本倫徳12特科隊長（宇都宮）に災害派遣が要請された。

22日から12ヘリ隊のCH47輸送ヘリ4機が相次いで現地に向かい、到着後、消火活動を開始した。また、同隊のUH60多用途ヘリ2機が空中統制に当たった。

火災は鎮火に向かわず、24日からは1ヘリ団のCH47ヘリ4機が増援し、最大8機態勢で消火を続けた。各機は足利市の松田川ダムでヘリ下部に取り付けた空中消火用バケットに取水し、現場上空で散水を繰り返した。さらに27日からは空自入間ヘリ空輸隊のCH47ヘリも活動に加わった。

陸空航空部隊の懸命な消火活動により火災は3月1日に鎮圧した。同日までの8日間の延べ散水回数・量は401回、約2005トンだった。

一方、群馬県桐生市でも25日、山林火災が発生し同日午前11時15分、山本一太群馬県知事から田尻祐介12旅団長（相馬原）に災害派遣が要請された。

25日午後1時半過ぎから12ヘリ隊のCH47ヘリ2機で消火を開始。桐生川ダムで取水し、現場上空で散水した。27日からは12ヘリと1ヘリ団のCH47各1機の2機で消火を続けた。火災は鎮火し28日午前11時30分、撤収が要請された。4日間の延べ散水回数・量は118回、約590トンだった。

火災現場の上空から散水する12ヘリ隊のCH47ヘリ

東京都青梅市は山林延焼

1飛行隊、ヘリ団が出動

青梅市の火災現場上空で機体に吊り下げた空中消火用バケットから散水する1ヘリ団のCH47ヘリ（2月24日）＝1ヘリ団提供

東京都青梅市で2月23日、建物火災が付近の山林に延焼し、陸自1飛行隊（立川）と、1ヘリ団（木更津）が空中消火に当たった。

24日午前2時、小池百合子東京都知事から大庭秀昭1師団長（練馬）に災害派遣が要請され、1飛行隊のUH1多用途ヘリ1機と1ヘリ団のCH47輸送ヘリ2機が相次いで現地に向かい、到着後、消火活動を開始した。

24日午後5時14分、火災の鎮火に伴い、都知事から1師団長に撤収が要請された。

延べ5機のヘリが活動し、散水回数・量は13回、約56トンだった。人的被害はなかった。

岩手駐　東日本大震災から10年

「いのちの写真展」に協力

「いのちの写真展」の自衛隊展示コーナーで隊員に質問する児童（2月11日）

【岩手】岩手駐屯地（司令・香川賢士1佐）は2月11日、東日本大震災から10年となるのを前に釜石市民ホールTETTOで開かれた「いのちの写真展」に協力した。

写真展は遺族の会が主催。「悲しみの中の優しさに火が灯る日　あの日を忘れない…」をテーマに、遺族の思いがつづられた新聞や、復旧・復興の様子を捉えた写真などが展示された。

関係機関の展示も行われ、駐屯地は岩手地本が開設した自衛隊展示コーナーで災派活動中の写真を掲示、自衛隊の任務の周知を図った。当時運用した救急車や人命救助セットも紹介した。

写真を見た地元児童から質問されるなど、「地域と「ONE TEAM」」で歩みを進める駐屯地は震災伝承と防災意識の高揚に貢献することができた。

あさぐも　ドジマイ's　吉本どんど

2師団　冬季戦技競技会で競う

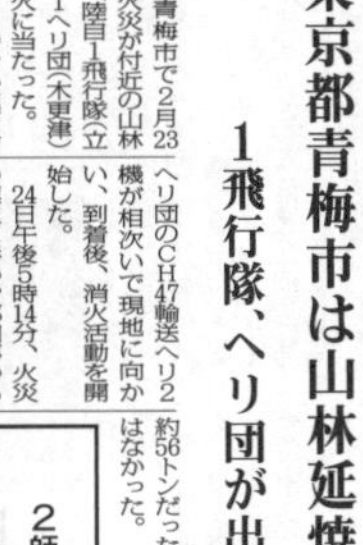

2師団冬季戦技競技会Aグループで部隊機動を行う25普連チーム（1月20日、上富良野演習場で）

【2師団＝旭川】陸自2師団は1月20～21日、北海道・上富良野演習場で冬季戦技競技会を行った。

師団隷下の14個部隊がA～Cの3グループに分かれ約5キロの部隊機動を実施。各部隊2個小隊の隊員が小銃を背に携行し、無線機を積んだアキオ（そり）を引いて走り、2個小隊の合計タイムを競った。Aは25普連、Bは2後支連（旭川）、Cは2偵隊（名寄）が制した。

三沢基地　成人祝賀行事開催

71人がF35Aの前で記念撮影

F35A戦闘機の前で記念撮影する3空団整備補給群の新成人たち（1月29日、三沢基地で）

【3空団＝三沢】三沢基地は1月29日、成人祝賀行事を行い、基地所属の71人の新成人隊員の大人の仲間入りを祝った。

コロナ禍のため、基地所在部隊長や基地協力団体の会長らを招いての祝賀会は行わず、3空団准曹士先任の梅津淳准尉だけが参列し、基地司令室で行事を実施。基地司令の久保田隆裕将補が新成人代表の松本健太士長（3空団管理隊）に記念品の図書カードと給養小隊が作ったババロアを贈呈した。

久保田司令は「成人を迎えた皆さん、おめでとう。この日を無事に迎えることができたことを両親に感謝してほしい。これからは一人の社会人として自覚と責任ある行動が求められる。さらに自分に磨きをかけ、大きく羽ばたいてほしい」と激励した。

松本士長は「成人になった一つの目標として、体力測定1級を取得したい」と決意を新たにした。新成人たちは最新鋭のF35Aステルス戦闘機の前で、そろって記念撮影も行った。

砂川市で除雪ボランティア

10即機連　一人暮らしの住民感謝

砂川市の高齢者宅でかき出した大量の雪を運び出す10即機連の隊員（2月10日）

【10即機連＝滝川】10即機連1中隊の藤田康平中隊長以下33人は2月10日、担当隊区の北海道砂川市で高齢者宅のボランティア除雪を行った。

奉仕の精神修養と地域住民との交流を目的に33人が3班に分かれ、6軒で作業した。今年は雪が多く、積雪は最も多いところで4メートルを超え、中には居間の窓まですっぽりと覆われている家も。隊員たちはスコップを手に屋根から落ちた雪をかき出す作業などに精を出した。住民からは「例年にない大雪なので助かります」「若い方の力がありがたい」などの感謝の言葉があった。

小休止

▽…八戸駐屯地は2月8日、4地対艦ミサイル連隊の4個中隊など6個部隊が参加し炊事競技会を実施、八戸自慢のせんべい汁作りに腕を振るった。

▽…災害発生を想定、避難した住民に「地元の食材を使用したせんべい汁を含む郷土料理を提供する」をテーマに、各部隊は野外炊具を使用し、こだわりのある料理を作り上げた。

▽…味や見た目を総合評価するなど厳正な審査を行った＝写真＝結果、バカオライス風の「鯖カオライス」を作った対艦連3中隊が見事優勝。審査員の木村聡八戸せんべい汁研究所所長は「どの部隊の汁もとてもおいしく、心も満たされました」と語った。優勝メニューは駐屯地食堂で隊員に提供される予定。（陸八戸）

こちら警務隊　定期異動①

ごみや不用の家電を空き地に捨てると罰金

家庭や職場で出たごみを空き地に捨てるとどんな罪になりますか？

家庭等で出たごみや不用になった家電を空き地等に捨てると、廃棄物の処理および清掃に関する法律に違反し、5年以下の懲役もしくは1千万円以下の罰金に処せられます。

廃棄物は燃え殻、汚泥、糞尿、廃油、動物の死体等も該当します。

また、パソコン等は小型家電リサイクル法により、廃棄せずに同法に認定された事業者や自治体に回収してもらう必要があります。

廃棄費用の負担や廃棄、分別が面倒であることを理由に、ごみを不法投棄してはいけません。各自治体の規定に従って処分しましょう。

（東部方面警務隊）

（世界の切手・モナコ）

正義のもたらす最大の実りは心の平安なり。
エピクロス
（古代ギリシャの哲学者）

海自の船乗りから空港保安検査員に

海自OB　塚本 巧マイヤーズ（全日警）

私は海上自衛隊で2任期（5年）勤務した後に退職し、現在は再就職した全日警において東京・羽田空港の保安検査員として勤務しています。

在隊時代は艦艇勤務を4年半行い、残りの半年を関東圏で就職活動するために地上勤務となりました。

私はカナダ人と日本人のハーフで、6歳まで海外に暮らしていたため、英語の語学力があります。在隊中も自衛隊の海外派遣に参加する機会に恵まれ、海外で通訳員の真似事のようなこともさせていただきました。

羽田空港の空港保安員という職種を新たな職に選んだ理由としては、さまざまな国籍の人が集まる空港で自分の英語力を生かせると思ったからです。企業説明会で空港関係の職を探していたところ、空港保安検査という職種を知り、幾つかの企業の説明を受けた中で特に印象に残った全日警に縁あって就職しました。

2016年4月1日に入社し、早4年が過ぎました。入社して半年で空港保安検定2級を取得し、その1年後に1級を取得しました。現在は班長のサポートを行う副班長をやらせていただいています。

1級を取得してからは検査場の責任者も行うようになり、自分の裁量で保安検査場の運営や班員、その他の後輩を指導する機会が増えました。

副班長になってからは、さらにその頻度が増えましたが、ここで在隊中、海士長として1士、2士の教育や指導を行っていた頃の経験が生かせていると思います。

空港保安検査業務を行って感じることは、海上自衛隊での経験を生かせる業務が意外に多いということです。例えば、羽田空港の勤務はシフト制なので、出勤時間と退社時間がその日によって違います。遅い出勤時間だと14～21時、逆に早い勤務は始発の電車よりも早く起きて会社のバスで出社し、5～12時の勤務を行うこともあります。

このように不規則な出勤時間に合わせて寝起きを繰り返すところが在隊時、早朝の出港に合わせて夜中に起きた経験や出航中のワッチに合わせて睡眠時間を調整するなど、海自時代の経験を生かせています。

空港保安検査は警備業務の中でも特にお客さまと直接的な接触やコミュニケーションを行う必要がある職種です。毎日、十人十色のお客様を接客しながら、手荷物の検査を迅速・確実・丁寧に行わなければなりません。護衛艦内の生活と同じで、他者との協調性と艦内の些細な異変を見逃さない目ざとさが求められます。

また、何より私は海上自衛隊で精神的な強さを教育隊の訓練や日々の任務の中で鍛えられ、それが物怖じしない責任者として大事な支えになっていると思います。

このように私の個人的な考えですが、元海上自衛官は空港保安検査員としての適性が高いかもしれません。経験していないので断言はできませんが、陸・空の自衛官経験者も精神面で適正が養われているのかもしれません。

私はこの仕事を継続し、班長、さらにその上を目指して頑張っていく所存です。（元海士長）

みんなのページ

公募予備自の士気の高さ感じ

2陸曹　吉田 隆浩（49普連2中隊・豊川）

平成16年3月に創隊された第49普通科連隊は豊川駐屯地に所在し、常備自衛官と即応予備自衛官で編成された部隊です。

私が所属する第2中隊は、久居駐屯地（三重県津市）と伊丹駐屯地（兵庫県伊丹市）の2箇所の出頭先を担任しており、今年度から新たに一般公募予備自衛官（志願者）の教育も担当することとなりました。

私は主任教官として主に公募予備自との出頭調整、訓練計画の作成、隊員の訓練管理に従事しています。私が主任教官として大きく感じることの1点目は、公募予備自の士気の高さです。

自衛隊を志願してくれた一般公募予備自衛官の指導に当たる49普連の吉田隆浩2曹（左。円内も）

公募予備自の志願理由としては、「自衛隊への愛情」「国防の任務に就きたい」等があり、彼らは日常生活においても招集訓練を第一に考え、職場と密に調整した後、全力で訓練に参加し、疑問に思えば積極的に質問をして、自らの知識・技能を高めています。

2点目は時間の大切さです。公募予備自の招集訓練は、新隊員後期の課目内容を36日間で教育しなければなりません。そのため少ない教育時間をいかに補完するか、いかに訓練効果を高めるかを常に考え、零細時間なども活用し、予習・復習そして反復演練の機会を与え、特技取得に向け訓練を実施しています。

公募予備自は即応予備自衛官とは異なり、予備自補もしくは予備自の訓練経験しかありません。訓練を行う上で、招集訓練日が限られているため経験も少ない隊員には受付時に関連資料を配布して予習する時間を与え、全体のイメージアップを図り、最も重要である場面や動作等を重点的に教育し、また安全管理に万全を期して訓練に臨んでいます。

彼らは経験が浅い分、教育した事項を直ちに吸収してくれ、知識・技能の向上が手に取るように判るので、教官としてのやりがいも感じています。

公募予備自は、即応予備自任用までに1年以上の訓練期間がありますので、引き続き「常即一体」になって任務を遂行できる即戦力の即応予備自衛官を育成できるよう、切磋琢磨しながら教育を実施していきたいと思います。

新刊紹介

「防衛実務　国際法」

黒﨑 将広ほか著

安全保障政策を担う「防衛実務家」に必要な国際法の知識。本書はそうした実務家に向け、防衛・安保分野に焦点を絞って編纂された専門書だ。執筆陣は防大総合安全保障研究科准教授の黒﨑将広氏らで、「実務家はなぜ国際法を知らなければならないのか」その理由から説いている。

第1部「導入編」では、国際法の成立と法構造、国内法との関係、国家領域と空間、条約とは、国家機関などについて解説。続く第2部「基礎編」は、対中国・ロシア・北朝鮮などとの交渉で必須となる軍縮・不拡散や安全保障貿易管理、警察・法執行、武力行使、武力紛争に関する国際法の詳細を説明。そして第3部「応用編」では、日米同盟の維持や国連との関係業務で必要になる日米安保条約や国際平和協力に関係する法律について述べている。

各法規に関する学説やさまざまな見解についてもカバーし、論争のあるケースでは関係国の政府見解なども紹介し、その根拠も示している。ケーススタディーに関するコラムや事例索引も充実しており、防衛省の実務家にとっては手元に置いておきたい一冊だ。

（弘文堂刊、6490円）

「ロッキード」

真山 仁著

「そもそも角栄は、本当に5億円のカネを受け取ったのだろうか」――。小説『ハゲタカ』や『売国』で社会の闇を描いた作家の真山仁氏が、45年の時が経過した「ロッキード事件」に再び光を当てる。同志社大学政治学科に通う学生時代に「小説で政権をひっくり返す」と考えていた著者は、「補助金と政権党」で自民党政治を痛烈に批判していた教員の講義に夢中になった。しかし、本書執筆のために30年ぶりに取材した元教員は、田中政治への評価を逆転させていた。本書は、かつて反発した金権政治の象徴・田中角栄が、果たして厳しい弾劾に値する人物だったのかと鋭く問い直す。

当時の関係者の多くが鬼籍に入る中、筆者は存命者を訪ね歩き、時には遺族からも話を聞く。証人喚問の国会中継視聴率や東京駅キオスクの新聞の売れ行きなども参考に、当時の世相を再確認。反田中の時代背景の中で、検察が相当強引な捜査をしたのではないかと疑う。

ロッキード事件は単なる一軍事企業の賄賂事件ではなく、「日米安全保障条約の裏面の断片を白日の下にさらした端緒」とする。本書は、45年前の時代に拘束されていない著者による「新たなロッキード事件史」である。

（文藝春秋刊、2475円）

小林武史（国会議員秘書）

陸曹へ勝負の年

陸士長　柳田 瑞貴（10後支連2整大2普直支中隊・久居）

今年は私にとって勝負の年になります。私の本年の目標は、陸曹候補生の指定をいただくことです。

自衛隊に入隊してから約3年、楽しいことや辛いこと、いろいろな経験をすることができました。各種教育などに参加し、たくさんの同期と出会い楽しい思い出ができたり、整備や通信においては辛いことがあったりと、はじめは任期満了で退職すると決めていました。

しかし、今はそうは思っていません。私の周りには辛いとき相談に乗ってくださる上司の方や同期がたくさんいます。その方々のおかげで私は今も自衛隊員として働くことができています。たくさん援助や支えがあり、こんなに思いやりのある職場は他にはないと感じています。だからこそ、本気で部隊に貢献したいと思いました。

また、今後は私が後輩や同期の支えになれるような人になりたいという思いから、陸曹になることを決意しました。陸曹候補生の試験の際には、朝早くから夜遅くまで部隊の方に指導していただき、その決意はより強くなりました。そのため必ず試験に合格し、陸曹になります。

陸曹候補生の指定をいただくことができても気を抜かず、同期と助け合い、支え合いながら頑張っていこうと思います。そして、今まで育てていただいた方々に立派な姿を見せることができるよう、日々努力に励んでいこうと思います。

OBがんばる

計画的・具体的に準備を

有留 重人さん　55
令和元年10月、海自201整備補給隊（小月）を最後に定年退職（1曹）。松藤商事に再就職し、宇部事業所でタンクローリー運転手を務めている。

私は山口県にある松藤商事の宇部事業所でタンクローリーの運転手として石油製品の運送を担っております。

退官前は小月教育航空群の第201整備補給隊で航空発動機の整備員として勤務しておりました。退官後の人生については「やはり継続して社会に貢献できるような仕事がしたい」という思いがあり、また車両を運転する仕事に興味があったことから、社会インフラの維持に不可欠なガソリンや灯油を運送するタンクローリーの運転手を希望しました。

とはいえ、自衛隊でタンクローリーの運転などに携わった経歴もなかったので、夢をかなえるため、定年3年前から計画的に勤務の合間を縫って必要な資格（大型車両、けん引および危険物）取得に向けて猛勉強を重ねるとともに、小月就職援護室に足繁く通って再就職先について情報収集しました。

その甲斐もあって念願のタンクローリー運転手となり、製油所や油槽所からガソリンスタンドなどに油類を配送する仕事に就くことができました。ただ、必要な資格は取得したものの、私は実務経験がなく、土地勘もあまりなかったため、最初は先輩社員が助手席に座り、マンツーマンで教えてくれました。

当初は車両感覚や配送ルートを覚えるのに苦労しましたが、自衛隊で整備員として身に着けた安全意識や責任感を生かし、現在まで無事故で勤務しています。

最後に現職の方々にアドバイスするとすれば、自衛官としての生活はいつか終わりがきます。早い時期から自分が何をやりたいかをしっかり考え、援護室の方々と相談しながら計画的・具体的に準備をしていけば、必ず活路は見いだせると思います。

朝雲・栃の芽俳壇

畠中草史　選

無人駅一輪挿しの梅香る　熊谷・空OB　明田 眞雅

住民が何くれと無く管理しているのであろう。時々の花を活けて人への優しさが伺える。

地に降りて胸ふくらます寒雀　横浜・一般　福本 祥子

上五、中七の描写が季題をより幅広く楽しく、さらには愛くるしくさせている。凝視の成果。

今はただ籠りに徹す冬木の芽　宮崎・空OB　髙木 智念
新雪の踏み跡たどる奥の宮　恵庭・陸OB　足立 徹
宇佐山に真向かふ暮し日脚伸ぶ　大津・陸OB　丸岡 正男
さざ波に光集めて春の風　熊谷・空OG　福元万理子
奉安殿百葉箱の冠雪　町田・陸OB　岩原 滋利
大寒や人なき路地の赤ちょうちん　熊谷・空OG　佐藤 玲美
神宮を暗めて杜の初時雨　鹿島・陸OB　一ノ瀬恵昭
音立てて筑波の空へどんどの火　浜松・空OB　宮本 立勇
如月や風頬に手に刺す朝　西東京・空OB　水島 孝雄
寒暁や鵜の棹列ね入江越す　浜松・空OG　塩見 惇子
赤城山日毎色づく春となり　熊谷・空OB　蓮佛志向子
八十歳寒九の水を噛むやうに　館山・海OB　斎藤 一向
豆まきに息切らしけり鬼となり　熊谷・空OG　関谷 桂子
敷藁に日射したっぷり寒牡丹　相模原・海OG　折口 桂子
牛の像座して梅見の天神社　あきる野・一般　小和田一男
軒先に小魚干して島の冬　高松・陸OB　渡辺 成典
松過ぎて師の忌の近し朱筆読む　熊谷・空OG　関田 絹江
松明けのほつとくつろぐ家居かな　浜松・空OG　鈴木和歌恵
懐炉貼る背中と腹と両足と　相模原・一般　森 謙二
夕暮の田の白鳥の賑々し　富谷・陸OB　加川 師亭
落城の哀史を秘めて山眠る　小牧・陸OB　松岡 魚青
赤ちょうちん心ひかるる寒き夜　熊谷・空OB　工藤 敏雄

選者作品
水源といふ森の沼水烟る

投句歓迎！
▽郵便はがきの裏面に未発表の自作3句以内と氏名、年齢、職業（自衛官・事務官＝所属部隊＝、OB、家族、一般など）、住所、電話番号を記入▽締め切り毎月15日▽宛先＝〒162-8801東京都新宿区市谷本村町5の1 防衛省D棟市ヶ谷記者クラブ朝雲俳句係☎03（5225）1750、専用線8・6・25515

詰碁

第1254回出題

出題　日本棋院
九段　曲 励起

白先

『黒を無条件で取って下さい』。5分でできれば中級以上です。

▶詰碁、詰将棋の出題は隔週です◀

詰将棋

出題　日本将棋連盟
九段　石田 和雄

≫第838回の解答≪

【正解】▲1五金△同香▲3四飛△同銀▲1三馬△同玉▲1四金までの七手詰め。

【解説】▲1五金の豪快な捨て駒は気付きにくいでしょう。続く▲3四飛もその継承手で絶妙。五手目▲1三馬がピッタリの決め手となって詰み上がり。短手数ですが結構難問。

▲先手 持駒 飛金金

朝雲

発行所 朝雲新聞社
〒160-0002 東京都新宿区四谷坂町12−20 KKビル
電話 03(3225)3841
FAX 03(3225)3831
振替00190-4-17600番
定価一部170円、年間購読料9170円（税・送料込み）

本号は10ページ

初開催に向け協力確認

日・太平洋島嶼国国防大臣会合

防衛省が主催する初の大臣級多国間会合「日・太平洋島嶼国国防大臣会合（JPIDD＝ジェイピッド）」の開催に向けた準備会合が3月3日、防衛省と南太平洋のフィジー、パプアニューギニア、トンガの主要3カ国の国防省などを結んでオンラインで開かれた。JPIDDは昨年4月5日に東京で行われる予定だったが、新型コロナウイルスの世界的な感染拡大の影響で延期となっている。会合では今後、コロナの収束状況を見極めつつ、より適切な時期に当初の予定通り対面での開催を目指していく方針で一致した。

松川政務官「コロナ見極め、適切な時期に」

JPIDDは、太平洋島嶼国の中で軍隊を有するフィジー、パプアニューギニア、トンガの3カ国から国防大臣を招くとともに、オーストラリアやニュージーランド、その他11カ国の太平洋島嶼国のほか、インド太平洋地域に関係の深い米英仏やカナダからも実務者を招き、安全保障上の課題について意見交換する計画で準備が進められている。

今回、テレビ会議形式で開かれた準備会合には、防衛省から松川るい政務官と野口泰防衛政策局次長をはじめ、フィジーからはジョジ・ドゥムクロ国防省副次官代行、パプアニューギニアからはジェフリー・ジョン国防省政策局長、トンガからはシオネ・ウラカイ国防軍副参謀長が出席した。

会合の冒頭、英語でスピーチした松川政務官は、新型コロナの影響で1年近く開催が延期となっているJPIDDについて、「世界的なコロナの感染状況を踏まえつつ、適切な時期に開催し、災害対応、気候変動、海洋安全保障などの共通課題に関して意見を交換するとともに、法の支配に基づく『自由で開かれた海洋秩序』の維持・強化に向けて、防衛協力・交流を深化していきたい」と呼び掛けた。

この後、参加者たちは、▽コロナをはじめとする感染症対策▽HA／DR（人道支援・災害救援）▽気候変動▽海洋安全保障分野における防衛当局の役割——などをめぐって活発な意見を交わした。

その上で日本を含む4カ国のメンバーは、防衛当局間のコミュニケーションを継続し、「自由で開かれたインド太平洋」の維持・強化に向け、2国間・多国間の防衛協力・交流を引き続き推進していくことで一致。JPIDDの開催に向けて引き続き緊密に協力することを確認した。

防衛省では昨年1〜2月に山本朋広副大臣（当時）が同省の政務三役として初めてフィジー、パプアニューギニア、トンガの3カ国を訪れ、各国の国防相に招待状を手渡しており、各国ともJPIDDへの参加に前向きな意向を示している。

JPIDDの準備会合で「防衛協力を深化していきたい」と各国に呼び掛ける松川るい政務官（手前左）。その右は野口泰防衛政策局次長（3月3日、防衛省で）

◇太平洋島嶼国

赤道を挟んで南北太平洋に広がる島嶼国家群の総称。▽ミクロネシア（キリバス、ミクロネシア連邦、パラオ、マーシャル諸島、ナウル）▽メラネシア（パプアニューギニア、ソロモン諸島、フィジー、バヌアツ）▽ポリネシア（サモア、トンガ、クック諸島、ツバル、ニウエ）の3地域14カ国から成る。小さな島々が広い海域に散在しているのが特徴で、地震やサイクロンなどの自然災害や海面上昇の問題など、国土の脆弱性が国際的にも懸念されている。防衛省では「自由で開かれたインド太平洋」ビジョンを推進する上で重要な地域と位置付けている。

岸防衛相

宇宙作戦隊を視察

パイオニアの役割に期待

岸防衛相は2月27日、井筒空幕長を伴って空自府中基地（東京都府中市）を訪れ、昨年5月に新編された宇宙作戦隊などを視察し、隊員を激励した。

宇宙作戦隊では初代隊長を務める阿式俊英2佐からブリーフィングを受けた後、同隊の隊員約20人が勤務する施設を視察。続いて航空気象群を視察し、群司令の阿蘇晋一1佐らから中枢気象隊に関する説明を受けた。このほか、航空支援集団司令官の金古真一空将や、航空開発実験集団司令官の森川龍介空将らとの懇談も行われた。

最後に金古支援集団司令官以下約40人の隊員に訓示した大臣は、宇宙作戦隊について「今はまだ規模の小さな部隊だが、宇宙領域において果たすべき役割と期待は非常に大きい。今後も米国やJAXAと緊密に連携し、宇宙空間の常時監視体制の確立に向けて一層尽力することを期待する」と期待感を表明。全隊員に対し「我が国の平和と安全は自らの双肩にかかっていることを強く自覚し、日々の任務にさらに精励してほしい」と激励した。

視察後、岸大臣は記者団に「宇宙領域はこれから大変重要な分野だ。宇宙作戦隊には新領域におけるパイオニアとして国民からの期待と負託に応えられるよう、研鑽を積んでいくことを期待している」と語った。

空自の宇宙作戦隊を視察し、記念撮影に臨む岸防衛相（中央）。その左は隊長の阿式俊英2佐（2月27日、府中基地で）＝防衛省提供

岸防衛相

防衛交流を促進

UAE新駐日大使と会談

UAEのアルファヒーム次期駐日大使（左）の表敬を受けた岸防衛相（2月24日、防衛省で）

岸防衛相は2月24日、アラブ首長国連邦（UAE）の次期駐日大使として来日したシハブ・アフメド・モハメド・アルファヒーム氏の着任あいさつに伴う表敬訪問を受け、防衛省で会談した。

岸大臣は歓迎の意を表した上で、「日本とUAEは『包括的・戦略的パートナーシップ・イニシアチブ』の下、さまざまな分野で2国間協力が進展している。中東地域の平和と安定は、我が国と国際社会にとって非常に重要だ。中東地域における緊張緩和、情勢の安定化に向けて貴国と協力していきたい」と述べた。

これに対し、アルファヒーム新大使は「我々2国間の関係は非常に強力で重要なものだ」と強調した上で、中東地域における日本関係船舶の安全航行の確保を目的にオマーン湾やアラビア海北部などで情報収集活動に当たる自衛隊に対する同国の支援についても触れ、「地域と世界の平和と安全のために共に協力していきたい」と流暢な日本語を交えて応えた。

日本とUAEの防衛当局間では2018年5月に「防衛協力・交流覚書」を締結。覚書は同年4月にUAEを訪問した安倍晋三首相（当時）とムハンマド皇太子兼UAE軍副最高司令官との会談の合意を受けて実現したもので、2国間会議や相互訪問のほか、教育・研究分野を含むさまざまな防衛交流を促進していくことが明記されている。

UAE参謀長とテレビで会談

山崎統幕長

山崎統幕長は3月2日、アラブ首長国連邦軍参謀長のハマド・モハメド・サーニ・アル・ルメーシー陸軍中将とテレビ会談を行い、国際社会と地域の平和と安定のため、共通の課題に対し、引き続き共に対応していくことで一致した。

会談で山崎統幕長は、今年2月にUAEで開催され、防衛装備庁からも装備官が出席した「第15回国際防衛展示会（IDEX2021）」と「海軍防衛展示会（NAVDEX2021）」が成功裏に終了したことに祝意を述べ、日UAE間の防衛協力・交流の重要性を確認した。

両者は「自由で開かれたインド太平洋」に向けての協力についても強化していくことで一致した。

29年ぶり音響測定艦「あき」が就役

海自の平成29年度計画音響測定艦「あき」（2900トン）の引渡式・自衛艦旗授与式が3月4日、岡山県玉野市の三井E&S造船玉野艦船工場で行われ、同艦は同日付で海洋業務・対潜支援群（船越）隷下の1音響測定隊（呉）に編入された。音響測定艦の就役は平成4年に就役した「はりま」以来、29年ぶり。

「あき」は双胴のSWATH型を採用した「ひびき」型の3番艦で、広範囲の海中音波を探知できる曳航式ソーナー「SURTASS」を装備。船体後部にはヘリ飛行甲板を備え、基準排水量は従来艦より50トン増えた。

音響測定艦は海自艦艇では唯一、乗員を固定しない「クルー制」を導入しており、「あき」の就役に伴い、1音隊は「3隻・4クルー体制」となる。

式は、三井E&S造船の古賀哲郎社長と中国四国防衛局の森田治男局長との間で引渡書・受領書の交換が行われた後、園田直紀呉地方総監が艦長の間宮政信2佐に自衛艦旗を授与。この後、乗員により「あき」艦尾の旗竿に自衛艦旗が掲げられた。式後、「あき」は関係者に見送られて玉野を出港、翌5日に母港となる呉基地に初入港した。

山村海幕長は3月2日の記者会見で「昨今の我が国周辺の軍事情勢をめぐり、従前から海洋の音響情報を収集する必要性があった。今後はより多くの〝目〟（センサー）で稼働率を上げ、音響情報を収集する体制をとっていく」と述べた。

海自の音響測定艦「ひびき」型の3番艦として29年ぶりに就役した「あき」（3月4日、岡山県玉野市の三井E&S造船玉野艦船工場で）＝海自提供

春夏秋冬

戦略的自律性と不可欠性

小谷 賢

本年1月に米国でバイデン新政権が成立し、その外交政策の方針が注目された。特にトランプ前政権下で悪化した米中関係の改善が期待されたようだが、今の所その兆しはなく、バイデン政権も基本的にはトランプ政権の対中政策を踏襲していくようである。本年1月に成立した2021年国防権限法は、引き続き中国を経済的な競争相手と見なす内容であり、また2月には同大統領が、米国の重要技術に関わるサプライチェーン、エネルギー、農業、公衆衛生、軍事等の分野で、緊急事態を想定した供給の抜本的な見直しを命じた。ここでは中国が名指しされることはなかったが、その意図する所は明白だ。

コロナ禍の影響もあり、米中、さらに欧露などは、有事の際に他国を頼らないという「戦略的自律性」の確立に躍起になっている。我が国も戦前に大東亜共栄圏という形で自給自足の戦略を実現しようとしたが、周知の通り失敗した。失敗の原因は、軍事力という手段で領域支配という目的を達成しようとし、他国の反発を招いたためだ。それに対して現在の米中はまず国内の技術力向上や経済拡大に努め、それを軍事分野に取り込んだり、同盟国に供給することによって戦略的自律性を高めようとしている。自らの技術や製品がグローバルスタンダードになれば、他国に頼る必要性はないというわけだ。もちろんいざとなれば軍事力の使用も厭わない構えだが、それは最後の手段として位置付けられている。

それでは我が国も戦略的自律性を追求すべきなのか、という話になるが、天然資源に恵まれない貿易立国の日本が、軍事力の担保もなしにそれを目指すことはあまり現実的ではない。昨年12月に発表された自民党政務調査会の提言書「『経済安全保障戦略』の策定に向けて」では、我が国が追求すべき方針として、戦略的自律性の強化とともに「戦略的不可欠性」の獲得を目指す方針が掲げられている。戦略的不可欠性とは、世界で唯一無二の技術を獲得することで、国際政治・経済における自国の立場を必要不可欠なものに高めようとするものだ。台湾の半導体生産技術などはそれにあたり、現在、台湾はIT分野で世界的な戦略的不可欠性を維持している。今後、米中の覇権争いは少なくとも20年は続くと予測されるため、我が国も独自の戦略的不可欠性を獲得、維持していくことを目標とすべきであろう。

（日本大学危機管理学部教授）

中央病院で「優先接種」開始

コロナワクチン 福島病院長以下5人

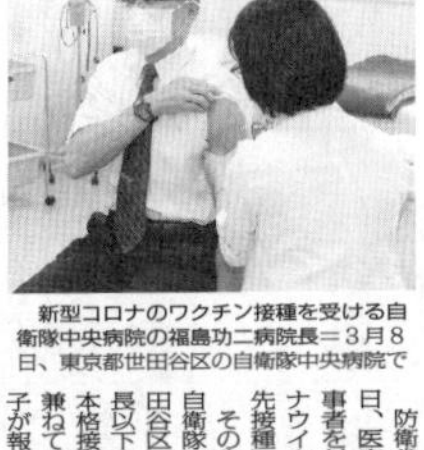

新型コロナのワクチン接種を受ける自衛隊中央病院の福島功二病院長＝3月8日、東京都世田谷区の自衛隊中央病院で

防衛省・自衛隊で3月8日、医官や看護官ら医療従事者を対象にした新型コロナウイルスワクチンの「優先接種」が始まった。

その先駆けとして同日、自衛隊中央病院（東京都世田谷区）では福島功二病院長以下5人が、翌日からの本格接種を前に手順確認を兼ねて接種を受け、その様子が報道陣に公開された。

5人は問診を受けた後、同病院の感染症科医官からファイザー社製のワクチンを一人0・3ミリリットルずつ順番に接種され、15分間の経過観察を行った。中央病院では今月中に事務官等を含む全職員約千人に1回目の接種を行う予定だ。

防衛省・自衛隊では全国の医官や看護官、衛生隊等に勤務する隊員など計約1万4000人が「優先接種」の対象となっており、今後、ワクチンが届き次第、順次接種が行われる。

福島病院長は記者会見で「東京都から詳細な説明を受けていたのでスムーズに準備ができた。コロナの感染を防ぐ上ではワクチンが非常に大きな役割を果たすため、医療従事者に優先的に接種してもらい、リスクを下げて患者対応してもらうことは大きな意義がある。しっかりとワクチンを接種し、副反応に注意しながら積極的に接種を進めていきたい」と語った。

朝雲寸言

「大きな公園ができるようです」。海岸付近を眺めていると見知らぬ老人が教えてくれた。久し振りに訪れた日和山公園から見た石巻市の南浜地区では大きなクレーンが何台も動いていた。東日本震災が引き起こした津波が人も車も建物も全てを奪っていった海沿いの地域である▼自然は不思議なものである。町が消滅して年月が経つうちに海岸地域は開発前の自然あふれる湿地に戻りつつあるらしい。水鳥が戻ってきたという▼石巻南浜津波復興祈念公園は震災から10年を経て今月28日に開園される。公園は約40ヘクタールの広さで園内には犠牲者への追悼や震災の教訓を伝えるための施設などが設置され、追悼の広場の周辺にかつての湿地と松林が再現される。日和山のある丘の麓に震災遺構として保存される旧門脇小学校がある。同校では下校途中の児童らが犠牲となった▼悲しみが消えることはない。しかし残った者には悲しみを乗り越えて伝えなければならないことがある。高台の公園から眺めた工事中の公園は犠牲者への祈りを込めた「地上絵」のようだと地元紙がいう。10年前の震災で着の身着のまま避難所に身を寄せた当時の小学生も大学生に成長した。「あまり覚えていないんです。ただ、震災のあった日、寒くて避難所でみんなで身を寄せ合って夜を明かしたことは忘れられません」▼生きるということはいつもの悲しみを乗り越えることなのだと思う

時の焦点

国内

大震災10年

「災間」の備えが問われる

あまりにも大きな犠牲に、教訓という言葉は軽々しく響くことがある。しかし、被災地の復興に力を注ぎながら、次の災害への備えに万全を期すことが、残された我々の責務であろう。

巨大な地震と津波、原子力発電所の事故が重なった東日本大震災から、10年を迎えた。死者・行方不明者が約2万2000人に上る未曽有の災害であった。

菅首相は節目の11日を前に、福島県の南相馬市など1市3町を訪問した。首相は記者団に、「哀悼の意を表明し、今後、引き続いて国が前面に立って福島復興の取り組みを行うという、私の決意を示す意味で訪問しました」と語った。

政府が定めた復興期間は今月で終わり、新年度から5年間の「第2期復興・創生期間」が始まる。1兆6000億円の復興事業費を確保し、原子力災害からの復興、住宅再建やまちづくり、産業・なりわいの再生などに取り組む。

岩手、宮城両県では復興住宅が完成して仮設住宅が解消する一方、「想定外」とされた原発事故が起きた福島県では、まだ住民が帰れない区域が残っている。

復興の進み具合や住民のニーズは、決して一様ではない。政府は、地域の課題を丁寧に把握し、きめ細かい支援に努めてもらいたい。

大震災後の10年が改めて突きつけたのは、日本は常に災害とともにあるという事実である。

2016年の熊本地震、18年の大阪北部地震と北海道胆振東部地震。さらに、台風などで毎年のように豪雨被害が発生している。

大震災が社会に与えた影響の大きさから、「戦後」にならった「災後」という言葉がある。これに対し、歴史学者の磯田道史さんは、日本史上の様々な災害を例に、むしろ「災間」ととらえるべきだと指摘している。

どんな災害も、「最後の災害」ではない。「次」が起こる前にいかに備えるかが問われるということだろう。

一口に地震といっても、具体的な被害の有りようは異なる。

関東大震災では、死亡した人の約9割が火災によるものだった。これに対し、阪神・淡路大震災では約8割が建物倒壊、東日本大震災では約9割が津波で亡くなった。

現在懸念されている南海トラフ地震や首都直下地震は、どのような被害をもたらすか。正確に予測することは土台無理ではあるが、政府や自治体、国民一人一人が最悪の想定をし、訓練を重ねることが被害を最小限にすることにつながろう。

自衛隊への期待は大きい。東日本大震災当時に首相補佐官を務めた細野豪志衆院議員が読売新聞のインタビューで、原発事故時の対応をめぐって「自衛隊の行動は日本を救ったと思います」と語っている。

国民の多くが実感するところだろう。官民の総力を挙げて、災害に強い日本をつくりたい。

宮原 三郎（政治評論家）

海外

行政命令や新法

「沈む米国」へ第一歩？

ニクソン大統領のスピーチライターだった評論家のパット・ブキャナンは長年、肝心の「国益」を忘れた一部欧米諸国の政策に警告を発し続けてきた。

「フィーリング・グッド・ナンセンス（feeling good nonsense）」と揶揄される"独りよがり"の政策に現を抜かしていれば、国家の未来が明るいはずがない。

米新政権が乱発気味の行政命令や提案中の新法、政策を見ると、ブキャナンでなくても、ぞっとしてくる。「沈む米国」がすぐそこまで迫っているようだ。

▽国境の開放＝トランプ前政権がメキシコとの国境に建設してきた不法移民の流入阻止のための壁の建設中止。今後は誰でも、新型コロナウイルス騒ぎの中でも入国できる。

国外追放も一部中止。1100万人を超える在住不法移民を合法化。国勢調査に不法移民も含める。

一度入国すれば、親戚全員を米国に呼べる権利を得る。教育や技能の程度、経歴など一切不問。

「外国人」との用語の使用を禁止する。連邦の移民法は今や、事実上無効である。

▽イラン核合意に復帰＝イランが望んだものをすべて与える。同盟国イスラエルの生存を危うくし、見返りに得るものは全くない。

イラン経済は崩壊状態で、中東諸国の大半から孤立し、軽蔑されている。

そこに米新政権は、世界で最も過激かつ反米の体制の復興に最善を尽くすわけだ。その犠牲は、アラブ世界の米同盟諸国であり、イスラエルであり、米国自身の国益である。

新大統領が外国指導者にかける慣例の儀礼的電話も、ネタニヤフ・イスラエル首相には就任から約1カ月後。世界中がこれを眺めて確信した―米国はもうイスラエルを支援しない。

▽原油パイプライン計画の建設認可取り消し＝カナダ西部から米中西部まで原油を運ぶ大型プロジェクトのパイプライン計画「キーストーンXL」。

環境保護を重視するオバマ政権は2015年、建設申請を却下したが、トランプ政権は17年の就任直後に建設を承認、両国で建設作業が進んでいた。

認可取り消しで少なくとも1万1000人の米労働者が失業。高利益のエネルギー産業を潰し、米国を再び、非同盟国の外国産の原油に依存させる結果になる。

▽「パリ協定」に復帰＝地球温暖化対策の国際的枠組みへの復帰が、米経済の崩壊への第一歩になるのは確実。石油、石炭など数百万人が仕事を失い、グリーンエネルギー（太陽光や風力）に依存しなければならなくなる。

▽対中国＝新型コロナウイルスに関して、「チャイナ・ウイルス」との用語の使用を禁止。中国との貿易戦争を終結。中国に米国の電力送配電網へのアクセスを認める。

かつては（中国が）恐れた米国が今や、「キーストン・コップス（サイレント映画時代に人気があった警官隊のドタバタ喜劇）」みたいになって、中国もさぞ笑いこけているだろう。

草野 徹（外交評論家）

防衛医大で卒業式

岸防衛相「医療水準向上に貢献せよ」

医学科42期　看護学科4期

卒業式の後、恒例の帽子投げを行う医学科42期、看護学科4期学生たち。手前は号令をかけた医学科の塚島大地学生（3月6日、防衛医科大学校体育館兼講堂で）

防衛医科大学校（埼玉県所沢市、四ノ宮成祥学校長）の卒業式が3月6日、同校で行われ、医学科42期学生74人と看護学科4期学生102人（自衛官コース60人、技官コース42人）に卒業証書と学位記が授与された。

式には岸防衛相、島田事務次官、山崎統、湯浅陸、山村海、井筒空の各幕僚長らが出席。新型コロナの感染防止のため、家族、来賓を招かずに行われた。最初に四ノ宮学校長が両科学生の各代表に卒業証書と学位記を授与。その後、医学科の大原悠学生が「医師の誓い」を、看護学科の渡辺愛香学生が「看護師の誓い」をそれぞれ読み上げ、医師・看護師としての決意を表明した。

岸大臣は訓示で昨年12月に大阪府の新型コロナの医療支援で防医大の教官である看護官が活躍した点に触れ、「緊急事態や有事の際には、市中の医療従事者では対応できない症例に直面する。第一線の自衛官は、命を守ってくれる体制があると信じられるからこそ、使命を果たすことができる。まさにここに諸君の力が必要だ。我が国の医療水準の向上にも貢献できるような医療人を目指してほしい」と激励した。

四ノ宮学校長は式辞で「医学界で世界のトップを牽引していくリーダー的存在になってもらいたい。自身の夢を実現し思いやりと探求心をもって成長し続ける人であることを願う」とはなむけの言葉を贈った。

任命・宣誓式では、各幕僚長が卒業生を自衛官に任命し、卒業生を代表して向井頌之陸曹長、一尾幸輝海曹長、大澤茉由空曹長が防衛大臣に宣誓を行い、自衛隊の医官・看護官としての第一歩を踏み出した。

高級課程合同卒業式

豪留学生含む陸海空自45人が任地へ

3自衛隊の「高級課程合同卒業式」で沖邑統幕学校長（左）から卒業証書を授与される学生たち（3月5日、目黒基地で）

統幕学校と陸自教育訓練研究本部、海・空自の幹部学校は3月5日、目黒基地の大講堂で「自衛隊高級課程合同卒業式」を行った。

同課程の学生45人（陸17、海12、空15、豪海軍留学生1）は昨年3月末、3自衛隊の「幹部高級課程（陸79期、海80期、空77期）」に入校。それぞれの課程で研さんを積んだ後、統幕学校の「統合高級課程（29期）」に進み、リモート講義や防衛戦略のグループ研究などを通じて統合運用に関する広範な知識と技能を修得した。

卒業式には、中山副大臣、山崎統、湯浅陸、山村海、井筒空各幕僚長、学校職員など約30人が出席。今年は新型コロナ対策として、部外来賓の出席は見送られた。

最初に学生長の上野富一郎1陸佐が課程修了を申告。この後、沖邑佳彦統幕学校長が卒業生一人一人に卒業証書を授与し、「統合運用体制のさらなる強化のけん引者として本課程を通じて得た知識・技能を統合運用の実効性向上のために大いに役立て、各配置で活躍することを期待する」と卒業生を激励した。

続いて中山副大臣が訓示し、「陸・海・空自衛隊が単純な合計ではなく、それ以上の成果をもたらすよう、真に最適化された統合運用をいかに作り上げていくべきかを考え、より高みを目指すことを使命の一つとしてほしい」とエールを送った。

この後、山崎統幕長が登壇し、①多次元統合防衛力の実現に向け、果敢に挑戦せよ②強いリーダーシップを発揮し、使命を完遂せよ――の2点を要望。「いかなる状況においても自らを奮い立たせ、それぞれの伝統を生かし、全身全霊をもって自らの使命を完遂してほしい」と述べた。

卒業生は式後、学校職員らに見送られ、さっそうと行進、それぞれの任地に向かった。

FFM1番艦「もがみ」進水

海自の新型多機能護衛艦（FFM）の1番艦として進水した3900トン型護衛艦「もがみ」（3月3日、三菱重工業長崎造船所で）＝海自提供

対機雷戦能力も備えた海自の平成30年度計画多機能護衛艦（3900トン型、30FFM）の命名・進水式が3月3日、長崎市の三菱重工業長崎造船所で行われ、同艦はFFMの1番艦として「もがみ（最上）」と命名され、進水した。

「もがみ」は、従来の護衛艦の装備に加え、掃海艦艇の装備を併せ持つ多機能護衛艦。水中無人機（UUV）、水上無人機（USV）、簡易型機雷敷設装置などを搭載し、対潜戦、対空戦、対水上戦のほか、対機雷戦にも対応できる。

式は出口佳努佐世保地方総監の執行で行われ、出口総監が防衛省を代表して防衛大臣の命名書を読み上げ、支綱を切断。「もがみ」はゆっくりと長崎湾に進水した。

艦名は山形県を流れる「最上川」に由来し、艦番号は「1」。艤装員長は関健太郎2佐で、就役は令和4年中の予定。

FFMはすでに2番艦の「くまの」が11月19日に三井E&S造船玉野艦船工場で進水しており、2隻同時に建造が進められている。

日米陸軍種間の指揮官が一堂に

シニア・リーダーズ・セミナーTV会議

陸幕主催の「第39回シニア・リーダーズ・セミナー」が2月25、26の両日、日米の陸上部隊間をオンラインで結び、テレビ会議方式で開催された。

同セミナーは太平洋地域の日米陸軍種間の指揮官が一堂に会し、現状の問題について語り合う会合。今回は陸自から湯浅陸幕長、米国から太平洋陸軍司令官のポール・ラカメラ大将、太平洋海兵隊司令官のスティーブン・ラダー中将らが出席した。

内容について、湯浅陸幕長は3月4日の会見で「日米陸軍種間の連携を通じ、日米同盟の抑止力・対処力をさらに強化していく方向で認識を共有した」と成果を述べた。

シニア・リーダーズ・セミナーで米軍の司令官らとテレビ会談を行う湯浅陸幕長（陸幕で）

過去最大20カ国が参加

海幹校が海軍大学セミナー

海自幹部学校が主催する「第24回アジア太平洋諸国海軍大学セミナー」が2月23日から26日まで、初めてオンライン形式で開催され、過去最大となる20カ国の海軍大学教官らが参加した。

同セミナーは例年、世界各国の海軍大学の教官や研究者らを幹部学校に招いて行われていたが、今年は新型コロナウイルスの影響から、ネットを使ったウェビナー形式で開かれた。

今回は米、英、仏、印、豪、加、中、露、韓、比、タイ、ベトナム、シンガポール、マレーシア、ブルネイ、インドネシア、ニュージーランド、チリ、ペルーの教官らがリモートで参加、国内からも笹川平和財団の研究員が加わった。

セミナーは東京都港区の会議スペースと参加19カ国をオンラインでつなぎ、「自由で開かれたインド太平洋における海洋安全保障のための海軍間の協働」をテーマに行われた。

真殿知彦学校長は開会のあいさつで、「第1回セミナーの参加国は4カ国と小規模なものだった。今年はウェビナー開催が功を奏し、過去最大の20カ国から参加を得ることができた。本セミナーで議論し、相互理解を深めることは、我々自身がインド太平洋を平和かつ安定的に利用し、各国に繁栄をもたらす礎になる」と述べた。

この後、前統合幕僚長の河野克俊元海将がビデオによる基調講演を行い、我が国を取り巻く安全保障環境などについて話した。

参加者は期間中、▽人道支援・災害救援（HA/DR）活動▽大規模災害対処協働事例からの教訓▽コロナ禍後の国際社会における海軍間の協働の重要性――について討議。このほか、バーチャル形式で日本の文化にも触れた。

リモート形式で開催された「第24回アジア太平洋諸国海軍大学セミナー」であいさつする真殿知彦学校長（2月26日、東京都港区のAP新橋で）＝海自幹部学校提供

防衛省発令

▽3師団司令部（3特科隊長兼姫路駐屯地司令）1陸佐 高倉 敬
▽3特科隊長兼姫路駐屯地司令（補給統制本部人事課長）同 小松 隆司
（以上3月1日）
▽海幕厚生課（4護衛隊司令）1海佐 坂野 祐輔
▽4護衛隊司令（1護衛隊群首席幕僚）同 髙橋 秀彰
（以上3月4日）
▽統幕防衛課付（海自幹部学校付）1海佐 大矢 実
（空自幹部学校付）1空佐 小森 貴文
▽海幕防衛課（海自幹部学校付）1海佐 山口 大輔
（同）同 堀内 智治
▽同運用支援課（同）同 中井 孝泰
（同）同 稲垣 芳朗
▽同指揮通信課（同）同 熊取谷 行
（同）同 頼経 孝二
▽1護衛隊群首席幕僚（同）同 田中 信也
▽海洋業務・対潜支援群首席幕僚（同）同 山口 誠
▽呉造修補給所（同）同 植松 政人
▽解海自4術科学校研究部長兼補 海自4術科学校副校長 同 藤井 信光
▽海自4術科学校研究部長（同）同 中嶋 智己
▽空幕総務課（空自幹部学校付）1空佐 武田 洋平
▽同会計課（同）同 齋藤 祐介
▽同人事計画課（同）同 東郷 博之
▽同防衛課（空自幹部学校）同 高倉 征宏
▽同装備体系課（空自幹部学校）同 坂本 真裕
▽同運用支援課（空自幹部学校付）同 関根 宏輔
（同）同 壹岐 香里
▽同整備・補給課（空自幹部学校）同 奥村 昌弘
▽航空総隊司令部（空自幹部学校付）同 湯浅 将史
▽航空支援集団司令部（同）同 佐野 公則
▽空自幹部学校 同 小林 幹生
（同）同 岸本 覚
（同）同 村林 芳雄
（以上3月6日）
▽統幕運用3課（教育訓練研究本部付）1陸佐 青山 佳史
▽同計画課（同）同 藤田 明大
▽同指揮通信システム企画課（同）同 保田 亮
▽陸幕総務課（同）同 上野富一郎
▽同会計課（同）同 河野 誠司
▽同補任課（同）同 中村 康男
▽同運用支援課（同）同 小林 直基
▽同防衛課（同）同 福島 政則
▽同通信電子課（同）同 下平 隆晴
▽同指揮通信システム課（同）同 横尾 学
▽西部方面総監部防衛部（同）同 髙田 剛一
▽12旅団司令部（同）同 廣山 俊一
▽14旅団司令部（同）同 佐々木久史
▽4施設団本部（同）同 伊藤 健晋
▽富士学校（同）同 原田 浩平
▽教育訓練研究本部（同）同 前田健一郎
▽補給統制本部人事課長（教育訓練研究本部）同 堀川 佳紀
▽海自幹部学校付（きりさめ艦長）1海佐 白石 豪
（以上3月8日）

相互理解と絆深めた日米豪共同訓練「コープ・ノース21」

空自がHA／DR初統括

制限や縮小でも手応え十分

人道支援・災害救援訓練

米空軍のB52戦略爆撃機を先頭に、グアム島の上空で編隊飛行を行う日米豪の参加部隊の航空機（2月9日）＝米軍提供

米グアム島のアンダーセン空軍基地などで約1カ月間にわたって行われた日・米・豪の共同訓練「コープ・ノース21」が2月28日、終了した。今年は訓練全体で各国の航空機約100機、約2200人が集結。空自からはF15、F2戦闘機など航空機約10機、約260人が参加した。井筒空幕長は3月4日の記者会見で同訓練の成果について「今回はHA／DR（人道支援・災害救援）訓練で空自が初のリードプランナー（統括役）を務めた。しっかりと任務を全うし、各国からも高く評価された」と述べた。

アンダーセン空軍基地で米・豪軍の兵士と協議する空自のパイロット（左から2人目）＝1月27日

米軍の兵士（左）とともに地上給油訓練を行う空自の隊員（2月12日）

アンダーセン空軍基地の誘導路を列をなして進む2空団のF15戦闘機（2月10日）

全ミッション完遂

「コープ・ノース21」は日・米・豪3カ国航空部隊等の共同対処能力、相互運用性の向上などを目的に、グアムの広大な空域を舞台に各種訓練が実施された。

空自は訓練指揮官を2空団（千歳）飛行群司令の門田大輔1佐が務め、2空団からF15戦闘機6機をはじめ、8空団のF2戦闘機3機、警空団（浜松）のE767早期警戒管制機1機、3輸空（美保）のC2輸送機1機などが展開し、それぞれ飛行訓練などに臨んだ。

米・豪との共同訓練では、空自のF15などが米軍の仮想敵飛行隊（アグレッサー）などを相手に、防空戦闘、対戦闘機戦闘、電子戦などに取り組んだ。

3カ国による「人道支援・災害救援（HA／DR）訓練」には、基地警備隊（百里）の約10人と3輸空の約100人が加わり、飛行中のC2輸送機からパラオ・アンガウル島への物料投下や防護服を着用した航空患者搬送などを演練。

空自はC2に搭載した「機動衛生ユニット」を使用した患者搬送訓練を行ったほか、同ユニットの機能を参加国の隊員にも展示した。今年は参加国の調整などを担当する「リードプランナー」を空自が初めて務め、計画立案から実行まで、一連の過程を統括した。

空自の訓練指揮官を務めた門田1佐は「日米豪が共同訓練統制所で緊密に連携し、互いの能力を出し合って協力することができた。その結果、通常のコープ・ノースでは経験できない形で相互理解と絆を深め、共同対処能力と相互運用性を向上させることができた」と総括した。

一方、HA／DR訓練の指揮官を務めた支援集団運用課長の山本仁1佐は、「感染症（コロナ）対策で訓練規模の縮小や各種制限はあったが、これまで以上の訓練成果が得られた。参加全隊員の尽力に心から感謝する」と語った。

F15部隊を指揮した2空団201飛行隊長の大島悟2佐は「各国のアセット（装備）の特徴・能力、戦技・戦法などの理解を深められ、計画したすべてのミッションを完遂して空自部隊の整備能力と士気の高さを示すことができた」と隊員たちをたたえた。

C2部隊を指揮した3輸空の赤松貴之3佐は「各参加部隊の規律の高さと3カ国の結束の強さを感じた。今後もC2輸送機は世界を舞台に活躍することが求められており、帰国後も今回の成果を踏まえ、さらなる精強化にまい進したい」と述べた。

米軍の整備員（左）とF15の整備交換訓練を行う空自の女性整備員（2月9日）

アンダーセン空軍基地内にあるノースウエストフィールドに着陸する3輸空のC2輸送機（2月8日）

炎天下、防護服を着て患者の搬送訓練を行う空自隊員ら（2月7日）

精強化へまい進

飛行中のC2輸送機からパラオのアンガウル島に救援用の物料を投下する3輸空の隊員（2月11日）

米軍兵士（左）の警護下、3輸空のC2輸送機から降り立つ空自隊員（2月8日）

米空軍のC130輸送機（奥）を小銃を持ち警護する空自隊員（2月10日）

飛行場エプロン地区での模擬給油訓練で米軍のF16（後方）にホースをつなぐ空自隊員（2月5日）

写真で振り返る東日本大震災

捜索活動を終えて被災地を離れる前、犠牲者を悼んで献花を行う陸自13旅団の隊員ら（5月10日、福島県新地町で）

水素爆発を起こして大破した福島第1原発3号機の建屋に放水し、冷却作業を続ける陸自の高圧消防車。決死の任務だった（3月18日）

福島県浪江町の放射能汚染地域で防護服をまとい、行方不明者の捜索に当たる陸自17普連の隊員たち（5月5日）

「かならず見つけてやるぞ！」との強い決意で冠水地帯で行方不明者の捜索を続ける陸自1特科団の隊員たち（4月11日、宮城県石巻市の釜谷地区で）

統合任務部隊を初編成

全国から10万人集結

岩手県田野畑村で降雪の中、行方不明者の捜索活動に当たる陸自2特連の隊員（3月16日）

被災地で民家を巡回し、住民の健康状態をチェックする2師団の衛生隊員（3月19日、岩手県宮古市で）

東日本大震災から10年 自衛隊への教訓 ▷▷1◁◁

東北から関東の太平洋沿岸に未曾有の地震・津波被害をもたらした2011年3月11日の「東日本大震災」から今年で10年。自衛隊はあの時、被災者救援のため10万人体制で初の統合任務部隊を編制し、各地で人命救助や不明者の捜索をはじめ、被災住民へのさまざまな支援活動に従事した。さらに危機的状況に陥った福島第1原発の炉心を冷却するため、部隊は至近距離まで進出し放水活動なども行った。震災10年を迎え、当時、災派部隊を指揮した幹部ＯＢに自衛隊員に向けての教訓とメッセージを綴ってもらった。初回は統合幕僚長として陸海空の全部隊を指揮した折木良一元陸将。

元統合幕僚長 折木 良一 元陸将
（現・隊友会理事長）

隊員の使命感に応える責務

10万7千人派遣

近年の日本にとって最大の国家的危機であり、多くの犠牲を生じた東日本大震災が発生してから10年が経った。

東日本大震災は、地震・津波被害と福島第1原発事故の複合災害となり、現場で活動した自衛隊はもちろん、防衛省にとって北澤俊美防衛大臣をはじめ政務三役、内部部局、技術研究本部等の関係機関を挙げての総力戦となった。

自衛隊にとっては、10万7000人という派遣規模はもちろん、活動内容の多様性、放射線下の活動、米軍との共同対処等の観点からも創隊以来最大の作戦であった。

自衛隊は創隊以来、日常の教育訓練や数々の多様な災害派遣、海外での活動等により、多くの経験やノウハウを培ってきた。その究極が東日本大震災において示された使命感であり、指揮統制力、調整力、そして不屈の実行力等からなる組織力、現場力であった。

現場では、被災した家族の安否も分からないままに救出活動に参加した隊員や、不眠不休で人命救助活動をし、あるいは泥土の中で必死にご遺体を捜索する隊員がいた。

福島原発では、危険を顧みず、放射線下でヘリや地上からの注水活動等を行った。後方ではそれらを支える補給・整備等や被災者のために心のこもった生活支援を行う多くの部隊・隊員がいた。そして、それらを各級指揮官が存分に指揮統率してくれた。

統幕長としての職務遂行に当たって、防衛大臣や首相への補佐、米軍との調整、そして部隊に対して厳しい任務を要求できたのも、そういう力強い部隊・隊員がいるという信頼感があったからだ。

他方で、隊員の燃えるような使命感に応えることが指揮官の大きな責務であることを身をもって感じた。

実運用の一元化

東日本大震災後、防衛省は翌年11月には「東日本大震災への対応に関する教訓事項」を取りまとめた。その後、それらを受け、多くの画期的な改善や施策が行われている。

2015年には内局の運用企画局が廃止され、統幕への実運用が一元化され、2018年には陸自の運用を一元化する「陸上総隊」が新編された。また、初動対応態勢の強化、NEXCO（高速道路株式会社）などの指定公共機関との連携強化、地方自治体防災関係部局への自衛隊OBの就職（現在約600名）などが進んでいる。

発災後、米軍は空母「ロナルド・レーガン」などからなる最大1・6万人が参加した「トモダチ作戦」を速やかに展開し、被災者目線で心のこもった支援をしてくれた。それは自衛隊と米軍の絆の強さの表れであり、かつ日米同盟を支えていることを改めて認識した。

この背景には、長年の日米共同訓練や指揮官・幕僚間の対話や交流が相互の信頼感としてつながっていることが大きい。

自分で守る気概

一方で、米国は、大規模な救援活動を行いつつ、福島原発事故に際しては半径80キロ以内での行動を禁止し、自国の国益と国民の安全を確保した。このことは、あるべき国家として至極当然のことである。お互いに強固な同盟関係を築くためにも、理解と自身の努力が必要だ。

まさに安全保障環境が厳しい今の時代こそ、まず「自分の国は自分で守る」という強い意志と覚悟が必要であることを再認識すべきだ。

日米の政策面においては、2015年の「日米ガイドライン」協議において、「同盟調整メカニズム」が改正され、平時から継続的に政策・運用面での調整が強化されることとなった。また、大規模災害における協力や米軍の災害訓練への参加もうたわれた。

2016年の熊本地震、北朝鮮の弾道ミサイル発射、尖閣諸島における中国の活動などについて、同メカニズムを活用しながら緊密な連携がとられている。

一方で、東日本大震災への対応の裏では、東シナ海においては海自護衛艦に対する中国公船からのヘリや小型機による異常接近や、ロシアの電子偵察機や戦闘機の活発な活動があり、自衛隊は警戒監視活動の強化を余儀なくされた。

災害と警備の両立

災害派遣の10万人態勢はこれらを予期していたものとはいえ、大規模災害に際しても防衛・警備との両立を常に念頭におくことが定石だ。

発災直後、統幕長宛てに、東京都世田谷区の匿名のお年寄りから、「自衛隊さん、助けてください。日本を守ってください」という一通のお便りをいただいた。

自衛隊は国家的危機の際に国家・国民のために、その核心に真っ先に立たなければならない。この当たり前のことを、東日本大震災から10年を経たいま、改めて思い起こしている。

東日本大震災の津波で甚大な被害を受けた宮城県の被災地を視察する折木良一統幕長（中央）。左は災害派遣活動の状況を報告する50普連長（高知）の石田和成1佐＝2011年4月13日、石巻市立大川小学校で（陸自提供）

宮城県東松島市の北上運河近くの津波被災地で、懸命に行方不明者の捜索を続ける空自隊員たち（5月26日）

3.11 あの時

2011年３月11日午後２時46分、マグニチュード9.0の観測史上最大級の大地震が三陸沖で発生した。この巨大地震とその後沿岸に押し寄せた大津波により、東日本の太平洋岸全域が甚大な被害を被った。この未曾有の災害を前にして自衛隊は初の統合任務部隊（ＪＴＦ－ＴＨ、指揮官・君塚栄治東北方面総監）を編成して対処。全国から10万人規模の隊員が被災地に駆け付け、懸命に人命救助と行方不明者の捜索に当たり、その後も半年間にわたって被災者の生活支援を続けた。あの大震災から10年。当時の陸海空３自衛隊の活動の模様を写真で振り返る。

（６面に君塚ＪＴＦ指揮官のインタビューなど再録）

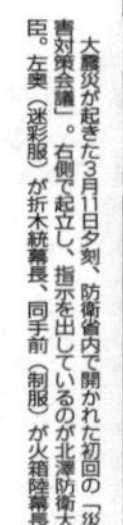

大震災が起きた3月11日夕刻、防衛省内で開かれた初回の「災害対策会議」。右側で起立し、指示を出しているのが北澤防衛大臣。左奥（迷彩服）が折木統幕長、同手前（制服）が火箱陸幕長

人命救助と捜索、生活支援 懸命に

救援物資を満載し気仙沼市内のグラウンドに着陸した海自のＭＨ53Ｅ掃海・輸送ヘリコプター。住民が手渡しで物資をトラックに積み替えた（3月18日）

雪の降る中、宮城県石巻市内で給水支援を行う空自松島基地の隊員たち（3月17日）

宮城県沖で洋上補給拠点となった海自のヘリ搭載護衛艦「ひゅうが」。写真は着艦した米軍のヘリに救援物資を積み込む乗員たち（3月15日）

DMAT隊員とともに重傷患者を機内に乗せ、小牧基地に向け飛行中の空自Ｃ1輸送機（3月15日）

東日本大震災・自衛隊統合任務部隊指揮官の「震災語録」

故・君塚 栄治陸将 1952—2015

第34代東北方面総監、第33代陸幕長

風化させないことが使命

「すべては被災者のために」「がんばろう！東北」を合言葉に、震災最前線の仙台で10万人の災派部隊を統制し、隊員たちを鼓舞し続けた陸将がいた。自衛隊初の統合任務部隊（ＪＴＦ—ＴＨ）指揮官を務めた故・君塚栄治陸将（東北方面総監、後に陸上幕僚長）である。「大震災は必ずまた来る。あの時の教訓を風化させないことが私の使命だ」と語り、退官後も東日本大震災の教訓を後世に伝えるため精力的に活動を続けていたが、震災から４年後、病に倒れた。63歳だった。2011年６月、「朝雲」紙上に３回にわたり掲載されたインタビュー記事から、君塚ＪＴＦ—ＴＨ（東北）指揮官の言葉を再録する。

東北の地を離れた後も、東京・市ヶ谷から被災地の復興に向けた支援を続けた君塚陸上幕僚長（2013年8月）

アメリカ軍の「トモダチ作戦」で東北の被災地に来援した米海軍の強襲揚陸艦「エセックス」の艦上で、米海兵隊指揮官（右）と日米共同の人道支援活動について協議するＪＴＦ指揮官の君塚栄治東北方面総監（2011年3月31日）＝米海軍提供

【大地震が発生】（仙台駐屯地・東北方面総監部庁舎の）私の部屋で部下を指導中でした。３月11日14時46分、座っていられないほどの揺れで、数分間続きました。物が倒れかかってきて、みんなで支えたり。私はすぐに非常呼集を叫びましたが、誰も聞いていなかった。かなりの揺れだったですからね。

【津波の予想】津波のことはすぐに思いました。ここは30年以内に宮城県沖地震が99%の確率で発生し、津波も予想されていましたから、（陸自も）しっかり準備していました。普通の揺れではなかったので、絶対に津波が来ると思いました。

【初動対処】記録では14時46分に非常呼集をかけています。私は指揮所に移り、そこに（ヘリ映伝の）映像が入ってきました。各県知事の災害派遣要請が宮城、岩手県から出て、上級部隊の統幕とのやりとりがどんどん始まっていった。津波、地震災害対処計画はしっかり準備しており、毎年、自治体と一体となって指揮所演習を、平成20年度からは実動演習をしていましたから、立ち上がりはものすごく早かった。

【大津波襲来】たぶん私が見たのは第２波だと思いますが、ちょうど名取に押しかけてくるところ。最初は（高さ）数メートルにしか見えなかった。それが陸に達したところで建物との比較でこれはとんでもない高さだと気が付いた。それからどんどん陸地を浸食していきましたから、もうこれは普通の津波ではない、我々が長年おそれていた大津波がついに来たと思った。

東日本大震災では東北の自衛隊施設も甚大な被害を受けた。❶は大津波にのまれた宮城県の多賀城駐屯地。❷はその後、新しく建て替えられた同駐屯地の隊舎

❸は松島基地に駐機中、津波に流され、無残な状態になった空自のＦ２戦闘機。❹はレールを使用した「曳家工事」でかさ上げ改修が行われる松島基地のＴ４ブルーインパルス格納庫

【隊員への指示】とにかく、まず人命救助。考える前に人命救助だと。そういった指示を出しました。（以後）速度重視の人命救助が部隊の運用方針になった。

【自衛隊10万人体制】量的には10万人、質的には陸海空あらゆる文化の違う隊員が（東北の被災地に）入ってきた。しかも臨時編成ですから、全く顔も知らない、考え方も知らない。それから米軍が２万人、空母も来る、そういう条件下でどうしようか。（部下に言った）「我々の前には道がない、けもの道すらない、でも我々の後ろには道ができる」「その道の良し悪しは後世の人たちに判断してもらおう」と。

【統合任務部隊（ＪＴＦ—ＴＨ）】大臣直轄部隊なので大臣（北澤俊美防衛相）とは毎日連絡を取りました。あとの方では決められた時間に連絡し、直接指示をいただいたり、不具合の報告などを毎日やっています。統幕長（折木良一陸将）とは日時にかかわらず必要に応じて連絡をとっています。指揮下部隊とはテレビ会議をしたり、必要な時は招集しています。今回、不具合、とくに法的なことや他省庁にかかわることなどをクイックリーに、現場のニーズに対応して処置してもらった。そういうことはこれまでなかったと思っています。

【隊員のケア】我々はまず現場からいかに意見を吸い上げるかということを工夫したんです。要は「耳」になる組織を特設して、部隊をずっと回った。現場の声は指揮系統を通じたら１週間くらいかかる。10万人ですからね。それをその日のうちに、現場の不具合が我々の会議の場に出るようなシステムを構築したんです。

日本での救援活動を終えて任務に戻る米海軍の強襲揚陸艦「エセックス」（奥）と見送る海自護衛艦「ひゅうが」。飛行甲板には乗員による「ＴＨＫＳ！（サンクス＝ありがとう）」の人文字が描かれている（4月6日、三陸沖で）

【長期戦への備え】（隊員には）「先憂後楽の堅持」という指針を出したんです。温かいご飯は被災者のために、冷たい缶飯を我々は食べる。食べる場所もなるべく、目立たないように車の中でと。（疲弊した隊員は）被災地から離れた（山形県の）神町駐屯地などに下がってもらって、ゆっくり風呂に入って洗濯して、休養して、また来てもらうというのが（今回整備した）「戦力回復センター」です。部隊の中で「要員交代」と「戦力回復」という２つのことをやりながら長期戦に備えました。

東日本大震災の被災地には米軍も救援に駆け付けた。この「トモダチ作戦」に参加した米海兵隊員は宮城県気仙沼市の大島で島民とともに瓦礫の除去作業に当たった（2011年４月６日）

【米軍のトモダチ作戦】私は何度も日米訓練には携わってきたけれども、（トモダチ作戦は）今までの中で最高のオペレーションだと思います。理由としては、第一に双方に信頼感があった。国と国のレベルでしっかり合意ができていたということ、そして軍レベルで信頼感があったということです。二番目は（日米の）任務分担の着意だと思います。彼らに適切な仕事が準備できたということです。彼ら２万人と空母、航空機250機の力をいかに引き出して被災者を救うか、というのが私の仕事だと思ったのです。

【発災から３カ月】最初の２カ月は私も総監室で寝泊まりしていましたが、それはみんな同じです。たまに愚痴をこぼす隊員もいますが、そういう隊員には「なぜこんなとき、ここにいるかといえば、それは運命だからだ、長い人生のうちの数カ月じゃないか、ここにすべてを賭けようじゃないか」と、はっぱをかけています。

（「朝雲」2011年６月16日付、23日付、30日付に掲載されたインタビュー記事から）

厚生・共済

特集

令和2年度本部長感謝状贈呈式・本部長表彰式

コロナ対策 支援4社に感謝状
12支部等が受賞

「令和2年度防衛省共済組合本部長感謝状贈呈式及び本部長表彰式」が2月18日、東京都新宿区の市ヶ谷会館（ホテルグランドヒル市ヶ谷）で行われました。

感謝状贈呈式では新型コロナウイルス感染症への対策の一環として帰国者等の受け入れを行った市ヶ谷会館への支援で功労があった㈱ジーエムシー、㈲品川配ぜん人紹介所、東急リネン・サプライ㈱、㈱トーカンオリエンスの4社に島田本部長から感謝状が贈られました。

本部長は謝辞で「新型コロナウイルス感染症への水際対策において（市ヶ谷会館が）帰国者などの受け入れ施設として対応を行った際には、前例のない特殊な環境の下で、最前線の緊張を伴う困難な業務をお願いしましたが、皆さまはそれぞれの分野で高い技能を駆使し、一人の感染者も出さずに業務を完遂してくれました」とお礼の言葉を述べました。

◇

本部長表彰については、今年は12支部等が受賞しましたが、本部長による表彰式は新型コロナウイルス感染拡大防止のため東京所在の市ヶ谷会館のみ実施しました。

令和2年度、組合員の福祉向上に寄与した功績で表彰された支部等は、陸自が遠軽、帯広、弘前、新町、大久保、久留米、海自が阪神基地隊、下関基地隊、空自が稚内、入間、見島、直轄が市ヶ谷会館の計12支部等でした。

島田本部長は表彰式で市ヶ谷会館の功績について、「新型コロナウイルス感染症への水際対策として帰国者等の受け入れを行い、前例のない特殊な環境のもとで滞在者へ懇切丁寧に対応し、一連の困難な業務を危険を顧みず従業員一丸となって責任感と勇気をもって実施した功績は極めて顕著なものがあった」と称え、館長に表彰状を授与しました。

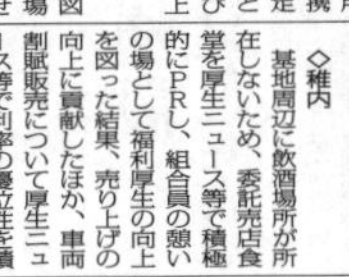

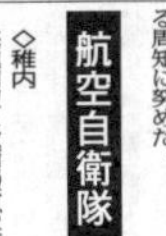
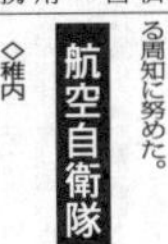
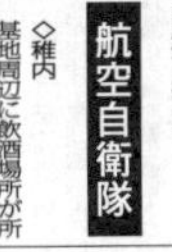

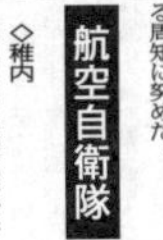

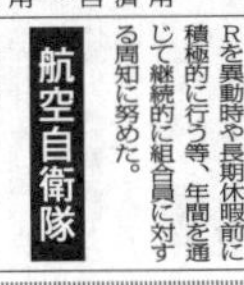

島田共済組合本部長（前列中央）から表彰状を受けたホテルグランドヒル市ヶ谷の関係者

ホテルグランドヒルの支援企業

島田共済組合本部長（防衛事務次官）から感謝状を受けた4社の代表（左側）。ホテルグランドヒル市ヶ谷の帰国者一時滞在の業務を支援したことが高く評価された

PCR検査の結果待ち滞在者の受け入れに当たったホテルグランドヒル市ヶ谷を支援し、共済組合本部長から感謝状が受けた4社の概要は次の通り。

◇㈱ジーエムシー＝客室清掃、リネン類の交換、館内清掃。

◇㈲品川配ぜん人紹介所＝客室への弁当配布・回収を行う人員の派遣、帰国者受け入れ時の警備補助、館内清掃補助など。

◇東急リネン・サプライ㈱＝タオル、シーツ類、リネン類の回収とクリーニング。

◇㈱トーカンオリエンス＝館外・館内の警備、帰国者受け入れ時のバス誘導、施設管理。

陸6、海2、空3と所属所1

陸上自衛隊

◇遠軽

委託売店の魅力化を図るため、食品会社との協議により「遠軽駐屯地カレー」を開発し、新たに土産物コーナーを設置するなど売上向上に貢献した。また、家族向けオリジナル厚生パンフレットを新たに作成し、隊員家族に配布することによって組合員の福利厚生に寄与した。

◇帯広

隊員クラブの魅力化を図るため、プレミアム・フライデーに合わせて営業時間を早め、「1000円飲み放題セール」を開催し、売り上げ向上に寄与した。また、毎月の俸給日を基準に車両展示会を開催するなど、自動車販売紹介制度の普及広報に努め、売り上げの向上に貢献した。

◇弘前

厚生センター内の談話室を整備し、委託売店の協力を得て各種情報提供ができる環境を整えるなど、組合員が利用しやすい環境の構築に努めた。商工会議所を通じた支部指定店協定の締結を積極的に実施するなど、組合員の福利厚生に寄与した。

◇新町

創立記念行事などを利用した家族への積極的な共済説明会の実施により、組合員の福利厚生に寄与した。また、共済サービスの利用促進のため、会計隊と連携して各部隊人事担当者と定期的な会合を実施することで、共済事業の施策および制度の普及に努め、売り上げ貢献に寄与した。

◇大久保

隊員クラブの魅力化を図るため、春季・秋季演習場整備の終了時期等に合わせた各種企画を実施し、売り上げ向上に貢献した。また、「特定保健指導」の受講を徹底するため、部隊人事担当者との前広な調整により受講者数を向上させ、組合員の健康管理に寄与した。

◇久留米

保健経理担当者による当該隊員が所属する部隊の先任陸曹への粘り強い受講促進を働きかけた結果、「特定保健指導」受講率を向上させ組合員の健康管理に寄与した。また、委託売店の魅力化を図るため賞与の時期に各種セールや抽選会を実施するなど組合員の購買意欲を向上させ厚生センターの活性化に寄与した。

海上自衛隊

◇阪神基地隊

委託売店の撤退後、自動販売機型無人コンビニに対応困難な雑貨等で、近隣店舗（イオンモール）の企業用割引カードの整備を整えることで組合員の福利厚生に寄与した。また、事務室売店の売り上げを図るため、電子タバコの窓口販売だけでなく、支部独自に自動販売機販売用ケースを作製し、タバコ自販機での取り扱いを実施するなどタバコの売り上げ増に貢献した。

◇下関基地隊

車両割賦販売について、厚生ニュース発行のほか、電子による共通掲示板にて積極的な広報に努め売上向上に貢献したほか、組合員に有利となる土産品等のPRを異動時や長期休暇前に積極的に行う等、年間を通じて継続的に組合員に対する周知に努めた。

航空自衛隊

◇稚内

基地周辺に飲酒場所が所在しないため、委託売店食堂を厚生ニュース等で積極的にPRし、組合員の憩いの場として福利厚生の向上を図った結果、売り上げの向上に貢献したほか、車両割賦販売について厚生ニュース等で利率の優位性を積極的に周知した。

◇入間

初となる支部内発着可能な「カーシェアリング」を導入するなど、組合員の福利厚生に寄与した。またエクセルのマクロを活用し、物資経理においてはバーコードリーダーを使いリアルタイムの在庫管理、貯金経理においては定額積立・保険貯金の源泉控除照合の自動化等により、業務の効率化を達成した。

◇見島

組合員からの要望が高い本土の山口県萩市内の宿泊施設と新たに宿泊助成契約を結び、隊外休養所宿泊施設の充実を図った。また、組合員からのアンケート調査結果を踏まえ直営売店の取扱商品の拡充を図ることにより、福利厚生に寄与した。

直轄

◇市ヶ谷会館

政府による新型コロナウイルス感染症に対する水際対策の徹底・強化に関連して、厚労大臣の依頼に基づき、PCR検査待ちの帰国者・入国者の一時滞在場所として受け入れを実施した。その後も支援業務で得た知見と高い衛生管理を踏まえたホテル運営を実施した。

「SUPPORT21」春号が完成
「北海道の道央・道南を鉄道で巡る旅」特集

共済組合の広報誌「SUPPORT21・春号」が完成しました。

本号では新緑の季節に訪れたい「北海道 道央・道南～鉄道で巡る魅力いっぱいの自然と歴史を感じる旅」を特集。札幌・千歳からJRの在来線を使って行ける白老・登別・洞爺湖・函館などを紹介しています。

まずは昨年4月、白老にオープンしたアイヌ文化を伝える「ウポポイ」（民族共生象徴空間）を訪問。さまざまな施設ではアイヌの民芸のほか衣食住なども体験できます。登別にはクマ牧場があり、かわいいクマのショーなども見学できるので親子にはお勧めです。

道南の函館に向かう途中には洞爺湖有珠山ジオパークも。約2万年前にできた有珠山と洞爺湖はロープウエーで手軽に行ける火口展望台から望めます。火山科学館ではこの地方の火山活動の歴史も学べます。

終着地の函館では、洋館が点在するノスタルジックな元町エリアを散策。幕末の箱館戦争の決戦地となった五稜郭公園では展望タワーに上がり、独特の形状の城郭が見学できます。

北海道は春から初夏にかけての自然が特に素晴らしいので、本誌を手にぜひ訪れてみてください。

今回で100回目となるシリーズ「教えて！年金」は、定年退職後の手続きを紹介。生涯生活設計の個別相談会の案内などもあるので、定年が近い方はぜひチェックを。

コロナ禍により自宅での生活が増えた組合員向けには、「コロナ太り対策レシピ！」を紹介。身体の体調を整える超時短・効率的トレーニング『HIIT』も写真入りで掲載しています。

「SUPPORT21」はご家庭に持ち帰り、ご家族でご覧ください。

年金Q&A

離婚をする際に年金を分割できますか？

原則、2年を経過するまでに請求を

Q　離婚を考えている組合員です。離婚をする際に年金を分割する制度があると妻から聞きましたが、それはどのような制度ですか。

A　厚生年金制度（平成27年10月1日前の共済年金制度を含みます。）に加入されている方、または加入していた方が離婚等をした際に、年金計算の基となる標準報酬月額及び標準賞与額（以下「標準報酬」といいます。）を当事者間で分割することができる制度を「離婚時の年金分割制度」といいます。年金分割制度には、「合意分割」と「3号分割」があり、分割の請求は原則、離婚等をしたとき（※）から2年を経過すると、請求できなくなります。

（※）離婚等をしたときとは、離婚が成立した日、婚姻の取消し、事実婚の解消したと認められた日（引き続く法律婚期間を有する場合を除く）をいいます。

【合意分割制度】

合意分割制度は、平成19年4月以後に成立した離婚等を対象として、当事者間の合意又は裁判手続により按分割合を定めた場合に、当事者の2人またはその1人からの請求によって、婚姻期間中の標準報酬を当事者間で分割することができる制度です。なお、按分割合は50%が上限となります。

【3号分割制度（国民年金第3号被保険者期間の年金分割制度）】

3号分割制度は、平成20年5月以後に成立した離婚等を対象として、被扶養配偶者（国民年金第3号被保険者であった方）からの請求によって、平成20年4月以降の国民年金第3号被保険者であった期間中の厚生年金制度に加入されている方または加入していた方の標準報酬をそれぞれ2分の1ずつ当事者間で分割することができる制度です。

分割を受けた標準報酬については、受けた方が老齢厚生年金を受給する際の年金額に反映されます。当事者の一方が老齢厚生年金や退職共済年金を受給している場合であっても、単に年金額を分割し、相手方に分割された年金の一部が支給されるものではありません。

また、合意分割を行うために必要な按分割合を定めるため、按分割合の範囲等が記載された「年金分割のための情報通知書」を請求することもできます。

年金分割または情報通知書の請求は、請求者またはその配偶者（配偶者であった方）が婚姻期間中に加入していた年金制度を所掌する次のいずれかの実施機関でお手続きください。複数の種別の厚生年金期間を有している場合は、いずれかの実施機関へ請求をすることですべての厚生年金期間に係る請求をしたことになります。

（本部年金係）

厚生年金制度	実施機関
民間会社等	全国の年金事務所
国家公務員共済組合	請求者またはその配偶者が所属している共済組合支部または国家公務員共済組合連合会 ※請求時に退職しているときは、国家公務員共済組合連合会
地方公務員共済組合	各地方公務員共済組合
私立学校教職員共済	日本私立学校振興・共済事業団

災派隊員の支援体制構築

東日本大震災から10年　緊急登庁施策を強化

厚生・共済　特集

福島県沖地震で子供受け入れ

大地震に続く巨大津波の襲来、さらには福島第1原発の事故という未曽有の大惨事となった東日本大震災から10年。同震災の教訓を踏まえ、自衛隊の各駐屯地・基地は緊急登庁施策を強化し、災派に向かう隊員が安心して子供を部隊に預けられる体制を構築している。去る2月13日午後11時7分に発生した震度6強の福島県沖地震でも、東北方面隊の各駐屯地業務隊が即応、深夜でも隊員の子供の面倒を見るなど万全の体制で隊員をサポートした。

【仙台】仙台駐屯地業務隊は2月13日（土）、震度6強を観測した福島県沖地震に伴う隊員の自主緊急登庁に合わせ、子供を一時的に預かる「キッズルーム」を駐屯地厚生センター内に開設し、災派準備に当たる隊員を支援した。

地震発生が休日の深夜ということもあり、夫婦共に自衛官で子供を預ける手立てのない隊員が、子供を連れて駐屯地へ急行。これに対処するため、業務隊厚生班はいち早く「キッズルーム」を開設し、受け付けを開始した。隊員たちは、厚生班員と子供たちが遊び始める姿を見届け、災派準備の任務に就いていった。

震度6強を記録した福島沖地震で緊急登庁した隊員の子供たちを見守る女性隊員（左）＝2月14日、仙台駐屯地で

未登録の家族も

対応した厚生班員は日ごろから、施設の開設や受け付け、幼児の面倒を見る訓練を受けており、本番でもスムーズに対応。当日は登録している児童だけでなく、未登録の隊員の家族の受け入れも行い、子供8人を預り、隊員の緊急登庁を支援した。

業務隊長の佐々木裕治1佐は「突発地震だったが、登庁支援の有効性が確認できた。子供たちのアレルギーなども事前に把握することで、より迅速な受け付けと事故防止ができることも判明した。これを教訓とし、隊員たちにはさらなる児童の登録を呼びかけたい」と述べた。

集会所に支援施設

豊川駐業　宿舎自治会と覚書

【豊川】駐屯地業務隊は2月9日、豊川宿舎集会所に緊急登庁支援施設を開設するため、集会所を運営する駐屯地宿舎自治会（会長・橋本博之1陸尉）と覚書を取り交わした。

緊急登庁支援は、武力攻撃事態を除く突発的な事態に対処する緊急登庁の際に、子供の預け先の確保が困難な隊員に対し、業務隊が一時的に面倒を見る支援施策。

豊川駐屯地では、敷地内に同施設の開設を計画していたが、新型コロナや震災などで施設に被害が発生した場合を考慮し、敷地外施設の活用を検討。

この結果、①耐震性が高い②近隣に避難所を開設可能③食料、水、毛布などが確保しやすい――の3条件がそろった「集会所が最適」との結論に達し、今回の覚書の締結に至った。

駐屯地業務隊長の石田祐司1佐は、「自治会のご協力により、駐屯地が活用できない場合でも、安全に子供の面倒を見られる場所が確保できた」と意義を述べ、自治会に謝意を示した。

業務隊では「今後、自治会が管理する回覧板や掲示板を活用し、宿舎住民に緊急登庁支援施策の概要を周知していく」としている。

緊急登庁支援施設の開設に関する覚書を取り交わし、石田豊川駐屯地業務隊長（右）に集会所の使用許可書を手渡す橋本会長（2月9日、豊川駐屯地で）

防衛医大教授が講話

龍ケ崎所　養護教諭研修会を支援

【茨城地本】龍ケ崎地域事務所はこのほど、茨城県学校保健会と県養護教諭会主催のオンライン研修会を支援した。研修会は養護教諭らの資質を高め、学校保健の推進に役立てる目的で行われ、厚生労働省「新型コロナウイルス対策アドバイザリー・ボード委員」の防衛医科大学校の川名明彦教授が講師を務めた。

今回は3密回避のため、動画配信「eラーニング方式」で行い、各研修者はそれぞれの場所で「新型コロナウイルスの最新情報と感染予防の基本」と題した川名教授の講義を受講した。

研修後、茨城県養護教諭会の高畑雅子会長から「最新のエビデンス（根拠）に基づいた話を伺うことができた。学校現場で感染症対策に生かしていける」とのコメントがあった。

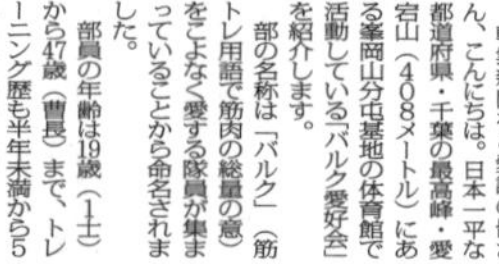

余暇を楽しむ

バルク愛好会

紹介者：３空曹　馬場　一将

（中警団44警戒隊・峯岡山）

筋トレをこよなく愛す

朝雲新聞をご愛読の皆さん、こんにちは。日本一平な都道府県・千葉の最高峰・愛宕山（408メートル）にある峯岡山分屯基地の体育館で活動している「バルク愛好会」を紹介します。

部の名称は「バルク」（筋トレ用語で筋肉の総量の意）をこよなく愛する隊員が集まっていることから命名されました。

部員の年齢は19歳（1士）から47歳（曹長）まで、トレーニング歴も半年未満から5年以上と幅広く、筋トレの目的に関しても、ボディメイクして〝美ボディ〟を目指す隊員、純粋に「重い重量を挙げたい」と希望する人、「筋肉をつけて女性にモテたい」という人などそれぞれですが、どのような目的であっても必ず職務につながると考え、互いに励まし合いながら切磋琢磨しております。

トレーニング内容は、動画やSNSなどの情報を参考に知識を高め、メジャーなものからマニアックなものまで、冬でも汗をかくほど激しく体を動かします。理想の体型に近づいた時や目標の重量を挙げられた際には、努力した人にしか得られない感動と達成感があり、筋トレを通じて部員間の信頼と団結が日々強化されていくのが感じられます。

今後は、隊員の「肉体ナンバー1」を決めるプレミアムボディ大会やパワーリフティング選手権大会への出場・入賞を目指し、津曲明一中警団司令の座右の銘「筋肉は裏切らない！」を胸に、司令に色紙に書いていただいた「挑戦」を合言葉に日々鍛錬していきます。

峯岡山にお越しの際は、皆さんもぜひ基地体育館へ足を運んでみてください。熱い男たちのうめき声が聴けるかもしれませんよ。

上視察に訪れた津曲中警団司令が揮毫した「挑戦」の色紙を持ち、決意を新たにする「バルク愛好会」の部員たち 下千葉県南房総市の峯岡山分屯基地体育館でバーベル上げのトレーニングを行う部員。ケガ防止のため、仲間がサポートする

自慢の一品料理

ピーナッツ使った「習志野メシ」

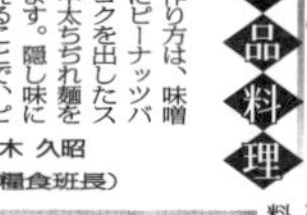

紹介者：３陸尉　正木　久昭

（習志野駐屯地業務隊糧食班長）

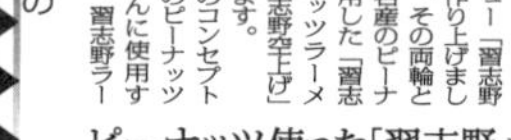

習志野駐屯地業務隊は4月から隊員食堂で提供する麺、空上（揚）げ、ご飯の3点セットの新メニュー「習志野メシ」を作り上げました。今回、その両輪となる千葉名産のピーナッツを使用した「習志野ピーナッツラーメン」と「習志野空上げ」を紹介します。

両料理のコンセプトは「千葉のピーナッツをふんだんに使用する」です。習志野ラーメンの作り方は、味噌ベースにピーナッツバターでコクを出したスープに中太ちぢれ麺を投入します。隠し味に酢を加えることで、ピーナッツの油っぽさを消し、さっぱりとした味わいになります。具も千葉の名産品である鶏の挽肉と小松菜を添え、最後は隊員自身が「クラッシュ（砕いた）ピーナッツ」を盛って完成。まろやかな味噌味が特徴の一品です。

もう一つの「習志野空上げ」は、鶏肉にまずピーナッツバターなどで下味を付け、これに醤油と砂糖で味付けされた衣とクラッシュピーナッツをまぶし、しっとりとした衣とピーナッツの「カリッとした食感」を楽しめる料理です。同じ食堂を利用する空自習志野分屯基地の隊員も満足する「空上げ」です。

この2品に合わせるご飯も、山盛りの〝習志野盛り〟を提供。それでも1食定額範囲内の400円未満に抑えました。今後は隊員に喜ばれるメニューを継続して喫食率をアップし、大量発注による経費節用でデザートも提供できるよう計画中です。空挺団などの屈強な隊員の胃袋も満たせる「習志野メシ」の今後を楽しみにしていてください。

徳島地本が駐屯地の給食を紹介

釜揚げしらす丼に徳島ラーメン

栄養だけでなく精神面からも隊員の支えに

【徳島地本】徳島地本は2月15日から19日まで、阿南市の徳島駐屯地の給食を、地本公式ツイッターを活用して紹介した。

徳島駐屯地は、陸幕広報室と需品室が実施する「陸自飯グランプリ」に参加。釜揚げしらす丼、徳島ラーメン、阿波尾鶏のジャークチキン、すだちパウンドケーキの4品をエントリーした。特に、「釜揚げしらす丼」は駐屯地イベントの「どんぶりナンバーワングランプリ」と「名物献立決定戦」で2冠を達成した人気メニュー。

地本は同駐屯地食堂を取材し、徳島駐屯地が栄養面だけでなく、精神面からも自衛隊員を支えていることなどをツイッターでPRした。

徳島地本の担当者は「今後も徳島県所在部隊と連携し、自衛隊の魅力をさまざまな角度から発信していく。お楽しみに」と話している。

「陸自飯グランプリ」にもエントリーされた釜揚げしらす丼、徳島ラーメンなどを味わう徳島駐屯地の隊員（2月2日、同駐屯地食堂で）

隊員食堂にパーテーション

板妻駐　コロナ対策を徹底

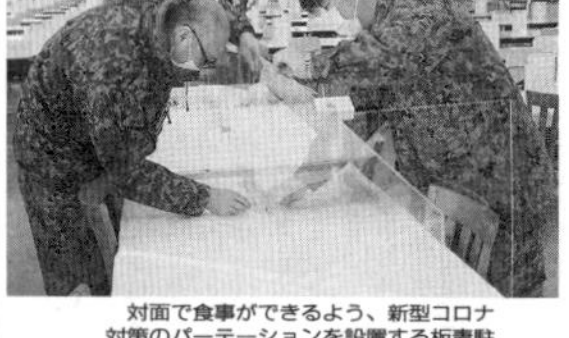

対面で食事ができるよう、新型コロナ対策のパーテーションを設置する板妻駐業の隊員（板妻駐屯地で）

【板妻】駐屯地はこの冬、新型コロナの全国的な感染拡大を受け、防疫対策の強化を推進した。駐屯地業務隊が隊員食堂のテーブル上に飛沫防止パーテーションを設置し、隊員同士が対面して喫食ができるよう環境を整備。さらに所在部隊ごとに喫食時間を区切り、万が一感染者がいても影響が及ばないようにした。

このほか、曹友会が主体となって各部屋だけでなく、外に通じる建物の出入り口のドアにもアルコール消毒液を設置、感染予防の徹底を図った。

駐屯地は「現在、さまざまな制約の中で訓練・業務を実施中だが、引き続き駐屯地一丸となって新型コロナの動向に応じた対策を図っていく」としている。

2駐屯地 民生支援に全力

東北で地域との絆深める

陸自東北方面隊の2個駐屯地はこのほど、雪の中での民生支援活動を通じ、地域との絆を深めた。岩手駐屯地は県民体育大会スキー競技会に協力、弘前駐屯地は地元の冬の風物詩「弘前城雪灯籠まつり」で約1カ月かけて大雪像を制作し、多くの来場者を楽しませた。

岩手駐 県民スキー大会後押し 会場やコースなど整備

岩手県八幡平市の「県民体育大会スキー競技会」の会場で熱心に整備に当たる東北方特科連隊の隊員

【岩手】岩手駐屯地（司令・香川賢士1佐）はこのほど、八幡平市の2会場で行われた「第73回岩手県民体育大会スキー競技会」に協力、事前整備・本整備を行った。

東北方面特科連隊2大隊長の岡原良仁2佐が担任官を務め、事前整備は80人、本整備はアルペン競技が25人、ジャンプ競技は30人で作業に当たった。会場、コース、ジャンプ台を整備するとともに、審判などの係員補助も行い大会運営に貢献した。

一方、アルペンのクロスカントリー種目では大会顧問の香川駐屯地司令がスターターを務め、また多くの隊員も選手として出場し、力強い滑りを見せた。

リレーでは岩手駐屯地が所在する滝沢市の代表として6人の隊員が力走を見せ、3位入賞に貢献。個人種目の成年男子Cクラシカル5キロでは藤本健曹長が3位に、成年女子Bクラシカル5キロでは関根めぐみ2曹が2位に入賞し、国体冬季大会への出場権を獲得した。

弘前駐 伝統行事「雪灯籠まつり」 大雪像を制作

39普連の隊員たちが1カ月かけて完成した大雪像「弘前れんが倉庫美術館」

【弘前】弘前駐屯地は青森県弘前市の伝統行事「弘前城雪灯籠まつり」の大雪像を制作し2月10日、完成報告式を行った。

1977年の第1回から協力し今年で45回目。今年は明治・大正期に地元実業家が建設した「弘前れんが倉庫美術館（旧・吉野町煉瓦倉庫）」の大雪像を制作した。

協力隊長の工藤義利1尉（39普連本管中隊長）以下約60人の協力隊は、雨天や寒波に見舞われながらも地道に作業を続け、大型ダンプ約140台分の雪を使用し約1カ月かけて堂々の大雪像（高さ5、幅16、奥行き5・5メートル）と滑り台2基を完成させた。

メーン会場の弘前公園内「四の丸」で行われた完成報告式では、工藤協力隊長が木原邦洋駐屯地司令に完成を報告。続く開会式では櫻田宏弘前市長から協力隊へ感謝と労いの言葉が贈られ、木原司令が市長に「雪像完成引渡書」を手渡した。

2月10日から5日間行われたまつりは、コロナ禍のため例年より観客数が少なかったが、大雪像は多くの人の注目を集め、滑り台は子供たちを楽しませていた。

「しらせ」竹内艦長が帰国報告 大臣に南極の氷を進呈

文部科学省の第62次南極地域観測事業支援を終えて南極から無寄港・無補給で帰国した海自砕氷艦「しらせ」（1万2650トン）の竹内周作艦長が2月26日、防衛省を訪れ、岸大臣に帰国を報告し南極の氷を進呈した。

大臣室で行われた帰国報告には、内局人材育成課の末富理栄課長、海幕運用支援課の櫻井真啓課長が立会。竹内艦長は「艦長以下179名は2月22日、南極地域観測協力行動を終え、帰国いたしました」と力強く報告し、南極から持ち帰った氷を岸大臣に手渡した。

岸大臣は笑顔で受け取り、「プチプチと音が鳴る氷ですね。みんなで有り難く味わいたいと思います」と応えるとともに、「本当に長い航海お疲れさまでした。任務を完遂されたことを誇りに思います」と労をねぎらった。

岸大臣に進呈した南極の氷について説明する砕氷艦「しらせ」の竹内艦長（左）＝2月26日、防衛省で

海賊対処支援隊の首席幕僚 陸幕長に帰国報告

アフリカのジブチ共和国で自衛隊活動拠点の警備や維持管理などを行った「14次派遣海賊対処行動支援隊」（司令・眞鍋輝彦1陸佐以下約110人）が2月2日までに帰国し、新型コロナ感染拡大防止のための健康観察期間（2週間）を終えた同17日、同隊首席幕僚の田村貴夫1佐が湯浅陸幕長に帰国を報告した。

帰国報告は湯浅陸幕長のほか戒田重雄運用支援・訓練部長も立会した。陸幕長は「海外での厳しい環境の中、任務を完遂しての無事の帰国、大変ご苦労であった。今回の派遣で培った経験や反省点を今後の任務に生かしていくことを期待する」と労をねぎらった。

帰国報告で記念撮影に納まる（左から）湯浅陸幕長、田村1佐、戒田運用支援・訓練部長（2月17日、陸幕長応接室で）

ジブチから P3C2機が八戸に帰投 海賊対処航空隊41次隊

東アフリカのジブチを拠点にソマリア沖・アデン湾で警戒監視任務に当たっていた海自の派遣海賊対処行動航空隊41次隊のP3C哨戒機2機が3月1日、八戸航空基地に帰投した。

41次隊は2空群の戸高祐明2佐（22飛行隊長）を指揮官に隊員約60人で編成。昨年11月25日に八戸基地からジブチに向けて出発し、約3カ月間にわたって、アデン湾とアラビア海北部の西側で情報収集と海賊行為の警戒監視活動に従事した。

帰国第1波の要員約30人は2月23日に民航機で羽田空港に到着。残る帰国第2波の要員約30人とP3Cは同25日の到着を予定していたが、悪天候のため延期されていた。

隊員たちとP3Cは1日午後5時半、基地隊員に拍手で出迎えられ96日ぶりに無事帰還。戸高2佐が2空群司令の降旗琢丸将補に帰国を報告した。

隊員たちは新型コロナウイルス感染症拡大防止対策のため、約2週間の隔離期間を経た後、部隊に復帰する。

ジブチから帰国し基地隊員に出迎えられる海賊対処行動航空隊41次隊の派遣要員（3月1日、海自八戸航空基地で）＝統幕提供

近大と連携 ポスター作製 大阪地本「守る先輩」をアピール

【大阪地本】大阪地本（本部長・濱田博之陸将補）はこのほど、近畿大学出身の橋隆弘3陸曹（中方通群＝伊丹）をモデルに起用したポスターを作製し、同大構内に掲示、自衛隊をPRしている。

近大との昨秋の包括連携協定締結に伴う取り組み。「守る先輩」というキャッチフレーズの下にプロフィールやインタビューなどを記載、橋3曹が笑顔でポーズを取っている。迷彩服姿と制服姿の2種類を作製した。

記載されたインタビューでは、「内定を2社からもらっていたが自衛隊の魅力、良さを聞いて入隊を決心しました」「大変なこともあるがそれ以上にやりがいのある仕事です」と、母校の後輩たちに力強くアピールしている。

大阪地本は近大構内でイベントや採用説明会を行うなど協定の実効性のさらなる向上に努めるとともに、他大学との協定締結も推進していく方針だ。

近畿大OBの橋3曹が登場した募集ポスター。「街中でスカウトされた」など自衛官になったきっかけなどを記し、後輩たちにPRしている

小休止

▽…空自小松基地の航空戦術教導団飛行教導群（アグレッサー）のパイロットと整備員6人がこのほど、所属するF15戦闘機（083号機）をトラ模様の新デザインに塗装した＝写真。

▽…同群は戦闘機パイロットの技術向上を任務とし、訓練で「敵役」を演じるため、使用機には敵味方の区別を容易にする識別塗装を施している。今回は茶色系の機体が少なく、手ごわい相手と思わせる効果も見込んで、オレンジと黒のトラ模様に決めた。

▽…作業には増田信行群司令も加わり、9日間かけて細かい修正を重ねながらエアブラシで丁寧に塗装した。精悍に塗られた機体は白い雪が舞う中、初フライトに飛び立った。（小松）

こちら警務隊 定期異動②

嘘の通勤方法で手当を申請、差額で利益を得ると詐欺罪

嘘の通勤方法で手当を申請し、通勤用の定期券を解約して小遣いにすると、どんな犯罪になりますか？

実際の通勤手段・経路と異なる申請をし、購入した定期券を解約して差額を手に入れる行為は、人をだまして不法に利益を得るものであり、刑法の詐欺罪に該当し、違反した場合、10年以下の懲役に処せられます。

通勤手当を受給するにあたり、通勤手段・経路に変更がある場合は、速やかに申請しなければなりません。

また、給与担当者は、申請に間違いがないことをしっかりと確認し、不正受給の未然防止に努めましょう。

（東部方面警務隊）

（世界の切手・ベルギー）

大震災は必ずまた来る。あの時の教訓を風化させないことが私の使命だ。

君塚 栄治（元陸自東北方面総監、陸幕長）

みんなのページ

少年野球と私

1空曹 吉田 大和（7空団基地業務群会計隊・百里）

携わった14年、野球通じ息子3人育つ

少年時代のプロ野球選手との出会いも

皆さん、こんにちは。私は約14年前から「少年野球チーム」に携わってきました。それは長男が自宅近隣の少年野球チームに入り、保護者として練習試合の時に審判を依頼されたことがきっかけです。

私はそれまで野球の経験はなく、素人同然でしたが、自衛隊体育学校の持続走指導者課程に入校した経験があり、教育の中でスポーツ全般に関わる「運動理論」が野球の投球や守備にも通じるものだったため、その後の野球の技術指導に繋がっていきました。

我が家では長男に続いて次男、三男も野球を始め、3人とも小学生から中学卒業までの間、少年野球チームに所属し、私もチームの練習試合における審判や技術指導を行ってきました。現在は3人ともチームを卒業していますが、時折、彼らも練習試合の審判などを行っているようです。

当時、長男は「土浦霞ケ浦ボーイズ」、次男と三男は「上大津ドリームズ」というチームに所属していました。

上大津ドリームズは同じ市内の「土浦キッズマリナーズ」というチームと時折、練習試合を行っていました。その相手チームに菊田君という少年が所属しており、体格も大きく、大人にも負けないくらいのパワーヒッターでした。その後、彼は一昨年のプロ野球ドラフト会議で読売巨人軍に3位で指名され、入団しました。彼こそイースタンリーグでいま注目されている新人の菊田拡和内野手です。

また、土浦霞ケ浦ボーイズにも鈴木君という少年が所属していました。彼は中学卒業後、常総学園に進学して甲子園で活躍し、大学進学を経て、昨年のプロ野球ドラフト会議で千葉ロッテマリーンズから1位指名され、入団した鈴木昭汰投手です。

私が少年野球に携わった14年間を振り返ると、3人の息子が少年野球を通して育っていき、また、2人のプロ野球選手が育つなど、とても感慨深いです。3人の息子たちは現在、長男が防衛大学校生、次男が会社員、三男が自衛官候補生となりました。私は彼らの今後の活躍を応援していくとともに、少年時代を知る菊田選手と鈴木選手のプロ野球での活躍についても応援していきたいと思います。

ちなみに私自身も審判の経験を積むうちに技能が向上し、審判資格を取得できるレベルまでに向上しました。しかしながら、審判資格を取得すると公式試合の審判もやらなければならなくなるため、自衛隊の業務との兼ね合いから資格は取得していません。

ですが、今後生活が落ち着いたら審判資格の取得についても前向きに考えていきたいと思います。これからは、お世話になった少年野球に私も恩返しをしていきたいと思います。

少年野球チーム「上大津ドリームズ」のメンバー。最後列右から3番目が吉田1曹

「防災」で地域との懸け橋に

1陸曹 松崎 亮（33普連本部管理中隊・久居）

私が連隊本部3科で「防災業務」に携わるようになってから4年半が経ちました。防災は中隊で訓練をしていたころとは全く違う業務内容で、県や市町の防災訓練の調整や防災会議への参加、三重県警察や消防などの防災関係機関との調整など、自衛官以外の方と仕事をすることが非常に多く、今でも学ぶことばかりで、日々、右往左往しています。

今年は4回目の年男なので、現状より少しでも体力と知識を向上させることを目標に掲げました。体力面に関しては、連隊本部勤務になってからほぼ事務仕事となり、体力の低下と体脂肪の増加が顕著に表面化しているため、今後の充実した勤務のために、自分のベスト体重まで戻すことを目指しています。

知識面については、部隊の災害対処計画や県、市町の防災計画についてさらに踏み込んで勉強し、連隊と関係機関をつなぐ「懸け橋」として自分も機能できるように精進したいと思います。

部外の防災訓練や図上訓練などに参加すると、階級に関係なく自衛隊としての意見や回答を求められるため、そういった場面でも臆することなく正確な受け答えができるよう、知識を深めていきたいと思います。

三重県の防災体制を現状より少しでも良くするという気概を持ち、この1年を過ごしたいと思います。

部隊格闘指導官教育に参加して

3陸曹 板垣 由希紘（8普連2中隊・米子）

13旅団の集合教育「部隊格闘指導官」に参加しました。

本教育は中隊訓練などでは体験することができない、とても強度の高い訓練で、私自身をとても成長させてくれる内容でした。

終盤の総合訓練では、施設警護や治安出動下における工作員の拘束、包囲など、想像を超える作戦行動の連続で戸惑うこともありましたが、同期の皆と鼓舞し合いながら訓練を乗り越えることができました。

本教育への参加を応援してくれた方々に感謝するとともに、支えてくれた妻にも感謝したいと思います。

部隊の格闘指導官となった今、さらなる練度向上に努め、日々の精進を怠ることなく身を引き締めていきたいと思います。

除雪隊、冬将軍と奮戦中

空曹長 荒木 孝広（北部航空施設隊1作業隊・三沢）

皆さん、冬季になると飛行場内で雪煙を巻き上げている施設器材を見たことがありませんか？

その集団こそ冬季飛行場における最後の砦「飛行場除雪隊」です。

北国を襲う「冬将軍」は、連続降雪や大雪といった攻撃を得意とし、時には地吹雪という攻撃まで加えてきますが、我々はそれぞれの特性を持った6種類の器材20数台を武器に、昼夜を問わず冬将軍と戦っています。

前もよく見えないぐらいの猛吹雪が荒れ狂う過酷な状況でも、我々は戦闘機のスクランブル発進、そして航空機の計画的な飛行運用、さらに民航機の安全確実な離発着のため、安易に白旗を振ることはありません。

そもそも我々は白旗など持ってさえいません。持っているのは、一人ひとりの高い安全意識と強い使命感です。

飛行場除雪隊を編組した当初は、慣れない大型器材の操縦訓練を一日中繰り返し、我々の技量と連携動作に磨きをかけました。同時に、さまざまな器材を常に最良の状態に維持整備してくれる車両整備員と手を組み、万全の態勢をもって日々、冬将軍に睨みを利かせています。

われらは三沢基地の飛行運用態勢確保を一任されていることに誇りを持ち、春になり、咲き乱れる花々を基地隊員たちと見るためだけに、今年も冬が終わるまで愚直に除雪を続けていきます。

三沢飛行場を発着する航空機の定時・安全な運航のため、この冬も大雪と戦い続けた「飛行場除雪隊」の車両

新刊紹介

「特務（スペシャル・デューティー）」日本のインテリジェンス・コミュニティの歴史

R・サミュエルズ著、小谷 賢訳

情報活動を任務としていた日本の特務機関は敗戦により失われたはずだった。しかし、冷戦終結後、日本の安全保障戦略家たちは新たな「インテリジェンス改革」に取りかかり、情報組織を再構築しはじめたと米マサチューセッツ工科大学日本プログラム所長の著者は語る。戦後、連合軍による占領と国民の軍事不信の中で日本の情報活動を厳しく制限していた足枷（あしかせ）がどう外され、2013年の「特定秘密保護法」施行と「国家安全保障会議（NSC）」の創設に至ったか、日本の100年のインテリジェンス史を描き切った力作である。

訳者は本紙コラム「春夏秋冬」でも健筆をふるう日大危機管理学部の小谷教授。今後、日本は米英の機密情報共有の枠組み「ファイブ・アイズ」加盟に進むのか、著者とともに探る。本書では「特務」の歴史をインテリジェンスの6要素（収集、分析、伝達、保全、秘密工作、監視）から考察。安倍政権下での情報組織の強化など最近の出来事までが詳しく書かれており、スリリングだ。

（日本経済新聞出版刊、3300円）

「『目に見えぬ侵略』『見えない手』副読本」

『月刊Hanada』編集部著、奥山 真司監修

欧米人の中国への見方を劇的に変えたC・ハミルトン豪教授の著書『目に見えぬ侵略』と『見えない手』のエッセンスを分かりやすく解説した副読本だ。

両書は中国共産党の豪州や欧米への「浸透工作」の実態を明らかにし、親中派だった欧米の識者にも冷水を浴びせた。この副読本は、中国の対外工作や情報入手の方法を写真や図表を使って具体的に説明している。

主な内容は▽中国に狙われた豪州▽買収される国土と社会▽反米意識の利用▽グローバル化を有利にする工作▽北京の思想闘争とメディア▽留学生を使っての大学と地域の操作▽日本が中国について知っておくべきこと――など。訳者の奥山真司・国際地政学研究所上席研究員が解説してくれているので、国際政治を学ぶ学生にとっては中露の「ハイブリッド戦」の実態を知るための格好のテキストとなるだろう。

（飛鳥新社刊、1210円）

OBがんばる

三浦 忠洋さん 55
令和元年7月、大分地方協力本部を最後に定年退職（2陸佐）。旭化成に再就職し、大分工場に勤務している。

意識を変える準備を

私は自衛隊大分地方協力本部を最後に定年退官し、旭化成の大分工場に射撃担当課長兼総務担当として再就職しました。

再就職先を決定するに当たっては、企業で私に何ができるのか、特に仕事の内容にこだわりました。自衛隊で培った経験を生かして充実した勤務人生をと願いましたが、実際に再就職をしてみると、なかなか思い通りにいかず、ストレスとともにもどかしさを感じながらの勤務となりました。

その原因は、自衛隊に勤務していた時の考え方が強く残っており、このため人との接し方や一般社会での物事の捉え方などをなかなか変えることができず、柔軟性に欠けていたのが問題だったと気づきました。

そこで「考え方を少し変えてみよう」と思い、まずは小さいことからコツコツと始めてみました。会社のことを一つ一つ覚えていき、分からないことは素直に聞くなど、周囲とのコミュニケーションをとることに努め、少しずつ自分の意識を変えていきました。その結果、それまで感じていたストレスからもやや解放され、以前よりも業務を円滑にできるようになりました。

この経験から、定年前の再就職の準備の段階で企業で働くことを想定し、意識を変える努力が自分に不足していたと痛感しました。

これから定年を迎える皆さまも、できる限りいまの意識を変える準備をしながら業務を行ってみてはいかがですか。私の経験が参考になれば幸いです。

有事に力発揮する女性自衛官めざす

1陸士 矢作 菜瑚美（10施群387施設中隊・岩手）

私はこの冬、岩手山演習場で中隊訓練検閲を受閲しました。

そこで学んだことは、分隊長の指示に対し的確に行動するためには、まず物品の掌握が大切だということです。

先に小隊訓練検閲を受閲した際、物品の掌握が万全でなく、分隊長の指示に対して的確な行動ができないまま終了し、反省すべき点が多々ありました。その反省を生かし、中隊訓練検閲では事前準備から器材の名称とどこに何があるか掌握して、的確かつ効率的に行動し任務達成に貢献しました。

将来、女性自衛官教育隊で班長をしてみたいと考えている私にとって、分隊長等が指揮・指導している姿はとても参考になりました。

まだまだ知識・経験等が足りない部分がありますが、本検閲で学んだことを今後の訓練でも生かし、有事の際に力を発揮できる女性自衛官を目指してこれからもさまざまなことに挑戦していきます。

詰将棋

第839回出題

出題 日本将棋連盟 九段 石田 和雄

	5	4	3	2	1
一					角
二			銀(後手)		香(後手)
三				王(後手)	
四			歩(後手)		歩(後手)
五					
六			金		

▲先手 持駒 金桂歩

【ヒント】三手、五手と二連の手順がカギ（10分で二級）。

▶詰碁、詰将棋の出題は隔週です◀

詰碁

第1254回解答

出題 日本棋院 九段 曲 励起

【解答図】白先、黒死。白①黒❷の後、白③が大切で黒❹には白⑤以下白⑨までで黒取られです。

朝雲

発行所 朝雲新聞社
〒160-0002 東京都新宿区四谷坂町12-20 KKビル
電話 03(3225)3841
FAX 03(3225)3831
振替00190-4-17600番
定価一部150円、年間購読料9170円（税・送料込み）

陸幕長に吉田総隊司令官

前田総隊司令官、沖邑北方総監

政府は3月12日の閣議で、湯浅悟郎陸幕長の勇退を認め、後任に吉田圭秀陸上総隊司令官を充てる人事を了承した。新たな陸上総隊司令官には前田忠男北方総監、その後任には沖邑佳彦統幕学校長が就任する。発令はいずれも3月26日付。将に4人、将補に9人が昇任する。（将・将補昇任者の略歴は次号）

防衛省発令

将・将補人事

▽陸上幕僚長（陸上総隊司令官）陸将 吉田 圭秀
▽陸上総隊司令官（北部方面総監）同 前田 忠男
▽北部方面総監（統幕学校長）同 沖邑 佳彦
▽6師団長（東部方面総監部幕僚長兼朝霞駐屯地司令）同 鬼頭 健司
▽10師団長（中部方面総監部幕僚長兼伊丹駐屯地司令）同 中野 義久
▽富士学校長兼富士駐屯地司令（6師団長）同 蛭川 利幸
▽統幕学校長（12旅団長）同 田尻 祐介
▽中央病院副院長兼企画室長（福岡病院長兼春日駐屯地司令）同 松木 泰憲
▽札幌病院長（中央病院副院長兼企画室長）同 鈴木 智史
▽陸幕衛生部長兼中央病院（仙台病院長）陸将補 森 知久
▽同監察官（4師団副師団長兼福岡駐屯地司令）同 松本 英樹
▽陸上総隊運用部長（東部方面総監部幕僚副長）同 泉 英夫
▽北部方面総監部幕僚副長（陸幕訓練課長）同 満井 英昭
▽東北方面総監部幕僚副長（中部方面総監部人事部長）同 豊田 龍二
▽東部方面総監部幕僚長兼朝霞駐屯地司令（陸幕監察官）同 青木 誠
▽同幕僚副長（中部方面総監部防衛部長）同 安田 百年
▽中部方面総監部幕僚長兼伊丹駐屯地司令（11旅団長）同 酒井 秀典
▽同幕僚副長（富士学校特科部長兼諸職種協同センター副センター長）同 竹内 哲也
▽西部方面総監部幕僚副長（教育訓練研究本部研究部長）同 上野 和士
▽4師団副師団長兼福岡駐屯地司令（東部方面総監部防衛部長）同 恵谷 昇平
▽6師団副師団長兼神町駐屯地司令（防衛装備庁プロジェクト管理部プロジェクト管理総括官）同 叶 謙二
▽10師団副師団長兼守山駐屯地司令（西部方面総監部防衛部長）同 佐野 浩司
▽11旅団長（高射学校長兼下志津駐屯地司令）同 宮本 久徳
▽12旅団長（陸上総隊運用部長）同 坂本 雄一
▽開発実験団長（東部方面後方支援隊長）同 藤丸 幸二
▽警務隊長（東北方面総監部幕僚副長）同 吉田 幸一
▽中央会計隊長（6師団副師団長兼神町駐屯地司令）同 山本 公威
▽富士学校特科部長兼諸職種協同センター副センター長（西部方面総監部幕僚副長）同 南川 信隆
▽高射学校長兼下志津駐屯地司令（開発実験団長）同 江頭 豊一
▽航空学校長兼明野駐屯地司令（中部方面総監部幕僚副長）同 安井 真
▽小平学校長兼小平駐屯地司令（中央会計隊長）同 大野 真
▽教育訓練研究本部研究部長（北部方面総監部幕僚副長）同 池田 孝一
▽東北補給処長（小平学校長兼小平駐屯地司令）同 檀上 正樹
▽札幌病院副院長兼企画室長（中央病院衛生資材部長兼4外科）同 小原 聖勇
▽仙台病院長（札幌病院副院長兼企画室長）同 菊池 勇一
▽福岡病院長兼春日駐屯地司令（陸幕衛生部長兼中央病院）同 川口 雅久
▽防衛装備庁プロジェクト管理部プロジェクト管理総括官（10師団副師団長兼守山駐屯地司令）同 大橋 智
▽4航空群司令（海幕厚生課長）海将補 金山 哲治
▽31航空群司令（4航空群司令）同 平木 拓宏
▽海洋業務・対潜支援群司令（防衛監察本部監察官）同 羽渕 博行
▽海自3術科学校長（海幕航空機課長）同 松岡 広哲
▽防衛監察本部監察官（31航空群司令）同 大西 哲
▽退職
（陸上幕僚長）陸将 湯浅 悟郎
（10師団長）同 鈴木 直栄
（富士学校長兼富士駐屯地司令）同 高田 祐一
（札幌病院長）同 大鹿芳郎
（警務隊長）陸将補 梅田 将
（航空学校長兼明野駐屯地司令）同 関口 勝則
（東北補給処長）同 藤井 祥一
（海自3術科学校長）海将補 阿部 智
（海洋業務・対潜支援群司令）同 竹内 修
（以上3月26日）
〈以上内閣承認人事〉

将・将補昇任

▽陸将に昇任
（東部方面総監部幕僚長）陸将補 鬼頭 健司
（中部方面総監部幕僚長）同 中野 義久
（12旅団長）同 田尻 祐介
（福岡病院長）同 松木 泰憲
▽陸将補に昇任
（陸幕訓練課長）1陸佐 満井 英昭
（東部方面総監部防衛部長）同 恵谷 昇平
（同後方支援隊長）同 藤丸 幸二
（中部方面総監部人事部長）同 豊田 龍二
（同防衛部長）同 安田百年
（西部方面総監部防衛部長）同 佐野 浩司
（中央病院衛生資材部長）同 小原 聖勇
▽海将補に昇任
（海幕航空機課長）1海佐 松岡 広哲
（同厚生課長）同 金山 哲治
（以上3月26日）

吉田陸幕長

吉田 圭秀（よしだ・よしひで）陸幕長 東大卒。昭和61年陸自。平成12年2佐、17年1佐、23年将補、29年陸将。統幕報道官、陸幕防衛部長、内閣官房内閣審議官＝国家安全保障局＝併内閣官房副長官補付、8師団長、北方総監などを経て、令和2年4月陸上総隊司令官。東京都出身。58歳。

前田陸上総隊司令官

沖邑北方総監

鬼頭6師団長

中野10師団長

蛭川富士学校長

田尻統幕学校長

防大校長に久保東大院教授

9年ぶり交代、米政治が専門

久保防大校長

政府は3月12日の閣議で、今月31日付で退職する國分良成防衛大学校長(67)の後任に、久保文明東大大学院教授(64)を起用する人事を決定した。発令は4月1日付。防大校長の交代は9年ぶり。

久保氏は米政治学の第一人者で、米国の政治外交史に精通した論客としても知られる。日米文化教育交流会議（CULCON）委員、日米教育（フルブライト）委員会委員、宇宙政策委員会宇宙安全保障部会委員、アメリカ学会前副会長、日本国際政治学会評議員、日本比較政治学会理事、国際文化会館理事などを歴任した。

岸防衛相は12日の閣議後記者会見で、久保氏の起用について「学術研究分野で大きな成果を挙げ、常に第一線の学生教育の場に在り続け、豊富な知識と経験をお持ちだ。将来、自衛隊の中核を担う幹部自衛官となるべき者の教育・訓練を行う学校長として適任であると総合的に判断し、任命した」と述べた。

▽防衛大学校長に採用 久保 文明（4月1日）
▽退職（防衛大学校長）國分 良成（3月31日）
〈以上内閣承認人事〉

久保 文明（くぼ・ふみあき）防衛大学校長 東大法卒、法学博士。アメリカ政治専門。ジョンズホプキンズ大学客員研究員、慶大教授、放送大学客員教授、ジョージタウン大学客員研究員、メリーランド大学客員研究員、東大大学院教授、ウッドローウィルソン学術センター研究員などを歴任。東京都出身。64歳。

岸防衛相

中国公船の領海侵入批判

オタワ会議でスピーチ

カナダの「オタワ会議」にオンラインで出席し、防衛省・自衛隊の取り組みなどについてスピーチする岸防衛相（3月13日午前3時過ぎ、防衛省で）＝防衛省提供

岸防衛相は3月13日未明、カナダのシンクタンク「国防協会会議」が主催する国際会議「第89回安全保障・防衛に関するオタワ会議」にオンラインで参加し、我が国を取り巻く安全保障環境などについてスピーチした。同会議への防衛省からの出席は岸大臣が初めて。

「さまざまな脅威から民主主義と主権を守る」をテーマに開かれた今回の会議には、カナダのサージャン国防相をはじめ、各国の関係閣僚や軍関係者、有識者が参加した。

岸大臣は、沖縄県の尖閣諸島周辺で中国海警局所属の公船が領海侵入や日本漁船への接近を繰り返している事実を挙げ、「状況はますます深刻化している。我が国の主権を侵害するもので、断じて受け入れられない」と強く批判した。

さらに中国の海警法についても「あいまいな適用海域や武器使用権限等、国際法との整合性の観点から問題がある規定を含む」と指摘し、地域の懸念を表明。「我が国を含む関係国の正当な権益を損なうことがあってはならず、東・南シナ海などの海域で緊張を高めることは断じて受け入れられない」として、国際的に声を上げ、関係国と連携していく考えを強調した。

一方で、中国との建設的な意思疎通が重要だとの認識も示した上で、「主張すべきは主張しつつ、冷静かつ毅然と対処し、具体的な行動を強く求めていく」と述べた。

これらを踏まえ、世界の平和と繁栄、法の支配に基づく自由で開かれた秩序を実現するため、我が国が推進する「自由で開かれたインド太平洋」ビジョンについて紹介。特定の国に対抗したり、排除したりするものではないことを強調した上で、防衛省・自衛隊が各国で進める人材育成や能力構築支援などを挙げ、賛同するいずれの国とも協力していく考えを表明し、連携を呼び掛けた。

不審船対処

海自と海保が共同訓練

海自は3月3日、九州西方海域で海上保安庁の巡視船と「不審船対処」の共同訓練を実施した。

同訓練は平成11年に両者が策定した「不審船に係る共同対処マニュアル」に基づき定期的に行われており、今回で18回目。海自からは護衛艦「さわぎり」、ミサイル艇「おおたか」とSH60J/K哨戒ヘリ各1機、海保から巡視船「あそ」と「ほうおう」が参加した。

訓練は「（沿岸の）重要施設に不審船が向かっている」という想定で行われ、海自と海保の艦船が情報共有を図りながら不審船の追跡・監視に当たり、海上に停船させるまでの一連の流れを演練し、共同対処能力を強化した。

山村海幕長は3月2日の記者会見で「防衛計画の大綱に有事やグレーゾーンなど各種事態にシームレスに対応する必要性が示されている。その観点と昨今の東シナ海などをめぐる情勢を踏まえ、海上自衛隊と海上保安庁の連携はますます重要になってきている。引き続き連携を強化していく」と訓練の意義を語った。

不審船対処を想定した共同訓練を行う海自の護衛艦「さわぎり」（奥）と海上保安庁の巡視船「あそ」（3月3日、九州西方海域で）

岸防衛相

UAE国防相と会談

中東の平和のため連携

岸防衛相は3月10日、アラブ首長国連邦（UAE）のムハンマド・アフマド・アル・ボワルディ国防担当国務大臣と約30分間のテレビ会談を行い、2国間の防衛協力や地域情勢などをめぐって意見交換した。

岸大臣は、中国の海警法に関する「深刻な懸念」を表明し、両氏は「法の支配に基づく自由で開かれた海洋秩序」の重要性について認識を共有した。

また、岸大臣は中東地域における日本関係船舶の安全航行の確保を目的とした自衛隊による情報収集活動を今年12月まで1年間延長したことを説明。両氏は中東地域の平和と安定、航行の安全確保のために引き続き連携していくことで一致した。

さらに、新型コロナウイルスの世界的な感染拡大を踏まえ、災害派遣活動中の感染予防策に関する知見や教訓の共有をはじめとする感染症対策分野においても防衛協力・交流を推進していく方針を確認した。

日米

防衛・外務審議官級協議

中国海警法に「懸念」共有

日米の防衛・外務当局による安全保障に関する審議官級協議が3月4日、テレビ会議形式で開かれ、防衛省から大和太郎防衛政策局次長、外務省から有馬裕北米局参事官、米側は国防総省からメアリー・モーガン国防次官補代理代行、国務省からマーク・ナッパー国務次官補代理が出席した。

菅・バイデン両政権の発足後初となる日米の外務・防衛担当閣僚による「日米安全保障協議委員会（2プラス2）」が同月16日に日本で開催されるのを前に行われたもので、新型コロナウイルスの影響を含む地域の安全保障環境や2国間の防衛協力などについて意見を交わした。

双方は、東・南シナ海問題に関し、力による一方的な現状変更の試みに改めて「強い反対」を表明するとともに、中国の海警法についても「深刻な懸念」を共有した。

その上で「自由で開かれたインド太平洋」を維持し、日米同盟の抑止力・対処力を高め、日米同盟を一層強化していくため、引き続き緊密に連携していくことで一致した。

防衛省防衛政策局日米防衛協力課は「日米同盟が強固で、引き続き強靭であることを日米両政府が示す機会となった」としている。

日米豪印が初の首脳会合

日本、米国、オーストラリア、インドは3月12日、4カ国による初の首脳会合をテレビ会議方式で開き、海洋安全保障協力などを盛り込んだ共同声明「日米豪印（クアッド）の精神」を発表した。

会合は日本時間午後10時半から約1時間45分行われ、日本の菅首相、米国のバイデン大統領、豪州のモリソン首相、インドのモディ首相[illegible]ナ海におけるルールに基づく海洋秩序に対する挑戦に対応するべく、海洋安全保障を含む協力を促進する」ことが明記された。

春夏秋冬

石油資源に埋もれる中東

田中 浩一郎

日本が石油を依存する中東は、紛争が多発する地域でもある。4度の中東紛争、イラン・イラク戦争、湾岸戦争など、国家間の争いの他、この10年間はシリア、リビア、イエメンなどで終わりの見えない内戦が戦われている。時には紛争や内戦が地政学リスクとして油価に反映されてきたと考えられる。だが、地政学が油価に及ぼす影響は、ポスト・コロナ時代には早い速度で変わるかもしれない。

米国のシェールオイル生産拡大を背景とした供給増による油価の長期的な下落傾向が7年ほど続いた。パンデミックの影響で2020年は需要減が生じ、春先にサウジアラビアなどとロシアの間の協調減産合意が破断したことも加わって、歴史的な暴落を記録した。[illegible]

この危機にサウジアラビアは、ロシアとの間で改めて減産に動いた。新たな生産調整の下、米国内の石油生産も通年で8％強減少したことで、昨夏以降は需給が均衡した。政権交代後の米国とイランとの緊張が続く中、サウジ東部のラス・タヌラ石油輸出基地がイエメン反政府武装勢力のミサイルで狙われ、さらに、サウジが減産の上乗せを示唆したことから、最近では油価の回復が進んでいる。イエメンでの戦費が財政的な重荷になっているサウジはもちろん、他の産油国も歓迎している。

それでも懸念の解消には遠い。まず、油価が回復したとはいえ、[illegible]幅を上回るほど米国で生産が増えることで価格が軟化し、サウジなどの減産努力が結局は水泡に帰す懸念が残る。当然、財政赤字の改善も望めない。

さらに、大きな変化が忍び寄る。米バイデン政権が推進する「新エネルギー革命」と、コロナウィルス克服後の世界に広がることが取り沙汰されているエネルギー転換によって、需要の回復と拡大どころか、石油などが予想を上回るペースで「座礁資産」と化してしまいかねない。これが現実となれば、油価に対する中東地政学の影響は希薄化し、域内対立が常態化している中東地域は自らの石油資源に埋もれることになる。

（慶應義塾大学大学院政策・メディア研究科教授）

朝雲寸言

防衛大臣の外国出張に何度も同行したことがある人からこんな話を聞いた。大臣がワシントンで米国防長官と会談する際、冒頭のやりとりだけを報道陣に公開する通称「頭撮り」がある。その際ペンタゴン詰めの米国人記者が国防長官に発する質問は大抵、米軍が犠牲を出しつつ戦っている作戦といった日本とは別の領域に関する問いかけだという▼日米関係に関する質問が出ないのは同盟が円滑に運用されている証でもあり、悪い話では決してない。と同時に、日本からの賓客が目の前にいるのに、日本とは関係の薄い質問は[illegible]する米国人記者の優[illegible]位の感覚と図太さに[illegible]の人は強烈な印象を[illegible]たという▼2月26日[illegible]型コロナ緊急事態宣言[illegible]対象から関西など6[illegible]を先行して解除する[illegible]を政府が決めた。直[illegible]菅首相が報道陣の前[illegible]った際、若い記者た[illegible]質問は「なぜ正式な[illegible]会見にしなかったの[illegible]といったことが大半[illegible]た。当時、尖閣諸島[illegible]では中国公船が日本[illegible]海への侵入を繰り返[illegible]いた。中国が公船に[illegible]使用を認める法律を[illegible]後、最初の侵犯でも[illegible]海上保安庁などが[illegible]なく警戒を強めてい[illegible]けれどその件に関す[illegible]問は20分弱の質疑で[illegible]だった▼記者がその[illegible]に発する質問に、そ[illegible]の報道の質が出る。[illegible]なことに今の日本の[illegible]報道は随分と内向き[illegible]人材の配置と育て方[illegible]する責任が問われて[illegible]ように思う。

時の焦点

国内　日米豪印

安全保障の協力深めよ

　アジア太平洋地域の大国が、国際社会の課題に連携して対処する意義は大きい。首脳間の合意を着実に実現してもらいたい。

　日米豪印4カ国の首脳会談がオンライン方式で開かれた。新型コロナウイルスワクチンの普及に連携して取り組むことや、海洋安全保障に関する協力を深める方針で一致した。具体的な成果を目指して、ワクチン支援、気候変動、重要・振興技術の3分野の作業部会を設置することも確認した。

　ワクチンは感染症対策のカギである。生産国は、途上国などへの支援を通じて影響力を拡大しようとしている。

　中国は、巨大経済圏構想「一帯一路」で協力している国を中心に、自国産ワクチンを援助している。各国の製薬会社の生産拠点となっているインドも、独自の支援に乗り出した。

　4首脳は共同声明をまとめ、「ワクチンへの公平なアクセスを強化する」と盛り込んだ。日本は、インドへの円借款を通じて生産拡大を図るという。

　ワクチンが途上国にも均等に分配されなければ、感染症の収束は望めない。4カ国は、ワクチン普及に向けた国際的枠組みである「COVAX」などへの協力も通じて、途上国に行き渡るように配慮する必要がある。

　台頭する中国とどう向き合うかは、4カ国共通の問題だ。

　菅首相は首脳会談冒頭、「この4カ国で、『自由で開かれたインド太平洋』実現に向けて協力を進めたい」と述べた。法の支配や民主主義といった価値観を周辺諸国に広げていくことが求められる。

　同時に、4カ国が安全保障面で協力する枠組みも検討すべきだろう。昨年11月には、海上自衛隊と米豪印の海軍がインド沖で合同演習を行った。日本からは護衛艦「おおなみ」などが参加した。共同訓練を重ね、信頼関係を高めることが大切だ。

　日米豪印の協議は、2017年に局長級で始まり、19年には初の外相会合を開いた。伝統的に非同盟の立場であるインドは、首脳会談に慎重だったが、米国のバイデン政権が強く呼びかけて実現した。

　今回、地球規模の課題を会談の主要テーマとしたのは、「対中包囲網」の色合いが強まるのを避けたいインドを取り込む狙いがあったとみられる。

　米国は、4カ国の関係を「QUAD」（クアッド）と呼び、インド太平洋政策の基盤としている。今後も首脳会談を定期的に開催し、地域の安定の土台としたい。

　中国は、QUADを「アジア版NATO（北大西洋条約機構）だ」として反発しているが、筋違いだ。国際法を無視した東・南シナ海での強権的な行動などが、日米豪印の結束につながっていることを自覚すべきである。日米豪印は粘り強く中国に自制を働きかけねばならない。

夏川　明雄（政治評論家）

海外　中国全人代

強国路線で国威を発揚

　今年は中国共産党創立100年に当たり、習近平党総書記兼国家主席が率いる中国の現指導部にとって、3月前半に開催した全国人民代表大会（全人代＝国会）は歴史的節目を強調する国威発揚の場となった。今回の全人代では、2021年以降の第14次5カ年計画と2035年までの長期目標を討議したほか、高度な自治を保障する「一国二制度」下にある香港で民主派を排除するための選挙制度変更も採択された。

　新型コロナの感染拡大を他国に先駆けて抑え込み、経済でも主要国で唯一のプラス成長を維持する中で、全人代で国家の主要戦略分野の中・長期計画目標を設定したことは、習主席の3期目続投への布石と受け止められている。また、覇権争いの様相を強める米中対立の長期化を見据えた上での習指導部の強国路線は、一党独裁体制の「優位性」を国内外に誇示しているかにも見える。

　経済政策を統括するナンバー2の李克強首相は全人代での政府活動報告で、「習近平同志を核心とする党中央の力強い指導の下、プラス成長を実現した唯一の主要経済国となった」といち早い経済回復を自賛。第14次5カ年計画と2035年までの国家発展計画には、あらゆる分野で「強国」を目指し、「科学技術の『自立自強』を国家発展戦略の柱とする」「強大な国内市場を形成し、『双循環』という新たな発展の形を構築する」など、米中対立の悪影響を念頭に置いた戦略方針が随所に出てくる。

　その一方で、習指導部は国際社会の批判や懸念を一顧だにせず、香港の選挙制度改変や台湾独立への動きの抑え込み、新疆ウイグル自治区での人権弾圧など、共産党の統治に関わる問題では一切妥協しない強硬姿勢を改めて鮮明にした。

　2021年の国防予算については、前年比6・8%増の1兆3553億元（約22兆6000億円）と前年を超える伸びを確保。習近平氏（中央軍事委員会主席）が米軍に対抗する形で進めてきた強軍路線を続ける構えを崩さない。海洋権益を重視する習主席は特に海軍の増強に力を入れており、2月1日に施行された「海警法」もその一環だ。

　中国の王毅国務委員兼外相は全人代会期中の会見で、香港やウイグルなどの問題でも圧力を強める米国に対し、「長年、民主や人権の旗を掲げて他国の内政に干渉し、混乱の原因をつくってきた」と強い言葉で反論する一方、早期に米中関係を安定させたい本音ものぞかせた。しかし、バイデン米政権は中国を「安定的で開かれた国際システムを変更しようと試みる唯一の競争相手」と位置づけ、同盟国などと中国包囲網を築く戦略を描く。

　習主席は今年7月の共産党創立100周年、来年2月の北京冬季五輪という重要イベントをこなし、来年秋に党大会を迎える。米中対立の常態化という国難に直面し、強国路線の歩みを緩めるわけにはいかない中国指導部の置かれた厳しい立場が全人代での報告や要人発言からうかがえる。秋波を受けるわが国の戦略的対応も国内外で注視されている。

伊藤　努（外交評論家）

職能開発センターで修了式

自衛隊中央病院　第65期生が部隊に復帰

　公務中の負傷や疾病で障害を負った隊員の円滑な部隊勤務や社会復帰に向けた技術習得指導を行う、自衛隊中央病院職業能力開発センター（三宿、野口歩センター長）で3月4日、第65期生6人（陸自5、海自1）の修了式が行われ、継続の1人を除く5人が技術を身に付け、部隊に復帰した。

　修了式は、新型コロナウイルスの感染防止のため部外の来賓は招かず、中央病院職員のみで開催された。

　野口センター長が研修生一人一人に修了証書を授与し、学生長の十亀忠義2海尉（一般事務科）が部隊への異任を申告した。

　この後、執行者の福島功二病院長が登壇。コロナの影響で外出制限や訓練中止などを余儀なくされる中での研修となったことに触れ、「厳しい状況にありながら、職能修得に対する意欲を失わず、全員が前向きに研修に励んだことに敬意を表す」と学生たちを激励した。

　最後に修了生を代表して十亀2尉が「各人が掲げた目標に向け、日夜勉学にいそしみ、多くの成果を残しました。修了式を迎えることができました。習得した知識・技能を（部隊で）余すことなく発揮し、それぞれの職務において貢献できるよう努力していきます」と決意を表明した。

　修了式に先立つ2月26日には研修生の「研修成果発表会」が行われ、それぞれが1年間の研修で身に付けた取得資格や技能などの成果を発表した。

65期の研修生（手前後ろ向き）の修了を祝い、式辞を述べる福島病院長（壇上）＝3月4日、中央病院職業能力開発センターで＝中央病院提供

18高隊がPAC3展開訓練

在日米軍嘉手納基地では初

　【空幕】空自5高群18高射隊（知念）は3月10日、飛来した弾道ミサイルにも対処できる地対空誘導弾PAC3の機動展開訓練を沖縄県中部の在日米空軍嘉手納基地で初めて行った。

　訓練は米軍の飛行場内でのPAC3器材の布置や人員の移動、展開手順などの習熟度の確認を目的に実施された。

　18高射隊長の草間基弘2佐以下隊員約30人が車両約10両で嘉手納基地に進出し、PAC3の発射機や対空レーダー、射撃管制装置などを展開、システム立ち上げまでの一連の準備手順を演練した。

　訓練後、草間隊長は「隊員一人一人が使命感をもって訓練に臨んでおり、士気が非常に高いことや戦術技量が向上していることを確認できた。今後も弾道ミサイル対処を確実なものとするため、部隊一丸となって引き続きしっかりと訓練を行っていきたい」と語った。

在日米軍の飛行場内への展開訓練を終えた5高群18高射隊のPAC3器材。手前は隊長の草間2佐（3月10日、沖縄・嘉手納基地で）

「ありあけ」が海賊対処訓練

アデン湾などでパキスタン海軍と

　ソマリア沖・アデン湾で民間船舶などの護衛任務に当たる海賊対処行動水上部隊37次隊の護衛艦「ありあけ」（艦長・江澤斎高2佐）は2月26日と3月1日、パキスタン海軍のフリゲート「アラムギル」（満載排水量約4100トン）と共同訓練を実施した。

　同訓練は多国籍部隊「第151連合任務部隊（CTF151）」が主催する合同演習の一環で行われた。

　2隻はアデン湾とアラビア海北部の西方海域で戦術運動、近接運動、小型船接近対処訓練、搭載ヘリによるクロスデッキ（交換着艦）など各種訓練を行い、アデン湾での海賊対処における連携を強化した。

スペイン船と親善訓練

「ゆうぎり」がグアム沖で

　海自の初級幹部を乗せ、中部太平洋方面に外洋練習航海中の護衛艦「ゆうぎり」は2月26日、スペイン海軍の士官候補生を乗せて遠洋航海中の練習帆船「ファン・セバスティアン・デ・エルカーノ」（排水量3770トン）と米グアム島沖で親善訓練を実施した。

　1928年に就役した同帆船と海自が親善訓練を行うのは初めて。2隻は通信訓練や戦術運動を行い、日スペイン海上部隊の信頼関係を促進した。

　外洋練習航海部隊は同28日にも「ゆうぎり」と練習艦「せとゆき」「はたかぜ」が同海域で米海軍空母「セオドア・ルーズベルト」（満載排水量約9万3000トン）、巡洋艦「バンカー・ヒル」（同1万100トン）と共同訓練を実施している。

　航海中に予定されていたミクロネシア連邦への訪問は諸事情により取りやめとなった。

スペイン海軍の練習帆船「フアン・セバスティアン・デ・エルカーノ」（左奥）と米グアム沖で会合した海自の護衛艦「ゆうぎり」（手前）＝2月26日

日米海上部隊がグアム沖で訓練

「いせ」「はるさめ」「しらぬい」が参加

　海自は3月1日から5日まで、関東南方から米グアム島北方に至る海域で米海軍と共同訓練を実施した。

　海自からはヘリ搭載護衛艦「いせ」、護衛艦「はるさめ」「しらぬい」が参加。米海軍の駆逐艦「ジョン・S・マケイン」、「ベンフォールド」（満載排水量各約8300トン）と各種戦術訓練を行い、日米海上部隊の連携を強化した。

共済組合だより

「被扶養者の認定・取消手続き」はお早めに

被扶養者が就職したら手続きが必要

●被扶養者が就職した場合の手続き

　組合員の被扶養者が就職した場合、速やかに共済組合の窓口で扶養取消の手続きをしてください。この場合、「被扶養者申告書」及び「就業証明書」等の提出、「組合員被扶養者証」の返納が必要となります。

　なお、事実発生の日またはその翌日から取り消されるので、取消の手続きが遅れると給付を受けた分の戻入が生じることがあります。

●結婚・出産等による被扶養者の認定の手続き

　組合員が結婚、出産等で被扶養者ができたら、速やかに「被扶養者申告書」を共済組合の窓口に提出し、その認定を受けてください。被扶養者としての各種給付が受けられるようになります。

　届出は事実発生の日から30日以内に行うと、事実発生の日に遡って認定されますが、30日を経過した場合は、遡っては認定されないのでご注意ください（その届け出をした日から認定になります。）。

●認定条件

　「被扶養者」の認定条件は主として組合員の収入で生活しており日本国内に住所を有する次の範囲にあてはまる方です。

1　組合員の配偶者（内縁も含む）・子・父母・孫・祖父母・兄弟姉妹

2　3親等内の親族で右記以外の方（原則として組合員と同居している（住民票が同じである）ことが必要）

3　内縁関係にある配偶者の父母・子（同上）

4　内縁関係にある配偶者の死亡後におけるその父母・子（同上）

　ただし、上記の該当者でも収入が年額130万円以上（障害による年金受給者または60歳以上の公的年金受給者は180万円以上）の方及び年額130万円以上になると見込まれる方は認定されません。

　また、別居している父母等については当該父母等の全収入（父母等の全収入と組合員及びその他の方の送金等の収入の合計）の3分の1以上を組合員が送金等により負担していない場合も認定されません。

　扶養認定において基準とする年収を算定する場合の1年間は、1月～12月の暦年や4月～3月の年度単位でなく、認定から現在までの引き続く期間において連続する12カ月で、どの12カ月の収入を見ても130万円未満である必要があります。

　現時点で年額130万円以上でない場合であっても、年額130万円以上と見込まれる収入が継続的に得られるようになった場合、勤務形態の状況等により、扶養認定の取消となる場合もあります。例えばパート勤務等で収入を得ているような場合は、130万円÷12カ月＝10万8333円であるため、月の収入が10万8333円を恒常的に超えることとなったらご注意ください。

　被扶養者の認定、取消についての詳細は、ご所属の共済組合支部短期係までお問い合わせください。

東日本大震災10年　各地で追悼

犠牲者へ祈り

陸自中音が国歌演奏

東日本大震災から10年となる3月11日、東京都千代田区の国立劇場で政府主催の「追悼行事」が行われ、陸自から中央音楽隊（隊長・樋口孝博1佐以下27人）が式典に参加し、音楽演奏を担った。

式には天皇、皇后両陛下、菅首相をはじめ、岸防衛大臣ら政府関係者や遺族代表など約210人が出席。開式後、中音が国歌を演奏した。この後、巨大地震が発生した午後2時46分の時報に合わせ、出席者全員が黙とうした。

菅首相は式辞で「かけがえのない多くの命が失われ、未曾有の被害をもたらした東日本大震災の発生から10年の歳月が流れた。最愛のご家族やご友人を失われた方々のお気持ちを思うと、今なお哀惜の念に堪えない。教訓を決して風化させず、あらゆる分野で国土強靭化に取り組み、災害に強い国造りを進めることを改めてここに固くお誓いする」と述べた。

続く天皇陛下のお言葉では「大震災の大きな犠牲の下に学んだ教訓も、今後決して忘れることなく次の世代に語り継いでいくこと、そして災害の経験と教訓を忘れず、常に災害に備えておくことは極めて大切なことだと考えます。その教訓が生かされ、災害に強い国が築かれていくことを心から願っています」と思いを語られた。この後、大島理森衆議院議長らが追悼の辞を述べた。

続く献花では、陸自中音が樋口隊長の指揮で「花は咲く」「アメイジング・グレイス」など7曲を演奏し、参列者が祭壇に白菊を手向けた。

慰霊演奏を担った樋口隊長は「省を代表して参加させて頂いたことを光栄に思う。ご遺族の方々の深い悲しみに寄り添い、亡くなられた方々へ心からの弔意を示そうという思いで臨んだ」と述べた。

政府主催の東日本大震災追悼式で式辞を述べる菅首相（中央）。右は天皇、皇后両陛下。この式典で陸自中音は音楽演奏を担った（3月11日、東京・国立劇場で）＝首相官邸HPから

「心一つに」合奏

【東北方＝仙台】東北方面音楽隊（仙台）は東日本大震災から10年の節目を迎えるに当たって、地元の宮城県警察音楽隊、仙台市消防音楽隊、石巻広域消防音楽隊を仙台駐屯地に招いて4音楽隊による合奏動画を収録、3月5日に動画投稿サイト「ユーチューブ」に配信した＝写真。

このコラボ演奏は、東日本大震災を風化させず、復興のために「東北の心を一つにしたい」と東北方音の音楽班長（現・中央音楽隊＝朝霞）の吉田年成2尉が企画、県警や消防の音楽隊に共演を打診して実現した。演奏曲はフィリップ・スパーク作曲の復興支援吹奏楽曲『陽はまた昇る』が選ばれた。

収録は1月21日、仙台駐屯地内の東北方音大演奏室で行われ、4音楽隊による合奏後、各隊が単独演奏。4者が心を一つにして演奏する姿を視聴者に見てもらうため、音合わせと撮影を何度も繰り返した。その後、東北方通信群が5分42秒の映像に編集して配信。動画では演奏風景のほかに、震災当時、行方不明者捜索に当たった東北方、県警、消防の静止画が紹介された。

3月5日にネット配信されると、4音楽隊の演奏動画は被災地の視聴者から感動をもって受け入れられ、コメント欄には「震災当時は本当にお世話になりました。映像をみて、泣けてきます。感謝しかありません」などの書き込みが寄せられた。

東北方音隊長の阿部亮3佐は「被災した全ての人に勇気をお届けするために演奏した。一つの目標のために警察・消防音楽隊と協力し、仲間の大切さ、ありがたさを感じた」と語った。

松島基地でMISIAさん

明日への力に　ブルーと共演

空自4空団11飛行隊（松島）のブルーインパルスは3月11日、TBS系テレビの音楽特番「音楽の日」に登場、松島基地を訪れ、慰霊のための特別ライブを行った歌手のMISIAさんと共演を果たした。

撮影は同5日、松島基地で行われ、ライブに先立ちMISIAさんは震災で家族を亡くした4空団広報班の大竹慎一准尉から当時の状況を聞いた。基地も津波により大きな被害を受けたことを知ったMISIAさんは「今回、復興のシンボルでもあるブルーインパルスと歌うことに強い意味を感じている。自衛隊の方々が復旧、復興のために活動をなさっている姿をニュースや報道などで目にし、自衛隊の皆さんへの感謝の気持ちと、（被災した）東北の皆さんが明日への力がわくように、心を込めて歌いたい」と話し、ブルーインパルス格納庫に特設された演壇に上がった。

多くの松島基地隊員が整列して見守る中、MISIAさんは最初に新型コロナなどで大切な人との突然の別れを経験することになった人に向けたバラード曲『さよならも言わないままで』を熱唱。歌唱中、松島基地の被災状況なども紹介された。

上空にはブルーインパルスが登場し、6機の「デルタローパス」でMISIAさんの背後を航過。曲の後、MISIAさんが空を見上げると、2機でハートを描く「スラント・キューピッド」を演じた。

2曲目は東日本大震災復興応援メッセージソング『明日へ』を披露。歌い終えるタイミングでMISIAさんが右手を振り上げると、ブルーが6機編隊の「フェニックスローパス」でMISIAさんの後方を航過、ダイナミックな演技でフィナーレを飾った。圧巻のパフォーマンスに聴き入った基地隊員は両者に大きな拍手を送った。

MISIAさんは大震災から10年となる3月11日、松島基地でのライブを振り返り、「本当に胸がいっぱいになった。東北、自衛隊、被災された皆さんに（私の）想いが届いて少しでも明日への力がわいてくれていたらいいなと思う」と語った。

復興応援メッセージソング『明日へ』を熱唱するMISIAさんと「フェニックスローパス」で共演する空自ブルーインパルス（3月5日、松島基地で）＝Misia.jpツイッターから

ライブ会場となった松島基地のブルー格納庫で、MISIAさん（壇上）の歌に聴き入った松島基地の隊員たち（空自ツイッターから）

東日本大震災から10年

自衛隊への教訓　▷▷2◁◁

元陸上幕僚長　火箱　芳文　元陸将 ㊤

（現・三菱重工業顧問）

「全責任負う」覚悟の指揮

東日本大震災から10年が経つ。震災の記憶も薄れていく国民も多くなっていると思われるが、当時の陸幕長として大震災を戦後最大の危急的事態と認識し、これに全力で対応した陸上自衛隊の活動は今も鮮明に思い出される。

震災の初動について

2011（平成23）年3月11日、午後2時46分、事務次官室で会議中、ものすごい振動に襲われた。テレビに「三陸沖を震源地、マグニチュード8・4の地震、津波の発生可能性あり」と表示された瞬間、東北地方で「戦」が起きたと思った。

会議は即中止。11階から4階の執務室まで階段を駆け下りながら、「東北方だけでは足りない」「通常の手続きでは遅れる」「72時間以内に大部隊を送り込む」「どの部隊を残し、どの部隊を出す」と部隊運用構想を固めた。

各総監に直接指示

執務室に飛び込み、君塚栄治東北方総監に電話。「やられました！　室内はものが散乱、停電でテレビも映りません」「分かった、東北方面隊直ちに出動！　全国から部隊を増援する。君が指揮を執れ」。

直後、西方総監から順に各総監に電話した。防衛任務の継続と派遣する師団・旅団、施設団の出動を命じた。各総監は統合運用の原則の越権行為、シビリアンコントロールの原則背反の疑いなしとしない異例の電話に戸惑ったことと思うが、指示通り迅速に行動してくれた。

全て責任を負うつもりだった。戦後最大の国家的危急事態に対する史上最大の戦力集中と長期にわたる作戦（延べ1066万人、期間291日間）が開始された。陸上自衛隊は最大5個師団、4個旅団、3個施設団、1個特科団、1個高射団、生活支援隊も入れ、最大約7万人を投入した。

救助・復旧に苦闘

発災から72時間以内に全ての部隊を送り込むことはできなかったが、生存者が確認された19日までには東北方面隊のほかに3個師団、2個旅団が救出活動に入った。被救助者総数2万7157名のうち、自衛隊は1万9286名（うち陸自1万4937名）を救出した。

20日以降は人命救助を主体とする応急救援活動から、行方不明者捜索、避難者の生活支援を主体とする応急復旧活動に重点を移行した。

津波が襲った地域は大量の瓦礫、ヘドロで覆われ、多くの冠水・水没地があり、行方不明者の存在自体が不明な中での捜索活動であり、難渋を極めた。施設団が瓦礫に覆われた計323キロに及ぶ道路啓開、補修あるいは架橋等交通網の確保に努めつつ、機械力で瓦礫の除去・搬送を実施した。

捜索部隊は冷たい泥水に胸まで浸かり、ずぶぬれになり、あるいは大量の瓦礫、堆積したヘドロに足を取られながら、視察者の心情に配慮した丁寧な手作業を繰り返し、徐々に捜索完了地域を広げていった。

捜索活動を黙々と繰り返し、陸自だけで8416体（自衛隊で9505体、全部で1万5844体）のご遺体を収容した。ご遺体の搬送、埋葬支援も合計2004体行った。

生活支援隊の増援

また、最大37万人という大量の避難者に対する生活支援は膨大であった。当時は民間の物流が滞っており、避難者の生活用品、食料にも事欠くような逼迫した状況であった。14日以降、各方面総監に指示し、生活支援隊を増援するよう措置した。併せて自衛隊独自で全国から物資を東北へ届ける「全国民生支援物資輸送」や、「ミニSS（防衛用燃料の無償提供）」など初の試みも行った。

隊員用の炊事車、野外入浴セットなどは全機材を被難者用に提供し、各医療関係者を集中運用して避難所での治療に当たるなど、被災者を全力で支えた。

3月29日以降、6回現地に入ったが、現場には真実がある。厳しい過酷な任務を遂行していながら、部隊長を核心にして一致団結、一切の言上げをせず、黙々と被災者に対し献身的に行動する部隊・隊員を見て、目頭が熱くなった。視察を重ねるたびに瓦礫、ヘドロ等が除去され、元の地表面が露出し、復旧していく光景を見て、陸上自衛隊の偉大さ、すごさ、隊員の頼もしさ、矜持を感じた。

隊員の過活動に課題

一方で、被災者優先の自己犠牲的な隊員の過活動的行動については終始気掛かりであった。当初から兵站支援体制の区分変更を行い、捜索・収容に不足する装備品（グラップル等機械力、胴長、長手袋、鳶口、遺体収容袋など）の補給に努めたものの、長期戦に耐え、持続的な戦力発揮のための人事・兵站支援策（温給食、栄養食品、戦力回復センターの設置、部隊交代、即自、予備自の招集、司令部幕僚の派遣など）は必ずしも十分でなく、満足な休養も取らせてやれなかった。

また、大量の遺体収容捜索に伴う心的外傷後ストレス障害（PTSD）対策（メンタルヘルスチームの派遣）などの課題は残ったままである。この間、過活動が原因と思われる3人の尊い犠牲者を出してしまったのも悔恨している。

（次号に続く）

宮城県石巻市の津波被災地を視察する火箱芳文陸幕長（右から2人目）。左は災害派遣活動の状況を報告する6普連長（美幌）の照井康弘1佐（2011年4月1日）＝陸自提供

14旅団が指揮所開設、初動対処確認

南海トラフ地震に備え

【14旅団＝善通寺】14旅団は2月10日から13日まで、災害対処能力の向上を目的に「令和2年度旅団災害対処演習」を行った。

演習は「南海トラフ地震」の発生を想定、旅団指揮所を香川県の善通寺駐屯地から被災地により近い高知駐屯地へ移設する指揮所の開設訓練、さらに旅団司令部と四国全域の各部隊が連携した初動対処訓練などを演練した。

また、同時期に行われた統幕の「日米共同統合防災訓練」の基盤も活用し、在日米軍との共同訓練も実施。被災者の救出・救助訓練のほか、海自輸送艦「しもきた」などと協同し、海からの被災地への進出、救援物資の輸送などを訓練した。

高知県の興津海岸に上陸した海自のLCACから陸揚げされる陸自50普連の車両群

自治体と防災訓練

十勝岳が噴火　負傷者を救出

14施設群

【14施群＝上富良野】14施設群は2月17、18の両日、美瑛町と上富良野駐屯地で実施された「十勝岳噴火総合防災訓練」に参加した。

訓練は十勝岳火山防災協議会が主催し、自治体と関係機関が十勝岳噴火災害対処計画の実効性を確認するとともに、連携の強化を図った。

17日は「十勝岳で噴火が発生し、中腹の避難小屋に負傷者が取り残された」という想定で救出訓練を開始。隊員は大型雪上車に消防隊員を乗せて雪で閉鎖されている登山道を前進、負傷者を救出した。

翌18日は美瑛町災害対策本部に群の指揮所を開設。3個中隊が消防と連携して住民の避難輸送訓練を実施した。

避難小屋の負傷者を救出し、雪上車で輸送後、消防に引き渡す14施設群の隊員（十勝岳の山麓で）

PREMIST

ダイワハウスの分譲マンション『PREMIST』

防衛省にお勤めの皆様は、ダイワハウスの分譲マンションをご契約いただきますと
販売価格(税抜)から1%の提携割引※が適用となります。ご購入を検討されている方は是非ご利用ください。

※一部共同事業物件やキャンペーン物件は割引率が異なる場合がございます。

提携割引をご利用いただくには、コーサイ・サービス(株)が発行する「紹介カード」が必要となります。

〈紹介カード発行先〉コーサイ・サービス株式会社　TEL:03-5315-4170(住宅専用)　担当:佐藤
URL:https://www.ksi-service.co.jp　(ID:teikei　PW:109109)

提携割引に関するお問い合わせ先

大和ハウス工業株式会社　マンション事業本部 販売統括部 法人提携グループ
TEL:03-5214-2253　担当:加藤　営業時間／10:00～17:00　定休日／土・日・祝日

神奈川県藤沢市　プレミスト湘南辻堂 FOREST Face

予告広告　本広告を行い取引を開始するまでは、契約又は予約の申込には一切応じられません。また、申込の順位の確保に関する措置は講じられません。FOREST Face第二期一次販売開始予定時期:2021年4月下旬

2021年3月下旬入居開始(予定) ※FOREST Face

《提携割引》販売価格(税込)より 1%割引

航空写真
(左:AQUA Face 右:FOREST Face)
※2020年11月撮影

《JR東海道線・湘南新宿ライン 2路線利用可　都心ダイレクトアクセス※1》
JR東海道本線・湘南新宿ライン「辻堂」駅(北口)(約860m) 徒歩11分

■「プレミスト湘南辻堂」物件概要(FOREST Face)　●所在地／神奈川県藤沢市羽鳥一丁目1002番1、1002番2●交通／JR東海道本線「辻堂」駅徒歩11分●総戸数510戸(別途ゲストルーム2戸)●構造及び階数／鉄筋コンクリート造地上13階建(一部鉄骨造)●敷地面積／16,937.33㎡●用途地域／第1種住居地域、近隣商業地域●国土法・届出等／届出不要●分譲後の権利形態／団地全体(AQUA Face・FOREST Face)の敷地の共有、建物:区分所有●土地の権利形態／所有権●施工会社／株式会社 長谷工コーポレーション●管理形態／管理組合と管理会社(株式会社長谷工コミュニティ)との間で管理委託契約を締結●建物完成年月／2021年1月完成済●入居予定／2021年3月下旬予定●駐車場空台数(月額使用料:8,000円～14,000円)／352台(平面式104台、自走式246台、別途身障者用駐車場2台)●駐輪場空台数(月額使用料)／1,020台(二段ラック式964台:上段100円・下段200円、平置き式56台:500円、別途レンタルサイクル置場6台)●バイク置場空台数／(月額使用料)／52台(バイク置き場26台:2,000円、ミニバイク置き場26台:1,500円)●建築確認番号／第UHEC建確28296号(平成28年9月29日)、第UHEC建確28296号変1号(平成30年9月11日)●売主・販売代理／大和ハウス工業株式会社●売主／神奈川中央交通株式会社　宅地建物取引業者免許番号:神奈川県知事免許(15)第1996号、(一社)不動産協会会員、(公社)首都圏不動産公正取引協議会加盟　〒254-0811　神奈川県平塚市八重咲町6-18　TEL:0463-22-8887●売主／株式会社 長谷工コーポレーション　宅地建物取引業者免許番号:国土交通大臣(16)第68号、建設業許可番号:国土交通大臣(特-27)第3792号、(一社)不動産協会会員、(公社)首都圏不動産公正取引協議会加盟　〒105-8507　東京都港区芝二丁目32番1号　TEL:03-3456-5451●販売代理／株式会社 長谷工アーベスト　宅地建物取引業者免許番号:国土交通大臣(10)第3175号、(一社)不動産協会会員、(一社)不動産流通経営協会会員、(公社)首都圏不動産公正取引協議会加盟　〒105-8545　東京都港区芝2-6-1長谷工芝二ビル6階　TEL:03-5440-5800●販売復代理／エース不動産株式会社　宅地建物取引業者免許番号:東京都知事(1)第101296号、(公社)全国宅地建物取引業保証協会会員、(公社)東京都宅地建物取引業協会 千代田中央支部所属　〒103-0025　東京都中央区日本橋茅場町2丁目1番11号ビルックス茅場町9階　TEL:03-6661-7355●住宅金融支援機構／フラット35登録マンション●その他費用／湘南SALONE(コミュニティクラブ)会費／月額500円●団地合計総戸数／914戸(AQUA Face:404戸・FOREST Face:510戸)●団地合計敷地面積／35,058.67㎡(AQUA Face:18,121.34㎡、FOREST Face:16,937.33㎡)　■第2期1次予告物件概要　●販売戸数／10戸●間取り／2LDK+S(納戸)・3LDK・4LDK●専有面積／68.91㎡～87.22㎡●バルコニー面積／11.00㎡～25.59㎡●トランクルーム面積／0.94㎡●室外機置場面積／0.76㎡●予定販売価格(税込)／3,900万円台～6,300万円台※100万円単位●予定最多販売価格帯／4,900万円台(3戸)※100万円単位●管理費(月額)／16,000円～19,700円●管理準備金(一括)／20,700円～26,200円●修繕積立金(月額)／5,660円～7,160円●修繕積立一時金(一括)／531,000円～673,000円●インターネット使用料(月額)／2,200円(税込)●販売開始予定時期／2021年4月下旬　※当物件の本広告は公式サイト(http://dhms.jp/syounantujidou/)にて2021年4月下旬に公開予定ですのでご確認ください。

神奈川県建築物環境性能表示
地球温暖化防止対策
ヒートアイランド対策
これはCASBEEかながわによる自己評価結果です。
総合評価 ★★★★★
CASBEEかながわ

※1.JR「辻堂」駅から東海道本線利用で「東京」駅直通48分(通勤時55分)(2020年10月現在)※所要時間は日中平常時のものであり時間帯により異なります。※2.団地合計敷地面積:35,058.67㎡(FOREST Face:16,937.33㎡ AQUA Face:18,121.34㎡)※3.共用施設のご利用に際しては、管理規約集に従っていただきます。一部施設は有料となる場合がございます。カフェメニューは有料となります。FOREST Faceの共用施設は2021年3月よりご利用いただけます。※掲載の共用部写真は2021年2月に撮影(FOREST Face)したものです。※掲載の徒歩分数は1分=80mとして換算し、端数は切り上げています。

お問い合わせは「プレミスト湘南辻堂」マンションギャラリー
0120-142-785　営業時間／10:00～18:00　定休日／火・水曜日(祝日除く)
ダイワハウス 辻堂　検索

千葉県船橋市　プレミスト船橋塚田

即入居可

《提携割引》販売価格(税込)より 1%割引

外観(2020年8月撮影)

[自然豊かな住環境から都心へスマートにアクセス]
東武アーバンパークライン「塚田」駅(約240m) 徒歩3分

[大型公園や便利な商業施設が揃う暮らしが楽しめます]
行田公園(約840m) 徒歩11分　2018年10月撮影
イオンモール船橋(約920m) 徒歩12分
東武ストア 新船橋店(約630m) 徒歩8分

現地販売センターにお越しの際は、エントランスのインターホンにて201号室で販売スタッフをお呼びください。

※1.世代の交流をうながす共用部や取り組みを導入した街作りを示しています。※本事業エリア57,456.19㎡(分譲マンション／571戸、賃貸住宅／中高層225戸(予定)、低層39戸、一戸建て街区／26区画、複合商業施設、道路・公園用地の敷地の合計面積)※徒歩分数は1分=80mとして算出(端数切り上げ)したものです。※[新設]小学校の通学区域については今後、住居表示の変更や大きな環境の変化等があった場合には、改めて通学区域の見直し等が行われる可能性がございます。なお、開校までは行田東小学校(徒歩14分/約1,070m)が通学校となります。※認可保育所(予定)は入居者の入所を保証するものではなく、入居者以外の第三者も利用します。また各施設の運営は将来にわたって保証されるものではありません。

■「プレミスト船橋塚田」物件概要　●所在地／千葉県船橋市行田一丁目382番25(地番)●交通／東武アーバンパークライン「塚田」駅から徒歩3分●敷地面積／20,948.07㎡●用途地域／工業地域●構造及び階数／鉄筋コンクリート造 地上11階建(一部鉄骨造)●総戸数／571戸(別途管理事務室1戸、ゲストルーム3戸)●工事完了年月／2020年9月完成済●入居予定／即入居可●分譲後の権利形態／敷地は共有、建物は区分所有●土地の権利形態／所有権●管理形態／管理組合と管理会社(大和ライフネクスト株式会社)との間で管理委託契約を締結予定●設計・施工／株式会社長谷工コーポレーション●建築確認番号／第UHEC建確300383号(平成30年9月25日)、第UHEC建確300383変1号(令和元年5月24日)●売主・販売代理／大和ハウス工業株式会社●売主／東武鉄道株式会社　〒131-8522　東京都墨田区押上1-1-2　宅地建物取引業者免許番号・国土交通大臣(15)第328号、(一社)不動産協会会員、(公社)首都圏不動産公正取引協議会加盟●販売代理／野村不動産アーバンネット株式会社　〒163-0576　東京都新宿区西新宿1-26-2新宿野村ビル26階　宅地建物取引業者免許番号・国土交通大臣(5)第6101号、(一社)不動産流通経営協会会員、(公社)首都圏不動産公正取引協議会加盟　TEL:03-3345-7778●駐車場空台数／7台(月額使用料／8,000円～13,000円)別途、来客用駐車場6台、カーシェアリング2台●駐輪場空台数／559台(月額使用料／100円～300円)別途、来客用自転車置場:16台●バイク置場空台数／17台(バイク:9台、ミニバイク:8台)(月額使用料／1,000円～1,500円)　■第1期1次～第4期1次物件概要　●販売戸数／41戸●販売価格(税込)／3,280万円～4,650万円●最多販売価格帯／3,900万円台・4,300万円台(各7戸)●間取り／2LDK～4LDK●専有面積／65.09㎡～76.59㎡●バルコニー面積／10.88㎡～12.80㎡●専用庭面積／10.88㎡～22.80㎡(月額使用料:400円～1,000円)●テラス面積／10.88㎡～12.60㎡●管理費(月額)／14,000円～16,500円●管理準備金(引渡時一括)／14,000円～16,500円●修繕積立金(月額)／5,800円～6,800円●修繕積立基金(引渡時一括)／325,500円～383,000円●インターネット使用料(月額)／1,078円●先着順申込受付中●申込受付場所／「プレミスト船橋塚田」現地販売センター※お申込みの際には印鑑(認印可)、直近2年分の収入を証明する資料(源泉徴収票等)、本人確認資料(運転免許証等)をご持参ください。※613号室は2020年9月12日より、818号室・312号室は2021年2月13日より建物内モデルルームとして使用しております。※201号室は2020年9月10日より、206号室は2021年1月4日より、209号室は2021年2月13日より現地販売センターとして使用しております。※256号室・258号室は2020年9月12日より、210号室・211号室は2020年11月6日より商談ルームとして使用しております。※建物内モデルルームの818号室・613号室・312号室、現地販売センターの201号室・206号室・209号室、商談ルームの256号室・258号室・210号室・211号室は今回販売対象外です。●取引条件有効期限／2021年3月31日

お問い合わせは「プレミスト船橋塚田」現地販売センター
0120-571-090　営業時間／10:00～18:00　定休日／火・水曜日(祝日除く)
ダイワ 船橋塚田　検索

Daiwa House®
大和ハウスグループ

大和ハウス工業株式会社　東京本社 マンション事業本部
東京都千代田区飯田橋3丁目13番地1　〒102-8112　Tel 03-5214-2253　Fax 03-5214-2246
建設業許可番号・国土交通大臣許可(特-2)第5279号　宅地建物取引業者免許番号・国土交通大臣(15)第245号
(公社)東京都宅地建物取引業協会会員／(一社)不動産協会会員／(公社)首都圏不動産公正取引協議会加盟
www.daiwahouse.co.jp

エコ・ファースト企業
環境大臣認定
We Build ECO
Daiwa House Group

令和2年7月1日　防衛省生協の「退職者生命・医療共済」が新しくなりました！

退職後から85歳までの病気やケガによる入院と死亡（重度障害）をこれひとつで保障します。

1 より長く！

満期年齢が80歳から5年間延長され85歳となり、より長期の安心を確保！

2 より厚く！

入院共済金が「3日以上入院で3日目から支払」が「3日以上入院で1日目から支払」に！

One for all, All for one

防衛省職員生活協同組合

〒102-0074　東京都千代田区九段南4丁目8番21号　山脇ビル2階
専用線：8-6-28905　電話：03-3514-2241（代表）

詳しくは
パンフレット、Webで

航空作戦支援へ「ドローン戦闘機」続々登場

作戦行動中、味方の有人機を護衛し、空中戦や対地攻撃などにも従事できる「ドローン戦闘機」の開発が世界で進んでいる。米空軍ではF22、F35両ステルス戦闘機と編隊を組み、通信を中継するドローンの試験に成功、豪空軍では「忠実な僚機（ロイヤル・ウイングマン）」と名付けられた機体が先月、初の飛行試験に成功している。将来的には有人機と複数のドローンが同時に航空作戦を担い、平時の偵察、警戒監視から有事の対戦闘機戦闘、対地攻撃まで対応できる機体とする計画だ。

米空軍のF22（右）、F35（中）戦闘機と編隊を組み、飛行するドローン戦闘機XQ58A「ヴァルキリー」（左）。この飛行試験では両有人機の暗号データリンクの中継役を担った（米空軍提供）

進む研究、広がる期待と任務

対戦闘機戦闘、対地攻撃も視野に

実戦では危険任務担当へ　F22とF35の通信中継成功　米空軍

米空軍はドローン戦闘機「XQ58Aヴァルキリー（独語でワルキューレ）」の飛行試験をアリゾナ州ユマの性能評価試験場などで行っている。昨年末にはステルス戦闘機F22、F35と同時に編隊を組んで飛行する試験にも成功した。

ステルス設計のXQ58Aは全長8・8メートルで、有人機の約半分の大きさ。遷音速（時速約1000キロ）で、航続距離も3000キロ以上あるため、有人機の作戦に随伴できる。胴体下部の兵器倉には最大250キロまでの武器を搭載できるという。

F22、F35との編隊飛行は「通信中継」が目的だった。F22とF35は装備する低確率傍受（LPI）暗号データリンクの体系が異なることから、直接、情報交換ができない。

このため飛行中にXQ58Aが中継の役割を担い、作戦情報をやりとりした。試験では18項目のうち半数に成功したという。

米空軍では今後、XQ58AのようなAIドローン戦闘機を実用化し、危険な対空・対地作戦などの任務を担当させるほか、輸送機や空中給油機など大型機の護衛、さらには複数のドローンを広域に展開させ、偵察・警戒監視・電子戦などの任務にも投入していく考えだ。

防衛技術

今年2月27日、初飛行に成功した豪空軍のドローン「ロイヤル・ウイングマン」。有人機と共に航空作戦を担える無人戦闘機を目指している（豪国防省提供）

有人機の作戦を支援する「忠実な僚機」　豪空軍

一方、オーストラリア空軍はボーイング社と共同で開発した概念実証無人機「ロイヤル・ウイングマン」の実用化を目指している。同機は去る2月27日、ウーメラ豪空軍基地で初飛行試験に成功した。

「ロイヤル・ウイングマン（忠実な僚機）」の名の通り、同機は有人機の作戦支援に当たる。

サイズは全長約12メートルで、航続距離3700キロ以上を目指しているという。

初号機は昨年5月に豪空軍に引き渡され、10月に地上滑走試験を行い、今回、初の飛行試験に成功。豪空軍では同機を6機製造し、複数機での運用試験を今後開始する計画だ。

将来の有人機と複数のドローンを組み合わせた航空作戦の実現に向け、編隊飛行や戦闘の方式について研究を進めていく。

技術が光る　>99<

「電波探知妨害装置」　三菱電機

3キロ先のドローンに対処が可能　妨害する周波数帯をタッチし指定

近年、高性能化が進むドローンを活用したさまざまなビジネスが広がりを見せている。その活用法としては、人の目が届きにくい送電線や橋梁上部の点検から農作物の生育分析まで多岐にわたり、最近ではエンタメ業界のライブ演出などにも利用されている。

ドローンが民生用途で急速に普及していく一方、盗撮などの犯罪、さらには航空機の飛行ルートに侵入させるなど、ドローンを使ったテロ行為にも警戒が必要だ。

こうした情勢を受け、三菱電機（東京都千代田区）ではドローンの飛行に利用される電波に着目。これを受信して遠距離からドローンの接近を探知するとともに、犯罪に使われる恐れのある場合、妨害電波を送信して操縦部との通信を遮断し、ドローンの行動を無力化する「電波探知妨害装置」を開発した。

小型・軽量の同装置は、指向性アンテナとスタンドからなる「アンテナユニット」、電波探知と妨害信号の送信を担う「送受信ユニット」、これらを操作・制御する端末の「コントローラー」の3点により構成される。

各ユニットを設置して配線を接続し、送受信ユニットとコントローラーの電源を入れると、自動的に探知が開始されるという。

「電波探知妨害装置」のメカニズムは、ドローンが発しているダウンリンク信号（操縦部に送る撮影した画像情報や応答信号など）を受信し、そこに妨害電波を送信することでプロポ（操縦部）が発するアップリンク信号（飛行操作に関する制御信号など）を遮断するというもの。一般的なドローンはアップリンク信号を遮断されると、その場にホバリングし、やがてフェイルセーフ（自己保全）機能によって自動降下する。

近年のドローンは通信容量が多く必要なため、920メガヘルツ帯以上の周波数が利用されている。電波探知妨害装置もこれに対応するため、電波法によって同装置を国内で扱うには運用者が総務省と調整し、「無線局」としての開局申請が必要になるという。ドローンの導入を公的に進めている自衛隊ならば開局しやすいだろう。

三菱電機が開発した「電波探知妨害装置」一式。水平45度の妨害エリア内に侵入したドローンの通信を遮断することで、行動を無力化できる

電波妨害はワンタッチでできる。コントローラーの画面上に、探知したドローンの周波数帯が点滅して表示されるため、妨害する周波数帯を画面タッチで指定後、『妨害開始』画面をタップすれば直ちに妨害電波を発射することができる。接近する不審なドローンの周波数帯を対象の目視と合わせてワンタップで指定でき、それ以外の周波数への影響を局限できるのも同装置の特徴だ。

装置による探知・妨害範囲は電波源との見通し距離により異なるが、水平45度の覆域が防護エリアとなって展開されるという。海外で行われた実地検証によれば、最大で3キロ先のドローンの妨害が可能だった。さらに複数のドローンに対しても同時に対処できたという。

防衛省・自衛隊が今後「対ドローン」戦術を研究していく上で、同社の「電波探知妨害装置」は大きな役割を担うことになるかもしれない。

世界の新兵器 ——546

露　原子力推進巡航ミサイル「SSC－X－9スカイフォール」

何カ月も飛行し、攻撃指令を待つ

2018年3月、プーチン・ロシア大統領が披露した6つの新戦略兵器の中で、目が離せないのは原子力推進巡航ミサイル「9M730プレヴェスニク（海燕）」、NATOコード「SSC－X－9　スカイフォール」である。搭載する小型原子炉から無限に続く推力を得て、何カ月でも地球を周回しながら攻撃指令を待つという不気味な兵器だ。開発の歴史は長い。レーガン米大統領の戦略防衛構想（SDI）に対抗し、その精緻な弾道ミサイル防衛網を潜り抜いて米本土に到達できるのは、ステルス性を持つ長射程巡航ミサイル以外にないという触れ込みで研究が始まった。

そのSDIも、「この完成はいつになるか予測もできない」という米国物理学会のクールな報告書に水をかけられて研究予算は急減し、クリントン政権に至って戦域ミサイル防衛計画に萎んでしまうが、原子力推進巡航ミサイルの研究は、ソ連が崩壊してもロシアに引き継がれて日の目を見たのである。ロシア国防相が「既存のKh－101巡航ミサイルと同程度の大きさ」と説明したが、ロシアのメディアは「その2倍だ」「いや数倍だ」と様々だ。固体燃料ブースター付きで全長12m、飛行状態で9mという報道もある。無人だから放射能遮蔽は簡単なもので済むが、小型ながらも原子炉搭載となれば、この程度の大きさになるだろう。

プーチン大統領の披露より早く、すでに2017年から白海に面したセヴェロドヴィンスク市に近いパンコヴォリ射場で「プレヴェスニク」の発射実験が行われているのを西側の情報機関は知っていた。ところが2019年8月8日、謎の爆発で5名の技術者が殉職し、地域一帯の放射能レベルの上昇、住民避難、耐放射能薬の緊急調達などがあったことを、ロシアのメディアが翌日報じる。ロシア国防相は否定するも発射実験は中止となった。だが2020年9月、その実験再開が近いことが商業衛星によっても確認されたのだ。

弾体の形状を隠しながらも、その完成がアピールされているロシアの原子力推進巡航ミサイル「SSC－X－9スカイフォール」（インターネットから）

米国は経験済みである。1957年、原子力委員会と空軍は、原子炉からの高熱空気を吹き付けるラムジェットの開発を目指し、ネバダ核実験場に大規模な施設を建設する。プルート（冥王）計画である。耐熱材料に苦しみながらラムジェットを完成させ、線路上の貨車に載せて最初は数秒、3年後には5分間の噴射に成功する。だが国防総省は、ICBM開発に自信を得たのと、ソ連に漏洩し模倣されたら対抗手段がないという恐れとで1964年に研究を中止させている。その恐れが今、正夢となった。遺族を集めた慰霊祭でプーチン大統領は「殉職者の至誠に応え世界無比の兵器を完成させよう」と訴えている。

徳田　八郎衛（防衛技術協会・客員研究員）

技術屋のひとりごと

ユニークな研究施設

古味　孝夫（防衛装備庁電子装備研究所・飯岡支所長）

国内で装備品等のレーダー反射断面積が屋外で計測できる研究施設である飯岡支所は、千葉県旭市にある防衛装備庁のユニークな研究施設です。

レーダー反射断面積とは、レーダーなど放射源から発せられた電波が目標物に反射し、放射源に返ったときに受信された電波の強度が、どれくらいの面積の平板から反射された電波の強度と同等なのかという有効反射断面積のことをいいます。

この研究施設は、小さなレーダー反射断面積を信頼性高く計測し、ステルス性能の評価技術について研究する国内唯一の研究施設です。敷地は、大まかに正方形で東京ドーム4個分以上の広さがあり、敷地の対角線上の一方の端に電波の放射源が設置され、もう一方にレーダー反射断面積を計測する目標物を設置します。小型の航空機ならば実物大の目標の計測が可能です。

計測においては、電波の放射源と目標物との距離、計測時に使われる電波の波長、目標物の大きさによって、得られたデータの信頼性を低下させることがあります。これを解消するため、我々の施設で計測したデータを基に信頼性を向上させる変換を行います。この変換技術についても研究を行っています。国内で唯一、屋外で距離を隔てた条件で計測し、変換するわけですから、信頼性の高いデータの取得ができる研究施設といえます。

このような研究ができるのも、幸いなことに少人数ながら優秀なスタッフが業務を行い成果を出しているからこそだと思います。唯一の研究施設を更に有効に活かしていくため、スタッフ個々の技術と技能を向上させ、安全衛生管理に配慮し、少人数でも実物大目標など大きな重量物を移動させる機械化等を行い、効率的に研究ができる環境を作っていくことが必要と考えています。

「空飛ぶ」救急車も

ロシア　飛行タクシーで試験

ロシアのホバーサーフ（Hoversurf）社はモスクワで「空飛ぶタクシー」の飛行試験を開始した。機体は全長5メートル、幅1・6メートルで、2人乗り。高度150メートルまで上昇し、最高速度200キロで飛行、航続距離100キロを目指している。

同社では機体を「空飛ぶタクシー」として販売するほか、傷病者を病院に空輸する無人の「空飛ぶ救急車」＝完成予想図＝などとしても活用していく計画。同社では同時に「空飛ぶバイク」の開発も行っている。

地方防衛局

特集

「朝雲賞」東北局が5年連続

カギはリサーチと"仕込み"

地方防衛局部門の「優秀掲載賞」

昨年1年間、「朝雲」に掲載された部隊や機関などからの優れた投稿記事や写真を表彰する「朝雲賞」の選考が2月5日に行われ、最も多く紙面に掲載された回数を競う「掲載賞」の「地方防衛局」部門で、東北防衛局（熊谷昌司局長）が5年連続の「優秀賞」に輝いた。（2月25日付既報）

5年連続の「朝雲賞」受賞を喜ぶ（右から）宮崎かおり報道官、表彰状を掲げる熊谷昌司局長、副賞の盾を掲げる畠中秀昭総務部長（3月10日、仙台市の東北防衛局で）

宮崎かおり報道官

6連覇を目指す

「朝雲賞」の制度は昭和34（1959）年に始まり、「地方防衛局」部門は東北防衛局からの強い要望を受けて平成28（2016）年2月に新設。翌29（17）年から全ての地方防衛局の前年投稿分が受賞対象となり、東北防衛局が今回を含め5年連続で「優秀掲載賞」を獲得している。

昨年はコロナ禍で主要な行事やイベントが相次ぎ中止となる中、例年とは違った視点で局内の話題の"発掘"に努め、着実に投稿につなげてきた東北防衛局。

「受賞できて大変うれしく光栄です。先輩たちの努力を無駄にしないように頑張ってきました。5連覇へのプレッシャーがありましたが、無事に達成できてホッとしています」と話すのは、宮崎かおり報道官。「同時に、歴代報道官の大変さが身に染みて分かりました」とも。

昨年8月の着任後は、前任者の栗原由香報道官（現・整備計画局施設計画課施設政策室）から業務を引き継ぎ、部内系のホームページや口コミはもちろん、総務部が部局横断的に作成している「広報計画表」、さらには幹部の予定表などを参考に日々、掲載に向けたネタのリサーチや、先手の"仕込み"を行ってきた。

かつて同局で「日米交流事業」や「防衛問題セミナー」など、国の施策を企画・広報する部署に勤務した経験も生かしつつ、「外部の方に分かりやすく丁寧・正確にPRする」ことをモットーに、同局の広報誌『東北のかなめ』の編集作業と並行して朝雲新聞への投稿に力を注ぐ。

「歴代局長以下、局全体で職員一丸となって広報に対する強い思いが受け継がれており、コロナ禍で行事等の中止が続く中でも、各部署から『こんな話題があるので取材しませんか』などと声を掛けてもらえる雰囲気があります。広報の大切さを知っている人が多く、こうした高い意識とチームワークでコンスタントに投稿を重ねることができました」。

快進撃の裏には弛まぬ努力がある。宮崎報道官は「来年は6連覇を目指したい」と意欲を見せた。

◇

熊谷昌司局長のコメント

「今年度の『朝雲賞』受賞のお知らせを受け、大変喜んでおります。『朝雲』は、自衛隊の活動や安全保障問題全般を扱う安全保障・軍事の専門紙であり、地方防衛局の活動を理解してもらう上でも記事を掲載していただくことは大変重要と考えています。

今年で5年連続の受賞となりましたが、これも、歴代報道官をはじめとするスタッフがその意義をよく認識し、コロナウイルス感染症の影響下にあっても、積極的な取材・投稿に取り組んだ成果であると感じており、同時に、そのような中にあっても継続して新聞を刊行し続けている朝雲新聞社の皆さまに深く敬意を表したいと思います」

東北局

二次災害を防げ！

建物の応急危険度判定訓練

【東北局】東北防衛局調達部（菅野俊也部長）は2月2日、地震などで自衛隊施設が被災した場合に備え、「建物等の応急危険度判定調査訓練」を実施した。

「応急危険度判定」は、被害を受けた建築物等について、余震などによる倒壊、部材の損傷、外壁落下などの危険性を速やかに判定し、恒久的復旧までの間、危険性に係る情報を使用者等に提供することで、人命に係わる二次災害を防止することを目的とした技術支援のひとつ。

建築物の場合、赤は「危険」、黄は「要注意」、緑は「調査済」を示す「判定ステッカー」を出入口などの見やすい場所に表示し、使用者の安全確保と不安緩和に役立てる。

訓練では、部内職員への地震発生通知メールを皮切りに、▽東北方面総監部からの技術支援要請▽調査員の派遣上申▽調査員への状況付与▽装備品の準備▽被災場所への移動▽実在建物等を用いた被災状況調査▽結果報告――に至る一連の行動を演練した。

陸自多賀城駐屯地で行われた現地調査には、東北防衛局から調達部土木課の三浦英紀課長補佐以下5人が出動。5人はいずれも都道府県から認定された「被災建築物応急危険度判定士」の資格を有しており、「施設整備調査チーム」を組んで訓練に臨んだ。

現地調査においては、建物の損傷状況を伝送装置で中継することで、局内に設置した対策本部でも被災状況を逐一把握するとともに、適宜必要な指示を行うなど遠隔臨場の訓練も同時に実施された。

今回の訓練は「迅速な出動」「被災地情報の的確な把握」「適切な調査及び判定」などを目的としたもので、いずれも満足な成果が得られたことから、職員の災害対処に対する平素からの高い意識・練度を確認することができた。

訓練の後、2月13日深夜に起きた福島県沖を震源とする地震の際には、同局の職員が多賀城駐屯地などに派遣され、実働で応急危険度判定に当たった。

調達部では「日頃から危機管理意識の向上を図るとともに、技術力の保持・向上に努め、"いざ"という時、迅速に対応できる体制確保を引き続き行っていきたい」と話している。

建物の被災調査のため現場に到着した土木課の三浦英紀課長補佐（左から3人目）以下、訓練参加者（写真はいずれも2月2日、多賀城駐屯地で）

宅地（建物周囲）の危険度調査を実施する東北防衛局の「施設整備調査チーム」

防衛施設と首長さん

佐賀県上峰町　武廣　勇平町長

たけひろ・ゆうへい　41歳。上智大学経済卒。国会議員秘書などを経て、2009年3月、上峰町長選に初当選し、就任時29歳で全国最年少首長に。現在3期目。上峰町出身。

目達原は九州の災派拠点

駐屯地と円滑な災害対応

上峰町は佐賀県の東部、佐賀市と久留米市の中間に位置し、県内で2番目に小さいコンパクトな、人口密度の高い町です。

古来、人々の行き来、交流が盛んな町でしたが、平成7（1995）年、当時県内最大の店舗面積を持つ大型商業施設の進出でさらに発展、人々が集まる拠点としてにぎわいました。

平成31（2019）年に大型店が閉店し、現在は跡地を活用した新たな拠点づくりに取り組んでいます。

上峰町には都紀女加王墓や目達原古墳群をはじめ、鎮西八郎為朝＝源為朝（みなもとのためとも）＝の伝説や街道としてにぎわった歴史がありますので、これを生かすことに加え、映画「月光の夏」の舞台となった目達原駐屯地内に所蔵されている戦時中の貴重な資料を、官民共同開発事業体で新たな形で保存、展示することも考えています。

本町には、隣町の吉野ヶ里町とまたがる形で陸上自衛隊目達原駐屯地が所在しており、九州補給処をはじめ、九州・沖縄地域の補給整備等を担任する後方支援部隊やヘリコプター部隊などが駐屯しています。

駐屯地は「九州の災害派遣支援の拠点」となることから、隊員の皆さまは常に不測の事態に備え、日々訓練に励まれています。

加えて、目達原駐屯地と本町との間には防災協定が結ばれており、防災訓練への協力や災害時における連絡要員の派遣、支援物資を保管する施設の提供などにより、災害対策活動をスムーズに行うための基盤が構築されています。

また、「桜まつり」の駐屯地一般公開など、さまざまな行事を通じて地域住民との交流も盛んに行われており、目達原駐屯地曹友会によるトレイルランニング大会でのボランティア活動など、町内行事への支援・協力・参加により、地域との一体感の醸成に努められています。

近畿中部局

初のオンライン実施

「防衛問題セミナー」大盛況

【近畿中部局】近畿中部防衛局（桝賀政浩局長）は1月23日、コロナ禍における新たな試みとして、全国の地方防衛局で初めてオンラインによる「防衛問題セミナー」を開催し、アクセス数が千件を超える大盛況ぶりを見せた。

今回は「日米安保と日米同盟」をテーマに、兵庫県立大学理事長で前防衛大学校長の五百旗頭真氏と、同志社大学教授の村田晃嗣氏の二人が講演を行った。

講演に先立ち、防衛省を代表して中山泰秀防衛副大臣、大西宏幸、松川るい両政務官、来賓を代表して駐大阪・神戸米国総領事のリチャード・メイ・ジュニア氏、後援団体を代表して関西経済同友会の安全保障委員長を務める鴻池一季氏から、それぞれ視聴者にビデオメッセージが送られた。

第1部では、五百旗頭氏が「新政権下の日米同盟」と題し、米国の歴代政権の特色や新政権の展望、日米同盟を基軸とした多国間での安全保障体制などについて講演。

第2部では、村田氏が「米大統領選挙後の日米同盟」と題し、昨年の米大統領選の結果に関する分析をはじめ、日米同盟を基軸とした対中政策や今後の自衛隊の体制構築のあり方などについて講演した。

講演中は双方向コミュニケーションシステムを使って、視聴者から一番多く寄せられた代表的な質問を数問抽出。講演後の質疑応答の中で両講師がそれらについて回答した。

視聴者からは「日米関係の重要性が理解できた」「視野が広がった」「今後もぜひ続けてほしい」といった感想のほか、オンラインの改善点を指摘した建設的な意見も寄せられた。

セミナーは関西経済連合会、大阪商工会議所などの後援と、大阪地本の協力を受けて実施された。

近畿中部防衛局は関係者や視聴者への謝意を表した上で、「今回初めて、全国の地方防衛局でオンラインによるセミナーの開催に踏み切り、予想以上の手応えを感じた。これからも創意工夫を凝らしたセミナーの開催に努めていくので、興味のある方はぜひ参加を」と呼び掛けている。

五百旗頭真氏

村田晃嗣氏

リレー随想　末永　広

北海道防衛局の果たす役割2

前回のリレー随想（令和2年5月14日付）において、北海道防衛局の課題を「大綱・中期防に基づく多次元統合防衛力を、この北海道の地においても具現化していくこと」と述べた。今回は、この点を若干フォローアップしたい。

地方防衛局の業務のうち、防衛施設局から引き継いだ「施設行政」が多次元統合防衛力の実施の観点から重要であることは論を俟たない。各種事態に効果的に対処し、抑止力の実効性を高めるため、部隊の運用・訓練基盤たる防衛施設の安定的使用の確保、部隊ニーズを最大限反映した建設工事の執行などは「基礎動作」として重要である。

その上で、リアルに厳しさを増す安全保障環境、それを踏まえた多次元統合防衛力の具現化を含む防衛省の各種政策について、地域の皆さま方のご理解を得る努力を地道に重ねていく「協力確保事務」も重要であると考える。

この点、従来から実施している「防衛白書の説明」は、最新の安全保障環境及び防衛省の施策を自治体の首長の方々に直接説明を申し上げ、その場でフィードバックを頂くとともに意見交換もさせていただける貴重かつ有益な機会である。このため、昨年は、北海道防衛局本局実施分の半数程度を私が担当させていただいた。

同様の観点から、従来から実施している「防衛問題セミナー」「講師派遣」も重要な事業である。昨年、セミナーについては、政策・募集広報等の観点から人口規模等も考慮し、開催実績の乏しかった自治体で優先的に実施することを計画するとともに、講師派遣も従来とは抜本的に異なる頻度で実施すべく準備を進めていた。新型コロナの関連で、一部を除き、悉く無期延期となったことは誠に残念であるが、せめてもの代替措置として、道内自治体等に配布される局広報誌に「防衛省の宇宙政策」「防衛予算の概要」などの政策コンテンツを継続して掲載させていただいた。

最後に、これは当局の事業ではないが、昨年夏に北部方面隊が実施した「方面隊実働演習」は、天塩訓練場での水陸両用車「AAV7」の上陸訓練をはじめ、北海道の良好な訓練環境を十二分に活用し、大綱・中期防の重視事項を意欲的に盛り込んだ素晴らしい内容と認識している。本件演習を企画された北部方面総監部の方々のご努力に心から敬意を表するとともに、当局としてご地元への説明の一端に関与できたことを光栄に感じている。

（北海道防衛局長）

空自・電子開発実験群が60周年

コロナで式典中止 合言葉で団結

【電実群＝府中】空自の電子開発実験群（群司令・坂本伸広2佐）は2月1日、部隊創設60周年を迎えた。しかし、新型コロナウイルスの感染拡大に伴う緊急事態宣言を受けて記念式典は中止に。部隊では式典こそ開催できなかったものの、60周年を祝って所属隊員から合言葉を募集し、同隊の特徴を表す「繋ぐ伝統、電子と共に～60th anniversary」に決定した。このほか、記念品として、部隊の英語名の頭文字「EDTG（Electronic Development and Test Group）」を刻んだオリジナルマスクを制作した。

電実群は昭和36年2月1日に「実験航空隊電子実験隊」として岐阜基地で発足後、昭和43年の入間基地への移転、平成元年の電子開発実験群への改称、同25年の府中基地への移転を経て現在に至る。

航空開発実験集団隷下の同群は、空自の地上通信電子器材の試験評価や電波環境技術調査などの任務を遂行する唯一の専門部隊として、空自の研究開発活動の一翼を担っている。

同群は▽開発評価隊（隊長・和崎拓己2佐）▽技術調査隊（隊長・荻原俊一2佐）▽計測支援隊（隊長・北野秀樹3佐）――の3隊で編成され、弾道ミサイル防衛システム、自動警戒管制システム、警戒管制レーダーの試験評価や電波環境技術調査等の任務を遂行するとともに、現在は空自の宇宙作戦隊（府中）やJAXA（宇宙航空研究開発機構）などと連携し、宇宙状況監視システムなど宇宙関連装備品の試験準備にも取り組んでいる。

坂本群司令は同群内で配信されている「電実群司令通信」の中で「我が国を取り巻く安全保障環境は人工知能、ビッグデータ、ロボット等の技術革新を背景に大きく早く変化しようとしている。こうした技術を利用した航空防衛力に関わる各種システムの進化の速さや多様性はますます増大する。我々が推進する各種試験評価等の活動も、運用ニーズの変化に適時適切に応えていけるよう、一層速く進化していかなければならない」と決意を述べた。

また、航空開発実験集団司令官の森川龍介空将は「電実群には、かつてない規模と速度で急速に変化する環境下において、新たなチャレンジを実行し、その責務を果たすための自己改革能力が必要とされる。進化する空自において電実群が研究開発専任部隊として存在することの意義を問い続け、新たな領域も含めた航空防衛力の質的優位性の獲得に向け、一層の研鑽を積むことを期待する」と激励の言葉を寄せた。

記念行事などの準備を担当した電実群総括班長の豊田啓太郎1尉は「コロナ禍のため記念式典は中止となったが、部隊創設60周年に当たり、新たなホームページの立ち上げや記念品の作成、合言葉の募集などに電実群の皆が参加することで、隊員同士の絆が深まった」と振り返る。

新たなホームページの作成に携わった越後渉1曹は「初めての作成で苦労したが、良いものができた。専門的な任務を遂行する電実群の活動を感じてもらうため、多くの人にご覧いただきたい」と話している。

㊤昭和39（1964）年初夏（撮影日不明）に岐阜基地で撮影された「電子実験隊」所属隊員たちの集合写真（第15代電子実験隊長の坂本新太郎元1佐提供）㊦「60」の人文字を作って部隊創設60周年を祝う電子開発実験群の隊員。前列中央で「祝」の字を持つのは群司令の坂本伸広2佐（府中基地で）

旧護衛艦隊司令部庁舎を訪問

栄光学園同窓生 建物の歴史を後世に

【護衛艦隊＝船越】海自船越地区の旧護衛艦隊司令部庁舎を終戦直後、自衛隊に引き渡す前に校舎として使用していた「私立栄光学園」の山田宏幸同窓会会長以下7人がこのほど、アーカイブ映像の撮影のため同庁舎を訪れた。

栄光学園は、昭和22年に海軍工廠光学部と電池実験部などの施設の跡地に栄光中学校として開校し、同39年に鎌倉市に移転するまで同地にあった。その当時に使用されていた校舎は、海上作戦センターが運用される昨年9月まで護衛艦隊司令部庁舎として使用されていた。

栄光学園同窓会は、建物の歴史を後世の学生に語り継ぐためにプロジェクトを企画。山田会長らは撮影に先立ち、海上作戦センター内の護衛艦隊司令部を訪れ、齋藤聡司令官に企画の趣旨を説明した。

齋藤司令官は栄光学園1期生で海自OBの徳永良輔氏をはじめとする同窓生から当時の様子を伺い、司令部に保存されていた栄光学園の写真を紹介。同窓生らは当時を懐かしみ、話にいっそう花を咲かせていた。

この後、同窓会メンバーは敷地内で学園の足跡を辿りながら撮影を実施。最後に旧護衛艦隊司令部庁舎（旧田浦校舎）で、校舎の思い出や教職員との心に残るエピソードなど当時の記憶と現在の風景を重ね合わせ映像に納めた。

護衛艦隊司令部を訪れ、齋藤司令官（左）にアーカイブ映像プロジェクトの趣旨を説明する栄光学園同窓会の山田会長（右）＝海自船越地区の海上作戦センターで

栄光学園当時、国旗掲揚に正対する生徒と職員たち

あさぐも ドリアイふ 吉本どんど

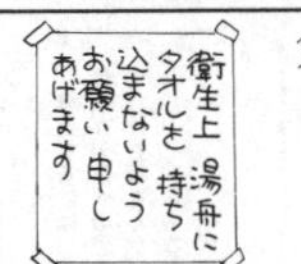

初の定期修理完工

SH60Kヘリ 海自第1航空修理隊

完工したSH60Kヘリをバックに記念撮影に納まる1空修隊の隊員。前列右から5人目が森真規司令（2月24日、鹿屋基地で）

【海自1航空修理隊＝鹿屋】1航空修理隊（司令・森真規1佐）は2月25日、SH60K哨戒ヘリ（8450号機）の定期修理を完工、搬出した。

海自の同型ヘリの定期修理は民間に委託されていたが、今回、同部隊で初めて行われた。

1空修隊は昭和34年以来延べ10機種、398機の定期修理を行ってきている。隊員たちは初めて60Kヘリの定期修理を行うにあたり、各種研修を通じて知識を習得、修理手順書の改正や体制の基盤構築などに努めてきた。ヘリが搬入されると、部品の解体から清掃、組み立てまで注意深く作業を進めた。隊員の一人は「飛び立つ航空機を見て、完工したことに安堵した」と語った。

部隊は今回の経験を通じ、改めて自己の職責を再認識するとともに、さらなる研鑽に努めることを誓った。

兄弟が初の同時受賞

函館地本 永年勤続表彰

【函館地本】函館地本所属の松井英樹予備2陸曹（53）と弟の直樹予備2陸曹（51）は2月28日、地本長の久保健昭1海佐から永年勤続表彰を伝達された。同地本で兄弟が同時に表彰されるのは初めて。

英樹予備2曹は勤続30年以上で防衛大臣から表彰され、弟の直樹予備2曹は勤続20年以上で陸幕長からそれぞれ表彰された。

兄は7後支連（東千歳）を1990年に退職後、国防の責務を継続するため同年8月に予備自に任官。

弟は98年に名寄駐屯地業務隊を退職後、兄の勧めもあって同年6月、予備自になった。

松井兄弟は「2人で同時期に受賞できてとてもうれしい。来年度の訓練も頑張ります」と力強く語った。

永年勤続表彰を伝達された兄の松井英樹予備2曹（右）と弟の直樹予備2曹

高所で救助訓練

救難班が板野東部消防組合と 海自徳島

海自徳島航空基地隊地上救難班（班長・北澤琢真2尉）は2月19日と25日、地元の板野東部消防組合と合同訓練を行い、各日とも10人ずつ、計20人が参加した。

救難班は日ごろから地元消防と共に訓練に励んでおり、今回は初めて高所での救助訓練に挑戦した。

参加者は消防本部にある高さ約30メートルの訓練塔を使用し、窓まではしごを伸ばして脱出した人を抱えて下におろすまでの一連の流れを演練した。

細いはしごの昇り降りは、強風にあおられるなど危険を伴うものだったが、隊員は握る位置や足場を一つひとつ確認しながら作業を進めた。北澤班長は「バランスが取りにくく、慣れるまでは苦労した。基地の中にこのような施設はないので、良い機会になった」と語った。救難班は「今後も地元消防と連携しつつ、災害対応能力の強化を図っていきたい」と話している。

訓練塔を使い高所からの救助を演練する隊員（2月19日、徳島県の板野東部消防組合消防本部で）

こちら警務隊

定期異動③

車にドライバーを積むと侵入用具携帯の罪の恐れ

車に車載工具以外のドライバーを積んでおくと違法ですか？

正当な理由なく、車にドライバーを積んでおくと、軽犯罪法の侵入用具携帯の罪で拘留または科料に処せられる可能性があります。

侵入工具とは主にドアを開けたり、窓を壊したりと建物の侵入に使うような物で、懐中電灯も違法となる場合があります。

また、ドライバーの先端が平らで、幅が0・5センチ以上、全長が15センチ以上の場合、特殊開錠用具の所持の禁止等に関する法律違反となり、1年以下の懲役または50万円以下の罰金と罪が重くなります。

すぐに使わない工具は自宅等で保管しましょう。（東部方面警務隊）

正当な理由なく積んでおくと軽犯罪法違反に！
マイナスドライバー
懐中電灯

小休止

▽…26普連はこのほど、駐屯地で留萌振興局の職員8人の職場体験を支援した。これは災害派遣に関する訓練の体験を通して自衛隊に対する理解を深めてもらうためのもので、今年度で9回目、冬季では初。

▽…参加者は高橋誠連隊長から自衛隊全般の説明を受けた後、スキー行進や雪上車でのジョーリング、雪崩トランシーバーやプローブを使用した行方不明者捜索など、真剣に取り組んだ＝写真。

▽…体験終了後、参加者の一人は「機会があれば他の訓練も体験してみたい」と意欲を見せていた。駐屯地は今後も職場体験を通じて、自衛隊のPRに努めていく。（留萌）

「オンラインさっぽろ雪まつり2021」に参加して

3陸佐　田中 靖之（札幌地本広報企画室長）

歴史ある雪像作りの根を絶やさぬように
『アマビエ』と『羊のモコ』を制作

完成した「羊のモコ」（左）と「アマビエ」の雪像を囲み、コロナの終息を願って勝どきを上げる札幌地本と地元事業所の関係者（いずれも札幌市内で）

自衛隊札幌地方協力本部は2月15日から17日までの間、地本が所在する町内会（札幌市中央区北4条）の有志企業2社とともに雪像を制作した。

これは、コロナ禍によりオンライン開催となった「オンラインさっぽろ雪まつり2021」に参加して、歴史ある札幌市の雪像作りの根を絶やさない地域活動に協力するとともに、新型コロナウイルス感染症の早期終息を祈願して行った。

このため、地本では疫病を防ぐ妖怪と言われる「アマビエ」を有志企業とともに制作。さらに札幌地本のキャラクターである「羊のモコ」の雪像も制作し、この2体を地域の方々に見ていただけるよう広場に設置した。

制作期間中は、季節外れの雨にも見舞われたが、雪像制作の経験豊富な隊員の指導の下、予定した3日間で2体を完成させた。

2月18日に完成セレモニーを行い、参加企業代表者と札幌地本長の宮崎章1陸佐が雪像に目を入れた。その後の風雪にも負けることなく、2月28日まで市民に公開された。

セレモニー後には早速、来場者もあり、「羊のモコ」の雪像の前で記念写真を撮るなど、地域の方々の関心の高さを伺わせた。

また、これら2体は「オンラインさっぽろ雪まつり2021」の公式ツイッターでも紹介され、イベントの盛り上げにも貢献した。2体の雪像はその後の風雪にも負けることなく、2月28日まで市民に公開された。

札幌地本では、防衛省・自衛隊の窓口として、今後とも積極的に地域の活動に参加し、自衛隊への親近感の醸成と理解の促進に努めていく。

札幌地本のキャラクター「羊のモコ」の雪像の前で市民と一緒に記念写真に納まる実物の「モコ」（左）

（世界の切手・ニュージーランド）

成功するには、成功への情熱が失敗への恐怖より強くなければならない。

ビル・コスビー（米国の俳優）

朝雲ホームページ
www.asagumo-news.com
<会員制サイト>
Asagumo Archive
朝雲編集部メールアドレス
editorial@asagumo-news.com

新刊紹介

「ハイブリッド戦争」ロシアの新しい国家戦略

廣瀬 陽子著

ロシアはコロナ禍の中で積極的な対外支援外交を展開していると慶応大教授の著者は述べる。西側諸国はこれを「ハイブリッド戦」の一環とみて警戒しているという。

本書ではロシアの正規・非正規の戦法を組み合わせた「21世紀型戦争」の実態を明らかにする。著者は①エストニアへのサイバー攻撃②ジョージアへのハイブリッド攻撃③ウクライナからのクリミア半島奪取④米大統領選への関与⑤民間軍事会社を使ったシリアへの介入——などについて「成功と失敗」の両面から分析し、「低コストで敵に最大のダメージを与える」プーチン・ロシアの恐るべき戦い方を暴いている。

ロシアは相手国の中に火種を見つけると、そこに油を注ぎ、炎上させる戦術に長けているという。日本に対しても東京オリンピック開催などでダメージを与えるため、サイバー攻撃の計画があったとする。日本も標的にされるロシアの「ハイブリッド戦」を知るうえで本書は必読の一冊となっている。（講談社刊、1320円）

「ハヤブサの血統」

鷹匠 裕著

国産戦闘機の開発をテーマにした小説だ。

「戦って勝つ、そのために相手より高い能力を持つのが優れた戦闘機だと思っていませんか」「そうではないのですか」「違いますね。根本から間違っています。優れた戦闘機は、相手に戦う気をなくさせる戦闘機なんです」

主人公の光崎は、胸ぐらを掴んだ相手から反論され言葉を失う——。

物語は、航空機開発の権威を祖父に持つ光崎が、長年勤めた自動車部門から畑違いの航空機部門に異動したところから始まる。発明品が戦争に利用されたことから祖父に反発心をもっていた光崎だが、その権威の孫であることが図らずも航空機部門に異動となった彼の強みとなる。この血統が書名の由来だ。

重工大手4社によって設立された新会社NJAC（新日本航空機製造）内では、出資各社の思惑で主導権争いが激しく展開される。蛇足だが、政治的に動き回る光崎の振る舞いは、東京・永田町住民の評者には大いに参考になった。

委託元の防衛省、国産機を目指す経産省、アメリカ政府、日本政界、ライバルの重工各社、メディア、所属先の直属上司、そして家族との重層的な関係に翻弄されながらも次期戦闘機の開発にのめり込んでいく主人公の成長していく姿が描かれる。

（KADOKAWA刊、1925円）

小林武史（国会議員秘書）

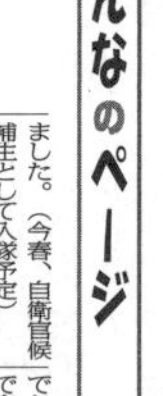

みんなのページ

自分の選んだ自衛隊で精一杯がんばれ！

入隊者家族　黒岩 英樹（群馬県高崎市）

令和元年も秋になった頃、高校2年生の三男である凌磨の将来の進路について、本人がどのように考えているのか気になっていたこともあり、私は話をする機会を設けました。

「進路、どうするんだ？」と凌磨に聞いてみると、「やっぱり前から言っていた自衛隊の隊員になりたい」との返事が返ってきました。

きっかけは子供の頃から習っている空手道場の先輩です。その先輩は地元の自衛隊員の方で、黒帯でした。本人にとっては憧れの先輩で、小さかった頃、道場から帰ってくると先輩からの「凌磨も頑張って稽古して強くなって自衛隊に来いよ！　待ってるぞ！」と言われたことを、うれしそうに話していました。

当時は私も「そうか！　じゃあ頑張れよ」と、子供の夢程度にしか思っていませんでした。しかし、本人の心の中では自衛官になることが今現在まで温めてきた強い想いだということを初めて知りました。

男三人兄弟の末っ子で、甘えん坊だった凌磨が「本気で頑張りたい、人に言われたことでなく、自分で選んだ道を進みたい」と自己主張した時は、親として寂しいような、うれしいような複雑な気持ちでした。

そんな中、群馬地本の方々からたくさんのフォローやアドバイスをしていただき、凌磨は無事に陸上自衛隊に入隊できることになりました。（今春、自衛官候補生として入隊予定）

今、世の中は決して良い状況ではありません。私も自営業（ヘアサロン）を営んでおりますが、今の世の中で自分だけでなく、人のために尽くして喜んでもらえる仕事に就けるチャンスはなかなかないです。息子には、自分の選んだ道で精一杯頑張って、これからを過ごしていってもらいたいと願っています。自衛隊でがんばれ！　我が息子、凌磨！

今春、陸上自衛隊に入隊する黒岩凌磨さん（中央）と両親

HTC演習でベスト・ソルジャーに

1陸士　松永 昂輝（33普連本部管理中隊・久居）

昨秋行われた「北海道訓練センター（HTC）」での実動対抗演習において、私はベスト・ソルジャーに選ばれました。ベスト・ソルジャーに選ばれたのは斥候班長の山本3曹と私を育ててくれた情報小隊のおかげだと思っています。

入隊当初、私は体力面・技能面において自信がなく、それは部隊に配属されてからもそうでしたが、情報小隊の先輩陸士・陸曹からさまざまな知識技能を学び、それを演習などで実践し、試行錯誤を繰り返すことで成長することができました。

懸念していた体力面も、小隊でのラックサック訓練や課業後の体力練成のおかげもあり、HTCでの任務を完遂することができました。同時に任務を完遂するには入念な準備が最も重要であることを再認識しました。

HTCが始まる前の滋賀県あいば野演習場での訓練では、6夜7日を想定した装備を準備するよう指示されましたが、私は深く考えずに挑みました。その結果、装備の重さとストレスに耐え切れず、谷からの上りで時間を使ってしまい、斥候班長に迷惑をかけてしまいました。

この経験を教訓にHTCでは背のうの装備品の適正な配置と軽量化を追求し、万全の状態で挑みました。それでも植生に阻まれ体力を消耗し、水分不足などの問題もありましたが、山本3曹と助け合い、くじけずに頑張ることができました。演習中は何度も心が折れそうになりましたが、山本3曹が常に励ましてくれました。その背中を見て、カッコイイと思い、自分も班長のような隊員になりたいと思いました。

今後も日々切磋琢磨し、いつか自分も組長として陸士を導き、後輩から目標とされる背中になろうと思います。

連絡の重要性を中隊勤務で知る

2陸士　浦 美喜（8後支連2整大1普直支中隊・国分）

私は国分駐屯地に所在する第1普通科直接支援中隊に着隊して二つのことを感じました。

第1は仕事内容です。後期教育では基礎的なタイヤ外しやグリース、部品の名称などを訓練しましたが、部隊ではC整備、2D整備など後期教育で経験したことのない整備があり、はじめは何をしていいか分からず、右も左も分からない状態でした。しかし、先輩から指導をいただき、今では自分でもできることが少しずつ増えました。

第2は連絡の重要性です。これまでの教育でも連絡の重要性は認識していましたが、部隊では一つの連絡忘れやミスが小隊、中隊に迷惑がかかり、小さなことが積み重なると大変なことになると、改めて連絡の重要性を感じました。

まだ着隊して数カ月で分からないことだらけで、大変な面も多々ありますが、少しずつ慣れていき、部隊に貢献できるよう頑張りたいです。

OBがんばる

東井上　秀樹さん　55
令和2年10月、空自2高射群（春日）を最後に定年退職（特別昇任2佐）。西部ガスリビングに再就職し、マンション管理業務に携わっている。

不安がらず自信を持って

私が入社した西部ガスリビングはリフォームをはじめとして、新築、マンション管理、メンテナンスリース、ホームセキュリティ、ホテル経営など、日々の生活サポートから街づくりに関わる分野まで、いろいろと取り組んでいる会社です。その中で私の職務はマンション管理フロント業務です。管理組合の委託を受けて、組合会計の収支の調定、マンションの維持修繕に関する企画や実施の調整、理事会や総会支援などをしています。

マンション管理には、各種法律やマンション管理規約があり、居住者の方々もいろいろな価値観や考え方があり、幅広い知識と経験が必要な仕事です。皆さまがお困りの事を少しでも解決するための一助として働けることに、やりがいを感じながら日々勤務しております。

さて、定年後の再就職で不動産系を希望される自衛官はほとんどなく、当社での自衛官定年採用も私が初めてでした。職場では私を仲間として温かく迎え入れていただき、大きな不安を抱くことなく勤務しております。再就職にあたり「保有していた不動産関連資格を生かした職に就きたい」という私のこだわりを理解して、粘り強く優良企業を探していただいた援護関係者、コロナ下で実務無経験の私を採用していただいた会社の採用関係者の方々にも大変感謝しております。

これから定年を迎える皆さんも不安がらずに、自信を持って再就職に臨んでいただきたいと思います。

第1255回出題

詰碁

出題　日本棋院　九段　曲 励起

白先

『黒を取って下さい』。5分でできれば中級以上です。

▶詰碁、詰将棋の出題は隔週です◀

詰将棋

出題　日本将棋連盟　九段　石田 和雄

▲先手　持駒　金桂歩

≫第839回の解答≪

【正解】▲2四歩△1三玉▲2三金△同銀▲2五桂△2四玉▲3三角成までの七手詰め。

【解説】まず▲2四歩は手筋。△同玉なら▲1六桂以下早詰み。三手目▲2三金と打ち込んでから▲2五桂と打つ順が本題の急所で、以下の角成で仕上げます。

朝雲

発行所 朝雲新聞社
〒160-0002 東京都新宿区
四谷坂町12−20 KKビル
電　話 03(3225)3841
FAX 03(3225)3831
振替00190-4-17600番
定価一部150円、年間購読料
9170円（税・送料込み）

本号は10ページ

中国海警法に「深刻な懸念」

日米2プラス2　強固な同盟を確認

日米両政府は3月16日、外務・防衛担当閣僚による日米安全保障協議委員会（2プラス2）を都内の外務省飯倉公館で開き、強固な日米同盟を確認するとともに、「自由で開かれたインド太平洋」の維持・強化に向け、「ルールに基づく国際秩序」の推進に連携して取り組んでいく方針で一致した。協議後に発表した共同文書では、中国が海上警備を担う海警局に武器使用権限を付与した「海警法」に対して「深刻な懸念」を表明し、東・南シナ海で強引な海洋進出を図る中国を名指しで批判した。（3面に共同文書の全文）

菅・バイデン両政権発足後初

日米「2プラス2」は2019年4月に米ワシントンで開かれて以来で、菅・バイデン両政権の発足後は初めて。日本から茂木敏充外相、岸信夫防衛相、米側からアントニー・ブリンケン国務長官、ロイド・オースティン国防長官が出席し、約1時間半行われた。

米国の新政権発足から2カ月足らずでの開催は過去最速で、米側2閣僚は最初の外国訪問となった。協議では年内に再び2プラス2を開くことでも一致した。

共同文書では、中国の海警法について「地域の混乱を招く動き」だと批判し、「深刻な懸念」を表明。

「中国による既存の国際秩序と合致しない行動は、日米同盟と国際社会に対する政治的、経済的、軍事的、技術的な課題を提起している」と指摘し、「ルールに基づく国際体制を損なう、地域の他者に対する威圧や安定を損なう行動に反対する」と明記した。

協議では、中国海警局所属の公船が領海侵入や日本漁船への接近を繰り返す沖縄県の尖閣諸島に関し、同諸島が米国の対日防衛義務を定めた日米安全保障条約第5条の適用対象であることを改めて確認。

共同文書には「日米安全保障条約第5条の下での尖閣諸島を含む日本の防衛に対する米国の揺るぎないコミットメント（責任ある関与）について議論した」と記し、「日米は、現状変更を試みる、あるいは、尖閣諸島に対する日本の施政を損なおうとするいかなる一方的な行動にも引き続き反対する」と強調した。

このほか、日米韓3カ国の協力の重要性や、台湾海峡の平和と安定の重要性についても盛り込まれた。

4氏は厳しい安全保障環境を踏まえ、日米同盟の抑止力・対処力の強化に向けた連携をより一層深めることで一致。日本は国防と同盟の強化に向け、自らの能力を向上させる決意を表明するとともに、米国は核を含むあらゆる種類の米国の能力による日本の防衛に対する揺るぎないコミットメントを強調した。

協議後の共同記者会見で岸大臣は「前回の2プラス2から安全保障環境は大きく変化している。日米の防衛・外交の責任者である4閣僚が一堂に会し、日米同盟の強化に向けて取り組んでいくことで一致したことは大変意義のあることだ。米軍と自衛隊が訓練を通じ、高い能力を獲得し、共に行動する姿を示していくことは、抑止力・対処力の観点から重要だ」と述べた。

日米2プラス2の協議を前に記念撮影に臨む（右から）岸防衛相、茂木外相、ブリンケン米国務長官、オースティン米国防長官（3月16日、東京都港区の外務省飯倉公館で）＝防衛省提供

◇共同文書のポイント

▽日本は日米同盟をさらに強化するために能力向上を決意
▽「自由で開かれたインド太平洋」と「ルールに基づく国際秩序」を推進
▽中国の海警法への「深刻な懸念」を表明
▽尖閣諸島への日本の施政を損なおうとする一方的な現状変更の試みに反対
▽将来的な課題に対処するため、2国間・多国間の実践的な演習や訓練が必要
▽台湾海峡の平和と安定の重要性を強調
▽日米韓3カ国の連携は不可欠

「尖閣が日本の施政下」明示の意義大きい

防衛研究所主任研究官
（地域研究部米欧ロシア研究室）
新垣　拓氏

政権発足から50日余りという早い時期に最初の訪問地として日本を選択し、対面形式で協議が実施されたことは、バイデン政権が強調する▽同盟との連携重視▽インド太平洋重視▽中国との戦略的競争観の継続——という姿勢を実際に行動で示した点で意義がある。

共同文書において、中国が引き起こしているさまざまな問題に対し、共通の脅威認識を直接的に示すことができたのは重要だ。

特に「尖閣諸島が日本の施政下にあることが『現状』である」との認識を日米が一致して明示できたのは、抑止力の強化につながる。

さらに、台湾海峡の平和と安定の重要性についても触れている点は画期的だ。

米国内で同盟の意義に対する懐疑論があることを踏まえると、日米同盟の即応性・抑止態勢の維持に向けた取り組みに加え、日米同盟をさらに強化するため、日本自身が能力向上を目指す姿勢を鮮明にしたことは、同盟の重要性を説くバイデン政権にとって望ましい動きだといえる。

米中外交トップの初会談が18日に中国の北京ではなく、米側2閣僚の帰路となる米アラスカで行われたが、それ前に同盟内で共通認識を確認できたことは、中国との戦略的競争に連携して臨むことを目指すバイデン政権にとって望ましい展開になっていると分析している。

宇宙領域で協力

岸大臣　米国防長官と会談

日米2プラス2に先立ち、岸大臣は防衛省でオースティン国防長官と会談。両氏は同盟の抑止力・対処力を高めるためには、自衛隊と在日米軍が各種の高度な訓練などを通じて即応性を強化していくことが重要だとの認識で一致し、宇宙・サイバー領域を含む全ての領域で協力を深めていくことで合意した。

また、既存の国際秩序と相容れない中国の行動に関しても、防衛当局としてとるべき対応を協議していく方針を申し合わせた。

印陸軍参謀長と電話で会談

陸幕長

湯浅陸幕長は3月16日、インド陸軍参謀長のマノジ・ムクンド・ナラヴァネ大将とオンラインで電話会談した。

両者は日印陸軍種間の防衛協力・交流について意見交換を行い、今後、一層の強化を推進していくことで認識を共有した。

防大卒業式、488人巣立つ

菅首相「将来の変化に対応を」

防衛大学校の卒業式が3月21日、自衛隊最高指揮官の菅首相を迎えて同校記念講堂で行われ、本科65期の420人をはじめ、大学院に当たる理工学研究科や総合安全保障研究科を含む卒業生計488人が新たな一歩を踏み出した。

今年も昨年同様、新型コロナウイルスの影響で卒業生の家族や来賓を招待せず、職員らを含む出席者は例年の約2千人から約700人と大幅に規模を縮小。学生歌の斉唱は在校生4人で行ったほか、卒業証書も一人一人ではなく、代表18人に授与され、この模様はオンラインで中継された。

國分学校長は式辞で、今月末の自身の退職を前に9年間の在任期間を振り返り、「私の人生で防大生と出会えたことは最大の喜びであり、幸せだ。国民の安全と平和を守り抜く『最後の砦』である自衛隊の幹部を養成する唯一無二の最高学府を卒業する皆さんに心からお祝いを申し上げたい」と最後のはなむけの言葉を贈った。

続いて菅首相が訓示し、①将来の変化に的確に対応せよ②同盟国や友好国と積極的に交流し、各国軍隊と固い絆で信頼関係を構築せよ——の2点を要望。

30年前のソ連崩壊で安全保障環境が激変する中、当時は誰も予測できなかった数々の任務に先輩たちが立派に対応してきたことを挙げ、30年後は「これまでにない課題や脅威が現れ、新たな任務が付与されているのではないか」との見方を示した上で「強い意志を持って進んで新しいことに挑戦し、将来の変化に適応してほしい」と激励した。

岸防衛相は「諸君は先輩たちが長年にわたる努力で勝ち得てきた国民の期待と厚い信頼に対し、いかにして応えていくべきか、国民を守るために今、何をすべきか、常に自問自答し、自衛官としてあるべき姿を不断に追求し続け、創造の精神をもって、より一層発展させてくれることを切望する」と期待の言葉を述べた。

来賓を代表して登壇した国際政治学者の三浦瑠麗氏は、実父で防大教授の濱村良久氏を通じた自衛隊との関りが自らの論文の原点であることを紹介した上で、「制服を着た市民」として「義務を果たし、友情を大切にする人になってほしい」とエールを送った。

最後に卒業生を代表し、本科の池上智浩学生（陸上要員）が答辞を述べ、本科生たちは帽子投げを行っていったん式場を後にした。

その後、陸海空の制服に着替えて再入場した本科卒業生たちは湯浅陸、山村海、井筒空の各幕僚長によって一般幹部候補生（曹長）に任命され、陸海空の要員を代表して池上智浩、坂東渉伍、山本悠馬の各候補生が宣誓の言葉を述べ、式典が終了した。

【卒業生内訳】▽本科65期＝陸上171（うち女子15）、海上106（同15）、航空92（同18）、東南アジア各国とモンゴルからの留学生23（同1）、非任官者28（同4）の計420人。

▽理工学研究科前期課程58期＝陸19（同2）、海10（同1）、空9、技官2、留学生5、特別研究員2、民間企業1の計48人▽同後期課程18期＝陸3、海1、技官1、留学生1、民間企業2の計8人。

▽総合安全保障研究科前期課程23期＝陸6、海2、特別研究員1、官公庁1の計10人▽同後期課程10期＝陸1、特別研究員1（同1）の計2人。

菅首相、岸防衛相（共に壇上中央席）、松川政務官、島田事務次官ら関係者が見守る中、國分学校長（演台左）から卒業証書を授与される卒業生の代表（3月21日、横須賀市の防大記念講堂で）＝防衛省提供

丸﨑事務官を国連本部に派遣

防衛省は3月15日、米ニューヨークの国連本部に丸﨑玲事務官（大臣官房秘書課付・統幕首席参事官付）＝写真＝を派遣した。任期は当面1年の予定。

丸﨑事務官は国連活動支援局特別活動部パートナーシップ支援課で、「国連三角パートナーシップ・プロジェクト（UNTPP=the United Nations Triangular Partnership Project）」の枠組みで行われる各事業の企画・実施・評価や、関係機関との協力関係の構築といった業務に携わる。

UNTPPは、①国連②支援国③要員派遣国——の三者が互いに協力し、PKOに派遣される要員の訓練や必要な装備品の提供を行う協力枠組み。

防衛省・自衛隊は2002年以降、丸﨑事務官を含めて国連の事務局に延べ11人の隊員（うち延べ8人が陸上自衛官）を派遣。新設の活動支援局特別活動部パートナーシップ支援課では、昨年8月に日本から初めて派遣された川﨑真知子2陸佐が、PKOの活動現場で応急処置ができる要員を育成する「国連野外衛生救護補助員コース（UNFMAC）」の企画・実施などに当たっている。

春夏秋冬

発展途上国とクーデター

村井　友秀

ミャンマーで軍事クーデターが発生した。多くの先進国がクーデターを非難している。しかし、第二次世界大戦後に発展途上国で発生した軍事クーデターは300件を超える。何故発展途上国では軍事クーデターが多いのか。

発展途上国では軍事クーデターを国民が支持する場合がある。どの国でもその国で最も尊敬される人物が指導者になれば国民は満足する。新興独立国で最も尊敬されるのは独立の英雄である。独立戦争で独立を勝ち取った国では軍人、例えばビルマ独立の英雄アウンサン将軍のような人物が国家指導者になり、軍人指導者に対する反感が少ない。

また、発展途上国では軍は近代化の速度が最も速く最大のエリート集団を形成していた。ガーナのンクルマ大統領は「軍は近代化の推進力であり、多くの青年に規律ある環境の中で近代的なルールを学ばせることが出来る」と語っていた。

また、自分を犠牲にして国を守る軍はピューリタン的禁欲主義を持っていると見られていた。軍は金儲けに関係せず、清く正しく建て前で生きることが出来る組織である。

他方、発展途上国では社会に賄賂が蔓延し、政治家も腐敗することが多かった。国民は腐敗堕落した文民政治家を嫌悪し、「暴利をむさぼる権力者」を排除する役割をクリーンな軍に期待した（反応的軍国主義）。

他方、軍人の大義に生きるという意識が国民に対する優越感に転嫁し、「腐敗を無くす」「民族を救う」「法と秩序を回復する」という名目で政治に介入した。

しかし、軍人は命令で相手を強制することには慣れていても、相手を説得して同意を得ることは文民政治家より劣っている。軍が民主主義的に行動することは難しい。

10年間の民主化で外国投資が拡大し、経済が発展して様々なレベルで国内組織の近代化が進んだミャンマーでは、軍は国内で最も近代化した組織ではない。軍が国内で最高のエリート集団ではない国ではクーデターは成功しない。また、多くの営利企業を運営する軍は金儲けの組織であり、国民にとって社会の腐敗を除去する禁欲主義でクリーンな存在ではない。ミャンマーのクーデターは国民が支持する条件を欠いており正当性はない。

（防大名誉教授、東京国際大学特命教授）

朝雲寸言

桜の開花宣言が各地から寄せられる季節となった。東京の桜が満開になる日も近い。「来年も桜は咲きます」と言って花見を自粛してから一年、今年も満開の桜の下で集い、盃を傾けることはできないようである▼日本各地に残る城郭は桜の名所が多く、今年こそと期待する人も多くいたことだろう。しかし日本の城郭に桜はほとんど植えられていなかったという話を聞いた。城郭は本来軍事拠点であり、戦うことを前提に造られた。葉が生い茂り花を咲かせる樹木は視界を制限するため城郭には不向きだったのである▼全国の桜が咲き誇るこの季節は旅立ちと異動の季節でもある。全国規模で異動する自衛官にとって転勤・引越しはこれまで大きな負担であった。世の中の引越しと重なり費用が高額になるこの時期、異動に関わる費用は時に個人の持ち出しになることも多かった。まさに「引越し貧乏」という言葉が当てはまる▼しかし最近は少し事情が違うようだ。3月の異動時期が少し前倒しになって一番高額で手配の難しい時期の引越しを避ける措置が取られるとともに、昨年夏の異動から引越費用の全額を実費で国が支出することが決まったからである▼新型コロナ感染症や各種災害への対応が認められたからとは思いたくはないが改善されたことは我が事のように嬉しいことである。今年こそ桜の名所を訪れ、立ち止まらずに心の中で乾杯したい。

時の焦点

国内　日米2プラス2

秩序維持に大きな役割

力による現状変更をひとたび許せば、国際社会の平和は根底から揺るがされる。日米は、結束して中国に対処しなければならない。

日米の外務・防衛閣僚が顔をそろえる日米安全保障協議委員会（2プラス2）が東京都内で開かれた。4閣僚は「自由で開かれたインド太平洋」の推進を確認し、日米同盟の抑止力・対処力の強化に向けて連携することで一致した。

成長著しいインド太平洋で国際法に基づく安定した秩序が確立されるかどうかは、世界の繁栄に決定的な影響を及ぼす。東南アジア諸国は無論、欧州なども注視する中で、日米が秩序維持への決意を明確に示した意義は極めて大きい。

委員会後の共同発表では、強引な海洋進出を続ける中国の行動を「既存の国際秩序と合致しない」と批判し、中国海警法に「深刻な懸念」を表明した。

2プラス2が中国を名指しして問題点を指摘するのは異例である。覇権的な振る舞いに対する、国際社会の深刻な懸念を反映したものにほかならない。

そもそも、米国の国務長官と国防長官が政権発足後、わずか2カ月弱でそろって来日したこと自体、前例がない。

同盟を軽視したトランプ政権、対中融和に傾いたオバマ政権と異なり、同盟国と協調して国際秩序の維持に取り組む。バイデン政権は、そうした姿勢を明快な行動で示したと言えるだろう。

共同発表には、尖閣諸島や南シナ海のみならず、「台湾海峡の平和と安定の重要性」も盛り込まれた。台湾有事の懸念に対する米国の切迫感の現れであろう。

岸防衛相は、2プラス2に先立ってオースティン国防長官と個別に会談し、自衛隊と米軍による共同演習を実施することで一致した。

岸氏は、記者会見で「米軍と自衛隊が共に行動する姿を示すことが抑止力の観点から重要だ」と語った。

日米同盟の強固さを印象づけることは、尖閣諸島有事に対する何よりの備えとなる。

2プラス2の成果は大きいが、それに安堵するようでは、政治の役割は果たせない。

米国が日本を重視しているということは、同時に、日本への要求がさらに高くなることも意味しよう。日本自身が対処力を向上させることが不可欠である。

スタンド・オフ・ミサイルの開発を急ぐのと同時に、「ミサイル阻止」などの議論も真剣に進める必要があろう。

菅首相は防衛大学校の卒業式で、コロナ禍や東日本大震災において、自衛隊が「最後の砦」の役割を果たしたと高く評価した。

自衛隊が、最重要の任務である日本防衛に尽くすことは、地域の安定に直結する。国際秩序の維持にとっても、日米同盟は、決して揺らいではならない「最後の砦」である。

宮原 三郎（政治評論家）

海外　対中危機の行方

米、攻めあぐねの観も

日米豪印のインド・太平洋地域主要4カ国による首脳会議が3月12日、オンライン形式で開催され、同地域における「中国の台頭」阻止をめぐって協議した。

また、訪日したブリンケン米国務長官とオースティン国防長官は16日、茂木外相、岸防衛相と安保協議委員会（2プラス2）を開催。中国の海洋進出や人権侵害に懸念を示した。

ブリンケン長官とサリバン大統領補佐官（国家安全保障担当）は日韓訪問の帰途の18日、アラスカ州アンカレジで、王毅外相ら中国側カウンターパートと会談。

中国は米新政権の正式発足前の会談を望んでいた。新型コロナウイルスや貿易問題で険悪化した関係を「リセット」したいのと、米議会が長年の"媚中"姿勢を償うかのように強い姿勢を見せ始めた点も気になる。

例えば、政権移行期に新政権の外交政策チームはフィリピン政府に、南シナ海の環礁をめぐって中国と衝突が起きた際は、米国はフィリピンと共に戦うと保証していた。日本にも、日米安保条約は尖閣諸島にも適用される旨を伝えた。

ブリンケン氏は就任直前、新疆ウイグル自治区のウイグル族に対する中国当局の残虐な弾圧は「ジェノサイド」であり、非人道的犯罪に当たると批判したポンペイオ前国務長官の見解に同意すると表明していた。

第2次世界大戦後のニュルンベルク裁判は、ナチス・ドイツの行為を「非人道的犯罪」として裁いた。

香港の民主化弾圧やウイグル族に対する非人道的犯罪が続くなら、米国はどうして2022年の北京・冬季五輪に選手を派遣できるのだろう。

米インド太平洋軍のデイビッドソン司令官が3月9日、上院軍事委の公聴会で証言したが、重要なポイントがいくつも出てきた。同司令官は中国軍のミサイルからグアムを守る新たな防衛ミサイルを要求した。中国軍のミサイル、DF21とDF26に対抗するためで、中国は両ミサイルを「グアムの殺し屋」と呼んでいるという。

また、グアムの他、中国により近い同盟地域からも発射できる中距離ミサイルを開発すべきだと訴え、中国の標的に打撃を加える攻撃ミサイルの必要性について、「点を挙げなければ、試合には勝てない」と説明した。

同司令官は台湾問題に関し、中国が2020年代のうちに台湾に武力侵攻という挙に出る可能性に警告。「その脅威がこの10年の間であることは明白で、実際には今後6年以内だ」と危機感を表明した。

対決は拡大、深化の一途でも、中国は姿勢を変えない。香港やウイグル族の弾圧でも謝罪しないし、武漢が感染源になった新型ウイルスの問題でも事実隠蔽が続く。

米国では最近、「中国に敢然と立ち向かう」ポーズが議会指導者の"勝利の方程式"になっているが、これら諸懸案はすべてどこへ向かい、どう決着するのだろうか。

草野 徹（外交評論家）

コロナ対応で大臣表彰

看護官ら7隊員に1級賞詞

新型コロナ対応の功績で岸防衛相（右）から1級賞詞を授与される自衛隊中央病院看護官の松田紀子1陸尉（3月11日、防衛省で）

新型コロナウイルス対応で昨年、チャーター機での検疫支援や現地調整などの任務に当たった7隊員に3月11日、岸防衛相から1級賞詞が直接授与された。

合わせて、▽検疫支援などの水際対策強化▽クルーズ船への対応▽帰国者や下船者等の輸送・宿泊・生活支援▽医療支援▽急患空輸――などの災害派遣活動に従事した陸海空自や自衛隊病院など計31部隊に1級賞状が同日付で授与され、コロナ対策の観点から防衛省での直接授与は見送られ、郵送で届けられた。

防衛省で行われた1級賞詞の授与式には、中山副大臣、島田事務次官、山崎統幕長、湯浅陸幕長、井筒空幕長らが立会。

岸大臣は7隊員一人一人に賞状を手渡した後、「諸君は感染リスクがある中、最前線の現場に赴き、国民の生命を守るための活動を果敢に実施された。未知のウイルス対応という前例のない非常に困難な活動だったが、自らの身の危険も顧みず、昼夜を問わず黙々と活動するその姿に多くの国民が自衛隊への期待と信頼を新たにし、深い安心を感じた」と述べ、慰労の言葉と謝意を表した。

◇受賞隊員、部隊等は次の通り。

【1級賞詞＝7人】

▽松田紀子1陸尉（自衛隊中央病院看護官）▽窪佳苗2陸尉（同）▽清水美保1陸尉（同）▽山口笑子1陸尉（同）＝中国武漢市からの在留邦人等の帰国に際し、チャーター機における検疫支援に貢献した功績

▽町田一仁・大臣官房審議官＝クルーズ船の乗客等の支援に際し、政府現地対策本部副本部長および初代の統合現地調整所長として貢献した功績

▽佐川浩彦1空佐＝現・空自補給本部計画部長、当時・統幕首席後方補給官付後方補給官（補給）＝クルーズ船の乗客等の支援に際し、初代の統合現地調整所副所長として貢献した功績

▽水口靖規1陸佐＝現・自衛隊中央病院診療技術部長、当時・統幕首席後方補給官付後方補給官（衛生）＝新型コロナの災害派遣に係る感染防護要領の策定に貢献した功績

31部隊に1級賞状

【1級賞状＝31部隊】（協同部隊、支援部隊を含む）

◇陸自▽18普連（真駒内）▽北方航（丘珠）▽東北方衛生隊（仙台）▽6高特大（郡山）▽東方衛生隊（朝霞）▽東方後支隊（同）▽1普連（練馬）▽1後支連（同）▽対特殊武器衛生隊（三宿）▽32普連（大宮）▽34普連（板妻）▽10後支連（春日井）▽3後支連（千僧）▽35普連（守山）▽14普連（金沢）▽50普連（高知）▽4師団司令部付隊（福岡）▽西方衛生隊（健軍）▽15後支隊（那覇）

◇海自▽横須賀衛生隊▽203整備補給隊（下総）▽22航空隊（大村）

◇空自▽中警団（入間）▽中空（同）▽3補（同）▽4補（同）▽作戦システム運用隊（横田）

◇病院▽札幌病院▽仙台病院▽横須賀病院▽富士病院

将昇任者略歴

鬼頭 健司（きとう・けんじ）陸将　東大卒。昭和63年陸自。平成14年2佐、19年1佐、26年将補。33普連長、陸幕総務課長、即応集団副司令官、幹候校長、東方幕僚長などを経て、令和3年3月6師団長。愛知県出身。56歳。

中野 義久（なかの・よしひさ）陸将　防大31期。昭和62年陸自。平成13年2佐、18年1佐、25年将補。5施団長、大阪地本長、施設学校長、防研副所長、中方幕僚長などを経て、令和3年3月10師団長。大阪府出身。56歳。

田尻 祐介（たじり・ゆうすけ）陸将　防大32期。昭和63年陸自。平成14年2佐、19年1佐、26年将補。1ヘリ団長、航空学校長、西方幕僚副長、12旅団長などを経て、令和3年3月統幕学校長。福岡県出身。55歳。

松木 泰憲（まつき・やすのり）陸将　防医大11期。平成2年陸自。14年2佐、19年1佐、25年将補。熊本病院長、衛生学校長、陸幕衛生部長、福岡病院長などを経て、令和3年3月中央病院副院長兼企画室長。熊本県出身。56歳。

将補昇任者略歴

満井 英昭（みつい・ひであき）陸将補　防大39期。平成7年陸自。21年2佐、26年1佐。陸幕運用支援課、西方防衛課長、14施群長、陸幕訓練課長などを経て、令和3年3月北方幕僚副長。大分県出身。48歳。

恵谷 昇平（えたに・しょうへい）陸将補　防大35期。平成3年陸自。17年2佐、22年1佐。富士学校主任教官、滋賀地本長、3師団幕僚長、東方防衛部長などを経て、令和3年3月4師団副長兼福岡駐屯地司令。大阪府出身。52歳。

藤丸 幸二（ふじまる・こうじ）陸将補　防大35期。平成3年陸自。17年2佐、22年1佐。4地対艦ミサイル連隊長、陸幕情報通信・研究課開発室長、幹部学校主任教官、西方装備部長などを経て、令和3年3月開発実験団長。福岡県出身。52歳。

豊田 龍二（とよた・りゅうじ）陸将補　防大38期。平成6年陸自。20年2佐、25年1佐。陸幕教育訓練課教育班長、西普連長、1水機連長、教育訓練研究本部総合企画課長などを経て、令和3年3月東北方幕僚副長。鹿児島県出身。49歳。

安田 百年（やすだ・ももとし）陸将補　防大36期。平成4年陸自。18年2佐、23年1佐。43普連長、幹校主任教官、8師団幕僚長、中方防衛部長などを経て、令和3年3月東方幕僚副長。東京都出身。52歳。

佐野 浩司（さの・こうじ）陸将補　防大37期。平成5年陸自。19年2佐、24年1佐。16普連長、教育訓練研究本部主任訓練評価官、4師団幕僚長などを経て、令和3年3月10師団副長兼守山駐屯地司令。東京都出身。50歳。

小原 聖勇（おばら・きよはや）陸将補　防医大15期。平成6年陸自。18年2佐、23年1佐。11師団医務官、東北方衛生隊長、中央病院リハビリ科部長、同衛生資材部長などを経て、令和3年3月札幌病院副院長兼企画室長。神奈川県出身。53歳。

松岡 広哲（まつおか・ひろのり）海将補　防大35期。平成3年海自。17年2佐、22年1佐。補本航空装備計画課長、4整補隊司令、空補処航空機部長、海幕航空機課長などを経て、令和3年3月3術科学校長。富山県出身。54歳。

金山 哲治（かなやま・てつじ）海将補　防大38期。平成6年海自。20年2佐、25年1佐。中国四国局防衛補佐官、海幕補任課補任班長、5空群司令、海幕厚生課長などを経て、令和3年3月4空群司令。大阪府出身。50歳。

1佐職　春の定期異動

防衛省発令

▽防衛大訓練課長（富士学校普通科部副部長）1陸佐 谷口喜一郎
▽防衛医大病院救急調整官兼リハビリテーション部（舞鶴病院検査研究課長兼舞鶴衛生隊）2海佐 田村 史沙
▽統幕人事教育課計画室長（大湊地方総監部管理部長）1海佐 木内 啓人
▽同指揮通信システム運用課指揮通信システム運用班長（ひゅうが艦長）同 松田 光央
▽陸幕総務課行政文書管理室長（4地対艦ミサイル連隊長兼八戸駐屯地司令）1陸佐 松坂 仁志
▽同会計課予算班長（陸幕会計課）同 河野 誠司
▽同補任課人事1班長（同補任課）同 野田 哲徳
▽同募集・援護課募集班長（東京地方協力本部募集課長）同 松元 三展
▽同厚生課厚生班長（7師団3部長）同 山下 義弘
▽同運用支援課運用支援班長（陸幕運用支援課）同 本多 健二
▽同運用支援・訓練部付（47普通科連隊長）同 佐藤 篤
▽同防衛課防衛班長（陸幕防衛課）同 福島 政則
▽同装備計画課（輸送学校主任教官）2陸佐 戸田 敦彦
▽同通信電子課施設器材班長（2師団3部長）1陸佐 稲田 龍成
▽同衛生部医務・保健班長兼中央病院3外科（中央病院3外科部長）同 吉田 一路
▽同総括副監察官（訓練評価支援隊副隊長）同 中力 修
▽陸上総隊総務課長（東北防衛局防衛補佐官）同 佐藤 孝洋
▽同総務部（陸上総隊総務課）同 大蔵 晋
▽同情報部副部長（北部方面情報隊長）同 高井良誠一
▽同システム通信課長（通信学校主任教官）同 橋本 隆行
▽同運用部付（教育訓練研究本部企画調整官）同 髙田 剛一
▽同装備課長（西部方面総監部後方運用課長）同 桑原 和洋
▽北部方面総監部情報部長（陸上総隊情報部副部長）同 佐藤 欣央
▽同ヘリ隊長（教育訓練研究本部付）同 石田 広記
▽同衛生隊長（西部方面総監部医務官兼熊本病院）同 加茂 良介
▽同情報隊長（教育訓練研究本部教官）同 山本 泰輔
▽東千歳駐屯地業務隊長（同主任教官）同 小澤 学
▽東北方面総監部訓練課長（同訓練評価調整官）同 末廣 和祥
▽同後方支援隊副隊長（近畿中部防衛局東海防衛支局次長）同 太田 光
▽2陸曹教育隊長（8普通科連隊長兼米子駐屯地司令）同 北村 清孝
▽神町駐屯地業務隊長（佐賀地方協力本部長）同 天内 一雄
▽東部方面総監部広報室長（陸幕運用支援・訓練部付）同 安藤 和幸
▽同厚生課長（46普通科連隊長）同 浅野 正尚
▽同人事部（栃木地方協力本部長）同 大江 良治
▽4対戦車ヘリ隊長（航空学校宇都宮校総務課長）同 稲田 裕一
▽相馬原駐屯地業務隊長（東部方面混成団副団長）2陸佐 渡辺 忍
▽朝霞駐屯地業務隊長（陸自幹部候補生学校副校長兼企画室長）1陸佐 山下 慎一
▽中部方面総監部防衛課防衛調整官（大久保駐屯地業務隊長）同 天本 博文
▽同陸上連絡官（4対戦車ヘリ隊長）同 永井 和夫
▽同航空隊長兼八尾駐屯地司令（陸幕防衛課防衛班長）2陸佐 大島 政之
▽大久保駐屯地業務隊長（2陸曹教育隊長）1陸佐 三浦 英彦
▽同衛生隊長（同募集・援護課募集班長）同 三根 弘靖
▽伊丹駐屯地業務隊長（通信学校1教育部長）同 宿久 晴彦
▽西部方面総監部防衛課長（西部方面総監部防衛部）同 堤 浩一郎
▽同後方運用課長（陸幕装備計画課）同 伊藤 弘幸
▽同需品課長（関西補給処補給部長）同 鳥越 千尋
▽同医務官兼熊本病院（福岡病院診療技術部長兼皮膚科部長）同 井上 裕悦
▽同指揮所訓練支援隊長（11旅団幕僚長）同 根本 正之
▽2師団3部長（教育訓練研究本部）同 兜 智之
▽4師団監察官（航空学校2教育部長）同 伊藤 憲孝
▽6師団火力調整部長（5特科隊長）同 陳之内 宏
▽7師団3部長（教育訓練研究本部研究員）同 小林 邦之
▽11旅団幕僚長（同主任訓練評価官）同 宮嵜 浩一
▽14旅団3部長（14旅団司令部）同 佐々木久史
▽水陸機動団副団長（関西補給処総務部長）同 茅野 剛也
▽1ヘリ団副団長（中部方面航空隊長兼八尾駐屯地司令）同 藤田 尚樹
▽1高射特科団副団長（陸幕総括副監察官）同 久田 茂将
▽東部方面混成団副団長（福島地方協力本部長）同 神田 謙
▽開発実験団総務科長（33普通科連隊副連隊長）2陸佐 三品 憲一郎
▽8普通科連隊長兼米子駐屯地司令（教育訓練研究本部付）1陸佐 堀田 朗伸
▽20普通科連隊長（教育訓練研究本部主任教官）同 荒木 貴志
▽39普通科連隊長兼弘前駐屯地司令（陸幕補任課人事1班長）同 天内 明弘
▽46普通科連隊長（中部方面総監部防衛課陸上連絡官）同 貝岐 賢二
▽47普通科連隊長（富士学校演習場管理課長）同 阿部 慎治
▽48普通科連隊長（水陸機動団副団長）同 平田 雄嗣
▽5特科隊長（開発実験団総務科長）同 石崎 美生
▽13特科隊長兼日本原駐屯地司令（東北方面総監部訓練課長）同 坂井 健一
▽4地対艦ミサイル連隊長兼八戸駐屯地司令（西部方面総監部防衛課長）同 遠藤 智明
▽奄美警備隊長兼奄美駐屯地司令（陸幕厚生課厚生班長）同 日高 正暁
▽12施設群長兼岩見沢駐屯地司令（14旅団3部長）同 荒関 大輔
▽北部方面通信群長（陸上総隊システム通信課長）同 小林 理
▽警務隊本部付（中部方面警務隊長）同 池亀 俊哉
▽東部方面警務隊副隊長（同警務隊副隊長）2陸佐 成田 英明
▽中部方面警務隊長（同防衛課防衛調整官）1陸佐 白樫正太郎
▽中央情報隊副隊長（北部方面総監部情報部長）同 長谷川 敬
▽訓練評価支援隊副隊長（西部方面指揮所訓練支援隊長）同 西田 健
▽会計監査隊東北方面分遣隊長（東部方面総監部広報室長）同 甲田 宏
▽陸自幹部候補生学校副校長兼企画室長（北海道補給処副処長）同 福島 由晃
▽富士学校演習場管理課長（13特科隊長兼日本原駐屯地司令）同 中川 理
▽同普通科部副部長（富山地方協力本部長）同 飯島 達也
▽高射学校（陸上総隊装備課長）同 財津 永征
▽航空学校2教育部長（北部方面ヘリ隊長）同 土子 邦之
▽同宇都宮分校長兼北宇都宮駐屯地司令（1ヘリ団副団長）同 真岡 孝成
▽同宇都宮校総務課長（函館地方協力本部募集課長）2陸佐 齋藤 健
▽通信学校1教育部長（北部方面通信群長）1陸佐 鈴木 実
▽需品学校主任教官（西部方面総監部需品課長）同 植田 靖
▽輸送学校総務課長（陸上総隊後方運用部）2陸佐 吉岡 充
▽同主任教官（輸送学校総務課長）同 今西 栄
▽教育訓練研究本部企画調整官（陸幕会計課予算班長）1陸佐 福井 謙
▽同主任教官（12施設群長兼岩見沢駐屯地司令）同 末継 智久
▽同教官（6師団火力調整部長）同 岩見 和彦
（中部情報保全隊長）同 増田 健吾
▽同研究員（陸幕防衛課）同 富山 武史
▽同訓練評価調整官（教育訓練研究本部）同 前田健一郎
▽同主任訓練評価官（39普通科連隊長兼弘前駐屯地司令）同 木原 邦洋
▽教育訓練研究本部（統幕運用1課）同 高木耕一郎
（陸幕運用支援課運用支援班長）同 林 英彦
（同運用支援課兼統幕運用1課）同 藤井 義勝
（同防衛課）同 齋藤 良平
（同通信電子課施設器材班長）同 阪田 洋
（陸上総隊運用部付）同 田村 貴夫
（西部方面総監部情報部）同 豊田 武史
（神町駐屯地業務隊長）同 堀 征己
（防衛装備庁長官官房装備開発官付総括室長）同 北崎 直弥
（補給統制本部総務課長）2陸佐 佐野 能秀
▽教育訓練研究本部付（統幕運用2課）1陸佐 内田 恭裕
（同首席後方補給官付後方補給室）同 川嶋 勇基
（陸幕防衛課）同 森下輝彦
（同）同 小林 憲治
（同防衛協力課）同 山田 大作
（陸上総隊運用部）同 柿内 慎治
（西部方面特科連隊3大隊長）同 井上 靖也
（10後方支援連隊輸送隊長）同 今井 健二
（3戦車大隊長兼今津駐屯地司令）同 鈴木 基数
（教育訓練研究本部）同 幸津 真悟
▽補給統制本部総務課長（関東補給処吉井弾薬支処長兼吉井分屯地司令）同 古賀 昭博
▽同衛生部長（中部方面衛生隊長）同 岡部 健吾
▽北海道補給処副処長（朝霞駐屯地業務隊長）同 成澤 幹宏
▽同補給部長（福井地方協力本部募集課長）2陸佐 紙本 善光
▽関東補給処吉井弾薬支処長兼吉井分屯地司令（北関東防衛局装備1課長）1陸佐 神田 敦
▽関西補給処総務部長（48普通科連隊長）同 高根 徳通
▽同補給部長（需品学校主任教官）同 前田 正成
▽海幕総務課警務管理官（警務隊本部）1海佐 恩蔵 洋
▽同総務課（統幕人事教育課計画室長）同 梅澤 正明
▽同防衛課業務計画班長（海幕防衛課）同 田村 知史
▽同防衛課（13護衛隊司令）同 堀内 智治
▽同情報課情報班長（海幕情報課）同 曽原 誠
▽同情報課（艦隊情報群首席幕僚）同 山下 貴大
▽同装備需品課補給管理室長（航空補給処計画部長）同 鳩村 康
▽同航空機課航空機班長（海幕航空機課）同 森 裕之
▽同航空機課航空支援器材班長 同 白石 俊彦
▽同航空支援器材班長（同航空武器班長）同 髙橋 暁生
▽同航空機課（1整備補給隊司令）同 大塚 裕孝
▽自衛艦隊後方主任幕僚（防衛装備庁調達事業部艦船調達官）同 田村 久幸
▽同指揮通信主任幕僚（自衛艦隊司令部）同 水本 匡
▽13護衛隊司令（開発隊群首席幕僚）同 塩崎 浩之
▽ひゅうが艦長（海自補給本部企画課長）同 竹下 文人
▽航空集団司令部（統幕防衛課付兼防衛政策局防衛政策課）同 尺田 隆一
▽1航空隊司令（航空集団司令部）同 竹内 俊雅
▽1航空修理隊司令（海自3術科学校副校長）同 猪森 聡彦
▽1整備補給隊司令（海幕航空機課航空機班長）同 角 亜希仁
▽1潜水隊群司令部（5潜水隊司令）同 福山 義人
▽2潜水隊群首席幕僚（大湊地方総監部3幕僚室長兼5幕僚室長）同 吉田 薫
▽5潜水隊司令（海幕防衛課業務計画班長）同 安永 崇
▽艦隊情報群首席幕僚（同情報課情報班長）同 大嶽 和弘
▽佐世保地方総監部経理部長（同装備需品課補給管理室長）同 許斐 栄一
▽大湊地方総監部管理部長（自衛艦隊指揮通信主任幕僚）同 岡見 雅行
▽同3幕僚室長兼5幕僚室長（海自幹部候補生学校学生隊長）同 北山健一郎
▽呉造修補給所貯油所長（呉造修補給所）同 植松 政人
▽海自幹部学校（海幕情報課兼防衛政策局調査課）同 松﨑みゆき
▽海自1術科学校（統幕指揮通信システム運用課指揮通信システム運用班長）同 川岸 裕嗣
▽海自3術科学校副校長（航空補給処長）同 白坂 政秀
▽海自4術科学校教務部長（呉造修補給所貯油所長）同 澤田 和広
▽海自補給本部企画課長（海自4術科学校教務部長）同 小川 純市
▽航空補給処長（1航空修理隊司令）同 森 真規
▽航空補給処計画部長（佐世保地方総監部経理部長）同 米山 博
▽空幕防衛課（空幕援護業務課援護1班長）1空佐 前床 泰彦
▽同装備体系課（航空戦術教導団副司令）同 吉田 昭則
（統幕防衛課付兼防衛政策局防衛政策課）同 廣田 哲哉
▽6航空団飛行群司令（空幕防衛課）同 中田 祥史
▽航空戦術教導団副司令（6航空団飛行群司令）同 古川 義久
▽情報保全隊中部情報保全隊長（相馬原駐屯地業務隊長）1陸佐 山内 克己
▽中央病院1内科（中央病院呼吸器科部長）同 小寺 力
▽同呼吸器科部長（同1内科）同 三村 敬司
▽兼中央病院4内科部長（中央病院1内科部長）同 伊藤 利光
▽中央病院3外科部長（中央病院臨床医学教育・研究部長）同 小俣 二郎
▽同臨床医学教育・研究部長（陸幕衛生部医務・保健班長兼中央病院救急科）同 岩本慎一郎
▽同衛生資材課長（八戸航空衛生隊長兼2航空群幕僚）2海佐 中村 充宏
▽札幌病院外科部長（北部方面衛生隊長）1陸佐 蝶野 元希
▽阪神病院付（補給統制本部衛生部長）同 沖本 茂
▽福岡病院診療技術部長兼麻酔科部長（福岡病院麻酔科部長兼准看護学院長）同 濱地 理通
▽別府病院長兼南別府駐屯地司令（札幌病院外科部長）同 吉積 司
▽福島地方協力本部長（防衛大訓練課長）同 岡本 良貴
▽栃木地方協力本部長（20普通科連隊長）同 梶 恒一郎
▽東京地方協力本部募集課長（東部方面総監部厚生課長）同 土肥 崇紀
▽富山地方協力本部長（奄美警備隊長兼奄美駐屯地司令）同 平田 浩二
▽佐賀地方協力本部長（東千歳駐屯地業務隊長）同 古賀 博彦
▽東北防衛局防衛補佐官（会計監査隊東北方面分遣隊長）同 清水 直樹
▽北関東防衛局装備1課長（北海道補給処補給部長）同 刀根 啓太
▽近畿中部防衛局東海防衛支局次長（東北方面後方支援隊副隊長）同 長濱 貴志
▽防衛装備庁長官官房装備開発官付総括室長（情報本部）同 鈴木 雄一
▽同艦船調達官（自衛艦隊後方主任幕僚）1海佐 髙橋 賢悟
（以上3月15日）
▽海幕運用支援課企画班長（海幕運用支援課）1海佐 中井 孝泰
▽2護衛隊群首席幕僚（同企画班長）同 仲井 大介
▽海自幹部候補生学校学生隊長（2護衛隊群首席幕僚）同 土屋 剛
（以上3月17日）
▽統幕運用1課総括班長（空幕装備体系課装備体系2班長）1空佐 田中 政尋
▽同運用2課災害対策調整官（航空支援集団運用課長）同 山本 仁
▽同指揮通信システム企画課宇宙領域企画班長（統幕指揮通信システム企画課）同 津井信一郎
▽陸幕防衛課（12旅団3部長）1陸佐 岡村 修
（富士学校研究課長）同 井田 輝彦
▽同施設課環境保全班長（4施設団高級幕僚）同 高田 善行
▽同通信電子課通信器材班長（通信学校研究部長）同 高橋 孝介
▽同電計班長（防衛装備庁長官官房装備開発官付4開発室長）同 大森 亮
▽同指揮通信システム課サイバー・電磁波領域班長（陸幕指揮通信システム課）同 横尾 学
▽1戦闘ヘリ隊長（3対戦車ヘリ隊長）同 土谷 克弘
▽12旅団3部長（12旅団司令部）同 廣山 俊一
▽4施設団高級幕僚（4施設団本部）同 伊藤 健晋
▽サイバー防護隊長（システム防護隊長）同 西田 貴之
▽富士学校研究課長（富士学校）同 原田 浩平
▽通信学校2教育部長（関東補給処通信電子部長）同 松尾 卓治
▽同研究部長（補給統制本部情報処理部長）同 渡辺昇一郎
▽小平学校システム教育部長（通信学校2教育部長）同 河口 誠
▽補給統制本部情報処理部長（陸幕通信電子課電計班長）同 飯塚 友嗣
▽北海道補給処整備部長（小平学校システム教育部長）同 千葉 修治
▽関東補給処通信電子部長（体育学校2教育課長）同 成澤 孝明
▽海自幹部学校付（海幕防衛課）1海佐 伊藤 雅彦
（自衛艦隊幕僚兼潜水艦隊司令部）同 兎澤 仁
（統幕計画課）同 東 和正
（海幕総務課）同 加藤太輔
（46掃海隊司令）同 國田 貴之
（海自補給本部弾薬整備補給課長）同 堀田 剛志
▽空幕総務課渉外班長（空幕総務課）1空佐 武田 洋平
▽同警務管理官（航空警務隊）同 青山 圭一
▽同人事教育計画課長（空幕人事計画課長）同 石引大吾
▽同人事教育計画課人事教育計画官（同人事計画課人事計画調整官）同 金野 浩子
▽同企画班長（同企画班長）同 味﨑 利光
▽同制度班長（同制度班長）同 若林 友和
▽同ワークライフバランス推進企画班長（同人事計画課）同 東郷 博之
▽同養成班長兼防衛課（同養成班長兼防衛課）同 森田 英明
▽同教育室長（3航空団飛行群司令）同 野村 信一
▽同人事教育計画課（空幕教育課計画班長）同 森田 健
▽同一般教育班長（同一般教育班長）同 竹内 浩之
▽同飛行教育班長（同飛行教育班長）同 渡邉 正人
▽同術科教育班長（同術科教育班長）同 若林 裕和
（3高射群副司令）同 田中 慎吾
（8航空団基地業務群司令）同 小川 貴也
▽同募集・援護課長（空幕援護業務課長）同 荒武 香織
▽同募集・援護課募集・援護調整官兼企画班長（秋田地方協力本部長）同 大久保正広
▽同募集班長（空幕人事計画課募集班長）同 林 弘之
▽同援護班長（同援護業務課計画班長）同 木下 僚一
▽同援護業務班長（同援護2班長）同 小林 裕幸
▽同防衛課防衛協力班長（同防衛課）同 高倉 征宏
▽同編成班長（同）同 坂本 真裕
▽同防衛課（同運用支援課）同 佐藤 太郎
▽兼空幕防衛課 空幕運用支援課 同 奥村 昌弘
▽空幕事業計画1課長（空幕装備体系課長）同 岡本 秀史
▽同事業計画1課企画班長（同装備体系課装備体系企画班長）同 加藤 雄一
▽同航空1班長（同装備体系1班長）同 中原 聡
▽同防空システム班長（同装備体系課）同 関根 宏輔
▽同事業計画2課長（同情報通信課長）同 林 育正
▽同事業計画2課情報システム班長（同情報通信課計画班長）同 吉村 径浩
▽同宇宙領域班長（同防衛課）同 玉井 一樹
▽同サイバーセキュリティ班長（同情報通信課電子計算機システム班長兼防衛課）同 小川 康寛
▽同先端技術推進班長（同情報通信運用班長）同 石岡順一郎
▽同施設課管理班長（南西航空方面隊援護業務課長）同 久重路 剛
▽同運用支援課部隊訓練1班長兼防衛課（空幕運用支援課）同 倉地 康平
▽同部隊訓練3班長（同運用支援課）同 壹岐 香里
▽同情報課情報保証班長（同情報通信課情報保証班長）2空佐 高島 展彰
▽同整備・補給課輸送補給室長（同整備・補給課補給室長）1空佐 今泉 雅博
▽同宇宙通信電子システム班長（同通信・電子システム班長）2空佐 味岡 孝徳
▽同科学技術官（航空開発実験集団研究開発部長兼司令部）1空佐 大谷 康雄
▽同科学技術計画官（空幕装備課）同 木下 拓也
▽同先端技術革新推進官（空自幹部学校航空研究センター運用理論研究室長）同 志津 雅啓
▽同基幹技術革新推進官（同装備体系課性能評価班長）同 増野 正巳
▽同総括副監理監察官（同監察官）同 田中 公司
▽同隊務評価室長（同監理官）同 川名 孝幸
▽同副監理監察官（同副監察官）同 松永 秀嗣
▽同監理監察官付（同副監理官）同 吉田 浩隆
▽同首席衛生官付衛生官（航空開発実験集団司令部）同 品川千鶴子
▽北部航空方面隊援護業務課長（空幕総務課渉外班長）同 中村 秀明
▽3航空団飛行群司令（統幕運用1課総括班長）同 山根 毅士
▽3高射群副司令（空自幹部学校航空研究センター事態対処研究室長）同 栗秋 健士
▽西部航空方面隊総務部長（8航空団副司令）同 伊藤 敬信
▽8航空団副司令（西部航空方面隊総務部長）同 小林 和彦
▽同飛行群司令（空幕運用支援課部隊訓練1班長兼防衛課）同 三宅 英明
▽同基地業務群司令（同防衛課編成班長）同 新宅 完彦
▽南西航空方面隊援護業務課長（空自幹部学校総務課長）同 中塚 千陽
▽同監理監察官（飛行開発実験団飛行実験群司令）同 仙波 浩
（以上3月18日）

（以下は次号に続く）

東富士演習場で日米共同降下訓練

米C130輸送機から

空挺団500人の花咲く

陸自は3月8日から11日まで、東富士演習場で米空軍のC130J輸送機を使った日米共同の空挺降下訓練を実施した。

陸自は吉田圭秀陸上総隊司令官が担任官を務め、空挺団（習志野）の隊員約500人が参加。在日米軍からは第5空軍第374空輸航空団（横田）の兵士約80人が加わり、陸自の訓練に協力した。

訓練は米軍の固定翼機からの降下回数を増やし、空挺作戦に必要な戦術技量の向上を図るのが目的。令和2年度、国内での米空軍機を活用した降下訓練は4回目となった。隊員たちは新型コロナ感染症対策を十分に講じて訓練に臨んだ。

空挺団員の降下は9日に行われた。約500人の隊員たちは横田基地で米空軍のC130J輸送機12機に分乗し、東富士演習場の上空へ。降下地点に到着すると高度約340メートルの高さから次々と空挺降下し、演習場の上空に無数の落下傘の花を咲かせた。

11日には同様に米空軍機12機を使った物料投下訓練が東富士演習場で行われた。横田基地で日米の隊員が共同して梱包された物料の点検を行った後、約140梱を12機のC130Jに搭載。東富士演習場の上空から一斉に投下し、地上部隊への支援を行った。

高度約340メートルを飛行する米空軍のC130J輸送機12機から次々に空挺降下を行った陸自の空挺団員たち（3月9日、東富士演習場で）

物料投下用の梱包の搭載準備を行う日米の隊員たち（右側）＝横田基地で

機内で降下の時を待つ空挺団員たちに手信号で指示を与える米空軍C130Jのクルー（中央）

C130Jへの物料搭載を前に確認作業を行う日米の隊員たち（横田基地で）

米空軍のC130J輸送機から投下される物料。計約140梱が東富士演習場に投下された（3月11日）

東日本大震災から10年 自衛隊への教訓 ▷▷3◁◁

元陸上幕僚長 火箱 芳文 元陸将（下）

（現・三菱重工業顧問）

創隊史上最大の「戦力集中」

原発事故の対応

発災後、原子力災害派遣計画に基づく住民避難支援準備、屋内待機地域への食料・給水支援、除染所（9カ所）の開設などは実施していた。原発は「主力電源喪失、だが、当面の危険はない」と自衛隊は認識していた。

12日から13日にかけて、郡山部隊などが東京電力の要請に応じ、電源車の輸送、冷却水、燃料の輸送支援を行っていたことも承知していた。発災直後の陸自としての焦点は、大部隊運用のための人的・物的基盤を整えることであった。

官邸からは、12日午後3時36分の1号機の水素爆発（爆発的事象と発表）、2号機の損傷にもかかわらず、自衛隊への差し迫った連絡は何もなかった。自衛隊は、原発事故は東電と政府、原子力安全・保安院（保安院）で対処するのだろうと思っていた。

統幕は13日には「災統合任務部隊」を編成することを決定、14日午前11時、北澤俊美防衛大臣と折木良一統幕長が仙台に出張、君塚栄治東北方総監に統合任務部隊指揮官の辞令を交付する予定であった。

奇しくも同時刻、福島第1原発では、3号機の水素爆発が起きた。衝撃的な映像だった。すぐに原発内の陸自隊員4名の負傷の連絡が飛び込んできた。これ以降、「原発は大丈夫ではなく危険」との認識に変わった。

後の祭りだが、原発の状況を早期に政府、保安院、東電、自衛隊で共有していたならば、違った方向で原発事故に対応できていたかもしれない。悔やんでも悔やみきれない。

覚悟の空中放水

15日午前9時32分、官邸から初めて「原発が極めて危険、オフサイトセンター閉鎖、原発への燃料輸送中止」との連絡があり、同10時25分、緊急の大臣・幕僚長会議が開かれた。

北澤大臣から「官邸から原発への放水要請が来ている」――突然の要請だった。大臣も統幕長も陸自がやれともヘリからやれとも指示はなく、会議は「放水については検討する」で散会。

会議後、4幕長が集まり、しばし皆沈黙の後、私は腹をくくった。「とにかくここは陸上自衛隊がやるしかない。統幕長、陸自で引き受けます。早急に検討しましょう」と応えて部屋を出た。その後、各部長を集め、「空中放水作戦は陸上自衛隊がやる。我々しかできない」。犠牲者が出るかもしれないが、原発を鎮めなければ日本列島は分断し、国が潰れる。

平成3年の雲仙・普賢岳噴火災害で大火砕流に危険を顧みず突入して行く自衛隊員に対して当時の高田勇長崎県知事が述べた言葉を思い出していた。「人の命は地球より重いが、自衛官の使命はその地球より重い」と。

状況不明下、しかもリスクがある作戦、成果も確信も持てないが、状況不明等の理由により決心をためらう事があってはならないと自分を戒め、堅確な意志をもって遂行すべきと思った。でないと、部隊は遅疑逡巡する。

それから統幕、陸幕で種々の検討の上、4号機の燃料プールへの投下をまず第一に行い、次いで3号機への投下を実施することになった。併せて2、4号機へのホウ酸投入も準備した。

自衛官の矜持

異論はない。統幕から16日に4号機の燃料プールに空中放水する命令が中央即応集団へ下った。中央即応集団ではリスクの伴う放水任務であり、クルーを志願制にする考えもあったようだが、第1ヘリ団は通常のローテーションでやると応えたという。パイロットたちの任務意識、矜持が伝わってくる。

16日午後2時20分、4号機への放水を試みたが、外部放射線量の多さからいったん帰投した。翌17日午前9時48分～10時にかけ、歴史的なCH47大型輸送ヘリ2機による3号機（目標変更）に対する空中放水（2機で計4回30トン）が行われた。

よし、よくやった!

次いで午後7時35分から陸海空の自衛官が航空基地の高性能消防車5台で3号機の燃料プールに地上から放水を行った。これらの放水は安定性に欠け、無意味、無謀な作戦と批判も受けたが、このことが東電の職員への原発再興意欲の振作と米国の東日本大震災への本格的支援のキッカケになったと確信している。

それ以降、自衛隊はオフサイトセンターでの政府、警察、消防、東電の調整の中心的役割を果たし、燃料プールへの地上放水、サーモグラフィー測定、ヘリ映電装置による精密撮影など原発の鎮静化に寄与した。

幻に終わったが、最悪の事態を想定して備えていたホウ酸投入作戦、改造装甲車等を使った原発内東電職員等の救出作戦、ならびに4月18日から6月8日までの間、再編成して約3400名で行った原発30キロ圏内の放射線下の徹底した捜索、復旧活動は、タイベックスーツや防護マスクを装着しての過酷な活動であり、記憶に留めてほしい。

最後に

地震・津波災害と福島第1原子力発電所事故の複合的事態に全力で対処した経験の一端を紹介したが、日本にはこれほど素晴らしい自衛隊という組織があることを国民には広く知ってほしい。

私自身、このような素晴らしい隊員たちと一緒に勤務できたことを生涯の宝としている。この記事が献身的活動に従事した隊員に報いることに繋がれば望外の喜びである。

岩手県陸前高田市の被災地を訪れ、自衛隊の災害派遣活動の様子を見守る火箱芳文陸幕長（左から2人目）。右は9師団長（青森）の林一也陸将（2011年4月1日）＝陸自提供

春夏秋冬

次号から新執筆陣

兼原、河野、土屋、松本氏（掲載順）

本紙の人気コラム「春夏秋冬」の執筆陣が4月から交代します。次号から登場するのは、外交官出身で安倍政権下では内閣官房副長官補・国家安全保障局次長を務めた同志社大学教授の兼原信克氏、自衛隊トップとして北朝鮮ミサイル・尖閣問題などに対処した前統合幕僚長の河野克俊元海将、情報・サイバー領域で日本の第一人者である慶応義塾大学総合政策学部長・教授の土屋大洋氏、国際政治と宗教の関係をライフワークとする名古屋市立大学大学院人間文化研究科教授の松本佐保氏です。どうぞご期待ください。

兼原　信克氏

（かねはら・のぶかつ）　同志社大学特別客員教授

1959年生まれ。東大法卒。外務省に入省し、条約局法規課長、北米局日米安保条約課長、総合政策局総務課長、欧州局参事官、国際法局長を歴任。国外ではEU、国連、米、韓大使館に勤務。第2次安倍政権で内閣官房副長官補・国家安全保障局次長を務め19年退官。著書に「戦略外交原論」「歴史の教訓『失敗の本質』と国家戦略」など。

河野　克俊氏

（かわの・かつとし）　前統合幕僚長、元海将

1954年生まれ。防大（21期）卒、海自入隊。「おおよど」艦長、3護群司令、海幕監理部長、同防衛部長、掃海隊群司令、護衛艦隊司令官、統幕副長、自衛艦隊司令官などを経て第31代海幕長。14年に第5代統幕長に着任し、北朝鮮弾道ミサイル、沖縄・尖閣問題などさまざまな事案に対処、19年4月退官。著書に「統合幕僚長―我がリーダーの心得」。

土屋　大洋氏

（つちや・もとひろ）　慶應義塾大学総合政策学部長、教授

1970年生まれ。慶大法卒、慶大大学院政策・メディア研究科後期博士課程修了。国際大学グローバル・コミュニケーション・センター助教授などを経て慶大政策・メディア研究科教授。著書に「情報による安全保障」「サイバーセキュリティと国際政治」「サイバー・テロ　日米vs中国」「サイバーグレートゲーム」など。

松本　佐保氏

（まつもと・さほ）　名古屋市立大学大学院人間文化研究科教授

1965年生まれ。聖心女子大卒、慶大大学院文学研究科修士、英ウォーリック大学大学院・国際政治史博士。専門は国際政治史、国際関係。著書に「バチカンと国際政治―宗教と国際機構の交錯」「熱狂する『神の国』アメリカ―大統領とキリスト教」「アメリカを動かす宗教ナショナリズム」「バチカン近現代史」など。

日米安全保障協議委員会（2＋2）共同文書全文

（仮訳）

2021年3月16日、東京において、茂木外務大臣、岸防衛大臣、ブリンケン国務長官及びオースティン国防長官は、日米安全保障協議委員会を開催した。閣僚は、日米同盟が、インド太平洋地域の平和、安全及び繁栄の礎であり続けることを再確認した。日本は国家の防衛を強固なものとし、日米同盟を更に強化するために能力を向上させることを決意した。

米国は、核を含むあらゆる種類の米国の能力による日本の防衛に対する揺るぎないコミットメントを強調した。拡大する地政学的な競争や新型コロナウイルス、気候変動、民主主義の再活性化といった課題の中で、日米は、自由で開かれたインド太平洋とルールに基づく国際秩序を推進していくことへのコミットメントを新たにした。

日米は、中国による、既存の国際秩序と合致しない行動は、日米同盟及び国際社会に対する政治的、経済的、軍事的及び技術的な課題を提起していることを認識した。閣僚は、ルールに基づく国際体制を損なう、地域の他者に対する威圧や安定を損なう行動に反対することを確認した。閣僚は、自由かつ適法な通商への支持、航行及び上空飛行の自由並びにその他の適法な海洋の利用を含む国際法の尊重を再確認した。

閣僚はまた、中国海警法等の最近の地域における混乱を招く動きについて深刻な懸念を表明した。さらに、閣僚は、日米安全保障条約第5条の下での尖閣諸島を含む日本の防衛に対する米国の揺るぎないコミットメントについて議論した。日米は、現状変更を試みる、あるいは、尖閣諸島に対する日本の施政を損なおうとする、いかなる一方的な行動にも引き続き反対する。

閣僚は、台湾海峡の平和と安定の重要性を強調した。閣僚は、南シナ海における、中国の不法な海洋権益に関する主張及び活動への反対を改めて表明し、1982年の国連海洋法条約の下で設置されたフィリピンと中国との間の仲裁裁判所の2016年7月の判断が最終的であり、当事国を法的に拘束することを想起した。閣僚は、香港及び新疆ウイグル自治区の人権状況について深刻な懸念を共有した。

閣僚は、北朝鮮の軍備が国際の平和と安定に対する脅威であることを認識し、北朝鮮の完全な非核化へのコミットメントを再確認し、北朝鮮に対し、国連安保理決議の下での全ての義務に従うことを求めた。閣僚はまた、拉致問題の即時解決の必要性を確認した。日本、米国及び韓国の3カ国間協力は我々が共有するインド太平洋地域の安全、平和及び繁栄にとって不可欠である。

日米両国は、日米同盟の強さは、共通の価値に基づくものであり、志を同じくする民主主義国との緊密なパートナーシップのネットワークにより一層強化されるものであることを再確認した。

3月12日の日米豪印首脳会議は、世界に対して、普遍的な価値に基づき、威圧的な力に制約されることのない、自由で、開かれ、かつ包摂的な地域の共有されたビジョンを示した。

閣僚は、ASEAN（東南アジア諸国連合）の中心性及び一体性並びに「インド太平洋に関するASEANアウトルック」への強固な支持を確認しつつ、ASEANと協働することを誓約した。

一層深刻化する地域の安全保障環境を認識し、閣僚は、日米同盟の役割・任務・能力について協議することによって、安全保障政策を整合させ、全ての領域を横断する防衛協力を深化させ、そして、拡大抑止を強化するため緊密な連携を向上させることに改めてコミットした。

宇宙やサイバーといった領域、及び情報保全を更に強化していくことの重要性を強調した。さらに、閣僚は、同盟の運用の即応性及び抑止態勢を維持し、将来的な課題へ対処するための、実践的な2国間及び多国間の演習及び訓練が必要であると改めて表明した。

閣僚は、米国国防省が「世界的な戦力態勢の見直し」を進めている中で緊密に連携することの重要性を認識した。閣僚は、米軍再編の取り組みに係る進展を歓迎するとともに、地元への影響を軽減しつつ、運用の即応性及び持続可能なプレゼンスを維持できるように現行の取り決めを実施していくことに対するコミットメントを再確認した。

閣僚は、普天間飛行場代替施設をキャンプ・シュワブ辺野古崎地区及びこれに隣接する水域に建設する計画が、普天間飛行場の継続的な使用を回避するための唯一の解決策であることを再確認し、可能な限り早期に建設を完了することにコミットした。

在日米軍駐留経費負担につき、現行の特別協定を1年延長する改正に合意したことを受け、閣僚は、双方の交渉官に、双方が裨益する新たな複数年度の合意に向けて取り組むことを指示した。

2011年の3月11日の東日本大震災とその余波で失われた幾多の命を追悼し、閣僚は、日米同盟の協力の精神を強調し、インド太平洋地域で平和と安定を維持するために共に取り組んでいくことへのコミットメントを再確認した。

日米同盟の深さと幅広さ及び無数の共通の優先的な政策に関する取り組みを強める必要性を認識し、閣僚は、年内の日米安全保障協議委員会の改めての開催を呼びかけた。

家族会版

＜連絡先＞
〒162－0845 東京都新宿区市谷本村町5－1　公益社団法人自衛隊家族会事務局
電話 03-3268-3111・内線 28863
直通 03-5227-2468

私たちの信条

【根本理念】
私たちは、隊員に最も身近な存在であることに誇りを持ち力をあわせて自衛隊を支えます

【心構え】
一、自らの国は　自ら守る防衛意識を高めます
一、自衛隊員の募集・就職援護及び家族支援に協力します
一、会員数を増大し　組織の活動力を高めます

家族会理事会
4議案、書面決議で可決
定期総会は6月15日に開催

自衛隊家族会（伊藤康成会長）は、新型コロナウイルス感染防止の対策として、東京都新宿区のホテルグランドヒル市ヶ谷で開催が予定されていた令和2年度「第5回理事会」を書面決議に変更した。令和3年度の「事業計画（案）」「分担金（案）」「収支予算書（案）」「総会開催」の4議案が書面で審議され、3月22日、全会一致で可決された。

理事会決議案の書面は全国の理事31人と監事2人に送付され、令和3年度の①事業計画（案）②分担金（案）③収支予算書（案）④総会開催――の4議案について議決された。

今回の特色として、事業計画では家族会発行防衛情報紙「おやばと」の第三種郵便物化への取り組みについて明記。各都道府県の意見を取り入れ、会員の高齢化や地域事情などを考慮し、3年間の試行に取り組む。

オリパラ目指す自衛隊選手団激励

また、家族会事業として2年度に開始した「問い合わせ窓口」を引き続き実施し、会員や隊員家族を通じた隊員の悩み相談などを受け付ける。このほか、今年7月に開催が予定されている東京オリンピック・パラリンピックへの出場を目指す自衛隊選手団（体育学校）の激励を実施する。

会員拡大の取り組みについては、新隊員教育部隊や学校等と協力した会員獲得にも努めていくことが示された。

令和3年度「定期総会」はホテルグランドヒル市ヶ谷で、6月15日に開催されることが決まった。

承認された議案は、伊藤会長と監事2人が署名し、3月31日までに「事業計画」と「収支計算書」が内閣府に提出される。

家族会事務局の土谷貴史事務局長は「本来は全国から一堂に会して審議することが望ましいが、コロナの感染状況に鑑み、書面決議となった。コロナ禍においても会の運営に支障をきたさないよう進めることができた」と語った。

新潟　コロナ禍でもできる支援を
会長「我々も勇気を持って」

【新潟】新潟県自衛隊家族会（早川澄男会長）は2月6日、新潟地方協力本部広報室長の鈴木勝太1陸尉以下4人の支援を受け、新潟市の新潟東映ホテルで理事会を開催した。

理事会は横澤順仁事務局長の司会で進められ、議長に指名された早川会長のあいさつから始まった。

早川会長は、今年度の活動がコロナの影響で制限を受けたことに触れ、「次年度は対策を講じてできる限りの支援を行っていきたい。コロナの医療支援で感染者を出すことなく任務を完遂した自衛隊を見習い、我々も勇気をもって事業に臨みたい」と力強く述べた。

新潟県家族会の理事会で、あいさつする早川会長（右列起立者）。左端は開催を支援した新潟地本の鈴木広報室長（2月6日、新潟市の新潟東映ホテルで）

この後、今年度の事業成果、収支決算などを報告。質疑応答では来年度の家族支援と各種広報活動への支援について話し合われ、「艦艇や音楽演奏を呼ぶにはどのような調整が必要か」との質問に対し、地本の鈴木広報室長などが日程調整や関係自治体への協力要請など必要事項を説明した。

午後の意見交換会では、今年度は中止となった入隊・入校激励会について意見が交わされ、コロナ禍においても激励を行う方法として、家族会と各地区の地域事務所などが連携し、個別に激励品の贈呈やメッセージを手渡しするなど、さまざまな方法が提案された。

コロナ災派の医療支援などに当たる15旅団災害派遣隊の伊高隊長（左から3人目）に激励品を贈呈する宮古地区家族会の池村会長（その右）＝2月3日、宮古島駐屯地で

宮古
ありがとう自衛隊！
コロナ災派の15旅団を激励

【沖縄】宮古地区自衛隊家族会（池村英三会長）は2月3日、陸自宮古島駐屯地を訪れ、宮古島市内の高齢者施設で新型コロナウイルス感染拡大に伴う医療支援などに当たる陸自15旅団災害派遣隊（隊長・伊高賢1佐＝15後方支援隊長）を激励した。

15旅団は沖縄県からの災害派遣要請を受け、1月31日から約2週間、クラスターが発生した市内の高齢者福祉施設で医療支援と管理支援活動に従事した。

沖縄地方協力本部宮古島出張所の支援を受け、駐屯地を訪れた池村会長は「コロナ感染症患者の急増で医療体制がひっ迫した宮古島への迅速な対応に感謝している。災害派遣に従事する医療支援中の隊員の健康を願うとともに、活躍を祈っている」と感謝の気持ちを述べた。この後、災害派遣隊員に飲み物と家族会員の砂川光江さんが手作りした沖縄の揚げ菓子「サーターアンダギー」を贈呈した。

伊高隊長は「今回の災害派遣は那覇駐屯地の隊員と宮古島駐屯地の隊員が連携して活動している。早く感染拡大が収まり、島民の方に安心と笑顔を届けられるよう、全力で対応していきたい」と力強く語った。

池村会長は贈呈式終了後、帰り支度を進める部隊に対し、「宮古島に駐屯地が開設されて間もなく2年になろうとしている。自衛隊の方々の迅速な対応、心ある支援に今一度感謝を申し述べたい。ありがとう自衛隊！頑張れ自衛官！」と再度、感謝と激励の言葉を贈った。

京都　入隊予定者に靴墨
京田辺市役所で激励会

【京都】京都府自衛隊家族会の川嶋幸雄京田辺市地区会長は2月22日、京田辺市役所で行われた自衛隊入隊予定者4人の「激励会」に京都地方協力本部の亀井律子本部長と共に出席した。

京田辺市の上村崇市長は「国民の生命・財産を守るため、心身ともに健康で屈強な自衛官となってください」と激励。

亀井地本長は「仲間たちと手を取り合って頑張ってください。元気に着隊される日を心待ちにしています」とエールを送った。家族会の川嶋地区会長は入隊予定者に激励品の靴墨を贈呈した。

励ましを受けた4人の入隊予定者はそれぞれ決意の言葉を述べ、東日本大震災をきっかけに自衛隊への入隊を志した山下真奈さんは「新しい仲間を作り活躍していきたい」と力強く語った。

京都地本は「引き続き自治体、地域社会との連携を密にし、入隊予定者を全力で応援したい」としている。

入隊予定者に靴墨を贈呈して激励する家族会京田辺市地区の川嶋会長（手前右）＝2月22日、京田辺市役所で

福岡
プロ野球選手が激励メッセージ

「入隊・入校予定者激励会」で激励の言葉を贈る福岡県家族会の與國会長（中央）＝2月13日、福岡県春日市のクローバープラザで

【福岡】福岡県の自衛隊家族会大宰府市地区会と春日市地区会は2月13日、福岡地方協力本部の支援を受け、春日市内のクローバープラザで令和3年「自衛隊入隊・入校予定者激励会」を開催し、入隊・入校予定の参加者32人の門出を祝った。

激励会には大宰府市の楠田大蔵市長、春日市の井上澄和市長をはじめ、原田義昭衆議院議員、中牟田伸二県議会議員、渡辺美穂県議会議員、松尾嘉三県議会議員など19人の来賓が出席。福岡県家族会の與國洋会長が登壇し、入隊・入校者を祝福するとともに、これから向かう教育隊や学校での健闘を祈念した。

参加者から驚きと歓喜の声

式典では、岸防衛大臣や福岡県の小川洋知事からの激励メッセージを放映。サプライズとして福岡ソフトバンクホークスの栗原陵矢選手が画面に映し出されると、参加者は驚きと歓喜の声を上げていた。

最後に、入隊予定者を代表して宮本翔平君が決意を表明し、「教育に全力で取り組み、自主自立した、たくましい姿をご覧いただきたい。仲間と協力し、国を守れる一員になれるよう頑張ります」と力強く述べた。

激励会に参加した家族は、「素晴らしい激励会を実施していただき、子供がこれから成長していく姿の一端を垣間見ることができた。家族会に入会して子供の自衛隊での活動を支えたい」と語っていた。

福岡地本は「引き続き関係協力団体等との連携を図り、今後も入隊・入校予定者のサポートに努めていく」としている。

初のリモート開催
北方領土返還要求全国大会

北方領土の早期返還を求める令和3年「北方領土返還要求全国大会」が「北方領土の日」の2月7日、東京都渋谷区のラインキューブ渋谷と北海道から沖縄まで日本全国をオンラインで結んで初めてリモート形式で開かれ、動画サイト「ユーチューブ」で全世界に発信した。

同大会で家族会は例年、伊藤康成会長が壇上に並ぶとともに、署名活動を展開している団体を代表して決意を発表しているが、今年は新型コロナの影響で無観客のリモート開催となったため、大会実行委員の一員として開催に寄与した。

東京の会場には自民党の小野寺五典元防衛相をはじめ、各党から計8人の来賓が出席。プリントアウトした北方領土の草花が空席の座席を彩った。

菅首相はビデオメッセージで「私の内閣においても、2018年のシンガポールでの（日露）首脳会談のやりとりはしっかりと引き継いでおり、これまでの両国の諸合意を踏まえ、今後も着実に交渉を進めていく」と述べた。

北方対策担当大臣を務める河野太郎前防衛相はオンラインで参加し、「島民の方々をはじめ、運動の担い手の高齢化が進む中、次世代を担う若い世代の関心を喚起することが重要だ。オンラインの活用など工夫をしながら啓発活動に一層力を入れていく考えだ」と語った。

大会の動画は2月下旬までユーチューブで配信され、約1万回が再生された。

奈良　自衛隊フェアに協力
来場者に消毒や検温

【奈良】奈良県自衛隊家族会はこのほど、陸・海・空自衛隊協力のもと、県南部の五條市上野公園で開催された「奈良県自衛隊フェア」（奈良県主催、五條市・自衛隊奈良地方協力本部共催）に協力した。

家族会は後援団体として受け付けを担当。新型コロナ感染防止のため、入場者の名簿記載に加え、手指消毒や検温を行った。

当日は約3000人が来場し、陸自の92式浮橋や空自の地対空誘導弾ペトリオットミサイルなどの装備展示を興味深く見入っていた。このほか、陸自隊員による太鼓や音楽隊の演奏を楽しむとともに、海自のロープワーク体験など3自衛隊紹介ブースで自衛官と交流していた。

奈良県家族会は今後もフェアや県内各所で開催される募集広報に可能な限り参加し、入隊希望者や家族に対して家族支援などの事業内容を伝えて理解を深め、不安を和らげる活動に努めていく方針だ。

奈良県五條市で開催された「奈良県自衛隊フェア」で、来場した児童の検温を行う家族会員

事務局だより

▽…未曾有の被害をもたらした東日本大震災から10年が経ちました。近年、各種災害等に即応している自衛隊に対して、震災を契機として発足した「家族支援協力」について、あの時の教訓に思いを致し、いざという時に自衛隊員の皆さまが安心して行動できるよう部隊と一緒になって、さらに実効性あるものにしていかなくてはなりません。

▽…平素の防衛警備・教育訓練態勢を保持しつつ、新型コロナウイルス対応で全国各地において「医療支援」を行った隊員の皆さま、幾度もの鳥インフルエンザウイルス対応のため派遣された隊員の皆さま、福島県沖における地震に即動された隊員の皆さま、そして山林火災に即動された隊員の皆さまの真摯なお姿を拝見し、心から感謝・御礼申し上げます。自衛隊がいる限り安心です。自衛隊家族会は隊員に最も近い存在であることに誇りを持ち、自衛隊を支えていきます。

▽…新型コロナウイルスに対して緊急事態宣言により対応して参りました。また、ワクチン接種が始まりました。早期終息を祈るばかりですが、油断大敵です。例年ですといつもこの時期に行われる入隊・入校者激励会もコロナウイルスの影響で中止が相次ぎました。そのような中、感染防止対策を徹底して激励会を開催した県・地区会があることに大変心強く感じました。

今後も地本・部隊の協力を得て、また、新隊員教育部隊との調整などにより、入隊・入校者の激励や家族会の理解促進・入会促進などにひと工夫が必要と感じております。

▽…防衛情報紙「おやばと」2月号約2万部を入隊・入校者激励用として無償配布いたしました。家族会の理解促進と会員拡大にもお役立ていただきますようお願いします。

▽…総合募集情報誌2021版『ディフェンスワールド21』が完成しました。募集・援護活動の一助として、また、国民の皆さま、高校生など若い方々に自衛隊をよりよく知っていただけるよう編集しています。記念行事や会議・講演会などの際にもご来賓へお配りし、好評です。購入希望は事務局までご連絡下さい。

（自衛隊家族会事務局）

コーサイ・サービス<おすすめ物件>

※掲載の完成予想図は設計段階の図面を基に描き起こしたもので形状・色等は異なる場合がございます。※掲載の完成予想図は設計段階の図面を基に描き起こしたもので形状・色等は異なる場合がございます。※掲載の周辺環境写真は2020年9月に撮影したものです。※徒歩分数は80m=1分、自転車は250m=1分で地図上の概測距離より算出したおよその時間です。※掲載の内容は2020年8月調査時点のものです。

【全体物件概要】●物件名称/アルファステイツ笹原駅南●所在地/福岡県福岡市博多区三筑二丁目17番2●交通/西鉄バス「麦野四丁目」バス停 徒歩5分、JR「笹原」駅 徒歩9分●総戸数/51戸(管理事務室・防災倉庫除く)●敷地面積/1,994.09㎡(確認申請時)●建築面積/815.14㎡(確認申請時)●建築延床面積/4,102.08㎡(確認申請時)●建築確認番号/第ERI－20025833号(2020年10月22日付)●構造・規模/鉄筋コンクリート造 9階建て●地目/田(引渡しまでに宅地に変更予定)●用途地域/第一種住居地域●法定建ぺい率/70%●法定容積率/200%●駐車場/20区画22台(内1階住戸専用4区画、縦列2区画)、機械式駐車場31台●駐車場使用料(月額)/1,000円～15,000円●自転車置場/76台●自転車置場使用料(月額)/0円●バイク置場/7台●バイク置場使用料(月額)/1,000円●完成予定日/2022年4月下旬●入居予定日/2022年7月上旬※完成予定日・入居予定日は工事状況等により変更となる場合がございます。予めご了承ください。●売主/穴吹興産株式会社●販売代理/株式会社あなぶきリアルエステート●設計監理/有限会社アーキテクトライン●施工/株式会社福田組●敷地所有者/穴吹興産株式会社●分譲後の権利形態/土地:建物専有面積割合による敷地(所有権)の共有、建物:(専有部分)区分所有権、(共用部分)建物専有面積割合による共有●管理形態/管理組合方式により管理組合と株式会社穴吹ハウジングサービスとの間で管理委託契約を締結●設計図書閲覧場所/穴吹興産株式会社アルファステイツ笹原駅南マンションギャラリー●手付金等保証機関/西日本住宅産業信用保証株式会社 【第2期先着順物件概要】●販売戸数/4戸●販売価格(税込)/3,160万円～3,340万円●住居間取り/3LDK●住居専有面積/67.33㎡～67.51㎡●バルコニー面積/11.47㎡～12.15㎡●アルコーブ面積/2.77㎡～3.02㎡●管理費(月額)/10,900円●修繕積立金(月額)/4,500円●災害積立金(月額)/300円●修繕積立基金(一括)/337,000円・338,000円●災害積立基金(月額)/10,000円 【第3期先着順物件概要】●販売戸数/8戸●販売価格(税込)/3,220万円～3,620万円●住居間取り/3LDK●住居専有面積/67.33㎡～77.01㎡●バルコニー面積/11.47㎡～27.80㎡●アルコーブ面積/2.77㎡～3.02㎡●管理費(月額)/10,900円～12,400円●修繕積立金(月額)/4,500円～5,100円●災害積立金(月額)/300円●修繕積立基金(一括)/337,000円～386,000円●災害積立基金(月額)/10,000円●広告有効期限/2021年4月末日

人にときめき、街にきらめきを
あなぶき興産

[売 主]穴吹興産株式会社 宅地建物取引業免許 国土交通大臣(9)3300号 所属団体/(公社)香川県宅地建物取引業協会、四国地区不動産公正取引協議会 北部九州支店/〒812-0037 福岡市博多区御供所町2-63 あなぶき博多ビル TEL.092(292)4420

あなぶきリアルエステート

[販売提携(代理)]株式会社あなぶきリアルエステート 宅地建物取引業免許 香川県知事(4)3884号 所属団体/(公社)香川県宅地建物取引業協会、四国地区不動産公正取引協議会 〒760-0028 高松市鍛冶屋町6-11 TEL.087(811)2877

〈ご予約・お問い合わせ〉「アルファステイツ笹原駅南」マンションギャラリー □〒812-0857 福岡市博多区西月隈3丁目9-3

0120-306-399

□営業時間/10:00～18:00 □定休日/火・水曜日(祝日除く)

あなぶき笹原駅 検索

www.anabuki-style.com/sasabaru/

予約制にてご案内
ご案内時間 ①10:00～/②13:00～/③15:00～
ご希望のご案内時間をお電話にてご予約ください。上記時間が合わない方は、別途ご相談ください。

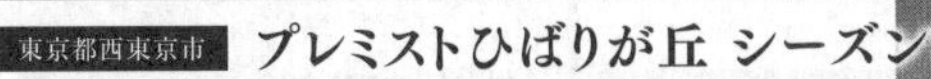

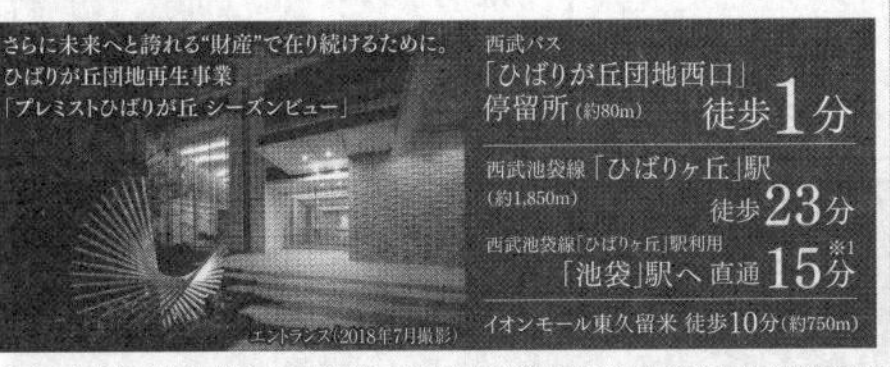

エントランス(2018年7月撮影)

外観(2018年7月撮影)

即入居可

《提携割引》販売価格(税込)より 1%割引

プレミストひばりが丘 シーズンビュー 現地販売センター

■バスでお越しの方/ひばりヶ丘駅南口[2番乗り場]より西武バス〈境04〉系統・武蔵境行き、〈田43〉系統・田無駅行きにご乗車いただき、「ひばりヶ丘団地西口」停留所で下車→徒歩にて物件エントランスまでお越しいただき、112号室をお呼び出しください。

■「プレミストひばりが丘 シーズンビュー」物件概要 ●所在地/東京都西東京市ひばりが丘3丁目1616番20他●交通/西武池袋線「ひばりヶ丘」駅から徒歩23分、西武池袋線「ひばりヶ丘」駅からバス約6分・「ひばりが丘団地西口」バス停留所下車徒歩1分、西武鉄道新宿線「田無」駅からバス約8分・「ひばりが丘団地西口」バス停留所下車徒歩1分●総戸数/141戸(別途管理事務室1戸)●構造・階数/鉄筋コンクリート造地上8階建(地下0階建)●敷地面積/7,481.52㎡(建築確認対象面積)、取引対象面積:8,674.31㎡(共同住宅敷地面積:7,481.52㎡、子育支援施設敷地面積:1,192.79㎡)●86条認定番号(一団地認定)/28多建建二建第0696号(平成29年1月16日)●用途地域/第一種中高層住居専用地域●建築確認番号/第UHEC建確28628号(平成29年2月15日)/第UHEC建確28628号変1号(平成29年7月19日)●敷地南東側の一部(面積:73.48㎡)に地役権の設定があります。●子育支援施設構造・階数/鉄筋コンクリート造地上1階建●子育支援施設建築確認番号/第UHEC建確28629号(平成29年2月15日)第UHEC建確28629変1号(平成29年7月19日)●駐車場空台数/44台〔機械式32台、平置12台(小型車用1台、身障者用1台含む)〕、別途来客用2台、月額使用料:3,500円～10,000円●駐輪場空台数/66台※サイクルポート141区画(空き区画66区画)、月額使用料:500円●バイク置き場空台数/1台、月額使用料:1,500円●インターネット使用料/月額:990円(税込)●エリアマネジメント費/月額:300円(税込)●分譲後の権利形態/敷地は共有、建物は区分所有●土地の権利形態/所有権●子育支援施権利形態/敷地は共有、建物は区分所有●管理会社/大和ライフネクスト株式会社●管理形態/管理組合と管理会社(大和ライフネクスト株式会社)との間で管理委託契約を締結●工事完了年月/2018年8月完成済●入居予定/即入居可●売主・販売代理/大和ハウス工業株式会社●売主/株式会社コスモスイニシア 〒108-0014 東京都港区芝5-34-6〔宅地建物取引業者免許番号・国土交通大臣免許(12)第2361号、(一社)不動産協会会員、(公社)首都圏不動産公正取引協議会加盟〕TEL:0120-515-777●販売代理・販売復代理/株式会社リノベスト 〒102-0072 東京都千代田区飯田橋4-5-11パール飯田橋ビル7階〔宅地建物取引業者免許番号・国土交通大臣(2)第8658号、(公社)全国宅地建物取引業保証協会会員、(公社)全国宅地建物取引業保証協会東京本部〕TEL:03-6272-9775●販売代理・販売復代理/株式会社ハローホーム 〒133-0056 東京都江戸川区南小岩七丁目26番21号〔宅地建物取引業者免許番号・東京都知事(4)第83389号、(公社)全国宅地建物取引業保証協会会員、(公社)全国宅地建物取引業保証協会東京本部〕TEL:03-5612-8646●施工/株式会社長谷工コーポレーション ■第1期1次～第3期6次先着順物件概要 ●販売戸数/23戸●専有面積/68.35㎡～81.69㎡●バルコニー面積/10.83㎡～18.30㎡●サービスバルコニー面積/4.21㎡～9.11㎡●販売価格(税込)/3,390万円～5,535.5692万円●最多販売価格帯/4,100万円台・4,500万円台(各3戸)●間取り/2LDK～4LDK●管理費/月額:14,600円～17,400円●管理準備金/一括:14,600円～17,400円●修繕積立金/月額:7,900円～9,400円●修繕積立基金/一括:512,600円～612,700円●先着順申込受付中●申込受付場所/「プレミストひばりが丘 シーズンビュー」現地販売センター※お申込みの際には印鑑(認印可)、直近2年分の収入を証明する資料(源泉徴収票等)、本人確認資料(運転免許証等)をご持参ください。※112号室(販売対象外住戸)は2018年8月10日より販売センターとして使用しております。※103号室(販売対象外住戸)は2018年8月18日より、304号室は2020年5月14日より、501号室・718号室は2020年11月7日よりモデルルームとして使用しております。●取引条件有効期限/2021年3月31日

※掲載の徒歩分数は、80m=1分として算出したものです。※1/掲載の所要時間は西武池袋線「ひばりヶ丘」駅からの日中平常時の所要時間です。通勤時:直通18分(西武池袋線急行利用)

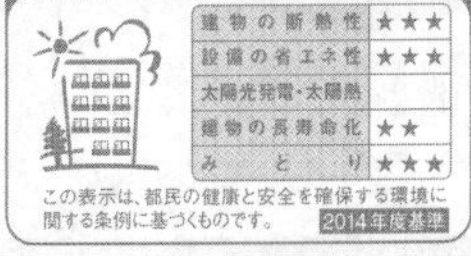

お問い合わせは「プレミストひばりが丘 シーズンビュー」現地販売センター

0120-660-141

営業時間/10:00～18:00
定休日/火・水曜日(祝日除く)

ダイワ ひばりがおか 検索

お問い合わせ 03-5430-7627

株式会社スウェーデンハウス

【提携特典割引】
注文住宅:建物本体価格(税抜)の3%割引
分譲住宅:建物価格(税抜)の1%割引
※特典を受けるには、事前にコーサイ・サービスへ紹介状の発行をご依頼ください。

E-mail:shhojin@swedenhouse.co.jp

ホームページはこちらから

東京ガスリノベーション
～風を感じて～
DESIGN REFORM
リフォーム相談会開催！ 2021年4月24日(土)・25日(日)
提携割引特典
リフォーム お見積金額の5%OFF
仲介 不動産仲介手数料の15%OFF
首都圏の店舗でお待ちしています！
0120-11-0062
法人営業グループ／9:30～17:30(日・祝日定休)
キッチン&キッチン キャンペーン
高品質の人造大理石が人気！
キッチンから始まるインテリア！
60% OFF
TOTOのおすすめ！
水まわりリフォーム3点パック
137,700円
925,000円
209,200円
1,271,900円
3点まとめて 68万円
物件探しからリフォームまで！
戸建・マンション対応！
安心のアフターフォロー体制！

明和地所の仲介
売却も、購入も、明和地所の仲介にお任せください。
売却も 購入も
25% 仲介手数料 OFF
「明和地所の仲介」店舗一覧
営業時間／10:00～20:00 定休日／火・水曜日
渋谷店 上野店 国分寺店 札幌店 横浜店 川崎店 海老名店
0120-227-997
明和地所

List Sotheby's INTERNATIONAL REALTY
購入 売却 賃貸
お住まいに関するご相談は、お任せください！
リスト サザビーズ インターナショナル リアルティ
特典 仲介手数料(税抜)より10%割引
不動産・割引特典に関するお問い合わせ先 0800-800-2427
E-mail:teikei@list.co.jp

木で建てる家。
木で育つ家族。
提携特別割引 建物本体工事費の3%割引
大黒柱ツアー 実施中
100%国産材で建てる注文住宅
古河林業 特販部 丸の内ギャラリー
0120-70-1281 担当：高田
E-mail e.tokuhan@furukawa-ringyo.co.jp
https://www.furukawa-ringyo.co.jp/
古河林業株式会社

住友林業
家づくりの全てをサポートいたします！
法人提携割引 戸建住宅：建築工事請負契約締結時の建物本体工事価格の3%割引
私たちOBにご相談ください。
北海道・東北・関東 日向 和敏 080-8171-4365
関東・北陸・東海 中村 和幸 080-8753-1370
関西・中国・四国・九州 押川 省三 090-4078-5397
Forest Selection BF
厳選された1000プラン
わかりやすい価格設定
充実の内装・設備
平屋 1,300万円台～
二階建 1,900万円台～
0120-667-683
住友林業株式会社

募集・援護　特集

創意工夫し入隊者を激励

新型コロナ感染拡大のため、昨年の入隊予定者激励会はその多くが中止となったが、今年は各地本がコロナ対策を万全にして激励会などを開催している。大阪地本は創意工夫を凝らして祝賀セレモニーを開き、小グループによる座談会を行って不安を払拭するなど、入隊予定者の旅立ちを応援している。

「心が軽くなった」
大阪地本、祝賀セレモニー

【大阪】地本は3月7日、大阪合同庁舎で「入隊・入校祝賀セレモニー」を主催した。コロナ禍を受けて当初計画していた大きな会場での激励会は中止とし、密を避けるなど実施要領を工夫して行った。

第1部では出席した入隊・入校予定者とその家族計12人に向けて、地本長の濱田博之陸将補と来賓代表の大阪連絡協議会の小田原武会長が激励の言葉を述べた後、協力団体が入隊予定者に記念品のダイアリーやボールペンを贈った。

この後、大阪府の吉村洋文知事からの激励ビデオが会場に流され、知事は多くの感染者を出した客船「ダイヤモンド・プリンセス号」での自衛隊の活躍や大阪コロナ重症センターへの看護師派遣などに対し謝意を表し、自衛隊員となる若者の前途を祝福する力強いメッセージを送った。

その後、入隊予定者が決意表明を行い、今後の抱負を力強く発表した。

第2部は新企画として入隊予定者と家族、3自の先輩隊員、学校関係の保護者会会長を交えた「座談会」を開催。密を避けながら入隊・入校後の進路、部隊勤務でのやりがい、同期との絆などを先輩らが入隊者の質問に答えた。

また、保護者でつくる協力団体の会長も子息・息女を送り出した経験をもとに「自衛官の親」という立場からさまざまなアドバイスを行った。

出席した家族は、「すばらしいセレモニーを企画してもらい感謝している」「同じ親の立場からの経験談を聞くことができ、心が軽くなった」などと話していた。

㊤入隊・入校予定者代表の長嶺佳奈さん（中央右）に記念品を贈呈する防衛協会会長代理の山縣正明事務局長（同左）。右奥は祝辞を述べた尾崎義典南西空司令官（3月7日、那覇駐屯地で）㊦採用予定者激励会で石垣市長などから祝福された入隊予定者ら（3月6日、沖縄県石垣市で）

一人前の自衛官めざす
石垣出張所　最多22人の門出祝う

沖縄

【沖縄】石垣出張所は3月6日、石垣市内で行われた自衛隊採用予定者激励会を支援した。

会は八重山地区4協力会（防衛協会、家族会、隊友会、自衛官募集相談員連合会）の主催で行われ、保護者や関係者ら約50人が出席。石垣所開設以来最多の採用予定者22人の新たな門出を祝った。

最初に主催者を代表して三木巌八重山防衛協会会長が「自衛隊は国防という大事な使命がある。日本の独立と主権を守るため頑張ってください」と激励。中山義隆石垣市長も「地元出身の隊員が増えることは大変心強い。石垣市では陸自駐屯地の整備が進んでいるが、勤務地として将来、戻ってきてほしい」と入隊予定者の里帰り勤務にも期待していた。このほか西大舛高旬竹富町長、大浜一郎県議、地本長の坂田裕樹将補が祝辞を述べた。

岸防衛相はビデオメッセージで「国の存立と世界平和に貢献する組織は自衛隊の他にはない。国民の命と平和な暮らしを守り抜く自衛隊は最後の砦。国民の期待に応えるのは皆さん一人ひとりだ」と激励した。

地元の人たちの盛大な激励を受け、採用予定者代表の真玉橋琉輝君が「新たな目標を持って一人前の自衛官を目指し頑張っていく」と決意を述べ、最後に石垣所広報官の大城優人陸曹長の音頭による万歳三唱で若者たちの前途を祝した。

◇

本島の沖縄地本も翌3月7日、那覇駐屯地体育館で「沖縄県自衛隊採用予定者激励会」を開催した。

会には在沖陸海空部隊指揮官、共催6協力団体の長らと採用予定者151人、保護者121人が出席。15音楽隊による音楽演奏、共催者代表のあいさつ、空自南西空司令官の尾崎義典空将による祝辞に続き、岸防衛相、玉城デニー知事、在沖部隊で活躍する県出身者の先輩からのビデオメッセージが放映された。このほか、15偵察隊の福里将平1陸士が激励の言葉を述べた。

採用予定者を代表し、防大入校予定の長嶺佳奈さんが「厳しいことも待ち受けていると思うが、皆さまに恩返しができるよう精進したい」と決意を表明した。

親子で予備自、2組参加

熊本

【熊本】地本は2月19日から23日まで、北熊本駐屯地で行われた「予備自衛官5日間招集訓練」を支援した。今回は地下一郎予備3陸尉・優紀予備陸士長ら2組の親子予備自も参加した。

令和2年度は7月の豪雨や新型コロナの影響で2回の訓練が中止となり、今回で5回目。訓練担当部隊の8後支連が綿密な計画、調整・点検を行い、コロナ対策を講じた計画を策定して行われた。

父の坂田政人予備3陸尉とともに訓練に加わった娘の紫（ゆかり）予備2陸曹は「予備自補から予備自になった私が常備自衛官として35年以上勤務して定年退官した父と一緒に肩を並べて訓練できるのは貴重な体験。微力だが、予備自として父と共に任期満了までがんばりたい」と笑顔で話していた。

親子で予備自5日間招集訓練に参加した父の坂田政人予備3陸尉（左）と紫予備2陸曹（北熊本駐屯地で）

国歌斉唱 心の中で
感染対策万全にして開催

鳥取

【鳥取】米子地域事務所は3月7日、米子市ふれあいの里で行われた鳥取県西部地区自衛隊入隊・入校予定者激励会を支援した。

昨年度はコロナで中止となったが今年度は来場者数を制限、対策を万全にして開催。国歌斉唱は参加者が心の中で唱和し、各市町村に分けて予定者をステージ上で紹介するなど、密を避ける工夫を凝らした。

米子駐屯地のラッパ手4人を迎えて行ったアトラクションでは、透明ビニールシートをステージ前面に展張して飛沫防止を図った上で「日課号音」などを吹奏、会を盛り上げた。

再就職・支援本格化
新発田駐援護室　新潟

㊤岡部工務店で社長から説明を受け、現場を見学する新発田駐屯地隊員（2月25日、新潟県新発田市で）㊦定年2年前教育・任期制隊員退職前教育で陸自OBの関原氏の講話を聴く退職予定者（2月26日、新発田駐屯地で）

【新潟】新発田駐屯地援護室は2月26日、駐屯地で「定年2年前教育・任期制隊員退職前教育」を行った。

この教育は、今後2年以内に定年退職を予定する隊員に対し、必要な知識を身につけてもらうことで意識改革の重要性を理解させ、再就職の準備を促進させるもの。新発田駐屯地所属で今後、定年を迎える隊員12人と任期制隊員の希望者8人が参加した。

最初に地本援護課長の柴澤浩事務官と新発田援護室長の川ノ口竜男1尉が「再就職準備に際しての心構え」「意識改革」「自衛隊援護組織活用の有用性」を教育。その後、太平興業新発田支店の山崎政憲支店長と、陸自OBで同上越支店の関原孝氏が「企業の実態」をテーマに講話した。

関原氏は「自衛隊での勤務経験は民間企業でも決して無駄にはならない。今後の選択では、自分に適した再就職先を見つけるため、改めて自分自身を見つめ直し、自分の得意・不得意分野を理解した上で求職することが重要だ」とアドバイス。「再就職後も自衛官として培った団結・規律・士気の3点は民間企業でも心掛けてほしい」と強調した。

教育後のアンケートには、「民間企業が働き手に何を求めているかがよく理解できた」「退職準備を始めるにあたり、自分自身をよく見つめ直すことから始めたい」などの感想があった。

◇

新発田駐援護室は2月24、25の両日、新発田市と新潟市内で「令和2年度インターンシップ」を開催した。

これは、業務管理教育を修了した若年定年退職予定隊員に対し、再就職先となる職域選択の拡大やミスマッチによる早期離職を防止し、受け入れ企業に対し退職自衛官雇用の有用性を周知する目的で行われ、駐屯地に所属する50代の隊員5人が参加。24日に新潟市北区の運輸・卸販売業シュタープ、25日に建設・型枠工事業の岡部工務店を訪れ、両社の業種、職域などを実地に学んだ。

シュタープでは社員の指示を受けながら現場で商品の仕分けと積み込み準備を体験。その後、同社の新発田駐OBから再就職の心構えや現業務についての話を聞いた。岡部工務店では社長による建設業界についての説明を受けた後、市内の排水機場建設工事の現場を見学し、職場の雰囲気や業務内容を体感した。

参加した隊員は「商品を誤配送した時に発生する損失の大きさを聞いて、正確な仕事が会社の信用と利益に直結していることがわかった」などと話していた。

4地本長が交代

3月15日付の異動で福島、栃木、富山、佐賀地本長が交代した。新任本部長の略歴は次のとおり。

岡本　良貴（おかもと・よしき）1陸佐　福島地本長　防大33期。平成元年陸自。16年2佐、21年1佐。41普連長、富士学校教育課長などを経て、30年12月防大訓練課長。大阪府出身。54歳。

梶　恒一郎（かじ・こういちろう）1陸佐　栃木地本長　防大34期。平成2年陸自。16年2佐、24年1佐。岩手駐業隊長、富士教導団高級幕僚などを経て、30年7月20普連長。広島県出身。54歳。

平田　浩二（ひらた・こうじ）1陸佐　富山地本長　防大41期。平成9年陸自。24年2佐、26年1佐。14旅団3部長、8師団などを経て、31年3月奄美警備隊長。鹿児島県出身。46歳。

古賀　博彦（こが・ひろひこ）1陸佐　佐賀地本長　防大33期。平成元年陸自。17年2佐、26年1佐。北方後運課長、5普連長などを経て、31年3月東千歳駐業隊長。福岡県出身。55歳。

卯月、木葉取月、花名残月――4月。

1日エイプリルフール、7日世界保健デー、12日世界宇宙飛行の日、29日昭和の日。

天宮神社十二段舞楽　天宮神社（静岡県周智郡森町）で約1300年の歴史を持つ例大祭。国指定重要無形民俗文化財。清めの延舞、蝶が遊ぶ姿を演じる庭胡蝶、勇壮な太平楽など12演目を奉納する。　3、4日

火伏せの虎舞　宮城県北部の加美町で室町時代から続く伝統行事。強風による大火を中国の故事に習い鎮めたのが起源とされる。色鮮やかな山車と虎が町内を練り歩き、防災と家内安全を祈願する。　29日

今年も公益財団法人「防衛基盤整備協会」が主催する「防衛基盤整備協会賞」の募集が4月上旬に開始される。副賞の賞金100万円などをはじめ、同賞の魅力や応募要領などについて、鎌田昭良理事長に話を聞いた。（朝雲新聞社編集部）

略歴　鎌田　昭良（かまた・あきら）理事長　東大経卒。1980年4月、旧防衛庁（現防衛省）。広報課長、秘書課長、審議官兼情報本部副本部長、沖縄防衛局長、北関東防衛局長、報道官兼審議官、大臣官房長、装備施設本部長などを経て、2014年7月退職。17年6月から現職。千葉県出身。65歳。『朝雲』でコラム「前事不忘　後事之師」を連載中。

公益財団法人　防衛基盤整備協会　鎌田昭良理事長に聞く

研究・開発の一隅照らす

3年度も「協会賞」実施

副賞は100万円

来月にもHPに応募要領

――公益財団法人防衛基盤整備協会はどのような組織ですか。

鎌田理事長　昭和52（1977）年に内閣総理大臣の許可を受けて設立された（財）防衛装備協会を母体として、平成24（2012）年3月に防衛基盤の強化発展に貢献することを目的に内閣総理大臣から公益財団法人への移行認定を受けて現在に至っています。

当協会は、いくつかの収益事業（航空タービン燃料の検査事業、防衛省が実施する建設事業への支援など）で上げた収益を使って、防衛基盤の強化につながる公益事業を実施していますが、その代表的なものが「防衛基盤整備協会賞」の表彰事業です。

――「防衛基盤整備協会賞」とはどのようなものですか。

鎌田理事長　この事業は防衛装備品等に関連し、民間で自主的に行われた研究開発、生産技術の向上について、特に優れた業績を上げた技術・研究者等のグループに対し、その努力を表彰するとともに、それにより、この種の研究活動の一層の奨励を行うものです。

――「防衛基盤整備協会賞」の表彰実績について教えてください。

鎌田理事長　「防衛基盤整備協会賞」は、当協会が設立された昭和52（1977）年11月の翌々年となる昭和54（1979）年に始まった最も伝統ある事業で、令和3（2021）年度で43回目を迎えます。

年度によって若干の変動はありますが、毎年4件程度の表彰を行っており、これまで222件の表彰を行ってきました。

表彰式は毎年、協会の創設記念日である11月25日前後に行っており、内局をはじめ、陸海空の各幕、防衛装備庁の幹部にも参加していただいています。

――副賞の賞金も魅力の一つですね。

鎌田理事長　そうです。受賞された各グループには表彰状のほか、副賞として100万円を贈呈しています。

その効果によるものなのかもしれませんが、受賞企業からは大変高い評価を頂いております。平成29（2017）年に私が理事長に就任した際、当時の防衛装備庁調達管理部長だった井上一徳氏（現衆院議員）にあいさつに伺ったところ、「貴協会の表彰制度は受賞企業から高く評価されています」と言われました。詳しくお聞きすると、井上部長が視察に訪れたパラシュートメーカーの藤倉航装さんが平成28（2016）年度に受賞されており、当協会の表彰制度を高く評価して下さっていたそうです。

――応募要領は。

鎌田理事長　例年、4月上旬から6月上旬にかけて募集を行っています。原則として、3団体（日本防衛装備工業会、日本造船工業会、日本航空宇宙工業会）を通じて行っていますが、協会に直接応募していただくことも可能です。

――審査はどのように進められるのですか。

鎌田理事長　3自衛隊と旧技術研究本部の元幹部で装備・技術に詳しい4人の有識者の方に審査をお願いしています。6月から9月の間に厳正な審査を行い、受賞グループを決定します。

――どのような企業に応募を期待されていますか。

鎌田理事長　防衛装備品と言うと、研究開発をしているメーカーに大企業が多いですが、一方で、大企業の下請けをされている方々の中にも、とても活躍され頑張っておられる企業もあるので、「下町ロケット」のような会社といいますか、「多摩川精機」さん（平成29年度受賞）や「田邊空気機械製作所」さん（同28年度受賞）といった企業の方々にも受賞していただき、まさに「一隅を照らす」ことに留意しています。

そういった企業の方々にも積極的に応募していただきたいと思っています。

――令和3年度の募集は、いつから始まりますか。

鎌田理事長　4月上旬に当協会のホームページに募集要領を掲載しますので、ぜひご覧下さい。

協会では全体の収益が厳しい中で各種コストの削減などに取り組んでいますが、『防衛基盤整備協会賞』は協会が実施している各種事業の中で最重要な公益事業ですので、副賞100万円を維持することも含めて継続するつもりです。どしどしご応募をお願いします。

ちなみに、副賞100万円の使い道については何らの制約を設けておりませんので、次なる装備品の研究開発に向けての取り組みに使っていただいても良いですし、慰労会開催などの経費に使っていただいても結構です。

◇防衛基盤整備協会のホームページ
https://ssl.bsk-z.or.jp

万全のコロナ対策の中で行われた令和2年度「防衛基盤整備協会賞」の贈呈式。壇上は鎌田理事長（右）から賞を贈られる受賞企業の代表（昨年11月25日、東京都新宿区のホテルグランドヒル市ヶ谷で）

マイヘルス Q&A

関節リウマチ

「朝のこわばり」に注意

免疫の誤作動で痛みや腫れ

Q　関節リウマチはどのような病気ですか。

A　関節リウマチ（以下「リウマチ」）は、免疫の異常により、主に手足の関節が腫れたり痛んだりする病気です。進行すると、骨や軟骨が壊れて関節が動かせなくなり、日常生活が大きく制限されます。

日本での患者さんの数は、70万人とも100万人とも言われ、全人口から見た割合は0・5～1・0％です。30～50歳代での発症が多く、女性に起こりやすい病気でもあります。

Q　原因は何ですか。

A　人の体には、細菌やウイルスなどの外敵から体を守る仕組み（免疫）があります。この仕組みが誤作動し、自身の組織や骨を外敵と見なして攻撃してしまうのがリウマチです。免疫が誤作動する原因は、まだよく分かっていません。遺伝的要素が関係し、喫煙もきっかけになるようです。

Q　どのような症状が見られますか。

A　初期に現れるのは「朝のこわばり」です。起床後に関節がこわばり、いつもできていたはずの日常動作がスムーズにできなくなります。起床後から1～2時間続きます。

次に起こるのは、指などの小さい関節の腫れと痛みです。さらに進むと、手首、足首、膝などの大きい関節にも痛みがでます。微熱や倦怠感が現れるようにもなります。

Q　「治る病気」ですか。

A　この10年で治療薬はめざましく進化しました。現在は、約8割の方が「寛解」を目指すことができます。寛解とは、治療は継続しているが、症状が全くなくなることです。

Q　何科にかかればよいですか。

A　現在は検査技術が進んで、症状が出てから半年以内の早い段階で確定診断ができるようになりました。診断はかかりつけ医でも可能なことが多いです。

しかし、治療はリウマチ専門医のいる「リウマチ科」または「膠原病科」で受けたほうがよいと思います。薬の調整や副作用のチェックは専門医のほうが慣れていますし、知識も豊富です。

Q　部内病院ではリウマチを診ていますか。

A　自衛隊中央病院には「リウマチ科」があり、多くのリウマチ患者さんが通院されています。朝のこわばりなど気になる症状があれば、自衛隊中央病院を受診してみてください。

（自衛隊中央病院リウマチ科専門医・医学博士　中西　貴士）

私が読んだ　この一冊

松井豊著「惨事ストレスとは何か」（河出書房新社）
ヘリ団103飛行隊（木更津）
古屋　篤2陸尉　28

惨事ストレスとは、「惨事に直面または目撃したときや、その後になって起こる外傷性ストレス反応」で、救援活動従事者だけでなく、惨事を見聞きした誰にでも起こる可能性のあるものです。

自衛隊の災害派遣機会の増加や、カメラの普及により凄惨な災害現場を目にする機会が増えた今、惨事ストレスの実態と対策を理解することは必要ではないでしょうか。これから起こり得る災害に備えるためにも、読む価値がある一冊です。

結城浩著「暗号技術入門　秘密の国のアリス」（SBクリエイティブ）
小月教育航空群司令部
川野秀一2海尉　33

情報を制するものが世界を制する――。「利便性と保全のバランス」という言葉をよく聞くと思います。そこに「暗号」という技術が入り込むことで相互のバランスの概念が消えます。

インターネットに接続すると情報が洩れる?個人情報は?メールは?電話は?などのすべての疑問を解決し、情報戦を勝ち抜くために必要な基礎知識が詰め込まれています。今、私のイチ押しの一冊です。

畠中恵著「わが殿」（文藝春秋）
作戦情報隊（横田）
米澤　駿2空尉　30

本書の舞台は幕末、越前国大野藩主の土井利忠は財政を立て直すべく、さまざまな藩政改革を断行していた。その執行役に任命された内山七郎右衛門は、己の生涯をかけて藩の再建に奔走する。

彼はどんな難関でも、自身の使命のため、あらゆる手段を使い乗り越えていく。そのさまは我々自衛官の指揮官と幕僚の関係とも似ている。実在した人物の歴史小説だが文体も読みやすく、幕僚としての心構えを手軽に学ぶことのできる一冊だ。

隊員愛読書ベスト5

<入間基地・豊岡書房>
❶令和3年版防衛実務小六法　内外出版　¥8250
❷自衛隊新戦力図鑑2021 ラストファントムⅡ　三栄書房　¥990
❸ファントムおじいちゃんファンブック　小泉史人著、にしにしイラスト　新紀元社　¥1870
❹スマホ脳　A・ハンセン著、久山葉子訳　新潮新書　¥1078
❺『鬼滅の刃』吾峠呼世晴画集―幾星霜―　集英社　¥1650

<防衛省・三陽堂書店>
❶令和3年春号政官要覧　政官要覧社　¥4400
❷令和三年二月版国会議員要覧　国政情報センター　¥2992
❸中国海軍VS海上自衛隊　トシ・ヨシハラ著、武居智久監訳　ビジネス社　¥1760
❹軍事理論の教科書　ヤン・オングストロームほか著、北川敬三監訳　勁草書房　¥3300
❺現代ミリタリーのゲームチャンジャー　井上孝司著　潮書房光人新社　¥2200

<神田・書泉グランデミリタリー部門>
❶世界の名機シリーズTu－160ブラックジャック　イカロス出版　¥1800
❷世界の傑作機No.115アンコール　メッサーシュミットMe262　文林堂　¥1677
❸名将乃木希典と帝国陸軍の陥穽　鈴木壮一著　さくら舎　¥1650
❹日本警察拳銃　ホビージャパン　¥2750
❺アニメと戦争　藤津亮太著　日本評論社　¥2200

<トーハン調べ2月期>
❶推し、燃ゆ　宇佐見りん著　河出書房新社　¥1540
❷星ひとみの天星術　星ひとみ著　幻冬舎　¥1320
❸スマホ脳　A・ハンセン著、久山葉子訳　新潮新書　¥1078
❹NHK大河ドラマ・ガイド―青天を衝け前編　大森美香作　NHK出版　¥1210
❺心淋し川　西條奈加著　集英社　¥1760

YS11FCがラスト飛行

空自飛行点検隊　約半世紀の任務に幕

U680Aに後継託し

上YS11FC151号機の前で記念撮影に納まる飛行点検隊員　下消防車の放水アーチで迎えられる同機（いずれも3月17日、入間基地で）

空自飛行点検隊（入間）のYS11FC飛行点検機（151号機）のラストフライトが3月17日、入間基地で行われ、約56年間の任務を終えて退役した。今後、昨年12月に任務を開始した最新鋭機のU680Aが引き継ぐ。

同機は基地を離陸して、約1時間にわたって基地上空を飛行。報道陣に「タッチ&ゴー（着陸態勢で一瞬車輪を滑走路に接触させ直ちに離陸）」なども披露した。着陸後、エプロン地区に進出し消防車の放水アーチで祝福を受けた。

機長の渡邉潤一3佐は搭乗員5人を代表して新崎秀樹飛点隊司令に飛行終了を報告。司令は「有終の美を飾る見事なフライトだった」とたたえた。

渡邉3佐は同機との任務を振り返り、「操縦が難しい航空機だったが無事にラストフライトを終え、はつらつとした気分。支えてくださった皆さまへの感謝の気持ちでいっぱいです」と話した。

一方、井筒空幕長は記者会見でYS11FCの退役について「飛行場の安全な運航に貢献し、任務を十分に遂行してくれた」と語った。

戦後初の国産輸送機YS11は1962年から73年にかけて計182機が製造され、空自は13機を導入した（151号機はその初号機）。空自で運用する残る6機のYS11は、情報収集機などとして任務を続ける。

全日本スキー技術選で準V

5施設群の青木2曹、15度目で快挙

上全日本スキー技術選手権のスーパーファイナルで滑降する青木2曹（3月7日、苗場スキー場で）下応援に駆け付けた庭田5施設群長（左）と記念撮影に納まる青木2曹（3月6日）＝いずれも2普連提供

スキーの滑降テクニックを競う「全日本スキー技術選手権大会」（全日本スキー連盟＝SAJ＝運営）が3月5～7日、新潟県の苗場スキー場で行われ、陸自5施設群（高田）の青木美和2曹が女子総合で準優勝。15回目の出場で快挙を成し遂げた。

最大斜度約30度の雪上の整地、総合滑降など7種目をバーン（走路）で急斜面、ターンの巧みさなどさまざまなポイントを競う大会。ターンの巧みさが審判員に評価された。

気温や硬化剤使用の影響でバーンの雪質が変化したが、スキー板のエッジ（横・裏の金属部）をうまく調整して滑り予選、決勝（上位60人）と勝ち上がり、スーパーファイナル（同16人）へ。ファイナルの総合滑降では「（持ち味の）ターンの鋭さやスピードのある滑りができた」と納得の滑降で高得点を獲得。これまでの最高4位を上回った。

長野県出身。両親に連れられ3歳でスキーを始め、中学からは各種大会に挑んできたが結果を残せなかった。平成13年4月に入隊し、同年9月に5施設群へ。競技を続ける中、左ひざのけがが転機になった。

部隊に支えられ

病院のベッドの上で競技をやめるか悩んだ末、「自分からスキーを取ったら何も残らない」と、競技を続け、技術選手権に目標を変えることを決めた。

5施設群394施設中隊渡河小隊で自走架柱橋の架設班長として精勤する一方、休日などを活用し、新潟・妙高高原のスキー場などで練習を積んできた。

今大会では高田駐屯地の約20人の隊員がコース整備などに当たってベストの状態に整え、「最高のコースで最高の滑りをしたい」という思いもあった。2日目の競技の終了後、応援に駆け付けていた庭田徹5施設群長からは「頑張ってくれ」と声を掛けられた。

SAJの2020～21年度ナショナルデモンストレーター（男子18人、女子4人）にも選ばれ、国内屈指の技術を持つ。「部隊の皆さまのご理解、ご尽力がなければ今回の結果は絶対に出なかった」。大会の頂点を目指すとともに、磨いてきた技術を日本スキー発祥の地、高田の部隊に伝えていくつもりだ。

元隊員かざりさん　初の単行本刊行

自衛隊体操などを紹介した初の単行本を手にするかざりさん（市ヶ谷で）

元陸上自衛官でタレントのかざりさんがこのほど、自衛隊体操などを紹介した初の単行本『元女性自衛官かざりの即やせダイエット個人授業』（宝島社）を刊行した。

かざりさんは三重県出身で日本大学芸術学部を卒業し陸自に入隊。1後方支援連隊（練馬）で勤務し任期満了で退職した後、モデル、タレント、女優として幅広く活動している。「YouTube」登録者は約23万人。昨年12月には、自衛隊に協力した功績で東京地本長から感謝状を贈られた。

初の単行本では、自衛隊体操を自らレクチャー。併せてダイエットなどの効果がある各種トレーニングを紹介している。隊員の体力向上の一助にもなる単行本を手に、「本や活動を通して、自衛隊に恩返ししたい」とも語っている。

全日本スノーボード選手権・U15　体校隊員の長男V

上U15のジャイアントスラロームで巧みに旗門を通過する住永翔吾さん左表彰台に立った翔吾さん（栂池高原スキー場で）

「全日本スノーボード選手権大会」が3月10～12日、長野県小谷村の栂池高原スキー場で行われ、U15（15歳以下）部門で自衛隊体育学校（朝霞）冬季特別体育教育室の教務幹部、住永将之1陸尉の長男、翔吾さん（15）＝中学3年＝が優勝を果たした。

斜面に設けられた旗門を通過（ターン）しながら滑降するデュアルスラロームとジャイアントスラロームの2種目が競われた。

小学6年生から本格的にレースに挑んできた翔吾さん。冬季国体・中学生の部優勝などの実績を残している。今大会でも果敢な滑りを見せ、2種目ともに1本目は3位だったが、2本目で逆転した。

U15カテゴリーを2連勝で締めくくった翔吾さん。レース後、「新たな目標（U18優勝）を達成するためにこれからも頑張ります。そして世界の舞台で戦います」と一層の飛躍へ決意を新たにした。

住永1尉は、「1本目の3位から気持ちを切り替え、2本目にベストタイムを出せた。精神面の向上も見られた」と成長を語り、今後に期待を寄せた。

こちら警務隊　定期異動④

正当な理由なく刃物の携帯で　銃砲刀剣類所持等取締法違反

キャンプで使用するナイフを車に積みっぱなしにしていたら違法になりますか？

正当な理由なく刃体の長さが6センチメートルを超える刃物を携帯すると、銃砲刀剣類所持等取締法違反に該当し、2年以下の懲役または30万円以下の罰金に処せられます。

また、刃体の長さが6センチメートル以下でも軽犯罪法違反で処罰されます。

「いつかキャンプをする時に使うから」というのは、正当な理由とはいえません。

また、正当な理由がある場合でも、ケース等にしっかりと収納したうえで運搬する必要があります。

使用した後は必ず車から降ろし、自宅等に片付けましょう。

（東部方面警務隊）

「たかの」ラッピングカーで募集PR

マルソーがデザインした自衛官募集ラッピングカーの前で、同社社員（右）に携行糧食を手渡す「たかの」社員（3月1日、新潟県長岡市で）

【新潟地本】新潟地本は3月1日、新潟県内の自衛隊援護協力企業、食品会社「たかの」と運送会社「マルソー」の合同企画を取材した。

たかのが生産する携行糧食を、陸海空自衛官のイラストと「自衛官募集！」の文字を車体横に大きく描いたマルソーのトラックで千葉県の松戸駐屯地まで輸送するという企画。

マルソーの集配所で2社の社員が一緒に製品の積み込みを行った。たかのに在籍する元自衛官の社員も参加。大型トラックの前で商品を受け渡し、自衛隊と地域企業の連携を強くアピールした。

マルソーの担当者は「災害派遣などの自衛隊の日頃の活躍に感謝を表すため企画した」。たかの担当者は「元自衛官の社員が多く、今後も採用を積極的に行いたい。併せて、自衛隊の募集事業もバックアップをしていきたい」とそれぞれ語った。

新潟地本は今後も県内各協力企業との連携を緊密にし、より地域密着型の自衛隊となれるよう広報業務にまい進していく。

小休止

▽…空自武山分屯基地はこのほど、手作りの「足踏み式消毒スタンド」を5台手作りし、庁舎正面玄関などに設置した＝写真。

▽…新型コロナウイルス感染拡大防止に一役買おうと、1高射群2高射隊業務小隊の隊員4人が〝職人魂〟を発揮。知恵を出し合って製作した。材料に基地内の廃材なども用い、インターネットで作り方を調べ、試行錯誤を繰り返しながら2週間かけて完成させた。

▽「複雑な作りだと耐久性に不安があるので、シンプルなものを作りました」と製作に当たった隊員の一人。既製品に勝るとも劣らない消毒スタンドは、隊員や来訪者の手指消毒に活用されている。

（空武山）

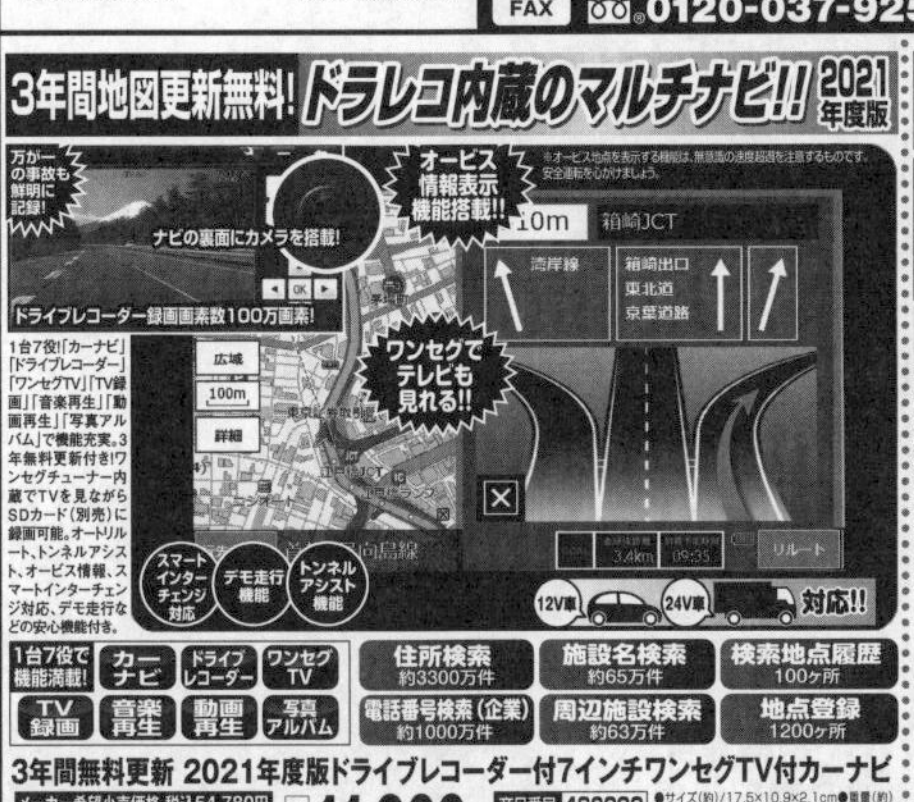

高いスキー技術発揮した競技会

陸曹長 菅原 敦（6施大本部管理中隊・神町）

第6施設大隊は2月4日と15、16の両日、神町駐屯地西訓練場で「令和2年度大隊冬季戦技競技会」を実施した。

この競技会は、冬季における隊員の行動能力の向上、中隊の団結強化と士気の高揚、闘争心の涵養を図ることを目的に行った。開会にあたり統裁官の初澤渉大隊長は「中隊一丸となり勝利を追求せよ」と隊員を鼓舞、「これまでの練成成果を存分に発揮して、中隊のため、仲間のため、自らのために全力を尽くしてもらいたい」と訓示した。

競技会は、雪上での個人機動、部隊機動、アキオ曳行、階級別リレーの4種目を実施し、各中隊は優勝を競いあった。

個人機動では、スキーをはき、背のうを身につけた選手たちが、スタートの合図と同時に勢いよく飛び出し、中隊の勝利を追求すべく全力でコースを滑り抜いた。また、団体種目に出場した精鋭たちは中隊の期待を一心に背負い、盛大な声援を背に受け、チーム内の仲間同士が鼓舞しあいながら気迫あふれる激走を見せた。

結果は、部隊機動が第3中隊、アキオ曳行は本部管理中隊、階級別リレーは本部管理中隊がそれぞれ制した。この結果、各方面で高いスキー技術を発揮した本部管理中隊が悲願の総合優勝を果たした。

また、個人機動は各年代別等でトップタイムをたたき出した8人の隊員が栄えある第1位に輝いた。

第6施設大隊は、積雪寒冷地に所在する部隊として、冬季に任務を遂行するうえで欠かすことができない戦技にさらに磨きをかけ、あらゆる任務を完遂できるよう「情熱を堅持」していく。

チーム一丸となって重いアキオ（左）を曳く6施大の隊員たち

優勝かけ「階級別リレー」に出場

1陸士 鈴木 辰（6施大1中隊）

私はスキーを滑るのが人生で初めてでしたが、ちょっと練成すれば自分でも簡単に滑れる、楽に滑走できると思っていました。

しかし、冬季戦技競技会に参加するにあたり、中隊での1回目のタイムトライアルで「38分」という記録を出してしまい、自らの実力のなさとスキーで機動する難しさを知り、今までの自分の考えの甘さを痛感しました。

このままでは優勝を目指す中隊の足を引っ張ってしまうと思い、タイムが速い先輩方に速くなるコツを聞き、少しでも速く走れるよう努力しました。

その努力の甲斐もあり、競技会前最後のタイムトライアルでは「23分台」になるまで滑走できるようになりました。周りの先輩方から「いいぞ！」「頑張ったな！」とたくさんの激励の言葉をかけてもらいましたが、途中で歩いてしまったり、転んでしまうこともあり、精神面、体力面、そして技術面でも未熟な部分があると思いました。

本番では優勝を決する「階級別リレー」の選手として出場しましたが、緊張のあまり練習通りの力が発揮できず、中隊に貢献することができませんでした。

1中隊は今年度、準優勝に終わってしまいましたが、来年度は自分も体力練成を継続し、さらにスキー技術を向上させて中隊の優勝に貢献できるよう頑張っていきます。

「個人機動の部」で懸命にスキー滑走する女性自衛官

(世界の切手・スイス)

自分の弱さを乗り越えようとしてホラを吹く。だが吹いた以上はやり遂げる。
三浦 雄一郎（プロスキーヤー）

みんなのページ

自衛官めざす意思一層強く

高校1年 神戸 獅文（群馬・高崎北高校）

インターンシップで相馬原駐屯地を訪れた高校生たち。左から2人目が神戸さん

私は学校授業の一環として陸自相馬原駐屯地と空自熊谷基地のインターンシップに参加しました。コロナ禍による制約で自衛隊のほんの一部しか見ることができませんでしたが、私の感じたことは以下のとおりです。

まず一つ目は、どの隊員の方々も誰もが高い目標、夢や希望を持ち、日々の訓練に取り組んでいたことです。話をした隊員の方の中には東日本大震災を経験して自衛官になったという人もいれば、部下たちをまとめられる人になりたいという目標を持った人もいました。私はそのような意思を持った隊員が多くいるからこそ世界から高く評価される自衛隊が成り立っているのだと思います。

二つ目は、どの隊員の方々も明るく、優しく、自衛隊は勤務環境が非常に良いという点です。第12偵察隊を見学させていただいた際、入隊して2年目という人もいれば長く働いている方もいて、年齢層の差が大きいにも関わらず、隊員の皆さんが非常に仲のよいことが伝わってきました。

自衛隊の部隊によっては訓練が非常に厳しいところもあると思いますが、支え合う仲間が幅広い年齢層にいるからこそ、乗り越えられるのだと思います。私はこの人間関係の良さに魅力を感じました。

三つ目は、何といっても食事がおいしい点です。自衛隊では2日間、とてもおいしい食事をいただきました。中でも相馬原駐屯地の「ダムカレー」に感激しました。こんなにおいしい食事を朝・昼・晩食べられる自衛官の方々がうらやましく感じられました。

今回体験させていただいたことは、自衛官をめざす私にとってとても貴重でした。自衛官になりたいという意思がより一層強くなりました。

今回のインターンシップに協力してくださった部隊の皆さま、そして群馬地本の皆さまにも感謝したいと思います。

リクルーターを経験して

空士長 市原 彩愛（空自北部航空施設隊・三沢）

私はこのたび、自衛隊の「リクルーター」として熊本地本の熊本分駐所に勤務させていただきました。ふだん部隊で行う仕事とは大きく違い、自衛隊のことをよく知らない一般の方々や学生の方々と接することで多くの経験を積むことができました。

私がリクルーターとして自衛隊を勧めるうえで特に学んだことが二つあります。第1は「言葉選び」の重要性です。自衛官同士がふだん使っている言葉には、一般の方々には分からない自衛隊用語（業界用語）がたくさんあります。説明では言葉を選びながら自衛隊の事を理解してもらうことの難しさを学びました。

第2は自衛隊入隊を勧める上で個々の持っている実力に合わせ、どのような受験方法が良いのか説明する難しさです。自衛隊の受験種目によっては合格が難しいものもあります。自衛官になったとしても希望の配置になるわけではありません。自衛官の役割や任務を伝え、それを理解したうえで入隊して欲しいと思い、分かりやすく説明するように心掛けました。

1カ月間、リクルーターとして広報官の方々の近くでお仕事をさせていただき、貴重な体験をたくさんすることができました。この経験を生かし、私も立派な自衛官になるために日々精進していきたいと思います。

入隊希望者に自身の経験を語る熊本地本リクルーター時代の市原彩愛空士長（奥）

OBがんばる

OB仲間は一生の宝

大西 喜隆さん（奥）62
平成25年3月、愛知地本を最後に定年退職（特別昇任2陸佐）、愛知県大府市役所の防災専門員を経て、山九に転職、社員の採用業務に当たっている。

私は愛知地本名古屋出張所長の職を最後に退官し、大府市役所の危機管理室に防災専門員として就職しました。

市役所では自衛隊時代の経験を生かして自治区をはじめ、小・中・高校、大学、企業、病院など多くの場所で防災講話や防災訓練を担当し、充実した日々を送らせていただきました。

特に熊本地震の際には熊本県菊池市まで大型トラックを運転し、約900キロを19時間かけて走破、被災地に緊急支援物資（シート、飲料水）を運んだことは忘れることのできない思い出です。

そんな市役所勤め3年目の春、かつてレンジャー教育を一緒に担当した山九株式会社の社員から「採用と社員教育を担当してくれる人を探しています」と電話があり、説明を受けました。会社はその後も半年間にわたり何度も熱心に誘ってくれ、「一緒に日本の基幹産業を支えていきましょう」と言われ、転職を決意しました。

59歳で初の民間企業での仕事でしたが、北海道から九州まで採用活動に飛び回り、空いた時間は自衛隊時代の仲間と酒を酌み交わし、東海地方の支店を中心に社員教育を担当しました。ここでも自衛隊時代の経験を存分に生かすことができました。

自衛隊時代の仲間は一生の宝です。そして自衛隊で身に付けたものは、いかなるものにも代えがたい貴重な財産です。自信を持ってください。

皆さんの人生に幸あれ。健闘を祈ります。

「格闘指導官」教育を終えて

3陸曹 原口 和博（8普連3中隊・米子）

私は旅団の「部隊格闘指導官」教育に参加しました。

教育では基本・応用技術をはじめ各種戦術的な技術を学ぶことができました。

私は途中で膝を故障してしまい、一時的に訓練に参加することができませんでした。同期から遅れをとってしまうのではないかと焦ってしまう日々が続きましたが、訓練中にメモを取ったり、課業外に同期に教えてもらうなど、積極的に話しかけて不安を払拭しました。

またCCD訓練（戦闘体力調整）においては、同期と切磋琢磨しながら苦しい訓練を乗り越え、自分自身を成長させることができたと思います。

今後は、応援してくれた中隊・小隊の方々への感謝の気持ちを忘れず、さらに知識・技能を磨き、格闘指導官として連隊・中隊の精強化に尽力していきます。

新刊紹介

「中国が宇宙を支配する日」
青木 節子著

空自に宇宙作戦隊が新編され、自衛隊でも「宇宙安保」に関心が高まっているが、これまで初心者にふさわしいテキストがなかった。本書は米中の宇宙での覇権争いや、日本（防衛省）が取り組む宇宙政策などについて分かりやすく解説してくれている、まさに入門者向けの新書だ。

表題は刺激的だが、副題の「宇宙安保の現代史」のほうが内容を良く表している。著者は本紙コラム「春夏秋冬」でも健筆をふるった慶応大学教授（内閣府宇宙政策委員会委員）で、日本の宇宙政策の最新情報なども豊富だ。

まずは「宇宙大国」をめざす中国の実力から説き起こし、米露に対抗しての衛星破壊実験、人工衛星打ち上げを通じた途上国支配、宇宙版「一帯一路」などを解説。

後半は宇宙での中露との戦争に備えた米国の「宇宙軍」創設、新たな宇宙交通管理（STM）政策、そして日本の宇宙作戦隊新編の意義、宇宙監視ネットワークの整備などが論じられている。

本書はコンパクトな中にも自衛隊員がいま必要とする情報がぎっしりと詰まっており、これから宇宙政策を学ぼうとする隊員には格好のガイドとなっている。

（新潮社刊、836円）

「台湾を知ると世界が見える」
藤井 厳喜、林 建良著

台湾産パイナップルから「害虫が確認された」と言いがかりをつけ、中国が果実の輸入を禁止した。これに対して日本がすぐに台湾を支援。台湾の蔡総統はツイッターで「応援してくださる日本の皆さん、ありがとうございます！」と日本語で謝辞を述べた。

日台の外交関係は中国からの不当な圧力でぎこちないが、草の根での両国市民の関係は緊密だ。

本書は日台の論客がメディアでは報道されない親日国台湾の実力と世界への影響力を紹介した本だ。

中台の軍事的対峙状況も明らかにし、「武力併合」をちらつかせる中国にとって台湾はなぜ「核心的利益」なのか、分かりやすく解説している。

米国のバイデン新政権は台湾への新たな軍事支援を表明した。

日本にとっても台湾が「自由な独立国家」であるからこそ、東・南シナ海が安泰であると著者は強調する。

日本の南西防衛にとっても非常に重要な台湾を知るうえで最適な一冊だ。

（ダイレクト出版刊、1012円）

詰将棋

出題 日本将棋連盟 九段 石田 和雄

第840回出題

	6	5	4	3	2	1
一				飛		
二						歩
三						と
四					王	
五						
六			[illegible]			香
七						

先手 持駒 金銀

【ヒント】初手が肝心（10分で初段）。

▶詰碁、詰将棋の出題は隔週です◀

詰碁

出題 日本棋院 九段 曲 励起

第1255回解答

【解答図】白先、黒死。白①がまず大切で、黒❷の時、白③、⑤、⑦がまた大切です。黒❽には白⑨で黒死です。

朝雲
発行所 朝雲新聞社
〒160-0002 東京都新宿区四谷坂町12-20 KKビル
電話 03(3225)3841
FAX 03(3225)3831
振替00190-4-17600番
定価一部150円、年間購読料9170円（税・送料込み）

主な記事

陸自に「サイバー防護隊」

空自に「臨時偵察航空隊」

グローバルホーク運用

部隊・組織改編

令和2年度予算に基づく陸海空自の部隊改編が3月中下旬にかけて、また、同3年度予算に基づく内局や防衛装備庁などの組織改編が4月1日付で行われた。内局では「経済安全保障情報企画官」、防衛装備庁では「次世代装備研究所」、統幕では「宇宙領域企画班」がそれぞれ新設されたほか、陸自には市ヶ谷のシステム通信団に「サイバー防護隊」が約130人体制で発足。海自は新造のミサイル護衛艦「はぐろ」の就役で「イージス艦8隻体制」が整った。空自は大型無人偵察機「グローバルホーク」を運用する「臨時偵察航空隊」が三沢基地に約70人規模で発足した。（3、6面に関連記事）

統幕に「宇宙領域企画班」新設

◇内局・防衛装備庁

4月1日付で行われた内局と防衛装備庁の改編は令和3年度予算に基づくもので、内局では防衛政策局調査課に「経済安全保障情報企画官」が新設された。先進技術を含む経済安全保障全般に関する各種情報の「収集・分析」と「保全」の双方を所掌する。

このほか、省全体では日米同盟の強化などを目的に事務官等53人を増員。このうち45人が整備計画局提供施設計画官や沖縄防衛局などに配置され、▽嘉手納飛行場以南の土地の返還に係る移設整備▽神奈川県内の米軍施設の整理▽新たな環境問題――など、地元の負担軽減に向けた事業の推進に当たる。

一方、防衛装備庁では「次世代装備研究所」をはじめ、「産業サイバーセキュリティ室」「技術連携推進官」「先進技術戦略官」のほか、「事業監理官（宇宙・地上装備担当）」の中に「宇宙事業管理班」が新設された。

また、FMS（対外有償軍事援助）調達の適切な管理に向けた履行管理体制を強化するため、輸入調達官付有償援助調達室に「履行管理・促進班」が立ち上がった。

◇統幕

統幕は3月18日付で指揮通信システム部に「宇宙領域企画班」を新設した。同班は宇宙領域に関する計画とこれに必要な装備体系の研究を実施し、「領域横断作戦」の実現に向けて宇宙空間における統合運用体制を強化する。

◇陸自

陸自は3月18日付で部隊改編を行い、サイバー領域の能力強化を目的に、陸上総隊システム通信団隷下のシステム防護隊を改編して「サイバー防護隊」（市ヶ谷、隊員約130人）を新編した。

同領域の人材を安定的に確保・育成するため、陸自通信学校（久里浜）に陸海空共通のサイバー教育を担任する「サイバー教官室」も3月29日付で新設。高等工科学校（武山）には新カリキュラムとして「システム・サイバー専修コース」が設けられた。

一方、電磁波領域では、健軍駐屯地に「第301電子戦中隊」（約80人）を新編、最新のネットワーク電子戦システム（NEWS）なども配備した。

◇海自

海自は3月19日付で新造のミサイル護衛艦「はぐろ」を4護群8護隊（佐世保）に配備し、防衛大綱・中期防に示された「イージス艦8隻体制」が完成した。

「はぐろ」の就役に伴い、ミサイル護衛艦「しまかぜ」が練習艦隊1練習隊（呉）に転籍、練習艦となり艦番号も「3521」に変更された。

他の新造艦では16日付で掃海艦「えたじま」が掃海隊群3掃隊（呉）に、潜水艦「とうりゅう」が24日付で2潜群6潜隊（横須賀）にそれぞれ編入された。

これを受け、1練習隊の練習艦「しまゆき」が19日付で除籍され、14護隊（舞鶴）の護衛艦「まつゆき」も4月7日付で約35年間に及んだ自衛艦としての任務を終える。

海自の組織改編では、4月1日付で開発隊群艦艇開発隊（横須賀）に「分析部」を新設、装備品に関する分析機能を強化する。潜艦隊隷下の横須賀潜水艦教育訓練分遣隊には新たに「戦術科」が編成された。

このほか、全国の地方総監部の広報係は「広報推進室」に改編。海洋業務・対潜支援群(船越)隷下の対潜資料隊に置かれていた「技術調整官」は廃止された。

◇空自

空自は昨年5月に新編された「宇宙作戦隊」（府中）に関連し、宇宙領域に関する装備品の導入、維持整備に関する検討体制を強化するため、3月18日付で空幕防衛部に「事業計画第2課」、同装備計画部に「整備・補給課宇宙通信電子システム班」を新編した。

部隊改編では、同日付で大型無人偵察機「グローバルホーク」＝写真＝の受け入れ準備を行う「臨時偵察航空隊」（隊員約70人）を三沢基地に新編。また、3輸送航空隊（美保）には、空自が新たに導入するKC46A空中給油・輸送機の部隊となる「第405飛行隊」が昨年12月、美保基地に新編されている。両部隊とも令和3年度中に米国から機体を取得する。

井筒空幕長は3月18日の記者会見でグローバルホークを運用する臨時偵察航空隊に触れ、「広域での常続の監視能力の強化を図るため新編した。航空機のない状態だが（隊員の）訓練を行いつつ、納入を待つことになる」と述べた。

陸自システム通信団長の末田毅将補（左）から「サイバー防護隊」の看板を受ける初代隊長の西田貴之1佐（3月18日、市ヶ谷駐屯地で）

吉田陸幕長が着任

「陸上防衛力のイノベーション」推進

第38代陸幕長に就任した吉田圭秀陸幕長の着任行事が3月26日夕、防衛省で行われた。陸上総隊司令官から着任した吉田陸将は東大工学部出身で、一般大卒の陸幕長は第21代の寺島泰三陸将以来、31年ぶり。

吉田陸幕長は儀仗広場で302保安警務中隊の栄誉礼を受けた後、講堂で着任式に臨み、新型コロナ対策で通常の半数以下の市ヶ谷地区勤務幹部ら約120人を前に訓示。「インド太平洋地域は、①米中の大国間競争②核兵器など不拡散体制に挑戦する国家③非国家主体によるテロの脅威――が存在し、我が国は地政学的にその最前線に位置する。この危機感を諸官と共有したい」と呼びかけ、その上で三つの重点施策項目として、変革の加速、実力の進化、信頼の増進を掲げ、「陸上防衛力のイノベーションを重点的に推進していく」と決意を表明した。

さらに陸自隊員に対しては、「国民、領土、主権を直接守り抜くことに誇りと矜持を持ち、一人ひとりが主体的にはつらつと職務にまい進していってほしい」と強く要望した。

これに先立ち湯浅悟郎前陸幕長の離任行事が省内で行われ、中山副大臣、各幕僚長ら防衛省幹部や市ヶ谷地区勤務隊員らが拍手で見送る中、湯浅前陸幕長は退庁した。

（7面に関連記事）

陸上総隊司令官から第38代陸幕長に就任し、着任の辞を述べる吉田圭秀陸将（3月26日、防衛省講堂で）

岸防衛相

ウクライナ国防相と会談

日本 多国間演習 オブザーバー参加へ

岸防衛相は3月17日、来日したウクライナのアンドリー・タラン国防相と都内でテレビ会談し、防衛協力の強化で一致した。同国国防相の来日は初めて。

両氏は2018年10月に2国間で署名された「防衛協力・交流覚書」に基づき、▽「第2回日ウクライナ安保協議」「防衛当局間協議」の今年後半の開催▽米ウクライナが共催する黒海沿岸などでの多国間演習「シーブリーズ2021」への日本のオブザーバー参加▽ウクライナ軍衛生当局者の訪日――など、幅広い分野で具体的な協力を推進していくことを確認した。

岸大臣は、ロシアによるウクライナ南部クリミア半島の強制編入に触れ、「我が国は一貫してウクライナの主権と領土の一体性を尊重し、力による一方的な現状変更の試みは断じて認めない」との立場を表明。

これに対し、タラン氏は謝意を示した上で、ロシアに占領された自国領土を取り戻し、領土の一体性を回復するための外交努力をはじめとした取り組みの重要性について説明した。

両氏は東・南シナ海で海洋進出を強める中国を念頭に「力を背景とした一方的な現状変更の試みや緊張を高めるいかなる行為にも強く反対」することで一致。中国が海警局に武器使用権限を付与した海警法への「深刻な懸念」も共有した。

両国間では昨年2月、ドイツの国際会議で河野太郎防衛相とアンドリー・ザホロドニューク国防相（いずれも当時）が初の防衛相会談を実施。

2回目となる今回は、当初は防衛省で対面による会談を予定し、タラン氏の一行が来日したが、随行者の一人が新型コロナウイルス陽性と確認されたことから、急遽、オンライン会談に切り替えた。

北朝鮮

弾道ミサイル2発

岸防衛相「新型」と分析

防衛省は3月25日、北朝鮮が同日午前7時4分頃と23分頃（日本時間同）、東岸の宣徳付近から2発の弾道ミサイルを東方向に発射し、北朝鮮東方沖の我が国の排他的経済水域（EEZ）外の日本海に落下したと発表した。日本への被害は確認されていない。

北朝鮮による弾道ミサイル発射は昨年3月29日以来で、米バイデン政権の発足後は初めて。いずれも従来から保有しているスカッドミサイルの軌道よりも低い高度100キロ未満で、約450キロ飛翔したと推定される。日本政府は外交ルートを通じて北朝鮮に厳重抗議を行った。

岸防衛相は菅首相の指示を受け、直ちに防衛省幹部に「情報収集・警戒監視に万全を期せ」と指示し、省内で関係幹部会議を開催。その後、記者団に「北朝鮮の弾道ミサイル発射は国連安保理決議違反であり、極めて遺憾だ」と述べ、北朝鮮を強く非難した。

さらに、大臣は翌26日の記者会見で「これまでに発射されたことのない新型の弾道ミサイルで、朝鮮労働党第8回の大会に合わせて開催された（今年）1月14日の軍事パレードに登場したものと同系統の5軸のTEL（装輪式移動式発射台）とみられる」との見方を示し、分析を進めていることを明らかにした。

陸幕長「陸自飯」で上位4駐屯地を表彰

陸上自衛隊は3月23日、市ヶ谷駐屯地で「陸自飯グランプリ」の表彰式を行い、各部門でトップになった4駐屯地の給食関係者に湯浅陸幕長から表彰状と記念品が授与された。

同イベントは昨年12月からスタートした陸自ホームページ上の新企画「陸自飯」で紹介された全国の陸自部隊の人気メニューをネット上で投票し、ナンバーワンを決めるもの。全国約160の駐・分屯地から4部門に計378品の料理品目がエントリーした。

HP上でのセミファイナル投票の結果、▽ラーメン部門が「日本新三大夜景藻岩山ラーメン」（真駒内）▽肉料理部門が「3種肉ひつまぶし」（守山）▽丼部門が「三宿丼」（三宿）▽ご当地部門が「伊丹飯」（伊丹）と、それぞれトップになった。その後、この4品で決選投票を行った結果、初代の総合グランプリに真駒内の「藻岩山ラーメン」が輝いた。

湯浅陸幕長は表彰式で初代グランプリに選出された4駐屯地の給食関係者たちに「隊員の要望を丁寧に取り上げたバラエティーに富んだ献立を考案し、部内に提供することで、部隊の広報・士気高揚に寄与した」と功績をたたえ、表彰状を授与した。同企画についても「戦士としての体づくりを支える陸自給食に、部隊・隊員を第一に考えた食事作りをしていると感じることができた」と高く評価した。

総合グランプリに輝いた真駒内駐屯地の坂田美和栄養管理主任は「駐屯地から見える藻岩山の夜景をイメージして具を盛り付けた。内外に自衛隊給食の魅力が伝わり良かった」と語った。

「陸自飯」の初代総合グランプリに輝き、湯浅陸幕長から表彰状を受ける真駒内駐屯地の古瀬友嗣糧食班長（中央）と坂田美和栄養管理主任（右）＝3月23日、陸幕で

令和3年度予算が成立

一般会計の総額が過去最大の106兆6097億円となる令和3（2021）年度予算が3月26日、参院本会議で与党などの賛成多数で可決、成立した。

このうち、米軍再編関係費などを含めた防衛費は5兆3422億円と9年連続で増加し、7年連続で過去最大規模を更新。「宇宙作戦群（仮称）」や「自衛隊サイバー防衛隊（同）」の新編などが盛り込まれた。

春夏秋冬

下田の吉田松陰

兼原 信克

吉田松陰が小伝馬町で斬首されたのは1859年である。松陰は、維新の曙光さえ見ることなく、長い泰平の世にまどろむ日本に焦燥し、その短い人生を終えた。「身はたとえ武蔵野の野に朽ちるとも留め置かまし大和魂」は、松下村塾の弟子に宛てて書かれた留魂録の末尾にある辞世の句である。

松陰が捕縛されたのは、下田から米国へ渡航しようとして果たせず、自ら奉行所に出頭したからである。帝国主義が猖獗を極めた19世紀に、救国の想いに駆られて国禁を破り、黒船に乗り込もうとしたのである。蓮台寺温泉に赴いた松陰は、瓜中萬二と名前を変えていた。宿も取れずに困っていると、村山行馬郎という医師が家に招き入れてくれた。その息女まつが親しく松陰に給仕した思い出が記録されて今に伝わっている。

松陰は、細面で、羽織、野袴にわらじを履き、手行李を振り担ぎにして大小二本を差していたという。松陰の手は疥癬がひどかったが、湯治と村山医師の調合した薬のお陰でよくなり、その手で黒船船長に渡航の意思を伝える投夷書を書き上げていった。松陰が渡米の思いを村山医師に打ち明けると、村山は心を打たれて人目につかぬ二階の八畳間に匿った。

「ポウワタン」号の船長に乗船を拒否された松陰は、その後の奉行所の取り調べにおいて、村山家に寄宿したことを一言も漏らさなかった。下田で獄に繋がれた松陰は、罪人に真田三代記、赤穂義士伝、太閤記等を読み聞かせ、日本の日本たる所以を説き聞かせた。藩の意識が強かった当時、既に松陰は日本人であった。松陰は、獄中で「世の人は、よしあしごともいわばいへ、しつが誠は神ぞ知るらん」と詠んだ。亡国の危機に際して、独り神の前に屹立した近代的個人の覚悟の歌である。

松陰は、狭量な攘夷を唱えたのではない。近代日本を準備しようとしたのである。松陰は、村山家に寄宿した数週間、息女まつに対して、「この日の本の国は小さくて野蛮国で仕様がないから、唐人（アメリカ人）と交際するが、善いか悪いか、行ってみたい、よかったら、交易もしたい」とよく言っていたそうである。

松陰は唐丸籠で萩へ護送され、そこでたった一年、松下村塾を開いた。高杉晋作、久坂玄瑞、吉田稔麿、入江九一等の高弟は、松陰の死後、直ちに行動を起こして、みな松陰の後を追って死んだ。そして1868年、明治維新が成った。歴史の潮が変わるとき、人々を突き動かすのは金でも銃弾でもない。熱い思いである。

（元内閣官房副長官補・国家安全保障局次長、同志社大学特別客員教授）

朝雲寸言

コロナ禍で番組制作が追い付かないためであろうか、最近のテレビは過去に放映したシリーズものの番組をまとめて再放送することが増えている。そのおかげで先日、ある秀作番組に出会えた。テレビ東京系で放映された大型国際貨物船の同行ルポだ▼第1弾は「巨大コンテナ船に乗せてもらいました」（初回放送平成30年10月）で、日本からスエズ運河経由で欧州に向かう日本のコンテナ船に取材班が同行。海賊の出没するソマリア沖海域を船が通過する際の緊迫に加え、同海域を哨戒飛行するP3Cからの「異状あればチャンネル16でスタンバイしております」との日本語の通信が実に頼もしく聞こえた▼日本から米国に向かう自動車輸送船を取材した第2弾をはさんで放映されたのが、英国から日本に向かうコンテナ船のルポ（同令和2年6月）だった。この回では、危険海域を監視する海自派遣部隊の側の映像も登場。部隊と通信したコンテナ船の若い女性航海士の「すごくありがたいなと思います。安心もしますし」との言葉と、手を振り合う双方の乗組員たちの姿に胸が熱くなった▼守られる側と守る側の表情を同時に見られることで、日本から遠く離れた場所で日本の繁栄を支えてくれる人々の存在をより立体的に知ることができる。学校教材にしてもよいほどの出来栄えである。取材に協力した派遣部隊と統合幕僚監部の広報担当者らの働きを心から称えたい。

海自幹部候補生学校で卒業式
220人が近海・外洋練習航海に

海自幹部候補生学校（江田島）の卒業式が3月13日に行われ、同校を卒業した一般幹部候補生課程修了者と飛行幹部候補生修了者はそれぞれ、初級幹部として練習艦などに乗り組み、近海練習航海と外洋練習航海に出発した。

近海練習航海部隊は、練習艦隊司令官の石巻義康将補を指揮官に、練習艦「かしま」、掃海母艦「うらが」、訓練支援艦「てんりゅう」で編成。第71期一般幹候課程を修了した初級幹部約160人が乗艦した。

部隊は13日に江田島を出港後、訓練を行いながら、呉、沖縄、佐世保、大湊、舞鶴、横須賀を巡った後、呉で「うらが」「てんりゅう」は護衛艦「せとゆき」に交代。その後、阪神基地を経て5月16日、再び呉に入港し、遠洋航海に備える。

一方、第73期飛行幹候課程を修了した初級幹部59人を乗せた外洋練習航海部隊は、3護衛隊司令の濱崎真吾1佐を指揮官に護衛艦「あけぼの」で編成。東南アジア方面に向けて3月13日、江田島を出港した。航海中は補給のためマレーシア、インドネシア、ベトナムに寄港し、5月3日に帰国する予定。

海自幹候校を卒業した初級幹部を乗せ、近海練習航海と外洋練習航海に向かう（左から）掃海母艦「うらが」、訓練支援艦「てんりゅう」、護衛艦「あけぼの」

「ふゆづき」が派米訓練に出発
ミサイル射撃 技量向上図る

海自3護群3護隊（舞鶴）の護衛艦「ふゆづき」（艦長・大瀬光一郎2佐以下乗員約180人）は2月26日、米・ハワイ方面で令和2年度「第2回米国派遣訓練（護衛艦）」に参加するため、舞鶴を出発した。

「ふゆづき」は米海軍の協力を受けながら、洋上でミサイル射撃訓練を実施し、戦術技量の向上を図る。4月4日に帰国の予定。

海賊対処水上部隊
「せとぎり」に交代

ソマリア沖・アデン湾で海賊対処活動に当たってきた水上部隊37次隊の護衛艦「ありあけ」（艦長・江澤斎高2佐以下、乗員約190人）は3月中旬、38次隊に任務を交代した。

38次隊は護衛艦「せとぎり」で、艦長・佐藤伸哉2佐を指揮官に乗員約220人で編成。海上保安官8人も乗り組んでいる。

「せとぎり」は1月31日に舞鶴を出港後、新型コロナ対策でPCR検査を行い、約2週間の停留期間を経てアデン湾に向かった。現地に到着した3月中旬、37次隊の「ありあけ」から任務を引き継いだ。

ミャンマー問題 平和的な解決を
統幕長が12カ国の参謀総長と共同声明

山崎統幕長は3月28日、ミャンマー国軍などの治安部隊がスー・チー国家顧問の拘束に抗議する市民に対して発砲し、多くの犠牲者を出した事態について、日米を含む12カ国の参謀総長との共同声明を発表した。

声明は「我々はミャンマー国軍と関連する治安機関による非武装の民間人に対する軍事力の行使を非難する」と強調するとともに、「プロフェッショナルな軍隊は国際基準を順守すべきであり、自らの国民を害するのではなく、保護する責任を有する」と指摘。「ミャンマー国軍が暴力を止め、その行動によって失ったミャンマーの人々に対する敬意と信頼を回復するために努力することを強く求める」と平和的な解決を要望した。

参加国は、日、米、豪、英、伊、独、加、韓、ギリシャ、デンマーク、オランダ、ニュージーランド。

朝雲モニターが交代
令和3年度 陸海空65人に委嘱

4月から来年3月まで、『朝雲』紙面についてご意見を寄せていただく「朝雲モニター」の令和3年度の担当者65人（陸25、海、空各20人）が各幕広報室の協力で決まりました。

モニターのご意見をより良い紙面づくりに生かすとともに、毎年2月に選定される「朝雲賞」の選考資料とさせていただきます。

令和2年度モニターの方には業務多忙の中、1年間にわたりご意見を寄せていただき、ありがとうございました。

令和3年度モニターの氏名・所属は次の通りです。

【陸自】▽北方＝大濱奈津紀3曹（北方広報室）村上菜摘3曹（2師団広報室）石崎由香2曹（7師団広報・渉外班）鈴木勝也2曹（5旅団広報班）田村真吾曹長（11旅団広報室）

▽東北方＝板谷誠太3曹（39普連本管中隊）千葉昌彦3佐（2施設団司令職務室）大場譲3曹（6偵）佐藤一郎2曹（6通大2中隊）

▽東方＝佐藤祐也2曹（1師団司令部付隊）清水亨曹長（12偵）家原秀旗3曹（関東処司令業務室広報班）小石洋将2曹（需品学校総務課）

▽中方＝鈴木京助2曹（3師団広報室）中良久2曹（10師団広報室）手石鉄樹3曹（13偵察隊）福岡昌伸1尉（14旅団広報室）伏見信章1曹（中方後支隊付隊）

▽西方＝日高孝一郎1尉（4師団総務課）藤山裕子3曹（4師団付隊）千葉祐一郎准尉（福岡地本）守永貴史曹長（西方戦車隊本管中隊）

▽陸上総隊＝永野英樹1尉（水機団1科広報班）佐々木初美准尉（シス通団付隊）秋山貴宏1尉（中央情報隊）

【海自】▽天野雅章3佐（海幕広報室）▽女屋功3尉（横監広報推進室）▽山川優里子士長（呉監広報推進室）▽長谷部俊樹3尉（佐監厚生係）▽西村陸士長（舞監広報推進室）▽遠藤篤史1尉（大監広報推進室）▽吉留一馬1曹（鹿空基総務班）▽星山貴範2曹（2空群広報室）▽中山明音士長（4空群広報室）▽原孝輔1尉（5空群広報室長）▽島崎大和3佐（21空群広報室長）▽須藤祐加士長（村シス通分運用科）▽楠佳代3曹（31空群広報室）▽森下偉史3曹（総教空群庶務）▽氏家啓曹長（徳島基地隊通信電子隊）▽川野秀一2尉（月教空群広報室長）▽淵上圭輔3曹（1術校総務課）▽岡田健太1曹（2術校電気教官室）▽秋山雄史1尉（3術校発動機科）▽町川大介2尉（4術校総務課）

【空自】▽航空総隊＝鏑木啓嘉3尉（警空団総務人事班長）佐藤一之2尉（新潟救難隊総括班広報係）

▽北空＝齋藤照典准尉（2空団総務班）落合秀士准尉（3空団渉外室）

▽中空＝石橋寿郎3曹（中空総務班）髙清水信人2尉（4高群総務班）加藤泰章2尉（硫黄島基地隊通信電子隊）

▽西空＝手島圭佑2尉（西警団広報班長）埜口勝司曹長（西司飛整備班）髙橋美乃莉士長（西空音演奏班）

▽南西空＝大塚一貴2尉（9空団品質管理班長）崎川武3曹（南西空施設隊本部班）

▽支援集団＝室原勝2曹（3輸空広報班）松尾圭晴1曹（気象群監理部）

▽教育集団＝小池大介1尉（教育集団総務班）鈴木一輔事務官（教材整備隊安全班）松本隆志事務官（4術校広報室）

▽開発集団＝荒木俊哉准尉（飛実団准曹士先任）

▽補本＝松原浩典1曹（3補総務班）渡邊春慶2士（同）

時の焦点

国内　今年度予算成立
着実な執行で課題解決を

2021年度予算が成立した。一般会計の総額は過去最大の106・6兆円で、3年連続で100兆円を超えた。政府は、予算に盛り込まれた施策を着実に実行し、日本が抱える課題の解決に努めねばならない。

新型コロナウイルス対策では、これまで軽視しがちだった公衆衛生の体制を抜本的に強化する。

保健師の確保に向け、採用に関する自治体の財政を支援するほか、全都道府県に保健師の人材バンクを設置する経費が盛り込まれた。

PCR検査の手配や、濃厚接触者の特定などで保健所の業務は逼迫している。十分な人材を確保し、現場の負担軽減を図ることは重要だ。人材バンクを有効に活用し、感染拡大地域に保健師を円滑に派遣できるようにしてほしい。

感染経路の調査などを行っている国立感染症研究所は、職員を倍増するという。

臨床研究の充実は急務である。危機管理の司令塔の役割を果たすことが求められよう。

感染症への対応を念頭に、政府は5兆円の予備費を確保している。

医療提供体制を整えたり、中小の事業者支援が必要になったりした場合は、迅速に執行すべきだ。

将来的には、追加の対策を講じることを視野に入れねばなるまい。

防衛費は9年連続で増え、5兆3235億円と過去最大である。

地上配備型迎撃システム「イージス・アショア」の配備断念を受けて、代替艦2隻を建造する。その調査費が盛り込まれている。

北朝鮮は、1年ぶりに弾道ミサイルを発射した。日本の排他的経済水域外の日本海に落下したが、今後、挑発が激化する恐れがある。ミサイル防衛の体制を着実に強化することが肝要だ。

宇宙・サイバー・電磁波といった新たな領域でも、予算を有効に活用して防衛体制を整える必要がある。

これまでの国会審議で、立憲民主党など野党は、総務省の接待問題に焦点を当てている。

利害関係者との会食について、政府側が襟を正すべきなのは当然だが、閣僚や官僚が誰と食事をしたのか、延々と追及しているようでは、野党も展望が開けまい。

審議時間の浪費を回避する上でも、総務省は、省内の調査結果がまとまり次第、速やかに公表してもらいたい。

後半国会では、政府と与野党で、感染抑止の具体策を掘り下げて論じるべきだ。社会保障や財政など中長期の課題についても、建設的な論議を交わしてほしい。

党首討論は、2019年6月以来開かれていない。各党の党首が、大所高所から内外の課題を論じる意義は大きい。形骸化は残念だ。定例的な開催を目指して、与野党で協議する必要がある。

夏川 明雄（政治評論家）

海外　緊迫ミャンマー
軍の弾圧と不服従運動

昨年11月の総選挙での「不正」を主張するミャンマー国軍が国会開会の直前によもやのクーデターを決行し、実権を掌握してから4月1日で2カ月となる。国軍は身柄を拘束したスー・チー国家顧問兼外相ら前政権要人や与党・国民民主連盟（NLD）の幹部に対し、こじつけとしか思えぬ理不尽な容疑で訴追を重ね、国民の支持を受けるNLDの骨抜きに躍起になっている。この間、多くの市民がヤンゴンなど主要都市で街頭行動に繰り出す一方、職場放棄や商店休業など新手の「不服従運動」を通じて軍政への抗議を続けるが、治安部隊のデモ隊への発砲により、全土で死傷者や拘束者が増え続けている。

1962年から半世紀近くにわたり軍事政権が国政を牛耳ってきたミャンマー（旧ビルマ）では、これまでに何度も反軍政デモが起きている。その中には1988年の流血の大惨事も含まれる。しかし、国際世論も味方につけた民主化指導者スー・チー氏らの粘り強い取り組みの成果と言える2011年の民政移管を受けて、過去10年近くは曲がりなりにも政治民主化と経済自由化の歩みが続いてきた。そうした国民和解への動きを一挙に葬り去ったのが今回のクーデターだが、ミャンマー国民の多くは国軍の横暴に対する抵抗の意思表示として不服従運動に活路を見いだし、国際的な支援にも期待を寄せる。

クーデターで全権を握ったフライン国軍総司令官は早々に暫定統治機構を設置し、やり直し総選挙の早期実施を発表したことで、抗議行動はいずれ収まると踏んでいた節がある。しかし、ほぼ連日続く各地での街頭行動と不服従運動の広がりは、国軍首脳部にも誤算と映り始めているのではないか。治安部隊に対してデモ隊への仮借ない武力行使を認めるようになりつつある点も、抗議行動を何とか食い止めたい焦りの表れだろう。

筆者は90年代の一時期、タイのバンコクに駐在し隣国のミャンマーを含む東南アジア各国を現地で取材した経験があるが、今回の国軍の暴挙は90年のミャンマー初の自由選挙でスー・チー氏率いる当時最大野党のNLDが圧勝した結果を無視し、政権居座りを決め込んだことと二重映しとなる。このときはスー・チー氏は長く自宅軟禁下に置かれ、NLDが政治活動を容認されるまでに20年近い歳月を要した。

国軍による厳しい締め付けや威嚇などで忍従を強いられた多くの国民も、民政移管後に味わえるようになった政治的解放感と経済発展の恩恵を享受する経験を積んだことで、国軍による従来型の強権一辺倒の対応ではいずれ袋小路に追い込まれる公算が大きい。

自国民に銃口を向ける国軍に国際社会も批判を強める。欧米や国際機関は繰り返し非難する声明を出し、内政不干渉を原則とする東南アジア諸国連合（ASEAN）の加盟各国からも懸念の声が相次ぐ。主要国で沈黙を守っているのは、巨大経済圏構想「一帯一路」を推進する上でミャンマーの協力が不可欠な中国やプーチン政権下のロシアだけだ。わが国は今こそ「軍政とのパイプ」を生かし、ミャンマー正常化に積極的に動くべきだろう。

伊藤 努（外交評論家）

共済組合だより
「財形貯蓄」4月5〜16日まで　年に1度の機会！
全国の駐屯地・基地等で受付

全国の自衛隊駐屯地・基地等の厚生担当課（科）等では、4月の第2週月曜日から第3金曜日までの間、「令和3年度財産形成貯蓄」の申し込みを受け付けています。

財形貯蓄は年に1度の申し込み機会となっており、防衛省では「令和3年度財産形成貯蓄制度のご案内」のパンフレットを配布し、隊員に申し込みを呼び掛けています。

財形貯蓄は、使途が自由な「一般財形」、住宅購入等の資金を積み立てる「住宅財形」、在職中に積み立てたお金を満60歳以降に定期的に受け取る「年金財形」の3種類があり、加入年齢は「一般財形」が制限なし、「住宅財形」「年金財形」は55歳未満となっています。

パンフレットでは財形貯蓄と財形融資制度について詳しく説明しているほか、銀行・証券会社・保険会社等が取り扱う財形貯蓄商品について分かりやすく解説していますので、どうぞご覧ください。

財形貯蓄に関する詳しい内容や質問は各駐屯地・基地等の厚生担当課（科）等財形担当者までお問い合わせください。

令和3年度
財産形成貯蓄制度のご案内
財形貯蓄制度について
財形融資制度について
財形貯蓄商品について
防衛省

根本陸自最先任が説示
先任上級曹長会同で76人に

【陸自最先任室＝市ケ谷】陸自最先任上級曹長の根本和男准尉は3月2日、「陸上総隊・方面隊等最先任上級曹長会同」をオンラインで行った。

会議には全国から最先任上級曹長76人が参加、陸幕長の企図の徹底と令和3年度陸自最先任上級曹長業務の焦点を示し、効果的な指揮官補佐と隊員育成に向けた指導を行った。

全国37会場を結んで行われた会議では、最初に湯浅陸幕長（当時）が訓話し、「健全な組織風土を次世代へつなげ、自信と誇りを持った強い部隊・隊員を育成せよ」と激励。その後、根本最先任が「上級曹長制度のさらなる充実・定着を図っていく」と説示した。

この後、オンラインで活発な意見交換が行われ、上級曹長業務系統のさらなる強化などの認識統一が図られた。

同会同では日米間の下士官交流も行われ、在日米陸軍司令部（座間）のジェリー・ドッドソン最先任上級曹長が「米陸軍での上級下士官の役割、実戦での教訓事項、兵士の育成」と題してスピーチを行った。

全国主要部隊の最先任に向け、オンラインで説示する根本陸自最先任上級曹長（3月2日、防衛省で）

中国新型駆逐艦
海自初めて確認
対馬海峡で

3月18日午前11時ごろ、中国海軍の「レンハイ」級ミサイル駆逐艦（満載排水量約1万2000トン、艦番号101「南昌」）＝写真㊦、「ルーヤンⅢ」級ミサイル駆逐艦（同7500トン、120「成都」）、「ジャンカイⅡ」級フリゲート（同3900トン、576「大慶」）の各1隻が長崎・下対馬の南西約250キロの海域を北東に向け航行するのを海自4空群（厚木）のP1哨戒機、佐世保警備隊の多用途支援艦「あまくさ」、3ミサイル艇隊（佐世保）のミサイル艇「しらたか」が確認した。

新型の「レンハイ」級を海自が確認するのは初めて。中国艦3隻はこの後、対馬海峡を北上して日本海に進出。3月25日、再び対馬海峡を南下し、東シナ海に戻った。

ロシア軍機に
空自緊急発進

ロシア軍のA50早期警戒管制機＝写真＝1機と「推定ロシア機」8機の計9機が3月11日の午前から午後にかけ、日本海とオホーツク海から太平洋を長距離飛行したため、空自の北空、中空、西空のF15戦闘機などが緊急発進して対応した。

ウラジオストク方面から飛来したA50は、日本海を周回した後、北上して北海道・礼文島沖まで飛行した。

一方、「推定ロシア機」は島根・竹島東方沖に4機編隊で飛来し、列島沿いに北上。うち2機は奥尻島沖で日本の領空から離れたが、新たに飛来した2機と再び4機編隊を組み、サハリン上空まで飛行した。この後、再度「推定機」2機が入れ替わり、4機はオホーツク海、国後水道を抜けて太平洋に進出した後、反転して自国領方面に戻った。

統幕は同日、空自機が撮影したA50の写真と航跡図を公開した。

1佐職 春の定期異動
防衛省発令

▽航空救難団飛行群秋田救難隊長兼秋田分屯基地司令（防衛監察本部総括監察官付5監察班長）1空佐 大滕 勉
▽臨時偵察航空隊司令（空幕装備体系課）同 吉田 昭則
▽同副司令（同）同 廣田 哲哉
▽航空支援集団運用課長（航空支援集団監理監察官）同 太田 将史
▽同飛行支援課長（同司令部）同 小林 幹生
▽同施設課長（空幕施設課管理班長）同 北川 圭野
▽同監理監察官（南西航空方面隊監理監察官）同 寺内 真寿
▽2輸送航空隊司令（空幕運用支援課輸送室長）同 一木 秀徳
▽航空教育集団司令部（同教育課長）同 鈴木 繁直
▽航空開発実験団研究開発部長兼司令部（空自幹部候補生学校副校長）同 阿部 康彦
▽同司令部（空幕装備課技術支援室長）同 古川 徹
▽飛行開発実験団飛行実験群司令（8航空団飛行群司令）同 野口 英臣
▽航空警務隊（空幕教育課個人訓練班長）同 南谷 瑞穂
▽空自幹部学校総務課長（空自幹部学校）同 樫地 慶一
▽同航空研究センター運用理論研究室長（空幕防衛課）同 木村 雄紀
▽同事態対処研究室長（空自幹部学校）同 岸本 覚
▽空自幹部学校（空幕装備体系課装備体系調整官）同 三輪 英昭
▽同兼空幕防衛課兼科学技術官付（同防衛課兼防衛政策局戦略企画課）同 眞部 誠司（同情報課武官業務班長）同 有馬 敬晶
▽空自幹部学校付（同防衛課）同 渡辺 憲彦（航空総隊司令部）同 中野 義人
▽空自幹部候補生学校副校長（2輸送航空隊司令）同 富崎 秀樹
▽空自4術科学校2教育部長（空幕人事計画課ワークライフバランス推進企画班長）同 池田賢太郎
▽空自補給本部（同整備・補給課）同 山邉 直史
▽指揮通信システム隊（陸幕通信電子課通信器材班長）1陸佐 中野 和行
▽体育学校2教育課長（同施設課環境保全班長）同 長岡 睦
▽秋田地方協力本部長（統幕運用2課災害対策調整官）1空佐 米山 浩
▽防衛監察本部総括監察官付5監察班長（航空救難団飛行群秋田救難隊長兼秋田分屯基地司令）2空佐 渡邊 正幸
▽防衛装備庁長官官房装備開発官付4開発室長（北海道補給処整備部長）2陸佐 谷口 敬祐
（以上3月18日）
▽航空集団司令部（海幕運用支援課兼統幕運用2課）1海佐 平尾 智明
▽空幕装備課装備基準班長（空自補給本部補給課長兼補給本部）1空佐 大谷 純
▽航空総隊人事課長（航空総隊司令部）同 佐野 公則
▽空自幹部学校付（空幕装備課装備基準班長）同 荒木 亮太（航空総隊人事課長）同 高橋 博幸（中部航空方面隊運用課長）同 相澤 直樹（空自補給本部）同 野末 拓磨
▽空自補給本部補給課長兼空自補給本部（空自補給本部）同 山邉 直史
（以上3月23日）
▽北部航空方面隊医務官（南西航空方面隊医務官）1空佐 玉城 盛勝
▽中部航空方面隊医務官兼防衛医大医学教育部（岐阜病院診療部長）同 木村 幹彦
▽南西航空方面隊医務官兼那覇病院（空幕首席衛生官付衛生官）同 前川 孝一
▽岐阜病院診療部長（北部航空方面隊医務官兼三沢病院）同 若栗 隆志
（以上3月25日）
▽統幕運用3課訓練班長（統幕運用3課）1陸佐 青山 佳史
▽同防衛課防衛班長（教育訓練研究本部）同 鳥賊弘二郎
▽同防衛課付（陸幕総務課）同 中村 晋士
▽同指揮通信システム企画課指揮通信システム企画班長（統幕指揮通信システム企画課）同 保田 亮
▽陸幕総務課長（8後方支援連隊長）同 黒川 修
▽同訓練課長（5施設群長兼高田駐屯地司令）同 庭田 徹
▽同通信電子課長（補給統制本部通信電子部長）同 川田 義一
▽同通信電子課総括班長（陸幕通信電子課）同 下平 隆晴
▽同情報課地域情報班長（教育訓練研究本部研究調整官）同 溝田 繁久
▽同衛生部薬務班長（中央病院総務課長）2陸佐 武田 征紀
▽陸上総隊総務部長（陸幕通信電子課長）1陸佐 岡 一博
▽同日米共同部日米調整官（7高射特科群長）同 栗田 昌彦
▽東部方面総監部防衛部長（教育訓練研究本部訓練評価部総括室長）同 伊藤 久史
▽同後方支援隊長（施設学校副校長兼企画室長）同 大足 卓也
▽中部方面総監部人事部長（防衛装備庁プロジェクト管理部装備技術官）同 藤田 達也
▽同防衛部長（陸上総隊日米共同部日米調整官）同 兵庫 剛
▽西部方面総監部人事課長（統幕指揮通信システム企画課指揮通信システム企画班長）同 鈴木 諭司
▽同防衛部長（陸幕総務課長）同 神園 雄一
▽西部方面衛生隊長（同衛生部薬務班長）同 品川 真之
▽71戦車連隊長（統幕防衛課防衛班長）同 伊達 俊之
▽8後方支援連隊長（同防衛課付兼防衛政策局防衛政策課）同 高橋 憲司
▽2地対艦ミサイル連隊長兼美唄駐屯地司令（情報本部）同 後藤 信久
▽7高射特科群長（西部方面総監部人事課長）同 上野 洋介
▽5施設群長兼高田駐屯地司令（陸幕防衛課）同 比嘉 隼人
▽東北方面通信群長（同通信電子課総括班長）同 鷲谷 和久
▽東部方面システム通信群長（京都地方協力本部長）同 亀井 律子
▽富士学校教育課長（71戦車連隊長）同 東峰 昌生
▽施設学校副校長兼企画室長（兵庫地方協力本部長）同 生田目 徹
▽通信学校主任教官（教育訓練研究本部）同 山口 慎吾
▽教育訓練研究本部教育調整官（統幕運用3課訓練班長）同 葛西 浩司
▽同研究調整官（同計画課）同 篠田英一郎
▽同総括室長（富士学校教育課長）同 能勢龍一郎
▽教育訓練研究本部（2地対艦ミサイル連隊長兼美唄駐屯地司令）同 小橋 史行
▽教育訓練研究本部付（統幕計画課）同 柴田 哲良
▽補給統制本部通信電子部長（東北方面通信群長）同 弥頭 陽子
▽関東補給処用賀支処長兼用賀駐屯地司令（西部方面衛生隊長）同 白石 智将
▽海幕厚生課長（海幕厚生課）1海佐 坂野 祐輔
▽同航空機課長（同航空機課）同 大塚 裕孝
▽中央病院総務課長（中央病院薬剤課長）2陸佐 関根 敏行
▽同衛生資材部長（関東補給処用賀支処長兼用賀駐屯地司令）1陸佐 有永 禎寿
▽同薬剤課長（福岡病院総務部長）2陸佐 小川 和明
▽福岡病院総務部長（阪神病院総務部長）同 山内 康彦
▽京都地方協力本部長（教育訓練研究本部教育調整官）1陸佐 巻口 公輔
▽兵庫地方協力本部長（陸上総隊総務部長）同 高岡 久
▽防衛装備庁プロジェクト管理部装備技術官（東部方面システム通信群長）同 青木 圭
（以上3月26日）

海自艦、各地で就役

海自の潜水艦「そうりゅう」型の最終番艦として2潜群6潜隊に就役した平成28年度計画潜水艦「とうりゅう」（3月24日、神戸市の川崎重工業神戸工場で）＝海自提供

イージス艦8隻体制が確立

ミサイル艦「はぐろ」

海自の平成28年度計画ミサイル護衛艦「はぐろ」（8200トン）の引渡式・自衛艦旗授与式が3月19日、横浜市のジャパンマリンユナイテッド（JMU）横浜事業所磯子工場で行われた。同艦は同日付で4護群8護衛隊（佐世保）に編入され、海自として初めて〝イージス艦8隻体制〟が確立した。

「はぐろ」は弾道ミサイル防衛（BMD）対処能力を持つ「まや」型の2番艦で、日米で共同開発した最新型迎撃ミサイル「SM3ブロック2A」の発射が可能。また、対空戦用の機能「CEC（共同交戦能力）」が装備され、他の艦艇や航空機とリアルタイムで情報を共有することができる。

式典には岸防衛相、山村海幕長ら計100人が出席。JMUの千葉光太郎社長と岸大臣との間で引渡書・受領書の交換が行われ、続いて岸大臣から初代艦長の倉光啓介1佐に真新しい自衛艦旗が授与された。これを乗員が艦尾のポールに掲揚、「はぐろ」は8護隊に就役した。

岸大臣はヘリ甲板に整列した乗員を前に訓示し、北朝鮮の弾道ミサイル発射や中国軍の活動域拡大など、我が国周辺の脅威に言及した上で、「本艦は統合ミサイル防衛能力の担い手としての役割が期待されている。一日も早く任務に即応し得るよう、日々の訓練に精励してほしい」と述べた。

式後、「はぐろ」は関係者に見送られ、母港となる佐世保基地に向けて磯子を出港した。

㊤海自の4護群8護隊に就役し、母港となる佐世保に向けて出港する平成28年度計画ミサイル護衛艦「はぐろ」（いずれも3月19日、横浜市のジャパンマリンユナイテッド横浜事業所磯子工場で）

㊦岸防衛相（左奥）から授与された真新しい自衛艦旗を掲げる「はぐろ」の倉光艦長（手前）。右奥はジャパンマリンユナイテッドの千葉社長

「闘う龍の名に恥じぬよう」

潜水艦「とうりゅう」

平成28年度計画潜水艦「とうりゅう」（2950トン）の引渡式・自衛艦旗授与式が3月24日、神戸市の川崎重工業神戸工場で行われた。

同艦は「そうりゅう」型の12番艦で、同型の最終艦。11番艦の「おうりゅう」と同様、スターリング・エンジンに替えて大容量のリチウムイオン電池が搭載され、水中での持続力や速力を向上させている。

式典では、川崎重工業の橋本康彦社長と防衛大臣代理の中山副大臣の間で引渡書・受領書の交換が行われた後、中山副大臣が初代艦長の藤本孝2佐に自衛艦旗を授与。同艦は同日付で2潜群6潜水隊（横須賀）に就役した。

中山副大臣は甲板に整列した乗員に「いかなる事態においても国民の負託に全力で応えていくために、万全の態勢を取る必要がある」と訓示した。

藤本艦長はあいさつで、「闘う龍、『とうりゅう』の名に恥じぬよう、皆さまの期待に応えるよう精進してまいります」と応えた。

「シーレーンの安全確保」

掃海艦「えたじま」

掃海艦としては〝世界最大級〟となる平成29年度計画掃海艦「えたじま」（690トン）の引渡式・自衛艦旗授与式が3月16日、横浜市のJMU横浜事業所の鶴見工場で行われた。

同艦は船体に繊維強化プラスチック（FRP）を採用した「あわじ」型の3番艦。式には大西政務官、山村海幕長ら計80人が出席し、JMUの千葉光太郎社長から防衛大臣代理の大西政務官に同艦が引き渡された。

自衛艦旗授与式は酒井良横須賀地方総監の執行で行われ、横須賀音楽隊の三宅由佳莉3曹による「海の防人」の独唱が会場に響き渡る中、大西政務官が初代艦長の石田浩太郎2佐に自衛艦旗を授与した。この後、乗員が艦尾に掲揚し、「えたじま」は同日付で3掃海隊（呉）に配備された。

大西政務官は訓示で「優れた掃海性能を生かし、我が国周辺海域とシーレーン（海上交通路）の安全確保の役割を担うとともに、国際共同訓練を通じてインド太平洋地域の安定化に貢献することを強く期待する」と乗員たちを激励した。

海自の掃海艦「えたじま」の引渡式・自衛艦旗授与式で、艦尾に掲揚される自衛艦旗に敬礼する乗員たち（3月16日、横浜市のジャパンマリンユナイテッド横浜事業所鶴見工場で）

陸自は市ケ谷にサイバー防護隊

3自のサイバー技術 人材育成に貢献せよ

【陸自システム通信団＝市ケ谷】陸上総隊システム通信団は3月18日、市ヶ谷駐屯地で「サイバー防護隊（隊長・西田貴之1佐以下約130人）」の編成完結式を行った。

式には同団副団長の丹間章人1佐ら約80人が出席。西田隊長がシステム通信団長の末田毅将補に編成完結を報告、団長から西田隊長にサイバー防護隊の真新しい看板が授与された。

末田団長は式辞で「早期から改編における調整や困難な折衝を粘り強く成し遂げ、準備を整えた」と隊員の労をねぎらうとともに、「諸官は陸自の情報システムを守る任務に加え、耐性評価の高度な識能と、統制力が求められる。各隊員は陸自の情報システムにおけるサイバー攻撃対処に関する統制・技術的支援を専門とした唯一無二の部隊の一員であるという責務を強く自覚し、人材育成の知見とノウハウを活用して、自衛隊全体のサイバー人材の育成に貢献してほしい」と要望した。

サイバー防護隊は陸自のシステム防護隊を前身としたサイバー対処部隊で、今後は各方面システム通信群隷下のシステム防護隊を指揮・統制し、陸自の情報システムを一元的に防護する。サイバーに関する技術調査・研究なども担当する。

405飛行隊が新編

新型空中給油機を運用

6月にもKC46A到着

㊤米ワシントン州で飛行試験を続ける空自向けのKC46A空中給油・輸送機（ボーイング社HPから）

㊨KC46A空中給油・輸送機を運用する3輸空405飛行隊の編成完結式で塩川3輸空司令（左）から部隊旗を受ける上口隊長（美保基地で）

空自航空支援集団隷下の3輸送航空隊（美保）はこのほど、新たに導入されるKC46A空中給油・輸送機を運用する第405飛行隊（隊長・上口哲司2佐以下9人）を新編した。

編成完結式は昨年12月15日に行われ、最初に上口405飛行隊長が3輸空司令の塩川壮1佐に編成完結を報告、塩川司令から上口隊長に部隊旗が授与された。

塩川司令は訓示で「一つの輸空隊に二つの作戦部隊（403、405飛行隊）が存在することは大きな意味を持つ。我が国の安全保障環境を考えると、（KC46Aのような）空中給油・輸送機は不可欠。KC46Aの配備に向けて新たな飛行隊づくりを進め、すばらしい部隊にしてほしい」と要望した。

KC46Aは米ボーイング社製で、空自と米空軍機に対応する「フライングブーム方式」と米海軍、海兵隊に対応する「プローブアンドドローグ」方式の両方に対応する空中給油・輸送機。空自向けの初号機は2月に米ワシントン州で初飛行に成功し、現在、空自への引き渡しに向けた各種試験を続けている。空自は今後、KC46Aを計6機調達する計画で、最初の機体は今年6月にも到着する予定だ。

前事不忘 後事之師　第63回

なぜ第2次大戦は起こったのか
何が起こるか知る者は1人もいない

第2次世界大戦勃発の原因を問われたら、多くの人はヒットラーの登場を挙げるのでしょう。確かに大戦勃発の原因はヒットラーによるところ大ですが、識者の何人かは、第1次大戦とその終結時に締結されたヴェルサイユ条約こそ第2次大戦勃発の構造的要因を生み出したと分析しています。例えば、国際政治学者であるキッシンジャーはその著書『外交』の中でヴェルサイユ体制の最大の欠陥はドイツを地政学的に強大にしたことであり、ドイツを力の均衡政策により適切に牽制しなかったことが大戦勃発の要因と分析しています。

教科書レベルの歴史知識しかない私たちにとっては、ドイツは第1次大戦によって敗北し、ヴェルサイユ条約で厳しい制裁を受け弱体化したというのが常識ですが、地政学的にはそうではなかったとの分析です。

キッシンジャーはヴェルサイユ体制がドイツを強化させ、しかもドイツが戦争を起こす口実を作った要因として、概ね次の事項を挙げています。第一に、ドイツはかつて東西二正面に敵を持つことで抑制されていたが、第1次世界大戦後、オーストリア・ハンガリー帝国の解体と革命後のソ連の孤立で東側に脅威がなくなったこと。第二にヴェルサイユ条約は、民族自決の原則に基づきポーランドやチェコスロバキアなどの小国を誕生させたが、誕生したばかりの国々の弱さは大国の侵略を誘う結果となったこと。そうした国家の誕生はかつてドイツと国境を接していたロシアとの間に緩衝地帯を生み出し、ロシアによるドイツへの牽制が弱まった。第三に民族自決の原則は中東欧に小国の誕生を生み出す一方で、オーストリアや独立後のチェコスロバキア、ポーランドに残された多数のドイツ系住民の民族統一の要求を支える根拠になったこと。

キッシンジャーは「ヴェルサイユで解決を試みた者たちはドイツを物理的に弱体化しようとしたが、逆にドイツを地政学的に強化してしまった。長期的観点から見ると、ヴェルサイユ後のドイツは戦前に比べヨーロッパを支配するのにはるかに有利な立場になり、非武装という足かせを投げ捨てるやそれまで以上に強大なものとして現れることになった」と述べます。

キッシンジャーの分析は鋭いのですが、私はこうした分析はその後の歴史の展開を知っているからできるのであって、重要なのは、当時の関係者たちが国際情勢をどう見ていたのかだと考えます。キッシンジャーによれば、ドイツと境を接し第1次大戦で大きな被害を受けたフランスの指導者達の何人かは、ドイツが強大化することに懸念を示していたようですが、キープレイヤーであったイギリスでは、チャーチルを除けば多くの政治家や外務省は、第1次大戦終了後、ヨーロッパで支配的な力を持つようになったのは、戦勝国フランスであって、ドイツはフランスへのバランスをとる国と見なしていたとのことです。

ポーランドを制圧し、ワルシャワ市内を行進するドイツ軍兵士

この結果、「（ドイツを牽制し）ヨーロッパにおけるバランス・オブ・パワーを維持するためにはフランスとイギリスの団結が不可欠であったが、両国は無理解の中、相互ににらみ合ったままだった」とキッシンジャーは述べ、ヒットラーが登場し、ドイツの脅威が目に見える形になった時には、既に遅かったと説明します。

私がここで注目するのは、プロの集団であるイギリス外務省ですらフランスが強国であると見積もり、主要な力の比較という最重要な国家の地政学的戦略レベルの分析を誤っていたことです。私も現役時代、情報分析の仕事にかかわっていた時に、グローバルなレベルでの国家間の力関係について読み違えはないと自負していましたが、百年前の事例を見ると不遜でした。キッシンジャーは「情報評価というのは、現実には政策決定を導くというより、それに〝追従〟するものである」と情報評価一般に対して厳しい判定をしています。確かに、情報活動は所詮、人が行うものであり、人間活動に内在する様々な不合理な要因に制約されます。旧約聖書（コヘレトの言葉）に「やがて何が起こるかを知る者は1人もいない」とあるそうですが、時代の流れの本質を予測することは至難です。

鎌田 昭良（元防衛省大臣官房長、元装備施設本部長、防衛基盤整備協会理事長）

…… 前事忘れざるは後事の師 ……

部隊だより

陸

岩見沢 駐屯地は2月22日、岩見沢市立北村中学校で2年生を対象に講話を行った。命の大切さを考えてもらう道徳の授業の一環で、今年で8回目。12施群302坑道中隊長の松枝秀治1尉が講師を務め、東日本大震災をはじめとする災害での行方不明者捜索などについて振り返り、「命を大切にする気持ちを忘れないで」と語った＝写真㊦。

多賀城 22即機連はこのほど、予備自衛官77人の招集訓練を行った。担任した3中隊は共に戦う仲間をより強くするために、近接戦闘の要である小銃の実践的な取り扱い（WSOP＝射撃検定）を徹底して教育、指導。予備自衛官たちは「新鮮でやりがいを感じた」、指導した隊員は「自らの練度向上にもつながった」と、互いに刺激を与え合った。

仙台 青森駐屯地でこのほど、東北方面隊・9師団の心理幹部等による「部隊相談員練成集合訓練」が行われた＝写真㊤。悩みを抱える隊員の「気づき」や中隊長・カウンセラー等への「つなぎ」の役割を理解。また傾聴技法を用いた相談対応実習やグループ討議なども演練した。隊員を孤立させない「盲点のない服務指導態勢」のための訓練は今後も行われる。

神町 20普連は2月20日、やまぎん県民ホールで行われた「第6師団音楽まつり」に参加した。隊員は本管中隊の22人が躍動的な花笠踊りを踊った＝写真㊤。また3中隊と重迫中隊の隊員2人が師団らっぱ隊に加わって吹奏を披露し、大きな拍手を送られた。花笠踊りに参加した川邉啓太3曹は「緊張したが楽しんでもらえてよかった」と語った。

板妻 34普連の通信小隊員6人は2月24～26日、駐屯地で1師団が実施する「師団通信訓練」に参加。通信交信練度、通信構成能力の向上を図った。モールス信号を主としたAM通信による交信要領を演練した。時折、電波状況が悪く送受信が困難な状況が生じたが、隊員は集中力を発揮し、根気強く電報の送受を継続。成果を得て訓練を終了した。

海田市 47普連はこのほど、海田市駐屯地で後方競技会を行った。操縦技能の部は規定のコースでトレーラーを牽引した高機動車を走行させ、タイムを競った。整備技能の部はガス欠で停止したエンジンの復旧と電気系統の故障排除を行った＝写真㊦。重迫中隊が優勝した。引き続き連隊は「高い即動態勢」を保持するため、各種技能の向上に努めていく。

北熊本 42即機連はこのほど、駐屯地で武装持続走・小火器射撃競技会を行った。開会式で小見明之連隊長は「常在戦場の意識を堅持し実力を発揮せよ」と訓示。持続走は10人1組の分隊走で行い、互いに励まし合いゴールを目指した。小火器射撃は限られた弾数で正確な射撃を追求した。隊員たちは競技会を通じてより結束を強くし、士気を高めた。

えびの 駐屯地はこのほど、大矢野原演習場などでレンジャー練成訓練を行った。寒波の中、西部方面ヘリ隊（目達原）のUH60JAヘリの支援の下、空路潜入や特殊卸下後の偵察、襲撃、離脱を演練＝写真㊤。情報小隊の山内隆彰1曹は「昨年の九州南部豪雨では多くの人たちを救出した。即応予備自の活模範として精進したい」と訓練を振り返った。

都城 駐屯地は2月27日、都城訓練場で航空機体験搭乗を行った。前日までの悪天候で実施が危ぶまれたが、当日は雨が上がった。午前9時から開始。参加者70人はUH1Jヘリに搭乗し都城上空から望む高千穂の峰などの空中散歩を楽しんだ。搭乗者からは「また乗せてもらいたい」「天気がよくて気持ちよかった」と喜びの声が聞かれた。

美幌 101特科大隊はこのほど、「冬季藻琴山救助訓練」を地元消防署、消防団などと共同で行った。藻琴山で行方不明者が発生したという想定で実施。自衛隊は安全教育やプローブ（捜索するための棒）を使った捜索の教育＝写真㊨、収容、アキオでの搬送を担当した。隊員たちは消防と連携しながら、冬山遭難での捜索・救助活動の練度を向上させた。

名寄 3普連は3月13日、第101期一般幹部候補生の任官行事を行った。原嶋俊輔幹候生（1中）と向井豪幹候生（3中）が曹長から3尉に昇任し、幹部自衛官として任官した＝写真㊨。山﨑潤連隊長は「日本一の小隊を育成してくれることを期待する」と激励。二人は「国民の負託に応えられるよう努力します」と力強く決意を表明した。

厳寒の北海道で「冬季遊撃教育」

陸自冬季戦技教育隊（真駒内）

己に勝ち、自然に勝ち、敵に勝て

陸自の冬季戦技教育隊（隊長・中塚修一1佐）は1月10日から2月26日まで、12期幹部・上級陸曹特技課程「冬季遊撃教育」を行った。

教育開始に先立ち、中塚教育担任官は学生たちに「己に勝ち、自然に勝ち、敵に勝て」と要望。各部隊から選抜された精鋭たちが、厳寒の北海道で厳しい訓練に挑んだ。

「遊撃行動」は独立した小部隊が敵を襲撃し、敵戦闘力の減殺や妨害、情報活動を担う。冬季の過酷な環境下でも十分な能力を発揮できるよう、同教育隊が冬季山岳での実戦的な訓練を担っている。

教育は、厳冬期のニセコ地区でスタート。まず学生たちに山岳気象、遭難者救出法、冬季衛生、雪中露営などの各種知識と技能を習得させた。前半教育の締めくくりには、ニセコアンヌプリ山（標高1308メートル）にアタック。隊員はスキーをかんじきに履き替え、山頂を目指した。途中、雪洞を掘って宿営するなど、2夜3日かけ同山を踏破した。

後段は北海道大演習場で行われた。教育ではさまざまな状況が付与され、学生たちは爆破、襲撃・伏撃などの一連の戦闘行動を演練。最後に4夜5日にわたる連続状況の総合訓練を実施して厳しい教育を終えた。

参加した学生全員が過酷な任務を完遂、遊撃徽章を獲得してそれぞれの部隊に帰隊した。今後、各部隊で指導要員として冬季行動の部隊の錬成に寄与していく。（真駒内）

㊤㊧冬戦教の12期幹部・上級陸曹特技課程の学生たちは極冬期のニセコアンヌプリ山にアタック。2夜3日かけて踏破した（1月27日）

後段教育は北道大演習場に場所を移し、爆破や襲撃、伏撃など一連の戦闘行動を演練した（2月20日）

海

大湊 大湊音楽隊はこのほど、むつ市大湊中学校の芸術鑑賞教室で演奏会を行った。生徒に音楽の楽しさを知ってもらいたいと同校が依頼、約60人が聴き入った。楽器紹介に続いてトランペット曲を披露。吹奏楽部の生徒と「A・RA・SHIコレクション」、「宝島」の合同演奏も行った＝写真㊤。合わせて8曲の熱演に会場は大いに盛り上がった。

市ヶ谷 朝雲優秀写真賞を受賞した海幕広報室の前田誠曹長に3月9日、表彰状と盾が届いた＝写真㊤。受賞写真は前田曹長が中東派遣1次隊の護衛艦「たかなみ」にカメラマンとして乗り組んだ際、子供の日に乗員たちが自らの体で「鯉のぼり」を作る姿を撮影した一枚。前田曹長は「逆光などに苦労したが乗員の家族への思いが伝わってうれしい」と語った。

舞鶴 護衛艦「せんだい」乗員は2月24～26日、舞鶴市のジャパンマリンユナイテッド舞鶴事業所の歴史資料館「舞鶴館」を研修した。同館は明治34年、舞鶴造船廠の発足に伴って建造され、海軍艦艇建造の中枢を担った。玄関など一部が資料館として保存されている。乗組員たちは舞鶴の造船の歴史や功績を学び＝写真㊤、先人の努力を再認識した。

呉 呉音楽隊は2月20日、呉信用金庫ホールにおいて定期演奏会を行った。新型コロナウイルス拡大に伴う自粛期間を経て、1年ぶりに開催した。感染拡大防止のため2部に分け、計約1200人が来場。作曲家の清水大輔さんの新曲「笑顔は、ミ音楽を奏でる」を初披露するなど、アンコールを含め全9曲を演奏し、来場者を魅了した。

岩国 基地はこのほど、新成人隊員42人の祝賀激励会を行った。新型コロナウイルス感染症対策を講じるため会場を2カ所に分け、参加人数を減らすとともにリモートで実施した。新成人は「上品さを学び直し、気の利いた大人になりたい」と語るなど、一人一人が今後の抱負を述べた。その後、各隊司令からは祝辞と記念品が贈られた。

空

千歳 基地は2月11日、自衛官採用試験合格者と募集対象者に対し「千歳基地休日広報の日」を行った＝写真㊦。新たな試みとして航空機整備体験ができる「航空機コース」と、警務職体験ができる「警察・消防コース」を設けた。参加者はF15戦闘機のタイヤ交換や指紋採取などに積極的に取り組み、空自の仕事への理解を深めた。

根室 26警戒隊の隊員6人はこのほど、冬季応急給食訓練に挑み、野戦釜を使用して約140人分のキムチ鍋を作った。4キロを超える野菜の皮むきや裁断、味付けなど、これまでに経験したことのない量に挑戦＝写真㊦。悪戦苦闘しながらも予定時間の2時間半でキムチ鍋を完成させた。隊員たちは訓練を通じて応急時の給食能力を向上させた。

百里 基地はこのほど、新たに2曹に昇任した隊員12人を対象に後期2等空曹集合訓練を行った。現場において直接指導に当たる中級空曹が果たすべき役割と重要性を、認識させることを目的として実施。精神教育や防衛学、教練などを行い、集団討論では慣れないながらも多くの意見が出され、活発に議論が交わされた。

積雪寒冷地で戦う

10即機連「白龍の銀牙作戦」

1000人がワンチーム

【10即機連＝滝川】10即応機動連隊は2月22日から27日までの間、北海道大演習場で隷下の2普通科中隊、対戦車小隊、補給小隊の冬季訓練検閲を兼ねた連隊演習を実施した。

同演習には10即機連に加え、18普通科連隊、11特科隊、11施設隊、11戦車隊、11飛行隊、11後方支援隊など11旅団隷下部隊のほか、北部方面航空隊、12施設群など約1000人が参加。積雪寒冷地での戦い方を確立して攻撃行動の練度向上を図り、各部隊間のC4ISR（指揮・統制・通信・コンピューター・情報・監視・偵察）のネットワークを活用した情報・火力・機動の連携強化と運用の実効性向上を目的に行われた。

統裁官の岡田豊連隊長は「任務完遂・無事帰還」「為すべき事を為すべき時に為せ」「ワンチーム」の3点を要望。全隊員が〝白龍の牙〟のように敵を圧倒する願い込めて「白龍の銀牙作戦」と命名した。

演習中は寒風の吹き荒れる中、訓練部隊は約20キロに及ぶスキー行進を行った後、攻撃を開始。2普通科中隊が連隊内の先遣を務め、敵の守備部隊駆逐に続き、陣地攻撃を敢行した。

一方、対戦車小隊は各中隊と連携した対機甲戦闘を行い、敵機甲火力を減殺。補給小隊は作戦間を通じた兵站活動で第一線部隊の戦力の維持に寄与するなど、全参加部隊が一丸となって任務を完遂した。

訓練検閲中の10即機連2普通科中隊の攻撃を支援した11戦車隊の90式戦車（2月24日、北海道大演習場で）

整斉円滑に作戦遂行

20普連　4中隊8年ぶり冬季検閲

雪原をスキー機動で集結予定地まで前進する20普連の隊員たち（2月17日、神町駐屯地西訓練場で）

【20普連＝神町】連隊は2月17、18の両日、神町駐屯地西訓練場で「部隊訓練検閲」を行い、4中隊が8年ぶりに冬季の訓練検閲を受閲した。

同検閲は「陣地防御に任ずる増強普通科中隊の行動」を課目とし、積雪寒冷地での作戦遂行能力の向上を図った。

17日午後1時、中隊先行班が内柵門を通過して状況を開始。同班は訓練准尉の指揮の下、速やかに集結予定地域の安全化を図り、警戒員と誘導員を配置して整斉円滑に主力を進出させた。

防御準備の間、各射撃陣地を雪中の交通壕で連接させて配備変更を容易にしたほか、凍った雪壁で防御の強度を上げるなど、冬季の特性を活用して陣地を構築した。

航空攻撃に対処するため、機関銃を上空に向け、敵機の出現に備える6普連重迫小隊の隊員（2月20日、然別駐屯地で）

訓練

全ては戦いに勝つため

6施設大隊

【6施大＝神町】6施設大隊は2月24、25の両日、大高根演習場と神町駐屯地東西訓練場で3中隊の冬季訓練検閲を実施した。

同検閲は冬季積雪寒冷地での任務遂行能力を評価・判定する内容。

訓練開始にあたり、統裁官の初澤渉大隊長は「情熱を堅持し、地形・気象を克服して任務を完遂せよ」と要望。これを受け、3中隊は24日朝、駐屯地を車両で出発し、演習場入口からスキー行進を開始した。各小隊は背のうを背負い、障害処理器材などをアキオで曳行して、険しい冬山をスキーで登坂。敵の陣前障害に接触後、速やかにその規模を偵察・解明し、破壊筒や集団装薬で処理、一連の施設活動を行った。

夕方には大高根演習場から神町駐屯地に移動し、夜間集結地を占領した後、各小隊が東西訓練場に分かれて防御支援の任務に当たった。氷点下の気象条件で翌日朝までドーザーによる対戦車障害の構築と道路閉塞作業を完了させ、隊員たちは西谷内将大中隊長の要望事項「すべては戦いに勝つため」を胸に、部隊一丸となって任務を完遂した。

救命ドクトリン普及徹底へ演練

7師団衛生小隊

【7師団＝東千歳】7師団は2月23日から26日まで、北海道大演習場で久保晃一7後支連長を担任官に「師団衛生訓練」を行った。

訓練は衛生小隊（班）と衛生救護陸曹に対し、師団の特性を考慮した救命ドクトリンを普及徹底するため、応急処置・応急治療について演練するもの。主に「積雪寒冷地における衛生活動」「第一線救護における応急処置」「収容所での重傷者の応急治療」を一連の状況下で錬成した。

参加した衛生隊員たちは、駐屯地内を実際に走行している救急車内で後送中の隊員の容態急変に伴う救急処置や、連隊等収容所で医官の指示に基づく応急治療を実施するなど、負傷状況に応じて、迅速に対応していくための実戦的な訓練を行った。

6普連

「常に敵を意識せよ」

20キロスキー行進から陣地攻撃

【6普連＝美幌】連隊は2月15日から23日まで、美幌駐屯地と然別演習場で「第3次旅団訓練検閲」を受閲した。

同検閲は積雪寒冷地で独立的に行動する増強普通科連隊の陣地攻撃を課目に実施された。

15日午前8時30分、駐屯地体育館で訓練開始式が行われ、統裁官の廣惠次郎5旅団長は「常に敵を意識せよ」「積雪寒冷地のノウハウを駆使せよ」「安全管理を徹底せよ」の3点を要望した。

18日午前10時、部隊は車両機動で美幌駐屯地から然別演習場へ向け前進、その後、隊員たちは午後7時から約20キロのスキー行進に着手した。

各隊は夜間に光や音を漏らさぬよう注意を払いながら行動し、19日午前3時ごろ、最後尾の中隊が集結地に到着。引き続き速やかに攻撃準備に移行した。

攻撃を開始した各隊は、敵警戒部隊を駆逐して前進、敵主陣地に接触後は連携して目標への攻撃が行われた。

48人一丸で支援

14施設群

【14施群＝上富良野】14施設群は2月8日から11日まで、上富良野演習場で396施設中隊の訓練検閲を行った。

統裁官の上林勝敏群長は「被支援部隊の作戦に最大限寄与する施設支援」「自分、仲間、部隊を守る基本基礎の確行」の2点を要望。マイナス20度を記録した厳寒の演習場で中隊長の上村大河1尉を核心に、48人の隊員が一丸となって任務に取り組んだ。

交戦装置（バトラー）を着用した隊員たちは「負傷」などの状況を付与される中、それぞれが強い責任感と執念をもって部隊の前進経路上の障害処理作業に従事した。

隊員たちはスキーを装着したままでの装薬による処理のほか、92式地雷原処理車を使って戦車用の通路を開設するなど、過酷な状況下で施設作業を行い、全ての任務を完遂した。

バケットローダーで集結地の除雪作業に当たる396施設中隊の隊員たち（2月8日、上富良野演習場で）

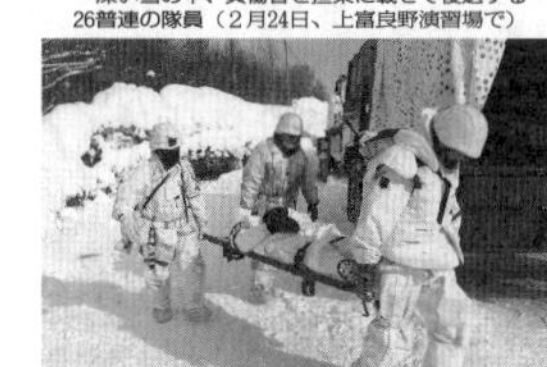

深い雪の中、負傷者を担架に載せて後送する26普連の隊員（2月24日、上富良野演習場で）

1中隊が雪原疾走

4中隊は防御陣地構築

26普連

【26普連＝留萌】連隊は2月21日から25日まで、上富良野演習場で「第3次中隊等訓練検閲」を実施した。

同訓練では1中隊が攻撃側（増強普通科連隊の主攻撃中隊）、4中隊が防御側となって対戦、これに合わせて陣地攻撃に任ずる各小隊の行動として、情報、補給、衛生の各小隊が受閲した。

降雪の中、防御側の4中隊は凍った雪を使って堅固な防御陣地を構築するとともに、組織的な火網・障害を準備して攻撃部隊を待ち受け、堅固で強靭な戦闘により敵を破砕した。

対する1中隊は雪上車を使ったジョーリングで前進し、集結地を安全化した後、攻撃前進を開始。砲迫による掩護射撃が続けられる中、隊員たちはスキーやかんじきを使用して雪上を敵陣に向け突入し、陣地の一部を奪取した。

募集・援護 特集

平和を、仕事にする。

ただいま募集中！
◇技術幹部・曹（海・空）◇一般曹候生
◇幹部候補生◇医科・歯科幹部
◇予備自補（一般・技能）
★詳細は最寄りの自衛隊地方協力本部へ

空幕募集・援護課が誕生

荒武香織初代課長に聞く「充実した人生支援」

「航空自衛隊も募集と援護を融合させ、価値の創造に取り組んでいきます」――。3月18日付で空幕援護業務課（市ヶ谷）が同「募集・援護課」に新編され、新体制でのスタートを切った。募集と援護の融合施策の実現を目指したもので、初代課長に就任した荒武香織1佐に改編後の新体制と空自が目指す募集・援護活動について聞いた。（聞き手　菱川浩嗣）

人事教育部
人事教育計画課　補任課　厚生課　募集・援護課
募集・援護課整官
企画班　募集班　援護班　援護業務班

㊤新編された空幕募集・援護課の隊員たち。同人計課から募集班も加わり、新たな業務に取り組んでいる（3月22日、空幕で）㊨3月18日付で改編された空幕人教部の組織図。同募集・援護課では企画班と募集・援護調整官が新設された

――空幕に募集・援護課を新編する狙いは。

荒武課長　従来、空幕では人事教育部人事計画課（現・人事教育計画課）にあった募集班が隊員募集を担い、同部援護業務課が再就職についての業務を行ってきた。

今回の改編により、募集と援護業務を同一部署で担当することでシナジー（相乗効果）が期待できる。募集は〝入口〟、援護は〝出口〟に例えられる。この入口と出口を充実させて両者を循環させるため、「採用した人を立派な社会人に育て、その人が退職時に次のステップに進んでいく」というキャリアサイクルを定着させていきたい。この循環がうまく機能することで、空自という組織の魅力を高め、新規採用につなげていくことが新編の狙いだ。

――体制変更によって強化されることは。

荒武課長　課としては、企画班、募集班、援護班、援護業務班で構成され、さらに募集・援護調整官が置かれた。

初代調整官には、前秋田地本長の大久保正広1佐が着任した。地本長経験者ということもあり、調整官は現場の地本の状況、陸自方面総監部との関係も把握しており、即戦力としての活躍が期待できる。今後は、全国で行われる会議にも出席することで、地本に空幕募集・援護課の存在をアピールし、主体的に募集・援護活動に取り組むことができるようになる。

――予備自衛官業務に対する募集・援護課としてのスタンスは。

荒武課長　空幕募集・援護課は予備自衛官の募集や採用業務も担当し、今回の改編で企画班に担わせる。

空自の場合、予備自衛官補や即応予備自衛官の制度の適用はない。そのため、これまで陸自に比べ、就職した企業で予備自衛官が活躍するための企業側への制度の理解促進が不十分だった。課内の援護班、援護業務班と企画班が連携し、部隊の援護組織が企業にアピールすることで、空自として予備自衛官の魅力を伝え、理解を得たい。

――新生空幕募集・援護課として目指すものは。

荒武課長　我々の働きかけにより、募集では「空自で働いてみたい」、援護では「培った経験を生かし、次のステップに進みたい」と思ってもらうことが大事。再就職先の企業などの皆さまには、空自退職者による人財価値の提供と関係するさまざまな立場の皆さまとのご縁をつなぎながら、新たな「価値の創造」に取り組んでいく。「ハッピー就職・ハッピー再就職」をキャッチフレーズに課一丸となって隊員の人生設計をプロデュースすることで、次の採用につなげる。これこそが、空幕募集・援護課が目指す「価値の創造」だ。

朝雲新聞のインタビューに答える荒武初代空幕募集・援護課長

入隊する部隊見学で 不安を払拭

20普連の隊員（左奥）の説明のもと、新隊員の居室を見学する入隊予定者たち（神町駐屯地で）

保護者も説明に安堵　20普連教育隊を見学

山形　【山形】地本はこのほど、入隊予定の若者とその保護者を引率し、神町駐屯地の見学会を行った。

見学会は、入隊を前にしての不安の払拭と入隊意思の確立、保護者の不安の解消と理解の促進を目的としたもの。当日は計92人が参加し、コロナ対策として9グループに分かれ、施設などを見学した。

最初に隊員食堂で地本募集班長の橋本和彦3陸佐が全般説明を行い、その後、グループごと見学がスタート。食堂では新隊員教育隊訓練幹部の吹風修准尉が新隊員の教育風景を動画で説明しながら、駐屯地での生活状況などを紹介した。

一方、福利厚生については業務隊厚生科共済班の木村江里事務官が説明、共済組合が行う手厚い給付や福利厚生を知った保護者は安心した様子だった。

その後の部隊訪問では、グループごとに各職種部隊の説明や装備品を見学。教育隊の隊舎や浴場、厚生センター、自動車教習所なども見て回った。

居室見て生活イメージ　航空教育隊で研修

長崎　【長崎】地本は2月14日、山口県の防府南基地に所在する航空教育隊の研修を行い、空自入隊予定者13人とその保護者ら7人が参加した。

最初に教育概要の説明を受けた後、基地内の施設を見学。6人部屋の居室、洗面所、洗濯室など集団生活で使用する施設を見て回り、入隊後の生活をイメージ。

その後、食堂で体験喫食を行い、自衛隊では栄養管理がしっかり行われていることを知り、保護者も安心した様子だった。

午後からは若手隊員との懇談が行われ、入隊までに準備することや入隊に向けての心構えなどを説明。先輩隊員は、自身が体験したことをユーモアを交えて語り、和やかな雰囲気のなか質問が飛び交った。

参加者は、「空自は施設が充実し、隊員のサポート体制もしっかりしていて安心した」と感想を話し、「着隊時にまた会いましょう」と先輩隊員たちと約束して基地を後にした。

高校生ら空中散歩満喫

3輪空企画のC2体験搭乗に参加

島根　【島根】地本は3月7日、空自3輪空（美保）が企画したC2輸送機の体験搭乗に参加した。

同企画は例年9月に行われていたが、今年度はコロナの影響を受けて延期され、規模を縮小し開催された。

島根地本からは自衛隊に興味を持つ若者や入隊予定者ら19人が参加し、美保上空での約30分間のフライトを満喫した。

空挺レンジャーを目指す陸自入隊予定者は「空挺隊員になれたらC2に乗る機会もあるかもしれない。入隊前に乗ることができてうれしい」と語った。

高校生は「人生初の航空機への搭乗が民航機でなく自衛隊のC2だったことを自慢したい」、保護者も「息子にとっての憧れであるC2に乗れて感激した」と好評だった。

最新のC2輸送機に乗り込み、飛行を体験する若者たち（3月7日）

「キャリア塾」で授業

東良子福井地本長が高校生に

【福井】地本長の東良子1海佐は3月9日、敦賀市の敦賀気比高校で行われた「キャリア塾」に参加した。

この塾は、同校父母師会進路委員会が主催したもので、さまざまな業種の講師が「授業」という形でそれぞれの仕事内容を学生に話す教育イベントで、今回は12業種から講師を招いて開催された。自衛隊からは東良子地本長自らが講師として出席した。

東地本長は、生徒たちを前に防大に進んだ理由や、「海外派遣活動などで成長することができた」と述べ、「仕事先で出会った人たちは、人生の糧となり、自身の財産となります。自衛隊は責任とやりがいが比例しており、人のために働ける仕事です」と語った。

さらに自身の海自での勤務をスライドを交えて生徒に説明、日本を取り巻く安全保障情勢や自衛隊の活動についてもグローバルな視点から紹介した。

進路決定を間近に控えた2年生の生徒たちは、現役幹部の生の声を直接聞き、自衛隊への関心を高めていた。

「キャリア塾」に講師として参加し、高校生に自衛官の職業の魅力を伝える東良子福井地本長（壇上）＝3月9日、敦賀気比高校で

7機関で合同公務員説明会　旭川

【旭川】地本は3月12、13の両日、旭川市内の商業施設で7機関公務員合同説明会を共催した。

地域から旭川地本のほか、北海道警察、旭川消防本部、留萌海上保安部、旭川鑑別所、旭川市役所、上川総合振興局が参加。各機関はそれぞれの役割と仕事内容を来場者に説明した。

会場には学生や一般社会人ら約150人が来場。自衛隊ブースを訪れた参加者は、広報官から任務や職種の説明を受け、特に女性隊員の活躍や充実した福利厚生などに興味津々だった。

参加者は「家族と一緒に話が聞けて良かった。また開催してほしい」などと話していた。

7機関公務員合同説明会の来場者（手前）に対し、女性自衛官の活躍状況などを伝える旭川地本の女性隊員ら（3月12日、北海道旭川市で）

各学校で隊員が体験談交え講話　岩手

【岩手】地本は東日本大震災から10年の節目となる今年、岩手県内の各学校での「自衛隊の災害派遣に関する講話」に注力し、自衛官の講師を派遣した。

講話は岩手地本が各校と調整の上、それぞれのニーズに合った内容となるよう、実際に被災地で活動した隊員が体験談を交えて講話した。これまで小・中・高校や各種専門学校10校で計約1000人が聴講している。

若者たちは東日本大震災時にはまだ幼かったり、当時住んでいた地域によって防災に対する意識に温度差もあったが、聴講後、「日頃からの備えが重要だと改めて感じた」「避難時の行動について家族と話し合おうと思う」と話すなど、防災に関する意識に変化がみられた。学生の一人は「避難所での女性自衛官の活躍など災派以外の活動についても興味がわいた」と感想を話した。

秋田地本長に米山1空佐

3月18日付の異動で秋田地本長が交代した。新任本部長の略歴は次の通り。

米山浩（よねやま・ひろし）1空佐　秋田地本長　熊本大院理学研究科修了。平成9年空自。21年2佐、26年1佐。秋田救難隊長、7空団基業群司令などを経て、30年12月統幕運用2課災害対策調整官。鹿児島県出身。50歳。

東日本大震災10年で自衛隊

風化させず未来へ伝承

絵画展会場の長根寺境内に展示された「あの日から10年」の電光モニュメント（宮古市で）

東日本大震災から10年となった3月11日。被災地で災害派遣活動に尽力した自衛隊は、その活動を継承することにも努めている。岩手地本は地元追悼行事などに参加、陸自東北方面指揮所訓練支援隊（仙台）は隊員たちが当時所属していた部隊等で災派活動に当たった体験談を発表し合った。

岩手地本 「祈りの灯火」参加

「祈りの灯火」に沖縄県から母と共に参加した子供に、灯籠を手渡し行事の準備を進める皆川博之盛岡募集案内所長（3月11日、盛岡城跡公園で）

【岩手地本】岩手地本（本部長・武本康博1陸佐）は3月11日、盛岡市の盛岡城跡公園で行われた東日本大震災追悼行事「祈りの灯火（ともしび）2021」（盛岡広域首長懇談会主催）に地本本部と盛岡募集案内所の隊員30人がボランティアとして参加した。

行事は被災地の復興と犠牲者の鎮魂を祈るため、全国から送られた約1万2千個の灯籠（牛乳パック製）に明かりをともすもの。それぞれの灯籠には、被災地と被災者への温かな励まし、震災を忘れないという強いメッセージなどが記されていた。

岩手地本の隊員たちは、灯籠の設置や点火、行事終了後の撤収などに当たった。参加者からは「いつも支援していただきありがとうございます。ここ（会場）に来ている全員が同じ思いを持っていると思います」と感謝の言葉が贈られた。

児童へ講話も

また、岩手地本宮古地域事務所（所長・小成淳1陸尉）は同日、岩泉町立釜津田小学校で防災講話を行った。大震災を風化させず未来へ伝えたい、という学校の要請で実施。全校児童8人が聴講した。

講師は同事務所副所長の黒田崇陸曹長が務め、「復興のお話」と題し約45分間、当時の活動状況などを語った。陸海空各部隊・隊員が人命救助を最優先に速やかに活動した過程を全児童が熱心に聞き入った。

講話が終了すると全児童が手を挙げて積極的に質問。「明日からは自分たちができることを頑張ります」と決意も語った。

釜津田小学校で行った防災講話で子供たちに広報用の戦闘糧食を示す黒田崇宮古地域事務所副所長（3月11日、同小学校で）

さらに宮古地域事務所は3月11日から同14日まで、宮古市の長根寺で行われた画家、近江絵里さんの絵画展で東日本大震災の資料等も展示。震災後に市民から贈られた感謝の言葉が寄せ書きされた大漁旗などを紹介し、改めて自衛隊の活動を理解してもらった。

東北方CTS 災派体験を発表

【東北方CTS＝仙台】指揮所訓練センターを運用する陸自東北方面指揮所訓練支援隊（隊長・矢野哲矢1佐）は東日本大震災から10年となった3月11日、当時所属していた各部隊等で災派活動に従事した隊員の体験談発表を同隊で行った。

「教訓事項を共有し、防災意識を高揚させる」目的で実施。20人の隊員が当時勤務していた陸幕、補統、総監部、司令部、第一線部隊などで行った災派活動をそれぞれ発表した。

予定の持ち時間（3分間）を超過して発表するなど、災派活動が隊員たちに与えた影響の大きさが実感された。発表終了後、矢野隊長は「後輩隊員に体験談を語り継ぎ、貴重な体験、教訓を風化させないように」と求めた。

東日本大震災での災派活動について発表する東北方CTS隊員（3月11日、同隊統裁室で）

「自分の人生を懸けるに足る組織」

湯浅前陸幕長離任

市ヶ谷勤務の多くの幹部・隊員らに見送られ防衛省を後にする湯浅前陸幕長（3月26日、同省で）

「自衛隊は自分の人生を懸けるに足る組織」――。陸幕長の離着任行事が3月26日、防衛省で行われた。新たに着任した吉田陸幕長が市ヶ谷勤務の幹部らに初訓示を述べ、また退官する湯浅前陸幕長が盛大な見送りを受けて国防の第一線から退いた。

湯浅前陸幕長は2019年4月に着任し約2年間、陸自のトップを務めた。在任中の19年8月には九州北部豪雨、20年7月には西日本を中心とした豪雨の災害派遣に対処した。20年初頭からは流行が続く新型コロナウイルス感染症の拡大を食い止めるため、大型クルーズ船への対応や空港等での検疫支援、帰国者や下船者の輸送・生活支援など、対処のために隊員を派出した。

防衛省講堂で行った離任あいさつで湯浅前陸幕長は、防大時代を含む41年間の自衛隊生活を振り返り、「防大に入校してから本日退官するこの日まで、自分の人生を懸けるに足る組織で勤務できたことを誇りに思う」と語った。

また「新陸幕長を核心として一致団結し、任務に対するゆるぎない信念と誇りを持ちつつ、今後も国民の期待に応えられる陸上自衛隊を継承してもらいたい」と求めた。

その後、儀仗広場で栄誉礼を受け、陸自中音が演奏する「蛍の光」が流れる中、防衛省正門まで歩き、同省を後にした。

あさぐも　吉本どんど

山登りの帰りなんだって？

この時期の山は雪崩とか足場がゆるかったりで危険なんじゃないの

せいぜい海抜500メートル程度の山だからね

危ない目にあったとすれば…一度だけ頂上で

突然足元がくずれたりとか…!?

クマが襲ってきたりとか…!?

ヤッホー！

F15で3000時間達成！

初飛行の担当学生も同乗し

百々3佐　飛行教育航空隊（新田原）

F15飛行時間3千時間を達成した百々3佐（後席）と同機での初飛行訓練を終えた遠藤曹長（前席）＝新田原基地で

【新田原】空自飛行教育航空隊（新田原）はこのほど、23飛行隊の百々（もも）和志3佐のF15戦闘機飛行時間3千時間達成の記念セレモニーを新田原基地で行った。

前席に遠藤曹長

百々3佐はこの日の飛行訓練を終了し3千時間に到達。また、記念の飛行は同3佐の教育担当学生、遠藤翼曹長のF15での初飛行訓練とも重なった。

セレモニーで百々3佐は、「3千時間は皆様のご支援があって達成できました。今後も気を抜かず、飛行教育航空隊の任務にまい進します」と語った。

一方、飛行訓練で前席に搭乗した遠藤曹長は、「憧れていたイーグルドライバーへの大きな一歩を踏み出すことができました。日々、訓練に臨めることに感謝し向上していきます」と決意を新たにした。

小休止

▽…陸自43普連は3月8日、霧島演習場の野焼きを行った＝写真。12普連、24普連、西方特連を演習場に配置し、担任官・整備隊長の年森文泰43普連副長が隊員約600人の陣頭指揮を執った。

▽…午前11時に火入れを行ったが雨で湿った草木は燃え広がらず悪戦苦闘。午後1時ごろに太陽が顔を出し、乾いた草木が炎柱を上げて燃え広がり作業が進んだ。

▽…「安全管理を最優先に考え道場整備に当たる」と語った43普連指揮官の甲斐誠1中隊長が航空機で上空から状況を確認、約6時間かけて野焼きを完了した。真っ黒になった演習場は4月に新芽が出始め、6月には鮮やかな緑の草原へと生まれ変わる。（都城）

「ご苦労様でした」中即連隊員が帰国

アデン湾の海賊対処行動支援終え

ジブチ共和国で海賊対処行動支援に当たった中即連隊員の帰国行事で訓示する山田連隊長（右）＝2月18日、宇都宮駐屯地で

【中即連＝宇都宮】アフリカ東部ジブチで海自のソマリア沖・アデン湾海賊対処行動支援に当たった中央即応連隊の14次派遣海賊対処行動支援隊警備隊（警備隊長＝府内博記3佐）の隊員約70人がこのほど、約半年間の任務を終えて宇都宮駐屯地に帰還した。

新型コロナウイルス感染対策のための駐屯地体育館での約2週間の停留期間後、帰国行事が行われた。

府内警備隊長の帰国報告を受けた山田憲和連隊長は、「日の丸を背負って誠実に淡々と任務を完遂した。大変ご苦労であった」と労をねぎらった。隊長は派遣間の支援等に謝意を表すとともに、「今回の派遣はコロナ禍であり、多難だった」とあいさつした。

中即連からのジブチ派遣は14回目。主に洋上監視を行う海自のP3C哨戒機が駐機する活動拠点で警備などに当たった。

こちら警務隊　交通犯①

飲酒後に睡眠をとっても体内にアルコール残る可能性

飲酒の翌日に車を運転する場合、注意することはありますか？

飲酒後に睡眠をとっても、飲酒量や時間により、体内にアルコールが残る可能性があり、注意が必要です。

呼気1リットル中のアルコール濃度が0・15ミリグラム以上検出されると酒気帯び運転となり、刑事罰として3年以下の懲役または50万円以下の罰金、行政処分は免許停止であり、アルコール濃度が0・25ミリグラム以上だった場合や事故等が加わると免許取消しとなります。

お酒が抜ける時間は個人差があり、体調等でも異なります。

飲酒後に数時間眠れば大丈夫という安易な考えを改めましょう。

（東北方面警務隊）

朝雲・栃の芽俳壇

畠中草史 選

ホ句をもて繋ぐ龍りや春憂　大阪・空OB　高木 智念

新型コロナ感染予防で吟行・句会が出来ないのをメールや手紙でする龍りのもどかしさ。

せせらぎの音して遊行柳の芽　館山・海OB　斎藤 一向

西行、芭蕉も訪れた那須町の田圃の中の柳。畦川の流れが強くなる頃この柳は芽吹く。

我を見る床屋の鏡春兆す　西東京・空OB　水島 孝雄

旅装とき沈丁の香にひたりけり　大津・陸OB　丸岡 正男

吹く風の煙に巻かれ畦を焼く　高松・陸OB　渡辺 成典

春寒し母の半纏はおりみる　横浜・一般　福本 祥子

畦道の香り確かめ芹を摘む　熊谷・空OB　明田 眞雅

春兆す屋根に雀の声のして　あきる野・一般　小和田一男

鳩の首玉虫色に春立ちぬ　浜松・空OG　塩見 惇子

菜の花や人だけ病んでをりにけり　熊谷・空OG　福元万理子

雪原を衝いて士魂の戦車群　江別・陸OB　鎌田日出雄

踏み跡を譲り譲られ雪の径　恵庭・陸OB　足立 徹

鉄塔の影くっきりと冴え返る　相模原・海OG　折口 桂子

野に山に草木輝く春来たる　浜松・空OG　鈴木和歌恵

遠き日のまゆ玉飾る在所かな　熊谷・空OG　佐藤 玲美

紅梅や百年続く商家かな　浜松・空OB　宮本 立勇

花びらが散りゆく今日もテレワーク　熊谷・空OG　関谷 桂子

猫の恋無事の帰りを待ちし日々　町田・陸OB　岩原 滋利

手芸店玻瑠いっぱいの吊雛　新座・陸OG　牧 浩子

新コロナ日本列島春嵐　熊谷・空OB　蓮佛志向子

飾り窓にややこの靴や春隣　相模原・一般　森 謙二

草萌ゆる野に悲しみを捨てにきし　横浜・一般　松浦 良保

残雪の伊吹嶺のぞみ句坐に着く　小牧・陸OB　松岡 魚青

ひな飾る飾らないよとひな祭　熊谷・空OG　関田 絹江

選者作品

如月や御手洗に波たつる風

投句歓迎！

▽郵便はがきの裏面に未発表の自作3句以内と氏名、年齢、職業（自衛官・事務官＝所属部隊＝、OB、家族、一般など）、住所、電話番号を記入▽締め切り毎月15日▽宛先＝〒162―8801東京都新宿区市谷本村町5の1 防衛省D棟市ヶ谷記者クラブ朝雲俳句係☎03（5225）1750、専用線8・6・25515

みんなのページ

女性自衛官もお洒落を楽しみたい

沖縄地本で「ガールズ・ビューティー・プロジェクト」

陸曹長 渡邊 雅子（沖縄地本広報室）

沖縄地方協力本部は2月20日、初の試みとして「専修学校KBC学園×沖縄地本」のコラボによる女性限定講習会「ガールズ・ビューティー・プロジェクト」を本部庁舎で行った。自衛隊採用予定者7人が参加した。

「ガールズ・ビューティー・プロジェクト」とは、先輩女性自衛官の経験談を基にした自衛官を目指す女性採用予定者に向けた研修。自衛隊に入隊して最初の教育期間中は、女性もおしゃれを楽しみむことが制限される。新隊員たちはお化粧の経験を積みたい年頃だが、自衛官はメイクなどが制限されているため、部隊配置後も化粧をする機会は少ない。

そこで専門学校の講師と学生さんたちを招き、入隊者向けに「メイクアップ講習」を開催することにした。プロジェクトは入隊後の生活を充実させるとともに、女性自衛官として輝いて勤務して欲しいという願いを込めて企画した。

同時に、専修学校の学生たちにも現役の女性自衛官やその卵たちと触れ合う機会を設けることで、自衛隊の良さを知ってもらう効果も期待できた。

この日は受付後、自衛隊セミナーを手始めに、KBC学園の学生さんによるメイクアップ講習、ドーラン（顔の迷彩化粧）講習と続き、最後に参加者と女性自衛官が懇談を行った。

自衛隊セミナーでは、津村広報室長が自衛隊の職種紹介や入隊後の隊舎生活などについて説明した。KBC学園の学生さんには平山那覇所長が自衛隊の制度や女性自衛官の活躍について話し、自衛隊では女性が安心して働ける環境であることを伝えた。学生からは「自衛隊のイメージが変わった」との好感触が得られた。

「メイクアップ講習」にはKBC学園専修学校ビューティモードカレッジから講師2人と学生9人を招き、採用予定者へのメイク講習を行った。コンセプトは「制服を着た女性自衛官のためのメイクアップ」。入隊後の勤務や生活を充実させるためのノウハウも講師から伝えられた。

入隊予定者たちはビューティーのプロを目指す学生さんたちからメイクをしてもらい、自分の変わる様子を見て、みな目を輝かせていた。

「ドーラン講習」では、顔などの迷彩化粧の必要性や塗り方体験を行った。このドーラン講習の様子は動画サイト「ユーチューブ」にも投稿され、研修に参加していない人にもSNSを通じて、自衛隊での楽しさを感じてもらった。

最後の入隊予定者と女性自衛官の懇談では、地本と陸自15旅団から主に年齢の近い女性自衛官が参加。予定者たちは入隊してまもない隊員から子育て中の隊員まで、幅広い年齢層の女性自衛官と懇談し、終始リラックスした様子でトークは進んだ。

予定者たちからは「入隊後の髪型はどうなりますか？」「女性はどんな職種が向きますか？」などの質問が発せられ、隊員たちが自分の経験談を交えながら女性特有の悩みに答え、参加者は自衛隊に対する安心感を得て職種や進路の希望なども広がった様子だった。

講習会を終え、参加者からは「プロの方にお化粧をしてもらったのがうれしかった。入隊後も女性としての気持ちを忘れないようにしたい」「女性も自衛官として自信をもって働けるということが分かりました」「今までにない自衛隊のイベントで楽しかった」などの感想が寄せられた。

今回のプロジェクトを支えてくれたKBC学園の学生さんたちからも「あらためて美容には人を輝かせ、笑顔にする力があると感じました」「美しくあることも大切にして自衛隊で頑張ってください」といったメッセージが贈られた。

沖縄地本では、一人でも多くの女性が自衛官に志願したくなるような魅力あるイベントをこれからも企画していく計画だ。

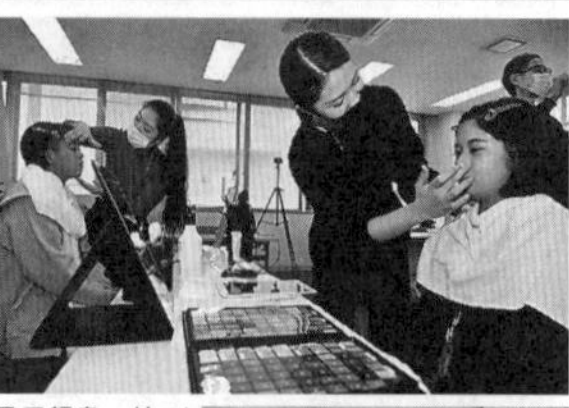

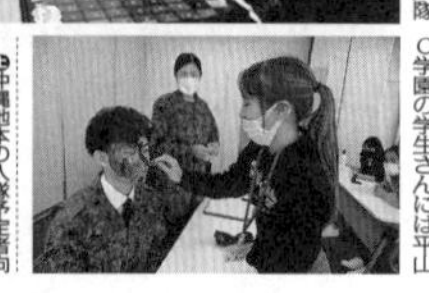

（上）沖縄地本の入隊予定者向け「ガールズ・ビューティー・プロジェクト」で、メイクをしてもらう参加者（右）顔に講師から迷彩用ドーランを塗ってもらう隊員と見学する入隊予定者（右端）

（世界の切手・カナダ）

美しさは女性の武器であり、装いは知恵であり、謙虚さはエレガントである。

ココ・シャネル（仏のデザイナー）

朝雲ホームページ
www.asagumo-news.com
<会員制サイト>
Asagumo Archive
朝雲編集部メールアドレス
editorial@asagumo-news.com

新刊紹介

「ファクトで読む 米中新冷戦とアフター・コロナ」

近藤 大介著

非難の応酬となった先のアラスカでの米中外相会談。これを見て世界は「米中新冷戦」時代の到来を改めて認識したことだろう。ジャーナリストの著者は、米中間にはいま「七つの戦争」が忍び寄っていると指摘する。

七つの戦争とは、①貿易②技術③人権④金融⑤コロナ⑥外交⑦軍事――の分野で、軍事面では特に「台湾有事」の危険性を強調する。中国共産党内で習近平氏の長期政権は、「台湾統一」を前提にした了解事項であるとし、いよいよ中国の台湾攻略作戦が始まると予測する。米国は当然、台湾を支援することになり、在日米軍が出撃すれば日本も巻き込まれるとする。

アフター・コロナの時代、日本は世界から「年老いた金メダリスト」とみなされ、アジア諸国も日本はもはや頼れる存在ではないと見始めているという。国力、影響力が低下する日本は今後、どう対処していけばよいのか。本書はそのサバイバル法も提言している。

（講談社刊、990円）

「2040年の未来予測」

成毛 眞著

防衛計画の策定では未来予測が欠かせない。20年後、日本と世界はどう変わっているのか。それを具体的に見せてくれるのが本書だ。著者は元日本マイクロソフト社長で、AI（人工知能）など技術の進展や地球温暖化など「知っていれば悲劇は避けられる」として、今後、日本が直面するであろう近未来の姿を見通している。

20年後、「空飛ぶクルマ」が交通に革命を起こすと予測。「気づいたときには手遅れになっているのが人間の性だ」と述べ、こうした新技術の導入に遅れると国の命取りにもつながるとする。

世界は老人が増え、環境が悪化し、戦争の形態も変わっていく。温暖化で世界では「水」が希少になり、「きれいな水」を求めて戦争が起こる可能性もでてくる。日本の豊かな水は世界に輸出できる資源になるかもしれない。

こうした斬新な視点は将来の防衛力整備を考えていく上で大きなヒントになるだろう。

（日経BP刊、1870円）

陸幕長からの顕彰状

即応予備1陸曹 井長 誠（47普連重迫撃砲中隊・海田市）

私は第8普通科連隊（米子）重迫撃砲中隊の測量班に8年間在籍した後、即応予備自衛官の第1期生として第47普通科連隊重迫撃砲中隊で「前進観測陸曹」として22年間勤務しています。

このたび部隊より優秀隊員に選ばれた旨の通知を受け、東京の明治記念館で湯浅陸上幕僚長からの顕彰状授与の栄誉にあずかりました。

授与式では、陸上幕僚長から顕彰状と「ありがとう。新型コロナ感染症対策において身体的距離を確保する必要がある大変な時だが、直接お渡ししたかった」と労いの言葉をいただくとともに、関係者の方々の心温まる接遇に感謝の気持ちでいっぱいになりました。

今回の受賞は私ひとりの力だけではなく、今まで出会った方々のおかげであり、感謝に堪えない気持ちになりました。式で受賞者代表が「私たちは各方面隊の代表としてやってきました」と発言されたことにも心を打たれ、これからも自信と誇りを持ち、部隊代表としてさらに向上していくべく決意しました。

祝賀会では同行した両親が自分のことのように喜んでくれ、よい親孝行ができたと感じました。これからも家族や連隊の仲間への感謝を忘れず、即応予備自衛官として心・技・体の錬磨に努めていく所存です。

湯浅陸幕長（左）から顕彰状を贈られた47普連の井長誠即応予備1陸曹

OBがんばる

人生まだまだこれから

中川 大作さん 54
令和元年12月、海自小松島航空基地隊航空警備班を最後に定年退職（准尉）。小松島自動車教習所に再就職し、教習指導員を務めている。

私は徳島県小松島市の自動車教習所で教習指導員として勤務しています。

定年1年前の時点では「第二の人生は新しいことに挑戦したい」という気持ちはありましたが、何が良いのか、どのような仕事が自分に合っているのか、今ひとつピンと来ていませんでした。

考えた末にこの仕事を選んだ理由は、一番に「第二の人生もやりがいのある仕事に就きたい」、二番目が「自宅から近い勤務場所」、この2点でした。

入社後、教習指導員資格を取得するまでの半年間は、資格取得に向けて勉強する傍ら、送迎業務の手伝いをしました。ここで教習指導員資格の取得法を紹介したいと思います。資格取得のためには次の6項目の審査全てに合格する必要があります。

①自動車運転に関する知識②教習所に関する法令等に関する知識③教習指導員として必要な教育についての知識④同じく必要な自動車運転技能⑤技能教習に必要な教習技能⑥学科教習に必要な教習の技能――です。

この6項目すべてを各都道府県で受けている方は少なく、茨城県ひたちなか市に所在する安全運転中央研修所で約3週間教育を受けた後、3項目の審査を受け、合格すると3項目が免除となり、残り3項目の審査を各都道府県で受け、全て合格して初めて教習指導員資格証を取得することができます。

しかし、都道府県で行われていた審査の合格率の差が問題となり、令和2年4月以降は安全運転中央研修所を卒業すると、先の6項目全てが免除となり、比較的資格を取得しやすくなっています。

教習は教習生個々に応じて理解度も異なるため、大変な面もありますが、生徒の運転技量が飛躍的に向上した時は「先生ありがとうございました」という声に達成感が得られます。第二の人生でやりがいを求められる方は、参考にしていただければ幸いです。人生100年時代、まだまだこれからです。

カワヅザクラ春には満開に

空士長 中川 翔太（22警隊・御前崎）

航空自衛隊御前崎分屯基地は静岡県最南端の岬のまち「御前崎」にあります。眼下には大海原が広がり、基地近くには海の安全を見守る白亜の灯台があります。

この辺りは御前崎ロングビーチと呼ばれ、通常は年間を通じてサーフィンやSUP（スタンドアップパドルボード）などのマリンスポーツ、釣り、磯遊びを楽しむ人で賑わいます。

また、基地の西側には浜岡砂丘があります。浜岡砂丘では遠州七不思議の一つ「波小僧（波の音で天気の変わり目を知らせる妖怪）」が迎えてくれ、冬には風が創り出す芸術「風紋」を見ることができます。

入口には約230本のカワヅザクラの並木があり、2月中旬から3月中旬になると美しい花を咲かせます。皆さんもこの自然豊かな御前崎の地で一緒に勤務しませんか？

詰碁

第1256回出題

出題 日本棋院 九段 曲 励起

白先

『黒地の中でがんばって下さい』。5分でできれば中級です。

▶詰碁、詰将棋の出題は隔週です◀

詰将棋

出題 日本将棋連盟 九段 石田 和雄

≪第840回の解答≫

【正解】▲1五銀△同金▲3五金△1三玉▲3三飛成△2三歩▲2四金までの七手詰め。

【解説】初手の▲1五銀が絶妙の一手。△同玉なら▲3五飛成△2五歩▲1四金まで。また△2五玉の逃げなら▲2四金△1五玉▲3五飛成までの早詰み。△同金に▲3五金以下は平易な追い詰みでしょう。

▲先手 持駒 金銀

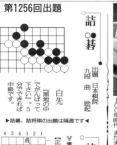

朝雲

発行所 朝雲新聞社
〒160-0002 東京都新宿区四谷坂町12－20 KKビル
電話 03(3225)3841
FAX 03(3225)3831
振替00190-4-17600番
定価一部170円、年間購読料9170円（税・送料込み）

防衛装備品協定を締結

日インドネシア「2プラス2」 5年ぶり2回目

日本とインドネシア両政府は3月30日、第2回外務・防衛担当閣僚協議「2プラス2」を都内の外務省飯倉公館で開き、相手国への防衛装備品の輸出などを可能にする「防衛装備品・技術移転協定」に署名し、即日発効された。今後、具体的な装備移転の実現に向けて協議を加速させる。このほか、共同訓練などを通じた防衛協力の強化で一致するとともに、中国を念頭に東・南シナ海での力による一方的な現状変更の試みに「深刻な懸念」を共有した。岸信夫防衛相は協議後の共同記者発表で、協定の締結に歓迎の意を表した上で、「両国関係を『新たな段階』に引き上げるための大変有意義な意見交換を行うことができた」と述べた。

中国の動向に「深刻な懸念」

両国間の「2プラス2」は2015年12月の初会合以来、約5年ぶり。日本にとってインドネシアは東南アジアで唯一の「2プラス2」開催国となる。

協議には日本から岸防衛相、茂木敏充外相、インドネシアからプラボウォ・スビアント国防相、ルトノ・マルスディ外相が出席し、約1時間40分行われた。

日本は「防衛装備品・技術移転協定」を米英豪仏伊独など9カ国と締結しており、インドネシアは10カ国目。アジアではインド、フィリピン、マレーシアに続き4カ国目となった。

4氏は、5年前の初会合で締結に向けた交渉開始で一致した同協定が署名に至ったことを歓迎した。

「2プラス2」の協議後、「防衛装備品・技術移転協定」に署名した茂木外相（中央右）とインドネシアのプラボウォ国防相（同左）。右端は岸防衛相、左端はルトノ外相（3月30日、東京都港区の外務省飯倉公館で）＝防衛省提供

岸大臣はインドネシア海軍が主催する多国間共同訓練「コモド」への積極的な参加をはじめ、日本からの艦艇の寄港や航空機の寄航の機会を捉えて共同訓練などを通じた防衛協力を推進していく考えを表明。これに対し、インドネシア側は賛意を示した。

このほか、4氏はインドネシア国軍司令官の訪日や防衛当局間（MM）協議の早期開催でも一致した。

東・南シナ海情勢をめぐって日本側は、中国海警船の武器使用権限を明確化した海警法を含む最近の中国の動向について「深刻な懸念」を表明。4氏は中国を念頭に、力による一方的な現状変更の試みの継続・強化に「深刻な懸念」を共有し、法の支配に基づく「自由で開かれた海洋秩序」の重要性で一致した。

岸大臣は協議後の共同記者発表で、今回の協定署名について「両国の防衛協力をさらに促進するものだ」と高く評価。「インドネシアは東南アジア諸国連合（ASEAN）の大国として今後も重要な役割を果たしていく」と述べ、共に海洋国家で、自由・民主主義・法の支配といった基本的価値を共有する両国が「戦略的パートナー」として、インド太平洋地域の平和と安定のために緊密に連携していく重要性を強調した。

一方、プラボウォ国防相も共同記者発表で「安全保障分野で大幅に協力関係を向上させ、高いレベルに引き上げることを確認した。協定への署名は重要な布石だ。今後、日本側を招待するので、我々の国防産業の中にしっかりと参加していただくとともに、陸海空軍種間の共同演習や訓練、幹部リーダーたちの相互交流、若手下士官等の日本における訓練などを通じて、インドネシアの防衛能力の近代化にも協力していただきたい」と期待感を示した。

共同訓練で安保協力推進
日インドネシア防衛相会談

日本とインドネシアの「2プラス2」に先立ち、岸防衛相は3月28日、来日したプラボウォ国防相と防衛省で会談した。

両氏は、①インドネシア国軍司令官の訪日②防衛当局間（MM）協議の年内早期開催③防衛装備・技術分野の協力案件の具体化に向けた協議の継続④インドネシアへの自衛隊艦艇の寄港や航空機の寄航⑤インドネシアでの共同訓練などの実施⑥多国間共同訓練「コモド」への自衛隊参加の協力⑦新型コロナウイルス感染症対策を含む人道支援・災害救援（HA／DR）分野におけるさらなる協力の推進――で一致した。

会談で岸大臣は、中国の海警法に対する「深刻な懸念」を表明。両氏は国際法を順守する必要性を再確認した。プラボウォ国防相は「国際紛争は外交と対話を通じて解決されるべきであり、いかなる紛争においても法の支配が支持されるべきだ」と述べた。

両氏はこのほか、国軍の弾圧で多数の死傷者が出ているミャンマー情勢についても「強い懸念」を共有し、緊密な連携で一致した。

防衛省シンポ 動画で公開

テーマ「戦略的な国際防衛協力の推進」

防衛省は3月30日、令和2年度「防衛省シンポジウム」を同省公式ユーチューブチャンネルで公開した。

年に一度の大規模イベントの一つだが、昨年は新型コロナウイルスの影響で中止となり、今年は聴講者を集めず、事前に収録したビデオを公開するスタイルで開催した。

今回のテーマは「戦略的な国際防衛協力の推進～『自由で開かれたインド太平洋（FOIP）』ビジョンを踏まえた防衛省の取り組み～」。

主催者を代表してスピーチした岸信夫防衛相は、昨年1年間に中国海警局の公船が沖縄県の尖閣諸島周辺の接続水域を航行した日数がトータルで333日、連続航行日数も111日と共に過去最多を記録し、1回の領海侵入の時間も過去最長となる57時間に上ったことを指摘。

同諸島周辺で中国海警船が領海侵入や日本漁船への接近を繰り返している事実を挙げ、海警法について「強い懸念」を表明した。

一方で、中国との建設的な意思疎通の重要性も強調した上で、「『FOIP』ビジョンを共有する米国やパートナー国との協力を一層強化しながら、東南アジア諸国連合（ASEAN）、南アジア、太平洋島嶼国などとの防衛協力・交流に取り組み、地域全体の安定と繁栄に貢献していきたい」と締めくくった。

続いて岡真臣防衛政策局長が基調講演し、FOIPビジョンを踏まえた防衛省の取り組みを紹介した。

その後、パネルディスカッションが行われ、日経新聞編集局コメンテーターの秋田浩之氏をモデレーターに、▽大庭三枝（神奈川大法学部教授）▽川島真（東大大学院総合文化研究科教授）▽佐竹知彦（防衛研究所主任研究官）▽神保謙（慶応大総合政策学部教授）▽高見澤將林（東大公共政策大学院客員教授）――の5氏が参加。

各氏は、①FOIPビジョンを共有する同盟国・パートナー国との協働②インド太平洋地域の安定にとって重要な国との協力③信頼醸成が必要な国々との交流④コロナ禍の防衛協力・交流の在り方や将来――などの議題をめぐって意見を交わした。

シンポジウムの映像はユーチューブの「modchannel」で閲覧可能だ。

「防衛省シンポジウム」の開会に当たり、視聴者に向けてスピーチする岸防衛相（防衛省提供）

宮古海峡を南下

自衛隊の確認は6回目

中国空母「遼寧」

統幕は4月4日、中国海軍の空母「遼寧」（排水量5万9400トン）＝写真＝が駆逐艦などと6隻で艦隊を組み、沖縄本島と宮古島間の宮古海峡を通過し、東シナ海から太平洋に進出するのを確認したと公表した。自衛隊が同艦を確認するのは昨年4月28日に続き6回目。

「遼寧」には「レンハイ」級ミサイル駆逐艦1隻、「ルーヤンⅢ」級ミサイル駆逐艦2隻、「ジャンカイⅡ」級フリゲート1隻、「フユ」級高速戦闘支援艦1隻が随伴。

艦隊は3日午前8時ごろ、長崎・男女群島の南西約470キロの海域を南東進した後、宮古海峡を南下し、太平洋に出た。海自8護隊（佐世保）の護衛艦「すずつき」、1空群（鹿屋）のP1哨戒機、5空群（那覇）のP3C哨戒機が確認、情報収集活動を行った。海自は警戒監視を続けている。

海警法に「強い懸念」伝達

日中「海空連絡メカニズム」会合

日中防衛当局は3月29日、「海空連絡メカニズム」の第3回の年次会合と専門会合をテレビ会議形式で開き、現下の安全保障情勢や両国の安全保障政策などをめぐって幅広く意見交換を行った。

会合には日本から防衛省の大和太郎防衛政策局次長、吉野幸治国際政策課長、統幕などの関係者と、中国からは国防省の宋延超国際軍事協力弁公室副主任、陳培凌国際軍事協力弁公室アジア局副局長、連合参謀部などの関係者が出席した。

この中で日本は、沖縄県の尖閣諸島周辺海空域を含む東シナ海情勢に関する我が国の立場を伝え、力を背景とした一方的な現状変更の試みに「強い懸念」を示すとともに、緊張を高めるいかなる行為にも強く反対することを伝達した。

さらに、中国の海警法に対する「強い懸念」を表明。同法の制定により、我が国を含む関係国の正当な権益が損なわれ、東・南シナ海などの海域で緊張を高めることは「断じて受け入れられない」との立場を伝達した。

その上で双方は、同メカニズムが2018年6月の運用開始以来、適切に運用されてきたとの認識を共有したほか、今後も日中防衛当局間の不測事態の回避と信頼醸成に資する形で運用し、実効性の向上を目指して努力していくことで一致した。

「ホットライン」に関しても、早期開設に向けた調整が着実に進展していることを確認した上で、さらに調整を加速させていくことを申し合わせた。

このほか、新型コロナウイルスの感染状況を踏まえつつ、防衛当局間の対話や交流の実施について意思疎通を図っていくことを確め合った。次回の第4回の年次会合と専門会合は今年末か来年初頭に開催することで合意した。

春夏秋冬

最悪のシナリオへの備え

河野 克俊

東日本大震災から今年で10年を迎える。ここに改めて犠牲になられた方々のご冥福をお祈りするとともに、被災地の一日も早い復興を願っている。

東日本大震災当時、私は統合幕僚副長として折木統合幕僚長を補佐していた。

発災する時刻、私は、横須賀の同期と電話で話をしていた。すると、突然、庁舎が激しく揺れ始めた。「大変だ！」と思ったが、横須賀に揺れが伝わるには少し時差があるのか同期はなかなか話を止めない。まもなく横須賀も揺れ始めたようで相手も「大変だ！」となり、電話をやっと切ることができた。私のオフィスは14階にあったから、揺れが激しく、庁舎が倒壊するのではと思うほどだった。外を見ると、あちこちで煙が上がり、テレビでは津波で街が飲み込まれているシーンが映し出されていた。そこから怒濤の日々が始まった。

自衛隊は総力を上げて地震・津波災害へ対応したが、そこに思いもかけない福島第1原子力発電所の事故が重なったのである。

最近、NHKの「ETV特集」で当時の関係者の証言に基づいた同事故の検証番組が放送されていた。この番組を観て危機における対応について改めて考えさせられたので紹介したいと思う。

米国は、事故発生直後から最悪のシナリオを想定していた。要は米国の危機対応の考え方は先ず最悪のシナリオを想定し、それに至らないように手を打っていくというものである。言わば川上から川下である。

一方、日本は目の前に起きた事象にその都度対処していくというものであった。言わば川下から川上である。

原子力委員会から当時の菅総理に「最悪のシナリオ」が報告されたのは発災から2週間後の25日であった。しかも番組では当時の北澤防衛大臣はその文書を見たことがないと証言している。事実であれば政府内でもこの報告は共有されていなかったことになる。当然、国民にも知らせていない。

日本人はこういう場合、無用な混乱と不安を招かないことを理由に情報を囲い込む傾向があるのではなかろうか。しかし、そのまま最悪のシナリオに突き進んだ方がより悲劇的な結果を招くことは自明である。多くの日本人は戦時中の大本営発表を揶揄するが、根本の思考過程は同じである。

（前統合幕僚長、元海将）

監察監に小川氏

前広島高検検事長から就任

防衛省は3月31日付で退職した防衛監察監の野々上尚氏の後任に、4月1日付で前広島高検検事長の小川新二氏＝写真＝を起用する人事を発表した。

小川 新二（おがわ・しんじ）防衛監察監 早大法卒。昭和59年札幌地方検察庁検事。平成元年東京地方検察庁検事、16年内閣官房内閣参事官、23年最高検察庁検事、27年法務省矯正局長、29年最高検察庁公安部長などを経て、令和元年広島高等検察庁検事長。栃木県出身。64歳。

防衛省発令

▽令和3年9月30日まで勤務延長（防衛研究所長） 田中 聡

▽退職

（防衛監察監） 野々上 尚

（防衛医大副校長＝診療担当、併防衛医大病院長） 浅野 友彦

（防衛装備庁調達管理部長） 水野谷 賢司

（地方協力局地方調整課長） 宮川 均

（以上3月31日）

▽防衛医大副校長＝診療担当、防衛医大病院長併任（防衛医大図書館長、併防衛医大教授、併防衛医大病院耳鼻咽喉科部長） 塩谷 彰浩

▽防衛監察監に採用＝令和6年3月31日まで 小川 新二

▽防衛装備庁調達管理部長（防衛装備庁調達企画課長） 内藤 正雄

▽解地方協力局付併任、地方協力局地方調整課長（大臣官房付、併地方防衛局付） 折戸 栄介

（以上4月1日）

ジブチで陸海隊員 4人がコロナ感染

統幕は4月2日から4日にかけ、東アフリカのジブチ共和国に置かれた自衛隊海賊対処部隊の活動拠点で、支援隊に所属する20～30歳代の陸海自隊員の計4人が新型コロナウイルスに感染したと公表した。

陸自隊員2人は2日、海自隊員2人は3日、発熱など体調不良の症状があったため、医務室で抗原検査を受検したところ、コロナ陽性が確認された。

現在、4人は宿舎に隔離され療養中で、容体は安定している。部隊は拠点内を消毒するとともに、食堂を除く共有スペースの使用を禁止するなど感染拡大防止に努めている。

統幕は「4人に接点はなく、感染経路は調査中だ。現時点でジブチ拠点の部隊運用や航空部隊の任務に影響はない」としている。

北ミサイル巡り 日米局長級会談

北朝鮮による3月25日の弾道ミサイル発射を受け、防衛省の岡真臣防衛政策局長は同日夜、米国のデビッド・ヘルビー国防次官補代行（インド太平洋安全保障担当）と電話会談した。

両氏は北朝鮮の弾道ミサイル発射が「我が国を含む周辺地域と国際社会の平和と安全を脅かす行為だ」との認識を共有。引き続き日米韓3カ国で緊密に連携するとともに、国連安全保障理事会決議の履行を確保するため、日米を含む各国が実施している取り組みの重要性についても確認した。

朝雲寸言

米国は4年単位で物事を考える。日本は10年、中国は50年単位で考えるという話を聞いた▼その中国が「核心的利益」という言葉を初めて使ったのは2009年、米中戦略対話の時である。三つの核心的利益の中で最も重要なものは国家主権と領土の保全であり、具体的には新疆ウイグル、チベット、南シナ海、香港、台湾、そして尖閣諸島である▼当時は政界も経済界も核心的利益の言葉に隠された中国の真意を気に留めなかった。その後の南シナ海の領有化の過程で世界は中国の戦略に気付かされた。そして現在、次の核心的利益として台湾と尖閣が注目されている▼天安門事件後、中国はソ連邦の解体や冷戦崩壊を受けて改革開放路線を押し進める。しかし鄧小平の言葉と言われる「韜光養晦」（能力を隠し、時を待つ）という雌伏の時を経て、堂々と力を背景に自己主張を繰り返すようになった▼新冷戦とも言える米中対立の中で中国はロシアとの新たな結束を模索する。アラスカでの米中外相会談が激しい対立で終わった直後、中国とロシアの外相が会談を開いた。国際社会は再び対立と分裂の時代を迎えようとしているように見える▼そのような情勢の下、陸上自衛隊第1空挺団の1個大隊が3月に在日米空軍の輸送機12機の支援を受けて東富士演習場で空挺降下訓練を行った。秋には28年振りの全国規模の演習が計画されているという。その視線は南西に向けられている。

全国150カ所で入省式 628人が服務の宣誓

防衛省

入省式で壇上の大型スクリーンに映し出された岸防衛相の訓示を聞く本省の新規採用者たち。今年もマスク着用や席の間隔を空けるなどのコロナ対策が徹底された（4月1日、防衛省講堂で）

令和3年度の防衛省新規採用者628人＝総合職、一般職、専門職、中途採用等＝の入省式が4月1日、新型コロナウイルス感染拡大の影響を受けて昨年同様、市ヶ谷の本省をはじめ、全国の各基地・駐屯地、機関など計約150カ所の会場で分散して行われた。各人の採用先のそれぞれの会場では岸防衛相がビデオを通じて訓示を述べた。

本省では一昨年まで全国から入省者を一堂に集めて「全機関合同入省式」を実施してきたが、今年も昨年に続き、本省採用の52人のみが式に出席。入省者を代表して岩本華苗事務官(22)＝防衛政策局調査課＝が壇上で芹澤清官房長から辞令交付を受けた後、力強く服務の宣誓を行った。

続いて、壇上の大型スクリーンに映し出された岸大臣がビデオメッセージで訓示を述べ、①国民の信頼を大事にせよ②既存の枠にとらわれることなく、新しいことに挑戦せよ③健康を大事にせよ――の3点を要望。「お互いに力を合わせて我が国の平和と独立を守るため、大胆に構想し、挑戦していきましょう」と激励した。

本省での式後、新職員を代表して報道陣のインタビューに答えた竹中凜太郎事務官(22)＝防衛装備庁装備政策課＝は「防衛省・自衛隊の進化や変革の原動力となることを目指し、日々、自己研鑽に励み、職責を全うしていきたい」、畑中我海事務官(23)＝統幕首席参事官付＝は「初心を忘れず、我が国の安全をお守りするという覚悟と矜持をもってがむしゃらに職務に邁進していきたい」とそれぞれ抱負を語った。

今年度の新規採用者は、3月に入省した中途採用者を含め計628人。その内訳は、▽総合職41（うち女性11）人▽一般職505（同184）人＝大卒206（同67）人、高卒299（同117）人▽専門職34（同28）人▽防衛研究所の研究職3（同1）人▽中途採用者など45（同14）人。

松川政務官が防研を視察 田中所長の案内で理解深める

防衛研究所の視察を終え、最後に田中聡所長（右）とチャレンジコインを交換する松川るい政務官（3月22日、市ヶ谷で）

松川るい防衛大臣政務官は3月22日、市ヶ谷の防衛研究所を訪れ、田中聡所長の案内で所内の各施設を視察した。松川政務官の防研視察は今回が初めて。

政務官は田中所長、副所長の木口雄司陸将補、庄司潤一郎研究幹事ら幹部の出迎えを受けて記念撮影に臨んだ後、森卓生企画部長から概況説明を受け、▽研究室▽国際会議場▽史料庫▽研究図書室▽研修室▽小教場▽史料閲覧室――などを巡視し、大教場でブリーフィングを受けた。

戦史史料に関しては、戦史研究センター史料室の菅野直樹室長が説明を行い、政務官は研究内容や施設の運用状況などについてさらに理解を深めていた。

最後に田中所長と「チャレンジコイン」の交換を行った政務官は関係者に見送られ、防研を後にした。

時の焦点

国内　土地調査法案　有効な監視への第一歩

自衛隊基地や原子力発電所の周辺が外国資本に買い占められ、我が国が危機にさらされる、という事態は、何としても避けなければならない。

政府は、防衛関係施設や重要なインフラ、国境離島など安全保障上重要な土地の調査と利用規制を強化する「重要土地等調査・規制法案」を国会に提出した。

自衛隊施設などの付近で、中国系資本が大規模に土地を購入した事例は数多く確認されている。経済的に活用しようとしても収益が見込めないような場所もあり、何のための買収か、地域住民の不安を招いている。

自民党議員らが早くから問題を提起し、2013年に閣議決定された国家安全保障戦略に「土地利用等の在り方について検討する」と盛り込まれた。

規制の手法によっては私権制限につながるだけに、法制化には丁寧な検討が必要だったが、課題を整理して政府提出法案としてまとまった意義は大きい。早期に成立させ、的確に運用してもらいたい。

法案は、土地や建物の所有者や国籍などを把握するため、住民基本台帳や戸籍簿を活用できるようにすることが柱だ。

自衛隊などの機能を阻害する土地利用に対しては、政府が中止を命令することも可能となる。

特に重要な施設の周辺は「特別注視区域」とし、売買の際に事前の届け出を義務づける。

自衛隊基地の隣に建物が作られ、そこから電波妨害がされたり、電気や水道などが遮断されたりすれば、日本の防衛に深刻な影響が出かねない。

国境離島は、著しい人口減少に直面している。知らぬうちに外国資本に土地の所有権が移れば、領土や領海の保全に困難が生じるだろう。

こうした問題に対処するのは本来、国家として当然のことだ。だが、これまでは法的な裏付けがないため、調査にあたる政府職員が自治体の協力を得られず、土地所有の実態を把握することさえ難しいという有りさまだった。

重要なのは、この法案は、実効的な調査や利用規制に向けた第一歩にすぎない、ということである。

政府の調査体制を強化し、自治体などの協力を得て、不審な土地取引の動きがないか、目を光らせることが重要だ。

必要に応じて、国が土地を買い取って管理することも前向きに考えねばならない。

この法案に対し、野党や一部メディアは「調査が恣意的に行われる」など乱用の懸念を強調している。乱用があってはならないのは当然だが、安全保障上の懸念を軽視するような姿勢は疑問だ。そもそも、通常の土地利用は、なんら制限されないのである。

折しも、東京電力の柏崎刈羽原発で、テロ対策の不備が明らかになった。国家の安全を確保するうえで、楽観視は禁物であることを一人一人が改めて肝に銘じたい。

宮原　三郎（政治評論家）

海外　関係険悪一段と　中国の侮米・挑発続く

3月18日に米アラスカ州アンカレッジで行われた米中外相会談は、両国外交史上に残る見物になった。

ブリンケン米国務長官が冒頭2分間、新疆ウイグル自治区のウイグル族弾圧、香港の民主化弾圧、台湾への軍事威嚇など中国の行動を批判した。

これに対し、中国側の特に、王外相に同行した楊国務委員は、中国内政に口を出すな、中国の人権を言うなら自国の黒人問題を見ろなどと20分間、猛反撃し続けた。

〝10倍返し〟に呆然とする同長官とサリバン大統領補佐官（国家安全保障担当）の表情も見物だったが、米外交官が共産主義国の政府にこんな手荒に扱われたのは、米ソ冷戦の初期以来だろう。

こうした侮米・挑発的な姿勢は、単に言葉だけではないし、その標的になるのも米政府の高官に限らない。

中国に駐在している米外交官が3月中旬、新型コロナウイルスの検査を受けた。その際、一部の人々は検査の綿棒を肛門で調べられた。普通は鼻孔である。この屈辱的措置の原因は「手違い」。にわかには信じ難いが。

中国が何かに資金を提供した際、中国はそれを受け取った者を「自分の所有物」と見なす。

上海にある米ニューヨーク大学上海校で3月初め、学生たちが当局により拘置される事件が2件起きた。詳細は不明だが、同大が中国から5年間に4700万ドルを寄贈されていたと知れば、当局の手荒さの背景も分かる。

米スタンフォード大学は2010年以来、「中国筋」から6400万ドル以上も寄付を受けていたのに、政府に報告しなかった。中国が最近同大に派遣した客員研究員が、実は軍と密接な関係のある人物と判明しても驚かない。

全米バスケットボール協会（NBA）の選手、監督は近年、米国内の人種差別を非難するが、中国の人権侵害を批判するのを聞いたことがない。50億ドルに上るNBAの中国マーケットを考えれば、これも驚きではない。

中国の「一帯一路」政策に署名したアフリカ、アジア、欧州諸国の一部は目下、契約書を読み返している。中国の巨額投資には必ず、厳しい返済条件と政治的従属が付くからだ。

中国は世界的覇権を目指す争いの最中にあるため、少なくとも軍事・経済力で優位を確立するまでは、国際世論の同情、同調を求めていく。

中国はロシアと3月22、23の両日、桂林市で外相会談を開いた。両国は7月に有効期限20年が来る善隣友好協力条約を更新する。

同条約は台湾に関し、「奪うことのできない中国の一部」で、「国家と領土の統一・実現」にロシアは全面協力するとしている。

27日には中東歴訪中の王中国外相が、イランと25年間の包括協力協定に調印した。

中国の言動はすべて米がターゲット。アンカレッジで呆然とする外交当局首脳を見ると、「これで大丈夫？」との思いが強くなる。

草野　徹（外交評論家）

防大振興会　「山崎貞一賞」に田中宏明教授　「鈴木桃太郎賞」は井上准教授ら

【防大振興会】防衛大学校学術・教育振興会（東京都新宿区、西原正理事長）は、同大で極めて優れた研究成果を挙げた教官などを顕彰する令和2年度「山崎貞一賞」「鈴木桃太郎賞」などの受賞者を決め、3月15日、國分良成防大学校長（当時）から受賞者に賞状が伝達された。

受賞者は振興会から委嘱された12人の選考委員（委員長・香川澄教授＝防大機械システム工学科）による厳正な選考と審査結果を受けて西原理事長が決定、「山崎貞一賞」は航空宇宙工学科の田中宏明教授、「鈴木桃太郎賞」は電気電子工学科の井上曜准教授と外国語教育室の今村怜講師が選ばれた。

3月15日に予定されていた防大での贈呈式は昨年度に引き続き、新型コロナの感染拡大防止の観点から中止され、同日、國分学校長が受賞者に西原理事長からの賞状とメダルなどを伝達した。このほかの受賞者は次の通り。

◇教育奨励賞＝▽今村怜講師（外国語教育室）▽田邉豊和講師（機能材料工学科）

◇研究奨励賞＝▽菅沼慎一郎講師（人間文化学科）▽平田靖透助教（応用物理学科）

◇出版助成＝佐々木智弘准教授（国際関係学科）「中国官僚組織行動―電気通信事業改革の政治過程」

◇学生研究奨励賞＝▽松林一也技官（理工学研究科後期課程）▽ブイ・ドク・ヴェト　ベトナム陸軍中尉（同前期課程）▽清田翔吾2陸尉（同前期課程）▽長谷川悌3海佐（総合安全保障研究科前期課程）

◇校友会活動奨励賞＝▽サッカー部▽ソフトテニス部

UAE空軍司令官と空幕長電話会談

井筒空幕長は3月30日、アラブ首長国連邦（UAE）空軍司令官のナセル・アルアラウィ少将＝写真＝と電話会談を行った。

両者は安全保障環境などについて幅広く意見交換し、空自とUAE空軍との協力関係を強化していくことで一致した。

海自と米海軍が対潜特別訓練

海自は3月23日、鹿児島県の種子島東方沖で米海軍との「対潜特別訓練」を実施した。海自から潜水艦1隻と航空機1機、米海軍から航空機1機が参加し、日米海上部隊の相互運用性の向上を図った。

山村海幕長は同30日の記者会見で「今後も米海軍と緊密に調整を図り、日米同盟の抑止力・対処力を高めるために双方の即応性の強化に取り組んでいきたい」と語った。

空自「ますみ会」が寄付　遺族会「ともしび会」に

世良空幕厚生課長（左）に「ともしび会」への寄付金を手渡す「ますみ会」役員の石上さん（中央）と坂本さん（3月25日、空幕で）

空自幹部の夫人でつくる親睦団体「ますみ会」（井筒裕子会長＝空幕長夫人＝以下95人）の役員2人が3月25日、防衛省を訪れ、空自遺族会「ともしび会」の事務局長を務める空幕厚生課長の世良達裕1佐に寄付金を手渡した。

ますみ会は空自隊員とその家族の支援を目的とした団体で、ともしび会への寄付は昭和51年から毎年行っている。今年はコロナ禍により1月の総会が中止となり、募金活動はできなかったが、役員会の決定を受け、会を代表して石上綾子さんと坂本奈都美さんが来省した。

石上さんは寄付金を贈った後、「ますみ会としてご遺族の心に寄り添い、今年も寄付をいたします。皆さまがつつがなく過ごせるよう願っております」と話した。

世良事務局長は「ご配慮いただきありがとうございます。しっかりと責任をもって、ともしび会にお届けします」と謝意を示した。

ひと　広報活動の原点は東日本大震災

佐々木　淳　教官(40)

海自の小月教育航空隊で数学教官として教鞭をとり15年。これまで1000人以上の航空学生にパイロットとして必要な数学を教え、部隊に送り出した。

代々木ゼミナールの講師から転身し、海自の数学教官に。予備校の講師時代、偶然目にした旧防衛庁のパンフレットにあった「パイロット候補生に数学を教える配置」という一文に興味を惹かれ、2005年、採用試験を受けた。

教官となって小月の教壇に立ち、予備校との違いを実感した。航空学生は分かる人が分からない人に教え、共に学び、協力し合う。海自の一致団結の文化に感心すると同時に、「苦手」が「得意」になると、やがて「自信」につながることを知った。

授業の傍ら、高等学校への〝出前授業〟や小学生への算数教室、ラジオ出演、執筆など海自の広報活動も精力的にこなす。

「航空学生制度があることを多くの人に伝えたい」

活動の原点は東日本大震災。仙台市の実家は津波で全て流された。当時、初の教え子が被災地で人命救助活動に従事、自衛隊の任務に改めて感銘を受けた。「一人でも多く、現場で活動できる若者を育成したい」。そんな思いから自衛隊の広報活動を始め、現在につながっている。

座右の銘は、旧海軍予科練で数学教官を務めた遠山啓の格言「授業は楽しいだけでよい」。知的好奇心の大切さを伝えるこの言葉を自身の信条としている。

「今後は、小学生のプログラミング教室や社会人の統計教室などにも取り組みたい。パイロット志望の子供たちに響くような内容にしていければ」。未来への意欲は尽きない。

（星　里美）

中国情報収集機 宮古海峡を往復

中国軍のY9情報収集機＝写真＝とY9哨戒機各1機が3月29日午前から午後にかけ、東シナ海と太平洋上空を往復飛行したため、空自南西空のF15戦闘機が緊急発進して対応した。領空侵犯はなかった。

尖閣諸島北方の東シナ海に飛来した情報収集機と哨戒機は、南東進して宮古海峡から太平洋に進出。哨戒機は太平洋上空で周回して再び宮古海峡を通過した。

一方、情報収集機は太平洋に進出した後、南西進して与那国島南方沖で北上。この後、反転して往路と逆ルートで日本の領空から離れた。

統幕は同日、空自機が撮影した中国軍機の写真と航跡図を公表した。

露哨戒機2機 日本海を飛行

ロシア軍のイリューシンIL38哨戒機2機が3月29日の午後、日本海を飛行したため、空自の北空、中空、西空のF15戦闘機などが緊急発進して対応した。領空侵犯はなかった。

島根・竹島の南東沖上空に飛来したIL38は、南西進して竹島と隠岐島間を通過。この後、島根半島沖で反転し、再び竹島と隠岐島間を抜けて列島沿いに一気に北上し、秋田・男鹿半島沖で針路を北西に変え、自国領方面に戻った。

防衛省発令

▽航空救難団副司令（航空教育集団教育部長）1空佐　落水田　実

▽航空支援集団幕僚長（3輸送航空隊司令兼美保基地司令）同　塩川　壮

▽3輸送航空隊司令兼美保基地司令（航空救難団副司令）同　奥儀　孝

▽航空教育集団教育部長（航空教育集団司令部）同　鈴木　繁直

▽12飛行教育団司令兼防府北基地司令（航空支援集団幕僚長）同　北村　靖二

（以上3月31日）

▽兼統幕指揮通信システム企画課　指揮通信システム隊　1陸佐　中野　和行

▽陸幕人事教育計画課就職管理室長（陸幕人事教育計画課）同　野村　和弘

▽東部方面総監部医務官兼中央病院1内科（中央病院1内科兼人事教育局衛生官付）同　又木　紀和

▽護衛艦隊司令部（佐世保地方総監部3幕僚室長兼5幕僚室長）1海佐　坂井喜一郎

▽いせ艦長（海自1術科学校教育2部長）同　宮崎　好司

▽佐世保地方総監部3幕僚室長兼5幕僚室長（いせ艦長）同　飯ケ谷孝広

▽海自1術科学校教育2部長（海自1術科学校）同　川岸　裕嗣

▽艦船補給処武器部長（自衛艦隊幕僚）2海佐　桑田良作

▽解空幕防衛課兼務（空幕首席衛生官付衛生官）1空佐　高林　勇気

▽航空開発実験集団研究開発部技術課長（航空開発実験集団司令部）同　古川　徹

▽空自幹部学校（空幕総務課）同　稲留　仁

▽空自幹部学校付（同防衛課）同　巻田　明輝

▽中央病院1内科（中央病院付）1海佐　北垣　学

▽中国四国防衛局玉野防衛事務所長（艦船補給処武器部長）同　赤尾　信哉

▽防衛装備庁プロジェクト管理部事業監理官付兼長官官房艦船設計官付（中国四国防衛局玉野防衛事務所長）同　柿内　淳志

（以上4月1日）

「日米仏ベルギー」の共同訓練中、仏空母「シャルル・ド・ゴール」艦上で発進準備を行うラファールM戦闘機（手前）。奥は周辺の警戒に当たる海自護衛艦「ありあけ」＝©Marine nationale/Défense

海自護衛艦が共同訓練

仏海軍空母と連携強化

海自とNATO（北大西洋条約機構）加盟各国海軍艦艇との共同訓練が3月中旬、アラビア海と東シナ海で行われた。アデン湾での海賊対処任務を終えて帰国途中の汎用護衛艦「ありあけ」（艦長・江澤斎高2佐）は同湾などで米、仏、ベルギー海軍の空母を含む艦艇と共同訓練を実施。一方、1護群5護隊のイージス護衛艦「こんごう」（艦長・藤崎勝1佐）は東シナ海で米海軍第7艦隊旗艦の揚陸指揮艦「ブルーリッジ」と訓練を行い、通信状態を確認するなど日米部隊の共同対処力を強化した。

「ありあけ」への着艦訓練を行った仏海軍のヘリコプター（海自提供）

「ありあけ」

米仏ベルギー4カ国

ソマリア沖・アデン湾での約5カ月間の海賊対処任務を終えて帰国途中の護衛艦「ありあけ」は3月17、18の両日、アデン湾でフランス、ベルギー海軍との3カ国による初の共同訓練を実施した。

フランス海軍からは空母「シャルル・ド・ゴール」（満載排水量4万3000トン）、駆逐艦「プロヴァンス」（同6000トン）、補給艦「ヴァール」（同1万7000トン）が参加。ベルギー海軍からはフリゲート「レオポルド1世」（同3300トン）が加わった。

仏海軍が誇る「シャルル・ド・ゴール」は2001年に就役した米海軍以外で唯一の原子力空母で、多用途戦闘機「ラファールM」など各種航空機を搭載。海自艦と仏空母の共同訓練は2019年5月に続き2回目となった。

同19日には日、仏、ベルギーの3カ国の艦隊に米海軍の巡洋艦「ポートロイヤル」(同1万100トン)、強襲揚陸艦「マキンアイランド」（同4万1000トン）が加わり、4カ国の艦艇は翌20日にかけて共同訓練を実施。戦術運動、クロスデッキ（相互乗艦）、洋上補給などを通じ、4カ国艦艇間の連携を強化した。

仏空母「シャルル・ド・ゴール」（奥）と戦術運動を行う「ありあけ」＝©Marine nationale/Défense

並走しながら燃料ホースをつなぎ、補給訓練を行う仏海軍の補給艦「ヴァール」（左）と「ありあけ」＝海自提供

洋上でフォーメーションを組んで並走する（手前から）、仏空母「シャルル・ド・ゴール」、「ありあけ」、ベルギー海軍フリゲート「レオポルド1世」＝©Marine nationale/Défense

「こんごう」

米7艦隊の指揮艦と

1護群5護隊（佐世保）のイージス護衛艦「こんごう」は3月29日、東シナ海で米海軍第7艦隊の揚陸指揮艦「ブルーリッジ」（満載排水量1万9000トン）と共同訓練を実施した。

「ブルーリッジ」はインド太平洋地域の安全を担う米第7艦隊で旗艦を務める艦艇。日米の2艦は洋上での指揮・通信など、有事に備えた各種戦術訓練を行い、日米同盟の抑止力・対処力を強化した。

「通信の確達を確認」

山村海幕長は3月30日の記者会見で同訓練について述べ、「指揮通信能力に長けた艦である『ブルーリッジ』との訓練で（日米間の）通信の確達を確認した。（内外に向けて）内容のある発信ができたと考える」と成果を語った。

有事に備え戦術磨く

日米共同訓練で米第7艦隊の旗艦「ブルーリッジ」（手前）と戦術運動を行う海自イージス艦「こんごう」（いずれも3月29日、東シナ海で）＝海自提供

「ブルーリッジ」（奥）と洋上で会合し、同艦の指揮官に向け敬礼する「こんごう」の藤崎艦長（手前）

東日本大震災から10年　自衛隊への教訓 ▷▷4◁◁

元東北方面総監　渡邊　隆　元陸将

（現・国際地政学研究所副理事長）

災派部隊　引き際の美しさ

東北方面総監（第35代）として着任したのは発災から5カ月後の2011年8月のことである。正直な話をすれば東日本大震災の対応を我が事として語る資格をわたしは持たない。初期対応から統合任務部隊指揮官を務められた前任者は残念ながらお亡くなりになった。この文章を書かざるを得ないのはそのような事情がある。

手段を尽くし守る

多くの災害の中で最も対応が難しいといわれるのは地震災害である。他の災害と比べて被害の程度や範囲が大きいという理由だけではない。地震は予知できないからだ。台風は天気予報を見ていればある程度予測が可能だ。火山噴火も突然で予測できないのだが、火山の場所は固定されている。しかし地震はいつどこに起こるか全く分からない。

自衛隊にとって地震災害は能力の全てを傾注しても勝つことができないかもしれないほどの巨大な敵に見える。冷戦が激化した過去の一時期、強大な極東ソ連軍を迎え撃つことを想定していた自衛隊も似たような感覚を持っていた。しかし、相手がどんなに強くてもあらゆる手段を尽くして国民の命を守ること、地域の人々の生活を維持すること、これこそが自衛隊の矜持なのである。

待機態勢の見直し

地震発生時の災害派遣は時間との戦いである。その意味で自衛隊の災害派遣にとって契機となったのは1995年、「阪神・淡路大震災」であった。この震災では発災初期の自衛隊の行動に関して批判があった。しかし、災害派遣は地方自治体からの要請に基づく活動である。要請もないのに自衛隊が自己の判断で出動するわけにはいかない。現場に至る経路上に障害物があっても独自に撤去することもできない。それがそれまでの災害派遣だったのだ。

阪神・淡路大震災後、大きな前進があった。震度5弱以上の地震では自衛隊は要請を待たずに出動することができる。付近に警察官等がいない場合、経路上の障害物を除去することもできるようになった。そのような改善の結果、自衛隊の各部隊は震度5弱以上の地震が発生すれば、要請を待たずに出動できるようになった。そのために災害派遣の待機態勢が見直された。広域の被害確認のため航空機が発災後15分で飛び立つようになり、地上から情報収集のため車両部隊が30分以内に出動する態勢となった。

反省と訓練と教訓

東日本大震災で自衛隊が発災後48時間で約1万8000人近くの被災者を救助できたのは奇跡でも偶然でもない、それまで出動した過去の地震災害派遣の反省と防災訓練「みちのくアラート」などの教訓が生かされたからだ。

「災害派遣は引き際が難しい」、初めて赴任した部隊の先輩から聞いた言葉である。部隊は北海道の有珠山噴火に伴う災害派遣を終えたばかりだった。随分と昔のことだが昨日のように覚えている。

任務達成した歓喜

大きな災害が起こった時、誰もが生きることに必死となる。やがて食事や入浴、住居などの生活に関心が移る、そして何とか日常を取り戻すようになれば、自衛隊は不要になる。自衛隊は要請され命令を受けなければ撤収できない。公園や校庭に展開する自衛隊が目障りな存在になることもあった。それがそれまでの自衛隊だった。

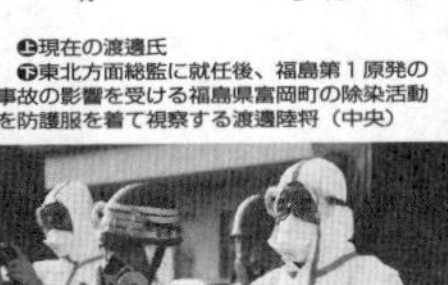

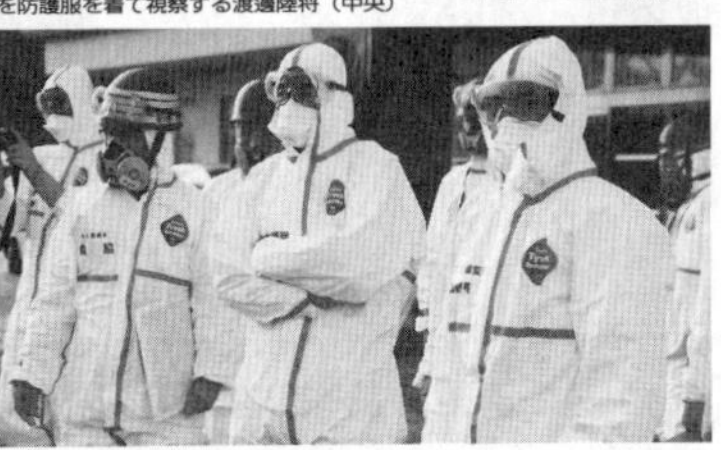

㊤現在の渡邊氏
㊦東北方面総監に就任後、福島第1原発の事故の影響を受ける福島県富岡町の除染活動を防護服を着て視察する渡邊陸将（中央）

しかし、この目で見た東北は違った。災害に遭遇し多くの苦難を受けているにもかかわらず、東日本の方々の自衛隊を見る目は優しかった。「トモダチ作戦」で一緒に活動した米軍の将校・下士官は例外なく東北人・日本人の民度の高さに驚愕した。被災してもなお自制心を失わない日本人の姿に感動したのだ。

そして3・11で自衛隊は変わった。撤収命令を受けて自衛隊の車両が被災地から引き揚げるとき、多くの地域の人々が涙を流して自衛隊を見送ってくれた。自衛隊員も泣いた。それは発災当初の苦悩の涙ではなく、任務を達成した歓喜の涙であった。現場にいる隊員だけではない。被災地に赴くことなく駐屯地で事務と支援に当たった事務官や予備自衛官も一体となって任務を遂行した。

未曽有の震災から間もなく10年となる本年2月13日の夜、福島県沖を震源とする最大震度6強の地震が東北をはじめとする地域を襲った。気象庁は東日本大震災の余震であると断定した。10年前の記憶が瞬時によみがえる。これは大自然のメッセージなのだろうか。

自衛隊の災害派遣は新たな時代を迎えている。国土防衛の期待が高まる情勢下、災害対応にどのような折り合いをつけるのかが今問われている。

部隊だより

上富良野　4特科群はこのほど、らっぱ競技会を行った。らっぱ特技保有者の練度向上などを目的に、部隊対抗は指揮者を含む代表5人が「送迎の譜」を、個人対抗は「君が代」などをそれぞれ吹奏した。参加者は審査員らが見守る中、練成成果を発揮した。部隊対抗は104特科大隊、個人対抗は岡崎和也3曹（131特大1中）＝写真㊧＝が優勝した。

岩見沢　12施設群は2月15日、岩見沢市幌向緑地公園で雪害対処訓練を行い、その様子を市民にも公開した＝写真㊧。訓練では孤立集落等を想定したソリでの物資輸送や、災害現場に前進するための雪上車によるジョーリング、崩壊家屋等からの行方不明者捜索と救助要領を実施した。見学者からは「自衛隊の存在に安心感を感じた」などの声が聞かれた。

海

父島　基地分遣隊の有志隊員6人はこのほど、小笠原諸島の父島で行われた島内一周レースに参加した。レースは小笠原村の副村長が企画した。絶好のランニング日和の下、隊員たちは島民十数人とともに同村役場前をスタート＝写真㊦。父島を一周して役場前にゴールする約18キロのコースをそれぞれのペースで走り切り、心身をリフレッシュさせた。

下総　基地は3月19日、新型コロナの影響で延期となっていた新成人28人の祝賀行事を行った。新成人は庁舎屋上から「責任ある大人になりたい！」「両親に感謝！」など元気よく主張＝写真㊦。その様子をスカイプを通じて各隊員の原隊の上司に配信した。また行事の一環として「はたちの献血」キャンペーンに参加し、献血にも協力した。

江田島　幹部候補生学校は3月18日、江田島湾で128期幹部予定者課程の短艇競技を行った。31、32両分隊・各2クルーが2千メートルのコースを競った。八木浩二学校長の号砲で各艇スタート。艇指揮の号令に合わせて12人が力いっぱい櫂を漕ぎ、ゴールを目指した。レースに勝った艇のクルーは、櫂を垂直に立てる「櫂立て」を誇らしく行った＝写真㊦。

下関　基地隊は3月4日、隣接する二葉幼稚園の要望で園児の同隊への遠足を支援した。園児20人は自衛隊車両を間近に見たり、体より大きい災害派遣用のリュックを装着して楽しんだ＝写真㊦。同隊では、ヘルメットを試着した子供たちの写真を缶バッジにしてプレゼント。後日、園から「自衛隊に入る！」と発言する子供が複数いたとの連絡があった。

陸

真駒内　18普連は2月22日から26日まで、北海道大演習場で連隊練成訓練と1中隊、対戦車小隊の訓練検閲を行った＝写真㊦。部隊は約20キロの夜間スキー行進後、冬季の特性を踏まえた陣地構築。夜は氷点下20度近くになり暴風雪が襲う厳しい環境下で勇猛果敢に戦闘を繰り広げるなど、全隊員が一丸となって敵の侵攻を阻止。与えられた任務を完遂した。

北千歳　駐屯地は2月20日、7飛行隊の支援を受け丘珠駐屯地で航空機体験搭乗を行った。駐屯地や協力者の維持・拡充に寄与することを目的に実施、14人の駐屯地モニターが参加した。ブリーフィングを受けた参加者はUH1ヘリに搭乗、普段は見ることのできない札幌上空からの景色を楽しみ、終了後「とてもきれいで感動しました」と喜びを語った。

神町　20普連はこのほど、天童高原スキー場で行われた「天童高原スノーパークフェスタ」に協力した。2中隊の東海林洸矢2曹以下8人が悪天候にも負けず制作に取り組み、強い責任感の下、完成させた。またスキー訓練隊の教官、粟田誠志曹長はデモンストレーションで素晴らしい滑降技術を披露＝写真㊦、来場者から盛大な拍手が送られた。

宇都宮　12特科隊は2月18日、宇都宮駐屯地訓練場において中隊ごとの命題発表訓練を行った＝写真㊦。命題は「隊収容所の開設・運営（本管中）」、「夜間における警戒要領（1中）」、「ドローンを用いた陣地の安全化要領（2中）」、「車両行進時の対遊撃（3中）」。それぞれが「敵を意識した行動・実効性の向上」を重視し、訓練成果を展示した。

習志野　駐屯地業務隊員食堂は、「習志野メシMRI3（モライスリー）コンテスト」を実施する。「来てMoRaI。食べてMoRaI。評価をMoRaI」をコンセプトに、丼、麺、カレー部門で競う。「来」「食」「評価」をそれぞれ指数化し、100点からマイナス100点までを設定。令和3年度を通して行い、年間グランプリを決定する。

西方音　2年ぶり音楽まつり

会場圧倒　自衛太鼓

「力を結集、道切り開く」を表現

来場者を熊本県内に限定、入場者数も制限

自衛太鼓チームは力強く、美しいパフォーマンスで会場を圧倒した（写真は熊本西特連太鼓の「流れ打ち」）

西部方面音楽隊（健軍）は3月6日、熊本市民会館で「令和2年度西部方面音楽まつり」を開催した。この演奏会は西方最大の音楽イベントで、地域住民との交流や隊員の士気高揚を目的に開いている。昨年は新型コロナの影響で中止となったが、今年は来場者を熊本県内に限定し、入場者を制限するなど感染対策を徹底して挙行した。

舞台では西方音が映画「ベン・ハー」のテーマ曲などを演奏。8音楽隊（北熊本）はコロナと闘う医療従事者へ敬意を表し、ドラマ「JIN—仁—」のメイン曲を披露した。

さらに太鼓演奏では「道」をテーマに、自衛太鼓チーム（熊本西特連太鼓、薩摩川内焔児太鼓、対馬元寇太鼓）が迫力の演奏とパフォーマンスで会場を圧倒した。

九州豪雨、全国からの支援に感謝

特に熊本西特連太鼓部は、昨年の九州南部豪雨災害に対する全国からの支援に感謝を示したいと、気持ちを込めた和太鼓を鳴り響かせた。副部長の山口雅人3曹は「コロナ下でも各部隊の太鼓部員が一丸となって力を結集し、作品を披露できたことで、道を切り開いた実感が湧きました。お客さんにも喜んでいただき、充実感でいっぱいです」と語った。

ゲストとして地元の八代白百合学園高等学校の吹奏楽部も参加し、「セプテンバー」などを披露。最後に全出演者による「オリンピック・ファンファーレ・マーチ」で演奏会を締めくくると、観客席からは演奏者に惜しみない拍手が送られた。

（健軍、北熊本）

地元の八代白百合学園高等学校吹奏楽部もゲスト出演し、「セプテンバー」など2曲を演奏した

西方音と8音楽隊は映画「ベン・ハー」やドラマ「JIN—仁—」のテーマ曲などを華麗に演奏

空

百里　基地業務隊給養小隊はこのほど、常磐大学学生（健康栄養学科3年）4人の栄養士免許取得のための実習を支援した＝写真㊨㊤。学生たちは給養員や栄養士の指導を受け、調理や配膳など各種業務の知識と技能の向上を図った。献立はカロリー摂取量が一般成人より多いため、苦慮しつつ作成。実習後は基地を見学し、航空自衛隊への理解も深めた。

入間　基地消防小隊はこのほど、用途廃止されたC1輸送機を使用した搭乗員救出訓練を行った＝写真㊨㊦。機体の緊急時破壊箇所を切断し、開口部から機内の搭乗員を救出した。訓練参加者は新型コロナ感染症対策のためマスクを着用、互いに2メートルの距離確保などを徹底した。さまざまな制約の下、実機を使用する貴重な訓練となった。

芦屋　基地はこのほど、松の植樹作業を行った。基地内には約400年の歴史のある松樹が植生しており、平成23年から育成と愛護運動に取り組んでいる。月末の木曜に隊員で松葉かきや倒木の除去、除草などを行い、さらに年度末に地域住民と共に松の植樹を行っている。密を避け作業人数を減らしたが、昨年度と同じ1500本を植えることができた。

久居　33普連はこのほど、三重県伊賀市から依頼を受け伊賀上野城の高石垣清掃を行った。1中隊を主力とする55人の作業隊が支援した。高さ約30メートルある石垣をレンジャー隊員らがロープで降下＝写真㊦、生い茂る雑草などを伐採した。近くの幼稚園児や観光客から温かい声援が送られた。天候にも恵まれ、5日間の作業は無事に終了した。

海田市　47普連は2月17日から21日まで、原村演習場と射撃場で技能公募予備自衛官15人の招集訓練を行った。普通科など職種ごとの科目に取り組み、続いて一連の状況下で検問を行う要領を演練。「検問所の構成、運営の訓練は初めてだったが理解を深めることができた」などの声が聞かれた。最終日の体力検定と射撃検定は全員が合格した。

板妻　駐屯地は東日本大震災発災から10年の3月11日、哀悼の意を表し駐屯地の国旗を半旗掲揚とした。また地震が発生した午後2時46分、隊員たちは訓練や業務をいったん止めて1分間の黙とうを行った＝写真㊤。駐屯地は被災地の早期復興を願うとともに、引き続き災害対処訓練や日々の訓練、業務にまい進していく決意を固めた。

豊川　49普連は3月2日、日吉原演習場で持続走競技会を行った。中隊対抗で断郊走を実施。一組5、6人でチームを編成し、起伏のある4キロのコースで走破タイムを競った。強い雨が降りしきる中、各チームはペースをそろえ互いに声を掛け助け合いながら、コースを駆け抜けた。中隊対抗の部は3中隊が5連覇、チーム対抗は1中隊Aが制した。

厚生・共済

特集

「挙式や披露宴の予定はないけれど…」

ホテルグランドヒル市ケ谷のフォトウエディングプラン

今という瞬間を写真に残そう

「挙式や披露宴の予定はないけれど、ふたりの今の瞬間を写真に残しておきたい…」。

そんな思いの皆さん、婚礼衣装をお召しになって、写真撮影をしてみませんか。

共済組合の直営施設「ホテルグランドヒル市ヶ谷」（東京都新宿区）では、2021年4月から2022年3月までの期間限定で、婚礼衣装を着て写真撮影ができる「フォトウエディングプラン」をご用意しています。どうぞご利用ください。

「フォトウエディングプラン」は2種類あり、いずれのプランも内容は▽撮影料▽新婦衣装1着▽新郎衣装1着▽ヘアメイク▽着付け▽小物一式▽記念写真（2ポーズ）となっています。

◆「スタジオフォトPLAN」

ホテル内写真スタジオで撮影するプラン。料金（いずれも消費税10％込み）は、洋装が10万円、和装（洋髪）が13万5000円、和装（かつら）が16万円、和装（やまと髪）が18万円となっています。

「ロケーションフォトＰＬＡＮ」では、白亜のチャペル内で写真撮影ができます

◆「ロケーションフォトPLAN」

ホテル内写真スタジオとチャペル、神殿で撮影するプランです。こちらは、洋装が16万円、和装（洋髪）が20万円、和装（かつら）が22万円、和装（やまと髪）が25万円となっています。

ロケーションPLANにはスナップアルバム（100カットデータ）が付きます。

同プランの詳細はホテルスタッフまでお問い合わせください。

また、ブライダルのご相談も電話・メール・オンラインで受け付けています。

ご予約・お問い合わせは、電話03-3268-0115（直通）、専用線8-6-28853（婚礼予約）まで。ホームページ（https://www/ghi.gr.jp）、メール（salon@ghi.gr.jp）でも受け付けています。

お気軽にお問い合わせください。

「フォトウエディングプラン」では洋装・和装の婚礼衣装でさまざまなカットの写真が撮影できます

2021年度「ベネフィット・ワン」ご利用ガイド

各種健診や施設補助

令和3（2021）年度の一般福利厚生・特定健診事業は、引き続き（株）ベネフィット・ワンをサービス提供会社として次の通り実施します。

【主なサービス等】

▽会員証

（株）ベネフィット・ワンの対象施設にカードを提示することで、サービスの会員特典が受けられます。

▽「ご利用ガイド」

「ご利用ガイド」は各自に1冊配布します。

▽宿泊関連の補助金

1泊2000円（組合員1人につき年度内4人泊まで、3級以上の特地官署に所在する部隊等に勤務する組合員は6人泊まで）。公費（出張費）による宿泊には非適用。

▽各種健診の補助金（人間ドック・生活習慣病健診、特定健診等）

組合員（任意継続組合員含む）とその被扶養配偶者は上限20000円補助（年度内1回限り）。右記以外の特定健診対象者は7700円補助（年度内1回限り）。特定健診のみ受診の場合、自己負担はなし。

▽2大テーマパーク施設の補助

東京ディズニーリゾート（TDR）の予約観光券は、1枚1000円（小人500円）補助。近畿日本ツーリスト（一部店舗を除く）、西鉄旅行（九州の一部を除く店舗のみ）の店舗での購入となります。

TDRのコーポレートプログラム利用券は実券とデジタルクーポンがあり、1枚1000円補助。実券はベネフィット・ステーション会員専用サイトまたはカスタマーセンターに申し込み、後日郵送で利用券を受け取ります。デジタルクーポンは会員専用サイトに申し込み、届いたメールの「個券番号」「オンラインコード」を確認し「TDRオンライン予約・購入サイト」にてパークチケットの購入時にご利用ください。

関西テーマパーク施設の予約観光券は、1枚1000円（小人500円）補助。近畿日本ツーリスト（一部店舗を除く）、西鉄旅行（九州の一部を除く店舗のみ）の店舗での購入となります。

TDRの予約観光券、コーポレートプログラム利用券、予約観光券のうち、いずれかを年1回限定で上限4枚までお申し込みいただけます（それぞれの併用はできません）。

▽育児補助

組合員お一人につき、月極保育・一時保育の1月合計1万4000円まで。利用日1日につき2時間まで、1時間につき700円補助。1月20時間まで。手帳の提示による利用で、対象は未就学児の被扶養者に限られます。詳細は「ご利用ガイド」、一般会員向けWEBサイト（PC版https://www.benefit8211.one.co.jpスマホ版https://bnft.jp）から、会員IDとパスワードを入力してアクセスできる防衛省専用WEBサイトでご確認ください。

なお、各種補助金、TDRのコーポレートプログラム利用券と各種健診の申し込みは4月1日からとなります。

4月から変わります

「短期掛金」「介護掛金」　掛金率決まる

組合員の皆さまの給与から徴収させていただいている「短期掛金（福祉掛金を含む）」と「介護掛金」の掛金率が4月1日から別表のとおり、決定しました。

短期掛金（標準報酬の月額及び標準期末手当等×短期掛金率）の掛金率は引き下げに、また、40歳以上の組合員から徴収している介護掛金（標準報酬の月額及び標準期末手当等×介護掛金率）の掛金率は引き上げとなりました。皆さまのご理解・ご協力をよろしくお願い致します。

令和３年４月から、次の通り変更

掛金	組合員	変更前の掛金率	令和３年４月からの掛金率	前年度との比較
短期掛金（福祉掛金を含む）	自衛官	32.04/1000	29.04/1000	3/1000引き下げ
	事務官等	37.02/1000	35.52/1000	1.5/1000引き下げ
	任意継続組合員	74.04/1000	71.04/1000	3/1000引き下げ
介護掛金	自衛官	8.29/1000	8.54/1000	0.25/1000引き上げ
	事務官等	8.29/1000	8.54/1000	
	任意継続組合員	16.58/1000	17.08/1000	0.5/1000引き上げ

特別貸付の利率　引き下げ

貸付の種類		貸付対象	利率（変更前）		利率（R3.4.1～）
普通貸付	一般	臨時の支出に充てる費用	4.26％	→	変更なし
	特認	業務上の事由による転居等に要する費用又は１か月以上の海外出張などに要する国内での準備費用			
特別貸付	教育	学校教育法に規定する教育機関に支払う費用、受験料、留学関連費用等	1.86％	→	1.76％
	結婚	結婚に要する費用			
	医療	医療・介護に要する費用			
	葬祭	葬祭等に要する費用			
	災害	災害により住居、家財に損害を受けたときに要する費用			
住宅貸付	―	住宅の新築、購入、増改築、修繕、借入又は住宅用土地の購入等	1.27％	→	1.31％
特別住宅貸付	―	住宅の新築、購入、増改築、修繕等費用又は住宅貸付金の残高を弁財する費用（２年以内に自己都合退職予定又は、５年以内に定年退職予定の者に限る）			

共済組合では、組合員が臨時の資金が必要になった時に利用できる貸付制度を設けており、普通貸付、特別貸付、住宅貸付、特別住宅貸付を行っています。

それぞれの貸付に利率が設定されていますが、令和3年4月1日から特別貸付の利率が引き下げられることになりました。

特別貸付のうち教育目的の貸付は、受験料や留学関連費用等も貸付の対象に、医療目的の貸付は、介護費用も貸付の対象になっており、この改正で、さらに貸付制度の利用がしやすくなりました。

共済組合の貸付は、返済が源泉控除において行われるため、返済日毎に口座残高を気にする必要がなく、また住宅貸付や特別住宅貸付は、共済組合からの貸付にかかる抵当権の設定や保証料等が不要となっています。

詳細は、共済組合のホームページ（https://www.boueikyosai.or.jp）でもご覧いただけます。詳しい手続き等については各支部の窓口にお問い合わせください。

マイカーご購入をサポート

共済組合では組合員の皆さまがマイカーをご購入する際のサポートを行っています。割賦販売制度を利用すれば大変有利な利率で毎月の俸給やボーナスから返済できるのでとても便利です。4月からは利率も下がり、さらにお得になりました。

200万円の自動車を60回（5年）払いで購入した場合の比較

	令和2年度	令和3年度	
年利換算	1.005%	年利換算	0.985%
総支払額	2,100,500円	総支払額	2,098,500円

更にお得に！

便利です。割賦販売制度

割賦販売制度は、俸給の10カ月分までを限度に、最長5年間で分割払いできる制度です。返済は給料から源泉控除されるので、毎月銀行の残高を気にする必要もなし。ご所属の支部物資係の窓口でご希望を伺いながらシミュレーションできるので、まずはお気軽にご相談ください。

共済組合が契約している販売店では「新車」「中古車」「二輪車」等、幅広く取り扱っておりますので、詳しくは支部の物資係窓口でご確認ください。

年金Q&A

地方公務員に再就職したら自衛隊での年金は？

「自衛隊の期間」を必ず申し出るように

Q　現在、自衛官として勤務している者です。退職後は地方公務員に再就職する予定ですが、私の自衛隊での年金はどのような扱いになるのでしょうか。なお、扶養している妻がいます。

A　自衛隊退職後、地方公務員に再就職をされた場合、「自衛隊の期間」と「地方公務員の期間」を合わせて地方公務員共済組合から年金が支給されることになっています。（年金を受給するためには、公的年金の加入期間が原則10年必要です。）

再就職されたら、地方公務員共済組合の年金担当に自衛隊の期間があることを必ずお申し出ください。地方公務員共済組合へ組合員転入届の提出をしたのち、国家公務員共済組合連合会（以下「連合会」という。）に年金を通算するために必要な書類・各種証明書の移管を依頼します。連合会は、必要書類等を整備し地方公務員共済組合に送付しています。この移管手続きが未整備のままの場合、将来、地方公務員の年金を請求した際に自衛隊の期間の未算入や、年金の決定の遅延があるため、注意が必要です。

奥様の年金手続きに関して、再就職先でも被扶養者となる場合には、引続き国民年金の「第3号被保険者」となります。ただし、所属する共済組合が変わるため、新しい勤務先に「国民年金第３号被保険者関係届」を提出してください。

もし、再就職までに１カ月以上の期間が空く場合で、あなたも奥様も60歳未満の場合は、国民年金の「第１号被保険者」として、それぞれ年金の保険料を納めなければなりません。加入手続きに関しては、退職日の翌日から14日以内にお住まいのある市区町村の年金窓口で行うことになります。

また、現在ご所属の共済組合の支部で退職に伴う手続きをされる際には、地方公務員として再就職されることを担当者に必ずお申し出ください。「退職届」ではなく、「転出届」の記入が必要となります。

（本部年金係）

厚生・共済

特集

岩国航空基地隊に海幕長表彰

働き方改革推進コンテスト

【海幕人計課】防衛省・自衛隊が主催する「働き方改革推進コンテスト」の海上幕僚長表彰が2月5日、初めてリモート形式で行われ、新型コロナウイルス感染防止対策の「5ない運動」に取り組んだ岩国航空基地隊（司令・田光智行1佐）が受賞した。山村海幕長は表彰状と盾を贈るとともに、モニター画面越しに隊員たちの労をねぎらった。

コロナ対策で「5ない運動」

海上幕僚長表彰を受賞した岩空基は、部隊の隊員が一丸となって新型コロナ対策の「5ない運動」に取り組んだ。

「5ない運動」は、①絶対にクラスターを発生させない②集合（整列等）を感染の不安要素にさせない③特定の担当者に背負わせない④書類作成や手続きに時間をかけさせない⑤休暇取得を躊躇させない——の5点を徹底するもの。ペーパーレス化を進めたほか、業務時間の確保や負担軽減など、部隊としての効率性向上を図った。同時に業務担当の代替性の確保などでも成果を上げた点が高く評価された。

山村海幕長は「指揮官をはじめ隊員一人ひとりが『働き方改革』の必要性と重要性をよく認識し、継続的かつ効果的に取り組んだものであり、その推進状況は他の（部隊の）模範となるものである」と賞状を読み上げ、モニター越しに田光岩空基司令に授与、隊員に激励の言葉を贈った。

リモートで開催された「働き方改革推進コンテスト」の海幕長表彰で、表彰状を読み上げる山村海幕長（2月5日、海幕で）

事前に郵送された表彰状を掲げる岩国航空基地隊司令の田光1佐（前列右端）と隊員たち（2月5日、岩国航空基地で）

今回の海幕長表彰は海幕と岩国基地をオンラインでつないだことにより、海幕長のメッセージが広く隊員全員に伝えられた。

田光岩空基司令は「表彰を受け、隊員の士気が上がった。今後も積極的にワークライフバランスに取り組んでいきたい」と喜びを語った。

退職予定者13人に生活設計セミナー

美幌駐業

【美幌】美幌駐屯地業務隊は3月18日、美幌駐屯地で今年度第2回「生涯生活設計セミナー」を行った。

このセミナーは定年退職が近い13人に対し、将来の生活設計に関する知識を得てもらい、動機付けを図ることを目的に実施した。

当日は、東京海上日動あんしん生命保険の部外講師が「退職後の生活と資産運用」と題して講話。ライフプラン、現状把握、支出の確認、退職金や住宅ローンの借り換えなどの隊員のニーズに即した内容が説明された。

受講した隊員たちはライフプランの考え方、生活リスクへの備えなど、定年後を見据えた知識を得た様子だった。

空教隊　進化、深化、真価を評価　シンカポイント創設

【空教隊＝防府南】航空教育隊は3月11日、隊司令の伊東修1佐の指導方針を受け、変化や改善を目指す「進化」、これまでの伝統や技術の「深化」、自分たちの存在価値を追求する「真価」の三つの「シンカ」をスローガンに、その具現化を推進する「シンカポイント（SP）」の付与を開始した。

SPは、職場などで創意工夫によって「シンカ」した点を同隊上層部が厳正に評価を行い、0〜3ポイントを個人または組織に付与するもの。SPの累積状況は、逐次会同で公表される仕組みだ。

SPの担当者は「ポイントの利用エリアが全国区に拡大し、マスコットキャラの『シンカPON太くん』が空自の公式「マスコット」に化ける日も近いのでは。4月下旬まで初回SP進呈キャンペーンも行っているため、ぜひエントリーを」と話している。

空自空教隊が独自に開始した「シンカポイント」のマスコットキャラ「シンカPON太くん」

肥満率改善へ栄養教育　東北方指揮所訓支隊

【仙台】東北方面指揮所訓練支援隊は2月17日、仙台駐屯地業務隊栄養士の神英子技官による栄養教育「食事バランス、単身赴任者の栄養管理」を受講した。

この教育は同隊が仙台駐屯地の平均肥満率を大きく上回っている現状を改善するため、令和2年度当初から取り組んでいる「脱・肥満」施策。神技官は「規則正しく、バランスのとれた食事が大切です」と訴え、支援隊の実態に即し、ユーモアを交えてわかりやすく説明した。

受講した隊員は「神技官の話による発見が得られ、肥満解消に向けて、意義深いものになった」と語った。

仙台駐業の神栄養士（右奥）から栄養教育を受ける東北方指揮所訓支隊の隊員たち（仙台駐屯地で）

自慢の一品料理　くじらのオーロラ煮

紹介者：3空尉　江田　俊彦（空自空教隊給養小隊長・防府南）

2月の節分といえば近年、スーパーやコンビニなどで恵方巻をよく見かけるようになりましたが、山口県では昔から「くじら」を食べるという習慣があります。大きいものを食べると縁起が良いとされ、大きなくじらにあやかって「志を大きく」「心を大きく」という意味が込められているそうです。

防府南基地でも季節の食文化を味わってもらおうと、節分の日の昼食にご当地くじら料理を提供しました。その中から、「くじらのオーロラ煮」をご紹介いたします。

最初に料理酒、醤油、おろししょうがで下味をつけたくじらの角切り肉に、片栗粉をまぶして油で揚げます。これに加え、ゆでた野菜をオーロラソースと一緒に、火にかけて混ぜながら絡めるとできあがりです。このソースはトマトケチャップをベースにたまねぎとにんじんを合わせたオレンジ色のソースで、明け方の空の色に似ていることから、フランス語で「明け方」「あけぼの」を意味する「オーロル」から由来しているそうです。

かつて学校給食でもよく出されていた「くじら肉」料理を、今の若い隊員にも食べやすいようにアレンジをしたこともあり、基地隊員からは「食べやすい」と好評でした。

余暇を楽しむ　アルティメットサークル

紹介者：空士長　福田　竜也（3空団修理隊・三沢）

屋外でストレス発散

皆さんは「アルティメット」という競技を知っていますか。バスケットボールとアメリカンフットボールを合わせたような競技で、アメリカの高校生がパイの皿を投げて遊んだところから発展したといわれています。

私が代表を務める三沢基地のアルティメットサークルは昨年6月に発足しました。全員が初心者でしたが、コロナ禍で「屋外でストレス発散ができる活動がしたい！」という思いから、隣接する米軍三沢基地の隊員チームに混じりやり始めたのがきっかけです。主に休日や「北空絆の日」などを活用し、現在は約40人の男女混合のメンバーで活動しています。

アルティメットはディスクのパスから始まる競技で、100メートル×37メートルのフィールド上で行われ、1チーム7人の計14人でプレーします。一枚のディスクをパスしながら敵陣に運び、エンドゾーン（フィールド両端18メートル以内）内でパスをキャッチすると、得点になります。

ディスクを地面に落としたり、相手の妨害によってパスが失敗したりすると、攻守交代です。体の接触は禁止されており、審判はいません。反則などは自己申告制で行われるため、各プレーヤーにはクリーンなプレーが求められます。反則の判断が難しい時には、プレーヤー同士が話し合って結論を導くという、平和的な概念を持ち合わせたスポーツです。

アルティメットの醍醐味といえば、やはりダイビングキャッチです。ディスクの特性上、ボールとは違い地面に近づくにつれて「フワフワ」と落下していくので、「キャッチできるかできないか！」というギリギリのところでパスをつなげられる面白さがあります。

私たちのサークルでは隊や群の枠を超えて明るく楽しく活動しており、今後は全国の基地にアルティメットを広め、大会などを開きたいと考えています。皆さんも楽しみながら運動ができるアルティメットに挑戦してみてはいかがでしょうか。

興味がある方は、私または「自衛隊にアルティメットを広める会」代表の幹部候補生学校学生隊（奈良）の庄司和正2尉まで。皆さまのご連絡をお待ちしております。

試合後、記念撮影するアルティメットサークルの部員たち。屋外での競技のため、コロナ禍でも活動を継続中だ（三沢基地米軍グラウンドで）

「Lady Go！プロジェクト」　20普連で女性活躍推進運動を開始

「Lady Go！プロジェクト」開始に先立ち、女性活躍推進委員会に参加した神町駐屯地の女性隊員ら（3月9日）

【20普連＝神町】20普連は令和3年度、女性活躍推進の一連の活動を「Lady Go！プロジェクト」と銘打ち、施策を開始した。

この活動は「Ready Go！（さぁやろう！）」の意味をベースに、ReadyをLady（女性）に置き換え、「女性として前に進む（施策を推進する）」という意識を表現。①普通科中隊などに新たに女性を配置し、積極的に職域を開放②新隊舎移転に向けた女性活躍基盤の整備のさらなる促進③定期的に委員会を開催し、隊務に対する女性の意見を発信④男性も含め全連隊員に女性活躍推進に関する制度を普及——の4点を推進している。

20普連は昨年度、計4回の女性活躍推進委員会を開催。討論などを通じて女性が活躍できる場を模索し、「Lady Go！プロジェクト」を実現するための基盤を整えてきた。

担当者は「連隊は女性がさらに活躍できる輝かしい部隊を目指し、今後とも努力していく」としている。

地方防衛局 特集

東日本大震災の教訓を将来へ ― 東北防衛局

当時を知る職員が講話

10年経て次世代に継承

【東北防衛局】東日本大震災から10年。東北防衛局（熊谷昌司局長）は3月10日、防衛省・自衛隊に当時勤務していなかった若手職員約60人を対象に、同局で震災対応業務を経験した職員による講話を実施した。

この研修会は、当時の同局の活動や課題、教訓などを風化させることなく将来に継承することを目的に開かれたもので、当時を知る同局の職員8人が講師を務めた。

講師たちは、▽緊急対策本部の立ち上げ▽宮城県からの要請を受けて実施した遺族への対応▽被災した自衛隊施設への技術支援――などの業務について講話。

「震災当日は平日で、当直室での緊急対策本部の立ち上げは比較的容易であったが、パソコン、ホワイトボード、机、椅子などの備品や器材等は未整備であり、大変だった」「遺族対応業務では、感情移入する場面もあり、辛い思いもした」「松島基地の格納庫と駐機場の高台化については、地域防災計画と連携を図り推進した」――など、それぞれの体験談が語られた。

一方で講師たちは、今後に向けての前向きなメッセージも発信。「どんなことも全力で取り組んでほしい」「直接の支援にはつながらなくても、全体的には皆のバックアップにつながる」「『震災対応に限らず経験は生かすもの』であり、職員は常日頃から緊急事態が発生した際、自分が何をすべきか自覚を持って行動してほしい」など、次世代を担う若手職員たちに温かいエールを送った。

聴講した職員からは、「震災当時、どのような活動を行ったかを知る貴重な機会となった」「経験と教訓を受け継ぎたい」「自分が同様の状況に置かれた際に生かしていけるよう、日頃から意識して業務に取り組みたい」といった感想が聞かれた。

会場の一角には震災関連備品や当時の活動の様子を伝える写真なども展示され、多くの職員が見学した。

東北防衛局は「東日本大震災に対応した先輩職員の方々の功績を誇りとするとともに、危機管理官庁である防衛省の一員であることを深く認識し、高い防災意識のもと、一層の努力と自己研鑽を重ねていきたい」と決意新たに話している。

（上）東日本大震災当時、東北防衛局の一員として遺族対応に当たった体験と教訓について講話する同局の高橋光一訟務専門官（下）東日本大震災当時の東北防衛局の活動を伝える写真や、災害時に必要となる備品を見学する若手職員たち（写真はいずれも3月10日、仙台市の東北防衛局で）

被災した自衛隊施設に対する技術支援など、地方防衛局として災害時の任務に欠かせない備品を展示したコーナー

防衛施設と首長さん

北海道新ひだか町　大野 克之町長

静内駐屯地と歩むまち

自衛隊が地域を活性化

おおの・かつゆき　62歳。北海道立静内高卒。日高支庁で農政部農政課長、農政部競馬事業室長などを経て2018年4月、新ひだか町長に初当選。現在1期目。旧静内町出身。

新ひだか町は平成18（2006）年に静内町と三石町が合併して誕生した町です。北海道の日高管内の中央に位置し、峰々が連なる日高山脈を背に、雄大な太平洋を望む温暖で緑あふれる自然に恵まれたまちであるとともに、日高地方の行政、産業、経済、そして文化の中心都市です。

サラブレッドの故郷としても知られる日本一のサラブレッドの生産地です。春には壮大な「二十間道路桜並木」が一斉に花を咲かせ、夏には草原を仔馬が無邪気に跳ね回る、北海道らしい景色が広がる町です。

新ひだか町は、古くから昆布の漁場としても栄え、日高昆布の名産地でもあります。

最近は和牛やミニトマト、花卉の生産も盛んで、農業者育成にも力を入れています。

町の将来像と基本理念を示した「第2次新ひだか町総合計画」では「みんなでつくる希望にあふれるまち！」をテーマに、町民一人ひとりの力を結集し、みんなで希望あふれる未来を創造していくことができるまちづくりを進めています。

町内には陸上自衛隊静内駐屯地があり、町内イベントへの参加、運営協力など、ご尽力いただいており、特に阿波踊りをメインとする夏祭りには、町内最大規模の連として参加し、華麗な踊りを披露していただいています。

また、静内対空射撃場は、全国で唯一の地対空ミサイルが実射できる射撃場として、全国各師旅団や航空・海上自衛隊などから年間3万人を超える隊員が訓練に訪れており、地域の活性化にご貢献をいただいています。

下北・むつ市企業連携協議会

地元発注、大湊浚渫要請

オンラインで中山副大臣に

中山泰秀副大臣は3月17日、青森県の「下北・むつ市企業連携協議会」からの要請をオンラインで受けた。地元からの要請がコロナ禍のためオンラインで行われるのは防衛省では初めて。

要請は副大臣室とむつ市役所を結んで行われ、同協議会からは会長を務めるむつ市長の宮下宗一郎氏をはじめ計6人が出席。中山副大臣は事前に届けられた「要望書」を見ながら、宮下氏らから詳細について説明を受けた。

「要望書」は、①自衛隊の事務用品調達に係る地元発注の継続②海自大湊基地港内などの浚渫と艦艇配備――の2点を明記し、地域の活性化に向けた期待感を示した。

①については、同市には海自の大湊地方隊や空自の42警戒群など大規模な基地・設備が所在しているものの、近年は「中央一括調達」の実施により、防衛関連事業に関する地元事業者の受注の落ち込みが続いていると指摘。

パソコンやコピー機などの備品から建設工事まで、自衛隊の地元調達による経済回復の後押しの必要性を強く訴え、「自衛隊の事務用品調達に係る地元発注の継続」とともに「建設工事をはじめとする防衛関連事業の地元発注についての特段の配慮」を求めた。

②については、現在の大湊基地港内の芦崎湾は水深が浅く、海自が現有する大型艦の受け入れに制約があると指摘。

浚渫を行うことで、多くの艦艇の出入港が可能となれば、大湊基地構内の1万トンドックを利用して艦艇等の修理や整備が基地内で行えるようになるなどの利点を示し、「北日本において唯一、海自の基地機能を有し、外洋の影響が少なく、穏やかな陸奥湾にある大湊基地こそ、大規模災害時に物資の集積や艦艇整備・補給支援などの『補完基地』として、これまで以上に重要な役割を果たすことができる」と訴えた。

これらの要請に対し、中山副大臣は、むつ市をはじめ同協議会による平素からの防衛省・自衛隊への支援と協力に改めて謝意を表した上で、「地元の皆さま方のお声をしっかりお伺いしながら、ご理解、ご協力を賜りますよう取り組んでまいります」と応えた。

青森県の「下北・むつ市企業連携協議会」＝パソコン画面＝からの要請をオンラインで受ける中山泰秀副大臣（3月17日、防衛省で）

リレー随想　石倉 三良

熊本市東区、陸上自衛隊西部方面総監部などがある健軍駐屯地の北西隅に熊本防衛支局は所在しています。

その庁舎の一室の支局長室には約1・2メートル四方の額装された「書」が飾られています。本稿ではこの「書」に描かれた詩や著者にまつわる話などを紹介いたします。

先だって、熊本支局長経験者であるN大先輩から伺った話によれば、この「書」は昭和55年頃に支局長をされていたO大々先輩が知人の方から頂いた物だとのことでした。ちょうど現在の庁舎が新たに建設された時期と重なるため、新築のお祝いに支局管内に関わる「書」をといった物だったのかもしれません。

この「書」には江戸時代後期の儒者、漢詩人であり、歴史家である頼山陽が詠った『天草の洋に泊す』と言う漢詩が描かれています。紙面の関係から書き下し文を掲載しますと、

『雲か山か呉か越か　水天髣髴　青一髪　万里舟を泊す天草の洋　煙は篷窓に横たわりて日漸く没す　瞥見す大魚の波間に跳るを　太白舟に当たりて明月に似たり』。

頼山陽が1818年39歳の時、九州遊学の途次、富岡城下にいた儒者の渋江龍淵を訪ねるため、今で言う長崎県茂木港から熊本県天草の富岡港へ渡る際に舟上から見た天草灘の幻想的な情景を見事に詠った詩で、彼の代表的な作品となっております。

天草の洋に泊してみたい

現在では高速船で45分もあれば往来できる航路だそうですが、ゆったりと風情を感じながらの船旅は心を豊かにしてくれたに違いありません。私もCovid－19が沈静化したら、舟に揺られながら夕暮れの幻想的な情景の中で月ほど明るい太白（金星）を見てみたいと願ってやみません。

皆さまも熊本へお越しの際には、熊本城や阿蘇山のほか、天草方面へも足を運ばれてみたらよいと思います。

なお余談になりますが、頼山陽が1827年に元老中の松平定信へ献上し、その後、幕末から明治にかけてベストセラーとなった彼の史書（？）物語（？）である『日本外史』には、源平の争いから徳川氏までの武家の興亡を中心に彼らの生き様などがリアルに描かれているそうです。

頼山陽の名を知らない人でも、大河ドラマなどでも用いられる『日本外史』の戦国時代の場面の「吾が敵は本能寺にあり」というフレーズは聞いたことがあると思います。彼の名前や『日本外史』も覚えておけば、何かの折に役に立つかもしれませんね。

（熊本防衛支局長）

防衛施設中央審議会

委員6人を再任

防衛相の諮問機関、任期は3年

政府は3月12日の閣議で、防衛相の諮問機関「防衛施設中央審議会」の委員6人の任期満了に伴う任命（再任）を承認し、4月1日付で岸防衛相から発令された。任期は3年。

同審議会はこの6人に加え、昨年8月に新たに任命されたジャーナリストの廣瀬祐子氏を含め、7人で構成される。

今回再任された委員は次の通り（50音順・敬称略・カッコ内は肩書き）

▽阿部達也（青山学院大学教授）▽岩間陽子（政策研究大学院大学教授）▽阪田恭代（神田外語大学教授）▽住田裕子（弁護士）▽中西寛（京都大学法学研究科教授）▽渡部恒雄（笹川平和財団上席研究員）。

「防衛施設中央審議会」は、駐留軍用地特別措置法などに基づき、平成12（2000）年4月1日に設置された。

米軍に新規に土地などを提供する場合、防衛大臣が代行裁決を行う際に議決を行うほか、米軍から返還された土地などの所有者から原状回復や損失補償等について異議の申し出があった場合に防衛大臣の諮問に応じて意見を述べることを所掌事務としている。

各隊自慢の名物料理 決戦投票 『陸自飯グランプリ』

4部門のトップ決まる

「陸自飯」で総合グランプリに輝き、湯浅陸幕長（左）から表彰状を受ける真駒内駐屯地の古瀬友嗣糧食班長（中央）と坂田美和栄養管理主任（右）＝3月23日、陸幕で

真駒内 160駐・分屯地の頂点に

「ナンバーワン陸自飯」を決める決戦投票がこのほど、陸自ホームページ上で行われ、初代の総合グランプリに真駒内駐屯地の「日本新三大夜景藻岩山ラーメン」が輝いた。同イベントは広く国民に陸自給食の魅力を伝えるため、ネット上の新企画としてスタート。各隊自慢の料理をSNS上で紹介し、その人気度を競った。総合グランプリに輝いた真駒内駐屯地の坂田美和栄養管理主任は「（藻岩山ラーメンを通じ）自衛隊給食の魅力が伝わり良かった」と喜んだ。

「陸自飯」は〃おいしく食べて、強くなる〃というコンセプトの下、昨年12月からスタートした陸自ホームページ上の新企画。

海自はカレー、空自は空上げ（唐揚げ）をアピールするのに対し、陸自は全国約160カ所の駐・分屯地のバラエティーに富んだ給食メニューを紹介。これまで知られていなかった名物メニューを全国に広めたい隊員たちの思いも詰まっている。

陸自飯グランプリは、まず全国の部隊の人気メニューをネット上で発表。北は北海道・礼文分屯地の「ほっけのアーモンドフライ」から南は沖縄・与那国駐屯地の「かじきの唐揚げ」まで、全国約160の駐・分屯地から4部門に計378品目がエントリーした。

陸自ならではの名物料理は、①幅広い世代に人気があり、かつ地域性が現れる「ラーメン」②体が資本の陸自隊員たちの大好物である「肉料理」③自炊に欠かせない米を使った「丼」④自衛隊給食のコンセプト「地産地消」を満たす「ご当地」――の4部門で競われた。

全国の陸自ファンも巻き込んだHP上でのセミファイナル投票の結果、「日本新三大夜景藻岩山ラーメン」（真駒内）、「3種肉ひつまぶし」（守山）、「三宿丼」（三宿）、「伊丹飯」（伊丹）が各部門のトップに選ばれた。

最後に陸自ナンバーワンを決める決戦投票がこの4品目で行われた結果、初代の総合グランプリに真駒内駐屯地の「藻岩山ラーメン」が選ばれた。

3月23日、陸幕で行われた表彰式で湯浅陸幕長（当時）は「隊員の要望を丁寧に取り上げたバラエティーに富んだ献立を考案し、士気高揚に寄与した」と4駐屯地の給食関係者たちの功績をたたえ、表彰状を授与した。

ラーメン部門　日本新三大夜景藻岩山ラーメン

力強い存在感を体現

「陸自飯グランプリ」でラーメン部門と初代総合グランプリを獲得した真駒内駐屯地が所在する札幌市は、「夜景サミット2015イン神戸」で全国2位の夜景に認定された。その札幌のシンボルとなっている藻岩山（標高531メートル）は四季を通じて市民に親しまれ、力強い存在感を放っている。

そこで真駒内駐屯地は藻岩山を体現するかのようなラーメンを開発。麺の上には角切りのキャベツともやしを山盛りにし、その周りを焼き豚で覆って藻岩山の姿を模した。

スープは鶏ガラをベースに、コクのある醤油ラーメンの素と豚背油、生ニンニクを加えることで濃厚な味わいに仕上げている。

真駒内駐屯地業務隊糧食班の坂田美和技官は「陸上自衛隊といえば〃山〃のイメージがあるため、焼き豚にはしっかり焼き目を付け、駐屯地から見える藻岩山を再現しました。インパクトのあるものとするため、野菜と焼き豚の盛り付けを工夫し、目を引くようにしました」と語った。

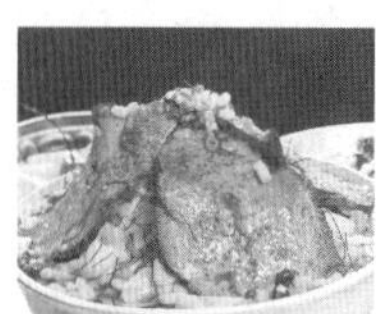

「陸自飯」初の総合グランプリに輝き、ラーメン部門でも1位となった真駒内の「日本新三大夜景藻岩山ラーメン」

「陸自飯」の総合グランプリ、ラーメン部門で第1位となった真駒内駐屯地業務隊糧食班のメンバーたち

第1回陸自飯グランプリ

「第1回陸自飯グランプリ」の順位は次の通り。

◇ ラーメン部門

①日本新三大夜景藻岩山ラーメン（真駒内）②金鯱まぜそば（守山）③油そば（三宿）④大地の恵みスープカレーラーメン（帯広）

◇ 肉料理部門

①三種の肉ひつまぶし（守山）②札幌スープカレー（札幌）③釧路スパカツ（釧路）④チキンのメディカルカレー（三宿）

◇ 丼部門

①三宿丼（三宿）②ポパイ飯（守山）③穴子天丼（真駒内）④釧路勝手丼（釧路）

◇ ご当地グルメ部門

①伊丹飯（伊丹）②守山スペシャルランチ（守山）③ミックスフライ（滝ヶ原）④なよろ煮込みジンカレー（名寄）

今回、同イベントにエントリーした全メニューのレシピは陸自HPで見ることができる。

肉料理部門　守山駐屯地　三種肉ひつまぶし

ウナギ代わりに牛・豚・鶏

肉料理部門でトップとなった守山駐屯地の「三種肉ひつまぶし」

守山駐屯地で名古屋飯を手掛けた加藤美穂技官

守山駐屯地では昨年6月から、「名古屋飯リレー」の企画を実施している。毎週水曜日の昼食に、きしめん、えびふりゃーなどの名古屋グルメを順次提供。これには駐屯地の名物メニューを選出するという目的もあった。

「当初はウナギを使ったひつまぶしも検討していましたが、試行錯誤の結果、隊員さんたちから喜ばれるだろうと、牛・豚・鶏の肉ばかりを使ったひつまぶしを考案しました」と守山駐屯地業務隊補給科の加藤美穂技官。

このほか、既存の名古屋グルメをミックスさせたメニューとして、台湾まぜそばとベストコンディションラーメンを合体させた「金鯱まぜそば」や、守山駐屯地の近くに以前あった中華料理屋の肉野菜炒めをアレンジした「ポパイ飯」も提供したところ、隊員から大きな支持を集めた。そこで両メニューも陸自飯グランプリにエントリーしたところ、ラーメン、丼部門でそれぞれ2位に輝き、大きな成果を収めている。

ご当地グルメ部門　伊丹駐屯地　伊丹飯

カラフルソース〃映える〃

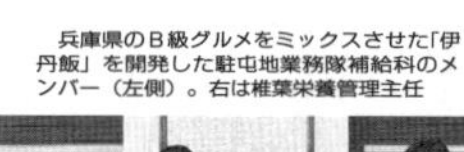

ご当地グルメ部門で第1位となった伊丹駐屯地の「伊丹飯」

昨年2月、伊丹駐屯地で野澤真中方総監の発案により「中部方面隊創隊60周年記念プロジェクト」が企画された。「隊員の話題になり、転出後も伊丹駐屯地を連想できるようなメニューを作ったらどうか」という案が上がり、駐屯地の各部隊に伊丹の名物となるようなメニューを募集した。

その結果、約20種類の献立が候補となり、これを3週間かけて食堂で提供して上位3メニューを選考したところ、後の「伊丹飯」の原型となる神戸市長田区の「牛筋ぼっかけ丼」が入った。さらに意見を集め、これをオリジナル・メニューに仕上げたのが駐屯地業務隊補給科の椎葉しょうこ技官だった。

「『伊丹飯』は兵庫県のB級グルメ二つを合わせたもので、牛筋ぼっかけ丼と加古川かつめし（丼上のカツにデミグラスソースをかけた一品）がベースになっています。隊員さんの好みに合わせて全26種のカラフルなソースを用意し、SNS映えするよう、見た目のインパクトにもこだわりました」と作り上げるまでの苦労を語った。

兵庫県のB級グルメをミックスさせた「伊丹飯」を開発した駐屯地業務隊補給科のメンバー（左側）。右は椎葉栄養管理主任

丼部門　三宿駐屯地　三宿丼

大胆盛付け〃みっつやどる〃

丼部門でグランプリを受賞した東京・三宿駐屯地の「三宿丼」は、令和2年度に駐屯地で検討された名物献立の一つ。地名の三宿（〃みっつやどる〃）にちなんで鶏・豚・牛肉を大胆に盛り付けた一品だ。

「三宿丼」が開発された同時期には「チキンのメディカルカレー」も考案され、こちらも陸自飯グランプリの肉料理部門で4位の結果を残している。

三宿駐屯地給食班の上野敦子技官は「名物献立は駐屯地を挙げた企画であり、たくさんの方の協力を受けて作り上げたので、入賞でき良かった。今の三宿丼は肉と野菜の下が普通の白米なので、今後はご飯部分を改良したものを隊員の皆さんに提供していきたい」と「三宿丼」のさらなる改良に意欲を見せていた。

「三宿丼」と「メディカルカレー」を考案した三宿駐屯地の給食班員たち

女性活躍

水陸両用基本課程を初修了

自衛隊各部隊で女性隊員の活躍が推進されている。陸自では水陸機動団(相浦)の水陸両用基本訓練課程を初めて女性隊員2人が修了した。15旅団(那覇)では最先任上級曹長に師団・旅団で全国初となる女性隊員が上番した。

女性で初めて水陸両用基本訓練課程を修了した平田2曹(右)と海野2曹(3月10日、相浦駐屯地厚生センターで)

水機団の2人 子育てとも両立

【水機団=相浦】水陸機動団(団長・平田隆則将補)隷下の水陸機動教育隊(隊長・中村健太郎2佐)は3月10日、水陸両用基本訓練課程(W)の修了式を行った。

同課程は、水陸両用作戦に必要な基礎的知識と技能を修得させ、必要な資質を養うことを目的に水機団新編前の平成25年に教育を開始。今期で第16期(7年目)となり、これまでに約1200人が卒業。今期は1月27日から3月10日までの約5週間教育を行い、55人の学生が無事に課程を修了した。

学生のうち、海野梓2曹(水陸機動団本部付隊)と平田美早紀2曹(水陸機動教育隊)の2人は女性隊員で初めて同課程を修了した。2人とも子育てをしながらの参加だった。

教育にはボートに見立てた重さ約200キロの丸太を担ぐ「ボート体操」や、海上でパドルを漕いで4キロ進む「漕舟訓練」など、肉体的、精神的に厳しい訓練が含まれていた。

このため2人は入校の約2カ月前から筋力トレーニングを開始。日頃の基礎トレーニングに加え、水陸機動教育隊隊員のアドバイスを反映したメニューもこなし、また駐屯地プールで泳ぎ込みにも励んだ。教育期間中は子供たちを家族に預け、訓練に専念した。

修了式を終えた海野2曹は「男性に比べて筋力が劣るので不安だった。子供からの励ましや同期とのチームワークで乗り越えられた」と振り返った。平田2曹は「今後挑戦してくる女性自衛官に恥じないように水陸機動教育隊の助教として指導を担っていきたい」と決意を新たにした。

女性の活躍推進　防衛省は2027年に女性自衛官の割合を9%以上とすることを目標としている。

「母性の保護」などの観点から一部部隊への女性自衛官の配置は制限されてきたが93年以降、順次解除され、陸自では対戦車ヘリ操縦士や空挺隊員も誕生している。

15旅団 初の最先任も上番

【15旅団=那覇】陸自15旅団は3月12日、那覇駐屯地で旅団最先任上級曹長の交代式を行い、蛯原貫子准尉が上番した。作戦基本部隊の師団・旅団で初めて、最先任上級曹長に女性自衛官が就任した。

交代式には約700人が参加。佐藤真旅団長は訓示で新たに上番する蛯原准尉の「親しみやすく温厚誠実」な人柄を紹介し、「指揮官の直接の補佐者、部隊の伝統の継承者として思う存分、自主積極的に活動し、准曹士のさらなる活性化につなげてもらいたい」と期待を寄せた。

一方、下番する久場良彦准尉に対しては「あらゆる現場へ積極的に進出し、適時適切に意見具申してくれた」と述べ、労をねぎらった。

佐藤旅団長から最先任上級曹長の識別章を授与された蛯原准尉は、「強く結び合うことが必要不可欠。隊員同士の太く、速く、幅広い連携を重視していきます」と力強く抱負を語った。

(上)男性隊員と共に約200キロのボートを担いで運ぶ平田2曹(中央)と海野2曹(その左)(中)漕舟訓練で懸命にパドルを漕ぎ海上を進む平田2曹(左手前)と海野2曹(右手前から2人目)(下)15旅団の最先任上級曹長に上番し、交代式で隊員から敬礼を受ける蛯原准尉(3月12日、那覇駐屯地で)

殉職の米留操縦学生を葬送

空幕長「尊い命を失ったこと 痛恨の極み」

(上)植﨑1尉の遺影に向け、弔辞を述べる井筒空幕長(下)葬送式で弔銃を斉射する儀仗隊(いずれも3月27日、浜松基地で)

米国留学中の空自幹部と米空軍の教官が搭乗したT38Cジェット練習機が航法訓練中に墜落した事故で、殉職した植﨑廉偲1尉(25)=2月19日付で1階級特別昇任=の葬送式が3月27日、浜松基地でしめやかに執り行われた。

T38Cは2月19日午後5時(日本時間同20日午前8時)ごろ、米アラバマ州のモンゴメリー空港に着陸進入中、同空港の手前約3キロの森林地帯に墜落、植﨑1尉と教官が共に死亡した。

式は教育集団司令官の引田淳空将を執行者として行われ、遺族をはじめ岸防衛相、井筒空幕長、在日米軍司令官兼第5空軍司令官のケビン・シュナイダー中将ら約350人が参列。

岸防衛大臣が弔辞で哀悼の意を表し、井筒空幕長も「将来有為な仲間を失ったことは空自、我が国にとって大きな損失で、悲しみに堪えず、痛恨の極みです。ご遺族の皆さまのご心中をお察しするとき、まさに慟哭の極みであり、断腸の思いです。事故発生を深刻に受け止め、日米間で調査し、しっかりと対策を講じます。事故により隊員の尊い命を失うことが二度とないよう、一層の努力を尽くします」と部下の死を悼んだ。

参列者の献花に続いて、弔銃が斉射され、T4練習機4機が上空を航過した。

植﨑1尉は教育集団(浜松)所属。2019年3月から戦闘機パイロットになるために留学し、米空軍の教育課程を受けていた。

除雪隊が解散式

海自大湊 25航空隊

坂本司令 労をねぎらう

【25空=大湊】海自21空群隷下の25航空隊は3月19日、大湊航空基地体育館で除雪隊の解散式を行った。

除雪隊は12月1日、25空隊員に小月、徳島、厚木、下総、館山、八戸各航空基地の航空部隊などから派遣された隊員を加えた約35人で編成された。

延べ79日間、グレーダーなど15台の車両を用いた機械力による除雪や人力除雪で作業を行い、航空基地の任務、業務に貢献した。

解散式では除雪隊長を務めた中桐章之大湊航空基地隊長が坂本竜児25空司令に解散を申告。

司令は訓示で、例年に比べ雪の多い中で作業に当たった隊員たちの労をねぎらった。

例年に比べ降雪の多い中で除雪を続けた25空除雪隊の車両(大湊航空基地で)

全力でサポート

大津

最後のびわ湖毎日マラソン

取材クルーを乗せ選手、県警白バイの前を走る大津駐屯地の先導車両(2月28日)

【大津】大津駐屯地は2月28日、「第76回びわ湖毎日マラソン大会」を支援した。車両13両、24人の隊員が参加した。この大会は、来年度から大阪マラソンに統合されるため、昭和36年から続けてきた支援も通算60回目を迎えた今回が最後となった。

駐屯地の24人の隊員が支援。取材クルーを乗せてレースを先導したほか、役員輸送、中継場所への用具運搬など多岐にわたる任務を大会役員と連携しながら整斉と遂行し、大会の成功に寄与した。

大会に選手として出場した経験もある先導車両を操縦した兼中孔士2曹(4普教)は、「最後の大会をぜひ支援したいとの思いから先導操縦手に名乗りを上げた。選手が走りやすいよう全力でサポートした」と語った。大会では「2時間4分56秒」の日本新記録も生まれた。

隊員の一人はこれまでの支援活動を振り返り「最後ということで寂しい気持ちもあるが、記録が出るなど思い出に残るいい大会になりました」と語った。

こちら警務隊

交通犯②

道路交通法違反の妨害運転 ―周りの車に思いやりの精神で―

あおり運転をするとどんな罪になりますか?

あおり運転とは、他の車両等の通行を妨害する目的で、急ブレーキをかけたり、車間距離を詰めたりする等の行為です。

これらは、道路交通法違反の妨害運転に該当し、交通の危険のおそれがあった場合、3年以下の懲役または50万円以下の罰金及び免許取消し(欠格期間2年)、高速道路等で他の車を停止させるなど著しい交通の危険を生じさせた場合、5年以下の懲役または100万円以下の罰金及び免許取消し(欠格期間3年)となります。

周りの車両等に対する思いやりと譲り合いの精神で運転しましょう。

(東北方面警務隊)

小休止

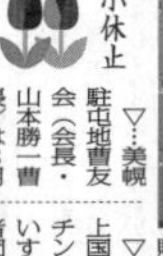

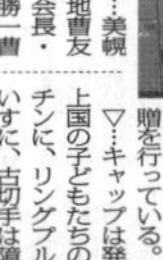

▽…美幌駐屯地曹友会(会長・山本勝一曹長)は3月18日、美幌町社会福祉協議会にペットボトルキャップ(32箱分=128キロ)、リングプル(1箱分=8キロ)、古切手(65グラム)を寄贈した=写真。

▽…駐屯地内に設置された回収ボックスや隊員家族の協力により、1年間かけて収集した。曹友会は毎年、同協議会のほかにNPO法人やボランティア連絡協議会などにも寄贈を行っている。

▽…キャップは発展途上国の子どもたちのワクチンに、リングプルは車いすに、古切手は障がい者団体の活動資金に充てられる。同協議会の森暉夫会長は「有効に使わせていただきます」と感謝の言葉を述べた。(美幌)

先生、家族、同期や先輩、同僚、後輩
皆さんの「思いやり」に心から感謝

3空佐　野村 忠信（中警団基業群業務主任・入間）

ここでは皆さんに米国人女性マーガレット・F・パワーズの『足跡（あしあと）』という詩をご紹介します。皆さんは何を感じとられますか。

足跡

ある夜、私は夢を見た。
私は主と共に渚を歩いていた。
暗い夜空に、これまでの私の人生が映し出された。
どの光景にも砂の上に２人分の足跡が残されていた。
一つは私の足跡、もう一つは主の足跡であった。

これまでの人生の光景が映し出された時、私はある
足跡に目を止めた。そこには一つの足跡しかなかった。
私が人生で一番つらく、悲しい時だった。このことが
いつも私の心を乱していたので私は主にお尋ねした。
「主よ。私が主に従うと決心した時、主は全ての道で
私と共に歩み、私と語り合って下さると約束されました。
それなのに、私の人生の一番つらい時、１人分の足跡
しかなかったのは何故ですか。一番主を必要としていた
時に何故私を見捨てられたのか、私には分かりません」

主はささやかれた。
「私の大切な子よ。私はあなたを愛している。決して
見捨てたりはしない。ましてや苦しみや試みの時に足跡が
一つだったのは、私があなたを背負っていたからだ」

人生を振り返ると、つらく、悲しい時　温かい力に守られてきた

防大の学生時代、哲学の教授だった春日祐芳先生からこの詩を教えていただいた。当時、私はこの詩の深い意味を理解できませんでした。

50歳になり、人生を振り返ってみると、「つらく、悲しい時」に、この詩の「主」のような見えない力で私は守られてきたように思います。

それは春日先生、家族、同期や先輩、同僚や後輩の「いたわりの言葉」にこめられた「思いやり」の力でした。皆さんの神様のような温かい力に守られて、背負ってもらっていたのだと思います。

皆さんの「思いやり」の力に心から感謝します。今では皆さんにとって私自身もそうありたいと思います。

世の中は、つらいことや悲しいことであふれていますが、これからの人生を皆さんと共に精一杯、生き抜いていこうと思います。

皆さん、今後ともよろしくお願いいたします。

マーガレット・F・パワーズ著『あしあと』（太平洋放送協会刊）

みんなのページ

自衛官候補生入隊予定者
谷口 優（鳥取地本）

大津駐屯地を見学した陸自入隊予定者の谷口優さん（中央）

仲間と切磋琢磨しながら　私も強い自衛官になりたい

春から入隊予定の陸上自衛隊大津駐屯地に初めて行った。どんなところなのか、不安も多かったが、大津駐屯地に着くと広報の方がとても優しく出迎えてくださり、駐屯地の概要説明を聞いて快適に過ごせそうだと安心した。

特に印象に残ったのは平成30年度の新入隊員の3カ月間の訓練の映像だった。その映像は不安を抱えた新入隊員の成長を動画化したもので、そこには同期の仲間同士で助け合いながらさまざまな困難を共に乗り越えていく姿があり、私の心は大きく動かされた。

私は不安を抱えながら合格から入隊までの期間を過ごしているが、この映像を見た時、自衛隊の魅力を今まで以上に感じることができた。私も切磋琢磨しながら仲間と強い自衛官になりたいと思った。

女性隊員の方から隊舎の浴場や居室を案内していただいたが、その方はとても優しい方で、私もこのような人になりたいと思った。

今回の見学を通して、大津駐屯地でこれから頑張っていけそうだと強く感じた。

学生に自衛隊の魅力伝えたい

1陸尉　迫口 真也（鹿児島募集案内所長）

鹿児島募集案内所は2月15日、志學館大学（鹿児島市）が主催した合同企業説明会に参加し、自衛隊に関心をもつ大学3年生に対し、自衛隊の職務内容とその魅力などを広報した。

同大学の就職支援センターとは日頃から連携を図っており、2年度も一般幹部候補生をはじめとする入隊予定者を確保している。

説明会は3年生を対象に将来の進路選択につながる機会を提供することを目的に毎年開催しており、今回は県内の企業等約70社、学生約100名が参加した。

募集案内所は自衛隊ブースを訪れた学生に対し、自衛隊の活動内容や陸・海・空自衛隊の職種、特に一般幹部候補生や予備自衛官補の制度について説明した。自衛隊のことを初めて聞いた参加者は各採用種目と入隊後のキャリアプランについて理解を深めていた。

参加者からは「自衛隊の職種について知ることができ、イメージが変わりました」「幹部（リーダー）の地位・役割が理解できました」「女性も多くの職種で活躍していることに驚きました」といった声が聞かれた。

募集案内所では引き続き、このようなガイダンスに積極的に参加し、自衛隊に関心のある学生たちに自衛隊の魅力を広報していきたい。

志學館大学の合同企業説明会で自衛隊ブースを訪れた学生に自衛官の仕事を説明する鹿児島地本の隊員

OBがんばる

加藤　哲也さん　54
令和元年11月、那覇駐屯地業務隊を最後に定年退職（1陸尉）。住友生命保険に再就職し、防衛省沖縄地区担当顧問を務めている。

私は現在、住友生命保険相互会社で防衛省沖縄地区担当顧問として勤務しています。主な業務は沖縄県内の陸・海・空自、防衛局など14カ所で募集活動を展開する営業担当職員への業務アドバイスのほか、働きやすい訪問活動環境の醸成にも努めています。

まず援護室に足を運ぶ

入社当初は戸惑うことばかりでしたが、周囲の方々の懇切丁寧なご指導と会社の経営方針、販売運営、商品特性などを学び、何とか一通りの業務の流れを覚えました。

そんな矢先、新型コロナが流行してその収束が見通せない中、「部隊訪問ができない」「対面営業ができない」という誰も経験したことのない環境下で勤務を強いられております。

そのような中で、現職の皆さまが安心して任務に邁進できる「最適な保障」を提案し、どこよりも「親身な対応」で皆さまの「信任に応える」べく、懸命に取り組んでいるところです。

今こそ自衛隊で培った責任感、適応力、強い意志とリーダーシップを発揮し、住友生命ブランドの一担い手として、自衛隊OBの誇りを持ち仕事に邁進していく所存です。

これから再就職される方々へのアドバイスとしては、再就職先は「援護担当者が見つけてくれるものではない」ということです。早い時期から援護室に足を運び、担当者の話を聞いてください。そして過去の求人票を閲覧してみて下さい。それだけでも意識が高まり、これから何を準備すればいいのか、自分に合った業種は何なのか、自然と描けてくると思います。

そして最も大事なのが「健康管理」と「協調性」です。民間企業は自衛隊以上に誰とでも上手くコミュニケーションを図る協調性が必要です。

誰にもやってくる定年退官。皆さまが十分な準備をして自信をもって再就職に臨み、満足のいく第二の人生が送れますよう祈念しております。

物作りから学ぶ　やり遂げる気概

准空尉　要　優（1警群・笠取山）

私は准曹士先任として、自分のこれまでの経験を若い隊員に伝えられるよう心がけています。そして時折「やり遂げる」ということを「物作り」から学ぶよう薦めています。

工業高校卒の私はDIYが趣味で、妻からオーダーが入ると要望をヒアリングし、計画を作成し、資材を調達して作業に取り掛かりますが、作り始めるとさまざまな問題に直面します。「短く切りすぎた」「取り付け順が違った」など計画段階では予期しなかった問題に直面します。

そこで計画を修正し、資材を再調達することもあります。そして試行錯誤しながら問題を解決し、ついに完成した時の達成感は格別です。

私たちは航空自衛隊を進化させるため、今後、前例のない新しい場面に直面することがあると思います。計画を立案し、皆の知恵を融合させ、試行錯誤しながら前進しなければなりません。

物作りは試行錯誤を実体験できます。苦難に直面しても投げ出すことも可能ですが、自衛隊で与えられた任務は投げ出すわけにはいきません。

今後、困難が予想される「進化」という任務を達成するためにも、物作りを通じて得た経験が「やり遂げる」という気概を育てる一助になればと思っています。

詰将棋

第841回出題

出題　日本将棋連盟　九段　石田　和雄

先手　持駒　金金

【ヒント】上へ逃がさないよう手順に工夫（10分で初段）。

▶詰碁、詰将棋の出題は隔週です◀

詰碁

第1256回解答

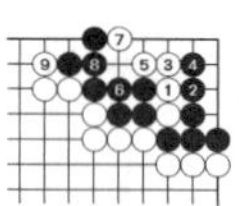

出題　日本棋院　九段　曲　励起

【解答図】白先、黒取り。白①以下黒⑥まではともに必然です。次の白⑦が大切で、黒⑧には白⑨で黒を取れます。

時は涙でつづり、小説は血で、歴史は水の泡で書くものだ。
サフォン（スペインの作家）

（世界の切手・リヒテンシュタイン）

新刊紹介

「復活！ 日英同盟」インド太平洋時代の幕開け

秋元 千明著

元NHK解説委員で、現在、英国王立防衛安全保障研究所（RUSI）日本特別代表を務める著者が100年ぶりに復活しつつある新「日英同盟」の全容を解説した書だ。

欧州連合（EU）から離脱した英国。その狙いはEUのくびきから脱し、「七つの海」に再び進出すること。「グローバル・ブリテン」としてインド太平洋地域に復帰するに当たり、英国が戦略パートナーとして選んだのが日本だ。両国は共に海洋国家で自由・民主主義を国是とし、米国の同盟国でもあることから、日英の連携はともにメリットがある。

今年、英空母「クイーン・エリザベス」が日本を訪れるが、これが新「日英同盟」のお披露目の機会となるだろう。同空母の艦載機は空自が導入する同じF35B戦闘機で、日本で整備・補給が行えるようになれば、米軍に加え、英軍との連携も深まる。英国は米英圏の情報同盟「ファイブ・アイズ」にも日本を迎えたいと表明。インテリジェンスの分野でも関係強化は進みそうだ。

本書では日英同盟が今後どう進展するのか、課題や問題点も含めて考察。英国という新しいプレーヤーが加わり、インド太平洋の安全保障環境はどう変わるのか、その姿を見せてくれる。

（CCCメディアハウス刊、1760円）

「教養としての『地政学』入門」

出口 治明著

ビジネス界から学界に転じた立命館アジア太平洋大学学長の著者が、これまで世界1200以上の都市を巡って考えた「弱小国が生きのびるための知恵＝地政学」の本だ。

隣国が攻めてきても国家は逃げ出せない。そこで生存のために地政に合致した統治法が古来から各国では考えられてきた。これが地政学であり、著者は古代シュメールのことわざ「陸は閉じ、水は開く」を引き、開かれた「海の地政学」（米マハン）と閉じた「陸の地政学」（英マッキンダー）を対比しながら、さまざまな国の生き残り戦略を解明している。

弱小国はどうすれば敵国の「サンドイッチの具」にされずにすむか、各国の権謀術数なども紹介。さらに覇権を握るには海軍力が必要で、現在の中国の積極的な海洋進出の狙いもそこにあると指摘する。

本書は古今東西のさまざまな地政学を通じて国際情勢の見方や考え方を教えてくれるので、安全保障を勉強中の若い隊員には「目からうろこ」の良き教科書になるだろう。

（日経BP刊、1980円）

よろこびがつなぐ世界へ
KIRIN
おいしいとこだけ搾ってる。
一番搾り
KIRIN BEER
一番搾り
〈麦芽100%〉
ALC.5%　生ビール
お酒

朝雲

発行所 朝雲新聞社
〒160-0002 東京都新宿区四谷坂町12－20 KKビル
電話 03（3225）3841
FAX 03（3225）3831
振替00190-4-17600番
定価一部150円、年間購読料9170円（税・送料込み）

主な記事

米司令官に旭日大綬章

インド太平洋軍　日米同盟強化に貢献

岸防衛相は4月12日、退任を前に来日した米インド太平洋軍司令官のフィリップ・デービッドソン海軍大将を防衛省に迎え、日本政府から3月30日付で贈られた旭日大綬章を伝達した。2018年5月から約3年間の在任期間中、米インド太平洋軍（司令部・ハワイ）約38万人のトップとして日米同盟の強化に大きく貢献した功績がたたえられた。同司令官は岸大臣、山崎統幕長とそれぞれ会談し、「自由で開かれたインド太平洋」の実現に向けて日米が連携を強化し、同盟をさらに強固なものに発展させていくことで一致した。

㊤岸防衛相（手前右）から旭日大綬章を伝達されたインド太平洋軍司令官のデービッドソン海軍大将（同左）㊦叙勲伝達式を前に日米同盟の絆を確認した（左から）井筒空幕長、シュナイダー在日米軍司令官、デービッドソン司令官、山崎統幕長、吉田陸幕長、山村海幕長＝いずれも4月12日、防衛省で

防衛省講堂で行われた叙勲伝達式には、岸大臣をはじめ、中山副大臣、大西、松川両政務官、島田事務次官、槌道防衛審議官、山崎統幕長ら、米側からヤング駐日臨時代理大使、在日米軍司令官のシュナイダー空軍中将ら日米の関係者計約70人が出席した。

壇上ではデービッドソン司令官の功績が紹介された後、岸大臣が勲記を読み上げ、勲章が伝達された。

続いて山崎統幕長が祝辞を述べ、「私はデービッドソン司令官との友情を育み、必要な時に腹を割って話せる関係を築くことができたと考えている。司令官は高潔で度量に優れ、決断力のある素晴らしい友人だ。共に世界の平和のために働くことができたことをうれしく思う」と敬意を表した。

これを受けて、デービッドソン司令官は謝辞を述べ、岸大臣をはじめ、カウンターパートである山崎統幕長、河野克俊前統幕長など関係者に謝意を示した上で、「我々の同盟は前例のない高みに達しており、これまでにないほど強固なものとなっている。日米同盟は『インド太平洋の平和と安全の礎』であり、地域が直面する全ての課題に対応するために備えている」と同盟の意義を強調した。

この後、岸大臣はデービッドソン司令官と個別に会談し、「地域の平和と安定、日米同盟の発展に極めて大きな役割を果たされた。司令官のリーダーシップの下で日米の防衛協力は急速な深化を遂げた」と功績をたたえ、謝意を伝えた。

これに対し、司令官は「今後も日本の皆さまとの緊密な連携を継続していきたい」と応えた。

一連の行事に先立ち、山崎統幕長は同日朝、吉田陸、山村海、井筒空の各幕僚長の同席の下、デービッドソン司令官と会談し、軍種間の固い絆を確認した。

この中で司令官は「今世紀において国際秩序を守るための世界で最も重要な2国間関係は日米同盟だ。職を離れても日米同盟の報に接することを非常に楽しみにしている」と語った。

デービッドソン司令官の後任には、太平洋艦隊司令官のジョン・アクイリノ海軍大将が指名されている。

空自F35Aと米空軍F22ステルス戦闘機

日本海で日米共同訓練

米空軍のKC135空中給油・輸送機（右）を先頭に、日米共同訓練を行う空自3空団のF35A（手前4機）と米空軍のF22（奥4機）両ステルス戦闘機部隊（4月1日、日本海上空で）＝米太平洋空軍のツイッターから

3空団（三沢）×パールハーバー・ヒッカム統合基地（ハワイ）

空自3空団（三沢）と米空軍は4月1日、青森県西方の日本海上空で日米ステルス戦闘機部隊同士の共同訓練を行い、防空面での共同対処能力の向上を図った。（3面に関連記事）

3空団からF35Aステルス戦闘機4機、米空軍はハワイ州のパールハーバー・ヒッカム統合基地から飛来したF22ステルス戦闘機4機と、F16戦闘機1機、KC135空中給油・輸送機2機が参加し、日米共同で各種戦術訓練を行った。

空自の緊急発進725回

令和2年度　中国63%、ロシア36%

統幕は4月9日、令和2年度の空自戦闘機による緊急発進（スクランブル）回数が725回（前年度947回）だったと発表した。

このうち対中国機は458回（同675回）で前年度に比べ約3割減少したものの、全体の63%を占めた。一方、対ロシア機は前年度と同水準の258回で、全体では約36%だった。

領空侵犯への対処は、昨年10月2日に北海道の知床岬沖で機体に赤十字マークを付けた露のMi8ヘリに対しての1件のみだった。

空自方面隊別の緊急発進回数の内訳は、東シナ海で主に中国機に対応している南西空が404回と最も多く、次いで北海道周辺でロシア機に対応している北空が206回。西空は79回、中空は36回だった。

統幕は特異な事例としてロシア軍のTu95爆撃機による、日本海から東シナ海を経て太平洋上までの長距離共同飛行など計14件を公表。推定を含め、中露軍の情報収集機に対して多く緊急発進を行ったとしている。

令和2年度の対中国軍機への緊急発進回数の減少について、「我々は中国の活動が減っているという認識はない。我が国が対領空侵犯措置に至る航跡は減少したが、中国軍の活動が拡大・活発化の傾向にあることに変わりはない」との見解を示した。

防衛研究所

「東アジア戦略概観2021」発表

コロナ禍で米中「新冷戦」

防衛研究所は3月26日、昨年1年間の日本周辺の安全保障情勢を独自に分析した年次報告書『東アジア戦略概観2021』＝写真は表紙＝を発表した。（4面に概要）

新型コロナウイルスのパンデミックを引き起こした責任をめぐり対立を激化させる米国と中国の関係を「新冷戦」と記し、中国の強硬な姿勢が豪州やインドをはじめ、欧州諸国を含む多くの国の対中警戒感を高めることになったと指摘。

コロナ禍で国民の不満に直面した中国は、社会への統制を強めると同時に、香港には「国家安全維持法」を強要、台湾には軍事的圧力を強化し、さらには東・南シナ海でも強硬姿勢を継続して、米国に対する「A2／AD（接近阻止・領域拒否）」能力を着実に向上させたと分析した。

今年のトピックスは「大国間競争に直面する世界～コロナ禍の太平洋と欧州を事例に～」。世界政治が米中競争による「分断の圧力」に直面する中、多くの国々がその狭間で自らの国益、価値観、原則に基づいて独自の役割と自律性を模索している状況だとの見方を示した。

同書は1996年度から毎年刊行され、今年で25回目。防研のホームページには日本語版（全文）をPDF形式で掲載、英語版も7月にアップされる予定だ。

編集長を務めた伊豆山真理理論研究部長は「コロナ禍によって米中競争がより顕在化する中、各国がそれをどのように捉え、対応しているのかを分析した。本書を通じて国内外に知見や情報、議論の題材を提供していきたい」と話している。

日英「新たな段階」に

防衛相会談　中長期で協力強化

岸防衛相は3月25日、英国のベン・ウォレス国防相と約30分間、電話会談した。両氏は今年予定されている英海軍空母「クイーン・エリザベス」を旗艦とする空母打撃群の東アジア地域への展開の機会を最大限活用し、日英防衛協力を「新たな段階」に引き上げることで一致した。

ウォレス国防相は3月16日に英国政府が発表した安全保障・防衛・開発・外交政策の「統合的見直し（Integrated Review）」について説明。この中で打ち出された英国の「インド太平洋への傾斜」という戦略的決定を高く評価し、今回の見直しは「自由で開かれたインド太平洋」の維持・強化に向け、両国が中長期にわたり協力関係を強化していく方向性を明確に示すものだとして歓迎の意を表した。

東・南シナ海情勢をめぐっては、海洋進出を強める中国を念頭に「現状を変更するいかなる活動、圧力、緊張を高めるいかなる行為にも強く反対する」ことを改めて表明。岸大臣は中国の海警法に対する日本側の「深刻な懸念」を伝えた。

北朝鮮による全ての大量破壊兵器とあらゆる射程の弾道ミサイルの「完全で検証可能、かつ不可逆的な廃棄（CVID）」の実現に向け、引き続き連携していくことも再確認した。

宇宙コマンドの連絡官に窪田2佐

初代連絡官の窪田拓朗2空佐

人工衛星に対する妨害や攻撃の有無などを監視する米空軍宇宙コマンド多国間宇宙調整所（カリフォルニア州バンデンバーグ空軍基地）への自衛隊からの初代連絡官として、3月29日、窪田拓朗2空佐（38）が着任した。任期は約2年間の予定。

窪田2佐は防大（49期）卒業後、平成17年に空自入隊。職種は兵器管制。空幕防衛課に在籍中の昨年10月15日から同調整所に派遣され、業務を行ってきた。今回、空幕防衛部長の谷嶋正仁将補と同コマンド戦略・計画・政策部長のマイケル・バルナキー少将が「米宇宙コマンドへの日本の連絡官派遣」に関する合意文書に署名し、正式に連絡官となった。

バルナキー部長は「この合意は2国間のさらなる協力や連携に道を開くものだ。米宇宙コマンドは特にインド太平洋地域における宇宙に関する日米同盟の関係が次の段階へと強化されることを楽しみにしている」とコメントした。

井筒空幕長は4月1日の記者会見で「連絡官の派遣を通じ、宇宙領域に関する日米間の連携をより強固なものとし、友好国との関係強化に努めていく」と意義を述べた。

日米宇宙協力WG開催

各種取り組みの認識共有

日米宇宙協力ワーキンググループ（SCWG）の第7回会合が3月23日、オンラインで開かれ、日本側から防衛省の大和太郎防衛政策局次長ら、米側から国防総省のジョン・ヒル国防次官補事務代理（宇宙政策担当）らが出席した。

会合では、日米防衛当局間の宇宙政策に関する情報共有を通じて両国における各種取り組みの現状などについて認識を共有。宇宙分野のさまざまな取り組みに関する日米協力の在り方などをめぐって包括的な意見交換を行った。

SCWGは2015年4月の日米防衛相会談での合意に基づき、宇宙分野における防衛協力を一層促進する観点から新設された。

春夏秋冬

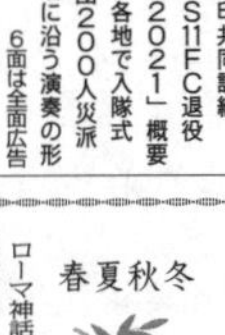

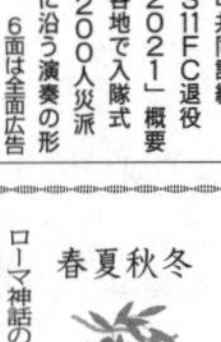

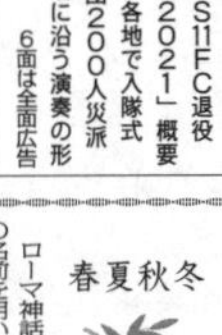

認知スペースをめぐる戦い

土屋　大洋

ローマ神話の平和の女神パクスの名前を用いて、ローマ帝国による平和をパクス・ロマーナ、大英帝国による平和をパクス・ブリタニカ、米国による平和をパクス・アメリカーナと呼ぶことがある。

目下の国際政治学者の関心は、パクス・シニカ、つまり中国による平和が訪れるかどうかだ。中国は、東アジアの長い歴史を見れば、中国が平和的な帝国だったことは明らかだと主張する。

しかし、中国の近年の急激な軍拡、他国への地経学的圧力の増大、国際ルール無視の繰り返しは、パクス・シニカへの期待を失わせている。

米国の国際政治学者ジョセフ・ナイは、米国は軍事的・経済的なハード・パワーだけでなく、他者を引きつけるソフト・パワーを持つと主張した。しかし、全米民主主義基金のクリストファー・ウォーカーとジェシカ・ラドウィッグによれば、中国が持つのは、シャープ・パワーであり、軍事力によらないものの、他者を強制する力である。

シャープ・パワーを行使するツールとして重要になってきたのがサイバースペースを通じた情報戦、宣伝戦、心理戦である。サイバースペースがなかった頃、他国の人々の認識を変えるのは難しかった。空からビラをまいたり、ラジオ放送を飛ばしたり、あるいは人工衛星からの放送波を届けるぐらいだった。

しかし、インターネットで偽メールを送ることができるようになり、ソーシャル・ネットワーキング・サービス（SNS）を通じて真実とも嘘とも見分けが付かない情報を浴びせ続け、人々の認知を狂わせてしまうことができる。SNSでは見たいものしか見ようとしない人が多い。

コンピュータ・ウイルスに感染させたり、不正侵入してデータを破壊したりするだけがサイバー攻撃ではない。むしろやっかいなのは、他国が我々の頭の中に手を入れてかき回してしまうことだ。認知スペースをめぐる戦いである。

パクス・アメリカーナは民主主義と言論の自由を基盤にしていた。パクス・シニカの基盤となる思想・哲学は何なのか。人々の認識は一夜にしては変わらないが、いつの間にか変わるかもしれない。その変化を我々は自覚できるだろうか。

（慶應義塾大学総合政策学部長、教授）

朝雲寸言

「同じ日本人同士、祖国のために頑張りましょう」――。ある国際機関に出向した幹部自衛官が、そこで会った日本人職員にこう告げたところ、相手は「私は日本出身ですが、日本のために働いている意識はありません」と答えた。「国籍は日本なのに気分は無国籍。そんな人もいるんだな」とその自衛官は驚いた▼日本政府が国際機関への影響力を強めようと、より多くの日本人を送り込む策を練っている。ただ、冒頭で紹介したような日本人意識の乏しい人も含めた見かけの人数を増やしてもあまり意味がない。そこで小欄が期待するのが、日の丸を背負って日々任務に就く自衛官だ▼自衛隊の海外任務が増え、英語を巧みに操る人材が増えた。防衛駐在官や警備官として在外公館で働くのに加え、連絡幹部として米軍に乗り込んだり、国連本部や北大西洋条約機構（NATO）に出向したりする例も相次ぐ。現役時代は戦略原潜部隊で働き、退役後は国際原子力機関（IAEA）の幹部に就いた元英海軍人に会ったことがあるが、自衛隊も化学職種の幹部を何人も化学兵器禁止機関（OPCW）に派遣し、専門性をいかしながら国際機関における日本の存在感向上につなげている▼外国の軍隊には一人で在外勤務を複数回歴任する「インテリジェンス系軍人」が多い。そうしたキャリアパスを歩む層を自衛隊でも膨らまし、在外公館に加えもっと多くの国際機関にも派遣してはどうだろうか。

インド洋で日仏米豪印共同訓練

練習航海中の「あけぼの」 「ラ・ペルーズ21」に参加

日仏米豪印5カ国の共同訓練で、占位位置を確認しながら豪海軍補給艦「シリウス」（奥）に近接する海自の護衛艦「あけぼの」（手前）＝ベンガル湾で

海自幹候校を卒業した初級幹部を乗せて東南アジア方面を巡航中の護衛艦「あけぼの」（艦長・小林征太郎2佐）は4月5日から7日まで、インド洋のベンガル湾で、日仏米豪印5カ国による共同訓練「ラ・ペルーズ21」に参加した。

同訓練は2019年5月に「日仏豪米」の4カ国で初めて行われ、2回目となる今回はインド海軍が加わった。

仏海軍から強襲揚陸艦「トネル」（満載排水量約2万2000トン）、フリゲート「シュクーフ」（3800トン）、米海軍はドック型輸送揚陸艦「サマセット」（2万4900トン）、豪海軍はフリゲート「アンザック」（3700トン）、補給艦「シリウス」（4万6700トン）、印海軍はフリゲート「サツプラ」（6300トン）、コルベット「キルタン」（3150トン）とP8I哨戒機が参加。5カ国共同で対空戦、対水上戦、洋上補給など各種訓練を行った。

同訓練に先立ち「あけぼの」は3月29日から31日まで、南シナ海で豪海軍フリゲート「アンザック」と2国間訓練を実施した。

山村海幕長は4月6日の記者会見で「欧州の国々がインド太平洋地域に関心を持ってアジア方面に部隊を展開し、多国間、2国間の共同訓練を実施することは日本にとって非常によいことだ。それが『自由で開かれたインド太平洋』の実現に結び付いていくものだと確信している」と語った。

訓練名の「ラ・ペルーズ」は、宗谷海峡の国際名称で、1787年にヨーロッパ人として初めて同海峡を通過したフランスのラ・ペルーズ伯爵に由来している。

時の焦点

国内　沖縄振興計画

国との対立に終止符を

沖縄県は来年、本土復帰50年という節目を迎える。政府と協力し、経済活性化や県民生活の向上を図らねばならない。

今年度末に期限を迎える沖縄振興計画について、県が新計画の策定を急いでいる。

本土との格差是正を目的とした振興計画は、1972年度以降、10年ごとに作られてきた。現在の5次計画から県がまとめ、国が支援する仕組みに変わっている。

新計画の骨子案では、新型コロナウイルスの流行を踏まえ、「安全・安心の島」の実現を新たな目標に掲げた。SDGs（持続可能な開発目標）の推進をうたった点も特徴である。

沖縄の1人当たりの県民所得は全国最下位だ。県内には製造業が少なく、失業率は高い。

近年、堅調だった観光産業も、コロナ禍で打撃を受けた。県は、観光客の激減により、昨年1年間で6500億円の需要が消失したと試算している。経済をどう立て直していくかが問われよう。

骨子案には、新型コロナ対策として、玄関口である空港や港湾の防疫体制整備や、離島での医療提供や検査の拡充などが盛り込まれた。

那覇空港と那覇港を一体的に活用し、国際物流の拠点とする構想も含まれている。

公衆衛生を強化するにしても、インフラ整備を進めるにしても、政府の協力を仰がねばなるまい。

だが、米軍基地問題を巡って、国と県の対立は長期化している。

米軍普天間飛行場の名護市辺野古への移設計画は、埋め立て予定海域の約3割で陸地化が終了する見通しだ。

残る海域で見つかった軟弱地盤について、国は昨年、設計変更を県に申請した。だが、県は移設計画に反対する構えを崩していない。国と法廷闘争を繰り返しており、なお2件が係争中である。

市街地に囲まれた普天間の危険性除去は、重要な課題だ。移設計画は、米海兵隊の抑止力を維持する上で不可欠である。移設先の飛行場の面積は、普天間の3分の1程度であり、県にとって跡地利用などの利益は大きい。

玉城デニー知事は、県全体の振興を考え、基地問題への対処を総合的に判断する必要がある。

沖縄への自衛隊の駐屯も来年で50年となる。かつては、革新系首長のいる自治体が、隊員の転居手続きを邪魔したり、成人式への出席を拒否したりするケースがあった。今なお自衛隊の存在を歓迎しない地域もあるという。

理不尽な対応に遭いながらも、陸上自衛隊は長年、沖縄の離島の患者搬送や、災害派遣任務をこなしてきた。新型コロナ対応でも輸送や看護師の派遣に努めてきた。

こうした活動を評価している県民は多いはずだ。「反自衛隊」の払拭に向けても、玉城氏は先頭に立つべきである。

夏川　明雄（政治評論家）

海外　米人権報告書

民主国家VS専制国家

米国務省が3月末に発表した世界各国の人権侵害についてまとめた2020年版の年次報告書は、バイデン政権が続く少なくとも今後4年間は、かつての冷戦時代にも似た世界を二分する国際情勢の到来を強く予感させるものとなった。バイデン大統領が外国指導者として初めてホワイトハウスに招く菅義偉首相との日米首脳会談でも、同盟の強化や北朝鮮問題とともに、人権問題が対中戦略の擦り合わせで重要なテーマとなりそうだ。

トランプ前政権時代から激しさを増す米中対立について、バイデン大統領は「民主主義国家と専制主義国家の有用性をめぐる闘い」と位置付けている。専制国家には当然、権威主義的体制が長く続くプーチン政権のロシアも含まれており、人権問題や統治体制をめぐる米欧主導の西側陣営と中露両国を中心とする旧東側陣営の対立の激しさを併せ考えると、両陣営がどこかで折り合いをつけ、歩み寄ることは近い将来期待できそうにない。

ブリンケン米国務長官は人権報告書の発表に当たっての会見で、「他国の人権について語る資格はないという批判もあるが、われわれは問題を包み隠さず対処する」と強調、「それが民主主義と専制主義を分ける」と語った。バイデン政権は1月20日の発足以降、主要7カ国（G7）や日米豪印4カ国（クアッド）の枠組みをてこ入れし、日本や韓国、欧州諸国との同盟関係強化に努める。

これに対し、「反中包囲網」を危惧する中国は友好国のロシアや中東の地域大国イランとの関係強化を図るなど、米中双方とも同盟国や友好国を引き込んで対峙する構図が浮かび上がりつつある。

二つの陣営の対立の背景にある主要な争点の一つが人権問題だが、国務省の人権報告書では、▽中国は新疆ウイグル自治区でウイグル族に対する「ジェノサイド」（集団殺害）や「人道に対する罪」があった▽香港でも中国政府が民主派のデモ鎮圧を機に行政や司法に介入し、市民の自由を破壊した▽北朝鮮では政府による非合法な殺害や拷問が行われている▽ロシアでは野党指導者ナワリヌイ氏に対する毒殺未遂事件など個人に対する報復があった――と列挙。ミャンマー国軍の市民弾圧は今年に入って起きたため、今回の報告書の対象外だが、ブリンケン氏は「最も強い言葉で非難する」と糾弾した。

中国などの専制国家への対処では、欧州連合（EU）も最近、ウイグル族への人権侵害を理由に1989年の天安門事件以来の対中制裁に踏み切るなど、経済関係を軸に協調路線を取っていた中国戦略を転換。EUが本来重視してきた人権擁護の分野で強い姿勢を示し、トランプ前政権時代に悪化した関係の修復を目指す米国と強硬路線で足並みをそろえる。人権侵害に対するEUの制裁発動はこれまで、国家による加害行為や化学兵器の使用時に限られてきたが、昨年12月に条件なく制裁が適用できるよう変更されており、最近の対中制裁発動はその第一弾ということになる。米国は来年の北京冬季五輪の共同ボイコット論も協議していく構えで、先行きはますます予断を許さない。

伊藤　努（外交評論家）

「あたご」が海保と訓練

不審船への対処で連携を強化

海自は4月6日、若狭湾で海上保安庁の巡視船と「不審船対処」の共同訓練を実施した。

同訓練は海自と海保が平成11年に策定した「不審船に係る共同対処マニュアル」に基づき定期的に行われており、今回で19回目。

海自からはイージス護衛艦「あたご」、ミサイル艇「うみたか」とSH60K哨戒ヘリ2機、海保から巡視船「ほたか」、固定翼機1機が参加した。

訓練は「沿岸の重要施設に不審船が向かっている」という想定で行われ、不審船を確認した航空機部隊と海自、海保の艦艇・航空機が情報を共有。共同して不審船の追跡・監視に当たり、海上に停船させるまでの一連の流れを演練した。

「あたご」には舞鶴地方総監の伊藤弘海将と第8管区海上保安本部（舞鶴）の島谷邦博本部長が乗艦し、訓練を視察した。

訓練後、伊藤総監は艦上で記者団に対し、「我が国を取り巻くさまざまな戦略環境は劇的に変化、言葉を変えれば悪化している。今後も海自と海保の共同対処能力の向上とさらなる連携を図っていきたい」と述べた。

海自と海上保安庁の共同訓練で、海保巡視船「ほたか」（手前）と連携しながら不審船（左ゴムボート）を停船させる海自のイージス護衛艦「あたご」とSH60K哨戒ヘリ（4月6日、若狭湾で）＝海自舞鶴地方総監部提供

日米の哨戒機が共同訓練を実施

海自は4月5日、鹿児島・奄美大島東方の太平洋上で日米哨戒機部隊の共同訓練を実施した。

海自からP3C哨戒機、米海軍からP8A哨戒機各1機が参加し、対潜戦、情報交換の各種訓練を行い、日米間の相互運用性の向上を図った。

中国軍哨戒機が宮古海峡を通過

F15戦闘機がスクランブル

中国軍のY9哨戒機1機が4月4日午後、沖縄本島と宮古島間の宮古海峡上空を往復飛行したため、空自南西空のF15戦闘機が緊急発進して対応した。領空侵犯はなかった。

沖縄・尖閣諸島北方の東シナ海に飛来したY9は、南東進して宮古海峡を通過。太平洋上空で2回にわたり旋回して円の航跡を描いた後、往路と逆ルートで再び宮古海峡を通過し、自国領方面に戻った。

統幕は同日、空自機が撮影したY9の写真と航跡図を公表した。

中国フリゲートも宮古海峡を往復

海自護衛艦など確認

4月4日午前11時ごろ、中国海軍の「ジャンカイⅡ」級フリゲート1隻（満載排水量約3900トン、艦番号549「常州」）が沖縄・宮古島の北北東約150キロの海域を南東に向け航行するのを海自1護隊（横須賀）の護衛艦「いかづち」、5空群（那覇）のP3C哨戒機が確認した。

中国艦はこの後、沖縄本島と宮古島間の宮古海峡を南下し、太平洋に進出した後、再び宮古海峡を北上して東シナ海に戻った。

陸幹候校で入校式

662人が新たなスタート

【前川原】陸自幹部候補生学校は4月2日、102期一般幹部候補生、57期医科・歯科幹部候補生、4期看護科幹部候補生各課程の計662人の合同入校行事を執行した。

式は森下泰臣陸幕副長の立会の下、コロナ対策のため同校グラウンドで行われ、各幹候生への辞令書交付に始まり、任命申告、服務宣誓の後、全課程候補生が入校申告を行った。

藤岡史生学校長は式辞で「個性を磨け」「困難に立ち向かえ」の2点を要望。森下陸幕副長は「幹部自衛官としての『使命感』を確立し、目的意識を持って主体的に修学せよ。幹候校の校歌のごとく『くろがねの誓い』を堅持し、はつらつと心を燃やして日々の修学に励み、光輝く自衛官となるべく成長することを期待する」と訓示した。

候補生は、今後約2～9カ月にわたり、各課程で厳しい教育訓練に挑む。

陸自幹部候補生学校の合同入校行事で、代表し服務の宣誓を行う藤元知史陸曹長（手前中央）＝4月2日、前川原駐屯地で

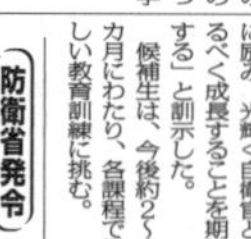

防衛省発令

▽統幕防衛計画部（22航空隊司令）1海佐　行松　栄治
▽教育訓練研究本部（3師団司令部）1陸佐　高倉　敬
▽22航空隊司令（22航空群司令部）1海佐　速水　孝明
▽海自幹部学校付（防衛政策局防衛政策課基本政策班兼分析班）同　臼井洋太郎
▽海自2術科学校（航空集団司令部）同　高橋　俊隆
（以上4月5日）

共済組合だより

「被扶養者の認定・取消手続き」はお早めに

被扶養者が就職したら手続きが必要

●被扶養者が就職した場合の手続き

組合員の被扶養者が就職した場合、速やかに共済組合の窓口で扶養取消の手続きをしてください。この場合、「被扶養者申告書」及び「就業証明書」等の提出、「組合員被扶養者証」の返納が必要となります。

なお、事実発生の日またはその翌日から取り消されるので、取消の手続きが遅れると給付を受けた分の戻入が生じることがあります。

●結婚・出産等による被扶養者の認定の手続き

組合員が結婚、出産等で被扶養者ができたら、速やかに「被扶養者申告書」を共済組合の窓口に提出し、その認定を受けてください。被扶養者としての各種給付が受けられるようになります。

届出は事実発生の日から30日以内に行うと、事実発生の日に遡って認定されますが、30日を経過した場合は、遡っては認定されないのでご注意ください（その届け出をした日から認定になります。）。

●認定条件

「被扶養者」の認定条件は主として組合員の収入で生活しており日本国内に住所を有する次の範囲にあてはまる方です。

1　組合員の配偶者（内縁も含む）・子・父母・孫・祖父母・兄弟姉妹
2　3親等内の親族で右記以外の方（原則として組合員と同居している（住民票が同じである）ことが必要）
3　内縁関係にある配偶者の父母・子（同上）
4　内縁関係にある配偶者の死亡後におけるその父母・子（同上）

ただし、上記の該当者でも収入が年額130万円以上（障害による年金受給者または60歳以上の公的年金受給者は180万円以上）の方及び年額130万円以上になると見込まれる方は認定されません。

また、別居している父母等については当該父母等の全収入（父母等の全収入と組合員及びその他の方の送金等の収入の合計）の3分の1以上を組合員が送金等により負担していない場合も認定されません。

扶養認定において基準とする年収を算定する場合の1年間は、1月～12月の暦年や4月～3月の年度単位でなく、認定から現在までの引き続く期間において連続する12カ月で、どの12カ月の収入を見ても130万円未満である必要があります。

現時点で年額130万円以上でない場合であっても、年額130万円以上と見込まれる収入が継続的に得られるようになった場合、勤務形態の状況等により、扶養認定の取消となる場合もあります。例えばパート勤務等で収入を得ているような場合は、130万円÷12カ月＝10万8333円であるため、月の収入が10万8333円を恒常的に超えることとなったらご注意ください。

被扶養者の認定、取消についての詳細は、ご所属の共済組合支部短期係までお問い合わせください。

朝雲新聞社ホームページ常時SSL化(https化)のお知らせ

朝雲新聞社は4月19日より、安全にホームページをご利用いただけるよう、サイトの常時SSL化（https化）を行います。

常時SSL化は、インターネット上で通信されるデータを暗号化して送受信するもので、データの盗聴・なりすまし等の危険性を回避致します。

それに伴い、URLアドレスが変更となりますのでお知らせ致します。

旧:http://www.asagumo-news.com/

新:https://www.asagumo-news.com/

旧URLアドレスにアクセスした場合、自動的に新URLへ転送されるため、閲覧に支障はございませんが、ブックマークやお気に入りに登録されている場合は、誠にお手数ですが新URLアドレスで再登録をお願い致します。

なお、常時SSL化に伴い、一部の古い端末やブラウザでは正しくページを表示できない場合がございます。

ブラウザの暗号化通信（SSL/TLS）に関する説明や対応方法は、Google Chrome や FireFox、Microsoft Edge など、ブラウザを提供する各社ホームページ等に掲載されております。最新版への更新も含めてご確認、ご対応のほど、お願いいたします。

皆さまが安心して弊社ホームページをご利用いただけるよう、心がけてまいりますので、今後とも宜しくお願い申し上げます。

朝雲新聞社

YS11FCお疲れさま　飛点隊

共に歩んだ半世紀

空自飛行点検隊（入間）で3月26日、半世紀にわたり同隊に配備され、飛行点検業務に従事してきたYS11FC151号機の退役に伴う「機種変更記念式典」が行われた。今後はYS11FCに代わって最新型機のU680A（3機）が運用を引き継ぎ、先に導入されたU125（2機）とともに、飛行点検隊は新たな機種編成で任務に臨む。（写真・文　亀岡真理子）

機種変更記念式典

「機種変更記念式典」で式辞を述べる新崎飛点隊司令（中央奥壇上）。YS11FC（奥）からU680Aへの新たな機種編成のもと、任務に取り組む決意を語った

チェッカー・スピリッツ矜持に

式典には航空支援集団司令官の金古真一空将、入間基地司令の津曲明一将補をはじめ、多くの来賓が出席。最初に森田早貴3曹（空音）が国歌を独唱し、その後、新崎秀樹飛点隊司令が式辞を述べた。

新崎司令は「YS11は昭和、平成、令和と、実に50余年もの長きにわたり飛行点検隊の主力機として活躍した」と151号機の歴史を振り返るとともに、関係者を前に、「陸海空自で唯一の飛行点検部隊として、諸先輩方が築き上げた輝かしい伝統を引き継ぎ、これからの業務に全力で取り組む」と決意を語った。

続いて金古支援集団司令官が訓示し、「部隊のコールサイン〝トライヤー〟は挑戦者、努力家の意味がある。今日の飛行点検隊を超える存在は、明日の飛行点検隊しかいない。チェッカー・スピリッツを矜持とし、さらに前進してもらいたい」と述べた。

U680Aについて「これだけで全国の自衛隊の施設をすべてカバーできる」と有用性を語る新崎司令

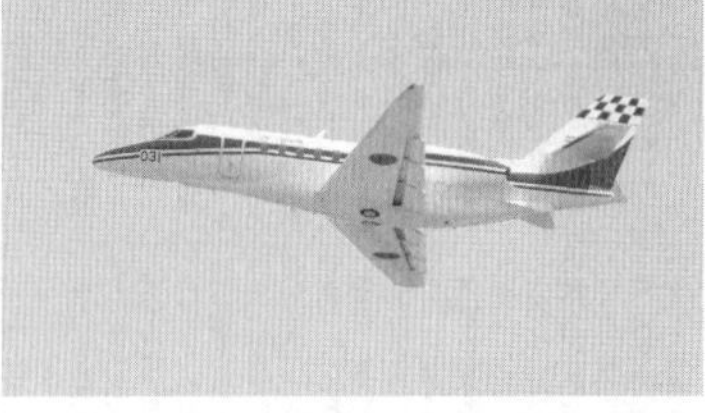

YS11FCの後継機となるU680A（上）とU125（下）。機体サイズは小さくとも、航続距離、上昇高度は2倍超に伸びた

低い所から高高度まで網羅

新崎司令は式後の記者会見で、今後の主力機となるU680Aについて「低いところから高高度まで、遠くは（小笠原諸島）南鳥島まで自衛隊が管理する施設を全て点検できる飛行機。この機さえあれば自衛隊の施設すべてが点検可能になる」と同機の有用性を語った。

また、YS11については「退役後どうするかは決まっていない」としつつも、「この機体から学んだ遺産を当隊としても継承していきたい」と話した。

この日、退役したYS11FC151号機は1965年に空自に導入された最も古い機体で、部隊の歴史と共に歩み、全国の飛行点検業務を担ってきた。部品の枯渇から退役が決まり、3月17日にはラストフライトで有終の美を飾った。

最新型機　U680A拝見

U680Aのコックピット。パイロットに必要な情報が一目で分かる、視認性に優れたディスプレーになった

U680Aに搭載された飛行点検装置UNIFIS3000（ノルウェー製）。地上から送信される電波により、航空機の方位と距離が表示される

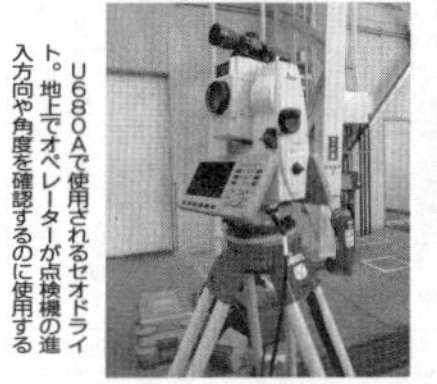

U680Aで使用されるセオドライト。地上でオペレーターが点検機の進入方向や角度を確認するのに使用する

東日本大震災から10年

自衛隊への教訓　▷▷5◁◁

元災統合任務部隊・第4海災部隊指揮官（元海自掃海隊群司令、幹部学校長）福本　出　元海将

自衛隊の精強さと優しさ

福本出氏

今世紀になって多発する大規模自然災害等に際し、ニュース映像の端々に映る自衛隊員を見るにつけ、10年前の東日本大震災に従事した隊員たちの姿が脳裏に重なって見える。未曽有の災害に立ち向かった隊員たちを振り返るとき、私はいつも、派遣を通じて大きく成長した一人の海士長のことを思い出す。

着任1カ月の海士長

数多くのご遺体を海中の瓦礫から発見・収容した掃海隊群司令部水中処分班のK士長は、約1カ月前に第1術科学校（江田島）の水中処分課程を修業し、着任したばかりの新米ダイバーだった。

戦場のような捜索現場に到達して1週間。Kは捜索に加わることができず、処分艇（ゴムボート）の上で先輩たちに指示されながら、犠牲者のご遺体をボディーバッグに収めていた。

これまで死んだ人を見た経験は、小さい頃にお葬式で見た祖父の姿だけだ。おじいちゃんは、ただ眠っているように穏やかな姿だった。

こびりつく異臭

けれども、水死体で発見・収容されるご遺体は、まったく違う。初めて浮遊する遺体を発見したときは、人間ではなく、海に浮かぶ布団かなにかだと思ったという。

長時間海水に洗われたためか、着衣も毛髪もなく、肌色は失われ、漂白したかのように真っ白だった。体内に発生したガスで、人の身体がここまで膨らむものかと、信じられないほど異常に膨満し、眼窩はえぐられ、ところどころ白骨も露出している。ボートに引き上げたとたんに崩れて、腐乱した肉片や内臓が散乱した時は、思わず嘔吐してしまった。身体に異臭がこびりつき、船に戻ってシャワーを浴びても浴びても取れた気がしない。ベッドに入って目を閉じれば、昼間見たご遺体がまぶたに浮かんできて、ほとんど眠れない日々が続いていた。

一刻も早く現場に

夜が明ければまた捜索が始まる。喫水が浅い掃海艇といえども、沿岸部に近づくには限界があり、瓦礫をパドルでかき分けて湾の奥まで進み、ご遺体を見つけるのはダイバーにしかできない仕事だった。先輩たちは、まったく怯む気配もない。Kは行かねばならないことを頭では分かっていても、怖くて足がすくむばかりだった。

水中視界はほぼゼロに近い。そんな海中での捜索はまさに手探りだ。なにかが指先に当たるたびにドキッとして呼吸が荒くなる。ボートに上がると、ボンベの残空気が、先輩よりずっと少ない。潜水指揮官は、これ以上Kが潜ることに危険を感じ、船上作業員に指定したのだ。

そんなある日の夜、翌日の作業確認のため潜水員待機室に行くと、先任のマスターダイバーが捜索計画を立てていた。Kの顔を見ると、マスターは「まぁ座れ」と言って、冷蔵庫から出した缶コーヒーを勧めながら自分の経験を話し始めた。

「俺らはこれまでも不時着水した機体捜索、『なだしお』事故や奥尻島の津波被災者の捜索などのたびに、多くのご遺体に接してきた。俺も最初は怖いと思った。目の前に突然ご遺体が現れた瞬間、海中でパニックになりそうになったこともある。けれども、ある日気づいたんだ。どんなに変わり果てようが、この仏さんは誰かの親父やおふくろ、息子や娘なんだと。家族が探したくても、それは俺らにしかできないんだ。それ以来、俺はご遺体を見つけたら、触れる前にまず手を合わせる。そして『お待たせしました。怖かったでしょう。寒かったでしょう。もうすぐ帰れますよ』と心の中で唱えるようになった」

Kは、おじいちゃんとのお別れに涙した自分を思い出し、ご遺体を怖いと思った自分が情けなくなった。そして夜が明けたら一刻も早く現場に行こうと思った。

翌日、先輩たちはKの顔つきが変わったことに気づいた。

武士道の神髄見た

津波に破壊し尽くされた捜索現場は、構造物の崩落、汚濁海水による感染症罹患など、幾多の危険が伴う困難なものであった。

ダイバーに限らず、隊員たちは疲れも見せず、危険をものともせず黙々と現場に立ち向かった。そして船に戻り、機材の整備をしながら人知れず涙を浮かべていた隊員も知っている。犠牲者の家族を思う彼らは、あくまで優しく、そして強かった。

戦争を知らない自衛隊員が、果たして一朝ことあるとき、勇敢に戦えるのか。

海自幹部学校で武士道の講義をお願いしていた菅野覚明先生は、「武士道の神髄は強さと優しさが表裏一体になっている姿である」と解かれた。国を愛する心は、他者への優しさから生まれる。私は未曽有の災害に立ち向かった隊員たちに、真の勇気を秘めた武士道精神を見たように思っている。

瓦礫をかき分けて捜索する水中処分員。津波被災者の多くは潜ることもできない海岸の瓦礫に絡んだ状態で発見された

日米共同訓練　9空団F15と米F35B

日米共同訓練を行う空自2空団のF15戦闘機（左）と米空軍のF16戦闘機（3月18日、太平洋上空で）＝米太平洋空軍のツイッターから

空自9空団（那覇）と在日米空軍・海兵隊は3月15日、那覇市北西の東シナ海上空で日米共同訓練を行った。空自からF15戦闘機4機、米海兵隊からF35Bステルス戦闘機4機、米空軍からはKC135空中給油・輸送機1機が参加し、共同で防空戦闘を行った。

3月18日には2空団（千歳）のF15戦闘機2機が三沢東方の太平洋上で米空軍のF16戦闘機1機と対戦闘機戦闘訓練を行っている。（1面参照）

井筒空幕長は同18日の記者会見で「日米が協力して海兵隊などの航空機と訓練をすることは相互運用性、日米共同対処能力を高める上で、非常に大切なことだ。東シナ海などで実施することは、日米のプレゼンスを示す上でも意義がある」と述べた。

◇

4移警隊は嘉手納で移動式レーダー展開

南西航空警戒管制団4移動警戒隊（那覇）は3月15日、在日米空軍嘉手納飛行場で移動式レーダー装置の展開訓練を行った。

訓練は移警隊の他基地への展開に関する戦術技量の向上が目的。4移警隊長の恩田雄太2佐以下隊員約20人が車両約10台で嘉手納飛行場に進出し、車載された移動式レーダー装置などの展開から撤収までの一連の手順を約4時間にわたって演練した。

訓練後、恩田隊長は「移動警戒隊の本領は、不断の警戒監視を行うことにある。今回は初の嘉手納への機動展開だったが、部隊一丸となり、迅速な機動展開ができた。今後ともあらゆる状況下でその役割を的確に果たせるよう、能力向上に努めていく」と語った。

移動式レーダー装置を展開する4移警隊員（3月15日、在日米空軍嘉手納飛行場で）

「東アジア戦略概観2021」概要

防衛研究所編

防衛研究所は3月26日、昨年1年間の日本周辺の安全保障情勢を独自に分析した年次報告書『東アジア戦略概観2021』を発表した。防研のホームページには日本語版（全文）がPDF形式で掲載されており、英語版も7月にアップされる予定だ。防研では執筆者名や分析根拠を明示し、研究者が独自に分析した「学術専門書」としての性格を明確にするとともに、図表や写真などを盛り込むことで一般読者の理解が進むよう配慮したとしている。（1面参照）

第1章 大国間競争に直面する世界

コロナ禍の太平洋と欧州を事例に

2020年に新型コロナウイルス感染症が引き起こしたパンデミックは、国際秩序の将来に関する既存の議論を一層活発化させた。本章では、このテーマの議論を往々にして独占しがちな米中両国および両大国の関係ではなく、それ以外の主要国、中小国の動向に焦点を当てる。今後の国際秩序を占う上で、米中両国以外の諸国がどのような選択肢を有し、どのような役割を果たすのかについては、論者の間で見解が分かれている。

本章の第1節では、米中以外の諸国の役割に関する、2つの主要な見解を紹介、分析する。一方で、多くの論者は、世界政治は米中二極に分断されつつあり、両大国以外の諸国は、究極的には、米国と連携して中国に対抗するか、あるいは中国との関係を重んじて米国と距離を取るか、旗幟を鮮明にする以外に選択肢は少ないとする。これに対して、世界政治はむしろ多極化、もしくは「多元」化しつつあり、米中以外の諸国の選択肢はより多様で、能動的なものだと指摘する論者も多い。同節では、近年米中競争と分断の圧力が拡大する中でも、引き続き国際政治の「多元」化傾向が観察できること、そしてその背後に自らの自律性の擁護に取り組む多くの諸国の意気込みが存在することを指摘する。

第2節および第3節では、米中以外の諸国が取り組む「多元」化や自律性の模索の事例として、オーストラリアをはじめとする太平洋地域および欧州連合（EU）を中心とした欧州の国際関係にそれぞれ焦点を当てて分析する。

太平洋地域においてオーストラリアは、米中競争の影響を被りつつも、独自の地域主義の発展や新型コロナ感染症への対応に係る地域連携の推進を継続している。また、欧州諸国はその「戦略的自律」を模索する上で、争点が複雑化する米中両大国との関係管理に取り組んでいる。

なお、太平洋および欧州以外の国や地域における、米中関係をめぐる議論や新型コロナ感染症関連の動向については第2章以降の分析を参照されたい。

第2章 中国

コロナで加速する習近平政権の強硬姿勢

湖北省武漢市で発生した新型コロナウイルスの感染爆発は、多数の感染者と死者を出し、経済の停滞を招いたことで、習近平指導部に対する国民の不満を表面化させた。これに対して習近平政権は、経済活動の再開を進めると同時に、社会への統制を強化することで乗り切りを図った。習近平主席は中国共産党5中全会を経て、政治的権威をさらに高めた。

統制を強化する習近平指導部の強硬な姿勢は、香港と台湾にも向けられた。香港には「香港国家安全維持法」を強要し、香港に高度な自治権を約束していた「一国二制度」を骨抜きにして、自由と民主を求める香港市民の声を力で封じ込めた。中国が要求する「一つの中国」原則を受け入れない蔡英文総統が再選された台湾は、コロナ禍への対応で功績をあげるなど国際社会における評価を高めた。また米国は台湾に政府高官を派遣したり、多くの武器を売却するなど関係を強化した。これに対して中国は、台湾の周辺海空域における軍事訓練を活発化させて、台湾を強く威圧した。

習近平政権は対外的にも強硬な姿勢を取った。中国と米国の関係はすでに悪化しつつあったが、コロナ禍を引き起こした責任をめぐって両国間の相互批判が強まり、対立関係は「新冷戦」とも呼ばれるレベルにまで高まった。中国による強硬な外交姿勢はオーストラリアやインドにも向けられ、欧州諸国を含む多くの国の対中警戒感を高めることになった。

コロナ禍において人民解放軍は、医療人員の派遣や医療物資の輸送といった活動に加えて、ワクチン開発の推進、諸外国への支援などで役割を果たした。同時に、米軍への対抗を念頭に置いて、南シナ海で対艦弾道ミサイルの発射を含む演習を強化し、艦艇による太平洋への進出を強化した。また中国は、日本固有の領土である尖閣諸島の周辺海域における中国海警局に所属する船舶による活動を強化し、日本の領海内で日本漁船に接近するなど、日本に対する圧力をさらに強化した。

マラバール2020に参加するオーストラリア海軍、インド海軍、海上自衛隊、米海軍の艦艇＝11月17日、アラビア海北部（U.S. Navy photo by Mass Communication Specialist 3rd Class Keenan Daniels/Released）

中国海警局の船舶が接続水域に入域した日数

年	日数（日）
2012年	79
2013年	232
2014年	243
2015年	240
2016年	211
2017年	171
2018年	159
2019年	282
2020年	333

（出所）海上保安庁発表データより執筆者作成。
（注）2012年の日数は9月14日以降のみ。

バヌアツ・ポートヴィラに到着した豪空軍C―17と災害救援物資
(Australian Department of Defence/Australian Defence Force)

第3章 朝鮮半島

揺れる南北関係

2020年3月、北朝鮮は一連の短距離弾道ミサイル（SRBM）発射を開始した翌日、民族より同盟を重視していると韓国を糾弾した。また6月、北朝鮮は金与正・朝鮮労働党中央委員会第1副部長の談話などを通じて、米国に追従する「事大主義」を是正するよう韓国に圧力をかけた。北朝鮮の対外行動での優先目標は、大統領選挙を前に今後の方向が不確実な米国との関係ではなかった。北朝鮮外務省によれば、米国は民族内部の問題である南北関係に口出しすべきではないのだという。

その一方で北朝鮮は、韓国には2018年の南北首脳会談で発表された南北軍事合意の破棄を意味するオプションを突き付け、南北共同連絡事務所を爆破するなど、「事大主義」が是正されなければ緊張を高めることも辞さない姿勢を取った。米新政権の発足に先立ち、北朝鮮は韓国を米国との協力から引き離すことに注力したのであった。

韓国の文在寅政権は、北朝鮮の行動を受けて、南北関係の改善に強い意欲を示し、その結果米国との距離を取るかのような行動も見られた。例えば、米国との間で対北政策の調整を行う場である米韓作業部会の協議事項を限定し、より自律的に対北協力を進められるようにすべきとの議論が韓国側で高まった。また、ミサイル防衛システムの一部である艦艇発射型迎撃ミサイルSM―3は8月に発表された国防中期計画で言及がなかった。北朝鮮のSRBM開発を受けて海軍は多層的なミサイル防衛の必要性を主張していたが、そのためのSM―3は採用されなかったのである。他方、韓国は「誰にも揺るがすことのできない国家」や「完全なミサイル主権」を唱え、韓国によるミサイル開発を米国が制限する枠組みであった米韓ミサイル指針を緩和することで、ミサイル能力を拡大する姿勢を見せた。文在寅政権が重視する戦時作戦統制権の移管では大きな進展が見られず、妥結しなかった米軍駐留経費の分担金と共に米新政権下での米韓関係の焦点となる。

第4章 東南アジア

ポスト・コロナの安全保障課題

2020年の東南アジアは、新型コロナウイルスにより大きな影響を受けた。インドネシアとフィリピンでは年をまたいでも継続して感染が拡大または横ばいの状況であり、他の国でも、新規感染をほぼ抑え込んだ国がある一方、年後半から感染の再拡大が起きている国もあり、地域全体としては収束が見えない。コロナによる国境の封鎖や国内での都市封鎖・行動制限などの措置は、各国経済に深刻なダメージを与え、特に貧困層が大きな影響を受けている。

一方、コロナ対応を理由にした強権的な政権運営の事例が見られ、地域諸国が積み重ねてきた民主主義の実践への影響が懸念される。東南アジア諸国連合（ASEAN）はコロナ対応における国際支援のプラットフォームとして一定の役割を果たしているが、ASEAN独自での問題解決という観点では限定的であったといえる。

パンデミックにかかわらず、南シナ海情勢は中国による自国の権利を主張する活動がより広範にかつ示威的な形で展開され、緊張が続いた。これに対し、東南アジアの各国は、中国との戦力の格差や経済関係への影響なども考慮しつつ、可能な限りの軍事的・外交的対応を見せた。他方、中国の行動に対し、西側諸国は警戒感を高め、特に米国が同問題に対してより積極的に関与する姿勢を示すようになった。ASEAN外交の場でも米中両国の意見の対立が目立つ中、ASEANとしては大国間競争から距離を置く姿勢を示している。

コロナ対策費による国防予算への影響がある中で、各国は海上戦力の強化に向けて艦艇の増勢や近代化、対艦攻撃能力や海洋での情報収集・警戒監視・偵察（ISR）能力の強化に取り組んでいる。また軍の活動について、上半期はコロナの影響で共同訓練の順延が目立ったが、下半期に入り、インドネシア海軍などが大規模な訓練を再開している。

第5章 ロシア

ポスト・プーチン問題と1993年憲法体制の変容

1991年12月のソ連邦解体後、新たに誕生したロシア連邦では、1993年12月に制定された連邦憲法を国家運営の礎とした。1990年代のボリス・エリツィン政権は、社会・経済の混乱と不安定な政治秩序、中央・地方関係の遠心化に特徴付けられる。その一方、2000年5月に発足したウラジーミル・プーチン政権は、垂直的権力の構築を目指し、連邦制を含む大規模な政治改革を遂行し、憲法体制の安定化を図った。こうした中、テロ・過激主義対策の強化やマスメディアの法規制を背景に、93年憲法第2章が保障する「人および市民の権利と自由」をめぐる問題が顕在化し、特に近年、ロシア政治の焦点となっている。

2020年初頭に本格化した93年憲法の修正プロセスを経て、プーチン体制を維持する基本的メカニズムが構築された一方、変革を求める市民の声も高まっており、ロシア社会は変動期を迎えている。憲法修正により、大統領の3選禁止が明確化されたものの、現職・元職者の任期数をカウントしない条項が設けられたため、プーチン大統領とドミートリ・メドヴェージェフ安全保障会議副議長は、次期大統領選挙に出馬することが制度上可能である。本稿では、憲法問題に焦点を当て、ロシアの政治体制やポスト・プーチン問題の示唆を得る。

中距離核戦力（INF）全廃条約の失効や新戦略兵器削減条約（新START）の延長問題など、米露間の軍備管理問題が国際的な関心事となっている。さらに反体制派のアレクセイ・ナヴァリヌィの毒殺未遂事件により露欧関係は一層厳しい局面を迎えている。

新型コロナウイルスのグローバルな感染拡大の中、ロシア軍は、多機能医療センターの建設、核・化学・生物防護部隊による消毒活動、イタリアやセルビアへの緊急援助など新たな役割を担った。軍の装備更新と態勢強化は引き続き進展し、大規模演習「カフカス2020」を通じた対外軍事協力の強化が図られ、アフリカ諸国への武器輸出の拡大を目指す動きも見られた。

2020年憲法修正における領土に関する条項と愛国主義・保守主義的側面（一部抜粋）

第3章 連邦制	
第67条	第2[1]項 ロシア連邦は、自らの主権および領土的統一性を擁護する。（ロシア連邦と隣国との境界画定、ならびに画定作業およびその再画定作業を除く）ロシア連邦領土の一部の譲渡に向けた活動、ならびにそのような活動を呼び掛けることは認められない。
第67[1]条	第2項 千年の歴史によって統合され、理想および神への信仰、ならびにロシア国家の発展の継続性を我々に伝えてきた祖先の記憶を持つロシア連邦は、歴史的に形成された国家の統一を認める。 第3項 ロシア連邦は、祖国防衛者の功績を敬い、歴史的真実を守ることを保障する。国民の祖国防衛に伴う偉業の意義を過小評価することは認められない。 第4項 子供は、ロシアの国家政策において最も重要な優先項目である。国家は、子供の全面的、精神的、道徳的、知的および身体的成長、ならびに子供の愛国心、市民としての自覚および年長者に対する敬意を育むことを促進する条件を創出する。国家は、家族による養育の優先性を保障し、監護を受けない子供に対する親の義務を引き受ける。
第72条	ロシア連邦とロシア連邦構成主体の共同管轄事項は、以下の通りである。（中略） zh[1]）家族、母性、父性および児童の保護、男性と女性のつながりとしての婚姻制度の保護、家庭における適切な子供の養育、および成年した子供が両親の面倒を見る義務を遂行するための条件の創出。

（出所）E.Iu. Barkhatova, Kommentarii k Konstitutsii Rossiiskoi Federatsii novaia redaktsiia spopravkami3–e izdanie（Moskva: Prospekt,2021）; Kommentarii k Konstitutsii Rossiiskoi Federatsii2–e izdanie（Moskva: Prospekt,2020）　上野俊彦「ロシアにおける2020年の憲法修正をめぐる諸問題」『ロシアＮＩＳ調査月報』第65巻第５号（2020年）80―105頁；溝口修平「ロシア連邦」初宿正典、辻村みよ子編著『新　解説世界憲法集　第５版』（三省堂、2020年）281―341頁より執筆者作成。

第6章 米国

コロナ危機下の米国の安全保障

2020年、新型コロナウイルスの感染拡大がやまない状況においても米国では、対中政策をはじめとして、安全保障政策上の重要な展開が見られた。そこでは、米国国内に対する中国の脅威が強調され、州以下のレベルが中国の影響工作の標的となっているという認識が深まった。これを受けて、2019年から2020年にかけて、具体的な対策が講じられた。まず、国務省は、中国政府職員が米国の州、地方、市政府の関係者と接触することを同省への事前通告の対象とした。また、中国国営メディア15社を1982年外交使節団法上の「外交使節団」に指定し、同省が定める諸条件に従うことを求めた。さらに、2020年6月には、中国の新疆ウイグル自治区における人権侵害に対する米国内での懸念の高まりを受けて、人権侵害に加担した者に対する制裁を求める2020年ウイグル人権政策法が成立し、7月、米国政府は、一部の中国当局者に対して資産凍結や入国拒否の制裁を科すと同時に、人権侵害に加担したとする中国企業などを輸出規制の対象とした。

その一方、国防省は、各軍が中露を想定した作戦コンセプトの開発をそれぞれ進める中、これらの作戦コンセプトを包含し、一定の方向性を付与するための統合コンセプトの開発に着手している。また、2020年には、新型コロナウイルス感染拡大による影響も見られたが、西太平洋においては戦略爆撃機や空母の積極的な展開が見られた。

2020年11月3日には大統領選挙が行われ、7日にはジョセフ・バイデン元副大統領の当選確定が報じられた。しかし、ドナルド・トランプ大統領は大規模な選挙不正を主張し、各激戦州で数十の訴訟を起こした。さらに、2021年1月6日には、前年12月14日の選挙人投票の結果の認証を行う両院合同会議が行われていた連邦議会議事堂が、トランプ大統領を支持する暴徒に襲撃される事件が発生した。

第7章 日本

ポスト・コロナの安全保障に向けて

新型コロナウイルス感染症が中国において拡大していることが明らかになると、防衛省・自衛隊は、1月29日にチャーター機で帰国する邦人の検疫を支援する要員を派遣したことを皮切りに各地で災害派遣を実施し、そのインフラを中心とした支援を提供している。自衛隊では当該任務に関連した二次感染を起こしておらず、その感染対策は非常に高い評価を受けており、こうしたノウハウを各自治体などに教育支援している。今後も、コロナウイルスの感染拡大の防止が重要な課題である限り、防衛省・自衛隊がそのユニークな能力を活用したさらなる貢献が期待されるであろう。

2020年は、日本の安全保障の基軸を成す日米安全保障条約が改定されてから60年の節目に当たる。日米安保条約の条文自体に変化はないものの、「日米防衛協力のための指針」（ガイドライン）の策定とその改定を通じて防衛協力は深化してきた。

日本が日米同盟を重視する姿勢は新政権においても継承されると予想されるが、日米同盟による対処力や抑止力をより向上させるためにも、米国との2国間の同盟協力を、米国の同盟国間の協力も含めた重層的な安全保障協力へと深化させていくであろう。特に、2000年代以降に日米豪、日米韓、日米印の3カ国間協力が強化されてきたが、それらをさらに拡大する形で日米豪印の協力が追求されている。

2018年12月に公表された防衛計画の大綱で示された「多次元統合防衛力」の構築においては、厳しさを増す安全保障環境に対応するため、宇宙・サイバー・電磁波といった新たな領域をフォース・マルチプライヤーとする「領域横断作戦」という概念の下、さまざまな施策が行われている。

新領域では部隊の新編などを通じて能力向上が図られているが、領域横断作戦が従来の戦闘様相とは大きく異なる一方、そうした作戦能力を持続可能な形で発展させる長期的な方策が必要であろう。

募集・援護 特集

各地で入隊式

満開の桜の下、初の屋外での入隊式に臨んだ自衛官候補生たち（4月5日、松本駐屯地で）

「君たちは国民の期待そのものだ。自衛官としての成長に期待する」――。4月初旬、全国の自衛隊で一斉に入隊・入校式が行われた。各駐屯地・基地では新型コロナ対策で来賓の出席数は減ったものの、部隊長らが新隊員たちを熱く激励した。

自候生72人を熱く激励　長野　式前に不安も払拭

【長野】地本は4月5日、松本駐屯地で行われた令和3年度自衛官候補生入隊式に参加した。

式は、新型コロナ防止策として今回初めて屋外の基本訓練場で行われた。来賓として出席した地本長の三笠展隆1陸佐や各地域事務所長、駐屯地各部隊長らが見守る中、国歌斉唱と自候生の紹介後、入隊者72人が申告、服務の宣誓を行った。これを受け、執行者（13普連長）の伊藤裕一1佐が「自衛官候補生」に任命した。

式の前には、入隊者を学生時代からお世話した茅野地域事務所長の瀧本和輝1陸尉と広報官の坂木祥一2陸曹が自候生に会い、「家族と離れて寂しいかもしれないが、ここには支え合う同期もいるし、1カ月も経てば連休になり家族にも会える。それを励みに頑張って」と激励。入隊者たちは「成長した姿を見てもらいたいので、班長や同期と共に頑張ってみます」と力強く応えた。

お世話をした若者が力強く宣誓する姿を見届けた瀧本所長は「コロナの影響もあり、着隊から入隊式までの日数が例年より短い中で、彼らの顔つきも基本動作も確実に変わった。3カ月後に修了式で再会するのが楽しみだ」と話していた。

長野地本では、「入隊後も隊員とその家族との関係を維持・強化し、広報官がフォローしていくことで、自衛隊に対するさらなる理解向上に努めていく」としている。

古賀2普連長（壇上）に敬礼する入隊者（4月7日、高田駐屯地で）

「仲間と共に乗り越える」　高田　自候生57人が入隊

【2普連＝高田】2普連教育隊は4月7日、新緑の高田駐屯地で自衛官候補生57人の入隊式を行った。

従来は家族や来賓を多数招待し、自候生たちの勇姿を見てもらっていたが、コロナ禍で参列は部内に限り、各人の間隔も2メートル開けて開催された。

新隊員に対し、古賀理都靖連隊長は式辞で「受け身にならず、為すべきことを為して何事にも挑戦してもらいたい。同期の絆を大切にし、困難を辛抱強く、根気よく乗り越えよ」と激励した。

式後、川住大地自候生は、「自衛官としての自覚を持ち、日々の訓練に取り組み、仲間と共に乗り越えていきたい」と抱負を述べた。

入隊者を代表して服務の宣誓をする鈴木自候生（先頭）＝4月6日、神町駐屯地で

「修得に励むこと誓う」　神町　自候生79人が宣誓

【20普連＝神町】20普連は4月6日、駐屯地営庭で自衛官候補生入隊式を挙行した。

式典は新型コロナの感染拡大を防ぐため、マスクの着用や距離間隔の確保など徹底して実施。

式典では国歌吹奏の後、新隊員79人の任命が行われ、区隊長から自衛官候補生一人ひとりの名前が読み上げられると、気迫のこもった大きな声で返事を行った。1区隊4班の鈴木智也自候生（朝日町出身）が申告、入隊者全隊員が「自衛官候補生たる名誉と責任を自覚し、必要な知識と技能の修得に励むことを誓います」と宣誓した。

連隊長の荒木貴志1佐は式辞で入隊を祝うと共に、自候生に「初志貫徹」「基本・基礎の修得」「同期の絆を大切にせよ」の3点を要望、「君たちはまさに国民の期待そのものであり、この国を守る力となるべき存在だ。諸官の今後の成長に期待する」と述べた。

この後、山形県の吉村美栄子知事をはじめ、地元関係者から届いた数多くの祝電が披露された。

自候生たちは今後、教育隊長を務める副連隊長の浅野尚之2佐の指導の下、約10週間にわたって自衛官として必要になる基礎的事項を同期とともに学び、修得する。

平和を、仕事にする。
陸海空自衛官募集

ただいま募集中！
◇技術幹部・曹(海・空)◇一般曹候生
◇幹部候補生◇医科・歯科幹部
★詳細は最寄りの自衛隊地方協力本部へ

地本長、親子で大学生にPR　大阪　一般大卒の体験を説明

【大阪】地本長の濱田博之陸将補は、3月1日から4日まで大阪市のインテックス大阪で開催された合同企業説明会に長男の濱田翔平陸曹長（現3尉、3通信大隊＝千僧）とともに広報要員として参加し、親子で自衛隊をPRした。

同説明会は新卒学生採用サイトのリクナビ・マイナビが主催したもので、来春卒業する大学生が対象。地本が会場にブースを設置したところ、就活生184人が訪れ、広報官とリクルーターがそれぞれ自衛隊の活動や採用制度の概要を説明した。

今回支援を行ったリクルーターの一人が幹部候補生学校（前川原）を卒業した濱田曹長。地本長は東京理科大、濱田曹長は熊本大の卒業生で、ともに一般大出身の親子ならではの視点で自衛隊をPR。丁寧に説明を行った。

濱田曹長は上官である父親の姿に照れながらも、自らが経験した一般幹候生の魅力や幹候校での生活、教育内容について学生たちに説明。濱田親子から説明を聞いた大学生は、「幹候校での生活や教育内容がわかり、不安がなくなった。応募を検討したい」などと語った。

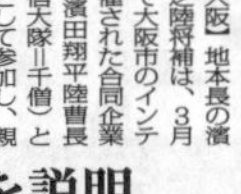

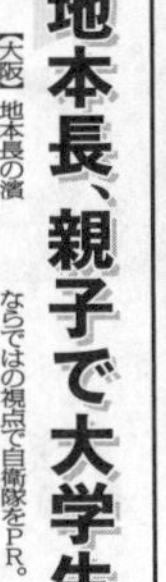

親子で大学生への募集PRをした父の濱田地本長（右）と長男の翔平陸曹長（3月1日、大阪市で）

沖縄地本がW受賞　朝雲賞優秀掲載、記事賞　バーチャルツアー評価

【沖縄】地本はこのほど、朝雲新聞社の「朝雲賞」の優秀掲載賞と記事賞をW受賞し、表彰状と記念品を受けた。

朝雲賞は朝雲新聞に掲載された投稿記事の中から「記事賞」「写真賞」「個人投稿賞」「掲載賞」4部門で特に優れたものが選ばれ、表彰される制度。2月に受賞部隊が決定した。

今回、沖縄地本が受賞した優秀掲載賞は、1年間の総掲載数が15件で自衛官採用試験、広報イベント、予備自衛官訓練の記事などが取り上げられての受賞となった。

一方、優秀記事賞は、最終選考委員15人による投票形式で決定。沖縄地本は昨年8月6日付の新聞に掲載された「動画で基地内を『バーチャルツアー』」の記事が高く評価された。

この企画を考案し投稿記事を作成した広報室の渡邊雅子陸曹長は「新型コロナの影響で、イベントの開催が制約を受け、自衛隊を知ってもらう機会が少なくなった。そこで自宅にいながら自衛隊を知り、体験してもらえるバーチャルツアーを作成した。受賞を糧に、今後も少しでも自衛隊に興味を持ってもらえるよう、頑張っていく」と決意を新たにしていた。

沖縄地本では「2021年こそは最優秀賞を受賞できるよう、地本部員一丸となって質の高い記事を作成し、投稿数の増加にも努めていく」と話している。

朝雲賞2部門で優秀賞を受賞し、表彰状を掲げる坂田裕樹沖縄地本長（右）と地本広報室長の津村昌吾3陸佐

本部庁舎前に電子掲示板設置　千葉

【千葉】地本は3月12日、本部庁舎前に「デジタルサイネージ（電子掲示板）」を新たに設置した＝写真。

千葉地本の本部庁舎は千葉市の文教地区にあり、庁舎近くには国立大学のほか私立大2校、公立・私立高校3校がある。その目の前の交差点は日中多くの学生が行き交う通学路になっている。

地本はかねてから「本部庁舎前の交差点は格好の募集広報の場だ」として、大看板や募集広報ポスターを掲示してきたが、若者の気を引くにはインパクトが不十分だった。

そこでデジタルサイネージを設置し、交差点の信号待ちで10数秒間足を止める学生や市民らに電子掲示板で自衛隊の魅力を伝えた。地本では今後、動画映像も発信し、地域住民に自衛隊の魅力を伝え、志願者の獲得につなげていく計画だ。

避難訓練コンサートで災派写真を展示　岐阜

【岐阜】地本は3月12日、空自中部航空音楽隊（浜松）が出演した「避難訓練コンサート・東日本大震災メモリアルコンサート」を支援し、会場のロビーに災害派遣における自衛隊の活動を紹介する広報パネル写真を展示した。

同コンサートは岐阜市内のOKBふれあい会館サラマンカホールで行われ、約250人が来場。コンサート開幕前に東日本大震災の犠牲者を悼む黙とうを行った後、地震発生時の対応訓練も実施した。観客はその後、中空音など音楽隊の演奏を鑑賞した。来場者は「改めて災害について考える良い機会になった」と話していた。

岐阜地本が展示した災害派遣活動のパネル写真に見入る避難訓練コンサート来場者（3月12日、OKBふれあい会館で）

京都、兵庫の地本長が交代

3月26日付の異動で京都、兵庫地本の本部長が交代した。新任本部長の略歴は次の通り。

巻口公輔（まきぐち・こおすけ）1陸佐　京都地本長　防大42期。平成10年陸自。24年2佐、29年1佐。9飛行隊長、陸幕募集・援護課総括班長などを経て、令和2年12月教訓研本教育調整官。石川県出身。45歳。

髙岡久（たかおか・ひさし）1陸佐　兵庫地本長　防大35期。平成3年陸自。17年2佐、22年1佐。5施群長、3施団副長などを経て、30年12月陸上総隊総務部長。愛知県出身。52歳。

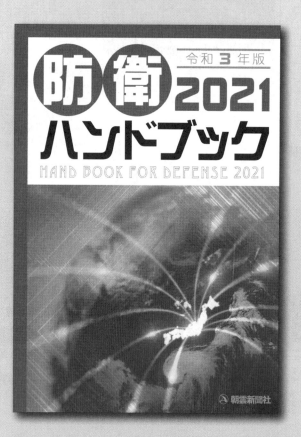

陸自12旅団

前橋市で豚熱 200人災派

群馬県知事要請 24時間態勢で対処

陸自12旅団（相馬原）は4月3日から8日まで、群馬県前橋市の養豚場で発生した豚熱（CSF）の災害派遣活動に後方支援要員を含む約200人態勢で従事した。

前橋市内の養豚場では4月2日、豚のCSF感染が判明したため、同日午後7時10分、山本一太県知事が12旅団長の坂本雄一将補に豚の殺処分などの支援に係る災害派遣を要請した。

これを受けて、48普連（相馬原）基幹の対処部隊が翌3日正午から現場で活動を開始。タイベックスーツに身を包んだ隊員たちは3個部隊（各隊約60人）を編成してローテーションを組み、24時間態勢で豚の追い込みや袋詰め、その後の積載作業などを行った。

活動拠点となった市内の体育館横では12後支隊（新町）が野外風呂を開設し、災派隊員たちの疲労回復を支援した。

その後、予定されていた全ての殺処分支援や豚の積載などが完了し、じ後の防疫措置は自治体のみで対処可能になったことから、8日午前11時20分、山本知事からの撤収要請を受け、災派部隊は活動を終了した。

期間中、48普連、12後支隊のほか、12通信隊、12偵察隊、12高射特科中隊なども活動に当たった。県によると豚の殺処分数は約1万頭に上った。

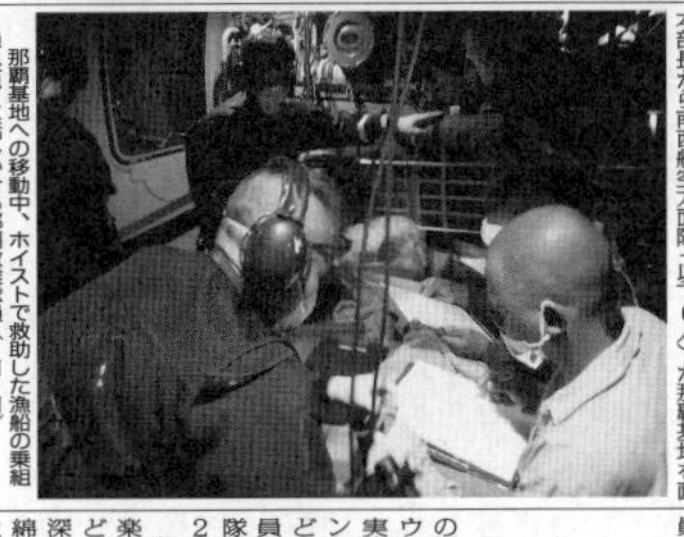

殺処分後の豚を袋詰めにした後、フォークリフトに載せる12旅団の隊員ら（群馬県前橋市の養豚場で）

那覇救難隊

座礁漁船乗組員を救助

團上3佐「厳しい任務、無事完遂」

【救難団＝入間】空自那覇救難隊は4月1日、沖縄本島の南東約400キロの沖大東島付近で座礁した漁船「第一島丸」の乗組員3人を救助した。3人は漁船から転落後、同島に自力で辿り着いていた。

同日午後4時45分、11管区海上保安本部の一條正浩本部長から南西航空方面隊司令官の尾崎義典空将に海難救助に関する災害派遣が要請された。尾崎司令官は、那覇救難団司令（入間）の川波清明将補に協力を依頼した。

これを受け、那覇救難隊のU125A救難捜索機1機（機長・盛満明彦1尉以下6人）とUH60J救難ヘリ1機（同・團上年保3佐以下6人）が那覇基地を直ちに離陸。同7時頃に現場に到着した時には日没後で、発見も着陸も困難な状況だった。

しかし、遭難者から航空機に向けてライトが照射されたことで位置が判明したため、UH60Jから救難員の横田彰太2曹と野口敬史3曹が島に進出、機上整備員の荒木信吾3曹がホイスト操作を行って乗組員3人を無事機内に収容した。

その後、UH60Jは約400キロの復路を飛行して那覇基地に帰投。3人を海保に移管し、同9時6分、活動を終了した。

團上3佐は「片道約2時間の遠距離、夜間における厳しい任務だったが、無事完遂して国民の負託に応えることができた」、野口3曹は「全員を救助できて良かった。これまでの訓練の成果を発揮することができた」と話している。

那覇基地への移動中、ホイストで救助した漁船の乗組員（右）に話しかける那覇救難隊員（4月1日）

入館者200万人達成

鹿屋航空基地史料館でセレモニー

【鹿屋】海自鹿屋航空基地史料館は3月13日、平成5年7月25日の開館以来、入館者200万人を達成し、セレモニーを開催した。

200万人目の入館者となったのは鹿屋市内から訪れた久保文明さん（38）家族。1空群司令の藤原直哉海将補と共にくす玉を割って達成を祝った。200万人目に当たった久保さんの長女・友愛さん（6）には藤原群司令から達成者認定証と記念品が贈られた。

当日は、鹿屋市の宮地修平副市長をはじめ、同市観光協会や史料館協力会から来賓が出席。それぞれ、達成者家族へ記念品を贈呈した。

当初は昨年の春に入館者200万人達成を見込んでいたが、新型コロナウイルス感染症拡大による緊急事態宣言を受け、約4カ月に及ぶ一般公開中止やその後の入館者数制限により、約1年遅れの達成となった。

鹿屋航空基地史料館は「隊員教育の場として、また、自衛隊5大広報施設の一角として、今後も展示や案内説明、メディア取材による広報などを通じ、一般の方々に自衛隊の役割や活動内容を広く知っていただけるように努めていく」としている。

来館者二百万人達成

鹿屋航空基地史料館の200万人目の入館者となった久保さん家族（右側）と達成を祝い、くす玉を割る藤原1空群司令（左）＝3月13日

あさぐもドリーマイ's　吉本どんど

あちらのお客様からです
ポッ

この辺に若い女性が来るカウンターの店って……
モテる男の仕草集

食えるかっ

秋田駐屯地

マスク越しでも笑顔を

アナウンス要員等集合訓練

【秋田】秋田駐屯地はこのほど、駐屯地内で「アナウンス要員等集合訓練」を実施した。記念式典やイベント等の各種行事で司会などを担当するアナウンス要員を育成するのが目的で、隊員12人（女性10人、男性2人）が参加した。

部外講師には、駐屯地音楽まつりで司会を務めるなど、自衛隊とのつながりが深いフリーアナウンサーの綿引かおるさんを招請した。

隊員たちは基礎的な知識や技術などの学科教育を受けた後、発生練習に移行。コロナ対策で着用したマスク越しに表情や笑顔をつくることに苦労しつつも、講師のアドバイスでコツを学んだ。最後に実際の行事の原稿を用いた実習に臨み、発表の様子をビデオに撮影して全員で検証した。

教育中は駐屯地司令の五十嵐雅康1佐が視察に訪れるサプライズも。隊員の一人が「続きまして、秋田駐屯地司令がごあいさついたします」と練習用の原稿を読み上げると、会場後ろのドアから誰にも気が付かれないようにそっと入室していた司令が「ごあいさつさせていただきます！」と現れ、驚いて振り返った隊員たちからどっと笑いが沸き起こった。

全カリキュラムを終えた参加者たちは、講師も驚くほどの成長を見せていた。今後の各種行事での活躍が期待される。

講師として招いたフリーアナウンサーの綿引かおるさん（演台）から、笑顔の作り方など基礎的な技術を学んぶ隊員

防火標語に2隊員入選

多賀城駐屯地　毎年春秋独自に募集

宮城県の塩釜地区消防防火組合が公募した令和3年度の「統一防火標語（一般の部）」に多賀城駐屯地の2人の隊員の作品が入選し3月9日、駐屯地司令の石井伸幸1佐から表彰状が手渡された。

入選したのは菊地俊3曹（38普連）の「消したかな？思い出すより 目の確認」と、湯澤靖2曹（119教育大隊）の「火をつけた 消すまであなたが 責任者」の2作品。応募総数1822点の中から厳正な審査の結果、選ばれた。

駐屯地はこれまで、毎年春と秋の2回、防火標語を独自に募集し、優秀作品を表彰してきた。約3年前からは上位作品を部外の公募に出すようにし、その取り組みが今回の入選につながった。

作品は今後1年間、消防組合の火災予防運動で活用される。2人は「自分の考えた標語を使用していただけるのは光栄です」と喜びを語っている。

湯澤靖2曹

菊地俊3曹

新たに17人がコロナに感染

ジブチ活動拠点

統幕は4月7日、東アフリカのジブチに置かれる海賊対処行動部隊の自衛隊活動拠点で、新たに17人の新型コロナウイルス感染者が確認されたと公表した。同拠点の陽性者は2、3の両日に確認された4人を含めて21人となった。

部隊は6日、隊員4人の感染確認を受け、現地に派遣されている全隊員（支援隊約120人、航空隊約60人）にPCR検査を実施。この結果、支援隊15人、航空隊2人の計17人の陽性が確認された。微熱や倦怠感などを訴える隊員もいるものの、体調は安定している。

現在は、陽性者21人に加え、陽性者と接触があった要健康監視者33人（支援隊32人、航空隊1人）が感染拡大防止のため宿舎で隔離されている。

統幕は感染経路の調査を進めており、8日、可能性の一つとして隊員約150人が参加したスポーツ交流やこれに伴う親睦会など部隊の行動を公表した。

山崎統幕長は同日夜の臨時の記者会見で「行事の中で実施された感染症対策が適切であったかについてしっかりと解明する必要がある」と述べる一方で、「（隊員たちは）日本から遠く離れた厳しい環境の中で任務を遂行している。隊員の融和団結と戦力回復を図ることを目的に行う行事は否定するものではなく、部隊の任務遂行上、必要だ」と語った。

また、部隊運用や任務への影響について、「支援隊は必要最小限の機能を保持し、ローテーションなどで拠点の運営を維持していく。航空部隊は人員をやりくりし、適切に任務遂行を継続する」と述べた。

こちら警務隊　交通犯③

強制保険未加入で走行した場合　自動車損害賠償保障法違反

保険未加入で車を運転した場合、どんな罪になりますか？

車の保険には強制保険と任意保険があり、強制保険である自賠責保険に未加入のまま公道を走行した場合、自動車損害賠償保障法違反として、1年以下の懲役または50万円以下の罰金に処せられます。

また、交通違反の対象として違反点数6点が付加され、免許停止処分になります。さらに、自賠責保険証の携帯義務もあり、自賠責保険証明書を携帯していない場合には、30万円以下の罰金に処せられます。

万が一、事故に遭い、取り返しがつかなくなる前に、必ず自賠責保険に加入・更新をしましょう。

（東北方面警務隊）

覚えておこう！
保険
自賠責

入隊記念に自衛隊手帳を贈呈

東京都隊友会江東支部

東京都隊友会江東支部（松下孝雄支部長）は3月17日、江東区役所で開催された「令和2年度江東区入隊入校予定者激励会」で、入隊等予定者26人に対し、朝雲新聞社発行の「自衛隊手帳」を贈呈した。

この激励会は東京地方協力本部城東地区隊江東出張所が同区役所と毎年共催し、江東区の自衛隊家族会、募集相談員連絡協議会、隊友会が協賛して開かれている。

今年は江東区地域振興部の伊東直樹部長と陸自練馬駐屯地から1普連3中隊長の野川昌利1尉が出席し、山崎孝明区長の激励の言葉、協賛団体代表者の激励、入隊入校予定者の決意表明の後、協賛団体から激励品が贈呈された。

江東支部では、自衛隊手帳で自衛隊のことを知り、日々の生活に役立ててもらおうと平成28年から入隊入校予定者への贈呈を開始。その後、次第にこの活動に賛同する支部が増え、現在では城東地区の墨田、足立、台東、中野の各支部でも行われている。

入隊入校予定者（右）に「自衛隊手帳」を贈呈する隊友会江東支部長の松下孝雄氏。中央奥は山崎孝明江東区長（3月17日、東京都江東区役所で）

小休止

▽…海幕広報室は4月1日、海自ユーチューブ公式チャンネルの登録者数が20万人を達成したことを受け、記念プレゼントの当選者を決定した。同企画は「20（万人）＋39（サンキュー）」の計59人にプレゼント」としてツイッターで募集。約1300人の応募があった。

▽…当選者には広報室がデザインしたオリジナルマスクとマスクケースが送られる。デザインはゴールド地に桜をあしらったものや、海をイメージした青など3種類で、海自のロゴマークがついている＝写真。

▽…3月に企画が発表されるや「このマスク欲しい」「もっと海自のことが知りたい」と多くの反響があった。広報室では「今後もSNSを活用した企画を展開しバズらせたい」と話している。（市ヶ谷）

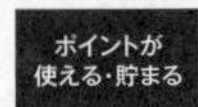

よろこびがつなぐ世界へ
KIRIN
一番搾り
Brewed from only the first press of genuine malt for a crisp, delicious flavor.
KIRIN'S PRIME BREW
KIRIN BEER
一番搾り
〈麦芽100%〉
ALC.5%　生ビール
お酒
おいしいとこだけ搾ってる。
ストップ！20歳未満飲酒・飲酒運転。お酒は楽しく適量で。
妊娠中・授乳期の飲酒はやめましょう。のんだあとはリサイクル。
キリンビール株式会社

重い装備を背負い、小銃射撃ができる体勢でスキー滑走する沼田和貴3曹（円内も）

スキー指導官試験に合格

知識や技術を隊員育成に生かしたい

3陸曹　沼田 和貴（6普連1中隊・美幌）

私は令和2年度旅団部隊スキー指導官養成集合訓練の認定試験に合格し、無事、部隊スキー指導官になれたことを大変うれしく思います。

指導官を目指そうと思ったのは、部隊の先輩から「スキー指導官になってみないか?」と言われたことがきっかけです。

私はスキー検定1級をもっていて、「部隊のために自分が何か貢献できるなら」と思い、3年前から本格的に練成に励んできました。

今回の集合訓練に参加して、積雪寒冷地における知識や技術、指導要領、スキー指導官としてのあるべき姿など、多くのことを学ぶことができました。

特に「宿営」の課目がとても印象に残っています。宿営ではスキー技術だけでなく、スノーマウントを作り、マウント内で調理をしたり、冬季における生き延びる術を学びました。どちらも自衛隊生活では経験したことがなく、とても良い経験になりました。

中隊の皆さまには勤務等で忙しい中、私がスキーに没頭できる環境を作っていただき、とても感謝しています。また指導官の方々には訓練間たくさんのご指導をいただき、ありがとうございました。スキー練度の向上に繋がりました。

今後は部隊指導官として今回私が学んだ知識や技術を多くの隊員に伝え、冬季の戦闘行動で戦える隊員の育成にも携わっていきたいと思います。

みんなのページ

新しい生活に沿う演奏の形を模索

コロナ禍で「部内者のみ」の定期演奏会

3海曹 石川 佳寿代（舞鶴音楽隊）

コロナ禍による2度目の緊急事態宣言の発令後、不要不急の外出の自粛等により、計画や予定の変更を余儀なくされた人は少なくなかったであろう。舞鶴音楽隊も例外ではなかった。

舞鶴地方総監部、舞鶴市共催の「海上自衛隊舞鶴音楽隊第55回定期演奏会」は2月7日（日）、舞鶴市総合文化会館において計画されていたが、2度目の緊急事態宣言発令と市内のコロナ感染状況を踏まえ、直前まで開催の可否が検討されていた。

そして1月22日、舞鶴地方総監（伊藤弘海将）の出した答えは「部内者のみで実施する」という結論であった。

この決定に「やっと一般大衆の前で演奏ができる日が来たと思ったのに、悔しい」と気持ちを吐露する隊員もいた。舞鶴音楽隊は通常であれば年間70件近くの広報演奏を行っているが、コロナ禍で多くのイベントが中止になり、令和2年度は数えるほどの活動しかできなかったため、この定演に向けての思いはひとしおだったのだ。

そして、ほのかに春を感じさせる暖かさに包まれた当日、ガランとしたホールにご機嫌なナンバーが鳴り響いた。今ではおなじみになった「舞音デキシーバンド」によるウエルカム・コンサートだ。公演前にお客さまに喜んでいただくための演出で、耳馴染みのある曲をデキシースタイルにアレンジしたナンバーは、手拍子せずにはいられないほど賑やかで楽しい。コロナがなければホール全体が大きな手拍子と温かい空気に包まれただろう。今回は激励に訪れた伊藤総監をはじめ、舞鶴在籍部隊指揮官、先任伍長がサウンドを楽しみ、いよいよ定演の幕が開かれた。

コロナによる2度目の緊急事態宣言を受け、「部内のみ」で行われた海自舞鶴音楽隊の第55回定期演奏会

今回は感染防止策として1時間の公演とし、多くの管楽器の響きを楽しむ吹奏楽曲、独奏曲、アンサンブルなどバラエティに富んだ内容とした。音楽隊長の北村善弘1尉による指揮と、地元で有名なラジオ・パーソナリティ、三嶋真路氏による軽妙な進行とともに吹奏楽の面白さを満喫できるプログラムとなった。

まずは、京都を舞台に吹奏楽部に全力で取り組む高校生たちの青春を描いたアニメ『響け！ユーフォニアム』の劇中曲「三日月の舞」からはじまり、2曲目は「縁の下の力持ち」と称されるホルンにスポットを当てたワルツ「角笛の円舞曲〜4本のホルンとバンドのための」が軽快に奏でられ、調和のとれたハーモニーは全国の音楽隊でも選りすぐりのホルン奏者による技術の高さがうかがわれた。

そして少人数のアンサンブルを経て独奏曲へと移り変わった。鈴木花菜士長によるシロフォン独奏による「シロフォン・オブ・ザ☆マジック！」は、魔法にかけられたシロフォンが舞台上を縦横無尽に動き回り、奏者を振り回しながらも曲が進んでいくコミカルな曲で、そんなシロフォンに振り回されながらも必死に演奏する小柄な鈴木士長が輝きを放ち、見た者にしか分からない楽しさあふれる一曲となった。

演奏会のおしまいは、クロード・ドビュッシーの「交響詩『海』より〜第3楽章『風と海との対話』」となった。葛飾北斎の「富嶽三十六景　神奈川沖浪裏」に影響を受けたというこの曲を、浮世絵さながら波の印象を大胆に表現した舞音の演奏に、激励に訪れた指揮官や先任伍長の心も打ち震えたことだろう。音が鳴りやんだ瞬間、ホールは温かい拍手に包まれ、定期演奏会の幕は閉じた。

コロナ禍で音楽の鑑賞スタイルも多様化し、「広報演奏」のスタイルもいま変化を求められている。舞鶴音楽隊では、より多くの人に音楽を届けるため、今回の演奏会を舞鶴市との共催として海上自衛隊の公式YouTubeで配信する予定だ。「新型コロナの収束を願いながら、新しい生活に沿った演奏の形を模索していきたい」と隊員の一人も言う。いつか満員の来場者を笑顔にできるその日まで。

「協力事業所認定証」交付

予備自12人雇用の霧島木質燃料に

事務官 仮屋 裕之（鹿児島地本援護課）

鹿児島地本は2月16日、地元の霧島木質燃料株式会社に対し、防衛大臣認定の「予備自衛官等協力事業所認定証」を交付した。

本制度は事業所が予備自衛官等の雇用を通じ、社会貢献を果たしていることを防衛省として認定・称揚することで、制度に対する社会的な関心・理解を深めることを目的としている。

同社は予備自衛官12名を雇用しており、訓練招集にも積極的に協力している。地域では霧島・姶良・伊佐地区自衛隊就職援護協議会会長、陸自国分駐屯地後援会会長も務めている代表取締役会長の西勇一氏はこの日、地本長の赤岩英明1海佐から認定証を受け取り、「大変光栄です。今後とも自衛隊の皆さまと協力体制を堅持し、自衛隊出身者の雇用と予備自衛官の訓練等への参加を推進していきたいと考えております」と感想を述べられた。

赤岩英明鹿児島地本長（左）から「予備自衛官等協力事業所認定証」を受けた霧島木質燃料株式会社の西勇一会長

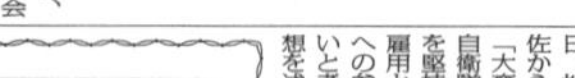

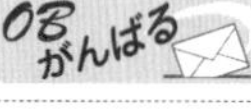

OBがんばる

高園　都美男さん 57

平成29年6月、空自2補給処（岐阜）を最後に定年退職（特別昇任3尉）。損保ジャパンに再就職し、岐阜中央支店で営業推進業務に携わっている。

信頼関係を築く努力を

私は岐阜基地援護室の紹介で岐阜市にある損保ジャパン岐阜中央支店に就職しました。

弊社グループは「お客様の安心・安全・健康に資する最高品質のサービスを提供し、社会に貢献する」という経営理念のもと、基盤となる損害保険事業にとどまることなく、デジタル技術の活用や新たな事業・サービスの展開など、さまざまな方面で事業を拡大しています。目指すのはお客様が楽しみながら健やかで幸せな人生を実現できる「安心・安全・健康のテーマパーク」です。

私の現在の職務は営業エキスパート社員として、損害保険代理店への訪問と対面を中心とした営業推進活動を行っていて、代理店の事務・品質指導、管理業務も担っています。

入社当初は会社に馴染めずにいましたが、社員同士でそれぞれの成長を願う厳しさとやさしさがあり、「人」を育てる企業文化の中で早4年目となりました。現在の悩みはオンラインシステムやパソコン操作などに関する進歩がとても速く、ついていけなくて、自分の娘くらいの同僚から教えていただく日々です。

仕事が正しくできることも大切ですが、再就職において一番大切なのは、社内で信頼関係を築く努力をすることです。良い人間関係を築くことが心の安定をもたらします。仕事は何とかなります。私は今日も「分からないので教えてください」を連発しています。

タイムスリップ感覚の「大内宿」

2空尉 伊藤 智志（中部防空管制群・入間）

福島県会津若松市の人気スポット「大内宿」をご紹介します。

「大内宿」は江戸時代、会津若松と日光今市を結ぶ会津西街道にあり、重要な宿場町として栄えました。当時は「半農半宿」と呼ばれ、現在も茅葺屋根の民家が街道沿いに建ち並び、当時にタイムスリップしたかのような感覚が体験できます。

「大内宿」は明治以降、主要な交通道路から外れ、静かな部落としてそのまま残りました。現在も当時の面影を後世に引き継ぐため、独自に「住民憲章」を作り、「売らない・貸さない・壊さない」の3原則のもと、景観保存維持に努めています。さらに伝統的な屋根葺き技術の習得や継承にも全住民で取り組んでいます。この結果「大内宿」は昭和56年、全国で3番目に重要伝統的建物群保存地区に指定されました。

この宿の名物は「ネギそば」です。なんと箸の代わりに一本ネギで蕎麦を食べます。この蕎麦は「ネギのように細く長く白髪の生えるまで長く生きる」というお祝いの意味もあるそうです。

詰碁

第1257回出題

出題　日本棋院　九段　曲　励起

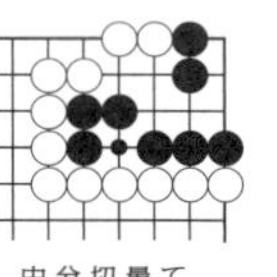

白先

『黒を取ってください。最初の手が大切です』。5分でできれば中級です。

▶詰碁、詰将棋の出題は隔週です◀

詰将棋

出題　日本将棋連盟　九段　石田　和雄

≪第841回の解答≫

	6	5	4	3	2	1	
					桂	桂	一
		馬		銀	王		二
				歩		歩	三
			歩				四
							五
				飛			六
							七

▲先手　持駒　金金

【正解】▲2三金△同桂▲3一銀不成△3三玉▲3四金△同飛▲4二馬までの七手詰め。

【解説】まず▲2三金と頭に捨ててから▲3一銀不成と行くのが手順というもの。単に▲3一銀不成では△3三玉で上部脱出を防げない。五手目▲3四金が手筋の捨て駒で次の▲4二馬までピタリ決まります。

（世界の切手・ブルガリア）

勇気とは不安を感じないことではない。不安をコントロールすることだ。

マーク・トウェイン（米国の作家）

朝雲ホームページ
www.asagumo-news.com
<会員制サイト>
Asagumo Archive

朝雲編集部メールアドレス
editorial@asagumo-news.com

新刊紹介

「尖閣諸島を自衛隊はどう防衛するか」

兵頭 二十八著

昨年、アゼルバイジャンとアルメニア間で起きたナゴルノカラバフの領土紛争で、「陸軍砲兵の空軍化」という新しい戦法を取り入れ、勝利したアゼルバイジャン軍。同軍は小型無人機と空から突入する「神風ドローン」を使い、44日間でアルメニア軍の戦車など185両を破壊した。これは現代の地上戦を大変革させる「空軍化した陸軍」の最初の成功例となった。

本書ではアゼルバイジャン軍の戦法を軍事評論家の著者が徹底分析し、この戦い方を日本の尖閣防衛にも適用すべく「陸自の特科部隊を対地ドローン部隊に変身させよ」と提言している。砲兵を「空軍化」し、装備を火砲から武装ドローンに替えることで、ピンポイントで対地攻撃ができるようになる。これを尖閣防衛に適用すれば、島に近づく敵の上陸用舟艇なども各個撃破できるという。

さらに高価な戦闘ヘリを少数装備するより、安価な無人機や武装ドローンを多数保有するほうが費用対効果でもメリットがあるとし、陸自に対して「無人機による制空権確保」を提案している。

ナゴルノカラバフ紛争の戦訓は陸戦を大変革させる可能性を秘めており、防衛省・自衛隊もその戦法を徹底的に研究しておくことが必要だ。（徳間書店刊、1870円）

「アクティベイター」

冲方 丁著

スクランブル発進した空自F2戦闘機パイロットのヘッドセットに、国籍不明機からのものとみられる女性の声が無線で届く。それは「我、亡命を求める」というメッセージだった。その直後、中国軍の最新ステルス爆撃機が東京の羽田空港に強行着陸するという大事件が起きる…。

本書は冷戦期のロシア空軍のミグ25戦闘機の日本亡命事件を彷彿とさせる軍事スリラー小説だ。ひとつ大きく異なるのは、亡命した機に「核兵器」が積まれていたこと。この機体により、東京都民1000万人が中国の核に「人質」にされることになる。

物語は積まれた核兵器の起爆の鍵を握る中国人パイロットの身柄移送などをめぐって展開するが、防衛省、外務省、経産省、警視庁などの思惑によって政府内が混乱し、さらに中国軍機の機密をめぐり米軍の情報将校、中国の工作員、ロシアの暗殺者らが暗躍する。核が爆発すれば東京が壊滅する状況下、主人公らと外国工作員がチェイスを繰り広げ、最後までハラハラドキドキの連続だ。ただ、自衛隊員の活躍が後半は限られてしまっているのが少し残念だ。（集英社刊、2090円）

朝雲

発行所 朝雲新聞社
〒160-0002 東京都新宿区
四谷坂町12−20 KKビル
電 話 03(3225)3841
FAX 03(3225)3831
振替00190-4-17600番
定価一部150円、年間購読料
9170円（税・送料込み）

本号は10ページ

日米「台湾海峡の平和」重要

首脳会談 共同声明　新たな時代へ同盟強化

菅首相は4月16日（日本時間17日未明）、米ワシントンのホワイトハウスでバイデン大統領と初めて対面による首脳会談を行い、日米同盟のさらなる強化に向けた共同声明「新たな時代における日米グローバル・パートナーシップ」を発表した。声明では国際秩序に合致しない中国の行動に対する「懸念の共有」を表明し、中国が軍事的圧力を強める台湾海峡について「平和と安定の重要性」を明記した。会談後の共同記者会見で菅首相は声明について「今後の日米同盟の羅針盤となるものであり、『自由で開かれたインド太平洋』の実現に向けた日米両国の結束を力強く示すものだ」と強調した。

（3面に関連記事）

中国の行動に「懸念」表明

初の対面による日米首脳会談を終え、共同記者会見に臨む菅首相（左）とバイデン大統領（4月16日、米ワシントンのホワイトハウスで）＝官邸HPから

首脳会談は通訳のみを交えた1対1の会談に続き、少人数会合と、参加者を増やした拡大会合を合わせて計約2時間半行われた。

菅首相は、バイデン氏が今年1月20日に大統領に就任して以来、初めて米国に迎えられた外国首脳で、バイデン氏にとっては初めて対面で会談する外国首脳となった。

会談で両氏は、自由・民主主義・人権・法の支配などの普遍的価値を共有し、「インド太平洋地域の平和と繁栄の礎」である日米同盟を一層強化することで一致し、その「具体的な方途」について検討を加速化させることで合意した。

同志国と協力確認

「自由で開かれたインド太平洋」の実現に向けて、日米が豪州やインドのほか、東南アジア諸国連合（ASEAN）などの同志国と連携し、協力を強化していく方針も確認した。

さらに、世界の平和と繁栄に対して中国が及ぼす影響についても意見交換。東・南シナ海での一方的な現状変更の試みや威圧に反対することで一致するとともに、中国との「率直な対話」の必要性についても指摘し、国際関係における安定を追求していくことを申し合わせた。

共同声明では、ルールに基づく国際秩序に合致しない中国の行動に「懸念」を共有。東シナ海でのあらゆる一方的な現状変更の試みへの反対と、南シナ海での中国の不法な海洋権益に関する主張や活動に対する反対を改めて表明した。

その上で、日米両国は、国際法に基づく航行と上空飛行の自由が保証される「自由で開かれた南シナ海」における強固な共通の利益を再確認。

中国が台湾への軍事的圧力を強めていることを受け、「台湾海峡の平和と安定の重要性を強調するとともに、（中台）両岸問題の平和的解決を促す」と明記した。

合わせて中国との「率直な対話」が重要であるとの認識も示し、懸念を直接伝達していく意図を改めて表明。共通の利益を有する分野で中国と協働する必要性を記した。

日米首脳間の共同文書に「台湾」が盛り込まれるのは、1969（昭和44）年の佐藤栄作首相とニクソン大統領との会談以来、52年ぶり。日米両国が70年代に中国と国交を結び、台湾と断交して以降は初めてとなる。

安保5条尖閣適用

共同声明では、米国が「核を含むあらゆる種類」の能力を用いた日本防衛への揺るぎない支持を改めて表明し、対日防衛義務を定めた日米安全保障条約第5条が沖縄県の尖閣諸島に適用されることを再確認。「尖閣諸島に対する日本の施政を損なおうとするいかなる一方的な行動にも反対する」と明記した。

日本は同盟と地域の安全保障を一層強化するため、自らの防衛力を強化することへの決意を表明した。

北朝鮮の核・ミサイル開発問題をめぐっては、完全な非核化へのコミットメント（責任ある関与と約束）を再確認し、北朝鮮に対して国連安全保障理事会決議の下での義務に従うことを求めることで一致した。日米韓の3カ国協力が共通の安全保障と繁栄に不可欠であるとの認識も共有した。

菅首相はバイデン大統領の早期訪日を要請した。

バイデン氏は会談後の共同記者会見で「日米同盟と、我々が共有する安全保障について鉄壁の支持を確認した」と述べ、両国間の固い結束をアピールした。

初の日独2プラス2

インド太平洋で緊密に連携

日独両政府は4月13日、両国間で初となる外務・防衛担当閣僚協議「2プラス2」をテレビ会議形式で開き、先月22日に署名・発効した「日独情報保護協定」に基づいて防衛装備品分野をはじめとした安全保障協力を一層推進していくことで一致した。

日本側は岸信夫防衛相、茂木敏充外相、ドイツ側はアンネグレート・クランプ＝カレンバウアー国防相、ハイコ・マース外相が出席し、約1時間半協議した。

4氏は「自由で開かれたインド太平洋」の実現に向けて緊密に連携していくことを確認。ドイツ側は同国政府が昨年9月に策定した「インド太平洋ガイドライン」や、今夏の出発を予定している独海軍フリゲートのインド太平洋地域への派遣について説明した。

これを受けて、日本側はドイツのインド太平洋地域への関与強化に歓迎の意を示すとともに、フリゲートの派遣機会に日本との共同訓練の実施や、北朝鮮関連船舶の違法な「瀬取り」に対する監視活動への協力を求め、4氏は引き続きこれらを調整していくことで合意した。

一方、東・南シナ海情勢をめぐって日本側は、中国海警船の武器使用権限を明確化した「海警法」を含む最近の中国の動向に「深刻な懸念」を表明。4氏は、国際社会における力による一方的な現状変更の試みに「深刻な懸念」を共有し、法の支配に基づく「自由で開かれた国際秩序」の維持・強化に向けた取り組みの重要性で一致した。

北朝鮮問題では、全ての大量破壊兵器と弾道ミサイルの「完全で検証可能、かつ不可逆的な廃棄」に向け、国連安全保障理事会決議の完全な履行が不可欠との認識を再確認した。

次回の「2プラス2」は早期に対面で行うことを申し合わせた。

日独初の「2プラス2」にオンラインで臨む岸防衛相（右手前）、茂木外相（同奥）、ドイツのクランプ＝カレンバウアー国防相（画面右上）、マース外相（同左上）＝4月13日、外務省で（防衛省提供）

岸大臣　与那国駐屯地を視察

国境防衛最前線で隊員激励

岸防衛相は4月17日、吉田陸幕長らを伴って日本最西端に位置する沖縄県与那国島の陸自与那国駐屯地を視察した。翌18日には鹿児島県の奄美大島に所在する▽陸自奄美駐屯地▽空自奄美大島分屯基地▽陸自瀬戸内分屯地▽海自奄美基地分遣隊――を相次いで訪れ、南西防衛を担う陸海空自の隊員たちを激励した。

与那国駐屯地では、与那国沿岸監視隊長兼駐屯地司令の古賀聡明2佐の案内で各施設を巡視した後、約50人の隊員を前に訓示。

岸大臣は「我が国南西の『国境防衛の最前線』で24時間365日、一瞬の隙もなく、常に緊張を強いられる任務に整斉と取り組む諸君と身近に接し、大変心強く思う」と述べた上で、最近の中国の活動の活発化・拡大化の動きに言及。「我が国の抗議にもかかわらず、頻繁に海警局の船舶を尖閣諸島周辺の我が国領海に侵入させており、活動範囲も東シナ海のみならず、太平洋や日本海にも拡大している」と指摘し、「全長約1200キロに及ぶ我が国南西地域の防衛体制の維持・強化のため、与那国駐屯地の存在は不可欠だ。特に与那国沿岸監視隊は我が国の重要な抑止力として能力を発揮している。日本の平和と安全は自らの双肩にかかっていることを強く自覚し、日々の任務に精励してほしい」と激励した。

これに先立ち、岸大臣は与那国島の西端にある西崎（いりざき）を訪れ、同島の西方約111キロ先の"対岸"に位置する台湾方面を臨み、古賀司令から部隊の警戒監視任務や南西地域の地政学的な特徴などについて説明を受けた。

「日本最西端」の碑がある西崎から台湾方面を臨む岸防衛相（手前）。その右奥は説明する古賀司令、左後方は西方総監の竹本竜司陸将（4月17日、沖縄県与那国町で）＝防衛省提供

山崎統幕長　印フォーラムに参加

抑止力の重要性を強調

山崎統幕長は4月15日、オンラインで開催されたインド外務省と同国のシンクタンク・オブザーバー研究財団（ORF）が共催した多国間フォーラム「ライシナ・ダイアローグ」に出席し、インド太平洋地域の安全保障環境について抑止力の重要性を語った。

同フォーラムで山崎統幕長は、印国防参謀長のビピン・ラワット陸軍大将、豪国防軍司令官のアンガス・キャンベル陸軍大将と共にパネルディスカッションに参加し、「紛争の未来、民主主義国家はどのように対応するのか」をテーマに議論した。

統幕長は今年2月に中国で施行された武器の使用を認める海警法について、「こうした行動は法の支配を弱体化・不安定化させるなど、既存の国際秩序に対する挑戦だ。国際法やルールに基づく国際秩序の維持はインド太平洋地域における喫緊の課題といえる」と指摘した上で、「台湾周辺地域を含み、この地域の平和と安定は我が国の平和と安定に直結する。日米、そして価値観を共有する印豪や他の国が適切に連携し、事態の発生を抑止する体制を築いていくことが重要だ」と述べた。

豪国防省から交換職員5人目

防衛省

防衛省は4月1日、日豪防衛協力の一環として、豪国防省から5人目となる交換職員を受け入れた。

同日着任したのは、マイケル・プラット氏（38）で、任期は約2年間。防衛政策局参事官付能力構築支援班に配属され、能力構築支援に関する日豪の協力案件の企画・調整をはじめ、日豪の能力構築支援に関する取り組みや教訓の共有などの実務に携わる。

豪国防省職員の受け入れは2012年9月の日豪防衛相会談の合意を受けて実現。最初の職員を13年7月から9月まで短期間受け入れたのを皮切りに、15年2月からの2人目以降は1年半以上の長期間の受け入れが継続している。防衛省からも豪国防省にこれまで4人の職員を派遣している。

政専機が首相乗せ米国を往復飛行

空自特輸隊（千歳）のB777政府専用機は4月15日から同18日まで、米国のバイデン大統領との首脳会談に臨む菅首相を乗せ、東京の羽田空港と米ワシントンDC郊外のアンドルーズ空軍基地を往復した。政専機の国外運航は昨年10月、首相がベトナム、インドネシアを訪問して以来約7カ月ぶり。

防衛省 自衛隊　NATOサイバー防衛演習 オンラインで初参加

防衛省・自衛隊は4月13日から16日まで、エストニアの「NATO（北大西洋条約機構）サイバー防衛協力センター」＝CCDCOE＝が主催するサイバー防衛演習「ロックド・シールズ2021」にオンラインで参加し、サイバー攻撃対処能力の向上を図った。

演習にはNATO加盟国や米国など約30カ国が参加。演習統裁部はエストニアの首都タリンに置かれ、参加者は各国からオンライン形式で臨んだ。

防衛省・自衛隊は内局、統幕、自衛隊指揮通信システム隊の計10人が市ヶ谷の本省から参加。日本はこのほか、内閣官房内閣サイバーセキュリティセンター（NISC）、総務省、情報処理推進機構（IPA）などの17人を含む計27人が参加し、サイバーセキュリティーに関する動向の把握に努めた。

防衛省は同演習に2015、16、19年にオブザーバー参加しており、今回が初の正式参加となった。

春夏秋冬

英国の連合王国解体の危機

松本　佐保

著者は宗教と政治の関係への関心から、以前、宗教テロ問題の解決は可能かどうかを調べ、聞き取り調査も行ったことがある。北アイルランドのカトリック対プロテスタントのテロの応酬について、IRA（アイルランド共和軍、民兵組織）、カトリック系元テロリストに接触しインタビューした。

1998年4月に成立したベルファスト合意（聖金曜日条約）を経て2005年にIRAは完全武装解除した。この聖金曜日条約は、宗教テロの和平交渉のお手本となり、宗教テロの元IRA暫定派のリーダーの議員は、中東など宗教紛争地に呼ばれ宗教テロリストとの交渉方法や和平成立過程のアドバイスを行うほどであった。

しかし、この20年程続いた北アイルランド和平に、近年陰りが見えている。4月上旬から住民による火炎瓶投下などの暴力行為が数週間続き、多くの警察官が負傷した。これはカトリック側のIRAではなく、そのライバルのプロテスタント側のロイヤリストによるもので、英国のEU離脱が理由である。ブレグジットで、北アイルランドはEU域外、アイルランドはEU域内だが、アイルランドと北アイルランドの間に物理的な国境を作ることは聖金曜日条約違反がある。スコットランドが独立した場合、基地の行方は不透明で英国の安全保障に大きな支障をきたしかねない。

いったん暴力行為をやめたが、現在再開している。

来月5月にはスコットランド議会選挙もあり、結果次第ではスコットランド独立の国民投票も行われる。スコットランドはEU域内で恩恵を享受したことから、EU離脱に不満であり、英国から独立する可能性がある。スコットランドには、イギリス唯一の核兵器が配備されているクライド海軍基地がある。

クワッドの枠組みで日米に加え、豪印との安全保障上の関係の強化が話題になり、その旧宗主国の英国が、軍艦を日本に派遣するなど話題である。しかし、その英国のEU離脱が北アイルランドやスコットランド独立問題を引き起こし、連合王国が解体しかねない危機に直面しているのも事実である。

で、また関税国境は物流の妨げになることから、妥協案で北アイルランドをEU関税システムに組み入れた。これに対し、ロイヤリスト住民は「英国本土から見捨てられた」と強い不満を抱いている。彼らは北アイルランドの英国との連合を信じるユニオニストで、英国君主への忠誠心からロイヤリストとも呼ばれる。先日フィリップ殿下の薨去（こうきょ）に伴い、彼らは喪に服した。

（4月1日より日本大学国際関係学部教授）

朝雲寸言

ゴールデンウイーク（黄金週間）とは4月末から5月初めの祝日・休日の集中した期間のことである。この和製英語、実は連休の間に多くの人に映画館に足を運んでもらうために造られた宣伝用語であったという▼戦後の高度成長期、人々の娯楽と言えば近郊の行楽地への日帰り旅行、百貨店での買い物、そして映画鑑賞であった。週休二日制や振替休日制度などの普及により、次第にこの時期全体を利用する家族旅行が一般的となり、平成になって海外旅行が当たり前となった。結果、休みの日に家族で映画館に出向いて封切り映画を楽しむ人は少なくなった▼しかしコロナウイルス感染症が全てを変えてしまった。政府は4月12日から大阪・宮城などに次いで東京・京都・沖縄で「まん延防止等重点措置」を開始することを決定した。緊急事態宣言が解除されて1カ月足らず、春の大型連休は2年連続で自粛を余儀なくされたことになる▼終わりが見えない不安、我慢の限界、集団を重んじ自己主張することの少ない日本人にとって試練の日々は続く。海賊対処で派遣されているジブチの拠点でコロナウイルスの集団感染があったと報道された。我慢強いことで知られる自衛隊・自衛官にも気の緩みが見られるのか▼弁護するつもりはないが自衛隊と言えども日本社会の縮図である。そんな言葉を思い出した。かくなる上は自宅で読書とネット映画三昧を決め込む庶民の小欄である。

時の焦点

国内　日米首脳会談

同盟新時代への羅針盤

国際社会の潮流と課題を見定め、責任ある大国としてなすべきことを着実に推進する。今回の合意は、菅首相の言葉通り、「日米同盟の羅針盤」となろう。

菅首相が米国を訪問し、バイデン大統領と初の首脳会談を行った。合計2時間半に及ぶ会談を踏まえてまとまった共同声明は、「新たな時代における日米グローバル・パートナーシップ」とタイトルが付された。

その表題が示すように、同盟関係の中軸である安全保障に加え、グローバル経済や新興技術、気候変動、新型コロナウイルス対策など、包括的な分野の課題を解決するため、日米両国の連携を強化する、という声明だ。

現在、日米や欧州などの民主主義国家が中心となって築いてきた国際秩序は、中国やロシアなど専制主義的な国家の挑戦を受けている。「新たな時代」とは、そうした状況認識を示したものだ。

自由、民主主義、人権、法の支配、国際法、多国間主義、自由で公正な経済秩序。共同声明は冒頭で、日米が共有する普遍的価値を列挙した。

中国の覇権主義的な振る舞いによって、これらの価値が後退することがあってはならない。

まずは日本自身が防衛力を強化することが必要となろう。共同声明は、米国の対日防衛義務を定めた日米安保条約5条が沖縄県の尖閣諸島に適用されることを再確認した。その意義は大きいが、あくまでも日本の主体的努力が前提であることを忘れるべきではない。

尖閣諸島周辺では、中国海警船による領海侵入の頻度が増している。さらに圧力をかけてくることも想定されよう。十分に対処できる体制を整えることが重要だ。

共同声明には、日中国交正常化以後の首脳会談では初めて台湾問題が明記された。

一部には、米国の強い要求に押され、日本は不本意な「宿題」を背負うことになった、という見方もある。

だが、それは短絡的な分析ではないか。

台湾海峡の平和と安定は、インド太平洋地域にとって決定的な重要性を持つ。危機が生じれば、日本が無縁ではあり得ない。日本が自らに関わる問題として臨むべき課題なのである。

共同声明は、「両岸問題の平和的解決を促す」と強調している。

中国はいたずらに反発するのではなく、そのメッセージを真剣に受け止めてもらいたい。

岸防衛相は、沖縄県の陸上自衛隊与那国駐屯地などを訪れ、隊員を激励した。台湾にほど近い与那国島で、防衛相は記者団に、「台湾の平和と安定は、地域、国際社会の平和と繁栄にも結び付くものだ。当事者間の平和的な解決を促すように、これからも努めて参りたい」と語った。

国際秩序をめぐる闘いは、短期で決着がつくものではなかろう。不測の事態への備えを怠らず、米国と緊密に連携し、腰を据えて臨みたい。

宮原 三郎（政治評論家）

海外　イラン核計画

イスラエルが開発阻止

オバマ元米政権による過った外交政策は数多いが、2015年のイランとの「核合意」もその一つ。

イランに17億ドル（うち4億ドルは、イランの要求通り現金。つまり使途をトレースできない）も供与して、見返りに米国が得たのは、「我々を信用せよ」という約束のみ。

“大盤振る舞い”がもたらしたものは、大方が予想した通りで、イランは核兵器開発を目指して作業を継続した。

その結果が、ウラン濃縮を加速できる改良型の新型遠心分離機の稼働だった。高濃縮ウランは核兵器に転用でき、核合意に違反する。

ロウハニ同国大統領は2021年4月10日、中部ナタンズの核施設で遠心分離機IR－6型164機とIR－5型30機を連結したカスケードの稼働を開始したと、正式に発表した。

「事故」は大統領の発表直後の11日に発生した。同日付の米紙「ニューヨーク・タイムズ」が伝えたところによると、同核施設で配電網に異常が生じたという。

イラン原子力庁は、「破壊行為」により電気系統に被害があった（サレヒ長官）と説明。外務省も、事件に関与した「イスラエルに報復する」（ザリフ外相）と述べた。

また、テルアビブにある国家安全保障研究所（INSS）のグザンスキー上級研究員は「偶然とは信じ難い。仮に、今回の事故が偶然ではないとしたら、誰かが『我々はイランの核開発進展を制限できる。我々にとってのレッドライン（越えてはならない一線）がある』というメッセージを送ろうとした」との見方を示している。

過去数カ月間の両国間の緊張を考慮すれば、グザンスキー氏の「仮説」が正確である可能性は十分過ぎるほどある。

ナタンズの核施設が標的になったのは、今回が初めてではない。よく知られているのは09年－10年、米国とイスラエルがイランの核開発阻止のために開発したコンピューター・ワーム「スタクスネット」が使用され、イラン国内の核燃料施設でウラン濃縮用遠心分離機を破壊した。言わば国家間サイバー戦争の幕開けだった。

今回もイスラエルは自国の関与を公には肯定も否定もしていない。しかし、米、イスラエル両国の情報機関当局者は、イスラエルが関与したと言明している（前出のニューヨーク・タイムズ紙）。

同核施設の正確な被害程度はまだ不明だが、イランの核計画に遅れを生じさせるだけで、阻止には至っていない。イスラエルはそれを承知済みで、今後もイランに核兵器を配備させないチャンスを探り続ける。

イランはオバマ政権の核合意でも、遠心分離機IR－6型の実験ができ、合意違反を続けてきた。トランプ政権の合意離脱がイランを制限から野放しにしたと言うのは正直ではない。

オバマ式「宥和」が唯一の対イラン政策ではないし、「宥和」が外交の唯一の道でもないだろう。

草野 徹（外交評論家）

大西政務官

「技術的優越の確保に期待」

「次世代装備研究所」開所式で訓示

大西宏幸防衛大臣政務官は4月1日、東京都世田谷区の三宿地区に同日新設された防衛装備庁「次世代装備研究所」の開所式に出席した。

同研究所は、同庁の「電子装備研究所」と「先進技術推進センター」を統合して設立されたもので、定員は、前電子装備研究所長の土志田実所長以下、約160人。

隷下に▽領域横断機能研究部▽先進技術研究部▽情報通信研究部▽センサ研究部▽電子対処研究部▽飯岡支所――などを擁し、宇宙・サイバー・電磁波といった新たな領域を含む先進技術や領域横断的な先進技術について、育成段階から装備品としての実現に至るまで一貫した研究を担う。

大西政務官は看板の掛け替えを行った後、開所式で訓示。「『次世代装備研究所』は新たな領域の能力の獲得・強化のみならず、従来の領域をも含む全領域の能力の融合による対処を実現するため、先進技術の育成から装備品等の研究に至るまで一貫して取り組む政策上、大変重要な組織だ」と意義を強調した上で、「防衛装備庁が実施する研究開発において、政策目標として掲げる技術的優越の確保や、優れた防衛装備品の効果的・効率的な創製の実現に向けて全職員一丸となって取り組まれることを期待する」と激励の言葉を述べた。

同研究所では今後、▽高感度・広帯域な赤外線検知素子の研究▽高機能レーダー技術の研究――などに取り組む予定だ。

「次世代装備研究所」の看板を掲げる大西政務官（左）と土志田所長（4月1日、東京都世田谷区の三宿地区で）＝防衛装備庁提供

“陸上の30FFM”開設

海自艦艇開発隊にSIC

【艦発隊＝船越】海自艦艇開発隊は4月6日、対機雷戦能力を備えた多機能護衛艦「もがみ」型（30FFM）に搭載するシステムの開発や試験を目的とした「システム・インテグレーション・センター（SIC）」を開設した。

SICは船越地区の艦発隊開発試験棟内に令和元年から整備が進められ、今年3月に完工した。施設内には30FFMの戦闘指揮所を模擬した複数の操作用コンソールをはじめ、大画面ディスプレー、大量の情報を迅速に処理する電子計算機などが完備され、“陸上の30FFM”ともいえる施設となっている。

30FFMでは従来の複数の武器システムが個別に作動する方式から統合化された方式に変更。「コンバット・マネージメント・システム」として、艦艇システムを一括して管理、作動させるシステム・アーキテクチャーとなっている。これにより、各システムのソフトウエアも統合した形態で維持管理でき、従来に比べて容易かつ効率的にソフトの開発や機能向上が図れるようになった。

開設行事には湯浅秀樹自衛艦隊司令官をはじめ、各部隊指揮官や艦船補給処長、横須賀造修補給所長らも出席。湯浅司令官らはセンター内の各機器やオペレーションのデモンストレーションを視察し、SICの機能を確認した。

艦発隊司令の小幡哲也1佐は「SICは研究開発、維持管理に加え、艦艇乗員の教育訓練支援も可能だ。30FFMの就役で今後ますますその存在意義が高まる」と述べ、今後の施設の発展に向けて強い意欲を示した。

横須賀・船越地区に開設された「システム・インテグレーション・センター」の看板を手にする湯浅自衛艦隊司令官（左）と小幡艦艇開発隊司令（4月6日、同隊で）

講演後、隊員からの質問に分かりやすく答える芝昭彦弁護士（壇上）＝3月24日、茨城県の土浦駐屯地で

コンプライアンス講習会

監察本部が陸自武器学校で

【監察本部＝市ヶ谷】防衛監察本部は3月24日、茨城県の土浦駐屯地に所在する陸上自衛隊武器学校で「コンプライアンス講習会」を開催した。

講習会はコンプライアンス（法令順守）意識の普及・啓発を目的に、監察本部が全国の基地や駐屯地、機関などを巡回して開催しているもので、49回目となる今回は、部外講師として招かれた芝・田中経営法律事務所の芝昭彦弁護士が「コンプライアンスの理解と実践」と題して講演。学校長の坂本正義将補以下約100人が聴講した。

芝弁護士は、自らの神奈川県警時代の体験や民間企業で起こった実例を挙げ、コンプライアンスに取り組む目的と実践のポイントについて約1時間半にわたって分かりやすく解説した。

特に、組織で起こる違反の多くは「知識の問題ではなく、『意識』の問題であり、長年続いてきた組織風土等に問題がある」と指摘。①透明性②率先垂範③正しいことをする・言う勇気――の重要性を訴えた。

聴講者からは「コンプライアンスに対する意識が高まった」という声が多く聞かれ、監察本部は「成果のある講習会となった」と話している。

共済組合だより

防衛省共済組合では職員を募集します

防衛省共済組合では、防衛省共済組合本部等に勤務する職員を募集します。

◆募集職種　一般事務職及び経理事務職

◆採用人員　若干名

◆受験資格

（1）平成3年4月2日～平成12年4月1日生まれの者

（2）平成12年4月2日以降生まれの者で、大学、短期大学又は高等専門学校を卒業した者及び令和4年3月までに大学、短期大学又は高等専門学校を卒業する見込みの者

並びに防衛省共済組合がこれらの者と同等の資格があると認める者

ただし、次のいずれか一に該当する者は、受験できません。

①禁錮以上の刑に処せられ、その執行を終わるまで又は執行を受けることがなくなるまでの者②法令の規定による懲戒免職の処分を受け、当該処分の日から2年を経過しない者③日本国憲法又はその下に成立した政府を暴力で破壊することを主張する政党その他の団体を結成し、又はこれに加入した者④平成11年改正前の民法の規定による準禁治産の宣告を受けている者（心神耗弱を原因とするもの以外）

◆試験内容等

○第1次試験

（1）試験種目　基礎能力試験、専門試験（多肢選択式）及び論文試験

（2）試験日　令和3年8月21日（土）

○第2次試験

（1）試験種目　個別面接試験

（2）試験日　令和3年10月初旬～中旬

○第3次試験

（1）試験種目　個別面接試験

（2）試験日　令和3年11月初旬

○最終試験

（1）試験種目　個別面接試験

（2）試験日　令和3年11月中旬

◆試験地　ホテルグランドヒル市ヶ谷（東京都新宿区市谷本村町4－1）

◆採用予定日　令和4年4月1日

◆給与等　防衛省職員に準ずる。

◆勤務地　防衛省共済組合本部・支部（全国異動あり）

◆受験手続

（1）就職情報サイトへの登録　受験申込みを行うには、就職情報サイトへの登録が必要となります。就職情報サイトの詳細については、後日、防衛省共済組合ホームページにてお知らせします。（URL：https://www.boueikyosai.or.jp/）

（2）採用説明会　7月2日（金）、7月10日（土）及び7月16日（金）各日3回（①11：00～11：45②13：30～14：15③15：00～15：45）開催。詳細については、後日、防衛省共済組合HPにてお知らせします。

（3）受験申込み　所定の受験申込書を受付期間内に特定記録郵便、簡易書留又は一般書留の郵便物として申込先に郵送して下さい。

（4）受験申込受付期間　7月2日（金）～8月4日（水）消印有効

◆その他

（1）身体に障害があるため、受験の際に何らかの措置を希望される方は、受験申込書の裏面に記入の上、事前に申し出てください。

（2）受験に関する連絡事項等について、防衛省共済組合HPの採用情報を随時更新しますので、必ずご確認下さい。

◆資料請求、受験申込先及び問い合わせ先　防衛省共済組合本部人事班人事第1係　〒162－8853東京都新宿区市谷本村町5－1、電話03－3268－3111内線25163（対応時間 平日10：30～17：30 ※12：00～13：00を除く）

職能センターで陸自隊員入所式

【中央病院＝三宿】公務または通勤災害による負傷や疾病で障害を負った隊員の円滑な部隊勤務や社会復帰に向けた更生指導業務を実施する中央病院職業能力開発センター（脇阪裕城センター長）で4月8日、第66期生2人（ともに陸自）の入所式が行われ、継続1人（一般事務科）と新規1人（木工科）がセンターに入所した。

式は新型コロナウイルスの感染防止のため部外の来賓は招かず、病院職員のみで開催され、入所者の任命後、学生長がセンターでの研修を申告した。

第66期の研修生（手前後ろ向き）の入所を祝い、式辞を述べる福島病院長（壇上）＝4月8日、中央病院職業能力開発センターで

続いて、執行官の福島功二病院長が式辞を述べ、「センターに快く送り出してくれた原隊の部隊長と同僚のため、それぞれの目標達成に向けて精進してほしい」と2人を激励した。

研修生は1年間かけてそれぞれの履修科で目標に向けて知識・技能を修得するとともに各種資格を取得し、部隊復帰後それぞれの職務で貢献できるよう教育に臨む。

職業能力開発センターでは全国の部隊に向け、「公務災害などで障害を負った隊員がおられる部隊はぜひ入所を検討してほしい。部隊復帰に向けてしっかりサポートしていく」と話している。

「HTC」が創隊1周年

陸自の教訓を蓄積・普及

【HTC＝北千歳】陸自訓練評価支援隊（HTC、隊長・山下博二1佐）は3月26日、北千歳駐屯地で創隊1周年記念行事を行った。

行事はコロナ対策を万全にして、記念式典、総員によるHTCの人文字撮影、看板除幕式を挙行し、第一線部隊の練成を任務とするHTCの団結と士気高揚を図った。

式典では教育訓練研究本部長の田中重伸陸将がビデオでメッセージを送り、「HTCでは、攻守の部隊が死力を尽くして戦う『輸攻墨守』の場を提供できていることを心強く思う。引き続き強い組織力をもって陸自の教訓を蓄積し普及させることを期待している」と隊員を激励した。

山下隊長は式辞で「日々試行錯誤しながら創隊初年度の隊務を完遂できたことに対し、諸官の労を多とする」と隊員をねぎらうとともに、「創設者としての確かな誇りと強い絆をもって陸自の精強化のために共に頑張っていこう」と述べた。

この後、隊本部庁舎前で山下隊長以下約240人が人文字で「HTC」を描いて記念撮影を行ったほか、駐屯地内に設置された看板の除幕式も行った。

HTCの1周年を祝し、前田忠男北方総監（現・陸上総隊司令官）、中村裕亮7師団長、地元の千歳市長、恵庭市長からも祝電が届いた。

HTCでは令和3年度、計4回の運営（連隊規模の対抗演習）を予定し、5月下旬からの第1回目の運営に向けて準備を進めている。

訓練評価支援隊1周年を祝い、人文字で「HTC」を描いた同隊の隊員（3月26日、北千歳駐屯地で）

中東派遣5次隊「あきづき」出港

中東・オマーン湾とアラビア海北部で情報収集活動に当たる海自部隊の交代のため、4月18日、中東情報収集活動水上部隊5次隊（指揮官・長村久光1佐＝5護衛隊司令）の護衛艦「あきづき」（艦長・中澤憲弥2佐）が佐世保を出港した。

「あきづき」は出港後、新型コロナウイルス対策のため、艦内でPCR検査を行い、日本近海で約2週間停留する。乗員全員の陰性が確認された後、中東方面に向かい、5月下旬に4次隊の「すずなみ」から任務を引き継ぐ。

海自は「あきづき」の派遣に先立ち3月17、18の両日、船越地区の海上作戦センターで情報収集活動の図上演習を実施。自衛艦隊幕僚長の市田章将補を統制官に、平時の部隊運用・情報伝達の要領や、不測事態が発生した場合など、国内・現地の各級指揮官の情勢判断を演練した。

日豪加共同訓練「あけぼの」参加

海自の第73期飛行幹候生課程を修了した初級幹部を乗せて外洋練習航海中の護衛艦「あけぼの」（艦長・小林征太郎2佐）は4月8日、インドネシアのスマトラ島西方沖で日豪加3カ国の共同訓練に参加した。

豪海軍からは日仏米豪印5カ国の共同訓練「ラ・ペルーズ21」にも参加したフリゲート「アンザック」、補給艦「シリウス」が参加し、カナダ海軍からはフリゲート「カルガリー」が加わった。

「あけぼの」は3月13日に江田島を出港後、ラ・ペルーズをはじめ、豪海軍との共同訓練やマレーシア海軍との親善訓練など、2国間、多国間訓練を実施している。

山村海幕長は4月13日の記者会見で「基本的価値を有する国と連携強化を図れたことは非常に有意義であった。『あけぼの』は6カ国と訓練を実施したことになるが、乗艦している実習幹部のいい経験になったと思う」と語った。

空自機が米空軍、海兵隊と共同訓練

早期警戒管制機も参加

空自と在日米空軍・海兵隊は4月8日、九州西方の東シナ海上空で日米共同訓練を行い、戦術技量と日米共同対処能力の向上を図った。

空自からは5空団（新田原）のF15戦闘機4機、8空団（築城）のF2戦闘機4機が参加。米海兵隊からF35Bステルス戦闘機2機、米空軍からはF15が4機、E3早期警戒管制機1機、KC135空中給油・輸送機2機が参加し、共同で防空戦闘訓練を行った。

防衛省発令

▽解佐世保病院診療部長兼補佐世保病院副院長兼検査研究課長　1海佐　田村 格

▽佐世保病院診療部長（佐世保病院付）　同　長尾 華

（以上4月15日）

▽防衛研究所企画調整課国際交流企画官（航空開発実験集団計画課長）　1空佐　橋本 里緒

▽陸幕運用支援・訓練部付兼統幕首席参事官付（岩手駐屯地業務隊長）　1陸佐　山本 豊

▽岩手駐屯地業務隊長（教育訓練研究本部）　2陸佐　櫛引 敏幸

▽解呉造修補給所工作部長兼補 呉造修補給所副所長　1海佐　前田 達也

▽空幕総務課長（空幕総務課基地対策室長）　1空佐　田中 信隆

▽同総務課基地対策室長（西部航空警戒管制団西部防空管制群司令）　同　上林 晃

▽同人事教育計画課人事教育計画調整官（空幕人事教育計画課）　同　小川 貴也

▽同防衛課（6航空団）　同　吉満 淳一

▽同装備課装備調整官（9航空団整備補給群司令）　同　荻野 匡史

▽同隊務評価室長（同飛行群司令）　同　清永 剛夫

▽中部航空警戒管制団整備補給群司令（空自補給本部通信電子部長）　同　黒木 忠俊

▽西部航空方面隊幕僚長（作戦システム運用隊司令兼横田基地司令）　同　荒木 俊一

▽西部航空警戒管制団西部防空管制群司令（空自幹部学校）　同　岩井田 智

▽南西航空方面隊総務部長（同主任教官兼幹部学校）　同　芳賀 郁則

▽9航空団飛行群司令（航空教育集団計画課長）　同　稲留 智

▽同整備補給群司令（空幕人事教育計画課人事教育計画調整官）　同　金野 浩子

▽作戦システム運用隊司令兼横田基地司令（同総務課長）　同　伊豆原隆志

▽3輸送航空隊副司令（空自3術科学校2教育部長）　同　柴崎 利幸

▽航空教育集団計画課長（1航空団飛行群司令）　同　今井 勝文

▽1航空団飛行群司令（空自幹部学校）　同　小川 康祐

▽12飛行教育団飛行教育群司令（同）　2空佐　小倉 康信

▽空自3術科学校2教育部長（南関東防衛局首席検査官）　1空佐　吉田 敏基

▽同4術科学校業務部長（防衛研究所企画調整課国際交流企画官）　同　畑中 毅彦

▽航空開発実験集団研究開発部計画課長（12飛行教育団飛行教育群司令）　同　中垣 滋紀

▽航空中央業務隊付（西部航空方面隊幕僚長）　同　剱持 暢子

▽空自幹部学校計画課長（空自補給本部航空機部長）　同　貝崎 孝仁

▽同主任教官兼空自幹部学校（空幕隊務評価室長）　同　川名 孝幸

▽空自幹部学校（同情報課兼統幕首席参事官付）　同　沖野 克紀

（中部航空警戒管制団5警戒隊長兼串本分屯基地司令）　同　森 孝二

（南西航空方面隊総務部長）　同　大泉 光祥

▽空自補給本部航空機部長（空幕装備課装備調整官）　同　楢崎 昇

▽同通信電子部長（中部航空警戒管制団整備補給群司令）　同　谷川 修

▽空自2補給処業務部長（空自幹部学校計画課長）　同　甲部 昭広

▽南関東防衛局首席検査官（3輸送航空隊副司令）　同　太田 勝

（以上4月16日）

寄稿 菅・バイデン政権下の新しい日米同盟

菅義偉首相とバイデン米大統領の日米首脳会談が4月16日午後（日本時間17日未明）、米ワシントンのホワイトハウスで行われた。会談後、両首脳は「台湾海峡の平和と安定の重要性」を明記した共同声明を発表し、台湾の平和に日米が今後より積極的に関与していくことを明らかにした。今回の菅・バイデン会談の意義について、前統合幕僚長の河野克俊元海将に寄稿してもらった。（1面参照）

前統合幕僚長　**河野　克俊**（元海将）

大きな歴史の渦中にいる日本

4月17日未明（日本時間）、日米首脳会談がワシントンで行われた。バイデン大統領にとって初めての対面による首脳会談に菅総理が迎えられた。やはり特筆すべきは「日米2＋2」でも言及されたが、日米共同声明の中に「台湾海峡の平和と安定の重要性」が明記されたことであろう。日米共同声明で「台湾海峡」が明記されたのは、1969年の佐藤・ニクソン会談以来であり、1972年の日中国交正常化以降初めてのことである。

言うまでもなく、バイデン大統領が初の対面での首脳会談の相手に日本の菅総理を選んだのは、米国が中国こそ将来にわたり米国の地位を脅かす存在、すなわち「脅威ナンバーワン」と位置付けたからである。

冷戦時代の安全保障の最前線はヨーロッパであったが、今やその最前線は日中が地理的に対峙する西太平洋に移り、日本は、好むと好まざるとに関わらず、冷戦時代の西ドイツのような位置にたたずむことになった。このことからも米国の対中戦略上の最大のパートナーが、地政学的にも、価値観、国力等の観点からも日本であることは自明であり、このことを日本人は自覚する必要がある。日本は本人の意図とは関わりなく大きな歴史の渦の中に飲み込まれつつあるということだ。

ホワイトハウスの中庭でにこやかに共同記者会見を行う菅首相（左）とバイデン大統領（現地時間4月16日、米ワシントンで）

空自が運航する政府専用機B777（右奥）でワシントンDC郊外のアンドルーズ空軍基地に到着した菅首相の一行（中央）と出迎えた米軍関係者（現地時間4月15日）

リスク分かち合うべき日米

1960年に岸総理により日米安保条約は改定され、米国の日本防衛義務が明記されたが、戦勝国と敗戦国の同盟である旧日米安保条約の基本形は維持された。すなわち日本有事の際に米軍の支援を受けて日米共同で対処するという5条の規定と、我が国の安全に寄与し、極東の平和と安全に寄与するため米軍に基地を提供するという6条の規定で日米の負担のバランスを取るというものである。このように焦点はあくまで日本の防衛であり、当時の椎名外務大臣が米国を「番犬様」と形容したのもそのことを象徴している。

しかし、今回の日米首脳会談を受けて、今後の日米同盟は日米が共に協力して地域の平和と安定を創造する同盟に発展させていかなければならない。そのためには日本は安全保障上の役割を拡大し、ともにリスクを分かち合う関係にすることが必要である。

共同記者会見でバイデン大統領（右）との会談内容について話す菅首相

毛沢東越えをめざす習近平

デービッドソン・インド太平洋軍司令官は、議会で「6年以内に台湾への脅威が明白になる」と述べたが、その背景にあるのは西太平洋地域における米中の軍事バランスが、少なくとも数的には中国優位に進んでいることに対する懸念である。

また、中国共産党のリーダーとして来年3期目を迎えると思われる習近平にとって「台湾統一」は悲願であり、これを達成すれば国共内戦に名実ともにピリオドを打つことができる。その意味では毛沢東を越える存在ともなり得る。

もとより台湾問題は外交により平和的に解決すべきものであり、それが大前提である。

グアム周辺海域で行われた共同訓練で日米海上部隊の連携強化を図る（左から）海自護衛艦「ゆうぎり」、練習艦「はたかぜ」、米海軍の空母「セオドア・ルーズベルト」、巡洋艦「バンカー・ヒル」、海自練習艦「せとゆき」（2月28日）＝海自提供

「台湾海峡の平和と安定の重要性」を明記

しかし、残念ながら外交努力が実らず、中国が軍事侵攻を決意した際の台湾有事は想定しておかなければならない。

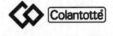

台湾有事は日本の安保問題

台湾有事の場合は、法的には先ず後方支援ができる「重要影響事態」、そして我が国の国民生活を根底から覆すような事態になれば「存立危機事態」、さらには我が国に直接波及する事態になれば「武力攻撃事態」さえ考えられる。

いずれにしても台湾有事は日本の安全保障の問題であり、巻き込まれるのではなく我が国は当事者意識を持たなければならない。我が国のシーレーンを扼する位置にある台湾が、我々と価値観を共有し、民主主義国であることが我が国の国益であり、専制主義国家である中国に統一されることは我が国の国益に反することは明白である。したがって、日米同盟の下、中国に台湾への軍事侵攻は割が合わないと思わせる態勢を構築することが肝要なのである。

また、今後は尖閣、北朝鮮問題に対しても自国防衛の観点に加えて対中戦略という視点は欠かせない。

関係閣僚を交えて日米首脳会談を行う菅首相（右から2人目）とバイデン大統領（左から3人目）＝写真はいずれも首相官邸ホームページから

東日本大震災から10年　自衛隊への教訓 ▷▷6◁◁

「起きること前提に」備え

元4空団司令兼松島基地司令　時藤　和夫　元空将補（現・空自幹部学校客員研究員）

はじめに

東日本大震災から10年がたった。国内では毎年のように各地で自然災害も発生しており、関係機関の災害への備えはかなり向上していると感じる。私はかつて航空自衛隊松島基地に二度勤務し、そこで東日本大震災を経験、災害派遣活動と基地の復興に携わった一人として、この10年を振り返り、感じるところを紹介したい。

教訓の反映

震災で松島基地が被災した際に、一番大変だったことは状況把握だった。情報が乏しく、さまざまな状況を想像しながらの活動は困難を極めた。最近、米軍の「トモダチ作戦」に参加した当時の米海軍指揮官が同じことを口にしたのには少し驚いた。松島基地が滑走路の復旧に当たっていた同じ日に、既に米海軍は海上自衛隊の艦艇と共に仙台沖に到着し、救助活動を開始していたことから、彼らは状況をかなり把握しているのだろうと思っていたからだ。初動における状況把握の難しさを改めて再認識した。

未曾有の震災から得た教訓は数多い。「災害に強い基地づくり」「情報の共有」「組織連携による力の発揮」——が想定外の事象に対処するための大きな教訓だった。

松島基地は被害復旧や施設の高台化など、航空自衛隊が総力を挙げて復興した基地である。基地内の随所にある津波到達の表示などからも、災害を乗り越え、教訓を具現化した防災意識の高い基地であるといえる。ハード面での整備に加え、運用面での充実が今後とも重要であることは言うまでもない。

また、基地出身退職自衛官の地元自治体への防災専門官等としての就職とその活躍は、相互連携強化の点でも大きな前進である。さらに震災時、初編成された「統合任務部隊」も今では災害が起きると当たり前のように編成され、災害派遣活動や演習などを通じて計画の最適化や情報共有手段の充実化など、当時の教訓が着実に具現化されていると感じる。

地域との情報共有についても防災無線の充実やコミュニティー放送局、報道機関の防災に対する取り組みなど、着実に強化されている。そのような中、震災から10年を目前にして2月13日、再び震度6クラスの地震が発生した。東日本大震災の余震だった。一部では不安を訴える声も聞く。確かにその通りだろう。しかし、どんな苦難を乗り越えたとしても、起きる時は起きる、起きない時は起きない、それが自然災害だと自らの教訓として忘れることはない。起きることを前提に教訓を具現化し、習慣づけておくことが次への備えにつながる。被災地の経験を基にした実践的教育では、自助・共助・公助の実践が重要であるといわれ、地域における松島基地の重要な位置づけは今後も変わらないだろう。

新たな時代に向けて

ここ最近、インターネットを活用した震災関連の勉強会や情報共有の機会が増えた。当時知り得なかった事実や地震、津波に関する研究、災害の教訓など、有益な情報が幅広く共有されると同時に、災害時にはソーシャルメディアなどからいろいろな情報がリアルタイムに共有されるようになってきた。社会がデジタル化に移行する中で、コロナ禍によるテレワークが劇的にこれを加速させた。テレビ会議は携帯端末から実施することも容易になり、迅速な情報共有や意思決定に最強の手段になった。

気になるのは、デマなど、いわゆる「フェイク情報」である。デジタル化の利点を駆使することは必須である一方で、しっかりとした情報の評価や適切なサイバー環境の構築・運用が重要になってきた。情報セキュリティーも含めて新たな課題の一つになる。

東日本大震災発生で被災した松島基地復旧のため、約1000人の災害復旧支援隊の陣頭指揮に当たった時藤1空佐（2011年5月）

おわりに

あの大震災から10年が過ぎて、当時の教訓を次の世代にしっかりと伝えていくことが重要となっている。ここでは震災で犠牲になられた方々に対し改めて哀悼の意と、当時被災しながら、また全国から駆けつけてくれた隊員の皆さまに敬意を表したい。私が基地司令を務めていた2017年の夏、将来への希望を込め「復興のシンボル」として再開できた航空祭は、今でも感概深く記憶に残っている。

第36回危険業務従事者叙勲

元自衛官944人に

政府は4月6日の閣議で第36回「危険業務従事者叙勲」の受章者を決めた。発令は4月29日付。防衛省関係者では944人（うち女性7人）が受章した。危険業務従事者叙勲は自衛官、警察官、消防士など危険性が高い業務に精励し、社会に貢献した公務員を表彰する制度で、関係省庁の大臣の推薦に基づき受章者を決定。今回は3653人が受章した。

防衛省関係者のうち、「瑞宝双光章」は678人（女性4人）、「瑞宝単光章」は266人（同3人）。2佐から准尉までの61歳から74歳までの元自衛官が受章した。防衛省関係の受章者は次の各氏。（階級、所属は退職時）

■瑞宝双光章（678人）

◇陸自（416人）

▽相田義浩2佐（北海道処）▽青木功1尉（8通大）▽青柳功二1尉（東千歳駐業）▽赤司幸博2尉（西方後支隊）▽秋津政彦2佐（高校）▽秋山登2佐（善通寺駐業）▽麻生重人1尉（滝川駐業）▽穴井一二三3佐（東北局）▽阿部晃久1尉（帯広駐業）▽阿部仁司1尉（鹿追駐業）▽荒船慎二3佐（関東処古河支）▽安齋健1尉（31普連）▽安東治2尉（18普連）▽池田寛3佐（西方後支隊）▽池田正浩2佐（善通寺駐業）▽池田保仁2佐（北方通群）▽石居浩臣1尉（北方航）▽石川巌3佐（中方）▽石川清人2尉（仙台病院）▽石田和男1尉（大津駐業）▽石塚文男2佐（東方航）▽石場達也2佐（研本）▽石橋辰也2尉（35普連）▽伊豆聡2佐（中特防）▽泉深介1尉（4特連）▽泉実保3佐（5旅団）▽伊勢一2尉（28普連）▽井関芳樹1尉（7高特連）▽板垣一男3佐（12旅団）▽市川幸美1尉（南恵庭駐業）▽市田徳幸3佐（24普連）▽伊藤勝一1尉（北方通群）▽伊藤利明1尉（10後支連）▽伊藤年行1尉（12後支隊）▽糸瀬祐明2佐（3特隊）▽稲船達也1尉（北方付隊）▽稲村丈明2佐（施校）▽井上安弘3佐（24普連）▽今井友彦1尉（東方通群）▽今川誠2佐（109教大）▽今村義人3佐（航校霞ヶ浦校）▽岩井義隆2尉（14特隊）▽岩上信男3佐（補統）▽岩田宏2尉（富山地本）▽上田至誠1尉（8後支連）▽上田慎吾2尉（茨城地本）▽上田俊比佐3佐（8特連）▽上野朝昭3佐（札幌地本）▽内出真光3尉（22普連）▽内田益三郎3尉（補統）▽内山哲也3佐（東方通群）▽卯月宏明2佐（小平校）▽宇山達也1尉（12施群）▽浦野孝一3佐（高教導）▽浦野申二2佐（那覇駐業）▽榎川壽樹2尉（東方後支隊）▽大賀正己3佐（関西処桂支）▽大澤茂樹2尉（12後支隊）▽大澤浩喜2佐（13普連）▽大田富隆3佐（東方通群）▽大田浩之2佐（通校）▽大谷健二1尉（13偵）▽大谷孝子3佐（14旅団）▽大塚豊3佐（7師団）▽大塚良二3佐（えびの駐業）▽大仲浩成1尉（関西処）▽大沼逸也3佐（高射校）▽大橋哲夫2佐（中方）▽大畑茂徳2尉（武校）▽大渕聡1尉（北方施）▽岡崎重信1尉（7高特連）▽岡崎浩3佐（警務）▽岡崎文昭2尉（東北処船岡弾支）▽岡本勝博1尉（2師団）▽小川保3佐（2後支連）▽小川智洋3佐（武校）▽小川満1尉（航校）▽小川喜信3佐（北方会）▽荻田耕市1尉（岡山地本）▽長内正人2尉（5普連）▽小澤英男2佐（警務）▽織田一幸2尉（2対艦連）▽小田芳和2尉（17普連）▽越智敏明3佐（松山駐業）▽落合茂夫1尉（連偵飛）▽小野修一2佐（衛校）▽小野誠1尉（旭川地本）

▽甲斐常實2佐（九州処）▽柿崎隆則2尉（習志野駐業）▽葛西仁志2尉（9師団）▽笠井良和2佐（武校）▽片岡建志2佐（山口地本）▽片山政広2佐（44普連）▽葛西宣則3佐（特教導）▽加藤昌1尉（座間駐業）▽加藤秀一3佐（北海道処）▽加藤達夫3佐（旭川地本）▽加藤弘明1尉（相馬原駐業）▽金澤敦志3佐（長野地本）▽金丸志朗1尉（8特連）▽鎌倉修1尉（14旅団）▽鎌田健嗣2佐（補統）▽上浦正信1尉（3対艦連）▽亀谷賢次1尉（10師団付隊）▽川口雅彦3佐（静内駐業）▽川久保高2佐（福岡病院）▽川島圭司1尉（札幌地本）▽川添広海3佐（幹候校）▽川副秀則1尉（4施大）▽川西義浩1尉（川内駐業）▽河野健一1尉（都城駐業）▽河野彰一2佐（西方）▽川野信也2尉（補統）▽河野好一3佐（別府病院）▽川部志郎1尉（八尾駐業）▽川村卓司3佐（札幌地本）

▽菅野守2佐（関東処松戸支）▽菊崎彰一3佐（10普連）▽岸浩伸2佐（広島地本）▽木戸功2佐（北方航）▽木村和治1尉（11施群）▽木村健稔1尉（霞目駐業）▽木村直樹3佐（8師団付隊）▽木村徳秀1尉（札幌病院）▽木守庸春1尉（北方通群）▽日下友昭3佐（2特連）▽草場俊次2尉（九州処）▽楠美彰男3佐（情保隊）▽工藤章夫3佐（9戦大）▽工藤隆生1尉（北千歳駐業）▽工藤仁1尉（2戦連）▽久保清志3佐（4特連）▽久保田崇史2尉（50普連）▽熊谷正則3佐（北海道処）▽倉品敏2佐（東北方混団）▽倉本智正3佐（海自県道補所）▽栗山浩一2佐（別府病院）▽久留須勝人3佐（通教導）▽黒木章2尉（情本）▽黒澤健二3佐（施校）▽黒田耕史2佐（少工校）▽黒田秀徳2佐（6師団）▽高祖寛司1尉（真駒内駐業）▽小陳敏男1尉（警務）▽小杉哲夫3佐（補統）▽児玉高徳3佐（北千歳駐業）

▽児玉靖2尉（岐阜地本）▽後藤隆夫2尉（39普連）▽小西国尚2尉（札幌駐業）▽小西池守2佐（姫路駐業）▽小林勲2佐（東北処）▽小林吉伸3佐（東方）▽小水内幸富2尉（9特連）▽小見山雅1尉（武山駐業）▽小脇泰秀2佐（南関東局）▽小綿功2尉（岩手地本）▽近藤一夫2佐（札幌病院）▽近野松男1尉（福島地本）▽三枝広文2佐（会監隊）▽齋藤浩二2佐（6特連）▽坂井徹3佐（群馬地本）▽境田善夫3佐（8偵）▽坂梨透1尉（習志野駐業）▽坂元孝2佐（1輸送ヘリ群）▽坂本昌美1尉（東京地本）▽佐川政信3佐（帯広駐業）▽佐々木一彦1尉（北方通群）▽佐々木健至2佐（33普連）▽佐々木享1尉（7特連）▽佐々木昌志1尉（熊本地本）▽佐々木勇二1尉（研本）▽里井誠司3佐（中野通群）▽佐藤敦雄2佐（8特防）▽佐藤勉1尉（14後支隊）▽佐藤均2佐（新潟地本）

▽佐藤弘2尉（東北処）▽佐藤浩則1尉（青森駐業）▽佐藤裕英2尉（21普連）▽佐藤仁厚3佐（4特群）▽佐藤美智夫1尉（新発田駐業）▽佐藤祐一2佐（西方）▽佐藤良信3佐（長野地本）▽里中喜人1尉（鹿児島地本）▽佐野芳則2尉（福島地本）▽佐世省司1尉（別府駐業）▽澤田信吾2佐（宮崎地本）▽宍戸智1尉（静内駐業）▽柴尾和幸2尉（九州処）

▽清水正浩2尉（関東処）▽下川洋司2佐（4後支連）▽下田丞治3佐（会監隊）▽下杭信光1尉（神奈川地本）▽下村大介1尉（武校）▽正儀原隆2佐（石川地本）▽庄崎隆則3佐（7特連）▽白石裕1尉（西方付隊）▽神孝光3佐（119教大）▽神藤昭2尉（東北処）▽新村昌一3佐（立川駐業）▽杉尾佳治2佐（4師団）▽洲崎真二3佐（豊川駐業）▽鈴木正彦1尉（東北方後支隊）▽陶山剛司3佐（中方）▽諏訪浩1尉（関東処古河支）▽瀬戸口誠1尉（補統）▽瀬上照弘2佐（健軍駐業）▽田岡浩2尉（小平校）▽高江洲浩之2尉（15旅団）▽高岡基1尉（13特隊）▽高梨泰明2尉（補統）▽高野恭弘3佐（西方通群）▽高橋和寛3佐（神奈川地本）▽高橋定信2尉（北千歳駐業）▽高橋英樹3佐（情保隊）▽高松正光1尉（126地区警務）▽高谷貴昭1尉（武校）

▽滝口嘉明2佐（1特隊）

▽田北正実2佐（九州処）▽田口新1尉（南恵庭駐業）▽竹内孝介2佐（日本原駐業）▽竹迫雅智3佐（5対艦連）▽竹田成彦1尉（京都地本）▽武田信之2佐（長野地本）▽竹之内正人2佐（5施団）▽竹本勇人2尉（13旅団）▽田代徳久2尉（岩見沢駐業）▽多田道永3佐（函館地本）▽立石一政1尉（新町駐業）▽立石治美1尉（2対艦連）▽田中明3佐（8高特群）▽田中多恵子2佐（中業支）▽田中隆治2尉（中方通群）▽田中登喜男2尉（補統）▽田中信行2尉（110教大）▽田中浩昭3佐（大宮駐業）▽田中百夫2尉（補統）▽谷川信雄2佐（三重地本）▽谷間正章1尉（4施団）▽谷本浩彦1尉（通信保全監査隊）▽田之脇幸雄1尉（長崎地本）▽田村守2佐（東方音）▽辻勝士1尉（関西処）▽辻雅夫2佐（1対艦連）▽土蔵敏2尉（情保隊）▽土屋欣吾3佐（13施隊）

▽筒井泰雅3佐（関西処）▽坪田陽一2尉（7施群）▽弦巻祐一2佐（長野地本）▽寺田道男2佐（4特連）▽富崎晃雄3佐（武校）▽友田浩二1尉（42普連）▽鳥越和正2尉（えびの駐業）▽内藤孝夫1尉（20普連）▽中島敬二3佐（西方）▽中島敏隆1尉（帯広地本）▽長田秀明2佐（中方指訓支）▽中西誠1尉（西方通群）▽中野勝時2佐（中方会）▽中野光平3佐（今津駐業）▽中原実3佐（13普連）▽永松裕茂1尉（経装局）▽中村和義3佐（栃木地本）▽中村宏3佐（11飛）▽中村祐之助2尉（中方通群）▽長屋透3佐（航校霞ヶ浦校）▽中山勝矢3佐（41普連）▽中山隆史2尉（伊丹駐業）▽中山敏幸1尉（41普連）▽成山浩治1尉（警務）▽鳴瀬秀一2佐（帯広駐業）▽仁井元修2尉（空挺団）▽西川慎吾3佐（札幌地本）▽西川浩3佐（中方会）▽西境伸夫2佐（10師団）

▽西村利夫1尉（5施群）▽西村秀吉2尉（5普連）▽西山敏行1尉（東北方後支隊）▽二藤部正弘3佐（101施器）▽仁平典生1尉（真駒内駐業）▽布川正広3尉（空挺団）▽野口幸喜3佐（秋田駐業）▽野崎和人2尉（木更津駐業）▽能島淳一1尉（4特群）▽野田信明3佐（北方会）▽乗田輝男1尉（9後支連）▽萩原伸泰3佐（西方）▽橋本一雄3佐（南関東局）▽橋本智2尉（21普連）▽波多江享宏3佐（1輸送ヘリ群）▽服部義弘3佐（301坑中）▽馬場茂3佐（警務）▽馬場伸文1尉（4特連）▽馬場康行3佐（6高特大）▽濱岡浩二3佐（3特隊）▽濱下貞樹2佐（13旅団）▽原省治3佐（北海道処沼田弾支）▽原浩美2佐（5後支隊）▽原田健次2佐（幹候校）▽原田忠士2尉（4特連）▽比嘉盛淳1尉（51普連）▽東ルリ子2佐（札幌病院）▽檜野謙二2佐（東北方）

▽日向徳裕1尉（真駒内駐業）▽平野藤夫2佐（東京地本）▽平松和昭2佐（別府駐業）▽福和男3佐（24普連）▽福士勝幸2佐（7師団付隊）▽福田重文1尉（長崎地本）▽藤井利明2尉（10特連）▽藤倉優2尉（南恵庭駐業）▽藤田士郎3佐（久留米駐業）▽藤田義雄2尉（倶知安駐業）▽藤田米蔵2佐（2師団）▽伏見昇1尉（5後支隊）▽藤本正美3尉（別府駐業）▽藤吉徳彦2尉（46普連）▽藤原武則2尉（12後支隊）▽二木靖1尉（関東処松戸支）▽渕上紳史1尉（北海道処）▽船戸佳津幸1尉（札幌病院）▽古川聖司1尉（7高特群）▽古谷圭介3佐（京都地本）▽干場等1尉（7師団）▽細貝寛徳1尉（8高特群）▽細川和美3佐（東北方会）▽堀内秀孝2尉（訓評隊）▽堀切孝幸3佐（八戸駐業）▽堀越信義2尉（郡山駐業）▽堀能則夫3佐（警務）▽米田雄治2佐（9後支連）

▽前伸之1尉（大宮駐業）▽前秀和1尉（6施群）▽前田一幸1尉（2特連）▽前田芳隆2尉（関西処）▽蒔苗和人2佐（北方後支隊）▽増尾和之1尉（中業支）▽町田繁1尉（北海道処）▽町田安弘1尉（情保隊）▽松尾誠司2尉（4師団付隊）▽松ケ野一松栄2佐（福岡地本）▽松崎孝行3佐（西方航）▽松崎誠2尉（10特連）▽松田重之3佐（弘前駐業）▽松田久1尉（守山駐業）▽松田浩史2佐（西方）▽松永正志1尉（北方後支隊）▽松村康弘2佐（12旅団付隊）▽松本隆幸3佐（会監隊）▽松本毅彦3佐（北方指訓支）▽松元直樹1尉（西方後支隊）▽丸尾和弘3尉（北方）▽丸山和博1尉（13後支隊）▽万崎昌浩2佐（6特連）▽三浦範彦2佐（東方航）▽三浦稔2佐（福岡病院）▽三木清豪3佐（9通大）▽三木泰2尉（3特隊）▽三国浩司3佐（6高特大）▽三島亮一2佐（阪神病院）

▽水谷謙治1尉（東方通群）▽水盛道之1尉（11特隊）▽満場岩1尉（11後支隊）▽湊純一2佐（東方航）▽見乗利一2佐（朝霞駐業）▽三村健次1尉（高校）▽宮川豊明3佐（情保隊）▽宮崎勉1尉（中方通群）▽宮崎昌明1尉（神奈川地本）▽宮村光弘2尉（9高特大）▽宮脇浩栄1尉（8後支連）▽宗片務2尉（北恵庭駐業）▽村崎徹1尉（42普連）▽元丸和仁1尉（1特群）▽桃田孝1尉（5施群）▽森裕治3佐（九州処）▽森下一男2佐（4曹教）▽森田修一3佐（情保隊）▽森田徳生1尉（西方航）▽八木信一1尉（4偵）▽屋敷眞宏1尉（8飛）▽安岡司3佐（中業支）▽矢野常雄1尉（茨城地本）▽山口孝一1尉（西方後支隊）▽山口雅弘2佐（富校）▽山口芳邦2尉（関東処）▽山崎晃1尉（航校霞ヶ浦校）▽山崎和久3佐（24普連）▽山下英明2尉（4師団付隊）▽山下実晴2佐（阪神病院）

▽山田啓太1尉（10後支連）▽山田良人1尉（中方通群）▽山根実3佐（研本）▽山之上修一1尉（九州処）▽山本修3佐（北海道処近文台燃支）▽山本和博3佐（東方航）▽山本健児1尉（4後支連）▽湯治泰久2尉（32普連）▽横山登2尉（13後支隊）▽吉岡浩喜1尉（福岡駐業）▽吉川政司3佐（北海道処白老弾支）▽吉田明次3尉（空挺団）▽吉田茂雄3尉（新町駐業）▽吉田孝男2佐（通校）▽吉田尚義2佐（空挺団）▽吉田典央3佐（北方通群）▽吉村伸嘉3佐（小郡駐業）▽米塚昇司3佐（通校）▽若宮克己2佐（真駒内駐業）▽若宮学3佐（情保隊）▽若山浩史3佐（補統）▽渡辺秋男2尉（北海道処）▽渡邊勝裕2佐（山梨地本）▽渡部透1尉（東北方通群）▽渡辺博文1尉（大和駐業）▽渡邊守3佐（2普連）▽渡辺豊2尉（2師団付隊）

◇海自（141人）

▽赤崎晃1尉（鹿験所）▽秋田正司3佐（情本）▽阿部俊3佐（海洋観測艦にちなん）▽天野裕嗣1尉（総教空群）▽有村浩巳1尉（伯基分）▽池井口祐二2尉（41掃隊）▽池田順一2尉（那空基）▽池田義明1尉（呉造補所）▽石井政浩3佐（自艦隊）▽泉田利幸1尉（横警）▽市野重利3佐（大弾補所）▽市村力3佐（経装局）▽伊藤英明3佐（岩シス通分）▽稲垣晴美2佐（4整補隊）▽井上康充1尉（51空）▽今西良昭2佐（72空）▽伊森秀徳1尉（下基）▽岩田幸一3佐（指通シス隊）▽岩松幸徳1尉（2空）▽内海和義2尉（舞基業）▽大川敦紀1尉（舞警）▽大川孝行3佐（佐指隊）▽大科守2尉（大警）▽大田正英2佐（72空）▽大谷修二3佐（徳空基）▽大西敬二郎2尉（情本）▽岡哲之2佐（4整補隊）▽岡田敦2佐（3術校）▽押川幸靖2尉（佐造補所）▽小野透1尉（5整補隊）

▽小畠三郎3佐（1術校）▽金光智弘3佐（佐造補所）▽蒲地俊一1尉（1整補隊）▽亀田松次郎2尉（4整補隊）▽狩俣政和3佐（沖基）▽川内克美1尉（補本）▽川辺政彦1尉（111空）▽神田隆志3佐（72空）▽木島好紀3佐（横教）▽北澤剛2佐（指通シス隊）▽衣笠義雄3佐（対潜隊）▽清崎敏勝2佐（近畿中部局）▽草野雄三1尉（佐世保病院）▽久次米秀雄2佐（72空）▽工藤滋3佐（3術校）▽久保浩昭3佐（鹿験所）▽桑鶴孔二1尉（1空）▽古賀広志1尉（佐造補所）▽兒玉隆3佐（鹿空基）▽小林幸二2尉（佐指隊）▽小林浩2尉（総シス通分）▽小向満2尉（2整補隊）▽齋藤孝明3佐（護衛艦いかづち）▽坂崎一成1尉（横警）▽坂本三津雄2尉（横指隊）▽崎田弘1尉（21整補隊）▽佐々木浩1尉（大衛生隊）▽佐藤健2佐（横監）▽佐藤俊秀2尉（稚基分）

▽澤岸順一3佐（横基業）▽潮崎淳2尉（4整補隊）▽潮屋徳浩2佐（22空）▽重松正明2尉（村空基）▽篠原鉄男1尉（横教）▽柴田寛3佐（1術校）▽柴田浩久1尉（1整補隊）▽清水政夫3佐（潜医隊）▽新堀光介2佐（艦補処）▽杉本啓2尉（21整補隊）▽鈴木明3佐（静岡地本）▽鈴木弘蔵2尉（横警）▽鈴木章二2佐（2空）▽鈴木啓之1尉（護衛艦せとぎり）▽瀬戸宇治隆3佐（23空）▽泉水宏志3佐（横監）▽高木正裕1尉（横警）▽高田名月1尉（舞警）▽高橋安衛3佐（近畿中部局）▽高橋洋一1尉（舞警）▽高見満之2佐（203教空）▽高谷俊良3佐（北観所）▽田川優一1尉（佐警）▽竹内伸明2尉（2術校）▽武川三夫1尉（大造補所）▽多田成敏1尉（函基）▽田中利幸3佐（25空）▽田原良三2尉（211教空）▽土屋清春3佐（佐造補所）▽寺嶋正人1尉（203整補隊）

▽富田浩2佐（海洋群）▽中江直人3佐（5空）▽中川明彦1尉（訓練支援艦てんりゅう）▽中川正夫2尉（31整補隊）▽永富一男2佐（51空）▽中原均3佐（佐教）▽柳樂敏男1尉（1術校）▽那波弘行1尉（横潜基）▽鳴美幸3佐（下基）▽西田智治3佐（22空）▽野尻和歳2佐（舞警）▽波田野宏2佐（基礎情報隊）▽花木繁2佐（51空）▽平田正裕2尉（4空群）▽樋渡照志3佐（22整補隊）▽福尾和紀1尉（厚空基）▽福重和敏1尉（潜訓）▽福元信一3佐（横監）▽福本雅彦3佐（呉造補所）▽福山和徳2尉（1掃隊）▽藤原宏2佐（徳空基）▽別府浩文2尉（鹿験所）▽本田永次3佐（22整補隊）▽前野宏2尉（1術校）▽松永英二1尉（同）▽松村福徳2佐（202整補隊）▽三浦孝之2尉（函基）▽三上光彦2尉（多用途支援艦すおう）▽味元滋之2佐（情本）▽美山学2佐（護衛艦ひゅうが）▽向井宗善1尉（1整補隊）▽村上一徳2佐（八空基）▽村山茂雄2尉（3術校）▽森健二1尉（佐警）▽森下充2尉（掃支援）▽安江清充1尉（幹候校）▽矢野正俊3佐（呉造補所）▽薮中正伯2尉（護衛艦とね）▽山縣憲生2佐（1術校）▽山岸良一2尉（舞警）▽山口勝浩1尉（多用途支援艦すおう）▽山口禎1尉（呉監）▽山下浩司3佐（潜医隊）▽山本浩徳1尉（31整補隊）▽横尾貴宏2尉（佐基業）▽吉田茂3佐（下基）▽吉武秀治3佐（佐監）▽吉次和人1尉（下基）▽吉野和仁1尉（2術校）▽吉原仁1尉（八空基）▽和田浩美3佐（呉基業）▽渡邊一芳1尉（厚空基）

◇空自（121人）

▽赤穂賢3佐（西空）▽秋本正視1尉（幹候校）▽足代幹男2佐（装本）▽阿部孝治3佐（4補立川支）▽荒憲行3佐（補本）▽荒木隆3佐（3補）▽五十嵐丞2佐（1空団）▽池田幾男3佐（救難団）▽石田新治2佐（4術校）▽石田幸治3佐（3輸空）▽伊藤順次2尉（中業隊）▽伊藤尚巳3佐（補本）▽稲田米蔵3佐（南警隊）▽今川弘2尉（4空団）▽今元工2佐（西警団）▽岩城哲1尉（情保隊）▽岩崎淳司2尉（3輸空）▽岩瀬正明3佐（2術校）▽上杉元之2佐（2補十条支）▽内田雅幸2尉（13飛教団）▽梅木延清3佐（5空団）▽浦口忠司2佐（3術校）▽遠藤修弘2佐（1空団）▽大野康弘3佐（2補）▽大森徳久3佐（幹候校）▽岡崎竹二郎2尉（管制群）▽岡村益男1尉（3輸空）▽加藤治2佐（1輸空）▽金丸豊3佐（5術校）▽川上正夫3佐（作情隊）▽岸本勝治3佐（3術校）

▽鬼頭和義2佐（4高群）▽木村俊博2佐（3空団）▽草刈浅弘2佐（4補木更津支）▽工藤裕二3佐（8空団）▽久保園浩司2尉（3高群）▽河野均2佐（近畿中部局）▽古賀浩1尉（2術校）▽小坂和廣2佐（4空団）▽小寺照晴2佐（2空団）▽木幡智明3佐（同）▽小柳真伊1尉（中警団）▽小柳伸郷2佐（南警隊）▽七種雄二3佐（福岡地本）▽齋藤武1尉（5高群）▽齋藤豊2佐（開発集団）▽酒井知之2佐（1輸空）▽佐久間裕二3佐（幹校）▽笹崎勝美2佐（1術校）▽佐藤勝3佐（5空団）▽佐原孝喜2佐（12飛教団）▽塩田雄一2佐（救難団）▽志賀孝治2佐（3輸空）▽芝幸治2佐（同）▽柴田日出秋3佐（12飛教団）▽島田正美2尉（偵空隊）▽志村浩二3佐（4高群）▽白水光男2佐（近畿中部局）▽須賀真澄3佐（教整隊）▽須賀雄行3佐（5術校）

▽杉野隆之1尉（1空団）▽鈴木進3佐（飛実団）▽鈴木忠信3佐（近畿中部局）▽清和宏3佐（西支飛）▽瀬戸口博2佐（5空団）▽平國男2尉（南警隊）▽高橋徹3佐（作運隊）▽高橋俊行3佐（北関東局）▽田尻清士2佐（航安隊）▽千葉輝昭1尉（空警隊）▽出口徳士3佐（補本）▽弟子丸勝己2佐（空教隊）▽常磐純一3佐（3補）▽徳田晶彦3佐（教整隊）▽徳田正夫1尉（救難団）▽富山勉1尉（近畿中部局）▽中澤勝実2尉（救難団）▽中島猛2佐（5術校）▽中野友嗣2佐（5高群）▽中藤勇治1尉（北関東局）▽中村隆一2尉（83空隊）▽西村幸一郎2佐（情本）▽能登啓介3佐（北関東局）▽濱家弘之2佐（総司飛）▽羽持浩文3佐（空教隊）▽早川一夫2佐（航空総隊）▽林儀広3佐（総司飛）▽坂東直2尉（情保隊）▽平松眞一3佐（1術校）▽平松久行3佐（近畿中部局）▽廣田功2佐（同）▽福山光博2佐（陸自西方）▽藤本秀樹2佐（5術校）▽淵田敏哉3佐（西警団）▽堀憲臣2尉（救難団）▽前田睦夫2佐（青森地本）▽牧迫義広2佐（西警団）▽松崎祐一2佐（中警団）▽松本和彦3佐（南施隊）▽松本等3佐（那覇病院）

▽三上哲男3佐（北施隊）▽光武信昌2佐（西警団）▽宮内仁志2佐（13飛教団）▽宮崎博義2佐（総司飛）▽村上言之3佐（医実隊）▽村山茂2佐（函館地本）▽森玄之輔3佐（情本）▽森本成治2佐（幹候校）▽守屋寿太郎3佐（2高群）▽柳田睦寛2佐（3補）▽山岡寿生3佐（指通シス隊）▽山口英司2佐（5空団）▽山口豊2佐（13飛教団）▽山崎茂夫1尉（補本）▽山本勇記3佐（83空隊）▽横尾政義2尉（情保隊）▽横山隆2尉（1輸空）▽吉田敏文2佐（3空団）▽米川仁2佐（7空団）▽米村賢治3佐（3補）▽渡部敏幸1尉（3術校）

■瑞宝単光章（266人）

◇陸自（175人）

▽相澤博幸3尉（多賀城駐業）▽足立昌晴3尉（今津駐業）▽阿保順3尉（弘前駐業）▽五十嵐弘幸3尉（北海道処）▽池田昭二3尉（22普連）▽池田義男准尉（北方航）▽石迫徳准尉（13通中）▽石原清3尉（大阪地本）▽石原博准尉（3音）▽石丸周二3尉（長崎地本）▽石山浩3尉（20普連）▽板橋彰3尉（久留米駐業）▽一ノ瀬哲男3尉（33普連）▽伊藤周平3尉（関西処）▽伊藤士朗3尉（東方）▽伊藤次男准尉（西方通群）▽伊藤文夫3尉（9施大）▽井上清春3尉（10後支連）▽井上孝行3尉（8普連）▽岩男和則3尉（札幌駐業）▽岩佐秀夫准尉（7偵）▽岩間幸夫3尉（東北処船岡弾支）▽岩村隆雄准尉（6後支連）▽岩元正美3尉（九州処）▽上田敏小准尉（福岡駐業）▽上野耕一3尉（えびの駐業）▽薄喜代人准尉（6特連）▽臼元政広3尉（43普連）▽内海浩二3尉（札幌地本）

▽有働敬一3尉（105施器）▽遠藤光美3尉（1特団）▽遠藤仁3尉（東北方混団）▽大木哲也3尉（6後支連）▽大村昭弘准尉（5施大）▽尾形照利准尉（6普連）▽岡山裕次3尉（14旅団付隊）▽小川寿夫准尉（11通大）▽小野勝二3尉（5特隊）▽小山長悦3尉（東北方混団）▽折笠孝幸3尉（留萌駐業）▽笠川健司3尉（2高特群）▽加藤博文3尉（大阪地本）▽加納忠3尉（北海道処）▽上川敬勇准尉（43普連）▽上畠一郎3尉（26普連）▽河上昇一3尉（27普連）▽川口浩二3尉（佐賀地本）▽河下博文3尉（大阪地本）▽河瀬政幸准尉（5戦隊）▽河野芳幸3尉（玖珠駐業）▽川端上3尉（36普連）▽川原進一3尉（健軍駐業）▽川東弘3尉（12普連）▽川渕善治3尉（関東処松戸支）▽菅原謙介3尉（14後支隊）▽菊地勝幸3尉（101施器）▽木佐貫俊一3尉（3教団）

▽岸田慶彦3尉（函館駐業）▽岸本充准尉（中方通群）▽岸本光正准尉（2化防）▽木田高志3尉（中方付隊）▽北原周准尉（習志野駐業）▽熊本洋治3尉（11施群）▽小池茂則准尉（東方航）▽小泉久男准尉（帯広地連）▽古賀寛准尉（福岡地本）▽小高末男准尉（東方後支隊）▽小谷卓男3尉（中業支）▽小玉清准尉（3普連）▽後藤良子3尉（札幌病院）▽小林和夫准尉（東方航）▽近浩康3尉（30普連）▽近藤一茂3尉（26普連）▽近藤西郎3尉（中業支）▽今野勲3尉（6通大）▽櫻井直人3尉（関西処三軒屋弾支）▽櫻井秀治3尉（北海道処安平弾支）▽佐々木格3尉（5普連）▽佐々木賢次准尉（警務）▽佐々木光雄3尉（富校）▽佐々木豊准尉（9対戦群）▽佐藤善一准尉（熊本病院）▽佐藤孝3尉（4特群）▽佐藤勉准尉（都城駐業）▽佐藤信幸3尉（北海道処）

▽白石泰章3尉（小平校）▽白木十三男3尉（18普連）▽末永幸夫3尉（14旅団）▽杉山智3尉（久居駐業）▽高尾茂准尉（関西処三軒屋弾支）▽高橋進准尉（北方通群）▽高橋健志3尉（小平校）▽高橋利光3尉（10普連）▽高橋久浩3尉（14通中）▽武田和吉准尉（美幌駐業）▽武田米雄准尉（情本）▽竹谷隆人3尉（39普連）▽田嶋勝也3尉（11特隊）▽田添伸一郎准尉（16普連）▽橘茂雄3尉（東北方航）▽田中継成准尉（352会）▽鳥季誠3尉（13旅団）▽知念政律准尉（那覇駐業）▽土田信明3尉（山形地本）▽寺沢敏郎准尉（35普連）▽土井利紀3尉（関西処）▽徳永順二3尉（8特連）▽徳樂淳一3尉（西方指訓支）▽飛松昭三3尉（健軍駐業）▽長尾敦史3尉（10後支連）▽中地浩道3尉（京都地本）▽長田昌之2尉（姫路駐業）▽中野栄3尉（44普連）▽中野秀雄准尉（3後支連）▽中林進准尉（30普連）

▽奈良銑二3尉（39普連）▽西野祐司3尉（北方通群）▽西原富美雄3尉（10師団付隊）▽西牟田俊彦准尉（8施大）▽西本秀治2尉（九州処）▽西森敏夫3尉（旭川駐業）▽西山英之3尉（5対艦連）▽野田博昭准尉（13旅団付隊）▽長谷川直吉3尉（30普連）▽羽根孝司准尉（36普連）▽原信一准尉（日本原駐業）▽原茂登喜3尉（西方特隊）▽原田慶一3尉（竹松駐業）▽平井信義3尉（埼玉地本）▽平塚則夫准尉（施教導）▽福島滿夫准尉（島根地連）▽藤嶋武夫3尉（38普連）▽藤本松一准尉（西方音）▽星野孝雄准尉（北海道処）▽本田知准尉（19普連）▽本間幸夫准尉（出雲駐業）▽真壁朝善3尉（那覇駐業）▽益田新次3尉（11特隊）▽益原悟3尉（6普連）▽松本雅夫准尉（1特群）

▽三串康博准尉（北方後支隊）▽三矢重和3尉（関西処桂支）▽南静准尉（12普連）▽南正智3尉（通校）▽峯公江3佐（仙台病院）▽三原田保男准尉（2普連）▽村井一3尉（6特連）▽村上健治3尉（大宮駐業）▽村上秀男准尉（1特群）▽村上喜久3尉（衛校）▽元澤正樹3尉（51普連）▽森田健次3尉（真駒内駐業）▽盛永清一郎准尉（化校）▽守屋浩3尉（熊本病院）▽森脇良明3尉（北方通群）▽山石保寛准尉（情保隊）▽山口勉准尉（5特連）▽山口三浩3尉（北方指訓支）▽山口靖雄3尉（富山地本）▽山下彰3尉（熊本病院）▽山下純一准尉（11特連）▽山城浩3尉（51普連）▽山本隆則3尉（3高特群）▽山本仁志3尉（普教連）▽山元浩則3尉（43普連）▽結城茂男3尉（6師団付隊）▽結城平二3尉（20普連）▽吉田一重3尉（40普連）▽吉田誠3尉（東北方会）▽吉野幸雄准尉（4特群）▽米田浩子3尉（中央病院）▽和賀井謙次3尉（1師団付隊）▽若林悦夫准尉（7特連）▽渡部儀勝准尉（関東処）

◇海自（39人）

▽會田満准尉（大警）▽石館達美准尉（館空基）▽石橋敏彦3尉（護衛艦くらま）▽板井博文准尉（1術校）▽有働俊哉3尉（72空）▽小倉修3尉（舞教）▽折内仲次3尉（海洋観測艦しょうなん）▽片山茂3尉（大監）▽加登光壮准尉（呉弾補所）▽喜多村周造2尉（保監隊）▽工藤宏准尉（管制隊）▽栗原俊一准尉（横警）▽古藤春美准尉（佐警）▽小林修仁3尉（23空）▽阪口敏治准尉（八空基）▽櫻井裕康3尉（横監）▽佐藤守准尉（大音）▽清水良美准尉（呉基業）▽日本健3尉（護衛艦はたかぜ）▽関根専右エ門准尉（203教空）

▽大宮司俊行3尉（211教空）▽高橋一彦准尉（1術校）▽竹田孝行3尉（舞シス通）▽田中豊信3尉（81空）▽辻川俊平准尉（阪基）▽経廣誠治准尉（呉監）▽豊田洋3尉（横造補所）▽中村光吉3尉（1護群）▽中村廣明准尉（潜訓）▽永山健三准尉（3空）

▽野村光伸准尉（函基）▽濵田政礼3尉（中シス通）▽原住孝行准尉（佐指隊）▽平田敷市郎3尉（横監）▽藤井幸人准尉（護衛艦せんだい）▽前田真昭准尉（輸送艦おおすみ）▽宮川弘徳3尉（呉造補所）▽湯沢修准尉（大警）▽吉谷一弘3尉（舞警）

◇空自（52人）

▽安藝進准尉（4高群）▽阿南正治3尉（83空隊）▽阿部信行3尉（1空団）▽今福公助3尉（1輸空）▽宇田洋一3尉（西空）▽宇都利明3尉（情本）▽浦嶋真砂3尉（偵空隊）▽大川畑淳一准尉（3術校）▽大寺達夫准尉（11飛教団）▽大橋武尚3尉（5高群）▽岡井香二3尉（6空団）▽岡崎静男准尉（偵空隊）▽奥田敏幸3尉（管制群）▽加藤晴雄准尉（1補立川支）▽川上達士3尉（1術校）▽川畑朋浩3尉（6空団）▽小浦孝幸3尉（航空総隊）▽後藤茂准尉（4空団）▽駒木根則夫3尉（救難団）▽近藤進准尉（特輸隊）▽西正隆則准尉（6空団）▽佐藤篤准尉（2補）▽篠原正則3尉（気象群）▽城政夫准尉（1高群）▽菅原孝浩3尉（4空団）▽助迫敏文3尉（支援集団）▽鈴木孝准尉（北施隊）▽高橋幸喜准尉（救難団）▽高見強准尉（3輸空）▽田代洋一准尉（8空団）

▽多田建次准尉（2空団）▽中島励二准尉（3輸空）▽中園勇二准尉（4空団）▽中村浩之3尉（北警団）▽永山基3尉（5空団）▽白田一雄3尉（1補東京支）▽平山照明准尉（幹候校）▽藤井忠3尉（特輸隊）▽古市幸一郎3尉（西警団）▽古藏恒雄准尉（11飛教団）▽前間一雄3尉（1術校）▽松下修一3尉（岐阜病院）▽宮城浩史3尉（香川地本）▽村田正明3尉（6空団）▽森山真一3尉（5空団）▽山田正博准尉（2空団）▽要藤満紀准尉（同）▽吉川勝夫准尉（1術校）▽吉武一明3尉（8空団）▽寄川孝徳准尉（同）▽和田正3尉（4術校）▽渡邊芳孝准尉（中警団）

家を買うとき、建てるとき、売るとき、借りるとき、リフォームするとき、貸すときも「コーサイ・サービス」へまずご連絡を！

「紹介カード」で、お得なサービス【自衛隊員の皆さま限定の提携割引】 利用しないともったいない！

コーサイ・サービス ニュース

【住まいのご相談・お問合せ】
コーサイ・サービス株式会社 〒160-0002東京都新宿区四谷坂町12番20号KKビル4F
☎03-5315-4170（住宅専用）担当：佐藤 ／営業時間 9:30～17:30（定休日 土・日・祝日）

もれなくもらえる図書カード！"お住まい特別キャンペーン開催中！"　詳細は ⇒URL https://www.ksi-service.co.jp（限定情報 "得々情報ボックス" ID:teikei PW:109109）

白潟公園 徒歩4分　JR山陰本線「松江」駅 徒歩8分　日毎に表情を魅せる 宍道湖を望む眺望　中央小・第三中学校区 中央小学校 徒歩10分

アルファステイツ天神町 モデルルームグランドオープン！

お問い合わせは「アルファステイツ天神町」マンションギャラリー
FreeDial 0120-052-552
アルファ松江天神 検索
www.anabuki-style.com/tenjinmachi/
売主 あなぶき興産　販売代理 あなぶきリアルエステート

4月29日（木・祝）より 第3期 先着順申込受付開始

PLAN：販売価格
2LDK:3,300万円台～

Btype 2LDK+SIC
専有面積 55.41㎡

売主 MEIWA 明和地所 福岡支店

ご来場予約・資料請求は 0120-227-997　明和地所 提携 検索
受付時間10:00～17:00

ご予約の際は、「コーサイ・サービスニュース」を見てとお伝えください。
0120-017-771
Takara Leben

建物内モデルルーム4タイプ案内会開催中!〈完全予約制〉
家具付住戸3邸 先着順販売 予約受付中

提携割引 販売価格（税抜）の 1%

お問い合わせは「BAUS横須賀中央」マンションギャラリー
0120-588-212
バウス横須賀中央 検索
中央日本土地建物　あなぶきホームライフ　JR西日本プロパティーズ　ファーストコーポレーション　三信住建　野村不動産ソリューションズ

防衛省職員・自衛隊の皆様へ

三井のリハウスはお客様の期待に応え、
安心につながるさまざまなサービスができる体制を整えております。

三井のリハウスがお客様に不動産仲介No.1として
選ばれる理由

34年連続 全国No.1
三井不動産リアルティグループは'86年度～'19年度の34年連続全国売買仲介取扱件数No.1です。

1 全国281店舗と業界最大級の店舗数がございます。
全国287店舗 ※2021年4月1日現在

2 高精度＆的確な価格提案がスピーディな売却を実現。
約62%のお客様が2ヶ月以内のスピード売却！ ※2019年度実績
（1ヶ月以内 46%／2ヶ月以内 16%／3ヶ月以内 10%／4ヶ月以内 16%／6ヶ月超 12%）【ご成約までの期間】

3 国内最大級の物件数を誇るリハウスホームページ
公開物件数 34,376件 ※2020年4月16日時点（売買仲介物件）
月間閲覧数 817万件以上 ※2019年度のリハウスサイト全体の月間平均アクセス数

4 担当者全員が「宅地建物取引士」
不動産取引には、専門的知識とノウハウが欠かせません。三井のリハウスは、担当者全員が「宅地建物取引士」の資格を有しているプロフェッショナルですので、安心してご依頼いただけます。
宅地建物取引士が担当 100%

<紹介特典のご案内>
住まいの購入・売却に対して5万円もしくは税抜仲介手数料の1/10のいずれか低い方の紹介特典がございます。
※紹介特典を受けるには、必ず売買契約締結までにコーサイ・サービスにて所定の手続きを行ってください。

三井のリハウス
三井不動産リアルティ株式会社
リテール事業本部 営業推進部 提携法人事務局
https://www.rehouse.co.jp/special/alliance/index2.html
受付:9:30～18:00 定休日:水曜日・日曜日 〒100-6019 東京都千代田区霞が関3-2-5 霞が関ビルディング10階

空自向け新型空中給油・輸送機KC46Aが飛行試験

「フライングブーム」と「プローブ・アンド・ドローグ」の両給油方式に対応

米海軍機・海兵隊機にも給油可能に

米ボーイング社は空自の新型空中給油・輸送機KC46A「ペガサス」初号機の納入に向け、米ワシントン州エバレットで飛行試験を続けている。同機は去る2月8日に初飛行に成功し、これを受けて各種認証プロセスに向けた作業が始まった。空自では同機を運用する3輪空405飛行隊を美保基地に新編し、導入の準備を進めている。

ＫＣ46Ａの後部から降ろされたフライングブームで空中給油を受ける米空軍のＦ15戦闘機（いずれもボーイング社提供）

胴体後部から給油用ブームを下ろす「フライングブーム方式」、両翼端と胴体後部から給油ホースを後方に伸ばす「プローブ・アンド・ドローグ方式」の両方に対応するＫＣ46Ａのメカニズム

ＫＣ46Ａ「ペガサス」はＢ767型機を母機とした最新のマルチロール空中給油・輸送機。米空軍が約180機の導入を進めており、空自も現有のＫＣ767空中給油・輸送機に続く新型機として6機の調達を計画している。

ＫＣ46Ａは全長50・44メートル、全幅47・57メートル、全高16・10メートルで、プラット＆ホイットニー社製ＰＷ4062エンジンを2基搭載、最高速度はマッハ0・86で、搭載できる燃料は9万6265キログラム。

同機の最大の特徴は2方式の空中給油に対応できること。空自・米空軍が採用する機体後部から給油用ブームを下ろす「フライングブーム方式」に加え、米海軍・海兵隊の方式である翼端からホースを後方に伸ばし給油する「プローブ・アンド・ドローグ方式」にも対応する。

この結果、空自のＫＣ46Ａも空自の戦闘機のほか、米軍の空・海軍、海兵隊の各種戦闘機への空中給油もできるようになり、日米航空部隊の相互運用性（インターオペラビリティー）を高める上で同機は大きな役割を担う。

給油ブームのシステムも最新のフライ・バイ・ワイヤー方式となり、連続した空中給油作業にもスムーズに対応。機体後部の給油オペレーター席には高解像度の大型ディスプレーが装備され、給油状況の把握が容易になるなど、作業の安全性も高められている。

高解像度の大型ディスプレーが設置されたＫＣ46Ａの給油オペレーター席

一方、「プローブ・アンド・ドローグ方式」を行う際は主翼の両端下に給油ポッドを装備する。このポッドから給油ホースが後方に伸ばされ、米海軍、海兵隊の航空機に給油が行われる。

空自向けＫＣ46Ａの機体について、米ボーイングジャパンのウィル・シェイファー社長は「ＫＣ46Ａは強力な防衛システムとして日米同盟の枠組みの中で重要な役割を果たす。同機の物資・人員輸送能力は太平洋地域における人道支援にも寄与するものと考えている」と述べた。

技術が光る >100<

PDCE避雷針（落雷抑制システムズ）

危険な落雷を防ぐ画期的な避雷針

海自護衛艦や陸自の施設にも導入

大航海時代、沈没した木造帆船の2隻に1隻はマストへの落雷が沈没の原因だったとされる。昔も今も雷は船乗りにとって大きな脅威になっている。

落雷は陸上でのイベントでも最も注意しなければならない自然現象の一つだ。例年夏に開催される陸自の公開演習「富士総合火力演習」でも、落雷から観衆の安全を守ることが課題となっている。この危険な落雷を防ぐ画期的な避雷針を開発したのが神奈川県横浜市に本社を置く（株）落雷抑制システムズ（LSS）だ。

同社の極性反転型避雷針「PDCE」は海自の護衛艦「あきづき」をはじめ、陸自でも朝霞駐屯地など各施設に導入され、落雷の抑制で大きな効果を挙げている。

PDCEの技術は欧州の小国アンドラで開発され、その機器は2005年から日本でも発売が開始された。LSS社が起業した2010年からは茨城県の牛久大仏を皮切りに、同社が独自に改良を加えた避雷針が各地の施設に導入され、現在では全国の約2800カ所に設置されているという。今年の夏、都内で開催される国際スポーツイベントでも同社のPDCE約100台が各施設などに設置される予定という。

従来の避雷針は、尖った先端に雷を呼び込み、他の場所への落雷を防ぐ方式だった。一方、PDCEはそうした"お迎え放電"とは真逆の方式で、文字通りの"避雷針"であると話すのはLSS社の松本敏男社長。「通常の避雷針は、避雷針自体が正電極であるため、そこからお迎え放電が始まってしまいます。弊社のPDCEは消イオン容量型避雷針のため、避雷針の上部は負電極となり、お迎え放電がありません。これにより、当該施設への落雷が抑制されます。この11年間の結果を見ても、PDCEに落雷した回数はわずか7回ほどです」と話す。

ステンレス製のドームが特徴のPDCEは、現在、用途別に13種類あり、それぞれ最大幅が24センチで、高さは最大約40センチとコンパクトな設計だ。半球状の上下の電極がステンレスでできており、上部にマイナスの電荷を発生させている。雷雲もマイナスの電極のため、マイナス同士となり雷が落ちない原理となっている。

「PDCEは片側（地面側）をアース線（電流を地面に流す線）に接続することで、もう一方（上空側）が絶縁物を挟んだ対極になります。地面側は大地に接続されるためプラスになり、絶縁物を挟んだ対極（上空側）はマイナスになります。この仕組みにより被雷を防ぐ仕組みです」と松本社長。今後について、「航空自衛隊のレーダーサイトなど、落雷を防がなくてはならない自衛隊様の装備品の防衛に、PDCEが貢献できれば幸いです」と語った。

横浜市の日産スタジアムに設置されたLSS社のPDCE Magnum Marine。選手や観客を落雷から守っている

防衛技術

空中でロケット打ち上げに成功

英国の宇宙開発企業ヴァージン・オービットはこのほど、飛行中のB747型機から切り離したロケットを空中で点火し、宇宙空間に到達させる試験に初めて成功した。この空中発射方式は今後、人工衛星を低コストで打ち上げる新方式となる。

母機は米西岸モハベ宇宙港を離陸し、太平洋上で翼下に搭載した全長約21メートルのロケット「ランチャー・ワン」を切り離した。点火された同ロケットは上昇を続け、軌道上まで到達した。

B747（上）から切り離された宇宙ロケット「ランチャー・ワン」（ヴァージン・オービットHPから）

段積みできる工場用扇風機

ナカトミ（本社・長野県高山村）は、収納時にかさばる工場用扇風機（工場扇）を折り畳み式とし、段積みできる「スタンド収納扇FSS45F」を開発し、自衛隊などにPRしている。同工場扇は45センチの5枚羽根で、弱・中・強の3段切り替え式。折り畳むと高さ20センチになり、最大5台を積み重ねて保管できる。

高さ20cm

折り畳み、段積みして収納できるナカトミの「スタンド収納扇FSS45F」

世界の新兵器 ——547

攻撃型原潜「シュフラン」級 仏

特殊部隊用の水中艇格納筒も搭載可能

今回取り上げるのは昨年11月に就役した仏海軍最新の攻撃型原子力潜水艦（ＳＳＮ）「シュフラン」（Q 284 Suffren）である。当初「バラクーダ」級として６隻が計画され、１番艦の「シュフラン」は2007年に起工され、当初2016年に就役するはずであったものの、遅れに遅れて19年８月に進水、20年11月に就役し、その後の諸試験などを経て本年中に実任務に就く予定だ。

この１番艦の遅れで２番艦以降の建造・就役も遅れ、最終６番艦の就役は26年とされているものの、遅れが出るものと見込まれる。

同艦は全長99.5ｍ、全幅8.8ｍ、吃水7.3ｍで、排水量は4765トン（水上）／5300トン（水中）。原子力ターボ＆エレクトリック機関と戦略原潜「ル・トリオンファン」級で実績のあるポンプ・ジェット式推進システムにより、水中最大速力25ノットを発揮すると言われている。この推進方式の採用で水中放射雑音が極めて低減しているとされている。

兵装は「アルテミス」魚雷、「エグゾセ」対艦ミサイル、機雷に加え、空軍用として実績のある対地攻撃用「ストーム・シャドウ」巡航ミサイルの海軍バージョンが搭載される予定。任務に応じてこれらを20発搭載し、いずれも魚雷発射管４門を使用して発射される。

本級は前級である仏海軍初の攻撃型原潜「リュビ」級の更新代替えとして計画されたものであるが、「リュビ」級が排水量2385トン（水上）／2740トン（水中）であったのに比べると約倍増しているが、結局のところ「リュビ」級と改良型「アメティスト」級は小さくて使い勝手が悪かったものと考えられる。

「シュフラン」は自動化が図られ、定員は「リュビ」級の65名から60名（士官12名、下士官兵48名）へと減っている。この排水量の増加と省人化により居住スペースが向上したため、仏潜水艦としては初めて女性乗員の配属が可能となっている。

また、艦内には特殊部隊員とその装備の搭載スペースがあり、魚雷発射管を使用しての水中機材に加え、初めて上甲板に小型水中艇の格納筒が搭載可能となっている。

フランス海軍の最新鋭攻撃原潜「シュフラン」。ポンプ・ジェット式推進システムを搭載し、水中最大速力は25ノットを誇る（フランス海軍提供）

仏海軍は現在、インド洋から西太平洋地域に水上艦艇の派遣・展開を進めているところであるが、この「シュフラン」級の就役で、近い将来には攻撃原潜も加えることができる状況になってきた。

なお、豪海軍の「コリンズ」級通常型潜水艦の更新計画では、ドイツの216型、日本の「そうりゅう」型を退け、この「シュフラン」級の通常動力型「シュフラン・ブロック１Ａ」案が採用された。この結果、仏の技術供与で全12隻を豪州国内で建造する「ＳＥＡ1000」計画が決定され、「アタック」（ＨＭＡＳ Attack）級として建造されることとなった。しかし、その後の建造費高騰問題などで2024年に１番艦が建造開始とされているものの、今後の情勢は予断を許さない状況となっている。

堤　明夫（防衛技術協会・客員研究員）

技術屋のひとりごと

日の目を見ない予備実験

井上　和雄（防衛装備庁・岐阜試験場長）

昨年、岐阜試験場では航空自衛隊の支援を受けて、C2輸送機の準整地離陸および着陸を実証しました。今回は、その飛行試験に先立って実施した「日の目を見ない予備実験」について紹介したいと思います。

準整地から離着陸を実施する際、車輪が小石等を跳ね上げて機体を損傷する可能性があるため、試験においては保護材を機体に貼付しました。机上検討では接着力に問題はなく、地上試験において徐々に速度を上げて脱落しないことを確認します。

しかし、飛行中に保護材が脱落した万一の場合に備え、地上に与える被害を見積もっておく必要があります。保護材は非常に軽いため、落下時には空気抵抗により終端速度に到達します。

まず、この終端速度について、保護材の形や大きさ等の初期条件を様々に変えて約16メートルの高所作業台から何度も落下させてデータを取得し、これを理論式に当てはめて算出しました。次に、その終端速度での保護材の落下衝撃の見積もりが必要です。落下物が剛体の場合、速度と重量でその衝撃を表すことができますが、柔らかい保護材では衝突時に大きく変形するため、適切な測定パラメーターが存在しません。

そこで、玉子が割れるかどうかで被害の程度を判定することとし、玉子と保護材を終端速度で衝突させる実験を行いました。

結果、玉子は割れることがなかったことから、保護材が万一脱落しても、地上物件に対する被害は軽微であるとの確信を持って飛行試験に臨むことができました。

今後の装備品等の開発においても、未経験の新たな試験方法が採用される可能性があります。その際には日の目を見ることがなくとも、予備実験を自分たちで考案して安全を確認していくことが重要であると考えます。

（1空佐）

部隊だより////

陸

札　幌　北方総監部募集課はこのほど、新たに所長や広報官となる30人を対象に募集特技集合教育を行った。部外講師として竹本教育研究所所長の竹本三保氏（元1海佐）を招いた。竹本氏は退官後、高校の校長を務めた経験を踏まえ、広報官の心構えについて熱弁。参加者からは「相手の立場に立った広報の重要性に気付いた」などの声が聞かれた。

秋　田　21普連長の五十嵐雅康1佐は3月1日、駐屯地で秋田県知事をはじめ、横手市、湯沢市、羽後町、東成瀬村の4市町村長の表敬訪問を受けた＝写真㊤。1月の記録的大雪における災害派遣活動に対して「力強い支援だった」と首長から感謝状が渡された。部隊を代表して五十嵐連隊長は「地域の方々に少しでも貢献できうれしく思う」と述べた。

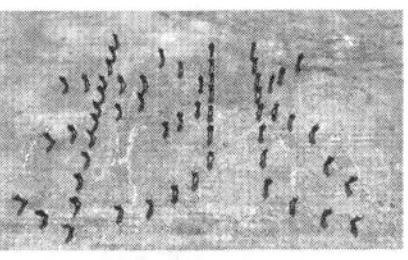

土　浦　武器学校の2教部生徒教育隊は4月1日、8期生徒陸曹候補生課程58人の3曹昇任行事で、90式戦車の人力回収を行った。通常は戦車回収車を使用するが、この日は皆で力を合わせ50トンの戦車を回収、思い出に残る行事になった。駐屯地のグラウンドでは「〝挑〟戦」の人文字を描き＝写真㊤、同期の団結がさらに強化された。

板　妻　34普連は3月12日、令和2年度において訓練や各種検定、兵站、人事・行政・広報などにおいて特に成果が良好だった4中隊を「最強中隊」として表彰した。当日、体育館で統裁部から結果が発表されると、栄冠を手にした4中隊は歓喜に沸いた。同中隊には連隊長の深田満男1佐から賞状・優勝旗と「最強中隊旗」が授与された。

豊　川　49普連は3月29日、17期一般陸曹候補生約150人を愛知県と岐阜県から受け入れ、教育を開始した＝写真㊦。営連隊における新隊員教育は平成20年以来13年ぶり。営内班長に出迎えられた新隊員は居室に入り、共に教育を受ける同期と顔を合わせた。今後約3カ月間、陸上自衛官として必要な知識や技能など基礎的事項を学んでいく。

美　幌　駐屯地渉外広報班はこのほど、「朝雲賞」の優秀掲載賞を受賞した＝写真㊨。これは昨年1年間で「朝雲」に投稿記事が多く掲載された部隊に贈られる。広報班はこれまで優秀記事賞と優秀写真賞を受賞しているが、優秀掲載賞は初めて。広報班長の大瀧良典2尉は「引き続き投稿を継続し、令和3年の『最優秀掲載賞』獲得を目指したい」と話している。

滝　川　10即機連は4月1日、自衛官候補生66人を受け入れた。期待と不安を胸に着隊した入隊予定者は、班長の出迎えを受け、検温と受け付けを済ませた＝写真㊨。その後、初めての戦闘服に袖を通し、サイズをチェックした。候補生たちは「元気です」「少し緊張していますが頑張ります」と明るく答え、新たな第一歩を踏み出した。

満開の桜

新町駐　創設70周年記念行事
306人が堂々の観閲行進

「あらゆる事態に即応せよ」

「あらゆる困難を克服し、国民の期待に応えよ」と訓示する川畑司令

㊤車両に乗り巡閲する川畑裕幸司令（左）に対し、敬礼する駐屯地業務隊と対戦車中隊の隊員

㊨新町駐屯地オリジナルマスクを装着し、司令の訓示を聞く隊員たち

新町駐屯地は4月2日、満開の桜が咲き誇るなか「新町駐屯地創設70周年記念行事」を行った。例年であれば駐屯地を市民に開放し、高崎市新町支所との共催で「しんまち桜まつり」として祝う予定だったが、新型コロナの影響により、一般客や招待者の参加は中止となり、隊員のみの部内行事として実施した。

観閲式では整列した隊員を前に、川畑裕幸司令が「コロナ下であっても、あらゆる事態に即応し、あらゆる困難を克服して与えられた任務を完遂し、地域の方々をはじめ国民の期待に応えることが求められる」と訓示した。

続く観閲行進では12音楽隊のドラムマーチを先頭に、12後方支援隊、12施設隊、12対戦車中隊、駐屯地業務隊が登場。計306人の隊員が、この日のために製作したオリジナルマスクを装着し、統制のとれた行進を披露した。

この4月に入隊する自衛官候補生40人も間近から先輩たちの行進を見学、各部隊の威風堂々とした雄姿を目に焼き付けた。

地域団体やモニターに川畑司令が感謝状

翌3日には、記念行事の一環として感謝状贈呈式を行った。駐屯地の売店を運営する「手づくりパン工房CoConoa」（藤岡市）など3団体と、モニター2人に川畑司令から感謝状が贈呈された。

新町駐屯地では今回の記念行事を通じて「自衛隊に対する理解促進と信頼強化を大いに図ることができた」と話している。（新町）

善 通 寺　14音楽隊は2月28日、香川県高松市レクザムホールで定期演奏会を開催した＝写真㊦。検温や収容人数の制限など感染対策を徹底し、700人が来場した。演奏会のテーマは「明日への希望」。新型コロナの影響が続く中、少しでも希望を届けたいと隊長の富田淳子1尉の指揮で全12曲を披露。観客に笑顔と感動のひと時を提供した。

都　城　駐屯地は3月21日、都城市の都島公園で殉職自衛官慰霊祭を執り行った。儀仗隊による慰霊儀仗に続き、43普連音楽部のラッパ吹奏に合わせ黙祷。中尾圭駐屯地司令が追悼の言葉を述べ、哀悼の誠を捧げた。終了後、遺族代表の岩村興子氏が「多数のご臨席を賜り、ご尽力いただいた方々へお礼を申し上げます」と謝辞を述べた。

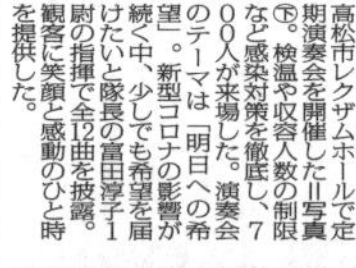

玖　珠　駐屯地は3月7日、玖珠町中央公民館が企画する「こども職業体験講座」を支援した。参加した同町の小中学生14人は、自衛隊に関するさまざまな質問を投げ掛け、関心の高さを見せていた。隊員の指導でほふく前進に挑戦したほか、10式戦車にも試乗した。最後にボリュームある自衛隊の食事を体験し＝写真㊤、充実した時間を過ごした。

国　分　12普連は3月4日、駐屯地で連隊武装走競技を実施した。最初に1キロのハイポートによる中隊走を行い、分隊走の出走順を決定した。分隊走は障害走路を盛り込んだ3キロを走破するもので、8チームが名誉をかけ力走した。熱戦の結果、3中隊が3連覇を果たした。同中隊の木脇純矢3曹は「引き続き4連覇を果たしたい」と語った。

空

防 府 南　基地は新年度から多くの学生を迎え入れるに当たり、経年劣化が著しい道路標識の更新と区画線の引き直しを行った。標識は「STOP」「SLOW」など英語併記に変更し、国際化に対応＝写真㊨㊦。横断歩道などは反射材を使用し、夜間の視認性を向上させた。基地内はさらに安全な環境へと生まれ変わり、雰囲気も明るくなった。

浜　松　浜松広報館はこのほど、リニューアル作業を完了。目玉は歴代の機体の横に新設されたブルーインパルスコーナー＝写真㊨㊤。これまでブルーの紹介はパネル展示だったが、映像による歴史や演目の説明も加え、より詳しく知ることができるようになった。VRゴーグルを装着してパイロット目線での疑似体験も可能で、広く来館を呼び掛けている。

入　間　車両器材隊の3人はこのほど、埼玉県自動車整備商工組合が主催する低電圧回路安全作業特別教育を受講し、ハイブリッド車や電気自動車など大型蓄電池を内蔵した車両の点検整備を安全に行うための知識や技術を身につけた。今後は部隊で普及教育を行い、感電事故を回避するとともに、新技術への対応にも取り組んでいくとしている。

海

大　湊　地方隊は3月5日、むつ市大平小学校の5年生を対象に、砕氷艦「しらせ」に乗艦した大貫佳鼓2佐による講演会を行った＝写真㊤。大貫2佐は「『しらせ』からの知らせ」と題して南極の気象や生態系、自衛隊の取り組みなどを分かりやすく説明。帰ってきたばかりの乗員による最新の講話に、子どもたちは熱心に興味深く聞き入っていた。

八　戸　航空基地の地上救難班はこのほど、航空機事故の負傷者を救助する競技会を行った。女性隊員3人を含む20人が4チームに分かれ、航空機に見立てた格納庫内の高所から負傷者を地上に降ろして安全な場所に移動させるまでの要領とタイムを競った＝写真㊤。救難班は「あらゆる状況を想定し、能力向上を図っていきたい」としている。

岩　国　大西哲基地司令はこのほど、防衛基盤の育成に努めてきた岩国市自衛隊家族会副会長の森本修一氏に感謝状を贈呈した＝写真㊤。森本氏は平成5年から27年間、隊員家族の親睦を図り、不安の払拭などに尽力。31航空群の隊員の士気高揚にも大きく貢献してきた。感謝状を渡された森本氏は、式後、基地内の史料館や航空機などを見学した。

大　村　航空基地の隊員70人は3月18日、大村湾沿岸の清掃活動に参加した＝写真㊤。大村市の呼び掛けに応えたもので、年2回のペースで行っている。当日は朝8時半に作業を開始。隊員たちはプラスチックや流木、空き缶など約1・2トンの漂着物を回収した。基地では「今後も積極的に湾の環境保全に取り組みたい」と意欲を見せている。

水機団隊員、福島で聖火ランナー

東日本大震災の自衛隊活動に接し、入隊

「走ることで少しでも今の町の復興の姿を発信したかった」――。福島県を3月25日にスタートした東京オリンピックの聖火リレー。陸自水陸機動団（相浦）の阿部聖央士長（19）は同日、故郷の福島県楢葉町で聖火ランナーを務め、立ち直った町の姿を伝えた。

「走ることで復興の姿を発信したかった」

阿部聖央士長

聖火リレーは福島県楢葉町のスポーツ施設「Jヴィレッジ」をスタート。同県では3日間にわたって26市町村でリレーされ、阿部士長は初日の2番目（2区目）の楢葉町の区間で走者を務めた。

市町村ごとにランナーが決められた。生まれ育った楢葉町で聖火をつなごうと応募。選ばれる自信はなく、通知が郵送されてきたときは驚きが大きかった。体力面より精神面を整え、「緊張し過ぎないようにした」と平常心を保つことを心掛けた。

当日は父隆さんと母さおりさんの両親、出身校・ふたば未来学園高校時代の友人らが沿道に駆け付けてくれた。多くの町の人たちも見に来てくれ、充実感の中、約1・1キロの距離を走り切った。

東京五輪聖火リレー　東日本大震災の被災地、福島県で3月25日にスタート。2011年のサッカー女子W杯を制した日本代表「なでしこジャパン」の監督・選手16人がそろって第1走者を務めた。4カ月間をかけて全国47都道府県を巡り、7月23日、東京都新宿区の都庁前にゴールする。

楢葉町は甚大な被害

小学3年生だった10年前のあの日、授業を終えて帰宅の準備をしている時に激しい揺れが襲った。

自宅は幸い無事だったが、故郷は甚大な被害を受けた。日々人命救助、復旧活動が行われる中、メディアを通して自衛隊の献身的な活動に触れ、「入隊したい」という思いが強まった。

高校在学中は、地域の復興のために何が必要かをテーマにした「探求」の授業でハザードマップの作成を行ったことも。故郷の復興を願い、見守ってきた。

小学生の時の思いを叶え昨年3月、陸自に入隊。「（国防の）最前線で働ける」と希望し水陸機動団（相浦）へ。第1水陸機動連隊2中隊に配属され、訓練などに励んでいる。

迫撃砲小隊で操法の習得などに励む一方、高校時代に陸上部（長距離走）で鍛えた走力の向上に努めるとともに、「水陸両用基本訓練課程」（水陸機動教育隊が実施）への入校を目指して水泳の練成にも取り組んでいる。

自衛官になり、危険に接する可能性もあることから「一瞬一瞬の生きている意味を考える」こともある。

「正しいことをしっかり行っていくように」という願いを込めて両親から与えられた名前。くしくも聖火の「聖」の一文字が入る。両親の思いも胸に、「さらに心身を大きく成長させていきたい」と、かつて見た自衛官のように、自らも国防の一線で力を尽くしていくつもりだ。

聖火リレー初日にトーチを持って故郷楢葉町を走る阿部士長（3月25日）＝本人提供＝

体力練成優秀部隊を表彰

空幕長、オンラインで硫基隊司令らに

【空幕人教部】空自は3月25日、令和2年度の体力測定Ⅰ（腕立て伏せ、腹筋、3キロ走）の優秀部隊をオンラインにより表彰した。表彰は平成25年度から始め今回で8回目。

航空方面隊・集団等隷下の約80個部隊を対象に所属隊員の平均の級等を競う「練成成果」と、前年度との平均の等級の伸び率を競う「練度向上」の2部門で成績の上位3個部隊を表彰した。各部隊は令和2年度中に測定を行った。

「練成成果」は硫黄島基地隊が1位、中部航空施設隊（入間）、特別航空輸送隊（千歳）が2位。「練度向上」は中部航空警戒管制団（入間）、北部航空施設隊（三沢）、航空医学実験隊（入間）が優秀賞を獲得した。

井筒空幕長は硫黄島基地隊司令の中澤武志1佐、中警団司令の津曲明一将補ら優秀部隊の代表に空幕からオンラインで表彰伝達を行い、「体力練成に継続して取り組んだ努力の証左であり、敬意を表する。この努力は部隊が健康であり、団結し、安全意識を向上させることにつながる」とたたえるとともに、「引き続き厳正な指揮により、精強な隊員の育成に努めてもらいたい」と激励した。

体力測定Ⅰの優秀部隊をオンラインで表彰する井筒空幕長（左）＝3月25日、空幕で

統幕校PKOセンターが教育

ヨルダン軍にオンラインで

【統幕校PKOセンター＝市ヶ谷】統合幕僚学校国際平和協力センターは3月15、16の両日、防衛政策局参事官付と連携し、ヨルダン軍が主催する国際平和協力活動の教育にオンラインで参加、隊員2人が講師を務めた。

ヨルダン軍からの依頼を受けて実施。平和活動訓練センターで同軍の軍人8人が聴講した。

「国連PKOの派遣3原則および法的枠組み」の教育を中居景2空佐が、「文民保護の基礎」の教育を小川哲3陸佐がそれぞれ担当。国連の教材に基づいて英語で行った。

オンラインによる他国軍に対しての国連教育は初の試みだったが、参加者から積極的に質問が出されるなど、終始活発な雰囲気の中で教育支援を行った。

国際平和協力センターは今後も、海外の各国への教育支援に積極的に協力していく。

㊤ヨルダン軍に対しオンラインで教育支援を行う中居2佐と、㊦小川3佐（市ヶ谷地区の国際平和協力センター会議室で）

新田原のF15戦闘機

サッカー開幕戦で飛行

【新田原】空自5空団と同飛行教育航空隊は3月14日、宮崎県新富町の「ユニリーバスタジアム新富」で行われたサッカー・J3リーグ開幕戦で展示飛行し、試合に花を添えた。

開幕戦はスタジアム開館記念試合を兼ねて行われ、地元「テゲバジャーロ宮崎」と「いわてグルージャ盛岡」が対戦した。展示飛行は新富町長から新田原基地司令に依頼があった。

展示飛行は5空団305飛行隊と飛教隊23飛行隊のF15戦闘機2機ずつ計4機が実施。美しいダイヤモンド隊形をつくりキックオフ直前の午後1時30秒ちょうどに会場上空を航過。スタジアムでは、集まった観客から大きな歓声が沸き上がった。

J3開幕戦で「ユニリーバスタジアム新富」の上空をダイヤモンド隊形で航過する5空団305飛行隊と飛教隊23飛行隊の4機のF15戦闘機（3月14日）

早大院を首席卒業

陸幕運支課の小林1佐

早稲田大学大学院（東京都新宿区）の政治学研究科公共経営専攻1年制政策研究コースに陸自から派遣されていた小林直基1佐（42）＝現陸幕運用支援・訓練部運用支援課＝は同コースを首席で修了し3月25日、同大で行われた卒業式・学位授与式で政治学研究科専門職の学位授与者21人の総代として、田中愛治総長から学位記（公共経営修士）を授与された。

陸自は同大学院公共経営研究科の岡田邦彦教授から自衛官受け入れの打診を受け、平成19年から今回までに14人を派遣している。

小林1佐は早大院での1年間について、「民間の大学で一から学ぶという気持ちで精力的に勉学に励んだ。（コロナ禍の下）オンラインのツールも最大限に活用した。授業の中で、地方政治家や行政職員、民間企業勤務者などバラエティーに富んだ方々と遠慮なく議論を交わした」と振り返った。

修士論文「自衛隊の組織的合理性について―理論的分析を踏まえた合理性の検討」では、合理性という機能要件に着目。政策過程分析理論と組織論の視点から自衛隊を分析した。

今後の目標について、小林1佐は「学際性の高い公共分野での視野が広がり、論理的思考力や科学的根拠に基づく批判力を養うことができた。今後、指揮官や幕僚としての勤務で得られた知見を生かしていきたい」と力強く語った。

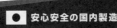

コロナ感染防止のためオンラインで配信された早大卒業式・学位授与式で学位を授与される小林1佐（3月25日、早大戸山キャンパスで）

小休止

▽…陸自10即応機動連隊のバイアスロンチームはこのほど、札幌市内で行われたバイアスロンの「第57回日本選手権大会」と「第92回宮様スキー大会国際競技会」に出場し、健闘を見せた＝写真。

▽…隊員たちは日頃の訓練の成果を発揮。日本選手権の個人スプリントで水島大輔2曹（3中）が2位に入賞。同ジュニアでは榎本啓人士長（火力支援中）が優勝。島下竜治士長（2中）が2位、黒川凪3曹（1中）が5位に入った。

▽…リレー（4・5キロ×4人）でも力を尽くし、上位入賞に迫った。（滝川）

こちら警務隊　交通犯④

車検切れでの運転は違法　有効期限は忘れず確認を

車検の切れた車を運転したら、どんな罪になりますか？

車検の切れた車を運転した場合、道路運送車両法第58条違反となり、6カ月以下の懲役または30万円以下の罰金、交通違反の対象として違反点数が6点となり、免許停止処分になります。

車検は車の安全性や公害防止等の保安基準を満たしているか調べるために義務付けられたものであり、交通事故を未然に防ぐため、とても重要な検査です。

車検切れが罪となることを認識するとともに、前面ガラスに貼付けている検査標章で有効期間をこまめに確認し、車検切れを起こさないように注意しましょう。（東北方面警務隊）

検査標章の有効期間をチェック！

（世界の切手・フランス）

未来は、次の世代に希望を与える人たちのものである。

シャルダン（フランスの哲学者）

西方初！ 女性小銃小隊長としての決意

3陸尉 山本 麗（42即機連3中隊・北熊本）

女性活躍の場、拡大したい

西方初の女性小銃小隊長となった山本麗3尉（左から2人目）と42即機連の同期たち

私は本年1月27日に陸自の幹部候補生学校を卒業し、第42即応機動連隊第3中隊での隊付期間を経て3月13日付で3等陸尉に任命され、「小銃小隊長」に指定されました。5年前に幹部自衛官になろうと決意して防衛大学校に入校し、いまようやくその夢がかないました。

42即機連は平成30年に全国に先駆けて新編され、国防の第一線である第8師団の基幹部隊として各種事態に即応し、機動的に運用される部隊です。

その第3中隊に勤務して感じたことは、幹部から陸士に至るまで共に戦う仲間として家族のような相互に信頼できる関係にあること、また各隊員の戦闘戦技能力が高く、任務に対して忠実であるということです。

私がそのような隊員を率いる小隊長となったことは大変光栄である一方、その重責に身の引き締まる思いです。また、「西部方面隊初の女性小銃小隊長」ということも、今後の後輩のことを考えると責任重大と感じています。

今、私が初級幹部として心に決めていることが二つあります。それは「自分の弱さを知ること」、そして「自分が道を作る」ということです。

一つ目は、自分の弱さを知ることで自然と謙虚になり、それが成長できる糧となると思うからです。防大出の初級幹部は経験も知識もなく、当面は周囲の先輩幹部や陸曹に頼らざるを得ないことが多いので、自分の弱さと向き合うことで、より多くのことを学び吸収して、大きく成長したいと思っています。

二つ目の「道を作る」ことに関しては、普通科の女性幹部はまだ全国的にも少なく、自分の為すことのほとんどに「女性初の」という言葉が付いてくるので、今後、自分が普通科を志す後輩たちの指標になりたいと考えています。

このため、今後は女性の幹部レンジャー、空挺団または水陸機動団の隊員という「道」を切り開き、陸上自衛隊における女性活躍の場を拡大していきたいと思っています。

まずは幹部初級課程で小隊長としての知識・技能を修得し、第42即応機動連隊でさまざまな経験を積んで、一刻も早く部隊に貢献できるような幹部自衛官になるべく日々精進していきます。

小見明之42即機連長（右）から3等陸尉に任命され、小銃小隊長に指定された山本麗3尉

基地の警備小隊で活躍する セキュリティー・エンジェルス

空曹長 竹山 修治（中警団基業群・入間）

入間基地の警備小隊で活躍する女性隊員の「セキュリティー・エンジェルス」を紹介します。

基地業務群には令和2年11月16日付で初級警備員課程を修了した2名が新たに配属され、現在、5名の女性隊員が「セキュリティー・エンジェルス」として警備小隊で活躍しています。

警備特技員は、特別勤務である警備勤務のほか、戦闘行動、徒手格闘、警備犬の取り扱いなど、さまざまな任務に従事しており、幅広い知識と高度な技能を必要とする特技です。

「セキュリティー・エンジェルス」たちは日々、男性隊員と同様の厳しい訓練に励み、能力の向上に努めており、その元気な姿は他の隊員にも良い刺激を与え、小隊の士気の高揚や風通しの良い職場環境の構築にも貢献してくれています。

女性隊員の今後ますますの活躍を期待するとともに、部隊としても第一線で活躍できる機会を段階的に与え、頼りになる「セキュリティー・エンジェルス」の練成にも努めます。

入間基地の警備小隊で活躍する「セキュリティー・エンジェルス」のメンバー

新刊紹介

「スパイと日本人」 インテリジェンス不毛の国への警告

福山 隆著

情報（インテリジェンス）の世界に精通した元陸将の著者が、外国のスパイをなんら取り締まる権限をもたず、世界から「スパイ天国」と揶揄される日本のインテリジェンス文化に警鐘を鳴らし、その改善を強く求めた書だ。

韓国防衛駐在官時代には自身もスパイ戦に巻き込まれ、厳しい国際情勢を身をもって知った著者が、「情報を軽視する国は国民を守れない」と述べ、100年前、日本が当時の超大国ロシアに勝利できたのも明石元二郎や広瀬武夫など優れた諜報員がいたからだと述べる。

戦後、日本の情報分野は削ぎ落され、組織も人材も弱体化した結果、スパイはやすやすと自衛隊を含む日本政府の内部にまで潜入、重要情報が敵性国家に筒抜けになっているとする。

米中の覇権争いが激化する中、「インテリジェンスは国家の防寒着である」と語り、冷戦が本格化するいまこそ「防寒具」の準備が急務だと訴える。いま英米圏の情報同盟「ファイブアイズ」に日本が招かれている点についても、出遅れている日本の情報体制を挽回するためにもこの提案はまたとない機会であるとしている。（ワニブックス刊、1980円）

「バトル・オブ・ブリテン1940」

D・ディルディ著、橋田 和浩監訳

英国を攻略するため、ドーバー海峡を越えて大挙して侵攻したドイツ空軍機。これを迎え撃ったのが英空軍だった。この熾烈な空の戦い「バトル・オブ・ブリテン」はその後の世界大戦の帰趨にも大きく影響した。

本書は同空戦（ドイツ名は「鷲攻撃作戦」）の全容を英側だけでなく、ドイツ側の史料も丹念に調べ上げて双方の視点から描き出した軍事史だ。当時の貴重な写真80点のほか、同空戦を3次元的に描いた図版なども多数使用して、史上、最も激烈な空の戦いとなった航空作戦の一部始終を明らかにしている。

著者は米空軍の元F15戦闘機パイロット（退役大佐）で、現役時代にはNATO（北大西洋条約機構）の防空指揮官なども務め、英仏海峡の特性なども熟知、自身の実体験が本書でも各所に盛り込まれている。

一方、訳者側も充実。監訳者の橋田和浩1空佐は中部航空警戒管制団の副司令で、他の訳者も空自幹部らで航空用語などは的確だ。英空軍の防空戦闘は今日の空自の領空防衛とも重なる点が多く、80年前に英軍が経験した戦いは今日の日本の「統合防空戦」に向けてのまさに温故知新となっている。（芙蓉書房出版刊、2200円）

みんなのページ

愛知地本に臨時勤務して 未来輝く自衛官を導きたい

陸士長 大島 花菜（10通大1中隊・守山）

私は昨年9月から今年2月まで、愛知地方協力本部の金山募集案内所に支援要員として臨時勤務しました（11月は検閲のため部隊勤務）。

地本での仕事は高校を卒業して部隊しか知らない私にとって毎日が新鮮で、とても勉強になりました。最初に名刺の受け渡しの練習をした時はまるで会社勤めのOLになった気分でした。

私は当初、自衛隊は募集をしていれば自然と入隊希望者が集まってくると思っていましたが、実際はそんなに甘くはなく、広報官の皆さんが就職活動している方に懇切丁寧に説明して募集していることを初めて知りました。

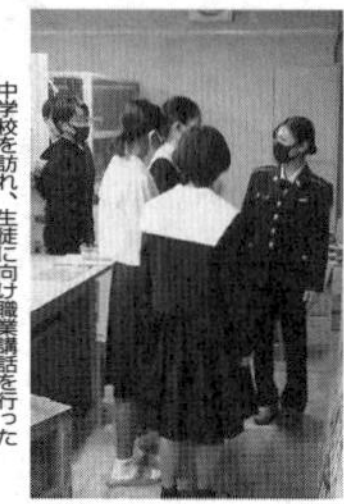

中学校を訪れ、生徒に向け職業講話を行った愛知地本勤務中の大島花菜士長（右）

世間からは「厳しくて辛い」と思われている自衛隊の職業の魅力を、一般の人に分かりやすく説明することは簡単に見えて難しいことでした。そこで「どうすれば自衛隊に興味をもってもらえるか」を一生懸命に考えている広報官の皆さんの姿は私には輝いて見えました。

広報官の方々は募集適齢者の一人ひとりに寄り添い、さまざまなサポートを行い、対象者の合格が発表になると一緒に喜び、入隊するその日まで本当に親身になって寄り添っているのだなと思いました。

私を含め、入隊して自衛官となった人が、時折、お世話になった地本の広報官の方に会いに来るのは、当たり前のことではなく、一緒に頑張ってくれた広報官の方が常に心の支えになっているからだと思いました。

今年はコロナ禍の影響で高校や大学のイベントへの自衛隊の参加が少なかったですが、私にとってはとても充実した臨時勤務でした。

私も早く陸曹になり、この半年で学んだことを生かして、ぜひ愛知地本に広報官として戻り、未来の輝く自衛官を導く仕事ができるよう頑張ります。

OBがんばる 違和感ない防災専門官

本多 秀行さん 56
令和元年8月、陸自富士学校を最後に定年退職（2佐）。山梨県の山中湖村役場に再就職し、防災専門官を務めている。

私は山中湖村役場で防災専門官として勤務しています。防災の仕事は定年10カ月前の「防災危機管理教育」の受講で関心を持ち、現在の仕事を決めたのは4カ月前でした。その理由は陸自での経験・スキルを生かせることと、少しでも国民の役に立つ意義ある仕事をしたかったからです。

村役場での仕事は、防災に関する計画の作成や防災訓練の実施、災害への対応がメインです。就職後すぐに台風15号、19号への対応や県の国民保護訓練への参加があり、国土強靭化地域計画策定の業務なども実施しています。

この防災の仕事は自衛官の時と感覚的にあまり変わりがありません。台風や地震をいつも気にかけ、警報が出れば待機し、関係者と調整して対応する。幹部自衛官として普通にやってきた人は違和感なく勤務できると思います。

職場環境としては、役場の仕事は行政サービスが多くを占めるので、駐屯地業務隊の経験が多少は役に立つものの、初めは戸惑うこともありました。しかし、役場職員の皆さまの前向きで懇切丁寧な窓口対応など、素晴らしい仕事ぶりには学ぶことが多く、日々充実しています。

私にとって山中湖村は30数年前の防大学生時代に徒歩行進訓練で歩いた思い出のある村です。このような憧れの村で意義ある仕事ができることの幸せをかみしめつつ、健康と体力・気力、環境が許す限り、ここで勤務したいと思っています。

部隊スキー指導官に合格

3陸曹 永沢 健太（6施大1中隊・神町）

私は小学生時代からクロスカントリースキーに情熱を注いできました。自衛隊入隊後も積雪地訓練に参加する中で「スキー技術をより高めたい、極めたい」「陸曹になったら絶対に部隊スキー指導官になりたい」という気持ちが年々強くなりました。

昨年、陸曹になり、念願の大隊スキー練成訓練や師団部隊スキー指導官養成訓練に参加することができ、さらなるスキー技術と指導能力の向上を目指し訓練に励みました。

その中で指導部の方々のスキー技術と知識の豊富さを目の当たりにし、感銘を受けるとともに自分はさらに人一倍の努力が必要だと痛感しました。

また、遭難者救助や雪崩についての課目を受けることで、隊員の命に直結する知識の重要性を認識しました。一連の訓練を通じて指導者としての資質を学び、内面も成長することができたように思います。そして目標としていた部隊スキー指導官の認定を受けることができました。

これから隊員を指導するにあたりスキー技術はもちろんのこと、積雪寒冷地部隊の基本的行動に係る知識を若年隊員まで普及させ、大隊の冬季における戦闘力のさらなる向上に寄与していきたいと思います。

詰将棋

出題 日本将棋連盟 九段 石田 和雄

第842回出題

5	4	3	2	1	
				香（後手）	一
	歩	角		玉（後手）	二
	と			桂（後手）	三
		金（後手）			四
			歩		五
					六

▲先手 持駒 飛桂香

【ヒント】香がトドメ。その前の工夫（10分で初段）。

▶詰碁、詰将棋の出題は隔週です◀

詰碁

出題 日本棋院 九段 曲 励起

第1257回解答

【解答図】白先、黒死。白①がまず大切で黒❷には白③がまた大切です。黒❹には白⑤で黒死です。

「朝雲」へのメール投稿はこちらへ！
▽原稿の書式・字数は自由。「いつ・どこで・誰が・何を・なぜ・どうしたか（5W1H）」を基本に、具体的に記述。所感文は制限なし。
▽写真はJPEG（通常のデジカメ写真）で。
▽メール投稿の送付先は「朝雲」編集部（editorial@asagumo-news.com）まで。

朝雲

発行所 朝雲新聞社
〒160-0002 東京都新宿区四谷坂町12−20 KKビル
電話 03(3225)3841
FAX 03(3225)3831
振替00190-4-17600番
定価一部150円、年間購読料9170円（税・送料込み）

主な記事

「気候変動タスクフォース」新設

岸防衛相 気候サミットで表明

半数超の施設で再エネ導入へ

岸防衛相は4月23日未明（日本時間）、米国政府が主催する「気候変動に関する首脳会議（気候サミット）」の「気候安全保障セッション（分科会）」にオンラインで出席し、防衛省・自衛隊の取り組みを世界に発信した。岸大臣は気候変動が「連鎖するリスク」だと指摘。「単なる環境問題の枠を超え、一国、ひいては世界の平和と安定を脅かしている」との認識を示し、省内に「気候変動タスクフォース」を立ち上げることを表明した。細部は今後詰めた上で、5月中旬にも初会合を開き、気候変動への取り組みや対応の在り方について検討を加速化させる。

「気候サミット」の安全保障分科会にオンラインで出席し、防衛省・自衛隊の取り組みを世界に発信する岸防衛相（4月23日未明、防衛省で）＝防衛省提供

「気候安全保障セッション（分科会）」には米国のオースティン国防長官や北大西洋条約機構（NATO）のストルテンベルグ事務総長など、各国・地域の防衛当局者らが参加した。

岸大臣はスピーチの中で、気候変動が洪水や旱魃の増加をはじめとする「環境の過酷化」を促進し、それが犯罪や過激主義の温床となって社会を不安定化させ、領土や資源をめぐる争いを助長すると指摘。こうした社会的な不安定が紛争の火種となり、さらなる環境破壊を招き、新たな紛争の遠因になるという「負の連鎖」への懸念を示した。

一方、日本でも記録的な大雨の件数が増加傾向にあり、2018、19年度の自衛隊の災害派遣活動の延べ人員が連続して100万人を超えたことを挙げ、活動の長期化も加わって「自衛隊の練度の維持・向上に支障を来す可能性がある」と危機感を表した。

続いて北極海の重要性についても言及。地球温暖化による海氷面積の減少で、日本から欧州への航路は、北極海を経由する方がスエズ運河経由よりも距離を大幅に短縮できるとして「戦略的に重要な海域となる可能性」を示唆。「北極海の航行の自由が確保されることは、世界の平和と安定に極めて重要だ」と訴えた。

最後に、防衛省・自衛隊における温室効果ガスの削減策を紹介。昨年度は全国151の施設で太陽光や風力などの「再生可能エネルギー」の調達を実現したことを踏まえ、今年度は全国約1000施設の少なくとも半数以上で再エネを導入する方針を表明した。

このほか、電気とディーゼルによる「ハイブリッド・システム」の研究に取り組んでいることや、自衛隊車両の能力向上を視野に日米が共同研究を行っていることをアピールし、「我が国は今後、世界のあらゆる国と手を携えていけるよう、力を尽くしていきたい」と締めくくった。

岸大臣は同日の記者会見で「気候変動タスクフォース」の新設について詳細は現時点で未定とした上で、「これまでも省内の各部局で気候変動問題に関する議論や検討を重ねてきた。今後は『タスクフォース』という枠組みで防衛省・自衛隊としての対応等を取りまとめ、検討を深化させていきたい」と強調した。

女性活躍へ新たな取り組み

高い目標掲げ、WLBも推進

防衛省

防衛省は3月25日、令和3年度以降の実施目標を盛り込んだ新たな「女性職員活躍とワークライフバランス（WLB）推進のための取り組み計画」を発表した。（5面に計画の抜粋）

新たな計画では、2030（令和12）年度を目途に、全自衛官に占める女性自衛官の割合を現在の約7%から12%以上に、また、男性職員の育児休業取得率も現在の約5%から25（令和7）年度までに30%にそれぞれ大幅に引き上げる高い数値目標を打ち出した。

省内では同日、「防衛省女性職員活躍・ワークライフバランス推進本部」の会合が開かれ、本部長を務める中山泰秀副大臣が開会時と閉会時にあいさつ。

この中で、副大臣は「人口減少と少子高齢化の急速な進展によって社会構造が大きく変化する中で、性別や年代、時間など制約の有無にかかわらず、あらゆる職員が活躍できる職場環境の整備は急務だ」と指摘。「今後はこの取り組み計画に基づき、全ての職員がより一層活躍でき、ワークライフバランスを一体的に推進できるよう、各種の有効な施策の推進に邁進してほしい」と述べた。

新たな計画によると、女性事務官等の採用に関しては、「防衛省専門職員採用試験」を含む「国家公務員採用試験」からの採用者全体に占める女性の割合と、「国家公務員採用総合職試験」からの採用者に占める女性の割合を共に「毎年度35%以上」に設定するほか、「国家公務員採用試験（技術系区分）」からの採用者に占める女性の割合も25年度までに30%とすることを目標に掲げた。

会合で「施策の推進を」とあいさつする中山副大臣

女性自衛官の採用については、30年度までに全自衛官に占める女性の割合を12%以上とするため、今年度以降の採用者に占める女性の割合を現在の16・1%から17%以上に引き上げることを決めた。

一方、女性事務官等の登用に関しては、25年度末までの目標として、▽本省係長相当職に占める女性の割合を35%（現30・8%）▽地方機関課長・本省課長補佐相当職に占める女性の割合を10%（現6・2%）▽本省課長・室長相当職に占める女性の割合を6%（現1・8%）▽指定職相当に占める女性の割合を5%（現1・8%）――にそれぞれ引き上げることを目指す。

自衛官についても、佐官以上の幹部自衛官に占める女性の割合を現在の4%から5%以上に増やすことを明記した。

中山副大臣は会合でこれらの取り組みについて「女性職員の採用・登用に関して現行計画を上回る目標が設定されるなど、意欲的な内容となっており、今後、ますます女性職員の活躍推進のための基盤となる」と期待感を示した。

空軍参謀総長らと会談

空幕長が訪米

宇宙分野での日米協力推進で合意

米宇宙軍作戦部長のレイモンド大将（右手前）と宇宙分野での日米協力について意見交換する井筒空幕長（左手前）＝4月20日、米ワシントン郊外の国防総省で（米宇宙軍のツイッターから）

井筒空幕長は4月19日から25日まで米国に出張し、米空軍参謀総長のチャールズ・ブラウン大将らと防衛協力などについて意見交換を行った。

空幕長は20日、米国防総省を訪れ、米空軍大学留学時の知己であるブラウン参謀総長と会談。日米の信頼関係を確認するとともに、「自由で開かれたインド太平洋」の実現に向けて、両国空軍種間の協力をより一層強化していくことで一致した。さらに、同大学の同期で、米宇宙軍作戦部長のジョン・レイモンド大将とも会談。宇宙分野でも日米協力をさらに推進していくことで合意した。

空幕長は21日に米海兵隊総司令官補のゲーリー・トーマス大将、22日にはコロラド州のピーターソン空軍基地で米宇宙コマンド司令官のジェームス・ディキンソン陸軍大将と会談し、両組織と空自の協力促進についても合意。シュリーバー、ヴァンデンバーグ両空軍基地も訪れ、宇宙作戦関連部隊を視察した。

ブルー 1年ぶりに一般向け展示飛行

富山では初めて

1年ぶりに空自のブルーが大空にスモークで白い航跡を描いた――。コロナ禍により飛行展示を自粛していた4空団11飛行隊のブルーインパルス（松島）は4月22日、北陸の春の恒例行事「となみチューリップフェア」が開かれている富山県砺波市の上空を飛行した＝写真。

ブルーの飛行は昨年5月にコロナと奮闘する医療従事者を応援するため東京都心上空を飛んで以来。富山県での展示飛行は初めてとなった。

正午前に空自小松基地を離陸したブルーは、70回目となる「となみチューリップフェア」の会場上空に飛来し、「フェニックス・ローパス」など8課目を約25分間にわたり披露した。

「AI・データ分析官」募集

5月14日（金）締め切り

岸防衛相は4月23日の記者会見で、内局非常勤職員となる「AI・データ分析官（1名）」の募集を開始すると発表した。応募締め切りは5月14日（金）。

AI（人工知能）やデータ分析に関する高度な知識やスキル、豊富な経験・実績を有する民間の人材を採用するもので、AI活用の現場で実務的な指導・助言を行うことが求められる。雇用期間は今年7月1日〜令和4年3月31日まで。

岸防衛相は「知見を生かして国の安全保障分野に貢献する意欲を持っている方の応募を」と広く呼び掛けている。応募方法や待遇などの詳細は防衛省のホームページから。▽ホーム↓採用情報↓「任期付／非常勤職員／その他職種」。

春夏秋冬

生殺与奪の権を他人に握らせるな！

兼原 信克

「生殺与奪の権を他人に握らせるな！」

最近、若い人たちの間で爆発的な人気を博した吾峠呼世晴氏の『鬼滅の刃』の冒頭で、家族を鬼に殺され、妹を鬼にされ、その妹の命を土下座して庇おうとした主人公、竈門炭治郎に対して、鬼殺隊の水柱、冨岡義勇が叩きつけた言葉である。

戦後75年が過ぎ、冷戦が終わって30年になる。灰燼の中から立ち上がった私たち戦後日本人は、自らの生殺与奪の権を取り戻したと言えるだろうか。

敗戦国としての再スタートは厳しかった。米国、ソ連他の連合国は、1000万人を動員して戦った大日本帝国の徹底した弱体化を望んだ。しかし、所詮、呉越同舟だった米ソの蜜月は第二次世界大戦終了後直ちに終わった。冷戦の開始と同時に米国の対日政策は日本復興と再軍備に切り替わった。宰相吉田茂は、300万同胞の命を奪った米国との同盟に舵を切った。これに対してソ連は一層日本の弱体化を望んだ。日米同盟の廃棄、米軍の撤収、日本の中立化がソ連の望みだった。

敗戦国の日本には、ドゴールやネルーのように独自の道を歩む力はなかった。日本は、ドイツや朝鮮半島のように分断国家となる悲劇を免れたが、逆に、国内がイデオロギー的に分断された。1955年、ソ連に与する統一日本社会党が立ち上がり、対抗して日米同盟を支持する自由民主党が立ち上がった。1960年、岸信介総理は、日米安保条約を改訂し、旧安保条約をより対等な同盟条約に切り替えようとした。社会党を始めとする国内左派の反発で激しい安保闘争が起き、岸総理は政治生命を使い果たして退陣した。

その後、歴代総理は、自らの安全保障を米国に委ねたかのように、経済成長に邁進する。高度経済成長は、日本における共産革命を非現実的なものとした。しかし、日本は経済大国として復権する中で、自らの手で自らの国民を守るという武士の覚悟をどこかに置いてきてしまったように見える。

中国の台頭は著しい。2030年までには経済力で米国を抜くと言われている。その軍事費は既に日本の4倍である。中国は虎視眈々と台湾侵略や尖閣奪取を狙っている。この国を守り切れるのか。

その問が突き付けられているのが令和の御代である。平成30年に策定された防衛大綱の検討が始まった時、統幕長を始めとする自衛隊幹部に対して、安倍総理が静かに言われた一言が、今も私の耳の底に響く。総理は言われた。

「君たち、勝てるのか」

（元内閣官房副長官補・国家安全保障局次長、同志社大学特別客員教授）

大規模接種センター 東京に5月設置へ

防衛省・自衛隊運営

岸防衛相は4月27日の記者会見で、首都圏における新型コロナウイルスのワクチン接種を国として後押しするため、5月24日を目途に、東京都内に防衛省・自衛隊が運営する「大規模接種センター」を開設すると発表した。期間は3カ月間で、自衛隊の医官や看護官等が接種に当たる。

岸大臣は「菅首相から、防衛省・自衛隊は我が国の『最後の砦』であり、国家の危機管理上、重大な課題に対して、その役割を十分に果たしてもらいたいと指示を受けた」と述べ、省幹部に直ちに首相の指示を伝え、必要な準備を速やかに開始するよう指示したことを明らかにした。同日夕に省内で関係幹部会議を開き、詳細を詰める。

お知らせ

本紙5月6日付は休刊とし、5月13日付（3452号）から通常通りの発行となります。

また、政府の「緊急事態宣言」を受け、弊社は4月29日から5月9日まで休業いたします。お問い合わせ等は翌5月10日から受け付けます。大変ご迷惑をおかけしますが、ご理解をお願いいたします。

朝雲新聞社

朝雲寸言

2009年に公開された映画に『ウイグルからきた少年』という作品がある。両親が当局に拘束され、命からがら隣国カザフスタンに逃れてきた幼い少年の物語だ。思うところあり封切り早々に劇場に足を運んだ。罪なき子供の過酷な運命を、過剰な演出を避けつつ淡々と描き切った65分の後「今この時もウイグルの人々は容易ならざる時を過ごしている。そのことを忘れずにいなければ」と思いつつ帰途についた。あれから12年▼中国新疆ウイグル自治区で重大な人権弾圧が続いているとして米英加や欧州連合が中国批判を強め、自治区当局者への制裁措置などの動きに出ている。中国側は弾圧の事実を否定するが、米英などは「証拠は圧倒的だ」と益々意気軒高だ▼世界的な批判の強まりの底流には、弾圧を受けた人々が勇気を出して声を上げはじめ、それが集会や書物、インターネット動画で急速に広まっていることがある。漫画家清水ともみさんの近著『命がけの証言』は、近年事態が悪化の一途をたどっていることを切々と綴っている。「米欧民主主義国と価値を共有する」と繰り返す日本も姿勢が厳しく問われている▼ウイグル問題に対する各国の今の向き合い方をみるにつけ、『ウイグルからきた少年』という作品の先見性を実感する。時代がようやく追いついてきた同作品の監督は、陸上自衛隊の広報部門などで縦横に活躍した佐野伸寿氏である。

時の焦点

国内　緊急事態宣言

支援策の拡充検討せよ

志賀直哉の小説『流行感冒』は、スペイン風邪が猛威をふるった大正期の志賀自身の経験が基になっているという。

主人公は、ウイルスを家に持ち込むまいと細心の注意を払っていたが、お手伝いさんが「薪を買いに行く」と嘘をつき、芝居を見に行っていた。主人公は彼女に暇を与えようとしたが、妻がとりなし、矛を収めた。

その後、流行が収まったと気を許した主人公は罹患してしまう。家の離れに植木を植えるため、昼間は主に植木屋と暮らしていたことが原因と分析している。

歴史学者の磯田道史さんの言葉を引用すれば、お手伝いさんを辞めさせようとした主人公の行動は、今で言う「自粛警察」であり、感染は「植木屋クラスター」と言えよう（著書『感染症の日本史』）。歴史を紐解けば、いつの時代も感染症が人々を苦しめてきたことが分かる。

新型コロナウイルスの「第4波」を踏まえ、菅首相が、東京、大阪、京都、兵庫の4都府県に緊急事態宣言を発令した。3度目となる今回の宣言では、飲食店に加え、大型商業施設の休業やイベントの無観客開催の要請など、幅広い営業制限に踏み込んだ。

感染力の強い変異ウイルスの増加に歯止めがかからず、関西圏では事実上、医療崩壊が起きている。東京でも変異型が急増している。社会経済活動を大幅に制約する判断は、やむを得まい。

ただ、政府は2度目の宣言の際、飲食店を「急所」と呼び、営業時間短縮を中心とする対策をとってきた。今回は人の流れを止めるため、広範囲の私権制限を行う。

百貨店や大規模イベントでクラスターが頻発しているわけではない。感染症対策のために設備投資を行ってきた事業者は多い。企業などに困惑が広がるのも当然だ。

菅内閣は「第4波」収束までのシナリオを明示しなければならない。病院間の連携強化や病床の確保、検査体制の充実など、抜本的な対策を講じる必要がある。

大型連休中に営業自粛を求められる事業者のダメージは計り知れない。菅首相は当面、2021年度予算の予備費で経済を下支えする方針だが、それで十分だろうか。

昨年、安倍政権は緊急事態宣言の発出を踏まえ、国民への一律10万円の給付や、事業者への持続化給付金など思い切った施策を講じた。国民の生活不安を解消するため、菅政権も思い切った経済対策に乗り出すべきだ。

磯田さんによると、江戸時代には13回の麻疹の流行が確認されており、江戸後期には、既に給付金制度があったことが多くの文献に残されているという。

感染症は、暮らしのあらゆる面に影響を及ぼしている。政府は支援を躊躇してはならない。

夏川　明雄（政治評論家）

海外　アフガン戦争

将来を見据え米軍撤退

西側の同盟諸国の大半から一様に歓迎された米国のバイデン新政権発足からほぼ100日。米政界では大統領就任から100日間は新政権の始動にとって極めて重要な期間とされるが、史上最高齢で就任したバイデン大統領はこの間、国内政治では未曾有の課題である新型コロナの感染防止対策および経済安全保障にも絡む製造業分野のてこ入れに向け大型財政出動を急ぎまとめるなど積極果敢に取り組む一方、外交・安保政策分野では中国、ロシアといった「競合国」に対抗するため、欧州や日本などの同盟国や友好国との連携強化にいち早く動いてきた。上院議員、副大統領として米国政治の中枢で長く活動してきた経験が生かされているのではないか。

菅義偉首相を招いた先の日米首脳会談での議論を踏まえた共同声明を見ても、バイデン新政権が取り組もうとしている目配りの利いた外交・安保戦略や最重要課題の一つと位置付ける気候変動対策にいかに効果的に対処していこうかとする眼目の一端がうかがえる。良くも悪くも米国第一主義のスローガンを掲げ、米国にとっての重要な「資産」であるはずの同盟諸国との関係悪化を招いたトランプ前政権を反面教師とし、「負の遺産」払しょくを急ぐ新政権のスタートダッシュは評価されよう。

外交・安保分野に限れば、対立の長期化が必至の中国との覇権争いへの対処に加え、前政権が一方的に離脱したイラン核合意への復帰に向けた交渉、複数回にわたる米朝首脳会談によっても打開できなかった北朝鮮の核問題など重要課題が山積する。このうち、米国にとって史上最長とされるアフガニスタン戦争については、バイデン新政権はいち早く、今年9月11日までの駐留米軍の全面撤退を決断し、幕引きを図ることになった。

バイデン大統領は4月14日、国民向け演説で「米国史上最も長い戦争を終わらせる時だ」と述べ、米同時テロから20年の節目を迎える9月11日までにアフガン駐留米軍を全面撤収すると宣言した。アフガン和平に向けた外交支援は継続するとしている。

バイデン氏は、同時テロ首謀者で国際テロ組織アルカイダの首領ビンラディン容疑者を殺害するなど「既に当初の目的を達した」と強調。「20年前のテロを受けてアフガンを攻撃したが、それが2021年もアフガンに残るべき理由にはならない」と説明した。

米政権内部では性急なアフガン撤収が反政府勢力タリバンを利するだけでなく、テロ組織の復活を招くと懸念する声も根強く、軍事戦略的には賛否は交錯する。しかし、周辺国の思惑などが複雑に絡まり合うアフガンの和平実現はいまだに見通せない。加えて、中国の脅威が米国の予想を上回るペースで高まる中、足かせとなるアフガンから抜け出し、限られた資源を「対中国シフト」に振り分けるのが米国の戦略的利益にかなうと判断した。演説で将来を見据える必要性を訴えたバイデン氏の決断を、米軍とともに部隊を派遣した北大西洋条約機構（NATO）が強く支持していることの意味合いは大きい。

伊藤　努（外交評論家）

陸海空各幕僚長

外国軍幹部と会談

米、豪陸軍種幹部と　陸幕長

吉田陸幕長は4月8日から14日までの間、米国と豪州の陸軍種トップと電話・テレビ会談を行った。

陸幕長は、8日に米太平洋陸軍司令官のポール・ラカメラ大将、9日に米海兵隊総司令官のデビット・バーガー大将と米太平洋海兵隊司令官スティーブン・ラダー中将、13日に米陸軍参謀総長のジェームズ・マッコンビル大将、14日に豪陸軍本部長のリック・バー中将とそれぞれ会談した。

内容はいずれも着任のあいさつをした後、米豪など友好国と「自由で開かれたインド太平洋」を維持・強化するため、陸軍種間での連携について認識を共有した。

吉田陸幕長は4月15日の会見で「陸軍種トップと戦略協議のキックオフとして有意義な懇談ができた。今後も（各国と）ハイレベル協議を積極的に実施して関係強化を図っていきたい」と述べた。

米、馬、星司令官らと　海幕長

山村海幕長は4月14、16の両日、米、マレーシア、シンガポール各国海軍の司令官らと相次いでテレビ会談を行い、海軍種間の関係強化を図った。

米海軍のマイケル・ギルデイ作戦部長との会談は14日に行われ、山村海幕長は日米海軍種間のさまざまな案件について率直に意見を交換するとともに、今後も日米同盟の抑止力・対処力を強化していくことを確認した。

16日にはマレーシア海軍のレザ・ビン・モハド・サニー司令官、シンガポール海軍のアーロン・ベン司令官との会談にそれぞれ臨み、コロナ下でも防衛協力・関係を継続するなど、さらなる関係強化を図っていくことで一致した。

米太平洋空軍司令官と　空幕長

井筒空幕長は4月8日、米太平洋空軍（ハワイ州パールハーバー・ヒッカム）司令官のケネス・ウィルズバック大将と電話会談を行った。

両者は中国海警法に対する深刻な懸念を共有し、共同訓練をはじめとする日米空軍種協力の深化について話し合った。さらに、「自由で開かれたインド太平洋」を維持するため、基本的価値を共有し、志を同じくする同盟・パートナー国とのネットワークを構築・強化することで一致した。

㊤リック・バー豪陸軍本部長と電話会談を行う吉田陸幕長（4月14日、陸幕で）㊥米、マレーシア、シンガポール各国海軍の司令官らと会談を行った山村海幕長（4月16日、海幕で）㊦米太平洋空軍司令官のウィルズバック大将と電話会談し、同盟国とのネットワーク強化で一致した井筒空幕長（4月8日、空幕で）

ひと

空自初の猪木正道奨励賞受賞

篠﨑　正郎　3空佐（41）

「篠﨑さんの著書は日本の学界にとっても、貴重なモノグラフだ――。昨秋、防衛・安全保障研究の進歩と発展に顕著な貢献をした研究者に日本防衛学会から贈られる「猪木正道賞」の奨励賞を航空自衛官として初めて受賞した。表彰式で審査員の中西寛京大教授からも高く評価された。

幹候校（奈良）で教官として学生に安全保障学を教える。「正しい知識を楽しく学んでほしい」と具体例を挙げ、授業を行う。

京大法学部在学中、米同時多発テロなどによる国際社会の大変動に関心を持った。

「安全保障の仕事に携わりたい」と空自に入隊。高射幹部となり、統幕勤務時には北朝鮮の弾道ミサイル発射事案に対処、防衛の実任務に奮闘した。

転機は2尉の時に防大総合安全保障研究科で学んだ経験。「修士課程を終えて研究の奥深さを知り、博士課程に進みたいと申し出た」。広瀬佳一教授の指導の下、難関の博士号を取得した。

その論文に加筆して出版したのが著書『引き留められた帝国―戦後イギリス対外政策におけるヨーロッパ域外関与、1968～82年』（吉田書店刊）だった。英国の対外政策を従来の学説とは異なる視点から論じたもので、これが「猪木正道賞」の奨励賞に輝いた。

「栄誉ある賞を賜り、光栄です。さらに学生への指導に加え、執筆にも励みたい」と意気込む。現在は幹部の実体験も踏まえた次作の構想を温めている。（菱川浩嗣）

ベストMOに藤生1尉

空自機の整備業務に貢献

【空幕】空自の航空機整備職域の幹部と同OBで組織する親睦団体「MO会」（会長＝空幕整備・補給課長の秋本康雄1佐）は3月1日、令和2年度「ベストMO」「ベストメンテナンス」の表彰式をオンラインで行った。

全国の各支部から推薦された候補者から、顕著な功績のあった藤生太1尉（53、8空団）がベストMOに、栗林潤1曹（51、9空団）、久保真幸准尉（47、5空団）、稲留覚准尉（43、開発集団）がベストメンテナンスに選出された。

表彰は例年秋のMO会総会で行っていたが、コロナ禍で昨年は中止となり、今回はオンラインで実施した。

ベストMOの条件は3佐以下で、飛行安全や品質の確保など整備業務に貢献し、後進の育成に貢献した隊員。ベストメンテナンスは飛行安全、品質の確保などに寄与した整備員となっている。2年度の受賞者は次のとおり。

◇ベストMO

▽藤生太1尉（8空団整補群装備隊総括班長＝築城）旺盛な責任感で職務に精励し、優れたリーダーシップで隊員の指導と育成に尽力した。

◇ベストメンテナンス

▽栗林潤1曹（9空団204飛行隊整備小隊＝那覇）航空機の品質管理や隊務の効率的な運営に貢献。後進育成でも着実な成果を上げた。

▽久保真幸准尉（5空団整補群本部整備統制班＝新田原、当時）「業務の見える化」や「組織全体の最適化」を図るなど、隊務の効率的な運営に貢献した。

▽稲留覚准尉（開発集団司令部＝府中）飛実団で広範な各種試験の円滑な実施に貢献。積極的に風通しの良い職場環境作りに尽力した。

日米ヘリ部隊が相互運用性向上

海自21空群21航空隊（館山）は4月20日、相模湾上空で米海軍の空母艦載ヘリと共同訓練を実施した。

海自は21空司令の高橋秀典1佐を統制官にSH60K哨戒ヘリ2機が参加。米側は第7艦隊（横須賀）隷下の第5空母航空団第77海上攻撃ヘリコプター飛行隊長が統制官を務め、MH60R多目的ヘリ1機が加わった。日米ヘリ部隊は連携して編隊飛行を行い、相互運用性の向上を図った。

日米電子戦機が共同訓練を実施

海自31空群81航空隊（岩国）は4月13日から15日まで、東シナ海上空で米海軍航空部隊と共同訓練を実施した。

米海軍から第1偵察航空隊のEP3E電子データ収集機、海自からEP3電子偵察機が参加し、上空で情報の交換訓練を行い、日米間で情報共有体制を強化した。

防衛省発令

▽はまな艦長（護衛艦隊幕僚兼自衛艦隊司令部）2海佐　衣山　丈夫

（4月20日）

共済組合だより

防衛省共済組合が取り扱う各種団体保険（表参照）は、災害派遣等の危険な任務に従事する可能性のある自衛隊員である組合員の万が一の事故等に備えるため、加入者全員で保険料を出し合い、支え合う相互扶助制度となっています。

◇メリット1

これら団体保険は、組合員数約26万人というスケールメリットを活かし、少ない運営経費、安価な保険料で高い保障が受けられます。特に団体生命保険、団体医療保険は1年ごとに収支計算が行われ、剰余金が生じた場合は還付金が受け取れます。

◇メリット2

全国の駐屯地等にある共済組合支部には団体保険各社の常駐員が配置されており、スムーズに各種手続きが行えます。

防衛省共済組合が取り扱う各種団体保険は、加入者全員で支え合う相互扶助制度であり、組合員にとっても有利なものとなっていますので、ぜひ加入、増口をご検討ください。

団体生命保険	団体医療保険	団体傷害保険
死亡、高度障害等を保障	病気による入院、手術、退院後の通院、3大疾病（がん、心筋梗塞、脳卒中）等を保障	ケガ、個人賠償、親介護、働けなくなった時の所得等を補償
団体年金保険	**PKO保険**	**海外旅行保険**
老後生活の資金の確保を目的	国連平和維持活動等に派遣された時のケガ、病気等を補償	公務での海外出張時のケガ、病気、個人賠償等を補償

各種団体保険は
加入者全員で支え合う相互扶助制度
安価な保険料で高い保障

寄稿

「インド太平洋」をめぐって日本外交が大きく動いている。今月、ワシントンで行われた日米首脳会談では中国の軍事的圧力を念頭に「台湾海峡の平和と安定」が議題に上り、ドイツとの初の2プラス2では日独が同地域の安全保障に積極的に関与していくことを確認した。この米・独との新たな外交関係について、上智大学の前嶋和弘教授と名古屋大学大学院の中村登志哉教授に分析をお願いした。

菅・バイデン間の新しい日米同盟

日本側は何ができるか

前嶋　和弘
上智大学総合グローバル学部教授

（まえしま・かずひろ）専門はアメリカ現代政治外交。特に連邦議会・メディア・選挙を中心に研究。上智大学外国語学部卒。米・ジョージタウン大学大学院政治学部修士課程、メリーランド大学大学院政治学部博士課程修了。敬和学園大学、文教大学准教授などを経て現職。著作に『アメリカ政治とメディア』『インターネットが変える選挙』『オバマ政権と過渡期のアメリカ社会』など。

4月16日の菅首相とバイデン大統領の日米首脳会談は、新しいリーダーの初顔合わせだけでなく、両国の同盟関係が新しい時代に入ったことを意味している。日米首脳会談を経て顕在化したポイントを3点についてまとめてみたい。

まず、第1点目は何といっても、東アジアの国際関係の大きな変化が目覚ましいことが浮き彫りになった点である。中国による現状変更の試みの弊害はあまりにもひどい。中でも台湾が発火点になる可能性が出てきた。物理的に遠くない尖閣諸島も既に中国側のターゲットになっている。このような対中認識評価が日米豪印4カ国のクアッド首脳会談、東京での日米外務・防衛担当閣僚協議（2プラス2）を経て、今回の日米首脳会談にそのまま引き継がれた。

バイデン大統領は「新冷戦」という言葉を避けているが、現在の米中関係は明らかに戦争前夜である。中国に対峙するには東アジアで最大の同盟国である日本をバイデン政権としては重視しなくてはならない。それもあって、対中国の最前線に位置する日本の重要性はさらに大きくなったといえる。

初の対面による日米首脳会談を終え、並んで共同記者会見に臨む菅首相（左）とバイデン大統領（4月16日、米ワシントンのホワイトハウスで）＝首相官邸HPから

第2点目は、かつてのアメリカの外交スタイルへの回帰が鮮明となり、日本としても詳細を詰めやすくなった点である。トランプ前大統領の場合、自ら決定を下していくトップダウンの外交が目立っていた。安倍前首相との個人的な友好関係で日米同盟は揺らがなかったものの、破天荒ともいえる外交スタイルは予見しにくかったのも事実である。

バイデン政権に代わり、トランプ氏のスタイルとは違い、バイデン外交は側近ら専門家に委託する外交に戻った。「通常のやり方に戻った」ともいえる。今回の日米首脳会談を目指し、外務省や国務省など専門家ルートを通じた交渉が根気強く続けられてきた分、実際の首脳会談では菅首相とバイデン大統領との個人的な関係づくりに専心することができた。

全体として非常によく準備された首脳会談であったといえる。日米首脳会談の共同文書は入念に準備され、共同声明では中国の南シナ海における海洋権益の主張と行動を「不法」と言い切っているほか台湾にしっかり言及した。その点で日米としてはかなり踏み込んだ形となったが、一方で、「台湾海峡の平和と安定の重要性を強調する」と具体的な文言を入れなかった。日米いずれも中国との経済相互依存状態であり、中国側の報復を考えると現段階で過度に中国を刺激するのは得策ではないものの、中国の問題点を的確に盛り込んでいる。このあたりは下から積み上げた外交安全保障上の知恵が反映されている。

第3点目は、日米同盟を大きく深化・進化させる必要性から、日本側にさらに積極的な姿勢が必要になっている点である。中国の台頭、北朝鮮の核・ミサイル開発などもあり、日本をめぐる安全保障上の環境は安倍政権前よりもかなり悪化している。日本側の防衛整備を進めるのは、菅政権にとって喫緊でかつ、持続的な課題であるのはいうまでもない。

世界最強とされる米空軍のF22ステルス戦闘機部隊（奥の4機）と日本海上空で共同訓練を行う空自の最新鋭F35Aステルス戦闘機（手前の4機）。先頭は米空軍のKC135空中給油・輸送機（4月1日、空自提供）

国民世論をみても、大きく変わりつつある。ケネディの就任演説の言葉を少し書き換えれば「アメリカが日本のために何ができるかを問わないでほしい。日本が日米同盟のために何ができるかを問うてほしい」という問いかけがアメリカ側の本音だろう。

日米同盟の深化・進化のために、日本側の課題も大きい。航空自衛隊三沢基地配備の最新鋭ステルス戦闘機F35と米空軍のステルス機F22などとの共同訓練を4月初めに実施できたのは、抑止力と日米共同対処能力の向上に向けての大きなステップだが、安全保障環境の変化で、日本のさらなる防衛力強化も不可欠になっている。首脳間で具体的な議論になったかは定かでないが、対中ミサイル防衛については、周囲は念頭に置いている。

今年中にも再度、日米の2プラス2があるとみられている。具体的には年末とみられているが、それまでに日本に何ができるのか。日本側はアメリカをさらにしっかり支えながら、より安全保障に能動的になる必要性がある。

ドイツのインド太平洋戦略

世界の成長センターで「ルールに基づく秩序形成」

中村　登志哉
名古屋大学大学院教授

（なかむら・としや）専門は国際関係論、特にドイツ・欧州と日本の外交・安全保障政策。同志社大学法学部卒。オーストラリア・メルボルン大学政治学研究科博士課程修了。県立長崎シーボルト大学教授を経て2010年より現職。著書に『ドイツの安全保障政策』、編著に『戦後70年を越えて』、訳書に『ドイツ・パワーの逆説』など。グローバル・ガバナンス学会理事・副会長。

日本、ドイツ両政府は本年4月13日に初の外務・防衛閣僚会合（2プラス2）をオンラインで開催し、インド太平洋地域における安全保障協力を進めていくことを確認した。日本は米国、欧州では英国、フランスとの間で同閣僚会合を開催しており、ドイツとはそれに続くものである。

ドイツは昨年9月に「インド太平洋指針」を閣議決定し、同地域への関与を強化する方針を決め、同会合はその一環と位置付ける。ドイツが描くインド太平洋戦略はどんなもので、背景には何があるか、経済的に緊密な関係にある対中関係をどう調整していくのだろうか。

同会合後に発表された日独双方の報道発表によれば、ドイツ側は「インド太平洋指針」の概要を説明し、同指針に従い、インド太平洋地域への関与を強化し、日本との安全保障協力を進めたい意向を表明した。その一環として、ドイツは年内にフリゲート艦を派遣する意向を明らかにし、日本側はこれを歓迎、海上自衛隊との共同訓練などに向けて調整していくことで一致した。

ドイツ側の計画は同指針発表以降、日本側と断続的に調整が続けられてきており、同会合で正式に決定した形である。ドイツがこの種の戦略文書に「インド太平洋」という概念を用いるのは初めてだが、フランスは2018年に「インド太平洋戦略」を策定し、同地域の海外領土を持つ「インド太平洋パワー」として関与を強めているほか、オランダも昨年11月に同戦略を策定した。これら独仏蘭の動きを踏まえ、欧州連合（EU）は4月19日、インド太平洋戦略の策定に着手する方針を発表した。

ドイツはメルケル政権下で、対アジア外交の主眼を中国に置き、経済的な依存関係を強化し、「戦略的パートナーシップ」を切り結んできた。このため、緊密な対中関係との間合いが重要になるが、同指針は「21世紀の国際秩序を形成する上で重要な」同地域との関係強化を目指すとする。背景には、経済成長著しい同地域との関係強化のほかに、ドイツを含む欧州で近年、軍事転用が可能な高度技術を持つ欧州企業の買収、新型コロナウイルス危機で見せた情報隠蔽などにより高まる中国への警戒感がある。

ドイツ外務省が起草した同指針は、21世紀の成長センターであるインド太平洋地域における「ルールに基づく秩序形成」に関与する姿勢を示した上で、外交・安全保障や気候変動・環境保護、経済関係など多岐にわたる分野で具体策を取り扱っているが、最も重要なのは海洋安全保障であろう。世界の海上貿易の大部分がインド洋と太平洋を経由しており、海上貿易ルートや欧州との間のサプライチェーンに障害が生じれば、欧州の繁栄や供給に深刻な影響を及ぼす可能性がある。

ドイツの物品貿易における南アジア、東南アジア、東アジア、オーストラリアなどのシェアは20%以上を占め、4200億ユーロ弱（2019年）に達する。こうした現実を踏まえ、海運ルートの安全確保という現実的要請が背景にある。

上日独初の「2プラス2」にオンラインで参加した岸防衛相（右）と茂木外相（4月13日、外務省で）
左ドイツ側のクランプ＝カレンバウアー国防相
右マース外相

日独外務・防衛閣僚会合を初開催

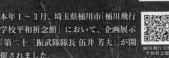

海洋安全保障とともにドイツが着目するのは連結性である。輸送網の改善を通じて同地域内部の連結性を強化することを目指す。陸海空の交通網、インターネットや衛星によるデジタル通信網、電力網等のエネルギーのネットワークを含む連結性のほか、人的交流や二国間・多国間協力、国際協力を打ち出し、国際機関と連携したインフラ投資を目指すとしている。

しかし、ドイツが中国との緊密な関係を見直すとまで考えるのは早計だろう。ドイツにとって中国は5年連続で最大の貿易相手国であり、対中依存度は大きい。事実、同会合前日12日付の経済紙「ハンデルスブラット」などへの寄稿で、マース外相は「中国は主要な経済パートナーであり続ける」と対中経済関係の見直しは前提にないことを明言している。

ドイツの指針は海洋安全保障と連結性の観点から同地域への関与を強化し、欧州の利益を守っていくことが主眼であることに留意する必要がある。

それでも、日米豪印の「クアッド」4カ国、英国、フランスの間で進めてきた安全保障協力の一員にドイツが加わることの意義は大きい。自衛隊や関係国軍との共同訓練などを通して、「自由で開かれたインド太平洋」の実現に向け、国際的な理解が広がるよう、この好機を生かしていくことが求められよう。

ソマリア沖・アデン湾では海自海賊対処航空部隊のP3C哨戒機とEU部隊所属のドイツ海軍P3Cが共同訓練を実施し、日独航空部隊間の連携を強化した（2017年12月1日、東アフリカのジブチで）＝統幕提供

〜地本　ホッと通信〜

艦船ファン　待ってたよ♪　陸自の偵察用バイクも登場

海自の水中処分母船1号、特別公開

コロナに負けず島根地本

出雲市河下港に入港し、船内を特別公開した水中処分母船1号。コロナ対策で、人数制限をしての見学会となった（3月20日）

【島根】「待ちに待った船のイベント！　海上自衛隊の船に乗れてうれしい」――。

地本は3月20、21の両日、新型コロナで昨年の夏からずっと延期になっていた海自舞鶴地方隊の水中処分母船1号「YDT01」（基準排水量約300トン）の特別公開を出雲市河下港で開催した。

同イベントは地元の艦船ファンに愛されている恒例の海自艦艇見学会。今回はコロナ感染対策のため、地本が事前に応募制で参加者を募り、見学時間や人数を制限しての乗船となった。

当日は海自の水中処分員（EOD）ら乗員が小中学生とその保護者ら参加者を出迎え、甲板や船内を案内し、港湾などで見つかった爆発性危険物の処分任務や不発弾の処理法などについて説明した。

入隊を希望している高校生は「隊員の方の対応がとても丁寧で優しかったのが一番印象に残った。自分も海自隊員になってこうした船に乗ってみたい」と夢を語った。

YDT01が接岸した岸壁には陸自出雲駐屯地の装備品展示コーナーも設けられ、乗船を終えた参加者たちは87式偵察警戒車を間近で見たり、オートバイにふれるなどして楽しんだ。

地本は広報ブース内に子供向けのガチャガチャ（カプセルトイ）コーナーなども設置、地本オリジナル缶バッジ製作を含め、子供たちが楽しんで自衛隊を学べる場所も用意した。

海自の「水中処分母船1号」（奥）を見学後、岸壁に展示された陸自出雲駐屯地の87式偵察警戒車や偵察用オートバイを見学する参加者（3月20日）

YDT01の艦橋で乗員（左）から操縦法などについて説明を受ける若者たち（3月21日）

札　幌

地本長の宮﨑章1陸佐は3月24日、札幌市のコミュニティーラジオ「FMアップル」の生放送情報番組「香るパラダイス」に出演した。

同番組のテーマであるSDGs（持続可能な開発目標）に関連して、地本長は自衛隊の国際貢献活動と女性自衛官の活躍推進施策などを約1時間にわたり紹介。リスナーからは「災派活動で自衛隊の存在がはっきりした」などの感想が寄せられた。

宮　城

地本はこのほど、仙台市宮城野区のトークス社で令和2年度の予備自衛官等協力事業所表示制度の「防衛大臣認定証」を贈呈した。

同社は、交通誘導などの警備員を中心に1995年度から退職自衛官を雇用。これまでに50人の退職自衛官を予備自として採用、訓練出頭にも協力するなど、予備自制度に対する深い理解と協力が認められた。

当日は諏訪国重地本長が中山哲克社長に認定証を手渡し、同社の予備自等制度への理解に謝意を述べた。中山社長は「予備自の皆さんは非常によく勤務している。今後も良い方をご紹介いただきたい」と感謝の言葉を述べた。

栃　木

地本は3月23日、12特科隊（宇都宮）と中央即応連隊（同）の支援を受け、栃木県立馬頭高校の2年生80人に対して防災講話などを行った。

講話は同校からの依頼を受けたもので、防災意識の向上を目的に自衛隊の活動を紹介。12特隊2中隊長の飯野利生3佐が災害派遣活動を題材に防災講話を行い、自身の体験と被災地の様子を分かりやすく説明。陸自の装備品展示なども行われた。

参加した生徒は「災害に関するリアルな話が聞けて勉強になった」「自衛隊に興味がわいた。もっと隊員さんの話が聞きたい」などと話していた。

群　馬

地本は3月24日、前橋市の本部で海自隊員の家族である大原聡美さんが受賞した朝雲賞優秀個人投稿賞の表彰式を行った。

大原さんの投稿記事「夢への背中」

には、海自に入隊した娘・梨奈さん（現・掃海母艦「うらが」勤務）の進路決定から入隊までの母親としての心境が綴られている。

式では朝雲新聞社から贈呈された表彰状と記念盾を井ノ口哲也地本長が本人に手渡した。大原さんは「この度は栄えある朝雲賞をいただき、とても光栄です。今後とも娘が任務に励むことを心より楽しみにしております」と語った。

長　野

地本はこのほど、新たに納車された人員輸送用マイクロバスにラッピング広告を貼り付け、運用を開始した。

約11年間にわたり使用してきた旧バスは、部隊見学や着隊業務などで人員輸送を担ってきた。今後は北海道の部隊で運用される。

新たにラッピングしたバスには、地本オリジナルキャラ「しんちゃん」「なのちゃん」と募集キャッチフレーズ、3自隊員の姿を配置。後方車両の運転手の目にも留まるよう、車体の後ろには部隊名と連絡先が記載されている。

京　都

宇治地域事務所は3月20日、京都府綴喜郡井手町で開催された「たくみの里祭り」で自衛隊をPRした。

当日は約100人が来場し、地本はペーパークラフト作製体験、VR体験コーナー、1トン半トラックなどを展示。地本として初めてVR体験コーナーを導入し、自由降下や護衛艦「いずも」の体験乗艦のVR映像が公開された。

募集相談コーナーを訪れた大学生は「自衛官が身近にいないため、直接話を聞けて有意義だった」と述べた。

兵　庫

地本は3月6日、東リいたみホールで行われた「3師団（千僧）定期演奏会」で募集広報ブースを展開した。

会場では兵庫地本キャラの「ひょうちん」が来場者を出迎え、記念撮影に応じたほか、偵察用オートバイの展示や3師団隊員のフォトコンテストの投票も行われた。

開演後、3音楽隊（同）が「宇宙の音楽」「2021年度吹奏楽コンクール課題曲」などを演奏し、客席から大きな拍手が送られた。

来場者からは「久しぶりの演奏会で感激した」「力強い演奏に元気をもらった」などと話していた。

岡　山

地本は4月1日、オリジナルキャラ「りく太郎・うみの助・そら美」を加え、リニューアルした識別帽をお披露目した。

一般公募された同キャラは、自衛隊が市民に親しみやすいことをアピールする目的で、昨年2月に誕生したが、新型コロナの影響を受け登場機会が激減。そこで識別棒にキャラをデザインし、PRしている。

地本長の緒方義大1佐は「私もこの識別帽を被り、市民の皆さまにお会いできる日を楽しみにしている。今後も岡山地本オリジナルキャラを多くの方

に知っていただく機会を増やし、愛されるようアピールしたい」と意気込みを語った。

山　口

地本は3月1日から4日まで、「山口県農林総合技術センター農業担い手支援部」のサポートを受けインターンシップを行い、若年定年退職予定隊員1人が参加した。

参加隊員は、1日目に鍬などの小農具の使い方や農業機械に関する講習を受け、2・3日目には農作業実習として県立農業大学校内の農場で野菜の収穫から出荷までの作業などを体験した。

最終日には、農大の研修生との懇談も行われ、就農への心構えや技術習得の状況などについて積極的に意見交換した。

香　川

地本はこのほど、海田市駐屯地で行われた「特技取得教育訓練修了式」に出席した。

中方で公募予備自から即応予備自に任用されるのは香川地本出身の3人が初めて。地元・香川県から広島県に赴き、厳しい訓練に耐えてきた3人は、修了式で現職の自衛官と遜色のないさっそうとした基本動作を披露。式後、「部隊の方の親身な指導のおかげで今後やっていける自信がついた」などと話していた。

3人は今月に即応予備自として任官した。

福　岡

地本は3月14日、福岡駐屯地で福岡県警との合同募集説明会を開催した。

同説明会には大学生を中心に73人が参加、警察官志望者にも自衛隊を理解してもらうことで、志願者の獲得を目指した。4偵戦大による偵察バイクの訓練展示や16式機動戦闘車の装備品展

示なども行った。

参加者からは「警察希望だったが、自衛隊も受験しようと思った」などの感想があった。

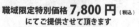

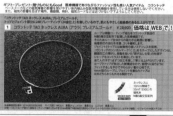

大　分

地本は3月上〜中旬、自治体や家族会などが主催した令和3年度入隊（校）予定者激励会に出席した。

大分、佐伯、国東の3市では市長から直接、激励の言葉が贈られ、岸防衛相をはじめ地元著名人からのビデオメッセージも披露された。

入隊予定者の決意表明では「立派な自衛官を目指して頑張ります」などの力強い言葉が聞かれた。

防衛省における女性職員活躍とワークライフバランス推進のための取り組み計画（抜粋）

令和3年3月25日
防衛大臣
防衛装備庁長官

防衛省は今年3月、令和3年度以降の取り組みを盛り込んだ新たな「女性職員活躍とワークライフバランス推進のための取り組み計画」を策定した＝1面参照。全自衛官のうち、女性自衛官の割合を、現在の約7％から2030（令和12）年度までに12％以上に引き上げるなどの意欲的な目標を掲げているのが特徴で、計画の全文は同省のホームページに掲載されている。

Ⅰ 基本的な考え方

防衛省・自衛隊においては、装備品が高度化・複雑化し、任務が多様化・国際化する中、技能、経験、体力、士気等のさまざまな要素を勘案しつつ、精強性を維持・向上するとともに、厳しい財政事情と少子化・高学歴化に伴う厳しい募集環境の下、人材を効果的に活用することが必要であり、女性自衛官のさらなる活躍をはじめとする人事制度改革に関する施策の推進が求められている。

こうした中で、平成26年に「国家公務員の女性活躍とワークライフバランス推進のための取り組み指針」（平成26年10月17日女性職員活躍・ワークライフバランス推進協議会決定。以下「取り組み指針」という。）が策定されたことを踏まえ、平成27年に防衛省における女性職員活躍とワークライフバランス推進のための取り組み計画（以下「平成27年取り組み計画」という。）を策定し、三つの改革（「働き方改革」「育児・介護等と両立して活躍できるための改革」「女性職員の活躍推進のための改革」）に強力に取り組んできたところである。

防衛省・自衛隊の現状を見ると、「働き方改革」については、各機関等の長などトップからの継続的なメッセージの発出により職員の価値観・意識の改革に努めた結果、超過勤務は縮減傾向にあり、休暇の取得日数も増加している。

また、テレワークの対象機関の段階的な拡大や端末の整備を推進し、フレックスタイム制及び早出遅出勤務制度も充実を図り、働く場所と時間の柔軟化を推進してきたところである。

「育児・介護等と両立して活躍できるための改革」については、男性の家庭生活への関わりを推進するため、管理職員に対する意識啓発等を実施した結果、「Child Care7」（男性職員の配偶者出産特別休暇（2日）及び育児参加のための特別休暇（5日））及び男性の育児休業取得率は上昇し、庁内託児施設については職員のニーズ等を踏まえ整備し、利用を促進してきたところである。

「女性職員の活躍推進のための改革」については、母性の保護の観点から女性を配置できない部隊を除き、女性自衛官の配置制限を全面的に解除するとともに、採用・登用の拡大に取り組み、事務官等・自衛官共に女性の割合は大幅に増加し、幅広い分野での活躍が進んでいる。

他方で、取り組み指針が本年改正され、将来にわたる組織の持続可能性を確保し、政策や行政サービスの質の向上を図るため、令和3年度以降、「業務の効率化・デジタル化の推進」及び「マネジメント改革」等を働き方改革の主軸と位置付け、勤務時間管理のシステム化、勤務時間管理の徹底等の取り組みを拡充するとともに、「ワークライフバランス推進のための働き方改革」と「女性の活躍推進のための改革」の二つの改革に取り組むこととされた。

これらを踏まえ、防衛省・自衛隊においては、精強性の維持や各人の能力、適性、意欲等を考慮しつつ、女性職員の採用・登用のさらなる拡大を図るとともに、ワークライフバランスを一体的に推進していくこととし、これを実現するため、「ワークライフバランス推進のための働き方改革」と「女性の活躍推進のための改革」の二つの改革に取り組んでいくこととする。

Ⅱ ワークライフバランスの推進のための働き方改革

1 業務効率化・デジタル化の推進

（1）業務の廃止を含めた業務見直し・効率化

（2）テレワークの推進

①本省・地方支分部局等のハード環境整備

②行政文書の電磁記録化などテレワーク実施環境の整備

③テレワークに対応したマネジメント改革の推進

④サテライトオフィスの整備等

（3）国会関係業務の効率化

2 勤務時間管理のシステム化と勤務時間管理の徹底

（1）勤務時間管理のシステム化等

（2）的確な勤務時間管理による長時間労働の是正と勤務間インターバルの確保等

（3）超過勤務の上限等に関する制度の適切な運用

（4）人員配置等

3 マネジメント改革

（1）職員のやりがい向上も踏まえた管理職のマネジメント向上

①管理職が実施すべきマネジメント行動

ア 業務・組織マネジメントの実施

イ 部下職員の主体的な業務遂行の促進

ウ 部下職員の人材育成・キャリア支援の実施

②管理職のマネジメント能力の向上

ア 管理職に対するマネジメント研修の充実

イ 管理職のマネジメント能力向上に向けた環境整備

ウ その他

■管理職員への任用について、必要なマネジメント行動を取ることができる職員を充てるものとする。管理職員として求められる行動を取らない、または不適切な行動を取る職員がいる場合には、改善を促すこととし、なお管理職員としての適性がみられない職員に対しては他の職に充てる等の厳正な対応を行う。

（2）人材育成のための人事担当部局の役割

①人事異動を通じた人材育成・キャリア形成

■適切な公務運営に配慮しつつ、職員の人事異動に際しては、当該職員の能力やスキル、職歴等のほか、キャリアシート等、身上調書、面談等を通じて把握した当該職員の中長期的なキャリアに関する要望等を考慮する。また、人事担当部局や当該職員の上司となる管理職員から当該職員に対して、期待、成長課題等について丁寧な説明を行うなど、人事異動への納得感の向上に努める。

②自己成長の機会提供

■若手職員が自身のキャリアデザインを実現できるよう、省内外公募制、官民交流、留学、出向等――の自主的に挑戦できる機会の周知、拡大に取り組むとともに、他府省庁における取り組みも参考としつつ、業務の特性も踏まえた上で、職員が上司及び人事担当部局の承諾を得て勤務時間内に担当業務以外の業務に従事できる仕組み等を検討する。

（3）職員・職場の状況を把握・活用する仕組み

①タレントマネジメント推進に向けた情報の整備と活用

■人事担当部局は引き続き、職員の属性、人事異動履歴等の情報にとどまらず、職員の有する能力・スキル、評価、キャリアに関する要望等の情報を把握し、これらの情報を活用することで、職員の人事についての納得感を向上させるとともに、戦略的な人材配置、人材育成等を行うタレントマネジメントを推進する。

②職員調査の継続的実施とこれを踏まえた対策

■人事担当部局は職員・職場の状況を把握し、「マネジメント改革」等に係る取り組みの効果を測るとともに、課題の発見や取り組みの改善につなげるため、職員のエンゲージメント、職場環境調査等を引き続き実施する。こうした調査結果については、管理職員へのフィードバック、研修への反映などにより、管理職員のマネジメント能力の向上や、職場環境の改善を図る。

4 仕事と生活の両立支援

（1）男性の育児への参画促進

■男性職員の家庭生活への参画促進は、男性職員の仕事と生活の両立のみならず、女性の活躍促進、ひいては少子化対策の観点からも極めて重要であるが、防衛省における男性職員の育児休業取得率は、令和元年度実績では5・2％であり、政府全体の実績（16・4％）と比較して未だ低い水準である。

男性職員の育児への参画により家庭生活の充実を図ることは、任務遂行を支える家族からの理解を深める上でも重要である。

このような考えの下、幹部職員及び管理職員への意識啓発等の取り組みを継続することにより、男性の育児休業取得について、政府全体の目標（令和7年度末までに30％）の達成に向けて向上するように取り組むとともに、「Child Care7」について、100％の取得率を目指す。

（2）仕事と生活を両立しながら活躍できる環境づくり

①働く時間の柔軟化

■フレックスタイム制等について、適切な隊務運営に配慮しつつ、希望する職員には可能な限り適用するように努め、特に育児や介護を行う職員からの希望については、できる限り希望どおり対応できるようにするなど配慮する。また、国会・予算関係業務など心身の健康確保のために必要な場合にも、一層の活用を促進する。

②代替要員の確保

■育児休業取得時等の代替要員について、後任者の配置、任期付採用、臨時的任用、任期付短時間勤務職員の任用、非常勤職員の採用、並立任用制度の活用等、あらゆる手段を検討し、適切な確保に努める。

特に、一定期間以上育児休業を取得する職員の代替要員には可能な限り任期付職員などの常勤職員を配置することとし、代替要員の配置に当たって省内全体を見渡した効率的な人事運用の実施等、代替要員の確保に向けた人事運用面の対応を行う。

■育児休業等を取得する自衛官の代替要員をかつて自衛官であった者から採用する「育児休業等代替要員制度」については、各自衛隊の周知・広報により、制度利用者数やその受け皿となる退職自衛官の登録者数は上昇傾向にあるものの、登録者数を上回る割合での育児休業者数の伸びにより十分な補充状況とは言えない。

このため、引き続き、パンフレット等を活用した積極的な制度の周知を図るとともに、各自衛隊のニーズを踏まえ、登録者数の増加及び代替要員による補充率の向上に向けた課題を整理・分析し、制度面を含めた必要な改善策を検討する。

■前述の人事運用面の対応と併せて、産前・産後休暇、配偶者出産休暇、育児参加のための休暇、介護休暇等の休暇、育児短時間勤務、育児時間等の取得実態に応じて措置された定員を積極的に活用する。

③転勤に関する配慮等

■育児、介護等の家庭事情等から転勤ができない職員については、転勤の意義を踏まえつつ、努めて地域内における部局間異動を追求したり、子育ての環境、配偶者の勤務地などの家庭の状況に配慮した勤務しやすい配置へ変更するなど柔軟な対応を行い、育児、介護等がキャリア形成を阻害しないよう配慮に努める。

④休暇の取得促進

⑤安心して公務に専念できる環境の整備（保育の確保等）

ア 庁内託児施設の整備、利用促進

イ 育児関連支援サービスの充実等

■災害派遣等の緊急登庁時において、職員が子の臨時の預け先の確保などに不安を抱くことなく、常時即応態勢を維持するため、各自衛隊の特性、実情等に応じ、緊急登庁時における託児支援策を引き続き推進するとともに、その実効性向上のため、訓練等を実施し、施策の改善について検討する。

■防衛省共済組合の福利厚生アウトソーシング等において、シッターサービス等の育児関連支援サービスの充実を行い、利用促進を図る。

■上司、庶務担当者及び共済組合業務従事者は、職員に対して、防衛省共済組合から支給される各種手当金等の種類や手続方法について、防衛省共済組合の広報誌等により周知するとともに、対象となる職員に対し、速やかに手当金等の請求を行うよう促す。

■全職員に対し、防衛省共済組合が行う各種福利厚生事業を記載した小冊子を配布するとともに、防衛省共済組合のホームページなどの活用により、福利厚生事業内容の周知徹底に努める。

■宿舎担当者は、職員に宿舎を貸与する際には貸与基準及び職務上の必要性を考慮して宿舎を割り当てるほか、子育て中の職員に宿舎を割り当てる際には可能な範囲で子育ての利便に配慮した調整を行うよう努める。

（3）両立支援制度の利用と育児休業取得中・復職後の支援

■管理職員等への両立支援制度に対する理解の醸成、制度を利用する職員の業務情報の共有等により、制度を利用する職員をサポートしやすい職場環境を整備するため、教育及び研修の機会等を捉えて両立支援制度に対する理解の醸成やハンドブックの作成・配布による周知徹底を図る。

■職員の育児休業等からの円滑な復帰を図り、職員が育児や介護を行いながら仕事で活躍できるようにするため、育児休業からの復帰直後や育児期の働き方等についての意識の共有や、育児休業の取得中または復帰直後から育児期、介護休暇の取得時期等における、本人のキャリアプランに関する意向確認及び上司や人事担当部局からのキャリアに関する助言を目的とした面談を実施する。

■在職期間が1年以上である等の一定の要件を満たす非常勤職員についても、育児休業、育児時間、介護休暇等の両立支援制度を利用できることについて周知する。

Ⅲ 女性の活躍推進のための改革

1 女性職員の採用の拡大

（1）女性職員の採用に関する目標

ア 女性事務官等

女性事務官等の採用については、政府全体の目標を踏まえ、令和3年度以降については、毎年度、防衛省専門職員採用試験を含む国家公務員採用試験からの採用者全体に占める女性の割合及び国家公務員採用総合職試験からの採用者に占める女性の割合を35％以上とすることを目標とし、これに加えて、令和7年度までに国家公務員採用試験（技術系区分）からの採用者に占める女性の割合を30％とすることを目標とし、その確実な達成に向けて取り組む。

イ 女性自衛官等

「令和12年度までに全自衛官に占める女性割合を12％以上」とすることを目標に、引き続き女性自衛官等の積極的な採用を図る。

令和3年度以降については、職務の特殊性、今後の採用環境等を踏まえ、採用者に占める女性の割合を17％以上とすることを目標として、必要な施設整備等を行い、その達成に努める。

（2）きめ細かな実効性のある広報活動等の推進、採用試験などの採用方法に関する取り組み等

ア 女性事務官等

防衛省・自衛隊を志望する女性が相対的に少ない中において、公務に期待される能力を有する多くの優秀な女性を幅広く採用できるよう、積極的に学校訪問等を行うなど、技術系区分を含む採用試験の女性志望者数の拡大に向け、自衛官等の募集活動と緊密に連携して取り組むとともに、関係府省と有機的に連携・協力する。

広報活動等については、SNS等を活用した情報発信の強化や広報資料の充実を図るとともに、ターゲット分類ごとにきめ細かく効果的に訴求するよう、首都圏・各地域、法学部・経済学部及びそれ以外の学部向けなどきめ細やかな活動を実施する。

イ 女性自衛官等

社会の少子化・高学歴化に伴い厳しい採用環境が継続する中においても、優秀な人材を将来にわたり安定的に確保するため、今後も、事務官等の採用に向けた取り組みや関係府省・地方公共団体等との連携・協力の強化等を推進し、募集活動を実施する。

（3）女性職員の中途採用（経験者採用試験等による採用及び選考採用）の拡大

経験者採用試験等の積極的な活用に取り組むとともに、管理職員以上の官職も含めた外部女性人材の採用・登用について検討を行う。

（4）中途退職した職員が再度公務において活躍できるための取り組み

中途退職者の連絡先の把握及び中途退職した者に対する中途採用情報の提供に努めるとともに、特に自衛官については、育児休業等代替要員登録者数の増加に向けた取り組み等のさらなる拡大を行う。また、これらの取り組みについては、必要に応じて、内閣人事局との連携を図る。

2 女性の登用目標達成に向けた計画的育成

（1）女性職員の登用に関する目標

女性職員の登用に関する目標については、次のとおりとし、目標達成に向けて、下記の取り組みを行い、引き続き、計画的な登用の拡大に努めることとする。

ア 女性事務官等

意欲と能力に応じ、内部部局における課室長職への登用及びこれまでに女性が就いたことのないまたは少ない管理職ポスト、係長職等への積極的な登用を図ってきたところであるが、令和7年度末までに、将来指導的地位へ成長していく人材の確保に向けて係長相当職（本省）に占める女性の割合を35％、このうち新たに係長相当職（本省）に昇任した職員に占める女性の割合を35％とするとともに、地方機関課長・本省課長補佐相当職に占める女性の割合を10％、本省課室長相当職に占める女性の割合を6％、指定職相当に占める女性の割合を5％とすることを目標とする。

イ 女性自衛官

能力及び実績に基づく登用を進め、女性自衛官を国内外の幅広い任務、配置等に就け、その能力を養成し、上位職への積極的な登用を図るとともに、佐官以上の幹部自衛官に占める女性の割合については、令和7年度末までの目標を5％以上とすることを目指す。

（2）人事管理の見直し

①女性の登用の実態やその阻害要因の把握

ア 女性事務官等

係長級（行政職（一）4級相当職）を境目に、女性事務官等の比率が大きく低下していることから、その要因を把握・分析し、計画的な育成・登用に努める。

イ 女性自衛官

女性自衛官の中途退職率は、男性自衛官に比べると依然として高いことから、定着を図り、多様で有為な人材を確保し登用を推進するためにも、離職の要因を把握・分析し、離職防止に努める。

②女性職員の職域拡大、人事管理の柔軟化等を通じた女性職員の計画的育成

ア 女性事務官等

■女性職員の職域の拡大を一層積極的に行い、特定の業務に女性職員が多く配置されている、男性職員のみが配置されてきた業務があるなど、職域が固定化していないか把握・分析し、固定化を解消する。

■管理職員となるために必要な職務の経験については、例えば、出産・育児期等の前後または育児期で時間制約があるような場合でも本人の意向に応じて働く場所や時間の柔軟化を活用するなどして、重要なポストを経験させたり、必要な研修の機会を付与したりするなど、柔軟な人事管理を行う。

■管理職員の候補となり得るような女性職員については、個別に育成方針を立てるなど、女性職員の登用目標の達成に向けた計画的な育成を行う。その際、特に一般職（旧Ⅱ・Ⅲ種試験）や専門職の試験採用の女性職員のうち優秀と見込まれる者については、必要な職務機会の付与や研修等の支援を通じて積極的に育成する。

■結婚、出産、子育て等を迎える前に転勤を経験させたり、よりチャレンジングな職務機会を付与する等、キャリア形成に必要な経験を早期に積ませ、若手職員の着実な育成を図る。

■部局間異動や女性事務官等の配置がなされていない官職への登用を推進するとともに、能力を有し発展性が見込まれる職員については、庶務・補助的業務への長期配置を防止し、専門職域での能力向上を図るとともに、内部部局、各幕僚監部等中央機関の係長職への登用を引き続き積極的に推進することにより、意欲や能力を有する者の積極的な育成・登用を図る。

■男女共に、極めて優れた能力を有すると認められる職員については、管理職員への登用も視野に入れつつ、能力・実績に応じて、速やかに昇任させる。

■育児、介護等の家庭事情等から転勤ができない職員については、転勤の意義を踏まえつつ、努めて地域内における部局間異動を追求したり、子育ての環境、配偶者の勤務地などの家庭の状況に配慮した勤務しやすい配置へ変更するなど柔軟な対応を行う。

■育児休業からの職場復帰後は育児に配慮した配置を希望するケース、子供が成長してからも経験が不十分であるとして昇任・昇格等に否定的な意識を持っているケースもあることから、若手のうちに多様な経験を付与するなど丁寧な対応に努める。

■研修への参加は、知識付与や職域拡大のみならず、能力向上や意識改革にも資することから、内部部局における統一研修、各自衛隊における素養教育等への積極的な参加を促進する。

その際、育児休業等取得者については、受講機会の繰延等の配慮に努める。

■育児、介護等により長期間の研修への参加が困難な者については、受講しやすい環境の整備について検討する。

イ 女性自衛官

■自衛官の職務の特殊性を考慮しつつ、特定の業務に女性自衛官が多く配置されている、男性自衛官のみが配置されてきた業務があるなど、職域が固定化していないか確認し、固定化の解消を図る。

■意欲と能力を有する女性自衛官を各部隊等の各配置において、積極的な活躍を推進する。

■国際平和協力活動、国際機関等への派遣など、女性自衛官のさらなる活躍の推進を図る。

■将来、佐官以上へ成長していく幹部候補となる者については、性別に関係なく尉官または佐官の早い時期に部隊勤務の指揮官職または指揮官補佐職へ補職することを重視して経験を積ませ、育成を図る。

③幹部候補育成課程における管理職への登用に向けた育成

■幹部候補育成課程の対象者に実施される研修等において、女性の課程対象者に対し、出産・子育て期等後において管理職に登用されるための意欲の維持及び管理職に必要となるマネジメント能力の向上に資する研修を実施する。

（3）管理職の意識改革

■女性職員の登用の拡大に向けて、管理職員が参加するあらゆる教育等の機会を捉えて管理職員向けの啓発活動、外部講師による講演等を実施し、管理職員の意識改革を図る。

■大臣、各機関等の長等は、管理職員等に対し、女性の登用を図る観点から、従来の意識や慣行の改革、女性職員のキャリア形成支援等意欲を向上させる取り組みの重要性についての明確なメッセージを、機会を捉えて継続的に発出する。

（4）女性職員のキャリア形成支援、意欲の向上

■若手女性職員のキャリアイメージ形成支援による意欲向上研修を実施するとともに、これらの能力向上のための研修に積極的に参加させること、活躍する先輩女性職員が歩んできたキャリアパスの事例、先輩職員からの経験談等のキャリアパスモデルを紹介すること等を通じて、若手女性職員の意欲の向上を図る。各機関等においては、啓発研修、集合教育の機会の付与等の具体的な方策を検討し、着実に実施する。

■事務官等については、幹部候補育成課程の対象者に実施される研修、人事院で実施される研修、内部部局で実施する統一研修等のキャリア形成に資する研修に積極的に参加させる。

■自衛官については、その意欲と能力に応じて性別に関係なく幹部候補生試験、部内幹部選抜試験等の受験機会を積極的に付与するとともに、キャリア形成に資する研修等を積極的に受講させる。

■女性職員が出産、子育て等経験後もキャリアアップを目指す意欲を高めるため、若手のうちに公務の魅力や仕事の面白さを認識できるよう、例えば、多様な職務機会を付与する等の取り組みを行う。

■女性職員の割合が男性職員に比して少ない中、目標となる存在を見いだし、キャリア形成の資とするために、活躍する女性職員のキャリアパス事例、経験談等の共有を行う。

■人事担当部局または管理職員は、女性職員の面談を行い、今後のキャリア形成に関する助言等を行うこととし、これにより、女性職員の意欲の向上を図る。

■育児期に昇任を希望しなかった等の理由により結果として昇任が遅れている職員についても、優れた潜在的な能力を持つ女性職員に対しては、多様な職務機会の付与や研修等の必要な支援を積極的に行い、いわゆる「マミートラック」から抜け出せるように能力、意欲に応じた適切な人事管理を行う。

（5）女性職員が抱える悩みや心配事の相談ができる体制づくり

■仕事と家庭の両立や将来のキャリアに悩む女性職員が、同様の境遇を経験してきた先輩女性職員に気軽に相談できるような体制（メンター制度、女性職員のネットワークの構築等）を各機関の実情に応じて実効性のあるかたちで整備する。また、育児休業等を取得しようと考えている者に対して、取得経験者に直接相談できる環境を構築し、その機会を提供することについても検討する。

3 審議会等委員等における女性の参画拡大

審議会等委員に占める女性の委員の参画拡大に向けて、令和7年度までに審議会等委員及び審議会等専門委員に占める女性割合について40％以上60％以下を目標とし、女性委員の任命に努める。

Ⅳ その他の次世代育成支援対策に関する事項

子育てバリアフリー及び子供・子育てに関する地域への貢献を推進するとともに、子供と触れ合う機会の充実を図ることにより、家族や社会全体で子供を育てるという意識を高める。

（1）子育てバリアフリー

引き続き、授乳コーナー、ベビーベッド等の設置を推進する。

（2）子供・子育てに関する地域への貢献

地域の保育園、幼稚園、小学校、中学校、団体等が実施する運動会及び各種の運動競技会を支援するため、業務に支障のない範囲において、駐屯地、基地等の体育館、武道場、プール、グラウンド等の提供、各種の運動競技会への審判員の派遣等の協力を引き続き実施する。

（3）子供と触れ合う機会の充実

隊員との交流を図るための「夏休みちびっ子・ヤング大会」、小学校、中学校及び高等学校が実施する「総合的な学習の時間」に対する協力等を実施しており、引き続き子供と触れ合うための行事を実施する。

また、上司は、駐屯地記念行事等の機会を捉えて、職場見学を実施する等、職員とその子供や家族が触れ合う機会の充実に努める。

Ⅴ 推進体制等

防衛副大臣を長とした防衛省女性職員活躍・ワークライフバランス推進本部は、女性職員の採用・登用及びワークライフバランスに係る現状・課題を把握し、それを反映した施策を推進するため、同推進本部会議を必要に応じ開催する。

また、同本部が中心となって、取り組み計画に基づく実施状況のフォローアップを毎年行い、これを公表するとともに、職員の意見を広くくみ上げるなどして、必要に応じて取り組み計画の見直しを行うものとする。

皐月、仲夏、橘月、梅色月、五月雨月――5月。

3日憲法記念日、4日みどりの日、5日こどもの日、9日母の日、15日沖縄本土復帰記念日、31日世界禁煙デー。

青柏祭　石川県七尾市の大地主神社の春祭り。「でか山」と呼ばれる高さ12メートル、重さ20トンの曳山3基が豪壮な姿を競う。今年はコロナの影響で巡行は中止され、印鑰神社ででか山を展示する。　3～5日

火渡り　房総半島唯一の高野山真言宗寺院である妙音院（千葉県館山市）で行われる健康祈願行事。炎が人間の煩悩を焼き尽くすとされ、火の中を裸足で通り抜けて厄払いと無病息災を願う。一般参加も可。23日

日本サッカーのレガシーを次の100年に

東京五輪まであと3カ月。聖火リレーが全国を巡って五輪ムードも高まる中、サッカー日本代表チームは本番に向けて準備を進めている。欧州など世界で活躍する代表選手が日本に集結した際に、その拠点となるのが千葉市美浜区に昨年完成した「高円宮記念JFA夢フィールド」だ。日本サッカー協会が運営する同施設は、クラブハウスやサッカーグラウンド4面などを有し、世界最高水準のトレーニング環境となっている。施設内では間近からトップ選手の練習が見学できるなど、サッカーファンにとっては早くも〝聖地〟化している。

千葉市に「JFA夢フィールド」完成

サッカー男子24歳以下の日本代表チーム（U24）は先月、東京五輪の優勝候補アルゼンチン代表と国内で親善試合2試合を行い、2戦目は3対0で勝利した。このU24が直前のトレーニング拠点としたのが「夢フィールド」だった。

昨年、千葉市美浜区の幕張海浜公園内に完成した「夢フィールド」は、羽田、成田の両空港から車で30分の距離にあり、海外組の選手も参集しやすい。今回もスペインリーグのヘタフェに所属する久保建英選手やオランダリーグ・フローニンゲンに所属する板倉滉選手ら主力がそろって参加した。

東京湾に面した幕張新都心内にある「夢フィールド」は、プロ野球の千葉ロッテマリーンズが本拠地とする「ZOZOマリンスタジアム」に隣接。広大な敷地内には2階建てのクラブハウスをはじめ、天然芝2面、人工芝2面のグラウンド、フットサル施設などを完備。グラウンド周囲にはベンチなども置かれ、ファンも見学がしやすい。

トップ選手の練習　間近から見学可能

早くもファンの〝聖地〟化

「夢フィールド」の人工芝グラウンドは一般にも貸し出され、代表チーム不在の間は地元クラブの練習試合などが行われている

幕張新都心の海浜公園内に整備された「夢フィールド」の天然芝グラウンド。中央奥に見えるのがクラブハウス

すぐ近くには選手が利用できるホテルや天然温泉施設などがそろい、滞在環境は抜群だ。

日本サッカー協会が100年先を見据えて整備したこの「夢フィールド」は、男女・各年代の代表選手の強化という面だけでなく、サッカーの指導者や審判の養成、コンディショニングやメディカルなど医科学的なサポート、さらには欧州や南米など世界の最先端をいく国やクラブチームの戦術分析なども担っており、あらゆる面からサッカーの技能を高めるための拠点となっている。

得られた成果はクラブハウス内で開かれるセミナーで発表し、全国のサッカー協会やJリーグクラブなどに伝えられるなど、情報発信拠点にもなっている。

日本サッカー協会の田嶋幸三会長は同施設について、「日本サッカーが築いてきたレガシー（財産）を次の100年につなげるための拠点」と話し、世界最先端のトレーニングセンターを目指して今後も施設の充実化を進めていくという。

コロナ禍でスポーツ観戦の環境は厳しい状況が続くが、東京湾からの海風が心地よい「夢フィールド」なら、感染の心配も少ない。日本代表が不在の間は、施設は一般のサッカーチームなどに開放されており、弁当持参で各年代のサッカーの試合を観戦するには最高の環境となっている。

オリンピック前にはU24代表チームの強化合宿なども予定されており、運が良ければグラウンドでスーパースターの練習風景も見学できるかもしれない。

千葉市の幕張海浜公園内に整備された日本サッカー協会の「高円宮記念JFA夢フィールド」のクラブハウス

「夢フィールド」の海側には東京湾を望める民間の天然温泉施設もある

マイヘルス Q&A

膵臓がん

悪性度高く、早期発見が困難

禁煙・節酒で予防を

Q　膵臓がんとは。

A　膵臓がんはとても治療が難しいがんの一つとして有名です。膵臓は胃の後ろにある左右に細長い臓器で、二つの大きな役割があり、食物の消化を助ける膵液という消化液を作ること、インスリンなどのホルモンを分泌することです。この膵臓にできるがんが「膵臓がん」です。

Q　治療が難しいというのはなぜですか。

A　膵臓は体の奥にあり、症状が出にくく、特徴的な症状がないため、早期発見が難しいからです。また、膵臓がんは小さくても周囲の臓器へ染み込むように広がったり、リンパ節やほかの臓器への転移を伴ったりして、極めて悪性度が高いからです。

Q　どのような人が膵臓がんになりやすいのですか。

A　家族に膵がんになった人がいる、糖尿病、慢性膵炎、肥満、喫煙、大量飲酒などが膵臓がん発生のリスクということが分かっています。

Q　症状は。

A　初期には症状がほとんどありません。進行すると腹痛、食欲不振、体重減少、黄疸（おうだん）、背中の痛みなどが起こります。また、急な糖尿病の発症や悪化が見られることがありますが、これらは他の病気でも起こることがあり、膵臓がんでも起こらないこともあります。

Q　検査については。

A　膵臓がんが疑われた場合は、血液検査、腹部エコー、CT、MRIなど可能な限りいくつもの検査結果を総合して診断していきます。

Q　治療方法は。

A　手術が最も効果的ですが、膵臓がんと診断した時点で手術ができるのは2～3割ほどです。

手術ができない場合は抗がん剤、放射線治療などを行います。

近年効果のある抗がん剤が増えてきました。症状を和らげる緩和治療も同時並行して行います。

Q　予防策は。

A　最も重要なのは禁煙です。ほかに、▽節酒▽野菜や果物の摂取で脂肪を控える▽適正な体形維持▽運動――が予防に効果的といわれていますが、完全に予防できる方法はありません。

膵臓がんは通常の定期検診や血液検査では発見が困難な上に、手術も難易度が高く、治療は大変です。

自衛隊中央病院では血管合併切除など高度な手術もできる体制を整えています。異常を感じたら、積極的に精密検査を受けましょう。

自衛隊中央病院診療科
消化器外科医官　西川　誠

BOOK NOW

私が読んだ　この一冊

北影雄幸著「特攻隊員語録」（光人社）
ヘリ団106飛行隊（木更津）
菅澤大輔2陸尉　28

「咲いて散るのが桜の花で、散って咲くのが人の華」――。本書で最も印象に残っている言葉で、大東亜戦争末期に「桜花」特攻で殉死された故杉本徳義氏が出撃前に遺した遺書の一部です。

私が本書を手に取ったのは、駆け出しの陸曹であった約10年前になりますが、今でも折に触れて本書を手に取り、「命をかけて国を守るというのはどういうことなのか。自衛官として持つべき死生観とは」について自問自答を繰り返しています。

たいらさおり著「海自オタがうっかり『中の人』と結婚した件。」（秀和システム）
小月教育航空隊
佐々木　淳教官　40

海上自衛官のやこさんと海自オタのたいらさおりさん家族のコミカルな日常を描いた笑いあり涙ありの漫画です。

海上自衛官の〝あるある〟や日常を楽しく見ることができます。隊員の方は、海上自衛官が一般の人にどう見られているのかを知ることができて面白いです。

海自の「中の人」も、意外とわからないこともあるので勉強になりますし、途中の読み切りコラムも楽しめます。

伊藤羊一著「1分で話せ」（SBクリエイティブ）
作戦情報隊（横田）
立元　剛2空尉　28

日々勤務する中で、上司に対し「報告」をする機会があるだろう。しかし、どんなによどみのない会心の報告ができたとしても「つまりどういうこと？」と問い返された経験を持つ人も多いのではないだろうか。

今回紹介する「1分で話せ」は、報告の説得力を増し、相手の理解を得るための技術を教えてくれる一冊だ。キーワードは、「1分で話し、その気にさせ、動かす」。今後の勤務の一助となるはずだ。

隊員愛読書ベスト5

<入間基地・豊岡書房>
❶令和3年版防衛実務小六法　内外出版¥8250
❷防衛ハンドブック2021　朝雲新聞社　¥1760
❸かっこいいぞ！じえいたいせんとうきせんしゃごえいかん　イカロス出版　¥1650
❹魔力の胎動　東野圭吾著　KADOKAWA　¥748
❺世界の傑作機No.200 DH.98モスキート　文林堂　¥1676

<防衛省・三陽堂書店>
❶防衛ハンドブック2021
❷軍事理論の教科書　ヤン・オングストロームほか著、北川敬三監訳　勁草書房　¥3300
❸中国海軍VS海上自衛隊　トシ・ヨシハラ著、武居智久監訳　ビジネス社　¥1760
❹新兵器最前線シリーズ　自衛隊の島嶼防衛力　ジャパン・ミリタリー・レビュー　¥2600
❺中国が宇宙を支配する日　青木節子著　新潮社　¥836

<神田・書泉グランデミリタリー部門>
❶世界の傑作機No.200 DH.98モスキート
❷航空トリビア読本　日本陸海軍機編　宮永忠将著　大日本絵画　¥3190
❸イラストでまなぶ！用兵思想入門近世・近代編　ホビージャパン　¥1980
❹戦艦大和画集小松崎茂と7人の絵師たち　大日本絵画　¥4180
❺極超音速ミサイル入門　能勢伸之著　イカロス出版　¥1760

<トーハン調べ3月期>
❶鬼滅の刃塗絵帳―蒼―　吾峠呼世晴著　集英社　¥880
❷鬼滅の刃塗絵帳―紅―　吾峠呼世晴著　集英社　¥880
❸推し、燃ゆ　宇佐見りん著　河出書房新社　¥1540
❹スマホ脳　A・ハンセン著、久山葉子訳　新潮新書　¥1078
❺星ひとみの天星術　星ひとみ著　幻冬舎　¥1320

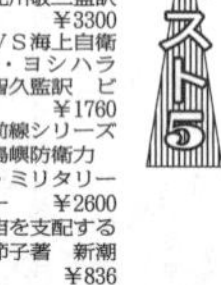

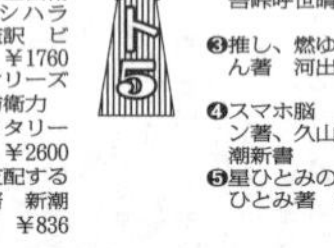

栃木・三重 豚熱で全力災派

12特科隊、33普連から各200人

栃木県那須塩原市と三重県津市の養豚場で4月中旬、豚熱（CSF）の発生が相次いで確認され、陸自12特科隊（宇都宮）基幹部隊と同33普連（久居）がそれぞれ24時間・約200人態勢で豚の殺処分等支援の災害派遣活動に当たった。

㊤殺処分された豚を袋詰めする12特科隊基幹の隊員たち（栃木県那須塩原市の養豚場で）㊦袋に詰めた豚を搬出のためフォークリフトに吊り下げる33普連の隊員たち（三重県津市の養豚場で）＝いずれも統幕提供

栃木県那須塩原市内では2カ所の養豚場（飼育頭数計約3万7千頭）で4月17日、豚熱の感染が判明。同日午後6時、福田富一県知事から藤本倫徳12特科隊長に豚の殺処分等の支援の災害派遣が要請された。

要請を受けて12特科隊基幹の対処部隊がただちに派遣準備を進め、現地に向けて前進し、18日未明から現場で活動を開始。3個部隊（各隊約60人）を編成し、6時間ごとにローテーションしながら、24時間態勢で豚の追い込み作業や殺処分した豚の積載などに当たった。

県から要請を受けていた全ての作業が完了し、自治体のみで防疫措置が可能になったことから、20日午後1時、福田知事から撤収要請が出され、部隊は活動を終了した。活動規模は12特科隊、307施設隊の計約200人（後方支援要員等を含む）だった。

一方、三重県津市の養豚場（飼育頭数約1万頭）でも14日、豚熱が発生。同日午後8時7分、鈴木英敬県知事から向田俊之33普連長に災害派遣が要請された。

33普連は5個部隊（各隊約35人）を編成し、4時間ごとにローテーションしながら24時間態勢で対処。殺処分の支援と殺処分した豚の運搬を行った。

要請されていた全ての作業を終え、17日午後5時、鈴木知事から撤収が要請された。約200人（後方支援要員等を含む）が活動した。

栃木県内の養豚場での豚熱の発生は初めて。三重県内では伊賀市の養豚場で昨年末にも確認され、33普連が約200人態勢で対処に当たった。

親子3代 海自航空学生誕生

ヘリ操縦士目指し、祖父、父に続き入隊

73期航空学生入隊式に集いT5練習機の前で記念撮影に納まる親子3代で航空学生の（左から）父山村2佐、康太2士、祖父茂男さん（4月4日、小月航空基地で）

海自航空学生（小月教育航空隊）の卒業生で海幕教育課航空教育班長を務める山村智則2佐の次男康太さん（現2士）が4月4日、73期航空学生として海自に入隊。山村2佐の父茂男さんも卒業生で、親子3代の航空学生（現役・OB）が誕生した。

小月教育航空隊で4日に行われた73期航空学生の入隊式。康太2士を含む74人が白石英史司令から訓示を受け、海上自衛官としての決意を新たにした。

19期航空学生で、回転翼操縦士を務め101航空隊（現21航空隊＝館山）司令を最後に退官した父茂男さん（元1佐）に続き、山村2佐は平成5年4月、45期航空学生として入隊。同じく回転翼操縦士となり、22航空隊（大村）221飛行隊長などを務め昨年7月、海幕に着任した。

5人きょうだいの長男と次男もまた父に続き、長男健斗さんが令和元年4月、防衛大学校に入学（67期）、そして今春、康太2士が航空学生となった。

海自入隊などは求めず、「あいさつをする。脱いだ靴は必ずそろえる」という基本的な道徳観だけを伝えてきた山村2佐だったが、父の働きぶりなどを見て育った康太2士は、「小学生の頃からヘリコプターの操縦士になりたいと思っていた」と早くから将来の〝針路〟を定めていた。

「父と祖父に負けないよう全力で頑張りたい。パイロットとしてだけでなく、人間としても成長したい」と語る康太2士。

3代目となる航空学生、そして同じ回転翼操縦士の道を志す息子に山村2佐は、「さまざまな試練が待っていると思うが、強い気持ちを持って全力で生きてほしい。同期を大切にし、お互いに切磋琢磨して困難を乗り越えてほしい」と力強くエールを送っている。

築城8飛行隊のF2同士が接触

4月22日午後3時7分ごろ、山口県の花尾山付近上空で、空自8空団8飛行隊（築城）のF2戦闘機134号と同558号機が編隊飛行中に接触し、134号機の一部の部品が落下した。

2機に搭乗していたパイロット2人と部外カメラマン1人にけがはなかった。

接触したのは558号機の機首下部と134号機の垂直尾翼で、尾翼に設置された衝突防止灯と放電索が落下した。民間の被害は確認されていない。8空団が詳しい状況を調べている。

飛行1万時間達成

純浦3空佐 最新U680Aで

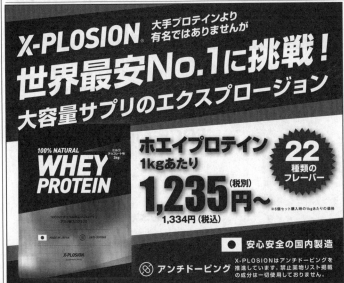

最新のU680A飛行点検機の前で「1万飛行時間」を達成した純浦3佐（前列中央）と記念撮影する飛点隊の隊員ら（4月9日、空自入間基地で）

【飛点隊＝入間】空自飛行点検隊のU680A飛行点検機パイロット、純浦正範3佐は4月9日、「総飛行時間1万時間」を達成した。

純浦3佐は平成元年3月に曹士隊員として空自に入隊。パイロットを目指し同3年3月、航空学生（47期）として再入隊した。

2輸空（入間）と3輸空（美保）でC1、YS11両輸送機などに、飛点隊に異動後はYS11FC、U125両飛行点検機にそれぞれ搭乗。米国での機種転換教育を経て今年3月からは最新鋭機U680Aで飛行点検訓練を続け、約29年をかけて1万時間に到達した。

U680A33号機での訓練飛行を終えて入間基地に帰投した純浦3佐を新崎秀樹飛点隊司令以下の多くの隊員が拍手で出迎えた。記念セレモニーでは家族から花束を贈られ、「多くの人に支えられて達成できたことを実感した。1万時間という数字の重みを感じている」と語った。

純浦3佐は今後も、飛行点検操縦士として航空機の安全な運航に貢献していく。

「加古川観光大使」に就任

柴田中方音隊長「魅力を伝える」

市制70周年記念コンサートで岡田加古川市長（左）から観光大使の委嘱状を贈られ紹介される柴田中方音隊長（中央）。右は大庫隆夫加古川観光協会会長（3月20日、加古川市民会館大ホールで）

【中方音＝伊丹】陸自中部方面音楽隊長の柴田昌宜（まさのり）3佐はこのほど、出身地・兵庫県加古川市の「加古川観光大使」に任命され、同市内で行われた「加古川市市政70周年記念中部方面音楽隊コンサート」で岡田康裕市長から委嘱状を贈られた。

柴田隊長は大阪音楽大を卒業、同大専攻科（指揮）を修了し平成15年3月、陸自に入隊。中央音楽隊（朝霞）などを経て29年3月、中方音隊長に就任した。パプアニューギニア軍軍楽隊への能力構築支援など国際交流にも貢献し今回、「音楽的センス・能力、知名度の高さやさまざまな活動の幅をお持ちになる。加古川市をPRし市民へエールを送っていただきたい」と依頼され、快諾した。

コンサートは新型コロナウイルス感染症対策を万全に取った中で開催され、中方音は加古川市にゆかりのある曲や歌手、鶫（つぐみ）真衣3曹の美しい歌声が響く曲など全8曲を披露。

その中で行われた委嘱式で岡田市長から柴田隊長に委嘱状が贈られ、会場が大きな拍手で包まれた。アンコールでは柴田隊長自らが編曲した「加古川市歌」を演奏した。

期待を背に出身地の観光大使を担う柴田隊長。「身に余る職を拝命し、感謝と感激の気持ちでいっぱいです。大好きな加古川市の魅力を伝え、夢を与えられる存在となれるよう、さらに精進していきます」と抱負を語っている。

こちら警務隊 サイバー犯罪①

プログラムを勝手に変えると 電子計算機損壊等業務妨害罪

ホームページを勝手に書き換えたりプログラムを変更したりすると、どんな罪になりますか？

人の業務に使用するコンピュータの情報を勝手に書き換えたり、変更したりして使用目的に反する動作をさせ、業務を妨害すると、「電子計算機損壊等業務妨害罪」に該当し、5年以下の懲役または100万円以下の罰金に処せられます。

その他にも、業務で使用しているコンピュータのキーボードやプリンタなどを損壊して妨害した行為も本罪の成立を認めた判例があります。

いたずらでは済まされませんので、絶対にしてはいけません。（西部方面警務隊）

小休止

▽…空自中警団基地業務群給養小隊はこのほど、C2輸送機などをモデルにした和菓子（練り切り）＝写真＝3種類を製作した。2輸空にC2が新たに配備されたことを受け、記念に何かできないかと同小隊隊員が発案、実現した。

▽…地元の和菓子屋「くらづくり本舗」から菓子職人を招き、白あんづくり、着色、成形と一から指導を受けた。「和菓子づくりは初めて。特に成形は体温ですぐ崩れるため苦労しました」と同小隊の宇都宮理英士長。

▽…プロの手ほどきを受けて完成した和菓子は、SNS上で「可愛い！」「食べるのもったいない」と大反響。販売を求める声も多く、基地は「前向きに検討」している。（入間）

東日本大震災 東北防衛局の「もう一つの災害派遣任務」

伝えたかった『遺族対応業務』の教訓

訟務専門官 髙橋 光一（東北防衛局企画部・仙台）

東日本大震災から10年目を迎える前日の3月10日、東北防衛局は「東北防衛局における体験・教訓を継承するための講話」を防衛省職員採用後10年未満の事務官等を対象として実施しました。

当日は8人の講師が体験談等を発表し、私も「ご遺族対応業務」の体験談を話す機会をいただきました。

平成23年3月11日、東日本を中心に発生した地震は「1000年に1度の未曽有の大震災」と言われたとおり、お亡くなりになった方が多数発生しました。その結果、ご遺体安置所におけるご遺族対応業務は、宮城県警が他県から支援をいただいたものの、業務が滞るなどの事態に陥り、3月17日、宮城県知事から東北防衛局長に対し、ご遺族対応業務の支援要請が入りました。

当時の増田局長は即断により要請を受け入れ、局ができる範囲で対応することとし、翌18日から4月18日までの約1カ月間、ご遺族対応業務を実施しました。

ご遺族対応の業務は、1班2名体制で編成され、2班交代制で6カ所・計24名体制からスタートし、交代制勤務を考慮してその後、35名体制に増員されました。私は3月18日から約3週間、対応業務に当たることとなり、宮城県県北の石巻市、県南の角田市、名取市の3カ所で対応業務を行いました。

ご遺族対応業務で辛いことといえば、ご遺族の悲しみに直接接してしまうことでした。特に、名取市の旧仙台空港ボウルでの勤務が一番辛かったことが思い起こされます。他のご遺体安置場では、受付場とご遺体安置場が完全分離されているのに対し、名取市の安置場には仕切りがなく、レーンにご遺体が安置されていました。ボウリング場の特性というか、受付・案内場所からフルオープンで見える、聞こえてくるといった状態でした。すすり泣き、号泣などが耳に聞こえ、目でも視界に入る。そういう状況で、交代制とはいえ10日ほど勤務しました。やはり、ご遺族の思いが内に内にと入って、体に浸透していくような感じで、ご遺族の無念さなど、さまざまな感情が自分の中でも芽生えていきました。

そんな中、防衛医大の医官の先生方には、対応業務を終えてからの打ち合わせの場でメンタルヘルスを行っていただき、気持ちを切り替えることで、新たな気持ちで業務に向かい、私もご遺族対応業務を何とかやり遂げることができました。この場をお借りして、各医官の先生方に御礼を申し上げます。

これらの経験を踏まえ、講話の中でご遺族対応業務に関しては、「ご遺族に寄り添うことは大切だが、あまり深く入り込むとメンタルが病んでしまう」こと、「ある程度の距離感が必要と感じた」点などを話させていただきました。

講話終了後、ある聴講者から「貴重なお話を聞かせていただき、ありがとうございました。私自身も聞いていて涙が出そうになるほど辛い内容でしたが、震災の教訓を今後に生かしていきたい」との感想をいただき、今後、これからの日本を担う若者たちが、このように我々の体験を各人の教訓にして、それぞれの業務に生かしていただければと切に願っております。

東日本大震災から10年を機に開かれたセミナーで、東北防衛局の若手職員に大震災での体験や教訓を話す髙橋光一訟務専門官（上も）

みんなのページ

「凡事徹底」

最先任上級曹長としての決意

准陸尉 池田 克己（24普連・えびの）

私は本年3月15日付で第6代第24普通科連隊兼えびの駐屯地の最先任上級曹長（CSM）に上番しました。

今年は駐屯地創立40周年の記念の年でもあり、部隊は8師団隷下から西部方面混成団隷下へ新編されて4年になります。

昨年は7月豪雨災害において即応予備自衛官と共にコア連隊として救助活動や生活支援活動を実施し、さらに駐屯地が一体となり、鳥インフルエンザ発生による災害派遣活動を含め、全ての任務を「チームえびの駐屯地」として完遂しました。

また、駐屯地が所在するえびの市は「自衛隊の町えびの」を宣言し、市民と共に40年を歩んできました。

このような部隊の伝統と市民との強い絆のある駐屯地の第6代CSMに上番し、その重責に身が引き締まる思いです。

連隊長兼駐屯地司令である一宮大介1佐が隊員に要望する「明るく、強く、逞しく」は、言い換えれば「心・技・体」ということだと私は思っています。この中で私の経験上、一番大事だと思う「明るく＝心」の部分に焦点を当て、即応予備自衛官および准曹士の指導者として任務に邁進しようと決心しました。

そこで私は上番にあたり、隊員への要望事項を「凡事徹底」としました。この言葉は、西部方面CSM課程の教育期間中に教官から教わった言葉です。意味は「なんでもないような当たり前のことを徹底的に行う」「当たり前のことを極め、他人の追随を許さない」ということです。

私はこの「凡事徹底」を即応予備自衛官を含め、全ての准曹士に浸透させ、私の頭のごとく「皆を明るく照らし」、連隊長の補佐として奮闘し、使命を貫きたいです。

7月豪雨災派で恩返し

陸士長 山畑 光世（42即機連機動戦闘車隊・北熊本）

平成28年4月16日深夜、当時高校生だった私は、前日に起きた地震のこともすっかり忘れ、眠りについた頃、突然、大きな揺れに襲われ、恐怖で一瞬のうちに目が覚めたことを未だに鮮明に覚えています。

私の実家は熊本県南小国町で、この地震で近所の家々が倒壊したり、土砂崩れや亀裂により道路が寸断する大きな被害が発生しました。自分と家族は全員無事でしたが、ライフラインは全て使用不能な状態となり、避難所と自宅を行き来する生活が始まりました。

その際、陸上自衛隊の皆さんが災害派遣活動で活躍され、地域のためにご尽力されている姿を見て、私も夢と希望を持ち続け、将来、陸上自衛官となって今度は自分が人のために力を尽くしたいと思うようになりました。

平成29年3月、私は夢と希望を抱き陸上自衛隊に入隊しました。新隊員教育を経て、第42即応機動連隊機動戦闘車隊に配属され、現在は機動戦闘車の装填手として勤務しています。慣れない仕事や訓練に戸惑いながらも、日々の積み重ねで自らの成長を肌で感じ、充実した勤務ができるようになりました。

そして令和2年、7月豪雨による災害派遣に初めて出動しました。私が芦北町の被災地に到着したころには、すでに球磨川の氾濫により多くの家屋が倒壊し、行方不明の方も多数発生していました。天候も悪い危険な状況の中、私は行方不明者の捜索、瓦礫・土砂等の撤去などに当たりました。心身ともに極限の状態で、疲労困憊でした。

しかし、そんな中で熊本地震で陸上自衛隊の皆さんに助けていただいたことを私は思い出しました。同時に被災された方のことを思うと、それまでの疲労も吹き飛びました。そして私は必死に任務にあたり、少しでも恩返しをしたいと思いました。

約1カ月間の災害派遣活動で人命救助や災害復旧の役に立てたことを誇りに思います。今後も今回の災害派遣のことを忘れず、勤務していきたいと思います。

OBがんばる

市民の安全安心のため

温水 智洋さん 56
令和元年11月、海自203教育飛行隊長を最後に定年退職（1佐）。鹿屋市役所に再就職し、市民生活部安全安心課参事（防災専門官）兼市長公室政策推進課参事を務めている。

私は退官後、防災専門官として鹿屋市役所に採用されました。当初は故郷・宮崎県で再就職し、家族とのんびり生活することを考えていましたが、縁あって鹿屋市に採用され、飛行服からスーツに着替え、国民の安全安心から鹿屋市民の安全安心へとステージは変わりましたが、現役時代と同じ熱い気持ちで勤務しています。

定年前に防災・危機管理教育を3術校で受講し、「防災士」の資格と自治体における危機管理・防災部局での勤務に向けた知識・技能等は身に付けましたが、市役所の仕事は海自と大きく違い、当初は戸惑うことが多い状況でした。

特に昨年は新型コロナや7月豪雨、台風10号の接近と、その対応に準備運動なしで全力疾走した感じでしたが、海自の元気、やる気、勇気の「3気」で乗り越えることができました。また同僚にも恵まれ、短期間で災害に対するチームを作ることができたことも、機長などの経験が生かされたものと思います。

私の担当は防災専門官として防災・危機管理に関する総合調整のほか、「自衛隊・米軍に関する特命事項」という政策推進課の業務があります。自衛隊と市役所の窓口は主に政策推進課基地対策担当職員が実施しますが、運用に関する調整やアドバイスは私の担当です。

防災官として1年が経ち、最近は防災に関する講座や講話の依頼が増え、先日は私の妻の母校である市立鹿屋女子高校の教壇にも立ちました。「学生のため、部隊のため、未来のため」は教育飛行隊長時代の私の上司の指導方針でしたが、これにならって「市民のため、鹿屋のため、後進のため」を心の中で唱えつつ、真心をもって職務に精励する毎日です。

宮崎で家族とのんびり暮らすことはしばらくお預けにして、単身赴任で頑張っています！

強い責任感持ち 仕事完遂したい

1陸士 若林 悠翔（12普連4中隊・国分）

私は昨年9月に12普連の第4中隊に配属され初めての仕事として福山演習場の定期整備に参加しました。

たくさんの先輩方と一緒に仕事ができることのうれしさと、後期教育でお世話になった演習場なので感謝の気持ちも込めて整備作業に当たりました。

仕事は草を運んでは捨てる流れ作業でしたが、「これが自衛隊の仕事なんだな」という新たな感覚もつかめました。

これからは自衛官としてのさまざまな仕事がありますが、与えられた仕事を強い責任感を持ってしっかりと完遂できるよう、頑張っていきたいと思います。

あさぐも掲示板

■東音が第62回定例演奏会
海自東京音楽隊は6月11日（金）、東京都墨田区のすみだトリフォニーホールで「第62回定例演奏会」を開く。午後7時開演。
指揮者は隊長の樋口好雄2佐で、曲目はアニメ「『鬼滅の刃』より」など。
入場無料だが座席指定券が必要なため、希望者は往復はがきで申し込む。受付は5月14日まで（必着）。詳細は東音HPを参照。

詰碁

第1258回出題

出題 日本棋院 九段 曲 励起

白先

『隅の白を助けて下さい。白は最初が大切です』。5分でできれば中級です。

▶詰碁、詰将棋の出題は隔週です◀

詰将棋

出題 日本将棋連盟 九段 石田 和雄

≪第842回の解答≫

【正解】▲2二飛△同玉▲1四桂△1二玉▲2一角成△同玉▲2三香△3一玉▲2二香成までの九手詰め。

【解説】▲2二飛の豪快な捨て駒から入ります。続いて▲1四桂から▲2一角成が手順の妙。▲2一角成に△2三玉なら▲3二馬以下駒余りの詰み。最後▲2三香がピッタリの一手で収束。

	5	4	3	2	1
一					香
二		歩	角		王
三		と			桂
四			香		
五				歩	
六					

▲先手 持駒 飛桂香

世界の切手・台湾

（世界の切手・台湾）

大人とは古くなった子どもである。
ドクター・スース（米国の絵本作家）

新刊紹介

自衛隊最高幹部が語る「令和の国防」

岩田 清文、武居 智久、尾上 定正、兼原 信克著

「台湾問題」は先の日米首脳会談でも議題に上った。中国が台湾に侵攻すれば日本も間違いなく巻き込まれる。本書は台湾危機など日本の安保上の喫緊の問題について、本紙コラム「春夏秋冬」でも健筆をふるう兼原信克氏（元内閣官房副長官補・国家安全保障局次長）が司会を務め、岩田清文元陸幕長、武居智久元海幕長、尾上定正元空将が縦横に語り合った対談集だ。

中国は共産党政権が崩壊しない限り、力による現状変更を目指し続け、台湾危機もいよいよ現実のものになると分析する。4氏は「台湾は日本防衛の最前線」であるとし、台湾への軍事協力を日本も検討すると同時に、台湾有事の際には日米の部隊が直ちに対処できるよう、今から米国としっかり準備を進めておくことが重要だと述べる。

激変する戦略環境に対しては、自衛隊の法的位置づけを明確にしておくことが必要で、有事に統幕長の下で全部隊を指揮できる「統合司令官ポスト」の新設を提言している。

このほか朝鮮半島情勢、核抑止戦略、科学技術政策などについても激論を交わし、「令和の国防」に必要なアイデアを提起している。

（新潮社刊、902円）

「台湾、あるいは孤立無援の島の思想」

呉 叡人著、駒込 武訳

台湾をめぐり米中が政治的・軍事的な駆け引きを繰り広げている。これを当事者である台湾の人々はどう考えているのか。政治学者の呉叡人氏（中央研究院台湾史研究所副研究員）が祖国の生存のための悲壮な戦いについて率直に語った思想書だ。

「世界秩序の再編、歴史の暴風がやって来ようとしている。未来は依然として予測しえない。だが、わたしたちはすでに暗闇を歩み続けることに慣れ、虚妄の希望を抱かないですむまでに強靭となった。わたしたちは聖人になることはできないが、疫病に屈することも決してない」――。

台湾は近代、清、日本、中華民国、米国に相次ぎ支配され、複雑な民族構造から統一的なナショナリズムや共通の歴史認識の形成が阻まれてきた。そのような「賤民（パーリア）」だからこそ、台湾人は窮境に追い込まれても強く「不公正な世界」に堂々対峙していけると述べる。

だが、中国によって国際社会から排除され、大陸から常時軍事的な圧迫を受け、国の命運は強権によって握られている。そのような境遇に置かれながら、なお台湾人は強く生きている。彼らの内面を知ることのできる貴重な本だ。

（みすず書房刊、4950円）

朝雲

発行所 朝雲新聞社
〒160-0002 東京都新宿区四谷坂町12－20 KKビル
電話 03(3225)3841
FAX 03(3225)3831
振替00190-4-17600番
定価一部170円、年間購読料9170円（税・送料込み）

「大規模接種センター」開設

東京・大阪 医官・看護官派遣へ調整

防衛省・自衛隊

菅首相は4月27日、新型コロナウイルスのワクチン接種を国として後押しするため、5月24日を目途に、東京都内に防衛省・自衛隊が運営する「大規模接種センター」を開設することを岸防衛相に指示した（4月29日付既報）。これを受けて防衛省では同日、中山泰秀副大臣を長とし、大西宏幸、松川るい両政務官を本部長代理とする「大規模接種対策本部」を設置して準備に着手。5月24日を目標に、東京と大阪の2カ所にそれぞれ「大規模接種センター」を開設し、土日祝日を含め、毎日午前8時から午後8時まで3カ月間、両都市圏の高齢者らを対象に接種に当たることを決めた。予約方法などの詳細は近く発表される。

新型コロナ 5月24日から3カ月間

東京会場は「自衛隊東京大規模接種センター」として千代田区の大手町合同庁舎3号館に、大阪会場は「自衛隊大阪大規模接種センター」として大阪市北区の府立国際会議場（グランキューブ大阪）にそれぞれ開設されることが決まった。

接種の対象となるのは、東京会場が東京、埼玉、千葉、神奈川の1都3県の高齢者ら。大阪会場は大阪府と周辺府県の高齢者らとなる予定で、両会場とも開設時間は土日祝日を含む毎日午前8時から午後8時まで。

両会場での1日の接種可能人数や予約方法などの詳細はまとまり次第、近く公表される見込みだ。

一方、自衛隊の医官・看護官等の派遣規模については4月27日以降、各部隊と本省で精査が続けられており、現在、最終調整中だ。

中山副大臣は5月7日、省内で臨時記者会見を開き、自衛隊の医官・看護官等に加え、派遣会社に登録している民間の看護師計約200人を東京、大阪の両会場で活用する考えを明らかにした。派遣企業と契約を結び、態勢強化を図る。

これに先立ち、中山副大臣は4月28日、東京の大手町合同庁舎3号館を訪れ、ワクチンの保管場所や接種などに使われる予定の部屋を視察し、全体の流れや動線などを確認した。

5月3日には大西政務官と共に大阪市を訪れ、2カ所の候補会場を視察。その後の対策本部会議で、大阪の会場を「府立国際会議場」とすることを決定した。

中山副大臣は同日、大阪市の近畿中部防衛局で記者会見し、「新型コロナウイルス感染症の拡大防止という国家の危機に対し、防衛省・自衛隊が保有する能力や知見を十分に生かし、ワクチンの大規模接種に全力で取り組んでいきたい」と述べた。

岸防衛相は5月11日の記者会見で「大規模接種センターは、市区町村における接種を強力に後押しすることを目的としている。住民票を有する市区町村以外に設置場所を提供することによって、選択肢として大規模接種センターでの接種が可能となり、結果として国が確保したワクチンが可及的速やかに接種されることにつながる」と強調。防衛省・自衛隊として自治体等とよく連携し、混乱を招くことがないよう準備を進めていく考えを示した。

さらに、予約方法についてはインターネットによる予約システムを中心に検討を進めていることを明らかにした上で、「新型コロナウイルス感染症対策は、まさに国家の危機管理上の重大な課題だ。国民の命と平和な暮らしを守るという観点から、大規模接種センターの設置・運営に向けて全力を挙げていきたい」と語った。

候補地の一つに上がった大阪府立体育会館「エディオンアリーナ大阪」を視察する中山副大臣（手前左から2人目）と大西政務官（その左）。右から2人目は島田事務次官、その左は中方幕僚長の酒井秀典陸将補（5月3日、大阪市で）＝防衛省提供

日米韓 制服組トップが会談

さらなる防衛協力で一致

山崎統幕長は米ハワイ時間の4月29日（日本時間30日）、米インド太平洋軍司令官交代式に出席するため訪れたハワイで、米統合参謀本部議長のマーク・ミリー陸軍大将、韓国合同参謀本部議長の元仁哲（ウォン・インチョル）空軍大将と会談し、日米韓3カ国の防衛協力をさらに強化していくことで一致した。

日米韓制服組トップによる会談は、リモート形式で行われた昨年11月以来で、直接の対面では約2年半ぶり。

3者は北朝鮮の核・弾道ミサイル開発に関する懸念を共有するとともに、法の支配に基づく国際秩序の重要性について協議し、地域の安全保障に関する諸問題について、多国間協力を強化するため共に取り組んでいくことで合意した。

山崎統幕長は、北朝鮮への対応について関連する全ての国連安保理決議の完全履行のため、日米韓3カ国の連携の重要性を強調。ミリー大将は、日本と韓国との強固な関係維持と、米国が持つ全ての能力により同地域に拡大抑止を提供する準備があることに改めて言及した。

会談には米インド太平洋軍司令官を離任するフィリップ・デービッドソン海軍大将と後任のジョン・アクイリノ海軍大将、在日米軍司令官のケビン・シュナイダー空軍中将が同席。在韓米軍司令官のロバート・エイブラムス陸軍大将は韓国からオンラインで加わった。

日米韓3カ国参謀総長級会談に出席した（左から）新インド太平洋軍司令官のアクイリノ海軍大将、韓国合同参謀本部議長の元空軍大将、山崎統幕長、米統合参謀本部議長のミリー陸軍大将、退任するデービッドソン海軍大将（日本時間4月30日、ハワイの米インド太平洋軍司令部で）

防医大病院がワクチン接種協力

防衛医科大学校病院（埼玉県所沢市）は5月10日、埼玉県からの要請を受け、所沢市とその周辺の医療従事者約500人を対象に、新型コロナウイルスのワクチン接種を開始した。予防接種法に基づき協力するもので、同病院では5月14日までの予定で、近隣の医療機関等に勤める医師や看護師、薬剤師、事務員などの医療従事者等に順次来院してもらい、接種を行う。

10日に報道公開された西病棟では、訪れた民間の看護師らが同病院の医官らから問診を受けた後、ファイザー社製のワクチンを接種され、15分間の経過観察を行った。

医療従事者約500人に

防衛医科大学校と同病院では、両施設に所属する医療従事者のほぼ全員に当たる約2000人の職員等が4月23日までに2度目のワクチン接種を完了している。

塩谷彰浩病院長は報道陣の質問に「今後も自治体等から要請があればしっかり調整し、適切に対応していきたい」と述べた。

防衛省・自衛隊が5月24日を目標に東京と大阪に開設を進める「大規模接種センター」への同病院からの派遣については「診療や教育に支障のない範囲で医療従事者を派遣することを検討中だ」との認識を示した。

医官（右）から新型コロナウイルスのワクチン接種を受ける民間の医療従事者（5月10日、埼玉県所沢市の防衛医科大学校病院で）

岸防衛相 加など3カ国とTV会談

NZと初共同訓練へ調整

岸防衛相は4月15日にマレーシア、19日にニュージーランド、28日にカナダの各国防相と相次いでテレビ会談を行い、新型コロナウイルス対策における情報共有や連携を含め、日本との防衛協力・交流を引き続き強力に推進していくことで一致した。

マレーシアのイスマイル・サブリ・ビン・ヤーコブ国防相とは、防衛装備・技術協力などを推し進めていくことを確認。

NZのペーニ・ヘナレ国防相とは、両国間で初となる共同訓練の実現に向けて調整を進めることで合意した。

岸大臣は、北朝鮮の違法な「瀬取り」に対する警戒監視活動のため、NZが2018年以降、空軍哨戒機を断続的に日本周辺海空域に派遣していることに謝意を伝えた。

カナダのハルジット・シン・サージャン国防相とは、東・南シナ海情勢をめぐって意見交換。両氏は力を背景とした一方的な現状変更の試みや、緊張を高めるいかなる行為にも強く反対するとともに、中国海警法に対する「深刻な懸念」を表明し、「法の支配に基づく自由で開かれた海洋秩序が重要だ」とのメッセージを明確に発信していくことで一致した。

NZ空軍、仏艦艇 北の瀬取り監視

防衛省発表

防衛省は4月20日、北朝鮮船舶による国連制裁逃れのための違法な「瀬取り」を監視するため、ニュージーランド空軍の「P3K2哨戒機」が日本の周辺空域で4月下旬から5月下旬までの予定で警戒監視活動を行うと発表した。

NZ軍機の同活動への参加は2018年9月、19年10月、20年10月に続き今回で4回目。国連軍地位協定に基づき、沖縄県の在日米軍嘉手納基地を拠点に活動を実施している。

一方、フランス海軍も5月上旬以降、強襲揚陸艦「トネール」とフリゲート「シュルクーフ」が東シナ海を含む我が国周辺海域で警戒監視活動を行うと防衛省が5月6日、発表した。仏艦艇の参加は19年春と今年2月に続き3回目。「シュルクーフ」は5月4日、海自補給艦「ましゅう」と沖縄周辺海域で共同訓練を実施した。

「瀬取り」監視には18年4月から英、仏、豪、NZ、カナダの艦艇や航空機が日本との共同訓練などあらゆる機会に我が国とその周辺海空域に派遣され、海自や米軍と連携して活動に当たっている。

陸自 仏、米と初共同訓練

霧島演習場で「ARC21」

陸自とフランス陸軍、米海兵隊は5月11日、長崎県の相浦駐屯地で日仏米3カ国の共同実動訓練「ARC（アーク）21」を開始した。同17日まで。フランス陸軍部隊が日本国内で共同訓練を行うのは初めて。

陸自は陸上総隊司令官の前田忠男陸将を担任官に、水陸機動団（相浦）、西方航空隊（高遊原）などから約100人が参加。フランス陸軍からは来日した第6軽機甲旅団（ニーム）のマルカイユ中佐以下約60人が参加している。また、米海兵隊からは在沖縄の第3海兵師団、第3海兵兵站群、第1海兵航空団から計約60人が加わった。

3カ国の部隊は11日から13日まで相浦で指揮機関・機能別訓練を行い、その後、宮崎県の霧島演習場に移動し、14、15日に水陸両用作戦（ヘリボーン）に引き続く市街地戦闘などの総合訓練を実施する予定。

中国艦艇1隻が与那国沖を北上

4月30日午前1時ごろ、中国海軍の「ジャンカイⅡ」級フリゲート（満載排水量3900トン、艦番号515「浜州」）1隻が沖縄・宮古島の北北東約150キロの東シナ海を南東に向け航行するのを海自の1空群（鹿屋）のP1哨戒機、5空群（那覇）のP3C哨戒機、12護衛隊（呉）の護衛艦「あぶくま」が確認、情報収集・警戒監視に当たった。

中国艦はこの後、沖縄本島と宮古島間の宮古海峡を南下し、一時的に太平洋に進出したが、翌5月1日に台湾と日本最西端の与那国島間の海域を北上し、東シナ海に戻った。

（2面に関連記事）

英空母群、蘭艦艇を歓迎

岸防衛相 「地域の平和と安定を促進」

英国政府が4月26日、英海軍空母「クイーン・エリザベス」を旗艦とする空母打撃群を年内に初めて日本に寄港させると発表したことを受け、岸防衛相は翌27日の記者会見で「長い歴史と伝統を有する日英関係が『新たな段階』に入ったことを示す象徴だ」と歓迎の意を表した。

岸大臣は「『自由で開かれたインド太平洋』の維持・強化のための英国の関与と、日英の連携を安全保障面でも示し、地域の平和と安定を促進するものと確信している」と強調。来日の機会を捉え、自衛隊との共同訓練なども行われる見通しだ。

英空母打撃群にはオランダ海軍のフリゲートも加わって日本に寄港する予定で、岸大臣はオランダとの連携強化にも期待感を示した。

春夏秋冬

憲法記念日に思うこと

河野 克俊

今年も憲法記念日がやってきた。昭和22年5月3日に日本国憲法が施行されて74年になるが、自衛隊は昭和29年の発足以来、憲法9条のくびきをずっと引きずってきた。自衛隊発足翌年の昭和30年から、政治の世界では55年体制が始まった。野党第一党の社会党は自衛隊違憲の立場であり、当然、共産党も違憲の立場であった。とりわけ野党第一党が違憲という立場の意味合いは民主主義国家にとって大きい。

55年体制が始まった頃は、戦後まだ10年で、多くの国民の中には旧軍に対するアレルギーが残っており、それを自衛隊に重ね合わせる人も少なくなかった。いわゆる軍隊アレルギーである。平成3年の掃海部隊のペルシャ湾派遣を巡る反対意見のキャッチフレーズとして使われた「いつか来た道」「蟻（あり）の一穴（いっけつ）」「軍靴の足音が聞こえる」が効果を発揮した源流もここにある。当時の社会党は非武装中立を主張した。自衛隊は憲法違反なので解散し、他国から侵略されないよう外交ですべて解決せよということだ。当時は、一定の支持を得ていた。

私は、非武装中立は現実的ではないし、日本の安全保障に資するものではないので反対であったが、論理的には一貫しており、少なくとも論理破綻（はたん）はきたしていない。ところが湾岸戦争後のペルシャ湾への掃海部隊派遣を契機に自衛隊はオペレーションの時代を迎え、自衛官の顔がだんだん国民に見えだし、それに伴い国民の自衛隊に対する信頼感も高まっていった。その結果、現在では約9割の国民が自衛隊に好印象を持っているという調査結果が出ている。

こうなると「自衛隊は違憲なのでなくすべきだ」という考え方は国民の共感を呼ばなくなり、違憲論は国民世論との間でもがき苦しむことになる。

今の違憲論は「自衛隊は違憲である。しかし、国民がいらないというまで働いてもらう」または「自衛隊に違憲の烙印（らくいん）を押し続けることによって、自衛隊の行動を抑制する」である。これらの考え方に対する私の印象は、憲法軽視である。違憲とはそんなに軽いものかと思う。違憲論は、現実との狭間で既に論理破綻をきたしていることからも分かる通り、憲法、少なくとも9条はすでに限界に来ている。

（前統合幕僚長、元海将）

朝雲寸言

ウイルスの大きさは1メートルの1億分の1ほど。生きた細胞に侵入しないと増殖できない非常に小さな微生物である。世界は今、この小さな生き物によって混乱の極みにある▼しかし小欄が話題にしたいのは、同じウイルスでも微生物ではないウイルスの方である。4月22日、宇宙航空研究開発機構（JAXA）へのサイバー攻撃に関与したとして、警視庁は中国籍の男を書類送検したと発表した。さらに警察庁は攻撃に中国人民解放軍の部隊が関与した可能性が高いと述べた▼調べによれば約200の企業などへの一連のサイバー攻撃が実行され、その背景に青島市を拠点とする中国人民解放軍サイバー部隊が関与した可能性が高いという。一部のハッカー集団などによる政府・機関へのコンピューターウイルス攻撃などについては従前から話題になっていたが、正規の軍隊が関与していることを発表したのは異例なことと言わねばならない▼米国FBIは2014年5月、サイバー攻撃によって米国の原発や太陽電池関連の企業から情報を盗んだとして、人民解放軍の将校5人の氏名を特定し刑事訴追している。また2010年5月、米サイバー軍が設立されサイバー攻撃に対する組織の一元化が図られた▼しかし、サイバー攻撃の目標は軍事だけではない。我が国の政・官・軍・民の全てにおいて静かな、そして激しい戦いが起きているのである。今こそ国民的な議論を期待したいと思う。

時の焦点

国内　国民投票法

大局的に憲法を論じよ

日本という独立国家の基本法は、どうあるべきか。その大局的な議論に向けた第一歩としなければならない。

憲法改正の国民投票の利便性を高める国民投票法改正案が、今国会で成立する見通しとなった。自民党と立憲民主党がCM規制などの修正で合意したためだ。

衆院憲法審査会はこの改正案の扱いをめぐって長く停滞してきたが、ようやく、自民、公明、立憲民主党などの賛成多数で可決に至った。

改正案は2018年に提出されたものだが、そもそも与野党で対立するような内容ではない。

国民投票の際、商業施設や駅などで投票できる「共通投票所」を設けることや、洋上投票を航海実習中の学生らに拡大することなどが柱で、すでに公職選挙法に盛り込まれている。国民投票でも同じようにする、というだけのことだ。

それにもかかわらず、ここまで採決が遅れたのは、改正案の成立後、憲法改正論議が本格化することを野党が避けたかったためである。

こうした姿勢を続けていては、国民の期待に応えられないのは明らかだ。読売新聞社の世論調査では、憲法を「改正する方がよい」と答えた人が56%に上った。議論さえしない、という態度は許されまい。

今後は、衆参両院の憲法審査会を舞台に、各党が憲法改正の具体案を論じ合ってもらいたい。

自民党はすでに、4項目の憲法改正条文案をまとめている。自衛隊の根拠規定をはっきりと憲法に位置づけるのが柱だ。

戦後長く、自衛隊違憲論を唱える勢力があった。国民投票の手続きを経て、その不当な主張を払拭する意義は大きい。

そもそも、侵略戦争や違法な武力の行使は、国際法上も許されないのであって、憲法を改正すれば戦争に近づくなどという発想には、全く根拠がない。

軍事大国化した中国は一方的な現状変更の試みを続け、北朝鮮は危険な挑発を重ねている。

自由で民主的な国際秩序を維持するために、日本は何をなすべきか。憲法や安全保障の基本政策を、そうした視点から検討することが欠かせない。

他党から、別の観点で憲法を論じる動きが出ているのは歓迎したい。

日本維新の会は、教育無償化や統治機構改革などを掲げる。国民民主党は、巨大IT企業が膨大な個人情報を有する現状を踏まえ、「データ基本権」を提唱している。

社会の変化に応じて憲法を改めるのは当然であり、たとえばフランスは、議員の男女平等を進めるため憲法を改正した。

コロナ禍の緊急事態では、多くの事業者に休業を要請し、協力金を払った。私権制限の手続きや内容はどうあるべきか、どのような原則で補償措置を講じるか。憲法に明記するのも一案だろう。

党利党略ではなく、より良い憲法をつくる、という観点で憲法論議を深めてもらいたい。

宮原 三郎（政治評論家）

海外　イラン政権の内実

外相の会見流出で露見

イランのザリフ外相が3月に行った内輪の会見の録音テープのコピーが外部に流出した。

現政権が進める口述史料計画の一環として、エコノミストを相手にした3時間の会見で、米「ニューヨーク・タイムズ」紙もコピーを入手し、4月25日にその内容を伝えた。

同会見は、「同外相が国際舞台でイランを代表する役割は極めて限定的」とする西側の長年の疑念を確認した。本人が、最高指導者ハメネイ師か、革命防衛隊が頻繁に命令を下したと認めているのである。

例えば、同外相が、イランは交渉への復帰に向けた段階を整えるために米国との作業に入る用意があると発言した時、公式見解から逸脱したと、最高指導者ハメネイ師に激しく叱責されたという。

会見中の重要ポイントは三つある。

1　同外相は、米軍による革命防衛隊の精鋭コッズ部隊のソレイマニ司令官殺害（昨年1月）は、イランにとって強力な打撃だったと認めた。

「彼の殺害は、一つの都市全体を壊滅させられる以上の痛手だった」

しかし、同司令官の死亡をさほど悲しむでもなく、西側との核交渉をロシアと共同で妨害した、シリアの長期戦争に向けた政策はイラン国益を害した、などと批判している。

2　同司令官が外相の障害になった理由が第2のポイント。イランをコントロールしているのは政府ではなく、軍だということだ。

「イランでは軍が支配する。軍が外交に貢献するのではなく、私は軍のために外交を犠牲にした」

「交渉に当たっては、ハメネイ師の指令だけでなく、革命防衛隊の要求にも縛られた。私は時に政府の行動を知らされず、当惑した」

この政府と軍の関係の部分は、オバマ政権以来、軍の「党派的組織」への変貌が始まった米国にとって〝教訓〟となるかもしれない。

オバマ大統領は国防総省の保守派や非民主党の高官を次々と追い出した。トランプ政権発足時には、部隊が同氏を支持しても、上層部は不支持、多くが敵対的態度すら示した。

超（無）党派の軍が国民の選んだ文民の最高司令官の指示に答えるという建国以来のスタイルが、現状では消滅したのである。

3　第3のポイントは、オバマ政権の国務長官、ジョン・ケリー氏の機密情報リーク。

「ケリー氏は、イスラエルがシリア内のイラン関連施設などに少なくとも200回、空爆したことを教えてくれた。私は驚いた」

これで思い出すのは、イスラエルが2015年にソレイマニ司令官を暗殺する寸前だった時、オバマ政権がイラン指導部に計画を通報、テロリストと司令官の命を救ったエピソード。聞き手のエコノミストが「知らなかったのか?」と質すと、ザリフ外相は「ノー、ノー」と応じていた。ケリー氏が今になって、教えたのは機密情報ではないと強弁するなら、外相はなぜ驚いたのか。

草野 徹（外交評論家）

令和3年 春の叙勲

防衛省関係者116人が受章

政府は4月20日の閣議で、令和3年「春の叙勲」受章者4136人（うち女性428人）を決めた。発令は4月29日付。防衛省関係の受章者は116人（同1人）で、瑞宝中綬章は18人、瑞宝小綬章は58人（同1人）、瑞宝双光章は25人、瑞宝単光章は15人。受章者の氏名は次の通り。（50音順、階級、役職は退職時。敬称略）

〈瑞宝中綬章〉

▽秋山一郎陸将補（化学兵器禁止機関＝OPCW＝技術事務局査察局長）▽石村澄雄海将（技術研究本部技術開発官＝船舶担当）▽石渡幹生空将（同＝航空機担当）▽浦山長人空将（空自補給本部長）▽大澤和久事務官（東北防衛局長）▽大西康文技官（技術研究本部電子装備研究所長）▽大野友則教官（防大名誉教授）▽河野美登海将（海自補給本部長）▽木村博教官（防大名誉教授）▽柴田幹雄陸将（中央即応集団司令官）▽千田彰技官（装備施設本部副本部長＝施設担当）▽多田秀高技官（同＝管理担当）▽中村幹生陸将（10師団長）▽廣瀬誠陸将（北部方面総監）▽松岡貞義海将（横須賀地方総監）▽松本実事務官（札幌施設局長）▽宗像久男陸将（東北方面総監）▽横山文博事務官（装備施設本部長）

〈瑞宝小綬章〉

▽足立晴夫海将補（呉造補所長）▽阿部哲夫海将補（艦発隊司令）▽安保公人海将補（海幹校主任研究開発官）▽池田廣春陸将補（関東補給処長）▽池田充徳事務官（統幕学校総務課長）▽石井強1陸佐（関東処装備計画部長）▽板津卓世空将補（空幹校研究部長）▽出田孝二陸将補（施設学校長）▽今村修二1海佐（佐警司令）▽岩城誠1海佐（海補本需品部長）▽岩田耕道海将補（31空群司令）▽岩本賢一1陸佐（需品学校副校長）▽上田萬滿陸将補（通信団副団長）▽梅原泰陸将補（中央輸送業務隊長）▽鬼塚隆志陸将補（化学学校長）▽鬼塚恒久空将補（救難団司令）▽片山隆仁技官（空幕防衛課分析企画官）▽加藤清彦陸将補（武山駐業隊長）▽加藤哲司陸将補（北方航空隊長）▽加藤三千夫陸将補（通信学校副校長）▽川﨑英一郎技官（医実隊研究企画官）▽瓦谷育夫陸将補（関西補給処長）▽紀伊和憲1陸佐（補統通信電子部長）▽喜多條哲己1海佐（徳空基司令）▽清國洋次陸将補（守山駐業隊長）▽草苅和夫陸将補（神町駐業隊長）▽工藤誠海将補（1空修隊司令）▽坂元順一陸将補（富士学校副校長）▽坂本惠一事務官（研本総務部長）▽佐々木克徳陸将補（2混団長）▽柴田一男陸将補（東方監察官）▽杉田親美技官（研本航空装備研究所研究企画官付プロジェクト調整官）▽鈴木直人空将補（空補本総務部長）▽高橋節男海将補（海幹校教育部長）▽武貞秀士教官（防研統括研究官）▽立見正男陸将補（富士学校普通科部副部長）▽谷川保行陸将補（11師団副師団長）▽田畑邦雄事務官（福岡施設局次長）▽遠山和雄海将補（小月教空群司令）▽外山帥生1海佐（海自情保隊司令）▽西谷進事務官（防大総務課長）▽沼澤芳明書記官（大臣官房訟務管理官）▽野呂周生1空佐（空シス通副司令）▽濱屋憲佐空将補（空幹校主任教官）▽日高誠1陸佐（札幌病院総務部長）▽廣田惠技官（技本副技術開発官＝船舶担当）▽藤井信男1陸佐（1高特団副団長）▽前原正明教官（防医大名誉教授）▽正岡富士夫空将補（中空副司令官）▽松枝実陸将補（富教団副団長）▽松本晴朗陸将補（小平校人事教育部長）▽宮脇保夫1空佐（空教隊副司令）▽三好光男空将補（空幹校業務部長）▽村木正博1海佐（保監隊司令）▽森田寧1海佐（下基司令）▽矢﨑良博陸将補（西方装備部長）▽山下敏海将補（八空基司令）▽雪吉新治1空佐（11飛教団副司令）

〈瑞宝双光章〉

▽井上博昭1空佐（5空団防衛部長）▽今田修一1空佐（1空団飛行幹部教育隊長）▽上原一廣1陸佐（航校1教育部2教官室長）▽蝦名隆一2陸佐（381会計隊長）▽大林修一2空佐（防指群総務科長）▽加藤晴夫1海佐（岩空基副長）▽神田茂一郎2陸佐（高射校1教育部学生隊長）▽熊谷正臣2陸佐（6対艦連宇都宮自動車訓練所長）▽倉八明光1陸佐（西方総務課監理班長）▽櫻井誠2空佐（気象群百里気象隊長）▽関勇1海佐（対潜隊副長）▽曽我政人1海佐（硫空基副長）▽田口主計1陸佐（102輸送業務隊長）▽立道節夫2海佐（月教空小月学生隊長）▽野澤昭雄1海佐（121空副長）▽樋口陽一郎2陸佐（福岡駐業司令業務室長）▽日高保男1陸佐（東方ヘリ隊副隊長）▽平岡孝一1海佐（教空団教務幕僚）▽平塚博明1陸佐（6師団総務課長）▽益井良勝2陸佐（偵教導隊長）▽松岡俊英2空佐（空4術校1教育部企画科長）▽道井富美雄1空佐（6空団監理部長）▽矢野勝久2海佐（松空小松島飛行隊長）▽山根正志1陸佐（3特連副連隊長）▽山村茂男1海佐（101空司令）

〈瑞宝単光章〉

▽安達憲男技官（別府駐業）▽安藤学技官（空3術校）▽石黒誠技官（武校）▽市口貴司技官（佐基業施設科）▽入江常雄技官（今津駐業）▽内田博技官（呉造補所貯油所）▽釜下一浩技官（中警団22警戒隊）▽倉田廣宣技官（施校）▽佐伯隆技官（2補）▽櫻井俊弘技官（北海道処）▽永島新次技官（福岡駐業）▽中野仁司技官（4補立川支）▽袴田健三技官（1空団）▽平井晶規技官（北富士駐業）▽松野隆男技官（高田駐業）

MFO司令部要員 陸幕長に出国報告

エジプト東部のシナイ半島でエジプト、イスラエル両軍の停戦監視活動を続ける「多国籍軍・監視団（MFO）」の第3次司令部要員に選ばれた林田賢明2佐と原泰3佐（いずれも陸上総隊）が4月26日、防衛省で吉田陸幕長に出国報告を行った。

陸幕長応接室での出国報告には、陸幕運用支援・訓練部長の戒田重雄将補が立会。出国する2人に対し、吉田陸幕長は「国際社会からの信頼を得ることは（陸自にとっても）非常に大きな意義がある。職務を通じ、MFO、エジプト軍、イスラエル軍からいかに信頼を得るかということに意を用いよ」と激励した。

林田2佐と原3佐は今後、PCR検査を受けた後に問題がなければ日本を出国する。エジプトに入国後は2週間の停留期間を経て、シナイ半島の南部に位置するシャルム・エル・シェイクのMFO司令部に着任する予定。

その後、現地で第2次司令部要員として活動中の深山正仁2佐と竹田津佑介3佐（いずれも陸上総隊運用部付）と引き継ぎを行い、MFOでの連絡調整業務などに着手する。

エジプトのシナイ半島にあるMFO司令部に向けて出国する前、吉田陸幕長（奥）から激励を受ける林田2佐（左）と原3佐＝4月26日、陸幕長応接室で

知念で中SAM改を初公開

15旅団 射程延伸、低空目標にも対応

【15旅団＝那覇】沖縄・知念分屯地に所在する15旅団隷下の15高射特科連隊1高射中隊は4月16日、沖縄地本が行った地元メディアの合同記勉強会に協力、沖縄県政記者クラブ加盟社に対し、最新の「03式中距離地対空誘導弾（改）＝中SAM改」を初公開した。（4面に関連記事）

勉強会は地元記者に陸自と15旅団について理解をしてもらうことを目的に、高射特科部隊と中SAM改の概要説明を行った。

中SAM改は陸自に現在配備されている中SAMの後継で、射程が延伸されたほか、巡航ミサイルなど低空を高速で飛行する目標にも対処できる。

質疑応答では記者から陸自高射特科部隊と空自高射隊の連携要領に関する質問などがあった。15旅団は「今後も県民の皆さまの安全・安心のため日々まい進する」としている。

沖縄県政記者クラブの記者（手前）に、最新の中SAM改を公開する15高特連の隊員（4月16日、陸自知念分屯地で）

陸幕が令和3年度 陸自主要演習発表

陸幕は4月15日、令和3年度の陸自主要演習の概要を発表した。

今年度は17件の大型演習があり、このうち陸自全部隊が参加する「陸上自衛隊演習」（7〜12月）は平成5年以来、28年ぶりの実施となる。

5月には来日したフランス軍を迎えて、陸自と仏陸軍、米海兵隊との3カ国共同実動訓練「ARC21」を九州方面で行う。（1面参照）

このほか、外国陸軍との共同訓練では米・豪軍との実動訓練「サザン・ジャッカルー」、印陸軍との実動訓練「ダルマ・ガーディアン」、英陸軍との実動訓練「ヴィジラント・アイルズ」などが計画されている。

演習名	担任方面隊等	実施国	時期
陸上自衛隊演習	陸自全体	日本	7〜12月
ヤマサクラ81	中方	日本	10〜12月
オリエント・シールド	中方	日本	5〜9月
レゾリュート・ドラゴン	東北方	日本	10〜12月
第31海兵機動展開隊との訓練	陸上総隊	日本	来年1〜3月
ライジング・サンダー	東方	米国	10〜12月
アイアン・フィスト	陸上総隊	米国	来年1〜3月
タリスマン・セーバー	陸上総隊	米国	5〜9月
サザン・ジャッカルー	中方	豪州	5〜6月
ARC21（仏陸軍、米海兵隊との実動訓練）	水機団など	日本	5月11〜17日
カマンダグ	陸上総隊	比国	7〜12月
ダルマ・ガーディアン（印陸軍との実動訓練）	東方	インド	10〜12月
ヴィジラント・アイルズ（英陸軍との実動訓練）	陸上総隊	調整中	来年1〜3月
地対艦ミサイル部隊実射訓練	1特団	米国	5〜9月
ホーク・中SAM部隊実射訓練	15高特連など	米国	7〜12月
米空軍機からの降下訓練	陸上総隊	日本	5月〜来年3月
北海道訓練センターの運営（第1回）	北方、東方	日本	5〜6月
同（第2回）	北方、中方	日本	5〜9月
同（第3回）	北方、東北方	日本	7〜9月
同（第4回）	中方、西方	日本	来年1〜3月

統幕も令和3年度 主要訓練を公表

統幕は4月22日、令和3年度に実施する統合訓練の概要を発表した。新型コロナの影響を受け、国内で実施予定の訓練のみが公表された。

8回目となる「自衛隊統合演習（実動演習）」は、武力攻撃事態等を想定し、3自の統合運用要領を約2週間にわたり演練する。

島嶼防衛を目的とした「統合水陸両用作戦訓練」は長崎県の相浦駐屯地、佐世保基地で準備が進められ、3自協同で水陸両用作戦能力の維持・向上を図る。

日米共同では、飛来した弾道ミサイルへの対処要領などをシミュレーションで演練する「日米共同統合防空・ミサイル防衛訓練」を実施。日米で指揮幕僚活動を演練する「日米共同統合演習（キーン・エッジ）」は3自の施設と在日米軍横田基地、米ハワイを結んで行われる。

防災面では、南海トラフ地震を想定した「日米共同統合防災訓練（TREX）」を東海と四国地方で、首都直下地震を想定した「統合防災演習（JXR）」は都内などで行われるほか、伊豆大島噴火災害を教訓に始められた「離島統合防災訓練（RIDEX）」を沖縄県で実施する。

治安が悪化した外国から邦人等を警護・救出・輸送する「在外邦人等保護措置訓練（RJNO）」は東北方面で、邦人らを国外に脱出させるまでの一連の流れを演練する。

＜統幕＞令和3年度の主要統合訓練予定

訓練名	実施予定時期（期間）
自衛隊統合防災演習（JXR）	5月（約4日間）
統合水陸両用作戦訓練	7月〜11月（約3週間）
離島統合防災訓練（RIDEX）	11月上旬（約2日間）
自衛隊統合演習（実動演習）	11月下旬（約2週間）
在外邦人等保護措置訓練（RJNO）	12月（約5日間）
日米共同統合演習（キーン・エッジ）	1月〜2月（約2週間）
日米共同統合防災訓練（TREX）	2月（約2日間）
日米共同統合防空・ミサイル防衛訓練	2月下旬（約5日間）

中国空母「遼寧」艦隊が宮古海峡北上

統幕は4月27日、中国海軍の空母「遼寧」（排水量5万9400トン）＝写真＝がミサイル駆逐艦など6隻で艦隊を組み、太平洋から沖縄本島と宮古島間の宮古海峡を北上し、東シナ海に入ったと公表した。

「遼寧」艦隊は26日午後7時ごろ、宮古島の南方約160キロの海域を北東に向けて航行、海自2護隊（佐世保）の護衛艦「あさひ」と5空群（那覇）のP3C哨戒機が確認した。

中国艦隊は4月3日に宮古海峡を南下して太平洋に進出した艦隊と同一で、「遼寧」が短期間に宮古海峡を往復するのは2020年4月以来。「遼寧」艦隊はこの後、宮古海峡を北上して東シナ海に入った。

27日午前には、「遼寧」からZ18早期警戒ヘリ1機が発艦し、尖閣諸島・大正島領空の北東約50キロから100キロの空域を飛行したため、空自南西空のF15戦闘機が緊急発進して対応した。領空侵犯はなかった。

ひと

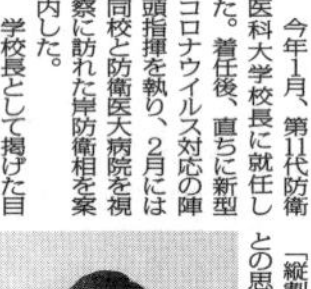

防衛医科大学校長に就任した 四ノ宮（しのみや） 成祥（なりよし）氏（62）

今年1月、第11代防衛医科大学校長に就任した。着任後、直ちに新型コロナウイルス対応の陣頭指揮を執り、2月には同校と防衛医大病院を視察に訪れた岸防衛相を案内した。

学校長として掲げた目標は三つ。「誇りある教育」「独自の教育・研究、診療の推進」「次期中長期計画の具現化」。学生たちには「自信を持って自主的に勉強せよ」と呼び掛けている。

「縦割りを打破したい」との思いから、自ら現場に飛び込み、約40人の教授陣をはじめ、一人ひとりの教職員らと膝を突き合わせ、各部署の実情を聞いて回る。さまざまな人の視点を取り入れ、連携強化に向けた解決策を模索する日々が続く。

就任直前までの約25年間は同校のバレーボール部の部長を務め、学生たちと共にコートで汗を流してきた。良ければ褒め、ダメなら「ドンマイ」。ポジティブな言葉が人を伸ばす。

防衛医大4期卒業で、医学博士。UC転官前は「五省」をモットーとする幹部海上自衛官として任務に励み、水泳、ランニング、スキーで体力を培ってきた。

「医者は患者さんから学ぶ」――。現場第一主義の原点は研修医時代にある。診療とは「病気を診るのではなく、その〝人〟を診ること。信頼関係を築くことの大切さを教わりました」。

かつて留学した米ミシガン州のヴァンアンデル研究所では、がん遺伝子の研究で二つの特許を取得。英リバプール大学では熱帯医学や病原昆虫学に打ち込んだ。

専門の微生物・免疫学をベースに、幅広い知識と人脈を生かしたライフワークとして、生物兵器禁止に関する国際会議などにも積極的に出席し、提言活動を行っている。

高知市出身。

（文・写真 日置文恵）

防衛省発令

▽潜水医学実験隊実験1部長（潜水医学実験隊実験2部長）1海佐 伊古美文隆

（4月25日）

▽自衛艦隊作戦分析主任幕僚（横須賀地方総監部監察官）同 松尾淳

▽5航空群首席幕僚（鹿屋航空基地隊司令）同 川畑信一

▽鹿屋航空基地隊司令（自衛艦隊作戦分析主任幕僚）同 白戸将吾

▽岩国航空基地隊司令（航空プログラム開発隊司令）同 山形文則

▽航空プログラム開発隊司令（5航空群首席幕僚）同 松浦幸一

▽海自幹部学校（岩国航空基地隊司令）同 田光智行

（以上4月26日）

HTC 北海道訓練センター 訓練評価支援隊

西方管区の運営基盤整う

【教訓研本＝陸自目黒】北海道の北千歳駐屯地に昨年3月新編された陸自「訓練評価支援隊」（通称HTC＝北海道訓練センター）は令和3年度から開始される西部方面管区での実動演習の運営に向けた検証訓練を、本年1月12日から2月7日まで大分県の日出生台演習場で実施した。この九州に機動展開しての検証訓練には、地元の4師団（福岡）から16普連（大村）を基幹とする第16戦闘団と、中部方面隊・13旅団（海田市）の17普連（山口）を基幹とする増強第17普通科連隊が参加し、1週間にわたり激突した。この検証訓練を基に、HTCの西方での運営基盤が整った。

大分県の日出生台演習場内に整備されたHTCの統制センター。激闘を繰り広げる16戦闘団と増強17普連の戦況が各画面に表示されている

16戦闘団と増強17普連が対抗演習

西方で初となるHTCの運営を視察する竹本竜司西方総監（中央）

16戦闘団の指揮所。コロナ感染予防のため各所にビニールの仕切りが設けられた

民間フェリーやトラックで機動

HTCが北海道から九州に展開するに当たって、民間フェリーも活用された（大阪南港で）

日出生台演習場に展開

HTCの西部方面管区での検証訓練に当たっては、訓練評価支援隊（隊長・山下博二1佐）が所在する北千歳駐屯地から約2500キロ離隔した九州の日出生台演習場に展開し、運営基盤を確立するため、HTCにとっては陸・海・空の手段を使っての大規模な移動が必要となった。

そこで北海道から九州まで民間フェリーなどを使っての機動中、部隊は人員・装備品の推進要領など管理基盤等についても徹底的に検証を行った。

資材を持ち込み、無事に日出生台演習場に集結したHTCの要員たちは、早速、検証訓練の運営基盤を整え、演習参加部隊を迎えた。今回の検証訓練に参加したのは地元4師団の16普連（連隊長・杉原正典1佐）を基幹とする16戦闘団と中方・13旅団の増強17普連（連隊長・杵淵賢一1佐）の両精鋭部隊だった。

共にプライドをかけた実動対抗演習は1月27日に状況が開始され、HTCの要員が両部隊の作戦行動を詳細にモニターしていく中で約7日間にわたって続けられ、この間、両部隊は激しい攻防を繰り広げた。

状況は2月2日に終了。その後、HTCが支援する中で各部隊（戦闘団、増強普通科連隊）の研究会が実施され、それぞれの指揮幕僚活動中の問題点などがデータを基に明らかにされた。

HTCの各種装備品はコンテナに入れられ、民間のトラックで演習場まで輸送された

敵の接近に備え、掩体内から銃を構える増強17普連の隊員（日出生台演習場で）

人員・装備品の推進要領も確認

今回の検証はコロナ禍の緊急事態宣言下で実施されたが、HTC、参加部隊共に万全な感染防止対策を講じ、期間中、一人の罹患者も出すことなく無事に検証を終えた。

この間、竹本竜司西方総監がHTCを視察に訪れ、検証訓練の状況を確認するとともに、訓練中の隊員たちを激励した。

HTCでは今回の検証訓練で得られた成果を基に、令和3年度から始まる西部方面管区での運営をさらに内容あるものとすべく準備を進めていく。

訓練に参加中の10式戦車の操縦手に、安全教育を行うHTCの隊員（砲身前）

北海道から運ばれたHTCの資材を大分県の玖珠駐屯地で開梱し、チェックする隊員

前事不忘 後事之師　第64回

独ソ不可侵条約

ヒトラーとスターリンが〝死の抱擁〟

20世紀国際政治史の中で衝撃的事件の一つは1939年の独ソ不可侵条約の締結です。この条約は当時の国際政治に衝撃を与えたのみならず、独裁者の中でも最も冷酷との評価のヒトラーとスターリンの直接主導によって締結されたものであり、極めて興味深いものがあります。

この条約の締結がどちら側のイニシアティブによって始められたのかについては議論があるようですが、神戸大学栗原優名誉教授の『第二次世界大戦の勃発』によればヒトラーにより大きな誘因があったようです。

1938年9月のミュンヘン会談後、ヒトラーは将来英仏との戦争が不可避であると考え始め、東西二正面作戦を回避するためドイツの東側で国境を接するポーランドへの対応を考えます。ヒトラーは最初、両国間に存在する領土問題について寛大な提案をすることでポーランドを味方につけようとしますが、拒否されます。この結果、軍事力でポーランドを押さえることを決断。しかしヒトラーにとっての懸念はポーランドに軍事侵攻した時に英仏が介入し〝大戦争〟になることでした。

英仏の介入を阻止するためヒトラーの念頭にあったのが日独伊三国同盟の締結です。日本を含めた三国で軍事同盟を結べば、極東、地中海でも英国を牽制できるのでポーランドに軍事侵攻しても英仏は介入できないと考えたのです。ところが三国同盟の締結は日本政府部内の陸軍と海軍の対立で困難となり、その時、ヒトラーの頭に浮かんだのがそれまで不倶戴天の敵とされたソ連との連携です。ポーランドへの軍事侵攻時にソ連を最悪でも中立にしておけば、大戦争にはならないと考えました。

一方のスターリンは皮肉なことですが、自らが行った赤軍幹部の大粛清により赤軍の能力に全く信頼を置いていませんでした。これに加えソ連は東では日本の関東軍との間で国境紛争を抱えており、ヨーロッパ正面で戦争に巻き込まれることは絶対に避けたい事態でした。またスターリンには東欧の領土への思惑がありました。

ここにヒトラーとスターリンが〝死の抱擁〟をする理由が生まれましたが、両者は条約締結まで虚虚実実の駆け引きを行います。特にスターリンはドイツと不可侵条約を締結する直前まで英仏とも同盟交渉を行い、どちらが自分に高値をつけてくれるか天秤にかけます。キッシンジャーがスターリンを〝バザールの商人〟と呼ぶ所以です。1939年8月23日ドイツのリッベントロップ外務大臣がモスクワを訪れ、独ソ不可侵条約が締結されます。

ヒトラーは「条約締結の衝撃で英仏の内閣は倒れ、ポーランドへの介入はなくなる」と予想しましたが、倒れたのはドイツと防共協定を締結していた日本の内閣であり、予想に反し、英国のチェンバレン内閣は、ポーランドに与えていた安全保障の提供を確約。実際にドイツがポーランドを侵攻すると英仏はドイツに宣戦布告し、第2次大戦が始まります。その22カ月後、ヒトラーは条約を突然破棄し独ソ戦が始まりますが、これがヒトラーの命取りになりました。

条約締結に遡る15年前、ヒトラーは『我が闘争』で「ロシアとの同盟締結という事実そのものが次の戦争を意味し、その結果ドイツの終焉となろう」と書いているそうですが、ヒトラーは自分の言葉を思い出すべきでした。

この条約の他方の当事者スターリンに対する二人の識者の評価が面白いです。ヒトラー、スターリンと同時代を生き、当事者ともなるチャーチルは回想録で「正直こそ最善の政策である」と述べた上で、「悪賢い人間や政治家は念入りな計算のためにかえって道を誤る例を見る。この場合は特に著しい例であり、わずか22カ月の後、スターリンと数百万人のロシア国民は恐るべき罰金を支払わなければならなかった」とスターリンを道義面から批判しています。

一方、キッシンジャーは独ソ不可侵条約について、共通の地政学的利益はイデオロギーを超える強力な絆であるとした上で、「（第2次大戦後）ソ連が超大国になったのはバザールの商人スターリンの冷酷な駆け引きにその起源がある」と冷徹な分析をしています。識者二人の評価は対照的ですが、どちらの評価にも一理あると私は思います。

鎌田 昭良（元防衛省大臣官房長、元装備施設本部長、防衛基盤整備協会理事長）

1939年8月23日、スターリン（中央右）とドイツのリッベントロップ外相（同左）が見守る中、独ソ不可侵条約に署名するソ連のモロトフ外相（着席）

当時の米国の新聞に掲載されたヒトラーとスターリンの漫画。表題は「新婚旅行はいつまで続きますかな？」

…… 前事忘れざるは後事の師 ……

募集・援護

特集

メディアを通じ自衛隊をPR

最新 中SAM改を公開

沖縄 15旅団と合同記者勉強会

中SAM改の公開に先立ち、記者に日本の安全保障について説明する坂田沖縄地本長（正面奥）＝写真はいずれも4月16日、陸自知念分屯地で

「こちらが沖縄の空を守る陸自最新の03式中距離地対空誘導弾の改善型（中SAM改）です。県民の皆さまへの正しい情報発信をお願いします」――。沖縄地本は4月16日、陸自知念分屯地で15高射特科連隊の協力を受け、地元メディアに向けて合同記者勉強会を開催した。中SAM改の初公開を通じ、沖縄県民に有事に備える自衛隊をアピールした。（2面参照）

沖縄県の地元メディア（手前）に対し、中SAM改の初の報道公開を行う15高特連の隊員

【沖縄】地本は4月16日、地元の陸自15旅団（那覇）と合同で記者勉強会を開催した。

勉強会は在沖自衛隊の活動状況を理解してもらうことを目的に地本が企画し、地元のメディア7社約10人が参加した。

最初に地本長の坂田裕樹陸将補が、「防衛は難しいテーマなので、背景を含め、日本の安全保障について正しく理解していただくため、勉強会を開いた。今後も在沖の各部隊と連携し、皆さんに情報発信を続けていきたい」とあいさつ。

続いて自ら日本の安全保障の最新事情について説明を行い、最後に、「われわれの想いは一つ。世界を平和にしたい」と力強く述べ、締めくくった。

このあと、沖縄の防空を担う中SAMなどの概要を、広報室長の津村昌吾3陸佐が説明。

続いて同ミサイルを装備する15高特連副連隊長の村上義2佐が同隊の部隊編成や任務などを話し、実際に中SAM改を報道陣に見てもらった。

同隊の隊員たちが器材の操作展示を行い、対空レーダーシステムのアンテナや発射機の立ち上げ動作などを展示、記者たちはそのシーンを真剣に写真に収めていた。

勉強会後は、知念分屯地の食堂で特製の「水陸カレー」を体験喫食してもらい、食事をしながら部隊、地本、報道関係者間の親交も深めた。

沖縄地本では「今後も沖縄県民の皆さまに防衛省・自衛隊の理解と信頼を得ていただくため、メディアの方々と共にさまざまな情報発信を行っていきたい」と話していた。

「ピンチをチャンスに」総員訓練を実施　札幌

総員教育に先立ち、集まった広報幹部らに訓示する宮崎札幌地本長（左端）＝4月13日、真駒内駐屯地で

【札幌】地本は4月13、14の両日、真駒内駐屯地で令和3年度の「総員訓練」を行った。

訓練は地本長の企図の徹底、認識の共有、服務意欲の向上と一体感の醸成を図る目的で、年に1回実施。初日は集合した本部と28の出先事務所の全所長ら約80人を前に宮崎章地本長が訓示。昨年度の活動を振り返り、新年度の課題や目標を示し、「強靭な自衛隊の創造のため、地本としても任務完遂が求められる。コロナ禍を言い訳にせず、ピンチをチャンスに変えよう」と述べた。この後、担当者が令和3年度の部務運営計画を説明した。

午後からは地本募集組織の全部員約100人が参集し、募集分科会を開催。新年度の募集業務について認識の統一を図り、ベテラン広報官が指導を行った。

各広報官のスピーチでは、それぞれ採用活動で心掛けていることや工夫など、事務所が異なる分、共有されにくい事項について話し、若手の広報官も新たな気付きを得た様子だった。

翌14日には、全部員に対する「識能向上教育」がオンライン方式で行われ、業務遂行に関する識能向上を図った。

各地で広報官教育

「先輩の発表を参考に」 プレゼンテーション・コンテスト　岩手

広報官のプレゼン訓練で発表する釜石地域事務所長の河口貴之1空尉（4月15日、岩手地本で）

【岩手】地本はこのほど全広報官を対象に、外部講師を迎えてのビジネスマナー研修とプレゼンテーション・コンテストを行った。

最新のビジネスマナー研修では、講師のａｉびじねすの中村夢美子さんが「一般人と多く接触する機会のある広報官は、相手の立場に立った対応を心がけることが大切」とアドバイス。「自衛隊の顔でもあるので、普段から正しい言葉遣いや立ち居振る舞いを意識して行動してください」と指導した。

その後のプレゼンテーション・コンテストでは、各広報官が自身のスキルを生かした資料を作成し、発表。説明資料の充実化は、コロナ禍での接触時間の縮減にもつながるため、審査・採点では情報量、話し方、声の大きさなどを含め、全10項目でその良し悪しを評価した。

発表者は日頃の活動の成果を自信を持って発表し、広報スキルのアップにつなげていた。この春、地本に着任したばかりの新人広報官は「先輩の皆さんの個性あふれる発表内容を、今後の自分の参考にしたい」と感想を述べていた。

募集推進依頼書を江口副知事に交付　福岡

【福岡】地本長の深草貴信1陸佐は3月26日、福岡県庁を訪れ、自衛官募集等に関する防衛大臣と自身の依頼文書を江口勝福岡県副知事に手渡した。

深草地本長は副知事に、「日頃の自衛隊の活動、地本の募集活動に対する理解と協力、自衛官OBを防災担当官に採用いただき、本当にありがとうございます。今後も自衛官募集などへの協力をお願いします」と謝意を述べた。

これに対し江口副知事は自衛隊が2017年から4年連続で県内での豪雨災害に対処したことに謝意を示し、「今後も県と自衛隊が緊密に連携し、良好な関係を継続していきましょう」と語った。

両者は長期化する新型コロナ対策についても意見を交わした。

高崎所、群馬県警から感謝状　群馬

高崎警察署の警察官（右）から署長感謝状を伝達された土屋高崎地域事務所長

【群馬】高崎地域事務所はこのほど、群馬県警高崎警察署から「警察行政に理解を示し、警察の業務運営に多大な貢献をした」として感謝状を贈呈された。

高崎所を訪れた県警代表の警察官から、所長の土屋章3陸尉に感謝状が手渡された。

高崎所は2019年度から高崎警察署と連携して合同の募集説明会を開催。昨年2月には群馬県下では初となる自衛隊、警察、消防の3機関による「公安系合同説明会」を開催し、来場者だけでなく県警の担当者からも高い評価を得ていた。

女性隊員の生活ラジオでPR　栃木

【栃木】地本は4月12日、宇都宮市のコミュニティーFM放送局「ミヤラジ」の番組に女性自衛官の佐々木寿代2陸曹と重春愛3海曹を出演させ、リスナーに自衛隊の女性隊員の生活についてPRした。

コミュニティーFM放送局「ミヤラジ」に出演し、自衛隊をPRした佐々木2曹(左)と重春3曹（右）＝4月12日、栃木県宇都宮市で

出演した地本広報官の佐々木2曹は、「自分は通信陸曹ですが、通信を構成する仕事は、性別に関係なくやりがいのある仕事です」と語った。一方、重春3曹は海自に入隊した当時、「海で5メートルしか泳げなかった」と明かし、「訓練を重ねることで、今は長距離も泳げ、規定タイムを切れるまでになりました」と話した。

自衛官を目指したきっかけについては、進路に迷っていた時に、「自衛隊にはさまざまな仕事があることを知り、自分に合った仕事が見つかるという思いで入隊しました」などと語り、「体育系ばかりではなく、文化系やフリーターの方も自衛隊を就活の選択肢の一つにしてほしい」「進路に迷っている人は、併願でもいいので考えてみては」と積極的にPRした。

UH1体験搭乗　和歌山

【和歌山】地本は3月20日、陸自中方ヘリコプター隊（八尾）の支援を受け、南紀白浜空港でUH1多用途ヘリの体験搭乗イベントを開催した。

当日は、若者ら36人が参加。搭乗前に、中方ヘリ隊のパイロットからUH1についての説明や搭乗時の注意事項などの安全教育が行われた後、機内へ。

UH1ヘリは南紀白浜空港を離陸し、搭乗者は白浜町の内陸を巡る約10分間の空中散歩を満喫、上空から故郷を一望した。

参加者からは「少し怖かったが楽しく、感動した」などの感想が聞かれた。

大学OB幹部が母校で説明会　岡山

【岡山】岡山募集案内所は4月7日、カレッジリクルーターを務める岡山大学出身の大石幸紀2海尉の支援を受け、同大で自衛隊幹部候補生の説明会を開催した。

最初に岡山所長の石井隆晶3佐が自衛隊の仕事、幹部候補生の採用試験について説明。続いてOBの大石2尉が入隊時の体験談を交えて海自幹部の仕事のやりがいや魅力を語った。

参加者からは「分かりやすい説明とOBの経験談はとても参考になった。自衛隊も将来の選択肢に入れたい」と話していた。

本部庁舎新看板お披露目と募集案内所の移転開所式　函館

募集案内所の移転を祝い、テープカットする久保健昭地本長（中央）と来賓ら（4月10日、新川町の合同庁舎で）

【函館】地本は4月10日、本部庁舎の新看板除幕式と募集案内所の新川町の合同庁舎への移転開所式を行った。

除幕式には部内外関係諸団体の代表が参加。陸海空自衛隊協同のラッパ隊がファンファーレを演奏し、函館地本の新たな門出を晴れやかに演出した。

また、募集案内所移転開所式では、来賓に函館市副市長の平井尚子氏と自衛官志願推進協議会長の浜野幸子氏も出席、地元の高校と協力して制作したオリジナルマスクの発表や、来賓によるテープカットを行った。

厚生・共済

特集

オンラインショップ「ギフトセレクション」

ホームメイドの焼き菓子をお気軽に

共済組合の直営施設「ホテルグランドヒル市ヶ谷」（東京都新宿区）のオンラインショップ「ギフトセレクション」をご存じですか。

ホームメイドの焼き菓子やショコラサンドなど、オリジナル商品やお薦め商品がホテルグランドヒル市ヶ谷のオンラインショップ専用ページから簡単にご購入いただけます。ご贈答用・ご自宅用にぜひご利用ください。

◇

【商品ラインナップ】

◎ショコラサンド（ミルク）1袋　1100円

◎ショコラサンド（ノワール）1袋　1100円

薄くのばしたキャラメルにチョコレートをコーティングしました。薄さゆえのさくさくとした食感、キャラメルの苦みとほろりとした口どけを楽しんでいただける逸品です。

◎テリーヌショコラ（数量限定）1本　3240円

テリーヌショコラは冷蔵庫で半日解凍してから常温で15分ほどおいていただくと食べごろの柔らかさになります。

◎テリーヌフローマージュ（数量限定）1本　3240円　テリーヌフロマージュはとても柔らかいため、冷蔵庫で半日解凍後、常温にはおかず、冷蔵庫から出して5分以内が冷たく滑らかな食べごろです。

◎テリーヌ2本セット（ショコラ／フロマージュ）（数量限定）6280円

◎紅茶と杏のパウンドケーキ1本　2000円　パウンドケーキは、お召し上がりいただく際、冷蔵庫で30分程冷やしていただくとより一層美味しくいただけます。

◎フルーツパウンドケーキ1本　2000円

◎パウンドケーキ2本セット(紅茶と杏／フルーツ)　3800円

◎マドレーヌアソート（プレーン4個／抹茶3個／ほうじ茶3個）　2000円

＊お得なセット販売もございます。

●ご購入方法

販売価格は表示された金額（表示価格／消費税込）と致します。送料が必要となります。なお、別途配送料に関しては商品詳細ページをご確認ください。

●代金（対価）の支払方法と時期

・支払方法　クレジットカード決済、コンビニ決済、翌月後払い、PayPal、銀行振込、キャリア決済、楽天ペイがご利用頂けます。

・支払い時期　クレジットカード決済、PayPal、キャリア決済、楽天ペイ　商品注文時点でお支払いが確定いたします。

・コンビニ決済、銀行振込み　商品注文時点から約3日間の期限以内にお支払いをお願いいたします。支払い期限を過ぎると自動でキャンセルとなります。

・翌月後払い　Paidyを通し、1カ月分のご利用額をまとめて、翌月10日までにコンビニや銀行振込でお支払いをお願いいたします。

●返品についての特約事項

次の場合を除き、返品・交換をご容赦願います。

①お申し込みいただいた商品と異なる場合②万一、破損及び不良品だった場合（上記の場合は、商品到着後5日以内に当ホテルまでご連絡くださいますようお願い申し上げます。なお、この場合の配送手数料は、弊社負担で引き取り再発送させていただきます。）

●商品の引き渡し時期

配送のご依頼を受けてから7日以内に発送いたします。

商品のご購入はオンラインショップ専用ページ（https://www.ghi.gr.jp/）まで。

ショコラサンドのノワール（左）とミルク

防衛省共済組合職員募集

7月2日から受付

防衛省共済組合では、防衛省共済組合本部等に勤務する職員を募集します。

◆募集職種　一般事務職及び経理事務職

◆採用人員　若干名

◆受験資格

(1)平成3年4月2日～平成12年4月1日生まれの者

(2)平成12年4月2日以降生まれの者で、大学、短期大学又は高等専門学校を卒業した者及び令和4年3月までに大学、短期大学又は高等専門学校を卒業する見込みの者並びに防衛省共済組合がこれらの者と同等の資格があると認める者

ただし、次のいずれか一に該当する者は、受験できません。

①禁錮以上の刑に処せられ、その執行を終わるまで又は執行を受けることがなくなるまでの者②法令の規定による懲戒免職の処分を受け、当該処分の日から2年を経過しない者③日本国憲法又はその下に成立した政府を暴力で破壊することを主張する政党その他の団体を結成し、又はこれに加入した者④平成11年改正前の民法の規定による準禁治産の宣告を受けている者（心神耗弱を原因とするもの以外）

◆試験内容等

○第1次試験

(1)試験種目　基礎能力試験、専門試験（多肢選択式）及び論文試験

(2)試験日　令和3年8月21日(土)

○第2次試験

(1)試験種目　個別面接試験

(2)試験日　令和3年10月初旬～中旬

○第3次試験

(1)試験種目　個別面接試験

(2)試験日　令和3年11月初旬

○最終試験

(1)試験種目　個別面接試験

(2)試験日　令和3年11月中旬

◆試験地　ホテルグランドヒル市ヶ谷（東京都新宿区市谷本村町4―1）

◆採用予定日　令和4年4月1日

◆給与等　防衛省職員に準ずる。

◆勤務地　防衛省共済組合本部及び支部（全国異動あり）

◆受験手続

(1)就職情報サイトへの登録　受験申し込みを行うには、就職情報サイトへの登録が必要となります。就職情報サイトの詳細については、後日防衛省共済組合ホームページにてお知らせします。（URL:https://www.boueikyosai.or.jp/）

(2)採用説明会　7月2日㈮、7月10日㈯及び7月16日㈮各日3回（①11：00～11：45②13：30～14：15③15：00～15：45）開催。詳細については、後日防衛省共済組合HPにてお知らせします。

(3)受験申し込み　所定の受験申込書を受付期間内に特定記録郵便、簡易書留又は一般書留の郵便物として申込先に郵送して下さい。

(4)受験申込受付期間　7月2日㈮～8月4日㈬消印有効

◆その他

(1)身体に障害があるため、受験の際に何らかの措置を希望される方は、受験申込書の裏面に記入の上、事前に申し出てください。

(2)受験に関する連絡事項等について、防衛省共済組合HPの採用情報を随時更新しますので、必ずご確認下さい。

◆資料請求、受験申込先及び問い合わせ先　防衛省共済組合本部人事班人事第1係〒162―8853東京都新宿区市谷本村町5―1、電話03―3268―3111内線25163（対応時間　平日10：30～17：30　※12：00～13：00を除く）

■各種健診の補助額　　※補助のご利用は年度内1人1回コースに限ります

続柄＼検診コース	人間ドック（日帰り・2日）	脳ドック	肺ドック	PET	婦人科単体コース	生活習慣病健診（便潜血2回法含）	特定健診 ※40歳～74歳
組合員本人	最大20,000円まで補助	最大20,000円まで補助				組合員ご本人様は対象外ですので、医務室等の事業主健診（各駐屯地・基地の医務室等で実施する健診）をご受診ください	
被扶養配偶者 任継組合員 任継被扶養配偶者	最大20,000円まで補助	最大20,000円まで補助				自己負担0円（※1オプション検査追加の場合は6,800円を超えた額）	自己負担0円
被扶養者（配偶者以外）※40～74歳対象	7,700円を補助	×				自己負担5,500円（※2オプション検査追加の場合はその検査費用額）	自己負担0円

※上記いずれの続柄でも、健診受診日に組合員資格がない方は補助の対象になりません。※人間ドック・脳ドック・肺ドック・PET・婦人科の自己負担額・検査項目・受診費用は健診機関により異なります。

<オプション検査について>乳がん検査（マンモグラフィ・乳房エコー）・子宮頸がん検査などオプション検査が対象になります。また受診可能なオプション検査項目・自己負担額は検査機関により異なります。

※1生活習慣病健診は自己負担0円＋オプション検査費用6,800円まで自己負担なしでご受診いただけます。（6,800円超過分は当日窓口にてご負担いただきます）

※2生活習慣病健診は自己負担5,500円＋オプション検査費用は全額自己負担となります。（当日窓口にてご負担いただきます）

各種健診のご案内

「ベネフィット・ワン」が予約代行

「ベネフィット・ワン」では、組合員とその被扶養者の健康維持のため、全国の優良医療機関からご希望に沿った健診施設をご紹介しています。

「ベネフィット・ワン健診予約受付センター」が予約を代行しますので、皆さまは面倒な手続きなしに受診できます。

まずは『2021ご利用ガイド』または「ベネフィット・ステーション」のホームページからご希望に合った施設をお選びください。健診の申し込み期間は2022年2月28日まで、受診期間は2022年3月31日までとなっています。

各種健診の利用助成と健診コースは別表の通りで、人間ドック（日帰り・1泊2日）の場合、組合員本人・任意継続組合員・被扶養配偶者は最大2万円まで助成されます。

健診のお申し込みは「ベネフィット・ステーション」のホームページもしくは「ベネフィット・ワン健診予約受付センター」に電話、FAX、郵送にて受付けております。詳細は『2021ご利用ガイド』とホームページに記載されていますので、ご確認ください。

受付後、「ご予約確定通知書」が送付されることで、予約が確定します。受診当日は「防衛省共済組合員証または自衛官診療証」を持参して受診してください。自己負担がある場合は、健診機関の窓口で受診当日にお支払いください。

最新情報はWebで確認できます。会員専用サイトから健診サイトへのリンクへ進んでご確認ください。

■健診コース一覧

検査項目		人間ドック	生活習慣病健診（便潜血2回法含）	特定健診
問診診察	（問診・既往歴等）	●	●	●
視力検査	視力（裸眼・矯正）	●	●	
身体計測	身長・体重・腹囲・BMI	●	●	●
血圧	血圧検査	●	●	●
聴力検査	オージオ	●	●	
尿検査	蛋白・尿糖	●	●	●
	潜血・比重・沈渣	●		
貧血検査	赤血球・ヘマトクリット・ヘモグロビン	●	●	☆
血液学的検査	白血球・血小板数	●	●	
	MCV・MCH・MCHC	●		
肝機能検査	AST(GOT)・ALT(GPT)・γGTP	●	●	●
脂質検査	総コレステロール	●		
	HDLコレステロール・LDLコレステロール・中性脂肪	●	●	●
血糖検査	空腹時血糖もしくは随時血糖	● 両方	● どちらか	● どちらか
	HbA1c			
腎機能検査	クレアチニン	●	●	☆
尿酸検査	尿酸	●	●	
その他血液検査	ALP・総蛋白・アルブミン・総ビリルビン・CRP	●		
肺機能	肺機能検査（スパイロメーター）	●		
胸部	胸部X線検査	●	●	
心電図	安静時心電図	●	●	☆
眼科	眼圧検査	●		
	眼底検査（両眼）	●		☆
便検査	便潜血（2回法）	●	●	
腹部	腹部エコー	●		
胃部検査	胃部X線	● どちらか		
	胃内視鏡（経口または経鼻）			

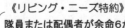

※人間ドックの検査項目は上記を基本項目としていますが、健診機関により実施がない場合もございます。あらかじめご了承下さい。　☆は医師の判断による追加項目

最新情報はWebで確認できます。会員専用サイトから健診サイトへのリンクへ進んでご確認ください。

年金Q&A

この春入隊した自衛官です。年金制度の概要を教えてください。

毎月の給料から保険料・掛金を負担します

Q　この春入隊した自衛官です。私たちが加入する年金の制度について、概要を教えて下さい。

A　自衛隊に入隊された方は、採用された日から防衛省共済組合（国家公務員共済組合）の組合員となり、同時に第2号厚生年金被保険者になります。組合員は毎月の給料から保険料・掛金を負担し、さまざまな給付を受けられることになっています。

年金の給付に要する費用は、組合員から徴収される厚生年金保険料及び退職等年金分掛金と、雇用主である国が支払う負担金で賄われています。また、国家公務員の年金の支給や、年金財源の積立・管理及び掛金等の計算は国家公務員共済組合連合会が行っています。給付の概要は、次の通りです。

【老齢厚生年金】組合員又は組合員であった方が、組合員期間や他の公的年金制度に加入していた期間（以下組合員期間等という）を合算し、原則として10年以上あり、65歳に達した時に請求することにより支給されます。

ただし、昭和36年4月1日までに生まれた方には、生年月日に応じて65歳前から年金が支給される特例があります。

【障害厚生年金】在職中に初診を受けた傷病により、障害認定日（初診日から1年6月を経過した日又はその前に症状が固定したときはその日）に厚生年金保険法施行令で定める1級から3級までのいずれかの障害等級に該当する障害状態にあるときに支給されます。また、障害認定日には3級以上に該当しなくても、同一傷病により、その後65歳に達する日の前日までに3級以上の障害等級に該当する障害状態になり、かつ、その期間内に請求した場合に支給されます。

【遺族厚生年金】組合員が在職中に死亡した場合又は組合員期間等が25年以上ある方が死亡した当時に、その方によって生計を維持されていた遺族（配偶者、子、父母、孫、祖父母）に支給されます。

このほか、1年以上引き続く組合員期間を有する組合員が退職後、65歳に達したときに支給される「退職年金」、公務により障害状態になったときに支給される「公務障害年金」、同じく公務により死亡した際に遺族に支給される「公務遺族年金」があります。

年金は、保険料の未納期間があると受給できない場合があります。自衛隊にいる期間は給与から保険料が納付されますが、入隊前や退職後の納付漏れに気を付けてください。

（本部年金係）

厚生・共済

特集

「目の前の仕事をやりがいのあるものに変える」

「心の健康」に着目

空幕人計課

WE ワーク・エンゲージメント

慶大の島津教授が講演

人的基盤強化の施策の一つとして注目を集める「ワーク・エンゲージメント（WE）」の考え方を空自でも取り入れようと、空幕人事教育計画課は4月2日、心理学を専門とする島津明人慶大総合政策学部教授を市ケ谷基地に招き、講演会を開いた。

在宅者はオンラインで聴講

講演は防衛省講堂で行われ、市ヶ谷基地勤務の班長以上の幹部ら約50人と在宅勤務中の隊員約50人がオンラインで参加した。特別ゲストとして井筒空幕長も聴講した。

島津教授は最初にWEについて解説。「WEは働く人の『心の健康』の新しい考え方で、仕事に誇りを感じて熱心に取り組み、活力を得て生き生きとしている状態だ」と定義。各自が現実的な目標設定のもと、「働きたい！」と能動的に思える状態になることで「健康も生産性も増進する」と解説した。

さらにWEを実現する一例として米国の退役軍人省の組織開発センターで開発された「CREW（クルー）プログラム」を紹介。少人数グループで定期的なミーティングを行い、尊重し合う環境づくりについて話し合うことの重要性を説いた。

また、個々人が仕事や人間関係の境界で行う物理・心理・認知的な概念「ジョブ・クラフティング（匠の技）」では、①仕事の性質や遂行方法②仕事上の人間関係③仕事のとらえ方——の3点を変化させる重要性を強調。飛行機内で客室乗務員がサプライズで、乗客のコップに絵とコメントを書いた職務上の一工夫を例に挙げ、「目の前の仕事をやりがいのあるものに変えることが、職場の活性化につながる」と語った。

講演を聞いた幹部らは「WEについて知っていれば、もっとうまく職場を活性化できたと感じた」「部隊を見回すと義務的・強迫的な観念から仕事をしている隊員も多い。WEは隊員の視点を変えられる考え方だ」「良いヒントをいただいた」「頑張らせるだけではダメ。WEは今の時代に必要な取り組みだと思う」などと話していた。

空幕人計課の担当者は「空自としても今後、WEの考え方を積極的に取り入れていく考えだ」と語った。

空自幹部に対し、「ワーク・エンゲージメント」の概念について講話する島津慶大教授（4月2日、防衛省講堂で）

講話に先立ち、井筒空幕長（右）と記念撮影する島津教授

滝川駐業　子供たちに食事提供可能に

売店・食堂と災害時の隊員・家族支援で協定

【滝川】滝川駐屯地業務隊はこのほど、駐屯地の委託売店・食堂と「大規模災害発生時の隊員とその家族に対する支援協定」を締結した。

当日は売店を運用する有限会社・ティーワイコーポレーションの五十里智明店長が駐屯地を訪れ、業務隊長の明石喜雄2佐とともに締結書に署名した。

この協定は、大規模災害の発生時に駐屯地が開設するキッズルームへの食品の提供と非常事態時に売店業務を厚生科職員が代行する内容。これにより、非常時でも売店の運営継続が可能になった。さらに、料金の「後払い制」にも対応している。

また、駐屯地では規則で隊員食堂の食事を隊員以外には提供できないため、災派に向かう子供連れの隊員は緊急登庁中に部外で食料を購入していたが、今回の協定により、食堂で特別メニューを子供にも提供できるようになった。

「大規模災害発生時の隊員とその家族に対する支援協定」を締結する明石滝川駐業隊長（中央左）と五十里ティーワイコーポレーション店長（同右）＝滝川駐屯地で

自慢の一品料理　所沢醤油空上げねぎ塩乗せ

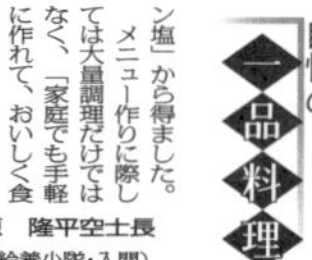

紹介者：桑原　隆平空士長
（中警団業務隊給養小隊・入間）

入間基地の新作メニュー「所沢醤油空上げねぎ塩乗せ」を紹介します。

この空上げは、私が空自の調理競技会に刺激を受け、調理経験5年で得た知識と「先輩に負けない空上げを作りたい！」という熱い思いで考案した基地オリジナルレシピです。着想は私が大好きな焼肉メニューの「ネギタン塩」から得ました。メニュー作りに際しては大量調理だけではなく、「家庭でも手軽に作れて、おいしく食べられる空上げ」をコンセプトに取り組みました。

作り方は地元所沢産のコクのある醤油で鶏肉を漬け込み、高温でサクッと揚げます。トッピングにネギ、ゴマ油、塩コショウとラー油を使用することで風味がよく、しつこい味にならないように仕上げました。

この空上げは中警団司令の津曲明一将補から、「おいしい！」と高評価を受け、基地隊員からも「また食べたい！」という声をいただきました。今後も、喫食隊員に喜ばれるようにオリジナルのものを考案し、空上げを「進化」させていきますので、皆さん楽しみにしていてください。

C1、C2が和菓子に

入間基地の地元和菓子屋が監修

【入間】入間基地は4月1日、今年2月のC2輸送機の初配備を記念して作製された「C2型」、C1輸送機をモチーフにした「C1型」など3種類の和菓子（練り切り）の一般予約販売を開始した。

昨年10月から作製に取り掛かり、地元の和菓子店である「くらづくり本舗」の職人の監修の下、中警団給養小隊の宇都宮里英士長らが白あんづくり、着色、成形の一連の指導を受け、試行錯誤の末に完成させた。

4月からインターネット上で販売が開始されると、多数の注文が殺到。購入者からは、「大きさは手の平サイズで見た目がとてもかわいらしく、C2、C1の特徴をよくとらえている」「味は上品な甘さで優しい舌ざわり、後味もよく、お茶にピッタリ」「桜の季節にもマッチし、癒やされる一品だ」などのコメントが寄せられた。さらに基地公式ツイッターに掲載されると、多数の「いいね！」が押された。

今後は基地の売店でも販売を検討しており、担当者は「入間基地に立ち寄られた際は、ぜひ、お買い求め下さい」と呼び掛けている。

各商品の価格は500円（税込み）。問い合わせはYショップ（内線8－43－5566）まで。

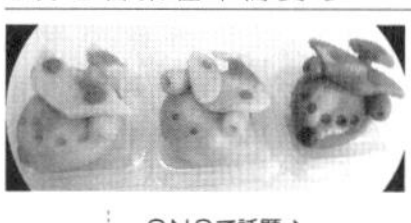

SNSで話題♪

SNS上で評判のオリジナル練り切り。右から「C1」「C2」「ブルーホエール」

C2輸送機をバックに自作の和菓子を紹介する中警団の宇都宮士長（右）と大串遥3曹（入間基地で）

共済美幌支部に統括支部長表彰

【美幌】共済組合美幌支部（支部長・石川泰宏2佐＝駐屯地業務隊長）は4月12日、札幌駐屯地の北部方面総監部で行われた令和2年度共済組合事業の表彰式で「統括支部長表彰」を受賞した。

この表彰は、隊員と家族の福利厚生施策を積極的に推進し、その功績が認められたもの。功績内容は支部が美幌町図書館から年間800冊の推薦図書の借用や同町から花苗約2500株を提供されたことを受けての花壇整備、特定保険指導参加者の約90％（方面管内第1位・同管内平均参加率34・5％）を達成したことが評価された。

表彰式では北方総監の沖邑佳彦陸将が石川支部長に表彰状と副賞を手渡した。

沖邑北方総監（左）から表彰状を贈られた石川美幌支部長（4月12日、美幌駐屯地で）

余暇を楽しむ

ウオーキング倶楽部（空自串本分屯基地）

紹介者：谷　匠技官
（5警戒隊）

「歩いて訪れる」がモットー

朝雲新聞をご愛読の皆さん、こんにちは。本州最南端・和歌山県串本町にある空自串本分屯基地の隊員で活動している「ウオーキング倶楽部」を紹介します。

我が倶楽部は若者から定年前の隊員まで幅広い層で構成され、週末を中心に和歌山県内のいたるところを「歩いて訪れる」活動を行っています。

健康管理を目的として活動を継続してきましたが、部員たちが感じたウオーキングの魅力をいくつか紹介させていただきます。

一つ目は、日本の四季と大地（ジオ）を感じられるところです。春はサクラ、秋は紅葉など季節ごとに変化する風景はもちろん、長い歳月をかけて形作られた壮大な和歌山の大地とその織りなす景色には、訪れるたびに一瞬にして心を奪われます。

〝日本のエーゲ海〟と称されている白崎海洋公園を訪れた際には、その巨大な石灰岩の岬と紺碧の海との景観にとても感動しました。歩いていくことでそのすばらしさをより感じられることでしょう。

二つ目は、訪れた先々で歴史や食文化に触れることができるということです。特に食文化については和歌山発祥のもの、昔ながらのもの、独自に進化したものなどさまざまな文化があります。特に醤油発祥の地・湯浅町で醤油作りを体験したことは忘れられません。

そして三つ目は温泉が楽しめることです。大自然とグルメを思う存分堪能し、最後に疲れを癒やす温泉に入る。この満足感は格別で、日本人として絶対に外せません。

このように人間の煩悩をくすぐる「トライアングル」を目的に歩いて巡る活動ですが、健康管理やストレスの発散にも効果はあると思います。

2021年は新型コロナの影響で活動があまりできていない状況ですが、コロナ終息後は若い隊員にも好まれるウオーキング内容を考慮した新たな活動も視野に入れています。今後は部員増を図り、活動範囲も県外にまで拡大していきたいです。

「醤油発祥の地」とされている和歌山県湯浅町で醤油作りを楽しんだウオーキング倶楽部の部員たち

えびの駐屯地　大型鏡や洋式トイレを増設

新女性浴場完成に歓声

【えびの】えびの駐屯地業務隊は4月1日、女性浴場の運用開始式を行った。

この取り組みは女性自衛官の活躍推進に向け、男性幹部浴場を女性浴場に改修したもの。

工事では、浴場の入り口や窓に目隠しを付け、脱衣所や浴室内には間仕切りを設置した。さらに脱衣所には大型鏡、ドライヤー用のカウンター、大容量コンセント、洋式トイレを増設した。

運用開始式には、駐屯地各部隊の女性隊員代表が参加。式後は浴場がお披露目され、女性隊員たちは真新しい浴場内を見て回り、歓声を上げていた。

先任女性隊員の上ノ神京巳1曹は、「これまでの女性用浴槽は狭く、混雑時間には待たされて困っていた。この浴場は女性隊員の活躍の足掛かりになる」と話していた。

えびの駐屯地に完成した新女性隊員浴場を見学する女性自衛官たち（4月1日、えびの駐屯地で）

地方防衛局 特集

運貨船「YL18」進水式
北浜造船鉄工、初の建造
東北局
6月 海自大湊地方隊に引き渡しへ

海自運貨船の命名進水式で、命名書を読み上げる東北防衛局郡山防衛事務所長の小山幹生1陸佐(マイク前)㊨進水する海自の運貨船「YL18」=写真はいずれも4月5日、青森市の北浜造船鉄工で

【東北局】海上自衛隊の運貨船(50トン型)の命名進水式が4月5日、青森県青森市の北浜造船鉄工で行われ、防衛省・自衛隊からは、東北防衛局郡山防衛事務所長の小山幹生1陸佐をはじめ、海自大湊警備隊司令の大元貞典1佐、大湊造修補給所長の安藤明宏1佐らが出席した。

郡山防衛事務所長 小山1陸佐が代読

運貨船は、接岸できない大型艦船への補給品の輸送に使用されるほか、前方のランプドアを用いて小規模港湾や砂浜などに車両や物資を陸揚げすることができ、災害時における海からの輸送にも活用できる。

北浜造船鉄工は海自の油船の建造実績はあるが、運貨船の建造は初めて。昨年9月16日に起工し、本格的な建造が始まって以降、構内の船台で船体の建造が続けられ、無事に進水の日を迎えることができた。

式には防衛省のほか、企業関係者が参加し、マスクの着用、手指の消毒、検温など万全のコロナ対策を講じた上で催された。

安全祈願の神事の後、小山所長が岸防衛相の命名書を代読し、同船は「YL18」と命名された。続いて小山所長が進水斧で支綱を切断、大元司令と安藤所長によるくす玉開きが行われると、「YL18」は船台から静かに陸奥湾に進水した。

今後は各種儀装、海上公試などの各種検査を経て、6月には海自大湊地方隊に引き渡される予定だ。

東北防衛局郡山防衛事務所は東北管内の装備品の調達に係る検査・監督を担っており、船舶建造には専門の知見が必要であることを考慮し、海自大湊造修補給所から検査官の兼務を受けて態勢を整備し、建造の監督検査を実施している。

小山所長は「関連する各企業からは『良い船を造ろう』との発言を度々聞いており、そうした熱意に支えられて命名進水式を迎えることができた。事務所としても、検査官が一丸となって監督検査を適正に実施し、確実に『YL18』を部隊に引き渡したい」と話している。

防衛施設と首長さん
山形県東根市　土田 正剛市長

つちだ　せいごう　77歳。慶応大法卒。山形県議会議員、自民党山形県連幹事長などを経て、1998年9月、東根市長就任。現在6期目。東根市出身。

地元密着型の神町駐屯地
防災訓練などで緊密連携

東根市は、山形県村山盆地のほぼ中央に位置し、山形空港や山形新幹線停車駅の「さくらんぼ東根駅」、東北中央自動車道などがあり、交通アクセスの要衝となっています。

また、「果樹王国」を宣言するなど、四季を通じて実る果物が豊富であり、加えて、大きな工業団地が四つあり、農工一体のまちづくり、さらには、子育て支援を先駆的に進めてきた結果、県内で唯一人口が増加し、最も勢いのある街と言われています。

果物では、特にさくらんぼが名産で、生産量日本一、そして、さくらんぼの王様「佐藤錦」発祥の地となっております。

そのさくらんぼが実り、最盛期を迎えるのが6月です。東根市が最も輝く季節であり、そのような時期に「さくらんぼマラソン大会」を開催していますが、スタートとゴール地点が、本市所在の神町駐屯地となっています。

参加者は、日頃見ることのできない戦車などを眺めながら、広々とした駐屯地やさくらんぼ畑などを眺められるコースを駆け抜けていきます。

神町駐屯地の皆さま方からは、まさに地元密着型の駐屯地として、全面的なご理解とご協力をいただき、感謝申し上げます。

本市とは、総合防災訓練への参加などでも連携を取り合っておりますが、これからも、さまざまな面で連絡を密にし、災害対応などがスムーズにできるよう、市民の安心安全のために尽力して参ります。

岩国に「愛宕山ふくろう公園」
災害時は防災拠点に
防衛省補助金19億円を活用

【中国四国局】山口県岩国市に3月27日、大型複合遊具を備え、防災拠点としての機能も持ち合わせた多目的広場「愛宕山ふくろう公園」がオープンし、多くの家族連れで賑わいを見せている。

同日、公園内の屋外ステージで行われた完成式典には、岩国市の福田良彦市長をはじめ、中国四国防衛局の森田治男局長や地元自治会長ら約50人が出席した。

岩国ジュニア合唱団によるオープニング合唱で始まり、近隣の岩国市立愛宕小学校の子供たちと共に関係者が風船を飛ばし、開園を祝った。

同公園は、岩国市が愛宕山の「いわくに消防防災センター」に隣接する約3・67ヘクタールの敷地に総事業費約25億円(うち防衛省補助金約19億円)をかけ、平成24(2012)年度から事業を進めてきた。

ふくろうをモチーフにした「愛宕山ふくろう公園」の大型複合遊具の前で風船を放ち、開園を祝う関係者(3月27日、山口県岩国市で)

シンボルとなる長さ50メートルの「ローラーすべり台」や、乳幼児から小学生まで幅広く楽しめる大小の滑り台が付いた「大型複合遊具」のほか、天候に左右されることなくフリーマーケットなど多目的に利用できる「屋根付き広場」や、コンサートなど各種イベントが実施できる「屋外ステージ」などを備える。

一方で、備蓄倉庫や100トンの飲料水と60トンの生活用水を確保できる貯水槽、マンホールの蓋を開けて簡易テントと椅子を設置することで災害用トイレとなる「マンホールトイレ」も整備。

平時は市民の憩いの場や交流の場として開放され、大規模災害時には隣接する「岩国医療センター」や「いわくに消防防災センター」と連携し、近隣住民の一時的な避難場所や支援物資の集積場として活用される。

中国四国防衛局では「岩国市の魅力あるまちづくりに微力ながらも貢献し、防衛施設周辺にお住いの皆さまの生活の安定と福祉の向上に資するよう、今後とも最大限に取り組んでいきたい」としている。

リレー随想　尾崎　嘉昭

北海道、帯広に着任してはや1年が経ちました。

関東より北での生活経験がなかった私にとって帯広の気候は、地元の人には当たり前のことでも、驚くことが多い1年でした。

まず着任早々、例年悩まされるスギ花粉がなく、思いのほか快適な春を過ごせたことに感謝すら感じていました。

6月、北海道には梅雨はないとは知っていましたが、漠然と晴天の日々が続くのだろうと思っていました。しかし、当然、曇りや雨の日もあり、「蝦夷梅雨」と呼ぶことを教えてもらい、恥じ入る思いをしたことを思い返します。

住まいがエアコンをつけられない古いタイプの官舎、「エアコンなくても夏大丈夫だよ」と言われていました。

夏を迎え、8月に入ると30度超えの日も続き、正直、日中はエアコンが恋しいと思う日が何日かありました。それでも湿度は低くじめじめとした鬱陶しさもなく、夜には20度を下回り、眠れない日というのはありませんでした。

さすがに扇風機は購入しましたが、「エアコンなくても夏大丈夫」は嘘ではありませんでした(教えてくださった方、少し疑っていました、この場をお借りしてお詫びします)。

百聞は一見に如かず

秋があっという間に過ぎ、日没も早まり、4時には真っ暗になってしまうと、緯度経度の違いが分かっていても不思議な驚きを禁じえませんでした。

そして最も不安に感じていた冬。12月までは雪も積もらず、空が高く青い十勝晴れ、比較的穏やかな日々に十勝の冬も素敵じゃないかなんて思っていたら、1月を過ぎると寒波、氷点下20度、大雪と驚きの連続、外に出ると防寒していても手足頭が痺れて痛い、何より困ったのが眼鏡、くもるのではなく凍る、くもり止めも効かずすぐに視界不良、雪道を歩くのが怖いことこの上なし。

そんな雪降るある日、頭に雪をかぶったリスがえさをくわえて走っているのを見つけ、「冬眠は?」——後で北海道のエゾリスは冬眠しないということを知りました。

そして、このような寒さの生活が続くと、氷点下一桁の気温が暖かいと感じてしまうのが不思議なような恐ろしいような、適応するんだなあと妙に納得してしまいました。

皆さまも、こちらに来られる機会がありましたら、四季折々の季節を体験しにぜひ来てください。どの季節も、驚き、関心、納得することと思います。

(帯広防衛支局長)

オンラインで「防衛問題セミナー」
九州防衛局 5月29日(土)開催

▽日時=5月29日(土)午後2時〜4時

▽テーマ=「災害から身を守る〜助かるために、あなたは何をしますか? 国や自治体は何を?」

▽講演=半井小絵氏(気象予報士)「気象と防災〜情報の活用」、小川和久氏(軍事アナリスト)「国際水準から見た日本の危機管理」

▽視聴方法=5月27日(木)までに事前登録が必要。

▽登録方法=掲載のQRコードから。

▽九州防衛局のHP(https://www.mod.go.jp/rdb/kyushu/seminar/040/index.htm)からも申し込み可能。

▽問い合せ先=九州防衛局　企画部地方調整課地方協力確保室(電話092—483—8816)

標茶中学校の防音化に感謝の声
北海道局が10億9000万円補助

㊤北海道防衛局の補助で防音化が完了した標茶町立標茶中学校の校舎外観 ㊦快適な環境で授業に集中する教師と生徒たち

【北海道局】北海道の標茶町立標茶中学校の防音事業が昨年7月に終了し、その後、教師や生徒たちから「快適になった」という感謝の声が北海道防衛局に寄せられている。

同中学校の近傍に位置する矢臼別演習場では年間を通じて自衛隊等による射撃訓練が行われていることから、町が教育環境の改善を目的に平成30(2018)年度から令和2(20)年度にかけて校舎改築を含む防音工事を進めてきた。

これに伴い、北海道防衛局では「防衛施設周辺の生活環境の整備等に関する法律」第3条第2項に基づく騒音防止事業として、補助対象事業費14億6000万円のうち、約7割を占める約10億9000万円の補助を行った。

建物は鉄筋コンクリート(RC)造3階建てで、延べ床面積は4144平方メートル。

教職員からは「授業中は演習の砲撃音などが聞こえなくなり、生徒も教師も授業に集中できる環境になった。空調で校内の気温が設定温度に保たれるようにもなったため、生徒への体への負担が少なくなったようだ」などの声が聞かれるとともに、生徒たちからも「授業中は外の音が気にならなくなった。旧校舎と違い、冬は暖かく、夏も快適に過ごせるようになった」などの感想が届いている。

講師派遣の案内
防衛省の政策や自衛隊の活動など

【北関東局】北関東防衛局は広報活動の一環として、管轄内の東京都をはじめ、茨城、栃木、群馬、埼玉、千葉、新潟、長野の各県の自治体や学校などで防衛省の政策や自衛隊の活動などをテーマにした講演の希望があった場合、講師の派遣を行っている。

謝礼や交通費等は不要。機材の準備があればオンラインでの講師派遣も対応可能。ただし、営利を目的とした講演会などは不可。また、業務等の都合で講師を派遣できない場合もある。

同局では「気軽にご相談を」と呼び掛けている。

◇問い合わせ先=北関東防衛局企画部地方協力基盤整備課(電話048—600—1844)

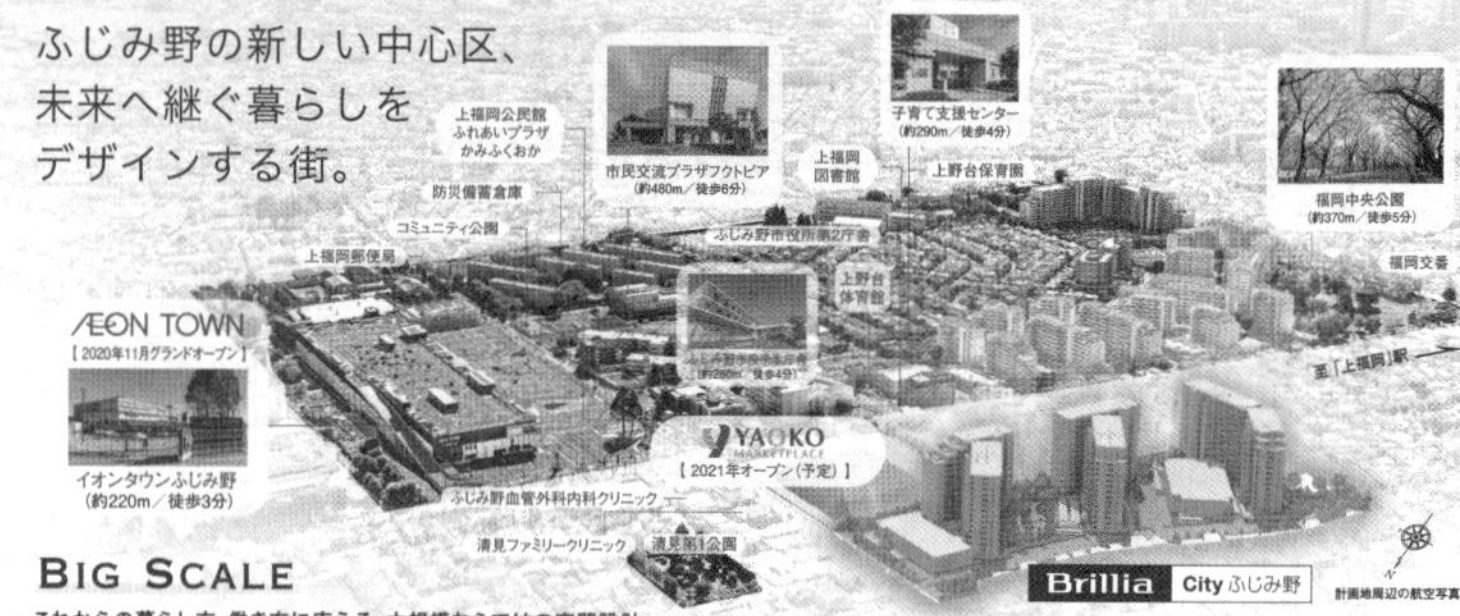

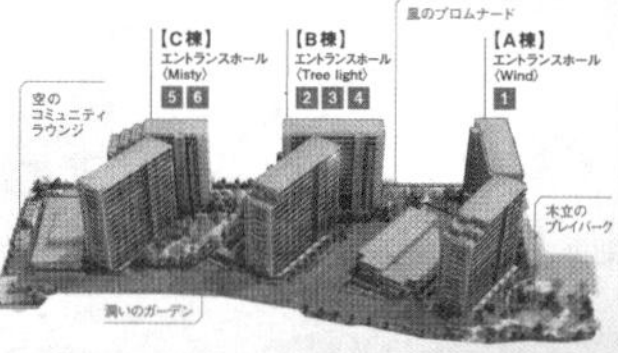

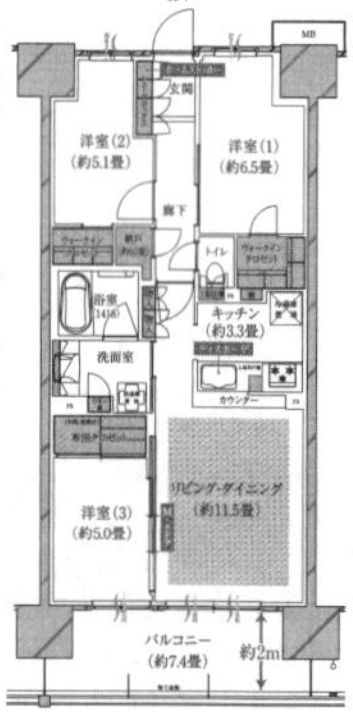

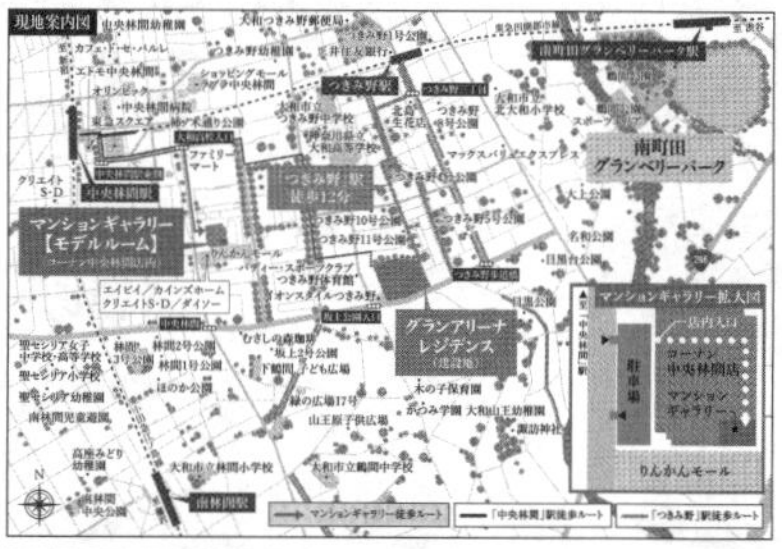

あさぐも バリカン'S　吉本どんど

今日はどんな髪形にしましょう
そーだな

わかりました

チョキ チョキ チョキ

12ヘリ隊などが消火

群馬・茨城・福島県で山火事

群馬、茨城、福島の3県で4月21日から23日にかけて山林火災が相次いで発生。12ヘリ隊（相馬原）など陸自航空部隊が空中消火や偵察に当たった。

群馬県ではみどり市で22日、山林火災が発生し同日午後1時50分、山本一太群馬県知事から坂本雄一12旅団長（相馬原）に災派が要請された。

12ヘリ隊と1ヘリ団（木更津）のCH47輸送ヘリ計4機態勢で空中から懸命な消火活動を行った。火災が鎮圧し、自治体で対応が可能となったことから23日午後8時55分、知事から撤収要請が出された。2日間の散水量・回数は延べ720トン・144回だった。

また、茨城県では大子町で21日に山林火災が発生し22日午前4時、大井川和彦茨城県知事から山崎義浩施設学校長（勝田）に災派が要請された。

同日早朝から12ヘリ隊のCH47ヘリ2機で空中消火を開始。火災が鎮圧し同日午前9時25分、知事から撤収が要請された。散水量・回数はそれぞれ35トン・7回だった。

一方、福島県では郡山市で23日に山林火災が発生し同日午後4時11分、内堀雅雄福島県知事から湯舟道彦44普連長（福島）に災派が要請された。

6飛行隊（神町）と東北方航空隊（霞目）のUH1多用途ヘリ各1機が偵察を行った。

群馬県みどり市の山林火災の消火のため、同市の草木湖から取水する12ヘリ隊のCH47輸送ヘリ＝統幕提供

補本QC大会で3補が各賞独占

【3補＝入間】空自補給本部（十条）は3月17日、初回となるQC（クオリティー・コントロール＝品質管理）サークル第1回大会をオンラインで開催した。

当日は本部、隷下の3個補給処、4個支処の24の応募の中から10サークルが出場。結果は上位3サークルに贈られる金賞に、3補の「SK―Ⅲ（内藤繁治2曹以下5人）」「QCハニー（井島勝1曹以下5人）」「品管スターズ（藤田洋平1曹以下4人）」が選出された。「空士隊員における退職希望者の低減」に取り組んだ「改善隊2020（平山拓治2曹以下5人）」も補給本部長賞（特別賞）を受賞した。

3補はリモートでの発表会を成功させるため、音声や自動再生機能を付したパワーポイントでの発表を実施。司会進行役の統制で会場ごとにデータを再生する工夫も凝らし、円滑に大会を終えた。審査に協力した日本科学技術連盟の須賀尾政一氏もこの発表方式を高く評価した。

大会運営を担った3補企画課企画班長の中島智和3佐は「今年度は9月に空自QCサークル大会が計画されており、今回得た成果を検証して補本をしっかりとバックアップしていく」と述べた。

オンラインで行われた補本QCサークル大会に出場した3補の「QCハニー」チーム（左）＝入間基地で

防護服を着用して感染防止を徹底しコロナ患者の搬送に当たる22空隊員（4月22日、大村航空基地で）＝統幕提供

コロナ患者を空輸

海自22空、長崎と鹿児島両県で

海自22航空群22航空隊（大村）は4月22日、長崎県知事からの要請を受け長崎県上五島町の上五島ヘリポートから大村航空基地まで、UH60Jヘリで新型コロナウイルス感染症陽性患者1人の急患空輸を行った。

22日11時20分、県知事から22空群司令に派遣が要請された。22空隊員は、防護服を着用し感染防止を徹底して任務を遂行した。

一方、5月9日には22空鹿屋航空分遣隊がコロナ患者1人の急患空輸を担った。

9日午後0時45分、鹿児島県知事から1空群司令（鹿屋）に災派要請があり、UH60Jヘリで鹿児島県奄美市の佐大熊ヘリポートから鹿児島市のマリンポート鹿児島まで空輸し、救急車に引き継いだ。

「たかしま」が漁船と衝突

海自2掃海隊（佐世保）の掃海艇「たかしま」（570トン、艇長・田中良和3佐以下乗員約40人）が5月7日午後3時28分ごろ、佐賀県唐津市鎮西町加唐島北端から北約4キロの海上で漁船「萬栄丸」（船長以下乗員1人）と衝突した。両船艇ともけが人はなく、自力航行可能で油の流出などもなかった。

「たかしま」は内海航行訓練のため佐世保から横須賀に向けて航行中で、事故当時、現場周辺海域の天候は晴れ、風速は南西8メートル、視界は良好だった。唐津海上保安部が事故原因の調査を進めている。

海自は掃海隊群幕僚長の吉田圭司1佐を長とする事故調査委員会を設置、海上保安庁の調査に協力している。

岸防衛相は同日夜の記者会見で「民間漁船との衝突を重く受け止め、事故の原因の究明や再発防止に取り組んで参ります」と述べた。

21空群、都知事から感謝状

急患輸送950回

海自21航空群（館山）は小笠原諸島で行ってきた急患空輸が950回に到り、3月26日、東京都知事から感謝状が贈られた。

新型コロナウイルス感染対策のため贈呈式などは行われず、都から賞状と盾が送られ、石川一郎21航空群司令と高橋秀典21航空隊司令に手渡された。

急患空輸に従事した群司令部勤務の隊員は、「生後数カ月の乳幼児の搬送が印象に残っている。ヘリは揺れて大きな音が響くので、影響を与えないようみんなで知恵を絞った」と振り返った。また、コロナの影響で搭乗員がタイベックスーツを着て作業していることに触れ、「小笠原諸島は暑いので大変だが、感染症対策は徹底していきたい」と語った。

小笠原諸島での急患空輸は21空隷下の硫黄島航空分遣隊が主に担い、UH60Jヘリを用いて救難任務にまい進している。950回目は父島から硫黄島まで患者を空輸して達成した。

表彰状と盾を手にする21航空群司令の石川一郎海将補（左）と21航空隊司令の高橋秀典1佐

小休止

▽…海自教育航空集団司令部の隊員2人がこのほど、201教育航空隊（小月）の曲技飛行チーム「ホワイトアローズ」のプラモデルを作製。T5練習機4機編隊の"展示飛行"をSNS上で披露している＝写真。

▽…作製したのは古田英二3佐と小阿瀬清和3佐。2人はこれまでも課業後などを活用して海自航空機などのプラモデルを作り、SNS上にアップしてきた。「レジン（樹脂材料）を使用したので加工が難しかった」という144分の1スケールのT5は、苦心の甲斐もあって白地に赤いラインが映える力作に仕上がった。

▽…作品は「本物みたい！」と好評でフォロワー数も急上昇。2人は「これからも海上自衛隊の広報に作品を生かしていきたい」と創作意欲を高めている。（下総）

新たに3人代表入り

開幕までおよそ70日となった東京オリンピック。各競技で代表選手が決まりつつある中、自衛隊体育学校第2教育課（朝霞）各班の選手たちも高橋航太郎2海曹（水泳班）が競泳・800メートルフリーリレーのメンバー入りするなど、これまでに内定していた8人に加えて4月、新たに3人が日本代表に加わった。

高橋2曹 800Mフリーリレー
一緒に戦う仲間がいる

五輪代表選考会を兼ねて4月3～10日に都内で行われた競泳の日本選手権。200メートル自由形決勝に挑んだ高橋2曹は4位に入り、1～3位の3人と800メートルフリーリレーの選考基準（タイム合計）も満たして、同種目の代表メンバーに選ばれた。

決勝は松元克央選手（セントラルスポーツ）が50メートル過ぎから抜け出して体半分ほどリードし、2位以下がほぼ横一線で並んだ。「後半の強さを最大限に生かす」泳ぎでつける高橋2曹はラスト50メートル、必死に追い上げ4位でフィニッシュした。

海自横須賀教育隊を経て体校に。実績のある選手ではなかったが、「地道に努力していれば目標は必ず達成できる」ことを信じ、練習を続けてきた。

リレーメンバーに選ばれ、「自分一人だけのレースではないという緊張感と、一緒に戦う仲間がいるという安心がある」と語る26歳の遅咲きスイマー。努力の証の泳ぎを東京から国内外に発信する。

五輪開幕まで70日 体校各班の選手

乙黒2曹 レスリングF65キロ級
兄と力を合わせて

過去多くのメダリストを輩出しているレスリング班に今年4月に加わった新鋭、乙黒拓斗2陸曹は山梨学院大在学中にフリースタイル65キロ級の五輪出場権を獲得した。

競技者だった父正也さんの影響で2歳上の兄圭祐3陸尉（2019年4月入校）と共に、小学生のころレスリングを始めた。

兄圭祐3尉も20年3月にフリー74キロ級で出場権を獲得し、兄弟そろってひのき舞台に立つ。兄は弟について「よき理解者で、互いに高め合える存在」と語り、一方、弟も「自衛隊の先輩の兄と力を合わせて頑張る」と話すなど互いの絆は強い。

「たくさんの人に支援していただき、レスリングに全力で打ち込めている」と入校後の近況を語る。それに応えるため、「金メダルを獲得できるよう日々精進していきたい」。

高橋航太郎（たかはし・こうたろう）2海曹　静岡県出身。鹿屋体育大卒。2016年3月海自に入隊、横教を経て体校へ。184センチ、27歳。

乙黒拓斗（おとぐろ・たくと）2陸曹　山梨県出身、山梨学院大卒。2歳上の兄圭祐3陸尉に続き今年4月入校。18年世界選手権優勝。173センチ、22歳。

山田優（やまだ・まさる）3陸尉　三重県出身、日本大卒。2017年4月入校。妻里衣さんも元フェンサー。20年グランプリ優勝。184センチ、26歳。

山田3尉 フェンシング・エペ
日本の皆さんを元気に

五つの競技（水泳、フェンシング、馬術、レーザーラン＝800メートル走周回間にレーザー銃射撃＝）を競う近代五種。近代五種班でフェンサー（フェンシング選手）として活躍する山田優3陸尉は、初めてフェンシングで体校から五輪に出場する。

フェンシング・エペ種目（全身への攻撃が有効）の国内トップクラスの選手として学生時代から実績を積み、2017年4月に入校した後は、同じくフェンサーの坂本圭右3陸尉、伊藤心2陸曹と共に剣を磨いてきた。

昨年1月にグランプリ・ドーハ大会で銅メダルを、同3月のグランプリ・ブダペスト大会では金メダルを獲得し、世界ランキングを2位にした。

ロシアで行われた3月のワールドカップは初戦敗退を喫したもののランキングは4位と上位を維持し、初の五輪出場を決めた。

ワールドカップはプレッシャーから慎重になり過ぎ、フィジカル面もベストではなかった。

「コロナで疲弊している日本の皆さんを少しでも元気づけられるような試合をしたい」。再度フィジカルを高め、自衛官フェンサーの勇姿を見せるつもりだ。

こちら警務隊　サイバー犯罪②

不正な電磁的記録作成は「電磁的記録不正作出罪」

手当を増やすため、担当のデータを無断で改ざんした場合、どんな罪になりますか？

人の事務処理を誤らせる目的で、不正に電磁的記録を作成した場合、「電磁的記録不正作出罪」に該当し、5年以下の懲役または50万円以下の罰金となります。

さらに、公務員によって作成されたデータを改ざんした場合は、10年以下の懲役または100万円以下の罰金と刑罰が重くなります。

罪を犯さないことはもちろんですが、このような不正を許さないためにも、パスワード等の管理を徹底し、定期的にデータをチェックするなどして未然に防止しましょう。

（西部方面警務隊）

朝雲・栃の芽俳壇

畠中草史　選

星空の屋根飛びうつり恋の猫　あきる野・一般　小和田一男
春、赤ん坊のような声を路地や床下等で聞く「猫の恋」。星空の下一瞬の景を叙した。

研ぎし鍬もて黙々と畑を打つ　熊谷・空OB　工藤　敏雄
此の頃では見かけなくなった景。鍬を振り上げた時の輝きに「研ぎし」が咄嗟に出た。

わが町の水源の沼水烟る　江別・陸OB　鎌田日出雄
内房のワンマン電車陽炎へる　銚子・海OB　斎藤　一向
満行の下堂の僧に春の月　宮崎・空OB　髙木　智念
鄙びたる真壁の町の雛祭　浜松・空OB　宮本　立勇
風車ひとつ一つにある個性　大津・陸OB　丸岡　正男
よもぎ摘み母の頼みの懐かしく　熊谷・空OG　関谷　桂子

暁闇より登る筑波嶺木の芽時　町田・陸OB　岩原　滋利
三味線の音締めを決めて春の宵　横浜・一般　福本　祥子
蘆の角水を抽きはや影を持つ　静岡・空OG　木通　佳子
武甲山隠しきれない春霞　熊谷・空OB　明田　眞雅
満開にして散るとなき桜かな　相模原・一般　森　謙二
春寒し静まりかえる園にゐて　熊谷・空OB　蓮佛志向子
啓蟄や並ぶ素焼の植木鉢　相模原・海OG　折口　桂子
春風に気持やわらぐ帰り道　熊谷・空OG　佐藤　玲美
囀や微笑み在す観音像　小牧・陸OB　松岡　魚青
猫とゐて余る日向の縁のどか　浜松・空OB　林　吉介

啓蟄や動くものみな影を曳き　横浜・空OB　永澤　功
川巾を被ひ流るる花筏　町田・陸OG　小費和子
皆起きるまでコーヒー春の潮　熊谷・空OG　福元万理子
卒業子電話の声の溌溂と　富谷・陸OB　加川　師亭
あれこれと支度の進む入学式　熊谷・空OG　関田　絹江
一握り土筆を妻の持ち帰る　香川・陸OB　渡辺　成典

選者作品
大藁屋越えゆく風のしゃぼん玉

投句歓迎！
▽郵便はがきの裏面に未発表の自作3句以内と氏名、年齢、職業（自衛官・事務官＝所属部隊＝、OB、家族、一般など）、住所、電話番号を記入▽締め切り毎月15日▽宛先＝〒162―8801東京都新宿区市谷本村町5の1　防衛省D棟市ヶ谷記者クラブ朝雲俳句係☎03（5225）1750、専用線8・6・25515

みんなのページ

明るく楽しく誠実に！14護衛隊で開始
トイレで学ぶ人間学

海上自衛隊第14護衛隊（舞鶴、護衛艦「まつゆき」「あさぎり」「せとぎり」「せんだい」で編成）は、乗員の心身を強化・サポートする施策の一環として、ひとり静かな時を過ごすトイレの時間を「人間学」の学習に有効活用する試みを令和3年度から開始したので紹介します。

1海尉　二瓶　芳亮（14護衛隊・舞鶴）

護衛艦のトイレ内に掲示された「人間学」の語録。㊨は14護衛隊の「あさぎり」

「人間学」は、東洋哲学者で歴代首相の指南役といわれた安岡正篤氏が奨励している学問です。安岡氏曰く「人はいかに生きるべきかを研究する学問であり、我々の生き方の信念を養い、生活の指導力となる学問である」とのことです。

第14護衛隊の本試みは、この人間学に関する語録を幅広く収集し、「トイレの時間」といった日常のわずかな時間を活用して、護衛艦の総員に紹介、浸透させるものです。

古今東西の格言、偉人の語録といったものは、読む人の境遇や人生経験などによって、受け取る解釈や影響に違いが出てくるものです。「寸鉄、人を刺す」という言葉がありますが、わずか一行の言葉にも千金の重みを感じることがあり、その言葉に心を深く打たれて人生が変わってしまうということもあります。これは偉人の伝記等においてもしばしば語られており、枚挙に暇がありません。

海上自衛隊の護衛艦部隊には、運航や作戦、機関や給養等に係るさまざまな職種のプロフェッショナルたちが勤務しています。年齢層や経験も幅広く、多様な人材が集まっています。そこで、一人でも多くの乗員が人間学における様々な言葉に出合い、そこから得られたことをそれぞれの仕事や人生に生かすことができればと考えています。

本試みは、護衛艦部隊の一隅を照らすようなものであるかもしれませんが、護衛艦隊司令官（齋藤聡海将）が日々我々に指導している「誠実」をはじめ、「明るく、楽しく仕事ができる護衛艦隊」「明るい護衛艦隊は司令部、士官室、先任海曹室から」という方針の具現化に寄与できるのではないかと考えています。

まずは健康な人ならば日々〝便りがやってくる所〟において、乗員の明るく、楽しい勤務に資するような〝お便り〟（人間学語録）を届けていきたいと考えています。

防大69期生、初めての外出

空自OB　中山　昭宏（神奈川県横須賀市）

防衛大学校に入校した69期生たちが待ちに待った「引率外出」が4月18日に行われた。前日の雨模様がうそのように晴れ上がり、この日は新1年生を祝すような好天気となった。

本年も新型コロナウイルスの影響はあったものの、4月1日の着校、5日の入校式は予定通りに実施された。69期生を迎え、久保文明新学校長は「広く学び、科学技術について正確な理解を持つことが重要である」と式辞を述べられた。

さて、「引率外出」は新1年生が着校後、防大から初めて外出できるイベントである。新入生にとっては2週間ぶりに〝娑婆〟の空気を吸えるとあって、横須賀中央駅から出てくる新1年生たちは一様に笑顔だった。引率外出は、上級生1人に対し、1年生3人までと決められ、マスクの着用などコロナへの対策も徹底されていた。

外出目的を聞くと、パソコンの周辺機器を購入する者、生活用品を購入する者、一緒に昼食をとるグループ、日露戦争時の戦艦「三笠」が展示された三笠公園を観光するグループなど、さまざまであった。

さて、防大1学年のメインイベントと言えば、何といっても夏の遠泳だ。私もその日は成長した69期生の姿を写真撮影し、応援したいと思っている。

防衛大学校に入校後、上級生（左）に引率されて初めて外出し横須賀市内にやってきた新1年生

国民を守れる自衛官目指す

2陸士　上川　直幸（33普連2中隊・久居）

この半年間の教育を振り返ると、さまざまなことを学び、そして自分も成長することができました。何より同期や班長をはじめとする指導部の方々には感謝してもしきれません。前期・後期教育共に班長は時に厳しく、時に優しさを持って指導して下さいました。

この半年はとても短く、そして濃い半年間でした。私が得たものは数知れず、中でも最も印象に残るのは、前期の班長が言っていた「義務を果たせない者が権利を主張するな」という言葉です。その時の班長からは繰り返し「義務を果たせ」と言われ続けました。その言葉は今、私の中で一つの信念となりつつあります。

自衛官ではなくとも「義務を果たす」ことは当たり前のことなのかもしれません。それでもその時の私には深く刺さるものがあり、今もずっと忘れられない言葉です。

私たち自衛官は、国民の負託にこたえるため活動しており、私たちの体、命の半分以上が国を守るためのものであると思います。だからこそ私たちは義務を果たす責任があり、その義務を果たしてやっと自分たちの権利を主張できるのだと思います。

こうしたことを踏まえて、私の目指す自衛官は誰よりも優しく、どんなことにも耐えられる、国民を守れる自衛官です。

OBがんばる

高橋　勝幸さん　55
平成30年11月、札幌地本を最後に定年退職（1陸尉）。札幌市内にあるSKサービスセンターに再就職し、札幌国際大学学生のバス送迎などを担当している。

しっかり情報収集を

私が再就職した企業は札幌国際大学の施設管理等を行っている会社です。きっかけは札幌地域援護センターによる説明で、同社が新たに大型バスによる学生の送迎を始めると知り、陸自機甲科出身で車両運転が好きだった私に合っていたこと、そして何といっても部署の6名全員が自衛隊OBで、安心感を得られたことでした。

私の職務は学生送迎のシャトルバス運転と施設管理（給湯施設やエレベーターの点検、ごみ搬出など）ですが、新型コロナの影響でバスの運行は現在ストップしています。

私が再就職について考え始めたのは業務管理教育受講後のことでした。定年まで3年あり、部隊で忙しい日々を送る中、「準備をしなさい」と言われても「そんな暇はない！」と言うのが本音で、なかなか向き合うことができませんでした。しかし、札幌地域援護センター勤務を通して定年を控えた者が将来どんな仕事をしたいのか、少しでも考えることが大事だということを学びました。

再就職では自分を取り巻く生活環境、特に子供の教育費、住宅ローンなどを踏まえ、以後のライフプランを考えることが重要です。そこからどんな資格・免許が必要なのか考えると、自分の進むべき方向が見えてきます。あとは援護センターなどに足を運び、しっかりとアンテナを立て、情報収集することが大切だと思います。

人が明るく楽しく元気よく勤務していくには「真心・愛・絆」が必要だと思います。私は先輩方の「真心・愛・絆」によってここまで来ることができ、周囲の方々に感謝しています。今後も周囲の方々に感謝し、学んだことを取り入れて、自分と同じ道に進もうとする後輩のためにも支援ができたらと思っています。

「朝雲」へのメール投稿はこちらへ！
▽原稿の書式・字数は自由。「いつ・どこで・誰が・何を・なぜ・どうしたか（5W1H）」を基本に、具体的に記述。所感文は制限なし。
▽写真はJPEG（通常のデジカメ写真）で。
▽メール投稿の送付先は「朝雲」編集部（editorial@asagumo-news.com）まで。

詰将棋

出題　日本将棋連盟
九段　石田　和雄

第843回出題

	5	4	3	2	1	
						一
		と		銀(後手)		二
				歩(後手)		三
		金(後手)		玉(後手)		四
		歩(後手)			飛	五
			馬	歩		六
						七

▲先手　持駒　角香

【ヒント】角打ちを決め手にする前の手順の妙（10分で初段）。

▶詰碁、詰将棋の出題は隔週です◀

詰碁

出題　日本棋院
九段　曲　励起

第1258回解答

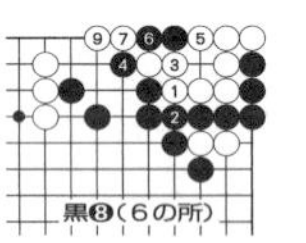

黒❽（6の所）

【解答図】白先、白活。白①黒❷白③がまず大切で、黒❹には白⑤、黒❻のホウリコミには白⑦、黒❽には白⑨で活きます。

質の高い質問が、質の高い人生を創る。
アンソニー・ロビンズ（米国の作家）

（世界の切手・ベトナム）

朝雲ホームページ
www.asagumo-news.com
<会員制サイト>
Asagumo Archive
朝雲編集部メールアドレス
editorial@asagumo-news.com

新刊紹介

「安全保障戦略」

兼原　信克著

安倍政権時代、総理を支える内閣官房副長官補兼国家安全保障局次長を務め、現在は同志社大学教授の著者が昨年、法学部学生に向けて行った現代安全保障戦略の講義をまとめた書である。

40年にわたり日本の安全保障に深くかかわってきた外交官出身の著者が、第2次安倍政権下で整備された新安保政策体制について、その背景や整備目的とともに易しく解説している。

著者は日本のリーダーとなる学生たちが今後、激変する国際社会で難しい舵取りを任されるとして、64万の職員を抱える日本政府という巨大な組織を運営するということはどういうことか、国民の意思をくみ政治や行政を行うこととはどういうことか、民主主義国の安保政策を司るとはどういうことか、自身の実体験をもとに熱く講義している。

本書では官邸の機能から経済・技術安保、日米同盟、歴史戦、インテリジェンス、領土問題などまで、現在の日本の政治・外交の内幕を紹介。これから防衛省・自衛隊という政府機関で幹部として働くことになる防大生や幹部候補生たちにとっては必読のテキストだ。

（日本経済新聞出版刊、3630円）

「知能化戦争」

龐　宏亮著、安田　淳ら訳

中国軍の新しい戦争の形態を紹介して注目された『超限戦』。本書はその次の中国の「新・戦争概念」が示されており、中国軍の戦略を研究する上で重要なテキストとなっている。著者は中国国防大学国家安全学院副教授（上級大佐）で「これから戦争は人工知能（AI）がカギを握り、軍事作戦における意思決定の補助でAIが必須になる」とし、新たな知能化戦の概要を述べている。

AIが著しく進化していくなか、戦争の形態も大きく変わり、AIへの依存が強まる結果、軍事分野では知能化革命が起きるとする。敵軍の脅威度なども知能アルゴリズムが判定し、作戦立案でもAIデータこそが力になる。今後、作戦はAIを中心に据えて立案され、従来の軍隊を形成してきた「ピラミッド組織」は崩壊すると見る。軍司令部はビッグデータセンター化し、参謀もいらなくなる。中国軍が進める人を排したAI化で戦争はどう変わるのか、防衛省・自衛隊も注目しておく必要がありそうだ。

（五月書房新社刊、3850円）

朝雲

発行所 朝雲新聞社
〒160-0002 東京都新宿区四谷坂町12−20 KKビル
電話 03(3225)3841
FAX 03(3225)3831
振替00190-4-17600番
定価一部150円、年間購読料9170円（税・送料込み）

主な記事

大規模接種のネット予約開始

防衛省 自衛隊 東京・大阪で5月24日開設

自治体による新型コロナウイルスのワクチン接種を国として後押しするため、5月24日に防衛省・自衛隊が東京と大阪に開設する「大規模接種センター」の予約が17日から始まった。東京、埼玉、千葉、神奈川、大阪、京都、兵庫の1都2府4県に住む65歳以上が対象で、今回が1回目の接種であることが条件。予約は①防衛省のホームページ②QRコード＝下＝③無料通信アプリ「LINE（ライン）」――のいずれかで専用サイトを開いて申し込む（表参照）。インターネットによる予約のみで、電話での受け付けは行わないが、予約画面の操作方法などに関する問い合わせ窓口を21日にも開設する予定だ。

コロナワクチン、65歳以上に

「大規模接種センター」への申し込みは、自治体との二重予約を避ける観点から、申込者が「市区町村で予約をしておらず、今回が1回目の接種であること」を条件としている。同センターでの接種を望む場合は、市区町村での予約を速やかに取り消すよう注意を呼び掛けている。

接種当日は、接種券と身分証明書（運転免許証、健康保険証、マイナンバーカードなど）の持参が必要。

2回目の接種日時は会場で伝えられる予定で、7月31日までに65歳以上の高齢者が2回目の接種を完了することを目指す。

防衛省の大規模接種対策本部長を務める中山副大臣は16日に省内で臨時記者会見を開き、「ウイルスとの闘いに全力で立ち向かっていきたい」と述べた。

17日には東京と大阪の「大規模接種センター」でそれぞれ編成完結式が行われた。大手町の合同庁舎3号館では、視察に訪れた中山副大臣と松川政務官が見守る中、「自衛隊東京大規模接種センター」のセンター長を務める自衛隊中央病院診療技術部長の水口靖規1陸佐が、担任官の福島功二中央病院長に対し、官民約350人（うち医官約50人、看護官等約130人、民間看護師等約110人など）による編成完結を報告した。

福島病院長は訓示の中で、①スタッフ間の密接な連携②心のこもった対応③感染予防の徹底――の3点を要望。「崇高な使命を自覚し、誇りをもって職務に取り組んでほしい。官民一丸となってさまざまな課題を克服し、ワクチン接種促進の任務完遂を期せ」と奮起を促した。

続いて中山副大臣が訓示し、関係者への謝意を表した上で、「自衛隊史上初めてのオペレーションに臨むことになる。今こそ、国民の命と暮らしを守り抜く、我が国の『最後の砦』として、その力を遺憾なく発揮する時だ」と激励した。

一方、大阪の「自衛隊大阪大規模接種センター」では、センター長を務める阪神病院長の平山健一陸将補が、担任官で中方総監の野澤真陸将に計約240人の編成完結を報告した。

大阪24～30日は満杯

東京・大阪共に17日に始まった予約は5月24～30日分。大阪会場は受け付け開始直後に2万5千件全ての予約が埋まった。東京会場の予約も18日夕刻時点で、用意した5万件全てが埋まる勢いという。

福島功二中央病院長（左壇上）の訓示を受ける東京大規模接種センター長の水口靖規1陸佐（手前右）以下、官民のスタッフ。左端（着席）は中山副大臣（5月17日、東京・大手町で）

「大規模接種センター」の予約について

		東京会場	大阪会場
施設名		大手町合同庁舎3号館	府立国際会議場
住所		東京都千代田区大手町1－3－3	大阪市北区中之島5－3－51
対象地域		東京都、埼玉県、千葉県、神奈川県	大阪府、京都府、兵庫県
予約開始	5月17日～	23区居住者	大阪市内居住者
	5月24日～	東京都内居住者	大阪府内居住者
	5月31日～	1都3県居住者	2府1県居住者
対象者		65歳以上の高齢者	
接種期間		5月24日～8月24日	
予約条件		①自治体から接種券を受け取っていること②1回目の接種であること	
予約方法		①防衛省ホームページ②QRコード③無料通信アプリ「LINE」――のいずれかから専用サイトへ	

東京会場の予約サイトQRコード

大阪会場の予約サイトQRコード

初の日米仏豪共同訓練（ARC21）が終了

陸上部隊は離島奪還

霧島演習場で報道公開

自衛隊、米海兵隊、フランス軍、オーストラリア軍の4カ国による国内初の多国間共同実動訓練「ジャンヌ・ダルク（ARC）21」が5月17日、終了した。15日には霧島演習場で陸上部隊の訓練の模様が報道公開され、敵が占拠した離島を想定し、日米仏の隊員が連携して奪還するまでを演練した。（3面に関連記事）

15日は激しい雨の中、仏陸軍兵士を乗せた陸自CH47輸送ヘリが離島に見立てた霧島演習場に降着。水陸機動団（相浦）、在沖米海兵隊、仏陸軍の順で展開した。その後、3カ国の部隊は降着地から約2キロ離れた空港ターミナルビルを模した建物に向けて前進し、水機団と米海兵隊が建物前の地雷を、仏軍が鉄条網を無力化して経路を確保。仏軍が先陣を切って敵が占拠する建物に突入した。日米部隊も別のビルに入り、共同で施設を奪還した。

当日は現地で中山副大臣、木原首相補佐官、吉田陸幕長、フィリップ・セトン駐日仏大使、ジャン・アダムス駐日豪大使、在日米軍副司令官のジェームズ・ウェロンズ海兵隊准将が視察した。

報道公開後の記者会見で水陸機動団第1水陸機動連隊長の開雅史1佐は「フランス陸軍、米海兵隊の皆さんとともに訓練ができ、大変光栄。陸上や海上での共同訓練を通じ、連携強化を図ることは我が国周辺の抑止力、対処力の強化やインド太平洋地域の平和と安定の上で不可欠で、大変有意義なことだ」と述べた。

仏陸軍を率いたマルカイユ中佐も「陸自と共に訓練を行い、連携要領を強化できた。今回の訓練を土台とし、将来的にもさらに（日仏共同対処の）能力を向上させていきたい」と話した。

日米仏豪共同訓練「ジャンヌ・ダルク21」で、離島奪還のため雨の中、降着した陸自CH47輸送ヘリから隊列を組んで展開する仏陸軍兵士（5月15日、霧島演習場で）＝代表撮影

仏陸軍参謀長と意義を高く評価

吉田陸幕長がTV会談

吉田陸幕長は5月12日、フランス陸軍参謀長のティエリー・ビュルカール大将とテレビ会談を行った。

会談では、同11日から相浦駐屯地などで始まった日米仏豪4カ国の共同訓練「ジャンヌ・ダルク（ARC）21」の意義を高く評価しつつ、「自由で開かれたインド太平洋」を共に維持・強化していくことで一致した。

吉田陸幕長は13日の記者会見で「フランスはインド太平洋地域にニューカレドニア特別共同体を含む海外領土を持っているという意味では地域国ともいえる国だ。同地域において法の支配に基づく自由で開かれた国際秩序を維持し、力による現状変更を認めないという価値観も共有している。われわれ（日仏の）陸軍種同士がしっかりと連携していくことが、この地域の平和と安定にとって大きな意義がある」と述べた。

気候変動「タスクフォース」初会合

防衛省 526施設で再エネ調達

防衛省は5月14日、地球温暖化問題への取り組みを検討する省内の組織横断的な特別作業部会「気候変動タスクフォース」を立ち上げ、初会合を開いた。

同タスクフォースは、岸防衛相が4月22日に米国政府主催で開かれた「気候変動に関する首脳会議（気候サミット）」の「気候安全保障セッション（分科会）」にオンラインで出席し、新設を表明していた。

会合には中山副大臣を筆頭に、島田事務次官、槌道防衛審議官、芹澤官房長、山崎統、吉田陸（代理）、山村海、井筒空の各幕僚長、武田防衛装備庁長官ら同省の主要幹部が出席した。

開会に当たり、中山副大臣は「安全保障と気候変動の問題は切り離して考えるべきではない。今後はこの『タスクフォース』という枠組みで省内一体となって課題に対する有意義な検討を行っていきたい」と意気込みを述べた。

あいさつの中で副大臣は「気候変動で自然災害が増えれば、自衛隊の派遣人員や派遣期間が増加し、自衛隊の練度の維持・向上に支障を来す可能性があり、我が国の安全保障に影響を及ぼす恐れがある」と指摘。

地球規模では海面上昇によって陸地が減少し、領土や資源をめぐる争いが活発化するなど、地域全体が不安定化することに懸念を示した。

会合では、今後の課題として気候変動が日本や世界の安全保障に与える影響を分析し、防衛省・自衛隊としての対応の在り方について検討を進めていくことを確認したほか、今年度の再生可能エネルギー（再エネ）による電力調達実績に関しても意見を交わした。

防衛省・自衛隊では温室効果ガスの削減に向け、昨年度から再エネによる電力調達を開始しており、今年度は全国985の自衛隊施設のうち、526施設で再エネ調達を実施する。

これは昨年度の151施設と比較して約3・5倍の施設数に上るほか、再エネ調達の見込み量も全12・8億キロワット時のうち、約49％を占める約6・2億キロワット時となり、昨年度と比べ約6・8倍となることが期待されている。

「気候変動タスクフォース」の初会合であいさつする中山副大臣（テーブル席中央）。左端は島田事務次官（5月14日、防衛省で）

海上も連携強化

艦艇12隻が東シナ海に展開

海自は5月11日から17日まで、日米仏豪の海上部隊による初の共同訓練「ジャンヌ・ダルク（ARC）21」を実施した。14日からは4カ国の艦艇計12隻、各種航空機が東シナ海に展開し、空自の戦闘機などと協同して島嶼防衛を想定した着上陸訓練などを行った。

訓練には海自からヘリ搭載護衛艦「いせ」、護衛艦「あしがら」「あさひ」「こんごう」、輸送艦「おおすみ」、ミサイル艇「おおたか」「しらたか」と潜水艦、哨戒機が参加。

フランス海軍は士官候補生や陸軍兵士を乗せてインド・アジア方面に展開している「ジャンヌ・ダルク練習艦隊」の強襲揚陸艦「トネール」、フリゲート「シュルクーフ」、米海軍はドック型輸送揚陸艦「ニューオリンズ」、P8A哨戒機、MV22オスプレイ、豪海軍からはフリゲート「パラマッタ」が加わった。

訓練では「おおすみ」に乗り組んだ陸自水陸機動団の隊員や仏・米軍の兵士らがそれぞれの艦艇からボートやヘリを使用して着上陸訓練を行う中、各戦闘艦と空自のF2戦闘機などが防空、対潜作戦に当たった。参加艦艇は島嶼に上陸する陸自部隊などを援護し、これら訓練を通じて4カ国海上部隊の連携を強化した。

春夏秋冬

サイバー傭兵の攻撃

土屋 大洋

ロシアによる大規模な干渉が行われた2016年の米国大統領選挙の反省から、20年の大統領選挙では厳戒態勢が敷かれ、米国のサイバー軍は選挙防衛を最優先課題とした。米国政府は17年に選挙を政府設備の一部として重要インフラ指定したので、連邦軍が選挙を防衛するという、日本の自衛隊にはできないことができる。

20年の大統領選挙では、ロシアの影は薄く、イランによる選挙干渉が目立った。黒人差別に反対するブラック・ライブズ・マター（BLM）に乗じた偽サイトを作ったり、極右団体をかたる偽メールを有権者に送ったりした。サイバー軍と情報機関は協力して対抗策を打った。

ところが、多くの人の関心が選挙に向いているうちに、ロシアはサイバーセキュリティ製品を扱っているソーラーウインズ社の製品の脆弱性を悪用してシステムに入り込んだ。狙われたのは米英40超の企業や政府機関である。米国では国防総省や財務省、エネルギー省、米国内の核兵器を管理する核安全保障局（NNSA）なども含まれる。

被害が発覚したのは20年12月のトランプ政権中だったが、バイデン政権成立後の4月15日、ロシアに対する新たな制裁措置を発表し、米金融機関によるロシア債券の取引制限を拡大し、駐米外交官10人に国外追放を命じた。

ところが、その後、5月7日になって米国東部の大規模石油パイプラインにサイバー攻撃が行われ、混乱が引き起こされた。バイデン政権は、悪者ハッカー集団「ダークサイド」によるものだとし、彼らがロシアにいると主張した。

プーチン大統領が直接ダークサイドに依頼した証拠は出てこないだろう。防衛は政府機関や政府軍が直接行うが、攻撃は通常、サイバー傭兵ともいえる別働隊が行い、攻撃が疑われる政府はしらを切り通す。

国家による攻撃が明白ではないからこそ、そこから戦争にエスカレートしにくいという面もあるが、防衛側にとっては抑止をかけにくい。サイバーセキュリティの難しさは、誰がいつ、何を仕掛けているのかわかりにくいことにあり、核ミサイルの時代とは異なる抑止が必要である。

（慶應義塾大学総合政策学部長、教授）

朝雲寸言

1895年、日清戦争に勝利した日本は、獲得した台湾に破格の投資を開始した。鉄道やダムの建設、農業振興や感染症対策、教育普及などを通じ「内地より進んだ植民地」を志した。英仏蘭米などの植民地支配とは随分異なる日本の流儀になじんでくれたのだろうか。戦後、司馬遼太郎と会った李登輝総統は「僕は22歳まで日本人だったんですよ」と明るく語った▼日本の敗戦後、大陸で共産党との戦いに敗れた国民党政府が台湾入りした。けれど、その圧政と素行の悪さに耐えかねた台湾の人々は1947年、怒りを爆発させる。この「二二八事件」で放送局を占拠した人々は、国府軍将兵には通じない日本語で決起を呼びかけた。「もうすぐ日本軍が助けに来てくれます」との放送もあったという▼しかし彼らが望んだ「日本軍の来援」は遂になく、決起は鎮圧された。その後の長い戒厳令の時代を経て李登輝総統の時代になると台湾は民主化を進め、現在に至る▼その台湾が再び大陸方面からの試練にさらされている。共産党政権は戦闘機の大量発進などによる威嚇に加え、台湾産パイナップルの輸入停止にも出た。すると日米加などが「では我々が買いましょう」と手を差し伸べた。甘くて芯まで食べられる「フリーダム・パイン」を頬張る〝台湾来援〟に参加しつつ、「自分たちが食べたいものを自由に選べる時代が大陸の人々にも来ればいいのに」とふと思った。

陸自通信学校

「サイバー教官室」を新編

高度な知識・技術有する人材育成

新編された「サイバー教官室」の看板とともに写真に納まる（左から）濵崎芳夫通信学校長、松尾卓治1佐、室長の山崎幸男2佐、伊藤幸二1佐（3月29日）

【通校＝久里浜】陸上自衛隊通信学校は3月29日、これまでの第2教育部情報処理教官室を新たに「サイバー教官室」に改編した。室長に山崎幸男2佐が就任し、隊員約20人による新体制で教育を開始した。

防衛省・自衛隊ではサイバー攻撃による重要システムの機能停止などに備え、隊員のサイバーセキュリティー教育に力を注いでいる。「防衛大綱」においても、宇宙・サイバー・電磁波といった新たな領域を有機的に融合した「領域横断作戦」を打ち出し、専門的な知識・技術を保有する人材を確保することが明記されている。

こうした中、通信学校では情報セキュリティーに関する教育に加え、令和元年度には陸海空自の各隊員に対する「サイバー共通教育」をスタートさせた。2年度からは高度なプログラミング言語の使用や、最新の民間技術を取り入れたシナリオに基づく実習など、さらなる上級レベルの教育も開始している。

同校では今回の改編を契機として、サイバー関連の民間企業や防衛大学校などと連携した情報の共有を進め、高度・複雑化するサイバー領域の変化に対応していく考えだ。

通信学校長の濵崎芳夫陸将補は「最新の事案対処能力を隊員に付与できるよう教育内容のさらなる充実・深化を目指し、防衛省・自衛隊のサイバーセキュリティーを担う高度な識能と伸展性ある人材の育成に尽力したい」と話している。

時の焦点（国内）

大規模接種会場

自衛隊の組織力発揮せよ

国難とも言われる感染拡大の危機に、自衛隊が果たしている役割は大きい。迅速なワクチン接種の実現に向けても、万全の体制を整えてもらいたい。

政府が24日、東京と大阪に、自衛隊が運営する新型コロナウイルスの大規模ワクチン接種センターを設置する予定だ。8月24日までの3カ月間、開設するという。

昨年、予防接種法が改正され、新型コロナのワクチン接種の主体は市町村と定められた。だが、自治体は医療従事者の確保に腐心している。国主導の接種に乗り出すのは、市町村の取り組みを補完する狙いがある。

東京会場は、東京、埼玉、千葉、神奈川の1都3県の65歳以上の人を対象とする。大阪会場は、大阪、京都、兵庫の2府1県の65歳以上だ。高齢者への接種が落ち着いた段階で、基礎疾患を有している人や、高齢者施設に従事している人などを接種対象に加える。

防衛省は、東京会場に自衛隊の医官・看護官、民間看護師ら計290人を配置する。大阪会場には計190人を置く。1日の接種能力は、東京で1万人、大阪で5000人にのぼるという。

ワクチン接種センターの運営は、国民の健康を守るかつてない大規模な医療支援活動となる。危機管理の「最後の砦」（菅首相）として、自衛隊は重責を果たさねばならない。民間の看護師を含めて訓練を重ね、円滑に接種が行われる仕組みを構築してほしい。

コロナ禍にあって、自衛隊は様々な任務をこなしてきた。集団感染が発生したクルーズ船での医療・検疫支援や、医療提供体制が逼迫した北海道旭川市、大阪府への要員派遣などである。

自衛隊には、医官と看護官が1000人ずついる。これまで医官と看護官に感染例はないという。平時から感染防護の訓練を行い、規律を重んじた集団行動をとっていることが、対処能力の高さにつながっていよう。

懸念されるのは、自衛隊の負担増である。感染が拡大している地域では、自衛隊による接種会場の設置を望む声が相次いでいるという。

政府は、医療従事者の不足が予想される夏の東京五輪・パラリンピックに、医官・看護官を派遣することを検討しているという。

医官・看護官は全国の自衛隊病院や駐屯地で勤務している。地域医療を支え、コロナ患者を受け入れている病院も多い。

医療・検疫などの支援要員となる陸上自衛隊を含めて、際限なく活用すれば、防衛や災害派遣といった任務に支障が出よう。政府は文字通り、「最後の砦」として自衛隊を運用する必要がある。

政府は、今回のセンターの運営費を防衛予算の転用で賄っている。早急に予備費や補正予算で充当すべきだろう。

夏川　明雄（政治評論家）

時の焦点（海外）

対北朝鮮政策

非核化へ柔軟対応の米

米国のバイデン政権は1月20日の発足以来、喫緊の公約である新型コロナ対策や気候変動問題の取り組みなどグローバルな重要課題のほか、「競争国」と位置付ける中国や関係修復の糸口が見えないロシアへの同盟諸国を巻き込んだ対抗戦略の策定のみならず、イラン核合意への復帰、アフガニスタンからの米軍撤収など主要な二国間・地域問題を中心に、トランプ前政権の政策見直しを鋭意進め、一部は着手している。そうした中で最後まで残っていたのが、北朝鮮の核・ミサイル問題解決を目指す対北政策の見直しだ。

サキ米大統領報道官は4月30日の会見で、北朝鮮の核問題解決に向けた新政権の政策見直しが完了したことを確認し、歴代米政権が非核化で結果を出せなかったことを踏まえ、日韓両国などと連携して「調整された現実的なアプローチ」による外交解決を目指す方針を表明した。

サキ報道官は詳細な説明は避けたものの、引き続き「朝鮮半島の完全な非核化が目標だ」と指摘。その上で、トランプ政権が米朝首脳会談で追求した完全な非核化の見返りに制裁を全面解除する「一括取引」や、北朝鮮が非核化へ具体的措置を講じない限り対話に応じないオバマ政権の「戦略的忍耐」とは異なる手法を採用する考えを示した。即時の非核化ではなく、外交を通じて「段階的アプローチ」を取るというのが新政策の主眼だ。

サリバン大統領補佐官（国家安全保障担当）もその直後の米メディアとのインタビューで、バイデン政権の対北朝鮮政策について「敵視ではなく解決を目指すものだ。最終的には朝鮮半島の完全非核化達成を目標としている」と語り、柔軟な外交手段によって解決を模索する考えを強調した。

日米韓3カ国の外相会談が5月5日、ロンドンでの主要7カ国（G7）外相会合に先立って開催され、ブリンケン米国務長官が米国の新たな対北朝鮮政策を説明し、日米韓連携の重要性を確認した。日韓両国の政府関係者からは歓迎の声が聞かれるが、北朝鮮との交渉の見通しは依然として立たず、核兵器放棄など非核化への道筋はまだ先が読めない。

当面の焦点は北朝鮮の出方となるが、米韓合同演習の中止や制裁解除といった「見返り」となる成果が得られる確証がなければ、交渉に簡単に応じるとは考えにくい。最高指導者の金正恩総書記にとっても、一部の反対を押し切って臨んだハノイでのトランプ氏との首脳会談の決裂の「痛手」は大きいだけに、警戒心を抱く米新政権との交渉に踏み出すのは、至上命令の独裁体制維持の観点からも慎重にならざるを得まい。

北朝鮮指導部が米側に要求を受け入れさせるために軍事的行動などの挑発に打って出れば、制裁解除は遠のき、新型コロナ禍の影響もあって厳しさを増す経済苦境にさらなる痛撃を与えることになる。米国の「現実的アプローチ」が功を奏すためには、日米韓の連携強化とともに、北朝鮮の後ろ盾となる中国の協力取り付けが欠かせない。

伊藤　努（外交評論家）

海賊対処航空隊が交代

43次隊、ジブチに向け出国

アフリカ東部のジブチを拠点にソマリア沖・アデン湾で上空から海賊行為の警戒監視に当たる海自の航空隊部隊は5月上旬、42次隊から43次隊に交代した。

43次隊は2空群（八戸）の西宮友樹2佐を指揮官に要員約60人で編成。要員約30人が4月24日に成田空港からジブチに向けて出国、P3C哨戒機2機は残る要員を乗せて同28日に八戸基地から出発した。現地到着後は新型コロナウイルス対策として約2週間の停留期間を経て42次隊から任務を引き継いだ。

一方、約3カ月間の活動を終えた42次隊（指揮官・清水要平2佐＝51飛行隊長、5空群＝那覇＝基幹）は、新型コロナ陽性者と要健康監視者を除いた要員約20人が5月12日に羽田空港に帰国、2機のP3Cとクルーは同14日に那覇基地に帰投した。

露艦隊、対馬海峡南下

巡洋艦など東シナ海に進出

4月30日午後9時ごろ、ロシア海軍の「ウダロイI」級ミサイル駆逐艦（満載排水量8600トン、艦番号564「アドミラル・トリブツ」）と「ネフテガス」級航洋曳船「カラル」の2隻が長崎・対馬の東方35キロの日本海を南西に向けて航行するのを海自2掃海隊（佐世保）の掃海艇「ひらしま」が確認した。2隻はこの後、対馬海峡を南下し、東シナ海に入った。

また、5月5日午後4時ごろには、対馬の北東約20キロの海域で露海軍の「スラバ」級ミサイル巡洋艦（1万1600トン、011「ワリヤーグ」）、「ウダロイI」級ミサイル駆逐艦（543「マーシャル・シャポシニコフ」）、「ステレグシチー」級フリゲート2隻（2200トン、333「ソビエルシェンヌイ」、335「グロームキー」）の計4隻を海自4空群（厚木）のP1哨戒機、3ミサイル艇隊（佐世保）のミサイル艇「おおたか」が確認、情報収集と警戒監視に当たった。

露艦隊は日本海から対馬海峡を南下し、東シナ海に進出した。

中国軍Y9、宮古海峡を往復

空自F15戦闘機がスクランブル

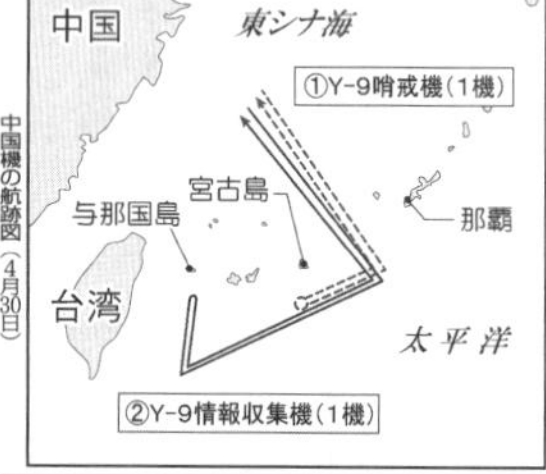

中国機の航跡図（4月30日）

中国軍のY9情報収集機とY9哨戒機各1機が4月30日の午前から午後にかけ、沖縄本島と宮古島間の宮古海峡を往復飛行したため、空自南西空のF15戦闘機が緊急発進して対応した。領空侵犯はなかった。

沖縄・尖閣諸島北方の東シナ海に飛来した中国軍機2機は南東進して宮古海峡を通過。哨戒機は先島諸島南方沖を南西進した後、宮古島南方沖で周回し、再び宮古海峡を通過して自国領方面に戻った。

一方、情報収集機は台湾南端沖まで南西進し、与那国島南方沖で北上。この後、反転して往路と逆ルートで宮古海峡を通過し、日本の領空から離れた。

統幕は同日、空自機が撮影した中国軍機の写真と航跡図を公表した。

11旅団と12旅団が激突

北海道訓練センター対抗演習

陸自は5月14日、令和3年度北海道訓練センター（HTC）第1回実動対抗演習を関東から北海道に到る地域で開始した。6月25日まで。

HTCは昨年3月に新編された訓練評価支援隊（北千歳）が運営に当たり、今回は東方・12旅団の13普連（松本）と北方・11旅団の18普連（真駒内）が攻撃・防御側に分かれ、上富良野演習場などで諸職種協同による作戦行動を演練する。

12旅団各部隊の北方への機動展開や準備訓練などは、東方総監の小野塚貴之陸将が担任官を務める。また、6月4日から8日まで予定する上富良野演習場での実動対抗演習は、教訓研本長（目黒）の田中重伸陸将が担任官を務める。

共済組合だより

交通事故にあったとき　組合員証の使用は事前の届け出が必須です

組合員又は被扶養者が交通事故などの第三者の行為によって負傷され、「組合員証」等を使用する場合は、事前に必ず共済組合へ届け出てください。

交通事故などで負傷した際、その治療費用は加害者が負担するのが原則となっています。このため、「組合員証」等を使用して治療を行う時は、「損害賠償申告書」の提出が必要になります。

「損害賠償申告書」には、事故報告書、警察署の事故証明、医師の診断書などを添付する必要があります。また、示談の場合は示談書の写しも必要になります。

その後、共済組合は負傷された方の医療費を給付するとともに、その給付額を被害者に代わって加害者に損害賠償を請求する権利（代位請求権）を取得し、給付を行った額を限度として損害賠償請求を行います。

交通事故の場合、加害者は示談を急ぎたがりますが、被害者が不利な示談をしてしまいますと共済組合が立て替えた費用を加害者に請求できなくなり、結局その費用は被害者自身が負担することになる場合もあります。

「組合員証」等を使って治療を受けたときの示談については、共済組合の事務担当者とよく相談のうえ慎重に進めてください。

防衛省発令

▽空自幹部学校付（空幕防衛課）1空佐　上田　和人
▽解空自補給本部電子計算機システム課長兼補　空自補給本部計画管理課長　2空佐　水口　健一
（以上5月1日）
▽兼防衛医大病院助教　防衛医大病院救急調整官兼リハビリテーション部　2海佐　田村　史沙
▽兼海幕装備体系課　海幕防衛課　1海佐　菅原　誠
▽海幕運用支援課南極観測支援班長（海幕副監察官）2海佐　齋藤　一城
▽護衛艦隊司令部（しらせ艦長）1海佐　竹内　周作
▽うらが艦長（ぶんご掃海長兼副長）2海佐　近藤　幸司
▽しらせ艦長（海幕運用支援課南極観測支援班長）1海佐　白方　将司
▽解開発隊群司令部兼務　艦艇開発隊開発部長　同　石井　和徳
▽横須賀地方総監部監察官（うらが艦長）2海佐　杉山　重一
▽同4幕僚室長兼1幕僚室長（横須賀地方総監部防衛部）同　花田　将之
▽海自幹部学校（自衛艦隊司令部）1海佐　金子　純一
▽兼防衛装備庁国際装備課　防衛装備庁技術計画官付技術計画調整官兼装備技術官付　同　関野　博
▽同技術計画官付　防衛装備庁装備技術官付装備技術室長　同　西野　修史
（以上5月10日）
▽兼統幕運用2課　陸幕運用支援課　1陸佐　小林　直基
▽同　陸幕衛生部　同　鈴木　裕之
（以上5月13日）
▽空幕会計課予算班長（空幕会計課）1空佐　齋藤　祐介
▽9航空団基地業務群司令（同会計課予算班長）同　澤田　裕之
▽作戦情報隊副司令（情報本部）同　松隈　俊一
▽兼航空開発実験集団司令部航空開発実験集団技術課長　同　吉川　徹
▽解航空開発実験集団司令部兼務　航空開発実験集団研究開発部長　同　阿部　康彦
▽空自幹部学校付（9航空団基地業務群司令）同　山口　嘉大
▽2補給処十条支処調達課長（北関東防衛局装備1課システム調整官）2空佐　林　千里
（以上5月14日）

東日本大震災から10年 自衛隊への教訓 ▷▷7◁◁

揺るぎない最後の砦 化学科

元中央特殊武器防護隊長 岩熊 真司 元1陸佐（現・東洋紡顧問）

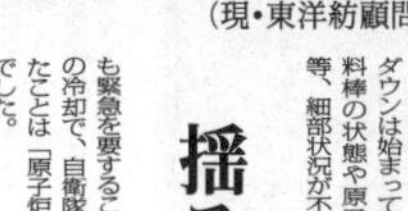

現地で隊員を指揮した岩熊真司元1陸佐

状況不明の出動

今から10年前の2011年3月11日、我が国初の原子力災害派遣命令を受けた陸自中央特殊武器防護隊は、東京電力福島第1原発から約5キロに位置する大熊町オフサイトセンターへと向かいました。

原発事故を想定した訓練など当時は行っておらず、状況不明のこの出動にあたり隊員に示したことは、これまで訓練してきた放射線防護の基本基礎を徹底して、放射線を正しく恐れ、確実に身体を防護することを愚直に守ることでした。

福島に到着した時、オフサイトセンターでは関係者が集まり、原子炉のメルトダウンをいかに食い止めるかを検討しており（既にこの時メルトダウンは始まっていた）、燃料棒の状態や原子炉の温度等、細部状況が不明の中、最も緊急を要することは原子炉の冷却で、自衛隊が依頼されたことは「原子炉への給水」でした。

原子炉への給水

放射性物質の漏洩は既に始まっており、被ばく覚悟での給水作業でしたが、事態収束のために我々にできることは「隊員の安全が確保できる範囲で全て任務」と認識していました。我々ができることをやらなかった結果、半径250キロ（東京が含まれます）に人が住めない状況に陥った時、いかに後悔するかを思うと、自分たちにやらないという選択肢はないと思っていました。

自衛隊に求められることは危険が伴うものの、誰かがやらなければならないことで、自衛官が振り返ってもそこには誰もいません。我々はそのような時であっても与えられた任務を完遂することができるよう日々錬成を続けているのです。その厳しい訓練に明け暮れてきた隊員が、これまで訓練してきたことが国民の役に立つ場面に直面した時、皆「俺にやらせてくれ」という目になり、本当に献身的に休むことも忘れ、力を発揮してくれました。

増え続ける任務

我々に与えられた任務は、原子力発電所周辺の陸海空からのモニタリング、原発敷地内で使用し汚染された車両の除染、行方不明者捜索場所の安全確保と捜索員の除染、一時帰宅者の安全確保など、次々と増え続けました。これに対応するため、全国の化学科部隊の3分の2にあたる10個部隊が逐次福島に集結し、中央特殊武器防護隊の下で、なんとその約3倍の勢力の「増強中央特殊武器防護隊」となり、全隊員が一丸となってこの難局にあたりました。

福島第1原発内で負傷した東京電力社員を福島県立医大病院まで搬送し、病院前で除染に当たる陸自中央特殊武器防護隊の隊員

増強中央特殊武器防護隊は、全員が放射線防護の基本基礎が身に付いている隊員ばかりであり、放射線を正しく恐れ、どの値からが危険か、危険の意味するところを理解した上で冷静な判断と行動ができる集団でした。そのような集団はあの時、彼らだけであったと思います。

いつ、原子炉が危険な状況に陥り、隊員はどのような危険な状況に晒されるのか、まったく分かりませんでした。その後4カ月半にわたる現場での活動はまさに緊張の連続で、隊員たちの心身を著しく疲弊させました。

国民の応援励みに

その中において、我々を最後まで支えてくれたのが国民の皆さまの応援でした。たくさんの応援メッセージが書かれた手紙やファクスが現場の隊員へと届き、自衛隊車両が移動する沿道には「自衛隊さん、ありがとう」と書かれた紙を持つ子供たちの姿がありました。涙が出るほど嬉しく、「もっともっと頑張りたい」という気持ちが心の底から湧き上がりました。

一方で、吉田茂元首相がかつて我々に残した言葉も戒めとして忘れてはならないと思います。

「自衛隊が国民から歓迎される時は国家存亡の危機か国民が困窮している時だけなのだ。君たちが日陰者である時の方が国民や日本は幸せなのだ。どうか耐えてもらいたい」

ですから私も陸上自衛隊化学科部隊が日陰者と言われる日が永遠に続くことを心より祈りたいと思います。

一方、諸先輩方が我々に残してくれた教育訓練の基本基礎の正しさに改めて感謝するとともに、このたびの震災の貴重な経験を踏まえて部隊・隊員の練度を積み上げ、陸自化学科がこれからも「揺るぎない最後の砦」として力を蓄え続けていく姿を今後も見守りたいと思います。

陸・海・空で多国間共同訓練

B52爆撃機が飛来

この1年のコロナ禍の中では最大規模となる自衛隊と各国軍の共同訓練が国内外で行われている。九州では自衛隊と在日米軍に来日したフランス軍、オーストラリア軍を加えた日米仏豪4カ国初の共同訓練「ジャンヌ・ダルク21（ARC21）」が5月11日から17日まで、相浦駐屯地と霧島演習場などで実施された。一方、海上でも同4カ国艦艇などによる共同訓練を東シナ海で行い、陸自水陸機動団の隊員が海自輸送艦「おおすみ」から着上陸訓練などを演練。その上空では空自のF2戦闘機部隊が援護に当たった。このほか、海自の海賊対処部隊はフランス海軍の空母などと、空自戦闘機部隊は東アジアに飛来した米空軍のB52戦略爆撃機部隊とそれぞれ訓練を行い、多国間での共同対処能力を高めた。（1面参照）

東シナ海上空などで日米共同訓練を行う米空軍のB52戦略爆撃機（上、右下）と空自のF15戦闘機 ㊦B52の機内から見た空自5空団305飛行隊のF15戦闘機2機編隊（米空軍のツイッターから。写真はいずれも4月27日）

㊨フランス海軍の強襲揚陸艦「トネール」（奥）は来日前の4月中、ベンガル湾で日仏米豪印共同訓練「ラ・ペルーズ21」にも参加。外洋練習航海部隊の護衛艦「あけぼの」（手前）、豪海軍の補給艦「シリウス」（中央）と洋上補給訓練などを行った
㊦ソマリア沖・アデン湾で行われた日仏米3カ国の共同訓練で、フランス海軍空母「シャルル・ド・ゴール」（奥）と並走する海自海賊対処水上部隊38次隊の護衛艦「せとぎり」（5月1日）

東シナ海と九州で「ARC21」

日米仏豪海上部隊による共同訓練「ARC21」には、海自のヘリ搭載護衛艦「いせ」など艦艇8隻、フランス海軍の強襲揚陸艦「トネール」とフリゲート「シュルクーフ」、米海軍のドック型輸送揚陸艦「ニューオリンズ」、豪海軍のフリゲート「パラマッタ」など計12隻が参加し、4カ国の連携を強化した（5月14日、東シナ海で）＝米軍サイトDVIDSから

海賊対処の「せとぎり」 仏海軍空母と共同訓練

ソマリア沖・アデン湾で海賊対処活動に当たっている海賊対処行動水上部隊38次隊の護衛艦「せとぎり」（艦長・佐藤伸哉2佐）は5月1日、フランス海軍の空母「シャルル・ド・ゴール」（満載排水量4万3000トン）と共同訓練を行った。

訓練には仏空母のほか、同海軍駆逐艦「シュヴァリエ・ポール」（7100トン）、米海軍の駆逐艦「マハン」（8800トン）も加わり、艦載ヘリによるクロスデッキ（相互乗艦）を行い、海賊対処に係る連携を強化した。

日、EU、ジブチによる初の共同訓練で、戦術運動を行う海自の「せとぎり」（手前）とイタリア海軍のフリゲート「カラビニエリ」（奥）。上空を飛行するのはスペイン海軍のP3M哨戒機（5月10日、ソマリア沖・アデン湾で）

アデン湾で3者初の共同訓練

——日、EU、ジブチ

「せとぎり」は5月10日、ソマリア沖・アデン湾で欧州連合（EU）海上部隊、ジブチ海軍などと共同訓練を実施した。日、EU、ジブチの3者が共同訓練を行うのは初めて。

訓練はEUが今年4月に採択した「インド太平洋における協力に関するEU戦略」に基づいて行われ、EU部隊からは「ソマリア・アタランタ作戦」旗艦のイタリア海軍フリゲート「カラビニエリ」（6700トン）、スペイン海軍のP3M哨戒機が参加。ジブチからは同国海軍と沿岸警備隊の巡視艇が加わり、戦術、近接運動、クロスデッキ、小型船等近接対応、船舶護衛など各種訓練を約20時間にわたり演練した。

日、EU、ジブチは訓練終了後に共同発表を発出。日本は「EUのインド太平洋地域への関与に対する強いコミットメント（責任ある関与と約束）の証としてこの戦略を歓迎する」表明。日、EU、ジブチは、「海洋交通路の安全を確保し、あらゆる脅威から世界の海上領域を守り、ルールに基づいた国際秩序の維持に引き続きコミットしていく」としている。

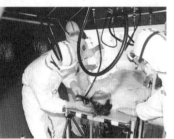

ARCの成功 国旗に誓う

日・米・仏・豪4カ国が訓練開始式

㊨訓練開始式で掲げられた自国旗に敬礼する日米仏豪の指揮官（写真はいずれも5月11日、陸自相浦駐屯地で）＝米海兵隊のツイッターから
㊧「ARC21」の訓練開始式で自衛隊を代表し、あいさつする水機団1水陸機動連隊長の開雅史1陸佐（中央壇上）。「仏・米・豪3カ国の皆さまをお迎えできたことを心から光栄に思い、共に訓練できることに感謝する」と述べた

展

自己と向き合う

「令和２年度全自衛隊美術展」（防衛省主催、防衛省共済組合協賛）の審査がこのほど行われ、全国の自衛隊員とＯＢ・家族が制作した絵画・写真・書道の入選作品が決まりました。ここでは各部門で「内閣総理大臣賞」「文部科学大臣賞」「防衛大臣賞」に輝いた各作品を審査に当たった各先生の講評とともに紹介します。（７面に関連記事）

内閣総理大臣賞　「萬葉歌」

第６航空団整備補給群修理隊　２等空曹　的野　誠

この作品は萬葉歌を素材にし、きわめて斬新な手法により制作された書の作品です。まず、上下二段に文字を配置した全体構成に独特の工夫があり、金属的なイメージをもつ額装の雰囲気とも美しく調和しているように思います。また、筆の運びが大胆で、墨の使い方も豪快であり、鑑賞者の目を引き込む迫力に満ちています。適度な線のカスレも、作品全体の立体感を醸し出していて、魅力的です。

防衛大臣賞　「小島切」

北部航空警戒管制団第18警戒隊
２等空尉　阿部　由佳

日本の伝統的な「かな」の書の古典的名作を臨書した作品です。この書の特色を大づかみにとらえ、全体の調和にも配慮して、巧みにまとめあげています。

多くの字数でありながら、破綻もなく、大胆かつ細心の筆運びを見せており、伝統美をよく再現しているようです。表装も作品をよく引きたてており、完成度の高い臨書作品に仕上がっていると思います。

防衛大臣賞　（家族等の部）

「くれなゐの」

隊員家族　南部　澄寿

縦形式の紙に、歌を二行にわけて揮毫した作品です。かなの作品ですが、漢字的要素をも巧みに織り交ぜて、美しく密度ある空間表現を実現しています。

文字の大小の変化や、墨の量の変化にも工夫が見られ、全体がよく調和しているようです。カスレの効果もよく作品を引き立てています。余白に対する配慮もみごとであり、作品全体を美しく仕上げています。

教育大学卒。57年筑波大学大学院修士課程芸術研究科修了。平成18年筑波大学人間総合
理事、書学書道史学会副理事長、日本書美術振興会評議員。本美術展の審査は７回目。

絵画

総　評

大谷　喜男先生

コロナ禍で自己を見つめる時間を絵画に求めたのだろうか。

隊員の部の出品作品が増えている。絵画は上手い下手ではない。制作に熱中している自分が、そこにいたことを知った時の満足感が貴重なのである。二次元の世界に三次元の世界を描き出す楽しさと難しさを知り、次への挑戦に繋がる。

受賞には漏れたが、入選の「オオグチマガミのコロナ退治」は力みなぎる堂々たる力作、「再度、緑々と描く」は杉の木の対比が見事であり、「ジパング2020」はパズル式な抽象描写が印象に残る。他、隊員の部で注目した作品は、温かい色調の「夏」、冬の厳しさ伝わる「凍空の戦車隊」、「吉野桜」の美しさの対比、花々をエネルギッシュに描いた「雨後の華々」、夜景の美しい「光の港町」、哀愁の「岬にて」、空の雲と木の緑が美しい「支える力」、「狼頭」は大作に期待、家族等の部では丁寧に描いた「神角寺渓谷」に注目した。

これからも大自然、人や動物、身近な所などからヒントを得て描き続けていただきたい。

内閣総理大臣賞　「神の子池」

倶知安駐屯地業務隊　技官　野原　恵一朗

水面に沈み込む倒木、写る木々や浮かぶ落ち葉、射し込む光。画面下の熊笹から森林の奥行まで、見事な写生である。小さな島の様な部分も利いている。

この場所に出合った感動が瑞々しく表現されている。観察力、描写力に優れた作品である。

防衛大臣賞　「いつもそこにいる」

第105基地システム通信大隊
第316基地通信中隊久里浜派遣隊
陸士長　中塚　麻裕

森に魔物が棲むという。森の中に足を踏み入れたら、戻れなくなりそうな恐怖が募る。赤い丸は一体何か。

作者の強いメッセージが感じられる。暗い森と明るい空との対比が異様に美しく、一層闇が際立って見える。

文部科学大臣賞　「凛」

北部方面航空隊第１対戦車ヘリコプター隊第１飛行隊
陸士長　吉田　萌々子

左から射し込む光により、人物を明と暗に分け、力強く描かれている。髪の毛の質感、穏やかさと精悍さを合わせ持つ顔、日頃より鍛え上げた体。

現代に生きる若者が、多少の不安を抱えながらも、未来への希望が感じられ、心打つ作品である。デッサン力にも注目した。

防衛大臣賞　（家族等の部）

「愛する人を守る心」

隊員家族　早野　慎吾

過去にタイムスリップしたような、時空を越えたものが感じられる。

細部まで丁寧に描き、物に対する愛情が伝わる。不安と希望が交錯し、作者の心理がよく表現されている。

おおや　よしお　昭和25年生まれ、栃木県出身。武蔵野美術短期大学卒。平成22年、24年、26年日展審査員。23年日展会員、24年光風会理事。栃木県司法書士会会員。本美術展の審査は４回目。

令和2年度全自美術

コロナ禍、自

総　評

野町　和嘉先生

写真コンテストの最近の傾向として、コロナ禍により日常活動に大幅な制約を受けることで、むしろ応募点数が増え、作品的にも充実している傾向が見られます。外出を控えることで、これまでに撮影した写真とじっくり向き合う機会を持てるようになった、ということでしょう。

本展応募作品においても、主に自衛隊活動を題材とした前回までの傾向から作品の幅が広がり、充実してきたという印象を受けました。じつは私たちプロ写真家にとって、海外取材には全く行けず、大変な困難を強いられている半面、過去に撮影し未整理のままだった膨大な写真をじっくり見直す機会となり、写真の持つ力をあらためて実感しているところです。

やがて迎えるコロナ後の自由な空気の中で、新たな視点で向き合った皆さんのすばらしい写真に期待しています。

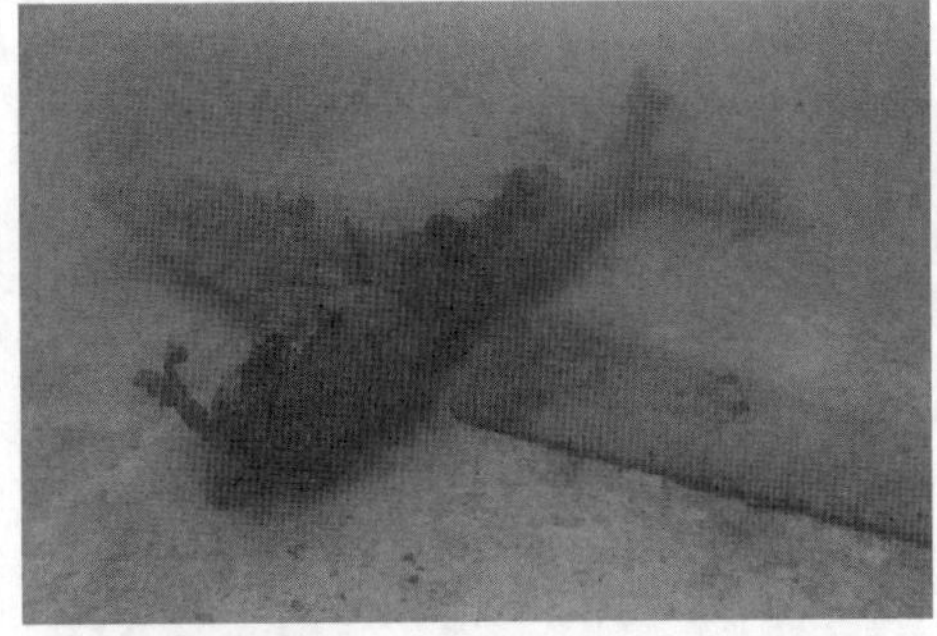

写真

内閣総理大臣賞

「鎮魂の海 ～水深36mに眠る天山～」

対潜資料隊　2等海曹　谷口　剛

海中の藻屑と化して75年以上の歳月を経ているはずなのに、なぜか原形が保たれたままの艦上攻撃機、天山。

防衛任務にたずさわる作者が、鎮魂の思いを込めてシャッターを押した切実な思いが伝わってきます。写真の持つ力を実感させられる一枚。

文部科学大臣賞

「目指すべき道」

第10通信大隊　1等陸曹　大蔵　浩二

完全武装で匍匐前進の訓練でしょうか？

部外者には確かなことはわかりませんが、何処にでもいる、未だあどけない面影の娘さんが、炎天下で汗だくになりながら必死の思いで向き合っているのが痛いほど伝わってきます。

防衛大臣賞

「目覚めの息吹」

第10通信大隊

1等陸曹　大蔵　浩二

朝霧がたなびく川辺の情景を、木漏れ日として太陽を生かし、逆光をたくみに使うことで奥行きのある素晴らしい空間描写が出来ています。

スローシャッターを切ったことで清流の流れの描写も的確でした。

防衛大臣賞　（家族等の部）

「微笑み」　元陸上自衛官　多田　吉志

古木の洞で休息するフクロウは実際は微笑んでいるわけではないでしょうが、警戒心を露わにした猛禽類独特の鋭さが緩んだかに見える一瞬をみごとに捉えています。

胸元で結んだ足の表情もユーモラスであり、背後にもう一羽が見えることで動物家族の穏やかな雰囲気が感じられます。

のまち　かずよし　昭和21年生まれ、高知県出身。昭和40年高知工業高校卒。昭和47年のサハラ砂漠への旅をきっかけにアフリカを撮影取材。土門拳賞、芸術選奨文部大臣新人賞など受賞多数。平成21年、紫綬褒章受章。日本写真家協会会員。本美術展の審査は3回目。

書道

総　評

中村　伸夫先生

今回は決して出品数は多くなかったようですが、高水準の作品が多く含まれていました。

書道の部では、漢字、かな、漢字かな交じり、そして篆刻の諸分野がありますが、特に様々な書体を有する漢字の分野に秀作が多かったように思われます。書は文字を使った造形表現ですが、創作であれ臨書であれ、結局、作者の筆遣いの技術が作品の水準を決めることになります。

個性的な表現こそ重要だ、と言われます。しかし、本当の意味での個性的な表現をめざすためには、技術を磨くしかないのです。野性美と個性美を混同しないようにしなければならないと思います。確かな個性は、技術の練磨の中で、いつの間にか少しずつ現れてくるものです。歴史的な書の名品には個性的なものが多いですが、例外なく技術的な裏付けがあります。

日常の中で、出来るだけ筆をもつ時間をつくりだし、技術的向上を図りたいものです。次回もまた皆様からの多くの出品を期待しています。

文部科学大臣賞

「陶淵明・雑十二首より」

第135地区警務隊国分派遣隊　陸曹長　長谷川　孝之

中国の名詩人・陶淵明の詩を素材にした作品です。文字は陶淵明の時代には、すでにあまり使われなかった隷書に類するもので、特に竹簡等の肉筆の文字資料を巧みに応用した書風です。

作品全体の構成にも工夫が見られ、書かれている書風とうまく調和しています。

運筆も慎重かつ大胆で、線質も歯切れがよく、颯爽とした作風に仕上がっているようです。文字と文字との上下の関係にも適度に余裕が見られ、全体として調和がとれています。

なかむら　のぶお　昭和30年生まれ、福井県出身。昭和53年東京教育
科学研究科教授。日展会員、日本書芸院常任理事、読売書法会常任理事

他の入選作品

絵　画（隊員の部・3点）

▷「オオクチマガミのコロナ退治」藤原麻子（駐留軍等労働者労務管理機構職員）▷「再度、緑々と描く」小林珠々加学生（防衛医科大学校）▷「ジパング2020」山田浩二3等陸佐（宇都宮防衛事務所）

写　真（隊員の部・13点、家族等の部・2点）

【隊員】▷「南極の氷ってどんな音？」楠佳代3等海曹（第31航空群司令部）▷「希望への航跡」遠原隆広事務官（九州防衛局）▷「染まりゆく北穂高岳」青谷晋行1等陸曹（中部方面音楽隊）▷「希望の光」中野渡茂治1等陸曹（第39普通科連隊本部管理中隊）▷「世界遺産富士」若林寛1等空士（航空医学実験隊）▷「ぎょ！ギョ！魚！！」谷口剛2等海曹（対潜資料隊）▷「祈り」米原慎3等陸曹（第12特科隊本部管理中隊）▷「島嶼防衛」左合貴2等陸尉（防衛大学校）▷「慈雨」矢内佑弥2等空曹（航空中央業務隊付）▷「秘境の森のヤンバルクイナ」後藤友宣2等陸曹（第15偵察隊）▷「季節はずれ」野口桃佳学生（防衛医科大学校）▷「お帰りなさい。ぼくのP－1哨戒機」江田天平2等海曹（第51航空隊）▷「夏空を駆ける鷲」高橋誉志彦2等海曹（第2潜水隊）

【家族等】▷「天の川と菜の花畑」湯田奈緒子（隊員家族）▷「昇陽」多田吉志（元陸上自衛官）

募集・援護 特集

海幕は若者をターゲットにしたリクルートムービーを作成、動画サイト「ユーチューブ」の海自公式チャンネルなどで配信し、広く「海自の仕事」をPRしている。ナレーションには人気声優を起用して海自の魅力を発信しているほか、募集広報動画として初めて「事務官・技官・教官」の仕事内容も紹介、幅広い職業選択が可能であることをアピールしている。また、隊員の両立支援制度についても詳しく解説している。

海自が若者に「全集中」

募集に特化した動画配信
人気声優ナレーションに

海自リクルート動画「海上自衛隊と海上自衛官」のワンシーン。国防を担う海自のさまざまな任務を映像とナレーションで紹介（いずれも「ユーチューブ」海自公式チャンネルから）

【海幕人計課募集推進室】海幕募集推進室は海上自衛官の募集に特化したCMを作成し、4月15日から海自公式ユーチューブチャンネルや海自ホームページで公開している。

この募集広報動画は「海上自衛隊と海上自衛官」「海から空を守る仕事」など計4本。若い世代の海上自衛官が、「何に魅力を感じ、どんな気持ちで働いているのか」を伝えることで、海自への興味を持ってもらうことを目的に制作された。インターネット時代を生きる若い隊員が、あえてネット使用に制限がある海自を就職先として選んだ理由が感じられる内容となっている。

ナレーションには新しい試みとして人気アニメ『鬼滅の刃』のキャラクターなどを演じる声優の下野紘さんを起用。下野さんからのメッセージ映像も同時に公開され、今回の収録の感想や海自の印象、海自のさまざまな職種の中からやってみたい仕事などを語っており、ファンでなくとも興味深い内容だ。

動画制作を担当した小林竜也事務官は「これまで海自に全く興味のない層に海自を認識してもらうためにはどうすればいいか考え、下野さんの起用に至った。若者が海自を知るきっかけになれば幸いです。動画は海自の心情を映すとともに『かっこよさ』を表現することにこだわっているので、ぜひ見てほしい」と話している。

事務官の仕事を初紹介
WLBで制度の充実も

上 海自として初めて作成された「事務官・技官・教官」の仕事内容の紹介動画。業務を職種ごとに丁寧に解説している
下 海自の両立支援制度を分かりやすく説明するフリーアナウンサーの土井梨津子さん

【海幕人計課ワークライフバランス（WLB）推進企画班、補任課職員人事管理室】海幕人計課と補任課は4月28日、海自公式ユーチューブチャンネルなどで「防衛事務官等募集採用情報」と「海上自衛隊のワークライフバランス」についての紹介動画を公開した。事務官等についての紹介動画制作は海自で初めて。

動画は現役隊員へのインタビューを中心に、さまざまな環境下で海自隊員として活躍する姿に着目した内容となっている。

海自の諸活動を行政分野で支える事務官・技官・教官にスポットを当てた「防衛事務官等募集採用情報」の動画では、海自での勤務に興味・関心・理解を持ってもらうことを目的に、勤務風景を「総務」「艦船」「語学職」など職種別に分けて紹介。自衛官ではなく事務官等として働くことも職業選択の一つであることをアピールしている。

一方、「海上自衛隊のワークライフバランス」の動画は、女性アナウンサーの土井梨津子さんをナビゲーターに起用し、妊娠、出産、育児、介護など、隊員に向けたさまざまな両立支援制度について解説。海自では個々の事情に応じ多様な働き方が選択でき、隊員の能力を十分に発揮しながら安心して勤務できる環境が整備されていることを紹介している。

動画を作成した人事計画課と補任課では「この動画を積極的に活用し、海上自衛隊の魅力を部内外に伝えていきたい」と話している。

平和を、仕事にする。

ただいま募集中！
◇技術幹部・曹（海・空）◇自衛官候補生
◇幹部候補生（第2回）◇医科・歯科幹部
★詳細は最寄りの自衛隊地方協力本部へ

春の広報『未来の仲間へ』PR

今年度の任務達成誓う 山梨

令和3年度出陣式で、募集目標達成に向け、勝どきを上げる山梨地本の隊員たち（4月22日、甲府合同庁舎で）

【山梨】地本は4月22日、本部で令和3年度の業務スタートに当たっての出陣式を行った。

式では最初に2年度の募集に貢献した優秀広報官と優秀事務所の表彰を行い、前野直樹地本長が賞状を授与した。

引き続き、全員で拳を突き上げる「勝どき」を上げ、今年度の任務達成を誓うとともに安全祈願を行った。

幟掲げ、元気よく 山形

自衛官募集の幟をかかげ、通学中の生徒に募集ティッシュを手渡す鶴岡出張所長の齋藤史生1陸尉（右）＝4月12日、山形県鶴岡市で

【山形】鶴岡出張所は4月12日、JR鶴岡駅前など市内3カ所で市街地広報を行った。

当日は、生徒たちにとって新年度が始まる最初の登校日。朝の通学時間帯に、3自衛隊の制服を着た広報官が、「陸海空自衛官募集」ののぼり旗を掲げ、元気よく「おはようございます。自衛隊です！」と声を掛けながら生徒たちにポケットティッシュを手渡した。迷彩柄のティッシュは高校生に人気があり、「ティッシュください」と引き返してくる生徒も。広報官たちは用意したティッシュ160個をあっという間に配り終えた。

鶴岡所は、「令和3年度最初の市街地広報だったが手ごたえを感じた。引き続き自衛隊の活動を幅広くPRし、一人でも多くの方々に自衛隊に関心を持ってもらいたい」と話していた。

GW中も募集広報 岩手

岩手地本の広報ブースでミニ制服姿の子供を撮影する来場者（5月5日、岩手県盛岡市で）

【岩手】地本本部と盛岡募集案内所は5月1日、イオンモール盛岡南で「J（自衛隊）のお仕事」、同5日には杜の住宅公園で「はたらくジエイタイのくるま」と題した広報イベントを行った。

イベントはコロナ対策を徹底した上で、岩手駐屯地の東北方特連、高特大の支援を受け、偵察用オートバイ、81式短距離地対空誘導弾、救急車、人命救助セットの展示を行った。

ブース内では陸海空自の動画を上映するとともに、子供向けにミニ制服の試着やオリジナル缶バッジ作成コーナーを設けた。

ツイッターの告知で同イベントを知り、他県から駆け付けた女性は「ミサイルを間近で見られる機会はないので、とても感動した。このようなイベントをもっと開催してほしい」と話していた。

隊員らラジオで陸・海自をPR 京都

【京都】地本は4月5日、地元ラジオ局「FMおとくに」の番組「ラッピング・マンデー」に生出演し、自衛隊をPRした。

同番組はさまざまな視点から地域情報を発信しており、今回は自衛官募集相談員の協力で地本隊員の出演が実現した。

番組には募集課長の新井健二2海佐、宇治地域事務所長の河村美紀3陸佐、広報官の松本幸太3海曹が出演し、さまざまな角度から自衛官募集情報を紹介した。

今年で東日本大震災から10年が経過したことを受け、新井課長が災害派遣活動の体験について語ったほか、地本がリクエストした震災復興支援ソング『花は咲く』をミュージシャンであるパーソナリティが歌う一幕もあった。

砺波チューリップフェアに協力 富山

チューリップフェアの会場で歌手の澤武氏（手前）とともに演奏する海自舞鶴音楽隊員（4月24日、富山県砺波市で）

【富山】地本はこのほど、空自4空団11飛行隊ブルーインパルス（松島）と海自舞鶴音楽隊の支援を受け、富山県砺波市で行われた「第70回となみチューリップフェア」に協力した。

コロナ下での開催となった今年は300種・300万本のチューリップが咲きそろい、2週間で14万8千人が来場した。

開幕日の4月22日に、ブルーの展示飛行が行われ、会場のシンボル「チューリップタワー」上空を航過し、来場者は歓声を上げていた。

24日には舞鶴音楽隊による演奏会が野外ステージで行われ、テノール歌手・澤武紀行氏を迎えての『オー・ソレ・ミオ』などで会場を盛り上げた。

来場者は「コロナで暗いニュースばかりの中、たくさんの元気をもらった。楽しく明るい気分になった」と話していた。

広報ルームを開設
宮城地本が募集案内所内に

【宮城】地本は4月14日、市民に自衛隊を理解してもらうため、仙台駅東口の募集案内所内に新たに「広報ルーム」を開設した。

同ルームには3自の制服試着コーナーや、き章の展示のほか、さまざまな自衛隊装備品の模型をガラスケース内に展示。開設初日には募集課員がオープンを知らせるチラシを配布したほか、その動画もSNSや「ユーチューブ」で配信した。

広報ルームの利用時間は午前11時から午後5時（募集案内ブースは午後7時まで）で、学校帰りの生徒たちが気軽に立ち寄れる。開設初日は早速8人が来場し、装備品の模型などに見入った。

地本は今後、同ルーム内でのパネル展やミニイベントなどを計画している。

仙台駅近くに新設された「広報ルーム」の最初の来訪者（右）に記念品を手渡す宮城地本募集課企画班長の加藤進也3陸佐（4月14日）

護衛艦帰国行事に女性部会長ら案内 福岡

【福岡】地本は4月13日、海自佐世保基地で行われた派遣海賊対処行動水上部隊37次隊の護衛艦「ありあけ」の帰国行事に県防衛協会女性部会の濱田光江会長と伊藤敦子副会長を案内した。

行事は湯浅秀樹自衛艦隊司令官の執行で行われ、約6カ月間の派遣任務を無事に終えた艦長の江澤斎高2佐が帰国を報告。「ありあけ」の約220人の乗員たちは任務終了報告が完了すると家族と共に無事の帰国に喜び合っていた。

伊藤副会長は「非常に感動的な場面に立ち会えて光栄です」と話した。

空自将官初のF35ライダー

久保田3空団司令 検定フライトに合格

【3空団＝三沢】空自将官初のF35Aライダーが誕生――。3空団司令兼三沢基地司令の久保田隆裕将補（50）はこのほど、F35A戦闘機の検定フライトを終え、晴れて同機の操縦資格を取得、空自将官として初のステルス戦闘機乗りとなった。

久保田団司令はこれまでに6機種（T38、T1、T2、T3、T4練習機、F15戦闘機）の航空機を操縦、7機種目となるF35Aを含め、総飛行時間約2700時間のベテランパイロットだ。

3月10日の検定フライトを終え、720号機の操縦席から降り立った団司令は「機種転換を無事に終え、このF35Aが有する極めて優れた能力を確認することができた。これもひとえに（F35A部隊である）302飛行隊をはじめ、整備補給群や基地業務群など多くの隊員の協力のたまもの」と謝意を示した。

今後については「空自の中でF35Aを運用するさきがけの部隊の指揮官として、先頭に立って部隊のさらなる精強化に尽力していきたい」と決意を述べた。

◇

「乗ってみたいですね」――。2019年11月、朝雲新聞の新年号特集「F35A『対領侵任務』開始へ」のインタビューに応じた久保田団司令。「F35に搭乗したいですか」という質問に対し、意欲を見せていた。

その言葉通り、指揮官としての任務に加えて機種転換に臨み、操縦資格取得を実現させた。

昨年12月に301飛行隊が百里から三沢に移駐し、3空団は302飛行隊と合わせF35A2個飛行隊に増強された。

最新鋭機のステルス戦闘機部隊を率いる久保田団司令が新たにF35Aの操縦資格を取得したことで、北の守りが今後、さらに強化されることとなる。

(上)F35Aの検定フライトを終えた久保田3空団司令。空自将官として初の同機の操縦資格を得た
(下)F35Aの模型を使い、朝雲新聞社のインタビューに答える久保田3空団司令（2019年11月）
＝写真はいずれも三沢基地で

伊江島で不発弾処理

米軍補助飛行場で48発

【那覇】101不発弾処理隊は4月6日、米軍の伊江島補助飛行場で米国製5インチ艦砲弾等48発の「導火線点火による爆破処分」を行った。

伊江島で保管していた不発弾を一度に処分するため、6年ぶりに爆破処分が行われた。処理隊の3人は壕内に不発弾と爆薬を入れ、導火線に火をつけその場から退避。爆破後、処理現場まで戻り、成果を確認した。

今回、点火手として参加した同隊の河原嵩史3曹は「伊江島での爆破は初めてだったが、作業手順は変わらないため、いつも通り淡々と実施できた」と述べた。

当日、佐藤真15旅団長は現地を視察し、対策本部と処理現場の連携から爆破までの一連の状況を確認。対策本部長を務めた伊江村の島袋秀幸村長と意見交換も行った。

不発弾の処理現場で壕の中に弾を入れる101不発弾処理隊の隊員たち（4月6日、沖縄県伊江島で）

コロナ患者を空輸

15ヘリ隊 宮古から那覇へ

【15旅団＝那覇】陸自15旅団15ヘリ隊は4月14日、沖縄県知事からの要請を受け宮古空港から那覇基地まで、新型コロナウイルス陽性患者1人の急患空輸を行った。

14日午前10時23分、知事から派遣が要請された。活動は感染拡大防止を徹底して行った。

離陸前に15ヘリ隊整備員がCH47JA輸送ヘリ内の養生作業を行い、また機長、副操縦士、クルーチーフは防護服を着用して任務を遂行した。

患者空輸完了後、CH47輸送ヘリの機内を消毒する15ヘリ隊の隊員ら（4月14日、那覇基地で）

30FFM『もがみ』『くまの』

ロゴマーク募集

海自は令和4年に就役が予定される多機能護衛艦（30FFM）の1番艦「もがみ」と2番艦「くまの」のロゴマークを募集している。

両艦ともに精強さが感じられるデザインで、「くまの」は日本神話に登場する「八咫烏（やたがらす）」が連想できるロゴが求められている。採用されたロゴマークは、部隊の識別帽や各種グッズのデザインとして幅広く使用される予定だ。

応募方法は郵送または海自ホームページの応募フォームから送信。一度に複数の作品でも可能だが、応募者は日本国内在住者に限る。締め切りは6月6日まで（必着）。

結果は9月下旬までに採用者に直接通知されるほか、海自HPでも公表予定だ。応募要領の詳細は同HPで。

◇問い合わせ＝海幕広報室（電話03―3268―3111、内線50164）まで。

全自美術展 倶知安の野原技官に総理大臣賞

【倶知安】駐屯地業務隊管理科工事企画主任の野原恵一朗技官はこのほど、令和2年度全自衛隊美術展「絵画部門」で「内閣総理大臣賞」を受賞、業務隊長の河本健志2佐から賞状とトロフィーを伝達された。4月5日の朝礼で、駐屯地隊員一同がその栄誉をたたえた。

（4、5面参照）

受賞作の題材となった「神の子池（北海道斜里郡清里町）」には平成30年9月、別海駐屯地在職中に訪れた。「初めて見たその瞬間から、その美しい池の青さに感動した」と野原技官。3回にわたって現地に赴き、スマートフォンで撮影した写真のベストショットをまとめ、一つのキャンバスに描き切った。

受賞を受け、「これからも北海道の素晴らしい自然や地域をモチーフにした題材を生かし、『絵画』の楽しさを少しでも多くの方々に伝えられるように創作活動を続けていきたい」と語った。

野原技官は30年度に絵画部門に初めて応募、「我ら道東第一線」で審査員特別賞を受賞した。最優秀となった今回の「神の子池」は、今後2年間、防衛省庁舎内に展示される。

令和2年度全自美術展で最優秀となる「内閣総理大臣賞」を受賞した野原技官（倶知安駐屯地で）

「おきなわ自衛隊グルメ」試食会

【沖縄地本】沖縄地本は3月29日、那覇市の飲食店で「おきなわ自衛隊グルメ」試食会を行った。

「おきなわ自衛隊グルメ」とは、陸海空自衛隊のオリジナルメニューのレシピを協力店舗に提供し、多くの沖縄県民に自衛隊の食事メニューを味わってもらおうと地本が企画した広報活動。試食会は空自那覇基地考案の「那覇基地空上げ」をメニューとして提供している市内の飲食店を会場に、報道機関4社の記者4人を招いて行われた。

地本長の坂田裕樹陸将補はあいさつで「自衛隊では同じ飯を食べることで一体感が生まれ、コミュニケーションがとれ、お互いを知ることができる。食べ物を通じて自衛隊を知るきっかけになってほしい」と述べた。

試食で振る舞われた空自那覇基地の空上げは、シークワーサーの果汁に鶏肉を漬け込み、ガーリックパウダーをまぶしたご当地仕様。参加した記者からは「甘塩っぱい風味でおいしい」などと大好評だった。

空自空上げを試食する那覇基地司令の高石景太郎空将補（左）と沖縄地本長の坂田裕樹陸将補＝3月29日、那覇市で

小休止

▽…神奈川地本上大岡募集案内所は4月17日、横浜FC対ベガルタ仙台戦が行われたニッパツ三ツ沢球技場で、募集広報活動を行った。31普連などの支援を受け会場周辺に82式指揮通信車など車両を展示、自衛隊をPRした＝写真。

▽…存在感のある車両展示は来場者の人目を引き、自衛隊に興味を持って広報官に話しかける人もいた。また海自の艦艇をモチーフにしたキャラクター「ゆるみり」のタトゥーシールを配布、サッカー好きの子どもたちに喜ばれた。

▽…会場内には地本のキャラクター「はまにゃん」が駆けつけ、試合を盛り上げた。同案内所は「今後も地域と連携し、志願者獲得につなげたい」としている。

（神奈川地本）

こちら警務隊

サイバー犯罪③

他人のクレカで電子マネー購入は「電子計算機使用詐欺罪」

電子計算機使用詐欺罪とはどんな犯罪ですか？

電子計算機使用詐欺罪とは、人が事務処理に使用するコンピュータに虚偽の情報や不正な指令を与え、財産上の不法な利益を得る犯罪で、罰則として10年以下の懲役に処せられます。

他人のクレジットカードを無断で使用し、システム上で電子マネーを購入する行為等が本罪に該当します。

電子決済やインターネットショッピング等の普及により本罪を含むサイバー犯罪が増加傾向のため、罪を犯さないことはもちろん、被害に遭わないように怪しいメールや偽サイトに注意するとともに、暗証番号等の管理を万全にしましょう。

（西部方面警務隊）

みんなのページ

娘が自衛官に。その時、親が願うことは

我が家にも自衛官2世が誕生
「上下敬愛、左右親和」で

准陸尉　大西　英洋（東北方面会計隊・仙台）

昨年春、長女が高校を卒業して陸上自衛隊に入隊しました。多賀城駐屯地の第119教育大隊で教育を受け、現在は山形県東根市にある神町駐屯地の第6後方支援連隊に配属となりました。

長女がここに至るまでは非常に厳しいものがありました。私は娘を自衛官にしたいという気持ちはそれほど強くはありませんでした。当の長女も高校入学の際は「将来は声優になりたい！」と言っていました。声優は難しいと思ったので、私は「現実を見ろ！成功するのは一握りの人しかいないんだぞ！」と言い続け、その甲斐あってか、娘は普通の公立高校に進学しました。

しかし、安堵したのも束の間、高校生になると中学時代3年間やっていた柔道をスッパリと止め、なんと音楽部に所属しました。

「何一つできる楽器がないのに、音楽部で何ができるんだ?」と言うと、返って来た答えは「ボーカルをやるの！」でした。

まあ、したいことを3年間続けるのも人間形成的には大事かなと思い、静かに見守っていました。

そして時が過ぎ、娘の周囲も就職活動が盛んになる頃、娘から「将来、音楽関係の仕事に就きたいから、その関係の専門学校に行きたい」と言われました。私は「娘の人生だし…」と、半ば諦めかけていました。

そんな時です。娘の友達が自衛官候補生を受験するという話を聞き、ダメ元で娘にも受験を促したところ、「受けてみる」と想定外の回答。

善は急げで、速やかに応募用紙に記入し、その後、受験までたどり着きました。1次試験、2次試験と道のりとしてはとんとん拍子とはいかないまでも、長女は無事に自衛官候補生の試験に合格し、ここに我が家の「親子自衛官」が完成した次第です。

娘の任地も自宅からさほど遠くない場所ということで、週末や連休を利用して帰省し、部隊での話をしてくれます。初めて親子で共通の話題（自衛隊のこと）を持ち、父娘水入らずで話ができることの喜びは、以前の親子関係とはまた一味違うものがあります。

しかしながら、娘はまだ1年足らずの新米自衛官なので、これから先、困難や試練も待ち受けているはずです。

でも、その現実から逃げることはできません。なんとか乗り越えてもらいたいと思います。私も娘にとっての良き道案内役として、これから先も親バカぶりを発揮し、娘がこの先、良き自衛隊生活を送るうえで一助になればと密かに思っております。

自衛官となった娘に言いたいことは、立派でなくても優秀でなくても良いから、「上下敬愛、左右親和」を心掛け、周囲の人と仲良く仕事をしていってもらいたいと思います。そして皆から可愛がられ、一人前の自衛官として成長していってもらいたいと思っています。

一人の女性自衛官の成長していく姿を見る楽しみを与えてくれた娘にも感謝しながら、私は本年の定年退官の日を迎えたいと思っております。

（6後支連・大西怜圭陸士長の父）

陸上自衛隊に入隊し、6後支連に勤務する大西怜圭陸士長（右）と父親の大西英洋准尉

信じた道をまっすぐに

家族　堀口　知美（群馬県高崎市）

航空自衛隊に入隊した堀口涼香2士（右）と母親の知美さん

まさか、わが娘が航空自衛隊に入隊することになるとは1年前には思いもしませんでした。

娘の将来の夢は警察官でした。ただ、体力に自信がなく、警察の事務にしようかと悩んでいた高校2年生の冬、娘は警察の「公安系合同説明会」に参加しました。その時、会場で同じく説明していた自衛隊の女性広報官と運命的な出会いがありました。

話を聞き、「自衛隊もおもしろそう！受けてみようかな」と言いはじめた娘。私は正直驚きました。広報官から聞いた話を一生懸命に話す娘の目は本当に楽しそうでした。以後、私自身も広報官に話を聞きに行き、資料を読んで自衛隊について勉強しました。

この時点で私は、警察か自衛隊、どちらか合格した方へ進めばよいと思っていました。

自衛隊の一般曹候補生合格発表の日、広報官から「合格しました！航空（自衛隊）の合格は蹴ったらもったいないですよ。なかなか入隊できないですから」という話を聞き、そこから航空自衛隊についてさらに調べ始めました。

一方、警察の最終面接も終え、「警察も合格したらどうするか」について娘と話し合いました。そこで現役警察官や航空自衛官の保護者の方に話を聞いたり、自衛隊の「ガールズトーク」にも参加するなどして、どちらの選択が娘にとってよいのか、私も大変悩みました。

しばらくして警察からも合格の発表がありました。娘も私もたくさん悩みましたが、最後は娘が決断しました。私は「自分の人生、悔いの残らないように。どちらを選択しても親は応援する」ということを伝えました。

娘は警察に辞退の連絡をし、担当広報官には「航空自衛隊で頑張ります！」と連絡をしました。

群馬地本の広報官と初めてお話をした時、「自衛隊はやりがいのある仕事ですよ！」と勧めて下さった姿がキラキラして自信に満ちあふれていて、たいへん印象的な方でした。その後も何度もお会いして、お話をさせていただく中で、まっすぐな人柄にも惹かれました。

この女性広報官のように清明正直な人に娘もなってほしいと願い、3月24日、巣立つ娘を見送りました。

（堀口涼香2空士の母）

（世界の切手・オランダ）

今すべきことは怒りのホウキをつかんで不安という猛獣を追い払うこと。
ゾラ・ハーストン（米国の作家）

朝雲ホームページ
www.asagumo-news.com
<会員制サイト>
Asagumo Archive
朝雲編集部メールアドレス
editorial@asagumo-news.com

新刊紹介

「コロナ下の奇跡　自衛隊中央病院　衝撃の記録」

石高　健次著

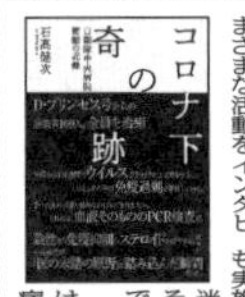

中国・武漢から邦人らを帰国させた昨年1月の政府のチャーター便への看護官同乗から始まった自衛隊の新型コロナウイルス感染症対応。

本書は、コロナ流行当初に"未知のウイルス"に対処した隊員たちのさまざまな活動をインタビューとともにつづったドキュメンタリーだ。

自衛隊はチャーター便支援に続き、船内でクラスターが発生した大型クルーズ船「ダイヤモンド・プリンセス号」での医療・生活支援活動、さらには空港での検体採取なども実施。隊員らは不安や迷いを払拭しながらそれぞれが覚悟の下で任務に従事した。

多くの感染者を受け入れた自衛隊中央病院の医療チームは、世界保健機関（WHO）が「治療にステロイドは使用すべきではない」との見解を示す中、重症化の流れが変わる瞬間を突き止め、日本で初めて「全身性ステロイド」を投与。現在の国内の標準治療法を切り開いた。日々、コロナの最前線で治療に当たった医官らが「どう考え、どう迷い、決断し、治療したか」を著者は丁寧に追う。そして隊員たちの記録は「我々が将来、再び未知のウイルスに襲われた時、きっと役に立つと信じる」と結んでいる。

（南々社刊、1650円）

「ハッピー・ファントム・デイズ」

中野　耕志著

2021年3月17日、空自飛行開発実験団（岐阜）のF4ファントムがラストフライトを行い、半世紀に渡って日本の空を守り続けてきた歴史についにピリオドを打った。その最後の日に立ち合った航空写真家の著者が、少年時代から追い続けてきたファントムの軌跡をまとめた上げたのが本書だ。

A4横判サイズのフルカラーで、見る者を惹きつける構図と機体の細部を捉えた写真がページをめくるごとに現れ、その美しさにはファンでなくとも息を飲むだろう。

百里基地での最後の航空祭はもちろん、RF4Eの偵察航空隊でのラストフライト、そして岐阜での最終飛行など、ファントムの最後の雄姿が記録されている。

本書では写真だけでなく、空撮の裏話や殉職した父の遺志を継いでファントムライダーとなった尾崎義典南西空司令官へのインタビューなどもあり、今だから話せるF4にまつわる秘話なども明かされる。

ファントムを愛し、その姿を追い続けた著者ならではのメモリアルな写真の数々は必見。ついに"幻"の機となってしまったF4が躍動していた時代の貴重な証として、ファンならば間違いなく手元に置いて大切に保存しておきたい一冊だ。

（イカロス出版刊、1980円）

新たなスキルでもう一段進化を

3陸曹　今井　翔太（33普連1中隊・久居）

入隊して4年が経ちました。新隊員教育隊で教育を受けていた日々が、まるで昨日の事のように思えるくらい、この4年間はとても早く感じました。

私は昨年7月、3等陸曹に昇任しました。その後は部隊格闘指導官集合教育、新隊員教育隊本部要員など、1中隊を離れ、さまざまなところで経験を積ませていただきました。指導官として必要な資質・責任感・技術、隊員教育を円滑に実施するための業務要領などを学ぶことができましたが、反対に自分は普通科中隊の陸曹としての経験がとても少ないように感じています。

それを痛感したのは昨年秋に実施された訓練検閲でした。検閲に副分隊長として参加しましたが、分隊長の不在時に自分の状況判断が遅くなってしまうことがありました。大きな失敗を起こさないためにも、自分の欠落している部分を認識し、これを補うために経験を積まなければならないと強く感じました。

そこで今年1年は自分を見つめ直し、初心に戻って自分を磨いていこうと決意しました。具体的には、今まで学んできたことをもう一度反復して自分のものにするとともに、足りない部分を明確にして、それを補っていきたいと思います。

また、目標とする上司に少しでも近づけるよう、自ら進んで行動していこうと思います。そして新たなスキルを身に付け、もう一段階進化できるよう努力していきます。

OBがんばる

OBは正しく行動できる人材

杉本　幸三さん　56

平成31年3月、空自2輸空402飛行隊（入間）を最後に定年退職（特別昇任准尉）。東京都小平市にある武蔵野美術大学に再就職し、学生の教育支援業務に当たっている。

私は現在、武蔵野美術大学に勤務しています。採用試験に臨むにあたっては、大学の業務に必要となる木工の専門的知識はインターネットなどを活用して習得しました。再就職では府中基地援護室の方々から履歴書への記入法から面接の注意事項まで懇切丁寧にご指導いただき、その結果、無事に就職することができ、いまも深く感謝しております。

現在、私は学生支援グループ教務チーム管理室に勤務しております。同室は私を含め4名全員が自衛隊OBで、学校行事の会場設営や工房にある工作機械の整備、備品管理などの業務に当たっています。特に会場設営は他の職員と連携しながら在校生アルバイトを率いて安全かつ効率的に作業を行うので、自衛隊で培った経験がそのまま生かせます。自分の仕事が学生の皆さんの勉学の一助となり、大学の発展にも貢献できることに喜びと生きがいを感じながら日々精進しています。

私見ではありますが、自衛官OBはハラスメントやコンプライアンスなどの教育をしっかりと受け、正しく行動ができる人材として、一般社会では高く評価されています。皆さまも自分のやりたいことを見つけて、自信を持って第2の人生の準備を進めていただきたいと思います。ご健闘を祈念しております。

「朝雲」へのメール投稿はこちらへ！

▽原稿の書式・字数は自由。「いつ・どこで・誰が・何を・なぜ・どうしたか（5W1H）」を基本に、具体的に記述。所感文は制限なし。
▽写真はJPEG（通常のデジカメ写真）で。
▽メール投稿の送付先は「朝雲」編集部（editorial@asagumo-news.com）まで。

第1259回出題

詰碁

出題　日本棋院　九段　曲　励起

白先

『隅の黒を無条件で取って下さい。最初の手が大切です』。5分でできれば初段以上です。

▶詰碁、詰将棋の出題は隔週です◀

詰将棋

出題　日本将棋連盟　九段　石田　和雄

▲先手　持駒　角香

≫第843回の解答≪

【正解】▲1三飛成△同玉▲1四香△2四玉▲1五角△同玉▲2五馬までの七手詰め。

【解説】▲1三飛成は詰将棋ならではの妙手。△同銀なら▲1五角以下、また△3三玉なら▲2四角以下早詰み。三手目▲1四香と打ち換え、次の▲1五角を決め手にするのが本題のテーマでした。

朝雲

発行所 朝雲新聞社
〒160-0002 東京都新宿区四谷坂町12-20 KKビル
電話 03(3225)3841
FAX 03(3225)3831
振替00190-4-17600番
定価一部150円、年間購読料9170円(税・送料込み)

主な記事

大規模接種センター始動

東京と大阪で3カ月間

防衛省・自衛隊

防衛省・自衛隊による新型コロナウイルスワクチンの大規模接種が5月24日、東京と大阪の会場で始まった。同日から30日まで対象となっているのは、東京23区と大阪市に住む65歳以上で、初日は2会場合わせて7348人にスムーズに接種が行われた。今後は段階的に接種人数を増やし、31日からは両会場で1日当たり最大1万5000人の接種を目指す。24日に岸防衛相と共に東京会場を視察した菅首相は「自衛隊らしく、組織で整然と接種が行われている現場を見てほっとした。高齢者の皆さんは安心しているご様子だったのが非常に印象的だった」と記者団に語った。

コロナワクチン、順調な滑り出し

東京都千代田区の大手町合同庁舎3号館に開設された「自衛隊東京大規模接種センター」と、大阪市北区の大阪府立国際会議場に開設された「自衛隊大阪大規模接種センター」は初日の24日、午前8時から接種を開始した。

両会場には早朝から接種を受ける人が集まったが、大きな混乱はなく、順調な滑り出しを見せた。

訪れた人たちは受け付けを済ませた後、医官による問診を経て接種ブースに入り、体調に問題がないことを看護師に伝えた上で順次、接種を受けていた。

使用するのは米モデルナ社製のワクチンで、2回目の接種日時は1回目の接種後に会場で伝えられる。

両会場は今後3カ月間、土日祝日を含め毎日午前8時～午後8時まで開かれる。医官約80人、看護官等約200人に加え、民間の看護師約200人も活動し、一般の自衛隊員約160人が後方支援業務に当たる。

東京会場では、東京駅との間で専用のシャトルバスが午前8時から午後8時頃まで約5分おきに運行されており、接種対象者は無料で利用できる。

24～30日は東京会場で計4万9000人、大阪で計2万4500人に接種し、31日以降は東京会場で1日1万人、大阪で1日5000人の接種を目指す。

これに先立ち5月21日、東京・大阪の両会場で予行演習が行われ、関係者が一連の手順を確認した。

東京会場には岸防衛相が中山副大臣、大西政務官と共に視察に訪れ、担任官の福島功二中央病院長の案内で準備完了を確認し、官民スタッフらを激励した。

報道陣のインタビューに応じた東京センター長で中央病院診療技術部長の水口靖規1陸佐は「訓練を重ね、練度も向上し、隊員の士気は高く、皆さまに安心して接種を受けていただける準備が整っている。マニュアルもしっかり整備しているので、それを徹底し、逐次改善しながら進めていきたい」と決意を述べた。

また、対特殊武器衛生隊102治療隊長で医官の荒川純子2陸佐は「これまでにない初のミッションで、重要な職責と考えている。安心・安全な施設の準備を進めてきた」と語った。

中央病院看護官の小田智美3陸佐も「民間スタッフと共に日々訓練を繰り返し、問題点を改善しながら連携協力して準備を進めてきた。安心・安全な接種を実施したい」と話していた。

23日には中山副大臣と松川政務官が山崎統幕長を伴って大阪会場を視察。担任官で中方総監の野澤真陸将と大阪センター長で阪神病院長の平山健一陸将補から報告を受け、万全の態勢が整っていることを最終確認した。

大規模接種会場の初日の受け付けの様子。接種後の経過観察までスムーズに行われた（5月24日、東京都千代田区の大手町合同庁舎3号館で）＝陸幕広報室提供

大阪会場の予約 再び直後に満杯 5月31～6月6日

東京・大阪会場は共に5月24日から、対象者を東京都と大阪府全域に拡大して予約（5月31～6月6日分）の受け付けを開始。大阪会場は開始直後に3万5千件全ての予約が埋まった。東京会場も25日夕刻時点で、用意した7万件に近づいているという。

5月分の最大予約数を修正 防衛省

防衛省は5月19日、東京会場の予約（5月24～30日分）が18日午後9時過ぎに全て埋まったと発表した。

合わせて、同期間の最大予約受け付け数について、当初公表していた東京会場の5万件、大阪会場の2万5千件は、実際にはそれぞれ4万9千件、2万4500件だったと訂正した。

米宇宙コマンド司令官が来日

防衛相、統・空幕長と会談　宇宙領域の連携で合意

山崎統幕長は5月21日、来日した米宇宙コマンド司令官のジェームズ・ディキンソン陸軍大将と防衛省で会談し、宇宙空間の安定的な利用の確保の重要性について日米間で確認した。

米宇宙コマンドは米統合軍の一つで2019年8月に設立。ディキンソン大将は20年8月に司令官に着任し、就任後初の外国訪問地として日本を選んだ。

会談で山崎統幕長は「現在の厳しい安全保障環境に的確に対応し、日米同盟の抑止力・対処能力を向上するためには、宇宙領域の重要性が増している」と述べた。

これに対し、ディキンソン司令官は「日米同盟の中で陸海空それぞれが素晴らしいパートナーシップを構築している。宇宙領域も同じようにパートナー作りが重要になってくる」と応えた。

両者は、宇宙状況監視（SSA）を含めた両国の宇宙協力について意見交換を行い、日米同盟の抑止力・対処力の強化に向け、さらなる連携強化の進展を図っていくことで一致した。

この後、ディキンソン司令官は井筒空幕長と会談し、4月22日の米コロラド州ピーターソン空軍基地での協議に続き、宇宙分野について意見を交換した。

空幕長は冒頭、司令官と1カ月以内の再会であることに触れ、「我々の協力関係の成功を表している」と話し、司令官も「我々のパートナーシップは、日米両国の安全保障にとって極めて重要だ」と述べた。

両幕僚長との会談に先立ち、ディキンソン司令官は岸防衛相を表敬、SSAを含めた防衛当局間の協力について、日米がさらなる連携に向けて協力を推進していくことで合意した。

宇宙分野での日米の連携強化について意見交換を行った米宇宙コマンドのディキンソン司令官（左）と山崎統幕長（5月21日、防衛省で）

豪国防相らと会談

岸防衛相　防衛協力推進で一致

岸防衛相は5月19日、オーストラリアのピーター・ダットン国防相と電話会談し、できるだけ早期に対面による会談を行うことで一致した。ダットン氏は今年3月の内閣改造でリンダ・レイノルズ氏の後任として国防相に就任したばかりで、岸大臣との会談は初めて。

両氏は日豪の「特別な戦略的パートナーシップ」を深化させていくことを確認。「自由で開かれ、安全で包摂的で、繁栄したインド太平洋」の維持・強化に向け、防衛協力・交流を引き続き活発に進めていくことを申し合わせた。

東・南シナ海情勢については国際法に基づく海洋秩序の重要性を強調。力を背景とした一方的な現状変更の試みや、緊張を高めるいかなる行為にも強く反対するとともに、中国の海警法に対する懸念を表明した。

北朝鮮問題をめぐっては、全ての大量破壊兵器とあらゆる射程の弾道ミサイルの「完全で検証可能、かつ不可逆的な廃棄（CVID）」の実現に向け、北朝鮮船舶による違法な「瀬取り」への対応を含め、引き続き連携していく意思を再確認した。

翌20日にはブルネイのハルビ第2国防相とテレビ会談を行い、2国間・多国間の防衛協力・交流をさらに推し進めていくことで一致した。

岸大臣は、東南アジア諸国連合（ASEAN）の今年の議長国であるブルネイのリーダーシップを高く評価するとともに、6月16日に開催予定の「拡大ASEAN国防相会議（ADMMプラス）」での緊密な連携を呼び掛けた。

さらに、感染症対策分野における防衛協力の一環として、今年4月20日に実施された「HA/DR（人道支援・災害救援）に関する日ASEANオンラインセミナー」を通じ、両国が経験を共有できたことに歓迎の意を表した。

富士総火演、今年も無観客開催

陸自富士学校の学生らに向けた「富士総合火力演習」の教育演習が5月22日、東富士演習場で行われた。昨年に続き新型コロナウイルスを考慮し、一般公開は中止となった。

演習は岸防衛相、大西政務官、吉田陸幕長らVIPが視察する中、富士学校長の蛭川利幸陸将の担任で行われ、同校などから隊員約3100人、各種火砲54門、戦車・装甲車など45両が参加し、富校のほか、防大、防医大の学生も含め計約3300人が大規模な実弾射撃を研修した。

前段では16式機動戦闘車など主要装備がそれぞれ射撃を展示。後段は「沿岸部から内陸部にかけ増強機動師団が敵を撃破する」という想定の下、侵攻してくる敵部隊を撃破する陸海空3自衛隊の協同作戦の流れが実演された。

今回初めて中域用無人偵察機「スキャンイーグル」が投入され、後段の敵の侵攻を阻止する場面で上空から情報収集活動を行った。このほか空撮用ドローンを使っての弾着地点の撮影なども行われ、これら映像はインターネットを通じて広く内外に配信された。

富士総火演の前段演習で味方の戦車部隊を援護するため、105ミリ主砲を発射する74式戦車（5月22日、東富士演習場で）

豪艦艇が北朝鮮の「瀬取り」を監視

日本周辺

防衛省は5月18日、北朝鮮船舶による国連制裁逃れのための違法な「瀬取り」を監視するため、オーストラリア海軍のフリゲート「パララット」が5月中旬から東シナ海を含む日本の周辺海域で警戒監視活動を開始したと発表した。

豪海軍艦艇の参加は2018年10月、19年5、10月、20年10月に続き5回目。

「瀬取り」監視には18年4月から英、仏、豪、ニュージーランド、カナダの艦艇や航空機が日本との共同訓練などあらゆる機会に我が国とその周辺海空域に派遣され、海自や米軍と連携して活動に当たっている。

春夏秋冬

イスラエル・パレスチナ紛争再燃

松本　佐保

イスラエルとパレスチナ間で攻撃の応酬が激しさを増し、国連の安保理は数回緊急会合を開き対応を協議したが、米国がイスラエルの自衛権を支持し、一致した対応に至っていない。安保理の議長国中国は、このアメリカの立場を厳しく非難している。

米国は対中国外交で、G7に印・豪と韓を加え、民主主義国10カ国（D10）の連帯を図ってきた。しかし、イスラエル・パレスチナ問題ではイスラエルに加担、欧州主要国からも批判され、D10の対中国包囲網の連帯に亀裂が入りかねない。バイデン政権は多国間協調外交のリスクを冒してまで、なぜイスラエルを支持するのか。内政と外交からの説明を試みる。

前トランプ政権では、エルサレムへの米大使館の移転も行われ、共和党政権の方がよりイスラエル寄りであるが、米国のイスラエル支援外交は超党派である。AIPAC（アメリカ・イスラエル公共問題委員会）という団体があり、共和党はもちろん、多くの民主党議員が参加する。米国のユダヤ教徒は人口のたった2%だが、人口の約3分の1がキリスト教シオニズムを信じている。特にトランプを熱狂的に支持したキリスト教福音派が、ユダヤ・キリスト教という表現で同理念をトランプの対中東外交に結び付けた。

バイデン大統領はカトリックだが、民主党の議員や有権者にもこの考え方を支持する者もいる。紙面の都合上、詳細説明は拙著『熱狂する神の国アメリカ』6章に譲るが、旧約聖書で「イスラエルの回復」が予言されていることを根拠とし、これにキリスト教終末論を結び付け、ユダヤ教徒だけでなくキリスト教徒もエルサレムで救われるという考え方だ。

外交面では、近年のアラブ諸国のパレスチナへの無関心とイランの存在である。トランプ政権下でポンペオ国務長官等の外交努力で実現したアブラハム合意では、イスラエルと敵対していたアラブ諸国のうちUAEやモロッコなど数カ国が国交正常化に踏み切った。この背景にはシーア派大国イラン包囲網があると言われ、これらアラブ諸国は主にスンニ派でイランを警戒し、イスラエルと手を結び、実質上、パレスチナを見捨てる形となった。そのため今回の紛争で、イランがハマスにロケット弾などを供給しているのではと囁かれる。

以上の様にユダヤ教とイスラム教、スンニとシーア等の宗教対立や土地問題だけでも説明できない非常に複雑な問題が絡み合っている。さらに米国のキリスト教シオニズムがある。その後双方は停戦したが、紛争再燃はあり得る。

（日本大学国際関係学部教授）

南スーダン派遣1年延長

PKO司令部に陸自4人

政府は5月21日、国家安全保障会議（NSC）と閣議を開き、国連平和維持活動（PKO）協力法に基づく国連南スーダン共和国ミッション（UNMISS）司令部への陸自隊員4人の派遣について、今月末に期限を迎える派遣期間を来年5月末まで1年間延長することを決めた。

岸防衛相は同日の閣議後の記者会見で「防衛省・自衛隊は自衛官の派遣を通じて南スーダン国際平和協力業務への貢献を継続し、引き続き積極的平和主義を実践していく」と述べた。

日本は2011年11月に南スーダンの首都ジュバにあるUNMISSに司令部要員として陸自隊員の派遣を開始（当初は兵站、情報、施設の3幕僚）。翌12年1月からは約350人規模の陸自施設部隊を派遣し、17年5月まで自衛隊のPKO施設部隊として過去最長の5年4カ月にわたってインフラ整備などの国づくり支援に従事した。

施設部隊の撤収後も、UNMISS司令部には陸自隊員4人（兵站、情報、施設、航空運用の各幕僚）が2人1組で出発時期を約半年ずらして派遣され、それぞれ1年間の任務に就いている。現在は赤塚喜与3佐(施設)、菅野美怜3佐(情報)、中村美雄3佐(兵站)、金塚友成3佐(航空運用)の4人が現地で活動中だ。

朝雲寸言

「他国との関係において自分たちより上位に位置する権威を認めない主権国家という単位が共存している状態」――。第2次世界大戦中に米国の地政学者スパイクマンが当時の国際社会を端的に言い表したものである。それから3四半世紀が経ったが、国際社会の状態に変化はない▼国家がその他すべての組織と違うのは、徹底的に境界化された領域に拡がる明確な「領土」というものを基盤としている点であるとスパイクマンは指摘する。領土の物理的な特徴は安全保障の維持のされ方にも影響を与える。なぜならパワーというものは大きく見れば「地理」と「天然資源」によって決定されるからだと▼政治とは妥協の産物であるという人もいる。国際社会も例外ではない。しかし、国家が物理的な境界を基盤としている以上「領域」は妥協できないもののひとつである▼ある国はこれを「核心的利益」と呼び、サンゴ礁を埋め立てて人工の島を建設した。コロナウイルス感染症の蔓延や東アジア、そして中東を見る限り、国際連合を中心とする共同体としての働きかけはうまく機能していない▼スパイクマンはパワーの存在を認めつつ、平和を維持する三つ目の選択肢があると提唱した。それが「集団安全保障」の考え方である▼東シナ海において初の日米仏豪の共同訓練が実施され、九州では日米仏の陸上の共同訓練も行われた。一方、欧州では英女王の名を持つ最新空母が日本に向けて出港した。

時の焦点

国内　ワクチン接種

収束の鍵はスピードだ

新型コロナウイルスの流行を収束させるには、多くの人がワクチン接種によって免疫をつけることが不可欠だ。自衛隊による大規模接種が、東京と大阪で始まった。

初日には菅首相が東京会場を視察し、「自衛隊は、新型コロナについても、最後の砦として国民から期待されています」と激励した。

市町村による高齢者向けのワクチン接種は4月に始まったが、確保量がまだ少ないこともあり、特に都市部では思うように進んでいない。自衛隊による接種は整然と行われ、高齢者から感謝の声が相次いだ。

菅首相は、高齢者向け接種を7月末までに終わらせるため、「1日100万回」を目標を掲げている。

重症化する恐れが高い高齢者への接種が進めば、社会には安心感が広がろう。関係者の努力と工夫でスピードを上げていきたい。

自衛隊の取り組みに続き、都道府県にも、独自に特設会場を作る動きが広がっている。

ワクチンは、すでに活用されている米ファイザー製に加え、米モデルナ製、英アストラゼネカ製が承認された。それぞれ接種間隔などが異なり、市町村の接種ではファイザー製、大規模接種ではモデルナ製が使われるという。混乱を避けるため有効な方法だろう。

大規模接種と市町村による接種で、二重予約とならないようにしなければならない。予約が急にキャンセルされれば、貴重なワクチンをせっかくの接種機会が無駄になりかねない。

もちろん行政が十分に呼びかけることが大切だが、まずは利用者自身の注意が求められよう。

一部報道機関が、国の予約システムに架空の数字を入力するなどして予約が取れたと報じた。その手法も詳細に紹介しており、模倣を誘発しかねない。

そもそも、大局を見ず、細かな不具合をことさらに問題視して取り上げる姿勢は疑問である。

市町村による接種でも、急なキャンセルで余ったワクチンを首長らに接種したことを批難する論調が見られた。

重要なのは、ワクチン接種は当事者だけに利益をもたらすものではなく、一人でも多くの人が接種することが社会全体のメリットとなる、ということである。

完璧な予約システムを作るまで接種を始めなかったり、批判を恐れて余ったワクチンを廃棄したりするようなことがあれば、日本の感染収束は大きく遅れてしまう。

英国は、収束を急ぐため、救急救命士や薬剤師に加え、医療資格のないボランティアも、訓練をしたうえでワクチン接種ができるようにした。日本は、同じ対応はできなくとも、その姿勢には学ぶ必要があろう。

今は、「急いては事を仕損ずる」ではなく、「巧遅は拙速に如かず」で臨むべき局面である。

宮原 三郎（政治評論家）

海外　中国VS台湾

冬季五輪後の侵攻説も

米国は長年、台湾への兵器売却や合同演習実施などで、中国に向け〝手を出すな〟の明確なメッセージを送ってきた。

時に小規模の緊張が生じても、この戦略は機能してきた。しかし、米国の政権交代で、形勢一変の兆しが明白になってきた。

中国は4月、台湾の東方と西方で同時に大規模な軍事演習。米代表団が訪台した際には、沿岸で実弾演習を行い、通常よりはるかに攻撃的な姿勢を示した。

中国による台湾侵攻の脅威に関し、「大げさだ」と言う専門家は多い。台湾に多方面から圧力を強めるだろうが、本格的な上陸作戦の侵攻はありそうもないと見る。

南シナ海の台湾が領有する小さな諸島の一つを奪取して、それに対する台湾の決意と国際社会の出方を試すことは考えられる。

だが、少なくともごく近い時期に中国指導部が全面的侵攻による政治、経済、国際世論の悪化というコストを正当化できるとみなすとは想像し難いという。

いささか〝耳にたこ〟の類で、第一、新疆ウイグル自治区での過酷なウイグル族弾圧、香港民主化の徹底弾圧などを前にして、今さら国際的評判を気にして云々と、一体どこの国の話をしているのかという気もする。

米インド太平洋軍のデービッドソン司令官が退任前、上院軍事委の公聴会に出席し、中国の台湾侵攻について、「2020年代のうちなのは明らかで、実際には今後6年以内」と警告したのはごく最近（3月9日）のことだ。

同氏の後任の新司令官に就任（4月30日）したアクイリノ海軍大将も3月末、同委公聴会で、「中国軍の攻撃はそれよりもっと早い可能性がある」と証言していた。

両氏とも、地域の軍事情勢を天井桟敷から眺めている評論家ではない。米国が持つあらゆる種類の情報、分析にアクセスしており、証言は重大に受け止めるべきだろう。

台湾を奪えば、中国にとって政治的に大きな強みになる。

同地域および世界的規模で米国の威信を粉砕し、世界に向けて「米軍も核兵器も経済制裁の威嚇」も中国を阻止できなかったという強烈なメッセージになる。

複数の米軍事筋の「推測」の一つとして一部で評判になっているのは、台湾侵攻は22年2月、中国冬季五輪（4〜20日）のすぐ後の可能性という観測だ。

類似の前例がある。ロシアは14年、ソチで開かれた冬季五輪の閉幕後、すぐにウクライナのクリミアに侵攻した。「伝統的にロシアの領土を奪還」というのがプーチン大統領の主張だった。

当時、北大西洋条約機構（NATO）は軍事的に何ら対応せず、この事実に中国軍は強く印象付けられたという。

台湾侵攻が現実化した時、米政府はどうするか。中国の「ワイルドカード」は米政権の弱さで、広範な財政的つながりを見れば当然。空虚な脅しと決まり文句の声明を出す程度ではなかろうが。

草野 徹（外交評論家）

五輪中の首都地震を想定

JXR 隊員1万人が参加

自衛隊統合防災演習の災害対策本部会議で、防衛省・自衛隊幹部にオンラインで指示を出す岸防衛相（5月17日、防衛省で）

今夏に開催が予定されている東京オリンピック・パラリンピック期間中の首都直下地震を想定した令和3年度「自衛隊統合防災演習（JXR）」の指揮所訓練が5月17日から20日まで、防衛省をはじめ全国の駐屯地・基地、在日米軍横田基地、東京都庁などで行われた。

演習は「東京23区を震源とするマグニチュード7・3、最大震度7の地震が発生した」との想定で開始され、山崎統幕長を統裁官に内局、統陸海空幕、情本、装備庁、陸自の陸上総隊、各方面隊、海自の自衛艦隊、各地方隊、空自の航空総隊、航空支援集団などから隊員約1万人が参加。防災関係機関、東京2020オリンピック・パラリンピック競技大会組織委員会、在日米軍も加わり、オリパラ開催中の災害対処要領を確認した。

初日の17日には「防衛省災害対策本部会議」がオンラインで開かれ、岸防衛相は「総理から被害の拡大防止を徹底し、被災者の人命救助に全力を挙げて取り組むよう指示があった。自衛隊は陸上総隊司令官を指揮官とする統合任務部隊（JTF）を組織し、最大約11万人態勢で対処することを念頭に、すでに部隊が人命救助活動などを開始していると申し伝えた」と述べ、「五輪競技会場などにおける被災者への対応を含め、大規模災害への最後の砦としての役割を果たすべく一人でも多くの国民を救えるよう全力で対処してほしい」と指示。

各部隊は、シナリオに基づき、①指揮幕僚活動②オリパラ組織委員会との対応③自治体や関係機関との連携——などの対処要領を演練した。

豪・米軍と実動訓練へ

陸自60人、SJ21に向け出国

陸自は6月中旬、豪州ノーザンテリトリー州のマウント・バンディ演習場で行われる豪・米軍との実動共同訓練「サザン・ジャッカル（SJ21）」に参加する。

参加部隊は陸自から14旅団50普連（高知）基幹の約60人、豪陸軍から第1旅団の約410人、米海兵隊から第3海兵機動展開部隊の約280人。

陸自隊員は5月23日に出国、豪州入国後はコロナ対策で2週間停留した後、訓練準備に着手する。

メインの実動訓練は6月14日から24日に予定され、主に森林地帯での戦闘射撃などを演練する。帰国は7月4日の予定。

「まや」が米空母と共同訓練

関東南方海域で「R・レーガン」と

日米共同訓練を終え、米空母「ロナルド・レーガン」（奥）を見送る海自イージス護衛艦「まや」の小野艦長（手前後ろ向き）＝5月16日、関東南方の太平洋上で

海自1護衛隊（横須賀）のイージス護衛艦「まや」（艦長・小野修司1佐）は5月11日から16日まで、関東南方海域で米空母「ロナルド・レーガン」（満載排水量約10万3000トン）と共同訓練を実施した。

「まや」と米空母は各種戦術訓練を行い、相互の運用性と日米海上部隊の抑止力・対処力を強化した。

ロシア艦隊6隻

宗谷海峡を東進

5月15日午後5時ごろ、ロシア海軍の「タランタルⅢ」級ミサイル護衛哨戒艇2隻（満載排水量490トン、艦番号954、991）、「オビ」級病院船、「ユグ」級海洋観測艦の計4隻が北海道・宗谷岬の西北西約110キロの海域を東に向け航行するのを海自1ミサイル艇隊（余市）のミサイル艇「くまたか」が確認した。

翌16日午前7時ごろには、露海軍の「ウダロイI」級ミサイル駆逐艦（8500トン、548「アドミラル・パンテレーエフ」）と「ドゥブナ」級補給艦の計2隻を確認。

露艦隊は両日ともに、宗谷海峡を東進して日本海からオホーツク海に出た。

中国海軍艦3隻

宮古海峡を南下

5月16日午前9時ごろ、中国海軍の「ルーヤンⅢ」級ミサイル駆逐艦（7000トン、艦番号155「南京」）、「ジャンカイⅡ」級フリゲート（3900トン、578「揚州」）、「フチ」級補給艦（2万3000トン、966「高郵湖」）の計3隻が沖縄・久米島の北西約120キロの海域を南に向け航行するのを海自46掃海隊（勝連）の掃海艇「ししじま」と5空群（那覇）のP3C哨戒機が確認、情報収集・警戒監視活動に当たった。

中国艦隊はこの後、沖縄本島と宮古島間の宮古海峡を南下し、東シナ海から太平洋に出た。

「絆を大切にし切磋琢磨せよ」

空幹候校で入校式

空自幹部候補生学校の入校式で、藤永学校長（壇上）の式辞を聞く学生（4月2日、空自奈良基地で）

【空幹候校＝奈良】空自幹部候補生学校（学校長・藤永国博将補）は4月2日、第111期一般幹部候補生（防大・一般、部内）、第4期医科歯科看護科幹部候補生各課程計約300人の入隊・入校式を行った。

式典には教育集団幕僚長の小島隆将補、奈良地本長の熊井邦善事務官、奈良県防衛協会の前田武会長ら来賓が出席。藤永学校長は式辞で、①自ら考え判断し、行動せよ②自分自身の限界に挑め③同期を大切にせよ——の3点を要望し、「互いの個性、考え方、多様性を尊重しあい、認め合い、その仲間達との絆を大切にし、切磋琢磨してほしい」と述べた。会場では井筒空幕長からの訓示も映像で放映された。

一般幹部候補生課程学生は防大・一般大出身者が約9カ月、部内が約7カ月、医科歯科看護科幹候生は約2カ月間にわたり、初級幹部としての知識や技能を修得する。

防衛省発令

▽ぶんご艦長（うらが掃海長兼副長） 2海佐 久保山 聡
（5月17日）

▽自衛艦隊司令部兼海自1術科学校（しもきた艦長） 1海佐 黒木 一博

▽しもきた艦長（海自1術科学校主任教官兼研究部員） 2海佐 岡田 周作
（以上5月21日）

共済組合だより

皆さまは「ジェネリック（後発）医薬品」をご存知ですか?

ジェネリック医薬品は、医師が処方する医薬品であり、先発医薬品（新薬）と比べて安価で、なおかつ有効成分や効き目は同じです。

有効成分や効き目は同じ「ジェネリック医薬品」
薬代や医療費の抑制のためご利用を

新しく開発された医療用医薬品は、先発医薬品として特許が与えられ、開発会社により独占的に販売されますが、ジェネリック医薬品は、先発医薬品の特許期間満了後に、同レベルの品質・有効性・安全性を有しているという国の審査・承認を受けて発売されます。

既に有効性や安全性が確認されている先発医薬品の有効成分を利用するため、開発期間や費用を大幅に抑えることができ、そのため薬の価格も安く設定することができます。

組合員や被扶養者の皆さまが診療を受ける際、病院や薬局等でジェネリック医薬品を積極的に選んでいただくことにより、ご自身の薬代が軽減されるだけでなく、共済組合全体の医療費も抑制することができます。

医師と薬剤師それぞれに意思を伝え相談することによりジェネリック医薬品を選ぶことができます。相談は、口頭やメモ等で大丈夫ですが、「お願いカード」＝写真＝を利用すると便利です。皆さまのご協力をお願い致します。

なお、先発医薬品の特許が切れていない場合や医療上の理由等でジェネリック医薬品を選べない場合もあります。

ジェネリック医薬品お願いカード
医師・薬剤師の皆様へ
私は可能な場合、
ジェネリック医薬品の処方を希望します
氏名
防衛省共済組合
切り取り線

日米仏の運用調整綿密に「ARC21」

陸自ヘリから仏陸軍降着

優れた戦闘能力披露

フランス海軍の強襲揚陸艦に乗って来日した仏陸軍第6軽機甲旅団（ニーム）の精鋭部隊約60人を迎え、初の日米仏共同訓練「ジャンヌ・ダルク（ARC）21」が5月11日から17日まで、九州の相浦駐屯地と霧島演習場で行われた。フランス軍は陸自の大型輸送ヘリに乗り、激しい雨の中、果敢にヘリボーン攻撃を行ったほか、日米部隊に先んじて「占拠されたビル」に突入し、敵を掃討するなど優れた市街地戦闘能力を披露した。新たな時代の共同訓練となった「ARC21」の模様を写真で振り返る。

総合訓練で陸自西方航空隊のCH47輸送ヘリに搭乗し、ヘリボーン降着したフランス陸軍の兵士たち（5月15日、霧島演習場で）

第6軽機甲旅団 60人の精鋭部隊

日米仏3カ国共同の調整所で水機団員（右側）から「ARC21」について説明を受ける中山副大臣（左端）ら各国のVIP（霧島演習場で）

「ARC21」演習の各国指揮官。左から仏陸軍のアンリ・マルカイユ中佐、1水陸機動連隊長の開雅史1佐、米海兵隊のジェレミー・ネルソン中佐（霧島演習場で）＝代表撮影

フランス海軍の強襲揚陸艦「トネール」で来日後、陸自の相浦駐屯地で行われた機能別訓練で射撃訓練を行うフランス陸軍の兵士たち（5月12日）

総合訓練で「敵に占領された空港ターミナルビル」を模した建物に突入するフランス軍兵士（霧島演習場で）

総合訓練で敵が立てこもるビルに突入するフランス陸軍兵士＝代表撮影

敵に占拠された建物に突入する前、フランス陸軍と打ち合わせをする水陸機動団の隊員（右）

地図を見ながら日米仏3カ国部隊の運用調整を行う各国指揮官たち（霧島演習場で）＝代表撮影

敵陣地への突入を前に、鉄条網を排除し、敵拠点への経路を確保するフランス陸軍兵士（霧島演習場で）

「ARC21」の視察に訪れた各国のVIP。左から在日米軍副司令官ジェームズ・ヴェロンズ海兵隊准将、中山副大臣、フィリップ・セトン駐日仏大使、ジャン・アダムス駐日豪大使、木原首相補佐官、吉田陸幕長（5月15日、霧島演習場で）＝代表撮影

東日本大震災から10年

自衛隊への教訓 ▷▷8◁◁

真に行動できる人材育成

元岩手県防災危機管理監　越野　修三　元陸将補
（現・岩手大学地域防災研究センター客員教授）

未曽有の災害だった東日本大震災から10年を迎えた。当時、岩手県防災危機管理監だった私にとって、3・11は忘れようにも忘れられない日である。

人生で二度の震災

あれから10年が過ぎ、被災地の街の様子はすっかり変わって、全く知らない街に来たような錯覚すら覚える。街の変化とは相反するように、被災者の心の中は、あの時の悲しみをずっと引きずったままだ。

失われたものは元には戻らないし、過ぎてしまった時計の針をあの時の時刻に戻してみたところで、亡くなった人は帰っては来ない。被災者の思いは、何年経っても癒やされることはないだろう。この震災に関わったものとして、被災地や被災者のために何ができるかということを、震災以降ずっと考えてきた。だから、もう10年が過ぎたのに、10年も経った気がしない。

かつて私は、阪神・淡路大震災の時にも陸上自衛官として現地での悲惨な状況を目の当たりにした。人生で、2度も大震災を直接経験するとは思ってもいなかったが、東日本大震災での被害の大きさは、想像を絶するものがあった。

この震災で、肉親や友人を一瞬のうちに失い、家が流され、街は見る影もなく破壊されて、美しかった風景や思い出さえもみんな流されてしまった。その喪失感、絶望感は阪神・淡路大震災とは比べようもないくらいひどいものだった。

ひたむきな捜索

そんな中で被災者の不安を取り除き、希望を与えたのは、発災当初から自衛隊員、警察官、消防隊員、医師や看護師、自治体職員などのたくさんの人が必死に、そして献身的に救助活動を行ったからである。

彼らの中には、自らが被災者でありながら寝食を忘れて行動していた人もいる。また、世界各国、全国の自治体等から温かい励ましの言葉や多くの支援を頂いたことを忘れてはならない。

その中でも、今でも被災者の心の中に深く刻み込まれているのは、自衛隊の支援活動である。発災当初から、人命救助、行方不明者の捜索、被災者への生活支援など、被災地での自衛隊員の献身的な活動には、感動すら覚えた。

行方不明者を捜索するために、想像を絶する瓦礫の山を一つ一つ丁寧に取り除きながら、黙々と捜索を続ける隊員のひたむきな姿、あるいは、雪の降りしきる中で、胸まで海水に浸かりながら必死に遺体捜索をする隊員の姿は、被災地の誰しもが感謝と信頼感を抱いたに違いない。自衛隊OBの私でさえ、身の危険も顧みず過酷な状況の中でも黙々と任務を遂行する隊員の姿に、胸が熱くなった。

達増拓也岩手県知事に随行し、大船渡市の被災状況を確認する防災危機管理監の越野修三氏（左、右上も）＝2011年4月2日

救助が届けた希望

被災地のある幼稚園児が、「大きくなったら何になりたい?」と質問されたのに対して、「自衛官になる」と答えたという話を聞いた。その幼稚園児にとって、自衛隊は困った人を助けるヒーローに映ったのかもしれない。被災地の子供たちだけでなく、大人たちにも自衛隊の活動は、希望と感動を与えていたのだ。

人は誰でも、見返りがなくても他人のために一生懸命に尽くしている姿を見ると、胸を打たれる。自衛隊は「全ては被災地・被災者のために」を合言葉に被災地を支援してくれた。10年経った今でも、岩手県民の誰もが自衛隊無くしてはこの震災は乗り越えられなかったと思っている。それだけ、自衛隊の活躍は岩手県民の心の中に、大きな感動と信頼感を深く印象付けたのである。

記憶を伝え続ける

あれから10年。今思うことは、自衛隊のように献身的な支援活動を行うことや精神的な心のケアなどは無理かもしれないが、私にもまだできることがあるとすれば、次第に薄れかけていくこの震災の記憶と教訓を伝えていくこと、どこかで災害が起きた場合でも、適切に状況判断し、行動ができるような人材を育てていくことなのではないかと思っている。震災を体験した者の使命として、二度と悲しい思いを繰り返さないためにも。

ひろば

水無月、風待月、鳴神月、季夏――6月。1日気象記念日、2日横浜・長崎開港記念日、14日五輪旗制定記念日、20日父の日、23日沖縄慰霊の日。

山王嘉祥祭　東京・赤坂の日枝神社で行われる和菓子の祭り。仁明天皇が16種の神供(餅、糖菓子、水菓子)を献じ、疫病退散を祈願した古例にちなみ、伝統の和菓子を神前に捧げて健康招福を祈願する。16日

竹伐り会式　鞍馬寺(京都府左京区)で平安時代から続く京都で有数の古い催事。長さ4メートルの青竹を大蛇になぞらえ、法師が近江・丹波の両座に分かれて竹を切る速さを競い、1年間の豊作を占う。20日

航空戦力は"守りきること"で勝利へ

英独双方の視点から「鷲攻撃作戦」を描く「バトル・オブ・ブリテン1940」

監訳者・橋田中警団副司令に聞く

1940年の夏、ドーバー海峡とイギリス本土上空で繰り広げられたイギリスとドイツ両空軍の激しい空の戦い「バトル・オブ・ブリテン(BOB)」。第2次世界大戦の結果にも大きな影響を与えたこの空戦を、元米空軍戦闘機パイロットのダグラス・ディルディが2018年に書籍化、日本でも『バトル・オブ・ブリテン1940』(芙蓉書房出版刊)として出版された。本書の翻訳などを担当した空自隊員9人を代表し、監訳者の橋田和浩1佐(中部航空警戒管制団副司令)に「日本の防空」に向けてのBOBの教訓を聞いた。(聞き手・菱川浩嗣)

監訳した書籍を手に、いま『バトル・オブ・ブリテン』を学ぶ意義を語る橋田中警団副司令(空自入間基地で)

――本書出版のきっかけは。

橋田1佐　最初は部内での戦史や航空作戦の教育用に訳すつもりだった。防大戦略教育室長だった時、統率・戦史教育室准教授の由良富士雄2佐が、「この本は、いい教科書になりますよ!」と原書を紹介してくれた。そこで目を通したところ、写真も充実していて内容もわかりやすかったので、昨年3月から私や由良2佐ら5人で翻訳にとりかかった。

その後、ある程度の翻訳が進んだ段階で由良2佐がいくつかの出版社に「この取り組みに興味はありませんか」と広報活動をしたところ、芙蓉書房が手を挙げてくれた。出版が決まったところで、解説を付けるため新たに仲間が加わり、二段階目の作業を経て芙蓉書房に原稿を提出できることになった。

――書籍化で苦労したことは。

橋田　部内の基礎的な教育資料とすることを想定し、自衛隊用語で訳していたので、一般向けの表現に修正するのに苦労した。我々の言葉の特殊性を改めて実感した。解説も一般の人が分かりやすいように各種の図を加えた。その後、私は防大から入間基地に転勤したため、コロナ禍もあり他の仲間とはメールで調整せざるを得なかった。ただ、みな一緒に勤務したことがあり気心も知れていたので、意思疎通はしやすかった。

イギリス空軍の統合防空システム(→本文57頁参照)

『バトル・オブ・ブリテン1940』の1ページ。イギリス空軍の統合防空システムが図解されている(芙蓉書房出版提供)

「お家芸」の防空に磨きを

――英空軍のBOBの教訓は空自の防空作戦にどう生かせるか。

橋田　航空戦力をもって「自分の国を守りきることで勝利できる」という事実を英空軍は示してくれた。そういう意味で、防空のスペシャリストである空自の"原点"に当たるのがBOBだと思っている。この戦いで英空軍がドイツ空軍を迎え撃つために何を考え、どんな準備をしていたのか。この一連の過程を学ぶことは、空自の隊員にとって重要な意味を持つ。

BOBでは当初、ドイツ空軍がイギリスの防空システムを崩し、英空軍が敗北寸前まで追い詰められたのは事実だ。ドイツ空軍は、勝利を目前にしながらも、戦力をうまく生かせず敗北したという見方もできる。

英空軍が防空システムを最大限生かして戦い続けることができたのは、試行錯誤を伴う周到な準備のおかげであることも本書から学べるはずだ。英軍の「祖国を守る!」意識がドイツ軍を敗北させたということも、我々は忘れてはならない。

現在、空自は宇宙やサイバーなど新しい領域に打って出ており、それに伴っての苦労は当然ある。BOBを戦った英空軍も、「史上初の統合防空システム」など新しいことに挑戦しており、その彼らの努力を学ぶことは、空自が新規分野に挑む際の土台となり得る。

新たな環境下で空自のお家芸である防空に磨きをかけるためにもBOBを知り、学ぶ必要がある。

――橋田1佐は航空研究センター(目黒)で防衛戦略研究室長も務められた。

橋田　BOBについて複合的な視点から論じた原書を翻訳できたのは、これまでのさまざまな勤務のたまものだ。空中戦についても、防空指令所などで勤務した経験から、個別の戦いを視るだけでなく、3Dのイメージを持ち作戦全体を俯瞰しながら翻訳することができた。

――本書で特に注目してほしいところは。

橋田　英空軍が一貫した目的の下で防空システムを構築していった過程が詳しく解説されているところだ。空自も、新たなシステムを構築する際、装備品等と作戦のコンセプトとを合致させていかなければならない。空自隊員もこれらの教訓をもとに努力を重ね、「守りきって勝つ」ために一致団結することが重要だろう。

リーダーシップの面では、本書ではドイツ空軍最高司令官のヘルマン・ゲーリングについて批判的に書かれている。いわば「現場を知らない指揮官が過去の栄光からの思い込みで独善的に判断すると勝てなくなる」と評されているところは、全ての人にとり教訓となる。私自身も現在の副司令としての任務の中で、リーダーシップについては日々自問自答を繰り返している。

――自衛隊の読者にメッセージを。

橋田　BOBというと「ずいぶん昔のこと」「既に知っている」などと思われるかもしれないが、今後につながるところ、何度も学べるところは必ずある。何か新しいことに挑戦しようとする人にはぜひ読んでほしい。答えは書いていないかもしれないが、ヒントは見つかるはずだ。

マイヘルス Q&A

新型コロナ肺炎

高齢者は重症化のリスク　3密避けた生活を

Q　新型コロナウイルス肺炎とはどのような病気ですか。

A　新型コロナウイルスに感染した人の約6〜7割に見られる、ウイルスが原因で引き起こされる肺炎です。

Q　どのような症状がありますか。

A　軽症では無症状ですが、重篤になると人工呼吸器を装着しなければ酸素を体に取り込むことができなくなり、命を落とされる方もいらっしゃいます。

肺炎になった人の多くは発熱や咳に加え、息切れが見られます。特に注意しなければならない症状は呼吸回数の増加です。正常は1分間に15回前後の呼吸回数が、倍の30回近くまで増加している時には重症化のサインといえます。さらに、自分では息切れに気付かないことがあり、注意が必要です。

Q　どのような人が重症になるのですか。

A　詳しくは分かっていませんが、高血圧や糖尿病などの基礎疾患を持つ人や、高齢者は重症化のリスク因子であると報告されています。喫煙歴がある人も注意が必要です。小児や若年者は軽症で済むことが多いですが、だからといって全く重症化しないわけではありません。

Q　治療方法は。

A　重症化しない限りは、安静で発症から2週間程度で回復しますが、重症化してしまうと、入院して抗ウイルス薬や副腎皮質ステロイドの投与といった炎症を抑えるための強力な治療が必要となり、治療期間はさらに長期にわたります。

特に重篤な場合は、人工呼吸器による呼吸管理を必要とすることもあります。治った後に肺機能や筋力が低下することでリハビリが必要になる人もいます。

Q　予防はできますか。

A　これまで言われている通り、感染しないように密閉・密集・密接を避けることが重要です。また、ワクチン接種で感染しにくくなったり、重症化が予防できたりすると言われています。いずれにしても、従来の風邪やインフルエンザに比べて何倍も死亡率が高いため、自分が感染しないようにするだけでなく、「自分は感染しているかもしれない」と考え、他の人にうつさないように気を付けて生活することが重要です。

自衛隊中央病院 呼吸器内科　河野 修一

BOOK NOW

私が読んだ　この一冊

松下幸之助著「指導者の条件」(PHP研究所)
ヘリ団連絡偵察飛行隊(木更津)　村田龍治2陸尉　33

本書は松下電気器具製作所(現パナソニック)を一代で築き上げた松下幸之助氏が、自らが実践してきた指導者としてのあり方を古今の指導者から学び、感想を付記したもの。

中でも「目標を与える」について、アメリカのアポロ11号の月面着陸成功を例に、「目標を与えるための哲学・見識も必要である」と記されていた。指導する・される身として考えさせられる1冊だ。

森山至貴著「10代から知っておきたい　あなたを閉じこめる『ずるい言葉』」(WAVE出版)
21航空群館山航空基地隊　竹内南海子3海尉　36

「あなたのためを思って言っているんだよ」――誰しも言われて何となくモヤモヤしたり、もしくは、言って相手を無理矢理納得させたりした経験があるのではないでしょうか。

本書ではこのような議論を封じる「ずるい言葉」の何が「ずるい」のか、どう対処すれば良いのかについて、会話例に沿って詳細に解説されます。何気ない言葉の背景にある感情や考え方を掘り下げ、丁寧なコミュニケーションを行う訓練となる一冊です。

野村克也著「言葉一つで、人は変わる」(詩想社新書)
作戦情報隊(横田)　前畑裕輔2空尉　34

人は誰でも、家族、友人、職場の仲間からの言葉で救われた経験があるのではないだろうか。それはいうなれば、人生の転換期を支えてくれた言葉だ。本書はそうしたあらゆる言葉が持つ「力」や「大切さ」を説いた一冊だ。

コロナ禍でさまざまな場面で制約が生じ、ストレスが溜まっていく一方の今日だが、本書が語る言葉の数々は非常に心打たれるもので、疲れた我々の背中を押してくれる。

隊員愛読書ベスト5

<入間基地・豊岡書房>
❶自衛隊最高幹部が語る令和の国防　岩田清文、武居智久ほか著　新潮社　¥902
❷中国が宇宙を支配する日―宇宙安保の現代史　青木節子著　新潮社　¥836
❸極超音速ミサイル入門　能勢伸之著　イカロス出版　¥1760
❹中国軍人が観る「人に優しい」新たな戦争知能化戦争　龐宏亮著　五月書房新社　¥3850
❺新兵器最前線シリーズ　自衛隊の島嶼防衛力　ジャパン・ミリタリー・レビュー　¥2600

<防衛省・三陽堂書店>
❶自衛隊最高幹部が語る令和の国防
❷防衛ハンドブック2021　朝雲新聞社　¥1760
❸データで知る現代の軍事情勢　岩池正幸著　原書房　¥2640
❹軍事理論の教科書　ヤン・オングストロームほか著、北川敬三監訳　勁草書房　¥3300
❺統合幕僚長―我がリーダーの心得　河野克俊著　WAC　¥1650

<神田・書泉グランデミリタリー部門>
❶劇画ガールズ&パンツァー　小林源文著　小学館　¥990
❷PHOREVER　徳永克彦著　ホビージャパン　¥6490
❸4発JETエンジン機 COMPLETE GUIDE　イカロス出版　¥2750
❹誰も語らなかったニッポンの防衛産業　桜林美佐著　潮書房光人新社　¥924
❺ハッピー・ファントム・デイズ　中野耕志写真　イカロス出版　¥1980

<トーハン調べ4月期>
❶52ヘルツのクジラたち　町田そのこ著　中央公論新社　¥1760
❷白鳥とコウモリ　東野圭吾著　幻冬舎　¥2200
❸転生したらスライムだった件18　伏瀬著　マイクロマガジン社　¥1100
❹推し、燃ゆ　宇佐見りん著　河出書房新社　¥1540
❺スマホ脳　A・ハンセン著、久山葉子訳　新潮新書　¥1078

地球観測SAR衛星36機 軌道上に配置へ

米カペラスペース社

台湾海峡への中国軍の集結状況や北朝鮮の弾道ミサイルの発射兆候など、偵察衛星を使えばいち早く動向を察知することができる。しかし、偵察衛星の整備には莫大な予算が必要で、政府レベルでも対応は難しい。そうした中、「欲しい地点の衛星画像をオンデマンドで入手できる」民間サービスが始まろうとしている。顧客から依頼を受けると数時間以内に地球観測SAR（合成開口レーダー）衛星で撮影を行い、その画像データを提供する。SARのため、夜間や悪天候時でも高画質な写真撮影が可能。近い将来、防衛省もこうした民間のサービスを受けられるようになるかもしれない。

カペラスペース社のSAR衛星が撮影した港湾の写真。分解能は50×50センチで、船の種類も識別できる画質だ（いずれも同社提供）

目的地を1時間以内に撮影、直ちに写真データを伝送

オンデマンドで衛星画像撮影サービス

カペラスペース社では36機のSAR衛星の打ち上げを計画している。これで地球上のあらゆる地点を1時間以内に撮影できるようになる。イラストは「カペラ2」衛星

防衛技術

「オンデマンドの衛星画像撮影ビジネス」を進めているのが米カペラスペース（Capella Space、拠点・サンフランシスコ）だ。同社では「地球上のどんな場所の映像も数時間以内に提供する」をうたい文句に事業をスタート。2018年12月から打ち上げを開始した「カペラ1」「カペラ2（セコイア）」など複数のSAR衛星を使い、撮影サービスを開始している。最終的に計36機の衛星コンステレーション（人工衛星の一群）を軌道上に配置し、地球上のあらゆる場所を1時間以内に撮影できるようにする計画だ。

高度約500キロに配置される衛星にはX帯合成開口レーダー（SAR）が搭載され、昼夜・天候を問わずに撮影が可能。画質（分解能）は50センチ以下という高解像度で、艦艇や航空機、車両の配置動向などもはっきりと分かる。

カペラスペース社は米国家偵察局（NRO）など政府機関とも提携し、国防省が顧客となっているため、同盟国の防衛当局などもサービスを受けられるだろう。同社では撮影依頼を受けると、対象座標の近くを通過するSAR衛星に必要なデータを送信し、数時間以内に撮影を行う。その後、高画質の撮影データを地上局にダウンロードし、そのデータを顧客に届ける。

同社は軌道上の各衛星と直接通信が行える高速・大容量のデータ伝送装置を持ち、いつでも対象衛星に撮影の指示が出せる。これがオンデマンドで写真を提供できる理由だ。

現在、打ち上げが進められている第2世代衛星「セコイア」は重量約100キロで、直径3・6メートルの大型パラボラアンテナを装備。この衛星を南北に周回する12の軌道上に各3機、計36機配置することにより、どの地点でも1時間間隔で撮影が可能になるという。

こうした民間会社からの衛星写真サービスを緊急時にも受けられるようになれば、自衛隊の即応性は大きく高まるだろう。

台湾と中国が揚陸艦を建造

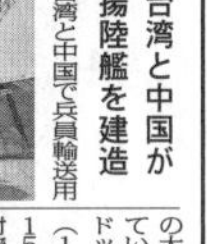

台湾海軍のドック型輸送揚陸艦「玉山」（台湾総督府提供）

台湾と中国で兵員輸送用の大型艦の建艦競争が続いている。台湾では4月13日、ドック型輸送揚陸艦「玉山」（1万トン）が進水。全長153メートルで、「海剣」対空ミサイル、76ミリ速射砲などを装備。兵員約670人を収容でき、艦後部ウエルドックからは揚陸艇などを発進できる。進水式には蔡英文総統も出席した。2022年の就役予定。

一方、中国では4月23日、初の強襲揚陸艦「海南」（4万トン）が就役した。全長237メートルで米海軍の強襲揚陸艦「ワスプ」級に匹敵するとされ、兵員1600人を収容、ヘリ30機を搭載できる。2番艦の建造も進む。

「H3」ロケットの発射手順確認試験 JAXA・三菱重工

宇宙航空研究開発機構（JAXA）と三菱重工業はこのほど、鹿児島県の種子島宇宙センターで新型のロケット「H3」の発射手順を確認する試験を行った。ロケットを発射台に移し、電力供給用ケーブルを接続、エンジンに液体推進薬を入れて打ち上げ直前まで試験した。JAXAの岡田匡史プロジェクトマネジャーは「非常に良いデータが得られた。大きな山の一つを越えた」と語った。H3は今年度内に試験機1号機が打ち上げられる予定。

技術が光る —101—

ポリウレア　ライノジャパン

屋根や外壁の強度高める塗布剤 自衛隊装備品の防護力強化にも

建物の経年劣化によって屋根や外壁にひび割れが生じても、その上から塗布するだけで、防水性能を高めたり頑丈にしてくれる素材がいま日本に導入されている。それがライノジャパン（東京都新宿区）が輸入・販売を行っている素材「ポリウレア」だ。

「この素材はアメリカのライノ・ライニングス社が開発しました。ポリウレアは撥水加工などに使われるポリウレタンの進化版みたいなものです」と説明するのはライノジャパン営業統括本部の東出宏聡さん。

「ポリウレア」はイソシアネート成分とレジン成分を高温・高圧下で衝突混合させることで生成できる樹脂素材。専用の吹付機材を使って射出し、あらゆる素材をポリウレアでコーティングすることで強度を高めることができる。

同じく建築物の塗料として用いられているポリウレタンとの最大の違いは、加水分解しないという点にあり、ポリウレアは極めて高い防水性を持つ。このため、歩道橋や配管、ビル屋上の防水やタンクの保護などに利用できる。

「屋上防水で比べた場合、ポリウレタンだと5～7年ごとに1回張り替えが必要ですが、ポリウレアだと15年以上は持ちます。見積りでは（価格でポリウレタンに）負けますが、長い目で見ると逆転します」と東出さん。

ポリウレアは耐摩耗性に加えて速乾性もあり、床などに施工した後、すぐにその上を歩くこともできるため、工期の短縮も可能だ。

さらに耐腐食性にも優れ、生卵を使った実験では、ポリウレアを卵の周りに吹きかけてから2年経過させた後に切断したところ、中身の卵液は腐っておらず、酸化や腐食臭もなかったという。

加えて、薬品や海水にも強いため、ポリウレアで化学工場の排水槽や薬品タンクを補強したり、塩害対策として海岸に近いマンションの外壁防護にも有効だ。

「ライノ・ライニングス社によると、米国ではポリウレアの2割ぐらいが軍用品に利用されており、AH64戦闘ヘリの燃料タンクにも塗布されています」と東出さん。同素材が自衛隊向けにも有効であることが分かる。

何にでも塗布できる強い防水性能を備えた素材「ポリウレア」（すべて使用例）。建築材のほか、艦船や軍用車両など、あらゆる装備品の防護力強化に役立つ

ポリウレアの各グレードのうち、最も性能が高いピュアポリウレア「エクストリーム」を使った特殊塗料は米国国防総省（ペンタゴン）の建物外壁に使われた実績を持つ。さらにテロ対策として米軍の燃料輸送車両防護などにも活用されているという。爆弾を用いた実験では、ポリウレアを塗布したブロック塀に爆風を浴びせても塀が崩れなかったことを確認、防爆効果も実証されている。

米軍では既にお墨付きを得ている「ポリウレア」、日本でも今後、防衛省の施設や自衛隊の装備品の防護強化に役立つかもしれない。

世界の新兵器 —548

「KJ600」中 "中国版ホークアイ"が登場

去る2月、中国海軍はかねてより開発中とのうわさのあった中国初の空母艦載早期警戒機（AEW）「KJ600」が、昨年8月下旬に初飛行に成功し、現在、飛行試験を実施中であると発表したと報じられている。中国本土上空を飛行中のKJ600を撮影したと思われる写真がネット上に掲載されているが、詳細はほとんど不明である。

近年の中国海軍は、かつての沿岸防衛隊を脱し、いわゆる第2列島線（伊豆諸島から、小笠原諸島、グアム、サイパン、パプアニューギニアに至る）で囲む西太平洋全域を作戦行動範囲（米海軍の進入を阻止）とする外洋海軍へと変貌しつつあり、日本を始めとする周辺諸国にとって大きな脅威となっている。

これまで中国海軍は80年代に空母の研究を開始し、数隻の廃棄された中古空母を購入して内1隻を大改修し、初の空母（「遼寧」）として運用、また2隻目の空母（「山東」）を国産により建造し、現在2隻の空母（共にスキージャンプ発艦装置）を運用中である。

さらに3、4隻目の空母を建造中で、こちらは電磁カタパルト発艦装置を装備すると見られている。その後の5隻目以降は原子力空母を計画中との情報もあり、西太平洋においては20～30年以内に米海軍をはるかに凌ぐ空母機動部隊を保有する可能性が高い。

AEWについては、これまで水上艦艇装備の捜索レーダーおよび艦載ヘリコプター装備の捜索レーダーを運用中であるが、外洋作戦のためには能力がきわめて不十分であることから、艦載の本格的なAEWの装備が求められていた。このため21世紀初頭からAEWの研究開発を進め、中型輸送機を改造し、背中に国産の大型捜索レーダーを搭載し試験が行われていた。これらの成果をもとに17年頃よりKJ600の試作が開始されたことが衛星写真で確認されていた。

本機の諸元・性能は発表されていないが、写真やイメージ図で見る限り、米海軍や航空自衛隊で現在運用中の「E2D」とほぼ同じとされており、形状・構造に至っては、専門家やマニアでなければ見分けがつかないほどそっくりである。

米海軍や空自の「E2D」にそっくりな中国海軍の空母艦載型の早期警戒機「KJ600」。発艦には電磁カタパルトが必要で、現在は陸上からの飛行試験が行われている（ウェブサイトから）

エンジンはターボプロップ双発で、捜索レーダーは国産のAESA（アクティブ・フェーズドアレイ方式）レーダーを搭載している。空母からの発艦は、その機体重量やエンジンパワーからスキージャンプ装置では不可能で、電磁カタパルト装置が必要であることから、現在建造中の新型空母に搭載されるものと思われる。

現在は陸上の滑走路において飛行試験が行われているが、新空母完成のあかつきには、甲板上での飛行試験を行う必要があり、運用開始はもう少し先になるものと思われる。

髙島　秀雄（防衛技術協会・客員研究員）

技術屋のひとりごと

質的優位性獲得のための挑戦

坂本　伸広（航空開発実験集団・電子開発実験群司令）

電子開発実験群は、空自の地上通信電子器材の試験評価や電波環境技術調査等の任務を遂行し、空自の研究開発活動の一翼を担う専門部隊です。

近年の試験評価の対象には、弾道ミサイル防衛システム、自動警戒管制システム、警戒管制レーダーのほか、宇宙状況監視システムなどの宇宙関連装備品があります。また、電波環境技術調査による電波環境の把握や、その影響を受ける地上通信電子器材に係る技術的な対策案の提示等はますます重要となっています。

空自の試験評価には、様々な区分や要領があります。例えば、新たに導入しようとする装備品が使用目的に適合するか否かについて評価する「実用試験」や、運用段階に入った装備品の性能、機能等の継続的な確認または改善のための「技術的追認」等の区分があり、電子開発実験群も、それぞれの目的に応じた要領を立案して試験評価を行っています。

近年、我が国の航空防衛力を取り巻く安全保障環境は、人工知能、ビッグデータ、ロボット等の技術革新を背景として、大きく速く、変化しています。新たな領域も含めた航空防衛力の質的優位性の獲得のため、今後、どのような試験評価を立案し、航空防衛力に関わる課題を抽出し、これを施策に反映していくのか、ここに今、私たちの最大の挑戦があります。

世界的な趨勢を考慮しつつ、現在および将来の危機に対応できる手段を整えていくため、装備品の試験評価等を迅速かつ的確に推進することは、我が国の安全保障上、極めて重要です。引き続き、関係部隊等とよく連携しつつ、隊員一人一人の力の充実を図り、部隊一丸となって、最先端の科学技術に基づく航空防衛力の創造に寄与し、その運用ニーズに応えていきたいと考えています。（2空佐）

潜水艦乗員に初の女性幹部

竹之内2尉にドルフィンマーク

「働きやすい職場を」

海自潜水艦教育訓練隊（呉）の練習潜水艦「みちしお」（2750トン）で乗艦実習を行ってきた竹之内里咲2尉（27）が5月18日、約1年4カ月の教育課程を修了し、女性幹部自衛官として初めて潜水艦徽章（ドルフィンマーク）を授与された。女性自衛官の職域が開放され、活躍の場が広がる中、海自の潜水艦女性乗組員は幹部1人、曹士5人の計6人となった。

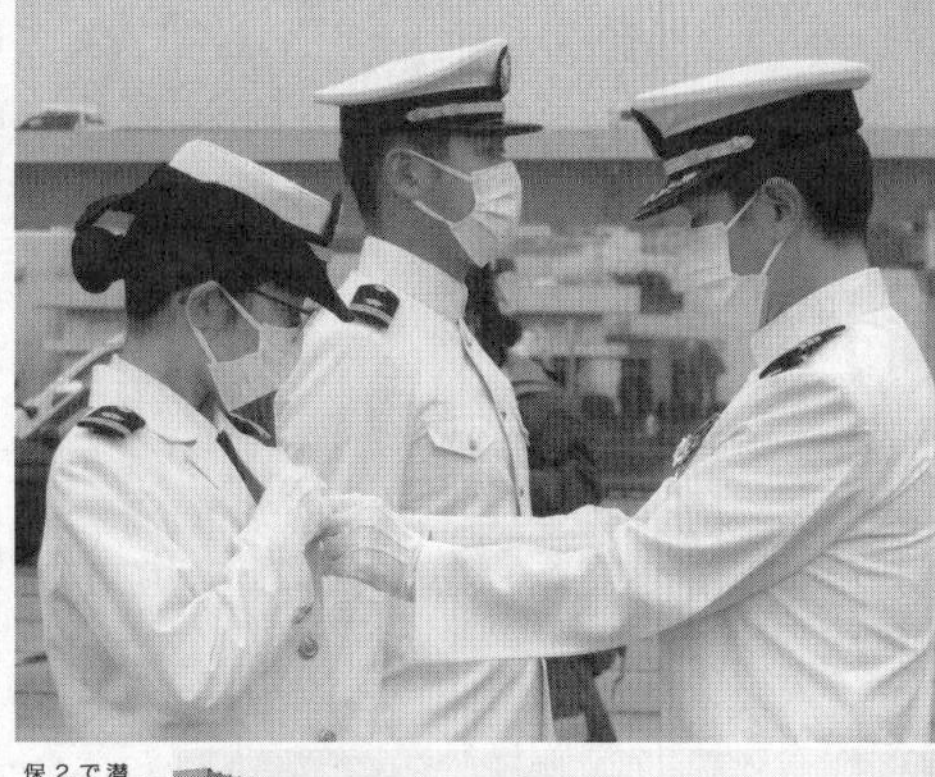

防衛省は平成5年、一部を除き、自衛隊の全職域を女性自衛官に開放。海自ではP3C哨戒機、護衛艦、掃海母艦、回転翼哨戒機、輸送艦など順次配置が開放されてきた。30年には潜水艦の配置制限が解除され、海自の全配置で女性自衛官が活躍できるようになった。

今回、初の潜水艦女性幹部となった竹之内2尉は令和2年1月、潜訓の「第3102期幹部専修科潜水艦課程」に初めて女性学生として入校（当時3尉）した。

入校の際は、「女性だからと気負わず、同期と助け合い、切磋琢磨して頑張りたい」と意気込みを語り、同期の男性自衛官19人と共に潜水艦の幹部乗員に必要な基礎知識や術科などを学んだ。約5カ月間の教育課程を修了した後は、「みちしお」での部隊実習を開始。約11カ月間、実任務に必要な指揮監督などの知識習得に励んできた。

潜水艦徽章授与式は5月18日、訓練最終地となった佐世保基地の倉島岸壁で行われた。竹之内2尉は、「みちしお」の乗員が見守る中、男性幹部1人、曹士5人と共に出席。阿部純一艦長から金色の「ドルフィンマーク」を授与され、潜水艦女性幹部が誕生した。今後はこれまで実習を積んだ同艦に幹部乗員として乗り組む。

授与式終了後、左胸に真新しい徽章をつけた竹之内2尉は報道陣を前に、「生活面で制限はあるが、それは男性も一緒なので男女両方が働きやすい職場環境を作っていきたい」と決意を語った。

徽章を授与した阿部艦長は「女性だから期待するということはなく、10年後、20年後の潜水艦部隊、ひいては海上自衛隊を担っていけるような立派な幹部になってほしい」と期待を寄せた。

（上）海自練習潜水艦「みちしお」の阿部艦長（右）から潜水艦徽章を授与される竹之内2尉（左）（下）「みちしお」での実習を終え、「潜水艦徽章授与式」に臨んだ竹之内2尉（中央手前）と隊員たち（いずれも5月18日、佐世保基地で）＝海自佐世保総監部提供

空自 WPSに女性隊員が参加

米太平洋空軍主催 人事、活躍推進策を紹介

【空幕】空幕首席法務官付の坂本まゆみ1佐と宇宙作戦隊（府中）の藤井美奈子1曹は3月29日から4月2日まで、米ハワイ州で行われた「Pacific Women Peace and Security（WPS）シンポジウム」に参加し、防衛省と空自での女性の活躍とその登用に関する取り組みを紹介した。

米太平洋空軍が初めて主催した同シンポは、軍における女性の活躍や登用などについて相互理解の向上を図ることを目的とした会合で、日本、豪州など約20カ国の女性隊員らが参加。意見交換を行い、参加各国との相互理解を深めた。

対面参加者のほぼ全員が既婚、半数以上が育児経験者ということもあり、各国の産休・育休と女性人事等に関心が集中したほか、制度と実際のギャップなど、さまざまな課題が浮き彫りになった。

会議では坂本1佐が空自を代表して発表し、日本のWPS行動計画の概要、防衛省の女性自衛官倍増施策や空自における女性の活躍推進、登用に関するメンター制度、庁内託児所施設などについて説明した。

坂本1佐は「各国の活躍する女性軍人の状況を目の当たりにし、刺激を受けた。各参加者の経験を共有することで独特の団結心が生まれ、人脈構築の点でも貴重な経験となった」と成果を語った。

藤井1曹は「今後、シンポジウムで得た知識や経験を自分の身近なところから還元し、自衛隊におけるジェンダーや多様性についての正しい理解を広げていくことに貢献したい」と述べた。

WPSに参加し、米太平洋空軍参謀長のジェニファー・ショート准将（中央）と記念撮影する坂本まゆみ1佐（左）と藤井美奈子1曹（右）

各国の女性隊員に向け、空自における女性の活躍推進についての取り組みについて発表する坂本1佐（左）（写真はいずれも米ハワイ州のパールハーバー・ヒッカム統合基地で）

海自幹部学校 石原教官 慶大から表彰

満足度の高い学びを提供

【海幹校＝目黒】海自幹部学校の教官で戦略研究室に勤務する石原敬浩2佐はこのほど、非常勤講師を務める慶應義塾大学総合政策学部（湘南藤沢キャンパス＝SFC）の「SFC FACULTY AWARD 2020」を受賞した。

石原敬浩2海佐

この賞は教員によるSFCへの貢献のうち、特に模範となるような顕著な活動をたたえるもので、2020年に開設、今回が第一回目の表彰となる。石原2佐は「特に顕著な成果を挙げた者」として受賞することとなった。

石原2佐は16年から同大で先端科目「国家と防衛」を担当。自衛官による安全保障についての講義が人気となり、受講希望者は毎年300人を超える。コロナ下のオンライン授業では画像やイメージ図を多用し、学生の理解促進を図った。またチャットで質問を受け付け、双方向の感覚を持たせるよう配慮した。話し方も講談、落語のイメージで「パワーポイント漫談」を目指すなど、工夫を凝らした。こうした取り組みが「学生に満足度の高い学びを提供した」と評価された。

今回の受賞を受け、石原2佐は「名誉ある賞を頂戴し光栄に思う。今後とも教育及び研究活動に邁進していきたい」と喜びを語った。

コロナ患者を久米島から空輸

15ヘリコプター隊

陸自15旅団15ヘリコプター隊（那覇）は5月19、20の両日、沖縄県の玉城デニー知事の要請を受け同県の久米島空港から那覇空港まで、CH47、UH60JAヘリで新型コロナウイルス陽性患者各1人を空輸した。

19日午前10時50分と20日午後2時47分、知事から15旅団長の佐藤真将補に派遣が要請された。隊員は防護服を着用し感染拡大防止を徹底して任務を遂行した。

海自22航空隊は壱岐から空輸

海自22航空群22航空隊（大村）は5月13日、長崎県の壱岐空港から大村航空基地まで、UH60J救難ヘリコプターで新型コロナウイルス陽性患者1人の急患空輸を行った。

長崎県の中村法道知事から22空群司令の國見泰寛将補に13時40分、急患空輸の災害派遣が要請された。22空のUH60Jヘリが壱岐空港で患者を収容、大村航空基地で地元の保健所に引き継いだ。

22空は翌14日にもコロナ陽性患者1人を、壱岐空港から大村航空基地まで急患輸送した。

空4術校 QC大会 通信課がゴールド賞

【空4術校＝熊谷】空自4術科学校はこのほど、QC（品質管理）サークル大会を行った。

4術校のQCサークル大会でゴールド賞に輝いた業務部通信課「H2O」のメンバー。前列右から2人目は小野打学校長（熊谷基地で）

同大会では、4術校のQCサークルの中から選抜された8サークルがその活動成果を発表。審査の結果、業務部通信課「H2O（エイチツーオー）」が最優秀となるゴールド賞を獲得、1教育部「STK（スーパーティーチャー熊谷）」と整備部「UNGII（ウナギツー）」がシルバー賞を獲得した。

表彰式で学校長の小野打泰子将補は「それぞれがQC手法を勉強して、前例や固定観念にとらわれず、斬新なアイデアで創意工夫を凝らし、よくやってくれた」と訓示した。

こちら警務隊 サイバー犯罪④

公務員が保管する電子データの破壊は「公電磁的記録毀棄罪」

職場で公務のために使用する電子データをわざと壊すなどの行為をすると、どんな罪になりますか？

「公電磁的記録毀棄罪」に該当し、3月以上7年以下の懲役に処せられます。

電磁的記録とは、公務所または公務員が公務に使用する目的で保管及び管理している電子データのことです。

公用文書等の内容が記録された電磁的記録媒体の物理的な破壊のほか、記録の全部または一部を消去したり、隠匿したりすることも毀棄に当たります。

たとえ嫌がらせのつもりであっても、勝手に電子データを破壊したりすれば罪に問われることを認識しましょう。

（西部方面警務隊）

小休止

▽…陸自部隊訓練評価隊（FTC）隷下の評価支援隊（滝ヶ原）は4月3〜11日、小林知真隊長以下137人で東富士演習場整備の一部を担任。その一環として炊事能力の向上を図った。

▽…評価支援隊は「給食（自隊炊事）も戦闘の一部」と捉え、編制にない炊事班を隊本部の増田和久2曹以下16人で臨時編成。あえて炊事に慣れていない若手隊員を班に入れて炊事を行った＝写真。

▽…隊員たちは試行錯誤しながら見事にクリームシチューを作り上げ"戦闘"に勝利（隊員の胃袋を撃破）。試食に訪れた近藤力也FTC長が駐屯地からの運搬食と勘違いするほどの出来栄えだった。（北富士）

みんなのページ

全自少林寺拳法の単独演武有段の部で「優秀賞」に輝いた小牧基地の小川龍也士長

次は組手で優勝を

空士長 小川 龍也（1輸空施設隊・小牧）

私は道場の師範である祖父の影響を受け、幼少の頃から少林寺拳法を始めました。

練習は週6日で1日5時間行い、大会前は毎日稽古をしていました。初めて大会に出たのは8歳の時でした。結果は区大会予選落ちに終わりましたが、その悔しさから誰よりも稽古をするようになり、11歳の時に初の全国大会に出場しました。

しかし、そこで「全国レベル」という壁にぶつかり、予選落ちが続きました。中学3年生の時に師匠から「少林寺拳法の総本山で修行をしてみないか」と言われ、四国・香川県にある総本山直属の高校に寮生として入学しました。

全自少林寺拳法
単独演武有段の部で優秀賞

そこでの練習は毎日6時間行い、練習は技や組み手を主とした稽古をし、非常に厳しかったですが、高校3年生で全国2位という成績を収めました。

卒業後、航空自衛隊に入隊しました。小牧基地に配置されてからは少林寺拳法部に入り、週2日で2時間、演武を主とした稽古を行っています。

そして今回、初めて全自衛隊少林寺拳法大会の単独演武有段の部に出場し、優秀賞の成績を収めることができました。今後は組手での優勝、そして演武2連覇に向けて修練に励んでいきたいと思います。

「ウソをつかない」が指導方針

- 「真実」こそ重要　教官の教え
- ウソは組織に多大な被害を
- 先輩幕僚の背中見て認識
- 正面から堂々と物事に取り組む
- 隊員の人間としての成長願い

3空佐 中野 正（27警戒群監視管制隊長・大滝根山）

「ウソをつかない」――。私がこのことを大切にするきっかけとなったのは、航空機搭乗員の学生教育中に受けた教官からの教えによるものである。

航空機のトラブルの原因を探求し、機材を復旧するには、直前の機器の操作や点検、または機器の立ち上げ操作の正確な実施といった「真実」こそが重要であり、失敗を隠蔽し、虚偽することで、事後の対処を誤り、無駄な時間や労力を割いてしまうなど、「ウソは組織に多大な被害を生じさせる」と教えられた。

それから私は、どのようなことも「真実」に向き合って対応することを信条とし、部下に対しても「ウソをつかない」ことを基本として任務を行うよう指導し、そこから隊員の物事の見方や考え方を変えることができた。

さらに「ウソをつかない」ことを私が確固たる信念としたのは、数年前に司令部に勤務した際に、先輩幕僚から教えられたことであった。

当時、職場にはごく少数だが、不勉強・不十分なまま検討をし、その結果、事実と異なる報告をしてしまい、事態を一層悪化させたケースがあった。

これに対し、どんな事案にも真摯に向き合い、困難な問題も努力して解消していく者は、周囲の誰からも信頼されていた。その先輩は職場において一目置かれる存在であり、私に教えたことを自らも確実に実行する人であった。

私はその先輩の背中を見て、「ウソをつかないことが大事だ」と改めて認識した。その先輩の言動は、初めての幕僚勤務であった私の気持ちを鼓舞させてくれた。

いま私は隊長を務めているが、仕事を身につけるための情熱は今後も惜しまず発揮していきたい。周囲からの指導を真摯に受け止めて、正面から正々堂々と物事に取り組めば、各自の能力を開花できるという物事の道理を、基地隊員にも教えていきたい。

隊員一人一人の人間としての成長を願いつつ、「ウソをつかない」をこれからも指導方針として、航空自衛隊の組織に貢献していきたい。

（世界の切手・サンマリノ）

嘘つきは真実を語りても信じられず。

キケロ（古代ローマの政治家）

朝雲ホームページ
www.asagumo-news.com
＜会員制サイト＞
Asagumo Archive
朝雲編集部メールアドレス
editorial@asagumo-news.com

任期制陸士の就職補導教育を支援

准陸尉 福滿 由美子（国分駐屯地援護室長）

国分駐屯地でこのほど、任期制陸士就職補導教育が行われた。本教育は「コロナ禍での再就職活動」という例年にない厳しい状況下、企業に入社するにあたり必要となるビジネスマナーや新入社員としての心構えなどを重視した教育となった。

今回は9名の陸士隊員が参加し、良好な人間関係構築のためのコミュニケーション技法や労働法などを学ぶとともに、入社式や入社後に必ず実施される「自己紹介」において先輩社員から好印象をもってもらうためのノウハウなどもアドバイスした。

また、部外講師による「企業が求める人材」の講話では、各自が自衛隊で培った規律心や協調性、体力・気力は一般社会においても必要な要素であること、また、自衛隊での勤務経験や各種技能教育で得た資格が大きな自信となって、企業で活躍し、貢献できることを隊員たちに伝えた。

国分援護センターでは今後も隊員の印象に残る創意工夫を凝らした教育に努め、陸士隊員が自信をもって再就職に望めるように部隊と連携を図っていきたい。

一般企業への再就職に向け、就職補導教育を受ける国分駐屯地の任期制隊員

新刊紹介

「知って楽しい世界の憲法」

西 修著

ベストセラーとなった『世界の憲法を知ろう』に続く、駒澤大学名誉教授による「世界196カ国の憲法」の解説書だ。各国の憲法を比べてみることで、「日本国憲法」を広い視野で見直し、今後の憲法改正を考える上でも大いに参考になる。

著者によれば、日本国憲法は世界で14番目に古く、74年間も改正が行われていないのは異例を通り越して、異様・異常だとする。同じく敗戦後に新憲法を制定したドイツでは、すでに65回も改正している。

世界は広く、英国のように法典がなく法律の積み重ねが憲法を形成している国から、妥協の産物である米国の憲法、革命の成果が盛り込まれたフランス憲法などさまざまだ。スイスは憲法で国民皆兵と永世中立をうたっている。

こうした世界の常識は日本国内の憲法論争しか知らない人にはまさに「目から鱗」だろう。

最終章では日本近隣国の憲法や新たな法律を紹介。香港の自由を奪った中国の国家安全維持法、国際法を無視して日本に賠償を求める韓国、領土割譲を認めないことを明記したロシアの新憲法など、これら外国の法律が日本の安全保障にどうかかわってくるか著者は易しく説いている。（海竜社刊、1760円）

「国を守る覚悟」

予備自衛官が語る自衛隊と国防の真実

木本 あきら著

陸自の予備自衛官を30年間務め上げた著者（予備曹長）が、自身の自衛隊人生を振り返り、下士官の立場から日本の防衛に求められる「覚悟」を記した本だ。

著者は6年の陸自勤務を経て、米国の大学で学ぶために退職。卒業後はプラントエンジニアとなり、中南米、アフリカ、中東、東南アジアなどの途上国に駐在、その間の25年間、年1回の予備自訓練には必ず帰国して参加し、自衛官としての義務を果たしてきた。

そこで知ったのは「世界は危険に満ちており、平和ははかないほど簡単に崩れる」という事実。現地では紛争にも巻き込まれ、リビアでは無実の罪で投獄され、アルジェリアでは過激派のテロを間一髪で回避する。それでも駐在員を続け、祖国を想い続けてきた。

そこで気づいたことは、日本も自衛隊も憲法に手足を縛られたままで、これを改めるには憲法改正が必要だということ。「平和を守るには犠牲が伴う」「平和の維持には軍隊が必要」「憲法守って国を滅ぼす愚を犯すな」と力説する79歳の著者。本書はまさに後輩に向けての"遺言書"ともなっている。（ハート出版刊、1540円）

即応予備自で中隊の戦力に

即応予備陸士長 島津 隆太（49普連2中隊・豊川）

私は令和3年度から第49普通科連隊で即応予備自衛官として勤務することになりました。

私は本年3月まで、第10施設大隊（春日井）で施設手として勤務してきました。即応予備自衛官に志願したきっかけは、自衛隊での勤務を通じて学んだ知識・技能を今後も社会のために役立てていきたいと考えたためです。

即応予備自としての勤務は慣れないことが多く、大変な部分もありますが、中隊の上司や先輩方から親切にご指導していただき、不安なく訓練に取り組めています。また、かつての恩師に再会できたこともあって、非常に有意義な勤務ができていると感じています。

これから本格的に訓練が始まりますが、自衛官として必要な技能・経験を身に付け、中隊の戦力になっていきたいと思います。

OBがんばる

服部 基さん 26

令和2年3月、陸自6特殊武器防護隊（神町）を最後に任期満了退職（士長）。山形県村山市に所在する青柳冷熱工業に再就職し、空調設備の設置業務などに当たっている。

自衛隊での経験生かす

私は再就職にあたり、自衛隊での経験を生かせる業種に就職したいと考えていましたが、山形地本から紹介していただいた勤務先は、これまで経験したことのない業務内容でした。しかしながら、いろいろと説明を聞くうちに「挑戦してみたい」という気持ちが私の中に芽生え、さらにインターンシップによる職場体験などをさせてもらえたのもよい経験となり、お世話になることとなりました。

青柳冷熱工業は、主に業務用空調設備、冷凍冷蔵設備の配管や取り付け業務などを請け負う会社で、私は空調設備の設置や入れ替え、撤去などの業務を行っています。

現場では、設備や道具などの聞き慣れない専門用語が多く、覚えるのに大変苦労しました。また、業務は自分自身で何事もこなしていく必要があり、責任をもって行わなければなりませんが、その一方で上司・同僚とコミュニケーションをとりながら協力していくことも大切だと感じています。仕事自体は大変なこともありますが、非常にやりがいを感じており、一日も早く一人前になり、信頼される存在となれるよう日々努力しています。

自衛隊では、団体生活や各種訓練を通じて責任感や協調性を学ぶことができました。私にとってかけがえのない経験です。今後も自衛隊での経験を生かし、自信を持って目標に向かって頑張っていきたいと思います。

詰将棋

出題 日本将棋連盟 九段 石田 和雄

第844回出題

5	4	3	2	1	
				香	一
			王		二
	竜	金			三
				歩	四
					五
					六

▲先手 持駒 飛金

【ヒント】二枚の飛の活用で仕留める（10分で初段）。

▶詰碁、詰将棋の出題は隔週です◀

詰碁

出題 日本棋院 九段 曲 励起

第1259回解答

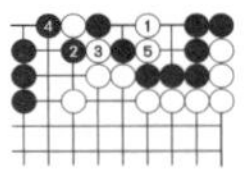

【解答図】白先、黒死。白①が大切です。黒❷には白③、黒❹には白⑤で黒死です。なお黒❷で『5』は白『3』でやはり黒死です。

「朝雲」へのメール投稿はこちらへ！

▽原稿の書式・字数は自由。「いつ・どこで・誰が・何を・なぜ・どうしたか（5W1H）」を基本に、具体的に記述。所感文は制限なし。

▽写真はＪＰＥＧ（通常のデジカメ写真）で。

▽メール投稿の送付先は「朝雲」編集部（editorial@asagumo-news.com）まで。

朝雲

発行所 朝雲新聞社
〒160-0002 東京都新宿区四谷坂町12−20 KKビル
電話 03(3225)3841
FAX 03(3225)3831
振替00190-4-17600番
定価一部150円、年間購読料9170円（税・送料込み）

主な記事

大規模接種が本格化

コロナワクチン 1日1万5千人に拡大

防衛省・自衛隊

自治体による新型コロナウイルスのワクチン接種を国として後押しするため、5月24日に防衛省・自衛隊が東京と大阪に開設した「大規模接種センター」は31日、接種人数を両会場で最大限度となる1日計1万5千人に引き上げ、本格的な運用をスタートさせた。合わせて6月2日の接種分からはキャンセルを見込んで両会場の予約枠を拡大するとともに、接種日前日の午後11時59分まで予約が取れるようシステムの改善を行った。これに先立ち、初日の24日に東京会場を視察した菅首相は隊員たちを激励し、自衛隊が「最後の砦」として役割を果たすよう強い期待感を示した。

菅首相「自衛隊は最後の砦」

東京・大阪会場ともに5月31日から受け入れ可能な最上限度の人数に拡大。6月6日までの1週間で、東京では7万人（1日1万人）、大阪では3万5千人（1日5千人）の接種を目指す。今後は自衛隊の能力を最大限に発揮し、このペースを維持する計画だ。

東京会場では5月27日、予約の対象地域を1都3県全体に前倒しで拡大し、31日の週から1週間繰り上げて受け入れを開始した。

一方の大阪会場でも31日から来場者の範囲が府全域に広がるとともに、同日から始まった6月7日分以降の予約の受け付けも京都府と兵庫県まで拡大された。

予約枠を拡大

さらに、6月2日の接種分からはキャンセルを見込んで両会場の予約枠を拡大。東京会場では1日当たり5%増の1万500件、大阪会場では同1・5%増の5075件に増やすとともに、接種日前日の午後11時59分まで予約が取れるようシステムを改善した。

岸大臣は6月1日の記者会見で「開始から1週間、両センターとも官民の最大能力を遺憾なく発揮し、円滑に運営されている。一人でも多くの方にワクチン接種を受けていただけるよう全力を尽くす」と述べた。

岸防衛相は28日の記者会見で「これからが真価を問われる。省全体が一致協力し、国民の暮らしと命を守り抜く我が国の『最後の砦』として、しっかり役割を果たしていきたい」と改めて決意を述べた。

これに先立ち、初日の24日に東京会場を視察した菅首相は、「自衛隊東京大規模接種センター」の接種隊長を務める医官の河野修一1陸佐（自衛隊中央病院診療科診療所務室長）以下4人の隊員と懇談した。

首相は河野隊長から状況報告を受けた後、出席した隊員に対し、「官民スタッフが協力して円滑に接種を行っている様子を視察し、大変力強く感じた。自衛隊は新型コロナウイルスについても『最後の砦』として国民から期待されている。国民に寄り添いながら、国民の命と健康を守るという役割を果たすことを期待している」と激励した。

懇談の中で河野1佐は「短い準備期間で接種者の方に安心・安全に接種していただけるよう準備してきた。過去に例を見ない大規模接種を成功させるべく、勤務員一同、力を合わせ、心を込めて対応していく」と決意を表明した。

東部方面衛生隊医官の倉田雄平1陸尉は「医官としてワクチン接種支援に携わることができて大変光栄で、やりがいを感じている。高齢者の方はさまざまな不安を抱えて接種に臨まれるので、真摯に対応し、不安を取り除けるよう頑張りたい」と意気込みを語った。

中央病院看護官の依田由紀子1陸尉は「民間看護師の方の素晴らしい経験や知識など、見習うべきところが多くあると感じている。協力し合って頑張っていきたい」と意欲を見せた。

同じく中央病院看護官の福内愛2陸尉は「初めて民間看護師の方と一緒に活動するが、豊富な経験によるアドバイスをいただいている。接種者の方々が安全に接種を受けられるよう、力を合わせて頑張りたい」と話していた。

菅首相（右から2人目）と懇談し、激励を受ける（その左へ）東京センター接種隊長の河野1陸佐、倉田1陸尉、依田1陸尉、福内2陸尉。右端は岸防衛相（5月24日、東京・大手町合同庁舎3号館で）＝官邸HPから

東京会場の予約サイトQRコード
大阪会場の予約サイトQRコード

「大規模接種センター」の予約について

	東京会場	大阪会場
施設名	大手町合同庁舎3号館	府立国際会議場
住所	東京都千代田区大手町1−3−3	大阪市北区中之島5−3−51
対象者	東京都、埼玉県、千葉県、神奈川県に居住の65歳以上	大阪府、京都府、兵庫県に居住の65歳以上
問い合わせ 毎日 午前7時〜午後9時	（一般）0570―056―730（副反応）0570―056―760	（一般）0570―080―770（副反応）0570―075―922
接種期間	5月24日〜3カ月間	
予約条件	①自治体から接種券を受け取っていること②1回目の接種であること	
予約方法	①防衛省ホームページ②QRコード③無料通信アプリ「LINE」――のいずれかから専用サイトへ ※電話での予約は受け付けていない	

大阪は満杯に 東京余裕あり

6月7〜13日分

6月1日午後時点の予約状況（6月7〜13日分）は、大阪が予約枠の拡大を含めた3万5525件全てが埋まった。東京も7万3500件に迫りつつあるが、まだ空きがある。キャンセルが出た場合は、接種日前日の午後11時59分まで専用サイトから予約が可能だ。

タイ首相兼国防相と会談

岸防衛相

オンライン 防衛協力推進で一致

岸防衛相は5月25日、タイのプラユット首相兼国防相と約50分間のテレビ会談を行い、防衛装備・技術協力や教育交流など、両国間の相互利益がある分野で引き続き強力に防衛協力・交流を推進していくことで一致した。

両氏は東・南シナ海情勢をめぐって意見交換。東南アジア諸国連合（ASEAN）が2019年6月に発表した「インド太平洋に関するASEANアウトルック（AOIP）」が、平和と協力を促進する上で日本の「自由で開かれたインド太平洋（FOIP）」と多くの本質的な原則を共有していることを改めて確認し合った。

会談の中で岸大臣は、力を背景とした一方的な現状変更の試みや緊張を高めるいかなる行為にも強く反対するとのメッセージを国際社会に発信していく必要性を強調するとともに、中国海警船の武器使用権限を明確化した海警法に対する「深刻な懸念」を表明した。

一方、2国間の関係に関してプラユット首相は、タイで毎年実施されている米・タイ共催の多国間共同訓練「コブラ・ゴールド」への自衛隊の継続的な参加に歓迎の意を表し、岸大臣も同国が長年にわたって自衛隊を受け入れてくれていることに謝意を述べた。

このほか、両氏はミャンマー情勢についても緊密に連携していくことを申し合わせた。

医官ら派遣調整

五輪射撃会場

防衛相「支障ない限度で」

岸防衛相は5月28日の記者会見で、東京五輪・パラリンピックへの医官・看護官等の派遣について記者の質問に応え、「陸自の朝霞訓練場に設置された射撃競技会場の医務室への派遣など、1日当たり医官数人、看護官等20人程度による協力について現在、大会組織委員会との間で調整中だ。大規模接種センターの運営や災害派遣など自衛隊の任務遂行に支障が生じない限度で協力できるよう調整していく」と述べた。

前期・遠航部隊が出発

実習幹部が次々と練習艦「かしま」に乗り組む中（奥）、乗艦前に園田呉地方総監（左）に敬礼する石巻練習艦隊司令官（右）＝5月26日、呉基地で（呉地方総監部提供）

新型コロナの影響で昨年度に続き、前期・後期の2期制となった海自の令和3年度遠洋練習航海部隊（練習艦「かしま」「せとゆき」で編成）が5月26日、東南・南アジア方面に向けて呉基地を出発した。

前期は練習艦隊司令官の石巻義康将補を指揮官に、幹部候補生学校（江田島）の71期一般幹部候補生課程を修了した初級幹部約160人（うち女性約15人）が乗り組んだ。

出国行事には園田直紀呉地方総監以下約120人の隊員が整列。コロナ感染防止のため家族・来賓は招かずに実施された。

園田総監は実習幹部らに対し壮行の辞で、「長い航海においては、さまざまな海の姿を目の当たりすると思う。まず海を知ることから始め、幹部海上自衛官として踏み出す地歩を固めてほしい」と激励した。

この後、石巻練習艦隊司令官が「進展性を有する初級幹部の育成と訪問国との友好親善に努めてまいります」と総監に出国を報告。実習幹部たちは次々と「かしま」に乗り組み、基地隊員らが帽振れで見守る中、呉を出港した。

部隊は洋上で訓練を続けながら南シナ海を南下、ブルネイを経てインド洋に入りスリランカを訪問する。その後、インドネシア、東ティモール、フィリピンに寄港。現地で隊員は上陸はせず補給のみを行う。総航程は約2万キロで、7月21日に呉に帰国する予定。

山村海幕長は5月25日の記者会見で「多国間との訓練を通じて海自の取り組みを幹部自身が目で見て肌で感じ、国際感覚を涵養し、視野を広げてほしい。各国のコロナ事情により上陸はできないと思うが、何らかの交流行事ができるよう調整していきたい」と述べた。

米空軍演習に参加

空自 9空団のF15戦闘機6機

空自は米空軍がアラスカ州で実施中の多国間演習「レッド・フラッグ・アラスカ」に6月1日から参加している。7月3日まで。昨年は新型コロナの影響で中止となり、2年ぶりとなる今回は規模を縮小して派遣した。

訓練は同州のアイルソン空軍基地、エレメンドルフ・リチャードソン統合基地を拠点に行われ、空自からは9空団（那覇）飛行群司令の稲留智1佐を訓練指揮官に、隊員約170人、F15戦闘機6機などが参加する。現地では防空戦闘、戦術攻撃、対戦闘機戦闘、空中給油訓練などを行う。

井筒空幕長は5月27日の記者会見で「アラスカという恵まれた環境下において戦闘計画の立案から発進、帰投にいたる一連の訓練を、対抗形式で演練できる。個々の隊員の戦術技量の向上と日米同盟の強化の上で非常に意義深い」と述べた。

多国籍部隊への派遣人数を変更

ソマリア沖海賊対処

政府は5月21日の閣議で、ソマリア沖・アデン湾で海賊対処任務に当たる多国籍部隊が6月10日に改編することを受け、自衛隊から司令部に派遣する人数を変更することを決めた。

「第151連合任務部隊（CTF151）」＝司令部・バーレーン＝は、「第151連合任務群（CTG151）」に改編され、司令部規模が縮小されることから、派遣人員をこれまでの「20人以内」から「15人以内」に減員。

一方、その上級部隊「連合海上部隊（CMF）」＝同＝は、司令部において海賊対処に係る共同訓練などの運用計画に関する策定や、地域横断的な情報収集・分析等の拡充が行われることから、新たに2人を派遣する。実施期間は今年6月10日から同年11月19日までとし、現行の対処要項は6月9日で廃止する。

地対艦ミサイル 米で実射訓練へ

陸自

陸自は第1特科団（北千歳）などの部隊を米カリフォルニア州ポイントマグー射場に派遣し、7月上旬から中旬にかけ「令和3年度地対艦ミサイル実射訓練」を行う。

訓練は北部方面総監の沖邑佳彦陸将を担任官に、1特団などから隊員約140人が参加し、射程100キロ以上を誇る88式地対艦誘導弾などの実射とその評価を行う。

春夏秋冬

時代が人を呼ぶ

兼原 信克

岸防衛大臣が、防衛費GDP（国内総生産）1パーセント枠にこだわらず国民を守り抜くと発言されて、日経新聞が大きく一面を割いて報じた。勇気ある御発言だと思う。

国際冷戦が国内冷戦に転じた55年体制の下で、反米、親ソを唱える左派から猛烈な批判を受けながら、日米同盟の土台を築き上げたのは、祖父の岸信介総理であった。岸総理が引退された後、隠棲された富士山麓の御殿場にある邸宅には、暗殺者の侵入に対する様々な仕掛けが施してあったという。命がけの60年安保改定であった。

終戦後、直ちにソ連（ロシア）、中国、北朝鮮という強大な赤軍ブロックが日本列島の真横に立ち上がるのを見て、米国との協調無くして戦後日本の未来はないと思い定めたのは、吉田茂総理と岸信介総理の二人だった。米国は、太平洋戦争で300万の日本人の命を奪った敵国であった。吉田総理と岸総理は、その米国との同盟に、戦後、いくばくの時間もたたないうちに舵を切った。この二人の政治家としての胆力が、戦後日本の繁栄を築いた。二人とも冷徹な戦略眼をもった外政家だった。

しかし、60年安保闘争では、10万人の学生、労働組合員が国会を取り囲んでデモを繰り広げた。その激しさを経験した後の総理は、経済成長に邁進し、安全保障上の責任に目をつぶり、左派とのバランスに腐心する調整型の総理となった。三木武夫総理は、1976年（昭和51年）に初めて策定した「防衛計画の大綱」において、基盤的防衛力と防衛費GNP（国民総生産）1パーセント枠という考え方を打ち出した。

日本は、最低限の防衛力だけを維持し、他国の脅威とならないという考え方がその根底にある。だが、それは同時に、GNP1パーセント以上のお金がかかるなら日本国民を防衛しないという無責任につながる。米国にすがって、米国に捨てられたら、国土と国民を蹂躙されても仕方がないという敗北主義につながる。

既に冷戦が終わって30年である。隣国の中国は、この10年で日本経済の3倍の大きさになり、その軍事費は日本の防衛費の5倍になろうとしている。2030年までには米国の経済規模を抜くと言われている。台湾有事や尖閣有事も視野に入ってきた。北朝鮮は核武装を終えている。

防衛政策の眼目は、正義ある国々との同盟と協調を前提に、国民を守りぬく抑止力を育て上げることにある。その本義に戻るべきである。

厳しい令和の幕開けに、吉田総理、岸総理の孫にあたる麻生総理、安倍総理、岸防衛大臣が出た。時代が人を呼ぶのである。

（元内閣官房副長官補・国家安全保障局次長、同志社大学特別客員教授）

朝雲寸言

先の大戦をめぐって今なお未解明な問題がある。旧軍中枢にソ連を中軸とする国際共産主義運動との内通者がいたのではないかという疑惑だ。確かに、総力戦の時代を迎え、計画経済を通じて産業や社会を統制していたスターリン時代のソ連に羨望のまなざしを送っていた高級軍人はいた▼国際共産主義運動の代表的手法として、標的にした国の内部で分断を煽り混乱させるという手口がある。その最たるものは、国家の中枢にスパイを送り込んで無謀な戦争に突入させ、敗戦後の混乱の中で共産革命を起こすという謀略だ。今後日米などで未公開文書が発見され、大本営の著名な人物が実は「日本赤化」の糸を引いていたことが判明する日がくるのかも知れない▼新型コロナウイルスのワクチン接種をめぐって、当初は不正予約ができる状態だったと報じた報道メディアが複数あった。うち一社は「記事は極めて公益性の高いもの」と説明したが、模倣者が続出する事態への危惧はほとんどなかったようだ。「システム改修後に報道すべきだった」と批判した新聞社もあった。どちらの主張が妥当かは論を俟たない▼真に恐るべき謀略は、黒幕が誰かまったくわからない状態で進む。国民が困難に直面している中で、懸命に取り組む人々の粗探しに興じた明示的な存在は、混乱を惹起しようとする謀略者にみえなくもないが、実のところは単なる「恥ずべき浅慮」なのだろう。

時の焦点

国内

東京五輪

感染防止のルール徹底を

新型コロナウイルスの流行に歯止めがかからず、今夏の東京五輪・パラリンピックの中止を求める声が増えている。大会を機に、感染が一層拡大するのではないか、と懸念する人がいるのは当然だ。政府や東京都、大会組織委員会は、安全な開催に向けた道筋を示す責任がある。

東京都や大阪府など9都道府県に発令されている緊急事態宣言は、6月20日まで延長された。全国の新規感染者数は減少傾向となっているが、感染力が強い変異株への置き換わりが進み、厚生労働省の専門家会議は「予断を許さない状況」と分析している。

宣言の期間中に、いまだ不十分な医療提供体制を充実させるとともに、ワクチン接種を加速させ、感染を下火にすることが重要だ。

東京五輪の準備は着実に進んでいる。各競技団体は、運営手順などを確認するテスト大会を行った。参加した選手に感染者は報告されていない。

各国は、選手選考を急ピッチで進めるとともに、選手へのワクチン接種も行っている。国際オリンピック委員会（IOC）によると、五輪期間中に東京の選手村に滞在する各国選手らのうち、80%が接種を受ける見通しだという。大会開催に向けた環境は、整いつつあると言えよう。

肝心なのは、海外から日本を訪れる人に、いかに感染防止のルールを徹底させるかだ。

政府は、海外からの観客受け入れを断念している。訪日するのは、選手や大会関係者の9万人超だ。

組織委員会はプレーブック（規則集）で、入国前から日本滞在中の頻繁な検査と、入国者の外部との接触を遮断することを感染抑止の柱に掲げている。公共交通機関の利用は原則として認めず、移動場所も、試合会場や宿舎に限る方針だ。スマートフォン向けアプリで、検温結果の報告などを義務付ける。宿舎などに監視員を配置する案も浮上している。

行動管理の実効性を確保しなければならない。文化が異なる人々の行動を制限するのは容易ではない。政府は、各国や各競技団体に様々な感染防止対策を周知徹底し、理解を求め続ける必要がある。

組織委によると、大会に必要な医療従事者の8割を確保するメドが立ったという。自衛隊の医官らも加わる方向だという。東京、大阪でのワクチン接種の業務に加え、自衛隊にかかる負担は大きいが、危機時での対応は国民からの信頼を高めることにつながろう。

政府や組織委は、観客数の上限を6月下旬に示す方針だ。プロスポーツをはじめ、様々なイベントがこの1年間、感染対策を講じながら行われてきた。これまでに蓄積された知見を五輪に生かすことが大切だ。

宮川　明雄（政治評論家）

海外

ガザ衝突

停戦実現も遠のく和平

5月10日から11日間にわたって続いたパレスチナ自治区ガザを実効支配するイスラム主義組織ハマスの執拗なロケット弾攻撃とイスラエル軍がガザ空爆で応じた激しい武力衝突は、70年余に及ぶ中東紛争の核心とされるパレスチナ問題の厳しい現状と和平実現の難しさを改めて国際社会に印象づけた。武力衝突のきっかけは、イスラエル、パレスチナ双方にとって聖地であるエルサレムの地位をめぐる対立であり、この積年の問題以外にも紛争の火種はくすぶり続け、和平は遠のくばかりだ。

イスラエルによって事実上封鎖されている人口密集地の狭いガザ地区から、武装勢力のハマスがイスラエル領内に向けて発射したロケット弾は4340発。その大半が短距離防空システム「アイアンドーム」に迎撃されたものの、一部着弾したイスラエル国内では12人の犠牲者が出た。これに対し、精鋭のイスラエル軍のガザ地区空爆による死者は子供66人を含む253人に上り、威力ある空爆で多数の建物が瓦礫と化したことと併せ、人的・物的被害の多寡は双方の軍事力の圧倒的な差をそのまま反映するものだ。

イスラエルのネタニヤフ首相は、アッバス議長率いる穏健路線のパレスチナ自治政府とは違い、過激なテロ組織として敵視するハマスに対して徹底的に打撃を与える好機として、ガザに激しい空爆を続けた。軍事作戦により、ガザ地区の一般市民にも犠牲者が増え、国際社会から停戦の呼び掛けがわき起こったにもかかわらず、攻撃の手を緩めなかった。ガザの地下にトンネルを縦横に張り巡らし、捨て身のロケット弾攻撃でイスラエルに軍事的脅威を与えるハマスの拠点を破壊することを優先させたためだ。

一方のハマスも、予想を上回る空爆で民間人の間に広がる被害増大にもかかわらず、徹底抗戦の姿勢を堅持した。早期停戦に背を向けたのは、パレスチナ諸勢力の中で主導権を確保するため、イスラエルへの抵抗運動の旗を掲げるのが得策との思惑があったためにほかならない。そのことを物語るように、ハマス指導部はイスラエルとの停戦実現を「抵抗運動の象徴」と喧伝した。激しい空爆で瓦礫と化した倒壊建物の近くで停戦を喜び、祝うガザ地区や西岸地区のパレスチナ住民の光景は、占領者として振る舞うイスラエルに対する複雑かつ屈折した感情を抜きには理解できない。

今回の武力衝突はエルサレム旧市街のイスラム教聖地へのイスラエル警察の突入が契機だった。パレスチナ紛争を根本的に解決するには、エルサレムの帰属を含む中東和平交渉は避けられない。しかし、米国のバイデン新政権はこれまでパレスチナ国家樹立を認める「2国家共存」支持を明言したものの、歴代政権が失敗を繰り返した和平交渉の仲介には距離を置く。ブリンケン国務長官が停戦実現後に中東を初訪問し、イスラエル、パレスチナ双方の指導者と会談したが、トランプ前政権の対外戦略の見直しを進めるバイデン大統領が今後、和平プロセスへの積極関与に転じるかどうかが一つの焦点となる。

伊藤　努（外交評論家）

吉田陸幕長

米陸軍トップらと意見交換

印・太平洋ランドパワー会議

第2回インド太平洋ランドパワー会議に参加し、米陸軍参謀総長のマッコンビル大将（画面上）と意見交換する吉田陸幕長（右）＝5月19日、陸幕で

吉田陸幕長は5月19、20の両日、米太平洋陸軍（ハワイ）主催の多国間テレビ会議シンポジウム「第2回インド太平洋ランドパワー会議」に出席した。

同会議は「『自由で開かれたインド太平洋』堅持のための強靭性及び周到性」をテーマに開かれ、日米を始め、北東・東南・南アジア、オセアニアの約20カ国から陸軍の参謀長級が参加。最初に米インド太平洋軍司令官のジョン・アクイリーノ海軍大将と米陸軍参謀総長のジェームズ・マッコンビル陸軍大将が基調講演を行った。

吉田陸幕長は基調講演後にアクイリーノ司令官と意見交換し、今後とも同盟国、友好国と密接に連携し、抑止力、対処力を強化するために平素から共同訓練などを行う方針で一致。マッコンビル参謀総長とも日米の連携と共同対処の重要性を確認した。

リモートでのパネルディスカッションには陸幕防衛部長の荒井正芳将補が出席。インド太平洋地域における防衛協力、防衛交流の実績や日本の南西地域の防衛力の強化について発表し、各国陸軍等の理解を得た。

吉田陸幕長は5月27日の記者会見で同シンポについて触れ、「活発に議論を行い、（各国参謀長と）関係強化を図ることができた」と成果を述べた。

山村海幕長

仏海軍参謀長とTV会談

ジャンヌ・ダルク21の成果確認

山村海幕長は5月19日、フランス海軍参謀長のピエール・ヴァンディエ大将とテレビ会談を行い、先の日米仏豪共同訓練「ジャンヌ・ダルク（ARC）21」など海自と仏海軍艦艇による各種訓練の成果を確認した。

日仏海軍種トップによる会談は、昨年11月にヴァンディエ参謀長が来日した際にも山村海幕長と対面で行っており、今回で3回目。

会談で両者は、今年4月にインド洋のベンガル湾で実施した日仏米豪印の5カ国による共同訓練「ラ・ペルーズ21」や5月に東シナ海で行った「ARC21」など日仏防衛交流の成果を確認。今後も「自由で開かれたインド太平洋」の実現に向けて、日仏海上部隊がさらなる関係強化を図っていくことで一致した。

フランス海軍参謀長のヴァンディエ大将とオンラインで会談を行う山村海幕長（5月19日、海幕で）

ILEX21―2　海自補給艦「はまな」

米強襲揚陸艦と共同訓練

海自1海上補給隊（横須賀）の補給艦「はまな」（基準排水量8150トン、母港・佐世保）は5月22日、四国南方海域で米海軍との共同訓練「ILEX21―2」を実施した。

日米の海上補給訓練は今年2月から同訓練名で実施しており、今回で2回目。

「はまな」は航走しながら米海軍の強襲揚陸艦「アメリカ」（満載排水量4万4400トン）と燃料ホースをつないで洋上補給を行い、日米海上部隊の相互運用性の向上を図った。

日米の共同補給訓練「ILEX21―2」で、米海軍の強襲揚陸艦「アメリカ」（右奥）と並走する海自の補給艦「はまな」（手前）＝5月22日、四国南方海域で

PKO会合にオンライン参加

ASEAN国防相会議　国際平和協力センター

【国際平和協力センター＝市ヶ谷】統合幕僚学校国際平和協力センターは4月6日、拡大ASEAN国防相会議（ADMMプラス）のPKO専門家会合にオンラインで参加した。

同会合は、インド太平洋地域の安全保障上の課題に実践的に取り組むためにADMMプラスの下に設置された七つの専門家会合の一つ。今年から3年間、ベトナムと日本が共同議長を務めている。

今回は「国連PKOにおける女性・平和・安全保障」を議題に、現場経験が豊富な専門家たちが活発な意見交換を通して参加国の取り組みなどを共有した。センターは、PKOの現場での性的搾取・虐待対策の教訓や課題について発表した。

センターは今後、同会合の成果を教育や研究に反映させていく。

ADMMプラスPKO専門家会合で議長を務めた内局職員（左）と国際平和協力センター隊員（4月6日、防衛省内で）

「ゆうぎり」出港へ

海賊対処39次隊

ソマリア沖・アデン湾で海賊対処任務に当たっている海自水上部隊の交代のため、6月5日、39次隊の護衛艦「ゆうぎり」（艦長・熊代威2佐以下約200人）が横須賀基地を出港する。

「ゆうぎり」には海上保安官8人も乗り組み、出港後は新型コロナウイルス感染症対策として乗員全員にPCR検査を実施。訓練を行いながら日本近海で14日間の健康観察期間を経た後、問題がなければ12日にアデン湾に向けて出発。7月上旬に現地で38次隊の護衛艦「せとぎり」と交代する。

平田水機団長

PALSに参加

陸自水陸機動団長の平田隆則将補は5月20日、米ハワイ州で開催された米太平洋海兵隊主催の「太平洋水陸両用戦指揮官シンポジウム（PALS）2021」にリモートで参加した。

同シンポには、米太平洋海兵隊司令官のスティーブン・ラダー中将ら米海兵隊の主要幹部のほか、アジア太平洋地域各国の水陸両用部隊指揮官が出席。水陸両用戦に関するパネルディスカッションなどを行った。

平田団長は長崎県の相浦駐屯地からテレビ会議方式で陸自の水陸両用作戦に関する取り組みを発表し、各国部隊との関係強化や協力の深化を図った。

PALS2021にテレビ会議形式で参加し、陸自の取り組みについて発表する平田水機団長（5月20日、相浦駐屯地で）

防衛省発令

▽海自幹部学校運用教育研究部主任教官（海自幹部学校）　1海佐　松崎みゆき

▽海自1術科学校（海自幹部学校運用教育研究部主任教官）　同　松尾　聡成

（以上5月24日）

共済組合だより

40歳以上の組合員と被扶養者を対象に「特定健康診査」「特定保健指導」実施

糖尿病など生活習慣病を患う人が近年増加し、日本人の死亡原因の約6割に上ると推計されています。

これを受け、防衛省共済組合では「高齢者の医療の確保に関する法律」に基づき、40歳以上74歳以下の組合員（任意継続組合員を含む）とその被扶養者を対象に、「特定健康診査（特定健診）」と「特定保健指導」を実施しています。

これは特定健診でメタボリックシンドローム（内臓脂肪症候群）など、「生活習慣病発症のリスクが高い」と判定された方を対象に特定保健指導を実施し、保健師や管理栄養士が対象者一人ひとりの身体状況に合わせた生活習慣を見直すためのサポートを行うものです。

組合員の方の特定健診は医務室等での受診となりますが、被扶養者の健診の受け付けは共済組合が委託する「ベネフィット・ワン」が行っています。お申し込み方法は次の通りです。

【WEB】パソコンはhttps://www.benefit-one.co.jp

スマートフォンはhttps://bnft.jpへアクセスし、「健診予約はこちら」のバナーをクリックしてお進み下さい。

【電話】ベネフィット・ワン健診予約センター（0800―1702―502、03―6870―2775）。朝10時から平日21時、土日祝日は18時まで受け付けており、年末年始は休みです。

【FAX】0800―919―9030、089―900―8281。お手元のご利用ガイドの「〈各種健診〉FAX・郵送申込書」または「〈婦人科検診〉FAX・郵送申込書」をご利用ください。

【郵送】〒790―8790愛媛県松山市藤原2―8―8　株式会社ベネフィット・ワン健診予約受付センターまで。「〈各種健診〉FAX・郵送申込書」または「〈婦人科検診〉FAX・郵送申込書」に必要事項をご記入のうえ、お送りください。

受付後、「ご予約確定通知書」が送付され、予約が確定します。受診当日は「防衛省共済組合員証」または「組合員被扶養者証」を持参して受診してください。

最新情報はWebで確認できます。会員専用サイトから健診サイトへのリンクへ進んでご確認ください。

米空軍機から空挺降下

米軍横田基地と習志野演習場

空挺団140人

陸自は5月20日、在日米軍横田基地と習志野演習場で令和3年度第1回目となる米空軍機からの降下訓練（国内）を行った。訓練は前田忠男陸上総隊司令官を担任官に、陸自から空挺団（習志野）の隊員約140人が参加。隊員たちは横田基地で装備品を整えて米空軍のC130J輸送機3機に分乗。離陸後は千葉・習志野に向かい、高度約340メートルで演習場上空に進入、C130Jから次々と空挺降下し、総員が習志野演習場に着地した。

3機の米空軍C130J輸送機から空挺降下後、習志野演習場に次々と降着する空挺団員

米空軍のC130J輸送機から跳び出し、降下中の空挺団員

降下地点の上空に近づき、機内で手信号により、降下のタイミングを確認する米軍機のクルー（左）と陸自の空挺団員

真剣な表情で米軍のC130Jに乗り込む空挺団の精鋭たち

前事不忘 後事之師

第65回

チェンバレンの「宥和政策」

他に現実的方法があったのか

「宥和政策」とは、脅威である他国との間で妥協点を見出し、対立を避けようとする政策です。第二次大戦開戦時の英国首相ネヴィル・チェンバレンによるヒトラーへの対応が典型とされ、ヒトラーの増長を招いたと解説されるので、失敗の政策とのイメージが定着しています。しかし、名古屋大学の佐々木雄太教授による『三〇年代イギリス外交戦略』を読むと事情は複雑です。

佐々木教授によれば、第一次大戦後、英国の指導者たちは大戦の経験から戦争こそ「帝国」の崩壊を招くと考えます。また1930年代、英帝国は全世界でドイツ、イタリア、日本から同時に挑戦を受けていました。こうした状況が帝国は強さではなく戦略的脆弱性であるとの認識を生みだし、これが宥和政策の背景となりました。

実際、英国三軍参謀長会議は1938年、「英国三軍の軍備は西ヨーロッパから地中海、極東へと広がる防衛上の義務に応じるにははるかに不十分であり、帝国防衛の観点から潜在敵国の数を減らし潜在的同盟国を獲得するための外交的な行動をするしかない」と悲観的な分析を提出。この潜在的同盟国の獲得について首相のチェンバレンはフランスは無力であり政府は短命、ソ連は決して信頼できないと考え、さらに米国は頑なに欧州の争いには巻き込まれないとの態度をとっていたことに加えて、そもそもチェンバレンは米国を英帝国の競争者と見なしていました。この同盟国についての彼の判断が適切だったのかについては議論がありそうですが、頼りになる同盟国が存在しないと考えたチェンバレンが宥和を求めたのは自然であったと佐々木教授は解説します。

チェンバレンは戦争回避に努力する一方、英国軍が脆弱であるとの認識を受けて、戦争が不可避ならできる限り開戦を引きのばして、その間に軍備増強をしなければならないと考え、そのためにも宥和政策が必要でした。

宥和政策についてさらに重要な点は、ヒトラーの領土回復要求には一定の合理性があったことです。第一次大戦後に締結されたヴェルサイユ条約は民族自決の原則によりチェコスロバキアやポーランドを創設した一方、ドイツ人にはその原則は適用されず、多くのドイツ人の住む地域がチェコスロバキアやポーランドに割譲されたからです。ある歴史家はヴェルサイユの平和は道義的正統性に欠けていたと言っています。キッシンジャーも著書の中で、英仏がもっと早くドイツの地政学的台頭に協同して対応すべきだったと指摘しつつも、「英仏の指導者たちは、これほどまでに（ドイツに）差別的な状態を維持するために、自国の国民の生命を危険にさらすという倫理的な権利を有していたのであろうか」と書いていますが、ある時期まで英国民を納得させ得る戦争の大義は無かったように思います。

一方でチャーチルのように宥和政策を批判する政治家はいましたが、彼は孤立していましたし、英国民もヒトラーがミュンヘン会談での約束を違えてチェコスロバキアに軍事侵攻するまでは宥和政策を支持していました。

1938年9月のミュンヘン会談で、ドイツのヒトラー（右）の要求をのんだ英国のチェンバレン首相

佐々木教授は本の中でこんなことを書いています。「1940年5月チェンバレンは首相の座をチャーチルに譲った。翌6月フランスはドイツに降伏。この『彼らの最高の時』にチェンバレンは病に倒れた（11月死去）。彼は、英国は究極的なドイツの降伏を信じて戦い続けることはできると確信しながらも、英国には当面なすすべがないことを知っていた」

チャーチルは首相就任の1カ月後、ダンケルクからの撤退という最悪の状況のさなか徹底抗戦を国民に呼びかける演説で世論を変え、宥和政策を転換します。これは歴史的決断でした。しかしその後、英国はチェンバレン内閣時代の空軍の増強でドイツ空軍による英本土攻撃を撃退しますが、ヨーロッパ大陸がドイツに席巻された状況は変えることはできませんでした。潮目が変わったのはドイツが米ソと戦いを始めたことであり、英国になすすべがなかったとの説明は頷けます。

宥和政策は確かにヒトラーを増長させましたが、国民が平和を渇望し、かつ国力が衰退する中、ほぼ一国だけで世界の脅威に対応せざるを得なかった英国に他にどのような現実的対処方法があったのかと考えます。

鎌田 昭良（元防衛省大臣官房長、元装備施設本部長、防衛基盤整備協会理事長）

…… 前事忘れざるは後事の師 ……

富士総火演

普通科と機甲科 協同攻撃

海・空自との連携披露

岸大臣や大西政務官視察

陸自の国内最大級の実弾演習「富士総合火力演習」の教育演習が5月22日、静岡県御殿場市の東富士演習場で行われた。昨年に続き、新型コロナの影響で一般公開は中止となった。（5月27日付1面既報）

演習は富士学校長の蛭川利幸陸将を担任官に、富校を中心とした人員約3100人、戦車・装甲車45両、各種火砲54門が参加。岸防衛相、大西政務官、吉田陸幕長や関係者が視察した。

この日は時折霧が立ち込めたものの降雨はなく、予定通り昼間演習と夜間演習が行われた。

昼間では前段に10式戦車など陸自の主要装備の射撃を紹介。

後段は「沿岸部から内陸部にかけて増強機動師団が敵を撃破する」というシナリオで海・空自との連携や即機連の戦闘、普通科と機甲科協同の攻撃などが披露され、約3300人の富校学生らが目の前で繰り広げられる実弾射撃演習に見入っていた。

今回初めて中域用無人偵察機「スキャンイーグル」が投入され、敵の侵攻を阻止する場面で上空から情報収集活動を行うなど、ハイテク装備を使った情報戦も展示された。

吉田陸幕長は5月27日の記者会見で「今回の演習で火力戦闘に至る背景や領域横断作戦について、具体的に学生に理解させることができた」と成果を述べた。

（写真・文 菱川浩嗣）

敵の航空攻撃に備える03式中距離地対空誘導弾（右）と接近する敵艦を撃破する12式地対艦誘導弾（左）＝写真はいずれも5月22日、東富士演習場で

重要拠点を奪取するため、ホバリング中のCH47輸送ヘリからリペリング降下する水機団の隊員

高速機動しながら目標に向け120ミリ主砲を発射する10式戦車

地雷原を啓開するため、処理爆薬の入ったロケット弾を投射する地雷原処理車（MBRS）

目の前で繰り広げられる総合火力演習の実弾射撃に見入る富士学校の学生ら

敵の攻撃を防ぐため、煙幕を張り、前進する水陸両用車AAV7

部隊だより

陸

上富良野　駐屯地は4月4日、富良野地方自衛隊協力会各支部女性部と女性自衛官との第1回交流事業を行った。四半期ごとの開催を予定し、1回目には女性部部員13人、女性自衛官10人が参加した。懇談は時間が足りないほど盛り上がり体験喫食も好評。德留貴弘司令は防衛講話で女性活躍推進の取り組みを紹介、参加者は熱心に聞き入っていた。

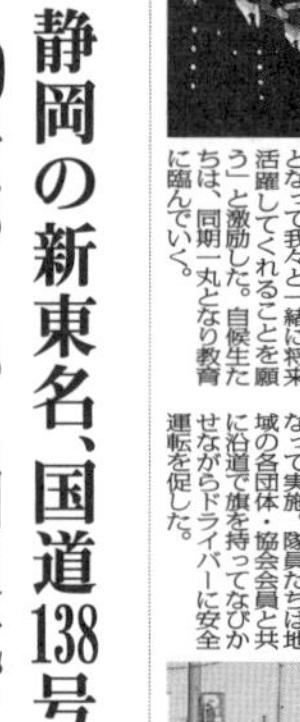

美幌　6普連は4月10日、駐屯地体育館で自候生32人の入隊式を行った＝写真㊤。代表して野田竜希自候生が力強く入隊を申告、竹下佳吾自候生に区隊旗が授与された。佐藤靖倫連隊長は式辞で「人間力を高め、立派な自衛官となって我々と一緒に将来活躍してくれることを願う」と激励した。自候生たちは、同期一丸となり教育に臨んでいく。

岩見沢　駐屯地の隊員9人は4月6日、全国交通安全運動の一環として岩見沢市内で行われた「セーフティーコール旗の波」に参加した＝写真㊦。交通安全意識の高揚と事故防止を目的に、岩見沢市交通安全推進委員会が主体となって実施。隊員たちは地域の各団体・協会会員と共に沿道で旗を持ってなびかせながらドライバーに安全運転を促した。

島松　駐屯地は4月8日、駐屯地モニターの委嘱式を行った。岡田俊和司令がモニター4人（全5人中）に委嘱状を交付＝写真㊦、記念撮影を行い概要を説明した。モニター1からは早速「こういった機会は初めてなので緊張しました」「自衛隊は身近な存在だったが、実際の仕事はよく分からないのでぜひ知りたい」など、関心を寄せる声が聞かれた。

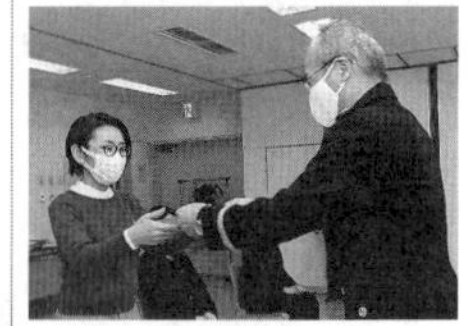

青森　9音楽隊はこのほど、青森市内で定期演奏会を開催した。「未来」をテーマに海自大湊音楽隊と東北方面音楽隊の支援を受け実施。来場者の手指消毒など感染防止を徹底した。演奏は「鬼滅の刃メドレー」など全11曲を披露、会場は熱気に包まれた。見送る隊員に来場者から、「心待ちにしていました」「感動しました」と感謝の言葉も贈られた。

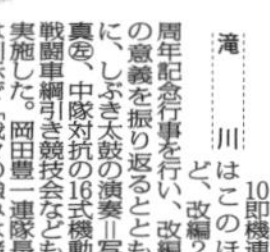

滝川　10即機連はこのほど、改編2周年記念行事を行い、改編の意義を振り返るとともに、しぶき太鼓の演奏＝写真㊧、中隊対抗の16式機動戦闘車綱引き競技会なども実施した。岡田豊一連隊長は訓示で「我々の強みは諸職種協同部隊としての多様性にある。北部方面隊唯一の即応機動連隊として、さらなる高みに挑戦していこう」と力強く述べた。

留萌　駐屯地はこのほど、屋内訓練場で「留萌駐屯地音楽まつり」を開催した。今年は感染症拡大防止のため一般公演を中止、部内行事として行うとともに地元エフエム局から放送した。駐屯地音楽隊と留萌千望太鼓部は「顔晴れ（がんばれ）〜明日へのエール」をテーマに、感染症対策の疲れを癒やす美しい音色と勇壮な太鼓演奏を届けた＝写真㊧。

「橘の音色」載せ通り初め

オリジナル楽曲で会場盛り上げ

静岡の新東名、国道138号、469号バイパス開通式に参加

34普連

静岡県内で防衛・警備・災害派遣を担う陸自34普連の深田満男連隊長以下隊員30人は4月10日、新東名高速道路の新御殿場IC、国道138号、同469号バイパス3区間の開通式に地元部隊として参加し、ラッパや太鼓の演奏で式典を盛り上げた。

新たに開通したのは新東名の「新御殿場IC〜御殿場JCT」の7・1キロ、国道138号須走道路内の5・2キロ、国道469号バイパスの「県道仁杉柴怒田線」の区間。これにより静岡―山梨間が短時間で結ばれ、交通の円滑化や観光・物流ネットワークの拡大が期待されている。

開通式の会場となった新御殿場ICでは、国土交通副大臣や静岡、山梨両県知事によるテープカットに続き、若林洋平御殿場市長、深田34普連長らがくす玉を割り、「通り初め」のパレードが始まった。

自衛隊からは深田連隊長を乗せた車両や軽装甲機動車など3両が警察や消防の車両とともにパレード、ラッパ隊と板妻橘太鼓はオリジナル曲「橘」の力強い音色を会場に響かせた。式後、午後4時から一般車両の通行が始まった。

34普連では今後も「地域の活動に積極的に貢献していきたい」としている。（板妻）

開通を祝い、くす玉を割る若林御殿場市長や深田連隊長ら地元の関係者

㊤新たに開通した新東名の新御殿場ICで「通り初め」を行う34普連の軽装甲機動車
㊦式典では板妻駐屯地のラッパ隊や板妻橘太鼓が力強い演奏で開通式を盛り上げた

岩手　東北方特科連隊は4月10日、自衛官候補生29人の入隊式を行った。候補生家族、岩手県内5市町の首長、自衛隊協力会岩手県連会長らが出席した。菅原光二候補生が代表して入隊を申告。香川賢士連隊長は祝いの言葉とともに「ONE TEAM」を要望した。式終了後、菅原候補生は「任務を全うできる自衛官になりたい」と決意を語った。

青野原　8高射特科群は4月19日、自衛官候補生44人の入隊式を行った＝写真㊦。代表して牧原利光自候生が力強く申告、藤井敦司自候生が宣誓した。久守直紀群長は「戸惑うことも多いと思うが、失敗を恐れず同期と共に前向きに教育に励んでほしい」と訓示。近隣自治体の市長や各協力団体から多数の祝電や激励の言葉も寄せられた。

古河　駐屯地はこのほど、ヤマオコーポレーション代表取締の鬼澤慎人氏を講師に招き、部外講話を行った。感染防止のため聴講する隊員を100人に限定した。鬼澤氏は「リーダーシップ」をテーマに、「良い話し合いをできる組織を作らなければならない」と語った。隊員からは「同僚への対応を少しずつでも変えていきたい」などの感想が聞かれた。

玖珠　駐屯地は4月10日、就職援護協力企業に対し企業広報を行った。参加者は玖珠駐屯地の概要や自衛隊の任務の説明を受けた後、戦車、野戦榴弾砲などの装備品を見学した＝写真㊤。戦車試乗では「振動がすごかった」「迫力に圧倒された」「体感速度がものすごく速かった」などの感想が聞かれた。ボリューム満点の自衛隊の昼食も体験喫食した。

空

三沢　北防群防管隊の小林克次2曹＝写真㊤左＝はこのほど、令和2年度JAAGA賞を受賞、久保田隆裕基地司令＝同右＝から感謝状と盾が伝達された。賞は空自と米空軍の友好親善に貢献した隊員らに贈られる。三沢基地2・3曹会副会長として日米交流の企画などに当たったことが評価され「今後も関係強化につながる活動をしていきたい」と語った。

防府南　航空教育隊は4月5、8日、17期曹候生課程と23期自候生課程の入隊・入校式を防府南基地（1教群）と熊谷基地（2教群）で行った＝写真㊤。伊東修隊司令は式辞で「困難に向き合い、しっかり取り組んでほしい」と述べた。この春は曹候補生課程と自候生課程で計2295人（うち女性474人）が入隊した。

入間　基群施設隊作業小隊はこのほど、簡易防護壁構築訓練を行った。同壁は爆風や断片から人員、施設、装備品を防護する。重量があり少人数では組み立てられないため、作業小隊長以下16人で当たった。隊員たちは少しでも不安要素を排除しようと事前に入念なミーティングを行った。その甲斐もあり怪我などもなく無事に訓練を終了した。

海

八戸　航空基地隊の隊員2人は4月14日、地元消防主催の山火事防止宣伝パレードに参加した。基地隊の給水車に乗り込み、消防、警察、市役所などの車両と市内の約10キロを走行した。八戸地域はこの時期、強風と乾燥で山火事が最も増えるため、パレードで市民に注意を喚起している。基地隊は今後も地域の防災活動に協力していく。

舞鶴　護衛艦「せんだい」からビーフカレーのレシピを提供された「吟味屋まんぼう」のカレーがこのほど、舞鶴商工会議所が企画する「令和3年度まいづる海自カレー」に認定され、同店で試食会と認定式が行われた。コクとまろやかさが特徴の「せんだいカレー」と同様の仕上がりに、五十嵐晋太郎艦長も「グッド！」を発した＝写真㊤。

呉　教育隊は4月8日、16期一般曹候補生課程205人と23期自候生課程43人の入隊式を行った。新入隊員は初めての儀式に初々しい制服姿で出席。園田直紀呉地方総監が「学生としての本文を全うせよ。原点で学ぶ自分に自信と誇りを持て」と隊員たちに要望。曹候生の本木樹海士長と自候生の森澤知弘自候生が力強く宣誓した。

大村　22空群は4月12日、37次海賊対処水上部隊としてソマリア沖・アデン湾に派遣されていた隊員8人の帰国行事を基地で行った＝写真㊤。8人は護衛艦「ありあけ」搭載の哨戒ヘリの搭乗員として任務に当たった。龍野彰3佐は代表して「元気に帰国できたのは国民の皆さまのご理解とご支援、留守を守る家族の支えがあったからこそ」と語った。

崎辺　佐世保教育隊は4月8日、16期曹候生課程306人と23期自候生課程95人の入隊式を行った＝写真㊤。家族の参列を制限するなどコロナ感染対策を徹底し開催した。柳信男司令は式辞で「同期の絆はかけがえのない財産になる。強い絆を紡いでいこう」と述べた。出口佳努佐世保地方総監は「途中で諦めず、謙虚に学んでほしい」と激励した。

陸自部隊　射撃の腕磨く

陸自の22即機連（多賀城）と10即機連（滝川）はこのほど、即応機動連隊の主力装備、16式機動戦闘車（MCV）の射撃訓練を各演習場で行い、練度を向上させた。2特連（旭川）は特科戦技・整備競技会で一部種目を夜間に実施。東北方特連（岩手）は改編後初の戦技競技会で錬成成果を競った。

22即機連

主力装備MCVで11次野営
手榴弾投てきも

【22即機連＝多賀城】22即機連はこのほど、宮城県の王城寺原演習場で令和2年度11次連隊野営（射撃）訓練を行った。

即応機動連隊の部隊装備火器への習熟と射撃練度の向上を目的に、120ミリ迫撃砲、16式機動戦闘車105ミリ砲、12・7ミリ重機関銃の射撃と、手榴弾投てきを錬成した。

火力支援中隊は120ミリ迫撃砲の一連の射撃動作と移動しながらのFO（前進観測班）による観測を、各普通科中隊は初めて戦闘行動下の手榴弾投てきを演練。機動戦闘車隊も初めて徹甲弾射撃を行った。

連隊野営訓練で105ミリ砲の射撃を行う22即機連の16式機動戦闘車（王城寺原演習場で）

10即機連

作戦部隊の実効性向上

【10即機連＝滝川】10即機連は4月1、2の両日、北海道・然別演習場で16式機動戦闘車と96式装輪装甲車からの12・7ミリ重機関銃実弾射撃訓練を行った。

車長の射撃指揮と射手の射撃技術を向上させ、装甲化部隊の作戦運用の実効性向上を図った。

12・7ミリ重機関銃射撃訓練で準備する10即機連のMCV（然別演習場で）

2特連が「特科戦技と整備の競技会」

夜間の陣地測量作業
「暗い中でも確実に」500人

【2特連＝旭川】2特科連隊は4月8日から同19日まで、旭川駐屯地と近文台演習場などで「特科戦技競技会および整備競技会」を実施した。

統裁官の丸山徳一連隊長は「本競技会をさらなる成長の機会とせよ」などの3点を要望。約500人が射撃指揮、通信、観測、測量、装輪整備の技量を競った。一部種目は夜間も行った。

測量競技会は夜間の陣地地域測量を実施し、測量計画の変更を余儀なくされる困難な状況を付与。不測事態における測量作業の精度・速度を評価した。

車両整備競技会も夜間の灯火管制下で実施。小型車両のA整備を行い、部品交換の精度・速度を評価した。暗い中でも確実に点検し故障箇所を見逃さない平素の姿勢が問われた。

また、各種法令・規則などの学科試験と大型車両の操縦技能判定も行った。

測量競技会で夜間に迅速・正確な測量を行う2特連隊員（4月15日、近分台演習場で）

40普連

敵部隊を砲迫で破砕

110ミリ携帯対戦車弾の実射を行う40普連の隊員（日出生台演習場で）

【40普連＝小倉】40普連はこのほど、2日間にわたり大分・日出生台演習場で総合戦闘射撃を行った。

増強普通科連隊の防御戦闘における各種射撃練度の向上などを図った。40普連、西方特科連隊、西方戦車大隊が相互に連携して敵に対し火力戦闘を実施した。

前方地域の戦闘では、侵攻する敵戦車を87式対戦車誘導弾と戦車部隊で撃破。主戦闘地域の戦闘では110ミリ携帯対戦車弾などを使った対機甲戦闘や下車展開する敵歩兵への砲迫射撃などを行い、敵部隊を破砕して一連の状況を終えた。

28普連

近接戦闘能力上げろ
B－KTC訓練

【28普連＝函館】28普連は4月1日から4日まで、北海道・駒ヶ岳演習場で行われた「旅団駒ヶ岳訓練センター（B－KTC）訓練」に参加。諸職種協同と近接戦闘能力の向上を図った。

駒ヶ岳地区の要域を確保し「旅団の攻勢の容易化」を目指す防御部隊（1、2中隊）と、同じく要域を確保し「機械化旅団の進出掩護」を目指す攻撃部隊（3中隊）の対抗方式で実施。

3夜4日の連続状況下で、部隊の基本的行動、隊員の基礎動作、小隊長等の実員指揮能力の向上を図った。宮本久德11旅団長の訓練視察も受けた。

B－KTC訓練で敵侵攻阻止のため01式対戦車誘導弾を構える28普連の隊員（駒ヶ岳演習場で）

東北方特連

改編後初の戦技競技会

【東北方特連＝岩手】東北方面特科連隊は4月17、18の両日、改編後初の戦技競技会「特科戦技競技会」を王城寺原演習場で行った。

作戦行動に必要な測量（測量・築城）と通信（有線・無線）の2部門を集中野営訓練に併せて計画、実施した。

当日は大雨と強風の悪天候の下、隊員たちは士気高く全力で競い合った。

測量競技を2大隊、通信競技を2大隊本管中隊が制し、両競技ともに2大隊が初代頂点に輝いた。

D－ICEで指揮能力向上
7師団　情報と火力の連携図る

D－ICEで作戦会議を開く7師団司令部の幕僚ら（東千歳駐屯地で）

【7師団＝東千歳】7師団はこのほど、東千歳駐屯地で師団司令部指揮所訓練（D－ICE）を行い、指揮能力の向上を図った。

指揮所訓練統裁システム（ICE）を活用し、「師団の総合戦闘力発揮に資する指揮幕僚活動（情報と火力の連携）」を演練した。

訓練では、戦況の推移に応じた指揮幕僚活動を適確に行い、対抗部隊に7師団司令部の卓越した指揮能力を見せつけた。終盤にはより実際的な状況を作為。対抗部隊の違法行為に関する現地記者への説明を上級部隊と連携して行った。

訓練

3普連

連隊野営に300人が参加

【3普連＝名寄】3普連は4月5日から21日まで、北海道・上富良野演習場で「3年度第1次連隊野営」を行った。

約300人の隊員が参加。小火器、部隊装備火器、迫撃砲の各射撃訓練と各中隊長計画による小隊等訓練を実施した。

各中隊はそれぞれ9ミリ拳銃射撃、110ミリ個人携帯対戦車弾縮射弾射撃などを担任。早朝から夜間にかけて行い、各種射撃能力を向上させた。

96式40ミリ自動てき弾銃射撃を行う3普連隊員（4月7日、上富良野演習場で）

26普連

バトラー装着、戦闘開始！

【26普連＝留萌】26普連は4月14日、北海道・然別演習場で近接戦闘訓練を実施した。

今年度で5回目。バトラーを装着して戦闘し、小銃小隊以下の「近接戦闘能力における射撃能力の向上」「各級指揮官の実員指揮能力の向上」を図った。

各中隊から選抜された1個小隊は樹木などに身を隠して待ち伏せするなど考え抜いた作戦を駆使して戦闘。4中隊代表小隊が勝利した。

近接戦闘訓練で小銃を構える26普連の隊員（4月14日、然別演習場で）

20普連

2中隊が任務完遂

【20普連＝神町】20普連は4月23日から28日まで、宮城・王城寺原演習場で「3年度第1次基礎となる部隊の訓練検閲」を実施、2中隊が受閲した。

統裁官の荒木貴志連隊長は「情報と火力と障害を連携せよ」などの3点を要望。「全隊員が一丸となり、任務の完遂に邁進することを期待する」と訓示した。

「行進に引き続く陣地防御に任ずる第一線普通科中隊の行動」を課目に、受閲した2中隊は演習場内約40キロの徒歩行進、陣地構築を行い、防御戦闘では前進する敵を速やかに偵知。障害と連携した砲迫火力でこれを阻止し、敵航空機に対しては効果的な対空射撃を行った。

敵航空機に対空射撃を行う20普連隊員（4月28日、王城寺原演習場で）

福知山射撃場で自候生が小銃射撃

【福知山】福知山駐屯地は5月3日、福知山射撃場で自衛官候補生の25メートル射撃訓練を行った。

候補生たちは緊張した面持ちで射座に上がり、射撃を統制する教官の号令に合わせて安全に小銃の射撃を実施、無事に候補生全員が射撃を終えた。

訓練後、候補生たちは「拳銃や機関銃など違う火器にも挑戦したい」と話すなどさらなる習得に意欲を示すとともに、指導した班長、助教に感謝を伝えた。

漕舟技術と海上機動力に主眼
51普連、宮古警備隊、15施設中隊

【15旅団＝那覇】15旅団は4月16日、沖縄県豊見城市の河川で旅団漕舟訓練を行った。

51普連、宮古警備隊、15施設中隊の隊員が参加。漕舟に必要な櫂と櫓による方向変換・維持の技術を演練して、海上機動能力と漕舟技術の練度を向上させた。

訓練に参加した15施設中隊の長濱大己士長は「初めての生地訓練で戸惑いもあったが、教官、助教に指導を受け、厳しい訓練を乗り越えることができた」と語った。

櫓を使って懸命に渡河ボートの方向変換を行う15旅団の隊員（4月16日、豊見城市で）

募集・援護

特集

ただいま募集中！

◇自衛官候補生
◇幹部候補生（第2回）
◇医科・歯科幹部
★詳細は最寄りの自衛隊地方協力本部へ

女性限定の懇談会を開催

「自衛隊は女性にとって働きやすい職場です」――。女性初のイージス護衛艦艦長の大谷三穂1海佐の協力の下、大阪地本は4月24日、「女性限定の懇談会」を開催した。厳しい募集環境の克服と女性の活躍を推進するため、入隊を検討中の若手の女性たちに、国防の最前線で活躍する女性隊員の仕事のやりがいを聴いてもらい、自衛隊が女性にとって魅力のある職場であることを伝えた。

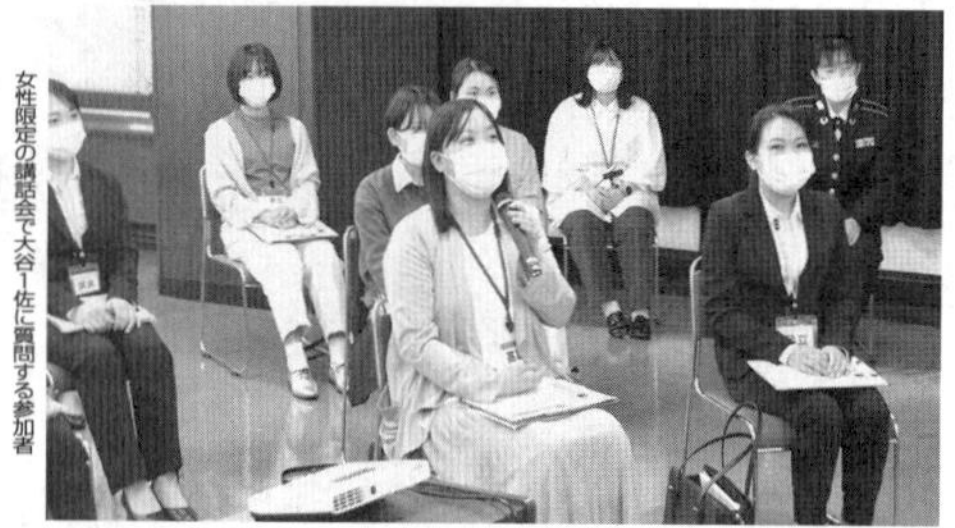
女性限定の講話会で大谷1佐に質問する参加者

――自衛隊は働きやすい職場です――

初の女性イージス艦長 体験語る

大阪

【大阪】地本は4月24日、大阪合同庁舎2号館でイージス護衛艦「みょうこう」の艦長・大谷三穂1佐による女性限定の講話と懇談会を開催した。

この事業は昨年度から行っているが、今回は新型コロナウイルスの「まん延防止等重点措置」を受け、講話と懇談はWEB方式に変更して開催。今回は自衛隊に興味をもつ女性約25人が参加した。

大谷1佐は京都府舞鶴市の舞鶴地方総監部からリモートで参加し、「女性の活躍推進」「キャリアアップ」「やりがい」「入隊を希望する女性に伝えたいこと」などについて、自身の体験やプライベートの話を交えて講話。最後には参加者からの疑問や不安などの質問に対し、分かりやすく丁寧に回答し、入隊に向けての不安などを払拭した。

「みょうこう」艦長の大谷1佐（画面上）とWEBで懇談する女性の参加者たち（写真はいずれも4月24日、大阪合同庁舎2号館で）

大谷艦長の強い使命感と責任感や熱い思い、親しみやすい人柄にふれた参加者たちは、全員がアンケートで「満足」と回答。さらに92％が「女性自衛官に対する印象が良くなった」と答え、「聞きたいことが質問できた」「艦長はずっと笑顔で話をしてくださってうれしかった。直接会ってみたい」などと感想を話していた。

後半は参加者を3グループに分け、大谷艦長とのWEB懇談の時間が設けられた。約20分間のローテーション方式で実施され、他のグループは大阪地本の女性隊員と対面での懇談を行った。

いずれも女性自衛官が「自衛官の仕事とそのやりがい」について語ると、参加者は「自衛隊は女性が活躍できる職場とわかった」「今後の選択肢の一つにしたい」と意識を高めていた。

大阪地本は今年度、女性限定の懇談会を4回、女性限定の職場体験を2回計画しており、担当者は「今後も女性が活躍できる職業としての自衛官の魅力を伝えるイベントを企画していきたい」と話している。

ガールズ・トーク開催

大分

なごやかな雰囲気で理解を

【大分】地本はこのほど本部で女性限定の職業紹介「ガールズ・トーク」を開催した。

当日は3自の女性自衛官と応募した女性6人が集まり、スイーツを食べながら語り合った。

最初に自己紹介を行った後、自衛隊のビデオを観賞。参加者からは自衛官の教育訓練や、普段の生活に関する女性ならではの疑問点などの多くの質問があり、本音トークで盛り上がった。

「ガールズ・トーク」に参加し3自衛隊の女性隊員と記念撮影する女子生徒ら（大分地本で）

各地で地域援護会同

援護課長「就活は先手必勝」

鳥取 今年度最初の会同開催

部隊の援護担当者に早期の情報収集の重要性を周知する鳥取地本の津田課長（右端）＝4月21日、米子駐屯地で

【鳥取】地本は4月21日、米子駐屯地で援護課長の津田信治事務官以下6人、部隊援護担当者9人の出席のもと、今年度最初の「駐屯地援護担当者会同」を開催した。

会同では20、21年度定年隊員の就職の援助の進捗状況を確認。今後の援護施策について協議した。

特に今年8月31日に米子市で開催される山陰地区合同企業説明会に参加予定の隊員を対象にアンケートを行い、その結果も発表された。

あいさつした津田課長は、「就活は先手必勝だ。隊員の心情掌握に加え、分室と情報共有して隊員に寄り添った就職の援護に努めてほしい。分室を積極的に利用して先行的に就職情報を収集するなど、早期に就職活動を開始するよう各隊員を指導していただきたい」と述べた。

「自衛隊新卒」と呼称

「中途退職」の誤解解消へ

札幌

【札幌】地本は4月21日に東千歳駐屯地、22日に真駒内駐屯地で「地域援護会同」を行った。

会同は出席した112人の海・空自を含む地本管内各部隊の第1科長らと就職援護担当者に新年度の施策を周知し、管内の就職援護状況と部隊での隊員への就職指導要領などの認識を共有した。

最初に宮崎章地本長が説示し、「防衛省としては任期制退職隊員が『自衛隊を中途退職した』といった誤解を与えないよう、今後は〝自衛隊新卒〟と呼称することになった」といった施策の周知を行った。

次に援護課長の山澤大靖事務官が就職援護の基礎的事項や部隊が行う就職指導、3年度の援護業務の説明を行い、引き続き各地域の援護センター長が部隊と地本との連携要領について説明した。

参加者からは「退職する隊員にとって、就職援護は非常に重要。部隊での指導を強化したい」といった感想があった。

島尻分室を「分駐所」に格上げ

防衛基盤の拡充図る

沖縄

【沖縄】地本は4月1日付で、募集課那覇分駐所島尻分室を、3市3町4村を担当する「島尻分駐所」に格上げした。

元々の同所は1992年4月に那覇分駐所から独立して発足。沖縄本島地区南部のエリアを担当して募集活動を行ってきたが、地本再編で2006年7月から那覇分駐所の隷下に入り、島尻分室となっていた。

同室が沖縄地本6個事務所中第2位の入隊成果を収めていることや、在沖陸・海・空自、自衛隊官舎が存在する重要な地区という点から、防衛基盤の拡充を図るため再び、「島尻分駐所」となった。所長の長澤紳1陸尉は「沖縄本島最南端の地本施設として募集広報を頑張りたい」と抱負を述べた。

分室から分駐所に格上げとなり、玄関前で記念撮影する長澤島尻分駐所長（中央）ら

令和3年度出陣式で勝どきをあげる長野地本の隊員たち（4月22日、松本駐屯地で）

地本長「さらなる高みへ」

長野 松本駐で出陣式

【長野】地本は4月22日、松本駐屯地で令和2年度優秀出張所等表彰式と3年度出陣式を実施した。

表彰式では元年度の最優秀・優秀出張所等が顕彰板を返還した後、2年度の最優秀・優秀出張所の表彰を実施。元年度に引き続き、長野地域事務所と飯田出張所がそれぞれ表彰され、地本長の三笠展隆1陸佐が顕彰板と賞状を所長らに授与した。

出陣式ではダルマの目入れを行い、三笠地本長が目入れを完成させ、「2年度はおおむね当初の目標を達成できた。今年度もさらなる高みを目指し、共に頑張ろう」と訓示した。

最後に優秀出張所となった長野所長の中塩毅2陸尉による「組織一丸、目標完遂！」の雄叫びに続き、全隊員で掛け声を上げて出陣式を締めくくった。

スタジアムでイベント広報

岐阜

【岐阜】地本は5月2日、FC岐阜スタジアムのイベントに参加し、自衛隊ブースを設置して広報活動を行った。

同イベントでは、陸自車両と災害派遣での自衛隊の活動紹介パネルを展示。スタジアムのイベントには約3700人が来場し、展示車両に興味を持った多くの人をブースにも案内した。

パネル写真を見た来場者は「コロナ下での活動を含め、自衛隊の存在を心強く感じた」などと感想を話していた。

転職フェアで職務内容PR

鹿児島

【鹿児島】鹿児島募集案内所は5月15日、かごしま県民交流センターで行われたマイナビ転職フェアに参加し、転職希望者らに対して自衛隊の職務内容とその魅力などを広報した。

説明会には25社、約180人が参加。自衛隊ブースには7人が訪れ、広報官が活動内容や陸・海・空自の職種説明などを行った。自衛隊に関する説明を初めて聞いた参加者が多く、各採用種目や入隊後のキャリアプランについて理解を深めてもらった。

参加者からは、「昨今はコロナで経済が悪化しており、より安定を求めたい」「自衛隊は体力勝負とばかり思っていたが、事務系もあることを知り、受験を考えたい」などの声が聞かれた。

西方音が巡回演奏

佐賀

【佐賀】地本は4月18日、佐賀市文化会館で陸自西部方面音楽隊（健軍）の巡回演奏会を行った。

新型コロナ対策として、来場者数や演奏時間の制限、全席指定、手指の消毒などの万全の対策をして行われ、この日は約600人が来場した。

西方音とともに、佐賀地本親善大使でダンサーの城月りおなさんも演台に上がり、曲に合わせてダンスを披露した。

アンコールでは佐賀県のイメージソング「風はみらい色」が演奏された。来場者は「コロナ禍の中で、ひとときの癒しを感じることができた」「久しぶりに心が高揚した」との声が聞かれた。

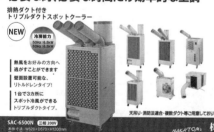

湯布院駐業 本格フレンチを駐屯地で提供

糧食班員が挑戦 一流シェフが指導

【湯布院】「本格フランス料理を陸自の駐屯地食堂で味わえる!?」――。仏陸軍を迎えた国内初の多国間共同訓練「ARC21」が九州で実施されるなど日仏の関係強化が進む中、湯布院駐屯地業務隊は4月22日、地元湯布院町のレストラン「ラヴェルヴェンヌ」の協力を得て、駐屯地の隊員に本格フレンチを提供した。「隊員食堂feat（共作）．ラヴェルヴェンヌ」と銘打ったこの取り組みにより、糧食班員のスキルやモチベーションアップを図った。

㊤駐屯地の隊員に対し、提供したフランス料理について説明する渡辺オーナーシェフ（左）㊦「湯布院駐屯地隊員食堂feat．ラヴェルヴェンヌ」の6品を味わう女性隊員＝写真はいずれも4月22日、陸自湯布院駐屯地食堂で

「湯布院駐屯地隊員食堂feat．ラヴェルヴェンヌ」は、コロナ禍で外食機会の少ない隊員に本格フランス料理を提供することで、地域との連携や糧食班員の技能を向上させることを目的に駐屯地業務隊長の小山田万恵2佐が発案。今年2月から糧食班長、栄養士と検討や調整を行ってきた。

湯布院町内のレストランに駐屯地給食への協力を依頼したところ、二つの店から「日々訓練に励む地域の若者に、気軽に本場フランスの味に触れてもらえたら」と賛同が得られ、企画が実現した。

全面監修は、世界的に有名なミシュランガイドブックにも掲載されている本格フレンチレストラン「ラヴェルヴェンヌ」の渡辺亨オーナーシェフ。全国を代表するフレンチシェフ15人に選出され、仏大使館にも招待された凄腕の料理人だ。

当日は、事前にシェフから調理工程などの技術指導を受けた糧食班員とレストランの5人のシェフたちが奮闘し、①熊本県産の人参を使用し、南仏でよく使用されるスパイス「クミン」で香りを付けた「にんじんスープ」②オレンジの皮を入れ、南仏風に仕上げた「牛肉赤ワイン煮込み」③グラナパダーノチーズと生クリームで南仏風に仕上げた「じゃがいものグラタン」④デザートの「チョコレートムース・フランボワーズソースがけ」⑤「バターライス」⑥「サラダ」――のメニューを調理。渡辺シェフから「料理の皿を絶対に汚さない美しい盛り付け方」を伝授された糧食班員たちは、彩り鮮やかな料理を提供した。

本格フレンチを味わった隊員たちは、「とても優雅な気分でおいしい料理を食べられてうれしい」「初めてフランス料理を食べたが、とても美味で驚いた」「住んでいる湯布院という土地の魅力を知ることができた。今後も地元の店とコラボして」と話し、顔をほころばせていた。挑戦を終えた糧食班員も「大量調理でも、ここまでできるのかと勉強になった」と話した。

小山田隊長は「制約のある中、多くの方のご協力をいただき、皆が笑顔になれるイベントを実現できてよかった。引き続き、業務隊一丸となって、隊員が地域と駐屯地に愛着を持てるような取り組みを考えていきたい」と語った。

山崎統幕長 米インド太平洋軍司令官交代式に出席

早期に良好な関係を構築

【統幕】山崎統幕長は4月30日（日本時間5月1日）、米・ハワイ州で行われた「米インド太平洋軍司令官交代式」に出席し、新旧司令官らと会談、自衛隊と米軍の強固な絆を国内外に幅広く示した。

米国のハワイを訪れ、新インド太平洋軍司令官のアクイリーノ海軍大将（左）とあいさつを交わす山崎統幕長（日本時間5月1日、米インド太平洋軍司令部で）

米インド太平洋軍新司令官のジョン・アクイリーノ海軍大将との会談では、我が国周辺の情勢を共有。日米同盟の発展と抑止力・対処力の向上に向けて緊密に連携することで合意し、早くも良好な関係を構築した。

前任のフィリップ・デービッドソン海軍大将には、これまでの日米同盟の強化に対するさまざまな功績に感謝の意を伝えた。

山崎統幕長は現地滞在中、米統合参謀本部議長のマーク・ミリー陸軍大将とも会談を行い、日米安保条約第5条に基づく日本の防衛に対する「揺るぎないコミットメント（責任ある関与）」を再確認するとともに、東・南シナ海での一方的な現状変更の試みについて、断固として反対することで一致した。

また、ミリー統参議長、韓国の元仁哲合同参謀本部議長との「日米韓参謀総長級会議」で3カ国協力の重要性を確認（本紙5月13日付既報）。

このほか、米太平洋陸・空軍、海兵隊の各司令官、太平洋特殊作戦コマンド司令官とそれぞれ会談し、共同訓練を通じた日米の対処能力向上について意見交換を行った。

あさぐもドンマイ　吉本どんど

50段の階段ダッシュ×3本

3本目

こんなキツいんなら死んだ方がマシ

ひ～もう限界

今死んだらもっとキツいぞ

？

天国への階段⇨

ブルー 山形で7年ぶり飛行

「東北絆まつり」の上空で

空自4空団11飛行隊のブルーインパルス（松島）は5月23日、山形市で開かれた「東北絆まつり2021山形」の上空で展示飛行した。ブルーの山形県での飛行は2014年5月の「東北六魂祭」以来、7年ぶり。

同イベントは東北6県を代表する祭りが一堂に会し、東日本大震災からの復興を願うもの。1番機に乗り込んだ隊長の遠渡祐樹2佐は山形県出身で、故郷に錦を飾る凱旋飛行となった。

午後2時14分に空自松島基地を離陸したブルーは、会場上空に飛来し、「エシュロン・ローパス」など7課目を約15分間にわたって披露。一糸乱れぬ展示飛行に、来場者からは歓声が上がった。

「東北絆まつり2021山形」で4機編隊での「エシュロン・ローパス」を披露するブルーインパルス（5月23日、山形市で）

行方不明者を捜索

瀬戸内海で貨物船衝突 海自、海保と連携

愛媛県今治市の北西約3キロ沖の来島海峡で5月27日午後11時55分ごろ、日本船籍の貨物船「白虎」（1万1454トン、乗員12人）とマーシャル諸島船籍のケミカル船「ウルサン・パイオニア」（2696トン、乗員13人）が衝突、「白虎」が沈没した。乗員3人が行方不明になり、災害派遣要請を受けた海自の艦艇と航空機が海上保安庁と連携して行方不明者の捜索に全力で当たった。

28日午前3時半、第6管区海上保安本部の高杉典弘本部長から海自呉地方総監の園田直紀海将に行方不明者捜索の災害派遣が要請された。これを受け、潜水艦救難艦「ちよだ」、掃海母艦「ぶんご」など艦艇4隻と111航空隊（岩国）のMCH101掃海・輸送ヘリ1機が現場に急行した。

貨物船が沈没した瀬戸内海の来島海峡は、鳴門・関門海峡と並んで潮流が速く、「ちよだ」の定点保持能力を生かして潜水捜索の拠点とし、海保の特殊救難隊による捜索活動を支援。海上からは掃海艇「つのしま」「みやじま」が、上空からはMCH101掃海・輸送ヘリ、24航空隊（小松島）のSH60J哨戒ヘリ各1機が行方不明者の捜索に当たった。

30日午前8時44分、特殊救難隊員が行方不明者1人を発見。海保の巡視船「くろせ」に収容し、同船で待機していた「ちよだ」の医官が死亡を確認した。

6月1日午前8時、海保による潜水捜索が終了したため、撤収要請を受け、派遣部隊は活動を終えた。

こちら警務隊

薬物犯①

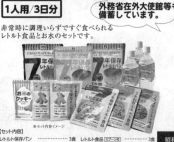

覚醒剤は幻覚や妄想を起こし、時に錯乱状態となり、死ぬ場合も

覚醒剤にはどんな危険がありますか？

覚醒剤は、使用により神経を興奮させて一時的に眠気や疲労感が減ったように感じますが、効果が切れると激しい脱力感や倦怠感に襲われます。

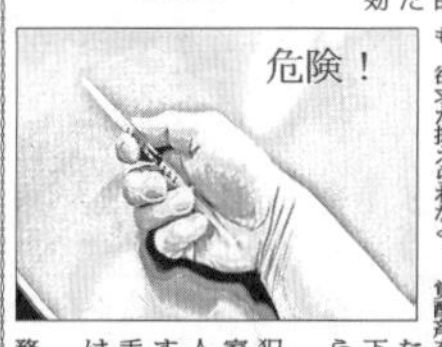

一度だけのつもりでも、欲求が抑えられなくなって量が増え、幻覚や妄想、時には錯乱状態となり、場合によっては死に至ります。

さらに、使用をやめても乱用時の症状が再発し幻覚や突然暴れ出すなど、生涯悩み続けます。

覚醒剤を所持・使用した場合、10年以下の懲役に処せられます。

覚醒剤は他の犯罪も誘発し、家族等の周囲の人も不幸にしますので、絶対に手を出してはいけません。

（中部方面警務隊）

沖縄 隊員の娘が聖火リレー

【空那覇】南西航空警戒管制団司令部に所属する大崎孝治2曹の長女・優心さん（中2）が5月2日、沖縄県糸満市で東京オリンピックの聖火ランナーを務めた。「スポーツ観戦が大好きだった天国のおばあちゃんに喜んでもらいたい」と、祖母が眠る故郷の地を走った。

優心さんの祖母・勝美さん（大崎2曹の義母）は4年前、大崎2曹が転勤で沖縄県を離れている間に他界。オリンピックの開催を楽しみにしていた祖母のために何かできないかと、優心さんは聖火ランナーに応募し見事選ばれた。

晴天に恵まれた当日、優心さんは家族の応援を受けながら、摩文仁の平和記念公園を聖火とともに100メートル走った。

大役を務めた娘に大崎2曹は「一生の記念になったと思います。きっと義母も喜んでくれていると思います」と語った。

大崎孝治2曹（左）と聖火ランナーを務めた長女・優心さん

コロナ患者を屋久島から空輸

22空鹿屋分遣隊

海自22航空隊鹿屋航空分遣隊は5月22日、鹿児島県の屋久島から鹿児島市内まで、新型コロナ陽性患者2人の急患空輸を行った。

鹿児島県の塩田康一知事から1空群司令の藤原直哉将補に13時29分、急患空輸の災害派遣が要請された。22空鹿屋航空分遣隊のUH60J救難ヘリが屋久島空港で患者を収容、マリンポートかごしまで患者を救急車に引き継いだ。

小休止

▽…福岡地本"宣伝部鳥"の「ピコット」と広報官の安部紗由里2海曹は4月29日と5月5日、地元テレビ局の情報番組の生放送に出演し、自衛官募集をPRした＝写真。

▽…「ピコット」らが出演したのはFBS福岡放送の「めんたいワイド」とRKB毎日放送の「まちプリ」。両番組は県で多くの若者らに見られており、募集広報の絶好の機会ととらえた。

▽…ボードを持った安部2曹が一般曹候補生、自候生採用試験の試験日と、地本のホームページやツイッターを紹介。話すことができない「ピコット」も勢い良く翼を動かして敬礼し、カメラの先の視聴者にジェスチャーで募集をPRした。

（福岡地本）

みんなのページ

朝雲・栃の芽俳壇

畠中草史　選

満ち足りて上がり框の花疲　熊谷・空OG　福元万理子

花見に満足して帰ったのだが、よほど疲れたのである。取り敢えず上り框に腰をおろした。

花いかだ崩す他なき池の鯉　熊谷・空OB　明田　眞雅

人の気配で浮いて来るさほど深くない池が中七で察しがつく。ゆったりとした趣がある。

田植機のまだ唸りをる夕間暮　宮崎・空OB　髙木　智念

かたくりの群落をゆく山路かな　西東京・空OB　水島　孝雄

温泉巡りの下駄音軽く若葉風　あきる野・一般　小和田一男

筑波嶺に雲を呼びたる雨蛙　浜松・空OB　宮本　立勇

ジョギングの運動公園木の芽風　熊谷・空OG　関田　絹江

軽暖の四方を見渡す天守かな　館山・海OB　斎藤　一向

アルプスの桃源郷や花菜畑　東京・陸OG　田中あやめ

荷揚げ終へとんぼ帰りの白子舟　浜松・空OG　岩城　節子

本堂の裏さわさわと竹の秋　熊谷・空OG　佐藤　玲美

廃校の卒業生の花の宴　香川・陸OB　渡辺　成典

大方は聞き流しつつ畑を打つ　大津・陸OB　丸岡　正男

絹のごと堰滑り落つ春の水　小牧・陸OB　松岡　魚青

思い出の母の単衣に風通す　横浜・一般　福本　祥子

累々と塊横たはる雪捨場　恵庭・陸OB　足立　　徹

菜の花の幸せ色のそこかしこ　熊谷・空OB　工藤　敏雄

山吹に滝打つやうな雨のきし　相模原・海OG　折口　桂子

入園児花のトンネル通り抜け　熊谷・空OB　蓮佛志向子

鴨引きて湖沼も川も寂寞と　町田・陸OB　岩原　滋利

ランドセルが歩いてゐるよ新入生　熊谷・空OG　関谷　桂子

花吹雪外堀めがけとめどなく　佐賀・陸OB　一ノ瀬惠昭

城濠の水面へめがけ飛花落花　札幌・陸OB　坂元　順一

退院の坂道かるし若葉風　相模原・一般　森　　謙二

選者作品

行春や物差をもて背なを掻く

投句歓迎！

▽郵便はがきの裏面に未発表の自作3句以内と氏名、年齢、職業（自衛官・事務官＝所属部隊＝、OB、家族、一般など）、住所、電話番号を記入▽締め切り毎月15日▽宛先＝〒162―8801東京都新宿区市谷本村町5の1　防衛省D棟市ヶ谷記者クラブ朝雲俳句係☎03（5225）1750、専用線8・6・25515

衛生科から「普通科の女性小銃小隊長」へ

准陸尉　佐々木　真奈美（20普連・神町）

20普連の小銃小隊長を目指し、富士学校で「第70期普通科3尉候補者課程」を履修中の佐々木真奈美准尉（右）

私は陸上自衛隊の「普通科における女性自衛官の配属制限の解除」を受け、衛生科からではありますが、普通科中隊に配属される女性隊員のための基盤や指導態勢を整え、活躍することを目標に普通科幹部を目指しました。そして現在、富士学校で「第70期普通科3尉候補者課程」を履修中です。

私の所属する第20普通科連隊では、令和2年度に副連隊長を長として「女性活躍推進委員会」が立ち上がり、連隊内の意識改革が進み、令和3年9月からいよいよ普通科中隊への女性自衛官の配属が開始されます。その先駆けとして、3月15日、私は小銃小隊長を拝命することになりました。

志願した当初は、衛生科から体力的にハードな普通科への職種変換ということもあり、周囲から心配されましたが、上司、同僚、先輩、後輩の誰からも止められることなく、むしろ「大変だろうけど、頑張れ」と応援していただきました。

そのことがきっかけで、約10年間、私を育ててくれた20連隊への恩返しもあり、私の意志はさらに強くなり、普通科で幹部自衛官として勤務する覚悟を決めました。

ところが、いざ富士学校に入校すると、心配していた普通科に必要な識能の不足が露呈し、銃の扱いからその他の基礎動作も同期と比べて未熟であることが判明し、周囲への迷惑も考えて、「これは出直したほうがよいのでは」との気持ちが強くなりました。

しかし、私以外の学生はみな経験豊富で、意識も高い方々ばかりで、私の足りないところを積極的に指摘し、教え、私を成長させてくれました。

仲間として常に支えてくれる同期への感謝の気持ちを考えると、私がここで信念を折るようなことはできないという考えに変わりました。そして何とか教育に付いていき、現在は同期とともに前に進むことができています。

私は7月1日付で3等陸尉に任官するにあたり、この約3カ月間の教育は自分のためだけではなく、20連隊や部隊で待っている小隊員、そして後輩の女性自衛官のためであると考えています。

改めて小隊員や女性隊員を預かる重責を理解し、連隊の主導職種たる普通科の女性小銃小隊長として、自信をもって指揮をし、温かみのある団結強固な小隊を作っていきたいと思います。

最後に、心配しながらも私を教育に送り出してくれた家族にも感謝をして、残りの日々を頑張りたいと思います。

「体内時計」整えて心身の健康を

准空尉　山本　正人（35警隊准曹士先任・経ヶ岬）

私は、毎朝5時に目が覚める。加齢かなと思っていたある時、「体内時計」に関する記事が目に入った。

その記事によると、心身を穏やかに過ごすために最も重要な脳のメカニズムのひとつが「体内時計」であり、その働きのおかげで私たちの行動や体調は適正に保たれているという。

また、体内時計が「整っている」時は心地よさを感じ、「乱れる」と心身の状態が悪化することも研究で示されている。

そこで、自衛官は自身の体内時計を意識的に整えることが必要だ。

体内時計を整える方法としては、毎日、①決まった日課（掃除等）を行う。②同じ時間に起きる。③適度な運動をする。④一定程度の日光を浴びる。⑤食事を決まった時間にとる――などの規則を守り、正しい生活を送ることが大切だ。

体内時計が乱れた時は、ゆっくり朝食を取ったり、朝日を浴びたりすることでリセットできる。

昨今のコロナ禍のような日常生活を激変させる出来事に直面すると、体内時計は変調をきたし、正しく動作しなくなり、心身の不調を生じさせてしまうことがある。

そのような特異な状況下であっても、毎日決まった活動を設定し、体内時計を安定させて働き、心身の健康を適正に維持することにより、穏やかな生活を送ることができる。

皆さんも「体内時計」を整えて心身の健康を保持してほしい。

「清濁併呑」の衛生科陸曹に

陸士長　伊福　雅希（306基地通信中隊久居派遣隊）

私の現在の目標は「日進月歩」と「清濁併呑（せいだくへいどん）」です。

「日進月歩」を挙げた理由は、陸曹に向けての技術の向上です。私は今年、准看護師の2次試験を受けました。口述試験対策のため行った部隊での練成では「予防整備」などの規則について答えられず、自分の勉強不足を痛感しました。

そのため、今後は先輩陸曹から教範などを借りて勉強を続け、陸曹になった時、どのような規則についても説明できるようにしたいと思います。

一方、「清濁併呑」には心が広く、あるがまま受け入れる、度量や包容力が大きいという意味があります。

私は准看護師課程の後、衛生科陸曹として前線で傷病者の救護を行うことになります。そこで私は度量や包容力を日常的に鍛え、どのような場面でも冷静、正確かつ迅速に救護活動を行い、部隊に貢献できる衛生科隊員になりたいと思っています。

陸曹になると今より多くの後輩や部下を指導する機会が増えます。その指導の際、私は相手の人格を否定せず、その人の価値観や考え方を尊重し、円滑な上下関係を築き上げたいと思っています。そのためにも清濁併呑の意識を大切にしていきたいと思います。

OBがんばる

自分の目と足で決定を

高里　盛進さん　56

令和元年5月、海自5整備補給隊5武器整備隊（那覇）を最後に定年退職（曹長）。沖電開発に再就職し、火力発電所の空気環境測定などに当たっている。

私は海上自衛隊を定年退職後、沖電開発株式会社に再就職しました。

再就職にあたっては、第一に社会に貢献できる仕事を希望していました。就職援護室から紹介された沖電開発のホームページを確認してみると、「みらい」を創造し「ゆめ」をモットーに、建築・不動産やサンゴの養殖事業、測量、ビルメンテナンスなどを幅広く行っている企業であることが分かりました。「これほど自分の希望に合った会社はない！」と思い、面接では真剣にアピールし、無事採用して頂けることになりました。

私が配属された不動産グループの主な業務は沖縄電力発電所や自社ビルの空気環境測定、沖縄電力所有の保養施設（ホテル）点検、自社ビルの修繕などです。入社当初は5カ所の火力発電所と12カ所のビルの空気環境測定場所を覚えるのに大変苦労しました。ビルなどの修繕では電球の交換といった簡易な作業から、水漏れや建具修繕といった初めての作業もありました。諸先輩方からの温かい指導の下、現在もさまざまな現場を経験し勉強しているところです。現役時代、航空武器整備員として培ってきた工具等の取り扱いや安全に関する知識などは現在の職場でも生かせています。

各火力発電所の空気環境測定は約2時間かけ、所内を1日に2度まわります。新型コロナ対策のためにマスクを着用し、夏場は酷暑の中を歩くため、持久力と足腰の強さが必要となります。そのため時間を作り、ジョギングや筋力トレーニングを行って体力の維持に努めています。

年齢とともに肝機能も衰えてくると思い、お酒に飲まれないように注意しながら「健康第一」をモットーに頑張っています。再就職活動は自己責任を念頭に、早めに進路を決めるべきです。援護担当者に任せきるのではなく、自分の目と足で現実的な再就職先を決定することが重要であると考えます。

「朝雲」へのメール投稿はこちらへ！

▽原稿の書式・字数は自由。「いつ・どこで・誰が・何を・なぜ・どうしたか（5W1H）」を基本に、具体的に記述。所感文は制限なし。
▽写真はJPEG（通常のデジカメ写真）で。
▽メール投稿の送付先は「朝雲」編集部（editorial@asagumo-news.com）まで。

第1260回出題　詰碁

出題　日本棋院　九段　曲　励起

黒先

『隅の白を取って下さい。黒は最初と三手目が大切です』5分でできれば中級以上です。

▶詰碁、詰将棋の出題は隔週です◀

詰将棋

出題　日本将棋連盟　九段　石田　和雄

≪第844回の解答≫

【正解】▲2一金△同玉▲3一飛△1二玉▲3二竜△同金▲同飛成△2二歩▲2三金までの九手詰め。

【解説】初手はまず▲2一金と打ち捨てる。△同玉の一手に▲3一飛が手順。△同玉なら▲3三竜以下駒余りの詰みなので△1二玉と逃げますが、そこで▲3二竜と入る手が二枚の飛を生かす妙手で解決します。

▲先手　持駒　飛金

（世界の切手・ニュージーランド）

自分の姿をありのまま直視する、それは強さだ。

岡本　太郎（芸術家）

朝雲ホームページ
www.asagumo-news.com
<会員制サイト>
Asagumo Archive
朝雲編集部メールアドレス
editorial@asagumo-news.com

新刊紹介

「中国の電撃侵略 2021―2024」

門田　隆将×石　平著

米バイデン政権中の4年間に「台湾有事」が発生する危険性が高いとして、ジャーナリストの門田隆将氏と評論家の石平氏が緊急対談、中国軍の「電撃侵略」があるかもしれない今後4年間を見据え、中国の軍事行動抑止と東アジアの安全保障をめぐって激論を交わしている。

中国生まれで、共産党の性質を良く知る石氏は「習近平主席が中国という国をまとめ上げるためのイデオロギーの一つが台湾だ」とし、国内では香港、チベット、ウイグル問題、国外では激しい米国との競争にさらされる内憂外患の中国が、人民を一つにまとめ上げる手段として台湾侵略に踏み切る可能性があると見る。

一方、門田氏は日米が中国軍の侵略を抑止するには集団的自衛権が有効であると指摘。アメリカがかつてソ連との冷戦で勝利できたのはNATO（北大西洋条約機構）のおかげであるとし、今後、中国と「新冷戦」を戦うに当たって集団的自衛権が同様に有効であると述べ、いまこそ「アジア版NATO」を創設すべきであると提言している。

このアジアの同盟では日米がその核となり、西側各国とスクラムを組んで中国の野望を抑え込んでいくべきだと述べている。（産経新聞出版刊、968円）

「足して二で割れない日本とアラブ世界」―深層文化へのアプローチ

アルモーメン・アブドーラ著

平成の30年間で自衛隊の活動範囲は世界に飛躍的に広がり、今日では各国への大使館出向や留学も含めれば隊員が海外勤務することはそう珍しくない。だからこそ他者の言動を理解し、自らが他者にどう見えているかを客観視できる能力が個々に求められている。本書では陸自のイラク復興支援活動で現地サマワで水先案内を務めたエジプト人の著者が、滞日25年で体験したことを「日本―アラブの文化論」として余すところなく語り尽くした本だ。

例えば時間の観念について、評者のような中東留学経験者は「出勤は遅れるのに、退社時間は超正確！」とアラブ人の時間のルーズさをからかうことがある。しかし、著者はアラブ人が出勤時間にルーズである一方、外国人から見ると日本人は退勤時間にルーズだと言う。確かに政府が必死に「働き方改革」を進めても、都心のビル街では夜遅くまで職場の電気が消えることはない。

海外渡航経験がない故に異文化に鈍感な人もいれば、海外在住経験がある故に異文化に対してステレオタイプで語る人もいる。他者を知り、己を省みたいと思われる読者には、本書は肩に力を入れず文化の違いを笑い飛ばして読める格好の書である。（デザインエッグ社刊、2486円）

小林武史（国会議員秘書）

朝雲

発行所 朝雲新聞社
〒160-0002 東京都新宿区四谷坂町12－20 KKビル
電話 03(3225)3841
FAX 03(3225)3831
振替00190-4-17600番
定価一部170円、年間購読料9170円（税・送料込み）

本号は10ページ

米インド太平洋軍司令官が来日

着任後初めて　日米同盟の抑止力を強化

岸防衛相と山崎統幕長は6月1日、来日した米インド太平洋軍司令官のジョン・アクイリーノ海軍大将とそれぞれ防衛省内で会談し、日米同盟の抑止力・対処力をさらに強化していくことで一致した。アクイリーノ司令官は同日夕、首相官邸を訪れ、菅首相と会談、中国による一方的な現状変更の試みに強く反対することを確認した。山崎統幕長は同3日の記者会見で「地域の平和と安定に積極的に貢献する日米の絆は今後も強固であり続けることが必要だ。アクイリーノ司令官とは日米共同訓練やさまざまな防衛交流を通じ、幅広い分野における協力の拡大を図っていくことで一致した」と会談の成果を語った。

防衛省を訪れ、自衛隊の儀仗隊を巡閲するアクイリーノ米インド太平洋軍司令官（前列右）。左はエスコートする山崎統幕長（6月1日、防衛省儀仗広場で）

アクイリーノ司令官は4月30日（日本時間5月1日）に太平洋艦隊司令官から就任したばかりで、山崎統幕長との会談はハワイで行われた指揮官交代式の際にも対面で実施している。今回の防衛省での会談には吉田陸、山村海、井筒空各幕僚長も同席した。

冒頭、山崎統幕長は、アクイリーノ司令官が就任後の最初の外国訪問先に日本を選んだことを歓迎し、「日米安全保障条約第5条の下、米国が（日本の防衛に）力強いコミットメントを示していることを心強く思っている。（中国による）東シナ海における現状変更の試みについては、強い意志を持って日米が連携し、断固として対応していきたい」と述べた。

これに対し、アクイリーノ司令官は「日米同盟は地域の平和と安定のための礎となっている。初めての外国訪問の地を日本にするということは私にとって非常に重要な意味を持つ」と応えた。

会談で両者は、菅首相とバイデン大統領との間で4月に米ワシントンで行われた日米首脳会談や3月の日米安全保障協議委員会（2プラス2）などの成果を踏まえ、強固な日米同盟の下で、引き続き抑止力・対処力を強化していくことで一致。東シナ海をめぐっては日米が断固とした意志の下、緊密に連携して対応していくことで合意した。

また、地域の平和と安定のため、「自由で開かれたインド太平洋」の実現の重要性についても認識を共有、日米同盟を基軸とした多国間協力を推進していくことを確認した。

首相、防衛相とも会談　中国の現状変更の試みに反対

この後、アクイリーノ司令官は岸大臣を表敬。日本に展開している米軍関係者に対する支援に謝意を示し、「米軍は『自由で開かれたインド太平洋』の実現と日米同盟の強化のため、しっかりと強くコミットしている」と改めて強調した。

岸大臣は「自衛隊とインド太平洋軍の連携は『自由で開かれたインド太平洋』の維持・強化のために大変重要だ。司令官の協力を得て日米同盟のさらなる強化に向けて、共に努力していきたい」と強い意欲を伝えた。

アクイリーノ司令官は同日夕、官邸に菅首相を表敬し、約15分間会談した。両氏はインド太平洋地域の平和と安定の重要性を改めて確認した上で、東シナ海を含めた中国による一方的な現状変更の試みに強く反対することで一致したほか、北朝鮮をめぐる最新の情勢についても意見を交換、引き続き日米が緊密に連携していくことを申し合わせた。

定年退職自衛官を支援

65歳まで「若年給付金」延長

防衛省

国家公務員の定年を現在の60歳から段階的に65歳に引き上げる国家公務員法改正案が6月4日、参院で可決・成立した。施行日は令和5（2023）年4月1日。

これに伴い、自衛隊法などの一部が改正され、防衛省では事務官等の定年が令和13（2031）年度までに65歳に引き上げられることを受け（表1）、若年定年制の退職自衛官（現在、53～57歳）に支払われる「若年定年退職者給付金」の支給対象期間がこれまでの「60歳まで」から「65歳まで」に延長されることが決まった（表2）。

一方、医官、警務官、音楽や情報職域などの60歳が定年となっている自衛官についても事務官等の定年引き上げに伴って相対的に「若年定年」となることから、他の職域の自衛官と同様、新たに65歳まで同給付金の支給対象となるほか（表2）、将官を除いて就職援護も受けられるようになるなど、防衛省として全面的にサポートしていく方針が打ち出された。

制度改正を担当した人事教育局人事計画・補任課の久澤洋課長は「一般職の国家公務員と同様に、防衛省の事務官等においても平均寿命が伸びていることや少子高齢化の進展を踏まえ、知識・技術・経験などが豊富な高齢の職員が最大限に活躍できるよう、定年年齢を65歳まで引き上げることとしている。他方で、防衛大綱・中期防では、『人的基盤の強化』を防衛力の中心的な構成要素を強化する中での優先事項と位置付け、自衛官の定年年齢を現中期防期間中に1歳、次期中期防期間中に1歳のペースで段階的に引き上げることとしており、今後も隊員の処遇をはじめ、人的基盤の強化に取り組んでいきたい」と話している。

▽制度の詳細等については、防衛省人事教育局人事計画・補任課に問い合わせを。

（表1）事務官等の定年年齢

対象生年月日	定年年齢
～S38.4.1	60歳
S38.4.2～S39.4.1	61歳
S39.4.2～S40.4.1	62歳
S40.4.2～S41.4.1	63歳
S41.4.2～S42.4.1	64歳
S42.4.2～	65歳

※事務次官等を除く

（表2）若年定年退職者給付金の支給対象期間

定年に達する日※	支給対象期間
～R5.3.31	60歳まで
R5.4.1 ～R7.3.31	61歳まで
R7.4.1 ～R9.3.31	62歳まで
R9.4.1 ～R11.3.31	63歳まで
R11.4.1～R13.3.31	64歳まで
R13.4.1～	65歳まで

※退職の日において定められているその者の定年に達する日

自衛官の将来の不安解消

松川るい防衛大臣政務官
防衛省「人的基盤の強化に関する検討委員会」委員長

今般、国家公務員の定年が現在の60歳から段階的に65歳に引き上げられることとなったことを受け（表1）、具体的には、昭和38年4月2日生まれからの定年退職者（事務官等）が定年引き上げの対象となっており、これにより知識・技術・経験などが豊富な高齢の隊員が最大限に活躍できるようになります。

また、それに伴い、これまで「若年定年退職者給付金」の支給対象期間が60歳までとなっていたところ、令和5年度以降に定年を迎える自衛官が新たに当給付金の支給期間延長の対象となります（表2）。

今後も自衛官の将来への不安を解消するなど、定年退職自衛官に対する支援の重要性を認識し、さらなる人的基盤の強化に取り組んでまいります。

大阪会場を初視察

岸防衛相　コロナワクチン　「官民一体、高い使命感」

岸防衛相は6月5日、島田事務次官、吉田陸幕長らを伴い、「自衛隊大阪大規模接種センター」（大阪市北区の府立国際会議場）を初めて視察し、官民のスタッフたちを激励した。

現地では、同センターの担任官を務める中方総監の野澤真陸将をはじめ、センター長を務める阪神病院長の平山健一陸将補らから状況報告を受けた後、実際の流れを見て回った。

その後、医官の安武優一2陸佐（中方衛生隊104野外病院隊長）、医官の新田祐樹2海尉（呉病院）、看護官の木村葉子1陸尉（阪神病院）をはじめ、民間の看護師や案内等に従事する役務のスタッフらと懇談し、官民が一体となって円滑に接種が進められていることを確認した。

岸大臣は視察後、臨時記者会見を開き、「スタッフとの懇談では、短い準備期間でセンターを立ち上げ、順調にスタートを切ることができたことに謝意を述べた。官民が一体となって高い使命感を持って新型コロナウイルスの蔓延防止に力を注いでいただいていることに敬意を表したい」と強調した。

その上で「自衛隊の組織力を十分に発揮して円滑に接種を進めていることを確認できた。引き続き安全かつ効率的に、1人でも多くの人に一日でも早く接種を受けていただけるよう全力で取り組みたい」と改めて決意を語った。

また、自治体によるワクチン接種の加速化を国としてさらに後押しするため、今後、大規模接種会場の開設を目指す自治体からの視察を受け入れるなどの支援を行い、防衛省・自衛隊が持つ知見やノウハウを伝えていく考えを示した。

（3面に関連記事）

「自衛隊大阪大規模接種センター」の官民スタッフ（手前後ろ向き）と懇談し、激励する岸防衛相（右奥）＝6月5日、大阪市北区の府立国際会議場で（防衛省提供）

2週間分の予約可能に　6月7日から

大規模接種センターの予約はこれまで1週間分しか受け付けてこなかったが、6月7日からは東京・大阪会場ともに2週間分（6月14～27日）の予約の受け付けが可能となった。

6月8日午後の予約状況は、▽6月7～13日分が東京・大阪ともに満杯。▽6月14～27日分は、東京（14万件）、大阪（7万件）ともまだ余裕がある。キャンセルが出た場合は、接種日前日の午後11時59分まで専用サイトから予約可能だ。

両会場では開設から2週間で計17万3824人が接種を受けた。

早めの接種を

6月28日以降は2回目の接種が始まることから、防衛省では1回目の接種を希望する人はできるだけ前日の27日までに済ませるよう早めの予約・接種を呼び掛けている。

春夏秋冬

台湾有事と尖閣

河野 克俊

4月17日未明（日本時間）、日米首脳会談がワシントンで行われた。バイデン大統領にとって初めての対面による首脳会談に菅総理が迎えられた。やはり特筆すべきは、日米共同声明の中に「台湾海峡の平和と安定の重要性」が明記されたことであろう。

日米共同声明で「台湾海峡」が明記されたのは、1969年の佐藤・ニクソン会談以来であるが、当時は米華相互防衛条約が存在した上での明記であり、今回とは意味合いが大きく異なる。

冷戦時代の世界の安全保障の最前線は西ドイツのフルダ峡谷とされていたが、今やその最前線は第一列島線に移り、日本は、好むと好まざるとに関わらず冷戦時代の西ドイツのような位置に「立っちゃった」のである。なぜなら、米国が中国を脅威ナンバーワンに据えたからである。「立たされた」となるとあまりに自主性に欠け情けない。「立った」となると少しニュアンスが違う気がするので、やはり「立っちゃった」が実態に合っているように思う。しかし、米国の対中戦略上の最大のパートナーが地政学的にも、価値観、国力等の観点からも日本であることは自明であり、このことを日本人は自覚する必要がある。日本は今や本人の意図とは関わりなく大きな歴史の渦の中に飲み込まれつつあるということだ。

日米同盟はあくまで日本防衛のためのものであったが、今後は日米が共に協力して地域の平和と安定を創造する同盟に発展させていかなければならない。そのためには日本は防衛力の増強とともに安全保障上の役割を拡大し、日米がともにリスクを分かち合う関係にすることが必要である。

もとより台湾問題は外交により平和的に解決すべきものであり、それが大前提である。しかし、この問題は、米国の意思でも、台湾の意思でもなく、あくまでも中国の意思に依存しているのである。残念ながら外交努力が実らず、中国が軍事侵攻を決意した際の台湾有事は想定しておかなければならない。この段階に至っても、なお中国と経済的に深い関係にある日本は、米中の仲介を果たすべきとの意見がある。そうであるならば、我が国は尖閣有事の際の日米安保条約5条適用を米国に求めるべきではない。

（前統合幕僚長、元海将）

仏航空・宇宙軍　参謀長と会談

井筒空幕長

井筒空幕長は5月26日、航空幕僚監部（市ケ谷）とフランスの首都パリの仏航空・宇宙軍参謀本部をオンラインでつなぎ、仏航空・宇宙軍参謀長のフィリップ・ラヴィニュ空軍大将とテレビ会談を行った。会談は約40分間実施され、現地では[illegible]駐在官の[illegible]が立ち会った。空幕長とラヴィニュ参謀長は[illegible]を含む力による[illegible]の試みに対する[illegible]するとともに、空自と仏航空・宇宙軍との間の協力をさらに進展させていくことで一致した。

朝雲寸言

安全保障では略語・短縮語が多く使用される。軍隊組織が使う装備の名称が複雑で長く覚えづらいこともひとつの理由ではないかと思える▼正式名称96式多目的誘導弾システムというよりもMPMSや96マルチと呼ぶ方が確かに分かりやすい。米軍の戦闘機の名称はFに続く数字で表される。F4、F15であり、それぞれの愛称がファントム、イーグルである。第5世代のF35はライトニングⅡと呼ばれる▼ミサイルや航空機などの名前は敵側にとっても重要である。特に最新兵器の出現は、どの国も高い関心を持つ。冷戦時代NATOではソ連など東側諸国の装備品にコードネームを付けた。爆撃機はB、戦闘機にはFで始まる名前を充てた。フォックスバット（ミグ25）やフランカー（スホーイ27）などが記憶に残っている▼コードネームが使用されるのは無線通信や暗号を使用する場合のミスや誤解を防ぎ、通信時間を短縮するためで[illegible]であるからだ[illegible]て辺りを見回[illegible]周辺は略語・[illegible]であることに[illegible]とつの理由は[illegible]ターによる管[illegible]あるが、英語[illegible]漢字であろう[illegible]な正式名称よ[illegible]呼ばれるもの[illegible]われていると[illegible]もしれない▼[illegible]アも独自に名[illegible]付ける。意図[illegible]が付けた名前[illegible]ことで問題が[illegible]もある。やは[illegible]要である。

時の焦点

国内

尖閣諸島警備

主権と国際法秩序を守れ

日本の主権を侵害し、国際法秩序をないがしろにする行為を容認することはできない。

沖縄県・尖閣諸島周辺の接続水域における中国公船の航行が、6月4日で112日連続となり、過去最長を更新した。極めて深刻な事態である。

中国海警局の公船は通常4隻体制で行動しており、日本漁船を追いかけるようにして領海侵入することもたびたびだ。

尖閣諸島周辺で、あたかも中国の法令が執行されているかのような形を作りたいのであろう。

岸防衛相は記者会見で「このような現状変更の試みは、断じて容認できない」と強調し、「海上保安庁などの関係省庁と連携し、警戒監視・情報収集に万全を期していく」と語った。

海警船は、公船といいながら、2月施行の海警法のもとで軍事的役割の強化が進んでいる。「第2の海軍」とみるのが妥当だ。

実際、1000トン級が中心だった船は今や3000～5000トン級となり、機関砲とみられる武器を搭載するものも少なくないという。

海警船を大型化、武装化させ、日本を疲弊させる。中国は、消耗戦を仕掛けているのだろう。

海上保安庁は、数的優位を保って不測の事態を避けるため、巡視船12隻による専従体制をとっている。中国漁船が押し寄せる日本海への対応もある中で、海保の負担は大きい。

増大する中国の圧力に対処するには、海保と自衛隊との連携をこれまで以上に強化しなければならない。それぞれの人員を増やし、装備をさらに充実させることがその前提となる。

岸防衛相は日本経済新聞のインタビューで、国内総生産（GDP）比1%の枠にこだわらずに予算を要求する考えを示した。「従来と抜本的に異なる速度で防衛力を強化しないといけない」という言葉に共感する国民は多いはずだ。

あらゆる事態を想定して守りを固めるのは、攻める側よりもはるかにコストがかかる。主権を守るためのみならず、東シナ海で国際法秩序を維持することは、多大な費用を払ってでも日本が果たさなければならない責務なのである。

武装集団による離島占拠などのグレーゾーン事態に対応するため、与野党の一部から、自衛隊が領域警備を担うための法改正を求める声が出ている。だが、まずは人員・装備の増強と同時に、現行法の運用上の課題を詰めておくことが先決だ。

2015年には、治安出動や海上警備行動について、電話による閣議で発令できることを決めた。どのようなケースに自衛隊の出動が必要になるか、あらかじめ想定しておくことが不可欠である。

幸いなことに、防衛出動はむろん、治安出動も発令されたことはない。だが、今後もそれが続く保証はないのだ。

決断すべき時に決断できるようにしておくのが政治の役割だろう。

宮原 三郎（政治評論家）

海外

米外交の変貌

今や世界が「弱さ」目撃

米国の現政権を見ていると、トランプ前政権の外交政策を骨抜きか、転換することが最優先という軌跡が残っている。既に重要な影響も出ていて、気掛かりである。

イスラエルと、パレスチナ自治区ガザを実効支配するイスラム原理主義組織ハマスの軍事衝突は5月10日から激化。やっと21日未明に停戦合意が発効した。

ハマスがテルアビブに4000発以上のロケット弾を浴びせている間、米政府は攻撃を非難し、イスラエルの自衛権支持を表明はした。

しかし、緊密な関係にある同盟国がテロ組織と闘っている時、直ちに同国への揺るぎない支持を表明して、後ろ盾になった前政権とは〝本気度〟が違う。

その実例が、国務省近東局のアマー副次官補（イスラエル・パレスチナ問題担当）の現地派遣。戦争の瀬戸際に「アマー、フー？」みたいな人物を送ってどうするのだろう。

米ニュースを長期スパンで拾うと、同氏は何度か出てくる。同時多発テロの後、「イスラエルの占領に反対するパレスチナのインティファーダ（民衆蜂起）に感激した」と述べた。その後、「イスラエルは民族浄化政策を取っている」とも批判した。これで中立・公平な和平仲介が可能だろうか？

ハマスのロケット弾の資金源はイラン。同国の狙いの一つは、イスラエルが昨年、アラブ諸国と国交正常化に向け締結した「アブラハム合意」を破壊することだ。

同合意が、イランの狙う中東覇権を阻止する統一戦線になる可能性があるためで、多くのテロ組織に資金を提供し、地域の混乱を図ってきた。

上院の共和党議員団が13日、政府に書簡で、復帰を目指している「イラン核交渉」に関し、ハマスの資金源であることなどを挙げて、同国への経済制裁を緩和しないよう迫った理由もそれである。

しかし、23日にABC－TVの報道番組「ザ・ウィーク」に出演したブリンケン国務長官の〝及び腰〟のほどには呆れた。

司会「イランがハマスに資金を出していると思うか？ 出しているなら、経済制裁は維持すべきか？」

ブリンケン長官「イランは多くの活動に関与している。過激集団への資金供与やテロリズムの支援、中東を不安定にする活動をしている極めて危険な代理人の支援、兵器の拡散などだ」

後生大事な「イラン核交渉」が弱みになって、イラン刺激を避けるため、明々白々な事実を認められない。

南部国境では昨年末から既に100万人（10人ではない）以上が不法入国しているのに、「国境は危機ではない」と言い張る閣僚と同レベルである。

一方、停戦発表の数時間後、パレスチナの政治家でハマスの指導者ハニーヤは「資金、兵器、技術支援を続けてくれたイランに感謝する」と表明した。

当のハマスが事実を隠さないから、稽滑さが一層増してくるのだ。

草野 徹（外交評論家）

米比共同訓練に水機団派遣検討

吉田陸幕長、比陸軍司令官と会談

吉田陸幕長と電話会談し、連携を多層的に進めることで一致した比陸軍司令官のセンティーノ中将（中央）＝6月2日、比陸軍司令部で

吉田陸幕長は6月2日、フィリピン陸軍司令官のアンドレス・センティーノ中将と電話会談を行った。

両者は最初に地域情勢に関して意見交換。インド太平洋地域が世界の中でも安全保障上の問題が凝縮しており、日比両国が地政学的に見ても最前線の位置にいるという認識を共有した。

さらに両者は、法の支配に基づいて自由で開かれた国際秩序を維持する重要性、力を背景として現状を変更するという試みに対し強く反対することで一致した。

続いて日本とフィリピンの陸軍種間の防衛協力、交流についても意見交換。トップ同士のハイレベル協議をはじめ、米比共同訓練「カマンダグ」への陸自水陸機動団（相浦）の派遣の検討など、多層的に進めていくことで合意した。

吉田陸幕長は6月3日の記者会見で同会談について触れ、「フィリピンに対し、陸自が使っている人命救助システムをODA（政府開発援助）で提供する話が進んでいる。これに合わせ、人道支援・災害救援（HA／DR）に関する能力構築支援を行い、ハードとソフト両面で相乗効果を出し、フィリピンとの関係を強めていきたい」と述べた。

中国軍艦艇3隻 大隅海峡を通過

5月31日午前8時ごろ、中国海軍の「ルーヤンⅢ」級ミサイル駆逐艦（満載排水量7000トン、艦番号131「太原」）、「ジャンカイⅡ」級フリゲート（3900トン、531「湘潭」）、「フチ」級補給艦（2万3000トン、890「巣湖」）の3隻が、鹿児島・屋久島の西方約240キロの海域を東に向け航行するのを海自2護衛隊（佐世保）の護衛艦「いせ」、1空群（鹿屋）のP1哨戒機が確認、情報収集と警戒監視活動に当たった。

中国艦3隻はこの後、鹿児島・佐多岬と種子島間の大隅海峡を通過し、太平洋に進出した。大隅海峡を通過する中国軍艦艇を海自が確認するのは令和元年11月末以来、約1年半ぶり。

「いせ」、米空母打撃群と共同訓練

海自と米海軍の訓練、昨年の倍以上に

海自2護衛群2護衛隊（佐世保）のヘリ搭載護衛艦「いせ」（艦長・宮﨑好司1佐）は5月26日から29日まで、沖縄東方海域で米空母打撃群と共同訓練を実施した。

米海軍から空母「ロナルド・レーガン」（満載排水量約10万3000トン）、ミサイル巡洋艦「シャイロー」（1万100トン）、補給艦「ペコス」が参加。

「いせ」と米空母打撃群は各種戦術運動を行い、日米海上部隊の抑止力・対処力を強化した。

今年の1月から5月までの海自と米海軍の共同訓練は、多国間共同訓練を含めて今回で23回目。昨年の同時期（8回）に比べ倍以上に増加している。

山村海幕長は6月1日の記者会見で「米海軍との共同訓練は回数だけでなく、質・内容もより高度なものを追求している。引き続き、米国をはじめ多数の国々との共同訓練について積極的かつ緊密に調整していきたい」と述べた。

米海軍艦艇との共同訓練を終えて、米空母「ロナルド・レーガン」（奥）を見送る「いせ」（手前）の宮﨑艦長（5月29日、沖縄東方海域で）

陸幹候校で卒業式

医科歯科51人、看護科58人

藤岡学校長（中央左）から卒業証書を授与される医科歯科の幹部候補生たち（5月26日、陸自幹候校の剛健大講堂で）

【陸幹候校＝前川原】陸自幹部候補生学校は5月26日、57期医科歯科幹部候補生課程51人、4期看護科幹部候補生課程58人の卒業式を剛健大講堂で行った。

式には自衛隊福岡病院長の川口雅久将補、4師団医務官の松尾晋祐2佐らが臨席。学校長の藤岡史生将補が学生一人一人に卒業証書を授与した。

藤岡学校長は式辞で「諸官はこの2カ月間で間違いなく成長した。だが、卒業後に待ち受けている現場は決して安易ではない。そのような時こそ本校で学んだことを生かし、敢然と困難な任務にも立ち向かってもらいたい」とはなむけの言葉を贈った。

続いてスクリーンに映し出された吉田陸幕長の訓示では「（医療の）プロフェッショナルとしての矜持を持て」「弛むことなく研鑽せよ」の2点を要望、「まさにこの瞬間も諸官の先輩である医官、歯科医官、看護官が病院での診療をはじめ、大規模接種センターにおけるワクチン接種業務に奮闘している。諸官も率先して職務の遂行にあたり、一人ひとりが強靭な陸上自衛隊を担うことを切に希望する」と述べた。

北大演など演習場整備

3施団 長期安定使用に向け

【3施団＝南恵庭】第3施設団は5月7日から14日までの間、北海道大演習場（恵庭・千歳、島松地区）、矢臼別演習場などで、自衛隊の道場化と長期安定使用に向けた令和3年度演習場春季定期整備を実施した。

整備は新型コロナ下での作業となったが、参加各部隊は整備隊長（浅賀政宏3施設団長）の要望事項である「本部・各部隊ともに連携し、演習場の道場化を推進」「施設技術を効果的かつ効率的に発揮し、妥協することなく訓練基盤の安全を確保する」などを具現し、北海道大演習場、矢臼別演習場などで装輪車道約253キロ、装軌車道約94キロの路面整形、装輪車道維持整備などを完遂した。

また、荒廃が進んでいた訓練設備、道路、道路付帯設備の補修を重点的に実施するとともに、施設支援として北海道大演習場境界の伐採や堆積土の除去、上富良野演習場総合戦闘射場の平面化、然別演習場戦車射場の拡幅なども行った。

各部隊は作業を通じて演習場の道場化を計画通りに推進しながら、北部方面隊全体の施設技術の向上にも努めた。（6面に関連記事）

北海道大演習場で装軌車道の新設作業にあたる13施設群のブルドーザー

防衛省発令

▽しらせ艦長（しらせ副長）2海佐 酒井 憲

▽横須賀地方総監部（しらせ艦長）1海佐 白方 将司

（以上6月2日）

祝日名		2021年特例措置
海の日	7月19日(月)	7月22日(木)【オリンピック開会式】(前日)
スポーツの日	10月11日(月)	7月23日(金)【オリンピック開会式】(予定)
山の日	8月11日(水)	8月8日(日)【オリンピック閉会式】(予定) 8月9日(月) 振替

東日本大震災から10年

自衛隊への教訓 ▷▷9◁◁

過酷極めた遺体安置所支援

元東北防衛局長 増田 義一
(現・防衛医学振興会理事長)

東北防衛局が総力

自衛隊員10万人以上の態勢の中にあって、東北防衛局はシビル主体の行政組織であったが、自衛隊の活躍を陰で支え、ニッチを埋めるという役割を果たし、その結果、防衛省・自衛隊全体がシームレスな成果を挙げることに貢献したと思う。

東北防衛局は、発災後、直ちに緊急事態等対策本部を設置し、「第三種非常勤務態勢」を発令した。この態勢はレベルも期間も部隊と同等であり、総力を挙げた長期の震災対応となった。

地方防衛局の任務の一つが防衛施設の安定的使用の確保であったので、建築・土木・電気等の専門家を直ちに派遣し、被災した防衛施設の復旧に当たらせた。拠点となる防衛施設が機能しなければ、自衛隊の目覚ましい活躍はありえない。

対象は15防衛施設に及んだ。その結果、仙台駐屯地は自衛隊統合任務部隊（JTF—TH）の司令塔機能を発揮し、松島基地には絶え間なく救援機が飛来するなど、自衛隊の活動の拠点は確保された。

職員の崇高な使命感

東北防衛局は、「できることは何でもやろう」という精神の下、いろいろなことをやった。部隊がやらなかった遺体安置所の支援も行った。宮城県知事の要請に応じて8カ所の遺体安置所を担当したが、ピーク時にその各所は合計3千体以上の遺体で埋め尽くされていた。遺体安置所の混乱は次第に収まり、多くの身元が判明することとなった。半面、死者の顔が頭から離れず眠れなくなる職員も出た。

語学専門職が米軍の「トモダチ作戦」に派遣され、英語力を生かした支援を行った。その活動の場は、日米調整所に留まらず、空港、学校、JR線の瓦礫（がれき）汚泥除去の現場に及び、米軍と共に汗を流した。

また、政府現地対策本部、宮城県、岩手県等の関係機関に派遣された職員は、常駐して24時間体制で業務調整や情報伝達に追われた。

他方で、自己完結能力を有する部隊とは異なり、行政組織であるがゆえに東北防衛局の活動には困難を伴った。そこは平時の行政事務を前提に定員配置されており、しかも年度末という繁忙期に東日本大震災は生起したのである。

家族もみな被災者

当初は、食料不足のため、一つのにぎり飯を分かち合い、電気も暖房もない職場で起居しながら、活動を続けなければならなかった。

東北防衛局の保有する車両は元々少なく、食料備蓄も不十分であったので、必要数の車両をレンタカー会社で確保して緊急車両に指定し、また隣県の山形に食料調達に行き、一定量を確保することができたことは、被災地で活動を行う上でのわずかな幸運だった。

多方面からの応援のおかげで、東北防衛局は苦難を乗り切ることができた。部隊からはガソリン等の支援を受け、本省、装備施設本部、各地方防衛局からは、応援の人員や食料の支援を受けた。防衛医大からは、死体によるPTSD（心的外傷後ストレス障害）が専門の精神科医が常駐し、遺体安置所業務を行う職員のメンタルヘルスケアをしてくれた。

そして忘れてならないのは、東北防衛局の職員自身がみな被災者であり、中には家族を失い、自宅を失った者もいたことである。

ライフラインが途絶え、物流がストップしたため、まずは家族のために食料や燃料を求めて奔走し、家族の安全安心を確保しなければならないところを、家庭を顧みず長期間にわたって留守にすることとなった。職員の崇高な使命感と家族の忍耐には、心から敬服し感謝している。

「活動の記録」残す

東北防衛局の活動は、部隊の活躍に比べれば地味なものであったかもしれないが、最終的には高く評価されたと思う。仙台空港復興後のセレモニーでは、当時の東北方面総監で自衛隊統合任務部隊（JTF）の指揮官を務めた君塚栄治陸将と共に最前列で米国のバイデン副大統領（現大統領）に接する名誉にあずかった。

緊急事態等対策本部の会議に臨む増田義一東北防衛局長（テーブル右、青ベスト着用）。（その左へ）小西保総務部長、平川貢調達計画課長、遠藤宗秀調達部長（2011年3月、宮城県仙台市の東北防衛局で）

他方、参加部隊が次々と表彰される中、北澤俊美大臣から東北防衛局には何もなく、職員の苦労を顧みると忸怩（じくじ）たる思いであった。しかし、1年後に田中直紀大臣から第1級賞状を授与された時には、やっと職員の苦労が報われたと安堵した。

教訓は年月とともに風化する運命にある。東北防衛局が作成した「東日本大震災における東北防衛局の活動記録」は、ハードカバーに製本され、主要図書館に納本されている。東北防衛局のホームページにもアップされているので、ぜひ参考にしてほしい。（おわり）

一丸となりスムーズ発進

運用開始から2週間 東京・大阪に自衛隊大規模接種センター

コロナワクチン

自治体による新型コロナウイルスのワクチン接種を国として後押しするため、防衛省・自衛隊が5月24日に東京と大阪に開設した「大規模接種センター」が運用を開始して約2週間。両会場とも順調な立ち上がりを見せ、現在は当初目標としていた最大規模の1日計1万5000人に対する接種を行っている。過去に例を見ない大規模接種を成功させるべく一丸となって準備を進めてきた隊員・職員たちの姿を写真で紹介する。（1面参照）

予行・対策 入念に

「自衛隊東京大規模接種センター」の総合予行を視察に訪れた（左端から）大規模接種対策本部長を務める中山副大臣、岸防衛相。その右は案内する東京センター担任官の福島功二中央病院長（5月21日、東京・大手町で）

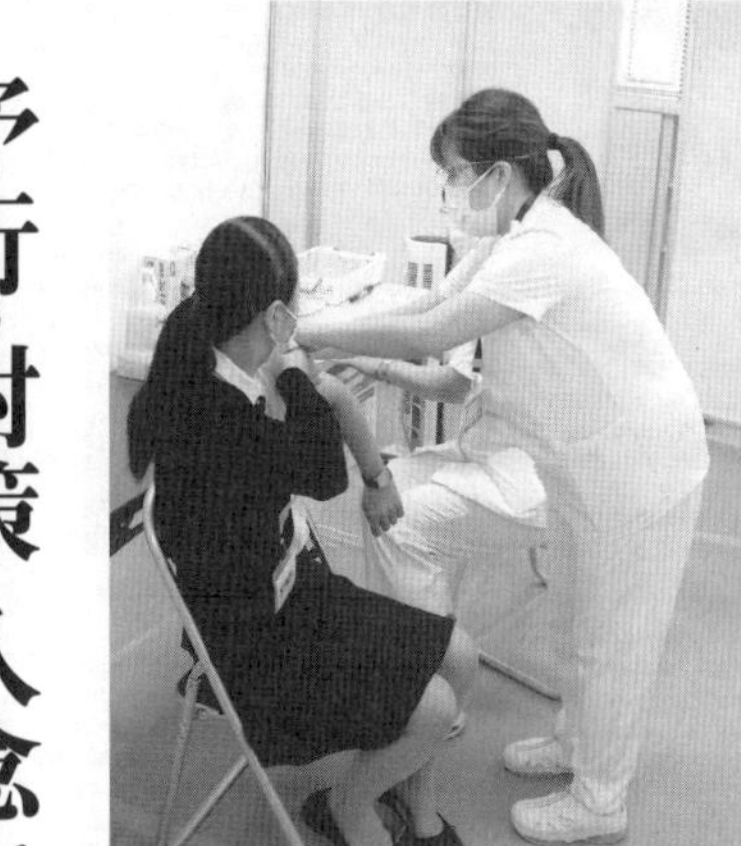

5月24日に始まる大規模接種に向けた直前の総合予行で模擬接種を行い、手順を最終確認する関係者。予行の一部が報道陣に公開された（5月21日、東京・大手町で）

総合予行で模擬接種者（左側）に対し、ワクチンの接種済み証明書を渡す交付係（右側）＝5月21日、東京・大手町で

大規模接種対策本部会議の後、臨時記者会見を開き、ワクチン接種の予約方法など今後の方針を記者団に説明する中山副大臣（中央）＝5月31日、防衛省で（防衛省提供）

接種後は15～30分間の経過観察を行い、終了となる（5月24日、東京・大手町で）＝防衛省提供

本人確認などの受け付け手続きを行う高齢者（中央）。混雑もなくスムーズな滑り出しを見せた（5月24日、東京・大手町で）＝防衛省提供

運用を開始した「自衛隊東京大規模接種センター」の入り口。係員の案内に従ってプレハブ内で受け付けを済ませた後、屋内の接種会場へと向かう流れだ（5月24日、東京・大手町で）＝防衛省提供

コロナ対策を万全にした上でワクチン接種を受ける人（左）の予診票を確認し、問診を行う医官（右）＝5月26日、大阪市北区の自衛隊大阪大規模接種センターで（防衛省提供）

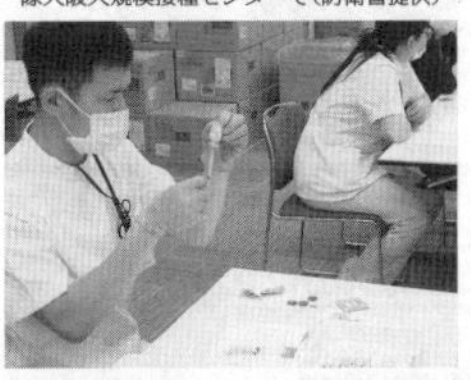

ワクチンを注射器の中に取り入れる「吸い上げ作業」を行い、接種準備に当たる看護官（左）＝5月24日、大阪市北区の自衛隊大阪大規模接種センターで（防衛省提供）

〜地本　ホッと通信〜

函　館

地本は5月8、9の両日、海自余市防備隊1ミサイル艇隊の支援で、北海道の松前港でミサイル艇「くまたか」の特別公開を行った。松前町民など121人が参加し、岸壁からの見学にも44人が集まった。参加者たちは初めて見るミサイル艇に興味津々で、自衛隊に対する理解を深めていた。

青　森

五所川原地域事務所は5月15日、青森県内の五所川原市ふるさと交流圏民センター「オルテンシア」で同センターのリニューアル記念に開催された「陸自9音楽隊（青森）ふれあいコンサート」に協力した。自衛隊の災派活動などのパネルを展示。39普連(弘前)が車両展示をしたところ、参加者が記念撮影を楽しんでいた。

演奏会では9音が「星条旗よ永遠なれ」など全10曲を披露。来場者は「コロナ禍を吹き飛ばすような演奏が聴けて、とても感動した」などと話した。

福　島

郡山地域事務所は5月1日、福島県鏡石町の岩瀬牧場で開催された「牧場こども祭り」に自衛隊車両と広報ブースを展開した。

缶バッジ作製コーナーでは子供たちが戦車や航空機の写真を選び夢中で作製し、洋服に着けて喜んでいた。自衛隊グッズのガチャポンコーナーでは、当たった迷彩柄のノートやボールペンを笑顔で受け取った。

新　潟

高田地域事務所は5月13日、上越市のハローワークを表敬した。令和4年度以降、合同庁舎内のハローワークと同じフロアに移転予定。これに先立ち、連携を一層図るため、担当者と募集効率を上げる方法などについて話し合った。このほか、7月8日に同市で行われるハローワーク主催の合同企業説明会への参加依頼も行った。

東　京

台東出張所は4月8日、空自入間基地で令和3年度一般幹部候補生試験を受験予定の大学生や台東区内の高校生による部隊見学を行った。

参加者は空自と基地の概要説明を受けた後、同元年の台風19号に伴う行方不明者捜索で活動した警備犬の訓練、CH47J輸送ヘリ、T4練習機、大型破壊機救難消防車などの主要装備品を見学。特にブルーインパルスと同一機種のT4が注目を集めた。

空自のさまざまな勤務環境や隊員の姿を目にした参加者たちは「自衛隊のイメージが変わった」「基地には女性が多くいて、活躍している姿に安心した」などと述べた。

神奈川

相模原地域事務所は5月9日、相模原ギオンスタジアムで募集広報を行った。広報ブースでは、偵察用バイク、小型トラック、装備品パネルを展示。特に偵察用バイクが記念撮影を行う親子連れに好評だった。

さらにスタジアム内では本部からマスコット「はまにゃん」が登場、スクリーンには相模原所の作成した動画「相模原から自衛官を！」が放送された。

静　岡

地本は5月18日から20日まで、静岡市立藁科中学校の生徒に対し職場体験学習を行った。期間中、ハザードマップを用いた災害時の危険予測や敬礼、救急法などを実習した。

3日目には空自御前崎分屯基地を見学。自衛隊車両や工具の使い方などの説明を受け、実際にホイールナットの点検や締め付けなどを体験した。

職場体験を終えた生徒は「兄が働く自衛隊のことをたくさん知ることができ、自分も自衛官として活躍したい気持ちが強くなった」と話していた。

大　阪

地本は4月9日、伊丹・千僧の両駐屯地で行われた大阪学院大学高校（スポーツ科学コース）新入生71人の職場体験を支援した。

参加者はベッドメイキング、清掃体験、基本教練、救急法、ロープ訓練、徒歩行進訓練などを熱心に体験。

終了後、生徒からは「自衛隊の訓練を通じクラスメイトとコミュニケーションをとるきっかけができ、有意義な時間だった」「自衛隊に興味が湧いた」との感想があった。

引率した教諭は「今回生徒が体験した訓練はチームワークを身に付ける上で貴重。毎年恒例の行事にしたい」と評価していた。

J2サポーター獲得作戦!?

「ふじくん」「かえでちゃん」ハーフタイムに場内一周

山梨地本　自衛隊車両や南極の氷展示

試合会場に広報ブース

会場そばに展示された自衛隊の小型車両

㊤試合のハーフタイムに観客の声援を受けながら競技場内を一周する山梨地本の部員とキャラクターの「ふじくん」「かえでちゃん」　㊧砕氷艦「しらせ」が持ち帰った南極の氷や観測隊員の防寒服を展示すると、子どもたちが興味を持って集まってきた

山梨地本は5月15日、サッカーJ2リーグの地元ヴァンフォーレ甲府とブラウブリッツ秋田の試合が行われた小瀬スポーツ公園陸上競技場で自衛隊の広報活動を行った。

会場近くに陸自の小型車両を展示したほか、スタジアム前では前野直樹地本長以下8人が自衛隊オリジナルの文房具やチラシなどを配布。また海自の砕氷艦「しらせ」が南極から持ち帰った昭和基地近くの氷や地本が作製した皇帝ペンギンの実物大パネルなども設置した。

サッカー観戦に訪れた来場者は、普段目にする機会のない自衛隊の装備や南極の品々に「本物の南極の氷なんですか」「ペンギンが大きくて驚いた」などと隊員に声をかけてきた。特に「南極の氷」は子どもたちの関心を集め、飛沫防止のしきり越しに熱心に観察していた。

ハーフタイムでは、隊員と地本のマスコットキャラクター「ふじくん」「かえでちゃん」が競技場内のトラックを一周。「自衛官募集」ののぼりを掲げて郷土を守る自衛隊をアピールすると、スタンドを埋めた大観衆から温かな声援が送られた。

（山梨地本）

和歌山

地本は5月9日、和歌山県田辺市文里港で掃海艇「つのしま」の艦艇広報（特別公開）を行った。

83人の見学者らは、隊司令席に座り司令気分を堪能。ロープワーク教育などを体験し、「丁寧に教えていただき、いい思い出ができた」などと感想を語った。

香　川

地本は5月11日、善通寺駐屯地で援護会同を開催した。

同会同は、地本援護課と駐屯地所在の中隊長らとの連携を促進するために行った。中隊長ら21人、中隊等援護陸曹21人、14旅団1部長と自衛隊援護協会進路相談員が参加し、「就職希望者の隊員に対する業種・職種の理解促進」「1任期の隊員に対する就職指導」などについて意見交換した。

山　口

地本所属の景岡俊一予備陸曹長と中山定義予備1陸曹は、予備自衛官任期満了に伴い野澤真中方総監から顕彰状を授与された。

総監に代わり顕彰状を授与した西村修地本長は「景岡曹長、中山1曹の予備自衛官としての功績はすごい。丈夫な心と体を維持し、長年予備自として訓練招集に応じたのは、強い責任感、努力の賜物だ」と謝意を表した。

式に参列した予備自衛官は「お二人が30年以上の長きにわたり、会社勤めをしながら予備自として訓練に参加し続けてきたことを尊敬します。私も立派な予備自衛官になれるように頑張ります」と話していた。

福　岡

地本は4月9日、西方総監部で行われた「令和3年度西方オピニオン・リーダー委嘱式」に新規委嘱者1人、元年度再委嘱者1人の参加を支援した。

委嘱式では竹本竜司西方総監から委嘱状が授与された後、「陸自70年の軌跡」の動画放映に併せて、陸自と西部方面隊の概要説明を実施。このほか、装備品展示研修で16式機動戦闘車、12式地対艦誘導弾と電子戦装置Ⅱ型・Ⅳ型について説明が行われ、西方音楽隊（健軍）の音楽演奏後、委嘱式は終了した。

沖　縄

石垣出張所は4月23日、石垣市立石垣第2中学校で全校生徒に対する防災教育を行った。

教育は防災に関する講義に、止血法・患者搬送・ロープワークの実習、このほか教育のまとめとして災害時に取るべき行動を分かりやすく復習するため、石垣所員と生徒数人による「寸劇」も行った。

参加した生徒からは「自衛隊だけでなく誰にでもできるテクニックを教えてもらった」「寸劇がわかりやすかった」「自衛官は怖いイメージだったが、教育を受けて印象が変わった」などの声が寄せられた。

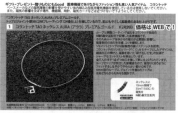

本部契約商品のご紹介

◎プラチナ1.0ctup大粒ダイヤモンドペンダントネックレス

組合員価格　198,000円(税込、標準価格は396,000円)

憧れの1カラットアップ一粒ダイヤモンドのペンダントです。胸元で一際鮮やかに映えます。

プラチナスライドフリーチェーン45cm付きで、チェーンはお好みの長さに調節できます。鑑別書付。

プラチナダイヤモンド1.0ctupペンダントＮＣ

◎オーロラ花珠あこや真珠（8～8.5mm）ネックレス＆イヤリング＆ＳＶスイスブルートパーズペンダント３点セット

組合員価格　146,000円(税込、標準価格は292,000円)

あこや真珠の中でも特に希少性が高い花珠真珠で、最高峰のオーロラ花珠真珠の人気定番サイズ８～8.5mmです。留具はＳＶワンタッチクラスプで、長さは約43cm。Ｋ14ＷＧイヤリングはピアスにも変更できます。さらに胸元を爽やかに彩るＳＶスイスブルートパーズペンダント(保証書付)も付いた３点セットです。真珠科学研究所花珠鑑別書付。

あこやオーロラ花珠真珠（8～8.5mm）ネックレス&イヤリング&スイスブルートパーズペンダント３点セット

プレミアムハードプラチナペアマリッジリング

◎プレミアムハードプラチナペアマリッジリング

組合員価格　98,800円(税込、標準価格は197,600円)

高強度で変形しにくく、傷が付きにくいプレミアムハードプラチナを使ったペアリング。変形しにくいのでマリッジリングに最適！　記念のペアリングとしてもお勧めです。マリッジやアニバーサリーとマルチに活躍するアイテムです。

以上、本部契約商品に関するお問い合わせ・申込先は（株）ヒライ未来Companyの平井（電話03―3366―2112）まで。

『さぽーと21』夏号が完成

厚生・共済　特集

「令和2年度全自衛隊美術展」

隊員・家族等の作品紹介

防衛省共済組合の広報誌『さぽーと21夏号』が完成しました。

巻頭では「令和2年度全自衛隊美術展」を特集。絵画・書道・写真の3部門で「内閣総理大臣賞」「防衛大臣賞」「文部科学大臣賞」に輝いた隊員・家族等の作品と入選作品を紹介しています。

各評者の講評も併せて掲載されているので、それぞれの作品の素晴らしさが理解できます。

令和3年度共済組合「事業計画、予算概要」分かりやすく解説

特集第2段は「令和3年度防衛省共済組合の事業計画及び予算の概要」。この春、新たに組合員になった方にも理解できるよう、共済組合の各事業や予算の概要がグラフとイラストを使い、分かりやすく解説されています。

事業は「短期給付」「業務経理」「保健」「医療」「宿泊」「住宅」「貯金・保険」「貸付」「物資」「財形持家融資」について、それぞれ3年度の事業計画等が説明されています。

連載記事の「シリーズ・短期給付」は子供が生まれたときの出産費等・出産費附加金等の概要と、産前・産後休業、育児休業等を取得した場合について解説。

また、国内外に派遣されるときの共済手続き、防衛省職員公務出張海外旅行保険、PKO保険の概要なども特集しているので、訓練等で海外出張を予定している方は必読です。

夏のレジャー案内も　アウトドア派の情報満載

このほか、夏のレジャーに向けたベネフィット・ステーションのサービスもご案内。キャンピングカーのレンタル情報やさまざまなアクティビティが楽しめるキャンプ場の紹介などもあるので、アウトドア派には耳より情報が満載です。

巻末の「支部だより」は、令和2年度本部長表彰を受けた市ヶ谷会館所属所、遠軽支部、新町支部、見島支部が紹介されています。

本誌は家庭に持ち帰り、ご家族と一緒にご覧ください。

防衛省共済組合では職員を募集します

防衛省共済組合では、防衛省共済組合本部等に勤務する職員を募集します。

◆募集職種　一般事務職及び経理事務職

◆採用人員　若干名

◆受験資格

（1）平成3年4月2日～平成12年4月1日生まれの者

（2）平成12年4月2日以降生まれの者で、大学、短期大学又は高等専門学校を卒業した者及び令和4年3月までに大学、短期大学又は高等専門学校を卒業する見込みの者並びに防衛省共済組合がこれらの者と同等の資格があると認める者

ただし、次のいずれか一に該当する者は、受験できません。①禁錮以上の刑に処せられ、その執行を終わるまで又は執行を受けることがなくなるまでの者②法令の規定による懲戒免職の処分を受け、当該処分の日から2年を経過しない者③日本国憲法又はその下に成立した政府を暴力で破壊することを主張する政党その他の団体を結成し、又はこれに加入した者④平成11年改正前の民法の規定による準禁治産の宣告を受けている者（心神耗弱を原因とするもの以外）

◆試験内容等

○第1次試験

（1）試験種目　基礎能力試験、専門試験（多肢選択式）及び論文試験

（2）試験日　令和3年8月21日（土）

○第2次試験

（1）試験種目　個別面接試験

（2）試験日　令和3年10月初旬～中旬

○第3次試験

（1）試験種目　個別面接試験

（2）試験日　令和3年11月初旬

○最終試験

（1）試験種目　個別面接試験

（2）試験日　令和3年11月中旬

◆試験地　ホテルグランドヒル市ヶ谷（東京都新宿区市谷本村町4―1）

◆採用予定日　令和4年4月1日

◆給与等　防衛省職員に準ずる

◆勤務地　防衛省共済組合本部及び支部（全国異動あり）

◆受験手続

（1）就職情報サイトへの登録　受験申込みを行うには、就職情報サイトへの登録が必要となります。就職情報サイトの詳細については、後日防衛省共済組合ホームページにてお知らせします。（URL:https://www.boueikyosai.or.jp/）

（2）採用説明会　7月2日（金）、7月10日（土）及び7月16日（金）各日3回（①11：00～11：45②13：30～14：15③15：00～15：45）開催。詳細については、後日防衛省共済組合HPにてお知らせします。

（3）受験申込み　所定の受験申込書を受付期間内に特定記録郵便、簡易書留又は一般書留の郵便物として申込先に郵送して下さい。

（4）受験申込受付期間　7月2日（金）～8月4日（水）消印有効

◆その他

（1）身体に障害があるため、受験の際に何らかの措置を希望される方は、受験申込書の裏面に記入の上、事前に申し出てください。

（2）受験に関する連絡事項等について、防衛省共済組合HPの採用情報を随時更新しますので、必ずご確認下さい。

◆資料請求、受験申込先及び問い合わせ先

防衛省共済組合本部人事班人事第1係〒162―8853東京都新宿区市谷本村町5―1、電話03―3268―3111内線25163（対応時間　平日10：30～17：30　※12：00～13：00を除く）

「ベネフィット・ステーション」のご利用を

10万本以上の動画見放題の会員特典も

組合員と被扶養者の皆様のおうちでの時間などに防衛省共済組合の福利厚生アウトソーシングサービス「ベネフィット・ステーション」をご利用ください。

会員特典付きのサービスをご提供しています。例として動画サービスＵ―ＮＥＸＴ（メニューNo.651846）では配信本数100,000本以上の動画から人気の映画・ドラマ・アニメが見放題で会員特典として月額利用料が31日間無料になり、初回登録時に600円分のＵＮＥＸＴポイント及び700ベネポがプレゼントされます。

また、自宅でできるフィットネスで運動不足解消にお役立てください。オンラインＬＩＶＥヨガＳＯＥＬＵ（ソエル）（メニューNo.622261）はスマホかＰＣがあればどこでも受けられ、リラックス系のヨガからダイエット向きのフィットネスメニューまで１日平均100レッスン以上開講しているオンラインヨガ教室です。体験チケット５枚（10,000円相当）がプレゼントされ、体験チケットご利用終了後から24時間以内のご入会で更新までの期間ずっと月額1000円ＯＦＦが特典として受けられます。またＬＥＡＮＢＯＤＹ（メニューNo.622617）ではご新規ユーザー様限定で75％ＯＦＦクーポンが会員特典として受けられます。

初めてご利用になる場合は、会員ＩＤ（数字15桁）と初期パスワードが記載された会員証台紙をご用意のうえ、会員専用サイトからログインしてください。なお、会員証を紛失された場合や会員ＩＤ、パスワードを忘れてしまった場合は、下記までご連絡ください。

◎カスタマーセンター：0800-1705-125

◎会員専用サイト：ＰＣ版はhttps://www.benefit-one.co.jp、スマートフォン版はhttps://bnft.jpへ。

※特典内容は2021年６月現在のものです。

年金Q&A

私の受け取る年金の試算額が分かる方法はありますか

ＫＫＲ年金情報提供サービスでいつでも試算

Q　私は50歳の自衛官です。退官近くになり、年金額が気になってきました。勤務の都合で共済の窓口へ行くことが難しいのですが、他に私の受け取る年金の試算額が分かる方法がありましたら教えてください。

A　国家公務員共済組合連合会のホームページ「ＫＫＲ年金情報提供サービス」を利用し、ご自身で年金額の試算をすることができます。初めてご利用の場合、連合会インターネットホームページから「ユーザーＩＤとパスワード」の取得が必要です。

◆ご注意◆長期組合員番号は、昭和61年４月以降の組合員期間がある方に付番されています。毎年６月に送付される「退職年金分掛金の払込実績通知書」に記載されているので、不明な方は所属の共済組合支部長期係に照会ください。

新規登録時は、ユーザーＩＤ・パスワードが付与されるまで、概ね２週間程度かかります。

転居、結婚等により変更後の住所・氏名情報等が正しく登録されていないため記録の不整合があった場合は、ユーザーＩＤ及びパスワードがすぐに発行できないことがあります。「記録不整合についてのお知らせ」が届いた場合、次の手続きをお願いします。

①　現在組合員の方　⇒　所属の共済組合支部長期係へご連絡ください。

②　元組合員で年金受給年齢に達していない方　⇒「住所・氏名変更届」を連合会年金部へ提出ください。用紙はＫＫＲホームページからダウンロードできます。

なお、インターネットによる本サービスをご利用できない方は「ＫＫＲ年金情報提供依頼書」をダウンロードし、切手を貼付した返信用封筒を同封のうえ、上記「年金情報提供サービス担当」まで郵送ください。　（本部年金係）

利用対象者	現在組合員の方（長期組合員番号が必要） 元組合員で年金受給年齢に達していない方※（基礎年金番号が必要）
情報提供内容	年金試算額情報・組合員期間情報・標準報酬情報・既給一時金情報（該当者のみ）ねんきん定期便情報（現在組合員のみ）
利用方法	http://www.kkr.or.jp/ ＫＫＲホームページにアクセスし下側にある「ＫＫＲ年金情報提供サービス」のバナーをクリック
お問い合わせ	国家公務員共済組合連合会年金部 年金情報提供サービス担当 〒102-8082　東京都千代田区九段南１―１―10　九段合同庁舎 電話0570-080-556（ナビダイヤル） 03-3265-8155（一般電話） 受付時間９:00～17:30（土日祝日・年末年始を除く）

※「元組合員」とは、１年以上の組合員期間を有し、現在は資格を喪失（退職）している方です。

厚生・共済

特集

「パパ、ママ隊員に代わって子供の食料買います」

豊川駐業

「大災害発生時の緊急登庁中、食料を調達するのは無理だ」――。非常呼集を受けた隊員は子供を連れて急ぎ登庁する。このパパ、ママ隊員を支援するため、豊川駐屯地業務隊は駐屯地内の委託売店と緊急時に優先的に商品を提供してもらう協定を独自に締結、子供連れ隊員の食料確保の心配を払拭した。

緊急登庁時の不安払拭

委託売店と優先販売協定

豊川駐屯地内委託売店前で「緊急登庁支援実施時の商品優先販売協定締結」の看板を掲げる星野店長（左）と石田駐屯地業務隊長（4月16日、陸自豊川駐屯地で）

【豊川】豊川駐屯地業務隊は4月16日、委託売店のニューヤマザキ・デイリーストアと「緊急登庁支援業務実施期間の商品の優先販売協定」を締結した。

業務隊長の石田祐司1佐と売店を統括する「トモ愛知」の岩崎一郎社長（代理・星野友里店長）が協定書に署名した。

これまでは緊急登庁支援時、業務隊員は預かった子供に有料の食事を支給することはできず、登庁までに事前の食料の確保を隊員にお願いしていた。協定締結により、業務隊員は駐屯地売店の商品をパパ、ママ隊員に代わって子供たちへの食料を優先的に購入し、渡すことが可能になった。商品の代金は後日、保護者に支払ってもらう形だ。

これにより、隊員は子供分の食料を購入せずに業務隊に預け、災派に向かうことが可能になった。

さらに災派が長期化した場合には、売店の食料品が陳列される前に業務隊員に販売してもらえるようになった。

豊川駐業は「今後、実効性をさらに向上させるため、隊員に対し教育などを行い、協定に基づいた商品購入要領の徹底を図っていく」としている。

余暇を楽しむ

紹介者：藤武　新曹長（西施隊２作業隊）

新田原基地バドミントン部

大会再開見据え練習積む

朝雲新聞をご覧の皆さまこんにちは。今回は私が部長を務める「空自新田原基地バドミントン部」の紹介をいたします。私たちの部は総勢24人（男性20人、女性4人）で昼休みや課業終了後、休日などを利用し活動を行っています。

新型コロナ対策として、練習する際には、体育館の換気やプレー中のマスクの着用など、感染対策を万全にしています。平日の昼休みは試合形式の練習を中心に、休日は日程の合う部員同士で基地体育館に集合し、試合形式の練習に加え、基礎トレーニングなど、平日にできない練習を行っています。

また、部員は地元バドミントン協会が開催する各大会にも積極的に参加しています。

特に、宮崎県民スポーツ大会では、児湯郡の代表として多くの部員が参加し、新田原基地をPRするとともに地域との交流を図るなど、部隊にとって大切な絆を育んでいます。

㊤新型コロナ感染防止のため、マスクをして活動している新田原基地バドミントン部の部員たち　㊦試合形式の練習を行うバドミントン部員。大会の相次ぐ中止にもめげず、技量を日々磨いている

現在、コロナ禍で大会が相次いで中止となっています。目標としていた全自衛隊九州バドミントン大会や全自衛隊総合バドミントン大会が相次いで中止となり、部員はみな実力を発揮する場をなくし、残念に思っています。そんな状況でも我々は、コロナが終息し、各種大会が再開される日を待ち望んで日々練習に励み、上位入賞することを目指して頑張っています。

最後に、バドミントンは経験、年齢、男女問わず、誰でも気軽に参加できるスポーツです。新しいことにチャレンジしたい方、ダイエットしたい方、そして少しでもこのスポーツに興味を持っている方に、ぜひお勧めします。始めたら必ず熱中し、バドミントンの楽しさから抜け出せなくなることを保証いたします。

入間支部、空自初の3年連続本部長表彰

カーシェアリング事業導入など評価

空自初となる3年連続での共済組合本部長表彰を受賞し、入間基地司令の津曲明一将補（手前）とともに記念撮影する入間支部の隊員たち（入間基地で）

【入間】防衛省共済組合入間支部はこのほど、「令和2年度防衛省共済組合本部長表彰」を受賞し、空自初となる〝3年連続〟の同表彰受賞を達成した。

本部長表彰は、組合員の福利厚生に関する事業の推進が顕著な支部を対象に表彰しているもので、入間支部は防衛省初となるカーシェアリング事業の導入や、硫黄島基地売店の商品の魅力化、自動車の割賦販売による売り上げの増加などが高く評価された。

入間支部では「今回の受賞をゴールとすることなく、今後も支部一丸となり、挑戦する気概をもって隊員の福利厚生の向上のため業務に取り組んでいく」としている。

「仕事見学会」に参加し、宿営地天幕を見て回る隊員家族ら（5月9日、北海道大演習場で）

〝自衛官〟の父　間近に

13施群、北大演で仕事場見学会

【13施群＝幌別】13施設群は5月9日、恵庭・千歳地区の北海道大演習場で、「仕事場見学会」を実施した。演習場定期整備の場を活用した部隊と家族との交流施策の一環で、家族のほか駐屯地モニター、隊友会、家族会と登別市近郊に通う中高生など計37人が参加した。（2面参照）

参加者は最初に演習場内の宿営地で指揮所、宿営用天幕、整備所、施設器材などの説明を受け、感染症対策を施した野外食堂で特製カレーライスを体験喫食。その後、演習道新設工事現場で施設部隊が作業する様子を見学した。

子供たちは家庭とは違う自衛官としての顔を見せる父親の姿に誇らしい表情を見せ、隊友会の方はかつて参加した演習場整備を懐かしんでいた。

参加した高校3年生の生徒は「自衛隊への入隊も視野に入れているので、今回参加できて良かった」と話していた。

「家族感謝Ｄａｙ」に来場し、隊員の訓練展示などを見学する家族ら（4月25日、陸自下志津駐屯地で）

下志津駐で「家族感謝Ｄａｙ」

観閲行進や訓練展示

【下志津】駐屯地は4月25日、駐屯地創設記念行事である「つつじ祭り」の総合予行に隊員家族らを招待し、「家族感謝Ｄａｙ」を開催した。

例年4月29日に行われる同行事は、今年は千葉市がコロナの「まん延防止等重点措置」の対象地域として適用されたことを受けて中止となったが、本番とほぼ同じ内容で行われる「総合予行」は開催し、この日を「家族感謝Ｄａｙ」とした。

当日、家族らは観閲行進や戦闘訓練展示などを見学。夫や父らの勇ましい姿に驚いたり、喜んだりし、それを見た隊員たちもうれしそうだった。

駐屯地司令の江頭豊一将補は、「我々が安心して任務を果たすことができているのは、ご家族がしっかり支えてくれているおかげ」と来場した家族に感謝を伝えた。

名寄駐屯地業務隊

健康増進教育に意欲

今年度は53人が改善対象

名寄駐業の健康管理上改善の対象隊員に対し、歯周病と糖尿病の関連性について教育する歯科医官（5月27日、名寄駐屯地で）

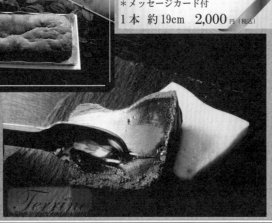

【名寄】名寄駐屯地業務隊はこのほど、健康管理上「改善対象の隊員」53人に対し、第1回健康管理教育を行った。

同教育は隊員の健康改善意識を向上させることを目的としている。

業務隊は毎年、隊員の健康管理情報（メタボ、歯科、喫煙）を把握し、「健康管理要注意！」の隊員を指定、毎月の改善状況を報告させてきた。その結果、2019年度は14人が禁煙に成功し、8人が歯科の治療を完了。20年度は1人が禁煙に成功、2人が歯科の治療を完了するとともに4人がメタボを克服した。

21年度は新施策として、禁煙者の成功談や健康状態の把握法、歯周病と糖尿病の関連性の教育を行い。論理的な健康管理や隊員目線での情報によって、改善意識の向上を図る。

業務隊では「駐屯地所在部隊の要請があれば積極的に健康管理教育を行い、駐屯地や隊員全体の健康増進に貢献したい」と話している。

自慢の一品料理

習志野ウイング揚げ

紹介者：蓑輪　由貴子技官（習志野駐屯地業務隊管理栄養士）

陸・空自部隊が駐屯する習志野駐屯地・分屯基地隊員食堂では、令和3年度の新たな試みとして「陸自空自コラボメシ」を毎月提供しています。このたび第2弾を誕生させ、5月18日、隊員に提供しました。その名も「習志野ウイング揚げ」です。今回は盛り付けにより陸自バージョン、空自バージョンを区別できるコラボとしました。

材料は、手羽揚げ2本、揚げ餃子、桜麩、三角チーズに生野菜です。陸自の盛り付けは、「一番星のもと、降下する空挺隊員」をイメージしました。一番星を表す桜ふの下に、地表をイメージした生野菜の上に手羽揚げ、三角チーズ、揚げ餃子で「空挺徽章」を表現しました＝写真左下。

空自は、手羽揚げと桜ふで空自徽章と、揚げ餃子と三角チーズで1高射隊の「ＰＡＣ3」をイメージしました＝写真右下。

今回は配食後、隊員個々に盛り付けをアレンジして楽しみながら味わってもらう「盛り付けコラボ」にしました。すると陸自隊員からは「通常と異なるメニューでわくわくした」空自隊員からも「とてもおいしかった」と好評でした。

人間の味覚は味付けだけではなく、盛り付けの見た目や食事中の気分によって変化します。今後も笑顔で食事をしていただけるメニューを考案していきます。

地方防衛局 特集

東北局

災害時は給水拠点に
三沢市で通水式 「南部配水場」が完成

【東北局】青森県三沢市南部地区で東北防衛局の補助を受けて建設が進められてきた「南部配水場」がこのほど完成し、4月26日、通水式が行われた。式典には施主である三沢市の小檜山吉紀市長をはじめ、東北防衛局からは熊谷昌司局長の代理として三沢防衛事務所の古川和久所長が出席し、関係者計約20人が新たな水道施設の完成を祝った。

東北防衛局が10億円を補助

「南部配水場」は敷地面積5017平方メートル、建物はRC造の平屋建てで、延床面積392平方メートルの浄水施設（管理棟、除砂・滅菌装置一式を含む）のほか、ステンレス製の配水施設（2100立方メートル）、取水施設、導水施設が整備されている。東北防衛局は「防衛施設周辺の生活環境の整備等に関する法律」第8条に基づく民生安定施設整備事業として、補助対象事業費約20億1800万円のうち、約半分を占める約10億9000万円の補助を行った。

式典で小檜山市長は「人口減少に伴う料金収入の減少、施設の老朽化、住宅化などに伴う水需要の変動、東日本大震災等の大規模災害を踏まえた危機管理など、さまざまな対策が求められる中、配水場内に耐震化された貯水施設が備わったことから、災害時には応急的な給水拠点として重要な役割を担うとともに、当市の基本方針である『いつでも使える災害に強い水道』という目標に向けて大きく前進したものと確信している」とあいさつした。

古川三沢防衛事務所長は「米軍や自衛隊が使用する三沢飛行場や三沢対地射爆撃場の安定的な運用を確保することは最重要課題であり、基地と周辺地域の調和を図るため、周辺対策事業には特に力を入れている。今後とも地域の皆さまの生活の安定と福祉の向上に一層寄与できるよう取り組んでいきたい」と祝辞を述べた。

従来の「第三配水場」は、米軍基地の拡張整備に伴って生じた地下水源の減少や人口増などに対処するため、1985（昭和60）年度に仙台防衛施設局（当時）の補助を受けて設置されたが、その後も人口増が続き、併せて取水量の低下や施設の老朽化などが見られたため、2015（平成27）年度から20（令和2）年度にかけて用地買収や建設工事などの整備が行われた。

㊤「南部配水場」の通水スイッチを入れる三沢市の小檜山市長（左から4人目）、東北防衛局三沢防衛事務所の古川所長（その右）ら関係者（4月26日、青森県三沢市で）㊧配水ポンプ設備＝写真はいずれも三沢市提供

北海道局

ごみ処理施設 稚内市に完成
北海道防衛局 13億円を補助

【北海道局】北海道防衛局（末永広局長）の補助金で完成した稚内市のごみ処理施設が昨年末に供用を開始してから約半年。

同施設は2017（平成29）年度から20（令和2）年度にかけて新たな埋め立て処分地施設として整備されたもので、全国でも事例の少ない自走式の覆蓋施設を導入し、ごみの飛散や鳥獣被害対策を施しているのが大きな特徴だ。

北海道防衛局では、陸海空自の稚内分屯地・分屯基地とその周辺の一般家庭から排出される廃棄物を安定的かつ適正に処理し、地域住民の生活環境を保全することを目的とした同施設の整備に関し、「防衛施設周辺の生活環境の整備等に関する法律」第8条に基づく民生安定施設整備事業として、補助対象事業費約26億7000万円のうち、約13億3000万円の補助を行った。

運用期間は10年間を予定しており、北海道防衛局には市職員から「食品ロス削減によるごみの排出抑制をはじめ、生ごみや資源物の分別の徹底など、市民の皆さまのご理解とご協力をいただきながら施設を使用していきたい」との声が寄せられている。

自走式の覆蓋施設を備えた最新鋭のごみ処理施設の全景

リレー随想　熊谷 昌司

昭和の国民的作家・司馬遼太郎は、晩年の1994年に青森県を旅し、三内丸山遺跡などを訪ね、紀行文「街道をゆく41―北のまほろば」を著しました。

その中で「津軽も、あるいは南部をふくめた青森県ぜんたいが、こんにち考古学者によって縄文時代には、信じがたいほどにゆたかだったと想像されている」「たとえば縄文遺跡から世界最古の漆器まで出るにおよんで、縄文文化が原始文化ではなく、一万年、数千年の時を経て成熟を遂げた文明ではないか」（原文のまま）と述べています。

この年（94年）、三内丸山遺跡の発掘現場において約4500年前の巨大木柱の跡が発見されるなど縄文中期の大規模集落の様相が次々と明らかになりました。作家はその知らせに驚き、早速、青森市郊外の遺跡を訪ねたのでした。

司馬の死後も考古学上の発見は続き、青森県外ヶ浜町の大平山元遺跡からは約1万6500年前という日本最古、世界でも最古級の土器が出土するなど、そのような成果も踏まえ、昨年1月、「北海道・北東北の縄文遺跡群」を世界文化遺産とするべく推薦書がユネスコに提出されました。

北のまほろば―北東北等の縄文遺跡群

推薦文書によれば、縄文遺跡群は「約1万年もの長期間にわたって継続した狩猟・漁撈・採集を生業とする、定住の生活実態を表す独特の考古学的遺跡群」「自然と人間との共生のあり方を示し、顕著な普遍的価値を持つ」としています。今年5月、ユネスコ世界遺産委員会に対し、世界文化遺産への登録が勧告されました。

私自身は、2018年に東京国立博物館において開催された特別展「縄文―1万年の美の鼓動」を観覧し、独特の造形と深い精神性、宗教性を感じさせる土偶や土器の数々に魅了されました。

東北に赴任後は機会をみては三内丸山遺跡をはじめ、「合掌土偶」（国宝）を出土し保管している八戸市の是川縄文館、「縄文の女神」（国宝）を保管する山形県立博物館などを改めて訪ねました。

特にこの場で紹介したいのは、最も有名な縄文土偶と言える「遮光器土偶」を出土したつがる市のJR五能線「木造駅」の駅舎です。つがる市旧木造町の亀ヶ岡遺跡から明治時代に出土した土偶をモチーフに作られた巨大な土偶のモニュメントを外壁にした大変ユニークな駅舎となっています。

司馬遼太郎はこの駅舎を見て「仰天する思い」「木造駅の怪奇」などと書きましたが、私には地元の方々の誇りと愛着が強く感じられ、とても気に入っています。円谷特撮世代の感性かもしれません。（東北防衛局長）

防衛施設と首長さん
東京都立川市　清水 庄平市長

しみず・しょうへい　75歳。日大法卒。立川市議会議員、立川市収入役などを経て、2007年9月立川市長に就任。現在4期目。立川市出身。

立川市は東京都のほぼ中央部に位置する街で、JR立川駅を中心に交通の要衝として、商業施設や金融機関をはじめとする企業のほか、国の行政機関や研究機関が集積し、首都圏の「業務核都市」に位置付けられています。

過去は米軍基地の町として有名でしたが、昭和52年の立川基地全面返還を機に新しい街づくりが進み、令和2年4月には、立川駅北口に新街区「GREEN SPRINGS（グリーンスプリングス）」がオープンしました。

ここには、ホテルや商業施設、2500席規模のホールがあり、新しい"立川の顔"として、多くの人で賑わっています。

一方、市北部には玉川上水、南部には多摩川、中央部には緑豊かな国営昭和記念公園があり、市民に安らぎを与えてくれます。

市北部地域は農業も盛んで、中でもうどの生産量は都内で一番となっています。

また、立川市ではオリジナルの婚姻届である「立川市プレミアム婚姻届」を発行しており、シティープロモーションの取り組みとして、新婚カップルへのおもてなしを行っています。

防災機能担う立川駐屯地 滑走路で箱根駅伝の予選

市の中央部、国営昭和記念公園の東側にあるのが陸上自衛隊立川駐屯地です。

警視庁や東京消防庁、海上保安庁などとともに立川広域防災基地を構成し、南関東地域における災害応急活動の中枢を担っています。

地域とのつながりも盛んで、駐屯地の滑走路は、毎回数十万人の見物客が訪れ、立川の夏の風物詩となっている「昭和記念公園花火大会」の打ち上げ場所になっているほか、毎年10月に開催される「箱根駅伝の予選大会」、さらには、3月に開催される「立川ハーフマラソン」の開催場所ともなっています。

ぜひ、「にぎわいとやすらぎの交流都市立川」にお越しください。

九州局

えびの市永山運動公園 リニューアルオープン
廣瀬局長が祝辞

【九州局】宮崎県えびの市で、避難施設の機能を兼ね備えた「えびの市永山運動公園」の改修工事が完了し、4月30日、リニューアルオープン式典が行われた。式典には九州防衛局の廣瀬律子局長が来賓として出席した。

えびの市の村岡隆明市長は式辞の中で、「平成4（1992）年度に防衛省の補助を活用し、永山運動公園の整備を行ったが、老朽化によるさまざまな課題が表面化してきたため、今回も防衛省の補助を活用して改修を行った。リニューアルした当施設を多くの市民の皆さまに利用していただきたい」と述べ、関係者に謝意を表した。

続いて、廣瀬局長が「今般、霧島演習場周辺の民生安定に寄与する施設として永山運動公園の整備に係る補助をさせていただいたところ、地域の皆さまが利用される"開かれた憩いの場"の整備に微力ながら貢献できたことは大変喜ばしいことだ」と祝辞を述べた。

公園は陸上自衛隊霧島演習場（えびの市、鹿児島県湧水町）の近傍にあり、面積は3・8ヘクタール（福岡ドームの約半分）。芝生グラウンドやテニスコート、遊具施設が設けられており、災害時には避難場所に指定されている。

九州防衛局では今回のリニューアルに関し、「防衛施設周辺の生活環境の整備等に関する法律」第8条に基づく民生安定施設整備事業（改修工事）として、総事業費の3分の2に当たる約9600万円の補助を行った。

㊤「永山運動公園」のリニューアル式典でテープカットを行うえびの市の村岡市長（中央）、九州防衛局の廣瀬局長（その右）＝4月30日、宮崎県えびの市で㊨家族連れでにぎわう遊具エリア。災害時には避難場所に指定されている

中国四国局

高知県の赤岡宿舎 津波対策を完了

【中国四国局】中国四国防衛局（森田治男局長）は昨年末、高知県香南市に所在する陸自赤岡宿舎の津波対策工事を完了した。工事は同局調達部の発注で行われ、屋上への屋外避難階段や屋上の転落防止柵などが設置された。

陸自高知駐屯地の隊員とその家族が居住する赤岡宿舎は海岸や河川に近く、周辺地域は香南市の「津波ハザードマップ」において、今後発生が危惧される東南海・南海地震で6メートル以上の浸水など、甚大な被害が想定されている。

しかし、宿舎は津波の最短到達時間が約30分間と短いにもかかわらず、最も近い避難施設まで約300メートルもあることから、居住者の安全確保が課題となっていた。

今回の工事はこうした課題を解消するために行われたもので、5階建ての赤岡宿舎の屋上を「避難場所」として活用することを想定。夜間の避難にも対応できるよう、階段には蓄光材料（夜光塗料）を使用した滑り止め（ノンスリップ）加工が施されたほか、人感センサー付きの外灯も設置され、安全性への最大限の配慮がなされている。

津波対策の一環で高知県香南市の陸自赤岡宿舎に新設された屋外避難階段

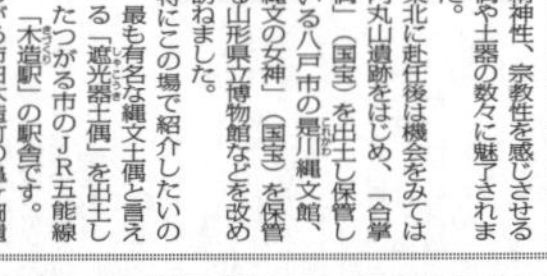

部隊だより

海

大湊 地方隊はこのほど、隊員の安全運転への注意喚起のため、むつ警察署交通課長を招いて交通安全講話を行った＝写真㊤。感染防止のため参加者を約30人に限定して開催した。課長はシミュレーターを使いながら、歩行者への配慮、飲酒運転、二日酔い状態での運転注意などについて語った。参加者は交通ルールや安全配慮の重要性を改めて学んだ。

岩国 31空群は5月5日までの約2カ月間、広島地本の依頼で「はたらくのりもの大集合！救難飛行艇US－2」展に協力した＝写真㊤（提供・ヌマジ交通ミュージアム）。自衛隊の救助活動やUS2が紹介され、コックピットの360度画像の体験コーナーも設置された。約3万人が来場し、基地は「日ごろの活動を知ってもらえた」と成果を話している。

崎辺 佐世保教育隊は4月13～22日、16期一般海曹候補生課程学生305人と23期自候生95人に対し航空実習を行った＝写真㊤。大村基地で実施され、学生たちは隊員による航空部隊の任務や地上救難班の説明に熱心に耳を傾けた。またSH60KとUH60Jヘリを見学し、「災害派遣で被災者を救助したい」と興味を高めていた。

那覇 航空基地はこのほど、有志による清掃活動を行った＝写真㊤。上曹会が中心となって各隊員に呼び掛けたところ、32人が参加。同会は定期的にボランティア活動を行っているが、コロナ下で制限を受け久しぶりの活動となった。隊員たちは感染症対策を徹底し、基地の外周のプラスチックゴミや落ち葉などを拾い集め、地域の美化に貢献した。

滝川 駐屯地は4月22日、北海道赤平市の製造業「鞄いたがき」に広報班員の山田沙織2曹を派遣し、部外講話を行った＝写真㊨。同社からの依頼で実現したもので、社員19人が参加した。山田2曹は駐屯地の歴史や、自衛隊のワークライフバランスの取り組みなどを説明。参加者は自衛隊への理解を深め、「女性も働きやすい環境ですね」などと感想を語った。

美幌 駐屯地曹友会と修親会は4月17日、美幌神社でボランティア清掃活動を実施した＝写真㊨。隊員相互の親睦と、地域住民の信頼醸成を目的に行われており、今回で7年目。参加者は神社に参拝したあと、四つの班に分かれて清掃を開始。約2時間にわたって参道や社殿前の落ち葉など1トン土のう袋40個分を集め、境内を見違えるほどきれいにした。

恐怖 ロープ1本で渡橋

20普連が師団レンジャー教育

山地潜入や救助法演練

「徽章」獲得へ30人が奮闘

「恐怖心を克服せよ」――。20普連は令和3年度師団レンジャー集合教育を担任、現在、資格検査を突破した学生30人がレンジャー隊員となるため、各地で約3カ月間の厳しい訓練に取り組んでいる。

その前段のハイライトとなる関山大滝（山形県東根市）を舞台とした山地潜入訓練で、学生たちは4月14日、恐怖のロープ訓練に挑んだ。渓谷の谷間に構成された高さ25メートル、長さ33メートルの一本のロープを渡橋するもので、恐怖心を克服する強い精神力と体力が求められる。学生たちは一人ずつ流れ落ちる滝の上を、「レンジャー！」と気勢を上げながら渡り切った。

続く5月4日の「水路潜入」では、天童市貫津沼で偵察ボートを使い、冠水地域における被災者の救助法や敵地潜入行動を学んだ。

前段の仕上げとなる「10マイル走」は6日、神町駐屯地で行われ、学生たちは89式小銃（重さ約3キロ）を携行し、16キロを走り切った。この日は気温がぐんぐん上昇する厳しい環境だったが、学生たちは歯を食いしばり全員が完走した。

さらに20、21日には、天童市山寺の馬口岩と恵比寿岩で山地総合訓練を実施。「山岳救助」を想定しロープを使用した登降や、負傷者に見立てた仲間を担架に乗せ平地まで搬送する一連の流れを演練した。

現在レンジャー教育は、後段の約1カ月にわたる「行動訓練」に突入。学生たちは「レンジャー徽章」獲得を目標に気力・体力の限界に挑戦している。

（神町）

偵察ボートを使用し、冠水地域での被災者の救助法や敵地潜入法を学ぶ学生たち（5月4日）

㊤㊨高さ25メートルの谷間上に構成された1本のロープを「モンキー」や「セイラー」の要領で渡る6師団のレンジャー学生（4月14日）

空

三沢 北部航空音楽隊はこのほど、三沢市公会堂で「スプリングコンサート」を行った＝写真㊨㊤。コロナの影響で中止となったクリスマスコンサートの代替イベントで、無観客で開催した。バッハなどクラシック曲から、ポップな「嵐メドレー」まで幅広く演奏し、吹奏楽の魅力を伝えた。この演奏会は地元のケーブルテレビで放映された。

防府南 航空教育隊はこのほど、井筒空幕長から2級賞状を授与された＝写真㊨㊦。昭和29年以降、65年の歳月をかけて学生教育の受け入れ数30万人を突破したこと、コロナ下で感染拡大防止に努め、適切な部隊配員を行ったことなどが評価された。同隊は「先輩方の努力に敬意を表し、引き続き任務を完遂できるよう気を引き締めたい」としている。

佐渡 分屯基地はこのほど、佐渡市立松ケ崎中学校の修学旅行を支援した。同校はコロナの影響で行く先を京都方面から島内に変更し、基地を訪問。基地では生徒たちに楽しんでもらおうと、希望を聞いて準備した。当日は雪上車でのドライブや防弾チョッキ試着、展示機のF1で記念撮影を行った。生徒からは「最高の体験でした」との声が聞かれた。

金沢 駐屯地はこのほど、「地域女性を対象とした交流会」を開催、北陸3県から22人が参加した。一行は駐屯地内を見学し昼食は名物の「金屯ライス」を喫食、「とてもおいしい」と好評だった。懇談会では勤務環境やプライベートの話で盛り上がった＝写真㊦。参加者からは「もっといたかった」「自衛隊に興味が持てた」との感想が聞かれた。

板妻 34普連の自衛官候補生課程教育隊は4月10日、89式小銃の武器貸与式を行った＝写真㊤。教育隊長の松田行祥2佐が、各区隊代表者に銃番号を読み上げ小銃を手渡し、候補生は緊張した表情で受け取った。最後に松田隊長が武器を扱うことの重要性について伝えると、候補生たちは真剣な眼差しで耳を傾け、武器と任務の重さをかみ締めた。

玖珠 西方戦車隊は5月10～14日、炊事訓練を行った。今回は炊事要員養成のため、各中隊から若手隊員も参加した。ベテラン陸曹が炊事車の操作要領や包丁の使い方などを指導し、また栄養担当官などが食品衛生についてアドバイス。訓練を通じ、炊事経験が全くなかった隊員たちもスムーズに調理できるようになり、飛躍的な成長がみられた。

米子 8普連はこのほど、13旅団集合教育陸士特技課程「初級部隊通信」を担任した。旅団管内から集まった陸士35人が参加し、有・無線に関する通信教育を学んだ。教育では広帯域多目的無線機の接続・設定要領や、有線の結線・縛着訓練などを実施。また旅団長の兒玉恭幸将補が視察に訪れ、訓練に励む隊員らを激励した。

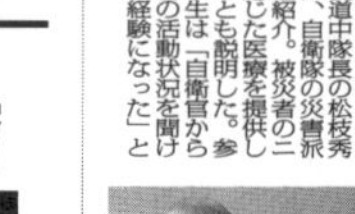

陸

岩見沢 駐屯地は4月22日、岩見沢市内の駒沢看護専門学校の3年生67人に対し、講話を行った。司令の荒関大輔1佐や302坑道中隊長の松枝秀治1尉が、自衛隊の災害派遣活動を紹介。被災者のニーズに応じた医療を提供していることも説明した。参加した学生は「自衛官から直接現場の活動状況を聞けて貴重な経験になった」と語った。

真駒内 札幌病院は4月19日、災害派遣における初動対応の練度向上を目的に「即応点検」を行った。部隊当直司令が「震度6の地震発生」という想定で、非常呼集を開始。営内の隊員が携行資材の搬出・集積を行い、救護班が資材点検から車両積載まで完了させた＝写真㊤。統裁官の鈴木智史病院長は「求められるものを考え行動する心構えを」と訓示した。

帯広 4普連は5月5日、帯広地本の依頼を受け市内で開催されたイベント「働くクルマと一緒に写真を撮ろう！」に参加。96式装輪装甲車などの装備品展示を支援した＝写真㊤。市内から訪れた小学4年生の男の子は展示車両に興味津々で、「自衛隊の車かっこいい！」と喜んでいた。450人が来場し、多くの人が楽しみながら自衛隊への関心を高めた。

秋田 駐屯地は4月13日、防衛・駐屯地モニターの終了・委嘱式を行った。五十嵐雅康司令は謝辞を述べ、「訓練や行事などご案内しますので、忌憚（きたん）のないご意見をいただきたい」とあいさつした。終了後、新規モニターは駐屯地内の教育風景や自衛隊車両などを見学、「これを機会に自衛隊のことをもっと知っていきたい」と語った。

宇都宮 中即連は5月10日、「新着任者戦力化教育」を開始した。これはPKOや在外邦人等保護措置など、国際任務に必要な知識と技能を習得させるもの。今回は空自の基地警備教導隊（百里）からも隊員が参加し、共に訓練に励んだ。連隊本管中隊からは女性自衛官の秋本葵2曹＝写真㊤＝が参加しており、「国際活動で活躍したい」と力強く語った。

吉本どんど

入店時はマスクの着用をお願いします

体校射撃班2人、五輪代表入り

内定選手は7個班12人に

東京五輪の出場内定選手に自衛隊体育学校（朝霞）射撃班の山田聡子3陸曹と松本崇志1陸尉の2人が新たに加わった。日本ライフル射撃協会が5月29日、ライフル射撃の内定選手8人を発表した。体校の内定選手は7個班12人となった（6月10日現在）。

JSDF in TOKYO 2020

山田聡子3陸曹

女子ピストルの山田3曹 メダル獲得に照準定める

「悔いのないように戦いたい」――。射撃の女子2種目（25メートルピストル、10メートルエアピストル）で五輪初出場を決めた山田3曹が決意を新たにした。

滋賀・水口高校で射撃部に入部。2年生の時に出場した山口国体・少年女子ビームピストルを日本新記録で優勝するなど、早くから才能を開花させた。

2014年4月に体校に入校した後は着実に実績を積み、19年11月のアジア選手権（カタール）でエアピストルのQP（五輪国別出場枠）を獲得。

今年3月、ナショナルトレーニングセンター（東京都北区、NTC）で行われた最終選考会で1位となって出場を確実にし、さらに4月、25メートルピストルの最終選考会でも最高点を撃って同種目での出場も決めた。

新型コロナウイルス感染症拡大の逆風が吹く中で迎える五輪を前に山田3曹は、「コロナ禍で苦労している方がたくさんいらっしゃる中、競技が出来ることにとても幸せを感じています」と語る。

また、「緊張した中でどう戦うかしっかりと調整していきたい」とメンタルの向上、安定を本番までの課題に挙げるとともに、「最後まで諦めず、自分自身と向き合い戦い抜く」とメダル獲得に力強く〝照準〟を定めている。

松本崇志1陸尉

男子ライフルの松本1尉 一騎打ち制し、初の舞台へ

松本1尉は男子ライフル3姿勢、同エアライフルで代表に再選出された。

19年11月のアジア選手権の50メートル3姿勢で日本人トップの11位に入り五輪出場枠を獲得していたが、4月の記録会で内定維持のための基準点をクリアできず5月26日、NTCで行われた代表決定戦に臨んだ。

射撃班同僚の島田敦2陸曹との〝一騎打ち〟はライフル3姿勢とエアライフルで競い、3姿勢で島田2曹に服装規定違反があり初の代表入りが決定。「メダル獲得を目指し全力で臨みます。応援をよろしくお願いします」と話している。

2020東京五輪・パラリンピック
開催日程、競技・種目数は五輪が7月23日～8月8日、33競技339種目、パラリンピックは8月24日～9月5日、22競技537種目。新型コロナウイルス感染拡大のため1年延期された。

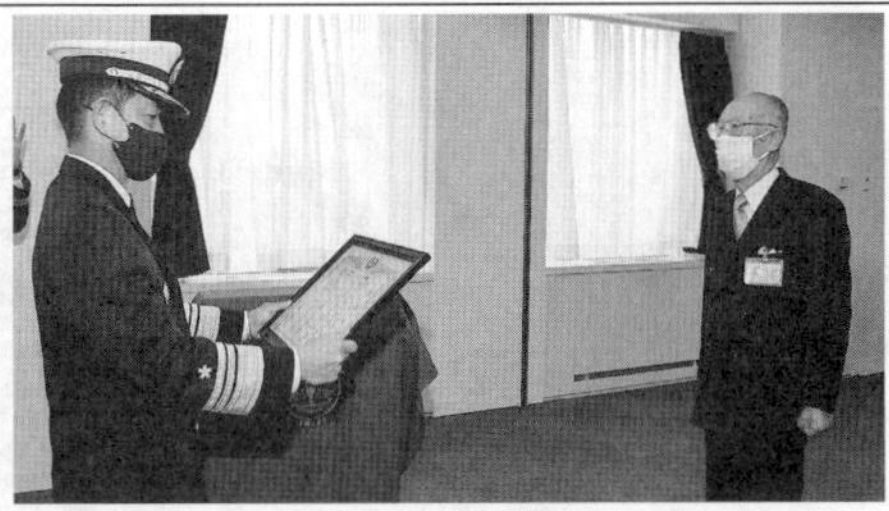

今日の艦艇広報の土台を築いた大島規義さん（右）に感謝状を読み上げる護衛艦隊司令官の齋藤海将（4月14日、船越地区の海上作戦センターで）

護衛艦隊司令官から 「しまかぜ」名誉乗組員の大島さん 艦艇広報貢献で感謝状

【護艦隊＝船越】海自護衛艦隊司令官の齋藤聡海将は4月14日、元テレビ局の記者で隊員に広報講話などを行ってきた大島規義さん（85）に感謝状を贈呈した。

大島さんは自衛隊への風当たりが厳しい昭和の時代に遠洋練習航海に同行して報道するなど海自を広く紹介してきた人物。

昭和41年、部隊や艦艇に功績があった個人に授与される「名誉乗組員」に護衛艦「あきづき」で指定されて以降、海自隊員への広報講話をはじめ、観艦式事前教育として乗艦者接遇に関する講話を行うなど、今日の艦艇広報の土台作りに貢献した。平成2年には護衛艦「しまかぜ」の名誉乗組員第1号に指定された。

令和4年度に予定されている次回の観艦式は高齢のため教育講話を行うことが困難と考えた大島さんは、これまでの講話内容を基に「艦艇広報の参考」を作成、海幕広報室に寄贈した。この「艦艇広報の参考」は、護衛艦隊司令部発刊の安全月報『艦船と安全』にも連載（令和2年9月から3年4月）された。

今回の感謝状は、大島さんが名誉乗組員第1号として応援していた「しまかぜ」が令和3年3月に護衛艦から練習艦に種別変更したことに伴い贈られた。

感謝状贈呈は船越地区の海上作戦センターで行われ、司令部の隊員約50人が参列。齋藤司令官は「ご支援に感謝いたします」と大島さんの護衛艦隊に対する功労をたたえ、感謝状を手渡した。

大島さんにはこれまで、昭和60年に横須賀地方総監から、62年には海上幕僚長から感謝状が贈呈されている。

芦屋基地内の自動車教習施設で折尾警察署の警察官（先頭）から路上走行の講習を受ける隊員（同基地で）

自動二輪の安全講話 折尾署警察官を講師に

芦屋基地

【芦屋】空自芦屋基地は4月15日、春の交通安全運動の一環として折尾警察署の支援を受け、自動二輪車に特化した安全講話と実技講習を行った。同署が基地内の自動車教習施設を使って教育するのは初めて。

はじめに、同署の西田洋平警部補が自動二輪車保有隊員と希望者約160人に対し、「グッドライダーミーティング（正しく乗れば危なくない）」をテーマに県内の交通事故情勢や自動二輪車の特性について講話。

その後、屋外の基地内自動車教習所に移動し、46人の隊員が4グループに分かれ、基本走行、路上走行、急制動について講習を受講した。

芦屋基地地上安全統制幹部の三石尚人3佐は、「安全運転に必要な基本を再確認し、必要な意識や技量の向上を図ることができた」と成果を話した。

地元酒造とコラボ

入間基地

オリジナルラベル日本酒 限定50本、4日で完売

【入間】空自入間基地と埼玉県の日本酒醸造所「五十嵐酒造」がコラボした基地オリジナルラベル（限定50本）の日本酒（1・8リットル・2300円）の販売が4月1日に開始され、わずか4日間で完売となった。

これは入間基地オリジナルの商品が少なかったため企画されたもの。中警団業務隊が昨年12月ごろから五十嵐酒造5代目・五十嵐正則さんと調整を行い、基地隊員間でデザインを熟考して完成させた。

限定日本酒は五十嵐さんの日本酒へのこだわりと、埼玉県出身の入間基地司令・津曲明一将補の日本酒への情熱と埼玉愛を直筆のラベルを通して入魂した一品。同酒造の銘酒「天覧山」の原酒を直汲みした蔵人の自信作だ。特徴は、発泡性のあるフレッシュな味で女性も飲みやすい。

中警団業務隊長の山勇3佐は「コロナ禍で帰省できない場合の贈り物や自分へのご褒美など、基地の新しいお土産品になるのでは。今後も定期的に限定酒の販売が行われる予定ですので、次回の販売をお楽しみに」と話している。

㊨入間基地オリジナルラベル日本酒製作でコラボした五十嵐酒造の五十嵐正則さん（右）と山勇中警団業務隊長（同酒造で）㊧オリジナルラベルには津曲中警団司令直筆の書が印字されている

こちら警務隊

薬物犯②

大麻は時間や空間の感覚のゆがみ、集中力低下や情緒不安定を起こす

大麻は身体にどんな害がありますか？

大麻は極めて有害な薬物であり、乱用すると時間や空間等の感覚のゆがみ、集中力の低下や情緒不安定等といった症状を引き起こします。

また、大麻には依存性があり、乱用を続けると幻覚や妄想、記憶力や学習能力の低下、常に無気力になるなど、社会生活に適応できなくなります。

大麻を所持した場合は、5年以下の懲役に処せられます。

大麻の危険性の軽視は、自らの心身を崩壊させるだけでなく、家族をはじめ、周囲をも不幸にしますので絶対に手を出してはいけません。

（中部方面警務隊）

新入社員に隊内生活体験

47普連

【47普連＝海田市】47普連は4月6、7の両日、企業の新入社員24人に、隊内生活体験支援を行った。

生活体験は海田市駐屯地で行われ、社員たちは「宿営用天幕に1人で宿泊」といった徹底したコロナ対策のもとで参加。基本教練、救急法、行進訓練などの各種訓練を体験し、企業が要望した①自衛隊の厳正な規律②チームワークの基礎となる団結心と責任感の重要性の認識――を体感した。

最終日に行われた約10キロメートルの徒歩行進では、重さ10キロ超の背のうを重量物と見立て、チームで協力しながら運搬。厳しい負荷が課せられたが、脱落者なく全員が完歩し、達成感を感じていた様子だった。

47普連の隊員の指導の下、基本教練を体験する企業の新入社員たち（4月6日、陸自海田市駐屯地で）

TC90がかく座 滑走路4時間閉鎖

徳島空港

海自徳島教育航空群所属のTC90練習機（6838号機）が6月3日午前11時52分ごろ、訓練中に徳島飛行場の滑走路上で左翼が地面に接触した状態でかく座した。搭乗員2人にけがはなかった。この影響で徳島空港の滑走路は約4時間にわたり閉鎖された。

海自は海幕監察官の小峯雅登将補を長とする事故調査委員会を立ち上げ、事故当時の訓練内容やかく座に至った原因などの調査を進めている。

小休止

▽…新潟地本は4月29日、新潟市西区デンカビッグスワンスタジアムで開かれた地域イベント「新潟カナール彩」に参加し、空自新潟救難隊と広報活動を行った。

▽…広報ブースでは、現在放映中の金曜ドラマ「リコカツ」でも取り上げられている救難隊の現役パイロットが実際に救助で使う装備品を説明したほか、南極の氷の展示、制服の試着、ガラポン抽選会などを行った。

▽…途中、新潟地本キャラ「ヒカリン・マモル」と県のゆるキャラ「レルヒさん」が登場すると、すぐに子供たちに囲まれ、記念撮影。ヘルメットとマスクで顔を覆った救難隊員も2体と共演し、〝かぶりもの好き〟にはたまらない1枚となった＝写真。（新潟地本）

補給統制本部で独自の初任研修

コロナ下だからこそ大事な「同期の絆」

事務官　榮樂 光浩（補統総務部人事課職員人事管理室長・十条）

陸自補給統制本部（本部長・大塚裕治陸将）は4月19日、新規採用職員14名を対象とした独自の初任研修を行いました。

これは、新型コロナウイルスの影響で、全国の各駐屯地・基地などから市ヶ谷の本省で開かれる合同入省式や合同初任研修への参加ができなくなっていることや、懇親会等の自粛も続いていることから、新規採用職員の不安解消とモチベーションの向上を図ろうと企画したものです。

当日は万全のコロナ対策を講じた上で、防衛省の合同初任研修（ビデオ講義）に連接する形で開催され、参加者たちは同期や先輩職員との懇談を中心に、各種共済制度の説明を受けたほか、十条駐屯地の広報資料館や史跡の研修などを行いました。

皆、初めは緊張した面持ちでしたが、同期との懇談で一気に雰囲気が和らぐと、それぞれの仕事や職場での出来事、初めての一人暮らしにおける悩みなどについて情報交換するなど、「同期の絆」を深めていました。

また、各部を代表して採用2年目の先輩職員7名にも参加してもらい、全員がもれなく対面できるよう3グループでローテーションを組んでの懇談も実施しました。

新人たちは、これから参加する陸自小平学校での教育をはじめ、各部の業務の違いや仕事の進め方、退庁時間、服装などについて先輩職員に熱心に質問し、先輩から親切で丁寧な回答を聞いて不安や疑問が解消できた様子でした。

半日という短い時間ではありましたが、新人職員にとっては同期や先輩職員と交流できる貴重な機会になったものと思います。

今回は新型コロナウイルスまん延防止等重点措置を考慮して参集を見送りましたが、群馬県の吉井分屯地に勤務する1名を含めた同期15名がこれからも切磋琢磨しながら、防衛省の事務官、技官として成長し、活躍していくことを期待したいと思います。

補給統制本部の初任研修で十条駐屯地内の史跡などを見て回る新規採用の事務官と技官

（世界の切手・オーストリア）

終着点はどうだっていい。そこへ行くまでの道のりがすべて。

ウィラ・キャザー（米国の作家）

朝雲ホームページ
www.asagumo-news.com
<会員制サイト>
Asagumo Archive
朝雲編集部メールアドレス
editorial@asagumo-news.com

みんなのページ

尊敬する先輩広報官と隊員募集

3陸曹 情野 龍希（山形地本・米沢地域事務所）

先輩と後輩、海自と陸自の枠を乗り越え、共に隊員募集の業務に取り組んでいる佐藤英博海曹長（右）と情野龍希3陸曹

私は平成31年3月から山形地方協力本部の米沢地域事務所で広報官として勤務しています。さて、遡ること10年前、私が自衛隊に入隊する際、担当広報官として大変お世話になった佐藤英博海曹長が、このたびの異動で山形地本募集課に配属となりました。

佐藤海曹長と私が出会ったのは、高校2年生の時、学校（九里学園高等学校）で開催された自衛隊説明会の時です。佐藤広報官が私に自衛官の魅力を熱心に説明してくれたことを今でもよく覚えています。

その後も自衛隊への入隊意思を固めるきっかけとなった「航空機体験搭乗」や「艦艇広報」などに誘っていただきました。また、陸海空自衛隊を選択するにあたり、さまざまな情報を提供していただきました。さらに入隊後も、自衛官の任期を継続すべきかを迷った際には、米沢から当時私が勤務していた宮城県の多賀城駐屯地まで駆けつけてくれ、佐藤広報官に激励していただいたことは今でも忘れられません。

私が入隊して約10年。陸上自衛官である私が、海上自衛官である佐藤海曹長と同じ募集業務に携わるとは思ってもみませんでした。同じ仕事に関係できることになった縁を感じながら、佐藤海曹長に教えていただいた自衛隊の魅力を今度は私がバージョンアップした形で、県内の多くの生徒・学生たちに伝えていきたいと思います。

佐渡島のご当地グルメ「トビウオのすりみ」、ご賞味を

3空曹　末武 春香（46警隊・佐渡）

「うまい！」「安い！」は外食をする際に重要な判断材料となりますが、コロナ禍で気軽に外食ができない状況において大事なことは、「家で食べることができる！」ではないでしょうか？

そこで、ここではお家にいても「佐渡の味」が堪能（通販で購入）できる、佐渡の美味しいご当地グルメを紹介します。

では、皆さんの地域で「すりみ」といったら何の魚が使われていますか？　スケトウダラ、アジなど地域によりさまざまだと思いますが、佐渡ですりみといったら「トビウオ」です。

トビウオは他の青魚に比べて脂肪分が少なく、たんぱくな味わいですが、しっかりとした旨味があります。

佐渡市両津にある会社・両蒲が販売している「トビウオのすりみ」は、きめ細かくて舌触りが良い、半練りに仕上げた商品です。私的には味噌汁がおすすめで、袋の端を斜めに切ってすりみを絞り出し、箸で切りながら鍋に入れればOK。

すりみから塩気と出汁が出てくる（下味がついている）ので、いつもより味噌を少なめにするといい感じに仕上がります。他にも、お肉の代わりにハンバーグにしたり、揚げてみたり、どんな料理にも合わせやすいです。

お値段は佐渡のスーパーでは200円程度で販売されています。通販では島で購入する時よりも少し高くなるでしょうし、もしかしたら送料の方が高くなるかもしれませんが、ぜひ一度、「トビウオのすりみ」をご賞味ください！

佐渡島の名産「トビウオのすりみ」

新刊紹介

「現代ロシアの軍事戦略」

小泉 悠著

冷戦後、超大国の座から滑り落ちたはずのロシアはなぜ今も大国であり続けられるのか。ロシアの軍事・安全保障を専門とする東京大学先端科学技術研究センター特任助教が、ハイブリッド戦を駆使したロシアの軍事戦略を明らかにした書だ。

核兵器によって古典的な国家間戦争を遂行することが不可能になった現代。この閉塞感の中でロシアはいち早く新たな戦法であるハイブリッド戦を取り入れ、国家・非国家を問わず、メディアやネットユーザーなども巻き込み、サイバーや情報の領域で積極的に戦争を仕掛け、ついにはウクライナからクリミア半島を強奪するという"戦果"まで上げた。

本書ではロシアの知られざる暗闘を白日の下にさらし、新領域での戦い方、第3次大戦に備えた「限定行動戦略」、敵の宇宙優勢を覆す「対衛星攻撃能力」、さらに戦闘停止を強要したり第三国の参戦を阻止する「エスカレーション抑止」戦略などを解説。

ロシアには軍を補完する国家親衛軍、国境警備隊、対テロ特殊部隊、非常事態省などがあり、これらが有機的に機能し西側に対抗している。米欧を凌駕するため常に創造性を研ぎ澄ませてきたロシアの軍事思想の根底が分かる。

（筑摩書房刊、1034円）

「47都道府県の底力がわかる事典」

葉上 太郎著

自衛隊の駐屯地・基地は北海道・稚内から沖縄・与那国島まで全国に約250カ所ある。その多くは過疎化が進む地方や離島にあり、若い隊員の多い自衛隊は地元のお祭りへの参加など、地域活性化で大きく貢献している。

本書は「地方消滅」の危機が叫ばれる中、地域の特性を最大限に生かし「地方創生」で成果を上げた自治体を紹介した本である。高齢化が進み、存続が危ぶまれる中、住民の知恵と工夫と努力と挑戦により世界から注目される場所に変貌した地方が列挙されている。

世界の女性が欲しがる「山形ニット」を生産する寒河江市をはじめ、「平成の桃源郷づくり」が成功し年間2万人が訪れるようになった宮崎県の西米良村などの町おこし政策を紹介している。

自衛隊も「青森ねぶた」など伝統芸能の保存に協力したり、「海軍カレー」など食で集客に貢献している部隊もある。地元との関係を大切にする自衛隊にとっても、地域を盛り立てるアイデア満載の本だ。

（文芸春秋刊、1320円）

詰将棋

第845回出題

出題　日本将棋連盟　九段　石田 和雄

5	4	3	2	1	
				馬	一
		歩	銀		二
			王		三
			歩		四
	歩	歩	馬		五
					六

☗先手　持駒　飛銀

【ヒント】上へ逃がさない、五手目意表のトドメ（10分で初段）。

▶詰碁、詰将棋の出題は隔週です◀

詰●碁

第1260回解答

出題　日本棋院　九段　曲 励起

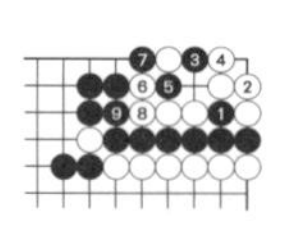

【解答図】黒先、白死。黒❶がまず大切で、白②の時、黒❸がまた大切です。白④には黒❺以下❾までで ダメヅマリで白死です。

OBがんばる

自分はどうしたいのか？

大久保　元嗣さん　54
令和元年12月、自衛隊福岡地方協力本部を最後に定年退職（1陸尉）。福岡県筑後市の村上ガーデンに再就職し、造園工として勤務している。

私は福岡地本の筑後援護センター長を最後に定年退職し、村上ガーデンに就職しました。

会社では造園工として勤務していますが、亡き父が造園業を営んでいたこともあり、それを引き継いでやれなかった思い、モノを作り出す楽しさ、手入れをしてきれいになった庭を前にしての喜び、そのようなことがこの造園の道に進むきっかけとなりました。

会社の皆さまからは剪定の仕方はもとより、作業要領、段取りなどを手取り足取り懇切丁寧に教えていただいています。造園の仕事は難しく、なかなかうまくいかないですが、「一人前になりたい」という強い気持ちを持って続けています。

自衛官にとって再就職は非常に不安であり、難しいものだと思います。筑後援護センターで勤務していた当時は、再就職に向かう隊員に対して「あなたの人生です。業種、職種、給与、通勤時間、休日等々を考慮してください。すべてを満たす条件の就職先は限られているので、何を優先すべきかを決定し、しっかりと方向性を決めてください」などと、悟ったかのように話していましたが、今自分が経験して言えることは「自分はどうしたいのか？　どうなりたいのか？　そうなるためにはどうすればいいのか？」という考えを持つことです。自分はもちろん、周りをよく見て、よく話して方向性を決めていけば、道は自分の思う良い方向へと開けてゆくものと私は信じています。

一度きりの人生、新たな出会いと日々の努力を大切にして、一日一日を楽しく過ごせるようにしていきたいものです。この一文がどなたかのご一考となれば幸いです。

西日本豪雨災派で即応予備自に志願

即応予備3陸曹　杉岡 一樹（49普連1中隊・豊川）

私は令和3年度から第49普通科連隊で即応予備自衛官として勤務することになりました。

平成21年3月までは第3後方支援連隊第2整備大隊戦車直接支援隊（今津）で装軌車の整備員として勤務していました。現在は福井県の社会福祉施設に勤務しています。

改めて陸自の即応予備自衛官に志願したきっかけは、西日本豪雨災害派遣の現場で活躍する即応予備自の勇敢な姿に感銘を受け、もう一度、自分も自衛官として少しでも社会の役に立ちたいと思ったためです。

これから招集訓練が始まっていくことになります。「普通科」という職種は初めてですが、可能な限り技能や経験を身につけることができるよう、訓練を重ねていきたいと思っています。

即応予備自衛官として陸自に復帰、体力練成に取り組む49普連の杉岡一樹即応予備3曹

「朝雲」へのメール投稿はこちらへ！

▽原稿の書式・字数は自由。「いつ・どこで・誰が・何を・なぜ・どうしたか（5W1H）」を基本に、具体的に記述。所感文は制限なし。
▽写真はJPEG（通常のデジカメ写真）で。
▽メール投稿の送付先は「朝雲」編集部（editorial@asagumo-news.com）まで。

朝雲

発行所 朝雲新聞社
〒160-0002 東京都新宿区
四谷坂町12－20 KKビル
電話 03(3225)3841
FAX 03(3225)3831
振替00190-4-17600番
定価一部150円、年間購読料
9170円（税・送料込み）

主な記事

自衛隊が豪軍防護へ

2プラス2 防衛協力「新たな次元」

共同声明に「台湾」初明記

日豪両政府は6月9日、外務・防衛担当閣僚協議「2プラス2」をテレビ会議形式で開き、我が国が2016年3月に施行した「平和安全法制」で新設された「自衛隊法95条の2」に基づき、自衛隊が豪州軍の艦艇や航空機を守る「武器等防護」を実施する準備・体制が整ったことを確認した。武器等防護の対象国となるのは米国に続き2カ国目。岸信夫防衛相は協議後、省内で臨時の記者会見を行い、「武器等防護はインド太平洋地域で自衛隊と豪州軍が相互運用性を高め、平素から連携する基礎となるもので、日豪間の防衛協力をさらに進めていく上で重要なステップだ」と意義を強調した。

日豪「2プラス2」は2007年の初開催以来、前回の2018年10月に続き9回目。約2年半ぶりとなった今回の協議には日本から茂木敏充外相、岸防衛相、豪州からマリズ・アン・ペイン外相、ピーター・ダットン国防相が出席し、共同声明を発表した。

声明には「自衛隊法第95条の2に係る自衛官による豪州国防軍の武器等の警護任務に向けた体制が構築されたことを歓迎する。自衛隊は適切な機会において、豪州国防軍からの要請を踏まえ、同条の下での警護を実施する準備が整っている」と明記された。

昨年10月の日豪防衛相会談での合意を受けて調整が進められてきたもので、今後は豪州側から要請があり次第、国家安全保障会議（NSC）で審議した上で実施する。

「武器等防護」は、自衛隊と連携して警戒監視活動など「日本の防衛に資する活動」に従事している他国軍の艦艇などを自衛隊が最小限の武器を使用して武力攻撃に至らない侵害から防護する新任務。

想定されるのは、豪州軍が①情報収集・警戒監視活動②我が国の平和と安全に重要な影響を与える事態に際して行われる輸送・補給等の活動③日本との共同訓練――に参加しているケースで、実施に当たっては豪州側からの要請に基づいて防衛相がその都度、主体的かつ個別具体的に必要性を判断する。

共同声明ではこのほか、日豪円滑化協定（日豪RAA）の早期署名を目指して詰めの作業を加速化することや、自衛隊と豪州軍が空中給油を含むより複雑で高度な共同訓練に取り組んでいくことが盛り込まれた。

宇宙やサイバー、経済安全保障分野での協力強化でも一致。防衛装備庁と豪国防科学技術グループとの間で、科学技術協力を促進する長期的な枠組みの構築に向けた調整を開始することも決まった。

一方、東・南シナ海情勢をめぐっては、中国による力を背景とした一方的な現状変更の試みに強く反対し、中国海警船の武器使用権限を明確化した海警法への「懸念」を表明。日豪間の共同文書で初めて中国を名指しで批判するとともに、台湾問題にも初めて言及し、「台湾海峡の平和と安定の重要性を強調するとともに、（台中）両岸問題の平和的解決を促す」と明記した。

「自由で開かれたインド太平洋」の実現のため、日米豪印（クアッド）による連携をはじめ、東南アジア、欧州諸国、太平洋島嶼国を含む同志国との協力推進の重要性も記された。

岸大臣は協議後の記者会見で「地域情勢について高い水準で認識を共有し、防衛協力を『新たな次元』へと引き上げる強い決意を表明できたことは大きな意義があった。日豪防衛協力は、もはや2国間に限らず、インド太平洋地域の平和と安定に一層積極的に貢献するものへと深化を遂げなければならない」と語った。

オンライン形式で会談する（右から）茂木外相、岸防衛相、（画面右から）オーストラリアのダットン国防相、ペイン外相（6月9日、外務省で）＝防衛省提供

岸防衛相 比越の国防相と会談

防衛協力の推進で一致

岸防衛相は6月2日にフィリピンのデルフィン・ロレンザーナ国防相、翌3日にはベトナムのファン・ヴァン・ザン国防相と相次いでテレビ会談を行い、それぞれ日本との防衛協力・交流を引き続き強力に推進していくことで一致した。

昨年10月に続き2回目のテレビ会談となるロレンザーナ比国防相とは、「自由で開かれたインド太平洋（FOIP）」の維持・強化の重要性を再確認。

力を背景とした一方的な現状変更の試みや、緊張を高めるいかなる行為にも強く反対していくとのメッセージを共に国際社会に向けて発信していくことで一致するとともに、中国が海上警備を担う海警局に武器使用権限を付与した「海警法」に対して「深刻な懸念」を表明した。

2国間の防衛装備協力に関しては、昨年8月に日本から海外へ初の国産完成装備品の輸出として契約が決まったフィリピンへの警戒管制レーダーの移転が着実に進展していることを歓迎した。

このほか、防衛当局間（MM）協議の早期開催や、能力構築支援の継続を含め、2国間の防衛協力・交流をさらに進展させていくことを申し合わせた。

一方、今年4月に就任したファン・ヴァン・ザン越国防相とは、可能な限り早期に対面による会談を実現させることで一致した。

岸大臣は、2018年4月に日越間で署名された「防衛協力に関する共同ビジョン」に基づき、ハイレベル交流をはじめ、艦艇の寄港や航空機の寄航、能力構築支援など、2国間の防衛協力が進展していることに歓迎の意を表し、両氏は2国間関係を「新たな段階」に引き上げるため、さらなる連携強化で合意した。

また、今年から3年間の予定で日越が共同議長国を務める「拡大ASEAN国防相会議（ADMMプラス）」のPKO専門家会合についても、今年4月6日に初会合を成功裏に開催できたことを歓迎。

このほか、両氏は最近の東・南シナ海情勢をめぐっても意見を交わし、航行と上空飛行の自由をはじめ、国連海洋法条約（UNCLOS）など国際法順守の重要性を改めて確認した。

9空団のF15戦闘機 空中給油受けアラスカへ

空自は6月1日からF15戦闘機部隊、警戒航空部隊を米アラスカ州に派遣し、米空軍が主催する多国間演習「レッド・フラッグ・アラスカ」に参加している。

訓練は同州のアイルソン空軍基地とエレメンドルフ・リチャードソン統合基地を拠点に行われており、空自は9空団（那覇）飛行群司令の稲留智1佐を訓練指揮官に、同団のF15戦闘機6機と警空団（浜松）のE767早期警戒管制機1機、約170人が参加。

このうちF15部隊は6月4日に那覇基地を出発し、千歳基地経由でアラスカまでの飛行中、太平洋上で米空軍の空中給油・輸送機から空中給油を受け、ノンストップで約5000キロを飛行し、現地に無事到着した。

合流した日米部隊は6月11日から防空戦闘、戦術攻撃、対戦闘機戦闘、空中給油訓練など各種訓練を開始している。26日まで。

北海道・千歳基地から米・アラスカ州に向けて飛行中、米軍機（手前）から空中給油を受ける9空団のF15戦闘機（6月6日）

「全国64歳以下」に対象拡大

東京・大阪接種センター 電話予約も開始

報道公開された東京大規模接種センターで、ワクチンを注射器に吸い上げる作業に当たる自衛隊中央病院看護官の伊藤希技官と取材する記者（6月9日、東京・大手町で）＝朝雲新聞社代表撮影

防衛省は6月15日、東京と大阪に開設した「大規模接種センター」の対象者をこれまでの「全国65歳以上」から「全国64歳以下」にも拡大する方針を決めた。接種券があれば16日から予約を受け付け、17～27日に接種を行う。今回が1回目の接種であることが条件。

ただし、6月28日以降は両会場で1回目の接種を受けた高齢者による2回目の接種予約でほぼ埋まっているため、予約枠が大幅に減少する見通しだ。

対象者については10日にそれまでの地域制限を撤廃し、それまでの「1都2府4県の65歳以上」から「全国65歳以上」に拡大したばかり。

合わせて12日からはネットによる予約に加え、電話での予約受け付けも開始した。▽東京0570―056―730▽大阪0570―080―770。

東京会場では14日、1日最大1万人に接種可能な能力を最大限に活用するため、平素から危機管理を担う自衛隊員をはじめ、警察、消防、海上保安庁の職員を対象に、予約の空きを利用して接種を行った。

自衛隊員については今後も予約の空きを見ながら、海外派遣や災害派遣に携わる可能性の高い要員を優先的に接種していく考えだ。

これに先立ち9日、両会場が報道陣に公開され、東京会場では接種隊長を務める医官の河野修一1陸佐（自衛隊中央病院診療科診療庶務室長）がインタビューに応じ、「短い準備期間で官民が連携し、できる限りの準備を行い、1日1万人の接種目標を達成することができて良かった。来場者の方に安心して接種を受けていただけるよう、引き続き頑張っていきたい」と改めて決意を述べた。

（7面に関連記事）

日本人従業員がワクチン接種可能に

在日米軍基地

防衛省は6月10日、全国の在日米軍基地に勤務する約2万6000人の日本人従業員らについて、希望すれば基地内の病院等で米軍人らと同様、米軍の医療従事者から接種を受けられるようになったと発表した。

対象は18歳以上で、米ファイザー製か米モデルナ製が使用され、費用は米側が負担する。日本の予防接種法の適用外となるため、副反応などの健康被害が生じた場合は米国の制度に基づき救済措置が講じられる。

春夏秋冬

チープ・フェイク

土屋　大洋

2019年のはじめ、ドイツの会議で知り合いの研究者にばったり会い、カフェでコーヒーを飲んだ。その時、彼が「タナカ・メモリアル」を知っているかと聞いて来た。田中さんは日本にたくさんいるし、どこかにある田中角栄首相の記念碑（メモリアル）のことかと勘違いした。

その場でインターネットを検索して、英語のタナカ・メモリアルとは1927年に出された「田中上奏文」と呼ばれる偽書のことだと分かった。その研究者は、2020年の米国大統領選挙で偽情報、フェイク・ニュースが出回り、16年の米国大統領選挙と同様の混乱が起きることを懸念して調べていたのだ。

現代においても、永田町においては怪文書が出回ることがある。こうした出所不明の情報が政界と世間を混乱させる可能性はある。

今やデジタル技術の発達で、画像や動画の編集も簡単にできるようになった。加工された画像や動画がインターネット上には溢れている。それでも、よく見れば偽ものだと分かるものが多い。

さらに技術が進化し、本物か偽物か区別が付かないディープ・フェイク（難解な偽もの）と呼ばれる画像や動画も出てきている。

ところが、ディープ・フェイクの危険性を打ち消すわけではないが、人々の印象を操作するという意味では、チープ・フェイク（ちゃちな偽もの）で十分だという指摘もある。

20年の大統領選挙中、ジョー・バイデン候補がコートを着てフロリダ州の演説台に立ち、「ハロー、ミネソタ州の皆さん！」と第一声を発する動画がツイッターで100万回再生された。暖かいフロリダ州でコートを着ているはずがない。ミネソタ州で行った演説の動画を編集し、バイデン候補の背後に映る看板の文字を書き換えてフロリダ州にいるように見せかけたのだ。しかし、高齢で失言癖のあるバイデン候補がまた間違えたという印象を視聴者に与えるにはこれで十分だった。

チープ・フェイクは本物らしさではなく、おもしろさだけで一気に広がる。本物を見分ける力を持てと言っても、SNS全盛時代にはチープ・フェイクの勢いは止められないだろう。

（慶應義塾大学総合政策学部長、教授）

海幕長にメリット勲章

日米部隊の連携強化で功績

米インド太平洋軍のアクイリーノ司令官（左）からメリット勲章を贈られ、握手を交わす山村海幕長（6月1日、防衛省で）

山村海幕長に米国防長官から「メリット勲章」が贈られ、6月1日、来日した米インド太平洋軍司令官のジョン・アクイリーノ大将から防衛省内で伝達された。

同章は、卓越した功績を残した米国内外の軍関係者を表彰するもので、米国大統領の承認に基づき国防長官から授与される。山村海幕長は、日米部隊間の連携強化や地域パートナーとの相互運用性の強化に取り組むとともに、さまざまな多国間訓練に参加するなど、「自由で開かれたインド太平洋」の実現に向けた取り組みに積極的に関与した功績がたたえられた。

授与式は防衛省で行われ、司令官クラスに贈られる「リージョン・オブ・メリット・ディグリー・オブ・コマンダー」の勲章と米国防長官のサインが入った勲記がアクイリーノ司令官から山村海幕長に手渡された。

山村海幕長は海自公式ツイッターで「私一人だけでなく日米同盟の強化に努力された方々の代表として受章したものであり、日米同盟の抑止力・対処力を強化する思いを新たにしました」とコメントを公表した。

政専機が英往復

空自特輸隊（千歳）のB777政府専用機は6月10日から同14日まで、英南西部コーンウォールで開かれた先進7カ国首脳会議に出席する菅首相を乗せ、英ニューキー・コーンウォール空港と羽田空港を往復した。

朝雲寸言

1912年、大西洋上で旅客船「タイタニック号」が沈没した時、船長は救助の順番について「女性と子供を優先する」と指示した。その結果、生存率は女性が74％、子供が52％、男性は20％と分かれた。女性と子供は筋肉量が少なく、冷たい海水で命を失う危険が高い。さらに、将来に命をつなぐという人間社会の大目標という面でも船長の優先順位には合理性があった▼ただ他の海難事故をみると、女性と子供が必ずしも優先的に救助されていない例もある。災難時の生存の結果は、責任者の決断に左右される▼2009年にある医療雑誌が、将来の爆発的感染時にどんな順番でワクチンを接種すべきか、医療関係者にアンケート調査した。①医学的にリスクの高い人々②小児③成人・若者④高齢者、という順を挙げた回答が多かった。「感染拡大を抑制し社会機能を維持するためには、高齢者より成人・若者が先」との理由だという▼今回、新型コロナウイルスのワクチン接種は医療従事者、高齢者の順で動き出したが、途中から警察官や保育士などへの余剰分の接種も始まった。優先順位は容易な問題ではない。ただコロナ収束後に、先々新たな感染症が猛威を振るう事態も念頭に、教訓をまとめ、順位を再検討する必要はあろう。その際カギになるのは、何を大目標におくかという「国家と政治の覚悟」である。ちなみに中国は、現役世代を優先して接種しているという。

時の焦点

国内

G7サミット

価値観を共有する民主主義国が協調し、覇権主義的な動きを強める中国に自制を促した意義は大きい。

英国コーンウォールで先進7カ国首脳会議（G7サミット）が開かれた。討議の成果を取りまとめた首脳宣言は、対中国を念頭に強いメッセージを発信したのが特徴だ。

中国の海洋進出については、引き続き深刻な懸念を表明し、「現状を変え、緊張を高めるあらゆる一方的な試みに強く反対する」と盛り込んだ。

「台湾海峡の平和と安定の重要性を強調し、両岸問題の平和的解決を促す」と明記した。G7サミットの首脳宣言で、台湾海峡の安定に言及したのは初めてだという。

中国の巨大経済圏構想「一帯一路」への対抗を前提に、途上国のインフラ整備に向けた具体的な支援策を検討するという。新型コロナウイルスについては、途上国などにワクチン10億回分に相当する支援を行うと掲げた。中国がワクチンの供与を通じて影響力を強めているためだろう。

「中国抑止」へ行動を

中国の経済規模は、2008年までG7の合計の1割強に過ぎなかったが、昨年は4割に達しているという。首脳宣言が中国を強く意識した文書となったのは、7カ国が足並みをそろえなければ、対抗できなくなるという危機感の表れだ。

G7各国は外交努力を続けつつ、中国による国際秩序への挑戦に対して、具体的に行動することが重要である。

日本も、中国に領土を脅かされている、と言っても過言ではない。

中国海警局の船は、沖縄県尖閣諸島周辺の接続水域や領海内の航行を繰り返している。その頻度は増す一方だ。海上保安庁の船と、海警局の偶発的な衝突を懸念する声もある。

日中の外務省局長級は今月初め、テレビ会議を開催し、尖閣問題などを協議した。防衛当局間でも3月、偶発的な衝突を避けるための「海空連絡メカニズム」に基づくオンライン会議を行った。

政府は中国と対話を重ね、粘り強く自制を促す必要がある。

不測の事態にも備えなければならない。南西諸島周辺海域では、中国の空母やミサイル駆逐艦などが確認されている。政府は、離島への自衛隊の部隊配備を着実に進めてもらいたい。

先進国との防衛協力や、日米豪印の枠組みを活用し、抑止力を高めることが欠かせない。

米中対立が深まる中、中国は台湾への軍事的圧力を強めている。武力衝突は切迫してはいないものの、台湾有事となれば、日本も無関係ではいられまい。

日本は安全保障関連法で、重要影響事態での後方支援や、存立危機事態での集団的自衛権の限定行使などを可能にした。どのような場合にこうした措置を取るのか、綿密に検討しておきたい。

夏川　明雄（政治評論家）

海外

イスラエル

反ネタニヤフで新政権

イスラエルで歴代最長となる通算15年にわたって政権を担当してきたネタニヤフ首相がよもやの退陣に追い込まれた。今年3月の総選挙を受けて連立交渉を続けてきた中道野党のラピド党首（元財務相）、極右政党のベネット党首（元国防相）を軸とする8党の連立政権が6月13日、国会で承認されたためだ。新政権は「反ネタニヤフ」の旗印の下、幅広い政治勢力が結集したイスラエル史上でも例のない多党連立となる。

ネタニヤフ首相の退陣はイスラエル政治の転換点となるだけでなく、周辺のアラブ諸国との関係など中東情勢にも少なからず影響を与えそうだ。18日にはイランで大統領選があり、保守強硬派のライシ司法長官が当選する見通しで、イスラエル新政権とイランの関係の行方にも目が離せない。

政治混乱が続いていたイスラエルでは3月下旬、2019年以降で実に4度目となる総選挙が実施され、ネタニヤフ氏率いる右派政党「リクード」が第1党となった。しかし、汚職疑惑の裁判が進行中の同氏は国会の過半数の議員から支持を得られず、連立工作に失敗。このため、大統領から組閣を指示された第2党「イエシュアティド」のラピド党首が野党中心の勢力を結集し、8党の連立政権樹立で合意にこぎ着けた。

首相には今回の連立交渉のカギを握った極右政党「ヤミナ」のベネット党首が就任し、2年後にラピド党首と交代する輪番制が取られる。ネタニヤフ氏はパレスチナへの強硬姿勢を貫き、中東和平は停滞したが、ベネット新首相は、自治政府のパレスチナが将来、独立国家を樹立する「2国家解決」にも反対するなど、パレスチナ問題ではネタニヤフ氏以上のタカ派として知られ、中東和平の交渉進展は期待できそうにない。

イスラエル政界に長く君臨し、イランを敵視する外交・安全保障路線を堅持する一方でアラブ世界との関係改善を進めてきたネタニヤフ氏だが、昨年、収賄や背任の罪で現職首相としては初めて起訴され、結局、自らの汚職疑惑が連立与党の離反を招くなど、求心力低下につながった。

極右から左派、アラブ系政党まで含む連立の8党は「ネタニヤフ氏打倒」でこそ一致したものの、内政・外交の基本政策では立場の違いがある。新政権の生みの親の1人であるラピド党首は6月2日の連立政権樹立の合意に当たって、ネタニヤフ長期政権下で進んだ右派と中道・左派の対立激化や社会の分断、8党の多様性を念頭に、「イスラエル社会のすべての構成員を一つにする」と誓った。

とはいえ、連立を組む8党の政策には、擦り合わせの糸口すら見つかりそうにない対立が存在する。国際社会が注視するパレスチナ問題への対応では、極右ヤミナがパレスチナ国家樹立を一切認めない姿勢なのに対し、左派メレツはイスラエルの大幅譲歩を伴う2国家共存を推進する立場だ。新政権は発足にこぎ着けたものの、前途多難な船出となる。

伊藤　努（外交評論家）

海自と米海軍の関係強化で一致

海幕長、太平洋艦隊司令官と会談

米海軍太平洋艦隊司令官に着任後、日本を訪れ、山村海幕長（右）と会談したパパロ大将（6月7日、海幕で）

山村海幕長は6月7日、来日した米海軍太平洋艦隊司令官（司令部・ハワイ）のサミュエル・パパロ大将と防衛省で会談し、海自と米海軍のさらなる関係強化を図ることで一致した。

パパロ大将は5月5日にジョン・アクイリーノ大将（現インド太平洋軍司令官）の後任として太平洋艦隊司令官に就任したばかりで、着任後の初の外国訪問地に日本を選んだ。前職は米第5艦隊司令官兼連合海上部隊（CMF、司令部・バーレーン）司令官で、ソマリア沖・アデン湾の海賊対処任務や情報収集活動に従事する海自ともつながりが深い。米空母の元艦載戦闘機パイロットとして日本での勤務経験も持つ。

山村海幕長とパパロ司令官は会談で、「自由で開かれたインド太平洋」の実現に向けて、日米部隊間の現状と方向性について認識を共有するとともに、日米同盟の抑止力・対処力を強化していくことで一致した。

山村海幕長は6月8日の記者会見で「パパロ大将は大変経験豊富な海軍士官で人格者である。今後一緒に仕事をしていくのが楽しみな人物だ」と語った。

海賊対処支援隊 16次隊1波出国

東アフリカのジブチ共和国で自衛隊活動拠点の基地警備などに当たっている海賊対処行動支援隊の部隊交代のため、5月31日、16次隊第1波の隊員約20人が成田空港から民航機で出国した。

16次隊は桑原和洋1陸佐を指揮官に陸自中央即応連隊（宇都宮）基幹の陸・海自隊員約120人で編成、第2、3波は7月上旬から順次出国する。

一方、任務を終える15次隊（指揮官・眞鍋輝彦1陸佐）の第1波要員約20人は6月25日に民航機で羽田に帰国する予定。

（5面に関連記事）

空自三沢基地 米35航空団と協定締結

滑走路補修費の負担など想定

【3空団=三沢】空自三沢基地はこのほど、在日米空軍第35戦闘航空団（三沢）と日米部隊間のローカル協定「MOUI（Memorandum Of Understanding International）3010」を締結した。

締結式は空自の3空団庁舎で行われ、3空団司令兼三沢基地司令の久保田隆裕将補と35戦闘航空団司令官のジェシー・フリーデル大佐らが出席し、協定書に署名した。フリーデル司令官は「この協定は日本の防衛に対する〝チーム三沢〟の結束の具体的な象徴だ」と述べた。

MOUIの協定は、三沢基地における日米所有の施設と区域の共同・単独使用、整備、補修、経費分担などを規定。日米の航空機の着陸回数などを考慮し、その施設補修などの分担割合を算出する数式や支払い義務の範囲の定義が盛り込まれ、工事費用の割合の根拠として重要な協定となっている。

3空団装備部施設班の田端航2尉は「この日米間の協定によって、より現状に即したフェアな日米施設の運営が期待される」とMOUI締結の意義を語った。

日米相互部隊協定「MOUI 3010」を締結した久保田3空団司令兼三沢基地司令（中央右）とフリーデル第35戦闘航空団司令官（同左）ら（空自三沢基地で）

陸自と米陸軍が国内で実動訓練

オリエント・シールド21

陸自は6月18日から7月11日まで、滋賀県の饗庭野演習場や北海道の矢臼別演習場などで米陸軍との日米共同実動訓練「オリエント・シールド21」を実施する。

陸自は中方総監の野澤真陸将を担任官に、中方、1特科団（北千歳）、中央特殊武器防護隊（大宮）などから隊員約1400人が参加。米陸軍は在日米陸軍司令官のヴィエット・ルオン少将を担任官に、在日米陸軍司令部、第40歩兵師団司令部、第17砲兵旅団、第28歩兵連隊第1大隊、第38防空砲兵旅団第1防空砲兵連隊第1大隊などから約1600人が参加する。

期間中、陸自の多連装ロケットシステム（MLRS）、米陸軍の高機動ロケット砲システム（HIMARS）を実射する共同火力戦闘訓練をはじめ、米陸軍のペトリオット対空ミサイル部隊が鹿児島・奄美大島に初めて展開し、陸自中SAM部隊と共同で対空戦闘訓練なども実施する。

海自、豪海軍と共同訓練

「むらさめ」がフリゲートと

日豪共同訓練で、戦術運動を行う豪海軍のフリゲート「バララット」（手前）と海自の護衛艦「むらさめ」（6月2日、関東南方海域で）

海自1護群1護衛隊（横須賀）の護衛艦「むらさめ」（艦長・柏木祐一郎2佐）は6月2日、関東南方海域で豪海軍フリゲートと日豪共同訓練を実施した。

訓練には北朝鮮による密輸行為「瀬取り」の監視活動のために日本周辺海域に展開している豪海軍のフリゲート「バララット」（満水排水量約3700トン）が参加。「むらさめ」と「バララット」は昨年11月にアラビア海北部で実施された日米印豪共同訓練「マラバール2020」でも共同訓練を行っており、日本で再会しての訓練となった。

両艦は各種戦術訓練を実施し、共に「自由で開かれたインド太平洋」の実現に向けて連携を強化した。

防衛省発令

▽兼統幕運用2課
（陸幕防衛課研究室長）
1陸佐　川口　貴浩
（同防衛調整官）
同　梅木　正道
（同開発室長）
同　栗木　茂幸
（以上6月5日）

共済組合だより

チャペル開業25周年 「銀婚式スペシャルプラン」 ホテルグランドヒル市ヶ谷

ホテルグランドヒル市ヶ谷（東京都新宿区）では、チャペルの開業25周年を記念し、平成8年に挙式されたご夫妻を対象に館内にある「欧風ダイニング　サルビア」と「日本料理　ふじ」で、大切なお時間をお過ごしいただけるよう「銀婚式スペシャルプラン」をご用意いたしました。ご希望の方は当日、チャペル見学や記念撮影、優待価格での宿泊もできます。どうぞご利用ください。

「銀婚式スペシャルプラン」（2名様料金・税込2万5000円）の内容は次の通りです。

◇欧風ダイニング　サルビア（写真上）
▽アミューズ▽オードブル▽スープ▽魚料理▽ソルベ▽肉料理▽食事▽デザート

◇日本料理　ふじ（写真下）
▽祝肴▽蒸物▽造り▽鉢肴▽強肴▽食事▽水菓子

◇ご予約者限定特典
①チャペル見学②乾杯用ファーストドリンクサービス③アニバーサリーケーキ。このほか、オプションとして、④優待価格でのご宿泊⑤写真スタジオでの記念撮影（フレーム付きキャビネサイズで税込9900円）があります。

◇利用期間
本年12月28日まで（一部期間を除く）。ご利用日の3日前までにご予約ください。

◇予約・問い合わせ
電話03-3268-0115（直通）、専用線8-6-28853（婚礼予約）、ホームページ https://www/ghi.gr.jp メール salon@ghi.gr.jp 営業時間は平日10：00～18：00、土日祝9：00～19：00

なお、新型コロナ感染予防の観点から営業時間などが変更になる場合があります。ご不明な点はお気軽にお問い合わせください。

対処能力に磨き

1-5月で多国間含め23回

海自と米海軍

海自の「いせ」（手前）が周辺海域の警戒に当たる中、米空母「ロナルド・レーガン」から発進した米海軍のＦＡ18戦闘機（左上）が「いせ」艦橋上を航過した

護衛艦「いせ」

沖縄東方海域で行われた海自と米海軍の日米共同訓練で、米空母「ロナルド・レーガン」（奥）に近接して戦術運動を行うヘリ搭載護衛艦「いせ」の乗員たち（手前）。米空母の飛行甲板には艦載戦闘機がずらりと並んでいる（5月29日）

米空母、強襲揚陸艦と

「いせ」との日米共同訓練に参加した米海軍の空母「ロナルド・レーガン」（左手前）とミサイル巡洋艦「シャイロー」（奥）＝5月29日

海自補給艦「はまな」

㊨日米海上部隊の補給訓練「ＩＬＥＸ21－2」で、並走しながら洋上補給を行う海自の補給艦「はまな」（左）と米海軍の強襲揚陸艦「アメリカ」（5月22日、四国南方海域で）＝米海軍太平洋艦隊ツイッターから

㊦一回り大きい「アメリカ」（奥）に近接しての補給訓練の状況を艦橋から双眼鏡で見守る「はまな」乗員（手前）

米海軍の補給艦「ペコス」（左）とホースをつなぎ、燃料補給を受ける「いせ」（5月26日）

日米共同で戦術運動

海自と米海軍の日米共同訓練が今年になって急増している。多国間の訓練を含めると、今年1月から5月までの5カ月間だけで23回を数えた（昨年の同時期は8回）。直近では5月22日に海自補給艦「はまな」と米第7艦隊（横須賀）に所属する強襲揚陸艦「アメリカ」（4万4000トン）が四国南方海域で補給訓練を実施。

続いて同26日から29日にかけては海自ヘリ搭載護衛艦「いせ」と米空母「ロナルド・レーガン」（10万3000トン）が沖縄東方海域で各種戦術訓練を行い、日米の主力艦同士で戦術技量の向上を図った。海の第一線で海自隊員が撮影した写真で日米共同訓練を振り返る。

相互運用へ電子戦訓練

海自3護群3護衛隊（舞鶴）のイージス護衛艦「あたご」は6月4日、米海軍の電子戦機と共同訓練を日本海で実施した。

米海軍からはＦＡ18Ｆ戦闘機をベースに開発された「ＥＡ18Ｇ電子戦機」2機が参加。

「あたご」とＥＡ18Ｇは電子戦をはじめとする各種訓練で海自艦艇と米電子戦機間の相互運用性の向上を図った。

「あたご」と米ＥＡ18Ｇ

「あたご」と共同訓練を行ったＥＡ18Ｇの同型機

米海軍のＥＡ18Ｇ電子戦機（上空左奥）との電子戦訓練で対処能力を強化した海自のイージス護衛艦「あたご」（手前）＝6月4日、日本海で

㊤クロスデッキ（相互乗艦）訓練で、米海軍ミサイル巡洋艦「シャイロー」のヘリ甲板に着艦する海自のＳＨ60Ｋ哨戒ヘリ（5月28日）＝米海軍第7艦隊ホームページから

㊨「いせ」乗員（手前）の指示に従いながら着艦する米海軍のＭＨ60多用途ヘリ

～地本　ホッと通信～

基地のない長野の学生に海・空自PR

高校生ら28人　新潟基地など見学

女性消防員の活躍「かっこよかった!!」

長野地本

【長野】地本は4月18日、日本海に面した新潟県長岡市の寺泊港で募集対象者らに向けた海自の艦艇広報と、空自新潟分屯基地の見学会を行った。

このイベントは海のない長野県の募集対象者に少しでも広く海・空自衛隊の活動を知ってもらおうと、新潟県に移動しての広報企画となった。地本としても初の試みで、空自新潟救難隊の協力を得て実現した。

当日は見学者14人を乗せたマイクロバスが、約4時間かけて寺泊港へ。ところが、この日は波浪警報が発令されるほど海は荒れており、海自の多用途支援艦「ひうち」への乗艦は不可能に。そこでバスの中で同艦乗員が海自艦艇隊員の概要説明やラッパ演奏を行った。

続く海自隊員との懇談会では、若手の3人が船乗りとしての仕事のやりがいや海外派遣の体験などを語った。参加者からは「なぜ海自を選んだのですか」など質問が相次ぎ、隊員が丁寧に答えていた。

午後からはさらに14人が合流し、空自の新潟分屯基地へ。基地では救難員（メディック）、消防員、パイロットと懇談する3個のグループに分かれ、それぞれ隊員から職種について具体的な説明を受けた。救難員グループでは実際に救助活動で使用する約20キロの酸素ボンベを背負い、その重さに驚いていた。このほか参加者は消防服を試着したり、UH60J救難ヘリの機内などを見学した。

見学を終えた高校生らは「女性の消防員が凄くかっこよかった。私もあんな風になりたい」「ドラマ『リコカツ』の空自救難隊を間近から見られて良かった」などと感想を語り、長野県には基地がない空自への理解を深めていた。

㊤基地の消防員（左）が募集対象者に装備品を解説。参加者は消防服の試着も行った㊦空自新潟救難隊の人命救助活動について説明を受けたあと、約20キロある酸素ボンベを背負ってみる参加者（右）

悪天候で多用途支援艦「ひうち」の乗艦が叶わなかったため、バスの中で同艦の乗組員がラッパ吹奏を披露

札　幌

地本は5月14日、日本航空大学校北海道新千歳空港キャンパスの依頼を受け、同校の学生600人に自衛隊就職ガイダンスを行った。

同校は航空・宇宙関連機器の設計・製造など航空業界のプロフェッショナルを養成する学校で、自衛隊は長年にわたり協力関係を築いてきた。

今回は7師団、11旅団、北方航空隊から装甲車両や航空機の支援を受けた。航空機整備員らが採用説明を行い、体験試乗を実施。学生たちは装備品などを見学し、「希望した職種に就けますか」と質問するなど、自衛隊に強い関心を示していた。

宮　城

地本は4月23日、仙台市のFMラジオDate FMの番組で、地域でさまざまな活動を行っている人を紹介する番組「うさみみラジオ」に出演した。Date FMは宮城県内の代表的なFM放送で、幅広い年代層が聴いている。

番組の中で諏訪国重地本長は、東日本大震災から10年を迎えたことにふれ、発災当時、大和駐屯地司令として勤務していた頃の体験を語った。また自衛隊の役割や採用試験についてリスナーに説明し、受験を呼び掛けた。

新　潟

地本は5月15、16の両日、新潟西港と山ノ下ふ頭で護衛艦「はまぎり」の艦艇広報を行った。新潟市自衛隊協力会が入港歓迎式を主催し、今年度一般幹部候補生を受験した新潟大学の学生が「一日艦長」を務めた。

艦艇内の見学は感染症対策のため、募集対象者とその保護者、インターネットでの一般応募の当選者など約300人に限定。また艦外では制服の試着や30普連（新発田）支援のもと車両展示を行った。

参加者は船室や艦橋、迎撃ミサイル発射機を見学し、「将来、自衛官になって護衛艦に乗ってみたい」「飛んでくるミサイルを迎撃できるなんてすごい」と感想を語った。

茨　城

筑西地域事務所は5月15日、横須賀基地の見学に募集対象者6人を引率した。茨城県内に基地がない海自を身近に感じてもらうことが目的で、護衛艦「きりしま」の見学や隊員との懇談会を行った。

参加者からは「今後の進路を決める有意義な時間を過ごせた」「貴重な体験をすることができた」との感想が聞かれた。また懇談会では「自衛官とじっくり話すことができ、ますます興味が湧きました」と好評だった。

栃　木

地本は5月4、5日の両日、栃木県内のイベントで中即連（宇都宮）の支援を受け自衛隊車両を展示した。例年ゴールデンウイークに実施しているが、昨年は緊急事態宣言下で中止となったため、2年ぶりの出展となった。

4日の「働くクルマ大集合」では96式装輪装甲車や偵察用オートバイなどを展示した。主に家族連れが訪れ、「どんな場面で走るのですか」などと隊員に質問していた。

翌日の小山市内での「はたらく車展」では軽装甲機動車などを展示。訪れた買い物客は車両の前で、隊員と写真撮影に興じていた。

静　岡

藤枝地域事務所は5月18日、この春入隊した岡田梓沙2陸士の近況報告を受けた。岡田2士は学生時代、東日本大震災のボランティアに参加した際、自衛官の災害派遣活動を間近に見て入隊を志した。

広報官が訓練や生活について尋ねると、「訓練は厳しいですが同期と励まし合いながら頑張っています」と笑顔で答えた。また戦車に興味があり「機甲科が第一志望」と語り、「少しでも早く一人前になれるよう頑張ります」と意気込んだ。

京　都

宇治地域事務所はこのほど、大久保駐屯地で行われた一般曹候補生の入隊式に参加し、担当した新隊員44人の様子をライブ配信した。感染症拡大防止で家族が参加できないため、京都地本の企画で今年度初めて行われた。

巻口公輔地本長の激励や新隊員から家族へのメッセージが伝えられ、宇治事務所から入隊した田中朋弥2士も「これからもしっかり頑張ります！」と力強く決意を述べた。配信を視聴した家族は「短い期間で立派になった」「格好良かった」など、新隊員の姿に安心した様子だった。

愛　媛

地本は5月2日、宇和島市内で開催された「えひめ南予きずな博　感謝といやしの音楽祭」を14音楽隊（善通寺）とともに支援した。まん延防止措置適用中のため無観客で行われたが、地元のテレビ局が生中継しYou Tubeでも配信された。

NHKドラマ「坂の上の雲」の主題歌「スタンドアローン」の演奏のほか、地元出身の歌手・声優である中川奈美氏との共演、愛媛プロレスともコラボし、普段のコンサートでは体験できない異業種共演を実現させた。

島　根

地本は4月23日、空自防府北基地と陸自13飛行隊（防府）の協力を得て、一般幹部候補生と一般曹候補生の志願者計10人を対象に、防府北基地研修を行った。

13飛行隊では隊舎や飛行班などを見学し、UH1J多用途ヘリに搭乗。懇談時間に女性自衛官が自らの体験や入隊動機を語り、女性も活躍できる職場であることを伝えた。

空自では顕翔館の見学や基地食堂の人気メニュー「空上げ」の喫食を楽しんだ。飛行隊を見学した一般曹候補生志願者は、「航空学生も受験し操縦士を目指したい」と語った。

山　口

周南地域事務所は5月15日、山口県下松市の商業施設「ゆめタウン下松」で下松警察署と合同説明会を開催した。これは地元警察と良好な関係を築くとともに、地域の人に自衛隊の魅力を発信し、「職業の選択肢」として認識してもらうことを目的にしている。

地本は新型コロナの影響で商業施設から客足が遠のく中、感染症対策に万全を期して広報活動を展開した。

福　岡

地本は4月9～13日、小倉駐屯地で40普連が担任する予備自衛官5日間訓練を支援した。予備自たちは射撃予習訓練や体力測定、警備訓練に臨み、「気持ちを新たに練度向上に励みたい」と意欲を見せていた。参加者の一人は「久しぶりに会う人もいて充実した訓練ができた」と語った。

熊　本

天草駐在員事務所はこのほど、大矢崎緑地公園で行われた「天草桜まつり」を支援した。来場者約2200人に自衛隊をPRした。

会場では陸自の8音楽隊（北熊本）が演奏を披露し、多くの観客が美しい音色に聴き入った。また装備品は、天草初上陸となる5地対艦ミサイル連隊（健軍）が保有する12式地対艦誘導弾を展示。来場者はその迫力や重厚感に圧倒され、子どもたちも「すごい！」と驚いていた。

地本広報ブースでは自衛隊の魅力を来場者に分かりやすく説明。「迷彩エアーくまモン」を設置すると、家族連れが記念撮影するなど楽しんでいた。

各種国際任務遂行へ演練

中即連　PKOや海賊対処支援

【中即連＝宇都宮】陸上総隊の直轄部隊演習（PKO等先遣隊演習）が5月14日から16日まで北富士演習場で行われ、中央即応連隊も参加した。

演習はPKO等先遣隊要員の練度確認を目的に行われ、演習場内に仮宿営地を構築し、参加部隊は新型コロナ感染防止対策を講じつつ、宿営地の警備要領をはじめ、他国軍との「宿営地の共同防護」「駆け付け警護」要領などを演練した。

連隊は併せて本部管理中隊の通信小隊、衛生小隊の訓練検閲も行い、両小隊の練度を評価するとともに各隊員の任務遂行の能力向上を図った。

◇

続いて連隊は5月17日から20日まで、北富士、東富士両演習場で「RJNO（在外邦人等保護措置）」連隊練成訓練を行った。

訓練は6月に実施される検閲（総隊直轄部隊演習）に向け、総隊司令部と関係部隊の指定要員を含め、外国における在外邦人等の保護に係る一連の行動について演練した。

◇

この後、「総隊直轄部隊演習」が5月21日から23日まで北富士演習場で行われた。こちらはソマリア沖・アデン湾の海賊対処に当たる海自部隊を支援するため、アフリカのジブチ共和国に展開する「第16次派遣海賊対処行動支援隊（16DGPE）」の任務遂行能力を確認・評価して、派遣準備を万全とするために実施された。（2面参照）

演習に先立ち、統裁官の中央即応連隊長・山田憲和1佐が派遣要員に対して訓示し、適切な状況判断（マンネリ」「慣れ」の排除と安全・健康管理（新型コロナ感染対策の徹底）を強く求めた。

今回の演習では、ジブチ飛行場地区の自衛隊活動拠点の警備要領や各種事態対処などを演練するとともに、隊員と現地役務要員にコロナ疑いが出た場合なども想定し、あらゆる状況下で任務を完遂し得るよう訓練を行い、部隊派遣態勢を確立した。

今回、女性自衛官の穴澤静香1曹も警備小隊要員として参加、牛嶋築陸上総隊司令部幕僚長から直接指導を受けた。穴澤1曹は「ジブチの警備小隊に女性が参加するのは初めてで不安もあるが、一生懸命任務を完遂したい」と力強く抱負を語った。

中央即応連隊として15回目の派遣となる16DGPE要員の主力は7月にジブチに向け出国の予定。

PKO等先遣隊演習で「駆け付け警護」の事態を想定して訓練する中央即応連隊の車両部隊（北富士演習場で）

霧の中で「在外邦人等保護措置」訓練に臨む中即連の隊員たち（東富士演習場で）

第16次派遣海賊対処行動支援隊のジブチ派遣訓練中、牛嶋総隊司令部幕僚長（右）から激励される警備小隊の穴澤静香1曹（北富士演習場で）

訓練

03JXR　首都直下地震を想定

1施団　施設調整所を運営、幕僚活動の練度向上

「オリンピック開催下の首都直下地震」を想定した自衛隊統合防災演習（03JXR）で「陸災首都圏部隊施設調整所」に詰め、指揮幕僚活動を演練する1施団の隊員（朝霞駐屯地で）

【1施団＝古河】1施設団は5月17日から20日までの間、朝霞駐屯地で行われた令和3年度自衛隊統合防災演習（03JXR）に参加した。

訓練は「オリンピック開催下における首都直下地震」を想定、17日の発災をもって演習が開始された。

1施団は当初、古河駐屯地で第1回作戦会議を開き、仲西勝典団長が①実任務を意識した行動②幕僚活動4要件の実践③コロナ予防の徹底――の3点を要望。さらに「五輪開催中であることを踏まえ、各部隊の運用ニーズに応じた行動を。さらに本演習を有意義なものとするため教訓の案出についても意識せよ」と訓示した。

会議後、部隊は朝霞駐屯地に前進し、施設学校から14人、東北方面隊から1人の幕僚増援を受け、現地に「陸災首都圏部隊施設調整所」を開設した。

団は作戦基本部隊による即時救援活動における施設支援態勢を確立、人命救出・救護、道路（水路）啓開、がれき等除去などに当たり、自衛隊の応急救援活動、人命救助を支援する施設活動を行った。

訓練中は施設調整所だけでなく、東京都庁の東方現地調整所にも連絡要員を派遣、統制所や状況付与班などにも要員を参加させ、幕僚活動全般の練度向上を図った。

18日には山崎統幕長が視察に訪れ、激励を受けた。部隊は20日に訓練を終了した後も施設調整所の運営や施設科部隊運用について意見交換を実施。さらに事後研究会（AAR）で検証項目の結果を確認、教訓事項を現行計画に反映させるとともに、オリンピック期間中の災害発生に向けての態勢を整えた。

背負い搬送で負傷者救助

47普連　即応態勢確認と災派に備え

スリングロープを使い、背負い搬送による救助法を演練する47普連の隊員（原村演習場で）

【47普連＝海田市】47普通科連隊は5月17日、海田市駐屯地と原村演習場で令和3年度防災応急対処訓練を実施した。

訓練は連隊の即応態勢の確認と災害派遣に備えた救助活動の技能向上を目的に行われた。

最初に隊員の海田市駐屯地への緊急登庁訓練から始まり、部隊は迅速に緊急出動態勢を完了させた。この後、部隊は原村演習場に場所を移し、人命救助システムの取り扱い法や高所に取り残された負傷者をスリングロープなどを使った背負い搬送で救助する手順も訓練した。

今回の訓練で部隊の即応性と所属隊員が所望の練度にあることが確認できた。

人命救助システムの取り扱い法を確認する隊員たち

44普連　地域住民を安全に輸送

福島市防災訓練に参加

「大型で強い台風接近、避難指示発令」

【44普連＝福島】44普通科連隊は5月15日、福島市吉井田地区で実施された令和3年度福島市総合防災訓練に参加した。

訓練は「大型で強い台風が東北地方へ北上中であり、福島市は警戒レベル4で避難指示を発令した」との想定のもと実施され、陸自など関係機関や民間企業、地域住民が参加した。

連隊からは本部管理中隊施設作業小隊が参加し、災害対策本部設置や避難住民搬送訓練など行った。

災害対策本部設置訓練では、隊員が災害対策本部員会議に参加し、自衛隊の活動内容を報告。また避難住民搬送訓練では福島市長ら関係各機関の長が見守る中、浸水などで孤立した地域から住民を迅速かつ安全に避難所へ輸送する手順を演練した。

この防災訓練を通じ、連隊は各機関との連携向上を図るとともに、地域住民の防災意識向上にも努めた。

(上)地域住民を自衛隊車両に乗せ、避難所まで輸送した44普連の隊員（福島市吉井田地区で）

(左)福島県警のパトカーの先導を受け、危険が迫る孤立地区へ急行する自衛隊車両（福島市内で）

34普連5中隊　有毒化学剤の脅威下で対処

災害時の避難誘導、搬送も

【34普連＝板妻】34普通科連隊5中隊は5月19、20の両日、板妻駐屯地と東富士演習場で「第1回中隊練成訓練（災害対処訓練）」を実施した。

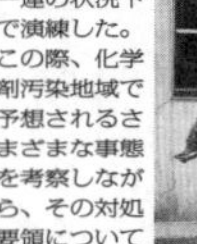

化学剤で汚染された地域を除染する34普連5中隊の隊員（東富士演習場で）

訓練は、有毒化学剤の脅威下における事態対処を想定。最初に駐屯地で全般説明を行った後、対特殊武器、衛生（応急処置・搬送）などについての機能別訓練を実施した。

この後、被災地として設定した東富士演習場内の市街地訓練場に移動し、「有毒化学剤で汚染された地域」における民間人の避難・誘導・捜索に続き、負傷者の応急処置、汚染地域の除染などを一連の状況下で演練した。この際、化学剤汚染地域で予想されるさまざまな事態を考察しながら、その対処要領についても訓練した。

防護服を着け、負傷者を緊急搬送する隊員（東富士演習場で）

募集・援護　特集

警察、消防と共同でPR

「警察志望だったが、自衛隊の話を聞いて興味が湧いた」――。新型コロナで景気が冷え込む中、公務員志望の学生が増えている。これに対応するため、静岡地本や茨城地本は警察、消防などと合同の採用説明会や採用ガイダンスを行い、公務員志望の若者たちに手厚い福利厚生の環境が整い、仕事もやりがいがある自衛隊を積極的にPR、相乗効果で志望者増につなげている。

自衛隊を選択肢に
3機関合同 採用説明会を開催
静岡

【静岡】地本は5月25日、富士市にある富士市立高校で、自衛隊・警察・消防の「3機関合同採用説明会」を開催した。

説明会には今年度就職予定の3年生と将来公務員を希望する1・2年の生徒19人が参加。3機関の広報担当者がそれぞれの公安系機関の説明を行い、今後の就職活動の参考にしてもらった。

地本からは富士地域事務所長の馬場久喜2陸尉と同所広報官の青島祐二2陸曹が参加し、新型コロナ対策を万全にして、陸・海・空自の役割や自衛官の手厚い福利厚生などについても説明。最後に質疑応答の時間を設定し、広報官が参加者からの質問に丁寧に対応した。

参加した生徒からは「警察に一番興味があったが、自衛隊の話を聞いて興味が湧いた」「同時に3機関の話を聞くことができて、今後の就職活動の参考になった」といった感想が聞かれた。

静岡地本は「今後も各機関や学校と連携し、合同説明会を行うことで、他の公務員志望者にも自衛官を選択してもらえるように活動していきたい」と話している。

3機関合同採用説明会で陸自の任務について説明する静岡地本の隊員（左奥）＝5月25日、富士市立高校で

5機関合同の公安系公務員合同採用ガイダンスで海上自衛隊の職業の魅力について説明する筑西所の隊員。右奥は茨城県警ブース（4月17日、三和地域交流センターで）

公安系公務員の魅力伝える
5機関合同で採用ガイダンス
茨城

【茨城】筑西地域事務所は4月17日、古河市の三和地域交流センターと常総市の生涯学習センターで警察、消防、海上保安庁、少年鑑別所と5機関合同での「公安系公務員合同採用ガイダンス」を開催した。

今回、所員は茨城県に基地がない海自を広く知ってもらうことに注力。自衛隊の任務である国防をはじめ、災害派遣、国際貢献活動や陸・海・空自の職種を説明した。

その後、海上自衛官の遠山智陽3海曹らが航空機整備員としての体験談を披露。遠山3曹は「海上での任務を果たすには厳しいこともあるが、やりがいを感じられ、海自は海外交流が多く貴重な体験ができる職業です」とアピールした。

参加者は普段接する機会が少ない仕事について理解を深め、「公安系の話をたくさん聞くことができたが、中でも海自に興味をもった」などと志望意欲を高めていた。

ドラマに出演の救難員の説明会
京都

【京都】地本は5月18日、京都地方合同庁舎、福知山地域事務所、宇治地域事務所と海自鹿屋基地、空自小牧基地、さらに参加者の家庭をつなぎ、「海・空自救難員オンライン説明会」を開催した。

このイベントは海自22空群鹿屋航空分遣隊と空自救難教育隊（小牧）の協力を得て行われ、入隊希望の若者8人とその保護者が参加。現在放送中のテレビドラマ「リコカツ」に登場する救難員と実際の自衛官の違いや、人命救助の仕事、救難員になるための方法を伝えるとともに、海・空自入隊後のキャリアプランを知ってもらい、受験意欲を高めてもらった。

最初に地本の募集課総括班長の山崎真弘1陸尉が海・空自の概要について説明。続いて鹿屋のUH60J救難ヘリの機上救難員2人が職種の説明を行った。その後は質問時間を設け、質疑応答を通じて救難員について理解を深めてもらった。

空自の救難員についても、同様に説明会を実施。質疑応答では「救難員のやりがいは」「入隊して何年後に救難員になれるのか」「（ドラマのように）奥さまは、救助した方なのか」などの質問が次々と出され、参加者たちの救難員への興味の高さが伺えた。

幹候1次試験を実施
合格目指し11人が受験
鳥取

【鳥取】地本は5月8、9の両日、鳥取市の新日本海新聞社、鳥取第1合同庁舎、米子市の鳥取県立武道館の各会場で自衛隊幹部候補生採用第1次試験を行った。

11人が将来の幹部を目指して受験し、大卒程度、院卒、飛行の区分ごとに、合格を目指して懸命に取り組んだ。

初日は一般教養や専門問題、2日目は飛行要員の操縦適性試験が実施された。受験者は集中力を途切れさせることなく最後まで見直しをするなど試験問題に取り組み、休憩の際は参考書を取り出して勉強する姿が見られた。

第1次試験の結果は6月1日に発表され、合格者は同8日～14日に行われた2次試験に挑んだ。最終合格者は7月23日以降に発表される。

幹部候補生採用1次試験に臨む受験生（5月8日、鳥取県立武道館で）

J2イベントで来場者にPR
秋田

【秋田】地本は5月1日、秋田市八橋運動公園陸上競技場で開催されたプロサッカーJ2リーグ「ブラウブリッツ秋田vsファジアーノ岡山」の関連イベント「働く車大集合」に参加し、自衛隊をPRした。

同イベントには約1400人が来場。地本、警察、消防各機関による働く車の展示のほか、広報コーナーが設置され、サッカーファンからも注目を集めた。

特に自衛隊コーナーでは、357施設中隊（秋田）が展示した81式自走架柱橋や特大型ダンプなどに子供たちが集まり、乗車して家族と記念撮影を楽しんだ。

区民に職業説明会
新小岩所が4機関合同で

【東京】新小岩募集案内所はこのほど、新小岩地区センターで警視庁、東京消防庁、海上保安庁と連携し、4機関合同の公務員職業説明会を開催した。

説明会は近隣に自衛隊施設が存在しない葛飾区民などに自衛隊の活動を周知し、防衛基盤の拡充を図るため、新小岩所が葛飾区生活安全課と連携して企画した。

当日は大学生、専門学校生、高校生とその保護者など32人が参加。コロナ対策なども考慮し、参加者を4班に分け、各省庁別会場でPRを行った。

自衛隊のブースでは、1師団司令部本部付隊（練馬）に勤務する女性自衛官が陸自の概要や多様な職域、女性の活躍などを説明、参加者からのさまざまな質問には実体験を踏まえて回答した。

参加者からは「実際に活躍する女性自衛官から話が聞けて参考になった」「就職の選択肢の幅が広がった」などの感想があった。

瑞宝双光章を受章した谷川元2佐（左）に表彰状を伝達する濵岡三重地本長（5月26日、三重地本で）

谷川元2陸佐に危険業務従事者表彰
三重

【三重】地本長の濵岡清隆1陸佐は5月26日、令和3年春の危険業務従事者叙勲の受章者に対する表彰式を本部で開き、「瑞宝双光章」を受章した谷川信雄元2陸佐に表彰状を伝達した。

谷川元2佐は現役時代、募集のエキスパートとして、三重地本で募集班長、広報班長、四日市地域事務所長として3回勤務した実績を持つ。

谷川氏は式後、久しぶりに再会した地本の後輩たちに対し、「相変わらず募集の厳しい時代が続きますが、これからも目標達成に向け、頑張ってください」と激励した。

定年や"新卒"の退職自衛官にエール

西方援護チャンネルの撮影に協力した第一交通に再就職の元隊員（奥の男性2人）と同社の女性社員

協力企業 第一交通を取材
西方運営の投稿動画を撮影
福岡

【福岡】地本はこのほど、退職自衛官が勤務する援護協力企業・第一交通アイランドシティ営業所の協力を受け、陸自西部方面隊（健軍）が運営する「援護YouTubeチャンネル」に向けた投稿動画の撮影を行った。

同チャンネルは退職自衛官（定年、若年定年制）や任期を終えて退職する「自衛隊新卒者」の採用を企業等に検討してもらうため、西方人事部援護業務課が運営しているもの。

今回の撮影では、タクシー事業などを行う第一交通に再就職した退職自衛官へのインタビューや勤務風景なども収録。「退職自衛官の有用性や雇用のアピールになれば」と第一交通も積極的に協力した。

出演した元自衛官の田之上俊広さんは「新型コロナで大変な時期だが、皆さま、可能性を大いに秘めている退職自衛官の雇用をぜひ、検討して」と訴えた。

企業主の空自研修を支援
福島

【福島】地本は3月15、16の両日、空自松島基地の協力を得て、退職自衛官雇用企業主ら12社22人を招き、部隊研修を行った。

研修は福島県自衛隊退職者雇用協議会と連携して行われ、企業主から退職自衛官の再就職への理解を得ることが目的。企業主たちは松島基地でブルーインパルスの飛行訓練をはじめ、21飛行隊のF2B戦闘機、松島救難隊のUH60J救難ヘリの見学などを行った。

研修後、参加者の一人は「日頃見ることのできない各種装備品を見学させていただき、自衛隊のさまざまな任務について理解でき、有意義な研修だった」と話していた。

官民一体のチーム

東京大規模接種センター

「できるだけ多くの方に接種を受けていただきたいという思いを持って、官民一体となって勤務しています」――。6月9日に報道公開された東京・大手町の「自衛隊東京大規模接種センター」で、開始から2週間の意気込みを語った接種隊長の河野修一1陸佐。当日は首都圏の1都3県から1時間当たり最大で約千人の人々が訪れる中、そこには万全の態勢で整斉と接種に当たる官民チームの姿があった＝1面参照。

（文・写真　日置文恵）

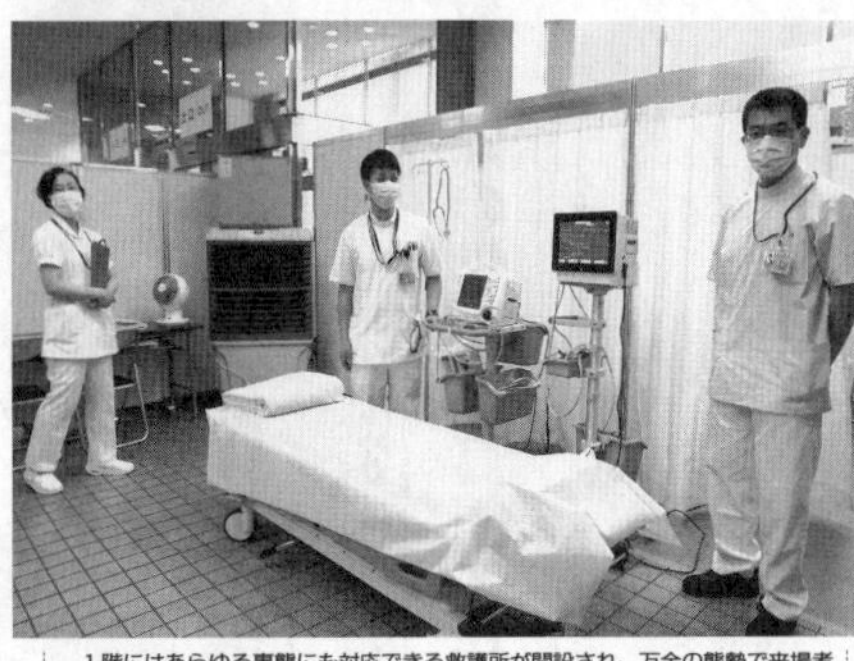

1階にはあらゆる事態にも対応できる救護所が開設され、万全の態勢で来場者の安心と安全を支える。右端は現場のリーダーを務める医官の岩本慎一郎1陸佐（写真はいずれも6月9日、東京都千代田区の大手町合同庁舎3号館で）

毎日のミーティングで課題改善

河野隊長「医官として大変やりがい」

河野隊長は5月24日のセンター開設時から、自衛隊の医官約50人、看護師等130人、さらに民間看護師約110人を含む計約300人を束ねてきた。

「異なるバックグラウンドを持つ官民一体のチームなので、しっかりとコミュニケーションをとり、勤務できるよう、毎日、各フロアで（細かい）ミーティングを行い、疑問点や課題を積極的に改善し、反映しています」とチーム一丸の秘訣を話す。

「例えば、ブースの数を時間帯によって増減させたり、椅子の置き方も渋滞が起きないように配置して来場者の待ち時間を極力短くしたりするなど、日々検討を重ね、努力しています」。

昨年来、大型クルーズ船への対応を含め、コロナ対策に奔走する日々だが、「自衛隊の医官として、このような大型プロジェクトに携わることができて大変やりがいを感じています」と胸を張った。

1階の救護所では、医官の岩本慎一郎1陸佐（中央病院臨床医学教育・研究部長）と看護官3人から成るチームが待機。岩本1佐は「ワクチン接種後の重篤なアナフィラキシーショック（強いアレルギー反応）にも対応できる備えをしています」と説明する。

当日は、▽受け付け▽救護所▽予診票確認▽医官による予診（問診）▽接種▽ワクチンの吸い上げ作業▽接種済証の交付と2回目の予約▽経過観察――の各スペースが公開された。

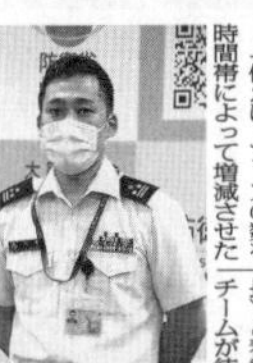

報道陣のインタビューに「官民のコミュニケーションが重要」と語る接種隊長の河野修一1陸佐

「安心して受けた」

千葉県市川市から接種に訪れた教員の武藤和彦さん（65）＝写真＝は「20分くらいで全て終わり、（滞りのないスムーズな）素晴らしい動線だと感動しました。入口から出口までスタッフの皆さん全員が微笑まれていて、私を含め高齢者たちは安心して接種を受けることができました。10点満点中10点で、皆さんに感謝しています」と報道陣のインタビューに答えた。

機動衛生隊

肺移植の子供を移送

福岡から伊丹へ　機内でECMO固定

【小牧】航空機動衛生隊（小牧）と1輸空（同）は4月16日、福岡国際空港から伊丹空港まで、呼吸器疾患に対する肺移植が必要な子供1人を急患空輸した。

同日午前5時15分、福岡県の服部誠太郎知事が航空支援集団（府中）司令官の金古真一空将に緊急患者空輸の災害派遣を要請。

これを受け、航空機動衛生隊が1輸空のC130H輸送機（機長・松藤成信1尉）の貨物室に傷病者搬送システム「機動衛生ユニット」を搭載して小牧基地を離陸。

福岡国際空港に到着後、エプロン地区で患者と医師を収容して同10時47分に同空港を離陸、11時56分に伊丹空港に着陸し、待機していた救急車に患者を引き渡した。当日中に、最終搬送先から「無事に患者を搬入できた」という連絡があった。

航空機動衛生隊は災派の前日に患者情報を入手。翌日の早朝出発と時間が切迫する中、体外式膜型人工肺（ECMO）の医療資器材の固定方法などの調整を行い、隊のチームワークと柔軟な対応力で、約540キロにわたる長距離患者搬送を無事に完遂した。

当日の搬送を指揮した同隊の東原拓也3佐は「飛行隊と民間の医療従事者と連携し、患者を安全に搬送することができて良かった」と振り返った。

（上）C130H内の機動衛生ユニットで患者の子供の容態を観察する医官ら（下）伊丹空港に到着し、救急隊に患者を引き渡す航空機動衛生隊員（写真はいずれも4月16日）

あさくも ドンマイ's　吉本どんど

富国生命保険が子供たちにプレゼント

省内託児施設に「おやさいクレヨン」

創立100周年事業の一環として児童支援を行っている富国生命保険（本社・東京都千代田区）はこのほど、誤って口に入れても安全な「おやさいクレヨン」を製作。防衛省の託児施設などに贈っている。

「おやさいクレヨン」は、食材ロスの削減への貢献も目指す。米ぬかから採れた米油などをベースに、収穫の際に捨てられる野菜や外葉を原材料に使用。トウモロコシを用いたものなど全5色。パッケージには福島県立猪苗代支援学校の生徒の作品を使用した。

1万箱を製作し全国の福祉施設などに届ける。6月8日には同社の矢崎斉総合営業推進部部長、青木朋紀総合営業推進部法人部長らが防衛省内の市ヶ谷保育園を訪れ、園長に手渡した。他の全国6カ所の駐屯地・基地の託児施設にも贈る。

青木法人部長は「幼児教育に役立てていただければうれしい。破棄している野菜が役に立っていることも少なからず伝えたい」と語っている。

（上）市ヶ谷保育園を訪れ園長らに「おやさいクレヨン」を贈る富国生命の矢崎部長（中央）、青木部長（その右）ら（6月8日）（下）全5色のクレヨン。パッケージデザインは支援学校生徒の作品を使用

コロナ患者1人空輸

15ヘリ隊　宮古島から那覇へ

陸自15旅団（那覇）は6月9日、沖縄県の宮古空港から沖縄本島の那覇空港まで、宮古島在住の新型コロナウイルス陽性患者1人を急患空輸した。

前日の8日午後8時43分、沖縄県の玉城デニー知事が15旅団長の佐藤真将補に急患空輸の災害派遣を要請。

これを受け、15ヘリ隊のCH47輸送ヘリ1機（機長以下4人）が翌朝、本島から南西約300キロに位置する宮古島まで進出した。

クルーは宮古空港で患者1人を機内に収容して那覇空港まで空輸し、午前10時ごろ、待機していた救急車に引き継いだ。

CH47輸送ヘリでコロナ患者を輸送後、待機していた救急車に引き継ぎを行う15旅団の隊員ら（右側）＝6月9日、沖縄県の那覇空港で

座間

米軍兵士と相模川を清掃

【座間】駐屯地は5月14日、在日米陸軍のキャンプ座間関係者や座間市職員とともに、相模川沿い河川敷の清掃を行った。

地域に貢献できる活動として駐屯地曹友会（事務局長・千葉周一2曹）が提案、米軍側が快諾し実現した。曹友会から18人、米軍からはターナー最先任上級曹長以下8人、さらに佐藤みと座間市長はじめ市の職員も加わり総勢約50人のボランティアチームが編成された。

河川敷地域は座間駐屯地やキャンプ座間から2キロほどの近傍にあり、週末は多くの市民が釣りやバーベキューを楽しむなど、住民の憩いの場となっている。

暑い日差しが照り付けるなか、参加者はコロナ対策に留意しつつ横一列の「ローラー作戦」で作業をスタート。1時間かけて約5万平方メートルを清掃した。空き缶や空き瓶、プラスチックなどゴミ袋約50個分を回収した。

参加した第4施設群の岡崎佑海3曹は「米隊員と言葉の壁を越え、一緒に地域の手助けができて嬉しく思っています」と語った。駐屯地は「今後も米軍とともに、地域への貢献活動に取り組んでいきたい」としている。

座間駐屯地曹友会の隊員は、米キャンプ座間の兵士や座間市職員らとともに相模川河川敷を清掃した（5月14日）

小休止

▽…山梨地本は5月21日、甲府合同庁舎で小菅村立小菅中学校の「総合的な学習」の時間を支援し、生徒1人に基本動作や自衛隊体操、救急法体験などをレクチャーした。

▽…迷彩服に着替えた生徒は地本担当者の説明を受けた後、「体力を使う事を経験したい」という本人の希望により、陸自の自衛隊体操を体験。慣れない動きに戸惑った様子だったが、一生懸命に体を動かし汗を流した＝写真。

▽…救急法体験では、止血帯（CAT）を使った緊縛止血の要領を学んだ。参加生徒は応急処置の教育を通じて「自衛隊についてよく知ることができました」との感想を述べた。（山梨地本）

こちら警務隊　薬物犯③

麻薬には強い依存性があり、摂取しないと禁断症状が現れる

麻薬とはどんなものですか？

麻薬にはヘロインやコカイン、科学的に合成されたMDMAなど、さまざまな種類があります。

代表的な麻薬のヘロインには強い依存性があり、乱用すると、2～3時間ごとに摂取しないと体中へ激痛、嘔吐や失神などの禁断症状が現れ、場合によっては死に至ります。

違法に所持・使用すると、麻薬及び向精神薬取締法違反により、ヘロインは10年以下の懲役、コカイン・MDMA等は7年以下の懲役、向精神薬は3年以下の懲役に処せられます。

麻薬は他の犯罪も誘発し、家族等の周囲の人も不幸にしますので、絶対に手を出してはいけません。

（中部方面警務隊）

みんなのページ

佐世保教育隊の学生が烏帽子岳登山

海曹長 山田 純一（佐世保教育隊23分隊士B）

4月8日の海上自衛隊への入隊式を終え、春らしい陽気となった翌9日、佐世保教育隊は第16期一般海曹候補生と第23期自衛官候補生課程の最初の鍛錬行事となる「烏帽子岳登山」を実施した。

学生は出発に先立ち、教育隊施設内に建てられている烏帽子岳登山競技の激走後に亡くなった故糸田幸夫2等海曹の「雄魂の碑」に黙とうをささげた後、烏帽子岳山頂を目指して出発した。

頂上までの道のりは約12キロメートルあり、途中、東山海軍墓地の「海の防人の碑」にも黙とうを捧げ、山道に入っていった。

沿道の木々の葉は新入隊員と同様に若々しい若緑色ですがすがしく、すれ違う町の人たちが温かな応援の言葉をかけてくれ、学生たちもそれに応えるようにあいさつを交わしていた。

久しぶりに野外で運動をしたという学生も多い中、各分隊とも同期が最後まで声をかけ合い、予定より30分以上速いペースで登り切り、3時間弱で山頂に到着した。

山頂からは大村湾、佐世保港、九十九島の西海国立公園が一望できた。北は北海道、南は沖縄県から集まった学生たちもその美しさに歓声を上げ、登山の醍醐味を満喫していた。

その後、山頂から広場に移動して各分隊別に昼食タイム。昼食は豚汁と恒例の「缶飯」であった。学生たちは慣れない缶切りに悪戦苦闘していたが、思った以上に美味しかったのか、あっという間に食べ終え、豚汁をお代わりする学生もいた。

各分隊では昼食後に自己紹介などを行い、教育隊内ではおとなしかった学生も春の陽気からか、明るく元気に自己紹介する者もいて、分隊の輪からは大きな笑い声が起こり、みな和やかに打ち解けていた。

下山時はさらに学生たちの会話も弾み、あっという間に教育隊に帰り着いた。往復約24キロの道のりであったが、学生たちは心地よい汗を流し、みなとてもさわやかな笑顔を見せていた。

佐世保教育隊の「雄魂の碑」に烏帽子岳登山出発を報告する一般海曹、自候生課程の学生

護衛艦「ゆうだち」の"愛情どら焼き"

家族的な船乗りの和を垣間見る

1海尉 二瓶 芳亮（14護衛隊・舞鶴）

去る4月に第14護衛隊の艦艇が第7護衛隊（大湊）の護衛艦「ゆうだち」（艦長・木下正仁2佐）を旗艦に航海している際、心温まる"船乗りの和"を感じるイベントがあったので、ここに紹介します。

このイベントは、航海の合間を縫って「ゆうだち」艦内の娯楽として行われた"どら焼きパーティー"です。本イベントは隊員の喫食時間を分けるなど、新型コロナ感染防止対策を万全にして実施されていました。

長い航海で疲れてくると、どうしても甘いものが欲しくなるのが私たち船乗りというものです。そんな頃合いを見計らって、「ゆうだち」先任海曹室が主体となって乗員に提供されたのが"愛情どら焼き"です。船乗りが作ったということで「まさか塩気の効いたどら焼きでは」と思いきや、先任海曹室の愛情がたっぷりの甘いあんこと栗が入った手作りのどら焼きでした。

これは"ゆうだちのドラえもん"という異名を持つ関口1曹が発案し、先任伍長（石村曹長）を中心に一致団結、乗組員のことを思い、「彼らの疲れが少しでもやわらぐように」と一日中どら焼きを焼き続けたそうです。（総数はなんと約200枚！）

この"愛情どら焼き"は司令部も含め、総勢171名の乗員に振る舞われ、めでたく完食となりました。若い海士からは「優しい甘さが疲れた心と身体を癒やしてくれた」「仲間と語らうことができ、楽しいひと時を過ごせた」「明日も頑張ろうと思った」といったコメントが多く寄せられ、大変好評だったとのことです。

どら焼きを美味しそうに頬張る若年隊員と、それを見てほほ笑む先任海曹室の面々の姿が印象的であり、温かい家族的な船乗りの和を垣間見ることができました。

現代においてはインターネットやSNSなどの浸透により、お茶の間で一家団欒という風景がもはや見聞きされなくなったと言っても過言ではありません。

しかし、一致団結して任務に邁進することが求められる護衛艦部隊においては、家族支援はもとより、艦内において寝食を共にし、先輩・後輩と「育てるとともに、育てられる」兄弟や家族のような関係が極めて重要ではないかと思います。

この「ゆうだち」のイベントを通じて、第14護衛隊でもこのような温かい関係性を強調していきたいと改めて考えさせられました。今後、これを「育2（イクツー）運動」というキャッチフレーズで当隊でも奨励しようと考えています！

上 "愛情どら焼き"を賞味する護衛艦「ゆうだち」の幹部たち　下 甘いあんこと栗が入った手作りのどら焼きを頬張る乗員

（世界の切手・日本）

真の人間性に最もよく調和する愉しみは、よき仲間との愉しい食事である。

カント（ドイツの哲学者）

朝雲ホームページ
www.asagumo-news.com
<会員制サイト>
Asagumo Archive
朝雲編集部メールアドレス
editorial@asagumo-news.com

施設器材を投入し 白河布引山演習場を整備

陸曹長 菅原 敦（6施大本部管理中隊・神町）

第6施設大隊は5月10日から21日までの間、令和3年度白河布引山演習場の春季統一整備に参加した。

大隊は本整備に向けて集成2個中隊基幹を編成し、本部管理中隊を基幹とする作業隊は施設教導隊、第312ダンプ車両中隊から機械力支援を受け、グレーダ、ロードローラーによる主要幹線道路の面成形作業、ダンプ班による砕石敷き均し作業を行った。

一方、3中隊を基幹とする作業隊は84ミリ無反動砲停弾堤法面成形の作業を担任した。

このほか両中隊とも監的道延長に関する工事を実施した。この間、大隊炊事班は早朝から隊員の活力となる食事を調理し、炊事能力の向上を図りつつ本演習場整備を支えた。

各中隊は大隊長の要望事項「施設技術を最大限発揮して、師団の整備任務完遂に寄与せよ」を具現化し、所望の時期までにすべての整備任務を完遂して、白河布引山演習場の機能の維持向上と長期安定使用に寄与した。

大隊は本作業で得た成果を今後の訓練に生かし、師団全般の施設支援を実施できるよう日々鍛錬していく。

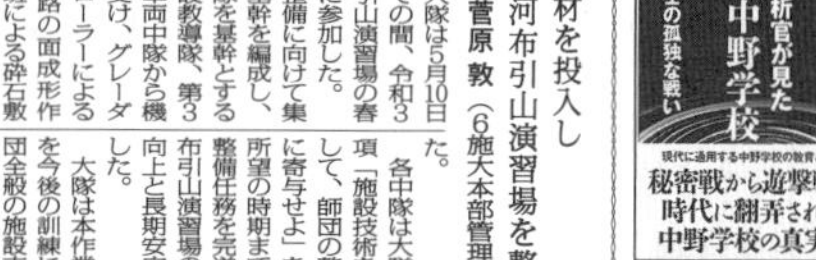
84ミリ無反動砲停弾堤の法面成形を行う6施大のパワーショベル

新刊紹介

「情報分析官が見た陸軍中野学校」—秘密戦士の孤独な戦い

上田 篤盛著

上田篤盛
情報分析官が見た
陸軍中野学校
秘密戦士の孤独な戦い
現代に通用する中野学校の教育とは？
秘密戦から遊撃戦へ
時代に翻弄された
中野学校の真実！

元防衛省情報分析官の著者が今日の自衛隊の「情報戦」強化にも役立つよう、旧陸軍中野学校の教育を分析・評価した本だ。同時に第2次世界大戦下の各国の情報戦の実態も明らかにし、中野学校は教育機関であり、スパイの養成組織ではなかったという。同校は創設から廃校までわずか7年の歴史だったが、卒業生は2000人以上に及び、情報員たちは戦時下、世界の至るところで秘密戦や遊撃戦に従事した。

中野学校の教育方針は諜報・謀略技術の修得よりも「情報勤務者」としての判断力や行動力の養成だった。単独で秘密工作に携わる情報員は孤独を生き抜く強靭な思想と柔軟な精神が求められたからだ。彼らは欧米の植民地だったアジアの「民族解放運動」にも深くかかわり、日本の敗戦後も現地に留まって独立戦争を「無私の精神」で支えた者も少なくなかった。

本書では陸自調査学校の教官を長く務めた著者が、中野学校の教育を通して現代にも通用する情報員の教育と人材育成法の核心を伝えている。

（並木書房刊、1760円）

「図説 戦争と軍服の歴史」—服飾史から読む戦争

辻元 よしふみ著、辻元 玲子イラスト

陸自の「16式新制服」制定にもかかわった服飾史・軍装史研究家とヒストリカル・イラストレーター（歴史考証復元画家）の2人が上梓した「戦争と軍服の歴史」図鑑だ。全編カラーグラビアで古代ローマの百人隊長から現代の各国軍の制服まで、詳細なイラスト110点以上を盛り込んだ軍服図説の決定版だ。

陸自需品学校の部外講師も務める両氏は「軍服の変遷」研究をライフワークとし、本書でも各年代の兵士の軍服の特徴を説明しているほか、ナポレオン、フリードリヒ大王、ネルソン提督など名将の評伝を戦記風に紹介しながら当時の軍装の移り変わりを解説している。

日本については明治期の各種軍装から戦後の保安隊、自衛隊の制服、そして最新の16式常装、新型儀仗服まで美しいイラストで描かれ、見ているだけでも楽しい。古代から中世、近代までの戦士の生きざまがそれぞれの時代の特徴ある軍服を通してリアルに想像することができる。

（河出書房新社刊、2310円）

頼られる陸曹に

3陸曹 竹内 麻弥（33普連本部管理中隊・久居）

私は昨年7月1日に3等陸曹に任命されました。それと同時に新隊員特技課程後期教育、女性自衛官班長として勤務しました。

陸士の時に教育隊での勤務経験がなかったため、分からないことが多く、最初は不安しかありませんでした。しかし、泣き言を言っても何も変わらず、新隊員にも示しがつかないと考え、「初心」に戻ってどのように教えれば伝わるのか、理解してくれるのか、毎日考えながら教育に臨んでいました。

また、私は初級軽火器特技を保有していないため固定の課目を担当することがなく、各班長を補佐できるように努めました。同時に班員とのコミュニケーションを大事にして、3カ月間の教育に取り組みました。

その結果、各班長間の連携を図るとともに班員の相談役となり、良好な関係を築き上げることができました。今回、新隊員の後期教育、女性自衛官班長を勤めたことで、陸曹教育隊で言われてきた「初心」の重要性を改めて実感することができました。

今後も5年後、10年後と「初心」を忘れず、小隊勤務、後輩育成などに力を入れることで中隊に貢献し、周囲から頼られる陸曹になれるよう精進します。

子供たちが憧れる自衛官を目指す

即応予備陸士長 岩田 誠（49普連本部管理中隊・豊川）

令和3年度から私は即応予備自衛官として第49普通科連隊で勤務することになりました。平成28年4月から令和2年3月までの4年間は35連隊（守山）本部管理中隊の補給小隊に通信手として所属していました。

現在は名古屋市内の学童保育クラブの指導員として勤務しています。子供たちと接する日々の中で、元自衛官である私に子供たちが憧れを抱いてくれていることを知り、子供たちの思いに少しでも近づくため、即応予備自衛官に志願しました。

これから始まる即応予備自衛官としての日々を自覚し、子供たちの憧れに恥じぬ国民を守れる人物になれるよう技能を磨き、自分の理想とする自衛官像を追求し、これからの訓練に励んでいきます。

OBがんばる

伊東 正大さん 24
令和2年3月、空自5空団整備補給群補給隊（新田原）を退職（空士長）。宮崎県都城市のアサヒ建材に再就職し、商品の配送業務に携わっている。

空自で培った元気と体力

私は地元企業への再就職を希望し、新田原基地援護室から情報を得てアサヒ建材に採用されました。現在、都城市にあるアサヒ建材グループ「建材の店サン」で商品の配送業務を行っています。

弊社グループは都城市の本社と建材の店サン、三股町支店の3拠点で外壁材、木材類、左官材料（セメント類）、住宅・マンション・ビルなど建築材料全般を取り扱っており、従業員は約50人です。本社のある都城市を基盤に、鹿児島県の大隅半島一帯から北は延岡市、熊本県人吉市に至るまで広域での営業と配送を行っており、私は主に都城市内の新築・リフォーム現場への資材搬入を行っています。

入社後3カ月間で各店舗の商品の種類を覚え、上司や先輩と一緒に各現場へ資材搬入を行い、昨年7月からは一人で配送を行っています。最近ではステップアップとして、より遠くの地域へより多くの商品を届けることが増え、重い商品を数十梱包分一人で配送するといった大変な時もありますが、1カ月があっという間に過ぎるほど充実しています。また、今年4月からは「営業もやってみなさい」と上司から声を掛けられ、さらに商品について知識を深めています。

新しい職場でさまざまな知識を深め、お客様とのつながりを持てることに喜びを感じています。自衛官時代に培った元気と体力を生かし、これからも日々邁進していきたいと思います。

詰碁

第1261回出題

出題 日本棋院 九段 曲 励起

白先

『白はどうなりますか。白黒ともに最初の手が大切です』。5分でできれば中級以上です。

▶詰碁、詰将棋の出題は隔週です◀

詰将棋

出題 日本将棋連盟 九段 石田 和雄

5	4	3	2	1	
				馬	一
		香(後手)	銀		二
			玉(後手)		三
			歩(後手)		四
	歩(後手)	歩(後手)	[illegible]		五
					六

▲先手 持駒 飛銀

≪第845回の解答≫

【正解】▲1三銀成△同玉▲1二飛△2三玉▲3四銀△同香▲2二馬までの七手詰め。

【解説】まず初手は▲1三銀成と捨てる。△3四玉の逃げには▲4四飛。△同玉に▲1二飛と打ち、次の▲3四銀が本題の眼目の一着。△同玉なら▲3二飛成で駒余りの詰み。

朝雲

発行所 朝雲新聞社
〒160-0002 東京都新宿区四谷坂町12-20 KKビル
電話 03（3225）3841
FAX 03（3225）3831
振替00190-4-17600番
定価一部150円、年間購読料9170円（税・送料込み）

本号は10ページ

岸防衛相 「台湾海峡の平和と安定」訴え

ADMMプラス会議 中国の海警法に懸念

岸防衛相は6月16日、東南アジア諸国連合（ASEAN）加盟10カ国に日米豪印韓中露など8カ国を加えた計18カ国による第8回「拡大ASEAN国防相会議（ADMMプラス）」にオンラインで出席し、スピーチした。この中で岸大臣は、中国が今年2月に施行した海警局に武器使用権限を付与する「海警法」について「国際法との整合性の観点から問題がある規定を含む」と指摘。中国が台湾に軍事的圧力を強めていることを念頭に「台湾海峡の平和と安定は地域のみならず、国際社会にとっても重要だ」と訴えた。同会議で日本が台湾問題を提起するのも、台湾が話題に上るのも初めて。

「自由で開かれたインド太平洋」で連携を

会議は昨年12月にオンラインで開かれて以来、半年ぶり。今年のASEAN議長国のブルネイがテレビ会議方式で各国の国防省などを結んで開催した。

岸大臣はスピーチの中で、東・南シナ海で力を背景とした現状変更の試みが継続している現状に触れ、全ての当事者が国連海洋法条約（UNCLOS）をはじめとする国際法に基づく紛争の平和的解決に向けて努力する重要性を強調した。

その上で、中国の海警法についても言及し、「あいまいな適用海域や武器使用権限など、国際法との整合性の観点から問題がある規定を含む」と指摘。「海警法により、関係国の正当な権益を損なうことがあってはならない」と訴え、中国を牽制した。

台湾問題に関しては「東シナ海と南シナ海をつなぐ位置に台湾がある。（台中）当事者間の直接の対話により、問題が平和的に解決されることを期待する」と述べた。

北朝鮮をめぐっては、全ての大量破壊兵器とあらゆる射程の弾道ミサイルの「完全で検証可能、かつ不可逆的な廃棄（CVID）」に向けた国連安全保障理事会決議の完全な履行の重要性を強調。

ミャンマー情勢では、①民間人に対する暴力の即時停止②拘束された関係者の解放③民主的な政治体制の早期回復――を同国軍に求めるとともに、ASEANによる事態打開に向けた努力を高く評価した。

一方、ADMMプラスにおける防衛協力については、日本とベトナムが今年から3年間の予定で「PKO専門家会合（EWG）」の共同議長国を務めていることを挙げ、PKO分野で多国間協力をリードしていく決意を表明した。

さらに、日本が掲げる「自由で開かれたインド太平洋（FOIP）」ビジョンは「特定の国に対抗したり、排除したりするものではない」と言明。

志を同じくし、賛同する全ての国との協力・連携を呼び掛けるとともに、ASEANが2019年6月に発表した「インド太平洋に関するASEANアウトルック（AOIP）」が、FOIPと本質的な原則を共有しているとして、全面的に支持する考えを示した。

最後に岸大臣は、コロナを契機とする多国間主義の一層の高まりの中で、日本として将来にわたってADMMプラスにおける実践的な防衛協力に貢献していく決意を述べ、スピーチを締めくくった。

会議では、各国の国防相らが地域的・国際的な安全保障環境について意見交換を行った後、「未来に備えた平和的で繁栄したASEANに関するADMMプラス国防大臣によるADMM15周年記念バンダル・スリ・ブガワン宣言」を採択した。

拡大ASEAN国防相会議（ADMMプラス）にオンラインで出席し、インド太平洋地域の安全保障や我が国の取り組みなどについてスピーチする岸防衛相（左とテレビ画面中央）＝6月16日、防衛省で

◇拡大ASEAN国防相会議（ADMMプラス） 2010年に創設された軍隊間の協力強化を目指す枠組みで、アジア太平洋地域で唯一、政府が主催する国防大臣級の国際会議。東南アジア諸国連合（ASEAN）加盟10カ国が06年に立ち上げた国防相会議「ADMM」の枠組みに、日米韓中露と豪印ニュージーランドの8カ国を「プラス国」として加えた計18カ国で構成される。

防衛省からは第1回（10年ベトナム）に安住淳副大臣、第2回（13年ブルネイ）と第4回（17年フィリピン）に小野寺五典大臣、第3回（15年マレーシア）に中谷元大臣、第5回（18年シンガポール）に岩屋毅大臣、第6回（19年タイ）に河野太郎大臣が出席した（いずれも当時）。第7回（20年ベトナム）と今回の第8回（21年ブルネイ）は新型コロナウイルスの影響でオンライン開催となり、いずれも岸信夫大臣が出席している。

日独 外務・防衛当局が協議

初の「2プラス2」受け議論

日独両政府は6月17日、東京都内で外務・防衛当局間の政務局長級協議と防衛当局間協議を対面形式で実施した。

協議には、日本側から防衛省の岡真臣防衛政策局長と外務省の森健良外務審議官、ドイツ側から国防省政策局第2部長のアクセル・リスタウ海軍准将と外務省のイェンス・プレットナー第1政務総局長が代表して出席した。

協議では今年4月13日に両国間で初めて行われたオンラインによる外務・防衛担当閣僚協議「2プラス2」のフォローアップとして、我が国が掲げる「自由で開かれたインド太平洋」の維持・強化に向けた連携をはじめ、北朝鮮など東アジアや欧州等の地域情勢を含む幅広い議題について意見を交わした。

防衛当局間協議には、防衛省の野口泰防衛政策局次長と独国防省のリスタウ政策局第2部長が出席し、今後の日独間の防衛協力の方向性などをめぐって議論を深めた。

空挺団が降下訓練

島嶼対処部隊の練度向上

東富士演習場

陸自の令和3年度第1空挺団演習が6月7日から12日まで東富士演習場で行われ、空挺団（習志野）隊員の島嶼部での任務遂行能力の向上が図られた。

同訓練ではCH47輸送ヘリからの自由降下・空挺降下をはじめ、島嶼部からの映像伝送訓練も実施し、海・空自と火力誘導調整なども行った。

CH47輸送ヘリから次々と空挺降下を行う空挺団員

空自 宇宙・航空救難の徽章制定

空幕長「特技示すいいデザイン」

空自は6月10日、宇宙領域専門部隊「宇宙作戦隊」の隊員と「航空救難団」の救難員が着ける徽章のデザインを発表した＝写真。

昨年5月に新編された宇宙作戦隊の隊員が着ける「宇宙作戦徽章」は、地球と星、人工衛星の軌道が描かれ、宇宙状況監視をイメージ。一方、「航空救難徽章」は航空救難団のシンボルである盾と、救難員を象徴する天馬（ペガサス）を中央に配置している。

徽章はともに両職種の関連部隊から寄せられた複数のデザインの中から選定された。今後、空自の所要の課程を修了し、技能・資格を得た隊員に授与される。

このうち、「宇宙作戦徽章」は今年度末に宇宙作戦群（仮称）が新編された後に運用開始の予定だ。

井筒空幕長は10日の記者会見で両徽章について「特殊な技能を有する隊員に自信と誇りを持たせるために制定する。各隊員の特技、職種を示す非常にいいデザインだ」と述べた。

宇宙作戦徽章

航空救難徽章

春夏秋冬

ポスト・コロナのデモクラシー連帯再構築

松本 佐保

イギリスの南西部、海が美しいコンウォールで開催されたG7/D（デモクラシー）10サミットは、手堅く成功に終わったと言える。多国間協調を重視する米バイデン外交の本格的始動でもって。

今回の声明には人権、民主主義、法治、多国間主義などを守るための各国の約束が入れ込まれ、具体的には集会・結社の権利保護など民主主義、集会・結社・宗教の自由、オンラインとオフラインでの表現の自由などの価値を強調している。つまり民主主義とは何かを再確認し、D10諸国での結束こそが、人権や宗教の自由を弾圧する全体主義体制や国家に対抗するために有効であることを、各国首脳が対面によって再確認したことになる。

バイデンのこうした「価値外交」は、宗教の自由を強調し、香港のキリスト教徒弾圧やウイグルのイスラム教徒弾圧、そしてチベットの仏教徒弾圧を非難していた前トランプ政権の対中国外交と大いに継続性があり、むしろそれがさらに強まったのではという見方すらある。しかし大きく異なる点は二国間外交から、多国間との協調を図った上での対中国外交であることから、集団によるパワーアップが期待される。

バイデンはすでにパリ合意に復帰し、今回も「G7 2030自然協定」が採択され、2030年までに生物多様性の回復や世界全体で陸地と水系の30%以上を保護区にするという国際政策等も確認した。

また今回の共同声明の非常に重要な特徴は、G7として初めて「台湾海峡」の平和と安定に言及した点であり、すでに日米に豪印を加えてクワッドが取り沙汰される中、NATOのメンバーなどとの協力を取り付ける可能性も示唆された。

コロナ感染症拡大前は、欧州メンバーの中ではイタリアが中国の「一帯一路」に取り込まれ、またドイツもその対中国貿易額の大きさから批判を控え、イギリスも原発などに中国資本に依存するなどの状況が見られた。しかし、中国・武漢発祥の感染症の拡大で多くの死者を出し経済は大きなダメージを受け、そして感染源の究明に対する中国の不誠実な対応で、欧州諸国の態度は一変した。今回のサミットでは感染症の発生起源をめぐり、中国が非協力的であったことから世界保健機関（WHO）による追加調査を求める声が相次いだ。

以上の様に今回のサミットは、ある意味ポスト・コロナの時代だからこそ可能となった、デモクラシー諸国の連帯の再構築の好機となったのである。

（日本大学国際関係学部教授）

「SPY7」の転用決定

防衛省 イージス搭載艦に

防衛省は6月18日、配備を断念した「イージス・アショア」の代替案として新たに建造する「イージス・システム搭載艦」のレーダーについて、「イージス・アショア」用に米側と契約した「SPY7」レーダーを転用する方針を改めて確認し、同日、自民党の部会に報告、了承された。

日本政府は「イージス・アショア」の代替案として昨年12月、「海自が保持するイージス・システム搭載艦2隻」の整備を決め、米側と契約済みの「SPY7」やミサイル発射装置等の構成品を一体的に搭載する方向で検討を進めている。

防衛省では陸上から洋上へ配備変更となったことを受け、改めて説明責任を果たす観点から「SPY7」と「SPY6」の二つのレーダーを比較検討。

その結果、「SPY7」がBMDに係る基本性能（探知距離等）で優れていることや、コストやスケジュール面でも相対的に安価で早期納入が可能なことなどを確認し、従来の方針通り、「SPY7」を「イージス・システム搭載艦」に利活用する方向で細部検討を進めることを決めた。

海自遠航部隊がスリランカに寄港

初級幹部を乗せて南アジア方面を巡航中の海自の前期・遠洋練習航海部隊（練習艦「かしま」「せとゆき」で編成、練習艦隊司令官・石巻義康将補以下約510人）は6月18日から20日まで、スリランカのコロンボに寄港した。

同地で部隊は生鮮食料など補給品の積み込みを行い、出港後はインド洋を南下、28日にインドネシアのスラバヤに到着する予定。

これに先立ち同隊は6月13日、インド洋で印海軍のコルベット「クリシュ」と共同訓練を実施した。

東京・大阪 予約満杯

ワクチン大規模接種 キャンセル待ち

防衛省・自衛隊が東京と大阪に開設している「大規模接種センター」は、6月17日の接種分から対象者が全国64歳以下（実質、米モデルナ製のワクチン接種が可能な18歳以上）に拡大されたことを受け、両会場の予約は27日分まで満杯となっている。

キャンセルが出た場合のみ、接種日前日の午後11時59分まで専用サイトから予約可能だ。予約には自治体から配布される接種券が必要で、今回が1回目の接種であることが条件。

6月28日から7月末にかけては、両会場で1回目の接種を受けた高齢者による2回目の接種予約でほぼ埋まっているため、予約枠が大幅に減少する見通しだ。

電話での問い合わせ・予約窓口は、▽東京0570—056—730▽大阪0570—080—770。

朝雲寸言

私事ながらコロナワクチンを接種した。少し悩んだものの、防衛省が担任実施する大規模接種会場ではなく、歩いて行ける接種会場を選んだ。予約時間ごと30人程度が摂取する中規模の接種会場である▼担当者の案内に従って順調に何事もなく接種は進んだ。6月14日の時点で東京では65歳以上の約37%の人が第1回目のワクチン接種を終え、全国では1570万人の高齢者が第1回目のワクチン接種を完了した。これに先行した530万人の医療従事者が加わるという▼一方、防衛省の大規模接種会場では予約枠に空きがあり、緊急時の対処を担う自衛隊・警察・消防・海上保安庁の職員に接種が開始された。職域におけるワクチン接種も進んでいると聞く▼世界を見れば、イギリスで開催された主要7カ国首脳会議（G7）は新型コロナウイルスのパンデミック終息へ向けて途上国などにワクチン10億回分に相当する支援などを表明して閉幕した。オリンピック・パラリンピック開催に向けて我が国の準備も加速することだろう▼接種会場でひとつ前の高齢者の男性は待ちきれずに辺り構わず大きな声を上げており、そのひとつ前の高齢の女性は耳が遠いのだろう担当の女性に終始促されながら案内されていた▼基礎疾患の有無などによって接種後の待機時間は異なるらしい15分ほどの待機を済ませ会場を後にした。梅雨入りしたはずの空は澄み渡り、日差しが眩しかった。

時の焦点

国内

緊急事態解除

再拡大の防止に全力を

不安の中にあって、ワクチンという希望の光も見えてきた。今しばらく緊張感を持って感染抑止に万全を尽くさなければならない。

新型コロナウイルスの感染拡大を受けて東京など10都道府県に発令されていた緊急事態宣言が、沖縄県を除いて解除された。東京都や大阪府などには、緊急事態に準じる「まん延防止等重点措置」が適用され、飲食店の時短営業などが続く。

重点措置は7月11日が期限で、順調に感染者数が減れば、7月23日の東京五輪開幕は様々な制限がない状態で迎えられることになる。

菅首相は記者会見で、「何よりも警戒すべきことは、大きなリバウンドだ」と強調した。感染が再拡大して医療提供体制が厳しくなった場合、機動的に対策を強化する方針も示した。

緊急事態が長く続けば、どうしても「慣れ」が生じる。状況が改善されていない沖縄県を除いて、いったん体制を見直すことはメリハリを付ける意味でも有効だろう。

新規感染者数は減少してきたものの、下げ止まりがうかがえる。東京や大阪の繁華街では、人出が増えているところもある。改めて気を引き締め直す必要がある。

警戒しなければならないのは、インドで確認されたデルタ型などの変異ウイルスの広がりだ。

3月に感染状況が一時落ち着いた際は、緊急事態宣言を解除したあと、重点措置などの対策を講じず、結果的に第4波の到来を招いた。ウイルスが、英国で広がったアルファ型に置き換わったことが影響したとみられている。

各種の検査を通じて、感染状況の監視を強めることが不可欠である。

ここにきて心強いのは、ワクチン接種が急速に広がっていることだ。

累計の接種回数は3000万回を超えた。1度でも接種した人の数は2200万人を上回り、日本の接種対象人口のほぼ2割となっている。

首相が掲げた「1日100万回」という目標は、当初は困難視する向きもあったが、懸命の努力でほぼ達成された。全国の1741市区町村で、7月末までに高齢者向け接種が完了できる見通しとなったことも好材料だ。

市区町村による接種だけでなく、自衛隊による大規模接種、さらに職域や大学での接種が進んでいる。一つの団体では集団接種の条件を満たさないところでも、複数の企業や温泉街の組合などが連携するといった工夫が広がっている。

東京・大手町の大規模接種センターで接種を受けた高齢者の一人は、「自衛隊の方々が非常に整然と行動される姿を見て、これで安心できると感じた。コロナが流行して以来、これほど前向きな気持ちになったことはない」と語っていた。

見えない敵に防戦一方だったコロナ禍で、ワクチンは数少ない「攻め」の対策である。感染防止を徹底しながら、沈滞ムードを打開したい。

宮原 三郎（政治評論家）

海外

政権交代の余波

米軍内部でいま何が？

米上院軍事委員会は6月10日、公聴会を開き、軍の教育・訓練の現状に関し、トム・コットン議員（共和・アーカンソー州）がオースティン国防長官を追及した。

同議員はハーバード大卒業後、イラクの自由作戦（2006年）やアフガニスタンの戦闘（08－09年）に参加した経歴を持つ、まだ44歳。

同議員は、1980年代後半にマルクス主義学者が考案した批判的人種理論（CRT）に反対し、軍隊自体を「根本的に人種差別主義」とする結論の一つを断固拒否するよう求めた。

「米国には組織・体系的な人種差別が存在」などと教えるCRTには父兄の反発も強く、フロリダ、アイオワなど多くの州で、政府機関や学校でCRTの教育を禁ずる法律が成立している。

コットン議員は3月、軍でCRTの教育・訓練を禁ずる法案を提出。また、元ネイビー・シールズのダン・クレンショー下院議員（共和・テキサス州）と二人で、内部告発を受理するウェブサイトを立ち上げた。

寄せられた数百件の内容は、「（政治での）過激主義」と闘う教育を理由に、上官が彼らにCRTを押し付けているとの不満で、同教育が原因で軍を辞める兵士も出ている。

コットン議員は「届いた声は、これらの教育を理由とする士気の低下、人種間・男女間の不信感増大の訴えで、僅（わず）か半年前には存在しなかった」と強調し、一部を読み上げた。

▽「軍事史の授業時間が、警察の残虐性、白人の特権、組織・体系的な人種差別の必修に替わった」（海兵隊員）

▽「『米特殊作戦部隊は人種差別主義者だ』と教えられた」（同部隊員）

▽「米国を根本的に人種差別主義の国と呼んだ同期生がいたが、学校当局の感想も大差ない」（海軍兵学校生徒）

▽「海軍が考える私の唯一の価値は黒人女性であること。高度の訓練を受けた軍事専門家という事実ではない」（海軍将校）

▽「体系的な人種差別についてのビデオや、米国は根本的に人種差別主義で邪悪な国と歴史を書き換えたドキュメンタリーを強制的に見せられた」（陸軍兵士）

同議員は内部告発の紹介後、CRTの中核の一つに触れ、同長官に「軍隊は根本的に人種差別主義の組織と考えるか？イエスかノーで答えてほしい」と迫った。もちろん「そうは思わない」が公式答弁だった。

同夜のFOX－TVの報道番組「タッカー・カールソン・トゥナイト」で解説を聞いて、同長官のCRTへの反対が"渋々"と映った訳も分かった。

同長官は先に、「過激主義に反対する作業グループ」を設置した。同グループとともに過激主義の「定義」を決める専門家18人も既に選考した。

18人中、軍歴のある者はわずか1人、法執行機関の経歴があるのも2人のみ。大半が民主党支持者で、3分の1がイスラム系。米軍の教育なのに、米市民ですらない者も2人。何とも奇妙な構成ではある。

草野 徹（外交評論家）

日印防衛協力の重要性確認

井筒空幕長　空軍参謀長、大使と会談

井筒空幕長は6月8日、インド空軍参謀長のシン・バーダウリア大将とテレビ会談を行うとともに、同日、都内にあるインド大使館を訪れ、クマール・ヴァルマ駐日インド大使と会談した。それぞれ日印防衛協力・交流の一層の進展の重要性を確認した。

特にバーダウリア参謀長との会談では、日印部隊間交流の重要性を確認し、両国空軍種間の防衛交流・協力の推進のため、緊密に連携していくことで一致した。

空幕長は6月10日の記者会見で「バーダウリア参謀長とは昨年12月にインドで直接会って以降、折に触れて2者会談を行ってきたため、忌憚（きたん）のない意見交換ができた。ヴァルマ大使とは初会談だったが、日印の防衛交流について話せたことは意義深い」と成果を述べた。

インド大使館を訪れ、ヴァルマ駐日インド大使（右）と初めて会談した井筒空幕長（6月8日、東京都千代田区で）

大湊に半年ぶり「すずなみ」帰国

中東派遣 延べ1万7000隻の商船確認

中東の海上交通路（シーレーン）の安全確保のため、オマーン湾などで約4カ月間にわたり情報収集活動に当たった海自派遣情報収集活動水上部隊4次隊（指揮官・西村俊行1佐＝7護隊司令）の護衛艦「すずなみ」（艦長・山口達2佐）が6月14日、大湊基地に帰国した。

「すずなみ」は昨年12月20日に大湊を出港し、今年1月20日からオマーン湾とアラビア海北部で情報収集活動に従事。新型コロナウイルスの影響で沿岸国の寄港地への上陸が認められないなど乗員の行動が制限される中で活動を続け、5月21日までの122日間で延べ1万7037隻の船舶を確認した。

大湊基地で行われた帰国行事には基地隊員をはじめ、派遣隊員の家族など約100人が参列。出迎えた乾悦久大湊地方総監に対し、西村1佐が「約4カ月間、情報収集任務に従事し、無事任務を完遂し、177日間に及ぶ航海を終え、ただいま帰国しました」と報告した。

乾総監は派遣隊員に対し、「気候や環境が大きく異なる環境での勤務は精神面でも体力面でも忍耐を要求されるものであったと思う。諸官の努力が中東を航行する我が国商船の安全を確保し、現地の貴重な情報を我が国にもたらすことに結び付いた」と隊員たちの労をねぎらった。

中東海域での情報収集活動を終え、乾大湊地方総監（左壇上）に帰国報告を行う派遣情報収集活動水上部隊4次隊指揮官の西村1佐（前列手前左）と「すずなみ」の山口艦長（同右）＝6月14日、海自大湊基地で

ひと

隊員を被写体に作品を発表する映像作家

小島 肇元（こじま・はじめ） 2陸佐（69）

古希を目前にしながら、北海道の後輩隊員が活躍中と聞けば、駆けつけて映像をカメラに収める。そのバイタリティーには現役も顔負けだ。

防大19期。2006年に陸自を定年退官後、札幌を拠点とする映像作家に転身した。

きっかけは倶知安駐屯地でレンジャー教官の傍ら撮ったビデオだった。訓練の様子を収録し、修了隊員にレンジャー徽章（きしょう）とともに自身の作品を贈った。「あの経験で映像の力に衝撃を受け、以降、のめりこんだ」。部隊勤務の合間を縫って、札幌テレビの元報道部長から直接指導を受け、巨匠・大林宣彦監督から「ビデオ大賞」を贈られるまでになった。

しかし、独立してからは上手くいかず苦しんだ。「本当に撮りたいものは何か」。自問自答の末、古巣・陸自を被写体に決めた。「元隊員だからこそ真の姿を映し出せるのでは」。地道に企画を立て、吹雪の中で部隊への密着取材なども敢行。やがて部隊や隊員から信頼を集めるようになり、各方面からオファーが舞い込み始めた。自衛隊関連の書籍やDVD7作品が全国発売されている。

現在は女性隊員にフォーカスした『北部方面隊の女子力！』（仮称）を制作中だ。「任務中のちょっとしたシーンにも、隊員の熱い想いがこもっている。そのこだわりを映像に積み重ねていきたい」と話し、今日もカメラ片手に現場を訪れる。

（菱川浩嗣）

「しもきた」が米艦と訓練

両用戦部隊の相互運用性向上

海自1輸送隊（呉）の輸送艦「しもきた」は6月12日から14日まで、沖縄東方海域で米海軍の強襲揚陸艦と共同訓練を実施した。

米海軍からは第7艦隊（横須賀）第11水陸両用戦隊所属の強襲揚陸艦「アメリカ」（満載排水量約4万4400トン）、ドック型輸送揚陸艦「ニューオリンズ」（2万4900トン）、ドック型揚陸艦「ジャーマンタウン」（1万7000トン）の3隻が参加。

日米の両用戦部隊はエアクッション艇（LCAC）を使用した相互ドック収容や艦載ヘリによる相互発着艦など各種戦術訓練を行い、戦術技量と相互運用性の向上を図った。

山村海幕長は6月15日の記者会見で「輸送艦と米海軍強襲揚陸艦の訓練は度々行っている。同程度のスキルレベルを持った艦同士の訓練は継続的に実施していくものだと思っている」と述べた。

（3面に関連記事）

日米揚陸艦艇の共同訓練で、フォーメーションを組み戦術運動を行う（左から）米海軍のドック型揚陸艦「ジャーマンタウン」、海自の輸送艦「しもきた」、米強襲揚陸艦「アメリカ」、ドック型輸送揚陸艦「ニューオリンズ」（沖縄東方海域で）＝米海軍提供

海自と米海軍が実機雷処分訓練

海自と米海軍共同の令和3年度「掃海特別訓練」と「実機雷処分訓練」が6月19日、東京・小笠原諸島の硫黄島周辺海域で始まった。28日まで。

実機雷を使用した日米共同の処分訓練は令和元年に初めて行われ、今回で2回目。

海自からは掃海隊群司令の福田達也将補を統制官に、掃海母艦「ぶんご」、掃海艇「ひらしま」「やくしま」「すがしま」「うくしま」「あいしま」が参加。米海軍から第5機動水中処分隊第501小隊指揮官を統制官に水中処分員約10人が加わり、機雷掃海・掃討や水中処分員による機雷処分を実施、実任務に即応できる体制の拡充と日米での共同作戦能力の向上を図っている。

山村海幕長は6月15日の記者会見で「掃海部隊は港湾での不発弾処理などの災害派遣活動を行っている。実機雷を処分する実戦的な訓練は練度の向上を図る意味でも非常に有意義な訓練だ」と語った。

海軍作戦計画作成手順教育プログラム

18カ国の士官が学ぶ

海幹校

海自幹部学校（目黒）で6月14日から18日まで、インド・アジア太平洋地域の18カ国をオンラインで結び、人道支援・災害救援（HA/DR）分野に関する「海軍作戦計画作成手順教育プログラム（APNIC2021）」が行われた。

APNICは、ハリケーンなどの大規模災害発生時に多国籍の海軍が、共同で救援活動を迅速に実施するために必要となる対処計画の策定手順を若手士官らに教育するプログラム。米太平洋艦隊が主催し、米海軍大学の教授陣が教育を担当、海自の幹部学校で2016年から開催されている。

今回の参加国は日米のほか、初参加のブルネイ、チリをはじめ、豪、印、英、韓、比など計18カ国。例年は幹校に各国の士官らを招集して行われていたが、昨年は新型コロナの影響で中止、5回目の今年はオンライン形式となった。

参加者は米海軍大学が設ける「海軍作戦計画作成手順（NPP）」に関する講義を受け、対処計画の作成法を実習した。

防衛省発令

▽解7護衛隊兼務　中央病院3歯科部長　1海佐　飯塚　浩道

（6月15日）

▽空幕総括副監理監察官（13飛行教育団副司令）　1空佐　藤本　悦夫

▽航空戦術教導群司令（空幕総括副監理監察官）　同　田中　公司

▽13飛行教育団副司令（航空戦術教導団飛行教導群司令）　同　増田　信行

（以上6月18日）

共済組合だより

防衛省共済組合では、組合員の「団体取扱火災保険」への加入をお勧めしています。下記の取扱損害保険会社の場合、保険商品（一部商品を除く）に団体割引で加入できます。この機会にどうぞご加入ください。

火災保険は、住まいや家財の火災や自然災害による損害について補償します。

その補償範囲は、火災に加え、集中豪雨、台風、大雪、落雷、雹（ひょう）といった自然災害から、盗難、破損などの損害も補償します。

さらに「地震保険」に加入すれば、地震による損害にも備えることができます（地震による津波・火災の被害は火災保険だけでは補償されません）。なお、地震保険は単独での加入はできませんのでご注意ください。

また、「借家人賠償責任担保特約」を付帯することもできますので、官舎や賃貸住宅にお住まいの方も安心です。保険料は、いずれも契約者指定の預貯金口座から振り替えられますので、加入後も手間いらずです。

詳しくは各社のコールセンターに直接お電話ください。（平日9～17時、土日祝日は休み。）

▽三井住友海上火災保険（0120－929－417）▽東京海上日動火災保険（0120－789－139）▽損害保険ジャパン（0120－381－166）▽AIG損害保険（0120－016－693）▽あいおいニッセイ同和損害保険（0120－500－826）

自然災害への備えは万全ですか？
「団体取扱火災保険」への加入をお勧めします

防医大校長が東京会場視察

大規模接種センター

【防医大＝所沢】防衛医科大学校の四ノ宮成祥学校長は6月10日、3人の副校長を伴って都内の「自衛隊東京大規模接種センター」を視察し、新型コロナウイルスのワクチン接種業務に従事する医官や看護官、看護師らを激励した。

千代田区の大手町合同庁舎3号館に開設された同センターには、防衛医大と防衛医大病院から医官16人、看護官・看護師7人の計23人が派遣されている。

四ノ宮学校長らは、東京センター長の水口靖規1陸佐（自衛隊中央病院診療技術部長）から概況説明を受けた後、同センターの担任官を務める福島功二中央病院長の案内で会場を見て回り、勤務状況を確認した。

ワクチン管理支援班のフロアでは、看護官の西田祐太郎1陸尉（対特殊武器衛生隊101対特殊武器治療隊診療収容班所属）からワクチンの保管状況について説明を受けた。

看護官の西田1陸尉（右端）からワクチンの保管について説明を受ける防衛医大の四ノ宮学校長（左から3人目）＝6月10日、東京・大手町で

「しもきた」から発進

陸自水機団と海自が揚陸訓練

CH47輸送ヘリやAAV7

海自輸送艦「しもきた」の飛行甲板に着艦したCH47輸送ヘリに搭乗する2水機連の隊員たち（九州西方海域で）

海水が入れられた「しもきた」の後部ドックから発進する陸自の水陸両用車ＡＡＶ７

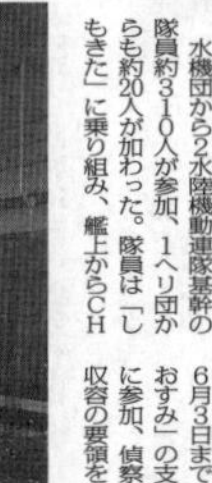

陸自水陸機動団（相浦）は6月9日から20日まで、九州西方の海域で海自輸送艦「しもきた」の支援を受け、水陸機動団演習を行った。

水機団から2水陸機動連隊基幹の隊員約310人が参加、1ヘリ団からも約20人が加わった。隊員は「しもきた」に乗り組み、艦上からCH47輸送ヘリや水陸両用車ＡＡＶ7を使い、発進訓練などを行った。

これに先立ち、1水陸機動連隊基幹の隊員約230人も5月30日から6月3日まで、瀬戸内海で輸送艦「おおすみ」の支援を受け艇長集合訓練に参加、偵察ボートを使った発進・収容の要領を海上で演練した。

瀬戸内海で艇長集合訓練

「おおすみ」

偵察用ボートの発進・収容訓練で「おおすみ」に帰投した1水機連の隊員たち（奥）を出迎える「おおすみ」の乗員（右）＝瀬戸内海で

㊧海自との協同訓練を終えて下艦し、お世話になった輸送艦「おおすみ」の乗員に帽振れで別れを告げる１水機連の隊員たち（左側）＝広島県呉市で

輸送艦「しもきた」に舷側のハッチから自走で乗り込む水機団のＡＡＶ7。左は誘導する2水機連の隊員

輸送艦「しもきた」の艦内で海自隊員が心を込めて調理してくれた食事を配膳する陸自２水機連の隊員たち

最新ドローン一堂に

「ジャパンドローン2021」

千葉で見本市

水面着水型や空飛ぶクルマも

ソニーが9月に発売する最新型のドローン「エアピークS1」。障害物の多い場所や屋内でも安定した飛行ができる

㊤ＫＤＤＩなどが開発中の〝水空合体ドローン〟は船を出すことなく現場まで飛行して水中ドローンを発進できるため、遠隔で水中調査も可能だ

ドローン展の会場全景。国内外のメーカーなど108団体が参加した（写真はいずれも6月16日、千葉市の幕張メッセで）

国内最大級のドローン産業の見本市「ジャパンドローン2021」が6月14日から16日まで、千葉市の幕張メッセで開かれ、国内外のメーカーや大学、自治体など108団体が航空偵察、物流、輸送、警備、農業支援などさまざまな分野で活用できる最新ドローンを出展した。

今回はKDDIが目的地まで飛行した後、水面に着水して水中ロボットを発進させ、水中探査も行える「水空合体ドローン」を発表。ソニーはステレオカメラを機体の5カ所に搭載した最新の空撮用ドローン「エアピークS1」を公開した。

このほか昨年夏、有人でのデモフライトに成功した「Dream On」の「空飛ぶクルマ・フライト」をVRで体験できるコーナーもあり多くの来場者でにぎわった。

併設の国際会議では、内閣官房小型無人機等対策推進室の長﨑敏志参事官が「ドローンの利活用拡大を目指して」と題して特別講演を行った。

倉澤高圧の関連会社「ＡＡＡ」のドローン自律航行システムを体験し、障害物を避けて安全に飛行する過程を見る来場者（右）

内外から108団体が出展

㊧「Ｄｒｅａｍ　Ｏｎ」の空飛ぶクルマ体感マシーン。ＶＲで東京上空の飛行を体験できる

テラ・ラボの長距離無人航空機「テラ・ゼファー3300」のモックアップ。高度2000メートルにホバリングし、各種観測が可能だ

部隊だより////

陸

弘　前　39普連は4月6日から11日まで、岩手山演習場で第1次射撃野営訓練を行った。この訓練は爆破・射撃練度の向上を目的に行うもので、隊員約400人が参加。70式地雷原爆破装置や01式軽対戦車誘導弾、迫撃砲など各種の訓練に励んだ。今年度予定されている冬季連隊検閲に向け、隊員は野営訓練でさらなる練度の向上につなげた。

神　町　20普連は5月3日、山形県東根市の若木山特設ステージで開催された「神町まつり」に協力した。連隊からは3中隊の2人が参加し、自衛隊のブースで軽装甲機動車の車両展示を行った＝写真㊤。隊員たちは来場者に運用法の説明をしたほか、車両の上で子どもたちと一緒に記念写真を撮るなど、地域住民の自衛隊の活動への理解促進に努めた。

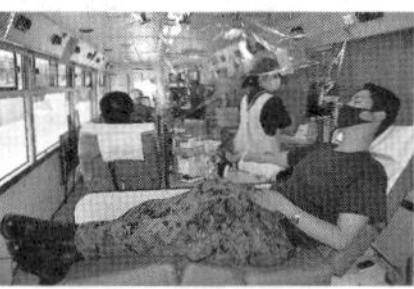

仙　台　駐屯地は5月25日、献血支援を行った＝写真㊤。新型コロナの影響で献血協力者の深刻な減少が続く中、61人の隊員や職員が協力した。宮城県赤十字血液センターも、万全の感染症防止策を講じながら隊員に接した。駐屯地は「今後も輸血を必要とする人が一人でも多く助かるよう、積極的に献血に協力していく」としている。

板　妻　34普連本管中隊は5月11日と14日、徒歩行進訓練に併せて、炊事練成訓練を行った＝写真㊤。戦闘行動間における野外炊事の一連の行動を演練した。炊事員となった隊員は、衛生管理に留意しつつ調理を完了、時間通りに配食し任務を達成した。行進を終えた隊員も炊事員の配食に感謝しながら食事を味わい、行進の疲れを癒やした。

伊　丹　36普連はこのほど、大阪学院大学高校の生活体験を支援した。重迫中隊が担任し、感染症対策を講じつつ、基本教練、清掃、ベッドメイキング、ロープ訓練などを行った。参加した高校生からは「全ての訓練でとても優しく接してくれた」「テキパキした機敏な動作や声の張りがすごい。さすが自衛隊だと思った」などの感想が聞かれた。

北恵庭　駐屯地修親会と曹友会は4月26日、駐屯地正門周辺の清掃活動を行った＝写真㊨。黒木崇駐屯地司令をはじめ約50人が、歩道のゴミや木枝などを収集した。参加した隊員は近隣住民とあいさつを交わすなど、終始なごやかな雰囲気の中で作業を進めた。勝亦潤一曹友会会長は「今後も地域環境の美化に努めていきたい」と述べた。

美　幌　駐屯地は4月12日から30日まで、春季火災予防強化期間に合わせ、火災対処訓練を行った＝写真㊨。14日は駐屯地消防ポンプ班が航空機の炎上を想定し、通報から出動、消火までを演練。16日は火災発生後、指示された場所に速やかに集合、出動する駐屯地呼集訓練を行った。隊員は訓練を通じ、より防火意識を高めていた。

弾除け「五芒星」復活

7普連　駐屯地内史料館と石碑修復

中隊80人、丁寧に手作業

歴史の重みに感銘、後世へ

旧陸軍歩兵20聯隊の関係者たちが戦没者のために建立した「20聯隊跡」の石碑。経年で判読しにくくなった個所は白ペンキで文字入れを行い、読みやすくした

7普連はこのほど、福知山駐屯地内の史料館や石碑の整備を行った。史料館は明治31年に旧陸軍歩兵第20聯隊の「将校集会所」として建てられた由緒ある建築物で、昭和41年からは史料館として利用されている。

今回の整備作業は駐屯地の70周年記念誌『福知山と自衛隊の歩み』を読んで歴史の重みに感銘を受けた隊員が発案、各中隊から延べ80人が集まり、作業に汗を流した。

史料館の修復では、レンガでふさいであった床下の通風孔に「五芒星」の金具を取り付けた。「五芒星」は旧陸軍が〝弾除け（多魔除け）〟の意味で使用したデザイン。元々は福知山医師会館（旧陸軍衛戍病院）で使用されていたもので、取り壊しに伴い、駐屯地が市から歴史的遺産として譲り受けた。隊員たちは建物を傷つけないようノミで丁寧に換気口のスペースを作り、7個の金具を取り付けた。

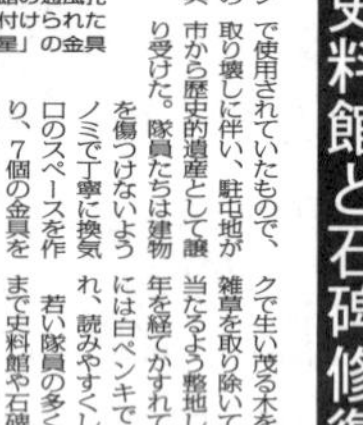

史料館の通風孔に取り付けられた「五芒星」の金具

さらに「鎮国神社」の跡地に市民によって建立された「鎮国の碑」と、「歩兵第20聯隊之跡」の石碑の整備も。隊員たちは、チェーンブロックで生い茂る木を伐根し、雑草を取り除いて陽の光が当たるよう整地した。また年を経てかすれていた碑文には白ペンキで文字を入れ、読みやすくした。

若い隊員の多くは、これまで史料館や石碑の由来を知らなかったが、今回の作業を通じて駐屯地の先人が残した思いを理解することができた。

隊員たちの奮闘により、福知山駐屯地の名勝が復活。この整備作業は先人の思いを後世につないでいく有意義な事業となった。（福知山）

「鎮国の碑」の周囲に生い茂る雑草や樹木を伐採し、環境を整備する福知山駐屯地の隊員たち

青　野　原　8高特群はこのほど、自衛官候補生課程教育を開始した。久守直紀群長は「目標を確立し、積極的に臨め」「同期の絆を大切にせよ」の2点を要望。入隊当初は不安な気持ちでいっぱいだった自候生も、教育が進むにつれ顔つきがたくましくなっていった。駐屯地内には自候生の元気な声が響き渡り、所在の隊員たちは良い刺激を受けている。

海　田　市　47普連は4月10、11の両日、姫路など7個駐屯地で即応予備自招集訓練開始式を行った。新たに採用された44人を含む延べ223人の即応予備自が参加した。阿部慎治連隊長は「諸先輩が築き上げた『常即一体の連隊』の伝統と誇りを再確認し、共に切磋琢磨（せっさたくま）していこう」と訓示。参加者は令和3年度の訓練のスタートを切った。

小　郡　5施設団はこのほど、大分県の日出生台演習場の定期整備を担任した＝写真㊤。コロナ下を踏まえ整備内容によって部隊ごとに期間を分け、前段に除草と側溝整備を、後段に路面成型を行った。梅雨や台風を迎える時期に入ることから、側溝や排水機能の改善・向上を重視。このほか、道路の拡幅や法面保護など19項目の整備を完了した。

前　川　原　幹部候補生学校は5月19日、伝統行事「高良山登山走」を行った＝写真㊨。102期一般、57期医科・歯科、4期看護科各幹候生課程の計253人が参加。候補生たちは日頃の訓練成果を発揮し、高良大社までの約5・6キロのコースを走り切った。看護科課程では大野鈴花候補生が女性幹候生歴代一位となる26分46秒を記録した。

空

三　沢　基地ではこのほど、空幕長主催のCH47J輸送ヘリによる体験飛行が行われ、東北6県在住の約60人が参加した。新型コロナ対策のため1回の搭乗を15人に限定。フライトでは、おいらせ町などの上空を約20分かけて飛行した。参加者は窓からの景色を楽しみ、終了後は「住んでいる街並みの眺めに感激した」などと笑顔で話した。

静　浜　基地はこのほど、1週間にわたり春季火災予防運動に取り組んだ＝写真㊨㊤。各隊の防火管理者に対し、防火対策の注意点や消防用設備などの操作要領、火災発生時の行動について教育した。隊舎では消防用設備を作動させ、初期消火や屋外退避など火災対処を演練。官舎でも防火教育を行い、隊員の家族が消火器の取り扱いを実地に練習した。

芦　屋　基地は4月21日、令和3年度モニター委嘱状交付行事を行い、岩城公隆司令が交付状を手渡した＝写真㊨㊦。行事後は基地内の所在部隊を研修した。モニターからは施設や装備品について質問があり、自衛隊への関心の高さがうかがえた。基地は「今後も研修や行事を通じ、空自への理解促進や施策の改善を図っていく」としている。

海

下　総　基地は6月8、9の両日、自衛官採用試験受験予定者約30人に対し基地見学を行った。参加者はP3C哨戒機や地上救難班、整備隊など基地内のさまざまな職場を見学、概要の説明を受けた。このほか特殊防火衣の装着や、航空機の外板で使用されるリベット打ちを体験＝写真㊤。参加者は海自の仕事への理解を深め、受験意欲を高めていた。

上　用　賀　東音の隊員36人は5月30日、東京競馬場で行われた「日本ダービーGⅠ」でファンファーレを演奏した。部隊はレース前のランチタイムで約4000人の競馬ファンを前に『軍艦マーチ』『剣士の入場』など3曲を披露。3歳馬の頂点を決めるメインレースでは山崎惠一1尉の指揮で力強いファンファーレを奏で、熱気あふれる会場を盛り上げた。

徳　島　基地は5月27日、自衛官募集などで協力を得ている近隣の自治体職員の部隊研修を行った。北島町と藍住町から17人が参加し、午前と午後の2回に分けて実施した。参加者は基地の概要説明を受けたあと基本教練を体験、TC90練習機や地上救難班を見学した＝写真㊤。終了後、「基地の中を見学でき、勉強になりました」と感想を語った。

崎　辺　佐世保教育隊はこのほど、16期一般曹候補生と23期自衛官候補生に対し佐世保資料館（セイルタワー）研修を行った。資料館は明治31年に、海軍士官の集会所として建設された佐世保水交社を修復したもの。学生たちは護衛艦の模型など展示物についての説明に聞き入り＝写真㊤、旧海軍から続く海上自衛隊の歴史と伝統を学んだ。

鹿　屋　基地は5月11、12の両日、東串良町立東串良中学校の生徒6人の職場体験を支援した。生徒たちは着水脱出訓練やUH60J救難ヘリを見学。さらにP1哨戒機の整備作業を体験し、海自隊員がさまざまな職種で活躍していることを学んだ。終了後、「普段身近にない航空機エンジンに触ったり、いろいろな所を見学できて楽しかった」と語った。

神風ドローン、一気に世界に普及か

防衛技術

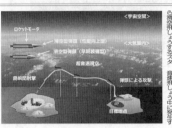

前線の兵士たちは今後、常に上空を警戒しなければならなくなるかもしれない。「神風ドローン」が空からいつ攻撃してくるか分からないからだ。昨秋、アゼルバイジャンとアルメニア間で起きたナゴルノ・カラバフ領土紛争では、この「徘徊型ドローン兵器」が戦場で制空権をにぎり、44日間で敵戦車など185両を破壊、アゼルバイジャン軍を勝利に導いた。この戦果には各国軍も注目、今後、安価な自爆ドローンが一気に世界各国に普及する可能性がある。

「徘徊型の無人機」が戦場の制空権をにぎる

「徘徊型ドローン兵器」をいち早く戦力化し、実戦で勝利したアゼルバイジャン軍の戦法をいま世界の軍隊が研究し、これを取り入れようとしている。

ア軍は偵察・攻撃用の各種無人機と火砲を連接し、敵を殲滅する新たな戦法を考案。その戦法とは①無人偵察機で敵主力・予備部隊の位置を標定②火砲で道路や橋を破壊し敵を分断③孤立した敵を神風ドローンで各個撃破する――という内容だった。

対するアルメニア軍はロシア製の戦車などを多数配備していたが、「対ドローン防空システム」は未装備で、空からの脅威に何ら対抗措置を取れないまま殲滅された。

ドローンは有人の戦闘機に比べるとけた外れに安価で、空軍力が貧弱な中小国でも、これを使えば空を支配し、強力な空対地火力を得られることが明らかになった。

滞空して敵を待ち、目標が現れるとカミカゼ攻撃を仕掛けるイスラエルの徘徊型ドローン兵器「ハロップ」の運用イメージ（IAI社HPから）

長時間、空にとどまり現れた敵に突入し自爆

ナゴルノ・カラバフで戦果をあげた神風ドローンは「徘徊型兵器（loitering munition）」と呼ばれる。長時間滞空できるのが最大の特徴で、上空を徘徊するように飛び回り、目標を発見もしくは管制局から指令を受けると突入し、自爆する。

アゼルバイジャン軍が使用したイスラエルIAI社製の「ハロップ」は全長2・5メートル、翼長3メートルで、9時間の滞空が可能。23キロの爆薬を搭載し、直上から突入するため主力戦車も破壊できる。

徘徊型兵器の特徴は、①目標が明確でなくても発進が可能②目標が現れるまで上空で待てる③途中で帰投させることも可能――という点だ。

このため敵の頭上にドローンを徘徊させておけば、相手は掩体から出られない。姿を現せば直ちに攻撃されるからだ。

このドローンを銃火器で撃墜するのはほぼ不可能。高価な対空ミサイルは費用対効果で割に合わない。妨害電波を発する「対ドローン防空システム」も開発されているが、AIによる自律型のドローンも出現しており、攻撃を完全に阻止するのは難しい。

このため米軍などではドローンを撃墜できる「対空レーザー兵器」の開発を急いでいる。

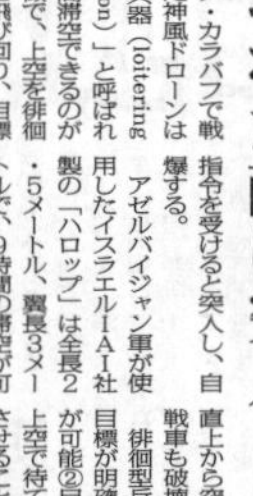

トラックのランチャーから発進した「ハロップ」。9時間の滞空能力がある（IAI社HPから）

砲迫に代わる新たな対地火力に

米軍も滞空型兵器の導入を進めている。すでに装備化されている米エアロ・バイロンメント社製の「スイッチブレード（飛び出しナイフ）」は、兵士2人で運搬でき、迫撃砲と同様の使い方が可能だ。

使用法はドローンが入った筒を空に向けて設置し、発進させた後はコントローラーで誘導し、指定空域に滞空させる。操縦者が目標を確認すると、空から突入させる。小型の同兵器の威力は小さいが、敵の指揮官などソフトターゲット向けには有効だ。

徘徊型ドローンは水陸両用戦で敵の上陸部隊を波打ち際で撃破するのにも有効な兵器と見られている。カモメのように上空に群れて敵を待ち受けることができるからだ。

自衛隊も徘徊型ドローンへの対処法を研究し、部隊の防空体制を整備しておく必要がありそうだ。

米軍で装備化されている米エアロ・バイロンメント社製の「スイッチブレード」（米海兵隊HPから）

新型哨戒ヘリの飛行試験を開始
三菱重工

三菱重工業は5月12日、自衛隊向けの回転翼哨戒機（能力向上型）試作機の飛行試験を県営名古屋空港で開始した。

名古屋空港で飛行試験を行う自衛隊向けの回転翼哨戒機（能力向上型）＝三菱重工提供

同機は防衛装備庁との契約に基づき2015年から開発が行われている。海自のSH60K哨戒ヘリをベースに、搭載システムや飛行性能の能力向上が図られている。同社では21年度内の納入を目指している。

ハイブリッド電気推進装甲車

ドイツのFFG社はリチウム電池で駆動するハイブリッド電気推進システムを搭載した8輪装甲車を発表した。「ジェネシス」と名付けられた30ミリ機関砲を搭載する同車は、全輪駆動・全輪ステア独立懸架型で、最大速度は100キロ。電池だけでも150キロ（時速40キロ）の距離を走行できる。乗車兵員は10人。

おことわり　「技術が光る」は休みました。

技術屋のひとりごと

ゲームチェンジャーの実現目指す

クロスドメインの研究拠点、次世代装備研究所

将来のキルチェーンの実現をめざして

福田　浩一
（防衛装備庁・次世代装備研究所
先進機能研究統括官）

「島嶼防衛用高速滑空弾（滑空弾）」の滑空体は宇宙より少し低く空気が薄い高度約80キロまで上昇してから放物線を描いて降下し、空気が濃くなる高度約40～20キロから滑空飛しょうするスタンドオフ装備のゲームチェンジャー（戦場のルールを激変させる装備）です＝左イメージ図。

キー技術は〝ウェイブライダー（Waverider）〟で、これは超音速飛しょう中に発生する衝撃波（Wave）を機体下面に強く発生させて高圧にし、その圧力で機体を浮かせ（Ride）る技術で、機体周囲の複雑な超音速流の精緻な解析技術の向上により実現しました。航空機やミサイルの翼とは異なるため、運動の予測が難しく、従来のミサイルでは迎撃が困難です。

装備化は自衛隊の運用要求を満足する必要がありますが、ゲームチェンジャーの場合は他国での例が少ないことや、どの程度の性能を持つのかが技術的に不明な点もあり要求性能の設定が困難です。そこで滑空弾の場合は、運用側と技術側が互いに刺激（プッシュ・プル）しながら運用に必要な機能性能を明確化していく〝運用実証型研究〟の採用と、さらに〝研究開発のブロック（Block）化〟を新たに導入してリスクの局限化と段階的装備化による技術的実現性と運用性能のバランスをしています。

ブロック1では、滑空体はできるだけ既存技術を適用して、装備品として重要な射撃統制装置などの地上系の完成度を高めます。ターゲット情報等が高速かつシームレスに末端まで届くように上位システムと互換のバスを採用し、また操作性等について運用者側のレビューを繰り返し行い反映するなど、設計・製造、試験評価を行います。

高度な技術のブロック2滑空体に関しては、地上系は共通ですから、滑空体の高性能化と早期の実現に集中できます。とはいえ新たな装備ですので、官（装備開発官（統合装備担当）や陸幕）・民ともに、大変な苦労をしながら開発しているのが実情です。

民間宇宙のゲームチェンジャーは「小型電波画像（SAR）衛星のコンステレーション」です。SAR衛星は夜間でも雨天でも地表を観測でき、災害時などとても便利な衛星ですが、これまでは大きく重く高価でした。それが小さく軽く安い衛星が実現したことで複数機によるコンステレーション構築が容易になりました。

地点観測の場合、大型衛星では1日数回程度ですが、コンステレーションでは数十回以上可能となり、今まで得られなかった移動体の情報等が宇宙から得られるのです。

政府のハイリスク研究開発事業「インパクト（ImPACT）」から生まれた革新技術のSARセンサーを搭載した小型衛星が宇宙ベンチャー企業のシンスペクティブ（Synspective）社により生み出され、今宇宙空間で活躍しています。このセンサーは広範囲中解像度モードや局所高解像度モードなど顧客のニーズに応じた選択ができることも魅力です。

私が先進機能研究統括官をしている次世代装備研究所（次装研）は〝宇宙電〟研究の中核であった旧電子装備研究所に旧先進技術推進センターの先進技術を融合し、加えて領域横断機能（クロスドメイン）を研究する装備庁最大の新たな研究所です。ここでは高出力レーザーや高出力マイクロ波などのゲームチェンジャーを研究しており、飽和攻撃や非対称脅威への対処等の即応対処がまもなく実現します。

さらに領域横断機能の獲得にむけて、滑空弾等のISR機能や将来のキルチェーン実現のため、小型SAR衛星コンステレーションのスピンオンによる〝宇宙の戦術利用〟を検討しています。このようなゲームチェンジャーどうしの組み合わせが近い将来、新たなソリューションを実現することになるでしょう。

世界の新兵器 ――549

「スパイス250ERミサイル」　イスラエル

95％の目標捕捉確率を達成

イスラエルの防衛企業ラファエル社は、インド南部ベンガルールのイエラハンカ空軍基地で開催されたエアショーで新型の「スパイス250ＥＲミサイル」を公開し、自社の「スパイス」シリーズに新しい精密誘導弾を追加した。

この新兵器は既存の「スパイス250」（最大100キロのスタンドオフ・グライド射程を有する）を、新たにＪＰ８／10ジェット燃料を使用した小型ターボジェット推進に換え、射程を150キロ以上に延伸したものである。

スパイス250ＥＲミサイルは、75キログラムのマルチエフェクト弾頭とポップアウト翼を備えた重量113キログラムのスタンドオフ兵器「スパイス250」をベースに、スタンドオフの射程範囲を大幅に強化、さらに操縦性、安全性、任務保証性が向上しているという。

このスパイス250ＥＲはベースライン兵器の任務計画と誘導システム、インターフェースも継承。この結果、高い攻撃能力を与えるため複数弾によるマルチショットを可能にし、自律的なシーンマッチング人工知能（ＡＩ）アルゴリズムを使用し、命中率は３メートル未満のＣＥＰ（平均誤差半径）と95％の目標捕捉確率を達成している。

ミサイルの誘導システムは攻撃の前に「目標の特性」を学習することを可能にしている。この目標特性は任務計画システムを介してミサイルにプリロード（事前入力）されるか、搭載した母機が飛行中に兵器を投下する前にパイロットによってロードされる。飛翔中は高度な自動目標取得（ＡＴＡ）モードと自動目標認識（ＡＴＲ）モードを使用してミサイルが目標を検出・認識するまで慣性誘導を行う方式となっている。

ミサイルはまた、移動目標検出能力を有しており、標的が移動を開始した場合、折り畳み翼によって標的に向けての滑空が可能となる。

イスラエルのラファエル社が開発した射程を150キロ以上に延伸した対地精密誘導弾「スパイス250ＥＲミサイル」（同社ＨＰから）

この慣性誘導とＡＴＡ／ＡＴＲを使用することで、スパイス250はＧＰＳ依存から開放される。さらにミサイルには標的着弾の数秒前に攻撃を中止できるモードが備えられており、パイロットは標的周辺の様子をリアルタイムで確認しながら攻撃が判断できる。スパイス250ＥＲは通常の爆弾と同様な搭載形態で戦術航空機（例えばＦ16やＦ15戦闘機など）に多数の搭載が可能である。

柴田　實（防衛技術協会・客員研究員）

文月、愛逢月（めであいづき）、七夜月、初秋――7月。

1日国民安全の日、7日七夕、22日海の日、23日スポーツの日、東京オリンピック開会式、28日第1次世界大戦開戦日。

水上祭形代流し　東京・浅草で行われる鳥越神社の夏越大祓い行事。氏子から納められた形代を積んだ御座船が、東京湾に向け隅田川を下る。宮司が船上で祝詞を唱えて形代を海に撒き、無病息災を祈念する。1日

蛙飛び行事　世界遺産・金峯山寺（奈良県吉野町）の奇祭。「仏罰が当たり蛙になった男を高僧が助けた」という吉野山に伝わる故事にちなみ、蔵王堂での法要後、大青蛙を人間に戻す儀式が行われる。7日

五輪の意義と歴史に触れて

オリンピックミュージアム　再オープン

東京オリンピックの開幕まで30日を切った。新型コロナウイルスの終息が見えない中で、関係者は本大会を成功させようと、各地でテストイベントを行うなど準備を進めている。そうした中、6月1日から休業要請が一部緩和され、「日本オリンピックミュージアム」が再オープンした。本大会を前に、早速、オリンピックの歴史に触れられる同施設を訪れてみた。

（写真・文　亀岡真理子）

「オリンピックミュージアム」が入るジャパン・スポーツ・オリンピック・スクエアの入口

東京五輪のメインスタジアムのすぐ横にあるオリンピックミュージアムは、日本オリンピック委員会が整備し昨年9月14日にオープンした。「みんなのオリンピックミュージアム」をコンセプトに、五輪をより身近に感じることができる施設として作られた。

1階「ウェルカム・エリア」には大型モニターが配され、迫力あるアスリートの映像が流れている。天井や椅子は木材が使用され、前回の東京オリンピック大会に参加した各国の代表選手団が持ち寄った母国の木の種のうち、北海道遠軽町で育った樹木を利用している。

歴代聖火トーチ、一堂に

2階の「エキシビション・エリア」はオリンピックの歴史を振り返るさまざまなコンテンツが展示されている。1896年ギリシャのアテネで始まった第1回から、今日の人類最大の祭典となるまでの変遷を、分かりやすく解説。フロア中央には歴代の夏季・冬季の聖火トーチが並び、開催国のものづくりの粋を極めた意匠を、間近に見ることができる。

「エキシビション・エリア」の中央に歴代の夏季・冬季大会で使用された聖火トーチが展示されている

平和の祭典　わかりやすく解説

金栗四三のユニホームも展示

「日本とオリンピック」のコーナーでは、日本人の挑戦にスポットが当てられる。入口には前回の東京大会（1964年）の開会式で航空自衛隊のブルーインパルスが空に描いた五輪マークの大型パネルが飾られている。また「日本マラソンの父」と呼ばれる金栗四三がストックホルム大会（1912年）で着用した貴重なユニホームなどが展示され、日本とオリンピックの関わりについて学ぶことができる。

「挑戦する」コーナーの「オリンピックゲームス」は、体を動かすアトラクション。ジャンプしたり走り幅跳びに挑戦し、オリンピアンと数値を競うことができる。

新型コロナの影響で一年延期された東京オリンピック。自衛隊からも現在15人（6月22日現在）が代表選手に内定するなど、本大会ではサポート面を含め、自衛隊員の活躍が期待される。7月23日の開幕を機にミュージアムを訪れ、平和の祭典であるオリンピックの意義と歴史に触れてみてほしい。

前回の東京大会の開会式でブルーインパルスが空に描いた五輪マークの大型パネル

㊨マラソンの金栗四三がストックホルム大会で着用したユニホーム（右）と、ゴム底を使用して耐久性を高めた「金栗足袋」
㊤オリンピックゲームスの「JUMP」。手前の円の中でジャンプすると画面に記録されオリンピアンの数値と比較できる

◇日本オリンピックミュージアム
（東京都新宿区霞ヶ丘町4―2）
営業時間10時～17時（最終受付は16時30分）。入館には事前のウェブ予約が必要。休館日は月曜日。2階エリアは有料で、一般が500円、65歳以上が400円、高校生以下は無料。

マイヘルス Q&A

頭部外傷

出血量が多ければ手術　CTやMRIで検査

Q　頭部外傷とはどのようなものですか。

A　頭のケガをされた方は、全て頭部外傷と呼ばれます。頭部外傷には「軽症」「中等症」「重症」があり、頭をケガした時の意識の程度によって分類されます。最も頻度が高いのが「軽症」で、歩いていて転倒したり、階段から転落したりした際に頭を打って受診される患者さんが多いです。

Q　どのような症状がありますか。

A　「軽症」の場合の多くは頭痛や吐き気です。「軽症」であっても、嘔吐（おうと）を頻繁に起こす患者さんもいます。「中等症」や「重症」の患者さんは意識の状態が悪いです。初めは意識が良くても、徐々に意識が悪くなってくることもあります。

Q　どのような検査を行いますか。

A　頭のCTを撮影します。CTでは頭の中で出血していたり、骨折していたりするのが分かります。放射線被爆の関係で、特に小さなお子さまに関しては、CT撮影の必要性をよく検討し、保護者の方とよく相談して撮影します。

また、脳が傷ついているかの評価は、頭のMRIで行います。CTではよく分からなかった脳挫傷などが、MRIではしっかりと描出されることがあります。

Q　治療はどのようなものがありますか。

A　「軽症」の患者さんの多くは特に何もせずに様子を見ることがほとんどです。吐き気が強かったり、何度も嘔吐したりしている場合は、入院してしばらく経過を観察します。

もし、頭の中に出血していてその出血量が多いならば、頭の手術をしなければなりません。

後遺症が残りそうな方に対しては、できる限り早期にリハビリテーションを行います。

Q　頭部外傷後に何か気をつけなければならないことはありますか。

A　診察や検査を行い、「今のところ特に異常ありません」と診断されても、帰宅後は安静にし、激しい運動、飲酒、入浴は控えるようにしてください。また帰宅後に、吐き気や嘔吐を繰り返したり、手足に麻痺（まひ）が出現したり、意識がなくなってきたり、けいれんを起こしたりした場合は、再度、医療機関に相談してください。

自衛隊中央病院救急科・医学博士・救急科専門医・脳神経外科専門医
瀬野　宗一郎

BOOK NOW

私が読んだ　この一冊

新井紀子著「AIに負けない子どもを育てる」（東洋経済新報社）
ヘリ団105飛行隊（木更津）
中尾隆志2陸尉　30

近年、子供の読解力の低下が指摘されている。前著で著者は、人工知能（AI）技術の研究を通じ、文を正確に読めない子供が非常に多いという事実を発見、本書でも読解力向上のために親、学校、個人ができることを提言する。

AIの発達によって人間が仕事を奪われる事態が予測される。AIには不可能な「意味を理解して文を正確に読み解く」能力を身に付け、AIに負けない人材を目指す人には、一見の価値ある一冊だ。

池波正太郎著「剣客商売」（新潮社）
21空群司令部（館山）
黒瀬　新事務官　47

本書は、剣の達人、秋山小兵衛とその息子大治郎が、八面六臂（はちめんろっぴ）の活躍でさまざまな事件や問題に立ち向かう時代小説の傑作の一つです。

20代で最初に読んだ時は気付けなかったが、年齢を重ねるにつれてこの小説の醸し出す深みや面白みに気付かされ、同時に人間の喜怒哀楽が織りなす業について読むたびに考えさせられます。

また、池波正太郎の小説では、衣食住の描写、特に食についての描写は絶品で、この小説にも遺憾なく発揮されています。「するめ」のように長く愛読できる一冊です。

ちきりん著「自分のアタマで考えよう」（ダイヤモンド社）
作戦情報隊（横田）
佐藤圭祐2空尉　31

本書に登場する一文「知識とは過去の事実の積み重ねであり、思考とは未来に通用する論理の到達である」――は、今までの自分の考えを変える衝撃的なメッセージだった。

未来のために自分が何をすべきか、本書はわかりやすく解説してくれている。「現代人は数字の情報を見て何も思わなくなっている」という描写は、コロナ禍にある現在の情勢に合致し、まさに自分の頭で考えさせられる内容だった。

隊員愛読書ベスト5

＜入間基地・豊岡書房＞
❶自衛隊最高幹部が語る令和の国防　岩田清文、武居智久ほか著　新潮社　￥902
❷中国軍人が観る「人に優しい」新たな戦争―知能化戦争　龐宏亮著　五月書房新社　￥3850
❸引き留められた帝国　篠﨑正郎著　吉田書店　￥4950
❹夜空に泳ぐチョコレートグラミー　町田そのこ著　新潮社　￥693
❺お探し物は図書室まで　青山美智子著　ポプラ社　￥1760

＜防衛省・三陽堂書店＞
❶自衛隊最高幹部が語る令和の国防
❷台湾有事と日本の安全保障―日本と台湾は運命共同体だ　渡部悦和、尾上定正、小野田治、矢野一樹著　ワニブックス　￥1100
❸軍事組織の知的イノベーション　北川敬三著　勁草書房　￥4400
❹防衛ハンドブック2021　朝雲新聞社　￥1760
❺データで知る現代の軍事情勢　岩池正幸著　原書房　￥2640

＜神田・書泉グランデミリタリー部門＞
❶世界の傑作機No.201ユンカースJu188、288、388　文林堂　￥1466
❷液冷戦闘機「飛燕」完全版　渡辺洋二著　潮書房光人新社　￥1056
❸ドイツの最強レシプロ戦闘機　野原茂著　潮書房光人新社　￥957
❹航空自衛隊F―4ファントム写真集　洲崎秀憲写真　文林堂　￥3000
❺ジェット旅客機操縦完全マニュアル　中村寛治著　SBクリエイティブ　￥1980

＜トーハン調べ5月期＞
❶52ヘルツのクジラたち　町田そのこ著　中央公論新社　￥1760
❷白鳥とコウモリ　東野圭吾著　幻冬社　￥2200
❸ますますざんねんないきもの事典　今泉忠明監修　高橋書店　￥1078
❹在宅ひとり死のススメ　上野千鶴子　文藝春秋　￥880
❺秘密の法　大川隆法著　幸福の科学出版　￥2200

南相馬市からジブチへ恩返し

眞鍋支援隊司令が寄贈品届ける

水上35次隊「はるさめ」が海上輸送

アフリカのジブチ共和国で自衛隊活動拠点の警備などを担う、派遣海賊対処行動支援隊15次隊司令の眞鍋輝彦1陸佐は5月27日、同国のフクザワ中学校で行われた福島県南相馬市からの寄贈物資の引き渡し式に在ジブチ日本大使の大塚海夫元海将と共に参列。同市民から寄せられた文房具やスポーツ用品などを届けた。

南相馬市とジブチ共和国の関係は、東日本大震災の際に同国から支援金が寄せられたのをはじめ、東京オリンピック・パラリンピック2020の一環で南相馬市が同国の「ホストタウン」を務めるなどスポーツや文化を通じて交流を深めている。

ジブチへの物資寄贈は令和元年11月、南相馬市が外務省と防衛省からの話を受け、「自衛隊護衛艦が繋ぐジブチ・南相馬〝絆〟交流事業」としてプロジェクトを始動、職員をはじめ、市内の企業や市民に文房具やスポーツ用品などの寄付を呼びかけた。

震災時に支援を受けたジブチに「恩返しがしたい」という市民の思いもあり、わずか約2週間で鉛筆・ペンなどの筆記用具約5600本、ノート類約1800冊、バレーボール77個、バスケットボール60個、空気入れ12本が寄せられた。段ボール46箱分に及んだ寄贈物資は海賊対処水上部隊35次隊としてソマリア沖・アデン湾に向かう護衛艦「はるさめ」で海上輸送された。

ジブチに到着後、在ジブチ日本大使館に保管された寄贈物資は複数回にわたって複数個所に届けられ、令和2年10月15日に行われた「日EU共同寄港行事」（本紙令和2年11月12日付既報）の際にもジブチ教育省に贈られている。

日本との懸け橋に

今回の引き渡し式が行われたフクザワ中学校は日本の援助で1995年に建設され、自衛隊拠点の隊員が日本語教室や清掃活動で同校を訪れるなど日本との関わりが深い学校。

生徒約50人も参列した式典で大塚大使は、南相馬市とジブチとのつながりやフクザワ中学校の名前の由来となった福沢諭吉の言葉、寄贈する物資が自衛隊の艦艇によって運ばれて来たことを紹介し、「ジブチと日本は対等で信頼できるパートナーとして共に歩む」と述べた。

眞鍋司令は「困った時の友達が真の友」という日本のことわざを挙げて南相馬市からの気持ちを伝え、「大使館と連携し、ジブチの皆さまに慕われるようジブチと日本との関係を強める懸け橋になりたい」と語った。

式典後、子供たちは早速バスケットボールを手にゴールに向かってシュートを競い合うなどボール遊びをはじめ、大塚大使は校長らと共に子供たちが楽しむ姿を見守った。

眞鍋司令は朝雲新聞社の取材に対し、「今回の支援物資を通じてジブチの子供たちに笑顔があふれ、学校生活がより充実し、夢と希望に満ちた明るい未来につながってほしいと思う。日本とジブチが『真の友』となるために歴代派遣部隊が構築してきたジブチの人々との交流と信頼関係を継続・発展させていくことが大切だと感じた」とコメントを寄せた。

南相馬市からの寄贈物資を子供たちに手渡す海賊対処行動支援隊15次隊司令の眞鍋1佐（中央右）と大塚在ジブチ日本大使（同奥）＝5月27日、ジブチ共和国のフクザワ中学校で（在ジブチ日本大使館フェイスブックより）

五輪内定、体校高橋2曹

母校・静岡東高校で壮行会

【静岡地本】静岡地本は4月26日、母校静岡東高（静岡市）の壮行会に出席する東京五輪・競泳800メートルフリーリレー代表の高橋航太郎2海曹（体校）に、広報班員4人で同行した。

壮行会では、全校生徒約900人が集合したグラウンドに海上自衛隊の制服に身を包んだ高橋2曹がりりしい表情で登場。生徒会長が「先輩がオリンピックの舞台に立たれることを誇りに思います。最高の泳ぎができるよう心から応援しています」とあいさつ。応援団と全校生徒が熱いエールを送った。

高橋2曹は「高校3年間の貴重な時間を悔いのないよう頑張ってください」と伝え、大きく手を振る後輩たちに見送られ同校を後に。五輪に向けて、自らの決意もさらに固めた。

母校静岡東高の壮行会で応援団長からエールを送られる高橋2曹（右）＝4月26日

西方音が熊本で定演開催

感染防止策を徹定し、県民限定で

【熊本地本】熊本地本は6月5日、西部方面隊と共催で「西部方面音楽隊第48回定期演奏会」を熊本市で行った。同演奏会の開催は2年ぶり。

演奏会は「地域とともに未来をひらく我ら防人」をテーマに熊本市内の熊本県立劇場コンサートホールで開かれ、来場者を熊本県在住者に限定。さらに昼1回のみの公演とするなど、感染防止対策を徹底して開催した。

西方音隊長の志賀亨2佐の指揮のもと、フランス軍歌『サンブル・エ・ミューズ連隊行進曲』のほか、クラリネットの楽曲『インマークライナー（だんだん小さく）』など、ユニークな全11曲が披露された。

鑑賞した音楽ファンは「久しぶりのイベントで、楽しめた」「躍動感のある自衛隊の音楽を肌で感じ、胸が熱くなった」「来年もまた来場したい」などと話していた。

熊本地本は会場に広報ブースを設け、自衛隊をPR。ブースでは、新型コロナワクチン接種に伴う大規模接種センターの紹介パネルを展示したほか、迷彩服の「エアーくまモン」が来場者を出迎え、当日限定のオリジナル缶バッジを配布した。

終了後には、熊本地本のツイッターで「自衛隊クイズ」を出題し、会場で発表されたキーワードを応募条件として「プレゼント企画」を発信するなど、積極的なPRも行った。

楽曲『インマークライナー』を演奏する西方音クラリネット奏者の山下虹歩1陸士（6月5日、熊本県立劇場で）

コロナ患者を空輸

石垣から那覇まで

15ヘリ隊

陸自15旅団（那覇）は6月11日、沖縄県の新石垣空港から那覇空港まで、石垣島在住の新型コロナウイルス陽性患者1人を急患空輸した。

同日午後5時24分、沖縄県の玉城デニー知事が15旅団長の佐藤真将補に急患空輸の災害派遣を要請。これを受け、15ヘリ隊のCH47輸送ヘリ1機（機長以下4人）が直ちに出発し、本島から南西約430キロに位置する石垣島に向かった。

隊員たちは新石垣空港で患者1人を機内に収容して那覇空港まで空輸し、午後10時ごろ、待機していた救急車に引き継いだ。

夜間の急患空輸を終えて、救急車にコロナ患者を引き継ぐ15ヘリ隊クルーら（6月11日、那覇空港で）

米軍不発弾を処理

沖縄県宜野湾市の工事現場

15旅団

【15旅団＝那覇】15旅団101不発弾処理隊の8人は6月9日、沖縄県宜野湾市の工事現場で発見された不発弾の現地安全化を行った。

発見されたのは米国製の5インチ艦砲弾1発。消防が現地の安全を確保した後、処理隊員が不発弾を自治体の用意した処理壕に移し、ディアマ処理で信管を破壊した。警察の確認を経て安全化を終えた。

処理班長の坂本雄大3尉は「緊張感を保持しつつ、いつも通り淡々と実施できた。県民のみなさまの安全に微力ながら寄与できていることに喜びを感じている」と語った。

また、同月2、3の両日には訓練を兼ねて、名護市の米軍辺野古のキャンプ・シュワブで不発弾の爆破処分を実施。

新着任者の処理能力向上を主眼においてメンバーを編成し、米国製155ミリ砲弾など152発を2日間で処分した。

点火手として参加した村田剛2曹は「今年の3月に配属されたが、爆破処理は3年ぶりだったので緊張した。訓練を通じて爆破処理要領を演練でき、とても良い経験となった」と述べた。

クレーンを使い不発弾を処理壕の中に移動させる101不発弾処理隊の隊員たち（6月9日、沖縄県宜野湾市で）

戦没者慰霊祭の会場準備を支援

土浦駐屯地

【武校＝土浦】土浦駐屯地は5月29日、駐屯地内の雄翔園で行われた公益財団法人「海原会」主催の第54回予科練戦没者慰霊祭で会場準備などを支援した。

式典には、予科練習生の遺族のほか、海原会の小林和夫会長、同駐屯地の坂本正義司令などが参列。遺族代表は、国のために防人として散華された予科練勇士を後世に伝承し、平和の大切さを語り継ぐことを誓い、コロナ下でも慰霊祭を開催できたことへのお礼を述べた。

続いて、〝予科練の精神〟を継承している海自小月基地で訓練中の第72期航空学生一同と教育航空集団司令官・森田義和海将からのメッセージを紹介。最後に民間ボランティアの「甲飛喇叭隊（こうひらっぱたい）」が「巡検」を吹奏し、慰霊祭は無事に終了した。

小休止

▽…12高射隊基地業務小隊（饗庭野）の鈴木満憂士長はこのほど、滋賀県の高島市安全運転管理者協会が主催する「立て看板コンクール」に応募し、「努力賞」を受賞した＝写真。

▽…コンクールは毎年「春の交通安全週間」に合わせて開催されるもので、最優秀をはじめ6部門が選ばれる。鈴木士長の作品は、スマートフォンの操作で横断中の子どもに気付かない運転者が描かれており、一目で「ながら運転」の危険性が分かるデザインになっている。

▽…「作品を通して、若年者の事故防止啓発に貢献できれば」と鈴木士長。受賞した看板は市内の「道の駅」などに設置され、ドライバーに安全運転を促している。（饗庭野）

こちら警務隊

薬物犯④

危険ドラッグは有害な物質を含み、呼吸困難や異常行動を引き起こす

危険ドラッグとはどんなものですか？

危険ドラッグは麻薬などに類似した有害で危険な物質を含み、使用すれば呼吸困難や異常行動等を引き起こし、死に至ることもあります。

また、危険ドラッグは「合法ハーブ」や「合法アロマ」などと、さも安全であるかのように偽っている場合があります。

危険ドラッグを所持・使用した場合、3年以下の懲役もしくは300万円以下の罰金またはその両方に処せられます。

過去には、危険ドラッグ使用者の起こした死傷事件もあります。

危険ドラッグは家族等の周囲の人も不幸にしますので、絶対に手を出してはいけません。（中部方面警務隊）

合法ハーブ・アロマ等と偽った違法薬物（危険ドラッグ）
アロマ
ハーブ

みんなのページ

さらなる知識・技量・指揮能力の向上に努めたい

重レッカー操縦手として北海道演習に参加

3陸曹　大竹 善大（10後支連2普直支中隊・久居）

第10後方支援連隊第2整備大隊第2普通科直接支援中隊はこのたび、北海道・矢臼別演習場での演習に参加し、現地で野整備支援を行いました。

北海道に渡る前は、コロナウイルスが猛威をふるう中での長期間の任務ということで不安な面が大きかったですが、一人の感染者も出さずに久居の地に帰ってこれたことや、戦闘団の一員として任務達成に寄与し、優秀隊員表彰を受けたことを大変うれしく思っております。

北海道の矢臼別演習場は1万6800ヘクタールと自衛隊の演習場としては最大規模であり、私たちに馴染みのある東富士演習場の2倍以上の広さがありました。

よって野整備支援には時間がかかることが予想されていたため、今回の演習は装備品の不具合を未然に防止すること、特に迅速で確実な整備回収支援の実現を意識しておりました。

事前に回収整備に必要な器材の準備や手入れ、被支援部隊への運行前点検の教育、現地における巡回整備を行い、大きな故障や車両整備に起因する事故を防止できたことは大きな収穫であったと考えております。

しかしながら、自分の重レッカー操縦手としての経験値は先輩方には程遠く、まだまだ未熟であると考えます。操縦技術はもとより、悪条件下における状況判断や回収組を指揮する広い視野など、今後の課題としてさらなる知識・技量・指揮能力の向上に努めていきたいと思います。

最後に、私は今回、優秀隊員として表彰されましたが、このような賞が頂けたのは私個人の力ではなく、支援任務完遂のために中隊の隊員が一丸となって任務に邁進したことによるものであり、今後も部隊への感謝を忘れず、日々の業務、訓練に励んでいきたいと思います。

奄美大島で防災教室

『自助』と『共助』 中高生の意識向上確認

人命救助の大変さと自衛隊の任務に理解深める

2海尉　森田 正（鹿児島地本・奄美大島駐在員事務所長）

救助用ゴムボートの漕ぎ方を習う生徒たち

負傷した人の担架搬送を体験する男子生徒

自衛隊鹿児島地方協力本部・奄美大島駐在員事務所は4月5日、大島支庁奄美会館において奄美市内の中・高校生等を対象とした防災教室「学ぼう防災in自衛隊」を初開催した。

この防災教室は、自然災害が多い離島において地域住民の防災意識の向上を図るとともに、自衛隊の災害派遣活動を周知してもらうことを目的に、陸上自衛隊奄美警備隊と海上自衛隊奄美基地分遣隊の支援を得て開催された。

当日は新型コロナウイルス感染防止対策のため、時間帯毎にグループ分けを実施し、それぞれ災害派遣活動写真展観賞や災害派遣現場で実際に使用する救命ボート、油圧式カッターなどの装備品見学、AEDを使用した心肺蘇生法、ロープワークなどを体験した。

参加した中・高生は各コーナーで自衛隊員の説明を聞きながら真剣な表情で熱心に学んでいた。また、この日は奄美基地分遣隊隊長の土井3海佐によるUH60J救難ヘリコプターでの救助活動の体験談を映像を交えて紹介すると、参加者は人命救助の大変さと自衛隊の任務の重要性について理解を深めていた。

最後に防災講話で私が自分自身や家族を守る「自助」と地域や近隣の人を守る「共助」が最も重要であることを説明すると、生徒たちからは「地域の避難場所すら知らなかった」「いざという時は近所の高齢者を助けたい」といった感想が聞かれ、参加者の間で防災意識の向上が図られたことを確認できた。

自衛隊の災害派遣活動の写真を熱心に見ていた高校生が「僕も将来は自衛官として人の命を守る仕事がしたいです」と語るなど、今回の防災教室は生徒たちの職業意識の高揚にも繋がったようだ。

事務所では今後とも近傍部隊と連携した防災教室を積極的に開催し、自衛隊の活動に対する地域の理解と関心を深めていきたい。

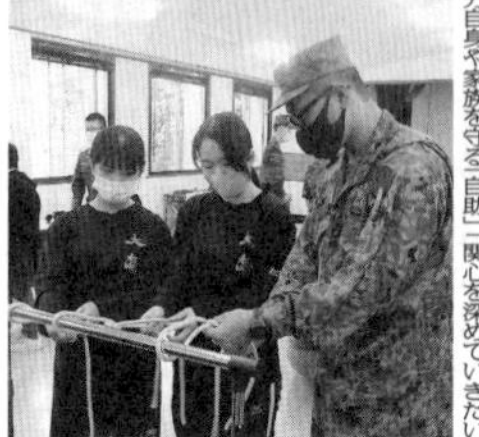

ロープの結び方を隊員から習う女生徒たち

「新生検査隊」が綱引き大会で団結

2空尉　後藤 春菜（3空団検査隊・三沢）

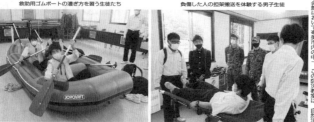

3空団検査隊のイベント「綱引き大会」で白熱した試合を展開する隊員たち

「北空絆の日」となった4月23日、3空団検査隊は隊の融和団結と隊員の体力向上を目的として「綱引き大会」を実施しました。

今年度から3空団は「ライン&ドック」の新体制（分散する部隊の整備員を集約して効率よく整備を行う体制）を開始しており、飛行群と整補群に配置されていた航空機整備員（APG）を検査隊員として検査隊長が一元的に管理しています。今回は、その隊員（100名超！）が一堂に会する一大行事となりました。

綱引き大会の開催にあたっては、事前の検温、試合中のマスク・革手の着用、事後の手洗い・うがいなど、新型コロナ感染予防対策を徹底しました。

大会は7チーム編成のトーナメントで、1試合3本勝負で行いました。非常に白熱した戦いとなり、決勝戦では岡野3尉率いるFチーム（半数が岩手出身者）が、地面が滑りやすい場所の不利を物ともしないパワーを発揮して大勝利を収め、優勝の栄冠を手にしました。

「新生検査隊」として初の親睦行事となりましたが、競技を通じ、部隊の団結強化に向けて一歩前進できた一日となりました。

OBがんばる

木下　広宣さん　55

令和元年6月、陸自17普連（山口）を最後に定年退職（准尉）。山口県赤十字血液センターに再就職し、移動採血車の運転や献血の受付などに従事している。

大切なことは健康管理

私は定年退官後、山口県赤十字血液センターに再就職しました。主な業務は移動採血車の運転と整備、献血者の受付、接遇などです。

移動採血車は大小4台の特徴の違うバスを運転し、献血に協力いただける企業や官公庁、商業施設などへ行きます。安全運行はもちろんですが、経路確認や現地での停車位置など下調べがとても重要です。

献血会場では気象などを考慮し、受付や接遇の準備をします。会場によっては屋外での業務となり、夏は暑く、冬は寒く、雨や風の厳しいこともありますが、献血者への対応を第一に、安全に留意して当たっています。

コロナ下の現在は献血者の手指消毒や検温も行っています。マスクを使用するため、夏場は熱中症対策も考えなければなりません。さらに献血の先には血液成分を必要とされている方がいるので、仕事はとてもやりがいがあります。コロナ下ですが、今後も安定した血液確保のために頑張りたいと考えています。

再就職で最も大切なことは健康管理です。不安な箇所は在職中に治し、健康を維持できるよう努めましょう。次に大切なことは責任感です。「この人に任せれば安心だ」と周囲から思われるためにも、行動に責任を持ち、上手くいかないことがあっても自ら解決するという覚悟を持って物事に取り組む姿勢を意識しましょう。

即自で20年ぶり陸自部隊に復帰

即応予備陸士長　村田 奈里年（49普連3中隊・豊川）

私は平成5年から7年まで、京都府福知山市にある陸上自衛隊第7普通科連隊で小銃手として勤務していました。現在は自営業で寿司店を経営しております。

このたび、ニュースで即応予備自衛官の採用年齢が引き上がったのを知り、自分の年齢でも国を守ることができると思い、即応予備自衛官に志願しました。

自衛隊を退職後、20年以上もブランクがあり、いまの自衛隊については右も左も分かりませんが、中隊の先輩方に教わりながら、私も国のため、部隊のために頑張っていきたいと思います。

「朝雲」へのメール投稿はこちらへ！

▽原稿の書式・字数は自由。「いつ・どこで・誰が・何を・なぜ・どうしたか（5W1H）」を基本に、具体的に記述。所感文は制限なし。
▽写真はJPEG（通常のデジカメ写真）で。
▽メール投稿の送付先は「朝雲」編集部（editorial@asagumo-news.com）まで。

詰将棋

出題　日本将棋連盟　九段　石田 和雄

第846回出題

	5	4	3	2	1	
			v銀	馬		一
						二
		銀		v玉	v歩	三
		v歩		v歩		四
			v角		歩	五
				歩		六

▲先手　持駒　金金

【ヒント】金二枚を捨てる（10分で一級）。

▶詰碁、詰将棋の出題は隔週です◀

詰碁

出題　日本棋院　九段　曲 励起

第1261回解答

白⑨劫トル

【解答図】白先、劫。白①黒❷がともに大切で、白③以下白⑨の劫取りまで劫になるのが正解です。なお手順中、黒❷で『イ』へ打つのは白『6』で黒いけません。

> 漢字が美しいのは、絵画や彫刻と同じく、見る人の想像力を刺激するからである。
>
> 塩野 七生（作家）

（世界の切手・中国）

朝雲ホームページ
www.asagumo-news.com
<会員制サイト>
Asagumo Archive
朝雲編集部メールアドレス
editorial@asagumo-news.com

新刊紹介

「NATOの教訓」――世界最強の軍事同盟と日本が手を結んだら

グレンコ・アンドリー著

早大、京都大への留学経験をもち、日本語も堪能なウクライナ人国際政治学者の著者が、ロシアのプーチン大統領によって祖国の領土クリミアを奪われた事例をもとに、日本人に対して「現実の敵である中国とロシアを直視せよ！」と強く訴えた本だ。

著者は、NATO（北大西洋条約機構）加盟国の領土（本土）が70年間にわたって他国から武力攻撃を受けたことがないという事実に注目し、同盟の全構成国が70年も平和でいられたことは奇跡に近いとし、日本もNATOの教訓を学ぶべきだとする。

ロシアや中国などハイブリッド戦を駆使する全体主義国家の侵略を防ぐには、自国の防衛力強化と同時に同じ民主主義友好国との同盟という「平和維持装置」を構築することが最も重要だと指摘。そこで「日本がNATOと手を結んだら」といった仮説も挙げ、日本にとっての多国間同盟の有用性を検証している。「ロシアからの防壁」となる覚悟をもったウクライナ知識人の提言は日本人にとっては非常に重い。

（PHP研究所刊、990円）

『定年後知的格差』時代の勉強法

櫻田 大造著

自衛隊を退官後、大学に再入学したり、外国に留学して「学び直す」自衛官OBが増えている。中には特異な勤務経験や実体験を基に、本を書いて出版する元隊員も少なくない。本書は関西学院大学教授の著者が、定年後も知的世界に留まるか、離れるかによって大きな差異を生む高齢者の「知的格差」の実態を明らかにした本だ。

著者は現役時の高い能力を定年を機に捨ててしまってはもったいないとし、再び大学等で学ぶことを提案。現在、大学など教育機関では中高年を迎え入れる体制を整備しており、意欲さえあれば定年後も学べる環境が整っているとする。

そこで本書では、定年後の①大学（院）活用術②研究・論文執筆術③SNSの活用術――などを分かりやすく解説、まさに人生100年時代の勉強法のマニュアルとなっている。

（中央公論新社刊、946円）

朝雲

発行所 朝雲新聞社
〒160-0002 東京都新宿区四谷坂町12−20 KKビル
電話 03(3225)3841
FAX 03(3225)3831
振替00190-4-17600番
定価一部150円、年間購読料9170円（税・送料込み）

主な記事

岸防衛相

日EUの結束呼び掛け

欧州議会にオンライン出席

岸防衛相は6月17日、日本の防衛大臣として初めて欧州連合（EU）欧州議会の招待を受けて「安全保障・防衛小委員会」にオンラインで出席し、「日EU戦略パートナーシップ〜安全保障・防衛分野における相互協力の強化の動向と見通し」をテーマにスピーチを行った。岸大臣は、EUによるインド太平洋地域へのコミットメント（責任ある関与と約束）が一層強固で不可逆的なものとなるよう強い期待感を示すとともに、日本とEUがさらに結束し、共に地域の平和と安定に積極的に貢献していく決意を表明した。

台湾は国際社会の安定に重要

EUは今年4月に「インド太平洋における協力のための戦略」を策定しており、今回は9月に公表予定の「『インド太平洋における協力のためのEU戦略』に関する共同コミュニケーション」の策定に向けた参考とするため、欧州議会側が岸大臣に出席を求める形で実現した。

岸大臣は冒頭、EUが「共同コミュニケーション」の策定に向けて真摯に議論を重ねていることに歓迎の意を表し、「日本としても、普遍的価値を共有するEUがインド太平洋地域への関与を強化していることを高く評価する」と述べた。

スピーチでは、東・南シナ海情勢をめぐって中国による「力を背景とした一方的な現状変更の試み」が続いている状況を指摘。

今年2月に施行された中国の「海警法」は「あいまいな適用海域や武器使用権限など、国際法との整合性の観点から問題がある規定を含む」として、「我が国を含む関係国の正当な権益を損なうことがあってはならず、緊張を高めることは断じて受け入れられない」と訴えた。

その上で「台湾情勢の安定は、我が国はもとより、国際社会の安定にとっても重要だ」と強調。「近年、中国が軍事力の強化を急速に進め、中台の軍事バランスが全体として中国側に有利な方向に変化し、その差は年々拡大する傾向にある」と説明した。

同時に、両岸問題をめぐっては「当事者間の直接の対話により平和的に解決されることを期待する」との我が国の一貫した立場を改めて表明し、対話の重要性を強調。一方で、地域の軍事バランス構造の転換とみられる動向を注視していく姿勢も示した。

これらを踏まえ、日本が掲げる「自由で開かれたインド太平洋（FOIP）」ビジョンを維持・強化するため、「戦略的パートナーであるEUとの関係をさらに発展させていきたい」と日EU間の結束を呼び掛け、EUの新たな「戦略」とFOIPが相乗効果を発揮できるよう「緊密な連携を図り、共に地域の平和と安定にこれまで以上に積極的に貢献していきたい」と締めくくった。

◇欧州連合(EU)欧州議会「安全保障・防衛小委員会」　EU加盟の27カ国から直接選挙で選出された議員で構成される欧州議会に23ある常任委員会の一つ。安全保障・防衛に関するさまざまな課題について意見交換し、欧州議会として意思決定する準備を行う場としての役割を担う。

欧州議会の「安全保障・防衛小委員会」にオンラインで出席し、インド太平洋地域の安全保障などをめぐってスピーチする岸防衛相（6月17日、大臣室で）＝防衛省提供

日独防衛相がテレビ会談

初の瀬取り監視へ協力

岸防衛相は6月22日、ドイツのアンネグレート・クランプ＝カレンバウアー国防相と約1時間のテレビ会談を行い、今夏にもドイツを出発してインド太平洋地域に派遣される独海軍フリゲートに関し、日独間の共同訓練などに向けて調整していくことで一致した。

また、その際、北朝鮮船舶による違法な「瀬取り」などに対する警戒監視活動にドイツが初参加する可能性についても議論し、実現に向けて協力していくことを確認した。

さらに両氏は、岸大臣が17日に欧州議会で行ったスピーチを踏まえ、欧州連合（EU）や欧州諸国によるインド太平洋地域に対するコミットメント（責任ある関与と約束）を不可逆的なものとするよう両国間の連携の重要性を強調。

東・南シナ海情勢をめぐっては一方的な現状変更の試みや、緊張を高めるいかなる行為にも反対するとともに、「法の支配に基づく自由で開かれた海洋秩序」が重要であるとの認識で一致。中国の海警法に「深刻な懸念」を表明した。

このほか、両氏は「自由で開かれたインド太平洋」の維持・強化に向けて防衛協力・交流を引き続き活発に進めていくことを再確認し、可能な限り早期に対面で会談することを申し合わせた。

防衛装備庁長官に鈴木氏

増田防政局長、岡地協局長

政府は6月25日の閣議で、武田博史防衛装備庁長官の勇退を認め、後任に鈴木敦夫地方協力局長を起用する人事を決めた。新たな地方協力局長には岡真臣防衛政策局長、その後任には増田和夫首相秘書官が就任する。発令はいずれも7月1日付。

防衛省発令

▽防衛装備庁長官（地方協力局長）　鈴木　敦夫

▽防衛政策局長に採用（内閣総理大臣秘書官）　増田　和夫

▽地方協力局長（防衛政策局長）　岡　真臣

▽退職（防衛装備庁長官）　武田　博史

（以上7月1日）

（以上内閣承認人事）

鈴木
防衛装備庁長官

鈴木　敦夫（すずき・あつお）防衛装備庁長官　早大政経卒。昭和60年旧防衛庁。大臣官房審議官兼情本副本部長併内閣官房内閣審議官、統幕総括官、政策立案総括審議官、整備計画局長などを経て、令和2年地方協力局長。神奈川県出身。59歳。

増田
防衛政策局長

増田　和夫（ますだ・かずお）防衛政策局長　慶大法卒。昭和63年旧防衛庁。防衛政策課弾道ミサイル防衛室長、国際協力課長、企画評価課長、日米防衛協力課長、国家安全保障局内閣審議官などを経て、令和元年内閣総理大臣秘書官。千葉県出身。57歳。

岡
地方協力局長

岡　真臣（おか・まさみ）地方協力局長　東大法卒。昭和61年旧防衛庁。在米国日本大使館1等書記官、日米防衛協力課長、米軍再編調整官、岐阜県警察本部長、防衛政策局次長、人事教育局長などを経て、令和2年防衛政策局長。岡山県出身。57歳。

東京五輪への出場を申告後、岸大臣（前列中央）ら防衛省幹部と記念撮影に納まる体校選手たち（後列）＝6月28日、防衛省第1省議室で

五輪内定　体校選手13人、岸大臣に出場申告

開幕が迫った東京五輪への出場を内定させている自衛隊体育学校（朝霞、学校長・豊田真陸将補）の選手13人が6月28日、東京・市ヶ谷の防衛省を訪れ、岸大臣に出場を申告した。

申告したのは9個班16人（7月1日現在）の内定者のうち、代表合宿等に入っている3人を除く13人。豊田学校長が同行し、中山副大臣、松川政務官、島田事務次官、山崎統、吉田陸、山村海各幕僚長が立会した。

選手を代表してライフル射撃代表の松本崇志1陸尉（射撃班）が「これまで多くの方々に支えられてきました。その方々への感謝の気持ちを忘れず、自衛官アスリートらしく正々堂々戦い、メダルを獲得します。応援をよろしくお願いします」と力強く申告。

岸大臣は「しっかりと実力を発揮していただきたい。防衛省・自衛隊を挙げてサポートし、応援します」と激励した。

東京五輪は7月23日から8月8日まで、33競技339種目で競われる。（7面に関連記事）

米海軍と初のサイバー共同訓練

海自「いずも」艦内で実施

海自は6月15日、米海軍とのサイバー攻撃対処の共同訓練をヘリ搭載護衛艦「いずも」の艦内で初めて実施した。

訓練では、海自システム通信隊群保全監査隊と米海軍NIOC−Y（U.S. Navy Information Operation Command Yokosuka）の隊員らがそれぞれ「サイバー・プロテクション・チーム（CPT）」を編成。サイバー攻撃を未然に防ぐための調査や事案発生後の対処など、サイバーセキュリティーに関する訓練を日米共同で行った。

FFM3番艦「のしろ」進水

海自　令和4年12月就役予定

海自の令和元年度計画多機能護衛艦（3900トン型、FFM）の命名・進水式が6月22日、長崎市の三菱重工業長崎造船所で行われ、同艦は「もがみ」型FFMの3番艦として「のしろ（能代）」と命名され、進水した。

「のしろ」は、従来の護衛艦の装備に加え、掃海艦艇の装備を併せ持つ多機能護衛艦。対潜戦、対空戦、対水上戦のほか、対機雷戦にも対応できる。

命名・進水式は佐世保地方総監の出口佳努海将の執行で行われ、松川るい政務官、山村海幕長ら約100人が出席。防衛省を代表して松川政務官が防衛大臣の命名書を読み上げ、支綱を切断、「のしろ」はゆっくりと長崎湾に進水した。

艦名は海自内で募集し、大臣が決定、秋田県を流れる能代川に由来する。艦番号は「3」で、就役は令和4年12月の予定。

「もがみ」型3番艦として進水した令和元年度計画護衛艦「のしろ」（6月22日、長崎市の三菱重工業長崎造船所で）＝海自提供

東京・大阪とも予約の満杯続く

大規模接種

防衛省・自衛隊が東京と大阪に開設している「大規模接種センター」は、両会場とも7月4日まで予約で満杯となっている。

その後も7月末までは高齢者の2回目の接種予約でほぼ埋まっており、予約枠に余裕がない状況がしばらく続く見通しだ。現時点ではキャンセルが出た場合のみ、接種日前日の午後11時59分まで専用サイトから予約が可能で、予約には自治体から配布される接種券が必要となる。

電話での問い合わせ・予約窓口は、▽東京0570−056−730▽大阪0570−080−770。

春夏秋冬

一番大切なこと

兼原　信克

英国の政治思想家ジョン・ロックは、遺稿となった『知性の導き方』で、思考の出発点を間違えてはいけないと述べている。人は一人では弱い生き物である。だからまとまってよりよく生きようとする。権力も政府もその道具に過ぎない。敬虔なロックは、常に、心の中の神の国を覗いていた。それは私たちが「仁」、「慈悲」とよぶ温かい心のことである。

安全保障政策も同様である。もっとも大切なことは、国民の命を守ることである。

そのために権力を預かっているのが政府である。そして、その任務を担うのが自衛隊である。日本の国にとって国民以上に大切なものはない。

戦前は、「国体」が至高の価値であるとされた。無謀な戦争で200万の精鋭の日本軍人と、100万の無辜の民が死んだ。何のための戦争だったのか。

1943年に木下恵介監督が陸軍の要請で作った『陸軍』という映画がある。田中絹代主演である。軍国日本の戦意高揚に作られた映画であるが、最後のシーンでは、息子のいる出征兵士の行列の後を、何度も何度も転びながら、必死で付いていく母の姿が描かれている。軍国日本であろうと、平和日本であろうと、人間の本質は変わらない。

戦後の日本では新憲法が制定された。憲法9条1項は国連憲章と同じ不戦の誓いを記したが、2項は敗戦国となった日本を丸裸にするという条項だった。GHQによる憲法起草作業開始の時点では、敗戦後、まだ1年しかたっていなかった。冷戦の兆しも感じられなかった頃である。

1959年、最高裁判所は、砂川判決で、憲法9条2項があっても、政府は国民を守るために最低限のことはして良いのだと述べて自衛権の行使を認めた。最高位の法の番人は、憲法は国民のためにあるという国民主権の原点を忘れなかった。今日の日本政府の安全保障政策は、法的には全て砂川判決を基礎としていると言って過言ではない。

憲法改正法案国民投票法が、ようやく国会を通過した。憲法は国民のものである。国民がよりよく生きるための約束である。それが憲法論議の一番大切なことである。

（元内閣官房副長官補・国家安全保障局次長、同志社大学特別客員教授）

朝雲寸言

自衛隊が運営するワクチン大規模接種センターが、当初は65歳以上に限定していた接種対象に18歳から64歳の人も加えて受付を始めたところ、たちまち予約の空きが埋まった。自治体の計画では接種がかなり先になってしまう現役世代で、仕事などの都合上早めに打ちたい人々にとって、同センターは「最後の砦」である▼ただセンターでの接種には居住自治体から届く接種券が必要だ。自治体によっては発送さえ終わっていないところもある。接種券をてきぱき発送できた自治体Aにたまたま住んでいた国民はセンターにたどり着くことができ、配布で出遅れた自治体Bに住んでいた人は待たねばならない▼極端なたとえかもしれないが、大災害が起き、災派部隊が二つの自治体に同じ時刻に入ったのに、平素から危機管理能力が高く、要救出者の居場所を掌握済みの自治体①では迅速に救助が進み、能力が低い自治体②では徒に犠牲者が増えてしまうようなことが、今現実に起きているわけだ。法の下での平等の原則に悖っていないだろうか▼いかに最後の砦でも自衛隊だけでは国民の命は守れない。自治体間にある危機管理能力の格差を埋めねばならないのだ。人口・財政規模や職員の能力が今より平準化された基礎的自治体に再編するとともに、自衛隊出身者など有事マインドのある危機管理担当官が、単独ではなく複数名常駐する形にして組織風土を改善してはどうか。

ブルー　東京五輪、パラリンピック開会式当日に飛行

空自は6月24日、4空団11飛行隊（松島）のT4ブルーインパルスが7月23日の東京五輪開会式当日と8月24日のパラリンピック開会式当日にそれぞれ都心上空を飛行すると発表した。

五輪では、青、黄、黒、緑、赤の5色のカラースモーク、パラリンピックでは赤、青、緑の3色のカラースモークを使用し、それぞれシンボルマークなどを描く予定。

井筒空幕長は24日の記者会見で「ブルーインパルスが飛行をすることで夢や希望を感じていただき、感動を共有することで世界中の少しでも多くの方々に笑顔をお届けできれば」と述べた。

前回の1964年の東京五輪では当時のF86Fブルーインパルスが開会式でメインスタジアムの上空にカラースモークで五輪マークを描いている。

時の焦点

国内　防衛予算

安保環境に即し編成を

日本を取り巻く安全保障環境が厳しさを増し、政府・自民党内で防衛費の増額を求める声が強まっている。現状の計画を見直して予算を上積みするのであれば、丁寧にその必要性を説明し、国民の理解を得る努力が求められる。

菅首相は4月、バイデン米大統領との会談を踏まえた共同声明で、日本の防衛力を強化する決意を表明した。岸防衛相は5月、日本経済新聞のインタビューで、今後の防衛予算について国内総生産(GDP)比1パーセントの枠にこだわらず、増やす方針を表明した。自民党も、来年度予算で抜本的に増額するよう求める提言をまとめた。

いずれも、中国が軍拡を進め、覇権主義的な行動を強めていることが念頭にある。

防衛費に関しては、三木内閣が1976年、1パーセントの上限を設けることを決定した。中曽根内閣が87年度から枠を廃止したが、その後もほぼ毎年度、1パーセント以内に抑えてきた。2021年度当初の防衛予算5兆3422億円も、1パーセント前後とみられている。

野党の反発を恐れ、昭和の時代の目安を踏襲しているのであれば、ナンセンスと言わざるを得ない。時代や安保環境の変化に即して予算を計上すべきだろう。

政府は18年末、中期防衛力整備計画(中期防)で、19~23年度の5年間の防衛費の総額を27兆4700億円と定め、その枠の中で予算を計上している。

近年は、補正予算で防衛装備品を購入するケースが目立つ。補正予算も整備計画の枠内に収まっているとはいえ、当初予算が防衛費の実態を反映しているとは言い難くなった。防衛省は、分かりやすい発表を心がけてもらいたい。

自民党内では、中期防を改定し、中国への対処能力を高めるべきだとの声が上がっている。

中国の国防費は、日本の防衛費の約4倍にのぼっている。今年4月には、中国初の強襲揚陸艦を就役させた。着上陸作戦の中核を担うもので、南西諸島や台湾への侵攻が念頭にあるとの見方は少なくない。

政府は、中期防を策定当時に想定していなかった事態を改めて検討し、防衛装備品や態勢に不備がないか、点検すべきだ。離島防衛を最優先に、部隊配備やミサイル防衛の装備を充実させることが重要である。

戦闘機や護衛艦など最先端の装備品は、高額になりがちだ。不要な装備の削減を図りつつ、新規購入については経費を精査する必要がある。

中国やロシア、北朝鮮は宇宙・サイバーといった新領域の攻撃力を高めている。自衛隊は、専門人材の育成や民間からの採用を進めるべきだ。

政府は、敵基地攻撃能力の保有の議論を進め、日本の役割を高めることも視野に入れてほしい。

夏川 明雄(政治評論家)

海外　バイデン外交

初外遊に見る現実路線

同盟国・友好国との関係再構築を背景に国際協調路線への復帰を公約に掲げる米国のバイデン政権が発足してから間もなく半年となる。この間、新政権の外交・安全保障チームは主要な外交課題をめぐって綿密な政策見直しと外交日程を巧みに絡ませ、理路整然と言ってもよい現実主義的な外交を積極的に展開してきたことが分かる。予測可能性が高まった米外交は、さまざまな紛争や対立の激化を回避する一定の抑止にもつながろう。

米新政権のスタートダッシュ段階での大きな通過点となったのが、バイデン氏の就任後初の外遊に合わせた英国での主要7カ国(G7)サミットへの出席を皮切りに、ブリュッセルでの北大西洋条約機構(NATO)、米・欧州連合(EU)の両首脳会議をこなした上でのスイスでの米ロ首脳会談だった。欧州への初外遊に先立って、ワシントンに菅義偉首相、韓国の文在寅大統領を招いての日米、米韓の両首脳会談を開催しており、バイデン政権が外交・安保分野での最重要課題に掲げる中国への対抗策や台湾有事、北朝鮮核問題の対応などの首脳レベルでの意見調整にも余念がない。

米国第一主義を掲げ、同盟諸国との関係悪化を含め、国際社会に大きなきしみを生んだトランプ前政権の「悪しき負の遺産」の払拭効果と併せ、主要関係国の間では、民主主義や人権などの普遍的な価値を重視するバイデン外交を評価する声が多く聞かれる。

6月中旬の初外遊で世界中のメディアが最も注目したのが、プーチン・ロシア大統領との会談だった。3時間近くにわたった米ロ首脳会談では、ロシアの反体制派指導者ナワリヌイ氏に対する政治的弾圧など人権侵害やサイバー攻撃をめぐる溝は埋まらなかったものの、核兵器を対象とする軍備管理に関する協議開始で合意した。本国へ引き揚げていた双方の大使帰任も申し合わせ、米ロが協力可能な分野を探る方針で足並みを揃えた。

米ロ関係は近年、ロシアによる米大統領選介入やサイバー攻撃で、「冷戦後最悪」と評されるまで冷却化していた。バイデン氏は会談後の会見で「ロシアのパイプラインがサイバー攻撃を受けたらどう思うか」とプーチン氏に問い、重要インフラへの攻撃を止めるようくぎを刺したことを披露し、これ以上の関係悪化阻止に自信を示した。3年ぶりに実現した米ロ首脳会談で、双方は重要課題で譲歩しない方針を明確にしながらも、さらなる緊張激化を避けようという思惑では一致したことの政治的意味合いは大きい。

バイデン大統領は今回の初外遊で、トランプ前政権時代に傷ついた同盟国との関係を修復し、核大国のロシアとは「戦略的安定」を目指す方針で一致。外交・安保分野で最大の懸案である中国との対抗を見据え、「足場固め」を一歩進めた。対中包囲網を急ぐバイデン政権に対し、中国は「米国は病気だ」(趙立堅外務省副報道局長)と強く反発しており、次の焦点は10月の主要20カ国・地域(G20)サミットを機に実現するとみられる中国の習近平国家主席との対面での米中首脳会談の行方となる。

伊藤 努(外交評論家)

日米同盟強化は喫緊課題

陸幕長、米太平洋陸軍司令官と一致

吉田陸幕長と初のテレビ会談を行った米太平洋陸軍司令官のフリン大将(6月17日)

吉田陸幕長は6月17日、米太平洋陸軍(USARPAC、ハワイ)司令官のチャールズ・フリン大将と初のテレビ会談を行い、今後の日米陸軍種間の防衛協力をさらに深めていくことで一致した。

フリン司令官は6月4日に着任。両者の強固なカウンターパート関係の構築とともに、インド太平洋地域での陸自と米太平洋陸軍の連携の方向性について認識を共有した。

今回の会談について吉田陸幕長は17日の定例会見で「インド太平洋地域の安全保障環境は最も厳しい状況で、我が国はその最前線に立っている。いま日米同盟の抑止力・対処力を強化することは喫緊の課題だ。インド太平洋地域のカウンターパートであるフリン大将とできるだけ早い段階で具体的な協力関係に踏み込むことが大切だと思い、双方その認識で一致し、本日のテレビ会議となった」と述べた。

在日米軍最先任上級曹長に感謝状

山崎統幕長 強固な日米同盟構築の功績で

【統幕】山崎統幕長は6月9日、防衛省で在日米軍司令部のリチャード・ワインガードナー最先任上級曹長に自衛隊と在日米軍との緊密な連携と相互の信頼の強化に寄与した功績で感謝状を贈呈した。

ワインガードナー最先任上級曹長は、平成30年12月に着任して以降、統幕最先任の澤田茂准陸尉と緊密に連携をとり、日米共同部隊の訪問や日米最先任下士官等会同を通じ、最先任上級曹長としての役割や重要性、最先任のあるべき姿を日米両国の下士官に示してきた。また、日米の下士官交流を積極的に推進し、強固な日米同盟の構築に著しい功績をあげた。

感謝状授与式はワインガードナー最先任上級曹長の在職最後の防衛省訪問となった9日に行われ、在日米軍副司令官のジェームズ・ウェロンズ海兵隊准将、澤田統幕最先任が立会した。

山崎統幕長から感謝状を贈られた最先任上級曹長は「各幕最先任と一つのチームとして日米両国の緊密な関係構築に貢献できたことに感謝申し上げます」と謝辞を述べた。

澤田統幕最先任は最先任上級曹長にこれまでの自衛隊への協力に感謝の言葉を贈るとともに、在職間の労をねぎらい別れを惜しんだ。

山崎統幕長(左)から感謝状を贈られた在日米軍のワインガードナー最先任上級曹長(その右)。右側は立会したウェロンズ在日米軍副司令官と澤田統幕最先任(6月9日、防衛省で)

露艦が対馬・宗谷海峡航行

6月16日午後10時ごろ、ロシア海軍の「ウダロイI」級ミサイル駆逐艦(満載排水量各約8600トン、艦番号564「アドミラル・トリブツ」)と「ネフテガス」級航洋曳船の2隻が長崎・対馬の南西約250キロの海域を北東に向け航行するのを海自3ミサイル艇隊(佐世保)のミサイル艇「しらたか」と1空群(鹿屋)のP1哨戒機が確認し、情報収集・警戒監視に当たった。ロシア艦2隻はこの後、対馬海峡を北上して日本海に入った。

6月18日午前11時ごろには、ロシア海軍の「グリシャV」級小型フリゲート2隻(艦番号350、390)と「ソニア」級沿岸掃海艇2隻(同525、542)の計4隻が北海道・宗谷岬の西北西約150キロの海域を東に向け航行するのを1ミサイル艇隊(余市)のミサイル艇「わかたか」と2空群(八戸)のP3C哨戒機が確認した。4隻はこの後、宗谷海峡を東進してオホーツク海に出た。

霞目駐屯地にPAC3

空自21高隊が機動展開訓練

空自6高群21高射隊(車力)は6月23日、弾道ミサイル防衛用の地対空誘導弾PAC3の機動展開訓練を宮城県仙台市の陸自霞目駐屯地で行った。

同訓練はPAC3器材の布置や人員の移動、展開手順などの習熟度の確認を目的に実施。21高射隊長の根岸大輔2佐以下隊員約20人が車両約10台で霞目駐屯地に進出し、PAC3の発射機や対空レーダー、射撃管制装置などを飛行場地区に展開、システム立ち上げまでの一連の発射準備手順を演練した。

PAC3発射機(右)などの展開訓練を行った21高射隊の隊員(奥)=6月23日、霞目駐屯地で

訓練後、根岸隊長は「あらゆる可能性に備え、平素から訓練・準備をしっかりやっていかなければならない。機動展開訓練を実施することによって、我々の力を日々磨き上げていく」と語った。

災害救援などの能力構築を支援

陸自がラオス軍に

陸自は6月18日、ラオス軍に対する人道支援・災害救援(HA/DR)活動の能力構築支援セミナーをオンラインで実施した。

セミナーの目的は災害発生時の被災者の救助や衛生分野での陸自の活動を具体的に伝え、雨期に洪水など自然災害が多いラオスでの災害対処能力向上に役立ててもらうこと。一方、ラオス側からも災害対処任務の成果報告などがあり、両国で教訓を共有した。

吉田陸幕長は前日17日の定例会見で「コロナ下でも能力構築支援を推進することが重要だ。対面で行うに越したことはないが、陸自は昨年度から今回を含め4件の能力構築支援事業にオンラインで参加している。これは国際社会の平和と安定にとって極めて意義のあるものだ。ラオスに対しても、陸自の教訓を少しでも伝え、災害救援に対する能力構築が進むようにお手伝いができればと考えている」と同セミナーの意義を語った。

防衛省発令

▽兼統幕運用2課(陸幕人事教育計画課)1陸佐 入江 一博
(同企画班長)同 井上雄一朗
(同補任課人事2班長)同 菅沼 文洋
(同防衛課)同 湯澤 憲治
(以上6月18日)

▽海自幹部学校付(海幕総務課副官)1海佐 中村 雄貴
(6月21日)

共済組合だより

防衛省共済組合では職員を募集します

防衛省共済組合では、防衛省共済組合本部等に勤務する職員を募集します。

◆募集職種 一般事務職及び経理事務職

◆採用人員 若干名

◆受験資格

(1)平成3年4月2日~平成12年4月1日生まれの者

(2)平成12年4月2日以降生まれの者で、大学、短期大学又は高等専門学校を卒業した者及び令和4年3月までに大学、短期大学又は高等専門学校を卒業する見込みの者並びに防衛省共済組合がこれらの者と同等の資格があると認める者

ただし、次のいずれか一に該当する者は、受験できません。

①禁錮以上の刑に処せられ、その執行を終わるまで又は執行を受けることがなくなるまでの者②法令の規定による懲戒免職の処分を受け、当該処分の日から2年を経過しない者③日本国憲法又はその下に成立した政府を暴力で破壊することを主張する政党その他の団体を結成し、又はこれに加入した者④平成11年改正前の民法の規定による準禁治産の宣告を受けている者(心神耗弱を原因とするもの以外)

◆試験内容等

○第1次試験

(1)試験種目 基礎能力試験、専門試験(多肢選択式)及び論文試験

(2)試験日 令和3年8月21日(土)

○第2次試験

(1)試験種目 個別面接試験

(2)試験日 令和3年10月初旬~中旬

○第3次試験

(1)試験種目 個別面接試験

(2)試験日 令和3年11月初旬

○最終試験

(1)試験種目 個別面接試験

(2)試験日 令和3年11月中旬

◆試験地 ホテルグランドヒル市ヶ谷(東京都新宿区市谷本村町4—1)

◆採用予定日 令和4年4月1日

◆給与等 防衛省職員に準ずる。

◆勤務地 防衛省共済組合本部及び支部(全国異動あり)

◆受験手続

(1)就職情報サイトへの登録 受験申込みを行うには、就職情報サイトへの登録が必要となります。就職情報サイトの詳細については、防衛省共済組合ホームページをご確認下さい。(URL:https://www.boueikyosai.or.jp/)

(2)採用説明会 7月2日(金)、7月10日(土)及び7月16日(金)各日3回(①11:00~11:45②13:30~14:15③15:00~15:45)開催。詳細については、防衛省共済組合HPをご確認下さい。

(3)受験申込み 所定の受験申込書を受付期間内に特定記録郵便、簡易書留又は一般書留の郵便物として申込先に郵送して下さい。

(4)受験申込受付期間 7月2日(金)~8月4日(水)消印有効

◆その他

(1)身体に障害があるため、受験の際に何らかの措置を希望される方は、受験申込書の裏面に記入の上、事前に申し出てください。

(2)受験に関する連絡事項等について、防衛省共済組合HPの採用情報を随時更新しますので、必ずご確認下さい。

◆受験申込先及び問い合わせ先 防衛省共済組合本部人事班人事第1係〒162—8853東京都新宿区市谷本村町5—1、電話03—3268—3111内線25163(対応時間 平日10:30~17:30 ※12:00~13:00を除く)

存分に防空戦技を磨く　多国間演習「レッド・フラッグ・アラスカ」

米空軍の第18アグレッサー飛行隊を研修した9空団の戦闘機パイロットら（6月10日）

米アラスカ州のアイルソン空軍基地、エレメンドルフ・リチャードソン統合基地とその周辺空域を舞台にした米空軍主催の多国間演習「レッド・フラッグ・アラスカ」が6月26日に終了した。空自はコロナ禍により2年ぶりの参加となった今回、規模を縮小してF15戦闘機部隊とE767早期警戒管制機を派遣。参加部隊はアラスカの広大な空域で持てる力を存分に発揮し、対戦闘機戦闘などの戦技を磨いた。

「日米連携強化を確信」

今年の「レッド・フラッグ・アラスカ」（RFA、6月11〜26日）には、空自から9空団（那覇）のF15戦闘機6機、警空団（浜松）のE767早期警戒管制機1機と隊員約170人が参加。このほか、3輸空（美保）のC2輸送機が演習で使用する訓練用器材の空輸支援任務に当たった。同演習には空自初の女性戦闘機パイロットの伊藤美紗（旧姓・松島）1尉も参加した。

空自のF15部隊は米軍の空中給油・輸送機の支援を受け、北海道の千歳基地からアラスカまでの片道約5000キロを一気に飛行。

現地到着後はアラスカの制約のない広大な空域を存分に活用し、米空軍の対抗部隊（アグレッサー）と対戦闘機戦闘、戦術攻撃、防空戦闘などの訓練に挑んだ。地上では日米の幕僚が飛行計画の立案、戦術攻撃の検討、基地帰投までの一連の部隊運用を共同で演練した。

現地で日本側の訓練実施部隊指揮官を務めた9空団飛行群司令の稲留智1佐は「空自側にはコロナ禍で制約もあったが、米側の歓迎を受け、有意義な訓練を円滑に行えた。隊員一人ひとりが訓練で得た成果を今後、各部隊で発揮し、日米の連携が強化されることを確信している」と振り返った。

また、戦闘機訓練隊長を務めた9空団304飛行隊長の高木亮2佐は「RFAでは実相に近い環境で多数のアセットが参加する中、任務達成ができるよう各隊員が役割を把握し、（空自F15部隊の）計画、実行、分析評価といった流れを共同で訓練できた」と成果を話した。

アラスカ上空を編隊で飛行する9空団のF15戦闘機部隊（6月9日）

F15戦闘機とE767

日米航空部隊の共同訓練から帰投した警空団のE767早期警戒管制機を誘導する空自隊員（6月18日、エレメンドルフ・リチャードソン統合基地で）

整備員（右）からF15の機体の状態について説明を受ける空自初の女性戦闘機パイロット伊藤美紗1尉（6月7日）

米空軍の訓練指揮官からの説明を聞く日米のパイロット（6月10日）＝米空軍のHPから

E767への燃料給油作業を行う空自隊員（6月11日）

米空軍のパイロット（左）と意見交換を行う空自のパイロット（6月10日）

空自の女性パイロット　伊藤1尉が参加

演習に参加する9空団のF15戦闘機の飛行前点検を行う空自隊員（6月14日、アイルソン空軍基地で）＝米空軍のHPから

前事不忘　後事之師

第66回

世界大戦はポーランドから始まった

第二次世界大戦は1939年9月1日にヒトラーのドイツがポーランドに侵攻し、これに対し英仏が宣戦布告したことにより始まります。

この事実はほとんどの教科書に記載されていることですが、重大な国益が係っているとは見えず英国からも遠い東欧の国のためになぜ英国が戦争に突入したのか考えてみれば奇妙です。実際、英国の外務大臣はかつて議会で「ポーランドのために英兵の命を危険にさらすことはない」と明言していました。

私は開戦の契機の一つとして、開戦半年前3月15日のヒトラーによるプラハへの軍事侵攻に注目します。前年の9月に英仏独伊首脳によるミュンヘン会談でズデーテン地方を外交によりチェコスロバキアから獲得したにもかかわらず、ヒトラーは約束を違えプラハに軍事侵攻します。これはその後に重大な影響を与えた行動でした。

第一はポーランドへの影響です。もともとドイツとポーランドの間にはダンツィヒとポーランド回廊という領土問題があり、この返還はドイツの願望でしたが、ヒトラーは当初ポーランドと敵対的な関係に入るつもりはなく、領土問題についても寛大な提案をします。しかしポーランドの拒否にあい、ヒトラーはプラハ占領の圧力を背景にポーランドへ返還要求を強めます。

これに対しポーランドはダンツィヒ周辺への軍隊集結をもって応えます。この反応を見てヒトラーはポーランドへ軍事侵攻を行うべく軍に準備命令を出しますが、この流れは半ば自らが行ったプラハ占領がポーランドへの軍事攻撃を作り出したようなものでした。

第二のより重大な影響は英国の外交政策が変更を余儀なくされたことです。ようやくの思いで成立させたミュンヘン協定を破棄された英国首相チェンバレンは怒りの抗議をします。チェンバレン自身はそれでも宥和政策を諦めていませんでしたが、世論の怒りはそれを許さず、彼はドイツの次の標的となったポーランドに一方的に安全保障の提供を行います。

このポーランドへの保障の提供は指導者間での議論の末に決定されたものでしたが、問題がありました。第一の問題は、この保障の提供は東欧でのさらなるヒトラーの軍事的冒険を抑止することを目的とするものでしたが、力の裏付けが欠けており、「空手形」でした。ドイツを牽制するためソ連と同盟するなり、ポーランド有事に備えてフランスと協同してドイツ西部国境で攻勢準備をするなりの必要がありましたが、どちらの手当てもなされませんでした。第二の問題はポーランドが英国の保障を得たことで対応を頑なにしたことです。ドイツとロシアに挟まれているポーランドは両国に分割された歴史があり、元来両国に根強い不信感を持っていました。英国の保障の後、ポーランドはさらに両国へ非妥協的となり、これがドイツを牽制するための英仏とソ連との同盟交渉の障害になると同時に、開戦直前にポーランドがドイツとの直接交渉を拒む背景ともなります。チェンバレンはポーランドへの保障提供の危険性を理解していましたが、最終的には戦争を選択せざるを得なくなっていきます。「英国はポーランドに保障を与えたことで、対独開戦の決定権をポーランドの動向に委ねることになった」と言われる所以です。

ポーランドを占領後、首都ワルシャワ市内を行進するナチスドイツ軍兵士

一方のヒトラーはポーランド攻撃が英仏との戦争になることを避けるため不倶戴天の敵ソ連と不可侵条約を締結しますが、ヒトラーの思惑に反し、英国はポーランドの保障に一層コミットします。英国の対応を見たヒトラーは一度はポーランドへの攻撃命令を撤回しますが、自らの権威の失墜を恐れて9月1日のポーランド攻撃を中止することはできず、英仏との戦争に突入していきます。

中国古代の兵法家孫子は「兵は国の大事」と述べ、軽々に戦争を始めることを戒めています。しかしながら第二次大戦の開戦のプロセスを見ると、戦争は合理的な熟慮や計算によって始まるのではなく、クラウゼビッツが戦争論の中で説いているような「敵との間の相互作用」の中で、時間の経過とともに互いの選択の幅が狭まり、双方が望まない戦争に突入していくように思います。人間が合理的選択ができるとの前提に私は大きな疑問を感じます。

鎌田　昭良（元防衛省大臣官房長、元装備施設本部長、防衛基盤整備協会理事長）

…… 前事忘れざるは後事の師 ……

家族会版

<連絡先>
〒162−0845 東京都新宿区市谷本村町5−1 公益社団法人 自衛隊家族会事務局
電話 03-3268-3111・内線 28863
直通 03-5227-2468

私たちの信条

【根本理念】
私たちは、隊員に最も身近な存在であることに誇りを持ち力をあわせて自衛隊を支えます

【心構え】
一、自らの国は 自ら守る防衛意識を高めます
一、自衛隊員の募集・就職援護及び家族支援に協力します
一、会員数を増大し 組織の活動力を高めます

JXRで安否確認訓練

1都10県から家族会員56人

18個駐屯地で

陸自東部方面隊管内の各県家族会は5月17日から20日まで、東京オリンピック・パラリンピック期間中の首都直下地震を想定して行われた「自衛隊統合防災演習（JXR）」で、自衛隊に対する家族支援の一環として隊友会と共に「安否確認実動訓練」に参加した。会員たちは各駐屯地業務隊と連携して情報を共有、隊員宅を訪問するなど隊員家族の安否確認要領の手順を演練した。

JXRは「都心南部を震源とする震度7の地震が発生した」との想定で実施され、1都10県の家族会56人、隊友会17人の計73人が参加。練馬、宇都宮、相馬原、下志津、横浜、高田など18個駐屯地で安否確認の実動訓練や調整会議などを行い、各駐屯地との連携要領を確認した。

実動訓練では、陸自が運用する「安否確認システム」で連絡が取れない隊員家族の安否確認を各駐屯地業務隊が家族会などの協力団体に依頼。これを受けた会員が、各駐屯地業務隊が発行する身分証を携行して隊員家族の自宅や避難場所まで実際に足を運んで隊員家族の安否を確認、情報を部隊に通報するまでの一連の流れを演練した。

避難場所を想定した小学校で隊員家族の安否を確認する東京都自衛隊家族会の会員（左）＝東京都練馬区で

一方、土谷貴史事務局長と総務担当の風間敏榮局員は18日、朝霞駐屯地を隊友会と共に訪れ、各種調整を実施。駐屯地に開設された「家族支援センター」の方面家族支援調整所で隊員と隊員家族の安否確認や子弟預かり支援について認識を共有するとともに、今後の施策の方針について意見を交換した。

20日には、陸幕厚生課と家族会事務局が中央の連携要領について防衛省で調整を行い、日頃からの留守家族名簿の整備や事前の顔合わせなどのマッチング率の向上の重要性を確認した。

訓練に参加した土谷事務局長は「留守家族名簿の更新はこまめに実施するとともに、この名簿に基づく自衛隊計画の訓練に家族会員が参加し、日頃から被支援家族との顔合わせや連絡手段の相互確認を行うなど絆の確立が大事となる」と述べた。

自衛隊統合防災演習の安否確認実動訓練に参加し、陸自東方厚生課長の大江良治1陸佐（奥）から状況説明を受ける家族会事務局の土谷局長（右手前）と風間局員（同奥）＝5月18日、朝霞駐屯地で＝いずれも陸幕提供

7普連の新隊員教育「25キロ行進訓練」の現場を訪れ、自衛官候補生たちを前に激励の言葉を贈る福知山自衛隊家族会の衣川会長（奥左）＝6月3日、京都府の長田野演習場で

「苦しさ堪えるのが男の修行」

7普連25キロ行進訓練を激励

福知山家族会

【7普連＝福知山】福知山自衛隊家族会（衣川美爾会長）は6月3日、京都府内の長田野演習場で行われた陸自7普連の「自衛官候補生課程25キロ行進訓練」を激励した。

今年の行進経路はコロナ対策として演習場内を周回する形式で行われ、参加した77人は、梅雨の中休みの晴天の下、変化のない景色の中で黙々と行動し、確実に自衛官らしさを身に付けていた。

例年であれば隊員家族らが演習場経路沿いに並んで盛大に激励しているが、今年はコロナ感染対策のため、家族会の衣川会長以下3人が演習場に駆け付け、予定よりも早い時間で大休止地点に到着した自候生を拍手で出迎えた。

高くなる日差しと気温で疲れが出始めていた自候生たちは、冷えたドリンクで英気を養い、故郷の親に代わってエールを送る会長らに感謝の言葉を伝えていた。

衣川会長は整列する自候生たちに「コロナ禍で実家に帰れず、家族に会えていない隊員が多いと聞いた。山本五十六の言葉に、今は苦しいけれど『これらをじっと堪えてゆくのが男の修行である』とあるとおり、残りの教育を頑張っていってほしい」と声援を送った。

中東派遣5次隊「あきづき」激励

長崎県家族会

【長崎】長崎県自衛隊家族会はこのほど、佐世保基地を訪れ、中東海域での情報収集活動のためにオマーン湾とアラビア海北部に派遣される情報収集活動水上部隊5次隊を激励した。

当日は浦田正会長、古達満雄副会長、川上幸孝副会長、横尾博道事務局長の4人が5次隊の指揮官を務める5護隊司令の長村久光1佐と護衛艦「あきづき」艦長の中澤憲弥2佐を表敬。「派遣隊員全員のご活躍と無事に帰還されることを願っています」と激励品を贈呈した。

新潟県自衛隊家族会の定期総会後に行われた式典で、加茂地域事務所の大倉3曹（壇上左）に感謝状を贈呈する早川新潟県会長（同手前）＝5月22日、新潟市で

五輪メダル獲得へ激励

伊藤会長が体校長を表敬

東京オリンピックへの参加激励のため、体育学校の豊田学校長（右から2人目）を表敬した自衛隊家族会の伊藤会長（中央）と土谷局長（その左）＝自衛隊体育学校提供

【本部事務局】自衛隊家族会の伊藤康成会長と土谷貴史事務局長はこのほど、自衛隊から東京オリンピックに参加する選手を激励するため、自衛隊体育学校（朝霞）の豊田真陸将補を表敬した。

各都道府県家族会は、令和元年度から激励のための募金協力を行っている。同協力は新型コロナの影響で東京オリンピックが1年間延期されたため2年間にわたった。また、来年2月には北京オリンピック冬季大会が開催されることもあり、今回は両オリンピック参加の激励となった。

コロナ感染拡大防止のため、五輪出場選手への直接の激励はかなわなかったものの、伊藤会長と土谷事務局長は豊田学校長からメダル獲得の有望選手について説明を受け、激励の言葉を贈った。

地本広報官に感謝状

新潟県家族会総会

【新潟】新潟県自衛隊家族会（早川澄男会長）は5月22日、新潟地方協力本部の支援を受け、新潟市の新潟東映ホテルで令和3年度「新潟県自衛隊家族会定期総会」を開催した。

総会には家族会から会員27人、新潟地本の隊員5人が参加。議案審議、募集支援に関する情報提供、昨年度の募集状況の説明などが行われた。

この後の表彰式では、早川会長が会員17人を表彰するとともに、新潟地本広報官の平井忠広陸曹長以下6人に感謝状を贈呈した。感謝状を贈られた加茂地域事務所の大倉雄太3陸曹は「今までやってきた努力が報われました。良い評価をいただき大変うれしく思います」と喜びを語った。

引き続き行われた防衛講話では、陸自5施設群長兼高田駐屯地司令の比嘉隼人1佐が登壇し、高田駐屯地の沿革を皮切りに、昨今の東アジアにおける安保情勢、今後の自衛隊に付与される新たな任務を説明。

参加者たちは真剣な面持ちで耳を傾け、講話後には「前線で活躍する自衛官に対してコロナワクチンの接種はいつ行われるか」「オリンピックの支援で何人の隊員が参加するのか」など自衛隊の活動について質問するなど防衛意識を高めていた。

紙面上で会員交流 支部便りを創刊

札幌東区支部

【札幌】札幌自衛隊家族会東区支部はコロナ禍でもできる会員の交流手段として「東区支部便り」を作成、『おやばと』に同封して会員に届けている。

支部便りは、会員が駐屯地や基地を個別に訪問し、自衛隊のホームページやSNSには載らない〝親目線〟の情報を会員に提供するほか、「会員紹介コーナー」で現会員、新会員を一人ずつ写真付きで掲載、子弟の様子や自身の近況などを紹介している。

東区支部の藤田恵子支部長は「紙面上で会員同士の交流が図れるのではと考えました。コーナーを通じて会員の皆さんの笑顔をつなぎ、支部の絆を深めていきたい」と話している。

「顔見える家族会」会報でさらに前進

長野県家族会

【長野】長野県自衛隊家族会はこのほど、コロナ禍で会員の情報交換が希薄となる中、コミュニケーションツールとして「家族会会報」を発行した。

会報は、「家族会とは」から始まり、活動内容、役員紹介、地本との連携など家族会の活動の基本的な情報から伝えようとの思いで企画された。

西澤賢史会長は「初めての発行で、会員の反応を楽しみにしています。自衛隊を支援する『顔の見える家族会』『行動する家族会』をさらに前に進めていきたい」と語っている。

事務局だより

▽…5月18日、「自衛隊統合防災演習（03JXR）」における家族支援協力訓練に本部と各県家族会が参加いたしました。本部は東部方面総監部に開設された調整所で、各県家族会は各地で実動訓練を行いました。この各種訓練を積み重ねて自衛隊側と家族会側で認識をすり合わせ、いざという時に即行動できる態勢を作っておくことが大切です。コロナ禍の中、良い機会をいただきました。

▽…5月28日、令和3年度第1回理事会（書面決議）において、令和2年度の「事業報告書（案）」「収支計算書（案）」、「辞任理事の後任選任（案）」などが決議され、定期総会へ提案することになりました。

また、道東家族会会長に鬼塚英富氏、群馬県同会長に剱持省司氏、福井県同会長に八杉仁司氏が、近畿地域協議会長に河本順雄氏がそれぞれ新会長として承認されました。

理事会決議直後に、緊急事態宣言の延長が決定され、6月15日（火）に予定されていた総会を10月13日（水）に延期いたしました。

▽…各県自衛隊家族会長らが参加して、防衛省の募集所掌部署と家族会が相互に理解を深め、募集協力態勢の充実を図る目的で毎年開催されている「募集協力者会同」が中止となりました。コロナの早期収束による会同再開を期待します。

▽…東京都と大阪府で5月24日から大規模ワクチン接種が始まりました。大規模接種センターの開設・運営に当たり、黙々と精励している自衛隊員および民間看護師等の方々に頭が下がります。

伊藤康成会長から『おやばと』6月号紙面上にて「感謝の言葉」を贈らせていただきました。また、大阪や伊丹の家族会は現地で激励を行いました。

▽…国を挙げてコロナ対策中ですが、各地で創意を凝らし家族会活動を実施しています。入隊入校予定者激励会、入隊前のご家族の不安・心配・悩みに応える入隊直前懇談会や入隊予定者宅戸別訪問などに取り組みました。

CSF（豚熱）、山林火災災害派遣部隊への慰問激励、MFO司令部要員や海賊対処行動派遣水上部隊・支援隊等に対する慰問激励も行いました。

4月19日には伊藤会長が豊田自衛隊体育学校長を表敬し、東京オリンピック・北京オリンピック参加選手等へ激励を行いました。

（家族会事務局）

空地一体で

15ヘリ隊、発着艦技能向上へ
海自補給艦「とわだ」と

3自衛隊の各部隊は新たな訓練にも取り組み、練度向上に努めている。陸自の15ヘリ隊（那覇）は海自補給艦への着艦訓練に挑み、26普連（留萌）と42即機連（北熊本）は検閲で中隊等の練度を確認。空自三沢ヘリ空輸隊は空中消火訓練を行い災派出動に備えた。

【15旅団＝那覇】陸自15旅団隷下の15ヘリコプター隊は5月27日、沖縄本島南方海域で海自補給艦「とわだ」（呉、護衛艦隊1海上補給隊所属）の協力の下、陸自UH60ヘリ、CH47ヘリ各1機の発着艦訓練を行った。

発着艦操縦資格保有者の拡充、発着艦技能の向上を目的に実施。那覇訓練場を飛び立った2機が合わせて約10回、「とわだ」後部ヘリ甲板への着艦、甲板からの発艦を行った。

訓練に参加したCH47ヘリの正操縦士、天野哲之1尉（15ヘリ隊2飛行隊）は、「海自補給艦と空地一体となり安全確実に訓練を行った。統合運用や災害等の際の有効な輸送手段として十分機能を発揮できるよう、引き続き訓練を積み重ねていきたい。今後も任務完遂のために常に向上心を持って錬成していきたい」と語った。

㊤着艦のため「とわだ」に接近する15ヘリ隊のUH60ヘリ
㊨ヘリから見た海自補給艦「とわだ」。ヘリ甲板は小さい
（いずれも5月27日、沖縄本島南方海域で）

訓練検閲　攻撃VS防御
3中隊と施設小隊が陣地構築　26普連

攻撃部隊の突入に備え、掘削機で地雷原構成を行う26普連施設作業小隊の隊員（然別演習場で）

【26普連＝留萌】26普連は5月31日から6月4日まで、然別演習場で「第1次中隊等訓練検閲」を行った。1中隊が攻撃、3中隊と施設作業小隊が防御を担う対抗方式で実施。防御部隊は5月31日夜から防御準備を始め、地形を利用した堅固な陣地構築や組織的な火網、障害を準備して攻撃部隊を待ち受けた。

攻撃部隊は砲迫の掩護射撃の下、装甲車両も活用して攻撃を開始。防御部隊の激しい射撃で攻撃が一時頓挫したが、敵陣地に突入しその一部を奪取した。

200キロの車両行進　42即機連

【42即機連＝北熊本】42即機連は5月16日から20日まで、大矢野原演習場で1中隊、補給小隊、衛生小隊の訓練検閲を行った。

受閲部隊は約200キロの車両行進に引き続き集結地を占領、速やかに防御準備に着手した。増強1中隊は偵察や組織的な陣地・障害構成などを実施。後方の段列地域に展開した補給小隊と衛生小隊は各種補給品交付所と連隊収容所を構築した。

防御戦闘で増強1中隊は組織的な監視網により敵の前進状況を把握。各種火力、16式機動戦闘車小隊の機動打撃で所望の時期まで敵を遅滞させた。衛生、補給両小隊も第一線部隊の支援に尽力した。

戦闘で負傷した第一線部隊の要員を収容所まで後送する衛生小隊員（大矢野原演習場で）

相互連携、最大限の力発揮せよ　40普連

【40普連＝小倉】40普連はこのほど、日出生台演習場で連隊練成訓練を行った。

各普通科中隊は敵部隊侵攻の兆候を早期に察知し、対機甲火力、小火器、砲迫火力を最大限に発揮してこれを阻止。重迫中隊は目標情報に基づく迅速な砲迫火力の発揮により敵を減殺した。

このほか、情報小隊の正確な敵情解明、衛生小隊による負傷者の適切な救護処置、補給小隊の兵站支援など、各部隊が相互に連携しつつ、その能力を最大限に発揮して任務を遂行した。

空中消火
給水から放水まで　三沢ヘリ空輸隊

空中消火訓練で上空から放水を行う三沢ヘリ空輸隊のCH47Jヘリ（天ケ森対地射爆撃場で）

【三沢ヘリ空輸隊】三沢ヘリコプター空輸隊はこのほど、天ケ森対地射爆撃場でCH47J輸送ヘリによる空中消火訓練を行った。

同機に吊り下げた消火バケットは、1回で最大約5トンの水を汲み上げ、一気に放水することが可能。操縦するパイロット、航空機を誘導するロードマスター、計器をモニターする機上整備員が機内で緊密に連携し、給水から放水までの一連の作業を演練した。

訓練

最強群として任務遂行せよ　8高特群が野営

12.7ミリ重機関銃で対空射撃を行う338高射中隊の隊員たち（日本原演習場で）

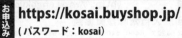

【8高特群＝青野原】8高射特科群は5月10日から15日まで、日本原演習場で340、338両高射中隊と308高射搬送通信中隊の「令和3年度第1次野外行動訓練検閲」を行った。

検閲に先立ち、久守直紀群長は訓示で「最強群としての誇りを持ち、任務を完遂せよ」「非戦闘損耗の局限」と2点を要望。「最後まで任務を完遂することを期待する」と奮起を促した。

受閲中隊は次々と立ちはだかる厳しい状況に立ち向かい、一丸となって任務完遂にまい進した。

北大演で総合戦闘射撃

敵機甲部隊の侵攻を01式軽対戦車誘導弾で阻止する6普連3中隊の隊員（北海道大演習場で）

増強連隊で参戦　6普連

【6普連＝美幌】6普連は5月25日から30日まで、北海道大演習場で5旅団が実施する「令和3年度総合戦闘射撃」に増強普通科連隊として参加した。

無人偵察機の情報活動で28日、状況が開始。前方地域で戦闘が始まった。29日には主戦闘地域守備部隊として敵の侵攻を阻止する任務の下、2・3普通科中隊、戦車小隊、対戦車ヘリコプター班、特科中隊が主戦闘地域で戦闘に突入。陣地翼側から侵入した敵を増強1普通科中隊が逆襲部隊となって撃破し陣地を奪回、敵の侵攻を阻止して状況を終了した。

5戦大（鹿追）の90式戦車を先頭に戦闘地域に前進する部隊

火力を組織化　5旅団

【5旅団＝帯広】5旅団は5月24日から31日まで、北海道大演習場島松地区と矢臼別演習場で総合戦闘射撃訓練を行った。

増強普通科連隊を基幹とした諸職種部隊間の連携と火力発揮要領を錬成し、各種火力の組織化を図った。

各部隊は各級指揮官の適切な状況判断と指揮の下、戦況に応じて各種目標に正確な射撃を行うなど、所望の成果を得て訓練を終了した。

綿密な戦闘指導　戦闘予行を要望　2普連

【2普連＝高田】2普連はこのほど、関山演習場で「令和3年度第1次基礎となる部隊の訓練検閲（第3中隊、対戦車小隊、施設作業小隊及び狙撃班）」を行った。

訓練開始式で統裁官の古賀理都靖連隊長は「綿密な戦闘指導及び戦闘予行」など4点を要望した。

約40キロの行進訓練に引き続き集結地を占領した3中隊は、LAV化中隊の特性である防護力を発揮しつつ前進。判明した敵情を基に各直轄小隊と連携を図り経路上の障害を処理、敵警戒部隊を迅速に駆逐した。

水上機動力演練　偵察小隊が漕舟　10即機連

【10即機連＝滝川】10即機連は5月31日から6月4日まで、茨戸川渡河訓練場で施設、偵察両小隊の漕舟訓練を行った。

基本教育で渡河器材の取り扱い、操作要領を演練。漕舟訓練では渡河ボートと偵察用ボートの漕舟練成、三角航行、機航練成などを行い、水上機動力の維持と漕舟技術のさらなる練度向上を図った。

偵察用ボートに乗り込み、機航練成に励む10即機連の隊員たち（茨戸川渡河訓練場で）

フォークリフト操作員を養成　関西処

【関西処＝宇治】関西補給処は5月13日から21日まで、同処フォークリフト操作員養成訓練を行った。

フォークリフト運転技能講習規定に基づき構造と取り扱い、運転に必要な力学、関係法令に関する知識を学ぶ学科講習、走行・荷役の操作技術を習得する実技講習を実施。修了者には京都労働基準協会から「フォークリフト運転技能講習修了証」が交付され、隊員20人が資格を取得した。

音源標定装置で敵の位置等捕捉　3特科隊

【3特科隊＝姫路】3特科隊情報中隊は6月8、9の両日、青野ヶ原演習場で音源標定班訓練検閲を行った。

陣地攻撃における特科隊内情報中隊音源標定班の行動を想定して実施した。数キロずつ離して設置された音源標定装置で敵火砲と迫撃砲の射撃音を観測＝写真。敵部隊の位置を捕捉して射撃に必要な諸元を伝達するとともに、我が方の砲弾が正確に目標へ着弾しているかを標定した。

募集・援護

特集

平和を、仕事にする。
陸海空自衛官募集

ただいま募集中！
◇一般曹候補生◇防大（一般）◇防医大
◇航空学生◇予備自補
★詳細は最寄りの自衛隊地方協力本部へ

特定職目指す大学生に講義

救命士資格、自衛隊で生かす
市ヶ尾所、日体大で職業講話

神奈川

「体育大生の皆さん、大学で学んだ救急救命の知識は、自衛隊でそのまま生かせます」――。神奈川地本はこのほど、救急救命士資格を目指す日本体育大学保健医療学部（横浜市）の学生に対し、講義の一コマを活用した衛生官の職業講話を企画。隊員の講師が自衛隊には大学で得た知識や資格をそのまま生かせる環境や制度があることを直接伝え、志望者増につなげている。

【神奈川】市ヶ尾募集案内所は6月1日、日本体育大学保健医療学部救急医療学科3年生の講義に准看護師の資格を持つ衛生学校（三宿）の小津修太郎1陸尉を講師として派遣し、自衛隊の救急救命士の役割について講話を行った。

小津1尉は救急救命士の資格取得を目指す学生に向け、自身の経験を語るとともに、陸自の野外手術システムや第一線救護衛生員の任務などについて説明。野戦型救急車の内部写真なども紹介しながら、自衛隊の救急車は4人の傷病者を1度に搬送できる点など具体的な対処法について解説した。

さらに、救命士の資格を取得して入隊した隊員が勤務しながら准看護師の資格を取得することで、「第一線救護衛生員」を目指せるシステムが2020年度から施行されたことも紹介。「皆さんには自衛隊で活躍できるステージがあります」と力説した。

小津1尉はさらに、「自衛隊では准看護師資格があれば緊急救命行為ができ、消防では処置できない分野にも取り組むことができます。衛生員として国際平和協力業務に従事するチャンスもあり、海外でも経験が積めます」とフィールドの広さをPRした。

今回の講義はコロナ対策のため、対面とオンラインを併用するハイブリット方式で実施された。

学生は講義後のアンケートで、「自衛隊では第一線での緊急救命行為が幅広く、消防や病院の救急救命士の職務との違いが分かった」「活動のスケールが大きい自衛隊への就職も考えたい」と記すなど、志望意欲の向上が見られた。

市ヶ尾所では「学生が自衛隊の職種について深く理解し、取得を目指す救急救命士資格を生かせる現場が自衛隊には多くあることを理解してもらえた。今後も自衛隊の職業の魅力を積極的に発信し、志願者獲得を目指していきたい」と話している。

救急救命士を目指す大学生に、自衛隊での活躍の場があることをアピールする衛生学校の小津1尉（6月1日、日体大で）

後輩に制服姿見せPR
新隊員22人が母校訪問

福岡

母校を訪問し、野球部の後輩を激励する木原杏候補生（中央）＝5月6日、北九州市立高校で

【福岡】地本は4月30日から5月7日までの間、新隊員22人を引率し、県内計13校の母校訪問を行った。

帰郷した隊員たちはそれぞれ制服姿で母校を訪問。お世話になった担当教諭をはじめ、進路担任や部活動の顧問ら恩師に対面し、近況を報告した。その後、後輩の生徒にも面会し、激励した。

各新隊員のりりしい立ち振る舞いに、教諭たちは「卒業して約2カ月だが、この短期間での成長ぶりに驚いた」とみな感心していた。

部活の後輩からも「まだ進路は決めていないが、先輩の姿を見て将来の仕事として自分も自衛隊を選択肢の一つに入れたい」などと話すなど、募集広報にも一役買った。

教え子の成長に目を細める恩師

「同期たちと切磋琢磨」
母校の教師に近況報告

新潟

【新潟】加茂募集案内事務所は5月7日、五泉市の県立村松高校で今春、30普連教育隊（新発田）に入隊した長沢拓海自候生の母校訪問に同行した。

当日は担当広報官だった大倉祐太3陸曹が引率。長沢自候生は真新しい陸自の制服に身を包み、在学中にお世話になった教職員に近況を報告。「毎日学べることばかりでとても楽しい。訓練は厳しいこともあるが、同期と切磋琢磨して日々少しずつ成長していることが実感できる。今後も頑張っていきたい」と力強く意気込みを語った。

出迎えた教職員は「わずか1カ月で見違えるほど成長した。かっこ良くなったね」とその成長ぶりに目を細めていた。

恩師と再会し、記念撮影する長沢自候生（中央）＝5月7日、県立村松高校で

ミス・ユニバーシティ2021沖縄

蒲山花礼さん 沖縄地本初の広報大使に

今秋、日本大会に出場

地本マスコット「ぐくる」の人形を手に微笑む蒲山さん

【沖縄】地本は6月1日、初代広報大使に「ミス・ユニバーシティ2021沖縄代表」の蒲山花礼（かばやまかれん）さんを任命し、同4日に本部庁舎で委嘱式を行った。

地本長の坂田裕樹陸将補から委嘱状を受けた蒲山さんは「自衛隊でさまざまなことを学び、沖縄県の地域活性化など社会貢献を行うとともに、私も自衛隊の力になれるよう広報大使として全力を尽くします」と決意を表明した。

これに対し、坂田地本長は「蒲山さんには沖縄地本と県民の皆さまをつなぐ懸け橋になっていただきたい。自衛隊を知り、感じ、イベントやSNSを通じて大学生・女性の視点から発信し、県民の感覚を我々自衛隊に伝えてください」と期待の言葉を述べた。

「大使として全力尽くします」

蒲山さんは現在、沖縄国際大学人間福祉学科に通う学生で、今年4月に開催された「ベストオブミス2021沖縄大会」で、ミス・ユニバーシティ2021沖縄代表に選ばれた。今年秋に開催される日本大会に出場する。

一方、沖縄地本の広報大使は6月から約1年間の任期で、今後、自衛隊のさまざまなイベントに参加し、SNSなどを通じて広く県民に情報発信をしていく予定だ。

坂田沖縄地本長（右）から初代沖縄地本広報大使の委嘱状を受けるミス・ユニバーシティ2021沖縄代表の蒲山さん（6月4日、沖縄地本で）

学生・教授が熱心に聴講
心理幹部説明会を開催

京都

【京都】宇治地域事務所は5月6日と同23日、心理学を専攻する大学生を対象に「陸海空心理幹部等説明会」を開催した。

事務所で行われた説明会では、心理幹部の経験をもつ所長の河村美紀3陸佐が説明に当たり、佛教大など3大学の学生3人と同志社大学心理学部の教授が聴講した。

河村3佐は自衛隊で行われている心理幹部の業務や心理学の教育、部外研修などについて丁寧に説明した。

参加した佛教大学3年生の京極姫乃さんは、「話を聞いて自衛隊についても将来の仕事の選択肢の一つにしたいと思った」と受験の意思を固めていた。

心理学を学んだ大学生らに対し、自衛隊の心理幹部の業務について解説する河村宇治所長（左）＝5月6日、宇治地域事務所で

同志社女子大では薬剤官要員等説明

宇治所は4月28日、京田辺市の同志社女子大学京田辺キャンパスで、薬剤官と音楽要員の説明会を行った。

説明会は阪神病院や中方音楽隊（伊丹）の協力を受け、WEBと対面を併用して実施。薬剤官の説明会には学生15人、音楽要員の説明会には学生18人が参加。それぞれ阪神病院の富田尚良1尉と中方音の岡素子3曹から仕事の魅力について話を聞いた。

参加した学生は「自衛隊には幅広い仕事があるということがわかり、興味がわいた」などと感想を話していた。

南極の氷が大好評
航空科学館でPR

青森

【青森】三沢募集案内所は5月29日、青森県立三沢航空科学館の協力のもと、館内で自衛隊広報を行った。

三沢所は自衛隊PRコーナーを開設し、南極の氷と石の展示、ガチャガチャ、缶バッジ釣り、カードバトルコーナーを設けて子供たちを迎えた。特に南極の氷の展示では「氷の中の気泡がはじける時の音は約3万年前の空気の音です」と広報官が説明すると、子供たちは驚いた顔で音に聴き入り、「南極の氷を目の前で見られてうれしい。氷からパチパチ音がして楽しかった」と笑顔で話していた。

「ガチャガチャ」コーナーを訪れた家族連れに自衛隊をPRする三沢所員（5月29日、三沢航空科学館で）

岡山駅の電子看板
広報用動画を配信

岡山

【岡山】地本は6月7日から20日までの2週間、岡山駅東西連絡通路に設置されている70インチのデジタルサイネージ18枚に、地本オリジナル広報用動画を配信した＝写真。

県都の玄関口「岡山駅」は新幹線と在来線が接続するターミナルで、学生、ビジネスマン、買い物客、観光客が多く利用し、広報効果が高い。この場所で放映された動画は岡山地本オリジナルキャラクターや自衛隊の装備品を折り交ぜ、15秒で通行客に強いインパクトを与えた。

学生からはさっそく「今日初めて見たが、動きがあって目にとまった。自衛隊の良さが分かった」といった感想があった。

緒方義大地本長は「コロナで広報活動が制限されているので、今後もこのような媒体を活用し、より多くの人に自衛隊を知ってもらいたい」と話していた。

F4整備 TVで語る
機体への愛着も 船津3空曹

岐阜

【岐阜】恵那地域事務所広報官の船津彰弘3空曹は5月29日、地元テレビ局の岐阜放送で放映された「ファントム特集」の取材を受けた＝写真。

船津3曹は今年3月まで飛行開発実験団（岐阜）に勤務し、同月に退役した空自のF4ファントム初号機（301号機）の整備に約10年間携わってきた。

インタビューで船津3曹は、アナログ部品が多いファントムの整備法や古い機体の品質管理の難しさ、苦労話などを紹介。約50年にわたり使用された301号機への愛着も語った。

その後、中京高校の進路指導教諭と業務調整を行う様子も取材受けし、「陸海空自衛隊への入隊を希望する志のある若者を国防の任へ導いていきたい」とテレビカメラの前で抱負を語った。

YDTを特別公開
処分任務に「尊敬」

富山

【富山】地本は6月12、13の両日、射水市の海王丸パークで海自の水中処分母船「YDT1号」（舞鶴）の特別公開を行った。

公開には事前に申し込んだ約60人のほか、岸壁に多くの見学者が集まり、乗員から船の紹介を受けた。船内では水中処分員と乗員による船や任務の紹介が行われ、船長の永谷千秋1尉の指揮のもと、乗員がラッパで「君が代」を演奏すると見学者から大きな拍手が起こった。

このほか、特別公開では舞鶴警備隊司令の小山雅弘1佐が防大受験希望者に直接同校の説明を行った。

見学者からは「爆発物の水中処分はすごく大変な仕事だと分かった。この仕事に従事されている方をとても尊敬した」との声が聞かれた。

東京五輪 体校新たに4人内定

メダル目指し、全力を尽くす

開幕まで3週間となった東京五輪。国内外の大会での成果獲得を任務とする自衛隊体育学校（朝霞）2教育課からは女子ラグビー班の梶木真凜3陸曹（21）ら新たに4人の選手が出場を内定させ、戦いの時に備えている。（1面参照）

女子ラグビー 梶木3曹

梶木真凜3陸曹

前回のリオデジャネイロ五輪（2016年）から採用された7人制ラグビー。女子日本代表への人材輩出を目指して17年4月に体校2教育課隷下に新編された女子ラグビー班から、入校3年目の梶木3曹が初の代表入りを決めた。

梶木3曹は福岡県出身。4歳のころラグビーを始め、福岡工業大附属城東高在校中にはU―18（18歳以下）の日本代表に選ばれたことも。ポジションはバックスのセンター（CTB）。

国内女子最高峰リーグの「太陽生命ウィメンズセブンズ」でも戦う「PTS」（体校）で鍛えた健脚で、トライを狙う。

陸上・50キロ競歩 勝木2尉

勝木隼人2陸尉

陸上班からは、陸上・50キロ競歩で勝木隼人2陸尉（30）が初めて挑む。同種目は3人が内定していたが、そのうち鈴木雄介選手（富士通）がコンディション不良で内定を辞退。補欠に入っていた勝木2尉が繰り上がった。

勝木2尉は福岡県出身。東海大を卒業後、陸自1通信大隊（練馬）、体校2教育課集合訓練を経て15年4月、同校へ入校した。週に約200キロを歩き込むなど地道な練習を続け、18年8月のアジア大会（ジャカルタ）で金メダルを獲得。翌19年9月の世界陸上（カタール）でも酷暑の中、健闘した。

競歩が行われるのは北海道札幌市。東京より気温は低いことが予想されるとはいえ盛夏のレース。「（本番までの）残された期間で暑熱対策を可能な限り行う」

来る本番では「確実に8位以内に入賞することを目標に、後半追い上げるレースをしたい」と、粘りの歩きを見せ、チャンスを成果につなげるつもりだ。

近代五種 岩元3曹、島津3曹

岩元勝平3陸曹

島津玲奈3陸曹

近代五種班からは、男子の岩元勝平3陸曹（31）がリオ五輪に続く2大会連続2度目、女子の島津玲奈3陸曹（30）が初めての出場をそれぞれ決めた。

岩元3曹は鹿児島県出身。鹿児島実業高在学中は水泳に取り組み、08年4月の体校入校後、近代五種を始めた。19年11月のアジア・オセアニア選手権（中国）で日本人最高位の7位に入賞し出場権を獲得。リオ五輪の29位を上回る成績を目指す。

島津3曹は、国際大会の成績に基づく国際近代五種連合のランキングにより、出場権を獲得した。熊本県出身で陸自8通信大隊（北熊本）、体校集合訓練を経て11年4月同校へ。

「努力は裏切らない」ことを信じて練習を続け、W杯ポーランド大会（17年5月）6位などの好成績を残している。

馬を駆り、銃と剣で戦い、泳ぎ、走る。欧州中世の軍の伝令から構想・創設された近代五種に自衛隊、日本を代表して挑む2人。

「前回オリンピックでの経験を生かし、メダル獲得を目指す」（岩元3曹）、「競技人生最後の舞台。全力で楽しみ、見ている方々全てに感動を届けたい」（島津3曹）と多くの国民を沸かすつもりだ。

JSDF in TOKYO 2020

2020東京五輪

国立競技場（東京都新宿区）をメーン会場に、7月23日から8月8日まで33競技339種目で競われる。新型コロナウイルス感染拡大のため五輪史上初めて1年延期された。防衛省・自衛隊も全面的に支援する。体校選手は7月1日現在、9個班16人が出場を決めている。

菅原前人教局長しのぶ追悼集

本紙「リレー随想」で健筆振るう

このほど作成された菅原隆拓氏の追悼集。防衛官僚として激動の時代を生きた30数年間の軌跡が多くの人によってつづられている

防衛省人事教育局長として在職中の昨年11月に56歳で亡くなった菅原隆拓氏＝写真＝をしのぶ「追悼集」がこのほど数百部作成され、改めてその功績をたたえ、人柄を懐かしむ声が上がっている。

発起人を務めたのは島田和久事務次官以下6人。省内外の関係者に声を掛けたところ、歴代事務次官をはじめ100人を超える先輩、後輩、同僚、友人、知人など各方面から故人との思い出をつづった追悼文が寄せられた。

菅原氏は宮城県出身。石巻高校から東北大学法学部に進み、1988（昭和63）年に当時の防衛庁に入庁。各種法整備に手腕を発揮したほか、カンボジアPKO（国連平和維持活動）、ルワンダ難民救援活動、パキスタン国際緊急援助活動、イラク人道復興支援活動など、省内では異例の4カ国での海外勤務を通じて自衛隊による国際貢献に尽力した。2015～17年の中国四国防衛局長時代には本紙の「リレー随想」でも健筆を振るった。

追悼集で〝活写〟された菅原氏の姿は、そのまま防衛省が歩んできた激動の時代史でもある。

発起人の一人で、齋藤雅一大臣官房公文書監理官は「菅原氏が駆け抜けた30数年間の輝かしい軌跡と日本国への貢献を、何とか後世に残したいという思いで追悼集を編纂した。多くの方のご協力で菅原氏の人となりや功績を生き生きと紹介することができたと思う。我々の思いが天国の菅原氏に届くこと、そしてご縁のあった方々に手に取っていただき、故人を追憶する拠り所となれば」と話している。

予備自が都営バスで活躍

大規模接種センターでも運転

都営バスの運転手として「自衛官時代の経験が役に立っています」と話す寺島智予備2海曹（6月24日、東京都千代田区の東京駅鍛冶橋駐車場で）

東京・大手町の「自衛隊東京大規模接種センター」と東京駅を結ぶ都営の無料送迎シャトルバスの運転業務に自衛隊出身の予備自衛官たちが活躍している。

その一人で予備2海曹の寺島智さん（43）は、大規模センターの開設期間中、都営バスの運転士として通常の路線バスの運行に当たりながら、月に数回、シャトルバスのハンドルも握る。

「お客さまの命を預かる仕事ですので、安全第一をモットーにしています」

寺島さんは北海道出身。1996年4月に海自第6期曹候補士として入隊後、横須賀教育隊を経て当時の23護衛隊（大湊）の護衛艦「あおくも」などで勤務し、2001年7月、士長の時に家庭の都合で退職した。

退官と同時に予備自衛官となり、その後は福岡県や北海道でバスの運転手を務めた後、19年に一家で上京したのを機に都営バスに採用され、現在に至る。この間、無事故運転の記録を保持しながら、年に1回5日間の予備自の訓練にも毎年欠かさず参加してきた。

「これまで自分を支えてきたものは、自衛官時代に培った協調性と我慢強さです。民間に出てからも大いに役に立っています」と振り返る。将来は乗務員を指導する立場の「助役」を目指し、さらなる技量向上に励む毎日だ。

都「退官者歓迎」

予備自衛官の採用について、東京都交通局総務部お客様サービス課長の谷中恵司さんは「全国的な若者のクルマ離れを背景に大型2種免許の保持者が減少し、都営バスも運転手の確保に非常に苦労しています。そうした中で寺島さんのような自衛官OBの方に乗務していただき、非常にありがたく思っています。自衛隊を退官される方には、ぜひ都営バスの運転手の道があることを知っていただければ」と話している。

あさぐもドンマイふ　吉本どんど

迫撃砲1発誤射 場外の被害なし

饗庭野演習場

6月23日午前10時40分ごろ、滋賀県高島市の陸自饗庭野演習場で射撃訓練をしていた50普連重迫中隊（高知）の隊員が発射した120ミリ迫撃砲の実弾1発が、演習場外の西側約1キロ地点に着弾した。部外に被害はなかった。

この事故を受け、陸自は直ちに中方幕僚副長の岸良知樹将補を長とする事故調査委員会を立ち上げ、原因究明に当たっている。再発防止策の徹底が図られるまでの間、同演習場の全ての実弾射撃を中止する。

吉田陸幕長は翌24日の記者会見で「地元の自治体・住民のみなさま方に対し、ご不安とご心配をおかけしたことを心からお詫び申し上げます」と謝罪した。

同演習場では2018年にも81ミリ迫撃砲の場外着弾事故が発生している。

社協と協定締結

那覇

【那覇】那覇駐屯地はこのほど、那覇市社会福祉協議会（以下、社協）と地域のボランティア活動に関する協定を締結した。陸自が地元の社協と連携協定を結ぶのは全国で初めて。

調印式は社協で行われ、駐屯地から嶋本学司令と蛯原寛子最先任上級曹長、社協側からは新本博司会長と宮城哲哉常務理事が参加した。

協定の概要は「社協が依頼する地域活動及びボランティアスタッフの募集・調整に協力する」というもの。今後、駐屯地がボランティア要請を受けた場合、業務隊が隊員へ周知することでマッチングを図り、連携・協力する。

駐屯地ではこれまでも、隊員個人や曹友会が近隣の清掃や草刈りを行うなど、限定的な形で活動してきた。そこで嶋本司令が社協に、より包括的に地域住民のニーズに応え貢献していきたいと提案。今回の協定が実現した。

社協からは高齢者宅の片づけ、寄付食料の配送、子供食堂での調理の手伝いなど自衛隊のマンパワーの発揮に期待が寄せられている。駐屯地では今後、社協と連携して各種ボランティア活動に積極的に取り組んでいく計画だ。

調印式に参加した那覇駐屯地の（左から）蛯原寛子最先任上級曹長、嶋本学駐屯地司令、社協の新本博司会長、宮城哲哉常務理事（那覇市社会福祉協議会で）

こちら警務隊

レジャー①

コンサートチケットを転売して差額で利益を得たら法律違反

コンサートチケットを転売して差額で利益を得たらどうなりますか？

いわゆるチケット不正転売禁止法違反となり、1年以下の懲役もしくは100万円以下の罰金またはその両方で処罰されます。

興行主の同意のない有償譲渡を禁止する旨が記載された座席指定のチケットは、同法で定める「特定興行入場券」に該当し、高く売ろうと考えて大量に買いつけるなどの行為を含め、繰り返し販売価格を超える価格で転売することが禁止されています。

不正転売をすれば、チケットを本当に求める人が適正な価格で購入できなくなる等の弊害もあるため、絶対にしてはいけません。

（北部方面警務隊）

小休止

▽…女子プロレス団体「スターダム」所属でワールドオブスターダム第13代チャンピオンの林下詩美選手が6月15日、むつ市内で行われる試合のプロモーションをかね海自大湊基地を訪問した。

▽…午前中は25航空隊の地上救難部隊や管制塔などを見学した。午後からは護衛艦「しらぬい」に乗艦し、「大きくてかっこいい！ こんなに間近で見られるとは思いませんでした」と興奮気味。

▽…厚生棟では女性隊員を軽々と担ぐなど＝写真＝技を披露し、間近に迫った試合をPRした。基地見学や隊員との交流が「とても楽しかった」と語る林下選手。今後のタイトル防衛へ意欲を見せた。（大湊）

陸上・冬礼装

海上・冬礼装

航空・冬礼装

朝雲・栃の芽俳壇

畠中草史 選

腰蓑を干せる鵜匠の庭寂と　宮崎・空OB　高木 智念

日中の鵜匠の館は、庭に腰蓑が干され、鵜小屋の鵜も、静かに夕方からの鵜飼いを待つ。

新緑の岩間擦り抜けラフティング　あきる野・一般　小和田一男

ゴムボートで急流を下るスポーツ。水飛沫を被り渓の激流を下る爽快さ。新緑が効く。

海原を望む城址の風薫る　館山・海OB　斎藤 一向

青深き空へかざせる山若葉　熊谷・空OG　関谷 桂子

教会の尖塔かすめつばくらめ　大津・陸OB　丸岡 正男

万緑を映してダム湖鎮もれる　浜松・空OB　宮本 立男

順序よく咲き上りたりジギタリス　町田・陸OB　岩原 滋利

山風を呑みひるがえる鯉幟　香川・陸OB　渡辺 成典

被災地の復興すすむみどりの日　熊谷・空OG　佐藤 玲美

夏来る嵩なす安産祈願絵馬　浜松・空OG　木通 佳子

五月晴飯盒炊爨河川敷　熊谷・空OB　明田 眞雅

つつじ咲く奥の院まで登りけり　鹿島・陸OB　一ノ瀬恵昭

気まぐれな風をいなせる鯉幟　熊谷・空OB　蓮佛志向子

教会の丘鈴蘭の香を放つ　新座・陸OB　船田藤三郎

籠り居のコーヒー香る花の雨　東京・陸OG　田中あやめ

山映し植田のつづく通学路　横浜・一般　福本 祥子

土筆にはつくしの間あり密ならず　札幌・陸OB　坂元 順一

五月晴窓といふ窓開け放つ　富谷・陸OB　加川 師亨

遠足のもの枕辺の娘は母に　熊谷・空OB　工藤 敏雄

燕の子親を見習ひ高く飛ぶ　福生・空事務官　村松加珠彦

金婚の団塊世代五月晴　相模原・一般　森 謙二

葉桜の色ふかまり来今日も雨　西東京・空OB　水島 孝雄

時鳥の声に一瞬鍬止まる　小牧・陸OB　松岡 魚青

アカシヤの花咲き誇る河川敷　熊谷・空OG　関田 絹江

選者作品

鳥たちの鳴きだす湖畔明易し

投句歓迎！

▽郵便はがきの裏面に未発表の自作3句以内と氏名、年齢、職業（自衛官・事務官＝所属部隊＝、OB、家族、一般など）、住所、電話番号を記入▽締め切り毎月15日▽宛先＝〒162－8801東京都新宿区市谷本村町5の1 防衛省D棟市ヶ谷記者クラブ朝雲俳句係☎03（5225）1750、専用線8・6・22515

みんなのページ

官民の意気込みが次の10年の安心に

開発中の新型魚雷試験発射を支援

海曹長 木藤 剛太郎（鹿児島音響測定所・試験企画科）

海上自衛隊鹿児島音響測定所は4月26日、当所の試験海面において防衛装備庁の契約により開発中の「新型魚雷」の試験発射支援を実施した。5年ぶりの実施となった官民共同による作業はこの日無事に終わり、開発会社担当者によると試験結果も「良好」とのことであった。

今回の試験発射支援は、開発会社、鹿児島音響測定所ともに久しぶりのことであり、過去に経験した者の多くはすでに定年もしくは転勤しており、また、過去の試験と試験方法や評価方法に新規追加されたものが多く、半年以上の調整と準備を経ての試験発射となった。

この間、行われた官民連絡調整会議を通じて、当所員の「安全で効率的な試験発射の場の提供」という意気込みと、開発担当会社社員の「万全な状態での魚雷の製造」という意気込みが一体化し、初回の試験の朝を迎えた。

早朝5時半に桟橋前に所員と社員が整列し、作業手順と安全確保の確認から開始。発射海面でのリハーサルまでが順調に終了したところで、発射装置を搭載した台船のバッテリーに不具合が発生し作業が一時中断する場面もあったが、予定された試験発射は無事に終わらせることができた。

今後も試験発射支援は続き、鹿児島音響測定所のもう一つの主要任務である「雑音測定業務」と重なることで、所員にとっては例年以上に多忙な1年となるが、所員一同の汗と時間は「海上自衛隊の次の10年の安心になる」と考え、今後とも所員一丸となって任務に励む所存である。

また、新型魚雷開発の経緯が将来、NHKの技術番組などメディアで使われることも考え、官民一体でのさまざまな写真も撮影し、将来のことまで考えた新型魚雷の試験発射支援となった。

発射台船上で新型魚雷の試験発射準備にあたる鹿児島音響測定所の所員たち

朝5時半から作業を開始し、試験発射に向けて気合を入れる鹿児島音響測定所の所員ら

（世界の切手・スリランカ）

失敗を覚悟で挑み続ける。それがアーティストだ。

スティーブ・ジョブズ（米国の実業家）

朝雲ホームページ
www.asagumo-news.com
<会員制サイト>
Asagumo Archive
朝雲編集部メールアドレス
editorial@asagumo-news.com

空自管制隊の「あけみそ運動」

2空曹 大塚 麻衣（三沢管制隊）

私は今年4月、転勤で初めて三沢基地に来ました。春には桜が満開になり、正門から広がる景色がとても美しい基地だと感じました。そんな基地の顔である正門前を、このたび管制隊の隊員たちが清掃しましたので、紹介させていただきます。

航空保安管制群司令は、航空自衛隊の「あいさつ、掃除、身だしなみ」の励行に「敬礼」を加えたものを、隊員への要望事項「あ・け・み・そ」として掲げております。これを受け、管制隊員は平素から「あけみそ運動」を実施しています。日頃の基地への感謝を込め、そして「あけみそ運動」の一環として正門前モニュメントの清掃や雑草の除去を実施しました。

このような活動を通じて、日米共同基地の一員としての帰属意識の高揚を図ることができたように思います。現在、コロナ禍でさまざま活動が制限されていますが、この日は清掃奉仕を通じて隊員間の親睦も深めることができた一日となりました。

三沢基地の正門前一帯を清掃した三沢管制隊の隊員たち

新刊紹介

「戦争の新しい10のルール」

慢性的無秩序の時代に勝利をつかむ方法

S・マクフェイト著、川村 幸城訳

アメリカ軍は第2次大戦後、ベトナム、ソマリア、イラク、アフガンなどで敗け続けている。なぜか。本書は元米陸軍の幹部で、現在は米国防大学で戦略学を教える著者が、アメリカは常に「戦争をそうあって欲しいものとみなし、現実をみようとしなかった」と指摘し、このままでは「今後も勝利することはできない」と述べ、未来型戦争に対処できる「戦争の新しい10のルール」を提示している。もはや正規軍同士の大規模戦争は起こりえないとし、今後は「国家の関与しない戦争」の時代に突入、「影の戦争が優勢になる」と予測する。

「影の戦争」を戦う兵士は国籍を消し、特殊戦兵士、傭兵、テロリスト、民兵などとして行動。「国家の関与を否認できるもっともらしい根拠」の下で作戦に従事し、この戦法でロシアはクリミアを、中国は南シナ海の島嶼を奪った。今後はこうした「影の隠密作戦」こそが戦争の主流になると著者はみている。

訳者は防大総合安全保障研究科を修了した現役の陸自幹部で、防衛省・自衛隊もこの「影の戦争」に備えた準備が必要とのメッセージを送っている。

（中央公論新社刊、2970円）

「就職先は海上自衛隊」

――文系女子大生の逆襲篇

時武 ぼたん著

海上自衛隊の元船乗りだった著者が、江田島の幹部候補生時代の野外訓練や乗艦実習などを振り返り、幹部自衛官に任官するまでの同期生との濃密な日々を描いた青春物語だ。

著者は明治大学文学部を卒業後、海自に入隊。女性自衛官として初めて世界一周の遠洋練習航海にも参加し、その後、練習艦「みねぐも」などに勤務した。その当時の思い出を月刊誌『丸』に「おちこぼれウェーブの航海日誌 ぼたんがキラリ」として連載、本書はその書籍化第2弾となっている。

今回は厳しい教育訓練を経て幹候校を卒業し、海上実習に出発するまでが描かれる。読者は主人公と共に幹部候補生になったような気分で読み進めることができるので、入隊で悩んでいる女子学生にとっては間違いなく自信がつき、海上勤務に希望がふくらむ一冊となっている。

（潮書房光人新社刊、1760円）

「部隊のために生きる」と決意

3陸尉 鹿末 龍太郎（33普連1中隊・久居）

私が3等陸尉に任官して決意したことは、「部隊の前に立ち、隊員とともに行動し、部隊のために生きる」ということです。今年1月末に33連隊の第1中隊に着隊し、3尉に任官した3月13日までの間、幹部候補生としての見習いや中隊の隊員とともに訓練に参加する機会をいただきました。

隊付教育の目的は幹部としての地位・役割・責任を自覚し、使命感を確立し、現場感覚をつかむことで理想とする小隊長像を確立することにあります。

私の防大・幹候校の同期も全国の中隊に配属され、隊付期間を過ごしたことと思います。しかし、他の同期と比べても、33連隊で勤務させてもらった私が1番恵まれた環境で学べていたのではないかと感じています。

なぜなら、着隊してから中隊の訓練実施に関わる業務を幾つも担当させていただいているからです。井岡中隊長はじめ幹部・曹士の方々からさまざまな親身なご指導を受け、私はこの第1中隊が大好きになりました。私1人のために、こんなにも多くの人が動き、正面からぶつかってくれる中隊は他にないと思います。

そこで私は愛を注いでくれた中隊の皆さまに感謝し、中隊の精強化・団結に寄与するべく、「部隊の前に立ち、隊員とともに行動し、部隊のために生きる」ことを決意しました。

一日も早く皆さまへのお力添えができるよう、日々の隊務はもちろんのこと、教育訓練でもより一層精進して参りたいと思います。

OBがんばる

自分は何ができないのか

宮田 敬三さん 57

平成29年7月、海自江田島情報保全派遣隊を最後に定年退職（1尉）。ひろしんビジネスサービスに再就職し、ATM業務を担当している。

私はひろしんビジネスサービスに入社し、業務1部ATMに配属されました。仕事内容は広島市内とその近郊のATMへの現金装填、ATM障害への対応および警備教育指導責任者を担当しています。

ATM関連の業務は機械の構造も知っておく必要があるため覚えることが多岐に渡りますが、その分、覚えたことが業務に反映され完遂できた時には達成感が得られます。

弊社には陸海空自の退職者が多数勤務しており、私の部署では元自衛官が約7割を占めています。このように多数の退職自衛官を採用した功績で海上幕僚長より感謝状も贈呈されております。

入社当時、OBが多いおかげで私も精神的な不安が軽減されました。右も左も分からない初めてのことばかりで大変でしたが、諸先輩が親身になってご指導してくれ、少しずつ仕事を覚えることができました。現金の取り扱いでは絶対にミスがあってはならないため、日々緊張感を持って業務に従事しています。

再就職にあたっては、自分に合った仕事なのか迷いが生じ、せっかくご紹介を頂きながらお断りをするなど、当時は合っている仕事が見出せずに焦っていました。そこで考え方を変えれば何かが見えてくるのではと思い、「自分に合っている職業」ではなく、「自分は何ができないのか」という視点から再就職活動にあたりました。その結果、選択肢が広がり、現在勤務する会社についても「自分にできない仕事ではない」と思い、面接を受け、入社が決まりました。

私の経験がこれから定年を迎える方の仕事を選択する際の参考になれば幸いです。

「朝雲」へのメール投稿はこちらへ！

▽原稿の書式・字数は自由。「いつ・どこで・誰が・何を・なぜ・どうしたか（5W1H）」を基本に、具体的に記述。所感文は制限なし。
▽写真はJPEG（通常のデジカメ写真）で。
▽メール投稿の送付先は「朝雲」編集部（editorial@asagumo-news.com）まで。

第1262回出題

詰碁

出題 日本棋院 九段 曲 励起

黒先

『黒を助けて下さい』。5分でできれば初級以上です。

▶詰碁、詰将棋の出題は隔週です◀

詰将棋

出題 日本将棋連盟 九段 石田 和雄

	5	4	3	2	1	
			銀	馬		一
						二
		銀		玉	歩	三
		歩		歩		四
			角		歩	五
				歩		六

先手 持駒 金金

≪第846回の解答≫

【正解】▲2二金△同銀▲3三金△同銀▲3二銀不成△3四玉▲1二馬までの七手詰め。

【解説】▲2二金と銀を呼び込んでから▲3三金と捨てるのが手順の妙。△同玉は▲3二馬。△同銀に▲3二銀不成から▲1二馬と引けばピッタリ詰み。上部脱出は防いでいます。

熱海で土石流 自衛隊980人災派

130棟被害、不明者多数
懸命の救助活動続く

梅雨前線の影響で記録的な大雨が続いた静岡県熱海市伊豆山（いずさん）で7月3日午前10時半頃、大規模な土石流が発生し、少なくとも約130棟の建物が被害を受け、多数の住民が安否不明となった。同県の川勝平太知事は同日午後0時半、陸自34普連長（板妻）の深田満男1佐に災害派遣を要請。これを受けて34普連主力の約200人の隊員が順次現地に派遣され、直ちに人命救助活動を開始した。その後も断続的に激しい雨が降り続く中、6日正午現在、自衛隊は後方支援要員を含む計約980人態勢で懸命の捜索活動を続けている。（8面に写真特集）

土石流が発生し、泥で埋もれた熱海市の市街地で捜索棒を使い行方不明者の捜索に当たる34普連の隊員たち。大量の水を含んだ土砂に腰まで浸かりながら丁寧に作業を進める（7月4日、静岡県熱海市の伊豆山地区で）＝板妻駐屯地提供

土石流は、JR熱海駅から北に約1・5キロ離れた住宅やホテルなどが立ち並ぶ傾斜地で発生。建物や車などを押し流しながら、逢初（あいぞめ）川に沿って南東の海岸まで約2キロを流れた。

災害派遣要請を受けた34普連は、直ちに約30人からなる初動対処部隊（ファスト・フォース）を現地に急派。続いて34普連の主力、1戦車大隊（駒門）、1施設大隊（朝霞）の増援部隊の人員計約200人をはじめ、空自からは中警団（入間）などの隊員と災害救助犬5頭も次々と現地入りし、人命救助活動を開始した。

4日早朝からは油圧ショベルやドーザーなどの重機を用いて取り残された住民の救出活動や不明者捜索に着手。隊員たちは建物を一軒一軒回って安否確認を行うとともに、土砂に覆われた住宅地周辺では災害救助犬や捜索棒による不明者捜索を継続中だ。

一方、上空では陸自のUH1ヘリ（立川）のほか、陸自と空自の全天候型ドローンを投入し、情報収集や映像伝送も行っている。

6日正午現在、自衛隊は現場指揮官を務める34普連長の深田1佐以下、交代要員や後方支援要員などを含む計約980人態勢を構築。このうち約410人が最前線の現場で警察や消防と連携しながら懸命の捜索救助活動に当たっている。

熱海市付近では2日以降、断続的に激しい雨が降り続いていることから、災派隊員たちは二次災害に警戒しながら細心の注意を払って活動に従事している。

防衛相「人命第一に全力挙げる」

岸防衛相は6日の記者会見で「自衛隊は人命救助を第一に活動しており、警察や消防と連携してこれまでに4人を救助した。陸空自は総計980人態勢をとり、被災現場には410人、災害救助犬5頭、重機5両を投入して安否不明の方々の捜索救助や情報収集活動を実施している。引き続き関係省庁や自治体と密接に連携し、人命救助に全力を挙げていく」と述べた。

つぶれた家を救助犬を連れて一軒一軒まわり、行方不明者を探す空自隊員（浜松基地ツイッターから）

オリ・パラ安全確保に協力
防衛省 自衛隊 8500人が各種競技を支援

防衛省は7月2日、「東京2020オリンピック・パラリンピック競技大会」に関する防衛省・自衛隊の取り組みについて発表した。（3面に五輪代表自衛官アスリート特集）

それによると、防衛省・自衛隊は大会のセキュリティーや安全面の確保に努めるとともに、自衛官アスリート（自衛隊体育学校からの出場の五輪選手）の競技力向上に向けた支援に当たる。

このうち、安全面の確保については政府の基本戦略を踏まえ、①競技会場周辺を含む我が国上空の警戒監視②大規模自然災害等が発生した場合の被災者救援支援③サイバーセキュリティー対策――などの任務に従事する。

一方、大会組織委から依頼された支援を実施するため、自衛隊は「東京2020オリンピック・パラリンピック支援団」（担任・陸自東部方面総監）を編成。セーリング競技での海上救護への協力は海自横須賀地方総監が担任する。大会の支援は、自衛隊法第100条の3に基づき、隊員約8500人が協力する。

主な支援内容は、①国旗等の掲揚②射撃競技会場での医療サービス③自転車競技での救急搬送④セーリング競技での海上救護⑤自転車ロードレースでの沿道警備、競技会場でのセキュリティーチェックなど会場内外の整理⑥アーチェリー、射撃、近代五種競技での運営協力――などとなっている。

朝雲

発行所 朝雲新聞社
〒160-0002 東京都新宿区四谷坂町12－20 KKビル
電話 03(3225)3841
FAX 03(3225)3831
振替00190-4-17600番
定価一部170円、年間購読料9170円（税・送料込み）

本号は10ページ

春夏秋冬

クワッドと「海洋の自由」(1)

河野 克俊

7月1日に中国共産党は創建100年を迎えた。鄧小平が実権を握った1980年代の中頃から後半にかけて、深圳（しんせん）に特区をつくるなどして、いわゆる改革開放路線に舵を切り、今や世界第二の経済大国となった。それに伴い軍事費は30年間で42倍、我が国の約4倍の規模となっているのはご承知の通りである。

国家の経済発展が海軍力増強と海洋進出を伴うのは、ある意味、歴史的必然とも言える。大航海時代のポルトガル、スペイン、それに続くイギリス、フランス、オランダ、近年ではアメリカと日本も同様の道を歩んだ。そして最終的にはお互い衝突することになる。

経済発展をすれば、豊富な海洋資源などの海洋権益が必要となり、通商交通路としてのシーレーンの安全確保も必要になる。その意味で中国が海洋進出することについては、私は理解できる。ただ問題は海洋に対する中国の考え方である。

海洋は本来自由だというのが国際法の精神である。領土、領空に他国が無断で侵入すれば、絶対にアウトだが、領海については条件付きだが基本的にセーフである。第三国が領海を単に通航することは「無害通航権」として国際法上認められている。なぜなら海洋は基本的に自由だからである。

したがって「自由で開かれたインド太平洋構想」の基本理念は、「みんなのものである海洋を利用して、みんな楽しく仲良く豊かになりましょう！」というものだと私は理解している。その意味で本来、中国包囲網ではないはずである。

ところが中国は、太平洋・東シナ海に事実上、第一、第二、[illegible]は第三列島線と勝手に線を引き「海洋の自由」に反する行動に出ている。また、南シナ海の大半を歴史的に中国の領海だと主張し、これまた勝手に「九段線」という線を引いた。これを国際仲裁裁判所が否定しても、判決文を紙屑（かみくず）と称してはばからない。要するに国際法に基づく「海洋の自由」という価値観を中国が共有していないことが大問題なわけである。単に経済的な利害対立であれば妥協の余地もあるが、価値観の相違となると如何ともし難い。そこでクワッド（日米豪印）の重要性が浮上する訳であるが、紙面の関係でこの続きは次回に送ることとしたい。

（前統合幕僚長、元海将）

UH2新多用途ヘリの開発が完了 陸自向け

開発が完了した陸自の新多用途ヘリ「UH2」（防衛装備庁提供）

防衛省は6月24日、陸自向けの新多用途ヘリコプター「UH2」の開発が完了したと発表した。

UH2は陸自の主力ヘリUH1の後継機として防衛装備庁が富士重工業（現・スバル）とともに平成27年度から開発に着手。スバルが米ベル・ヘリコプターと共同開発したヘリ「412EPX」をベースに航空救難などにも使える多用途ヘリとした。

UH1から変更された主な個所はエンジンが単発から双発に、メインローターが2枚から4枚となり、飛行安定性が大きく向上。このため離島間など海上の長距離飛行も安心して行えるようになった。さらにメインローターのギアボックスも強化、ギアボックスから潤滑油が抜けても30分間飛行できるドライラン性能も向上、飛行安全性が大きく高まっている。

UH2は既に部隊使用承認が下り、今後、陸自で運用が開始される。陸自は令和3年度予算でUH2を7機調達しており、来年度以降、UH1からUH2への機種更新が始まる予定だ。

地方協力局を大幅改編
地域と協力表すエンブレム 防衛省

防衛省は7月1日付で地方協力局の大幅な組織改編を行った（7面に関連記事）。合わせて翌2日には防衛省と地域社会との協力を象徴するエンブレム＝写真＝を発表した。

防衛省の補助事業で整備した施設等への標示をはじめ、各種イベントやパンフレットなどに幅広く活用する。

エンブレムは部内公募で決まったもので、緑色をベースに背景は握手、前面には人と人とが手を取り合うデザインをあしらい、防衛省が地域社会の理解と協力を得ながら全力で施策に取り組む意思を表現している。

岸防衛相は2日の記者会見で「防衛省は日頃から、全国8カ所の地方防衛局を通じて安全保障政策への理解促進や危機管理対応、地域の皆さまの生活環境改善などを目的とした『地域社会との協力に係る施策』に積極的に取り組んでいる」と説明。

その上で「防衛施設の周辺地域が被る騒音などの不利益の是正や、防衛施設と地域社会の共存・共生の観点から、関係自治体等に対する補助金・交付金の施策を実施しており、地域や学校の防音工事のほか、医療費助成、消防車やコミュニティーバスの整備など、さまざまな形で地域社会に裨益（ひえき）するべく努めている」と述べ、今後もより一層、国民の理解を得る努力を続けていく考えを示した。

東京・大阪とも予約枠余裕なし
大規模接種

防衛省・自衛隊が東京と大阪に開設している「大規模接種センター」は、両会場とも7月11日まで予約で満杯となっている。

その後も7月末までは高齢者の2回目の接種予約でほぼ埋まっており、予約枠に余裕がない状況がしばらく続く見通しだ。

現時点ではキャンセルが出た場合のみ、接種日前日の午後11時59分まで専用サイトから予約が可能で、予約には自治体から配布される接種券が必要となる。

電話での問い合わせ・予約窓口は、▽東京0570－056－730▽大阪0570－080－770。

朝雲寸言

近代オリンピックは1896年の第1回アテネ大会から始まった。125年の歴史の中で2回以上開催されている都市は、アテネ、パリ、ロンドン（3回）、ロサンゼルスであり、間もなく東京が加わる▼これまで戦争により3回の中止があった。第1次世界大戦中の第6回ベルリン大会、第2次世界大戦中の第12回東京大会、第13回ロンドン大会である。1940年の東京大会は招致決定後に開催都市が返上した唯一の大会であり、返上に伴い開催となったヘルシンキも1939年戦争の勃発により中止となっている▼平和の祭典と言われる五輪が国威発揚のために利用されることは度々批判の対象となった。しかし五輪が世界に自国をアピールする最大の機会であることは間違いない。そして膨大な開催費を賄える国家は世界にそう多くないことも事実である。一方で最近の大会では開催都市および開催国は大きな財政的負債を抱えるようになった▼コロナウイルス感染症の蔓延により東京オリンピック・パラリンピックは1年延長を余儀なくされた。しかし、その理念が失われたわけではない。今大会は第一に東日本大震災の復興を象徴するものであり、第二にアスリート・ファーストを謳うものではなかったか▼オリンピックに「五輪」という訳語を充てたのは幻の東京大会当時の新聞であったという。オリンピック東京大会まであと2週間。決して幻にしてはならない。

時の焦点

国内　熱海土石流

懸命の捜索に信頼高く

押し寄せる土石流の恐怖は、いかばかりだったか。被害の全容はいまだ明らかではないが、一人でも多くの人が無事に救出されることを祈るばかりだ。

静岡県熱海市で、大雨による大規模な土石流が発生した。多数の住宅が流され、住民が巻き込まれた。

自衛隊は懸命に捜索活動を進めている。街中を覆った土砂やがれきをかき分けて救出にあたる姿は、被災者の願いに応えるのみならず、国民の信頼をさらに高めよう。

これまでに判明しただけでも、130棟以上の住宅が被害を受け、4人が亡くなった。

政府は5日、菅首相を本部長とする非常災害対策本部会議を設置した。首相は会議で、「二次災害に注意し、一人でも多くの命を救い、暮らしを守るため、速やかな救命救助と被災者支援に全力を尽くしていただきたい」と強調した。

甚大な被害を招いたのは、本州より南の太平洋側に停滞する梅雨前線である。気象庁は、土砂災害や河川の氾濫などへの警戒を呼びかけていた。

1日朝には、東京都の伊豆諸島北部で、災害級の大雨をもたらす線状降水帯が発生していた。

熱海市の被害は、線状降水帯が直接影響したものではないが、雨の恐ろしさには変わらない。集中豪雨ではないにもかかわらず、長時間、強い雨が降り続いたことで、被害が拡大したという。

昨年の九州豪雨、2018年の西日本豪雨、17年の九州北部豪雨と、いずれも7月上旬の豪雨被害である。

かつてはめったになかった豪雨被害が毎年のように発生するのは、地球温暖化が影響しているのだという。

夏の気温が上がった影響で、日本近海の海面水温は、世界平均の約2～3倍の速さで上昇しているという研究もある。

大気中に含まれる水蒸気量が増加して大雨をもたらすという構図だ。

そうした背景を踏まえれば、とりわけこの時期は、どこに住んでいる人でも、大雨への警戒を強めなければなるまい。

熱海市は今回の土石流発生時、5段階ある警戒レベルのうち、3番目の「高齢者等避難」を発令していた。

最もレベルの高い「緊急安全確保」にもっと早く切り替えるべきだったという指摘もある。

行政の判断は後日改めて検証されることになろうが、住民としては、常に早めの避難を心がける必要があるのは確かだ。

気象庁は今年、線状降水帯の発生を伝える「顕著な大雨に関する情報」を新たに発表することにした。

また、災害の恐れが高い時に出す情報をわかりやすくするため、「避難勧告」を廃止し、「避難指示」に一本化した。

いずれも、住民の適切な行動につながりやすくする狙いからだ。

災害の教訓を無にせぬよう、まずは、一人一人が警戒を怠らず、命を守ることを徹底したい。

宮原 三郎（政治評論家）

海外　イラン新大統領

イスラエルの対応注目

6月中・下旬、中東発の三つのニュースが目を引いた。①18日のイラン大統領選挙で保守・強硬派のライシ師が当選②それに対するイスラエルの反応③イランで唯一の原子力発電所が緊急停止――である。

①②の関連は自明だが、問題は③のニュース。今後予想される事態の〝前兆〟なのか、または、ただの偶然の一致だったのか。

ライシ師の当選は「朝が来れば明るくなる」のと同じくらい既定の話。最高指導者ハメネイ師の支持を得て、選挙は〝出来レース〟の観もあった。

ライシ次期大統領（8月就任）について、日本での報道ぶりはよく知らないが、米紙「ニューヨーク・タイムズ」は19日、同氏の非人道的犯罪は極めて邪悪で、米国と欧州連合（EU）は彼に個人制裁を科したほど、などと紹介した。

「1988年、テヘランの次席検事だったライシ氏は、同国史上最も残虐な出来事の一つに連座した。国際人権団体のアムネスティ・インターナショナルとヒューマン・ライツ・ウオッチによると、同氏は獄中にいた約5000人の政治犯の死刑執行を監督した委員会のメンバー4人の1人だった。死刑の判決を受けていないのに、死刑を執行された者も多数いた」

イスラエルは「重大な人権侵害の経歴」（ニューヨーク・タイムズ紙）を重視するとともに、当選後も、核合意を維持しても、制裁の全面解除が先と要求する同師を「最も過激な大統領」（外務省）と警戒している。

ベネット首相は「イランの核武装は許さない。わが国は核合意に参加しておらず、自由に行動できる」とイランを牽制した。

イスラエル治安当局者も同師の当選直後、「イランの核施設を攻撃するための緊急事態計画を準備しなければならない」と反応したという。

外務省スポークスマンは「核兵器を持った極めて危険な人物がイスラエルを狙っている。これは『今そこにある危機』だ」と指摘した。

そこで、自ずと③のニュースに目がいく。イラン国営テレビは20日、南部の港湾都市ブシェールにある原発で障害が発生し、一時的に緊急停止したと報じた。

障害の原因は不明だが、①②のニュースとは無関係の全くの偶然だったのか、それとも、イスラエルが「関与」したものだったのか。

トランプ政権時代は、イスラエルには実力でも精神的にも米国の支援があった。だが、現政権はイラン核合意復帰に必死な上、反ユダヤ主義者が多数、主要ポストに就いた。アラブの大海の中で、イスラエルは独りになったのである。

しかし、「モサドは眠らない」とも評される優秀な対外秘密情報機関を持つ国だ。たとえ今回は関与していなくても、国家の生存が懸かっている以上、数週間、数カ月後にはまた、イラン核施設の「障害」のニュースを聞く時が来るだろう。

草野 徹（外交評論家）

事務官等異動

▽大臣官房付、内閣官房へ出向＝内閣審議官＝国家安全保障局へ（統幕総括官） 加野 幸司
▽大臣官房付、内閣官房へ出向＝内閣情報調査室内閣衛星情報センター管理部長へ（中国四国防衛局長） 森田 治男
▽大臣官房付、外務省へ出向＝大臣官房へ＝併内閣府本府遺棄化学兵器処理担当室長（北海道防衛局長） 末永 広
▽大臣官房サイバーセキュリティ・情報化審議官、大臣官房付併任、防衛監察本部付併任、防衛装備庁へ出向併任（防衛政策局防衛政策課長） 上田 幸司
▽防衛書記官に採用＝大臣官房審議官、整備計画局付併任、地方協力局付併任（国土交通省大臣官房技術参事官） 加藤 雅啓
▽大臣官房審議官（沖縄防衛局長） 田中 利則
▽大臣官房付、大臣官房審議官併任、統幕付併任（統幕首席参事官） 林 美都子
▽防衛事務官に採用＝大臣官房付、防衛大副校長＝企画・管理担当（外務省大臣官房＝併＝内閣府本府遺棄化学兵器処理担当室長） 赤瀬 正洋
▽解大臣官房付併任、解防衛監察本部付併任、統幕総括官（大臣官房サイバーセキュリティ・情報化審議官） 深澤 雅貴
▽防衛監察本部副監察監（南関東防衛局長） 小波 功
▽北海道防衛局長（熊本防衛支局長） 石倉 三良
▽防衛事務官に採用＝大臣官房付、東北防衛局長（内閣官房内閣参事官＝内閣官房副長官補付） 市川 道夫
▽北関東防衛局長（地方協力局防音対策課長） 葛谷 治
▽南関東防衛局長（大臣官房審議官） 山野 徹
▽近畿中部防衛局長（沖縄防衛局次長） 竹内 芳寿
▽防衛事務官に採用＝大臣官房付、中国四国防衛局長（経済産業省貿易経済協力局審議官） 今給黎 学
▽解大臣官房付併任、解統幕付併任、沖縄防衛局長（防衛装備庁調達事業部長） 小野 功雄
▽防衛事務官に採用＝防衛装備庁長官官房審議官（経済産業省大臣官房付） 春日原大樹
▽防衛装備庁調達事業部長（人事教育局厚生課長） 北澤 直樹
▽退職、経済産業省大臣官房付へ（防衛装備庁長官官房審議官） 宮本 昭彦
▽大臣官房付、退職、経済産業省貿易経済協力局審議官へ（同装備政策課長） 弓削 州司
▽退職
（防衛大副校長＝企画・管理担当） 斉藤 和重
（防衛監察本部副監察監） 城戸 謙憲
（東北防衛局長） 熊谷 昌司
（北関東防衛局長） 松田 尚久
（近畿中部防衛局長） 枡賀 政浩
（以上7月1日）
▽解整備計画局付併任、解地方協力局付併任、大臣官房付（九州防衛局長） 廣瀬 律子
▽解大臣官房文書課防衛省図書館長併任、九州防衛局長（大臣官房文書課長） 伊藤 哲也
（以上6月25日）
▽解整備計画局付併任、解地方協力局付併任、退職、7月1日付国土交通省港湾局付へ（大臣官房審議官） 村岡 猛
▽退職、7月1日付国家公務員共済組合連合会理事へ（大臣官房付） 廣瀬 律子
（以上6月30日）
▽大臣官房文書課長、大臣官房文書課防衛省図書館長併任（防衛政策局国際政策課長） 吉野 幸治
▽同広報課長（大臣官房総括企画官） 安藤 誠
▽同参事官（沖縄防衛局調達部長） 丸山 幹夫
▽防衛書記官に採用＝大臣官房参事官（経済産業省大臣官房参事官） 熊野 有文
▽大臣官房参事官、整備計画局付併任、地方協力局付併任（地方協力局付） 信太 正志
▽防衛政策局防衛政策課長（防衛政策局調査課長） 飯島 秀俊
▽同戦略企画課長（防衛装備庁輸入調達官） 田邊 英介
▽同国際政策課長（防衛政策局参事官） 松尾 智樹
▽防衛書記官に採用＝防衛政策局調査課長（内閣官房内閣情報調査室内閣衛星情報センター分析部管理課長） 中野 憲幸
▽解大臣官房付併任、解統幕付併任、防衛政策局参事官（大臣官房広報課長） 川上 直人
▽整備計画局施設整備官（同提供施設課長） 井上 圭勇
▽解中国四国防衛局建築課長事務取扱、整備計画局提供施設計画官、地方協力局付併任（中国四国防衛局調達部長） 福島 邦彦
▽人事教育局厚生課長（防衛装備庁長官官房人事官） 坂部 誠
▽同服務管理官（大臣官房文書課法令審査官） 鈴木 雄智
▽地方協力局総務課長（地方協力局地方協力企画課長） 品川 高浩
▽同地域社会協力総括課長（同調達官） 北川 高生
▽同東日本協力課長（同施設管理課長） 藤井 真
▽同西日本協力課長（中国四国防衛局企画部長） 鍋田 克己
▽同環境政策課長（地方協力局周辺環境整備課長） 池田 眞人
▽同在日米軍協力課長（同提供施設課長） 中村 浩平
▽大臣官房付、整備計画局付併任、地方協力局付併任（同沖縄調整官） 伊藤 晋哉
▽解整備計画局付併任、地方協力局沖縄協力課長（同地方調整課長） 折戸 栄介
▽統幕首席参事官（人事教育局服務管理官） 勘先 幸浩
▽解地方協力局付併任、北海道防衛局次長（整備計画局提供施設計画官） 茂籠 勇人
▽沖縄防衛局次長（同施設整備官） 宮崎 順
▽防衛装備庁へ出向、装備政策部装備政策課長へ（防衛政策局戦略企画課長） 松本 恭典
▽退職、経済産業省大臣官房参事官へ（地方協力局補償課長） 西野 洋志
（以上7月1日）

1佐昇任人事

▽1陸佐に昇任
（関東補給処） 2陸佐 天利 光宣
（陸幕） 同 新井 信裕
（8師団司令部） 同 井出 智昭
（教育訓練研究本部） 同 上原 直樹
（情報学校） 同 内山 広治
（教育訓練研究本部） 同 大谷進一郎
（同） 同 梶谷 篤史
（西部方面特科連隊） 同 金丸 亮平
（北海道補給処） 同 狩野 秀樹
（教育訓練研究本部） 同 菊池 裕紀
（装備実験隊） 同 工藤功介
（衛生学校） 同 國島 秀二
（教育訓練研究本部） 同 栗田 和典
（中部方面総監部） 同 小泉 健司
（東北補給処） 同 小段雄三
（中央病院） 同 小林 伸久
（教育訓練研究本部） 同 齋藤 育
（6偵察隊） 同 櫻井 秀平
（統幕） 同 篠部 大介
（陸幕） 同 赤藤 司
（9師団司令部） 同 聖徳 猛
（東部方面総監部） 同 竹村 亮
（西部方面衛生隊） 同 田嶋 修
（中部方面総監部） 同 築地 靖男
（東北方面総監部） 同 豊原 芳之
（陸幕） 同 永江 実
（中央病院） 同 中山 健史
（北海道防衛局） 同 新山 雄貴
（北部方面総監部） 同 西田 誠
（需品学校） 同 橋詰 勝常
（4陸曹教育隊） 同 長谷部浩司
（北部方面航空隊） 同 早田 泰隆
（防衛装備庁） 同 原田和伸
（教育訓練研究本部） 同 樋口 圭
（陸幕） 同 廣田 佳仁
（教育訓練研究本部） 同 深江 防人
（同） 同 古橋健太郎
（1陸曹教育隊） 同 前田 貴大
（西部方面総監部） 同 松田 友宏
（教育訓練研究本部） 同 村木 敏彦
（北海道補給処） 同 山内 和也
（習志野駐屯地業務隊） 同 山口 尚
（教育訓練研究本部） 同 山本慎太郎
（九州補給処） 同 渡部孝則
▽1海佐に昇任
（佐世保海上訓練指導隊） 2海佐 石寺 隆彦
（佐世保地方総監部） 同 稲井 信幸
（護衛艦隊司令部） 同 上田 知史
（潜水艦隊司令部） 同 岡崎 淳平
（防衛大） 同 尾崎 元気
（航空集団司令部） 同 楠山 博康
（海幕） 同 工藤 尚武
（ちよだ） 同 久保 哲也
（艦船補給処） 同 桑田良作
（海幕） 同 児玉 浩光
（同） 同 小長井基至
（しらせ） 同 酒井 憲
（海幕） 同 坂井 博之
（かが） 同 坂口 健治
（呉衛生隊） 同 庄野 聡
（海自幹部学校） 同 高取 哲郎
（自衛艦隊司令部） 同 高橋 輝年
（艦隊情報群司令部） 同 高橋 裕昌
（海自幹部学校） 同 龍本 憲司
（同） 同 中込 昌樹
（たかしお） 同 長西 圭輔
（海自幹部学校） 同 中谷 匡佐
（海自補給本部） 同 永山 高州
（東京業務隊） 同 西野太智
（海自幹部学校） 同 長谷川裕介
（海幕） 同 藤本 典法
（横須賀病院） 同 前島将之
（自衛艦隊司令部） 同 三浦 宏幸
（海幕） 同 村田 篤美
（航空集団司令部） 同 山内 省吾
（潜水艦教育訓練隊） 同 渡邉 正裕
（海自幹部学校） 同 渡邊 昌幸
▽1空佐に昇任
（空自幹部学校） 2空佐 相澤 啓二
（9航空団） 同 石垣 伸幸
（空自幹部学校） 同 泉 俊光
（6高射群） 同 岩崎 航
（西部航空警戒管制団） 同 江口 勝
（防衛装備庁） 同 蛯名耕士
（12飛行教育団） 同 小倉 康信
（空自幹部学校） 同 楠瀬 博史
（同） 同 斎藤 聡
（空自補給本部） 同 笹口 俊介
（4補給処） 同 佐藤 順司
（西部航空警戒管制団） 同 嶋本 好晃
（空自幹部学校） 同 硯田 陽子
（空幕） 同 髙木 寛
（航空医学実験隊） 同 田村 敦
（空自幹部学校） 同 田村聡多郎
（防衛大） 同 中岡絵梨子
（空幕） 同 林 晶宏
（航空支援集団司令部） 同 三浦 晋吾
（空幕） 同 山上 雅礼
（同） 同 和田 貴久
（航空救難団） 同 和田夏樹
（以上7月1日）

1佐職異動

▽海幕指揮通信課指揮通信体系班長（海幕指揮通信課） 1海佐 頼経 孝二
▽海上訓練指導隊群首席幕僚（こんごう艦長） 同 藤崎勝
▽こんごう艦長（海幕指揮通信課指揮通信体系班長） 同 田代操一朗
▽ちはや艦長（横須賀潜水艦教育訓練分遣隊訓練科長） 2海佐 渡邉 正裕
▽1練習潜水隊司令（海自1術科学校教務部長） 1海佐 檀之上明典
▽横須賀地方総監部防衛部（ちはや艦長） 同 伊藤 裕雅
▽海自1術科学校教務部長事務取扱 海自1術科学校副校長 同 天沼 秀俊
▽海自補給本部（長崎地方協力本部長） 同 西田洋一郎
▽長崎地方協力本部長（1練習潜水隊司令） 同 江上 昌利
（以上6月28日）
▽統幕指揮通信システム企画課兼指揮通信システム隊（中央業務支援隊付） 1陸佐 巽 直也
▽陸幕防衛課（同） 同 富野 匠
▽同装備計画課（同） 同 八津尾宗之
▽同衛生部企画室兼中央病院産婦人科（同） 同 吉永洋輔
▽東部方面総監部防衛部（同） 同 安達 弘典
▽8師団司令部（同） 同 今井 洋平
▽15旅団司令部（同） 同 鎌田 寛
▽輸送学校（同） 同 冨永敦
▽教育訓練研究本部（同） 同 西崎 心
▽教育訓練研究本部付（教育訓練研究本部） 同 高木耕一郎
▽海幕人事計画課（東京業務隊付） 1海佐 西野 太智
▽同指揮通信課（同） 同 増田 信之
▽舞鶴弾薬整備補給所長（同） 同 浅野 史郎
▽海自3術科学校（同） 同 本多 正敏
▽横須賀病院医療安全評価官事務取扱 横須賀病院副院長兼企画室長 同 松崎 宏治
▽防衛研究所所員（航空中央業務隊付） 1空佐 梶川 裕
▽空幕人事教育計画課（同） 同 古田 純子
▽同補任課（同） 同 坂井 篤
▽同厚生課（空自幹部学校） 同 村林 芳雄
▽同事業計画2課（航空中央業務隊付） 同 西迫 元英
▽西部航空警戒管制団13警戒隊長兼高畑山分屯基地司令（西部航空警戒管制団13警戒群司令兼高畑山分屯基地司令） 同 嶋本 好晃
▽航空支援集団総務課長（空幕人事教育計画課） 同 竹内 浩之
▽航空教育隊副司令（空自幹部学校主任教官兼空自幹部学校） 同 碇 治
▽空自幹部学校主任教官兼空自幹部学校（空自幹部学校） 同 三輪 英昭
▽空自幹部学校兼空幕防衛課（空自幹部学校付） 同 巻田 明輝
▽空自幹部学校（航空教育隊副司令） 同 白岩 馨
▽2補給処副処長（近畿中部防衛局東海防衛支局岐阜防衛事務所長） 同 林田 博行
▽近畿中部防衛局東海防衛支局岐阜防衛事務所長（2補給処副処長） 同 片岡 智
（以上7月1日）
▽兼統幕運用2課 陸幕総務課 1陸佐 上野富一郎
（7月3日）

海賊対処支援隊16次隊　陸幕長に出国報告

東アフリカのジブチ共和国に向けて出国する海賊対処行動支援隊16次隊（司令・桑原和洋1佐以下約120人）のうち、桑原司令以下3人が6月29日、防衛省を訪れ、吉田陸幕長に出国報告を行った。

同報告には陸自最先任上級曹長の根本和男准尉と陸幕運用支援・訓練部長の戒田重雄将補が立会。出国報告を行った桑原司令らに対し、吉田陸幕長は「接受国からの信頼を得ることが重要で、そのこと自体が日本の価値を高める。海自部隊と一体となった団結を実現し、基地で彼らを支えることとの誇りを隊員一人一人に持たせ、最後までしっかりと任務をやり遂げてほしい」と要望した。

16次隊の第1波は5月31日に約20人が出発し、第2、3派の約100人は7月上旬に順次出国する。一方、任務を終える15次隊は第1波約20人が6月25日に帰国、2、3派の約100人は7月下旬に順次帰国する予定。

吉田陸幕長（右手前）にジブチへの出国報告を行う海賊対処行動支援隊第16次隊の（右から）桑原和洋1佐、富田亘3佐、齋藤翼曹長。左側は（手前から）戒田運訓部長、根本最先任（6月29日、陸幕長応接室で）

米陸軍司令官が離任あいさつ　大西政務官から旭日重光章伝達

在日米陸軍（座間）司令官を離任するヴィエット・ルオン少将が6月22日、防衛省を訪れ、吉田陸幕長をはじめとする防衛省首脳に離任のあいさつを行った。

政務官室ではこれまでの日米同盟への貢献を称え、大西政務官から旭日重光章が同少将に伝達された。

ベトナム出身のルオン少将は2006年の「イラクの自由作戦」などに参加した経歴を持ち、2018年、在日米陸軍司令官に着任。その後、3年にわたる日本での勤務中、日米防衛協力の発展に大きく寄与した。

大西政務官から旭日重光章を伝達されたルオン少将は「素晴らしい勲章を頂いたことに感謝申し上げます。この勲章は日本政府が日米関係を非常に重要視している証だと思っています。日本はいつも私の心に残る素晴らしい場所であり、皆さまの平和と今後の発展を心よりお祈り申し上げます」と別れのあいさつを述べた。

在日米陸軍の司令官交代式は同25日にキャンプ座間で行われ、新たにジョエル・ヴァウル准将が新司令官に着任した。

日米同盟強化への功績が称えられ、大西政務官（左）から旭日重光章を伝達されるルオン在日米陸軍司令官＝6月22日、防衛省で

空自カレンダー　写真の募集開始

空自は7月1日、「2022年空自カレンダー」用の写真の募集を開始した。締め切りは7月14日。

応募写真の要件は①空自に関連するもの②季節を感じることができる③応募者本人がデジタルカメラで撮影し、他の展覧会に応募していないもの④応募者以外の人が著作権を所有していない⑤過度の画像補正をしていない（レタッチは可）⑥カレンダーでの使用のほか、空自が広報活動で使用することに同意すること――となっている。枚数は無制限で、プロ・アマチュア問わず応募が可能だ。

井筒空幕長は7月1日の記者会見で「航空祭をはじめ、国民の皆さまと接する機会が減少している中、少しでも空自を身近に感じていただきたいという思いから企画した。多くの方々からの応募を心からお待ちしています」と述べた。

露軍Su25初確認　空自スクランブル

ロシア軍のスホイSu25攻撃機＝写真＝1機が6月25日、オホーツク海から日本海に至る日本沿岸の上空を飛行したため、空自北空のF15戦闘機が緊急発進して対応した。対領空侵犯措置で空自がロシア軍のSu25を確認したのは初めて。

Su25は北海道・択捉島西方沖に飛来した後、西進してサハリン南端をかすめながら宗谷海峡上空を通過。日本海に進出して自国領方面に向かった。

統幕は同日、空自機が撮影したSu25の写真と航跡図を公表した。

ロシア軍は6月23日から5日間、北方領土の択捉島や国後島などで1万人規模の大規模演習を行ったと発表している。

挑め！東京五輪

「元気づけたい」自衛官アスリート 9個班17人

コロナ禍により史上初めて1年延期されて迎える東京五輪。自衛隊体育学校（朝霞、学校長・豊田真陸将補）からも自衛隊、日本を代表して9個班17人の選手が臨む。メダル獲得を目指して世界の強豪に挑む「自衛官アスリート」を紹介する。　（榎園哲哉）

東京五輪でもメダル獲得が期待される柔道女子78キロ級の濵田2尉（4月3日、トルコ・アンタルヤで）＝国際柔道連盟HPから

レスリング班

乙黒3尉　乙黒2曹

ボクシング班

成松1尉　森脇3曹　並木3曹

柔道班

濵田2尉

射撃班

松本1尉　山田聡子3曹

陸上班

勝木2尉　河添2曹

水泳班

高橋2曹

近代五種班

岩元3曹　島津3曹　山田優3尉

カヌー班

藤嶋2曹　松下3曹

女子ラグビー班

梶木3曹

伝統

過去の五輪で延べ12個のメダルを獲得しているレスリング班からは乙黒圭祐3陸尉（フリースタイル74キロ級）、乙黒拓斗2陸曹（同65キロ級）の兄弟が挑む。

自らも競技者だった父の影響でともに幼いころにレスリングを始め、実績を積んできた。「よき理解者で互いに高め合える」と兄圭祐3尉が語れば、「自衛隊の先輩。力を合わせて頑張る」と2歳下の弟の拓斗2曹。固い絆も武器にそろっての金メダル獲得を見据える。

レスリング・フリー65キロ級に出場する乙黒拓斗2曹（2020年2月、印・ニューデリーで）©アフロ

ボクシング班からは成松大介1陸尉（男子63キロ級）、森脇唯人3陸曹（同75キロ級）、並木月海3陸曹（女子51キロ級）の3人が出場。

このうち、五輪ボクシング競技に日本人女子として初めて出場する並木3曹は、「支えてくださる皆さまに感謝の気持ちを伝えられるような活躍をしたい」とリングで結果を残す。

日本のライフル射撃界をけん引する射撃班からは、松本崇志1陸尉（男子ライフル）と山田聡子3陸曹（女子ピストル）が出場。射撃は陸自朝霞訓練場に作られた射撃場で行われ、地の利も生かす。

レスリング・フリー74キロ級に挑む乙黒圭祐3尉（2019年12月、駒沢体育館で）＝体校広報班

努力

柔道班の濵田尚里2陸尉（女子78キロ級）は地道な努力を結実させ、自身初、また創設50年の柔道班からも初となる五輪出場を決めた。酒井英幸監督の指導の下で〝寝技の女王〟と呼ばれるまでに成長。「寝技で一本を取るところを見てもらいたい」と静かに闘志を燃やす。

日本の〝お家芸〟水泳には高橋航太郎2海曹（4×200メートルリレー）が臨む。横須賀教育隊、体校集合訓練を経て入校した無名の選手だったが、水泳班で頭角を現した。「自分一人のレースではないという緊張感と、一緒に戦う仲間がいるという安心感がある」リレーで仲間と共に泳ぎ切るつもりだ。

陸上班は競歩に「後半追い上げたい」と語る勝木隼人2陸尉（男子50キロ）と河添香織2陸曹（女子20キロ競歩）が挑む。

中世の軍の伝令を基に創設された近代五種には、近代五種班の岩元勝平3陸曹と島津玲奈3陸曹の男女各1人が挑む。入校10年目の島津3曹は「努力は絶対に裏切らない」と話し、「見ている方々全てに感動を届けたい」と全力を尽くす。

新規

近代五種班でフェンシングを専門とする山田優3陸尉（男子エペ）は、体校から初めて五輪・フェンシング競技に出場。「コロナで疲弊している日本の皆さんを少しでも元気づけられるような試合をしたい」と意気込む。

17年4月に再編成された〝新生カヌー班〟からは藤嶋大規2陸曹と松下桃太郎3陸曹（ともにカヤック・フォア＝4人乗り＝500メートル）の2人が出場。水の抵抗を極限まで減らすために、「4人のパドルが水面に入るタイミングを合わせている」（松下3曹）と、日本の持ち味のチームワークで勝機を伺う。

前回のリオデジャネイロ五輪から採用された男女の7人制ラグビーには、女子ラグビー班から初めて梶木真凜3陸曹が出場。体校チームで鍛えた健脚でトライを狙う。

共に戦う仲間がいる

競泳800メートルリレーでメダルを目指す海自隊員の高橋2曹（東京辰巳国際水泳場で）＝体校広報班

多くの人に感動を

自衛隊体育学校長　豊田真陸将補

五輪開催が危惧される中、本校の自衛官アスリートは開催を信じ、ひたむきに練習を重ねてきた。開催のために尽力してくれた方々には感謝しかない。多くの制約がある大会となるが、幕が開いたらアスリートが繰り広げる数々のドラマを通じて、多くの人に感動を味わってもらいたい。

自衛隊体育学校

1961年8月創設。国際級選手を育成する2教育課は11個班で活動。前回東京五輪（64年）からリオデジャネイロ五輪（16年）までの13大会に延べ143人が出場。計20個のメダル（金8個、銀4個、銅8個）を獲得している。

2020東京五輪

7月23日〜8月8日、33競技339種目。メーン会場は国立競技場（東京都新宿区）。各会場の入場者数はコロナ感染対策のため大幅に制限される。

◇「東京五輪」体校出場選手・試合日程◇

所属班(種目)	名前・階級	年齢	試合日
レスリング班(フリー74キロ級)	乙黒　圭祐3陸尉	24	8月5日(予選)、同6日(決勝)
同(フリー65キロ級)	乙黒　拓斗2陸曹	22	8月6日(予選)、同7日(決勝)
ボクシング班(男子63キロ級)	成松　大介1陸尉	31	7月25、31日(予選)、8月3日(準々決勝)、6日(準決勝)8日(決勝)
同(男子75キロ級)	森脇　唯人3陸曹	24	7月26、29日(予選)、8月1日(準々決勝)、5日(準決勝)7日(決勝)
同(女子51キロ級)	並木　月海3陸曹	22	7月25、29日(予選)、8月1日(準々決勝)、4日(準決勝)7日(決勝)
柔道班(女子78キロ級)	濵田　尚里2陸尉	30	7月29日(個人予選〜決勝)、31日(混合団体予選〜決勝)
射撃班(男子ライフル)	松本　崇志1陸尉	37	7月25日(10mエアR)、8月2日(50mR3姿勢)
同(女子ピストル)	山田　聡子3陸曹	26	7月25日(10mエアP個人)、27日(同混合)、29日(25mP予選)、30日(同決勝)
陸上班(男子50キロ競歩)	勝木　隼人2陸尉	30	8月6日(決勝)
同(女子20キロ競歩)	河添　香織2陸曹	25	8月6日(決勝)
水泳班(男子800メートルフリーリレー)	高橋航太郎2海曹	27	7月27日(予選)、28日(決勝)
近代五種班(男子個人)	岩元　勝平3陸曹	31	8月5日(フェンシング・ランキングラウンド)、7日(決勝)
同(女子個人)	島津　玲奈3陸曹	30	8月5日(フェンシング・ランキングラウンド)、6日(決勝)
同(フェンシング・エペ)	山田　優3陸尉	27	7月25日(個人予選〜決勝)、30日(団体予選〜決勝)
カヌー班(男子カヤック・フォア)	藤嶋　大規2陸曹	33	8月6日(予選)、7日(決勝)
同(同)	松下桃太郎3陸曹	33	8月6日(予選)、7日(決勝)
女子ラグビー班(女子7人制)	梶木　真凜3陸曹	21	7月29日(予選)、30日(準々決勝)、31日(準決勝、決勝)

交戦

７師団の機械化部隊戦闘

「AC-TESC」

周囲を警戒しながら高速機動する７師団の10式戦車（いずれも北海道大演習場恵庭・千歳地区で）

【７師団＝東千歳】７師団は６月３日から18日まで、北海道大演習場恵庭・千歳地区で令和３年度の「機械化部隊戦闘訓練（AC－TESC）」を実施した。

訓練は中村裕亮師団長を担任官に、北海道に所在する各師・旅団が参加。戦車・機械化連隊などの中隊を基幹とした諸職種部隊が赤・青の部隊に分かれ、対抗方式で戦闘行動の技量を競った。訓練中は実戦と同様の損耗判定ができる交戦訓練装置「バトラー」を使用し、両部隊はそれぞれ防御、攻撃部隊としての作戦行動を演練した。

状況開始とともに攻撃側が綿密に練り上げた作戦と迅速な敵の探知で一心に攻めたてたが、防御側も鉄壁な守りと敵の動きに即応した柔軟な守備態勢を維持し、各場面で白熱した戦いを見せつけた。

訓練には10式、90式戦車をはじめ、89式装甲戦闘車、87式自走高射機関砲など多数の重車両が参加したため、統裁部を含めて各部隊は安全管理を徹底、さらに新型コロナへの対策としてセンター内には飛沫防止用の間仕切りを設置、前線の隊員たちも迷彩のフェイスマスクを着けるなど万全を期した。

無線で戦車部隊に指示を出す女性戦車小隊長

攻守に分かれ白熱

安全管理、コロナ対策も徹底

8普連

ドローンで敵情偵察

情報と火力、効果的に連携

偵察用ドローン（右上）を発進させ、空からの偵察活動を行う8普連2中隊の斥候組（原村演習場で）

【8普連＝米子】8普連は5月7日から15日まで、原村演習場で旅団バトラー集中訓練に参加、これに合わせ2中隊と施設作業小隊、衛生小隊の検閲を行った。

訓練開始式で統裁官の堀田朗伸連隊長は「各級指揮官の企図の徹底」などを要望、特に偵察用ドローンを装備した2中隊員に対しては「空・地からの情報と火力の連携」を求めた。

検閲は約40キロの徒歩行進からスタート。1人の落伍者もなく部隊の全員が完歩し、その後集結地を占領した部隊は、敵の警戒部隊を駆逐し、第一線陣地を攻撃した。

この間、斥候組は携帯型ドローンを使用して空から偵察を行い、敵の防御陣地を速やかに解明、この情報を基に2中隊は作戦を練り上げ、情報と火力を効果的に連携して攻撃を遂行、大きな戦果を上げた。

施設作業小隊は果敢に障害を処理、衛生小隊は負傷者後送などを完遂し、部隊の攻撃戦闘を継続的に支援した。

敵の車両部隊に向け、対戦車火器を構える51普連の隊員（大矢野原演習場で）

51普連　250人80両が転地訓練

【51普連＝那覇】51普連は５月19日から31日まで、九州に展開し、熊本県の大矢野原演習場で令和３年度第１次転地訓練を実施した。

連隊長の山下正浩１佐以下隊員約250人、車両など80両が転地し、「陣地防御」などを課目に１中隊と重迫撃砲小隊が受閲。各部隊は沖縄で練成してきた成果を九州でも存分に発揮した。

本当に戦い抜けるのか

「つつじ」作戦で団結　1普連

重いフル装備で隊列を組み、40キロ徒歩行進を続ける1普連の隊員たち（東富士演習場で）

【1普連＝練馬】1普連は5月23日から6月4日まで、東・北富士演習場で1師団の第1次師団訓練検閲を受閲した。

出陣式で戦闘団長（連隊長・小倉好文1佐）は「本当に戦い抜けるのか（戦場で）その答えを出せ」と隊員を鼓舞、総合戦闘力を最大限に発揮するための答えを導き出すよう求めた。

部隊は今作戦を「つつじ」と命名。つつじは練馬区の花で、花言葉は「自主自律」。一つ一つの花は小さくとも団結して美しい姿を見せることから、これを部隊にも求めた。

参加隊員は40キロの夜間徒歩行進に続き、4夜5日で堅固な反斜面陣地を概成。その後、侵攻してきた敵を迎え撃つタフな戦いとなったが、一致団結し任務の達成にまい進した。

今検閲で得られた気づきや教訓は速やかに部隊に取り入れ、連隊は「首都防衛」の任務に就く。

侵攻部隊を粉砕　5旅団

5特科隊の検閲で長距離射撃を行う155ミリ榴弾砲（矢臼別演習場で）

【5旅団＝帯広】5旅団は6月7日から12日まで矢臼別演習場で5特科隊の訓練検閲を実施した。

「旅団の陣地防御における特科隊の行動」を課目に、榴弾砲の実弾射撃を含む各種行動を評価、判定した。

5特科隊は隊長を核心に強靭な火力戦闘と射撃への執念を発揮、「正蒼院」（部内ネットワーク）を駆使した情報と火力の連携で侵攻してくる敵を粉砕、任務を達成した。

訓練

正確・確実に

3普連が通信教育

【3普連＝名寄】3普連は6月17、18の両日、名寄演習場で陸士特技課程初級部隊通信教育の総合訓練を行った。

訓練は連隊と2施設大隊の7人に対し、地形・地物に応じた通信構成を行うため、形式の選定、野外線の構成、保守、撤収の一連の行動を修得させた。

通信は部隊の指揮・統制を確保し、戦闘力の総合発揮に寄与する上で重要であるため、隊員たちは「正確・確実」を具現すべく総合訓練に臨んだ。

隊員たちはヤブ蚊や暑さとの戦いを強いられる中、集中力とチームワークを発揮して与えられた全ての任務を完遂した。

3普連の通信総合訓練で野外電話機の導通点検を行う隊員（名寄演習場で）

戦闘射撃競技会　優勝は2中隊　2普連

2普連の隊員が個人携行対戦車弾を発射した瞬間（関山演習場で）

【2普連＝高田】2普連は5月17日から20日まで、関山演習場で第1回連隊射撃訓練と戦闘射撃競技会を行った。

期間中は濃霧の影響で予定通りの射撃ができない日もあったが、隊員は最後まで集中力を切らすことなく訓練を遂行。

ハイライトの戦闘射撃競技会は好天に恵まれ、各中隊選抜の計6個分隊（1個分隊8人）が競技に臨み、射撃支援のもと隊員が交互に前進、目標に対し射撃を行ってその精度と速度を競った。競技の結果、2中隊が優勝した。

射撃の練成成果を発揮

81ミリ迫撃砲で夜間照明弾射撃　6普連

120ミリ迫撃砲の射撃を行う6普連の隊員（然別演習場で）

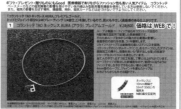

【6普連＝美幌】6普連は6月6日から12日まで、然別演習場で第2次連隊射撃訓練を実施した。

5月の総合戦闘射撃の成果を反映し、各個人・部隊の射撃練度向上を目的に120ミリ迫撃砲、81ミリ迫撃砲、個人携帯対戦車弾、小火器の各射撃を行った。特に81ミリ迫撃砲は夜間における照明弾射撃も実施し、夜間射撃の教訓を得た。

「没我支援」胸に　360施設中隊検閲　13施設群

対戦車壕の処理作業を行う360施設中隊の隊員（北海道大演習場東千歳地区で）

【13施群＝幌別】13施設群は6月14日から16日まで、北海道大演習場東千歳地区で「攻撃支援に任ずる施設中隊の行動」を課題に訓練検閲を実施した。

開始にあたり統裁官の畠山義仁群長は「オロフレの戦士として、機動支援中隊・第360施設中隊の隊員としてプライドをもって任務を完遂せよ」を要望。

これを受け、隊員たちは中隊長の要望事項「没我支援」「百万一心」を合言葉に、持てる能力を最大限に発揮し、任務をやり遂げた。

実弾使用した戦闘行動演練　4普連

総合戦闘射撃訓練で敵を警戒しつつ前進する4普連の96式装輪装甲車（北海道大演習場で）

【4普連＝帯広】4普連は5月27日から6月2日まで、北海道大演習場で令和3年度総合戦闘射撃訓練を実施した。

訓練は諸職種の火力を組織化し、一連の状況下で各種火力を総合発揮する要領について演練するもので、各級指揮官の射撃指揮、情報・機動と連携した火力発揮、各火器の戦闘射撃練度の向上を図った。

一連の状況下で実弾使用の戦闘行動を行う機会は少ないため、各隊員は平素の訓練で積み重ねてきた練成の成果を遺憾なく発揮、所望の成果を収めた。

医療費の一定額を超えた額が「高額医療費」で支給されます

組合員または被扶養者が、同一の月にそれぞれ一つの医療機関等から受けた診療に係る自己負担額（食事療養または生活療養に係る標準負担額および保険診療外差額徴収料等は除きます）が高額となり一定額を超えた場合は、その超えた額が「高額療養費」として共済組合から支給されます。算出方法は、高齢受給者と70歳未満の方とでは異なっています。

診療に係る自己負担額

また、同一の世帯で同一の月に行われた療養が複数ある場合は、その療養に係る自己負担額を世帯単位で合算（高齢受給者は全ての自己負担額を、70歳未満の方は2万1000円以上の自己負担額を合算の対象とします）して高額療養費支給額を算出します。

なお、高額療養費は現物給付（※1）もしくは事後に共済組合から組合員の方へ現金で支給します。

70歳未満の組合員または被扶養者の方が高額療養費の現物給付を受けるためには、組合員証等と併せて、組合員の方の所得区分を記載した「限度額適用認定証」（※2）を医療機関等に提示する必要があります。

「限度額適用認定証」の交付を受けるには、支部で申請の手続きが必要となりますので、詳しくはご所属の支部短期係にお問い合わせください。

高額療養費や限度額適用認定証の詳細については、支部短期係または共済組合HP（トップページ↓ライフシーン＜病気・ケガ＞から選ぶ）でご確認ください。

医療費等の給付を受ける権利は、その給付事由が生じた日から2年間行わないときは、時効によって消滅します。くれぐれもご注意ください。

※1「現物給付」とは、組合員または被扶養者の方が、組合員証等を提示して病院等の医療サービス（治療、薬の処方等）を受け、その医療費（窓口で支払う自己負担額を除く）を共済組合が病院等へ支払うことにより、医療サービスそのものを皆様に提供することをいいます。

※2「限度額適用認定証」は対象者お1人につき1枚交付します。所得に変動があり、高額療養費の算定基準の区分に変更があった場合は、新しい区分の「限度額適用認定証」が必要となります。その際は、再度、申請をしていただくことになります。

厚生・共済　特集

グラヒル「リモート会議プラン」

WEB会議やセミナーに

他会場とのリモート会議

HOTEL GRAND HILL ICHIGAYA

PCを使ったリモート視聴

8月31日まで期間限定

多彩なお部屋をご用意

防衛省共済組合の直営施設「ホテルグランドヒル市ヶ谷」（東京都新宿区）では、組合員の皆さまが当館内でWEB会議やWEBセミナー等をご利用いただける「リモート会議プラン」をご用意いたしました。

いずれも新型コロナウイルス感染症予防のため、ソーシャルディスタンスに配慮した環境でご案内させていただきます。この機会にぜひご利用ください。

《使用料金》

◇小会議室利用　ご利用人数9名様まで。料金1万4399円～（税・サービス込み）

◇中会議室利用　ご利用人数30名様まで。料金3万3033円～（税・サービス込み）

※前記料金はいずれも「2時間の会場利用割引」後の金額となります。

《プランに含まれる内容》

▽会場の室料▽インターネット回線の使用料▽パソコンや撮影機器等の持ち込み料

《オプションの機材》

次の機材を使用する場合は別途料金となります。

▽プロジェクター▽スクリーン▽テレビモニター▽アクリル板等

《ご利用期間》

本年8月31日まで

《組合員限定特典》

コーヒー人数分サービス

《ご予約・お問い合わせ》

▽電話03−3268−0116（宴集会担当直通）▽専用線8−6−28853～4▽ホームページhttps://www/ghi.gr.jp▽メールsales@ghi.gr.jp

営業時間は午前9時から午後7時までですが、新型コロナの感染拡大防止の観点から時間などが変更になる場合があります。詳しくはスタッフまでお問い合わせください。

ホテルグランドヒル市ヶ谷のサテライト会場

ホテルグランドヒル市ヶ谷の外観

年金Q&A

パート収入が増え妻の扶養を取り消した際の手続きは

共済組合と市区町村に変更届けを

Q　私は、現職の自衛官です。妻を扶養中ですが、パートの収入が増え、扶養の取り消しをすることにしました。国民年金第3号被保険者だった妻は、何か手続きが必要でしょうか？

国民年金第3号被保険者関係届の提出事由		
変更事由	変更前種別→変更後種別	届け先
結婚・収入減少	第1号被保険者→第3号被保険者	組合員の所属する共済組合支部窓口
離職等	第2号被保険者→第3号被保険者	
離婚・収入超過	第3号被保険者→第1号被保険者	住所地の市区町村の国民年金の窓口
組合員の離職	第3号被保険者→第1号被保険者	
就職（厚生年金加入）	第3号被保険者→第2号被保険者	就職先の担当

※第1号被保険者とは20歳以上60歳未満で、次の第2号被保険者・第3号被保険者に該当しない方。第2号被保険者とは厚生年金（共済年金等）保険の被保険者。第3号被保険者とは第2号被保険者に扶養されている20歳以上60歳未満の配偶者

A　国民年金第3号被保険者の方は、個別に国民年金の保険料を納付する必要はありませんが、被扶養配偶者の資格を喪失された場合には、第1号被保険者として国民年金保険料を納付することになります。組合員の所属支部の窓口に、「長期組合員資格変更届」と「国民年金第3号被保険者関係届」を提出してください。

手続きには、基礎年金番号を確認できる書類（年金手帳の写し等）が必要です。詳しくは所属支部の窓口にご相談ください。

その他、共済組合への届出とは別に、お住まいの市区町村役場の年金窓口へ14日以内に種別変更の手続きが必要です。手続きが遅れると、国民年金保険料未納は督促・差し押さえの対象となることがありますのでご注意ください。

また、収入の減収や離職などで、再び被扶養配偶者になる場合は、所属支部に「長期組合員資格変更届」と「国民年金第3号被保険者関係届」の提出が必要です。

国民年金の登録状況については、最寄りの年金事務所で確認ができます。

（本部年金係）

共済組合の割賦販売制度のご案内

新車・中古車を購入する場合にご利用ください

負担少なく　低利で便利

防衛省共済組合では組合員の皆さまが自家用車を負担少なくご購入できるよう、「割賦販売制度」を設けています。

この制度をご利用いただくと共済組合が契約する販売店（※1）で大変お得に新車・中古車を購入することができます。

60回払いの場合、年利相当（※2）は「0.985%」（令和3年7月現在）と非常に低利です！

さらに月々のお支払いも給与から源泉控除されるため、支払いのたびに金融機関に振り込む必要もなく、給与振込口座を変えた時なども手続きは不要です（利用限度額は俸給の10カ月分相当額）。

利用法も簡単で、販売店で購入したい自動車の見積書をもらい、直近の給与明細と一緒にご所属の共済組合支部の物資窓口へ持参するだけ。まずはお気軽にご所属の共済組合支部物資窓口へご相談ください。

例えば「200万円の自動車を60回（5年）払い」で購入の場合

融資額	融資金利	月々返済額	総支払額
200万円	割賦金利 年利相当　0.985%	初　回：39,400円 2～60回：34,900円 （元利均等）	2,098,500円

※1　割賦販売制度の利用に当たっては、販売店が共済組合と契約を締結している必要があります。契約している店舗については共済組合ホームページ（HP）でご覧いただけます。

《HP閲覧法》防衛省共済組合HPにログイン↓組合の事業内容・カテゴリーから選ぶ・マネープラン↓マイカーを購入するとき↓自動車販売会社契約一覧表へ。

※2　物資経理の割賦販売制度を利用した場合、総支払額には手数料（仕入価格の3%）が含まれます。

厚生・共済

特集

オンライン飲み会で解消！

コロナ下 交替制で意思疎通が不足

「オンラインで同僚との意思疎通不足を解消しよう！一杯やりながら！」――。コロナ禍で交代制の勤務が続き、同僚と顔の見える交流がここ一年なかなかできていない部隊も少なくない。そんな中、陸自5旅団（帯広）ではこの状況を改善するため、「オンライン飲み会」を企画、幕僚が廣惠次郎旅団長と画面上で酒を酌み交わしながら腹を割って話す機会を設けるなど、ネットで隊員同士の意見交換の場を増やしている。

5旅団で開催
官舎や自宅、ネットで結び

旅団長が発案

【5旅団＝帯広】5旅団は6月4日（金）、7日（月）夕刻の課業外、官舎や隊員の自宅をネットで結び、旅団長の廣惠次郎将補以下、司令部の各部課官を対象とした「オンライン飲み会」を行った。

会は帯広駐屯地などでの業務を終えた隊員が帰宅した午後6時10分からスタート、廣惠旅団長は官舎から参加した。それぞれの隊員は自宅のPCにあらかじめインストールしたアプリ「Microsoft Teams」からログイン。約40分間に渡ってそれぞれが用意したワインなど酒を味わいつつ、同僚たちと笑顔で語り合った。アルコールが飲めない人はジュースなどで乾杯、勤務中には話しづらいフランクな話題も飛び出し、会は盛り上がった。

この「オンライン飲み会」を行って以降、司令部勤務の各隊員たちはネットを通しての業務などもスムーズに進むようになり、コミュニケーション力もアップしたという。

会に参加した副旅団長の吉浦健志1佐は「コロナによる交代制勤務で接触する機会が減った同僚との会話はとても有意義だった。私は昨年3月に5旅団に着任後、同僚との懇親会を一度もできなかった。そのため今回はオンラインでも皆さんと話せて良かった」としみじみ語った。

この「オンライン飲み会」は旅団長の発案でスタート。人間関係の希薄化の防止と司令部の団結の強化を目的に定期的に開催していく。

北海道の緊急事態宣言が解除された後の6月25日（金）～27日（日）にも「オンライン飲み会」は開催され、旅団長と各部隊長がグラスを片手にコミュニケーションを図った。今後もメンバーを入れ替えて飲み会を開催していく予定だ。

5旅団司令部では「今後もウェブ会議などを含め、働き方改革を踏まえた効率的な業務遂行ができるようにオンライン施策を推進していく」と話している。

(上)オンライン飲み会に参加し、PC越しに5旅団の幹部らと懇談する吉浦副旅団長(下)酒を味わいながらリモートで語り合う廣惠旅団長（左上）と隊員たち（写真はいずれも6月4日）

春日基地テニス部

紹介者：2空曹　古賀　耕平
（西防群防管隊・春日）

今日より強い自分目指し

皆さまこんにちは。今回は、私の所属する春日基地テニス部を紹介させていただきます。

テニス部は春日基地設立当初から存在し、基地で最も歴史のある部活動の一つです。現在部員は現役隊員が14人、OBが25人で数が多く、先輩たちの支えあっての部活動となっています。

通常であれば毎年開催される全自テニス大会を目標に、課業外と休日に各自の技量向上のため、「昨日より今日、今日より明日の強い自分を目指して」をスローガンに練習に取り組んでいます。

しかしながら現在、コロナ禍ということもあり、大会開催や全体練習についても自粛中で、OBの先輩方の基地への出入りについても控えていただいています。

私たち部員はコロナ禍の早急な終息を願いつつ、以前のような活動が実施される日が必ず来ると信じ、地道に練習を続けています。個人的には、コロナストレスを黄色いボールに思いきりぶつけてストレスを発散し、このコロナ禍を乗り切りたいと思います。

テニスは若者から年配者まで幅広い年齢層から愛されているスポーツで、年齢に応じたプレイスタイルがあります。人生におけるパートナーとして長く付き合える趣味で、ディスタンスをしっかり取って体を動かせるスポーツでもあります。

全国の皆さん、私たちと一緒にテニスライフを楽しみましょう！

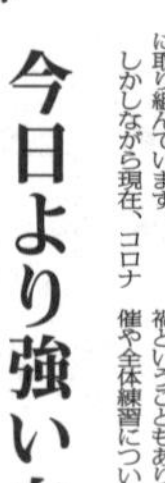

(上)コートで記念撮影をする春日基地テニス部員。現在はコロナ禍でOBは入れないため、現役隊員間で練習を行っている(右)サーブを打つ部員。春日基地設立当初からの伝統を引き継ぎ、技量を磨いている（いずれも春日基地で）

入間基地

お土産用の日本酒を販売
五十嵐酒造とコラボ第2弾

【入間】基地は埼玉県飯能市の「五十嵐酒造」とのコラボ企画第2弾として、来訪者が基地のお土産としても使える日本酒を作製、基地内の売店が販売している。

今回はラベルを「花火と滑走路」をモチーフにしたものとし、デザインは中警団司令部広報班の非常勤務隊員が担当した。酒は純米吟醸酒「天覧山」の銘柄を使用している。

中警団業務隊長の山勇3佐は「入間基地に立ち寄られた際は、ぜひお求め下さい。コロナ禍で会えない方への贈り物、大切な記念日や自分へのご褒美にもご利用いただければ」と話している。

購入できるのは入間基地第2厚生センター1階のYショップ（8－43－5566）のみ。価格は720ミリリットルが税込み1485円。基地厚生センターから地方発送（送料別）もできる。

(上)五十嵐酒造の前でお土産用コラボ日本酒を手にする山・中警団業務隊長（左）(右)入間基地と五十嵐酒造がコラボしたオリジナル日本酒。ラベルデザインは花火と滑走路を表現している

秋田駐で陸空の女性隊員が交流
互いの違い知り、親近感高める

【秋田】駐屯地は5月24日、陸・空自女性自衛官意見交換・交流会を行った。

これは秋田駐屯地と空自秋田救難隊の友好を深めるための第1弾で、陸・空女性隊員のさらなる活躍推進を目的に実施された。

両隊の概要説明後、空自隊員は隊員食堂で陸自の昼食を味わい、その後、女性隊員の生活隊舎や史料館、訓練の様子を見学。教場では女性同士の意見交換・交流を行い、出身地や職種、各職場での結婚事情などが紹介された。懇談では陸自側がほぼ地元出身者なのに対し、空自は参加者全員が他県の出身ということに驚いていた。その後は階級ごとに分かれ、今後拡大していく女性の活躍の場や後輩の指導法、隊内生活のあり方など、さまざまなテーマで語り合った。

参加者は「交流するまでは別世界と感じていたが、話してみると、すごく親近感が沸いた」「次は陸自の方に救難隊に来てほしい」などと話し、再会を約束していた。

陸・空の交流会に参加し、陸自の隊員生活隊舎を見学する空自秋田救難隊の女性隊員（右）＝5月24日、秋田駐屯地で

自慢の一品料理
里芋衣鶏空上げ

紹介者：宇都宮　里英空士長
（中警団給養小隊・入間）

新メニューの「空上げ（唐揚げ）」を考案するに当たり、入間基地周辺の地場産の里芋を使用できないかと考え、試行錯誤を重ねて作り上げた一品料理です。

作り方は塩こうじで下味をつけた鶏肉をペースト状にした里芋に絡ませ、さらに千切りにした里芋を衣にして160～165度で6分から6分30秒に渡り業務用フライヤーでじっくりと揚げます。その際に、下味の塩こうじが焦げやすいので注意して弱火で揚げることが大切です。仕上げに地元・狭山茶を使用した抹茶塩をかけて完成です。

工夫した点は味と食感で、抹茶塩により里芋の風味を生かした味となり、里芋のペーストを使用することで中はねっとり感、外はカリカリの食感に仕上げました。

この空上げを味わった隊員からは「食べた瞬間はカリッとし、そのあとに芋のホクホク感が感じられてとてもおいしい」と好評でした。

今回は抹茶塩をかけましたが、味噌タレをかければ「秩父名物味噌ポテト風空上げ」になります。地場産の里芋は季節が限られ、下処理に手間がかかるため、家庭ではじゃがいもやさつま芋での調理がおすすめです。

家庭の唐揚げを簡単に空自特製の「空上げ」に変身させることができますので、ぜひ作ってみてください。

弘前駐が小学生とレクリエーション

【弘前】駐屯地は6月27日、地元平川市の大坊小学校の親子を招き、「レクリエーション」を行った。

レクに参加したのは小学4年生とその家族、教員ら35人。当日は隊員が自衛隊の仕事、職種、活動内容などを子供たちにわかりやすく説明した。

装備品展示では、鉄帽や防弾チョッキの着用体験が行われ、児童たちは自衛隊に興味津々。車両体験乗車では児童や家族から「貴重な体験をさせていただき、ありがとうございました」と隊員に感謝の言葉があった。

防弾チョッキの着用体験をする大坊小学校の生徒（6月27日、弘前駐屯地で）

滝ヶ原駐糧食班ラジオに出演

静岡地本 支援

【静岡地本】地本はこのほど、陸自滝ヶ原駐屯地で行われたラジオ収録を支援した。

駐屯地を訪れたのは「エフエムしみず」で毎週水曜日に放送されている番組「自衛TIMES★静岡」のパーソナリティー。隊員の給食を担当する業務隊糧食班の隊員2人と〝部外スタジオ〟となった幹部食堂で軽快なトークを繰り広げた。

最初に糧食班長の鈎持祐司3尉が登場し、食材の調達から調理・配食など全般の調整業務や、食堂でのコロナ対策などを紹介。「隊員のニーズに応え、食材の地産地消によって地域の活性化にも貢献したい」と今後の目標を語った。

続いて管理栄養士の千々輪佳那技官が出演。「最初は量が多く、カロリーの高い自衛隊のメニューに戸惑いましたが、厳しい訓練に臨む隊員さんに向けて栄養価が高く、肉だけでなく野菜や魚もたくさん食べられるメニュー作りを心掛けています」と話した。

このほか、今年の「陸自飯グランプリ」のご当地グルメ部門で3位となった「ミックスフライ」など、滝ヶ原駐屯地の人気のメニューをリスナーに向けて紹介した。

地方防衛局 特集

地域社会との協力強化

地元・在日米軍・環境重視に

地方協力局大幅改編

防衛省は7月1日付で地方協力局の大幅な組織改編を行った（1面参照）。主なポイントは、①「大臣官房審議官」の新設②「地元」との協力を担当する課の再編成③「環境」に関する本省内部部局の課の一本化④「在日米軍」との協力を担当する課の集約――の4本柱で、自衛隊と在日米軍の施設整備や部隊運用に関する地元対応の取り組みを一層強化していく考えだ。

大臣官房審議官を新設

地方協力局の抜本的な改編は、防衛施設庁の廃止に伴って同局が設置された2007年9月以来初めて。同局の定員約340人を維持しながら、徹底した業務・体制の効率化と合理化を図り、新たな体制の構築を実現した（組織図参照）。

岸防衛相は6月25日の記者会見で「近年、防衛省において新たな自衛隊施設の整備等に伴い、関係する地元の皆さまの理解と協力を得るための取り組みについて、質・量ともにこれまで以上のものが求められている。業務・体制の見直しなどを含め、地域社会との協力に係る施策について不断に検討を行い、現在、そして将来の課題にしっかり適切に対応できるようにしていきたい」と述べた。

新規ポストの「大臣官房審議官」は、これまで地方協力局次長が担ってきた沖縄関係の大規模プロジェクトなどを担当するとともに、省としての環境問題への対応を総括整理する。

一方、「地元」との協力を担当する課の再編成については、沖縄を除く全国を担当する課を従来の「地方調整課」の1課体制から「東日本協力課」「西日本協力課」の2課体制に改編。地元との協力施策に関する企画立案機能の強化を図るとともに、省内横断的な大規模プロジェクトや課題への対応に当たる「大臣官房参事官」のポストを新たに設置した。

さらに、「環境」に関する本省内部部局の課の一本化では、大臣官房文書課から「環境対策室」を移管し、地方協力局施設管理課と統合して「環境政策課」を新設。省として環境問題に関する企画立案機能の強化を図る狙いだ。

「在日米軍」との協力を担当する課の集約に関しては、局内の業務を整理・統合し、在日米軍との調整・交渉を一元的に担う「在日米軍協力課」を新設。より広い視野に立った対米調整機能の強化を目指す。

合わせて、在日米軍の訓練や事件・事故への対応、在日米軍に関する各種安全対策などを担当する「大臣官房参事官」のポストを新設した。

今回の組織改編に携わってきた担当者の一人で、地方協力局総務課の木本麻美法規班長（前・地方協力局企画課総括班部員）は、「大幅な増員が難しく、業務量も飛躍的に増える中、いかに仕事の質の向上を図るかについて、若手・中堅職員も含めて徹底的に議論し、これまでの業務・体制の抜本的な見直しを行いました。その結果、2007（平成19）年の地方協力局の新設以来、最大の変化となりましたが、これまで当局が重視してきた『地元の皆さまの声に真摯に向き合い、一層の信頼関係を構築するために努力する』という考えは今後も変わりません。安全保障政策は突き詰めれば行政サービスです。この基本原則を胸に、引き続き地域社会と安全保障政策の懸け橋として全力を尽くしていきます」と話している。

〔改編前〕
- 防衛省本省
  - 大臣官房
    - 文書課
      - 環境対策室
  - 地方協力局
    - 局長
    - 次長
    - 地方協力企画課
    - 地方調整課
    - 周辺環境整備課
    - 防音対策課
    - 沖縄調整官
    - 補償課
    - 施設管理課
    - 提供施設課
    - 労務管理課
    - 調達官

①「地元」との協力
②「環境」問題への対応
③「在日米軍」との協力

〔改編後〕令和3年7月1日〜
- 防衛省本省
  - 地方協力局
    - 局長
    - 次長
    - 審議官
    - 総務課
    - 地域社会協力総括課
    - 参事官
    - 東日本協力課
    - 西日本協力課
    - 沖縄協力課
    - 補償課
    - 環境政策課
    - 在日米軍協力課
    - 参事官
    - 労務管理課

「自衛隊への理解醸成に寄与」

横田氏など3人に感謝状

東北局

【東北局】東北防衛局の熊谷昌司局長は5月25日、東北コミュニティ放送協議会（玉井恒会長）の第24回総会で、「我が国を取り巻く安全保障環境と防衛省・自衛隊の取り組み」をテーマにオンラインで約40分間の講演を行った。

同協議会は、東北総合通信局管内のコミュニティ放送事業者の情報交換と相互啓発などを通じてコミュニティ放送の健全な発展と地域振興に寄与することを目的に設立された団体で、東北6県の加盟31局では防衛政策や自衛隊、米軍の活動などに関する番組「防衛省・東北防衛局がおくる日本の防衛Q&A」を制作、放送している。

今回の総会は、コロナ対策のためオンラインで開かれ、東北6県の放送局の代表約20人が聴講。熊谷局長は、宮城県塩釜市のエフエムベイエリアの収録室で、①我が国を取り巻く安全保障環境②我が国の安全保障・防衛政策③大規模災害などへの対応――について分かりやすく説明した。

講演後は同協議会の横田善光副会長、今野嵩之副会長、渡辺弘副会長に対する局長からの感謝状贈呈式が行われ、3人を代表してエフエムベイエリア社長の横田氏に熊谷局長から感謝状と記念品が贈られた。3氏はFM放送を通じ、防衛省・自衛隊に対する理解の醸成に尽力するなど、我が国の防衛に大きく寄与した功績が高く評価された。

東北防衛局では講師派遣について「防衛省の政策や自衛隊の活動に関して広く国民の理解が得られるよう、同局職員や隊員を積極的に講師として派遣しており、今後とも地元のニーズに応えながら実施していきたい」と話している。

東北防衛局の熊谷昌司局長（左）から感謝状を贈られた東北コミュニティ放送協議会の横田善光副会長（5月25日、宮城県塩釜市で）

リレー随想　松田　尚久

2011年3月11日、宮城県三陸沖を震源とする我が国周辺における観測史上最大の地震が発生しました。

防衛省・自衛隊は、自治体をはじめとする関係機関と協力するとともに、「トモダチ作戦」による米軍2万人規模の協力を得て、史上最大規模の態勢で対処に当たりました。

「トモダチ作戦」において横田飛行場は、作戦コマンド・センターとして米空軍や米海兵隊の活動拠点となったほか、多数の外国政府や民間団体からの支援物資等を空輸ハブの機能を発揮して被災地に輸送するなど、その保有する能力・機能を提供してくれました。

2021年3月11日、東日本大震災後10年にあたり、横田飛行場において、「オペレーション・トモダチ」を振り返る式典が開かれました。

第374空輸航空団のキャンベル司令官は黙祷を捧げ、当時の横田飛行場の対応について説明しました。

以下、司令官発言から引用します。

横田基地3・11

「第374空輸航空団とチーム横田は、迅速に行動を開始した。支援は震災の日の夕刻に始まり、最初に成田空港に着陸できなかった11機のダイバート機を横田に迎えた。また、消防隊員が夜を徹して消防車両を運転し、福島県へ届けた。

福島第1原発を冷却するために使用される予定であった、オーストラリアから調達したポンプは、日本製のパイプと接続できない問題があり、第374整備中隊の製造加工班は、接続用アダプターを手作業で作り、炉心溶融を起こしていた福島原発のリアクターに冷却水を注ぎ込めるようにした。

航空機の整備チームとUH-1の乗員は、日本のコミュニティーのために、自らを危険にさらしながら放射能汚染状況をモニターし、専門家や機材を福島に輸送するために、およそ100回の飛行任務を遂行した。

第374空輸航空団全体として、600回以上の任務を遂行し、1000人以上の支援隊員を派遣して、東北全域を支援した」

司令官は、当時活躍したチーム横田のメンバーを紹介し、その功績をたたえました。

私は「トモダチ作戦」に改めて感謝するとともに、引き続き、当局をはじめとする関係機関と相互の連携・協力の基盤を強めていきたいと伝えました。

（前北関東防衛局長）

防衛施設と首長さん

神奈川県相模原市　本村　賢太郎市長

もとむら・けんたろう　51歳。青山学院大卒。神奈川県議会議員（2期）、衆議院議員（3期）を経て、2019年4月に相模原市長に初当選。現在1期目。相模原市出身。

座間駐屯地との連携強化

在日米陸軍とも交流盛ん

神奈川県北部に位置し、現在、令和9年開通予定のリニア中央新幹線新駅の建設が進められ、JR横浜線、小田急小田原線、京王相模原線など六つの鉄道路線、首都圏中央連絡自動車道・中央自動車道などの交通網により、都心へも約1時間でアクセス可能な利便性の高い都市機能と、丹沢山地、相模川、五つの湖などの豊かな自然がベストミックスした相模原市。

また、世界中に感動を届けた小惑星探査機「はやぶさ2」のふるさとでもある相模原市は、首都圏南西部の広域交流拠点都市として、多様な魅力と活気にあふれています。

相模原市には、在日米陸軍の広大な米軍基地が所在し、このうちのキャンプ座間内、陸上自衛隊座間駐屯地には、東部方面隊第4施設群と陸上総隊司令部日米共同部が配置されています。

座間駐屯地をはじめとする自衛隊の皆さまとは、日ごろから訓練や災害対応などで連携強化を図っています。

甚大な被害を受けた令和元年東日本台風では、道路啓開やがれき処理、行方不明者の捜索など多大なご支援をいただき、72万の市民と共に感謝しております。

自衛隊の皆さまとは、相模原市民桜まつり、相模の大凧祭りなど、さまざまなイベントを通じて、在日米陸軍との連携も深めながら、市民交流を進めております。

災害・危機管理がテーマ

初のオンラインセミナー

九州局

【九州局】九州防衛局は5月29日、「災害から身を守る」をテーマに、同局初のオンラインによる第40回「防衛問題セミナー」を開催し、約1000人が視聴した。

主催者を代表して九州防衛局の廣瀬律子局長のあいさつの後、2部構成で講演が行われた。

第1部では気象予報士の半井小絵（なからい・さえ）氏が「気象と防災～情報の活用」と題し、避難情報の見直しによる変更点や過去の災害事例を基に気象データの見方を分かりやすく解説。災害時に自ら判断して避難するために前もってリスクを知り、正しい情報を得ることの重要性を訴えた。

半井小絵氏

小川和久氏

第2部では軍事アナリストの小川和久氏が「国際水準から見た日本の危機管理」と題し、過去の災害や新型コロナウイルスの感染拡大に対する日本の組織的な対処について、国の危機管理の問題点や日本の自衛隊、消防、警察、自治体などの危機管理の現状と課題を指摘した。

今回のセミナーは新型コロナの影響でオンライン開催となったが、参加者からは「場所や時間を気にせず気軽に参加（視聴）できた」といった好評が多く寄せられた。

九州防衛局では「今後も防衛省の施策や自衛隊の活動について、より多くの方々に理解していただくため、さまざまな形で『防衛問題セミナー』の開催を考えていくので、ぜひ参加を」と呼び掛けている。

全国8防衛局

局長が交代に

7月1日付で北海道、東北、北関東、南関東、近畿中部、中国四国、沖縄の各地方防衛局長と、6月25日付で九州防衛局長の計8人の局長が交代した。新しい局長の略歴は次の通り。

石倉　三良（いしくら・さぶろう）北海道防衛局長　武蔵工業大大学院修了。昭和63年旧防衛施設庁。防衛省整備計画局施設計画課施設政策室長、大臣官房参事官、整備計画局施設整備官、同施設技術管理官などを経て、令和2年10月熊本防衛支局長。神奈川県出身。57歳。

市川　道夫（いちかわ・みちお）東北防衛局長　東大法卒。平成5年旧防衛庁。防衛省大臣官房文書課企画調整官、大臣官房企画官、豪国防大学留学、九州防衛局企画部長、大臣官房広報課長などを経て、平成30年8月内閣官房内閣参事官（内閣官房副長官補付）。山梨県出身。51歳。

扇谷　治（おおぎや・おさむ）北関東防衛局長　室蘭工業大大学院修了。平成2年旧防衛施設庁。佐世保地方総監部政策補佐官、南関東防衛局調達部長、防衛省整備計画局施設技術管理官、大臣官房参事官などを経て、令和元年7月地方協力局防音対策課長。北海道出身。56歳。

山野　徹（やまの・とおる）南関東防衛局長　[illegible]　統幕首席参事官、地方協力局地方協力企画課長などを経て、令和2年8月大臣官房審議官。大阪府出身。54歳。

竹内　芳寿（たけうち・よしひさ）近畿中部防衛局長　東洋大工卒。昭和60年旧防衛施設庁。中国四国防衛局調達部長、防衛省経理装備局施設技術官、同施設整備課長、北関東防衛局調達部長、熊本防衛支局長などを経て、平成30年8月沖縄防衛局次長。東京都出身。59歳。

今給黎　学（いまきゅうれい・まなぶ）中国四国防衛局長　慶応大経卒。平成3年旧防衛庁。英国防大学留学、防衛省防衛政策局国際政策課長、大臣官房秘書課長などを経て、令和元年8月経済産業省大臣官房審議官（貿易経済協力局・国際技術戦略担当）。福岡県出身。55歳。

伊藤　哲也（いとう・てつや）九州防衛局長　京大法卒。平成4年旧防衛庁。米国防大学留学、南関東防衛局企画部長、防衛省整備計画局情報通信課長、内閣官房内閣参事官（内閣官房副長官補付）などを経て、令和2年8月防衛省大臣官房文書課長。京都府出身。52歳。

小野　功雄（おの・いさお）沖縄防衛局長　早大政経卒。平成4年旧防衛庁。米国防大学留学、大臣官房企画評価課長、内閣官房内閣参事官（内閣官房副長官補付）、大臣官房文書課長などを経て、令和2年8月防衛装備庁調達事業部長。香川県出身。52歳。

熱海市伊豆山で発生した土石流に伴う災害派遣で、捜索棒を手に倒壊した家屋など被害状況の情報収集に当たる1戦大の隊員たち（7月4日）＝いずれも統幕提供

熱海土石流　捜索　救助

大雨が降り続く7月3日午前10時半ごろ、静岡・熱海市の逢初川沿いで突如発生した土石流。海に面した山から崩れ落ちた土砂は急斜面を下り、130棟もの民家を破壊しながら相模湾まで流れ下った。この災害で多くの行方不明者が発生。県知事は同日正午すぎ、陸自34普連長（板妻）の深田満男1佐に人命救助の災派を要請。連隊は直ちに1戦車大隊（駒門）、1施設大隊（朝霞）を加えた200人を現地に派遣、隊員たちは土砂が流れ込んだ住宅を一軒一軒回り、逃げ遅れた住民らを次々と救助した。その後、災害救助犬を連れた空自の災派部隊も加わり、現在、980人態勢で懸命の捜索活動を続けている。

（1面参照）

土石流発生現場近くに取り残された被災者の救助に当たり、住民を背負って搬送する34普連の隊員（7月3日）

一軒ずつ声掛け

土石流発生地域近くの民家を一軒一軒回り、残った住民がいないか安否確認を行う34普連の隊員（7月3日）

行方不明者の捜索に向かう陸自隊員と合流した空自の救助犬アナ号（左）、ジャッキー号とハンドラーたち（中央）＝7月4日、熱海市で（浜松基地ツイッターから）

土石流発生現場付近にテントを設置し、行方不明者捜索について警察・消防との調整に当たる陸自隊員ら（中央）＝7月3日

捜索作業開始を前に、捜索棒を手にした34普連の隊員に指示を出す重迫中隊長の村上隆一1尉（右手前）＝7月4日、板妻駐屯地提供

バケットローダーを使用して道路に流れ込んだがれきを取り除く1施大の隊員（7月4日）

活動部隊支援のため、航空撮影用ドローンの飛行準備を進める陸自地理情報隊（東立川）の隊員（7月4日）

取り残された住民はいないか、一軒ずつ声掛けして回る34普連の隊員（7月3日）

空自百里救難隊

急病の漁船員 ヘリで救助

銚子沖 2機が暗闇の中発見

【救難団＝入間】千葉・銚子沖の太平洋を航行中の漁船で6月12日、乗員に急病人が発生。通報を受けた第2管区海上保安本部は空自7空団（百里）に災害派遣を要請し、現場海域に向かった百里救難隊のヘリが患者の外国人をホイストで吊り上げて救出、基地に帰投して救急隊に引き渡した。

ホイストで吊り上げ収容

漁船での急病人発生を受け、午後5時30分、第2管区海上保安本部の黒石積本部長は7空団司令の石村尚久将補に災害派遣を要請。石村司令は航空救難団司令の川波清明将補に災派協力を依頼し、百里救難隊に派遣命令が出された。

命令を受けた同隊のUH60J救難ヘリ583号機（機長・吉田拓生3佐以下5人）は直ちに百里基地を離陸。情報収集のため、U125A救難捜索機015号機（同・矢田耕作3佐以下4人）が先行した。

銚子から約330キロ離れた現場周辺は雲に覆われ、月明かりもない暗闇で、船の位置の把握が難しい状況だったが、吉田3佐らはU125Aとの連携した捜索で漁船を発見。救難員の永作学曹長と瀧嶋明信3曹を船に降下させ、速やかに船員にベストスリングを装着し、上空のヘリに合図を出した。機内では機上整備員の鈴木知道2曹がホイスト操作を行い、救難員が吊り上げた船員を収容した。

UH60Jヘリは同日午後11時58分に百里基地に帰投、船員を救急隊に引き継ぎ任務を終えた。

吉田3佐は「現場が遠距離洋上という厳しい環境下での任務だったが、無事病院へ搬送することができてよかった。一刻も早い回復をお祈りしている」と振り返った。

救難員として初の救助任務を終えた瀧嶋3曹は「要救助者を絶対に助けるという強い気持ちで臨んだ。患者が外国人で言葉は通じなかったが、身振り手振りで説明して無事救助することができ、よかった」と語った。

漁船の乗組員（左）にベストスリングを装着し、支えながら救助する救難員の瀧嶋3曹（写真はいずれも6月12日）

ホバリング中のUH60Jから見た眼下の漁船。ホイストで百里救難隊の救難員が進出した

地下壕内でタブレットの使い方を説明する須賀芳夫事務官（6月25日）

タブレット画面に表示された地下壕奥の炊事場。高解像度の画面で細部まで鮮明に分かる。画面真ん中の「◎」をタップすると解説が表示される

大本営地下壕跡を疑似体験

防衛省 省内の見学ツアーに導入

防衛省は7月1日から、東京・市ヶ谷の同省敷地内に残る大本営陸軍部の地下壕跡をバーチャル体験できるツアーを開始した。一般向けにコンテンツを導入するのに先立ち、その内容を6月25日、報道機関に公開した。

安全上の理由から一部しか立ち入ることができなかった地下壕だが、タブレット端末を使うことで、非公開区域も含めたすべてのエリアを探索しているような疑似体験ができる。端末は入口で渡され案内に従って操作する。

地下壕は1941年（昭和16年）から翌年にかけて建造され、現在の儀仗広場の真下に位置する。大本営陸軍部や参謀本部など陸軍の主要機関が市ヶ谷に移転したのに伴い、その防空壕として建てられた。

地下約15メートルの深さに南北に3本、東西に2本のトンネルが交差した構造となっており、鉄筋コンクリートを用いた堅牢な作りになっている。中には大臣室や通信室があり、炊事場や浴槽など水回りも完備されていたことが分かる。

防衛省は昨年8月、耐震補強した西側通路の一部を公開。省内を見学する「市ヶ谷台ツアー」の人気スポットになっている。参加者からは地下壕の全体など、さらに奥が見たいとの声が多く、今回バーチャル方式での公開に踏み切った。

「これまで見ることの叶わなかった区域が見えるようになった意義は大きい」と広報課の須賀芳夫事務官。「炊事場や螺旋（らせん）状の階段など、奥はこんなに繋がっていたのかというのを体感して欲しい」と語る。

大本営地下壕跡の見学は「市ヶ谷台ツアー」の午後の部に組み込まれており、入場料が必要（高校生を除く18歳以上700円、18歳未満は無料）。申し込みは電話で03－3268－3111まで。

官用車両無事故表彰式のメンバー。左から小林装備計画部長、吉田陸幕長、堺空挺団長、森下陸幕副長（6月22日、防衛省で）

空挺団 無事故走行400万キロ達成

陸自第1空挺団は6月22日、車両無事故走行距離400万キロメートルの功績で、吉田陸幕長から2級賞状を贈られた。

授与式は防衛省の陸幕長室で行われ、当日は森下泰臣陸幕副長と小林弘樹装備計画部長が立会。堺一夫空挺団長に陸幕長から賞状と記念品を手渡された。

陸幕長は訓示で空挺団の安全管理教育を高く評価し、今回の功績について「全国の陸上自衛隊の範を示す素晴らしい成果だ」と激励した。

これを受けて堺団長は「陸幕長から頂いたありがたい言葉を隊員に伝え、引き続き安全運行に努めます」と述べた。

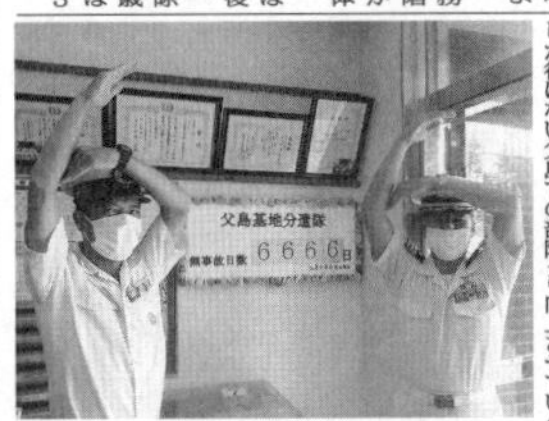
6月6日に無事故連続6666日を迎え、手で「6」の文字を作る父島基地分遣隊長の奥村2佐（右）と先任伍長の檜山健二曹長

無事故6666日を達成

父島基地分遣隊 安全意識を向上

【父島】海自父島基地分遣隊（隊長・奥村武士2佐）は6月6日、基地安全の無事故日数連続6666日を達成した。

父島基地分遣隊は、東京湾から南方約1000キロに位置する東京・小笠原諸島の父島に所在。同諸島が米軍から日本に返還された1968年の創設以来、小笠原村民約2500人（令和3年6月現在）と共に歩んできた。

航空路線がなく旅客船でしか行けない父島での部隊の主要任務は、UH60J救難ヘリによる急患搬送支援や近傍の災害派遣。特に昼夜休日を分かたず起きる急患搬送支援は年間平均約20件にのぼり、新型コロナ感染者の搬送も行っている。まさに島民にとって「最後の砦」と言える存在だ。

平成15年3月8日から18年間かけて成し遂げた無事故記録。奇しくも「6」が並んだ記録達成を節目に、今後も連続7777日、1万日に向けて安全意識をより向上させていく方針だ。

こちら警務隊 レジャー②

女性の下半身を後ろからスマホで撮影したら迷惑防止条例違反

公園で女性の下半身を後ろからスマホで撮影した場合、どんな犯罪になりますか？

各都道府県が定める迷惑防止条例違反で処罰の対象となります。

本条例では、公共の場所や乗り物などで、人を著しく羞恥、または不安を感じさせる卑わいな言動を禁止しており、スカート内の盗撮などでなくても、ズボンをはいた女性の下半身を許可なく撮影し、相手に恥ずかしさや不安を感じさせたという理由で逮捕された事例があります。

このような犯罪は、被害者を傷つけ、刑罰等を受けることはもちろん、家族も不幸にするため、絶対にしてはいけません。

（北部方面警務隊）

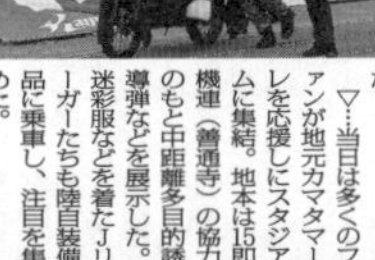

小休止

▽…香川地本は6月13日、丸亀市のピカラスタジアムで行われたサッカーJリーグ「カマタマーレ讃岐VS福島ユナイテッドFC」のファンイベントで広報ブースなどを開設、自衛隊をPRした。

▽…当日は多くのファンが地元カマタマーレを応援しにスタジアムに集結。地本は15即機連（善通寺）の協力のもと中距離多目的誘導弾などを展示した。迷彩服などを着たJリーガーたちも陸自装備品に乗車し、注目を集めた。

▽…試合のハーフタイムには、カマタマーレの「さぬぴー」＝写真左＝と地本の「モリーヌくん」＝同右＝が偵察用バイクでスタジアム内を周回、スタンドから「かわいい！」「また来てね！自衛隊さん」など温かい歓声が飛んだ。（香川地本）

予備自の葛城さん

尖閣テーマに新著刊行

平積みされた新著を手に取る葛城さん（6月11日、防衛省内の「三陽堂」書店で）

ジャーナリスト、俳優で公募予備自衛官の葛城奈海さんがこのほど、尖閣海域への渡航経験などについて記した初の単著「戦うことは『悪』ですか」（扶桑社）を刊行した。

葛城さんは自衛隊勤務未経験者を対象に陸自が2002年度から採用を始めた予備自衛官補の“1期生”で、117教育大隊（武山）での延べ50日間（3年以内）の訓練を終えて04年9月、東京地本所属の予備自衛官（現在予備3陸曹）に任官した。

ジャーナリストとして現場に赴く取材を心掛け、尖閣海域にはこれまでに15回渡航。民間漁船で3・5メートルの荒波の中を11時間かけて渡り、現場の状況を目の当たりにしたこともあった。

全8章の新著では、尖閣海域渡航のほかに拉致問題や男系男子で継承されてきた皇統、さらには自衛隊のあるべき姿について、軽快に熱くつづっている。

取材活動などを通して自衛隊の部隊・隊員と接する機会も多い葛城さん。「日々刀を磨いておられる皆さまの訓練の成果が（任務等の際に）必要とする国民のために活用されることを祈っています」とエールも送っている。

(世界の切手・日本)

オリンピック競技大会は、選手間の競争であり、国家間の競争ではない。
オリンピック憲章

追憶 64オリンピック東京大会支援 (上)

自衛隊が至れり尽くせり面倒見

海自OB 是本 信義（福岡県築上郡吉富町、防大3期）

2020年7月開催予定だった東京五輪・パラリンピックが、中国・武漢に端を発した新型コロナウイルスが世界に蔓延したため、本年夏に延期され、いよいよ今月開幕する。さて、今を去ること57年前の「第18回オリンピック東京大会」においても自衛隊は全面的にこれを支援し、大会を成功に導いたが、「今は昔」、このことを知る人はほとんどいない。そこで私は、64東京大会支援の一翼を担った元自衛官の一人として、そのあらましをここに追憶してみたい。

総監命令で支援へ

昭和39年（1964年）6月、2等海尉であった私は、自衛隊体育学校における6カ月の「幹部体育基本課程」を修了し、横須賀地方総監部付に発令された。「横監付とはいったい何をするのだろう」と思いながら横須賀基地に着任した。

早速、総監の石黒進海将に着任のあいさつをすると、「やあ是本君来たか、久しぶりだなー。やってもらうのはオリンピック支援だ。君にぴったりだ、よろしく頼むよ」と温顔をほころばせ、ニッコリ笑ってくださった。石黒総監には舞鶴で第4駆潜隊勤務のとき随分と目をかけていただいた。

隊員7千人の陣容

第18回オリンピック東京大会で自衛隊は、陸自東部方面総監の梅澤陸将を指揮官に、東部方面隊を主力とした「東京オリンピック支援集団」を編成し、広範多岐にわたる支援を行った。

その支援内容は、選手村の運営をはじめ、輸送、式典、航空、衛生、競技そして通信と全般を網羅しており、中でも競技支援は近代五種、馬術、ライフル射撃、クレー射撃、陸上競技、自転車、カヌー、漕艇、ヨットの9種目に及んだ。支援部隊の陣容は、人員7647人、航空機12機（ヘリを含む）、艦船74隻、車両740両、通信機773台、そして榴弾砲3門（祝砲）にわたり、何から何まで至れり尽くせりの面倒見で、今風に言えばほとんど自衛隊に「丸投げ」だった。

海自の「富士作戦」

海上自衛隊はこのオリンピック支援集団とは別に、主任務をヨット競技支援に特化した「ヨット競技支援任務部隊」を編成した。指揮官は横須賀地方総監の石黒海将。兵力は第8護衛隊の「いそなみ」「しきなみ」をはじめとする艦艇74隻、車両110両、ヘリコプター12機、人員2538名。この支援作戦は、公募により「富士作戦」と命名された。

さて、ヨット競技支援任務部隊は、南部伸清海将補を指揮官とする海上支援任務群と板谷毅1佐を指揮官とする陸上支援任務群に大別され、前者は競技海面である相模湾で競技海面の設定に始まるヨット競技全般の運営を、筆者の属する後者は競技のベースキャンプである江の島ヨットハーバーを中心に、競技艇の保守管理、整備、水面への揚げ降ろし、ヨットハーバー構内の警備、交通整理等々の裏方業務を担当した。

ヨット競技の参加国は40カ国、競技艇172隻、選手約200名、この中にはノルウェーの皇太子といったVIPもいて、これを毎日行うのは気も体も使う大変な作業だった。

東京五輪メインスタジアムの電光掲示板の上に「三大旗」を掲揚した海自陸上支援任務群の隊員たち（1964年10月10日、国立競技場で）

旗章の掲揚任務も

このヨット競技支援に加えて、陸上支援任務群には国立競技場で旗章を掲揚・降下するという大きな任務があった。

それは開会式・閉会式において、①国立競技場周囲のポールに参加国97カ国中、海上自衛隊担当の40カ国の国旗を掲揚・降下する②競技場内の正面のポールにメイン五輪旗を掲揚・降下する③正面電光掲示板上の3本のメインポールに「三大旗」を掲揚する――というものである。この旗章の掲揚・降下に従事するのは、先に述べた江の島においてヨットの管理業務等に当たる江の島任務隊の隊員たちのうち約100名の兼務で、その大変な日常の業務に加えて、週1回のリハーサル、そして本番の開・閉会式への国立競技場への遠征は組織・個人両方にとって大きな負担であった。その遠征中の支援業務は、武山、葉山、三崎の各任務隊からの応援により何とか穴埋めできた。

「東亭」をベースに

さて、申し遅れたが、このときの私の職務は、これらヨット競技を裏面から全面支援する江の島任務隊の総務係長兼海上自衛隊旗章隊小隊長という二足の草鞋だった。もちろんメインは前職である。湘南海岸・江の島の真ん前の借り上げ宿舎「東亭」をベースに、支援業務に従事する約300名の隊員の宿泊、給食等の管理支援業務は苦労の連続だった。

なかでも寝室が絶対的に不足で、苦肉の策として廊下、押し入れ、はては床の間に寝かせるという深刻な笑い話もあった。

ただ、「東亭」が寄贈してくれたカラーテレビでのオリンピック鑑賞は大きな楽しみだった。ところが、日本初のカラーテレビゆえ、色調調節が手動で難しく、日の丸の赤が緑色になるなど、今では考えられないような経験もした。

（つづく）

みんなのページ

聖火ランナーとして秋田・大潟村を走る

1陸曹 福地 隆安（105施設直接支援大隊・秋田派遣隊）

私が東京オリンピックの聖火ランナーに応募したきっかけは、とあるスポンサー企業の募集でした。オリンピックという世界的な行事に自分も参加してみたいと考え、この募集では1次・2次審査を経て、私も聖火ランナーに選出されました。

ところが、新型コロナの影響でオリンピックは延期になってしまい、その時点で私はもう走ることはないと思っていました。

しかし、今年になり、「昨年と同じ条件で参加して下さい」との通知があり、今回、本当に聖火ランナーとして走らせていただけることになりました。

そこでコロナ感染対策として2週間前から私も体調の管理に努め、会食なども控え、体調を万全にして本番の日を迎えました。

初夏の季節の6月9日、秋田県大潟村の約200メートルの短い区間ではありましたが、沿道の皆さん、部隊の皆さんから声援を受け、私も緊張感のなかトーチを繋ぎました。

この聖火リレーを通じ、微力ではありますが、コロナ禍のモヤモヤした世の中に少しですが希望を与えられたと実感できた瞬間でした。

業務多忙の中、私を地域の大イベントに送り出してくれた部隊の方々、そして声援をいただいた沿道の皆さま、行事関係者に心から感謝申し上げるとともに、早くコロナが終息し、活気溢れる世の中に戻ってほしいと願っています。

東京オリンピックの聖火ランナーとして秋田県の大潟村を走る福地隆安1曹（中央）

OGがんばる

森下 敦子さん 55
平成31年3月、自衛隊富士病院を最後に定年退職（3陸佐）。静岡県御殿場市にある社会福祉法人「ふじの郷さつき学園」に再就職し、看護師として利用者の健康管理に当たっている。

自衛隊で培った強み

「自閉症者と共に生きる 心豊かに幸せに」。これは私が勤務している「さつき学園」の理念です。当園は1996年12月に開設された静岡県唯一の自閉症入所施設です。

自閉症は乳幼児期に発症する神経発達障害で「社会的コミュニケーションの障害」「強いこだわりや反復的行動」「感覚過敏」が主な症状で、学園は重度の方を受け入れているため、言語でコミュニケーションを取れないなど、接し方が難しい一方、子供たちはみな素直で愛くるしい面もあり、楽しく勤務しています。

私は再就職にあたって援護センターの担当者に「夜勤のない健康管理業務に携わりたい」と希望を伝え、当園を紹介していただきました。就職活動などしたことがないので一歩踏み出すのに時間がかかりましたが、施設見学をし、目で見て業務を実感することで覚悟ができました。今は看護師として利用者51名の薬の管理、毎日の健康チェック、通院介助、嘱託医との連携などを担っています。

さて、新型コロナへの対応では自衛隊時代の知識と経験が大きく役立ちました。SNSで自衛隊中央病院の感染対策を絶賛する記事を読みましたが、基本・基礎を大事にする自衛隊、やるべきことをやる自衛隊の本質の表れだとOGとして誇らしく感じました。

学園には私のほか、6人の自衛隊出身者が勤務しています。全員が生活支援だけでなく防災面の強化などで活躍されています。自衛隊で培った強みを再就職先でどう生かすか。資格なども含め強みがたくさんあると再就職でも強いと思います。

元自衛官が中心となって作製した災害時用「カマド」の完成火入れ式（左端が森下敦子氏）

詰将棋

出題 日本将棋連盟 九段 石田 和雄

第847回出題

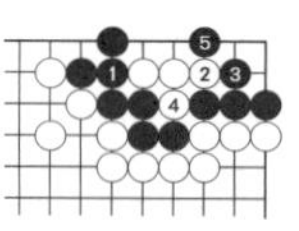

■先手 持駒 飛銀

【ヒント】3五の香をピッタリの筋できかす（10分で初段）。

▶詰碁、詰将棋の出題は隔週です◀

詰碁

出題 日本棋院 九段 曲 励起

第1262回解答

【解答図】黒先、黒活。黒❶が当然です。白②には黒❸がまた当然で、白④には、黒❺で黒は活きます。

新刊紹介

「戦争というもの」

半藤 一利著

今年1月、90歳で亡くなった作家が生涯のテーマ「戦争」について著した最後の書だ。病院のベッドで書かれた原稿には「後世に語り継がねばならない」との信念で、戦争の残虐さや空しさが生々しく記されている。

著者は半生をかけ太平洋戦争に突入した日本という国と日本軍の研究を続け、名著『なぜ必敗の戦争を始めたのか』『日本のいちばん長い日』『あの戦争と日本人』といった数々の本を遺した。本書でも「人間の目は歴史を学ぶことではじめて開く」と述べ、今日、日米間で大戦争があったことを知らない若者が増えている現状に危機感を表し、本書はまさに後世に向けた最後のメッセージとなっている。

著者は戦前・戦中の「バスに乗り遅れるな」「大日本は神国なり」「欲しがりません勝つまでは」といったスローガンを取り上げ、日本を戦争に突き進ませた「言葉にこそ日本人にとって教訓がつまっている」とし、言葉の扇動がどれほど国と国民に災いをもたらしたか、戦争を知らない世代に向けて書かれた平和を願う書だ。

（PHP研究所刊、1430円）

「私たちの真実」――アメリカン・ジャーニー

カマラ・ハリス著、藤田 美菜子ら訳

米国のバイデン大統領を支えるハリス副大統領の自伝だ。米国でも女性初、黒人初、アジア系初の副大統領となったハリス女史は、ジャマイカ出身の経済学者の父とインド出身のがん研究者の母との間に移民の娘として生まれた。厳しいプレッシャーの中、祖国アメリカを信じ、真実を語ることをモットーとして、社会正義を実現するために検事となる。そして知恵と判断力とリーダーシップで差別という「ガラスの天井」を打ち破ってきた日々が真摯な文体で綴られている。

地方検事から州司法長官、合衆国上院議員、そして副大統領へと駆け上がってきたハリス氏は、いまも初の米国女性大統領候補の筆頭だ。彼女の人生観、指導方針、リーダーシップ、そして国家安全保障の考えはどのようなものなのか。クワッド（日米豪印）のキー・ウーマンとなる米副大統領の素顔を知る上で最適な書だ。

（光文社刊、2200円）

朝雲

発行所 朝雲新聞社
〒160-0002 東京都新宿区四谷坂町12−20 KKビル
電話 03(3225)3841
FAX 03(3225)3831
振替00190-4-17600番
定価一部150円、年間購読料9170円(税・送料込み)

主な記事

防衛白書

台湾情勢の安定重要

中国海警船の活動「国際法違反」

岸防衛相は7月13日の閣議で令和3年版『防衛白書』＝表紙＝を報告した。記述対象期間は令和2年度の1年間で、テーマに応じて今年5月下旬までの事象も盛り込んだ。今回の白書は米国と中国の戦略的競争が一層激しさを増している現状を踏まえ、新たに「米国と中国の関係」に関する節を設け、「台湾情勢の安定は、我が国の安全保障にとってはもとより、国際社会の安定にとっても重要だ」と初めて明記。沖縄県の尖閣諸島周辺で我が国領海への侵入を繰り返している中国海警船の活動については「国際法違反」と記述し、白書として初めて一歩踏み込んだ表現で非難した。

米中関係の項目を新設

今年の白書は米中の戦略的競争の激化を踏まえ、「米国と中国の関係」に関する節を新設した。「中国が急速に軍事力を強化する中、米中の軍事的なパワーバランスの変化がインド太平洋地域の平和と安定に影響を与え得る」との見方を示した。

特に、台湾周辺での軍事活動を一層活発化させる中国に対し、米国は武器売却などを通じて軍事面で台湾を支援する姿勢を鮮明にしており、「台湾をめぐる米中間の対立は一層顕在化していく可能性がある」と分析。「中台間の軍事的緊張が高まる可能性」にも触れた上で、「台湾情勢の安定は、我が国の安全保障にとってはもとより、国際社会の安定にとっても重要だ」と初めて明記した。

一方、日本の尖閣諸島周辺の接続水域で昨年1年間に確認された中国海警船の活動について、その日数が333日、船舶数も延べ1161隻といずれも過去最多となった実態を紹介。「尖閣諸島周辺の我が国領海で独自の主張をする中国海警船の活動は国際法違反だ」と従来よりも強い表現で中国の活動を非難した。

岸大臣は閣議後の記者会見で「防衛省・自衛隊の活動や国際情勢について全体像を俯瞰できるよう多面的に紹介している。一人でも多くの皆さまに白書をご覧いただき、防衛省・自衛隊に対するご理解を深めていただきたい」と語った。

今年の白書の表紙を飾ったのは、墨絵アーティストの西元祐貴氏(33)による躍動感あふれる騎馬武者で、防衛省・自衛隊の「力強さ」と我が国の「強固な防衛意思」を表現した。白書としての「威厳」を保ちつつ、若年層にアピールする「スタイリッシュさ」と、海外の読者に向けて「日本らしさ」を追求したという。

令和3年版『防衛白書』はA4判、469ページ。8月下旬をめどに市販され、価格は1400円(税込み)程度の見込み。省のホームページには現在、日本語版の全文と、英中2カ国語によるダイジェスト版がPDF形式で掲載されており、9月末には英語版の全文もアップされる。電子書籍版(Kindleなどで無料ダウンロード可能)は市販後に公開される予定。

防衛省大臣官房企画評価課白書作成事務室の柳田夏実室長は「安全保障環境が激変する中、世界が今どのような状況にあるのかを分かりやすく説明した内容となっている。ぜひ幅広い世代の方に読んでいただきたい」と話している。

9月末まで動画募集

防衛省は「令和3年版防衛白書動画コンクール」を開催し、今年の白書をPRする動画(感想・解説等)を広く一般から募集する。応募期間は7月14日~9月30日。詳細は防衛省のホームページから。

日米同盟の強化確認

防衛相 陸幕長 太平洋海兵隊司令官と会談

岸防衛相、吉田陸幕長は7月7日、来日した米太平洋海兵隊司令官(ハワイ)のスティーブン・ラダー中将と防衛省で個別に会談し、日米同盟の一層の強化に向け、陸上自衛隊と米海兵隊がより緊密に連携していくことを確認した。

来日した米太平洋海兵隊司令官のラダー中将(左)の表敬を受ける岸防衛相(7月7日、防衛省で)

岸大臣は会談の冒頭、「我が国周辺の安全保障環境が一層厳しさを増す中で、陸上自衛隊と米海兵隊の協力はこれまでになく重要となっている。固定観念にとらわれることなく共同訓練などの協力を深化させていきたい。陸自の水陸機動団の練度は米海兵隊の支援を受けて向上しており、ラダー司令官には吉田陸幕長と共に陸自と海兵隊との協力をさらに進めていただきたい」と述べた。

これに対し、司令官は「日米同盟はまさにモデルとなるものだ。太平洋地域に展開する約8万人の海兵隊員を代表し、今後の運用作戦等に対する我々の強いコミットメント(責任ある関与)を表明する」と応えた。

一方、吉田陸幕長は前職の陸上総隊司令官時代からラダー司令官とテレビ会議を行っており、今回初めて対面での会談が実現した。

会談の冒頭、陸幕長は「陸自と米海兵隊との緊密な連携強化により、日米同盟の抑止力・対処力の強化を図る必要性が一層増している。陸自の『領域横断作戦』と米海兵隊の『Expeditionary Advanced Base Operations(遠征前方基地作戦)』との連携を深めたい」と呼び掛け、司令官は「強固な日米同盟をさらに強くするための議論に臨みたい」と応じた。

ラダー司令官はこのほか、山崎統幕長、山村海幕長、井筒空幕長とも個別に会談し、共同訓練などを通じて連携を強化していくことで一致した。

スリランカ大統領と会談

岸防衛相 2国間の交流深化

岸防衛相は7月6日、スリランカのゴタバヤ・ラージャパクサ大統領(国防省を所管)と約30分間のテレビ会談を行い、日本と同国との間で2019年に署名された「防衛協力・交流の覚書」に基づき、2国間の関係をさらに深めていくことで一致した。

会談は岸大臣からの提案で実現した。両氏は6月30日にインド洋で行われた米スリランカ共同訓練(CARAT)への海自艦艇の初参加や、5月の航空救難に係るオンラインセミナーなどが成功裡に実施されたことを歓迎。新型コロナウイルスの世界的な感染拡大を踏まえ、防衛当局として得られた感染症対策に関する知見や教訓を共有していくことでも一致した。

東・南シナ海情勢をめぐっては「法の支配に基づく自由で開かれた海洋秩序が重要」とのメッセージを明確に発信していくことを確認した。

岸大臣は7月9日の記者会見で「スリランカはインド洋のシーレーンの要衝に位置し、『自由で開かれたインド太平洋』の維持・強化と自衛隊の活動にとって極めて重要な国だ」と強調。今後も両国間で緊密なコミュニケーションを継続していく考えを示した。

(2面に関連記事)

ラオス、カンボジアの副首相とも会談

これに先立ち、岸防衛相は6月23日にラオスのチャンサモーン・チャンニャラート副首相兼国防相と、25日にはカンボジアのティア・バニュ副首相兼国防相と相次いでテレビ会談を行い、日本との間でそれぞれ防衛協力・交流を引き続き強力に推進していくことで一致した。

岸大臣は、両氏と東・南シナ海を含む地域情勢について意見交換。国連海洋法条約(UNCLOS)をはじめとする国際法順守の重要性を踏まえた上で、東南アジア諸国連合(ASEAN)の掲げる「インド太平洋に関するASEANアウトルック(AOIP)」が、地域の平和と協力を促進する上で日本の「自由で開かれたインド太平洋(FOIP)」ビジョンと多くの本質的な原則を共有していることを再確認し、両国との間でそれぞれ連携協力していく方針を申し合わせた。

日英防衛次官級が 英空母来日で会談

槌道明宏防衛審議官は6月29日、英国のデイビッド・ウィリアムズ国防次官とテレビ会談を行った。

会談では、年内に予定されている英海軍空母「クイーン・エリザベス」を旗艦とする空母打撃群の日本への初寄港をはじめ、共同訓練、次期戦闘機を含む防衛装備・技術協力など、「自由で開かれたインド太平洋」の維持・強化に向けた両国間の防衛協力の推進をめぐる幅広い議題について意見交換した。

このほか、東・南シナ海をはじめとした地域情勢についても意見を交わし、認識を共有した。

日豪

空中給油で初覚書

適合性試験後に訓練へ

航空自衛隊とオーストラリア空軍は6月25日、日豪間で初となる「空中給油に関する覚書」に署名した。空自ではこれまで米空軍とのみ空中給油訓練を行ってきており、日豪間で空中給油が実現すれば米国に続き2カ国目となる。

今後、豪空軍の空中給油機(エアバス社製のKC30A)から空自戦闘機への給油を想定した「適合性試験」を行った上で空中給油訓練を実施する計画で、時期や場所、参加部隊などについてはこれから詰める。

署名式は25日午前(豪東部時間同)、防衛省と豪州の首都キャンベラの国防省を結んでテレビ会議形式で行われ、井筒俊司空幕長と豪空軍本部長(豪空軍トップ)のメル・ハプフェルド中将が覚書にそれぞれ署名し、画面を通じて確認した。現地では防衛駐在官の八杉哲司1空佐が同席した。

今回の覚書は、日豪両政府が今年6月9日にリモート形式で開いた外務・防衛担当閣僚協議「2プラス2」で、自衛隊と豪軍による空中給油を含む共同訓練・オペレーションを複雑化・高度化させていく方針で一致したことを受けて実現した。

覚書は、日豪のパイロットをはじめ、給油用のフライング・ブームを操作する操縦者等が安全管理上の順守すべき事項のほか、空中給油を通じて得られたデータの取り扱い要領などについて規定している。

井筒空幕長は朝雲新聞社の取材に対し、「『特別な戦略的パートナー』である豪州との間では近年、防衛協力が深化し、自衛隊と豪州軍が平素から連携して活動する機会が一層増加している」と説明。「覚書への署名は、空自と豪空軍がより緊密に効率的かつ効果的に活動するための基礎となるものであり、自衛隊と豪軍の相互運用性の強化を図る上で重要な意義を有するものだ。今後、空中給油の適合性試験に加え、当該試験で航空機間の適合性が確認された後には空中給油訓練の実施を追求していき、日豪空軍種間の相互運用性の強化を図っていきたい」と述べ、日豪間の連携強化に向けた大きな一歩であるとの認識を示した。

覚書に署名し、テレビ画面を通じてハプフェルド豪空軍本部長と確認する井筒空幕長(6月25日、防衛省で)

豪空軍が保有するエアバス社製のKC30A空中給油・輸送機(左)＝豪空軍のツイッターから

日米共同訓練が終了

オリエント・シールド21

陸自と米陸軍から過去最大規模の計約3000人が参加し、国内各地で行われていた日米共同実動訓練「オリエント・シールド21」が7月11日、終了した。

日本有事を想定した同訓練は、北海道の矢臼別演習場から九州の奄美大島まで全国一斉に行われ、このうち奄美駐屯地では陸自の中距離地対空誘導弾(中SAM)部隊と米陸軍のペトリオット対空ミサイル部隊が共同で対空戦闘訓練を行った。

7月1日、在日米陸軍司令官のジョエル・ヴァウル准将と共に同駐屯地を視察に訪れた吉田陸幕長は「本訓練の焦点は、陸自の領域横断作戦と米陸軍のマルチ・ドメイン・オペレーションとの連携要領の具体化だ。現場で訓練に励む部隊・隊員の姿に接し、日米共同対処能力の向上を直接確認できた。訓練を通じ、より強固になった日米同盟の姿を内外に示す良い機会となった」と述べた。

奄美大島で行われた日米共同の対空戦闘訓練を視察後、記者団に「オリエント・シールド21」の意義を語る吉田陸幕長(左)。右は在日米陸軍司令官のジョエル・ヴァウル准将(7月1日、奄美駐屯地で)

春夏秋冬

海底ケーブル

土屋 大洋

2021年6月、英国コーンウォールで主要7カ国首脳会議(G7サミット)が開かれた。身代金目的のサイバー攻撃(ランサムウエア)の犯罪ネットワークによる脅威の高まりに対処することもコミュニケに盛り込まれた。

首脳たちは記念写真に収まるために海辺に出てポーズをとった。その海をもう一度見に行きたいと私は思った。

コーンウォールの西南端に近い場所、ブリテン島全体でも最も西に当たるポースカーノという場所にある電信博物館を訪れたことがある。

ポースカーノは狭い入り江になっており、その入り江は海水浴のできるビーチになっている。19世紀後半、そのビーチの手前に小屋が作られ、海底ケーブルが引き上げられた。

海底ケーブルは、海中の深いところでは文字通り海底にそのまま置かれている。深さ数千メートルある海溝でも、海底の地面に合わせて置いていく。水中でブラブラすることはない。海岸近くでは漁網や錨を避けるために砂の中に埋められる。ポースカーノは理想的な地形であり、大西洋への出入口としても理想的な場所である。

英国や日本のような島国では、現代の国際通信の99%は海底ケーブルを経由すると言われている。静止軌道上の通信衛星は3万6千キロ上空にあり、通信時間がかかるとともに、通信容量当たりの費用も高い。高速大容量通信時代には海底ケーブルが不可欠だ。

無論、軍事オペレーションには人工衛星は不可欠であり、米国の軍事用通信の3割は人工衛星経由だとも聞く。しかし、リアルタイムで動画を海外とやりとりするには海底ケーブルが有利だ。

海底ケーブルの目的は通信だけではない。電力を送るケーブルも発達しているし、海底の地震観測用の海底ケーブルも東日本大震災以後、発達している。

軍事用には潜水艦探知用の海底ケーブル音響監視システム(SOSUS)が冷戦時代には使われていた。おそらく今も何らかの形で使われているのだろうが、民間人の私にはうかがい知れない。

私の目下の関心は海上自衛隊の敷設艦「むろと」である。何をしているのか興味は尽きないが、遠くから見守りたい。

(慶應義塾大学総合政策学部長、教授)

お知らせ

本紙7月22日付は休刊とし、7月29日付(3462号)から通常通りの発行となります。ご了承ください。

朝雲新聞社

朝雲寸言

米国の議会と政府が「中国製通信機器を導入すれば軍民両方の機微情報を窃取される恐れがある」として締め出しを本格化したのは2018年夏だった。ただ、当初は多くの国がこれに戸惑った。ドイツは英仏に遅れる形で20年秋にようやく導入制限に舵を切った。同じ米国の同盟国でも脅威認識をそろえるには時間を要するようである▼北大西洋条約機構(NATO)が6月の首脳会議で「中国の野心と強引なふるまいは国際秩序への挑戦だ」とする共同声明を採択した。かつて欧州には、最終的に中国軍にわたるのを内心知りながら、民生用ヘリのエンジンを対中輸出していた国もあったと聞く。NATO諸国が足並みをそろえるまでには、台湾や香港、ウイグル問題などに関する事実の積み上げが必要だった▼英国のジョンソン首相が主要国首脳会議(G7)に豪印韓と南アフリカを加えて主要民主主義国首脳会議(D11)に拡大しようと唱えている。日本政府は韓国の参加に慎重だという。確かにあの国は、保守政権と左派政権が交代するたびに政策が大きく振れる難点がある。現左派政権の成立後は、本来友軍とも言うべき自衛隊機にレーダー照射する不始末を起こした。英国はそのことを知っているのか▼信頼できる安定した国と、そうでない国の違いは何か。ここでも大事なのは事実の積み上げだ。少なくとも懸念は英軍に伝え、その上で英首相がどう判断するかをみたいものだ。

時の焦点 〈国内〉

4度目の宣言

最大限の効果へ策尽くせ

漫然と宣言を繰り返すようでは、感染抑止の効果は限られてしまうだろう。政府は、狙いや意義を丁寧に国民に説明し、納得してもらわなければならない。

菅首相が、東京都に発令していたまん延防止等重点措置を、緊急事態宣言に切り替えた。東京への発令は4度目だ。沖縄県に発令中の宣言と、埼玉、千葉、神奈川3県のまん延防止等重点措置も延長した。

都内では人出が増え、新規感染者数だけでなく、入院者数や重症者数が増加している。40～50歳代の重症者が目立つようになり、感染力が強いとされるデルタ型の変異ウイルスへの置き換わりも進んでいるという。対策を強化するのはやむを得ない。

政府は宣言対象地域で、酒類を提供する飲食店に休業を求めている。自治体による見回りを徹底するほか、酒類販売業者などに対し、飲食店との取引の自粛を要請する。

設備投資を重ね、感染対策を徹底してきた事業者は多い。一律に規制を強化すれば、かえって反発を招く恐れもあるのではないか。具体的な策を講じる自治体は、制限の内容を慎重に見極める必要がある。

首相は、宣言発令を決めた8日の記者会見で「必ず完全な日常を取り戻す」と述べた。そのためのカギを握るのは、ワクチン接種である。

高齢者への接種は進んでおり、現役世代に広げることが肝要だ。一方で、供給が滞り、市町村接種と職域接種が足踏みしているという問題もある。政府は目詰まりの原因を解消するとともに、ワクチンの確保に改めて取り組むことが求められる。

医療提供体制の抜本的な拡充を含め、首相は指導力を発揮してほしい。

今年に入り、東京で緊急事態宣言やまん延防止等重点措置が発令されていなかった期間は、わずか28日間だ。行動の抑制による「我慢疲れ」は、全国民に広がっている。

政府は、飲食店に対して協力金を前払いする仕組みを導入するという。迅速な支援は大事だが、コロナで打撃を受けた事業者は、観光や運輸産業、文化芸術、エンターテインメントなど幅広い。アルバイトの減少で生活に窮している学生も多い。

政府は5月、「生活困窮者自立支援金」として、新たに最大30万円を困窮家庭に配ると発表した。政府の特例貸し付けを限度額まで借り切っていることなどが支給条件だが、あまりにも対象を狭め過ぎではないか。

合理的な案を追求するあまり、国民に寄り添うという視点を忘れないようにしてもらいたい。

安倍前政権は昨春、一律10万円の給付や、前年の売り上げに応じて最大200万円を支援する持続化給付金などを実施した。今は100年に一度の危機であるという認識を持ち、抜本的な支援を行うことが大切だ。

夏川 明雄（政治評論家）

時の焦点 〈海外〉

中国共産党

唯我独尊の100周年演説

21世紀に入ってから過去20年余りの国際情勢の大きな流れを振り返ると、世界史的な重大事案として、▽2001年9月の米同時テロを機に火ぶたが切られた対テロ戦争▽14億の人口を抱える共産国家・中国の急速な台頭と米中両大国の覇権争い▽待ったなしの対応を迫られる気候変動への取り組み▽今般の新型コロナのパンデミック（世界的大流行）――を挙げてもそれほどの異論は出まい。今後の世界情勢に長期的に大きな影響を及ぼすのは不可避という観点から選んだ。本欄では、いずれも現在進行形で国際社会が直面する四つの重要課題のうち、中国が共産党創立100周年という大きな節目を迎えた直後でもあり、台頭する「異形の大国」とどう向き合うかというテーマを取り上げてみたい。

日中戦争を経て戦後の中国の国共内戦で実権を掌握した共産党が新中国の建国を宣言したのは1949年だが、一党独裁の中国指導部で、建国の父・毛沢東以来という強大な権力を手中に収めたのが習近平党総書記（国家主席）だろう。別格を意味する「党の核心」と位置づけられる習氏は首都の北京で7月1日に行われた共産党創立100年を記念する式典で演説し、世界第2位の経済大国を実現した党の実績を誇示すると同時に、建国100年を迎える2049年に向け、社会主義現代強国の実現に邁進（まいしん）すると宣言した。

演説は、国民の愛国心高揚と結束強化に重点が置かれ、習氏は繰り返し、「中華民族の偉大な復興」に言及する一方、「（外国が圧力をかけるなら）中国人民が血と肉で築いた鋼鉄の長城の前で頭を割られて血を流すだろう」と激しい表現で強硬姿勢を前面に打ち出した。しかし、建国後の中国国内に大混乱や惨禍を引き起こした毛主席の急進的な経済政策「大躍進」や毛主席が発動の文化大革命、民主化運動を武力鎮圧した天安門事件など、共産党の「汚点」には触れず、自画自賛の歴史観で共産党一党支配の正当化に終始した。

国際社会にも相応の責任を負うべき経済大国となったにもかかわらず、深刻な憂慮を呼び起こさずにはおかない唯我独尊（ゆいがどくそん）の姿勢は対外政策面でも顕著だ。習氏は強権的な体制や人権問題などで圧力を強める米国を念頭に、「外部勢力によるいじめや圧迫は許さない」「教師面した傲慢な説教は受け入れない」などと、香港の民主派弾圧や新疆（しんきょう）ウイグル自治区などの人権問題で対中批判を強める西側陣営を強くけん制した。また、台湾統一を「歴史的任務」と位置づけ、「台湾独立を図るたくらみは断固粉砕する」と言い切った。

中国が半植民地状態となる契機となった1840年のアヘン戦争の屈辱以来、19世紀までさかのぼる「復興の物語」は、愛国心を高揚させ、共産党にとどまらず、習氏自身の求心力を高める狙いがある。来年秋の党大会以降の異例の続投を視野に入れる習総書記率いる中国指導部、そして強大化する中国とどう向き合っていくべきか。今回の共産党創立100年式典での習氏演説は一衣帯水のわが国にも難しい課題を改めて突き付けたと言えそうだ。

伊藤 努（外交評論家）

空幕長が比空軍シンポ参加

デジタル時代の指揮統制で発信

井筒空幕長は6月30日、フィリピン空軍主催の「エアフォース・シンポジウム」にオンラインで参加した。

同シンポは「空軍のトランスフォーメーションと同盟の強化、国家安全保障」をテーマに開かれ、比空軍のほか日米豪3カ国から各国幹部が参加。井筒空幕長は「デジタル時代における指揮統制」をテーマに、空自の指揮統制に関する取り組みや、同盟国との情報共有をはじめとする国際的な協力の必要性について発信した。

その後、空幕長は各国空軍幹部の講演などを聴講し、空自への参考とした。

井筒空幕長は7月1日の記者会見で「今後も自由で開かれたインド太平洋の実現に向けてフィリピン空軍との防衛協力、交流の深化に取り組んでいく」と述べた。

比空軍主催のエアフォース・シンポジウムで「デジタル時代における指揮統制」をテーマにスピーチする井筒空幕長（6月30日、空幕で）

印陸軍参謀長と陸幕長電話会談

吉田陸幕長は6月23日、インド陸軍参謀長のマノジ・ムクンド・ナラヴァネ大将と電話会談を行い、日印陸軍種間で引き続き連携を強化していくことで一致した。

両者は会談でインド太平洋地域の安全保障情勢について意見を交換するとともに、陸上自衛隊とインド陸軍の間で防衛協力をいかに深めていくか話し合った。また、会談を通じ、日印陸軍種トップ間の信頼関係の強化を図った。

吉田陸幕長とインド太平洋地域の安全保障について意見を交換したインド陸軍参謀長のナラヴァネ大将（6月23日）

海賊対処44次隊 P3Cジブチへ

那覇基地から

東アフリカのジブチを拠点にソマリア沖・アデン湾で上空から海賊行為の警戒監視活動に当たる海自の海賊対処航空部隊の交代のため、7月8日、44次隊のP3C哨戒機2機が那覇基地を出発した。

44次隊は5空群（那覇）の濱川翔2佐を指揮官に海自隊員約60人で編成。8日に要員約30人を乗せたP3Cが那覇を離陸。残る要員は10日に成田空港からチャーター機で出国した。ジブチ到着後は新型コロナウイルス対策として約2週間の停留期間を経て43次隊（指揮官・西宮友樹2佐以下2空群＝八戸＝基幹の海自隊員約60人）から任務を引き継ぐ。

任務を終える43次隊の要員は、ジブチ出国を前にPCR検査を実施し、全員の陰性を確認した後、7月21日に要員約30人が成田に向けて民航機で帰国の途に就き、2機のP3Cは8月3日に八戸基地に帰投する予定。

東北方と東北総合通信局

災害時相互協定を締結

【東北方＝仙台】陸自東北方面隊は6月30日、被災地で迅速かつ円滑な通信が確保できるよう、情報通信行政を所管する総務省の地方支分部局・東北総合通信局（仙台市）と「災害時等の相互協力に関する協定」を結んだ。

締結式は東北方面総監部で行われ、総監の原田智総陸将と同通信局の田尻信行局長が出席し、協定書に署名した。

協定では、①東北方面隊の災害派遣の行動に必要となる無線局の開設に関し、同通信局が臨機の措置を実施するほか、無線局に対する混信・妨害源の調査・排除探査などを行う②災害発生時、東北方面隊のヘリや車両が同通信局に対し、災害応急対策に必要となる人員、災害対策用支援機材の搬送を行う――ことが取り決められた。

締結式の後、原田東北方総監は「（東北総合通信局との）訓練を通してこの協定の実効性を高めていきたい」と述べた。

災害時相互協力協定締結式　陸上自衛隊東北方面隊　総務省東北総合通信局

災害時等の相互協力に関する協定に署名した原田東北方総監（左）と田尻東北総合通信局長（6月30日、仙台駐屯地で）

海賊対処39次隊 3カ国共同訓練

海自の海賊対処任務の交代のため、横須賀からソマリア沖・アデン湾に向かっている水上部隊39次隊の護衛艦「ゆうぎり」（艦長・熊代威2佐以下約200人）は6月30日、スリランカのトリンコマリー沖で行われた米海軍、スリランカ海軍との共同訓練「CARAT」に初めて参加した。（1面参照）

米海軍から沿海域戦闘艦「チャールストン」（満載排水量約3200トン）と、P8A哨戒機、スリランカ海軍から哨戒艦「ガジャバフ」（3250トン）と「サユララ」（2350トン）が参加。さらに同国空軍から多用途ヘリなども加わった。3カ国の艦艇は航空機と連携した捜索救難訓練や戦術運動などを実施し、戦術技量の向上を図った。

「ゆうぎり」は7月下旬にアデン湾に到着し、38次隊の護衛艦「せとぎり」から任務を引き継ぐ。

宮古・対馬海峡 露艦隊7隻通過

7月4日午後2時ごろ、沖縄本島の南東約150キロの太平洋上を北西進する、ロシア海軍の「スラバ」級ミサイル巡洋艦1隻（満載排水量約1万1600トン、艦番号011「ワリヤーグ」）、「ウダロイⅠ」級駆逐艦2隻（8600トン、543「マーシャル・シャポシニコフ」、548「アドミラル・パンテレーエフ」）、「ステレグシチー」級フリゲート3隻（2200トン、333「ソビエルシェンヌイ」、335「グロームキー」、339「アルダール・ツィデンザポフ」＝写真）、「マルシャル・ネデリン」級ミサイル観測支援艦1隻の計7隻を海自が確認した。

統幕が日本周辺を航行するステレグシチー級最新鋭艦の「アルダール・ツィデンザポフ」を公表するのは初めて。

現地では海自5空群（那覇）のP3C哨戒機、1空群（鹿屋）のP1哨戒機、46掃海隊（勝連）の掃海艇「ししじま」、2掃海隊（佐世保）の「ひらしま」、3ミサイル艇隊（同）のミサイル艇「しらたか」が情報収集と警戒監視を行った。

露艦隊はこの後、沖縄本島と宮古島間の宮古海峡を北上して東シナ海に進出。その後、長崎・対馬海峡を北東進して日本海に入った。

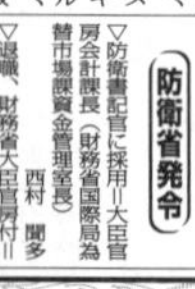

防衛省発令

▽防衛書記官に採用＝大臣官房会計課長（財務省国際局為替市場課資金管理室長）　西村　聞多

▽退職、財務省大臣官房付＝金融庁総合政策局総合政策課長へ（大臣官房会計課長）　小森　卓郎

（以上7月8日）

▽防衛事務官に採用＝大臣官房付、退職（内閣官房内閣情報調査室内閣衛星情報センター管理部長）　倉内　康治

（国家公務員共済組合連合会理事会）　佐竹　基

（以上7月1日）

共済組合だより

ライフプラン支援サイト

共済組合HPから3社のWEBサイトに接続

皆さまは共済組合のホームページ（HP）からアクセスできる「ライフプラン支援サイト」をご存じですか？

共済組合HPから野村證券、第一生命、三井住友信託銀行の3社が開設する各Webサイトに進むことができます。

いずれのサイトも基本事項を入力するだけで将来の収入・支出のバランスを把握できる「ライフプラン・シミュレーション」をはじめ、結婚、出産、子供の教育、健康、老後など、人生のさまざまなシーンやそれに伴うお金にまつわる各種情報を得られます。

このほか、各サイトでは多彩なメニューをご用意。いずれもすぐに役立つ情報ばかりですので、ぜひご利用ください。

「ライフプラン支援サイト」の閲覧は、共済組合HPのトップページ→生活さぽーと→ライフプラン支援サイトへと進み、各社Webサイトに進んでください。

なお、共済組合HPへのログイン用ユーザー名及びパスワードは「GOOD LIFE（共済のしおり）」や「さぽーと21」をご覧いただくか、ご所属の支部にお問い合わせください。

◇

共済組合の各支部では、防衛省が開催する「生涯生活設計セミナー」に合わせて、ファイナンシャル・プランナーによる「個別相談会」も実施しています。こちらもぜひご利用ください。開催予定等、詳しくはご所属の支部にお問い合わせください。

野村證券

第一生命

三井住友信託銀行

米豪軍と実動訓練「サザン・ジャッカルー」

3カ国隊員が共同攻撃

長距離射撃や市街地戦闘を強化

陸自は豪州ノーザンテリトリー州の州都ダーウィン南方に位置するマウント・バンディ演習場で1カ月半にわたり行っていた米海兵隊、豪陸軍との共同実動訓練「サザン・ジャッカルー（ＳＪ）21」を7月4日に終えた。

今年で8回目の参加となる陸自からは中方総監の野澤真陸将を担任官に、14旅団（善通寺）から50普連長（高知）の溝口光章1佐以下隊員約60人が参加。地元・豪陸軍からは第1旅団（ダーウィン）の兵士約410人、米海兵隊からは第3海兵機動展開部隊（沖縄）の約280人が加わった。

このうち、実動訓練は6月15日から24日にかけて行われ、最初の機能別訓練では演習場の広大な地形を生かした狙撃銃による長距離射撃などの各種射撃を実施。また豪軍の訓練施設を使用して日米豪3カ国共同による市街地戦闘訓練なども行った。

ハイライトとなる総合訓練は、豪州特有の乾燥した森林錯雑地内で3カ国の隊員が共同して攻撃訓練に挑み、陸自隊員は日本とはまったく異なる自然環境の中、各種技能の向上と米・豪軍兵士との連携強化を図った。

㊤豪州の広大な演習場で狙撃銃の射撃訓練を行う陸自隊員（奥）と米海兵隊員（手前）＝米軍サイトDVIDSから

豪陸軍は410人
米海兵隊 280人

3カ国の共同訓練を視察に訪れた豪国防軍司令官のアンガス・キャンベル陸軍大将（中央）。右は溝口50普連長

㊨森林錯雑地での戦闘訓練中、日米豪3カ国でフォーメーションを組み、周囲の敵に対処する隊員たち

市街地戦闘訓練で屋内から敵の動向を見極め、小銃の照準を定める日米豪の隊員

14旅団から60人参加

演習場の地図を手に、日米豪3カ国共同訓練の調整を行う幹部たち

豪陸軍の市街地訓練施設を使い、建物への突入要領を演練する日米豪の共同部隊

各種技能の連携

総合訓練後の閉会式で、日米豪3カ国の隊員たちを前に講評を述べる米海兵隊の幹部（右手前）＝米軍サイトDVIDSから（写真はいずれも豪州マウント・バンディ演習場で）

㊧3カ国共同で行われた射撃訓練で、的に向けて狙撃銃の照準を定める日米豪の射手たち

車載の機関銃を使って車上から射撃を行う米海兵隊員＝米軍サイトDVIDSから

募集・援護 特集

平和を、仕事にする。
陸海空自衛官募集

ただいま募集中！

◇一般曹候補生◇防大（一般）◇防医大
◇航空学生◇予備自補
★詳細は最寄りの自衛隊地方協力本部へ

全国地本長会議

「新しい業務要領の案出を」

防衛省・自衛隊の令和3年度募集業務が本格化する中、「全国自衛隊地方協力本部長会議」が6月21日、防衛省と全国の各地本などをオンラインで結び開かれた。会議では岸防衛相が優秀地本等への表彰・伝達などを行うとともに、吉田陸幕長が全国50地本の地本長らに訓示したほか、講話では広告代理店の講師がリクルート業務の奥義を伝授した。

会議の様子。新型コロナ対策のためオンラインで防衛省と各地本などをつなぎ、部隊・個人の表彰なども行われた

福島、神奈川、愛知、福岡 1級賞状 授与へ

【陸幕】地本長会議は昨年に引き続き、新型コロナの感染防止の観点からテレビ会議形式で行われた。地本長たちは各地本などから参加した。

最初に部外講師が「世の中におけるリクルートのデジタル化と令和3年度の中央支援施策について」と題して、急速に進むデジタルトランスフォーメーション（DX）の現状と採用広報におけるデジタル化について各地本長や同時視聴する全国の広報官らに伝えた。

続いてオンライン上で優秀地本、優秀広報官、隊員自主募集優秀部隊の表彰伝達が行われ、吉田陸幕長が受賞部隊・隊員たちの功績をたたえた。

陸幕長は訓示で、一般曹候補生と自候生の採用が2年連続で目標を達成したことを明らかにし、その成果の要因として「自候生の処遇向上やWeb試験の導入など制度的な変更と、各地本の地道な募集活動や各種協力団体の支援などの功績によるものだ」と述べた。

その上で「少子化、高学歴化、コロナ禍等の厳しい環境の中、各地本が最大限努力し、さまざまな目標を達成して成果を出してくれたことに感謝する」と各地本を称え、「地本は自衛隊と地域の懸け橋であり、信頼の増進のため欠くことのできない存在だ。今はポストコロナに向けて、オフラインとオンラインを併用した新しい業務要領を案出する格好の機会でもある。これを自覚しつつ、引き続き地本長を核心として、任務を完遂することを祈念する」と各地本の隊員を激励した。

その後、陸幕人事部長の井土川一友将補が「3年度の採用計画数の考え方、就職援護の処遇向上の重要性等について」と題して新たな陸幕の施策について説明を行った。その後の質疑応答では各地本長からの質問に丁寧に答えた。

続いて岸大臣が防衛省の会場に登場、募集業務で顕著な成績を収めた福島、神奈川、愛知、福岡の各地本に1級賞状を授与することを述べ、受賞地本を含む全ての地本の労をねぎらった。

今回の会議では、令和3年度の主要施策として、①一般曹候補生、自候生のほか一般幹候生、防大、高工校の募集にも力を入れる②対面募集に加え、オンラインでのインターンシップやWeb広告、Web試験などデジタル化を推進する③就職援護における処遇向上を図る──といった点を共有した。

◇

当日表彰された地本、広報官は次の通り。

◇1級賞状（優秀地本）＝福島地本▽神奈川地本▽愛知地本▽福岡地本

◇2級賞状（優秀地本）＝旭川地本▽岩手地本▽茨城地本▽新潟地本▽山梨地本▽静岡地本▽滋賀地本▽京都地本▽兵庫地本▽和歌山地本▽広島地本▽高知地本▽熊本地本▽鹿児島地本

◇2級賞状（隊員自主募集優秀部隊）＝【東北方】2施設団（船岡）【中方】▽13旅団（海田市）▽17普連（山口）▽13音楽隊（海田市）【西方】▽西混団（久留米）▽都城駐業

◇優秀広報官（カッコ内は地本）＝北出泰啓2陸曹（旭川）▽古谷秀樹1陸曹（岩手）▽山根芳之2陸曹（福島）▽澤口清2陸曹（茨城）▽草山力3空曹（神奈川）▽長谷川海1海曹（新潟）▽渡辺隆之3陸曹（山梨）▽河野隆准陸尉（静岡）▽臼田智彦1陸曹（愛知）▽御栗政信2陸曹（滋賀）▽新城充寛1空曹（京都）▽桝井稔光1陸曹（大阪）▽一刀康寛2海曹（兵庫）▽池田英治2空曹（和歌山）▽西原高志1陸曹（広島）▽岡阪道大2陸曹（高知）▽本田千尋3海曹（福岡）▽小西陽二陸曹長（熊本）▽柴田勝巳1陸曹（鹿児島）

訓示する吉田陸幕長（写真はいずれも6月21日、防衛省で）

――各地で出陣式――

地本長「必ず全種目で目標達成を」
熊本地本が募集団結式

【熊本】地本は6月24日、7月からの高校生募集解禁を前に「令和3年度募集団結式」を行った。

式上、2年度の最優秀事務所に人吉地域事務所が選ばれたことが発表されたほか、①総合②自候生③一般曹候補生④各種募集──の各部門の優秀広報員らを橋本賦地本長が表彰した。

橋本地本長は訓示で「令和2年度は一部の種目を除き概ね目標を達成した。3年度は必ず全種目で目標を達成する。失敗を恐れず新たな施策に挑戦し、部員一丸となって、募集目標を達成しよう」と隊員を鼓舞し、最後に総員で勝ちどきを上げ気合を入れた。

高校生の募集解禁に向け、勝ちどきを上げる熊本地本の隊員たち（6月24日）

業務決起式で勝ちどき
島根地本、各隊長が決意表明

【島根】地本は6月24日、「令和3年度業務決起式」を行った。

式は島根地本の各課室と各地区隊の隊員一人ひとりが任務達成の意欲を高める目的で実施。最初に各課室長や各地区隊長らが決意表明、だるまの目入れ式では結びの筆を高橋洋二地本長が入れた。

高橋地本長は「任務達成のためには、本部と各地区隊等が一致団結することが重要。目標達成に向け、しっかり頑張っていこう」と訓示した。

その後、松江募集案内所の源内瑞聡3空曹の号令の下、全員で勝ちどきを上げた。

令和3年度業務決起式で目標達成を願い、だるまの目入れを行う高橋島根地本長（6月24日、島根地本で）

災害情報協定を締結
東京地本、「レインボータウンエフエム」

東京地本長の牧野雄三陸将補と江東区のラジオ局「レインボータウンエフエム」の小嶋映治社長は6月28日、「災害情報等の放送に関する協定」を締結した。

締結式は新宿区の東京地本で行われ、両者が協定書に調印。

これにより都内で災害が発生した時、東京地本の要請で同局は通常の放送に優先して自衛隊の活動情報を放送、被災者救援をよりスムーズに行える内容とした。同FMは江東区のほか、中央、港、千代田、台東、墨田、江戸川、品川各区の一部で聴くことができる。

「伝達基盤整えた」
牧野地本長

牧野地本長は「今回のFM局との締結により、災害時に行う自衛隊の活動を地域住民の方々に広く伝達する基盤を整えることができた。今後も関係機関と連携し、地域に根差した活動を積極的に行いたい」と語った。

「災害情報等の放送に関する協定」を締結した牧野東京地本長（右）とレインボータウンエフエムの小嶋社長（6月28日、東京地本で）

「はしだて」特別公開
112人が乗艇楽しむ
愛知

【愛知】地本は6月11日から14日まで、名古屋港ガーデンふ頭で海自の特務艇「はしだて」の特別公開を行った。

「はしだて」は約2年ぶりの名古屋寄港。特別公開では事前登録の若者112人が訪れ、グループごとに約1時間、艇内を見て回った。

この間、乗員からロープの結び方を学んだほか、ラッパ吹奏、手旗などを見学した。さらに「はしだて」で行われる外国の賓客を迎えてのレセプションの様子やそこで振舞われる世界各地の料理を乗組員が調理していることを知ると、みな驚いた様子だった。

見学後のアンケートでは「次は隊員さんが調理をしているところも見てみたい」「初めて海軍カレーを食べられて、すごくうれしかった」などの声を聞くことができた。

艇長の押川秀成1尉は「名古屋港で充実した内容の艦艇広報ができた。また名古屋に来たい」と語った。

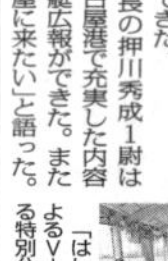
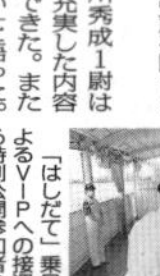

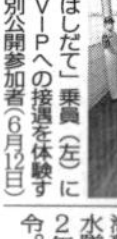

「はしだて」乗員（左）によるVIPへの接遇を体験する特別公開参加者（6月12日）

五輪選手が地本表敬
山田3尉が地元・三重へ

【三重】地本は6月22日、東京五輪フェンシング競技に出場が内定している陸自体校（朝霞）所属の山田優3陸尉の表敬訪問を受けた。（7面に関連記事）

山田3尉は地元・鳥羽市出身。「三重地本の広報に協力し、明るい話題で地域を元気にしたい」という意気込みで地本を訪れた。

山田3尉は濵岡清隆地本長との懇談中、「座右の銘」を聞かれ、「好きこそがすべて」と回答。

「中学生時代の担任が、僕たちに毎日のように言っていた言葉です。（フェンシングが）好きだからこそ続けられて、好きだからこそ楽しめた。好きになってやってきたからこそ、今の自分の成長があります」と熱く語った。

三重地本では「山田3尉が東京五輪でいい成績を残されることを願っています。地本としても県出身の自衛官アスリートを応援し、体校の魅力を広くPRしていきたい」と話している。

三重地本を表敬し、募集グッズにサインをした東京オリンピック内定選手の山田3尉（左）。右は濵岡地本長（6月22日、三重地本で）

JR浦上駅付近に 募集案内所が移転
長崎

【長崎】長崎募集案内所は6月1日、所在地を長崎地方合同庁舎（長崎市岩川町16−16）の1階に移転した。JR浦上駅から徒歩約5分の好立地となった。

所長の赤波江真治准陸尉は「この移転を機に、所員も心機一転、より一層募集業務にまい進していきたいと思っている。どうぞ気軽にお立ち寄りを」と話している。

長崎地本長に 江上1海佐

6月28日付の異動で長崎地本長が交代した。新任本部長の略歴は次のとおり。

江上 昌利（えがみ・まさとし）1海佐 長崎地本長 防大35期。平成3年海自。18年2佐、23年1佐。海幕厚生課厚生班長、1潜水隊司令などを経て、令和2年8月1練習潜水隊司令。神奈川県出身。53歳。

部隊だより

海

厚木 上曹会の隊員約20人は5月29日、綾瀬市児童発達支援センター「もみの木園」で草刈りなど清掃活動を行った＝写真㊤。新型コロナの影響で活動を制限していた同会は「ボランティアでストレス発散！」と張り切り、久しぶりの屋外活動に汗を流した。すっかりきれいになった園庭に、園側も「さすがの活動力」と感心していた。

阪神 基地隊は5月26日、兵庫県立東灘高校の生徒35人の見学を支援した。生徒たちは文化祭で「近隣地域の職業」として海自を紹介する目的で訪問。歴史や仕事内容、福利厚生など熱心に取材し、隊員も丁寧に回答した＝写真㊤。後日、隊員8人が同校の生徒の招待を受けて文化祭を訪問、海自を分かりやすく紹介した壁新聞などを見学した。

岩国 基地の隊員約20人は5月14日、高知県高岡郡檮原町で昭和53年に墜落したPS1対潜哨戒飛行艇5812号機の事故殉職者13人の慰霊を行った。隊員が前日に慰霊碑を清掃し、きれいに整備した＝写真㊤。当日は31航空群の平木拓宏司令が訓示を述べ、鷲津公一71航空隊司令が献花。参加者は全員で安全運航への誓いを新たにした。

崎辺 佐世保教育隊はこのほど、護衛艦「いせ」の支援を受け、16期一般曹候補生と23期自衛官候補生の艦艇実習を行った＝写真㊤。学生たちは格納庫の広さに驚き、昇降機で飛行甲板に移動する際には歓声を上げた。懇談では先輩が語る艦艇勤務の魅力に熱心に耳を傾け、不安や疑問を解消。自分の将来について深く考える良い契機となった。

美幌 6普連自候生教育隊は5月24日、催涙線香によるガス体験を行った＝写真㊨。自候生たちは1個班ごとに防護マスクを装着したまま、催涙線香の煙が充満するガス天幕に進入。その後マスクを外して煙による喉や目の痛みを体感した。「催涙煙がこんなにきついと思わなかった」と語り、防護マスクの重要性を認識、装脱面の要領を習得した。

岩見沢 12施設群はこのほど、北海道大演習場と孫別演習場の定期整備を行った＝写真㊨。北大演では、第2戦車道の降雨によるぬかるみを解消、路盤強化と排水性を向上させた。孫別では本管中隊と399施設中隊が倒木を伐採、運搬し、場内の安全化を図った。隊員たちは施設科のプロとして技術を積極的に発揮、任務を完遂した。

小郡駐屯地の800人 災害対処訓練

地域を 家族を 守る

あらゆる出動に備え

第5施設団など小郡駐屯部隊の隊員約800人は5月31日、災害対処訓練を行った。

訓練は「小郡隊区内で大雨特別警報が発令された」という想定でスタート。

非常呼集により緊急登庁した隊員たちは、駐屯地内に開設された「緊急登庁支援施設」に子供を預けると、直ちに情報収集活動に取り掛かった。

まず隊区内の自治体7個所に連絡員（LO）を派遣し、災派に必要な情報を収集。これを基に初動偵察部隊を出し、筑後川などの河川や道路の被害情報の確認に当たった。同時に道路啓開作業に備え、施設器材や車両の出動準備を行った。また停電状況も付与され、停電時の連絡・連携要領や非常用発電機の作動を確認した。

大雨被害が頻発

駐屯地がある福岡県など九州地方は平成29年の「九州北部豪雨」をはじめ、毎年のように大雨による被害が頻発しており、陸自の施設部隊はその都度、道路啓開や人命救助など災害派遣活動に従事している。

今回の訓練はこうした過去の経験を踏まえ、部隊の即応態勢の確立を目的に、隊員の災派能力の向上を図った。

防護服の装着も

午後からは「特定家畜伝染病発生に伴う災害派遣」に状況を切り替え、衛生科の隊員の指導でタイベックスーツ（防護服）の装着訓練も実施。これは今回が初の試みで、部隊ではあらゆる災害への対処能力を向上させた。

これら一連の行動を通じ、部隊の即応体制や自治体との連携要領を確認、大雨の時期に地域を災害から守る態勢を整えた。（小郡）

特定家畜伝染病発生に伴う災害派遣に備え、タイベックスーツの装着要領を説明する衛生科の隊員（左）

災害派遣活動に必要な資材をトラックに積み込む小郡駐屯地の隊員たち

子供預かりから出動まで

駐屯地内に開設された「緊急登庁支援施設」に預けられた子供を世話する隊員

陸

弘前 駐屯地曹友会は5月17～19日、周辺のりんご農園で援農ボランティアを行った＝写真㊦。農道を訓練のコースとして使用させてもらっていることへのお礼として実施したもので、天内明弘司令をはじめ128人が参加した。隊員たちは日差しが照り付ける中、りんごの摘花作業に励み、昼食時には農家や自衛隊の話題などで交流を深めた。

神町 20普連3中隊の隊員4人は6月5日、山形県天童市の「天童高原634の松交流イベント」に協力した。開始時に2人のらっぱ手が吹奏し、美しい音色を高原に響かせた。会場では高機動車の展示や天幕設営を行い、イベントを盛り上げた。来場者は「自衛隊の車かっこいい！」と写真撮影をしたり、天幕に入り広さを体感するなど楽しんだ。

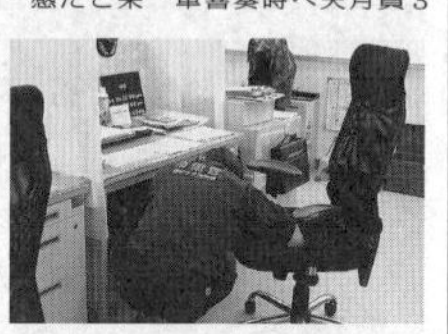

仙台 駐屯地の隊員約300人は6月11日、「市民防災の日」に伴い仙台市シェイクアウト訓練に参加した。「午前9時45分、直下型の震度6強の地震が発生」を想定。一斉放送を聞いた隊員たちは「まず低く（DROP）、頭を守り（COVER）、動かない（HOLD ON）」の三つの安全行動を確認し、防災意識の向上を図った＝写真㊤。

高田 2普連本管中隊と3中隊は5月2、3日の両日、新潟県南魚沼市の「イオン六日町店GWフェス」を支援した。隊員たちは会場で軽装甲機動車や高機動車、携行食などを展示。会場には多くの親子連れなどが訪れ、子供たちが車両の前で写真を撮って楽しんだ＝写真㊦。隊員は来場者に丁寧な説明を心掛け、自衛隊に対する市民の理解を一層深めた。

板妻 34普連重迫中隊の30人は5月22日、東富士演習場での「富士総合火力演習」に参加した。中隊は本番までの3週間にわたり機能別、統制訓練などの予行を経て、万全の態勢で臨んだ。当日は120ミリ迫撃砲の1個小隊が攻撃を想定したシナリオに沿って迫撃砲の射撃を展示。これまでの錬成の成果を遺憾なく発揮して、任務を完遂した。

久居 33普連の29人はこのほど、三重地本が行った県立志摩高校での防災講座を支援した＝写真㊤。隊員はケガの応急手当てやロープワーク、負傷者搬送など、高校生でも出来る身近なものを使った災害対応を説明。災害時における正しい「自助と共助」の大切さを伝えた。高校生は真剣なまなざしで聞き入り、防災知識の重要性を学んだ。

都城 43普連の新隊員教育隊は5月27日、自衛官候補生52人の25キロ行進訓練を行った。自候生は雨天の中、重さ10キロの背のうと装具を身に着け、気力・体力を振り絞りながら完歩した。平原健喜候補生は「心が折れそうになったが競い合える仲間がいたから諦めなかった。これから仲間と切磋琢磨し、任務遂行に努めていく」と抱負を語った。

健軍 西方音楽隊は6月5日、熊本県内のホールで定期演奏会を開催した＝写真㊦。新型コロナ感染拡大防止のため観客を収容数の半分に限定。曲に合わせ西部方面隊の活動映像が流れ、アンコールでは「紅蓮華～炎～」（アニメ「鬼滅の刃」主題歌）が演奏されるなど全11曲が披露された。来場者は「素晴らしかった」「元気が出た」などと感想を話していた。

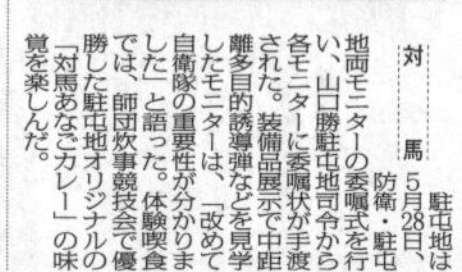

対馬 駐屯地は5月28日、防衛・駐屯地両モニターの委嘱式を行い、山口勝駐屯地司令から各モニターに委嘱状が手渡された。装備品展示で中距離多目的誘導弾などを見学したモニターは、「改めて自衛隊の重要性が分かりました」と語った。体験喫食では、師団炊事競技会で優勝した駐屯地オリジナルの「対馬あなごカレー」の味覚を楽しんだ。

空

三沢 岸防衛相がこのほど、部隊視察のため三沢基地を訪れた。U4多用途支援機で到着し、深澤英一郎北空司令官ら基地の主要幹部が出迎えた。大臣は基地の慰霊碑に献花し、儀仗隊を巡閲＝写真㊨㊤。訓示では「三沢基地の重要性はますます高まっている。飛行の安全に細心の注意を払い、日々の任務に精進してもらいたい」と述べ、隊員を激励した。

熊谷 基地はこのほど、金古真一航空支援集団司令官の訪問を受けた＝写真㊨㊦。司令官は2教群で概況報告を受けた後、自候生と空曹候補生の授業を視察。新入隊員に「頑張れ」「部隊で待っているぞ」などと励ましの言葉をかけた。4術校では気象幹部、気象観測員両課程の授業を視察。さらに教育参考館などを見て回り、基地を後にした。

佐渡 分屯基地は5月14日、佐渡市自衛隊協力会会長の渡辺竜五市長をはじめ、隊友会など8団体の長を招き見学会を行った。参加者は装備品や銃剣道訓練を見て回り、部隊の概況説明を聞いて基地の重要性を再認識した。渡辺市長は「若者に国防について理解してもらうべき内容で、見学を勧めるよう教育委員会に働きかけていく」と語った。

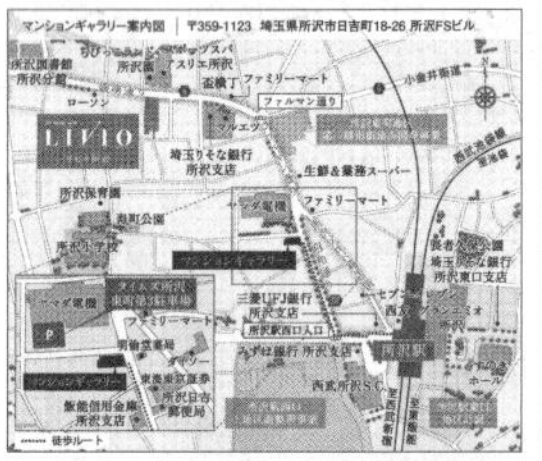

熱海土石流 捜索続く

34普連など人命救助に全力

静岡県熱海市の逢初川沿いで7月3日に土石流が発生して以降、陸自34普連長（板妻）の深田満男1佐以下、陸・空自の災派部隊は連日の雨の中、懸命な人命救助活動などに当たっている。また、島根県では陸自13偵察隊（出雲）が大雨による土砂崩れや倒木などで通行が困難になった県道の啓開作業を行った。

「必ず助ける、必ず見つけるぞ」――。JR熱海駅から約1・5キロ北に位置する土石流の発生現場で陸・空自隊員たちによる行方不明者の捜索活動は現在も続いている。

34普連（板妻）の担当箇所は走湯山般若院周辺の倒壊家屋や行方不明者が最も多いとされる地域。多くの住宅が土石流に飲まれ、国道135号線にある逢初橋の上まで土砂がなだれ込んだ。

連隊の人命救助要員は6個中隊に分かれてローテーションを組み、2カ所に分かれて昼夜を問わず懸命な行方不明者の捜索活動に当たっている。隊員たちは捜索のため、小型ドーザーで土砂を排除して資材運搬車に載せた後、近隣の広場まで移送・集積した。

倒壊家屋の捜索では、屋内の泥をバケツリレー方式で排出。ぬかるみに腰まで浸かりながら活動している隊員もいた。「屋内で隊員たちは柱や鉄骨が邪魔をして思うように進めず、エンジンカッターなどで切断しながら捜索に当たりました」と現場を確認した同隊広報班の廣瀬亮2曹は語る。

同隊4中隊長の仲間俊喜3佐は「厳しい環境の中、行方不明者はもちろん、その家族や関係者の方の気持ちを胸に『必ず助ける、必ず見つけるぞ』という強い意識を隊員たちに持たせて現場を指揮した。疲労困憊の中、隊員たちは頑張ってくれている」と思いを述べた。

熱海市の災害派遣にはこれまで陸自34普連、32普連（大宮）、1施大（朝霞）、1戦大（駒門）、空自中警団（入間）などが出動した。

13日現在、災派部隊は約1120人態勢で、被災現場に人員約430人、救助犬2頭、重機14両、ドローン3機を投入。陸・空自隊員による人命救助活動の結果、9人が救助され、うち5人は警察により死亡が確認された。これに加え、国道135号線など活動地域に堆積した土砂などを除去し、計約350メートルを啓開した。

大雨の島根県では 13偵隊が道路啓開

一方、7月7日には、山陰地方の大雨により島根県道23号で土砂崩れや倒木が発生し、通行が困難になったことから、同日午後7時35分、島根県の丸山達也知事から陸自13偵察隊長兼出雲駐屯地司令の中津政文2佐に道路啓開に関する災害派遣が要請された。

同隊は1偵察小隊長の河合萬里1尉以下約30人、車両8両で現場に進出。翌8日までに約55メートルにわたって道路上に堆積した土砂と倒木を除去、道路を啓開し、同日午後1時半に活動を終えた。

九州では10日早朝に鹿児島、宮崎、熊本県に大雨特別警報が発令されたことを受け、同日、陸自西方航（高遊原）、8通大（北熊本）、8施大（川内）、空自西警団（春日）などが自主派遣で車両、ドローン、ヘリによる情報収集活動を行った。

全身泥だらけになりながら捜索活動に全力を尽くし、倒壊家屋の中から土砂をバケツリレーで排出する陸自34普連の隊員＝板妻駐屯地提供

土石流が流れ込んだ地域で人命救助活動のために泥まみれになり、倒木や廃材などを運搬する32普連の隊員たち＝統幕提供

猿渡2佐に大臣表彰

地方協力局組織改編で「エンブレム」デザイン

防衛省

岸防衛相（右）から表彰状を授与される空幕防衛部の猿渡2佐（写真はいずれも7月6日、防衛省で）

自身がデザインした「防衛省と地域社会との協力を象徴するエンブレム」を掲げる猿渡2佐。66件の応募作品の中から選ばれた（いずれも空自提供）

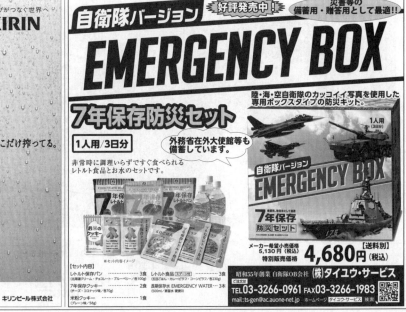

地方協力局の大幅な組織改編に合わせて発表された「防衛省と地域社会との協力を象徴するエンブレム」＝7月8日付1面既報＝をデザインした空幕防衛部施設課建設1班の猿渡靖2佐に7月6日、岸防衛相から大臣表彰状が授与された。

大臣室で行われた表彰式には島田事務次官、井筒空幕長らが立会。授与後に記念撮影と懇談が行われた。

エンブレムは広く防衛省内で募集され、66件の応募があった。その中から職員の投票などを経て、最終的に岸大臣が決定した。

施設職種の関係で地域社会との関わりが深く、民間などとの調整を行う機会も多かったという猿渡2佐。エンブレムの募集を知り、「応募することで地域社会に対する理解促進につながる機会になれば」と応募を決意した。

エンブレムのデザインは、調和や安定を意味するヘキサゴン（六角形）を背景に使用し、防衛省と地域社会との協調の思いを込めた。

中央で手を取り合っている人と人は防衛省と地域社会を表すシンボルで、手を取り合うことによって協力の証しを表現した。人の形状については省のロゴマークを意識したという。

猿渡2佐は「受賞は身に余る光栄。このエンブレムが、防衛省の施策全般に対する地域社会や国民の理解につながってくれることを期待しています」と喜びを語った。

山田3尉が母校訪問

東京五輪フェンシング男子エペ代表

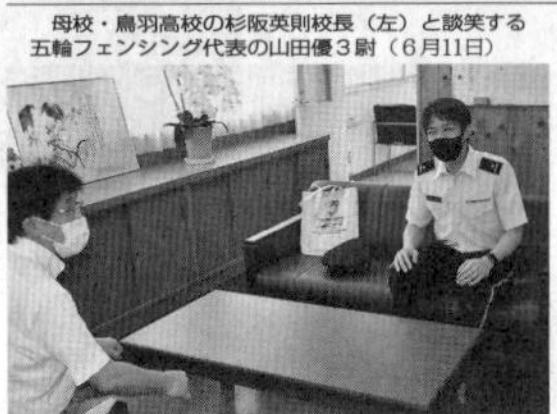

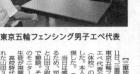

母校・鳥羽高校の杉阪英則校長（左）と談笑する五輪フェンシング代表の山田優3尉（6月11日）

【三重地本】地本は6月11日、三重県立鳥羽高校で、東京五輪フェンシング男子エペ代表の山田優3陸尉（体校）の母校訪問を支援した。本人の希望により実現した。（4面参照）

当日は感染リスクを抑えるため、司会役の生徒2人と山田3尉がリモート形式で懇談。その様子が各教室のモニターに流され、全校生徒が視聴した。

高校時代の思い出を聞かれた山田3尉は、フェンシング部で練習に打ち込んでいたことに触れつつ、「どんな時でも楽しむことが大切です。自分なりの楽しさを見つけ、助け合える仲間を見つける。そうすれば社会に出てもきっと成長できます」と語った。また「五輪で目指す順位は」との質問に、「もちろんメダルを狙います」と力強く答えた。

当日はオリンピック代表選手の訪問ということもあり、地元のテレビ局など3社が取材に訪れた。激励の花束を受け取った山田3尉は、後輩からエールを受け五輪への決意をさらに固めた。

10個人、7団体に感謝状

9師団長「引き続きご協力を」

感謝状を読み上げる亀山慎二師団長（左）と谷藤繁雄OB会会長（手前右）＝6月13日

【青森】9師団は6月13日、青森駐屯地で「師団長感謝状贈呈式」を行った。

日ごろの自衛隊の活動への協力・支援に感謝するもので、亀山慎二師団長から北東北3県の10個人、7団体に感謝状と盾が贈られた。

亀山師団長は「隊員一同が訓練に邁進し、国際任務や災害派遣など実際の任務を遂行する力をつけ、皆さんのお役に立ってきたと認識しております。厳しい環境の中ではありますが隊員一丸となり、ご期待に添えるよう頑張っていきます。引き続き皆さまのご支援、ご協力、そしてご理解を賜りますようお願いします」と感謝の意を伝えた。

受賞者の一人で、隊員との親睦や連携に尽力してきたOB会の谷藤繁雄会長は、「師団長から直接感謝状を頂き、記念撮影をさせて頂いたことは一生の宝となります」と語った。

こちら警務隊　レジャー③

漁業権等を持たない一般の人がアワビを採った場合、漁業法違反

海辺でアワビ等を採って持ち帰ってもいいですか？

漁業権等を持たない一般の人がアワビを採った場合、漁業法違反で処罰されます。

昨年の漁業法の改正により、悪質な密漁の標的となっているアワビ、ナマコが特定水産動植物に指定され、これを採った場合、3年以下の懲役または3千万円以下の罰金を科すよう罰則が新設されました。

また、ウニ、サザエ等、漁業権の対象となっている水産動植物を権限なく採った場合、100万円以下の罰金を科すよう罰則が大幅に強化されています。

密漁は、漁師など漁業関係者の生計を脅かす行為であるため、絶対にしてはいけません。

（北部方面警務隊）

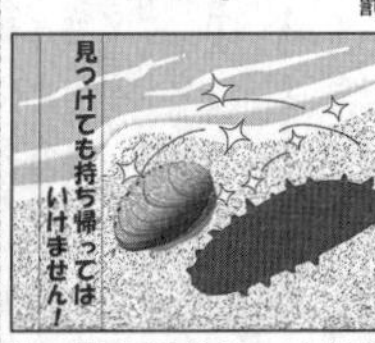

あさぐも ドンマイぶ　吉平どんど

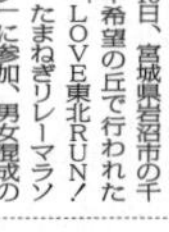
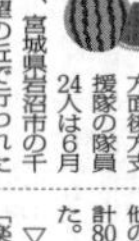
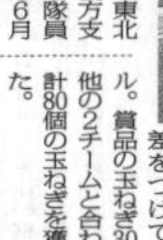
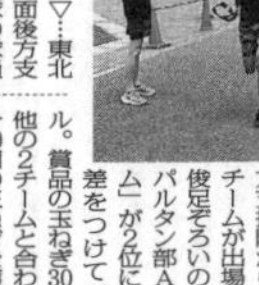
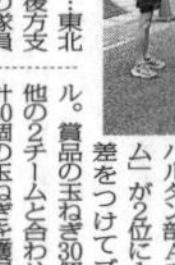

山梨でコンサート

中空音　観客「来年も来て」

杤方隊長（壇上）の指揮で演奏する中空音の隊員（6月26日、都留市の都留うぐいすホールで）

【中空音＝浜松】空自中部航空音楽隊（隊長・杤方聡3佐）は6月26日、山梨県都留市の都留うぐいすホールで中空音ふれあいコンサートを開催した。

開会前には、地元中学校の吹奏楽部員にリハーサルが公開され、生徒たちは隊員の演奏を真剣な表情で見学。演奏開始前には同市出身の隊員が紹介されたほか、陸自北富士駐屯地広報室長の三枝英樹准尉、山梨地本マスコットの「かえでちゃん」「ふじくん」があいさつした。

中空音は杤方隊長の指揮のもと、マーチ「バースト・オブ・ブルー」「英雄の証」など9曲を演奏。アンコールでは空自行進曲「空の精鋭」を披露し、観客を魅了した。

参加者は「来年も来てほしい」「すばらしいひとときだった」と感想を語った。

小休止

▽…東北方面後方支援隊の隊員24人は6月13日、宮城県岩沼市の千年希望の丘で行われた「LOVE東北RUN！たまねぎリレーマラソン」に参加、男女混成の部で見事優勝した。

▽…コース中の玉ねぎを拾いつつ、リレー形式で42キロを走る同マラソン＝写真。後方支援隊からは3チームが出場し、俊足ぞろいの「スパルタン部Aチーム」が2位に1分差をつけてゴール。賞品の玉ねぎ30個、他の2チームと合わせ合計80個の玉ねぎを獲得した。

▽…参加した隊員は「楽しかった」「玉ねぎを持って走るのは意外に疲れた」と語りつつ、早くも来年の連覇に闘志を燃やしている。（仙台）

みんなのページ

レントゲン撮影の準備にあたる衛生科放射線係の寺西伯元1曹

健康上のサポート通して部隊の隊員教育に貢献

1陸曹　寺西 伯元（大津駐屯地業務隊衛生科）

私は令和2年度後期の定期異動で今津駐屯地業務隊から大津駐屯地業務隊に転属し、現在、衛生科で放射線係として勤務しています。

大津駐屯地には陸曹、新入隊員、予備自衛官等の教育訓練を担任する部隊が所在しているため、年間約2600名を超える隊員が入隊・入校・招集訓練に参加しており、健康診断や予防接種を行う機会は以前より格段に多くなりました。

このため、放射線技術以外の医療技術を求められることも多く、先輩方からアドバイスを受けながらこれらを学びつつ、日々緊張感を持って勤務しております。

自身が隊員教育に直接携わることはありませんが、入隊・入校等される方々が教育に専念できることを目標に、微力ながら健康上のサポートを誠実に実施して部隊の教育に貢献していきたいと思います。

各界から寄せられた謝意と賛辞

追憶 64オリンピック東京大会支援 ㊦

海自OB　是本 信義（福岡県築上郡吉富町、防大3期）

世紀の祭典を眼下に

1964年のオリンピック東京大会支援で私のもう一つの大きな任務が、国立競技場における開会式・閉会式で「三大旗」の掲揚指揮官を務めることだった。

10月10日、開会式当日の13時50分、「オリンピック序曲」の演奏に合わせ、電光掲示板上のメインポールに日本国旗、五輪旗、東京都旗の「三大旗」、そして競技場周囲のポールに97参加国の国旗が一斉に揚がる。

私たち7人が立つ電光掲示板には、近代オリンピックの父・フランスのピエール・ド・クーベルタン男爵の名言、「オリンピック競技で最も大切なことは、勝つことではなく参加することにある。それは、あたかも人生において最も大切なことは、成功することではなくいかに努力したかということと同じように」（筆者訳）がフランス語、英語で描き出されていた。

天皇陛下がお言葉

やがて天皇陛下がご臨場、続いて選手団入場行進。各国名を記したプラカードを掲げて選手団を誘導する標識隊員は防衛大学校の学生で平均身長1メートル71センチ、プロポーション抜群のイケメンたちだった。

選手が所定の位置に整列したところで五輪旗入場。指揮官鈴木信吉1尉以下8名の海上自衛官に護持された大五輪旗が入場、「オリンピック賛歌」に合わせて競技場内のメインポールに掲揚された。

以後、天皇陛下のお言葉、国歌斉唱など式典が続く。殷々とした祝砲の轟く中、放たれた何千羽もの鳩が会場内を群舞し、幾千の風船が舞い上がる。加えて雲一つない大空に航空自衛隊の曲技飛行隊「ブルーインパルス」が描く五輪の輪。

この間の2時間と前後各1時間を加えて計4時間、衆人環視の中で不動の姿勢で立ち続けるのは実のところ大変だった。

しかし、会場の最も高い所からこの世紀の祭典の一部始終を一望のもとに見下ろすことができたのは、何物にも代えがたい幸せだった。

メキシコとの絆

そして10月24日17時からの閉会式。選手入場が終わったところで会場は暗闇となり、私たちの出番「三大旗掲揚」となる。電光掲示板上でスポットライトを浴びる中、まずオリンピック発祥の地ギリシャ、次いで開催国日本、そして次期開催国メキシコの国旗をそれぞれの国歌に合わせて掲揚した。ちなみにメキシコ国歌は実に長かった。

以後式典が続き、やがて競技場メインポールの大五輪旗が「オリンピック賛歌」とともに降ろされ、指揮官鈴木信吉1尉以下8名の海上自衛官に護られて退場する。聖火が消灯され、松明に照らされながら選手退場。

こうしてすべてが終わった第18回オリンピック東京大会閉会式の会場に残ったのは「WE MEET AGAIN IN MEXICO」の文字が浮き出た電光掲示板上でスポットライトを浴びながら「三大旗」を護る私たち7人だけであった。

この閉会式にはおまけがついた。次期開催国メキシコの視察団長クラクル中将から今回掲揚したメキシコ国旗を持ち帰り、4年後のメキシコ大会での開会式のメインポールに掲揚したいとの急な申し入れがあり、急きょ、私との間で贈呈式が行われた。

このときクラクル団長は私に「この感激を記念すべく貴官に『アズテックの鷲十字勲章』を贈呈するものである」と約束（?）。その気になって待ちわびたが、その後何の音沙汰もなかった。

閉会式で「メキシコで会いましょう」の文字が映し出される中、電光掲示板上でスポットライトを浴びる海自陸上支援任務群の7隊員（1964年10月24日、国立競技場で）

隊員に隊長証明書

私たちが開・閉会式で担った「三大旗」掲揚のシーンは、新聞から絵葉書まで随分と取り上げられたが、その極めつけは、閉会式翌朝の読売新聞朝刊に掲載された著名な女流画家森田元子画伯の「終美」と名付けられたデッサン画であったかと思う。

しかし、何せ56年前のことゆえ、その入手に苦労したが、幸い読売新聞東京本社の元論説委員長・永井梓氏のご尽力によりようやく入手することができた。

私たち三大旗掲揚隊は、3本のポールに正副旗手各1名（海曹と海士）計6名、控えの3名、そして指揮官の私の計10名だった。後日談になるが、その隊員たちから報道された写真に写っている人物が小さいので、派出元の部隊に帰って「これが自分だ」といっても、おそらく信用してもらえないだろう。だからその隊長証明書を書いてもらいたいとの要望があった。

そこで私が「この写真右から〇番目のものは、1等海士〇〇〇〇であることを証明する。旗章隊長2等海尉 是本信義」との証明書を書いて署名捺印するという真剣味のある笑い話もあった。

エピローグ

この東京大会終了に当たって、日本オリンピック委員会会長の竹田恒徳氏はじめ関係各界から「オリンピック東京大会が大成功を収めたのは、いつに自衛隊の献身的な支援に負う所きわめて大であった」意の感謝、賛辞が寄せられた。

これは決して外交辞令ではなく、掛け値なしにその通りだったと思う。この大会支援に携わった者の一人として、その良き思い出と誇りを胸に準備も大詰めに近づいた「2020東京大会」の無事の開催とその成功を念じている今日この頃である。

（世界の切手・スウェーデン）

いままでにいったいどれだけ走ったか。あと残すはたった42キロ。
高橋 尚子（マラソン選手）

朝雲ホームページ
www.asagumo-news.com
<会員制サイト>
Asagumo Archive
朝雲編集部メールアドレス
editorial@asagumo-news.com

新刊紹介

「中国ファクターの政治社会学」台湾への影響力の浸透

川上 桃子編・監訳

中国共産党創建100年の式典が7月1日、北京で行われ、習総書記は「台湾統一は党の歴史的任務」と述べた。米国の分析では中国軍による台湾侵攻が6年以内に迫っているとも伝えられている。

中国は水面下で台湾併合のためのさまざまな工作を繰り広げている。本書は日・台の社会学者が、中国の進める情報・世論戦、謀略戦、懐柔策など工作の実態を明らかにした本だ。

執筆者たちは「台湾人の日常のいたるところに中国ファクターが隠されている」とする。この影響力を社会学の切り口から分析しているのが本書の特徴で、中国人観光客の台湾訪問、中国企業の投資、マスメディアを使った広報、教材を使っての子供への影響力といった台湾への浸透法が解明されている。

こうした中国の対外工作は「孔子学院」などを通して日本などに対しても行われ、すでに米国や豪州からは強い反発の声が上がってる。日本は今後、中国の影にどう立ち向かうべきか。本書は貴重なケーススタディーとなっている。

（白水社刊、2640円）

「スポーツとしての相撲論」

西尾 克洋著

間もなく開幕する東京オリピックでは、日本の伝統的な武道である柔道と空手が正式種目だ。しかし、世界中に広まっていく中で武道は良くも悪くも「国際標準化」を強いられてきた。そんな中、一部に門戸を開きながらも頑なに独自文化を守り、時流に流されず、おもねらない相撲は異色の存在だ。本書は新進気鋭の相撲ライターが娯楽としての大相撲を楽しむために30の視座を提供してくれている。

土俵上での真っ向勝負に加え、テレビ解説の特徴や、力士を目指す側と採用する側の双方から見たキャリアとしての相撲、番付別の収入、歴代最強横綱などについて述べる。例えば、いまだに色濃く残る慣習として食事の順番。親方と関取が最優先で、給仕する下位の力士たちは直立して食事が終わるのを待つ。現代の価値基準ではありえない不平等・不条理に対して、それこそが「大相撲の根幹」であり、各力士が悲惨な状況を脱しようと奮起する動機づけになっていると著者は言う。

これは規律維持と士気向上のため、現代の価値基準と独自の慣習との間で折り合いをつけようと試行錯誤する「自衛隊」とも共通する点が多くあるのではないだろうか。

（光文社刊、968円）

小林武史（国会議員秘書）

詰碁

第1263回出題

出題 日本棋院 九段 曲 励起

黒先

『黒を助けてください』。5分でできれば初級以上です。

▶詰碁、詰将棋の出題は隔週です◀

詰将棋

出題 日本将棋連盟 九段 石田 和雄

☗先手 持駒 飛銀

≪第847回の解答≫

【正解】☗2二銀☖同香☗1一飛☖3二玉☗2一飛成☖同玉☗1二馬までの七手詰め。

【解説】☗2二銀捨てはまず目に浮かびます。☖同香に☗1一飛から☗2一飛成の手順が巧妙。これで次に☗1二馬が香をきかす絶好の一手となり、解決。なお三手目☗2一飛は☖3二玉で不詰み。

OBがんばる

退職前に体力の強化を

永久 明さん 55
平成元年7月、空自中部航空警戒管制団司令部（入間）を最後に定年退職（特別昇任3尉）。大星電機に再就職し、本社のある埼玉県の狭山工場で施設管理などを担当している。

私は再就職するにあたり、総務の業務を生かせる企業に就職したいと考えていたところ、大星電機からお声がけをいただき、再就職しました。職務内容は本社・狭山工場の施設管理をはじめ、社有車の管理、社内イベントの企画・運営、採用業務などです。

入社して感じたことは、施設の不具合に対処する際、マニュアル通りの対応が必ずしも正解ではないということでした。「状況により臨機応変に対処する」ことがとても重要であり、まさに自衛隊で災害派遣時に経験したことが会社でもとても参考になりました。

さて、当社は2022年に50周年を迎えます。事業拠点は狭山のほか、栃木製作所、川越製作所があり、さらにグループ会社が国内とタイにあります。当社の事業は高度な制御技術を強みとし、生産設備のコントロールシステム構築、ロボットティーチング、制御盤、操作盤、動力盤の設計・製作、特殊ワイヤーハーネスの製作などを行っています。

OBとして、これから再就職される隊員の皆さまにお伝えしたいことは、民間では運動する機会が減り、体力維持が困難になるということです。そこで退職される前にしっかりと体力を強化し、その後の健康管理にも留意されることをお勧めします。

キャンプ通して自己啓発したい

2空曹 増田 大介（1警群・笠取山）

ここ最近、コロナ対策として人混みを避け、ストレスを発散し、免疫力を高め、いざという時の野営能力を高めてくれるキャンプ活動を仲間数人と楽しんでいます。

そんなキャンプ中、焚火の前でたそがれていると、あまりにも美しい淡月が夜空に現れました。思わずスマホで焚火とともに写しました。場所は三重県津市にある君ケ野ダムです。

この月に照らされた山々からは清流の音と鹿や鳥の鳴声が心地よく響き渡っていました。県庁所在地に位置する大都会・笠取山の喧騒を忘れ、仲間たちとすさんだ精神を浄化し、心を豊かにすることができました。今後もキャンプ活動を通して自己啓発をしていきたいと思います。

朝雲

発行所 朝雲新聞社
〒160-0002 東京都新宿区四谷坂町12−20 KKビル
電話 03(3225)3841
FAX 03(3225)3831
振替00190-4-17600番
定価一部170円、年間購読料9170円（税・送料込み）

本号は10ページ

東京五輪 自衛隊員8500人が支援

国旗掲揚など担う

23日開幕 体校選手17人が出場

第32回夏季オリンピック東京大会の開会式で日本国旗を掲揚する陸海空の自衛官たち（7月23日、東京都新宿区の国立競技場で）＝AP／アフロ

第32回夏季オリンピック東京大会は7月23日夜、東京都新宿区の国立競技場で開会式が行われ、開幕した。東京開催は1964（昭和39）年以来57年ぶり2度目。防衛省・自衛隊は、東京オリンピック・パラリンピック競技大会組織委員会からの依頼を受け、自衛隊法第100条の3に基づき、陸海空自の隊員約8500人から成る「東京2020オリンピック・パラリンピック支援団」を編成し、国旗掲揚など式典等の大会運営に協力している。一方、自衛隊体育学校（朝霞）から出場した17人の自衛官アスリートたちも10競技で熱戦を繰り広げている。23日の開会式当日は、空自のブルーインパルスが57年ぶりに国立競技場の上空に青、黄、黒、緑、赤の5色のスモークで五輪のシンボルマークを描いた。

（4、5、9面に関連記事）

新型コロナウイルスの影響で史上初の1年延期となった今大会には、北朝鮮を除く205カ国・地域と難民選手団から約1万1000人の選手が参加し、過去最多の33競技339種目に臨んでいる。

23日の開会式では、前回同様、自衛官たちの手によって日の丸と五輪旗が堂々と掲げられた。

防衛省・自衛隊は大会期間中、国旗等の掲揚のほか、▽射撃競技会場での医療サービス▽自転車競技での救急搬送▽セーリング競技での海上救護▽自転車ロードレースでの沿道警備▽競技会場等における大会関係者の手荷物・車両検査等▽アーチェリー、射撃、近代五種競技での運営協力――などの支援を行っている。

岸防衛相は7月25日、陸自朝霞訓練場内の射撃競技会場を視察し、医務室での医療サービスや大会関係者の保安検査に従事する隊員たちを激励した。

山田2尉が6位 フェンシング

一方、自衛隊体育学校から出場した17人の選手たちの活躍も注目される。

7月25日には3競技が行われ、このうちフェンシングの男子エペで山田優2陸尉（近代五種班）が準々決勝まで勝ち上がり、6位に入賞した。

射撃は松本崇志1陸尉（射撃班）が男子エアライフルを37位で、山田聡子3陸曹（同）が女子エアピストルを23位でそれぞれ終えた。

ボクシングは男子63キロ級で成松大介1陸尉（ボクシング班）、女子51キロ級で並木月海3陸曹（同）が1回戦を突破した。

29日には柔道の女子78キロ級で濵田尚里1陸尉（柔道班）が表彰台を目指す。

8月5〜7日には、レスリングのフリースタイル74キロ級と同65級で乙黒圭祐3陸尉、乙黒拓斗2陸曹（ともにレスリング班）が兄弟そろっての金メダル獲得に挑む。

日英「新たな段階」確認

英哨戒艦 インド太平洋に常駐へ

防衛相会談

英国のウォレス国防相（左）を日本に招き、日英連携のさらなる強化を確認する岸防衛相（7月20日、防衛省で）＝防衛省提供

岸防衛相は7月20日、来日した英国のベン・ウォレス国防相と防衛省で約1時間会談し、長い歴史と伝統を持つ日英の防衛協力が「新たな段階」に入ったことを確認した。両氏が対面で会談するのは初めて。

（2面に関連記事）

ウォレス氏は会談後の共同記者発表で、英海軍の哨戒艦2隻を年内にもインド太平洋地域に派遣し、同地域で恒常的に活動させる考えを表明。「数年後には『沿岸即応部隊』がこの地域に展開される」とも述べ、インド太平洋地域を重視する姿勢を強調した。

会談で両氏は、日本に向けて現在、東南アジアを航行中の英空母「クイーン・エリザベス」を旗艦とする空母打撃群が9月に日本に寄航し、自衛隊と共同訓練を実施することを確認。

同空母は在日米海軍横須賀基地に、その他の随伴艦は海自の横須賀、舞鶴、呉の各基地のほか、在日米海軍の佐世保基地とホワイト・ビーチ地区（沖縄県うるま市）にそれぞれ分散寄港することも決まった。

東・南シナ海情勢をめぐっては、海洋進出を強める中国を念頭に「力による一方的な現状変更の試みや緊張を高めるいかなる行為にも強く反対する」との意思を改めて表明し、法の支配に基づく「自由で開かれた海洋秩序」と国連海洋法条約の重要性で一致した。

英国は今年3月、安全保障・防衛・開発・外交政策の統合的な見直しを行い、インド太平洋地域への関与を強化する方針を打ち出しており、両氏は「自由で開かれたインド太平洋」の実現に向け、英国の関与が強固で不可逆的なものであることや、日英防衛協力がインド太平洋地域と国際社会の平和と安定に資することなどを確認した。

このほか、空自F2戦闘機の後継となる次期戦闘機の開発についても協議し、エンジン部分の共同開発を念頭に議論を加速化させることで一致。7月14日には両国間で第2弾となる化学・生物防護技術に関する共同研究が新たに開始されたことを歓迎した。

ウォレス氏はこの後、官邸に菅首相を表敬訪問し、15分間会談。日英間の緊密な連携強化で一致した。

同氏は第1海軍卿兼海軍参謀長のトニー・ラダキン大将と空軍参謀長のマイク・ウィグストン大将を伴って来日し、19日に横田基地の在日米軍司令部と空自の航空総隊司令部を視察。

20日には松川るい政務官の案内で神奈川県横須賀市の記念艦「三笠」を訪問。1902（明治35）年に英国で竣工した旧日本海軍の戦艦「三笠」が日露戦争時の日本海海戦で我が国の勝利に貢献したことなどについて説明を受けた。

米戦略軍司令官が来日

岸大臣、山崎統幕長と会談

山崎統幕長（前列左）のエスコートで、自衛隊の儀仗隊を巡閲する米戦略軍司令官のリチャード海軍大将（同右）＝7月12日、防衛省儀仗広場で

米国の弾道ミサイル防衛などの統合指揮を担う米戦略軍（司令部・ネブラスカ州オマハ）司令官のチャールズ・リチャード海軍大将が7月12日、防衛省を訪れ、岸防衛相、山崎統幕長らと相次いで会談、日米同盟の抑止力・対処力をさらに強化していくことで一致した。

山崎統幕長との間で行われた会談には吉田陸、山村海、井筒空の各幕僚長が同席。統幕長は冒頭、リチャード司令官が2019年11月の就任後、初の外国訪問地として日本を選んだことに謝意を表し、「我が国にとって戦略軍は重要な存在だ。日米同盟の実効性ある抑止力・対処力の向上を図っていきたい」と語った。

これに対し、リチャード司令官は「戦略軍隷下の各部隊は、我々がコミット（関与）している事柄に対し、実際に行動を起こす準備が整っている」と応えた。

両者は、地域の安全保障環境や日本周辺の情勢について認識の共有を図るとともに、一方的な現状変更の試みや核・弾道ミサイルなどによる脅威に対し、必要な抑止力・対処力を強化していくことを確認した。

この後、リチャード司令官は岸大臣を表敬し、「日米同盟はこの地域と世界の平和と安定の礎だ。米戦略軍は拡大抑止を提供し、それを保証するもので、我々は日々真剣に任務に取り組んでいる」と強調した。

岸大臣は「我が国を取り巻く安全保障環境が一層厳しさを増す中で、さらに強固な日米同盟が不可欠だ。とりわけ、米戦略軍の任務である核抑止やミサイル防衛の作戦に関して我が国は極めて重視している」と述べ、日米間のさらなる連携強化に期待感を示した。

司令官は同日、吉田陸、山村海、井筒空の各幕僚長ともそれぞれ会談した。

遠航部隊が帰国

東南・南アジアで56日間

約2カ月に及ぶ航海を終えて帰国し、園田呉地方総監（右）から訓示を受ける石巻練習艦隊司令官（中央前列）以下、「かしま」「せとゆき」艦長（同後列）と実習幹部たち（7月21日、海自呉基地で）＝呉地方総監部提供

東南・南アジア方面を巡る56日間の航海を終えた海自の令和3年度前期・遠洋練習航海部隊（練習艦「かしま」「せとゆき」で編成、練習艦隊司令官・石巻義康将補以下、実習幹部約160人を含む約510人）が7月21日、呉基地に帰国した。

「かしま」は午前9時、呉係船堀地区Eバースに接岸、基地隊員や家族ら約200人が見守る中、艦を下りた実習幹部たちが桟橋に整列して帰国行事に臨んだ。

最初に石巻司令官が園田直紀呉地方総監に帰国を報告、総監は訓示でコロナ下での長期に渡る航海の労をねぎらった。

今年度の遠洋航海は昨年度に続き、前期・後期の2期制となり、「かしま」と「せとゆき」は5月26日に呉を出発。太平洋を南下し、ブルネイを経てインド洋に入り、スリランカ、続いてインドネシアに寄港。この後、遠航部隊として初めて東ティモールのディリとフィリピンのダバオに入港するなど5寄港地を巡った。この間、インドネシアのモルッカ海峡付近を航行中には、洋上で漂流者3人を発見、救助活動も行った。

米アラスカ州方向に向かう後期・遠航部隊は実習幹部約110人が「かしま」に乗り組み、8月25日に呉を出発する予定。

（9面に関連記事）

春夏秋冬

環境問題と人権問題のジレンマ

松本 佐保

今夏、日本だけでなく世界が感染症の変異種拡大に加え、困難な状況に直面している。

地球温暖化の影響もあり、各国・各地で洪水や土砂・土石流災害が起きている。身近なところでは、著者は勤務先大学の静岡・三島に近い熱海に仮住まいしているが、隣接する伊豆山地区で今月上旬に悲劇的な土石流被害が起き、多数の家が流され、尊い命が失われた。大雨から一転炎天下の中、自衛隊による救援活動は行方不明者捜索のため現在も続き、災害直後からヘリや救急隊や消防隊などが行き交う様子を著者は感謝の気持ちで見守っている。

この災害は産業廃棄物の不法投棄による盛土が、土石流を誘発した説が有力である。ソーラーパネル設置のために山を切り崩したからとする説は否定されつつあるが、同問題は熱海に限らず日本中に散見される。国土の火山地・丘陵を含む山地の面積は75%で、広い面積を確保するのに山の開発が不可避でもあるが、CO2排出量削減をかかげ化石燃料発電を削減の結果、太陽光発電を拡大、これが土砂・土石流災害に繋がっては本末転倒である。

さらにもう一つ不都合な事実がある。太陽光発電に使われる世界中のソーラーパネルは、その製造過程で労働集約的な作業を要し、中国・新疆ウイグル地区のウイグル人の強制労働が多く使われている。本問題は国際的な人権問題として、中国の労働力に多くを依存している日本企業が制裁や批判の対象であることは周知の通りである。人権問題は国際的に重要な規範であり、我が国もより真摯に取り組む必要があるが、一方で欧米諸国も環境問題と人権問題のジレンマに直面している。

現フランシスコ教皇の回勅「ともに暮らす家（地球）を大切に」は環境破壊が洪水など災害をもたらし、貧富の格差を拡大すると指摘、2015年のパリ環境合意の基礎となり、CO2の大幅削減政策に繋がった。

同時にキリスト教の教えでは、労働者の尊厳を強調することから、奴隷労働などを厳しく糾弾、それがウイグル問題での中国への非難となっている。しかし、欧米でも太陽光発電にはソーラーパネルが使用されており、環境問題と人権問題のジレンマであろう。

そして日本は、これに加えて福島原発事故以来、原発拡大の選択肢はないことから、エネルギー政策のさらなるジレンマを抱えていると言える。

（日本大学国際関係学部教授）

朝雲寸言

1964年10月24日、東京オリンピックは閉会式を迎えた。その前回ローマ大会の閉会式では各国の入場は旗手のみの参加、五輪の閉会式は五輪旗の引継式や聖火の消灯などが主なイベントだった▼東京大会では閉会式へ各国の選手の入場は参加者の自由とされた。閉会式当日になっても参加者がどれだけになるのか関係者も分からない状況だった▼閉会式当日に北ローデシアが英国から独立を果たしてザンビアに国名を変更しABC順に入場する最後の国になり、各国旗手を先導する防衛大学校学生による標識隊も入れ替えが行われた▼閉会式当日、集まった参加各国の選手の総数は4000人を超えた。8割以上の選手が閉会式に参加したいと集まったのだ。各国の旗手が入場行進した後、参加国ごとの選手団の入場が整然と行われる手はずだった。しかし、最後の日本国旗が入場すると大勢の各国選手団の入場で列が乱れ始め、日本の旗手が日章旗とともに高々と担ぎ上げられた▼その後に続く海外の選手たちも国家や人種や性別に関係なく腕を組み、笑顔をはじけさせ、手を振りながら入場行進は進み、会場は大歓声に包まれた。まさにオリンピックが世界を一つにしたハプニングがその後のオリンピックで定番となったのは言うまでもない▼東京2020では8500人の自衛官がオリンピック・パラリンピックを支えている。彼ら彼女たちの任務達成を静かに祈っている。

時の焦点

国内

東京五輪開幕

コロナ禍の世界に希望

コロナ禍に苦しむ中で、あえて五輪を開く意義はどこにあるのか。何度も繰り返されたその問いに、アスリートたちが見事に答えてくれたと言うべきだろう。

東京五輪が開幕した。戦後復興を象徴した1964年大会以来、57年ぶりに東京に聖火がともった。コロナの影響で大半の会場が無観客となるのは残念だが、8月8日の閉会式まで、大会の成功に努力を続けたい。

開幕早々から、日本勢の金メダル獲得が続いたのは、予想を上回る成果である。

お家芸とも言える柔道で高藤直寿選手が金メダル第1号となったのを手始めに、阿部一二三選手と阿部詩選手が同じ日に「兄妹で金」。競泳でも大橋悠依選手が金メダルを獲得した。

新鮮だったのは、新競技のスケートボードで金メダルを手にした堀米雄斗選手、西矢椛選手の若き2人である。西矢選手は日本勢の歴代最年少、13歳での快挙だ。

開会前、各種の世論調査では、感染拡大への懸念から、五輪を中止すべきという声が高まっていた。野党や一部メディアは中止論を強め、政府を追及した。

菅首相は国会での党首討論で、64年大会の思い出を振り返りつつ、「今の子供や若者に希望や勇気を伝えたい」と語った。野党は納得していなかったが、いざ開幕してみてどうだったか。

懸命に競技に臨む選手たちの姿に、子供たちのみならず、テレビで観戦した世界中の人々がまさに「希望」や「勇気」を感じ取ったはずだ。

日本勢に限らず、選手たちは、1年延期という先の見えない不安の中で、鍛錬を重ねてきた。中止要求を選手にぶつけるような、心ない言葉を浴びた人も少なくない。

大会組織委員会の橋本聖子会長は開会式のあいさつで、選手たちに「自信を持って舞台に上がってください。今こそ、アスリートとスポーツの力を見せるときが来ました」と呼びかけた。多くの国民が共感したのではないか。

開会式当日、航空自衛隊の「ブルーインパルス」が、国立競技場の上空にカラースモークで五輪マークを描いた。

コロナ治療にあたる医療従事者らへの感謝を込めた昨年の飛行を想起した人もいただろう。復興五輪の開幕にあたり、東日本大震災での自衛隊の救助活動に思いをはせた人も多いはずだ。

ブルーインパルスの飛行を見つめた多くの人々は、様々な関係者への感謝の念を改めて思い起こし、大会の成功を祈ったに違いない。

東京でコロナの新規感染者数が増え、医療の現場に余裕はなくなりつつある。ワクチン接種を急ぐ必要があるが、それだけでは間に合うまい。

これまで以上に感染防止に万全を尽くし、閉会時には、開催して良かったと誰もが思えるようにしたい。それが、世界に向けた何よりのメッセージとなろう。

宮原 三郎（政治評論家）

海外

アフガン撤収

米軍不在後の混乱必至

アフガニスタンからの米軍撤収に関し、米国は当初、同時多発テロから20年の9月11日までに全面撤収の方針だったが、国防総省の最新分析で、8月末までに完了の見通しという。

イスラム原理主義勢力タリバンがアフガン政府軍に全土で攻勢を強める中、米政府の政策実現の任務は残される数十人の外交官に託される。

「カブールで軍の支援がないと、米大使館の業務は極めて複雑、危険、困難になる」（オバマ、トランプ両政権下のロレンズ駐アフガン臨時代理大使・7月17日付「ワシントン・ポスト」紙）。

米政府としては、タリバンと政府軍のある種の「取引」を仲介することが、米国の最重要任務。それができれば、両者間の和平交渉や女性の地位向上の保護につながるという考えだ。

米政府は7月8日、米国はアフガンを見捨てないと発表し、外交と支援活動（特に、地方の治安部隊と女性の権利の支援）を戦略の中心に据えた。

しかし、ホワイトハウスが米軍撤収の日程を発表したのは4月14日。そして、タリバンが本格的攻勢を始めたのが5月1日。以来、タリバンは7月初旬の時点で、全土407の郡のうち69郡を支配下に置いた。

一方、ニュースサイト「Long War Journal」によると、同時点でタリバンが制圧したのは142郡で、その他170以上の郡で交戦中。しかも、同サイトのリアルタイムの評価では、タリバンは195の郡を支配し、129の郡で攻勢中という。

NBCニュースが6月25日、「当のタリバンでさえ、自分たちの前進の速さに驚いている」との見出しで報じたほどだが、これで大統領に「タリバンが全土を支配することは、極めてありそうもない」と言われても、にわかに相づちは打ちかねるところだ。

アフガンでの作戦を知る元政府高官はポスト紙に「アフガンでの活動は、他のどんな場所よりも複雑で、比べ物にならない」と指摘し、同国の地理、地形、極貧、部族間の分裂など困難さの要因を挙げた。

フランスや中国など数カ国は既に、自国民を国外に避難させたのに、米国はなぜ外交官らを国外に退避させないのだろう。「人質」にとられる可能性だってあるだろうに。

ポスト紙によると、米政府は大使館の特質を当てにしているそうだ。巨大な総合ビルの米大使館は、外交官、職員ら米国人約1400人の〝掩蔽壕〟的存在だったが、果たして、軍撤収後も当てにできるのか。

メディアで時々、「ホテル・カリフォルニア・ドクトリン」とのフレーズを見る。1976年のイーグルスの同名ヒット曲が由来で、ポイントは歌詞の最後の部分。

「あなたはいつでも好きな時にチェックアウトできるが、決して出ていくことはできない」

サイゴン陥落時の米大使館の混乱、在テヘラン米大使館人質事件の二の舞いだけは避けなければ。

草野 徹（外交評論家）

平和安保研が新旧理事長座談会

「明日の日本の戦略」テーマに

「明日の日本の戦略」をテーマに議論する徳地新ＲＩＰＳ理事長（右）と西原副会長（中央）。左は司会の岩間教授（7月16日、東京都港区の平和・安全保障研究所で）

平和・安全保障研究所（RIPS、徳地秀士理事長）は7月16日、公開セミナー「RIPS新旧理事長座談会」をオンラインで開催した。

今年6月にRIPS第8代理事長に就任した徳地氏（元防衛省防衛審議官）、前理事長の西原正副会長（元防大校長）がパネリストを務め、座談会は「明日の日本の戦略――外交と防衛」をテーマに政策研究大学院大学の岩間陽子教授の司会で行われ、3人の議論の様子はRIPSから聴講者に映像で配信された。

最初に西原氏が外交をバックアップする防衛力の重要性を指摘し、「中国を牽制する上でも、（日本政府は）オーストラリアとの同盟を考えるべきだ」と提言した。

一方、徳地氏は今後の防衛課題として、自衛隊が真に戦える体制構築の必要性を訴え、「ミサイル防衛などの正面装備だけでなく、補給体制などを改善してほしい」と要望した。

続くパネルディスカッションで両者は安全保障を担う人材育成について議論。西原氏は「自衛隊員は政策に関心をもっているでしょうが、かつては歴史的事実や背景についての勉強が不十分だった。今は改善される傾向にある」と評価。徳地氏は「自衛隊は日本の縮図だが、閉じた世界であるため、国民に（実情について）意識的にわかりやすく伝えるべきだ」と指摘した。

オンラインで参加した聴講者からは「豪州との同盟」について質問があり、西原氏は「日米間だけでなく豪州との同盟関係を結ぶことができれば、日本外交が（世界に）広まり、（外交施策を）実行しやすくなる」とその有用性を述べた。

今後、日本の取るべき施策について、徳地氏は自衛隊の能力構築支援業務の重要性について言及し、「普遍的価値を尊重することの重要性を発展途上国の軍隊が理解するよう自然な形で支援をすることが、外交の幅を広げていく」と指摘した。

最後に2006年から15年間にわたりRIPSの理事長を務めた西原氏に対し、司会の岩間教授が「マサシ・ニシハラは日本のソフトパワーです」とたたえ、花束を贈呈して閉会した。

ひと

日米同盟はガーデニングのようなもの

興梠 拓朗（こうろき たくろう） 1海佐（45）

米国の首都ワシントンDCで約3年間、海自派遣の防衛駐在官として職務を全うした。その功績が認められ、米国のメリット勲章を受章した。（9面に関連記事）

「米国ではやりたいことが全部できたが、私一人では成し遂げられなかった。一番は支えてくれた妻、次に日米の仲間たちのおかげです」

赴任中は米軍人はもちろん、他国の武官や他省庁から派遣された外交官、シンクタンクの研究者など多くの友人を得た。

また、出張で訪れた自衛隊の将官らの同行や米海軍の将官らとの意見交換などで知見も広がった。「米国で得た人脈と各種知見のおかげで多角的に物事を考えられるようになった。外交・軍事に関する嗅覚が研ぎ澄まされ、胆識も向上させることができた」

米海軍でコロナのパンデミックが発生した際は、日本の自衛隊の対処法を英語に翻訳し、米海軍に提供した。「情報を共有することで、助かる命を救うことができる」との思いから連日徹夜で翻訳作業に当たり、後に米軍から感謝の声が届いた。

3年間の米国滞在で印象に残る思い出は米海軍兵学校の「シップ・セレクション」。卒業後の勤務地に日本在泊の艦艇を選んだ最初の学生に居合刀を贈る企画を独自に立ち上げた。これが大受けし、若い士官の心をつかみ、全米でテレビ放送されるほどの反響も得た。

「同盟はガーデニングのようなもの。手入れを怠れば花は枯れてしまう。美しい庭が誰からも愛されるよう、現状に満足せず、心理的にも同盟を維持・深化し続ける努力が必要だ」。妻と一男一女の4人家族。宮崎県出身。（星 里美）

「かが」「きりさめ」搭載ヘリが接触

ブレード損傷 けが人はなし

7月18日午後10時20分ごろ、鹿児島・奄美大島の東方約300キロの海域で夜間訓練を行っていた海自4護群4護衛隊のヘリ搭載護衛艦「かが」搭載のSH60K哨戒ヘリ（8404号機）と同8護衛隊の護衛艦「きりさめ」搭載のSH60J哨戒ヘリ（8289号機）が飛行中に空中で接触した。

両機ともメインローターブレード1枚を損傷しながらも自力飛行は可能で、それぞれ無事に着艦した。搭乗していたクルー各4人（機長1人、操縦士1人、航空士2人）にけがはなかった。事故当時の現場周辺海域の天候は晴れで、風向・風速は東10メートル、視界は良好だった。

海自は事故後、護衛艦隊（横須賀）司令部幕僚長の西脇匡史将補を長とする事故調査委員会を設置し、事故に至った経緯や原因の調査を行っている。SH60J／Kヘリについては当面の間、複数機での夜間訓練を自粛する。

共済組合だより

40歳以上の組合員と被扶養者を対象に「特定健康診査」「特定保健指導」実施

糖尿病など生活習慣病を患う人が近年増加し、日本人の死亡原因の約6割に上ると推計されています。

これを受け、防衛省共済組合では「高齢者の医療の確保に関する法律」に基づき、40歳以上74歳以下の組合員（任意継続組合員を含む）とその被扶養者を対象に、「特定健康診査（特定健診）」と「特定保健指導」を実施しています。

これは特定健診でメタボリックシンドローム（内臓脂肪症候群）など、「生活習慣病発症のリスクが高い」と判定された方を対象に特定保健指導を実施し、保健師や管理栄養士が対象者一人ひとりの身体状況に合わせた生活習慣を見直すためのサポートを行うものです。

組合員の方の特定健診は医務室等での受診となりますが、被扶養者の健診の受け付けは共済組合が委託する「ベネフィット・ワン」が行っています。お申し込み方法は次の通りです。

【WEB】パソコンはhttps://www.benefit-one.co.jp/、スマートフォンはhttps://bnft.jpへアクセスし、「健診予約はこちら」のバナーをクリックしてお進み下さい。

【電話】ベネフィット・ワン健診予約センター（0800-1702-502、03-6870-2775）。朝10時から平日21時、土日祝日は18時まで受け付けており、年末年始は休みです。

【FAX】0800-919-9030、0899-900-8281。お手元のご利用ガイドの「＜各種健診＞FAX・郵送申込書」または「＜婦人科検診＞FAX・郵送申込書」をご利用ください。

【郵送】〒790-8790愛媛県松山市藤原2-8-8 株式会社ベネフィット・ワン健診予約受付センターまで。「＜各種健診＞FAX・郵送申込書」または「＜婦人科検診＞FAX・郵送申込書」に必要事項をご記入のうえ、お送りください。

受付後、「ご予約確定通知書」が送付され、予約が確定します。受診当日は「防衛省共済組合員証」または「組合員被扶養者証」を持参して受診してください。

最新情報はWebで確認できます。会員専用サイトから健診サイトへのリンクへ進んでご確認ください。

英空母打撃群と共同訓練

日英米蘭4カ国の連携強化

海賊対処「せとぎり」

ソマリア沖・アデン湾で海賊行為の警戒監視任務に当たっている海自の海賊対処水上部隊38次隊の護衛艦「せとぎり」（艦長・佐藤伸哉2佐）と同航空隊43次隊（指揮官・西宮友樹2佐）のP3C哨戒機は7月11、12の両日、アデン湾で英海軍の空母「クイーン・エリザベス（Q・E）」を旗艦とする英空母打撃群（CSG21）と日英米蘭4カ国による共同訓練を実施した。

海自とCSG21の共同訓練は今年2月の日英外務・防衛担当閣僚協議「2プラス2」での会談を踏まえ決まった。CSG21は5月に東アジア方面に向けて英国を出港、地中海、スエズ運河を経てアデン湾に出た機会をとらえ海自との初の訓練が実施された。

訓練には、英空母「Q・E」をはじめ、英海軍からフリゲート「リッチモンド」「ケント」、補給艦「タイドスプリング」「フォート・ビクトリア」が参加。このほか、CSG21に所属する米海軍の駆逐艦「ザ・サリヴァンズ」とオランダ海軍のフリゲート「エファーツェン」が加わった。

日英米蘭4カ国の艦艇群は洋上補給など各種訓練を行い、海賊対処に当たる部隊間の連携を強化した。

岸防衛相は13日の記者会見で「海賊というグローバルな安全保障上の課題に対処し、世界の繁栄の礎である海上交通の安全を確保していくとの意志と能力を示すことができた」と訓練の意義を語った。

防衛省・自衛隊は日本への寄港も予定するCSG21との共同訓練を今後も戦略的に実施し、基本的価値と戦略的利益を共有する英国と共に「自由で開かれたインド太平洋」の維持・強化とグローバルな安全保障上の課題への対処に向け、積極的に貢献していく考えだ。

アデン湾で行われた英空母打撃群との共同訓練で、英海軍の補給艦「タイドスプリング」（左）と洋上補給訓練を行う海自の護衛艦「せとぎり」（7月12日）

ベトナム人民軍副総参謀長と会談

陸幕長

吉田陸幕長は7月7日、ベトナム人民軍副総参謀長のグエン・ヴァン・ギア陸軍中将＝写真＝とテレビ会談を行った。

両者はインド太平洋地域の安全保障情勢や日越陸軍種間の防衛協力・交流などについて意見交換し、今後も連携を強化していくことで一致した。

日米共同実動訓練「オリエント・シールド21」 陸自中方など1400人、米陸軍1600人

国内初の共同火力戦闘

陸自と米陸軍が2週間にわたり日本各地の演習場などで実施していた日米共同実動訓練「オリエント・シールド21」が7月11日に終了した。

同訓練で陸自は中方総監の野澤真陸将を担任官に、中方（伊丹）、1特科団（北千歳）、中央特殊武器防護隊（大宮）などから隊員約1400人が参加。米陸軍は在日米陸軍司令官のヴィエット・ルオン少将（当時）を担任官に、在日米陸軍司令部、第40歩兵師団司令部、第17砲兵旅団、第28歩兵連隊第1大隊、第38防空砲兵旅団第1防空砲兵連隊第1大隊などから約1600人が参加した。

北海道の矢臼別演習場では国内で初めて米陸軍の「高機動ロケット砲システム（HIMARS）」と陸自の「多連装ロケットシステム（MLRS）」が共同で長射程の実射訓練を行い、敵の大部隊を一挙に面で制圧できるロケット弾部隊の行動を演練した。

一方、鹿児島県の奄美駐屯地では、米陸軍のペトリオット対空ミサイル部隊と陸自の中SAM部隊がそれぞれ機動展開し、シミュレーターによる対空戦闘訓練を実施した。

滋賀県の饗庭野演習場では「化学攻撃を受けた」との想定下、日米部隊が共同で除染訓練を行い、大量傷病者の対処にも当たった。このほか、市街地戦闘や第一線救護、通信訓練などを通し、日米部隊間の信頼醸成を図った。

この日米共同訓練中、共同司令部が置かれた伊丹駐屯地では、幕僚による指揮機関訓練が行われ、陸自の「領域横断作戦」と米陸軍の「マルチ・ドメイン・オペレーション」を連携させるためのさまざまな訓練が重ねられた。

7月2日には吉田陸幕長と米第40歩兵師団長のローラ・イェーガー少将が伊丹駐屯地を視察に訪れ、日本での共同訓練の重要性について改めて認識を共有した。

1特科団

相互連携要領を確認

【1特団＝北千歳】1特科団は6月28日から7月1日まで、北海道の矢臼別演習場で「オリエント・シールド21」に参加し、国内では初となる米陸軍との「共同火力戦闘訓練」（実弾射撃）を行った。

同訓練では、1特団4特群131特大の多連装ロケットシステム（MLRS）と米陸軍第17砲兵旅団の高機動ロケット砲システム（HIMARS）がそれぞれの指揮系統に従い、共同で射撃する際の相互連携要領を演練し、共同対処能力の向上を図った。

米陸軍のHIMARSは装輪型で、陸自が装備する装軌型のMLRSと比べて約半分の重量。このためC130H輸送機などで空輸でき、島嶼部にも機動的に展開できる。搭載するロケット弾としてはGPS誘導タイプの「GMLRS」や長射程の「ATACMS」などがある。

米陸軍が矢臼別演習場に初めて持ち込んだ「高機動ロケット砲システム（ＨＩＭＡＲＳ）」からロケット弾が発射された瞬間＝６月30日

敵の大部隊を一挙に制圧できるロケット弾を発射した１特団４特群131特大の多連装ロケットシステム（ＭＬＲＳ）＝６月29日、北海道の矢臼別演習場で

射撃陣地に進入する米陸軍の高機動ロケット砲システム（ＨＩＭＡＲＳ）＝６月29日、矢臼別演習場で

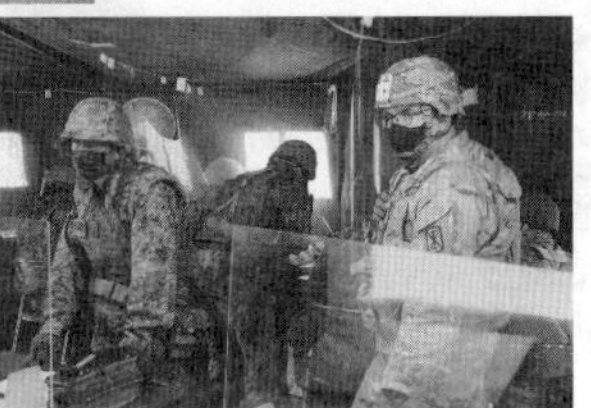

ロケット弾の実射で指揮官を務めた陸自131特科大隊長の高橋恵史３佐（左）と米第17砲兵旅団第94連隊第１大隊副大隊長のウエスト・マーティン少佐（右）＝６月30日、矢臼別演習場の日米共同指揮所で

除染、傷病者対処

市街地戦闘訓練で、化学攻撃を受けて負傷した米軍兵士を後送する陸自14旅団の隊員たち（７月３日、滋賀県の饗庭野演習場で）

化学剤で汚染された地域で「共同除染」を行う日米隊員。手前は14特防（善通寺）の除染車３型、奥は米軍の除染車＝６月30日

「共同通信訓練」で、日米それぞれの通信機材の設置要領を学ぶ14旅団の女性隊員（左）と米軍兵士＝６月30日

奄美で対空戦闘

日米共同の対空戦闘訓練のため、奄美大島に初上陸した米陸軍のペトリオット対空ミサイル（７月１日、奄美駐屯地で）

陸自の奄美駐屯地に展開し、発射準備を整えた陸自8高特群（青野原）の中距離地対空誘導弾（７月１日）

大会成功へ 力合わせて

東京五輪・パラ支援団 編成完結

急入りに国旗掲揚訓練

支援団旗を掲げる参加隊員。旗の右下には東京2020のエンブレムが入っている

「東京2020オリンピック・パラリンピック支援団」の編成完結式で岸防衛相（左）から支援団旗を授与される団長の安田百年陸将補（写真はいずれも7月18日、陸自朝霞駐屯地で）

東京2020オリンピック・パラリンピック競技大会組織委員会から要請された各種支援活動を行う自衛隊の「東京2020オリンピック・パラリンピック支援団」（団長・東方幕僚副長の安田百年陸将補以下約8500人）の編成完結式が7月18日、岸防衛相を迎えて陸自朝霞駐屯地で行われた。

（1面参照）

式典は体育学校球技体育館で午前10時から始まり、岸大臣と吉田陸、山村海、井筒空の各幕僚長が出席。安田団長が担任官の小野塚貴之東方総監に支援団の編成完結を報告し、続いて岸大臣から安田団長に支援団旗が授与された。

岸大臣は訓示で1964年の東京五輪について言及し「多くの人々によって、色あせることなく語り継がれている。今年の東京五輪・パラリンピックは、諸君一人一人にとっても一生の思い出になる。責任と誇りを感じ、小野塚総監、安田団長の指揮・統率のもと、陸海空一体となって、諸君一人一人が持てる力を最大限に発揮することを強く期待する」と激励した。

続いて小池百合子東京都知事（元防衛相）と橋本聖子東京五輪・パラリンピック組織委員会会長からの祝電が披露された。

小池都知事は「大会開催に当たり、支援団の皆さまからご支援をいただけることを心より感謝します。都民・国民を守る最後の砦であり、さまざまな競技のノウハウを有する自衛隊の皆さまにお力添えをいただけることを大変心強く感じており、自衛隊の皆さまと力を合わせ、必ずや大会を成功させたい」との言葉を寄せた。

橋本会長は「ご尽力いただく皆さまに深く敬意を表します。皆さまには、式典、医療、救急など多岐にわたってご協力いただき、大変ありがたく、頼もしく感じております。東京大会の成功を通じ、世界中に希望と勇気を届ける」と記した。

岸大臣「責任と誇り感じて最大限の力発揮」

岸防衛相（右壇上）に敬礼する支援団員たち。この日は代表約310人が参加した

ポールへの国旗掲揚訓練を行う陸海空自の隊員（防衛省提供）

東京2020オリンピック・パラリンピック支援団の編成表。8500人の隊員が各競技、地域に分かれて支援を行う（防衛省のホームページから）

陸自隊員（中央）と共に国旗掲揚の要領を確認する海（左）空（右）の隊員（防衛省提供）

五輪本番に向けて、表彰式での国旗掲揚訓練を行う３自の隊員たち

陸海空の隊員8500人が協力

自衛隊のオリ・パラ支援団は陸・海・空自の隊員約8500人で編成される。

隷下には団本部▽自転車競技会場支援群▽第1東京会場整理支援群▽第2同群▽第3同群▽神奈川地区会場整理支援隊▽埼玉地区同支援隊▽会場整理全般支援群▽式典協力隊▽競技運営協力隊▽射撃競技会場医療支援隊――が置かれている。

（図表参照）

このうち、式典協力隊はオリ・パラの各種式典で国旗掲揚などを担う。自転車競技支援群は、武蔵野の森公園から富士スピードウェイまでの沿道整備や競技会場の関係者エリアで手荷物や車両の検査を実施する。

競技運営協力隊はアーチェリー、射撃、近代五種の各競技で運営に関する業務などを行う。

セーリング競技での海上救護などは海自横須賀地方総監が担任する。江の島ヨットハーバーの競技海面から陸上の医務室までの選手の搬送や搬送中の船内で医師と連携した医療サービスの提供なども実施する。

東京五輪の開会を記念し、カラースモークを引きながら都心上空をデルタ隊形で飛行する4空団11飛行隊のブルーインパルス（写真はいずれも7月23日）

国立競技場上空に「五輪」

ブルーインパルス、57年の時を超え再び

青、黄、黒、緑、赤の5色のスモークで57年ぶりに国立競技場上空にオリンピックのシンボルマークを描くブルーインパルス

「57年の時を超え、ブルーが再び、東京オリンピック会場の空に五輪マークを描いた」――。空自4空団11飛行隊（松島）のT4ブルーインパルスは五輪の開会式が行われた7月23日、大会メインスタジアムとなった国立競技場の上空に、5色のカラースモークで大輪を描いた。五輪開会式当日のブルーの飛行は、1964年10月の東京、98年2月の長野冬季大会に続いて3度目。

（9面に関連記事）

都心に向けての出発に先立ち、円陣を組んで気合を入れる11飛行隊員たち（埼玉県の空自入間基地で）

「東京五輪」体校出場選手・試合日程

所属班（種目）	名前・階級	年齢	試合日
レスリング班（フリー74キロ級）	乙黒　圭祐3陸尉	24	8月5日（予選）、同6日（決勝）
同（フリー65キロ級）	乙黒　拓斗2陸曹	22	8月6日（予選）、同7日（決勝）
ボクシング班（男子63キロ級）	成松　大介1陸尉	31	7月25、31日（予選）、8月3日（準々決勝）、6日（準決勝）8日（決勝）
同（男子75キロ級）	森脇　唯人3陸曹	24	7月26、29日（予選）、8月1日（準々決勝）、5日（準決勝）7日（決勝）
同（女子51キロ級）	並木　月海3陸曹	22	7月25、29日（予選）、8月1日（準々決勝）、4日（準決勝）7日（決勝）
柔道班（女子78キロ級）	濵田　尚里1陸尉	30	7月29日（個人予選～決勝）、31日（混合団体予選～決勝）
射撃班（男子ライフル）	松本　崇志1陸尉	37	7月25日（10mエアR）、8月2日（50mR3姿勢）
同（女子ピストル）	山田　聡子3陸曹	26	7月25日（10mエアP個人）、27日（同混合）、29日（25mP予選）、30日（同決勝）
陸上班（男子50キロ競歩）	勝木　隼人2陸尉	30	8月6日（決勝）
同（女子20キロ競歩）	河添　香織2陸曹	25	8月6日（決勝）
水泳班（男子800メートルフリーリレー）	髙橋航太郎2海曹	27	7月27日（予選）、28日（決勝）
近代五種班（男子個人）	岩元　勝平3陸曹	31	8月5日（フェンシング・ランキングラウンド）、7日（決勝）
同（女子個人）	島津　玲奈3陸曹	30	8月5日（フェンシング・ランキングラウンド）、6日（決勝）
同（フェンシング・エペ）	山田　優2陸尉	27	7月25日（個人予選～決勝）、30日（団体予選～決勝）
カヌー班（男子カヤック・フォア）	藤嶋　大規2陸曹	33	8月6日（予選）、7日（決勝）
同（同）	松下桃太郎3陸曹	33	8月6日（予選）、7日（決勝）
女子ラグビー班（女子7人制）	梶木　真凛3陸曹	21	7月29日（予選）、30日（準々決勝）、31日（準決勝、決勝）

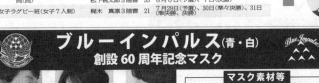

東京五輪

7月23日に開幕した東京五輪。メダル獲得の任務を与えられた自衛隊体育学校（朝霞）からは9個班17人の自衛官アスリートが出場、各競技に臨んでいる。開幕2日後の25日にはフェンシング、射撃、ボクシングの3競技に隊員選手5人が出場し、力を尽くした。（1面参照）

山田2尉6位入賞

フェンシング・男子エペ3回戦で胸元を突き込む山田2尉（左）（7月25日、千葉市の幕張メッセで）＝ロイター／アフロ

フェンシング・男子エペ

30日に団体戦

フェンシングの男子エペ個人戦で体校近代五種班のフェンサー、山田優2尉がメダル獲得にあと一歩まで迫る6位入賞した。グランプリ・ブダペスト大会（2020年3月）で優勝するなど国際大会で実績を挙げ、現在、世界ランキング4位の山田2尉。国内屈指の実力者の技量を見せ、勝ち上がった。

2回戦でキルギス人選手に15―13で競り勝つと、続く3回戦ではカザフスタン人選手に15―8で快勝。準々決勝はイタリア人選手に13―15で惜敗したが、男子エペでは、リオデジャネイロ五輪（16年）の見延和靖選手（ネクサス）と並ぶ最高位タイの6位に入った。

「コロナで疲弊している日本の皆さんを少しでも元気付けられるような試合をしたい」と語った山田2尉。次は30日、男子エペ団体戦で海外強豪に挑む。

射撃班2選手が健闘

男子10メートルエアライフル本戦で集中し的を狙う松本1尉（7月25日、朝霞射撃場で）＝西村尚己／アフロスポーツ

射撃には射撃班から2人が出場。このうち、男子10メートルエアライフル（本戦60発）に出場した松本崇志1陸尉は、本戦を37位（621・7点）で終えた。本戦の上位8人で争われる決勝への進出は逃した。

松本1尉は8月2日、50メートルライフル3姿勢にメダル獲得を目指し全力で臨む。

また、女子10メートルエアピストル（本戦60発）には山田聡子3陸曹が挑んだ。

山田3曹は「最後まで諦めず、自分自身と向き合い戦い抜く」と、無心の射撃を続け、23位（570点）で終えた。決勝には進めなかった。29～30日には25メートルピストルで錬成成果を出し切る。

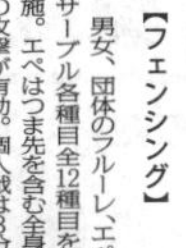

女子10メートルエアピストル本戦で銃を構える山田3曹（7月25日、朝霞射撃場で）＝西村尚己／アフロスポーツ

成果出し切れ

【近代五種班】

山田優（やまだ・まさる）2陸尉　三重県出身、日本大卒。フェンシング・エペ。184センチ。26歳。初出場。

【射撃班】

松本崇志（まつもと・たかゆき）1陸尉　長崎県出身、日本大卒。男子ライフル。168センチ、37歳。初出場。

山田聡子（やまだ・さとこ）3陸曹　滋賀県出身、水口高卒。女子ピストル。162センチ、26歳。初出場。

【ボクシング班】

成松大介（なりまつ・だいすけ）1陸尉　熊本県出身、東京農大卒。男子63キロ級。172センチ、31歳。2度目。

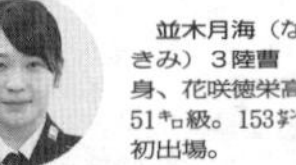

並木月海（なみき・つきみ）3陸曹　千葉県出身、花咲徳栄高卒。女子51キロ級。153センチ、22歳。初出場。

ボクシング

2人が初戦突破

ボクシングにはボクシング班から3人（うち女子1人）が出場。成松大介1陸尉（男子63キロ級）と並木月海3陸曹（女子51キロ級）が25日、1回戦に臨んだ。

3分×3ラウンドを戦い、5人のジャッジの判定を受けるボクシング。「自分から前に出て攻めるボクシングをしたい」と成松1尉は強打で攻め、コンゴ人選手に5―0で快勝。しかし、額の負傷のため、2回戦は棄権した。

五輪ボクシング競技に日本人女子として初めて出場している並木3曹も果敢に攻め、ウガンダ人選手に5―0で勝利した。29日に2回戦に臨む。

【フェンシング】

男女、団体のフルーレ、エペ、サーブル各種目全12種目を実施。エペはつま先を含む全身への攻撃が有効。個人戦は3分×3セット。

【ライフル射撃】

ライフル、ピストルともに男女各2種目。規定弾数で標的を撃ち得点を競う。新たに10メートルのエアライフルとピストルで混合（男女各1人）を行う。

エアライフル、エアピストルともに60発を撃つ。エアライフルの標的の10点圏（中心）の直径は0・5ミリ。エアピストルは同じく直径11・5ミリ。

【ボクシング】

男子8階級、女子5階級。3分×3ラウンドで競い、5人のジャッジが判定する。リオ五輪（16年）からプロの参加が解禁。日本人女子選手の出場は初めて。

部隊だより

陸

真駒内　札幌病院は6月12日、創立66周年記念式典を開催した。鈴木智史病院長は式辞で「ダイヤモンド・プリンセス号の災派から始まり、職員は一丸となって新型コロナ対策の一翼を担ってきた。今後も国民の負託に応え〝信頼される病院の創造〟にまい進していく」と述べた。また式典とともに、病院の歴史資料に関する展示も行った＝写真㊦。

美幌　6普連は6月30日、駐屯地体育館で自候生課程修了式を行った＝写真㊨。執行者の佐藤靖倫連隊長が代表の赤柴健介自候生に修了証書を授与した。連隊長は式辞で「立派に成長した姿を見て頼もしく感じている。誰からも信頼される自衛官を目指してほしい」と述べた。自候生たちは翌日、2士に昇任し自衛官として新たな一歩を踏み出した。

滝川　駐屯地修親会と曹友会はこのほど、駐屯地周辺のクリーン作戦を行った＝写真㊨。これは「郷土共生」を目的としたボランティア活動で毎年1回、隊員たちが参加している。午前7時前に集合した参加者は、駐屯地の外柵や周辺道路など、通勤に使用するエリアを清掃。また歩道や側溝に落ちている空き缶やごみを拾い、滝川市の環境美化に貢献した。

久居駐屯地業務隊糧食班が奮闘

本格炭火焼き「豚丼」いかが

給食に全国ご当地グルメ
コンロ3台フル稼働

北海道帯広市の豚丼をメインに、ひじきと厚揚げの煮物、大根ツナサラダ、バナナ、すまし汁も提供

コンロを3台フル稼働させ、たちこめる煙に涙を流しながら豚肉を焼く糧食班の隊員たち

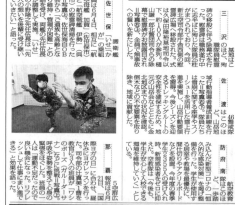

久居駐屯地隊員の「食」を預かる業務隊糧食班（班長・岩屋繁成2尉）はこのほど、〝給食の魅力アップ〟で隊員の満足度を向上させようと「全国ご当地メニュー」の提供を始めた。

その第1弾は北海道帯広市の名物「豚丼」に決定。通常はオーブンで調理した豚肉をご飯にのせているが、班員の一人から、「本格的に炭火焼きにしてみたら?」との意見があり、炭火焼きは準備や配食に手間はかかるものの、「よりおいしいものを隊員に提供したい」との考えから挑戦することにした。

当日は煙が出ても大丈夫なように食堂の横にテントを張り、3台の大型コンロを並べ、大量の備長炭を用意した。

隊員400人分の豚肉は計50キロにも上り、岩屋班長以下4人の班員たちは煙に「涙を流しながら」肉を焼き続けた。

ほどなく駐屯地内に香ばしい焼肉の香りが広がり始めると、食欲を刺激されて隊員たちが続々と食堂に駆けつけた。

「帯広風豚丼」は白いご飯の上に甘辛ダレに味付けされた焼き豚がのせられ、みな「おいしい！」と夢中で頬張った。隊員たちは「炭火焼はなかなか駐屯地では食べられないので、こういうメニューは嬉しい」と大好評だった。

隊員の反応に手応えを感じた糧食班では「次はウナギかカツオの藁焼きを」と、さらなるご当地メニューの案を練っている。（久居）

炭火で焼いた香ばしい肉に「おいしい！」と隊員たちからも大好評だった

弘前　39普連は6月25日、自候生13人の修了式を行った。佐々木凜人自候生が「誇りと自信を持って努力していきたい」と決意を述べた。これを受け、天内明弘連隊長の式辞を代読した矢萩孝幸副連隊長は「同期と高い壁を越えた経験を忘れず、何事にも取り組んでほしい」と激励。参列した家族は、立派に成長した我が子の姿に感動していた。

岩手　東北方面特科連隊は6月3日、自候生の「小銃手としての各個戦闘動作」を評価するため、「戦闘訓練評価」を行った＝写真㊤。当日は候補生たちは班長の命令や指示に的確に応え、地面に這いつくばりながら猪突猛進。遅れる仲間には声をかけ、励ましあいながら目標を奪取し、教官や助教に自衛官の資質を得たことを証明した。

神町　20普連担任の「師団レンジャー集合訓練」に挑んだ学生24人が6月11日、駐屯地に帰還した。帰還式は営庭で行われ、担任官の荒木貴志連隊長が一人一人に「よく頑張った」と声をかけながらレンジャー徽章を授与。学生長を務めた102補給大隊（仙台）の小山貴史学生は、「応援してくださった皆さまの声が支えとなりました」と述べた。

座間　駐屯地曹友会は6月25日から7月8日まで、自衛隊と在日米陸軍の庁舎に七夕の笹を設置した＝写真㊤。千葉周一曹友会事務局長が、米下士官や家族に七夕の由来と風習を英語で説明。米陸軍のマテルスキー大佐など日米の隊員が、願い事を書いた短冊を飾り付けた。行事を通じ、米軍に日本文化を紹介するとともに、隊員同士が交流を深めた。

新町　12後支隊は6月30日、自候生課程修了式を行った＝写真㊤。式では担任官の川畑裕幸隊長が自候生たちに修了証書を授与、新井凱自候生が元気よく申告した。川畑隊長は式辞で「先輩・同僚に信頼される隊員へ成長して欲しい」と述べた。教育担任官褒賞を授与された河西柊馬自候生は「初心を忘れず立派な自衛官になりたい」と語った。

板妻　34普連の2中隊と施設作業小隊は6月2日、静岡県掛川市で実施された非常災害対策実動訓練に参加した。「大型台風により大規模停電が発生した」という想定で演練。中部電力と連携し、電力確保のための復旧支援物資を大型トラックに積載、つま恋リゾート南駐車場まで輸送した。関係各市長が視察する中、迅速に物資を下ろして任務を完遂した。

米子　駐屯地はこのほど、企業4社の新入社員14人に対して生活体験を行った。団体生活の基本を学び、自衛隊への理解を深めてもらうことが目的。参加者は基本教練やロープワークなどに挑戦したほか、徒歩行進では雨の中、重い背のうを交替して持つなど助け合い、団結心を養った。参加者は「チームワークの大切さを学んだ」と感想を語った。

北熊本　42即機連は6月27日、自候生課程修了式を行った＝写真㊤。自候生たちは約3カ月間の教育を通じて基礎的な知識や技能を習得し、名実ともに自衛官となった。小見明之連隊長は式辞で「困難を乗り越え教育を修了した」と賞賛し、今後の成長への期待を述べた。渕上修法候補生は「苦しいこともあったが充実した3カ月間でした」と振り返った。

空

三沢　基地はこのほど、殉職隊員慰霊碑の移設に伴う除幕式を行った。慰霊碑は職務遂行中に志半ばに殉じた隊員25柱がまつられており、今回、新北空司令部庁舎西側の慰霊碑広場へ移設された。式は久保田隆裕基地司令以下、約100人が参列。樋山謙一郎北警団司令らの除幕で慰霊碑がお披露目され＝写真㊨㊤、全員で無事故への誓いを新たにした。

佐渡　46警戒隊はこのほど、山岳地域行動指導者養成訓練を行った＝写真㊨㊦。隊員たちは雪崩に関する座学やスノーシューを活用した雪上行進を実施し、山岳行動要領を習得。今後シーズンを迎えるトレッキングルートの安全性を確保するため、地元の山岳会などとともに金北山地区までの状況を確認。倒木などの不安要素を取り除き、地域に貢献した。

防府南　航空教育隊はこのほど、一歩踏み込んだ新型コロナの「恒久的な感染対策」を掲げ整備を行った。学生が使用する居室や教場を最優先に、間仕切りやアクリルボードなどを設置。今年度の春季学生2355人の受け入れ時、新規感染者をゼロに抑えた。空教隊は「今後も、学生が安心して入校できる環境を維持していく」としている。

海

八戸　2空群は6月27日、航空学生志望者を対象とした説明会を行った＝写真㊤。高校生など10人が参加し、地元出身の女性P3C哨戒機のパイロット・工藤知聖2尉が概要を説明した。パイロット業務のやりがいを聞かれた工藤2尉は、ジブチ派遣で日本の船舶を護衛した経験などを語り、「日本や世界に貢献できる仕事です」とアピールした。

舞鶴　護衛艦「せんだい」は6月1日から14日まで、16期一般曹候補生と23期自衛官候補生に対し乗艦実習を支援した。新型コロナ感染防止のため30人ずつ5回に分けて実施。実習員たちは「せんだい」の概要や装備武器の説明に聞き入った＝写真㊤。懇談では、修業後の職場を見据え、乗組員に質問するなど積極的に学んでいた。

佐世保　護衛艦「いせ」「かが」の乗組員は6月4日、相互に「航空母艦 加賀」（佐世保市）と「航空戦艦 伊勢」（呉市）の慰霊碑清掃を行った＝写真㊤。佐世保海自OB会から「ご遺族も高齢となり維持・管理が困難」との話を受け、両艦の先任伍長が調整して実施。「いせ」の小野隆之先任伍長は「先人の想いを後輩に受け継いでいきたい」と語った。

那覇　5空群広報班は6月21日、「国際ヨガの日」に合わせ、昼休みにヨガレッスンを行った。司令部の辻真美1曹を教官に3人の班員が「ワシのポーズ（ガルーダーサナ）」などに挑戦＝写真㊤。呼吸や姿勢を整えて心身の緊張をほぐした。班員の一人は「運動不足だったので良い機会になった。リフレッシュして仕事にまい進できる」と効果を語った。

軽強襲揚陸戦闘艦を整備へ

米海軍 新設「海兵沿岸連隊」の輸送用に

島嶼部の作戦を円滑化 兵士75人、各種車両収容

防衛技術

米海兵隊は島嶼部での作戦を円滑かつ効果的に遂行するため、今後10年をめどに小規模で即応性のある新たな「海兵沿岸連隊（Marine Littoral Regiment、MLR）」の創設を計画している。MLRは対艦、対空ミサイルなどを装備する従来にないタイプの部隊で、米海軍は同隊の輸送用に「軽強襲揚陸戦闘艦（Light Amphibious Warship、LAW）」の建造計画を進めている。LAWは4000トン級を見込み、全長は120メートル程度。艦内に2400平方メートルの貨物スペースを有し、速力14ノット、航続距離7000キロを求めている。2026年までに30隻の調達を計画している。

船体後部に揚陸用の大型扉

米海軍などの計画によると、軽強襲揚陸戦闘艦（LAW）の要求諸元は、全長60～120メートル、深さ3.6メートル、排水量4000トン、乗員40人で、海兵隊員75人を収容でき、各種車両などを搭載する2400平方メートルの貨物スペースを持つ。速力は14ノット以上、航続距離7000キロとなっている。

公表されたイメージ図によれば、LAWは船体の後部に車両揚陸用の大型の扉がある特異なタイプとなっている。艦首部は通常の船型で速力を高め、後部を車両などの搭載・卸下用区画としている。

車両等を陸揚げさせる際は、艦尾側から砂浜に乗り上げ、扉を下ろして車両は自走で揚陸させる。

この運用方法では船体後部に推進用のスクリューや方向舵などが設置できないため、同艦では従来とは違った推進システムが導入されるのかもしれない。

イメージ図では船体中央部にヘリ甲板があり、ヘリが着艦して先に海兵隊員を空輸することもできそうだ。大型の武器は搭載せず、個艦防衛用として25ミリまたは30ミリ級の機関砲の装備を計画している。

（上）軽強襲揚陸戦闘艦（LAW）の艦首。通常船型で14ノット（26キロ）が出せる（右）海兵隊の車両を揚陸中のLAWの運用イメージ（下）（上）真横から見たLAW（下）上から見たLAW。船体中央部にヘリコプター発着用の甲板がある

技術が光る 102

水空合体ドローン KDDI、KDDI総研、プロドローン

飛行ドローンから水中へ子機発進 遠隔操作で水中ドローンが探査も

「海上自衛隊の艦船の船底を、停泊中、異常がないかダイバーに代わって水中ドローンがチェックしてくれます」――。

千葉市の幕張メッセで先月開かれたドローン産業の見本市「ジャパンドローン2021」で、着水したドローンから水中に子機のドローンを発進させる世界初の合体型ドローンがお披露目された。KDDI、KDDI総合研究所、プロドローンの3社が共同開発した「水空合体ドローン」がそれだ。

今年5月に技術実証を終えたばかりというこの合体型ドローンは、探査したい水上のポイントまで水中ドローン（子機）を搭載した空中ドローン（親機）を飛ばす。六つのフロートがついた親機が目標地点に着水し、ケーブルでつながれた子機をコンテナから水中に向けて発進させる。この水中ドローンには通信機器や高性能カメラが搭載され、水中を移動しながら艦船の船底などを探査することができる。

親機の空中ドローンはKDDIが運用するスマート・ドローン・プラットフォーム（モバイル通信を使ったドローン操作アプリ）により、容易に遠隔操作が可能という。

「この合体型ドローンの画期的なところは、タブレット一つで親機の飛行から着水、子機の分離、潜航、浮上、回収、そして帰還までの一連の動作を制御できるところです。特別な操縦技術がなくても使いこなせるのが最大の特徴です」と開発したプロドローン社（本社・名古屋市）の児島さんは話す。

タブレットに表示される水中ドローンの位置は、KDDI総合研究所の独自の音響位置検出技術で正確に検出される。子機のカメラが撮影した水中の映像はケーブルでつながれた親機を通じてリアルタイムで操作者に伝送されるため、地上や艦艇の上にいながら緻密な水中観測が可能だという。

KDDI、KDDI総合研究所、プロドローンが開発した世界初の水空合体ドローン。母機（上）が着水後、子機の水中ドローン（下）が発進する（6月16日、千葉市の幕張メッセで）

児島さんは「この水中ドローンは海上自衛隊の護衛艦の船底点検などにも力を発揮すると思います。ダイバーが潜る前にドローンで事前に探査すれば、自衛官の方もより安全に任務ができるのではないでしょうか」と語った。

4年度内に実用化される予定という「水空合体ドローン」。海自の水中処分員のリスク軽減にもつながりそうだ。

世界の新兵器 550

米陸軍の戦術画像衛星「ケストレルの眼Ⅱ型」 米

撮影画像はリアルタイムで前線の指揮所へ

軍事宇宙アセットの利用で世界一恵まれているのは米軍将兵であるが、身近なものとなったのは湾岸戦争以降である。GPSで自己位置を標定するだけでなく、あらゆる兵器システムに装着し、衛星通信が見通し外通信を担い、戦術弾道ミサイルの発射探知も衛星から前線へ直接伝わるよう改善された。

だが、どうにもならないのは画像衛星の利用だ。これを運用する国家偵察局（NRO）は、戦略情報として限られた要員にしか画像を見せない。そこで「戦術情報でもあるのだ」と前線の指揮官が提出を求めたら、届いたのは戦いが終わった後であったという。

「これではならじ」と新生の宇宙軍は、低コストの戦術画像衛星を多数、低高度軌道に載せ、前線指揮官に秒単位の遅れで、いやリアルタイムで届けると宣言して喝さいを浴びた。

しかし、DARPA（防衛先端研究企画庁）の先行研究を受け、商業画像衛星技術による実証実験を早くも2007年に始めていたのは米陸軍である。11年もかけて「安くても即応性、耐久性、信頼性で劣ることはないのか」を研究した上で試作された「ケストレルの眼Ⅱ型」は17年8月、国際宇宙ステーション（ISS）への物資補給に使われ始めたスペースX社の「ファルコン9」によってISSへ運ばれ、退役陸軍大佐のマーク・ヴァンデ・ヘイ宇宙飛行士によって活性化されて軌道に載せられた。彼は、これを試作した米陸軍宇宙・ミサイル防衛コマンド（USASMDC）に1年前まで勤務していたという。

公開資料によると、6台のカメラが1軸のジンバルに取り付けられ（総重量は40キログラム）、「市街地程度の広さ」が360度のパノラマで撮影できる。地上分解度は中程度というから数十センチ程度であろうか。複数の疑わしい目標の同時追跡や、指定地域の自動モニターも可能だ。画像はリアルタイムで前線の指揮所へ送られるが、30日分のデータ保存が可能なので、敵の妨害で受信不能な時は、後に受信できる。

これに先立つ12年3月、米国土安全保障省の

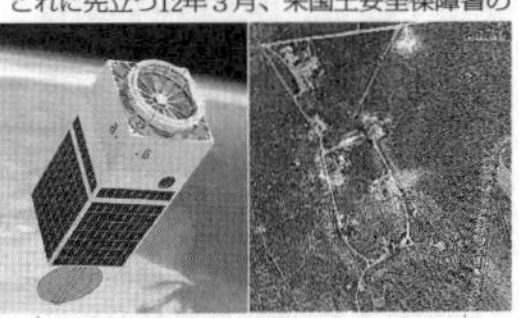

米陸軍の戦術画像衛星「ケストレルの眼Ⅱ型」のイメージ（左・米陸軍）と商業画像衛星の地上撮影画像（右・Digital Globe）

無人機に搭載してメキシコ国境の密入国者の監視デモが、アフガニスタンでは市街地の24時間モニターデモが行われた。これら地上実験の成果を生かした試作衛星は、18年4月から10月まで、数々の地上演習に参加しながら技術試験と運用試験を行った。評価は良好で、火力情報に直結させる構想も浮かんでいる。なおケストレルとはハヤブサの一種、チョウゲンボウの名である。

この成果を挙げた2800名の将兵と文官を組織ごと宇宙軍へ移管する要請を受けた陸軍は、USASMDCを統合コマンドである米宇宙コマンド（USSPACECOM）と米戦略コマンド（USSTRATCOM）の両方の隷下に差し出すことで、守ろうとしている。射程300キロの対艦ミサイルを開発中の陸軍には〝必須の眼〟であろう。

徳田　八郎衛（防衛技術協会・客員研究員）

無人機がFA18へ空中給油に成功 米ボーイング社発表

米ボーイング社は6月7日、米海軍が同社の開発した無人機「MQ25スティングレイ」試験機1号機（T1）を使ってのFA18戦闘攻撃機への空中給油に成功したと発表した。

T1は空力と空中給油システムを評価する25回の試験を終え、今回の実機への初の空中給油試験にも成功した。今後は空母に搭載し、艦載機としての各種試験に挑む。

現在はFA18が担っている空中給油の任務をMQ25が担当することで、米海軍では「空母航空団の活動拡大に貢献する」としている。

米海軍のFA18戦闘攻撃機に空中給油を行う無人機「MQ25スティングレイ」（左）＝ボーイング社提供

技術屋のひとりごと

装備品の能力向上に関する技術調査

脇　和広（海自艦艇開発隊・装備実験部技術科長）

艦艇開発隊は、海自の開発隊群に所属する研究開発部隊です。技術科では、防衛装備品の能力向上に関する技術調査を実施しています。水上戦、電磁戦、機雷戦等に係る現有装備品に対する要改善事項を分析し、運用者の要求とのギャップを洗い出し、明らかになった能力向上項目について改善していくためのロードマップを導出するものです。海上幕僚監部や補給本部はその成果を基に予算要求し、事業化を進めていくことになります。

当該業務に取り組む上で最も重要視していることは、ユーザーニーズを引き出し、汲み取ることです。部隊から出された能力向上要望書をしっかり読み込んで要望内容を深く理解するよう努めています。芽が出そうな項目のうち、要求の精緻化や、技術的な深掘りが必要なものについて、役務調査により分析、検討を進めていきます。

また、技術的シーズの調査とその適用を検討していくことも重要なことです。ただ、人工知能をはじめとして、期待されている技術があったとしても、個々の装備品毎に検討してみると、適合することもあれば適合しないこともあります。今すぐ適用しようとしても時期尚早なケースもあります。このような検討の結果、適用が可能で改善の見通しが得られた時、技術屋としての醍醐味を味わっています。

装備品の能力向上に関する技術調査の取り組みは始まったばかりで、装備品の実際の改善に取り掛かるのはこれからですが、関係者からはこのような取り組みはこれまでなかったもので画期的との反響があり、手応えを感じています。

今後、能力向上の地道な取り組みが続いていく中で、その成果が次々に形として見えて来ることを楽しみに、引き続き当該業務に尽力していきます。（2海佐）

葉月、月見月、観月、中秋——8月。

6日広島平和記念日、8日山の日、9日長崎原爆の日、15日終戦記念日、21日献血の日。

やすぎ月の輪まつり　島根県安来市で行われる祭事。娘の命を奪った鰐の仇を、月の輪型の武器で討った出雲風土記にちなみ、月の輪の灯籠を御神体に山車が市内を練り歩く。今年は神事のみを開催。14～17日

湯のまつり　1882年の開湯を記念する片山津温泉（石川県加賀市）の夏祭り。例年は源平勝負御輿や大花火大会など多彩な行事が行われるが、今年は愛染寺で温泉繁栄祈願法要のみを執り行う。21日

「ルーフテント」が人気

「東京キャンピングカーショー2021」

コロナ禍で外出規制が続く中、密を避けて楽しめるレジャーとしてキャンプが静かなブームとなっている。特に車内泊ができるキャンピングカーは手軽に家族旅行が楽しめるため人気だ。夏休みを前に東京ビッグサイトで開催された「東京キャンピングカーショー2021」には2日間で家族ら計6254人が来場。コロナの時代に対応した最新キャンピングカーの特徴に迫った。（写真・文　古川勝平）

目を引く「ポップアップルーフ」

就寝できるロフト「ポップアップルーフ」を採用した東和モータース販売出展のキャンピングカー「インディ108」

会場内にさまざまなキャンピングカーが並ぶ中で、ひと際目を引いたのが「ポップアップルーフ」採用車だ。車の天井をロフトにして就寝スペースを増やせるのが特徴。東和モータース販売が展示していた軽キャブコンバーションの「インディ108」もその一つ。

車内にはカップホルダー付きの着脱式テーブルやダイネット用マットに小型のキッチンを備えたスペースがあり、小型家電を導入すれば軽食も調理できる。就寝時にテーブルを収納し、ダイネットをベッドに変えれば、ロフトと合わせ、大人4人が寝泊まりできる。

キャンピングカーには高価なイメージがつきものだが、ダイハツハイゼットがベースとなる同車は比較的リーズナブルで、価格は税込み約315万円から。初心者には打ってつけのクルマと言えるだろう。

低コスト、見晴らし抜群

居住スペースをルーフ上に設けることで、車内にはさまざまなキャンプ用器具を積むことができる

キャンピングカー人気の一方で、普段使いの乗用車にテントを乗せることで車内泊を可能にする「ルーフテント」の需要が高まっている。

ルーフテントは車上のキャリアに設置した折り畳み式のテントだ。「ポップアップルーフ」との違いは、取り付けに市販のルーフキャリアが必要になること。

ポルトガルのジェームズ・バロウド社製のルーフテントを出展していたのは輸入・販売元のコイズミ。軽自動車でもコンパクトサイズであれば、ほとんどの車両に同テントの搭載が可能という。

「このルーフテントは雨の中でも濡れずに車中とテントを行き来できるよう、専用のトンネルがオプションとして用意されています」と同社カルコア事業部の大島久典課長。このトンネルは「ツー・イン・ワンシステム」という独自の技術で、車中から直接テントを行き来できるようになり、車内のエアコンで調整された空気をテントに送ることも可能だ。テントの開閉が不要のため雨風だけでなく、夏場の害虫などが侵入しないというメリットもある。居住性が高いため、災害時の一時避難場所としても利用できる。

「快適なテント内なら自然の中でリモートワークも行えます。現在、予約が一杯で、お客さまをお待たせしてしまい申し訳ないです」と大島課長。

車内泊のために車そのものを買い替える必要がなく、テント代と施工費だけで愛車がキャンピングカーに早変わりする。コストを抑えて憧れのキャンピングカーライフを実現できるルーフテントの需要は、これからもファミリー層を中心に増えていきそうだ。

ポルトガルのジェームズ・バロウド社製ルーフテント「エヴァションレギュラー」（車載部分）

ルーフテントの内部。四方の窓から周囲の景色を楽しめるほか、大人もゆったりと過ごせる十分な広さがある

マイヘルス Q&A

音響性難聴・音響外傷

早期治療で難聴防ぐ　射撃訓練では確実な耳栓装着を

Q　音響性難聴・音響外傷とはどんな病気ですか。

A　耳から入った音は振動として鼓膜から中耳に届き、神経細胞のある内耳に伝えられます。内耳には有毛細胞が並んでおり、音の振動を微細な電気信号に変換して神経、脳に伝えます。

有毛細胞にある聴毛は非常に繊細な構造のため、突発的な大音響や、コンサートやイヤホンなどで大音量の音にさらされると、過剰な振動で傷つき、壊れることがあり、難聴、耳鳴り、音が不快に響くなどの症状が出現します。この状態を音響性難聴、音響外傷といいます。

いったん症状が固定してしまうと、難聴や耳鳴りが生涯持続し、その後の日常生活の質の低下を引き起こす原因の一つとなります。

Q　症状が起こった場合はどうすれば良いですか。

A　障害の程度が軽ければ自然に改善することがありますが、症状が高度な場合や翌日も持続する場合は速やかに耳鼻科を受診する必要があります。

Q　どのような治療を行いますか。

A　一般的にはステロイドを中心に血管拡張薬やビタミン製剤などによる治療を行います。症状が重い場合や他の疾患がある場合には入院治療も選択されます。受傷から2週間以上経過したものは治療効果が出にくい傾向があり、早期に治療を開始することが重要です。

Q　治りますか。

A　一般的には難聴の程度が軽いほど治癒率が高く、高度な場合には後遺症が残存しやすい傾向にあります。早期に治療を開始した方が改善する可能性は高くはなりますが、治療を行っても元の聴力までは改善せず、難聴や耳鳴りが残ることがあります。

Q　射撃訓練などで音響外傷を予防するためにはどうすれば良いですか。

A　射撃訓練での音響外傷の多くは、耳栓のサイズや形が合っていなかったり、緩みや脱落が起きたりすることで発生しています。耳の形は個人差が大きいため、耳栓は自分の耳にしっかりとフィットするものを選んでください。訓練中に耳栓が緩んだ場合には必ず装着しなおすことや、訓練指揮官や安全担当者は、各個人が適切に聴覚防護を実施していることを確認することが重要です。

音響外傷は予防可能な難聴です。後遺症として症状が固定すると生涯不快な症状に悩まされることになるため、適切な聴覚防護で発生を未然に防ぐことがなによりも重要です。

（自衛隊中央病院　耳鼻咽喉科医官　中森　祐里和）

BOOK NOW

私が読んだ　この一冊

D・カーネギー著「人を動かす」（創元社）
東北方航空野整備隊（霞目）熊坂昌彦2陸尉　38

本書では、人が人を動かすために必要な人間関係の基本的原則について著者が実践を通じて具現化した事例をもとに広範な展開を試みた。人を動かすことにより任務を遂行する幹部自衛官の必読書ともいえる啓発本だ。

本文では基本的原則が30種類に整理・区分されているため、人を動かす際の「自分に足りない何か」を探すことができる。人を動かす悩み・苦労を有する人にとって、解決の糸口を与えてくれる。

稲葉義泰著「ここまでできる自衛隊」（秀和システム）
5整備補給隊（那覇）三木奈菜1海尉　37

本書は、自衛隊の活動の根拠となる「法」について焦点を当てた内容です。自衛隊の活動に関係する国際法、憲法、自衛隊法について専門的な用語を使わず、一般的な言葉と身近な例を使って説明されているので分かりやすく、自衛官だけでなく一般の方にもおすすめです。読後は、私たちはどのような法的根拠に基づいてどのような活動ができるのかということがクリアになり、今後の勤務の資になる一冊です。

ほぼ日刊イトイ新聞（糸井重里）著「岩田さん　岩田聡はこんなことを話していた。」（ほぼ日）
作戦情報隊（横田）服部秀隆2空尉　30

ゲーム業界トップを走り続ける任天堂の社長を勤め、2015年に55歳で他界された岩田聡さんの言葉を集めた書籍だ。

「モノ作りを通じて、自分達もお客様もハッピーになろう」という理念を徹底し、自身の自伝的な物は残されなかったが、旧知の戦友達が岩田さんの言葉を紡いだ。社員と客に対して真摯であり続けたその言葉は、国民の負託に応えるべく日夜職務にまい進する我々自衛官の心をも掴む。

隊員愛読書ベスト5

＜入間基地・豊岡書房＞
❶自衛隊失格—私が「特殊部隊」を去った理由　伊藤祐靖著　新潮社　￥649
❷ゴーマニズム宣言SPECIALコロナ論3　小林よしのり著　扶桑社　￥1540
❸極超音速ミサイル入門　能勢伸之著　イカロス出版　￥1760
❹航空自衛隊副官怜於奈2　数多久遠著　角川春樹事務所　￥704
❺自衛隊最高幹部が語る令和の国防　岩田清文、武居智久ほか著　新潮社　￥902

＜防衛省・三陽堂書店＞
❶自衛隊最高幹部が語る令和の国防
❷自衛隊装備年鑑2021-2022　朝雲新聞社　￥4180
❸戦うことは「悪」ですか　葛城奈海著　扶桑社　￥1540
❹軍事組織の知的イノベーション　北川敬三著　勁草書房　￥4400
❺新兵器最前線シリーズ—自衛隊の島嶼防衛力　ジャパン・ミリタリー・レビュー　￥2600

＜神田・書泉グランデミリタリー部門＞
❶世界の傑作機No.201ユンカースJu188、288、388　文林堂　￥1466
❷海軍めし物語—艦隊料理これがホントの話　高森直史著　潮書房光人新社　￥924
❸三式戦闘機「飛燕」—川崎キ61＆キ100のすべて　「丸」編集部編　潮書房光人新社　￥3520
❹第二次大戦世界の戦闘機1939-1945完全改訂版　松崎豊一著　￥2970
❺日本のF—X【次期戦闘機】　イカロス出版　￥1298

＜トーハン調べ6月期＞
❶趣味どきっ！いまこそスマホ　岡嶋裕史講師　NHK出版　￥1430
❷老いの福袋　樋口恵子著　中央公論新社　￥1540
❸52ヘルツのクジラたち　町田そのこ著　中央公論新社　￥1760
❹秘密の法　大川隆法著　幸福の科学出版￥2200
❺てれびげーむマガジンJuly2021　KADOKAWA　￥999

あさぐもドンマイら
吉本どんど

磯釣り？行きたいけど
この時期日焼けが……ねー

手ぬぐい
てっ甲
サンバイザー

そんなおばさんっぽい格好したくないわよ

ブルー世紀の飛行

国立競技場 上空の「五輪」に歓声

空自4空団11飛行隊（松島、隊長・遠渡祐樹2佐）ブルーインパルスは東京オリンピックの開会式が実施された7月23日、国立競技場の上空にカラースモークで五輪マークを描いた。前回大会以来57年ぶりとなる世紀の飛行に、集まった航空ファンたちからは驚きと喜びの声が上がった。

（菱川浩嗣、古川勝平）

当日は晴天に恵まれたが国立競技場上空には雲が広がり、風も強い天候。新型コロナ感染拡大防止の観点から、空自公式SNSでのブルーの飛行開始時間の公表は直前となったが、世紀の飛行をライブで見ようと競技場周辺やビルの屋上には多くの人が集まった。

午後0時20分、1番機（遠渡隊長、名久井朋之2佐）、2番機（住田竜大1尉）、3番機（鬼塚崇玄1尉、槇野亮2佐）、4番機（永岡皇大1尉）、5番機（河野守利3佐）、6番機（眞鍋成孝1尉）の各機が順次展開先の入間基地を飛び立った。不測事態に備え、第2編隊の6機も後に続いた。同40分ごろに都庁付近を通過し、東京タワーや東京スカイツリーの周辺を飛行。

上空に描かれた5色の五輪シンボルマークに見入る観衆（東京都中野区で）

青空にカラースモークのラインが描かれると、集まった人たちからは歓声が上がった。

同50分ごろ、国立競技場上空に現れたブルーは、先導の1番機を除く5機が「レッツゴー！スモック！」の掛け声とともに、赤（2番機）、黒（5）、青(3)、緑（4）、黄（6）のスモークで一斉に円を描き始めた。風の影響でかすれた部分もあったが、高度約10000メートルに直径各約1・2キロの大きさの輪を描き切ると、観衆から大きな拍手が沸き起こった。

飛行3時間前から待機していた川崎市宮前区の会社員田中宣博さん（46）と学生の嵐さん（19）親子は「輪がとてもきれいに描けていて感動した。待ったかいがあった」と話した。

国立競技場近くで飛行を見守った30代の女性は「一生に一度あるかないかの体験ができた」と述べ、40代の男性は「オリンピックがいよいよ始まることが実感できた」と笑顔で語った。

前回の東京五輪で、F86Fブルーインパルス3番機で五輪マークを描いた西村克重さん（84）は、「57年の時を超え、今度は地上から五輪マークが見られて感無量だ。厳しい状況の中、ご苦労さまでした」と11飛行隊員の労をねぎらった。

「任務達成に大きな充実感」隊長

大役を終えた遠渡隊長は「無事任務を達成でき、大きな充実感に包まれている。皆さまに少しでも空を見ていただく時間をプレゼントできればという思いで飛行した。ご支援いただいた多くの方に感謝の念を伝えたい」と語った。

（5面参照）

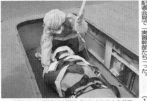

東京五輪開会日での展示飛行に先立ち、展開先の埼玉・入間基地で出陣式を行う11飛行隊の隊員（写真はいずれも7月23日）＝空自提供

隊員570人が災派継続

熱海土石流 猛暑の中、34普連、1施大など

静岡県熱海市の逢初川沿いで7月3日に発生した大雨に伴う土石流で、自衛隊の災害派遣部隊は同26日現在、梅雨が明けて連日の暑さが続く中、約570人態勢で警察・消防と連携した人命救助活動を継続している。

同市伊豆山地区では未だに多くの行方不明者がおり、陸自34普連（板妻）と1施大（朝霞）などが約570人態勢で懸命の捜索活動を続けている。

現場では連日の猛暑のため、34普連では活動部隊に衛生小隊を同行させ、隊員たちに小まめな水分補給を促し、各自で塩分摂取などの熱中症対策をとっている。重機などでの土砂啓開が続く中、暑さで泥が固まった箇所にはホースやバケツで散水し、柔らかくしてからスコップなどで取り除いている。

26日現在、被災現場には人員約220人、重機8両を投入。人命救助活動の結果、16人が救助され、うち12人は警察により死亡が確認された。加えて、道路上などに堆積した土砂などを除去し、計約1020メートルを啓開した。

連日の暑さで泥が固まった箇所にバケツで水をかけ、土砂を撤去しながら行方不明者捜索に当たる34普連など災派部隊の隊員（7月21日、静岡県熱海市で）

興梠1佐にメリット勲章

前米防衛駐在官 日米間の関係強化に尽力

米大統領からのメリット勲章を授与され、勲記を手にする興梠1佐（右）と伝達したパパロ米海軍太平洋艦隊司令官（6月7日、東京都港区の在日米国大使館で）＝海幹校提供

2017年8月から20年7月まで、在アメリカ合衆国日本国大使館付防衛駐在官として勤務した海自幹部学校国際計画班長の興梠拓朗1海佐に米大統領からのメリット勲章が贈られ、6月7日、来日した米海軍太平洋艦隊司令官のサミュエル・パパロ大将から伝達された。

贈られた勲章は将官や同職の佐官に授与される「リージョン・オブ・メリット・ディグリー・オブ・オフィサー」。興梠1佐は防衛駐在官として日米間の交流促進に尽力する傍ら、個人的な取り組みとして世界的に感染を広げる新型コロナウイルス対策の自衛隊の対応策を翻訳し、米軍に情報提供するなど日米同盟の関係強化に貢献したことが高く評価された。

在日米国大使館で行われた伝達式では、パパロ司令官が勲章とロイド・オースティン国防長官の署名入りの勲記を興梠1佐に手渡し、活躍をたたえた。

興梠1佐は「太平洋艦隊司令官から1佐への直接の授与は極めて珍しく大変光栄。受章は多くの負担をかけた家族と国内外でお世話になった方々のおかげ。これに恥じぬよう引き続き全力で精進していく」と喜びを語った。

（2面参照）

「かしま」が漂流者を救助

3人のインドネシア人を発見

海自の実習幹部を乗せて東南アジア方面を巡航中の遠洋練習航海部隊の練習艦「かしま」は7月7日、インドネシア周辺海域を航行中に3人のインドネシア人が漂流しているのを発見し、救助した。

「かしま」は7日、東ティモールのディリ沖を北上してフィリピン南部のダバオに向かって航行中、インドネシアのモルッカ諸島西方沖で信号員が漂流する3人を確認した。同艦は直ちに減速して作業艇を降下、現場に急行して救助した。

漂流していた3人は脱水症状と低体温症で自力歩行が困難だったため、同艦の衛生員らが付き添いながら艦内に収容。医官らが所要の処置を施し、8日、インドネシア海軍に引き渡した。

インドネシア海軍によると3日、約320袋の乾燥ココナッツを搭載した輸送船（乗組員4人）が同国北部のモルッカ諸島西方沖で大波と強風に見舞われて浸水し、沈没。乗組員はライフジャケットを着用して海に飛び込んだ。

山村海幕長は7月13日の記者会見で「実習幹部たちが実際の救難現場に遭遇し、救助から引き渡しまで一連の『グッドシーマンシップ』の実践を見たことは教育的にもよかった」と語った。

（1面参照）

新型コロナ感染防止対策のガウンとマスクを着用し、救助したインドネシア人に点滴を施しながら艦内に搬送する練習艦「かしま」の衛生員（奥）＝7月7日＝海自提供

護衛艦「せんだい」が海保と相互研修

【せんだい＝舞鶴】14護衛隊の護衛艦「せんだい」は6月9日、第8管区海上保安本部職員の研修支援を行った。星﨑隆警備救難部長、木原洋海上保安学校事務部長はじめ7人が艦内を見学し、意見を交換した。

海自と海保はこれまでも不審船の追尾や監視、対処法について共同訓練を行ってきた。5月には海自側が海保の巡視船「だいせん」を見学しており、今回は14護衛隊側が双方の理解をさらに深める目的で相互研修として企画した。

当日は海自の任務や勤務形態を説明し、艦内の装備品を紹介。外国船の対処法や操船法について話し合った。海保職員から射撃の訓練要領や乗員の生活スタイルについて質問が出るなど、活発に意見が交わされた。研修に参加した隊員は「海上交通のプロフェッショナルである海保巡視船の運用に関する話は勉強になる。今後の任務行動に生かしていきたい」と語った。

海自と海保は今回の研修を通じて、情報共有を緊密にし〝海の団結〟をさらに強化していくことを確認し合った。

海保職員に個艦防衛用の20ミリ機関砲ＣＩＷＳを説明する榎本健児艦長（右から2人目）＝6月9日

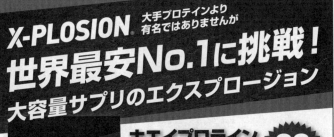

小休止

▽…新発田地域事務所は6月10日、今春に一般曹候補生として武山駐屯地に教育入隊したチョウドリ・マルジャン2陸士（新発田市出身）の訪問を受けた＝写真。

▽…バングラデシュ人の両親をもつマルジャン2陸士は、すっかりたくましく成長し、「将来は陸曹になるために努力して、経験を積みたい」と前期教育修了を前にした決意を語った。

▽…「野営訓練が大変だったが、仲間と力を合わせて取り組めた。射撃でも優秀賞をとれてうれしかった」と振り返ったマルジャン2士。担当広報官の平井忠広陸曹長は「再会できてうれしい。次回の里帰りでも話を聞かせて」と笑顔を見せた。（新潟地本）

こちら警務隊

レジャー④

免許未取得者が水上オートバイを操縦したら30万円以下の罰金

友人の水上オートバイを借りて操縦したら違反になりますか？

「特殊小型船舶操縦士」の免許を取得していない者が水上オートバイを操縦した場合、船舶職員及び小型船舶操縦者法違反となり、30万円以下の罰金に処せられます。

また、水上オートバイの所有者が、この免許を取得していない者に操縦させた場合も同法違反となり、6カ月以下の懲役または100万円以下の罰金に処せられます。

無免許での未熟な操縦は、周囲の人も巻き込む事故を起こす危険な行為ですので、絶対にしてはいけません。

（北部方面警務隊）

無免許操縦はダメ！

よろこびがつなぐ世界へ
KIRIN
おいしいとこだけ搾ってる。
一番搾り
Brewed from only the first press of genuine malt for a crisp, delicious flavor.
KIRIN'S PRIME BREW
KIRIN BEER
一番搾り
〈麦芽100%〉
ALC.5%　生ビール
お酒
ストップ！20歳未満飲酒・飲酒運転。お酒は楽しく適量で。
妊娠中・授乳期の飲酒はやめましょう。のんだあとはリサイクル。
キリンビール株式会社

第9師団の新たな通称『北東北の盾　玖師団』

3陸曹　仲村　真（秋田駐屯地広報室）

最先任からの提案

令和3年6月2日、師団最先任上級曹長の綿引光佐准尉から二つの提案を受けた。

「『北東北の盾　玖師団』――。この第9師団（青森）の新たな通称の意味を広報陸曹である君が考えたというなら、投稿文・読み物として広く公表してみないか。第9師団の新たな通称を全国に周知するためにも、通達だけでは表現しきれない我々北東北の隊員の深い思いを全国の部隊に伝えるためにも、やってみる気はないか」と。

それは新たな師団通称が発表されてから2日後のことであった。

「北東北の盾　玖師団」

これは青森・岩手・秋田の3県に所在する第9師団の隷下部隊がさまざまな案を出し合い、このたび完成した第9師団の新たな通称である。

その際、ありがたくも私が提案したアイデアの一部が「玖師団」として採用された。

それを知った綿引准尉から激励とともに師団最先任上級曹長メダルを頂いたのだが、その折に歓談した際、広報陸曹として「玖師団」の文字に込められた意味について広く周知すべきとアドバイスを受けたのであった。

9師団司令部の1階ホールに掲示された「北東北の盾　玖師団」の説明文

新師団通称の募集

始まりは3月半ばだった。「師団通称」に関する募集が始まり、私も早速、案を考え始めた。だが、早々につまずいた。問題となったのは日本国内における地域としての「北東北3県」を形容する適切な言葉が見当たらないことであった。

歴史を重んじ、地域を代表する第9師団の通称となる以上、「北東北」という地域を一言で語れる言葉が欲しかったのだが、どれだけ古い文献を探しても見つけられなかった。

むしろ古い史料ほど「東北の地は奥羽山脈を隔てて東西に異なる地域」とされており、畿内（京都）から見て、「奥州は日本の東端」、「羽州は日本の北端」と考えられていた。北東北という区分は比較的新しい概念なのであった。

結局、北東北の区分で括られるものの中で、知名度や歴史があり、一番伝えやすい表現というのが、他ならぬ自衛隊の「師団」という区分名だったのだ。

そう考えれば「師団」を含んだ通称の方が、一般の方にもそれが自衛隊の何処かの部隊の通称であることが伝わりやすいという考えに至った。

「9」の大字は「玖」

次はナンバリングネームである「9」をどのようにして表現するかであった。

一言で第9師団を連想させるものであって、歴史と未来を内包した言葉はないものかといろいろ調べ、読み漁った。そこで見つけたのが「9」の大字である「玖」だった。

大字とは「0・1・2・3～」を「零・壱・弐・参～」と数字の代わりに使われる漢字であり、9は「玖」で表される。

この「玖」は、文字単体では「美しい黒い石」という意味があり、この石は古代の「玉（宝石）」を意味し、転じて「宝物」としての意味合いも持つ。

また文字の作りは玉を表す「王」と時間の経過を表す「久」により成り立つことから、これらは第9師団の前身である旧陸軍第8師団が、その精強さから「国宝師団」と呼ばれたことに対する尊敬の気持ちとその伝統と誇りを継承する決意の思いを込めた。

さらに「黒」はすべての色を混ぜることで誕生する色であり、さまざまな色（陸自の諸職種）が混ざり、美しい完全な黒色となる意味も忍ばせた。

新たな「国宝師団」

このような道のりを経て、「郷土に根差す、古きを継承し、未来へ託す」といういうさまざまな思いを詰め込んで「玖師団」という言葉の完成に至った。

これから第9師団が続く限り、この通称も残り続けるものとして、私もその一翼を担えたことはこの上ない幸せである。

これを機に、多くの人が第9師団と言えば「北東北の盾　玖師団」とイメージしてもらえたら嬉しく思う。

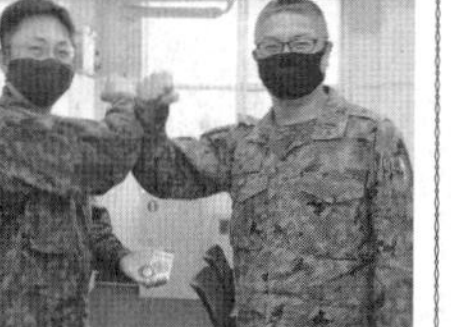

「玖師団」を内外に広報している9師団最先任上級曹長の綿引光佐准尉（右）と仲村真3曹

みんなのページ

多くの方々と音楽楽しめる日を目指し

小学校の音楽鑑賞会に参加して

3空曹　山崎　夏摘（北空音・三沢）

私は北部航空音楽隊でクラリネットを担当しています。先日、青森県の東北町立上北小学校で行われた音楽鑑賞会に参加しましたので、このイベントについてご紹介したいと思います。

音楽鑑賞会は、市民の皆さまに自衛隊を知り、親しみを持ってもらう目的で行っておりますが、新型コロナウイルスの影響を受け、なかなか演奏する機会がもてない日々を過ごしてきました。しかし、さまざまな感染症対策を施した上で、今年度最初となる演奏会を無事に行うことができました。

音楽鑑賞会では、親しみのあるポップスから授業で習ったクラシック、楽器紹介など、約1時間のプログラムを行いました。

児童たちは初めて見る楽器をきらきらした瞳で見つめたり、知っている曲が目の前で演奏されたことに喜んだりと、心から音楽鑑賞会を楽しんでくれたことが私たちにも伝わりました。

演奏会後には児童の皆さんからお礼のお手紙をいただき、一生懸命に感動を伝えてくれる絵や文章に私たち音楽隊員の気持ちもとても温まりました。

今は大きな会場で音楽を楽しむことがとても難しい状況が続いていますが、いずれ多くの方々と音楽を楽しめる日が来るのを目指して、私たちは今日も訓練に励みます！

上北小学校創立50周年を記念して開催された音楽鑑賞会で演奏する空自北部航空音楽隊の隊員

いま一度、身体を鍛え

空曹長　福山　豊（44警隊・峯岡山）

今年3月から通電小隊の先任を拝命し、手探りしながらも先任業務や隊員の身上（心情）把握に取り組んでおります。

さて先日、体力測定を実施しました。コロナ禍で不要不急の外出自粛中ではあるものの、時間を見つけてしっかり体力錬成を重ねてきたつもりでしたが、翌日は体中が筋肉痛となり、今までの訓練がいかに手抜きだったかを痛感させられました。

さて、全米プロゴルフ選手権で50歳のフィル・ミケルソンがメジャー最年長で優勝を果たした記事を目にしました。2年前の勝利を最後に成績が落ち、世界ランクも3桁まで落ちた後の復活優勝です。肉体改造と食事制限で鍛え直し、体重を8キロ絞ったそうです。

同じレフティーで二つ上の先輩がまだまだ頑張っている姿を見て、私もプロの自衛官として、いま一度身体を鍛え上げていきたいと考えております。

OBがんばる

松井　正伸さん　55
令和2年3月、陸自13旅団司令部監察官（海田市）を最後に早期退職（1佐）。広島県廿日市市役所に再就職し、危機管理専門監を務めている。

優先事項は職種か任地か

私は廿日市市役所で危機管理専門監として勤務しています。廿日市市は世界遺産「宮島」を有し、山口県岩国市と隣接している市であります。

私が防災職を考え始めたのは、東京での再就職を考えていた最後の単身赴任中の出来事からです。それは「平成30年広島豪雨災害」でした。呉市役所に連絡幹部として派遣された経験から「自衛官としての経験を生かせる職」として危機管理の職を考えました。しかし、悩みは単身赴任の継続です。そこで浮かんだのが幹部候補生での区隊長の言葉「職種か任地かどちらを優先するんだ！」でした。その区隊長は現在も「我が師」であり、当然のこと「職」を優先しようと家族に相談、さらに広島の土地柄・人柄に馴染んだことも不安を払拭できた要因でした。

市役所では総務部危機管理課に配置され、職務は「危機管理に関すること」です。そこでまた浮かんだのが「職務分析」です。自衛隊の経験を踏まえ、市民のため何ができるのか、一方で災害が起きたらいかに専門監として市長を補佐すべきかです。

そこでこれまで、防災計画等の検討、避難所運営訓練等の実施、自主防災組織等との会同への参加、非常勤務態勢の整備などをやってきました。並べてみれば、内容は自衛隊の延長といっても過言ではありません。しかし、やり方が違いました。市の行政組織は「縦割り」です。自衛隊のような幕僚組織・活動はなく、教育訓練は基本OJTです。よって現在、私が肝に銘じているのは「初心に帰る」と「人とのつながり」です。さらに、自分を知ってもらうため「飾らない」を心がけています。これにより、自治体の防災に対する取り組みや市民の要望に応えるなど、毎日刺激のある仕事ができています。

退職を意識し始めた現職の皆さまに一言。健康管理に留意され、「謙虚と感謝」を忘れず、最後の日まで職を全うされることを祈念します。それが次へとつながります。

会社の理解を得て即応予備自衛官に

即応予備陸士長　又川翔太（49普連4中隊・豊川）

私は今春、即応予備自衛官に採用され、49普連に所属することになりました。

私は令和元年度まで野戦特科部隊に勤務していました。現在はパチンコ店に勤務しています。即応予備自衛官を志願したきっかけは、退職後も自衛官として得た知識や経験を生かしたいと思ったからです。

初めての訓練では体力が現役の頃よりかなり落ちていたので、付いていくのに精一杯でしたが、自衛隊で大きな達成感とやりがいを感じました。訓練中はさまざまな職業や年代の方とも話す機会があったので、自分の知らない世界の知識や経験を得ることができました。

会社の理解も得られ、即応予備自衛官になることができたので、いただいた機会を無駄にせず、これまでの知識や経験を生かし、自衛官として恥じることのないよう全力で取り組んでいきたいと思います。

詰将棋

第848回出題

出題　日本将棋連盟　九段　石田　和雄

	6	5	4	3	2	1	
					桂	香	一
							二
		角			歩	王	三
				桂		銀	四
							五
			竜				六
							七

先手　持駒　金

【ヒント】初手が肝心です（10分で1級）。

▶詰碁、詰将棋の出題は隔週です◀

詰碁

第1263回解答

出題　日本棋院　九段　曲　励起

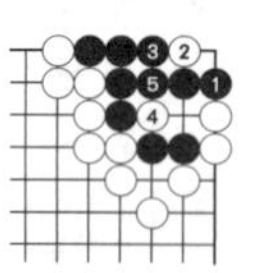

【解答図】黒先、黒活。黒❶が当然です。白②には黒❸と打ち白④には黒❺で黒は無事です。

平和への道はない。平和こそが道なのだ。
ガンジー（インドの政治指導者）

（世界の切手・ナミビア）

新刊紹介

「経理から見た日本陸軍」　本間　正人著

『武士の家計簿』など藩の会計に焦点を当てた本はあったが、本書は旧陸軍を「経理」の切り口から分析したユニークな一冊だ。著者は自衛隊装備品の調達などを担当してきた元防衛事務官（現・秀明大学准教授）で、旧陸軍と防衛省・自衛隊を比較しながら、それぞれの経理の特性を明らかにしている。

当然のことながら、お金がなければ武器は買えず、部隊を戦地に送ることもできない。著者は陸軍の資料を丹念に調べ上げ、会計から軍の経営のやりくりを精査。興味深いエピソードも多く、例えば給料から陸自と陸軍を比較すると、2士と陸将の差は1対4・62なのに対し、2等兵と中将の差は1対80もあり、この格差が高価な兵器に対し、兵が軽んじられた一因にもなったことが分かる。

当時の経理部将校は優秀で、戦中も予算の執行は厳正に行われ、法令を無視して処理されることはなかった。しかしながら、大陸への進出で予算が膨張すると不正が急増、陸軍監査課長が「寒心に堪えざる状況」と危機感を露わにするほどになる。戦局の悪化と経理の不正がリンクする点も興味深い。

本書では最前線で奮闘した経理部将校たちにスポットライトが当てられており、その活躍は防衛省の予算担当者たちも間違いなく勇気づけてくれるだろう。（文藝春秋刊、1320円）

「東京2020オリンピック　公式ガイドブック」

東京オリンピックが7月23日、ついに開幕した。コロナ禍により1年延期された上、東京都が緊急事態宣言下のため、開催競技のほとんどが「無観客」となってしまったが、本書はテレビで観戦する上で便利なガイドブックとなっている。

五輪は8月8日まで2週間にわたって33競技・339種目が行われるが、本書は各競技の開催スケジュールをはじめ、ルール解説、競技場の特徴、そして日本と世界のトップアスリートたちをカラー写真で紹介。テレビを見ながら、すべての競技を楽しめる編集となっている。

後半は今大会だけでなく、前回1964年東京大会からの五輪の名場面、日本オリンピックミュージアム探訪記、公式ライセンス商品の紹介などもあって、子供と一緒に楽しく見て学べる。室伏広治氏×高橋尚子氏のオリンピアン対談などもあり、五輪の裏舞台も知ることができる。

自衛隊体育学校から出場する9個班・17人の自衛官アスリートたちも、本書を手に応援したい。（KADOKAWA刊、1980円）

発行所 朝雲新聞社
〒160-0002 東京都新宿区四谷坂町12－20 KKビル
電話 03(3225)3841
FAX 03(3225)3831
振替00190-4-17600番
定価一部150円、年間購読料9170円（税・送料込み）

主な記事

柔道女子78キロ級 濱田1尉 

東京五輪

フェンシング男子エペ団体 山田2尉も

「心からお祝い」と岸防衛相

東京五輪に出場している自衛官アスリートがメダル獲得の成果を挙げている。7月29日に行われた柔道・女子78キロ級で自衛隊体育学校（朝霞）の濱田尚里1陸尉が金メダルを、同30日のフェンシング・男子エペ団体戦でも同校の山田優2陸尉が金メダルを獲得した。ボクシング・女子フライ級でも3位以上を確定させるなど、他の3競技の選手も健闘している。この成果に岸防衛相は会見で「素晴らしい活躍に心からお祝い申し上げる」と述べた。（3、7面に関連記事）

東京五輪の柔道女子78キロ級決勝で寝技を仕掛ける体校の濱田1尉（7月29日、日本武道館で）＝築田純／アフロ

全試合で一本勝ち 濱田

体校柔道班で磨いてきた寝技を駆使し、濱田1尉が上背で勝る外国人選手をほんろう。自身初、創設30年の柔道班でも初となる金メダルを獲得した。

2回戦から登場した濱田1尉は、隅落としからの横四方固めで合わせ一本勝ち。準決勝は大内刈りで倒し、そのまま相手の右手を取って腕ひしぎ十字固めを決め一本勝ちした。

これまでに6度対戦し、2勝4敗と負け越しているマドレーヌ・マロンガ選手（仏）との決勝も寝技がさえた。開始1分過ぎ、仕掛けてきた相手の技をかわして倒し、崩れ上四方固めで一本勝ちした。

全4試合をいずれも驚異的な寝技で制した濱田1尉。試合後、「一戦一戦に集中した。（得意の）寝技で勝ち上がれて良かった」と涙をぬぐった。

また、体校柔道班監督の酒井英幸2陸佐は、「濱田1尉本人の努力、それを支えたコーチ、スタッフ、選手、そして多方面で支援、応援していただいた方々、全てを結集した総合力で獲得できた金メダルだと思う。うれしさと感謝の気持ちでいっぱいです」と謝意を示した。

濱田尚里（はまだ・しょうり）1陸尉　鹿児島県出身、山梨学院大卒。2013年4月入隊。18年9月の世界選手権優勝。五輪初出場。169ｾﾝﾁ、30歳。

「勝てると信じていた」 山田

体校近代五種班のフェンシング専門の選手として実績を積んできた山田2尉。エペ（全身への攻撃が有効）の個人戦6位入賞に続き、団体戦でも持てる力を発揮し、日本の金メダル獲得に貢献した。

団体戦は各チーム3人が相手チームの3人と1人ずつ総当たり戦（全9試合）を戦った（45点先取、または試合終了時にリードしている方の勝利）。

日本は1回戦でアメリカに快勝して波に乗り、準々決勝はフランス、準決勝は韓国をそれぞれ退けた。

ROC（ロシア・オリンピック委員会）との決勝は、第1試合に出場した山田2尉がポイントを先制されるものの、世界ランキング4位の力を見せ逆転。5－4で2人目につないだ。

山田2尉は2巡目の第4試合を17－14でつなぐと、3巡目の第8試合も果敢に攻めてポイントを奪い、37－33で最終第9試合の選手につないだ。

勢いに乗る日本は45－36で勝利し、フェンシングで日本勢初となる金メダルを獲得した。

日本チームの先陣を切った山田2尉は試合後、「最初の試合で勢いをつけられたら絶対に勝てると信じていた。勢いに乗って優勝できて本当にうれしい」と声を弾ませた。

岸防衛相は8月3日の記者会見で「濱田1尉と山田2尉の素晴らしい活躍に心からお祝いを申し上げたい」と2人の快挙をたたえるとともに、「今後、試合を控えている他の自衛隊所属の選手の活躍にも大いに期待している」と述べた。

山田優（やまだ・まさる）2陸尉　三重県出身、日本大卒。2017年4月入隊。フェンシング・エペで世界ランキング4位。五輪初出場。184ｾﾝﾁ、26歳。

フェンシング・男子エペ団体戦で金メダルを獲得し喜ぶ山田2尉（中央）をはじめとする日本チーム（7月30日、千葉市の幕張メッセで）＝ロイター／アフロ

春夏秋冬

谷口智彦教授のこと

兼原　信克

今世紀に入ってから、日本外交の戦略性が顕著になった。国家戦略の本質は外交戦略にある。外交で勝てば戦争に勝つ。外交で負ければ戦場で勝っても戦争で負ける。孫子の言う通り「百戦百勝は善の善にあらざるなり」である。戦略の王道は、同盟政策にある。

それは言うほど簡単なことではない。半世紀を越えて通用する外交戦略を描くのは容易なことではない。現在、日本は、自由と民主主義、法の支配を掲げる国々を糾合して、自由主義的な国際秩序をアジアに打ち立てようとしている。陰の主役は中国である。著しく巨大化し、西側に背を向け始めた中国の暗く濃い影が、アジアに深く射し始めているからである。日米同盟を基軸として、同じ太平洋同盟国である豪州と手を握り、離陸しつつある超大国インドと誼を通じ、日米豪印のダイヤモンドを核に据えた「自由で開かれたインド太平洋」戦略は、21世紀の戦略的地殻変動を的確に捉えた。そして瞬く間に世界中に広がった。

インドは、独立直後にヒマラヤを越えて侵略を試みた中国を許していない。インドは、米中国交正常化の反動として、非同盟を掲げたままロシアに接近した。21世紀に入り、米中が大きくきしみ始めると、インドはゆっくりと西側に戻ってきた。ガンジーとネルーが生んだ民主主義国家のインドである。米国が、残虐な独裁者である毛沢東を抱きしめる姿を苦々しく見ていたであろう。米中接近は、ロシアに対峙するための便宜的なものであった。米印関係は、普遍的な価値観を基盤とした牢固たる戦略関係に発展する可能性がある。

第一次安倍政権当時から、インドの戦略的重要性を説き、日米豪の「戦略的ダイヤモンド」構想を説き続けてきたのは、安倍総理のスピーチライターだった谷口智彦慶応大学教授である。インド太平洋構想の原点となった安倍総理のインド国会での「二つの海の交わり」演説も、米国上下両院を前にした「希望の同盟」演説も、そして、「自由で開かれたインド太平洋」演説も、谷口教授の筆が、安倍総理の脳髄から、その思索の全てを描き出すようにして世に送ったものである。

その全てが透徹した戦略眼に貫かれている。その眼には千里の碧天を高く舞いがった鷲鳥にしか見えない歴史の起伏がくっきりと映っている。安倍晋三という世紀の宰相が、谷口智彦教授と言う名伯楽を得たことの、そしてその谷口教授を盟友と呼ぶことの出来る幸せをしみじみ思うこの頃である。

（元内閣官房副長官補・国家安全保障局次長、同志社大学特別客員教授）

日米防衛相が電話会談

同盟の一層強化で一致

岸防衛相は7月30日、東南アジア歴訪を終えた米国のオースティン国防長官と電話で約20分間会談し、厳しさを増す安全保障環境に対応するため、日米が緊密に連携し、日米同盟の抑止力・対処力を一層強化していくことを確認した。

オースティン長官は同日までのシンガポール、ベトナム、フィリピンの3カ国歴訪について説明。両氏は「自由で開かれたインド太平洋」を維持・強化するため、日米が基軸となって地域内外の多様なパートナーとの協力を強化していくことで一致した。

会談後、岸大臣は省内で記者団に対し、「米国がこの地域の安全保障に深く関与していくことを明確に示す大変意義深いものだったと高く評価している」と述べた。

空自スクランブル 63年で累計3万回

省発表 増加ペース早まる

防衛省は7月20日、空自が昭和33年（1958年）に対領空侵犯措置（スクランブル）任務を開始して以来、緊急発進の累計回数が約63年で「3万回」に達したと発表した。

3万回目は7月19日、東シナ海で空自南西空のF15戦闘機が那覇基地を発進して対応した。領空侵犯はなかった。

空自による対領空侵犯措置は33年4月に2空団（千歳）の3飛行隊に初めて任務が付与され、翌5月に同隊が行った。

「1万回」は任務開始から25年後の58年（1983年）2月、「2万回」は1万回から23年後の平成18年（2006年）4月だった。

国籍別では、統計が明らかになっている平成7年度（「朝雲」調べ）以降はロシア機が大半を占めていたが、17年度に中国機が約5割となり、現在ではロシア機を逆転。今回の「3万回」は2万回から15年で到達するなど、増加のペースが早まっている。

第1四半期は142回

緊急発進 対中国が66% 統幕

統幕は7月9日、令和3年度「第1四半期（4～6月）」の空自戦闘機による緊急発進回数が142回だったと発表した。このうち対中国機が94回（全体の66％）で、対ロシア機は48回（同34％）だった。

統幕は、中国海軍空母「遼寧」から発艦したZ18早期警戒ヘリが尖閣諸島・大正島領空の北東約50キロまで接近する事案や、オホーツク海から日本海で初めて確認されたロシア軍のスホイSu25攻撃機の飛行など4件を特異な事例として公表した。

方面隊別では、東シナ海で中国機への対応に当たる南西空が85回、次いで北空が44回、西空11回、中空2回だった。

岸防衛相は同日の記者会見で「我が国の領土・領海・領空を断固として守るという方針の下、引き続き国際法および自衛隊法に従い、対領空侵犯措置に万全を期していく」と語った。

大規模接種センター 9月25日頃まで延長

防衛省

防衛省は7月21日、東京と大阪の「大規模接種センター」の運営を9月25日頃まで約1カ月間延長すると発表した。詳細は防衛省のホームページから。

朝雲寸言

「1964年の東京オリンピックの閉会式で各国選手団が国ごとではなく、混ざり合って仲良く行進する姿を目にしたことが、世界の平和を願う気持ちの源となりました」。天皇陛下は7月23日、東京五輪に合わせて来日した各国首脳との面会で、英語でこのように話された。明治天皇の御製「よもの海みなはらからと思ふ世になど波風のたちさわぐらむ」をふと思い出した▼東京五輪の熱戦が続いている。様々な国・民族の選手たちが勝敗を決した後に肩を抱き合い、健闘をたたえ合う姿をみていると、新型コロナウイルスの猛威という前例のない「波風」にもかかわらず今大会が開催されて本当によかったとしみじみ感じる。同時に、大会運営のため舞台裏で黙々と任務に就く関係機関の方々の尽力に本当に頭が下がる▼平和の祭典である五輪だが、忌まわしいテロの標的になった過去もある。72年の西独ミュンヘン五輪では武装集団の襲撃で選手と警官の計10人が犠牲となり、96年の米アトランタ五輪では仕掛け爆弾で2人の命が絶たれた。日本も同様のリスクを9月5日のパラリンピック閉幕まで抱え続ける▼「この度のオリンピックにわれはただことなきをしも祈らむとする」。こちらは前回東京五輪の際の昭和天皇の御製である。この歌に込められた思いを、いま多くの人々が共有している。「最後の砦」自衛隊への期待もそれだけ大きい。どうか頑張ってほしい。

時の焦点

国内

こども庁構想

拙速避け丁寧な議論を

医療や福祉、教育など、子供に関わる政策を一元的に推進するため、政府・自民党内で「こども庁」の設置構想が浮上している。児童虐待や子供の貧困など社会問題の解決に向けた政策を検討することは重要だが、器づくりを優先すべきではないだろう。

こども庁の構想は、自民党の若手議員が提案し、今年4月、菅首相(党総裁)の指示で総裁直属の検討機関が党内に設置された。6月に決まった政府の経済財政運営の基本方針「骨太の方針」にも、「早急に検討に着手」と盛り込まれている。

デジタル庁の新設に続き、政権の目玉政策として次期衆院選でアピールする狙いが自民党にはあるのだろう。

子供に関する政策は、厚生労働省が児童福祉、文部科学省が教育を所管し、内閣府が総合調整を担っている。責任体制が分散しており、縦割り行政の弊害が長年指摘されてきた。

近年の虐待や自殺、貧困などについては、自治体や警察庁も関与する。こうした課題を網羅的に把握し、対処する機能をこども庁が担うという。

だが、関係省庁や自治体との連携は、内閣府が果たすべき役割ではないのか。なぜそれが徹底されていないのか、現状を改める議論を優先してもらいたい。

論点の一つが、保育所を所管する厚労省と、幼稚園を受け持つ文科省の権限を一本化する幼保一元化だ。

幼保一元化は、小泉純一郎内閣時代に、待機児童の解消に役立つと検討されたが、両省の反対で実現しなかった。両方の機能を持つ認定こども園が内閣府の所管となり、一層仕組みが複雑になった経緯がある。改革が失敗に終わった例と言えるのではないか。

政府はまず、子供に関する政策を検討する場を設け、有識者を交えて丁寧に論じてはどうか。

「シルバー民主主義」という言葉があるように、日本の社会保障支出は高齢者向けに偏りがちで、子育て世帯への支援は手薄になっている。

政府・与党には、深刻な少子化を脱するため、財源も含めた総合的な政策を示してもらいたい。

行政の効率化や官邸主導を目指した2001年の中央省庁再編から、今年は20年の節目にあたる。

1990年代、1府22省庁に膨らんでいた行政機構は、省庁再編で1府12省庁となった。省庁の官房・局も126から96に削減された。現在は、復興庁が加わって1府13省庁体制だ。

時代の変化や重大な事象、国際情勢に応じて、組織を見直すことは大切だ。ただ、拙速に議論を進めれば、霞が関の肥大化を招きかねない。

首相には、各省庁の担っている役割と権限を十分に分析しつつ、強いリーダーシップで国益にかなった統治機構のあり方を考えてもらいたい。

夏川 明雄(政治評論家)

海外

米同時テロ20年

拡散する過激派の脅威

世界を震撼させた国際テロ組織アルカイダによる米同時テロ(2001年9月11日)から間もなく20年となるが、前代未聞の大規模攻撃の標的となった米国をはじめとする有志連合諸国による懸命のテロ封じ込めの取り組みにもかかわらず、イスラム過激派の脅威は依然として衰えを見せていない。サウジアラビア出身のアルカイダ首領のビンラディン容疑者や2003年のイラク戦争後の国内混乱の中で結成されたスンニ派過激組織の流れをくむ「イスラム国」(IS)の最高幹部バグダディ容疑者らの殺害など、主要なテロ組織の指導部に大きな打撃を与えたものの、ISなどはそのたびに傘下の分派組織を通じて新たな活動拠点をつくり、生き残りや巻き返しに余念がない。

ドイツの対外情報機関トップのカール連邦情報局長官は最近、自国メディアとのインタビューで、ISについて、「カリフ(預言者ムハンマドの後継者)の統治はなくなったとはいえ、かつてなく強力な存在になっている」と述べ、強い警戒心を示した。カール長官はこの中で、欧州と米国は20年前の米同時テロのような大規模なテロ攻撃を目にしていないとしながらも、「イスラム過激派のテロは進化し、極めて多数の人命を奪ってきており、テロリストの数と彼らが突き付ける危険は増大している」と指摘した。

ドイツのテロリズム専門家はカール長官の発言について、「ISがイラクからシリアにまたがる支配地を失った後の2019年にはすでに、カール長官がインタビューで語ったような兆候はあったため、発言に目新しい内容はない」としながらも、「他方で、過去1年は(新型コロナ禍など)世界各地で新たな環境上の変化があったため、テロに絡む事態はさらに悪化しており、カール長官が現時点でこのテーマについて見解を示し、警鐘を鳴らした理由は分かる」と語った。

擬似国家組織だったISが主要な活動拠点の中東地域で壊滅的な打撃を被り、影響力を後退させた後、ISと傘下の武装集団はアフリカに目を向け、国家の統治が劣悪な広大な地域を新たな活動舞台とした。特にサハラ砂漠以南のサヘル地域の5カ国では、これら地域で旧宗主国の立場にあるフランスが「バルカンヌ」と呼ばれる対イスラム過激派作戦を主導し、ブルキナファソ、チャド、マリ、モーリタニア、ニジェールのサヘル地域5カ国に対する軍事支援も続けてきた。しかし、マクロン仏大統領が最近、「バルカンヌ」の仏軍部隊(5100人規模)の再編・縮小を発表するなど、サヘル地域の過激派掃討作戦は一つの転機を迎えている。

アフリカ諸国では、西側の文明を極端に敵視するナイジェリアの過激派「ボコ・ハラム」のようなISとは対立関係にある地元武装勢力が各地で活動し、治安悪化の材料は枚挙にいとまがない。9・11事件から20年後の現在、アフガニスタン情勢の混迷を含め、「テロの温床」が世界各地に拡散しつつある厳しい現実を忘れてはなるまい。

伊藤 努(外交評論家)

MFO隊員が大臣に帰国報告

シナイ半島で中東平和に貢献

岸防衛相(右)から1級賞詞を授与されるMFO2次司令部要員の深山正仁2佐。左は竹田津佑介3佐(7月6日、防衛省で)=防衛省提供

エジプト東部のシナイ半島でエジプト、イスラエル両軍の停戦監視活動などを行う国際機関「多国籍軍・監視団(MFO)」に日本から第2次司令部要員として1年間派遣されていた深山正仁2陸佐と竹田津佑介3陸佐が6月14日に帰国し、7月6日、防衛省で岸防衛相と吉田陸幕長に帰国報告を行った。

大臣室では島田事務次官、山崎統幕長、吉田陸幕長が立会する中、両隊員が岸大臣に帰国を報告。岸大臣は「エジプト、イスラエル両国の関係当局間の対話・信頼醸成の促進を支援し、中東の平和と安定に大いに貢献した。また、我が国が掲げる『積極的平和主義』の具現化に真摯に取り組む姿勢を示し、自衛隊の国際的な評価の向上に大きく寄与した」とたたえ、隊長の深山2佐に1級賞詞を授与した。

これに先立ち、両隊員は吉田陸幕長に帰国を報告。陸幕長は、前任者が築いた関係各国との強固な信頼関係をさらに発展させた2人の労をねぎらい、竹田津3佐に2級賞詞を授与した。

両隊員はシナイ半島南端の紅海に面したエジプトのシャルムエルシェイクの現地司令部に派遣され、深山2佐は連絡調整部副部長として、竹田津3佐は連絡調整部運用幹部として活躍。

2人は任務を通じて中東の平和と安定に貢献したほか、米国など他の要員派遣国との連携を促進した功績が評価され、帰国を前にした6月12日、能化正樹駐エジプト大使の同席のもと、エジプト軍から感謝状を贈呈された。

MFOには現在、第3次司令部要員として林田賢明2陸佐と原泰3陸佐が派遣されている。

◇MFO(Multinational Force and Observers)

エジプト・イスラエル平和条約(1979年)と議定書(81年)に基づき、82年からエジプトのシナイ半島で国連平和維持活動(PKO)に代わる平和維持活動を行う国際機関。本部はイタリアのローマ。

日本は2016年3月施行の「平和安全法制」で可能となった「国際連携平和安全活動」に基づき、国連が統括しない国際貢献活動に従事する初のケースとして19年4月、第1次要員の陸上自衛官2人を現地司令部に派遣。陸自隊員は連絡調整部に配属され、MFOとエジプト・イスラエル両国との連絡調整や、領空通過・滑走路使用許可の取得に関する調整などに当たり、両国間の対話や信頼醸成の促進に貢献している。

MFOには現在、日米など計13カ国から千人以上の要員が派遣されている。日本からの派遣は我が国のPKO協力法に基づいて行われ、紛争当事者間の停戦合意や必要最小限の武器使用など「PKO参加5原則」が適用されている。

共済組合だより

防衛省共済組合では、防衛省の職員が公務で海外出張する際にご利用できる「防衛省職員公務出張海外旅行保険」と「PKO保険」をご用意しています。

●防衛省職員公務出張海外旅行保険

「防衛省職員公務出張海外旅行保険」は、訓練や留学などで海外に出張する防衛省職員専用の保険です。「包括契約」では、加入対象条件に合致する組合員は、共済組合が保険料を全額助成し、全員が加入となります。

さらに同保険の「補償増額プラン」は、一般契約より約70%割安な保険料を個人負担することで加入でき、海外の病院での治療費用等の補償を充実させることができます。海外出張の際はぜひご利用ください。

同保険の「包括契約」の加入対象者は公務で海外に出張する組合員と一定条件を満たす被扶養者です(PKO保険加入者を除く)。保険金額は傷害死亡が100万円、傷害後遺障害が100万円、治療・救援費用300万円となっており、その保険料は全額共済組合が助成します。加入方法は、出張者の所属する部隊など(各課庶務など)で「外国出張者名簿」を取りまとめ、各幕等担当課を経由して共済組合本部に申請します。

さらに「補償増額プラン」に加入すると、例えば「保険期間6カ月以内」の「B2プラン」の場合、傷害死亡が900万円、傷害後遺障害が900万円、治療・救援費用5000万円、疾病死亡500万円に大幅アップされ、包括契約のみでは補償対象外の携行品損害等の補償を追加できます。保険料は「7日」で1750円と、非常に割安です。ぜひ、ご利用ください。

●PKO保険

一方、「PKO保険」は、「PKO活動」「海上警備行動」「海賊対処法」「在外邦人等の保護措置」「在外邦人等の輸送」「後方支援活動等」などによる任務で海外に派遣されるときに加入できる保険です。

この保険は、戦争、外国の武力行使等の事故も補償します。また、すべての伝染病、感染症による疾病も補償します。「Fセット」は共済組合が保険料を助成し、全員加入となります。また、補償を厚くするA～Eセットに加入することもできます。

◇

上記保険についての詳細は、PKO保険については各駐屯地・基地の弘済企業へ、海外旅行保険については弘済企業株式会社本社(電話03—3226—5811)へお問い合わせください。

海外への公務出張の際は「防衛省職員公務出張海外旅行保険」「PKO保険」に加入できます

個人負担の「補償増額プラン」は一般契約より約70%割安

取扱代理店・弘済企業

米国タイ主催の多国間訓練参加

コブラ・ゴールド21 自衛隊がリモートで

米国とタイ主催による多国間共同訓練「コブラ・ゴールド21」が7月10日からオンライン上で始まり、自衛隊から隊員約20人がリモートで参加した。8月23日まで。

同訓練に自衛隊は2005年から参加しており、今回で17回目。例年はタイ王国で在外邦人等保護措置訓練などを行っているが、今回はコロナの影響で初めてオンライン開催となった。

訓練には米、タイ、日本のほか、豪、印、インドネシア、マレーシア、シンガポール、韓国、中国が参加。自衛隊からは統幕・情報本部の約10人、海自自衛艦隊から約5人、指揮通信システム隊から約5人が加わり、国際平和共同対処事態での協力支援に関する幕僚活動の図上演習をはじめ、サイバー攻撃等を想定した対処訓練、人道支援・災害救援(HA/DR)を想定した机上演習を行い、参加各国との連携強化を図っている。

陸幕長、日米豪セミナー参加

インド太平洋の戦略環境の認識共有

日米豪シニア・リーダーズ・セミナーで発言する吉田陸幕長(7月9日、陸幕で)

吉田陸幕長は7月8、9の両日、テレビ会議方式で実施された陸幕主催の「日米豪シニア・リーダーズ・セミナー(TSLS2021)」に参加した。

同セミナーには、米太平洋陸軍司令官のチャールズ・フリン大将、同海兵隊司令官のスティーブン・ラダー中将、豪陸軍本部長のリック・バー中将が出席。インド太平洋地域の戦略環境について3カ国で認識を共有し、同地域における望ましい安全保障環境の構築に向けて4者は活発な議論を交わした。

会議の成果について、吉田陸幕長は同15日の記者会見で「インド太平洋地域がいまの国際社会の(中にある)多様な脅威が集中する焦点だという認識を共有した。同地域の平和と安定のため、各国陸軍種が実施している共同訓練、能力構築支援などの効果をいかに高めていくか、米豪両国と有益な議論を行うことができた」と述べた。

3自衛隊の音楽隊 PP21で音楽配信

陸海空3自衛隊の音楽隊と内局・統幕などの隊員計約145人は7月1日から9月1日まで、米海軍主催の医療・文化活動「パシフィック・パートナーシップ(PP)21」に参加し、途上国に向け音楽ビデオをネット配信する。

防衛省・自衛隊は同活動に毎年参加し、医療活動や音楽隊を通じた文化交流などを行ってきたが、昨年は新型コロナで中止、今年は米海軍太平洋艦隊軍楽隊、フィリピン海軍シービーズバンドとの共同企画で音楽配信での参加となった。

同企画は期間中4回にわたって行われ、第1弾は7月27日、動画サイト「ユーチューブ」の統幕チャンネルで配信された。海自東京音楽隊がベトナムに向け、同国で人気のある日本の楽曲を披露している。

続く第2弾以降は陸自中央音楽隊がパプアニューギニアに、空自中央音楽隊がフィリピンに、海自東音がフィジーに向け、それぞれ演奏配信を予定している。

総隊・方面隊等最先任会同

根本最先任、TV会議説示

「陸上総隊・方面隊等最先任上級曹長会同」にオンラインで参加した各最先任に対し、説示する根本陸自最先任(6月15日、陸幕で)

【陸自最先任室=市ケ谷】陸自の「令和3年度第1回陸上総隊・方面隊等最先任上級曹長会同」が6月15日、テレビ会議方式で開かれ、吉田陸幕長が訓話を、陸自最先任上級曹長の根本和男准尉が説示を行った。

会同は、上級曹長業務系統による指揮官補佐や隊員育成の強化などを目的に行われ、各方面隊の将官付最先任上級曹長ら約75人がオンラインで参加した。

全国を結んでのディスカッションでは、5人の師・旅団最先任が「分隊長の育成」をテーマに、求められる能力、育成上の問題点、着意事項と具体的な手段について発表。その後、参加者間で活発な意見交換が行われた。このほか、ゲストとして在日米海兵隊キャンプ富士最先任のパズSGM(上級曹長)が加わり、米側の教育を紹介するなど、日米下士官の交流も深めた。

吉田陸幕長は訓話で「特技・戦技は陸曹の専売特許であり、戦士育成の核心はCSM(最先任上級曹長)だ。隊員への愛情、任務への情熱を持ち、分隊長を育てることで次世代の先任、最先任を育成していってほしい」と要望した。

また、根本最先任は説示で「陸曹が陸曹を育て、特に状況判断できる分隊長を育成し、次のリーダーを育てていくことは我々に課せられた任務だ。これを達成し、上級曹長制度の充実・定着のためには、さらなる努力を続けなければならない」と述べた。

ロシア潜水艦が宗谷海峡を西進

7月9日午後7時ごろ、ロシア海軍の「キロ」級潜水艦(水中排水量約3100トン)1隻=写真=が北海道・宗谷岬の北東約35キロのオホーツク海を西に向けて浮上航行しているのを海自6護隊(横須賀)の護衛艦「おおなみ」と2空群(八戸)のP3C哨戒機が確認し、情報収集と警戒監視に当たった。

露潜水艦はこの後、宗谷海峡を西進して日本海に入った。

日米豪英が共同で初の実動訓練実施

陸自は6月25日以降、訓練部隊を豪州クイーンズランド州ショールウォーターベイ演習場などに派遣し、米豪英軍との実動訓練「タリスマン・セイバー21」に参加している。8月7日まで。

陸自は陸上総隊司令官の前田忠男陸将を担任官に、水陸機動団2水機連(相浦)から約30人が参加。豪陸軍からは第1師団、米海兵隊からは第3海兵機動展開部隊ダーウィンローテーション部隊、英海兵隊からはロイヤルマリーンコマンドウ(豪米英いずれも約100人以上)が参加している。

今回の「タリスマン・セイバー」は日米豪英4カ国共同による初の実動訓練で、豪軍艦艇を使っての水陸両用作戦の訓練も行われた。

海自「まきなみ」多国間訓練参加

海自の3護群7護衛隊(大湊)の護衛艦「まきなみ」は7月18日から27日まで、オーストラリア東方海域で行われた米豪主催の多国間訓練「タリスマン・セイバー21」に参加した。

海自が同訓練に参加するのは2019年に続き2回目。米海軍から強襲揚陸艦「アメリカ」、ドック型輸送揚陸艦「ニューオリンズ」など艦艇6隻とP8A哨戒機、豪海軍から強襲揚陸艦「キャンベラ」、揚陸艦「チャールズ」など艦艇5隻とP8哨戒機が参加したほか、カナダ海軍のフリゲート「カルガリー」と韓国海軍の駆逐艦「ワン・ゲオン」も初めて加わった。

参加艦艇群は、射撃、対潜戦、海上作戦など各種訓練を行い、「自由で開かれたインド太平洋」の実現に向けて、参加各国との連携を強化した。

これに先立ち「まきなみ」は7月5日から10日まで、同海域で日米豪韓の共同訓練「パシフィック・ヴァンガード21」に参加。訓練には豪海軍潜水艦も加わり、ミサイル射撃、水上射撃、対水上戦、対潜戦、戦術運動など各種訓練を実施し、戦術技量を高めた。

防衛省発令

▽解佐世保海上訓練指導隊砲雷科長兼補 佐世保海上訓練指導隊副長兼指導部長 1海佐 石寺 隆彦 (7月15日)

▽西部方面総監部防衛部(教育訓練研究本部付) 1陸佐 中津 健士 (7月16日)

▽兼統幕運用2課(陸幕情報課基盤情報班長) 1陸佐 藤田 博之

(同指揮通信システム課サイバー・電磁波領域班長) 同 横尾 学

(同企画班長) 同 塩満 大吾

(以上7月17日)

前事不忘 後事之師

第67回

ヒトラーの失敗

待つ能力が勝敗を分けた

アドルフ・ヒトラー（1889年〜1945年）が1933年1月末にドイツの指導者となってから1945年4月にベルリンの総督府で自殺するまでの12年間を眺めると、彼は1938年9月のミュンヘン会談まで最初の5年間、外交面で大成功をおさめていました。

1935年3月再軍備宣言、1936年3月ラインラント進駐、1938年3月オーストリア併合、同年9月のミュンヘン会談でのズデーテン地方の回復などドイツ国民の願望だった事柄を次々に実現していきます。これらはヴェルサイユ条約、ロカルノ条約違反の行為でしたが、第一次大戦敗戦後にドイツに押しつけられた不平等を解消するものでもありました。ラインラント進駐について言えば、ラインラントはドイツ領の一部であり、ドイツを主権国家として認めるのであれば自国領に自国の軍隊を置いてはいけないというのは合理性を欠いていました。しかしながらラインラント進駐は条約への重大な挑戦でしたので、大きな賭けでした。ドイツ国防軍首脳は英仏が軍事的対応をしてきたら対抗できないと主張し反対しますが、英仏は軍事的対応をとらず、ヒトラーは勝利します。彼は連続して賭けに出てある時期まで全て勝利、その勝利が国内の反対派を黙らせ、彼の威信強化につながりました。

ヒトラーは若い時に画家を目指し、またワーグナーの音楽を愛し度々バイロイト音楽祭に出かけるなど芸術家肌であり、政治家としても熟慮や分析よりも自らのひらめきや直感にかけるところがありました。直観力に加えて彼は他人の心理面での〝弱さ〟を見出す眼力に秀でていたようです。ヒトラー政権、最初の5年間の成功もそれによるところが大きく、ヒトラーはドイツに極端な不平等を押しつけたヴェルサイユ条約に対する民主主義諸国の〝罪悪感〟を逆手にとり、英仏が強い態度に出られないことを読んでいました。

キッシンジャーは著書の中で、「ヒトラーは（他国も是認する原則に基づき）限定される通常の目的を追求しているのだと世界が認識している間は非常に上手くいっていた」と書いていますが、ヒトラーの失敗の始まりはミュンヘン会談の半年後、〝原則を超えて〟プラハに軍事侵攻したことでした。この侵攻はドイツ人の民族自決権では説明できるものではなく、彼の侵略者としての姿が明らかになり、それまで宥和政策を支持していた英国の世論を怒らせることになります。この結果、チェコスロバキア以上にドイツ人の民族自決権として説明ができたポーランドへの対応については信頼されず、侵略行為だと見なされ、結局大戦につながる英仏との軍事衝突となります。力が物を言う国際社会においても原則や道義を踏みにじれば、しっぺ返しを食うということですが、そういう考えはヒトラーとは無縁だったのかもしれません。

指導者ヒトラーのより重大な欠点は、彼が〝待つ〟ことができなかったことだと思います。成功だったと思えるミュンヘン会談についても彼は不満だったと言われていますが、その後プラハに軍事進攻し、次にポーランドを標的とした結果、英仏との戦争を起こします。北欧に侵攻、電撃戦でフランスを降伏させた後、英国と空の戦いをし、さらにバルカン半島に攻め入り、最終的にはソ連との戦いを始めます。何度か優位な立場に立っていたので、その時に足場を固めて相手の反応を待って次なる手を打っていれば、更に有利になったようにも想像しますが、彼は自分の直観に基づき次々と賭けに出て最後は自滅していきます。

キッシンジャーは「ヒトラーは自分の家系から自らの寿命は短いはずだと考え、成功が果実を結ぶまで待つことが出来ず、自らの体力についての評価をもとにしたタイムテーブルに従って物事を進めた。歴史上、第二次世界大戦以外に医学的な推測に基づいて始められた大規模な戦争は存在しない」と興味深い分析をしています。他方でキッシンジャーはスターリンについては「信じられないほど忍耐強かった」と述べています。二人の冷酷な独裁者のうち最終的にスターリンが勝利したのは「待つ」能力があったかどうかの差だったのかもしれません。

鎌田 昭良（元防衛省大臣官房長、元装備施設本部長、防衛基盤整備協会理事長）

軍事作戦でも「待つ」ことができなかったヒトラー（中央）

…… 前事（ぜんじ）忘れざるは後事（こうじ）の師 ……

東京五輪

東京五輪に出場している自衛隊体育学校（朝霞）の選手たちが健闘している。ボクシングの女子フライ級で並木月海（つきみ）3陸曹（ボクシング班）が準決勝に進出、銅メダル以上の獲得を確定させた。競泳８００メートルフリーリレーでは髙橋航太郎２海曹（水泳班）が力泳。女子７人制ラグビーでは梶木真凜（まりん）３陸曹（女子ラグビー班）が強豪相手に果敢なプレーを見せた。

（１面参照）

果敢にファイト

ボクシング

並木3曹、準決勝へ

ボクシングの女子フライ級準々決勝でコロンビア人選手（左）と果敢に打ち合う並木3曹（8月1日、両国国技館で）＝ロイター／アフロ

日本人女子選手として初めて五輪ボクシング競技に出場している並木3曹は、世界選手権（2019年11月、印）で銅メダルを獲得している実力を東京五輪の本番でも発揮。やや小柄（身長153センチ）ながら、前に出て強打を打ち込む果敢なファイトで勝ち上がった。

ボクシングは3分×3ラウンドを戦い、5人のジャッジの判定を受けた。

並木3曹は1、2回戦を5―0で快勝すると、コロンビア人選手との準々決勝も5―0で判定勝ちし、準決勝へ進んだ。「支えてくださる皆さまに感謝の気持ちを伝えられるような活躍をしたい」と語った並木3曹。頂点を目指しリングに上がる。

一方、男子ミドル級に出場している森脇唯人3陸曹は、イラン人選手との1回戦を3―2で辛勝。ウクライナ人選手との2回戦は、5人のジャッジがいずれも3、4ポイント差で相手選手優勢の得点を付け、0―5で敗れた。

森脇3曹、健闘も力及ばす

ボクシングの男子ミドル級２回戦でウクライナ人選手に左ストレートを打つ森脇３曹（７月29日、両国国技館で）＝アフロスポーツ

競泳男子800リレー

高橋2曹

憧れの舞台でアンカー

競泳の男子800メートルリレー予選で高橋2曹は日本チームの他の3人、柳本幸之介選手（日大豊山高）、松元克央選手（セントラルスポーツ）、萩野公介選手（ブリヂストン）と共に2組目に出場し、アンカーを務めた。

レースは1泳柳本選手がやや出遅れ、6位で2泳の松元選手に。自由形の日本のエース、松元選手は1分45秒台の泳ぎで5位に上げた。

萩野選手は順位を一つ落とし、高橋2曹は一つでも順位を上げようと4、5位を追い上げたが及ばず6位で終えた。チームのタイムは7分9秒53で上位8チームによる決勝への進出は逃した。

アテネ五輪（04年）を見て以来憧れてきた五輪の舞台で泳いだ高橋2曹。「初めてのオリンピックだったけど過剰に緊張することなくレースに臨めた。ベストなレースはできた」と振り返った。

競泳の男子800メートルリレー予選2組で力泳を見せる高橋2曹（7月21日、東京アクアティクスセンターで）＝森田直樹／アフロスポーツ

7人制ラグビー

梶木3曹、攻守で貢献

梶木3曹は女子日本代表「サクラセブンズ」の一員として、7人制ラグビーの全5試合を戦った。

A〜C3組に分かれて行われた1次リーグ。日本は初戦のオーストラリアに敗れ、アメリカ、中国との2、3戦目も及ばなかった。

順位決定戦に回り、ケニア戦に敗れた後のブラジルとの11・12位決定戦。先発出場した梶木3曹は、中央を抜けた相手選手の独走を後ろからタックルして止めるなど攻守でチームを盛り立てた。

試合は12―21で敗れ、日本は今大会を12位で終えた。

女子７人制ラグビー予選リーグのオーストラリア戦でパスを出す梶木３曹（左）（７月29日、東京スタジアムで）＝長田洋平／アフロスポーツ

先月公表された令和3年版『防衛白書』では、政治・経済・軍事などさまざまな分野で戦略的競争を激化させる米中関係を分析した節が新たに設けられ、「中国が急速に軍事力を強化する中、米中の軍事的なパワーバランスの変化が、インド太平洋地域の平和と安定に影響を与え得る」――との見方が示された。一方で、岸防衛相は今年6月にオンラインで開かれた第8回「拡大ASEAN国防相会議（ADMMプラス）」でスピーチし、日本として「ASEANのインド太平洋展望（ASEAN Outlook on the Indo-Pacific）」を全面的に支持する考えを表明した。米中対立の中で東南アジア諸国連合（ASEAN）の進むべき道と日本の役割について、防衛研究所地域研究部アジア・アフリカ研究室長の庄司智孝氏に分析・執筆をお願いした。

（個人の見解であり、所属組織を代表する公式見解ではありません）

米中対立とASEAN ～「選択的適応」の追求

防研地域研究部アジア・アフリカ研究室長 庄司智孝氏が分析

しょうじ・ともたか　1971年生まれ。神奈川県出身。東京大学教養学部卒業、東京大学大学院総合文化研究科博士課程修了（学術博士）、ナンヤン工科大学（シンガポール）国防戦略研究所修士課程修了（戦略研究修士）。2002年から防衛研究所勤務。専門分野はベトナムを中心とする東南アジアの安全保障。最近の主な業績として『南シナ海問題の構図　中越紛争から多国間対立へ』（名古屋大学出版会、近刊）、「『一帯一路』と『自由で開かれたインド太平洋』の間で　地域秩序をめぐる競争とASEANの対応」『防衛研究所紀要』第22巻第2号（20年1月）など。

1 ASEANの対中・対米意識
――東南アジア研究所（シンガポール）のサーベイから

米中2大国の緊張関係の動向は、インド太平洋地域の戦略環境を規定する最大の要因となっている。米中は軍事、貿易、情報通信の先端技術などあらゆる面で競争を展開しているが、競争は地域ビジョンにも及んでいる。中国は「一帯一路」構想を推進する一方、米国（と日本）は「自由で開かれたインド太平洋」を掲げている。

東南アジアは、米中競争の重点地域の一つである。米中は共に、東南アジア諸国連合（ASEAN）を自陣営に引き込むべき最重要のアクターの一つとみなしている。太平洋とインド洋の結節点に位置する東南アジアの戦略的な重要性は言うまでもなく、ASEAN諸国が着実な経済成長を遂げていることは、経済協力のパートナーとしてのASEANの重要性を高めている。

では、ASEANは米中対立にどのように対応しているのであろうか。まずは、ASEANの対中認識と対米認識を考える材料として、シンガポールの東南アジア研究所が行っているサーベイを紹介したい。

同研究所は2019年より毎年、ASEAN諸国の学術関係者と実務家に対し、地域情勢に関する世論調査を実施している。質問は50以上に及び、その内容は域内情勢から域外国との関係まで、分野も政治、経済、社会、安全保障と多岐にわたる。

同サーベイをまとめた報告書の最新版『東南アジアの姿――2021年の調査報告』は、ASEANが中国や米国との関係をどのように認識しているかに関し、極めて興味深い調査結果を示している。

まず「東南アジアで最も経済的に影響力のある国は」という問いでは、中国との回答が8割近くを占めた（米国はわずか7％）。また「東南アジアで最も政治的・戦略的に影響力のある国は」については中国が5割、米国が3割との回答結果であった。

すなわちASEANは、中国を政治、経済、安全保障とあらゆる面で最も影響力のあるパワーとみなしている。こうした認識はサーベイが始まった19年から一貫しており、東南アジアに対する影響力の面では、今や中国が米国を凌駕しているといってよい。

中国としても、欧米を中心に対中包囲網を形成する動きに対抗する形で、ASEANの取り込みに余念がない。中国のASEAN取り込み策の一つは、コロナ対応支援である。コロナ禍からの立ち直りが早かった中国は、国内のコロナ対応に忙殺される米国を尻目に、ASEANとの協力の布石を次々と打っていった。

昨年2月、中国がコロナ対応協力に関する中ASEAN臨時外相会議の開催を呼び掛けた際、ASEAN10カ国すべての外相がラオスの首都ビエンチャンに集合したことは、中国の対ASEAN動員力を示した。

その後も中国は、ASEANとの協力を話し合うさまざまなレベルの会合の開催と並行して、対ASEANマスク外交、ワクチン外交を展開した。特にカンボジア、ラオス、ミャンマーといった大陸部諸国に対しては、人民解放軍の医療部隊を派遣するなど、手厚い支援を行った。もちろんそこには、自らに隣接する地域の影響圏固めを狙う中国の思惑があった。

またコロナ下においても、中国の対ASEAN「一帯一路」投資は続いた。昨年、ASEANはコロナで経済活動が停滞する欧州連合（EU）を抜いて中国の最大の貿易相手となった。

また、ここ5年間、中国の対ASEAN「一帯一路」関連の投資は一貫して拡大を続けた。2020年にはコロナによる他地域の経済開発の停滞、欧米との戦略的対立の拡大もあり、ASEANは中国にとって最大の「一帯一路」関連投資先となった。

さらに、今年2月に発生したクーデターに端を発する一連のミャンマー危機への対応でも、中国は存在感を示している。

中国とASEANは6月に特別外相会議を開催した。会議で中国は、ASEANが打ち出す「五つのコンセンサス」への支持を表明し、ASEANと協力してミャンマー情勢に対応する姿勢を明確にした。

ASEANの側も、ミャンマーに対して最も影響力を持つ国である中国と協力することによって、ミャンマー情勢を打開したいと考えている。

このように、コロナ対応、経済開発、ミャンマー危機など近年ASEANを取り巻く諸問題のすべてに中国は関与し、ASEANでのプレゼンスを高めている。

しかし、ASEANは、自らに対する中国の圧倒的な影響力を認めつつも、それを必ずしも望ましいものとして歓迎しているわけではない。

先のサーベイにおいても、「最も経済的影響力のある」「最も政治的・戦略的影響力のある」中国に対し、経済面では7割、政治・戦略面では実に9割の回答者が懸念を抱いている。

南シナ海における強硬姿勢に示されるような、海洋主権の問題に関する中国の非妥協的な態度や、経済力や軍事力を背景に展開される中国の外交圧力や恫喝的な対外政策は、ASEANを不安にさせている。

特に、自らになびく国に対して手厚い支援を行う一方、反抗する国には経済・軍事的圧力をかけるという中国の「アメとムチ」の政策は、ASEANを分裂させるものと考えられている。

興味深いことに、先のサーベイにある「ASEANは米中の二者択一となった場合、どちらを選択すべきか」の質問に関し、米国を選択するとの回答が6割に対し、中国を選ぶ者は4割にとどまっている。

ASEANは、中国のプレゼンスの拡大に不安を抱くと同時に、バイデン政権の米国への期待を強めている。しかし、現在までのところバイデン政権がどのようなASEAN外交を展開するのか、具体的な政策は明らかになっていない。

バイデン政権がASEANにどのように関与し、米中対立を背景にASEANでのプレゼンスを高めていくのか、ASEANは注目している。

その試金石の一つは、トランプ前大統領と異なり、バイデン大統領が東アジア首脳会議に出席し、ASEANの多国間枠組みを重視する姿勢を示すかどうかであろう。

2 「自由で開かれたインド太平洋」と「ASEANのインド太平洋展望」

トランプ前政権に引き続き、バイデン政権も提唱する「自由で開かれたインド太平洋」のビジョンに対するASEANの対応方針は、2019年6月に発表された「ASEANのインド太平洋展望」に集約されている。

同「展望」は、米中のどちらを選ぶかという「二者択一の罠」にはまることを回避し、ASEANが進むべき「第三の道」を提示した。そのため「展望」の内容は、同じインド太平洋でも、米国が同じく19年6月に発表した「インド太平洋戦略報告書」とは大きく異なっている。

「展望」が示す方針の特徴は、次の5点である。第一に、インド太平洋を対立ではなく対話と協力の地域とし、地域諸国間の戦略的信頼やウィン・ウィンの協力を促進する。

第二に、海洋問題を重視し、海洋の諸問題への対処は国連海洋法条約をはじめとする国際法に依拠する。

第三に、法の支配に基づく地域秩序を維持する。第四に、ASEANが重視する協力の具体的な領域は、海洋、連結性、持続可能な開発目標（SDGs）である。

そして第五に、ASEANの中心性を重視し、協力の促進には、東アジア首脳会議、拡大ASEAN国防相会議（ADMMプラス）といった既存の枠組みを用いる。

「展望」に表れているASEANの「インド太平洋観」とでもいえる考えの特徴は、特に米中の地域ビジョンとの比較の観点からは、次の4点である。

第一に、米国のインド太平洋戦略が示す、中国との対決姿勢の否定である。ASEANは米国が主導する対中包囲網への参加を拒否している。

第二に、経済開発、連結性の重視、ウィン・ウィンの協力の促進といった点は、中国の「一帯一路」構想との親和性を示している。

第三に、国連海洋法条約に基づく海洋問題の解決、法の支配に基づく地域秩序を是とする考えは、従来の米国主導の地域秩序を支持し、中国が志向する垂直的秩序への警戒感を示している。

第四に、ASEAN中心性の維持とASEANの協力枠組みの活用を主張することは、米中双方から距離をとった独自のポジションを求め、大国間の調整と仲介を行うASEANの意思の表れである。

第8回「拡大ASEAN国防相会議（ADMMプラス）」にオンラインで出席し、「ASEANのインド太平洋展望（AOIP）」への全面的な支持を表明する岸防衛相（左とテレビ画面中央）＝今年6月16日、防衛省で

3 ASEANの「選択的適応」

「ASEANのインド太平洋展望」に示された、ASEANの米中対立への対応策は「選択的適応」である。

「選択的適応」は、米中それぞれが提示するASEANとの協力策に関し、ASEANの価値観や政策に合致したものについては受け入れて協力を進め、そうでないものは受け入れを回避する。その意味で「展望」は、いわば米中対立におけるASEANの「選択的適応宣言」であった。

ただ、米国や中国のパワーや影響力とASEANのそれとの大きな差が厳然として存在する非対称関係において、ASEAN側が協力策を選択することは可能なのであろうか。

もちろん、ASEANはフリーハンドではないが、概念的には、選択的適応を可能にする条件は次の三つである。

第一に、米中それぞれの地域戦略におけるASEANの重要性である。ASEANの重要性が高く、かつそれが米中に認識されていれば、ASEAN側の交渉ポジションは高まる。

特に米中がASEANをめぐって綱引きを展開している間は、ASEANの戦略的自律性の空間は広がる。

第二に、ASEANが一体性を維持することである。ASEAN各国間の利害調整が進まず、ASEAN全体がまとまりを欠いた状態では、ASEANの選択の余地は、多国間と2国間の双方で、狭まる。

第三に、ASEANが米中の影響力を相対化することである。米中のほか、日印豪EUといった他の主要なプレイヤーとの関係を構築し、対外関係の多角化を図ることは、有効な手立てである。

また、ASEAN各国は、情報通信技術の導入やコロナ対応といったいくつかの具体的な局面で、選択的適応を試みている。

「一帯一路」構想の一環として「デジタル・シルクロード」を推進する中国は、ASEAN諸国に対してファーウェイを中心とする中国企業の5Gインフラの輸出に積極的である。これに対し、ASEAN各国は、中国企業と提携する国もあれば、欧米の技術に依拠する場合、そして両者をミックスする国もある。

ここには、戦略的な考慮を働かせ、中国の「デジタル・シルクロード」に完全には包摂されることのないASEANの自律性を追求する姿勢がある。

コロナウイルスのワクチンについても、中国がASEAN各国への提供に積極的である。しかし、カンボジアを含めどの国も、欧米企業からのワクチンの導入も併せて進めている。

こうした政策は、医学的見地からのリスクヘッジであると同時に、国家や国民の安全という重要な戦略的利益に関し、中国への過剰な依存を回避しようとするASEANの行動パターンの表れである。

今年2月に発生したミャンマーの政変への対応については、ASEANは確かに同国へ強い影響力を持つ中国の関与に期待している。ただ、ミャンマーという自らの加盟国の問題については、適宜、域外国の支援は受けつつも、ASEANはあくまでも域内の問題としての解決を目指している。

今年4月に行われたASEAN特別首脳会議で、ミャンマー国軍総司令官も含む参加者間で「五つのコンセンサス」に至ったことは、こうしたASEANの意思を示している。

4 日本の役割
――多様な選択肢の提供

米中対立の間にいるASEANに対し、日本がとりうる有効な協力策の一つが、さまざまな分野における選択肢の提供である。

選択肢の提供は、ASEAN側の政策の幅を広げるだけではない。日本とASEANの協力が厚みを増すことは、ASEANの戦略的自律性の拡大にも寄与する。

日本が推進する「自由で開かれたインド太平洋」のビジョンには連結性の強化が含まれており、それはASEANが大いに歓迎するところである。

インフラ開発の面で、日本のビジョンは、中国の「一帯一路」構想とのバランスの観点からも重要である。

さらに、日本が繰り返しASEANの中心性の重要性に言及していることは、ASEANにとって心強い支援であろう。

大陸部東南アジアにおける中国の影響力に対し、日本の関与がバランスをとることも重要な観点である。

日本・メコン地域諸国首脳会議と日・メコン外相会議は、メコン協力の主要な多国間枠組みの一つである。昨年11月の日本・メコン地域諸国首脳会議では、メコンで深刻化する干ばつ等環境悪化についても話し合い、共同してこれに対処することを宣言した。

メコンの環境悪化は上流部の中国で多くのダムが建設され、河川の水量が減少していることが主たる原因と考えられているが、中国はこれを否定している。この意味で、日本は、中国に面と向かって文句の言えない大陸諸国を支援する役割を担っている。

防衛省・自衛隊も「自由で開かれたインド太平洋」と「ASEANのインド太平洋展望」のシナジーを追求している。

今年6月にオンラインで開催された第8回ADMMプラスにおいて、岸防衛大臣はASEANの「展望」への支持を表明し、ASEANとの防衛協力を一層推進することに強い意欲を示した。

協力の主眼の一つは、多国間・2国間で展開される能力構築支援である。非伝統分野を中心にASEANの能力構築を目指す日本の支援は、具体的な安全保障課題に対処するASEANの能力向上につながるのみならず、ASEANの戦略的自律性の拡大自体に寄与するだろう。

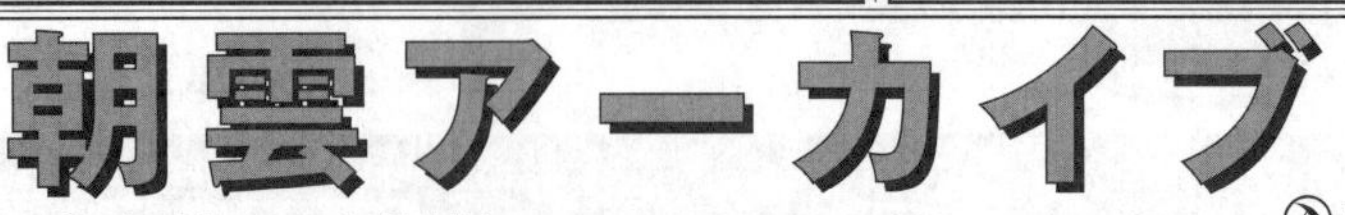

募集・援護　特集

平和を、仕事にする。陸海空自衛官募集

ただいま募集中！
◇防大（一般）◇防医大
◇自衛官候補生◇一般曹候補生
◇医科・歯科幹部◇航空学生◇予備自補
★詳細は最寄りの自衛隊地方協力本部へ

千葉

「さあ募集解禁だ！全員で街頭でPRするぞ」――。来春卒業の高校生への募集が解禁となった7月1日、全国の地本は一斉に〝夏の陣〟に突入した。千葉地本では地本長が駅前に立って陣頭指揮、自ら高校生に募集広告入りティッシュを配って部員を鼓舞。そのほかの地本も募集の大きな山場となる夏休みの〝収穫〟に向け、総力を上げている。

募集解禁！

自ら陣頭に立ち、高校生に募集広告入りティッシュを手渡す大山地本長（左）と千葉地本キャラの「千葉翔」＝7月7日、千葉地本前で

朝の登校時間に広報
地本長自ら街頭で陣頭指揮

【千葉】地本は7月7日、西千葉駅に近い本部庁舎周辺で高校生に向けた市街地広報を行った。

近隣に高校が2校所在している地本の立地を最大限に活用し、広報効果が最も発揮できる朝の登校時間に実施した。さらに、千葉地本ツイッターでも自衛隊の各種広報予定を広く発信した。

当日は新型コロナへの対策を確実に行いながら地本長の大山康倫1海佐自らが陣頭に立ち、部員が交代で街頭広報。登校中の高校生たちに自衛官募集広告を折り込んだ迷彩柄のポケットティッシュを配布した。さらに現場には千葉地本のキャラクター「千葉翔」も投入、マスコットの力で生徒たちに自衛隊をアピールした。

千葉地本では「我々が自衛隊と高校生の懸け橋となり、これからも地域と一体となった募集広報活動に部員一同で努めていく」としている。

全部員で「やりきる、やりぬく、やり遂げる！」　三重

（上）出陣式でときの声を上げる三重地本の隊員たち（6月30日、三重地本庁舎前で）
（下）朝の通学時間帯にティッシュを配る三重地本の隊員たち（7月1日、近鉄四日市駅で）

【三重】地本は7月1日朝、県内の主要駅で全部員による広報活動を行った。

この日は高校生に対する募集解禁日で、地本の募集業務が最盛期を迎える節目の日。前日には、本部庁舎前で行われた出陣式で、令和3年度の入隊目標の達成を祈り、ダルマの目入れを行うとともに、全部員で「やりきる、やりぬく、やり遂げる！」と、ときの声を上げた。地本長の瀬岡清隆1陸佐は「コロナ禍の厳しい状況ではあるが、部員一丸となって最後までやりきろう」と、部員を激励した。

初日の全部員での街頭広報では、登校中の高校生に就職選択の一つとしての自衛官を広くPR、ティッシュとともに募集広告約6600枚を配布した。

三重地本では「コロナ禍で先行きが見えない中、高校生の進路決定は難しい。自衛官にはさまざまな採用制度があるので選択肢の一つとして活用していただけるよう、引き続き広報していきたい」と話している。

予備自補　辞令書交付式

熊本地本の辞令書交付式に参加し、全員で服務の宣誓を行う予備自補たち（7月4日、北熊本駐屯地で）

一般・技能の17人を地本長が激励　熊本

【熊本】地本は7月4日、北熊本駐屯地の「北熊館」で、7月1日付で採用された予備自衛官補の辞令書交付式を行った。

予備自補は主として自衛官未経験者で所定の教育訓練を経て、予備自衛官として任用する制度。昨年の令和2年7月豪雨災害では熊本県から2人の看護師資格を保有する予備自補出身の予備自が災害招集され、被災地で巡回診療支援の任務に従事するなど、その活躍に注目が集まった。

今回の交付式には一般と技能の予備自補17人が出席。地本長の楠本賦1陸佐が予備自補一人一人に「頑張って」と声を掛けながら辞令書を手渡し、激励した。その後は服務の宣誓、制度説明、資料館研修などを行った。

辞令書を受けた一人は「早く教育訓練に参加し、さまざまな経験をしたい」と話し、さっそく教育訓練への参加を申し込んでいた。

地本長「皆さん自らが制度広めて」　宮城

【宮城】地本は7月4日、仙台第4合同庁舎で令和3年度予備自衛官補辞令書交付式を行った。

4月の採用試験で合格した27人のうち、この日は17人が式に臨んだ。代表の金山泰樹予備自補の号令で地本長の諏訪国重1陸佐に敬礼、一般・技能それぞれの代表者に地本長から辞令書が手渡された。

続く宣誓を聞いた諏訪地本長は、17人に対し「しっかり訓練に参加し、皆さん自らが予備自補制度を周囲に広めてもらいたい」と訓示した。

従来は式後に多賀城駐屯地に移動し、教育訓練の現場を見学していたが、今回は新型コロナ対策を受け、地本予備自課が作成したビデオで研修、訓練参加への意欲向上を図った。

参加者は「予備自補は仕事をしながら社会貢献できる良い制度だ」「同期と訓練で会えるのが楽しみ」などと話していた。

記念撮影に臨む宮城地本の予備自補採用試験合格者たち。前列中央は諏訪地本長（7月4日、仙台第4合同庁舎で）

募集ポスター掲示　強化週間　駅やバスなど　神奈川

【神奈川】市ヶ尾募集案内所は6月24日、神奈川地本の募集案内強化週間に合わせ、自衛官募集のポスターの掲示を開始した。

市ヶ尾所は事務所の管轄内にある私鉄8駅にポスターの掲示を依頼し、強化週間開始日の同24日から改札口付近やホーム掲示板に一斉にポスターを掲示、広報官がお礼のあいさつのため各駅へ出向いた。市ヶ尾所の最寄り駅には、上下線の階段付近に募集ポスターが掲示され、多くの利用者が目を向けていた。[illegible]日に行われた市街地広報に参加した地本マスコット「はまにゃん」も駅構内のポスター掲示を確認し、PRに熱を入れていた＝写真。

同30日からは市ヶ尾所管轄内のバス営業所のバス車内にも掲示を開始。採用種目ごとの締切日が掲載されたポスターを掲示することで、7月1日から募集解禁となった高校生らにPRしている。

「サマートーク」　旭川
女性同士で会話弾む

【旭川】地本は遠軽町内にあるカフェスペースで7月5、12日、女性限定の説明会「サマートーク」を開催した。同町での同イベント開催は初めてで、地元の女性10人が参加した。

説明会は女性自衛官の活躍を紹介し、自衛隊を職業として認識・理解してもらうことを目的として行われ、遠軽地域事務所が担任。コロナ下で三密を避けるため2回に分けて実施した。

説明会には湧別町出身で遠軽高校卒業生の小川未玲士長（陸自7音楽隊＝東千歳）が応援に駆け付け、自衛隊の概要説明のほか、仕事や福利厚生についてユーモアを交えながら説明。後半のフリートークでは、女子会らしく和やかに会話が弾んだ。

参加者からは「運動が苦手でも大丈夫ですか」「髪の毛の長さは」「自衛隊でイケメンは見つかりますか」「給料は良いですか」など本音の質問が次々と飛び出した。

参加者は「実際に女性自衛官と話せて自衛隊の魅力が分かった」などの声が聞かれた。

女性限定説明会「サマートーク」で自衛隊の仕事内容や福利厚生について説明する7音の小川士長（左奥）＝7月12日、北海道遠軽町で

テレビ番組でイベントPR　兵庫

【兵庫】加古川地域事務所は7月2日、地元のケーブルテレビ「BAN－BANテレビ」の情報番組「ぷらんちょ！PICK UP！」に出演した。

同テレビは加古川、高砂両市、加古郡を中心に地域に密着した情報を発信しており、同事務所から春田大介2陸曹が出演、この夏に高砂、加古川両市で開催される「自衛隊職業説明会」についてPRした。

番組は司会の北原真紀さん、スパイシー八木さんからの質問に春田2曹が答えるトーク方式で進行。自己紹介にはじまり、陸海空自の役割、入隊直後の体力づくり、さまざまな訓練などについて話すと、司会者も驚き、強い関心を示していた。

最後に春田2曹は「少しでも興味を持った方はぜひ自衛隊の説明会に参加してほしい」と呼び掛け、番組収録を終えた。

地元ケーブルテレビの番組に出演した加古川所広報官の春田2陸曹（左）＝7月2日、兵庫県加古川市のBAN－BANテレビで

防衛大学校入試ガイダンス開催　栃木

【栃木】地本は6月12、13の両日、防衛大学校入試ガイダンスを行った。

これは夏の「防大オープンキャンパス」に向け、地本で事前に説明会を実施することで、防大への理解を深めてもらうことを目的に開催した。

当日は防衛大学校入試統括官の森武洋教授が防大の概要や学校生活などについて説明。

説明会後は参加者と栃木県家族会防大部の部員が懇談。打ち解けた参加者からは「防大といえば先輩後輩の上下関係が厳しいといった話があるが、実際にその家族の話を聞けて安心した」「校友会活動がとても充実していることが伝わってきた」などと安堵の声が聞かれた。

前期・遠洋練習航海部隊　実習幹部の所感文

約2カ月間の航海中、練習艦「かしま」「せとゆき」は米海軍の空母「ロナルド・レーガン」(奥)、巡洋艦、駆逐艦などと日米共同訓練を実施。訓練後、実習幹部たちは米空母を帽振れで見送った(6月21日、インド洋で)

海自の令和3年度前期・遠洋練習航海部隊（練習艦「かしま」「せとゆき」で編成、練艦隊司令官・石巻義康将補以下、実習幹部約160人を含む約510人）が7月21日、呉基地に帰国した。

同遠航では東南・南アジアのブルネイ、スリランカ、インドネシア、東ティモール、フィリピンの5寄港地を約2カ月かけて巡った。現地ではコロナ対策のため補給のみの寄港となったが、実習幹部たちは航海中の各種訓練や寄港地でのオンライン講話などを通じ、海自幹部として欠かせないシーマンシップを身に付けた。以下は同隊の写真員が撮影した航海中や各寄港地での写真と実習幹部の所感文。

コロナ対策　補給のみの寄港に

苦楽を共に2カ月

制限された環境こその楽しさ

3海尉　市川　結子

私の遠洋練習航海の感想を一言で表すと「楽しい」である。コロナ情勢により今年度も（寄港地での）上陸は叶わなかったが、制限された環境だからこそ経験できた楽しさがあった。特に随伴艦「せとゆき」に乗艦した1カ月は私に航海の楽しさを教えてくれた。

率直な感想として、「せとゆき」での1カ月は厳しい生活であった。毎日のワッチや真水制限など、近海練習航海中に乗艦した「かしま」との生活の違いもあったが、何より違ったのは艦橋での緊張感であった。「せとゆき」での実習が始まった序盤に厳しい指導を受けて、この1カ月やっていけるか不安な状態で航海が始まった。艦橋では毎日何人もの実習幹部が苦戦を強いられていた。

しかし、その度に対策を考え、みんなで訓練のための運動盤を何枚も作製するとともに、部署訓練においても立て付け(リハーサル)を実施して各種訓練に備えた。その結果、全員で訓練に臨むようになり、準備も含めてみんなで奮闘する時間が楽しくなってきた。

操艦訓練では担当班以外でも艦橋に上がり見学する実習幹部が増え、緊張感の中に高揚感が生まれた。最初は慣れない環境に疲れ気味であったが、次第に航海を楽しむ雰囲気になっていた。私自身、同期に助けてもらい励まされた。そして私は同期の積極的な姿勢に背中を押され、それまで苦手に思っていた訓練も積極的に挑戦しようという気持ちになった。

艦内生活において、私は人見知りで近海練習航海では乗員と会話をする機会がほとんどなかったが、遠航では上陸がない代わりに乗員とのコミュニケーションの時間が増えた。乗員と会話をする中で、彼らが実習幹部の訓練を支えてくれていることをより強く感じ、感謝の気持ちが増したことで、ますます訓練を頑張ろうと思った。このような人々との出会いもあって、艦が楽しいと思うようになった。

また、遠洋練習航海で用意して良かった物の一つが楽器の「ウクレレ」である。居住区でウクレレを弾き、それに合わせてみんなで歌った思い出は忘れられない。みんなで歌うことで同期との距離が縮まった。

「かしま」の艦長は、海上実習が始まるにあたり「楽しくなければ艦じゃない」と話された。

当時、自分には当てはまらないと考えていたが、現在の私はその言葉を納得できる。遠洋練習航海で自分を高めてくれる同期と出会えたからだ。これから初級幹部として実際に部隊で勤務することになるが、配属先の部下に対し、自分の職務に誇りを持って仕事が楽しいと思える環境を構築できる幹部になりたい。そのためにも、私は共に奮闘した同期のように、他者に良い影響を与えられるよう努力していく。

㊤ブルネイのムアラ入港時に行われたリモート講話で、在ブルネイ日本大使館警備対策官の杉本健太朗1海尉（当時、現3佐）の講義に真剣に耳を傾ける実習幹部たち（6月6日）
㊦スリランカからインドネシアに向かう航海中、赤道通過の際に行われた「赤道祭」で、赤道門を開ける石巻司令官（左）＝6月22日

身に付けたシーマンシップ

海自の遠洋練習航海部隊として初めて入港した東ティモールのディリ沖から見た同国を象徴する山上のキリスト像（7月5日）

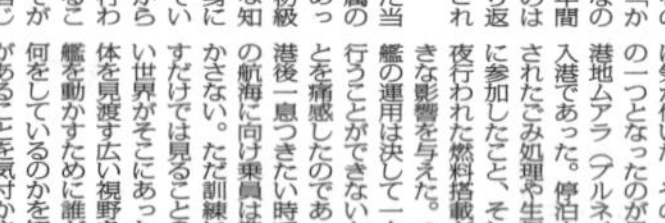

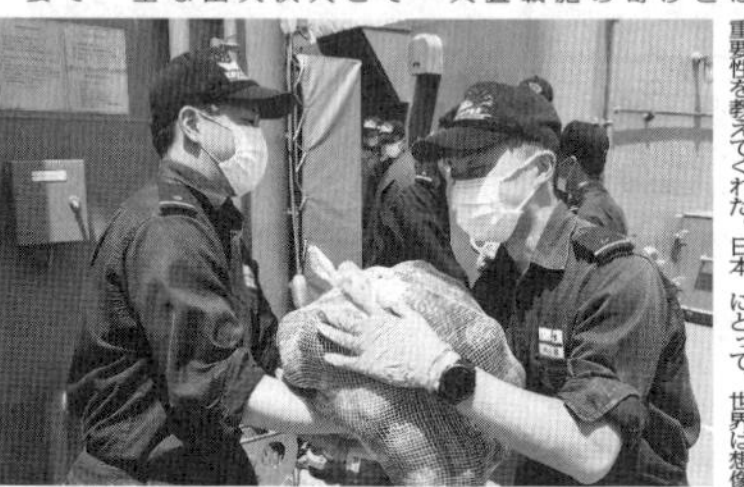

3番目の寄港地インドネシアのスラバヤでは、金杉憲治在インドネシア大使（壇上左）や同国防衛駐在官の水野秀紀1海佐（同右）、同国海軍が出迎え、遠航部隊の入港を歓迎した（6月28日）

訓練だけでは見ることができない世界

3海尉　森　紘平

航海中、遠洋練習航海の意義について自問自答を繰り返した。幹部候補生学校卒業後、そのまま部隊に配属されるのではなく、実習幹部として「かしま立ち」するのはなぜなのか。遠洋練習航海が数十年間脈々と受け継がれているのはなぜなのか。本航海を振り返るとその答えが導き出された。

遠洋練習航海が始まった当初、私は半年後の部隊配属のことで頭がいっぱいであった。部隊勤務を見据え、初級幹部自衛官として必要な知識、経験をよりたくさん身に付けることに躍起になっていた。そのため、各種教範から得た知識をもって、日々行われる訓練の練度を向上することにまい進した。これこそが海上実習の目的であると信じて疑わなかった。

しかし、しばらくして私は大きな勘違いをしていることに気が付いた。そのきっかけの一つとなったのが最初の寄港地ムアラ（ブルネイ）への入港であった。停泊中に実施されたごみ処理や生糧品搭載に参加したこと、そして一昼夜行われた燃料搭載が私に大きな影響を与えた。つまり、艦の運用は決して一人の力で行うことができないということを痛感したのであった。入港後一息つきたい時でも、次の航海に向け乗員は準備を欠かさない。ただ訓練に精を出すだけでは見ることのできない世界がそこにあった。艦全体を見渡す広い視野を持ち、艦を動かすために誰がどこで何をしているのかを知る必要があることを気付かされた。

南アジア唯一の訪問国スリランカで、補給品の生鮮食料を艦内にリレーで積み込む実習幹部たち（6月18日）

マラッカ海峡通峡、コロンボ(スリランカ)入港もそうしたきっかけの一つであった。通峡する数多の巨大貨物船や壮大な国際港は海上交通の重要性を教えてくれた。日本という狭い世界の中で机上における学習のみでは決して学ぶことのできない光景がそこにはあった。これまで日本にしか目を向けてこなかった私にとって、世界は想像以上に大きいものであった。

このころから遠洋練習航海の意義についての考えがまとまり始めた。すなわち、来るべき部隊勤務に備え訓練の練度向上に励むことだけではなく、「慣海性」「慣艦性」そして「国際性」を実習幹部が体得することに実習の本質はあったのである。海、艦そして世界に関して無知であり、また海上自衛官として未熟な実習幹部だからこそ、遠洋練習航海を通してそれらを全身で体感し、知識と技能、そして経験を積み重ねることが不可欠なのだ。

本遠洋練習航海に先立ち、練習艦隊司令官は「遠洋練習航海の本質を本当に理解できるのは数十年も先のことである」と話されていた。海上自衛官として第一歩を踏み出したばかりの私にはまだ理解できないが、そう思える日が来ることを心のどこかで楽しみにしている自分がいた。

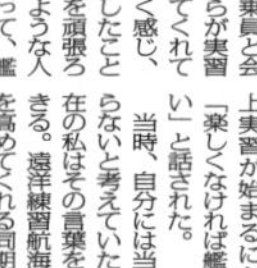

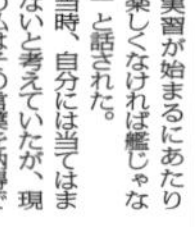

㊤スラバヤ出港後に実施されたインドネシア海軍フリゲート（中央）との親善訓練で、戦術運動を行う「かしま」（左）と「せとゆき」（右）＝6月30日　㊨㊤航海中の占位訓練で、「かしま」の乗員から説明を受け、「せとゆき」（奥）の方位を確認する実習幹部たち（6月14日）㊨㊦〝霧中航行〟訓練で、戦闘指揮所と通信を行いながら情報を書き込む実習幹部（7月1日）

あさぐも ドリフイふらく
吉本どんど

寝技を駆使して圧倒

東京五輪・柔道 女子78キロ級 濵田1尉が金メダル獲得

柔道女子78キロ級を制し、表彰式で金メダルを掲げる濵田1尉（左から2人目）（7月29日、東京都千代田区の日本武道館で）＝AP／アフロ

「寝技で一本を取るところを見てもらいたい」――。東京・日本武道館で7月29日に行われた東京五輪の柔道女子78キロ級。自衛隊体育学校（朝霞）柔道班の濵田尚里（しょうり）1陸尉が磨いてきた寝技を駆使して全4試合を一本勝ちし、自身初、柔道班初の金メダルを獲得した。（1面参照）

体校の練習で頭角表す

著名な選手ではなく、自衛隊に入隊するまではオリンピック出場は考えたことがなかったという。また、入隊後も当初から強い選手ではなかった。

鹿児島南高（鹿児島市）から体校柔道班OBの山部伸敏さん（元2陸尉）が柔道部女子監督を務める山梨学院大（甲府市）へ進学。卒業後の2013年4月、体校へ直接入校し、柔道班で練習を積んできた。

1990年に創設され昨年30周年を迎えた柔道班は、監督の酒井英幸2陸佐以下選手・スタッフ（現在総員22人＝男子選手6人、女子選手8人、スタッフ8人）が一丸となって「オリンピックに代表選手を出し、金メダルを獲得する」ことに挑んできた。11年の世界選手権では池田ひとみ1陸尉が女子78キロ級で7位に入賞。池田1尉は現役引退後、柔道班女子ヘッドコーチに就任し、濵田1尉をマンツーマンで強化、成長を支えた。

酒井監督と磨いた得意技

自らもかつて寝技を駆使して戦い、ナショナルチームの寝技担当コーチも務めた酒井監督の下、濵田1尉が徹底して取り組んできたことが寝技の強化だ。

練習の成果が実を結び、世界選手権で18年に優勝、19年に準優勝。さらに昨年2月のグランドスラム大会を制し、東京五輪への出場を内定させた。コロナ禍の下で開幕が延期されたこの1年、攻防の技術の精度を高め、特に寝技については「（相手が）対策してくると思うが、その上をいく」（酒井監督）と磨きをかけた。

そして「世界最強の証明をしてほしい」という酒井監督の期待も背に迎えた今大会。初戦～準決勝を寝技で制して勝ち上がり、マドレーヌ・マロンガ選手（仏）との決勝も開始1分過ぎ、崩れ上四方固めで抑え込み一本を奪った。

柔道班で成長し世界の頂点に立った濵田1尉。試合後、「寝技で勝ち上がれて良かった」とインタビューに応え、応援してくれた人たちが並ぶスタンドに向かってひときわ明るい笑顔で手を振った。

熱海土石流 1カ月の災派終える 延べ約2万3千人が活動

土石流災害の犠牲者たちに黙祷とらっぱ吹奏を捧げる34普連の隊員たち＝7月31日、熱海市で

【34普連＝板妻】静岡県熱海市の伊豆山地区で発生した土石流災害に伴い、同地区で行方不明者の捜索活動や道路啓開などにあたっていた34普連基幹の災派部隊は7月31日正午、同県の川勝平太知事からの撤収要請を受け、約1カ月間にわたった災派活動を終えた。

最後まで活動していた34普連の隊員たちは、現地で犠牲者の冥福を祈り、らっぱ吹奏に合わせて全員で黙祷を捧げた。

その後、連隊は宿営地で熱海市の斎藤栄市長から「炎天下の中、活動する皆さまの献身的な姿に心を打たれました。市民や被災された方々が自衛隊員の活動する姿にどれだけ勇気づけられたことか、市民を代表して心からお礼を申し上げます」との言葉を受け、市民らに見送られながら熱海市を後にした。

7月3日から31日までの自衛隊の活動規模は、人員約2万3000人（被災現場では約9700人）、救助犬約50頭、重機約290台、航空機約40機（待機を含む）、ドローン約60機＝いずれも延べ数。人命救助活動の結果、16人が救助され、うち12人は警察により死亡が確認された。道路啓開の累計は約1020メートルだった。

米軍不発弾を処理 那覇市立病院の工事現場 15旅団

【那覇】陸自15旅団101不発弾処理隊は7月18日、沖縄県の那覇市立病院の駐車場建設工事現場で発見された不発弾1発（米国製5インチ艦砲弾）のディアマによる現地安全化を行った。

当日は避難対象区域内の約50世帯、10事業所、約270人に対し避難指示が出された。さらに同病院の窓ガラスには板が張られ、警察による主要道路の封鎖なども行われた。

自治体の用意した処理壕に不発弾をクレーンで移し、壕内でディアマを使い信管を破壊した。処理班長として参加した前田進准尉は「山中であろうと街中であろうと、訓練通り実施するだけだ。もうすぐ定年となる身だが、後進を育成しつつ、最後まで任務を全うする」と述べた。

同隊の処理実績は3万8649件、1839トン（7月30日現在）。

対策本部長の城間幹子那覇市長（中央）や病院関係者らに対し、処理を終えた不発弾の説明を行う処理班長の前田准尉（右）＝7月18日、沖縄県那覇市で

JACEイベントアワードで特別賞 空自ブルー 医療従事者向け感謝飛行で

空自に贈られた第7回JACEイベントアワード「特別賞」の表彰状（左）とトロフィー

【空幕】空自は6月17日、日本イベント産業振興協会（JACE）が主催する第7回JACEイベントアワードで「特別賞」を受賞した。

昨年5月29日に行われた「新型コロナへの対応中の医療従事者等に対する敬意、感謝を示すためのブルーインパルスによる飛行」が、コロナ禍に立ち向かうイベントだったとして、136作品の中から評価された。

選考委員は「外出自粛などで全国的に沈みがちな空気に覆われた中で、大空を駆け抜ける、清々しい涼風のような爽やかさを感じることができるサプライズのイベントだった」とたたえた。

同アワードは国内外で行われるイベントを対象に▽開催によって波及する経済効果▽地域への集客と交流人口の増加▽海外に対して我が国の魅力を発信する効果――などをもとに、今後開催されるイベントに影響する技術や創造性を顕彰している。

この受賞を受け、空自は公式ツイッターで「さらなる高みを目指し、引き続き任務にまい進してまいります」とコメントした。

ボディビル2大会制覇 「いずも」の櫻井3曹

【いずも】ヘリ搭載護衛艦「いずも」航海科の櫻井一樹3曹＝写真＝がこのほど、「ボディビルフィットネス大会2021」（主催・日本ボディビルフィットネス協会）の横浜オープンと群馬オープンに出場、それぞれ優勝を果たした。

横浜ではまず「メンズフィジーク176センチ級（身長176センチ以上）」に出場。櫻井3曹は自慢の大胸筋と腹筋を審査員にアピールし他の選手を圧倒、優勝した。さらに各階級の優勝者同士が競うオーバーオール審査においても高い評価を得て、総合優勝を勝ち取った。続く群馬も制覇し、全国大会の出場権を獲得した。

櫻井3曹は「日ごろ鍛えた体をもっと生かしたい」と大会出場を決意。上陸中は横須賀市内のジムで、航海中は空き時間を利用し艦内で筋力トレーニングに励んだ。大会前の3カ月は、厳しい減量期間を設け身体を絞り込み本番に挑んだ。

9月20日に行われる全国大会に向け櫻井3曹は、「武器である大胸筋と腹筋に加え、広背筋をさらに鍛え上げたい」と意気込んでいる。

こちら警務隊 性犯罪①

児童の裸の画像をスマホに入れたら 1年以下の懲役か100万円以下の罰金

児童の裸の画像をスマホに入れたら、どんな罪になりますか？

自己の性的好奇心を満たす目的で児童ポルノを所持した場合、「児童買春、児童ポルノ処罰法違反」で1年以下の懲役または100万円以下の罰金に処せられます。

児童とは18歳未満の者で、児童ポルノとは、児童の性交や性器等を触る行為、衣服をつけない姿等の性欲を刺激させる写真やデータです。

また、SNSで児童に裸等を撮影させ、データを送らせても同様に罪となります。

性犯罪で検挙されると、本人はもちろんのこと、家族も性犯罪者の家族として見られて苦悩しますので、絶対にしてはいけません。

（東部方面警務隊）

児童ポルノの所持は犯罪！
児童ポルノ

小休止

▽…空自網走分屯基地の網曹会（准曹会）が7月14日、新型コロナの集団感染で休校中の日体大付属高等支援学校に寄付を行った。網走市役所企画調整課長に、隊員の激励メッセージを添えて託した＝写真。

▽…同校は感染対策で調理員が出勤できないことから、寄宿生の食事がパンやおにぎりに偏った状況が続いていた。そこで地元の飲食店が「温かい弁当を届けたい」と支援を開始。同校のインターンを受け入れている基地も、弁当購入代をサポートする寄付金を募った。

▽…後日、同校の島崎洋二校長から田中国敏基地司令に「感激しました」と感謝の言葉が寄せられた。基地は「また皆さんの笑顔が見られることを期待している」としている。

（網走）

朝雲・栃の芽俳壇

畠中草史　選

七千歩目安に励む青田道　館山・海OB　斎藤　一向
健康維持あるいは体力回復のため目標を決め歩に励んでいたが何時しか青田道となった。

どんぶりに夜店の金魚納まりぬ　横浜・一般　福本　祥子
夜店の金魚掬いでの一匹、持ち帰ったが入れる容器がない。一先ず丼ぶりに納まった。

蝸牛の這い回りたる跡白し　熊谷・空OG　関谷　桂子

時の日の時を忘れし花時計　浜松・空OG　木通　佳子

霊山の水を頒ちて棚田植う　宮崎・空OB　髙木　智念

人の混み合ふ紫陽花の寺静か　熊谷・空OG　佐藤　玲美

対岸の灯の潤みたる五月闇　大津・陸OB　丸岡　正男

うすずみをまとひて空の梅雨に入る　熊谷・空OB　明田　眞雅

物売の声のたゆたふ梅雨の路地　浜松・空OB　宮本　立勇

鮎解禁等間隔に竿を伸ぶ　熊谷・空OB　蓮佛志向子

彼の津波来し丘に立つ夏帽子　あきる野・一般　小和田一男

万緑に染まりて父祖の墓自若　新座・陸OB　船田藤三郎

仙人掌の花一夜限りはかなかり　熊谷・空OB　工藤　敏雄

山桃の雄蕊散り敷く石畳　町田・陸OB　岩原　滋利

十薬の四方にはびこる山家かな　鹿島・陸OB　一ノ瀬恵昭

くちなしの香の満つる宵の路地　福生・空事務官　村松加珠彦

柿若葉棟上げ近き槌の音　浜松・空OG　岩城　節子

カフェテラス紫陽花越しに川の音　相模原・一般　森　謙二

樟若葉太白満を持し出づる　札幌・陸OB　坂元　順一

蟻の足我より自由右左　富谷・陸OB　加川　師亨

濡れそぼちたのしき雨の濃紫陽花　熊谷・空OG　福元万理子

本降りの中ひるがえる夏燕　浜松・空OG　鈴木和歌恵

白鷺の溺れてをりし青田波　小牧・陸OB　松岡　魚青

くちなしの清らかにして香を放つ　熊谷・空OG　関田　絹江

選者作品
見詰めれば宙返りする琉金よ

投句歓迎！
▽郵便はがきの裏面に未発表の自作3句以内と氏名、年齢、職業（自衛官・事務官＝所属部隊＝、OB、家族、一般など）、住所、電話番号を記入▽締め切り毎月15日▽宛先＝〒162－8801東京都新宿区市谷本村町5の1 防衛省D棟市ヶ谷記者クラブ朝雲俳句係☎03（5225）1750、専用線8・6・25515

みんなのページ

米海軍の「デザート・チャレンジ」審査に協力

青森の食材・リンゴを使ったデザートを堪能

1空曹　有坂　太一（3空団先任付・三沢）

こんにちは。ここでは在日米海軍三沢基地の「デザート・チャレンジ」という行事についてご紹介したいと思います。

空自3空団司令兼三沢基地司令と3空団准曹士先任はこのたび、「デザート・チャレンジ」の審査員として米海軍司令部に招待されました。

そこで待ち受けていたのは、とても甘そうなデザートでした。

これらデザートは「地元の食材を使用する」というルールがあり、青森県らしく、リンゴが食材に使われていました。

皆さん、リンゴと聞いてどんなデザートを想像しますか？ アップルパイ？ 確かにそれもありましたが、私が一番驚いたのは、半分に切った焼きリンゴを皿のように使い、その上にベーコンを使った具材がのせられているものでした。味の想像ができますか？

さて、優勝した作品ですが、その名も「キャラメル・アップル・クッキー」というお菓子でした。このクッキーのレシピは三沢市長にもプレゼントされる予定ということです。

他の米軍所在地では、このように「デザート・チャレンジ」の行事がきっかけで、海軍のお菓子が町の有名デザートになった例もあるそうです。

もしかしたら、この「キャラメル・アップル・クッキー」が三沢市の名物になるかもしれませんね。

（上）「デザート・チャレンジ」の会場でリンゴを使ったデザートの審査を行う日米の部隊関係者　（右）優勝した米海軍三沢基地の「キャラメル・アップル・クッキー」

自分にできる範囲で「SDGs」の実践を

3空尉　中島　太樹（35警隊・経ケ岬）

皆さんは「SDGs」という言葉をご存じだろうか。最近よく耳にする機会が多いので意味を調べてみた。

SDGs（持続可能な開発目標）とは「持続可能で、より良い世界を目指す国際目標」という意味で、17の目標（ゴール）からなる取り組みを2030年まで継続し、「より良い未来を築く」というのが大まかな概要である。

17の目標の中の一つである「飢餓をゼロにする」について私も考えてみた。世界的な目標であるSDGsについては、発展（開発）途上国においては「飢餓」が続いているのに対し、先進国では食料が余り、「フードロスの削減」が議論されるなど、世界では真逆の問題が起きている。

日本のフードロスの要因としては、過剰生産など、さまざまな要因があるが、その多くは私たち消費者の「好きな物を好きな時に食べたい」といった要求や欲求により起因するところが大きい。

「SDGs」を考えていく上で、現在、コロナ禍により私たちの生活スタイルが大きく変化したように、今後は「フードロスを意識した消費スタイル」への変化が必要と考える。

そこで私も自分のできる範囲の取り組みとして、妻の里帰り出産の間は自炊を行い、無駄のない買い物と料理に挑戦してみた。なかなかうまくはいかなかったが、小さなことからコツコツとフードロス削減に繋がることを実践している。

このように個人の意識の変化が積み重なることで、未来がより良い方向へ繋がるよう願っている。

最長勤務車両の栄転を祝福する

2空曹　小林　勲（中防群・入間）

2003年から約18年間の長きにわたり部隊の「輸送業務」を支えてくれた自衛隊車両（カーゴ）がこのたび、入間から硫黄島基地に“栄転”となった。

このカーゴは、私が新隊員として配属された時からの長い付き合いであった。半年先輩の彼（カーゴ）が小笠原諸島の離島に転出するのは寂しいものがあったが、彼の門出を祝福し、新たな任地での活躍を祈りたい。

なお、後進には“新兵”のカーゴが配属された。先輩の私が早速イジってあげたいと思います。

OBがんばる

不屈の精神と対応力で

楠本　英樹さん　55
令和3年2月、海自徳島航空基地隊本部総務班員を最後に定年退職（1曹）。東京海上日動火災保険に再就職し、損害サービス主任を務めている。

私は海上自衛隊を定年退職し、現在、東京海上日動四国損害サービス部徳島損害サービス課で損害サービス主任として勤務しています。

定年前、徳島就職援護室から「東京海上日動火災の求人があります。楠本さんにピッタリのお仕事ですが希望されますか？」との連絡頂き、「自衛隊員様向け企業説明会」に参加しました。そして採用担当者から「お客様を家族と思い対応して欲しい。祖父母・父母・兄弟（姉妹）と思って下さい」という話があり、その言葉が胸に響きました。そして「お客様を大切に思い愛情たっぷりで対応してください」と聞いた時に素晴らしい会社だと感じ、この企業で働いてみたいという希望が生まれました。

現在は交通事故に遭われたお客様に対し保険金をお支払いする「損害サービス」という業務に従事しています。事故の問題を解決し、迅速に保険金をお支払いすることで、お客様の満足と会社の評価に繋がることにやりがいを感じています。

この業務では自動車損害賠償保障法や保険法などの基礎知識の習得が必要になりますが、正確さが求められる事務処理においてはそろばん2級・暗算2級を取得していたことと、自衛隊で総務班員として勤務した経験が役に立っていると感じています。

採用通知を受け取った時、援護室の方から「海曹で入社でき、希望の星」と言われました。いまはその言葉を励みに一日一日を大切に「洗心大成」できるよう勤務しています。これからも自衛官として培った不屈の精神と愛情・対応力をもって頑張って参ります。皆さまもしっかりと自分自身を見つめ直し、良い第二の人生の選択をして下さい。

詰碁

第1264回出題

出題　日本棋院　九段　曲　励起

白先

『白を助けて下さい。最初の手が大切です』。3分でできれば初級以上です。

▶詰碁、詰将棋の出題は隔週です◀

詰将棋

出題　日本将棋連盟　九段　石田　和雄

≫第848回の解答≪

6	5	4	3	2	1	
				桂	香	一
						二
	角			歩	王	三
			桂		銀	四
						五
		竜				六
						七

▲先手　持駒　金

【正解】▲2四金△同歩▲3一角成△2三玉▲4三竜△3三歩▲2二馬までの七手詰め。

【解説】初手▲2四金捨てが本題の眼目。上部脱出を助長させるような手ですが、△同玉なら▲3五角成△3三玉▲4二竜までの早詰み。△同歩に▲3一角成以下は平易でしょう。

「朝雲」へのメール投稿はこちらへ！
▽原稿の書式・字数は自由。「いつ・どこで・誰が・何を・なぜ・どうしたか（5W1H）」を基本に、具体的に記述。所感文は制限なし。
▽写真はJPEG（通常のデジカメ写真）で。
▽メール投稿の送付先は「朝雲」編集部（editorial@asagumo-news.com）まで。

(世界の切手・サンマリノ)

ベストを尽くして失敗したのなら、それはベストを尽くしたってことさ。
スティーブ・ジョブズ
（米国の事業家）

朝雲ホームページ
www.asagumo-news.com
<会員制サイト>
Asagumo Archive
朝雲編集部メールアドレス
editorial@asagumo-news.com

新刊紹介

「インパールの戦い」ほんとうに「愚戦」だったのか

笠井　亮平著

ビルマから山越えで英領インドに攻め込んだものの、補給の途絶と感染症の蔓延などで「自滅」したとされる旧陸軍のインパール作戦。本書は在インド日本大使館などに勤務し、防衛研究所にも在籍した著者（現・岐阜女子大学南アジア研究センター特別研究員）が第2次大戦中に日本軍と激闘を繰り広げた英印軍の側からインパール戦を検証した本だ。

日本では「愚戦」として否定的に捉えられてきたこの戦いを、英印側から光を当てると真逆の評価になる。英国の歴史家はインパール戦をノルマンディー上陸作戦以上の「グレイテスト・バトル」だったとし、「東のスターリングラード」とも評価する。

著者はこれを検証するためインパールやコヒマなど激戦地をめぐり、日本軍を前にそれまで敗戦続きだった英軍がどう部隊を立て直し、どう敵の大軍を迎え撃ったか、英印軍ビルマ軍団司令官だったW・スリム中将の回顧録などを読み解き、日・英の明暗はどこで分かれたのか考察する。そこには英軍の大胆な戦略と緻密な戦術が隠されていた。

自衛隊は現在、英印軍との関係強化を進めているが、平時から情報網を構築し周到な準備を整えて戦う英軍の戦略や思考法を学ぶ上で本書は格好の手引きとなっている。

（文芸春秋刊、1045円）

『太平洋の巨鷲』山本五十六　用兵思想から見た真価

大木　毅著

太平洋戦争開戦から80年。名著『独ソ戦』の著者が連合艦隊司令長官・山本五十六を巡る従来の神話や俗説を退け、戦略・作戦・戦術の面から軍人としての彼の真価を検証している。

山本は米国の真の実力を知るがゆえに「対米戦争必敗」を唱えるが、軍首脳の前でそれが挫折するや「万に一つ」の可能性に賭け、ハワイ奇襲作戦を練り上げる。

本書では戦略家としての山本の言動を描く一方、彼には統率上のマイナスになるほどの「無口」という欠点があり、心を許す少数の人間にしか本心を明かさない性格が及ぼした影響も考察。これが作戦で致命的な指揮上の錯誤を招いたことなども本書では記し、山本のリーダーとしての限界も明らかにしている。

一貫して「用兵思想家」としての山本の人間性を探究しているので、統率の神髄を学ぶ上で参考になる。将来の自衛隊リーダーを目指す防大や幹部候補生学校の学生たちにとっては、自分にいま何が欠けているのか知ることのできる本だ。

（KADOKAWA刊、1012円）

朝雲

発行所 朝雲新聞社
〒160-0002 東京都新宿区四谷坂町12-20 KKビル
電話 03(3225)3841
FAX 03(3225)3831
振替00190-4-17600番
定価一部170円、年間購読料9170円（税・送料込み）

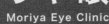

本号は10ページ

レスリング・フリー65キロ級 乙黒2曹 金

レスリング・フリー65キロ級で金メダルを獲得し、「日の丸」を背中に掲げる乙黒2曹（8月7日、千葉市の幕張メッセで）＝Abaca／アフロ

東京五輪閉幕

ボクシング女子フライ級 並木3曹 銅

体校 メダル最多5個

東京五輪後半の競技では、レスリング・フリー65キロ級で自衛隊体育学校（朝霞）の乙黒拓斗2陸曹が金メダル、ボクシング・女子フライ級で並木月海3陸曹が銅メダルを獲得する活躍を見せた。17日間の熱戦を終えて大会は8月8日に閉幕。体校選手は17人が10競技に挑み、ロンドン五輪（2012年）の4個を超えて体校史上最多となる5個（金3、銀1、銅1）のメダルを獲得した。

（3面に関連記事）

決勝 タックルで制す

出場した兄の敗戦ばねに

兄の乙黒圭祐3陸尉に続き、今年4月に体育学校に入校した乙黒拓斗2陸曹。2018年の世界選手権を日本男子最年少の19歳10カ月で制すなど早くから頭角を現し、今大会でも期待に違わぬ活躍を見せた。

兄弟そろっての金メダル獲得を目指していた圭祐3尉がフリー74キロ級で1回戦敗退したことも、ばねになった。

1、2回戦を勝ち上がり、準決勝ではROC（ロシアオリンピック委員会）選手に3－2で競り勝った。

アゼルバイジャン人選手との決勝も接戦に。2－2の同点で迎えた2ピリオド、残り15秒に素早い左足へのタックルでダウンさせ2点を奪うなど5－4で勝利した。

一方、女子ボクシングの並木3曹は1、2回戦、準々決勝と勝ち上がり、ブルガリア人選手との準決勝。小刻みなフットワークからパンチを繰り出し果敢に攻めたが、0－5で敗れた。3位決定戦はなく、銅メダルを手にした。

乙黒拓斗（おとぐろ・たくと）2陸曹　山梨県出身、山梨学院大卒。2021年4月入隊。18年世界選手権で日本男子最年少優勝。五輪初出場。173センチ、22歳。

「全ての隊員に心からの敬意」

岸防衛相

岸防衛相は8月10日の記者会見で「乙黒拓斗2陸曹、並木月海3陸曹の素晴らしい活躍に心からお祝いを申し上げたい」と祝意を示した上で、「今回のオリンピックにおいて自衛隊所属選手が17名出場し、金メダル3個、銀メダル1個、銅メダル1個の合計5個のメダルを獲得するなど、輝かしい成績を挙げた。選手たちに感動と勇気を届けてくれた。選手をはじめ、今大会に関わった全ての隊員に心からの敬意を表したい」と述べた。

日本の躍進に貢献

濵田1尉 柔道混合団体でも銀

東京五輪では日本が全出場国中、米国、中国に次いで3位の58個（金27、銀14、銅17）のメダルを獲得。体校選手も同校史上最多となる5個（金3、銀1、銅1）を得て、日本の躍進に貢献した。

男女14階級で競われた柔道の女子78キロ級では濵田尚里1陸尉が驚異的な寝技で全4試合を一本勝ちし、金メダルを手中に。

濵田1尉を含む日本代表12人は、男女3人ずつ計6人で競う混合団体でも2位に入った。

近代五種班のフェンサー、山田優2陸尉は、フェンシング・男子エペ団体戦の金メダル獲得に貢献した。（前号既報）

大会前半の体校選手活躍の勢いも得て、後半はレスリングで乙黒拓斗2陸曹が金、ボクシングで並木月海3陸曹が銅を獲得し、体校の過去最高の成績につながった。

山村海幕長

多国間フォーラムに参加

シンガポール 国際協力の重要性強調

山村海幕長は7月26日から29日まで、シンガポールを訪れ、同地で開かれた多国間フォーラム「国際海上安全保障会議（IMSC）」に出席した。

同会議にはシンガポールをはじめ、米、英、仏、豪、印、独、中、マレーシアの海軍トップらが参加。海洋安全保障について、連携強化の促進の観点から議論が交わされた。

山村海幕長は、米海軍作戦部長のマイケル・ギルデイ大将、フランス海軍参謀長のピエール・ヴァンディエ大将らと共に「今後の展望－アジア太平洋における海上安全保障と連携」をテーマにしたパネルディスカッションに参加。マレーシア海軍司令官のタン・スリ・モハメド・レザ大将もリモートで加わった。

海幕長は「自由で開かれたインド太平洋」の重要性や海自の取り組みについて発表し、ソマリア沖・アデン湾での海賊対処活動やオマーン湾など中東海域の情報収集活動、多国間共同訓練など海自の活動を紹介した。

また、海自艦艇がインド洋方面を長期巡航する「インド太平洋方面派遣訓練（IPD）」についても触れ、この地域での2国間、多国間協力の重要性を強調した。

シンガポールで開かれた多国間フォーラム「国際海上安全保障会議」に出席し、海自の取り組みを紹介する山村海幕長（手前右）。その左は仏、米の海軍トップ（7月28日）

岸防衛相

日米同盟強化で一致

米国務副長官らと相次ぎ会談

岸防衛相は7月21日に米国のウェンディ・シャーマン国務副長官、25日には米海軍作戦部長（米海軍制服組トップ）のマイケル・ギルデイ大将の表敬を相次いで受け防衛省でそれぞれ会談し、日米同盟のさらなる強化で一致した。

シャーマン副長官の来日は、今年4月の同副長官の就任以来、初めて。副長官とは東・南シナ海を含む地域情勢などをめぐって意見を交わし、「自由で開かれたインド太平洋」の維持・強化に向けて日米両国が連携してさまざまな課題に取り組んでいくことを申し合わせた。

ギルデイ海軍作戦部長とは、安全保障環境が一層厳しさを増す中、海自と米海軍が築いてきた信頼関係や協力関係をさらに強化・発展させていく必要があることを改めて確認した。

「はじめての防衛白書」

若年層向けにネット公開へ

防衛省

岸防衛相は8月10日、防衛省初の試みとして、小学校高学年から中学生を主な対象としたインターネット上のコンテンツ『はじめての防衛白書』を作成し、近く同省のホームページで公開すると発表した。早ければ8月16日にもアップされる予定だ。

『はじめての防衛白書』は、先月公表された令和3年版『防衛白書』の内容のうち、我が国周辺の安全保障環境や防衛省・自衛隊の取り組みなどについて若年層向けに可能な限り分かりやすくまとめたもので、印刷物としては発行せず、ホームページのみでの公開となる。

岸大臣は「これまで『まんがで読む防衛白書』は作ってきたが、日本の安全保障政策について発信力を強めていこうという中で、我が国の防衛政策に若年のうちから接していただき、理解を深めてもらう趣旨で作成した。国の防衛には、我が国の将来を担う若年層を含む国民の皆さまのご理解とご支援が不可欠だ。一人でも多くの皆さまにご覧いただき、防衛省・自衛隊に対するご理解を深めていただければと願っている」と述べた。

ヴァウル在日米陸軍司令官

統幕長、陸幕長を表敬

防衛省を訪れ、儀仗隊を巡閲するヴァウル在日米陸軍司令官（中央）。左端は吉田陸幕長（8月2日、防衛省儀仗広場で）

6月に在日米陸軍（座間）司令官に着任したジョエル・ヴァウル准将が8月2日、防衛省を訪れ、山崎統幕長と吉田陸幕長を表敬した。

栄誉礼に引き続き行われた陸幕長との会談では、陸自と在日米陸軍の防衛協力の方向性に関して意見を交換。陸自の領域横断作戦と米陸軍のマルチドメインオペレーションの連携に向けた取り組みを強化していくことで認識を共有した。

会談で吉田陸幕長は「我が国周辺を含むインド太平洋地域の安全保障環境は日ごとに厳しさを増しており、今ほど日米同盟の抑止力・対処力の強化が求められている時はないと認識している。先月、共同視察した（日米共同訓練）オリエント・シールドの成果を踏まえ、米陸軍と陸自の今後の協力の方向性について忌憚なく意見交換し、我々の関係が今後揺るぎないものになるよう話を続けていきたい」と述べた。

その後、ヴァウル司令官は山崎統幕長とも会談。陸自と在日米陸軍の平和と安定、災害救援の貢献について再確認したほか、各種演習を通じて日米同盟を強化していくことで一致した。

春夏秋冬

クワッドと「海洋の自由」(2)

河野 克俊

「自由で開かれたインド太平洋構想」は、本来、経済的繁栄を目指したものだ。すなわち国際法に基づく「海洋の自由」の下で「みんな楽しく仲良く豊かになりましょう！」というのが根本理念と理解している。

しかし、そのための裏付けとなるものが、インド太平洋地域における海洋の平和と安定であることは論を待たない。そのためには中国の海洋における勝手な振る舞いを極力抑制しなければならない。中国が心を入れ替え、自己の価値観を変えることは、体制が変わらない限り無理であろう。しかし、その行動を抑制することはできる。そこで価値観を共有し、あるレベル以上の海軍力を保有している国々が連携することが必要になる。そのための枠組みが日米豪印のクワッドだ。

ASEAN（東南アジア諸国連合）もこの地域の重要なパートナーではあるが、対中国という観点からは一枚岩ではないし、海軍力という観点でもクワッドに比べるとやはり劣っている。ニュージーランドは立派な民主主義国家であるが、海軍力という観点からすればやはり力不足の面は否めない。韓国は、対中国という観点で価値観を共有しているかとなると、はなはだ疑問である。その意味で、当面はクワッドが安全保障面でリードしていくことが自然であろう。

クワッドを象徴する共同演習に「マラバール」がある。本来は、米印2国間の演習であったが、それに日本が加わる3カ国の枠組みとなった。これに何とか豪州を加えたいと思い、私が現役時代の2018年に当時のインド海軍トップに申し入れたが、先方の答えは「現段階では難しい」であった。将来に含みは持たせたものの、実現しなかった。しかし、昨年、完全な形でクワッドの共同演習として実現したことは喜ばしい限りだ。ただ、中国の強圧的な態度がこのような動きを促したとも言え、皮肉なものである。

今後は、これに英国、ドイツ、オランダ、フランス等の欧州各国が加わる方向にある。欧州各国は中国との経済的結びつきは強いが、中国の価値観は経済活動においてもリスクであることは間違いない。少なくとも言えることは、各個撃破を狙う中国に対しては、多国間で当たることが得策である。

（前統合幕僚長、元海将）

朝雲寸言

近代オリンピックは長い間アマチュアリズムの象徴であった。報酬を得ることはもちろん、1970年代初めでは五輪選手がその知名度を使って企業から報酬を得ることも許されなかった。ある意味で五輪は生活の心配なく競技に打ち込める経済的余裕のある若者だけが目指せる舞台だった▼一方で冷戦時代はスポーツの世界でも米ソ対立の時代だった。メダルの数を争うばかりでなく相互に大会をボイコットするなど、五輪は国際政治の現実を想起させるものだった。国家が選手を選抜して育成する社会主義国の台頭もあり、国際オリンピック委員会は1974年、アマチュア規定を五輪憲章から削除した▼以来、五輪の商業化とともにプロ化が加速、4年に1度の五輪は世界最高峰のアスリートが集結する華やかなスポーツの祭典に変貌した▼そんな中、世界の競技人口330人、日本の競技人口33人というマイナースポーツがある。一人の選手がフェンシング、水泳、馬術、クロスカントリー、射撃を行う近代五種である▼キング・オブ・スポーツと呼ばれ「やるのも辛い、見るのも辛い」と言われる競技は軍人や警官にしかできない競技ともいわれた。歴代のメダリストには軍人が多い▼東京2020ではレーザーピストルの使用など、メダル決定日に全種目を同一会場で行うスタイルとなった。アマチュアの定義は難しい。しかし、そこには謙虚で直向きな本来のスポーツ精神がある。

時の焦点

国内　東京五輪閉幕

平和の祭典に思い新た

新型コロナウイルスが世界的に流行するという困難な状況下、東京五輪が幕を閉じた。

8月8日に行われた閉会式では、各国の選手が勝者も敗者もなく、競技の垣根を超え、互いの健闘をたたえあった。国立競技場のスクリーンには「ARIGATO」の文字が映し出された。

菅首相は記者会見で「開催国としての責任を果たし、無事に終えることができた」と述べ、安堵の表情を見せた。

感染拡大への懸念から、中止論も根強かった大会である。だが、やはり開催の意義は大きかったと言えるだろう。

五輪に限らず、感染症を広げないためには、人が外出するような活動は抑制したほうが良い。だが、それでは社会・経済は成り立たない。

感染症の流行を抑制しながら、社会・経済活動と両立させることは十分に可能なはずである。五輪開催は、それを世界に示すものだ。

ただ、コロナの新規感染者数はなお多く、24日にはパラリンピックが開幕する。今後、感染爆発を防ぎ、収束に導いていくことで、東京五輪・パラリンピックは「真の成功」と評価されよう。

日本選手団は五輪で、27個の「金」をはじめ、合計58個のメダルを獲得した。金メダルの数もメダル総数も、史上最多である。

男女合わせて9階級を制した柔道や、史上初の金メダルを獲得したフェンシング、10代が活躍した新競技のスケートボードなど、努力の成果が見事に発揮された。

だが、五輪の価値は、勝利だけにあるのではない。

金メダルを目指していた男子400メートルリレーは、バトンパスでまさかのミスを喫し、途中棄権となった。第2走者が加速のためにわずかに助走距離を広げたのだという。

日本最速のメンバーが世界一をつかむために、ぎりぎりの努力をした結果である。

テレビで観戦した子供たちも、勝負の厳しさと挑戦することの意義を改めて感じたことだろう。

無論、大会に問題がなかったわけではない。

真夏の開催とあって暑さは厳しく、男子マラソンは30人が棄権した。米テレビ局の放映権料に依存する「商業五輪」の負の側面は大きい。

巨額の経費がかかることは、五輪を開催できる国が少なくなることを意味する。将来に向けて、見直しも求められよう。

意図せぬものではあるが、夏の五輪となり、良かったこともある。

8月15日を前に、平和のありがたさを思い起こす機会となったことだ。

日本初となる予定だった1940年の東京五輪は、日中戦争の拡大により幻に終わった。

今日、「平和の祭典」を無事に開くことができる根底には、戦没者の尊い犠牲があることを忘れてはなるまい。

76回目の「終戦の日」を迎える。静かに祈り、感謝を伝えたい。

宮原 三郎（政治評論家）

海外　核ミサイル増強

「第2次冷戦」熱さ増す

かつてない勢いで米国に対する軍事的挑戦を続けている中国が、「核先制攻撃」の能力を根本的に増強したことが明らかになった。米科学者連盟（FAS）が7月26日に公表した衛星画像の解析から判明した。

それによると、中国北西部の新疆（しんきょう）ウイグル自治区東部のハミ市で、新たな巨大核ミサイル地下格納庫群の建設が進行中。

約1カ月前の6月末にも、中国北西部甘粛省の玉門市近くに、120カ所の大規模な核ミサイル地下格納庫が建設されていることが分かったばかり。

今回明らかにされた二つ目のハミ市の核ミサイル地下格納庫群は、最初に見つかった玉門市近くの格納庫群の場所から北西へ380キロの地点。

建設は3月初め、広大な用地の南東の端から始められ、以後もハイペースで続いている。地下格納庫の建設を隠す目的のドーム状シェルターが少なくとも14カ所で確認され、さらに19カ所で新たな建設の準備のために整地された。

格納庫群全体の輪郭は格子状の配置設計になっているので、最終的には、格納庫の数は推定110カ所。

二つの核ミサイル地下格納庫群を合わせると230。中国は現状に加えて、さらに230基の核ミサイルを非常に早く動員可能になる。

中国が今後これらの核ミサイル地下格納庫群を実際にどう運用するのか、各ミサイルに何発の核弾頭を搭載するのか不明――という点は留意しておいてもいい。

しかし、FAS報告書の「玉門市とハミ市における地下格納庫群の建設は、中国の核戦力のこれまでで最も重大な拡大」という指摘は当然だ。

FASの推計では、中国が保有する核弾頭数は2015年の時点では260発だったが、20年時点では「最大350発」と修正された。

米国防総省は昨年、議会に提出した年次報告書で、中国保有の核弾頭数を「200発台前半」としていた。

米戦略軍（USSTRATCOM）のリチャード司令官（海軍大将）は4月、議会の公聴会で、「中国の核兵器保有量は、今後10年の間に倍増する見込み」と証言した。地下格納庫群の建設により、中国はこの目標を達成できる。

FASと同様に、「ニューヨーク・タイムズ」紙（7月26日）も「中国の核戦力の過去最大規模の拡大」と解説していたが、現実には、これらは脅威への評価としては控えめなのかもしれない。

中国と長年の国境紛争の渦中にあるインドの見方はもっとシビアである。

同国のオンライン新聞「プリント」は7月27日、「中国の核政策が変化した兆候だ」と解説した。

中国は従来、核先制不使用政策の一環として、「最小限の抑止力」を維持してきたが、その政策を変えたと見る。

平和時に最大の海軍力拡張を続け、空では第5世代のステルス（見えない）航空機の配備を急速に進め、そして核ミサイル地下格納庫群。「第2次冷戦」はヒートアップの一途だ。

草野 徹（外交評論家）

日英防衛協力強化で一致

統幕長、英国防参謀長とTV会談

山崎統幕長は7月29日、英国防参謀長のニック・カーター卿（陸軍大将）とテレビ会談を行い、日英の防衛協力を強化することで一致した。

両者のテレビ会談は今年2月にも行われており、今回で3回目。会談では、インド太平洋地域に展開している英海軍の空母打撃群（CSG21、旗艦・空母「クイーン・エリザベス」）と海自艦艇との共同訓練をはじめ、今後予定されるCSG21の訪日など、昨今進展する日英防衛協力が「新たな段階」に入ったことを示すものであるという認識を共有。「自由で開かれたインド太平洋」の実現に向けた協力の強化について意見交換を行い、今後もCSG21のインド太平洋地域への派遣の機会を最大限に活用して積極的に共同訓練を実施していくことで一致した。

英国防参謀長のニック・カーター卿とのテレビ会談で、日英防衛協力の強化について意見交換を行う山崎統幕長（7月29日、統幕で）

英陸軍参謀総長と陸幕長がTV会談

吉田陸幕長は7月21日、英陸軍参謀総長のマーク・カールトン・スミス大将とテレビ会談を行った。

会談は、今年9月に予定されている英空母「クイーン・エリザベス」を旗艦とする空母打撃群の日本寄港に先立ち、日英陸軍種トップ同士の関係の強化を目的としたもの。

前日20日に防衛省で行われた岸防衛相とベン・ウォレス英国防相の会談を踏まえ、インド太平洋地域の安全保障情勢などについて意見交換を行った。両者は「自由で開かれたインド太平洋」の実現と、国際社会の平和と安定に寄与するため、日英の防衛協力が「新たな段階」に入ったことを確認、陸軍種間でも防衛協力・交流を一層深めていくことで一致した。

会談の成果について、吉田陸幕長は29日の記者会見で「極めて建設的な議論を濃密に重ね、（日英間の）信頼関係を構築できた。われわれ陸軍種トップレベルの戦略対話を始めとする交流を質的・量的に拡充し、インド太平洋地域における日英の連携・共同の機会を戦略的に増やしていくという認識で一致した」と述べた。

英陸軍参謀総長のスミス大将とテレビ会談に臨む吉田陸幕長（7月21日、陸幕で）

日印の海上部隊の協力の重要性強調

フォーラムで海幕長

山村海幕長は7月20日、インド外務省と同国シンクタンクのアナンタ・センターが共催する「第1回日印フォーラム（THE INDIA-JAPAN FORUM）」にオンラインで参加した。

同フォーラムは日印の外相をはじめ、政府関係者や民間有識者による意見交換の場として開催され、安全保障、経済、産業など幅広い分野の専門家が集結。防衛省・自衛隊からは松川るい政務官、山村海幕長らが出席した。

山村海幕長は「インド太平洋における安全保障および社会的、経済的発展」をテーマに開かれたセッションに、インド海軍参謀長のカランビル・シン海軍大将と共に参加。「自由で開かれたインド太平洋」の実現に向け、安全保障分野での日印海上部隊の協力の重要性を強調した。

オンラインで開催された「第1回日印フォーラム」に参加し、日印防衛協力の重要性をアピールする山村海幕長（7月20日、海幕で）

マレーシア空軍司令官とTV会談

空幕長

井筒空幕長は7月28日、マレーシア空軍司令官のタン・スリ・アクバル大将と初のテレビ会談を行った。

空幕長はアクバル司令官に中国海警法への深刻な懸念を表明し、航行や上空飛行の自由の重要性について述べた。また、両者は地域情勢に関する認識を共有するとともに、両国空軍種間の防衛協力・交流についても意見を交換し、今後、関係を発展させていくことで一致した。

空幕長は7月29日の記者会見で「アクバル司令官とは、地域における（中国の）力を背景とした一方的な現状変更の試みや緊張を高めるいかなる行為も断固として受け入れられないという認識を共有した」と述べた。

マレーシア空軍司令官のアクバル大将とテレビ会談を行う井筒空幕長（7月28日、空幕で）

防衛省発令

1佐職8月定期異動

8月1日、2日、3日、10日付

▽防衛大学生課長（北部航空警戒管制団北部防空管制群司令）1空佐 河田 喜嗣
▽同教授（システム開発隊長）1陸佐 木戸 泰雄
（教育訓練研究本部主任研究開発官）同 山本 雅司
▽同先端学術推進機構国際交流センター国際交流企画官（陸上総隊陸上連絡官）同 和田 雄大
▽防衛医大主任訓練教官（化学学校主任教官）同 土本 健詞
▽防衛研究所主任研究官（統幕学校教育課1教官室学校教官）同 今田 将吾
▽統幕計画課（教育訓練研究本部付）同 古庄 明裕
▽同指揮通信システム企画課電磁波領域企画班長（同）同 八重沢 隼
▽同首席法務官付法務官（空幕首席法務官付法務官）1空佐 坂本まゆみ
▽同法務班長（教育訓練研究本部付）1陸佐 阿部 正昭
▽統幕学校教育課1教官室学校教官（防衛研究所主任研究官）同 阿部 昌平
▽同国際平和協力センター教育・研究室主任研究官（東部方面総監部総務課長）同 江頭 真一
▽陸幕人事教育計画課ワークライフバランス推進企画班長（10師団3部長）同 越山 光正
▽同人事教育計画課（教育訓練研究本部付）同 秋山伸太郎
▽同訓練課（同）同 水越 洋光
▽同防衛課防衛調整官（陸幕防衛課編成班長）同 竹永 竜也
▽同編成班長（高射学校2教育部長）同 枝次 聖徳
▽同施設課総括班長（防衛監察本部統括監察官付3監察班長）同 橋口 尚徳
▽同航空機課航空機班長（補給統制本部航空部補給計画課長）同 廣木 優
▽同指揮通信システム課指揮通信システム班長（通信学校主任教官）同 山口 慎吾
▽同情報課武官業務班長（陸幕指揮通信システム・情報部付）同 鈴木 隆
▽同衛生部企画室長兼中央病院1内科（陸幕衛生部企画室兼中央病院1内科）同 中家 和宏
▽同副法務官（教育訓練研究本部付）同 小林 憲正
▽陸上総隊陸上連絡官（同）同 吉岡 宏泰
▽同運用部（陸幕指揮通信システム課指揮通信システム班長）同 門田 宏光
（教育訓練研究本部付）同 石岡 直樹
▽北部方面総監部広報室長（高射学校主任教官）同 岩下 悟
▽同防衛課防衛調整官（陸幕防衛課防衛調整官）同 梅木 正造
▽同施設課長（教育訓練研究本部付）同 山本慎太郎
▽同医務官兼札幌病院脳神経外科（部隊医学実験隊長兼中央病院脳神経外科）同 小林 弘明
▽同航空隊副隊長（航空学校総務部長）同 岡 達也
▽東北方面総監部広報室長（西部方面警務隊副隊長）同 佐藤 雅之
▽同監察官（東北方面混成団副団長）同 松村 康紀
▽同法務官（東部方面警務隊長）同 原 健
▽同ヘリコプター隊長（陸幕装備計画課）同 八津尾宗之
▽同後方支援隊東北方面輸送隊長（輸送学校）同 冨永 敦
▽仙台駐屯地業務隊長（東北方面総監部監察官）同 池田 茂之
▽東部方面総監部総務課長（13普通科連隊長兼松本駐屯地司令）同 伊藤 裕一
▽同会計課長（教育訓練研究本部付）同 小阪 剛士
▽同人事課長（陸幕施設課総括班長）同 萩森 泰聰
▽同指揮所訓練支援隊長（1空挺団副団長）同 三塚 克也
▽中部方面総監部総務課長（中部方面総監部広報室長）同 持留 顯
▽同広報室長（10師団4部長）2陸佐 中野 昌英
▽同人事課長（陸幕人事教育計画課ワークライフバランス推進企画班長）1陸佐 橋本 隆之
▽4陸曹教育隊長（28普通科連隊長兼函館駐屯地司令）同 木場 元大
▽西部方面総監部訓練課長（西部方面総監部防衛部）同 中津 健士
▽同ヘリコプター隊長（北部方面総監部広報室長）2陸佐 溝部 保徳
▽1師団4部長（北部方面総監部施設課長）1陸佐 西 正明
▽6師団司令部（教育訓練研究本部付）同 深江 防人
▽8師団3部長（8師団司令部）同 今井 洋平
▽10師団3部長（教育訓練研究本部付）同 辛島 雅和
▽同4部長（武器学校主任教官）同 山下 公一
▽15旅団司令部付（北部方面警務隊長）同 國場 進
▽1空挺団副団長（東北方面特科隊副隊長）同 福尾 淳一
▽1ヘリコプター団高級幕僚（同ヘリコプター隊長）同 東木場保貴
▽システム通信団高級幕僚（教育訓練研究本部付）同 石橋 良浩
▽東北方面混成団副団長（5普通科連隊長）同 榮村 佳之
▽5普通科連隊長（愛知地方協力本部募集課長）同 降籏 慎生
▽13普通科連隊長兼松本駐屯地司令（西部方面総監部訓練課長）同 鏡森 直樹
▽16普通科連隊長兼大村駐屯地司令（8師団3部長）同 福添 哲生
▽28普通科連隊長兼函館駐屯地司令（4陸曹教育隊長）同 長谷部浩司
▽36普通科連隊長（陸幕情報課武官業務班長）同 三島 健司
▽38普通科連隊長（仙台駐屯地業務隊長）同 佐々木裕治
▽東北方面特科隊副隊長（愛媛地方協力本部長）同 堀 次郎
▽4高射特科群長（東部方面総監部人事課長）同 吉田 修造
▽10施設群長（東北方面総監部法務官）同 木ノ下憲一郎
▽特別輸送ヘリコプター隊長（1ヘリコプター団高級幕僚）同 横川 文彦
▽システム開発隊長（1電子隊長）同 佐藤 雅宏
▽1電子隊長（システム通信団高級幕僚）同 篠田 和彦
▽北部方面警務隊長（中部方面総監部人事課長）同 三輪 泰輔
▽東部方面警務隊長（統幕学校国際平和協力センター教育・研究室主任研究官）同 山本 健
▽中央業務支援隊印刷補給部長（小平学校法務教育部長）同 角本 武司
▽中央業務支援隊付（陸幕防衛課）同 湯澤 憲治
（東部方面総監部防衛部）同 竹村 亮
（教育訓練研究本部教官）同 菊池 裕紀
（同研究員）同 富山 武史
（教育訓練研究本部）同 山田 大作
（同）同 齋藤 良平
（同）同 梶谷 篤史
▽水陸機動教育隊長（東北方面総監部広報室長）2陸佐 伊藤 智之
▽部隊医学実験隊長兼中央病院1精神科（中央病院2精神科部長）1陸佐 小林 伸久
▽陸自幹部候補生学校総務部長（補給統制本部誘導武器部）同 松永 孝治
▽高射学校2教育部長（高射学校）同 財津 永征
▽同主任教官（教育訓練研究本部付）同 樋口 圭
▽高射学校（防衛医大主任訓練教官）同 瀬戸口 淳
▽情報学校（教育訓練研究本部）同 姫田 良明
▽航空学校総務部長（特別輸送ヘリコプター隊長）同 青柳 正
▽通信学校主任教官（陸上総隊運用部）同 安部 透
▽施設学校（防衛装備庁長官官房装備開発官付2開発室長）2陸佐 田上 和寛
▽武器学校主任教官（教育訓練研究本部付）1陸佐 安藤 真弘
▽武器学校（陸幕指揮通信システム・情報部付）同 林 義明
▽需品学校（同）同 山口 峰生
▽輸送学校研究部長（東北方面後方支援隊東北方面輸送隊長）同 辻本 直博
▽輸送学校（陸幕副法務官）同 大﨑 香織
▽小平学校法務教育部長（統幕首席法務官付法務班長）同 佐藤 教人
▽化学学校主任教官（1師団4部長）2陸佐 大倉 達也
▽教育訓練研究本部主任研究開発官（東部方面指揮所訓練支援隊長）1陸佐 荒巻 謙
▽教育訓練研究本部（陸幕指揮通信システム・情報部付）同 野下 茂助
（同）同 出口 新
（同）同 秀島 剛明
（北部方面総監部防衛課防衛調整官）同 宮本 真也
（同航空隊副隊長）同 中薗 伸吾
（東部方面総監部会計課長）同 田方 一寿
（16普通科連隊長兼大村駐屯地司令）同 杉原 正典
（38普通科連隊長）同 齋藤 篤史
（4高射特科群長）同 末永 吉孝
（10施設群長）同 倉本 浩二
（教育訓練研究本部付）同 木村 顕継
（同）同 桑原 直人
（同）同 渡邊 昌樹
（同）同 加藤 潤一
（同）同 池田 礼鷹
（大分地方協力本部長）同 井村 昭利
▽教育訓練研究本部付（統幕運用1課）同 篠部 大介
（陸幕情報課）同 廣田 佳仁
（同法務官付）同 赤藤 司
（中部方面総監部人事部）同 小泉 健司
（西部方面特科連隊4大隊長）同 金丸 亮平
（6偵察隊長兼大和駐屯地司令）同 櫻井 秀平
（富士学校）同 和田 毅
（需品学校）同 橋詰 勝常
（教育訓練研究本部）同 上原 直樹
（同）同 齋藤 育
▽補給統制本部総務課長（36普通科連隊長）同 伊藤 博幸
▽同誘導武器部長（補給統制本部総務課長）同 古賀 昭博
▽同航空部補給計画課長（防衛装備庁長官官房装備開発官付1開発室長）同 中澤 宣夫
▽九州補給処総務部長（陸自幹部候補生学校総務部長）同 永富 直由
▽中央病院2精神科部長（中央病院1精神科）同 内藤 智子
▽同総合診療科部長（中央病院整形外科部長）同 高橋 知久
▽同整形外科部長（陸幕衛生部企画室長兼中央病院整形外科）
▽同皮膚科部長兼防衛医大医学教育部（防衛医大医学教育部兼病院総合臨床部）1空佐 北田 明良
同 川本 博嗣
▽解阪神病院精神科部長兼補阪神病院 中部方面総監部医務官 1陸佐 鉾石 和彦
▽福岡病院1内科部長兼小児科部長（北部方面総監部医務官兼札幌病院小児科）同 森西 洋一
▽解福岡病院小児科部長兼補福岡病院副院長兼企画室長 同 大川 貴司
▽宮城地方協力本部募集課長（防衛大先端学術推進機構国際交流センター国際交流企画官）同 松下 竜朗
▽愛知地方協力本部募集課長（西部方面ヘリコプター隊長）2陸佐 湯浅 征幸
▽鳥取地方協力本部長（2航空団基地業務群司令）1空佐 村田 晶洋
▽愛媛地方協力本部長（中部方面総監部総務課長）1陸佐 川内 康孝
▽大分地方協力本部長（九州補給処総務部長）同 内野 敏紀
▽防衛監察本部統括監察官付3監察班長（防衛研究所所員）同 渡邊 英明
▽防衛装備庁長官官房装備開発官付1開発室長（陸幕航空機課航空機班長）同 池田 通隆
▽同2開発室長（防衛装備庁技術計画官付技術計画調整官兼装備技術官付）2陸佐 杉原 知裕
▽同技術計画官付技術計画調整官兼装備技術官付（統幕指揮通信システム企画課電磁波領域企画班長）1陸佐 北原 武
▽空幕総務課（北部航空方面隊防衛課長）1空佐 坂本 圭助
▽同人事教育計画課（空自幹部学校付）同 田村聡多郎
▽同厚生課厚生班長（空幕厚生課）同 村林 芳雄
▽同防衛課（空自幹部学校航空研究センター防衛戦略研究室長）同 坂田 靖弘
▽解空幕防衛課兼務（空幕総務課総務班長）同 井上 利光
（同人事教育計画課養成班長）同 森田 英明
（同運用支援課部隊訓練1班長）同 倉地 康平
（同装備課企画班長）同 間瀬 悟央
▽空幕事業計画1課（空幕防衛課）同 石田 智広
（同）同 大久保雄史
（同）同 前床 泰彦
（空自幹部学校付）同 村尾 太郎
▽同事業計画2課（同）同 小林 貴行
▽同運用支援課（同）同 小城 毅泰
▽同情報課情報保証班長（同）同 楠瀬 博史
▽同装備課（空幕副監理監察官）同 松永 秀嗣
▽同整備・補給課（空自幹部学校付）同 命尾 康輔
▽同副監理監察官（同）同 斎藤 聡
▽同首席法務官付次席法務官（航空支援集団法務官）同 大沼 和広
▽同法務官（空自幹部学校付）同 高橋 裕司
▽同首席衛生官付（航空医学実験隊3部長）同 高祖 裕司
▽航空総隊司令部（西部航空警戒管制団13警戒隊長兼高畑山分屯基地司令）同 嶋本 好晃
▽北部航空方面隊防衛課長（空幕総務課）2空佐 中島 良平
▽2航空団基地業務群司令（同首席法務官付次席法務官）1空佐 小山晃紀雄
▽北部航空警戒管制団北部防空管制群司令（同厚生課厚生班長）同 杉元 隆夫
▽中部航空方面隊防衛課長（航空総隊司令部）同 飯田 隆生
▽6航空団副司令（防衛大学生課長）同 福本 正志
▽7航空団副司令（6航空団副司令）同 丸山 直昭
▽航空支援集団法務官（統幕首席法務官付法務官）同 御藤納直樹
▽同司令部（空自幹部学校付）同 松浦 清心
▽航空教育集団総務部長（4補給処副処長）同 藪田 真宏
▽同補給課長（同木更津支処長）同 佐藤 順司
▽4航空団副司令（7航空団副司令）同 高草木浩寿
▽空自幹部候補生学校業務部長（空幕首席法務官付法務官兼防衛課）同 田中 愛久
▽航空開発実験集団総務部長（航空教育集団総務部長）同 三島 信彦
▽航空医学実験隊3部長（中央病院皮膚科部長）同 中西 貴士
▽航空中央業務隊付（統幕運用1課）同 藤幡 健介
（空幕装備課）同 田中 崇史
（同）同 林 昌宏
▽空自幹部学校航空研究センター防衛戦略研究室長（空自幹部学校兼空幕防衛課）同 水岩 伸吾
▽空自幹部学校（統幕防衛課）同 野本 洋平
（4航空団副司令）同 松山 洋伸
（空自幹部学校付）同 三輪 大輔
（鳥取地方協力本部長）同 村岡 正毅
▽4補給処副処長（航空開発実験集団総務部長）同 佐藤 一郎
（以上8月1日）
▽統幕運用2課（海自幹部学校付）1海佐 岩井 忠中
▽同計画課（同）同 大榮健太郎
▽同指揮通信システム企画課（同）同 佐々木 稔
▽海幕厚生課（同）同 影山 慶太
▽兼海幕防衛課 海幕運用支援課計画班長 同 古賀 丈嘉
▽海幕施設課（海自幹部学校付）同 瀧本 憲司
▽4護衛隊群司令部（同）同 新原 綾一
▽大湊地方総監部監察官（大湊地方総監部）2海佐 平野 一照
▽東京業務隊付（海幕補任課）1海佐 加藤 智聡
（航空集団幕僚）同 山内 省吾
（佐世保地方総監部契約課長）同 稲井 信幸
（以上8月2日）
▽空自幹部学校付（空幕事業計画2課）1空佐 和田 貴久
（8月3日）
▽護衛艦隊司令部（4護衛隊群首席幕僚）1海佐 小圷 聖一
▽4護衛隊群首席幕僚（同司令部）同 新原 綾一
（以上8月10日）

▽東海防衛支局長（大臣官房訟務管理官）松下 陽子
▽大臣官房監査課長（防衛装備庁企業調査官）佐藤 伸樹
▽同訟務管理官（東北防衛局総務部長）畠中 秀昭
▽退職（大臣官房監査課長）遠藤 隆
（以上8月1日）

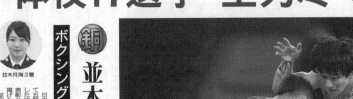

体校17選手　全力尽くす

熱戦に幕を下ろした東京五輪。10競技に挑んだ自衛隊体育学校（朝霞）の17人の選手も成果を挙げ、レスリング・フリー65キロ級で乙黒拓斗2陸曹が金メダル、ボクシング・女子フライ級では並木月海3陸曹が銅メダルを獲得した。このほか近代五種、カヌー、陸上・競歩に出場した隊員たちも全力を尽くした。
（1面参照）

東京五輪　レスリング　金　兄との絆 力に変えて　乙黒2曹、念願

2歳上の兄、乙黒圭祐3陸尉と共に目指した五輪で、兄弟の強い絆も力に変え、弟拓斗2曹が金メダルを獲得した。

競技者だった父の影響で兄弟共に幼いころにレスリングを始め、実績を積んできた。有望な若手選手を全寮制で育てる「JOCエリートアカデミー」（東京都北区）に兄が入寮、弟も続いた。さらに兄に続き今年4月、自衛隊（体校）に入隊した。

「よき理解者で互いに高め合える」と兄が語れば、弟も「自衛隊の先輩。力を合わせて頑張る」と応える。しかし今大会、フリー74キロ級に出場した圭祐3尉は世界ランキング2位の強豪に1回戦負け。

弟が出場した翌日の65キロ級では2階席から圭祐3尉が声援を送る中、拓斗2曹は兄の分までという思いも胸に勝ち上がり、迎えたアゼルバイジャン人選手との決勝を小差で制し、念願だった金メダルを手にした。

レスリング・フリー65キロ級決勝でアゼルバイジャン人選手に組みにいく乙黒2曹（右）（8月7日、幕張メッセで）＝Abaca／アフロ

ボクシング　銅　並木3曹、堂々

並木月海3曹

日本人女子選手として初めて五輪ボクシング競技に出場した並木3曹が3位に入り、表彰台で誇らしく銅メダルを掲げた。

並木3曹は千葉県出身で、花咲徳栄高を卒業し2017年4月に入隊。18年の世界選手権で3位に入賞するなど、国内外の大会で実績を積んできた。

小柄（身長153センチ）な体格ながら、内に秘めた闘争心と果敢なファイトで今大会も勝ち上がった。1、2回戦、準々決勝をいずれも5－0で判定勝ちし、準決勝へ進んだ。

世界選手権を2度制しているブルガリアの強豪との試合は接戦に。巧みなフットワークから素早く中に入り的確にパンチを当てたが、試合巧者の相手の有効打が勝り、0－5で判定負けした。

競技規定で3位決定戦は行われず銅メダルを手にした並木3曹。試合後の会見で「とてもうれしい。このメダルを誇りに思う」と喜びを語った。

近代五種　世界に挑んだ

岩元勝平3曹

フェンシング、水泳（200メートル自由形）、馬術（障害飛越）、レーザーラン（800メートル走周回間にレーザー銃射撃×4回）の合計点・順位を競う近代五種には岩元勝平3陸曹と島津玲奈3陸曹の2人が出場、世界の強豪に挑んだ。

男子個人戦の岩元3曹は馬術を20位で終えるなど上位を伺った。馬術までの合計得点順に時間差を付けてスタートし、着順で総合順位が決まる最後のレーザーランは28位でゴールした。女子の島津3曹はレーザーランで追い上げ23位で終えた。

近代五種女子のレーザーランで銃を構える島津3曹（8月6日、武蔵野森総合スポーツプラザで）＝長田洋平／アフロスポーツ

「東京五輪」体校出場選手・全成績

所属班（種目）	名前・階級	年齢	成績
レスリング班（フリー74キロ級）	乙黒　圭祐3陸尉	24	1回戦敗退
同（フリー65キロ級）	乙黒　拓斗2陸曹	22	1位
ボクシング班（男子ライト級）	成松　大介1陸尉	31	2回戦敗退（負傷棄権）
同（男子ミドル級）	森脇　唯人3陸曹	24	2回戦敗退
同（女子フライ級）	並木　月海3陸曹	22	3位
柔道班（女子78キロ級）	濵田　尚里1陸尉	30	1位（個人）、2位（混合団体）
射撃班（男子ライフル）	松本　崇志1陸尉	37	37位（エアR）、26位（混合エアR）37位（R3姿勢）
同（女子ピストル）	山田　聡子3陸曹	26	23位（エアP）、20位（混合エアP）43位（P）
陸上班（男子50キロ競歩）	勝木　隼人2陸尉	30	30位
同（女子20キロ競歩）	河添　香織2陸曹	25	40位
水泳班（男子800メートルフリーリレー）	髙橋航太郎2海曹	27	予選敗退
近代五種班（男子個人）	岩元　勝平3陸曹	31	28位
同（女子個人）	島津　玲奈3陸曹	30	23位
同（フェンシング・エペ）	山田　優2陸尉	27	6位（個人）、1位（団体）
カヌー班（男子K4・500メートル）	藤嶋　大規2陸曹	33	11位
同（同）	松下桃太郎3陸曹	33	11位
同（男子K1・200メートル）	松下桃太郎3陸曹	33	16位
女子ラグビー班（女子7人制）	梶木　真凜3陸曹	21	12位

（射撃のRはライフル、Pはピストル。カヌーのK4はカヤックフォア、K1は同シングル）

体育学校長　豊田　真　陸将補
メダル5個、過去最高の成果
東京五輪を終えて

関係者のご尽力により、東京2020オリンピックを開催していただいたことに心から感謝申し上げます。また猛暑の中、運営に携わった陸・海・空自衛官の皆さま、自衛官アスリートに熱い声援を送っていただいた防衛省・自衛隊および関係者の皆さまに改めて感謝申し上げます。

今大会には、自衛隊体育学校から10種の競技に17名の選手が参加し、柔道、フェンシング、ボクシング、レスリングで過去最高となる五つのメダルを獲得することができました。選手、スタッフが一丸となり、ベストパフォーマンスを発揮し、最高の成果を収めてくれたことを誇らしく思います。

カヌー・スプリント　準々決勝7位で終える

藤嶋大規2曹

松下桃太郎3曹

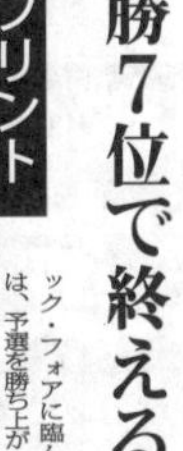

カヌー・スプリントには藤嶋大規2陸曹と松下桃太郎3陸曹が出場。カヤック・フォア（4人乗り）500メートルなどに挑んだ。

他の代表2選手と共にカヤック・フォアに臨んだ2人は、予選を勝ち上がった後の準々決勝を7位で終え、上位10チームによる準決勝に進めなかった。最終順位は11位だった。

一方、カヤックシングル（1人乗り）200メートルにも出場した松下3曹は、準決勝まで勝ち上がったが、上位8人による決勝に進めず16位で終えた。

カヌー・スプリントのK4・500メートル予選で力漕する松下3曹（左から2人目）、藤嶋2曹（右端）（8月6日、海の森水上競技場で）＝YUTAKA／アフロスポーツ

競歩　勝木2尉が30位　河添2曹40位に

勝木隼人2尉

河添香織2曹

北海道札幌市で行われた陸上の競歩には男子50キロに勝木隼人2陸尉、女子20キロに河添香織2陸曹が出場。鍛成成果をぶつけた。

勝木2尉はスタート直後から積極的に前に出たが、レース途中、靴ひもがほどけるアクシデントで失速。一時最下位なったが粘りの歩きで追い上げ、30位でゴールした。

河添2曹は序盤、先頭集団につけ懸命に歩いたが、優勝したイタリア人選手らが一気に抜け出していく中、次第に遅れ40位でゴールした。

実戦要素高め攻防

「北海道訓練センター」上富良野で初運営

5夜6日

増強13普連 ◀東方　北方▶ 増強18普連

降着したCH47輸送ヘリから戦闘展開する増強13普連の隊員たち（写真はいずれも上富良野演習場で）

訓練評価支援隊

㊨対抗演習の状況をモニターする訓練評価支援隊の統制センター

㊦防御準備のため、占領地周辺を偵察する増強18普連の隊員

部隊の攻撃前進間、射撃支援態勢をとる増強13普連の隊員

【教育訓練研究本部＝目黒】陸自訓練評価支援隊（北千歳、隊長・山下博二1佐）は6月3日から7日までの間、教育訓練研究本部長の田中重伸陸将を担任官に、令和3年度「北海道訓練センター（HTC）」第1回運営となる実動対抗演習を上富良野演習場で実施した。

この演習では、攻撃部隊として東部方面隊12旅団（相馬原）隷下の増強13普連（松本、連隊長・伊藤裕一1佐）、防御部隊として北部方面隊11旅団（真駒内）隷下の増強18普連（真駒内、連隊長・松本哲治1佐）が参加し、HTCが両部隊の作戦状況をモニターで把握する中、両諸職種協同部隊が激突した。

昨年度末に創設された訓練評価支援隊は、これまで道内での運営は矢臼別演習場で行っていたが、今回初めて上富良野演習場を使用。このため運営は上富良野で連隊級実動対抗演習を実施する上での検証も同時に行った。

装備面では16式機動戦闘車（MCV）とCH47輸送ヘリが今回初めて参加。これまでの運営で得られたさまざまな教訓をもとに、実戦的要素をさらに高めた環境の中で対抗戦が行われた。

統制センター編成完結式で統制官の山下訓練評価支援隊長は幕僚に対し、「対抗演習が最大限の成果を獲得できるよう統制を実施せよ」「自己の任務・地位・役割を踏まえて積極的に行動せよ」の2点を要望した。

連続5夜6日間にわたった対抗演習では、空中機動や山地機動を得意とする増強13普連と、道央防衛の要である増強18普連の間で激しい攻防が繰り広げられた。

災害派遣テーマに最新技術紹介

学生教育や部隊運用の参考に

陸自施設学校が「施設技術展示会」

㊨弘済企業が紹介したコスモ石油販売のイワダレソウの改良種「クラピア」（机上）。この草を植えることで駐屯地や演習場の土壌を強化できる＝いずれも7月2日、勝田駐屯地で

ソリッド・ソリューションズが出展した「泥濘地走行マット」。アンカーで固定したマットに車輪をかませて使う

日本エアークラフトサプライによる人命救助用「ブリーチングキット」の実演。左手前は施設学校長の山﨑義浩将補

ドアのこじ開けやチェーン切断などに使える「マルチブリーチングキット」

非磁性の金属で作られた爆発物も探知できる軽量・折り畳み式の「高性能ＩＥＤ探知機」

ソリッド・ソリューションズの「耐弾ブロック」。凸凹を組み合わせて強固な防壁が構築できる

陸自施設学校は7月2日から8日までの平日、勝田駐屯地で「施設技術展示会」を開催した。企業が最新の施設器材や防災機器などを出展し、学生教育や部隊運用の参考とするのが目的。開催日ごとに展示内容が異なり、7月2日は「災害派遣」をテーマに5社が最新の技術を紹介した。

施設学校は毎年、「施設科フェア」として各企業が新製品などを自衛隊向けに出展する機会を設けている。

当日は駐屯地内の野外スペースにテントが設営され、5社が陸自の災害派遣活動にも使用できる機器などを出展した。

ソリッド・ソリューションズ（東京都港区）は「泥濘地走行マット」を紹介。これは車両がぬかるみにハマった際に使うマットで、タイヤにシートをかませて脱出させる。同社ではこのほか、砂の上でも安全にヘリコプターの降着を可能にする「簡易展開ヘリパッド」、非磁性の金属で作られた爆発物も探知できる「高性能IED探知機」などを公開し、施設科隊員たちの注目を集めていた。

石油製品などを扱う弘済企業（東京都新宿区）は、コスモ石油販売が市販する「クラピア（イワダレソウ改良種）」を紹介。駐屯地の土壌流出を防ぎ、草刈り費用の削減も見込めるという。在来種の多年生植物で、草丈は10センチ程度だが、根は1年で1メートル以上も張るため、土壌の強化につながる。

このほか、防災科学技術研究所（茨城県つくば市）は災害情報システム「SIP4D」、ハマ電子（埼玉県加須市）が被災地で使える非水洗トイレ「トイパックⅡネオ」、日本エアークラフトサプライ（東京都新宿区）が電動油圧式の「ブリーチングキット」を出展。陸自隊員たちにそれぞれの機能をアピールしていた。

厚生・共済

特集

「銀婚式スペシャルプラン」

チャペル開業25周年

防衛省共済組合の直営施設、「ホテルグランドヒル市ヶ谷」（東京都新宿区）では、チャペルの開業25周年を記念し、平成8年に挙式されたご夫妻を対象に館内にある「欧風ダイニング　サルビア」と「日本料理　ふじ」で、大切なお時間をお過ごしいただけるよう「銀婚式スペシャルプラン」をご用意いたしました。

ご希望の方は当日、チャペル見学や記念撮影、優待価格での宿泊もできます。どうぞご利用ください。

「銀婚式スペシャルプラン」（2名様料金・税込2万5000円）の内容は次の通りです。

◇欧風ダイニング　サルビア

▽アミューズ▽オードブル▽スープ▽魚料理▽ソルベ▽肉料理▽食事▽デザート

◇日本料理　ふじ

▽祝肴▽蒸物▽造り▽鉢肴▽強肴▽食事▽水菓子

◇ご予約者限定特典

①チャペル見学②乾杯用ファーストドリンクサービス③アニバーサリーケーキ。

このほか、オプションとして、優待価格でのご宿泊、写真スタジオでの記念撮影（フレーム付きキャビネサイズで税込9900円）があります。

◇利用期間

本年12月28日まで（一部期間を除く）。ご利用日の3日前までにご予約ください。

◇予約・問い合わせ

電話03―3268―0115（直通）、専用線8―6―28853（婚礼予約）、ホームページ　https://www.ghi.gr.jp　メール　salon@ghi.gr.jp　営業時間は平日10：00～18：00、土日祝9：00～19：00

なお、新型コロナ感染予防の観点から営業時間などが変更になる場合があります。

ご不明な点はお気軽にお問い合わせください。

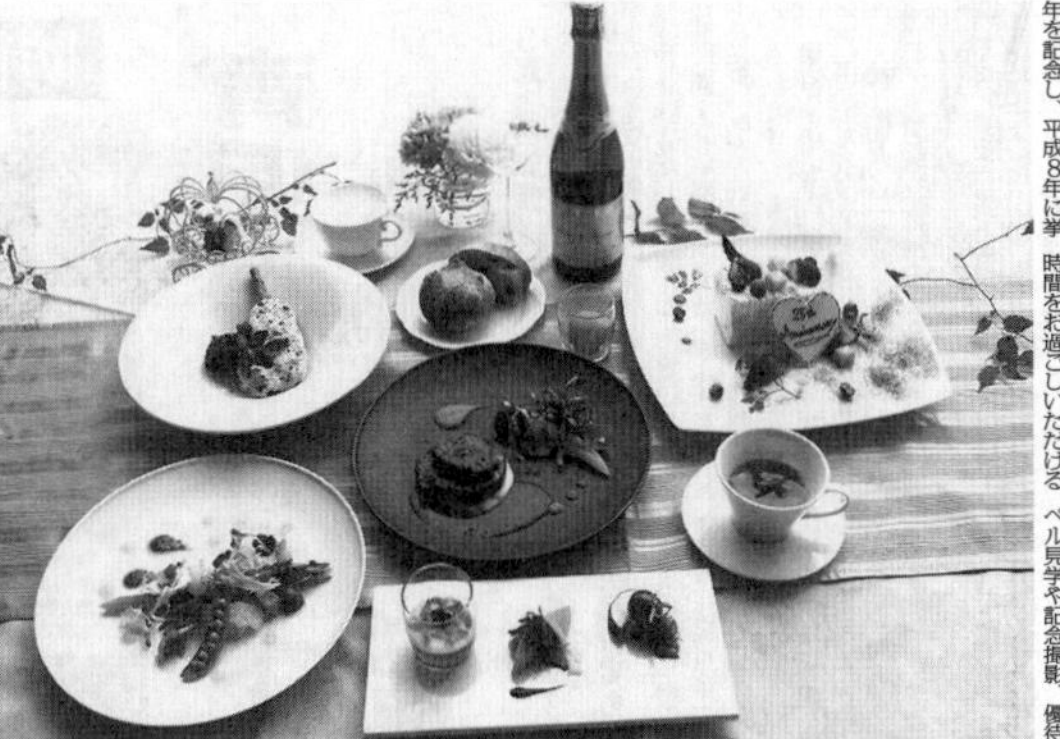

HOTEL GRAND HILL ICHIGAYA

（上）「銀婚式スペシャルプラン」の洋食（欧風ダイニング　サルビア）（下）「銀婚式スペシャルプラン」の和食（日本料理　ふじ）

被扶養者の要件の確認をしています

必要書類の提出を

防衛省共済組合では現在、組合員の被扶養者の要件を満たしているか、確認を行っています。

組合員の皆さまに対し、所属支部から被扶養者申告書、証明書類等の提出を依頼しますので、ご協力をお願いします。

扶養していた者が就職したり死亡等で被扶養者の要件を満たさなくなった場合、認定取り消しの手続きが必要です。

被扶養者の恒常的な収入が年額130万円以上の場合も認定が取り消しとなります。（障害を支給事由とする公的年金受給者もしくは60歳以上の公的年金受給者は180万円以上で取り消しとなります。）

被扶養者の認定取り消しに該当すると思われる場合は、各支部の「短期係」までお問い合わせください。

職員・家族の力強い味方『団体傷害保険』

自転車保険の加入義務化にも対応

皆さんは団体傷害保険に加入していますか。万が一、本人・家族が事故で死亡したり、ケガをして入院・通院することになった場合、団体傷害保険はその負担を費用面からサポートしてくれます。その賠償責任補償の保険金額は「2億円」となっています。

防衛省共済組合が取り扱う団体傷害保険は、防衛省ならではのスケールメリット（団体割引等最大約56%）があり、組合員の皆さまには大変お得な傷害保険となっています。

特に、「団体傷害保険＋総合賠償型オプション＋長期所得安心くん＋親介護オプション」のセットだと、さまざまなリスクに備えることができます。セットの内容は次のものから選べます。

【団体傷害保険】日本国内・海外を問わず、急激かつ偶然のさまざまな外来の事故によるケガを補償。

事故例は、▽交通事故で後遺障害となった▽自転車と衝突してケガをした▽地震で物が倒れてケガをした▽子供がブランコから落ちケガをした▽徒手格闘訓練中、骨折して入院した――などです。

【日常生活個人賠償〈示談交渉サービス付〉（オプション）】日本国内・国外を問わず、日常生活に起因する偶然な事故に対して、他人の身体を傷つけたり、他人の財物に損害を与えた等により、法律上の賠償責任を負われた場合、保険金をお支払いします。

事故例は、▽子供が自転車を運転中、歩行者とぶつかり大ケガを負わせた▽洗面所の水を誤ってあふれさせ、階下の家の家財を水浸しにした▽スキー中に人に衝突し大ケガを負わせた――など。

このオプションは自治体で加入義務（努力義務）化が進んでいる「自転車保険」の役割も果たし、月々100円の特約に加入すれば、他人をケガさせてしまった場合、2億円を限度に補償されます。

【親介護（オプション）】親が要介護状態となり、その状態が支払対象期間開始日から一定期間（30日）を超えて継続した場合、保険金が支払われます。

事故例として、▽父親が脳卒中で倒れ、一命を取り留めたものの、要介護3と認定された▽母親が交通事故で脊椎を損傷し、寝たきりとなった――など。

【長期所得安心くん（団体長期障害所得補償保険＝GLTD）】組合員が病気やケガで働けなくなったときに、減少する給与所得を長期間にわたって補償します。

事故例として、▽脳梗塞で倒れて入院し、長期間就業障害となった▽精神的ストレスからうつ病となり、長期間就業障害となった――など。

詳しくは各支部の団体保険担当におたずねください。

年金Q&A

「退職年金分掛金の払込実績通知書」の退職年金分は何ですか

掛金を積み立て、将来に備える仕組み

Q　国家公務員共済組合連合会から「退職年金分掛金の払込実績通知書」が届きました。退職年金分とは何ですか？

A　「退職年金分掛金の払込実績通知書」とは、現役組合員の方に前年度末時点の付与額と利息の累計額など、毎年6月末に送付されます。

今年度は発送済みです。届いていない方は、連合会の登録住所と現住所との相違が考えられます。住所に変更がある場合は、必ず住所変更の手続きをお願いします。

退職年金とは公的年金とは異なり、平成27年10月以降、組合員の掛金を積み立て、ご自身の将来の給付に備える仕組みになっています。

退職年金の半分は有期年金、半分は終身年金です。有期年金は20年または10年の受給期間を選択でき、一時金の選択も可能です。

本人死亡の場合、終身年金は受給終了。有期年金の残余分は、遺族が一時金として受給できます。

退職年金分掛金の払込実績通知書は、個人ごとに毎月積み立てられる「付与額」と「利息」の累計額が将来の年金原資となるため、年度末時点の「付与額」と「利息」の累計額などが表示されたものです。

この他にも送付されるものに「ねんきん定期便」があります。毎年、厚生年金・国民年金の加入者（被保険者）の方に、誕生月の下旬に連合会より送付されます。この通知で過去の保険料納付実績や、将来の老齢年金見込額等を確認することができます。

（本部年金係）

レジャー施設の入園を補助

ベネフィット・ステーション

夏休みのレジャー計画は決まっていますか？

防衛省共済組合が提携する「ベネフィット・ステーション」では、東京ディズニーリゾート（TDR）の「予約観光券（期日指定券）」と「コーポレートプログラム利用券」（期日指定なし）、関西テーマパーク施設の「予約観光券（期日指定券）」を組合員の皆さまにご提供しています。

「予約観光券（期日指定券）」は、あらかじめ入場日と入場パークを指定し、近畿日本ツーリスト、西鉄旅行（九州店舗のみ）の店舗でご購入頂けます。大人・中人・シニアは1000円、小人は500円の補助を受けることができます。

一方、期日指定のない「コーポレートプログラム利用券」は、東京ディズニーリゾートオンライン予約・購入サイトに対応したデジタル版利用券がベネフィット・ステーション会員専用サイトまたはカスタマーセンターにてお申し込み頂けます。補助額は一律1000円となります。

お申込みは各施設併せて年1回（上限4枚まで）となります。

詳細は「ベネフィット・ステーション」の会員専用サイトでご確認ください。

厚生・共済 特集

防医大に独立棟の保育園

防医大と同病院に勤務する職員らの育児とキャリアアップの両立を目指し、独立棟としては防衛省で初となる保育園「くれよん保育園所沢防衛医大」が9月1日、埼玉県所沢市の防医大構内（正門北側）に開設される。従来の校内託児施設に比べると約20倍の広さとなり、市内でも規模の大きい保育園の開設とあって、地域でも話題となっている。

㊤新保育園の設計図（右）をもとに充実した保育の概要を説明する防医大の岡本厚生課長
㊦防医大正門前に掲示された新保育園の園児募集告知ポスター。この傍らに防衛省初の独立棟保育園が開設される
（写真はいずれも7月19日、防衛医科大学校で）

育児とキャリア下支え

面積2000㎡、採光・通風も抜群

9月1日開園

防医大には2017年、宿舎の一室を使って最初の保育園が開設された。しかし園内は約100平方メートルと狭く、園児が伸び伸び運動することができないところが課題だった。

こうした事情を受けて新たな施設整備が決まり、今年9月1日、同保育園が防医大の正門横に約2000平方メートルの広さの独立棟として改めて開園することとになった。

病児保育や英語教育も

「前任の学校長や副校長に始まり、関係者の尽力でやっとここまでこぎ着けました。新保育園の大きな特徴としては独立棟となったことで、採光・通風が格段に向上したことです。広いスペースを確保できたことで病児保育室を設置できました。新型コロナの影響で、他の保育園では一斉休園となって『預け先が見つからない！』という事態が起きがちですが、防医大の新保育園はしっかりと対応しますので、安心してお預けいただけます」と開園に向けて陣頭指揮を執る防医大厚生課の岡本良彦課長。

鉄筋コンクリート造り平屋建ての同園には0歳児から入園が可能で、定員は60人。午前7時半から午後6時半まで預けることができ、延長保育にも対応する。

独自の保育カリキュラムとして英語の授業も行われるため、楽しみながら国際人としての下地も養うことが可能という。

「立地の面でも、独立棟で防医大の敷地に入ることなく出入りが可能なため、外部の方にとっても利用しやすい環境です。それに加え、隣接する野球グラウンドも学生の授業で使わない時は園児に開放する予定です。このため、元気いっぱいの子供たちが運動を思い切りできます」と岡本課長は話す。

園庭には「グリーン・トレイン・クラシック」という回転滑り台や登り棒などを備えた大型遊具が置かれ、砂場や泥場も園庭に整備。この充実した保育環境に、新設される保育園の園長は「最近は土に触ったことがない子も多い中、新保育園では思い切り園児が盛り土に触れて、遊具で体を動かせるため、とてもありがたいです」と語った。

防衛省職員であれば、費用面での優遇もある。入園料が1万円割り引きとなる上、保育料も共済組合の育児補助金制度を利用すれば最大月々14000円の補助が受けられる。

岡本課長は開園に向け、「所沢市の認可を目指し、認可保育園と同基準での運営を計画しており、質の高い保育が受けられます。防医大勤務の隊員、特に医療従事者は勤務が不規則で急患もあるため、そういった方々でも心配なく子供を預けられるような園にしていきますので、ぜひお子様の入園をご検討ください」と語った。

皆さん初めまして。空自峯岡山分屯基地のバスケットボール部「峯岡ゲッツ」です。このチーム名は同じ千葉県のプロバスケットボールチーム「千葉ジェッツ」からとらせていただきました。

「峯岡ゲッツ」は経験者、未経験者、男女を問わない総勢19人のチームです。平均年齢が若いため、現在、分屯基地の中で最も勢いがある部活動です。

部の特色としては部員一人ひとりが個性豊かなところで、一度集まれば笑わない日はありません。そんな和気あいあいとしたチームだからこそ、バスケットボールの魅力を最大限に引き出し、プレーで表現できると考えています。

峯岡山分屯基地バスケ部「峯岡ゲッツ」

紹介者：空士長 佐藤 宏一（44警戒隊・峯岡山）

向上心持ち楽しくプレー

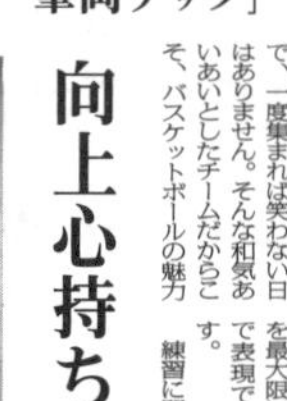

練習に関しても全員が「常にうまくなりたい！」という向上心を持って取り組んでおり、楽しくプレーすることを常としながらも、時には厳しい練習を行っています。こうした姿勢でバスケに取り組むことは職務においても生かされており、部活動で培われた向上心が、各職場での活躍につながっていると自負しています。

現在は新型コロナの影響で思うような練習やゲームができていませんが、終息したあかつきには、チーム練習を再開し、高い目標である全国（全自衛隊）制覇を目指したいと思っております。

訓練や転勤などで当分屯基地に来られた際は、ぜひ一緒にバスケで汗を流し、交流を深めましょう。「峯岡ゲッツ」のメンバー一同、体育館でお待ちしております。

㊤記念撮影するバスケットボール部「峯岡ゲッツ」の部員。若い隊員が多く、全国制覇を目標に日々練習に励んでいる
㊨シュートを放つ部員。厳しい練習を糧に、レーダーサイトの職務においてもその集中力を生かしている

良好な勤務環境づくりへ

岩見沢駐屯地で「こぶし女子会」

車座になって意見交換する「こぶし女子会」参加者（6月30日、岩見沢駐屯地で）

【岩見沢】駐屯地は6月30日、「女性自衛官会同（こぶし女子会）」を初めて開催した。

会同は女性隊員が相互に相談し合える体制を確立し、早期に問題の解決を図り、良好な勤務環境を構築していくことを目的に企画されたもの。今後は、年間で計4回実施していく計画だ。

当日は、12施設群の各中隊と駐屯地所在部隊の女性隊員、駐屯地司令の荒関大輔1佐、副群長、業務隊長ら各部隊長が出席した。

最初に会の目的が周知され、車座になって女性自衛官一人ひとりが自己紹介。各部隊長や管理陸曹も交えて活発に意見が交わされた。

「こぶし女子会」の名称は岩見沢駐屯地のシンボルマーク「こぶし」の花と、「拳」のように女性が活躍する姿をかけた。

駐屯地では「こぶし女子会が駐屯地の女性隊員のますますの活躍の一助となれば。各隊員が交流をさらに深め、各自の抱えている悩みなどを相談しやすく、早期に解決していけるような環境作りの足掛かりとしてほしい」と話している。

自慢の一品料理

鹿肉のメンチカツ

紹介者：3陸尉 吉田 隆博（松本駐屯地業務隊糧食班長）

松本駐屯地業務隊では今年6月、夕食で鹿肉を使った「メンチカツ」を駐屯地食堂で隊員に提供しました。これは日本ジビエ振興協会が監修したもので、野生鳥獣の肉（ジビエ）を使った料理です。

食材は食品衛生法に基づいた解体処理施設で衛生的に処理された「国産ジビエ認証マーク」を取得している安心・安全の品質で、すでに衣がついた状況で協会から納入されました。これを穴の空いたフライヤーに油を入れて揚げて、プチトマトと共に皿に盛りつけて提供しました。一緒に出したサラダうどん、もやしの中華和え、大学いも、ごはん小盛と合わせても1160キロカロリーで、栄養バランスも抜群です。

隊員は激しい運動をするため、汗とともに体内の鉄分を多く消費します。その点、鹿肉は鉄分の補給に適しており、疲労の予防、貧血の防止、持久力の維持につながります。

鹿肉のメンチカツを食べた隊員からは、「くさみもなく、油っぽさも感じなかった」「あっさりしていて、とてもおいしい」と好評でした。

ジビエ料理は普段とは違う味わいを出せるため、駐屯地の喫食率の向上に寄与してほしいと考えています。

家族と一緒 味覚狩り

美幌駐屯地曹友会と修親会

【美幌】駐屯地曹友会と同修親会は7月3日、網走市のよこやま果樹園で合同事業「味覚狩り（イチゴ・サクランボ狩り）」を行った＝写真。

同行事は駐屯地隊員と家族の親睦を深める目的で実施された。当日は晴天に恵まれ、14組54人が参加。果樹園では家族ごとに記念撮影を行った後、おのおのがイチゴとサクランボを収穫し、子供たちは採れたての果実を頬張った。

「子ども110番の家」に

熊本地本菊池所 小学校から指定

通学中の児童の見守りを行う熊本地本菊池分駐所の隊員

【熊本地本】菊池分駐所は6月14日、同所所在校区の小学校から、子供のための緊急避難所設置の取り組み「こども110番の家」に指定された。

菊池所は今年度、交通量が多い事務所周辺を児童たちが通学する際、自主的に見守り活動を実施。児童を事故や犯罪から守り、地域住民から好評を得ていた。

この活動をきっかけに、今回、小学校から「こども110番の家」の指定を受けた。学校関係者や保護者からも「通学時に自衛官の方がいて、とても心強い」と隊員に感謝の言葉がかけられ、指定を機にさらなる地域との良好な関係ができ上がっている。

チーフWAC女性服務会同

3施団

【3施団＝南恵庭】施設団は7月15日、南恵庭駐屯地会議室で「第1回団女性隊員服務会同」を開催した＝写真。

会同には各部隊のチーフWAC（女性隊員）ら9人が参加。各隊が抱えている問題点、女性自衛官に対する服務指導の状況、生活面や勤務環境の改善に関する要望事項などについて意見交換、各部隊のチーフWACの相互理解を深めるとともに、連携強化を図った。

地方防衛局 特集

東北局

山形県のFMで「やりがい」語る

ワークライフバランス強調

東北防衛局（市川道夫局長）の若手職員たちはこのほど、山形コミュニティ放送「ラジオモンスター」（山形市）の番組に出演し、各人の業務内容を分かりやすく紹介するとともに、国家公務員ならではの仕事のやりがいや充実したワークライフバランスなど、職場の魅力をPRした。

国家公務員試験に合わせ放送

若手がラジオで職場のPR

東北防衛局では、防衛省・自衛隊の施策などについて広く自治体や地域住民の理解を得ようと、東北6県に所在する31の「コミュニティ放送局」で月に1回、さまざまなテーマで政策広報を実施している。

今回は国家公務員採用試験に合わせた志願者向けに、「東北防衛局の若手職員（事務官・技官）の活躍」と題して山形市内で事前収録が行われ、番組は6～7月にかけて東北6県で放送された。

ラジオの事前収録に臨む東北防衛局の（左から）阿部、鈴木、阿保、小林の各事務官（写真はいずれも山形市の山形コミュニティ放送「ラジオモンスター」のスタジオで）

技官としてのやりがいから仕事と家庭の両立まで、防衛省・自衛隊の職場の魅力を語る（左から）福島、畠山、佐藤の各技官

出演したのは、▽地方調整課の阿保健太郎事務官▽防音対策課の阿部雅也事務官▽総務課の鈴木杏菜事務官▽契約課の小林実早季事務官▽土木課の畠山涼麻技官▽設備課の佐藤潤弥技官▽建築課の福島拓郎技官―の計7人。

「やりがい」を感じた業務に関する話題では、契約業務を担当している小林事務官が「実際に基地などに足を運んで完成した自衛隊施設を見た際は、自衛隊の活動環境をよりよくしていく業務であることを実感し、これが仕事のモチベーションアップにつながっている」と発言。

設計業務や監督を担当する福島技官は「限られた予算の中で部隊運用に支障が出ないよう、工期に留意しつつ、総合的な調整を行い、工事が無事完了した時、とても大きな達成感が得られるとともに、その経験が自信や知識となって自分の中に蓄えられていると実感できる」と語った。

職場環境の話題では、畠山技官が「働き方改革の一環として、労働時間短縮対策や業務改善の取り組みを行っており、仕事と生活の両立に積極的に取り組んでいるのも魅力の一つ」と述べ、「現在、1歳の息子がいるが、出産・育児に伴う休暇の際も職場においては快く受け入れていただいた」と自身の体験を交え、ワークライフバランスの成功例を紹介した。

収録の最後には国家公務員を目指すリスナーに向けて、総務課の鈴木事務官が「防衛省はとても大きな組織ですので、幅広い仕事があります。何かこれをしてみたいという明確な目標のある方も、まだ自分のやりたいことが見出せないでいる方も、自分のやりがいにつながる業務が見つかるかもしれません」とメッセージを送った。

東北防衛局では「防衛省・自衛隊の活動について、今後も『コミュニティ放送』を活用し、地域住民のご理解とご協力が得られるよう政策的に広報していきたい」と話している。

リレー随想　山野　徹

私は、平成3年に防衛庁に入庁以来、これまで経産省（当時は通産省でした）に出向した時も含め、東京以外での勤務経験はありませんでしたが、この度、（個人的には念願かない）初の地方勤務となりました。引き続き東京から通勤しますので「地方勤務」感はあまりありませんが、横浜の明るい雰囲気がとても気に入っています。

申し上げるまでもなく、南関東防衛局は、防衛省の地方支分部局の一つとして、神奈川県、山梨県、静岡県の3県を管轄区域とし、防衛施設行政や防衛政策に係る地方との調整、地方協力確保事務、さらには装備品等の監督・検査といった広範な業務を行う、地方における防衛行政の拠点です。

管轄区域内には、在日米陸軍司令部、在日米海軍司令部及び厚木飛行場をはじめとする駐留軍施設や、陸上自衛隊の東富士・北富士演習場、海上自衛隊横須賀地方総監部などの重要施設が多数所在しています。

7月に着任してまだ日が浅いこともあり、管轄区域内で見聞き・体験した行事や風物などをご紹介できるだけの知見はありませんが、これまで関係自治体の首長さんにごあいさつ回りをし、貴重なお話をいろいろと伺わせていただく中で、私なりに強く感じることがいくつかありました。

初の地方勤務

一つは、各自治体と我々防衛省・自衛隊とのこれまでの長いお付き合いの中で、先人たちがいかに努力を積み重ねて信頼関係を築いてこられたかということです。各種課題の解決に向け、地元の皆さまと話し合い、ご相談するに際し、このような信頼関係は極めて貴重な財産です。我々としても引き続き大切にしつつ、さらに深めていく責任があると考えています。

もう一つは、同じ案件であっても、「市ヶ谷」からと「地元」からとではやはり見え方が異なるということです。東京と横浜という場所＝「視点」の違いや、地元の「生の声」を背景事情も含めお聞きすることで、見えてくる「景色」は変わります。

私としては、地方勤務が初めてということもあり、そのような「景色の違い」を新鮮に感じるとともに、今後とも当該「違い」に自覚的であり続けたいと思っています。

いささか硬いことばかり書きましたので、別の話を一つ。私は数年前にテニスを始めたのですが、ごあいさつ回りの途上、移動の車中からテニスコートによく目が行きます。都内ではコートの予約は倍率が高く、利用できるチャンスもなかなかないので、空いているコートを見つけてはうらやましいなと感じている今日この頃です。

（南関東防衛局長）

防衛施設と首長さん

岐阜県各務原市　浅野　健司市長

あさの　けんじ　49歳。岐阜県立加納高卒。各務原市議会議員（3期）などを経て、2013年5月から各務原市長。現在3期目。各務原市出身。

岐阜基地と共に歩むまち
自慢の「航空宇宙博物館」

岐阜県各務原市は「ものづくり」が盛んなまちです。製造品出荷額等は平成14年から連続で県内第1位であり、航空宇宙産業に関連する多くの企業が集積しています。

さらに、航空機の発展の歴史とともに、まちが成長した軌跡を分かりやすく展示した「岐阜かかみがはら航空宇宙博物館」は、国内唯一の航空と宇宙の本格的な博物館として、まちの自慢の施設となっています。

また、当市では「笑顔があふれる元気なまち」の実現に向け、人や団体、施策における「つながりづくり」に重点をおいた施策を推進しています。

新型コロナウイルス感染症の影響により日常は大きく変化しましたが、今こそ「オール各務原の底力」を発揮し、このコロナ禍の中にあっても、一つでも多くの幸せを感じとっていただけるよう全力で邁進しています。

市のほぼ中心部に位置する航空自衛隊岐阜基地は、現存する国内最古の飛行場であり、100年余りの歴史を誇ります。

飛行開発実験団が配置されていることから、多種多様な航空機が配備されており、その特色を生かして実施される岐阜基地航空祭には、県内外からたくさんの参観者が来場され、当市を知っていただくきっかけにもなっています。

そのほか、納涼祭など地域住民との交流行事や災害時の応援、協力関係など、市にとって基地の存在は大変心強いものです。

水機団1個連隊の配備を

長崎県知事　岸防衛相に要望書

長崎県の中村法道知事は7月2日、防衛省を訪れ、陸自「水陸機動団」に新編される1個連隊を同県内に配備するよう求める要望書を岸防衛相に手渡した。

中村知事は「中期防で水陸機動団の1個連隊の新設が計画されている。その配備に当たってはぜひ、長崎県に配備していただけるようお願い申し上げたい。県内の各自治体からも強力に要望してほしいとの要請をいただいている。新たな部隊の配備は地域活性化の大きな契機になると期待している。格別のご理解とご高配を賜りたい」と述べた。

これに対し、岸大臣は防衛省・自衛隊に対する長崎県の日頃からの支援と協力に謝意を表した上で、「今中期防において艦艇と連携した活動や各種訓練・演習といった平素からの常時継続的な機動を行い、抑止力・対処力の強化を図るため、さらに3個目の『水陸機動連隊』を新編することとしている。他方、その配置場所や配備時期については検討中で、現時点ではまだ決まっていない」と説明。「部隊の改編や駐屯地・基地等の配置、各駐屯地や基地ごとの態勢については、大綱・中期防に基づいて引き続き検討を進めていく」と応じた。

水陸機動団は佐世保市の相浦駐屯地に団本部のほか、「第1水陸機動連隊」と「第2水陸機動連隊」の2個連隊が配置されており、政府は今中期防中に第3の「水陸機動連隊」を約600人規模で新設する予定だ。

要望書では同県の優位性として、地域住民の理解があるとした上で、▽団本部と2個連隊が県内にあり、指揮・統率が容易▽離島も含め、海を使った訓練が可能▽日本本土の最西端に位置するため、南西諸島有事の際に即応可能▽既存の自衛隊施設が有効活用でき、艦艇と連携した活動や各種訓練・演習が効率的に可能――であることを強調。

1個連隊の追加配備が実現した場合の効果として、①地域社会の活性化②多大な経済波及効果③県の定住人口の増加④施設整備等の地元企業への優先発注や受注機会の拡大――などが見込まれるとしている。

長崎県の中村法道知事（右から2人目）から要望書を受け取る岸防衛相、（その左は）中山泰秀副大臣、松川るい政務官。右端は元防衛副大臣の北村誠吾衆院議員（7月2日、防衛省で）＝防衛省提供

東海防衛支局長に松下氏

8月1日付で東海防衛支局長が交代した。新しい支局長の略歴は次の通り。

松下　陽子（まつした・ようこ）東海防衛支局長

愛知大法経卒。昭和59年旧防衛庁。北関東防衛局総務部総務課長、自衛隊兵庫地方協力本部副本部長、防衛監察本部総務課企画室長、防衛装備庁長官官房監察監査・評価官などを経て、令和2年1月大臣官房監察管理官。愛知県出身。

令和3年版 防衛白書
日本の防衛（要旨）

令和3年版『防衛白書』が7月13日の閣議で了承された（本紙7月15日付1面既報）。今年は新たに「米国と中国の関係」に関する節を設け、「台湾情勢の安定は、我が国の安全保障にとってはもとより、国際社会の安定にとっても重要だ」と初めて明記。沖縄県の尖閣諸島周辺で我が国領海への侵入を繰り返している中国海警船の活動については「国際法違反」と記述し、白書として初めて一歩踏み込んだ表現で非難した。白書は8月下旬をめどに市販され、価格は1400円（税込み）程度の見込み。特集とダイジェスト部分を本冊から切り離して小冊子として使える「ブックインブック」としたほか、資料編をオンライン化し、スリム化・軽量化を図った。スマートフォンで即時再生可能な動画のQRコードも数多く掲載されている。

第I部 我が国を取り巻く安全保障環境

第1章 概観

【現在の安全保障環境の特徴】

■既存の秩序をめぐる不確実性が増大し、政治・経済・軍事にわたる国家間の競争が顕在化■「ハイブリッド戦」に伴う複雑な対応の発生■グレーゾーン事態の長期化■宇宙・サイバー・電磁波領域の重要性。

■戦闘様相を一変させるゲームチェンジャー技術（人工知能、極超音速、高出力エネルギーの技術など）■一国のみでの対応が困難な安全保障上の課題が顕在化■新型コロナウイルス感染症に関し、自らに有利な国際秩序・地域秩序の形成や影響力の拡大を目指した動きも指摘。

【我が国周辺の安全保障環境】

■我が国周辺には質・量に優れた軍事力を有する国家が集中。軍事力のさらなる強化や軍事活動の活発化の傾向が顕著■インド太平洋地域は十分な安全保障面の地域協力の枠組みなし。領土問題や統一問題といった従来からの問題も依然存在。

第2章 諸外国の防衛政策など

【米国】

■2021年1月、バイデン政権が発足。バイデン大統領は、同盟を修復して再び世界に関与し、単に力を示すだけではなく、模範としての力をもって主導していくとの基本姿勢を表明■米軍の世界的な戦力態勢の見直しを実施することを明らかにするとともに、国際システムに対して持続的に挑戦する能力を秘めた唯一の競争相手と位置づける中国に長期的に対抗し、インド太平洋における軍事プレゼンスを最重視する姿勢を表明■バイデン大統領もトランプ前大統領と同様、「自由で開かれたインド太平洋」の維持が優先事項であるとし、米国の姿勢に変更がないことを表明。

【中国】

■中国の軍事動向などは、国防政策や軍事に関する不透明性とあいまって、我が国を含む地域と国際社会の安全保障上の強い懸念

■透明性を欠いたまま、継続的に高い水準で国防費を増加。核・ミサイル戦力や海上・航空戦力を中心に軍事力の質・量を広範かつ急速に強化。サイバー、電磁波、宇宙などの新たな領域における優勢の確保を重視。

■尖閣諸島周辺で力を背景とした一方的な現状変更の試みを執拗に継続しており、強く懸念される状況。尖閣諸島周辺の我が国領海で独自の主張をする活動は、そもそも国際法違反。

■2021年2月、海警の職責や武器使用を含む権限を規定した中国海警法が施行。海警法には、あいまいな適用海域や武器使用権限など、国際法との整合性の観点から問題がある規定あり。海警法によって、我が国を含む関係国の正当な権益を損なうことがあってはならず、東シナ海などの海域で緊張を高めることになることは全く受け入れられない。

【米国と中国の関係など】

■近年、米中両国の政治・経済・軍事にわたる競争が一層顕在化し、相互にけん制する動き。特に技術分野における競争は今後一層激しさを増す可能性■中国が急速に軍事力を強化する中、米中の軍事的なパワーバランスの変化が、インド太平洋地域の平和と安定に影響を与える可能性。南シナ海や台湾などの地域の米中の軍事的な動向について一層注視していくことが必要。

■南シナ海で中国は弾道ミサイルの発射や空母による軍事訓練などの軍事活動などを活発化。一方、米国は2020年7月に中国の海洋権益に関する主張は不法だと非難するとともに、航行の自由作戦や空母も含めた軍事演習を実施するなど一層厳しい姿勢。

■米議会公聴会でインド太平洋軍司令官は、インド太平洋地域の軍事バランスは米国と同盟国にとって好ましくない状況、中国による現状変更のリスクが高まっていると指摘。台湾に対する野心が今後6年以内に明らかになる旨証言。

■中国は中国軍機による台湾南西空域への進入など台湾周辺での軍事活動を一層活発化。一方、米国は米艦艇による台湾海峡通過や台湾への武器売却など、軍事面で台湾を支援する姿勢を鮮明に。台湾情勢の安定は、我が国の安全保障や国際社会の安定にとって重要■中台の軍事バランスは全体として中国側に有利な方向に変化し、その差は年々拡大する傾向。

【朝鮮半島】

■朝鮮半島では半世紀以上にわたり同一民族の南北分断状態が続いており、現在も非武装地帯（DMZ）を挟んで160万人程度の地上軍が厳しく対峙している。

【北朝鮮】

■北朝鮮の軍事動向は我が国の安全に対する重大かつ差し迫った脅威■過去6回の核実験を実施し、極めて速いスピードで弾道ミサイル開発を継続的に実施。我が国を射程に収める弾道ミサイルに核兵器を搭載して我が国を攻撃する能力を既に保有しているとみられる。

■近年、ミサイル関連技術の高度化を図ってきており、固体燃料を使用して通常の弾道ミサイルよりも低空を変則的な軌道で飛翔する弾道ミサイルの開発など、ミサイル防衛網の突破を企図。高度化された技術がより射程の長いミサイルに応用される懸念。

■2021年1月の朝鮮労働党第8回大会において、今後の目標として、多弾頭技術、「極超音速滑空飛行弾頭」、原子力潜水艦、固体燃料推進のICBMなど、さまざまな兵器の開発などにも具体的に言及し、軍事力強化の姿勢を表明。

【韓国】

■2021年度の国防費（本予算）は、対前年度比約5・4％増の約52兆8401億ウォンとなっており、2000年以降22年連続で増加。「国防改革2・0」によれば、韓国は国防費を年平均で7・5％増加させていくとしている。

【ロシア】

■ロシアは、核戦力を含む装備の近代化を推進しているほか、ロシア国外に軍の拠点を確保するなど、遠隔地への軍の展開能力を高めつつある■極超音速兵器などの新型兵器の開発を進めているほか、宇宙・電磁波などの新領域における活動を活発化させている。

■我が国周辺におけるロシア軍の活動には活発化の傾向がみられるほか、近年は最新の装備が極東方面にも配備される傾向■2020年12月に実施された戦略核戦力演習では、初めてオホーツク海のボレイ級SSBNから新型SLBMを発射■2020年12月、ロシア国防省は、択捉島と国後島への地対空ミサイル・システム「S300V4」の実戦配備を発表。

■2020年12月、ロシアのTu95爆撃機が中国のH6爆撃機とともに、日本海から東シナ海、さらには太平洋にかけて長距離にわたる共同飛行を実施。中露共同飛行は2019年7月に引き続き2回目。

第3章 新たな領域をめぐる動向や国際社会の課題

【軍事科学技術】

■主要国は将来の戦闘様相を大きく変化させる、いわゆるゲームチェンジャーとなりうる先端技術の開発に注力（AI、極超音速兵器、高出力エネルギー技術、量子技術など）。民生分野における先端技術が軍事技術に転用されたものもあり■中国が他国から先端技術の獲得を試みているとの指摘もあり、技術の保護も重要な課題。

【宇宙領域】

■各国は宇宙空間において偵察・通信・測位衛星など、自国の軍事的優位性を確保するための能力を急速に開発。一方、他国の宇宙利用を妨げる能力も重視。

【サイバー領域】

■中国、ロシア、北朝鮮などが、より多様な手段でより積極的にサイバー攻撃を実施しているとの指摘。

【電磁波領域】

■主要国は厳しい電子戦環境下での使用を前提とする装備品を開発しているほか、電子戦を主眼に置いた訓練を実施。

【気候変動】

■各国で気候変動を安全保障上の課題と捉える動きが拡大（土地・資源をめぐる争いの誘発・悪化、大規模な住民移動による社会的・政治的な緊張や紛争の誘発の恐れなど）。

主要国・地域の兵力一覧（概数）

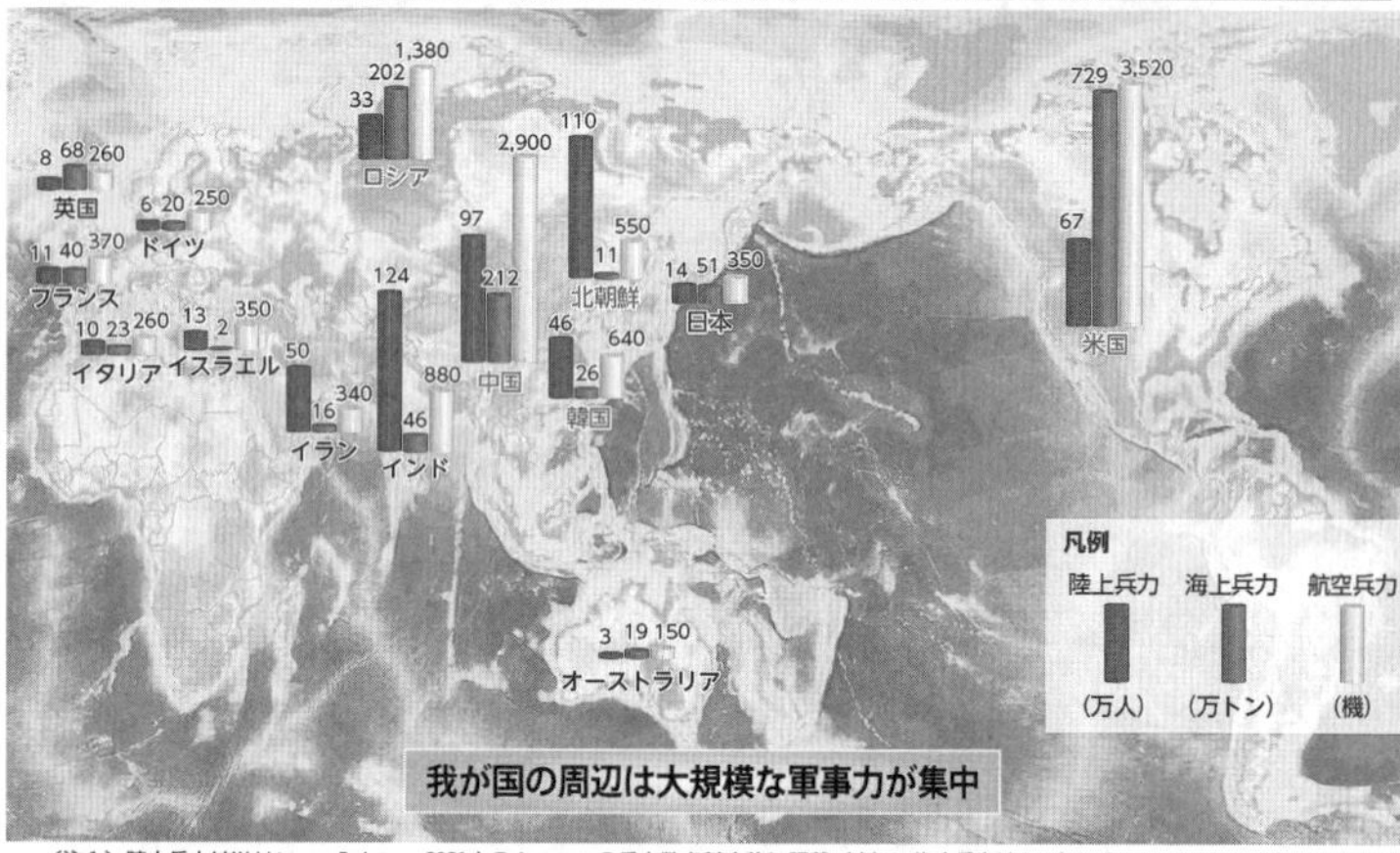

我が国の周辺は大規模な軍事力が集中

国・地域	陸上兵力（万人）	海上兵力（万トン）	航空兵力（機）
米国	67	729	3,520
ロシア	33	202	1,380
中国	97	212	2,900
北朝鮮	110	11	550
韓国	46	26	640
日本	14	51	350
英国	8	68	260
フランス	11	40	370
ドイツ	6	20	250
イタリア	10	23	260
イスラエル	13	2	350
イラン	50	16	340
インド	124	46	880
オーストラリア	3	19	150

（注1）陸上兵力はMilitary Balance 2021上のArmyの兵力数を基本的に記載（＊）、海上兵力はJane's Fighting Ships 2020-2021を基に艦艇のトン数を防衛省で集計、航空兵力はMilitary Balance 2021を基に防衛省で爆撃機、戦闘機、攻撃機、偵察機等の作戦機数を集計。

（注2）日本は、令和2年度末における各自衛隊の実勢力を示し、作戦機数（航空兵力）は航空自衛隊の作戦機（輸送機を除く）および海上自衛隊の作戦機（固定翼のみ）の合計。

（＊）万人未満で四捨五入。米国は、陸軍49万人のほか海兵隊18万人を含む。ロシアは、地上軍28万人のほか空挺部隊5万人を含む。イランは、陸軍35万人のほか、革命ガード地上部隊の15万人を含む。

（令和3年版『防衛白書』から。一部表記を変えています）

第II部 我が国の安全保障・防衛政策

【防衛計画の大綱】

■2018年12月に策定された防衛計画の大綱（防衛大綱）は、厳しさと不確実性を増す安全保障環境を踏まえ、真に実効的な防衛力として、次のような性質を有する「多次元統合防衛力」を構築することとしている。

①宇宙・サイバー・電磁波を含む全ての領域における能力を有機的に融合し、その相乗効果により全体としての能力を増幅させる領域横断（クロス・ドメイン）作戦を遂行可能であること②平時から有事までのあらゆる段階における柔軟かつ戦略的な活動を常時継続的に実施可能とすること③日米同盟の抑止力・対処力の強化と多角的・多層的な安全保障協力の推進が可能であること。

【中期防衛力整備計画】

■2018年12月に策定された中期防衛力整備計画（中期防）は令和元（2019）年度から令和5（2023）年度までの5年間の防衛力整備の方針や主要な事業などについて定めている■中期防は五つの基本方針として、①領域横断作戦の実現に必要な能力の獲得・強化②装備品取得の効率化・技術基盤の強化③人的基盤の強化④日米同盟と安全保障協力の強化⑤効率化・合理化を徹底した防衛力整備——を掲げている。

【防衛関係費】

■令和3（2021）年度の防衛関係費は、防衛大綱・中期防を踏まえ、格段に速度を増す安全保障環境の変化に対応するため、従来とは抜本的に異なる速度で防衛力を強化すべく、前年度から547億円増額（前年度比1・1％増）の5兆1235億円であり、9年連続で増加。

第III部 我が国防衛の三つの柱

第1章 我が国自身の防衛体制

■自衛隊は、各種事態に迅速かつシームレスに対応するため、平素から領海・領空とその周辺の海空域において情報収集と警戒監視を実施している。

■自衛隊は我が国周辺海域において、警戒監視活動の一環として、国連安保理決議違反が疑われる船舶についての情報収集も実施しており、2018年から2021年3月末までの間に、計24回の北朝鮮籍船舶による違法な洋上での物資の積み替え（「瀬取り」）と強く疑われる行為を確認し、公表している。

■「瀬取り」を含む違法な洋上での活動に対し、米国に加え、オーストラリア、カナダ、ニュージーランド、フランスが、在日米軍嘉手納飛行場を使用して航空機による警戒監視活動を行った。また、米国のほか、英国、カナダ、オーストラリア、フランスの海軍艦艇が我が国周辺海域において警戒監視活動を行った。

■空自は、我が国周辺を飛行する航空機を警戒管制レーダーや早期警戒管制機などにより探知・識別し、領空侵犯のおそれのある航空機を発見した場合には、戦闘機などを緊急発進（スクランブル）させ、その航空機の状況を確認し、必要に応じてその行動を監視している■令和2（2020）年度の空自機による緊急発進回数は725回。

■我が国の弾道ミサイル防衛は、現在、イージス艦による上層での迎撃とペトリオットPAC3による下層での迎撃を、自動警戒管制システム（JADGE）により連携させて効果的に行う多層防衛を基本としている。

■イージス・アショアについては、2020年6月、配備に関するプロセスを停止した。同年12月、厳しさを増す我が国を取り巻く安全保障環境により柔軟かつ効果的に対応していくため、イージス・システム搭載艦2隻の整備を閣議決定した。

■令和5（2023）年度からの宇宙状況監視（SSA）システムの本格運用に向け、我が国の人工衛星にとって脅威となる宇宙ゴミなどを監視するためのレーダーと運用システムの整備を進めている■宇宙領域専門部隊を強化するため、宇宙作戦群（仮称）を新編する。

■防衛省・自衛隊では、情報システムの安全性確保や専門部隊によるサイバー攻撃対処など、総合的な施策を行っている。

■防衛省・自衛隊は、電磁波の利用を適切に管理・調整する機能の強化、電磁波に関する情報収集・分析能力の強化、情報共有態勢の構築、我が国への侵攻を企図する相手方のレーダーや通信などを無力化するための能力の強化などに取り組んでいく■陸自電子戦部隊の新編やスタンド・オフ電子戦機の開発、高出力マイクロ波やレーザーなどの研究を推進している。

■自衛隊は、地方公共団体などと連携・協力し、被災者や遭難した船舶・航空機の捜索・救助、防疫などの活動を行っている■令和2（2020）年度は、7月豪雨や台風10号に対する災害派遣など529件の災害派遣を実施した。

■新型コロナウイルスの感染拡大防止に向け、防衛省・自衛隊は35都道府県において総力を挙げて災害派遣などさまざまな活動を実施した■自治体職員に対する感染防止の教育支援を33都道府県で約2400名に実施■宿泊療養者に対する緊急支援を8都道府県で約760名に実施■病院から宿泊施設間の患者の輸送支援を6県で約90名に実施■医療支援を5道県で実施■野外でのPCR検査に必要な天幕の展張・維持管理を1県で実施■離島で発生した患者輸送を5道県で約80名に実施■自衛隊が保有するCT診断車の資器材提供を1県で実施。

■米軍等の部隊の武器等防護（自衛隊法第95条の2）の警護として、2020年は米軍の艦艇と航空機に対して計25回の警護を実施。

第2章 日米同盟

■2020年、締結から60周年を迎えた日米安全保障条約に基づく日米安保体制は、我が国自身の防衛体制とあいまって我が国の安全保障の基軸である■日米安保体制を中核とする日米同盟は、我が国のみならず、インド太平洋地域、さらには国際社会の平和と安定、繁栄に大きな役割を果たしている。

■日米間の役割や協力などの在り方についての一般的な大枠と政策的な方向性を示したガイドラインは、1978年に策定され、1997年と2015年に逐次改訂されている■2015年に改訂された現行のガイドラインは、平時から緊急事態までのあらゆる段階において連携するとともに、宇宙・サイバー領域における協力を盛り込んでおり、より力強い同盟とより大きな責任の共有のための戦略的な構想を明らかにするものである。

第3章 安全保障協力

■防衛省・自衛隊は、「自由で開かれたインド太平洋」というビジョンを踏まえ、多角的・多層的な安全保障協力を戦略的に推進し、我が国にとって望ましい安全保障環境を創出していくこととしており、インド太平洋地域における各国との間で2国間・多国間での防衛協力・交流を強化している。

■「自由で開かれたインド太平洋」の三本柱①法の支配、航行の自由、自由貿易等の普及・定着②経済的繁栄の追求③平和と安定の確保。

■防衛省における取り組みの方向性①防衛協力・交流を活用し、主要シーレーンの安定した利用を確保②信頼醸成や相互理解を進め、不測の事態を回避③関係各国と協力し、地域の平和と安定に貢献。

■東シナ海・南シナ海情勢への「深刻な懸念」を各国と共有した上で、力を背景とした一方的な現状変更の試みや既成事実化に強く反対するメッセージを明確に発出している。

■防衛省・自衛隊による能力構築支援は2012年以降、インド太平洋地域を中心に、15カ国1機関に対し、人道支援・災害救援、国連平和維持活動（PKO）、海洋安全保障などの分野で協力している。

■自衛隊は、2009年以降、水上部隊、航空隊、支援隊を派遣し、ソマリア沖・アデン湾において船舶を海賊行為から防護する活動を継続している。

■多国籍部隊・監視団（MFO）への派遣＝2019年以降、シナイ半島国際平和協力業務の実施について閣議決定し、初めての「国際連携平和安全活動」として、MFOに司令部要員2名を派遣している。

■国連南スーダン共和国ミッション（UNMISS）＝防衛省・自衛隊はUNMISS司令部に対し、陸上自衛官4名（兵站、情報、施設、航空運用の各幕僚）を派遣し、UNMISSの活動に貢献している。

■国連三角パートナーシップ・プロジェクト（UNTPP）への支援＝本プロジェクトは、我が国が拠出した資金をもとに、国連活動支援局がPKO派遣要員への訓練を実施しているものであり、2015年以降、我が国は延べ164名の陸上自衛官をアフリカに派遣し、9回の重機操作訓練をアフリカの8カ国277名に対して実施した。PKO要員の30％以上がアジアから派遣されていることを踏まえ、2018年以降、我が国は延べ66名の陸上自衛官をベトナムに派遣し、計3回の重機操作訓練を、アジアとその周辺地域の9カ国56名の工兵要員に対して実施した。

2019年にウガンダで実施された国連野外衛生救護補助員コース（UNFMAC）の第1回試行訓練において、我が国は陸上自衛官（医官）2名を教官として派遣した。

第IV部 防衛力を構成する中心的な要素など

第1章 人的基盤と衛生機能の強化

【人的基盤の強化】

■自衛隊の人的構成は、全体の定数が削減されてきた一方、装備品の高度化、任務の多様化・国際化などへ対応するため、知識・技能・経験などを豊富に備えた高齢人材の一層の活用を目的に、自衛官の定年年齢を階級ごとに段階的に引き上げるとともに、再任用の拡大や退職自衛官の技能の活用を促進している。

■さらに、AIなどの技術革新の成果を活用した無人化・省人化などを推進するとともに、限られた人員で艦艇の稼働率を確保するため、海自の一部の艦艇では、複数クルーでの交替勤務の導入による乗組員1名当たりの洋上勤務日数の縮減を行うなど、生活・勤務改善を図っている。

■自衛官の任務の危険性などの特殊性、官署が所在する地域の特性に応じた適切な処遇を確保するため、特殊勤務手当てなどの改善を図るとともに、災害対処能力などの向上のため、簡易ベッドの整備や非常用糧食の改善、防衛功労章の拡充をはじめとした栄典・礼遇に関する施策を推進している。

■暴行、傷害、パワーハラスメントなどの規律違反の根絶を図るため、隊員に対する各種教育、「防衛省パワハラホットライン」の常設や弁護士による相談窓口の設置など相談体制の改善・強化などの各種施策を行っているほか、懲戒処分の基準を厳罰化した。

【ワークライフバランス推進のための働き方改革】

■すべての隊員が能力を十分に発揮して活躍できるよう、ワークライフバランス確保のため、長時間労働の是正や働く時間と場所の柔軟化、休暇取得の推進などに努めている。

■女性自衛官の採用・登用に際しては、機会均等のさらなる徹底を図るとともに、本人の意欲と能力・適性に基づく適材適所の配置に努めることを人事管理の方針としている。

■女性自衛官の配置制限については順次見直しを行っており、2020年10月には女性初の潜水艦乗組員が配置されるなど、「母性の保護」の観点から女性が配置できない部隊（陸上自衛隊の特殊武器（化学）防護隊の一部と坑道中隊）を除き、配置制限を全面的に解除した。

【衛生機能の強化】

■防衛省・自衛隊では、自衛隊病院や防衛医科大学校病院において、2020年2月から新型コロナウイルス感染症患者を受け入れている。自衛隊中央病院のほか、札幌、三沢、仙台、横須賀、富士、阪神、福岡、佐世保、熊本、別府、那覇の各自衛隊地区病院と防衛医科大学校病院において、計1708名（2021年3月31日時点）の患者を受け入れた。

■新型コロナウイルス感染症のワクチン接種を加速するため、自衛隊は2021年5月24日以降、東京と大阪において「自衛隊大規模接種センター」を設置・運営し、ワクチン接種を開始した。

第2章 防衛装備・技術に関する諸施策

【技術基盤の強化】

■先進技術の研究開発体制を強化するため、令和3（2021）年度には「次世代装備研究所」を防衛装備庁に新設。加えて、国内外の先端技術動向の調査・分析に関する企画立案に従事する「先進技術戦略官」と、大学・民間企業・国立研究機関などの先進的研究の成果活用を推進する「技術連携推進官」を新設した。

【防衛装備・技術協力】

■2020年8月、フィリピン国防省と三菱電機との間で、同社製の警戒管制レーダー4基を約1億ドルで納入する契約が成立し、2014年の防衛装備移転三原則の策定以来、我が国から海外への完成装備品の移転としては初の案件となった。

第3章 情報機能の強化

■防衛省・自衛隊による具体的な情報収集の手段としては、①我が国上空に飛来する軍事通信電波や電子兵器の発する電波などの収集・処理・分析②各種画像衛星（情報収集衛星を含む）からのデータの収集・判読・分析③艦艇・航空機などによる警戒監視④各種公刊情報の収集・整理⑤各国国防機関などとの情報交換⑥防衛駐在官などによる情報収集——などが挙げられる。

第4章 高い練度を維持・向上する自衛隊の訓練・演習

■自衛隊が我が国防衛の任務を果たすためには、平素から指揮官をはじめとする隊員が高い資質と能力を持つとともに部隊としても高い練度を保持し、堅固な防衛態勢をとることが必要である。これにより、我が国への侵略の意図を思いとどまらせる抑止力として機能することができる。また、各軍種間での共同訓練などを着実に実施することにより、日米同盟の抑止力・対処力を強化している。さらに、積極的な共同訓練・演習などを通じて平素からプレゼンスを高め、我が国の意思と能力を示すほか、「自由で開かれたインド太平洋」というビジョンを踏まえ、訓練・演習に積極的に取り組むこととしている。

第5章 地域社会や環境との共生に関する取り組み

【民生支援活動】

■防衛省・自衛隊は、地方公共団体や関係機関などからの依頼に基づき、さまざまな分野で民生支援活動を行っている。

【南極地域観測に対する支援】

■防衛省・自衛隊は、文部科学省が行う南極地域における科学的調査を支援している。2020年11月からの第62次観測支援での行動は約3万キロに及ぶ長大なものであり、我が国の南極地域観測事業の推進に大きく貢献している。

【環境問題への対応】

■2021（令和3）年5月に、省全体の地球温暖化対策を強力に推進するべく「防衛省気候変動タスクフォース」を立ち上げた。同年7月には地方協力局を改編するなど、環境問題への対応について防衛省として一元的・効果的に実施する体制を整備することとしている。

【広報活動】

■防衛省・自衛隊は、公式ホームページ、ソーシャルネットワーキングサービス（SNS）、動画配信など、インターネットを活用し、積極的な情報発信に取り組み、正確な情報を幅広く、適時に提供するよう努めている。

【公文書管理・情報公開に関する取り組み】

■公文書管理の適正化に向けて職員の意識や組織の文化を改革し、チェック態勢を充実させるなど、行政文書の管理や情報公開請求への適切な対応に取り組んでいる。

防衛医科大ラグビー部　助け合いの伝統

大規模接種の研修医も指導

新型コロナウイルスのワクチン接種を国として後押しするため、防衛省・自衛隊が大規模接種センターを開設してから3カ月。医官・看護官がコロナ感染拡大防止に貢献する中、そんな先輩たちの背中を見て奮闘しているのが、防衛医科大学校のラグビー部だ。医官・看護官の教育機関である防医大で最もOBと現役学生の連携が強いとされる同部を7月14日、取材した。（菱川浩嗣）

記念撮影する防医大ラグビー部員。先輩、後輩間の助け合いやOBからの強い支援で日々練習に励んでいる

「ノミネート（動きを見る選手を指名）大丈夫？しっかり」――。午後6時半、西武新宿線航空公園駅近くのグラウンド。活発な掛け声が響く中、1年生から6年生までの22人の部員たちが、ラグビーボールを懸命に追いかけていた。

「コロナ禍であるからこそラグビーに打ち込むことで、勉強も校内生活も充実したものになっている」と話すのは昨年12月から部を率いるラグビー部主将の医学科5年生・橋渡恵理夫学生。コロナの影響で昨年・今年秋のリーグ戦が中止になる中、日々の練習で部員の団結とモチベーションを高め続けている。部のモットーは「部員同士の助け合い」だ。

「皆が団結できて初めて、チームとして戦うことができる。後輩に困ったことがあれば進んで相談に乗り、勉強が遅れている仲間にはアドバイスもします。誰に言われるでもなく、自然と部員は行動しています」。部はラグビー未経験者が大半だが、先輩が一から労を惜しまず教えこむことで技術を向上させ、関東医歯薬大学ラグビーリーグではトップクラスのチームに成長した。

「共に高め合う熱い思い」先輩から後輩へ

練習開始から30分が経ったところ、プレー中の部員たちが一斉にグラウンドの入り口に向き直り、あいさつの掛け声を上げた。防医大病院で研修医として働く部OBの得津礼記2海尉が医務の合間を縫って練習に参加したのだ。

得津2尉は約1週間、防衛省・自衛隊が設置した大規模接種センターでワクチン接種任務に携わった。日々の医療行為で疲労困憊の状況でも、後輩たちと共に汗を流している。

「現役部員の頃、先輩に指導していただいたこともあり、私も駆け付けた。後輩は大きな試合がなかなかできない状況にあるが、コロナ終息後にすぐに力を発揮できるよう、基盤を維持し続けていくことが重要。我々が少しでも力になれればと思っている。後輩たちには逆境に負けず思い切り頑張ってほしい」と話す。

部員たちはこうした先輩の背中に憧れ、医官任務への思いを新たにしているという。

橋渡主将は「ラグビー部に入ったのも仲間を助け、共に高め合っていく熱い思いをもつ先輩方に憧れたから。つい最近まで一緒にラグビーをしていた先輩がワクチン接種任務に就かれているのを目の当たりにし、刺激を受けている。全力でラグビーに打ち込み、将来は先輩のような国民に貢献できる医官になりたい」と力強く語った。

鋭いパスをするスクラムハーフの橋渡学生（手前）。主将としてコロナ禍でも部員を鼓舞し続けている＝写真はいずれも7月14日、埼玉県所沢市で

3補QCサークルがW受賞

関東支部埼玉地区　経営者協会会長賞と金賞

【3補＝入間】3補給処のQC（品質管理）サークル「品管スターズ」は7月2日、QCサークル関東支部埼玉地区主催の「小集団改善活動発表大会」にオンラインで参加し、JHS（事務・販売・サービス）部門で最優秀サークルに贈られる「経営者協会会長賞」と「金賞」をW受賞した。

表彰式は同21日に入間基地で行われ、3補長の倉本昌弘将補、副処長の越谷登志幸1佐らが立会。QCサークル関東支部埼玉地区の小嶋新一幹事長から「品管スターズ」のメンバーに表彰状が手渡された。

この大会はさまざまな企業や業種のサークルが参加するQCサークルの登竜門。昨年度は、新型コロナの影響で中止となったが、今年度はWebによるオンライン形式で開催された。

「品管スターズ」は整備部所属の藤田洋平1曹（現・8空団）をリーダーに、サブリーダーの小嶋隆訓2曹、渡邉はるか3曹と八代真悟3曹の4人が「検定班機械式セクションにおけるプッシュプルゲージ（航空機の操縦系統の整備に使う計測器）校正時間の短縮」をテーマに発表。

従来は熟練者と非熟練者間で約30分作業に違いが生じていた点を改善、非熟練者も熟練者とほぼ同じ時間での校正を可能にした取り組みを説明し、高い評価を受けた。

小嶋2曹は「効率的な校正方法を具現化し、その成果を評価していただいた。チーム全員とてもうれしく思っている」と喜びを語った。

QCサークル活動を推進する3補資材計画部の石川寛朗2尉は、「この大会での受賞は、今秋開催予定の第5回空自QCサークル大会のオンライン開催の前哨戦としても、大変意義深い。成功を成し遂げる一層の意欲と自信につながった」と話していた。

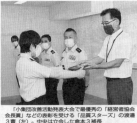

「小集団改善活動発表大会で最優秀の「経営者協会会長賞」などの表彰を受ける「品質スターズ」の渡邉3曹（左）。中央は立会した倉本3補長

表彰式に訪れたQCサークル関東支部員とともに記念撮影に臨む小嶋2曹（左から2人目）と渡邉3曹（同4人目）＝写真はいずれも7月21日、空自入間基地で

青森で土砂崩れ

9師団など80人が災派

大雨で孤立した地域への支援物資を車両から運び出す5普連（青森）の派遣隊員（8月10日）

青森県では台風9号から変わった温帯低気圧の影響で8月9日から北日本を襲った大雨により、翌10日、むつ市と風間浦村などを結ぶ国道279号線で落橋、土砂崩れが発生した。同県の三村申吾知事は同日午後5時、9師団長の亀山慎二陸将に孤立した同村などへの救援物資輸送に関する災派遣を要請。

これを受け、5普連（青森）の約80人が水・食料などの救援物資を同村に輸送した。

さらに9師団と5普連、海自大湊総監部のLO（連絡員）が県庁などに派遣され、情報収集に当たっている。

指揮官の役割学ぶ

防大生　熱海災派現場で精神教育

34普連

災派の状況を説明する深田満男連隊長（手前）と、真剣に聞き入る防大生

【板妻】静岡県熱海市で起きた土石流被害に伴い災派活動中だった34普連は7月20日、夏季定期訓練で駐屯地を訪れた防大3年生9人を対象に精神教育を行った。深田満男連隊長が現地を案内し、幹部自衛官としての心構えなどを説いた。

これまで精神教育は座学で行われていたが、今年は「災派の現場で指揮官はどうあるべきかを考えてほしい」と深田連隊長が発案、現地教育が計画された。

熱海市の伊豆山地区に到着すると深田連隊長は、活動の全貌が見渡せる位置まで学生たちを案内した。学生たちはテレビでは分からない被害のすさまじさに衝撃を受け、言葉を失っていた。

深田連隊長は学生たちに、7月3日から始まった現地での災派活動の状況を説明。猛暑に耐えながら隊員が道路啓開や行方不明者捜索に当たってきたことを話した。また、災派の現場で指揮官はどのように指揮を執るべきか、その地位や責任について語った。

3学年で実任務を間近で研修するという貴重な機会を得ることのできた学生たちは、深田連隊長の話や現場で汗を流す隊員たちの姿から多くを学んでいだ。

こちら警務隊　性犯罪②

中学生と同意のもとの性行為は青少年保護育成条例違反に該当

中学生と同意のもと性行為をすると、どんな罪になりますか？

たとえ同意があっても、青少年（18歳未満の者）と性行為等をすると、各都道府県で定める青少年保護育成条例違反に該当し、東京都の場合、2年以下の懲役または100万円以下の罰金に処せられます。

また、同条例は、保護者の同意なく深夜に青少年を連れ出すことも禁止しており、処罰の対象となります。

本罪は、「18歳未満とは知らなかった」と言っても処罰は免れません。

性犯罪で検挙されると、本人はもちろんのこと、家族も性犯罪者の家族として見られて苦悩しますので、絶対にしてはいけません。

（東部方面警務隊）

元空幕長で工学博士

大村　平氏（おおむら・ひとし＝元空幕長、元空将）6月1日、死去。91歳。告別式は故人の希望により、近親者のみで行った。喪主は妻のミチ子さん。弔電、供花、香典は故人の希望で辞退している。

陸軍幼年学校48期。西空司令官、空幕副長などを歴任し、昭和61年2月から62年12月まで空幕長を務めた。工学博士で退官後も数学に関する多くの著書を世に送り出した。

小休止

▽…陸自習志野駐屯地・空自習志野分屯基地の隊員食堂では、令和3年度の新たな試みとして『陸自空自コラボメシ』を毎月提供している。

▽…例えば、6月のメニューは『エアボーン（空挺）・エアプレーン（航空）プレート』＝写真。骨付きソーセージにヨーグルトムースソースをかけたもので、ソースにはプレーンヨーグルト、ホイップクリーム、粉チーズ、レモン、薄口醤油、粒コショウを使用。酸味と甘みが効いており、ソーセージに合う味付けとなった。

▽…隊員からは「斬新な味でとてもおいしかった」「いつも趣向を凝らしたメニューをありがとう」と大好評を得た。（習志野）

小さな船がたどった偉大な航跡

前回東京五輪でお召し艦を務めた「ゆうちどり」の生涯（上）

海自OB　福本　出（元海自幹部学校長、元海将）

二度目の東京オリンピックが開催された。防衛省発表によれば、自衛隊は前回64年大会（約7000人）を超える総勢約8500人をもって支援に当たっている。また報道もなく直接目にふれることもないが、大会中のあらゆる脅威に備え、競技場周辺を含む我が国周辺海空域の警戒監視、大規模自然災害への備え、サイバー攻撃などを想定した安全確保態勢を強化して臨んでいる。

前回の入場行進では、防大生が国名のプラカードを持って各国選手団を先導し、自衛隊音楽隊が演奏する「東京オリンピックマーチ」に合わせ、観閲式さながらの行進が整然と行われた。陸自が場外で祝砲を撃ち、海自が五輪大会旗旗手を務め、空自は国立競技場上空に色鮮やかな五輪を描いた。多様化する新時代とサブカルチャーを演出した今回の開会式は、自衛隊音楽隊の歌姫による国歌独唱を夢見た本紙読者には物足りなかったかも知れない。

かく言う筆者もそのひとりだが、そのような中にも凛々しい陸海空自衛官により日本国国旗が掲揚されたことには少し救われた気がした。

◇

さて、ここに本紙編集部から提供していただいた特務艇「ゆうちどり」に関する1964年10月15日付の小さな記事がある。それは、時の皇太子・明仁親王殿下（現上皇陛下）がヨット競技を観戦されるにともない、"貴賓用"に改装された「ゆうちどり」の完成を伝えるものだ。五輪期間中の同19日には小泉純也・防衛庁長官が随行し、皇太子殿下ご夫妻のお召し艦としての大任を果たした。

本稿では「ゆうちどり」という優雅な名前の船がたどった希有な航跡をたどってみたい。

戦中・戦後には各種過酷な任務に従事し、前回東京五輪では「迎賓船」としての務めを果たした海上自衛隊の特務艇「ゆうちどり」（昭和53年撮影）

帝国海軍の雑役船

帝国海軍では1930年以降その航空兵力を急速に増強したが、各地の練習航空隊で海上への墜落事故が多発することに鑑み、墜落機の回収および乗員救助のための「飛行機救難船」が数多く建造された。

後に「ゆうちどり」と名付けられた船は、呉海軍工廠からの発注により大阪造船所で建造された。1943年8月10日に就役し、海軍雑役船・飛行機救難船公称第1530号として活動を開始した。

就役後は愛知県豊橋海軍航空隊所属となり、通称「豊空丸」と呼ばれた。基準排水量300トン、全長46メートルの小型鋼船で、不時着水した飛行機を回収するための広い甲板を備える船型だったことが、奇しくもその後の運命に関わってくる。日本中の誰もが戦艦や空母の名称を知っていた時代に、民間の造船所で産声をあげたこの名もない小さな雑役船が、戦後、苦渋の時代に対機雷戦の先鋒となり、やがては皇族のお召し艦となるとは誰一人思いもよらなかったことだろう。

米将兵用の客船に

1945年8月の終戦後日本を占領下においた連合軍は、帝国陸海軍の解体に伴い軍艦、潜水艦、戦闘機などをことごとく処分したが、武装がない小型船艇は引き続き使用することを許可した。

「豊空丸」は海軍軍人の復員事業を担う第二復員省横須賀地方復員局名古屋鉄道司令部所属となり、名古屋港で引き揚げ者輸送に使用された。時期や経緯は不明だが、その後1947年4月まで米海軍が「マサー号」と命名し、横浜港でのレクリエーション用客船として使用したようだ。同船はその後日本に返還され、1948年5月海上保安庁（以下「海保庁」）発足時に同庁に編入された。

海保庁の発足は、日本がまだ連合国の占領下にあった戦後の混乱期である。自明のことながら巡視船艇が新造されるわけもなく、所属船のほぼすべてが旧海軍小型船艇からの移管だった。

海軍とは異なり、海保では小型船艇にも船名を付与している。旧海軍飛行救難船には「〇〇ちどり」と千鳥の名を付すこととされ、雑役船公称1530号は新たに巡視船「ゆうちどり」（PB47）として生まれかわった。

掃海作業の「司令船」

新生海保庁が担った役割の第一は、旧海軍の流れを汲む第二復員省航路啓開隊から受け継いだ航路啓開任務、すなわち日本周辺の港湾航路に残存する機雷の除去に他ならなかった。

1945年に入り、米軍は本土空襲と同時に資源を輸入に頼る日本を兵糧攻めにするため、「対日飢餓作戦」と称してB29戦略爆撃機により本土周辺の重要港湾航路に約12000個の機雷を敷設、そのうちの約7000個が戦後も効力を保ったまま残存し、戦後も多くの商船に触雷被害が出ていた。

GHQは1945年9月に発した指令第1号で、帝国陸海軍の解体・復員と同時に命じたのが機雷の除去であり、航路啓開隊は米海軍とともにその任務に当たっていた。

帝国海軍の掃海艇は鉄製で、米軍の敷設した磁気感応機雷の除去には適さなかった。このため戦後の掃海任務には旧海軍掃海艇に替わって木造の駆潜特務艇（駆特）、哨戒特務艇（哨特）、およびトロール漁船等を活用した特設掃海艇が「掃海船」として使用された。

「ゆうちどり」は1949年に航路啓開隊所属となり、掃海船（MS62）に種別変更された。しかし鉄船であったため掃海任務に使用されず、比較的広い船内スペースを活用して指揮官が乗艦し、掃海作業を指揮する「司令船」として使用されることになった。

（つづく）

（世界の切手・チェコ）

苦しいから逃げるのではない。逃げるから苦しくなるのだ。
ウィリアム・ジェームズ（米国の心理学者）

朝雲ホームページ
www.asagumo-news.com
<会員制サイト>
Asagumo Archive
朝雲編集部メールアドレス
editorial@asagumo-news.com

新刊紹介

「平成の自衛官を終えて ―任務、未だ完了せず」
飯塚泰樹著

元陸自空挺隊員が30年間の自衛隊勤務を振り返り、2度の米国留学や4度の海外派遣のエピソード、そして「侵略から国民を守る」任務を果たしえなかった自身の心の葛藤などをつづった回想記だ。

情報等を担当する空挺団本部第2科に勤務していたとき、北朝鮮に拉致された横田めぐみさんの記事が目に留まり、「いずれこの事案対処に（自衛隊が）赴くはずだ。そうでなければいけない」という思いが心の底から沸き上がったと記す。

また、イラク復興支援群の一員として現地に向かう際は、「（これは）北朝鮮に行く前のウオーミングアップだ」と自分に言い聞かせたという。

その後、朝霞駐屯地の情報科部隊に転属。しかし、部内教育で拉致被害者救出をテーマに自由研究を発表した時の教官の反応は冷めていた。

国民大集会に首相が参加している姿を見て期待もしたが、全く動きはなかった。そして、拉致被害者救出が進展しない本当の理由に気付く。

本書では日本人の救出という本来任務を成し遂げることができなかった自責の念をつづるとともに、その任を後輩である令和の自衛官たちに託している。

（幻冬舎刊、1320円）

「決定版 大東亜戦争」（上・下）
波多野澄雄、庄司潤一郎、兼原信克ほか著

「太平洋戦争」ではなく、なぜ「大東亜戦争」と呼ぶべきなのか――。

筑波大の波多野澄雄名誉教授をはじめとする7人の歴史家たちがイデオロギーを排した上で、それぞれの研究成果を丹念に積み上げ、多角的な視点から「先の大戦」の真実に迫った本だ。

防衛省からは防衛研究所の庄司潤一郎研究幹事が第9章「戦争終結の道程―『終戦』の意味と要因」、第12章「平成における天皇皇后両陛下と『慰霊の旅』」、第13章「戦争呼称に関する問題―『先の大戦』を何と呼ぶべきか」を執筆。

最終章となる第14章「帝国日本の政軍関係とその教訓」は、朝雲1面のコラム「春夏秋冬」で健筆を振るう同志社大の兼原信克特別客員教授（元内閣官房副長官補）が担当し、自衛隊の運用をめぐって多くの示唆に富む提言を行っている。

日米開戦から80年。真珠湾攻撃に始まる日米戦争、東南アジアを主な舞台とした日英戦争、1937年に始まる日中戦争（支那事変）、終戦前後の日ソ戦争――という四つの戦争の「複合戦」だった「先の大戦」について改めて考え直すきっかけを与えてくれる。

（新潮社刊、上巻902円、下巻946円）

みんなのページ

先任上級曹長に上番して

陸曹長　羽場博信（1施団306施設隊・古河）

隊員の笑顔が絶えない環境を作れるよう日々努力している第306施設隊先任上級曹長の羽場博信曹長

本年3月15日付で第4代第306施設隊先任上級曹長に上番し、約4カ月が経ちました。この間、第1施設団最先任上級曹長をはじめ、施設団と駐屯各部隊最先任上級曹長等のご指導・ご助言をいただき、そして何より隊員の協力を得ながらではありますが、日々模索しつつも先任の業務に邁進しております。

先任上級曹長は「曹士に係る隊務全般に関し指揮官を補佐するとともに、曹士を育成すること」を任務としております。隊長を効果的に補佐するため、まずは隊長の企図を正しく理解することに努め、隊長の目の届かない部分を含めた部隊・隊員の状況を把握することが重要です。その上で自分のこれまで培った経験と知識をもとに、隊長への報告と意見具申、並びに隊員に対する隊長企図の徹底を図ること（上意下達・下意上達）が重要であり、これによって隊長を補佐することができると考えます。

一方、曹士の育成では、部隊の基本的行動、隊員の基礎動作、躾、規律に関する事項について日々習性化を図り、曹士が「隊の良き伝統の継承者」であることを肝に銘じ、正しい教育を実践していくことが「足腰の強い部隊」となる第一歩であることと認識しております。

自分も隊の先任として組織の縦横が連携・団結し、厳しい状況においても隊員の「笑顔」の絶えない環境を作れるよう、責任感と行動力をもって日々邁進していきたいと思います。

OBがんばる

早め早めの準備を

武田　文男さん　57
平成29年10月、陸自5特科隊（帯広）を最後に定年退職（特別昇任3尉）。東京海上日動パートナーズ北海道帯広支店に再就職し、保険の相談に当たっている。

私が当社に入社して早3年が経過しました。保険という職業柄、当初は専門用語や資格取得などで苦労しましたが、社員の方々が温かく迎えてくれ、懇切丁寧なご教授により明るく楽しい充実した日々を過ごしています。

私の業務は主に道東地区防衛省の顧客深耕で、各駐・分屯地などへのライフプランセミナーの提案や団体保険相談会の企画などを実施しています。隊員の皆さまに保険を通して安心できる情報をお届けし、豊かな生活の一助となれるよう日々活動しています。

ここでは私が日頃心掛けていることをご紹介します。まずは「健康管理」です。入社して間もない頃、突然の発熱で4日間も休む事態になり、周りに悪い印象を与え、気まずい思いをしたことがあります。自衛官時代は体力に自信があり、ショックは大きく、健康の有り難さを痛感しました。環境が変わり緊張もあったのでしょうが、これを機に健康には注意し、適度な運動も心掛けております。

次は「挨拶」です。挨拶こそ人と人を繋ぐ第一歩であり、良好な人間関係を築く上で欠かせません。ただ挨拶するのではなく、明るい笑顔で相手を見て相手より先にすることです。

今はコロナ禍で制限も多く大変な時期かと思いますが、皆さまも健康には十分留意され、第二の人生に向かって歩を進めて頂きたいと思います。早めに早めに！

錦江湾クリーンアップ作戦参加

陸曹長　中島万賀（鹿児島地本・国分援護センター）

鹿児島地方協力本部の国分援護センター（センター長・北園和幸3陸佐）は6月27日、霧島市の国分海水浴場で行われた「錦江湾クリーンアップ作戦」に国分駐屯地曹友会鹿児島地本分会員として参加した。

この活動は毎年、夏の海水浴シーズンを前に鹿児島県のシンボルである雄大な桜島を取り囲む、錦江湾に面した6市2町がそれぞれの地域ごとに海岸清掃を実施するもので、錦江湾の保全と環境美化に関する県民意識の高揚を図ることを目的として実施されている。

今回のクリーンアップ作戦には各企業、地域、学生など27団体・約400名が参加し、午前6時30分から一斉に開始。コロナウイルス感染拡大防止の観点から参加者同士の密集を避けるため、各団体の作業エリアを4ブロックに分けて実施した。

海岸には多くの漂着物があったが、約2時間の作業で中型トラック6台分（約2・2トン）が集まり、風光明媚な錦江湾が甦った。

この清掃作業には国分援護センターが就職の援助をした元隊員が再就職先の企業の一員として参加しており、一緒に流木除去などをしながら互いに近況を語り合うことができた。

国分援護センターでは今後も積極的に地域のボランティア活動に参加し、それを就職援護業務にも繋げていきたい。

詰将棋

第849回出題

出題　日本将棋連盟　九段　石田和雄

	7	6	5	4	3	2	1
一		角					
二			飛	銀	玉（後手）	金（後手）	
三						歩（後手）	
四				銀（後手）			
五				金（後手）			
六							

先手　持駒　銀桂

【ヒント】まず初手が急所（10分で初段）。

▶詰碁、詰将棋の出題は隔週です◀

詰碁

第1264回解答

出題　日本棋院　九段　曲励起

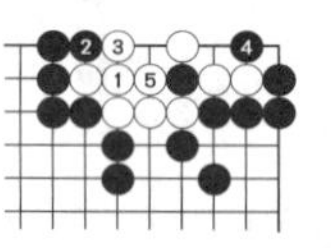

【解答図】白先、白活。白①が大切で、黒❷には白③、黒❹には白⑤で活きます。

朝雲

発行所 朝雲新聞社
〒160-0002 東京都新宿区四谷坂町12－20 KKビル
電話 03(3225)3841
FAX 03(3225)3831
振替00190-4-17600番
定価一部150円、年間購読料9170円(税・送料込み)

主な記事

長崎・佐賀両県で人命救助

3自衛隊が大雨災派

武雄市などで河川氾濫

日本付近に停滞する前線の影響で、西日本を中心に記録的な大雨となり、8月13日未明には長崎県雲仙市で土砂崩れが発生して安否不明者が出たほか、翌14日午前には佐賀県武雄市などを流れる六角川が氾濫して住民が孤立したため、自衛隊は長崎・佐賀両県の知事から災害派遣要請を受け、陸海空自の部隊を各地に派遣して懸命の人命救助・捜索活動に当たっている。

(7面に関連記事)

渡河ボートに町役場の職員を乗せ、六角川の氾濫で孤立した住民の救助に向かう9施設群の隊員(8月14日、佐賀県大町町で)=5施設団提供

菅首相は8月13日午前8時46分、関係閣僚に対し、①国民への適時的確な情報提供②避難支援等に関する万全の事前対策③政府一体で人命第一の災害応急対策――の3点を指示。

これを踏まえ、岸防衛相は防衛省・自衛隊の幹部に対し、①関係府省庁や自治体と緊密に連携し、情報収集に努めよ②人命救助を第一義とした救援活動の準備に万全を期せ――との指示を出した。

長崎県雲仙市では13日未明に土砂崩れが発生し、安否不明者が出たことから、同日午後3時45分、同県の中村法道知事が陸自16普連長(大村)の福添哲生1佐に災害派遣を要請。

これを受けて、自衛隊は翌14日早朝から16普連と空自8空団(築城)の隊員が約70人態勢で被災現場に入り、災害救助犬2頭と小型ショベルドーザー1両を投入して警察・消防と連携しながら人命救助活動を開始した。15日からは空自3術校(芦屋)などの隊員も加わり、16日現在、小型ショベルドーザー2両、救助犬も最大3頭を投入し、約40人態勢で活動を続けている。

一方、佐賀県では14日午前、武雄市などを流れる六角川が氾濫し、孤立地域が発生。同県の山口祥義知事は陸自西部方面混成団長兼久留米駐屯地司令の古庄信二1佐に対し、同日午前10時45分に武雄市における人命救助、同日正午には大町町における人命救助の災害派遣を相次いで要請した。

これを受けて直ちに陸自5施設団(小郡)が大型の渡河ボート、海自佐世保水中処分隊はゴムボートを装備して現場に急行し、孤立した建物などからの住民救助を開始した。

16日現在、武雄市と大町町の両市町では、陸海自の隊員計約260人がボート33隻で救助活動中だ。武雄市では陸自4偵察戦闘大隊(福岡)、西部方面特科連隊(久留米・玖珠)、9施設群(小郡)、海自佐世保水中処分隊がこれまでに計95人を救助、大町町では計82人を救助した。

このほか、被災地の上空では、陸自西部方面航空隊(目達原)のUH1ヘリが六角川の浸水地域の映像伝送を行っている。

防衛省・自衛隊は、今後も各地で大雨が続く見込みであることから、17日現在、陸自西方で約730人、中方で約660人、東方で約240人を初動対処のために待機させ、災害の拡大などに備えている。

鈴木元政務官に聞く

「自衛官募集相談員」を委嘱

自衛隊の魅力をPR

元防衛大臣政務官の鈴木貴子衆院議員(35)＝自民党副幹事長＝が8月2日、釧路市の蝦名大也市長と帯広地方協力本部長の濱本博文1陸佐の連名で「自衛官募集相談員」を委嘱され、地元での活動を開始した。急速な少子高齢化を背景に募集環境が一層厳しさを増す中、いかに若い世代に自衛隊の魅力を伝え、優秀な人材の確保につなげていくことができるのか。今後の取り組みに向けた決意と意気込みを鈴木議員に聞いた。(聞き手・編集局編集部次長・日置文恵)

優秀な人材の確保に向けた決意を語る鈴木貴子衆院議員(8月6日、東京都千代田区の衆院第一議員会館で)

――自衛官募集相談員を引き受けたきっかけは。

鈴木議員 政務官時代(2018年10月～19年9月)、自衛官の職業としての魅力が世間一般には全く知られていないことを感じていた。自民党青年局としても、これからは自衛官の募集を応援していこうという流れの中で率先して手を挙げた。自衛隊の魅力と可能性を、世代・性別を超えてあまねく、より多くの人々に知ってもらいたいという思いで引き受けた。

――今後の抱負を。

鈴木議員 リクルート(募集)と広報の両方を頑張るのがポイントだと考えている。自衛隊には約100個の職種・職域があるので、「間違いなく、あなたの適性や能力を生かして輝ける場所がある」ことをPRしていきたい。「きつい、汚い、危険」の「3K」のイメージの払拭にも取り組むつもりだ。人生の選択肢を示してくれるのが自衛隊だと思うので、今の時点で大きな夢がなくても、きっと自衛隊で見つけられるはずだということを訴えていきたい。

また、委嘱されたからには、1年か半年に1回、定期的に「活動報告」を行い、活動実績とその成果を皆さまにきちんと報告させていただく考えだ。現場で奮闘しておられる自衛官の方々の頑張りに報いるためにも、自らもしっかりと結果を出してまいりたい。

――具体的な活動構想は。

鈴木議員 募集はいかに対象者の親御さん、特にお母さんを説得できるかがポイント。女性の視点を取り入れ、関係者の皆さまと知恵やアイデアを出し合って取り組んでいきたい。その一例として、募集広報ブースを開設する際、募集対象者向けと保護者向けの二つのコーナーを設置し、その見せ方を工夫したいと考えている。保護者の方々は「我が子は自衛隊でやっていけるのか、集団生活はどのような様子なのか」……など、子供以上に不安を抱えているので、そこは「自衛隊家族会」と連携し、親御さんの質問に「その場で何でも答えます！」といったコーナーを設ける構想を描いている。一方、募集対象者に対しても、不安や疑問をその場で解消し、安心してもらえる工夫をしていきたい。

2面に続く

鈴木 貴子(すずき・たかこ)元防衛大臣政務官 現役の衆院議員で最年少の35歳。カナダ・オンタリオ州トレント大卒。父は元防衛政務次官の鈴木宗男参院議員。第4次安倍改造内閣(2018年10月～19年9月)で防衛大臣政務官を務め、現在は自民党副幹事長、女性局長代理。衆院比例北海道ブロック。当選3回。北海道帯広市生まれ。

◇自衛官募集相談員 市区町村長と自衛隊地方協力本部長の連名により委嘱され、自衛官募集に協力するボランティア。自衛官志願者に関する情報の提供や、地方協力本部が実施する募集のための広報活動に援助・協力を行う。防衛問題や自衛隊に関心を持ち、かつ、地域の事情に精通して信望のある人が選ばれる。任期は2年で、再委嘱されるケースも多い。今年3月31日現在、全国で約7600人が委嘱を受けて活動している。

釧路市の蝦名大也市長(右)と帯広地方協力本部長の濱本博文1陸佐(左)から「自衛官募集相談員」の委嘱状を受け取る鈴木貴子衆院議員(8月2日、北海道の釧路市役所で)＝鈴木議員提供

SDGsの活動公表

国連の持続可能開発目標 防衛省・自衛隊がHPで

防衛省は7月30日、国連が掲げる「持続可能な開発目標(SDGs)」の達成に向けた防衛省・自衛隊の取り組みを一覧表にまとめ、同省のホームページで公表した(表参照)。

SDGsは国連で2015年に採択された30年までの国際開発目標で、「持続可能な世界」を実現するため、途上国だけでなく、先進国自身が取り組むユニバーサル(普遍的)な目標として、17の目標と169のターゲットが設定されている。

日本も政府を挙げて積極的に取り組んでおり、首相を本部長、全閣僚を構成員とする「SDGs推進本部」を設置し、我が国に即した「八つの優先課題」を掲げて各省庁などがさまざまな活動を行っている。

「八つの優先課題」は、①あらゆる人々が活躍する社会・ジェンダー平等の実現②健康・長寿の達成③成長市場の創出、科学技術イノベーション④持続可能で強靭な国土と質の高いインフラの整備⑤省エネ・再エネ、防災・気候変動対策、循環型社会⑥生物多様性、森林・海洋等の環境保全⑦平和と安全・安心社会の実現⑧SDGs実施推進の体制と手段――で、防衛省ではこれらの目標に沿った各種取り組みの詳細をホームページに掲載した。

岸防衛相は同日の記者会見で「(防衛省の)取り組みを広く国民の皆さまに知っていただけるよう取りまとめ、公表した。防衛省においても国連PKO部隊の派遣国の要員に対する施設・医療分野での能力構築支援や、自衛隊施設における再エネ電気の調達促進など、各種の取り組みを積極的に推進しており、今後も持続可能で多様性と包摂性のある社会の実現のため、SDGsに資する取り組みを積極的に推進していきたい」と述べた。

防衛省・自衛隊におけるＳＤＧｓの取り組み事例

8つの優先課題	防衛省・自衛隊で取り組んでいるＳＤＧｓに資する主な事業
①あらゆる人々が活躍する社会・ジェンダー平等の実現	■女性職員、障害者の活躍推進のための取り組み ■働き方改革
②健康・長寿の達成	■新型コロナ拡大への取り組み■各国の防衛当局間での感染症対策協力
③成長市場の創出、科学技術イノベーション	■ＡＩ研究等の推進
④持続可能で強靭な国土と質の高いインフラの整備	■防災・減災、国土強靭化の取り組み■退職自衛官の地方公共団体の防災関係部局での活躍■防衛施設と周辺地域との調和を図るための施策
⑤省エネ・再エネ、防災・気候変動対策、循環型社会	■再生可能エネルギー電気の調達 ■食品ロスの削減推進計画 ■気候変動タスクフォースの設置
⑥生物多様性、森林・海洋等の環境保全	■防衛省・自衛隊の敷地内で営業している売店のレジ袋配布の原則中止
⑦平和と安全・安心社会の実現	■能力構築支援、国連プロジェクトなどへの教官派遣等の支援 ■「自由で開かれたインド太平洋」(ＦＯＩＰ)の下での取り組み
⑧ＳＤＧｓ実施推進の体制と手段	■地方協力局の改編

※防衛省のホームページを基に作成

P8哨戒機が「瀬取り」監視

豪空軍

防衛省は8月12日、北朝鮮船舶による国連制裁逃れのための違法な「瀬取り」を監視するため、豪空軍のP8哨戒機が8月中旬から9月中旬まで、日本の周辺海空域で警戒監視活動を行うと発表した。

豪軍機による「瀬取り」監視活動への参加は2018年4月以来、今年3月に続き9回目。国連軍地位協定に基づき、沖縄県の在日米軍嘉手納基地を拠点に活動する。

「瀬取り」監視には日米に加え、18年4月から英、仏、豪州、ニュージーランド、カナダの艦艇や航空機があらゆる機会に我が国とその周辺海空域に派遣され、活動に当たっている。

春夏秋冬

五輪へのサイバー攻撃

土屋 大洋

東京2020の前半であるオリンピックが閉幕した。後半のパラリンピックが残っているものの、オリンピック期間中に目立ったサイバー攻撃がなかったことは朗報だ。東京での五輪開催が決まった直後の喜びもつかの間、サイバーセキュリティの関係者はすぐに準備を始め、備えてきた。

参考にされたのは2012年のロンドン五輪である。14年のロシアのソチ冬季五輪は条件が違いすぎる。16年のブラジルのリオ夏季五輪と18年の韓国・平昌(ピョンチャン)の冬季五輪では、致命的ではないもののいくつかのサイバー攻撃が見られた。うまく乗り切ったという点ではロンドン五輪が見本とされ、英国からのノウハウの売り込みも強かった。

今回、結果的には大事に至らなかったが、それは何よりも関係者の努力によるサイバー防衛が実ったというべきだろう。日本は法制度の制約から、諸外国が行っているような通信の徹底的な監視はできない。そうした制約下でできることを積み重ねて攻撃を防いだ。

国家アクターの動きが鈍かったことも幸いであった。中国は22年の冬季五輪を控えており、下手な動きはできない。ロシアは、ドーピング問題で国としての参加ができなかったことから、国際オリンピック委員会に対する不満を持っており、その点が懸念材料だった。実際、平昌五輪ではロシアと見られるサイバー攻撃が見られた。しかし、今回の東京では、ロシアにとって日本を叩く強い理由はなかったのだろう。

非国家アクターはどうだろうか。五輪のようなメガイベントは、悪者ハッカーの祭典である。自分の技術力を誇示するための競技でもある。しかし、無観客の開幕式・閉幕式、競技を狙ってもインパクトは大きくない。まして、さまざまなトラブルが続き、新型コロナウイルス対策に苦しむ東京五輪でサイバー攻撃が起きたとしても、見ているほうは「またか」というだけで終わっただろう。

しかし、サイバー攻撃の多くは密かに行われ、被害に長時間気づけないこともある。これから露見するものがあるかもしれない。

そして、オリパラが終わっても、日本の防衛が終わるわけではない。サイバー空間でも現実空間でも地政学的な緊張は解けていない。(慶應義塾常任理事、慶應義塾大学大学院教授)

朝雲寸言

表彰式の後、仲良く並んで写真に納まるメダリストたちの真ん中で、一人だけ小さな選手が笑顔を見せていた。東京五輪女子柔道78キロ級で4試合をすべて一本勝ちし、自衛隊体育学校柔道班に初の金メダルをもたらした濵田尚里1陸尉だった▼高校、大学と柔道を続けてきたが当初から強かったわけではなかった。産経新聞の記事によれば、他の選手が強化試合に出かけていた時、ひとり駐屯地の警備任務に就いていたこともあったという。それでもロシアの軍隊格闘術サンボを習得するなど、自らを磨き続けた。今回の五輪では、相手選手に研究し尽くされ、得意技を封じられてしまった選手も他競技にはいたが、濵田1尉は本番のプレッシャーに負けることなく「寝技の女王」の名の通りの驚異的な強さを世界に示した▼選手自身の努力に加え、「原石」を見出し磨き抜いた歴代コーチ陣とスタッフたちを今はただ称えたい。この国に自衛隊体育学校があって本当によかった。柔道を含めすべての競技で国民はこの先も体校に期待することだろう▼逆境に負けず努力を怠らない。時に異国の他流にも目を向け自己の革新につなげる。戦う時には相手のペースにはまることなく圧倒的に勝利する。濵田選手が示してくれた「勝負の流儀」は、五輪とパラリンピックの閉幕後、一気にきな臭さが増しそうな国際情勢に向き合うことになる自衛隊に求められている姿勢でもある。

統陸海空の高級課程合同卒業式

統幕学校長「統合運用進化のけん引者に」

統合幕僚学校と陸自教育訓練研究本部、海・空自の幹部学校は7月30日、目黒基地の大講堂で「自衛隊高級課程合同卒業式」を行った。

3自衛隊の「幹部高級課程」と統幕学校の「統合高級課程」で学んだ学生41人（陸17、海10、空12、タイ陸軍学生1、パキスタン空軍学生1）は入校中、新型コロナにより国内外の研修が中止になるなど教育への影響もあったが、リモート講義をはじめ、英国、インド、ベトナム各国の在京駐在武官を招いてのパネルディスカッションを行うなど、統合運用に関する広範な知識と技能を修得した。

「自衛隊高級課程合同卒業式」で式辞を述べる田尻統幕学校長（演台）。壇上は（右手前から）松川政務官、山崎統幕長、吉田陸幕長、西海幕副長、阿部空幕副長（7月30日、目黒基地で）

卒業式には、松川るい防衛大臣政務官、山崎統、吉田陸各幕僚長、西成人海、阿部睦晴空各幕副長、学校職員など約55人が出席。

最初に学生長の新原綾一1海佐（前海自護衛艦「たかなみ」艦長）が統幕学校長の田尻祐介陸将に課程修了を申告。この後、田尻学校長が卒業生代表の新原1佐と留学生2人に卒業証書を授与した。留学生2人には同校が留学生受け入れ20年を記念して作製した「留学生記章」が添えられた。（7面に関連記事）

田尻学校長は式辞で「昨今の急激な（安全保障）情勢の変化に適合するため、（諸官は）新領域への対応を含む統合運用体制のさらなる進化・発展のけん引者となってほしい」と卒業生を激励した。

続いて松川政務官が訓示し、「今後、諸官がそれぞれの組織の中核的な立場で自衛隊運用の最適化を目指し、何時いかなる時も国民の平和な暮らしを守り抜くとの責務を果敢に全うすべく職務に精励してほしい」とエールを送った。

この後、山崎統幕長が登壇し、①強いリーダーシップを発揮し、使命を完遂せよ②多次元統合防衛力の実現に向け、果敢に挑戦せよ——の2点を卒業生に要望するとともに、留学生2人に対しては「本課程で培った同期生の絆を継続・発展させ、我が国の友好の懸け橋として相互理解の発展に寄与されることを期待する」と述べた。

時の焦点

国内　防衛白書

台湾有事の備え万全に

力による現状変更を進める中国の動向に、警戒が欠かせない。政府は日米同盟を基軸として、東アジアの平和と安定を守る必要がある。

2021年版の防衛白書が先月、公表された。台湾情勢の安定が重要だという認識を初めて明記した。

中国は急ピッチで軍備を増強しており、「核心的利益」と位置付ける台湾への武力侵攻の可能性を指摘する声は多い。台湾を巡る緊張が高まることに懸念を示したのは妥当だ。

安全保障関連法の整備で、自衛隊には幅広い活動が認められた。

政府は、どのような事態になったら、日本の平和と安全に重要な影響を与える「重要影響事態」と認定し、米軍への後方支援を行うのか。集団的自衛権の限定行使が可能になる「存立危機事態」を適用する場合を含めて、具体的な検討を重ねることが大切だ。

台湾は、沖縄県・尖閣諸島と170キロしか離れていない。台湾有事は、尖閣防衛の問題に発展する恐れがある。

尖閣周辺では、中国海警船が常態的に日本の接続水域を航行するようになった。領海侵入も繰り返している。白書は、こうした活動を「国際法違反」だと強調した。

自衛隊は、海上保安庁と緊密に協力し、領土を守る体制を強化してほしい。

白書は、米中関係を特集する項目を初めて設け、両国は互いに妥協しない姿勢を示しているとし、「戦略的競争が一層顕在化していく」との見通しを示した。

中国が軍事力を行使すれば、国際社会で孤立し、国益を損なうことになろう。日本は中国に繰り返しメッセージを発し、自制を促していくべきだ。

白書では、気候変動が新たな安全保障上の課題になっているとして、特集ページを新設した。温暖化に起因する水や食料の不足などが、紛争を誘発しないよう、国際社会全体で議論していくことが不可欠となろう。

日本を取り巻く安全保障環境の悪化を踏まえ、防衛費を巡る議論が活発化している。

自民党は、次期衆院選の公約に、23年度までの中期防衛力整備計画を前倒しで改定すべきだとする方針を盛り込む予定だ。防衛大綱や、国家安全保障戦略の見直しも視野に入れる。

菅首相は、防衛費を国内総生産（GDP）の1%以内とすることには、こだわらない考えを示した。4月の日米首脳会談の共同声明で、「日本の防衛力強化の決意」を強調した経緯がある。

ただ、社会保障費の増大などで財政状況は厳しい。防衛費を大幅に上積みするのは容易ではない。政府・与党は防衛力の強化に向け、丁寧に議論を進め、国民の理解を得る努力を重ねてもらいたい。

夏川　明雄（政治評論家）

海外　独総選挙

メルケル後の行方占う

大所帯の欧州連合（EU）ではフランスとともに車の両輪の役割を担うドイツで総選挙が9月26日に行われる。新たな連邦議会（下院）を選出するもので、過去16年にわたり同国の連立政権を率いてきた女性宰相、アンゲラ・メルケル首相が退任を表明しているため、その後継首相を選ぶ機会となる。

メルケル首相は在任中、欧州を襲った金融不安への対処をはじめ、ウクライナ紛争や欧州への大量難民流入、米国第一主義を掲げたトランプ米政権との深刻なあつれき、そして新型コロナ禍など、再三にわたり危機に見舞われたが、そのたびに沈着冷静な外交手腕で何とか乗り切ってきた。現代世界を覆う分断や対立よりも、話し合いと協調を何より重視するというのがメルケル外交の眼目だろう。総選挙後に誰が後継首相に就任するにせよ、「メルケル後」のドイツを舵取りしていくのは容易なことではない。

ドイツで最も権威があるとされる世論調査機関の最新の政党別支持率によれば、メルケル首相与党で中道右派のキリスト教民主・社会同盟（CDU・CSU）が27%で首位を維持し、野党で環境政党「緑の党」が19%、連立の一角を担う中道左派の社会民主党（SPD）が18%と続く。前回の2017年総選挙で躍進した新興右翼政党「ドイツのための選択肢」（AfD）は10%と伸び悩む。

このような主要政党の支持率でも分かるように、今回の総選挙後も第一党となった政党を軸としながら、連立工作で多数派を形成した政党による連立政権が誕生することになり、焦点はその組み合わせだ。

ドイツ総選挙では主要政党が首相候補を擁立して選挙戦を展開するが、終盤を迎えてちょっとした異変と言えるのが、長年にわたり政権を担ってきたCDU・CSUの首相候補、アルミン・ラシェットCDU党首（ノルトライン・ウェストファーレン州首相）の人気が低迷していることだ。これに対し、党勢が低落傾向だったSPDのオラフ・ショルツ首相候補（副首相兼財務相）の支持が高く、政治アナリストの注目を集めている。総選挙の結果、SPDがショルツ氏の人気にあやかって第2党の座を確保すれば、SPDと緑の党に加え、企業寄りの自由民主党（FDP）の3党による「赤・緑・黄」（それぞれの政党のシンボルカラー）の「信号連立」が誕生する可能性も排除できなくなっている。

SPD、緑の党、FDPとも国政の場で連立与党としての実績はあるものの、左派主導の新政権誕生となれば、外交・安全保障分野で何らかの政策変更を余儀なくされる公算が大きい。特に緑の党のベーアボック首相候補はメルケル現政権の対米外交や西側同盟戦略、気候変動対策に異議を唱えており、バイデン米政権も同党の連立政権入りに神経をとがらせている。ドイツの内政安定は、EUにおける主導権の確保のみならず、米国やロシア、中国といった大国外交の積極的展開にも欠かせない。「メルケル後」のドイツの動向に目が離せない所以である。

伊藤　努（外交評論家）

令和2年度中央調達実績

総額1兆7121億円

防衛装備庁はこのほど、令和2年度中央調達実績を発表した。それによると、総件数は5846件、総額は1兆7121億円で、前年の令和元年度に比べ、件数では197件増加したものの、金額では1122億円減少した。

契約高上位は、1位が三菱重工業（153件、3102億円）、2位川崎重工業（113件、2150億円）、3位富士通（115件、847億円）、4位三菱電機（107件、797億円）、5位日本電気（205件、674億円）だった。

令和2年度中央調達の主要調達品目（金額単位：億円）

区分／機関	件数	金額	主要調達品目　品目	数量	金額	契約先
陸幕	2,046	3,102	輸送ヘリコプター（CH—47JA）	3機	192	川崎重工業
			10式戦車	12両	138	三菱重工業
			ティルト・ローター機の維持整備	1式	136	米海軍省
			03式中距離地対空誘導弾（改善型）	1式	130	三菱電機
			16式機動戦闘車	22両	126	三菱重工業
			ネットワーク電子戦システム	1式	88	三菱電機
			120mmM、JM1りゅう弾、信管なし	1式	73	小松製作所
			16式機動戦闘車（ウインチ装置付）	11両	66	三菱重工業
			120mmTKG、JM12A1対戦車りゅう弾	1式	59	小松製作所
			19式装輪自走155mmりゅう弾砲	7両	45	日本製鋼所
海幕	1,940	6,395	護衛艦（3900トン型）	2隻	462	三菱重工業
			潜水艦（8131）	1隻	424	川崎重工業
			P—1固定翼哨戒機	3機	379	川崎重工業
			SH—60K哨戒ヘリコプター	7機	304	三菱重工業
			弾道ミサイル防衛用誘導弾SM—3ブロックⅡA	1式	301	米海軍省
			P—1固定翼哨戒機（初度費）	1式	196	川崎重工業
			MCH—101の機体維持業務等に係る包括契約	1式	192	川崎重工業
			垂直発射装置VLS　MK41（その2）	1セット	111	三菱重工業
			掃海艦（207）	1隻	101	ジャパンマリンユナイテッド
			12式魚雷	1式	97	三菱重工業
空幕	1,406	5,849	F—35A／B戦闘機	1式	1,157	米空軍省
			空中給油・輸送機（KC—46）の取得	1式	1,050	米空軍省
			E—2D用初度部品	1式	380	米海軍省
			F—35　ALGSの態勢整備	1式	313	米空軍省
			CF6—80C2K1F推進システム（維持用）	12個	222	GEアビエーション・ディストリビューション・ジャパン
			CF6—80C2K1F推進システム（搭載用）	12個	218	GEアビエーション・ディストリビューション・ジャパン
			UH—60J救難ヘリコプター	3機	139	三菱重工業
			JSM	1式	129	伊藤忠アビエーション
			F—15機体定期修理	25機	96	三菱重工業
			宇宙状況監視運用システムの借上（02新規）	1式	88	富士通
装備庁	110	1,155	島嶼防衛用高速滑空弾の要素技術（その3）の研究試作	1式	225	三菱重工業
			スタンド・オフ電子戦機（その1）	1式	150	川崎重工業
			次期戦闘機（その1）	1式	111	三菱重工業
			ASM—3（改）（その1）	1式	90	三菱重工業
			戦闘機等のミッションシステム・インテグレーション（その2）の研究試作	1式	75	三菱重工業
防大	104	7	マトリックス支援レーザー脱離イオン化飛行時間型質量分析計	1式	0.5	松見科学計測
防医大	126	45	防衛医科大学校情報処理システム借上（02換装）	1式	34	東日本電信電話
内局等	114	569	防衛情報通信基盤（クローズ系）通信電子機器借上（その1）（02延長）	1式	55	富士通
			統合IP伝送システム	1式	54	富士通
			市ヶ谷地区構内通信網機器（市ヶ谷LAN）の借上（オープン系）（02換装）	1式	34	富士通
合計	5,846	17,121				

（注）1．金額は、四捨五入によっているので計と符合しないことがある。
2．内局等には、防研、統幕、情本、監本及び地防局を含んでいる。

共済組合だより

急病で受診等により「組合員証等」が使えなかった場合 組合から療養費として「現金給付」が行われます

共済組合員とその家族は、病気やケガで通院した場合、「組合員証等」を提示することで各人の負担割合分を支払うだけで治療を受けられます（現物給付）。

しかし、緊急その他やむを得ない事情で「組合員証等」が使えず、医療費の全額を支払った場合、組合員からの請求に基づき、共済組合が必要と認めた場合、一定の基準により算定した額（保険点数で算定した額）から自己負担額を差し引いた額を「療養費」または「家族療養費」として現金により支給しています（現金給付）。

【緊急その他やむを得ない事情の例】

○急病等のため、組合員証等を提示せず医療機関にかかったとき。

○保険医療機関が全くない地域で病気になり、非保険医療機関にかかったとき。

○外国で病気やケガのため病院等にかかったとき。

○医師の指示で関節用装具、コルセット等の治療用装具を購入したとき。

○輸血のための生血を購入したとき。

○医師の同意を得て、はり、きゅう、マッサージ等にかかったとき。

上記等の理由で共済組合に現金給付を請求する場合、各種書類の提出が必要となります。その詳細についてはお手元にある『共済のしおり　GOODLIFE』または防衛省共済組合HP（病気・ケガ）をご覧いただくか、ご所属の共済組合支部短期係にて請求時にご説明致します。

なお、支払った医療費が保険点数で算定されないことがあるため、共済組合の支給額が実際の支払額より少なくなる場合もありますので、ご了承ください。

鈴木元政務官に聞く

1面から続く

——親御さんへの理解促進は重要ですね。

鈴木議員　私は地元の「入隊激励会」と「入隊式」の両方に毎年伺っていて、新隊員さんの成長ぶりを感激しながら拝見している。親御さんたちも、入隊前の「激励会」の時に比べ、入隊式や帰省時に見違えるほど成長した我が子の姿を見て感動されている。そのタイミングで親御さんたちにインタビューして〝激熱（げきあつ）〟なコメントを頂き、それを募集広報で活用するのも一つのアイデアだと思っている。

——SNSの活用は。

鈴木議員　私のブログは若い世代はもちろん、お母さん世代にも読んでいただいているので、ありとあらゆる質問や相談を何でもお受けしたいと思っている。進路決定には学校の先生やご両親の影響が大きいので、親の世代に向けた広報も展開するつもりだ。私からも積極的に情報を提供する「プッシュ型の広報」も目指したい。

——任期制自衛官については。

鈴木議員　任期制自衛官の入隊を増やすためには、任期を終えた後（除隊後）の再就職先での活躍、つまり「出口」を示してあげることが重要だと考えている。募集と援護は表裏一体だ。地本のPRにおいては、入隊者の出身校や在職中の経歴、任期終了後の活躍までを「ロールモデル（模範）」として示し、「入口」の募集につなげていく必要がある。

任期制自衛官の制度が国民にあまり認知されていないために抱かれがちな中途退職というネガティブなイメージを払拭し、〝自衛隊新卒〟として一般社会に送り出していけるよう努力したい。自衛隊を巣立っていく方々の声をしっかり聞いてもらえる環境づくりに貢献していく決意だ。

「おうりゅう」が派米訓練に参加

グアム方面向け呉基地を出発へ

海自1潜群3潜隊（呉）の潜水艦「おうりゅう」（艦長・村野史雄2佐以下約80人）は8月20日、米グアム方面の「令和3年度第1回米国派遣訓練（潜水艦）」に参加するため、呉基地を出発する。

同訓練は例年ハワイ方面で実施しているが、81回目となる今回は、洋上での各種訓練のほか、グアムの米海軍施設を利用して対潜戦訓練を行う。9月22日に帰国予定。

横田―グアム島 4時間半からの 空挺降下

空挺団など110人 米陸軍と共同訓練

陸自は7月30日、米・グアム島のアンダーセン米空軍基地で日米共同の空挺降下訓練を行った。東京の横田基地からグアム島まで直接飛行し、米軍基地の滑走路地区に上空から一斉降下したのは今回が初めて。

同訓練は米軍がインド太平洋地域で行う大規模演習「ディフェンダー・パシフィック21」と連接して実施された。陸自からは陸上総隊司令官の前田忠男陸将を担任官に、陸上総隊（朝霞）、空挺団（習志野）から約110人が参加。米陸軍からは第1特殊部隊群などが参加した。

今回は陸自隊員にとって未体験のグアムのアンダーセン空軍基地を利用。さらに完全装備での長時間の飛行というストレスを隊員に与えた状況で降下を行うなど、より実戦的なものとした。

同訓練の日米間の調整は7月9日から開始され、陸自側の統裁部は13日から現地入りし、降着場所の偵察、空挺降下計画の作成を経て30日の本番を迎えた。

日米の隊員たちは在日米空軍の横田基地で米軍のC130H輸送機に乗り込み離陸。約4時間半の飛行を経てグアムのアンダーセン米空軍基地の上空に達すると、高度約340メートルから次々と空挺降下した。

滑走路に降着後、陸自空挺隊員はヘリに乗り換えて、そのままヘリボーンによる拠点制圧の作戦に移行し、地上戦闘までの一連の行動を演練した。

東京の横田基地から約4時間半の飛行を経て米・グアム島に到着、飛行中の米C130H輸送機から一斉に降下した陸自の空挺隊員。この後、隊員たちはヘリボーン作戦に移行した（7月30日夕、米・グアム島のアンダーセン空軍基地で）

米空軍のC130H輸送機（右下）から次々に降下した陸自の空挺団員（7月30日夕、グアム島アンダーセン空軍基地の上空で）

空挺降下後、小銃など装備を整え、次のヘリボーン作戦に向かう陸自隊員

地上に降着後、直ちにパラシュートをまとめる空挺隊員

日米豪英4カ国初の実動訓練「タリスマン・セイバー21」

水陸両用作戦や市街地警戒演練

2水機連の30人

陸自は6月25日から8月7日まで、豪州クイーンズランド州ショールウォーターベイ演習場などで実施された米・豪・英軍との実動訓練「タリスマン・セイバー21」に参加した。

陸自は陸上総隊司令官の前田忠男陸将を担任官に、水陸機動団2水陸機動連隊（相浦）から約30人が参加。米海兵隊は第3海兵機動展開部隊、豪陸軍は第1師団、英海兵隊はロイヤル・マリーン・コマンドウからそれぞれ兵士100人以上が参加した。

日米豪英4カ国共同による実動訓練は今回が初めてで、期間中、陸自部隊はクイーンズランド州のボーウェン市周辺で豪軍艦艇の支援を受け、水陸両用作戦を行ったほか、固定翼機を用いた人員輸送、市街地での警戒行動など各種共同訓練に取り組んだ。

4カ国の部隊は「自由で開かれたインド太平洋」の平和と安定に寄与するため、訓練を通じて連携を強化した。

車両を降りて周囲に展開し、豪軍兵士と連携しながら敵の攻撃に備える陸自隊員（左）＝7月30日、豪州で

CH47輸送ヘリの機内で豪軍兵士（右）から安全教育を受ける陸自隊員（7月16日）

浜辺に乗り上げた豪軍の上陸用艦艇（奥）から着上陸し、陸上の集結地点に向かう陸自水機団の隊員たち（7月29日、豪・クイーンズランド州で）

実際の市街地を使って行われた訓練で、市内のパトロールを行う日豪の隊員たち（7月25日）

募集・援護

特集

平和を、仕事にする。

ただいま募集中！

◇防大（一般）◇防医大
◇自衛官候補生◇一般曹候補生
◇医科・歯科幹部◇航空学生◇予備自補
★詳細は最寄りの自衛隊地方協力本部へ

音声でゆったり♪♫♬聞いてください

語学、経理、衛生、転職にフォーカス

「きく自衛隊」を公開

ユーチューブと自衛官募集HPに

「自衛隊で働くとこんなにメリットがあります。音声でゆったり聞いてください」――。防衛省人事教育局人材育成課は7月29日、自衛隊の「語学」や「経理」などややマイナーながら、重要な職種・職域について紹介する動画「きく自衛隊」を自衛官募集公式ユーチューブチャンネルと自衛官募集HP上で公開を開始した。クラシックを聞きながら自衛隊の魅力を知ることができる斬新な試みに、若者からも注目が集まっている。

ネットで公開中の動画「きく自衛隊」は、①語学②経理③衛生④転職――の四つのコンテンツからなり、いずれも冒頭で「自衛隊で働くことについて、肩の力を抜いて、ゆったりと聞いていただく番組です」というキャッチフレーズが流れる。

パッヘルベルの「カノン」のBGMが流れる中、「語学」なら隊員が通訳をする場面などの静止画が流れ、女性がその職種に関連した質問を行い、男性が回答する形式で進行する。いずれも動画は3分以内でコンパクトに自衛隊の職種についてまとめられている。

「元々はニッポン放送の人気ラジオ番組『オールナイトニッポン』で放送されていた自衛官募集ラジオCMを動画にしたものです。今年でCMも3年目となり、リスナーだけでなく多くの方に繰り返し見て、聞いていただけるコンテンツを作りました」と「きく自衛隊」の制作に携わったプロデューサーの田邊敬弘さん。

この4職種等が選ばれたのは、いわゆる「体力勝負」という自衛隊のイメージを払拭する意図があるという。「語学であれば自衛官として働きながら外国語を学べますし、給与の計算や手当の認定などを行う経理職も民間会社よりスケールの大きい仕事ができます。そうした魅力のある自衛隊の仕事を肩の力を抜いてリラックスして聞いていただき、『自衛隊っていいな、問い合わせをしてみようかな』と感じていただけたら幸いです」と話していた。

人材育成課の武田学先任部員は「一般の方々からなじみがあり、日常の生活に結びつきやすい自衛隊の職種を選んだ。自衛官が等身大の存在であることを知っていただき、職業の一つとしてご検討いただければ」と話した。

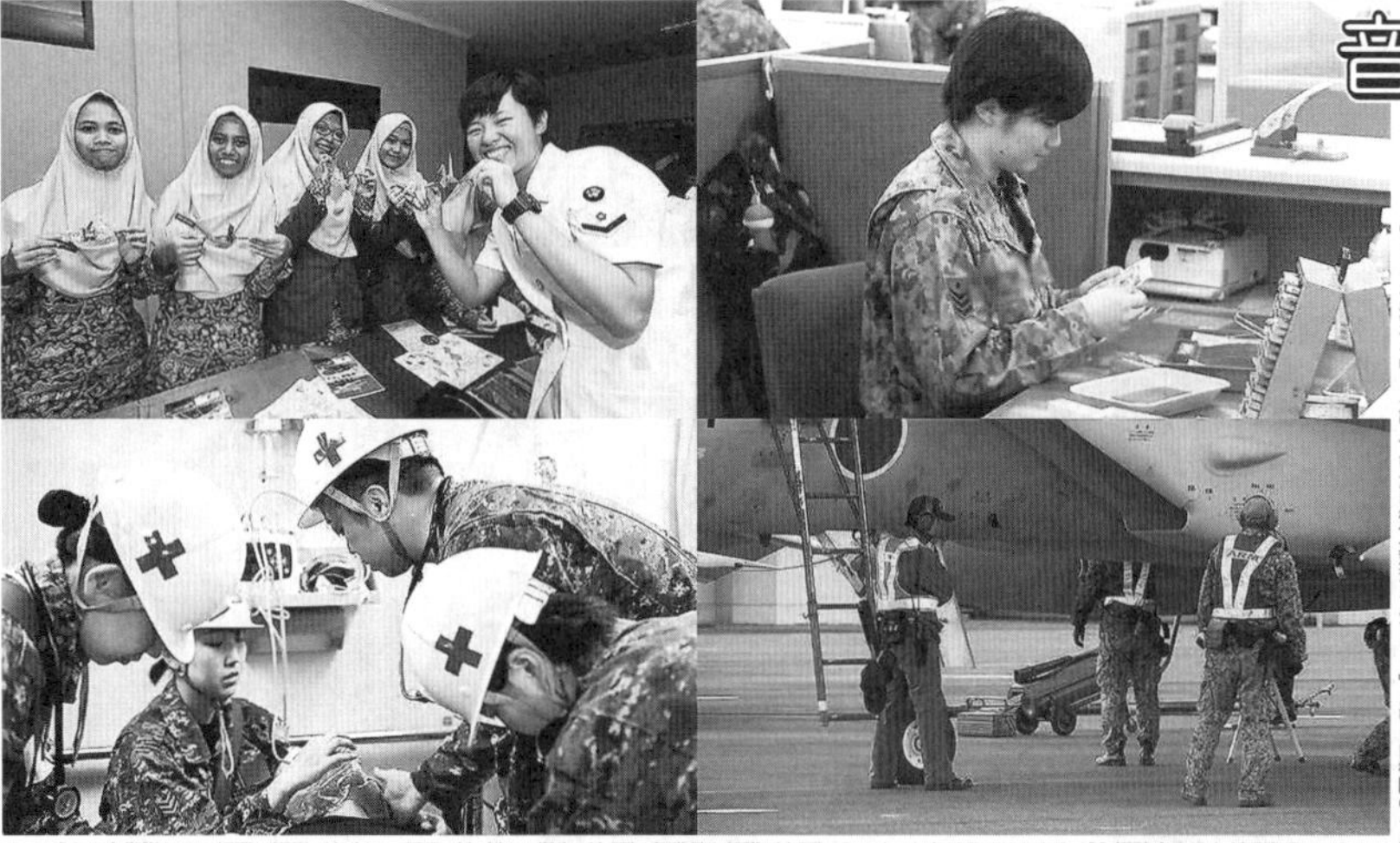

「きく自衛隊」の一場面。語学（左上）、経理（右上）、衛生（左下）各職種や転職（右下）のメリットをリラックスしながら視聴することができる

各地で艦艇広報

受験生が防大生と懇談

富山　護衛艦「はまぎり」

【富山】地本は7月17、18の両日、富山伏木港万葉3号岸壁で15護衛隊（大湊）の支援で護衛艦「はまぎり」の艦艇広報を行った。

コロナ下のため参加者を130人に限定しての特別公開となった。

岸壁に到着した参加者は、護衛艦の大きさに感嘆の声をあげていた。艦には防大3年生も夏季定期訓練で乗艦、防大を志望する受験生との懇談も行われた。

地上では高機動車や偵察オートバイなどの陸自車両や空自4高群（岐阜）が装備する対空ミサイルPAC3が展示され、見学者は興味深そうに説明に聞き入っていた。

「はまぎり」の76ミリ砲前で記念撮影をする見学者（7月18日、富山伏木港で）

危険物処理など見学

沖縄　水中処分母船「YDT06」

【沖縄】地本は7月10日、うるま市のホワイトビーチで海自沖縄基地隊の支援を得て水中処分母船「YDT06」の特別公開を行った。

募集対象者15人に加え、地本広報大使の蒲山花礼さんも参加。密を避けるため4グループに分かれ、水中処分隊による爆発性危険物処理要領を見学、隊の再圧タンク（潜水作業で発症した減圧症患者を治療する装置）に寝転んでみたり、装備品の装着体験を楽しんだ。

参加者は「不発弾処理を自衛隊が行っているのを初めて知った」、蒲山さんも「自衛隊の方々の努力によって海の安全が守られていることが分かり、尊敬と感謝の気持ちでいっぱいです」と語った。

水中処分隊の再圧タンクの中に入る参加者（7月10日、うるま市で）

吉田ゆかり1空佐（前列中央）と記念写真に納まる懇談会の参加者（7月24日、大阪合同庁舎で）

女性の働きやすさPR　大阪

空幕広報室長招き女性限定懇談会

【大阪】地本は7月24日、大阪合同庁舎で空幕広報室長の吉田ゆかり1空佐を迎え、女性限定の懇談会を開催した。

自衛隊が女性にとって活躍できる職場であることをアピールするための企画で、今回は募集対象の女性25人が参加。前半は吉田1佐による講話が行われ、空自の魅力や働き方改革の現状などを話した。また前日の五輪開会日のブルーインパルスによる都内での展示飛行についても語り、広報室長ならではの話題に参加者は興味津々で聞き入った。

会場からはジェンダーの取り組みや防大の生活について質問があり、吉田1佐は分かりやすく解説した。

後半は3グループに分かれ、吉田1佐のほか、女性隊員2人との懇談会を実施。母親でもある吉田1佐に、育児と仕事の両立について質問が出るなど、ガールズトークで盛り上がった。

熱海土石流災派の統幕発表の資料掲示

神奈川

【神奈川】市ヶ尾募集案内所はこのほど、7月3日に発生した静岡県熱海市の土石流被害に伴う板妻駐屯地の災害派遣について、統幕発表の資料を事務所出入口に掲示、情報提供した＝写真。

同駐屯地には県出身の入隊者が多く配属されており、市ヶ尾所は「部隊の活動状況を地域の人々に伝えたい」と掲示を開始。掲示作業中には、同じビルのテナントで勤務している人から「あの土石流の映像は衝撃的だった。身近な場所から災害派遣に向かわれていることが分かった」「暑い中、対応していただく姿には頭が下がる」と感謝の言葉がかけられた。

中学生70人に自衛隊をPR

茨城

【茨城】筑西地域事務所は6月22日、結城市立結城南中学校2年生約70人を対象に開催された総合的な学習「職業人に学ぶ会」に参加した。

最初に広報官が「自衛隊のこと知っていますか？」と生徒たちに質問を投げかけ、クイズを交えながら陸海空自衛隊の役割や職種について紹介した。

質疑応答の時間では、「訓練はどんなことをしていますか」などの多くの質問があった。生徒たちは興味を持った様子で、「自衛隊にこんなにさまざまな仕事があることを知らなかった。とても勉強になりました」と語った。

中学2年生を前にクイズを交えて自衛隊の役割や職種を紹介する築西地域事務所の広報官（6月22日、結城南中学校で）

3地本長が交代

鳥取、愛媛、大分

8月1日付の異動で鳥取、愛媛、大分地本長が交代した。新任本部長の略歴は次のとおり。

村田　晶洋（むらた・あきひろ）1空佐　鳥取地本長　東海大工卒。平成6年空自。18年2佐、26年1佐。航空総隊運用課作戦室副室長、空幕教育課計画班長などを経て、令和元年8月2空団基業群司令。東京都出身。50歳。

川内　康孝（かわち・やすたか）1陸佐　愛媛地本長　防大33期。平成元年陸自。17年2佐、27年1佐。中方陸上連絡官、17普連長などを経て、令和元年12月中方総務課長。福岡県出身。54歳。

内野　敏紀（うちの・としのり）1陸佐　大分地本長　福岡県立三池高卒。平成2年陸自。19年2佐、25年1佐。西方人事課長、14特科隊長、中方特科隊長などを経て、令和元年12月九州補給処総務部長。福岡県出身。51歳。

軽装甲機動車「ハンヴィー」の後継

米陸軍に2タイプの多目的車両

陸上自衛隊は令和3年度から「軽装甲機動車」の後継車両の研究に着手しているが、米陸軍は一足先に軽装甲機動車「ハンヴィー」の後継となる2タイプの車種を選定した。地雷や即席爆弾に対し高い防護力を持つ米オシュコシュ社製の統合軽戦術車両「L—ATV」と、上空からパラシュート投下もできるGMディフェンス社製の9人乗り軽量多目的四駆車「ISV」だ。

乗員の安全性を高めた装甲強化型「L—ATV」

米陸軍は1980年代から兵士の足として汎用の軽装甲機動車「ハンヴィー」を使用してきたが、車体が低いため、イラクやアフガンでは即席爆弾などの被害を受けやすく、その改善が求められていた。そこで陸軍では乗員の安全性を高めた「JLTV（Joint Light Tactical Vehicle＝統合軽戦術車両）」と呼ばれる後継車の研究に着手、その結果、2015年に米オシュコシュ社製の統合軽戦術車両「L—ATV」を選定した。

L—ATV（Light Combat Tactical All-Terrain Vehicle）は車体下面を含め全周が装甲化され、高い防御能力を持つ。乗員は4人で、1・6トンの貨物の積載が可能。ルーフには走行中に戦闘ができる「装甲銃塔」が設置されている。

同車は装甲の強化で車体が大型化し、重量も約4・7トンと重くなり、空輸がしずらくなった。また乗車人員が4人と少ないため、米陸軍では分隊（約10人）が普段のパトロールなどに使えるより汎用タイプの高機動車を希望する声も強かった。

攻撃から乗員の安全性を高めた統合軽戦術車両「L—ATV」（オシュコシュ社提供）

防衛技術

軽量でヘリ空輸が可能　歩兵分隊用「ISV」

前線の兵士からの要望を受け、米陸軍が2020年、新たに採用したのがGMディフェンス社製の高機動車「ISV（Infantry Squad Vehicle＝歩兵分隊車両）」だ。その名の通り、分隊全員の9人が乗れる小型四駆で、車体重量は2・3トンと軽く、CH47輸送ヘリに積んで空輸できるほか、UH60多用途ヘリでもスリングで吊って運ぶことが可能。さらに輸送機からパラシュートで物料投下することもできる。

同車はGMが市販するピックアップトラックの「シボレーコロラドZR2」がベースで、価格も安く、米陸軍は2000台以上の導入を計画している。

ISVのオリジナルは車体フレームがむき出しで装甲はなく、4列のシートを持つ。かつての「ジープ」と同様、機動性と使い勝手の良さが重視されている。

陸自が任務により軽装甲機動車と高機動車を併用しているように、米陸軍も軽装甲車「L—ATV」と取り回しがいい高機動車「ISV」を使い分けていくようだ。

GMのピックアップトラックをベースにした9人乗りの高機動車「ISV」（GMディフェンス社提供）

ロシアが新型のステルス機公開

F35戦闘機に匹敵

ロシア国営のロステック社とUAC社は7月20日、モスクワ郊外で開かれた航空ショーで新型のステルス戦闘機「チェックメイト」を公開した。

西側のF35戦闘機に匹敵するという第5世代の単発機で、人工知能（AI）など革新的な技術を取り入れ、強い電子戦環境下でも最大六つの陸海空の目標を同時に攻撃できるという。2023年の初飛行を目指している。

Checkmate
The Checkmate

ロシアの国営企業が発表した新型ステルス戦闘機「チェックメイト」（UAC社提供）

艦艇・官公庁船事業会社名決定

三井E&Sから継承

三菱重工業は8月2日、三井E&Sホールディングスから艦艇・官公庁船事業を継承する事業会社名について、「三菱重工マリタイムシステムズ株式会社」にすると発表した。新会社は三井E&Sが岡山県玉野市の玉野艦船工場で手がけていた防衛省向け護衛艦などの建造に当たる。本社は玉野市に置かれる。

技術が光る ＞103＜

ペトロカッター　弘済企業販売

安全性や作業性に優れた無加圧式　ガソリンを燃料にした鋼管溶断機

鋼管などを溶断する既存のガス溶断機の燃料には従来、アセチレンやプロパンが用いられていたが、可燃性ガスのため、熱などの原因でタンクが爆発する危険性があった。

そこで燃料をガソリンに代えてコストも大幅に削減し、独自の構造で安全性・操作性を高めた「ペトロカッター」が弘済企業（東京都新宿区）から販売されている。

このペトロカッターはヨコカワコーポレーション（横浜市）が開発。建築業界のほか、自動車解体・鉄リサイクル場などで活用されている。基本セットはガソリンタンク、溶断トーチ、火口3点、ツインホース（酸素、ガソリン）からなり、溶断作業では3種類のトーチと2種類の燃料タンクを組み合わせて使う。

燃料のガソリンはアセチレンに比べると価格は約10分の1と安く、大幅なコストカットが可能。さらに自動車解体業者がペトロカッターを使用する場合、車に残った廃ガソリンをカッター用の燃料としても再利用できるため、非常に経済的だ。

同機は安全面も配慮されており、燃料タンクは防爆構造で、炎天下の使用であっても過熱による爆発はない。万が一、タンクの中に火が入っても爆発しないという。ただし、保管時は炎天下を避け、風通しの良い場所を確保する必要がある。

ペトロカッターは「無加圧式」の構造で、酸素を放出する力を利用し、タンク内のガソリンをトーチまで吸い上げる。ガソリンが液体のままトーチの先端まで送られるため、溶断作業中にバックファイアが起きても火口内で止まり、作業員の火傷を防げる。

ガソリン炎は高カロリー（アセチレンの約4倍、プロパンの約2倍）で、鉄を100%酸化しながら溶断するため、切断面がきれいで、ノロ（金属カス）もほぼ付着しない。火力が強いため厚さ300ミリまでの鉄を手早く切断することが可能。さらに重ね切りもできる。

2種類の燃料タンクのうち、少量を使う場合は3リットルの「RN3B」がおすすめ。ガソリンが満タンでも重さが4キロと軽量なため、運搬がしやすく、高所での作業にも適している。一方、10リットル入った「T10N」は最大8時間継続して作業が可能だ。ホースを2カ所に付けられるため、2人が同時に作業できる。

利便性が高いため、消防の救助工作車にも一部ペトロカッターが搭載されており、人命救助にも役立てられている。7月に静岡県熱海市で起きた土石流災害の現場でも隊員たちが鉄骨を切断する場面があった。今後、自衛隊の災害派遣でもペトロカッターが活用されるかもしれない。

厚いダクタイル鋳鉄管もペトロカッターを使えば素早く切断できる

世界の新兵器 ——551

「ブーヤンM」級コルベット 露

対地・対水上・対潜能力をもつ小型艦

いわゆる旧西側海軍の艦艇については比較的詳細な情報が公開されているので、本稿においてもこれまで就役済みの艦船を中心に取り上げてきた。これに対し、中国やロシア海軍などについてはなかなか正確な情報が得られないところがあるが、最近のロシア海軍で話題になっているのがコルベットなどの小艦艇である。これについては比較的その詳細が明らかになってきているので、今回は「ブーヤンM」級コルベットを紹介したい。「ブーヤンM」というのはもちろんNATOのコード名で、ロシア海軍における正式名称は「21631型小型砲艦」である。

「ブーヤンM」級はその名の通り「ブーヤン」級3隻の発展・拡大型で、その装備などは基本的に同じであるが、前級が対地能力を重視しているのに対し、「ブーヤンM」級は対地・対水上・対潜能力を有している。主要性能要目は次の通りである。（カッコ内は前級）

全長74.1m（61.5m）、全幅11.0m（9.6m）、吃水2.6m（2.0m）で、満載排水量940トン（550トン）、CODAD方式の機関（ディーゼルエンジン×2基）でウオータージェット推進器2軸により最大速力26ノット（48キロ）を発揮するとされ、ステルス性を重視した船体形状で、かつ艦橋には「ゴリゾント25」と呼ばれる統合ブリッジ・システムを装備、乗員は52名（36名）とされる。

主要兵装は100mm単装速射砲A190—01×1基（A190×1）、30mmCIWS AK630—M2×2基（AK630×2）、近接対空ミサイルのコマール×2基8発（ジブカ1基4発）、そしてレーダーは対空捜索用フェーズドアレイの5P26M1、航海用MP231—2、射撃指揮用MR123—02で、基本的には前級と同じであるが、40連装ロケット砲グラートM×1基の代わりに「ブーヤンM」級では巡航ミサイルの「カリブル」または「オニクス」のVLS発射機8セルを搭載している。

巡航ミサイル「カリブル」を発射したロシア海軍の「ブーヤンM」級コルベット（ロシアのウェブサイトから）

この「ブーヤンM」級は12隻が計画され、1番艦の「セルプホフ」が2014年に就役して以降、現在までに10隻が就役し2隻が建造中であるとされる。

ロシアの経済的な発展を受けてロシア海軍はその増勢に力を入れているところではあるが、現在までのところかつてのソ連海軍のような大型水上艦を次々に建造していく余裕はなく、このため小・中型艦艇による沿岸海域での作戦および排他的経済水域で権益確保・警備がメインとなっている。これを受け、「ブーヤンM」級は前級と共にカスピ海小艦隊、バルト海艦隊、および黒海艦隊に配属され、主に沿岸での任務に当たっている。

堤　明夫（防衛技術協会・客員研究員）

技術屋のひとりごと

技術の源泉を楽しむ

小浦　常生（防衛装備庁陸上装備研究所弾道技術研究部長）

山歩きを楽しむのに良い季節となってきた。夏休みに父に連れられて歩いた丹沢は、大人になったいまでも恰好の山歩きのエリアである。そんな山中で渓流に出合うとき、いつも想うことがある。この谷川の源泉はどんな感じだろうかと。瀬音に癒される御仁の中にも、この清流の果てはどんな様子だろうかと思う人もいれば、この清流の源はどんな泉だろうかと思う人もいるかもしれない。理屈は抜きで、小生は源泉派である。

技術についても、その志向は川の流れになぞらえるだろう。技術の源泉に思いを馳せるとき、それは素粒子や原子分子に作用する原理や法則、自然の摂理、道理、本質といった自然知を探究する理的な好奇心を湛えたものである。その一方で、部品を組み立ててエンジンを作ったり、これが発揮する機能や性能を誇らしく思ったりするのは、工的な好奇心となる。

防衛装備品の研究開発は、どちらかといえば後者なのだろう。なぜならば、道具を使って物を上手に作り出す工的な作業の繰り返しだからである。故に、工学部志向の理系男子や理系女子である方が望ましいのだと独り善がりである。けれども、源泉派かつ理学志向な小生には、防衛装備品を上手に作り出すことが大切であると知りながら、その礎となる道理や仕組みの方に科学の興味が湧くことも多分にある。もしも時間が無限にあるならば、そんな道草を食う研究も大目にみてもらえるのかもしれない。だが、防衛装備品の研究開発を前進させるのだから、個人的な理の探求心は大切にしつつも、実利なデータ解析に勤しむこととしている。

そんな源泉派な小生であっても、試作した砲を射撃試験するとき、弾丸の行方だけはとても気になるのである。

テクノロジーの頂点へ。
川崎重工業株式会社 www.khi.co.jp
Kawasaki
Powering your potential

GATORZ
AMERICAN EYEWEAR
ANSI Z87+
MILSPEC BALLISTIC
MAGNUM ASIAN FIT
米特殊部隊グリーンベレー・ネイビーシールズも使用する
アメリカ生まれの機能美ジュラルミンアイウェア
ゲイターズ公式オンラインストア
官公庁　従事者様
20%OFF
駐屯地納品でID確認不要
30日返品無料・国内送料無料
ゲイターズ ジャパン　TEL 078-595-8115

マイクロバブル噴射型　塩分除去装置
Hyper Washer

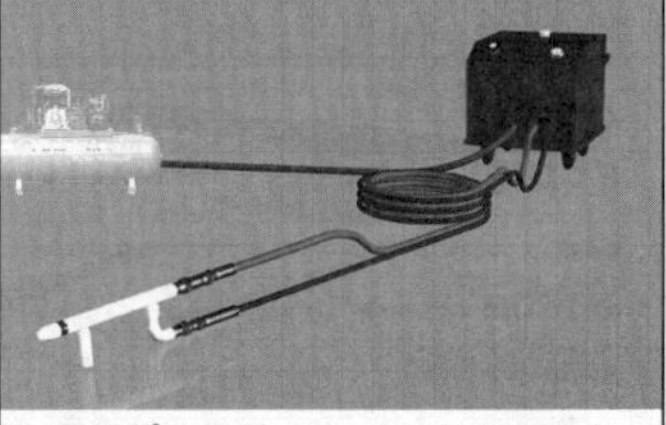

塩害問題の解決策！

AM　アキモク鉄工株式会社

部隊だより

海

八戸　機動施設隊の10人は6月27日、八戸市が主催する総合防災訓練に参加した。青森県東方沖を震源とする大地震と津波警報発令を想定したもので、根城地区一帯を会場に行われた。隊員はブルドーザーによる瓦礫撤去や道路啓開を演練＝写真㊤。東日本大震災から10年が経過し、改めて当時の教訓を風化させないことを誓った。

舞鶴　護衛艦「せんだい」の榎本健児艦長以下13人は6月20日、舞鶴市の市民ボランティア団体とともに榎川の清掃活動に参加した＝写真㊤。作業中は地元の人々から感謝の言葉をかけられ、「榎川を美しくする会」の髙橋秀策会長からお礼状も届いた。参加した佐々木卓見先任伍長は「隊員に親しまれている榎川の清掃に携われてうれしく思う」と語った。

岩国　基地は7月26日から30日まで、搭乗員を対象に夏期救命生存講習を行った＝写真㊤。航空集団が隔年で主催するもので、指導官は平木拓宏31航空群司令。参加者は生存方法などの講義をオンラインで受講した。続いて救命浮舟漂流や水中落下傘離脱法など、さまざまな状況を想定した夏期特有の救命法を学び、必要な練度の向上を図った。

下関　基地隊は7月3日、佐世保音楽隊による演奏会「海峡に響くシンフォニー2021」を下関市民会館で開催した＝写真㊤。新型コロナ対策で来場者を会場収容数の半分に減らし、2回に分けて公演を行った。弓削信也1尉の指揮による演奏に、会場から大きな拍手が送られた。アンコールの「軍艦マーチ」では来場者全員の手拍子で盛り上がった。

名寄　3普連は7月23日、駐屯地で約3カ月間にわたるレンジャー訓練の帰還式を行った。学生26人を各部隊長や家族が出迎えた。担任官の山﨑潤連隊長が一人一人にレンジャー徽章（きしょう）を授与し、「その徽章に恥じぬよう精一杯励んでいくことを期待する」と激励。家族から花束を渡された学生は涙を流して喜びをかみしめていた＝写真㊨。

美幌　6普連の自候生教育隊は6月15日、美幌訓練場で手りゅう弾投てき、06式小銃てき弾射撃訓練を行った。自候生たちは30メートル先の目標物に手りゅう弾を投てき＝写真㊨、予想外の方向に転がるなど悪戦苦闘した。続くてき弾射撃では発射時の衝撃に驚きながらも、確実に標的に命中させるなど、訓練を通じて必要な技能を習得した。

空教隊1教群が「災害等対処競技会」

競って学ぶ災害対処

男性が5、女性は4種目で

チームワーク養う

空自航空教育隊1教群2教育大隊は6月7日から24日まで、17期一般曹候補生課程学生を対象に、中隊ごと防府南基地で「災害等対処競技会」を開催した。

学生たちに普段の訓練とは違うやり方でチームワークを養ってもらおうと、初めて競技会形式で開催。梅雨の晴れ間の下、航空自衛官のタマゴたちは、たっぷりと汗をかきながら災害派遣活動に必要な基礎的技術を学んだ。

男性の21、22中隊は「物資輸送」や「負傷者搬送」など5種目に挑んだ。前日の強い雨の影響で訓練場はぬかるんでおり、実際の被災地に酷似した状況下で行われた。

物資輸送はがれきで車が通行不能の状態を想定、一輪車に約20キロの重さの土のうを積み、決められたコースを走る。学生たちはぬかるみに足をとられながらも、懸命に一輪車を押した。

「火災」を想定した競技は、煙を吸い込まないよう低い姿勢を保ち、ロープの下を匍匐（ほふく）で前進しゴールを目指した。「溺者救助」では約10メートル先の三角コーンを溺者に見立て、ロープを結び付けた浮き輪をコーンに向けて投げる競技も行った。

一方、女性の23、24中隊は4種目を競った。5人一組となり、担架がない状況下で毛布で負傷者を運ぶ「搬送」競技や、火災を想定した初期消火の「バケツリレー」に挑んだ。

参加者は普段とは違う競技に「きつかったけど人命救助のやり方が分かり、勉強になった」「災害時に役立てるよう日頃の訓練も頑張りたい」などと話し、教育訓練にも意欲を見せていた。

（防府南）

溺者救助　溺者に見立てた三角コーンに向けて浮輪を投げる22中隊の隊員（6月16日）

バケツリレー　火災を想定し、初期消火のバケツリレー競技に挑む24中隊の女性隊員（6月7日）

負傷者搬送　担架がない状況を想定し、毛布を使って負傷者を搬送する21中隊の隊員（6月7日）

物資輸送　重さ約20キロの土のうを積んだ一輪車を押しながら走る22中隊の隊員（6月16日）

空

百里　基地援護室はこのほど、任期制隊員を対象に就職補導教育を行った。自衛隊援護協会の笹沼保一相談員が、「雇用情勢と企業の現状（実態）」と題して再就職に備えた心構えを教育＝写真㊨㊤。その後、希望者の進路相談面接を実施した。参加した隊員の一人は「合同企業説明会での立ち回り方を指導していただき、参考になった」と感想を語った。

入間　基地警備小隊はこのほど、今年度一回目の基地警備増強要員養成訓練を行った＝写真㊨㊦。この訓練は基地所在部隊の警備職以外の隊員を対象にしたもので、新型コロナの感染状況を踏まえ人数を制限して実施。警備小隊の隊員が教官を務めた。教官は熱意ある指導で参加者のやる気を鼓舞し、効果的な訓練で基地警備能力を向上させた。

小牧　基地はこのほど、京都地本の「空自救難員オンライン説明会」を支援した。ドラマ「リコカツ」で救難員が注目されていることを受けて企画されたもので、大学生7人が参加した。当日は救難教育隊救難員の矢嶋飛鳥3曹が、ビデオ通話で概要を説明。参加者は「実際に話が聞けて理解が深まった」などと話すなど、好評だった。

前川原　幹候校の102期一般候補生145人は6月25日、伝統行事の一つ「藤山武装障害走」に参加した。4人ごとの20グループに分かれて出走。個の障害が設定されたコースを気力・体力の限界まで出し切り完走した。個人男性は16分7秒で2候4区隊の蛭田一寿候補生が、区隊は平均20分41秒で2候2区隊がそれぞれ1位となった。

都城　43普連は7月6日、新隊員68人の教育開始式を行った。木場翼2士が入隊と教育開始を報告。中尾圭連隊長は「健康に十分注意し、同期の絆を固くして教育に専念してもらいたい」と新隊員を激励した。重迫区隊の坂本恋滋2士が区隊旗を受け取り、「この旗の下に一丸となり、隊の名に恥じぬよう頑張ります」と誓いの言葉を述べた＝写真㊤。

板妻　駐屯地は6月19日、御殿場市消防団の女性11人の研修を行い、自衛隊に対する理解促進と防災意識の高揚を図った。吉田浩隆2曹が陸自や駐屯地の概要を説明し、資料館を案内した。ロープの結索法体験では実際に各種の結び方を何度も練習。参加者は消防団の活動に少しでも役立てようと真剣に取り組み、技術や知識を高めていた＝写真㊤。

小倉　40普連は6月29日、自候生課程修了式を行った。3カ月の教育で見違えるように成長した自候生たちは、戸高孝幸教育隊長から「自らを律して行動できる社会人、自衛官へ成長することを期待する」と激励の言葉を贈られた。優秀な成績で連隊長表彰を受けた桂政也候補生は、「後期教育でも高い技術を身に付けていきたい」と意気込みを語った。

陸

北恵庭　72戦連は6月24日、連隊野外炊事競技会を行った＝写真㊦。開始に当たり、統裁官の黒木崇1佐が「食べる人を意識せよ」と要望。各中隊の選手は野外炊具1号を使い、指定献立の酢豚や春雨サラダなどを心を込めて調理した。審査には連隊OB会長や駐屯地栄養士なども加わり、厳正に採点。結果、本管中隊が見事3連覇を成し遂げた。

岩見沢　12施設群は6月25日、南富良野町のかなやま湖で群漕舟競技会を行った。5個中隊からそれぞれ精鋭が選出され、1チーム11人編成で競い合った。スタートは5舟が一直線に並び先頭を争い、一進一退の攻防を繰り広げながら3キロのコースを漕ぎ切った。各選手が体力と熟練した技を最大限に発揮した結果、302坑道中隊が優勝した。

仙台　駐屯地はこのほど、霞目駐屯地でモニターや近隣町内会の人々を対象に航空機体験搭乗を行った。東北方面航空隊の支援を受け、UH1へリで霞目周辺の上空を約10分間飛行した。参加者は上空からの光景に感動し、「少し揺れたけど景色が素晴らしかった」などと語った。参加者は搭乗後、防衛館で航空隊の歴史に触れ、自衛隊への理解を深めた。

秋田　21普連本管中隊の田中凜々子1士はこのほど、体力検定優秀隊員として選抜され、9師団の顕彰板に記載された。「腕立てが一回もできなかった」という田中1士は毎日鍛錬に励み＝写真㊤、見事、体力検定全種目満点の1級を取得。田中1士の頑張る姿を目の当たりにしていた先輩隊員は「尊敬すべき努力の人。今後の活躍に期待したい」と語った。

古河　1施設団はこのほど、駐屯地創立67周年と団創設60周年記念行事を行った。中西勝典団長は「国民の心の牽引者となって難局を乗り切ろう」と式辞。301ダンプ車両中隊が油圧ショベルで「古」の字を書き、見事な書道展示を披露した＝写真㊤。施設団は動画投稿サイト「ユーチューブ」に公式チャンネルを新設、式典の模様を配信した。

あさぐも ドレマイらぶ
吉本どんど

切らなくても叩いた音だけで中身がわかるんなら
人間の頭の中も？

オレあんまり頭良くない方だから
ポーン ポーン
スカスカかも…

いや
スカスカどころかびっしり詰まっておる

ただすでに半分ほど腐りかけておる

15旅団がコロナ医療支援

看護官1人、准看護師4人を派遣

沖　縄

沖縄県が運営する「入院待機ステーション」で同施設の職員（右）と共にコロナ患者のバイタルを測定する陸自15旅団の隊員（左）＝8月14日、沖縄県で

沖縄県内の新型コロナウイルス感染拡大に伴い、陸自15旅団（那覇）は8月12日、玉城デニー知事から医療支援に係る災害派遣要請を受け、患者が入院調整中に一時的に待機する「入院待機ステーション」に看護官1人、准看護師4人を派遣した。

沖縄県では7月下旬からコロナ感染者が急増し、医療体制が逼迫。全国知事会に看護師らの派遣を依頼するなどしているが、全国的にも感染者が増加し、看護師の早急な確保が困難な状況となったため、12日午前9時33分、災害派遣を要請した。

隊員たちは25日までの約2週間、施設のローテーションに入り、職員らと共に医師の診療の補助をはじめ、検温、血圧測定、呼吸や心拍数などを測る生体監視装置の装着、モニタリングなどレッドゾーンでの看護業務を含んだ医療支援に当たっている。

コロナ患者1人を21空群が急患空輸

父島から硫黄島まで

海自21空群（館山）は8月8日、東京・小笠原諸島の父島から硫黄島まで、新型コロナウイルス感染症陽性者1人を急患空輸した。

8日午前11時、東京都の小池百合子知事から21空群司令の石川一郎将補に急患空輸の災害派遣が要請された。

これを受け午後0時半、硫黄島航空分遣隊のUH60J救難ヘリ1機が硫黄島航空基地を離陸。父島基地で患者を機内に収容して硫黄島基地まで搬送し、待機していた海上保安庁の航空機に引き渡した。

留学生記章を作製

統合幕僚学校

統合幕僚学校はこのほど、留学生受け入れ20年を記念した「統合高級課程留学生記章」＝写真＝を作製し、7月30日、目黒基地の大講堂で行われた「自衛隊高級課程合同卒業式」で田尻祐介統幕学校長から第30期統合高級課程を卒業したタイとパキスタンからの留学生2人に贈られた。（2面参照）

記念章は、陸自の桜、海自の碇、空自の翼がデザインされた統幕学校のシンボルマークに「JAPAN」「JSC（The Joint Staff College）」「JAC（Joint Advanced Course）」の文字があしらわれている。

今年3月に第29期統合高級課程を卒業した豪州の留学生にも贈られているが、当時は記章の作製が卒業式に間に合わず、今回の卒業式で初めて卒業証書に添えて手渡された。

統幕学校では2001年に第41期一般課程に韓国からの留学生を受け入れて以降、6カ国から43人（韓国18、インド8、パキスタン7、タイ6、ミャンマー3、豪州1）の留学生が卒業している。

小休止

▽…陸自関東補給処用賀支処の隊員約30人は東京2020オリンピック開催期間中の7月23日から8月6日まで、用賀駐屯地正門前のクリーン作戦を行った＝写真。

▽…駐屯地近傍の馬事公苑（東京都世田谷区）は東京オリンピック・パラリンピックの馬術競技会場となっている。清掃活動は地域住民やオリンピック関係者らが気持ち良く正門前を往来できるようにとの思いから企画された。

▽…隊員たちは連日の猛暑の中、駐屯地正面の歩道約200メートルのゴミ拾いや生垣に生えた雑草除去に大粒の汗を流し、地域に貢献した。（用賀）

雲仙市の土砂災害　捜索に全力

3自衛隊　大雨災派

ぬかるんだ土砂を小型ショベルドーザーで掻き出し、行方不明者の捜索に当たる16普連の隊員たち（8月15日、長崎県雲仙市で）＝大村駐屯地提供

16普連　空自と連携

水に浸かりながら懸命に

西日本を中心とした大雨による災害発生を受け、九州所在の陸・海・空自部隊が要請を受けてただちに出動し、人命救助などの活動を行っている。13日未明に長崎県雲仙市で発生した土砂災害では、陸自16普連（大村）が水分を含んだ土砂や大量の流木を懸命に取り除き、行方不明者の捜索に全力で当たっている。（1面参照）

災派要請を受けて14日早朝、16普連1中隊長の一政肇1陸尉以下約50人の隊員が大村駐屯地を出発。現場に到着後、一政1尉は隊員たちを前に「行方不明者を心配する家族のことを想像し、見つかるまで捜索せよ。必ず探し出そう」と呼びかけ、警察、消防、空自8空団（築城）のハンドラー、救助犬と連携し、捜索活動を開始した。

行方不明となっている親子2人の住宅はその脇の水路に沿って流れてきた土砂にうずもれており、行く手には5〜6メートルはある大量の木々が散乱して捜索を阻んでいた。

積もった茶色の土砂は長雨により水分を含んでスコップで掻き出すのが困難な状況だった。隊員たちは霧が立ち込める視界不良の中、断続的に続く雨を受け、ひざ下まで水浸しになりながら、作業に没頭。2次災害防止のため、危険を察知したら即座に退避できるよう、安全係を配置して周囲を警戒しながらの捜索となった。

「指揮を執っていて、厳しい条件下で隊員の体力が著しく消耗し、2次災害の危険もある中で精神的にも追い込まれた状況にあると感じた」と一政1尉。そこで50人を各10人の5個班に分けて1個班を車両で休ませて士気を回復させるローテーションを組み、午前7時半から午後4時半までの9時間にわたって捜索を行った。

16普連は4個中隊が交代で現場に向かい、15、16の両日も懸命な作業に当たったが16日現在、行方不明の2人は見つかっていない。

19日に再び現地に向かうという一政1尉は「現場に行くからにはご家族に報いるため、全隊員が全力で捜索に当たる」と強い決意を述べた。

㊧救助犬を投入し、行方不明者を捜索する空自8空団の隊員（8月14日、雲仙市で）＝西方提供
㊨救出した住民をゴムボートに乗せ、安全な場所へ輸送する海自佐世保水中処分隊の隊員（8月14日、佐賀県大町町で）＝統幕提供

5施団、海自が救助

佐賀

【5施団＝小郡】5施設団は8月14日に発生した六角川の氾濫によって、住民が孤立した佐賀県武雄市と大町町に、9施設群基幹の103施設器材隊と303水際障害中隊を同日から派遣し、救助活動を行っている。

活動地域の水嵩は最大時には建物の2階に及び、多くの住民が孤立する状況の中、渡河ボートで人命救助活動を実施。孤立した病院に対してもボートを出して医療従事者の輸送を行い、入院患者に対する救援にも貢献した。

このほか、海自佐世保水中処分隊もゴムボートを装備し、同市などで住民を救助した。

5普連、物資輸送など継続

青森大雨　七戸町での給水支援は終了

大雨で甚大な被害を受けた青森県むつ市と風間浦村に派遣されている5普連（青森）は8月16日現在、引き続き同地域で物資輸送と住民の通路確保などを行っている。

一方、11日午後0時半、七戸町での断水発生に伴い、青森県の三村申吾知事から9師団長の亀山慎二陸将に同町への災害派遣要請があった。

派遣された5普連の京谷直伸1尉以下約20人は水トレーラー4両を白石コミュニティセンターなどに展開して給水活動を実施。14日午後7時半、知事の要請で活動を終えた。

68周年記念行事　全国各地で開催

陸自警務隊

陸自警務隊は6月15日、全国各地で創隊68周年記念行事を行った。

市ヶ谷駐屯地では、警務隊長の吉田幸一将補が全国の警務隊員に向けてリモートで「諸君が警務官として常に儀表たる誇りを堅持して、職務にまい進することを期待する」と述べ、隊務優秀部隊として中方警務隊130地区警務隊（守山）と、西方警務隊303保安警務中隊（健軍）を表彰。警務隊の殉職隊員8人の慰霊・追悼も行った。

このほか全国の各警務隊では、職務遂行に必要な姿勢、態度、装具などの着用や諸動作の「警務点検」を行い、強固な団結、厳正な規律と士気の高揚を促した。

警務隊は昭和28年6月15日、当時の400警務大隊の隊員のうち109人が警務官に任命され、全国24駐屯地に置かれた分遣隊で司法警察職務をスタート。現在は141駐屯地で任務に当たっている。

こちら警務隊

性犯罪③

男女を問わず、いきなり抱きつきキスをする行為は強制わいせつ罪

どんな行為が強制わいせつ罪ですか？

男女を問わず、わいせつな行為（13歳以上は暴行や脅迫を用いて）をした場合、強制わいせつ罪で6月以上10年以下の懲役に処せられます。

いきなり抱きつき、キスする行為も本罪に該当します。さらに、体に触れなくても、嫌がる女性に約30分間つきまとい、「呑みに行こう」などと声をかけ続けた行為も、わいせつな行為として逮捕されています。

性犯罪は、被害者に一生消えない精神的苦痛を与えます。

性犯罪を絶対に許さない！

また、検挙されると本人はもちろんのこと、家族も性犯罪者の家族として見られて苦悩しますので、絶対にしてはいけません。

（東部方面警務隊）

小さな船がたどった偉大な航跡

前回東京五輪でお召し艦を務めた「ゆうちどり」の生涯 ㊦

海自OB　福本　出（元海自幹部学校長、元海将）

掃海船時代の「ゆうちどり」が果たした特筆すべき任務が二つある。

その第1は、昭和天皇のお召し船航路の事前〃肉弾掃海（試航）〃である。今の対機雷戦は、機雷探知機（高周波ソーナー）で探知した機雷らしい目標をリモコン式の水中ロボットで確認し、爆薬を仕掛けて処分する機雷掃討が主流だが、当時はまだ機雷探知機がなく、掃海電線に電流を流して発生する磁気信号で磁気機雷を発火させる掃海方法しかなかった。

掃海船自体は木造なので磁気機雷には触雷しない。掃海船が行った1次掃海のあと、航路の安全性確認には「試航船」と呼ぶ鉄船を実際に航行させていた。米軍はこの船を「ギニーピッグ（Guinea Pig＝モルモット）」と呼んだが、自らを犠牲にして戦果を遂げようとする「特攻」に等しい犠牲的任務だった。この極めて危険な任務を行う試航船には、触雷しても沈没しないように水密区画を多く備えた大型の改造貨物船が用いられていた。

1964年の前回東京五輪で、皇太子殿下座乗の迎賓艇の大任を務めた海自の特務艇「ゆうちどり」。海自が使用した最後の海軍建造船でもあった（海幕広報室提供）

安全確認の肉弾掃海

1949年のいわゆる〃人間宣言〃以来、国民を激励するため、昭和天皇は日本全国をくまなく行幸する旅を開始された。翌50年3月、小豆島行幸に先立ち、航路啓開隊は未だ掃海を終えてなかった高松から小豆島土庄港への航路の突貫掃海を行った。掃海を終えた航路を実際に通航し、安全の最終確認を行うのが「試航」である。

通常この任務を行う試航船はどれも大きすぎて土庄航路の試航を行えないことがわかっていた。大久保武雄・初代海保庁長官は小型鉄船の「ゆうちどり」を試航船（GP445）として使用することを決断し、天皇陛下お召し船の魁（さきがけ）として肉弾掃海を行わせたのだ。掃海は完璧で「ゆうちどり」が触雷することはなかったが、もし排水量300トンの小船が触雷したら海の藻屑（もくず）と消える、文字どおりの「肉弾掃海」であった。ちなみに、日本が諸外国に港湾航路の安全宣言を出す1953年までの間、触雷等により78名の隊員が命を失った。

朝鮮特別掃海の指揮船

その第2は「朝鮮特別掃海」の指揮船としての任務だ。

日本独立回復以前の1950年に朝鮮戦争が勃発、北朝鮮軍が一時釜山まで南下したが、国連軍による上陸作戦を警戒し、朝鮮半島の主要港湾に防御用機雷約4000個を敷設した。国連軍指揮官マッカーサー元帥は上陸作戦を挙行するにあたり、敵前の機雷除去任務を、日本周辺の機雷除去で実戦経験を積んでいる海保庁航路啓開隊に行わせるよう、吉田茂総理に依頼した。

日本ではすでに新憲法が発効しており、また国際法上も軍隊ではない海保の船を戦争に従事させるわけにはいかない。一方、米サンフランシスコでは講和条約締結交渉が行われており、日本は連合国との間で独立の条件を賭けてしのぎを削っていた。朝鮮戦争への協力は、連合国が日本に突きつけた〃踏み絵〃だった。

吉田総理はやむなくマッカーサーの要請を受諾した。

日本の掃海部隊が朝鮮戦争に従事した事実は長年秘せられ、1975年に大久保氏が著書『海鳴りの日々』で明らかにするまで一般に知られることはなかった。

大久保長官は航路啓開部長・田村久三（元海軍大佐、海兵46期）を指揮官に特別掃海隊を編成、旗艦を「ゆうちどり」においた。日本特別掃海隊は国旗を掲げることも許されず、海保庁のファンネルマークも消し、実戦任務に従事した。

特別掃海隊は50年10月から約2カ月の間に朝鮮半島の元山、仁川等において航路・泊地の掃海を実施し、29個の機雷処分を行った。この間、掃海船1隻が触雷し、1名が殉職（戦死）したが、遺族には「瀬戸内海で殉職したことにしておいてほしい」と告げられたという。

「ゆうちどり」を旗艦とする特別掃海隊はその任務を見事に果たし、日本が独立を回復する講和条件を有利に導き、ひいては日本の「再軍備＝自衛隊発足」に陰ながら大きく貢献したと言える。

皇太子殿下の迎賓艇

1952年の保安庁発足にともない「ゆうちどり」は航路啓開隊ごと警備隊に移管され、その後54年に防衛庁海上自衛隊の発足とともに長官直轄第1掃海隊群所属の掃海艇（MS62）として航路啓開隊から引き継いだ実機雷掃海司令艇任務に連綿として従事した。米海軍から最新型掃海艇が貸与されるに伴い、旧海軍駆特・哨特を改造した掃海艇が早期に除籍された一方で、「ゆうちどり」は長く現役に留まった。

冒頭述べたように、1964年に東京でオリンピックを開催するにあたり、海自はヨット競技支援を行うことになった。そのヨット競技に選手として参加するノルウェーのハラルド皇太子（現国王）に敬意を表し、明仁皇太子殿下夫妻が競技を海上から観戦されるという。海自は殿下のお召し艦をどの船にすべきか検討を行った。

その結果、英国海軍が王室用に保有する「迎賓艇（ロイヤル・ヨット）」に相当する船が相応しいとの結論に至ったが、それを新造するには予算・期間ともに間に合わない。そこで61年に第一線を退き、掃海特務艇に種別変更されていた「ゆうちどり」（ASM71）の余裕のある船体構造に白羽の矢があたり、これを迎賓艇に改装して使用することが決まった。

こうして「ゆうちどり」は他の自衛艦にはないアイボリーホワイトの外舷色にコバルトブルーの甲板という優雅な外装に、絨毯を敷き詰めたキャビンを備える迎賓艇に生まれ変わった。

退役を控えた「ゆうちどり」が再度、自国開催オリンピックという晴れの舞台に立ち、その波瀾万丈の生涯の花道となる大任を果たすことになったのである。

ちなみに、このとき「ゆうちどり」のマストに菊花紋章の皇太子旗が掲揚されたかどうかは定かではない。

1978年3月20日、「ゆうちどり」は自衛艦旗を静かに降ろし、その波乱に満ちた生涯を終えた。その後、現在にいたるまで海自艦艇に天皇陛下、皇太子殿下が座乗された例はない。

本稿を終えるに際し、私は思った。上皇陛下ご夫妻はオリンピック中継をご覧になりながら、かつてヨット競技を「ゆうちどり」から観戦された思い出を語られているだろうかと。

（世界の切手・ブラジル）

運命は我々を導き、かつまた我々を翻弄（ほんろう）する。

ヴォルテール（フランスの作家）

朝雲ホームページ
www.asagumo-news.com
<会員制サイト>
Asagumo Archive
朝雲編集部メールアドレス
editorial@asagumo-news.com

新刊紹介

「米国を巡る地政学と戦略」スパイクマンの勢力均衡論

スパイクマン著、小野圭司訳

今日、マッキンダーと並ぶ「地政学の始祖」として知られるニコラス・スパイクマン。本書は戦時中の1942年に書かれた彼の主著だが、これまでは部分訳しかなく、本書が初めての日本語完訳版だ。訳者は防衛研究所の特別研究官で、専門用語も的確、自衛隊員にとってはまさに待ちに待った決定版と言える。

米イエール大学教授だったスパイクマンは当時、地政学の観点から第2次大戦初期の米国を巡る国際政治を考察。その結果、「米国が西太平洋の覇権を争う相手は日本ではなく中国である」「戦後は大陸勢力のソ連・中国・ドイツと海洋勢力の米国・英国・日本が対抗する枠組みになる」といった結論が導かれ、彼の先見性は戦後の米外交にも大きな影響を与えた。

冷戦期には「ソ連封じ込め」を唱えるなど、彼の思想は今日まで米政府の世界戦略の一部となっている。現在、日米は「インド太平洋の地政学」の観点から対中戦略を練っているが、本書にはこれを予見したような記述もある。「パワーと地理」の関係から政策を組み立てていく思考法はいまも新鮮だ。

（芙蓉書房出版刊、3960円）

「日本社会は自衛隊をどうみているか」「自衛隊に関する意識調査」報告書

ミリタリー・カルチャー研究会著

国民は自衛隊をどうみているのか――。本書はミリタリー・カルチャー研究会が今年1・2月に実施した自衛隊に関する日本国民の意識調査をまとめたものだ。

同会は伊藤公雄京都大学・大阪大学名誉教授を始めとする大学教員らで組織され、調査は平和・安保問題に関する討議のための前提になる客観的・学術的なデータを得ることを目的に、45の設問で行った。

「自衛隊への関心・印象」から質問は始まり、「自衛隊は軍隊か？」「自衛隊の役割と活動をどう評価するか？」「日米軍事同盟は必要か？」といった問いに、国民から得られた回答が図表化され掲載されている。

近年、中国の台頭などで日本人の安全保障への意識は大きく変わり、調査結果からは現在の日本人の自衛隊像、戦争観、平和観などが浮かび上がってくる。

本書では自衛隊に関する意識調査の結果が専門家により分かりやすく分析されており、防衛省が今後、国民に向けて防衛政策を説明をしていくに当たり、貴重なデータ集となっている。

（青弓社刊、3300円）

みんなのページ

「初弾必中」に向け邁進

初めて狙撃手訓練に参加して

3陸曹　西尾　愛璃（7普連重迫中隊・福知山）

初めての狙撃銃の実弾射撃の印象は、反動の痛みと姿勢の重要性でした。

前日の午後に初めて射撃予習をし、納得のいかない姿勢で終わってしまいましたが、小銃射撃は苦手ではなかったので、89式小銃と同じような感覚で撃てば問題ないと思っていました。

しかし、1回目の射撃の初弾で、その考えは一瞬で払拭（ふっしょく）されました。鎖骨に鈍い痛みが走り、次弾の照準に集中できませんでした。

また、姿勢も体軸が真っ直ぐに入っておらず、集弾率が悪く、悔しい思いをしたのを覚えています。

2回目の射撃は前回よりも良い結果にしようと思い、体軸を真っ直ぐにし、頬付けや肩付けの位置、撃発のタイミング等を研究した結果、特級を取ることができました。

まだまだ「初弾必中」には遠いですが、男性自衛官に負けない技術を身に付けて、連隊に貢献できるよう訓練に邁（まい）進していきます。

初めて狙撃銃の実弾射撃を行った7普連の西尾愛璃3曹

第1265回出題

詰碁

出題　日本棋院　九段　曲　励起

黒先

『白を取って下さい。最初の手が大切です』。5分でできれば中級以上です。

▶詰碁、詰将棋の出題は隔週です◀

詰将棋

出題　日本将棋連盟　九段　石田　和雄

≫第849回の解答≪

▲先手　持駒　銀桂

【正解】▲2四桂△同歩▲3三銀成△同玉▲3四銀△同玉▲3二飛成までの七手詰め。

【解説】まず▲2四桂と打つ手が肝心。△同歩と取らせて▲3三銀成から▲3四銀と打つ手順が詰将棋ならではの手筋。▲3二飛成までの両玉手がピッタリの順。

OBがんばる

三浦　隼斗さん　28

平成31年3月、陸自21普連（秋田）を任期満了退職（士長）。秋田県横手市の伊藤建設工業に再就職し、工事現場で施工管理や測量の業務に当たっている。

私は第21普通科連隊で任期満了を迎えるにあたり、将来や家族のことを考え、地元で家族との時間を大切にできる仕事をしたいと考えていました。しかし、何の仕事がしたいという具体的なものはありませんでした。

合同企業説明会に参加

そのような中、参加した合同企業説明会では4社と面談。直接話を聞くと、どの企業もとても魅力的に感じました。中でも伊藤建設工業は地元の横手市ということもあり、より興味が沸き、この企業に入社したいという気持ちが芽生えました。その後、援護センターの方々のご尽力で無事に入社することができました。

現在の私の仕事は、主に土木工事現場での安全管理、施工管理、測量、事務所での書類作成などです。当初は測量機器の使い方や工事箇所の図面の見方、専門用語などが分からず、作業員に質問されても上手く答えられず「自分には合わない難しい仕事なのかな」と感じることがありました。しかし、上司や先輩の助言を受け、何をどうしたらいいのかを詳しく考えるようになり、もっとこの仕事を知りたいと思うようになりました。今も苦労していることは多々ありますが、無事に工事が完了し、苦労して出来上がったものを見ると、とても感動しました。今後もよりたくさんの知識を吸収して、会社で頑張っていきたいと思います。

再就職にあたって大切なことは、援護センターの方々や身近な人と話し合い、どんな仕事に興味があるのか、どんな場所で働きたいのかを考えることだと思います。合同企業説明会にはさまざまな業種の方が来ています。悩んでいるなら、会社の方も就職活動の大きな助けになってくれると思います。皆さんの再就職活動が成功するよう願っています。

「朝雲」へのメール投稿はこちらへ！

▽原稿の書式・字数は自由。「いつ・どこで・誰が・何を・なぜ・どうしたか（5W1H）」を基本に、具体的に記述。所感文は制限なし。
▽写真はJPEG（通常のデジカメ写真）で。
▽メール投稿の送付先は「朝雲」編集部（editorial@asagumo-news.com）まで。

朝雲

発行所 朝雲新聞社
〒160-0002 東京都新宿区四谷坂町12―20 KKビル
電話 03(3225)3841
FAX 03(3225)3831
振替00190-4-17600番
定価一部150円、年間購読料9170円（税・送料込み）

主な記事

アフガンに空自機派遣

NSCで決定 C130Hで邦人等を退避

岸防衛相は8月23日、イスラム原理主義組織タリバンが政権を掌握して混乱が続くアフガニスタンから邦人らを退避させるため、自衛隊機3機の派遣を命令した。同日夕には空自のC2輸送機1機、24日にはC130H輸送機2機がアフガニスタンの周辺国に向けて出発した。国外で緊急事態が発生した場合の邦人や外国人の輸送を定める自衛隊法84条の4「在外邦人等の輸送」に基づく措置で、岸大臣は23日の臨時記者会見で「現地では民間機の運航が停止され、各国は自らの軍用機で自国民や現地職員の方々を退避させている。在留邦人をはじめ、大使館やJICA（国際協力機構）の現地職員の方などを迅速かつ安全に退避させるため、現地の情勢を注視しながら対応に万全を期していく」と述べた。

政府は23日午前、国家安全保障会議（NSC）を開き、正式に派遣を決定。

防衛省は空自の航空支援集団司令官を指揮官とする「邦人等輸送統合任務部隊」を編成するとともに、現地では陸自の中央即応連隊長を指揮官とし、「空輸隊」「誘導輸送隊」などからなる「邦人等輸送派遣統合任務部隊」を編成して邦人等の輸送や輸送支援を実施する計画だ。

このほか、カブールの国際空港内には「現地調整所」を開設し、情報収集や関係機関などとの調整を行う。

23日夕には、3輸空（美保）のC2輸送機1機が入間基地で隊員や資器材等を搭載した後、再び美保基地に戻って給油などを行い、24日未明、拠点となる周辺国に向けて出発した。

24日午後には1輸空（小牧）のC130H輸送機2機が入間基地を出発。2機は拠点となる周辺国とカブールの国際空港を往復して邦人らを退避させる予定で、今週中にも活動を開始する。

政府は自衛隊の派遣規模や輸送人数、拠点国などの詳細は明らかにしていない。防衛省では米軍がアフガンから撤収する時期（現時点で8月末）までの任務完了を目指すとしている。

陸自中即連が空港で輸送支援

アフガニスタンでは旧支配勢力でイスラム原理主義組織のタリバンが8月15日、首都カブールを制圧し、ガニ政権が崩壊。国内に混乱が生じ、各国が軍用機で自国民などの避難を急いでいる。

こうした中、現地の日本大使館職員12人は17日、英国の軍用機でアラブ首長国連邦（UAE）のドバイに退避。残るはアフガニスタンで働く国際機関の日本人職員のほか、日本大使館やJICAが雇用する現地スタッフとその家族らの退避が課題となっていた。

岸大臣は23日の記者会見で「米国をはじめとする関係国との調整の結果、現地に自衛隊機を派遣するめどが立ったことから派遣を決定した。情勢は流動的で予断は許されないが、米国等の関係国と連携しながら、自衛隊機をできるだけ早く到着させ、邦人や現地職員等の安全な退避の実現に向けて協力を加速化させる」と説明した。

アフガニスタンからの邦人等の退避・輸送任務のため、陸空自隊員や資器材などを搭載し、アフガニスタンの周辺国に向けて出発する空自3輸空（美保）のC2輸送機（8月23日夕、埼玉県の空自入間基地で）＝統幕提供

◇在外邦人等の輸送

防衛大臣は外国での災害、騒乱、その他の緊急事態に際し、外務大臣から依頼を受けて協議した上で、自衛隊法84条の4「在外邦人等の輸送」に基づき、「輸送を安全に実施することができる」と認められる場合に限り、邦人等の輸送を行うことができる。

防衛省・自衛隊はこれまで4件の在外邦人等の輸送を実施。▽2004年4月のイラクにおける邦人を含む外国人拘束事件に際し、空自C130H輸送機で邦人10人をイラクからクウェートまで輸送▽2013年1月のアルジェリア邦人拘束事件では政府専用機で邦人7人と被害邦人の遺体（9人）を本邦に輸送▽2016年7月のバングラデシュにおけるダッカ襲撃テロ事件では、政府専用機で被害邦人の遺体（7人）と家族らを本邦に輸送▽2016年7月の南スーダンにおける情勢悪化に際しては、空自C130H輸送機で大使館職員4人をジュバからジブチまで輸送した。

松川政務官が講演

米軍主催「インド太平洋参謀総長等会議」で

松川るい防衛大臣政務官は8月17日から19日までハワイを訪れ、米インド太平洋軍の主催で約20カ国が参加して開かれた「インド太平洋参謀総長等会議（CHOD）」で講演を行った。現地滞在中は各国の参謀長や司令官らとの2国間協議にも臨んだ。

松川政務官は同会議のテーマの一つ「世界の安全保障における女性の役割」に関するセッションで講演。安全保障の分野においても各国は女性の果たす役割を向上させていくことが期待されていると指摘した上で、「防衛省・自衛隊としても、我が国を取り巻く安全保障環境が変化する中、自衛隊が複雑な環境に立ち向かうためには、多様な人材を柔軟に包摂できる組織とすることが必要であり、女性隊員の採用・登用等に積極的に取り組んでいく」との決意を述べた。

2国間協議では、米インド太平洋軍司令官のジョン・アクイリーノ海軍大将と地域情勢や女性参画などをめぐって意見交換。「自由で開かれたインド太平洋」の維持・強化に向け、日米両国が引き続き緊密に連携するとともに、地域内外の多様なパートナーとの協力を強化していくことを確認した。

英国の第1海軍卿兼海軍参謀長のトニー・ラダキン大将とは、日英の防衛協力をさらに深化させていくことで一致。松川政務官は9月に予定されている英空母「クイーン・エリザベス」を旗艦とする空母打撃群（CSG21）の来日・寄港に歓迎の意を示した。

オーストラリア国防軍司令官のアンガス・キャンベル陸軍大将とは、地域情勢などについて意見を交わし、日豪間の相互運用性の強化に向けた取り組みの進展を歓迎するとともに、2国間や多国間での連携を一層推進していくことを申し合わせた。

このほか、フィリピン軍副参謀長のエリクソン・グロリア空軍中将とも会談。両氏は「自由で開かれたインド太平洋」の維持・強化に向け、装備協力や共同訓練を含むさまざまな分野で引き続き2国間の防衛協力・交流を強化していくことを確認した。

山崎統幕長も出席

安全保障上の課題を議論

山崎統幕長は8月14日から22日まで米ハワイを訪れ、米インド太平洋軍が主催する「インド太平洋参謀総長等会議（CHOD）」に出席した。

会議には日米をはじめ、豪、加、パプアニューギニア、バングラデシュなどアジア環太平洋地域18カ国の参謀長らが参加。16日から18日まで、「平和と安全を維持するためのパートナーシップ・ネットワークの強化」をテーマに行われ、地域が直面している共通の安全保障上の課題に焦点を当てて議論が交わされた。

山崎統幕長はハワイ滞在中、参加各国軍の参謀長らと2国間会談も行った。

米ハワイで開かれたインド太平洋参謀総長等会議で「世界の安全保障における女性の役割」をテーマに講演する松川るい政務官（現地時間8月18日、ホノルル市内のホテルで）＝防衛省提供

米サイバー軍司令官と会談

中山副大臣 具体的協力を議論

中山泰秀副大臣は8月8日から12日まで米国を訪れ、防衛省の政務三役として初めてサイバー軍司令部（メリーランド州フォート・ミード陸軍基地）を視察し、同軍司令官のポール・ナカソネ陸軍大将と会談した。

両氏はサイバー空間における脅威の増大を背景に、日米間の連携の重要性を改めて確認し、具体的な協力の方針について議論するとともに、脅威動向に関する情報交換を行った。

米国防総省のコリン・カール国防次官（政策担当）とは、地域の安全保障環境が厳しさを増す中、日米があらゆるレベルで緊密に連携することが重要であるとの認識を共有。サイバー領域での協力も含め、日米同盟の抑止力・対処力を一層強化していくことで一致した。

首都ワシントンではこのほか、ジェームズ・リッシュ上院議員（外交委員会共和党筆頭）や元駐日米大使のウィリアム・ハガティ上院議員とも会談し、地域情勢について意見交換。日米連携をさらに深化させていくことを申し合わせた。

米サイバー軍司令官のポール・ナカソネ陸軍大将（右）と会談する中山泰秀副大臣（8月9日、メリーランド州フォート・ミード陸軍基地で）＝防衛省提供

政府が予備費93億円支出

大規模接種センター 1カ月開設延長で

政府は8月20日の閣議で、防衛省・自衛隊が東京と大阪に開設している新型コロナワクチンの「大規模接種センター」の運営にかかる追加経費93億円を、令和3年度予算の予備費から支出することを決定した。

同センターの開設期間が9月25日頃まで1カ月間延長されたことなどに伴って増加した運営経費を補塡する。

内訳は85億円を「医療費の不足を補うために必要な経費」として、▽大規模接種センターの運営に関する委託業務▽看護師の派遣の受け入れ▽衛生消耗品の取得▽医療廃棄物の処理等――に要した経費に充てる。

このほか、8億円を「庁費、被服費の不足を補うために必要な経費」として、▽大規模接種センター会場の借り上げ▽医官・看護官の宿泊施設の借り上げ▽被接種者の輸送▽衛生被服の整備等――に要した経費に充てる。

岸防衛相は同日の記者会見で「接種を受ける方々への各種支援、プレハブやエアコンの設置など、センターの運営に関する委託業務等について新たな所要が発生した」と説明。

その上で「前例のない事業を円滑に実施していくために、高齢者を含む多くの皆さまのニーズや要望に応え、新たな所要にも柔軟かつ臨機に対応し、これに伴う財源も確保していく必要性が出てきている。事業内容や金額を十分に精査した上で真に必要なものに対して使用するもので、運営に万全を期すとの観点から必要不可欠な措置をとった」と述べた。

パラリンピック開幕

防衛省自衛隊 引き続き支援

東京2020パラリンピック競技大会が8月24日、開幕した。同大会を支援する防衛省・自衛隊の「東京2020オリンピック・パラリンピック支援団」（団長・陸自東方幕僚副長の安田百年将補以下、3自衛隊の約8500人）は五輪に引き続き、競技会場での国旗等の掲揚など各種支援活動に当たる。

開会日の24日午後には、五輪に続き空自4空団11飛行隊（松島）ブルーインパルスが都心上空を飛行、パラリンピックのシンボルマークに使われている赤、青、緑の3色のカラースモークを空に引き、開幕を祝った。

春夏秋冬

「グレート・ゲーム」のアフガニスタン

松本 佐保

アフガニスタンからの米軍撤退に伴い、広範囲でタリバンが政権を掌握、日本やアメリカを含む各国の大使館等の閉鎖やこれに伴う関係者の出国をめぐり混乱が続いている。タリバンの幹部は、「新政権では民主制は取らない」と宣言し、米国を主導とする民主主義の敗北、ベトナム戦争のサイゴン陥落のごとく、米国のパワーの低下の証だと報道されている。

この「アフガニスタン陥落」は、民主主義敗退への失望、女性の教育権などの権利の抑制への懸念はあるものの、全くもって驚きではない。また米国の覇権力の衰退だとも思わない。なぜならアフガニスタン国土の基本的地形、多くが山岳地帯であり、渓谷ごとに異なる部族が支配する部族社会で、いかなる政権でも中央集権的政治体制の構築は非常に困難だからだ。

英国は19世紀に「グレート・ゲーム」として軍事介入を行い、三回以上アフガニスタン戦争を繰り返した。英国は当時、英領インドにロシア軍が侵攻することを恐れて、当地の政権と取引や戦闘に及んだ。1838年に第一次アングロ・アフガニスタン戦争を開始、傀儡政権を樹立したが、その統治は短命で、英軍の支援なしで持続しなかった。暴徒がカーブルの通りで英国人を襲撃、英国の駐屯部隊は、通行の安全を保証されてカーブルからの撤退に同意した。しかしこの保証は反故にされ、撤退する英軍の約4500人の軍人と女性や子供を含めて12000人が連続攻撃を受け、ほぼ全員がインドへの撤退中に殺害された。英国は結局1907年に英露協商でロシアと和解するまで、当地への軍事介入を繰り返したが、力で抑え込むことは出来なかった。

冷戦期はソ連が1978～89年に介入戦争を行い、これに対抗する武力闘争、ムジャーヒディーン、イスラム教の大義の下に連携した民兵組織がゲリラ戦を展開、1万5000人の死者、7万5000人の負傷者を出し、勝利することなく撤退した。

このソ連のアフガン戦争は泥沼化したことから、米国にとってのベトナム戦争に相当すると言われた。このムジャーヒディーンから、タリバン政権が誕生した。

以上の様に歴史を振り返ると、他国がこの地を支配することが実現したことはない。

しかし、現在は隣接するパキスタン、そのライバル国インド、ロシア、そして大国中国との間で、この地をめぐる「グレート・ゲーム」は継続するであろう。

（日本大学国際関係学部教授）

お知らせ
本紙9月2日付は休刊とし、9月9日付（3467号）から通常通りの発行となります。ご了承ください。
朝雲新聞社

朝雲寸言

毎年のように繰り返される台風・豪雨災害。ご高齢の被災者が異口同音に語るのは「生まれて初めて」という言葉だ。申し伝えや教訓を超える災害の発生は我が国の自然災害の概念を変えつつあるようだ▼国連の気候変動に関する政府間パネル（IPCC）が産業革命前と比べて世界の平均気温の上昇幅が2040年までに1・5度を超える可能性が高いとする報告書を公表した。従来の分析から10年ほど早まったことになる▼気温上昇が2度に近くなると人間が住むほとんどの地域で極端な高温が増え、一部の地域で台風・豪雨災害の強度や干ばつの確率が上昇するとされる。原因となる温室効果ガスの排出を大幅に抑えることが急務である一方、国家を超えるグローバルな課題に対して国際社会は有効な施策を打てないでいる。CO2をどこよりも排出している先進諸国の責任は重いというべきだろう▼北極圏に面したアイスランドの首都レイキャビクの大通り沿いに9年前に完成した中国大使館を地元住民は「ブラック・キャッスル（黒い城）」と呼ぶ。人口35万人の小国に置かれた大使館としては異例の豪勢さで異彩を放つ▼北極海の氷が解け続けていることはいまや誰の目にも明らかになった。一年を通じて航路を維持することが可能となる日も近い▼南シナ海からインド洋に渡る「真珠の首飾り」だけではない。かの国は静かに日本列島の北にも目を向けているのである。

時の焦点

国内

パラリンピック

共生社会の姿高らかに

「障害のない人はスポーツをした方がいいが、障害のある人はスポーツをしなければならない」

車いすマラソンなどで活躍したスイスのハインツ・フライ選手はかつて、障害者スポーツの意義をこう語った。自らの能力を最大限に引き出す必要があるということだろう。訓練を重ね、世界の頂点を目指す選手たちに大きな声援を送りたい。

多くの感動を呼んだ五輪に続き、障害者スポーツの祭典、東京パラリンピックの開幕である。

約160の国・地域から、4000人以上の選手が集い、9月5日まで22競技で熱戦を繰り広げる。

新型コロナウイルスの感染状況は、五輪開幕時より悪化している。選手には、呼吸器系の疾患などのため、感染すると重症化のリスクが高い人もいる。大きなクラスターのなかった五輪の経験を生かし、感染防止に一層努力することが大切になる。

地域によっては観客を入れた五輪と異なり、すべての会場が無観客となったのはやむを得まい。

一般の観客は入れないものの、児童や生徒が競技を観戦する「学校連携観戦プログラム」は実施されることになった。

子供たちが選手たちの姿を直接見ることは、五輪・パラリンピックを招致した大きな目的の一つでもある。感染拡大への懸念を感じる家庭もあろう。対策に万全を期し、不安なく観戦できる機会をつくりたい。

直接観戦することがかなわないのは残念だが、今大会は、NHKに加え、民放も一部を生中継するという。

これまでなじみのなかった競技に触れる人も多かろう。

近年は、一般の競技より記録が上回ることもあるなど、スポーツとしての魅力が高まっているのが特徴だ。

陸上男子走り幅跳びでパラリンピック3連覇を狙うドイツのマルクス・レーム選手は今年6月、自らの持つ世界記録を更新した。8メートル62というこの記録は、今回の東京五輪金メダルを上回っており、東京パラではさらなる更新が期待されている。

レーム選手の記録には、「義足のおかげではないか」といった議論が出るほどである。障害を補う様々な技術の向上、関係者の工夫がこれほどの隆盛を導いた。

事故や病気などによって、あるいは生まれつきで障害を持つことは誰にでもある。それでも落胆する必要はなく、自身の持つ可能性をどこまでも追求することができる。そうした「共生社会」の意義を、パラアスリートの活躍が教えてくれるだろう。

パラリンピックという名称が初めて使われたのは、1964年の前回東京大会である。東京は、夏のパラリンピックが2度開催される初めての都市ということになる。

困難を乗り越えていく選手たちの姿に、観客が励まされる13日間になりそうだ。

宮原 三郎(政治評論家)

海外

カブール陥落

タリバンの統治が復活

アフガニスタンの反政府勢力タリバンは8月15日、首都カブールに進軍し、制圧した。ガニ大統領は国外に脱出し、首都陥落により、アフガン政府は崩壊した。

2001年に米軍主導の攻撃でタリバン政権が崩壊し、民主的政権が発足してから約20年。イスラム原理主義を掲げて恐怖支配を敷いたタリバンの統治が復活する。

米国防総省の監察局は17日、『自由の番人作戦』と題する季刊の報告書を発表、「アフガニスタン内の最近の重大な事態の急進展の背景」を提供している。

それによると、国防総省はアフガン軍の能力、タリバンの脅威を熟知し、現政権は過去数週間の出来事が起き得るというより、起きそうなことを知っていた。

同報告書には、アフガン政府軍は米・連合軍の支援がないとタリバンの侵攻を防げないという国防情報局(DIA)の情報やメディアの報道が盛り込まれ、それでも、政府はタリバンの破竹の攻勢に驚いたというわけだ。

米政府はまた、タリバンが政治交渉に応じるのは自らの「正統性」を得る目的だけで、国土制圧のため軍事攻勢を強化していることも知っていた。

報告書がカブール国際空港の不十分さを指摘しているのも示唆に富む。

現地に残され、国外脱出に必死の米国人が悪戦苦闘中の空港で、AP通信が約1カ月前、興味深いニュースを配信していた。

「米軍は深夜、バグラム空軍基地をこっそり去った。基地の電源を切り、基地のアフガン司令官に何の通告もなし。同司令官が知ったのは突然の撤収の2時間以上後だった」(7月6日)

これでアフガン政府軍は気付いた。米軍部隊の秩序立った撤退はない。深夜に突然いなくなったので、アフガン軍のために電源はオンのままに、とも言えなかった。政府軍崩壊の前兆、カブール陥落に向けた〝ドミノ倒し〟の最初の1枚だった。

米政府はバグラム空軍基地を放棄してカブール空港に依存するより、防衛可能な同基地を使って、軍より先に米民間人を退避させるべきだった。

米政府の国家安全保障当局者が17日、上院に通知したところでは、同日時点で約1万―1万5000人の米民間人がアフガン国内に留まっている。サイゴン陥落の比ではない。

トーマスグリーンフィールド米国連大使が17日のCNNで、タリバンによる報復・暴力について述べた。

「アフガン国民からタリバンの脅威を聞いている。国連はタリバンが人権を尊重するよう期待するとの非常に強い文言の声明を出した」――ジョークみたいな対応だ。

タリバンの進撃の最中の13日に休暇に出掛け、15日に側近の説得で急きょホワイトハウスで15分の演説後、また休暇に戻った大統領の対応もジョークのようだ。

中国、イラン、ロシアは米の対応策を注視している。果たして、「台湾」「尖閣」は大丈夫なのか?

草野 徹(外交評論家)

ワークライフバランス職場表彰

大臣懇に施設学校長が出席

内閣人事局

河野太郎国家公務員制度担当大臣とオンラインで懇談する施設学校長の山﨑義浩陸将補(勝田駐屯地で)

【陸幕人事教育計画課】政府の「働き方改革」の推進に創意工夫をもって取り組んだ国家公務員の職場を表彰する内閣人事局主催の令和2年度「ワークライフバランス職場表彰」の懇談会がこのほど、オンラインで開かれた。

新型コロナの影響でこの春予定されていた表彰式が中止となったことから、河野太郎国家公務員制度担当大臣と各受賞団体の代表者が意見交換する機会として設けられた。

令和2年度は、各府省等から推薦のあった61件の中から、「国家公務員制度担当大臣表彰」に6団体、「内閣人事局長表彰」に6団体が選ばれ、防衛省からは陸上自衛隊施設学校(勝田)が「内閣人事局長表彰」を受けた。

同校を代表して出席した学校長の山﨑義浩将補は「女性自衛官が意見を出せる場を設け、出てきた意見には必ず応えるという姿勢で取り組んできた。その中で早出遅出勤務やフレックスタイム制に関する要望があり、そうした制度の活用を促すことで利用しやすい風土、環境を作ることができた。やりがいの向上に関しては、若い隊員が多いので、彼らが取り組んでいる仕事や頑張っていることを積極的に認めることが大切だと思っている。特に国や国民、家族のために役立っていることを実感できるよう声を掛け、励ますことを繰り返していくことが大事だ」などと述べた。

河野大臣は各部署の努力をたたえた上で「管理職が問題意識を持ってマネジメントを行うと、事務負担が軽減、あるいは超過勤務が大きく減少することを実感している。無駄なルーティンワークの時間を減らし、若手一人ひとりがオーナーシップあるいは裁量を与えられて仕事ができるようになれば、やりがいは上がり、議論も活性化してくる」と語った。

ホーク・中SAM 米で実射訓練実施

陸自

陸自は8月9日から全国の中距離地対空ミサイル(中SAM)部隊を順次米国のニューメキシコ州マクレガー射場に派遣し、「令和3年度ホーク・中SAM実射訓練」を実施している。11月19日まで。

訓練は北方、東方、中方、西方の各総監と高射学校長を担任官に、各高射特科群と15高特連(八重瀬)、高射教導隊(下志津)などから延べ約300人が参加する。同訓練では、陸自中SAM部隊と空自ペトリオット部隊との初の協同射撃訓練も行う。

ペトリオットも 米国で射撃訓練

空自と陸自が初の協同射撃

空自ペトリオット対空ミサイル部隊を米国に派遣して実施する「令和3年度高射部隊実弾射撃訓練」が8月17日、米ニューメキシコ州のマクレガー射場で始まった。11月21日まで。

射撃期間は9月21日～11月9日。現地では、同じく派米訓練中の陸自中SAM部隊と初の協同射撃訓練も行う。

実射訓練は航空総隊司令官の内倉浩昭空将が指揮官を務め、6個高射群(入間、春日、千歳、岐阜、那覇、三沢)と高射教導群(浜松)が参加。派遣人員は計約380人。

訓練項目は広大な射撃場内での陣地変換、ミサイル・リロード(再搭載)、米陸軍高射部隊との日米連携射撃、陸・空自協同射撃を予定。実射訓練にはスタンダード弾を使用し、各高射群が2発ずつ発射、その技量の向上を図る。

米で対艦ミサイル実射 1特科団など140人参加

陸自

レーダーで洋上の〝敵艦〟を標定後、88式地対艦誘導弾を発射する1特科団の車両(7月8日、米カリフォルニア州ポイントマグー射場で)

陸自の対艦ミサイル部隊は7月5日から17日まで、米カリフォルニア州ポイントマグー射場に展開し、「令和3年度地対艦ミサイル実射訓練」を実施した。

訓練は北部方面総監の沖邑佳彦陸将を担任官に、1特科団(北千歳)などから隊員約140人が参加。現地には100キロ以上の射程を誇る88式地対艦誘導弾(SSM)が持ち込まれ、実射訓練は同8日から開始された。

最初に1地対艦ミサイル連隊(同)、15日に3地対艦ミサイル連隊(上富良野)がそれぞれ実射に臨み、訓練では演習弾の発射機への搭載、レーダーによる洋上の索敵と標定、その後の実射まで一連の動作を演練した。

実射の結果、1・3両連隊とも洋上の標的に演習弾を命中させた。

共済組合だより

防衛省共済組合が取り扱う各種団体保険(表参照)は、災害派遣等の危険な任務に従事する可能性のある自衛隊員である組合員の万が一の事故等に備えるため、加入者全員で保険料を出し合い、支え合う相互扶助制度となっています。

団体生命保険	団体医療保険	団体傷害保険
死亡、高度障害等を保障	病気による入院、手術、退院後の通院、3大疾病(がん、心筋梗塞、脳卒中)等を保障	ケガ、個人賠償、親介護、働けなくなった時の所得等を補償
団体年金保険	PKO保険	海外旅行保険
老後生活の資金の確保を目的	国連平和維持活動等に派遣された時のケガ、病気等を補償	公務での海外出張時のケガ、病気、個人賠償等を補償

各種団体保険は
加入者全員で支え合う相互扶助制度
安価な保険料で高い保障

◇メリット1

これら団体保険は、組合員数約26万人というスケールメリットを活かし、少ない運営経費、安価な保険料で高い保障が受けられます。特に団体生命保険、団体医療保険は1年ごとに収支計算が行われ、剰余金が生じた場合は還付金が受け取れます。

◇メリット2

全国の駐屯地等にある共済組合支部には団体保険各社の常駐員が配置されており、スムーズに各種手続きが行えます。

防衛省共済組合が取り扱う各種団体保険は、加入者全員で支え合う相互扶助制度であり、組合員にとっても有利なものとなっていますので、ぜひ加入、増口をご検討ください。

SEACATに海自幹部が参加

オンラインで

海自は8月10日から20日まで米海軍が主催する東南アジア協力訓練「SEACAT2021」に海幕の幹部2人をオンラインで参加させた。

同訓練には、日米をはじめ、東南・南アジア、オセアニア、欧州から21カ国が参加。海自隊員は10日から13日までは、海洋安全保障の情報を世界各国の関係機関と共有する「インフォメーション・フュージョン・センター(IFC)」が置かれるシンガポールと参加各国を結んで開催された海洋状況把握に関するシンポジウムに出席。14日からは、東南アジア各国海軍や沿岸警備隊などと共に不測の事態が発生した場合の対処要領などの指揮所演習を行った。

中国フリゲート 対馬海峡を北上

8月14日午後1時ごろ、中国海軍の「ジャンダオ」級小型フリゲート(満載排水量約1300トン、艦番号649)が長崎・対馬の南西約130キロの東シナ海を北東に向け航行しているのを海自2護隊(佐世保)の護衛艦「はるさめ」と4空群(厚木)のP1哨戒機が確認、情報収集と警戒監視に当たった。

海自が「ジャンダオ」級を確認するのは2015年に初めて公表して以降5回目。同艦はこの後、対馬海峡を北東進して日本海に入った。

防衛省発令

▽兼海幕首席衛生官付歯科担当衛生官 海幕首席衛生官付衛生企画室長兼中央病院1外科 1海佐 熊野 勲
▽大湊病院付(海幕首席衛生官付歯科担当衛生官) 同 大小田 学
(以上8月16日)
▽統幕総務課総務班長(2航空隊副長) 1海佐 浅利進吾
▽海幕指揮通信課情報保証班長(海幕指揮通信課) 1海佐 熊取谷 行
▽自衛艦隊司令部(海自幹部学校) 同 中込 昌樹
▽2航空隊副長(同図演装置運用課計画指導班長) 同 髙取 哲郎
▽小月教育航空群首席幕僚(徳島航空基地隊司令) 同 今西 英二
▽徳島航空基地隊司令(統幕部総務課総務班長) 同 柏村 茂樹
▽海自幹部学校図演装置運用課計画指導班長(海自幹部学校) 2海佐 中釜 祐一
▽同学校付(小月教育航空群首席幕僚) 1海佐 老本 昌弘
(海幕装備体系課) 同 花田 耕一
(同総務課) 同 田中 裕昭
(たかしお艦長) 同 長西 圭輔
(海幕補任課) 同 坂井 博之
▽空自幹部学校付(9航空団) 1空佐 石垣 伸幸
(以上8月17日)
▽防衛装備庁長官官房付兼教育訓練研究本部(防衛装備庁長官官房装備開発官付高高度超音速飛しょう体システム研究室副室長) 1陸佐 鑓手 章
▽兼3護衛隊 大湊病院付 1海佐 大小田 学
(以上8月20日)

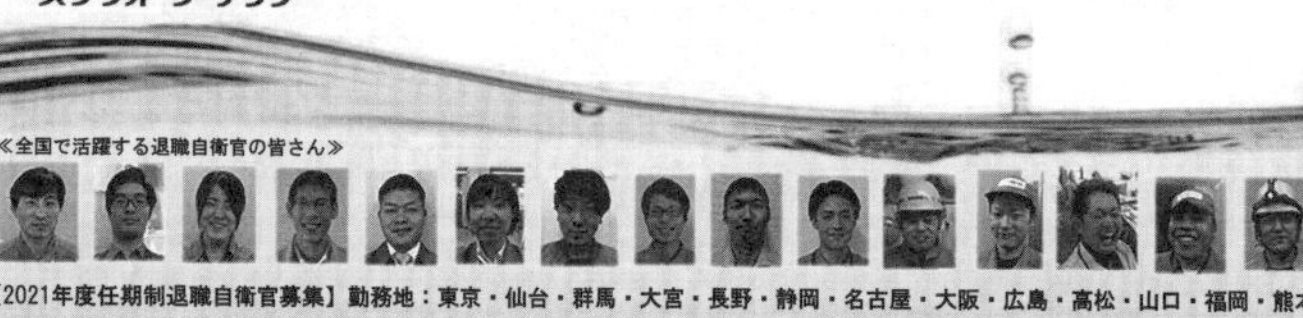

海自FOIP実現に向け各地で共同訓練

海自はコロナ下でも洋上で行動する艦艇の特性を生かし、精力的に各国海軍との共同訓練を推進している。オセアニアに展開している汎用護衛艦「まきなみ」は、豪海軍と共に米主催の共同統合戦闘訓練「大規模広域訓練（LSGE）」に初参加。アデン湾で海賊対処に当たる汎用護衛艦「ゆうぎり」は現地に向かう途中、パキスタン海軍と親善訓練を行い、それぞれ「自由で開かれたインド太平洋（FOIP）」の実現に向けて各国との連携強化を図った。一方、国内では海自の掃海部隊やイージス艦が米海軍と訓練を行い、対機雷戦、弾道ミサイル防衛で日米のプレゼンスを示した。

いざ!! 自由で開かれた大海原へ

パキスタン海軍とヘリ発着艦訓練

海賊対処水上39次隊「ゆうぎり」

アラビア海

ソマリア沖・アデン湾で民間船舶の護衛任務などに従事している海自海賊対処水上部隊39次隊の汎用護衛艦「ゆうぎり」（艦長・熊代威2佐以下約200人）は、現地に向かう途中の7月10日、パキスタン・カラチ沖のアラビア海で同国海軍艦艇と親善訓練を行った。

パキスタン海軍からはフリゲート「アラムジル」（満載排水量約4100トン）が参加し、「ゆうぎり」と共に搭載ヘリの発着艦など各種訓練を行い、相互理解を深化させた。

共同訓練を終えて、パキスタン海軍のフリゲート「アラムジル」（奥）を敬礼で見送る海賊対処水上部隊39次隊の海自護衛艦「ゆうぎり」の熊代艦長（左）＝7月10日、アラビア海で

「アラムジル」（奥）で発着艦訓練を実施した「ゆうぎり」搭載のＳＨ60Ｊ哨戒ヘリ

対抗形式の海上作戦で水上射撃

米主催「LSGE」に日米豪艦艇が参加

護衛艦「まきなみ」

珊瑚海

日米豪3カ国が参加して初めて実施された米国主催の共同統合戦闘訓練「大規模広域訓練（LSGE＝Large Scale Global Exercise）2021」が8月2日から8日まで、豪州北東の珊瑚海からフィリピン東方にかけての太平洋上で行われた。

自衛隊からはオセアニア方面に展開している海自の汎用護衛艦「まきなみ」（艦長・小坂樹範2佐）が参加。米海軍から強襲揚陸艦「アメリカ」（満載排水量4万4400トン）、ドック型輸送揚陸艦「ニューオリンズ」（同2万4900トン）、豪海軍から強襲揚陸艦「キャンベラ」（同2万6800トン）、フリゲート「バララット」（同3700トン）とP8A哨戒機が加わった。

日米豪の艦艇群は、水上射撃、対水上戦、通信、クロスデッキ、洋上補給など対抗形式の実戦的な海上作戦訓練を行い、3カ国の共同作戦能力と連携を強化した。

㊤米主催の「大規模広域訓練（ＬＳＧＥ）2021」に初参加し、米豪海軍の艦艇と共に行った水上射撃訓練で127ミリ速射砲を発射する海自護衛艦「まきなみ」（豪州北方の太平洋上で）＝統幕提供

㊨「アメリカ」（右）の上空を飛行し、キャビンのスライドドアから周囲の状況を確認する「まきなみ」搭載のＳＨ60Ｋ哨戒ヘリのクルー（左）

㊦フォーメーションを組んで航行する日米豪３カ国の艦艇。左から豪海軍フリゲート「バララット」、同強襲揚陸艦「キャンベラ」、米海軍ドック型輸送揚陸艦「ニューオリンズ」、同強襲揚陸艦「アメリカ」、海自護衛艦「まきなみ」＝いずれも海自提供

日米イージス艦が相互運用性を向上

4護群護衛艦「ちょうかい」

東シナ海

海自4護群8護衛隊（佐世保）のイージス護衛艦「ちょうかい」（艦長・城武昌1佐）は8月14、15の両日、東シナ海で米海軍第7艦隊のイージス艦と共同訓練を実施した。

「ちょうかい」は米海軍のミサイル駆逐艦「ベンフォールド」（満載排水量約8300トン）と共に各種戦術訓練を行い、洋上での弾道ミサイル防衛を担う日米海上部隊の相互運用性を高めた。

㊨東シナ海で日米共同訓練を行った海自のイージス護衛艦「ちょうかい」（手前）と米海軍のミサイル駆逐艦「ベンフォールド」（奥）

㊤「ベンフォールド」（奥）に手旗信号を送る「ちょうかい」乗員

陸奥湾で日米共同の掃海特別訓練

日米掃海部隊が機雷戦の能力向上

海自の令和3年度機雷戦訓練と日米共同の掃海特別訓練が7月18日から30日まで、青森県の陸奥湾で行われた。

訓練は、掃海隊群司令の福田達也将補を統制官に、掃海母艦「うらが」「ぶんご」、掃海艦「あわじ」「ひらど」、掃海艇10隻の計14隻が参加。航空部隊からもＭＣＨ101掃海・輸送ヘリ2機、P1哨戒機2機、P3C哨戒機3機が加わった。

一方、日米共同の掃海特別訓練には米海軍第7対機雷戦隊司令を統制官に掃海艦「ウォーリアー」が参加。日米の掃海部隊は訓練機雷を使用した機雷の敷設、掃海、潜水訓練などを実施し、日米共同で機雷戦作戦能力の向上を図った。

㊤掃海母艦「うらが」の艦尾ハッチから処分艇を海面に運ぶ日米の水中処分員たち（7月19日、陸奥湾で）

㊧掃海訓練で使用する訓練機雷をクレーンで吊り上げ、掃海母艦「ぶんご」から「うらが」に移載する乗員たち（7月16日）

「うらが」の飛行甲板でＭＣＨ101掃海・輸送ヘリに水中無人機（ＵＵＶ）を運び込む乗員たち（7月26日）

ひろば

菊月、長月、寝覚月、紅葉月――9月。

1日防災の日、10日世界自殺予防デー、12日宇宙の日、20日敬老の日、23日秋分の日、27日世界観光の日。

ひょうげ祭り　高松市香川町の高塚山に鎮座する新池神社の祭礼。「ひょうげ」は「おどける」「滑稽」の方言で、農作物や家庭用品で作った神具や色鮮やかな化粧で装い、水の恵みを感謝して豊作を祝う。12日

与論十五夜踊り　鹿児島・与論島を一望できる琴平神社の豊年祭。国指定重要無形民俗文化財。大和風踊りの「一番組」と琉球風踊りの「二番組」が交互に演目を披露し、五穀豊穣を祈願する。21日

一番楽しみなのは「友達や家族との体験」

ベネッセコーポレーションの「2021年の夏休みに関する小学生の意識調査」

コロナ下で2度目の夏休みを迎えた子供たち

コロナ下で2度目の夏休みを迎えた子供たち。屋外での遊びや運動、プールなども制限され、宿題や体験学習はオンラインが当たり前になりつつある。そんな小学生の意識を調べるため、ベネッセコーポレーション(本社・岡山市)はこのほど、アンケート「2021年の夏休みに関する小学生の意識調査」を実施した。それによると、子供たちはコロナ下でも「友達や家族との体験」を一番の楽しみにしていることが分かった。そんな子供たちに向け、自衛隊ではオンラインで小学校の防災授業に協力、隊員が「ロープ結索法」などをリモートで指導している。

モニター越しに隊員から防災学習を受ける福岡市立玄界小学校の児童たち

一番楽しい宿題は何？ 「自由研究・工作」が4割

アンケート調査「2021年の夏休みに関する小学生の意識調査」はベネッセが提供する通信教育「進研ゼミ小学講座」が行った。8195人の小学生から回答があり、それによると、コロナ下でも子供たちは友達や家族との「体験」を一番の楽しみにしており、それぞれが目標を持って夏休みを過ごそうとする前向きな姿勢が分かった。

アンケートの【宿題編】では、「一番大変な宿題は？」の問いに、①読書感想文(27%)②自由研究・工作(19%)③計算などの算数の問題(17%)と答え、一方、「一番楽しい宿題は？」の問いには、①自由研究・工作(39%)②運動(11%)③計算などの算数の問題(8%)と回答している。「自由研究・工作」は子供たちの間で二極化し、多くが「大変だけど楽しい」と答え、理由は「好きなことに自由に取り組めるから」と述べている。

【生活編】では、「夏休みに楽しみにしていることは何ですか？」の問いに、友達関連が1位となり、友達と「遊びに行く」「プールに行く」「お泊り会をする」などが一番の楽しみに挙げられていた。

さらに今年は「祖父母に会う」を挙げる児童も多かった。高齢者のワクチン接種が進み、祖父母と孫の面会が可能になりつつあるのがその理由のようだ。

【好きなスポーツ】については、1位が水泳、2位サッカー、3位ダンスの順。「一番あこがれているスポーツ選手は？」の問いには、1位がメジャーリーグで活躍中の大谷翔平選手(野球)、2位が東京五輪開会式で聖火を点灯した大坂なおみ選手(テニス)、3位は病気に打ち勝って五輪に出場した池江璃花子選手(競泳)だった。

映像見ながらロープワーク挑戦 福岡地本がオンライン「防災授業」

【福岡地本】自衛隊福岡地方協力本部は7月12日、福岡市立玄界小学校の4〜6年生12人に対し、オンラインで「防災授業」を行った。

玄界島は平成17年3月に発生した福岡県西方沖地震の被災地となったことから、同校では「震災の記憶を風化させないためにも、子供たちに被災地での自衛隊の活動を教えてもらいたい」と地本に協力を要請。今回の授業は社会科の「防災学習」の一環として行われた。

地本隊員はオンラインで自衛隊の仕事、災害派遣活動、国際平和協力活動などについて説明。児童からは「大雨による土砂災害で被災者をどう探して助けたんですか？」「玄界島で地震が起こった時、自衛隊の人たちはどうやって駆けつけてくれたのですか？」といった質問があり、隊員が丁寧に答えた。

この後、ロープを使った結索法の実習もオンラインで実施。隊員が映像を通してもやい結び、止め結びなどを教え、映像を見ながら子供たちもロープワークに挑戦、出来上がると歓声を上げていた。

授業後、教諭から「自衛隊の活動、特に災害派遣活動などを学ぶことができ、児童たちにとって貴重な体験になりました」と授業を担当した隊員にお礼の言葉があった。

福岡地本から玄界小の児童に向け、オンライン授業を行う隊員

映像を見ながらロープワークに挑戦する生徒

マイヘルス Q&A

パーキンソン病

50〜60代に多く発症 手足の震えが特徴

脳神経内科を受診

Q　パーキンソン病とはどんな病気ですか。

A　パーキンソン病は、1817年にイギリスのジェームズ・パーキンソンによって報告された病気です。振戦(手足が震える)、筋強剛(筋肉がこわばる)、動作緩慢(動きが鈍くなる)、姿勢保持障害(身体のバランスがとりづらい)――が4大症状と呼ばれる代表的な症状です。

Q　日本にはどのくらいの患者さんがいるのですか。

A　パーキンソン病は決して珍しい病気ではなく、現在、日本では約20万人の患者さんがいると推定されています(10万人当たり100〜180人程度)。50〜60代に発症することが多いため、人口の高齢化に伴い、患者数は増加しています。

Q　原因は何ですか。

A　パーキンソン病の患者さんの脳では、中脳の黒質という部位のドーパミン神経細胞が減少しています。ドーパミンは神経伝達物質の一つであり、脳の中のドーパミンが不足することで、運動がスムーズにできないなどの症状が現れます。パーキンソン病は遺伝性でない場合がほとんどですが、一部では遺伝による発症も認められます。

Q　どんな症状が出るのですか。

A　前述した4大症状のうち、初発症状として最も多いのは、どちらか片方の手の震えですが、この震えは椅子に座って手を膝においている時などに見られるのが特徴です。また、運動症状以外にも、立ちくらみ、排尿障害、便秘、睡眠障害、抑うつ、幻視、嗅覚低下などの症状もよく合併し、これらは非運動症状と呼ばれます。

Q　どうやって治療するのですか。

A　一般的には内服治療を行います。パーキンソン病の治療薬にはさまざまな種類がありますが、いずれもドーパミンの脳内での働きを強める作用があり、運動症状が改善します。ただし、病気そのものを治癒させる作用はなく、発病してから時間が経つにつれて、少しずつ症状改善効果が乏しくなったりしてきますので、外来で薬を調整していきます。

Q　パーキンソン病かなと思ったら。

A　パーキンソン病の特徴的な症状が現れたら、専門科である「脳神経内科」を早めに受診してください。

自衛隊中央病院診療科第1内科医官　角谷 真人

BOOK NOW

私が読んだ この一冊

ヨシタケシンスケ著「あるかしら書店」(ポプラ社)

15高射特科連隊1高射中隊(知念)　大部季奈2陸尉　29

こんな本があったらいいなと思ったことありますか。本書は本屋さんを舞台としており、お客の「こんな本あるかしら」という要望に応えるため、店長がさまざまな本を紹介していきます。本に対する愛情と妄想が詰まった物語であり、私が小学生の頃に出合っていればもっと本が好きになったと思います。小学生から大人まで一層本が好きになってしまう一冊であるため、ぜひ子供と一緒に読んでみてはいかがでしょうか。

梅原大吾著「世界一プロ・ゲーマーの『仕事術』勝ち続ける意志力」(小学館)

海自4術校(舞鶴)　辻井大貴1海尉　32

プロ格闘ゲーマー・梅原大吾氏の著書。格闘ゲームという特殊なジャンル以外でも応用可能な、結果を出し続けるための努力や思考法について書かれています。

効率のよい勝ち方を捨て、セオリーすら疑い、考え続ける姿勢など、勝負の世界で頂点を極めた者が重要視している観点を学ぶことができるほか、ゲームというマイナーな世界を選んでしまった苦悩なども赤裸々に記述されており、非常に面白い本です。ぜひ一読を！

アンデシュ・ハンセン著、久山葉子訳「スマホ脳」(新潮新書)

中警団司令部(入間)　高橋正幸准空尉　51

「人間の脳は、デジタル社会に適応していない――」。デジタル化が進み、生活が快適になる一方で、集中力の低下、睡眠や運動不足が生じ、精神状態が悪くなっている。本書ではその理由を研究し、デジタル社会が脳に、どのような影響を与えるかを示唆している。

集中力を高めて仕事の効率を向上させたい方はぜひ本書を読み、「デジタル社会におけるアドバイス」を心がけてほしい。

隊員愛読書ベスト5

<入間基地・豊岡書房>
1. 航空自衛隊F－4ファントムII写真集＆モデリングガイド　モデルアート社　￥2970
2. F－4EJ／RF－4EファントムIIの50年　文林堂　￥2980
3. ジェット旅客機操縦完全マニュアル　中村寛治著　SBクリエイティブ　￥1980
4. 自衛官一般曹候補生採用試験問題集第2版　TAC出版　￥1540
5. 自衛官採用試験問題解答集4一般曹候補生2021年版　成山堂書店　￥2200

<防衛省・三陽堂書店>
1. 自衛隊装備年鑑2021－2022朝雲新聞社　￥4180
2. 日本社会は自衛隊をどうみているか　ミリタリー・カルチャー研究会著　青弓社　￥3300
3. 陸上自衛隊補給管理小六法令和3年版　学陽書房　￥2860
4. アジアの安全保障2021－2022　西原正監修　朝雲新聞社　￥2475
5. 自衛隊最高幹部が語る令和の国防　岩田清文ほか著　新潮社　￥902

<神田・書泉グランデミリタリー部門>
1. ヘルマン・ゲーリング装甲師団写真集　吉川和篤著　イカロス出版　￥2750
2. 世界の傑作機No.202 B－1ランサー増補版　文林堂　￥1750
3. F－4EJ／RF－4EファントムIIの50年
4. 『太平洋の巨鷲』山本五十六　大木毅著　KADOKAWA　￥1012
5. 今日もなんとかやってます！　六鹿文彦著　大日本絵画　￥2970

<トーハン調べ7月期>
1. 老いの福袋　樋口恵子著　中央公論新社　￥1540
2. ボーヴォワール『老い』　上野千鶴子著　NHK出版　￥600
3. SPY×FAMILY 家族の肖像　矢島綾著　集英社　￥770
4. 52ヘルツのクジラたち　町田そのこ著　中央公論新社　￥1760
5. くもんの夏休みドリル小学1年生　くもん出版　￥660

長崎・佐賀の大雨災派終了

3自衛隊 氾濫地域などで177人救助

西日本を中心とした大雨による土砂崩れや河川の氾濫が発生した地域での災害派遣活動で、長崎県雲仙市や佐賀県の武雄市と大町町で人命救助などに当たっていた3自衛隊は8月19日までに両県知事の撤収要請を受け、相次いで活動を終了した。また、青森県で大雨被害に伴う災派活動に当たっていた9師団隷下の派遣部隊も17日までに活動を終えた。

長崎県雲仙市では捜索活動が警察・消防・自治体で対応可能になったことから19日午後5時30分、同県の中村法道知事が陸自16普連長（大村）の福添哲生1佐に撤収を要請した。現地の調整所前で同市の金澤秀三郎市長は「14日から本日まで6日間、厳しい環境の中にも関わらず救出活動に従事して頂き、誠にありがとうございました。心から感謝申し上げます」と福添1佐に謝意を述べた。

一方、佐賀県で六角川の氾濫に見舞われた同県武雄市と大町町では18日午前11時20分、同県の山口祥義知事から陸自西部方面混成団長兼久留米駐屯地司令の古庄信二1佐に撤収要請が出されたが、同日午後に大町町の砥石川ため池で斜面崩落が発生。周辺住民の避難誘導のため災害派遣要請が再び出され、同日午後3時33分、避難誘導を終えたことで、佐賀県での全ての災派活動を終えた。

8月14日から19日までの自衛隊の活動規模は、長崎・佐賀県合わせて人員延べ約1540人、ヘリ2機、小型ショベルドーザー2両、ボート37隻、災害救助犬3頭、全天候型ドローン2機。活動実績は、人命救助177人、避難誘導1人、安否確認4世帯。

災派終了に伴い、福添16普連長（中央左）に自衛隊の災派に対する謝意を述べる雲仙市の金澤市長（同右）＝8月19日、長崎県雲仙市で

佐賀県の依頼でDMAT（災害派遣医療チーム）を渡河ボートで目的地の病院まで輸送する9施設群（小郡）の隊員（左）＝8月15日、佐賀県で

青森も撤収

このほか、青森県で継続していた救援物資輸送の災害派遣は17日午後7時、青森県の三村申吾知事からの撤収要請を9師団長（青森）の亀山慎二陸将が受け、同県での全ての災派活動を終えた。

青森県での8月10日から17日までの自衛隊の活動規模は、人員延べ約950人。活動実績は食料約2万9000食、飲料水3万3000本（500ml）、日用品など約4300点の輸送。給水約80トン、避難支援約520人、流木除去4本、汚泥除去約300メートル（130トン）。

中即連 海賊対処16次支援隊員 ジブチ派遣出国行事 「一致団結して任務を」

【中即連＝宇都宮】陸自中央即応連隊は7月6日、海賊対処行動支援隊16次隊第3波の警備隊長・富田亘3陸佐以下約70人の出国行事を行った。連隊としてジブチへの隊員派遣は今回で15回目。

行事は宇都宮駐屯地ラグビー場で行われ、派遣隊員の紹介後、登壇した富田警衛隊長は「コロナ禍で厳しい環境下での任務が予想されるが、任務を完遂し、元気な姿で帰国する」と述べた。中即連長の山田憲和1佐は「慣れやマンネリを排除し、一致団結して任務を遂行せよ」と訓示した。

これに先立ち、富田隊長は6月21日に栃木県防衛協会の青木勲会長、24日に栃木県の福田富一知事と宇都宮市の佐藤栄一市長を表敬して出国のあいさつを行い、各首長らから激励された。

派遣隊員は駐屯地体育館で停留した後の7月20日、家族や同僚に見送られて駐屯地を出発し、成田空港からジブチに向け出国した。

福田栃木県知事（右から2人目）を表敬した海賊対処行動支援隊16次隊警衛隊長の富田3佐（その左）。左端は立会した山田中即連長（6月24日、栃木県庁で）

父と同じ音楽隊員を志した楽曲『アイ・リメンバー・クリフォード』を演奏する西方音の木下曹長（左手前）＝7月10日

元音楽隊員の父に曲届ける 西方音の木下曹長 トランペットの絆つなぐ

【西方＝健軍】西部方面音楽隊（隊長・志賀亨2佐）は7月10日、熊本県益城町の文化会館で開催された「復活！アーミーサウンズinましき」に参加。同音楽隊所属でトランペット奏者の木下繁樹陸曹長が、音楽隊員だった父に思い出の一曲を届けた。

同コンサートは3年ぶりの復活開催で、約250人が来場。志賀隊長の指揮のもと、西方音は行進曲「美中の美」をはじめ、歌謡曲など全11曲を演奏した。演奏楽曲の一つ『アイ・リメンバー・クリフォード』（クリフォードの想い出）』では木下曹長がトランペットソロを熱演。

約45年前に同音楽隊員でトランペット奏者だった父の文洋さんが、小学生だった木下曹長に演奏を披露した思い出の曲だ。美しい音色に夢中になり、父と同じ道を志すきっかけとなった。

半世紀近くの時を超え、今度は文洋さんが音楽隊の伴奏でステージに立つ息子を客席から見守った。懐かしい音色に息子と当時の自分を重ね合わせ、涙をぬぐった。

木下曹長は「親孝行のつもりで選曲したので父に聴いてもらえてうれしい。父のように音楽隊員として職務を最後まで全うできるよう、さらに練習を重ねたい」と語った。

親子で記念撮影する父の文洋さん（右）と木下曹長（写真はいずれも熊本県益城町で）

「もがみ」の艤装員が清掃 長崎市の稲佐山頂上まで

【もがみ】対機雷戦能力も備えた海自の多機能護衛艦（FFM）の1番艦として令和4年度に就役が予定されている「もがみ」の艤装員長・関健太郎2佐以下37人はこのほど、長崎市の稲佐山（標高333メートル）周辺で清掃活動を行った。

隊員たちは建造が進められている三菱重工長崎造船所の寮がある入船町からスタート。気温が上昇する中、稲佐山山麓の淵神社を経由して登山道に入り、山頂の展望台まで約10キロメートルの道のりを空き缶や吸い殻などのゴミを拾いながら踏破した。ゴールの山頂に到着した隊員の顔は、汗だくになりながらも達成感に満ちていた。

本活動を企画した安部勝利曹長は「今回の清掃活動は、長期滞在している長崎市に何か貢献できることがないかと考え企画した。コロナ禍で地域との関係も希薄になりがちな昨今ではあるが、今後もこのような活動を行い、地域に貢献していきたい」と話している。

長崎市の稲佐山中腹から山頂までの登山道で落葉を拾い集める海自多機能護衛艦「もがみ」の艤装員たち

小休止

▽…空自小牧管制隊はこのほど、基地正門前に展示されているT33練習機の清掃活動を行った＝写真。今年は航空保安管制群発足60周年に当たり、基地への貢献活動の一環として取り組んだ。

▽…清掃前に福村敏也曹長が、優秀なパイロットを輩出してきたT33のこれまでの活躍などを紹介。隊員たちは目の前の機体の歴史に思いを馳せながら、作業に取り掛かった。

▽…機体は塗装の剥がれや経年劣化による損耗があるため、隊員たちは細心の注意を払いながら洗浄し、磨き上げた。かつて「Tバード」の愛称で大空を駆け巡った同機は、再び銀翼の輝きを取り戻した。（小牧）

米軍不発弾を処理 15旅団が沖縄県名護市で

【那覇】陸自15旅団101不発弾処理隊は7月29日、沖縄県名護市で発見された不発弾1発（米国製50キロ爆弾）の信管離脱による現地安全化を行った。

自治体の用意した処理壕に不発弾をクレーンで移し、壕内で手動による信管離脱を実施。安全化した後、処理壕から爆弾を搬出した。

処理班として参加した同隊の坂本雄太2尉は「いつも通り淡々と実施できた。練成の成果が出て、安全・円滑に任務を完了できた」と述べた。

同隊の処理実績は3万8673件、1840トン（昭和47年本土復帰以降～8月23日現在）。

安全化した爆弾を処理壕から搬出する101不発弾処理隊の隊員（7月29日、沖縄県名護市で）

こちら警務隊 性犯罪④

泥酔して無抵抗な者への性交は準強制性交等罪で重い刑罰に！

泥酔で意識がおぼろげな女性に対して性交をした場合、どんな罪になりますか？

泥酔や薬等の影響により、正常に判断が出来ない状態または無抵抗な状態の者に対して性交等をした場合は、準強制性交等罪に該当し、5年以上の有期懲役となり、さらに、本罪を犯して死傷させた場合は、無期または6年以上の懲役と非常に重い刑に処せられます。

本罪は、被害者の尊厳を著しく侵害する卑劣な犯罪であり、被害者に一生消えない精神的苦痛を与えます。

また、検挙されると本人はもちろんのこと、家族も性犯罪者の家族として見られて苦悩しますので、絶対にしてはいけません。

（東部方面警務隊）

女傑サッチャーの喝！英艦隊の1980年アジア歴訪

英空母「クイーン・エリザベス」がやってくる（上）

海自OB 是本 信義（福岡県築上郡吉富町、防大3期）

英空母「クイーン・エリザベス（Q・E）」を旗艦とする空母打撃群が去る5月22日、イギリス南部の軍港ポーツマスを出港した。地中海、インド洋、南シナ海、そして太平洋を巡りながら40カ国を歴訪する約7カ月の大航海である。

その目的は英海軍のプレゼンス誇示で、覇権主義に走る中国への牽制と言われている。日本では横須賀、佐世保、沖縄に寄港し、海上自衛隊と共同訓練を行うとのことである。

部隊編成は空母「Q・E」を旗艦に、45型ダイヤモンド級駆逐艦2隻、23型ケント級フリゲート2隻、スチュアート級原子力潜水艦、給油艦、補給艦、これに米海軍のイージス駆逐艦、オランダ海軍のフリゲートが加わる計10隻の大空母機動部隊である。

「Q・E」搭載の戦闘機は英空軍、米海兵隊所属のF35Bが18機。近い将来、護衛艦「いずも」「かが」に空自のF35Bを搭載・運用する海上自衛隊にとっても、「Q・E」との共同訓練は良い経験になるだろう。

◇

ところで、過ぐる41年前にも同じく英海軍の有力部隊が来日し、海自と共同訓練を行っている。昭和55年（1980年）9月に行われた日英共同訓練「FUJI 80」である。この訓練に私はミサイル搭載護衛艦「あまつかぜ」の艦長として参加した。そこでここではその訓練のあらましを記してみたい。

インド太平洋に向けて母港ポーツマスを出港した英海軍の空母「クイーン・エリザベス」（英海軍提供）

英軍迎え「FUJI 80」

この時の英海軍のアジア歴訪は、当時の首相マーガレット・サッチャー女史直々のお声がかりで実現したものである。その理由は、1967年のいわゆる「スエズ以東撤退」以来、意気の上がらぬ英国の現状を憂いたサッチャー首相の「アジアに遠征し、未だイギリスの元気なところを見せてこい！」との鶴の一声にあった。

その派遣部隊「FLOTILLA ONE（第1戦隊）」はカウンティ級駆逐艦「アントリム」を旗艦に、戦隊司令官である海軍少将に率いられた駆逐艦2隻、フリゲート3隻、給油艦2隻、給糧艦1隻計8隻の大部隊であった。同隊は9月12日に横須賀の米海軍基地に入港した。

この英戦隊と共同訓練するのは第1護衛隊群司令の藤井将補直率のもと、「はるな」「ひえい」「あさかぜ」「あまつかぜ」の4隻であった。他の3隻の艦長はいずれも幹候4期の古強者（ふるつわもの）で、幹候10期の私が大先輩たちに伍してこの共同訓練に参加するかと思えば、思わず武者震いがしたものだった。

9月13日、横須賀停泊中の旗艦「はるな」艦上に双方の各級指揮官、主要幕僚が集まり、プレセイル・カンファレンス（出港前会議）が開催された。まず双方が自己紹介。このとき英司令官が「アントリム」艦長を「〇〇大佐、旗艦艦長兼参謀長」と紹介したのが目立った。この英海軍の職務兼任の件についてはのちほど少し解説しよう。

3日間にわたる共同訓練はこの事前会議に始まり、停泊訓練（通信など）、実動訓練（戦術運動「MICEX1」）、そしてメインイベントの対潜訓練と続いた。

英空母機動部隊の戦術

会議中、英空母機動部隊の「対潜水艦戦」のコンセプトについて紹介があった。

まず対潜空母（CVS）を中心に複数の対潜艦艇が取り巻き、輪形陣を構成する。この時、複数の防空艦がそのサークル内に占位するのが米海軍と異なる。前方には潜水艦パトロールエリアを設け、原潜2隻が入る。その前方には対潜哨戒機。側衛として対潜ヘリが配置（ソノブイバリヤー）される。これは米海軍とほぼ同じである。

当時、英海軍は対潜前投兵器として「リンボー」を使用していたが、やがてオーストラリア海軍開発の長距離対潜ミサイル「アイカラ」を併用するようになっていた。その用法は、艦載ヘリを遠距離対潜センサーとして用い、その探知情報を「リンク10」により母艦に刻々送信。

併行してGFCS（射撃指揮装置）によりヘリを照準、この両者のデータをコンピューターにかけて敵潜水艦の位置を特定し「アイカラ」を発射するという、長距離間接射撃の要領により攻撃する。これは、個艦のソーナーで探知した潜水艦に対し、直接投射する海自の「アスロック」攻撃の方式とはまったく異なるのが驚きだった。（つづく）

（世界の切手・英マン島）

命ある限り、私はこの身を捧げてあなた方の信頼に応えられるよう努めます。
英国のエリザベス女王（戴冠式で）

新刊紹介

「日米の絆」元駐米大使 加藤良三回顧録

加藤 良三著、三好 範英編

日米同盟の礎を築いた戦後を代表する外交官・加藤良三元駐米大使の回顧録だ。読売新聞に27回にわたり掲載された記事「時代の証言者」をまとめ、三好氏が再構成したもので、新聞に掲載できなかった内容が加えられたほか、追加インタビューも行われている。

敗戦による国土荒廃と連合国の占領で始まった日本の戦後。そこで外交官となった著者は、米国との沖縄返還交渉からキャリアをスタートさせる。その後、日米経済摩擦、在沖米軍基地問題など懸案に取り組み、対等な日米同盟の実現に向けて尽力した。

米国から信頼を得るには軍事面での支援も不可欠となり、湾岸戦争時の政府内の議論なども詳しく明かされている。それによれば海自の派遣検討では「自衛艦を白いペンキで塗ればいい」「大砲にビニールシートをかけて派遣したらどうか」などと本気で議論されたという。

その後、掃海部隊のペルシャ湾派遣、9・11米同時多発テロ後には陸自がイラクに派遣されるが、当時、どんな対米交渉が行われていたのか。今日の強固な日米同盟の背景を知ることができる当事者による貴重な証言集だ。

（吉田書店刊、3520円）

「陸上自衛隊部外土木工事のあゆみ」

一般社団法人 防衛施設学会編

陸上自衛隊は創隊当時から民生協力の一環として「部外土木工事」に従事してきた。本書は過去70年間で計8000件を超す同工事についてリスト一覧を作成するとともに、当時の作業現場での写真や担当部隊について網羅した歴史的な資料だ。

編集には陸幕施設課と陸自施設学校が全面的に協力、施設科OBが編集委員となり、彼らの足跡を350ページの大著にまとめている。内容は第1章が部外土木工事の歴史、第2章が写真と新聞記事による各工事の記録、第3章が作業に携わった隊員によるエピソード集、第4章が施設科部隊のあゆみとなっている。巻末には工事実施リスト、関係法規、施設学校と旧陸軍工兵学校の校史などが掲載されている。

施設科は災害派遣をはじめ、国連PKO活動、途上国への能力構築支援などで陸自の中核を担ってきた。それだけに記録されたエピソードはどれも興味深く、陸自施設科の地域への貢献を後世に伝える貴重なデータとなっている。

本書は一般書店での販売はなく、希望者は防衛施設学会にメール（gakkai@jsdfe.org）で注文する。

（防衛施設学会刊、4000円）

みんなのページ

100杯のコーヒーより1杯の酒じゃ

岡山での広報官勤務の思い出

2空曹 立花 敏寛（中警団整補群・入間）

私は以前、自衛隊岡山地方協力本部・倉敷地域事務所で広報官として働いていました。

倉敷事務所に配属されたのは平成27年8月で、当初は朝9時頃から夕方17時までハローワーク周辺で街頭募集をするのが日課でした。

真夏の暑い中、初めての「男性へのナンパ」（声掛け）を大変緊張しながら約1カ月間行いました。成果は受験者1名でしたが、良い経験となりました。

自分の担当地区が決まってからは協力者（募集相談員、隊友会、家族会）との夜間訓練（宴会）が月に1回以上あり、瀬戸内海の美味しいカキと地酒を楽しみながら協力体制の強化と情報収集に邁進しました。

その時のOB広報官の方の一言「100杯のコーヒーより1杯の酒じゃ！」が今でも胸に突き刺さっており、地元とのつながりが募集業務においてはとても重要だということを痛感しました。

また、保護者や入隊者の話を聞くと、岡山県は「晴れの国 岡山」というほど気候に恵まれ、災害等も少ないため、地元での勤務を望む人が多く、郷土愛が強い地域だと思いました。

私は福岡県出身で、縁もゆかりもない岡山での広報官勤務は土地勘もなく最初は苦労しましたが、良き協力者の方々や事務所の陸上・海上の広報官からいろいろ教えてもらって知識が広がり、人間的にも成長することができたと思います。

皆さんも一度は地本の広報官勤務をすることをお勧めいたします。

人として大きく成長した新隊員

3陸曹 佐藤 祐太郎（49普連教育隊316共通教育中隊・豊川）

私はこのたび、臨時勤務で第10特殊武器防護隊から新隊員教育に班長として参加させていただきました。

新隊員教育は自衛官としての基礎を作るための教育であり、3カ月間、班長として強い責任感を持って教育に当たりました。新隊員は当初、人間関係や生活環境に戸惑いを感じながらも、私の指導のもと、一つ一つ厳しい訓練を同期と共に乗り越え、強い絆を生み、自衛官として、人として大きく成長しました。

新隊員は7月1日、それぞれの後期教育先へと旅立っていきました。そこでもさまざまな困難に直面することと思いますが、同期と共に懸命に立ち向かい、今後の彼らの成長と活躍を願ってやみません。

私が任務を無事終えることができたのも、中隊長をはじめ本部の方々、他の助教の皆さまに支えていただいたおかげです。ここに改めて御礼申し上げます。

OBがんばる

内堀 広さん 60

平成31年3月、松本駐屯地業務隊を最後に定年退職（1陸尉）。日本赤十字社に再就職し、長野県諏訪市にある諏訪赤十字病院で医療従事者の支援に従事している。

私は再任用自衛官を最後に陸自での勤務を終え、諏訪赤十字病院に入社しました。日本赤十字社は「苦しんでいる人を救いたいという思いを結集し、いかなる状況下でも人間の命と健康、尊厳を守ります」との使命の下で活動しており、第一線の医療従事者と彼らを支える多種多様な後方支援業務に従事するスタッフで成り立っています。私の業務は、医師、看護師、事務職等からのさまざまなニーズへの対応や病院内外の環境整備などで、自衛隊での経験が日々生かされていると実感しています。

当社は地域社会と共に歩み、災害救援活動を積極的に行うことを重視しており、自衛隊と共通する部分が多々あります。平素から天候や災害情報の収集などに当たる意識の高さには感心させられます。自衛隊で災害派遣活動に従事していた時、災害現場には必ず赤十字マークがあったことを思い出し、改めて気を引き締めております。

自分を見つめ直す

当社に再就職するにあたり、最初は不安ばかりでしたが、実際に仕事を始めると自衛隊と重なる点も多く、現在はやりがいを感じながら勤務しております。そして何よりも一番は病院全体が個人・組織として充実した職場であり、雰囲気もよく大変満足しています。

再就職には皆さまも不安があると思いますが、民間の特性を十分に理解し、業種・職種の選択、待遇や勤務条件等をよく検討するとともに、自分の性格や考え方を見つめ直し、入社後は会社の社風や風土に適応していくことが大切であると今実感しています。

諏訪赤十字病院　災害救護車

「朝雲」へのメール投稿はこちらへ！

▽原稿の書式・字数は自由。「いつ・どこで・誰が・何を・なぜ・どうしたか（5W1H）」を基本に、具体的に記述。所感文は制限なし。
▽写真はJPEG（通常のデジカメ写真）で。
▽メール投稿の送付先は「朝雲」編集部（editorial@asagumo-news.com）まで。

詰将棋

出題 日本将棋連盟 九段 石田 和雄

第850回出題

5	4	3	2	1	
					一
	角				二
	銀		▽王	▽桂	三
		桂			四
		▽角			五
					六

☗先手 持駒 金桂

【ヒント】初手、3手の駒の配置換え（5分で初段）。

▶詰碁、詰将棋の出題は隔週です◀

詰碁

出題 日本棋院 九段 曲 励起

第1265回解答

【解答図】黒先、白死。黒❶が大切で、白②の時黒❸がまた大切です。白④には黒❺白⑥黒❼で白死です。なお白④で『6』なら黒「イ」でやはり白死です。

朝雲

発行所 朝雲新聞社
〒160-0002 東京都新宿区四谷坂町12－20 KKビル
電話 03(3225)3841
FAX 03(3225)3831
振替00190-4-17600番
定価一部170円、年間購読料9170円（税・送料込み）

本号は10ページ

アフガン派遣空自機帰国

邦人1人、アフガン人14人退避

外国人の移送は初

岸防衛相は8月31日、アフガニスタンから邦人らを退避させるため、隣国パキスタンの首都イスラマバードに派遣していた空自機3機と陸・空自の隊員計約200人に撤収命令を発出した。これを受け、9月3日にC2輸送機（3輸空＝美保）1機が埼玉県の空自入間基地に、翌4日にはC130H輸送機（1輸空＝小牧）2機が愛知県の空自小牧基地にそれぞれ隊員らを乗せて帰国した。空自機は8月25～27日の間、拠点のイスラマバードとアフガンの首都カブールの空港を計5往復し、日本人1人とアフガン人14人を退避させた。

岸大臣は9月3日の記者会見で「派遣隊員は大変厳しい困難な状況の中で持てる力を100パーセント発揮して任務遂行に努めた。大変な苦労があったと思う。その努力にお疲れさまと申し上げたい」と述べた。

イスラム原理主義組織タリバンが政権を掌握して混乱が続くアフガニスタンからの邦人等退避をめぐっては、国外で緊急事態が発生した場合の邦人や外国人の輸送を定める自衛隊法84条の4「在外邦人等の輸送」に基づき、8月23日に岸大臣が自衛隊機の派遣を命令。

防衛省では直ちに空自の航空支援集団司令官を指揮官とする「邦人等輸送統合任務部隊」を編成するとともに、その隷下に陸自の中央即応連隊長（宇都宮）を指揮官として「空輸隊」「誘導輸送隊」などからなる「邦人等輸送派遣統合任務部隊」を編成し、23日にC2、翌24日にはC130Hが相次いでアフガンの隣国パキスタンのイスラマバードに向けて出発した。

3機はイスラマバード国際空港を拠点に、アフガンのカブール国際空港との間でフライトを実施。25日はC2が1往復、26日と27日はC130Hがそれぞれ2往復（1機が1日1往復）し、このうち、26日には米軍からの要請で、出国を希望するアフガン人14人を、27日には邦人1人をイスラマバードまで空輸し、無事に退避させた。カブール空港内には日本の「現地調整所」を開設し、隊員らが情報収集や関係機関などとの調整に当たった。

防衛省・自衛隊は2004年以来、これまで4回の在外邦人等の輸送を実施しているが、5回目の今回は、外国人を退避させる初のケースとなった。

アフガンでは8月31日までに米軍が撤収し、情勢が緊迫化。日本政府はカブール空港での自衛隊機の運航のめどが立たなくなった状況などを踏まえ、同日、岸防衛相が茂木外相から任務終結の依頼を受けて自衛隊に撤収命令を出した。

当初は日本大使館やJICAで働くアフガン人スタッフとその家族ら最大約500人の退避を目指し、26日には日本政府が用意した27台のバスに関係者を乗せて空港に向かっていたが、大規模な自爆テロが発生したため空港にたどり着けず、計画を断念した。

今後は周辺国にとどまる外務省職員などが米国をはじめとする関係国と連携し、タリバンとの交渉など外交的な取り組みを通じて現地職員等の安全確保や陸路を含めた出国支援に当たる予定だ。

現地での任務を終えたC2輸送機は9月3日午前9時半頃、隊員や資器材などを搭載して入間基地に帰投し、約100人の陸・空自隊員らに出迎えられた。

同日夕には基地格納庫で帰国行事が行われ、陸上総隊司令官の前田忠男陸将らが出席する中、「邦人等輸送統合任務部隊」の指揮官を務める航空支援集団司令官の金古真一空将が訓示した。

金古司令官は帰国した隊員に「諸君の奮闘と労苦を心からねぎらいたい。今なお士気高く凛として立つ姿を見て、諸君と共に本任務に任ずることができたことを改めて誇りに思う。本任務は準備・展開の段階からさまざまな課題を克服しなければならず、派遣先においては刻々と変化する状況に対応して任務を遂行する必要があった。全派遣隊員が『一騎当千』、陸空一体のチームの一員としてそれぞれの持ち場で八面六臂（はちめんろっぴ）の活躍を果たしてくれたことが任務の完遂につながった」とねぎらいの言葉をかけるとともに、「派遣部隊の支援に従事してくれた全ての部隊・隊員の献身的な尽力に敬意と謝意、ご家族に感謝を申し上げる」と関係者に謝意を表した。

帰国隊員は順次、コロナ対策のため約2週間の停留期間（健康観察）を経て原隊に戻る。

陸・空自隊員が出迎える中、アフガニスタンから邦人等を退避させる任務を終え、帰国した空自3輸空（美保）のC2輸送機（9月3日午前、埼玉県の空自入間基地で）＝統幕提供

英空母「Q・E」が来日

岸防衛相「両国の意思を体現」

東アジア方面に長期展開している英空母打撃群（CSG21）の空母「クイーン・エリザベス（Q・E）」が9月4日に在日米海軍横須賀基地に、同群に加わるオランダ海軍フリゲート「エファーツェン」が翌5日に海自横須賀基地にそれぞれ入港した。最新鋭空母「Q・E」の日本訪問は初めてで、蘭海軍艦艇の寄港は21年ぶり。

CSG21は5月に英国を出港。地中海、紅海を経てインド洋に出た後、アデン湾で海自海賊対処部隊の護衛艦「せときり」、P3C哨戒機と初の共同訓練を行った。東シナ海に展開後は護衛艦「いせ」「あさひ」、空自のF2、F15戦闘機部隊などと共同訓練を実施し、日英部隊の関係を強化した。

その後、日本を親善訪問した。

6日には岸防衛相が山崎統幕長、山村海幕長を伴って「Q・E」と「エファーツェン」を訪れ、CSG21司令官のスティーブ・ムーアハウス英海軍准将らと会談、意見交換を行った。

岸大臣は艦上で共同発表を行い、日英防衛協力が「新たな段階」に入ったとの認識を示し、「空母打撃群の日本寄港やこの機会を生かした共同訓練の実施は両国の意思を体現するものだ」と述べるとともに、「民主主義や法の支配といった普遍的価値と戦略的利益を共有する日英だからこそ『自由で開かれたインド太平洋』の維持・強化のため、戦略上の認識を一致させ、結束することが可能だ。今後も防衛協力を継続し、発展させていきたい」と決意を表明した。

（10面に関連記事）

来日した英空母「クイーン・エリザベス」を訪れ、日英防衛協力発展への決意を表明した岸防衛相（中央）。左はムーアハウスCSG21司令官、右はジュリア・ロングボトム駐日英国大使（9月6日、米海軍横須賀基地で）＝防衛省提供

井筒空幕長が米国訪問

宇宙シンポ、PACS21に出席

井筒空幕長は8月24日から9月3日まで米国に出張し、コロラド州で開催された「宇宙シンポジウム」とハワイ州で開かれた「太平洋地域空軍参謀長等シンポジウム（PACS21）」に参加し、各国の参謀長らと意見交換を行った。

空幕長は最初に宇宙シンポに出席。「国際軍事協力」をテーマとした討論で日本の宇宙政策や同分野での協力などについて発表した。

期間中は米空軍のフランク・ケンドール長官をはじめ、英空軍参謀長のマイク・ウィグストン大将、仏宇宙コマンド司令官のミシェル・フリードリング空軍少将らと会談、関係強化に向けて意見を交換した。

その後、空幕長はミシシッピ州のコロンバス空軍基地などを訪問し、ハワイに移動。約20カ国の空軍参謀長等が出席した「PACS21」は8月30日から9月2日までパールハーバーで開かれ、この間、空幕長は米空軍のシーボルト副次官、同参謀総長のチャールズ・ブラウン大将、米太平洋空軍司令官のケネス・ウィルズバック大将、カナダ空軍司令官のアレクサンダー・マインジンガー中将らと会談し、それぞれ「自由で開かれたインド太平洋」の実現に向け、協力を一層強化することで一致した。

米国で開かれた宇宙シンポジウムに出席し、その間、英空軍参謀長のウィグストン大将（右奥）と会談した井筒空幕長（左中央）＝8月24日、米コロラド州のコロラド・スプリングスで

後期・遠航部隊が出発

北米・中部太平洋に向け

海自の令和3年度後期・遠洋練習航海部隊（練習艦「かしま」、指揮官・石巻義康将補以下、実習幹部約110人＝うち女性約10人＝を含む計約320人）が8月25日、呉基地からアラスカなど北米・中部太平洋方面に向けて出発した。

前期の東南アジア方面に対し、後期は米国アラスカ州方面に展開。北極圏に入域するとともに、同州のノームとダッチハーバーに寄港する。

この後、部隊は太平洋を南下し、ハワイ州のパールハーバー、ミクロネシアのタラワ（キリバス）、マジュロ（マーシャル諸島）、ウエノ島（ミクロネシア連邦）の計4カ国6寄港地を巡り、10月27日に呉に帰国する予定。総航程は約2万4000キロ。

呉基地の隊員（手前）に見送られ、北米のアラスカに向けて出港した海自遠洋練習航海部隊の練習艦「かしま」（8月25日、呉基地で）＝海自提供

11月末まで延長

「若者枠」を新設

大規模接種センター

防衛省は9月2日、中山泰秀副大臣を本部長とする第13回「大規模接種対策本部会議」をオンラインで開き、自衛隊が東京と大阪に開設している新型コロナワクチンの「大規模接種センター」について、9月25日頃までとしていた運営期間を11月30日まで約2カ月間延長することを決めた。

併せて、若い世代のワクチン接種を推進するため、18～39歳を対象とする約3万人分の「優先枠」を新設した。

「優先枠」は9月25日までの全予約枠のうち、東京で約2万2000件分、大阪で約6500件分を充てる。東京では4日から「優先枠」の接種が始まり、これに先立ち3日午後6時に予約の受け付けを開始したところ、約2時間で全て埋まった。

大阪ではシステム改修後に予約を受け付ける予定で、今週後半にも接種が始まる見込みだ。

防研所長に齋藤氏

防衛省発令

▽防衛研究所長（大臣官房公文書監理官）　齋藤 雅一
▽内閣官房へ出向＝内閣官房内閣審議官＝内閣官房副長官補付へ（防衛装備庁装備政策部長）　青柳 肇
▽大臣官房公文書監理官に採用（内閣官房内閣審議官＝内閣官房副長官補付）　三貝 哲
▽防衛医大副校長、事務局長併任（財務省函館税関長）　堀地 徹
▽防衛装備庁装備政策部長（防衛装備庁プロジェクト管理部長）　萬浪 学
▽同プロジェクト管理部長（整備計画局防衛計画課長）　坂本 大祐
▽退職、財務省函館税関長へ（防衛装備庁長官官房総務官）　佐野 泰昭
▽勤務延長の期限を9月1日に繰上げる（防衛研究所長）　田中 聡
▽退職（防衛医大副校長併事務局長）　三輪 恒佳
▽整備計画局防衛計画課長（大臣官房付）　伊藤 晋哉
▽人事教育局人事計画・補任課長（人事教育局人材育成課長）　末富 理栄
▽同人材育成課長（九州防衛局企画部長）　玉越 崇志
▽防衛装備庁へ出向＝長官官房総務官へ（人事教育局人事計画・補任課長）　久澤 洋
（以上9月1日）

齋藤防研所長

齋藤 雅一（さいとう・まさかず）防衛研究所長 東大法卒。昭和62年旧防衛庁。緊急事態対処企画室長兼イラク復興業務支援隊、国民保護・災害対策室長、航空機課長、国際協力課長、東北防衛局長、大臣官房サイバーセキュリティ・情報化審議官、統幕総括官などを経て平成31年4月大臣官房公文書監理官。山形県出身。58歳。

春夏秋冬

リベラルと革新の向こう側

兼原 信克

日本のリベラルには二つの源流がある。一つは、人種差別撤廃を訴えた公民権運動とベトナム戦争反対に代表されるアメリカン・リベラリズムである。60年代以降、高度成長期に入った日本では、日米同盟の運営が軌道に乗り始め、長髪、フォークソング、様々な肌の色の人々が活躍するニューヨーク・シティが憧れの的となった。多くの日本人が個人主義、自由主義の息吹を感じた。60年代以降に生を受けた日本人には、アメリカ風のリベラルが多い。

もう一つは、ロシア革命に淵源する革新の思想である。工業社会の生んだ社会格差は、独裁権力による富の再分配を求めて全体主義思想を生んだ。ソ連共産党、国家社会主義ドイツ労働者党（ナチス）、ファシスト党がそうである。

日本の青年将校たちの昭和維新の情熱も同様だった。戦後、日独伊の全体主義は消えたが、戦勝国となったソ連共産主義は生き残った。日本が未だ貧しかった頃、日本革命の実現を夢見た人たちがいた。40年代、50年代に生を受けた日本人には、戦前から続く革命志向の人達がいる。

戦後の日本を二分した平和論争では、多くの日本人が抱いた赤心（せきしん）の平和主義が問題であったわけではない。それはまた理想的平和主義を掲げた米国民主党と力による平和を掲げた米国共和党の対立とも異質であった。自由主義か共産主義かという体制選択論争が基層にあった。日本の国内政治は1955年以降、防衛力整備、日米同盟を唱える自民党と、ソ連の利益を代弁して日本の非武装と中立（米軍撤退）を求める社会党によって分断された。国際冷戦が国内冷戦に構造化されたからである。正反対のイデオロギー立場に縛られて、日本の安全保障に関する議論は形骸化し、実のある軍事論議は封殺された。

冷戦が終わって既に30年である。平和安全法制を巡る激突型安保国会の風景はセピア色に褪せて見えた。中国の台頭と独自の勢力圏創出の野望は、最早（もはや）、誰の目にも明らかになった。2030年には中国が米国の経済規模を抜くと言われている。中国は、尖閣、南シナ海、中印国境で、実力を伴う拡張主義に転じた。台湾有事も現実味を帯びてきた。令和の日本人は、戦後日本のイデオロギー的分断を知らない。前だけを見ている。この国の自由と繁栄と領土をどうやって守るのか、真剣に考えている。

政治主導の時代である。令和の安全保障に日本の政治家が負う責任は大きい。

（元内閣官房副長官補・国家安全保障局次長、同志社大学特別客員教授）

朝雲寸言

米軍が20年に及んだアフガニスタンでの軍事作戦を終了した。2001年の米同時テロを引き起こした国際テロ組織アルカイダをかくまったとして、米軍は当時のタリバン政権を短期間で粉砕・駆逐した。そのタリバンが再び政権の座につこうとしていることから、一部の日本の報道機関は「米国の敗北」としきりに喧伝（けんでん）している▼米国に錯誤があったとすれば、11年にアルカイダの指導者ビン・ラディン容疑者を発見・殺害した時点で、作戦を終了させなかったことではないか▼元々アフガニスタンという国は、イスラムの伝統に根差す独特の固陋（ころう）な政治風土ゆえに、19世紀に英国とロシア帝国の大国が抗争を繰り広げたが、どちらもが自国領に組み込むことを諦めるほど、外部勢力の支配が難しい場所だった。「アフガン民主化」と言えば聞こえはいいが、植物をまったく異質な土壌に無理やり植えることにも似ていた▼さまざまな批判を浴びながらも、米国がアフガニスタン作戦の重い負担から脱却できることは、日本には朗報と言える。理由は申し述べる必要もないだろう▼問題は、日本の報道機関の中に、米国のアフガン撤退の積極的意味を理解しようとしないところがあることだ。「米国は敗北した」とこの時点で繰り返すのは同盟国を無礼にも貶め、中国やロシアを喜ばせる罪深いプロパガンダでしかない。こうした報道が横行する背景を知りたいものである。

時の焦点

国内

新型コロナ対策

臨時の医療施設整備急げ

新型コロナウイルス「第5波」の感染拡大に歯止めがかからない。重症者が増え、入院が必要なのに自宅療養を余儀なくされるという異常事態が続いている。救える命を守るには、ワクチン接種を進めるだけでなく、仮設病床の開設などで医療体制を強化しなければならない。

政府は、緊急事態宣言を21都道府県、まん延防止等重点措置を計12県に発令している。いずれも期間は9月12日までだ。ただ、解除できるかどうか見通しは立っていない。

インド由来の変異ウイルス「デルタ株」は感染力が強く、全国で猛威を振るっている。若い世代も重症化する例が相次いでいる。医療体制が逼迫し、急病や交通事故などの救急医療に支障が生じるようでは、政治の責任を果たしているとは言えまい。

政府と東京都は、医療機関に対し、病床確保や医療従事者の派遣に協力するよう、改正感染症法に基づく初めての要請を行った。

都内では重症者病床がほぼ埋まり、自宅療養者数も高止まりしている。一方で、院内感染を防ぐのが難しいことや看護師不足を理由に、コロナに対応していない病院や診療所もある。

患者の急変に対応するには、多数を収容できる野戦病院のような施設が有効となるだろう。医療体制を整備する都は、早急に取り組んでほしい。

コロナ患者を受け入れていない医療機関については、宿泊療養施設などに人材を派遣することも検討してもらいたい。国は自治体への財政支援を急ぐべきだ。

政府は、宣言の適用や解除の目安にしているステージ別指標の見直しを検討している。医療提供体制や新規感染者数などの現在の5項目に、ワクチンの接種状況や重症者数などを加えるという。

専門家の間には、指標の見直しに慎重論がある。安易に変更すれば、対策がおざなりになる恐れがあるからだろう。

解除のために基準を変えるようでは、国民の納得も得られないのではないか。政府は専門家と十分に協議し、慎重に判断してもらいたい。

コロナ対策では、経済への目配りも十分とは言えない。経営が悪化した企業の借金は膨張している。財務省の法人企業統計調査によると、4～6月期の借入金金額は477兆円で、前年同期比4・9%増で、コロナ禍前に比べると15%以上増えている。

人流の抑制が続けば、飲食関係や宿泊業などへの打撃はさらに続くだろう。倒産や廃業を防ぐには、十分な支援が欠かせない。

政府は秋の臨時国会で補正予算を成立させ、手当てする方向だ。予備費も活用しながら、苦境にある業種や困窮者を支援することが重要だ。

夏川 明雄（政治評論家）

海外

アフガン戦争

米軍完全撤退で幕引き

米英軍などのアフガニスタン軍事介入の引き金となった2001年9月11日の米同時テロから20年という節目を目前に控え、反政府武装勢力タリバンの電撃的な実権掌握と、タリバンの恐怖支配の復活を恐れるアフガン市民らの国外脱出をめぐる目を覆うばかりの混乱の模様を伝える現地からの映像、情報に世界中がくぎ付けとなった。未曽有の混乱を残したまま、駐留米軍は予告通り8月末に撤収を完了し、米国史上最長の戦争は終結した。今回のアフガン情勢急転は、米国の信頼性と威信の失墜にとどまらず、地域情勢やテロ戦争の行方、米国と中ロ両国による大国間競争などに影響を及ぼしていくのは必至だ。

仕事柄、トランプ米大統領時代の2020年2月末に米国とタリバンが交わした和平合意（このなかには、条件付きでの2021年5月までの駐留米軍撤退が含まれている）以降のアフガン情勢については、政権交代を経てバイデン米大統領が4月に発表した米軍全面撤収計画を含め、多くの専門家の論考に接し、日々の動きを追ってきた。

米大統領選での公約通り、アフガン戦争に終止符を打つというバイデン氏の政治決断が今回のような悲劇的事態を招くというシナリオは一部専門家もかねて指摘していたことであり、それが予想を上回るペースで現実となったことの衝撃は大きい。だが、「案の定」という受け止めが少なからずあったのも確かだ。

米軍の早期完全撤退への確信を深めたタリバンが5月以降、アフガン各地で攻勢を強め、8月に入ってからは国内各州の州都を次々と制圧し、あっという間に首都カブールに進攻できたのは、後ろ盾の米軍の支援を失ったアフガン政府軍がいかに弱体であるかを長年の戦闘経験から熟知していたからだろう。

以上は、地の利と時の利があるタリバンが昨年2月のトランプ政権との和平合意を受けて描いてきた戦略・戦術が功を奏してきたことを駆け足で振り返ったにすぎない。しかし同時に、米国が主導した北大西洋条約機構（NATO）の多国籍軍部隊が軍事的に敗北し、わが国などが中心になって民生面で支援してきたカブール政府のあっけない崩壊の理由がどこにあったのかは、新生アフガンの国造りが頓挫したことの歴史的教訓として、さまざまな視点から厳しく検証し、総括しておく必要がある。

バイデン大統領が軍事面での綿密な検討を軽視し、スケジュールありきの拙速な米軍完全撤退を急いだことが、アフガン急変の伏線となったという批判と結果責任からは免れない。ただ、欧州の著名ジャーナリストも指摘するように、20年前に軍事介入に踏み切って以降、ここ数代の米大統領が一様に重く抱えていた「アフガン・ジレンマ」（功罪半ばする米軍撤退の可否）の代償をバイデン政権だけの責任に帰すのは公正さを欠く。人的、物的に多大な犠牲が伴う軍事介入には、出口戦略を同時に描いておく必要がある。テロ戦争の舞台となったアフガンからくみ取るべき重要な教訓の一つだろう。

伊藤 努（外交評論家）

在日米軍司令官に旭日大綬章

離任のシュナイダー中将「両国に奉仕でき光栄」

岸防衛相（右）から旭日大綬章を伝達された在日米軍司令官のケビン・シュナイダー空軍中将（8月25日、防衛省で）

岸防衛相は8月25日、離任を前にした在日米軍司令官兼第5空軍司令官のケビン・シュナイダー中将を防衛省に迎え、天皇陛下から8月10日付で贈られた旭日大綬章を伝達した。

2019年2月から約2年半の在任期間中、日本と地域の平和と安定、日米同盟の強化に大きく貢献した功績が認められた。

防衛省講堂で行われた叙勲伝達式には岸大臣をはじめ、島田事務次官、槌道防衛審議官、山村海幕長ら日米の関係者計約40人が出席。壇上ではシュナイダー司令官の功績が紹介された後、岸大臣が勲記を読み上げ、勲章が伝達された。

シュナイダー司令官は「受章は自分一人ではなく、日米同盟に関わる全ての方々の献身的な努力のたまものだ。日米の素晴らしいチームの下で共に働き、両国に奉仕できたことを光栄に思う」と謝辞を述べた。

これに先立ち、岸大臣は司令官を大臣室に迎えて個別に会談し、「共同訓練の高度化に手腕を発揮され、日米同盟の抑止力・対処力の強化に努めていただいた」と在任中の功績をたたえ、労をねぎらった。

これに対し、シュナイダー司令官は「我々が直面するさまざまな課題に共に肩を並べて取り組むことができた。日本を取り巻く安全保障環境に関する議論や対話をまた一つ、新たな段階へと引き上げていただいた」と岸大臣のリーダーシップに謝意を表した。

シュナイダー司令官は8月27日に後任のリッキー・ラップ空軍中将と交代した後、米空軍参謀本部参謀長（バージニア州の国防総省）に着任した。

米太平洋陸軍司令官と会談

吉田陸幕長「連携深化で一致」

吉田陸幕長は8月30日、来日したチャールズ・フリン米太平洋陸軍司令官（ハワイ）と防衛省内で会談し、陸自と米陸軍の連携を今後さらに深化していくことで一致した。

会談後の共同記者会見で陸幕長は「（フリン司令官とは）これまでテレビ会議等で積み上げてきた成果を踏まえ、日米陸軍種間の戦略対話、運用協力、共同訓練等をより一層、積極的に実施していくことを確認した。特に（日米共同訓練）オリエントシールド21の成果について改めて認識を共有し、今後、陸自の領域横断作戦と米陸軍のマルチドメイン・オペレーションの連携をより一層、具体化・深化していくことで意見の一致をみた」と述べた。

一方、フリン司令官は「私たちがこれまで成し遂げ、今後、共に行えることには限界が無いと確信している。日米関係が今まで以上のものになるよう共に（困難に）立ち向かい、私たちは成長していかねばならない」と述べた。

席上、吉田陸幕長はアフガニスタンでテロとの戦いにこれまで尽力してきた米陸軍を始めとする米国の取り組みに敬意を表し、任務に殉じた米軍兵士などに対して哀悼の意を表明した。

会談後の共同記者会見で、陸自と米陸軍の連携強化を表明する吉田陸幕長（右）とフリン米太平洋陸軍司令官＝8月30日、防衛省で

インドネシア陸軍参謀長と電話会談

吉田陸幕長

吉田陸幕長は8月6日、インドネシア陸軍参謀長のアンディカ・プルカサ大将＝写真＝と電話会談を行った。

会談で両者は、最近のインド太平洋地域の安全保障情勢や、日本・インドネシア陸軍種間の防衛協力・交流などについて意見を交換。その成果について陸幕長は同26日の会見で「日インドネシア陸軍種トップ間の信頼関係醸成と同陸軍種間の関係強化を図ることができた」と述べた。

1佐職定期異動

防衛省発令

▽特別航空輸送隊701飛行隊長（特別航空輸送隊）2空佐 池永 友紀（8月21日）▽防衛研究所所員（海自幹部学校）1海佐 水野 剛 ▽統幕人事教育課補任班長（横須賀潜水艦基地隊司令）同 竪山 博幸 ▽同防衛課付（情報本部）同 杉浦 史朗 ▽同計画課統合装備体系班長（統幕計画課）同 大樂健太郎 ▽同計画課（舞鶴地方総監部3幕僚室長）同 大島 信吾 ▽統幕学校企画室長（海自幹部学校主任教官）同 小谷 克己 ▽同教育課（みょうこう艦長）同 大谷 三穂 ▽教育訓練研究本部研究員（陸幕防衛課付兼大臣官房企画評価課）1陸佐 林 豊 ▽海幕総務課渉外班長（海幕運用支援課兼統幕運用2課）1海佐 北口 周右 ▽同人事教育部付（情報本部）同 藤田 泰三 ▽同人事計画課ワークライフバランス推進企画班長（海幕人事計画課）同 西野 太智 ▽同厚生課厚生班長（同厚生課）同 影山 慶太 ▽同援護業務課援護企画班長（同援護業務課）同 村田 篤美 ▽同防衛課防衛班長（同防衛課）同 小林 卓雄 ▽同施設課（佐世保地方総監部管理部長）同 垣内 勉 ▽同指揮通信課指揮通信班長（海幕指揮通信課）同 増田 信之 ▽同情報課（統幕防衛課付兼

課）同 原 彰宏 ▽同装備需品課（海自幹部学校付）同 作中 晶和 ▽同首席衛生官付衛生企画室（中央病院救急科）同 杉浦 樂夫 ▽護衛艦隊司令部（海幕防衛課防衛班長）同 江畑 泰孝 ▽7護衛隊司令（電磁情報隊司令）同 藤井 健一 ▽みょうこう艦長（情報本部）同 宮路 貴幸 ▽あしがら艦長（護衛艦隊司令部）同 坂井喜一郎 ▽はぐろ艦長（あしがら艦長）同 佐藤 剛 ▽22航空群首席幕僚（24航空隊司令）同 林 隆司 ▽24航空隊司令（海幕総務課渉外班長）同 和田 和起 ▽2航空修理隊司令（海自3術科学校教務部長）同 矢倉 清次 ▽4整備補給隊司令（統幕人事教育課補任班長）同 森岡 信也 ▽21整備補給隊司令（海自3術科学校教育1部長）同 佐々木昌貴 ▽1潜水隊司令（統幕計画課統合装備体系班長）同 堤田 和幸 ▽3潜水隊司令（海幕指揮通信課指揮通信班長）同 半崎 誠 ▽6潜水隊司令（情報本部）同 中津 博宣 ▽横須賀潜水艦基地隊司令（6潜水隊司令）同 川久保 剛 ▽電磁情報隊司令（7護衛隊司令）同 西村 俊行 ▽海洋業務・対潜支援群司令部（海幕人事計画課ワークライフバランス推進企画班長）同 手塚真理子 ▽艦艇開発隊副長兼艦艇開発隊装備実験部長（統幕学校企画室長）同 大平 義隆

（22航空群首席幕僚）同 北林 治 ▽舞鶴地方総監部3幕僚室長（はぐろ艦長）同 倉光 啓介 ▽舞鶴地方総監部付（中央システム通信隊司令）同 中濱 高宣 ▽大湊地方総監部防衛部長（3潜水隊司令）同 佐志 倫郎 ▽徳島教育航空群首席幕僚（航空集団司令部）同 平尾 智明 ▽システム通信隊群司令部（海幕情報課付）同 栗原 靖 ▽中央システム通信隊司令（1潜水隊司令）同 下濱 昭博 ▽海自幹部学校運用教育研究部主任教官（九州防衛局長崎防衛支局次長）同 工藤 悟 ▽同幹部学校（海自1術科学校総務部長）同 三上 大二（海幕厚生課厚生班長）同 小泉 正弘 ▽同1術科学校総務部長（大湊地方総監部防衛部長）同 齊藤 浩司 ▽同主任教官兼研究部員（海自1術科学校）同 松尾 聡成 ▽同3術科学校教務部長（21整備補給隊司令）同 内田 輝昭 ▽同教育1部長（海幕援護業務課援護企画班長）同 藤本 好央 ▽航空補給処（航空補給処下総支処長）同 佐藤 豊 ▽同下総支処長（4整備補給隊司令）同 丹羽 満良 ▽中央病院救急科（呉病院長）同 藤野 和浩 ▽呉病院長（佐世保病院長）同 松永 毅

長事務取扱（同副院長兼検査研究課長）同 田村 格 ▽同副院長兼診療部長兼検査研究課長（同診療部長）同 長尾 華 ▽近畿中部防衛局東海防衛支局岐阜防衛事務所システム調整官兼主任検査官（小月航空基地隊副長）2海佐 玉木 和徳 ▽九州防衛局長崎防衛支局次長（艦艇開発隊副長兼艦艇開発隊装備実験部長）1海佐 岸本 昌之（以上8月23日）▽空幕装備課装備情報班長（空幕情報課付）1空佐 米賀 正彦 ▽同整備・補給課宇宙通信電子システム班長（同）同 岩切 主税 ▽航空総隊整備課長（空自補給本部整備課長兼補給本部）同 秋山 明彦 ▽3輸送航空隊整備補給群司令（空幕装備課装備情報班長）同 生野 敬之 ▽空自幹部学校付（同防衛課）同 吉満 淳一（同事業計画1課）同 石田 智広（同）同 山上 雅礼（航空総隊整備課長）同 武田 博之（防衛装備庁装備技術官付）同 蛯名 耕士 ▽空自補給本部（3輸送航空隊整備補給群司令）同 湯川 秀人 ▽兼陸上総隊医務官付（中央病院3外科部長）1陸佐 小俣 二郎（以上8月24日）▽兼統幕運用2課（陸幕総務課）1陸佐 松坂 仁志（同）同 兼子 孝人（以上8月28日）▽海上訓練指導隊群司令部付（舞鶴教育隊司令）1海佐 大鋸 寿宣 ▽舞鶴教育隊司令（舞鶴地方総監部付）同 中濱 高宣（以上8月30日）

主任研究官（統幕学校教育課研究室主任研究官）1海佐 牧 孝行 ▽同主任研究官（情報本部）1空佐 金井 淳 ▽東部方面総監部情報部（陸幕指揮通信システム・情報部付）1陸佐 三浦 滋 ▽海幕運用支援課訓練班長（海幕運用支援課）1海佐 稲垣 芳朗 ▽同運用支援課（同運用支援課訓練班長）同 酒井 尚久 ▽護衛艦隊司令部（大湊海上訓練指導隊司令）同 堀川 雄司 ▽むろと艦長（いかづち艦長）同 杉山 靖浩 ▽大湊海上訓練指導隊司令（海上訓練指導隊群司令部付）同 大鋸 寿宣 ▽2航空群司令部（海幕総務課）同 田村 知史 ▽佐世保警備隊司令（海自1術科学校副校長）同 天沼 秀俊 ▽海自1術科学校副校長（佐世保警備隊司令）同 西 和男 ▽同教務部長（むろと艦長）同 能勢 毅 ▽大湊病院総務課長事務取扱（大湊病院長）同 黒川 貴幸 ▽空幕情報課情報保全室長（情報本部）1空佐 川島竜之介 ▽同監理監察官付（統幕学校教育課研究室総括主任研究官）同 今井 克敏 ▽航空総隊補給課長（航空気象群基地業務隊長）2空佐 菅原 啓明 ▽西部航空方面隊司令部付（西部航空警戒管制団副司令）1空佐 清水 義之 ▽同警戒管制団副司令（空幕情報課情報保全室長）同 朝倉 勝彦 ▽防衛装備庁事業監理官付（同人事教育計画課）同 田村聡多郎 ▽近畿中部防衛局装備課長（航空総隊補給課長）同 原 尚毅

共済組合だより

子供が生まれた時は出産費が支給されます

防衛省共済組合の組合員または被扶養者が出産した時は、「出産費等」および「出産費附加金等」が支給されます。

○出産費等・出産費附加金等

組合員または被扶養者が出産した時は、「出産費」「家族出産費」として一律40万4000円（産科医療補償制度加算対象の場合は42万円）が支給されます。

さらに「出産費附加金」「家族出産費附加金」として4万円が支給されます。

支給方法は、上記支給額を限度として、①共済組合が組合員に代わって医療機関等に支払基金等を通して支払う「直接支払制度」を利用する方法、②組合員があらかじめ出産費等・出産費附加金等の受け取りを医療機関等に委任することにより、医療機関が支払基金等を通さずに、出産費等・出産費附加金を代理で受け取る「受取代理制度」を利用する方法、③出産後に組合員が共済組合に請求する方法があり、いずれかを選択できます。

◇

出産した子を組合員の被扶養者とする場合は、「被扶養者申告書」に必要書類（戸籍謄本等）を添付して共済組合の支部短期係に提出し、認定を受けてください。

このほか、組合員が育児のために育児休業を取得した場合は「育児休業手当金」が支給されます。

詳しくは『共済のしおり（GOOD LIFE）』または共済組合HP（https://www.boueikyosai.or.jp/）をご覧ください。

中国の無人機が東シナ海を飛行

TB001を初確認　空自がスクランブル

中国の無人機など航空機計7機が8月24日から26日にかけ、相次いで東シナ海上空を飛行したため、空自南西空のF15戦闘機が緊急発進して対応した。領空侵犯はなかった。

24日午前、推定中国のTB001偵察／攻撃型無人機が上海市南東沖に飛来。無人機はこの後、ジグザグの航跡を描きながら東シナ海を南下し、沖縄・尖閣諸島北方沖で針路を北西に変えて日本の領空から離れた。

25日午前から午後にかけては、中国海軍のY9情報収集機、Y9哨戒機、無人機（BZK005）各1機が、さらに26日午前から午後にかけては推定TB001＝写真、情報収集機、哨戒機各1機が上海方面から飛来し、沖縄本島と宮古島間の宮古海峡を通過して太平洋に進出。各機はそれぞれ太平洋上を周回した後、反転し、往路とほぼ同じルートで再び宮古海峡を通過して自国領方面に戻った。

空自が無人機に対して緊急発進するのは2018年4月以来、26日までで6回目。対領空侵犯措置実施中の空自機がTB001を目視確認するのは初めて。統幕はスクランブル機が撮影した写真と航跡図を公表した。

中国艦が対馬海峡など3海峡を通過

8月22日午前0時ごろ、中国海軍新型の「レンハイ」級ミサイル駆逐艦（満載排水量約1万2000トン、艦番号101「南昌」）、「ルーヤンⅢ」級ミサイル駆逐艦（同7500トン、119「貴陽」）、「フチ」級補給艦（同2万3000トン、903）の3隻が長崎・対馬の南西約105キロの東シナ海を北東に向け航行するのを海自2護隊（佐世保）の護衛艦「はるさめ」、1空群（鹿屋）と4空群（厚木）のP1哨戒機が確認、情報収集に当たった。

中国艦隊はこの後、対馬海峡を北東進して日本海に入り、24日午前9時ごろ、北海道・奥尻島の南西約200キロの海域を北東進した後、宗谷海峡を東進してオホーツク海に出た。

一方、東シナ海では24日午前1時ごろ、中国海軍の改良新型艦「ルーヤンⅢ」級ミサイル駆逐艦（艦番号156「淄博」）など3隻が沖縄・久米島の北西約120キロの海域を南に向け航行するのを海自の46掃海隊（勝連）の掃海艇「くろしま」などが確認した。統幕が「ルーヤンⅢ」級の艦尾が拡張された新型艦の確認を公表するのは初めて。

同3隻はこの後、沖縄本島と宮古島間の宮古海峡を南下し、一時的に太平洋に進出した後、26日に太平洋から宮古海峡を北上し、東シナ海に戻った。

前事不忘　後事之師

第68回

独ソ戦
大戦後の世界を決めた死闘

現代史の中で冷酷な独裁者と言えば必ず名前の挙がるヒトラーとスターリン。二人が同時代を生き、一時は世界を驚かす握手をした後、22カ月後に血みどろの争いを繰り広げる、こんなことは長い人類史の中でもそうあることではありません。

独ソ戦は1941年6月22日早朝、ドイツ軍が不可侵条約を破り突然にソ連に大規模侵攻を行ったことにより始まります。

ヒトラーが攻撃をしかけた理由は二つ。一つはヒトラーの著書『我が闘争』で主張されているように彼にはドイツの東部にゲルマン民族の大生存圏を確保しようとのプログラムがあり、機会があればソ連の殲滅を狙っていたこと。第二のより切迫した理由は英国への対応です。電撃戦によって1940年6月フランスを降伏に追い込んだにもかかわらず、チャーチル率いる英国は屈服することなく徹底抗戦。ヒトラーは英国の頑な対応の背後にソ連の存在があると考え、ソ連を打倒すれば英国も折れるだろうと判断。

戦争では、よりミスの少ない方が勝利すると言われますが、独ソ戦においては双方に大きなミスがありました。

ヒトラーのミスはソ連赤軍は弱体であり、得意の電撃戦で短期に決着がつくと考え、兵士には冬服の準備もさせず長期戦への備えを怠ったことです。実際、前年ソ連赤軍はフィンランドとの戦争で大苦戦していました。またヒトラーが戦力をモスクワ攻略に集中するのではなく、北のレニングラードと南のキエフの二方面に分散させたことや、当初5月中旬に開始する計画のソ連侵攻が直前に行われたバルカンへの軍事作戦の結果、4週間遅延したこともマイナスでした。

スターリンにも重大なミスがありました。彼がその猜疑心の強さから1937年から38年にかけて赤軍幹部の大粛清を行ったことです。この粛清は空前絶後の規模で、赤軍の高級将校の大部分、将官と佐官の8割が反逆罪で銃殺されたと言われていますが、この粛清で赤軍は大打撃を受けました。

スターリンはヒトラーの『我が闘争』を読んでドイツと不可侵条約を締結しても、いずれヒトラーの攻撃があると予想していたようですが、赤軍を立て直す時間の確保のため1941年に攻撃されることは何としても避けたいところでした。計算高いスターリンは英仏とドイツが戦いの中で双方が消耗するのを期待。しかしながら西部戦線でのドイツの破竹の勢いに恐怖を感じていました。このため彼は最後の最後までヒトラーを刺激することを避けました。英国首相チャーチルや日本で活動していたスパイのゾルゲなど多くのところからドイツの攻撃情報は届いていましたが、猜疑心が影響し英国がドイツとの戦争にソ連を巻き込む謀略であると頑なに信じ、赤軍を警戒態勢に置くことを拒否します。

スターリングラード攻防戦。独ソ戦は史上最も残酷な戦いとなった

6月22日午前3時45分、赤軍のジューコフ参謀総長が就寝中のスターリンに「ドイツ軍が我が国を爆撃しています」と電話口で叫んだところ、衝撃のあまりスターリンは声が出ず、聞こえるのはスターリンの息づかいだけだったと後年ジューコフは述べていますが、胆の太いスターリンも崩壊する前線部隊の報告を受け、一時憔悴のあまり自らのダーチャ（郊外の別荘）に引きこもってしまうほどでした。

しかし、その後の展開を見ると、ヒトラーのミスの方が致命的でした。ロシアの三将軍（冬将軍、泥将軍、ジューコフ将軍）の反撃を受け、その年の12月6日、ドイツの攻撃軍はクレムリン手前24キロの所でストップ、結局ドイツは敗れ去ることになります。ソ連への侵攻直前、ヒトラーは自らの勝利を確信しつつ、側近の一人に「まるで見たこともない暗い部屋に続く扉をその陰に何が潜んでいるかわからないまま開けた気分だ」とつぶやいたという暗示的な話が残されています。

独ソ戦は民間人を含めて3000万人近い犠牲を生んだ史上最も残酷な戦いでした。同時にこの戦いは、その結末はヒトラーの目論見とは真逆でしたが、戦後にソ連をその一角とする冷戦構造を生み出す歴史的大事件でした。後の時代を生きる私たちは歴史の流れを必然であったと考えがちですが、もしヒトラーという人物が登場し「打倒ソ連」という自らの妄執を実現しようとしなければ第二次大戦後の世界は相当に違っていたと思います。

鎌田　昭良（元防衛省大臣官房長、元装備施設本部長、防衛基盤整備協会理事長）

…… 前事忘れざるは後事の師 ……

東京五輪・パラリンピック支援団

熱戦支えた夏

9月5日に行われたパラリンピックの閉会式で約1カ月半にわたった東京五輪・パラリンピックの熱戦に幕が下ろされた。防衛省・自衛隊は陸海空の隊員約8500人からなる「東京2020オリンピック・パラリンピック支援団」を編成し、国旗等の掲揚、警備、会場内外の整理など各種支援に全力で当たった。コロナ下で歴史的イベントを支えた自衛隊支援団の夏を写真で振り返る。

パラリンピック開会式でパラリンピアンらによって運ばれた国旗を引き継ぐ7人の陸海空自衛官（制服・制帽姿）
（8月24日、国立競技場で）＝NHKテレビから

整斉と

防衛省・自衛隊は陸自東部方面総監が担任する「東京2020オリンピック・パラリンピック支援団」（団長・安田百年東方幕僚副長以下陸海空隊員約8500人）を編成し、大会期間中、各種支援活動を担った。

7月23日の五輪開会式では、国立競技場の無観客の静寂の中、オリンピアンらによって国旗、五輪旗が入場。3自衛隊の制服を着た支援団式典協力隊開・閉会式支援班の古谷喜人3陸佐以下7人の隊員が受け取って掲揚台へ運び、他の2人の隊員がメインポールに高々と掲げた。

8月24日のパラリンピック開会式では武田瑞貴1陸尉以下7人が国旗、パラリンピック旗を受け取って運び、掲げた。

各競技会場の表彰式では、メダルを獲得した選手・チームの国旗掲揚に協力。五輪・柔道女子78キロ級の濵田尚里1陸尉（体校）の金メダル獲得などで沸いた日本武道館では、場内に君が代が流れる中、全般支援班の隊員たちが掲揚される日の丸などの国旗に整斉と敬礼を行った。

自転車・ロードレースの競技会場となった武蔵野の森公園（東京）～富士スピードウェイ（静岡）では、酷暑の中、隊員たちが沿道警備などに当たった。

神奈川県の江の島ヨットハーバーを拠点に行われたセーリング（ヨット）では、海自横須賀地方総監の担任の下、海自隊員が海上救護などに協力した。

一方、支援団とは別に、両大会の開会式当日には空自「ブルーインパルス」（4空団11飛行隊、松島）がカラースモークを引いて6機編隊で都心上空を飛び、開幕に花を添えた。

五輪の柔道混合団体戦表彰式で掲揚される上位入賞国の国旗に敬礼する陸海空自衛官（7月31日、日本武道館で）＝NHKテレビから

酷暑の沿道警備

五輪・自転車ロードレースのコースとなった武蔵野の森公園～富士スピードウェイ間で沿道警備に当たる空自隊員（7月28日）＝防衛省提供

五輪・自転車ロードレースの沿道警備に向かう陸自隊員＝防衛省提供

開幕に花添える

パラリンピック競技大会の開会日に、シンボルマーク「スリー・アギトス」の赤・青・緑の3色のカラースモークを引いて都心上空を飛行するブルーインパルス（8月24日）＝空自提供

海上救護

海自横須賀地区からセーリング会場の神奈川・江の島に向けて複合型ゴムボートで出港する海自隊員（7月30日）＝防衛省提供

大統領選挙に向かう韓国、その安全保障

防研地域研究部アジア・アフリカ研究室主任研究官　**渡邊　武氏**

来年3月に大統領選を迎える韓国では現在、候補者の絞り込みが本格化している。同国の憲法は大統領の任期を1期5年と定めており、再選を認めていない。文在寅大統領の任期が来年5月に迫る中、革新から保守への政権交代はあるのか。大統領選の結果が日本を含むこの地域の安全保障に及ぼす影響について、防衛研究所地域研究部アジア・アフリカ研究室の渡邊武主任研究官に分析・執筆をお願いした。（個人の見解であり、所属組織を代表する公式見解ではありません）

わたなべ・たけし
1974年山形県生まれ、埼玉県育ち。東京都立大学法学部政治学科卒業、慶應義塾大学大学院法学研究科政治学専攻修士課程修了。2002年から防衛研究所勤務。09年アメリカン大学国際サービス大学院修士課程修了。専門分野は朝鮮半島の政治と安全保障。最近の主な業績として、「文在寅政権の移行期正義による韓国国防の政治化」「文在寅政権の国防と政軍関係：政治的中立の喪失がもたらす反リアリズム」（日本国際問題研究所、20年、21年）、「強制外交における政治的企図：北朝鮮による文在寅政権への脅迫」『安全保障戦略研究』（近刊）。

「ミサイル主権」の回復

韓国は大統領選挙に向かいつつあるが、誰が次の指導者になっても大きく変わらない傾向がある。それは自主的な軍事力の重視、最近の具体例としてはミサイル開発である。

文在寅大統領は米国のバイデン大統領との首脳会談（本年5月）の成果として、「ミサイル主権」を回復したと語った。両者は米国が韓国のミサイル能力を制約してきた米韓ミサイル指針の廃止に合意したのだった。

韓国のこうした軍事力の強化は、北朝鮮への抑止力として見た時、むしろ否定的な影響があるかもしれない。なぜなら、北朝鮮が韓国を米国から引き離すデカップリング戦略をとっているからである。

例えば、金正恩労働党委員長（現総書記）は本年1月の党大会で米本土をより確実に打撃する大陸間弾道ミサイル（ICBM）開発の意思を示すとともに、中距離弾道ミサイルを多く生産すると表明した。

戦域内で用いる中距離弾道ミサイルにより、盟邦（韓国）のみを標的とする選択肢を示し、米国が当該盟邦と共に戦う理由を低下させる――それがデカップリング戦略である。

冷戦期の北大西洋条約機構（NATO）は、現代の韓国とは対照的だった。

当時のソ連がICBMと中距離ミサイルを配備して米国と欧州NATO諸国のデカップリングを図った時、西欧諸国は米国が不在でも抑止を維持する独自のミサイル開発に向かったわけではない。

NATO諸国はこの時、米国の中距離ミサイル配備を受け入れる意思を表明し、拡大抑止（代理で報復する約束）の信頼性を維持しようとしたのだった（1979年）。

つまり、西欧諸国は、自領域に米国のミサイルを配備することで、ソ連が彼らだけを攻撃しても「米国が反撃する」態勢を強化しようとしたのである。

これに対し、国産ミサイルによる独自の報復力を重視するのが韓国の方向であり、米国から見れば韓国のために戦う理由が低下する。言い換えれば、北朝鮮側のデカップリング戦略の効果を高めかねない。

冷戦期の西欧は、自国のミサイルで米国のパワーを代替できるとは考えなかったがゆえに、拡大抑止の担保に注力した。しかし韓国では、米国の拡大抑止は代替しにくいという事実を軽視する傾向が生じている。

「国産開発」重視の経緯

抑止も含め、相手国に力で意思を受け入れさせるためには、攻撃のエスカレーションが控えていると恐れさせねばならない。そして相手にエスカレーションを恐れさせる力において、中小の国々は大国に遠く及ばない。

米国が紛争に関与する形であればこそ、攻撃側は何段階にも及ぶエスカレーションを恐れながら次の行動を決めることになろう。韓国などの中小国がミサイルを保有しても、その次に使える報復力には限界があり、大国との抑止力の格差は埋まらない。

つまり、韓国のミサイルは米国の抑止力をさほど肩代わりできない。韓国内では、米国が対中抑止戦略の一環として韓国の独自ミサイルを期待しているとの議論さえ見られるが、中国自身はそのような前提の反応を見せていない。

米韓首脳会談でミサイル指針の廃止が発表された直後、中国外交部スポークスマンは、外信記者からの繰り返しの質問にもかかわらず、韓国のミサイル能力についてのコメントはしなかった（朝鮮半島情勢の安定に関する原則的な立場、あるいは台湾問題での米韓批判を繰り返しただけにとどまった）。

米韓首脳の台湾問題への言及には明確な批判をしたことを踏まえれば、中国の対応は外交的な考慮ではないだろう。

それにもかかわらず、独自の軍事力重視という方向は超党派での継続が見込まれる。文在寅大統領は就任当初から、国防科学研究所（ADD）による国産短距離弾道ミサイル（SRBM）「玄武2」ミサイル試験発射を視察するなど、韓国のミサイル能力の進展に強い関心を向けてきた。そして、「玄武2」の取得が可能だったのは、文在寅氏とは対立する保守系の李明博政権が2012年にミサイル指針による制約の緩和を達成していたからだった。

ADD自体、1970年代に保守系の朴正煕政権が設置した機関だった。韓国の国産弾道ミサイルの歴史は、当時のADDが米国との地対空ミサイル「ナイキ」事業を通じ、米側を欺瞞して獲得した技術に基づく地対地ミサイル「白熊」（NHK－1）に始まる。

当時の在韓米軍司令官は「白熊」開発中断を要求し、これに応じて韓国国防部長官が約束した開発制限が米韓ミサイル指針となった。

第7回「日中韓サミット」に出席した安倍首相(中央)、中国の李克強首相(左)、韓国の文在寅大統領（右）。史上初の米朝首脳会談の開催を前に「朝鮮半島の完全な非核化」を明記した共同宣言を発表した
（2018年5月9日、東京・元赤坂の迎賓館で）＝官邸HPから

独自の軍事力持つ国へ

文在寅大統領がミサイル指針廃止により目指すミサイル主権の回復は、対立する保守とも共有する目標である。

そして、主権という用語に示される通り、抑止力というよりも独自の軍事力を持つ国家となること自体に目標が置かれている。

この場合、文在寅政権にとって、北朝鮮への抑止を優先視しない姿勢と、既に我が国の防衛費を上回るとされる国防費（物価を考慮した比較）をさらに増加させることは、矛盾するものではない。

ここまで述べてきた通り、韓国が抑止力を維持する上で必要なのは国防への投資を増やすことでは必ずしもなく、米国の拡大抑止を担保することである。

これに関しては、保守系の主要な大統領候補者にあげられる尹錫悦前検察総長がいわゆる「3不」政策について、中国に否定的発言をしたことが注目される。

「3不」政策とは、文在寅政権が発足から数か月後の2017年10月末に対中折衝の最中に発表した立場であり、これに従えば、韓国は①米国のミサイル防衛に参加せず、②日米韓協力を軍事同盟とせず、③在韓米軍のターミナル段階高高度地域防衛システム（THAAD）の追加配備もしないのだという。

これは、米国の朝鮮半島での抑止力の強化を制約する政策といってよい。

尹錫悦氏は『中央日報』（2021年7月15日）とのインタビューにおいて、THAADの配備を受け入れることは韓国の「主権」に当たると指摘し、中国に対して「THAADの追加配備をしなければ中韓関係を正常化するとの合意を履行せよ」と述べた。

これは、以前に韓国海軍が国会審議において表明した立場と重なる。この時、「3不」政策を理由に次期イージス艦の防空システムとして米国のSM3を搭載すべきではないとの主張が進歩系の議員から出たことに対し、韓国海軍は「主権国の決定に周辺国が干渉すべきではない」と反論したのだった（2019年10月10日）。

北朝鮮の潜水艦発射弾道ミサイル（SLBM）「北極星3」の迎撃のため、最も合理的な選択はSM3の導入であると、韓国海軍は主張していた。北朝鮮への抑止が、中国による制約に直面しつつある。

SM3は「3不」政策で直接言及されていないシステムであるが、中国は、韓国がそれを導入することは日米とのミサイル防衛協力を進展させる動きだと捉えることだろう。

対中折衝の「3不」政策

もともと韓国が米国と無関係な独自の韓国型ミサイル防衛（KAMD）を構築していると主張するに当たり、その独自性の根拠となっていたのはKAMDが韓国領土に飛翔するミサイルだけを要撃するということだった。

このため、保守の朴槿恵政権期の『国防白書』に掲載されたKAMDの図でも、イージス艦の役割はミサイルを探知する役割に限定され、SM3のような韓国外に向かうミサイルも要撃し得るシステムの使用は考えられていなかった。

進歩系政権による「3不」政策の表明と、保守系有力者によるそれへの批判的な見方、そして海軍のSM3への関心は、盟邦たる米国からの自主と、中国からの自主のいずれを優先すべきかの対立として捉えることもできよう。

尹錫悦氏の主張は、保守系の政権が誕生した場合、海軍が中国に抗して米国システムを導入する形で日米韓のミサイル防衛協力に以前より前向きになる可能性を示すのかもしれない。

現在の文在寅政権は結局、2020年8月発表の国防中期計画において、韓国海軍の主張したSM3導入に言及することはなかった。政権はやはり中国の好感を得ようとしたのだろう。

国防中期計画の発表は、韓国大統領府の徐薫国家安保室長が中国共産党の楊潔篪中央政治局委員と会談する10日ほど前のことだった。

今後、日米韓のミサイル防衛協力が進展するとすれば、それは韓国軍に米韓協力より対中関係を優先させる政権による統制が緩和する形をとるとも考えられる。

ただし、保守系の政権になった場合に確実に日米韓協力が進展するかは分からない。尹錫悦氏が中国に対して述べているのは、「3不」政策をやめるのではなく、それを守っているのだから、中国も「関係を正常化」せよということに過ぎない。

これは中国から見れば「関係」を人質にとり続けることで、韓国に「3不」政策を維持させる強制力を発揮する余地があることになる。

この場合の関係は主として経済関係である。もともと韓国は在韓米軍のTHAADを受け入れたことで、経済制裁を受けたと認識していた。

文在寅政権が「3不」政策を表明したのは、大統領の初訪中に向け、制裁解除を求めて行った対中折衝の過程においてだった。当時の中国はそれを受けて、韓国がこの政策を守ることを期待すると繰り返し表明した。

いま、大統領候補者として尹錫悦氏が述べる「THAADの追加配備をしなければ中韓関係を正常化するとの合意を履行せよ」とは、「3不」を守ったのに経済制裁が完全に解除されていないとの不満と言い換えることができる。

将来の経済利益人質に

中国側は、さらに経済利益を奪う脅しにより、韓国に「3不」を守らせ続けることができると考えているのかもしれない。尹錫悦発言のすぐ後、駐韓中国大使はこれに反論する立場を『中央日報』に寄稿した。

この中で大使は、THAAD配備が信頼関係を傷つけたとした上で、中国は世界で最も成長している市場だと述べつつ、「韓国は約80%のメモリー半導体を中国に輸出している」と指摘した（7月16日）。

「3不」政策の経緯を踏まえれば、この発言は韓国産業の利益を握っているとの脅迫にもなる。

この経済的脅迫の効果がどのくらいあるかは、まだよく分からない。脅迫の効果を高めるためには相手の利益を人質として握り続けなければならず、この利益をつぶしてしまえばそれはもう人質ではない。

そして尹錫悦発言の通り、韓国から見て制裁が解除されていないのなら、中国は一定の利益を既に破壊したままにしている。韓国の中国市場での利益を返還していたら、中国はそれを次の脅迫に使う人質に再利用できたかもしれないが、そういった選択はしなかったのだろう。

この場合、中国大使の触れた「メモリー半導体」は残された人質ということになり、韓国が中国に握られている経済利益は減少傾向と考えることもできる。

米中対立はこの傾向を促進し得る。しかし、逆に韓国企業があくまで中国市場での利益拡大を求めるなら、中国は引き続き将来の経済的機会を人質として、韓国に日米との安保協力を進めないよう強要することが予想されよう。

経済的趨勢の判断は筆者の専門を超える。ただ、中国大使が「3不」政策に関連してメモリー半導体に言及したのは、米国のバイデン政権が最初の米韓首脳会談以来、韓国に半導体産業での重要な地位を与える動きを見せていることに対抗したものかもしれない。

「38度線」南北関係の安定

そして北朝鮮もまた、韓国を動かすための人質の維持に努めている。この人質は、南北関係の安定である。安定を崩すのが北朝鮮である以上、北朝鮮はこれを人質とすることもできる。

文在寅政権は7月27日、断絶していた南北通信連絡線を回復させることで合意したと、北朝鮮側と同時に発表した。

通信連絡線は前年、2020年6月に北朝鮮側が南北共同連絡事務所（南北首脳会談の成果として2018年9月に設置）を爆破するなどの脅迫行為を行って以降、断絶していたものである。

それが回復した背景にはおそらく、文在寅政権が国内保守勢力への優位性確保という政治的動機から、北朝鮮の要求する米韓ワーキング・グループの廃止を受け入れたことがある。

米韓ワーキング・グループは、2018年の首脳会談後の南北友好の進展を受けて、同年11月から韓国と米国それぞれの北朝鮮核問題における首席代表が主催して運営してきた政策調整の枠組みである。

この調整枠組みの廃止が、2020年6月に北朝鮮が脅迫した際の要求事項の一つだった。おそらく北朝鮮は、ワーキング・グループに参加する韓国側機関に、外交部のみならず、北朝鮮との関係を主管する統一部も含まれることに着目したのであろう。

南北共同連絡事務所の爆破に先立って北朝鮮が発した声明によれば、ワーキング・グループは「事大主義」（大国におもねる悪習、朝鮮半島の政治においては「自主」の反対語）の象徴である。

実は、これは文在寅政権の国内政治上の言説と重なる部分がある。大統領は北朝鮮との対峙を保守勢力によって促進されたものであり、かつ民族の自主に反するものと見なしていたからである。

脅迫を受ける前年、2019年3月1日（日本の植民地統治に抵抗する独立運動から100年の記念日）の演説で文在寅大統領は「親日残滓の清算」が長年の課題だとする問題提起に続けて、「親日」保守が「独立運動家」を北朝鮮側と見なして弾圧し、これが国内の「理念」対立につながったとの歴史認識を示した。

そして大統領は「理念」対立を「我々の心に引かれた『38度線』」と言い換えて対北政策に連動させた。

対立回避こそ自主向上

親日を反映する、つまり自主に反する北朝鮮との対峙を生み出したのは、保守が惹起した「理念」対立である。そうであるとすれば、北朝鮮の脅迫から直ぐ（2020年6月25日）に文在寅大統領が「理念」統合のため北朝鮮との終戦を目指すと述べたことは、南北の対峙を回避することで民族自主を向上させる意味になる。

それは、国内の保守勢力を事大主義の「親日」派として否定することに他なるまい。文在寅政権には、北朝鮮の「事大主義」是正要求を受け入れ、北朝鮮との対立回避を優先する政治的な動機がある。

この時の対日関係は、米国の盟邦としての関係であり、米韓協力の代名詞である。文在寅大統領が「理念」統合のための終戦を目指すと述べて間もなく、李仁栄統一部長官は駐韓米国大使に面と向かって、米韓ワーキング・グループに否定的側面があるとし、韓国が独自に判断する範囲を広げたいと述べた。

その後も李仁栄は統一部長官に在任し続け、本年6月22日、韓国はワーキング・グループの廃止を発表するに至る。

南北共同連絡事務所の破壊という脅迫で北朝鮮が要求したことを、韓国は受け入れた。従って、北朝鮮は南北通信連絡線の回復に合意したのだろう。

この場合に北朝鮮は、将来また南北関係を不安定化させるというオプションを留保している。南北関係は、北朝鮮から見れば韓国に望ましい対米行動をとらせる脅迫に用いる人質でもある。

文在寅政権の発表はおそらく米国から見て一方的なもので、米国務省の代弁人はワーキング・グループ廃止の確認を求める質問に「今後もこのような関与を続けていく」と回答し、存廃を明言していない（6月22日）。

大統領選に向けた保守への優位性確保、つまり国内的な動機が韓国の対北政策を動かしているのかもしれない。

防衛相×欧州政策センター　岸大臣へ一問一答

自由で開かれたインド太平洋実現へ

日本と欧州がかつてないほど防衛協力を深化させる中、岸防衛相はベルギーの首都ブリュッセルに拠点を置くNPOシンクタンク「欧州政策センター（EPC）」のインタビューにオンラインで応じ、我が国を取り巻く厳しい安全保障環境をはじめ、日本の防衛政策、「自由で開かれたインド太平洋」の実現に向けた日本と欧州連合（EU）とのさらなる協力の可能性などについて語った。インタビューはEPCのシニアアドバイザーを務めるシャーダ・イスラーム氏が聞き手となって約45分間行われ、この模様はEPCの公式ユーチューブチャンネルにも公開されている。主な一問一答をピックアップし、紙面で紹介する。

シャーダ・イスラーム　EPCシニアアドバイザー

日本とEUの安全保障協力などについてオンラインでインタビューに答える岸防衛相（6月23日）

安全保障への課題

―日本としては、片や中国、片や北朝鮮という脅威を目の当たりにしていると思うが、日本の安全保障環境に対して最も大きな課題は何か。それに対してどのように対応しているか。

岸防衛相　現在、東・南シナ海で起きていることは、ヨーロッパで起きていることと同じだということだ。すなわち、力による一方的な現状変更の試み、国際法に基づかない行動をする国があり、そうした活動への懸念が高まっている。こうしたことは、ヨーロッパではクリミア半島をめぐる動きで既にご承知のことと思う。

従って、このような一方的な動きに対しては、自由、民主主義、他国の主権と国際法の尊重、航行の自由を共通の理念とする国々が一致して対応することが重要だ。

これら（の共通理念）は、EU加盟国と日本が長年にわたって共有してきた価値観であり、EU諸国と日本が率先して、単に局地的な問題ではなく、早急に対応すべき「世界の問題」として対応することが必要だ。

その上で、我が国を取りまく安全保障環境について申し上げると、まず、中国は透明性を欠いたまま、継続的に高い水準で国防費を増加させ、核・ミサイル戦力や海上・航空戦力を中心に軍事力を広範かつ急速に強化していると認識している。宇宙・サイバー・電磁波領域といった新たな領域に関する能力の強化や、ゲームチェンジャー技術の開発にも注力している。

また、我が国周辺海空域においては、東シナ海で力を背景とした一方的な現状変更の試みを継続している。海軍艦艇の恒常的な活動のもと、我が国の抗議にもかかわらず、中国海警局に所属する船舶が尖閣諸島周辺の我が国領海へ侵入を繰り返している。

このような現状変更の試みは断じて容認できない。さらに、太平洋や日本海においても軍事活動を拡大・活発化させており、今後ともその傾向が継続すると考えられる。

こうした中で、今年2月には中国海警法が施行された。海警法には、あいまいな適用海域や武器使用権限など、国際法との整合性の観点から問題がある規定が含まれており、これによって我が国を含む関係国の正当な権益が損なわれることがあってはならないと考えている。

このように、中国の軍事動向等は、急速な作戦遂行能力の強化や活動の拡大・活発化などが、国防政策や軍事力に関する透明性の不足と相まって我が国を含む地域や国際社会の安全保障上の強い懸念となっている。今後も強い関心を持って注視していく必要がある。

また、北朝鮮は近年、前例のない頻度で弾道ミサイルの発射を行っている。こうした度重なる発射を通じて攻撃対応の複雑化・多様化を執拗に追求し、核ミサイル能力の強化・向上を着実に図っている。

防衛省・自衛隊としては、我が国に飛来し得るあらゆる空からの脅威に対処できるよう、「総合ミサイル防空能力」の強化を進めているところだ。

我が国の防衛政策は特定の国を対象とするものではないが、厳しさを増す安全保障環境の中で、軍事力の質・量ともに優れた脅威に対する実効的な抑止・対処を可能とするため、従来の領域と宇宙・サイバー・電磁波といった新たな領域の組み合わせによる戦闘様相に適応することが死活的に重要になってくる。

こうした中で、我が国の防衛力については、現在の「防衛大綱」にもある通り、全ての領域における能力を融合し、その相乗効果によって全体の能力を増幅させる「領域横断作戦」により、我が国の防衛を全うできるものとする必要がある。

我が国として日米間で緊密に連携しつつ、今後も自らを守る体制を抜本的に強化していく考えだ。

防衛協力深化　さらなる可能性語る

普遍的価値観を共有　日・欧の結束示す

賛同国と協力を推進

―日本では2016年に安倍晋三前首相が「自由で開かれたインド太平洋」ビジョンを提唱し、EUも最近（今年4月）、「EU戦略（インド太平洋における協力のための戦略）」を打ち出した。日本がより精力的にインド太平洋地域で活動するために、憲法的な制約もあると思うが、日本は自らの立ち位置をどのように考えているのか、また、これまでにどのようなことが達成されたかを教えていただきたい。

岸防衛相　インド太平洋地域は、世界の人口の約半数を擁する「世界の活力の中核」だ。この地域の安定的で事実的な発展を実現することは世界の平和と繁栄にとって不可欠だ。

我が国は現在、法の支配に基づく「自由で開かれた海洋秩序」が国際社会の安定と繁栄の礎であるとの考えの下、政府一体となって「自由で開かれたインド太平洋（FOIP）」の維持・強化に向けて取り組んでいる。

この考え方は、安倍前首相が2016年に（ケニアの首都ナイロビで開かれた第6回）アフリカ開発会議「TICAD」で提唱したものであり、アジア太平洋とアフリカを一体として捉え、同地域に法の支配に基づく「自由で開かれた秩序」を構築することで、地域全体の安定と繁栄を実現することを目指したものだ。

このように、FOIPは包摂的なものであって、対中包囲網といったものではない。我が国としてはこのビジョンに賛同する全ての国と協力を推進していく考えだ。

防衛省・自衛隊の諸外国との防衛協力や交流の歴史を振り返れば、かつては同盟国である米国との協力が中心だった。

しかし、FOIPビジョンを踏まえ、防衛省・自衛隊の防衛協力・交流は、重要なシーレーンが通過する東南アジアや南アジア、太平洋島嶼国、中南米に加え、世界のエネルギー安全保障上、重要な中東地域へと広がりを見せるのみならず、イギリスやフランス、ドイツやオランダ、EUなど、自由や民主主義、法の支配といった基本的価値を共有する、より広くこのビジョンに賛同する多くの国との協力を推進してきている。

具体的には、新型コロナウイルスの感染拡大以降、対面での交流に大きな制約がある中にも、電話やテレビ会談という手段を活用して防衛相会談を積極的に行っているほか、他国との間で共同訓練も可能な限り実施している。

例えば、最近では、（今年4月に）インド太平洋の主要海域であるベンガル湾で、日仏米豪印の共同訓練「ラ・ペルーズ」を実施するなど、基本的価値を共有する諸外国との間で連携しながら、FOIPの維持・強化に向けて各国との防衛協力に取り組んでいる。

私としては、自らの手でリーダーシップをとりながら、FOIPビジョンの考え方の下で欧州諸国との協力について積極的に進めていきたいと考えている。

ソマリア沖・アデン湾で海賊対処活動に従事する海自部隊と欧州連合（EU）の海軍部隊（イタリア、スペイン、ドイツの艦艇と哨戒機）がアフリカ東部のジブチ港に共同寄港。写真は海自護衛艦「おおなみ」（手前）と、スペイン海軍のフリゲート「サンタマリア」（左奥）＝2020年10月15日（防衛省提供）

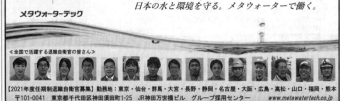

クアッド・EUの連携

―日米豪印の「クアッド」の枠組みにEUが入る余地はあるのか。

岸防衛相　防衛省・自衛隊として日米同盟を基軸としつつ、豪州・インドに加えて普遍的な価値観を共有する欧州各国やEUとの間で、地域の特性、相手国の実情を考慮し、多角的・多層的な安全保障協力を戦略的に推進することとしている。

例えば、先ほど述べた（今年4月の）日仏米豪印の共同訓練「ラ・ペルーズ」を通じて、「自由で開かれたインド太平洋」の維持・強化を進めていくという我が国の意志を具現化するとともに、日仏米豪印5カ国の連携と結束を内外に示すことができた。5月のソマリア沖・アデン湾での日EU共同訓練にはジブチが初めて参加した。

防衛省・自衛隊としてはFOIPの維持・強化のため、日米豪印4カ国の防衛当局間での協力を追求しつつ、EUや欧州を含むパートナーなどとも連携しながら、地域の平和と安定に貢献していく方針だ。

「自由で開かれたインド太平洋」の実現に向けた連携強化のため、インド洋のベンガル湾で今年4月に行われた日仏米豪印の共同訓練「ラ・ペルーズ21」。日本からは海自の護衛艦「あけぼの」が参加し、各国の艦艇や哨戒機と対空戦、対水上戦、洋上補給などの訓練を実施した（海上自衛隊のツイッターから）

ASEANへの対応

―東南アジア諸国連合（ASEAN）は、日本とEUのどちらにとっても経済面・安保面で中心的かつ重要なパートナーだ。このような観点から、東南アジア各国に対する日本とEUの協力について大臣の考えを聞かせていただきたい。また、この地域の安全保障においてEUがASEANに関して果たす役割についてはどう考えるか。

岸防衛相　防衛省・自衛隊として、日EUの安全保障分野での協力について、EUとも緊密に連携しながら、海洋安全保障をはじめ、宇宙・サイバーといった領域も含むさまざまな分野での協力を持続・拡大させるとともに、インド太平洋地域のパートナーとの協力に広げていく考えだ。

その上で、ASEANとの協力の可能性については、先日（今年6月にオンラインで開かれ）、私も出席した第8回「拡大ASEAN国防相会議（ADMMプラス）」において、ASEAN各国から高い関心が示されたサイバーセキュリティーや海洋安全保障、南シナ海問題などの諸課題について日EUで連携して追求していくほか、新型コロナウイルス感染症の流行を踏まえ、感染症への対処能力を高めるべく、日EUによるASEAN各国に対する協力を進める新たな機会を模索すること、そして、ASEAN各国に対してサイバーセキュリティー等の分野で能力構築支援を連携して実施する可能性を模索すること、こういったものが考えられるところであり、こうした点も踏まえてEUとの間で意見交換をしていきたいと考えている。

防衛省・自衛隊としては、2019年11月に策定した（日本とASEANとの防衛協力の指針）「ビエンチャン・ビジョン2・0」を、東南アジアとの防衛協力・交流の原則として掲げており、その中では、ASEANの中心性・一体性に根差したアプローチの一つとして、ASEAN諸国と域外関係国との国際連携を促進することとしている。

こうした中で、本年4月にEUが発表した「インド太平洋における協力のための戦略」においても、インド太平洋地域における協力の一環として、ASEANの中心性への支持などがうたわれており、日EUの防衛当局が東南アジアに対するアプローチにおいて基本的な方向性を共有することができているものと考えている。

さらに、先般（今年5月）の日EU定期首脳協議の共同声明で、ASEAN自身が（2019年に）策定した「インド太平洋に関するASEANアウトルック」への日EUの支持が初めて明記された。対ASEAN協力におけるEUのさらなる貢献を期待している。

防衛省・自衛隊としては、引き続き、EUや欧州諸国との間でFOIPの維持・強化に向けて協力していくとともに、東南アジアを含むこの地域に対するEUのコミットメント（責任ある関与）が一層強固かつ不可逆的なものになるよう、積極的かつ主体的に働きかけ続けるとともに、日EUによる東南アジアを含む第三国協力の可能性についても不断に検討していく。

成果上がる海賊対処

―ソマリア沖・アデン湾での海賊対処をはじめ、インド太平洋地域における日本とEUのさらなる防衛協力の可能性については。

岸防衛相　海洋安全保障の分野では、ソマリア沖・アデン湾で海賊事案に対処するため、日本は2009年から、EUは2008年から、船舶の護衛や警戒監視を実施している。

この地域における海賊事案の発生件数は、2009年から2011年まで年間200件以上となっていたが、これまでの取り組みを通じて現在、低い水準で推移しており、確実に成果を上げている。

アデン湾では今年3月に日米仏とベルギーによる共同訓練を、4月にはベンガル湾で「ラ・ペルーズ」を実施し、「自由で開かれたインド太平洋」の維持・強化を進めるという我が国の意志を部隊行動により目に見える形で具現化するとともに、参加国の連携・結束を内外に示すことができた。

インド洋は欧州、アフリカと太平洋地域を結ぶ重要なシーレーンが通過している海域であり、艦艇の派遣を含め、欧州各国によるインド太平洋地域への関与が強化される中で、インド太平洋における交流の機会が増加することが見込まれるところ、共同訓練をはじめとする海洋安全保障分野において連携の強化を模索していきたい。

各国との今後の関係

―日本と中国の関係については。

岸防衛相　この地域における安全保障上の一番の課題は、中国にどのように対処するかということだが、一方で、台湾問題がフォーカスされることが多くなっている。

台湾は地理的には東シナ海と南シナ海の結節点に存在している。東シナ海、南シナ海それぞれの海域において中国艦船の活動が活発化している。

中台関係は、これまで中国の軍事力が強まってきており、軍事力のバランスが大きく中国側に傾いて、年々その差が広がっている状況だ。空母を含む中国海軍の艦艇が台湾海峡やバシー海峡を通って太平洋側に抜け、台湾の周囲に展開する状況も起こっている。

中国の艦船のこうした動きに対し、我々は強い懸念を持って注視している。台湾海峡の問題は、当事者間の直接の対話によって平和的に解決されることを期待している。

多くの関係国、国際社会の国々に、台湾の状況について関心を払っていただき、「平和的に解決されるべきである」という共通のメッセージを発信することが必要だ。

―日韓関係は。

岸防衛相　韓国は我が国の隣国でもあり、北朝鮮（への対応）を考える時に大変重要な国だ。（日韓間では）実務的な協力が重要と考えている。

―ロシアに関しては。

岸防衛相　ロシアについては軍事面での強化を懸念している。日欧で共にロシアに対して透明性を求めていきたい。特に、中国とロシアの連携という問題については、我が国周辺においても中露が共同訓練を行っているケースも見られる。こうした動きも注視していきたい。

―研究開発分野を含む日本とEUの協力は。

岸防衛相　日欧間ではゲームチェンジャー技術を含め、積極的に最新技術（の開発）を共同で進めていけるかを検討していきたい。

ヨーロッパからインド太平洋地域に対する関心を持ち続けていただくことが我々にとって大変重要なことだと考えている。

募集・援護 特集

平和を、仕事にする。
陸海空自衛官募集

ただいま募集中！
◇防大（一般）◇防医大
◇自衛官候補生
◇医科・歯科幹部◇予備自補
★詳細は最寄りの自衛隊地方協力本部へ

陸海空自を体験して!!!

B777政府専用機を見学する「ノーザン・スピリット」参加者たち（7月17日、空自千歳基地で）

「ノーザン・スピリット」に参加、海自護衛艦「はまぎり」の前で記念撮影する生徒たち。体験航海をしながら艦内を見学した（7月25日、留萌港で）

北方主催「ノーザン・スピリット」 地本が生徒ら引率

「自衛隊をより身近に感じてもらう3日間です！現場で陸海空自のすべてを体験し、将来を考えてみてください」――。夏休み期間中、各地本は地元の学生・生徒たちを駐屯地や基地に引率し、実際に自衛隊を見てもらうことで志望意欲を高めている。陸自北部方面隊では生徒らが自衛隊の職務を間近で体験できるビッグイベント「ノーザン・スピリット」を開催、旭川、札幌、帯広、函館の各地本が道内各地から生徒らを引率、コロナ対策を施しながら3自衛隊を体験してもらった。参加者は普段は見られない政府専用機など最新の装備にも触れ、職業としての自衛隊を体感した。

【旭川】地本は北部方面隊が主催する陸海空自衛隊総合広報「ノーザン・スピリット」に参加した。

スケールの大きい同イベントは生徒たちが実地に自衛隊を体験できる内容となっており、人気が高い。今年はコロナ禍という状況を踏まえ、千歳、旭川、帯広地区と見学地域を三つに分ける分散型で開催され、北海道の4個地本から計約300人が参加した。

旭川地本の参加者たちはバスで移動し、7月17日に空自千歳基地、同24日に陸自旭川駐屯地、同25日に留萌駐屯地と留萌港での海自護衛艦「はまぎり」を訪れ、3自衛隊それぞれの特性を学んだ。

千歳基地ではCH47輸送ヘリの体験搭乗をはじめ、F15戦闘機やB777政府専用機などを見学。政専機を間近から見た参加者は「とてもきれいな機体で感動した」とその存在感に圧倒されていた。

旭川駐屯地では、99式自走155ミリ榴弾砲、UH1J多用途ヘリなどの装備品展示や職種体験が行われた。特に警務隊が担当した指紋採取体験が好評で、参加者たちは「面白い！警察みたい！」と興味津々に取り組んでいた。隊員との懇談では、陸・海・空の若手隊員たちと交流。入隊動機や福利厚生、休日の過ごし方などを本音で聞き、入隊に向けたイメージを高めていた。

最終日は留萌駐屯地での装備品見学、体験喫食を終え、一行は留萌港に停泊中の護衛艦「はまぎり」に乗艦。艦内の見学を兼ねて、約1時間の体験航海を楽しんだ。艦内では、乗員によるラッパ吹奏や各職種の制服紹介もあり、海自の魅力を満喫した。

参加者からは、「体験航海ができ、海自の魅力を知ることができた」「隊員さんたちが優しくて親切だった」「入隊を検討したい」との声があり、志望意欲を高めていた。

「入隊して運転してみたい」 岐阜

自衛隊体験イベント「募集広報の日」に参加し、74式戦車に体験乗車した参加者たち（7月22日、守山駐屯地で）

【岐阜】地本は7月22日、愛知県の守山駐屯地で実施された「募集広報の日」に参加した。

これは同駐屯地所在部隊の全面協力のもと行われた自衛隊体験イベントで、興味を持つ若者とその保護者ら約110人が出席。参加者は体育館で陸自の概要説明を聴講した後、10音楽隊の演奏を鑑賞した。演奏後の指揮者体験では、曲のテンポを速めたり、遅くしたりして楽しんだ。

生活隊舎見学では入隊後の将来を想像しながら隊舎内を見学し、隊員に多くの質問をしていた。体験喫食後は会計隊と警務隊の業務の一部を体験。最後は駐屯地グラウンドで74式戦車への体験試乗のほか、UH1J多用途ヘリや指揮通信車などの装備品を見てまわった。

戦車に試乗した参加者は興奮した様子で「揺れが非常に大きくてびっくりした。入隊していずれは自分も運転してみたい」と志望度を高めていた。

各機関と協力して相乗効果

「公務員フェスタ」に150人参加 札幌

【札幌】地本は7月31、8月1の両日、消防や警察、海保など公務員系9個機関合同による就職ガイダンス「公務員フェスタ」を主催した。

オンライン型と来場型（丘珠駐屯地）の同時開催で行われ、駐屯地では初の試みとなり、計150人が参加した。

地本は企画、調整から実施までの全般を担任した。オンライン型ではチャット形式で参加者の質問に答え、来場型ではブース説明や警察、消防と共同での航空機展示などを行った。さらにF15戦闘機パイロットや隊員の保護者の支援を受け、来場者の相談に対応。各機関の協力の相乗効果で、公務員機関としての自衛隊の魅力をアピールした。

多くの参加者を前に各職種の制服を着て自衛隊の業務を説明するリクルーター（8月1日、丘珠駐屯地で）

地本で初 公安系合同説明会 栃木

【栃木】地本は本部会議室で7月3、4の両日、栃木県警や宇都宮市消防局と共同で合同採用説明会を行った。

7月1日の高校3年生の就職活動解禁に合わせて開催したもので、一般公募による合同説明会は地本で初の試み。SNSの告知や地元紙での紹介もあり、2日間で予想を上回る89人が参加した。

当日は自衛隊、警察、消防のそれぞれの担当者が、試験制度や職務の魅力について語った。参加者からは「社会に奉仕できる素晴らしい仕事で、ぜひ受験したい」「ワークライフバランスなど女性が定年まで働ける環境づくりに尽力していることが分かり、とても良かった」などの感想が聞かれた。

3機関の担当者による職業の魅力などの説明に、熱心に聞き入る参加者たち（7月3日、栃木地本で）

楽しいことだけではなく入隊後の苦労も正直に助言

隊員自主募集で功績の空自12個部隊を表彰

2級賞状と盾を手にする北施隊の市原彩愛士長（7月30日、三沢基地で）

【空幕募集・援護課】井筒空幕長は7月1日、隊員自主募集に功績があった空自12個部隊を表彰した。表彰式は防衛省で実施される予定だったが、新型コロナウイルスの関係で後日、各部隊長から伝達された。

隊員自主募集は、部隊などに勤務する隊員が自主的に募集対象者の情報を収集し、地本に情報提供する活動のこと。令和2年度はコロナ下で活動の制限が余儀なくされるなか、空自全体で2467件の情報が寄せられ、977人の入隊につながった。

また今回は、北部航空施設隊（三沢）が前回の5級賞状から2級賞状へ大きく成果を上げた。受賞に貢献した市原彩愛士長（情報提供17件、入隊7人）はその秘訣について、「楽しいことだけではなく、入隊後の苦労も正直に話してアドバイスをすると、生徒の不安が払拭されて志願意思を高めてくれることが多い」と語った。

令和2年度の受賞部隊等は次の通り。

◇2級賞状＝北部航空施設隊（三沢）
◇3級賞状＝南西空司令部（那覇）
◇4級賞状＝中空音（浜松）、教材整備隊（浜松）、幹部学校（目黒）、幹部候補生学校（奈良）
◇5級賞状＝中空司令部（入間）、8空団（築城）、西警飛（春日）、南西航空施設隊（那覇）、宇宙作戦隊（府中）、1術校（浜松）

「自衛隊に入りたい」 光南高校で女子会を開催 福島

【福島】自河地域事務所は7月12日、福島県立光南高校で4回目となる女子生徒限定の「女子会」を開催した。23人の生徒たちが参加し、自衛隊の概要や職種について女性隊員が説明した＝写真。

懇談会では、隊員が自らの体験や入隊して良かったことなどを語り、現場のリアルな話題に盛り上がった。

終了後は「自衛隊には今まで怖いイメージがあったが、面白くて楽しい時間だった」「いろいろな仕事があることを知ることができた」といった感想が出るなど、自衛隊に興味を持つ生徒が過半数に達した。中には「自衛隊に入りたい」と声を上げる生徒もいた。

群馬、奈良の地本長が交代

8月1日付の異動で群馬、奈良地本長が交代した。新任本部長の略歴は次のとおり。

安永　琢哉（やすなが・たくや）事務官　群馬地本長　久留米大法卒。平成6年旧防衛庁。空自補本3調達課搭載通信電子班長、装備庁人事管理補佐官などを経て、令和2年9月人事教育局厚生課総括班長。福岡県出身。51歳。

廣瀬　和希（ひろせ・かずき）事務官　奈良地本長　大阪会計専門学校卒。平成6年旧防衛庁。大臣官房会計課支出班長、装備庁装備政策課企画班長などを経て、令和元年7月大臣官房会計課管理班長。大阪府出身。50歳。

島嶼防衛
「銃口に意志込めよ」
3普連　3次野営に600人

【3普連＝名寄】3普連は7月1日から12日まで、上富良野演習場で「離島防衛における普通科連隊の行動」をテーマとした第3次連隊野営を実施した。訓練には配属協同部隊を含む約600人が参加、島嶼防衛での普通科中隊・直轄小隊の行動を演練した。

訓練開始式で統裁官の山崎潤連隊長は「一丸となって戦え」「銃口に意志を込めよ」の2点を要望。受閲部隊は日中の気温が30度に達する中、約13時間にわたる徒歩行進で目標地点に展開。その後、直ちに障害構成と陣地構築を行い、重要施設等を強固に防護する態勢を整えた。直後、敵が侵攻、その猛攻に耐えて敵の前進を阻止し、任務を完遂した。

検閲後の総合戦闘射撃では「師団から独立した普通科戦闘団としての防御戦闘」に挑み、諸職種部隊との火力の組織化を図った。

96式40ミリ自動てき弾銃を連続射撃する3普連の隊員（上富良野演習場で）

40カ所超の陣地構築
施設支援全般を統制・調整
5施設団

【5施団＝小郡】5施設団は6月10日から18日まで日出生台演習場で2施設群と303水際障害中隊の訓練検閲を行った。

検閲は「島嶼防衛に任ずる師団に配属された施設群・水際中隊の行動」が課目。2施群は8施大と協同で師団施設調整所を運営し、島内での施設支援全般の統制・調整にあたり、各部隊の障害や陣地強化のため技術指導を実施。さらに全体の施設作業量を把握して必要な見積りを行い、部隊運用を適切に調整して師団の作戦に寄与した。

期間中は悪天候が続いたが、敵の着上陸を阻止する水際地雷原や港湾・汀線部の障害構成、敵の機動を制限する道路閉塞などの障害の構成に全力を投入した。このほか部隊の機動や兵站活動に必要な道路の整備、指揮所や射撃陣地など40カ所を超える陣地の構築、戦車隊の機動打撃に必要な障害処理・障害構成など、部隊の能力を最大限に発揮し、師団の島嶼防衛任務の達成に寄与した。

水際地雷原の構成準備に当たる303水際障害中隊（日出生台演習場で）

18個組の斥候潜入し情報監視網
火力打撃で敵を壊滅
FTC機械化大隊
防御運営

【FTC＝北富士】部隊訓練評価隊（富士トレーニングセンター＝FTC）は陸自の訓練部隊Aを迎え、7月11日から「防御運営」を実施した。

Aの対抗部隊であるFTCの機械化大隊（大隊長・小林知真2佐）は今回、「徹底した砲兵の運用」をテーマとし、「近接戦闘よりも砲迫火力で多くの敵を減殺する」ことを目標に設定した。そこで運営を前に大隊の持つ中榴弾砲や多目的砲30門を最大限に活用する従来にない「攻撃計画」を策定した。

この計画では通常60分～90分程度しか行わない「攻撃準備射撃」を〝ほぼ終日〟行うという内容。「打倒FTC！」を目標に北富士入りしたA部隊も、このFTCの攻撃に終始戸惑いを隠せなかったようだ。

機械化大隊はこの火力計画を成り立たせるため12日午後から13日未明にかけ、通常の数倍に匹敵する「18個組の斥候（せっこう）」を敵中に潜入させ、完璧な情報監視網を構成した。そして13日午前3時から試射を行い、明け方4時からいわゆる「攻撃準備射撃」を始め、凄まじい火力戦を展開した。

敵部隊の大半を砲迫だけで損耗させたFTC機械化大隊の火力調整所（北富士演習場で）

この火力攻撃に前方地域を守るAの警戒部隊や戦闘前哨は「敵主力の機動部隊が攻めてきた！」と誤認。斥候以外は入り込んでいないにもかかわらず、「もう来るはずだ」という思い込みと激しい砲撃への戦場心理もあいまって早々に後方の主陣地に撤退。その間、斥候に誘導された砲兵火力の餌食となり、Aの第一線部隊の大半が「砲迫火力だけで損耗」するというFTC運営史上、初めての一方的展開となった。

大隊は13日の終日を火力打撃に充て、14日に日付が変わったところで初めて機械化中隊や戦車中隊といった機動部隊を投入。Aに対応の暇を与えず、そのまま夜中の1時前からAの主陣地に突撃準備射撃を行い、掃討を開始。

これに対し、Aの特科部隊も積極的に対砲迫戦を行い、FTCの砲兵に18回の陣地変換を強要するなど善戦したが、自らの展開要領や陣地返還に課題を残し、大量損耗を来たして味方を掩護できなかった。

この結果、Aの各部隊は掩護もない上、敵の正確な砲弾と機動部隊の突撃により、14日未明の3時過ぎに「壊滅」して状況は終了した。

本運営は「曲射火力による損耗が直射火力を上まった初のケース」となった。FTC副隊長の岩塚寿文1佐は「斥候の正確な目標情報と火力を連携させる戦い方の有効性を改めて実証した」と機械化大隊の攻撃計画を評価した。

現出した目標に対し、機動しながら105ミリ砲を発射する16式機動戦闘車（日出生台演習場で）

訓練
撃て!!
42即機連
機動戦闘車合同射撃訓練

【42即機連＝北熊本】42即応機動連隊の機動戦闘車隊は7月24、25の両日、日出生台演習場で4偵察戦闘大隊と協同で「機動戦闘車合同射撃訓練」を実施した。

訓練部隊は次々に現出する敵の戦車や歩兵に対し、16式機動戦闘車の火力と機動力を生かした火力戦闘により確実に撃破した。

同合同射撃は新編以来3回目で、両隊は今後も切磋琢磨し、高いレベルの戦闘力を維持する。

軽装甲機動車のルーフから01式軽対戦車誘導弾を発射する5普連の隊員（岩手山演習場で）

5普連　岩手山演習場で総合戦闘射撃
火力集中　広域多方向から次々と

【5普連＝青森】5普連はこのほど、岩手山演習場で総合戦闘射撃を実施した。訓練は「先遣された戦闘団による防御」を想定、戦闘団以下の火力調整能力と部隊の射撃練度の向上を図った。

5普連は戦車中隊、野戦特科射撃中隊、高射特科近距離地対空誘導弾小隊、施設中隊、普通科直接支援中隊の配属を受け、「諸職種協同による火力発揮」「情報と火力の連携」を主要演練項目として実射に臨んだ。

命令下達を受け、部隊は前方地域から主戦闘地域、後方地域の戦闘に至るまで各種状況下で総合戦闘射撃を実施。各中隊長は状況間、他職種と連携し情報を共有、砲迫火力と対機甲火力により防御戦闘射撃を行った。

各隊員は各級指揮官の命令に従い、火力を集中して次々と敵を制圧、特に敵戦車に対しては特性の異なる対戦車火器を広域多方向から集中し、一挙に撃破した。また敵の攻撃進展に応じて予備陣地、補足陣地を占領して、強靭な防御戦闘を継続した。

最終局面では化学攻撃を受けたが、隊員は装面射撃によって敵を撃破し、訓練を終えた。

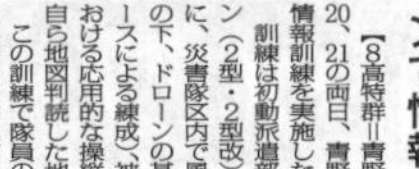
ドローン操縦技術の練度判定を行う8高特群の隊員（青野原駐屯地で）

ドローンで情報収集
8高射特群

【8高特群＝青野原】8高射特科群は7月20、21の両日、青野原駐屯地で第1回群災害情報訓練を実施した。

訓練は初動派遣部隊による「災害用ドローン（2型・2型改）」操作要員の拡充を目的に、災害隊区内で風水害が発生したとの想定の下、ドローンの基本的な操縦（基本操縦コースによる練成）、被災地を作為した状況下における応用的な操縦（無線により情報収集し、自ら地図判読した地点に進出）を演練した。

この訓練で隊員のドローン操縦練度や情報収集能力の向上が図られ、初動対処態勢が強化された。

「橋が破壊された」との想定で81式自走架柱橋を河川上に架ける14施設群の隊員（北海道内で）

橋を架けろ
81式自走架柱橋を架設
14施設群

【14施群＝上富良野】14施設群は6月29日から7月4日まで、北海道大演習場と上富良野演習場で創隊以来2度目となる群検閲を受閲した。

隊容検査の後、先行班、主力、重車両に分かれ各演習場に機動展開し集結地を占領、施設調整所の開設とともに師団指揮所など各種掩蓋の構築、汀線部障害・地雷原の構成、地対艦ミサイル用の坑道式掩体構築などを実施した。

そして2本の橋が破壊されたとの状況を付与され、81式自走架柱橋による橋梁架設を行った。終末段階には師団指揮所の構築現場に各中隊が支援に駆け付け、一丸となって構築に当たり、4日午前に全ての任務を完遂した。

渡河ボートの漕舟法を練成する5旅団の隊員（池田渡河訓練場で）

漕舟技術と水難者救助要領学ぶ
5旅団

【5旅団＝帯広】5旅団は7月12～16日、帯広駐屯地と池田渡河訓練場で「施設技術訓練」を実施した。5施設隊が担任し、各普連、特科隊、戦車大隊、偵察隊、高射特科中隊が参加、漕舟技術と災害派遣時の水難者救助能力の向上を図った。

最初に渡河作業時の安全管理教育と渡河・偵察ボートの取り扱いについて教育。13日以降は訓練場でボートの取り扱い、機航（舷外機を用いた舟の運航）、漕舟（人力による舟漕ぎ）、水難者救助の教育を行った。

1高特団が対空戦闘組織を構成する中、侵入機に向け携帯型対空ミサイルを構える52普連の隊員（北海道内で）

実戦的な対空戦闘要領を演練
1高射特科団

【1高特団＝東千歳】1高射特科団は7月5～8日、道内の奥尻町、せたな町、八雲町、松前町で総合防空訓練を実施した。

訓練には道内の高射特科部隊、1電子隊のほか、初参加となる52普連、10即機連、12施群が実戦的な対空戦闘要領を演練した。

この訓練では団が保有する「対空戦闘指揮統制システム（ADCCS）I型」を中心とする対空戦闘組織を構成した。

訓練中は104補給大隊の野外入浴・洗濯支援、324会計隊の会計支援を受け、隊員のサポートも充実した内容となった。

強固な掩体内に潜み、出撃の時を待つ西方戦車隊の10式戦車（下）＝日出生台演習場で

機甲科のチカラ発揮の時が来た
西方戦車隊

【西方戦＝玖珠】西部方面戦車隊は6月10～18日、日出生台演習場で西部方面総監直轄部隊訓練検閲を受閲した。

10日早朝から状況を開始。隊長の山口行徳1佐は「機甲科のリーダーシップ、チームワークかくあるべしというところを見せよ」と隊員を叱咤激励した。

これを受け、部隊は蒸し暑く天候不順な中で昼夜を問わず、指揮所や戦車用掩体の構築作業に取り組んだ。16日から始まった戦闘では、最新鋭の10式戦車の能力を最大限に発揮し、情報と火力、機動力を連接させて敵を撃破、任務を完遂した。

2大隊、雨の中火砲の陣地構築

【東北方特連＝岩手】東北方面特科連隊は7月6～10日、2大隊の訓練検閲を実施した。

訓練開始に先立ち、各隊員の知識と基礎的戦闘力の練度確認のため、救急法・格闘について検証。その後、敵の侵攻阻止のため防御戦闘を開始した。

期間中は雨の日が多く、足元が泥濘状態となるなか、隊員は火砲の陣地構築などを進めた。ゲリラによる攻撃、航空攻撃などにも確実に対処。陣地進入後の大射向変換では火砲がスタックするといったアクシデントも発生したが、隊員は臨機応変に対応し、任務をやり遂げた。

ぬかるんだ陣地内に火砲を配置する東北方面特科連隊2大隊の隊員（岩手山演習場で）

部隊だより////

陸

島松　北海道補給処は6月25日、北海道ニセコ高校の生徒2人のインターンシップを支援した＝写真㊦。生徒たちは弾帯やサスペンダーを装着体験し、補給倉庫や資料館などを見学。隊員の説明に興味深く聞き入り、さまざまな質問をした。終了後、「自衛隊にはいろいろな仕事があることが分かった」「入隊したい気持ちが高まった」と感想を語った。

青森　駐屯地は7月20日、延期していた成人祝賀行事を開催、新成人61人の門出を祝した＝写真㊦。高木勝也駐屯地司令は「社会人としての自覚と責任ある行動が求められ、社会への貢献も期待される」と式辞。新成人を代表して5普連の奈良岡大輝士長が「自衛官として、日本の防人として平和と発展のため日々精進します」と力強く決意を表明した。

岩手　駐屯地は7月4日、滝沢市で開催された「岩手県民体育大会銃剣道競技会」を支援した。大会には県銃剣道連盟会長で元防衛庁長官の玉澤徳一郎氏や、大会副会長の間瀬晃東北方面特科連隊副連隊長が出席。隊員は記録・計測を行ったほか、錬士有資格者が競技の審判を担当した。隊員のサポートにより大会はスムーズに運営された。

仙台　駐屯地はこのほど、尚絅学院大学と仙台青葉学院短大の8人の学生の臨地実習に協力した。学生たちは5日間にわたり自衛隊の衛生・栄養管理や業務について学び、最終日にはあいがけカレー「ポーク＆チキンきのこ」を調理した。また手作り資料で隊員に「正しい手洗い」を伝え＝写真㊦、「緊張したが練習通りにできた」と語った。

高田　2普連教育隊は6月25日、自候生53人の修了式を行った。古賀理都靖連隊長は式辞で「高田の地で培った同期の絆、先輩への感謝の気持ちを忘れず、それぞれの部隊で活躍することを祈念する」と述べ、その門出を祝した。式後、坂井進悟候補生は「自立した自衛官になれるよう、新たな環境でも努力していきたい」と抱負を語った。

青野原　駐屯地はこのほど開設45周年を記念し、樹齢122年の檜でモニュメントを作製、本部隊舎前と広報館前に建柱した。隊舎前のモニュメントは「桜台勇士の魂」と命名され、「我らここに励みて国安らかなり」と隊員の決意が記された。駐屯地では「この新たなシンボルの下に一致団結し、地域の安全に努力していきたい」としている。

板妻　34普連の情報小隊は6月28日、東富士演習場で「生存自活訓練」を行った。若手隊員が2人1組で、木の枝や葉を利用してシェルターを作製＝写真㊤。水や火の確保、川魚や蛙の捕獲と調理法についても学んだ。参加者は訓練を通じ、潜入・潜伏時に備蓄が尽きた時に役立つ技術を身に付け、情報小隊員として必要な練度の向上を図った。

対馬　駐屯地は長崎地本や海空自と協力して7月18日、対馬市内の大型スーパー駐車場で「陸海空自衛隊フェスin対馬」を行った。会場には大型車両や高機動車、偵察オートバイなどを展示し、陸海空自それぞれのブースを設け自衛隊をPRした。体験乗車を楽しんだ来場者は、「自衛隊のことを沢山知ることができた」と語った＝写真㊤。

小郡　2施設群と9施設群は7月3日と5日、新隊員の後期教育開始式を行った。整列した隊員たちは緊張しながらも力強く申告。真剣な眼差しで前原幸雄2、建部広喜9両施設群長の激励に応え、後期教育への意気込みを見せた。隊員たちは9月下旬まで、5施設団の先輩である教官・助教から施設技術と施設科の〝エンジニア・スピリッツ〟を学ぶ。

岩見沢　12施設群は7月3日、「新さっぽろ自衛隊イベント2021」で札幌地本の広報活動を支援した。施設群は偵察用オートバイやドローン、令和2年7月豪雨災派のパネル展示などを行った。ブースではパンフレットやチラシを配布し自衛隊をPR。パネルに興味を持った学生が、「自衛隊の魅力は？」などと熱心に質問していた＝写真㊨。

苗穂　分屯地の隊員5人は7月16日、札幌地方隊友会東支部長の坂田茂氏ら7人と樹木選定を行い、環境美化と相互の親睦を図った＝写真㊨。照り付ける日差しの中、本部庁舎前の立ち木の枝を剪定し、2時間ほどで見違えるように整えられた。コロナ禍で一般人との交流が減っているなか、作業を通して情報交換するなど良好な関係を築いた。

夏のプレゼントに歓声

近隣小学校や園児にカブトムシ

夜中や早朝 集めた500匹

えびの駐

「うわー、本物のカブトムシだ！」

宮崎県えびの市の飯野保育園で7月20日、大きなカブトムシやクワガタを手に乗せて喜ぶ園児たちの歓声が響いた。えびの駐屯地の隊員たちが集めたカブトムシなど約100匹がこの日、同園の児童たちに届けられたのだ。

曹友会では毎年この時期、駐屯地の夏祭りの一環として「カブトムシ競技会」を開催、集めたカブトムシを近隣の小学校や保育園に寄贈している。今年は新型コロナの影響で夏祭りは中止になったが、子供たちに笑顔を届けたいと例年同様、競技会を行った。

隊員たちは余暇を活用し、夜中や早朝に駐屯地敷地内の街灯の下や、近隣の広葉樹林などでカブトムシやクワガタを採取、計500匹超を捕獲した。審査の結果、業務隊の田中善春准尉が一人で224匹を集め、優勝した。

カブトムシは曹友会が大切に保管し、20日、会長の舟場良康曹長らが飯野保育園を訪れ、子供たちに手渡した。受け取った園児たちはカブトムシの大きさに驚き、手でさわり、はしゃいでいた。

園児と交流した曹友会の一人は、「子供たちを喜ばせるつもりだったのに、逆に私たちがうれしい気持ちになった。最近はお店で売られているカブトムシしか知らない子も多いので、駐屯地としてもこういう機会を大切にしていきたい」と語った。

子供たちは〝夏のプレゼント〟を渡して帰る隊員たちを、いつまでも手を振って見送っていた。（えびの）

㊤舟場会長（左）からカブトムシについて説明を受ける園児たち

㊨えびの駐屯地曹友会の舟場良康会長（右）が手に持つカブトムシのケースをのぞき込む園児たち（7月20日、飯野保育園で）

㊤㊦一人一人にカブトムシが配られ、大喜びの園児たち。中には手に乗せて観察する子供たちもいた

海

大湊　地方隊広報推進室の二ノ宮正和2曹はこのほど、八戸市立下長中学校で「南極と砕氷艦しらせ」と題し講演した。1年生約150人を対象に、「しらせ」に乗艦した体験を披露、自衛隊の活動や南極の自然について語った。生徒たちは興味深く聞き入り、南極の生活について積極的に質問、「しらせ」が持ち帰った南極の氷にも触れた＝写真㊤。

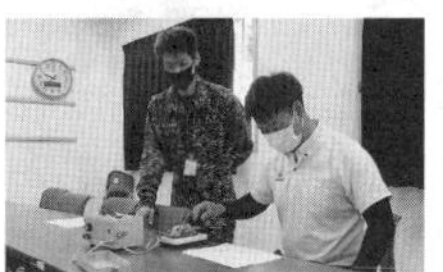

父島　基地分遣隊は7月19～21日、小笠原村教育委員会の依頼を受け小笠原中学校の教諭の研修を支援した。教諭は敬礼などの基本教練や基地内の草刈り、モールス送受信などに挑戦＝写真㊤、ボートで島周辺の航海も体験した。最後に教諭は「自衛隊の仕事や生活がよく理解できた。今後、自衛官を志望する生徒がいたらぜひ勧めたい」と語った。

下関　基地隊司令の川久保正彦1佐以下15人はこのほど、下関市主催の「しものせき美化美化（ぴかぴか）大作戦」に参加、地元警察や消防とともに古宿海岸の清掃活動を行った。司令たちは約1時間かけて、プラスチック類や漂流ごみなどを拾い集めた。また砂に埋もれた漁網を引っ張り出すなど＝写真㊤、自衛隊ならではの力業と組織力を発揮した。

佐世保　昨年11月に退役した護衛艦「あさゆき」の主錨が佐世保駅前に新たなモニュメントとして設置され、7月21日に展示祈念除幕式が行われた。式典には出口佳努総監や「あさゆき」元乗員の森野理一郎准尉が参加＝写真㊤。森野准尉は「国防の任務から解かれた錨が、市民や観光客の皆さまを歓迎できることをうれしく思う」と語った。

空

百里　基地はこのほど、自衛隊に関心のある若者に対しCH47J輸送ヘリによる体験搭乗を行った＝写真㊨。新型コロナ拡大防止のため、規模を縮小しての開催となった。参加者は機内搭乗員から説明を受けたあと、基地から涸沼、水戸、大洗の上空をフライト、上空からの景色を楽しんだ。終了後は航空機や特殊車両などの装備品を見学した。

防府南　航空教育隊は7月13、15日、23期自候生課程と17期一般空曹課程の卒業式を行った。伊東修司令は式辞で「国民が不安に駆られている時こそ与えられた任務を完遂し、国民の期待に応えてもらいたい」と述べた。卒業生たちはお世話になった教官や苦楽を共にした同期との別れを惜しみつつ、希望を胸に新たな任地へと向かった。

芦屋　基地は7月2日、創設60周年を記念し西空音（春日）による「ふれあいコンサート」を開催した＝写真㊧。西空音は「コントレイル」や「2001年宇宙の旅」「スター・ウォーズ」などを演奏した。アンコールは基地が創設された1961年に大ヒットした坂本九さんの「上を向いて歩こう」を披露、会場から大きな拍手が送られた。

任期付自衛官の職全う

陸自東方、3佐で初

花田元3佐「やり切った」4カ月

10年ぶり勤務

陸自東部方面隊では初となる3佐の任期付自衛官として、東部方面総監部（朝霞）に採用されていた花田めぐみ元3陸佐が8月27日、4カ月間の勤務を終えた。定年まで勤め上げられずに退職し、やり残した思いがあったという花田元3佐。短期間の復職ながら充実した勤務を終え、「やり切った」と完全燃焼した。

花田元3佐は防大（41期）を平成9年3月に卒業後、北部方面会計隊324会計隊（東千歳）を皮切りに主に会計科部隊で約14年間勤務。東日本大震災を機に看護師を目指すことを決意し24年3月、依願退職した。

看護師の資格を取り、病院などで約10年間働いていたが、長男が独立し、時間的な余裕ができたことから、「自衛隊でもう一度勤務したい」という気持ちが強くなった。

退職後、再び自衛隊で勤務する再任用と任期付自衛官の二つの制度のうちの後者を選択。東方総監部人事部援護業務課業務管理教育班に4月26日、配置され、育児休業を取得中の隊員に代わって職務に努めた。

定年前の自衛官への教育に関わる未経験の業務である一方、階級は退職時の3佐のため調整相手から矢継ぎ早に質問されることもあり、回答できない自分に悔しい思いをしたことも。

「何度も現役時代の後ろ向きな自分が出てきそうになった」が、上司や同僚の協力、調整相手の理解を得て、「現役のころよりも新鮮な気持ちで取り組めた。人生で初めて『やり切った』と思うことができた」という達成感の中、4カ月間の勤務を終了した。

「これからは前を向いて人生を歩むことができる」と語る花田元3佐。「（任期付自衛官の）制度が現職隊員と退職隊員の双方にとってより良いものになり、定着することを祈念します」と語った。

任期付自衛官として4カ月間、東方総監部人事部援護業務課で勤務した花田元3佐（朝霞駐屯地の同総監部で）＝東方広報室提供

任期付自衛官　育児休業、配偶者同行休業を請求した自衛官の代替要員として、任期を定めて元自衛官を採用する制度。任期は最大3年（育休取得可能期間）。身分は自衛官、採用階級は退職時と同階級、またはそれより下位となる。陸自では毎年約20～40人の採用実績がある。

五輪成果、岸大臣に報告

体校メダリストらオンラインで

オンラインで岸大臣に東京五輪の成果報告を行う自衛隊体育学校の豊田学校長と選手たち（8月24日、同校講堂で）＝体校広報班提供

東京五輪で5個のメダルを獲得する活躍、健闘を見せた自衛隊体育学校（朝霞）の選手15人が8月24日、同校と防衛省を結び、オンラインで岸防衛大臣に成果を報告した。

報告を行ったのは、体校第2教育課各班から出場した4人のメダリストを含む17人のうち、大会出場などのために欠席した2人を除く15人。ライフル射撃の3種目に挑んだ松本崇志1陸尉が出場を申告し、豊田真学校長が成果を報告した。

岸大臣からは慰労の言葉が送られた。

メダリスト4人の表彰式も行われた。金メダルを獲得した柔道・女子78キロ級の濵田尚里1陸尉、フェンシング・男子エペ団体戦の山田優2陸尉、レスリング・フリー65キロ級の乙黒拓斗2陸曹に1級賞詞、銅メダル獲得のボクシング・女子フライ級、並木月海3陸曹に2級賞詞がそれぞれ授与された。

成果報告をにこやかに聞く岸大臣（防衛省で）＝防衛省提供

山田2尉、三重地本に凱旋

東京五輪金メダル　次は全日本選手権優勝

【三重地本】地本は8月18日、自衛隊体育学校所属で東京五輪フェンシング・男子エペ団体の金メダリスト・山田優2陸尉の表敬訪問を受けた。

山田2尉はオリンピックのフェンシング・男子エペ団体で初の金メダルを獲得し、日本フェンシング界の歴史を塗り替えた。

五輪閉幕後の同日、山田2尉は出身地の三重県に凱旋し県知事、鳥羽市長を表敬。県の自衛官募集や地域への広報に協力するため、五輪前にも表敬した三重地本を再び訪れた。

地本玄関前で隊員から拍手で出迎えられた山田2尉は、金メダルを掲げて三重地本長の濵岡清隆1陸佐らと記念撮影、その後、地本長と懇談した。

今後の目標を聞かれた山田2尉は「全日本選手権で優勝することです。今回共に出場した金メダリストのメンバーに勝てば、エペ団体メンバーの中でも1番強いということなので、優勝したい」と笑顔で語った。

濵岡地本長は「山田2尉の歴史的な偉業をたたえるとともに、県民に対し、明るいニュースを届けてくれたことに感謝したい。今後も、県内出身の自衛官アスリートを応援し、県民に対し自衛隊の魅力をPRしていきたい」と話した。

東京五輪フェンシング・男子エペ団体で獲得した金メダルを掲げ、濵岡三重地本長（右）と記念撮影する山田2尉（8月18日、三重地本前で）

スモーク噴射で周辺車両に染料

ブルーI入間帰投時

空自は8月30日、東京パラリンピック開会日の同24日に東京都心上空を飛行した4空団11飛行隊ブルーインパルスの予備機3機が入間基地に帰投した際、「適正とされる約300メートル以上よりも低い高度でカラースモークを使用し、その染料とみられる物質が基地周辺の民間車両に付着した」と発表した。

空自によると、7月23日の五輪開会日の同基地周辺の飛行では使用基準高度は守られていた。今回のカラースモークの噴射については、「飛行隊の方で基地周辺住民への謝意や自衛隊の広報などを目的に実施したが、使用基準を徹底できていなかった」としている。

付着物質は人体などへの影響はないが、水や通常の洗剤などでは落とせないため、空幕が問い合わせ窓口（電話03-3268-3111、内線61129、60158。メールkouhou@aso.mod.go.jp）を開設し、対応している。

沖縄コロナ支援　災派延長し終了

15旅団

沖縄県内で新型コロナウイルス感染者の医療支援に当たる陸自15旅団（那覇）は8月25日、玉城デニー県知事から同活動の派遣期間延長の要請を受けた。26日以降、8師団（北熊本）から15旅団に配属された看護官ら5人が活動を引き継いだ。

15旅団は8月12日から25日までの間、コロナ患者が一時的に待機する「入院待機ステーション」に看護官1人、准看護師4人を派遣。施設の職員らと共に医師の診療の補助をはじめ、患者の介助業務や健康管理などの医療支援を行った。

派遣期間最終日の25日午前11時37分、玉城知事から15旅団長の佐藤真陸将に期間延長の要請があったため、翌26日、新たに8師団の看護官1人、准看護師4人を派遣。隊員たちは活動を終える看護官らから任務を引き継ぎ、レッドゾーンでの看護業務を含んだ医療支援に当たった。部隊は9月5日午前10時55分、知事からの撤収要請を受け、活動を終了した。

玉城知事は「自衛隊の支援によりステーションの救助態勢が拡充され、多くの患者さんへ救いの手を差し伸べて頂いたことに改めて感謝を申し上げます」と謝意を示した。

北海道大空町で旧軍榴弾を回収

5後支隊2整備中隊

【美幌】5後支隊2整備中隊2普通科直接支援小隊の保科龍也2尉以下2人は8月3日、北海道の大空町東藻琴で発見された不発弾を回収した。

同日午後4時ごろ、大空町にある住宅の倉庫で砲弾のような物を発見したと警察に通報が入った。その後、警察から5旅団に不発弾回収の要請があり、調査の結果、長さ約60センチ、直径約15センチの旧日本軍が使用した九二式榴弾と識別。炸薬が抜けていたため破裂する危険性はないと判断し、砲弾を回収した。

大津駐屯地でコロナ集団感染

大津駐屯地の教育部隊で新型コロナウイルスの市中感染と思われる事例が複数発生し、PCR検査を行ったところ9月1日までに累計135人の陽性反応が確認された。

8月23日に新型コロナ感染者1人が確認され、駐屯地が感染の恐れがあると判断した隊員の隔離や隊舎内の消毒等を実施。さらに保健所の指示に基づいて隊員にPCR検査を行ったところ、同一隊舎で10人の感染が確認され、翌29日、大津保健所の調査でクラスターに認定された。その後のPCR検査で31日までに15人の感染が判明。同日、保健所の指定した隊員154人がPCR検査を受けたところ、9月1日に109人の陽性反応が確認された。

吉田陸幕長は9月2日の会見で「教育部隊に対し、休暇前後のPCR検査も今後、速やかに検討し、ワクチン接種の優先度を高めるよう各方面隊に指示したい」と述べた。

小休止

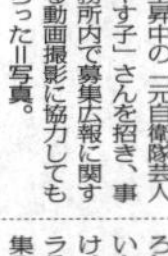
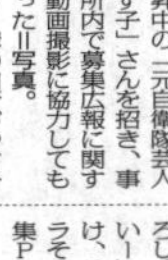
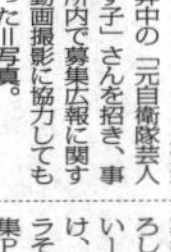
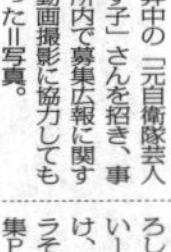
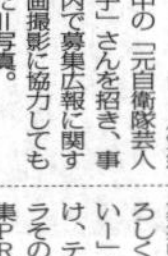
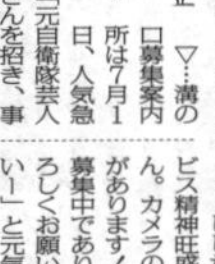
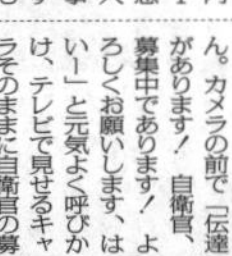

▽…溝の口募集案内所は7月1日、人気急上昇中の「元自衛隊芸人やす子」さんを招き、事務所内で募集広報に関する動画撮影に協力してもらった＝写真。

▽…溝の口所がやす子さんに協力を依頼したところ、予想外の快諾をもらい実現。当初、駅前広場での市街地広報の支援をしてもらう予定だったが、悪天候のため事務所内での動画撮影となった。

▽…「何らかの形で自衛隊に恩返ししたい」とサービス精神旺盛なやす子さん。カメラの前で「伝達があります！ 自衛官、募集中であります！ よろしくお願いします、はい～」と元気よく呼びかけ、テレビで見せるキャラそのままに自衛官の募集PRをした。（神奈川地本）

こちら警務隊　交通犯①

無免許運転は3年以下の懲役または50万円以下の罰金

無免許運転をすると、どんな罪に問われますか？

無免許運転をすると、道路交通法違反で3年以下の懲役または50万円以下の罰金となり、前歴や違反状況により、最低2年間運転免許が取得できません。

また、無免許運転と知りながら、依頼して同乗したり、無免許運転するおそれがある者に車を提供した場合、無免許運転のほう助で処罰されます。

運転免許は、運転に一定の技量を認める証明であり、技術の未熟や交通法規の無知は危険な事故を起こすとして、無免許の運転を罰します。

事故を起こせば相手はもちろん、本人も不幸になるので、絶対にしてはいけません。（東部方面警務隊）

女傑サッチャーの喝！英艦隊の1980年アジア歴訪

英空母「クイーン・エリザベス」がやってくる（下）

海自OB　是本　信義（福岡県築上郡吉富町、防大3期）

日英共同訓練の戦術運動「MICEX1」は、英戦隊司令官を訓練統制官として行われた。まず日本側第1小隊、英側第2小隊の縦列から発動。いきなり複縦列の制形、その方向変換、方位列の制形、一斉回頭、再び方位列の制形といった広範多岐にわたる運動で、海自側は十二分に振り回された。

この戦術運動はイギリス側が一枚上、方位列制形でも直ちに直行運動で占位。これに対し我が方は初動のもたつきが目立った。占位運動は、信号発動と同時にすかさず概略の占位コースに向けるとともに、占位速力に増速して新占位位置に向かい、事後、正確な占位コースに修正するのがコツである。

「スクリーンK」陣形

ベンガル湾でインド海軍と共同訓練を行う英空母「クイーン・エリザベス」（手前）＝英海軍提供

戦術運動訓練が終わり、補給艦部隊と会合。同隊を基準に護衛陣形「スクリーンK」を制形した。中心から外周7千ヤード、内周3千ヤードの円を描き、その中を40度ずつ等分し、日英9隻がそれぞれを分担、その区域内を哨戒することにより護衛するという戦法である。部隊の進撃針路120度・速力12ノットであった。

直後、哨戒機が敵潜水艦を探知、その位置180度14浬。直ちに水上攻撃隊派出。その編成はフリゲート「ガラティア」「アラクリティ」そして本艦「あまつかぜ」。指揮官は「ガラティア」艦長のホッグ大佐である。

この場合、海自では潜水艦潜在海面に直行（ダイレクト・アプローチ）するのに対し、この時「ガラティア」艦長は180度14浬の目標に対し、針路240度で出発、中途170度に変針して潜水艦に向かうというオフセット・アプローチを取った。我が方の意図の秘匿、行動の欺瞞戦術である。

1時間後に潜在海面着。我々なら横隊で一航過捜索したのち所要の捜索パターンに移って捜索を行うところだが、英側は違っていた。潜水艦確認の最終ポイントを中心にまたもや「スクリーンK」制形。外周8千ヤード、内周3千ヤード、これを4等分し、艦艇3艦と英側艦載対潜ヘリ3機がそれぞれの哨区を哨戒。

やがて「アラクリティ」が5700ヤードに潜水艦を探知。直ちに対潜ミサイル「アイカラ」攻撃。続いて「あまつかぜ」が3000ヤードで探知、直ちに「アスロック」攻撃。両攻撃とも有効、判定撃沈で主隊に復帰した。

とにかく、見ること聞くこと英海軍のやることは目新しくて、本当に興味深く、良い勉強になった。

食事はメスジャケット

英海軍の機動部隊で「旗艦艦長が戦隊の参謀長を兼任する」点は我々には奇異に感じられたが、英海軍やその系統の海軍では普通のことなのである。通常、列国の駆逐艦数隻の駆逐隊なら、これを海軍大佐の駆逐隊司令が指揮統率する。海上自衛隊なら護衛隊司令である。

ところが英系海軍ではこの隊司令を設けず、大佐の先任艦長が先任海軍士官（SNO）として駆逐隊を統率する。この場合、彼の隊務遂行を補佐する先任参謀としての含みから、同艦副長は中佐を充てる。

ちなみにカナダ海軍では駆逐隊司令を設けている。あるイギリス駆逐艦艦長曰く、「カナダ海軍は米海軍の真似をして駆逐隊司令を置いてから弱くなった」と…。

この2日間の訓練中、ペアを組んだ「ガラティア」から大尉（レフテナント）と中尉（サブレフテナント）の連絡将校2人が艦載ヘリで「あまつかぜ」に飛来した。彼らはベージュ色の作業服を着ていたが、夕食時、なんとメスジャケットに威儀を正して現れたのにはびっくり。

我が方は米海軍式に洋上では食事の際でも作業服。それが決まりであっても正装の2人の英海軍士官を前になんとなく恥ずかしかった。

「ガラティア」艦長のロビン・ホッグ大佐は映画『ベン・ハー』主演などで有名な名優チャールトン・ヘストンそっくりで、その旨言うと「よくそう言われる」とニンマリ。このホッグ大佐、1986年に岩澤徹海将補率いる海自第2護衛隊群がまるごと参加した「リムパック86」に、海軍少将の戦隊司令官として英海軍部隊を率いて同演習に参加している。

今も日英でカード交換

さて、対潜訓練を成功裏に終えた日英共同部隊は「スクリーンK」制形のままナイト・トランジットし、翌15日朝、演習「FUJI－80」を終了。部隊編成が解かれ、海自部隊は横須賀に帰投、英部隊は次の寄港地・香港へ向かった。

思えば、米海軍式の戦略戦術を踏襲してきた私にとって、同じ西側の海軍ながら、日米とは随分と異なるイギリス海軍の戦術・戦法に接し、目からうろこが落ちたような気がした。海上作戦にもいろいろなやり方があるものである。

訓練終了に当たって「ガラティア」に派遣していた海自連絡幹部2名が同艦ヘリで帰艦。そして当方に派遣されていた英軍の連絡将校2名も同機で帰っていった。この際、お互いに「共に良い訓練ができて幸せだった。もっとやりたかった。ご安航を祈る」の意のメッセージとともに、記念品を交換した。英側からは艦名のギリシャ神話「乳白色の肌をした海の女神ガラティア」をモチーフにした記念楯、「あまつかぜ」からは徳川家康愛用の羊歯の葉の前立ての兜のレプリカを贈呈した。以後、ホッグ提督とはクリスマスカードの交換、時宜に応じたあいさつなど交誼を続けてきた。

あれから41年。空母「クイーン・エリザベス」を旗艦とする英艦隊が日本を訪れる。こんどの共同訓練では、英海軍と海自の間でどのような物語が生まれるのだろうか。

（世界の切手・バハマ）

外交官はよい天気のときにしか役に立たない。雨が降れば一滴でしおれる。

シャルル・ド・ゴール（元仏大統領）

朝雲ホームページ
www.asagumo-news.com
<会員制サイト>
Asagumo Archive
朝雲編集部メールアドレス
editorial@asagumo-news.com

新刊紹介

「ラストエンペラー習近平」

E・ルトワック著、奥山　真司訳

現代最高の戦略家の一人ルトワック氏と、国際政治学者の奥山氏が「共産中国の今後」について語り合った書だ。

政治・経済・軍事大国となり、「向かうところ敵なし」に見える習近平主席率いる中国だが、「いま重大な戦略上の過ちをおかしている」と両氏は指摘する。

過去2000年、周囲に対等な国が存在しなかった中国は、伝統的に「国力に差はあっても国同士は対等な関係」という概念が理解できず、大国の米・ロを除く国々をすべて自国より格下と見て、今後も傲慢な外交を続けると予測。これを受けて小国は中国に対抗するため団結を強め、この結果、中国は「全方位敵対路線」に入り、最終的に敗北を余儀なくされると見る。

鄧小平が指導したかつての中国は牙を隠し「韜光養晦」の戦略で世界に迎え入れられたが、「力」を前面に出し横暴な対外政策を行う現在の中国は外国との軋轢が増し、世界の国々から孤立していく。そして習近平は共産党「最後の皇帝」になるかもしれないと予言している。

（文芸春秋刊、1460円）

「新・階級闘争論」

門田　隆将著

マルクスとエンゲルスによる「共産党宣言」で高らかに謳われた階級闘争を著者が皮肉を交えて書名に据えたのが本書である。差別や差異をことさら強調することで被害者意識を生み出し、一種の階級闘争を仕掛ける手法によって日本社会を破壊し、日本人を貶める数々の運動を著者は激しく批判する。一方で、「難癖」に対して容易に屈する言論人に対しても憤りを隠さない。

例えば、著者はかつて籍を置いた出版社の対応を激しく批判する。ある国会議員がLGBTカップルへの税金投入を「生産性」という言葉を使い疑問を呈した論文が非難を浴びた。それを擁護する文芸評論家の論文もまた「痴漢する権利を認める」と一部で解釈され炎上した。主張の是非はともかく、出版社は筆者と言論空間を守ることを放棄して、激高する一部「世論」に迎合し、寄稿者の梯子を外した。これを著者は「出版社が使命を放棄する愚行」として容赦なく非難する。

「僕は君の意見には反対だ。しかし、君がそう主張する権利は、僕が命をかけて守る」。哲学者ヴォルテールの言葉を言論人の矜持とし、著者は論壇のあるべき姿を訴える。

（ワック刊、990円）

小林武史（国会議員秘書）

みんなのページ

朝雲・栃の芽俳壇

畠中草史　選

磧湯に汗の匂ひの身を浸す　浜松・空OB　宮本　立勇

谷川の磧に温泉が出ているところがあり、山から降りて来た作者が汗を流し寛いでいる。

富士山の人のまばらな山開き　熊谷・空OG　佐藤　玲美

新型コロナ感染症が流行っている中、昨年中止であった山開きがありその景を叙された。

放牛の肩隆々と阿蘇の夏　宮崎・空OB　髙木　智念

一徹を守る湖北の青田かな　大津・陸OB　丸岡　正男

武甲山背に広がる青田かな　熊谷・空OB　明田　眞雅

山裾に夏蕎麦を刈るコンバイン　あきる野・一般　小和田一男

七夕の願ひ書く手に介護の手　熊谷・空OB　工藤　敏雄

海見ゆるひとりの席やソーダ水　相模原・海OG　折口　桂子

縁側に並び西瓜の種飛ばす　横浜・一般　福本　祥子

伊吹嶺に入道雲の迫り来し　小牧・陸OB　松岡　魚青

公園に暑さを忘れ子ら駆ける　熊谷・空OB　蓮佛志向子

真っ青な空へ挙りし百日紅　福生・空事務官　村松加珠彦

静かなる水面を揺らす赤とんぼ　相模原・一般　森　謙二

バーテンダー磨くグラスの涼しけり　熊谷・空OG　関田　絹江

八十路未だ志あり立葵　館山・海OB　斎藤　一向

蓮池の八橋に靴音止まる　町田・陸OB　岩原　滋利

夕立に追いかけられる下校の子　浜松・空OG　鈴木和歌恵

腰伸ばし立ち話する草取女　恵庭・陸OB　足立　徹

あじさいが雨にぬれつつ咲きほこる　西東京・空OB　水島　孝雄

泉汲む遠き古里忘れざる　富谷・陸OB　加川　師亭

雨の田を巡れる畦の夏薊　香川・陸OB　渡辺　成典

梅雨暗し明るい服で家籠り　熊谷・空OG　関谷　桂子

干からびし蛇を水路へ抛りし頃　札幌・陸OB　坂元　順一

驟雨中入日を映すバックミラー　熊谷・空OG　福元万理子

選者作品

山里のわたくし雨や稲の花

投句歓迎！

▽郵便はがきの裏面に未発表の自作3句以内と氏名、年齢、職業（自衛官・事務官＝所属部隊＝、OB、家族、一般など）、住所、電話番号を記入▽締め切り毎月15日▽宛先＝〒162－8801東京都新宿区市谷本村町5の1　防衛省D棟市ヶ谷記者クラブ朝雲俳句係☎03（5225）1750、専用線8・6・25515

OBがんばる

堤　雅博さん　56

令和2年5月、空自8空団整備補給群装備隊長（築城）を最後に定年退職（特別昇任2佐）。日興技化に再就職し施設の保全、安全管理などに当たっている。

謙虚に何事も前向きに

皆さんは自衛隊を定年退職した後の再就職を考えていますか？　多くの人が考えていると思いますが、多種多様な業種の中から選択するのは大変悩ましいところです。私も在職中に各種講習や教育を受けて興味のある業種はあったのですが、いろいろ条件を考えると選択肢は限られ、不安だけが大きくなっていったことを覚えています。

当初、地元で自衛隊での経験が生かせる就職先を強く希望していましたが、そんな都合の良い就職先は見つからず、諦めかけた頃、築城基地援護室のご尽力で地元企業の日興技化に就職することができ、とても幸運でした。

弊社は火薬類の最終処分を請け負う企業で、主な契約先は防衛省ですが、他の官公庁や民間企業との契約もあり、火薬類を使用した製品を納入しています。従業員は50人ほどで、社員は10代から私より10歳以上先輩の方まで幅広く、社風は和気あいあいとしており、私も気持ちよく仕事をさせてもらっています。

配属された部署は保安環境管理部で、施設に係わる保全、安全管理、防災、環境管理の業務担当をしており、自衛隊の経験が生かせています。

再就職して1年が過ぎ、業務はまだ分からないことが多くて失敗もありますが、一番大切に思うことは、謙虚に何事も前向きに取り組むことだと思います。皆さんも自衛隊で頑張ってきた自負があると思いますが、新たな職場では謙虚に、明るく、元気を心掛け、日々精進が必要です。

皆さん、再就職先は新しい発見もあり、結構楽しいですよ。

あさぐも掲示板

◇防研がフォーラム開催　防衛研究所は9月14日、戦争史研究国際フォーラム「歴史としての湾岸戦争」をウェビナー方式で開催する。日米英の専門家を招き、湾岸戦争を歴史的に考察する。聴講無料。日英同時通訳付き。

詳細・申し込みは防研ホームページから。希望者多数の場合は先着順。問い合わせは、戦争史研究国際フォーラム運営事務局のEメール（forum2021@ec-intl.co.jp）へ。

第1266回出題

詰碁

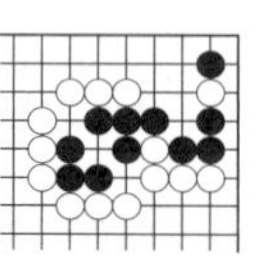

白先

『黒を取って下さい』。5分でできれば中級以上です。

出題　日本棋院　九段　曲　励起

▶詰碁、詰将棋の出題は隔週です◀

詰将棋

出題　日本将棋連盟　九段　石田　和雄

≪第850回の解答≫

	5	4	3	2	1	
						一
		角				二
		銀		王	桂	三
			桂			四
			角			五
						六

▲先手　持駒　金桂

【正解】▲2二桂成△同玉▲1四桂△2三玉▲3三角成△同玉▲3四金までの七手詰め。

【解説】▲2二桂成と成り捨て▲1四桂と桂の打ち換えをするのが本題の主眼。この手順によって5手目▲3三角成をトドメの妙手とすることができます。最終手▲3四金が打てるのも桂の配置換えの効果。

朝雲

発行所　朝雲新聞社
〒160-0002 東京都新宿区四谷坂町12－20　KKビル
電話　03(3225)3841
FAX　03(3225)3831
振替00190-4-17600番
定価一部150円、年間購読料9170円（税・送料込み）

主な記事

日越防衛相

防衛装備品協定に署名

艦艇輸出に向け協議

岸防衛相は9月11日、ベトナムの首都ハノイを訪れ、同国国防相のファン・ヴァン・ザン陸軍上将と会談し、日越防衛協力が「新たな段階」に入ったことを確認した。会談に併せ、山田滝雄駐ベトナム日本大使とホアン・スアン・チエン国防次官が両国間の「防衛装備品・技術移転協定」に署名し、即日発効した。日本が同協定を結ぶのは11カ国目。艦艇分野を念頭に日本からの具体的な装備品輸出に向けて協議を加速化させる。岸大臣は翌12日、グエン・スアン・フック国家主席とファム・ミン・チン首相を表敬。その後、ベトナム国防省で「新たな段階に入った日越防衛協力関係とグローバル・パートナーシップ」をテーマに基調講演を行い、「法の支配」の下で地域と国際社会の平和と安定のために両国が共に連携し、貢献していく決意を表明した。

「新たな段階」の協力確認

日越間の「防衛装備品・技術移転協定」の署名・発効を歓迎する岸防衛相（中央右）、ザン越国防相（同左）、署名を行った山田大使（右端）とチエン越国防次官（左端）＝9月11日、ベトナムの首都ハノイの越国防省で（防衛省提供）

岸大臣の外国訪問は昨年9月の就任後初めて。ザン国防相との会談はベトナム国防省内で約1時間40分行われた。

両氏は今回の会談を機に日越の防衛協力が2国間だけでなく「地域や国際社会の平和と安定により積極的に貢献するための協力」であると再定義し、「新たな段階」に入ったとの認識を共有。両国が連携協力し、ハイレベルや多国間を含むさまざまなレベルで協働していくことで一致した。

併せて、両国間の「防衛装備品・技術移転協定」が署名に至ったことを歓迎し、地域の海洋安全保障に資する艦艇分野での協力など、日本からの具体的な装備移転の実現に向けて協議を加速化することでも一致した。

同協定について日本は米英豪仏伊独など10カ国と締結しており、ベトナムは11カ国目。アジアではインド、フィリピン、マレーシア、インドネシアに続き5カ国目となった。

さらに、両氏はハイレベル交流をはじめ、国連平和維持活動（PKO）分野におけるさらなる協力の推進、自衛隊の艦艇・航空機によるベトナムへの寄港（寄航）といった2国間の防衛協力を引き続き推進し、地域の平和と安定により積極的に貢献していくことを申し合わせた。

このほか、サイバーセキュリティー分野と衛生分野での協力を促進するため、個別具体的な分野では初となる2国間の「覚書」の署名に向けた調整を進めていくことでも合意した。

サイバーセキュリティーに関しては、昨年12月にオンラインで開かれた第6回「日ASEAN防衛担当大臣会合」で岸大臣が発表した「サイバーセキュリティー能力構築支援事業」の実施に向け、日越両国が緊密に連携していく方針を擦り合わせた。

一方、東・南シナ海情勢をめぐっては、軍事的圧力を強める中国を念頭に、国際法の順守や航行の自由の重要性を確認した。

岸大臣は「自由で開かれたインド太平洋（FOIP）」の維持・強化の重要性を指摘した上で、「力を背景とした一方的な現状変更の試みや緊張を高めるいかなる行為にも強く反対していくとのメッセージを国際社会に発信していきたい」と発言し、中国の海警法に対する「深刻な懸念」を伝えた。

翌12日にベトナム国防省国際関係研究所で基調講演を行った岸大臣は「日本にとってベトナムは運命共同体とも言うべき重要な国の一つだ」と強調。

その上で「日越が共に『法の支配』を重視しながら、両国の利益のためのみならず、東南アジア諸国連合（ASEAN）とも緊密に連携し、地域と国際社会に大きな安心をもたらしていきたい」と述べ、「新たな段階」に入った日越防衛協力をさらに深化させていくとの強い決意を表明した。

JPIDDを初開催

防衛省主催　共同声明を採択

ＪＰＩＤＤの初会合で、モニター（右）に映る参加者に向けて開会のあいさつを述べる岸防衛相（左端）＝9月2日、防衛省で

防衛省が主催する初の大臣級多国間会合「日・太平洋島嶼国国防大臣会合（JPIDD＝ジェイピッド）」が9月2日、各国の国防省などを結んでオンライン形式で開かれ、「対話と協力の継続」をうたった共同声明を採択した。

岸防衛相が議長を務め、太平洋島嶼国の中で軍隊を保有するフィジー、パプアニューギニア、トンガの3カ国からは大臣級が、その他10カ国の太平洋島嶼国と米英仏豪、カナダ、ニュージーランドからは局長級の代表者が参加し、約2時間半にわたって議論を深めた。

岸大臣は開会のあいさつで「我々は同じ太平洋の恩恵を受ける海洋国家で、法の支配に基づく『自由で開かれた持続可能な海洋秩序』の重要性について認識を共有する大切なパートナーだ。『自由で開かれたインド太平洋（FOIP）』の維持・強化のため、皆さまと共に一層積極的に貢献していきたい」と述べた。

会合では、①自由で開かれたインド太平洋②海洋安全保障③新型コロナウイルスへの対応④気候変動とHA／DR（人道支援・災害救援）――を主なテーマに意見を交換。

岸大臣は自衛隊の艦艇や航空機の寄港（寄航）をはじめ、海洋安全保障や災害救援分野での人材育成協力を通じ、連携強化を推進していく考えを表明した。

会合は昨年4月に東京で行われる予定だったが、新型コロナの影響で延期に。その後も収束の見通しが立たないことから、対面での開催を断念した。

新在日米軍司令官が防衛相表敬

ラップ空軍中将「信頼関係を引き継ぐ」

リッキー・ラップ在日米軍司令官兼第5空軍司令官

在日米軍司令官兼第5空軍司令官のリッキー・ラップ空軍中将が9月9日、就任あいさつのため防衛省を訪れ、岸防衛相を表敬した。

ラップ新司令官は8月27日にケビン・シュナイダー司令官の後任として着任。前職は米メリーランド州アンドリューズ統合基地の空軍ワシントン地区隊司令官兼第320遠征航空団司令官で、これまでパイロットとしてイラクやアフガニスタンでの軍事作戦に参加した経験があるほか、沖縄県の嘉手納基地では第18航空団副司令官を務めるなど、日本との関係も深い。

岸防衛相は就任への祝意を表した上で「日本に詳しい方が着任されたことを心強く思う。カウンターパートである山崎統幕長や井筒空幕長と強固な信頼関係を構築し、日米同盟のさらなる強化に向けて共に取り組んでいかれることを期待している」と述べた。

これに対し、ラップ司令官は「再び日本に戻って来ることができて妻と共にとてもうれしく思っている。日米同盟に携わることができ、日米チームの一員として皆さんと共に仕事に取り組めることを楽しみにしている。歴代司令官が築いてきた日本との信頼関係を引き継いでしっかりと任務に取り組んでいきたい」と抱負を語った。

統幕長とも初会談

抑止力・対処力の強化で一致

山崎統幕長は9月9日、着任あいさつのため来省した新在日米軍司令官のリッキー・ラップ空軍中将と初の会談を行った。

会談で両者は地域の安全保障環境や我が国周辺の情勢について認識の共有を図るとともに、これまで築き上げてきた強固な日米同盟のさらなる深化に向けた具体的な取り組みについて意見を交換した。

また、地域の平和と安定を脅かす一方的な現状変更の試みや核・弾道ミサイルなどによる脅威に対し、断固として共に対応するため、必要な抑止力・対処力を強化していくことで一致した。

山崎統幕長は会談後の同日の記者会見でラップ司令官の日本での勤務経験について触れ、「日本への造詣が深く、我が国を取り巻く情勢や安全保障環境にも深い見識を持ち大変心強く思っている。会談や日米共同訓練を通じて幅広い分野で協力拡大を図っていきたい」と述べた。

防研

科研費の研究機関に指定

研究者の向上、学術貢献に期待

【防研＝市ヶ谷】防衛研究所（齋藤雅一所長）は8月5日、文部科学相から「科学研究費補助金取扱規程第2条」に規定する研究機関としての指定を受け、防研の研究者が「科研費」に応募することが可能となった。防衛省の機関では、防衛大学校と防衛医科大学校に続いて3例目。

防研はこれまで、文部科学省科学研究費助成事業の指定研究機関ではなかったため、科研費による共同研究への参加に支障が生じる場合もあった。

このため、令和元年11月に防研を視察した河野太郎防衛相（当時）の指示を踏まえ、所内に検討チームを設置して指定に向けた取り組みを開始。監査体制、会計手続きなどについての関連規則の整備、研究業績等に関する基準を達成し、今回の指定を受けた。

今後は防衛省のシンクタンクとして、研究者の能力向上が図られるとともに、他機関の研究者との共同研究などを通じて我が国の科学コミュニティーに一層貢献することが期待される。

防研は我が国唯一の国立の安全保障に関する学術研究・教育機関として約90人の研究者を擁し、▽省内の調査研究活動▽省外の学会への参加▽学会誌への投稿▽一般読者向けの雑誌等への寄稿――などに努めるとともに、昨年8月に創刊した『安全保障戦略研究』では省外からの投稿を受け付けるなど、学術研究全般の発展へも寄与してきた。

防研では「今後も不断の努力を通じ、科研費も活用しつつ、より一層、研究能力を向上させ、科学コミュニティーへの貢献も行っていきたい」と話している。

全部隊対象の「陸演」始まる

陸自　28年ぶり、10万人規模

全陸自部隊を対象にした大規模実動演習「令和3年度陸上自衛隊演習」が9月15日、始まった。11月下旬まで。同演習の開催は1993年以来、28年ぶり。

「陸演」は吉田陸幕長を統裁官に、陸上総隊、各方面隊、各機関などから隊員約10万人、車両約2万両、航空機約120機が参加。

各部隊は有事などを想定し、それぞれ①出動準備②機動展開③出動整備④兵站・衛生⑤システム通信――などを演練する。

メインの訓練では九州の日出生台演習場などに北方から2師団（旭川）、東北方から6師団（神町）などの第一線部隊が展開。この機動訓練に合わせて作戦準備、糧食など補給品の積み込み、大型装備の輸送、予備自の招集、通信基盤の構築なども同時に訓練する。

海上輸送には民間のチャーター船「はくおう」、高速船「ナッチャン・ワールド」も活用。このほか、海自輸送艦、空自輸送機、在日米陸軍揚陸艇などの支援も受ける。

奄美大島東方で潜没潜水艦が航行

中国艦と推定

防衛省は9月12日、鹿児島・奄美大島東方の接続水域内で同10日、潜水艦が潜没航行するのを海自が確認したと公表した。

同潜水艦は10日午前、奄美大島東方の太平洋から海中を北西に向け潜没航行し、同島の接続水域に入域した。同海域付近の接続水域外の海上では中国海軍の「ルーヤンⅢ」級ミサイル駆逐艦が航行しているのを海自が確認している。潜水艦は12日午前、奄美大島の北西に位置する横当島の西南西の東シナ海を西進した。

防衛省は、潜水艦が潜没航行する付近の海上を中国海軍艦艇が航行していたことや、これまでに収集した情報を総合的に勘案し、潜水艦は中国のものであると推定。

海自は岸防衛相から「緊張感をもって情報収集・警戒監視に万全を期すこと」との指示を受け、1、4空群（鹿屋、厚木）のP1哨戒機、5空群（那覇）のP3C哨戒機、4護衛隊（呉）の護衛艦「さざなみ」、2護衛隊（佐世保）の同「はるさめ」が情報収集・警戒監視に当たった。

日本の接続水域内で潜没潜水艦の航行が確認されたのは平成25年5月に初めて公表されて以降、令和2年6月に続いて9件目。

（2面に関連記事）

ロシア輸送機が知床沖で領空侵犯

防衛省は9月12日、ロシアのアントノフAn26輸送機1機＝写真＝が同日午前9時37分ごろと同58分ごろ、北海道知床岬沖の領海上空を領空侵犯したと公表した。空自北空のF15戦闘機が緊急発進し、無線を通じて警告を行った。

An26は機体番号（RA26521）などから民航機とみられ、防衛省は外交ルートを通じてロシア側に厳重抗議を行い、再発防止を強く求めるとともに、飛行目的などの詳細を確認している。

春夏秋冬

アフガン戦争について思うこと

河野　克俊

8月15日、イスラム原理主義組織タリバンがアフガンの首都カブールを制圧し、20年に及ぶアフガン戦争は事実上終結した。

アフガン戦争は、言うまでもなく2001年9月11日に発生した米国同時多発テロを受けて、米英軍がアフガンに対する軍事作戦を開始したことに端を発する。なぜ、アフガンを攻撃したかと言えば、米国は首謀者をアルカイーダのビンラーディンと特定し、アフガンに潜んでいるビンラーディンを引き渡すように当時のタリバン指導者であるオマール師に要求したが、「客人は渡さない」として、その要求を拒否されたからである。もしビンラーディンがアフガン以外の場所にいればアフガン戦争はなかったかも知れない。

したがって、バイデン大統領が「私にとっての優先事項はアフガンを二度と対米攻撃の拠点にしないことだ」と述べたように、本来、アフガンの国造りが目的ではなかったはずである。米軍はビンラーディンを殺害し、テロ攻撃の脅威を減らすことには成功しており、アフガン戦争が無駄であったとは言えない。ただ、撤収作戦に伴い混乱を招いたことは事実だ。

6万人と言われるタリバンの攻撃により30万人のアフガン治安部隊が想定より速く総崩れとなったことが混乱の主因である。ここには精強な軍隊を育成することの難しさが示されている。米国等はアフガン治安部隊に莫大な金、武器、装備等を供与、教育訓練も実施した。しかし、金や物を与えただけでは精強な軍は育成できないということだ。

旧日本軍は、精神主義に偏重して負けたとよく言われる。しかし、軍に精神がなくてよいということではない。「何のために戦うのか」という使命感を抜きにして精強な軍は育成されない。戦う信念があれば勢いづいた敵に対して雪崩を打った崩壊はなかったはずである。アフガン治安部隊の場合は、戦う精神を米軍でなく、アフガン政府が教育しなければならない。今回のアフガン治安部隊の状況を見るに、おそらくその教育がなされていなかったのではなかろうか。ベトナム戦争も米軍の撤退と並行して南ベトナム軍に肩代わりさせたが、今回とは異なり2年間は持ったがやはりサイゴンは陥落した。

（前統合幕僚長、元海将）

朝雲寸言

航空機が出現した第1次世界大戦が終わった時、航空機の役割と将来性を正しく理解する国家は少なかった。諸説あるが世界最初の航空母艦（空母）は機雷敷設艦を改造したフランス海軍の「ラ・フードル」と言われている。当時は空母と言えば水上機母艦のことであった▼航空機が全通甲板で発着する最初の空母は英国海軍の「アーガス」である。そして当初から空母として設計・建造された最初の空母は日本海軍の「鳳翔」である。1922年のことであった▼第2次世界大戦前、ワシントン海軍軍縮条約によって戦艦の新造を制限された日本は建造中の戦艦を空母へと改造する。戦艦の名前を持つ航空母艦「加賀」の誕生である。巡洋戦艦の名前を持つ「赤城」とともに真珠湾攻撃に参加し、ミッドウェー海戦で撃沈するまで日本海軍を代表する空母であった▼現在、世界の超大国は核保有国であるとともに空母を保有する海軍国である。空母が有する戦力投射能力こそが力の本質なのだ。この力を全地球的に常時発揮できる国は当面、米国をおいて他にない▼今月4日、長い航海を経て英国海軍空母「クイーン・エリザベス」が日本の横須賀米軍基地に寄港した。スキージャンプ方式を採用し、二つの艦橋を持つ独特の雄姿は国家の強固な意志を現しているように見える。女王の名を持つ空母は米・日・加・蘭などと共に多国間の共同訓練を実行中である。日本海の波は高い。

時の焦点

国内

菅首相退陣

歴史に残る五輪の成功

就任からわずか1年あまりで、無念の退陣となる。菅首相が、任期満了に伴う自民党総裁選に出馬しないことを明らかにした。

新型コロナウイルス対策と、総裁選との両立は困難だというのが直接の理由である。

総裁選出馬は当然とみられていたが、総裁選前の衆院解散や党役員人事が取りざたされ、急速に局面が変わった。

記者会見では、この1年の政権運営について、「新型コロナウイルスという見えない敵との闘いは、暗いトンネルの中を一歩一歩手探りで進んでいくことにも似た、極めて困難なものだった」と語った。

率直な思いであろう。まずは、その闘いぶりに敬意を表したい。

安倍前首相の退陣に伴う昨年9月の総裁選に勝利した首相は、デジタル庁発足や携帯電話料金値下げといった自らの公約を次々と実現させた。厳しい状況に追い込まれたのはやはり、コロナへの対応である。

昨秋の就任時はちょうど、夏の「第2波」が収まっていた時期だ。政権は高い支持率でスタートしたが、感染が広がると支持率が連動して下がる構図となった。

コロナ対策における首相の功績は、ワクチンを「収束の切り札」と位置づけて接種推進の先頭に立ち、強力に加速したことである。

今年5月、1日に100万回接種するという目標を掲げた際は、政府内にも「実現は難しい」という見方があった。

だが、地方自治体の接種体制整備を支援したうえ、自衛隊の大規模接種、企業などによる職域接種を推進し、6月には目標達成にこぎつけた。

ワクチン不足や供給の目詰まりといった課題はあったものの、「第5波」もようやく感染者数が減少してきたのは、ワクチン接種が進んだ効果であろう。2回接種した国民は半数を超えた。

病床の確保には最後まで苦しんだ。

首都圏や大阪府などで病床が逼迫し、感染しても病院に入れず、自宅療養を余儀なくされる患者が相次いだ。自宅療養が10万人を超えるという事態は、深刻に受け止めなければならない。

日本の医療は中小の民間病院に支えられており、緊急時に医療提供体制をどう整えるかは、首相が指導力を発揮すればすぐに解決するという問題ではない。医療行政と医療界が後回しにしてきた構造的な課題である。

後継政権は、国と地方、国と民間が複雑に絡み合う構造をどう改革するか、腰を据えて取り組んでもらいたい。

最大の成果は、中止論を抑え、東京五輪・パラリンピックを開催に導いたことだ。招致国としての責任を果たし、世界から「日本でなければ実現できなかった」と称賛された。

コロナ禍にあっても五輪を成功させ、世界に希望を与えた。菅首相の功績として、歴史に刻まれよう。

宮原　三郎（政治評論家）

海外

アフガン戦争

米軍撤退の「受益者」は

アフガニスタンからの米軍の撤収完了を受けて、「歴史上比類のない大成功」（米大統領の国民向け演説・8月31日）と自賛しても、リアリティーはゼロ。

退避作戦中の米兵13人が自爆テロの犠牲になった上、彼らの遺体を出迎える式典で最高司令官が「腕時計をしきりと気にしていた」（遺族）のでは、なおさらの事だ。

外交政策決定の根幹は「国益」が基準だろうが、考えてみれば、米軍撤退が正確にはどのように米国にとっての「益」になるのか。左右を問わず、米軍撤退の提案・擁護者から説得力ある論を見聞きした覚えがない。

「20年はあまりに長い」というのはその通り。その変形とも言える「際限のない戦争を終えなければ」が、最も一般的に聞かれる撤退推進の論拠だが、いずれも情緒的な意見であって、筋の通った議論とは言えない。

今回の撤収では既に兵士13人が死亡した。アフガンで1日に米兵が死亡した人数としては、2014年6月以来、最も多い。

アフガンで死亡した米兵士の数を「年間」で調べると、15年22人、16年9人、17年14人、18年14人、19年21人、20年11人——となる。

どう見ても、米兵士の犠牲が甚大だからアフガンを撤退するとの主張には無理がある。

半面、撤兵から得る益は何もないのに、被った打撃は計り知れない。同盟国としての信望、強大な国家という評判など、米国の威信へのダメージは強調しすぎることはない。

米国は北大西洋条約機構（NATO）と何の協議もせず、事前通告もしなかった。民主党は再三、トランプ前政権は同盟を傷付けたと批判したが、今回NATOに与えた衝撃はその比ではない。

第一、前政権が同じことをしたら、同党と仲良しメディアが一緒になって、天と地が引っくり返るような大騒ぎをしていただろう。

一方、慌ただしい撤退と引き続く混乱は米国の弱さ、脆さのメッセージを世界に発信。中国、北朝鮮、イラン、ロシアや、イスラム系テロ組織に大きな益を与えた。

西側は昨年、中国の圧政に直面した香港を見捨てた。台湾も有事の際の米の支援は期待できない。

対イラン関係修復の〝願望〟は相変わらず強く、米国はイランの行動に関係なく、核協議再開に向けた交渉を進める方針でいる。

「ウォール・ストリート・ジャーナル」（8月29日）によれば、北朝鮮が寧辺の核施設で原子炉を再稼働させた可能性が国際原子力機関（IAEA）の報告書で判明。ロシアに対する宥和策もいつも通りだ。

すべて、同盟国の支援には消極的な西側、特にそのリーダー・米国の姿勢の証明。アフガンは単に、同盟国放棄の最新例なのかもしれない。

「我々はより強く、より安全になる」（前掲の大統領演説）そうだが、そんなファンタジーとは逆の結果が遠からず出るだろう。

草野　徹（外交評論家）

海自IPDにP1初参加

パラオ巡視船と初の親善訓練

海自艦艇部隊がインド太平洋方面を長期巡航する令和3年度の「インド太平洋方面派遣訓練（IPD）」が8月20日から始まった。11月25日まで。

3年度のIPD部隊は、3護群司令の池内出将補を指揮官に、ヘリ搭載護衛艦「かが」、汎用護衛艦「むらさめ」「しらぬい」と搭載ヘリ4機、潜水艦1隻で編成。

加えて航空機部隊からも1空群1空11飛行隊（鹿屋）から津田怜男2佐以下約40人と同隊のP1哨戒機が初めて参加している。

期間中、同隊はインド太平洋地域の各国海軍艦艇や欧州主要国の艦艇と共同訓練を実施する。寄港地はインド、インドネシア、豪州、シンガポール、スリランカ、パラオ、ベトナム、フィリピン、ニューカレドニアの9カ国10港を計画している。

9月1日には最初の訪問国・パラオ共和国のコロールに寄港する前、同国海上保安局の巡視船「ケダム」と初めて親善訓練を実施した。同船は日本財団が平成30年に寄贈した巡視船で、共に通信、戦術運動、捜索救難など各種訓練を行った。

この後、IPD部隊は2日から4日までコロールに寄港。入港時には同国のスランゲル・ウィップス大統領が視察に訪れ、池内将補が大統領を表敬し、懇談した。ウィップス大統領は「『自由で開かれたインド太平洋』を確実にするため、引き続き共に努力していきたい」と日本との防衛交流に意欲を示した。

海自のIPD部隊などを視察に訪れたパラオ共和国のウィップス大統領（左）と記念品の交換を行う同隊指揮官の池内出海将補（9月2日、同国コロール港で）

日米印豪共同訓練「マラバール」

特警隊とIPD部隊参加

日米印豪（クアッド）4カ国の海上部隊による共同訓練「マラバール2021」（日・印主催）のフェーズ1前段が8月23日から9月10日まで米グアム島周辺海域で、後段が8月26日から29日までフィリピン海でそれぞれ実施された。

前段には海自から特別警備隊（江田島）が参加。米海軍からは駆逐艦「バリー」、補給艦「ユニコーン」「ビッグホーン」、P8A哨戒機、C17輸送機、太平洋特殊作戦コマンド、印海軍からはフリゲート「シヴァリク」、コルベット「カドマット」、P8I哨戒機、豪海軍特殊作戦部隊、豪海軍からはフリゲート「ワラマンガ」が加わった。

海自特警隊の隊員らは参加国の艦艇に乗り組み、米印の特殊作戦部隊と共に立ち入り検査などの各種訓練を行った。

一方、フィリピン海で実施された後段には海自からIPD部隊が参加。前段に参加した米印豪の艦艇と共に対潜戦、防空戦、洋上補給などの訓練を行った。

「マラバール」のフェーズ2は10月中旬に実施される予定。

UNMISS第13次司令部要員

吉田陸幕長に出国報告

国連南スーダン共和国ミッション（UNMISS）に陸自から第13次司令部要員として派遣される有薗光代3佐と原田寿幸1尉が8月3日、吉田陸幕長に出国報告を行った。

2人は8月下旬に出国し、南スーダンに到着後、9月上旬までの間、オンラインによる講習や国連の施設内での実地訓練に臨んだ。今後、南スーダンの首都ジュバの国連トンピン地区などで約1年間任務に当たる。有薗3佐は施設幕僚として国連施設の設置・維持・補修に当たり、原田1尉は情報幕僚として現地情勢に関する資料の収集・整理・配布などの業務に従事する。

出国報告には森下陸幕副長と運用支援・訓練部長の戒田重雄将補が同席。出国する2人に対し、吉田陸幕長は「現地で活動する自衛官は日本の誇りだ。信頼を得ることが肝要であり、これまでの業務で培ったことを発揮し、自律性を持って行動せよ」と激励の言葉を贈った。

防衛省では2017年5月に陸自の南スーダンPKO活動が終了した後も、UNMISS司令部（約400人）に陸自隊員4人（兵站、情報、施設、航空運用の各幕僚）の派遣を継続、それぞれ約1年間の任務に就いている。

南スーダンへの出国報告後、吉田陸幕長（右）と懇談するUNMISS司令部要員の有薗3佐（奥）と原田1尉（手前）＝8月3日、陸幕長応接室で

中国艦が台湾と与那国間を通過

太平洋上で合流

9月3日午前10時ごろ、中国海軍の改良型「ルーヤンⅢ」ミサイル駆逐艦（満載排水量約7500トン、艦番号156「淄博」）が沖縄・久米島の北西約170キロの東シナ海を南に向け航行するのを海自11護衛隊（横須賀）の護衛艦「あまぎり」などが確認した。

また、同日午後7時ごろ、同海域を南進する「ソブレメンヌイ」級ミサイル駆逐艦（8000トン、136「杭州」）を確認、情報収集に当たった。統幕が中国海軍のロシア製「ソブレメンヌイ」級の確認を公表するのは2015年8月以来。

中国海軍の両艦艇はこの後、沖縄本島と宮古島間の宮古海峡を南下し、太平洋上に進出。同5日には太平洋上で同国海軍の「ルーヤンⅡ」級ミサイル駆逐艦（7000トン、151「鄭州」）と合流し、台湾と与那国島間の海域を北上して東シナ海に入った。

一方、8月31日午前0時ごろには、長崎・対馬の北東約45キロの日本海を南西に向けて航行する中国海軍の「ジャンダオ」級小型フリゲート（満載排水量約1300トン、艦番号649）を海自3ミサイル艇隊（佐世保）のミサイル艇「おおたか」と4空群（厚木）のP1哨戒機が確認、警戒監視活動を行った。

同フリゲートは8月14日に対馬海峡を北東進した艦と同一で、この後、日本海を南下して東シナ海に戻った。

防衛省発令

▽解陸上総隊医務官付兼務中央病院3外科部長　1陸佐　小俣　二郎（9月5日）

▽統幕学校教育課2教官室学校教官（情報本部）　1空佐　福間　幸治

▽海幕教育課（特別警備隊長）　1海佐　坂前　信博

▽特別警備隊長（自衛艦隊司令部兼1術科学校）　1海佐　黒木　一博

（以上9月10日）

6個航空団戦闘機 米B52と共同訓練

戦術技量の向上を図る

空自は8月31日、来日した米空軍第2爆撃航空団（米ルイジアナ州バークスデール基地）所属のB52戦略爆撃機1機と日米共同訓練を行った。

空自からは2（千歳）、5（新田原）、6（小松）、9空団（那覇）のF15戦闘機、7（百里）、8空団（築城）のF2戦闘機が参加し、東シナ海、日本海、沖縄周辺の訓練空域で要撃戦闘、編隊航法訓練を行い、日米での共同対処能力と戦術技量の向上を図った。

来日した米第2爆撃航空団のB52戦略爆撃機（上）と日米共同訓練を行う空自のF15戦闘機2機（8月31日）

砕氷艦「しらせ」国内を巡り訓練

11月に南極へ出発

文部科学省の第63次南極地域観測活動への支援を前に、海自砕氷艦「しらせ」（1万2650トン、艦長・酒井憲1佐以下約170人）の総合訓練が8月24日から始まった。

「しらせ」は母港の横須賀を24日に出港後、日本沿岸の海上で各部署訓練や搭載ヘリの発着艦訓練、同乗する観測隊員の海洋観測支援訓練などを行う。この間、広島県の呉に寄港し、9月19日に横須賀に戻る。

「しらせ」はその後、船体の最終整備などを行い、物資を搭載後、11月上旬に横須賀から南極の昭和基地に向けて出発する。

仏陸軍参謀長と陸幕長がTV会談

吉田陸幕長は8月31日、フランス陸軍参謀長のピエール・シル大将とテレビ会談を行い、日仏陸軍種トップ同士のカウンターパート関係を強化した。

会談では、インド太平洋地域の安全保障環境をはじめ、今後の日仏防衛協力・交流などについて幅広く意見を交換。今後も日仏陸軍種間で連携を強化していくことで一致した。

吉田陸幕長とテレビ会談を行ったシル仏陸軍参謀長（8月31日）

英空母打撃群来訪の意味と日英防衛協力の行方

「グローバル・ブリテン」「英米合同」「日米英協力」

鶴岡　路人
慶應義塾大学　総合政策学部准教授

英海軍の最新鋭空母「クイーン・エリザベス」率いる英空母打撃群は、今年5月に英国を出港し、地中海、スエズ運河、インド洋、南シナ海などを経て、西太平洋に到達した。

8月以降は日本近海で、日米を中心に、カナダなども参加したさまざまな共同訓練を実施している。9月4日から8日には米海軍横須賀基地に寄港した。

英国にとって空母打撃群のインド太平洋展開は、EU離脱後に世界においてより積極的な役割を果たすという「グローバル・ブリテン」の一環だ。今年3月に発表された外交・安全保障の指針である「統合レビュー」は「インド太平洋傾斜（Indo-Pacific tilt）」を掲げた。防衛協力を含む日本との関係強化は、その中でも重要な位置を占める。

大きな目的は、英国の影響力を示しつつ、ルールに基づく国際秩序の維持に貢献することである。日英間では経済連携協定（EPA）が締結されたほか、英国は同時に、環太平洋パートナーシップ（CPTPP）への参加や、東南アジア諸国連合（ASEAN）諸国との連携強化も模索している。空母打撃群の派遣は、そうした経済面を含むインド太平洋地域との関係強化とも歩調をそろえている。

こうした多分野の連携こそが、英国の「防衛関与」の特徴である。

インド太平洋への関与拡大の背景には、中国に対する警戒感の上昇という事情もある。そのため、中国に対する戦略的メッセージの発出も、空母打撃群の大きな狙いの一つだ。それは中国側も理解しているため、出港前から英空母の展開計画を、「帝国主義の再来」や「米国の手先」「中国の主権への挑戦」などと厳しく批判してきた。

これまでのところ、当初懸念されたような、中国軍による物理的な妨害行為は明らかになっていないが、さまざまな情報収集活動を実施していることは想像に難くない。

英米間の「代替可能性」

その上で、英空母打撃群の軍事的な特徴は、何といっても、「英米合同」である。

日本では、「英国の空母がやってくる」として話題になった。このこと自体は、日英防衛協力を進めるに当たって、大きな後押しとなるイメージだっただろう。

しかし、「英米合同」という側面を見逃してはならない。空母こそ英国の艦艇だが、艦載機のF35Bステルス戦闘機（短距離離陸・垂直着陸機）は、全18機の半分以上の10機が米海兵隊の機体だ。米国のF35Bは米国のパイロットが操縦し、支援要員も米海兵隊から派遣されている。米海軍駆逐艦も空母打撃群の一部として参加している。

ステルス戦闘機10機と駆逐艦1隻を7カ月以上におよぶ全行程に提供するのは、米国にとっても前例のない大きなコミットメントである。なお、オランダ海軍のフリゲートも全行程に参加しており、海上自衛隊横須賀基地に寄港した。

「英米合同」の背景として重要なのは、英米間での「代替可能性（interchangeability）」という考え方である。あくまでも別々の部隊が共同行動するイメージの相互運用性から一歩進み、兵力を出し合い、互いにまるで自国の艦艇や航空機のように一体として運用するという考え方だ。

その象徴的な事例が今回の空母打撃群である。米戦闘機は、英戦闘機と全く同様に、英空母を起点とする作戦に従事している。

第5世代ステルス戦闘機を伴うこうした高いレベルの英米の共同作戦能力を、西太平洋地域において確認するのが、空母打撃群の展開における軍事面での最大の目的だった。

まさに、共同の戦闘態勢の構築が目的であり、だからこそ米軍も、これほどまでのコミットメントを行っているのである。単なるお付き合いではない。

空母打撃群は、インド洋に入る前の東地中海展開時には「イスラム国」に対する有志連合による空爆に参加し、イスラエルのF35とは、対地攻撃を含むハイエンドな共同訓練を行っている。

そして、空母打撃群が「英米合同」である以上、日本との共同訓練は自動的に日米英協力になる。これも日本にとっては重要な意味を持つ。

というのも、目下、日本では「いずも」型護衛艦でF35Bを運用するための改修作業が進められているからだ。今年中にも、米海兵隊の機体を使った発着試験が開始されると報じられている。

次回、ないしその次の英空母のアジア展開時には、日米英3カ国のF35Bが共同作戦を行えるようになるかもしれない。また、F35に限定せずとも、日米英の特に海軍種における協力は、日米がともに進めてきたものでもある。

日米同盟に「プラグイン」

日本では、英国のインド太平洋へのコミットメントがどこまで続くのかという懐疑的な声も根強い。しかし、英国の関与という、すでに目の前にある機会を、対中抑止、さらには地域の抑止態勢強化のためにいかに活用できるかは日本次第である。

受け身の姿勢ではいけない。英国や英米との共同訓練についても、日本の目的に沿ったかたちで、日本側から積極的に提案していくのがあるべき姿だろう。

日本からみれば、英国を、日米同盟の諸活動に「プラグイン」するということである。英米の相互代替性に照らせば、日米の連携・統合がどこまで進んでいるのか、そして、日本の側に英国とどこまで共同作戦を行う用意があるのかが問われるだろう。

日米同盟と「それ以外」という二分法が刷り込まれた日本のマインドセット自体も、転換が迫られている。

もっとも、英国をプラグインさせたところで、中国有利に傾きつつある地域の軍事バランスを大きく変更することはできない。

それでも、さまざまな事態への対処能力が向上することは期待でき、中国もそれを考慮に入れる必要に迫られる。つまり、中国の戦略的計算が複雑化するのである。日本にとっては、これが当面の目標であろう。

鶴岡　路人（つるおか・みちと）　1975年、東京都生まれ。98年慶應義塾大学法学部卒、2001年同大学大学院法学研究科修士課程修了。米ジョージタウン大学大学院を経て、英ロンドン大学キングス・カレッジ戦争研究学部で博士号取得。在ベルギー日本大使館専門調査員、防衛研究所主任研究官、防衛省防衛政策局国際政策課部員、英王立防衛安全保障研究所（RUSI）訪問研究員などを経て、17年4月から現職。専門は国際安全保障、現代欧州政治、北大西洋条約機構（NATO）、欧州連合（EU）。近著に『EU離脱―イギリスとヨーロッパの地殻変動』（ちくま新書、2020年）など。

戦技磨き 存在感示す

英空母 24年ぶり日本寄港

日英米蘭4カ国が参加した米国主催の共同統合戦闘演習「大規模広域訓練2021（ＬＳＧＥ）」を終え、海自護衛艦「いせ」の乗員（手前）に見送られる英海軍の空母「クイーン・エリザベス」（奥）（8月24日、沖縄南方の太平洋で）＝いずれも統幕提供

英空母打撃群（CSG21）旗艦の空母「クイーン・エリザベス（Q・E）」が9月4日から8日まで、在日米海軍横須賀基地に寄港した。英空母としては「イラストリアス」以来24年ぶりの日本訪問。来日前の8月24日には、沖縄南方海域で米主催の共同統合戦闘訓練「大規模広域訓練（LSGE）」に参加し、海自護衛艦「いせ」「あさひ」、空自F15戦闘機部隊と共に対戦闘機戦闘訓練などを行った。

翌25日から横須賀寄港をはさんで9月9日にかけては、東シナ海から関東東方沖の海域で日英米蘭4カ国共同訓練「パシフィック・クラウン21」に参加。

その後、カナダ海軍のフリゲート「ウィニペグ」もCSG21に加わり、5カ国の訓練となった。

海自「いせ」「いずも」、空自F35A

海自からは「Q・E」と同じ艦載機のF35B戦闘機を将来搭載予定の護衛艦「いずも」をはじめ潜水艦など艦艇計9隻が参加。空自からもF2、F15、F35A戦闘機、E767早期警戒管制機など計17機が加わり、5カ国共同で戦術技量を向上させるとともにインド太平洋地域でのプレゼンスを示した。

大規模広域訓練「LSGE」

「LSGE」の発着艦訓練で、「いせ」の飛行甲板に着艦した陸自AH64D戦闘ヘリ（右）。奥に降着するのは米軍のMV22Bオスプレイ

「クイーン・エリザベス」と訓練

フォーメーションを組んで航行する（手前右から）海自護衛艦「いせ」、英海軍空母「クイーン・エリザベス」、米海軍強襲揚陸艦「アメリカ」など参加艦艇群

日英米蘭加共同訓練「パシフィック・クラウン21」で戦術訓練を行う（左奥から）蘭フリゲート「エファーツェン」、米駆逐艦「ザ・サリバンズ」、英補給艦「タイドスプリング」。手前は海自潜水艦（右）との距離を測定する「いせ」乗員（いずれも海自提供）

日英米蘭加5カ国共同で「パシフィック・クラウン21」

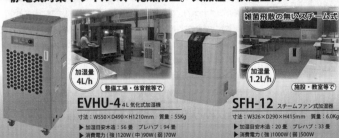

「パシフィック・クラウン21」で並走する（左から）蘭海軍フリゲート「エファーツェン」、加海軍フリゲート「ウィニペグ」、海自護衛艦「あさひ」

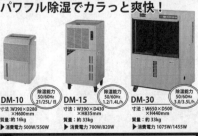

「パシフィック・クラウン21」で海自艦艇（右下）の上空を編隊で飛行する空自のE767早期警戒管制機（先頭）とF15、F2戦闘機（9月3日、四国南方空域で）＝空自提供

厚生・共済 特集

「リモート会議プラン」

グラヒルから WEB 会議やセミナーに

防衛省共済組合の直営施設「ホテルグランドヒル市ヶ谷」（東京都新宿区）では、組合員の皆さまが当館内でWEB会議やWEBセミナー等をご利用いただける「リモート会議プラン」をご用意いたしました。

いずれも新型コロナウイルス感染症予防のため、ソーシャルディスタンスに配慮した環境でご案内させていただきます。この機会にぜひご利用ください。

《使用料金》

◇小会議室利用　ご利用人数9名様まで。料金1万4399円～（税・サービス込み）

◇中会議室利用　ご利用人数30名様まで。料金3万3033円～（税・サービス込み）

※上記料金はいずれも「2時間の会場利用割引」後の金額となります。

《プランに含まれる内容》

▽会場の室料▽インターネット回線の使用料▽パソコンや撮影機器等の持ち込み料

《オプションの機材》

次の機材を使用する場合は別途料金となります。

▽プロジェクター▽スクリーン▽テレビモニター▽アクリル板等

《ご予約・お問い合わせ》

▽電話03-3268-0116（宴集会担当直通）▽専用線8-6-28853～4▽ホームページhttps://www.ghi.gr.jp▽メールsales@ghi.gr.jp

営業時間は午前9時から午後7時まで。新型コロナの感染拡大防止の観点から、営業時間などが変更になる場合があります。

詳しくは、スタッフまでお問い合わせください。

他会場とのリモート会議もできます

HOTEL GRAND HILL ICHIGAYA

PCを使いリモート視聴ができます

共済組合委託「ベネフィット・ワン」

ネットや電話、FAX、郵送で 各種健診予約受け付け

防衛省共済組合では「各種健診」を実施しています。

健診の受け付けは共済組合が委託する「ベネフィット・ワン」が行っていますので、以下の方法でお申し込みください。

◇

【WEB】パソコンはhttps://www.benefit-one.co.jp/、スマートフォンはhttps://bnft.jpへ。アクセス後、「健診予約はこちら」のバナーをクリックしてお進み下さい。

【電話】ベネフィット・ワン健診予約受付センター（0800-1702-502、03-6870-2775）へ。午前10時から平日午後9時、土日祝日は午後6時まで受け付け。年末年始はお休みです。

【FAX】0800-919-9030、089-900-8281へ。お手元のご利用ガイドの「〈各種健診〉FAX・郵送申込書」または「〈婦人科単体検診〉FAX・郵送申込書」をご利用ください。

【郵送】〒790-8790　愛媛県松山市藤原2-8-8　株式会社ベネフィット・ワン健診予約受付センターまで。「〈各種健診〉FAX・郵送申込書」または「〈婦人科単体検診〉FAX・郵送申込書」に必要事項をご記入のうえ、お送りください。

申し込み後、「ご予約確定通知書」が送付されます。受診当日は「防衛省共済組合員証」または「自衛官診療証」を持参して受診してください。健診結果は1カ月程度で健診機関から本人に直接送付されます。

なお、健診時に自己負担がある場合は健診機関窓口で当日お支払いください。

◇

このほか健診機関に電話で直接申し込むこともできます。お手元の「健診機関リスト」に掲載された健診機関に、受診希望日の3週間前までに電話でお申し込みください。

予約後、受診希望日の3週間前までにベネフィット・ワン健診予約受付センターに「ご予約確定通知書」の発行を依頼してください。後日、健診予約受付センターから同書を送付します。

その後は前述の方法で受診してください。

「さぽーと21」秋号完成

令和2年度共済組合決算を解説

特集記事はグラヒル レストラン舞台裏に潜入

防衛省共済組合の広報誌『さぽーと21』秋号が完成しました。今号は巻頭で「令和2年度防衛省共済組合決算概要」を紹介。組合員とご家族の皆さまが健康で豊かな生活を維持していけるよう、病気や災害時の給付をはじめとしたさまざまな共済事業について経理別に解説しています。

トピックスは、ホテルグランドヒル市ヶ谷の特集記事です。客室やレストラン、チャペルの紹介だけでなくレストランの舞台裏に潜入し、デリバリー弁当やスイーツ作りの様子を紹介。

同コーナーでは、ホテルのオンラインショップでも好評の「焼き菓子3点セット」を5名様にプレゼント。ぜひ、ご応募ください。

人気シリーズは、教えて！年金（年金受給資格期間）、短期給付（扶養の認定）、栄養士の栄養指導（和食でメタボ予防！）、スポーツの楽しみ（肩こり改善）など、盛り沢山の内容となっています。

連載の「支部だより」は、弘前支部、大久保支部、阪神基地隊支部、稚内支部の共済活動を各支部の写真とともに紹介しています。

さぽーとクイズでは、賞品に人気の二つの家電が登場。こちらもぜひご応募ください。

本誌はご家庭に持ち帰り、ご家族と一緒にご覧ください。

共済本部契約商品ご紹介

◇安納芋 ◇白玉スイーツ ◇骨盤ベルト

防衛省共済組合ではさまざまな共済本部契約商品を取り扱っています。その中から今回は鹿児島・種子島の芋、北海道産スイーツ、ミズノ製の腰部骨盤ベルトをご紹介します。標準価格よりもお得な組合員価格となっていますので、ぜひご利用ください。

◇種子島産「安納芋」5キログラム

安納芋は焼くとスイーツのような甘さに。芋の大きさはS（60～80グラム）、M（80～150グラム）、L（250～350グラム）とあり、組合員価格は税込2200円（標準価格同4000円）です。商品は鮮度を保つため土付きで種子島から直送します。お支払いは郵便振込か銀行振込で。別途、送料（1000～1700円）がかかります。

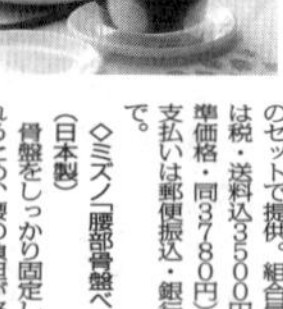

◇北海道「シロマルカフェ白玉スイーツセット」

大粒白玉のふわふわもちもち感が自慢のスイーツです。白玉クリームぜんざい（116グラム×3）、みたらし白玉団子（125グラム×3）のセットで提供。組合員価格は税・送料込3500円（標準価格・同3780円）。お支払いは郵便振込・銀行振込で。

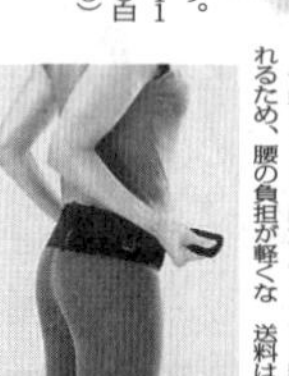

◇ミズノ「腰部骨盤ベルト」（日本製）

骨盤をしっかり固定してくれるため、腰の負担が軽くなります。①ノーマルタイプ②メッシュタイプがあり、サイズはM-L（骨盤周囲75～95センチ）とLL（骨盤周囲95～115センチ）。組合員価格は税込5600円（標準価格・同6490円）。お支払いは郵便振込・銀行振込で。送料は全国一律880円（税込）。

問い合わせ・申し込みは一般財団法人・防衛弘済会の田畑（電話03-5946-8705）まで。

年金Q&A

老後にもらえる年金について知りたい

老齢厚生年金等が65歳から支給

Q　私は、来年の3月に退職を予定している昭和36年生まれの事務官です。老後にもらえる年金について教えてください。

A　あなたの場合、65歳から老齢厚生年金等が支給されることになります（下図参照）。

※老齢厚生年金等について

65歳になると老齢厚生年金（報酬比例額＋加給年金額）、退職共済年金（経過的職域加算額）、退職年金が国家公務員共済組合連合会から支給され、老齢基礎年金が日本年金機構から支給されます。

加給年金額は年収が850万円未満で生計維持関係のある65歳未満の配偶者や子（18歳の誕生日以後、最初の3月31日までの間にある子、または20歳未満で障害の程度が1級または2級に該当）があるときに支給されます。

ただし、配偶者自身が加入期間20年以上または20年以上とみなされる年金、もしくは障害年金を受けているときは支給が停止されます。

<参考>

昭和36年4月1日までに生まれた方は、以下の支給年齢から65歳に達するまでの間に厚生年金（報酬比例額のみ）、共済年金（経過的職域加算額）が支給されます。

（本部年金係）

65歳～

	経過的職域加算額【共済年金】（～平成27年9月）	退職年金【退職等年金給付】（平成27年10月～）	国家公務員共済組合連合会から支給
【厚生年金】	報酬比例額		国家公務員共済組合連合会から支給
【厚生年金】	加給年金額		国家公務員共済組合連合会から支給
【基礎年金】…	老齢基礎年金		…日本年金機構から支給

（年金の支給開始年齢）

生年月日	開始
昭和24年4月2日～昭和28年4月1日	60歳
昭和28年4月2日～昭和30年4月1日	61歳
昭和30年4月2日～昭和32年4月1日	62歳
昭和32年4月2日～昭和34年4月1日	63歳
昭和34年4月2日～昭和36年4月1日	64歳
昭和36年4月2日～	65歳

厚生・共済

特集

海自×海保で「海の女子会」

女性公務員間のネットワーク構築

「女性隊員の数は男性に比べてまだまだ少ない。女性同士で情報交換し、職場環境の改善につなげよう」――。3自衛隊で女性隊員への職域開放が進むに連れ、女性ならではの問題の解決やサポートの必要性が高まっている。そこで海自14護衛隊(舞鶴)では海保の女性職員と「海の女子会」を開き海保のノウハウを聴取。北恵庭駐屯地では初の「女性隊員会同」を開催し、それぞれ女性が働きやすい職場環境づくりを目指している。

同じ舞鶴が母港同士で

【舞鶴】海自14護衛隊は7月27日、同じ舞鶴港を母港とする第8管区海上保安本部と海上保安学校の女性幹部3人を護衛艦「あさぎり」に迎え、艦内で「海の女子会」を開催した。

この取り組みは、共に海を働く場所とする海自と海保の①女性が抱える悩みや心配事の相談ができる体制作り②女性職員の活躍推進に向けた枠組み作り――の2点を目的に開かれた。

「あさぎり」からは幹部2人が参加し、海保の3人と「女性職員のキャリアアップ」「人生設計」などについて意見交換。共にそれぞれの経験などを披露し、どうすれば女性が働きやすい職場環境になるか意見を出し合った。

打ち解けて話をしていくうちに、「出港前には好きなお菓子を購入しフネに持ち込む」といった同じ船乗りならではの話題も飛び出し、和気あいあいと交流を深めた。

海保職員からは「海上保安庁では女性の活躍・働き方改革の一環として、有志で女性職員の集まりや研修会、組織のネットワークを活用した職員の悩み相談などを積極的に行っています」といった情報提供もあり、海自隊員も興味深そうに聞き入っていた。

参加した女性隊員からは「海自にも反映できそうな取り組みが多くあり、有益な情報交換ができた」「両組織とも、勤務する女性は男性に比べて少数であるため、女性同士のネットワークを構築するという観点からも有意義な会だった」「次は海保の巡視船で女子会をしましょう!」といった意見や感想があり、5人は共に再会を誓っていた。

14護衛隊の幹部は「乗員個々のワークライフを適切にマネジメントし、女性も含め誰もが働きやすく、休みやすく、心理的安全性や幸福度の高い職場を作っていきたい。引き続き『女性職員の活躍とワークライフバランス推進』のため、施策に取り組んでいく」と話している。

「海の女子会」で第8管区海上保安本部などの幹部(左側)と意見交換する海自幹部＝7月27日、護衛艦「あさぎり」で

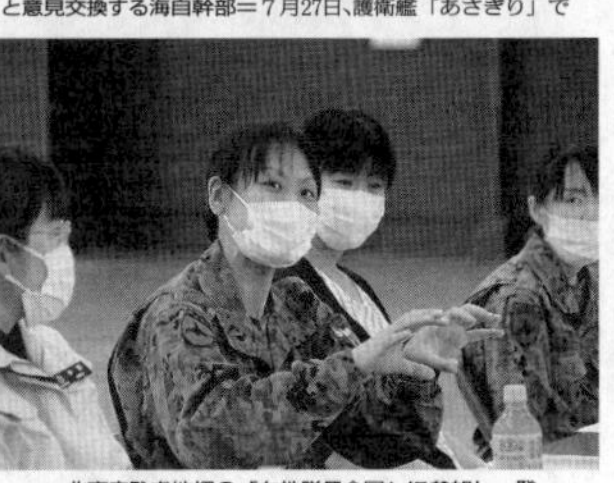
北恵庭駐屯地初の「女性隊員会同」に参加し、発言をする女性自衛官(8月20日、北恵庭駐屯地で)

北恵庭駐 初の「女性隊員会同」

戦車職域の開放受け推進

【北恵庭】北恵庭駐屯地は8月20日、「女性隊員会同」を初開催した。

駐屯地には現在、72戦連、11戦車隊、7後支連2整備大隊2戦車直接支援中隊、駐屯地業務隊などが所在し、女性隊員約30人が勤務している。

今後、第一線部隊の72戦連などにも3人程度ずつ女性自衛官が配置されることを見据え、会同は女性の勤務態勢や環境を整えて相互に相談しやすい関係を作り、部隊の垣根を超えた協力体制を構築することを目的に開催された。各部隊から女性22人が参加し、率直な意見交換、活発な情報提供が行われた。

参加した隊員は「先輩の話が聞けてとても参考になった」「会同をきっかけに通常の勤務時も女性同士でより意思疎通ができるようになった」「また次回も参加したい」などと話していた。

駐屯地の担当者は「今後は職種、職域、所属部隊を問わない自発的なコミュニティー構築を目指したい。女性配置の歴史が長い戦闘支援部隊、後支隊の諸施策を参考に、戦車部隊の特性を踏まえた勤務体制をより一層充実させていく」と話している。

自慢の一品料理

習志野ピーナッツ丼・空挺バージョン

1高隊空上げ

紹介者：2空曹　矢野　雅浩(1高射隊・習志野)

陸自と空自部隊が所在する習志野駐屯地・分屯基地隊員食堂では、令和3年度の新たな試みとして、"陸自空自コラボメシ"を毎月提供しています。7月は、第4弾として「習志野ピーナッツ丼・空挺バージョン」＝写真左＝と「1高隊空上げ」＝写真右上＝を新たに作りました。

駐屯地業務隊糧食班で勤務支援をする中で、私が考案した「1高隊空上げ」は、試行錯誤しながら塩ベースで味を調えて完成させた一品です。7月7日の昼食で提供したところ、隊員からは「衣はカリカリサクサク、中はジューシーで、とてもおいしい」「お店に出してもおかしくないおいしさ!」など、習志野の唐揚げ史上、最高のご評価をいただきました。

この空上げとコラボした「習志野ピーナッツ丼・空挺バージョン」は、4月に新作として提供した「習志野ピーナッツラーメン」の具材をベースに、赤味噌、ニンニク、生姜、豆板醤、中華スープで味付けをしました。ご飯との相性も抜群の一品なので、隊員からは「おいしくてご飯が進む」「ご飯のお供にしたいので常に出してほしい」などの声があり、好評でした。

我々が心のこもったおいしい料理を提供することで、隊員が穏やかな心で勤務できる環境を作れるよう、引き続き貢献していきたいです。

防衛医科大学校ラグビー部

紹介者：2陸佐　佐々尾　宙(副部長・防医大学生部)

覇権奪回に向け日々練習

朝雲新聞をご覧の皆さま、こんにちは。私が副部長を務める防衛医科大学校ラグビー部を紹介させていただきます。

ラグビー部は学校の創設間もない1976年に創部され、長い歴史と伝統を誇るクラブです。関東圏の医学・歯学・薬学の大学(約30校)が集う関東医歯薬大学ラグビー連盟に所属しています。2014年にリーグ戦で優勝しましたが、以後、準優勝が続いており、覇権奪回に向けて日々練習に励んでおります。また同連盟主催の「7人制ラグビー」の大会でも2013年、昨年と2度の優勝を誇る関東医歯薬大学のトップレベルのチームです。

部員の大半はラグビーの未経験者で、高校まで文化系の部活しかしていない学生もいますが、彼らの努力や創意工夫、チームワークと日本ラグビーのトップレベルを知るコーチ陣の指導の下、着実にレベルアップをしてきました。

現役と卒業生との結びつきも強く、OBは業務の合間を縫ってグラウンドでの指導や、物心両面からの厚いサポートをしています。その影響を受けた学生は、卒業後に同じように後輩にノウハウを還元するという好循環ができています。楕円球をつないでトライを取るのと同じように、先輩方からの伝統は、今の学生までしっかりと受け継がれています。

また、試合に勝つための技術や体力だけでなく、ラグビー独特の文化や精神も伝えています。こうして培った資質は、幹部自衛官や医官としてだけではなく、人間としても大きく学生を成長させてくれています。

コロナ下の厳しい環境ですが、当部では工夫しながら前に進んでいきたいと思います。

㊤練習前に記念撮影する防医大ラグビー部員たち。橋渡恵理夫主将(前列左から3人目)のもと、和気あいあいと活動している(写真はいずれも7月14日、埼玉県所沢市で)㊦実戦形式で練習する防医大ラグビー部員。先輩による熱心な指導で未経験者でも上達できる環境だ

防衛省初の独立棟保育園

防医大構内にオープン、英語教育も

【防医大】"独立棟"をもつ保育園としては防衛省で初となる「くれよん保育園所沢防衛医大」が9月1日、埼玉県所沢市の防衛医大構内(正門北側)に開設された＝写真。施設は以前の校内託児所に比べて約20倍の広さとなり、鉄筋コンクリート造り平屋建ての保育施設には0歳児から60人の幼児が入園できる。

子供は午前7時半から午後6時半まで預けることができ、延長保育にも対応。独自の保育カリキュラムとして英語の学習も行われるため、楽しみながら国際人としての下地も養うことが可能だ。

オープンを受け防医大の担当者は「当園では所沢市の認可を目指し、認可保育園と同基準での運営をしているため安心して子供を託していただけます。まだ定員に余裕があるので、ぜひお問い合わせください」と話している。

海・空自調理員オンラインで説明

千原2曹が参加

【経ヶ岬】空自経ヶ岬分屯基地業務小隊給養係の千原誠児2曹はこのほど、京都地本が実施する「海・空自調理員オンライン説明会」に参加した。

このイベントは大学生、専門学校生、既卒者を対象とした募集促進活動で、会には調理業務に興味のある社会人や大学生など5人が参加、画面ごしに学生たちから「調理経験は」「航空自衛隊での勤務体制は」「資格はどのように取得したのか」などの質問が行われ、千原2曹は一つ一つ丁寧に答えていた。

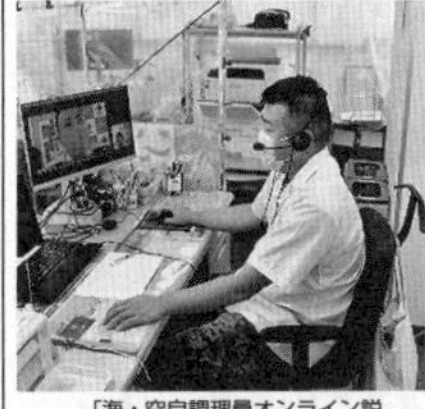
「海・空自調理員オンライン説明会」で京都の学生に調理員の魅力を伝える千原2曹(空自経ヶ岬分屯基地で)

留萌駐が家族ツアー

装輪装甲車など体験乗車も

【留萌】駐屯地は8月6日、隊員家族向けの「駐屯地家族ツアー」を開催した。

家族に隊員の勤務状況などについて理解してもらうことを目的に開かれ、最初に装輪装甲車や高機動車の体験試乗と装備品展示が行われた。

続いて厚生センター談話室で担当者が駐屯地や各部隊の概要、家族支援体制について説明。家族からも多くの質問があり、相互に認識を深めた。その後、隊員と家族が連れだって日頃勤務している職場を訪れ、仕事内容を披露した。

参加した夫人らは家庭では見られない夫や父の姿を目にし、部隊との絆も深めていた。

駐屯地家族ツアーに参加し、父親の防弾チョッキの重さに驚く子供(8月6日、留萌駐屯地で)

地方防衛局 特集

地元住民の安心・安全確保に尽力

在沖米海兵隊訓練を支援

現地連絡本部 24時間体制で

東北局

【東北局】宮城県と青森県で今年7月、在沖米海兵隊による二つの訓練がほぼ同時期に実施された。東北防衛局（市川道夫局長）では約1カ月間にわたって両県に「現地連絡本部」を開設し、24時間体制で訓練部隊と周辺自治体を支援するとともに、地元住民の安心・安全の確保に尽力した。

実弾射撃移転訓練の「現地連絡本部」で各種調整に当たる東北防衛局の職員と日米の隊員（迷彩服）たち（7月8日、王城寺原演習場で）

訓練に使用された在沖米海兵隊の155ミリ榴弾砲（7月17日、宮城県の王城寺原演習場で）

訓練終了後、宮城県石巻市の石巻南浜津波復興記念公園を研修に訪れ、東日本大震災で米軍が実施した「トモダチ作戦」などを振り返り、教訓を学ぶ米海兵隊員ら（7月25日）

王城寺原で実弾射撃

宮城県の王城寺原演習場では7月15～22日まで「沖縄県道104号線越え実弾射撃移転訓練」が行われた。王城寺原演習場での同訓練は1997年度に開始され、今回で18回目。

東北防衛局は訓練部隊が演習場入りした7月7日から同地を離れた31日まで、同局の阿部也寸志企画部長を本部長とする「現地連絡本部」を設置し、最大約30人態勢で訓練部隊に対する支援や関係自治体などへの情報提供、演習場周辺地域の巡回警備などを24時間体制で行った。

射撃訓練は無事に終了。例年行われている地元自治体などに向けた訓練公開や、訓練終了後の海兵隊員によるボランティア活動などは新型コロナウイルスの影響で中止となったが、日本文化を学ぶための現地研修は感染症対策を徹底した上で実施され、米隊員らは石巻市と東松島市で、東日本大震災の際に米軍が展開した「トモダチ作戦」の跡地を訪問した。

全日程を終了後、部隊を代表し、今回の訓練の担当将校であるジャスティン・ミラー大尉が阿部本部長に対し、さまざまな支援に対する謝意を述べた。

三沢でオスプレイ訓練
沖縄負担軽減 県外移転へ

一方、青森県の三沢対地射爆撃場などでは7月14～24日まで「米軍再編に係る訓練移転（回転翼機、ティルト・ローター機などの沖縄県外への訓練移転）」が行われた。

今回の訓練は、日米合同委員会の合意に基づき、沖縄県の負担軽減のため、米軍普天間飛行場（宜野湾市）のティルト・ローター機などによる訓練を三沢対地射爆撃場などに移して米軍単独訓練として実施されたもので、沖縄県外における訓練の一層の推進も目的の一つとしている。

訓練は三沢飛行場を拠点に行われたことから、東北防衛局は7月7～28日まで、三沢防衛事務所内に同局の佐藤彰悦企画部次長を本部長とする約20人の「訓練移転現地連絡本部」を開設。

スタッフたちは24時間体制で米軍や関係自治体などとの間をつないで緊密な連絡調整に当たったほか、航空機の騒音測定などを行って周辺住民の不安解消と安心・安全の確保に最大限に努めた。

訓練終了後、指揮官を務めたエリック・フレミング中佐から佐藤本部長に感謝の気持ちを込めた記念品が手渡された。

オスプレイ訓練移転の部隊指揮官を務めたエリック・フレミング中佐（右）から記念品を贈られる現地連絡本部長の佐藤彰悦企画部次長（7月26日、青森県三沢市の米軍三沢基地で）

防衛施設と首長さん

石川県小松市　宮橋 勝栄市長

みやはし・しょうえい　41歳。立教大観光学部卒。小松市議会議員（2期）などを経て、2021年4月小松市長に就任。現在1期目。石川県小松市出身。

空自小松基地と共存共栄 日本海側最大の防衛の要

石川県小松市は、県西南部に広がる豊かな加賀平野の中央に位置し、産業都市として発展し、南加賀の中核を担っています。当市は江戸時代から脈々と受け継がれてきた伝統芸能「曳山子供歌舞伎」に代表されるように歌舞伎のまちとして知られ、例年5月には荘厳華麗な曳山がまちを彩ります。

さらに、二つの日本遺産に認定された「北前船」や「珠玉と石の文化」のまちとして、魅力ある歴史と伝統を発信しております。一方で、建設機械の㈱コマツに代表されるように、ものづくりのまちとして栄えてまいりました。ものづくりの技術は、今後も未来へと引き継がれ、本市の核となる産業として発展していきます。

さらに、国から「SDGs未来都市」に選定され、地球に貢献できるひとづくり・まちづくりを推進し、計画的に取り組みを進めています。

2024年春には、北陸新幹線が小松にやってまいります。本市の大きな強みでもある日本海側最大級の小松空港との相乗効果で、新たなまちづくりのチャンスが訪れています。

駅隣接の「こまつの杜」がリニューアルするなど、駅周辺はさらに楽しく、にぎやかな場所となります。来年には新幹線駅舎がお目見えし、駅東西広場なども次々完成していきます。

今後、全国でも稀な空港と新幹線を両方有する交通都市の強みを生かして、未来型のビジネスと人が集まる楽しいまちを拡大させていきます。

本年2月に開設60周年を迎えた航空自衛隊小松基地では、日本海側の防衛の要として国の平和並びに国民の命を守るため、日々ご尽力いただいております。

例年行われる「観桜会」や「納涼の夕べ」「航空祭」といった基地を開放して行われるイベント等を通じて、多くの市民との交流が図られています。また、防災訓練における炊き出しや市の一大イベントである春の「お旅まつり」、秋の「どんどんまつり」など各種イベントにおいても広くご協力をいただいており、市民との輪はますます広がっています。

今後とも基地との共存共栄を継続し、さらなる発展を図りながら、市の発展に尽力してまいります。

F35Aの小松配備を

宮橋市長、岸防衛相に要望書

安全・騒音対策など求める

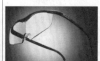

石川県小松市の宮橋勝栄市長は8月16日、防衛省を訪れ、空自小松基地へのF35Aステルス戦闘機の配備に関する要望書を岸防衛相に手渡した。

同市は7月29日、地元が要望する騒音対策などの実現を前提に、小松基地へのF35Aの配備受け入れを表明している。防衛省は2025（令和7）年度に同基地に4機配備し、将来的には約20機に増やす計画だ。

要望書には、①安全対策②騒音対策③地域振興策④小松空港の発展協力――などを主な柱として明記。

宮橋市長は、▽飛行経路の順守▽隊員の教育訓練の徹底▽騒音対策・改善策▽特定防衛施設周辺整備調整交付金（9条交付金）の大幅増額▽小中学校や図書館の建て替え、道路、文化・体育施設の新設・改修などの大型事業に対する補助事業への優先的な採択▽小松空港の国内線・国際線のさらなる拡充への協力――などの要望を岸大臣に伝えた。

これを受けて岸大臣は、平素から小松基地の安定的な運用に向けた市長の尽力と同市のF35A受け入れ表明に謝意を表した上で、「（小松市から）近畿中部防衛局にご要望をいただいている点については、その内容をしっかりとお伺いした上で適切に対応するように（同局に）伝えている」と述べ、防衛省・自衛隊に対する引き続きの理解と協力を求めた。

石川県小松市の宮橋勝栄市長（右）から空自F35Aの小松基地配備に関する要望書を受け取る岸防衛相（8月16日、防衛省で）＝防衛省提供

福岡病院建て替え

16診療科、200床を想定

令和4年度概算要求に準備工事費2千万円

10年以内の開業目指す

防衛省は令和4年度予算の概算要求に、自衛隊福岡病院の建て替えのための本体工事に伴う準備工事費として2000万円を盛り込んだ。10年以内の開業を目指す。

建て替え後の「福岡病院」本館の外観イメージ。屋上には大型ヘリポートを備え、「中核型基幹病院」の役割を担う

新病院は病床数200床、必要に応じて大幅に拡張できる機能を有し、内科をはじめ16の診療科を標榜する。建物は地上7階・地下1階建ての鉄骨鉄筋コンクリート造りで、延床面積は約2万6000平方メートル。屋上に大型ヘリポートを備えているのが特徴だ。災害時でも診療を継続するため、▽免震装置▽無停電装置▽非常用発電機▽井戸水の利用――などを計画している。

さらに、各種感染症に対応するための病棟や病室を設けるとともに、感染症の患者動線を他の患者等と分離するなど、院内感染の防止に万全を尽くす設計となっている。

現在の病院は改修・改築を重ねて築66年を迎え、老朽化が進んでいることから、我が国の南西防衛における衛生支援の要である「中核型基幹病院」の役割を果たすためにも、新病院への建て替えが喫緊の課題となっていた。

◇自衛隊福岡病院　1955（昭和30）年に陸上自衛隊福岡地区病院として開院し、今年で66周年を迎えた。2006（平成18）年に保険医療機関化し、一般診療や休日・夜間の救急診療を行って隊員や隊員家族の診療のみならず、地域医療の一翼も担っている。さらに、我が国の南西防衛を含め、各種事態においては医療拠点となることから、重症患者の受け入れをはじめ、専門的治療、バイオテロ、新型コロナウイルスや未知の感染症への対応など、幅広いミッションが求められている。

リレー随想　松下 陽子

災害への備え

令和3年8月に東海防衛支局勤務となりました。よろしくお願いします。

さて、8月11日からの大雨は、九州、中国地方に大変な被害をもたらし、部隊が救助に当たっている様子が報道され、当支局のある東海3県でも連日大雨警報、土砂災害警報、洪水警報等が発令され、各地で避難指示が出されるなどし、また、岐阜県の飛騨川や土岐川などは氾濫危険水位に到達して護岸が崩落・流出するなど、昨年の水害に迫る状況のようでした。

地方での勤務では、地元の首長の方々に直接お会いする機会があり、その際には「災害への対応」がよく話題になります。

今回、着任あいさつで大村愛知県知事にお会いした際にも、航空自衛隊小牧基地（県営名古屋空港隣接）と名古屋高速に挟まれたエリアに設置を計画中の広域防災拠点について伺うことができました。

この防災拠点は、南海トラフ地震への対応を見据えて県全体の災害対応力強化を目指したもののことで、特徴としては、空港と高速道路との近接によりダブルアクセスを確保できるということと、同地で県・市の消防学校2校を統合した学校の整備によって、災害時には、その職員、教官、学生を即時に危機管理体制に組み込み、同校を中核施設とした24時間危機管理体制が確保できるということです。

大村知事はそのエリアを写した航空写真付きの資料で熱心に説明され、私も「全国から支援物資が空港に集積し、高速道路を使って愛知県内に配布することができるから、場所の選定がすごいな」とその動線を見ながら感心し、早速、その後にあいさつに伺った部隊長にこの防災拠点の話をしたところ、すでによくご存じで、実際の防災訓練で動きを見たいなど構想の先にある実際の運用を念頭に述べておられました。

この防災拠点のことだけでも地元が自衛隊に期待すること、実際に動く部隊が考えることなどいろいろな角度から話を聞くことができましたが、このことは着任早々の私にとって当支局が部隊のために一丸となって業務を進めるための自己の役割を省みるいい機会となりました。

今後、コロナ禍でまだごあいさつに伺えていない愛知県外の首長の方々や部隊長とお会いする機会が得られれば、災害のことのみならずもっと多くのことを伺って、支局内でしっかり情報共有し、求められていること、なすべきことについて、支局内の認識を一にして業務を進めていこうと思います。

（東海防衛支局長）

あさぐも ドンマイ's 吉本どんど

渡し舟

もし江戸時代に新型コロナが流行ってたら

沖縄地本 ラグビーパスリレー動画配信

コロナ禍の医療従事者、県民を激励

空自、米海兵隊も"絆"つなぐ

【沖縄地本】「やまない雨はない。どうか未来に希望を持って、がんばっていきましょう」――。新型コロナ感染拡大の影響で人と人との接触が制限を受け、人との「絆」やつながりが希薄となっている。そこで沖縄地本は今春から9月にかけてラグビーボールのリレー動画「絆 ONE TEAM」を配信。「医療従事者や県民を元気にしたい！」とする激励動画リレーは沖縄だけでなく広く全国で話題になっている。

㊤沖縄地本動画リレー「本部編」の一場面。地本の隊員がボードを持ち、「ONE TEAM」の精神を視聴者に伝えている㊦「空自那覇基地編」でF15戦闘機（後方）をバックにラグビーボールのパスをつなぐ空自隊員たち。動画撮影と編集により臨場感あるパスのリレーを見ることができる

動画リレー「絆 ONE TEAM」は学生時代にラグビー部所属だった地本長の坂田裕樹陸将補が発案し、動画での募集PRで実績を挙げた地本広報室の渡邊雅子陸曹長が制作。動画は各約2分20秒の長さで「ユーチューブ」にアップされ次第、地本ツイッターで告知している。

最初の動画「本部編」では、ボードをもった沖縄地本メンバーが絆をつなぐ「ONE TEAM」を表現。続いて首里城の門の前に立った坂田地本長がコロナと闘う医療従事者らへの激励や沖縄県のシンボルである城の復興を祈って動画の制作に至った経緯を紹介し、「沖縄地本のメンバーでパスの絆をつなぎます！」とラグビーボールを実際に投げ、沖縄県各地の地本隊員につなげた。

北、中、南部地域の地本隊員が県内の観光スポットや名所でラグビーボールをパスしながら募集をPR。「絆のリレー」は地本内にとどまらず空自部隊にも渡り、那覇基地では南西空司令官の尾崎義典空将らも登場、「ONE FOR ALL ALL FOR ONE」と声をかけ、F15戦闘機をバックに隊員間でパスをつないだ。空自ではこのほか恩納分屯基地の隊員も出演した。

パスの絆は在日米海兵隊キャンプキンザーにも。司令部庁舎前で、司令官から第3海兵兵站群の兵士へとパスが渡り、沖縄地本広報大使の蒲山花礼さんにボールをつないだ。海兵隊員は思い思いのポーズをとってパスをし、その様子は日米の絆をつなぐ一幕ともなった。

制作した渡邊曹長は撮影の際、台本は用意せず自分の感覚と現場のロケーションで組み立てるスタイルで撮影に挑んだため、隊員たちのありのままの姿が話題に。「ツイッターの投稿可能な尺に合わせたため、紹介できない場面も多く編集に苦労したが、コロナ禍で沖縄に来られない方にも島の魅力を感じてもらえる映像になった。自衛隊の素晴らしさ、沖縄の良さを知っていただけたらと思う」と語った。

視聴者からは「沖縄地本の方が身近に感じられた」「コロナに負けない気持ちがあふれていた」などの感想が寄せられたほか、沖縄県観光関係者や他部隊からも「動画に出演したい！」という連絡が地本に届くなど話題になっている。

坂田地本長は「ラグビーは愛情のあるパスや、体を張ったチームへの貢献、仲間への感謝が大事なスポーツです。この動画を見た方が少しでも元気になり、人と人のつながりの大切さを感じてもらえたら幸いです」と話している。

気軽にカウンセリングを

岸防衛相 松川政務官 動画で呼び掛け

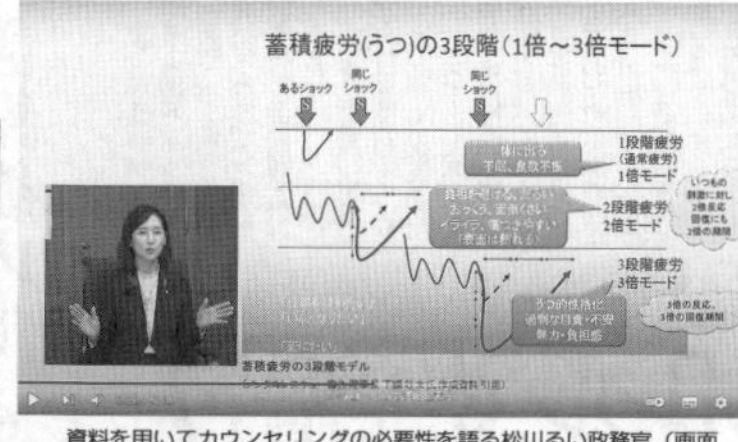

資料を用いてカウンセリングの必要性を語る松川るい政務官（画面左下）＝防衛省の公式ユーチューブチャンネルから

【人事教育局服務管理官付】防衛省・自衛隊の「秋のメンタルヘルス施策強化期間」が9月10日から10月15日までの予定で始まった。

これに合わせ、自殺事故防止の観点から、少しでも多くの隊員に普段から臨床心理士などによるカウンセリングを気軽に受けてもらおうと、岸防衛相と松川るい政務官が自らカウンセリングを体験し、その感想を語った動画を防衛省の公式ユーチューブチャンネルで公開した。

防衛省自殺事故防止対策本部長を務める松川政務官は動画の中で「カウンセリングを受けて、①自分の状態②何をやるべきか③私は悪くない――ことが具体的に分かり、気も楽になってすごくよかった。必ず自分についての客観的な新しい発見がある。しんどい人はしんどくなくなる方向にいける」と話し、定期的に歯医者に行くような感覚で受けられる気軽さとその効果をPRした。

岸大臣も動画を通じて「心の健康の維持は大事だ。各指揮官は部下の隊員にカウンセリングに対する心理的な抵抗感を低減させるべく（指導し）、多くの隊員にカウンセリングを受けてもらってほしい。そして自らもカウンセリングを受けるように努めていただきたい」と呼び掛けている。

「地域を元気に」

福知山駐屯地が花火大会

駐屯地から打ち上げられた花火（右は福知山城）

【福知山】駐屯地は福知山自衛隊協力会と共に8月27日、「福知山コラッジョ花火」を開催した。「コラッジョ」はイタリア語で「元気を出して頑張ろう」の意味。新型コロナの感染拡大で駐屯地夏祭りが中止になる中、隊員や家族、地域住民に元気を届けたいと企画した。

三密を避けるため、告知は周辺自治会の回覧だけにとどめた。地元の花火業者「福知山火薬」の協力を得て、6階建て隊舎の屋上に打ち上げ台を設置。費用は隊員らの募金で集めた。

開始時刻の午後7時30分、隊員の合図で夜空に次々と大輪の花火が打ち上げられた。音に驚いた近隣の住民が外に出て、空を見上げて歓声を上げた。花火は約10分間、7普連にちなみ77発が打ち上げられ、夏の夜空を彩った。終了すると各地で拍手が起こり、「久しぶりの花火に感動した」「自衛隊ありがとう」と、駐屯地に感謝の電話やメールが届いた。駐屯地は「地域の方々へ夏の思い出を届けることができました」と語った。

市ヶ谷でインドネシア・スディルマン将軍像献花式

献花式に出席した（前列左5人目から）アフマディ大使、松川政務官、加瀬さん、葛城さん、山田元政務官ら（8月17日、防衛省で）＝献花式実行委員会提供

インドネシア独立の功績を伝えるスディルマン将軍像への献花式が8月17日、東京・市ヶ谷の防衛省で行われた。

将軍は日本軍政時代、日本軍の軍事訓練を受けて郷土防衛義勇軍の大隊長を務め、後に初代国軍司令官となった。大戦後、日本軍兵士がインドネシアに残って将軍らと共に戦い、独立を支援。これに謝意を示し同国国防省から2011年、将軍像が贈られた。

献花式は15年から行われ7回目。式にはヘリ・アフマディ駐日インドネシア大使、松川るい政務官、山田宏・元政務官、式の発起人で外交評論家の加瀬英明さんら約30人が出席。献花の後、大使、政務官らがあいさつした。

実行委員会代表でジャーナリスト、俳優の葛城奈海さんは「スディルマン将軍の思い、将軍をはじめとするインドネシアの皆さんと共に独立戦争を戦った先人たちの思いをしっかりと受け継ぎ、あるべき日本の姿を取り戻してまいりましょう」と力強く語った。

パイロットの目視行われず

F2接触事故

今年4月に山口県の花尾山付近上空で、空自8空団8飛行隊（築城）のF2戦闘機134号機と同558号機が編隊飛行中に接触し、134号機の部品が落下した事故で、空幕は9月9日、その原因を「追い抜き飛行の際に操縦者が目視による確認をしていなかった」などとする調査結果を発表した。

事故は2機が訓練空域に進出中、空撮のため後席にカメラマンを乗せた134号機がオート・パイロット（自動操舵装置）の高度保持モードを使用しながら558号機の真下を通り、追い抜いた際に発生。追い抜き開始時は両機の高度差は30メートルほどあったが、気流とみられる外的影響で約4秒の間に急接近して接触した。

上方にいた558号機のパイロットからは僚機が見えないため、134号機の操縦者が目視をする必要があったが行われなかった。空幕はこの点に加え、「オート・パイロットの有効性を過信し、目視を維持できなくなった際の連携要領が確立されていなかった」ことも事故原因として指摘した。

さらに、通常は行われない訓練空域進出時の追い抜き飛行が立案され、飛行隊長が承認していた点も「不適切だった」とした。

空幕は再発防止策として、①全飛行隊長と飛行群司令に対し指導②編隊飛行での基本の徹底③目視を維持できなくなった際の衝突防止に関する連携要領の確認④編隊飛行で発生した同種事案の原因と教訓を教育⑤空撮を伴う追い抜き飛行の原則禁止など、空撮実施時の準拠の策定――を挙げ、徹底している。

小休止

▽…旧歩兵34聯隊の精神的支柱だった軍神・橘周太中佐の命日である8月31日、34普連は板妻駐屯地で「令和3年度橘祭」を行った＝写真。

▽…同行事の目的は、橘中佐の遺徳を偲び、橘精神と使命感を隊員に自覚させること。34普連の隊員が橘中佐の銅像前に参列し、儀仗隊による捧げ銃に合わせて一同が拝礼。広報資料館長の中島友治曹長による橘中佐の紹介が行われた。

▽…執行者式辞で深田満男連隊長は「美しき日本を防衛する崇高なる使命を受け継ぎ、これからも実力の涵養に努めていこう」と述べた。その後、軍歌「橘中佐」を全員で合唱。最後に儀仗隊の弔銃、一同の拝礼が行われた。（板妻）

こちら警務隊

交通犯②

スマホ操作しながらの運転は悲惨な交通事故につながる

ながら運転とは、どんな罪ですか？

ながら運転とは、停車中を除き、スマートフォンやカーナビゲーションを注視、操作しながら車を運転することであり、違反すると、道路交通法違反で6月以上の懲役または10万円以下の罰金となります。

さらに、ながら運転で交通事故を起こした場合は、1年以下の懲役または30万円以下の罰金に処せられます。

ながら運転は、数秒でも注意が散漫になるため、悲惨な交通事故につながる危険があります。

事故を起こせば相手はもちろん、本人も不幸になるので、絶対にしてはいけません。（東部方面警務隊）

(世界の切手・ブータン)

この人なら「私らしいままつきあえる」という人を見つけること。
中山 庸子（エッセイスト）

護衛艦内で「eースポーツ大会」

レーシングゲームで白熱
長い航海のストレス発散

1海尉　二瓶 芳亮（14護衛隊・舞鶴）

令和3年4月、第14護衛隊は、護衛艦「ゆうだち」（艦長・木下正仁2佐、所属は第7護衛隊・大湊）を旗艦として長期航海を実施しました。

その際、乗組員の娯楽とストレス発散を目的に、レーシングゲームを活用した「eースポーツ大会」を開催し、艦内は大いに盛り上がりました。（もちろん、大会中は新型コロナ感染防止対策のため、参加者はマスクを着用し、ソーシャルディスタンスを保ち実施しました。）

航海が長くなってくると、乗組員は身体の疲れや娯楽の不足等から艦内生活が単調となり、マンネリ化してくることがあります。そのような乗組員のストレスや疲れを一瞬で吹き飛ばす楽しいイベントを護衛艦「ゆうだち」が企画しました。その名も、「eースポーツ大会」でした！

この「eースポーツ大会」は米海軍でも艦艇乗組員のストレス解消策として取り入れられているもので、長期航海における乗組員のストレス軽減等に効果があります。

大会は、レーシングゲームを活用し開催され、総勢約80名の熱きレーサーたちがエントリーし、その腕を競い合いました。（熟練者だけでなく、初心者でも簡単にエントリーできることから、この日のためにコツコツ練習してきたという隊員もいました。）

大会では第1位、第2位の勝者には豪華景品も用意されたことから、大会は試合前から盛り上がり、また、大変な仕事の中で仲間同士が同じ時間を共有することで、艦艇勤務ならではの楽しさも味わうことができました。

レーシングゲームは最もスピードが速い設定で行われ、優勝したのは2分隊の丸箸士長でした。「ゆうだち」で〝最速の男〟となった丸箸士長は「白熱したレースを楽しめました。長い航海のストレスも発散できました」と感想を語ってくれました。

その他の参加者からも「航海で疲れていたので良い息抜きとなった」「同僚と楽しく会話しながら盛り上がることができ良かった」「リフレッシュして明日からまた頑張ろうと思った」といったポジティブな意見が多数寄せられました。（「次は絶対負けない！」と闘志を燃やす人もいました！）

艦艇勤務は大変な仕事である一面もありますが、こうやって自分たちで日々工夫を凝らすことで楽しさを生み出し、海上勤務ならではの醍醐味を味わうことができます。

人生は心一つの置き所。明るく楽しい環境は、各々自らの心を積極化することで創り出していけるものだと思います。

護衛艦「ゆうだち」のポジティブな創意工夫を今後は第14護衛隊の各艦艇にも奨励していきたいと考えています。

護衛艦「ゆうだち」の艦内で行われた「eースポーツ大会」の表彰式

朝雲ホームページ
www.asagumo-news.com
<会員制サイト>
Asagumo Archive
朝雲編集部メールアドレス
editorial@asagumo-news.com

みんなのページ

補助担架員の養成集合教育を終えて

1陸士　松浦 独歩（6普連本管中隊・美幌）

補助担架員養成集合教育に参加し、負傷した仲間の処置にあたる松浦独歩1士

私は約3週間の補助担架員養成集合教育に参加して、多くのことを学びました。

今までは年に1回の救急法検定で学んだ救急処置等の知識しかありませんでしたが、集合教育では敵の脅威下における救急法をはじめ、担架班長として指揮、救命の順位（トリアージ）など、今まで自分の知らなかった細部の知識を得ることができました。

特に四肢から大量出血していないかを確認する手技（ブラッド・スウィープ）では、ただ服の上から確認するのではなく、血液は下に溜まるので、しっかりと腕や脚の裏まで手を入れ確認することの重要性を学びました。同時に緊張した状況下、限られた時間の中で正確かつ丁寧に処置することの難しさを痛感しました。

総合訓練では4名1組で担架班を編成し、訓練に臨みました。さまざまな状況の中、班員への指示、小銃小隊等との連携した救急処置、後送要請、中隊救護員への引き継ぎなどは想像以上に大変で、人命の重さ、そして班長としての責任の重さを感じることができました。

今後は救急法および補助担架員有資格者としての自覚を持ち、学んだ知識、技術を維持向上していきたいと思います。

結婚して毎日が幸せです!!

3陸曹　余郷 涼司（33普連4中隊・久居）

部隊の祝福を受けて結婚し、今は幸せいっぱいの余郷涼司3曹と妻の里実3曹

私と重迫撃砲中隊の加藤里実3曹は2月22日、1年10カ月の交際を経て入籍しました。

私たちは共に自衛隊で仕事をしており、特に妻の方がとても忙しい環境で、半年間ほどまともに会えない期間がありました。

昨年末、ようやく妻の忙しい期間が終わり、次に待ち受けていたのは新居の準備や両親の顔合わせなどの準備でした。この時、入籍まで2カ月を切っており、アパートが決まると次は家具・家電などの準備が続きました。

こうして入籍までバタバタと忙しく、大変な日々でしたが、友人や知人、両親の助けもあって無事に結婚の準備を整えることができました。

改めて周囲の皆さまのご支援に感謝しています。おかげさまで2月22日という日は私たちにとって特別な日になりました。今は毎日が幸せです！

金澤　嘉春さん　27
令和元年9月、海自21整備補給隊（館山）21機側整備隊電機計器整備班を任期満了退職（士長）。ケルビンに再就職し、防水工事の品質管理を担当している。

自分自身のアピールを

私は建設関係の仕事をしたいと思い、館山就職援護室を通じて建設関係企業を紹介していただきました。その中で安定した収入と将来性があり、自ら成長できると思ったケルビンへの入社を希望し、面接を経て無事採用されました。

再就職活動では何から始めればよいのか不安もありましたが、分隊長から就職援護室へまず相談に行くようアドバイスを受けました。そこで自分の希望を伝えると、企業選びから履歴書の書き方、面接等の応対に至るまで、親身に相談にのっていただきました。おかげで希望どおりの会社に就職でき、とても感謝しています。

私は現在、新築工事部に所属し、ビルやマンション等の防水工事の品質管理を担当しています。工事が定められた工程で実施されているか現場で直接確認・記録し、本社に報告するのが役目です。防水の工程は最終的には外観ではわからなくなってしまいます。正しく施工されているか自分の目で確認し、記録する責任があるため、とてもやりがいを感じています。

当初は分からないことばかりで専門用語や仕事の流れを把握するのが大変でした。また、工事は予定通りに進まないことがあり、現場で作業をしている人とのコミュニケーションの大切さを痛感しています。辛い時もありましたが、上司や先輩方の手厚いフォローで乗り切り、今では楽しく仕事をさせていただいています。

再就職により仕事や生活の環境は変わりましたが、自衛隊での経験が生かせる場面は必ず出てきます。皆さんも就職援護室からのアドバイスを踏まえ、自衛隊において自分自身が培ってきたものを希望の会社にアピールすることが成功の秘訣と考えます。

空自のアフガン派遣部隊を慰問

浜田 幸夫（鳥取県婦人防衛協力会参与）

空自美保基地のC2輸送機がアフガニスタン近隣国へ派遣された8月24日、鳥取県婦人防衛協力会の児嶋和歌子会長らが同基地を訪れ、部隊を慰問した。

イスラム主義勢力タリバンがアフガニスタンのほぼ全土を掌握、邦人や国際機関職員、同国民の国外退避などで混迷が続いており、児嶋会長は輿儀孝基地司令に「現地はかなり混乱しているようです。どうかご無事で任務を全うされるようお祈りします」と述べ、慰問品（スポーツドリンク）と出雲大社の安全祈願のお守りを贈った。

これに対し、輿儀司令は「隊員の活動に心を寄せていただき、ありがたく感じております。任務を迅速かつ安全に実施すべく基地一丸となって対応します」とお礼の言葉を述べた。

この訪問は派遣部隊の安全な任務遂行と美保基地隊員への励ましとなった。

新刊紹介

「権威主義の誘惑」―民主政治の黄昏
アン・アプルボーム著、三浦元博訳

ソ連の崩壊後、西欧を手本に民主主義国として歩み始めたポーランドやハンガリーがいま再び権威主義体制に戻りつつある。東欧だけでなく、ドイツ、フランス、スペインなどでも極右政党が躍進するなど、時代は大きく変化している。本書はトランプ米政権下で進んだ西側の民主政治の衰退と、現在、世界で見られる権威主義の台頭について考察した書だ。著者は米国の歴史家・ジャーナリストで、ソ連・東欧の政治体制をテーマにした書でピュリツァー賞を受けている。

著者と交流のあった各国の「リベラル派」たちが今日、権威主義に急速に傾斜しつつあることに驚き、何が彼らを変えてしまったのか論考を進める。中・露の躍進などから権威主義が国力強化に役立つことを知った各国はその政治手法を取り入れ、欧米の民主政治から距離を置き始めた。この世界的な現象の根底には何があるのか？

「わたしたちはすでに民主政治の黄昏を生きている可能性がある」と著者。アフガン撤退に象徴される米主導の民主主義の後退とともに、変わる世界の潮流をレポートした警世の書だ。

（白水社刊、2420円）

「狙われた沖縄」
真実の沖縄史が日本を救う
仲村 覚著

本書は「沖縄の危機」を心配する日本沖縄政策研究フォーラム理事長が記した前著『沖縄はいつから日本なのか』の続編だ。少年工科学校出身の陸自OBのため、沖縄を取り巻く軍事情勢にも知悉、「台湾・尖閣有事」と一見無関係に見える沖縄問題の背後に隠された沖縄分断工作のからくりを解明するとともに、沖縄土着の言語・信仰から琉球国の国家形成に至るプロセスまで、沖縄史を日本民族の歴史として捉えた書だ。

著者は、中国の軍事行動で沖縄や台湾が紛争に巻き込まれた時、沖縄県人のアイデンティティーを揺るがすような情報がマスコミを介して県民に降り注ぐと予測。さらに工作により沖縄を日本から分離させるようなフェイク情報も出回ると予想し、これに対処するための準備についても考察を行っている。

沖縄県は来年5月、本土復帰50周年を迎える。沖縄県民の日本復帰への原動力は「日本人としての矜持以外に考えられない」と那覇市生まれの著者は訴えている。

（ハート出版刊、1540円）

詰将棋

出題　日本将棋連盟　九段　石田 和雄

第851回出題

▲先手　持駒　桂香

【ヒント】手順に追い、最後は金打ち（10分で初段）。

▶詰碁、詰将棋の出題は隔週です◀

詰碁

出題　日本棋院　九段　曲　励起

第1266回解答

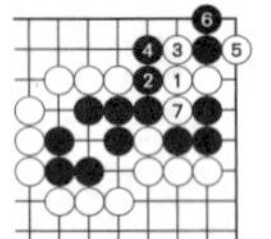

【解答図】白先、黒死。白①以下黒❹までは必至です。次に白⑤とハネ、黒❻とついだ時、白⑦で黒一眼しかありません。

「朝雲」へのメール投稿はこちらへ！
▽原稿の書式・字数は自由。「いつ・どこで・誰が・何を・なぜ・どうしたか（5W1H）」を基本に、具体的に記述。所感文は制限なし。
▽写真はJPEG（通常のデジカメ写真）で。
▽メール投稿の送付先は「朝雲」編集部（editorial@asagumo-news.com）まで。

発行所 朝雲新聞社
〒160-0002 東京都新宿区四谷坂町12−20 KKビル
電話 03(3225)3841
FAX 03(3225)3831
振替00190-4-17600番
定価一部150円、年間購読料9170円(税・送料込み)

主な記事

北朝鮮が弾道ミサイル2発

日本のEEZ内に落下

変則軌道で約750キロ飛翔

防衛省は9月15日、北朝鮮が同日午後0時32分頃と同37分頃、内陸部から弾道ミサイル2発を東方向に発射したと発表した。岸防衛相は同日夜、省内で臨時記者会見を開き、2発がいずれも北朝鮮が従来から保有するスカッドミサイルの軌道よりも低い最高高度約50キロで、変則軌道を描いて約750キロ飛翔し、我が国の排他的経済水域(EEZ)内の日本海に落下したと推定されることを明らかにした。岸大臣は「国連安保理決議に違反するもので極めて遺憾だ。引き続き、情報収集と分析に努め、これまで以上に警戒監視に万全を期していく」と述べ、国民の命と平和な暮らしを断固として守り抜く決意を示した。

岸防衛相「極めて遺憾」

防衛省によると、2発のミサイルの落下地点は、石川県の能登半島沖にある舳倉島の北方約300キロの海域と推定される。日本への影響はなく、航空機や船舶などへの被害は確認されていない。韓国軍合同参謀本部によると、発射地点は北朝鮮内陸部の平安南道陽徳郡付近だった。

日本政府は外交ルートを通じて北朝鮮に厳重抗議を行った。同日夕には、国家安全保障会議(NSC)を開いて対応を協議した。

岸大臣は17日の記者会見で、「今回の発射は北朝鮮メディアの発表において、新編された『鉄道機動ミサイル連隊』の訓練として行われ、機動・展開の後に日本海上800キロの水域に設定された標的を打撃したものと報じられていると承知している」とした上で、「ミサイルは2019年5月4日などに発射された、変則的な軌道を飛翔することが可能とみられる短距離弾道ミサイルで、外形上、類似点がある固体燃料推進方式の短距離弾道ミサイルであるとみられるが、詳細については分析中だ」と説明。防衛省の区分で「短距離弾道ミサイルA」＝北朝鮮の呼称で「新型戦術誘導兵器」＝と分析していることを明らかにした。

北朝鮮による弾道ミサイルの発射は今年3月25日以来で、日本のEEZへの落下は19年10月以来。岸大臣は今回が鉄道の貨車から発射されたと発表された初のケースとの認識も示した。

北朝鮮は今月11、12日にも、飛翔距離1500キロの新型の長距離巡航ミサイルの発射実験に成功したと主張している。

岸大臣は「事柄の性質上、個々の具体的な情報の内容についての回答は差し控える」とした上で、「北朝鮮の軍事動向について米国、韓国と緊密に連携しながら、必要な情報の収集・分析、警戒監視を行っていきたい」と述べた。

米海軍大学校で開催された「国際シーパワー・シンポジウム」に出席し、学校長のチャットフィールド少将(右)と記念品を交換する山村海幕長(海自提供)＝PCR検査で陰性を確認し、撮影時のみマスク不着用

海幕長、国際シンポ出席

米海軍大学校主催 105カ国の参謀長ら参加

山村海幕長は9月13日から19日まで、米国ロードアイランド州ニューポートを訪れ、米海軍大学校主催の「国際シーパワー・シンポジウム(ISS)」に出席した。

シンポは15日から17日まで同校で開かれ、環太平洋地域から105カ国の海軍参謀長らが出席。24回目となる今年は「団結の強化」をテーマに議論を交わし、「自由で開かれたインド太平洋」の実現に向けて認識を共有するとともに、法の支配に基づく持続可能な海洋秩序の重要性を確認した。

山村海幕長は米国滞在中、今年8月に米海軍長官に就任したカルロス・デル・トロ長官を表敬したほか、インド海軍参謀長、カナダ、オランダ、フィリピンの各海軍司令官と会談を行った。また、会場となった米海軍大学校初の女性学校長ショシャナ・チャットフィールド少将とも懇談した。

統幕長 米インド太平洋軍司令官と会談

共通の課題への対応で一致

山崎統幕長は9月8日、米インド太平洋軍司令官(ハワイ)のジョン・アクイリーノ海軍大将とテレビ会談を行い、地域の共通の課題に対し、日米が共に対応していくことで一致した。

会談で両者は、世界の安全保障環境や日本周辺の情勢について認識の共有を図るとともに、8月27日付で在日米軍司令官にリッキー・ラップ空軍中将が着任したことを受け、同司令官と共に日米同盟のさらなる強化に取り組む意思を再確認した。

また、強固な日米同盟の下で、引き続き抑止力・対処力を強化するとともに、「自由で開かれたインド太平洋」の実現のため、日米同盟を基軸とした価値観を共有する多国間との協力を推進し、地域の平和と安定に寄与していくことで合意した。

ジョン・アクイリーノ米インド太平洋軍司令官

加艦艇が北の瀬取りを監視

東シナ海で

防衛省は9月9日、北朝鮮船舶による国連制裁逃れのための違法な「瀬取り」を監視するため、カナダ海軍のフリゲート「ウィニペグ」が9月中旬以降、東シナ海を含む日本の周辺海域で警戒監視活動を行うと発表した。

カナダ海軍艦艇の参加は2018年度以降、昨年10月に続き5回目。「瀬取り」監視には18年4月から英、仏、豪州、ニュージーランド、カナダの艦艇や航空機があらゆる機会に我が国とその周辺海空域に派遣され、海自や米軍と連携して活動に当たっている。

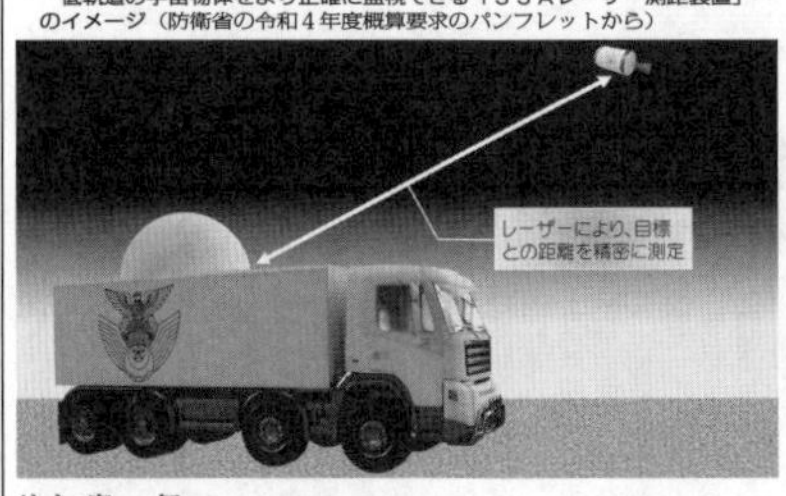

低軌道の宇宙物体をより正確に監視できる「SSAレーザー測距装置」のイメージ(防衛省の令和4年度概算要求のパンフレットから)

防衛費5兆4797億円

過去最大 防府北に第2宇宙作戦隊

令和4年度概算要求

防衛省は8月31日、令和4年度予算の概算要求を決め、同日、財務省に提出した。総額は過去最大の5兆4797億円(3年度当初予算比2・6%増)で、10年連続で増額要求となった。「多次元統合防衛力」の構築に向け、宇宙・サイバー・電磁波など新領域の能力強化を図るとともに、ゲームチェンジャーとなり得る技術の研究開発に力を注ぐ。

(4、5面に詳報)

宇宙分野では、空自に昨年度発足した宇宙作戦隊(東京・府中)を「第1宇宙作戦隊(仮称)」に改編し、要員を約40人に倍増させる。併せて山口県の空自防府北基地には、我が国の人工衛星に対する電磁妨害状況を把握する「第2宇宙作戦隊(仮称)」を約20人規模で新設。府中基地には宇宙領域の装備品を維持管理する「宇宙システム管理隊(仮称)」を約10人規模で発足させる。

これらの部隊は令和3年度中に府中基地に新編予定の「宇宙作戦群(仮称)」の隷下に入る。同群は令和4年度末までに、群本部の約20人や「宇宙作戦指揮所運用隊(仮称)」(府中)の約30人と合わせて計約120人体制となる予定だ。

このほか、宇宙空間の安定利用に向け、低軌道の宇宙物体をより正確に監視できる「宇宙状況監視(SSA)レーザー測距装置」を新たに取得する。

電磁波領域では陸自の川内駐屯地(鹿児島県)などに電子戦部隊を新編する。令和5年度にも電子戦部隊が新規配備される与那国駐屯地(沖縄県)や対馬駐屯地(長崎県)では隊舎等の施設整備を行う。

一方、研究開発費には過去最大となる3257億円を盛り込んだ。ゲームチェンジャーとなり得る最先端技術に重点投資する。

新たな取り組みとして、人工知能(AI)の適用を含めたシミュレーションにより、次期戦闘機などの有人機と連携する「戦闘支援無人機」に関するコンセプトの検討を始めるほか、「衛星コンステレーション」と呼ばれる小型衛星群で複数の移動目標を自動かつ高頻度に位置予測し、追尾などを可能とするAI技術の研究にも着手する。

南西諸島防衛では島嶼部への輸送機能強化のため、中型級船舶(LSV・約1700トン)と小型級船舶(LCU・約350トン)各1隻を陸自の予算で取得し、令和5年度に共同の部隊として発足する予定の海上輸送部隊に配備する。

沖縄県石垣島には陸自の「石垣駐屯地(仮称)」を開設し、▽警備部隊▽中距離地対空誘導弾部隊▽地対艦誘導弾部隊――を約570人規模で配置する。

防衛駐在官の拡充も進め、カナダに2空佐1人を新規派遣。航空・宇宙分野などでの関係強化を図る。

東北方総監に梶原陸将

梶原東北方面総監

政府は9月21日の閣議で、東北方面総監の原田智総陸将の勇退を認め、後任に防衛大学校副校長の梶原直樹陸将を充てる人事を了承した。陸将と陸将補にはそれぞれ1人が昇任する。

発令はいずれも9月30日付だが、事実上は現在、全国規模で実施中の「陸上自衛隊演習」などの理由により10月14日付となる。

防衛省発令

▽東北方面総監＝10月14日付＝(防衛大学校副校長) 陸将 梶原 直樹
▽4師団長＝同＝(東北方面総監部幕僚長兼仙台駐屯地司令) 同 腰塚 浩貴
▽防衛大学校副校長＝同＝(4師団長) 同 末吉 洋明
▽東北方面総監部幕僚長兼仙台駐屯地司令＝同＝(1特科団長兼北千歳駐屯地司令) 陸将補 大場 剛
▽1特科団長兼北千歳駐屯地司令＝同＝(東京地方協力本部長) 同 牧野 雄三
▽東京地方協力本部長＝同＝(訓練評価支援隊長) 同 山下 博二
▽退職＝同＝(東北方面総監) 陸将 原田 智総
(以上9月30日)
〈以上内閣承認人事〉

将・将補昇任

▽陸将に昇任＝10月14日付＝(東北方面総監部幕僚長) 陸将補 腰塚 浩貴
▽陸将補に昇任＝同＝(訓練評価支援隊長) 1陸佐 山下 博二
(以上9月30日)
〈以上内閣承認人事〉

将昇任者略歴

腰塚4師団長

腰塚 浩貴(こしづか・こうき) 陸将 防大32期。昭和63年陸自。平成14年2佐、19年1佐、27年将補。陸幕人事計画課制度班長、西方人事部長、2施団長、施設学校長、9師団副長などを経て、令和2年12月東北方幕僚長。長崎県出身。55歳。

春夏秋冬

サイバーツール

土屋 大洋

2001年の対米同時多発テロ(9・11)から20年が経った。20年前、テロのターゲットの一つとなった国防総省からそれほど遠くないところに私は住んでいた。

テロの当日は仕事でサンフランシスコにいたため、直接的な影響はなかったが、1週間、帰宅することができず、ホテルでテレビを見たり、新聞やインターネットのニュースを読んだりして過ごした。

そこで目にしたのは、映画の中の存在だと思っていた中央情報局(CIA)、連邦捜査局(FBI)、国家安全保障局(NSA)といったインテリジェンス機関の失敗を糾弾するニュースだった。そうした機関はインターネットを活用するテロリストたちを追いかけることができていなかった。

当時は、1990年代後半からのインターネット商用利用が勢いづいてきたところで、インターネット利用格差を論じるデジタル・デバイドが政策課題であった。

しかし、9・11のテロリストたちは、インターネットを悪いことに利用することが可能であることにいち早く気づいた。彼らは中東の仲間たちと電子メールで連絡をとり、ホテルや飛行機をインターネットを使って予約していた。ここが私にとってサイバーセキュリティを考える起点となった。

その後の20年間、サイバースペースをめぐる状況は日増しに悪化している。無論、防衛側も手をこまねいているだけではない。各国のインテリジェンス機関は、アナログの無線通信の傍受・解析から、デジタルの有線通信の傍受・解析へとシフトした。2010年に米軍がサイバー軍を新編したように、各国はサイバー関連部隊を編成した。

情報通信インフラを保有する事業者や、コンテンツ・サービスを運営する企業と政府の間での情報共有も進んでいる。

サイバー攻撃をする側は、ますますミスが許されなくなっている。少しでもヘマをすれば足がつき、攻撃者として特定され、制裁を受けたり、逮捕されたりする。

インターネットはすでに重要な社会インフラである。しかし、20年後にもインターネットは健全なメディアとして残っているだろうか。

サイバーツールはナイフと同じだ。良いことにも悪いことにも使われる。使う人の問題である。

(慶應義塾常任理事、慶應義塾大学大学院教授)

朝雲寸言

冷戦真っただ中の頃、ある小学校教員が授業中に「自衛隊はいらない」と語った。家での両親の教えと随分違うと感じた一人の少年が「ソ連軍が攻めてきたらどうするのですか」と尋ねた。教員は「皆で枕を並べて討ち死にだ」と答え、へらっと笑った。少年は国際情勢や防衛問題は自力で学ぼうと決めた▼あの時代にあったなら、その少年がむさぼり読んだであろう『はじめての防衛白書』が公開された。複雑な問題を平易に語るのは難しい。物事の本質を見極めねばならないからだ。時流にこびず、書き手が本当に伝えたいことがよくまとまっていた。公開に中国外務省が反発したが、それは同白書が日本の防衛努力を向上させ、かの国が苛立っていることを示している▼「週刊こどもニュース」というNHK番組があった。子供には難しい話題でもかみくだいて報じる姿勢が好感され、多くの大人たちも視聴。同番組は大人も対象とする後継番組「ニュース深読み」に引き継がれた▼冒頭で紹介した少年は少数派で、「自衛隊はいらない」と語る、あの時代によくいた教員の言葉を当時の多くの子供がうのみにしたであろう。そうした子供たちも今や大人となり、彼らの子や孫が直面する国際情勢は厳しさを増す。何歳になっても「はじめて」があっていい。今からでも防衛問題を学び直したい大人たちに実によい教材ができた。こちらの白書も継続・更新されれば素晴らしい。

時の焦点

国内

自民党総裁選

国の進路を明確に示せ

国の舵取りを担う人を決める党首選挙だ。各候補は内政、外交の課題にどう取り組む考えなのか、明確に示さねばならない。

自民党総裁選が告示された。河野太郎行政・規制改革相、岸田文雄前政調会長、高市早苗・前総務相、野田聖子幹事長代行の4人が立候補した。新総裁は、国会議員と党員の投票により29日に選出される。

その後、国会での首相指名選挙を経て、第100代の新首相に就任する予定だ。

新しいリーダーにとって最優先の課題は、新型コロナウイルスへの対処となる。

河野氏は、簡易な検査キットの普及や、デジタル化による給付金の迅速な支給を掲げた。岸田氏は、健康危機管理庁の設置に加え、国が病床確保を主導する体制を整えるという。

高市氏は、外出自粛の効果を上げるため、ロックダウン（都市封鎖）を可能にする法整備に前向きだ。野田氏は、臨時の「サブホスピタル」を作り、病床を増やす案を示した。

菅政権は、迅速なワクチン接種を実現した一方で、都市部で病床の逼迫を招き、国民の不信感を招いてしまった。新首相は、医療提供体制の確保に向け、実効性のある対策を取らねばならない。丁寧な発信に努めて、国民の不安や疑問を払拭していくことも大切だ。

長引くデフレ不況で、日本の国力の低下を指摘する声は多い。総裁選で憲法や経済、エネルギー、社会保障など国の根幹に関わる政策について、議論を掘り下げてもらいたい。

日本を取り巻く安全保障環境は厳しさを増している。

北朝鮮は9月に入り、相次いでミサイルを発射した。度重なる軍事挑発は、対話の道を閉ざしかねない愚行だ。

日本は現在、イージス艦の迎撃ミサイル「SM3」で敵のミサイルを大気圏外で撃ち落とし、撃ち漏らした場合は、地対空誘導弾「PAC3」で迎撃する「二段構え」の防衛システムを導入している。

ただ、変則的な軌道で飛行する新型弾道ミサイルの迎撃は、容易ではないという。

総裁選の討論では、高市氏が、ミサイルの発射基地などを自衛のために攻撃する敵基地攻撃能力を保有するため、法整備すべきだと訴えている。岸田氏も能力保有に前向きだ。河野氏は、抑止力全体の議論を深めると強調している。脅威への着実な対処は急務だ。

軍事力を高め続けている中国とどう向き合うかも問われる。中国船は沖縄県・尖閣諸島周辺での領海侵入を常態化させている。

各候補は、首脳会談などで対話を深めると訴えている。領土を守る姿勢を明確にすべきだ。

夏川　明雄（政治評論家）

海外

タリバン政権

遠のく国際社会の承認

アフガニスタンの実権を掌握したイスラム主義勢力タリバンの指導部が樹立にこぎ着けた暫定政権は、国際社会の承認取り付けに最低限必要とされた前政権関係者を含む包括的な政府に程遠く、旧政権時代と同様、タリバンが旧態依然の組織であることを改めて印象づけた。予定された政権発足式は延期となったが、タリバンと良好な関係を維持してきたロシアでさえも権力独占に警戒心を隠さず、国際的孤立の根深さを浮き彫りにした。

タリバンの武力制圧による民主派政権崩壊の結果、長年の戦乱などで「破滅寸前のアフガン」（グテーレス国連事務総長）にとって命綱だった西側諸国や国際機関によるさまざまな資金援助も途絶えた。アフガンが国家として生き延びていくには、対外的孤立を極力避け、農業を中心に国内経済を立て直していく必要があるが、タリバン主導の神権政治がそうした今後進むべき方向に逆行するのは、旧政権時代の失政で経験済みのはずだ。

特に、2001年10月の米英両軍などのアフガン軍事介入によって旧タリバン政権が打倒されて以降、20年近くにわたった民主化の過程で定着しつつあった女性の権利尊重や報道の自由など人権・教育・人道支援の各分野での成果をことごとく否定する強権的施策は、復権した新たな統治に重大な疑念を呼び起こす。

暫定政権の顔ぶれを見ておくと、閣僚らは33人で、いずれもタリバン幹部で占められた。ガニ前政権の高官や女性は一人もいない。欧米諸国は包括的な政治体制の構築を求めており、政権の承認を求める各国との対外交渉は早くも難航必至だ。

首相には、旧タリバン政権で副首相や外相を務めた古参幹部で、国連の制裁リストに指定されているアフンド師が就いた。タリバンの3人の副指導者も重要ポストに起用され、タリバン共同創設者で政治部門責任者バラダル師は副首相に、軍事部門責任者で初代最高指導者オマル師の息子のヤクーブ師は国防相を務める。米国に指名手配されている組織内最強硬派「ハッカニ・ネットワーク」を率いるハッカニ氏が治安担当の内相に任命された。凶悪犯罪の容疑者を取り締まる側の責任者に起用したも同然で、米欧諸国はこうした閣僚人事に反発している。外相には旧タリバン政権で教育相だったムタキ氏が起用され、極端なイスラム教解釈に基づく統治を進めた「宗教警察」の勧善懲悪省も復活した。

最高指導者のアクンザダ師は声明で、「永続的な平和と繁栄、発展を保証する」と強調する一方、「相互尊重と交流に基づき、隣国や各国と力強く、健全な関係を築きたい」と表明した。国際社会を意識した内容になっているとはいえ、「新政権はシャリア（イスラム法）を守るため全力を尽くす」と述べており、イスラム法を盾にすれば、どのような施策も厳格かつ一方的な宗教観を押し付けることが可能となる。

このようなタリバンとどのような関係を築いていくのか。喫緊の課題である人道危機回避の方策を含め、わが国をはじめとする国際社会に突き付けられた難題だ。

伊藤　努（外交評論家）

陸幕長、派遣隊員の活動称える

海賊対処　第15次支援隊司令が帰国報告

ジブチでの約7カ月間の任務を終えて帰国した眞鍋司令（左）から現地での活動報告を聞く吉田陸幕長＝8月31日、陸幕長応接室で

アフリカのジブチ共和国を拠点に、ソマリア沖・アデン湾の海賊対処行動に当たる海自航空部隊の活動拠点の警備や維持管理を担当した陸自「第15次派遣海賊対処行動支援隊」（司令・眞鍋輝彦1佐以下約120人）が8月中旬までに帰国した。その後2週間の新型コロナの健康観察を経て同31日、眞鍋司令が陸幕を訪れ、吉田陸幕長に帰国を報告した。

同報告には森下陸幕副長、根本和男陸自最先任上級曹長、戒田重雄運用支援・訓練部長も立会。陸幕長は、酷暑のジブチで1月から8月まで約7カ月間にわたり海自P3C哨戒機部隊の支援活動に当たった眞鍋1佐以下の隊員の活動を称え、「コロナ禍で隊員の感染者も出る中、厳しいローテーションの中でよく任務を乗り切ってくれた」と労をねぎらった。

中東派遣6次隊「ふゆづき」出港

中東・オマーン湾とアラビア海北部で情報収集活動に当たる海自部隊の交代のため、9月5日、中東情報収集活動水上部隊6次隊（指揮官・濱﨑真吾1佐＝3護衛隊司令）の護衛艦「ふゆづき」（艦長・大瀬光一郎2佐）が舞鶴を出港した。

同艦はコロナ対策のため、日本近海で14日間停留し、乗員全員の陰性が確認された後、中東方面に向かう。現地到着後、10月上旬に5次隊の「あきづき」と任務を交代する予定。

海自は「ふゆづき」の派遣に先立ち7月28、29の両日、横須賀・船越地区の海上作戦センターで情報収集活動の図上演習を実施。自衛艦隊幕僚長の市田章将補を統制官に、不測事態が発生した場合の各級指揮官の情勢判断などを演練した。

「ゆうぎり」が独艦と訓練

アデン湾でフリゲート「バイエルン」と

ソマリア沖・アデン湾で民間船舶の直接護衛などに当たっている海自海賊対処水上部隊39次隊の護衛艦「ゆうぎり」（艦長・熊代威2佐）は8月29日、同湾でインド太平洋方面に向けて航海中のドイツ海軍フリゲート「バイエルン」（満載排水量約5500トン）と共同訓練を実施した。

今年8月に「バイエルン」がドイツを出港後、海自とは初の訓練となり、日独艦艇は搭載ヘリの相互着艦（クロスデッキ）、戦術運動などを行った。

訓練後、両艦の熊代艦長とティロ・カルスキー艦長は無線で交信。「我々（海自）は貴艦の『自由で開かれたインド太平洋』のための任務行動に賛同します」とメッセージを送ると、独艦長は「貴艦との訓練経験を今後のアジア方面での自衛隊との訓練に活用したいと考えています」と応えた。

アデン湾で行われた日独共同訓練で、海賊対処水上部隊の海自護衛艦「ゆうぎり」に着艦したドイツ海軍のシーリンクスMk88Aヘリ（8月29日）＝統幕提供

松戸駐屯地でコンプラ講習会

防衛監察本部

【監察本部＝市ヶ谷】防衛監察本部（小川新二防衛監察監）は7月6日、陸自松戸駐屯地でコンプライアンス講習会を開いた。

講習会はコンプライアンス（法令順守）意識の普及・啓発を目的に、監察本部が全国の基地や駐屯地、機関などを巡回して開催しているもので、今回は、部外講師として招かれた初代防衛監察監の櫻井正史弁護士（上田廣一法律事務所）が講演し、需品学校長の池田頼昭将補以下約120人が聴講した。

櫻井弁護士は「一緒に考えようコンプライアンス」と題し、これまでの経験に基づく具体的な事例を交えながら「コンプライアンスについて自ら考えることの重要性」などについて分かりやすく解説。

組織における危機・リスク管理は「不祥事が起きる環境・原因を考え、自らがコンプライアンスに関する基本姿勢を確立することが重要だ」と強調。平素から「想定外を想定」した訓練等を行うことで、問題点が浮かび上がる取り組みの必要性を訴えた。

聴講者からは「コンプライアンスに対する意識が高まった」という声が多く寄せられ、実りある講習会となった。

「こくりゅう」がハワイ向け出発

米国派遣訓練に参加

海自2潜群6潜水隊（横須賀）の潜水艦「こくりゅう」（艦長・竹谷直2佐以下約80人）は9月15日、米ハワイ方面での「令和3年度第2回米国派遣訓練（潜水艦）」に参加するため、横須賀を出発した。

「こくりゅう」は洋上での各種訓練のほか、ハワイ州パールハーバーのヒッカム統合基地の施設を利用し、対潜戦訓練を行う。12月15日に帰国する。

海自と海保が共同訓練

東シナ海で不審船対処

東シナ海で行われた海自と海上保安庁の不審船対処訓練で、並走する巡視船「しきしま」（奥）と護衛艦「すずつき」（8月25日）＝海自提供

海自は8月25日、東シナ海で海上保安庁の巡視船と不審船対処の共同訓練を実施した。

同訓練は平成11年に両者が策定した「不審船に係る共同対処マニュアル」に基づき行われており、今回で20回目。海自からは護衛艦「すずつき」とSH60K哨戒ヘリ、海保からは巡視船「しきしま」、巡視艇「うけゆり」、回転翼機、機動救難士が参加した。

両部隊は、海上で通信、洋上救難、ヘリ発着艦などの訓練を行い、共同対処能力を強化した。

共済組合だより

野球・テニス・ゴルフ練習などにご利用ください。

狛江スポーツセンター

東京都狛江市にある防衛省共済組合直営施設の「狛江スポーツセンター」は、組合員とその家族、OBの方が利用できますので、広々とした多摩川沿いにあるスポーツセンターで気持ちのよい汗を流してみませんか。

狛江スポーツセンターには、ゴルフ練習場（1・2階計30打席、110ヤード）、ゴルフバンカー、テニスコート（オムニコート）4面、野球場1面、クラブハウス（受付、更衣室、シャワー室等）、駐車場50台分があり、定休日（年末年始、ゴルフネット点検日はゴルフ練習場のみ休業）を除き利用できます。

ご利用の際は、組合員または家族であることを証明できるもの（組合員証、被扶養者証等）、OBであることを証明できるOBカード等をご提示ください。

テニスコートと野球場は利用にあたって事前の予約が必要です。直接施設（03―3480―2637）にお申し込みください。利用する月の前月1日から受け付けています。

ゴルフについては、利用当日、クラブハウスでお申し込みください。

【狛江スポーツセンターの所在地】〒201―0013 東京都狛江市元和泉2―30―1 電話03―3480―2637

露潜水艦が宗谷海峡を浮上航行

西進し日本海へ

9月3日午前4時ごろ、ロシア海軍の「タランタルⅢ」級ミサイル護衛哨戒艇2隻（満載排水量460トン、艦番号916、971）が北海道・宗谷岬の西方約130キロの日本海を東に向け航行するのを海自1ミサイル艇隊（余市）のミサイル艇「くまたか」が確認、情報収集に当たった。

2隻はこの後、宗谷海峡を東進して一時的にオホーツク海に進出し、同日、再び同海峡を西進して日本海に戻った。

さらに、9月10日午前9時ごろには、露海軍の「キロ」級潜水艦（水中排水量3125トン）1隻が宗谷岬の北東約75キロのオホーツク海を西に向け浮上航行するのを海自7護衛隊の護衛艦「まきなみ」、2空群（八戸）のP3C哨戒機が確認、警戒監視に当たった。

露潜水艦はこの後、西進し、オホーツク海から日本海に入った。

中国海軍の4隻

大隅海峡を西進

9月11日午前9時ごろ、中国海軍の「レンハイ」級ミサイル駆逐艦（満載排水量約1万2000トン、艦番号101「南昌」）、「ルーヤンⅢ」級ミサイル駆逐艦（同7500トン、119「貴陽」）、「フチ」級補給艦（同2万3000トン、903）、「ドンディアオ」級情報収集艦（同6000トン、799）＝写真＝の4隻が鹿児島・種子島の東方約140キロの太平洋を西に向け航行するのを海自1空群（鹿屋）のP1哨戒機、2護衛隊（佐世保）の護衛艦「あさひ」が確認、情報収集と警戒監視に当たった。

「レンハイ」「ルーヤンⅢ」「フチ」各級の3隻は8月22日に長崎・対馬沖、同24日に北海道・奥尻島沖で確認された艦艇と同じで、このうち「ルーヤンⅢ」級は9月10日に中国籍とみられる潜水艦が潜没航行する海上で確認された艦と同一。また、防衛省・自衛隊が「ドンディアオ」級の確認を公表するのは、2017年7月に同型艦が北海道松前町・小島の領海内に侵入して以来4年ぶり。

中国艦4隻はこの後、大隅半島と種子島間の大隅海峡を西進して東シナ海に入った。

防衛省発令

▽兼統幕運用2課電子課　1陸佐　大[illegible]

▽空幕首席衛生官付（空幕首席衛生官[illegible]）　1空佐　高[illegible]

▽那覇病院長（同次席[illegible]）　同　辻[illegible]

（以上9[illegible]）

▽教育訓練研究本部[illegible]（教育訓練研究本部[illegible]）　1陸佐　宮[illegible]

▽教育訓練研究本部[illegible]調整官）　同　篠[illegible]

▽護衛艦隊司令部[illegible]司令）　1海佐　平[illegible]

▽1護衛隊司令（護[illegible]令部）　同　堀[illegible]

（以上9[illegible]）

▽海幕装備需品課[illegible]後方主任幕僚）　1海佐　上[illegible]

▽護衛艦隊後方主任[illegible]（護衛艦隊司令部）　2海佐　村[illegible]

（以上9[illegible]）

▽厚生労働省へ出向（[illegible]越厚生局長へ（大臣[illegible]監）

▽大臣官房衛生監に（[illegible]生労働省医政局地域[illegible]課長）　[illegible]

▽大臣官房参事官（[illegible]付）　[illegible]

▽防衛装備庁へ出向（[illegible]全管理官へ（大臣官[illegible]）　[illegible]

（以上9[illegible]）

「CSG21」をミリタリー的側面から考察する

英海軍の空母運用法

元海将補　堤　明夫
（防衛技術協会・客員研究員）

「クイーン・エリザベス」横須賀寄港

英海軍の空母「クイーン・エリザベス」（R08 HMS Queen Elizabeth、以下「Q・E」）を中心とする「CSG21」と名付けられた機動部隊は昨年10月に編成され、これまで米国をはじめNATO諸国などと共同訓練を繰り返してきた。そして本年5月、アジア・太平洋方面への初の長期展開に向け英国を出航し、地中海、スエズ運河、インド洋、南シナ海を経て極東に進出、さる9月4日から8日まで在日米海軍横須賀基地に寄港した。

この「Q・E」部隊のインド太平洋への来航意義などについては慶應義塾大学の鶴岡路人准教授の記事（9月16日付3面）が既に掲載されているので、本稿では「ミリタリー的側面」について考察していくことにする。

米海軍の強襲揚陸艦「アメリカ」（前列左）や海自のヘリ搭載護衛艦「いせ」（同右）などと洋上で合流し、共同訓練を通じて柔軟な部隊編成と運用を披露した英海軍の空母「クイーン・エリザベス」（同中央）機動部隊（英海軍提供）

9隻の艦艇と計32機の空母航空団で編成

5月に英国を出港した際の「Q・E」機動部隊の構成は、旗艦たる「Q・E」を中心に、英海軍の23型対潜フリゲート「リッチモンド」（F239 Richmond）、「ケント」（F78 Kent）、45型ミサイル駆逐艦「ディフェンダー」（D36 Defender）、補給艦「フォート・ヴィクトリア」（A387 Fort Victoria）および「タイドスプリング」（A136 Tidespring）、そして攻撃型原潜「アートフル」（S121 Artful）であり、これに米海軍のミサイル駆逐艦「サリヴァン」（DDG68 Sullivans）とオランダ海軍のフリゲート「エヴェートセン」（F805 Evertsen）が加わった計9隻であった。

そして空母「Q・E」には、英空軍の第617飛行隊の8機と米海兵隊の第211戦闘攻撃飛行隊（VMFA211）10機のF35B戦闘機の2個飛行隊に加え、ワイルドキャットHMA.2を始めとする各種支援ヘリコプターなどの計32機の「空母航空団」を搭載している。

中でも、英空軍のみならず米海兵隊のF35Bを搭載し、かつ英国出航直前に完成したとされるシーキングAEW2の後継となる新型の早期警戒用ヘリコプター「クロードネスト」（Merlin Crowdnest）が含まれたことはその大きな特徴の一つである。

V／STOVL機のF35Bに特化した空母

何と言っても「Q・E」はV／STOVL（垂直／短距離離陸・垂直着陸）機のF35Bの運用に特化した空母である。したがって、艦首部のスキージャンプを含めて単にこれを搭載するためだけではなく、そのために必要となる整備・補給など、全てを含めた設計となっており、かつ機動部隊旗艦および搭載航空機の作戦のための充実した指揮通信の設備・機能を有しているのが特徴である。

この点は、防衛省・自衛隊が計画する海自の大型護衛艦に必要に応じて空自が独自に運用するF35B戦闘機に「その背中を貸す」という考えの運用法とは雲泥の差があると言える。海自「いずも」型護衛艦のF35B運用法は、いわゆる〝航空機運搬艦〟であり〝動く航空基地替わり〟なのである。

㊧米海軍横須賀基地に入港した空母「クイーン・エリザベス」の飛行甲板には多数のF35B戦闘機が搭載されていた（英海軍提供）
㊦米海軍横須賀基地に寄港中の英空母「クイーン・エリザベス」を研修に訪れ、乗員から航空機の運用法について説明を受ける海自隊員（右側）＝海自提供

フォークランド紛争での実戦経験が教訓

英海軍におけるこのV／STOVL機たるF35Bの運用のノウハウは、「Q・E」前級の「インヴィンシブル」級空母3隻におけるシー・ハリアーおよびハリアーⅡ戦闘機で十分に得ており、特に1982年のアルゼンチン軍とのフォークランド紛争における実戦経験は、英海軍にとって貴重なものであった。

特に、フォークランド紛争では空母以外にもコンテナ船「アトランティック・コンベアー」を航空機運搬艦として活用するという運用の仕方にも見られるように、V／STOVL機およびHS（艦載ヘリ）の航空団を空母を中枢として海上作戦に運用できる利点を存分に発揮した。

新空母「Q・E」のF35Bについても、その技術的な事項は米海軍・海兵隊と共有しており、「CSG21」の編成に当たっては米海兵隊の1個飛行隊を搭載し、英軍の飛行隊と共に1つの航空団として運用・作戦をしており、この点についても既に十分なノウハウを有するものと考えられる。

航空基地替わりでない蓄積された〃ノウハウ〃

㊤航海中の飛行訓練で、空母「クイーン・エリザベス」から艦首部のスキージャンプを利用して発艦する英空軍のF35B戦闘機（英海軍提供）
㊦海自の護衛艦「いせ」（左奥）のエスコートを受け、在日米海軍横須賀基地を出港する英海軍の空母「クイーン・エリザベス」（9月8日）＝海自提供

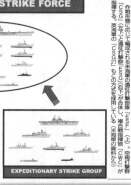

EXPEDITIONARY STRIKE FORCE
CARRIER STRIKE GROUP
＋
EXPEDITIONARY STRIKE GROUP

作戦形態に応じて編成される米海軍の遠征打撃部隊「ESF」（上）。空母打撃群「CSG」（左下）と遠征打撃群「ESG」（右下）が合体し、複合戦指揮官「CWC」が指揮する。英海軍の「CSG21」もこの方式を採用している（米海軍の資料から）

両用戦艦艇も加え強力な「遠征打撃部隊」に

もう一つ注目すべきは、この空母「Q・E」を旗艦とする機動部隊は「CSG21」と名付けられているが、このCSG（Carrier Strike Group、空母打撃群）という名称のとおり、その部隊運用要領は米海軍におけるものに準じたものである。

即ち、米海軍ではそれまでの強襲揚陸艦（LHA）などの両用戦艦艇に2000人規模の海兵隊を搭載した「ARG」（Amphibious Ready Group、両用即応群）に護衛艦やSSN（原潜）、補給艦などを配して1つの独立した作戦・運用体制のものに改め、これに合わせて2004年にはそれまでCVBG（Carrier Battle Group、空母戦闘群）と呼んでいたものを「CSG」という名称に改めている。

そして、要求される作戦形態に応じてこの両者をもって柔軟に対応し、かつ必要によりこの両者を適宜組み合わせた強力な部隊である「ESF」（Expeditionary Strike Force、遠征打撃部隊）とすることが可能となっている。（上図参照）

「Q・E」の搭載する航空団の能力は米海軍におけるCTOL（カタパルト発進）機を運用する大型空母とは比べるべくもないが、「Q・E」を中心とする機動部隊の編成と運用はこの米海軍のCSGに準ずるものと言える。

柔軟な運用を実現する「CWCコンセプト」

そしてその作戦・運用法は、米海軍の「CWC」（Composite Warfare Commander、複合戦指揮官）コンセプトに基づくものであれば、米海軍艦艇やNATO諸国海軍艦艇をその部隊の中に編入したり、また共同訓練を行うのも容易かつ効果的なものであると考えられる。

つまり、この「CWCコンセプト」によるCSGの運用法に従う、あるいは準じていれば、今回のように、オランダ海軍や米海軍の艦艇を機動部隊に組み込んだり、また、英国からの遠征途中で近隣の同盟・友好関係の諸国海軍の艦艇や航空機と、その機動部隊の中に入る入らないに関わらず、どのような形での共同訓練も可能であろう。

とは言っても、「CSG21」は英国を出航してすでに4カ月間の遠征であり、新型コロナウイルスの影響もあって寄港地での上陸も極限されるなど、各艦船の乗員にとっては精神的にも大変な激務の連続であると考えられる。

しかしながら、それに対応できる福利厚生の体制と設備が艦内に整えられているのは、さすがに世界を股にかけたかつての「大英帝国海軍」の伝統を引くだけのことはあると言える。自衛隊も来日した「CSG21」の部隊から多くを学ぶことができたことだろう。

令和4年度 概算要求

考え方

1 周辺各国が防衛費の大幅な増額等により軍事力の強化を図るなど、我が国周辺の安全保障環境がこれまでにない速度で厳しさを増す中、宇宙・サイバー・電磁波といった新領域における能力、海空領域における能力、多様な経空脅威へ対処する総合ミサイル防空能力、スタンド・オフ防衛能力、機動・展開能力、弾薬の確保や装備品の維持整備等、こうした変化への対応に必要な防衛力を大幅に強化し、多次元統合防衛力を構築。

あわせて、防衛分野での技術的優越の確保のため、必要な体制およびゲームチェンジャーとなり得る技術等の研究開発や防衛産業基盤を強化する。また、質の高い自衛隊員の十分な確保や処遇改善等を通じた人的基盤の強化、日米同盟・諸外国との安全保障協力を強化。

2 このような考え方に基づき、令和4年度においては「中期防衛力整備計画（平成31年度～平成35年度）」（平成30年12月18日閣議決定）に定める各種事業の実施をより一層加速し、防衛力を大幅に強化。

3 この際、既存の予算・人員の配分に固執することなく、資源を柔軟かつ重点的に配分し、効果的に防衛力を強化。さらに、あらゆる分野での陸海空自衛隊の統合を一層推進し、縦割りに陥ることなく、組織および装備を最適化。

4 格段に厳しさを増す財政事情と国民生活に関わる他の予算の重要性等を勘案し、我が国の他の諸施策との調和を図りつつ、調達の効率化にかかる各種取り組み等を通じて、一層の効率化・合理化を徹底。

（本文中の青色部分は新規事業。図表・写真は防衛省の令和4年度概算要求のパンフレットから）

Ⅰ 防衛関係費

周辺各国が防衛費の大幅な増額等により軍事力の強化を図るなど、我が国周辺の安全保障環境がこれまでにない速度で厳しさを増す中、必要な防衛力を大幅に強化し、多次元統合防衛力を構築するという考え方に基づき、令和4年度においては、各種事業の実施をより一層加速するため、中期防対象経費として、歳出予算は3562億円（7・0％）増の5兆4797億円、新規後年度負担は過去最大となる、3873億円（16・1％）増の2兆7963億円を計上している。

歳出予算の総額の推移

（単位：兆円）

SACO・再編・政府専用機・国土強靱化を除く（中期防対象経費）
SACO・再編・政府専用機・国土強靱化を含む

5.50
5.00
4.50

平成9年度　平成10年度　平成11年度　平成12年度　平成13年度　平成14年度　平成15年度　平成16年度　平成17年度　平成18年度　平成19年度　平成20年度　平成21年度　平成22年度　平成23年度　平成24年度　平成25年度　平成26年度　平成27年度　平成28年度　平成29年度　平成30年度　令和元年度　令和2年度　令和3年度　令和4年度概算要求

4.95　4.94　4.93　4.94　4.96　4.96　4.95　4.90　4.86　4.81　4.80　4.78　4.77　4.79　4.78　4.71　4.75　4.88　4.98　5.05　5.13　5.19　5.26　5.31　5.34　5.48

4.94　4.93　4.92　4.92　4.94　4.94　4.93　4.88　4.83　4.79　4.78　4.74　4.70　4.68　4.66　4.65　4.68　4.78　4.82　4.86　4.90　4.94　5.01　5.07　5.12　5.48

Ⅱ 領域横断作戦に必要な能力の強化における優先事項

我が国を取り巻く安全保障環境が格段に速いスピードで厳しさと不確実性を増す中、宇宙・サイバー・電磁波を含む全ての領域における能力を有機的に融合し、平時から有事までのあらゆる段階における柔軟かつ戦略的な活動の常時継続的な実施を可能とする防衛力を構築する。

1 宇宙・サイバー・電磁波等の領域における能力の獲得・強化

領域横断作戦を実現するため、優先的な資源配分や我が国の優れた科学技術の活用により、宇宙・サイバー・電磁波といった新たな領域における能力を獲得・強化する。宇宙関連経費840億円（弾道ミサイル防衛関連経費の宇宙関連部分を除く）

（1）宇宙領域における能力

SSA（※）の強化

○SSA衛星（宇宙設置型光学望遠鏡）の整備（39億円）

・衛星地上システムの詳細設計

・衛星の製造・運用等に係る技術支援

○SSAレーザー測距装置の取得（189億円）

宇宙空間の安定的な利用を確保するため、低軌道の宇宙物体をより正確に監視できるSSAレーザー測距装置の取得

（90億円）

○SSAシステム等の整備

米軍および国内関係機関等と連携した宇宙状況監視を行うために必要な関連器材等の取得等

※SSA：宇宙状況監視（Space Situational Awareness）

ミサイル防衛のための衛星コンステレーション活用の検討

○HGV（※）探知・追尾衛星実証機の概念検討（4億円）

赤外観測衛星を多数配置した衛星コンステレーションにより、極超音速滑空兵器（HGV）等を宇宙から探知・追尾するシステムの実現に必要な技術実証を行うための実証機について、概念検討を実施

※HGV：極超音速滑空兵器（Hypersonic Glide Vehicle）

宇宙利用における抗たん性の強化

○衛星通信システムの抗たん性向上等（105億円）

・Xバンド防衛通信衛星と他の商用通信衛星をシームレスに活用できるシステムの構築等

・衛星コンステレーションを活用した衛星通信の実証を伴う調査研究を実施

・各艦艇にみちびき対応機材を整備

宇宙を利用した情報収集能力等の強化

○画像衛星データ等の利用（175億円）

・画像解析用データの取得（多頻度での撮像を可能とする小型衛星コンステレーションを含む各種商用衛星等）

・海洋状況監視に資する衛星情報の取得

○衛星通信の利用（132億円）

・次期防衛通信衛星に関する調査研究を実施

・Xバンド通信衛星の整備・維持

・商用通信衛星回線の借上げ、衛星通信器材の整備・維持等

組織体制の強化

○宇宙作戦群（仮称）の改編

・既存の宇宙作戦隊は、第1宇宙作戦隊（仮称）に改編し、宇宙空間の状況を常時継続的に監視する体制を構築するため、要員を拡充

・我が国の人工衛星に対する電磁妨害状況を把握するため、第2宇宙作戦隊（仮称）を新編するとともに、宇宙領域に関する装備品を維持管理する宇宙システム管理隊（仮称）を新編

その他の宇宙政策に関する取り組み

○諸外国との国際協力（1億円）

・米国コロラド州の米宇宙軍基地で実施する「Space100」課程等に要員を派遣し、宇宙全般に関する知見を習得

・日米実務者意見交換会の実施

米軍の連合宇宙作戦センターを実地調査するとともに日米実務者間で意見交換を行い、SSA等の統合運用要領に関する情報を取得

・宇宙分野における多国間机上演習等への参加

米国主催の宇宙分野における多国間机上演習（シュリーバー演習等）に参加することにより、宇宙分野における多国間連携を強化

※弾道ミサイル防衛関連経費（宇宙関連部分のみ）391億円

サイバー関連経費345億円

（2）サイバー領域における能力

サイバー関連部隊の体制の強化

○共同の部隊である自衛隊サイバー防衛隊（仮称）の増員をはじめ、サイバー関連部隊の体制を拡充し、サイバー防衛能力を強化

サイバー人材の確保・育成

○サイバー人材共通のスキル評価指標作成のための調査・研究（0・6億円）

防衛省・自衛隊において、効果的・効率的にサイバー人材の確保・育成を行うためのスキル評価指標を確立するため、民間や諸外国におけるサイバー人材のスキル評価手法について調査・研究を実施

○サイバーセキュリティー統括アドバイザーの採用（0・5億円）

○サイバーセキュリティーに関するハイスキル人材の育成（0・1億円）

○サイバー攻撃対処に係る部外力の活用（38億円）

○サイバー分野における部外力の活用に関する調査・研究（0・3億円）

部外人材の安定的かつ効果的な活用のための新たな制度設計の資とするため、諸外国の軍及び防衛当局でのサイバー分野における予備役、非常勤等の部外力活用の実態について調査・研究を実施

サイバーに関する最新技術の活用

サイバー人材の訓練等

○サイバー演習環境の整備のため自衛隊の全てのサイバー関連部隊が利用できるサイバー攻撃等への実戦的な訓練を行うための装置を増強（12億円）

○諸外国とのサイバー分野における連携強化（2億円）

・サイバー・セキュリティーに関する国際訓練等への参加

・サイバーに関する能力向上のため、陸自通信学校が主催し、各自衛隊のサイバー関連部隊や米軍等が参加するサイバー競技会を開催

・NATOサイバー防衛協力センター主催の対抗形式の多国間サイバー防衛演習である「ロックド・シールズ」に参加

システムの強靭化

○防衛省・自衛隊の共通通信インフラである防衛情報通信基盤（DII）クローズ系システムの防護機能の強化（80億円）

○システムネットワーク管理機能の整備のため陸上自衛隊の全システムの防護、監視、制御等を一元的に行うシステム・ネットワークマネージメントシステム（SNMS）を整備（64億円）

○制御システムのサイバーセキュリティーに関する調査・研究（0・1億円）

海上自衛隊の艦艇及び航空機で運用する制御システムに対する脆弱性調査手法およびサイバー攻撃への対応策を改善するため、制御システムのサイバーセキュリティーに関する調査・研究を実施

陸自SNMS
衛星通信監視
ネットワーク監視
機能統合
一元化
仮想化
監視・制御・防護
駐屯地通信監視
システム監視
監視
分析
連携強化
制御
基地
ネットワーク機器
駐屯地内通信
OP系・CL系システム
ネットワークの仮想化
DII
野外
野外系システム
衛星通信
民間通信網
多重無線ネットワーク
野外通信
野外通信機器
各種センサ・ウェポンシステム

陸自システム・ネットワークマネジメントシステム（SNMS）のイメージ

（3）電磁波領域における能力

我が国に侵攻する相手方のレーダー等を無力化する能力の強化

○多用機UP3Dの電子戦能力の向上のため艦艇の電子戦訓練支援能力を向上するためUP3Dの搭載機器の換装および機体改修を実施（56億円）

○艦艇の電波探知妨害装置の監視能力の強化のため航空機やミサイル等からの電波を探知し、無力化するための電波を照射する電波探知妨害装置を改修し、監視能力を強化（3億円）

○電子戦部隊の新編

平素から電波収集・分析を行い、有事においては相手の電波利用を無力化することで、各種戦闘を有利に進める機能を強化

我が国に対する侵攻を企図する相手方からの電磁波領域における妨害等に際して、その効果を局限する能力の強化

○F35A戦闘機の取得（8機779億円）

電子防護能力に優れたF35Aを取得し、航空優勢を確保

その他関連経費（整備用器材等）として、別途415億円を計上

○F35B戦闘機の取得（4機521億円）

電子防護能力に優れ、短距離離陸・垂直着陸が可能なF35Bを取得し、戦闘機運用の柔軟性を向上

その他関連経費（整備用器材等）として、別途268億円を計上

○F15戦闘機の能力向上（事項要求）

周辺諸国の航空戦力の強化に対応するとともに、防空等の任務に適切に対応するため、スタンド・オフ・ミサイルの搭載、搭載弾薬数の増加および電子戦能力の向上等に必要な改修を実施

電磁波に関する情報の収集・分析能力の強化

○情報収集機能の強化のため、現有のYS11EB電波情報収集機の後継として、受信電波周波数範囲の拡大や遠距離目標収集能力の強化など能力向上したRC2電波情報収集機の機体構成品を取得（45億円）

○多用機用センサーシステムの搭載に関する調査研究（0・3億円）

多用機EP3の減勢に伴う後継機（次期電子情報収集機）の開発に向け、海上自衛隊の多用機にAIを搭載するために必要な技術要件や支援システム等に関する調査研究を実施

電磁波管理能力の強化

○電磁波管理機能の整備（3億円）

陸自の指揮システムに、陸自内の周波数割当の最適化を支援するための機能等を付与するとともに、統幕の中央指揮システム等と連接することにより、電磁波管理能力を向上

○艦艇の電磁シグネチャ管理（0・4億円）

海上自衛隊の艦艇の電磁シグネチャを調査し、将来の艦艇設計の資とするための調査を実施

情報通信能力・情報共有態勢の強化

○目標情報の迅速な伝達・共有を図るため、艦艇及び航空機の戦術データリンクを整備（140億円）

訓練演習、人材育成

○RC2搭乗員の電波収集練度を向上させるため、機上電波収集模擬システムを取得（0・9億円）

○電磁波領域における運用能力を強化するため、陸海空自衛隊の統合による電子戦訓練を実施（0・2億円）

○陸自電子戦部隊の練度向上を図るため、米国における米陸軍との共同訓練において、電子戦に関する訓練を実施（0・2億円）

○米国で実施する電子戦運用幕僚課程に航空自衛隊の要員を派遣し、電子戦運用に関する指揮・統制能力を習得（400万円）

（4）その他全般的事項

システム・ネットワークの安定性の強化

○防衛省・自衛隊が各種事態において迅速かつ柔軟に対応するため、陸・海・空自が保有する作戦上必要な情報を一元的に集約・共有するなど、指揮統制を円滑に行うための中央指揮システムを換装（97億円）

領域横断作戦能力強化のための練成訓練

○日米の司令部レベルにおける領域横断作戦に係る共同指揮所演習を実施し、陸自の領域横断作戦能力と米軍との連携要領を向上

○陸上自衛隊が米陸軍や米海兵隊と領域横断作戦を含めた訓練を実施し、日米間の連携強化および共同対処能力を向上

2 従来の領域における能力の強化

領域横断作戦の中で、宇宙・サイバー・電磁波の領域における能力と一体となって、航空機、艦艇、ミサイル等による攻撃に効果的に対処するため、海空領域における能力、スタンド・オフ防衛能力、総合ミサイル防空能力、機動・展開能力を強化する。

（1）海空領域における能力

常続監視態勢の強化

○多様化・複雑化する経空脅威に対応するため、自動警戒管制システム（JADGE）に人工知能（AI）を導入し、指揮官の状況判断の迅速性及び確実性を向上（54億円）

○固定翼哨戒機（P1）の取得

現有のP3C哨戒機の除籍に伴い、その後継として探知識別等が従来より向上したP1哨戒機を取得（3機776億円）

○救難体制を維持するため、SH60K哨戒ヘリを救難仕様に改修（2機11億円）

○増加する艦艇等への輸送任務に対応するため、新たにMCH101掃海・輸送ヘリを取得（1機59億円）

○滞空型UAV（※）の試験的運用（50億円）

海上自衛隊における各種任務への適合性、有人機等との連携要領および省人化／省力化に寄与する導入のあり方を検証するため試験的運用を実施

※UAV：無人航空機（Unmanned Aerial Vehicle）

○艦上運用可能なUAVの、海自艦艇に対する艦載適合性および操作性を確認するため、民間企業が用意した器材を用いて性能試験を実施（6億円）

○護衛艦（FFM）＝30年度型護衛艦9番艦および10番艦（3900トン）＝を建造（2隻1112億円）

○掃海艦（「あわじ」型5番艦＝690トン＝）の建造（1隻135億円）

○海洋環境データの収集態勢を維持するため、海洋観測艦（2900トン）を建造（1隻282億円）

○海洋における音響情報の収集能力を向上させるため、音響測定艦（「ひびき」型4番艦＝2900トン＝）を建造（1隻198億円）

○警戒監視を有効に実施するため、探知能力等が向上した潜水艦（29年度型潜水艦6番艦＝3000トン＝）を建造（1隻723億円）

○哨戒艦の基本設計（4億円）

警戒監視に特化し、省人化運用可能な哨戒艦の導入に向けた基本設計支援役務等

○偵察航空隊（仮称）の新編等

我が国から比較的離れた地域での情報収集や事態が緊迫した際の空中での常時継続的な監視を実施し得るよう、滞空型無人機（RQ4B）の運用態勢強化のため、臨時偵察航空隊を廃止し、偵察航空隊（仮称）を新編

航空優勢の獲得・維持

○F2戦闘機の能力向上（2機改修32億円）

12式地対艦誘導弾能力向上型（空発型）の搭載を含む対艦攻撃能力の向上・ネットワーク機能の向上等に必要な改修を実施

※その他関連経費（細部設計等）として、別途163億円を計上

○「いずも」型護衛艦の改修（67億円）

着艦誘導装置の取得等

○防空能力強化のため、低空目標や高速目標への対処能力を向上させた03式中距離地対空誘導弾（改善型）を取得（136億円）

次期戦闘機に関する取り組み

○次期戦闘機関連研究（233億円）

（2）スタンド・オフ防衛能力

（3）総合ミサイル防空能力

（弾道ミサイル防衛関連経費1396億円）

ネットワークの機能強化

シューター・誘導弾の機能強化・増勢

○標準型ミサイルSM6の取得（207億円）

航空機や巡航ミサイルによる攻撃からの防護を目的としてイージス艦（「まや」型護衛艦）に搭載する長距離艦対空ミサイルであるSM6を取得

○弾道ミサイル防衛と巡航ミサイル等対処の双方に対応可能な能力向上型迎撃ミサイル「PAC3MSE」を取得するとともに、所要のPAC3ミサイルを確保するため耐用命数を迎える部品の交換およびミサイル全体の点検など再保証を実施（614億円）

○イージス・システム搭載艦に搭載するレーダー「SPY7」の洋上仕様変更（58億円）

その他

○弾道ミサイル等対処訓練の実施

（4）機動・展開能力

○PFI（民間資金等活用事業）船舶の活用による統合輸送態勢の強化

○統合水陸両用作戦訓練の実施

○現有のC1輸送機の減勢を踏まえ、航続距離や搭載重量等を向上し、大規模な展開に資するC2輸送機を取得（1機224億円）

○石垣島における部隊配置

自衛隊配備の空白地域となっている島嶼部への部隊配備のため、石垣駐屯地（仮称）に警備部隊、中距離地対空誘導弾部隊および地対艦誘導弾部隊を配置

○16式機動戦闘車を整備し、作戦基本部隊（師団・旅団）の機動展開能力を強化（33両234億円）

○UH1J多用途ヘリコプターの後継として、空中機動、航空輸送等を実施し、迅速に部隊を展開できるUH2多用途ヘリを取得（13機235億円）

○島嶼部への輸送機能を強化するため、中型級船舶（LSV）1隻および小型級船舶（LCU）1隻を取得（2隻102億円）

中型級船舶（LSV）＝上＝と小型級船舶（LCU）＝下＝のイメージ

○石垣島の車両整備場等、宮古島駐屯地の倉庫等、奄美大島（瀬戸内分屯地）の火薬庫等南西警備部隊等の配置に伴う施設整備（169億円）

○輸送航空隊の配置に伴う施設整備（30億円）

佐賀駐屯地（仮称）新設に係る実施設計び敷地造成工事の一部に要する経費を計上

○南西方面における後方支援基盤と位置づけ、佐世保の崎辺東地区（仮称）に大規模な岸壁等および後方支援施設を整備（86億円）

○抑止力および対処力の向上を図る機動展開訓練等

・機動運用部隊（機動師・旅団、水陸機動団等）による機動展開訓練

・北海道、米国、豪州等の良好な訓練基盤を活用した練成訓練

（5）無人機の活用・無人機への対処

○車両への器材搭載による小型の攻撃型UAVの探知・迎撃手段について研究（1億円）

○UAV（狭域用）の取得（7式5億円）

空中からの情報収集による指揮官の状況判断および火力発揮等への寄与が可能となるUAV（狭域用）を取得

○小型の攻撃型UAV等導入の検討のため、小型の攻撃型UAV等の運用要領を研究（0・3億円）

○護衛艦（FFM）に対機雷戦機能を付与するため、機雷の敷設された危険な海域に進入することなく、機雷を処理することを可能とする無人機雷排除システムのうち、水上無人機（USV）を取得（12億円）

○高出力レーザーの基地警備におけるレーザー・システムの運用要領等を実地で研究（0・1億円）

○AIによる画像識別技術を活用し、ドローンによる基地警備の監視機能強化に関する実証を実施（0・3億円）

3 持続性・強靱性の強化

平時から有事までのあらゆる段階において、部隊運用を継続的に実施し得るよう、弾薬および燃料の確保、自衛隊の運用に係る基盤等の防護等に必要な措置を推進するとともに、各種事態に即応し、実効的に対処するため、装備品の可動率確保のための取り組みを推進する。

（1）継続的な運用の確保

○継続的な運用に必要な各種弾薬（2537億円）

・航空優勢、海上優勢の確保に必要な対空ミサイル、魚雷の取得（376億円）

○火薬庫の整備（99億円）

○分散パッドの整備（10億円）

○滑走路等被害復旧の能力向上に必要な器材の取得（2・4億円）

○自衛隊施設の老朽化対策および耐震化対策の推進（704億円）

（2）装備品の維持整備に係る取り組みの推進

○装備品の維持整備に必要な経費の着実な確保（1兆1516億円＝うち、装備品の可動確保関連経費8439億円）

PBL等の包括契約の推進

※装備品の維持整備業務について、必要な修理や部品の調達をその都度契約するのではなく、修理時間の短縮や在庫の確保などの成果に主眼を置いて、一定期間包括的な契約を結ぶもの。

○海自C130R輸送機のPBL（128億円）

平成29年度よりPBLを実施しており、対象部品等を拡大

○PBL導入に向けた調査分析（1億円）

海自の艦船用ガスタービン機関や非貫通式潜望鏡を対象とした維持整備について、PBL導入に向けた調査分析を実施

Ⅲ 防衛力の中心的な構成要素の強化における優先事項

人口減少と少子高齢化が急速に進展する一方、装備品が高度化・複雑化し、任務が多様化・国際化する中、より幅広い層から多様かつ優秀な人材の確保を図るとともに、全ての自衛隊員が高い士気を維持し、自らの能力を十分に発揮できる環境の整備に向けた取り組みを重点的に推進する。

また、軍事技術の進展を背景に戦闘様相が大きく変化する中、我が国の優れた科学技術を生かし、防衛装備に繋がる技術基盤を強化するため、装備品の研究開発期間の短縮や技術的優勢の確保に向けた取り組みを実施するとともに、必要かつ十分な質および量の防衛力を効率的に確保するため、プロジェクト管理の強化等による費用対効果の向上を図る。

1 人的基盤の強化

（1）優秀な人材確保のための取り組みの推進

募集業務の充実・強化

○ソーシャルメディア等を意識した話題性の高い採用広報動画の作成や広告バナーを活用し、採用対象者や保護者への採用広報を推進（2億円）

○新卒学生向けのWEBセミナーについて新たに転職者向けコンテンツを追加することにより新たな層の志願者を創出し、安定した人材の確保を実施（400万円）

○大学キャリアセンターとの連携強化（20万円）

大学キャリアセンター職員に対し、自衛隊の職業としての魅力の説明を行うことを通じ、防衛省・自衛隊と大学キャリアセンターとの関係強化を図り、大学キャリアセンターを利用する学生への情報の発信を強化

○地方自治体との連携強化、採用予定者等に対する広報の強化（900万円）

再就職支援等の充実・強化

○任期制自衛官の退職時の進学支援（300万円）

○地方公共団体の防災関係部局への再就職支援を充実・強化するため、防災・危機管理教育を拡充（5500万円）

○新産業における求人動向の教育（100万円）

退職予定者の安定した再就職先を確保するため、今後の成長が見込まれる産業や業種における求人動向について、就職援護隊員に対し、部外有識者による教育を実施

○就職援護用機材の整備（1300万円）

効果的な援護広報を実施するため、企業等への説明用機材としてタブレット型端末を整備

○早期離職防止等教材の整備（700万円）

退職予定自衛官の再就職後の早期離職を防止するための教育および就職援護隊員等が退職予定自衛官に対して効果的な定着支援を行うための教育に必要な教材を整備

AI活用のための人材の確保および育成

○AI活用の方針検討・企画立案等の支援役務の取得（0・4億円）

防衛省におけるAI導入を推進するため、AI導入に関する政策の企画立案支援やAI活用事業の進捗管理に資する助言を行うAI導入推進アドバイザー役務を取得

○AI学習・データ分析の実務指導ができる部外の専門家を非常勤職員として確保（800万円）

○部隊や研究所の隊員に対するAI基礎講習の実施によるAI人材の育成（0・3億円）

その他

○防衛大学校における学生生活の充実のための部外力の活用（0・1億円）

カウンセラー派遣など学生のサポート体制の強化等に必要な経費

○ハラスメント防止施策の推進（0・3億円）

・ハラスメント相談窓口の部外委託

・新着任管理者向けマネジメント研修

・ハラスメント防止に係る集合教育

（2）女性活躍、働き方改革および生活・勤務環境改善の推進

女性職員の採用・登用のさらなる拡大等、女性職員の活躍をさらに推進するとともに、働き方改革および生活・勤務環境の改善に関する施策を推進・強化する。

女性活躍の推進

○女性自衛官の教育・生活・勤務環境の基盤整備（62億円）

○メンター養成研修、女性自衛官のための部外カウンセラー招へい等（4億円）

国際協力分野における女性活躍の推進

○北大西洋条約機構（NATO）ジェンダー関連年次会合等への派遣

働き方改革の推進

○勤務時間管理システムの整備（2億円）

○テレワークの円滑な実施などに資する行政文書の電子媒体化に係る調査研究の実施（0・7億円）

○働きやすい職場を実現するためのオフィスのペーパーレス化・省スペース化などによる勤務環境の改善（0・3億円）

職業生活と家庭生活の両立支援

○隊員が仕事と育児の両立を図り、職務に専念できる場を確保するための庁内託児施設を整備（0・7億円）

○緊急登庁支援（児童一時預かり）のための備品整備等（0・2億円）

意識啓発のための研修・訓練等の実施

○職場における性別に基づく固定的な役割分担意識を解消するとともに、育児・介護等で時間制約のある職員を含む全ての職員が十分に能力を発揮できる職場環境を醸成するためのセミナー等への参加等（0・2億円）

生活・勤務環境改善の推進

○自衛隊員が士気高く任務に専念できるよう、自衛隊員の生活・勤務環境改善のための自衛隊施設、備品・日用品等を整備

・自衛隊施設の整備（675億円）

・備品や日用品等の整備（36億円）

・被服等の整備（114億円）

自衛隊員の食事の充実

○営内居住、艦船乗組員等の自衛隊員の栄養摂取基準見直しに伴う糧食費の充実（375億円）

主要な装備品

区分			令和3年度調達数量	令和4年度調達数量	令和4年度金額(億円)
航空機	陸自	多用途ヘリコプター（UH－2）	7機	13機	235
	海自	固定翼哨戒機（P－1）	3機	3機	776（30）
		救難飛行艇（US－2）	1機	—	55（13）
		掃海・輸送ヘリコプター（MCH－101）	—	1機	59（28）
		哨戒ヘリコプター（SH－60K）の救難仕様改修	（1機）	（2機）	11
		多用機（UP－3D）の能力向上	（1機）	（1機）	56（10）
	空自	戦闘機（F－35A）	4機	8機	779
		戦闘機（F－35B）	2機	4機	521
		戦闘機（F－2）の能力向上	（2機）	（2機）	32（163）
		輸送機（C－2）	1機	1機	224（22）
		電波情報収集機（RC－2）（機体構成品）	—	—	45（28）
艦船	海自	護衛艦	2隻	2隻	1112（28）
		潜水艦	1隻	1隻	723（5）
		掃海艦	—	1隻	135（1）
		海洋観測艦	—	1隻	282
		音響測定艦	—	1隻	198（1）
	共同	中型級船舶（LSV）	—	1隻	58
		小型級船舶（LCU）	—	1隻	44
誘導弾	陸自	03式中距離地対空誘導弾（改）	1個中隊	1個中隊	136
火器・車両等	陸自	20式5.56mm小銃	3,342丁	2,928丁	8
		9mm拳銃SFP9	297丁	303丁	0.2
		60mm迫撃砲（B）	6門	12門	0.4
		120mm迫撃砲RT	11門	19門	9
		19式装輪自走155mmりゅう弾砲	7両	7両	46
		10式戦車	—	6両	82
		16式機動戦闘車	22両	33両	234
		車両、通信器材、施設器材等	318億円	—	453

注1：3年度調達数量は、当初予算の数量を示す。
注2：金額は、装備品等の製造等に要する初度費を除く金額を表示している。初度費は、金額欄に（　）で記載（外数）。
注3：調達数量は、令和4年度に新たに契約する数量を示す。（取得までに要する期間は装備品によって異なり、原則2年から5年の間）
注4：調達数量欄の（　）は、既存役装備品の改善に係る数量を示す。
注5：陸自の誘導弾の金額は、誘導弾薬取得に係る経費を除く金額を表示している。

（3）教育・研究体制の充実

防衛研究所、防衛大学校、防衛医科大学校等の教育・研究体制を強化するための施策を実施するとともに、職務に専念できる環境を整備する。

防衛研究所

○国際的な研究交流の強化

米豪欧各国の研究機関等との政策シミュレーション国際会議を主催し、政策シミュレーションにおける信頼性および存在感を高め、組織的連携を強化（0・2億円）

防衛大学校

○研究能力・教育水準の維持、向上（1億円）

デュアルユース技術を意識した防衛関連の基礎研究に必要となる器材の整備等

防衛医科大学校

○防衛医科大学校の運営改善（11億円）

医師および看護師である幹部自衛官・技官となるべき者を養成する臨床教育の場および地域医療拠点として、教育・研究に必要な症例を質的・量的に確保するために必要な診療機器の整備

○防衛医学に関する研究機能の強化（4億円）

自衛隊の部隊運用ならびに防衛医科大学校の教育および研究に資する防衛医学研究の充実

（4）持続的な部隊運用を支える予備自衛官等に係る施策の推進

即応予備自衛官および予備自衛官のより幅広い分野・機会での活用を進めるとともに、予備自衛官等の充足向上のための取り組みを推進する。

○応招確認態勢の整備（0・1億円）

災害発生時、即応予備自衛官・予備自衛官の応招の確認を迅速かつ正確に実施するため、部外系サービスを活用して応招確認態勢の整備を推進

○被服、装具等の整備（0・5億円）

予備自衛官等の運用の実効性向上を図るため、被服、装具、それらを保管する容器・保管棚の整備の推進

（5）衛生機能の強化

各種事態に対応するため、統合運用の観点も含め、第一線から最終後送先までのシームレスな医療・後送態勢の強化として、第一線救護能力の向上、医療拠点において患者の症状を安定化させるためのダメージコントロール手術を行う機能および後送中の患者を管理する機能の充実を図る。

また、自衛隊病院の拠点化・高機能化等をより一層推進し、効率的で質の高い医療体制を確立する。さらに、戦傷医療対処能力を向上させるために必要な衛生教育訓練基盤等の整備や、国際協力に必要な態勢の整備を推進する。

○第一線から最終後送先までのシームレスな医療・後送態勢の強化

・DCS（ダメージコントロール手術）および術後の患者管理に必要な資器材の整備（3億円）

・後送中の患者の全身管理等に必要な資器材の整備（100万円）

・個人携行救急品の規格変更品目の整備（0・7億円）

○後送病院の充実・強化

・福岡病院建替のための本体工事に伴う準備工事（0・2億円）

・横須賀病院建替のための詳細設計（2億円）

○戦傷医療対処能力の向上のための教育訓練および教育訓練基盤等の整備

・救急処置能力向上教材の整備（0・4億円）

・DCS班要員の育成（0・1億円）

○国際的に脅威となる感染症等への対応能力の向上

・エボラ出血熱等感染症患者搬送に必要な各種器材の取得および維持（0・3億円）

・重篤な感染症に対する予防態勢の強化（1億円）

○新型コロナウイルスを含む感染症対策

・海外派遣部隊等に対する新型コロナウイルス感染症対策（3億円）

・感染症対処能力を踏まえた自衛隊衛生の在り方に関する調査（0・2億円）

2　防衛技術・産業基盤の強化

（1）防衛技術基盤の強化（研究開発費3257億円）

将来の戦い方を生み出す技術分野において技術的優越を確保するため、革新的・萌芽的技術の発掘・育成に資する活動を推進し、新たな領域に関する技術や、AI等のゲームチェンジャーとなり得る最先端技術をはじめとする重要技術に対して重点的な投資を行う。

革新的・萌芽的技術の発掘・育成に資する活動

○防衛技術に関するシンクタンク機能の強化

AI技術等の革新的・萌芽的技術の発掘・育成を効果的に進めるため、3年度に活動を開始した「革新技術リサーチ・ワーキンググループ」の実施体制を強化

○安全保障技術研究推進制度（112億円）

大学等における革新的・萌芽的な技術についての基礎研究を公募・委託する安全保障技術研究推進制度を推進

○先進技術の橋渡し研究（9億円）

革新的・萌芽的な技術を装備化につなげるための橋渡し研究を実施

ゲームチェンジャーとなり得る最先端技術に関する取り組み

○ゲームチェンジャーの早期実用化に資する取り組み（93億円）

装備品等の実用化を加速するため、ゲームチェンジャーとなり得る最先端技術の研究と並行し、関連する重要な構成技術を民間主体で短期間で獲得

○高出力マイクロ波（HPM）照射技術の実証（86億円）

複数のドローンに対処可能なHPM技術に関する技術を実証

○高出力レーザーシステムの研究（39億円）

経空脅威に低コストかつ瞬時に対処が可能な高出力レーザーシステムに関する研究を実施

○極超音速誘導弾等に用いる高速飛しょう体用シーカー（※）の研究（39億円）

極超音速誘導弾を含む将来誘導弾等の性能向上を図るため、シーカー技術に関する研究を実施

※シーカー：目標を捜索・探知および追尾するためのミサイルの構成装置

将来レールガン研究のイメージ

戦闘支援無人機コンセプトのイメージ

○将来レールガンの研究（85億円）

極超音速誘導弾等の脅威に対処するため、弾丸を高初速で連射可能な将来レールガンに関する研究を実施

○水中無人機（UUV）用海洋状況把握モジュールの研究（41億円）

水上の警戒監視をするために必要となる、AI技術を適用した光学情報等からの洋上目標自動類別技術等のUUV技術に関する研究を実施

○戦闘支援無人機コンセプトの検討（98億円）

AIの適用を含めたシミュレーションにより、次期戦闘機等の有人機と連携する戦闘支援無人機の機能・性能、運用の効果に関するコンセプトを導出

先進的な民生技術の積極的な活用

○新技術の短期実用化の取り組み（10億円）

運用ニーズを踏まえながら、AI技術および拡張現実（AR）技術といった技術革新サイクルの速い民生先端技術を活用し、3年程度の短期間での実用化を図る

宇宙領域における能力の強化

○衛星コンステレーションによる移動目標の追尾のためのAI技術に係る研究（1億円）

衛星コンステレーションで複数の移動目標を自動かつ高頻度に位置予測し、追尾等を可能とするAI技術に関する研究を実施

○高感度広帯域な赤外線検知素子の研究（12億円）

宇宙領域を含む従来よりも遠方からの画像情報収集を可能とする高性能な赤外線センサーに関する研究を実施

サイバー領域における能力の強化

○サイバー攻撃へ対処する技術の研究（25億円）

装備品等に対するサイバー攻撃発生時における被害拡大防止やシステムの運用継続を図るため、対処能力向上に資する技術の研究を実施

電磁波領域における能力の強化

○スタンド・オフ電子戦機の開発（185億円）

○電子戦評価技術の研究（47億円）

高機能・高性能化する電子戦器材の性能や装備品の電子戦下での状況を正確に把握・評価するため、将来の電子戦評価システムに関する研究を実施

○次期電子情報収集機の情報収集システムの研究（16億円）

海自の多用機EP3の減勢に伴う後継機（次期電子情報収集機）の開発に向け、航空機搭載型情報収集システムの信号検出能力、方位精度および類識別能力の向上に関する研究を実施

次期戦闘機に関する取り組み

○次期戦闘機の開発（1047億円）

エンジンの設計・製造等を実施するとともに、機体の基本設計に着手し、着実に次期戦闘機の開発を推進

○次期戦闘機関連研究（233億円）

・戦闘機等のミッションシステム・インテグレーションの研究（94億円）

海上優勢の獲得・維持に関する取り組み

○将来にわたり潜水艦の水中領域における優位性を継続保持するため、探知能力を向上させたソーナー装置を開発（12億円）

○潜水艦のさらなる静粛化のため雑音低減型水中発射管の研究を実施（16億円）

スタンド・オフ防衛能力の強化

○12式地対艦誘導弾能力向上型（地発型・艦発型・空発型）の開発（379億円）

3年度から開発している地上発射型（地発型）に加え、4年度から艦艇発射型（艦発型）および航空機発射型（空発型）の開発に着手

○島嶼防衛用高速滑空弾の研究（145億円）

高速で滑空し、高精度で目標に命中する高速滑空弾について早期装備化に向けた研究を実施

○島嶼防衛用新対艦誘導弾の要素技術の研究（14億円）

将来の対艦誘導弾に必要な長射程化技術、残存性向上のための低RCS（※）化技術、高機動化技術に関する研究を実施

※RCS：レーダー反射断面積（Radar Cross Section）

総合ミサイル防空能力の強化

○基地防空用地対空誘導弾（改）および新近距離地対空誘導弾の開発（26億円）

同時多目標対処能力を向上し、コスト低減を図った空自の基地防空用地対空誘導弾（改）および機動展開能力に優れ、低空目標への対処能力の向上を図った陸自の新近距離地対空誘導弾を、ファミリー化により効率的に開発

○ミサイル防衛のための滞空型無人機活用の検討（1億円）

滞空型無人機による極超音速滑空兵器（HGV）の探知・追尾に関する調査研究を実施

○03式中距離地対空誘導弾（改善型）の能力向上の研究（1億円）

衛生機能の強化

○救急車の応急装甲材付加の研究（2億円）

非装甲車両に防護性能を迅速かつ容易に付与するための応急装着付加装甲に関する研究を実施

（2）装備調達の最適化

装備品の効果的・効率的な取得を一層推進するため、ライフサイクルを通じたプロジェクト管理の実効性および柔軟性を高めるとともに、市場価格のない装備品の価格積算について、より適正な費用の算定に取り組むほか、装備品の維持整備の効率化やFMS調達の合理化を推進する。

ライフサイクルを通じたプロジェクト管理の実効性・柔軟性の向上

○プロジェクト管理に関する先進的な事例の調査を通じ、プロジェクト管理の質的向上に資する新たな管理手法の導入検討を実施（0・5億円）

○ライフサイクルコスト見積りやコスト・スケジュールによる進捗管理について、プロジェクト管理の強化に資するシステムの設計等を実施（3億円）

より適正な費用の算定に向けた取り組み

○適正かつ効率的な調達を推進するため、調達分野に特化した専門的な教育や新たな制度の企画立案等を実施する体制を強化

装備品の維持整備の効率化

○PBL（Performance Based Logistics）の推進

FMS調達の合理化

○在米におけるFMS調達の履行管理を継続し、未納入・未精算の履行状況の把握や未納入の原因である照合問題解決に向け作業を加速するなど、FMS調達の合理化の取り組みを推進（0・6億円）

○FMS調達について、的確に輸送状況を把握し適切な履行管理を行うため、輸送管理体制を強化

（3）防衛産業基盤の強化

装備品の生産・運用・維持整備に必要不可欠である我が国の防衛産業基盤を強化するため、産業界と協力・連携しながら、装備品のサプライチェーンのリスク管理を強化するとともに、米軍装備品等の維持整備等に国内企業がさらに参画できるよう支援対策を推進する。

また、装備品の適切な海外移転を政府一体となって推進すると同時に、海外移転に際して装備品に係る重要技術の流出を防ぐための技術管理の強化を進める。さらに、我が国の防衛産業の情報セキュリティーに係る措置を強化するとともに、防衛産業におけるデジタルトランスフォーメーション（DX）を推進する。

産業基盤の強化の推進に向けた体制強化

○防衛産業との連携を一層強化し、防衛産業基盤の強化を強力に推進するため、防衛装備庁装備政策課に「防衛産業政策室（仮称）」を新設

サプライチェーンの維持・強化

○産業基盤の維持・強化に向けた企業支援

・防衛装備品の製造工程の効率化を促進するための支援制度の創設（9億円）

・事業撤退が生じた場合の円滑な事業承継の支援を実施（1億円）

○先進的な技術を持つ中小企業等の技術力の発掘・活用

・防衛省・自衛隊や防衛プライム企業とのマッチングのための展示会を開催するとともに、先進的な技術の防衛装備品への適用可能性調査等を実施（2億円）

米軍装備品等の維持整備等への国内企業の参画促進

○米軍装備品等の維持整備等への参画に向けた企業支援

・米軍の維持整備事業等へ参画するための諸課題（米国法令の知見等）について、国内企業が専門的知見からアドバイスを受けられるワンストップ相談体制等を整備（4億円）

・国内企業がグローバルなサプライチェーンに進出できるよう、経験豊富な米国プライム企業等から事業体制の整備について支援を受けられる体制を構築（2億円）

○日米オスプレイの共通整備基盤の拡充（42億円）

木更津駐屯地に日米オスプレイの定期機体整備用格納庫等を継続して整備

装備品の適切な海外移転の推進

○海外移転の推進に向けた防衛装備・技術協力に関する取り組み

・官民間で連携し、相手国の潜在的なニーズを把握して提案に向けた活動を行う事業実現可能性調査を実施（2億円）

・我が国が開発した防衛装備品や中小企業等が有する優れた技術力を発信するため、国際防衛装備品展示会に出展（3億円）

・東南アジア諸国における装備技術協力に資するよう、装備品の維持整備について我が国の技術力を生かした教育支援等を実施（2億円）

装備品に係る重要技術の流出を防ぐための技術管理の強化

○防衛装備に関する機微技術を適切に管理するため、新技術に係る機微性評価を実施する体制を強化

情報セキュリティーに係る措置の強化

○防衛関連中小企業のサイバーセキュリティー向上のための支援制度の創設（8億円）

○防衛調達における情報セキュリティーの強化（0・5億円）

防衛産業における信頼性の高い情報保全体制を確保するため、防衛省が新たに策定する情報セキュリティー基準で示す管理策を防衛関連企業等に普及させる活動等を実施

○防衛産業におけるDXの推進のための革新的技術とその適用にかかる調査研究を実施（2億円）

3　情報機能の強化

政策判断や部隊運用に資する情報支援を適時・適切に実施するため、情報の収集・分析等の各段階における情報機能を強化する。

○防衛政策局調査課に「グローバル戦略情報官（仮称）」を新設

複雑化する最近の安全保障環境を踏まえ、諸外国の対外発信の戦略的な意図や「フェイク・ニュース」の影響等を踏まえつつ、国際情勢を多面的・横断的に収集・分析するポストを新設

○防衛駐在官制度の充実

カナダに1名を新規派遣（4年度末74名、在勤49大使館2代表部）

○情報収集・分析能力の強化

情報本部等の国際軍事情勢や経済安全保障等に関する情報収集・分析能力の強化のため、所要の体制を整備

Ⅳ　大規模災害への対応

各種の災害に際して、統合運用を基本としつつ、十分な規模の部隊を迅速に輸送・展開して初動対応に万全を期すとともに、対処態勢を強化するための措置を進める。

1　災害対処拠点となる駐屯地・基地等の機能維持・強化

○災害時における機能維持・強化のための耐震化・浸水対策の推進（108億円）

2　大規模・特殊災害等に対応する訓練等の実施

○自衛隊統合防災演習（JXR）

○日米共同統合防災訓練（TREX）

○離島統合防災訓練（RIDEX）

3　災害対処に資する装備品の取得等

○地震、水害等により崩壊した橋梁を一時的に復旧し、被災者の緊急避難および自衛隊ならびに地方自治体等の救援活動を行うため07式機動支援橋を取得（1式12億円）

○各種災害等により発生した瓦礫、土砂等を運搬し、被災地の復旧活動を迅速に行うため、資材運搬車を取得（13式1・9億円）

○化学剤等の有害な物質から隊員を防護するため、18式個人用防護装備を取得（8500組21億円）

○化学剤等で汚染された地域・施設を除染するため、除染セット（除染車）を取得（1両1・2億円）

○災害等において安定的に飲料水等を提供するため、浄水セットを取得（1式1・1億円）

○大規模災害等発生時における迅速かつ効果的な人命救助活動のため、人命救助システム等を各部隊に充足（600万円）

○大規模災害等発生時において迅速に情報収集を行うため、各部隊に災害用ドローンを整備（15式0・1億円）

Ⅴ　日米同盟強化および地域社会との調和に係る施策等

米軍の抑止力を維持しつつ、沖縄県をはじめとする地元の負担軽減を図るため、在日米軍の兵力態勢の見直し等についての具体的な措置等を着実に実施する。

また、防衛施設と周辺地域との調和を図るための施策を着実に実施するとともに、在日米軍の駐留を円滑かつ効果的にするための施策を推進する。

1　米軍再編関係経費

［地元の負担軽減に資する措置］（事項要求）

在沖米海兵隊のグアム移転

国内での再編関連措置

2　SACO関係経費

（事項要求）

3　基地対策等の推進

（1）基地周辺対策経費（1194億円）

（2）在日米軍駐留経費負担（2029億円）

（3）施設の借料、補償経費等（1598億円）

Ⅵ　安全保障協力の強化

自由で開かれたインド太平洋というビジョンを踏まえ、多角的・多層的な安全保障協力を戦略的に推進するため、自衛隊の能力を積極的に活用し、共同訓練・演習、防衛装備・技術協力、能力構築支援、軍種間交流を含む防衛協力・交流のための取り組み等を推進する。

1　インド太平洋地域の安定化への対応

防衛協力・交流の推進

○東南アジア諸国連合（ASEAN）全体の能力構築を企図した取り組みの推進

国際規範の認識共有を推進するとともに、人道支援・災害救援、海洋安全保障、サイバーセキュリティーに関する能力構築支援を実施

○インド太平洋地域における能力構築支援の推進

○感染症対策に関する教訓等の共有の推進

防衛当局間で感染症対策に係る教訓等を共有し、各国の体制強化に資する知見を相互に学び合うことを目的とするセミナー等を実施

○ASEAN域外国を含む拡大ASEAN国防相会議（ADMMプラス）の下での取り組み

○「ビエンチャン・ビジョン2・0」に基づく取り組み

○パシフィック・パートナーシップ2022への参加

○インド太平洋方面派遣訓練（IPD）の実施

○ミクロネシア連邦等における人道支援・災害救援共同訓練

○インドにおけるインド陸軍との実動訓練

2　グローバルな安全保障課題への適切な対応

得意分野を生かした国連・友好国への国際協力

○アフリカ諸国等のPKOセンターへの講師派遣等

○ジブチ軍に対する災害対処能力強化に係る能力構築支援

○国連三角パートナーシップ・プロジェクト

海洋安全保障の確保

○ソマリア沖・アデン湾における海賊対処

日本関係船舶の安全確保のための取り組み

○中東地域における情報収集活動

海外での活動能力の強化

○コブラ・ゴールドやカーン・クエストなど多国間訓練への参加

Ⅶ　効率化・合理化への取り組み

―組織・装備最適化プロジェクト―

平成30年12月に策定された新たな大綱・中期防を踏まえ、以下の取り組みを実施することにより、防衛力整備の一層の効率化・合理化を徹底する。本取り組みのうち、経費の効率化が見込まれるものとして約3123億円の縮減を図る。

1　組織・定員の合理化

既存部隊の廃止や部外委託等を進めることにより、全自衛隊で定員配置を見直し、宇宙、サイバー、電磁波といった新たな領域に人員を重点配分する

2　事業等に係る見直し

［縮減見込額1487億円］

重要度の低下した装備品の運用停止や、費用対効果の低いプロジェクトの見直し・中止、維持・整備方法の見直しにより、コストの効率化を追求する

（主な事業）

・誘導弾の信頼性回復（縮減見込額36億円）

・81式短SAMの4巡目定期修理の見直し（同22億円）

・艦載型UAV（小型）に関する研究＝性能試験＝（同7億円）

3　仕様の共通化・最適化

［同853億円］

モジュール化・共通化や民生品の使用・仕様の見直しにより、装備品の構成について見直しを行い、開発、取得にかかる期間を早期化すると共に、ライフサイクルコストの削減を図る

（主な事業）

・12式地対艦誘導弾（能力向上型）を地上、艦艇、航空機から発射できるようにすることで試作品費を抑制（同185億円）

4　一括調達・共同調達による効率化

［同115億円］

装備品のまとめ買い等により、価格低減と取得コストを削減する

・C2エンジン（2式）の取得（同26億円）

5　長期契約を活用した装備品等および役務の調達

［同18億円］

5箇年度を超える長期契約の活用により、調達コストの縮減と安定的な調達を追求する

・C130RのPBL＝6国＝（同16億円）

・C2等の機体構成品の取得＝6国＝（同2億円）

6　原価の精査等

［同650億円］

装備品等について、価格や関連経費の精査等の取り組みを通じ、価格低減を追求する

7　収入の確保

国有財産利用収入、不用物品の売却、市ヶ谷地区の大本営地下壕跡の有料公開、航空祭および富士総合火力演習の一部有料化などの取り組みを通じて収入の確保を図る

Ⅷ　その他

1　自衛官定数等

自衛官定数等の変更　（単位：人）

	令和3年度末	令和4年度末	増△減
陸上自衛隊	158,571	158,481	△90
常備自衛官	150,590	150,500	△90
即応予備自衛官	7,981	7,981	0
海上自衛隊	45,307	45,293	△14
航空自衛隊	46,928	46,994	66
共同の部隊	1,552	1,588	36
統合幕僚監部	385	386	1
情報本部	1,936	1,936	0
内部部局	50	50	0
防衛装備庁	406	407	1
合計	247,154	247,154	0
	(255,135)	(255,135)	(0)

2　自衛官実員の増員

・新たな領域における防衛態勢および南西地域における防衛態勢ならびに周辺海空域の防衛態勢等の充実・強化を図るため自衛官の実員を増員し、各種事態への即応性を向上。

・新たな領域における体制整備を一層推進するため、限りある人員を効果的に活用し陸上自衛隊等から統幕等へ実員の振替を実施

3　事務官等の増員

人件費と機構・定員要求の方針を示す内閣総理大臣決定（令和4年度内閣の重要課題を推進するための体制整備及び人件費予算の配分の方針＝R3・7・7）に、内閣の重要政策として「安全保障の実施体制の整備」等が記載されたことを踏まえつつ、新領域を含む統合運用や防衛分野での技術的優越の確保のための体制を整備するため、防衛省の事務官等の増員要求を実施。

新領域を含む統合運用や従来領域に必要な防衛力の強化（151名）

○我が国に脅威が及ぶ事態の発生を抑止していくための業務に係る体制の強化や武力攻撃に至らない侵害への対処能力の向上のための事務官等の増員

○SSAシステムなどの運用による宇宙空間の安定的利用のための宇宙領域専門部隊の体制強化をはじめとする宇宙領域事業の推進のための事務官等の増員

○FFM等の維持整備などの体制強化のための事務官等の増員

先端技術の研究開発をはじめとする防衛分野での技術的優越の確保や、防衛産業基盤の強化のための体制強化等（116名ほか）

○戦い方を変える装備の実現に繋がる自律制御・意思決定支援、自動識別に係る研究および装備研究の加速化へのAI技術適用を推進するための事務官等の増員

○電磁妨害、サイバー攻撃などの非物理的攻撃に対する防護の体系的な研究の体制強化のための事務官等の増員

○防衛産業基盤の強化の推進や企業保全体制の強化などを図るための事務官等の増員

○経済安全保障に資する事務官等の増員（事項要求）

安全保障協力の強化、日米同盟の強化（50名）

○インド太平洋地域への関与を強化する欧州諸国などとの防衛協力・交流を推進するための事務官等の増員

○那覇港湾施設をはじめとする嘉手納飛行場以南の土地の返還事業を推進するための事務官等の増員

人的基盤の強化（42名）

○感染症病棟における感染症患者受け入れ体制の強化、医療従事者の働き方改革推進に係る企画立案能力や体制を強化するための事務官等の増員

上記のほか真に実効的な防衛力を構築するための増員（53名）

○実行的な防衛力を構築するため、災害対策機能や情報機能の強化、デジタル化の推進、地域コミュニティーとの連携等に必要な事務官等の増員

高校生がインターンシップ

迷彩服に着替え体験

愛知

【愛知】金山募集案内所は8月17日から19日まで、守山駐屯地で享栄高校2年生8人のインターンシップを行った。

迷彩服に着替えた生徒たちは、まず宮田勇一所長から陸上自衛隊の概要について説明を受けた。その後、高機動車の試乗やレンジャー隊員のロープワークを学んだ。2日目は身近なものを活用した生存自活のためのライフハックや、航空機の誘導体験にも挑戦。質問時間では予定をオーバーするほど積極的に発言し、内容ある体験学習となった。

3日目は通信などを学んだ後、「今後、国民として自衛隊に期待すること」と題した発表を一人一人が行った。

最後に生徒8人に宮田所長が修了証を手渡し、3日間のインターンシップを終えた。

野外通信機の通話を体験する高校生(8月19日)

テントの展張を体験

新潟

【新潟】長岡出張所は8月4、5日、地元の高校生2人のインターンシップを高田駐屯地で行った。

生徒たちは駐屯地内を見学後、基本教練に挑戦したほか、アイロン掛け、靴磨きを体験した。2日目は救急法としてAED(自動体外式除細動器)の使用法や心肺蘇生法を学び、午後は宿営時に使用するテントの展張を体験した。

生徒たちは慣れない訓練に戸惑いながらも真剣に取り組み、修了証書が授与される前には達成感に満ち溢れた表情を見せていた。

参加した生徒は「自衛隊は厳しい所だと思っていたがイメージが変わった」「ロープワークが難しかったが、丁寧に教えてもらいできるようになった」などと感想を語った。

テントの展張に挑戦する参加者(8月5日)

地元出身パイロットリクルータが講話

山形

【山形】地本は7月10日、霞城セントラルで地元出身のパイロットリクルータ・原高弘1空尉による講話を行った。

原1尉はパイロットに関心のある参加者を前に航空学生の生活や採用試験について説明。会場からは「試験に向けて何か特別な準備は必要か」などの質問があり、原1尉は「特に必要はありません。誰にでも可能性があるので興味がある人はぜひチャレンジしてみて」と答えた。

参加者は「自分もパイロットに挑戦してみたくなった」「試験までの具体的なイメージができた」と語った。

原高弘1空尉(左奥)の講話に真剣に耳を傾ける参加者(7月10日、山形市の霞城セントラルで)

市営地下鉄31駅に募集ポスター掲示

京都

【京都】京都地区隊は7月5~18日、京都市営地下鉄の全31駅に募集ポスターを掲示した=写真。市交通局の協力によるもので今回で14回目。

ポスターは、平成29年の地本の「自衛官ポスターデザインコンテスト」でイラスト最優秀賞を受賞した猪貝夏美さんがデザイン。自衛官の力強さと爽やかさが表現されており、地下鉄利用客からも好評を得ている。

多良間村で離島広報

沖縄

【沖縄】宮古島出張所は7月15日、多良間島と水納島からなる多良間村で離島広報を行った。

與那嶺守和准陸尉と中曽根紫都3陸曹の2人が、村役場の住民福祉課や元陸自の総務財政課長を訪問。募集業務への協力や多良間村コミュニティー施設への募集垂れ幕の掲揚、役場でのポスター掲示を依頼した。

その後、隊友会や家族会、協力会会員をそれぞれ訪ね、村出身隊員の現状や自衛官に興味のある若者についての情報を共有した。

残暑お見舞いカードを作製

一般曹候補生 最終合格者32人に郵送

神奈川

【神奈川】市ヶ尾募集案内所は8月19日、「残暑お見舞いカード」を作製し、一般曹候補生の最終合格者32人に郵送した。7月下旬から各種公務員試験の合格発表が続いているため、「時候のあいさつ」を兼ね、つなぎ広報の一環として実施した。

内山智仁所長が空自隊員ということもあり、カードには東京オリンピックで展示飛行を行ったブルーインパルスの写真を使用。基地見学などのイベント案内も、あいさつ文に記載した。さらに各カードには「一般曹候補生(陸)合格」など、試験名と名前のシールを添付し"特別感"も演出した。

受け取った合格者からは「自分の名前が貼ってあって嬉しかった」「サプライズ感があった」と反響も大きく、好評だった。

市ヶ尾所は「残暑お見舞いカードは初の試みだが、一人一人との縁を大切にし、来春の入隊に繋げていきたい」と話している。

市ヶ尾募集案内所が作製した残暑お見舞いカード。署名は手書きで記入

母校を訪れ大庭校長(左端)や久米進路課長(右端)、担任の瀬古教諭(その左)と再会した松井学生(8月10日、静岡県立掛川東高校で)

「自分も防大に入れますか」――後輩の未来にエール

募集・援護 特集

防大生、母校で帰郷広報

静岡 恩師に近況を報告

「先輩、どうしたら自分も防大に入れますか」――。そんな後輩からの相談に乗るため、防大生たちは夏休み期間中、郷里の母校を訪ね、「帰郷広報」を行った。地本が防大生と母校の調整を担い、学生はそれぞれ出身校の校長や恩師に近況を報告。同時に後輩たちには防大等への受験の手ほどきも行った。

【静岡】袋井地域事務所は8月10日、掛川市の県立掛川東高校で防大1年生の松井和悠斗学生の母校訪問を行った。

松井学生は今春、防大に入校。当日は広報官の箕輪勝政2空曹が引率し、防大の白い制服に身を包んだ松井学生が4カ月ぶりに母校の正門をくぐった。

当日は大庭弘義校長をはじめ、久米加寿隆進路課長、元の担任の瀬古雄馬教諭らが出迎え、校長室で近況を報告。松井学生は「防大に入校し、最初は生活環境の違いに苦労したが、今は慣れて楽しく過ごしている。週末は外出もでき、生活費や授業料がかからず給与が支給されるため、家族への負担がない。初めての給与で母にプレゼントを贈ると、母は涙を流して喜んでくれた」などと話した。

松井学生の充実した様子に恩師は「心も体もたくましくなった」「一般大学生に比べ、しっかりしていて社会人のように見える」と感心した様子で、「今後も講話などの機会を設けるので、防大や自衛隊を目指す生徒に情報を伝えてもらいたい」という要望も出た。

◇

浜北募集案内所は8月17日、防大1年の西谷斗希学生の協力を受け、所内で防大受験説明会を行った。

当日は高校生2人が参加。夏季休暇で帰省していた西谷学生は、純白の防大制服で来所した。自己紹介をした後、入校したきっかけや防大の授業や部活動などについて話した。

2人からは「どのような受験勉強をしましたか」「防大での生活はどうですか」といった質問があり、西谷学生は学科と面接それぞれの対策を伝授した上で「体力・精神面は慣れるので大丈夫。将来のビジョンを持って日々の生活を送ることが大事です」とアドバイスした。

さらに、防大生の休日の過ごし方などについても語り合った。最後に浜北所の広報官の音頭で、受験を控えた2人の健闘と今後の西谷学生の活躍を祈念し、3人で拳を合わせて、互いにエールを送った。

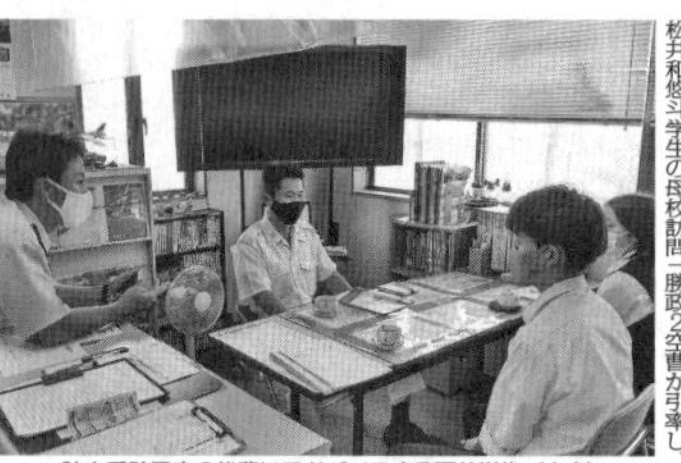
防大受験予定の後輩にアドバイスする西谷学生(中央)＝8月17日、浜北募集案内所で

高工校の魅力伝える

群馬 母校の中学校を訪問

【群馬】前橋募集案内所は8月3日、陸自高等工科学校に入校した1年生の飯島拓飛生徒を引率し、前橋市立粕川中学校への母校訪問を行った。

新型コロナの影響で飯島生徒の母校への訪問は入校後初めてで、中学校の自衛隊への理解もあって実現した。

学校では、内山崇校長をはじめ各教諭と懇談、飯島生徒は高工校の魅力を伝えた。さらに在校時、部長を務めたサッカー部を訪れ、顧問や後輩に対しても高工校の良さを伝えた。

校長や各教諭からは「在校時と同様に元気で安心した。顔つきや姿もりりしくなり、一般の高校生とは全然違う」との意見があり、後輩からも飯島生徒の制服姿に「かっこいい!」との声が聞かれた。

前橋所では「今後も高工校生徒の各中学校に対する母校訪問を支援し、信頼関係の構築に努めたい」と話している。

外部講師を招いて広報官教育を実施

長野

【長野】地本は7月29日、松本市の市教育文化センターでコミュニケーションズ・アイの高橋知也氏による広報官教育を行った。広報官の募集技法の向上を目的に実施され、募集課員や広報官計44人が参加した=写真。

高橋氏は大学や短大の学部ごとにインターンシップの応募方法や形態が違うことから、特性に合わせたものにする必要性を説いた。また高校での「総合的な探求の時間」に地本がどう参加していくかについて、「地本が主体的な学びの場を提供することで、良い結果に繋がっていく」と述べた。

参加者は「アンケートなどでは分からない大学や高校の実情を知ることができて、参考になった」と語るなど、今後の活動に意欲を見せていた。

平和を、仕事にする。
陸海空自衛官募集

ただいま募集中!

◇防大(一般) ◇防医大
◇自衛官候補生
◇医科・歯科幹部
★詳細は最寄りの自衛隊地方協力本部へ

検温本気度

36.5

陸自に初の女性施設器材隊長

中野2佐、"職人集団"まとめ任務完遂

「道を切り開くのは、あなたたちしかいない！　団結してがんばろう」――。第2施設団（船岡）は9月2日から8日まで、宮城県の王城寺原演習場、北上川飯野橋、船岡駐屯地で、104施設器材隊の訓練検閲を行った。検閲を受閲した同隊長は、8月に陸自初の女性施設器材隊長に着任した中野千尋2佐（42）。初任務に臨んだ中野隊長は教官として磨いた指導経験をもとに、さまざまな工夫を凝らして"職人集団"をまとめ上げた。

中野隊長は国立静岡大学大学院教育学研究科で美術を学んでいた際、「国防に携われる仕事がしたい！」と一念発起、2004年に一般陸曹候補生として入隊した。

陸士としてスタートを切ったが、周囲の助言もあって幹部候補生採用試験を受験し合格、幹部としての道を歩むことになった。

陸士の時は通信科だったが、「幅広い任務に携わることができる」と幹部任官時に施設科を選択。4施設群（座間）で訓練、機械幹部、施設学校（勝田）で教官として教育に携わった。女性活躍推進の機運に加え、指導力も評価されていた中野2佐に今年、女性初の施設器材隊長の白羽の矢が立った。

8月に東北方面隊唯一の渡河・交通・建築専門部隊の104施設器材隊（隊員約140人）に隊長として着任。息つく間もなく、訓練検閲に臨んだ。検閲では施設器材隊として、応急出動準備から応急道路の新設工事、重門橋渡場の開設・運営、応急橋梁架設などの専門技術が必要とされる。

部隊出陣にあたり、中野隊長は器材隊の"職人"らを駐屯地の体育館に集め、教官経験を生かした施設科のルーツである「工兵」に関する戦史の精神教育を行った。「我々にはあらゆる対象に対応できる技術力、危険に耐えうる精神力が必要とされ、作戦部隊の任務達成に寄与しなければならない。道を切り開くのは、あなたたちしかいない！」と鼓舞し、隊のベテランたちも自分たちの任務の起源や意義を知り、士気を高めて訓練検閲に臨んだ。

応急道路構築では、初日から激しい雨が降り注ぐ中、中野隊長は現場に進出して隊員一人一人に声をかけ、人員の適切な配置に知恵を絞り出し、応急道路を完成させた。さらに、重門橋渡場開設・運営、応急橋梁架設も無事故で終えた。

中野隊長は検閲終了後、「皆が努力し、任務を完遂してくれたことに感謝したい。いかなる任務にも対応できる日本一の施設器材隊を目指す」と述べ、「施設科の女性はまだまだ少数。後輩に道を開けるよう、精一杯精進していく」と力強く語った。

8月に陸自初の女性施設器材隊長に着任した中野2佐。教官経験を生かし、104施設器材隊の"職人集団"を指揮している（陸自船岡駐屯地で）＝2施団提供

F4が公道を移動

築城 退役後、地元物産館に展示

【築城】基地はこのほど、福岡県築上町の物産館「メタセの杜」に展示されるF4EJ改戦闘機415号機の陸送を支援した。

移送したのは8空団装備部整備班長の鷹取久寿1尉以下約10人で、機体をトレーラーに載せて実施。行程は基地東門から国道10号線経由、メタセの杜までの約5キロで、深夜の午前1時半に基地を出発、約3時間かけて移送した。半世紀にわたって上空を飛行した名機の地上走行を一目見ようと、多くの人が沿道で見守った。

メタセの杜に到着した隊員たちは、移送のため取り外したタンクの取り付けや翼の展張作業などを実施。午後1時には全ての作業を終え、展示準備を整えた。

後日、F4の周囲には銘盤も設置され、今では家族連れやカメラを持った航空機ファンらでにぎわっている。8年前に設置されたT33Aジェット練習機も展示され、こちらも人気を博している。

築城基地は「このF4ファントムが築上町と地域の方々を盛り上げ、基地への理解と関心を抱けるツールとなれば幸いです。ぜひ一度、足を運んで見てください」と話している。

築城基地を出発し、展示先のメタセの杜に陸上輸送されるF4戦闘機415号機

神戸大院生と懇談

井筒空幕長　安保政策を説明

在日米5空軍副司令官も出席

学生たちと記念撮影に納まる井筒空幕長（前列右から3人目）、（左に）簑原教授、コシンスキー副司令官（7月10日、神戸防災合同庁舎で）

【兵庫地本】地本は7月10日、井筒空幕長と在日米5空軍副司令官（横田）のレオナルド・コシンスキー准将を迎え、神戸大院生との懇談会を支援した。インド太平洋問題研究所（RIIPA）理事長で、同大学院法学研究科の簑原俊洋教授の呼びかけで学生30人が参加した。

同日、RIIPA主催のシンポジウムにコシンスキー副司令官とともに出席する井筒空幕長の要望で懇談が実現。シンポ開催前の午前中に、神戸防災合同庁舎で行われた。

井筒空幕長は学生たちに、日本の安全保障や防衛政策の概要を説明。学生からは安全保障上の問題やリーダーの在り方などについて質問があり、空幕長はこれまでの自身の経験を交えながら答えた。地本も自衛隊のパンフレットを配布するなど募集広報活動を行った。

終了後、学生は「自衛隊に対する意識が変わった」「自分が取り組んでいる安全保障の研究の参考になった」と感想を語った。地本は「今回のような場を積極的に支援し、学生に自衛隊への理解を深めてもらいたい」としている。

曹友連合会長が交代

森下陸幕副長から会旗を授与される黒木曹長（右）＝防衛省で

【曹友連合会】陸自の曹友連合会（名誉会長・森下泰臣陸幕副長）はこのほど、防衛省で連合会長交代式を行った。

同連合会は陸曹の活性化などを目的とする陸曹でつくる任意団体。交代式では11代連合会長の中村隆曹長から森下名誉会長に会旗が返還され、続いて12代連合会長の黒木美次曹長に会旗が授与された。

森下名誉会長は黒木新会長に「この曹友会は陸曹の融和団結を図ることを目的としているが、コロナ禍においてそれができない非常に口惜しい思いもあると思う。そうした時に絆を深めるためにはどうすれば良いかを考え、引き続き尽力してください」との言葉を贈った。

拓大教授が新刊

拓殖大学海外事情研究所教授で予備役ブルーリボンの会代表などを務める元予備陸曹長の荒木和博氏がこのほど、著書「『希望』作戦、発動～北朝鮮拉致被害者を救出せよ」（晩聲社）＝写真＝を刊行した。

長年拉致被害者救出活動に携わり、関連著書も刊行している著者によるリアリティーと臨場感に富むフィクション。

女子高生の行方不明に端を発した事件が在日工作員、警察、メディアを巻き込んで国際的陰謀との対峙へと発展し、最終的には政治決断によって自衛隊による被害者救出につながっていく。進展しない現実を、架空の中で氷解させてくれる。

オンデマンド（インターネット、書名で検索）販売のみ。書店での購入、取り寄せはできない。

人身事故で現場から逃げたら　道路交通法の救護義務違反

こちら警務隊　交通犯③

人身事故を起こした際、その場から逃げたら、どんな罪に問われますか？

人身事故を起こした運転者は、直ちに運転を停止し、負傷者の救護と道路の危険防止措置をしなければならず、違反すると、道路交通法の救護義務違反で10年以下の懲役または100万円以下の罰金に処せられます。

また、人にぶつからずとも、急ブレーキ等により歩行者が転倒し怪我した場合も、停止せず立ち去れば罪になります。

運転者には、交通事故を起こした場合、警察への報告義務があり、怠れば処罰の対象です。

ひき逃げは、救護で助かる命を奪う危険があるので、絶対にしてはいけません。（東部方面警務隊）

逃げずに救護！　警察へ連絡！

来年4月 海自70周年　ロゴマーク、キャッチフレーズ募集

海自は令和4年4月に迎える創設70周年を記念して、ロゴマークとキャッチフレーズを募集している。応募期間は10月7日まで。

募集作品は70周年を記念するにふさわしい、分かりやすく印象的なデザインやフレーズが求められている。採用された作品は記念式典や各種グッズなどに広く使用される予定。

参加資格は日本国内在住者に限り、複数応募も可能。採用者には4年1月下旬までに通知されるほか、海自ホームページ（HP）でも公表される。

応募方法はインターネットのみの受け付けとなり、海自HPの専用フォームからデータを送信する。詳細は海自HPを参照。

問い合わせは、防衛省代表03（3268）3111（内線50164）海幕広報室まで。

15ヘリ隊が急患空輸

コロナ患者を2回、計4人

陸自15旅団（那覇）は8月25日から28日まで、新型コロナウイルス陽性患者4人を相次いで急患空輸した。

25日の午前10時51分、沖縄県の玉城デニー知事が15旅団長の佐藤真将補に急患空輸の災害派遣を要請。これを受け、15ヘリ隊のUH60ヘリ1機（機長以下4人）が直ちに出発し、那覇空港から南西約280キロの宮古空港に向かった。隊員たちは同空港で患者1人を機内に収容して那覇空港まで空輸し、午後7時ごろ、待機していた救急車に引き継いだ。

27日の午後8時15分にも玉城知事から新型コロナ患者の急患空輸が要請され、15ヘリ隊のCH47輸送ヘリが那覇空港から南西約510キロの与那国空港まで急行。患者3人を新石垣空港まで輸送し、待機していた救急車に引き継いでから那覇空港に帰投、翌28日午前8時ごろ全ての活動を終えた。

新型コロナ患者をUH60ヘリで輸送後、救急車に引き継ぐ15ヘリ隊の隊員たち（8月25日、那覇空港で）

小休止

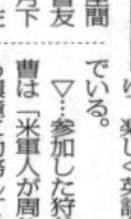

▽…座間駐屯地曹友会は7月下旬から、在日米陸軍を通じて英会話のボランティア講師を招き、課業後の時間を活用して初心者向けの英会話教室を実施している＝写真。

▽…講師は米軍人の子供たちが通う小学校で教師として勤務しているロドニー・ホロウェイ氏が担当。曹友会の会員に限らず幹部、陸士、事務官も希望者は参加可能で、週1回のペースで英語学習に関心のある隊員が集まり、楽しく英語を学んでいる。

▽…参加した狩谷意3曹は「米軍人が周りにいる環境に勤務しており、英語を話せるようになりたいと思っていた。楽しく学ぶことができるので、また参加したい」と語った。（座間）

電動ガンを使用し、近接戦闘を体験する109教育大隊の新隊員たち

電動ガン用い近接戦闘訓練

一線で役立つ隊員育成

2陸曹 藤井 哲行（109教育大隊・大津）

第109教育大隊は6月下旬、第17期一般陸曹候補生課程（男子）および令和3年度自衛官候補生課程（女子）に対する戦闘訓練の一環として、「交戦用訓練装置（バトラーⅡ型）」を用いた戦闘訓練や電動ガンを用いた近接戦闘訓練を対抗方式で実施した。

本訓練は、自由な意思を持つ敵に対するさまざまな間合いに応じた戦闘を疑似体験させることにより、「敵火力から遮蔽物等を活用して身を守る」「敵を射撃により倒す」ことを体得させる目的で実施した。

また、訓練の前後には「どのように戦うか」「どうすれば撃たれないか」「いかに勝つか」を新隊員間で話し合わせ、戦い方のイメージアップを図りながら、それぞれの訓練に参加させ、所望の訓練成果を得るとともに各隊員に教訓を付与することができた。

大隊では今後も第一線の部隊において真に役立つ隊員を育成できるよう、教育の質的向上と充実化を図っていきたい。

みんなのページ

自衛官の生涯通じ、努力続ける

レンジャー教官を務めて

2陸尉 程田 和光（32普連本管中隊・大宮）

私はこのたび令和3年度第39期部隊集合教育「レンジャー」に教官として参加しました。

私は昨年度「幹部レンジャー」を卒業したばかりで、教官として学生を一人前のレンジャー隊員に育て上げることができるのか不安を感じていました。

しかし、教育の準備が始まると、助教たちの溢れんばかりの熱量を感じ、それに感化されるように自分にも教官としての使命感が芽生えました。

主任教官の「人間味のあるレンジャー隊員を育てよう！」との要望事項に応えるべく、私は2点の事を意識しながら教育に臨みました。

一つ目は、レンジャー教官のプロになることです。学生時代の訓練手簿を見返したり、教範を確認して正確な情報を基に学生の模範となれるよう努めました。

二つ目は安全管理です。レンジャー訓練は常に危険と隣り合わせなので、計画段階からあらゆる危険を見積もり、教育中は学生の健康状態、さらに訓練場所の危険箇所などの確認に細心の注意を払いました。

教官としてレンジャー教育に参加し、たくさんの苦労を経験しましたが、最後の「帰還式」で学生たちが涙を流しながら「ありがとうございます！」と感謝の気持ちを語ってくれて、自分も幸せを感じることができました。同時に学生たちの成長ぶりも目の当たりにして、自分の学生時代とはまた違った達成感も感じました。

卒業した学生たちはいま、達成感と共に後悔の気持ちが少なからずあると思います。私も後悔の気持ちがありました。

想定訓練中、眠気と疲労で限界を感じ、警戒しながらも手をついて休んでしまったこと、急いで移動するべきところを歩いてしまったこと…。本当にあの時は自分の限界だったのか。ただの甘えだったのかもしれない…。そんな後悔の気持ちがいまも頭を離れません。

しかし、いま左胸に「レンジャー徽章」を着けている以上はレンジャー隊員として自衛官の生涯を通じ、努力していかなければならないと思います。後悔の経験をバネに、これからは同じレンジャー隊員として彼らと共に成長していければと思います。

教育期間中、私が教育に集中できる環境を作ってくださった部隊の方々、そして教育を支え応援してくださった全ての方に深く感謝します。ありがとうございました。

防人に定年なし

元予備准陸尉 揚野 雅史（ひっぱりだこ㈱代表取締役）

42回の招集訓練を全うし、予備自を定年退官した揚野雅史元予備准陸尉

本年8月31日付をもって齢63歳の小生にも、ついに予備自衛官の「定年の日」がやってきた。

通算して42回の招集訓練を5日間連続で大過なく全うすることができたのは、何よりも職場や家族の協力の賜物である。誠に感謝の念に絶えない。

42年間皆勤で通した日程を単純に掛け算してみると実に210日。その間、転地訓練や方面訓練、そして何より大阪地本の優秀隊員として中央訓練への参加にも指定していただいた。たくさんの思い出と友を得ることができた上に、予備陸士長からの採用で予備准陸尉までの昇進には感無量であった。

小生、現在は3法人の代表取締役と1セクションの理事長職にあるが、自衛隊在職中は幹部を目指し、夜間大学に通学させていただいた経緯もあり、そのおかげで若輩ながら一般社会で小成を収めることができた。これすべて自衛隊において培われた精神のおかげとしか言いようがない。

退職以降は「ご恩返し」を心に誓い、「自衛官募集相談員」への委嘱を拝命し、少数ながら縁故募集で増員に協力することができている。恐悦ながら方面総監、地本長より賜った盾や感謝状は宝物である。

招集訓練の最終年度をこれまでは「心の花道」と楽しみにしていたが、残念ながらコロナ禍で中止という憂き目を見ることとなった。しかし、よくよく考えてみれば「防人に定年なし」なのである。

バトンタッチとして看護師の愚息が技能予備自衛官補に採用されたが、今後も終生、自衛隊に「ご恩返し」を続けていく所存である。敬礼！

(世界の切手・日本)

重要なのは人生の長さではない。人生の深さだ。

内村 鑑三（思想家）

朝雲ホームページ
www.asagumo-news.com
<会員制サイト>
Asagumo Archive
朝雲編集部メールアドレス
editorial@asagumo-news.com

新刊紹介

「中国『見えない侵略』を可視化する」

読売新聞取材班著

読売新聞の連載「安保60年」の記事に新たな取材内容を加え、日本にこれまで欠落していた「経済安保」の問題点を扱った書だ。中国の西側の知的財産や先端技術のさまざまな入手法を明らかにしている。

中国政府の経済政策「中国製造2025」では、建国100周年までに「世界の製造大国」としての地位確立を目標に掲げる。この技術覇権を実現するため、中国は高い報酬を約束して「千人計画」と呼ばれるヘッドハンティングを進め、外国から高度な技術を入手、これを軍事技術にも転用している。

本書では手段を選ばない中国の技術窃取を追い、世界の主要都市に置かれた「孔子学院」は「トロイの木馬」の役割を担い、留学生や研究者を現地シンクタンクに送り込んで技術を取得しているという。さらにサイバー攻撃や「バックドア」のあるアプリを使って不法に情報を入手し、海底ケーブルからの通信傍受まで行っているという。

こうした侵略に日本はどう対処したらよいのか。安倍政権下、国家安全保障局に「経済班」が発足するなど政府もようやく本腰を入れ始めたが、まだ体制は不十分で、留学生のビザ審査の厳格化や研究者のセキュリティー・クリアランスなどが必要だとしている。

（新潮社刊、858円）

「アメリカ副大統領」

――権力への階段

K・A・ブラウワー著、笠井 亮平訳

米大統領行政府「ホワイトハウス」担当記者を長年務め、ファーストレディー（大統領夫人）や使用人の視点から米大統領を描いてきたジャーナリストが「副大統領」をテーマに書き上げた本だ。副大統領は「世界最強の権力」を持つ米大統領に最も近い存在だが、伝統的に主役を引き立てる陰の存在であり、その私生活などはあまり明らかにされない。

本書ではこの副大統領職に焦点を当て、アイゼンハワー政権以降の13人の副大統領の知られざる権力闘争、大統領との反目や友情などが描かれている。この間、ケネディ暗殺とニクソン辞任により副大統領が2回昇格しており、その舞台裏なども記されている。

著者によれば副大統領職はカーター政権から大きく変化、カーター大統領は周囲に「副大統領からの指示は自分からの指示と同じものとして受け止めよ」と指示し、ここから地位が飛躍的に高まったという。現職のバイデン大統領も副大統領経験者。「ナンバー2」を切り口にしたアメリカ政治論はとてもドラマチックでかつ斬新だ。（白水社刊、3740円）

詰碁

第1267回出題

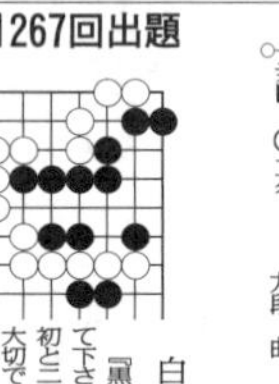

白先

『黒を取って下さい。最初と二手目が大切です』。5分でできれば中級です。

出題 日本棋院 九段 曲 励起

▶詰碁、詰将棋の出題は隔週です◀

詰将棋

出題 日本将棋連盟 九段 石田 和雄

≪第851回の解答≫

	5	4	3	2	1	
				桂	玉	一
			馬	歩		二
		角	歩	金		三
					歩	四
			歩		銀	五
						六

▲先手 持駒 桂香

【正解】▲1三香△同桂▲2一歩成△1二玉▲2四桂△同銀▲2三馬△同玉▲2二金までの九手詰め。

【解説】初手は焦点の▲1三香が正解。これで逃げ道封鎖をして以下は手順に追って行けば容易に詰み上がり。五手目▲2四桂は肝心なところ。なお初手▲2一馬は△同角で失敗。

OBがんばる

自衛隊とは違う面白さ

小柴 拓也さん 28
平成31年3月、空自作戦システム運用隊（横田）基地業務隊消防班を最後に任期満了退職（士長）。宇徳に再就職し、横浜港でフォアマン（総指揮監督者）業務に当たっている。

私は横浜市に本社がある宇徳に再就職し、横浜港の大黒T1チームでRORO船のフォアマンとして勤務しています。

弊社は重量物輸送の先駆けとして1890年に創業、現在は港湾・物流・プラント建設を事業の柱としています。重量物の海上・陸上輸送から本船荷役、現地据付まで行う総合物流会社です。入社の動機は父が港湾関係の会社で働いており、自分も物流業界で働きたいと考えていました。

フォアマンについては聞き慣れない方が多いかと思いますが、簡単に言うと本船荷役（船舶への貨物の積卸）の総指揮監督者です。担当するRORO船はフェリーのようにランプウエーを備え、完成車や建設機械等を自走させて積卸する船舶のことを言い、最大で全長265メートルと巨大です。

フォアマン業務は事前準備として貨物の把握や作業計画の立案があり、現場はいろいろな会社の関係者との調整や安全な作業環境の確保など同時にやることが多く忙しいですが、本船荷役終了後、岸壁の大量の貨物がなくなった景色を見ると達成感があります。また担当した仕事の利益等も数字で見ることができ、自衛隊の仕事とは違った面白さがあります。覚えることが多いので、さらに経験を積み、さまざまなモノを「動かす」ことに挑戦していきたいです。

オリジナル日本酒オンライン飲み会

2空曹 大場 彩（中警団基業群・入間）

入間基地の第2厚生センターでは基地オリジナルの日本酒を販売しています。窓口である厚生班の班員がこのお酒を味わっていないと隊員におススメできないので、「オンライン飲み会」を開きました。

コロナ対策下で初の試みとなりましたが、オンラインで同僚とやり取りするのはとても新鮮で、面白いイベントだと思いました。

基地オリジナルの日本酒を初めて飲んだ班員からは、「冷だと清涼感があり、華やかな香りがする」「燗にすると芳醇で柔らかになる」などとても好評でした。

皆さんも、冷でも燗でも楽しめる入間基地のお酒を試してみませんか。

ジュニア・インターンシップ支援

空士長 中川 翔太（22警隊・御前崎）

航空自衛隊御前崎分屯基地はこのほど、静岡市の中学生の「ジュニア・インターンシップ」の支援を行った。

午前中、生徒たちは空自トラックへの試乗や消防用の放水を体験し、午後からは基地体育館内で装備品の見学や装具の装着など職業体験を行った。

生徒たちは各職場の担当職員や案内隊員の説明を熱心に聞き、日本の空を守る空自の任務について積極的に質問をしていた。

後日、生徒たちから心温まるお礼の手紙が基地に届いた。

「朝雲」へのメール投稿はこちらへ！
▽原稿の書式・字数は自由。「いつ・どこで・誰が・何を・なぜ・どうしたか（5W1H）」を基本に、具体的に記述。所感文は制限なし。
▽写真はJPEG（通常のデジカメ写真）で。
▽メール投稿の送付先は「朝雲」編集部（editorial@asagumo-news.com）まで。

朝雲

発行所 朝雲新聞社
〒160-0002 東京都新宿区四谷坂町12-20 KKビル
電話 03(3225)3841
FAX 03(3225)3831
振替00190-4-17600番
定価一部150円、年間購読料9170円（税・送料込み）

装備協力の推進で一致

国防調達相が航装研を視察

日英 副大臣級会談

中山泰秀副大臣は9月22日、来日した英国のジェレミー・クイン国防閣外大臣（国防調達担当・副大臣級）と防衛省で会談し、日英間の防衛協力が「新たな段階」に入ったことを確認するとともに、防衛装備・技術協力をさらに推進していくことで一致した。会談では2国間の共同研究をはじめ、空自F2戦闘機の後継となる次期戦闘機の開発に係る協力などをめぐって意見交換。クイン大臣は同日、岸防衛相を表敬した後、中山副大臣の案内で防衛装備庁の航空装備研究所（東京都立川市）を視察し、我が国の航空装備に関する先進技術について理解を深めた。

次期戦闘機の開発協力で意見交換

防衛省で行われた会談で、中山副大臣は、英国が今年3月、安全保障や外交政策に関する「統合的な見直し」を行い、インド太平洋地域への関与を強化する方針を打ち出したことに歓迎の意を表明した。

その一環として、9月上旬に英空母「クイーン・エリザベス」を旗艦とする空母打撃群が日本に寄港し、自衛隊と共同訓練を行ったことに触れ、「長い歴史と伝統を有する日英防衛協力が『新たな段階』に入ったことを歓迎する」と述べた。

これに対し、クイン大臣は「日本は英国にとってアジアにおける最も緊密な安全保障上のパートナーだ。日本との強力な連携が防衛・安全保障面においてこれまでにないスピードで進んでおり、これは先般の英空母打撃群の日本寄港に表れているように、英国のインド太平洋地域におけるビジョンの不可欠な部分を構成している」と発言。

両国のパートナーシップについては「共通の利害を共有する対等な国同士、また、イノベーション（技術革新・新たな価値を創造する力）に富んだ防衛産業を有する国として互恵関係にある」と強調した。

その上で「日英は次期戦闘機システムに関する戦略的必要性を共有している」と述べ、「今回の訪日を通じて防衛産業分野における安全保障協力が両国間で評価され、共同のプログラムとノウハウを通じて互いの国の主権的能力がさらに上がることを願っている」として、2国間のさらなる関係強化に期待感を示した。

クイン大臣はこの後、中山副大臣の案内で防衛装備庁の航空装備研究所を視察し、同庁の三島茂徳防衛技監や航装研の市橋孝浩所長から先進技術に関する説明を受けた。

今年7月に英国のベン・ウォレス国防相を防衛省に迎えて開かれた岸防衛相との日英防衛相会談では、空自F2戦闘機の後継となる次期戦闘機の開発についても協議が行われ、エンジン部分の共同開発を念頭に議論の加速化で一致。両国間で第2弾となる化学・生物防護技術に関する共同研究が同月から新たに始まったことについても歓迎の意が示された。

日英政府間では2013年7月の「防衛装備品・技術移転協定」の署名・発効を機に同月、米国以外で初となる化学・生物防護技術の共同研究を開始し、17年7月に完了。

これまで、▽新たな空対空ミサイルの実現可能性▽人員脆弱性評価▽ジェットエンジンの認証プロセス―に係る共同研究に取り組んできた。18年からは「新たな空対空ミサイルの実証に係る共同研究」などを継続中だ。

さらに「将来戦闘機における英国との協力の可能性に係る共同スタディ」の実施など、日英がそれぞれ検討を進める「次期戦闘機」と「将来戦闘航空システム」に関する情報交換を行い、将来の共同事業の可能性について企業を含めた形で議論が行われている。

中山泰秀副大臣（中央）の案内で航空装備研究所を視察する（その右へ）英国のジェレミー・クイン国防閣外大臣、ジュリア・ロングボトム駐日大使ら日英の関係者（9月22日、東京都立川市で）＝防衛装備庁提供

3自衛隊の災害派遣実績

総件数531件、コロナ関連に97件

令和2年度

統幕は9月17日、自衛隊の令和2年度「災害派遣」と「不発弾等処理」の実績を発表した。

2年度の災害派遣総件数は531件で、前年度（449件）より82件増加。派遣人員は延べ約43万人だった。

このうち「新型コロナウイルス関連」が97件で、隊員延べ約1万2400人がコロナの水際対策強化や市中感染に対応。空港での検疫支援や輸送支援、医療施設などへの看護官派遣、自治体職員に対する感染防止策の教育支援などを行った。

総件数の7割弱を占める「急患輸送」は349件で、自治体のドクターヘリ配備などにより減少傾向にはあるものの、コロナ関連では5都道県で約80人の陽性者を空輸した。

「風水害・地震」などの自然災害への対応は11件で、人員は全体の8割に当たる約35万人を投入。熊本の球磨川が氾濫するなど九州地方に甚大な被害をもたらした昨年7月の豪雨災害などでは、隊員約6万1000人が人命救助、道路啓開、被災者の生活支援などに当たった。

このほか、「高病原性鳥インフルエンザ」への対応は記録を取り始めた平成15年度以降、最多の28件に上り、茨城、千葉、香川など11県で約3万4000人が自治体職員と協力しながら鶏の殺処分、運搬作業などに従事した。

一方、2年度の「不発弾処理」は1194件、処理重量約22トンで、その半数は沖縄県で行われた。海自の機雷処理は2個で、爆弾などその他の爆発性危険物の処理は466個、約2・6トンだった。

急患輸送（コロナ患者を含む）349件
新型コロナ関連（急患輸送を除く）97件
消火活動 33件
鳥インフルエンザ対応 28件
風水害・地震等 11件
捜索救助7件
偵察活動4件
豚熱対応2件
総件数531件

令和2年度に3自衛隊が実施した災害派遣件数の内訳（統幕の資料を基に作成）

日米豪印が首脳会談

共同声明 宇宙・サイバーの協力明記

日本、米国、オーストラリア、インドの4カ国（クアッド）の首脳会談が9月24日午後（日本時間25日未明）、米ワシントンのホワイトハウスで初めて対面で開かれ、「自由で開かれたインド太平洋」の実現に向けた連携強化で一致、共同声明を発表した。

会談はバイデン米大統領が主催し、菅首相、モリソン豪首相、モディ印首相が出席して約2時間20分行われた。

共同声明には宇宙・サイバー分野での協力を明記。気候変動の監視や防災・災害対応、海洋の持続的な利用など、平和目的のために衛星データを共有することを盛り込んだ。

パートナー国との協力も掲げ、東南アジア諸国連合（ASEAN）が2019年に打ち出した「インド太平洋に関するASEANアウトルック」への強い支持を再確認するとともに、欧州連合（EU）が今月発表した「インド太平洋における協力のための戦略」に歓迎の意を示した。

会談で菅首相は東・南シナ海情勢をめぐり、力を背景とした現状変更の試みに「深刻な懸念」を表明。4氏はルールに基づく海洋秩序への挑戦に対抗するため連携していくことで一致し、声明に「国際法に根差し、威圧にひるまず、自由で開かれ、ルールに基づく秩序を推進する」と記した。

このほか、クアッドの首脳会談を毎年開催することでも合意した。

菅首相は25日、現地で記者会見し、「日本が推進してきた日米豪印の取り組みが完全に定着することになった。『自由で開かれたインド太平洋』の実現のため、さらなる協力の発展に向けて大変意義のある会合だった」と述べた。

日米豪印の首脳会談を前に記念撮影に臨む（左から）菅首相、モディ印首相、バイデン米大統領、モリソン豪首相（9月24日、米ワシントンで）＝首相官邸ホームページから

岸防衛相を相次ぎ表敬

米軍高官 就任の太平洋陸軍司令官ら

沖縄の米第3海兵機動展開部隊（3MEF、うるま市キャンプ・コートニー）司令官のハーマン・ステーシー・クラーディ中将が9月21日、近く離任するのを前に防衛省を訪れ、岸防衛相を表敬した。

岸大臣は「2年4カ月間の在任中、吉田陸幕長をはじめ、自衛隊幹部と強固な信頼関係を築かれ、共同訓練の高度化などを通じて同盟の強化に貢献された」と司令官のこれまでの功績をたたえ、謝意を表した。

これに対し、クラーディ司令官は「私自身、過去30年にわたり日本と関りを持ってきたが、日米同盟はかってないほど進化した。我々の同盟は将来、より一層強固なものになると確信している」と語った。

これに先立ち8月30日、岸大臣はハワイから就任あいさつのため訪れた米太平洋陸軍司令官のチャールズ・フリン大将の表敬を受けた。司令官は今年6月に着任後、コロナ禍での日程調整を経て初来日となった。

岸大臣は祝意を伝えた上で「我が国を取り巻く安全保障環境は一層厳しさを増す中、陸上自衛隊と米陸軍との協力はこれまでになく重要になっている。共同訓練などを通じ、日米陸軍種同士の連携を強化し、日米同盟の抑止力・対処力の一層の強化を図るために協力を推し進めていただきたい」と述べた。

これに対し、フリン司令官は「自由で開かれたインド太平洋」ビジョンの重要性を強調した上で、「我々はこの地域の安全保障上の課題に共に取り組んでいくことが重要だ。日米が共に実施する活動に限界はないと認識している。直面する脅威が進化するに当たり、我々も共に進化しなければならない」と応えた。

能力構築支援を対面で再開

モンゴルなど3カ国に派遣

防衛省・自衛隊はこのほど、コロナ禍のため昨年から中断していた対面式の能力構築支援を再開し、モンゴル、東ティモール、パプアニューギニアの3カ国に陸自隊員らを派遣した。

いずれの国からも対面式への強い要望を受けて実現。日本と各国の新型コロナウイルスの水際対策や派遣隊員のワクチン接種状況、現地におけるPCR検査体制などを総合的に勘案し、万全の体制を整えた上で再開が決まった。

モンゴルでは9月3日から14日まで、陸自2施設団（船岡）を主力とする計10人の隊員が派遣され、同国陸軍の工兵部隊約50人に対し、測量教育と道路建設の技術指導を行った。国連平和維持活動（PKO）の施設分野の能力向上を目指す。

東ティモールでは9月9日から10月中旬までの予定で、東部方面隊と武器学校（土浦）を主力とする計17人が現地入りし、▽測量▽施設機械整備▽車両整備―に関する教育に当たっている。

9月下旬までの前段は、オーストラリア軍主催の能力構築支援事業「ハリィ・ハムトゥック」（現地テトゥン語で「共に築く」の意味）の枠組みの中で、日米豪とニュージーランドの4カ国が連携して活動。10月中旬までの後段は、日本と東ティモールの2国間の枠組みで実施する。

一方、パプアニューギニアには9月10日から10月上旬までの予定で、陸自中央音楽隊（朝霞）の隊員ら計6人が派遣され、同国軍楽隊に演奏技術指導を行っている。

吉田陸幕長は9月9日の記者会見で「今後とも陸上自衛隊の能力を活用し、相手国のニーズに基づき、積極的に能力構築支援を行うことで国際社会の平和と安定に寄与していきたい」と述べ、コロナ下でノウハウを培ってきたオンラインによる支援と、従前からの直接派遣を併用し、引き続き能力構築支援に取り組んでいく考えを示した。

陸自隊員（中央奥）の指導で道路構築の際の鉄筋配置などを学ぶモンゴル陸軍の隊員（手前と左側）＝9月7日、モンゴルのタバン・トルゴイ統合訓練センターで

春夏秋冬

AUKUSの波紋

松本 佐保

日米豪印の間の安全保障枠組みであるクワッド（日米豪印戦略対話）は、インド太平洋地域における存在感を増している。これに加えて今月になり国際政治で注目を集めているのが、米英豪（AUKUS）の三国間の軍事協定である。

同協定は、潜水艦や無人潜水機、敵基地攻撃能力などの軍事分野やサイバー戦争の抑止のためのサイバーセキュリティ、人工知能（AI）、また量子コンピュータによる暗号化など最先端テクノロジーの開発を主要な活動としている。今回問題となったのは、原子力潜水艦をめぐりオーストラリアがフランスとの次期潜水艦共同開発計画の契約を一方的に破棄、米国との関係に踏み切った。フランスは激怒し大使を呼び戻す事態となった。日、独、仏の受注競争の結果、2016年にフランスが500億豪ドルで受注した開発計画だが、豪政府によると数カ月前にフランス側が一方的に見積り額を吊り上げ、またいまだ建造に着手していないなどを理由に、契約キャンセルを検討している旨は伝えてあったという。

今回のエピソードは55年前の1966年にフランスの大統領だったド＝ゴールが、NATOの軍事部門からの脱退を宣言、フランス領土内のNATO基地を解体した事件を思い出す。フランスは米英の核独占を批判し、対等な立場を確保しようとフランスの核実験を進めたが、米英が批判的な態度であり、ド＝ゴールはNATOの運営がアメリカ主導であることに反発、地中海艦隊の撤収を皮切りにNATOとの距離を置いた。今回も原子力潜水艦であったことから、核兵器保有国で原発大国フランスのプライドを傷つけたのだろう。

このフランスがNATOの軍事部門に復活したのは、2009年のサルコジ大統領期であったが、その後米国のトランプ政権下では、マクロンがNATOは脳死状態にあると発言するなど懐疑的な態度であった。このAUKUSについては、対中国を意識して形成されたが、ロシアのメディアが「東のNATOになり得る」と報道している。

そして漸く9月23日にバイデン米大統領がマクロン仏大統領に電話で説明不足を謝罪、10月末に欧州で対面会談を行い信頼の回復、共通の目的に向けた具体策の提案のため徹底した議論を行うことで合意、フランスの怒りをおさめた形となった。

クワッドに対しても、インド太平洋のNATOという見方もある。どちらにしても同盟国同士の信頼関係の構築や維持があってこそ、こうした軍事同盟もその強みを発揮できよう。

（日本大学国際関係学部教授）

クアッド出席の首相乗せ米往復

政専機

空自特別航空輸送隊（千歳）のB777政府専用機は9月23日から同26日まで、日米豪印4カ国の協力の枠組み「クアッド」の首脳会談に出席する菅首相を乗せ、東京の羽田空港と米ワシントンDC郊外のアンドルーズ空軍基地間を往復した。

朝雲寸言

シナリオは広範囲のサイバー攻撃や誹謗中傷を含む宣伝活動や扇動などから始まるだろう。作戦は政治社会的なタイミングを謀って漁船や不法入国者の侵入から始まる▼その後、海洋権益や国民保護という名目で行われるのは警察権に基づく「準軍事的な戦争に至らない作戦（POSOW）」である。多くの軍事専門家が指摘する中国の台湾・尖閣諸島侵攻シナリオである▼作戦は地形と敵の可能行動の分析から始まる。地理的な特性を最大限に利用し、乗じ得る相手の弱点を突くことは、「孫子」の兵法が教えるところと言える。「中国の主権、管轄権が外国の組織、個人から侵害された場合の武器使用を含む一切の措置」を認める中国の海警法の成立に日米の外務・防衛当局が「深刻な懸念」を表明したのは本年3月のことであった▼国土防衛におけるグレーゾーン事態への対応は組織横断のシステムの構築が必要であるとともに法的な処置が必要であるが合意形成に費やす時間を考えた時、体制整備に必要な時間はそう多くはないのかもしれない▼28年振りに陸上自衛隊の総力を挙げる演習（陸上自衛隊演習）が行われている。陸上総隊の新編などの組織改編を受けて新たな国土防衛の在り方を検証する絶好の機会となるだろう▼即応性の高い海空戦力に比べ、陸上戦力は一般に鈍重であると言われる。しかしその足取りに迷いはない。寡黙であるが優しく逞しい集団が動き始めた。

時の焦点

国内

日米豪印会談

自由と民主主義に基づく国際秩序が中国の挑戦を受けている。インド太平洋の民主主義国は、あらゆる面で連携を強め、平和と繁栄を守らなければならない。

日米豪印4カ国の首脳が、米国ワシントンで初めての対面による会談を行った。「Quad(クアッド)」と呼ばれる新たな協力枠組みの本格的な始動である。

菅首相は会談冒頭で、「基本的価値を共有する4カ国が、インド太平洋地域に法の支配に基づく自由で開かれた国際秩序を実現するために協力する、極めて重要な取り組みだ」とクアッドの意義を強調した。

4カ国の外相会談や、オンラインの首脳会談を積み重ねてきただけに、会談後に発表された共同声明には、数多くの合意が盛り込まれた。

とりわけ、沖縄県の尖閣諸島周辺で領海侵入を繰り返す中国を念頭に、「ルールに基づく海洋秩序に対する挑戦に対抗するため、国際法の順守を擁護する」と明記された意義は大きい。

自由な秩序維持へ連携

米国は中国との「大国間競争」を掲げ、様々な分野で米中対立が激化している。だが、米国の主張が自国の利益だけに基づくと受け取られるようでは、国際社会の理解は広がらない。

「航行の自由」をはじめとする国際法を順守することは、途上国などの今後の発展にとっても不可欠だ。自由と開放性が、平和と繁栄をもたらす鍵であることを丁寧に訴えていきたい。

軍事分野だけでなく、中国は、経済や先端技術面でも影響力を強め、覇権的な振る舞いを続けている。

共同声明では、高速・大容量通信規格「5G」網の整備、宇宙利用、サイバー防衛など幅広い分野で、日米豪印による連携を進めることを打ち出した。

新型コロナウイルス対策やインフラ整備などについて、4カ国が途上国支援を表明したことは、コロナ禍に苦しむ国際社会から歓迎されよう。

今回の共同声明では、安全保障分野は前面に出さなかったが、4カ国は海上共同訓練「マラバール」などの経験を積み重ねている。英国やフランスなど欧州諸国も強い関心を示しており、様々な防衛協力はさらに深化していくことだろう。

インド太平洋をめぐる協力がこれほど広がったのは、安倍前首相と菅首相の大きな功績だ。

安倍前首相は第1次内閣の2007年、インド国会で「二つの海の交わり」と題して演説し、今日につながる「拡大アジア」の協力を提唱した。再登板後、トランプ前米大統領はじめ各国首脳と信頼関係を深めながら構想を練り上げた。

米国の政権交代でビジョンの漂流が懸念されたものの、菅首相がバイデン大統領に粘り強くその意義を説き、今日の展開を見た。

戦後の日本外交史に特筆すべき成果である。後継首相には、一層の発展を主導してもらいたい。

宮原 三郎(政治評論家)

海外

撤退の大混乱

アフガニスタンからの米軍撤退は、周到な準備や同盟国との十分な協議を欠き、出国希望者で大混乱の空港では守る米兵13人が自爆テロの犠牲になった。

国防総省は9月17日、撤退完了直前にカブールで行った無人機によるミサイル攻撃で、イスラム国(IS)系勢力と誤って民間人10人を殺害した事実も認めた。

内外の厳しい批判も当然で、それなのに責任者の誰一人「辞任」せず、「解任」された者もいないのは、奇怪な光景と言うよりない。

閣僚や政府高官の辞任には様々なケースがある。米国のカーター政権が1980年、イラン人質救出作戦を敢行した時、バンス国務長官はこれに「抗議」して辞任。

82年の英・アルゼンチン間のフォークランド戦争では、危機を察知できず、アルゼンチンの侵攻を防げなかった責任を取って、英国のキャリントン外相、アトキンズ閣外相、ルース次官が辞任した。

辞任も解任もない奇怪

アフガンからの撤退に伴い、米軍が遺棄したり、アフガン軍に供与したりした兵器はタリバンに渡った。総額約850億ドル相当で、新空母7隻に近い金額。例えば、ブラックホークなど軍用ヘリは、タリバンが世界の85%の国々より多数を保有する結果になった。

このような軍事的失策が決して起きないようにする特別な責任がオースティン国防長官にはあった。大統領がそのリスクを伴う措置を考えているのに気付き次第、「私が国防長官でいる間は米軍事力へのリスクは容認できない」と献言する義務があるのに、しなかった。

ブリンケン国務長官はアフガンに住む米国人の安全の責任者だ。政府内で「部隊撤収が先で、他の人々の退避はその後」との案が示された時、真正面から反論すべきだった。

誰が国務長官でも「私が国務省にいる間はその決定は認められない」と反対すべき立場なのに、しなかった。重大な職務怠慢である。

オバマ政権下の2014年、同氏が国務副長官に指名された時、外交・防衛問題の重鎮マケイン上院議員(共和)は、どういう情報が手元にあったのか、「彼にアフガンを任せてはならない」と猛反対した記録が残っている。

今回の破局は国家の安全保障に計り知れないダメージを与えた。米の弱さと無能を目の当たりにして、従来は考えなかった軍事的冒険に誘われる敵国もあるだろう。

技術的優位とそれに基づく安全保障は消えた。米国の国際的信望も著しく傷付いた。

サリバン大統領補佐官(国家安全保障担当)はあらゆる提案・行動を評価し、国家安保の惨事を防ぐ責任があるのに、大惨事への拡大にも受け身の対応しかなかった。

米政権にキャリントンがいないことだけはよく分かったが、撤兵というより敗走が実態なのに、この「無責任体制」。よく言われる中南米あたりの〝バナナ・リパブリック〟を想起させる。

草野 徹(外交評論家)

「自らを律し、研修に励んで」

中病職業能力開発センター　66期後期研修生2人が入所

第66期後期研修生(手前)に入所を任命する脇阪センター長(壇上)=9月10日、中央病院職業能力開発センターで

【中央病院=三宿】公務または通勤災害による負傷や疾病で障がいを負った隊員の円滑な部隊勤務や社会復帰に向けた更生指導業務を実施する自衛隊中央病院職業能力開発センターに9月10日、第66期後期研修生2人(ともに陸自)が入所し、任命・申告が行われた。

式では脇阪裕城センター長が隊員2人をセンター研修生に任命した後、学生長が申告。これを受け、脇阪センター長は「6カ月という短い期間ではあるが、送り出してくれた部隊への感謝の気持ちを忘れず、自分自身のため、そして部隊のために自らを律し、目標達成に向け有意義にかつ積極的に研修に励んでほしい」と激励した。

第66期は4月に入所した前期研修生が昭和31年の同センター開設以来最少の2人だったが、今回の後期研修生が加わり計4人になった。研修生2人は今後6カ月間にわたり履修科の一般事務科で各人の目標に向けて知識・技能を修得するとともに各種資格を取得し、部隊復帰後にそれぞれの職務で貢献できるよう教育に勤しむ。

職業能力開発センターでは来期の入所に関して「公務災害等により障害を負った隊員のおられる部隊は、ぜひ入所を検討してほしい。新たな出発に向けたスキルアップを応援していく」としている。

同センター入所については各駐屯地・基地の賠償保障担当に相談を。

ロシア艦艇4隻　宗谷海峡を通航

ロシア海軍艦艇4隻が9月19日から21日にかけ、相次いで北海道・宗谷海峡を通航したため、海自1ミサイル艇隊(余市)のミサイル艇「くまたか」と2空群(八戸)のP3C哨戒機が情報収集活動などを行った。

19日午後11時ごろ、露海軍の「スラバ」級ミサイル巡洋艦(満載排水量約1万1600トン)が宗谷岬の西北西約145キロの日本海を東に向け航行。同艦はこの後、宗谷海峡を東進してオホーツク海に出た。

20日午前3時ごろには宗谷岬の北方約35キロの海域で「グリシャV」級小型フリゲートと「アムガ」級ミサイル補給艦各1隻を、翌21日午前11時ごろは宗谷岬の北東約65キロの海域で「ナヌチカIII」級ミサイル護衛哨戒艇1隻をそれぞれ確認した。これら露艦艇はいずれも宗谷海峡を西進し、日本海に入った。

中国フリゲート　宮古海峡を北上

9月18日午前0時ごろ、中国海軍の「ジャンカイII」級フリゲート(満載排水量約3900トン、艦番号529「舟山」)1隻が沖縄・宮古島の東方約130キロの太平洋を北西に向け航行するのを海自46掃海隊(勝連)の掃海艇「くろしま」と5空群(那覇)のP3C哨戒機が確認、警戒監視に当たった。

中国艦はこの後、沖縄本島と宮古島間の宮古海峡を北上して東シナ海に入った。

ひと

東京オリ・パラを縁の下で支えた誇り

鹿山(かやま) 秀樹(ひでき) 陸曹長(50)

陸自では「東京2020オリンピック・パラリンピック」の開催期間中、全国から集まった支援要員の隊員約8500人を首都圏の18駐屯地に受け入れ、それぞれに対し、増強駐屯地業務隊が宿泊、給油、洗濯、給食、入浴の支援を行った。

朝霞駐屯地では約2000人の隊員が寝泊まりし、その管理を行う宿泊支援要員を束ねたのが駐屯地業務隊総務科総務班外来係長の鹿山秀樹曹長だった。

7月中旬から9月上旬までの支援期間中、支援団のために用意した宿泊施設を増強要員と共に管理した。この業務で特に注意を払ったのが新型コロナの感染対策。「一日に何度もエレベーターや自販機のスイッチ、階段の手すりなど公共場所を消毒しました」と振り返る。オリ・パラ関係者にも接触する支援団員から感染者を絶対に出さないよう、生活空間の消毒を徹底した。

外来要員はこのほか、トイレの洗剤やペーパーなど備品の補充や清掃に加え、施設内のゴミ回収も丹念に実施。夜間シフトの支援団員も多くいたため、早朝から夜間までサポートに当たった。

「クーラーの故障や配管の水漏れなど突発事項に対処する要員を常に配置し、アクシデントにも備えました」。支援期間中、宿泊棟での雨漏りが5件発生したが、その補修にも当たったという。

万全の態勢でサポート業務を無事に終え、「2000人という大人数であっても、普段通りの外来宿舎業務ができました」と胸を張る。「今回の大規模宿泊支援などの経験を今後は後輩にも伝えていきたい」。

歴史的なイベントを縁の下で支えたという誇りを胸に、今後も淡々と任務を遂行していく。趣味は海釣り。コロナが明けたら再開する予定だ。(古川 勝平)

(11面に関連記事)

「おうみ」が米巡視船と補給訓練　「ときわ」は米ミサイル駆逐艦と

米沿岸警備隊の巡視船「マンロー」(左)にホースをつないで燃料補給を行う海自補給艦「おうみ」(手前)=8月26日、東シナ海で

海自1海上補給隊(横須賀)の補給艦「おうみ」は8月26日、東シナ海に展開している米沿岸警備隊の巡視船「マンロー」(満載排水量約4500トン)と同海域で日米共同の補給訓練「ILEX21—3」を実施した。

「おうみ」は、カリフォルニア州アラメダから東アジア地域に展開した「マンロー」に燃料ホースをつないで洋上補給を行い、日米海上部隊の相互運用性の向上を図った。

9月4日には同海域で海自補給艦「ときわ」と米海軍のミサイル駆逐艦「バリー」(満載排水量約8300トン)が「ILEX21—4」を行った。

海自と米海軍がサイバー共同訓練

海自は9月16日、米海軍とサイバー攻撃対処の共同訓練を米海軍横須賀基地で実施した。

訓練には海自からシステム通信隊群保全監査隊が、米海軍からはNIOC—Y(U.S. Navy Information Operation Command Yokosuka=米海軍情報作戦コマンド横須賀)が参加。

日米部隊はそれぞれ「サイバー・プロテクション・チーム(CPT)」を編成し、サイバー空間における攻撃対処訓練と意見交換などを行った。

電子戦航空部隊　日米で共同訓練

海自イージス護衛艦「みょうこう」のCIC(戦闘指揮所)から日米電子戦部隊の共同訓練に臨む、宮路艦長以下の乗員たち(9月21日)=自衛艦隊ツイッターから

海自3護衛隊群3護衛隊(舞鶴)のイージス護衛艦「みょうこう」(艦長・宮路貴幸1佐)と電子戦航空部隊は9月21日、日本海で米海軍EA18G電子戦機と共同訓練を実施した。

海自から「みょうこう」のほか、EP3電子戦データ収集機、OP3C電子戦画像情報収集機、UP3D電子戦訓練支援機が参加。

米海軍EA18Gと共に電子戦下における対抗形式の防空戦訓練を実施し、不測の事態に対する共同作戦能力を向上させた。

「ゆうぎり」と伊艦艇共同訓練　海賊対処・アデン湾で

ソマリア沖・アデン湾で民間船舶の護衛任務に当たっている海自海賊対処行動水上部隊39次隊の護衛艦「ゆうぎり」(艦長・熊代威2佐)は9月14日、欧州連合(EU)海上部隊に所属するイタリア海軍艦艇と同湾で共同訓練を行った。

EU部隊からは伊海軍フリゲート「フェデリコ・マルティネンゴ」(満載排水量約6700トン)が参加。

2隻は戦術運動やクロスデッキ(相互乗艦)の各訓練を実施し、連携を強化した。

訓練終了後、乗員が甲板に整列してあいさつを交わす海自護衛艦「ゆうぎり」(手前)とイタリア海軍フリゲート「フェデリコ・マルティネンゴ」(9月14日、ソマリア沖・アデン湾で)

防衛省発令

▽海自幹部学校運用教育研究部(統幕計画課兼防衛政策局戦略企画課)　1海佐 柳原 誠

▽海自補給本部艦船・武器補給課長(海自補給本部)　2海佐 川合真太郎

(以上9月17日)

▽航空集団司令部(4航空群首席幕僚)　1海佐 櫻井 猛

▽4航空群首席幕僚(3航空隊司令)　同 中村 浩之

▽3航空隊司令(航空集団司令部)　同 尺田 隆一

(以上9月21日)

共済組合だより

防衛省共済組合では、組合員とその家族の皆さまを、万一の時にお守りする団体生命保険(幹事会社・日本生命、明治安田生命)を取り扱っています。

この保険は、割安な保険料(1口100円)で大きな保障が得られる有利な保険です。また、申し込んだその日から保障が開始される「即時保障」も選択できます。

割安な保険料で
大きな保障が得られます
防衛省職員団体生命保険

【加入資格・加入口数範囲(1契約あたり)】

○組合員本人=申込日現在、健康で正常に勤務し、かつ医師の治療・投薬を受けていない年齢14歳6カ月超69歳6カ月以下の人。加入口数範囲は6口以上50口まで。

○配偶者=組合員本人の配偶者で、同じく健康な年齢満16歳以上60歳6カ月以下の人。8口以上14口まで。

○こども=組合員本人が扶養しているこどもで、同じく健康な年齢2歳6カ月超22歳6カ月以下の人。1人あたり一律3口。

保障内容(1契約あたり)は、「不慮の事故による死亡(高度障がい)」の場合、組合員本人(50口)に4210万円、配偶者(14口)に1218万円、こども(一律3口)に444万円が保険金として支払われます。

このほか、病気による死亡(高度障がい)、不慮の事故による障がいでも、所定の保険金が支払われます。この機会にどうぞご加入ください。

令和2年度防衛省職員生活協同組合各共済事業の利用分量割戻率等に関する公告

火災・災害共済:20%

生命・医療共済:大人29%　こども29%

退職者生命・医療共済:総額10億円を上限として、各人分については出資金等積立残高明細によります。

各人の利用分量割戻金は、「出資金等積立残高明細表及びご契約内容のお知らせ」で通知します。

以上、防衛省職員生活協同組合定款第79条の規定に基づき公告します。

令和3年9月22日
防衛省職員生活協同組合
理事長　武藤義哉

拡大運営を実現

両演習場システム連接

北富士 東富士

陸自部隊訓練評価隊（富士トレーニングセンター＝FTC）はこのほど、北富士演習場（山梨県）と東富士演習場（静岡県）の訓練システムを創意工夫により「連接」することに成功した。この結果、隣接していながらこれまで同時の訓練ができなかったFTC（北富士）の対抗演習が、東富士地区まで拡大させての運営が実現、野戦特科部隊が東富士から北富士に向け、敵を警戒しながら砲撃を行うといった実戦的な訓練が可能になった。

特科実設

FTC 陸自部隊訓練評価隊

【FTC＝北富士】部隊訓練評価隊は7月19日から23日まで、北富士演習場内に展開した普通科や機甲科の機動部隊に加えて、隣接する東富士演習場に特科部隊を〝実設〟するFTC史上初となる「拡大運営」を行った。

これまでFTCの運営は北富士演習場内に限られていたため、特科の砲列（戦砲隊）はシステム上に仮想（シミュレーション）で展開、戦闘（運営）は第一線部隊からの射撃要求に応じ、FDC（射撃指揮所）が射撃諸元を入力。この仮想で「発射」された砲弾が目標地域に「着弾」し、近くの隊員はその姿勢や防護の程度に応じて「損耗」が付与される仕組みになっていた。

実戦的な訓練可能

このため従来のFTC訓練では普通科中隊等に配属される特科部隊は通常、指揮機関（FDC）と観測機関（FOやOS）のみで、訓練に火砲部隊は加わらない。この状況に特科の指揮官からは「せっかくFTCに来ても実戦的な訓練が行えない。敵の脅威下で陣地進入し砲を展開、陣地変換を繰り返しながら生き残り任務を継続する訓練がしたい」という要望が届いていた。

この部隊からの声を受け、FTCは令和2年度から「北富士と東富士のシステムを連接し、特科を実設できる環境の実現」について研究を続けていた。

FTC運営に革命

隣接する北富士、東富士両演習場は「ますみ峠」をはさんで物理的にはつながっている。だが、両演習場をつなぐ部分に光回線が通っておらず、FTCが保有するシステム「機動訓練評価装置（機動訓＝BATRAⅡの高性能型）」を拡張することは簡単にはできない。両演習場を光回線でつなぐには億単位の経費がかかるため、これまで要望しても実現しなかった経緯がある。

北富士ではFTCが持つ「機動訓」、東富士は一般部隊保有の「BATRAⅡ」を使い、それぞれ「統裁部」を設け、訓練を別個にコントロールしていた。

FTCではこの両者を「連接」させるため、同隊評価分析科・システムグループの冨田学2曹以下のチームが他の回線を使い、通信を〝迂回〟させ連接する方式を発案した。民生品の安価なルーターに独自に創意工夫した設定を加えることで、北富士と東富士を「連接」するという方法。チームの創意工夫と熱意の結果、両演習場内に展開する部隊を北富士の「FTC統裁運用室」で一元的にコントロールすることについに成功した。

このシステム開発では、「機動訓」と「BATRAⅡ」間の識別情報等を共有できる設定を独自に開発し、既存回線を使ってデータを送受信することで、「両演習場が光回線で直接つながっているのと同じ状況」を実現した。

このFTC運営のスケールを「劇的に拡大」した功績で、冨田2曹は昨年度、陸幕長から栄誉ある「陸自優秀隊員」表彰を受けている。

10特連火砲が参加

この「FTC革命」により、野戦特科部隊が東富士に火砲を配置し「自衛警戒を行いながら北富士の機動部隊を火力掩護する」訓練が初めて実現した。この状況は特科だけでなく、特科部隊に大量の弾薬等を補給する兵站部隊の訓練も同時に可能となった。

今回の両演習場を連接させた初の運営では、「土丸尾（北富士演習場北端）で防御する機械化中隊」（評価支援隊第2中隊長・中川高司3佐＝当時）に対し、攻撃部隊である「機械化大隊」（大隊長・小林知真2佐＝評価支援隊長）の砲兵として第10特科連隊（連隊長・矢野秀樹1佐、豊川）の第1大隊から射撃中隊が参加した。

射撃中隊は20日夜半から東富士の大日堂付近に隠密に陣地進入。敵のOSや襲撃部隊を排除しつつ、機械化大隊の機動を積極的に火力支援した。射撃中隊は敵からの「射ち返し」に対し迅速に陣地変換を繰り返し、逐次損耗が続き、火力支援を継続。しかし、「敵の脅威下の火力支援の難しさ」を隊員たちは体感した。

同時に前線の普通科部隊も自ら防護することの重要性を痛感、本運営ではこれまで以上の多くの教訓を導き出した。

初の「特科実設運営」に部隊を送り出した10特連長の矢野秀樹1佐は「非常にいい訓練ができたと中隊長から聞いている。部隊が錬成してきた自衛警戒戦闘の練度も確認できた。来年度は大隊長以下で参加させ、さらに実戦的な訓練を重ねたい」と語った。

◇

FTCの「特科・兵站部隊実設運営」の参加要領については、FTC隊本部企画班（8−504−412）まで問い合わせを。東富士も使うため、希望する四半期の演習場調整にエントリーする必要がある。同運営では、新たな評価分析官（OC）や各種支援要員が必要となるため、方面・師団で年度の計画を策定する段階でFTC運営への参加形態（通常の増強普通科中隊のみか、特科を実設するか、さらに兵站部隊も実動で参加させるか等）を調整しておくことが望ましい。

FTC副隊長の岩塚寿文1佐（特科）は「FTCを活用することで特科部隊もより実戦的な訓練ができる。FTCは諸職種で活用すべき有効なツールだ」と参加を呼びかけている。

所要の差出し隊力等については陸幕通達「陸幕訓第32号　3・31」を参照。

北富士演習場内で戦闘中の味方部隊を掩護するため、東富士演習場から155ミリ榴弾砲（空包）を発射する特科部隊の隊員

射撃後、敵からの「射ち返し」に備えて陣地変換を行う特科部隊

米カリフォルニアで実射検閲　1特科団

88式地対艦ミサイル「敵艦」に命中

1・3地対艦ミサイル連隊

洋上の目標をレーダーで標定後、88式地対艦誘導弾を発射する1特団の車両（7月8日、いずれも米カリフォルニア州ポイントマグー射場とその周辺で）

1特団が洋上に向けて発射した対艦ミサイルが目標に着弾する前の瞬間（7月8日）

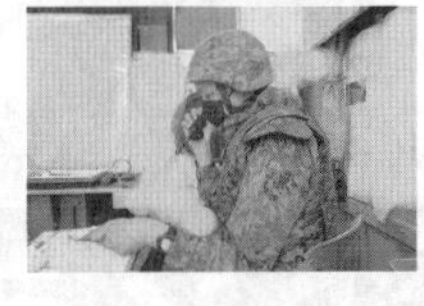

レーダーで捕捉した敵艦船の情報を射撃班に報告する1特団の隊員（7月7日）

車両の射撃準備に取りかかる1特団の隊員（7月13日）

洋上の艦艇を捜索・標定する対水上レーダー装置（7月1日）

【1特団＝北千歳】陸自1特科団は7月5日から7月19日まで、米国カリフォルニア州ポイントマグー射場で「令和3年度地対艦ミサイル部隊実射検閲」を行った。

検閲は、1地対艦ミサイル連隊（北千歳）、3地対艦ミサイル連隊（上富良野）に対し、米国の広大な射場を使い、陣地占領・射撃準備から領域横断作戦（陸・海・空・宇宙・サイバー・電磁波）における対艦攻撃要領の調整、両連隊が装備する88式地対艦ミサイルの射撃を課目とし、任務に基づく一連の行動を評価した。

両連隊とも北海道の厳しい自然の中で錬成してきた実力を米国の地でも遺憾なく発揮し、「敵艦」を模擬した遠方の洋上目標にそれぞれミサイルを「命中」させるなど、自衛隊の島嶼防衛作戦で不可欠となる対艦ミサイル部隊の高い練度を確認した。

陸

八戸　駐屯地は8月3日、青森地本の依頼で県内の学生13人のインターンシップを受け入れた。隊員は地震による災派活動の、捜索から救助までの一連の行動を説明し、人命救助システムなどの装備品を展示した。参加者はその後の懇談で隊員に入隊の動機や生活、仕事内容について積極的に質問。質疑応答のやり取りを通じて自衛隊への理解を深めた。

東千歳　7師団はこのほど、来年開催される豪州射撃競技会に向けた師団選考会を行い、15人中6人の隊員を選抜した。6人はさらに真駒内射場での方面選考会に臨み、「戦闘射撃の部」に出場。迅速かつ精密な射撃を行った結果、5人が方面隊の代表に選ばれた。選手たちは今後、富士学校での厳しい訓練を経て、競技会への最終選考に挑む。

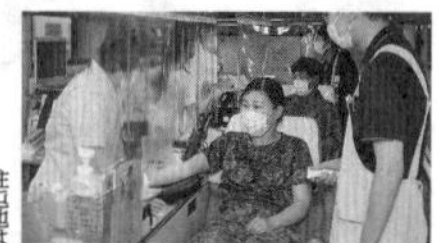

岩見沢　駐屯地はこのほど、昼休みの勤務時間外を利用し北海道赤十字センターが行う献血に協力した＝写真㊨。参加した女性隊員の一人は「5年ぶりなので緊張しました。これからも駐屯地に献血車が来る際には必ず協力し、社会貢献に役立ちたい」と語った。当初は50人を目標としていたが54人が献血に協力し、目標達成となった。

岩手　東北方面特科連隊の新隊員教育隊は9月2日、7月に配置された新隊員の「訓練評価」を岩手山演習場で行った。新隊員は号令がかかると迅速に射撃準備を進め＝写真㊤、これまで訓練を積み重ねた火砲操作の集大成を発揮。「ONE TEAM」を合言葉に、野戦特科精神と砲班員としての基盤を確立した頼もしい姿を見せ、有終の美を飾った。

秋田　駐屯地は7月21日、港商友会まちあかり委員会が主催する「土崎夢花火」を支援した。新型コロナの影響で祭りや伝統行事が中止になる中、「多くの人に元気や勇気を与えたい」と企画された。午後7時、土崎港町の各地で一斉に花火が打ち上げられた＝写真㊤。駐屯地からも百発超が上げられ、隊員たちも夏の夜空を彩る花火を堪能した。

流しそうめん祭で　コロナ・ストレス流す

陸自最北の礼文分屯地

「いきますよーっ！」。合図とともに青竹製の樋（とい）の中をそうめんが勢いよく流れた。〝陸自最北の分屯地〟と言われる礼文分屯地が7月28日、「夏が来た！トマトも流れる！流しソーメン祭」を開催。初めて体験する流しそうめんに隊員や子どもたちが歓声を上げ、参加者は島の短い夏を満喫した。

このイベントは名寄駐屯地業務隊の礼文管理班（班長・城谷文雄2尉）が企画。「たまったストレスや鬱憤（うっぷん）を、そうめんもろとも流し去る！」を合言葉に、分屯地曹友会の協賛を得て実施した。

分屯地では強い海風から窓を守るため、広島地本から送られた尾道の青竹を防風柵に利用しており、今回はこの廃材を活用。管理班の技官が約15メートルの本格的な竹樋を作製した。「北海道には青竹がないので、流しそうめん自体が珍しいんです」と城谷班長。

当日は島では珍しく風も収まり、絶好の「流しそうめん日和」に。コロナ感染対策で各自が間隔を取りつつ、流れてくるそうめんをすくい上げ、舌鼓を打った。さらに「子供たちに喜んでもらおう」と、ミニトマトやグミなども流された。

参加した隊員は「こういったイベントはしばらくなかったので、気分一新できた」と喜んだ。河内一泰司令は「コロナ禍という難しい状況下で隊員の士気を高揚させてもらい感謝する」と業務隊員を労った。

城谷班長は「（島外に）転出する隊員のいい思い出にもなった。コロナが終息したら、より多くの参加者で楽しみたい」と語った。（礼文）

長さ約15メートルの樋が作られ、そうめんが流れると隊員や子どもたちから歓声が上がった

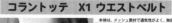

青竹の樋にはそうめんやミニトマトなどが流された

和装でイベントを盛り上げた共済支部の若松章愛主事

すくい上げたそうめんをおいしそうに頬張る隊員

神町　20普連の第1中隊は7月2〜25日、防大3年生11人の夏季定期訓練部隊実習に協力した。参加者は駐屯地内で地図判読や広帯域多目的無線機の取り扱い、機関銃実弾射撃などに取り組んだ。防大生たちは着隊当初は緊張していたが、隊員たちとともに真剣な眼差しで各種訓練に挑み、未来の幹部自衛官として必要な知識や技能を向上させた。

宇都宮　12特科隊と307施設隊はこのほど、来年開催される「とちぎ国体」のリハーサル大会で、カヌースプリントとボート競技を支援した。内容は艇転覆時の救助や競技艇発進の補助で、大会を通じて地域との交流を深めた。参加した12特科隊1中隊の小松健一曹長は「日常の訓練では得られない貴重な体験だった。本番もしっかり支援したい」と語った。

三軒屋　駐屯地は7月26日、「ボーイスカウト岡山連盟総社第3団」の職場体験を支援した。小学生から高校生までのスカウト9人が参加。生徒たちは駐屯地に到着した後、資料館や装備品展示を見学した。食堂の体験喫食は「おかわりしたいくらいおいしい」と好評だった。午後からは自衛隊のテント設営に挑戦、完成した天幕の中で笑顔で記念撮影した。

小倉　駐屯地は7月25日、4飛行隊（目達原）の支援を受け、UH1J多用途ヘリの体験搭乗を行った＝写真㊦。若者や駐屯地モニターなど56人が、北九州上空のフライトを満喫した。また福岡地本が駐屯地内ブースを設置し、入隊を呼びかけた。参加した学生は「将来は自衛官になってヘリのパイロットを目指したい」と意気込みを語った。

前川原　幹候校102期幹候生課程の379人はこのほど、伝統行事の一つ「高良山登山走」に参加した。早朝6時から50人一組が5分間隔でスタート。訓練の成果を発揮し、高良大社までの5・6キロのコースを走り切った。結果は個人男子で田中雄月候補生が19分31秒の記録を出し、防大、一般大等出身課程で歴代1位となった。

えびの　24普連はこのほど、宮崎県小林市のひなもり台県民ふれあいの森で実施された自衛隊・警察・消防の3機関による防災訓練に参加した＝写真㊤。災害派遣用器材の取り扱い法を学んだほか、「土砂崩れで住民が生き埋めになった」との想定で救助訓練を行った。葛原大和4中隊長は、「組織の垣根を超えた関係構築ができた」と成果を語った。

対馬　駐屯地修親会は7月17日、陸自対馬OB会有志と合同で旧陸軍墓地の清掃を行った。墓地には明治5年に「対馬分遣隊」が発足して以降、日露戦争までに亡くなった90数柱の御霊が眠っている。参加者は生い茂った草木を伐採し、倒壊した墓標を修復。その後、OBで郷土史家の小松津代志氏から墓地に関する教育を受け、活動を終えた。

空

三沢　3空団3基地防空隊はこのほど、北空による基地防空用SAM戦闘能力点検を受検した。今回の点検内容は「陣地変換」、射耗した発射機に新たにミサイルを搭載する「ミサイル・リロード（再搭載）」＝写真㊨＝、「防空戦闘」の3項目。「早期、戦闘能力の確保」のスローガンのもと、隊員が一丸となり受検し、無事合格を果たした。

熊谷　基地は8月24日、107期上級空曹課程130人の卒業式を行った。学生たちは1カ月間にわたり小隊長の補佐などに必要な知識や技能を修得し、この日を迎えた。学生長の山田谷裕志1曹は「きつかった分、得るものが大きく成長できた1カ月だった」、副学生長の田中慎治1曹は「これからが本番。模範たる上級曹長として精進する」と語った。

芦屋　KBCラジオ「ふるさとWish」がこのほど、基地で生放送収録を行った＝写真㊧。タレントの波田陽区さんがMCを務め、大石徹郎3術校副校長と岸本浩之基地渉外室長が出演、芦屋町の魅力や基地について語った。波田さんが「基地新聞に僕を載せてくれませんか」と話すと、大石副校長が「前向きに考えましょう」と応じる一幕もあった。

海

大湊　地方隊はこのほど、防大3年生22人を受け入れ1週間の研修を行った。学生たちは乾悦久総監の講話に熱心に耳を傾け、未来の幹部自衛官としての責任や心構えを学んだ。釜臥山登山では新鮮な空気を吸い気分をリフレッシュ＝写真㊤。その後、ミサイル艇に乗り高速航行やジグザグ航行を体験、大型曳船では大湊港内や陸奥湾を研修した。

江田島　幹部候補生学校は7月27日、広島県の江田島湾で72期一般幹部候補生課程、55期同課程（部内）計約290人の遠泳を行った。72期課程が約15キロ、55期課程が約11キロを泳いだ。候補生たちは2人1組でバディを組み健康状態を確認して入水。途中、潮流の影響を受けたが訓練の成果を発揮し、励まし合いながら完泳した＝写真㊤。

呉　地方総監部はエディオンスタジアム広島で8月21日、サッカーJ1・サンフレッチェ広島との協力イベント「J（じえい）隊まつり2021」を開催した。海自ブースで南極の氷を展示するなど、来場者に自衛隊をPR。このほか呉音楽隊が特設ステージで演奏、ハーフタイムには場内トラックをパレードするなど会場を盛り上げた＝写真㊤。

崎辺　佐世保教育隊は8月3日、16期一般曹候補生と377期練習員計385人の海面訓練を行った＝写真㊤。学生たちは修業を控え、厳しい鍛錬の成果を発揮。入隊当初は平泳ぎが25メートル泳ぎ切れない学生も多かったが、この日は全員が隊列を乱すことなく完泳した。訓練を通して、海自隊員としての強靭な体力と精神力を培った。

今だから、ご利用ください！安心・安全な提携会社、さまざまなリクエストにお応えいたします。

「秋のお住まい何でも得々フェアー」

期間 2021年10月1日〜2021年11月30日まで

住まいの相談 お問い合わせ　コーサイ・サービス株式会社　〒160-0002 東京都新宿区四谷坂町12番20号KKビル4F　☎ 03-5315-4170（住宅専用）　担当：佐藤　営業時間 10：00〜17：30（土・日・祝 定休）

こちらからも⇒ URL https://www.ksi-service.co.jp.　限定情報 得々情報ボックス ID：teikei PW：109109

JR常磐線「ひたち野うしく」駅
駅直結
徒歩1分（約80m）
（傘がいらない歩行者専用デッキ）

資料請求受付中 詳細情報をお届け致します。
まずは、お電話にてお問い合わせ下さい。
0120-555-712　営業時間／10：00〜18：00　定休日／なし

入居者様インタビュー HPにて公開中!!　サンミットひたち野東　検索

大型スーパー直結／レストラン・大浴場※1（人工）併設　専属看護師※2・24時間管理スタッフ常勤　医療法人社団 常仁会 牛久愛和総合病院連携／クリニック・調剤薬局併設

物件価格の1%割引特典がございます。　［所有権］シニア向け分譲マンション　サンミットひたち野東ステーションフロント

事業主（売主）サンヨーホームズ　販売提携（代理）タカラレーベンリアルネット

防衛省職員・自衛隊の皆様へ

「家を売る」「家を買う」なら 三井のリハウス

三井のリハウス 360°サポート　三井のリハウスをご利用されたお客様のための安心サポートサービス

1 補修費用等を負担！　2 建物・設備調査が無償！　3 土地・買主様が対象！

建物補修　引渡し後2年間に建物の契約不適合が見つかった場合　最大500万円（税込）補修費用を負担！

35年連続 全国No.1

設備修理　引渡し後2年間に設備の故障・不具合が見つかった場合　最大20万円（税込）修理・交換費用を負担！

緊急駆付け　急なトラブルが起こっても　2年間 24時間365日　専門スタッフが駆付け！

詳しくはWEBで検索！ 三井のリハウス 360°サポート

紹介特典のご案内

住まいの購入・売却に対して、5万円もしくは税抜仲介手数料の1／10 のいずれか低いほうの紹介特典がございます。

紹介特典を受けるには、必ず売買契約締結前までに、コーサイ・サービスにて所定の手続きを行い、三井のリハウスの営業担当者へ紹介カードをお渡しください。

お住まいのこと、まずはご相談ください。 www.rehouse.co.jp

スタッフ一同皆様のお越しを心よりお待ちしております。

三井のリハウス　三井不動産リアルティ株式会社

キッチン&キッチン キャンペーン
お引渡し期限 2021年12月18日(土)まで

提携割引特典　リフォーム お見積金額の5%OFF　仲介 不動産仲介手数料の15%OFF

物件探しからリフォームまでワンストップでお手伝いします

首都圏の店舗でお待ちしています！

※別途工事費がかかります。※オプション・部材などは割引率が異なる場合があります。※提携特典との併用はできませんので予めご了承ください。※画像はイメージです。※詳細はお問合せください。

東京ガスリノベーション　0120-11-0062　法人営業グループ／9：30〜17：30（日・祝日定休）　ご提携会社様専用サイト https://rm.tgrv.co.jp/houjin/B502/

Takara Leben Group

2021.09/13mon-10/31sun 50周年大感謝祭
MAX ¥4,000分 オリジナルクオカードプレゼント！

期間内にご予約の上ご来場いただくと¥3,000分、さらに1日前迄のご予約でプラス¥1,000分プレゼント！！！

提携特典 物件価格（税込）1%割引 1%OFF 全国で31物件開催中！

対象物件はこちら

ご予約の際は、「コーサイ・サービスニュース」を見てとお伝え下さい。　0120-017-771　営業時間 9:00〜18:00　提携企業専用サイト レーベン 提携 検索 https://www.leben-style.jp/teikei/

古河林業は、日本の森に携わって140余年。毎年、たくさんの木の成長を見つめてきました。今では、日本の木を使うプロフェッショナルとして蓄積した幅広い知識と、確かな実績を生かし、住宅建築の分野でも数多くのご支持をいただいております。

お客様を当社の自社林にご招待し、散策していただきながら大黒柱を選び、伐り出し、新しい家の大黒柱として使っていただく「大黒柱ツアー」。林業経営会社ならではの大人気ツアーです。

【自社林】秋田・北秋田市の杉林

100%国産材で建てる注文住宅

家を支える3大構造には、適材適所に選び抜いた良質な国産木材を採用。

■お問い合わせ、資料請求は　古河林業 特販部 丸の内ギャラリー　0120-70-1281 担当：高田　E-mail e.tokuhan@furukawa-ringyo.co.jp　https://www.furukawa-ringyo.co.jp/　〒100-0005 東京都千代田区丸の内2-2-3 丸の内仲通りビル1F　TEL.03-3201-5061(代) FAX.03-3201-5081

未来を開く古河グループ　古河林業株式会社

新木造
超空間の家

「新木造 超空間の家」リーフレットをプレゼント　無料！

「超空間」で、木造住宅にかつてない開放感と心地よさを。

最新のニュースや幅広い暮らしのアイディアを紹介しております！

公式YouTube SABMアキュラホームグループ 公式チャンネル

公式インスタグラム aqurahome
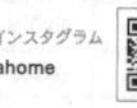

公式ホームページ https://www.aqura.co.jp/

資料請求はこちら　専用WEBサイトから aqura.co.jp/teikei/ 企業番号 171-09-C

お電話から 0120-004-383（受付時間:平日10:00〜17:00 定休日:土・日・祝日）

●ぜひ一度展示場で住みごこちの良さをご体験ください。最寄りの展示場はWEBでチェック！

提携割引 建物本体価格（税抜）3%　展示場来場・資料請求の前に「紹介カード」が必要となります。　SABM アキュラホームグループ

防衛省・防衛弘済会・自衛隊病院にご勤務の皆様へ

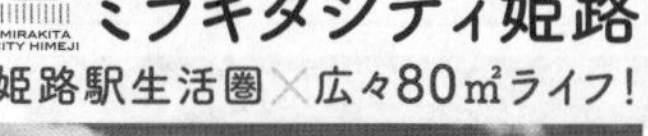

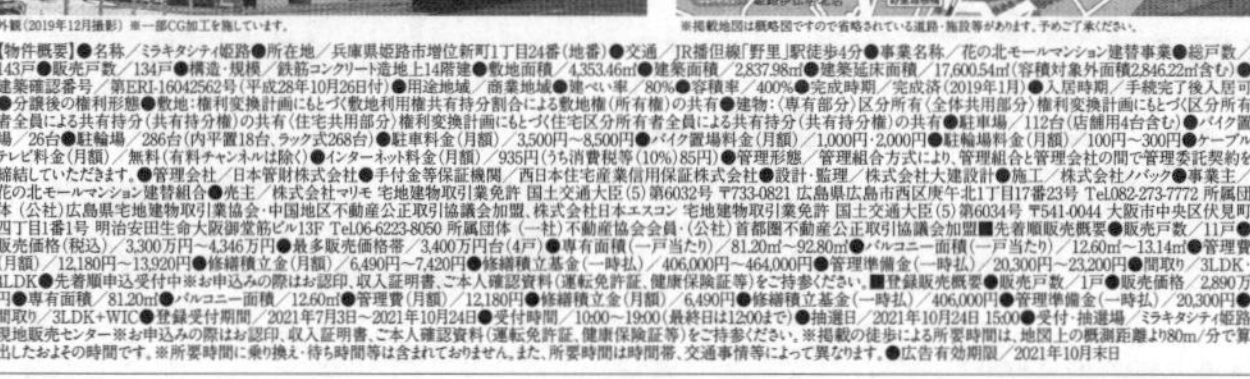

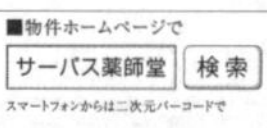

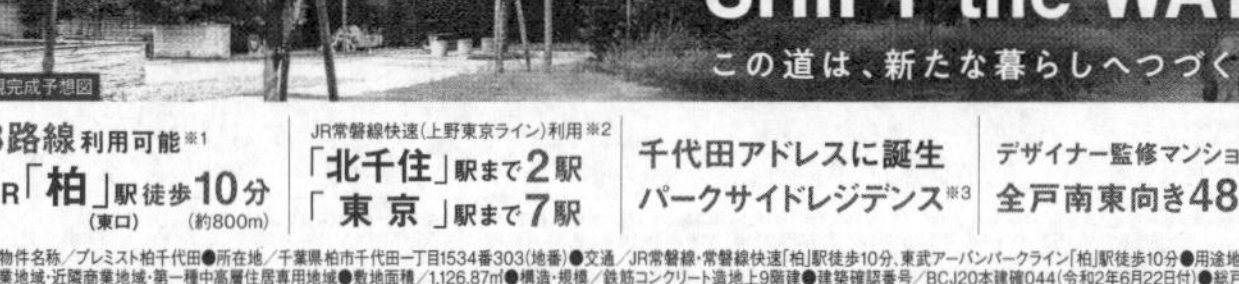

3年度 安全保障技術研究推進制度

23件の課題採択

防衛省はこのほど、令和3年度「安全保障技術研究推進制度」の研究課題23件を採択した。応募件数は91件で、採択23件のうち大規模研究課題9件、小規模が14件だった。採択課題の概要は次の通り。

大規模研究課題（タイプS）9件

◇超高強度ヘテロナノ組織金属の特異な変形挙動のメカニズム解明（豊橋技術科学大学・三浦博己）＝金属のヘテロナノ組織の発現機構を明らかにし、その支配因子を解明、ヘテロナノ組織化による超高強度金属材料の実用に向けた材料設計の指針を検討。

◇難接着複合材と軽金属とのレーザー直接接合機構解明と特性評価（海洋研究開発機構・川人洋介）＝難接着複合材と軽金属のレーザー直接接合のメカニズムを解明し、剥離現象から接合の支配的な因子を導出、宇宙・深海に対応できる接合強度を実現する。

◇高レジリエンス画像SLAMとその情報融合画像生成への適用（アイヴィス・川村英二）＝VR（仮想現実）・AR（拡張現実）等に応用できる高レジリエンス画像SLAM技術を確立し、高精度の情報融合画像を生成する。

◇メタ認知の脳情報基盤解明と日常トレーニング環境の構築（国際電気通信基礎技術研究所・川鍋一晃）＝ブレインマシンインターフェース技術を用い自己の認知活動を客観的に捉え、評価した上で「メタ認知」能力をトレーニングする技術を開発。

◇体内精密情報デジタルツインシステム（国際電気通信基礎技術研究所・佐藤匠徳）＝体内のナノ～ミクロスケールの生体情報をデジタル空間に再現、体内の微小な変化を感知・制御できるシステムの構築を目指す。

◇超小型ナビゲーショングレードIMU・自律航法の研究（東芝・丸藤竜之介）＝2種類の革新的MEMSセンサーを用いて超小型・高ダイナミックレンジ・高精度なIMUを開発、GPSに頼らず計測する自律航法技術を目指す。

◇海洋仕様のCFRPブレード接着接合構造に関する基盤技術の開発（ナカシマプロペラ・山磨敏夫）＝複合材料と金属材料との接着接合構造の界面の変化を評価し、接着部の劣化・破壊機構を解明、強度低下を低減する接着剤やプライマの開発を目指す。

◇ナノチューブネットワーク制御による新規赤外線検出素子の研究（日本電気・弓削亮太）＝半導体型カーボンナノチューブと負熱膨張材を用いた新たな赤外線検出デバイスを目指し、構成要素・作製法を最適化、印刷型の赤外線素子の有効性を検証する。

◇環境制御観察における超高感度3D電磁場顕微鏡法の開発（日立製作所・谷垣俊明）＝電池などの高効率化・低コスト化実現のカギを握る反応メカニズムを解明するため、超高感度電磁場計測技術を発展させ、電磁場を原子レベルで解析する技術を開発する。

小規模研究課題（タイプA）8件

◇次世代二次電池のためのオペランド核磁気共鳴法に関する研究（岡山大学・後藤和馬）＝安全かつ高速での充放電が可能な次世代電池の実現に向け、電池内部の金属リチウムの析出現象をリアルタイムで検出できるオペランド核磁気共鳴評価法を開発。

◇超広域リアルタイムイメージングと光操作による脳高次機能の解析（理化学研究所・道川貴章）＝脳内メカニズム解析に用いる実験手法の確立を目指し、広範囲のニューロン活動の時空間パターンをもとに脳活動に刺激を加える顕微鏡システムの技術開発。

◇海底・地下での長距離量子センシングに関する研究（量子科学技術研究開発機構・大島武）＝量子センサーでの長距離計測で課題となる計測系の光や高周波の減衰に焦点を絞り、電子スピンを制御、観測点が遠方でも安定で高感度な量子センシングを可能とする技術を開発する。

◇フォトンカウンティングによるX線スペクトル分析を活用した散乱線画像計測技術の研究（ANSeeN・小池昭史）＝対象物に照射したX線散乱成分をフォトン毎に検波する量子計測法により、埋設物の同定を的確に行なえる探査システムの技術開発。

◇溶融池における合金化による新規機能性材料の開発（川崎重工業・岩崎勇人）＝積層造形技術の一つDED方式の溶融池形成から急冷凝固という特長を生かし、溶融池に2種類以上の溶加材を投入し、合金化、機能性材料を創製する技術を構築する。

◇3次元一体成型によるMEMS半球共振ジャイロスコープの研究（東京計器・山口高功）＝慣性航法の鍵となるジャイロスコープをMEMSによる3次元一体成型プロセスで製作する技術を確立、小型かつ安価な半球共振ジャイロスコープの実現を目指す。

◇全固体電池の開発に向けた電極―電解質のナノ構造界面設計（ファインセラミックスセンター・幾原裕美）＝固体電池内部の膜構造や電極―電解質界面をナノレベルで解析、高性能固体電池の設計指針を得ることを目指す。

◇熱制御の高度化による革新的遮熱コーティングシステムの基盤構築（ファインセラミックスセンター・北岡諭）＝トップコートの輻射熱反射性能の向上と超低熱伝導化により、遮熱性に優れた革新的な遮熱コーティングシステムの基盤技術を構築する。

同（タイプC）6件

◇グラフェン被覆アルミ粉末からなる高熱伝導焼結合金の界面設計（宇都宮大学・馬渕豊）＝酸化グラフェンをアルミニウム粉末に被覆した上で真空放電下で焼結したときの状態を明らかにし、熱伝導性の大幅向上と強度を確保したグラフェン分散アルミニウム合金の創出を目指す。

◇不整地での移動を支援するバイオミメティックアシストスーツ（大分大学・菊池武士）＝機能性材料によって関節部の動きを動的に変化させ軽量で低エネルギーなアシスト原理を実現、セミアクティブアシストスーツの技術開発を行う。

◇高エネルギー物質を用いた高性能固体推進薬に関する実験的研究（千葉工業大学・和田豊）＝固体推進薬の高性能化と高機能化を目的に燃焼速度を制御する触媒の探索、クリーンかつ高性能な固体推進薬組成の提案、新固体ロケット推進システムの提案とその動作実証を目指す。

◇波浪中応答解析と実験技術を利用したHMD操船シミュレーター開発（海上港湾航空技術研究所・岡正義）＝波浪中の船体応答を忠実に再現し、実海域環境を視覚的・物理的に再現できる操船シミュレーターを目指す。

◇反応環境下にあるガスの精密電子状態の研究（物質材料研究機構・山瀬博之）＝X線コンプトン散乱法によってエンジンやタービン内でのガスの燃焼過程を可視化する技術を確立し、クリーンな排ガスを実現するエンジンやタービンの設計に貢献する。

◇昆虫の偏光知覚を模倣した空の偏光航法に関する研究（川崎重工業・磯村直道）＝太陽光がレイリー散乱して生じる天空の偏光パターンを一部の昆虫が知覚していることから、これを応用、偏光パターンに基づく新しい非GPS複合航法である偏光航法の構築を目指す。

最大有効射程500メートル以上
敵の射程外から精密に狙撃

デュアルロール照準器

「近接戦」と「遠距離射程」、即座に切り替え

防衛技術

最先端を行く世界の陸軍では、戦場で兵士に決定的な優位性をもたらす高性能の「光学照準器」を支給している。中でも「近接戦」と「精密遠距離射程」のモードを即座に切り替えられる「デュアルロール照準器」は、最大有効射程500メートル以上を誇り、敵の銃器の射程外から精密な狙撃も行える。

兵士が小銃のアイアンサイトを使用して狙撃する場合、照準器の照星と照門を重ね、照準線を標的に合わせて照準を定める。この場合、兵士の多くが片目を閉じて照星に視線を合わせるが、これにより「トンネルビジョン効果」が発生し、利き目とは反対側の周辺視野が保てなくなる。

米軍などに光学機器を納入しているカナダのレイセオン・エルカン社が開発した最新の「エルカン・スペクターDR・デュアルロール照準器」はこの問題を解決した。同照準器はアイリーフが70ミリと長く、アイボックスも広く、さらに両眼対応のため、射手の素早い標的捕捉を可能にしている。

この照準器は「等倍―4倍率」「1・5倍―6倍率」の2タイプがあり、いずれも「近接戦闘」と「精密遠距離射程」のモードを即座に切り替えることが可能。明るく高精度の光学システムと鮮明な照準レッドドットによって射手は的確に状況認識ができ、さらに弾丸降下補正（BDC）レティクルにより、照準を弾着点に素早く合わせることができ、命中率が高まる。

米陸軍協会（AUSA）によると、オーストラリア国防軍も2018年に同「デュアルロール照準器」を採用、新型のEF88小銃に搭載している。「等倍―4倍率」タイプの「DR1―4×照準器」を使うことで、射程は300メートル（1・5倍率の照準器使用時）から「600メートル」にまで向上したという。この結果、小銃手は武器の最大有効射程距離で正確に応戦し、敵の銃器の射程外から狙撃できるようになった。

この「デュアルロール照準器」は軽機関銃、中機関銃にも搭載が可能。射手は焦点の微調整やヘッドポジションを修正することなく、側面に取り付けられたスローレバーを使用するだけで素早く倍率を切り替えることができる。

エルカン社の照準器は「遠隔戦と接近戦の能力を一つのパッケージにして提供」しているため、戦場で敵と向き合った兵士に決定的な優位性を与える。同社では「失敗が許されない決定的な瞬間で決定的な性能を発揮する」とその導入の意義を語っている。

同社によると、米軍をはじめ、加、英、豪、伊、ノルウェーなど西側の主要国軍が高性能照準器「エルカン・スペクター」を導入。最近ではデンマーク陸軍がライフル射手と機関銃手の能力を補完するため、新規に「デュアルロール照準器」を採用している。

レイセオン・エルカン社

米大手防衛企業レイセオン・テクノロジーズの子会社で、光学システムの設計と製造を160年以上行っている精密機器会社。同社の光学機器や航空機用ヘッドアップディスプレー、無人航空機システムなどは米国を始めとする西側各国の航空宇宙・防衛関連機関に採用されている。

「エルカン・スペクターDR・デュアルロール照準器」を使用し、遠距離射撃を行う米軍の兵士。同照準器は頑丈で厳しい環境下でも問題なく使用でき、兵士からの信頼も厚い（レイセオン・エルカン社提供）

世界の新兵器 ―552

軽量戦闘機「チェックメイト」〔露〕

超安価な第5世代戦闘機が登場

去る7月、ロシアのジュコーフスキー飛行場（旧ソ連軍用機飛行試験センター）で開催された国際航空宇宙ショー「MAKS21」において新型の第5世代軽量戦闘機「チェックメイト」が初公開された。プーチン大統領も視察し、ロシアの航空技術の高さをアピールしていたと伝えられている。

本機は、国策の統合航空機製造会社の一部門であるスホーイ社において開発中で、初飛行は2023年、運用開始は26年とされている。今回の展示機はモックアップ（模型）機との情報もあり、実機は試作中かもしれない。

ロシア空軍は現在、第4世代戦闘機としては重量級のＳｕ27、軽量級のＭｉｇ29を運用中であるが、第5世代戦闘機としては重量級のＳｕ57の運用を開始したばかりであり、軽量級の機体は、存在しない。本機はその採用を狙っているとされる（採用された場合は「Ｓｕ75」と命名されるとのうわさもある）。

本機は単発エンジンの軽量ステルス戦闘機として、同程度の規模である米国のＦ35Ａ（空自も保有）より大幅に安い30億円程度の取得価格とされており、Ｆ35Ａを買えない中小国空軍への売り込みを目指し、ショー会場に世界中からこれらの空軍招待客を集めていたようである。

「チェックメイト」の諸元・性能は発表されていないが、初公開の写真で見る限りステルス形状で、Ｖ尾翼を持つ単座機である。機体諸元はＦ35と同程度と推定されており、全長約15メートル、全幅約10メートル、最大離陸重量約20トン、ペイロードは約７トンとされる。Ｓｕ57と同じロシア製のターボファンエンジン（最大推力約17トン）単発を搭載し、最大速度はマッハ1.8程度、超音速巡航、短距離離着陸が可能で、航続距離は約3000キロメートルとされる。

ロシアの国際航空宇宙ショー「ＭＡＫＳ21」で初公開された第５世代の軽量戦闘機「チェックメイト」（ロシアのウェブサイトから）

兵装は、各種ミサイルを胴体内に内装できるほか、各種爆弾、ミサイルを胴体と主翼下面に搭載できる。このほか機関砲ポッドや無人機も外部搭載可能としている。コックピットはグラス化・多機能化され、人工知能を活用した操縦装置やアクティブ・フェーズド・アレイレーダー、各種電子戦システムなど最新の装備を搭載しているとしている。

今後、複座型や無人機化も計画されているようであるが、目指す戦闘機の完成はもとより、ロシア空軍への採用、世界各国への輸出など、まだまだ未知数の多い機体である。

高島　秀雄（防衛技術協会・客員研究員）

インド初の国産空母が公試開始

インド初の国産空母「ヴィクラント」（4万トン）が8月から海上公試を開始した。インド南部コーチで建造された同艦は全長262メートル、最大幅36メートルで、艦首部に航空機発艦用のスキージャンプを持つ。就役後はミグ29K戦闘機など約40機を搭載し、駆逐艦などとともに空母打撃群を編成する。

海上公試を開始したインド初の国産空母「ヴィクラント」（インド海軍提供）

技術屋のひとりごと

変わらないもの

和田　隆一（海自鹿児島音響測定所・音響評価科長）

「九一式魚雷」というものを御存知でしょうか。帝国海軍の航空部隊が太平洋戦争で使用した航空魚雷です。初の実戦使用は米ハワイの真珠湾だそうですが、その訓練は鹿児島市街のすぐ前の鹿児島湾で行われていたそうです。民家の上を雷撃機が飛行、海面で投下された魚雷は水面下20メートル以内でその沈降を止める性能で、開発や訓練には苦労が多かったと書物には紹介されています。

私が勤務する鹿児島音響測定所は、その訓練が行われていた場所からほど近い桜島北側の錦江湾に面した場所にあります。ここ測定所では「魚雷の試験発射の支援」として80年前と同じように毎年、魚雷を発射しています。なにか縁を感じませんか？

海上自衛隊の魚雷の性能は高度に進化していることから、試験の内容も大量で詳細なデータが必要となっているようです。しかし、令和の現在でも実際に海中を航走させなければ評価ができない部分というものが残っており、53年後の令和3年の今も、発射試験支援を行っています。魚雷は開所した当時に整備された発射台船を用いていますので、運用作業は昭和40年代とさほど変わらない雨、風、波、夏の暑さや冬の寒風にもまれ、グリス、さび、海水に汚れながらの作業を行っています。

令和となり、軍事技術が進み、無人機での戦争が現実化してきていますが、新しい技術の装備化には、80年前と同様に現場での汚れ作業や熟練した「技術屋さん」の経験や勘が必要なのは50年後も変わらないのではないでしょうか。自衛官の現場も、いかに装備品や戦闘様式がスマートになったとしても、汗と油にまみれた場所であることを忘れずに、私は今日も汚れていきたいと思います。

（3海佐）

おことわり　「技術が光る」は休みました。

神無月、時雨月、初霜月、上冬――10月。

1日国際音楽の日、6日国際協力の日、9日世界郵便デー、14日鉄道の日、24日国連の日。

新湊曳山まつり　放生津八幡宮（富山県射水市）の秋季例大祭。昼は「花山」、夜は「提灯山」にしつらえた豪華絢爛な13基の曳山が順列を連ね、「イヤーサー」の掛け声とともに狭い街角を曳き廻る。1日

高山流鏑馬　鹿児島・高山エリアの四十九所神社に900年伝わる伝統行事。中学2年生の少年が射手に選ばれ、約1カ月半の訓練を経て本番に臨む。今年は無観客開催となりネットでライブ配信される。17日

隊員のこころをサポート 人とのつながり 促進へ

コロナ禍で奮闘 臨床心理士が全国参加集合訓練

東方総監部医務官の又木1佐がVTCを使いコロナウイルス（COVID19）の概略を説明した

新型コロナの感染拡大が長期化するなか、自衛隊は災害派遣や大規模接種センターの運営など、感染リスクと隣り合わせで任務に従事してきた。また、クラスターが発生した部隊等では外出制限を設けるなど対策を取ってきた。こうした状況下、メンタルヘルスの課題が自衛隊でも浮き彫りになってきた。隊員の心をサポートする駐屯地・基地の臨床心理士は、この問題にどう向き合うべきか。8月20日、東方総監部が主催する臨床心理士の「全国参加集合訓練」が朝霞駐屯地で開催され、全国から集まった陸海空約80人の臨床心理士が各部隊の症例を報告するとともに討論などを行った。

（文・写真　亀岡真理子）

■「敵を知る」

「臨床心理士への期待は大きい。隊員が（コロナで）ストレスを感じている今こそ、皆さんの腕の見せ所です」。

集合訓練の冒頭、担任官を務めた医務官の又木紀和1佐（朝霞）は参加者にこう呼びかけた。

訓練は「敵（コロナ）を知る」・「敵（コロナ）と戦う」の2部構成で、スカイプを活用したVTC（ビデオ通話方式）で進められた。

「隊員の間に疲労感や不安感が高まっている」「相談できる人が身近におらず孤立感を深めている隊員が増えている」。各駐屯地・基地からはそうした事例が報告された。

「陸幕ハラスメント・ホットライン」を担当している陸幕心理適性係の三上潤3佐は、あくまで相談者の意見ではあるが、勤務環境の変化や隊員の行動制限、ワクチン接種などコロナ禍の影響による相談件数が増えていることを紹介。「コロナ禍が契機となり、もともとあった部隊内のコミュニケーション不全が顕在化しているのではないか」と指摘した。

一方、東方の心理幹部・坂本真也1尉は、隊員への行動制限やそれに伴う業務配分を巡る相談が増えていると発表。他の方面の臨床心理士からも情報が寄せられ、中方の西浦恵技官（信太山）は「相談件数に変化はないが、自粛生活や隔離生活に関する相談など内容に変化が出てきている」と述べた。西方の吉賀真希子技官（別府）は、感染から復帰した隊員が「仲間に迷惑をかけた」と加害意識や罪悪感を持つ傾向にあることを紹介した。

集合訓練の担任官を務めた医務官の又木紀和1佐

東方総監部の対コロナの状況について報告する心理幹部の坂本真也1尉

■「敵と戦う」

午後からはコロナのクラスターに各部隊がどのように対応してきたか、熊谷陽技官（板妻）や西浦技官が報告した。また中央病院メンタルサポートセンター長の満井美奈子3佐が「自衛隊中央病院における援助者支援」と題し、昨年2月の「ダイヤモンド・プリンセス」号への看護官派遣から、東京と大阪に開設された大規模接種センターの運営までの取り組みを語った。

満井3佐は医療従事者を対象にしたアンケート結果を紹介。接種センター業務を担うことに伴う不安感等が生じていることを報告した。その上で「同僚との励まし合い」が隊員の支えになっているとし、「同じ状況を分かりあえる仲間の存在が大切だ」と語った。最後に「なぜこの業務が必要なのか、合意形成のプロセス」「睡眠、休養を組織としてきちんと取らせること」の重要性を強調した。

この後、参加者は各グループに分かれディスカッション。今後の相談業務のあり方について、VTCの活用や「相談用の業務端末があるといいのではないか」「SNSも使えるのでは」といった意見が出るなど、オンライン・カウンセリングの可能性について、さまざまな提案がなされた。

訓練終了後、廣野祐子技官（朝霞）は「情報を共有できて良かった。自分の臨床に生かす機会になった」と語った。長谷川由佳技官（高田）も「物理的な環境が不安定でもオンラインなら安定化できる。各部隊の柔軟性が試されるが、可能性が開けた気がする」と述べた。

◇

訓練の発表や討論中、「コミュニケーションのあり方の変化」という言葉が何度も聞かれた。コロナ禍に伴う「ディスコミュニケーション（コミュニケーションが機能していない状態）がメンタル不調の背景にあるケースも少なくない」と訓練係長を務めた小森國寿技官（習志野）は語った。家族や友人、仲間とのつながりが希薄化し、孤立感を深める隊員にどのようにアプローチしていくか。今回提案されたオンライン面談やSNSの活用は、そうした状況を打破する鍵となる。

「対人関係はメンタル不調の原因になるが、一方で不調から立ち直り成長を促す要因にもなる」と小森技官。「今後は人と人との〝つながりの促進〟に力を入れていきたい。それが部隊全体の強さを促進することにつながる」と意欲を見せた。

悩みやストレスを抱えた隊員を孤立化させないよう、新たなコミュニケーションの形態を切り拓くべく、各部隊の臨床心理士たちの奮闘が続く。

訓練係長を務めた小森國寿技官（習志野）＝Skype画面より

臨床心理士　臨床心理学にもとづく知識や技術を用い、人間の〝こころ〟の問題にアプローチする「心の専門家」。臨床心理士養成に関する指定大学院または専門職大学院を修了後、「日本臨床心理士資格認定協会」が実施する資格試験に合格する必要がある。防衛省・自衛隊では「衛生科の技官」として採用され、2021年現在、約165人（陸約110人、海約30人、空約25人）の臨床心理士が隊員のメンタルケアに当たっている。

マイヘルス Q&A

モデルナ社製ワクチン

遅発性大型局所反応　腫れ、痛み、かゆみ

Q　モデルナ社製の新型コロナウイルスワクチン（mRNA－1273）を接種して約1週間後に接種部位が腫れる、いわゆる「モデルナアーム」についてですが、これは正式な病名なのですか。

A　日本のマスコミが付けた俗称です。米国での俗称は「COVID arm（コビッド・アーム）」であり、日本国外では「モデルナアーム」とは呼ばれていません。

日本語では、正式な英語病名「Delayed Large Local Reaction」を直訳した「遅発性大型局所反応」が正式な病名として提唱されており、この名称に基づいた症例報告が行われています。

Q　「遅発性大型局所反応」はどのような副反応なのでしょうか。

A　予防接種した箇所が「赤くなる」「腫れる」「痛くなる」「かゆくなる」「熱くなる」などの症状が、接種後およそ7日目から11日目にかけて継続する副反応です。

Q　予防接種した箇所が接種してから2日間くらい腫れていました。「遅発性大型局所反応」ですか。

A　「遅発性大型局所反応」ではありません。遅発性大型局所反応がどうして生じるかはまだ解明されていませんが、ツベルクリン反応のような遅延型（Ⅳ型）アレルギーの一種と考えられています。

遅延型アレルギーは抗原に曝露されてから約2日程度たってから起きるため、接種してすぐに遅発性大型局所反応が生じることはありません。

接種後すぐに接種部位が腫れる原因としては、接種時の物理的なダメージや即時型（Ⅰ型）アレルギーなどが考えられます。

Q　ファイザー社の新型コロナウイルスワクチン（BNT162b2）の接種後、5日目に接種部位が赤く腫れてきました。「遅発性大型局所反応」ですか。

A　「遅発性大型局所反応」です。実は、遅発性大型局所反応は、モデルナ社製ワクチン以外のあらゆるワクチン接種後にも生じることがあるのですが、極めて稀です。

発症例のほとんどがモデルナ社製のワクチン接種後に生じたものであるため、その代表的な皮膚副反応とされています。

自衛隊中央病院
皮膚科医長
東野　俊英

BOOK NOW 私が読んだこの一冊

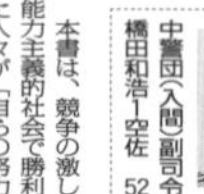

佐藤岳詩著『「倫理の問題」とは何か』（光文社）
15特殊武器防護隊（那覇）
下田強志2陸尉　27

倫理とは良い・悪いの基準を定めるものだとするならば、当然、自衛隊の服務規則も一つの倫理である。本書は廉価な新書であるが、倫理そのもののあり方を問う「メタ倫理学」のさまざまな学説を平易に紹介してくれる。倫理とは何か、正義とは何か、そもそも絶対的な正しさは存在するのか…娯楽旅行が制限される今日この頃、手軽なサイズの本でスリリングな知の世界を旅してみては。

千正康裕著「ブラック霞が関」（新潮社）
海自4術校（舞鶴）
奥　篤史2海尉　25

「ブラック企業」など、社会の注目が過酷な勤務環境に向けられている昨今、河野前防衛大臣が国家公務員の超過勤務に言及するなど、中央官庁の勤務環境もにわかに注目されるようになった。

本書は元厚労省官僚の筆者が、キャリア官僚の勤務実態の今昔を生々しく描き、改善を提案するものである。官僚が働きやすい環境を作ることは、良い政策立案に直結する。国家100年の大局を見つめるべき幹部自衛官各位にお薦めの一冊である。

マイケル・サンデル著「実力も運のうち　能力主義は正義か？」（早川書房）
中警団（入間）副司令
橋田和浩1空佐　52

本書は、競争の激しい能力主義的社会で勝利した人々が「自らの努力で成功を収めた」と信じるあまり、さまざまな恩恵を忘れて労働の尊厳を傷つけがちで、「社会の分断から引き返すには謙虚さが必要だ」と指摘します。

これは「勝って傲らず、負けて卑屈にならず、至誠奉公を尊ぶ」という日本の伝統的な生き方を想起させてくれます。皆が生きがいを感じる組織づくりの参考になる一冊となるでしょう。

隊員愛読書ベスト5

＜入間基地・豊岡書房＞
❶令和3年版日本の防衛－防衛白書　防衛省編　日経印刷　¥1397
❷自衛官採用試験問題解答集4一般曹候補生2021年版　成山堂書店　¥2200
❸地図とデータで見る軍事戦略の世界ハンドブック　ブルーノ・テルトレ編、土居佳代子訳　原書房　¥3080
❹竜とそばかすの姫　細田守著　KADOKAWA　¥726
❺沈黙のパレード　東野圭吾著　文藝春秋　¥891

＜防衛省・三陽堂書店＞
❶令和3年版防衛白書
❷日本を前に進める　河野太郎著　PHP研究所　¥990
❸中国「見えない侵略」を可視化する　読売新聞取材班著　新潮社　¥858
❹自衛隊装備年鑑2021－2022　朝雲新聞社　¥4180
❺自衛隊最高幹部が語る令和の国防　岩田清文、武居智久ほか著　新潮社　¥902

＜神田・書泉グランデミリタリー部門＞
❶ロシア戦闘機SUKHOI　ニュートンプレス　¥2300
❷第二次大戦残存艦船の戦後　大内建二著　潮書房光人新社　¥902
❸ヘルマン・ゲーリング装甲師団写真集　吉川和篤著　イカロス出版　¥2750
❹世界の名機シリーズE－2ホークアイ　イカロス出版　¥1800
❺世界の傑作機No.121 B－1ランサー　文林堂　¥1750

＜トーハン調べ8月期＞
❶九十八歳。戦いやまず日は暮れず　佐藤愛子著　小学館　¥1320
❷てれびげーむマガジンSeptember2021　KADOKAWA　¥999
❸神話最強王図鑑　健部伸明監修　学研プラス　¥1320
❹変な家　雨穴著　飛鳥新社　¥1400
❺兇人邸の殺人　今村昌弘著　東京創元社　¥1870

オリ・パラ支援団の活動支える

首都圏3自衛隊 要員約8500人受け入れ

コロナ感染対策を徹底

約1カ月半にわたり、東京五輪・パラリンピックを支援した自衛隊の「東京2020オリンピック・パラリンピック支援団」。その活動中、全国の陸海空自から集まった支援団要員総勢約8500人の受け入れを首都圏所在の3自衛隊の駐屯地・基地などが担った。各駐屯地の業務隊などは他方面隊からの増強要員を迎え、宿泊、給油、洗濯、給食、入浴の各支援業務に当たった。

（2面参照）

他方面隊などからの増強要員の活動内容は、各駐屯地業務隊が恒常業務として行うものと基本的には同じ。宿泊棟の備品管理・補充などを行う宿泊支援、弁当の仕分けや業者対応を担う給食支援、シーツ類や戦闘服などの洗濯を行う洗濯支援、車両の燃料を補充する給油支援、風呂場の清掃や統制を行う入浴支援の各要員に分かれ、それぞれサポート業務に従事した。

首都圏の駐屯地で最も多くの人員を受け入れた朝霞駐屯地では約2000人の支援団員が宿泊した。特に大人数がオリ・パラ支援活動の拠点として生活するため、既存の外来宿舎2棟に加えて新たに1棟を宿舎用として開放した。

また、同駐屯地では特に、新型コロナの感染対策を徹底した。支援団の活動シフトに合わせて宿泊支援要員が動き、営内の公共設備を一日に数回は消毒し、昼夜を問わずゴミ出しなどを実施した。

期間中には宿舎内の水漏れトラブルなども発生したが、支援要員が直ちに対応し、配管の補修に当たった。

同駐屯地で宿泊支援要員を指揮した駐屯地業務隊総務科総務班外来係長の鹿山秀樹曹長は「突発的な事項にも対処できるよう人員を常に配置していた。大人数であっても普段通りの外来宿舎業務ができた」と成果を述べた。

新型コロナの感染を予防するため、一日に数回、公共場所の手すりやスイッチなどを徹底して消毒した宿泊支援要員（8月31日、いずれも朝霞駐屯地で）＝陸幕提供

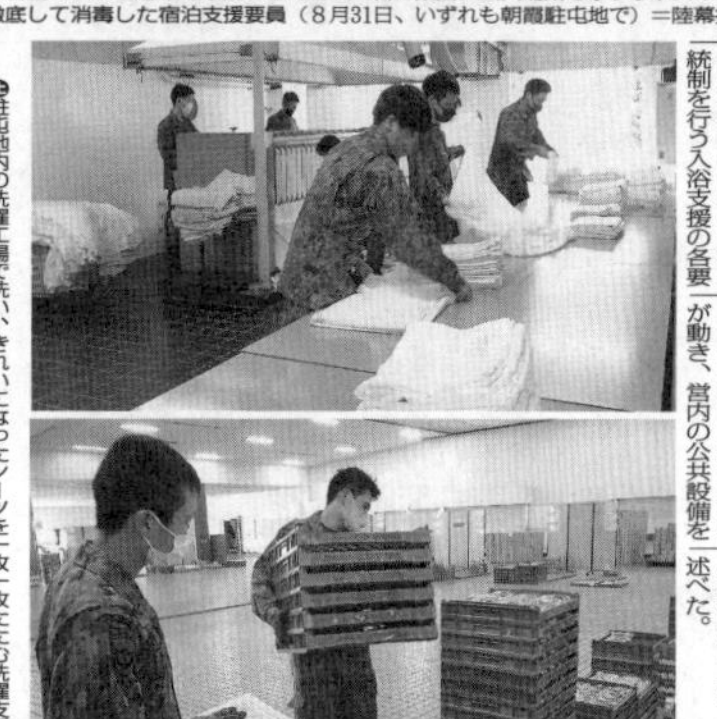

㊤駐屯地内の洗濯工場で洗い、きれいになったシーツを一枚一枚たたむ洗濯支援要員たち㊦業者から届いた朝食用パンの仕分けを行う給食支援要員（いずれも8月6日）

学生にオンラインで講話

亀山9師団長「青森からみた日本の安全保障」

【青森】9師団長の亀山慎二陸将は8月1日、日米学生会議（JASC）に出席する日本側学生47人に対し、日本貿易振興機構青森事務所（ジェトロ青森）で防衛講話を行った。

JASCは「太平洋の平和は日米間の平和にある」を理念に、1934年に発足した日本初の国際学生交流プログラム。過去には宮澤喜一元首相や、キッシンジャー元米国務長官が学生時代に参加している。73回目となる今回は京都、青森、福島、東京の4カ所で開催され、青森では初。講話はJASC青森サポート委員会のメンバーでジェトロ青森の木村慶一所長が、「日本の学生に安全保障について学ばせたい」と企画し、本会議前に実施した。

当日、亀山師団長は「青森からみた日本の安全保障」をテーマにオンラインで講話。「学生の表情を見て話したい」と、全学生の顔をモニターで確認しながら丁寧に解説した。終了後は学生たちから積極的に質問が出るなど、活発な質疑応答が繰り広げられた。

講話に参加した東京外国語大学の内野剣さんは、「亀山師団長の講話は防衛力整備の意義を理解する貴重な機会になった。安全保障環境の変化にアンテナを張っていく必要性を痛感した」と感想を語った。

モニターで学生の顔を確認しながら講話する亀山師団長（8月1日、ジェトロ青森で）

小学生らが千歳基地見学

航空少年団 F15Jのコックピットにも搭乗

【千歳】空自千歳基地はこのほど、千歳航空少年団の小・中学生を中心とする団員25人（男子16人、女子9人）の隊内生活体験を受け入れた。

航空少年団（事務局・東京都港区）は、航空・宇宙の基礎的勉強、施設見学や体験飛行など各種行事への参加を通して立派な航空人、社会人になってもらうことを目的とする一般財団法人空港振興・環境整備支援機構の事業。千歳航空少年団など全国に13の航空少年団がある。

生活体験は2空団広報室の中津和也1曹が中心となって対応。団員たちは基地到着後、各部隊を見学した。基地業務群消防小隊では大型破壊機救難消防車の放水を体験、F15J戦闘機パイロットから同機の説明を受けコックピットにも〝搭乗〟した。

要人輸送を担うB777―300ER特別輸送機も見学。「大きい！」と驚きの声を上げ、パイロットらとの懇談では積極的に質問を投げ掛けた。

「（将来は）戦闘機のパイロットになりたい！」と話すなど、団員たちは有意義な時間を過ごし、基地を後にした。

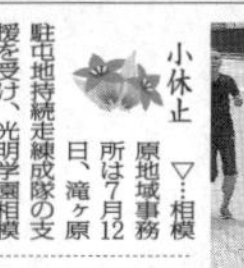

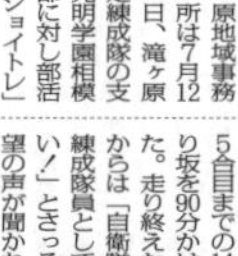

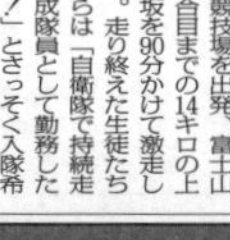

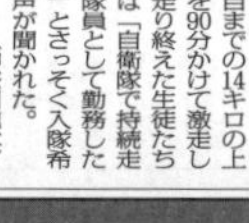

特輸隊隊員（右）から特別輸送機について説明を受ける千歳航空少年団の団員たち（千歳基地で）

空挺団

小山内3曹に感謝状

住宅火災で人命救助

陸自空挺団（習志野）の小山内泰志3陸曹は住宅火災の初期消火などの功績で、8月10日に八千代市の関口一博消防長から感謝状を、9月7日には習志野駐屯地の堺一夫司令から善行褒賞状をそれぞれ授与された。

小山内3曹は7月2日、千葉県八千代市内で住宅から火が出ているのを発見。近くに設置されていた消火器2本を持って現場に向かった。

当時、火災家屋の住民は出火に気付いておらず、現場を訪れた小山内3曹の誘導により避難。この時、近隣住民の避難誘導を小山内3曹の妻がサポートした。

その後、小山内3曹は初期消火を開始。消火器を使い切った後は、風呂場で桶に汲んだ水を出火元に繰り返しかけ、駆けつけた消防に引き継いだ。

今回の活動について小山内3曹は「日頃の訓練もあって、考える間もなく身体が動いた。初期消火のため実感はあまりないが、役に立てたのであれば良かった」と述べた。

住宅火災で人命救助と初期消火に当たった小山内3曹（9月7日、習志野駐屯地で）

航空機動衛生隊

善行褒賞を受賞

小田2曹と中西1曹

【小牧】空自航空機動衛生隊の小田智永2曹と中西茂孝1曹はこのほど、人命救助の功績で同隊長の田村信介1佐からそれぞれ善行褒賞状を授与された。このうち小田2曹は同隊初の受賞者となった。

小田2曹は出勤前に車で子供を保育園に送る途中、倒れている女性を見つけ、下車して声を掛けたところ、心肺停止状態だった。

直ちに消防と警察に連絡するとともに、心臓マッサージを開始。女性は息を吹き返し、到着した救急車で病院へ運ばれた。

一方、中西1曹は基地正門付近で歩道に乗り上げた乗用車を発見。消防や警察へ連絡し、現場のけが人の有無などを確認、扉の開かない車内に乗車したままの女性運転手を後部座席から救出した。ハンドル付近から煙が出る危険な状況だった。

受賞した中西1曹は「勇気を出して行動した結果が人助けにつながり嬉しく思う」と述べた。

小休止

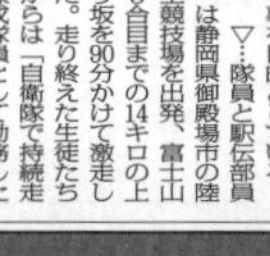

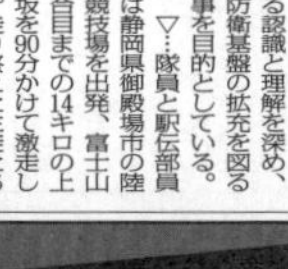

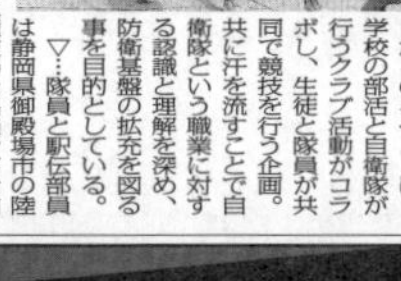

▽…相模原地域事務所は7月12日、滝ヶ原駐屯地持続走練成隊の支援を受け、光明学園相模原高校駅伝部に対し部活動応援企画「ジョイトレ」を実施した＝写真。

▽…相模原所が発案したこのイベントは、学校の部活と自衛隊が行うクラブ活動がコラボし、生徒と隊員が共同で競技を行う企画。共に汗を流すことで自衛隊という職業に対する認識と理解を深め、防衛基盤の拡充を図る事を目的としている。

▽…隊員と駅伝部員は静岡県御殿場市の陸上競技場を出発、富士山5合目までの14キロの上り坂を90分かけて激走した。走り終えた生徒たちからは「自衛隊で持続走練成隊員として勤務したい！」とさっそく入隊希望の声が聞かれた。（神奈川地本）

交通犯④

飲酒した人に車を貸したら 道路交通法違反の車両等提供

飲酒した人に車を貸したら、どんな罪に問われますか？

飲酒運転するおそれがある者に車両を提供すると、道路交通法違反の車両等の提供に該当し、運転者が酒酔い運転の場合、5年以下の懲役または100万円以下の罰金、酒気帯び運転の場合、3年以下の懲役または50万円以下の罰金となり、運転者と同等に罰せられます。

また、飲酒運転のおそれがある者に、車の場所を教えて鍵を渡す行為も、車両の提供にあたります。

飲酒運転のおそれがある者への車両の提供は、飲酒運転を助長し、悲惨な交通事故につながる危険があります。飲酒の場に車で行くのはやめましょう。（東部方面警務隊）

飲酒した人に車両提供はダメ！

「進んで難局に当る」初級陸曹に

3陸曹 松田 大和(6普連3中隊・美幌)

私は第1陸曹教育隊(東千歳)で半年間の教育を修了し、7月1日付で3等陸曹に昇任できたことを大変うれしく思います。

入校間は厳しい訓練だけでなく、常に時間に追われる毎日でした。そうした環境で、当初は「陸曹になるためにはこんな毎日が続くのか」と不安な気持ちになりました。しかし、同期と支え合いながら過ごす中で、「団結」という自衛隊で一番大切な要素を実感するとともに、初級陸曹として必要な知識や技術など多くのことを学びました。

その中で、私が陸曹として一番大切だと思ったことは、小部隊の指揮官として必要な「実員指揮能力」です。入校間、指揮の要訣について意識するようにしていましたが、中でも部下に指揮官の企図をよく理解させ、円滑に任務を遂行させるための「適時・適切な命令」、そして自身が何がどうなっているかを把握する「確実な現況把握」、そして命令・指示に対する「実行の監督」が特に重要な要素であると感じました。

自分は陸曹になってまだ2カ月しか経過していませんが、振り返ると、陸士の頃は不明な点は上司になんでもかんでも聞くだけで、自分で調べることもなく終わっていました。

しかし、今では不明な点を自ら調べ、どうしたら要領よくできるか、後輩隊員にどう教えれば良いか、事前に考えをまとめたりと、「自ら学ぶ」ことが習慣化しました。

それは「陸曹になるからには、陸士を直接指導し、育てられるよう、自ら学び自分の限界を超えていけ」という第1陸曹教育隊の教えがあったからだと思います。

私の陸曹としての自衛隊人生は始まったばかりで、自分が大きく成長できたと感じる場面はまだまだありませんが、陸教で学んだ知識や技術を生かし、常に自分自身を向上させていきたいです。

最後に、私が陸教を卒業し、3曹に昇任できたのは、同期の励ましと中隊長をはじめ、中隊の方々のおかげだと思っています。今の感謝の気持ちを忘れることなく、陸士の模範となれるよう、日々努力を絶やさず訓練に励んでいくとともに、今の目標である来年度の旅団レンジャー養成集合教育に参加し、立派なレンジャー隊員となれるよう体力・精神力の向上に努めていきます。

「積極果敢」をモットーに東千歳駐屯地の第1陸曹教育隊で学んだ学生たち。右から3人目が現6普連の松田大和3曹

みんなのページ

重機関銃「4秒布置」に取り組む

2陸曹 長田 昇大(7普連2中隊・福知山)

私は連隊の実弾射撃野営で、重機関銃の組長として「4秒布置」に取り組みました。

「4秒布置」とは、3名1組で、重機関銃を搬送から設置、弾薬を装填するまで4秒以内に行うことです。敵に発見され、射撃を受ける前に射ち出すための要領です。

最初は制限時間内に実施することができず、難しい課題でした。しかし、練成を重ねていくことで最終的には常に時間内に布置する組動作ができるようになりました。問題点の分析、動作の工夫など、練成すべき事項を3人で考えて具体化し、体が覚えるまで練成した結果でした。

実弾射撃はこの3名で行いました。射手、観測手、弾薬手です。その中で私が一番重要だと感じた役割は観測手でした。

一見、射手が一番重要と思うかもしれませんが、観測手の判定、修正指示が正確で速いと、確実に目標に命中します。「7割が観測手の力量」によるものだと思いました。

残りの3割については、射手の力の入れ具合、照準、そして確実な重機関銃の固定だと思います。

今回の実弾射撃は練成することが多く、自分自身、機関銃組長として非常にスキルアップできたと思います。しかし、まだまだ身につけ改善すべき所があります。重機関銃が完璧に扱える練度になるまで、あらゆる任務を完遂できるよう、引き続き仲間と共に練成していきます。

「4秒布置」を目指し、重量約40キロの重機関銃を2人掛かりで搬送する7普連の隊員

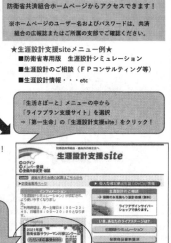

「ガラスの靴」で求婚

3陸曹 北川 聖恭(33普連2中隊・久居)

私が妻に出会ったきっかけは友人の紹介でした。その後、何度かやりとりをしているうちに、この女性ともっと話をしていろいろ知りたいと思うようになりました。

私と彼女は、性格、考え方、価値観、今後の人生への思いが驚くほど似ており、いつしか彼女と結婚したいと思うようになりました。

私は彼女にプロポーズすることを真剣に考え始めました。彼女はディズニーのシンデレラが好きということを思い出し、それでは指輪でなく、「シンデレラのガラスの靴」をプレゼントしようと考えました。

そしていろいろと準備し、本番で「ガラスの靴のプロポーズ」を行いました。彼女は嬉し泣きの涙を見せながら結婚を承諾してくれました。

いま妻のお腹には赤ちゃんがいます。今後は父親として妻と子を守り、幸せな家庭を築いていきたいと思います。

幸せな結婚式を挙げた北川3曹夫妻

(世界の切手・イタリア)

男がほんとうに女に贈り物をしたいと思ったら結婚するものだ。

ココ・シャネル(フランスのデザイナー)

新刊紹介

「自衛隊はアフリカのジブチで何をしているのか」

小山 修一著

2009年に始まった自衛隊のソマリア沖・アデン湾の「海賊対処行動」。その拠点アフリカのジブチに司令部先任幕僚として派遣された元隊員(1陸佐)が、現地展開の海自P3C哨戒機部隊への支援や警備に当たる陸自部隊がどのように活動し、生活しているかを紹介したのが本書だ。

自衛隊の海賊対処は「すでに国民から忘れられた国際貢献」と著者は語るが、現地では今も隊員たちが酷暑の中で「日の丸」を背負い、さまざまな任務に従事している。本書ではソマリアの海賊の実態、自衛隊活動拠点の概要、ジブチ国民や各国軍人との交流などについて隊員の目からみた様子が描かれている。

ジブチはアフリカ、アジア、ヨーロッパをつなぐ海上交通路の要衝で、その戦略的な重要性から仏、米、中国などが軍事拠点を置く。自衛隊も欧米部隊と協力し、さまざまな活動に従事。著者は幹部としてジブチの各所を見て回り、住民とも親しく交流したことから、現地事情に詳しく、これからアフリカに向かう隊員には格好のガイドブックとなっている。また、日本と国際社会のために働く隊員たちの誇りとやりがいも語られ、「ジブチの自衛隊の活動」を日本国民に知らせるための質の高い紹介本にもなっている。(育鵬社刊、1980円)

「双翼の日の丸エンジニア」

ゼロ戦と飛燕の遺伝子は消えず

戸津井 康之著

日米が開戦する前の1930年代末、当時、技術力の低かった日本がなぜ米英軍の主力戦闘機に勝る「零戦」や「飛燕」といった高性能機を開発し、大量生産し、運用することができたのか。本書は戦後に引き継がれた両戦闘機の遺伝子に焦点を当て、"ものづくり"に懸ける日本人の創作魂を追求したノンフィクションだ。

「零戦」を設計した堀越二郎と世界最速を目指した「飛燕」の設計者、土井武夫らは敗戦により航空機開発の表舞台から消えたかに見えたが、2人は戦後、教育者としての役割を担い、教え子たちに彼らの不屈のエンジニア魂はしっかりと受け継がれていた。

その結晶ともいえるのが「未来技術遺産」に登録された傑作カメラ「ミノルタα7000」と伝説のモンスターバイク「カワサキZ1」だった。最終章では「零戦」「飛燕」と血のつながった「ミノルタα7000」を開発した葛城衛と「カワサキZ1」を作り上げた百合草三佐雄と著者による鼎談も掲載。ここから堀越、土井ら技術者の遺伝子はいまも日本の各メーカーのエンジニアたちにしっかりと伝承されていることが分かる。(学研プラス刊、1980円)

航空支援集団の「隠れキャラ」

1空尉 水流 啓太(航空支援集団司令部総務課・府中)

東京2020オリンピックの開会式で、特に印象に残ったシーンとして「ピクトグラムの演技」を挙げる人も多いのではないでしょうか?

ピクトグラムとは、言語によらない何らかの情報や注意を示すために表示される「視覚記号」の一つです。1920年代にオーストリアで発明され、1964年東京オリンピック開催時に外国語によるコミュニケーションをとることが難しい日本人と外国人との間を取り持つためのものとして改善され、非常口、トイレ、禁煙場所等を示すマークとして使われました。そして現代の我々の生活でも不可欠なものとなっています。

そんなピクトグラムですが、空自航空支援集団にもオリジナルのものがあります。それは約15年前、特別輸送航空隊に所属していた守田智己2曹(現・飛行開発実験団司令部、1曹)が遊び心で作製した「敬礼するピクトグラム」です。

これを整備小隊の化粧室に表示していたところ、当時の航空支援集団司令官が「面白い!」として、その後、このピクトグラムは航空支援集団内に広まりました。

今では隊員にとって日常の景色の一部となっていますが、航空支援集団の部隊にお立ち寄りの際は、皆さんもこの「隠れキャラ」をぜひ探してみてください。

OBがんばる

頭を下げ、丁寧な言葉で

平谷 信義さん 56

平成31年3月、陸自7高射特科群(竹松)を最後に定年退職(特別昇任3佐)。全国共済農業協同組合連合会・長崎県本部に再就職し、自動車事故対処業務に当たっている。

私は現在、長崎市にある全国共済農業協同組合連合会(JA共済)長崎県本部で自動車事故に係る示談・折衝・調整の業務を担当しております。

畑違いの「損保業界」で自分がやっていけるのか不安もありましたが、入社後約3カ月の研修の後、先輩の指導を受けつつ業務要領を把握、さらに実務によって能力を伸ばし、今では後輩の指導にも当たるなど、自信を持って業務を行えるようになりました。これは自衛隊で培い、刷り込まれた「任務分析に基づく業務の取り組み方・進め方」と「上司・同僚・部下等との良好な関係構築」の経験が大いに役立っています。

損保の現場は、交通事故の状況・被害者の置かれている環境の違いなどから一つとして同じ案件はありません。自衛隊では過剰な業務は残業でカバーしていましたが、今の職場では残業をせず時間中に業務を進めなければならず、なかなかハードな毎日です。

後輩の皆さまへのアドバイスとしては、就職先では「積極的にコミュニケーションを取ること」が大事です。特に「若い人たちこそ自分よりベテランである」という意識を持ち、接することが重要です。丁寧な言葉で頭を下げながら質問すれば、みな丁寧に教えてくれます。これがコミュニケーションを確立する第一歩になります。

皆さんもハローワーク等で求人情報を確認しつつ、駐屯地の援護室にも足を運んで詳細な情報を収集し、再就職に備えてもらいたいと思います。皆さんが希望の仕事に就き、元自衛官として元気にご活躍されることを祈念しております。

詰将棋

出題 日本将棋連盟 九段 石田 和雄

第852回出題

	5	4	3	2	1	
		飛	銀			一
			王		香	二
		歩		歩		三
				竜		四
		角		歩		五
						六

■先手 持駒 角香

【ヒント】初手、三手の組合わせがカギ(10分で初段)。

▶詰碁、詰将棋の出題は隔週です◀

詰碁

出題 日本棋院 九段 曲 励起

第1267回解答

【解答図】白先、黒死。白①がまず大切で黒❷の時白③がまた大切です。黒❹には白⑤で黒死です。

朝雲

発行所 朝雲新聞社
〒160-0002 東京都新宿区四谷坂町12－20 KKビル
電話 03(3225)3841
FAX 03(3225)3831
振替00190-4-17600番
定価一部150円、年間購読料9170円（税・送料込み）

主な記事

岸防衛相が再任

日米同盟基軸に防衛力強化

岸田新内閣発足

菅義偉首相（72）の自民党総裁任期満了に伴う総裁選が9月29日に行われ、第27代総裁に岸田文雄前政調会長（64）＝衆院広島1区＝が選出された。菅内閣は10月4日午前の臨時閣議で総辞職し、同日午後、岸田新総裁が国会で指名を受けて第100代首相に就任した。首相の交代は約1年ぶり。岸田首相は同日夜に組閣を終え、公明党との連立による岸田内閣が発足した。岸信夫防衛相（62）＝衆院山口2区＝は再任され、新たに第22代防衛相に就任した。

岸田新内閣で防衛大臣に再任され、記者会見で「国民の生命と平和な暮らしを守ることに全力を尽くす」と決意を述べる岸信夫防衛相（10月5日、防衛省で）

岸防衛相は10月5日午前10時半、島田事務次官をはじめ、山崎統、吉田陸、山村海、井筒空の各幕僚長、鈴木装備庁長官、久保防衛大学校長、四ノ宮防衛医科大学校長など防衛省・自衛隊の高級幹部約50人の出迎えを受け、再任後初めて登庁した。

盛大な拍手の中、岸大臣は待ち受けた記者団に対し、「安全保障環境が厳しい折に再任となった。その責任の重さを改めて実感している。国民の命と平和な暮らしを守り抜き、領土・領海・領空をしっかり守り抜くということを改めて決意している」と語った。

続いて省内で再任後初となる定例記者会見に臨んだ岸大臣は、岸田首相から、①各種事態・災害への適切な対処②戦略的かつ体系的な安全保障政策の実施③陸海空の枠にとらわれず、真に実効的な防衛力の構築④米国との協力と抑止力の向上⑤日米同盟の強化と防衛協力・交流の推進⑥沖縄をはじめとする地元の負担軽減の実現――の6点について指示を受けたことを明らかにし、「防衛大臣の職責は国民の生命と平和な暮らしを守ることに全力を尽くすことだ。首相からの指示を踏まえ、さまざまな課題に積極的に取り組んでいきたい」と決意を表明した。

「抑止力強化の検討」については、これまでの方針に変更はないとした上で「防衛省としては『弾道ミサイル防衛の強化により、迎撃能力を向上させるだけで本当に国民の命や暮らしを守り抜くことができるのか』といった問題意識のもとで引き続き検討を行っていきたい」と説明した。

岸田新内閣で茂木敏充外相と共に自らも再任されたことに関しては、米国のブリンケン国務長官とオースティン国防長官を含めた「日米2プラス2」の4人のメンバーが継続することに歓迎の意を表し、「引き続き変わらぬメンバーで協議を続けていくことは意義あることだ。日米同盟の深化に向けて力を尽くしていきたい」と述べた。

防衛大綱・中期防の見直しをめぐっては「現時点で何も決まっていない」としながらも、「厳しさを増す安全保障環境の中で、我が国の防衛力について宇宙・サイバー・電磁波を含む全ての領域における能力を融合し、その相乗効果で全体の能力を増幅させる『領域横断作戦』により、我が国の防衛を全うすることのできるものとする必要がある」と明言。「こうした防衛力の構築を推進することで『自らを守る体制』を抜本的に強化し、日米同盟の抑止力・対処力を一層強化していく考えだ」と強調した。

岸信夫（きし・のぶお）防衛相　慶応大学経済学部卒。住友商事を経て、2004年の参院選で初当選。福田改造内閣（08年）・麻生内閣（同）で防衛大臣政務官。12年の衆院選で当選。第2次安倍内閣（13年）・第3次安倍第2次改造内閣（16年）で外務副大臣。菅内閣（20年）で防衛大臣として初入閣。安倍晋三元首相の実弟で、祖父は岸信介元首相。衆院山口2区。当選衆院3回、参院2回。東京都出身。細田派。62歳。

副大臣に鬼木氏

政務官に岩本氏　大西氏は再任

政府は10月6日の臨時閣議で岸田内閣発足に伴う副大臣・政務官人事を決定した。（略歴等は次号）

防衛副大臣には鬼木誠衆院議員（48）、防衛大臣政務官には岩本剛人参院議員（56）が就任。大西宏幸政務官（54）は再任された。

退任する中山泰秀副大臣と松川るい政務官は6日、多くの職員に見送られ、防衛省を後にした。

いずも

米海兵隊のF35Bが初着艦

艦上での短距離離陸・垂直着陸（STOVL）機の運用に向け、飛行甲板など船体の改修を進めてきた海自のヘリ搭載護衛艦「いずも」は1回目の改修工事を終え、10月3日、四国沖の太平洋上で初のSTOVL機の発着艦検証作業を行った。

同検証は在日米海兵隊の支援を受けて行われ、岩国基地所属の最新鋭ステルス戦闘機F35Bが「いずも」上空に飛来、日米共同の作業によりSTOVL型のF35Bが初めて海自艦艇に着艦した。

今回の検証作業には2機のF35Bが参加、それぞれ「いずも」の左舷後方から進入し、艦上の米海兵隊員の誘導により後部飛行甲板に垂直着艦、その後、甲板を滑走して短距離離陸した。

「いずも」はF35Bの艦上運用に向け、定期検査に合わせて令和2年度末から飛行甲板の耐熱性強化や誘導灯の新設などを進め、今年6月末に工事を終えた。今年度末には2番艦の「かが」も同様の改修を行う予定。

岸防衛相は10月5日午前の記者会見で「海兵隊のF35Bが『いずも』へ発着艦できることが確認されたことは日米の相互運用性の向上に資するもので、日米同盟の抑止力・対処力の強化につながる」と述べた。

山村海幕長も同日午後の記者会見で「将来、空自が導入するF35Bの『いずも』型護衛艦への搭載に向け、大きな第一歩であることは間違いない。今回得られたデータを『かが』の改修に生かしていきたい」と語った。

改修工事を終えた海自護衛艦「いずも」の真新しい黄色のライン上に着艦する米海兵隊のF35Bステルス戦闘機（10月3日、四国沖の太平洋上で）＝海自提供

日米韓

防衛局長級が会談

3カ国の協力強化を議論

日米韓の防衛当局は10月1日、局長級の電話会議を開き、北朝鮮の核・ミサイル問題をはじめ、日米韓3カ国の安全保障協力の強化などについて議論した。

会議には防衛省の増田和夫防衛政策局長、米国防総省のイーライ・ラトナー国防次官補（インド太平洋安全保障担当）、韓国国防省の金万基（キムマンギ）国防政策室長が各国を代表して出席した。

日本側は国際社会の共通目標として、国連安保理決議に従った北朝鮮の完全な非核化と弾道ミサイルの検証可能で不可逆的な放棄の実現に向け、日米韓3カ国が緊密に連携することの重要性を提起した。

防衛省では「今後も閣僚レベルの交流を含むさまざまな機会を活用し、日米韓3カ国の連携を強化していきたい」としている。

北朝鮮が飛翔体発射

弾道ミサイル技術を使用

防衛省は9月28日、北朝鮮が同日午前6時38分頃、北朝鮮内陸部から1発の弾道ミサイルの可能性があるものを東方向に発射したと発表した。日本への影響はなく、航空機や船舶などへの被害は確認されていない。

防衛省は直ちに政府内や関係機関に対して速やかに情報を共有するとともに、岸防衛相は菅首相からの指示を受け、防衛省・自衛隊の幹部に対し「情報収集・警戒監視に万全を期せ」と指示を出し、省内では関係幹部会議が開かれた。

岸防衛相は10月1日の記者会見で「詳細は分析中」とした上で、「9月29日の北朝鮮メディアでは、新しく開発した極超音速ミサイル『火星8号』の試験発射を初めて実施し、ミサイルの安定性や誘導機動性、滑空飛行特性などを実証した旨が報じられていると承知している」と述べ、「これまで得られた諸情報を総合的に勘案すると、今般の発射は、関連する安保理決議に違反する弾道ミサイル技術を使用したものと判断される」と明言し、「極めて遺憾」との言葉で強い遺憾の意を表明した。

日本政府は北京の大使館ルートを通じて北朝鮮に厳重抗議し、強く非難。岸大臣は「引き続き、米国や韓国と緊密に連携しながら、必要な情報の収集・分析、警戒監視に全力を挙げていきたい」と述べた。

16歳以上にも接種を始める

大規模センター

防衛省・自衛隊が東京と大阪に開設している新型コロナワクチンの「大規模接種センター」で10月4日、新たに「16歳以上」への接種が始まった。

これに先立ち、防衛省は9月24日、対象年齢をこれまでの「18歳以上」から「16歳以上」に引き下げることを決定。29日には高校生世代への接種について当初予定していた優先枠や時間帯枠を設けずに他の年齢層と同様、終日実施することを決めた。

今後、問題点があれば逐次見直していく方針だ。

北空司令官に安藤空将

安藤北空司令官

防衛省は9月30日付で北部航空方面隊司令官の深澤英一郎空将の勇退を認め、後任に安藤忠司内閣事務官兼空将補を空将に昇任させて起用する人事を発表した。このほか、同日付で陸将補に6人と空将補に2人、10月14日付で陸将補に1人がそれぞれ昇任する。

防衛省発令

▽北部航空方面隊司令官（内閣事務官）空将 安藤 忠司
▽統幕防衛計画部長（統幕防衛計画部副部長）海将補 江川 宏
▽同報道官（海幕監察官）同 小峯 雅登
▽同防衛計画部副部長（東部方面総監部幕僚副長）陸将補 白川 訓通
▽陸幕監理部長（中部方面総監部幕僚副長）同 岸良 知樹
▽東北方面総監部幕僚副長＝10月14日付＝（補給統制本部装備計画部長）同 佐藤 洋
▽東部方面総監部幕僚副長（3施設団長兼南恵庭駐屯地司令）同 浅賀 政宏
▽中部方面総監部幕僚副長（防衛大防衛学教育学群統率・戦史教育室長兼教授）同 貴島 康二
▽西部方面総監部幕僚副長（統幕指揮通信システム部長）同 田浦 尚之
▽3師団副師団長兼千僧駐屯地司令（富士学校機甲科部長兼諸職種協同センター副センター長）同 前島 政樹
▽3施設団長兼南恵庭駐屯地司令（情報本部計画部長）同 河口 弘幸
▽富士学校機甲科部長兼諸職種協同センター副センター長（東部方面総監部人事部長）同 堀田 秀成
▽輸送学校長（中央輸送隊長兼横浜駐屯地司令）同 黒田 耕太郎
▽衛生学校長兼三宿駐屯地司令兼中央病院（中央病院1内科部長兼4内科部長）同 伊藤 利光
▽教育訓練研究本部訓練評価部長（3師団副師団長兼千僧駐屯地司令）同 田中 仁朗
▽北海道補給処長兼島松駐屯地司令＝10月14日付＝（東北方面総監部幕僚副長）同 堀江 祐一
▽大阪地方協力本部長（西部方面総監部幕僚副長）同 柳 裕樹
▽防衛装備庁調達総括官（陸幕武器・化学課長）同 星指 吉見
▽統幕防衛計画部長（陸幕監理部長）同 徳永 勝彦
▽内閣官房へ出向兼陸将補（統幕防衛計画部長）同 徳永 勝彦
▽海幕監察官（航空集団幕僚長）海将補 中村 敏弘
▽航空集団幕僚長（統幕学校副校長）同 川村 伸一
▽統幕指揮通信システム部長（1輸送航空隊司令兼小牧基地司令）空将補 佐藤 網夫
▽統幕学校副校長（空自3術科学校長兼芦屋基地司令）同 岩城 公隆
▽空幕監理監察官（中部航空方面隊副司令官）同 佐川 詳二
▽航空総隊幕僚長（統幕防衛計画部長）同 亀岡 弘
▽中部航空方面隊副司令官（空幕監理監察官）同 佐藤 信知
▽西部航空警戒管制団司令兼春日基地司令（防衛装備庁総括装備調達官）同 田崎 剛広
▽警戒航空団司令（空自5術科学校長）同 横尾 広
▽1輸送航空隊司令兼小牧基地司令（航空保安管制群司令）同 渡部 琢也
▽4航空団司令兼松島基地司令（飛行開発実験団司令）同 増田 友晴
▽航空開発実験集団幕僚長（空自1術科学校長）同 市川 佳弘
▽飛行開発実験団司令（警戒航空団司令）同 白井 亮次
▽空自幹部候補生学校長兼奈良基地司令（4補給処長）同 山本 光伸
▽同1術科学校長（統幕報道官）同 伊藤 顕
▽同3術科学校長兼芦屋基地司令（2補給処長兼岐阜基地司令）同 徳重 勇一
▽同5術科学校長（西部航空警戒管制団司令兼春日基地司令）同 齋藤 拓也
▽2補給処長兼岐阜基地司令（空自幹部候補生学校長兼奈良基地司令）同 藤永 国博
▽4補給処長（航空開発実験集団幕僚長）同 石上 誠
▽防衛装備庁総括装備調達官（空幕整備・補給課長）同 秋本 康雄
▽退職（北部航空方面隊司令官）空将 深澤 英一郎
（輸送学校長）陸将補 源 弘紀
（衛生学校長兼三宿駐屯地司令兼中央病院）同 後藤 義孝
（教育訓練研究本部訓練評価部長）同 片岡 義博
（大阪地方協力本部長）同 濱田 博之
（防衛装備庁調達総括官）同 眞弓 康次
（航空総隊幕僚長）空将補 荒木 哲哉
（4航空団司令兼松島基地司令）同 津田 昌隆
▽退職＝10月14日付＝（北海道補給処長兼島松駐屯地司令）陸将補 岡田 俊和
（以上9月30日）

将・将補昇任

▽解空将補兼任、空将 内閣事務官 安藤 忠司
▽陸将補に昇任（防衛大防衛学教育学群統率・戦史教育室長）1陸佐 貴島 康二
（陸幕武器・化学課長）同 星指 吉見
（東部方面総監部人事部長）同 堀田 秀成
（中央輸送隊長）同 黒田 耕太郎
（中央病院1内科部長）同 伊藤 利光
（情報本部計画部長）同 河口 弘幸
▽陸将補に昇任＝10月14日付＝（補給統制本部装備計画部長）同 佐藤 洋
▽空将補に昇任（空幕整備・補給課長）1空佐 秋本 康雄
（航空保安管制群司令）同 渡部 琢也
（以上9月30日）
（2面に将・将補昇任者略歴）

春夏秋冬

自衛官の覚悟と政治家の覚悟

兼原 信克

岡部俊哉元陸幕長は、防大を卒業された年が私の外務省入省と同じ同期生である。ある日、いつもの日本酒「金滴」を盃に注ぎながら、「兼原さんは、朝起きたら何を一番に考えますか」とにこやかに聞かれた。何だろうなどとぼんやり考えていると、「私は、毎朝、自分はどこで、どうやって死ぬんだろうと考えます」と静かに言われた。粛然と背筋が伸びる思いがして、思わず杯を置いた。

外務省に出向してくれていた陸上自衛官は、その後、福島第一原発事故の際にCH47輸送ヘリを原子炉の真上に飛ばし、莫大な量の水を落下させた。作戦途中、いつ致死量の放射能が噴出してくるかわからなかった。ヘリの床にはぶ厚い鉛の板を敷いていたという。暫くたって再会した時、「あの時は、死ぬかもしれないと覚悟しましたよ」と涼やかな目で笑っていた。

この国を守るために命を懸ける人たちがいる。それは将軍、提督だけではない。下士官、一兵卒に至るまでそうである。同じく外務省の同僚だった海上自衛官は、私の書いた『歴史の教訓』を読んで手紙をくれた。「誤った国家指導の下でさえ、辛くても悔しくても必死に自分を納得させて散っていった日本人を誇りに思う」という下りを読んで泣きました、と認めてあった。

総軍25万の自衛隊の最高指揮官は、内閣総理大臣である。自衛官は、統幕長の上に防衛大臣を見、防衛大臣の上に総理大臣を見る。この3人だけが軍事指揮権を持つ。有事に及んで国家の命運と大勢の国民の命を握る。最高位にある総理は、頻繁な政局の後に突然国会から官邸にパラシュート降下してくる。総理の椅子に座った瞬間は、皆、普通のおじさんである。軍事専門家ではない。国民の代表である普通のおじさんが、国民を説得して世論の風を受け、国家を指導するのが民主主義国家である。

総理の仕事の中で、最も大切な仕事は、国家と国民の安全を守ることである。国民の安全に想いを馳せ、同時に、自衛官の生死を預かる責任を想い、父母の無事を祈る自衛官の家族を想い、国民と自衛官の心を一つにできる政治指導者だけが、厳しい令和の国際環境で日本を率いていける。この原稿が出るころには新総理が決まっているであろう。新総理の手腕に期待したい。

（元内閣官房副長官補・国家安全保障局次長、同志社大学特別客員教授）

朝雲寸言

「月夜に釜を抜く」という言い回しがある。江戸時代の「いろはかるた」の一枚に書かれた言葉である。月の明るい夜なので安心していたら、大切な家の釜を盗まれるまさかの展開になってしまった、との意味で、油断を戒める言葉である▼この言葉を地でいったような国が近頃のフランスではないか。仏企業が2016年に獲得したオーストラリア海軍向けの通常動力型潜水艦の共同建造計画を豪政府が取り消し、米英の機微技術をもとに豪国内で原潜を量産するとの米英提案に切り替えた。仏側は憤激しているが、彼らに油断がなかったとも言い切れない。契約から5年を経ても潜水艦配備のメドは立たず、経費も当初見積もりから膨らんでいたという。この間に、豪州が直面する中国の軍事的脅威は膨らむ一方だった▼もっとも米英豪の原潜計画の今後も曲折がありそうだ。豪州はウランを輸出してはいるが国内に原発はなく、国民の反原発感情は実は弱くない。原潜を量産する総コストも配備時期も見通せない。結局、相対的に低コストの外国製の通常動力型潜水艦を輸入する「第三の選択肢」が出てくるかもしれない▼その時、日本で建造する高性能の潜水艦が有力候補として浮上するとみるのは「仮定の積み重ね」でしかないのだろうか。不意に好機が訪れたとき素早く動けるよう、情報収集や輸出環境改善などの備えをしておくに越したことはない。油断大敵である。

時の焦点

国内

岸田内閣発足

政策遂行し安定政権を

新型コロナウイルスの流行は、危機的な状況を脱したとはいえ、次の感染拡大に備えなければならない。少子化や財政再建といった中長期の課題も山積している。国の舵取りを担う新たなリーダーは、着実に政策を遂行し、成果を出すことが求められる。

自民党総裁選で勝利した岸田文雄氏が、臨時国会で第100代の首相に選出された。官房長官に松野博一・元文部科学相を起用するなど人事を固め、岸田内閣を発足させた。

岸田首相は、自民党総裁選で「丁寧で寛容な政治」を掲げ、河野太郎、高市早苗、野田聖子の3氏を破った。安倍内閣当時、外相、党政調会長と要職を堅実にこなしてきた実績が、党内の期待を集めたのだろう。岸田氏の安定感を評価する声は多かった。

退陣した菅前首相は、官民のデジタル化や、温室効果ガスの排出削減など重要なテーマを推進する一方、感染症への対応で医療提供体制の確保などに手間取った。最後の記者会見で、「様々な仕事に答えを出すには1年は短すぎる」と述べた。困難な政策課題を解決するには、政治の安定が欠かせない。

岸田政権にとって、最初の試練は政権選択選挙の衆院選である。10月31日の投開票が発表されている。岸田首相は、自民、公明両党で過半数を維持できるかどうかが問われる。

新型コロナ対策のため、19都道府県に発令していた緊急事態宣言と、8県を対象としたまん延防止等重点措置は、全て解除された。「第5波」では、感染した人が入院できず、自宅で亡くなるケースが相次いだ。政府と自治体、医療機関が一体となり、病床を確保できる体制を構築することが急務である。

新政権は具体的な感染症対策をまとめ、実現の道筋を明確に示してほしい。今後は、停滞していた社会・経済活動を適切に再開していくことも課題だ。ワクチンパスポート（接種証明書）の活用などを積極的に進めねばならない。

菅前首相は、緊急事態宣言などを発出する記者会見で、たびたび説明不足が指摘された。岸田首相は、国民の納得が得られるよう、丁寧に語りかけてもらいたい。

平和安全法制の整備によって、日米同盟はかつてないほど深化した。しかし、日本周辺の安全保障環境は依然厳しい。

岸田首相は総裁選で、強引な海洋進出をやめない中国に対し、「米欧豪印などとともに毅然と対応」すると強調した。日米同盟を基軸に、多国間の防衛協力を進めることが大切だ。

北朝鮮は先月、弾道ミサイルの発射を繰り返した。岸田政権は、敵のミサイル発射基地を自衛のために破壊する「敵基地攻撃能力」の保有も、真剣に検討してほしい。

夏川　明雄（政治評論家）

海外

独総選挙

社民主導の連立政権か

在任16年のメルケル首相の後任を決める場となったドイツ連邦議会選挙は、メルケル与党のキリスト教民主・社会同盟（CDU・CSU）と連立を組んできた中道左派の社会民主党（SPD）が得票率25・7%で第1党となり、連立政権を主導してきたCDU・CSUは歴史的な大敗を喫した。野党で環境政党「緑の党」が第3党に躍進したほか、産業界寄りの自由民主党（FDP）も善戦し、SPD、緑の党、FDPの3党が2017年の前回総選挙に比べ、得票率を伸ばした。

次期政権の誕生はSPDを軸とした連立交渉の結果を待つことになるが、同党のショルツ首相候補（副首相兼財務相）は緑の党にFDPを加えた「信号連立」（3党のシンボルカラーの赤、緑、黄からこう呼ばれる）を目指す構えだ。総選挙で争点となった税制・財政政策や気候変動対策、格差是正など社会的公正確保といった主要テーマをめぐり、各党の政策の違いをどこまで埋められるかが連立交渉の行方を左右する。後継首相として有力なショルツ氏は総選挙後の勝利集会で、赤い花と黄色の花の周りに緑の葉をあしらった花束を抱え、SPD主導の左派連立政権の発足に意欲を見せた。

今回の総選挙では、昨年来の新型コロナ対策に伴う大規模な財政出動に絡む財政健全化や近年の自然災害多発により国民の関心が高まる気候変動対策など内政問題が争点となり、外交・安全保障政策は脇に追いやられる格好となった。2015年の欧州への難民大量流入後の社会的混乱の中で行われた前回総選挙では、移民・難民の排斥を訴えた新興右翼政党「ドイツのための選択肢」（AfD）が躍進したことに象徴されるように、有権者は内向きになっており、外交・安保政策が争点にならないのは自然の流れでもある。

しかし、2005年以降4期16年にわたり政権を率いてきたメルケル首相が、足元の欧州連合（EU）が次々と直面した重要課題をめぐる政策調整をはじめとして、米国との同盟の維持・強化、ロシア、中国など主要関係国との駆け引きなどの外交・安保分野で果たしてきた役割や実績は大きなものがある。その眼目は、国際協調と国益追求のバランスを図りながら妥協点を探る対話重視の姿勢だが、信念を持った外交方針が時には権威主義的傾向を強めるロシアや中国に対しては融和的過ぎるといった批判を浴びもした。とはいえ、欧州を中心とする国際外交舞台で演じてきた存在感は大きかっただけに、「メルケル後」のドイツの政治・外交の動向に対する国際社会の関心は高い。

次期首相が濃厚なショルツ氏は弁護士出身で、州と同格のハンブルク特別市の市長をはじめ、現政権でナンバー2の重鎮として堅実な政治手腕を見せてきた。主要政党の首相候補の中で支持が高かったのも、政権を託する資格があると見立ててのことだ。総選挙前のインタビューではSPDの先輩宰相であるブラント、シュミット両政権下の東方外交の現代版の推進を公約に掲げていたが、外交・安保政策に大きな変化はないとみられる。

伊藤　努（外交評論家）

UNMISS司令部派遣の赤塚、菅野3佐

吉田陸幕長に帰国報告

吉田陸幕長（右）に帰国報告後、南スーダンPKOの状況を話す赤塚3佐（中央）と菅野3佐（左）＝9月21日、陸幕長応接室で

国連南スーダン共和国ミッション（UNMISS）の第12次司令部要員として、陸自から同国の首都ジュバに約1年間派遣されていた施設幕僚の赤塚喜与3佐と情報幕僚の菅野美怜3佐（共に陸上総隊所属）が9月上旬に帰国し、同21日、防衛省で吉田陸幕長に帰国報告を行った。

赤塚3佐は現地で施設幕僚として工兵部隊が実施する約3200キロに及ぶ補給幹線道路の整備などを担当。一方、菅野3佐は情報幕僚として年間約2万5000件のレポートを処理したほか、航空脅威評価委員会の統合分析センター代表としての活動にも当たった。

2人の帰国報告後、陸幕運用支援・訓練部長の戒田重雄将補が立会する中、吉田陸幕長が赤塚、菅野両3佐に3級賞詞を授与し、アフリカでの任務完遂を称えた。

引き続き行われた懇談で陸幕長は「2人がUNMISSの各国軍人から信頼されていることがよく分かった。南スーダンの国作りに直接関わることで日本の戦略的価値を高め、国際社会に対しても素晴らしい貢献をしてくれた。一年間ご苦労さまでした」と2人の労をねぎらった。

防衛省では2017年5月に陸自施設部隊による南スーダンPKO活動が終了した後も、UNMISS司令部（約400人）への陸自隊員4人（兵站、情報、施設、航空運用の各幕僚）の派遣を続け、それぞれ約1年間の任務に就いている。

ロシア駆逐艦が宗谷海峡を東進

9月23日午前1時ごろ、ロシア海軍の「ウダロイI」級駆逐艦（満載排水量約8600トン、艦番号564「アドミラル・トリブツ」）1隻が北海道・宗谷岬の西方135キロの日本海を北東に向け航行するのを海自1ミサイル艇隊（余市）のミサイル艇「わかたか」が確認、警戒監視などに当たった。

露艦はこの後、宗谷海峡を東進してオホーツク海に出た。

中国フリゲート宮古海峡を北上

9月24日午前9時ごろ、中国海軍の「ジャンカイII」級フリゲート（満載排水量約3900トン、艦番号548「益陽」）1隻が沖縄・宮古島の南方約85キロの太平洋を北東に向け航行するのを海自5空群（那覇）のP3C哨戒機、46掃海隊（勝連）の掃海艇「ししじま」が確認した。

中国艦はこの後、沖縄本島と宮古島間の宮古海峡を北上して東シナ海に入った。

防衛省生協3年度通常総代会

共済への加入を促進

防衛省職員生活協同組合（防衛省生協、武藤義哉理事長）は9月22日、東京都新宿区のホテルグランドヒル市ヶ谷で令和3年度通常総代会を開いた。

今年度も前年に引き続き新型コロナ感染症対策として、遠方の総代には書面による議決を推奨した結果、出席した総代108人のうち書面出席者が93人となった。

開会あいさつで武藤理事長は、防衛省生協の事業について「コストパフォーマンスが良い共済を提供でき、加入者も多く安定性がある」と語り、組合員に利益が還元されると強調した。

議案審議は陸自中央業務支援隊総務部長で総代の箕輪康二1佐が議長を務め、防衛省生協の川崎朗専務理事が説明を行った。

議決の結果、「令和2年度事業報告書及び付属明細書」「令和3年度事業計画・予算案」など7議案は全て承認され、このうち令和3年度事業計画案では、2年度に引き続き「火災共済」「生命共済」「長期生命共済」の加入促進を強化していく方針が示された。このほか一部制度を改定し、退職火災共済を受けるのに必要な勤務年数を14年から10年に緩和していくことなどが報告された。

今年度も加入促進に向けて各種キャンペーンを行っており、特に事務官・技官等に対し積極的に広報活動を実施していることを説明。席上、事務官のマスコット・キャラクター「さくら」も発表した。

運営体制を強化するために今年7月から試行中の「現職組合員専用コールセンター」については、11月以降、スタッフの増強・業務拡大に向けて準備を進めていることが報告された。

防衛省生協の令和3年度通常総代会であいさつする武藤理事長（左壇上）＝9月22日、東京都新宿区のホテルグランドヒル市ヶ谷で

海自IPD部隊「しらぬい」

仏哨戒機と防空訓練

インド太平洋方面を長期巡航中の海自派遣訓練部隊（IPD21、指揮官・池内出将補＝3護群司令、護衛艦「かが」「しらぬい」「むらさめ」、潜水艦で編成）の護衛艦「しらぬい」は9月17日、ニューカレドニア駐留のフランス軍哨戒機と南太平洋で日仏共同訓練「オグリ・ヴェルニー」を実施した。

訓練名の「オグリ・ヴェルニー」は横須賀製鉄所の建設に貢献した小栗忠順とフランス人技師のレオンス・ヴェルニー氏に由来。日仏海上部隊が同名で共同訓練を行うのは初めて。

「しらぬい」は仏軍のファルコン200ガーディアン哨戒機と共に防空戦演習を行い、戦術面での相互運用性を向上させた。

これに先立ち同艦は9月13日から16日までニューカレドニアの北東に位置するバヌアツの警察海上部隊と初めて親善訓練を実施。オペレーションセンターと通信訓練を行い、相互理解を増進した。

このほか、IPD部隊の「かが」と「むらさめ」は18日に豪州北方海域で豪海軍の哨戒艇「マイトランド」と、24日にはインド洋東方海域でインド太平洋方面に展開しているドイツ海軍のフリゲート「バイエルン」と共同訓練を行った。

共済組合だより

共済組合から「結婚資金」が借りられます

共済組合ではご結婚が決まった方向けに、結婚資金の貸付を行っています。

この貸付（結婚貸付）は組合員、被扶養者又は被扶養者以外の組合員の子の結婚（届出をしていないが事実上婚姻関係と同様の事情にある場合を含みます。）に要する費用をお貸しするもので、利用対象者は組合員期間が6月以上の組合員となっております。

貸付限度額は月収額（俸給、俸給の特別調整額、初任給調整手当、扶養手当、研究員調整手当、地域手当、自衛官候補生手当、学生手当及び生徒手当の月額の合計額）の6月分です。

弁済期間は90月以内（毎月の弁済元金1000円以上）で、利率は年利1・76%となっております。弁済方法は毎月の給与等からの源泉控除（千円単位の額で元金均等弁済）で、ボーナス併用の場合はボーナス分の弁済額の合計額が貸付金の2分の1の範囲の額で、6月・12月の各弁済額は同額となります。

「結婚貸付」に関する詳細や、提出・添付書類などについては『共済のしおり　GOODLIFE』の27ページまたは防衛省共済組合ホームページ（結婚）をご覧いただくか、ご所属の共済組合支部貸付係までお問い合わせください。

将・将補昇任者略歴

安藤　忠司（あんどう・ちゅうじ）空将　防大33期。平成元年空自。15年2佐、20年1佐、27年空将補。2空団司令、航空戦術教導団司令などを経て、令和元年8月内閣官房内閣審議官＝国家安全保障局＝併内閣官房副長官補付。福島県出身。54歳。

貴島　康二（きじま・こうじ）陸将補　防大36期。平成4年陸自。18年2佐、23年1佐。7高特群長、研本主任研究開発官、北方防衛部長などを経て、令和2年12月防大防教群統率・戦史教育室長兼教授。鹿児島県出身。52歳。

星指　吉見（ほしさし・よしみ）陸将補　防大35期。平成3年陸自。17年2佐、22年1佐。武器学校主任教官、10後支連長、装備庁武器調達官などを経て、30年12月陸幕武器・化学課長。埼玉県出身。53歳。

堀田　秀成（ほった・しゅうせい）陸将補　防大37期。平成5年陸自。19年2佐、24年1佐。72戦連長、陸幕防衛課防衛調整官、幹校主任教官、6師団幕僚長などを経て、令和元年12月東方人事部長。石川県出身。51歳。

黒田　耕太郎（くろだ・こうたろう）陸将補　防大34期。平成2年陸自。16年2佐、22年1佐。札幌地本募集課長、北方後支隊輸送隊長、陸幕装計課輸送室長などを経て、令和2年8月中央輸送隊長兼横浜駐屯地司令。愛媛県出身。54歳。

伊藤　利光（いとう・としみつ）陸将補　防医大11期。平成2年陸自。14年2佐、19年1佐。中央病院メンタルリハビリ科部長、同衛生資材部長などを経て、令和3年3月同1内科部長兼4内科部長。東京都出身。58歳。

河口　弘幸（かわぐち・ひろゆき）陸将補　早大法卒。平成7年陸自。21年2佐、26年1佐。統幕運用3課訓練班長、13施設群長、陸幕情報課長などを経て、令和2年8月情報本部計画部長。茨城県出身。52歳。

佐藤　洋（さとう・ひろし）陸将補　防大37期。平成5年陸自。19年2佐、24年1佐。幹校教官、陸幕人計課企画班長、6後支連長、西方人事部長などを経て、31年4月補統本部装備計画部長。山形県出身。50歳。

秋本　康雄（あきもと・やすお）空将補　帝京大文卒。平成4年空自。18年2佐、23年1佐。空幕整補課整備4班長、4空団整補群司令、山口地本長、中警団副司令などを経て、31年4月空幕整備・補給課長。山口県出身。55歳。

渡部　琢也（わたなべ・たくや）空将補　防大35期。平成3年空自。18年2佐、23年1佐。空幕装備体系課装備体系1班長、6空団飛行群司令、空幕広報室長などを経て、令和元年8月管制群司令。千葉県出身。54歳。

防衛省発令

▽兼統幕運用2課　陸幕通信電子課　1陸佐　下平　隆晴
（9月25日）
▽海幕人事計画課人事計画調整官（2航空隊司令）　1海佐　稲崎　精一郎
▽解海幕人事計画課人事計画調整官兼補　海幕人事計画課募集推進室長　同　大宅　学
▽2航空群首席幕僚（2航空群司令部）　同　田村　知史
▽2航空隊司令（同首席幕僚）　同　前田　忠久
（以上9月27日）
▽防衛大防衛学教育学群統率・戦史教育室長兼教授（北部方面総監部人事部長）　1陸佐　吉春　隆史
▽統幕運用1課（空幕防衛課長）　1空佐　上村　博之
▽同計画課業務計画班長（統幕計画課）　1陸佐　古庄　明裕
▽同統合防衛戦略室長（空幕防衛課）　1空佐　小黒　正隆
▽統幕学校教育課1教官室学校教官＝10月14日付＝（6師団3部長）　1陸佐　坂本　克好
▽陸幕人事教育計画課服務室長＝同＝（72戦車連隊長兼北恵庭駐屯地司令）　同　黒木　崇
▽同訓練課訓練・演習班長＝同＝（陸幕訓練課）　同　水越　洋光
▽同施設課長（教育訓練研究本部主任教官）　同　末継　智久
▽同装備計画課輸送室長（東部方面後方支援隊東部方面輸送隊長）　同　山田　浩一
▽同装備計画課（中部方面総監部需品課長）　同　荒川　ゆかり
▽同武器・化学課長（1後方支援連隊長）　同　佐藤　佳久
▽同総括副法務官（東部方面総監部法務官）　同　糸尾　悦司
▽北部方面総監部人事部長（陸幕施設課長）　同　大久保　克久
▽同指揮所訓練支援隊長（装備実験隊副隊長）　同　中村　智志
▽東北方面総監部情報部長（長野地方協力本部長）　同　三笠　展隆
▽東部方面総監部人事部長（陸幕総括副法務官）　同　田中　淳
▽同法務官（15即応機動連隊長）　同　品川　淳二
▽同後方支援隊東部方面輸送隊長（輸送学校）　同　大崎　香織
▽中部方面総監部需品課長（需品学校）　同　山口　峰生
▽2師団幕僚長＝10月14日付＝（教育訓練研究本部主任訓練評価官）　同　渡辺　亘紀
▽6師団3部長＝同＝（6師団司令部）　同　深江　防人
▽72戦車連隊長兼北恵庭駐屯地司令＝同＝（統幕学校教育課1教官室学校教官）　同　梅田　宗法
▽15即応機動連隊長（教育訓練研究本部企画調整官）　同　福井　謙
▽34普通科連隊長兼板妻駐屯地司令（陸幕人事教育計画課）　同　水野　克輝
▽1後方支援連隊長（同装備計画課兼統幕運用2課）　同　土江　琢郎
▽対馬警備隊長兼対馬駐屯地司令（北部方面指揮所訓練支援隊長）　同　町中　芳則
▽装備実験隊副隊長（34普通科連隊長兼板妻駐屯地司令）　同　深田　満男
▽中央輸送隊長兼横浜駐屯地司令（陸幕装備計画課輸送室長）　同　小澤　和之
▽富士学校教育課長（対馬警備隊長兼対馬駐屯地司令）　同　山口　勝
▽訓練評価支援隊長＝10月14日付＝（2師団幕僚長）　同　中本　尚明
▽教育訓練研究本部企画調整官（統幕計画課業務計画班長）　同　千葉　武志
▽同主任教官（滋賀地方協力本部長）　同　河野　淳司
▽同主任訓練評価官＝10月14日付＝（教育訓練研究本部）　同　堀口　大助
▽教育訓練研究本部（陸上総隊運用部付）　同　眞鍋　輝彦
▽同＝10月14日付＝（陸幕訓練課訓練・演習班長）　同　佐藤　徹
▽補給統制本部装備計画部長＝同＝（同人事教育計画課服務室長）　同　古内　弘樹
▽中央病院1内科部長兼3内科部長（中央病院3内科部長）　同　青野　茂昭
▽長野地方協力本部長（教育訓練研究本部）　同　林　英彦
▽滋賀地方協力本部長（富士学校教育課長）　同　淺田　健
▽情報本部計画部長（情報本部）　同　原　雅樹
▽空幕総務課庶務室長（統幕計画課統合防衛戦略室長）　1空佐　斎藤　和典
▽同防衛課長（空幕総務課庶務室長）　同　富川　輝
▽同防衛課（同事業計画1課航空1班長）　同　中原　聡
▽同事業計画1課航空1班長（同事業計画1課）　同　村尾　太郎
▽同装備課装備調整官（2航空団整備補給群司令）　同　稲村　健吾
▽同整備・補給課長（空幕装備課装備調整官）　同　荻野　匡史
▽2航空団整備補給群司令（同人事教育計画課）　同　森田　健
▽航空保安管制群司令（中部航空方面隊幕僚長）　同　井上　伸康
（以上9月30日）
▽防衛研究所主任研究官（防衛研究所員）　1海佐　水野　剛
▽統幕運用2課運用室運営班長（統幕運用2課）　同　岩井　忠史
▽海幕援護業務課（海自3術科学校教育2部長）　同　志野　雅一
▽同防衛課兼装備体系課（呉造修補給所副所長）　同　前田　達也
▽同航空機課（海自3術科学校研究部長）　同　金沢　慶人
▽23航空隊（統幕運用2課運用室運営班長）　同　山田　健一
▽呉地方総監部監察官（佐世保地方総監部援護業務課長）　2海佐　馬場　賢治
▽大湊地方総監部防衛部（横須賀地方総監部）　1海佐　白方　将司
▽呉造修補給所副所長（南関東防衛局装備課長）　同　川上　哲也
▽海自幹部学校（呉地方総監部監察官）　同　山口　雅史
▽海自3術科学校教育2部長　事務取扱　海自3術科学校副校長　同　白坂　政秀
▽同研究部長（海自3術科学校）　同　本多　正敏
▽同学校（防衛研究所主任研究官）　同　石家　智弘
▽艦船補給処艦船部長（艦船補給処）　2海佐　黒田　英史
▽札幌病院内科部長（103野外病院隊長）　1陸佐　田嶋　修
▽解佐世保病院検査研究課長兼補　佐世保病院副院長兼診療部長　1海佐　長尾　華
▽南関東防衛局装備課長（艦船補給処艦船部長）　同　野口　祐一郎
（以上10月1日）
▽解防衛医大図書館事務長併任、人事教育局給与課長（防衛医大事務局総務課長）　齋藤　敏幸
▽退職（人事教育局給与課長）　伊藤　俊男
（以上10月1日）
▽大臣官房広報課長（大臣官房企画官）　安居院　公仁
（10月4日）

C130部隊間で連携

空自とフィリピン空軍初

人道支援・災害救援訓練

空自とフィリピン空軍による初の「日比人道支援・災害救援（HA／DR）共同訓練」がこのほど、同国・ルソン島のクラーク空軍基地とその周辺空域を舞台に実施された。同訓練に空自から派遣された1輸空（小牧）のC130H輸送機1機と訓練指揮官の水野将貴3佐以下401飛行隊の約10人は、共にC130型機を運用するフィリピン空軍と飛行計画や貨物の搭載、不測事態対処要領などの運用方法を共有し、不測の大災害への対処手順を磨いた。

訓練開始に先立ち、空自C130H輸送機をバックに記念撮影に臨む日本・フィリピン両国の隊員（写真はいずれも比・ルソン島のクラーク空軍基地で）

フォークリフトを使用し、共同でC130から器材を卸下する日比の隊員

1輸空の401飛行隊から10人

互いの災害対処能力磨く

記念品の交換後、クラーク基地の施設前でポーズをとって記念撮影する日比の隊員

空自の参加隊員はフィリピンに到着後、コロナ対策で2週間の停留を行った上で比空軍との共同訓練を開始した。

1輸空の隊員たちは訓練2日目、比空軍輸送機部隊のクルーを空自C130Hに招き、空自の同機運用法を展示。さらに災害時のHA／DRを想定した飛行計画や貨物の搭載、不測事態の対処要領などを紹介し、両国のC130を使用した共同搭載・卸下訓練も行った。

期間中、空自はC130Hに比軍人を乗せての体験タクシングなども実施、その後、意見交換を行うことで機体の運用要領の違いについて理解を深めた。

◇

派遣訓練指揮官を務めた水野将貴3佐は「フィリピン空軍との共同訓練は両国の部隊にとって非常に有意義なものになった。日比国交正常化65周年と戦略的パートナーシップ10周年の節目の年である本年、記念すべき共同訓練に参加でき、我が国のプレゼンスの発揮にも貢献できたと確信している。今後も空自のC130H部隊は国際的な交流における役割を果たしていく」と語った。

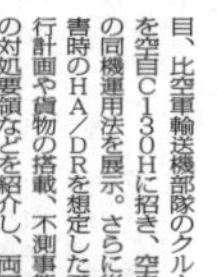

フィリピン空軍のクルーを乗せ、体験タクシングを実施する空自C130H輸送機

訓練3日目、基地内で比空軍と意見交換する1輸空の幹部（左）

C130Hの中で空自隊員から機体の運用要領について説明を受けるフィリピン空軍のクルー

初の日比2国間共同訓練を記念し、フィリピン空軍の幹部（左）と記念品を交換する空自訓練指揮官の水野3佐

前事不忘 後事之師　第69回

国際政治における道義の実現

ドイツの哲学者ニーチェは、「お前が永いあいだ深淵をのぞきこんでいれば、深淵もお前をのぞきこむ」と述べています。

第二次世界大戦を戦った主要国の指導者が行った国益追求のための冷徹な振る舞いを見ていると、ついその暗い深淵に飲み込まれて、国際政治で物を言うのは軍事力を中心とするハードパワーで、道義は関係ないと考えてしまいそうになります。

実際、アメリカの国際政治学者の一人は「世界政府のない自助の世界で生きる諸国家にとって、生存する最善の道は、たとえそのために無慈悲な政策の追求を要するとしても、可能なかぎり強力になること」と述べています。しかしながら、米国クリントン政権で国防総省の高官を務め「東アジア戦略報告」を策定した国際政治学者のジョセフ・ナイは、その著書『国家にモラルはあるか』において、国際政治において完全に道義を無視する考えは道徳的な価値を全面的に適用しようとする考え同様に短絡的であると主張し、国際政治では剣だけに力があるのではなく、道義的な言葉にも力があり、剣のほうがすばやく動かせるように見えても言葉には人の心を変える力があると述べています。

ジョセフ・ナイ著『国家にモラルはあるか』（早川書房刊）

ナイは、著書の中で第二次大戦中にルーズベルト大統領が構想し、トルーマン大統領が実現した国際連合などの戦後秩序は力の役割のみを優先する冷徹なリアリズムだけでは説明できず、アメリカ外交の伝統である道徳主義的理想が背景にあったと解説します。

私がナイの著書を読んで強い印象を受けたことの一つは、国際政治において指導者は倫理的な動機に基づき行動することが重要であるとしながらも、「結果」が大切だと主張している点です。ナイはドイツの思想家マックス・ウェーバーが唱えた「信念倫理」と「責任倫理」という二つの概念を使ってこれを説明します。「信念倫理」とは不正なことは一切拒否するという信念からなされた行為ならその結果責任は行為者ではなく神に委ねるというものであるのに対し、「責任倫理」はたとえ純粋な心情から行われた行為であっても人は〝予見しうる結果〟の責任を負うべきであるというものです。

ナイは国際政治の世界ではこの二つの倫理のうち「責任倫理」――たとえ動機が道徳的に正しいものであっても結果が悪ければ重大な責任がある――が重要であると説明します。ナイは2003年のジョージ・W・ブッシュ大統領が行ったフセイン政権打倒のためのイラク戦争は世界を善と悪の二元論で見たブッシュの道義的直観に衝き動かされた面が大きいと分析し、その道義的純粋さは必ずしも批判しないものの、中近東に大混乱を生み出した結果は責任倫理の観点から重大な問題があったと述べます。ナイは外交政策における問題は、その状況の複雑さにあり、指導者には道義的な政策を構築するにあたり「状況を把握する知性」と「慎重さ」という資質が重要であるが、ブッシュ大統領はその双方が欠けていたと低評価です。

前述した思想家ウェーバーは人々が信念を持つことに敬意を払いながらも、政治に〝純粋さ〟を持ち込むことの危険を警告しています。私達は個人が信念に殉じた場合にはそれに高い評価を与えるので、その類推から国家も同様に行動すべきと考えがちですが、国民の生命を守ることが使命の国家であればむしろそうした純粋さは危険です。

先般、アフガニスタンから米軍が撤退し、タリバンが首都カブールを陥落させたという事件がありました。米軍のアフガニスタンへの攻撃は9・11テロへの対応に端を発するものであり相応の正当性があり米国民の強い支持もありましたが、一時の道義的な信念に衝き動かされて、イラク戦争同様に「慎重さ」と「状況を把握する知性」に欠けていたように思います。

イタリアの思想家マキャベリは「君主には策略の罠を知り尽くすキツネの能力（状況を把握する知性と慎重さ）とライオンの能力（力）の両方が必要だ」と述べています。マキャベリは外交政策の大半は道義にもとるものだと主張したので、彼を引用するのは、矛盾するかもしれませんが、国家が国際社会で道義を実現しようとする上でもマキャベリが言った二つの能力が不可欠なのではないでしょうか。

鎌田 昭良（元防衛省大臣官房長、元装備施設本部長、防衛基盤整備協会理事長）

…… 前事忘れざるは後事の師 ……

～地本　ホッと通信～

中学生が職場体験　鳥取

最新!!C2輸送機を見学

空自3輸空のC2輸送機をバックに記念撮影に納まる名和中学校と大山中学校の生徒たち（7月6日、美保基地で）

C2輸送機の巨大なエンジンを間近から見学する生徒（7月6日、美保基地で）

【鳥取】地本は7月6、7日の両日と9日、大山町立名和中学校と大山中学校の生徒8人が美保基地や米子駐屯地で行った職場体験学習を支援した。

初日は境港市の空自美保基地を訪れ、最新のC2輸送機などを見学。生徒たちはC2の機内にも入り、コックピットでパイロットから操縦法を聞いたほか、間近から大きなエンジンなどを見て回った。さらにC2のフライト・シミュレーターにも搭乗、前面のモニターに上空から見るのと同じ景色が映しだされると、そのリアルな映像に驚きの表情を見せていた。この後、生徒たちは修理隊工作班に移動、隊員から指導を受けながらアルミ板を加工して自分のイニシャルのキーホルダー作りを楽しんだ。

2日目は同基地の通信隊、消防小隊、管制隊などを訪れた。中でも消防小隊では実際に消防服を試着し、ホースも展張、火災への対処法を学んだ。さらに普段入ることのできない管制塔にも上り、発着する航空機に指示を出すオペレーションルームを見学。気象隊では気象に関する説明を受け、航空機の運用では気象が非常に重要であることを認識した。

9日は大山中の生徒4人が米子駐屯地を訪問。4人はまず駐屯地の概要について説明を受けた後、高機動車に試乗し、資料館も見学。昼食は飯盒炊飯でご飯を炊くなど自炊に挑戦し、隊員の指導を受けながらチキンライス、ミートスパゲティ、みそ汁を作り上げ、皆でおいしそうに頬張った。

午後からは陸自のロープ訓練や人命救助活動に挑戦。スロープを斜面に見立て、ロープ一本で体重を支えながら降下する要領などを学んだ。人命救助訓練では、通報を受けてから救出するまでの一連の流れを体験。要救助者役の隊員をエマージェンシーシートで包み、生徒代表が指揮を執りながら救助するまでの動作を習った。

盛りだくさんのメニューに生徒たちは「疲れたけど楽しかった」「参加して良かった」と語り、充実した自衛隊での職場体験学習となった。

消防活動、人命救助など盛りだくさん

㊤基地の消防小隊では消防服を試着した（7月7日、美保基地で）
㊨ロープを使って降下要領を体験する大山中の生徒たち（7月9日、米子駐屯地で）

札　幌

地本は8月28、29の両日、真駒内、東千歳両駐屯地で高校3年の女子生徒と保護者を対象とした「ガールズツアー2021」を実施した。

ツアーでは陸自初の女性小隊長・黒川慈3尉による装備品の説明をはじめ営内見学などがあり、陸自での女性自衛官の活躍をアピールした。

生徒と女性隊員の懇談ではガールズトークに花が咲き、参加者たちは自衛隊に関するさまざまな疑問や不安を解消した。

岩　手

北上地域事務所は8月24、25の両日、岩手駐屯地の協力を得て北上翔南高校生徒のインターンシップを受け入れた。

高校生たちはまず地域事務所で自衛隊の概要説明を受け、自衛隊体操や担架搬送、ロープワークなどを体験。2日目は岩手駐屯地を訪れ、迷彩服に着替えた後、約15キロの背のうを背負い2キロメートルを行進。その後、陸自車両の体験搭乗や整備場見学などを行った。

参加した生徒は「行進はとてもキツかったが、自衛隊を職業の選択肢として考えるきっかけになった」と話していた。

福　島

地本は8月4日、空自松島基地の協力を得て、航空学生受験希望者と募集対象者の計22人に対し、松島基地研修を実施した。

基地では11飛行隊の格納庫でT4ブルーインパルスの関連装備を見学したほかパイロット用装具の装着も体験。その後、訓練飛行を見学し、ブルーのアクロバット飛行に歓声が上がった。

参加者からは「テレビで見たブルーインパルスを目の前で見ることができ、とても感動した」などの感想が聞かれた。

栃　木

地本はこのほど、佐野市文化会館で行われた「自衛隊音楽隊コンサート2021イン佐野」を支援した。

佐野市では自衛隊のコンサートを2年に1度開催しており、今回は陸自12音楽隊（相馬原）が担当。当日は新型コロナへの対策を講じ、約530人の市民が訪れた。

開演前には市長の挨拶に続き地本長の稲田裕一1佐が登壇。東京五輪にちなみ、「皆さまとの輪もますます広がるように、自衛隊を身近に感じられるよう楽しんで頂ければ」と述べた。

楽曲は、医療従事者へのエールを込め、医療ドラマ3作品（「コードブルー」「仁」「ドクターX」）のテーマ曲メドレーなどを約1時間にわたり演奏。途中、12音に所属する栃木県出身隊員が紹介されると大きな拍手が贈られた。

千　葉

地本は8月27日、海自横須賀基地で行われた「砕氷艦しらせ特別公開」に募集対象者等9人を案内した。

「しらせ」艦内では艦橋見学時にサプライズで歓迎の手旗信号とラッパ演奏があり、参加者から拍手が起こった。その後、体験喫食もあり、「ポークカレーが美味しかった」「自分も海自に入隊したい」といった感想が寄せられた。

新　潟

柏崎地域事務所は8月3、4の両日、柏崎港で海自舞鶴地方隊所属の掃海艇「あいしま」「すがしま」による体験航海を行った。地元の小学6年生約500人が参加した。

約1時間の航海を終えた子供たちからは「景色がとてもきれいで楽しかった」「海自の仕事が大変なのがよく分かった。頑張ってください」といった感想が聞かれた。

下船後は地本の広報ブース前で陸自高田駐屯地の軽装甲機動車、高機動車、オートバイなどの展示も行われた。

長　野

茅野地域事務所はこのほど、地元のショッピングモール「レイクウォーク岡谷」で無人写真展を開催した。

携帯でQRコードを読み込むと広報動画を視聴できる「QRコード展」、防大・防医大、高工校、航校の授業や生活風景を紹介する「防衛省学校写真展」、体校のオリンピック選手などを紹介する「自衛隊体育学校写真展」をそれぞれ出展した。

来場者のアンケートには「動画を見て自衛隊のイメージが変わりました」「体校の存在を初めて知り、競技の種類がとても多いと思いました」などの感想があった。

大　阪

地本は8月19、20の両日、大阪市北区のグランフロント大阪で開催された「震災対策技術展」に参加した。

同イベントでは計56団体が展示コーナーを設け、2日間で約4000人が来場。地本は今年夏の「熱海市伊豆山土砂災害」を含むこれまでの自衛隊の災派や女性自衛官の活躍などを紹介した。

このほか、地本の援護担当者が企業との顔合わせも実施。退職自衛官の雇用や有用性について説明を行い、企業側の理解を得た。

兵　庫

姫路地域事務所は8月6、7の両日、姫路駅前「にぎわい広場」で市街地広報を行った。

同広報を前に、地本は地元ラジオ「FMゲンキ」に出演して活動の予定を周知した。当日は広報官が交代で街頭に立ち、通学中の高校生らに募集広告を折り込んだ迷彩柄ポケットティッシュを配布。これには兵庫地本のマスコット「ひょうちん」も加わり、自衛隊をPRした。

広報ブースを訪れた見学者の中には「子供にも（自衛隊を）勧めたい」と語り、資料を持ち帰る姿もあった。

山　口

地本は8月25日、山口市内のホテルで「令和3年度山口県任期制隊員等合同企業説明会」を開催し、企業43社、3自衛隊の退職予定者35人が参加した。

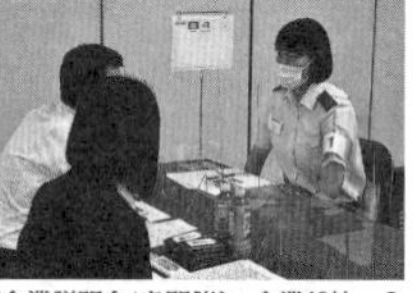

新型コロナ対策を万全にした当日の説明会では、農業、林業、漁業への就業に関する相談コーナーも設けられ、関心のある隊員が熱心に説明を受けていた。参加企業は隊員たちの意欲や人柄を高く評価、「ぜひ採用したい」という声もあった。この日は企業と隊員のマッチングも複数成立し、有意義なイベントとなった。

福　岡

福岡地本長の深草貴信1佐は8月5日、三井郡の大刀洗町を訪れ「大刀洗町防衛議員連盟」の高橋直也会長（同町副議長）ら役員等を表敬した。

同連盟は今年3月、会員10人で発足した。福岡県内では13番目で、町単独では県内初。高橋会長は表敬した深草地本長に対し、「県内における大雨・洪水に関する災害対応が喫緊の課題であり、町としても筑後川流域である特性から、ぜひ自衛隊と連携できる環境を整えたいとの想いから連盟を立ち上げた」と述べた。これに対し地本長は、「地本としても連盟の発足に大変心強く感じております。引き続き防衛協力基盤の強化に向け連携を深めていきたい」と語り、建設的な意見交換を行った。

大　分

地本は8月5日、空自築城基地で春日ヘリ空輸隊（春日）の支援を受け、募集対象者13人に対し、航空機体験搭乗を行った。

今年度初の空自の体験搭乗となり、新型コロナ対策を徹底して実施。当日は天候にも恵まれ、晴れ渡る青空に向けてCH47輸送ヘリが飛び立った。

参加者からは「貴重な体験ができ、とても楽しかった。自分もパイロットを目指し、いつか航空機を操縦してみたい」といった感想があった。

90式戦車など市街地自走

釧路、苫小牧、千歳、室蘭

7師団 長距離機動訓練

釧路市の公道を自走して釧路港に進出する73戦連の90式戦車と沿道で声援を送る市民

民間輸送船「ナッチャンWorld」で海上機動の後、苫小牧港に下ろされる90式戦車

【7師団＝東千歳】7師団は9月5日から8日まで、北海道内で「令和3年度長距離機動訓練」を実施した。

他職種の部隊が加わった「増強第73戦車連隊」は装軌車11両、装輪車38両で編成。釧路駐屯地から釧路港までの約18キロは、90式戦車なども夜間、公道を自走して前進した。

釧路港に到着後は防衛省が借り上げたPFI民間輸送船「ナッチャンWorld」に自走で乗り込み、太平洋を苫小牧まで海上機動した。

苫小牧港で下船した部隊は、再び東千歳駐屯地までの約33キロの公道を自走。

今回は初の試みとして、釧路で積み込んだ一部車両を苫小牧港からさらに室蘭港まで輸送し、装軌車3両を含む車両12両は室蘭港で卸下された後、東千歳まで97キロを機動した。

今回で4度目となった釧路市街地の装軌車自走では、有事に即応する陸自部隊を一目見ようと多くの市民が沿道に集まり、隊員たちに声援を送った。

また苫小牧、千歳の市街地でも自衛隊協力団体などの会員から盛大な激励を受けた。

一部の大型車両はトレーラーでも輸送された

弾先に総力結集

155ミリ榴弾砲 次々と発射

10特連

【10特連＝豊川】10特連は8月24日から28日までの間、東富士演習場で射撃能力向上を目的とした「令和3年度連隊実射練成訓練」を実施した。

初日は夜明け前から東富士まで約200キロを車両で機動し、翌朝から防御想定下で陣地進入。その後、直ちに射撃準備と非実射連携訓練を実施し、万全の態勢を整えた。

そして迎えた26日、天候に恵まれた富士の裾野で実射訓練を開始。各部隊は「個々の能力に裏付けられた組織力」を最大に発揮。各隊員も一人一人が基本・基礎を徹底し、それぞれ弾先に総力を結集、155ミリ榴弾砲を次々と連続射撃した。

この間、射撃指揮班と密接に連携を図り、精度・速度とも良好な射撃結果を示し、所望の成果を得た。

射撃指揮班と密接に連携し、155ミリ榴弾砲FH70を発射する10特連の隊員（東富士演習場で）

対機甲火力を流動的に運用し、敵の戦闘力を効果的に減殺した機動戦闘車中隊（日出生台演習場で）

「GOOD－BY作戦」発動

敵の着上陸部隊を破砕

12普連

【12普連＝国分】12普連は8月27日から9月4日まで、日出生台演習場で行われた第2次師団訓練検閲に「島嶼防衛における第一線守備連隊（協同部隊）」として参加、併せて第1次連隊訓練検閲を実施した。

受閲部隊は2・4中隊と4個直轄小隊（通信・施設・衛生・対戦車）で、交戦訓練装置「バトラーII」を使用し、ほぼ自由統裁の対抗方式で戦闘訓練に挑んだ。

部隊は27日早朝、「日出生台島」に向け機動展開を開始。到着後速やかに戦闘準備に着手し、30日未明に配備を完了、敵軍の着上陸を待ち受けた。

作戦名は敵にサヨナラを告げる「GOOD－BY作戦」。前方地域では着上陸を試みる敵に対し、西特連3大隊を主とした野戦特科が濃密な火力で敵を沈黙させ、直後、配属を受けた機動戦闘車中隊が流動的な戦闘で敵の戦闘力を効果的に減殺、着上陸した敵を破砕した。

島の沿岸部一帯では連隊の遊撃部隊が随所で襲・伏撃し、敵の攻撃前進を側方から脅かした。

31日昼頃から主戦闘地域で2・4中隊の防御戦闘が開始され、第一線における情報獲得からの火力要求、障害に連携させた猛烈な砲迫火力、対機甲火力を集中させた防御戦闘により、敵主力の侵攻を阻止した。

その後、師団からの再編成命令により、連隊としての後退行動（離脱）を暗夜のなか整斉と行い、再編成地に集結を完了。1日夕、再編成・戦力回復中に状況を終えた。

北部方面ヘリ隊と連携

水際地雷原や複合障害構成

3施団

【3施団＝南恵庭】3施設団は8月23日から9月4日まで、北海道大演習場と天塩訓練場で13施設群（幌別）に対し「旅団に配属された施設群の行動」、303ダンプ車両中隊（南恵庭）に対し「方面隊の全般支援に任ずるダンプ車両中隊の行動」をそれぞれ検閲課目に訓練検閲を実施した。

検閲官の浅賀政宏団長は「任務完遂のため、教育訓練成果を最大限に発揮せよ」と要望。準備を整えた受閲部隊は直ちに機動展開。13施群は当初、天塩訓練場で北部方面ヘリコプター隊と連携した水際地雷原の構成と汀線部における複合障害の構成を行った。

その後、部隊は北海道大演習場に移動、治安出動下の重要施設の防護、施設調整所と群指揮所の開設、旅団指揮所用軽掩蓋掩壕の構築、複合障害の構成、81式自走架柱橋による橋梁の架設、道路爆破などの訓練に挑んだ。

一方、303ダンプ車両中隊は骨材などの資材の運搬、部品庫用簡易掩蓋掩壕の構築を実施した。

検閲には実弾射撃を主要項目に取り入れ、部隊の射撃練度も併せて評価した。

敵の着上陸を阻止するため、海岸の汀線部に複合障害を構築する13施設群の隊員（天塩訓練場で）

訓練

真に戦える旅団へ

15旅団、防御時の行動評価

CH47輸送ヘリが安全に着陸できるよう現場の状況を伝える15ヘリ隊の隊員

【15旅団＝那覇】15旅団は8月28日から9月2日まで、那覇訓練場と中部訓練場で令和3年度第1次旅団訓練検閲を行った。

検閲は「真に戦える旅団」を実現するため、「防御」時における15ヘリ隊、15旅団司令部付隊、15音楽隊の行動を評価した。

統裁官の佐藤真旅団長は訓示で「有機的な指揮幕僚活動の持続」と「基本・基礎の確行」を要望、各部隊はこれに応え、旅団の任務完遂に寄与すべく日頃の練成成果を存分に発揮した。

ドローンで敵情解明、いざ攻撃

2普連

【2普連＝高田】2普連は9月5日から7日の2夜3日にわたり、1中隊、重迫撃砲小隊、情報小隊の訓練検閲を関山演習場で実施した。

古賀理都靖連隊長は「敵第一線陣地の攻撃に任ずる普通科中隊と直轄小隊の行動を評価・判定するもの」と述べ、隊員に「情報・火力・機動の連携」「指揮下部隊の確実な掌握」「基本基礎の徹底」の3点を要望した。

5日夕から翌6日朝にかけての約40キロの徒歩行進に引き続き集結地を占領した受閲部隊は、戦闘準備を開始。1中隊は陣地攻撃のための情報収集、重迫撃砲小隊は迅速な火力支援態勢の確立、情報小隊は地上偵察と合わせてドローンを用いた上空偵察により敵情を解明した。

7日朝、1中隊は判明した敵情をもとに機動と火力を連携させ、敵の第一線陣地への攻撃を開始。激しい戦闘で多くの損耗を出しつつも、中隊長の陣頭に立った指揮の下戦闘を継続し、成果を得て状況を終えた。

敵情偵察のためドローンを操作する2普連の情報小隊員（関山演習場で）

26普連が3次野営

【26普連＝留萌】北鎮・第2師団の一翼を担う26普連は8月30日から9月4日まで、上富良野演習場で第3次射撃野営訓練を実施した。

訓練は各種射撃練度の維持・向上と爆破による障害処理能力の練成が目的。81ミリ迫撃砲、12・7ミリ重機関銃、06式小銃てき弾、70式地雷原爆破装置の投射訓練を実施した。

各隊員は正確・迅速な射撃と堅固な射撃姿勢・戦闘照準を意識して射撃を行い、練度を向上させた。併せて交戦訓練装置（バトラー）を使用して小隊対抗の近接戦闘競技会も行い、小部隊の戦闘能力を向上させた。

重機関銃を射撃する26普連の隊員（上富良野演習場で）

11飛行隊と協同

10即機連

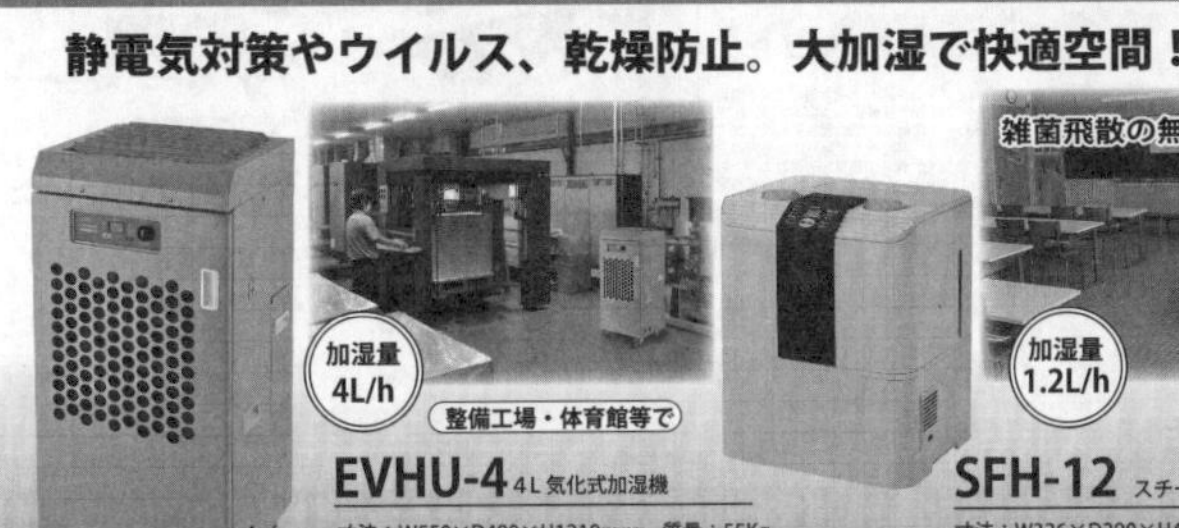

11飛行隊のUH1ヘリから偵察用オートバイを卸下する10即機連の偵察小隊員（滝川演習場で）

【10即機連＝滝川】10即応機動連隊は9月16日、滝川演習場などで11飛行隊との協同訓練を実施した。

訓練ではUH1多用途ヘリを使った空中観測（目標捜索・火力要求）、偵察小隊の空中機動（偵察用オートバイの積載・空中機動・卸下）をそれぞれ演練、連隊の偵察・情報収集能力の向上を図った。

HTCの対抗演習に参加

5旅団「連続6夜7日」

通信基盤「正蒼院」を初運用

【5旅団＝帯広】5旅団は8月20日から26日まで、矢臼別演習場で教育訓練研究本部（目黒）が担任する「令和3年度北海道訓練センター（HTC）実動対抗演習第3回運営」に、旅団から27普連、5特科隊、5後支隊、5戦大、5施設隊、5飛行隊、5通信隊、5高特中隊を参加させた。

本運営は訓練評価支援隊（HTC、北千歳）が戦車・野戦特科を含む諸職種協同の普通科連隊等に対し、実動対抗演習の場を設け、指揮幕僚活動等と戦闘の客観的・計数的な評価を行い、諸職種協同作戦に必要な練度の向上を図る目的で行われた。

参加部隊は実際的な損耗を付与される交戦訓練装置を使用し、実戦に近い環境下で演習に臨んだ。

「連続6夜7日」に及んだ対抗演習では、増強第27普通科連隊（連隊長・五日市弘之1佐）が防御部隊として、侵攻してくる敵（東北方面隊・6師団隷下の第44戦闘団）の攻撃を阻止し、防御行動を全うした。

本演習では師・旅団では初の試みとなる「正蒼院」（陸上自衛隊クローズ系クラウドシステム）を通信基盤として活用、指揮所内ネットワークを通じて指揮所と各中隊がリアルタイムで情報を共有し、これにより迅速かつ適確な火力の運用を実現、効果的な防御戦闘を発揮した。5旅団では今回のHTC運営で得られた成果と教訓を今後の作戦に生かしていく。

戦闘前の作戦会議で各部隊の指揮官に指示を出す27普連の五日市連隊長（中央）＝矢臼別演習場で

募集・援護　特集

平和を、仕事にする。
陸海空自衛官募集

ただいま募集中！
◇防大（一般）◇防医大
◇自衛官候補生◇貸費学生（技術）
◇医科・歯科幹部
★詳細は最寄りの自衛隊地方協力本部へ

災害時にいち早く対応!!

大雨災派で「てんてんプロジェクト」
広報員が情報収集
佐賀

「大雨で災害発生の可能性がある！地本の広報員も直ちに自治体に状況確認に向かえ」——。今年8月、記録的な大雨に見舞われた佐賀県では六角川が氾濫、大町町などで道路や住宅が冠水する事態となった。自衛隊の災害派遣にいち早く対応するため、佐賀地本では平素から自治体との災派連携「てんてんプロジェクト」を構築しており、この大雨災害でも陸自の初動部隊が到着するまでの間、広報員が迅速に情報収集を行った。

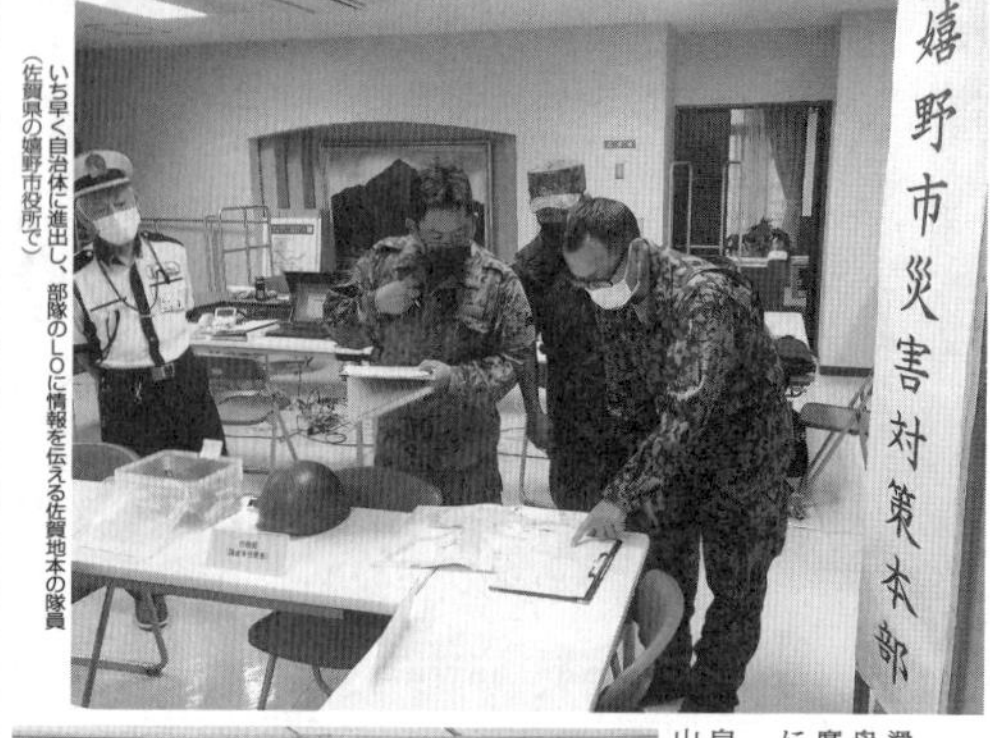

いち早く自治体に進出し、部隊のLOに情報を伝える佐賀地本の隊員（佐賀県の嬉野市役所で）

【佐賀】地本は今年8月の九州大雨災派で佐賀県内の10市10町の各自治体防災担当者との連携「てんてんプロジェクト」を生かし、県内4個出張所の広報員が情報収集活動を行った。

同プロジェクトは県内に大雨警報が発令された際、直ちに県庁をはじめ、各市町役場に出張所の広報員らを「災害連絡要員」として派遣するというもので、2018年に地本が各自治体と合意、総勢約20人で災派に対応できる体制を整えている。

同災派では8月13日早朝に佐賀県庁に災害警戒本部が設置されたことを受け、地本本部から連絡要員（LO）が出発。14日未明に大雨特別警報が発令された際には、佐賀市をはじめ9個市町役場に各出張所などから広報員がLOとして派遣され、佐賀県を災害隊区とする西部方面混成団（久留米）のLOが到着するまでの間、地本の要員が情報連絡態勢の確立や被害状況の情報収集などに当たった。

この迅速な地本の対応に、自治体からは「真っ先に迷彩服姿で来てくれて安心した」「コロナ禍の状況にもかかわらず、災害にしっかりと対応してくれる自衛隊の部隊、隊員の皆さまに心から感謝したい」といった感謝や激励の声が届いた。

佐賀地本では、「自治体、災害隊区部隊などとの日頃から『顔の見える』関係を引き続き保持し、地域との連携を確立、さらに災害対処能力の向上に努めていく」と話している。

M7・3の地震を想定　総合防災訓練に参加
富山

【富山】地本は8月1日、滑川市、魚津市、上市町、舟橋村で行われた令和3年度「富山県総合防災訓練」に参加した。

訓練は各自治体と陸海空自衛隊、防災関係機関、富山県隊友会、自主防災組織など124機関から約2900人が参加した。

訓練は「魚津断層帯を震源とするM7・3の地震が発生し、滑川市などで建物の倒壊、火災などが発生し、多数の負傷者が出た」という想定で行われた。

富山県総合防災訓練に参加し富山県合同調整所で各自治体関係者と連携して対処要領を演練する富山地本の隊員（8月1日、富山県滑川市で）

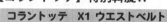

富山地本は大規模地震発生直後の初動対処時から参加し、本部から地域連絡調整・人事室長の野崎忠弘2陸佐ら3人が県合同調整所に急行。魚津地域事務所と富山募集案内所からも2人1組を各自治体の災害対策本部に連絡員として派遣した。各要員は初動時における被害情報の収集や関係機関との情報共有要領を演練した。

このほか、訓練には富山県隊友会からも会員15人が参加。訓練統裁部に加わり、被害情報の状況付与や実動訓練における陸自バイク偵察員の誘導などを積極的に行った。

富山地本の担当者は「今後も防災訓練に積極的に参加し、災害発生直後の初動対処要領について継続的に演練することで、即応性・実効性の向上を図りたい」と話している。

プロ野球イベントで自衛隊をPR
千葉

展示された高機動車の前で記念撮影する来場者（9月4日）

【千葉】地本は9月4日、プロ野球「千葉ロッテマリーンズVS北海道日本ハムファイターズ」戦の関連イベント「マリーンズのりものパーク」に協力、自衛隊をPRした。千葉市のZOZOマリンスタジアムで開催され、親子連れなど1万1000人が来場した。

会場では消防など各機関が車両を展示。自衛隊も「野球ファンを取り込む絶好の機会」と、高機動車を展示した。普段見慣れない自衛隊の車両は多くの来場者の注目を集め、記念撮影するなど盛況だった。

空幕募集班が地本のツアー支援
東京

【空幕】空幕募集・援護課募集班は9月11日、市ヶ谷基地内で東京地本が企画する「オフィスツアー」の研修支援を行った。陸海空幹部自衛官との懇談を通じて入隊10年後のキャリアをイメージしてもらうためのもので、若者60人が参加した。

空幕募集班からは、班員でF15戦闘機パイロットの吉沖進3佐と人事の専門家である東新治3佐が説明を担当。空自の概要や魅力、やりがいなどについて分かりやすく語った。

参加者からは「入隊後の訓練は厳しいか」「女性の活躍の場や職種の制限はあるか」「飛行要員受験時の身体検査基準は」など積極的に質問が出された。

両者は勤務経験を踏まえて親身に回答。適度に笑い話も交えるなど、研修は和やかな雰囲気の中で行われた。

オフィスツアー参加者に空自の魅力や、やりがいについて語る東3佐（9月11日、市ヶ谷基地で）

航空学生志願者に説明会

参加者「気持ち高まった」
熊本

【熊本】地本は8月7日、熊本地方合同庁舎で航空学生志願者を対象に説明会を開催した。

志願者の不安を解消し、受験意欲向上を図ることを目的に企画され、当日は県内の高校生や保護者ら16人が参加。現役パイロットの古賀紀斎3海尉（大村）、佐藤恵紀3空尉（新田原）の2人がパイロットの魅力について語った。さらに海自や空自の教育課程や航空操縦幹部としての役割について説明。参加者は各課程の違いなどに熱心に耳を傾けた。

その後、航空学生として訓練中の林聖音2空士と佐土原朝飛2空士が、参加者の個別の相談に答えた。

参加者は「貴重な話が聞けて参考になった」「受験したい気持ちが高まった」などと話していた。

現役のパイロットや航空学生が参加者の相談に乗った（8月7日、熊本地方合同庁舎で）

現役パイロットが体験談交え回答
鹿児島

【鹿児島】地本は8月1日、海空航空学生採用試験の説明会を本部庁舎で行った。受験希望者8人と保護者6人が参加し、現役パイロット佐藤大志郎2海尉と追鳥翼2空尉が航空学生課程の概要や魅力などを語った。

佐藤2海尉（右奥）の説明に熱心に聞き入る参加者（8月1日、本部庁舎で）

参加者からは「女性入校者の割合はどれくらいですか」「裸眼視力が弱いけど大丈夫ですか」など質問があり、2人は体験談を交えながら丁寧に回答。画像を活用しながら分かりやすく説明し、参加者も熱心に聞き入った。

説明を聞いた受験希望者や保護者は、「パイロットになるまでの過程がイメージできた」「実際のパイロットから話が聞けて良かった」などと感想を語った。

仙台募集案内所で「女性限定説明会」
宮城

【宮城】地本は9月1、2日の両日、仙台募集案内所で「女性限定説明会」を開いた。女性特有の悩みや不安の払拭などが目的で、参加者を受験予定者や入隊を控えた人に限定した。

参加者からは「腕力がないので心配だ」「結婚生活や子育てとの両立は可能か」といった相談が寄せられ、女性広報官が自身の体験談を交えながら丁寧に説明した。

説明会は終始和やかな雰囲気で行われ、終了後は参加者から「将来のイメージが見えてきた」「体力向上を図って準備を頑張りたい」などの感想が聞かれた。

女性広報官が参加者の悩みや相談に答えた

F35Aデザインのラッピングバス完成
愛知

【愛知】最新のF35Aステルス戦闘機がデザインされた地本の新たなラッピングバスがこのほど完成し、基地見学や艦艇広報などで注目を集めている＝写真。

これは納入されたマイクロバスに新たにラッピングを施したもので、デザインを中部国際空港セントレアなどのロゴマークを制作した小川明生氏（ティ・エム・シー代表）が担当。F35Aをイメージした視覚効果の高いものとなっている。

完成したバスは愛知県内外の各種イベント会場を走り回り、募集対象者に自衛隊をPRしている。

東京、大阪の地本長が交代

9月30日、10月14日付の異動で東京、大阪地本長が交代する。新任本部長の略歴は次のとおり。

山下　博二（やました・ひろじ）陸将補（10月14日付）　東京地本長　防大34期。平成2年陸自。16年2佐、21年1佐。5施団副長、9師団幕僚長などを経て、令和2年3月訓練評価支援隊長。熊本県出身。55歳。

柳　裕樹（やなぎ・ひろき）陸将補　大阪地本長　防大38期。平成6年陸自。20年2佐、25年1佐、令和元年将補。9特連長、陸幕装備計画課長、7師団副長などを経て、2年8月西方幕僚副長。埼玉県出身。51歳。

空自准曹士先任がPACS21参加

戦艦上で協力強化の合意文書に署名

14カ国の最先任がハワイに集結

【空自准曹士先任室＝市ヶ谷】航空自衛隊准曹士先任の甲斐修准尉は8月30日から9月2日まで、米ハワイ州のパールハーバー・ヒッカム統合基地で開催された「太平洋地域空軍参謀長等シンポジウム（PACS21）」の准曹士先任プログラムに参加した。PACSは従来、各国空軍の参謀長級が出席していたが、今回初めて下士官最先任らも招待された。甲斐准尉はこの機会をとらえ、コロナ禍で中断を余儀なくされていた対面での会談などを行い、各国の最先任との絆を深めた。

㊤戦艦「ミズーリ」艦上で開かれた合意文書署名式で、署名した文書をバス米空軍最先任上級曹長（中央左）と共に掲げる甲斐空自准曹士先任（同右）㊦PACS21准曹士先任プログラムに出席し、各国最先任と下士官教育について議論を行う甲斐准尉（右手前）＝写真はいずれも9月1日、米ハワイ州で

NZ、蒙などと2者会談も実施

PACS21准曹士先任プログラムは、米太平洋空軍のデイビッド・ウルフ最先任上級曹長が主催し、オーストラリア、カナダ、インドネシア、フィリピン、モルディブ、モンゴル、ニュージーランド、シンガポール、イギリス、アメリカなどの各国空軍最先任下士官が出席、活発な意見交換を行った。

ハワイ入りした甲斐准尉はC17輸送機の体験搭乗のほか、遺骨収集センターを研修。開会式後は、カナダ、インドネシア、モンゴルの最先任らと議論し、新型コロナや下士官教育の状況を報告し合った。最先任らは准曹士レベルでの交流の重要性、多国間訓練時の交流の手段などを相互に確認した。

その後、甲斐准尉はモンゴル、ニュージーランド、モルディブの最先任と2者会談を実施。各国の育児休暇や服務指導について見識を深めた。

9月1日には戦艦「ミズーリ」で「『自由で開かれたインド太平洋』の実現に向けた、より強固な協力関係の構築に関する合意文書」の署名式が開かれ、甲斐准尉は他の最先任と共に文書に署名。その後、米空軍のジョアン・バス最先任上級曹長と共に各先任の中心に立ち、記念撮影に臨んだ。このほか、ウルフ太平洋空軍最先任上級曹長が太平洋戦争時の同艦のエピソードを感極まりながら紹介、甲斐准尉もスピーチに聴き入り、直接対面ならではの交流や日米間の歴史に思いを馳せた。

甲斐准尉は「これだけの国々の最先任が一堂に会して交流する意義は大きく、気持ちを一つにできた。今後も各国の先任と連携、協力関係を築いていきたい」と語った。

あさぐもドンマイ's　吉本どんど

最近とにかく物忘れが激しくって

以前なら簡単に思い出せたことが…

それって…

10分経過

……

認知症

おまえもだ

「しらせ」の講話行う

小笠原村の小中高4校で

父島基地分遣隊長

母島小中学校音楽室で、興味津々の生徒たちに「しらせ」が南極から持ち帰った氷の説明を行う奥村2佐（中央）

【父島】海上自衛隊父島基地分遣隊（隊長・奥村武士2佐＝現・統幕校）は7月から9月にかけて、小笠原村（父島、母島）にある小学校から高校の4校すべてで「南極と砕氷艦『しらせ』」の講話を行った。

この講話は、分遣隊から各学校に砕氷艦「しらせ」の乗員が南極で切り取って運んできた氷を贈呈する際に行ったもので、村内にある全学校に対して「しらせ」乗員だった隊員が一律に講話をするのは初めて。

小笠原村は、東京都心から南に約1000キロから1900キロにわたって散在する30余りの島々からなる自治体で、住民は父島と母島のみに住んでいる（令和3年9月現在、父島約2130人、母島約460人）。

学校は父島に村立小笠原小学校、小笠原中学校、東京都立小笠原高校が、母島に村立母島小中学校があり、自然豊かな島の魅力を生かした教育が行われている。

講話をしたのは奥村隊長。平成26～28年の間、「しらせ」機関長として第56次、第57次南極地域観測協力行動に参加しており、実際に経験した者ならではの視点で生徒たちに語りかけた。

南極の氷のでき方、「しらせ」が氷を砕いて進む方法、白夜の景色、ペンギンの群れ、洋上で見るオーロラなど、亜熱帯の小笠原からすると別次元のような南極の話に生徒たちは興味深く聞き入り、聴講後には「コロナは南極まで行っていませんか?」など、この時世ならではの質問もあった。

さらに生徒たちは実際に「南極の氷」に触り、その中にある気泡を観察するなど、各回とも盛況だった。

奥村隊長は「講話を聴いて少しでも南極のことに関心を持ってもらい、亜熱帯から極地に渡るスケールの大きい視野を得て将来に役立ててもらえたらうれしい」と語っている。

都市対抗野球山口県予選で初V

空自防府クラブ

【防府南】第92回都市対抗野球大会山口県予選が9月4、5の両日、同県光市の日本製鉄光球場で行われ、空自防府クラブ（防府南、同北基地硬式野球部）が初優勝を果たした。

防府クラブは1回戦を7回コールドゲーム勝ちし、準決勝は8点差を逆転して決勝へ進んだ。

日鉄ステンレス山口シーガルズとの決勝戦は1回、泉雄太2士の中適時二塁打で先制、3回には松下翼士長の左中間適時打で追加点を奪った。今村勇刀士長、田中淳弥士長も力投して相手打線を6安打1失点に抑え、初優勝を決めた。

閉会式では最高殊勲選手賞、若獅子賞（新人賞）をそれぞれ獲得した今村士長、渡部晃誠2士が表彰された。監督の竹内暁1曹は「（今季は）戦力が充実し、優勝も夢ではないと思っていた。追い詰められても最後まで諦めず、ベンチの声も途切れなかった」と大会を振り返った。

都市対抗野球大会・山口県予選を初制覇した空自防府クラブの選手・スタッフ（9月4日、日本製鉄光球場で）

激励品と色紙を贈呈

大阪・大規模接種センターに

女性防衛モニターOG会

【FTC＝北富士】大阪地本女性防衛モニターOG会（会長・中西玲氏）はこのほど、大阪市の大規模接種センターで医療支援等を行っている自衛官へ感謝の気持ちをこめた激励品とメッセージを綴った色紙を贈った。

同会は、大規模接種センターで業務を遂行する自衛官の姿を見て、「感染リスクのある中での活動に感謝の気持ちを伝えたい」と大阪地本に相談。中方総監部や統幕にも了解を取った。

任務に就く隊員の食事が弁当中心と知り、激励品には野菜不足の解消を願って野菜ジュースを選定。部隊交代の時期に合わせて、期間中に計540本を郵送した。

さらにOG会有志が感謝の言葉を色紙に綴り、同センターで働く同会の若林美木子さんがセンター長の小池啓司1佐に手渡した。

中西会長は「OG会は微力ながら、これからもずっと自衛官の皆さまを応援して参ります」と話している。

大阪地本女性防衛モニターOG会からの激励品と色紙を手渡す同会の若林氏（右）と、これを受け取る小池センター長＝大阪市北区の大規模接種センターで

こちら警務隊　サイバー犯罪①

他人のアカウントに無断でログイン　3年以下の懲役または100万円以下の罰金

SNSで他人のアカウントに無断でログインした場合、どんな罪になりますか？

不正アクセス行為の禁止等に関する法律違反で、3年以下の懲役または100万円以下の罰金に処せられます。

不正アクセスとは、本来アクセス権限を持たない者が、サーバーや情報システムの内部へ侵入する行為です。

不正アクセスにより侵入されると、サーバーや情報システムの停止、重要な情報の漏洩など、組織に大きな損害をもたらすとともに、信用を失い、場合によっては、国の安全にも影響を及ぼします。

他人のアカウントに無断でログインする行為は犯罪なので、絶対にしてはいけません。

（中央警務隊）

37普連が給水支援

和歌山市で断水、知事が災派要請

和歌山市の紀の川にかかる六十谷水管橋が10月3日に一部崩落し、同市北部地域の約6万世帯が断水したため同日午後11時、和歌山県の仁坂吉伸知事から37普連長（信太山）の東直史1佐に災害派遣が要請された。

これを受けて、市役所と加納浄水場に連絡員2人ずつを派遣した後、翌4日未明から37普連の先遣部隊約60人が現場に急行。午前7時以降、和歌山市から指定を受けた福島小学校や西脇グリーン団地など各地で給水支援を開始した。

5日には37普連を基幹とした災派部隊に36普連（伊丹）、3後支連（千僧）、中方後支隊（桂）なども加わり、市内10カ所の小・中学校で活動を続けた。

同隊は活動期間中、毎日午前7時から午後8時にかけて懸命な給水支援に当たっている。6日以降は市からの要請に基づき、何らかの理由で給水所への移動が困難な家庭のみに限定した給水の宅配活動も開始した。

5日時点の自衛隊の活動規模は人員約150人、水トレーラー車16両、3トン半水タンク車4両。給水実績は約50トンに上る。

早朝から給水支援の災害派遣に出動、断水地域の住民たちに配水する37普連の隊員たち（10月4日、和歌山市の福島小学校前で）

小休止

▽…倶知安駐屯地司令の斎藤誠2佐以下17人は9月21日、「令和3年秋の全国交通安全運動（同日～30日）に伴う全国一斉セーフティコールの日」の街頭啓発セレモニー〝旗波作戦〟に参加した。

▽…同作戦では倶知安町中小企業センター駐車場や国道5号線で地域住民に向かって旗を振り、交通安全を啓発した＝写真。

▽…駐屯地でも部隊ごとの交通安全教育や昼食時に交通安全スピーチを放送し、看板などの設置作戦を展開。駐屯地内のあらゆる手段を講じ、視覚と聴覚両面で隊員らの交通安全意識の高揚を図った。（倶知安）

みんなのページ

射撃を通じて変わった自分

3陸曹 佐野 真己（7普連5中隊・福知山）

「射撃を極めよう」と決意。89式小銃を構える佐野真己3曹

第7普通科連隊（連隊長・小野田宏樹1佐）では令和3年度の4月より、豪州陸軍主催射撃競技会（AASAM）の選手を目指す隊員の練成訓練が行われ、私は初めて参加しました。

AASAM選考会に参加するまで、射撃についてはどうせ上手くならない、どうせ的に当てる事は出来ないと思っていました。しかしある日、先輩から細かいところまでアドバイスを頂いたのをきっかけに上達し、射撃に自信が持てるようになりました。

そして、「射撃を極めよう」と決めました。

AASAMは、オーストラリア国防軍が主催する実戦形式の射撃競技会で、世界数十カ国が参加し、射撃練度を世界に示すことができる場です。各国とも10人ほどの代表者が選考会に出場します。他国の射撃などを見て互いに学び高め合える最高の舞台です。

まずは、AASAMの師団選考会が目標でした。非実射訓練や実射訓練を積み重ね、毎日射撃予習を行い、姿勢や見出しの研究を行いました。その結果、師団選考会で合格する事ができました。

その後、信太山駐屯地で1週間、師団の練成訓練が行われました。そこでは、AASAM出場経験のある教官の下で練成射撃することができ、とても良いアドバイスを頂きました。その結果、自分の中での射撃や武器手入れに対する考え方が大きく変わりました。

特に一番学んだことは、「メンタルトレーニング」の重要性です。「どうせ俺は」や「前もこうだったし今回もどうせ」といったマイナス思考をやめることです。同じ事象でもとらえ方を変えて、「ここまで努力した」「俺ならできる」といったプラス思考に変換することが大切だと学びました。

続く方面選考会当日、私はいつも通りのルーティンで挑みましたが、2日間選考会の1日目に弾詰まりを起こしてしまいました。しかしながらメンタルトレーニングの成果を生かし、冷静に故障排除を行い、限秒に間に合いました。その後も一つの失敗を気にせず、不安になることもなく射撃をやり遂げました。どれだけ毎日武器手入れを行っていても何が起こるか分かりません。そのためにも何が起きてもいいように心の準備をすること、故障排除の動作確認が大事だと実感しました。

2日目は今まで行った射撃の中で一番手応えがありました。周りの音が澄み切っている感じがしていてとても集中できました。いわゆる「ゾーン」に入った感覚でした。結果は「合格」。次は富士学校に入校し、ライバル達と共に練成し、競い合い、日本代表選手になろうと決意しました。

AASAMの代表選手になって、第7普通科連隊に訓練成果を全て持ち帰り、皆が任務遂行できる実力を持てるように射撃を教えていきたいと思います。以前の私みたいなマイナス思考の隊員を少しでも減らせるように後輩育成にも励みたいと思います。

感謝の気持ちを忘れずに

3陸曹 椚 太一（32普連4中・大宮）

私は、令和3年度第39期部隊レンジャー集合訓練教育に学生長として参加しました。

教育参加に至るまでは、34歳という年齢や職場に迷惑をかけたくないという思いがあり、とても悩みました。上司に相談すると、私の意思を尊重するとおっしゃってくださり、全力で応援してくれました。自分の信念を貫いての参加でしたので、年齢を言い訳にせず、絶対にレンジャー隊員になるという強い決意で臨みました。

しかし教育が始まると体力不足や覚えの悪さ、何より学生長として同期達をまとめられない自身の不甲斐なさに何度も心が折れそうになりました。そんな私を支えてくれたのは、絶えず応援してくれる部隊の方々や、同じ第39期レンジャー教育の同期達でした。

また3カ月間、私たちを一人前のレンジャー隊員にするために、心を鬼にして教育、指導してくださった教官、助教の方々には感謝しかありません。コロナ下の教育であり、健康管理と教育の両立に苦心されたと思いますが、それを感じさせず、私たちが教育に集中できる環境を作ってくださいました。

厳しく恐ろしかった教官、助教の方々が帰還式で「学生長として、よく頑張ったな」と労ってくださった時は、全てが報われた気がしました。

晴れてレンジャー隊員の仲間入りをしましたが、体力・技術・精神力いずれにおいても先輩レンジャーの方々には遠く及ばないのが現状です。教育終了はレンジャー隊員のスタートであり、加齢に追いつかれないよう努力を重ね、国のため、強いレンジャー隊員になれるよう日々研鑽して参ります。

34歳でレンジャー訓練をクリアした椚3曹（写真右）

国民と妻を守る自衛官であろう

3陸曹 余田なか弥（33普連重迫中・久居）

この度、令和3年4月22日に入籍し、晴れて営外生活となりました。

営外で暮らすようになってから、営内での生活の利便性を思い知りました。足を伸ばせる浴場や近傍にある売店は快適でした。また食事は特に素晴らしく、栄養バランスの取れた食事はたいへんありがたかったです。

あえて不便な点を挙げれば食べたいものが食べたい時に食べられない点ぐらいです。現在は愛する人が食べたいものを食べたい時に作って待ってくれているので、家に帰るのが毎日楽しみで仕方ありません。

特に営内外の差を感じる点は、外出についてです。営外では外出許可申請をしなくとも良いのでより自由を得た感覚があります。そのため、買い物は行きたい時に行けるので晩酌がはかどってしまいますが、妻にはほどほどにと言われています。

営外と営内ではいろいろと違いがありますが、愛する人と同じ時間・空間を共有できるのが何よりの幸せだと思います。これは営外でなければわからない喜びです。

妻と一生を添い遂げると決めたその時からこの人生は自分一人のものではなくなったので、自分を大切にし、時には身を挺し、任務の完遂に努め、国民を、そして妻を守る自衛官であろうと思います。

OBがんばる

価値観に合う仕事を

瀧上 博則さん 55
令和3年3月、海自舞鶴地方総監部人事課を最後に3尉で定年退職。ジェイ・アール・シー特機株式会社に再就職し、海自艦艇の検査業務等に励んでいる。

私は令和3年3月16日、舞鶴地方総監部管理部人事課勤務を最後に37年間の海上自衛隊勤務を終え、ジェイ・アール・シー特機株式会社に再就職しました。

本社は神奈川県横浜市港北区に所在し、海上自衛隊の艦船・航空機搭載電子機器及び各種訓練機材の研究開発・設計、製造及び保守整備等、海上自衛隊の造修業務の支援を主要業務としている会社です。

海上自衛隊勤務時、電子整備員（CDS員）として誘導武器の機器運用及び保守整備に携わっていたこともあり、援護業務課担当者の紹介で再就職先として弊社を選びました。

弊社には横浜本社をはじめ、呉、佐世保事業所、大湊、舞鶴営業所、岩国、鹿屋出張所があり、私は舞鶴営業所で勤務しています。舞鶴営業所は所長と私を含め3名の所員で業務を実施しています。私の主な業務内容は、艦艇の年次検査や定期検査等、整備・修理に必要な書類の作成・提出及び機材や部品等の運搬・発送並びに技術員が造船所・艦艇に立ち入り作業する際の支援等です。当初営業に関する知識・経験もなく不安ではありましたが、先輩からの懇切丁寧なご指導により、不安に感じることも少なくなってきました。

一つ一つ学びながら、日々の業務を実施しています。

勤務上心掛けていることは、業務で車両を使用する機会が多いため、特に安全運転に気を配るようにしています。また、初めて経験することが多いので、当然ですが、必要に応じてメモを取ることや作業内容に関して確認をとる等、海上自衛隊勤務で培ってきた基本的な事項を遵守しています。

再就職先を決めるにあたり一番に心掛けたことは、自身のワークライフや価値観に合う仕事は何かを十分に考えることでした。場合によっては、必要な資格を計画的に取ることも大切だと思います。

定年退職は大きな人生の転換期です。健康状態を万全に新たな環境に挑戦してください。

皆様のご健闘を祈ります。

朝雲・栃の芽俳壇

畠中草史 選

露寒の今朝羽織り足す妻のもの　相模原・一般　森　謙二
朝雨戸を繰る時の寒さに手近にあった物を羽織った。妻の物であった俳諧味。露寒が効く。

ジャズ聞ゆ色なき風の異人館　宮崎・空OB　高木　智念
ジャズの曲が流れているこの異人館に吹く「色なき風」の季語を強く押し出された。

白露の日朝市の空曇りたる　館山・海OB　斎藤　一向

母遺せしおしゃれな日傘さしてみる　熊谷・空OG　佐藤　玲美

物を言うことを憚る暑さかな　浜松・空OB　宮本　立男

かさかさと新聞めくる扇風機　熊谷・空OB　明田　眞雅

滑走路のはてにひろごる雲の峰　佐賀・陸OB　一ノ瀬恵昭

寝袋を開けて眺むる天の川　大津・陸OB　丸岡　正男

秋の夜の静寂にひびく古時計　あきる野・一般　小和田一男

枯れ色の畦に燃えたつ彼岸花　福生・空事務官　村松加珠彦

睡る児に静かな風の扇風機　熊谷・空OG　福元万理子

風船葛疫病の憂き世知らず揺れ　船橋・陸OG　佐賀あかり

麦秋の波状の丘や十勝岳　札幌・陸OB　坂元　順一

朝の風ひまわり畑吹き渡る　熊谷・空OG　關谷　桂子

針仕事精出す母にちちろ鳴く　横浜・一般　福本　祥子

ふるさとへ行けず新コロナ禍の盆　富谷・陸OB　加川　師亭

仙人掌のたくましき生一夜花　熊谷・空OG　関田　絹江

白粉の食み出す路地の夕べかな　浜松・空OG　鈴木和歌恵

風鈴に雨の前触れらしき風　恵庭・陸OB　足立　徹

SLの秩父の旅や夏休　熊谷・空OB　蓮佛志向子

住み古りて垣無き暮らし鳳仙花　相模原・海OG　折口　桂子

蝉鳴ける短命ゆえの忙しなさ　小牧・陸OB　松岡　魚青

藪枯し一年かけて屋根登る　町田・陸OB　岩原　滋利

校庭に鼓膜を焦がす蝉の声　熊谷・空OB　工藤　敏雄

選者作品

ふたとせの二百十日も過ぎえやみ

投句歓迎！

▽郵便はがきの裏面に未発表の自作3句以内と氏名、年齢、職業（自衛官・事務官＝所属部隊＝、OB、家族、一般など）、住所、電話番号を記入▽締め切り毎月15日▽宛先＝〒162―8801東京都新宿区市谷本村町5の1 防衛省D棟市ヶ谷記者クラブ朝雲俳句係☎03（5225）1750、専用線8・6・25515

詰碁

第1268回出題

出題 日本棋院 九段 曲 励起

黒先

黒はどうなりますか。黒二手目が大切です。5分でできれば中級です。

▶詰碁、詰将棋の出題は隔週です◀

詰将棋

出題 日本将棋連盟 九段 石田 和雄

5	4	3	2	1	
	飛	銀			一
		王		香	二
	歩		歩		三
			竜		四
	角		歩		五
					六

▲先手 持駒 角香

≪第852回の解答≫

【正解】▲3四香△同角▲3三竜△同玉▲1一角△3二玉▲2二角成までの七手詰め。

【解説】初手の▲3四香が打ち場所限定の好手。▲3五香では2一玉で▲2三竜には△同角があり失敗。▲3四香は角の利きを止める盤上この一手で、△同角に▲3三竜が決め手となって鮮やかな収束。

行く手をふさがれたら、回り道で行けばいいのよ。
メアリー・ケイ・アッシュ（米国の実業家）

（世界の切手・ポルトガル）

朝雲ホームページ
www.asagumo-news.com
<会員制サイト>
Asagumo Archive
朝雲編集部メールアドレス
editorial@asagumo-news.com

新刊紹介

「気候安全保障」 地球温暖化と自由で開かれたインド太平洋

笹川平和財団海洋政策研究所編

地球温暖化で新たに生じる気候変動のリスクと、これに大きく影響を受けるインド太平洋地域の安全保障について「気候」を切り口に分析した研究書だ。

気温の上昇が進み、地球規模で猛暑、旱魃、山火事、大雨などの自然災害が多発している。この結果、食料や水が不足し、途上国では政治・経済・社会が不安定化、そこから難民流出をはじめ、略奪やテロなどの暴力が増え、紛争が生じることも予想される。本書は海面上昇などで直接影響を受けるインド太平洋地域を中心に「気候安全保障」について考察。執筆者は海洋政策研究所の研究者らで、温暖化が地球に与える影響、気候変動によって生じるリスク、島国日本が受ける影響、国際社会の温暖化への取り組みなどについて解説している。

日本政府に向けては気候安保にしっかりと取り組むよう提言、特に低地（島）水没の危機がある国々を束ねて「太平洋・島サミット」をリードしていくべきだとし、新たな概念「総合的気候安全保障」を日本が主導していくべきであると述べている。

（東海教育研究所刊、4180円）

「国際人道法 入門編」

鈴木 和之著

著者は陸自小平学校法務教官室長を最後に2017年に定年退官した元2陸佐で、安全保障法制と国際人道法の第一人者。

長年、法務職域で実務を通じて安全保障関連法の研究を重ねてきた経験を生かし、13年に初めて世に送り出した『実務者のための国際人道法ハンドブック』（内外出版刊）の入門編に当たる。

持ち運びに便利なB6判、全168ページのコンパクトサイズ。図表を多用し、一覧性に富んだ見やすさと使いやすさが特徴だ。

▽第1章「武力行使の禁止とその例外」▽第2章「国際人道法の基本」▽第3章「国際人道法の適用範囲」▽第4章「戦闘員」▽第5章「戦闘の方法及び手段」▽第6章「戦闘外に置かれた者（傷病者・捕虜等）」▽第7章「文民（文民保護等）」▽第8章「国際人道法の履行の確保」▽第9章「中立法」▽第10章「非国際的武力紛争に適用される法」――からなり、丁寧かつ簡潔に書かれた解説は初学者や実務初心者の理解促進に大いに役立つだろう。

（内外出版刊、1650円）

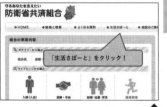

朝雲
発行所 朝雲新聞社
〒160-0002 東京都新宿区四谷坂町12−20 KKビル
電話 03(3225)3841
FAX 03(3225)3831
振替00190-4-17600番
定価一部170円、年間購読料9170円（税・送料込み）

本号は10ページ

尖閣に安保条約適用確認

岸田内閣発足後初 日米首脳が電話会談

岸田文雄首相は新内閣発足から一夜明けた10月5日朝、バイデン米大統領と初の電話会談を行った。首相就任後、外国首脳と電話会談を行うのは初めて。両氏は日米同盟の一層の強化で一致。バイデン大統領は沖縄県の尖閣諸島が米国の対日防衛義務を定めた「日米安全保障条約第5条」の適用対象であることを改めて明言した。岸田首相は会談後、記者団に対し「就任後初の外国首脳との電話会談を米大統領と行うことができたことは、日米同盟をさらなる高みに引き上げるためにも重要な一歩になった」と語った。

同盟の抑止力強化で一致

岸田首相

電話会談は日本時間の10月5日午前8時15分から約20分間行われた。

会談の冒頭、岸田首相は新内閣の下でも日米同盟が日本の外交・安全保障の基軸であることに変わりはないことを強調。これに対し、バイデン大統領からは首相就任と政権発足への祝意が示された。

両氏は「自由で開かれたインド太平洋」の実現を通じて、地域と国際社会の平和と安定に取り組んでいくことを確認。日米同盟のさらなる強化の重要性についても同意し、厳しさを増す地域の安全保障環境に対応するため、日米同盟の抑止力・対処力を一層強化していくことで一致した。

この中で、バイデン大統領は、沖縄県の尖閣諸島が米国の対日防衛義務を定めた「日米安全保障条約第5条」の適用対象であることを改めて明言した。

中国や北朝鮮をめぐる地域情勢や、その他の主要課題については、今年4月の日米首脳共同声明を踏まえ、緊密に連携していくことを申し合わせた。

このほか、新型コロナウイルス対策をはじめ、気候変動、「核兵器のない世界」に向けた取り組みといった地球規模の課題への対応でも日米が緊密に連携していくことで合意した。

さらに、対面による日米首脳会談の早期実現を目指すことでも一致した。

非常に意義ある 岸防衛相

岸防衛相は10月5日の閣議後記者会見で、同日朝の日米首脳電話会談の内容に関し、「インド太平洋地域の厳しい安全保障環境の中で、日米同盟の抑止力を引き続き強化する意思を表明したものであって、非常に意義があるものと考えている」と強調した。

米国とは累次の機会に尖閣諸島への日米安保条約第5条の適用を確認してきたことにも言及した上で、「防衛省としては我が国の領土・領海・領空を断固として守り抜くとの決意の下で、我が国の平和と安定、安全を確保するため、我が国の防衛力を適切に整備するとともに、バイデン政権とも緊密に連携し、日米同盟全体の抑止力と対処力を一層強化していく考えだ」と述べ、我が国自身の防衛をしっかり充実させていくとの強い決意を示した。

鬼木副大臣が着任

大西氏は再任 岩本政務官も初登庁

政府は10月6日の臨時閣議で岸田内閣発足に伴う副大臣・政務官人事を決定し、防衛副大臣には鬼木誠衆院議員（48）、防衛大臣政務官には岩本剛人参院議員（56）が就任。大西宏幸政務官（54）は再任された。鬼木副大臣は内閣府副大臣、大西政務官は内閣府大臣政務官をそれぞれ兼務する。（10月7日付既報）

鬼木副大臣と岩本政務官は7日午前、防衛省に初登庁し、それぞれ儀仗広場で栄誉礼を受けた。

同日午後には大西政務官が再任後初めて登庁し、A棟エントランスで島田事務次官をはじめ、山崎統、吉田陸、山村海、井筒空の各幕僚長ら市ヶ谷地区の防衛省・自衛隊の高級幹部による出迎えを受けた。

岸防衛相はこの後、鬼木副大臣、大西、岩本両政務官の3人を大臣室に招き、新たなスタートに向けて政務三役による初の懇談を行った。（9面に関連記事）

初登庁後、栄誉礼を受け、儀仗隊を巡閲する鬼木副大臣（右）＝10月7日、防衛省で

鬼木 誠（おにき・まこと）副大臣 九大法卒。西日本銀行、福岡県議会議員（3期）を経て、2012年12月の衆院選で初当選。15年10月の第3次安倍改造内閣で環境大臣政務官。衆院憲法審査会委員、衆院経済産業委員会理事、自民党青年局次長、自民党財務金融部会長代理などを歴任。衆院福岡2区、当選3回。福岡市出身。石原派。48歳。

大西政務官

大西 宏幸（おおにし・ひろゆき）政務官 芦屋大教育卒。大阪市会議員（4期）、芦屋大客員教授などを経て、2014年12月の衆院選で初当選。自民党広報本部ネットメディア局次長、衆院安全保障委員会委員などを歴任。20年9月の菅内閣で防衛大臣政務官、岸田内閣で再任。衆院大阪1区、当選2回。大阪市出身。岸田派。54歳。

岩本政務官

岩本 剛人（いわもと・つよひと）政務官 淑徳大社会福祉卒。石狩開発株式会社、北海道議会議員（5期）などを経て、2019年7月の参院選で初当選。自民党道連副会長、自民党広報本部ネットメディア局次長、参院災害対策特別委員会委員、参院国土交通委員会委員などを歴任。参院北海道選挙区、当選1回。札幌市出身。二階派。56歳。

東京・埼玉で震度5強

自衛隊が被害情報収集

10月7日午後10時41分頃、千葉県北西部を震源とする地震があり、東京都足立区と埼玉県南部で震度5強を観測した。防衛省・自衛隊は直ちに航空機などで被害情報の収集を実施。災害派遣の要請はなかった。

気象庁によると、震源の深さは約75キロ、地震の規模はマグニチュード（M）5・9と推定される。津波はなかった。東京23区で震度5強を観測するのは2011年3月11日の東日本大震災以来、10年ぶり。

政府は午後10時43分、首相官邸危機管理センターに官邸対策室を設置。岸田首相は、①早急な被害状況の把握②自治体とも緊密に連携し、政府一体となった被災者の救命・救助等の災害応急対策③避難や被害等に関する国民への適時的確な情報提供④被害の拡大防止措置の徹底――を指示した。

これを受けて岸防衛相は同45分、防衛省・自衛隊に対し、①早急な被害状況の把握に向け、関係府省庁や自治体と緊密に連携し、情報収集に努めよ②今後の状況の推移に的確に対応するとともに、陸海空自衛隊が緊密に連携し、人命救助を第一義として活動を実施するなど対応に万全を期せ――との指示を発出した。

防衛省・自衛隊は直ちに被害情報の収集を開始。陸自からは東部方面航空隊（立川）、1飛行隊（同）、4対戦ヘリ隊（木更津）、1普連（練馬）、1偵察隊（同）、海自からは21航空隊（館山）、空自からは6空団（小松）、百里救難隊などの部隊が上空と地上から首都圏の状況把握に当たった。

仏・蘭参謀総長と会談

防衛協力の強化で一致 山崎統幕長

山崎統幕長は10月4日にフランス軍統合参謀総長と電話会談を、同7日にオランダ軍参謀総長とテレビ会談をそれぞれ行い、2国間の防衛協力を強化していくことで一致した。日蘭の参謀総長級会談は2015年に当時の参謀総長が来日して以来、6年ぶり2回目。

4日に仏軍統合参謀総長のティエリー・ビュルカール陸軍大将と行われた会談では、厳しさの増すインド太平洋地域の安全保障環境について意見を交換。日仏米豪印5カ国の海上部隊による共同訓練「ラ・ペルーズ21」や、陸海空3自衛隊が参加し、離島奪還を想定して実施された日米仏豪共同訓練「ジャンヌ・ダルク（ARC）21」など、今年3月から5月にかけて行われた多国間共同訓練の成果と日仏防衛協力・交流の意義を確認し合った。

両者は、今後も新領域を含むあらゆる安全保障の分野で日仏間の連携を進めていくことで一致した。

一方、7日に行われたオランダ軍参謀総長のオンノ・エイヘルセイム空軍大将との会談では、英空母打撃群（CSG21）に加わっている蘭海軍フリゲート「エファーツェン」の横須賀寄港や多国間共同訓練など、日蘭間の防衛協力・交流について意見を交わし、「自由で開かれたインド太平洋」の実現に向けて、両国が協力関係を強化していくことで合意した。

後続する空自那覇救難隊のＵＨ60Ｊ救難ヘリ（右下）に対し、翼下からホースを伸ばし空中給油態勢に入る米空軍第１特殊作戦中隊のＭＣ130特殊作戦機（９月14日、東シナ海の上空で）

空自ＵＨ60Ｊ、米ＭＣ130から空中給油

空自と米空軍は９月14日から16日まで、沖縄・那覇北西の東シナ海上空で「空中給油」などの日米共同訓練を行い、共同対処能力の向上を図った。

空自からは那覇救難隊のＵＨ60Ｊ救難ヘリ１機、米空軍からは第353特殊作戦航空団第１特殊作戦中隊（嘉手納）の空中給油機能を持ったＭＣ130特殊作戦機１機が参加した。両機は洋上を飛行中、固定翼機のＭＣ130から回転翼機のＵＨ60Ｊに対し、伸ばした給油ホースをつなげ、プローブ・アンド・ドローグ方式で空中給油訓練を行った。

井筒空幕長は10月７日の記者会見で「（この訓練はＵＨ60Ｊの）捜索のための時間を延ばせる効果がある。（空中給油や救難活動については）平時から有事まで、しっかりと任務を遂行できる技量を維持・向上できるよう努めていく」と述べた。

F2風防が落下

緊急発進中、被害なし 空自築城

10月10日午後0時50分ごろ、対領空侵犯措置任務のため、空自築城基地を緊急発進し、僚機と共に福岡県朝倉市東部の山間部上空を飛行していたF2戦闘機533号機（8空団6飛行隊＝築城所属）から、操縦席を覆う「キャノピー（風防）」が落下した。

この事故で同機は操縦席がむき出しになり、直ちに対領空侵犯措置任務から離脱、緊急帰投し、同1時5分ごろ、築城基地に無事着陸した。搭乗していたパイロット1人にけがはなかった。同任務には別の戦闘機が対応した。

同12日現在、落下したF2のキャノピーによって被害があったとの連絡は入っていない。キャノピーなどの落下部品は空自が山中などを捜索している。

統幕によると、キャノピーは長さ約150センチ、幅約90センチ、高さ約80センチで、重さは約90キロ。アルミニウム製の枠にアクリルガラスが取り付けられている。

同機ではキャノピーのほか、操縦席付近に装備されていた重さ約480グラムの「緊急脱出用はしご」もなくなっていた。機体を詳しく調べた結果、同機の垂直尾翼の一部も損傷していることが分かった。事故原因については空自が調べている。

日英潜水艦が初の共同訓練

日本周辺海域

海自は9月14、15の両日、日本周辺に展開した英海軍の潜水艦と海自潜水艦による「日英共同訓練」を初めて実施した。海幕が同28日公表した。

日英の潜水艦は日本周辺海域で共同して対潜戦訓練を行い、戦術技量を向上させるとともに日英潜水艦部隊の連携を強化した。

春夏秋冬

アフガン戦争と日米同盟

河野 克俊

米国はアフガン戦争に250兆円の戦費を投じ、米兵だけで2448人が命を落としている。バイデン大統領は、アフガンからの米軍撤収に際し8月14日の声明で「アフガン軍が自国を守ることができない、もしくは守る意思がないなら、米軍がさらに1年間または5年間駐留しても意味はない」と述べた。

また、8月16日には記者会見で「アフガン人自身が戦う意思のない戦争で、米軍兵士は戦って死ぬべきではない」とも述べている。つまり、米軍へのただ乗りは認められないというわけだ。同盟重視のバイデン大統領がこう公言した意味は大きい。しかし、考えて見れば本来の米国に戻っただけとも言える。したがって、今後、誰が大統領になっても、この路線は戦略環境が激変しない限り変わらないであろう。

米国は元々ヨーロッパ諸国から新天地を求めて新大陸に逃れた移民によって建国された国だ。1823年にモンロー大統領が唱えたいわゆるモンロー主義は孤立主義を表すものとされているが、アメリカ大陸とヨーロッパとの相互不干渉を唱えたものだ。その結果、スペイン・ポルトガルの植民地だったラテンアメリカ諸国は独立を勝ち取った。

第一次世界大戦も当初、米国世論の反対もあり参戦する意思はなかったが、1915年のドイツ潜水艦による客船「ルシタニア号」の沈没により124名の米国人が犠牲になったことが参戦への契機とされているが、それでも連合国に加わって参戦したのは最終盤の1917年だ。

第二次世界大戦も英国、中国の強い要請はあったが、米国世論は当初参戦に消極的だった。1941年12月の日本による真珠湾攻撃で米国は参戦をようやく決意し、チャーチル及び蒋介石を狂喜させた。しかし、戦争後半から米ソ対立の様相を呈し、そして戦後、冷戦構造が構築されたことにより、米国は西側の盟主にならざるを得なかった。

このように見てくると冷戦時代の米国が特別なのであり、冷戦終了後は本来の米国に戻りつつあるとも言える。バイデン大統領の言う同盟重視は「俺に任せろ」ではなく「同盟国と一緒にやりましょう」ということだ。

フランスのドゴール大統領は「同盟国とは一緒に戦うが、一緒に倒れることではない」と述べている。

（前統合幕僚長、元海将）

朝雲寸言

歴史家ツキディデスは、古代ギリシャのスパルタとアテネの戦争（ペロポネソス戦争）について記した『歴史』の中で戦争が勃発する原因として三つの要素を挙げた。第1に「利益」、第2に「恐怖」そして第3が「名誉」である。富の追求、恐怖から逃れようとする行為、そして名誉への欲望が人々を戦争へと駆り立てるというのである▼指導者から戦争を見る場合、どの要素に比重を置くかは国家の置かれた状況によって異なる。例えば独裁者は「利益」を重視しがちである。彼を諫める人がいないからだ。一方、民主主義国家の指導者は「恐怖」に着目する。「恐怖」が世論を動かす大きなソフトパワーとなるからである▼そして我が国の武士道や騎士道が何よりも重んじる「名誉」は、科学技術や情報通信技術の発達により従来の価値を失っているように見える▼しかし、一般的な認識とは対照的に「人道的措置」や「同盟の信頼性」といった言葉に置き換えられながら「名誉」は現代の国際紛争の原因を考える際の大きな手掛かりとなっている。国際法の順守、国際的道義や価値観を共有する他国との関係は利益を前提としながらも最終的には名誉の問題なのである▼コロナ禍の長いトンネルを抜け出したように見える我が国において、間もなく政権選択を問う国政選挙が行われる。冷静に世界の現状を見極めつつ安全保障や国家の防衛など有意義な議論の高まりを期待したい。

時の焦点

国内

所信表明演説

「国民を守り抜く」決意

国際社会の平和と繁栄に貢献した安倍、菅両政権の成果を継承し、さらに発展させていく。その決意が明確に表れた。

岸田首相が衆参両院本会議で、就任後初の所信表明演説を行った。

首相は「今こそ、我が国も、新しい資本主義を起動し、実現していこうではありませんか」と呼びかけ、「成長と分配の好循環」と「コロナ後の新しい社会の開拓」をキーワードとして掲げた。

首相は自民党総裁選で、「小泉改革以降の新自由主義的政策を転換する」と訴えた。

9年近く続いた安倍、菅両政権に対し、国民には「飽き」もみえていた。一方、グローバル経済の広がりにより、どの先進国も国民の所得格差の拡大に悩んでいる。

所得再分配機能を強化し、中間層を厚くする、という方針は時宜にかなっていよう。非正規労働者や子育て世帯に対して給付金を支給するほか、賃上げする企業を税制面で支援するという。

だが、税金や赤字国債を財源として単に給付金などを配るだけで終われば、継続的な経済成長は見込めない。

民間企業の賃上げは安倍政権も再三取り組んだが、なかなか奏功しなかった。どう実現していくか、首相の手腕が問われることになる。

立憲民主党も分配の強化を主張しているが、消費減税や所得税免除まで行うという同党の政策は、疑問が大きい。一時的であっても、国債頼りのバラマキは財政に深刻なダメージを与えかねない。

10月31日投開票の衆院選に向けて、与野党はより効果的な政策を論じあってもらいたい。

岸田首相のデビューをめぐって気になるのは、野党や一部メディアが「安倍・菅政権からの政策転換が不十分だ」と主張していることだ。

確かに、「自民党1強」が長期化する中で、自民党所属議員らの不祥事がたびたび表面化した。安倍元首相や菅前首相の説明が不十分な場面もみられた。

しかし、外交・安全保障、経済、憲法改正など、肝心要の基本政策においては、両政権とも極めて適切だったことを忘れてはならない。国民がそれを支持したが故の長期政権なのである。

首相は演説で「国民を守り抜く、外交、安全保障」を打ち出し、「自由で開かれたインド太平洋」を力強く推進すると宣言した。「世界の平和と繁栄の礎である日米同盟を更なる高みへと引き上げる」とも述べた。

特に、国家安全保障戦略の改定を明言した意義は大きい。2013年に初めて同戦略を策定したのは、安倍政権の大きな功績である。だが、13年以後、中国は軍備増強を続け、日本を取り巻く安保環境は一層厳しくなっている。

防衛大綱、中期防衛力整備計画と合わせ、安保戦略を見直していくことは、「国民を守り抜く」岸田政権の重要な成果となるだろう。

宮原　三郎（政治評論家）

海外

アフガン公聴会

軍幹部、「責任」に沈黙

米軍のアフガニスタン撤収をめぐる数々の失態に関し、上院軍事委員会は9月28日、軍幹部3人を招き、公聴会を開催した。その中で、オースティン国防長官、中東地域管轄のマッケンジー中央軍司令官、ミリー統合参謀本部議長はいずれも、アフガンに数千人の部隊を残すよう大統領に進言していたことを明らかにした。

3人の証言は、大統領の発言と明らかに矛盾する。現職の米軍司令官らが宣誓証言で、国軍最高司令官の発言に反論するのは異例。

カブール陥落は8月15日。大統領は同19日、ABCテレビのジョージ・ステファノポロスとのインタビューでこう語っていた。

（ステファノポロス）「軍幹部はこの予定表での撤収に警告し、あなたが約2500人の部隊を残すよう望んでいた」

（大統領）「ノー、彼らはそんなことは言わなかった。それは真実ではない」

（ス）「彼らはあなたに、部隊残留を望むと言わなかったと？」

（大統領）「言わなかった」

（ス）「では、軍幹部の誰一人として、『兵士2500人を残すべきだ。過去数年間、情勢は安定していた。我々はそれを続けられる』と進言しなかったと？」

（大統領）「思い出せる限り、誰もそんなことは言わなかった」

誰かが嘘を言っているわけだが、大統領も「思い出せる限り」と、〝逃げ道〟は作ってある。

オースティン長官はコットン議員（共和・アーカンソー州）の質問に「大統領は正直かつ率直な人物」と表明。だが問題は、同議員はそんなことを尋ねてはいないのだ。

軍から架空の「白人至上主義過激派」の排除に忙しい長官らしいが、さらに追及されても、「情報は大統領に届いた」と言うのみ。

マッケンジー司令官はインホフ議員（共和・オクラホマ州）との質疑の中で、大統領への助言について、「個人的に行った助言」を明かすことはできないと述べるにとどまった。

しかし、同助言を形作った「個人的見解」として、撤収は「アフガン軍、ひいては政府の崩壊につながることは不可避」という見方だったと説明した。将来のアフガン軍事介入の可能性では、米国は過激派組織「イスラム国（IS）」やテロ組織アルカイダを追跡する権利を留保するとしながらも、「実行は容易ではない」と認めた。

ミリー統参本部議長は、部隊2500－3500人を残留させるべきだと判断していたと明かす一方、「私は現職大統領との会話内容は話さない」と述べた。

印象的だったのは、ジョンソン議員（共和・ルイジアナ州）が大混乱の撤収の責任の所在を質問した際、3人全員が沈黙。同議員は「この沈黙がすべてを物語る」と質問を終えた。

ブラックバーン議員（共和・テネシー州）は「あなたたち3人は、軍を破壊した3人として我々の記憶に残るでしょう」と締めくくった。

草野　徹（外交評論家）

吉田陸幕長に離任あいさつ

米3MEF司令官

吉田陸幕長は9月21日、離任を前に防衛省を訪れた米第3海兵機動展開部隊（3MEF、うるま市キャンプ・コートニー）司令官のハーマン・クラーディ中将の表敬を受けた。

同司令官から離任あいさつを受けた吉田陸幕長は、「2019年5月から約2年半の在任期間、貴司令官の強いリーダーシップにより、陸上自衛隊と米海兵隊との関係を質的に強化できた。これまで貴司令官との友情を育むことができたことを非常にありがたく感じている」と謝意を伝え、陸自と米海兵隊両部隊の関係がこれまで以上に強固になったことを相互に確認した。

陸自と米海兵隊の強固な関係を確認し合った吉田陸幕長（右）とクラーディ米第3海兵機動展開部隊司令官＝9月21日、防衛省で

露海軍巡洋艦が宗谷海峡を西進

9月29日午後1時ごろ、ロシア海軍の「スラバ」級ミサイル巡洋艦（満載排水量約1万1600トン、艦番号011「ワリヤーグ」）1隻が北海道・宗谷岬の北東約270キロのオホーツク海を南西に向け航行するのを海自2空群（八戸）のP3C哨戒機、第1ミサイル艇隊（余市）のミサイル艇「わかたか」が確認し、情報収集・警戒監視に当たった。

露巡洋艦は9月19日に宗谷岬沖で確認され、宗谷海峡を東進した艦艇と同一で、この後、同海峡を西進して日本海に戻った。

若狭湾・舞鶴 不審船を想定

海自と海保が共同訓練

若狭湾で行われた海自と海上保安庁の共同訓練で、不審船（中央2隻）を挟み、連携して監視に当たる海自のミサイル艇「はやぶさ」（右奥）と海保の巡視船「あさま」（左奥）、「だいせん」（手前）＝9月24日

海自は9月24日、若狭湾で海上保安庁の巡視船と「不審船対処」の共同訓練を実施した。

海自からは舞鶴地方隊のミサイル艇「はやぶさ」、水中処分母船1号とSH60K哨戒ヘリ、海保からは第8管区海上保安本部（舞鶴）の巡視船「だいせん」「あさま」、巡視艇「あまかぜ」と回転翼機が参加。「だいせん」には伊藤弘舞総監と8管の鳥谷邦博本部長が乗船して訓練を視察した。

若狭湾での同訓練は今年4月にも行われているが、今回は想定する不審船の隻数を増やし、「2隻の不審船が（沿岸の）重要施設に向かっている」という想定で開始された。

不審船に見立てた水中処分母船1号と「あまかぜ」を上空からSH60Kが確認・追跡し、海自、海保の艦艇と情報を共有。現場に到着した艦艇が連携して不審船の追跡・監視に当たり、海上に停船させるまでの一連の流れを演練した。

「カマンダグ21」に水機団

災害救助システムを活用、日・比連携強化

陸自の「災害救助システムⅡ型」の機材のひとつ、エンジン式削岩機の使い方をフィリピン海兵大隊員（左側）に展示する陸自水機団員（右）＝10月4日、比サンアントニオ市のレオヴィギルド・ガンティオキ海軍基地で

陸自は9月28日から10月8日まで、フィリピンのサンアントニオ市レオヴィギルド・ガンティオキ海軍基地で行われた米・比共同訓練「カマンダグ21」の中の災害対処訓練に参加した。

同訓練に参加したのは、陸自からは陸上総隊司令官の前田忠男陸将を担任官に、水陸機動団（相浦）の隊員約30人、比軍から海兵大隊の約140人。

訓練では主に「救護所の開設・運営」と、陸自が装備する人命救助システムを使用した「被災者救助活動」が実施された。

日本政府はフィリピンに対し、人命救助システム4式をODAで供与、これに合わせて陸自も同国軍人に対する能力構築支援を予定しており、今回の訓練はそれに先立って同システムを使った展示が行われた。

吉田陸幕長は9月30日の記者会見で、「インド太平洋地域の要衝国フィリピンの軍人と（人命救助システムの共同運用を通じ）相互理解の促進とさらなる連携強化を図ることは、自由で開かれたインド太平洋の維持に直接寄与することになる」と日比共同訓練の意義を語った。

2空群のP3C 2機がジブチへ

海賊対処航空45次隊

東アフリカのジブチを拠点にソマリア沖・アデン湾で上空から海賊行為の警戒監視活動に当たる海自の海賊対処航空部隊の交代のため、9月27日、45次隊のP3C哨戒機2機が八戸基地を出発した。

45次隊は2空群（八戸）の中川蔵太2佐を指揮官に海自隊員約60人で編成。27日に要員約30人を乗せたP3Cが八戸を離陸し、残る要員は10月1日に成田からチャーター機で出国した。

ジブチ到着後、44次隊（指揮官・濱川翔2佐以下5空群＝那覇＝基幹の海自隊員約60人）から順次任務を引き継いだ。

任務を終えた44次隊の要員は、ジブチ出国を前にPCR検査を実施し、全員の陰性を確認した後、10月7日に要員約30人が羽田に向けて民航機で帰国の途に就き、2機のP3Cは9日に那覇基地に帰投した。

エンジン低出力 教官が気付かず

米T38墜落事故

米軍の基本操縦課程に入校中の空自学生（25）が搭乗したT38Cジェット練習機が今年2月、米アラバマ州のモンゴメリー空港に向け着陸進入中に同空港手前約600メートルの地点に墜落し、同乗の教官と共に殉職した事故について、空自は10月8日、米軍が公表した事故推定原因を発表した。

それによると、事故の主な原因は「学生が着陸時に航空機のエンジンの出力設定を長時間最低にした危険な状況に教官が気付くのが遅れ、適切な対応できなかったため、その後の急減速、降下からの回復操作も間に合わない状況にした点」と指摘している。

T38C練習機は2月19日午後4時4分（現地時間）、航法訓練のため、米ミシシッピ州のコロンバス空軍基地を離陸、モンゴメリー空港経由でフロリダ州のタラハシー空港に向かっていた。

学生はモンゴメリー空港への着陸に向けた旋回中に教官から減速を指示され、約18秒間エンジンを最低出力にした。学生は速度と高度が落ちた後も経路修正などに追われて適切な操作ができず、教官も速度低下に気が付くのが遅れ、高度回復を試みたが墜落した。

空自は米軍の事故原因の公表を受け、関係部隊に周知して事故防止に努めていくとしている。

国外運航訓練でベトナム人職員と調整を行う濱本道徳2佐（左）＝9月29日、ベトナムのノイバイ国際空港で

2輪空C2が国外運航訓練

ベトナムからマレーシアへ

空自は9月27日から30日まで、2輪空（入間）に配備されたばかりの最新鋭機C2輸送機をベトナム、マレーシアに派遣する国外運航訓練を行った。

訓練には2輪空の田畑涼一2佐以下約20人が参加。入間を出発後、那覇基地経由でベトナムのノイバイ国際空港に着陸。その後、マレーシアのクアラルンプール国際空港に移動し、C2型機の国外任務遂行能力の向上を図った。

米B52、F35Bと空自のF15が訓練

空自は9月24日、来日した米空軍のB52戦略爆撃機1機、米海兵隊のF35Bステルス戦闘機2機と日米共同訓練を行った。

空自からは9空団（那覇）のF15戦闘機2機が参加し、沖縄・那覇北西の東シナ海で要撃戦闘訓練を行い、日米での共同対処能力と戦術技量の向上を図った。

日米共同訓練を行う空自9空団のF15戦闘機（右下）、米空軍のB52戦略爆撃機（左）、米海兵隊のF35Bステルス戦闘機（9月24日、東シナ海上空で）

防衛省発令

▽護衛艦隊司令部（まや艦長）1海佐 小野 修司
▽まや艦長（護衛艦隊司令部）同 竹内 周作
▽空幕総務課総務調整官（中部航空方面隊総務部長）1空佐 聖徳 麻未
▽同人事教育計画課（情報本部）同 片桐美智子
▽同運用支援課運用支援調整官（空幕総務課総務調整官）同 村上 博啓
▽北部航空施設隊司令（同運用支援課運用支援調整官）同 荒田 真一
▽中部航空方面隊幕僚長（1高射群司令）同 河野 順一
▽同総務部長（1航空団基地業務群司令）同 川島 巌
▽1高射群司令（北部航空施設隊司令）同 山田 敬
▽1航空団基地業務群司令（空自幹部学校総務課長）同 樫地 慶一
▽空自幹部学校総務課長（空自幹部学校）同 松本 哲周
（以上10月5日）

訂正　10月7日付4面「地本ホッと通信」の記事中、栃木地本長のお名前が誤っていました。正しくは梶恒一郎1佐です。お詫びして訂正します。

海自艦「いずも」で発着艦を検証

F35B搭載へ大きな一歩

空自のF35Bステルス戦闘機搭載に向け、耐熱性の強化などの1回目の改修工事を終えた海自護衛艦「いずも」の全景。甲板前後にあった「83」の艦番号は消え、飛行甲板には黄色いラインが新たに加えられた（いずれも10月3日、四国沖の太平洋上で）＝いずれも海自提供

改修前の「いずも」の全景（資料写真）

「いずも」には米海兵隊のカタパルト・オフィサー（左下）も乗り組み、F35Bのパイロットに発着艦の合図を送った（米軍サイトDVIDSから）

「いずも」にスムーズに着艦し、艦乗員に向けて「いずも」のワッペンを掲げるF35Bパイロット（米軍サイトDVIDSから）

㊤全長248メートルの「いずも」の飛行甲板を滑走し、前甲板から短距離離陸する米海兵隊のF35Bステルス戦闘機

㊦「いずも」の左舷後方から進入し、同艦の後部甲板にホバリングして着陸態勢に入るF35B。全幅38メートルの「いずも」のスケールがよく分かる

海自第1護衛隊群第1護衛隊（横須賀）に所属する大型護衛艦「いずも」（艦長・川内健治1佐）は10月3日、最新鋭ステルス戦闘機F35Bの搭載に向けた初の検証作業を四国沖で実施した。同検証には米海兵隊のF35Bが協力、「いずも」艦上に初めて着艦し、空自のF35B艦上運用に向けて大きな一歩を踏み出した。（本紙10月7日付既報）

「いずも」は第1回目の改修工事として、令和2年度末から甲板の耐熱性強化と誘導灯の設置などを行い、今年6月末に工事を終えた。

今回の初の検証作業では、短距離離陸・垂直着陸（STOVL）型の航空機であるF35Bの発着艦時のエンジン音や排気熱など各種データを収集したほか、艦上での運用に必要な隊員の教育訓練なども行った。

今後は今年度末に第4護衛隊群第4護衛隊（呉）に所属する2番艦の「かが」も1回目の改修を行う。さらに2回目の改修工事は、「いずも」が6年度末、「かが」が8年度末の定期検査時に行う計画だ。

2回目の工事では艦内にF35Bパイロットの待機区画の整備や艦首部の形状変更などを予定している。

山村海幕長は検証作業後に行われた5日の記者会見で「将来、空自が導入するF35Bの『いずも』型護衛艦への搭載に向け、大きな第一歩であることは間違いない」と語った。

F35B戦闘機の艦上運用　支える英国企業「BAE」

英海軍の「クイーン・エリザベス空母打撃群（CSG21）」がインド太平洋方面に長期展開中だ。この遠征にはCSG21の設計・運用で主導的な役割を果たした英企業BAEシステムズの技術陣も同行、空母など艦艇をはじめ艦上でのF35B戦闘機の運用などを全面支援している。

英国を5月に出発したCSG21の旗艦「クイーン・エリザベス（Q・E）」は、インド太平洋方面に展開、9月4日から8日まで米海軍横須賀基地に寄港した。その前後には日米豪加などの部隊と共同訓練も行った。この遠征で同群の艦艇・航空機を技術面からサポートしているのがBAEシステムズだ。

同社のアンドリュー・パルフォード上級軍事顧問は「Q・E空母打撃能力を実現することは、かつてない規模と複雑さを伴う挑戦だった」と振り返り、「船体設計・建造をはじめ、短距離離陸・垂直着陸（STOVL）型のF35B戦闘機とのシステム統合、さらにQ・Eの母港整備も含まれている」と語る。

同社は英軍と同じF35Bを導入する航空自衛隊、そして同機を艦載機として運用する海上自衛隊にも注目し、「（自衛隊との）防衛協力を通じ、関係強化を目指す日英両国を支援していく」と述べている。

フライト・シミュレーターは可動型で、パイロットは飛行中に発生する動揺なども体験できる

㊤F35B戦闘機パイロットの着艦訓練用のフライト・シミュレーター。空母「クイーン・エリザベス」の艦内にも搭載されている
㊧現在、アジア方面に長期展開中の英空母「クイーン・エリザベス」
（いずれもBAEシステムズ提供）

空母「Q・E」艦内で模擬フライト訓練も可能

艦艇搭載型シミュレーター

BAEによると「Q・E」にはF35Bパイロット訓練用の「艦艇搭載型フライト・シミュレーター」が整備されている。パイロットは航海中、実機を飛ばすことなくシミュレーターを使って着艦に向けた訓練や、さまざまな緊急対処手順、さらにミッションリハーサルができる体制が整えられており、BAEがこれをサポートしている。

シミュレーターはF35Bが空母に着艦する際のあらゆる状況を再現することが可能。荒れた洋上での母艦の動揺や風の向き・強さ、日没時や夜間といった気象・海象も再現し、パイロットがどんな状況でも安全に着艦できるよう搭乗員教育を支援している。

このシミュレーターには仮想現実と拡張現実の最新技術を導入、パイロットのほか着艦信号士官ら乗員に向けての技術的ソリューションを提供しているという。

アジア地域を担当する同社マネージングディレクターのナターシャ・フアイファー氏は「BAEは今後も英国軍とその同盟国に対し、有事の際に必要となるデータ、情報、戦闘能力を提供していく」と述べ、日本の自衛隊に対しても協力の準備ができていることを強調している。

「オロフレの戦士」任務完遂

13施設群 訓練検閲

海岸線に汀線部障害

日本海で施設力を発揮

日本海を望む海岸線に13施設群が構築した汀線部障害（天塩訓練場で）

監視所を設け、重要施設の防護にあたる13施群の隊員（北海道大演習場で）

北部方面ヘリコプター隊のUH-1ヘリと協同し水際障害の構成を行う13施群隊員（天塩訓練場で）

旅団指揮所を地下に構築中の13施群隊員（北海道大演習場で）

【13施群=幌別】13施設群は8月26日から9月2日まで、天塩訓練場、北海道大演習場などで令和3年度訓練検閲を受閲した。

内陸部には旅団指揮所

部隊は「島嶼防衛に任ずる旅団に配属された施設群」として、作戦準備（至近距離射撃）から、敵の着上陸を阻止する海岸線への各種障害の構築、さらに重要防護施設の防護任務まで、厳しい大自然を相手に検閲に挑んだ。

訓練開始を前に群長の畠山義仁1佐は「オロフレの戦士としての誇りとプライドを持って任務を完遂し、国民の期待に応えよ」と隊員を叱咤激励。「その場の誰かが常に最後のストッパーとなり、困難が伴う作業であっても任務を完遂せよ」と述べ、郷土のシンボルであるオロフレ山のスケールに負けない仕事ぶりを総員に求めた。

この言葉を受け、部隊は道北・天塩の日本海に面した海岸線に進出。冷たい波や風が寄せる中で敵の着上陸侵攻を阻止する水際地雷原、汀線部障害の構成に当たったほか、旅団指揮所などの陣地構築、橋梁架設、施設調整所の運営など、広範・多岐にわたる任務に挑んだ。

「オロフレの戦士」たちは日本海を前に金属やコンクリート製の多重汀線部障害を構成、さらにヘリ部隊の支援を受けて水際地雷原を波打ち際に構成するなど、敵の舟艇や水陸両用車の着上陸を阻止する強固な防衛線を構築した。

同時に内陸部にも島嶼防衛を指揮する旅団指揮所を地下に構築、隊員たちは各所で持てる力を最大限発揮して「オロフレの戦士」たちの真の実力を内外に強くアピールした。

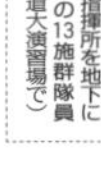

訓練

射撃精度・速度とも良好

203ミリ自走榴弾砲検閲

1特団

陣地進入する1特科群の203ミリ自走榴弾砲

【1特団=北千歳】1特科団は8月30日から9月6日まで、矢臼別演習場で令和3年度第1特科群訓練検閲（実射）を実施した。

検閲は陸自最大の火砲・203ミリ自走榴弾砲の実射検閲を行い、射撃の精度と速度を評価するとともに、さらなる進歩向上を促すために実施された。

実射を前に「弾先に意識を集中し、やるべきことをやれ」と群長から命じられた隊員たちは長射程の榴弾砲を自在に操り、これまでの練成成果を発揮、精度・速度ともに良好な射撃を実施し、所望の成果を修めた。

203ミリ自走榴弾砲に弾丸を装填する砲班隊員（いずれも矢臼別演習場で）

火力戦闘力向上へ

より実戦的な射撃を追求

42即機連

損傷した機動戦闘車（左）を後送する整備部隊のレッカー車両（日出生台演習場で）

【42即機連=北熊本】42即応機動連隊は8月3、4の両日、日出生台演習場で総合戦闘射撃を実施した。

訓練には連隊の普通科中隊、機動戦闘車隊、火力支援中隊、偵察・対戦車・通信・衛生各小隊のほか、特科部隊、整備部隊などが加わり、諸職種連合部隊の火力戦闘能力の向上を図った。

平素は空包で行う訓練も今回は実弾を使用、隊員たちは安全管理上の制約を克服し、より実戦的・実際的な戦闘射撃を追求した。

「防御」場面では偵察小隊の斥候、無人機の情報、火力観測員の火力要求に基づき、連隊の火力調整所が各種火力を統制、迅速な火力支援で敵を押しとどめ、ここに小銃小隊や機動戦闘車が一斉に攻撃して敵を撃破した。

また、負傷した隊員の迅速な後送、損傷した車両のレッカー輸送など、諸職種の協同要領をリアルな状況で演練した。

泥濘化した演習場内に

堅固な陣地構築

20普連

【20普連=神町】20普連は9月4日から9日まで、王城寺原演習場で3年度第2次師団訓練検閲練成訓練を実施した。

10月下旬に予定される検閲の課目「陣地防御」に向けた訓練で、徒歩行進から陣地防御までの一連の行動を練成した。

各中隊は真夜中から翌朝にかけて約20キロの徒歩行進を行い、演習場に前進。降雨の影響で泥濘化している中、隊員たちは堅固な陣地を構築し、事後、防御戦闘に備えた。

戦闘が始まると隊員たちは第一線陣地から縦深陣地まで一連の作戦を遂行。化学・航空攻撃への対処、捕虜の取り扱い、第一線救護などの状況にも対処した。

訓練後は中隊ごと事後研究会（AAR）を実施し、各行動を分析・評価、教訓事項を洗い出し、師団訓練検閲に向けて万全を期した。

周囲を警戒しながら前進する20普連の車両部隊（王城寺原演習場で）

斥候対処ライン

敵の侵入を阻止

33普連

ＦＴＣ総合訓練に参加した33普連の軽装甲機動車部隊（東富士演習場で）

【33普連=久居】33普連はこのほどFTC総合訓練を実施した。富士トレーニングセンター（FTC）第5次運営に参加する増強第4中隊の総仕上げを目的としたもので、防御準備、戦車との協同、斥候対処などを特に重視して訓練を行った。

部隊は東富士演習場に到着後、各種準備を一切の妥協なく実行、万全を期した。その後、指定地点に集結、状況開始とともに作戦地域に進入した。所要の偵察と築城を開始し、1日平で複数の堅固な陣地を構築、約7キロの縦深を活用した陣地線を構成した。

やがて敵斥候・遊撃部隊が侵入、これを察知した小隊が隙のない警戒で継続的に排除した。その後の敵の奇襲で損耗も出したが、巡察部隊の迅速な対処で敵遊撃部隊を掃討した。

その後も絶え間ない警戒監視と強靭な障害により斥候対処ラインへの敵の侵入を阻止した。

重迫撃砲で正確

迅速な火力支援

6普連

120ミリ重迫撃砲の弾薬を準備する6普連の重迫撃砲小隊員（然別演習場で）

【6普連=美幌】6普連は9月2日から4日まで、然別演習場で重迫撃砲小隊の訓練検閲を実施した。課目は「増強普通科中隊の陣地防御における重迫撃砲小隊の行動」で、実弾発射の練度も評価した。

状況が開始されると部隊は車両行進に続き陣地地域に進入、速やかに安全化を実施して一帯を占領し、火力戦闘を行うための陣地構築などを行った。

4日朝、前方地域で防御戦闘が開始されると、小隊は第一線部隊の要求に従い、正確かつ迅速な火力発揮を行い、部隊を支援した。

レンジャー隊員めざし30人

34普連 3年度集合教育スタート

陸自の精鋭「レンジャー」を目指し、水路潜入後、上陸・展開する隊員たち（山梨県の本栖湖で）

【34普連=板妻】34普連は9月13日から3年度部隊集合教育「レンジャー」の教育訓練を開始した。

今回は1師団隷下部隊などから選抜された隊員30人が参加、体力調整に始まり、ロープ訓練、水路潜入など、レンジャー隊員に必要な知識と技術の修得に励んでいる。

9月17日には富士五湖の一つ、山梨県の本栖湖で「水路潜入訓練」が行われ、学生たちは偵察ボートによる漕舟、転覆復旧、戦闘下の上陸・展開などを訓練した。

海・空自部隊と連携

島内全域でゲリ・コマに対処

対馬警備隊

負傷した隊員を救急車に後送する衛生班員（長崎県の対馬で）

【陸対馬】対馬警備隊は9月13日から16日まで、普通科中隊と衛生班の訓練検閲を対馬全島の生地を活用し実施した。

普通科中隊は対馬の海・空自部隊と連携し、島内全域でゲリラ・コマンド対処、衛生班は作戦行動で発生した負傷者の応急救護と後送処置を課目とした。交戦装置（バトラーII）を使用し、「国境の地」での実戦さながらの訓練を展開。至近距離射撃などの射撃評価も行った。

訓練期間中は台風接近による大雨に見舞われたが、普通科中隊長と衛生班長を核心に全隊員が任務を完遂した。

新隊員15人が挑戦

中央即応連隊

【中即連=宇都宮】中央即応連隊は8月23日から31日まで、相馬原演習場で新隊員15人の総合訓練を実施した。

訓練は集大成となる35キロ徒歩行進で始まり、目的地到着後は陣地攻撃に着手（写真㊨）。迫撃砲区隊が砲迫による射撃支援を行う中、軽火器区隊が勇猛果敢に前進、汗と泥にまみれながらも仲間と連携して敵陣地を奪取した。

39普連は火器実射

【39普連=弘前】39普連は8月18日から23日まで、新隊員教育隊の実射訓練と重迫撃砲中隊の実射検閲を岩手山演習場で行った。

前半は新隊員が個人携帯対戦車弾、81ミリ迫撃砲、120ミリ迫撃砲を緊張しながらも射撃（写真㊧）。後半は重迫撃砲中隊が「ばらばら松地域」で射撃後、「南の森地区」に陣地変換して射撃を行った。

共済本部契約商品ご紹介

防衛省共済組合ではさまざまな共済本部契約商品を取り扱っています。その中から今回はビジネスリュック、マットレス、ランドセルの３商品をご紹介します。

◇エースジーン　ビジネスリュック　ガジェタブル

身体からはみ出ない「薄マチ」形状が特長のビジネスリュックです。サイズは幅30×高42×マチ10センチで、Ｂ４ノートパソコンの収納が可能。容量は15リットルで、重量1040グラムです。

前持ちの際の利便性を考慮したポケットが多数配置され、スリムながら想像以上の収納力を備えています。通勤はもちろん、休日の移動にもご利用頂けます。カラーはブラックとブルーの２色。組合員価格は税込み１万9800円（標準価格は同２万2000円）です。

◇スリープオアシス　アスリートモデルマットレス　レギュラーシングル

マットレスには硬度の高い「３次元構造　高反発ファイバー」を採用し、体圧を均一に分散することで腰部など一部の沈み込みを軽減し、自然な寝姿勢を保ちます。免疫力を高める３大要素のひとつ「十分な睡眠」をしっかりとサポートしてくれます。サイズは97×195×５センチで、素材はポリエステル100％。

組合員価格は税込み２万8000円（標準価格は同３万2989円）です。

◇ふわりぃランドセル　グランコンパクト

ふわりぃランドセルの大容量シリーズの中で最軽量モデルです。最大５センチのびるポケット、チェストベルト、Ａ４フラット・タブレット対応と、機能も充実。カラーはふわりぃホームページ（fuwarii.com）を参照下さい。

サイズは幅23.5×マチ13.0×高30.5センチで、重量は約990グラム（付属品除く）。保証期間は６年です。組合員価格は税込み４万2900円（標準価格は同５万7200円）となっています。

これら商品のお申込みは（株）サクセス・ワールドへ。ＦＡＸ（03―5296―2105）または電話（0120―37―3974）で受け付けます。

お支払は銀行振込で（要・振込手数料）。送料は全国一律1100円です（※沖縄・離島は別途費用がかかります）。

詳しくは同社の担当・井崎まで。

厚生・共済　特集

かけがえのない大切な方々に「ありがとう」と伝えたい

グラヒルの秋の挙式・写真プラン「Thank you plan」

「サンキュープラン」では挙式3カ月前から婚礼衣装を着て写真撮影ができる「写真プラン」もご用意しています

HOTEL GRAND HILL ICHIGAYA

写真撮影は挙式の3カ月前から受け付け

「かけがえのない大切な方々に、ありがとうと伝えたい…」――。そんな思いのカップルの皆さん、共済組合の直営施設「ホテルグランドヒル市ヶ谷」（東京都新宿区）で結婚式を挙げてみませんか。

グラヒルではこの秋、特別の挙式・写真プラン「サンキュープラン」（税込み特別価格39万円）をご用意しています。

プランは「キリスト教式」結婚式となっており、式には牧師と聖歌隊（女性2名）、オルガニストが加わり、さらに結婚証明書、リングピロー、装花、ブライダルカーがプランに含まれています。

さらに新郎・新婦の衣裳、衣裳小物、介添え、美容着付、記念写真、スナップ写真も含まれます。この機会にぜひご利用ください。

なお、結婚式は「チャペル内人前式」も承ります。

「写真プラン」もご用意

式の前に婚礼衣装をお召しになり、晴れの姿で写真撮影をしてみませんか。「サンキュープラン」では挙式3カ月前から婚礼衣装を着て写真撮影ができる「写真プラン」もご用意しています。こちらもどうぞご利用ください。

「サンキュープラン」「写真プラン」についての詳細はスタッフまでお問い合わせください。ご予約・お問い合わせは、電話03―3268―0115（直通）、専用線8―6―28853（婚礼予約）まで。ホームページ（https://www.ghi.gr.jp）、メール（salon@ghi.gr.jp）でも受け付けています。

このほか、ブライダルのご相談もお電話・メール・オンラインにて受け付けております。お気軽にお問い合わせください。

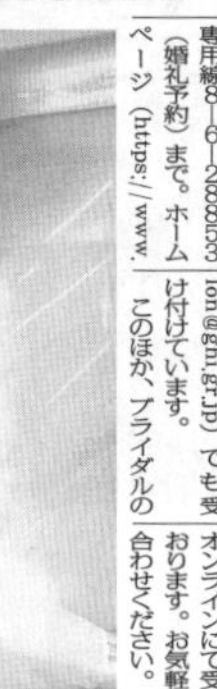

「写真プラン」ではチャペル内での写真撮影もできます

防衛省職員　団体生命保険　割安な保険料で大きな保障が得られます

防衛省共済組合では、組合員とその家族の皆さまを、万一の時にお守りする団体生命保険（幹事会社・日本生命、明治安田生命）を取り扱っています。

この保険は、割安な保険料（1口100円）で大きな保障が得られる有利な保険です。また、申し込んだその日から保障が開始される「即時保障」も選択できます。

【加入資格・加入口数範囲（1契約あたり）】

○組合員本人＝申込日現在、健康な状態で日常に勤務され、かつ医師の治療・投薬を受けていない年齢14歳6カ月超69歳6カ月以下の人。加入口数範囲は6口以上50口まで。

○配偶者＝組合員本人の配偶者で申込日現在、健康な状態で日常に生活を営み、かつ医師の治療・投薬等を受けていない年齢満16歳以上60歳6カ月以下の方。8口以上14口まで。

○こども＝組合員本人が扶養しているこどもで申込日現在、健康な状態で日常に生活を営み、かつ医師の治療・投薬等を受けていない年齢2歳6カ月超22歳6カ月以下の人。1人あたり一律3口。

保障内容（1契約あたり）は、「不慮の事故による死亡（高度障がい）」の場合、組合員本人（50口）に4210万円、配偶者（14口）に1218万円、こども（一律3口）に444万円が保険金として支払われます。

このほか、病気による死亡（高度障がい）、不慮の事故による障がいでも、所定の保険金が支払われます。この機会にどうぞご加入ください。

医療費が高額になり、一定額を超えた場合は「高額療養費」が支給されます

組合員または被扶養者が、同一の月にそれぞれ一つの医療機関等から受けた診療に係る自己負担額（食事療養または生活療養に係る標準負担額および保険診療外差額徴収料等は除きます。）が高額となり一定額を超えた場合は、その超えた額が「高額療養費」として共済組合から支給されます。算出方法は、高齢受給者と70歳未満の方とでは異なります。

また、同一の世帯で同一の月に行われた療養が複数ある場合は、その療養に係る自己負担額を世帯単位で合算（高齢受給者は全ての自己負担額を、70歳未満の方は2万1000円以上の自己負担額を合算の対象とします。）して高額療養費支給額を算出します。

なお、高額療養費は現物給付（※1）もしくは事後に共済組合から組合員の方へ現金で支給します。

70歳未満の組合員または被扶養者の方が高額療養費の現物給付を受けるためには、組合員証等と併せて、組合員の方の所得区分を記載した「限度額適用認定証」（※2）を医療機関等に提示する必要があります。「限度額適用認定証」の交付を受けるには、申請の手続きが必要となりますので、詳しくはご所属の支部短期係にお問い合わせください。

高額療養費や限度額適用認定証の詳細については、支部短期係または共済組合HP（トップページ↓ライフシーン＜病気・ケガ＞から選ぶ）でご確認ください。

医療費等の給付を受ける権利は、その給付事由が生じた日から2年間行わないときは、時効によって消滅します。くれぐれもご注意ください。

※1　「現物給付」とは、組合員または被扶養者の方が、組合員証等を提示して病院等の医療サービス（治療、薬の処方等）を受け、その医療費（窓口で支払う自己負担額を除く）を共済組合が病院等へ支払うことにより、医療サービスそのものを皆様に提供することをいいます。

※2　「限度額適用認定証」は対象者お1人につき1枚交付します。所得に変動があり、高額療養費の算定基準の区分に変更があった場合は、新しい区分の「限度額適用認定証」が必要となります。その際は、再度、申請をしていただきます。

詳細は支部短期係、共済組合HPでご確認を

年金Q&A

障害が残った場合の年金について知りたい

障害厚生年金を請求できます

Q　手術の後遺症で麻痺が残り、生活に支障が出ています。今後、障害が残った場合の年金について教えてください。

A　国家公務員の期間に初診日のある病気やケガのため、次の①から③いずれかに該当し、保険料納付要件ア・イいずれかに該当したとき、障害厚生年金を請求できます。

①初診日のある傷病により、障害認定日（初診日から１年６月を経過した日、又は症状が固定した日のいずれか早い日）において障害等級１級～３級の障害状態にあるとき。

②障害認定日は３級以上に該当しなかったが、同じ傷病により、その後65歳に達する日の前日までに３級以上になったとき。

③初診日のある傷病と、国家公務員になる以前にあった他の障害と併合して２級以上の障害になったとき。

＜保険料納付要件＞

ア　初診日の属する月の前々月までに国民年金の被保険者期間があり、その保険料納付済期間（保険料免除期間を含む）が全体の２／３以上であること。

イ　初診日が令和８年４月１日前にあるときは、その初診日の属する月の前々月の１年間に国民年金の未納期間がないこと。

※　国家公務員期間中は国民年金の保険料納付済期間

◇障害等級の状態とは＜概要＞

１級…他人の介助を受けなければ、ほとんど日常生活を送ることができない

２級…必ずしも他人の助けは必要ないが、日常生活が困難で労働することができない

３級…労働が著しい制限を受ける、又は著しい制限を加えることを必要とする

障害厚生年金の請求は、診断書等の取得や申立書の作成が必要です。請求から審査、決定までに時間がかかります。

国家公務員の期間に初診日があるときは、年金事務所での請求ができません。共済組合支部担当者（長期係）へご相談ください。　（本部年金係）

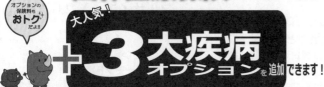

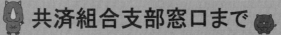

厚生・共済

特集

九州地区で初、空自築城基地で「カーシェアリング」開始

魅力は「基地内から利用できる」

料金は「15分130円」

8空団業務隊

「車は持ってないけど、休日のレジャーには車を使いたい」――。そんな隊員の要望に応え、空自築城基地の8空団業務隊は、九州地区の3自衛隊で初となる「カーシェアリング」のサービスを開始した。スマホで予約すれば、必要な時に自由に車を使えるサービスで、その利用料金も「15分130円」と格安。来客の送迎から休日の買い物まで、さまざまなシーンでカーシェアリングが活用されている。

九州地区初のカーシェアリング導入を祝う大嶋基地司令（中央左）とネッツトヨタ北九州の山部清文係長（同右）＝写真はいずれも10月1日、築城基地で

【築城】空自築城基地（司令・大嶋善勝将補）は10月1日から隊員の福利厚生を目的とした「カーシェアリング」のサービスを開始した。

共済組合築城支部がネッツトヨタ北九州と委託契約して実現したもので、九州地区の3自衛隊では初の導入となった。

同サービスは利用者がスマートフォン用の「トヨタシェアアプリ」をダウンロードし、登録すれば、築城基地に配車されている車両の予約から使用時の車の開錠、返却後の精算まで、すべてスマホひとつで行うことができる。

現在基地で利用できるコンパクト車「ヤリス」の場合、料金はガソリン代、保険料込みで「15分130円」。これは市中のレンタカーに比べても非常に安い。

10月1日のサービス開始セレモニーには大嶋基地司令も出席し、隊員が自由に活用できるカーシェアリングのスタートを祝った。参加した隊員は、「金額が安く、基地内から利用できるのが魅力的。休日のちょっとした用事に利用したい」と期待の声を上げていた。

導入1台目となるコンパクト車「ヤリス」（右）を見学する基地隊員

同サービスを企画した8空団業務隊厚生班長の井浦大事務官は、「カーシェアリングは、時代と基地隊員のニーズにマッチした福利厚生サービス。徐々に車を増やしていく計画なので多くの隊員に利用してほしい。今後も隊員の要望を取り入れ、より良いサービスを提供していきたい」と語っている。

自慢の一品料理

星降る甑島空上げ

紹介者：1空曹 城戸　慎吾（第9警戒隊・下甑島）

鹿児島県西方の甑列島（甑島）の下甑島に所在する自然豊かな空自下甑島分屯基地では夜には満天の星空が望めます。そんな美しい星空の下で生まれた「星降る甑島空上げ」を紹介します。

空上げには甑島特産のダイダイ（ミカン科、柑橘でも可）を使用。

最初に果汁を絞り、果実の皮も細かくみじん切りにします。メインの鶏肉は食感を楽しむため、モモ肉とササミの2種類を使用し、それぞれ一口大にカットして果汁、白だし、砂糖を合わせた漬け汁に2時間ほど漬け込みます。その後モモ肉は柑橘の皮と混ぜ、揚げ粉（片栗粉、塩胡椒）にまぶして二度揚げし、カリッと仕上げます。

一方、ササミの方は漬け込んだ後、アオサのりの粉末を入れた揚げ粉を衣にして、モモ肉と同様に二度揚げします。

ポイントは、風味豊かで衣のカリッとした食感と2種の肉のジューシー感です。その二つを両立させるため、1度目は中火で火を通し、2度目は高温で衣がカリッとなるように仕上げています。特に揚げる際の油の温度と揚げ時間に気を付けて調理しています。

最後の盛り付けでは、磯の風味をより一層感じられるよう、のり佃煮、白だし、みりん風調味料を使った特製のトッピングタレをつけて、空上げを3個並べればでき上がりです。形は「甑島」をかたどったユニークな見た目にしました。

ぜひご家庭でも、いつもと一味違った甑島空上げを試してみてはいかがでしょう。

お土産にいかが

降下塔や徽章モチーフ「玉子せんべい」登場

空挺団

降下塔（左下）など空挺団の施設などをモチーフにした土産品「陸上自衛隊習志野駐屯地玉子せんべい」

【空挺団＝習志野】空挺隊員になるための教育「基本降下課程」で使用される「降下塔」をモチーフにしたお土産「陸上自衛隊習志野駐屯地玉子せんべい」がこのほど、駐屯地の売店に登場した。

丸い玉子せんべいの表に「降下塔」をはじめ「落下傘降下の様子」「空挺徽章」「習志野駐屯地のロゴ」の4種類が描かれており、お土産に手ごろな10枚入りと、20枚入りの2種類がある。

駐屯地の担当者は「今後、『玉子せんべい』も人気商品の『第1空挺団どら焼き』と並ぶ習志野駐屯地の名物となるでしょう」と話している。

余暇を楽しむ

大滝根山分屯基地フットサル部「FCアグレスト」

紹介者：1空曹 堀　達也（27警戒隊・大滝根山）

朝雲新聞をご覧の皆さま、こんにちは。3自衛隊の中で最も標高が高い基地（海抜1192メートル）で活動する大滝根山分屯基地フットサル部「FCアグレスト」を紹介します。

フットサルは、サッカーの4分の1ぐらいの大きさのコートで、5人対5人でプレーするサッカーに似たスポーツです。部員は経験者、未経験者合わせて15人が在籍しており、課業が終わったあと、基地体育館で主にゲーム形式の練習を行っています。

「明るく、楽しく」モットーに

当部では部外で行われる各種大会にも積極的に参加しています。部創設の頃は予選敗退を何度も経験し、非常に悔しい思いを味わいました。しかし、そこから徐々に実力をつけ、数年前に行われた地元のフットサル大会「牛角杯」では準優勝することができました。

部のモットーは「明るく、楽しく」です。プレーのミスやちょっとしたアクシデントにも笑い、励ましながら練習に没頭しています。

また、ここ福島県に所在する大滝根山は、冬季期間は気象状況が悪化して厳しい風雪に見舞われ、屋外での運動ができません。そのため、体育館でのこのフットサルが唯一、汗をかいてすがすがしい気持ちになれるひとときです。メンバーもフットサルを楽しむことで一日の疲れを吹き飛ばし、「また明日も頑張ろう！」と気持ちを切り替えています。

現在、新型コロナの感染拡大防止の観点から活動を控えていますが、今後は自治体の状況を見極め、感染防止対策を行いつつ活動を再開したいと考えています。そして、部員一同、大会での「優勝」を目標に闘志を燃やしています。

今後も、活動を通じてメンバーとの親睦を深め、仕事もフットサルも「明るく、楽しく」の精神で頑張っていきたいと思います。

基地フットサル部「FCアグレスト」の部員たち。敗戦をバネに練習を重ね、地元の大会で準優勝できるチームとなった（写真はいずれも空自大滝根山分屯基地で）

ゲーム形式で練習をするフットサル部員。標高の高い基地にあって、汗を流せる貴重な場だ

ブルー描いた缶詰6種が人気

食べてよし 眺めてよし

松島基地売店で限定販売

【松島】空自松島基地はこのほど、宮城県石巻市の水産加工メーカー「木の屋石巻水産」とコラボし、お土産用のオリジナル缶詰を作製、基地売店限定で販売を開始したところ人気を博し、話題になっている。

この缶詰は、宮城県を代表する特産品「金華さば」「くじら」「ほや」「銀鮭」などの魚介類のほか、仙台名物の「牛たんのデミグラスソース煮込み」など全6種類。中でも「金華さば味噌煮」は、水揚げされた金華さばを冷凍することなく加工しているため、そのおいしさに驚き、リピート購入する人も多いという。今年5月の販売からわずか1カ月で6種類合計1000缶を売り上げ、大ヒット商品となっている。

ラベルのデザインは松島基地の青空をイメージしたスカイブルーに「T4ブルーインパルス」を大きく描いたオリジナル。各缶で番機が異なることから、全種類を揃えると1番機から6番機の〝6缶編隊〟が完成し、ブルーファンにとってはたまらない一品だ。売店では、1〜6番缶をセットにした「オリジナルボックス」も販売している。

企画した4空団業務隊厚生班長の伊藤弘行事務官は「缶詰は長期保存が可能なので、飾ってよし、眺めてもよし、さらに非常食としても利用できるのでおすすめです。基地にお越しの際には、ぜひお買い求めください」と話している。

ブルーインパルスのラベルで人気のお土産用缶詰を手にする「木の屋石巻水産」の鈴木誠課長（左）と企画した伊藤厚生班長（空自松島基地売店で）

各種災害を想定 徒歩で登庁訓練

山梨地本

【山梨地本】地本は9月3日、全隊員を対象にした緊急登庁訓練を行った。

災害発生に備え、隊員が登庁経路の検証と各種事態に対する即応能力の向上・強化を目的に実施。訓練では本部、大月地域事務所、甲府募集案内所（甲東・巨摩地区）、北富士駐屯地と登庁先を5個のブロックに分け、いずれも公共交通機関の運行停止や道路渋滞の発生等を想定し全員が徒歩で登庁した。

山梨県の地理的特性として、①風水害で河川が氾濫②土砂災害が発生③大規模地震が発生――などが考えられ、これら災害を念頭に地本隊員たちは登庁先を通常時とは変えて登庁訓練を行った。

「緊急登庁訓練」で本部庁舎に徒歩で登庁した山梨地本の隊員（9月3日）

地方防衛局

特集

岸防衛相「研究と地方創生期待」

水中無人機の試験評価施設

中国四国局

「岩国海洋環境試験評価サテライト」発足式

【中国四国局】中国・四国9県を管轄する中国四国防衛局が山口県岩国市の通津沖工業団地内に整備を進めてきた防衛装備庁艦艇装備研究所の「岩国海洋環境試験評価サテライト」が9月5日に運用を開始し、同日、岸防衛相が出席して発足式が行われた。

建設中の水中無人機試験棟内で監督検査を行う中国四国防衛局の職員（今年6月25日）

国内最大級の音響水槽完備

このサテライト(遠隔地)施設は、艦艇装備研究所(東京都目黒区)が水中無人機等の試験評価を行うための新たな研究施設で、政府の「まち・ひと・しごと創生本部」が平成28年3月に決定した「政府関係機関移転基本方針」に基づき整備された。

同施設には深さ11メートルの国内最大級の音響水槽が完備され、シミュレーション装置を活用して海洋における多様な任務に適合可能な水中無人機等の研究に対する試験評価が行われる予定だ。

発足式には岸大臣をはじめ、防衛省側から防衛装備庁の鈴木敦夫長官、中国四国防衛局の今給黎学局長ら、地元自治体からは山口県の村岡嗣政知事、山口県議会の柳居俊学議長、岩国市の福田良彦市長、岩国市議会の藤本泰也議長らが出席し、運用開始を祝った。

岸大臣は訓示で「水中無人機は戦闘の様相を一変させる『ゲームチェンジャー』となり得る。研究開発をより強力に推進していく必要がある」と強調するとともに、「この施設が防衛分野のみならず、地方創生へも貢献することを期待している」と述べた。

今後は、水中無人機分野の研究に関連する企業の誘致のほか、地元の高等教育機関や研究機関等との研究協力により、新たな事業や雇用の創出といった地域経済活性化への貢献も期待されている。

同施設の整備に当たっては、中国四国防衛局の調達部職員が設計、工事監督、検査などの業務に携わり、今年8月、試験棟などの主要施設の完成を迎えることができた。

同局では、今年11月に予定されている全施設の完成に向け「職員が一丸となって邁進していきたい」と話している。

(上)「岩国海洋環境試験評価サテライト」の発足式で運用開始を祝い、記念撮影に臨む岸防衛相（前列中央）ら関係者
(下)国内最大級の音響水槽(右側)について岡部幸喜サテライト長から説明を受ける岸防衛相ら（写真はいずれも9月5日、山口県岩国市で）

【施設概要】▽試験棟▽受電所▽守衛所▽付帯施設――で構成。試験棟は鉄骨鉄筋コンクリート造り2階建てで、延べ床面積は約7900平方メートル。内部には音響水槽（縦35×横30×深さ11メートル）や、大型走行クレーンなどの試験装置が設置され、大空間を有する半地下構造の特殊な建物となっている。そのため、屋根鉄骨の横引き工法などの特殊な工法を採用するなど、設計や施工にさまざまな工夫が施されている。

防衛施設と首長さん

徳島県小松島市　中山　俊雄市長

なかやま・としお　58歳。芝浦工大卒。徳島県議会議員（3期）などを経て、2020年6月小松島市長初当選。現在1期目。小松島市出身。

海自基地と共に歩むまち
市民に身近で心強い存在

小松島市は、紀伊水道に面する人口約3万7000人の都市です。

四国の東門と呼ばれ、四国と関西を結ぶ小松島港を中心に栄えてきた港町で、温暖な気候と剣山水系の伏流水の恩恵を受け、豊富な農水産品目に恵まれています。

特にエサが豊富な紀伊水道で獲れた鱧(はも)やちりめんは評価が高く、市内だけでなく、市外、県外の多くの方に親しまれております。

歴史では、源義経が「屋島の戦い」の際に、最初に上陸したのが小松島と言われており、その義経ゆかりの地をめぐる義経ドリームロードや、お遍路と呼ばれる「四国八十八ヶ所霊場」の18番札所「恩山寺(おんざんじ)」や19番札所の「立江寺(たつえじ)」がある地としても有名です。

小松島市には、海上自衛隊小松島航空基地があります。夏の恒例行事である小松島港まつりでは、開幕を飾る祝賀飛行、海上自衛隊護衛艦の一般公開、ヘリコプターの体験搭乗や基地の一般公開など、市民との交流イベントが積極的に行われており、自衛隊の方々は市民にとって大変身近な存在です。

また、毎年の総合防災訓練への協力をはじめ、市民の安全を第一に考えていただき、非常に心強い存在であります。

さて、2021年は小松島市の市制施行70周年に当たります。小松島航空基地の近くを走る「小松島逆風ハーフマラソン大会」をはじめ、市全体で記念事業を実施いたしますので、この機会にぜひ、小松島市にお越しください。

初の女性用営内隊舎

来年3月の供用目指す

オール電化で快適性も追求

横浜駐屯地

陸自横浜駐屯地に今年度末、初の女性用営内隊舎が完成する。来年2月の完成、3月の供用開始を目指して現在、急ピッチで建設が進められている。

隊舎は鉄筋コンクリート（RC）造り2階建てで、延べ床面積は936平方メートル。狭い敷地を効率よく利用するため、▽隊舎▽外来宿舎▽倉庫機能――を集約した施設として設計された。

1階には▽外来宿舎3室（34人収容可能）▽補給倉庫▽即応補給倉庫、2階には▽女性用外来宿舎2室（4人収容可能）▽女性用営内居室9室（レイアウトによっては20人以上の収容が可能）――を備える。

女性隊員のプライバシーを考慮し、外来に宿泊する男性隊員との導線を隔離したレイアウトとなっているのが特徴だ。

さらに、「オール電化」された隊舎には、全室個別空調はもちろん、電気式給湯設備や浴場設備も完備され、快適に過ごすことができる。

このほか、1階の倉庫部分の道路面にはシャッターによる出入口を設置し、大規模災害時など緊急時の即応性を高める工夫も施されている。

横浜駐屯地にはこれまで女性用の営内隊舎がなかったことから、来年の供用開始に向けて関係者から大きな期待が寄せられている。

陸自横浜駐屯地に来年2月に完成、3月から供用開始予定の女性用営内隊舎のイメージ図＝横浜駐屯地作成

朝霞に新女性用隊舎

令和4年度内完成へ

女性自衛官教育隊

陸自の朝霞駐屯地に所在する女性自衛官教育隊は、令和4年度内の完成を目指して新たな女性用隊舎を建設中だ。

全国からの女性陸曹候補生の教育を担う同隊では近年、教育人員が隊舎の受け入れ可能数を超過。現在、約40平方メートルの「4人部屋」に5～8人が2段ベッドで生活する〝圧縮収容〟の状況が続いており、新たな女性用隊舎の整備が急務となっている。

新隊舎は鉄筋コンクリート（RC）造り、6階建てで、延べ床面積は約5000平方メートル。現行隊舎の北側に新築され、新旧両隊舎共に使用される予定だ。

新隊舎の本格的な運用開始は令和5年4月の見込みで、関係者からは大きな期待が寄せられている。

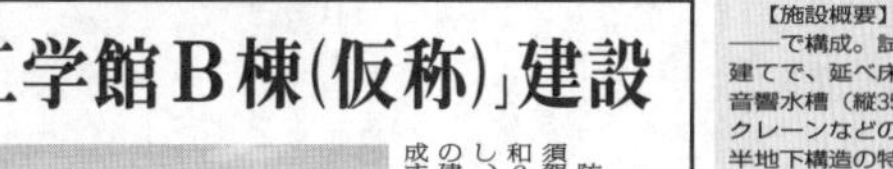

「理工学館B棟(仮称)」建設

本年度に本体工事契約へ

防大で令和6年度中の完成を目指して建設が進められている「理工学館B棟（仮称）」の完成予想図

防衛大学校（神奈川県横須賀市走水）では現在、令和6年度中の完成を目指し、「理工学館B棟(仮称)」の建設が行われている。完成すれば、令和元年9月に理工系の中核施設として新築オープンした「教育研究A館」に続く〝新築第2号〟となる。

「教育研究A館」に続く〝新築第2号〟

「理工学館B棟（仮称）」は鉄筋コンクリート造り、地上5階建て、延べ床面積は約1・7万平方メートルを予定しており、今年度に本体工事の契約を交わす見込みだ。

建物のデザインは「教育研究A館」と同様、防大が立地する小原台の周辺から「理工学館」への眺望をシミュレートし、山の稜線を損なわないような配置や色調を採用。外壁は低層部と高層部で異なる材料を使用し、壁面に凹凸による陰影を加えることで変化に富む外観となるように配慮する計画だ。

同校では現在、「理工学館」5棟と「防衛学館」を合わせた全6棟を将来的に「全4棟」に集約するプロジェクトを進めている。

背景には既存の建物について、①耐用年数の超過②海浜に近い立地から、塩害や強風による著しい老朽化③新たな耐震基準に非対応④教育研究内容の高度化・複雑化に伴う実験室や研究室の狭隘化⑤学群の混在による教育研究の非効率化――などのデメリットが顕在化してきたことが挙げられる。

防大では、▽総合教育学群▽人文社会科学群▽応用科学群▽電気情報学群▽システム工学群▽防衛学教育学群――の6学群で教育研究を行っており、今後、より効果的な教育研究を実施するため、共通性のある学群ごとに施設の集約化を図るとともに、教育エリアと研究エリアを区分した機能的なレイアウトなど、「全4棟への集約化」に向けた作業を進めていく考えだ。

リレー随想　竹内　芳寿

大阪に赴任し、数カ月が過ぎました。公務員生活の半分近くは地方局勤務で、転勤で北海道から沖縄県までのいろいろな都市に住んできました。

それぞれの都市で、「食」「文化」「歴史」「気候・風土」「安全保障に対する意識」などの違いに触れてきました。

大阪への赴任に際しては、知識を得なくても、歴史的に有名な場所が沢山あることから、いろいろと歩き回りたいと考えていますが、新型コロナ禍、出張を除き出かけることもなかなかできず、残念な日々を過ごしています。

出かけられないので、大阪の古地図を調べていたところ、「大阪こちずぶらり」というスマートフォンアプリがあることを知り、早速、ダウンロードして、使ってみました。

そうしたところ、いくつかの過去の地図の中に現在地が示され、時代を行き来することができるようになっており、また、近くの名所等の案内が示されていることから、とても便利に使えます。

驚いたことに、官舎のすぐ近くに「佐奈田山三光宮」の表示があり、「真田山（佐奈田山）」

歴史散策

は、大坂冬の陣の際、真田幸村が出丸を築いた場所」と記されています（他説あり）。

早速、買い物の途中に立ち寄ってみると、六文銭の図柄と共に「眞田丸」と書かれた赤いのぼり旗があり、5年前にテレビで放送されたNHK大河ドラマが思い出されました。観光客とみられる方もちらほらと見受けられました。

ちなみに真田山は、大阪城の出丸として眞田幸村（信繁）が陣地を構えて、徳川の大軍を迎え撃ち、防御・攻撃に多大な戦果を挙げた場所です。一説には、徳川方の死者のうち、8割はこの眞田丸の攻防によるものとされています。

その隣には、明治4年に日本で最初に創設された「真田山陸軍墓地」がありました。そこは、整然と並んだ数え切れないほどのお墓があり圧倒されます。

墓地には、西南の役以来、日清、日露及び第2次世界大戦に至る間の4800余柱、納骨堂には、4万2000余柱の遺骨が奉安されています。そしてここは、終戦当時の景観をよく残していると言われています。

早く、新型コロナの感染が収束し、このアプリを活用して、まずは大阪の地を自由に散策できることを楽しみにしています。

（近畿中部防衛局長）

部隊だより

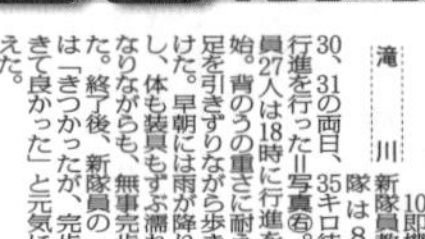

陸

岩　手 駐屯地は8月2日、岩手大学地域防災研究センターが主催する「地域防災フォーラム」に協力した。高校生を対象にしたイベントで、駐屯地は東日本大震災の活動写真などを展示し、当時の状況を来場者に説明した＝写真㊦。生徒の一人は「自衛隊が助けに来てくれたことを覚えています。感謝しています」と、隊員にお礼を述べた。

秋　田 駐屯地はこのほど、9飛行隊（八戸）のUH1J多用途ヘリの支援を受け、体験搭乗を行った。最初は「高い所が少し怖い」と言っていた参加者も、搭乗後は「怖くなかった。飛行機や高層ビルとも違う特別な体験ができた」と笑顔に。さらに着陸するヘリと一緒に記念撮影するなど、参加者にとって思い出深いイベントとなった。

北宇都宮 駐屯地は「救急の日」の9月9日、栃木県血液センターが実施する献血に協力した。最近は新型コロナの重篤患者に使用する人工心肺装置（ECMO）に血液を必要とするため、血液への需要が高まっている。その要望に応えるため、多くの隊員が昼休みなどを利用し献血を行った。隊員にとって、救急の日について改めて考える良い機会となった。

朝　霞 16次派遣海賊対処行動支援隊ジブチ派遣隊員はこのほど、中音による激励演奏を受けた＝写真㊦。「栄光の旗の下に」など7曲が演奏され、派遣を控えた隊員たちの気持ちを鼓舞するものとなった。指揮者の奥津猛1尉は「隊員の心に響くよう指揮をした」、歌手の松永美智子3曹も「精一杯エールを送った」と、演奏に込めた思いを語った。

下志津 駐屯地は7月28、29の両日、千葉大附属中学校の生徒23人の職場体験学習を支援した。車両整備や敬礼などの各種動作、手旗通信の体験プログラムを実施。生徒たちはタイヤのナットの締め付けに挑戦し＝写真㊦、手旗を使った単語当てゲームなどを楽しんだ。このほかサプライズ企画で、装備品との記念撮影会も行った。

美　幌 101特科大隊の隊員25人はこのほど、女満別湖畔で大空消防署と水難救助訓練を行った＝写真㊨。隊員たちは救助用小型艇で行方不明者を捜索する要領や、ロープ結索で人命救助に使用するもやい結びを学習。さらに各中隊ごとに、波のある湖面でのボート操作の練度向上に努めた。参加者は各種技能を身に付け、災害対処能力を強化した。

滝　川 10即機連新隊員教育隊は8月30、31の両日、35キロ徒歩行進を行った＝写真㊨。隊員27人は18時に行進を開始。背のうの重さに耐え、足を引きずりながら歩き続けた。早朝には雨が降り出し、体も装具もずぶ濡れになりながらも、無事完歩した。終了後、新隊員の一人は「きつかったが、完歩できて良かった」と元気に答えた。

もしもの水難事故に備え

中帽や水筒使って「応急浮体」に挑戦

7普連の新隊員教育

㊤仲間のサポートを受け、水筒を使った応急浮体法に挑戦する新隊員

㊨中帽を使用した「浮体」作りが上手くいき、思わず笑顔を見せる隊員

㊧無意識に力が入り、沈んでしまう隊員もいた

チカラ抜いて、浮く

若狭湾に近い京都府福知山市に駐屯する陸自7普連は8月11日、新隊員の後期教育の一環として「水難救助訓練（自己安全法）」を行った。

海や川でのもしもの水難事故を想定し、命の危険が及ぶ状況に遭遇した際の対処要領を習得することを目的に実施した。訓練に臨んだ新隊員75人は、陸自隊員として常に装備している中帽や水筒を使って水面で「応急浮体」を作る方法を学んだ。

助教の小川智至3曹が「水の中ではまず肺に空気を入れることを意識して小刻みに呼吸すること。大きな動作や無駄な動きをしないこと」と体を浮かせるコツを伝授。この指導を受け、プールに入った新隊員たちは、まず中帽を「浮き」にした方法に挑戦した。隙間から水が入らないよう中帽を胸にあて、ゆっくりと体を浮かせた。姿勢を崩し、気泡が漏れてしまう者もいたが、ほとんどの隊員が成功した。

次に、「水筒を使った応急浮体法」に挑んだ。中帽よりも小さい水筒は水面でバランスをとることが難しく、多くの隊員が苦戦。なかには力が入りすぎて沈みかける者もいて、仲間がとっさに腰を支えてサポートする一幕も。沈みかけた隊員は「こんなものが命を守る救世主になるなんて！でも、水筒は難しいです」と話していた。

訓練の最後は区隊対抗リレー。泳ぎの上手な隊員が泳げない仲間をカバーするなど、各班がチームワークを発揮し、盛り上がりの中で水難救助訓練を終えた。（福知山）

プールに入る前、助教の小川3曹（右）の話に熱心に耳を傾ける新隊員たち

山　口 駐屯地はこのほど、山口県内の小中学生25人を対象に、5年ぶりに「令和3年度夏休みちびっ子大会」を開催した。晴天の下、参加者はレンジャー体験や格闘体験、自衛隊車両の試乗などを行った。昼は飯盒で炊いたご飯と、隊員が腕を振るって作ったカレーを満喫＝写真㊦。炎天下で汗をぬぐいながら、隊員たちとの交流を楽しんだ。

北熊本 42即機連は9月8日から10日まで、大矢野原演習場で新入隊員後期教育の集大成として「総合訓練」を行った。新隊員たちは演習場に宿営し、軽火器、迫撃砲、機甲の各区隊が協同して目標を奪取した。参加した大野碧空2士は、「仲間のおかげで厳しい訓練を乗り越えることができた。中隊配置になっても感謝を忘れず、頑張ります」と語った。

玖　珠 駐屯地はこのほど、大分地本が主催する「護衛艦あたご艦艇広報」で防衛、駐屯地両モニターの研修を行った＝写真㊤。担当者による各種装備の説明にモニターからは積極的に質問が出され、関心の高さが伺えた。研修後、参加者は「船の迫力や大きさに驚いた」「海自の研修は初めてなので貴重な体験ができた」と感想を語った。

対　馬 警備隊は9月8日、対馬駐屯地で新隊員9人の後期教育修了式を行った。新隊員たちは教育の集大成として、前日7日の夜8時から35キロを行進。一人も脱落することなく駐屯地に到着し、先輩隊員から労いの拍手で迎えられた。修了式の訓示で山口勝隊長は「与えられる職務に〝一所〟に〝懸命〟に取り組んでもらいたい」と新隊員を激励した。

空

三　沢 3空団はこのほど、不発弾処理練度維持訓練を行った。参加者は座学で最新技術を学ぶとともに、実技で必要な技能の修得を図った。実技は加藤史彦副司令が視察するなか、C4（プラスチック爆弾）を用いた基本爆破の処理要領を演練＝写真㊨。このほか爆破時の爆音や衝撃による振動を体感し、改めて不発弾処理の危険性を再認識した。

百　里 基地は8月21日、高校生らを対象にした基地見学会「中空オープンベース」を開催した。参加者は基地の概要説明を受けた後、航空機や広報資料館などを見学、消防小隊では放水体験も行った。隊員が空自の多種多様な職種や勤務・生活環境などを紹介し、職業選択の一つとしてPR。参加者も熱心に耳を傾け、空自への理解を深めていた。

輪　島 23警戒隊はこのほど、来賓90人を招き輪島分屯基地創立65周年記念行事を行った。さらに輪島自衛隊友の会の久岡政治会長から、新しい部隊看板が寄贈された＝写真㊧。式典では飛行開発実験団による異機種編隊飛行展示や、隊員のダンスが披露された。招待客からは「これからも頑張ってほしい」などと激励の言葉がかけられた。

海

八　戸 基地は8月25日、青森県社会福祉協議会が行う「こども宅食おすそわけ便」に日用品や学用品を届けた。子育て家族を支援するもので、基地が協力するのは初めて。2空群先任伍長の天摩守康曹長が、寄付会場の「特別養護老人ホーム見心園」を訪問。隊員から集めたノートや辞書類などを園長代理・小谷淑子さんに手渡した＝写真㊤。

岩　国 基地は9月29日、愛媛県の青島とその周辺海域で、航空事故で殉職した隊員の慰霊行事を行った＝写真㊤。同海域では昭和59年に対潜飛行艇PS1（5803号）が訓練中に事故に遭遇し、機長以下12人が亡くなっている。当日は平木拓宏31空群司令らが洋上と青島で慰霊するとともに、慰霊碑の美化に努めている地元住民に謝意を伝えた。

小松島 東京オリ・パラ支援に参加していた24航空隊の3隊員が9月13日、帰隊報告を行った＝写真㊤。矢部修平2曹が国旗掲揚を、一楽康弘2曹と東條正史2曹がロードレース会場の警備を担当した。矢部2曹は競泳女子400メートル個人メドレーで大橋悠依選手が金メダルをとったことに触れ、「国旗掲揚の瞬間は鳥肌が立つほど感動した」と語った。

崎　辺 佐世保教育隊は8月27日、16期一般曹候補生課程と377期練習員課程学生385人の修業式を行った＝写真㊤。栁信男司令は式辞で「自己の修養に努めることを期待する」と述べた。続いて出口佳努佐世保地方総監が「〝平素における闘い〟の担い手たれ」と訓示。来賓や職員に見送られた修業生たちは、全国各地の任地へ旅立った。

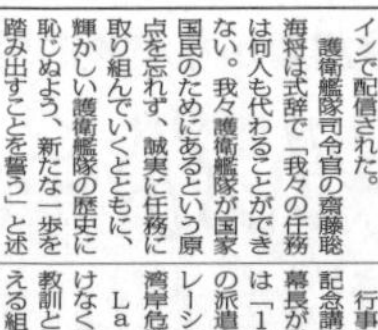

護艦隊が創設60周年

記念行事をオンライン配信

【護艦隊＝船越】海自護衛艦隊は9月1日、船越地区の海上作戦センターで創設60周年記念行事を開催した。行事は初の試みとして隷下各隊と各艦艇にオンラインで配信された。

護衛艦隊司令官の齋藤聡海将は式辞で「我々の任務は何人も代わることができない。我々護衛艦隊が国家国民のためにあるという原点を忘れず、誠実に任務に取り組んでいくとともに、輝かしい護衛艦隊の歴史に恥じぬよう、新たな一歩を踏み出すことを誓う」と述べた。

この後、山村海幕長のビデオメッセージ、自衛艦隊司令官の湯浅秀樹海将の訓示に続き、創設60周年の記念ロゴマークが披露された。

行事に引き続き行われた記念講演では河野克俊前統幕長が登壇。河野前統幕長は「1991年の掃海部隊の派遣を期に自衛隊はオペレーションの時代に入り、湾岸危機を通じて『Ｔｏｏ Ｌａｔｅ（手遅れ）』を避けなくてはならないことを教訓として学んだ。真に『戦える組織』には教育訓練や装備だけではなく、『何のために戦うのか』という使命感、スピリットの教育が必要である」と講話。参加者は大きな感銘を受けていた。

護艦隊が昭和36年に自衛艦隊の改編に伴い新編された発足当初は、3個護衛隊群で編成され、所属艦艇は28隻、基準排水総トン数約4万5000トンだった。創設から60年を経た現在は、所属艦艇53隻、基準排水総トン数約32万トンとなった。護艦隊は今後も海自のリーディングフォースとして、海上防衛の最前線で各種任務にまい進していく方針だ。

護衛艦隊創設60周年記念行事で、ソーシャルディスタンスを保ちながらモニターに映された山村海幕長の祝辞を静聴する隊員たち（9月1日、船越地区の海上作戦センターで）

第5回空自QC全国大会

3サークルがゴールド賞

職場環境の改善成果を発表

【空幕】「空自の中で最も工夫して業務改善に取り組んだサークルは」――。空自の「QC（品質管理）サークル活動」の成果を発表する第5回QCサークル全国大会が9月30日、初のオンライン形式で開催された。選抜された精鋭が職場環境の改善成果をアピール、最高賞であるゴールド賞を目指した。

当日は全159サークルの応募から書面審査を経て選ばれた10団体の優秀サークルが大会に出場。コロナ禍のため、空自全74基地を通信回線で結ぶ初のオンライン形式での開催となった。

大会会長の井筒空幕長らが見守る中、10サークルは約15分という制限時間の中で工夫した点などを説明しアピール。厳正な審査の結果、2空団整補群装備隊「パワーズ2020」（千歳、リーダー・宮田康3曹以下12人）、北警団33警戒隊「なないろ電子」（加茂、リーダー・谷口政人2曹以下6人）、作戦情報隊電波情報収集群4収集隊「ｎｅｘｕｓ」（春日、リーダー・阿萬豪一郎1曹以下8人）の3サークルがゴールド賞、7団体がシルバー賞を受賞した。

「パワーズ2020」は航空機用備品の故障診断装置の操作ミスを防止するため、システムの問題に着目。作業手順の簡素化などを行い、エラーの低減を達成した。

「なないろ電子」は手持ちで行っていた急な階段での高重量の計測器の運搬を専用の運搬具「背負子（しょいこ）」の作製により、誰でも楽に行えるように改善した。

「ｎｅｘｕｓ」は散統計プログラムを使用して清掃ムラを数値化。さまざまな道具や溶剤の組み合わせを検証し、短時間でムラなく清掃できる方法を導き出した。

井筒会長は受賞サークルの真摯な改善への取り組みをたたえ、「QC活動のけん引役となり、空自の進化に寄与してほしい」と訓示した。

「ｎｅｘｕｓ」の伊藤佑悟士長は、「今後も進みながら深く考え、QC活動を通じて空自の真価を発揮していきたい」と喜びを語った。

シルバー賞サークル名は次の通り。▽「QCハニー」（3補品質管理課＝入間）▽「ハチミツ」（作情隊4収隊＝春日）▽「ＰＯＷＥＲ ＰＬＡＮＴ」（5空団修理隊＝新田原）▽「ソリューションズ」（同装備隊＝同）▽「スパークス」（6空団修理隊＝小松）▽「れすきゅー戦隊やるんじゃー」（秋田救難隊）▽「ＯＰＥＲＡＴＩＯＮ ＦＩＲＳＴ」（北警団警通隊＝三沢）

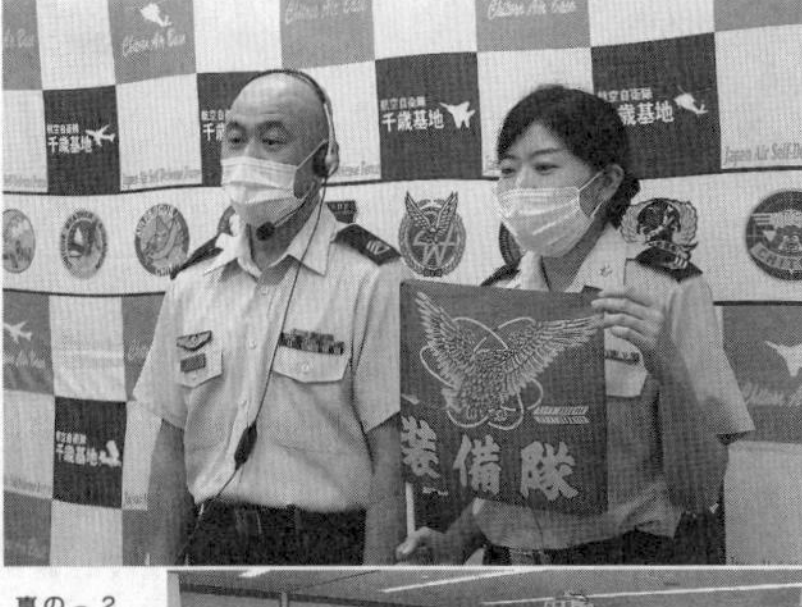

上第5回空自QCサークル大会で発表した2空団「パワーズ2020」の畑嶋忠寛1曹（左）と菊地奈央士長　下空幕から各サークルの発表を審査する井筒空幕長（左手前）ら（写真はいずれも9月30日）

中山副大臣が離任

職員に見送られ、松川政務官も

岸田新内閣の発足に伴い、中山泰秀副大臣、松川るい政務官が10月6日、昨年9月の就任以来の約1年間の省内外での職務を終え、職員に見送られて離任した。（1面参照）

副大臣、政務官は防衛省の慰霊碑地区で警察予備隊以降に殉職したおよそ2千柱の隊員をまつる慰霊碑に献花を行い、哀悼の誠をささげた。

儀仗広場で陸自302保安警務中隊（市ヶ谷）と同中央音楽隊（朝霞）で編成する儀仗隊の栄誉礼を受けた後、島田事務次官、山崎統、吉田陸、井筒空各幕僚長、西海幕副長（海幕長代理）をはじめとする多くの幹部・職員に見送られ、防衛省を後にした。

海自女性隊員と共に、鉢植えの花を持ち慰霊碑に向かう中山副大臣（10月6日、防衛省慰霊碑地区で）

多くの隊員・職員の見送りに大きく右手を振って応え、防衛省を後にする松川政務官（10月6日）

ソマリア沖海賊対処

護衛艦「ゆうぎり」

直接護衛900回を達成

ソマリア沖・アデン湾で海賊対処任務に当たる海自海賊対処行動水上部隊39次隊の護衛艦「ゆうぎり」（艦長・熊代威2佐以下乗員約200人）は9月18日、1次隊からの累計で民間船舶の通算護衛900回を達成した。

同湾での海賊対処行動は平成21年3月に1次隊の護衛艦「さざなみ」「さみだれ」が派遣されて以降、今年で12年に及ぶ。「ゆうぎり」は5次隊（平成22年）、13次隊（同24年）、24次隊（同28年）で海賊対処行動任務に従事しており、今回で4回目の派遣となった。

900回目の船舶の直接護衛は9月16日に任務を開始し、18日に活動を終了。通算累計隻数は4056隻に上った。

達成に当たり熊代艦長は「39次にわたる海自の地道な努力の成果として900回目の護衛任務を達成できたと承知している。コロナ禍での各種制約に負けることなく、海賊対処任務を完遂していく」と語った。

民間船舶の護衛回数通算900回を達成し、ヘリ甲板に人文字を描く海自護衛艦「ゆうぎり」の乗員たち（ソマリア沖・アデン湾で）＝統幕提供

和歌山の災派終了

期間中約千トン給水

10月3日に発生した和歌山市の六十谷水管橋の崩落に伴う約6万世帯の断水が水道管仮設の完了により概ね解消し、以後の措置が自治体で対応可能になったことから9日午後9時、和歌山県の仁坂吉伸知事が37普連長（信太山）の東直史1佐に撤収を要請、災派部隊は活動を終えた。

37普連基幹の災派部隊は期間中、市内の小学校などで給水支援を行ったほか、給水所までの移動が困難な高齢者などに対する水の宅配も実施。8日には貴志小学校で活動する災派部隊に対し、地元の小学生から感謝の手紙が5通も届いた。

10日の午前7時ごろに行われた編成改組式では和歌山市の尾花正啓市長から「断水地域に対する給水活動、ありがとうございました」と感謝の言葉が述べられた。

災派の参加部隊は37普連、36普連（伊丹）、3後支連（千僧）、中方後支隊（桂）。活動規模は人員約1000人、1トン水トレーラー96両、3トン半水タンク車22両、高機動車60両（いずれも延べ数）。給水実績は約1000トンだった。

給水所への移動が困難な住民（右）のため、市からの要請を受けて自治体職員（左）とともに水を宅配して回る隊員（中央）＝10月6日、和歌山市で（陸自3師団提供）

親子で給水所を訪れた児童（右）に生活用水を提供する37普連の隊員（左）＝10月7日、和歌山市で（陸自37普連提供）

小休止

▽…15旅団はこのほど、那覇駐屯地で「旅団広報担当者集合訓練」を行った＝写真。旅団隷下の那覇、宮古島、与那国各駐屯地の広報担当者約15人が参加し、撮影技術などを学んだ。

▽…15通信隊写真班の宮下伸太郎2曹が、写真技術教育を担当。逆光ではシャッタースピードやＩＳＯ感度の調整が大事であること、また記念撮影は全体のバランスに配慮すべきことを伝えた。参加者は教わったことを参考に屋内外を撮影し、技術の向上を図った。

▽…訓練に参加した51普連の田場夏奈3曹は、「日ごろ使っているカメラで様々な状況に対応する要領を演練できた。学んだことを今後の広報活動に生かしていきたい」と意欲を見せた。（陸那覇）

こちら警務隊

サイバー犯罪②

他人のスマホにＧＰＳ追跡アプリを無断でインストールした場合、どんな罪になりますか？

他人のスマホに無断で追跡アプリを入れたら、不正指令電磁的記録供用罪

不正指令電磁的記録供用罪に該当し、3年以下の懲役または50万円以下の罰金となり、未遂も同様に罰せられます。

本罪は、正当な理由なく、無断でパソコン等に所有者の意図しない動作をするソフトウエア（コンピューターウイルス等）をインストールし、そのソフトウエアを実行できる状態にする行為が該当します。

夫婦間でもスマホに無断でインストールして逮捕された事例がありますので、絶対にしないようにしましょう。

（中央警務隊）

群馬地本で初開催！ 参加者から積極的質問も
リモートでガールズトーク

1陸曹 田畑 亜沙美（群馬地本高崎事務所広報官）

群馬地本・高崎地域事務所（所長・土屋章3陸尉）は8月7日、高崎所で初のリモートでの「ガールズトーク」を開催した。

ガールズトークは毎年夏と冬に開催している大好評の説明会だが、今回はリモート形式でコロナ対策を万全にすることで開催することができた。

当日は支援要員の三上真緒陸士長（第303普通科直接支援中隊）が事務所を訪れ、コロナ禍のため遠方からの派遣が難しい五十嵐奈美3海曹（第3術科学校）、伊藤菜緒空士長（航空総隊司令部）の海空2人の隊員がリモートで参加してくれた。

トークには女性自衛官を目指す女子たち10人とその保護者が参加。事務所の大画面テレビでリモート隊員とつなぎ、質疑応答を行った。リモートのため、隊員との距離を遠く感じてしまうのではないかと心配ではあったが、参加者からは積極的に質問が続き、距離感は全く感じられずスムーズに進行することができた。

全般質問では、参加者から「陸海空で女子しかできない職種はありますか？」との質問があり、「女性に限定されている職種はなく、女性活躍推進によって今までは男性のみだった職域にも女性が配置されるようになりました」と回答した。陸海空フリートークでは、頭髪や化粧などのオシャレ関係や身体的不安事項など、多くの質問に誠実に回答した。

説明会が終わってからも盛り上がる参加者たちは、三上陸士長が持ってきた教育期間中に作成するアルバムが気になる様子で「可愛い！」「こういうのがあるんだ！」「学校の部活みたい」と楽しそうに見ていた。

「女性にしか聞けないお話を聞けて安心できた」「怖いイメージがあったけど皆さんフレンドリーで優しかった」「私も今回お話ししてくれた女性自衛官のようになりたい！」と感想をいただけた。

次回は「ボーイズトーク」開催を予定している。「男子だって不安はある」との声を受け、年末の開催に向けて計画をすすめている。群馬地本では今後も、自衛官を目指すすべての対象者に対し、不安を解消できる説明会を開くなど、真に寄り添う広報を実施していきたい。

自衛官を進路に希望する参加者から大好評だった群馬地本の「ガールズトーク」の様子

広報官として知識を深めたい

3空曹 吉田 早織（福島地本郡山事務所）

私は、福島地方協力本部郡山地域事務所で広報官として勤務しています。広報官は、就職先として自衛隊を希望する人を募るために、さまざまな告知・PRから、志願者の受験・入隊までの全般をサポートしています。

特に、自衛隊に興味があり、自衛隊を職業の選択肢の一つとして考えている女性の方に、女性でも自衛官として活躍できるということをアピールしています。女性に対しては私の経験を踏まえて説明会を行い、自衛隊への興味をもってもらい、理解を深めて頂いています。

広報官になって1年目は何をすればいいかわかりませんでしたが、先輩広報官たちから丁寧に仕事内容を教えて頂きました。まだまだわからないこともたくさんあり、大変なこともありますが、入隊した隊員から「元気に頑張っています」と連絡を受けると、とてもうれしく思います。部隊で勤務している時とは少し違った達成感があり、やりがいのある業務だと感じています。

今後、陸上自衛隊や海上自衛隊の研修にも参加し、広報官としての知識を深め、さらに多くの優秀な方が自衛官を目指してくれるよう広報活動に励みたいと思います。

高校に出向き、自衛隊に興味を持つ生徒に自身の体験を踏まえた説明をする吉田3空曹（奥）

即応予備自衛官転換訓練に参加

即応予備陸士長 道下 翔太（山形地本）

私は、平成31年に一般公募予備自衛官として採用されました。その後、5日間招集訓練を2回受ける中で、一般公募予備自衛官から即応予備自衛官になれる制度が新設されたのを知りました。

5日間招集訓練では体験できない、より様々な訓練を受けたいと思い、令和2年9月に即応予備自衛官への転換訓練に志願・参加致しました。

訓練開始当初、第38普通科連隊長より頂いた「36日間の転換訓練を可能な限り最短スケジュールで修了させてあげたい」というお言葉と、本制度では私が山形県人としては第1号という栄誉を糧に訓練に励みました。

訓練の中で、自衛官としてはまるで足りない自分の体力の無さや要領の悪さを痛感しながらも、同じ目標を持った良き同期にも恵まれました。教官はじめ第38普通科連隊の要員の熱心な指導を頂き、自分なりに教わったことをかみ砕いて理解・習得し、36日間の転換訓練を無事終了する事ができました。

コロナ禍で訓練が幾度か中止になりつつも、私たち学生の「最短スケジュールで修了」という要望に日程を調整して応えて下さった連隊の皆様、訓練に送り出してくれた家族と勤務先の方々には本当に感謝しています。

即応予備自衛官に採用されて訓練に参加してからも、その感謝を忘れずに一生懸命訓練をやり遂げたいと思います。

自分を変えたレンジャー教育

3陸曹 水野 麻奈人（8普連1中隊・米子）

3カ月間のレンジャー教育を終えて、自分の中に変化が出てきました。その変化とは、仕事に対する価値観の変化です。レンジャーに関することを学び、勉強していく中で、もっと知りたいと思うようになりました。

正直、今までの自分はあまり体を動かしたりすることが好きではなく、できることなら楽をしたいと考えていました。しかし、このレンジャー教育が自分を変える大きなきっかけになり、今後もレンジャーに関することを勉強し、さらに成長したいと思うようになりました。今後はレンジャー助教も希望し、さらに己を高めていきたいと思います。

今回のレンジャー教育は、自分で熱望して参加させてもらいましたが、参加できて本当に良かったと思います。そして無事に教育を終えることができて、応援してくれた家族、部隊の方には感謝の気持ちでいっぱいです。本当にありがとうございました。

OBがんばる

山内 一光さん 58
平成30年3月、陸自大宮駐屯地業務隊を2佐で定年退職。神戸製鋼所東京本社に再就職し、中国の遺棄化学兵器処理、自衛隊退職者の募集採用業務に当たっている。

私は神戸製鋼所東京本社に平成30年4月に入社し、エンジニアリング事業部門CWDセンターという部署で、中国各地から発見されている旧日本軍の遺棄化学兵器の処理業務に携わっています。そして現在は、主として自衛隊定年退職者（現役・OB、准曹・尉官対象）の募集採用業務を担当しており、自衛隊援護協会、各自衛隊地方協力本部等にも協力を頂いています。

神戸製鋼所は、平成12年から国内で、平成22年から中国で化学兵器処理を開始し、現在は日本政府の事業として、中国吉林省敦化市ハルバ嶺及び黒龍江省ハルビン市の2個地域で遺棄化学兵器の処理を行っています。現在、現場で勤務する自衛隊OBは陸海空合わせて約80名です。

業務職種については多岐にわたり、自衛隊現役時代の特技・能力及び経験業務により職種が決められます。私も現地で主要な職種の研修を受けましたが、作業要領も確立しているため、安全管理に着意でき、協調性があり、チームワークを保持して仕事ができる自衛官であれば、問題なく業務が遂行できるのではないかと感じました。

65歳まで勤め上げる決意

現場は自衛隊OBの割合が圧倒的に多く、定年後再就職されてから社会貢献、国の仕事にまだまだ寄与したいという理由で再度応募されるOBもおります。以前上司に対しなぜ自衛隊OBなのかと聞いたところ「約40年近く自衛官という崇高な任務を務め上げた担保がある。規律正しく安全管理意識も高い。民間人に比し体力もあり健康である」と申していました。

私は、このように自衛官OBを適切に評価し雇ってくれている神戸製鋼所に対し、恩返しの意を込め65歳までしっかりと勤め上げたいと心に決めています。そして令和5年春が目標の募集採用活動終了後は、中国現地において現場先輩OB及び新規嘱託社員の皆さんと合流し、日本政府事業に寄与するため遺棄化学兵器の処理業務に携わっていく予定です。

みんなのページ

金鯱戦士に選ばれて

陸士長 堂下 拓海（33普連3中隊・久居）

私は、新隊員教育隊の頃から射撃が得意で、かつ、射撃に対しての研究心があります。

今回、私は応用射撃（陸士）の部で師団金鯱（きんこ）戦士に選ばれました。応用射撃は、基本射撃で良好な成績を収めた者が挑戦できるもので、10から22までの習会射撃があります。

特に初めて挑戦した22習会射撃は、一定の距離を走っては撃つのを4回繰り返すものですが、どの様にしたらタイムが縮められるか、また次の射撃姿勢に素早く移行できるかなどに自ら研究心を持って取り組みました。

その結果、射撃本番では全弾命中という結果を残す事ができました。私が今回の射撃でこのような結果が出せたのには二つの理由があります。

一つ目は基本基礎を徹底した事です。応用射撃を行うにあたって基本的な銃の保持や正しい見出し、正しい照準などの基本基礎が徹底されていなければこの様な結果を出せなかったと考えています。

二つ目は判断力です。22習会射撃では識別射撃と部位指定射撃がありました。識別射撃は射撃係の号令で指定された的に対して射撃を行い、部位指定射撃は5メートルの位置から約10センチの部位に対して射撃を行います。これらの射撃では素早く照準射撃を行う判断力が大変重要でした。

また、こうした結果を出すためには、日頃からの射撃予習で実際の射撃を想定し、本番と同じ要領で射撃予習を行う事が重要だと思います。

私は、師団金鯱戦士に選ばれた事を光栄に思うとともに、今回の結果に満足する事なく自らの技能を錬磨し、部隊での射撃技術の向上を図っていきたいと思います。

詰将棋

出題 日本将棋連盟 九段 石田 和雄

第853回出題

	5	4	3	2	1
一				桂	香
二		金	王		
三			角		
四		歩	歩	銀	
五				香	
六					

▲先手 持駒 角金

【ヒント】初手の好手がカギ（10分で一級）。

▶詰碁、詰将棋の出題は隔週です◀

詰●○碁

出題 日本棋院 九段 曲 励起

第1268回解答

【解答図】黒先、黒劫。黒❶白②の時、黒❸が大切です。白④には黒❺、白⑥黒❼で劫になるのが正解です。

（世界の切手・アメリカ）

勝ちに不思議の勝ちあり。負けに不思議の負けなし。

野村 克也（元プロ野球選手・監督）

朝雲ホームページ
www.asagumo-news.com
<会員制サイト>
Asagumo Archive
朝雲編集部メールアドレス
editorial@asagumo-news.com

新刊紹介

「コロナと闘った男」――感染対策最前線の舞台裏

惟村 徹著

2020年2月、新型コロナの集団感染が発生した大型客船「ダイヤモンド・プリンセス号」に災害派遣された現場で、自衛隊が一人の感染者も出さずに任務を完遂したことが大きな話題となった。実はこの現場で、一民間企業の「特殊清掃員」として参加していたのが著者である。

現場での自衛隊の活動と比較して、感染症の脅威に対する認識がその他関係者の間であまりにも希薄であることが誰の目にも明らかになった。著者もまた船内で活動した時、他省庁から派遣されたスタッフの中にスーツを着たまま救援作業に当たろうとする者がいて、驚愕したという。その年の夏、日本武道館で開催された戦没者追悼式で特殊清掃業務を請け負った際も、主催者との事前打ち合わせで消毒作業への認識の差が表面化している。

一般にはほとんど知られていない特殊清掃の世界だが、現場は常に感染症と隣り合わせだという。死体から滲（にじ）み出る体液や血液、害虫、害獣など病原菌の元は現場の至る所に散らばっている。「誰もやらない汚い仕事」から、特殊清掃を単なる「誰も自治体も自衛隊も対応できない緊急時に必須の「社会インフラ」へと定着させたいとの著者の想いが文中の隅々から伝わってくる作品だ。（幻冬舎刊、1650円）

小林武史（国会議員秘書）

「マンガ 黄色い零戦」

小沢 さとる著

旧日本海軍の艦上戦闘機「零戦」の開発秘話を描いたリアルな劇画だ。三菱内燃機製造（現・三菱重工業）で設計主務者を務め、「零戦」の原型となる十二試艦上戦闘機の設計を担ったことで知られる航空技術者・堀越二郎の半生と、「零戦」の戦力化を進める軍人たちの情熱と生き様が描かれている。

本書は1988年に新潮社から出版された『黄色い零戦』の復刊版で、巻末には現役空自幹部の伊藤大輔3佐（空自幹部学校副官兼航空研究センター防衛戦略研究室員）による「零戦」への思いがつづられた解説文も掲載されている。

書では技術者とその同僚、搭乗するパイロットや整備員、そして「特攻」の犠牲となった若手搭乗員とその家族一人一人の心情も細かく描写されている。

伊藤3佐が「技術の本質は人であり、心情である」と記しているように、本書は「太平洋戦争開戦80年」を迎えた今年、同じく堀越二郎の半生を描いたアニメ映画『風立ちぬ』と併せて読んでおきたい一冊だ。（飛鳥新社刊、1320円）

朝雲

発行所 朝雲新聞社
〒160-0002 東京都新宿区四谷坂町12−20 KKビル
電話 03（3225）3841
FAX 03（3225）3831
振替00190-4-17600番
定価一部150円、年間購読料9170円（税・送料込み）

主な記事

岸田首相 英・豪・印首相と会談

「自由で開かれたインド太平洋」で連携

岸田首相は10月5日にオーストラリアのスコット・モリソン首相、8日にインドのナレンドラ・モディ首相、13日に英国のボリス・ジョンソン首相とそれぞれオンラインで会談し、「自由で開かれたインド太平洋」の実現に向け、緊密に連携していくことを確認した。岸田氏は首相就任後、5日朝のバイデン米大統領との電話会談（本紙10月14日付既報）を皮切りに、日米豪印4カ国の協力の枠組み「クアッド」の首脳との会談を通じて強い結束を確かめ合うとともに、英国とは、自衛隊と英国軍による相互訪問時の共同訓練や運用を円滑化する「日英円滑化協定」の早期交渉妥結を目指して取り組んでいくことで一致した。

日英「円滑化協定」の早期妥結目指す

オーストラリアのモリソン首相（画面）とテレビ会談を行う岸田首相（10月5日、首相官邸で）＝首相官邸ホームページから

モリソン豪首相とは5日に約20分間のテレビ会談を行い、日豪間の「特別な戦略的パートナーシップ」を一層発展させることで一致した。

今後の両国関係については、①安全保障・防衛分野と経済分野のさらなる協力の深化②インド太平洋地域の平和と繁栄に貢献すべく、日米豪印を含め、同盟国・同志国とのさらなる連携の深化③気候変動などのグローバルな課題での協力——の3点を確認した。

岸田首相は、豪英米の新たな安全保障協力の枠組み「AUKUS（オーカス）」の創設に歓迎の意を表明。両氏は、東・南シナ海での一方的な現状変更の試みや経済的威圧に強く反対することでも一致した。

北朝鮮情勢をめぐっては、岸田首相が「最近の核・ミサイル活動は、日本、地域、国際社会の平和と安全を脅かすものだ」と述べ、豪州による「瀬取り」監視活動を評価した。

8日にはモディ印首相と電話で約25分間会談し、来年の「日印国交樹立70周年」を見据え、政治、安全保障、経済、人的交流など幅広い分野での協力を進め、日印の「特別な戦略的グローバル・パートナーシップ」をさらなる高みに引き上げていくことで一致した。

両氏は、①岸田首相の訪印の実現②日印外務・防衛担当閣僚協議「2プラス2」の早期開催——に向けて調整を進めていくことを申し合わせた。

さらに、日印や日米豪印の緊密な連携を確認し、力による一方的な現状変更の試みや経済的威圧への「強い反対」を改めて共有。サプライチェーン（部品供給網）の強靭化など、経済安全保障の面でも協力を深めていくことで一致した。

13日にはジョンソン英首相と約30分間の電話会談に臨み、自衛隊と英国軍による相互訪問時の共同訓練や運用を円滑化する日英の「円滑化協定」の早期交渉妥結に向けて共に取り組んでいくことを確認した。

両氏は日英安保・防衛協力が近年飛躍的に深化し、今年9月の英空母「クイーン・エリザベス」の日本寄港によって「新たな段階」に入ったことを歓迎。「グローバルな戦略的パートナー」である日英関係を一層強固なものとし、「自由で開かれたインド太平洋」の実現に向け、緊密に連携していくことで一致した。

◇

岸防衛相は10月15日の記者会見で「日英両政府は10月7日、円滑化協定交渉会合を開催した。9月28日に正式交渉の開始を発表して以来、初めての会合となる。自衛隊と英国軍との間の相互運用性、協力関係を高めることを通じて、インド太平洋地域と国際社会の平和と安定の確保に資することができるよう、早期の妥結を目指して交渉に取り組んでいく」と語った。

一方、日豪間で詰めの作業が進められている「日豪円滑化協定（日豪RAA）」については「可能な限り早期に協定に署名すべく、両国間で引き続き交渉していく」と述べた。

大綱・中期防の改定を指示

首相 厳しい安保環境に対応

岸田首相は10月14日の記者会見で、厳しい安全保障環境に対応するため、▽国家安全保障戦略▽防衛大綱▽中期防衛力整備計画——の改定を関係閣僚に指示したことを明らかにした。

岸防衛相は翌15日の記者会見で、改定のスケジュールは未定とした上で「我が国を取り巻く安全保障環境が今までにないスピードで厳しさを増している状況を鑑み、しっかり議論していきたい」と述べた。

上半期スクランブル390回

空自 中国72%、ロシア26%

統幕は10月15日、令和3年度上半期（4～9月）の空自戦闘機による「緊急発進（スクランブル）」の回数を発表した。

過去6カ月間のスクランブル回数は計390回で、前年度同期（371回）に比べ19回増え、このうち対中国機は前年度同期（234回）に比べ約2割増の281回で、全体の約72%を占めた。一方、ロシア機は約2割減の102回で、全体では2番目の約26%だった。このほか、国籍不明機などの「その他」に対する緊急発進が7回あった。

領空侵犯は、北海道知床岬沖の領空でのロシアの民航機とみられるアントノフAn26輸送機の1件だった。

空自方面隊別の緊急発進回数の内訳は、東シナ海で中国機に対応する南西空が269回と最も多く、北海道周辺でロシア機に対応する北空が94回、西空22回、中空5回と続いた。

統幕は上半期の特異な事例として、東シナ海から沖縄本島と宮古島間の宮古海峡を往復飛行した推定中国のTB001偵察／攻撃型無人機（対領空侵犯措置で初確認）の飛行や、オホーツク海から日本海にかけて日本沿岸を飛行したロシアのスホイSu25攻撃機（同）など7件を公表。推定を含め、中国機とロシア機の中では「情報収集機に対して多くの緊急発進を行った」としている。

岸防衛相は15日の記者会見で中国機について、「近年、飛行形態が変化して行動範囲は東シナ海のみならず太平洋や日本海にも拡大し、長時間・長距離にわたる飛行も確認されている。加えて、台湾周辺における活動も本年に入り活発化している。我が国周辺の空域においては活発な活動を継続していると考えている」と述べた。

対領空侵犯措置で初確認された推定中国のTB001偵察／攻撃型無人機（上）とロシアのスホイSu25攻撃機（下）

日米印豪海上部隊 連携さらに強化

マラバール

日米印豪（クアッド）4カ国の海上部隊による共同訓練「マラバール2021」のフェーズ2が10月11日から14日までインド洋のベンガル湾で実施された。

訓練にはインド太平洋方面を長期巡航している海自派遣訓練（IPD）部隊のヘリ搭載護衛艦「かが」と汎用護衛艦「むらさめ」が参加。

米海軍の空母「カール・ヴィンソン」、巡洋艦「レイク・シャンプレーン」、駆逐艦「ストックデール」、補給艦「ユーコン」、P8A哨戒機、印海軍の駆逐艦「ランヴィジャイ」、フリゲート「サツプラ」、P8I哨戒機、潜水艦、豪海軍のフリゲート「バララット」、補給艦「シリウス」と共に対潜戦、対水上射撃、洋上補給など各種訓練を行った。

最新鋭潜水艦「はくげい」が進水

海自の最新鋭潜水艦「たいげい」型の2番艦となる平成30年度計画潜水艦（基準排水量約3000トン、艦番号514）の命名・進水式が10月14日、兵庫県神戸市の川崎重工業神戸工場で行われ、同艦は「はくげい（白鯨）」と命名され、進水した。

「はくげい」はディーゼル電池推進で、リチウムイオン電池を搭載し、持続性を高めている。新型の高性能ソーナーと潜水艦戦闘管理システムを装備し、索敵能力を強化しているほか、水中での静粛性も改善されている。

式は園田直紀呉地方総監の執行で行われ、島田事務次官、山村海幕長らが出席。島田事務次官が大臣の命名書を読み上げ、支綱を切断すると「はくげい」はゆっくりと船台を滑り、大阪湾に進水した。

「白いマッコウクジラ」を意味する艦名は、部隊に募集をかけ、岸大臣が決定した。海自で「はくげい」と命名された艦は初めてで、旧海軍にも同名の艦艇はなかった。

艤装員長は久保野洋人2佐で、「はくげい」の就役は令和5年3月の予定。

「はくげい（白鯨）」と命名され、大阪湾に進水する海自の平成30年度計画潜水艦（10月14日、神戸市の川崎重工業神戸工場で）＝海自提供

米宇宙軍主催の演習に参加

「10年先の対応要領」を演練

井筒空幕長

井筒空幕長以下、航空幕僚監部の隊員8人は9月29、30の両日、米宇宙軍が主催する多国間の机上演習「シュリーバー・ウォーゲーム（シュリーバー演習）2021」に防衛省（市ケ谷）からリモートで参加した。

空幕長は昨年に続き2年連続の参加で、防衛省からは他に内局、統幕の隊員も参加。このほか内閣官房内閣審議官の安藤忠司将補（現北空司令官、空将）ら、国家安全保障局、内閣府、外務省の職員も加わった。

シュリーバー演習は2001年から米が主催する宇宙空間での作戦に関する机上演習で、防衛省は18年に初参加し、今回で3回目。隊員らは米国など友好国と連携し、「10年先の将来を想定した宇宙における各種事態対応要領」などを演練し、国家戦略から部隊の戦術レベルまでのさまざまな訓練を行った。

北が弾道ミサイル2発

日本海上に落下と推定

防衛省

防衛省は10月19日、北朝鮮が同日午前10時15分頃、東側から弾道ミサイル2発を東方向に発射し、日本海上に落下したと推定されると発表した。航空機や船舶への被害は確認されていない。防衛省では岸田首相からの指示を踏まえ、直ちに関係幹部会議が開かれた。

岸防衛相は午前11時半過ぎに省内で臨時記者会見し、軌道や落下地点等の詳細は「分析中」とした上で「国連安保理決議に違反するもので極めて遺憾だ。我が国と地域の平和と安全を脅かすもので強く非難する。関係国と緊密に連携し、国民の命と平和な暮らしを断固守り抜く決意だ」と述べ、引き続き情報収集と分析に努め、警戒監視に万全を期す考えを示した。

英など各国軍が北の瀬取り監視

防衛省は9月30日、北朝鮮船舶による国連制裁逃れのための違法な「瀬取り」を監視するため、英海軍のフリゲート「リッチモンド」が9月中旬、東シナ海を含む日本の周辺海域で警戒監視活動を実施したと発表した。英海軍艦艇の参加は2018年5月以来、19年2月に続き5回目。

一方、カナダ空軍のCP140哨戒機と、フランス海軍のファルコン200哨戒機も10月中旬から、沖縄県の在日米軍嘉手納基地を拠点に警戒監視活動を開始した。防衛省が10月13、14の両日、それぞれについて発表した。

国連軍地位協定に基づき、カナダ軍機は11月中旬まで、仏軍機は11月上旬までの予定で実施する。

「瀬取り」監視活動へのカナダ軍機の参加は18年4月以来、20年11月に続き6回目。フランス軍機の参加は19年3月以来、2回目。

「瀬取り」監視には18年4月から英、仏、豪州、ニュージーランド、カナダの艦艇や航空機があらゆる機会に我が国とその周辺海空域に派遣され、海自や米軍と連携して活動に当たっている。

春夏秋冬

烏鎮での世界インターネット会議

土屋 大洋

今年で8回目になるインターネットの国際会議にネット中継で参加した。主催者の挨拶で出てきたのは次のような言葉だ。「デジタル文明は未来を示している。」「デジタル経済を発展させていくためには相互信頼が必要だ。」「オープンで包括的なインフラの構築が基礎になる。」「データのオープンシェアリングを進めて行くべきだ。」「公正な技術の利用が国際ルールの発展につながっていく。」

まるで米国のインターネット会議で聞くような言葉だが、これらは中国が烏鎮（ウーチェン）で開いた世界インターネット会議での中国高官の言葉である。

上海から車で1時間ほどの郊外にある烏鎮は、ベネチアのように水路が行き交う古風な観光の町だ。しかし、2014年から世界インターネット会議が開かれるようになり、巨大な会議場に世界各国から数千人が押し寄せる町になった。

20年と今年はコロナ禍のために外国人はほとんど参加できず、外国人パネリストはほとんどが収録済みのビデオの再生だ。かつて習近平国家主席も参加したことがあるが、今年は手紙を寄せただけだった。

米国のドナルド・トランプ政権成立前は、アップルのティム・クックCEOなど米国企業のトップも多く参加したが、トランプ政権下で米中摩擦が始まると、米国企業のトップの参加はピタリと止まった。今年はジョー・バイデン政権に代わったからか、シスコやテスラのトップがビデオで参加した。

冒頭の中国高官の言葉が出たのは、中国とASEAN（東南アジア諸国連合）の協力を謳うパネルである。ASEAN諸国の代表は録画ビデオでメッセージを読み上げるだけだったが、中国が甘い言葉と物量にものをいわせた支援で熱心にASEANを取り込もうとしていることが分かる。

日本もほぼ毎年、日・ASEANサイバーセキュリティ政策会議を開催しているが、中国ほど熱心に取り込み政策を展開できているだろうか。

ASEANは地政学・地経学的に中国の影響は避けられない。日本や欧米の顔を見ながら中国とも付き合っていかなくてはならないのだろう。

日本にとってはクアッド（日米豪印）を超える連携ネットワークづくりが求められている。

（慶應義塾常任理事、慶應義塾大学大学院教授）

朝雲寸言

京都人ではないが、好きな京ことばに「どの口が言うとるんや」というのがある。関東風に言うなら「（自分の言動を棚に上げて）よく言うよ」となるが、「どの口が…」の方が[illegible]味があって[illegible]い回しを[illegible]は、さる10[illegible]の習近平国[illegible]で、「一国[illegible]用した台湾[illegible]に言及した[illegible]997年に[illegible]中国に返還[illegible]党政権は2[illegible]の50年間、[illegible]自治権を約[illegible]「一国二制[illegible]た。しかし[illegible]は既に無[illegible]ている。香[illegible]際金融都市[illegible]世界のマネ[illegible]る利点より[illegible]制のモデル[illegible]惑してしま[illegible]権にとって[illegible]あの党は無[illegible]ったのだろ[illegible]が…」は英[illegible]ク・フー・[illegible]ング」とい[illegible]英国は今、[illegible]重い約束を[illegible]底では怒り[illegible]つ、習主席[illegible]ているはず[illegible]翌日、台湾[illegible]は演説で、[illegible]軍機による[illegible]ることを念[illegible]たことは[illegible]人が圧力に[illegible]して思わな[illegible]とはんなり[illegible]とばのはんなり[illegible]品で優美」に加え「スカッとした様」との意味もあるという。

時の焦点

（国内）衆院選公示

安定政権か別の道か

日本が直面している様々な課題の解決に向けて、どの政党に政権を委ねるのか。各党の公約や候補者の主張を見極めて、誤りなき日本の針路を選択したい。

第49回衆院選が公示された。政権選択選挙は10月31日に投開票される。

衆院解散は、岸田首相の就任から10日後だった。衆院選の公示は、解散の5日後である。いずれも戦後最短だ。

前例のない短期決戦は、各党の実行力が定かではない中、有権者に難しい判断を迫ることになる。与野党は、掲げている公約の狙いや、実現に向けた道筋を丁寧に説明しなければならない。

新型コロナウイルス感染症の流行は、ようやく危機的な状況を脱したと言える。とはいえ、第6波や新たな変異株への警戒を怠ることはできない。

実効性のある病床の確保や、効果的な人流の抑制などの感染症対策を大いに論じ、今後の施策に生かしていくことが重要だ。つい先日まで、感染しても入院できず、自宅で亡くなる人が相次いだことを忘れてはなるまい。

主要な与野党は、公約の柱に「分配」を掲げている。感染拡大の長期化で困窮した家庭や事業者を支援するのは大切だ。

ただ、財政の制約もある。経済を再生させて企業が儲かり、持続的に賃金を引き上げていく方策を考えたい。

外交・安全保障政策も重要な争点である。

自民党は公約に、「相手領域内で弾道ミサイル等を阻止する能力の保有」を含む抑止力向上を明記した。国内総生産（GDP）比1％以内を目安としてきた防衛費に関しては、政策集に「2％以上も念頭に増額を目指す」と盛り込んだ。

野党第1党の立憲民主党は、「平和主義と専守防衛を旨とする」と掲げた。尖閣諸島の防衛を念頭に、「領域警備と海上保安庁の体制を強化する法整備を進める」とも盛り込んでいる。

安保環境が厳しさを増していることを踏まえ、各党には現実に即した議論が求められる。

立憲民主党と共産党は、衆院選で勝利した場合、「限定的な閣外協力」を行うという。共産党は綱領で、日米安全保障条約の廃棄を明記している。安保政策の隔たりを抱えた両党の連携は、有権者にどこまで理解されるだろうか。

岸田首相は、衆院選の勝敗ラインについて、自民、公明両党で定数（465議席）の過半数となる233議席の確保を掲げた。自公の解散時勢力は305議席だ。首相の目標は、政権維持の「最低ライン」（甘利自民党幹事長）と言える。

安倍元首相は2012年12月以降、7年9カ月の長期政権を担った。菅前首相は1年余りで退陣した。岸田首相は、安定政権を構築できるかどうかが問われる。

夏川　明雄（政治評論家）

（海外）EU首脳会議

戦略的自立の検討着手

欧州連合（EU）は10月初旬に開いた首脳会議で、安全保障や防衛面での欧州の自立を目指した戦略案を11月に取りまとめることで一致した。アフガニスタンからの米軍撤収をめぐる混乱やオーストラリアとの共同開発計画を破棄されたフランスの潜水艦契約問題を受けて、米国への軍事的依存を減らす狙いがあるが、戦略的自立に絡んで最近再燃したEU独自の部隊創設の具体策をめぐる協議は持ち越しとなった。

EUのミシェル大統領は首脳会議後の総括文書で、「国際社会でより強く主張していくため、EUは安全保障と防衛の面で独立性を高める必要がある」と指摘。その上で、ボレル外交安保上級代表（外相）が取りまとめて11月に発表する安保戦略論を議論し、来年3月の採択を目指す方針を示した。

EUが欧州の戦略的自立を進める背景には、トランプ前米政権から続く米国の自国優先主義や「欧州離れ」に対する危機感がある。米欧同盟重視を掲げたバイデン現政権も、アフガンでは欧州側の深刻な懸念をよそに8月末の米軍完全撤収を強行し、カブール空港の安全確保役を失った西側各国は自国民らの国外退避活動の打ち切りを余儀なくされた。

欧州にとっても衝撃的な事態を招いた米国に対する不信感や過度な米軍依存に伴うリスクへの問題意識の高まりに加えて、EU主要国が危機感を募らせたのが、EUも戦略的に重視し始めたインド太平洋地域における米英豪の新たな安全保障の枠組みだ。豪政府との潜水艦共同開発計画を一方的に破棄されたフランスは「裏切りだ」（ルドリアン外相）と激怒。この問題ではEU各国もフランスとの連帯を表明しており、欧州の戦略的自立論を主導するマクロン仏大統領は、自国がEU議長国を担う来年前半に議論を一気に進める構えだ。先に紹介したミシェル氏の発言ともスケジュールが符合する。

ただ、欧州の戦略的自立の中身は依然として同床異夢というのが実態で、特にロシアの軍事的脅威に直面して米軍に頼るバルト3国や一部東欧諸国の間ではフランス主導で進む議論への警戒感が根強い。リトアニアのナウセーダ大統領は首脳会議後、「米国はEUの重要なパートナーだ」とあえて強調するなど、EU執行部との温度差は消えていない。米欧軍事同盟である北大西洋条約機構（NATO）のストルテンベルグ事務総長もEU首脳会議での議論を注視しながら、「NATOの競争相手をつくることは米欧関係を脆弱化させる」と述べ、EU独自部隊の創設など戦略的自立に向けた動きをけん制する。

検討が本格化する新たなEUの安保戦略論を含め、EUでの重要政策課題をめぐる議論でフランスとともにカギを握るドイツは、域内で調整役を長年担ってきたメルケル首相が近く退任する。国内世論が内向き志向を強めるドイツの次期首相の指導力は未知数で、欧州の戦略的自立をめぐる議論が難航する事態も排除できない点は留意しておきたい。

伊藤　努（外交評論家）

新・米海軍第7艦隊司令官が初来省

海幕長「心強い仲間が帰ってきた」

初めて防衛省を訪れ、山村海幕長（右）と共に儀仗隊の栄誉礼を受けるカール・トーマス米海軍第7艦隊司令官（左）＝10月12日（海自提供）

山村海幕長は10月12日、米海軍第7艦隊（横須賀）司令官のカール・トーマス中将と防衛省で会談した。トーマス司令官の来省は今年7月の着任後初めて。

トーマス司令官は7月8日にウイリアム・マーズ中将の後任として就任。前職は米国防省で運用計画作戦副部長を務め、2018年から19年まで横須賀で第7艦隊第5空母打撃群司令官兼第70任務部隊司令官を歴任するなど、日本との関係も深い。

会談で両者は、海自と米海軍の協力の現状と方向性について認識の共有と再確認を図るとともに、宇宙、サイバー、電磁波など新領域における協力強化を含め、引き続き海自と米海軍が連携し、日米同盟の抑止力・対処力の強化を図ることで一致した。

山村海幕長は10月5日の記者会見で「トーマス司令官は日本での勤務経験もあり、我が国の情勢に精通していることから海自の心強い仲間が日本に帰ってきたと感じている。今後も日米同盟の強化と『自由で開かれたインド太平洋』の実現に向けて尽力されることを期待している」と語った。

「ゆうだち」が大湊基地を出港

海賊対処水上40次隊

ソマリア沖・アデン湾で海賊対処任務に当たっている海自水上部隊の交代のため、10月10日、40次隊の護衛艦「ゆうだち」（艦長・涌嶋英孝2佐以下約200人）が大湊基地を出港した。

「ゆうだち」には海上保安官8人も乗り組み、出港後は新型コロナウイルス感染症対策として乗員全員にPRC検査を実施。訓練を行いながら日本近海で14日間の健康観察期間を経た後、中東のアデン湾に向けて進出し、11月下旬に現地で39次隊の護衛艦「ゆうぎり」と交代する予定。

借行社が2年ぶり総会

組織の「新たな方向性」を確認

公益財団法人「借行社」（元陸幕長の志摩篤会長以下、家族会員などを含む4533人）の令和3年度の総会が10月8日、東京都新宿区のホテルグランドヒル市ヶ谷で開かれ、全国から約150人が参加した。昨年度はコロナの影響で中止されたことから、2年ぶりの開催となった。

国歌斉唱と戦没者・殉職隊員への黙祷の後、開会あいさつのため登壇した志摩会長は、関係者に謝意を表した上で、近年の旧陸軍出身者の高齢化による会員減少などを念頭に「借行社は今、曲がり角にきている。これからの『新しい借行社』のためにさまざまな施策がなされており、皆さまに温かく見守っていただきたい」と述べた。

続いて、岸田新内閣で外務副大臣に就任した小田原潔衆院議員をはじめ、山谷えり子参院議員、前外務副大臣の宇都隆史参院議員が会場に駆け付け、祝辞を述べた。

この後、奥村快也専務理事が、現在検討を進めている「新たな借行社の在るべき方向性」について説明。借行社の将来体制について「陸上自衛隊退職幹部自衛官等により支えられる公益財団法人として、陸軍とこれまでの借行社の良き伝統を受け継ぎ、英霊の慰霊顕彰を行うとともに、我が国の防衛に関する諸課題の是正を目標として陸上自衛隊に対する支援を活動の中心に置く」と表明した。

最後に、吉田圭秀陸幕長が「時代の大転換期における我が国の安全保障と陸上自衛隊」と題して講演し、盛況のうちに閉会した。

借行社の総会であいさつを述べる志摩篤会長（壇上中央）＝10月8日、東京都新宿区のホテルグランドヒル市ヶ谷で

陸自幹候校で卒業式

102期一般幹候生147人旅立つ

【陸幹候校＝前川原】陸自幹部候補生学校は9月9日、第102期一般幹部候補生（部内）課程（前段）147人の教育を終え、卒業式を行った。

学校長の藤岡史生陸将補は式辞で「諸官らを応援し続けてくれた家族が生涯、家族であるように、ここにいる同期は生涯の友であり、教官・職員は生涯の師である。そして幹部候補生学校は、生涯の心のふるさとである」と卒業生に向けて語り、「これからはそれぞれの部隊において本校で修得した全てを惜しむことなく出し切り、部隊・隊員のために最大限、自己の全能力を注ぐ覚悟を持った存在でなければならない。諸官の成長が強靭な陸上自衛隊の創造に繋がるものと確信している」とはなむけの言葉を贈った。

続いて、スクリーンに映し出された吉田陸幕長が訓示し、「部隊・隊員を愛し、執念をもって日々の練成に努めよ」「変化に対応し得る実力を深化するため、修練を継続せよ」と2点を要望。「諸官らにとって宝である（部下の）隊員を愛し、常に苦楽を共にし、執念をもって練成に努め、その実力を部隊に普及徹底して精強化に努めるとともに、国民の信頼を獲得してもらいたい」と述べた。

式後の見送り行事では、区隊長の高橋雄一1尉が卒業生の前途を祝して万歳三唱し、新任幹部たちは教官や学校職員の見送りを受け、それぞれ原隊へと旅立った。

◇

同校では10月1日、102期一般幹候課程（後段）の入校式が行われ、新たに幹部候補生257人の教育が始まった。

第102期一般幹部候補生（部内）課程を修了した卒業生（右）に対し、卒業証書を授与する藤岡学校長（中央手前）＝9月9日、陸自幹部候補生学校で

日米が共同で3年度「海演」

横須賀・船越の海上作戦センターなどで

海自の令和3年度「海上自衛隊演習（日米共同図上演習）」が9月28日から10月1日まで、横須賀・船越地区の海上作戦センターなどで行われた。

湯浅秀樹自衛艦隊司令官が統裁官を務め、海自から自衛艦隊、佐世保地方隊、システム通信隊群、補給本部が参加。米側からは海軍と海兵隊が加わった。

訓練では平時から武力攻撃事態に至るまでの情勢の推移に応じた上級指揮官の情勢判断やこれに基づく部隊運用要領などを演練した。

防衛省発令

▽兼統幕運用2課（陸幕防衛課）1陸佐　水谷　清隆
（同）同　井田　輝彦
（同施設課）同　高田　義行
（以上10月9日）
▽整備計画局情報通信課長（南関東防衛局企画部長）　潮川　篤史
（10月11日）

共済組合だより

皆さまは「ジェネリック（後発）医薬品」をご存知ですか？

ジェネリック医薬品は、医師が処方する医薬品であり、先発医薬品（新薬）と比べて安価で、なおかつ有効成分や効き目は同じです。

有効成分や効き目は同じ「ジェネリック医薬品」
薬代や医療費の抑制のため　ご利用を

新しく開発された医療用医薬品は、先発医薬品として特許が与えられ、開発会社により独占的に販売されますが、ジェネリック医薬品は、先発医薬品の特許期間満了後に、同レベルの品質・有効性・安全性を有しているという国の審査・承認を受けて発売されます。

既に有効性や安全性が確認されている先発医薬品の有効成分を利用するため、開発期間や費用を大幅に抑えることができ、そのため薬の価格も安く設定することができます。

組合員や被扶養者の皆さまが診療を受ける際、病院や薬局等でジェネリック医薬品を積極的に選んでいただくことにより、ご自身の薬代が軽減されるだけでなく、共済組合全体の医療費も抑制することができます。

医師と薬剤師それぞれに意思を伝え相談することによりジェネリック医薬品を選ぶことができます。相談は、口頭やメモ等で大丈夫ですが、「お願いカード」＝写真＝を利用すると便利です。皆さまのご協力をお願い致します。

なお、先発医薬品の特許が切れていない場合や医療上の理由等でジェネリック医薬品を選べない場合もあります。

切り取り線
ジェネリック医薬品お願いカード
医師・薬剤師の皆様へ
私は可能な場合、ジェネリック医薬品の処方を希望します
氏名
防衛省共済組合

後期・遠洋練習航海部隊「かしま」
北極圏入域

「世界の最果てまで来た」

海自艦で２度目

海自の令和３年度後期・遠洋練習航海部隊（練習艦「かしま」、指揮官・石巻義康将補以下、実習幹部約110人＝うち女性約10人＝を含む計約320人）は、９月上旬から中旬まで、北太平洋の米アラスカ州沿岸に展開した。アリューシャン列島を抜けてベーリング海に進出した「かしま」は、ベーリング海峡に面したノームに寄港した後、さらに北上して北極海に入り、海自艦として２度目の「北極圏入域」を果たした。この後、南下した部隊は初めてアリューシャン列島のダッチハーバーに寄港、実習幹部たちは米露が対峙する北太平洋地域の厳しい安全保障環境を間近から体感した。

太平洋の最北部・ベーリング海を航行中、練習艦「かしま」の上空に現れたオーロラ（９月17日）

降りしきる冷たい雨の中、ノーム入港に向け双眼鏡で対岸を確認する実習幹部

北太平洋に弧状に連なるアリューシャン列島の最高峰、ウニマク島のシシャルディン山（標高2857ｍ）。雪化粧した姿は日本の富士山を思わせる（９月20日）

第２次世界大戦時、激戦地となったアリューシャン列島のアッツ島沖で戦没者の追悼行事に臨む「かしま」乗員と実習幹部（９月８日）

ノーム、ダッチハーバー寄港

実習幹部たちは課業外、ストレス解消を兼ねて艦上体育に励んだ（９月５日）

アラスカ沿岸への展開を前に、「かしま」艦内で寄港地のノームや北極圏についての運航勉強会を行う実習幹部たち

生涯忘れられない有意義な経験

実習幹部 所感文　３海尉　清　遼太郎

９月半ばとは思えない雪混じりの冷たい風、木々も生えず荒涼とした島々、暗がりの中で空にたなびくオーロラ。まさしく「世界の最果てまで来てしまった」というのが北極圏に到達した際の素直な心境であった。「普通に生きていたら見ることのできない世界を見たい」と考え、入隊を決意した私にとって、この経験は生涯忘れられないものとなるだろう。

我々は海自史上２度目の北極圏到達を達成した。「北極海航路」が注目を集める昨今において、日本の艦船として北極海を航行するという外交的意義のある行動に携わることができ、また地球の極地たる北極海の気象・海象や地形、現情勢下での他の船舶の航行状況等を実際にこの目で見て学ぶことができたことは、我々の国外に対する視野の拡大に資する有意義な経験となった。

今後、練習艦隊は南下を続け、まもなく全航程の半ばを迎える。後期遠航は初任配置が艦艇乗組である実習幹部のみの参加であり、日々の訓練や教育についても有事における実戦を想定した各種戦闘訓練、「かしま」の若手幹部らが実習幹部に対して自分の配置の業務を解説し、体験させる「士配置教育」といった部隊勤務に必要な基礎的知識・技能を習得させるための、より高度かつ実践的な内容となった。

10月末の部隊配属まで我々に残された期間はわずかであり、己を顧みることにより時に焦りや不安を禁じ得なくなるが、そのような中で今後意識したいことがある。それは「古人の跡を求めず、古人の求めたるところを求めよ」という言葉の実践だ。私は、この言葉の意味するところは優れた先人たちのアウトプットのみに目を向けるのではなく、先人が何を目指し、何を価値基準とし、どのように功績を生み出すに至ったのかを考察してこそ、己の資とすることができるということだと捉えている。

具体的な業務内容や所掌事項、仕事の進め方といった実務的な面を「かしま」で学ぶことは我々が部隊で即戦力となるために必要不可欠である。これに加え、練習艦隊や「かしま」の乗組員、ひいては同期の勤務に取り組む姿勢や物事の考え方、プライベートの過ごし方など、現場の「人」の本質を学ぶことによって、我々が将来必要とする指揮統率を考えていく上での引き出しを増やし、私自身の今後の勤務姿勢や生き方の手本とし、本航海を今後の人生の資とすることができると考える。

訓練および教育等に携わってくださる指導官や寝食を共にする同期は優秀な人たちばかりであり、そのような人たちに囲まれながら実習に臨めることに、私自身大きな喜びを感じている。本航海を生涯の資とすべく、残りの期間に臨む。

北海道・宗谷海峡近くを航行中、海峡周辺の警戒監視活動を行う余市防備隊のミサイル艇「くまたか」（左奥）と帽振れであいさつを交わす実習幹部（９月４日）

家族会版

＜連絡先＞
〒162－0845 東京都新宿区市谷本村町5－1 公益社団法人自衛隊家族会事務局
電話 03-3268-3111・内線 28863
直通 03-5227-2468

私たちの信条

【根本理念】
私たちは、隊員に最も身近な存在であることに誇りを持ち力をあわせて自衛隊を支えます

【心構え】
一、自らの国は 自ら守る防衛意識を高めます
一、自衛隊員の募集・就職援護及び家族支援に協力します
一、会員数を増大し 組織の活動力を高めます

3議案、全会一致で可決

伊藤会長「隊員のためにできることを」 定期総会

自衛隊家族会（伊藤康成会長）は10月13日、東京都新宿区のホテルグランドヒル市ヶ谷で令和3年度「定期総会」を開いた。2年度事業報告や収支計算書、理事選任の3議案が審議され、全会一致で可決された。引き続き行われた表彰式では、15都道府県と3個人に伊藤会長から表彰状が授与された。

定期総会は当初、6月15日の開催を予定していたが、新型コロナウイルス感染拡大に伴う緊急事態宣言発令を受けて延期され、約4カ月を経ての開催となった。

会場には全国から理事・監事をはじめ運営委員、各都道府県会長などの代表者66人が集結した。

冒頭、伊藤会長はあいさつで、我が国を取り巻く安全保障環境と新領域を含む自衛隊の活動について触れ、「これからの隊員はますます忙しくなり、一人当たりの負荷が従来に増して大きくなってくる。隊員に寄り添い支えるために、我々に何ができるかを考えていただきたい」と述べた。

この後、小松龍也神奈川県会長を議長に選出。令和2年度の①事業報告②収支計算書③辞任理事の後任選任――の3議案について審議され、辞任する海沼敏明理事と香月正理事の後任に、田浦正人運営委員と島村吉曜札幌家族会会長を選出、全会一致で承認された。

続く事業報告では、令和3年度の「事業計画」や2年度の「自衛隊の活動支援基金」「問い合わせ窓口の成果」「東京・北京オリンピック参加選手の激励報告」など運営委員らが各種活動を説明した。

総会の前後には、家族会顧問を務める宇都隆史参院議員と陸幕募集・援護課総括班長の加賀澤俊樹1佐が会場に駆け付け、家族会の活動にエールを送った。さらに、佐藤正久参院議員から「自衛官出身の国会議員として、また自衛官の父親として、国防の任に当たる現場自衛官が誇りを持って働ける環境を作るために、今後も国会の場で汗をかいて参ります」とメッセージが寄せられた。

総会後に行われた表彰式の受賞都道府県と個人名は以下の通り。

〈団体〉◇総合表彰最優秀賞＝▽新潟県▽岡山県◇同優秀賞＝栃木県◇防衛講演会優秀賞＝道央◇募集活動優秀賞＝▽宮城県▽東京都▽熊本県◇家族支援協力優秀賞＝▽青森県▽愛知県▽大阪府◇おやばと購読優秀賞＝▽福島県▽長野県▽道南▽広島県◇会勢拡大優秀賞＝福井県

〈個人〉◇▽福田登群馬県会長▽海沼敏明理事▽前田絹代運営委員

新型コロナ感染予防対策を万全に講じて開催された「定期総会」で、あいさつする伊藤会長（壇上）＝10月13日、ホテルグランドヒル市ヶ谷で

可児駅で市街地広報

マスク越しに呼び掛け　可児御嵩支部

【岐阜】岐阜県家族会可児御嵩支部はこのほど、岐阜県可児市のJR可児駅と名鉄新可児駅で、岐阜地方協力本部美濃加茂地域事務所と共に「市街地広報」を行った。

同広報活動は、毎年7月初旬に行っているが、昨年は新型コロナの影響で中止となっていた。今年度は感染防止対策を万全に講じた上で実施することとなった。

当日は家族会から加藤巌会長以下5人、地本から地域事務所長の吉永知儀1陸尉以下5人が参加。会員たちは午前6時半から8時半までの間、広報官が事前に準備した募集案内を学生らに配布した。

はじめはなかなか受け取ってもらえなかったものの、「おはようございます。陸・海・空自衛官募集中です！」とマスク越しに呼び掛けをするなどして、徐々に手渡すことができるようになっていった。

可児御嵩支部は、可児御嵩地域から一人でも多くの学生が自衛隊に入隊・入校できるよう、美濃加茂地域事務所と連携を図っていく方針だ。

コロナ感染防止対策を行い、名鉄新可児駅で学生たちに募集案内を手渡す岐阜県家族会可児御嵩支部の会員たち

顔にドーランを塗り偽装した隊員たち（後列）と記念写真に納まる鳥取県自衛隊家族会女性部の会員たち（陸自米子駐屯地で）

我が子に重ね感無量

8普連の戦闘訓練 総合判定を見学　鳥取県家族会女性部

【鳥取】鳥取県自衛隊家族会女性部の上治百合子部長以下会員14人はこのほど、陸自米子駐屯地で8普連の自衛官候補生に対して実施された「戦闘訓練総合判定」を見学した。

同訓練の家族への公開は、8普連長の堀田朗伸1佐の厚意で実現。候補生たちは、草が生い茂る周辺の環境に溶け込むように偽装を施し、敵陣地の台地を目指しながら素早く匍匐前進。射撃では声を掛け合いながら仲間と連携して動作を行い、教育訓練の成果を見せていた。

参加者は候補生たちのたくましい姿に、「親としての意識を上げることができました」「我が子の姿と重なり感無量です」などと感慨深げだった。

たくましい姿に感激

陸自3戦大 25キロ行進を激励

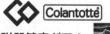

【滋賀】滋賀県自衛隊家族会（福井順一会長）はこのほど、陸自3戦車大隊新隊員教育隊(今津)の「25キロ行進訓練」に臨む自衛官候補生を激励した。

県家族会は、コロナの影響で縮小された活動を少しずつできる範囲で活発化させたいとの思いから、県下全会員に参加を呼び掛け、会員約40人が激励に駆け付けた。

会員たちは10キロ地点となる琵琶湖岸湖周道路沿いの源氏浜で間隔を取って一列に並び、整然と行進する候補生たちに激励の拍手を送った。候補生の家族たちは我が子のたくましい姿を見ることができ、感激していた。

陸自3戦大新隊員教育隊の「25キロ行進訓練」に励む自候生たちを激励する滋賀県家族会の会員たち（左側）＝滋賀県高島市で

地域事務所広報 駅前で活動協力

小田原地区会

【神奈川】神奈川県自衛隊家族会小田原地区会はこのほど、小田原駅で神奈川地本小田原地域事務所の広報活動に協力した。

石原こずえ会長以下3人は前日から続く大雨とその影響でJRの路線が運休するという悪条件の中、地域事務所の隊員と共に駅前で学生たちを中心に募集案内のティッシュとチラシを配った。

笑顔で「ありがとう」と受け取る通行人やわざわざ戻って取りに来る人がいる一方で、なかなか受け取ってもらえないなど広報活動の難しさを実感した。

活動を終えた石原会長は「今回で2度目の協力になるが、また協力する機会があれば、『ティッシュ配りのコツ』をしっかり研究して臨みたい」と次回への意欲を語っていた。

広報活動に参加した小田原地区会の石原会長以下3人（右側）。現場には神奈川地本のゆるキャラ・はまにゃん（中央）とトップニャン（左から2体目）も駆け付けた（神奈川県の小田原駅で）

会員減少に歯止めを

地本と個人情報取り扱い協定　長崎県家族会

【長崎】長崎県自衛隊家族会と長崎地方協力本部はこのほど、「入隊予定者に係る個人情報の取り扱い」に関する協定書を締結した。

長崎県では、会員拡大のチャンスとなる入隊・入校激励会がコロナの影響により2年連続で中止となるなど、会員の減少に歯止めがかからない状況が続いていた。この現状を打開するため、長崎県家族会は、神奈川県家族会が地本と連携して行っている個人情報取得の取り組みに注目。同県家族会事務局からアドバイスを受け、協定締結に向けて地本の担当者を通じて協議を進めてきた。

「入隊予定者に係る個人情報の取り扱い」に関する協定を締結した長崎県家族会の浦田会長(右)と長崎地本長の西田1海佐（当時）

協定締結式は長崎地本会議室で行われ、長崎県家族会の浦田正会長と長崎地本長の西田洋一郎1海佐（当時）が協定書に署名した。今後は地本を通じて家族会が新入隊員の情報をスムーズに得られるようになる。

長崎県家族会の横尾博道事務局長は「今後の課題として各地の事務所や出張所の広報官と緊密に連絡を取り、いかにして会員拡大につなげていくかが求められている。協定締結は会員拡大への第一歩を踏み出せたのではないかと思っている」と語った。

「くまたか」で“艦内ツアー”

札幌東区支部 9家族25人が参加

【札幌】札幌自衛隊家族会東区支部はこのほど、近隣支部の会員・家族と共に小樽港勝納埠頭で行われた海自1ミサイル艇隊(余市)のミサイル艇「くまたか」の特別公開に参加した。

同公開は当初、募集対象者に向けて企画されていたが、東区支部主催の余市防備隊研修が新型コロナの感染拡大や緊急事態宣言発令により2度にわたって延期となっていたため、余市防備隊司令の大森浩昭1佐の取り計らいで家族会も参加できることとなった。

「くまたか」に乗艦した9家族計25人は、乗員から76ミリ速射砲、艦対艦ミサイル、操舵操縦装置、電子海図装置などの説明を受けたほか、艦橋内ではミサイル艇にしかないという椅子に座るなど、充実した“艦内ツアー”を満喫した。

東区支部の澤田孝弘会員は「小さなお子さんはとても喜んでいた。私自身も初めて艦艇に乗ることができ、艦橋内操縦席から見た景色は最高だった。海自による日本最北の防衛や警戒監視について理解を深めることができた」と感想を語った。

ミサイル艇「くまたか」の特別公開を見学した札幌自衛隊家族会東区支部の会員と家族ら（北海道の小樽港勝納埠頭で）

事務局だより

▽…7月に熱海市伊豆山地区において土石流が発生し甚大な被害をもたらしました。被災された方々にはお見舞い申し上げます。

猛暑の中、腰まで泥水に浸かって必死に捜索活動を行う災害派遣隊員をねぎらうため、静岡県自衛隊家族会が慰問・激励を行いました。

▽…令和3年度防衛講演会を愛媛県松山市および愛知県蒲郡市で予定しましたが、コロナ対策の緊急事態宣言発出などの理由により、やむなく中止しました。

磯部晃一元東部方面総監、佐藤正久参議院議員（家族会顧問）の講演を皆さまにお届けすることができず残念でした。

▽…9月をもって東京オリンピック・パラリンピックも無事終了しました。家族会は大会開催に当たり、自衛隊体育学校所属の出場選手を激励・応援しました。

選手たちは、金メダル3個、銀メダル1個、銅メダル1個獲得の素晴らしい活躍をし、自衛隊体育学校とアスリートの名前を全世界に轟かせました。出場選手をはじめ大会支援に当たった自衛隊の皆さまも大変お疲れさまでした。

10月1日に乙黒・濱田・並木のメダリスト3選手が豊田学校長と共に来局し、伊藤会長へ御礼を述べました。

▽…令和3年度自衛隊家族会定期総会が10月13日に行われました。総会においては、「令和2年度事業報告（案）」、「令和2年度収支計算書（案）および監査報告書」、「辞任理事の後任選任（案）」が承認され、内閣府へ報告することになりました。新理事には島村吉曜氏、田浦正人氏の2名が就任しました。

今回の総会では、「家族会問い合わせ窓口」のこれまでの成果を報告しました。問い合わせ窓口は、自衛隊員の悩みやストレスを共有するご家族が軽易に相談でき、また、家族会の健全運営に資することを目的として昨年4月から設置されました。

窓口に寄せられる多様な問い合わせを通じ、直面する問題を知ることができ、設置への手応えを感じております。今後も気軽に相談できる窓口を目指し、より一層の充実を図る所存です。

（家族会事務局）

募集・援護 特集

ただいま募集中！
◇自衛官候補生◇防大（一般）◇医科・歯科幹部◇貸費学生
★詳細は最寄りの自衛隊地方協力本部へ

来たれ!!『自衛隊新卒』

各地で合同企業説明会

新潟は102社が集う

新潟

防衛省では任期満了で退職する若手隊員を"自衛隊新卒"としてブランド化し、能力の高いフレッシュな人材として再就職先の企業にアピールしている。全国の地本では各地で行われている大規模合同企業説明会に「新卒」として任期満了予定の隊員を参加させ、企業とのマッチングを図ることで、早期の内定獲得に向けて全面的にサポートしている。

【新潟】地本は9月14、15の両日、新潟市内のホテルで開かれた「令和3年度新潟県任期制隊員合同企業説明会」を担任した。

任期満了で退職する"自衛隊新卒"は各部隊で培った「資質、知識、技能、資格」という付加価値を地域社会に還元している。今回の合同企業説明会には県内外から陸海空の若手隊員22人が参加した。

コロナ禍の中でも参加企業は2日間で102社にのぼり、「自衛隊新卒」への人気の高さがうかがえた。開催にあたっては企業と隊員が面談する各ブースには飛沫防止のパーテーションの設置など、コロナ対策を徹底。1日の面談を2部制にすることで"密"も避けた。

説明会が始まると、企業はブースに来た隊員に熱心に説明を行い、中には工夫を凝らした手法で印象に残るアピールをする会社もあった。

隊員側も自衛官らしいキビキビとした態度と動作で企業側の説明を真剣に聞き、疑問点について積極的に質問していた。

参加隊員からは「緊張したがしっかりと自己アピールできた」「会社の利益のため率先して行動する重要性を改めて感じた」という声が聞かれた。

一方、企業からは「目的意識が高い人材が多かった」「自衛隊新卒者は同世代の若者に比べ、礼節を心得た受け答えが印象的だった」と高い評価を与えていた。

新潟地本では「今後も隊員の希望に沿った就職先を見つけるために面談を重ね、国防を支えた若人たちが新たなステージで活躍できるよう、これからも全力でサポートしていく」と話している。

「令和3年度新潟県任期制隊員合同企業説明会」に参加した「自衛隊新卒」の隊員（9月15日、新潟市で）

山陰地区では31社

参加者制限、リモート対応も

鳥取

【鳥取】地本は8月31日、米子市の米子コンベンションセンターで一般財団法人自衛隊援護協会広島支部主催の「令和3年度山陰地区合同企業説明会」を担任した。

この説明会は山陰地区で就職を希望する退職予定隊員と地元企業が面談を行い、職業選択に役立てるもので、今年は企業31社と隊員29人が参加した。

説明会はコロナ下の状況を受け、参加数を制限、全員がフェイスシールドを着用して臨んだ。参加できない隊員は、所属部隊から会場の企業採用担当者と携帯電話で質問できる形をとった。

開会の辞で鳥取地本長の村田晶洋1空佐は「ここに集まった隊員は長年の訓練や勤務を通じて、礼節や責任感、組織を優先する心構えができており、会社にとって大きな戦力になります」と企業側にアピールした。

この後、隊員たちは希望する企業のブースを訪れ、面談に臨んだ。

参加隊員は「さまざまな企業から話が聞けて、選択肢が広がった」「就職先や業種選びで迷っていたが、目標が見えてきた」などと話していた。

企業の採用担当者からは「希望する人材に出会えた。来年度もぜひ参加させていただきたい」といった高い評価の声が寄せられた。

長野の参加社は45社

タブレットで説明に工夫

長野県での就職を目指し、地元企業と面談する隊員たち（9月28日、松本市で）

【長野】地本は9月28日、松本市のホテルブエナビスタで、自衛隊援護協会主催の「長野県任期制隊員合同企業説明会」を担任した。

今年度は退職自衛官雇用協力企業45社の協力のもと、陸海空合わせて20人の隊員が参加し、各企業と面談を行った。

会場ではコロナ対策のため、午前と午後の2部制で実施。面談では、隊員が事前説明会で関心を持った企業を8社選んで説明を聞き、不明な事項について質問するとともに、自己PRを行った。

このほか、緊急事態宣言発令中の都道府県の部隊の隊員はオンラインで参加。企業の担当者は隊員が映るタブレット越しにパンフレットを見せて説明するなど、工夫を凝らして面談した。

参加した企業に対するアンケートでは「隊員の意気込みがよく伝わり、マッチングに結び付けたい意欲が感じられた」「オンライン面接は思った以上にスムーズに行えた」などの声が聞かれた。

さらに、長野地本では説明会に合わせて同会場に各部隊の中隊長、講師2人を招き、「中隊長等識能向上訓練」も実施した。一人目の講師は「雇用情勢や面接における注意点」と題し、求人状況や企業面接の注意点などについて説明。もう一方の講師は「Z世代の就職価値観」と題し、若者世代の就職意識や価値観について講義し、退職予定隊員への就職指導時の中隊長の能力向上を図った。

長野地本では「この説明会に参加した全員が希望する企業へ再就職できるよう、所属部隊と連携して退職予定隊員に寄り添い、親身な就職の援助を行っていく」と話している。

防大・防医大説明会

本部長の体験談に興味津々

鹿児島

説明会は授業の一環として行われ、参加者は熱心に聞き入った（9月14日、鹿児島市で）

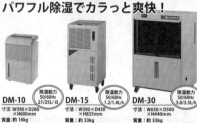

【鹿児島】鹿児島募集案内所は9月14日、市内の北九州予備校で自衛隊の職業紹介と防大、防医大の概要説明を行った。同予備校は昨年、防大や防医大の受験者が低調だったため、迫口真也所長の他に防大40期の赤岩英明本部長も加わり、自衛隊の魅力をPRした。

説明は授業の一環として、予備校生約80人を対象に行われた。まず迫口所長が自衛隊の役割や、陸・海・空3自衛隊の職種を説明。続いて赤岩本部長が防大や防医大の概要を、自らの体験を交えながらユーモアたっぷりに語った。

参加者からは「本部長の体験談で防大のことが理解でき、興味を持った」「防医大の学校生活の雰囲気がよく分かり、選択肢の一つにしたいと思った」などの声が聞かれた。地本は「自衛隊への進路選択を最大限アピールできた」と手応えを感じている。

「災派」「訓練」など質問相次ぐ

熊本

参加者の相談に応える熊本病院の平野1尉（中央奥）＝9月12日、熊本地本で

【熊本】地本は9月12日、地本庁舎で県内の高校生と保護者14人を対象に防医大の説明会を開催した。

最初に動画を活用して学校生活や訓練について紹介。防医大卒業生である自衛隊熊本病院（熊本）の平野愛奈1陸尉と、8後方支援隊（北熊本）の秋穂朋花2陸尉が、入校後の学生生活について説明した。さらに2人は参加者の個別相談に乗り、自身の体験を踏まえながらアドバイスを行った。

参加者からは「災害派遣に行くことはできるか」「どのような訓練をするのか」など、積極的に質問が出たほか、試験対策を熱心に聞く参加者の姿も見られた。

C130H輸送機に5人が体験搭乗

石川

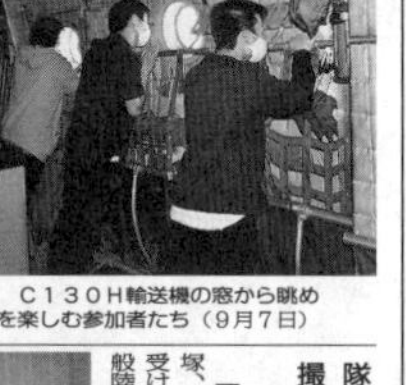

C130H輸送機の窓から眺めを楽しむ参加者たち（9月7日）

【石川】地本は9月5日から7日まで、空自1輸空（小牧）の支援を受けてC130H輸送機による体験搭乗を行った。若者5人が、小牧基地から入間基地までの往復の空の旅を楽しんだ。

飛行中、参加者は機内の様子を見学し、窓の外に見える雲間の富士山に歓声を上げた。また機内の器材について隊員に質問するなど、パイロットや輸送員と交流し、自衛隊をより身近に感じることができた。

着陸後は近隣の立川駐屯地と朝霞駐屯地の協力で陸自の装備品などを見学し、自衛隊の幅広い業務内容について理解を深めた。

隊員の成長過程を撮影し職種もPR

福岡

訓練を経て修了式に臨む新隊員たち（9月16日、飯塚駐屯地で）

【福岡】地本は福岡、飯塚、小郡各駐屯地の協力を受け、新隊員特技課程と一般陸曹候補生課程（後期）の撮影を行った。新隊員の家族に成長過程を視聴してもらうことに加え、自衛隊志願者にさまざまな職種があることをPRする目的で実施した。

撮影は後期課程が始まる7月から開始。高射特科（飯塚）では03式中距離地対空誘導弾（中SAM）の操作要領、施設科（小郡）は漕舟訓練、需品科（福岡）は浄水セットの使用法など各職種に特科した教育が行われており、訓練に励む新隊員たちの姿を約3カ月かけて収録した。

動画を見た家族や志願者からは「こんなにさまざまな職種があるとは知らなかった。自衛隊を身近に感じることができた」との感想が寄せられた。

Jのピッチを音色で魅了♬

京都 舞鶴音楽隊が「紅蓮華」など5曲披露

演奏デビューを果たした飯盛2士（左）と野本2士（9月25日、サンガスタジアムで）

【京都】地本は9月25日、「サンガスタジアム by KYOCERA」で行われたプロサッカーJリーグ・京都サンガ対栃木SC戦で広報活動を行った。自衛隊のさまざまな職種を紹介する一環で、海自舞鶴音楽隊の協力を得て2人の隊員の演奏デビューを取材した。

大舞台に立ったのは、今春に入隊したクラリネット担当の野本淳之2海士とフルート担当の飯盛麻帆2海士（共に現1士）。

2人は5000人の観客を前に緊張することなく、「軍艦」や「紅蓮華」など計5曲を力強く演奏した。観客からは「感動した。今後もスタジアムで生演奏してほしい」「選手入場時の演奏に鳥肌が立った」などの反響が寄せられた。

中学生の頃から自衛隊の音楽隊に憧れていたという飯盛2士は、「大勢の観客の前で演奏できて、改めて夢が叶ったと実感した」と語った。

三重でインターンシップ 初のリモート研修

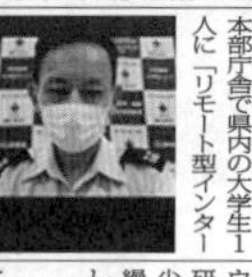

【三重】地本は9月1日、本部庁舎で県内の大学生1人に「リモート型インターンシップ」を行った＝写真。ウェブを活用したリモート研修への取り組みは前例も少なく、地本は試行錯誤を繰り返しながら初の試みとして実施した。

研修に参加した学生は「業務のすべてが社会貢献につながることを学んだ。私の働くうえでの価値観とマッチします」と語った。

地本では「リモート型インターンシップの有効性を確認できた。いかに魅力的な内容を提供するかが今後の課題。さらに検討していきたい」としている。

滋賀、長野の地本長が交代

9月30日付の異動で滋賀、長野地本長が交代した。新任本部長の略歴は次のとおり。

浅田　健（あさだ・けん）1陸佐　滋賀地本長　防大37期。平成5年陸自。19年2佐、23年1佐。中央即応集団報道官、40普連長などを経て、30年12月富士学校教育課長。大阪府出身。51歳。

林　英彦（はやし・ひでひこ）1陸佐　長野地本長　防大43期。平成11年陸自。25年2佐、30年1佐。14飛行隊長、陸幕運用支援課運用支援班長などを経て、令和3年3月教訓研本教官。福岡県出身。44歳。

世界の海で価値観共有

日米英蘭加NZ共同訓練

6カ国艦艇17隻が参加

海自のヘリ搭載護衛艦「いせ」、イージス護衛艦「きりしま」、汎用護衛艦「やまぎり」は10月2、3の両日、沖縄南西海域で米・英海軍の空母3隻を含む、米、英、オランダ、カナダ、ニュージーランドの各国艦艇群と共同訓練を実施した。

海自艦艇が友好国の空母3隻と同時に訓練を行うのは平成29年11月に日本海で行われた米海軍との共同訓練以来、約4年ぶり。

今回の訓練には原子力空母「ロナルド・レーガン」（満載排水量約10万3600トン）、同「カール・ヴィンソン」（同9万3000トン）など米海軍艦艇をはじめ、東アジア地域に長期展開している英空母打撃群（CSG21）の英空母「クイーン・エリザベス」（同6万5000トン）など英国、オランダ、カナダ、ニュージーランドの艦艇が加わった。海自を含め、6カ国計17隻の艦艇群は太平洋上で対抗戦、防空戦、対潜戦、戦術運動、通信など各種訓練を行った。

山村海幕長は10月5日の記者会見で「（海自は）世界のあらゆる海において、同盟国および基本的価値観を共有する国の海軍と積極的に訓練を行い、連携の強化を図っていく」と訓練の意義を語った。

日米英蘭加NZの6カ国艦艇による共同訓練で、並走する（手前から）米空母「ロナルド・レーガン」、英空母「クイーン・エリザベス」、海自ヘリ搭載護衛艦「いせ」、米空母「カール・ヴィンソン」（いずれも沖縄県南西沖の太平洋上で）＝海自提供

戦術運動を行う（手前から）米駆逐艦「チャフィー」、海自護衛艦「やまぎり」、英駆逐艦「ディフェンダー」、海自イージス艦「きりしま」など（米軍サイトDVIDSから）

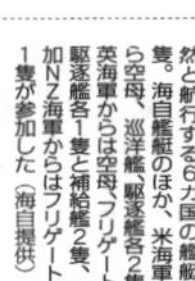

フォーメーションを組んで整然と航行する6カ国の艦艇17隻。海自艦艇のほか、米海軍から空母、巡洋艦、駆逐艦各2隻、英海軍からは空母、フリゲート、駆逐艦各1隻と補給艦2隻、蘭加NZ海軍からはフリゲート各1隻が参加した（海自提供）

海自から「いせ」「きりしま」「やまぎり」

防空戦訓練で、「きりしま」（手前）など参加艦艇の上空を編隊で飛行する米英空母の艦載戦闘機群（米軍サイトDVIDSから）

参加各国艦艇と陣形を組んで航行する海自護衛艦「やまぎり」（手前）＝米軍サイトDVIDSから

戦術運動で（奥から）左回頭する米空母と並走する海自イージス艦「きりしま」、オランダ海軍フリゲート「エファーツェン」、英補給艦「タイドスプリング」（米軍サイトDVIDSから）

対潜戦訓練を行う「きりしま」（中央）と海自のＳＨ60Ｊ哨戒ヘリ（海自提供）

ブルーI 石巻でサプライズ飛行

震災から10年目、地元に感謝

空自4空団11飛行隊（松島、隊長・遠渡祐樹2佐）ブルーインパルスは10月3日、宮城県石巻市の石巻港で開かれた「全国豊かな海づくり大会」の会場上空を展示飛行し、開催に花を添えた。新型コロナ対策のため当日まで飛行は告知されず、大会参加者も驚く「サプライズ飛行」となった。

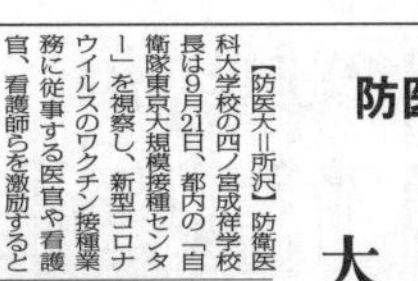

上「全国豊かな海づくり大会」の会場上空で「デルタ360」を披露するブルーインパルス（空自提供）下会場上空を航過するブルーインパルス。〝サプライズ飛行〟に会場では大きな拍手が沸き起こった（宮城地本提供）＝写真はいずれも10月3日、宮城県石巻市で

「全国豊かな海づくり大会」は漁業の推進を通じ、明日の日本の漁業の振興と発展を図ることを目的に開催。1981年に大分県で開かれて以来、全国の都道府県持ち回りで毎年開催されている。

宮城県を舞台に行われた今回は「よみがえる　豊かな海を　輝く未来へ」がテーマ。伝統芸能・演奏などにより招待者を歓迎し、震災を乗り越えて操業を再開した漁船などによるパレードを行う計画だった。

しかし、新型コロナ感染拡大のため、予定されていた歓迎レセプションなど諸行事が中止に。東日本大震災から10年という節目に地元に謝意を伝えるため、宮城県が宮城地本経由で松島基地にブルーの飛行を打診して実現した。当日搭乗したのは飛行班長の平川通3佐と名久井朋之2佐（1番機）、住田竜大1尉（2番機）、鬼塚崇玄1尉（3番機）、永岡皇太1尉（4番機）、河野守利3佐と江口健1尉（5番機）。眞鍋成孝1尉（6番機）の8人。

松島基地を出発したT4ブルーインパルス6機は午後2時40分ごろ、金華山方面から姿を見せ、白いスモークを出しながら三角の隊形で旋回する「デルタ360」で会場上空を飛行。大半の出席者はブルーの飛行を知らなかったため、その「サプライズ」の登場に大きな拍手が沸き起こった。

動画投稿サイト「ユーチューブ」のブルーインパルスの飛行動画を見た人からは「感動した！かっこいい」「久しぶりの青空と海、ブルーインパルスの共演に興奮した」といったコメントが寄せられた。

防医大

校長が予診業務

大規模接種センターを視察

【防医大＝所沢】防衛医科大学校の四ノ宮成祥学校長は9月21日、都内の「自衛隊東京大規模接種センター」を視察し、新型コロナウイルスのワクチン接種業務に従事する医官や看護官、看護師らを激励するとともに、自らも医官として最前線の現場に出て、接種前の来場者に対する予診業務に当たった。

大手町合同庁舎3号館に開設されている同センターを訪れた四ノ宮学校長は他の医官に交じって予診ブースに入り、来場者一人一人を順番に問診して健康状態を確認。各人の体の悩みや副作用に関するさまざまな質問にも丁寧に答え、ワクチン接種が可能かどうかの判断を行った。

コロナワクチンの接種を受けに来た女性（右）に接種前の予診を行う四ノ宮防医大校長（9月21日、東京都千代田区の「自衛隊東京大規模接種センター」で）

約2時間にわたって予診業務に携わった後は、東京センター長の水口靖規1陸佐（自衛隊中央病院診療技術部長）の案内で施設内を見て回り、現況を把握。来場者に安心して接種を受けてもらえるよう、それぞれの持ち場で創意工夫し、日々奮闘する医官をはじめスタッフたちの労をねぎらい、激励した。

交通安全啓発に参加

旗持ち、国道沿いに立つ

岩見沢駐屯地

【岩見沢】岩見沢駐屯地は9月21日、「秋の全国交通安全運動」の一環として、北海道岩見沢市の国道12号線沿いで行われた交通安全街頭啓発「旗の波」に参加した＝写真。

同街頭啓発は、岩見沢地区交通安全協会、同地区安全運転管理者協会・事業主会が主催。期間中の無事故と運動全体の気運を高めることを目的に行われた。

参加した隊員は、地域の各団体・協会のメンバーと共に交通安全の旗を持って国道沿いに立ち、道行くドライバーに安全運転を促した。

あさぐも ぱらマイ's　吉本どんど

客にそんな言い方していいと思ってんのか
お客様は神様だぞっ!!
神様ぁ？
ふっ 笑わせないでよ
お客様はねぇー
仕入値 580円
売値 3000円
カモ様よ

住宅火災で人命救助

佐世保市東消防署から感謝状

【長崎地本】大村地域事務所の山口隆博陸曹長はこのほど、長崎県東彼杵郡川棚町で発生した住宅火災で初期消火と人命救助を行った功績で、佐世保市東消防署の合志直喜署長から感謝状を贈られた。

山口曹長は広報誌を担当地域で配布中、燃えている民家を発見。直ちに住人2人に避難を呼びかけ、家の中に残っていた高齢者1人を救出。その後、近くに設置されていた消火器を使うとともに、近隣住民とのバケツリレーで防火用水を汲んで初期消火に努めた。

表彰を受けた山口曹長は「避難させることに必死だった。住人が無事で何よりです」と述べた。

米軍不発弾を処理

沖縄県豊見城市内の畑

15旅団

【那覇】15旅団101不発弾処理隊（那覇）は9月19日、沖縄県豊見城市内の畑で発見された米国製50キロ爆弾の現地安全化を行った。

処理壕の中で手動による信管離脱が行われた。今回が定年前最後の不発弾処理となった同隊の前田進准尉は「これまで数えきれないほど処理を行ってきたが、不発弾の大小に限らず、毎回、緊張感をもって処理してきた。不発弾処理を通じて微力ながら沖縄県の民生安定に寄与できたことは大変誇りに思う」と述べた。

沖縄県の本土復帰以降の同隊の処理実績は、3万8738件、1841トン（10月17日現在）。

15旅団長の佐藤真将補（右側手前）が視察する中、山川仁豊見城市長（中央）に対して安全化した米国製50キロ爆弾の説明を行う101不発弾処理隊の前田進准尉（左）＝9月19日、沖縄県豊見市で

西方音 「365歩のマーチ」を動画配信

【西方音＝健軍】西部方面音楽隊（健軍）は10月5日、「三百六十五歩のマーチ」の演奏動画を「ユーチューブ」で配信した。

「ユーチューブ」で公開されている「三百六十五歩のマーチ」の演奏動画

動画は「新型コロナウイルス感染症を乗り越え、明るい未来へ一歩ずつ前進」をコンセプトに、熊本県出身の水前寺清子さんの代表作である同曲を選定。熊本城二の丸公園で撮影が行われた。

隊長の志賀亨2佐は「コロナ禍で各地における演奏会の開催が困難でも、感染防止対策を徹底することでコンサートを継続的に行えるのは関係部隊や協力者のおかげ。『三百六十五歩のマーチ』の歌詞に合わせ、九州・沖縄8県民と共にこれからも〝ワン！ツー！ワン！ツー！〟一歩一歩、歩んでいきたい」と語った。

こちら警務隊

サイバー犯罪③

SNSで特定の政党や候補者への投票を呼び掛けたら自衛隊法違反

隊員がSNSを使って特定の政党や候補者への投票を呼び掛けたら、どんな罪になりますか？

自衛隊法（政治的行為の制限）違反となり、3年以下の懲役または禁錮に処せられます。

隊員は、自衛隊法により、選挙権の行使以外の政治的行為が禁止されています。

その理由は、隊員の身分が国家公務員で、国全体の奉仕者であるため、政治的に中立の立場を堅持することが求められているからです。

したがって、SNSの利用などの有無を問わず、特定の政党への投票の呼び掛けなど、国民が不信感を抱くような政治的行為をしてはいけません。（北部方面警務隊）

応援してね
○○議員
みんな○○議員に投票しよう！

静岡県知事から感謝状

34普連 熱海市土砂災害・災派

【板妻】34普連はこのほど、7月に静岡県熱海市で発生した土砂災害に伴う災害派遣活動に従事した功績により、同県の川勝平太知事から感謝状を贈られた。

発災当時、同隊は直ちに現地へ急行し、人命救助、土砂の撤去、行方不明者捜索などに従事。連日の酷暑の中、約1カ月にわたり懸命な災派活動に当たった。

感謝状の贈呈は静岡県庁で行われ、川勝知事は「要請に対して、いち早く出動し対処してくれた皆さんの活動が熱海の人たちに安心と勇気を与え、励みになったと思います」と感謝の言葉を述べ、深田満男連隊長（当時）に感謝状が手渡された。

熱海市での土砂災派の功績がたたえられ、静岡県の川勝知事（左）から感謝状を授与される34普連長（当時）の深田1佐＝静岡県庁で

小休止

▽…4普連は10月1日、同隊の隊舎前で創立70周年と連隊OB会30周年を祝う「記念植樹式」を行った。

▽…連隊長の甲斐久博1佐は祝辞で「今日までの歴史と伝統を築かれた諸先輩のご尽力とご功績に改めて敬意を表するとともに、今後も道東南十勝の防衛・警備を担任する第5旅団旗本連隊として『即動・積極果敢』を合言葉に日々精進し、さらなる精強化を誓う」と述べた。

▽…隊舎前の広場には、OB会から寄贈されたオンコ（イチイ）の木が1本植えられ、甲斐連隊長と鬼塚英喜OB会会長が清めの塩を撒いた＝写真。その後、土をかぶせて奉水が行われ、参加者一同は部隊の発展を願った。（帯広）

(世界の切手・ハンガリー)

いい会話とは「意見が違う」の出発点で始まり、最後に「協力しよう」で締めくくられる。　中山 庸子 (エッセイスト)

みんなのページ

カッターレース交流会に参加して
例年にない好成績に皆で歓喜

カッターレース交流大会で力強く「回頭」する参加チーム

2海尉 奥 篤史 (海4術校・舞鶴)

令和3年7月4日、海上自衛隊第4術科学校は、海上保安学校が主催するカッターレース交流大会に参加しました。

昨年はコロナ禍で中止でしたが、今年は海上保安学校開校70周年記念行事の一環として開催される運びとなり、海自の精強さを示すため、周到に準備を進め、本大会に臨みました。

カッターとは船舶に搭載する全長9メートルの救命艇で、カッターレースとは艇を12人の漕ぎ手が息を合わせて前進させ、速さを競う競技です。例年、この交流会には4術校のほか、舞鶴教育隊、海上保安学校、第8管区海上保安本部、そして高校カッターレース強豪校の京都海洋高校が参加しています。

4術校はレース開催時に在校する幹部学生でその都度チームを編成するため、練習が十分できず、直近5年間は予選落ちが続いていました。

海上保安学校から大会開催の連絡を受けたのは6月中旬。すでに本番まで1カ月を切っていましたが、私は大会に向けての作戦立案を一任されました。練習機会はわずか3回なので、相当ハードな練習メニューを組み、漕ぎ方を統一しました。また、学校長が自ら漕ぎ手として参加することになり、チームの士気は大いに高まりました。

そして迎えた大会当日。全12チームが往復約350メートルで競い合いました。私はベストのパフォーマンスが発揮できるよう効果的にメンバーを配し、予選は難なく1位で通過。決勝には温存したメンバーを投入して臨みました。

レースは優勝候補の京都海洋高校が圧倒的な実力で先頭を守り、4術校チームはこれを追走。一時は約5メートル差まで肉薄しましたが、回頭(折り返し点)で差をつけられ、結果は惜しくも準優勝。しかし、例年にない好成績に皆で歓喜しました。

今回のレースを通じ、短期間でも目標をチームで共有し、手順を踏んで練習すれば、成果につながることを身にしみて感じました。この経験を糧に、今後の勤務にまい進したいと思います。

新刊紹介

「現実主義者のための安全保障のリアル」
兼原 信克著

『朝雲』1面のコラム「春夏秋冬」でも健筆をふるう元外交官の著者(元・内閣官房副長官補兼国家安全保障局次長、現・同志社大学教授)が、米中対立により緊張が高まる東アジア情勢を分析し、日本の新たな「対中戦略」を提言した書だ。

中国の指導者は若い頃に「150年にわたり自国を蹂躙(じゅうりん)された屈辱の歴史を教え込まれ、愛国主義をたぎらせている」と述べ、中国版レコンキスタ(再征服活動)とも言うべき「歴史の復讐戦」に乗り出しているとする。そこで狙う最後の獲物が「台湾の回復」であり、共産党にとって「台湾奪取が栄光の最終章」だとする。

著者は「中国は必ず台湾、(沖縄の)尖閣奪取に動く」と見ており、その手段はサイバー、情報、核を前面に出したハイブリッド・ウォーになると予測。危機感のない日本はこのままでは太刀打ちできないとし、今こそ自由主義陣営を結束させて中国の行動を抑止すべきだと強調、その切り札がまもなく中国を凌駕(りょうが)する「大国インドとの連携」であると述べている。

日本の若い世代は自分たちの将来を憂い、「現実主義的な安保論争を求めている」と指摘、古い体質の政治家やメディアは「からくり仕掛けの安保国会劇場の幕を下ろすときだ」と強く訴えている。(ビジネス社刊、1650円)

「防大女子」
松田 小牧著

副題は「究極の男性組織に飛び込んだ女性たち」。著者は1987年生まれの防大55期(女子16期)生で、2011年3月に卒業後、陸自幹部候補生学校を中退。時事通信社の記者などを経て、現在はフリーランスとして執筆活動を行っており、本書が初の著作となる。

自身の経験と人脈だけでなく、防衛省や防大同窓会にも協力を得て、92年入校の「女子1期生」から現役防大生、さらには現役・退役を問わず多くの防大OB・OGの話を丹念に聞き込み、防大女子たちの悲喜こもごもの日常を活写している。

内容は、▽入校の第一関門、髪を切る▽テレビなし、腕立て伏せに「これが防大か」▽わずか5日で1割退校▽汚い東京湾で毎日水泳訓練▽愛と僻みが渦巻く内部恋愛事情▽「女のくせに」と目立てば悪評▽ロールモデルの不在とはびこるハラスメント▽仕事と家庭生活の両立――など多岐にわたり、一般社会にも共通する根深い問題を浮き彫りにしている。

著者の視点は温かく、母校と自衛隊に対する愛情があふれている。ここに収められた多数の「声」は、官民問わず、多くの働く女性たちの応援歌となるだろう。(ワニブックス刊、990円)

達成感感じた業務用天幕展張
1陸士 大庭 侑良々 (397会計隊大津派遣隊)

私は現在、第397会計隊大津派遣隊で出納・旅費係として、隊員の出張、入校及び定期異動等に関する旅費の支払業務等を担当しています。

それらの業務は、一つのミスも許されない責任重大なもので、必要な書類の処理等を毎日緊張感をもって行っていますが、とてもやり甲斐のある仕事です。先輩方も助言や指導を丁寧に行ってくれるので、日々頑張ることができています。

そんな中、令和3年7月20日に大久保駐屯地で行われた第1回合同野外訓練に参加しました。この訓練は、10月下旬に行われる中部方面会計隊統制訓練に向けた事前訓練で、車両の偽装や屋外での会計事務所開設など、基礎的な野外行動の練度を向上させるために行われました。

特に印象に残った訓練は、会計事務所開設のための業務用天幕展張です。私は中央支柱を支える責任重大な任務を1人で任されました。大変蒸し暑い中、同僚隊員と協力して展張した天幕が完成した時には、達成感を感じました。

普段は事務所の机上での仕事が多く、野外で訓練を行う機会が少ないため、猛暑の中での訓練は体力的に厳しいものがありましたが、自衛官として必要な体力・気力の充実や基礎的な野外行動能力を向上させて、中部方面会計隊統制訓練で練成の成果を発揮できるように、日々努力していきたいと思います。

合同野外訓練に当たり、事前の装具点検を行う大庭1士

将来は立派な高射特科陸曹に
2陸士 砂川 璃温 (7高特群新隊員教育隊・竹松)

私は、高校を卒業してすぐに陸上自衛隊に入隊しました。父が航空自衛官で、父の姉2人も航空自衛官と結婚しており、私にとって自衛隊は身近な存在でした。高校3年生に進級して進路を決める際、進学か就職か迷いましたが、将来、社会人として何がやりたいのか、何ができるのかと考えた時、ふと思ったのが「自衛官」でした。

そんな興味本位で受験し、入隊した私ですが、最初は少し不安もありました。自衛官としてやっていけるだろうか、同期と仲良くできるだろうかと色々考えていましたが、入隊後、そんな不安もなくなりました。

教育にあたり、指導してくれる班長は時には厳しい時もありますが、親身になって指導してくれました。

おかげで前期教育も無事修了し、今現在は高射特科隊員として必要な知識を学ぶため、竹松駐屯地で後期教育を受講しています。

高射特科の装備品は高価で高度な装備品ばかりで、今は見るもの聞くものが初めてのことばかりですが、将来は立派な高射特科の陸曹になれるよう、日々努力したいと思っています。

OBがんばる

細野 昭さん 57
平成31年4月、空自航空戦術教導団航空支援隊から4術校付を最後に2空佐で定年退職。社会福祉法人美里会みさと西館で知的障害者支援に励んでいる。

社会福祉法 福祉の仕事に興味を持って

私は社会福祉法人美里会の細野と申します。このたび寄稿の機会を頂きましたので、介護福祉の仕事について少し皆様に紹介させて頂きたいと思います。

社会福祉法人美里会は、知的障害のある方の支援施設として昭和48年に埼玉県美里町に創立されました。現在では知的障害者支援、高齢者支援、精神障害者支援を行う多くの施設を運営しています。私が勤務する「みさと西館」では、軽度から重度の知的障害者の生活支援を行っています。

利用者の障害の程度はまちまちで、食事、排せつ、入浴などの日常生活を全て自分で行える方がいる一方、その全てで職員の支援が必要な方もいます。コミュニケーションでも職員とおしゃべりができる方もできない方もいます。当然ですが、気分の良い時もあれば悪い時もあります。それぞれ違った特性を持った方々が発するメッセージを汲み取って、その人らしい幸せな生活ができるように支援していくことが主な業務です。コミュニケーションが苦手な方と「今何か通じ合えたかな」と思えることもあり、そういった時にやりがいを感じています。

法人では、働きながら介護福祉士の受験資格を取得できる養成施設も運営しています。私もそこで研修を受けながら、介護福祉士の資格取得に向けて勉強しています。若い職員も多く、世代のギャップを感じることもありますが、オジさんパワー全開で楽しく仕事をさせて頂いています。

最後に、再就職でお世話になった熊谷基地援護室の方々に感謝申し上げるとともに、全国各地で活躍されている隊員の皆様のご健康をお祈り申し上げます。福祉の仕事に少しでも興味を持って頂ければ幸いに思います。

中隊訓練検閲受け 痛感した練成訓練の重要性
3陸曹 渡邉 直人 (6施大3中隊・神町)

令和3年7月4〜8日の間、令和3年度第3中隊訓練検閲に、副分隊長として参加しました。本検閲での中隊の任務は師団の全般支援で、主として師団指揮所を構築しました。

指揮所の構築に当たり、防水・排水設備及び内装の2点を重視して練成してきました。

1点目の防水・排水設備については、降雨に適切に対処しなければ任務に重大な影響を与えることから、練成段階から防水シートを活用した防水設備の構築や、暗渠を活用した排水設備構築を検討・練成してきました。案の定、状況間は豪雨に見舞われることもありましたが、工程に大きな影響を与えることなく対処できました。

2点目の内装設備については、利用者が使用しやすいことを第一義とし、コンパネを活用した壁材構築や電工特技者による給配電等により、限りあるスペースを最大限に活用し得る設計を検討し、実際に構築して完成させることができました。

本検閲を受閲して痛感したことは、練成訓練の重要性です。中隊は受閲に当たり、焦点を明確にした練成を区分訓練から一連の行動へと段階的に実施してきました。まずは構築手順の一つ一つの精度を上げる練成、そして精度を高めた各構築手順を一連の行動で繋ぎあわせて練成する。この様な訓練管理がしっかりとできたことこそが本検閲で最高の成果を残すことができた要因であると考えます。

今回の検閲までの道のりを忘れることなく、引き続き練度向上に励み、更に強い中隊への進化に微力ながら寄与していく所存です。

第1269回出題

詰碁
出題 日本棋院 九段 曲 励起

白先

『包囲下の白はどうなりますか』。5分でできれば中級以上です。

▶詰碁、詰将棋の出題は隔週です◀

詰将棋
出題 日本将棋連盟 九段 石田 和雄

≫第853回の解答≪

【正解】▲4一角△同玉▲4二角成△同玉▲4三金△5一玉▲5二金打までの七手詰め。

【解説】初手の▲4一角の好手が本題の主眼です。ここ単に▲4二角成は△2二玉と逃げられ不詰み。▲4一角に△同金は▲2二金まで。△同玉にそこで▲4二角成と金を取り、以下は金の並べ詰み。

▲先手 持駒 角金

「朝雲」へのメール投稿はこちらへ！

▽原稿の書式・字数は自由。「いつ・どこで・誰が・何を・なぜ・どうしたか(5W1H)」を基本に、具体的に記述。所感文は制限なし。
▽写真はJPEG(通常のデジカメ写真)で。
▽メール投稿の送付先は「朝雲」編集部(editorial@asagumo-news.com)まで。

朝雲

発行所 朝雲新聞社
〒160-0002 東京都新宿区四谷坂町12−20 KKビル
電話 03(3225)3841
FAX 03(3225)3831
振替00190-4-17600番
定価一部150円、年間購読料9170円（税・送料込み）

主な記事

中露10隻が日本ほぼ周回

津軽・大隅海峡の同時通過を初確認

中国海軍とロシア海軍の大型艦艇計10隻が10月18日から24日にかけ、北海道から東北、関東、伊豆諸島、四国、九州沖に至る日本の太平洋沿岸を艦隊を組み航行するのを海自が確認した。中露艦艇10隻は青森・津軽海峡と鹿児島・大隅海峡の同時通過が初めて確認されるなど、日本列島をほぼ周回した。また、太平洋、東シナ海、日本海の洋上では艦載ヘリが発着艦を繰り返したため、空自のF15戦闘機などが緊急発進して領空侵犯に備えた。領海への侵入や領空侵犯はなかった。山崎統幕長は10月21日の記者会見で「中国とロシア海軍艦艇による我が国周辺での活動を高い関心を持って注視し、警戒監視に万全を期していく」と述べた。

中露艦艇で艦隊を組み、日本を周回した、中国海軍の「レンハイ」級ミサイル駆逐艦（手前）とロシア海軍の「ネデリン」級ミサイル観測支援艦（統幕提供）

洋上でヘリ発着艦繰り返す

中・露両国海軍艦艇による日本周辺での同時航行は、2017年に北海道・宗谷海峡で確認されて以来、約4年ぶり。

今回、日本列島を右回りに周回したのは、中国艦が新型の「レンハイ」級ミサイル駆逐艦（満載排水量約1万2000トン、艦番号101「南昌」）をはじめ、ミサイル駆逐艦、フリゲート2隻、補給艦の計5隻で、ロシア艦は「ウダロイI」級駆逐艦2隻（同8600トン、548「アドミラル・パンテレーエフ」、564「アドミラル・トリブツ」）、フリゲート2隻、ミサイル観測支援艦の計5隻。

18日午前8時ごろ、艦隊を組んだ中露艦10隻が北海道・奥尻島の南西約110キロの日本海を東に向けて航行するのを海自2空群（八戸）のP3C哨戒機、45掃海隊（函館）の掃海艇「いずしま」と「あおしま」が確認した。

このうち中国艦5隻は、同11日に「ダラオ」級潜水艦救難艦を加えた6隻で長崎・対馬海峡を東シナ海から日本海に向けて北上した艦艇群と同一。

日本海で合流した中露艦10隻は、この後、津軽海峡を同時に東航して太平洋に進出し、18日午後6時ごろ、青森・尻屋崎の東南東約40キロの海域を南東進した。20日午前1時ごろには、千葉・犬吠埼の東方約130キロを引き続き南進した。

伊豆諸島の東方沖まで南下した中露艦は21日午前4時ごろ、須美寿島と鳥島間を西進し、須美寿島の南西約50キロから100キロの海域では、両国海軍フリゲートから艦載ヘリがそれぞれ発着艦するのを警戒監視中の海自部隊が確認した。

翌22日午後1時ごろには、高知・足摺岬の南方約180キロの海域を西に向けて航行。隊列を組んだ中露艦10隻は、大隅海峡を同時に航行して東シナ海に入り、23日午前10時ごろ、長崎・男女群島の南南東約130キロの沖合で中国海軍「レンハイ」級の艦載ヘリが再び発着艦を行った。

一方、東シナ海に入った露軍艦5隻は23日午後10時ごろ、対馬の南西約140キロの海域を北東に向け航行。この後、対馬海峡を通過して日本海に入り、24日午前10時ごろ、対馬の北東約60キロの海域でフリゲートの艦載ヘリが発着艦を実施した。日本周辺で繰り返し行われた艦載ヘリの発着艦に対し、空自のF15戦闘機などがそれぞれ緊急発進して対応した。

今回の中露艦隊の日本周回で海自は艦艇延べ9隻、航空部隊はP3C、P1哨戒機が情報収集と警戒監視を行った。

中国海軍とロシア海軍艦艇の動き（統幕の資料を基に作成）

「我が国に対する示威活動を意図」

岸防衛相

岸防衛相は10月26日の記者会見で「我が国周辺における中露両国による大規模かつ長期間にわたる活動は初めての確認で、極めて異例だ。我が国近傍で10隻もの艦艇が軍事演習を行いながら我が国を周回する形で航行したことは、我が国に対する示威活動を意図したものと考えている。我が国を取り巻く安全保障環境が一層厳しさを増していることを如実に示すもので、重大な関心を持って注視する。防衛省としては引き続き厳重な警戒監視活動を実施するとともに、我が国の防衛力を大幅に強化するため、あらゆる努力を行う所存だ」と述べた。

変則軌道のSLBMと推定

北ミサイルで防衛省分析 日本のEEZ外に落下

防衛省は10月19日、北朝鮮が同日午前10時15分頃、東部の新浦（シンポ）付近から2発の弾道ミサイルを東方向に発射したと発表した。航空機や船舶を含め、日本への被害は確認されていない。

（本紙10月21日付既報）

このうち1発は変則軌道を描きながら最高高度約50キロで約600キロ飛翔し、朝鮮半島東側の我が国の排他的経済水域（EEZ）外の日本海上に落下したものと推定される。

防衛省ではこの1発について「潜水艦発射型弾道ミサイル（SLBM）」の可能性があると分析。もう1発については飛翔距離や落下地点などを含め「分析中」としている。SLBMなら2019年10月以来2年ぶりの発射となる。

岸防衛相は同日夕、省内で午前に続き2度目の臨時記者会見を開き、SLBMで変則軌道が事実なら、「これまで確認されている中では初めての可能性が高い」との見方を示した。実際に潜水艦から発射されたものかどうかについては「分析中」と説明した。

その上で岸大臣は「引き続き関連情報の収集と分析に努めるとともに、これまで以上に警戒監視に万全を期していく。米国、韓国をはじめ、関係国と緊密に連携しながら、国民の生命と平和な暮らしを断固守り抜く決意だ」と強調。「こうした状況を踏まえ、いわゆる敵基地攻撃能力の保有も含め、あらゆる選択肢を検討し、今後とも防衛力の抜本的な強化に努め、取り組んでいく」と述べた。

北朝鮮は19年5月以降、これまで30発を超える頻繁な弾道ミサイルの発射を繰り返しており、今年に入ってからは4回目。最近では9月15日に2発の弾道ミサイルを発射し、いずれも変則軌道を描いて我が国のEEZ内の日本海に落下したと推定される。同28日にも1発の弾道ミサイルの可能性があるものを東方向に発射している。

来日した米ミサイル防衛庁のジョン・ヒル長官（左）との会談を前に記念撮影に臨む岸防衛相（10月20日、防衛省で）＝防衛省提供

米ミサイル防衛庁ヒル長官と会談

岸防衛相

翌10月20日には米ミサイル防衛庁のジョン・ヒル長官が来省し、岸防衛相と会談。両氏はミサイル防衛協力の重要性について意見交換し、日米連携のさらなる強化に向けて協力を進展させていくことで一致した。

アフガン邦人輸送支援に謝意

カタール軍参謀総長らと相次ぎ会談

山崎統幕長

山崎統幕長は10月13日から21日にかけ、ペルシャ湾岸国のカタール軍参謀総長、米統合参謀本部議長、NATO（本部ベルギー・ブリュッセル）軍事委員長とそれぞれテレビ会談を行った。

カタール軍参謀総長のガーニム・ビン・シャヒーン・アル・ガーニム空軍中将との会談は13日に行われ、山崎統幕長は、今年9月にアフガニスタンから邦人等を退避させるため中東に空自機を派遣した邦人等輸送で、カタール軍から受けた後方支援に対して謝意を表明した。

両者は、今後の日カタール間の防衛協力・交流についても意見を交換し、「自由で開かれたインド太平洋（FOIP）」の実現に向け、両国の協力関係を強化していくことで合意した。

翌14日に行われた米統合参謀本部議長のマーク・ミリー陸軍大将との会談では、FOIPの実現に向けた日米のコミットメント（責任ある関与）について再確認するとともに、地域におけるさまざまな課題と協力の方向性について意見を交わし、インド太平洋地域の平和と安定の礎は長年にわたる日米同盟にあることを確認した。

NATO軍事委員長のロブ・バウアー・オランダ海軍大将との会談は21日に行われ、現在のグローバルな安全保障上の課題について意見を交換、法の支配に基づく自由で開かれた国際秩序の実現のため、今後も日NATO間の防衛協力関係を強化していくことで一致した。

NATO軍事委員長のロブ・バウアー・オランダ海軍大将とテレビ会談を行う山崎統幕長（10月21日、統幕で）

IPACCに出席

相互の信頼関係を構築

森下陸幕副長

【陸幕】陸上幕僚副長の森下泰臣陸将は9月13日から15日まで、吉田陸幕長の代理として、米ハワイ州で開かれたインド太平洋地域陸軍参謀総長等会議（IPACC＝Indo-Pacific Army Chiefs Conference）に出席した。

IPACCはアジア太平洋各国の陸軍参謀総長らが一堂に会して隔年開催されているもので、今年は米国とパプアニューギニアが共催し、州都ホノルル市で行われた。

今回のテーマは「陸上および沿岸地域の作戦に対する環境が及ぼす影響」。米陸軍参謀総長のジェームズ・マッコンビル大将は米国防総省（ペンタゴン）からオンラインで参加し、「本会議は各指導者が連携し、同盟国のパートナーシップと協力的関係の促進のために極めて重要な機会だ」とスピーチ。参加者たちは改めてその重要性を認識した。

森下副長は滞在期間中、全体会議と各国代表者との2国間会談に臨み、今後の防衛協力・交流の方向性などについて意見交換した。

全体会議ではインド太平洋地域の安全保障環境をめぐって活発な議論を行うとともに、2国間会談では米国（陸軍・海兵隊）をはじめ、パプアニューギニア、英国、フランス、インドネシアの各国陸軍参謀総長らとの対話を通じて相互の信頼関係を構築した。

コロナ禍で各国間の交流が激減する中、近年では数少ない対面形式による貴重な機会となった。陸幕防衛協力課では「コロナ禍の厳しい環境を乗り越え、参加各国との連携を深めることができた」としている。

森下陸幕副長をはじめ陸軍種の参謀総長級が一堂に会して開かれた「インド太平洋地域陸軍参謀総長等会議」（現地時間9月14日、米ハワイ州ホノルル市で）

1回目接種が10月23日に終了

大規模接種センター

防衛省は10月15日、東京と大阪の「自衛隊大規模接種センター」について、10月23日をもって1回目のコロナワクチン接種を終了すると発表した。翌24日からは2回目の接種のみとなる。岸防衛相は15日の記者会見で「11月30日をもって大規模接種センターの運営を終了するが、（防衛省・自衛隊として）最後までその役割を果たしていきたい」と述べた。

春夏秋冬

タタ財閥、ゾロアスター、経済安全保障

松本 佐保

現在盛んに議論されるQUAD（クワッド、日米豪印）の首脳が共に取り組む宣言①民主主義的価値を基盤とした協働、②新型コロナウイルスと気候変動への取り組み、③インド太平洋地域の平和と繁栄の促進、④東南アジア諸国、太平洋島嶼国、インド洋地域との連携―が柱である。実際には中国への軍事的な脅威にどう対応するかの軍事安全保障の枠組みであり、4カ国での合同軍事演習も実施され、今後もインドとの連携関係が不可欠である。日本の米や豪に対する理解やその関係構築は一定以上だが、インドについてはどうであろう。

インドの経済力や軍事力は近年目覚ましく成長し、前者については旧宗主国である英国との間に「帝国主義逆転現象」がすでに起きている。例えば英国の自動車ブランドのローバーやジャガーは、インド・タタ・モーターズ傘下にある。タタはインド三大財閥の一つで、鉄鋼や航空産業等幅広い分野で展開、今年2月に米航空機メーカー、ボーイングがタタグループとの合弁会社「タタ・ボーイング航空宇宙リミテッド」（TBAL）に、ボーイング737型機用の新たな生産ラインを設けると発表した。

一方で、インドには主要宗教ヒンドゥー教のカースト制度が未だに色濃く残り、経済発展を妨げてきたとも言われるが、タタはヒンドゥー教徒ではなくゾロアスター教徒である。つまりカースト制度とは無縁であることも、タタの成功理由の一つともされる。

タタはゾロアスター教徒のパールシーで、そのご先祖は1000年以上前にイランからインドに移動してきた民族・宗教グループである。7世紀頃、現イランでサーサーン朝ペルシャが滅亡、これを機にイランのゾロアスター教徒の中でインドのグジャラート地方に退避した集団で、インドのヒンドゥー王に保護を申し出、認められたのである。そのためインドは現在でもゾロアスター教信者の数の最も多い国で、西海岸のマハーラーシュトラ州のムンバイにゾロアスター教の中心地がある。インドでは、ペルシャ人を意味するパールシーと呼ばれ、数は少ないが裕福な層に属する人や政治的な影響力をもった人々の割合が高い。また軍人として高い能力を持つとされるシクも、シク教徒というインドでは宗教的には少数派の活躍が見逃せない。両者は英統治下で優遇されたという背景もある。

日本がクワッドを通じてインドへの理解をより深めることが、今後の日印の経済安全保障関係の強化に繋がるのではないだろうか。

（日本大学国際関係学部教授）

朝雲寸言

現在、人類が直面している百年に一度というパンデミックは今後の世界の在り方を大きく変えるだろうと指摘されている▼変化のひとつは「神の不在」であるという。今般の災禍の原因を神の怒りや祟りに求める人は誰もいない。コロナウイルスは世界の研究者と医療従事者と一般市民にとって合理的な原因と結果が明らかな克服できる事象に過ぎない。それ故に多くの国でパニックは起きず、粛々とワクチン接種が進んだ。信頼できる科学的情報を広く共有することが重要であると理解したのである▼もうひとつの変化は、緊急事態における「私権の制限」である。今般のようなパンデミックを防ぐためには個人の行動を一部制限する必要があると多くの人が論じている。ごく少数のルール無視、迷惑行為こそが感染を拡大させていると感じているからだ。緊急事態における私権の制限はこれまでの我が国において議論が避けられてきた課題だった。結論はともかく、少なくとも議論は始まることだろう▼三つ目の変化は、静かなる「孤立主義」の台頭である。コロナパンデミックを過度のグローバル化への警鐘と捉える人は多い。最大のコロナウイルスの感染者数を記録した米国では社会の分裂が進み、孤立化が深刻化している。その他の国家も自国優先の施策が採られ、国連もWHO（世界保健機関）も主導権を発揮できないでいる▼相互不信と対立の中、世界は緩やかな下り坂に向かっているのである。

時の焦点

国内

衆院選投票へ

政策を吟味して選択を

4年ぶりの政権選択選挙である。日本を取り巻く環境は一段と厳しくなっている。各党の政策をよく吟味し、貴重な一票を行使したい。

第49回衆院選は31日、投開票を迎える。今後の針路を定める重要な機会だ。

最大の焦点は、自民、公明両党による連立政権が国民の信を得るか、立憲民主党を中心に共闘を強める野党が政権を託されるか、である。

その前哨戦となった参院静岡、山口両選挙区の補欠選挙は、与野党の1勝1敗に終わった。

山口補選で自民党候補が共産党候補を破る一方、静岡補選では、立憲民主党と国民民主党が推薦した無所属候補が自民党候補を下した。

両補選とも、自民党議員の辞職に伴うものだけに、議席減となった自民党には痛手である。

岸田首相にとっては初陣で敗北した形となり、静岡補選について「県民の判断を厳粛に受け止めたい」と語った。

一方、立民の枝野代表は、「自公政権への国民の不信と不満は、依然として大きいことが示された」と強調した。

与野党とも、それぞれの主張が有権者に届いているか、問い直すことが必要になるだろう。

衆院選の公約では、多くの党が分配を重視する政策を掲げ、活発に論戦を展開している。

分配の財源を含め、実現可能性は十分か。高い政策効果が期待できるのか。様々な観点から、冷静に各党の公約を見比べたい。

他方、外交・安全保障をめぐる議論が深まっていないのは残念だ。

折しも、中国とロシアの海軍艦艇10隻が艦隊を組んで日本列島をほぼ1周した。津軽海峡を通って日本海から太平洋に出た後、太平洋を南下し、さらに大隅海峡を抜けたのである。

領海には侵入しなかったというが、極めて異例の行動であるのは間違いない。

衆院選公示日には、北朝鮮が潜水艦発射弾道ミサイル（SLBM）を発射した。相次ぐミサイル発射により、小型化や性能の向上を進めているとすれば、日本にとって深刻な脅威だ。

これに対し、国連安全保障理事会は非公開で緊急会合を開いたが、非難声明は出さなかった。中露両国が声明に反対したのだという。

こうした厳しい安全保障環境を踏まえれば、日本は独自の防衛努力をさらに強め、同時に、外交力を一層高めていくことが不可欠である。

前回衆院選以降の4年間で、中国は軍事・経済両面で台頭し、米国との対立が深まった。北朝鮮はより危険な挑発を重ねている。

その変化に対応し、次の4年間も、日本が平和と繁栄を維持できるようにしていく。与野党はそのための戦略を明確に論じあってほしい。

そして、どの党が政権を担うにふさわしいのか、有権者はしっかりと見極めていきたい。

宮原 三郎（政治評論家）

海外

極超音速兵器

スプートニク！の再来

中国が8月、核搭載が可能な極超音速ミサイルの発射実験を行った。ロケットで打ち上げられたミサイルは地球の低周回軌道を飛行した後、標的に向かって加速していく。

英紙「フィナンシャル・タイムズ」（10月16日）のスクープで、米情報機関は中国の高度の宇宙技術を示した同実験に衝撃を受けている。

同紙は今回の実験の情報に精通した5人の見解を引用。うち3人によると、ミサイルは標的から約24マイル外れた。

しかし、この3人中2人は、中国が極超音速兵器に関して、米当局者が考えている以上に高度な驚異的進歩を遂げたことを示した、と述べている。

なぜ米国はしばしば、中国の軍事面の近代化を過小評価してきたのかという疑問につながるが、「彼らがどうやってこの実験をしたのか、まるで見当もつかない」というのが、4人目の感想。

中国問題専門家のゴードン・チャン氏は「米国はこれに匹敵するものが何もない。つまり、中国がその気になれば、米国を核ミサイルで攻撃できる」と警告し、「極超音速ミサイルでは（技術の性質上）われわれには警戒の余裕もない」と述べる。

同氏は、中国が同ミサイルを米国に向け発射するとは思わないとしながらも、「中国がいつか、ワシントンの無知な政治層の不意をついて仰天させる」不安があると言う。

さらに「核兵器の運搬手段に関しては、中国は米国よりはるかに先を行っていて、それを撃墜する術はない。アラスカ州とカリフォルニア州に迎撃機44機を保有していても、打つ手はない」との現状認識だ。

リンゼー・グレアム上院議員（共和・サウスカロライナ州）は18日、FOX－TVの報道解説番組に出演、アンカーのショーン・ハニティを相手に、「過去40年間で最大の軍事的ゲーム・チェンジャー」と危機感を示した。

同議員は「我々は中国が米国に先んずることをずっと許してきた。二つのうち一つを実行しなければならない」とした上で、「まず、中国に同兵器を止めさせること。もし止めなければ、我々はそれを破壊する能力を開発しなければならない。中国の1枚上をいくのだ」と強調した。

米国にとって、まさに〝スプートニク・モーメント〟というのが、一般的な受け止め方。1957年10月、ソ連が人類初の人工衛星「スプートニク1号」の打ち上げに成功した時に、欧米諸国が受けたショックの再来である。

しかし、現政権の受け止め方は違う。ホワイトハウスのジェン・サキ報道官は18日の会見で、大統領は中国の軍事能力に「懸念」を示しているが、「激しい競争を歓迎」している、と述べた。

グレアム議員らの危機認識と比べると、何だか、選手がフェアプレー精神で競うオリンピック大会の話でも聞かされているようだ。

草野 徹（外交評論家）

「しらせ」艦長、防衛相に出国報告

第63次南極地域観測事業を支援

南極に向けて出国する砕氷艦「しらせ」の行動予定を岸防衛相（右）に報告する酒井艦長（10月20日、防衛省で）

文部科学省の第63次南極地域観測事業を支援する海自砕氷艦「しらせ」（1万2650トン）艦長の酒井憲1佐が10月20日、防衛省を訪れ、岸防衛相に出発前の報告を行った。

大臣室では、岩本剛人政務官、川崎方啓人事教育局長、玉越晃志人材育成課長、吉川徳等統幕運用2課長、櫻井真啓海幕運用支援課長が立会する中、酒井艦長が南極の昭和基地に向けての出国を報告。岸大臣は「艦長は昨年も副長として南極に行かれたと了解している。大変厳しい任務だが、健康に留意して頑張ってきてほしい」と激励した。この後、岸大臣から南極への航路の注意点を問われた酒井艦長は「氷海を離脱するまでの燃料管理と氷による船体の損傷を防ぐ点です」と説明した。

「しらせ」は10月27日に横須賀を出港後、新型コロナ対策として洋上で14日間停留する。この間、観測隊員70人を乗せ、11月10日、南極地域に向けて出発。航海中、豪フリーマントルに寄港して補給を行い、12月下旬の南極・昭和基地到着を目指す。現地では食料や燃料などの物資を陸揚げするほか、基地の施設設営や野外観測などを支援し、来年1月下旬に離岸、3月30日に横須賀に帰国する予定。

NATO空軍司令官会議参加

空幕長　「抑止と軍事の相互運用性」で発表

井筒空幕長は10月14日、北大西洋条約機構（NATO）が主催する「NATOパートナー空軍司令官会議」に空幕（市ケ谷）からオンラインで参加した。

会議はドイツ・ラインラント＝プファルツ州、カイザースラウテルン近郊のラムシュタイン空軍基地で開催され、約18カ国の空軍司令官らが出席し、参加者による講演などが行われた。

リモートで参加した井筒空幕長は「抑止と軍事の相互運用性」をテーマに発表。インド太平洋地域の重要性と同地域の安全保障上の課題、日本が主導する「FOIP（自由で開かれたインド太平洋）」に向けた取り組みについて説明し、NATOとそのパートナー国との協力が必要であるとの認識も各国空軍司令官と共有した。

井筒空幕長は10月21日の記者会見で「会議で得た成果をもとに、（NATO各国空軍との）防衛協力・交流を含めた各種取り組みを推進していく」と述べた。

井筒空幕長（左奥画面上）の発表に聴き入るNATOなどの各国空軍司令官たち（10月14日、ドイツのラムシュタイン空軍基地で）

米比共同訓練に海自リモート参加

エクササイズ・サマ・サマ

米海軍とフィリピン海軍の共同訓練「エクササイズ・サマ・サマ2021」が10月11、12の両日、リモート形式で行われ、海幕からも隊員3人が参加した。

同訓練への海自の参加は19年に続き2回目で、訓練名の「サマ（SAMA）」はタガログ語で「一緒に、共同で」を意味する。今回は日米比のほかフランス軍も加わった。

海自隊員は人道支援・災害救援（HA／DR）をテーマに参加国の専門家と意見交換を行い、海洋状況把握に関する連携を強化した。

海自と米海軍がサイバー共同訓練

海自は10月8日、サイバー対処の日米共同訓練を市ケ谷地区で実施した。海自と米海軍の同訓練は今年6月と9月にも行われており、今回で3回目。

訓練には海自システム通信隊群隷下の中央システム通信隊、横須賀システム通信隊、保全監査隊の隊員が参加し、米海軍のNIOC－Y（海軍情報作戦コマンド横須賀）の隊員と共にサイバー空間における攻撃対処訓練や意見交換を行った。

訓練中、山村海幕長が状況を視察した。海幕長は10月12日の記者会見で「海自と米海軍の連携が従来領域のみならず、新領域においても確実に進んでいることを確認した」と語った。

海自IPD部隊が共同訓練

米英豪印スリランカなどと

インド太平洋方面を長期巡航中の海自派遣訓練部隊（IPD21、指揮官・池内出将補＝3護群司令）のヘリ搭載護衛艦「かが」と汎用護衛艦「むらさめ」は10月6日から8日まで、インド西方海域で日印共同訓練「JIMEX」を実施した。

印海軍からは駆逐艦「コチ」（満載排水量約7300トン）、フリゲート「テグ」（同4100トン）の艦艇のほか、ミグ29K艦上戦闘機、P8I哨戒機の航空部隊も加わり、防空戦、対空射撃、対水上射撃、洋上補給など各種訓練を実施した。

これに先立ち「かが」は10月4日、スリランカのコロンボ沖で日スリランカ共同訓練「JA－LANEX」に参加。同国海軍哨戒艦「サガラ」と共に戦術運動、捜索救難訓練などを行った。

この後、IPD部隊の2隻はベンガル湾に展開。同15日から18日まで日米豪英4カ国の共同訓練「マリタイム・パートナーシップ・エクササイズ」に参加し、米海軍原子力空母「カール・ヴィンソン」、英海軍空母「クイーン・エリザベス」など艦艇11隻と共に対抗戦、防空戦、対水上射撃、洋上補給など各種訓練を行い、戦術技量の向上を図った。

一方、IPD部隊本隊から分かれた汎用護衛艦「しらぬい」は10月4日から9日まで、南シナ海で英空母「クイーン・エリザベス」など米英蘭加NZ5カ国の艦艇9隻と共同訓練を実施。訓練後の14日から18日まではシンガポールのチャンギに寄港し、太平洋とインド洋を結ぶ海上交通の要衝、同国と連携を強化した。

共済組合だより

出産・育児、介護などで休職し、給与が支給されないとき、各種「手当金」を給付します

組合員（任意継続組合員を除く）が、公務外の傷病、出産・育児、介護などによる休職等のため、報酬の全部または一部が支給されなくなった時、各種手当金が給付されます。

これらの給付は報酬の全部または一部が支給されている場合は、その報酬の支給額を控除して給付されます。

【育児休業手当金】

組合員が育児のために育児休業を取得した場合に支給されます。ただし、育児短時間勤務等をした場合には支給されません。

▽支給期間＝育児休業の期間で、育児休業にかかる子が1歳に達する日まで（共稼ぎの父母が、その子が1歳に達する日までに共に育児休業を取得している場合は、1歳2カ月に達する日までの間で1年間を限度に）支給されます。

ただし、土・日曜日は支給の対象となりません。

※ 育児休業にかかる子が2歳に達する日まで支給される場合

①保育所もしくは認定こども園における保育または家庭的保育事業等による保育の利用を希望し、申し込みを行っているが、子が1歳に達する日後の期間について、当面、希望する保育が行われない場合。

②子が1歳に達する日後、養育を行う予定だった配偶者が次のいずれかに該当する場合。

（イ）死亡したとき。

（ロ）負傷、疾病または身体上もしくは精神上の障害により、育児休業等の申し出にかかる子を養育することが困難な状態になったとき。

（ハ）婚姻の解消その他の事情により育児休業等の申し出にかかる子と同居しないこととなったとき。

（ニ）6週間（多胎妊娠の場合は14週間）以内に出産する予定であるか、産後8週間を経過しないとき。

▽支給額＝1日につき標準報酬の日額（標準報酬の月額の22分の1）の67％に相当する額が雇用保険給付金相当額を上限として、180日間支給されます。それ以後は標準報酬の日額の50％が支給されます。

▽提出書類＝育児休業手当金請求書（人事・給与担当者の証明）

※ 保育所に入所できない場合に該当し、支給を受けるときは市区町村が発行した保育所の入所不承諾の通知書など入所できないことを確認できる書類の提出が必要となります。

▽掛金の免除について

産前産後休業および育児休業を取得する組合員が組合に申し出たときは、各休業期間中は掛金が免除されます。免除される期間は、休業を開始する日の属する月から、休業が終了する日の翌日の属する月の前月までです。

【介護休業手当金】

組合員が配偶者、父母、子等で負傷、疾病および老齢にある者を介護するため、日を単位とした介護休業を取得した場合に支給されます。なお、時間を単位として介護休業を取得した場合は支給されません。

▽支給期間＝介護休暇の期間で、休暇日数を通算して66日を限度とする期間。ただし土・日曜日は支給の対象となりません。

▽支給額＝1日につき標準報酬の日額（標準報酬の月額の22分の1）の67％に相当する額が、雇用保険給付相当額を上限として支給されます。

▽提出書類＝介護休業手当金請求書（給与担当者の証明）、休業を証明する書類

防衛省発令

▽舞鶴地方総監部付（海自幹部学校主任研究開発官）1海佐 北原 浩一

▽海自幹部学校主任研究開発官（海自幹部学校）同 山口 雅史

（以上10月22日）

ヘリ30機で長距離機動

〝精鋭無比〟空挺団

【空挺団＝習志野】〝精鋭無比〟の第１空挺団は夏から秋にかけ、ヘリコプター約30機を使った団史上初のスケールで長距離機動訓練を行ったほか、千葉・鋸南町の保田海岸で海上への水上降下訓練、さらに空自Ｃ１３０Ｈ輸送機から軽装甲機動車などを大型パラシュートで物料投下するなど、通常の落下傘降下訓練に加え、北方や西方の有事を見据え、規模を拡大した新たな機動展開訓練にも挑んでいる。

北海道の東千歳演習場に向け、編隊を組み飛行するヘリ団のＣＨ47輸送ヘリ（10月３日、木更津駐屯地で）

習志野駐屯地から相馬原演習場までＣＨ47輸送ヘリで空中機動した後、「飛行場の制圧」に向け前進する空挺団３普通科大隊の隊員たち（９月19日）

千葉・保田海岸への水上降下に備え、落下傘や救命胴衣などを装着する空挺団員たち（８月26日、木更津駐屯地で）

高度約340メートルを飛行するヘリ団のＣＨ47輸送ヘリから海面に向けてジャンプした空挺団員（８月26日、千葉・鋸南町の保田海岸上空で）

飛行するＣＨ47輸送ヘリから降下、オレンジ色の浮き具を付けて海面に着水する空挺団員（８月26日、千葉・鋸南町の保田海岸で）

「島嶼有事」を想定

浮き具着け海面降下

第１空挺団と第１ヘリ団（木更津）が協同した北海道への長距離機動訓練は10月３日から６日まで行われた。空挺団員はＣＨ47輸送ヘリなど各種航空機に分乗し、千葉・習志野、木更津から北海道（関東～九州と同距離）まで空中機動、「島嶼部への緊急展開」を想定した一連の長距離機動を演練した。この訓練にはヘリ約30機が投入された。

道央の東千歳演習場に展開した空挺団員はその後、「飛行場制圧」などの各種訓練に着手。隊員たちはＣＨ47輸送ヘリ、ＡＨ１Ｓ対戦車ヘリ、ＵＨ１多用途ヘリの各クルーらと協同して各種相互調整や図上での戦闘予行を行った。

終盤の10月５日には東千歳から帯広飛行場に空中機動。道東では情報収集、狙撃、島嶼部からの伝送を想定した長距離通信訓練などを演練し、翌日、一連のヘリボーン訓練を終え、習志野駐屯地に帰隊した。

◇

これに先立つ９月７日、空挺団は東富士演習場で重物料投下訓練を実施した。陸自が現在、検証中の「重物料投下器材プラットホーム（タイプⅤ）」に軽装甲機動車などを搭載し、飛行中の空自１輸空（小牧）のＣ１３０Ｈ輸送機から物料投下を行った。

この「プラットホーム（タイプⅤ）」を使った投下は今年度２回目で、投下後、複数の大型パラシュートが一斉に開き、重量約４・５トンの軽装甲機動車を無事に地上に降着させた。

◇

空挺団はこの夏、千葉・鋸南町の保田海岸沖でＣＨ47ヘリからの「水上降下」訓練も実施した。

これは空挺団員が水上（海面や湖面など）に降下する場合を想定し、サバイバル用の浮き具を装着し、降下するもの。海面に着水した隊員は救命胴衣で水面に浮かび、その後、自力やボートで浜辺に上陸した。

訓練後、隊員たちは保田海岸の清掃奉仕活動も行った。

軽装甲機動車を空中投下

飛行中のＣ１３０Ｈ輸送機から投下された重物料（９月７日、東富士演習場の上空で）

空中で大型の落下傘を開き、次々と地表に降下する車両などの陸自装備品（９月７日、東富士演習場で）

「重物料投下器材プラットホーム（タイプⅤ）」により無事に着地した陸自の軽装甲機動車（９月７日、東富士演習場で）

飛行中のＣＨ47輸送ヘリの機内で、島嶼部へのヘリボーン作戦に備える空挺団員たち（10月３日、千葉県上空で）

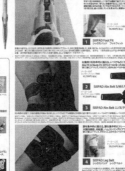

霜月、神楽月、雪待月、仲冬――11月。

3日文化の日、5日津波防災の日、11日世界平和記念日、15日七五三、21日世界ハロー・デー、23日勤労感謝の日。

秋の藤原まつり　岩手県平泉に繁栄をもたらした藤原四代への追慕の祭り。中尊寺では稚児行事や「中尊寺能」の奉納が行われ、毛越寺では国指定重要無形民俗文化財「延年の舞」が優雅に舞われる。1～3日

宝物風入　神奈川県鎌倉市の円覚寺と建長寺で所蔵する絵画、工芸品、彫刻など虫干しを兼ねて展示する特別展。国宝「蘭渓道隆像」や国指定重要文化財「北条時宗書状」など貴重な宝物を拝観できる。5～7日

工場夜景クルーズで千葉港を巡る
琥珀色に輝く別世界

闇の中にそびえたつコンクリートの建造物、工場の周囲をうねる配管、巨大な煙突から立ちのぼる水蒸気。そして、それらを幻想的に照らし出す照明。昼間とはまったく違う表情を見せるコンビナートの夜景が、いま地域の「観光資源」として注目されている。この工場夜景の魅力を内外に発信しようと、2011年に神奈川県川崎市で「第1回全国工場夜景サミット」を開催。その後、賛同する自治体によって「全国工場夜景都市協議会」が設立され、2020年には「日本12大工場夜景」が指定された。今回はその一つ、夜の千葉港を巡るクルーズ船に乗り、SFの世界のような工場夜景の魅力を探ってみた。（写真・文　亀岡真理子）

日没から始まるSFの世界

東京駅からJR京葉線で約40分、千葉みなと駅のそばに「千葉ポートサービス」のクルーズ船乗り場がある。土曜日だったためか家族連れも多く、約80人が受付を済ませ「あるめりあ号」（約90トン）に乗り込んだ。

「ただいまから出発いたします」。日没前の午後5時30分、船内ガイドを務める高橋沙也香さんのアナウンスとともに、船がゆっくりと桟橋を離れた。

千葉港は、東京に接する市川市から内房の袖ケ浦市まで6市にまたがる海岸線延長約133キロメートルの日本一広い港だ。臨海部には工場や食品コンビナートなどが集まり、日本有数の貨物取扱量を誇る。2012年、千葉市がこの地域の魅力をPRすべく「工場夜景クルーズをやってはどうか」と同社に依頼。これを受けて夜間の運航を開始した。「あるめりあ号」はこの臨海部のコンテナターミナルや製鉄所、成田空港へのジェット燃料の油送基地などを約70分かけて巡る。

10分ほど船を走らせた所で港内から東京湾に出た。海上には海釣り客を乗せたトレジャーボートや巨大な貨物船を接岸させるタグボートなど、さまざまな船が浮かぶ。「こんなに船が見れるのは珍しいですよ。皆さんはラッキーです」と高橋さん。

さらに進むと大型船を建造する三井E&Sホールディングスの工場が姿を見せた。造船所のシンボルであるゴライアスクレーンには「WELCOME TO CHIBA」と書かれ、"W"一字だけでも6メートルあるという。

航行中、完全に日が暮れ、夜の闇の中にコスモ石油千葉製油所のコンビナートや、JFEスチール東日本製鉄所千葉地区が浮かび上がる。ライトに照らし出された工場は幻想的で、SFの世界に入り込んだようだ。

しばらく行くと前方の岸壁に高さ30～40メートルはありそうな、四つん這いになった動物のような構造物が姿を見せた。

「何の動物に見えますか？」と高橋さんが乗客に呼びかけると、子供たちが一斉に「キリン！」と答えた。岸壁で貨物船からコンテナなどを荷下ろしするガントリークレーンで、別名"港のキリン"と呼ばれる理由がよく分かった。

巨大な"キリンの群れ"を見上げながら、船は千葉港の再奥部へ。このクルーズのハイライトである琥珀色に輝くJFEスチールのコークス工場が正面に現れた。ナトリウム灯によってファンタジックな光に染まった重厚なコークス炉は、まるで文明が崩壊した後の近未来の構造物のようだ。

と同時に、不思議な温かみや懐かしさも感じさせる。この琥珀色に輝く光景は「他の工場夜景には見られない、千葉ならではの魅力です」と高橋さんが教えてくれた。

全国12大工場夜景都市

場所	見どころスポット
北海道室蘭市	測量山展望台
千葉県千葉市	千葉みなと工場夜景クルーズ　千葉港のランドマーク「千葉ポートタワー」の地上113mの展望台からも夜景が楽しめる。
千葉県市原市	養老川臨海公園
神奈川県川崎市	川崎マリエン／東扇島東公園
静岡県富士市	ふじのくに田子の浦みなと公園／岳南電車
愛知県東海市	金城ふ頭エリア／太田川駅北西大田川にかかる橋上／名鉄新日鉄前駅東側の高台
三重県四日市市	四日市港ポートビル／四日市ドーム前
大阪府堺市	堺泉北港周辺
大阪府高石市	堺泉北臨海工業地帯一帯
兵庫県尼崎市	レンゴー株式会社尼崎工場前
山口県周南市	晴海親水公園／金剛山／太華山／周南大橋／永源山公園／三笹町／徳山港町。
福岡県北九州市	小倉港周辺／洞海湾周辺

琥珀色の灯りが印象的なJFEスチール東日本製鉄所のコークス炉

「負」は人を癒やす「美」へ

約70分のクルーズを終えて船は元の桟橋へ。到着とともに高橋さんの分かりやすいガイドに、乗客から拍手が起こった。SFの世界のアドベンチャーから戻って来たような、そんな気分に浸れるクルーズだった。

◇

戦後日本の高度経済成長を支えてきた重厚長大の基幹産業は、一時期、環境破壊や大気汚染といった「負」のイメージもあったが、その巨大工場が近年、企業や自治体の努力で美しい観光スポットへと変貌を遂げつつある。この秋、コロナで疲れた心身を癒やすことのできるひと時の"異世界へのクルーズ"に出かけてみるのはいかがだろうか。

㊤「港のキリン」と呼ばれるガントリークレーン㊦貨物船が横付けされると"首"の部分が倒れ荷下ろしする

㊤2本の煙突が目印のJFEスチール東日本製鉄所千葉地区にあるコークス工場　㊦三井E&Sホールディングス千葉工場のシンボル「ゴライアスクレーン」。"W"1字だけで6メートルある

ガイド歴5年の高橋沙也香さん。「自衛官の皆さんも、息抜きにぜひ来て欲しい」と語る

工場夜景サミット

2011年2月、神奈川県川崎市で「第1回全国工場夜景サミットin川崎」として初開催。工場夜景観光の魅力アップを目指し、北海道室蘭市、川崎市、三重県四日市市、福岡県北九州市の4市でスタート、2020年4月現在、全国12都市で構成されている。

千葉ポートサービスの「千葉港巡り」

昼間の「千葉港巡り」は11時30分と13時30分の2便で毎日出航。料金は大人1200円、小人（小学6年まで）600円。

夜間の「工場夜景クルーズ」は毎月第2、第4土曜日に運航。料金は大人2200円、小中1100円。夜景クルーズのみ電話予約が必要（043-205-4333）。11月末からは「千葉ポートタワー・イルミネーション・クルーズ」も予定されている。

乗り場・受付はJR京葉線・千葉みなと駅から徒歩6分の「ケーズハーバー」内。

マイヘルス Q&A

コロナ禍とメンタルヘルス

食事、休養、運動などでストレス解消
感謝の気持ちを言葉で伝えて

Q　コロナ禍はメンタルヘルスにどのような影響を与えますか。

A　今年9月現在、COVID-19は世界中で拡大し、収束の兆しがなかなか見えない状況です。常日頃から私たちは感染そのものに対する不安や恐怖を感じ、日々の暮らしや仕事のあり方が変わったことで大きなストレスを感じていることと思います。

不要不急で置き去りにされてしまった小さな楽しみ、喜び、つながりなども損なわれているかもしれません。そういったストレス状況の中では、落ち込み、やる気が起きない、怒りっぽいというような「気分の変化」、暴飲暴食やアルコール摂取量の増加などの「行動の変化」、そして頭痛や腹痛や不眠などのような「身体の変化」が起こることがあります。早めにサインに気付けるように意識してみてください。

また、コロナ禍のような大規模災害時には「集団反応（社会的な不安反応）」という現象が起こることがあります。

「嫌悪・差別・偏見」などが生まれ、デマ、混乱、責任転嫁、憎悪犯罪、パニックなどが発生しやすくなり、時にスケープゴートという、集団で特定の人にストレスをぶつける現象が起きることがあります。

Q　コロナ禍におけるストレス対処法は。

A　「集団反応」に巻き込まれないように、正確な新しい情報を入手しましょう。厚生労働省のホームページに「新型コロナウイルス感染症の"いま"に関する11の知識（2021年8月6日掲載）」が掲載されており、基本的な情報が入手できます。

ストレス対処法について、まずは「いつもと違う時だからこそ、いつもと同じことを行う」ようにしましょう。きちんと休む、食事をとる、体を動かす、家族や知人と話をするなどです。入浴や手足のマッサージ、好きな刺激（香りや音楽）に触れるなどのリラクゼーションや、ヨガやマインドフルネス、呼吸法などはとてもいいと思います。

集団としてメンタルヘルスを維持するには、お互い支え合うことが不可欠です。普段から声を掛け合い、ねぎらい、感謝の気持ちを伝え合うことを意識していただければと思います。

言わなくても伝わっていたことが伝わりにくいご時世になっています。あえて言葉にして伝えることが必要なのかもしれません。

自衛隊中央病院
第2精神科部長
高橋　知久

BOOK NOW
私が読んだ　この一冊

梯久美子著「『散るぞ悲しき』硫黄島総指揮官・栗林忠道」（新潮文庫）

51普通科連隊本部管理中隊（那覇）　宮地悠太2陸尉　34

大東亜戦争においてアメリカが攻勢に転じた後、最も苦戦を強いられた激戦地「硫黄島」。その硫黄島で総指揮を取られた栗林忠道中将の合理的かつ人間性に溢れる一面を記した1冊となっています。

戦術的思想から陣頭指揮に至るまで、われわれが部隊活動をする上での手本となる多くを学ばせてくれます。数多くの戦争体験者の文献も引用されており、戦史に触れる入口としてもお勧めできますので、ぜひ、ご一読ください。

菅野寛著「経営の失敗学」（日本経済新聞出版）

14護衛隊（舞鶴）　瀬口達也1海尉　33

人は成功の法則を追い求めたがりますが、成功には偶然や運といった要素があり、完全な成功の法則やパターンというものは存在しない。しかし、失敗の法則に目を向けてみると、ある程度パターン化ができる。そして、過去に倒産した企業を分析してみると、そのほとんどが失敗の法則のパターンに適合する。

本書は、VUCA（Volatility＝変動性、Uncertainty＝不確実性、Complexity＝複雑性、Ambiguity＝曖昧性）といわれる現代において普遍であり不変の法則を示している良書である。

柴村恵美子著「天が味方する『引き寄せの法則』」（PHP研究所）

中警団整備隊（入間）　高吉弘明1空尉　45

人間には三つのタイプ（上機嫌な人、中機嫌な人、不機嫌な人）があり、上機嫌な人になるためには"天国言葉"を使うと良いそうです。天国言葉は「愛しています」「ついてる」「うれしい」「楽しい」「感謝しています」など八つ。これらの言葉を毎日唱え続け、言いたい時に言いたいだけ言い、一つ一つの言葉をきちんと言うそうです。

本書には天国言葉が多数紹介されていますので参考にして良い人生を歩んでいきましょう。

隊員愛読書ベスト5

<入間基地・豊岡書房>
❶令和3年版日本の防衛―防衛白書　防衛省編　日経印刷　￥1397
❷航空無線ハンドブック2022　イカロス出版　￥1900
❸アホか。　百田尚樹著　新潮社　￥792
❹怪獣自衛隊5　井上淳哉、白土晴一著　新潮社　￥726
❺マスカレードホテル　東野圭吾著　集英社　￥836

<防衛省・三陽堂書店>
❶防大女子―究極の男性組織に飛び込んだ女性たち　松田小牧著　ワニブックス　￥990
❷美しく、強く、成長する国へ。　高市早苗著　WAC　￥990
❸日本を前に進める　河野太郎著　PHP研究所　￥990
❹自衛隊最高幹部が語る令和の国防　岩田清文、武居智久ほか著　新潮社　￥902
❺知能化戦争　龐宏亮著、安田淳監訳ほか　五月書房新社　￥3850

<神田・書泉グランデミリタリー部門>
❶図解朝鮮戦争　上田信著　新紀元社　￥3080
❷朝鮮民主主義人民共和国の陸海空軍　スティン・ミッツァーほか著、宮永忠将和訳監修　大日本絵画　￥5720
❸サーブ35ドラケン　ミカエル・フォルシュルンド著、岡部いさく訳　大日本絵画　￥4950
❹令和3年版日本の防衛―防衛白書
❺紫電改取扱説明書復刻版　藤森篤、野原茂著　太田出版　￥9900

<トーハン調べ9月期>
❶透明な螺旋　東野圭吾著　文藝春秋　￥1815
❷九十八歳。戦いやまず日は暮れず　佐藤愛子著　小学館　￥1320
❸ワンピースマガジンVol.12　尾田栄一郎原作　集英社　￥1200
❹変な家　雨穴著　飛鳥新社　￥1400
❺聖域　コムドットやまと著　KADOKAWA　￥1430

マンション施工実績No.1※、長谷工コーポレーションからのお知らせ

※施工戸数累計約67.3万戸：(株)長谷工総合研究所調べ(2021年8月末現在)

掲載の提携特典をご利用の際は、「朝雲新聞を見た」とお伝えください。

長谷工の技術がわかる 建物躯体編

マンションには、いろんな技術が盛りだくさん。日本で一番多くマンションを建てている長谷工が
安全・安心・快適なマンションのポイントを紹介します！

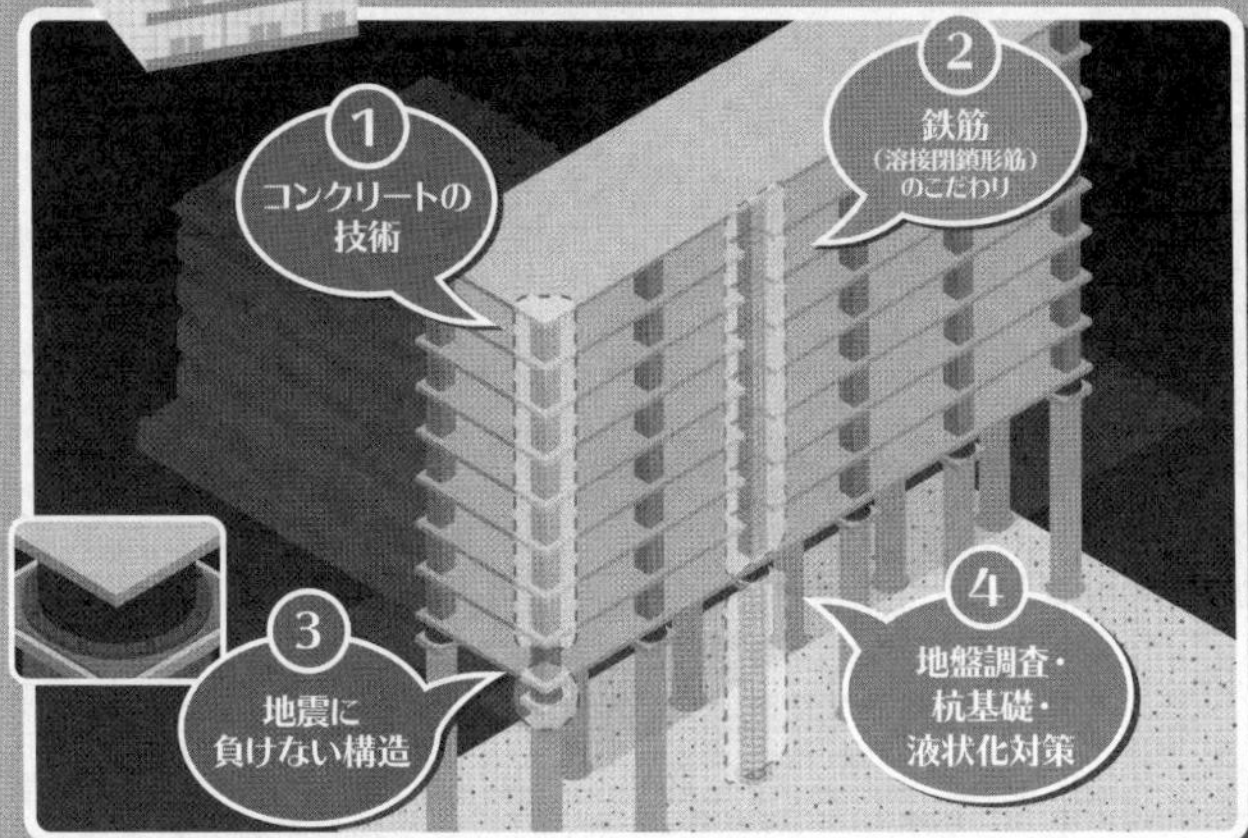

1 コンクリートの技術

「温度ひび割れ」の低減技術

コンクリートは、セメントの水和熱により温度が上昇すると膨張し、周囲が拘束されている中で温度が下降すると収縮してひび割れが生じやすくなります。これを防ぐため、水和発熱の小さい「中庸熱ポルトランドセメント」や「低熱ポルトランドセメント」を用いています。

「乾燥収縮ひび割れ」の低減技術

コンクリートが乾燥して水分が抜けていくと、その分体積が減少して乾燥収縮ひび割れを生じます。これを防ぐため、収縮を抑える混和剤を用いています。

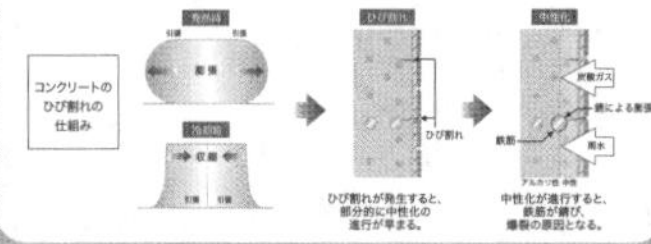

2 鉄筋（溶接閉鎖形筋）のこだわり

鉄筋とコンクリートの長所“鉄筋コンクリート造”

鉄筋コンクリート造とは、引張力に強い鉄筋を、圧縮力に強いコンクリートで包み込むことでお互いの長所を活かした、引張力にも圧縮力にも強い構造形式で、耐震性能を向上させるすぐれた構造です。

柱のねばり強さを向上させる「溶接閉鎖形筋」

鉄筋コンクリート造の柱は、柱の主要な骨である主筋と、その主筋を囲むように巻き付ける帯筋からなり、柱の耐震性を高める骨格がつくられます。さらに帯筋として、溶接閉鎖形筋という鉄筋を使うことで、柱自体のねばり強さが向上して、一層耐震性を高めることができます。

※柱・梁の接合部分及び間柱は除きます。

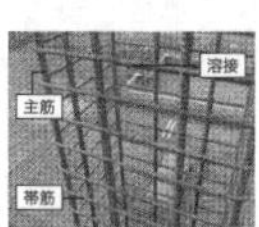

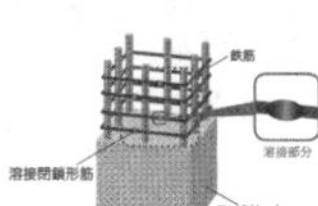

帯筋のつなぎ目はあらかじめ工場で一本ずつ溶接します。

人間と同じで、マンションも建物を支える
基礎部分がとても大事。
骨格にあたるコンクリートや鉄筋など、
強い建物を造る技術を解説します。

長谷工の技術が見られるミュージアムはこちら！

長谷工マンションミュージアム

見学は予約制となります

予約受付フリーダイヤル：0120-808-385

10：00～16：00（ミュージアム開館日及び営業時間に準ずる）

【アクセス】京王相模原線「京王多摩センター」駅・
小田急多摩線「小田急多摩センター」駅 徒歩12分
多摩モノレール「多摩センター」駅 徒歩10分

【住所】東京都多摩市鶴牧 3-1-1

【開館日】月～金曜日（土・日・祝祭日休館、夏季休暇／年末年始休暇）

3 地震に負けない構造

耐震構造

建物自体を強くすることにより、地震力への耐力を持たせる工法。梁や柱などは頑丈につくることにより建物を揺れの力から守ります。

制震構造

「制震パネル」や「制震ダンパー」などの制震装置で地震エネルギーを分散、減衰させます。

免震構造

建物と地盤を「免震装置」で分離し、建物に伝わる地震力を低減させる工法。地盤から伝わる揺れの力を抑えるため、地面が揺れていても建物全体の揺れが少なくなる特徴があります。

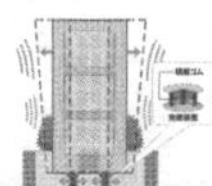

4 地盤調査・杭基礎・液状化対策

土地の性格を把握する「地盤調査」

地質を調査し、建物を支えるための強固な支持地盤に達するまで杭を打ち込みます。

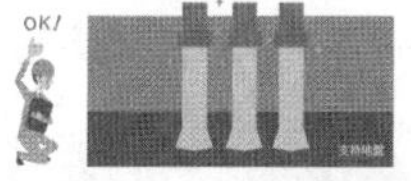

杭を支持地盤まで届かせる「杭基礎」工法

杭基礎は、建物の下に杭を打ち込み、杭の先端を支持地盤まで届かせ、杭の摩擦力と支持地盤による反力により建物全体を支える基礎工法です。

液状化対策は、地盤改良など、条件に合わせてさまざまな工法を提案しています。

- 地盤の密度を増大したり、粒度の改善を行う
- セメントや薬液を注入して、良質の地盤にする

など

※掲載の情報は2021年10月現在のものです。※物件により仕様が異なるため、全てのマンションに記載の内容が採用されているわけではありません。

New　**グレーシア湘南平塚海岸**　神奈川県平塚市

提携特典　販売価格(税込)より1.0%割引

海 & 公園 目の前

専有面積 **80m²超・南向き中心の広々空間**

物件エントリー受付中

部屋から海を望む 海眺望住戸 ※一部住戸対象

3LDK・73m²台 2,900万円台～(予定)

角住戸・4LDK・80m²台 3,900万円台～(予定) ※すべて100万円単位

JR東海道本線・湘南新宿ライン 始発「平塚」駅

全100邸・全22タイプ の豊富なプランバリエーション

■「グレーシア湘南平塚海岸」全体物件概要●所在地／神奈川県平塚市龍城ヶ丘45番48（地番）●交通／JR東海道本線・湘南新宿ライン「平塚」駅徒歩17分、「平塚駅南口」までバス6分・「八間通り入口」バス停まで徒歩2分●用途地域／第一種中高層住居専用地域●敷地面積／4,018.29m²●建築面積／2,384.42m²●構造・規模／鉄筋コンクリート造地上5階建●総戸数／100戸●駐車場／敷地内59台（機械式55台、平置式4台（うち、身障者用1台、カーシェアリング用1台）（月額使用料／未定）●バイク置場／6台（うち、ミニバイク用4台）（月額使用料／未定）●自転車置場／164台（2段ラック式156台、平置式8台）（月額使用料／未定）●分譲後の権利形態／敷地：専有面積割合による所有権の共有、建物：専有部分は区分所有権、共用部分は専有面積割合による所有権の共有●管理形態／区分所有者全員で管理組合を結成し、管理会社へ委託予定●設計・監理・施工／株式会社長谷工コーポレーション●管理会社／株式会社相鉄リビングサポート●建物竣工予定時期／2023年1月下旬（予定）●入居予定時期／2023年3月下旬（予定）●売主／相鉄不動産株式会社●販売提携（代理）／株式会社長谷工アーベスト■予告物件概要●販売戸数／未定●予定販売価格／2,900万円台～6,000万円台※100万円単位●予定最多価格帯／4,000万円台※100万円単位●間取り／2LDK～4LDK●専有面積／62.99m²～94.45m²●バルコニー面積／10.20m²～15.93m²●ルーフバルコニー面積／36.36m²～54.39m²（月額使用料／未定）●テラス面積／10.20m²～14.70m²●専用庭面積／7.81m²～17.88m²（月額使用料／未定）●管理費等／未定●販売予定時期／2022年3月上旬※表示されている価格、専有面積、バルコニー面積等の数値は、全住戸を基礎としています。販売戸数、価格、専有面積等は本広告におきましてお知らせいたします。※掲載の情報は2021年10月21日現在のものです。詳しくは物件HPをご覧ください。

※掲載の外観完成予想CGは、計画段階の図面を基に描き起こしたもので、実際とは異なります。雨樋、エアコン室外機、給湯器、TVアンテナ等の設備機器等や商業施設の看板等再現されていないものがございます。植栽は、特定の季節やご入居時の状態を想定して描かれたものではありません。また、表現している公園完成予想CGは計画段階のため、変更となる場合があります。

物件に関するお問い合わせは「グレーシア湘南平塚海岸」販売準備室

フリーコール 0120-73-9048　グレーシア湘南平塚海岸 検索

営業時間／10:00～18:00　定休日／水・木曜日（祝日除く）

［売主］相鉄不動産　［販売提携(代理)］長谷工アーベスト　［設計・施工］長谷工コーポレーション

【提携先】 長谷工コーポレーション HASEKO

提携特典に関するお問い合わせは（株）長谷工コーポレーション「提携お客様サロン」

0120-958-909　営業時間 9:00～17:00 定休日 土・日・祝日　teikei@haseko.co.jp

その他の新築物件一覧はこちらのホームページからご覧いただけます▶ http://haseko-teikei.jp/kosaiservice/

※提携特典をご利用いただくためには、コーサイ・サービス株式会社が発行する「紹介カード」が必要です。モデルルーム初回来場時にお持ちください。

〈紹介カード発行先〉コーサイ・サービス株式会社　担当：佐藤　TEL：03-5315-4170　E-mail：k-satou@ksi-service.co.jp

HP：https://www.ksi-service.co.jp/ ［ID］teikei ［PW］109109（トクトク）

無人VTOL機で物資輸送

長野県伊那市がプラットフォーム構築事業に着手

川崎重工の「K-RACER」活用

山小屋に食料や燃料などを空輸

長野県伊那市は、これまで有人ヘリで行っていた中央・南アルプスの山小屋への物資輸送を、今後、無人のVTOL（垂直離着陸）機に切り替える「物資輸送プラットフォーム構築プロジェクト」に着手した。この事業が一般化すれば、自衛隊でも山頂部のレーダーサイトや離島部隊への補給などが無人機を活用して実現しそうだ。

日本アルプスは近年のアウトドアブームで山小屋の利用者が急増、食糧や燃料など物資の安定的な供給が求められている。

3000メートル級の山々に建てられた山小屋への物資輸送はこれまで有人のヘリコプターが担ってきたが、ヘリを使った送電線工事や公共事業が増加、さらにパイロット不足などによりヘリの確保が難しくなっている。

こうした事情を受け、伊那市は今年度から川崎重工が開発中の無人VTOL機「K-RACER（Kawasaki Remote, Autonomous and Cargo-ability Enhanced Rotorcraft）」を使った独自の「物資輸送プラットフォーム構築プロジェクト」に着手した。

同事業は、山岳特有の気象状況に適応し、長い距離と大きな標高差を安定して飛行できる「K-RACER」を使い、各山荘への「固定空路」を構築するもので、関係事業者との調整や法令に基づく許認可等の手続きを経て、将来にわたって持続可能な空輸システムを整備する計画だ。

伊那市が中央・南アルプスの山小屋に物資を空輸する川崎重工製の無人VTOL（垂直離着陸）機のイメージ（いずれも川崎重工業提供）

中央・南アルプスほぼ全山荘に対応

伊那市の空輸事業に用いる無人機は、川崎重工製の「K-RACER」。駆動方式はレシプロエンジン型で、飛行形態はヘリと同じ。上昇能力は2000メートル（標高耐性は3100メートル）で、中央・南アルプスのほぼすべての山荘に対応できる。ペイロード（輸送重量）は100キログラム以上で、機体の下にスリングで物資を吊るして空輸する。継続航行距離は100キロメートル以上あり、山麓からなら給油なしに何往復もできる。

同機の操縦は「無人地帯内目視外自動飛行（レベル3）」で、無人地帯（川の上など）を目視外飛行で目的地点に到達できる。

川崎重工はすでに無人のコンパウンド（複合型）ヘリ「K-RACER」の飛行試験にも成功。こちらはメインローター（直径4メートル）と機体の左右両舷に主翼とプロペラがあるコンパウンド・ヘリと呼ばれるタイプで、速力に優れている。

飛行試験に成功した川崎重工の高速型無人コンパウンド・ヘリ「K－RACER」

しかし、同社が伊那市の事業に投入する「K-RACER」は通常のヘリタイプで、速力よりも輸送力により重点を置いた機体設計になりそうだ。

同事業には、伊那市と共に日本初のドローン物流による買い物支援サービス「ゆうあいマーケット」を構築したKDDI、河川上空をドローンの航路とする「INAアクア・スカイウェイ事業」に取り組むゼンリンも加わった。4者は今後、国や自治体の法令に基づく許認可を受け、将来に向け持続可能な無人機輸送システムを構築していく計画だ。

この無人のVTOL機を使った輸送システムは、汎用性や拡張性を持たせることでさまざまな分野への事業展開が可能で、へき地や離島への物資輸送などにも活用できる見込み。

自衛隊でも山頂部にある空自レーダーサイトや離島部隊への物資輸送に使えるほか、有事には前線の部隊に無人機で弾薬や糧食を届けるなど、VTOL機を使った同空輸システムはさまざまな用途に利用できそうだ。

防衛技術

空自向けKC46A 空中給油に初成功

ボーイング社

米ボーイング社はこのほど、空自向けの「KC46A空中給油・輸送機」が初の空中給油試験を実施したと発表した。

試験はワシントン州上空で行われ、僚機に空中給油を行うとともに、逆に僚機から空中給油を受ける試験にも成功した。

空自は新型のKC46Aを6機導入する計画。1号機は今年2月に初飛行し、現在、各種試験を実施中。同機は2021年度中に空自に引き渡される計画だ。

僚機のKC46Aに空中給油を行う航空自衛隊向けKC46Aの1号機（右）

技術が光る >104<

「コンクリート床スラブ沈下修正工法」　アップコン社

ウレタン樹脂を床下に注入 傾いた床を元の高さに修正

地震が多い日本では、液状化による地盤沈下などで路面に段差や陥没が生じたり、建造物の床が傾く事例が少なくない。航空機の格納庫などに段差ができると、扉の開閉ができなくなったり、車両や航空機の車輪が段差に引っかかって外に出せなくなる事案が生じる。

この場合、コンクリート床の補修手段は従来であれば打設し直すのが一般的だったが、費用が多額になる上、工事中は格納庫が使えなくなるデメリットがあった。そうした問題を全て解決し、工期も10分の1に短縮したのがアップコン（神奈川県川崎市）社独自の技術「コンクリート床スラブ沈下修正工法（アップコン工法）」だ。

同工法の施工には資機材一式を搭載した施工プラント車（中型トラック）を使用するため、全国どこにでも自走して直行できる。工法は、まず既設のコンクリート床にドリルで1円玉よりも小さい直径16ミリの孔を1メートル間隔で開け、そこにプラント車から伸ばしたホースの先に付いている注入ガンで、特殊なウレタン樹脂を床下の地盤に直接注入し、床の傾きを修正した後に孔を埋めるという手順だ。

この樹脂は、ポリオールとイソシアネートの2種類の液体が化学反応によって短時間で発泡する圧力で地盤を圧密強化し、沈下した床を元の高さまで押し上げる。複数の測量機器を使うことで、ミリ単位で修正が可能だ。

「上載荷重に耐えられず沈下する軟弱な地盤に、同じように重い素材を使ってもまた下がってしまう。しかし、ウレタンは軽いので再沈下しにくいメリットもあります」とアップコンの松藤展和社長が説明する。

同工法で形成されたウレタンは環境にも優しく、土壌に悪影響を及ぼす物質を含まない上、優れた耐薬品性も備えているという。

たわんだ床や傾いてしまったコンクリートの床（左）下にウレタン樹脂を注入し、発泡による圧力で床を持ち上げ、水平に補修する「アップコン工法」のイメージ（アップコン社のカタログから）

「従来の工法では床を作り直すために建物が一時的に使えなくなり、内部にあった物を別の場所に移す手間もあったのですが、それが一切なくなり、手間と時間を省けるのがこの工法の特徴です。倉庫内でも荷物が置いてある状態で極力、荷物の移動をせず、そのまま施工できます」と松藤社長。

アップコン工法はすでに自衛隊の施設でも採用されている実績があり、空自千歳基地では油脂倉庫の沈下した床や、格納庫に生じた20ミリの段差もこの工法で水平に戻したという。

同社の優れた技術は、災害時にも活用できる。「地震災害が起きた時、応急復旧になりますが、道路にできた段差の上からウレタンを吹き付けてスロープを作製する『応急復旧工法ダンタン』を今年、発表しました」と松藤社長。ウレタンの最大強度を得るには8時間かかるが、車両の通行は約1時間程度で可能になるという。

自衛隊の施設でも、道路や滑走路に段差や陥没が生じた際、このアップコン工法ですぐに補修でき、部隊の即応性を維持できる。同社では夜間施工にも対応しており、工事は全て自社スタッフが行うため、セキュリティー面も保証される。

自衛隊を縁の下から〝押し上げてくれる〟アップコン社の技術は有事にも活躍してくれそうだ。

世界の新兵器 ──553

「対衛星攻撃兵器」 米・ロ・中など

高出力レーザーを用いた攻撃も

米国宇宙軍は、最近ロシアが対衛星攻撃兵器（ASAT）の実験を行った証拠を見つけたと発表した。これにより何らかの軌道上の物体が破壊された形跡は確認されなかったが、宇宙軍はロシアの人工衛星「コスモス2543」が自機の軌道上に新規の物体を射出したと主張している。宇宙軍によると、地球低軌道上の米国の衛星に「コスモス2543」が異常接近しているのを発見した。ある時点で同衛星は米国の衛星から素早く離れ、別のロシアの衛星に接近した後、ロシアの標的衛星と非常に近接する自機軌道内に小物体を射出したという。

この実験について米国は、偵察衛星とされた「コスモス2543」の運用目的とは異なる「対衛星攻撃兵器」としての示威行為だったとみなしている。ロシアは過去数年、「自国の衛星が適切に稼働しているか確認するため」と称し、軌道上の衛星をモニターする「査察」技術の検証プログラムを実施していると説明してきた。ロシアは以前から自国の衛星を他の物体に接近させるこのような実験を繰り返している。

一方、ASATは地上または空中から直接軌道上の衛星を迎撃する「直接上昇方式」と、同じ軌道上にロケットまたはキラー衛星を打ち上げ、目標の衛星に接近させ、爆発による破片で目標衛星を破壊する「共通軌道方式」に分類される。

米国は既に1985年にF15戦闘機から「ASM135・ASATミサイル」を空中発進させ、その弾頭部（ミニチュア・ホーミング・ビークル＝MHV）を目標衛星に命中させることに成功した。

また2008年には、制御不能に陥り、地上に落下する危険のあった米国の偵察衛星（USA193）をイージス艦から弾道ミサイル迎撃用ミサイル（SM3）で迎撃破壊した。

一方、ロシアは「ISシステム」と呼

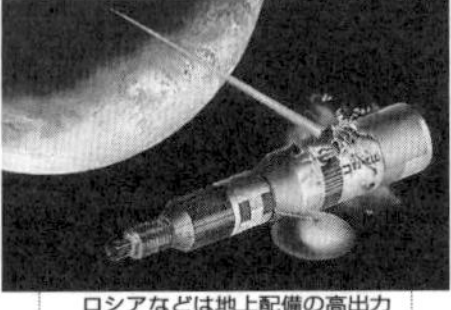

ロシアなどは地上配備の高出力レーザーを用い、対衛星攻撃兵器の開発を続けている（写真はイメージ。ロシアのウェブサイトから）

ばれる準軌道周回型で、目標衛星に接近した後、自爆し破壊する方式を開発していたが、現在は中止している。1980年以降は地上配備型高出力レーザー兵器を用いた対衛星攻撃の実験を行ってきた。他方、ロシアはASAT機能を備えた弾道ミサイル迎撃用ミサイル（A235）を開発し、モスクワ周辺に配備する予定である。

米ロの2カ国に加え、近年は中国の宇宙技術の進歩が著しく、対衛星攻撃兵器の開発にも力をいれており、直接上昇方式による自国の気象衛星の破壊にも成功している。さらにインドも2019年、同様な方式のASATの実験に成功したと報告されている。

柴田　實（防衛技術協会・客員研究員）

技術屋のひとりごと

最強の海自哨戒ヘリを目指して

島谷　太一（51空XSH60Lプロジェクト室長・厚木）

第51航空隊は、海上自衛隊の使用する航空機の運用に関する調査研究・開発及び航空機・航空基地用機器の性能・用法に関する試験並びに航空部隊に対する訓練指導等、主として海上自衛隊航空部隊の能力を向上させることを任務としています。

現在、平成27年度から防衛装備庁事業である回転翼哨戒機（能力向上型）（以後「XSH60L」と記載）の開発に携わっており、令和3年度に試作機2機が納入され、令和5年度までの計画で、主に厚木航空基地で技術・実用試験を行い、機体性能、自動飛行性能及び搭載装備品の機能性能の評価を行う予定です。

XSH60Lは現有のSH60K型航空機をベースに、高温環境下でも十分な運用ができるように動力伝達系統の能力を向上させたほか、浅海域における音響センサー（ソーナー）の探知能力及び複数機による捜索（マルチスタティック戦術）能力、自動飛行機能などについて、SH60K型航空機よりも大きく能力を向上させています。

開発試作においては、開発装備品の一部で要求性能を満たさない不具合が生起するなど、大小様々な不具合が生起しました。その一つ一つを官民の粘り強い原因究明及び改善により克服し、令和3年5月に製造会社において試作機の初飛行が実施され、以後も順調に飛行試験が行われました。

その後、同年9月に防衛装備庁が試作機を領収し、現在、防衛装備庁及び海上自衛隊が一丸となって受領した航空機の試験を実施しています。

技術・実用試験も前途多難なこととは思いますが、妥協せず「最強の哨戒ヘリコプター」を完成させ、部隊に届けるという強い信念をもって任務を全うし、我が国の領海及び周辺海域の防衛に貢献したいと思います。（2海佐）

吉本どんど

井筒空幕長（画面右端）からオンラインで表彰された「令和2年度下期優良提案褒賞」の受賞隊員。左から中林1尉、鈴木技官、齋藤2佐（9月17日）

空幕長

「優良提案褒賞」を授与

戦術教導団 1件3人 情報共有を効率化

【空幕】空自の部隊等で優秀な業務改善提案を行った隊員・部隊等を表彰する令和2年度下期の「優良提案褒賞行事」が9月17日、空幕と横田、入間基地を結びオンラインで行われた。

同褒賞制度は平成4年から開始。今期は全国の空自部隊等から23件の応募があり、その中から航空戦術教導団司令部の「航空阻止計画支援ツールの作成」（齋藤淳2佐、中林利一1尉＝現・作戦システム運用隊、鈴木義人技官＝現・空幕）が選ばれ、井筒空幕長から3隊員に褒賞状が贈られた。

行事には空幕監理監察官の佐藤信知将補（当時）ら各部長らもオンライン形式で参加。空幕長は受賞隊員に対し、「高い問題意識をもって、真摯に業務改善に取り組んでくれたことに対し敬意を表し、常日頃からのたゆまぬ努力に心から感謝したい。諸官が示してくれた柔軟な発想に基づく創意工夫の改善精神こそが、空自の未来を開く鍵であり、この精神が広く全部隊に行き渡たることを願っている。引き続き、改善活動の普及・発展に取り組み、空自の輝かしい未来の創造に貢献してくれることを期待している」と述べた。

戦術教導団の提案は、作戦運用上必要な事項を関係部署に伝達または調整する際、これまではFAXやメール、電話のいずれかで行っていたところ、即時性と正確性に欠けるという問題認識が発端だった。

そこで3人はフリーデータとプログラム言語を使用し、モニター上でリアルタイムに情報共有できるツールを作成。これにより、簡単なパソコン操作で必要な情報を正確かつリアルタイムに共有できるようになり、情報伝達・共有に要する時間を大幅に短縮。また、ツールはパソコン性能に関わらず使用できるため、全部隊での利用を可能とした。

齋藤2佐は「受賞は大変光栄。今後も、プログラマーと力を合わせてツールの改善と機能向上を進めていきたい」と語った。

5旅団

5音楽隊のコンサート配信

「ユーチューブ」にチャンネル開設

【5旅団＝帯広】旅団はこのほど、動画投稿サイト「ユーチューブ」にチャンネルを開設、5音楽隊のオンラインコンサートを配信している。新型コロナの影響で部外演奏の機会が減少していることを受け、廣惠次郎旅団長が「音楽隊の高い演奏技術を全国に紹介したい」と発案した。

チャンネルには約30本の演奏動画が投稿されており、クラシックからアニメソングまで多彩なジャンルをカバーしている。撮影と編集は5通信隊が手掛けた。

最新の動画はユーフォニアムとチューバ、パーカッションによる「ミスターベースマン」。帯広駐屯地内のさまざまな場所で撮影が行われ、軽快なリズムに合わせてヘリポートや隊員食堂、整備工場などを紹介する動画になっている。

5旅団は今後も月1、2本ペースで作品をアップすることを予定しており、「創意工夫を重ねて魅力を発信していきたい。皆さんチャンネル登録お願いします」と呼びかけている。

5旅団のチャンネルのQRコード

ユーチューブ用に演奏動画を撮影する5音楽隊と5通信隊の隊員

第33回サマーバイアスロン日本選手権大会

体校冬季特体室 立崎夫妻そろって総合優勝

北京冬季五輪出場めざしW杯へ

前回・平昌にも2人共に参加

サマーバイアスロン大会で夫婦そろって総合優勝を果たした立崎幹人2尉（右）、美由子2尉（西岡競技場で）＝体校広報班提供

北京冬季五輪（来年2月4～20日）の日本代表候補選考会を兼ねた「第33回サマーバイアスロン日本選手権大会」が9月29日～10月3日、札幌市の西岡バイアスロン競技場で行われ、五輪出場を目指す自衛隊体育学校冬季特別体育教育室（朝霞）の立崎幹人2陸尉と立崎（旧姓鈴木）美由子2陸尉が夫婦そろって総合優勝した。

冬季五輪にも採用されるバイアスロンは、クロスカントリースキーのコース周回間にライフル射撃を行う。サマーバイアスロンは、ローラースキー（またはランニング）で競う。

今大会はインディビデュアル（男子7キロ、女子6キロ＝ランニング、コース周回間に4回射撃＝伏射、立射、伏射、立射）とスプリント（同10キロ、同7・5キロ＝ローラースキー、2回射撃＝伏射、立射）の2種目全3戦（スプリントは2回）を行い、体校冬季特体室から立崎夫妻を含む14人（男子8人、女子6人）が出場した。

立崎美由子2尉は秋田県出身で米内沢高校を経て2007年3月に、立崎幹人2尉は青森県出身で早稲田大学を経て11年3月にそれぞれ入隊した。

ともにバイアスロンの国内トップクラスの選手として実績を積み、前回の韓国・平昌冬季五輪（2018年）にもそろって出場。3度目の五輪の美由子2尉が「自分の最高のパフォーマンスに集中する」と4種目で、五輪初出場の幹人2尉も2種目で健闘を見せた。

二人は今大会でも存在感を示した。男子インディビデュアルで幹人2尉が射撃ミスを3発に抑え1位。同スプリントの第2戦も尾崎光輔3陸曹との競り合いを制し1位で終えた。

一方の美由子2尉は、女子インディビデュアルこそ蜂須賀明香2陸曹に1位を譲ったが、スプリント1、2戦はともに射撃ミスを0発に抑える高い集中力で1位となった。

全3戦の結果、立崎夫妻がそろって総合優勝。二人を含む上位入賞者を中心とする男女12人は五輪出場枠獲得を目指し、11月下旬から欧州で開催されるW杯に挑む。

体校冬季特別体育教育室 陸自北部方面混成団隷下に置かれていた冬季戦技教育隊（真駒内）特別体育課程教育室が2016年3月、体校隷下へ編成替えされた。バイアスロンとクロスカントリースキーで国際級選手を育成する。活動は真駒内駐屯地で行っている。

山梨地本

体校五輪3選手の表敬受ける

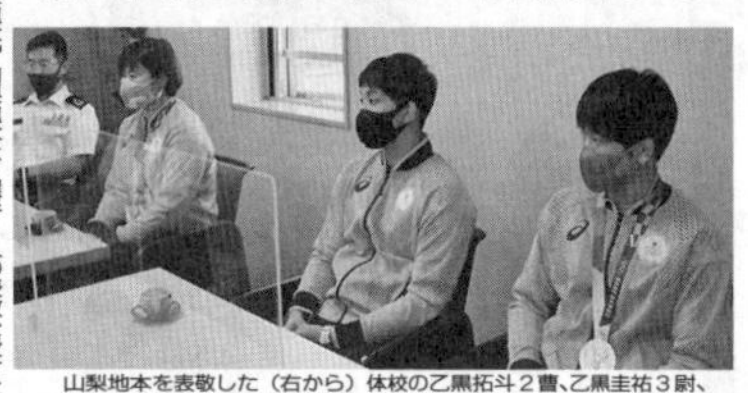
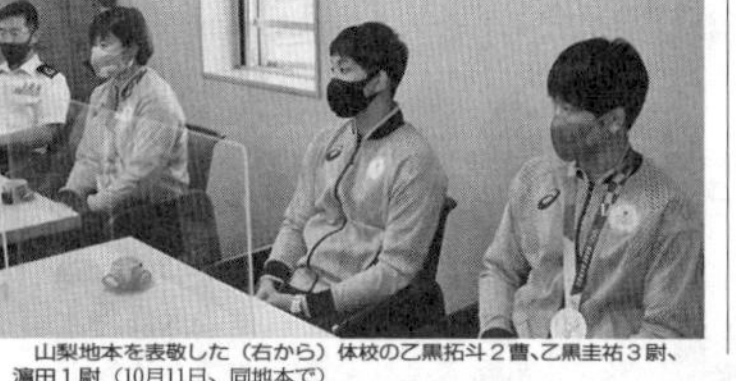
山梨地本を表敬した（右から）体校の乙黒拓斗2曹、乙黒圭祐3尉、濵田1尉（10月11日、同地本で）

【山梨地本】山梨地本は10月11日、東京五輪に出場した山梨県出身、ゆかりの自衛隊体育学校（朝霞）所属選手3人の表敬を受けた。

表敬したのは笛吹市出身で山梨学院大OBの乙黒圭祐3陸尉、乙黒拓斗2陸曹（ともに体校レスリング班）の兄弟と、同大OGの濵田尚里1陸尉（同柔道班）。

東京五輪ではレスリング・フリースタイル65キロ級で乙黒2曹、柔道・女子78キロ級で濵田1尉が金メダルを、柔道・混合団体戦で濵田1尉が銀メダルを獲得した。

前野直樹本部長らとの懇談で3人は、東京五輪に向けての練習や近況などについて語った。また、同行した体校副校長で元山梨地本長の石津吉康1陸佐からは応援へのお礼の言葉が語られた。

山梨地本はこれからも県出身隊員の活躍を紹介、応援する。

こちら警務隊 自衛隊法違反

営利企業等に再就職の依頼は懲戒処分や刑事罰に

隊員が営利企業に対し、離職後の再就職を依頼したら、問題がありますか？

就職援護隊員が行う援護業務を除き、営利企業等に対して再就職の要求や約束を行うことは、懲戒処分の対象となるほか、行為によっては刑事罰の対象になります。

例えば、企業との契約の際、特定の企業を優遇するといった職務上の不正行為の見返りに、本人または他の隊員の再就職を要求等し、それが自衛隊法違反に該当した場合、3年以下の懲役に処せられます。

再就職等規制は、公務の公正性に対する信頼を確保するものであり、違反は信頼の失墜につながりますので、絶対にしてはいけません。（北部方面警務隊）

空自

比空軍と航空医学で初交流

「機動衛生ユニット」など解説

フィリピン空軍との航空医学に関する初の能力構築支援に臨む航空機動衛生隊員（9月30日、空自小牧基地で）

防衛省は9月30日、フィリピン空軍との航空医学に関する初の能力構築支援（専門家交流）をオンラインで開催した。

当日は空自から空幕首席衛生官付の稲田真3佐以下3人、医実隊（入間）4部長の髙田邦夫1佐以下8人、航空機動衛生隊（小牧）総括班長の遠山恵則3佐以下4人が参加。さらに内局から防衛政策局参事官付の2人、フィリピン側は同国空軍軍医総監室などの17人が出席した。

交流は約3時間にわたって行われ、両国担当者による部隊などの説明後、意見交換が行われた。医実隊は組織概要、航空生理訓練（低圧、耐G、緊急脱出、空間識）の概要、環境生理学、心理適性の研究についてフィリピン空軍に説明した。

一方、機動衛生隊は傷病者搬送システム「機動衛生ユニット」を使用した急患空輸体制やその使用要領について解説した。交流を通じ、フィリピン空軍と空自は航空医学や患者空輸に関する知識を共有し、同空軍の「空の安全」や災害対処能力の向上に貢献した。空自の担当者は「日本、比空軍、双方にとって有益なものとなった」と話している。

小休止

山口弁でやってみた自衛隊体操

▽…山口地本は10月4日、「山口弁でやってみた自衛隊体操」の動画を地本HPで公開した＝写真。

▽…動画は、男性と女性の二つのバージョンがあり、本編の後におまけ映像もある。地本は制作にあたり、県出身の部員で構成したチームで検討を重ねて完成させた。

▽…「大きゅう（大きく）回す」「まげちょって（まげておいて）」「いけんそよー（だめだよ）」などと、山口県出身の隊員が山口弁の独自のアクセントで掛け声を発しつつ、リズミカルに体操。テロップによる方言解説はなく、他県の視聴者が瞬時に意味を理解するのはやや難しいが「お国訛りの掛け声で自衛隊体操ができれば、きっと楽しい」と担当者は語っている。（山口地本）

直に音楽を届けられることに心から感謝

3海曹 池田 沙恵（舞鶴音楽隊）

7月22日から30日にかけて、舞鶴市内と大阪で2回公演を一つ含む三つのコンサートをこなした。リハーサルや先方との調整時間も含むと少々タイトなスケジュールで、コロナ禍以前の勤務を思い起こさせた。また、客席の分散退場など、主催者、聴衆が一体となって感染防止に努め、安全に終えられたことは今後の活動の糧にもなった。

演奏しながら客席の様子を観察することは容易ではないが、お客様がどんな表情、服装をしているかが目に入ることがある。耳は常に音楽に集中しているが、よく演奏する曲、暗譜している曲の演奏時には目に余裕ができることもあるのだ。

学校の運動場や体育館、屋外のライブ会場など、客席が明るい演奏会が私は好きである。屋内外、時期を問わず笑顔で楽しそうに聴いて下さるお客様もいれば、音楽に合わせて楽しそうに踊り出すポジティブなお客様もいる。学校の行事だから仕方なく体育座りをしている、寝る時間ができてうれしい、といったネガティブ（?）なお客様もいるし、真剣な表情で我々の演奏を評価しているようなお客様も見受けられる。

不協和を嫌う人もいるが、私はどちらかというと「ネガティブも一興」ととらえる気質なので、多種多様なお客様がいる本番が面白い。

音楽隊の任務は、隊員の士気高揚のための演奏、儀式・式典での演奏、広報演奏である。自衛隊チックなこの文言をあえて楽しく言い換えるなら、隊員を元気にすること、大切な節目のお花係、自衛隊を知ってもらうこと、だろうか。

花はそこにあるだけで美しい。生きていて、はかなく、いつかは枯れる。飾られている花は人間の活動を物理的に促進させる訳ではない。しかし、人間の脳、心は複雑で多層的なため、花や音楽を見聞きすることで刺激を受け、活力にすることができる。そして、花や音楽そのものも、周囲の刺激に反応し、在り方を変化させている。花は水をやらないと枯れてしまう。人の生活から音楽が消えたら、世界は一体どうなるのだろうか。

新型コロナウイルスに翻弄される現代ではあるが、隊員、国民に、満席の会場で顔を覆うことなく、目の前で生きた音楽を届けられる日が来ることを願う。そして、全ての謝したい。

舞鶴音楽隊のコンサートで、行進曲「軍艦」の指揮を体験する舞鶴教育隊の学生

（世界の切手・フランス）

肉食獣は、決して肥満することはない。

ブリア＝サヴァラン（フランスの政治家）

「俺を見よ、俺に続け」の精神で訓練に邁進

みんなのページ

3陸曹 大西 晃二郎（33普連1中隊）

目標は二つ 銃剣道の指導力の向上 レンジャー隊員になる

私は、令和3年7月1日付をもちまして、陸曹候補生課程及び初級陸曹特技課程を修了し、3等陸曹に任命されました。初級陸曹として、私の目標は2点あります。

1点目は、銃剣道における指導能力の向上です。私は中隊配置以来、約6年間にわたり、銃剣道訓練隊で戦闘員に必要な敢闘精神や強靭な体力を身に付けるべく、日々厳しく稽古してきました。

特に武道における礼儀や道徳心を修得し、年齢、階級関係なく切磋琢磨して共に協力し合う素晴らしさも体験。普通科隊員として必要不可欠な近接戦闘能力だけでなく、心も鍛えて頂きました。今後は、後輩隊員の良き模範となり、部隊の戦技能力向上に積極的かつ、自主性をもって取り組んでいきたいです。

2点目は、レンジャー隊員となり、戦闘員としてより高みを目指すことです。私の陸曹候補生試験の受験に際し、指導して頂いた方がレンジャー隊員でした。その方は、懇切丁寧かつ熱心に、休日を返上してまでも、学科や体力面について一緒に演練してくれました。受験生がわずかな時間を活用して陸曹候補生指定に向けて取り組める環境づくりに尽力するその姿に、強い使命感や責任感を感じ、私の目標となりました。

また、演習ではどのような過酷な状況でも態度や表情を一切変えず、寡黙に任務完遂に邁進する姿を見て私もレンジャー隊員になりたいと強く思いました。

現在は、初級陸曹として未熟ではありますが、先輩隊員の背中を見て一歩でも理想の陸曹像に近づいていけるよう全力で頑張る気持ちでいっぱいです。

また、私をここまで成長させていただいた上司、諸先輩、同期、そして中隊の仲間達のために少しでも恩返しできるよう「俺を見よ、俺に続け」の精神や強い使命感をもって、与えられた任務を必ず達成できるよう、率先して訓練・服務に邁進していく所存です。

旦那さんとの幸せな日々

空士長 藤塚 桃子（中警団基業群・入間）

昨年12月、旦那が3高群（千歳）から1高群（入間）に異動してきました。交際から5年の遠距離生活を経てようやく一緒に暮らし始めることができ、幸せな日々を送っています。

北海道と埼玉とでは季節の流れる速さが違い、それを寂しく感じていたことも、遠距離での結婚式の準備の大変さから大喧嘩をしたことも、今となってはいい思い出です。

一緒に暮らすことも当たり前になりつつある今日この頃ですが、一緒に過ごせる時間はかけがえのないものだということは忘れないようにしています。遠距離の頃、空港でのお別れがどんなに寂しかったか。10月に初雪が降ったと聞いて、どれだけ遠く、切なく感じたことか。

いつも私の体力練成のメニューから栄養バランスまで考えてくれる、監督兼マネージャーのような旦那。過酷なメニューのおかげで、あの切ない日々も幻かと思ってしまうほどですが、この人とどんな人生を歩んでいくのか、これからが楽しみです。

二人三脚とはいきませんが、手を取り合い、仲良く走り続けます！

5年の遠距離生活を経て2人での生活を手に入れた藤塚士長夫妻

新刊紹介

「在外邦人の保護・救出 ―朝鮮半島と台湾海峡有事への対応」

武田 康裕編著

日本は海外の切迫した緊急事態下から邦人を救出できるのか――。

グローバル化に伴い、世界中で活躍する在外邦人はテロ、暴動、パンデミックなどのさまざまな危険に巻き込まれるようになった。しかし、法治国家日本の現行法制下では、有事状況での邦人救出は不可能に近い。

編著者の武田康裕防大名誉教授を含む7人の安全保障の専門家が全7章を分担執筆。防衛省からは防研の門間理良地域研究部長が台湾海峡有事について、防大の山中倫太郎教授が我が国憲法や自衛隊法、諸外国の国内法制と運用、国際協働について執筆している。

本書は邦人保護・救出の足かせとなってきた国内法上の問題点と国際法との関係を明確化し、他国の事例と比較。その上で、近い将来、発生しかねない朝鮮半島と台湾海峡有事に焦点を当て、綿密なシミュレーションを通じて有事前の迅速かつ安全な邦人退避活動を模索・提案する。

法制度上の制約が壁となって思考停止になることに危機感を示し、「あらゆる事態を想定した在外邦人保護・救出の在り方をあらかじめ想定して準備しておく必要がある」と強く訴えている。

（東信堂刊、4620円）

「陸曹が見た イラク派遣最前線」

伊藤 学著

「これは訓練じゃない／撃たれてもおかしくない」――。2004年8～11月、第3次イラク復興支援群に参加し、現地で復興支援業務に従事した元陸曹の著者が、現地での体験を臨場感あふれる筆致で描いたルポルタージュだ。

「戦場の空気を感じたい。戦場で自分の何が変わるか確かめたい」――そう意気込んでイラク・サマーワに赴いた著者を待っていたのは気温60度にもなる灼熱の環境、ロケット弾が撃ち込まれる極限状態での任務だった。冒頭の言葉が象徴するように、緊迫した当時の実情を知ることができる。

そんな中でも本書で目を引くのは、著者が異国で出会った人々や仲間との等身大の交流だ。失敗や本音が余すところなく描かれ、「建前」ではなく体当たりで取り組んだ著者の刺激的な日々が鮮やかによみがえる。

現場の陸曹ならではの人間味あふれる葛藤や発見の数々は必読。過酷な環境の中にいながらその状況を〝楽しむ〟著者の姿を追体験することで、海外任務の魅力を感じとれるだろう。

（並木書房刊、1650円）

リクルータ勤務を2回経験して知る

空士長 市原 彩愛（北部航空施設隊）

私は、8月1日から同31日までの間、熊本地本熊本分駐所で2回目のリクルータとして勤務しました。前回のリクルータ勤務から1年が経ち、その間に部隊や日常生活で得た経験や知識を、募集対象者と年齢の近い立場を活かして前回よりも興味を持ってもらえるような説明をすることができました。

また、新型コロナウイルス感染拡大の影響で様々な行事が中止になり、制限されている状況の中でも違った形での広報の仕方を考えながら、募集対象者へのサポートや一般の方々との関わりを大切にされている広報官の姿を見て、広報の大切さ大変さを知ることができました。

2度のリクルータを経験し、私は自衛隊における広報の重要性を更に理解することができました。ここで得た経験を活かして今後も一般の方々に自衛隊の良さを伝えていこうと思います。

OGがんばる

絹田 美千代さん 56
令和元年5月、自衛隊阪神病院を2陸佐で定年退職。東京海上日動火災保険の人身事故担当として怪我をした契約者のサポート業務に取り組んでいる。

困った人を支えたい

私は、令和元年5月に退官し、大阪市にある「東京海上日動火災保険株式会社」で損害サービス主任として勤務しています。勤務内容は、交通事故における人身事故担当者として、お怪我をされた方の治療のためのサポートとそれに伴う事務手続きや示談交渉を行う業務です。

自衛隊では看護官として勤務し、退職後も自分にとってやりがいのある仕事に就きたいと考えていたところ、大阪地本援護課の方からの「医療の知識があるので、まだ女性は少ないですが、いかがですか」との言葉を頂き、縁あって現職務に就職いたしました。

現在勤務している会社は、全国各地で多くの自衛隊OBの方が就職されています。入社当初は、不安と戸惑いばかりでしたが、充実した新人社員教育・研修や上司と先輩の温かいご指導に支えられ、少しずつ業務に慣れてきました。賠償理論や交渉力などの高い専門性や、親身誠実な対人対応力など、まだまだ身につけなければならないことはたくさんあります。しかし、「困った人を支えたい」という本質は現役時代と共通しています。自衛官として看護官としてこれまで経験したことが役立っており、非常にやりがいを感じています。

これから再就職される皆さんも、これまでの職務経験や勤務地、ご家族の状況など多くの条件の中で、何を求めるかが大切だと思います。そして、看護官としての経験から言える最も重要なことは健康管理です。自衛隊での経験を活かし、充実した第二の人生を送るため、少しでも参考にしていただければ幸いです。

最後に大阪地本援護課をはじめ、再就職にあたりお世話になった方々へ感謝申し上げ、現役自衛官の皆様のご健闘を祈念いたします。

詰将棋

第854回出題

出題 日本将棋連盟 九段 石田 和雄

	6	5	4	3	2	1
一		飛	馬			
二						
三			王	歩		角
四				金		桂
五						

先手 持駒 なし

【ヒント】上へ逃がさぬよう。飛の活躍する順（10分で初段）。

▶詰碁、詰将棋の出題は隔週です◀

詰碁

第1269回解答

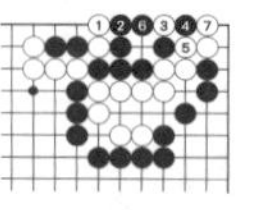

出題 日本棋院 九段 曲 励起

【解答図】白先、劫。白①がまず大切で、黒②の時、白③がまた大切です。黒④以下白⑦となり劫になるのが正解です。

「朝雲」へのメール投稿はこちらへ！
▽原稿の書式・字数は自由。「いつ・どこで・誰が・何を・なぜ・どうしたか（5W1H）」を基本に、具体的に記述。所感文は制限なし。
▽写真はJPEG（通常のデジカメ写真）で。
▽メール投稿の送付先は「朝雲」編集部（editorial@asagumo-news.com）まで。

朝雲

発行所 朝雲新聞社
〒160-0002 東京都新宿区四谷坂町12－20 KKビル
電話 03(3225)3841
FAX 03(3225)3831
振替00190-4-17600番
定価一部150円、年間購読料9170円（税・送料込み）

主な記事

第2次岸田内閣 発足へ

衆院選 自民単独で絶対安定多数

第49回衆院選は10月31日、投開票され、翌11月1日に全465議席が確定した。自民党は公示前の276議席から減らしたものの、追加公認2人を含め過半数（233）を大きく上回り、国会を安定的に運営できる絶対安定多数の261議席を単独で獲得した。公明党の32議席を合わせ、与党で293議席を確保した。

岸防衛相「防衛力 抜本的に強化」

防衛省の政務三役では、山口2区に立候補した岸信夫防衛相（62）が10万9914票を獲得して衆院で4回目の当選を果たしたのをはじめ、鬼木誠副大臣（49）＝福岡2区＝も10万9382票を獲得し、4回目の当選を決めた。

一方、大西宏幸政務官（54）＝大阪1区＝は6万7145票を獲得して健闘したものの、小選挙区で敗れ、比例代表での復活もかなわなかった。

政府・与党は、首相指名選挙を行う特別国会を11月10日に召集する方針で、岸田首相は第101代首相に指名された後、直ちに組閣し、同日中に第2次内閣を発足させる。組閣に当たっては、10月4日の新内閣発足から間もないことから、一部を除き現閣僚は基本的に再任する方向だ。

岸大臣は11月2日の記者会見で「防衛大臣として選挙に臨み、地元の皆さまの強いご支援のお陰で結果を得ることができた。厳しい安全保障環境の中で国民の命と平和な暮らしを守り抜く責任の重さを感じている」と述べた上で、「敵基地攻撃能力の保有も含め、あらゆる選択肢を検討し、防衛力の抜本的な強化に取り組む」と決意を示した。

岸防衛相 米海軍長官と会談

海自と米海軍の連携強化

デル・トロ米海軍長官

岸防衛相は10月25日、来日したカルロス・デル・トロ米海軍長官と防衛省で会談し、日米同盟の抑止力・対処力のさらなる強化と、「自由で開かれたインド太平洋」の維持・強化のため、海自と米海軍が緊密に連携していくことを確認した。

会談の冒頭、岸大臣はデル・トロ長官の今年8月の就任に祝意を表し、米海軍の強化と即応性維持のために日々、精力的に取り組む長官の努力をたたえた。

一方で、大臣は「我が国周辺の海域では中国艦艇が活発に活動しており、最近では中露艦艇が初めて同時に日本海から太平洋に進出し、その後、太平洋から東シナ海に進出して『合同巡視活動を実施した』と発表した。北朝鮮は10月19日にSLBM（潜水艦発射型弾道ミサイル）とみられる弾道ミサイルを発射するなど、我が国を取り巻く安全保障環境は一層厳しさを増している」と指摘し、「訓練や警戒監視など、幅広いオペレーションで米海軍と海自が協力を深める必要性がこれまで以上に高まっている」と強調した。

これに対し、デル・トロ長官は「インド太平洋地域の平和と安定、繁栄のために日米間の緊密な連携協力は非常に重要だ。日米同盟の強化と海軍種間の友情の深化に向けて共に取り組んでいきたい」と応えた。

長官は同日、山崎統幕長、山村海幕長とも個別に会談した。翌26日には海自横須賀基地を訪れ、山村海幕長の案内で護衛艦「いずも」を視察。10月3日に四国沖の太平洋上で初めて行われた米海兵隊の短距離離陸・垂直着陸（STOVL）機のF35B戦闘機による「いずも」への発着艦検証作業について山村海幕長とデル・トロ長官は日米の「インターチェンジアビリティ（互換性）」に資することを改めて確認した。

ジブチ共和国の海賊対処部隊

日本隊施設で不在者投票

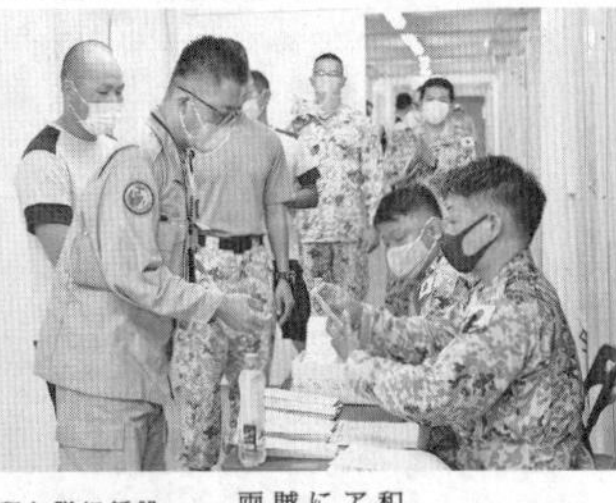
ジブチの日本隊拠点に開設された投票所で、投票用紙を受け取り、不在者投票に臨む海賊対処航空隊45次隊と同支援隊16次隊の隊員たち（10月25日、ジブチ共和国で）＝統幕提供

アフリカ東部のジブチ共和国を拠点にソマリア沖・アデン湾で海賊の警戒監視に当たっている自衛隊の海賊対処部隊は10月24、25の両日、ジブチ市内の日本隊の施設などで衆議院選挙の不在者投票を行い、約510人の隊員が灼熱のアフリカから〝熱き一票〟を投じた。

海自2空群（八戸）を基幹とする航空隊45次隊（指揮官・中川蔵太2佐）と、陸自中即連（宇都宮）を基幹とする支援隊16次隊（同・桑原和洋1佐）は、活動拠点内に臨時の投票所を開設し、隊員が投票に臨んだ。

一方、民間船舶の直接護衛のため洋上を航行中の水上部隊39次隊の護衛艦「ゆうぎり」（艦長・熊代威2佐）と、日本から現場海域に向けて進出中の同40次隊の護衛艦「ゆうだち」（同・涌嶋英孝2佐）の艦内にも投票所が設けられ、乗員が投票を行った。

投票用紙は各部隊で取りまとめられ、日本の選挙管理委員会に郵送された。

約2カ月間の航海を終えて帰国し、練習艦「かしま」から下り、行進する実習幹部たち（10月27日、海自呉基地で）＝海自提供

「かしま」 後期・遠航部隊が帰国

北米・太平洋の3カ国巡る

米国のアラスカ州やハワイ州など、北米・太平洋方面の3カ国5寄港地を巡る64日間の練習航海を終えた海自の後期・遠洋練習航海部隊（練習艦「かしま」、練習艦隊司令官・石巻義康将補以下、実習幹部約110人を含む約320人）が10月27日、呉基地に帰国した。

家族ら約140人に出迎えられた「かしま」は係船堀F2バースに接岸。艦を下りた実習幹部と小城尚徳艦長が桟橋に整列し、石巻司令官が園田直紀呉地方総監に帰国を報告した。

この後、園田総監は前期を含め約4カ月間の航海を終えた実習幹部たちに対し、「これから幾多の困難にも直面することと思うが、失敗を恐れず、自信を持ってその第一歩を踏み出し、本遠洋練習航海で培った知識・技能を遺憾なく発揮して存分に部隊で活躍することを期待する」と激励した。

後期・遠航部隊は8月25日に呉を出発し、ベーリング海峡を北上して米アラスカ州のノームに寄港。この後、北極圏に入域し、同州のダッチハーバーに寄港後は太平洋を南下し、ハワイ州のパールハーバー、マーシャル諸島のマジュロ、ミクロネシア連邦のウエノ沖を巡った。

コロナ禍を受け、昨年に続き今年も寄港地に上陸しての研修はなく、実習幹部たちは艦上での教育訓練で洋上勤務に必要な基礎知識を習得して帰国した。実習幹部は式後、それぞれの配置先に向かった。

「しらせ」が出国行事

11月10日に横須賀を出港

文部科学省の第63次南極地域観測事業を支援する海自の砕氷艦「しらせ」（艦長・酒井憲1佐以下乗員約180人＝うち女性9人）の出国行事が10月27日、横須賀基地で行われた。

行事は吉倉桟橋で午後1時半から始まり、鈴木康彦統幕副長、西成人海幕副長をはじめ、文科省の大土井智海洋地球課長、国立極地研究所の野木義史総括副所長ら約70人が出席。乗員家族はコロナの予防で出席が見送られた。

最初に鈴木統幕副長が山崎統幕長の訓示を代読、整列した乗員に対し、「『しらせ』が担う物資輸送、観測支援等は観測の成否を左右する極めて重要な業務である。南極地域観測協力に携わることを誇りとし、さらなる歴史の1ページが加えられるよう、任務にまい進を」と述べた。

続いて西海幕副長が山村海幕長の「壮行の辞」を代読し、「酒井艦長には感染防止に万全の対策を取りつつ、観測隊員と乗員の融和団結に取り組み、より一層緊密な連携と強固なチームワークが確立されることを期待する」と激励した。

この後、酒井艦長が鈴木統幕副長に出国を報告。乗員たちが整然と行進して「しらせ」に乗り込んだ。

酒井艦長は行事後、記者団のインタビューに応じ、「乗員たちは国家事業である南極観測事業の支援に従事しているという非常に高いモチベーションを持っている。私は全体を見渡しながら運航安全、作業安全、飛行安全を確保し、乗員のストレス軽減やメンタルケアを重視していく」と語った。

「しらせ」は、吉倉桟橋で14日間のコロナ停留期間を経た11月10日、観測隊員70人を艦内に収容して横須賀を出港する。同24日に豪フリーマントルに寄港して最後の補給を行い、26日に南極に向け出発。その後、12月上旬に南緯55度に達して南極地域に入り、海洋観測支援を行いながら南下し、12月下旬に昭和基地沖に到着の予定。

（5、7面に関連記事）

南極に向けた海自砕氷艦「しらせ」の出国行事で、鈴木統幕副長（右）に対し、出国の報告を行う酒井艦長（中央）＝10月27日、海自横須賀基地の吉倉桟橋で

井筒空幕長 伊空軍参謀長と会談

パイロット委託教育で署名

イタリア空軍IFTSでの空自パイロットの教育訓練の取り決めに署名した井筒空幕長（右）。左は立会したアニャレッリ伊国防武官（10月21日、防衛省で）

井筒空幕長は10月21日、イタリア空軍参謀長のアルベルト・ロッソ中将とオンラインで会談し、「航空自衛隊及び伊空軍間のIFTS（国際飛行訓練学校）における教育訓練についての取り決め」に署名した。空自が米国以外でパイロットの委託教育を行うのは初めてで、今年度中に隊員がイタリアに派遣される予定だ。

空幕長は防衛省から、ロッソ参謀長はローマの空軍参謀本部から参加。市ヶ谷では伊国防武官のロレンツォ・アニャレッリ海軍大佐、ローマでは伊防衛駐在官の阿部将志1海佐が立会した。

IFTSの施設は伊南東部のレッチェガラティーナ空軍基地にあり、各種戦闘機操縦者の養成を目的にT346ジェット練習機を使用した教育を行っている。

協定を結ぶきっかけは昨年9月、航空総隊のパイロットらが最新技術を活用した伊空軍の第4段階に当たる上級訓練コースを視察。F35ステルス機など各種戦闘機への円滑な移行を目的とした教育が行われていることを確認し、「空自戦闘機操縦者の効果的な養成」に向け、IFTSへの空自隊員の派遣が決まった。

春夏秋冬

対等な同盟への覚悟

兼原 信克

河野克俊前統幕長と知り合ったのは、課長補佐の頃である。それが2001年9月11日の米国同時多発テロによって、一生のお付き合いになるとは夢にも思わなかった。アフガニスタンに巣くう国際テロ集団アルカイダが乗っ取った燃料満タンの旅客機がニューヨークのワールドトレイドセンターとワシントンのペンタゴンに乗客もろとも突っ込んだ。数千人の命が瞬時に消えた。日本も富士銀行の優秀な銀行員を多数失った。

国連安保理は、このテロ事件を「国際平和に対する脅威」と認定した。アルカイダの蛮行を、武力行使に相当すると判断したのである。直ちにNATOは行動を起こした。共同防衛条項第5条を発動し、アルカイダを匿っていたタリバンの支配するアフガニスタンになだれ込んだ。アフガン戦争が終わったのはようやく今年に入ってからである。

戦後の米国の国防戦略は、ユーラシア大陸の両端に兵力を前方展開し、同盟国と共に大陸勢力であるソ連（ロシア）を抑え込むというものであった。西の端にNATOがあり、東の端に日米同盟があった。NATO諸国も、日本も、出城の自分達ではなく、本丸の米国が攻撃を受けるなど、想像したこともなかった。しかし、それが現実となったのである。

同盟国が武力攻撃を受けて、何もせずに座していれば、二度と信用されることはない。同盟とは血の契りである。1990年のイラクによるクウェイト侵略は、米国が撃退したが、米国自身がやられたわけではない。しかし、今回は、米国の首都ワシントンのペンタゴンで、商都ニューヨークのマンハッタンで、数千人の米国人が虐殺されたのである。武士であれば「いざ鎌倉」という事態である。

小泉純一郎総理の決断は速かった。直ちに特別措置法を作って自衛隊の後方支援活動を実現した。河野統幕長は、当時、海幕防衛課長であり、私は外務省の日米安保条約課長だった。小泉総理の「鋭意情報収集に当たるべし」との命を受けて、直ちに海上自衛隊が動き始めた。特別措置法が国会を通過すると、有志連合軍の「不朽の自由」作戦に参加して、インド洋上で給油活動が始まった。神速の展開であった。当時、護衛艦5隻を派遣した日本艦隊は、英国艦隊の規模を凌駕し、米国艦隊に次ぐ第2の艦隊規模であった。

同盟の本義は守り合うことである。それは武士（もののふ）の誓いである。その後、日米同盟は、インド太平洋地域を支える太い脊椎へと成長していった。

（元内閣官房副長官補・国家安全保障局次長、同志社大学特別客員教授）

朝雲寸言

衆議院選挙が終わった。この文章は投票日の前に書いているので、選挙の結果は承知していない。ただ、いかなる結果になろうと変わらないことがある。民主主義国家を防衛することにおいて、政治家の責任は計り知れないほど重いということだ▼不動産大手の経営危機を引き金に中国国内の社会不安が増大している。このところの中国軍の台湾に対する威圧的行動には、現状への不満を強める中国国民の目を外に向けたい面もあるのだとすれば、あの体制が「刃物」を振り回す危険な状態は当面続くとみておいた方がよさそうだ。ミサイル連射など北朝鮮の最近の動きも、このタイミングで中国に加勢してみせたい意図があるとも聞く▼衆院選の争点の一つに、日本に対するミサイル攻撃の策源地を攻撃前に無力化するという課題があった。これについては、北朝鮮がミサイル飽和攻撃の能力を示し始めた2016年頃から日本が本気で動いていれば、5年を経た今頃は自衛隊もきちんとした能力と戦術を備え、訓練も積めていただろうとも思う。国家として貴重な時間を失ったことを見据え、遅れを挽回しなければならない▼防衛に関して政治家の責任が重いことは言うまでもないが、その政治家を支える官僚や自衛官の責任もまた重い。策源地攻撃という困難な課題に向き合わざるをえない目下の厳しい現実を、国民に正直に説明する勇気と誠意が求められているように思う。

時の焦点

国内

自民単独過半数

信任に結果で応えよ

自民党に反省してもらいたい点はあるが、今の野党に日本の舵取りは任せられない――。そんな民意の表れではないか。第49回衆院選で、自民党は公示前から議席を減らしたものの、単独で過半数を確保し、公明党と連立政権を担うことが決まった。国民の信任を得た岸田首相は、経済再生や日本の安全確保できちんと結果を出す必要がある。

衆院選では、岸田政権が掲げる「新しい資本主義」の是非や、経済回復策、新型コロナウイルス対策などが争点となった。前回衆院選からの4年間、安倍、菅両政権は、内政・外交で一定の成果を上げたものの、感染症への対応では躓いた。政治とカネの問題など、長期政権の緩みも指摘されている。自民党は議席減を謙虚に受け止め、今後の政策遂行に生かさねばならない。

岸田首相は衆院選後の記者会見で、「大変厳しい選挙だったが、引き続き自公政権の安定した政治の下で、国の未来を作り上げていってほしいという民意が示された」と述べた。

日本は様々な課題に直面している。コロナ禍から経済を立て直し、賃金を引き上げて国力を高めていくことが不可欠だ。

首相は選挙戦で、「皆さんの生活や仕事を守るため、大型の経済対策を用意する」と訴えた。ただ、具体策が十分だったとは言えない。首相が掲げる「成長と分配の好循環」の実現に向けて、政策の全体像を明らかにし、補正予算などに反映させることが重要である。

日本を取り巻く安全保障環境は厳しさを増している。北朝鮮の弾道ミサイルへの防衛の強化に加え、中国やロシアなどが開発する極超音速ミサイルへの対応も急務だ。南西諸島の守りも怠ることはできない。

来年夏には参院選が控えている。岸田政権は、技術情報の国外流出を防ぐ「秘密特許」の創設や、サプライチェーンの多角化を柱とした経済安全保障の法整備を検討している。

首相は、抑止力の強化や防衛予算の増額、経済安保の法制化などに着実に取り組み、実績を上げていくことが求められる。

衆院選で、立憲民主党は100議席を割り込み、惨敗した。日米安全保障条約の廃棄を主張する共産党と連携を深めたが、政権奪還した場合の将来像が見えにくかったと言わざるを得ない。日本維新の会は躍進した。自公政権に不満を抱く保守層の支持が背景にあったのだろう。

健全な野党が存在しなければ、政治に緊張感は生まれない。野党は、政権批判を強めるよりも、社会保障や安保政策などで現実的な選択肢を示し、総合力を磨くことが大切だ。地方組織を作り、支持者に政策を浸透させるといった地道な政治活動も欠かせない。

夏川　明雄（政治評論家）

海外

混迷ミャンマー

ASEANが圧力強化

ミャンマー国軍が今年2月、前年の総選挙を受けた新議会招集の直前に「選挙での不正」を理由にクーデターを決行し、アウン・サン・スー・チー氏が率いる国民民主連盟（NLD）の政権幹部や支持者を拘束してから9カ月がたつ。この間、多数の活動家や市民らの抗議行動を容赦なく弾圧し、国軍兵士の銃撃などによる犠牲者は1200人超による一方、戦闘の激化や新型コロナ禍で国内経済、国民生活は悪化の一途をたどり、300万人が緊急人道支援を必要としているとされる。

権力奪取が目的のクーデターとその後の政治混乱の非を認めようとせず、関係各国の対話呼び掛けにも耳を貸そうとしないミン・アウン・フライン総司令官をトップとする国軍の強権統治には国際的非難が高まる一方だ。

ミャンマー情勢が混迷を深める中、東南アジア諸国連合（ASEAN）が暴力の即時停止やASEAN特使による対話の仲介など5項目の提案を示し、国軍と民主派勢力の交渉による政治的解決を働き掛けているが、国軍は拘束中のスー・チー氏ら幹部との面会さえも認めない頑なな姿勢を堅持する。業を煮やした形のASEANは10月下旬に開いた首脳会議にフライン総司令官を招かないことを決め、ミャンマーに異例の警告を送った。

4月の特別首脳会議にはこの国軍トップを出席させており、今回の措置は前例がない対応だ。ベトナム戦争さなかの1967年の創設以来、内政不干渉と全会一致を原則とするASEANが加盟国の首脳を不招致とするのは、地域協力機構としての責任と義務を果たそうとするぎりぎりの外交努力の表れでもある。

米英など8カ国と欧州連合（EU）もこれに先立って共同声明を出し、ミャンマー国内の悲惨な状況に懸念を表明し、特使受け入れを国軍に求めており、ASEAN側も西側諸国の断固たる姿勢を無視できなくなった事情も垣間見える。ミャンマー問題をめぐっては国軍との友好関係を重視する中国とロシアが国連安保理での外交的解決に向けた動きを妨げており、ASEANが果たすべき役割は大きい。ASEANの厳しい決定に対しミャンマー側は会議を欠席するなど態度を硬化させたが、現在の国際的孤立を招いたのは力の行使で国内の反発を押さえ込めると過信した国軍指導部の誤算にほかならない。

クーデター直後から街頭での抗議と並行して、職場放棄などの不服従運動も抵抗の一手段としてきた民主派勢力は9月に方針を転換し、少数民族とともに武装闘争に突入した。ミャンマー担当のブルゲナー国連事務総長特使は10月21日の退任前の会見で、クーデターで実権を握った国軍について「国際社会が承認するようなシグナルを送らないことが非常に重要だ」と述べ、民主派への支持を訴えた。

国軍のこれ以上の暴走に歯止めを掛け、こう着状態を打破するには、何よりも国軍と民主派勢力を交渉の場に着かせる必要がある。国軍にパイプがあるというわが国は今こそ、ASEANの仲介努力を通じた建設的関与にアジアの友邦として力を貸すべき時だ。

伊藤　努（外交評論家）

秋の叙勲

防衛省関係者111人が受章

増田元事務次官らに瑞宝重光章

政府は10月26日の閣議で、令和3年「秋の叙勲」受章者4037人（うち女性401人）を決めた。発令は11月3日付。防衛省関係の受章者は111人（同1人）で、増田好平元事務次官、火箱芳文元陸幕長、外薗健一朗元空幕長に瑞宝重光章が贈られたのをはじめ、瑞宝中綬章は三浦総一郎元防医大校長、酒井健元北方総監、入澤滋元北空司令官ら10人、旭日小綬章は1人、瑞宝小綬章は61人、瑞宝双光章は23人、瑞宝単光章は13人がそれぞれ受章した。また、国や地方自治体の委嘱を受けて公共事務に尽力した人に贈られる3年秋の「藍綬褒章」受章者が併せて発表され、防衛省関係では自衛官募集に功労のあった募集相談員4人（同1人）が受章した。受章者の氏名は次の通り。（50音順、階級、所属は退職時、敬称略）

〈瑞宝重光章〉▽火箱芳文陸将（陸上幕僚長）▽外薗健一朗空将（航空幕僚長）▽増田好平事務次官

〈瑞宝中綬章〉▽入澤滋空将（北部航空方面隊司令官）▽上瀧守書記官（人事教育局長）▽酒井健陸将（北部方面総監）▽佐藤泰則教官（防医大名誉教授）▽三田克巳陸将（陸自幹部学校長）▽富永洋事務官（防大副校長）▽野口泰明教官（防大名誉教授）▽松下義官技官（技本陸上装備研究所長）▽三浦総一郎教官（防医大学校長）▽村井友秀教官（防大名誉教授）

〈旭日小綬章〉▽福井祐輔陸将補（防大教授、下田市長）

〈瑞宝小綬章〉▽赤瀬公空将補（4補高蔵寺支処長）▽浅野正治海将補（海4術校長）▽有馬民夫1空佐（13飛教団副司令）▽飯田恒夫事務官（技本航空装備研究所管理部長）▽池岡道範1空佐（教育集団監理監察官）▽池上均陸将補（富校総務部長）▽池部衛技官（北関東局長）▽石川由喜夫1陸佐（霞ケ浦駐業隊長）▽石田尾範三郎陸将補（陸幹校主任教官）▽伊東正樹海将補（函基司令）▽有働賢三海将補（徳教空群司令）▽大久保利通陸将補（通信団長）▽太田康和陸将補（茨城地連長）▽大竹史郎1陸佐（東方後支東方輸送隊長）▽甲斐博行事務官（駐留軍等労働者労務管理機構管理部長）▽叶邦臣空将補（総司飛司令）▽川口等陸将補（関西処副長）▽菊池悦男空将補（空幹校教育部長）▽北村秀喜1空佐（空補本1部長）▽清末純博海将補（海洋群司令）▽倉井明陸将補（防大教授）▽双石芳則空将補（空5術校長）▽黒川純一1陸佐（東方後支副長）▽古関修海将補（開発群司令）▽小須田茂教官（防医大名誉教授）▽齋藤政行海将補（海補本副長）▽櫻井大作陸将補（13旅団副長）▽佐藤健二空将補（空幹校主任教官）▽佐藤裕事務官（防医大経理部長）▽佐藤吉信陸将補（航校宇都宮分校長）▽柴田憲次技官（技本先進技術推進センター上席特別研究官）▽角田司陸将補（陸幹校研究課長）▽竹本康美1陸佐（1混団高級幕僚）▽武山文則陸将補（帯広駐業隊長）▽舘山清文技官（南関東局管理部長）▽塚本修由空将補（空3術校長）▽坪井寛陸将補（需品学校長）▽富本啓二陸将補（航空学校長）▽永井博陸将補（中方監察官）▽中久保勲空将補（空4術校長）▽中田高芳1海佐（舞教司令）▽中原康平1海佐（9空司令）▽中村外志幸空将補（統幕学校研究室長）▽新田寛昭海将補（2潜群司令）▽早田清技官（北海道局調達部長）▽引野透1陸佐（相馬原駐業隊長）▽常陸暁1空佐（空幹校主任教官）▽古河覚空将補（中業隊司令）▽増田憲二陸将補（体育学校長）▽松浦学陸将補（研本2研究課長）▽松岡和夫陸将補（1教団長）▽源外志明空将補（作情隊司令）▽村上康雄海将補（契本副長）▽森政啓司海将補（統幕学校教育課長）▽盛山直樹1空佐（空補本監察官）▽山下英継陸将補（九州処副長）▽山田博満事務官（駐留軍等労働者労務管理機構業務部長）▽山本輝久陸将補（武器学校副長）▽山本博秋海将補（総教空群司令）▽芦岡広明陸将補（補統航空部長）▽若山義明陸将補（関東処古河支処長）

〈瑞宝双光章〉▽阿部英志1陸佐（補統技術1課長）▽浦田博2陸佐（会監西方分遣隊副長）▽江口哲郎2空佐（西警団17警群司令）▽大城伸吉1海佐（佐監西方連絡官）▽大場進2陸佐（東北方防衛課航空班長）▽金田康2海佐（下基副長）▽河村裕根1海佐（指発隊シス2科長）▽貴志剛1海佐（大シス通司令）▽熊代寛2海佐（松空小松島飛行隊長）▽境重幸1空佐（開発集団監察官付監察班長）▽佐藤弘志1空佐（空1術校総務課長）▽柴田幸則1陸佐（弘前駐業隊長）▽髙田佳治2海佐（205教空教育飛行隊長）▽髙橋寛2陸佐（1戦群副長）▽中村和比児1陸佐（青森駐業総務科長）▽野崎正光1陸佐（中基通副長）▽初瀬充1海佐（呉シス通司令）▽平川恭右衛2海佐（総教空群広報室長）▽藤橋政憲2海佐（61空飛行隊長）▽前田隆人2海佐（佐監監査課長）▽増山英樹1海佐（総教空群幕僚）▽松坂成生1陸佐（10施群副長）▽森田功徳2陸佐（武校生徒曹学教育隊長）

〈瑞宝単光章〉▽熱田則雄技官（北海道処）▽小川一彦技官（横造補所ドック科）▽狩俣郁夫技官（信太山駐業）▽坂本清技官（舞造補所艦船工作科）▽佐藤敏行技官（札幌病院）▽鈴木良雄技官（印補隊総務科）▽関口学技官（八尾駐業）▽飛内隆則技官（大造補所ドック科）▽中津政博技官（北海道処）▽仲間康平技官（那覇駐業）▽古川敏一技官（郡山駐業）▽時田奈都代技官（防医大病院看護部長）▽溝田政康技官（横造補所艦船工作科）

〈藍綬褒章〉◇自衛官募集相談員＝▽菊池真理子▽北島一憲▽桑畠保夫▽吉田博

ジブチで重機教育

陸幕副長に出国報告

陸自5施設群（高田）副群長の永田周三2佐以下5人は10月21日、東アフリカのジブチ共和国への出発に先立ち、陸幕で森下陸幕副長に出国を報告した。

ジブチへの派遣期間は10月22日から12月24日までで、現地では陸自隊員13人が同国軍工兵部隊に対し、「災害対処能力強化支援事業」を行う。同事業はジブチ政府からの強い要望を受け、平成28年度から開始された自衛隊独自の取り組み。5回目となる今回の派遣では、ジブチ市内の訓練場などで重機の操作・整備教育を行う。

出国報告には、永田2佐以下5人が出席。森下陸幕副長が派遣隊員に激励の言葉を贈った。陸幕防衛協力課長の弥頭親善1佐が立会した。

森下陸幕副長（左）に対し、アフリカのジブチ共和国への出国報告を行う永田周三2佐（右手前）ら派遣要員（10月21日、陸幕長応接室で）

徳島教空群が県と協定締結

飛行場の早期復旧態勢強化で

【徳島】海自徳島教育航空群は9月2日、徳島県と「徳島飛行場における海上自衛隊航空機に係る事故発生時の早期復旧・発着再開に向けた態勢強化のための協定」を締結した。

協定は、徳島教空群が管理する徳島飛行場の滑走路において発着に支障が生じた際、民間企業などの協力を得て飛行場機能の早期の復旧と発着再開に向けた態勢を強化することを目的とし、事前の調整を経て締結に至った。

徳島県庁で行われた締結式には同県クレーン協同組合の井貝新吾理事長が同席。徳島県の飯泉嘉門知事と徳島教空群司令の町島敏幸1佐が協定書に署名した。

締結式のあいさつで飯泉知事は「一番安全、安心な飛行場を目指し、海上自衛隊と引き続き協力していく」と述べ、町島1佐は「本協定の意義を自覚し、強い責任感を持ち、飛行場の運用に取り組んでいく」と徳島飛行場の管理責任者としてさらなる態勢強化への決意を述べた。

徳島飛行場で事故が発生した際の早期復旧・発着再開に向けた協定を締結した（左から）町島徳教空群司令と飯泉徳島県知事。右は同席した同県クレーン協同組合の井貝理事長（徳島県庁で）

防衛省発令

▽防医大経理部長（大臣官房米軍再編調整官）　吉田　孝弘

▽内閣官房へ出向＝内閣参事官＝国家安全保障局へ（防衛政策局参事官）　川上　直人

▽大臣官房米軍再編調整官に採用（内閣官房内閣参事官＝国家安全保障局）　茂木　陽

▽防衛政策局参事官、防衛政策局日米防衛協力課日米同盟調整企画官併任（防衛政策局日米防衛協力課日米同盟調整企画官）　海江田達也

（以上10月22日）

▽兼統幕参事官　本部統括監　1陸佐　宮瀬　英明

（10月23日）

空シス隊がセミナー開催

サイバー人材育成へ

【空シス隊＝市ケ谷】空自航空システム通信隊は10月14日、サイバーセキュリティの人材育成に向けた「CISSPチャレンジセミナー」を市ヶ谷基地で開催、オンライン参加者を含め計約60人が聴講した。

CISSP（Certified Information System Security Professional）は、サイバーセキュリティ関連の難易度の高い資格。セミナーでは、同資格試験の内容をはじめ、資格取得に向けたサイバーセキュリティの基礎的な考え方を教育した。

セミナーは保全監査群司令の田中浩一1佐がホストを務め、空自の情報保証専任部隊・システム監査隊が運営。アイ・エス・シー・スクエアの小熊慶一郎氏と日本電気サイバーセキュリティ戦略本部長の淵上慶一郎氏が講演を行った。講演後には質疑応答も活発に行われ、休憩時間に講師に質問する隊員の姿も見られた。

空シス隊の担当者は「サイバーセキュリティに関する国内の人材は不足しており、自衛隊でも育成が急務となっている。今回のセミナーは資格取得に向けた勉強会にとどまらず、人材育成についても有用なものになった」と話していた。

「CISSPチャレンジセミナー」に出席し、サイバーセキュリティについて学ぶ空シス隊員ら（10月14日、市ヶ谷基地で）

共済組合だより

インフルエンザの予防接種を助成　来年1月31日まで

防衛省共済組合では、組合員の被扶養者を対象に「インフルエンザ予防接種」の助成を行っています。期間は来年1月31日まで。インフルエンザが流行する前に、ぜひ予防接種を受けましょう。

助成対象は予防接種を受けた被扶養者全員で、1人につき年1回助成します。助成額は接種1回につき1500円。接種料金が1500円未満の場合はその額（100円未満切り捨て）とします。

共済組合に助成金を請求する際は、接種後、「インフルエンザ予防接種助成金請求書兼受領書」にインフルエンザ予防接種を受けたことが分かる記載のある医療機関発行の領収書またはそれと同等の書類を添え、所属する支部に提出してください。請求期間は来年2月末日までとなっています。

なお、「経鼻インフルエンザ生ワクチン（フルミスト）」等、厚生労働省未承認のワクチンは助成の対象となりません。ご注意ください。

陸自中央特殊武器防護隊（大宮）が出展した核・化学・生物兵器に対処できる「NBC偵察車」。その車両の前に展示されているのは、陸自の00式、18式の個人用防護装備を装着したマネキン人形

テロ対策特殊装備展／危機管理産業展2021

中即連、中特防などブース

「CBRNeレスキュー」訓練展示

国内最大級の危機管理関連産業の展示会「テロ対策特殊装備展／危機管理産業展2021」が10月20日から22日まで、東京都江東区の東京ビッグサイトで開催された。自衛隊からは陸自中央即応連隊（宇都宮）と中央特殊武器防護隊（大宮）などがブースを出展、両隊が協同で「CBRNe（化学、生物、放射性物質、核、爆発物）レスキュー」の訓練展示を行い、注目を集めた。同時開催のセミナーでは、前統幕副長（元空将）の増子豊氏が「自衛隊の災害派遣活動等の現状と課題」をテーマに講演し、約130人が聴講した。　（4面に関連記事）

危機管理産業展の講演会で「自衛隊の災害派遣活動等の現状と課題」と題し、災派について説明する増子豊・前統幕副長（10月22日、東京都江東区の東京ビッグサイトで）

増子前統幕副長が講演

増子前統幕副長の講演は22日午後に行われ、①自衛隊の災害派遣活動等の現状②災害派遣等をめぐる課題③課題解決の方向性――の3項目に分けて話した。

増子氏は最初に自衛隊の災害派遣の制度について説明した後、実際の派遣までの流れを解説。大規模災害発生時に自衛隊の救助部隊がどう行動するかを説明した。

続いて過去5年間の自衛隊の災派件数、実績、派遣人数の推移をグラフを使って説明、近年は新型コロナ災派など新しい分野での派遣が増えていることを指摘した。

続いて熊本地震、九州北部豪雨、西日本豪雨、房総半島台風、東日本台風災派などを振り返り、ここから浮かび上がった課題として、①政府・自治体・自衛隊の連携不足②発災時の被害情報を他機関に依存③災派による自衛隊の練成訓練への影響④プッシュ型物資支援に対する政府と自治体のノウハウの蓄積不足――を指摘、これらを早急に改善する必要性を訴えた。

さらに聴講した自治体・企業関係者に対し、退職自衛官の災害・危機管理業務への有用性をPRした。

◇

一方、展示会場では、防衛省・自衛隊から防衛装備庁、中即連、中特防、空幕募集・援護課、東京地本がブースを出展。装備庁は災害派遣活動にも使える遠隔操縦装軌車両（油圧アーム搭載型）の模型などを展示した。

企業のブースではエス・ティ・ジャパンが対テロ用の有害化学物質識別機、四足歩行ロボットの実物を公開。ソリッド・ソリューションズはGPS電波が届かない室内でも使用できる偵察用ドローンを出展するなど国内外の最新機器が展示され、注目を集めた。

四足歩行ロボット登場

エス・ティ・ジャパンが出展した四足歩行ロボット「Spot」（長さ1.1m、幅0.5m、重量31.7kg）。危険な場所での偵察活動や見回り、NBC（核・生物・化学）剤の検知などを支援する

有害な化学物質を迅速に識別する「ペンダーX10」。最大2メートル離れた場所からでも個体、液体、粉体を分析。さらに密封されたビニール袋、窓や厚みのあるガラスを通しての識別もできる（エス・ティ・ジャパン）

Jドローン社が展示したラトビア製の長時間飛行無人航空機システム「PENGUIN C」。翼幅3.3m。カタパルト離陸式で、オートパイロットによる完全自動飛行により最大100kmのフライトが可能

防護マスクの内外に赤外線カメラやディスプレーを装着し、指揮所との情報共有を可能にした消防庁展示の「スマートマスク」

機能いろいろドローン

ネクシス光洋が展示したドローン「Sky Ranger R70」。耐久性に優れ、光学センサーには5km先の標的を捉える「HD Zoom30」が付属。最大2kgのペイロードに対応。一つのプラットフォームで多くのミッションをこなせる

ソリッド・ソリューションズが出展した「偵察ドローン」。GPSの電波が届かない屋内でも運用可能な機体で、ゲリラ掃討時、突入前などに活用できる

災害時にがれきの上でもリアカート（奥）に資機材を積んで進出できるモリタ社出展の電動資機材搬送車「イーゼットライダー」

電動アシストユニットを搭載し、被災地で要救助者の搬送を可能にした消防庁で研究中の「災害活動支援用電装アシスト自転車」

前事不忘　後事之師　第70回

現在の国際社会を見る視点

「呉越同舟」の感覚が重要

昨今の国際情勢を俯瞰（ふかん）すると、我が国の安全保障に直接関係する事案として米中の対立激化、東シナ海や南シナ海を巡る周辺国と中国との間の緊張の高まり、大量破壊兵器開発に走る北朝鮮の問題などがあります。目を世界に転じると、本年夏、各国がコロナウイルスと苦闘している最中にテロとの戦いを名目に20年前に始められたアフガン戦争がアメリカの撤退とタリバンの復権という形で終結。同時に今年も世界各地で豪雨による大洪水と熱波による森林火災などの異常気象が生起するとともに、各国でサイバー犯罪が日常茶飯事の事件となっています。

米国の国際政治学者のジョセフ・ナイの著書『国家にモラルはあるか』は、世界で起きているこれらの緊張や脅威をどのような文脈でとらえるべきなのか考える上で一つの視点を与えてくれます。

ジョセフ・ナイ著『国家にモラルはあるか』（早川書房刊）

ナイは現代の国際政治には二つのパワーシフトが生じていると分析します。私なりにデフォルメして説明すれば以下の通りです。

第一のパワーシフトは「力の水平シフト」で、これは20世紀後半以降のアジア地域の興隆による欧米からアジアへの力の移動である。特に中国の台頭は顕著で、今後の中国の振る舞いとそれに各国がどう反応するかが重要なポイントとなる。

このような国家間の力の水平移動は歴史上これまでもあったことだが、現在の国際政治には従来なかったパワーシフトが起きている。それは「力の垂直シフト」である。20世紀の終盤から始まった情報テクノロジーの急激な発展によって、従来主権国家がほぼ独占していた情報や知識を非国家主体が活用できるようになり、この結果、主権国家の力と権威が削がれている。こうした非国家主体にはウィキリークスから多国籍企業、NGO、社会運動グループ、各種民間組織がある。彼らは情報テクノロジーを活用して世界レベルでの政治的・経済的・社会的な繋がりを作り出し、昔であれば考えられないような影響力を国際社会に及ぼしている。

こうした非国家主体の台頭は情報テクノロジーの拡散の結果であり、大きな利点がある半面、テロリスト、犯罪集団、ハッカーなどの非国家主体はサイバー攻撃に手を染め、主権国家が対応に苦慮する国境を越えた問題を引き起こしている。

非国家主体の台頭に加えて、「力の垂直シフト」を助長している要因として、「気候変動」「感染症」「世界金融システムの崩壊」「テロリズム」「核やバイオテクノロジーなどの新技術の拡散」がある。これらは、グローバルな脅威で個々の国家による対応には限界があるため、結果として主権国家の権威と力を弱体化させている。こうした脅威に共通する問題は世界的な繋がりが密になる中で、ある国で生じた害悪が当事国のみならずあらゆる国に拡散することであり、中国で発生した感染症があっという間に世界に広がったり、米国や中国での金融危機が直ちに世界経済に影響を与えたりするのは、その一例である。

ナイは、こうした国際政治における水平・垂直という二つの力のシフトを受けて、「アメリカには（力の水平シフトに対応した）"他国を上回る力"のみならず、（力の垂直シフトに対応した）"他国とともに発揮する力"が必要であり」、グローバルな脅威に対応するため、国際的な協力による制度や枠組み作りが不可欠で、アメリカはそうした動きを主導すべきと主張します。同時にナイは、こうした動きへの最大の脅威はアメリカ国外ではなく、アメリカ国内にあり、今後、国際協力を妨げる排外主義的な国内の動きを抑えることができるかが課題であると結論づけます。

孫子の兵法『九地篇』に「夫れ呉人と越人との相い悪（にく）むや、其の舟を同じくして済（わた）りて風に遭うに当たりては、其の相い救うや左右の手の如し」との言葉があります。憎しみ合う者同士であっても共通の危機に際しては協力するという意味です。現在、世界の主権国家は様々な問題で互いに角を突き合わせていますが、今後、自分たちが同じ「地球」という舟に乗っていて嵐に遭遇するかもしれないとの共通の危機意識の下に、多少でも協力しあうようになれるのか私は注目しています。

鎌田　昭良（元防衛省大臣官房長、元装備施設本部長、防衛基盤整備協会理事長）

…… 前事（ぜんじ）忘れざるは後事（こうじ）の師 ……

募集・援護 特集

平和を、仕事にする。

ただいま募集中！
◇自衛官候補生◇貸費学生
◇高工校（推薦・一般）
★詳細は最寄りの自衛隊地方協力本部へ

空幕募集・援護課
退職自衛官を「援護射撃」
「危機管理産業展」で企業関係者にPR

空幕募集・援護課は10月20日から22日まで、東京都江東区の東京ビッグサイトで開かれた「危機管理産業展2021」に空自紹介ブースを出展した。「国を守る経験と思いを地域・企業のために」をキャッチフレーズに、来場した企業関係者に退職自衛官の就職援護活動を行った。今年3月に募集・援護課になって初の大型イベントへの出展について同課援護班の鎌田淳2佐に狙いを聞いた。（3面参照）

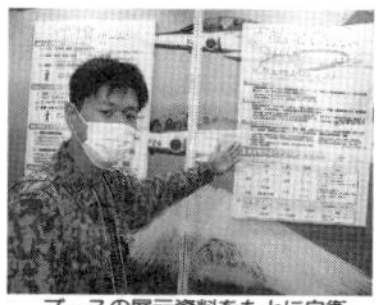

ブースの展示資料をもとに自衛官の有用性をPRする鎌田2佐

2018年、20年に続く3回目の出展となった空自ブースは、会場入り口近くの好立地に置かれ、企業関係者など多くの来場者でにぎわった。

ブースの外観はブルーインパルスをイメージした青と白で統一し、その前に課員が投票で決めたキャッチフレーズ「国を守る経験と思いを地域・企業のために」の看板を配置。それを見て足を止めた会社員に、「こんにちは、航空自衛隊です。危機管理に強い人財（人材）、御社でもいかがでしょうか」と課員がPRした。

今回の出展で鎌田2佐は、訪れた関係者と話す中で「危機管理に強い人材」のニーズを強く感じとったという。

「今年7月に発生した熱海市の土石流災派など、自然災害がいつ襲うかわからない中で、対処法を模索している企業の方が多く見受けられた。我々自衛官が普段行っていることはまさに〝危機管理業務〟そのものであるため、その観点から自衛隊には有用な人物が多いとアピールしました」

ブースでは空自のパイロットスーツ姿の隊員を見て、「子供の就職に航空自衛隊を考えている」と話す父兄も現れ、募集活動にも力が入れられた。

空幕援護業務課が今年3月、「同募集・援護課」となったことを受け、同課では隊員募集の分野にも対応。ブースでは入隊方法や自衛官の職種の魅力もPRし、予備自衛官の説明も行った。

「まず空自がどういう組織なのか理解してもらうことが重要なので、会場のパネルやパンフレットで説明したところ、『将来的に人手が足りなくなった時に、退職した航空自衛官の採用を検討したい』といった声が多くありました。こうしたことをきっかけに後日、求人をいただくこともあるため、この展示会の場はとても貴重です」と鎌田2佐。

来場した企業関係者からは「航空自衛官は付加価値のある人材が多いですね。人事部に求人できないか聞いてみます」「空自にどんな人材がいるのか、より詳しい説明を聞きたい」といった反応があったという。

鎌田2佐は今後について「自衛官は今話題のサイバー分野などでの勤務経験がある人もいて、新分野に挑戦する企業にとっても魅力的。募集と援護両面で企業、自衛官ともにハッピーになれるよう、この展示会をきっかけにさらにPRをしていきたい」と語った。

空幕募集・援護課が作成したPRチラシ。危機管理のプロとして空自隊員を採用するメリットを強調している

「危機管理産業展」の空自ブースを訪れた来場者に退職自衛官の活用をアピールする空幕募集・援護課の隊員たち（写真はいずれも10月22日、東京都江東区の東京ビッグサイトで）

1日防災学校で講話
心構えの三本柱を紹介　旭川

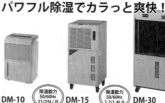

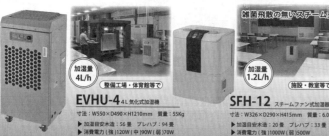

【旭川】地本は10月6日、北海道立鷹栖高校で1、2年生を対象に防災講話を行った。同校が今年度から新たに始めた「1日防災学校」の初回で、本部長の二瓶惠司1陸佐が講師として招かれた。

鷹栖高校の生徒たちに防災意識の大切さを語る二瓶本部長（右）＝10月6日

二瓶本部長はまず災害の心構えとして「自助、共助、公助」の三本柱を紹介し、「公助が駆けつけるまでは自助と共助で繋ぐことが重要」と語った。さらに、陸自の災害派遣の活動動画「アプローチ～この手を届かせるために」を上映。自衛隊の災派に備えた訓練や取り組み、近年の活動実勢を紹介した。最後に「将来、一緒に公助を担おうとする方が出てくればうれしい」と呼び掛けた。

生徒たちは、実際に災派に携わる自衛官の話に真剣に聴き入ったほか、会場に展示された自衛隊の災派活動の写真パネルを興味深そうに見入るなど、防災意識の大切さを感じ取った様子だった。

航空学生希望者　基地見学で意欲　愛媛

【愛媛】地本はこのほど、海自小松島基地の協力のもと航空学生受験希望者3人に対し基地見学を行った。

参加者は管制塔や救難消防車、格納庫でSH60J哨戒ヘリなどを見学。パイロットや整備員から説明を受け、航空機の安全運航に多くの自衛官が携わっていることを学んだ。隊員との懇談では、航空学生出身の操縦者に受験の心構えやパイロットになってからの出来事などを熱心に質問した。

参加した受験生の一人は「今までよりもっとパイロットになりたい気持ちが強くなった」と、受験に意欲を見せた。

救難消防車の前で記念撮影に納まる基地見学の参加者ら（海自小松島基地で）

吉居陸曹長に3級賞詞授与
長崎　業務改善提案　陸幕長採用に
地本の生き字引　学ぶことに貪欲

3級賞詞の賞状を手にする吉居雅博陸曹長

【長崎】地本の吉居雅博陸曹長（61）の業務改善提案「就職希望調査票及び就職調査票の記入項目の追加について」が陸幕長採用となり、西方総監から吉居曹長に3級賞詞が授与された。

吉居曹長は1979年に入隊、自衛隊勤務は43年目になる。地本には平成18年から15年在籍し、不明なことは「吉居さんに聞け」と皆が口を揃えるほどの生き字引的存在。新しい技術を学ぶことに貪欲で、常日頃から業務に疑問を持ち続ける姿勢が、今回の提案に繋がった。

現在、吉居曹長は地本に導入される電子決済による文書管理システムについて、援護課員を指導している。また、4月に援護班に配属された2人の若い事務官の育成にも奮闘。地本は過去に胡坐をかかない吉居曹長の、さらなる活躍を期待している。

富士の麓で躍動
予備自衛官招集訓練

実戦的訓練に達成感　静岡

【静岡】地本は10月8日から12日まで、機甲教導連隊が担任する予備自衛官招集訓練を支援した。緊急事態宣言が解除されてから初の訓練で、駒門駐屯地に予備自85人が出頭した。

より実戦的な内容で訓練に励む予備自衛官たち（10月11日、東富士演習場で）

連隊にとっても予備自招集訓練は初となったため、特別に相馬佳輝連隊長自らが「予備自衛官としての使命感の醸成、我が国を取り巻く安全保障環境について」と題して訓話した。

訓練は体力測定や救命講習、さらに、より実戦に近い想定状況を予備自に経験させることを目的に、東富士演習場での陣地防御訓練も行った。

参加者の一人は「実戦的な訓練に参加できて良かった。今後も練度向上に励みたい」と語った。

求められる質の向上　山梨

【山梨】地本は9月17日から21日まで、予備自56人の招集訓練への参加を支援した。訓練は北富士駐屯地で行われ、1特科隊3中隊が担任した。

1特科隊3中隊長の田中健一3佐（左）が予備自衛官旗を授与した（9月17日、北富士駐屯地で）

出頭した予備自は整斉と開始式に臨み、3中隊長の田中健一3佐に訓練開始を申告、予備自衛官旗を授与された。

訓練の合間には前野直樹本部長が、任期を全うした予備自衛官への顕彰状授与と、永年勤続者への表彰伝達を行った。

参加者からは「装備品も時代とともに変化し、扱うべき隊員の質の向上が求められると実感した」「貴重な訓練を経験でき勉強になった」などの感想が聞かれた。

中学生37人に南極の氷贈呈　富山

【富山】地本は9月16日、小矢部市立蟹谷中学校の3年生37人に海自砕氷艦「しらせ」が持ち帰った南極の氷を贈呈、あわせて出張授業を行った。

募集課の牧野耕太郎3海曹が、南極の気候やペンギン、アザラシなど南極に生息する生物の特徴を紹介。さらに人員・物資の輸送や各種観測活動など、幅広い支援活動を行っていることを説明した。生徒たちはメモをとるなど、熱心に聴講した。続く「南極の氷体験学習」では、生徒たちが南極の氷に触れ、特有の「プチプチ」という気発音に耳を傾けた。

授業後、生徒たちは「南極を身近に感じられ、とても勉強になった」「自衛隊にはさまざまな任務があることが分かった」と感想を語った。

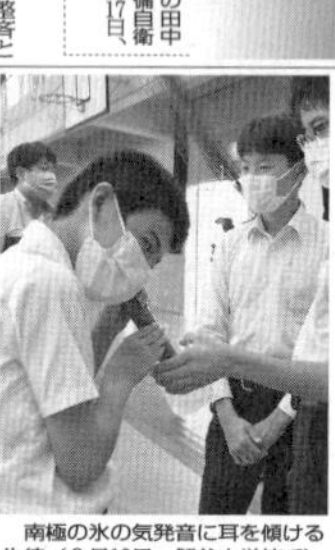

南極の氷の気発音に耳を傾ける生徒（9月16日、蟹谷中学校で）

鮮やかな調理実習　高校生たちが感嘆　京都

【京都】京丹後地域事務所は10月1日、府立海洋高校の依頼を受け、2年生の海自舞鶴基地の部隊見学を支援した。生徒が食品経済コースに所属していることから、多用途支援艦「ひうち」の艦艇見学のほか、給養の教育を行う4術科学校給養科で調理実習の見学などを行った。

調理実習では教官がかつら剥きや蛇腹きゅうりを実演、生徒たちはその手際の良さに感心していた。また艦艇内で調理する際の工夫や調理機器にも興味を示していた。実習見学後、だし巻き卵や杏仁豆腐などを試食した。

引率した教諭は、「生徒たちは大変喜んでおり、今後の進路選択に生かすことができる」と語った。

調理実習を見学する海洋高校の生徒ら（10月1日、多用途支援艦「ひうち」で）

〜地本 ホッと通信〜

札 幌

北恵庭駐屯地援護センターは10月15日、令和4年度に定年退職を予定している同駐屯地隊員17人に対し、「令和3年度第2回定年退職者直前教育」を行った。

同教育は退職予定者に対し円滑な再就職準備の推進を図ることを目的に、各種制度の説明や最新の雇用情勢などについて担当者が説明した。センター長の吉田正樹曹長は隊員に対し、「退職後のライフプランを考え、自己分析・職業考察・情報収集・計画立案を確実に行い、コロナ禍などの社会情勢を考慮して再就職先を選考してほしい」と述べた。

隊員からは「最新の雇用情勢が理解できた」「再就職に向け、さらに意識改革が必要だ」という声が寄せられた。

青 森

地本は9月29日、陸自第9音楽隊(青森)による東北町立東北小学校の「音楽鑑賞教室」を支援した。

同演奏会には児童のほか教職員など計298人が参加。コロナ対策のため一度の参加人数を制限し、2回に分けて実施した。

9音は「ディズニー・ファンティリュージョン」など全6曲を披露。アンコールでは「東北小学校校歌」が演奏され、児童たちは喜びながら手拍子を打っていた。

演奏終了後、校長先生から「今日は東北小学校の音楽鑑賞教室に来てくれてありがとうございます。とても素晴らしい生演奏が聴けて、楽しい時間を過ごせました」とお礼の言葉があった。

千 葉

地本は9月29日、空自入間基地で行われたC2輸送機の体験搭乗に若者5人を引率した。

体験搭乗は、入間基地を発着地とする千歳基地、三沢基地経由のC2の定期便を活用したもの。当日は天候にも恵まれ、快晴の入間基地を離陸した。

経由地の千歳基地では2空団司令部の協力で、出発時間までバスに乗車して各種航空機や基地の施設案内などがサプライズで実施された。

参加者たちは「より一層、空自に興味がわいた」「自衛隊の方々のおかげで安心した日常が送れることを実感した」などと述べた。

新 潟

地本広報室は9月23日、新潟市の万代島多目的広場大かまで開催された「新潟県防災コンファレンス」で募集広報活動を行った。

イベントのゲストにはプロレスラーの蝶野正洋氏が招かれ、空自新潟救難隊の3トン半トラックの荷台で防災に関するトークショーが行われた。会場ではこのほか、陸自30普連(新発田)の支援を得て陸自などの車両や制服試着コーナーも設置。来場者からは「災害時には日頃からの準備と心構えが必要だと感じた」などの感想があった。

山 梨

地本は10月13日、忍野村立忍野中学校で行われた職業講話に参加した。

講話では、陸・海・空自の計3隊員が入隊動機や職種説明、任務や業務の体験談をもとに、写真やクイズを出しながら説明した。講話を聴いた生徒からは「入隊するにあたり、必要な資格はありますか」など多くの質問があった。

静 岡

地本は9月21日、「令和3年秋の全国交通安全運動」に合わせ、静岡市で子供たちの通学の安全確保と交通事故抑止の活動を行った。

隊員は石田街道周辺で黄色い横断旗を手に通学中の子供たちの横断を見守りながら「おはようございます」「気を付けてね」と声をかけた。すると子供たちも笑顔であいさつし、元気いっぱいの様子で学校へ向かった。

広島地本 園児が「しらせ」見送り

横須賀に向けて出港した「しらせ」(右奥)を「帽振れ」と手作りの「UW旗」で見送る焼山みどり幼稚園の園児たち

園児たちは初めて見る「しらせ」を前に、「大きい」「すごい」と歓声を上げていた

【広島】地本は9月13日、呉市内にある「焼山みどり幼稚園」の園児ら88人を海自呉基地に招待し、国内巡行中の砕氷艦「しらせ」の出港行事に参加した。(1、7面参照)

海自の「しらせ」は毎年、南極の昭和基地に向かう前に日本近海でさまざまな訓練を行っており、同11日から補給と休養のため呉基地に寄港していた。

出港の朝、幼稚園の職員に引率された園児たちは「しらせ」が接岸するFバースに集まった。園児たちは長さ138メートルの巨大なオレンジの船体を見上げ、「すごいね」「大きいね」と口々に驚きの声を上げていた。

いよいよ出港の準備が整い、乗員たちが甲板に整列。見送りの人たちに手を振った。これに対し、園児たちはこの日のために自作した「UW旗」(安全な航行を祈る国際信号旗)を「しらせ」に向けて力いっぱい振って応えた。出港時刻の10時、地本長の鷹尾潤1海佐の「帽振れ」の号令で、隊員たちが一斉に帽子を振ると、園児たちも自分の赤、黄、ピンクの帽子を元気よく振り、岸壁はカラフルな色に彩られた。この園児たちの見送りに応えるように「しらせ」は汽笛を鳴らし、母港の横須賀に向かって出港していった。

その後、園児たちは海自護衛艦「とね」と「うみぎり」を見学。艦上の装備品を見て回ったほか、乗員とも交流。呉地方総監部のキャラクター「くれこ」「やまと」とも触れ合った。

この日、園児たちをお世話した地本の隊員は「海自の船を見た経験が子供たちの心に残ってくれたら嬉しい。この中から将来、海自隊員が誕生し、UW旗に見送られる日の来ることが待ち遠しいです」と語った。

呉地方総監部のキャラクター「くれこ」とも触れ合った

護衛艦「とね」の艦内を見学し、乗員から各装備の説明を聞く園児たち

三 重

地本は9月3〜15日までの期間中の5日間、本部庁舎で県内の大学生2人に対しインターンシップを実施した。

毎年、インターンシップの参加者と募集広報用グッズを考案しており、今年度の広報業務体験でもグッズの考案と大綱作製を課題とした。

大学生は経験したことのない作業に戸惑いながらも、災害時の避難行動がプリントされた小物入れ「防災袋」を考案。大綱を作製し募集課長へ報告した。

参加した大学生は「税金を使ってグッズを作製する責任を感じた。自分目線で考えるのではなく、広報官がグッズをどう配るのか、もらった人の役に立つものなのか、さまざまな目線で考えなければならないと学んだ」と感想を述べた。

京 都

京都地区隊は10月5日、京都市伏見区の府立洛水高等学校で2年生133人に対し、防災講話と衛生技術の実技講習を行った。

授業の前半は、地区隊長の後藤孝祐3佐が自衛隊の任務や職種、活動などを紹介。東日本大震災での人命救助活動の映像は注目を集めた。後半は「身近なものを利用した救命活動」をテーマに、広報官と募集課女性自衛官が骨折時の処置・搬送法の実技講習を実施した。

参加した生徒からは「熊本研修旅行前に熊本地震の概要や自衛隊の災害派遣活動を知ることができてよかった」「身の回りの物を利用してけがをした時に役立てたい」など多くの感想が寄せられた。

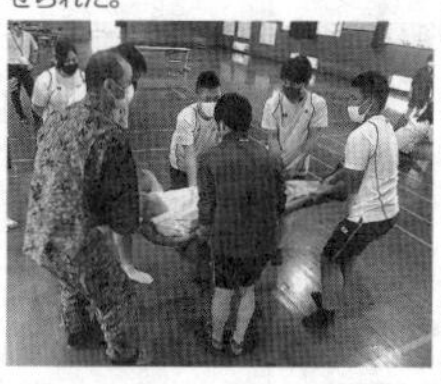

徳 島

地本はこのほど、海自徳島教育航空群と陸自14飛行隊(北徳島)で女性限定説明会を行った。

同会には16人が参加。全般説明のあと、グループに分かれて海自徳島航空衛生隊、女性隊舎、陸自14飛行隊の見学を実施した。女性自衛官との懇談も行われ、普段の仕事内容や休日の過ごし方などさまざまな質問があった。

参加者は「自衛隊の印象が変わった」「受験したい」などと述べた。

愛 媛

地本は10月9日、愛媛県の今治港で海自呉警備隊の「水中処分母船4号」による艦艇広報を実施した。

当日は83人が参加し、らっぱ吹奏や船橋の見学、応急器材展示や水中処分の紹介などが行われ、参加者に海自の魅力を発信した。

佐 賀

地本は9月1日、SNSを活用した広報活動の一環として、ユーチューブの運用を開始した。

ツイッターとインスタグラムに加え、ユーチューブを活用することで動画での情報発信の充実を図るのが目的。海自佐世保音楽隊によるミニコンサートの様子など、これまでに掲載した動画を一覧できる。

熊 本

地本は9月3日、熊本地方合同庁舎で航空学生志願者を対象とした「第2回航空学生説明会」を行った。

当日はWEB参加者を含め県内の学生ら9人が参加した。制度の説明では、海・空自の航空学生の採用試験の実施要領、教育・訓練、キャリアプランなどについて説明。質疑応答では参加者からの受験に向けた質問や相談に対し、航空学生出身者の水俣地域事務所長・中村賢紀1海尉が自身の経験を踏まえてアドバイスした。

参加者からは「航空学生と防大ではパイロットを目指すのに違いはあるのか」「問題の難易度は」などの質問があった。

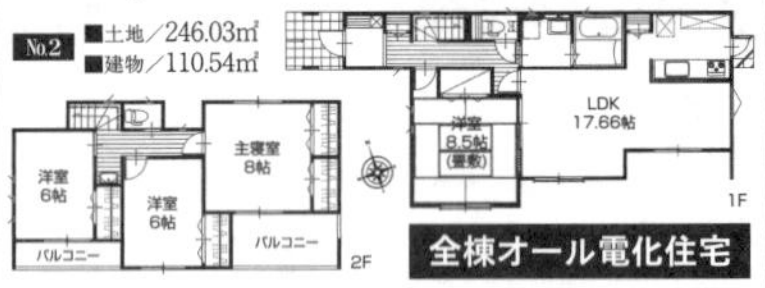

防大でPAC3MSE展開訓練

1高群2高射隊(武山)約30人が参加

空自1高射群2高射隊(武山)は10月27日、地対空誘導弾ペトリオットPAC3MSEの防衛大学校(小原台)への機動展開訓練を行った。迎撃能力を向上させた改良型のPAC3MSEを使った訓練が首都圏で公開されるのは今回が初めて。弾道ミサイル対処に係る戦術技量の向上を目的としたもので、当日は雨の中、PAC3の機材がミサイル等の迎撃態勢を整えるまでの一連の流れを演練した。

訓練には2高射隊長の清水秀明2佐以下約30人が参加。始めに、防大の訓練場に進入した警備分隊が陣地の安全を確認。その後、車両誘導員の後からPAC3MSE機材の6両が次々と陣地進入し、ミサイル発射機2両、レーダー装置、射撃管制装置、アンテナマスト・グループ、電源車を展開した。隊員たちはこれらの機材をスムーズに設営し、陣地進入から約20分で弾道ミサイル等の迎撃態勢を整えた。

訓練の意義について、清水2佐は「弾道ミサイル対処、それに関わる空自の即応態勢をお示しすることで、国民の皆さまの安全と安心感の醸成に寄与できるものと考える。弾道ミサイル等が発射された場合にも、この訓練等を通じて培ったわれわれの練度によってしっかりと対処可能だ」と述べた。

防大で訓練が行われたことについては「都市圏での防衛展示は我が国の防衛にとても重要なものだと考えている。われわれは全国各地に部隊を展開し、弾道ミサイルに対処できるように訓練を進めている。今回、この場で訓練できたことは、今後の任務遂行においても非常に有意義なものだ」と語っていた。

(上)弾道ミサイルの迎撃を想定し、雨の中、防大の訓練場に機動展開し、地対空誘導弾PAC3MSEの発射準備を行う空自1高射群2高射隊の隊員 (下)PAC3MSEのレーダー装置から覆いを迅速に取り外す2高射隊員たち(いずれも10月27日)

准曹士先任集合訓練

空幕長が訓話

空幕人教課 オンライン

空幕人事教育計画課の「令和3年度准曹士先任集合訓練」が10月14、15の両日、オンライン上で実施された。

同訓練は全国の主要部隊の准曹士先任に対し、業務の上で必要な知識や施策などを教育し、識能の向上を図るもの。今年も新型コロナ対策のため、昨年に引き続きVTC形式(ビデオ通話)を採用。全国63基地の81会場を繋ぎ、計約480人が参加した。

参加者は1日目、男女共同参画関連の教育を受けた後、井筒空幕長の訓話を聴講した。空幕長は昨年度を振り返り、VTC形式について「同じ情報を一度に共有できるメリットを確認できた」と評価。後輩育成に関する話題では「Z世代(90年代半ば以降生まれ)の若者にどう接するべきか世代を超えて話し合う必要がある。世代間の差が顕著であることから、准曹士先任は彼ら・彼女らを無理やり押し込めるのではなく、話を聞くことが必要だ。信頼関係を構築し、良い意見があれば取り入れることで、空自がさらに強くなることを期待する」と述べた。

その後も服務や人事施策関連の教育のほか、統幕最先任・澤田茂准陸尉の講話などが続き、初日を終えた。

2日目にはオンライン上での意見交換会が初めて実施され、①コロナ禍における准曹士先任の役割②多様な人材を「活かす・発掘する」ための方策——などについて参加者間で活発な議論が行われた。

全国の基地に所在する准曹士先任に対し、オンラインを通じて訓話を行う井筒空幕長(10月14日、空幕大会議室で)

こちら警務隊

火災予防①

寝たばこ等の過失で建物を燃やしたら50万円以下の罰金

失火罪とはどんな罪ですか?

寝たばこやコンロの消し忘れ等の過失で、建造物等を燃やしてしまう犯罪であり、罰則は50万円以下の罰金となります。

また、燃やしたものが建造物等以外や自分の所有する人のいない建造物等であっても、公共の危険を生じさせた場合は同様の罪となります。

さらに、重大な過失があった場合、重過失失火罪に問われ、3年以下の禁錮または150万円以下の罰金と罪が重くなります。

失火は、他人の生命や財産に大きな損害を与えるとともに、多額の賠償を請求される可能性もありますので、火の始末を確実に実施して火災予防に努めましょう。(東部方面警務隊)

根本陸自最先任、米国出張

アーリントン墓地で共同献花

【陸自最先任室=市ヶ谷】陸自最先任上級曹長の根本和男准尉は10月10日から15日まで米国の首都ワシントンDCに出張し、米国陸軍協会(AUSA)主催の同会年次総会での最先任フォーラムに参加した。

期間中、根本准尉は米陸軍のマイケル・グリンストン最先任上級曹長をはじめとする各国最先任上級曹長らと会談、下士官レベルでの連携をあらゆる機会を通じて継続していくことで一致した。

同12日にはアーリントン国立墓地で在日米陸軍のジェリー・ドッドソン最先任上級曹長とともに日米下士官による共同献花を行い、平和と安定のために尽力した全ての人々への敬意と追悼の意を表した。

根本准尉は「日米の最先任が共同で献花するのは初めてのことで、非常に感慨深い」と述べた。

◇

これに先立ち根本准尉は9月13日から15日まで米ハワイ州に出張し、インド太平洋地域陸軍参謀総長等会議(IPACC)と上級曹長フォーラム(SELF)に参加した。

IPACCは、米陸軍とインド太平洋地域陸軍共催の国際会議で、インド太平洋地域の陸軍参謀長などを招待して開催。今回、関連して上級曹長級によるSELFが開かれた。

会場で根本准尉は各国陸軍上級曹長らと「新たな環境に向けた部隊の育成」をテーマに意見交換。米、パプアニューギニアの先任とは二者懇談を行い、各国下士官代表との信頼関係を構築した。

(上)米太平洋陸軍のスコット・ブルザック最先任(左)と握手を交わす根本陸自最先任上級曹長(9月15日、米ハワイ州で) (下)在日米陸軍のドッドソン最先任とともに共同献花を行う根本准尉(10月12日、米バージニア州のアーリントン国立墓地で)

人命救助で善行褒賞

交通事故負傷者に応急処置

海自八戸

【海八戸】海自八戸航空基地隊航空警備隊の登藤慶太1曹はこのほど、人命救助の功績により、同基地隊司令の芳賀良哉2佐から善行褒賞を授与された。

登藤1曹は7月23日、八戸市の沼館交差点で乗用車とミニバイクの衝突事故を目撃。この事故で、ミニバイクを運転していた男性が頭部から出血して負傷したため、直ちに付近にいた民間人と協力して救急車を要請した。

この後、意識がもうろうとしている男性の安全を確保して止血や気道確保などの応急処置を行い、現場に到着した救急隊員に発見時の状況と処置の概要を伝え、救護を引き継いだ。

登藤1曹は「自衛官として国民を守るという使命感から行動しただけのことであり、今後も引き続き職務に邁進していく」と語った。

八戸航空基地隊ではこれまで、昨年11月に航空警備隊の中村元輝士長と今年3月に運航隊の山田剛憲2曹(現・「ゆうだち」)が人命救助の功績で、6月に航空警備隊の花田美佑士長が高齢者の保護処置でそれぞれ善行褒賞を受けている。この1年で部隊として4例目の善行となった。

人命救助の功績で、八戸航空基地隊の芳賀司令(左)から授与された善行褒賞状を掲げる登藤1曹

「しらせ」若者対象に特別公開

【しらせ=横須賀】砕氷艦「しらせ」はこのほど、横須賀と県で若者を対象に特別公開を行った。緊急事態宣言下で入港歓迎行事などのイベントは中止になったが、自衛隊の受験を希望する高校生や保護者など、4日間で計315人が参加した。(1、5面参照)

「しらせ」を訪れた参加者は、隊員の案内で艦内を見学。人員物資輸送や施設設営作業など、南極での支援活動の説明に熱心に聞き入った。また艦橋や搭載する多用機CH101ヘリを見て回り、食堂では体験喫食も行った。

「しらせ」の幅広い活動に触れた参加者は、「受験意欲がいっそう高まった」と笑顔を見せた。また保護者も「乗組員の誠実な対応に感銘を受けた」と感想を語った。

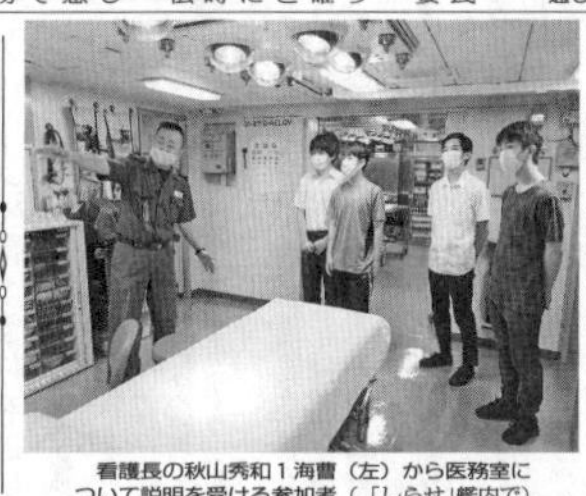

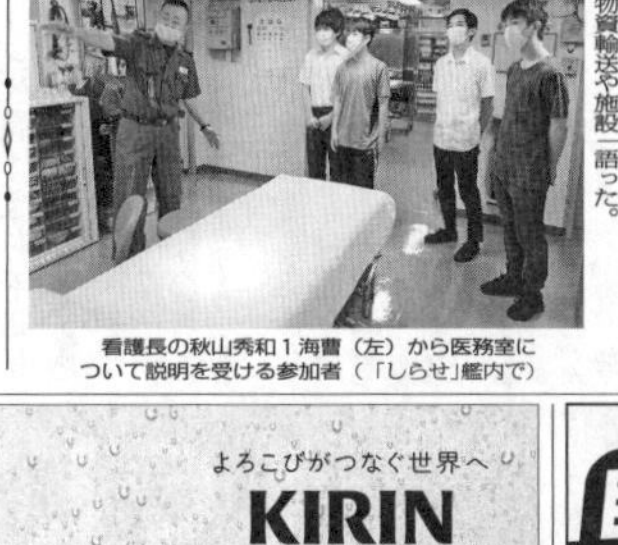

看護長の秋山秀和1海曹(左)から医務室について説明を受ける参加者(「しらせ」艦内で)

倉吉市の山中で行方不明者を発見

8普連

陸自8普連(米子)は10月21日以降、鳥取県知事からの要請を受け、倉吉市関金町関金宿の山中で行方不明者の捜索に当たり、翌22日に発見した。

18日に山菜取りのため入山した90歳の男性が行方不明となり、警察や消防などが捜索に当たったが、発見に至らなかった。このため20日午後4時23分、鳥取県の平井伸治知事から8普連長の堀田朗伸1佐に災害派遣が要請され、8普連は翌21日の早朝から、警察や消防と協力して捜索活動を開始した。

22日午後1時58分、隊員が心肺停止状態の行方不明者を発見。同日午後4時39分に県知事からの撤収要請を受け、活動を終えた。活動規模は人員約140人、全天候型ドローン2機だった(いずれも延べ数)。

小休止

▽…「フレスコボールジャパンオープン2021」が9月25~26日、千葉市の稲毛海浜公園で行われ、海自開発隊群司令部の外山祐次1曹=写真右、マスク外し撮影=が男子部門で優勝、MIX(男女混合)部門で準優勝した。

▽…フレスコボールはビーチで行うブラジル・リオデジャネイロ発祥のラケットスポーツ。2人一組でボールを打ち合い、ラリーの回数や正確さなどを競う。屋外で距離を取って行うことから、コロナ禍の中で人気が高まっている。

▽…相手の打ちやすいところへ返球することが求められる「思いやりのスポーツ」。外山1曹は日頃の業務同様、丁寧なプレーで好成績を収めた。男子部門で日本代表にも選出される予定。(開発隊群=船越)

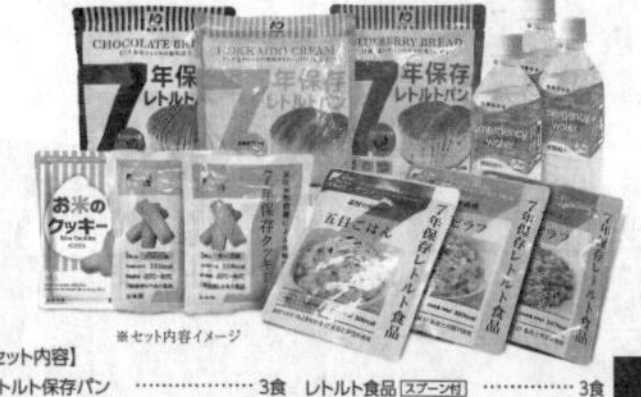

『はたらく自動車がやってくる！』イベント参加で自衛隊をアピール

2海曹 青戸 栄儀（鳥取地本募集課）

鳥取地本（本部長・村田晶洋1空佐）は9月18日、チュウブ鳥取砂丘こどもの国で開かれたイベント「はたらく自動車がやってくる！」に広報ブースを出展した。

企業等も参加した同イベントは、子どもたちが世の中の仕事に広く興味を持ち、また、家族で防災意識を高めてもらうのが目的。

時折り雨が降るあいにくの天候ではあったが、主に小学生の子を持つ家族が多数来場し、広大な敷地内には子どもたちの元気な声が響き渡っていた。

鳥取地本ブースでは、8普連（米子）の支援を受けて軽装甲機動車や人命救助セットの油圧ジャッキを展示したほか、ミニ制服試着コーナー、VR体験、「南極の氷」も展示。ミニ制服を身に付けた子どもたちは普段見ることのできない自衛隊車両に乗り込み、興味津々の表情で敬礼のポーズを取っていた。

また、今回のイベント参加に際し、鳥取県自衛隊家族会の人的支援を受け、自衛官と共に広報活動に尽力していただき、自衛隊協力団体との連携を深めることもできた。

新型コロナウイルス感染拡大の影響で、ほとんどのイベントが中止になる中、今回のイベントに参加できたことは自衛隊の活動を発信する貴重な機会となった。

鳥取地本は今後も機会を捉えては積極的な広報活動を展開していく。

鳥取地本ブースを盛り上げた地本部員と家族会員

多くの子供たちでにぎわう「はたらく自動車がやってくる！」のイベント会場

（世界の切手・モナコ）

この世界に安全などない。チャンスがあるだけだ。
ダグラス・マッカーサー（米国の軍人）

朝雲ホームページ
www.asagumo-news.com
会員制サイト
Asagumo Archive プラス
朝雲編集部メールアドレス
editorial@asagumo-news.com

令和3年度自衛隊殉職隊員慰霊祭を支援して

陸曹長 早坂 秀之（鹿児島地本援護課）

自衛隊鹿児島地方協力本部は、令和3年10月3日、「鹿児島縣護國神社」で鹿児島県隊友会主催が主催する「令和3年度自衛隊殉職隊員慰霊祭」を支援した。

本慰霊祭は昭和40年から行われており、同神社に祭られた111柱の御霊の安らかな眠りを祈念するもので、鹿児島県隊友会がご遺族12名を招いて粛々と執り行われた。

いまだ出口の見えない新型コロナウイルスとの戦いの中、ここ鹿児島県でも感染者数が増減を繰り返しており、県内の各種行事の延期や中止が相次いでいるが、ご遺族の強い希望もあり、規模を縮小して実施された。

参列されたご遺族からは、「慰霊祭が行われ、安心した」「まん延防止措置の延長で諦めかけていたが、今年も本殿で弔う事ができてよかった」との声が聞かれた。

主催の隊友会では「コロナ禍の厳しい状況ではあるが、たとえ参列者がいなくとも慰霊祭を執り行い、我が国の安寧に寄与した御霊に礼を尽くすつもりだった。ご遺族の参列に感謝します」と話している。

鹿児島地本は今後も、111柱の御霊に敬意を表するとともに、ご家族を失ったご遺族の心に寄り添う懇切丁寧な応対を行い、遺族援護業務を着実に推進していく。

殉職隊員慰霊祭に参列し、記念写真に収まる鹿児島県隊友会の会員とご遺族

みんなのページ

朝雲・栃の芽俳壇

畠中草史 選

柿の実の色づくほどに葉を落し　熊谷・空OG　福元万理子

青柿が色付き始め一個ないし数個の木守柿までの経過を柿の色と葉で上手く叙された。

子らの声コスモス畑筒抜けに　福生・空事務官　村松加珠彦

このコスモス畑は広く中に径が巡らされ、子供らの姿は見えない。穏やかな秋晴である。

鰯雲赤く染まりし夕間暮れ　小牧・陸OB　松岡 魚青

柚子は黄にひえつき節の寂び寂びと　宮崎・空OB　髙木 智念

重陽や比良を降り来る若き僧　大津・陸OB　丸岡 正男

秋日燦濯ぐたび櫂を光らせて　浜松・空OG　塩見 惇子

こぼれ萩風に吹かるる石畳　あきる野・一般　小和田一男

棟上げの槌音高し秋日和　館山・海OB　斎藤 一向

台風に身構へてゐる鬼瓦　浜松・空OB　宮本 立勇

夕暮れの草の陰より虫の声　熊谷・空OB　明田 眞雅

針仕事夜なべの母を思ひ出す　横浜・一般　福本 祥子

ポケットに木の実を詰めし少年期　熊谷・空OB　工藤 敏雄

裏山の道ふさぎをり葛の花　浜松・空OG　鈴木和歌惠

商品券届くコロナ禍敬老日　富谷・陸OB　加川 師亨

深呼吸して通院の涼新た　相模原・一般　森 謙二

降り止まぬ雨の冷たき盆休み　熊谷・空OG　関田 絹江

旧街道面影今に新松子　相模原・海OG　折口 桂子

通り過ぐ自転車秋の風つれて　熊谷・空OB　蓮佛志向子

トンネルを抜け青田風ほしいまま　東京・陸OG　田中あやめ

夫作る手打うどんに茗荷添へ　熊谷・空OG　佐藤 玲美

冷房を止めて窓より夜の風　西東京・空OB　水島 孝雄

行く秋や終活帳は三冊目　町田・陸OB　岩原 滋利

地下道に楚々と活けある女郎花　札幌・陸OB　坂元 順一

主との話の弾む梨の店　熊谷・空OG　關谷 桂子

選者作品

流れゐる落葉蛇籠に身を寄する

投句歓迎！

▽郵便はがきの裏面に未発表の自作3句以内と氏名、年齢、職業（自衛官・事務官＝所属部隊＝、OB、家族、一般など）、住所、電話番号を記入▽締め切り毎月15日▽宛先＝〒162―8801 東京都新宿区市谷本村町5の1 防衛省D棟市ヶ谷記者クラブ朝雲俳句係☎03（5225）1750、専用線8・6・25515

新刊紹介

「戦争はいかに終結したか ―二度の大戦からベトナム、イラクまで」

千々和 泰明著

戦後の日本人は「戦争終結」を考えることから目を背けてきたのではないだろうか――。

著者は防衛研究所の主任研究官（戦史研究センター安全保障政策史研究室）で、「戦争終結」という日本では全くと言っていいほど研究されてこなかったテーマに焦点を当て、理論と歴史の両面から考察する。発刊後、大きな反響を呼び、重版も決定した話題の書だ。

戦後の日本は戦争放棄の名の下に軍事が長らくタブー視され、日本の安全保障論議は「抑止」や有事における「初動対処」の域を出ていないと指摘。事態がエスカレートした場合、これをどのように収拾し、いかなる条件で講和を結ぶべきか。いったん始まった戦争を理性的に収拾するための方策に関する検討は手つかずのままだ。

本書では「望ましい戦後の在り方が戦争終結の形態を決め、逆に戦争終結の形態が戦後の在り方に影響を与える」という視点に立って、20世紀以降の主要な戦争の終結過程を精緻に分析。

その上で「根本的解決」と「妥協的和平」のジレンマを切り口に、真に平和を回復するための「出口戦略」を考え、これからの日本の安全保障を考えるためのヒントを提示している。

（中央公論新社刊、1012円）

「日本が感謝された日英同盟」

井上 和彦著

英国から「クイーン・エリザベス」空母打撃群が来日するなど、近年"新・日英同盟"に向けた動きが加速している。本書はその背景事情と100年前の「日英同盟」の歴史的意義を紐解いたものだ。

振り返れば、両国とも「日英同盟」（1902―23）を結んでいた頃が絶頂期だった。欧・亜の両雄が手を結び、世界平和にも貢献した。第1次大戦中、日本は英国の要請で海軍艦艇を欧州に派遣し、地中海で船団護衛を行うなど大きな役割を果たした。一方、英国も日露戦争中、極東に向かうロシア艦隊を各寄港地で妨害して疲弊させ、これが日本海海戦での日本の大勝利につながった。

だが、同盟が消滅すると両国は悲劇の道を歩み始める。米国は英国の支援がなくなったと見るや日本を狙い撃ちし始め、日米関係は急速に悪化、それが太平洋戦争の引き金になる。英国もパートナーを失ってアジアからの撤退を余儀なくされ、ついには敵同士になり、日英は戦争に突入する。

本書ではかつての輝かしい日英同盟の再興を願い、両国の武士道・騎士道精神などを解説。その象徴的な事例として地中海で勇敢に戦い、日本の名を欧州中に知らしめた旧海軍第二特務艦隊の活躍が貴重な写真とともに紹介されている。

（産経新聞出版刊、1430円）

小野 節子さん 55

令和2年12月、海自艦船補給処を3海佐で定年退職。現在、ブロードマインド株式会社でファイナンシャルプランナーとして活躍している。

感謝の気持ちを忘れずに

私は令和2年12月に海上自衛隊艦船補給処を最後に定年退職し、今年1月からブロードマインド株式会社で、ファイナンシャルプランナー（FP）として勤務しています。全国に8拠点、海外にも子会社がある独立系FPの会社で、海自隊員向けセミナーも5年前から行っています。

FPとは、年金、保険、投資、税制、生活設計などに関する専門知識を生かし、個人を対象として資産運用に関する相談を受け、的確なアドバイスを行う仕事です。横須賀地方総監部援護業務課から今の会社を紹介された時は「こんなに幅広い専門知識を55歳過ぎで学んで、それを生かして仕事にするのは至難の業だわ」と考えました。しかし、「世の中のためになること、人のために役立つ仕事。何歳になってもやる気があれば、なんとかなる！」と心に決め、再就職しました。

会社ではさまざまな研修をことごとに受けています。また、弊社に相談される方は公務員の方も多く、公務員に特化した税務や退職金の運用も学びました。入社前からファイナンシャル・プランニング技能検定3級の勉強をして取得しましたが、入社後も同2級、I種証券外務員、生命保険募集人等の資格を取りました。今後も宅建士や相続診断士などの資格にチャレンジしようと思います。

自衛隊生活で培った誠実さ、責任感を忘れず、謙虚さを常に認識して会社に貢献したいと思います。これから退職される皆さんも「民間企業では新入隊員！ 感謝の気持ちを忘れずに、思いやりを持って何でも学んでいこう」という気持ちがあれば大丈夫です。

最後に、お金まわりのご相談はぜひ、私たちまでお問い合わせください！

定年まで残すところ2年 ドローン操縦士資格を取得

准空尉 海野 淳（11飛教団飛教群本部・静浜）

皆さん、定年後の再就職をどうしようかと考えたことはありませんか？

私も若い頃は、再就職なんて何十年も先だと思っていましたが、気がつけば3度目の静浜基地勤務、そして定年まで残すところ約2年です。

再就職するなら好きなことをしたい。そんな気持ちで援護の職業訓練の項目を調べていると「ドローン操縦士」なるものを見つけました。

以前から操縦してみたいという強い願望があり、資格取得を熱望しましたが希望は叶わず。援護の一環であっても、必ずしもうまくいくとは限らないと思い知りました。

しかし、どうしても諦めきれず、民間団体の講習を受講し、念願の「ドローン操縦士」の資格を取得することができました。

ドローンも来年度から一般車両と同じ免許制になるという話があり、ドローンを活用した航空輸送（宅配）の実現化に向けて航空法や関係法令の一部改正など本格的な動きもあるようです。

まだ再就職先は決まっていませんが、皆さんも再就職に向けて、やみくもに資格を取るのではなく、取得後どのように活用していくのかを、しっかり考えてみてはいかがでしょうか。

念願かなって「ドローン操縦士」の資格を取得した海野准尉

詰碁

第1270回出題

出題 日本棋院 九段 曲 励起

白先

『黒を取って下さい。白は最初の手が大切です』。5分でできれば中級です。

▶詰碁、詰将棋の出題は隔週です◀

詰将棋

出題 日本将棋連盟 九段 石田 和雄

	6	5	4	3	2	1
一		飛	馬			
二						
三			玉	歩		角
四				香		桂
五						

▲先手 持駒 なし

≪第854回の解答≫

【正解】▲3二馬△同玉▲5二飛成△2三玉▲1二竜△1四玉▲3五角成までの七手詰め。

【解説】まず▲3二馬と捨て、△4四玉には▲5四馬を見せます。三手目▲5二飛成から▲1二竜と飛を大活躍させる順が本題のテーマ。▲1二竜が特に肝心で△同玉なら▲2二角成まで。

朝雲

発行所 朝雲新聞社
〒160-0002 東京都新宿区四谷坂町12－20 KKビル
電話 03(3225)3841
FAX 03(3225)3831
振替00190-4-17600番
定価一部170円、年間購読料9170円（税・送料込み）

本号は10ページ

ドイツ艦19年ぶり来日

岸防衛相「バイエルン」を歓迎

ドイツ海軍のフリゲート「バイエルン」（満載排水量約5500トン、艦長＝ティロ・カルスキ中佐以下約200人）が11月5日、東京都江東区の東京国際クルーズターミナルに寄港した。ドイツ艦艇の日本訪問は2002年6月以来、19年ぶり。岸防衛相は同日、これに合わせて来日したドイツ連邦軍総監のエーバーハルト・ツォルン陸軍大将とドイツ海軍総監のカイ＝アヒム・シェーンバッハ中将と共に同艦を視察した後、記者会見し、「今回の寄港はインド太平洋地域の平和と安定に積極的に貢献するというドイツの強い決意を国際社会に広く示すもので、『自由で開かれたインド太平洋（FOIP）』の維持強化を推進していく上で重要なターニングポイントになった」と高く評価し、歓迎の意を表した。

（関連記事3面）

独フリゲート「バイエルン」の前で共同記者会見に臨む（手前右から）ツォルン独連邦軍総監、岸防衛相、ゲッツェ駐日独大使。後列は右からカルスキ艦長、山崎統幕長、シェーンバッハ独海軍総監、山村海幕長（11月5日、東京都江東区の東京国際クルーズターミナルで）

「自由で開かれたインド太平洋」強化

「バイエルン」は今年8月2日にドイツ北部のヴィルヘルムスハーフェン海軍基地を出港後、ソマリア沖・アデン湾やインド洋などで海自護衛艦と共同訓練を行い、オーストラリアや米グアムなどを経て来日。

11月4、5の両日は関東南方沖で海自の護衛艦「さみだれ」（艦長・田村真禎2佐以下約170人）と共同訓練を実施した後、5日午後に東京国際クルーズターミナルに入港した。

「バイエルン」を視察した岸大臣は、クレーメンス・フォン・ゲッツェ駐日ドイツ大使、ツォルン総監と共に同艦の前で共同記者会見に臨み、「日独交流160周年の記念すべき年に、ドイツがインド太平洋地域、そして我が国に艦艇を派遣したことは、この地域の平和と安定に積極的に貢献するとのドイツのコミットメント（責任ある関与）を示す上で重要な意義を有するもので、防衛大臣として大いに歓迎する」と述べた。

さらに今回の訪日は、今年3月の日独情報保護協定の締結、4月に開催された日独初の外務・防衛担当閣僚協議「2プラス2」に続き、「強まる2国間関係を象徴するのみならず、さらなる防衛協力発展の足がかりとなる」と評価。

その上で「基本的価値を共有するパートナーであるドイツと共に『FOIP』の維持・強化、グローバルな課題への対処のために協力し、地域の平和と安定に積極的に貢献していく考えだ」と意気込みを語り、他の欧州諸国によるインド太平洋地域への関与拡大に対する期待感を示した。

続いてゲッツェ大使は「ドイツは欧州連合（EU）と同じく、インド太平洋地域を外交政策の重点地域と位置付けている。これを表すのが昨年9月に独政府が発表した『インド太平洋ガイドライン』だ」と説明。「日本はドイツにとってインド太平洋において基本的価値を共有する重要なパートナーだ」と強調した。

大使は「バイエルン」が11月中旬以降、北朝鮮船舶による国連制裁逃れのための違法な「瀬取り」を監視するため、東シナ海を含む日本の周辺海域でドイツとして初となる警戒監視活動を行うことを発表し、「帰路においては南シナ海を航行することによって日独が共に国際法を守り、航行の自由に向かって連携していることをアピールする」と明言した。

最後にツォルン総監が「友好国の日本と共に、この地域で海上輸送ルートが自由で開かれた状態に保たれること、人権が守られることに貢献できることを誇らしく思う」と発言。

「インド太平洋は今や戦略的に最も重要な地域の一つだ」と強調した上で、「世界の自由や平和、繁栄の要となる決定はまさにこの地域において下されている。独フリゲートの派遣は、ドイツによる共通の価値へのコミットメントが示されている」と力強く語った。

独軍総監 岸防衛相らと会談

岸防衛相の「バイエルン」視察に先立ち、ツォルン独連邦軍総監が防衛省を訪れ、岸大臣、山崎統幕長と会談した。独連邦軍総監の来日は2001年7月以来20年ぶり。

岸大臣は冒頭、同席したシェーンバッハ海軍総監の来日や「バイエルン」の日本訪問に触れ、「ドイツ側の強い決意を歓迎する」と述べた。会談では南シナ海、東シナ海の安全保障環境について、「こうした問題はアジアだけでなく、欧州を含む世界共通の懸念だ。このような情勢で日独の連携は極めて重要である」と語った。

これに対し、ツォルン総監は日独艦艇の共同訓練など防衛交流の意義を強調し、「『バイエルン』が日本近海で海自と共同訓練を行ったことは我々にとっても国際的な経験を積む良い機会となった」と述べ、「こうした機会を設けて下さった統幕長、海幕長、皆さまに心から感謝する」と謝意を表した。

この後、ツォルン総監は山崎統幕長と会談。統幕長は「FOIPを実現するための活動にドイツ連邦軍がコミットメントすることを心強く思う」と歓迎の言葉を述べた。

これを受けてツォルン独総監は「政治レベル、軍の参謀レベルにおいても今後の両国の協力関係の強化・拡大は必要だと感じている。北大西洋条約機構（NATO）と欧州連合（EU）の枠組みにおいても戦略的な情勢分析や地域の脅威分析を行い、視野を広げていくという結論に至った」と応えた。

岸防衛相 海自横須賀

留守家族と車座対話

歴代大臣で初めて

岸防衛相は11月8日、海自横須賀基地を訪れ、海外に派遣されている護衛艦の乗員の留守家族との「車座対話」に臨み、長期間の留守を預かる家族ならではの不安や悩みを直接聞いた。

今後の政策に生かす取り組みの一環で、歴代防衛相で隊員家族と車座対話を行ったのは岸大臣が初めて。

参加したのは、アフリカ東部のソマリア沖・アデン湾で海賊対処活動に当たっている護衛艦「ゆうぎり」と、インド太平洋方面で訓練中の護衛艦「むらさめ」の留守家族計6人。

夫人らからは「自衛隊には留守家族のための相談・支援窓口があるので大変心強い」という共通認識が示された上で、洋上の夫とオンタイムで連絡が取れないことへの不安や、コロナ禍と長期派遣が重なって家族が会えない状況が続いている悩みなどが挙がった。

このほか、書類手続きに関し、家族も隊員と同じウェブ上で完結する仕組み作りへの提案もあった。

これに対し、岸大臣は「家族との場を大切にできるよう、我々も対応してまいりたい」と述べ、長期の海外派遣から帰国した後は可能な限り一定期間の休暇がとれるように検討していく考えを示した。

対話を終えて記者会見した岸大臣は「コロナ禍での隊員の安全確保や家族支援に対する率直なご意見、ご要望を伺うことができた。隊員の留守を預かるご家族のご心配、ご苦労を改めて強く認識した。一つ一つをしっかりと受け止め、防衛省・自衛隊としてご家族の皆さまを全力でサポートしていきたい」と話した。

岸防衛相（中央奥）との車座対話に臨む海自隊員の留守家族の夫人たち。大臣の右は司会を務める防衛省人事教育局人事計画・補任課の末富理栄課長（11月8日、海自横須賀基地で）

東シナ海と太平洋上で日米共同訓練

空自と米空軍は10月28日、沖縄・那覇北西の東シナ海上空で「防空戦闘」などの日米共同訓練を行った。

空自から9空団（那覇）のF15戦闘機12機、1輸空（小牧）のC130H輸送機1機、2（入間）、3輸空（美保）のC1、C2輸送機各1機、那覇救難隊の救難機2機が参加。米空軍からは10機のF15をはじめ、KC135空中給油・輸送機、MC130特殊作戦機、C130各1機が参加し、防空戦闘、捜索救難、空中給油の各訓練を行った。

これに先立ち10月21日には関東東方の太平洋上空で「編隊航法」などの日米共同訓練を実施。こちらは空自から7空団（百里）のF2戦闘機3機、米空軍からB1B戦略爆撃機、KC135各1機が参加し、空中給油も行った。

後続する米空軍のB1B戦略爆撃機（左上）に対し、胴体下からブームを伸ばし空中給油態勢に入る米KC135空中給油・輸送機（右上）。左下は周辺の警戒に当たる空自7空団のF2戦闘機（10月21日、関東東方の太平洋上空で）

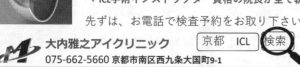

統幕長 英参謀総長とTV会談

多国間訓練の意義確認

ニック・カーター
英国防参謀総長

山崎統幕長は10月27日、英国防参謀総長のニック・カーター卿（陸軍大将）とテレビ会談を行った。

会談で両者は、厳しさを増す安全保障環境について意見交換を行うとともに、英海軍の空母打撃群（CSG21、旗艦・空母「クイーン・エリザベス」）の日本寄港や米・オランダ海軍を含めた多国間での共同訓練の成果と意義を確認。今後の日英間の防衛協力・交流に関し、「自由で開かれたインド太平洋」の実現に向けて協力関係を一層強化していくことで一致した。

印空軍参謀長と空幕長がTV会談

チョウダリ・
インド空軍参謀長

井筒空幕長は10月20日、インド空軍参謀長のヴィヴェク・チョウダリ大将とテレビ会談を行った。

空幕長は9月30日に着任したチョウダリ参謀長に祝意を伝えるとともに、改めて日印防衛協力・交流の重要性について確認。来年の「日印国交樹立70周年」に向けて、空軍種間でもさらに防衛協力・交流を推進していくことで一致した。

空幕長は10月21日の記者会見で「日印両国とインド太平洋地域の平和と安定に貢献するため、参謀長と良好な関係を続け、インド空軍との関係強化を図っていく」と述べた。

11月27日に朝霞で 無観客の観閲式

自衛隊記念日

防衛省は11月5日、令和3年度の自衛隊記念日行事の日程を発表した。コロナ禍のため、「自衛隊記念日レセプション」などが昨年に続き中止となった。各行事の日程等は次の通り。

▽追悼式（防衛省講堂）＝11月20日（土）＝首相を迎え、参列者を限定して規模縮小で実施。

▽観閲式（陸自朝霞駐屯地）＝11月27日（土）＝無観客で首相による視察と訓示のみ実施。観閲式の様子を映像配信する予定。

▽大臣感謝状贈呈式＝中止（個別に贈呈）。

▽音楽まつり＝中止＝代替行事として、陸自中央音楽隊、海自東京音楽隊、空自航空中央音楽隊による「青少年のための3自衛隊合同コンサート」を、令和4年3月28日（月）、29日（火）、30日（水）に東京オペラシティコンサートホールで開催予定。

▽体験飛行＝中止＝代替行事として、空幕長が年度内に開催予定（空自から別途発表）。

COP26出席の首相乗せ英国へ

政専機

空自特輸隊（千歳）のB777政府専用機は11月2日から同3日まで、英北部グラスゴーで開かれた「国連気候変動枠組み条約締約国会議（COP26）」に出席する岸田首相を乗せ、東京・羽田空港と英・グラスゴー空港を往復した。岸田首相が政専機で外遊するのは就任後初めて。

春夏秋冬

いわゆる「空母化」について

河野 克俊

先日、米海兵隊のF35Bが、いわゆる「空母化」を進める海自護衛艦「いずも」の飛行甲板に着艦した。これを見て私としては感慨深いものがあったので、ちょっとした回顧談を紹介したい。1999年に防衛調整官だった私は海上幕僚長の訪米に随行した。この訪米は、もう一つ大事なミッションを帯びていた。新しい大型ヘリコプター搭載護衛艦の後継問題を米海軍と話し合うためである。具体的には「はるな」の後継艦をどうするかということである。実は、この数年前に輸送艦「おおすみ」の建造計画があった。輸送艦であったが、甲板は全通甲板（空母のように艦首から艦尾までがつながった甲板）をしていた。そこで「空母疑惑」が浮上したのである。将来的にはスキージャンプのような甲板を取り付けて空母に改造するのではないかというのである。そして驚くべきことにこれを言ってきたのは、当時のソ連でもなければ、中国でもない、米国だった。

今は米国とは同盟国として盤石な関係を築いているが、1980年代から90年代にかけては微妙な時期もあった。代表的なものに1990年3月27日付ワシントン・ポストに載った「瓶のふた」発言がある。在日米海兵隊司令官スタックポール少将が「米軍は日本の軍国主義化を防ぐ瓶のふたなのだ」と述べたのである。米海軍の中にパールハーバー世代が残っていた時期は、一部に日本に対する警戒感は確かにあったと思う。

そこで「おおすみ」の二の舞は避けるべく「はるな」の後継艦については早めに米海軍に根回しした方がよいということになった。我々防衛部長と私は、海上幕僚長と別れ、海軍作戦本部に向かった。我々としては、航空機運用の観点から「はるな」の後継艦は全通甲板を考えていた。しかし、米海軍の反応はネガティブであった。理由は「日本が空母のような艦を建造すると中国を刺激する。その結果、アジア太平洋地域で軍拡競争になり、それは米国にとってハッピーではない」であった。これには参ったが、以後、紆余曲折を経て「はるな」の後継艦として全通甲板の「ひゅうが」が建造された。そして今はより大型の「いずも」と「かが」では米海軍の全面協力を得て「空母化」が進められている。しかし、ここに至るまでにはこのような歴史があったのである。

（前統合幕僚長、元海将）

朝雲寸言

南シナ海は広い。中国、ベトナム、マレーシア、インドネシア、フィリピンなどに囲まれた熱帯・亜熱帯の海域で世界の海洋貿易の半分、液化天然ガスの半分、海上輸送される原油の三分の一が行き来する▼200以上の島と礁が点在し、その大部分は南沙諸島にある。南沙諸島最大の島は太平島で、長さ1・3キロ、最高海抜3・8メートル、現在は中華民国（台湾）の実効支配下にある▼この南シナ海の島とは言えない小さな環礁を中華人民共和国が埋め立て、人工島を造りはじめたのは2014年ジョンソン南礁でのことであった。フィリピンなどASEAN諸国の抗議を無視して、現在、中華人民共和国が実効支配しているのはスービ礁、ファイアリー・クロス礁など七つの岩礁で、ある米海軍大将はこれらの人工島を「砂の万里の長城」と呼んだ▼狙いは、南沙諸島に眠っていると言われる石油・天然ガス資源であり、それ以上にマラッカ海峡以東のシーレーンの確保であると指摘されている▼第2次世界大戦中、日本帝国はマレー半島の最も細い地峡に鉄道を敷いた。クラ川上流域と南シナ海を結ぶ最短部分はわずか44キロしかない▼クラ運河の構想は過去、中国と日本などが注目してきた。そして今その運河に中華人民共和国が熱い視線を注いでいる▼時代は変わっても地理的要因が変わることは滅多にない。南シナ海はまさに「自由で開かれたインド太平洋」の焦点なのである。

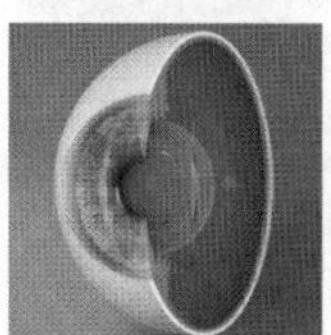

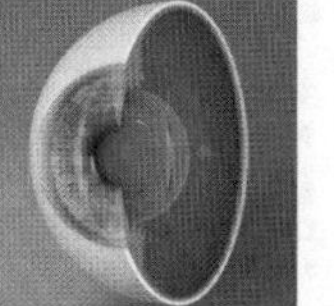

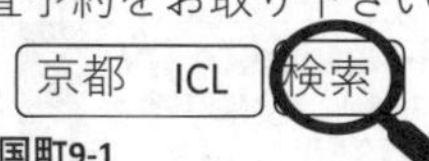

海自幹部学校

次世代海軍士官交流プログラム開催

オンライン併用で37カ国参加

海自幹部学校（学校長・真殿知彦海将）で10月25日から29日まで、西太平洋海軍シンポジウム（WPNS）加盟国による「第10回次世代海軍士官短期交流プログラム」がオンライン併用の〝ハイブリッド方式〟で開催された。過去最多となる37カ国から43人の若手海軍士官らが参加し、相互理解を深めた。

同プログラムは各国の若手士官に対し、安全保障環境や防衛政策などの相互理解を図り、多国間協力に向けた基盤を構築するための交流事業。昨年は新型コロナの影響で中止になったが、今年は初の試みとして、対面とリモートの併用で実施された。

幹部学校には招聘された米、英、印、露、シンガポールの海軍士官らに加え、米海兵隊と米沿岸警備隊の隊員も初めて出席。オンラインでは初参加のエクアドルをはじめ、豪、仏、独、伊、加、韓、マレーシア、チリ、ジブチ、アラブ首長国連邦など33カ国から少佐・大尉クラスの士官が加わった。

開会式で真殿学校長は、①活発な議論②日本への理解の深化③参加者間の交流の継続――の三つを要望し、「参加した皆さんが今後10年、20年の長きにわたり交流を継続し、（今回のプログラムが）各国軍間のつながりをより強くする礎となることを期待する」と述べた。

研究会では、「海軍は環境の変化にいかに適合していくか」をメインテーマに、①新技術が切り開く海軍の未来②海軍の人材育成と教育のデジタル化――の二つについてグループ別に意見交換を行った。

期間中、来日した参加者は横須賀など海自部隊を研修、オンラインでの参加者はヴァーチャルツアーで日本の歴史や文化に触れた。

「第10回次世代海軍士官短期交流プログラム」の開会式で、各国の若手士官らを前にあいさつする真殿学校長（10月25日、海自幹部学校で）

海自初の油槽船が進水

燃料輸送用「YOT01」（4900トン）令和4年4月就役予定

海自初の油槽船となる平成31年度計画油槽船「YOT01」（基準排水量4900トン）が10月20日、愛媛県今治市の新来島波止浜どっくで進水した。

同艦の貨油積載量は約6000キロリットルで、乗員は約14人。製油所から硫黄島をはじめとする海自の各貯油施設への燃料輸送、貯油施設間の移送などを担う。

進水式には防衛省・自衛隊から園田直紀呉地方総監、呉警備隊司令の石田享大1佐、海幕艦船武器課船体班長の中塚仁一1佐ら約20人が出席。

園田総監が支綱を切断すると、「YOT01」は船台をすべり、水しぶきを上げて勢いよく進水した。同船は令和4年4月に呉基地への就役を予定している。

油槽船は新来島波止浜どっくで2隻の建造が進められており、「YOT02」は令和4年2月ごろに進水、同年7月に就役予定。

山村海幕長は10月26日の記者会見で「これまで民間に依存してきた燃料輸送の能力を海自が持つことで、フレキシブル（柔軟）にできるようになる」と語った。

海自初の油槽船として進水した平成31年度計画油槽船「YOT01」（10月20日、愛媛県今治市の新来島波止浜どっくで）＝海自提供

時の焦点

国内　立憲民主党

政権担える党に脱皮を

自民、公明両党に対抗し、政権を担いうる政党に脱皮できるかどうか。野党第1党として重大な岐路に立っていることを自覚せねばなるまい。

立憲民主党の枝野代表が、衆院選敗北の責任を取って辞任する考えを表明した。年内にも代表選を実施する方向だ。

立民は衆院選に、共産党などとの野党共闘を強化して臨んだが、公示前に比べ14議席も減る結果に終わった。

小選挙区では、自民の幹事長や閣僚経験者を破るなど一定の成果を上げたものの、全体では競り負けるところが多かった。比例選では、想定を大きく下回った。

立民の野党共闘のあり方は複雑だ。

まず、共産、れいわ新選組、社民との4党で、市民団体を介し、「憲法改悪反対」などの政策協定を結んだ。

これを踏まえ、政権交代した際は、共産が立民に対して「限定的な閣外からの協力」を行うというのである。

共産に距離を置く国民民主党は、この政策協定には加わらなかった。

立民が共産と直接は政策協定を結ばず、連立政権をつくるのではなく閣外からの協力、それも「限定的」と部分的な協力であることを強調したのは、両党の基本理念や政策が大きく異なることを認識していたからであろう。

共産は綱領に、日米安全保障条約廃棄や自衛隊の解消を掲げている。しかし、共産は、これらの政策を立民に求めることはしない、と再三説明している。

だが、選挙戦では、立民と共産の連携について、与党が厳しく批判する場面が目立った。選挙結果を踏まえれば、そうした戦術はある程度、効果を上げたとみることができるだろう。

日本維新の会は躍進しただけに、立民内では、共産との共闘で中道や無党派層が離反したとして、路線の見直しを求める声が上がっている。

一方、さらなる共闘の強化を求める意見もある。来夏には参院選が迫っている。改選定数1の1人区で野党の共倒れを防ぐには、いま共闘をやめるのは得策ではないというわけだ。

忘れてはならないのは、共闘の損得ではなく、立民自身の政策が問われているということだ。

立民の綱領には、「未来志向の憲法議論」「日米同盟を軸」などの言葉が並ぶ。

だが、立民は、与党との対決姿勢を強めるあまり、野党共闘による「抵抗政党」とみられ、綱領にあるような現実的な政策をアピールできなかったのではないか。安倍首相の下では憲法改正の議論に応じない、といった態度が典型である。

政府を厳しくチェックするのは野党の重要な役割だ。だが、それに甘んじるようでは、かつての社会党と変わらない。

選挙の損得だけでなく、どんな政権を目指すのか。代表選では、原点に立ち返って党の方向性を論じてもらいたい。

宮原　三郎（政治評論家）

海外　中国製ドローン

米政府購入に懸念の声

米政府が中国製ドローン（小型無人機）を購入した。国防総省は「国家安全保障上の見地」から明確に反対していたが、その警告は完全に無視された。

国防総省は7月23日、中国のドローン大手DJIが製造する監視用ドローンに関し、「サイバーセキュリティの面で懸念がある」として、購入に反対の立場を明らかにした。

しかし、国防総省の警告も何のその。現政権は引き続き購入計画を進め、国土安全保障省（DHS）がドローン購入取引を承認した。

外部にリークされた政府の内部文書によると、シークレットサービス（財務省所属）はDJIのドローン8機を購入した。

シークレットサービスの報道官は「我々は作戦の安全を維持するため、作戦の方法は明かさない」との声明を出した。

だが、事実は「国家安保の脅威になる可能性がある」との国防総省の警告から僅か3日後の7月26日、シークレットサービスは1万2792ドルを支払い、購入取引を終えている。

連邦捜査局（FBI・司法省所属）もほぼ同時期に、DJIのドローン19機を購入していた。支払った金額は5万9671ドル。

前政権で国家情報長官（DNI）を務めたジョン・ラトクリフ氏は10月10日、FOX－TVのニュース解説番組に出演し、「連邦の法執行機関のために中国製ドローンを購入するのは、国家安保を危険にさらすことになる」と述べ、DJIに対する現政権の決定を強く非難した。

ラトクリフ氏によると、トランプ前政権は2017年、DJIを国家安保の理由から〝ブラックリスト〟に載せていた。

「国土安全保障省の調査の結果、DJIは米国の重要なインフラに関する情報を中国共産党に提供する目的で、自社のドローンを使っていた。それが、我々の政権が同社の技術を排除し、基本的に中国の技術は使わないとの政策を進めた理由だ」

「第一、中国のドローン技術は米国のドローン技術ほど良くはない。だから、現政権の決定は理に反する。中国に対してよりソフトなアプローチを取り、中国は敵対者ではなく、競争相手だとの誤ったイメージを広めようという意図は一貫しているが」

DJIのドローンを購入したのは、ドローンを分解して、同社の技術をリバースエンジニアリングするためだったのでは、という声も極々一部にあることはある。しかし、同ドローンの調達が研究目的だったことを示すものは何もない。

思い出すのは、大統領が5月、バージニア州の軍基地で部隊を前に、中国はいずれ自分たちが米国を「所有する」と信じていると述べた演説だ。

「私は中国の習近平国家主席と多くの時間を過ごした。彼は、独裁政治は決定が速やかにできるので、中国は2030年や35年より前に米国を所有することになると固く信じている」

それなら、なぜその進展をずっと助けているのだろう？

草野　徹（外交評論家）

中国Y9計5機　宮古海峡を往復

中国軍のY9情報収集機1機とY9哨戒機2機の計3機が10月31日、沖縄本島と宮古島間の宮古海峡を往復飛行したため、空自南西空のF15戦闘機が緊急発進して対応した。領空侵犯はなかった。

上海方面から東シナ海に飛来した中国軍機3機は、南東進して宮古海峡を通過。太平洋を南下した後、先島諸島南方沖でそれぞれ周回飛行を行い、往路とほぼ逆のルートで自国領方面に戻った。

翌日の11月1日にもY9哨戒機2機が東シナ海から太平洋にかけ、前日とほぼ同ルートを飛行した。

統幕は両日、空自機が撮影した写真と航跡図を公表した。

中国の駆逐艦が宮古海峡を南下

10月31日午前0時ごろ、中国海軍の「ルーヤンII」級ミサイル駆逐艦1隻（満載排水量約7100トン、艦番号151「鄭州」）が沖縄・久米島の西北西約140キロの東シナ海を南東に向けて航行するのを海自の14護衛隊（舞鶴）の護衛艦「せとぎり」、5空群（那覇）のP3C哨戒機が確認し、情報収集と警戒監視に当たった。

中国艦はこの後、沖縄本島と宮古島間の宮古海峡を南下し、太平洋に出た。

「ゆうぎり」がEU海軍と共同訓練

ソマリア沖・アデン湾で民間船舶の護衛任務に当たっている海自海賊対処行動水上部隊39次隊の護衛艦「ゆうぎり」（艦長・熊代威2佐）は10月16日、欧州連合（EU）海上部隊に所属するスペイン海軍の艦艇と同湾で共同訓練を行った。

海賊対処水上部隊とEU海上部隊の共同訓練は、今年は既に2月にスペイン海軍揚陸艦、5月にイタリア海軍フリゲートとスペイン空軍P3M哨戒機、9月に伊海軍フリゲートと行っており、今回はEU部隊からスペイン海軍フリゲート「ビクトリア」（満載排水量約4100トン）が参加した。

「ゆうぎり」と「ビクトリア」はクロスデッキ（相互乗艦）、小火器射撃、乗船の各訓練を実施し、連携を強化した。

EU海上部隊との共同訓練で、海賊対処水上39次隊の護衛艦「ゆうぎり」（奥）から発進し、乗船訓練を行う乗員（10月16日、ソマリア沖・アデン湾で）＝統幕提供

海自「あぶくま」海保と共同訓練

海自は10月21日、東シナ海で不審船対処を目的とした海上保安庁との共同訓練を実施した。

海自からは佐世保地方総監部と12護衛隊（呉）の護衛艦「あぶくま」が参加。海保は第10管区海上保安本部から巡視船「あかいし」「とから」「かいもん」「たかちほ」とMA952固定翼機が加わった。

訓練では、重要施設などに向かう不審船を想定し、①情報共有②共同追跡・監視③停泊措置――の各種訓練を行い、共同対処能力を強化した。

F2から風防落下　ロックもれ原因か

去る10月10日、対領空侵犯措置任務中の8空団（築城）のF2戦闘機から操縦席を覆う「キャノピー（風防）」などが落下した事故について、空幕は11月2日、推定原因を発表した。それによると「パイロットがロック（施錠）しないまま飛行したことで、操縦席内部と外気の圧力差が生じたことで落下した」と原因を推定している。

空自が事故を起こした533号機のフライト・データ・レコーダーを解析したところ、離陸前から風防がロックされていない状態だった。風防のロックは離陸前にパイロットが行うが、施錠されていないことを示す警報灯の状況も確認していなかった。飛行前点検で風防や警報灯に異常がないことが確認されていた。空自は防衛相の指示に基づき、この事案に関する教育や点検を徹底した。

井筒空幕長は11月4日の記者会見で「この事案が発生したことはまことに遺憾。落下したと推定される地域、築城基地周辺の皆さまを始め、国民の皆さまに対してご心配をおかけしたことを心からおわびする。引き続き、落下部品の情報収集に努め、推定される原因から、関連教育を行い、飛行安全に万全を期していく」と述べた。

防衛省発令

▽空幕補任課人事1班長（空幕補任課）　1空佐　坂井　篤
▽同募集・援護課長（4補給処高蔵寺支処長兼高蔵寺分屯基地司令）　同　兼田　大助
▽北部航空方面隊装備部長（5航空団整備補給群司令）　同　村田　洋征
▽5航空団整備補給群司令（空幕補任課人事1班長）　同　富岡　慶充
▽空自4補給処高蔵寺支処長兼高蔵寺分屯基地司令（北部航空方面隊装備部長）　同　加藤　栄一
（以上10月31日）
▽海幕人事教育部（21航空隊司令）　1海佐　髙橋　秀典
▽21航空隊司令（23航空隊副長兼23航空隊幕僚室長）　同　菊地　敏明
▽22航空群司令部付（近畿中部防衛局調達部次長）　同　坂上　禎
▽23航空隊副長兼23航空隊幕僚室長（23航空隊）　同　山田　健一
▽佐世保地方総監部防衛部長（神奈川地方協力本部長）　同　夏井　隆
▽海自幹部学校主任教官（海自幹部学校）　同　田光　智行
▽海自幹部学校（佐世保地方総監部防衛部長）　同　佐藤　哲朗
▽空幕首席衛生官付（岐阜病院歯科診療部長）　1空佐　篠原　豊
▽岐阜病院歯科診療部長（西部航空警戒管制団）　2空佐　阿部　嘉裕
▽神奈川地方協力本部長（護衛艦隊司令部）　1海佐　平井　克英
▽近畿中部防衛局調達部次長（海自幹部学校主任教官）　同　河井　孝夫
（以上11月1日）

秋晴れの東京港に入港

岸大臣が視察

19年ぶりのドイツ海軍艦艇の来日――。11月5日午後、ドイツ海軍のフリゲート「バイエルン」が入港した東京国際クルーズターミナルには、日独関係者をはじめ、多くの艦船ファンらが詰め掛け、両国国旗の小旗を振って寄港を歓迎するとともに、岸防衛相の視察など一連の行事を屋外デッキから見守った。これに先立ち、「バイエルン」は4、5の両日、関東南方沖で海自護衛艦「さみだれ」（艦長・田村真禎2佐以下約170人）と共同訓練を実施した。5日の入港時の様子を中心に写真で紹介する。

（1面参照）

「バイエルン」艦上を視察し、ヘリ甲板で艦長のカルスキ中佐（右）と記念写真に納まる岸防衛相。後方に停泊するのはホストシップを務める護衛艦「さみだれ」（11月5日、東京都江東区の東京国際クルーズターミナルで）＝防衛省提供

ドイツ連邦軍総監として20年ぶりに防衛省を訪れ、自衛隊の儀仗隊を巡閲するエーバーハルト・ツォルン陸軍大将（手前右）。左はエスコートする山崎統幕長（11月5日、防衛省で）

「バイエルン」（奥）は、日本訪問に先立ち11月4、5の両日にホストシップを務めた護衛艦「さみだれ」と関東南方海域で共同訓練を実施し、日独海上部隊の連携を強化した＝海自提供

「さみだれ」と共同訓練

入港歓迎行事で「さみだれ」艦長の田村真禎2佐（右）と記念の盾を交換する「バイエルン」艦長のカルスキ中佐

東京港に入港し、東京国際クルーズターミナルに接岸するドイツ海軍フリゲート「バイエルン」（写真はいずれも11月5日、東京都江東区の東京国際クルーズターミナルで）

先に接岸したホストシップの海自護衛艦「さみだれ」（手前）の奥をゆっくりと岸壁に向けて航行する「バイエルン」

入港時、艦右舷に整列したドイツ人乗員と、ヘリ甲板に駐機する艦載機の「スーパーリンクス」哨戒ヘリ

岸壁での入港歓迎行事に参加するためタラップを降りる「バイエルン」の乗員たち

独フリゲート「バイエルン」訪日の歴史的意義

安全保障上の関与強化

庄司　潤一郎　防衛研究所研究幹事

―はじめに―

「バイエルン」の寄港

11月5日、ドイツのフリゲート「バイエルン」が日本に寄港した。ドイツの艦艇の寄港は、2002年6月以来、19年ぶり7回目である。正式な「作戦任務としての派遣」ではなく、これまで同様、遠洋訓練航海の一環であるが、昨年9月にドイツ政府が策定した「インド太平洋ガイドライン」を反映して、安全保障上の関与の強化を象徴している。

出港に際してハイコ・マース外相は、「インド太平洋地域のパートナーとともに、国際法の順守と安全保障情勢の強化に貢献することが、フリゲートに託された任務である」と述べていたのである。特に二つの点において、今回の寄港は画期的な意味を有している。

ドイツのインド太平洋政策の転換

第一に、ドイツのインド太平洋政策の転換である。これまでのドイツのインド太平洋地域への関心は、遠方という距離の要因に加えて、特に第一次世界大戦における南洋諸島など植民地の喪失や海軍力の制約から、英仏と異なり相対的に低く、主に経済的な面に向けられていた。

そのため、巨大な市場を有し、経済的に相互補完性のある中国が重視された。ドイツは、近代以降、例外的に膠州湾（こうしゅうわん）の租借や義和団の乱への派兵など軍事的関与も見られたが、主に経済面において中国に積極的に進出、19世紀末には英国に次ぐ貿易国となった。特に1930年代は、レアメタルなど戦略物資を輸入、引き換えに武器など軍需物資を輸出することで、軍事顧問団の派遣と相まって中国国民政府の国防強化を支え、日中戦争をめぐり日本との摩擦まで惹起（じゃっき）した。

戦後、西ドイツは台湾に軍事顧問団を派遣したものの、あくまで私人としてであり、安全保障問題に関与することはなかった。他方で中国大陸については、1972年の中華人民共和国との国交樹立を経て、特に1980年代以降、緊密な経済関係を発展させていった。現在では2016年から5年連続で中国はドイツの最大の貿易相手国となった。

一方、「インド太平洋ガイドライン」は近年、インド太平洋地域の重要性が大幅に高まってきたとの認識を背景として、ドイツの安全保障・政治分野での関与の強化を提唱している。具体的にはルールに基づく秩序、航行の自由、多国間主義などを原則として、民主主義体制を有し、価値観を共有する同地域のパートナーと連携するとされている。

すなわち、これまでの経済優先による中国傾斜から、中国の動向も念頭に置きつつ、安全保障上の関与への転換を明らかにした点で、重要な意味があった。

新たな日独関係へ

第二に、日独関係における意義である。日独関係は、明治期に日本が法律、医学、軍事、文化などの面においてドイツを近代化のモデルとし、その後も遅れた近代国家として一見類似した歴史を歩んできた。

しかし、国家間関係は、日清戦争後の三国干渉、第一次世界大戦における交戦など必ずしも緊密なものではなかった。第二次世界大戦においても、日独伊三国同盟を締結したものの、両国の理念や思惑は大きく異なっていたため、「空虚なる同盟」と称された。従って、インド洋で潜水艦による共同作戦が実施されたものの、実のある軍事協力はなされなかったのである。

戦後は共に敗戦から奇跡的な経済復興を成し遂げ先進国となり、G7のメンバーとなったが、両国とも戦争の反省から軍事力の行使には慎重であった。そのため、両国間の関係は、経済関係が中心であった。

安全保障面での協力の契機となったのは、冷戦終結後の1991年の湾岸戦争における掃海艇の派遣であった。その後も、ソマリア沖のアデン湾での海賊対処など協力の実績を上げてきた。

さらに本年3月には、懸案であった軍事機密を共有するための日独情報保護協定を締結、翌4月には日独両政府の初の外務・防衛担当閣僚協議「2プラス2」が開催された。今回の「バイエルン」の遠洋訓練航海において、各種の海上自衛隊との共同訓練が実施されるが、特に、北朝鮮による「瀬取り」監視など、初めて東アジアでの任務にも従事し、さらに、航行の自由重視の観点から南シナ海も航行する予定である。

こうした安全保障関係強化の背景には、「インド太平洋ガイドライン」と日本政府の提唱する、インド太平洋の平和と安定の基礎である法の支配、航行の自由など国際秩序の基本原則の維持を基軸とする「自由で開かれたインド太平洋」とに相通ずる価値観がある。

両国は世界大戦をはじめさまざまな経験を経て、歴史上初めて成熟した実効性のある安全保障協力関係に至ったのである。

今回の寄港に合わせて、エバーハルト・ツォルン連邦軍総監が、カイ＝アヒム・シェーンバッハ海軍総監とともに、ドイツ連邦軍の制服トップとして20年ぶり2度目の訪日を行っており、日独安全保障関係の強化を象徴していると言えよう。

―おわりに―

基本的価値観を共有するパートナーを目指して

岸信夫防衛大臣は、「2プラス2」に際して、「日独の防衛協力は新たなステージに入った」と述べた。

本年は日独修好160周年に当たっているが、日独両国は、ファシズム対民主主義の戦いとされる第二次世界大戦において、同盟国として戦って敗北した。現在、両国は、大戦という「過去」の反省を踏まえ、全体主義や権威主義を牽制するために、かつての敵国であった米英とともに、自由、民主主義といった基本的価値を共有する立場から、世界の平和に貢献することを目指している。

一方、コロナの打撃により中国への経済的依存はより高まっており、また、日本さらに米英仏豪などと異なり、中国の軍事上の脅威を直接感じていないことから、今後のドイツのインド太平洋政策に懐疑的な見方が散見されるのも事実である。

時あたかも、ドイツでは16年にわたるメルケル政権が終わり、新たな政権を模索中であり、まさに、経済重視から「過去」を踏まえたインド太平洋政策に転換できるか、ドイツの姿勢が問われているのではないだろうか。

庄司　潤一郎（しょうじ・じゅんいちろう）
1958（昭和33）年東京生まれ。筑波大学社会学類卒、同大学大学院社会科学研究科博士課程単位取得退学。防研戦史研究センター長などを経て現職。専攻は近代日本軍事・政治外交史、歴史認識問題。2006（平成18）年から10（平成22）年まで「日中歴史共同研究」近現代史分科会委員。主な著書に、いずれも共著で『歴史と和解』（東京大学出版会、2011年）、『検証太平洋戦争とその戦略』全3巻（中央公論新社、2013年）、『決定版　大東亜戦争』（新潮社刊、2021年）などがある。

第37回 危険業務従事者叙勲

元自衛官944人に栄誉

精励と社会貢献たたえ

政府は10月15日の閣議で「第37回危険業務従事者叙勲」の受章者を決めた。発令は11月3日付。防衛省関係者では944人（うち女性9人）が受章した。同叙勲は自衛官、警察官、消防士など危険性が高い業務に精励し、社会に貢献した公務員を表彰する制度で、関係省庁の大臣の推薦に基づき受章者を決定する。今回は3644人が受章した。防衛省関係者のうち「瑞宝双光章」は560人（女性2人）、「瑞宝単光章」は384人（同7人）。1佐から准尉まで、61歳から74歳の元自衛官が受章した。防衛省関係の受章者は次の通り。

（階級、所属は退職時）

■瑞宝双光章（560人）

■陸自（353人）

■海自（114人）

■空自（93人）

■瑞宝単光章（384人）

■陸自（253人）

■海自（63人）

■空自（68人）

厚生・共済

特集

ホテルグランドヒル市ヶ谷のフォトウエディングプラン

HOTEL GRAND HILL ICHIGAYA

挙式や披露宴の予定はないけれど 今という瞬間を写真に残そう

（2022年3月までの限定プラン）

「フォトウエディングプラン」では洋装・和装の婚礼衣装でさまざまなカットの写真が撮影できます

当ホテルでの挙式や披露宴の予定はないが、婚礼衣装をお召しになり、写真撮影をご希望の方へ。

防衛省共済組合の直営施設「ホテルグランドヒル市ヶ谷」（東京都新宿区）では、2022年3月までの期間限定で、婚礼衣装を着て写真撮影ができる「フォトウエディングプラン」をご用意しています。どうぞご利用ください。

「フォトウエディングプラン」は2種類あり、いずれのプランも内容は▽撮影料▽新婦衣装1着▽新郎衣装1着▽ヘアメイク▽着付け▽小物一式▽記念写真（2ポーズ）となっています。

◆「スタジオフォトPLAN」

ホテル内写真スタジオで撮影するプランです。料金は（いずれも消費税10%込み）、洋装が10万円、和装（洋髪）が13万5000円、和装（かつら）が16万円、和装（やまと髪）が18万円となっています。

◆「ロケーションフォトPLAN」

ホテル内写真スタジオとチャペル、神殿で撮影するプランです。こちらは、洋装が16万円、和装（洋髪）が20万円、和装（かつら）が22万円、和装(やまと髪)が25万円となっています。

ロケーションPLANにはスナップアルバム（100カットデータ）が付きます。

両プランの詳細はホテルスタッフまでお問い合わせください。

また、ブライダルのご相談も電話・メール・オンラインで受け付けています。

ご予約・お問い合わせは、電話03-3268-0115（直通）、専用線8-6-28853(婚礼予約)まで。ホームページ（https://www/ghi.gr.jp)、メール（salon@ghi.gr.jp)でも受け付けています。お気軽にお問い合わせください。

「ロケーションフォトPLAN」はチャペル内でも写真撮影ができます

本部契約商品の紹介

防衛省共済組合ではさまざまな共済本部契約商品を取り扱っています。その中から今回は悩み改善商品3点をご紹介します。

悩み改善商品3点 組合員特価で販売

◇お尻のための予防液「The ANL ジエイエヌエル」

お尻の穴のポッコリ、ムズムズ、ヒリヒリといった悩みを解決してくれる予防液です。

モニターテストでも84%の方が「良い」と答えています。お風呂上がりにひと塗りするだけと使用法も簡単です。組合員価格は税込2926円（標準価格は同4180円）。

予防液「The ANL ジエイエヌエル」

◇「フコイダン保湿ローション」

ダメージを受けたお肌をはじめ、敏感肌、乾燥肌でお悩みの方に最適な保湿ローションです。驚きの保湿持続力を持ち、朝まで肌がしっとり。赤ちゃんから使えるオールインワンのローションです。

組合員価格は税込4312円（標準価格は同6160円）。

フコイダン保湿ローション

◇「ミョウバンスプレーEX & 薬用ミョウバンせっけんEX」

ワキ・足のニオイ・体臭にパーフェクトに対応してくれるスプレーです。入浴後にひと吹きするだけで、翌日の夜まで効果が持続します。薬用ミョウバンせっけんEXと併せて使用すると、さらに効果が高まります。

組合員価格は税込3311円（標準価格は同4730円）です。

ミョウバンスプレーEX & 薬用ミョウバンせっけんEX

お支払いはクレジットカードなどで

各商品のお支払いはクレジットカード、代金引換、NP後払い、Amazon Pay、楽天ペイで。（電話注文の場合は、代金引換、NP後払いで）。

代金引換の場合、手数料が330円（税込）、NP後払いの場合は手数料209円（税込）がかかります。

商品の送料はいずれも726円（税込）。沖縄・離島は送料1496円（税込）となります。なお、ご購入金額が5500円（税込）以上で送料・代金引換手数料が無料になります。沖縄・離島は送料770円（税込）になります。

お問合せ・お申込はラムズ・マークス㈱の担当・高瀬まで。電話0120-201-760、ウェブはhttps://rams-marks.jp/bes へ。IDおよびパスワードは【bes】。

巡回レディース健診も実施中 申込は12月20日まで

女性組合員向けに「巡回レディース健診」を全国各地で実施しています。申し込みは12月20日まで、受診期間は来年2月末日までとなっています。

受診資格は任継組合員、被扶養配偶者、当該年度において40歳以上74歳以下の被扶養者（女性、年度内1回）です。

受診会場はベネフィット・ワンのWEBにアクセスし、「健診予約はこちら」から「巡回健診会場一覧」と進み、最寄りの会場をご利用ください。会場一覧はQRコードからもご覧いただけます。

この機会に女性の皆さまもぜひ健診を受けましょう。

健診は受けましたか

お申し込みは「ベネフィット・ワン」へ ネットや電話で受け付け

防衛省共済組合では「各種健診」を実施しています。

健診の受け付けは共済組合が委託する「ベネフィット・ワン」が行っていますので、次の方法でお申し込みください。

【WEB】パソコンはhttps://www.benefit-one.co.jp、スマートフォンはhttps://bnft.jpへ。アクセス後、「健診予約はこちら」のバナーをクリックしてお進み下さい。

【電話】ベネフィット・ワン健診予約センター(0800-1702-502、03-6870-2775)へ。朝10時から平日21時、土日祝日は18時まで受け付け。12月29日から1月3日は休みです。

【FAX】0800-9199-030、089-900-8281へ。お手元のご利用ガイドの「<各種健診>FAX・郵送申込書」または「<婦人科検診>FAX・郵送申込書」をご利用ください。

【郵送】〒790-8790愛媛県松山市藤原2－8－8　株式会社ベネフィット・ワン健診予約受付センターまで。「<各種健診>FAX・郵送申込書」または「<婦人科検診>FAX・郵送申込書」に必要事項をご記入のうえ、お送りください。

申し込み後、「ご予約確定通知書」が送付されます。受診当日は「防衛省共済組合員被扶養者証」または「自衛官診療証」を持参して受診してください。健診結果は1カ月程度で健診機関から本人に直接送付されます。

なお、健診時に個人負担金がある場合は健診機関窓口で当日お支払いください。

◇

このほか健診機関に電話で直接申し込むこともできます。ご利用ガイドの「健診機関リスト」に掲載された健診機関に、受診希望日の3週間前までに電話でお申し込みください。

予約後、受診希望日の3週間前までにベネフィット・ワン健診予約受付センターに電話で「ご予約確認通知書」の発行を依頼してください。後日、健診予約センターから同書を送付します。

その後は前述の方法で受診してください。

年金Q&A

「遺族厚生年金」について教えて下さい

亡くなった時、配偶者や子に支給されます

Q　私は18歳で自衛隊に入隊しました。私には扶養している妻子がいます。もしも自分が亡くなった時の遺族年金について教えてください。

A　厚生年金被保険者（在職中）の方や老齢厚生年金を受けている方などが、次の①から④までのいずれかに該当したときは、その遺族の方に遺族厚生年金が支給されます。

①厚生年金被保険者の方が死亡したとき

②厚生年金被保険者であった間に初診日がある傷病により、退職後、その初診日から5年以内に死亡したとき

③障害厚生年金（1級又は2級）の受給権者が死亡したとき

④老齢厚生年金等の受給権者の方または、保険料納付済期間等が25年以上である方が死亡したとき

【遺族の範囲と順位】

遺族の方とは、厚生年金被保険者であった方の死亡当時、その方によって生計を維持されていた方をいい、順位は次のとおりです。

①配偶者及び子　②父母　③孫　④祖父母

配偶者と子が受給権を取得するときは、配偶者に年金が支給されます。②から④の方は、先順位の方が受給権を取得すると遺族に該当しません。また、妻以外の方は年齢の条件があります。

※生計を維持していた方とは、生活を共にしている。また、恒常的年収が850万円未満（または所得金額が655万5000円未満）である方をいいます。

【遺族厚生年金の失権】

遺族厚生年金を受けている方が、次の①から⑤のいずれかに該当すると、遺族の権利はなくなります。

①死亡したとき

②婚姻したとき

③直系の血族または姻族以外の方の養子になったとき

④子や孫である方が18歳に達した日以後最初の3月31日が終了したとき

⑤30歳未満で遺族厚生年金を受けることになった妻について、次のいずれかに該当したとき

ア　妻に子がいない場合は、受給権取得日から5年を経過したとき

イ　妻に子がいて、同時に国民年金法の遺族基礎年金を受けていたが、30歳に到達する前に遺族基礎年金の受給権が消滅し、その日から5年が経過したとき

※子や孫とは、18歳未満（18歳到達の年度末まで）、または20歳未満で障害の程度が1級、2級に該当し、かつ婚姻していない子をいいます。

ご相談、請求手続きは最終所属支部の共済組合支部担当者（長期係）、国家公務員共済組合連合会、またはお近くの年金事務所へご連絡ください。　（本部年金係）

ライフプラン支援サイト

共済組合HPから 3社のWEBサイトに接続

皆さまは共済組合のホームページ（HP）からアクセスできる「ライフプラン支援サイト」をご存じですか？

共済組合HPから野村證券、第一生命、三井住友信託銀行の3社が開設する各Webサイトに進むことができます。

いずれのサイトも基本事項を入力するだけで将来の収入・支出のバランスを把握できる「ライフプラン・シミュレーション」をはじめ、結婚、出産、子供の教育、健康、老後など、人生のさまざまなシーンやそれに伴うお金にまつわる各種情報を得られます。

このほか、各サイトでは多彩なメニューをご用意。いずれもすぐに役立つ情報ばかりですので、ぜひご利用ください。

「ライフプラン支援サイト」閲覧は、共済組合HPのトップページ⇨生活さぽーと⇨ライフプラン支援サイトへと進み、各社Webサイトに進んでください。

なお、共済組合HPへのログイン用ユーザー名及びパスワードは「GOOD LIFE（共済のしおり）」や「さぽーと21」をご覧いただくか、ご所属の支部にお問い合わせください。

◇

共済組合の各支部では、防衛省が開催する「生涯生活設計セミナー」に合わせて、ファイナンシャル・プランナーによる「個別相談会」も実施しています。こちらもぜひご利用ください。開催予定等、詳しくはご所属の支部にお問い合わせください。

野村證券

第一生命

三井住友信託銀行

厚生・共済　特集

「私もカッコイイ自衛官になる」

20普連「Lady Go! プロジェクト」が結実

普通科に女性隊員配置

【20普連＝神町】20普連は部隊での女性活躍推進活動を令和3年度から「Ｌａｄｙ　Ｇｏ！プロジェクト」と銘打ち、女性隊員が活躍できる環境や基盤を整えている。具体的には、①男性隊員との垣根の撤廃②女性自衛官の新規補職への配置③各中隊が女性自衛官曹士配置のための環境と基盤を整備——などで、各隊がそれぞれ計画的に準備を進めた。その成果が9月17日に結実。連隊65年の歴史の中で、初めて普通科中隊である1中隊に2人、3中隊に2人の女性自衛官が配置され、「Ｌａｄｙ　Ｇｏ！プロジェクト」は新たな局面に突入した。そこで連隊広報室では、「女性自衛官の活躍」をさらに内外にアピールするため、4人を取材。彼女たちの普通科中隊での勤務に向けた決意や希望などを聴き取った。

今春開かれた「第4回女性活躍推進委員会」で意見交換する神町駐屯地の女性隊員たち

人のために一生懸命

1陸士 齋藤　葵（1中隊迫撃砲小隊）

山形県寒河江市出身。学生時代は東海大山形高校の女子バスケットボール部に所属し、全国大会出場を目指し部活動に打ち込んだスポーツウーマン。2年生の夏に県大会2位、3年生の冬に県大会3位と、常に上位に食い込む強豪校のスタメンでプレー。休みの日にも家にあるリングでシュート練習したという。

災害派遣で活躍する自衛官の姿を見て、「自分も人のために活躍できる仕事がしたい！」と陸自入隊を決意。過去問を購入して勉学に励み、一般曹候補生として今年4月に女教隊（朝霞）に入隊した。後期教育は神町駐屯地の迫撃砲区隊で81ミリ迫撃砲について学んだ。

3年度の第2次師団訓練検閲には弾薬手として参加し、同期の笠原2士と弾薬置場の構築に取り組んだほか、積極的に分隊長の掌握下に入り、小隊の任務達成に貢献した。

「引き続き訓練にまい進し、人のために一生懸命頑張れるカッコイイ女性自衛官になりたい！」と決意を語っている。

誰にでも優しく

2陸士 笠原　ほのか（1中隊迫撃砲小隊）

山形県最上町出身。学生時代は神室産業高校の剣道部に所属し、夏の地区総体では個人戦3位に入り、県大会に出場するなど最上地区では腕利きの剣士。真夏の剣道場で40分間の打ち込みも行う忍耐強い性格の女性だ。

小学2年生の時に東日本大震災を経験、その際に現地で活躍する自衛官の姿を見て「私もいつか人の役に立てる仕事がしたい！」と考えるようになったという。

入隊に向けては自ら山形地本新庄地域事務所に足を運び、念願の自候生に合格。今年4月に多賀城駐屯地119教育大隊341中隊に入隊、後期は20普連新隊員教育隊の特技課程迫撃砲に参加した。

第2次師団訓練検閲には同期の齋藤1士と励まし合いながら40キロを超える徒歩行進を完歩、陣地構築に取り組んだほか、積極的に警戒任務にあたり、小隊の任務達成に貢献した。

目標は「誰にでも優しくできる女性自衛官になる」。

元隊員の祖父に憧れ

2陸士 海老名　美咲（3中隊迫撃砲小隊）

山形市出身。学生時代は山形商業高校の野球部に所属し、マネージャーとしてスコア記入や場内アナウンス、グラウンド整備、洗濯、補食用の米研ぎなど、選手以上の仕事量をこなした。

祖父は6施設大隊（神町）の元隊員。幼少期に祖父の部屋に飾ってある多くの賞状を見て「自衛官ってすごい、かっこいい」と興味を持ち、入隊を志した。

自候生として多賀城駐屯地で前期教育を、後期は20普連新隊員教育隊の特技課程に。「入隊前の厳しい自衛隊のイメージと異なり、安心して訓練に取り組むことができた」。

第2次師団訓練検閲には中隊本部無線通信手として参加。約40キロの徒歩行進の後、同期の森2士と協力して中隊指揮所の開設などに取り組んだ。「周りを明るくできるカッコイイ女性自衛官になる」が目標だ。

“農業女子”から転身

2陸士 森　美久（3中隊迫撃砲小隊）

山形県鶴岡市出身。鶴岡東高校卒業後、約3年間、実家の農業を手伝い、米や枝豆を栽培するなど“農業女子”だった。その間、テレビ番組「沸騰ワード10」の自衛隊特集や、元自衛官ユーチューバー「トッカグン」の動画を視聴して自衛隊に興味を持ち、自ら山形地本鶴岡出張所に足を運び入隊希望を伝えた。

多賀城駐屯地で前期教育を、神町駐屯地で特技課程迫撃砲に参加した。教育間に最も印象に残ったのは35キロ徒歩行進。「同期みんなで行進する充実感、完歩した時の達成感がとても楽しく感じられた」と振り返る。

第2次師団訓練検閲では中隊本部無線通信手として参加し、真夜中の40キロ行進で疲労と睡魔が襲う中、同期の海老名2士と声を掛け合いながら通信の任務に取り組んだ。また中隊指揮所や車両の偽装、土のうの作製、警戒任務など、積極的に中隊本部を支えた。「さらに自衛官としての知識を深め、信頼される女性自衛官になりたい」と今後の目標を話している。

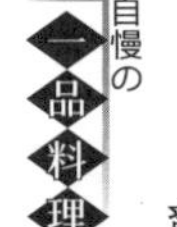

自慢の一品料理

習志野ピーナッツ・ラーメン

習志野駐屯地・分屯基地の隊員食堂では、令和3年度の新たな試みとして「陸・空自コラボメシ」を毎月提供してきましたが、8月の第5弾「習志野ピーナッツ丼」が予想以上に好評だったことから、「この具をラーメンにのせてみよう！」という発想で「習志野ピーナッツ・ラーメン（1高隊バージョン）」を提供しました。

このラーメンは陸自空挺団と同じく習志野に所在する高射部隊の空自1高隊にちなみ、空自らしい澄み渡った空をイメージ。あっさり塩味を追求し、昆布だしをベースに塩、鶏がらスープなどで味を調えました。千葉県にいながら、まるで北海道の「函館塩ラーメン」を食している気分を味わえます。

具は挽肉を主体とし、ピーナッツバター、クラッシュピーナッツ、シイタケ、タケノコ、もやし、小松菜などを添えました。ややこってり感のあるピーナッツなどの味を、あっさりした塩味のスープが柔らげ、食べやすくなっています。

食堂で提供したところ、スープを最後まで飲みほす隊員も。こってり感とあっさり感のハーモニーのループが口の中に広がり、各テーブルでも好評で、駐屯地の定番メニューの仲間入りを果たすことができました。

10月からは下半期メニューが開始され、「秋・冬」にふさわしい新たなコラボメニューを考案していきますので、隊員の皆さん、今後も習志野コラボメシをお楽しみに！

紹介者：1空曹 西尾　誠
（1高射隊業務小隊・習志野）

余暇を楽しむ

見島エイサー部

紹介者：3空曹 大庭　駿
（17警戒隊・見島）

動画配信で活動の形 模索

朝雲新聞をご愛読のみなさま、「イィヤーサ〜サ〜！（エイサーの掛け声）」。山口県萩市から約45キロ離れた周囲18キロの日本海の離島・見島のレーダーサイトで活動する「見島エイサー部」について紹介させていただきます。

エイサーは沖縄県の本島などで盆の時期に踊られる同県の伝統芸能です。

「なぜ山口県でエイサー？」と思われるかもしれませんが、当部は約20年前、離島で生活する隊員の団結強化と島民との交流をさらに深めることを目的に結成されました。沖縄勤務でエイサーの魅力にとりつかれた隊員たちが中心となり、分屯基地の部活動として定着しました。

近年の活動は島内にとどまらず、山口県本土の福祉施設や規模の大きな祭りでも演舞し、分屯基地だけでなく空自全体をPRしています。今では見島の隊員と島民、山口県民とのふれあいの懸け橋として、欠かせない存在となっています。

昨年からは新型コロナのため、演舞の機会もなくなり活動も自粛しました。この状況下でも、「なんとか伝統を継続させたい！」と隊員間で話し合い、「島民の方だけでも元気になってもらえるように」という思いで一致団結し、エイサーの訓練成果を動画にし、島内行事で披露するという新しい目標を設定して練習を再開しました。

「動画でこれまでのような感動を多くの人に伝えられるだろうか」という葛藤はありますが、創意工夫をしながら部員一同、新しい部活動の形として手応えを感じつつ練習をしています。

全国の皆さまも多くの制約の中で「以前のような部活動に取り組むのは困難だ」と思っているかもしれません。しかし、共にアイデアを出し合い、動画など新しい形で活動を再開させてみてはいかがでしょうか。

当隊の「見島エイサー動画」は今後、分屯基地HPにも掲載予定ですので、ぜひご覧になってください。

㊤衣装を着て、記念撮影する見島エイサー部員。20年前からの伝統を継承し、このほど活動を再開した　㊦演奏に合わせて演舞する部員たち。エイサーは島民にも人気で、今後演舞動画を発表する予定だ

修繕集合訓練を担任

施校、民間の技術学ぶ

【施校＝勝田】施設学校はこのほど、勝田駐屯地で行われた東方総監部装備部施設課（朝霞）の「令和3年度東部方面修繕担当者集合訓練」を担任した。

この訓練は東方内の各駐・分屯地の修繕担当者を招集し、駐屯地講堂（昭和32年建築）の修繕工事を通じ、実地に役立つ各種修繕技術を習得させることを目的に行われた。

訓練には隊員約15人が参加。外壁材張り、内部かべ紙張り、空調機設置等の作業要領や技術について部外業者の説明に聴き入り、熱心に技術を習得した。

施設学校では「この成果を資料・データ化し、今回参加できなかった駐屯地も含めて、全国の駐屯地に普及していく」としている。

東方修繕担当者集合訓練で部外業者（右）から技術を学ぶ施校管理課の隊員たち（勝田駐屯地で）

営内のベッド 全シングル化

日本原駐屯地

【日本原】駐屯地はこのほど、営内者の居室の全ベッドをシングル化した。

この施策は駐屯地で生活する全ての隊員（営内者）が高い士気と規律を維持し、各人の能力を十分に発揮できる勤務環境にすることを目的に実施。駐屯地ではこれまで常に一部の隊員が2段ベッドで就寝せざるをえない状況が続いていた。

この状況を解消するため、部隊長会議が開かれ、全部隊長の賛同を得て各部隊の居室利用密度を均等化。さらに、利用頻度の低い部屋を廃止するなどの工夫を重ねて部屋の使用区分を見直し、居室数を増やすことで全営内者がシングルベッドで就寝できるよう改善した。

この居住改革に営内隊員は、「これまでは同じベッドの同僚に気を遣っていたが、シングルになり気持ちよく就寝できた」「ストレスが減り、明日への英気を養えた」などの感想があった。このほか、一部屋当たりの人数が減少したことでコロナ対策も強化された。

日本原駐屯地の担当者は「今後、人事異動などで隊員の増減があっても、万難を排してシングルベッドによる隊員の快適な生活・勤務環境を守っていく」と話している。

シングルベッド化した営内者向けの居室。一部屋当たりの人数が減り、コロナ対策も強化された（日本原駐屯地で）

地方防衛局　特集

リモートで日米交流

青森県つがる市　恒例の「かかし作り」

児童と米軍人ら40人が参加

東北局

【東北局】東北防衛局（市川道夫局長）は、在日米軍と地域住民の相互理解を目的とした文化交流の一環として、今夏も青森県つがる市で「かかし作り交流プロジェクト2021　inつがる」を開催し、日米から計約40人が参加した。今年はコロナ禍のため、日米混成の5チームが初の試みとして2会場に分かれ、リモート形式で協力し合って「かかし」を作り上げた。5体の「かかし」は稲刈りが終わるまでの間、市内に展示され、田畑の〝守護神〟として活躍した。

「金賞」を獲得した「車力ボーイズ」の児童たちとかかしの「ユーシン」（後列左から3体目）。手前は通訳の女性＝車力小学校体育館で

「かかし」作りのプロジェクトは、車力小学校の児童と米陸軍車力通信所の軍人らによる〝日米混成チーム〟が、それぞれ創意工夫を凝らしてオリジナルの「かかし」を制作し、市内に展示して市民投票で出来栄えを競うというユニークな取り組みで、今回で4回目を迎えた。

今年はコロナ禍のため、新型コロナウイルス感染症対策を徹底し、児童と米軍関係者はそれぞれ車力小学校体育館と車力体育センターの2会場に分かれた上で日米混成の5チームを結成。両会場をリモート中継で結び、それぞれチーム内でコミュニケーションを取りながら「かかし」作りにチャレンジした。

初日は児童たちが事前にイメージした「かかし」の骨格を米軍人らに伝達。子供たちは日本語と英語にジェスチャーを交えたり、イラストを描いたりして完成イメージを懸命に説明し、米軍人らはそのイメージに近づけるべく、日本人講師から直接指導を受けながら、棒に藁を巻き付けて頭、両腕、胴体の骨格を作っていった。

2日目は子供たち自らデコレーションを担当。テレビ画面の米軍人らと相談したり、飾り付けの意味やそれぞれの思いなどを伝えたりしながら、服や帽子、サングラスといった衣装や装飾を施していき、個性的な「かかし」を完成させた。

児童たちは「仲良く協力して作ることができたのでとても楽しかった」、米軍人らも「子どもならではのユニークな発想があり、学ぶことができた」などと笑顔で話していた。

こうして児童と軍人らが協力して制作した5体の「かかし」は夏の間、つがる市生涯学習交流センター「松の館」と、むらおこし拠点館「フラット」に展示され、来場者による投票の結果を受けて「金賞」「銀賞」「銅賞」「東北防衛局長賞」「車力小学校長賞」の各賞が決定した。

10月13日には制作時と同様、車力小学校と車力体育センターの2会場に分かれて表彰式が行われ、小学生には佐々木康栄校長先生から、米軍人らに対しては東北防衛局三沢防衛事務所の古川和久所長から全てのチームに賞状と記念品が贈られた。

金賞に輝いたのは、かかし名「ユーシン」を制作した「車力ボーイズ」のチーム。子供たちからは「米軍の人たちと直接会うことができなかったけど、協力して作ったかかしが金賞になってうれしい」と異口同音に喜びの声が上がった。

5体の「かかし」は10月下旬の稲刈りが終わるまでの間、つがる市豊富地区の道路沿いに展示され、田んぼを害獣から守るとともに、地元の人たちの目も大いに楽しませた。

東北防衛局では「コロナ禍という厳しい状況での開催に協力・支援して下さった地元関係者に深く感謝するとともに、在日米軍と地域住民との友好関係を一層深めるべく、今後も日米交流事業を企画していきたい」と話している。

㊨米軍人と画面を通じて交流する子供たち＝車力小学校で㊧日本人講師（奥）の指導でかかしを作る米軍人たち（手前）＝車力体育センターで

防衛施設と首長さん

熊本県山都町　梅田　穰町長

陸自大矢野原演習場が所在　自衛隊と地域が一体のまち

うめだ・ゆたか　74歳。熊本県立矢部高校卒。熊本県農業協同組合中央会会長などを経て、2017年2月、山都町長に初当選。現在2期目。山都町出身。

山都町は、九州の真ん中「九州のへそ」に位置しています。北部は、阿蘇南外輪山、南部は九州脊梁山地の山々が連なり、その山々を水源とする一級河川の緑川や五ヶ瀬川の流れが、起伏に富んだ独特の渓流美を形成しています。このような自然環境の中で農業が盛んに行われ、特に有機農業は日本一です。

江戸時代中期の1757年に豊年祈願祭として始まった「八朔祭」は、毎年9月に開催され、祭りの目玉となる高さ4メートルを超える大造り物は、竹や杉など野生に自生する植物を材料として毎年制作され、多くの方々にお越しいただいています。

また、日本最大級の石造りアーチ水路橋で国の重要文化財に指定されている「通潤橋」の放水も圧巻です。併せて、熊本県の重要無形文化財に指定されている「清和文楽」や、九州のグランドキャニオンともいうべき「蘇陽峡」など、多くの自然、歴史的文化資源に富んでいます。

町の北西部には広さ16平方キロの面積を有する「陸上自衛隊大矢野原演習場」があります。演習場の規模は中演習場の位置付けではありますが、年間300日以上、延べ10万人以上の自衛隊員が訓練に励まれています。一方で、演習場周辺の環境、景観の維持のため、演習場周辺住民と自衛隊が共同で野焼きを実施し、地域の祭りには自衛隊音楽隊の演奏など地域と一体となったまちづくりを進めています。

今後も、自衛隊と地域の連携をより深め、町民の安心・安全のため、より良いまちづくりを推進してまいります。

自衛隊体育学校

国際規格プール完成から2年

【自衛隊体育学校＝朝霞】自衛隊体育学校に国際規格を備えた「自衛隊国際水泳場（国際プール）」が完成して今年11月で丸2年を迎えた。

東京オリンピックの開催を前に、2018（平成30）年3月に着工し、翌19（令和元）年11月に完成。水深3メートル、8レーン、50メートルの屋内競泳競技用プールで、国際大会の開催が可能な国内4施設のうちの一つだ。

このプールで練習に励む水泳班からは、この夏の東京五輪の競泳男子800メートルリレーで健闘した高橋航太郎2海曹（27）を輩出しており、次回のパリ五輪を目指す選手たちから「国際基準にのっとったトレーニングができる」と評判だ。

国際規格を備えた自衛隊体育学校の「国際プール」㊤とその外観㊦（写真はいずれも朝霞駐屯地で）＝体校提供

施設等の投稿をお待ちしています

全国の各基地・駐屯地において近年、新設または改修された庁舎や隊舎、施設等をPRする投稿記事をお寄せください。これから完成予定の建造物等の話題も歓迎します。

全国の地方防衛局からの投稿も引き続き受け付けています。話題としては、▽米軍や自衛隊の訓練に対する支援▽再編交付金や、特定防衛施設周辺整備調整交付金などを活用した施設整備（起工式・落成式等）▽防衛問題セミナー（オンライン開催を含む）▽在日米軍従業員永年勤続者表彰式▽優秀工事等顕彰状授与式▽発注工事に係る業務説明会▽地元との覚書署名▽今後完成予定の建造物の紹介▽局内の訓練（応急危険度判定調査訓練など）▽日米共同の地域イベント――などです。

■原稿の書式・字数は自由。

■写真はＪＰＥＧ（通常のデジカメ写真）形式で。

■「朝雲」編集部のメールアドレス＝editorial@asagumo-news.comまで。

新庁舎の除幕を行う北空司令官の深澤英一郎空将（中央）＝当時＝、北警団司令の樋山謙一郎将補（左）、3空団司令の久保田隆裕将補（9月7日、三沢基地で）

北空司令部の新庁舎完成

訓練講堂やシャワー室を完備

【三沢＝3空団、東北防衛局】北部航空方面隊司令部は9月7日、新庁舎への移転完了に伴い、庁舎落成式を行った。

落成式は新型コロナウイルス感染対策を万全にするため、在三沢の北空直轄部隊長と部内者のみの最小限で実施。新庁舎の説明、除幕に続いて、北空司令官の深澤英一郎空将（当時）が米軍地区から航空自衛隊地区に移転した意義などについて訓示し、閉式した。

新庁舎は鉄筋コンクリート造りの地上4階・地下1階建てで、延べ面積は旧庁舎の約3倍に当たる約7100平方メートル。

1階部分の外壁は格調高い「自然石調塗装仕上げ」となっているほか、訓練講堂をはじめ、シャワー室や障害者用トイレなども完備し、効率の良い一括冷暖房方式が採用されているのが特徴だ。

これまで離れていた3空団司令部庁舎の近くに立地し、利便性の面からも高い評価を得ている。

新庁舎では北空司令部や北部航空警戒管制団（北警団）司令部などが活動を開始した一方、1957（昭和32）年から使用されてきた旧庁舎は60年以上の歴史に幕を下ろした。

リレー随想　今給黎　学

暑い夏の最中、広島に赴任してから4カ月ほどが経過した。小生、公務員生活が今年で30年になるが、今回の広島赴任は初めての地方勤務でもある。

緊急事態宣言の合間を縫ってではあるが、これまで、山陰から四国まで、管内にある9県全てを訪れた。訪問先の自治体の首長の中には、防衛施設の話にとどまらず、国防への思いなど、大変率直な話を聞かせていただいたところもある。

自衛隊部隊が所在するある自治体にあいさつに行った際には、先方から「我々と自衛隊とは、ほとんど家族のようなものですから」と言われた。自衛隊がいかにその街に溶け込んでいるかがよく分かった。これまで東京での勤務しかなかった小生にとって、こうした話を伺えるのは大変貴重な経験である。

ビジネスの世界では、よく本社と現場が乖離している会社は駄目な会社だと言われる。企業は、現場があってその経営が成り立つのであり、経営者にとって大切なことは、まずは現場の実情をよく知ることだという。

実は、これは企業経営に限ったことではなく、組織一般に通ずることだと思われる。

「現場を知る」

防衛省・自衛隊の任務は、我が国の平和と安全を守ることであるが、そのためには、「防衛力」「抑止力」による裏付けが必要になることは言うまでもない。これらは、言葉では漢字3文字で片付いてしまうが、現実にそれをどう担保するかとなると決して話は簡単ではない。

国の防衛は、日米同盟に基づく米軍との関係強化、自衛隊の防衛力整備、訓練を含め、地道な取り組みを通じて確保されるが、何よりも重要なことは、国民（住民）の理解があって、そうした取り組みは成り立つということである。

防衛施設を抱える自治体は、先に述べたようなところもあるが、もちろん立場は一様ではない。こうした地元との関係でとりわけ大切なことは誠実な対応である。どのような仕事でもそうであるが、基本は信頼関係の構築だからである。

当局管内には、陸海空自衛隊の重要防衛施設が所在し、また山口県には、米海兵隊航空基地がある。我が国の防衛の重心が南西方面にシフトする中、この地域の防衛拠点は戦略的にも重要性がますます高まっている。

当地での勤務では、現場でしかできない仕事を通じて、日本の防衛に貢献していきたいと思っている。

（中国四国防衛局長）

首都直下地震に備え訓練

9都県市 自衛隊、海保など750人

横浜

陸自31普連の隊員たちによる倒壊家屋からの「捜索・救出・救助訓練」を視察する岸田首相（右から6人目）、岸防衛相（同2人目）＝11月7日、横浜市の耐震バースで（防衛省のツイッターから）

首都直下地震に備えた「9都県市合同防災訓練」が11月7日、横浜市で行われ、岸田首相、岸防衛相ら関係閣僚が視察した。「相模湾近海を震源とするマグニチュード8・1の地震が発生した」との想定で行われた訓練では、各機関とともに自衛隊も救援組織の中核を担った。

第42回9都県市合同防災訓練のメイン会場となったのは災害時、陸路遮断時に、緊急物資を海や空から運ぶ横浜市西区の発着所「耐震バース」で、警察、消防、海上保安庁などから約750人が参加した。自衛隊からは陸自31普連（武山）、海自横監、空自中警団（入間）が出動し、各機関と共同で訓練に臨んだ。

午前10時、相模湾近海を震源とするM8・1の大地震が発生。最初にライフラインの復旧作業が行われ、31普連の1トン水タンクトレーラーが海沿いに進出。耐震バースに停泊した海自の水船24号がトレーラーに生活水を供給する「救援物資輸送訓練」を行った。

一方、倒壊家屋に取り残された被災者を捜索・救助する「捜索・救出・救助訓練」では陸自偵察用オートバイが迅速に現場に進出し、情報収集を開始。「複数の建物の倒壊、車の多重衝突事故や列車の脱線事故により、多数の要救助者がいる」との情報を通知し、これを受けて各機関が共同で倒壊家屋などからの被災者救出に当たった。

最初に、今年7月の熱海土石流災派でも捜索活動に当たった中警団の災害救助犬ダンテ号とゼニス号が被災家屋に埋もれた要救助者を発見。31普連本管中隊長の小文道1尉以下の隊員たちがチェーンソーで扉を切断し家屋からけが人を救出し、担架で搬送した。

訓練を視察した岸田首相は閉会式で「災害が激甚化、頻発化する中、防災訓練による災害への備えは大変重要だ。訓練に熱心に取り組んでいただいた皆さまに感謝申し上げる」と述べた。

救出した〝被災者〟を担架で搬送する31普連の隊員。即応予備自（前列左）も訓練に参加した（陸自東方のツイッターから）

FTC 服務無事故1300日

教訓与える「強敵役」追求

「服務無事故1300日」を達成したFTCの隊員たち（北富士駐屯地で）

陸自部隊訓練評価隊（富士トレーニングセンター＝FTC、北富士）はこのほど、「服務無事故1300日」を達成した。平成30年2月の服務事故以降、約3年9カ月間、無事故を継続し、「服務指導系統、先任系統による指導はもとより、隊員一人一人が『第一線部隊を強くする』というFTCの任務にまい進することで成し得た」と近藤力也隊長。

最先任上級曹長の西塚剛准尉も「隊員は部隊にいかに教訓を与えるかを念頭に行動しており、任務への意識が極めて高い。服務指導者や上級曹長の会同も定期的に行い、上意下達、下意上達の気風が醸成、隊務の健全性が維持されている」と語る。

「Fight to Corona;FTC!」をキャッチコピーに、対コロナ基礎動作を徹底し「コロナ罹患者0」も継続。隷下部隊の評価支援隊2中隊（滝ヶ原）も11月26日に無事故連続千日の達成が見込まれるFTC。任務においても引き続き、「横綱相撲で訓練部隊に教訓を与え得る最強のアグレッサー部隊」（近藤隊長）を目指し、「錬磨無限」を追求していく。

来月5日に定期演奏会

陸自東方音

陸自東部方面音楽隊は12月5日（日）、埼玉県の和光市民文化センター「サンアゼリア」で第75回定期演奏会を開く。14時開演。

曲目は「ピータールー序曲」「アルメニアン・ダンス パート1」「鬼滅の刃メドレー」など。入場は無料。希望者は往復はがきで応募する（1枚につき1人。未就学児童の入場は不可）。詳細は東方音HPを参照。締め切りは11月19日（金）必着。問い合わせは東方音（048-460-1711）まで。

応募総数計229件

護衛艦「もがみ」「くまの」のロゴ決定

海自は10月11日、来年就役予定の平成30年度計画多機能護衛艦（3900トン、FFM）の1番艦「もがみ」と2番艦「くまの」のロゴマークを決定した。

両ロゴともに今年5月から6月まで、海自ホームページなどでデザインが募集され、「もがみ」は113件、「くまの」は116件の応募があった。

愛着持てる黒獅子

「もがみ」のロゴマークは東京都在住の自営業、倉田祐典さんの作品が選ばれた。ロゴの中心には艦名の由来となった最上川が流れる山形県長井市の黒獅子祭りの獅子を配置。外周は海自を連想させる波と錨、桜をモチーフにした。

倉田さんは「もがみ型護衛艦はクルー制で運用されると聞いた。艦に愛着をもってもらえるマスコット・シンボル的なものになってほしい」とロゴに込めた思いを海自HPで伝えている。

荒波を飛ぶ八咫烏（やたがらす）

一方、「くまの」のロゴは東京都在住の会社員、髙部翼さんの作品に決定。海の荒々しい波を背景に、ステルスをイメージしたスタイリッシュな艦名と力強く飛び立つ八咫烏を合わせたデザインとなっている。

異国の地に眠る英霊に献花

大分 ドイツ武官の墓参を支援

西方音が鎮魂歌を演奏

第1次大戦中、日本で亡くなった祖先の墓参りをするドイツ駐在武官のキーゼヴェッター大佐（10月14日、大分市で）

【大分地本】地本は10月14日、ドイツ大使館駐在武官のカーステン・キーゼヴェッター大佐らによる大分市の桜ヶ丘聖地への墓参りを支援し、一連の行事の円滑な進行に貢献した。

桜ヶ丘聖地には旧日本軍の戦没者のほか、第1次世界大戦中に敵国の捕虜として同市内の収容所に収容され、病死したドイツ兵2人が埋葬されている。

キーゼヴェッター大佐はそのうちの一人であるユリウス・パウル・キーゼヴェッター氏の子孫にあたる。墓参り行事では西方音（健軍）が日・独両国の鎮魂歌を演奏し、関係者による献花が行われた。

大佐は祖先を追悼後、100年以上にわたって墓を管理してきた大分県や地元住民に対して感謝の意を表した。

小休止

▽…新潟地本は10月9、10の両日、新潟市の万代シティパークで開催された「KIDSおしごとワールド」に参加、広報活動を行った。

▽…このイベントは子供たちを対象に「仕事体験をしてもらい、働くことを楽しみながら学ぶ」をコンセプトとして開催され、地本のほか、プロサッカー「J2リーグ」のアルビレックス新潟や航空会社の客室乗務員などのさまざまな職種が参加し、仕事体験が行われた。

▽…自衛隊ブースでは、子供たちが制服を着て家族で記念撮影し、陸海空自隊員と話をしながら仕事を学んだ。航空会社客室乗務員からも「制服を着て一緒に写真を撮らせてほしい」と要望があり、自衛隊の制帽をかぶせてあげると、優雅に敬礼した＝写真。（新潟地本）

未来の陸自幹部をフォローアップ

陸幕募集・援護課 希望者延べ174人にイベント

一般大の陸自幹候校入校予定者に対するイベントに出席し、学生たちに激励の言葉を贈る吉田陸幕長（10月9日、防衛省で）＝陸幕提供

陸幕募集・援護課は9月4、5の両日と10月9日、防衛省で令和3年度の一般大出身の陸自幹候校合格者のうち参加希望者延べ174人に対するフォローアップイベントを行った。

同イベントは未来の陸自幹部に対し、入隊後のイメージアップを図るもの。対面形式に加え、今回初めてオンラインも併用し、当日は遠方の合格者に向けたライブ配信も行われた。

10月9日のイベントでは陸幕長による合格者に向けた激励も初めて実施。市ヶ谷駐屯地の国際会議場で、吉田陸幕長は学生たちに、「私自身のこれまでの経験を踏まえると、大学（東大）を卒業して就職を決める中で、陸自を選択したことは間違っていなかった。現在、陸幕長という職に就かせて頂いているが、初級幹部の経験が今の自分の原点だ。将来の日本を創造するのは君たちであり、（陸自で）さまざまな経験をして頑張ってほしい」と述べた。

その後、参加者たちは陸自の若手中堅幹部との懇談や防衛省内の見学を行った。

参加した学生たちは「吉田陸幕長の言葉に大変感銘を受けた。陸自への入隊意欲が高まった」と話していた。

こちら警務隊

火災予防②

現に人がいる建物等の放火は 死刑、無期、5年以上の懲役

現住建造物等放火罪とはどんな罪ですか？

現に人が住居に使用しまたは現に人がいる建造物や乗り物等に放火した場合、現住建造物等放火罪で、死刑または無期もしくは5年以上の懲役に処せられます。

この罪は、現に人が住んでいる場所等に放火すれば生命の危険が生じるため、殺人罪と同等の刑罰となります。

また、消火義務のある者が、不注意や偶然などで付いてしまった火を、消すことができたのに消さずに放置したような場合も本罪に該当する可能性があります。

放火は、数多くの生命や財産を奪ってしまう可能性がある危険な犯罪ですので、絶対にしてはいけません。

（東部方面警務隊）

天国の菅原隆拓先輩へ 石巻高校の後輩たちの誓い

故・菅原隆拓氏

前防衛省人事教育局長の追悼集を読んで

防衛省人事教育局長だった菅原隆拓（たかひろ）氏（享年56）が昨年11月に在職中に亡くなってから1年。島田和久事務次官以下6人が発起人となって作成された「追悼集」がこの夏、菅原氏の母校、宮城県石巻高等学校に寄贈された。

本紙7月1日付の記事で「追悼集」の存在を知った小野寺直人3空佐（自衛隊中央病院臨床医学教育・研究部）の長男が石巻高校に通っている縁で寄贈が実現。発起人の一人として「追悼集」の編集に携わった防研の齋藤雅一所長（当時・大臣官房公文書監理官）を通じて2冊が贈られた。

これを受け、同校の2年B組ではこのほど、生徒たちがオンラインのホームルームの時間に「追悼集」を読んで一人一人が感想文を書き綴った。これらを担任の磯部礼奈先生がまとめて編集し、一筆「先輩への手紙」としてしたためた。

本紙掲載記事が結んだ絆

菅原隆拓先輩、突然お手紙させていただきます。我々は先日のロングホームルームの時間に先輩のことを知りました。

ご実績を知り、これほどに凄い方が石巻高校の先輩であることに驚きました。防衛省の幹部の一人として重要な法案の作成に携わるなど、膨大な知識を網羅する仕事に従事された一方、「右に出るものはいない」ほど数多く国内外の有事の場に赴いたことを知りました。

そして、先輩の口癖――「誰かがやらなければならない仕事。それなら自分が行く」――この言葉にハッとさせられました。

誰もが避けてしまうような過酷な現場・困難な仕事に携わる時、恐れや不安に襲われそうになることもあると思います。

それでも、人々のために尽力する姿勢に、なんと誇らしい先輩がいたのだと、胸を打たれました。その、仕事に対する思いと責任感、そして誇りが熱く伝わってきました。

「自分のことだけを考えない」という姿勢は、自分を熟知し、そして自らが及ぼす影響まで考えられる人しか得られないものだと感じました。

次に勉強のことです。先輩は本当に頭脳明晰だったのですね。追悼集には、国会で議員の方々からの質問に対して先輩が全て明快に答えている様子があり、先輩の勉強量は想像を絶するほどだっただろうと思いました。

また、知識の対象は安全保障に関する法律だけでなく、古今東西の映画で知らない作品はないほど映画に詳しくて、どんな話題にも精通しているので、先輩と時間を共にすると会話がどんどん盛り上がるというエピソードもありました。

お酒と、仲間と語り合う時間を楽しむ先輩は、仕事と趣味のメリハリで相乗効果を生み出し、激務を支える原動力に昇華させていたのかなと想像し、素敵なことだと思いました。

石巻高校2年B組の生徒たちと担任の磯部礼奈先生(円内)

菅原隆拓氏をしのぶ追悼集。防衛官僚として激動の時代を生きた30数年間の軌跡が多くの人たちによってつづられている

いい人間になる生き方は

そして、我々が最も心を動かされたのが、多くの方々が語っていた「先輩の人柄の良さ」です。

ある方が先輩のことを「六然訓（りくぜんくん）」という言葉で表現されていました。調べてみたところ、とても深い言葉でした。仕事を通して多くの人と出会い、交流し、本当にたくさんの方から親しまれ、信頼されていたのだなと、いろいろな資料を見て理解しました。

人としての大切な部分や芯がしっかりしていて、その上で優秀でいらっしゃったからこそ、周りの方々が「追悼集」を作成したくなったのだと思いました。先輩から、「いい人間になるための生き方」を教えていただきました。

先輩について学んだことで、自分も国や国民のために生きる人生を歩んでみたいと思いましたし、初めて日本の中央省庁にも興味を持ちました。

最後になりますが、できることなら、生前の先輩に直接お会いしたかったです。しかし、それは叶わぬ願いですので、今自分が菅原先輩と同じ学舎で学んでいることに感謝し、勉強や高校生活に精一杯取り組むことを天国の菅原隆拓先輩に誓います。

鰐陵55回生 天国の菅原隆拓先輩

鰐陵95回生 2年B組生徒一同

「追悼集」を読むロングホームルームの生徒感想集より編集

2年B組担任 磯部 礼奈

みんなのページ

陸上自衛隊究極の資質教育を受けて

2陸曹 葉山 翔平（北方後支隊301対舟艇対戦車直接支援隊）

私は令和3年4月19日から7月30日までの間、11旅団のレンジャー養成集合教育に参加しました。

参加に当たっては部隊長をはじめとする部隊の皆様、そして家族には大変感謝しています。また、教育間、ご指導して下さった教官、助教の皆様、応援して下さった皆様、本当にありがとうございました。この場をお借りして感謝申し上げます。

35歳での挑戦、かつ学生長という大役を任され最初はどうなるかと思いましたが、同期一丸となり何とかレンジャー隊員になることが出来ました。

教育中は自分が今まで過ごしていた自衛隊生活は一体何だったのだろうかと思うほどに充実した日々で、またその中で自分がいかに未熟で無力なのかを痛感させられました。

主任教官が「レンジャー教育は陸上自衛隊究極の資質教育だ」と仰っていたとおり、レンジャー隊員として、自衛官として、一人の人間としてとても成長できた3カ月でした。

これからも初心を忘れず理想のレンジャー隊員になれるよう、日々努力していきます。

皆さんもレンジャー隊員になりたいという気持ちがおありなら、ぜひ集合教育に参加してほしいと思います。それくらいレンジャーは素晴らしい教育だと思っております。

スポーツ観戦で生活に明るさを

3空佐 甲野 博之（7空団補給隊長・百里）

皆さん、東京オリンピック・パラリンピック2020はご覧になられたでしょうか。賛否両論ある中で行われた今回のオリパラですが、私は開催されて良かったと思っています。日本選手の活躍や世界のトップアスリートが競い合う姿、そして何より戦い終えた後にお互いを称え合う姿など、胸打たれるシーンがたくさんあり、感動しました。

また、私個人の生活を豊かにしてくれました。明るい話題が少ない中で、オリパラ関連のニュースは明るい話題を提供してくれました。テレビでその日の試合やハイライトを見ることが楽しみとなり、長くコロナ禍で沈んだ生活に明るさが戻りました。

スポーツをすることは健康のため奨励されていますが、観ることも有意義ではないかと思います。スポーツは人に感動を与え、日常を豊かにしてくれます。

皆さん、スポーツの秋です。コロナ禍にあってはテレビの前（今はスマホの前？）でスポーツを楽しんではいかがでしょうか。

OBがんばる

中尾 欽志さん 57
令和元年5月、陸自九州補給処を2佐で定年退職。現在、佐賀県武雄市役所総務部防災・減災課の防災専門員として防災業務に励んでいる。

私は令和元年6月1日、佐賀県の武雄市役所総務部に採用され、防災・減災課で防災専門員として勤務しています。職務内容は、市・地区防災訓練の計画・実施、指定避難所の整備、運用検討、避難所マニュアル（職員用、市民用）の作成、④備蓄計画、物品管理など、多岐にわたります。また、小中学校、自治体等で防災講話も行い、防災意識の普及・啓発のための一役を担っております。

さて、定年退職にあたり助言できることは「何をやりたいのか」「何ができるのか」を早く決定し、就職のための準備期間を多くすることだと思います。私は、退職4年前の教育受講希望調査時に、これまで自衛隊で培った経験や知識を生かせる防災関係の職業に就きたいと進路を決め、防災・危機管理教育を受講希望し、防災士等の取得、その他必要となる免許・資格を取得しました。

幸いにも退職時期に、地元市役所で初めて自衛官を防災職員として採用することとなり、希望する職業・勤務地で再就職できました。

必ず生きる自衛隊の経験

更に稀なことは、就職2カ月後に武雄市が水害で被災したことです。しかし、これまで自衛隊との連携が苦手であった行政に自衛隊OBが入ったことで、スムーズな災害対応ができたと思います。

私は自衛隊から別世界、別文化の市役所に入り、当初は戸惑いも数多くありましたが、自衛隊での経験は必ず生かされ、何事にも対応できることを実感し、充実した勤務ができています。現職時代に本職務に従事できる能力を育成していただいた組織、上司等の皆様に感謝したいと思います。

詰将棋

出題 日本将棋連盟 九段 石田 和雄

第855回出題

	7	6	5	4	3	2	1
一				玉			
二		と	歩		銀		
三				角		歩	
四							
五							

先手 持駒 金

【ヒント】角成が決め手。頭金まで（10分で初段）。

▶詰碁、詰将棋の出題は隔週です◀

詰碁

出題 日本棋院 九段 曲 励起

第1270回解答

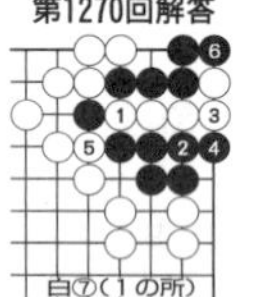

白⑦（1の所）

【解答図】白先、黒死。白①が大切で、黒❷には白③、黒❹の時、白⑤と切り、黒❻の時白⑦で黒死です。

新刊紹介

「戦うことは『悪』ですか」

葛城 奈海著

ジャーナリスト、俳優で公募予備自衛官（予備3陸曹）を務める著者による初の単著。「日本の心を未来に伝えるために」取り戻すべきことを提示している。

著者は現場に赴く取材を心掛け、尖閣諸島海域へこれまでに15回渡航。3・5メートルの荒波の中を11時間かけて渡り、現場の状況を目の当たりにしたこともあった。

全8章で構成した本書では、尖閣諸島海域への渡航のほか、北朝鮮による邦人拉致などについてつづる。

「皇統を守る」の章では、旧宮家の臣籍降下による皇室の男子減少に触れ、万世一系の皇統を継承するために小異を捨てて世論を大同団結させる必要を訴える。

古くから日本の衣食住に欠かせなかった大麻の規制、商業捕鯨の禁止、さらに「自衛隊のあるべき姿とは」の章では、自衛官が制服を着て靖国神社に参拝できない現状に疑問を投げ掛ける。

著書はこのほど、「アパ日本再興大賞」を受賞した。戦うことイコール悪というGHQによる呪縛から解き放たれ、「真の自立国としての日本再興を果たさなければなりません。本書がその一助になれば、幸甚です」と語っている。

（扶桑社刊、1540円）

「無駄（規制）をやめたらいいことだらけ」令和の大減税と規制緩和

渡瀬 裕哉著

「規制緩和をすると日本経済が元気になる。日本を開かれた国家にしよう」――。一部の政治家や大学教授らが必要性を強調する「規制緩和」だが、そもそも現在、我々が影響を受けている規制について知らない人が多いのではないだろうか。

選挙コンサルタントとして公共政策の立案に携わってきた著者がさまざまな分野の規制の実態をひもとく。

著者はまず、我々の生活に多大な影響を与えた新型コロナに関し、製薬産業の課題について言及。過去の歴史と経緯を振り返りながら、同業界への投資など今後のあるべき姿を提言する。

さらに日本を開かれた国家とするために環太平洋戦略的経済連携協定（TPP）について、江戸末期のペリー来航からの経緯を振り返った上でその必要性を強調、規制を減らし、税を整理することにより、国民が豊かになると論じる。

ラジオ放送を再編集した書籍だけに、敬遠しがちな政治・経済の説明もわかりやすい。身近な歴史を振り返りながら、規制や税の構造について肩の力を抜いて理解できる一冊だ。

（ワニブックス刊、1320円）

地球の表面は、宇宙という大洋の浜辺である。
カール・セーガン（米国の天文学者）

（世界の切手・ポーランド）

朝雲ホームページ www.asagumo-news.com
会員制サイト Asagumo Archive プラス
朝雲編集部メールアドレス editorial@asagumo-news.com

あさぐも掲示板

◇防研「国際シンポ」聴講者募集

防衛研究所は12月8日（水）、令和3年度の安全保障国際シンポジウム「技術革新と安全保障―東アジアの戦略環境に及ぼす影響―」をウェビナー形式で開催する。午前9時～午後4時までの予定（正午～午後2時まで休憩）で、聴講は無料。日英同時通訳付き。

日米豪露やシンガポールから専門家を招き、科学技術の進展が戦闘様相の複雑化に与える影響や、米中露など主要国のイノベーション戦略の現状と展望、技術革新が東アジアの戦略環境に及ぼすインパクトと日本の対応などについて多角的に議論する。

詳細・申し込みは防研ホームページから。申し込み多数の場合は先着順。問い合わせは、安全保障国際シンポジウム運営事務局（メールsymposium2021@ec-intl.co.jp）まで。

朝雲

発行所 朝雲新聞社
〒160-0002 東京都新宿区四谷坂町12−20 KKビル
電話 03(3225)3841
FAX 03(3225)3831
振替00190-4-17600番
定価一部150円、年間購読料9170円（税・送料込み）

主な記事

「防衛大綱」改定へ会議発足

敵基地攻撃能力も検討

防衛省

防衛省は11月12日、国の安全保障政策の基本指針「国家安全保障戦略」と、防衛政策の基本方針を示す「防衛計画の大綱（防衛大綱）」「中期防衛力整備計画（中期防）」の改定に向け、岸防衛相を長とする「防衛力強化加速会議」を立ち上げ、省内で初会合を開いた。岸田首相の指示を受けて検討を進めるもので、開催に先立ち記者会見した岸大臣は「厳しさを増す安全保障環境の中、防衛力の強化には一刻の猶予も許されない。現実を直視し、我が国の防衛を全うするため真に必要なものは何なのか。いわゆる『敵基地攻撃能力』の保有も含め、あらゆる選択肢について私の下で議論していく」と会議発足の意義を語った。

岸防衛相「あらゆる選択肢を排除せず議論」

岸田首相は第2次内閣を発足させた11月10日、岸防衛相に対し、①「国家安全保障戦略」（2013年に初策定）をはじめ、「防衛大綱」「中期防」（共に18年末策定）の改定に取り組み、いわゆる「敵基地攻撃能力」の保有も含め、あらゆる選択肢を検討すること②我が国の領土・領海・領空、国民の生命と財産を断固として守り抜くため、防衛力の強化に取り組むこと——を指示した。

これを受けて防衛省は12日、省内で横断的な検討体制を構築するため、岸大臣をトップとする「防衛力強化加速会議」を新設した。

同会議は岸大臣を議長に、鬼木誠副大臣が議長代理、中曽根康隆、岩本剛人両政務官が副議長を務め、島田事務次官をはじめ、槌道防衛審議官、芹澤官房長、鈴木防衛装備庁長官、山崎統、吉田陸、山村海、井筒空の各幕僚長ら防衛省・自衛隊の幹部で構成される。

会議の冒頭、岸大臣は「世界のパワーバランスの変化、我が国周辺における軍備増強の加速、AIなどの最先端技術、宇宙・サイバーといった新たな課題の顕在化など、我が国を取り巻く安全保障環境は一層厳しさを増している」と指摘。その上で、「極超音速兵器や変則軌道で飛来するミサイルなど、急速なスピードで関連技術が変化し、進化している」として、「この変化の中で国民の命や平和な暮らしを守るために必要なものは何なのか。我が国の防衛に責任を有する官庁として、あらゆる選択肢を排除せず、冷静かつ現実的な議論をしっかり突き詰めていくことが重要だ」と述べた。

初会合では「会議の進め方」について話し合われた。防衛省では今後の具体的な日程などについて詰めた上でスピード感をもって検討を進めていく考えだ。

「防衛力強化加速会議」の議長を務める岸防衛相（テーブル左から2人目）と（その右へ）鬼木誠副大臣、岩本剛人政務官。左端は中曽根康隆政務官（11月12日、防衛省で）＝防衛省提供

第2次岸田内閣

岸防衛相は再任

新政務官に中曽根康隆氏

第206特別国会が11月10日召集され、先の衆院選で第1党となった自民党の岸田文雄総裁が第101代首相に選出された。岸田首相は直ちに組閣に着手し、公明党との連立による第2次岸田内閣を発足させた。

防衛省関係では、岸信夫防衛相（62）＝衆院山口2区＝が再任され、新たに第23代防衛相に就任したほか、鬼木誠防衛副大臣兼内閣府副大臣（49）＝衆院福岡2区＝と、岩本剛人政務官（57）＝参院北海道選挙区＝がそれぞれ再任された。

一方、衆院選で落選した大西宏幸政務官（54）＝大阪1区＝は11日に離任。後任の防衛大臣政務官兼内閣府大臣政務官には中曽根康隆衆院議員（39）＝群馬1区＝が決まった。

中曽根政務官は12日に初登庁し、儀仗隊の栄誉礼を受けた。

中曽根 康隆（なかそね・やすたか）政務官 慶大法卒。米コロンビア大学大学院修了。JPモルガン証券、中曽根弘文参院議員秘書などを経て、2017年10月の衆院選で初当選。自民党で青年局次長、国際部副部長、外交部会副部会長、ネットメディア局次長など、衆院で外務委員会委員、法務委員会委員、東日本大震災復興特別委員会委員などを歴任。祖父は中曽根康弘元首相。衆院群馬1区、当選2回。東京都出身。二階派。39歳。

米太平洋軍司令官らと会談

岸防衛相 日米同盟の強化で一致

アクイリーノ 米太平洋軍司令官

岸防衛相は11月11日、米インド太平洋軍司令官のジョン・アクイリーノ海軍大将と省内で会談し、日米同盟の抑止力・対処力のさらなる強化や、「自由で開かれたインド太平洋」の維持・強化のため、自衛隊と米軍が引き続き緊密に連携していくことで一致した。

これに先立つ11月1日、岸大臣は米太平洋空軍司令官のケネス・ウィルズバック大将とも省内で会談。

会談の冒頭、岸大臣は「中国による一方的な現状変更の試みが継続し、北朝鮮が弾道ミサイルの発射を繰り返すなど、我が国を取り巻く安全保障環境が一層厳しさを増す中、米空軍と空自の協力はこれまでになく重要になってきている」と述べ、日米空軍種間の連携強化に期待感を示した。

これに対し、ウィルズバック司令官は「米国から多くの要人が相次いで来日していることこそ、我が国が日本との同盟関係を非常に重要視している証左だ。私は過去に二度、沖縄に勤務した経験があるので、心は常に日本と共にある。『自由で開かれたインド太平洋』のために日米間でさまざまなことができると確信している」と応えた。

（2面に関連記事）

豪艦を「武器等防護」

海自 米軍以外で初めて

防衛省は11月12日、自衛隊がオーストラリア軍に初めて「武器等防護」を実施したと発表した。「平和安全法制」で新設された「自衛隊法95条の2」に基づくもので、米軍以外を対象としたのは今回が初めて。

11月10〜12日に四国南方海域で日豪共同訓練「日豪トライデント」を行った際、豪州軍からの要請を受け、海自護衛艦「いなづま」が豪海軍フリゲート「ワラマンガ」を警護した。

「武器等防護」は平時やグレーゾーン事態で、自衛隊が最小限の武器使用で米軍等の艦艇や航空機などの装備を守る新任務。2016年12月に運用を開始して以来、米軍のみを対象に行ってきており、20年は過去最多の25件を記録した。

こうした中、日豪両政府は昨年10月の防衛相会談の合意を踏まえ、今年6月の外務・防衛担当閣僚協議「2プラス2」において「武器等防護」の実施に向けた準備・体制が整ったことを確認していた。

防衛省では「『特別な戦略的パートナー』である豪州との間で部隊間の相互運用性が向上し、より一層緊密な連携が可能となったことを示すものであり、日豪防衛協力にとって極めて重要な進展だ」としている。

連絡官を豪に派遣へ

吉田陸幕長 豪陸軍本部長 覚書に署名

吉田陸幕長は11月4日、来日した豪陸軍本部長（陸軍トップ）のリチャード・バー中将と防衛省で会談し、陸自として初となる豪陸軍への連絡官派遣に向けた覚書に署名した。

陸自は今年1月、豪陸軍からの連絡将校として第1師団（クイーンズランド州エノゲラ）のジョン・ハウレット少佐を陸上総隊司令部の日米共同部（座間）に受け入れており、今後は陸自の連絡官が同師団に派遣される予定だ。相互派遣が実現すれば、陸自と豪陸軍のインターオペラビリティー（相互運用性）のさらなる向上が期待される。

会談では日豪の防衛協力の方向性について意見交換。「特別な戦略的パートナー」として、2国間・多国間での防衛交流や共同訓練、能力構築支援などをこれまで以上に多層的に積み重ね、インド太平洋地域の平和と安定に寄与していくことで一致した。

この後、バー本部長は岸防衛相を表敬。岸大臣は「インド太平洋地域で力を背景とした一方的な現状変更の試みが見られ、安全保障環境が一層厳しさを増す中、『自由、基本的人権の尊重、法の支配』といった基本的価値を共有する豪州との連携は極めて重要だ」と述べ、日豪陸軍種間の連携強化に期待感を示した。

これに対し、バー本部長は「吉田陸幕長と対面で意見交換し、陸軍種間の関係拡大について協議できたことをうれしく思う。連絡官の相互派遣を機に互いに学び合い、協力強化を図っていきたい」と応えた。

バー本部長は翌5日、朝霞駐屯地や習志野駐屯地で第一線部隊を視察し、装備品展示や訓練展示を通じて陸自への理解を深めた。

日豪陸軍種間の防衛協力や連絡官の相互派遣をめぐって意見交換する吉田陸幕長（右から2人目）とオーストラリアのバー陸軍本部長（左）＝11月4日、防衛省で

派米の陸・空高射部隊が初の協同射撃

米ニューメキシコ州のマクレガー射場に同時期に派遣されていた陸自中距離地対空ミサイル（中SAM）部隊と空自ペトリオット対空ミサイル部隊は10月24日、現地で初の協同射撃訓練を行い、陸・空自の対空協同対処能力を向上させた。

射撃当日は最初に陸自15高射特科連隊（沖縄・八重瀬）と空自2高射群（福岡・春日）の隊員が一堂に会し、射撃に関する調整と準備を実施。その後、両隊は広大な射撃場内で対空情報を共有しながら、15高特連は中SAM、2高群はスタンダード弾を飛来する目標に向けて発射した。

吉田陸幕長は同28日の記者会見で「空自と陸自の高射部隊が連携することで、統合での防空能力の向上を図ることができた」と成果を述べ、井筒空幕長も同日の会見で「陸空協同対処の資を得ることは、我が国の抑止力、対処力を一層強化し、地域の安定に向けた日本の意志と高い能力を示す効果がある」と意義を述べた。

派米実射訓練中の初の陸・空自協同射撃訓練で、国産の中距離地対空ミサイルを発射する陸自15高射特科連隊の車両（10月24日、米ニューメキシコ州マクレガー射場で）

PSI多国間訓練 オンラインで参加

シンガポール主催の「拡散に対する安全保障構想（PSI）」に基づく多国間訓練「ディープ・サーベル21」が10月28、29の両日、オンライン形式で行われた。

同訓練は、大量破壊兵器を運ぶ航空機や船舶の航行阻止を目的とする国際的な取り組みで、日、米、豪、韓、ニュージーランド、シンガポールが持ち回りで開催しており、今回で7回目。

防衛省・自衛隊からは統幕の隊員2人と陸自中央特殊武器防護隊の1人が参加。このほか日本から外務省、警察庁、財務省、海上保安庁の要員が加わった。

参加者はアカデミック・セッション、机上訓練、CBRE（化学、生物、放射性物質、爆発物）シンポジウムを通してPSI阻止活動に関する取り組みを共有した。

空自航空総隊が総合訓練を開始

空自は11月10日から三沢基地など全国の空自施設とその周辺海空域で「航空総隊総合訓練」を行っている。同23日まで。

参加部隊は総隊のほか、支援集団などの約300人、C130H輸送機など航空機約20機、車両約40両で、機動展開訓練などを演練している。

春夏秋冬

舞鶴地方総監部での講演

土屋 大洋

2020年1月、新型コロナウイルスが中国で拡大しつつあるというニュースを明確に意識したのは海上自衛隊の佐世保地方総監部を訪問したときだった。同行していた一人は、現地のスーパーで大量にマスクを買い込んだ。まだまだ市中のマスクは不足していなかった。

それから1年10か月が経ち、新型コロナウイルスによるパンデミック後、初めての国内出張は、海上自衛隊の舞鶴地方総監部であった。

東郷平八郎の旧邸で展示されていたのは、小泉信三による「日本海々戦の世界史的意義」と題する文章である。

小泉は第二次世界大戦をまたいで1933年から47年に慶應義塾の塾長を務めた。小泉の一人息子の信吉は第二次世界大戦で戦死し、『海軍主計大尉小泉信吉』と題する本を父・信三は残している。そして、信三自身も東京大空襲で大やけどを負った。

その小泉が、戦後の1959年に書いたのが先の文章である。日本海海戦から55年経った後の文章である。

この文章はもともと防衛大学校で行った講演だったそうだ。なぜ小泉は防衛大学校で講演したのか。小泉が慶應の塾長だった際、慶應の常任理事を務めていたのが政治学者・槇智雄である。槇は慶應義塾を退任した後、保安大学校長、そして防衛大学校長を務めた。槇が防大の学校長として小泉を講演に招いたそうだ。

私にはこのような記録に残る講演はできないが、しかし、せっかく舞鶴の隊員の皆さんの時間をいただいたので、60分、サイバーセキュリティについて話をした。

大きな講堂はコロナ対策の換気のためのドアを開け放っている。マイクを持つ私の顔の前を虫が飛ぶ。さらには、鳥が講堂の中に入ってきて高い天井の辺りを飛び回っていた。

質疑応答の後、伊藤弘総監が、「土屋さんの話を鳥まで聞いていましたよ。こんなことは初めてです」と仰った。私は「あれはきっと某国のドローンですよ」と答えた。この日一番の笑いをとることができた。

残念ながら、数日早い訪問だったために、日本海の蟹漁解禁に間に合わないという痛恨事があった。が、それでも久しぶりに気持ちの良い出張で力を得ることができた。

（慶應義塾常任理事、慶應義塾大学大学院教授）

朝雲寸言

「簡潔こそ機知の精髄である」——。シェイクスピアのこの言葉を思い出したのは、平成25年、政府が初めて策定した「国家安全保障戦略」を目にした時だった。昭和32年策定の「国防の基本方針」は、本文の文字数が300字にも満たない簡潔なものだったが、それを引き継いだ国家安保戦略は33ページにも及ぶ長大なものとなった▼国防だけでなく外交も網羅した初の試みということで、肩に力が入りすぎたのだろうか。あれもこれも詰め込み過ぎて読むのに時間がかかり、何が重要なのか伝わりにくいものになった感は否めない▼戦前の「帝国国防方針」は、明治40年、大正7年、大正12年、昭和11年と計4回策定されている。ただ、大正12年版の時点で軍事戦略の上位に位置すべき国家戦略が省略されてしまい、国防方針としての意義を失った（黒野耐著『日本を滅ぼした国防方針』）。改悪の先には敗戦が待っていた▼国家安保戦略が来年末までに改定される運びとなった。まずは熟慮の上に熟慮を重ね、これ以上そぎ落としようもないほど簡潔明瞭で揺るぎない新戦略を、国民の頭にもすっと入るような筆致で策定してほしいものである。その上で、新戦略のもとに新防衛計画大綱（国防戦略）、企業や教育機関の在り方も含めた「経済安保戦略」、ミサイル避難やテロ対処に関する「国民保護戦略」などの個別具体戦略を相互に関連づけながら置いてはどうだろうか。

時の焦点

国内

防衛産業

基盤強化へ十分な予算を

科学技術の発展は、防衛政策のあり方を根本から変えてしまう可能性がある。政府は、将来の有事にも的確に対応できるよう、自衛隊を支える国内の防衛技術・産業基盤を強化しなければならない。

2022年度予算に関する政府内の編成作業が、間もなく佳境に入る。防衛省は概算要求で、5兆4797億円を計上している。航空自衛隊が運用するF2戦闘機の後継機の開発費（1047億円）や、沖縄県・石垣島に陸上自衛隊のミサイル部隊を新設する整備費（110億円）などだ。防衛費が前年より増額された場合、10年連続で最大となる。厳しさを増す安全保障環境を考えれば、政府は十分な予算を確保すべきだ。

中国は「軍民融合」戦略のもと、企業の買収や有能な海外人材の確保を進め、先進技術を吸収している。

対する米国は、科学技術への投資の倍増を掲げたほか、安全保障に関わるサプライチェーンの保全に乗り出している。英国も、今後4年間で約1兆円を次世代の研究開発に投資するという。

各国が重視しているのは、宇宙、サイバー、電磁波、無人機などの先端技術の運用だ。サイバー攻撃や電波妨害は、相手国の戦力を無力化させる可能性がある。無人機は、味方のリスクを低減する。

日本の科学技術予算約4兆1000億円のうち、防衛省の研究費は、2・8%に過ぎない。米国は47%、韓国は16%、英国は11%を国防に充てている。

防衛省は、防衛装備品の高度化に向けて、研究開発予算の確保に努めねばならない。新たな領域に関する技術に重点的に投資することが肝要だ。

陸海空の通常戦力の基盤を維持していくことも欠かせない。

近年、米国から装備を購入する「対外有償軍事援助」が嵩んでいる。防衛省は来年度の概算要求で、ステルス戦闘機F35などの購入費として3547億円を計上した。

一方、国内の防衛産業は先細りが指摘されている。装甲車両などの開発を手がけてきたコマツは、新規の車両製造から撤退する。

防衛産業は、車両、艦船、航空機から弾・火薬、被服、燃料などの複合産業だ。護衛艦1隻を製造するのに、中小・零細企業を含めて2000社以上が関与すると言われるほど、裾野が広い。

国内の技術者が枯渇し、装備品の調達や修理ができなくなるような事態は避ける必要がある。政府は、各分野をきめ細かく支援することが求められる。

政府は15年、防衛装備品の移転3原則を決め、武器輸出に道を開いた。日本は潜水艦の製造などで高い技術力を持っている。官民で協力し、装備品の海外移転を着実に進めることが大切だ。

夏川 明雄（政治評論家）

海外

中間選挙・前哨戦

バイデン米政権に痛手

アフガニスタン駐留米軍撤収に伴う現地の混乱に対する批判や新型コロナ対策への不満に加え、内政の看板政策である社会保障拡充などの大型歳出法案が民主党内の対立で成立が大幅にずれ込むといった悪材料が重なり、バイデン米大統領の支持率が9月以降、低下傾向にある。ギャラップ社の世論調査では、今年1月の新政権発足時に57%だったバイデン氏の支持率は42%に下落し、無党派層の落ち込みが特に目立つ。

そうした中、来年11月の中間選挙の前哨戦と位置づけられた南部バージニア州知事選（11月2日投開票）では、野党・共和党の実業家、グレン・ヤンキン氏が勝利したほか、東部ニュージャージー州知事選（同）は民主党現職のフィル・マーフィー氏が僅差での再選となった。マーフィー氏は直前まで圧勝が予想されていたが、トランプ前大統領をめぐる共和党候補の巧みな選挙戦略などにより、予想外の苦戦を強いられた形だ。

州知事選があった両州とも民主党の地盤で、ニュージャージー州はバイデン氏が昨年の大統領選でトランプ氏に16ポイント差をつけて圧勝するなど、民主党の金城湯池だった。両州知事選の結果は、支持率が低迷するバイデン大統領や、左派と中道寄り穏健派の深刻な路線対立が続く民主党に厳しい判断が下されたとの受け止め方が一般的で、1年を切った中間選挙を控え、バイデン政権には痛手となった。

連邦議会で勢力が伯仲する民主党と共和党が上下両院の過半数を争う来年の中間選挙の行方を占う上で注目されているのが、共和党が前回の大統領選と同様、「トランプ党」として選挙に臨むのか、あるいは本来の保守政党として旧主流派が巻き返しを図ることができるかという点だ。いまだに「大統領選が盗まれた」といった陰謀論を振りまくトランプ氏は党内で隠然たる政治力を持ち続けており、中間選挙に向けた党の予備選で反トランプ派を排除し、影響力の確保を狙う。中間選挙で事実上のトランプ党が勝利を収めれば、2024年大統領選での再選シナリオも現実味を帯びてくる。

ただ、共和、民主両党が接戦の州や選挙区では、本選挙で「トランプ色」を前面に出すことが必ずしも共和党候補にとって有利ではないとみられている。バージニア州知事選で勝利したヤンキン氏は、党の予備選段階ではトランプ氏の支持を得られたことをアピールしたものの、本選挙では都市部や郊外の有権者にも支持を広げるため、トランプ色を極力抑えるキャンペーンを展開。こうした選挙戦略は、民主党が強いとされる都市部で広がる可能性があり、政権支持率の低下に直面する同党にとっては脅威になりそうだ。

バイデン大統領は、経済政策の柱の一つである総額1兆ドル（約113兆円）規模のインフラ投資法案が11月5日に議会を通過し、成立したことを政権の成果としてアピールしており、当面は気候変動対策などを盛り込んだ1・75兆ドル（約200兆円）の大型歳出法案の早期成立に全力を挙げ、政権浮揚につなげていく構えだ。

伊藤 努（外交評論家）

日米の抑止力強化で一致

空幕長、太平洋空軍司令官と会談

来日した米太平洋空軍司令官のウィルズバック大将（左）と会談する井筒空幕長（11月1日、空幕で）

井筒空幕長は11月1日、来日した米太平洋空軍司令官のケネス・ウィルズバック大将と防衛省で会談した。（1面参照）

両者の直接の会談は8月に米ハワイ州で開かれた「太平洋地域空軍参謀長等シンポジウム（PACS21）」以来2カ月ぶり。

会談で両者は日米同盟の重要性と両国の緊密な連携、信頼関係を維持していくことを再確認。「自由で開かれたインド太平洋」を推進するため、共同訓練をはじめとする両部隊の協力を進め、日米の抑止・対処力を一層強化していくことで一致した。

井筒空幕長は11月4日の記者会見で同会談にふれ、「我が国を取り巻く安全保障環境が厳しさと不確実性を増す中、日米同盟がこれまで以上に重要となっている。このことを踏まえ、今後の日米防衛協力の強化につなげていきたい」と述べた。

敷設艦「むろと」グアムで訓練へ

海自海洋業務・対潜支援群（横須賀）の敷設艦「むろと」（艦長・杉山靖浩1佐以下約120人、定係港・呉）は11月2日、米国の「敷設艦派遣訓練」に参加するため、グアム島へ向け出発した。

グアムでは米海軍の施設を利用して、伝送ケーブルを海中に設置する「電らん敷設訓練」などを行う。帰国は12月23日の予定。

沖縄　離島統合防災訓練

3自400人と在日米軍100人が連携

令和3年度「離島統合防災訓練」で、在日米軍の兵士（右）と共に負傷者を米海兵隊のCH53Eヘリに収容し、後送する訓練を行う陸自15旅団の隊員（左）＝11月2日、沖縄県の浮原島で＝統幕提供

離島での突発的な大規模災害を想定した「令和3年度離島統合防災訓練（03RIDEX）」が11月2日、沖縄本島とその周辺の離島、海空域で実施された。

訓練には統幕から隊員約10人、陸自から西方の隊員約150人とUH60JA多用途ヘリ、CH47JA輸送ヘリ各1機、海自輸送艦「くにさき」と乗員約180人、空自は航空総隊、航空支援集団から隊員約60人とC130H輸送機、CH47Jヘリ各1機が参加。在日米軍からは約100人が加わった。

訓練は「沖縄本島南東沖を震源とする最大震度6強の揺れを観測し、本島を中心に大きな被害が発生した」との想定で開始。沿岸に展開した「くにさき」艦内に広域搬送拠点臨時医療施設（SCU）を開設し、日米が連携して離島で被災した負傷者をヘリで同艦に搬送した。

この後、同艦から陸自那覇駐屯地や在日米軍嘉手納基地に後送し、指揮所活動、被災者の捜索・救助・搬送、輸送艦での負傷者受け入れと医療活動の一連の流れを演練した。

ひと

ハープをマウスに持ち替え奮闘

荒木(あらき) 美佳(みか) 2海曹(31)

陸海空3自衛隊の音楽職種の中で初めて「専属ハープ奏者」として2012年に海自に入隊。8年間所属した東京音楽隊（上用賀）から一転、現在は市ヶ谷の海幕広報室で公式ホームページとSNSを担当し、海自の活動を国民に向けて日々発信している。

ハープとの出合いは5才の時。訪れた楽器店で一目惚れし、小型のアイリッシュハープから始めた。中学生でコンテストの1位に輝くなどメキメキと頭角を現した。

海自入隊のきっかけは東京藝術大学音楽学部に在学中、同大を研修に訪れた幹部自衛官から話を聞いて。自衛隊音楽まつりを見て「自分もこの集団の一員になりたい」という気持ちを深めた。

入隊翌年の13年、まだ生々しい震災の爪痕が残る東北地方を巡回した。東音のボーカル・三宅由佳莉3曹（現2曹）が歌う「祈り〜a Prayer〜」を演奏した際、目元を拭う観客の姿を見て、制服を着て演奏することの本当の意味を理解した。

20年からは海幕広報室で勤務。海自部隊の多岐に渡る活動内容に触れ、自分の視野の狭さを思い知った。だからこそ、自分の視点が広報室の中で一番一般人に近いと自負する。

「隊員が当たり前に行っている任務の中の〝かっこよさ〟を発見して、それを国民の皆さまに伝えたい」

SNSで国民からの応援メッセージを隊員に届けることで、国民と隊員の懸け橋になっていきたいと考える。

目標は、インスタグラムを盛り上げ、フォロワーの若年層化を図ること。目指すは「フォロワー10万人」だ。

「ハープを（パソコンの）マウスに持ち替え、楽しい企画を立てていきますので、ツイッター、インスタ、ユーチューブのフォローをお願いします！」

広報室でネット相手に奮闘する傍ら、プライベートではハープの練習を続け、練度維持の努力も怠らない。千葉県出身。

（星 里美）

空自那覇救難隊と米空軍が初訓練

石垣島北方で

空自は11月9日、沖縄・宮古島、石垣島北方の海空域で米空軍と日米共同訓練を行い、共同対処能力の向上を図った。同海空域で日米が救難訓練を実施するのは初めて。

空自からは那覇救難隊のU125A救難捜索機、UH60J救難ヘリ各1機が参加、米空軍からは第353特殊作戦航空団のMC130特殊作戦機、第21特殊作戦中隊のCV22オスプレイ各1機が参加し、共同捜索救難訓練を行った。

沖縄・石垣島北方の海空域で初の日米共同の捜索・救難訓練を行う米空軍のMC130（右下）、CV22（左）、那覇救難隊のUH60J（11月9日）

海自と米海軍が各地で共同訓練

東・南シナ海などで

海自は10月から11月にかけ、各地で日米共同訓練を実施した。

東シナ海では11月3日、護衛艦「いせ」「はるさめ」「あさひ」、ミサイル艇「おおたか」、掃海艇「ひらしま」「やくしま」「たかしま」が米強襲揚陸艦「アメリカ」と共に各種戦術訓練を実施したほか、補給艦「おうみ」と米駆逐艦「デューイ」が今年度5回目となる日米補給訓練「ILEX21−5」を行った。

一方、南シナ海では10月28日、海賊対処水上部隊の交代のためソマリア沖・アデン湾に向かう途中の40次隊護衛艦「ゆうだち」が米沿海域戦闘艦「ジャクソン」と戦術訓練を実施。同29日から11月4日までは、インド太平洋方面に展開しているIPD部隊の護衛艦「かが」「むらさめ」と米空母「カール・ビンソン」、巡洋艦「レイク・シャンプレーン」「シャイロー」、駆逐艦「ミリウス」が戦術訓練を行った。

これに先立ち同海域では10月19日から24日まで、同隊の「しらぬい」が米駆逐艦「ビギンズ」と訓練を実施。28日から11月4日までは、日米両艦に米補給艦「ビッグホーン」が加わり、訓練を行いながら南シナ海から東シナ海を経て日本海に展開した。

このほか、房総半島南方沖では10月28日、海自のSH60J／K哨戒ヘリ各1機と米海軍のMH60R哨戒ヘリが対潜戦訓練を行った。

共済組合だより

公務外の傷病で勤務できなくなったら「傷病手当金」が受けられます

防衛省共済組合

防衛省共済組合員が公務外の傷病で勤務することができなくなった場合、組合から「傷病手当金」が支給されます。

また、1年以上組合員であった方が退職する際に「傷病手当金」の支給を受けている場合、退職しなければ本来支給を受けることができる期間は、退職後も引き続き「傷病手当金」が支給されます。

ただし、再就職などによって他の共済組合の組合員や健康保険の被保険者の資格を取得したときは、新しく加入した共済組合などから給付を受けることになります。

【支給期間】

病気や怪我によって勤務することができなくなった日以後、3日を経過した日から通算して1年6カ月間（結核性の疾病については3年間）となります。

【支給額】

勤務ができない支給期間1日につき次の額の3分の2に相当する額となります。

①支給開始日の属する月以前に12カ月以上の組合員期間がある者

支給開始日の属する月以前の直近の継続した12カ月間の各月の標準報酬の月額の平均額の22分の1に相当する額

②支給開始日の属する月以前に12カ月以上の組合員期間がない者

次のうち、いずれか低い額

（a）支給開始日の属する月以前の直近の継続した各月の標準報酬の月額の平均額の22分の1に相当する額

（b）支給開始日の属する年度の前年度の9月30日における短期給付に関する想定の適用を受けるすべての組合員の同月の標準報酬の月額の平均額の22分の1に相当する額

傷病手当金は、祝日と年末年始の休日等は支給されますが、土曜日と日曜日（土・日以外の日を勤務の要しない日と定められているときは、その日も）については支給されません。

また、給与が支給されている場合や、傷病手当金を支給する原因になった同一の傷病で、障害厚生年金や障害手当金が支給される場合には、傷病手当金の支給が全額または一部停止されますのでご注意ください。

【傷病手当金を受けるための提出書類】

○傷病手当金請求書（医師の証明及び給与担当者の証明を受けたもの）

○傷病のために勤務できなかったことを証する書類（請求書の医師の証明欄に記入がない場合）

○詳しくは、ご所属の共済組合支部短期係へお問い合わせください。

後期・遠洋練習航海部隊「かしま」

知識と技能、洋上で学ぶ

海自の令和3年度「後期・遠洋練習航海部隊」（練習艦「かしま」、練習艦隊司令官・石巻義康将補以下約320人）は10月27日、呉基地に無事帰国し、北米・太平洋を巡る約2カ月間の航海を終えた（本紙11月4日付既報）。遠航の終盤となる10月上旬から下旬にかけては、中部太平洋の米ハワイ州パールハーバーをはじめ、遠航部隊として初めてマーシャル諸島のマジュロとミクロネシア連邦のウエノ沖にも寄港した。コロナ禍のため、実習幹部たちは各寄港地で上陸して研修することはできなかったが、オンライン講話などを通じて国際情勢や安全保障環境の理解を深めた。実習幹部の所感文を洋上訓練の様子や各寄港地での写真とともに紹介する。

実習幹部たちに向け、太平洋地域の安全保障環境について話すパパロ米太平洋艦隊司令官（左）＝10月1日

米ミサイル駆逐艦「ウエイン・E・メイヤー」（奥）などとハワイ沖で実施した日米共同訓練後、甲板に整列し、同艦に帽振れで別れを告げる実習幹部たち（左）＝10月4日、「かしま」艦上で

後期・遠洋練習航海部隊の3番目の寄港地となった米ハワイ州のパールハーバーで、米海軍太平洋艦隊司令官のサミュエル・パパロ大将（左奥）の講話を練習艦「かしま」の飛行甲板に整列して聴講する実習幹部たち（10月1日）

パールハーバー、マーシャル諸島、ミクロネシア連邦

南太平洋では、遠航部隊として初めてマーシャル諸島のマジュロに寄港。奥に見えるのは単独の島々と環礁が連なる「太平洋に浮かぶ真珠の首飾り」（10月12日）

洋上訓練で、同期の仲間たちと協力して溺者救助の訓練に励む実習幹部（10月15日）

2カ月間の経験糧に

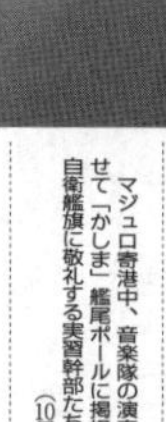

マジュロ寄港中、音楽隊の演奏に合わせて「かしま」艦尾ポールに掲揚される自衛艦旗に敬礼する実習幹部たち（10月14日）

初寄港地となったマジュロで、日没後、電灯艦飾を行い港湾を彩る「かしま」（10月12日）

「かしま」の乗員（奥）と儀仗訓練を行う実習幹部の女性儀仗隊長（手前）＝10月17日

仲間に支えられ、乗り越えられた

実習幹部 所感文　3海尉　石田　幹子

令和3年度遠洋練習航海は、全世界が新型コロナウイルス感染症で混乱する中でスタートしたため、海外（の訪問国）でも上陸のない遠洋練習航海となってしまいました。

そのため、この航海における目的の一つである「国の内外に対する視野の拡大」をどのように達成するべきか、最初は不安でした。しかし、各寄港地でのオンライン講話などを通じて、普段は聞く機会のない貴重な講話や、その国から見た国際情勢を知ることができ、今後の幹部海上自衛官として他国とどのように向き合っていくべきか学ぶことができました。

上陸がなかった代わりに、私たち実習幹部を含め乗員全員が楽しめるイベントが盛りだくさんでした。「かしま」乗員の方々と協力し、北極圏では「北極祭」、10月は「秋祭り」といったさまざまなイベントのおかげで乗員の方と交流することができました。

また、航海中は寄港地が少なかったため、艦内で過ごす期間が長く、必要な知識・技能を勉強する機会が多かったことは、コロナ禍におけるせめてもの救いでした。始めは、訓練やワッチ（当直）に追われ、「眠い」「休みたい」が口癖になっていました。しかし、徐々に艦内生活にも慣れ、時間を見つけて休養を取り、部屋の同期とお茶会をして気分をリフレッシュすることで、疲れをためないよう、自分なりに工夫ができるようになりました。

遠洋練習航海が始まった当初は、自分の知識や能力に不安を感じ、帰国後、部隊に配属されたら苦労すると思い、憂鬱な気持ちにもなりました。しかし、一緒に訓練に臨む同期から助けてもらいながら疑問点を徐々に解消し、少しずつ今後の勤務に向け、自信をつけることができました。現在はまだ完全に不安が解消されているとは言えないものの、部隊勤務に対する抵抗感は少なくなり、部隊配置に向けて前向きな気持ちになりました。

改めて、本遠航はさまざまな人に支えられて経験を積むことができた航海だったと思います。一緒に苦労を乗り越えた同期、いつでも相談や質問に答えてくれた幹部の方々、各イベントで会場準備だけでなく一緒に参加してもらった「かしま」乗員の皆さまがいたからこそ、私たち実習幹部は楽しく遠洋練習航海を乗り越えることができました。

この先、部隊に配置されても遠航と同様、苦労の中にも楽しさを忘れずに頑張っていこうと思います。

ハワイのオアフ島沖を通過した際、同期の仲間たちと手でアロハポーズを作って記念撮影に納まる実習幹部たち（9月27日）

ジャコップ（縄はしご）登はん訓練で、救命胴衣を身に着け、「かしま」舷側のはしごを上る実習幹部（10月18日）

部隊だより

陸

岩手　東北方面特科連隊は9月4日、北上市で行われた「岩手県総合防災訓練」に参加した。訓練は「災害から守れ！自分で。家族で。地域で。」をテーマに、土砂災害による家屋や道路の損壊を想定。緊急輸送や救助犬ヘリ搭乗対応などを行い、関係機関との連携を強化した。また災害時における装備品の運用法を展示し、自衛隊の活動をPRした。

仙台　東北方面隊44普連（福島）の添田一義曹長が10月5日、フジサンケイグループ主催の「第19回国民の自衛官」に選出され、表彰された＝写真㊤。東北方としては2年ぶりの受賞となる。添田曹長は、令和元年に発生した台風19号に伴う災派でボートで多数の被災者を救助、ドローンによる捜索活動を指揮した功績が称えられた。

新発田　30普連はこのほど、NEXCO東日本との共同訓練に参加した。M7・8の地震発生を想定し、日本海東北自動車道豊栄SAで実施した。訓練担当部隊長を務めた2中隊長の嘉茂英樹1尉の指揮の下、隊員たちは指揮所開設や道路の段差の臨時補修、重レッカーによる大型車両の牽引などを演練。訓練を通じて相互の連携要領を確立した。

高田　2普連はこのほど、長岡市と柏崎市で行われた海自の艦艇広報を支援した。柏崎港開港50周年記念で掃海艇「すがしま」「あいしま」が来航、体験航海を実施したのに伴い、高機動車や偵察用オートバイなどを展示した。会場には小学生など家族連れが訪れ、普段見ることのない自衛隊車両を見学、隊員に熱心に質問する人もいた＝写真㊤。

板妻　34普連は10月1日、4中隊担任で一般幹部候補生普通科部隊実習を開始した。幹候校の学生13人が参加し、水野克輝連隊長に開始申告を行った。学生たちは連隊長の訓示に真剣な眼差しで聞き入った。第一線部隊における初級幹部自衛官としての地位と役割を学ぶため、約2週間かけて部隊訓練、服務、特別勤務などをした。

青野原　駐屯地はこのほど、兵庫県内の高校生の隊内生活体験を支援した。参加者は陸自の概要説明を受けた後、基本教練や救急法、03式中距離地対空誘導弾（中SAM）などを研修、規律を厳守する自衛隊生活の一端を肌で感じた。参加した生徒は「貴重な体験ができた。自衛官を志しているので今後の参考としたい」と感想を語った。

倶知安　北方対舟艇対戦車隊は10月13日、京極中学校での「1日防災訓練」を支援した。副隊長の大沼光1尉が同校体育館で2年生に防災講話＝写真㊨。その後、全校生徒を対象に避難訓練や調理室での煙体験を行った。生徒たちは「自衛隊のさまざまな活動を知ることができ貴重な機会だった」と語り、災害時の危険について理解を深めた。

滝川　10即機連の隊員約100人は9月1、2の両日、北海道大演習場有明射場で行われた旅団射撃競技会に参加した。選手は日ごろの練成の成果を遺憾なく発揮し、「共通の部」では分隊、個人ともに上位を独占。2位に大差をつけて優勝するなど3連覇を達成した。表彰式後の「凱旋式」では岡田豊連隊長を胴上げし、全隊員が喜びに沸いた＝写真㊨。

届けるのは「信頼」と「元気」

山口駐屯地創設66周年記念行事

大迫力の74式　力強い維新太鼓

観閲部隊に敬礼する執行者の杵淵賢一司令

山口駐屯地は10月10日、「創設66周年記念行事」を開催した。新型コロナの感染予防のため、来場者は山口県内の人に限定。それでも昨年を上回る約430人が駐屯地を訪れ、迫力の訓練展示やさまざまな催し物を楽しんだ。

観閲式で杵淵賢一司令は、「地域の皆さまに信頼される山口駐屯地であることを目指します」と来場者に向けて挨拶。続いて来賓の小松一彦山口県副知事、渡辺純忠山口市長がそれぞれ祝辞を述べた。

観閲行進では17普連の隊員約200人が堂々とパレード。同連隊の高機動車や軽装甲機動車、さらに13戦車中隊（日本原）の74式戦車など車両48台も続いた。上空では空自12飛行教育団（防府北）のT7や海自201教育航空隊（小月）のT5練習機が祝賀飛行を行った。最後に駐屯地の「山口維新太鼓部」が登場、力強い演奏を会場いっぱいに響かせ、県民に元気のエールを送った。

この後、模擬戦がスタート。17普連などが敵陣地を攻略するまでの一連の部隊行動を展示した。主力部隊は、13特科隊（日本原）の155ミリ榴弾砲FH70や74式戦車の援護を受けながら前進。上空にはUH1多用途ヘリが現れ、隊員が次々にリペリング降下すると、来場者から大きな拍手が起こった。

VRでリペリング

このほか会場では、13音楽隊（海田市）と山口駐屯地音楽部、地元の萩光塩学院吹奏楽部による合同演奏なども披露された。また山口県立大学の学生が授業の一環で製作したVRの体験コーナーも設けられた。VRでは隊員がリペリング降下をした際のリアルな映像を体感できるとあって、若者の人気を集めた。

盛りだくさんの内容に、来場者は「自衛隊をいろいろ体験できて良かった。また来ます」と満足した様子で語り、駐屯地を後にした。（山口）

山口駐屯地の「創設66周年記念行事」のハイライト、模擬戦闘訓練には軽装甲機動車や74式戦車も登場、戦闘の一部をリアルに展示した

「山口維新太鼓部」が来場者に向け力強い和太鼓演奏を披露した

VRゴーグルを装着し、リペリング降下をしているような疑似体験を楽しむ来場者

信太山　駐屯地業務隊演習場管理班の矢沢則史1曹はこのほど、令和3年度中方最先任上級曹長褒賞を受賞した＝写真㊦。塩田紀之最先任から褒賞状と副賞のメダルを授与された。この賞は、各種業務で部隊の活動を陰で支えた隊員を模範として表彰するもの。矢沢1曹は業務に関する多くの資格を取得し、事故・災害対応に貢献した功績がたたえられた。

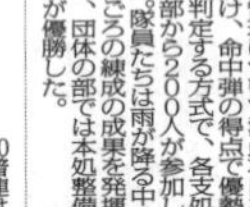

宇治　関西補給処はこのほど、至近距離による射撃競技会を初めて行った。射撃技能の向上と士気の高揚、団結の強化を目的に実施。諸動作の安全管理について減点項目を設け、命中弾の得点で優勢を判定する方式で、各支処・部から200人が参加した。隊員たちは雨が降る中、日ごろの練成の成果を発揮し、団体の部では本処整備部が優勝した。

福岡　4師団はこのほど、アクロス福岡シンフォニーホールで4音楽隊による定期演奏会を開催した＝写真㊤。感染症対策のため入場者を駐屯地の隊員に限定。師団の活動映像と共に、さまざまなジャンルの曲を披露した。サキソフォン奏者の板倉健太士長は、「残念ながら一般の方の前で演奏できなかったが、皆さんの活力になればうれしい」と語った。

小倉　40普連は9月30日～10月14日、幹部候補生12人の普通科部隊実習を行った。小倉駐屯地で野中大雅候補生が着隊を申告した。候補生たちは史料館を見学後、格闘や射撃訓練など普通科部隊の勤務を体験。参加した渡辺昴二郎候補生は「曹士の方々との営内生活を通じて、幹部自衛官としての務めがイメージできるようになった」と語った。

空

千歳　管制隊はこのほど、基地見学者の小中高生などを対象に、本格的な航空交通管制業務が体験できるツアーを開始した＝写真㊨㊤。参加者に航空管制業務や自衛隊に興味を持ってもらうことを目的に行われ、旧管制塔内の滑走路や誘導路が一望できる場所にコーナーを設置。これまでに約20人が管制業務を模擬体験し、高い評価を得ている。

佐渡　分屯基地はこのほど、地元住民への広報活動の一環として佐渡市の相川保育園の園児70人の親子遠足を支援した。当日は穏やかな天候に恵まれ、軽装甲機動車など7台の車両を展示。中でもゴミ収集車や消防車が園児たちに人気だった。後日、園児たちから「しょうぼうしゃにのせてくれてありがとう」など、基地にお礼の手紙が届いた。

目黒　基地准曹会は10月5日、統幕と陸海の准曹会と合同で基地周辺の清掃を行った。参加者は行き交う街の人々と元気にあいさつを交わしながら、目黒川沿いの落ち葉などを掃き集めた＝写真㊨㊦。最後に会長の松永隆一曹長があいさつ、「目黒は全国でも少ない陸海空の隊員がそろう基地。これから力を合わせて盛り上げていこう」と締めくくった。

海

下総　教空団司令部は10月24日、広島市のマツダスタジアムでのプロ野球広島対阪神戦に合わせて開催された「海上自衛隊PRデー」を支援した。コンコースに特設ブースを設置し、海自の職種や装備品を紹介するパネルを展示。P3C哨戒機のパイロットである古田英二3佐が、訪れた子供たちに海自航空部隊の魅力などをアピールした＝写真㊤。

船越　湯浅秀樹自衛艦隊司令官は10月21日、東京五輪に出場した自衛隊体育学校（朝霞）の2人の選手の表敬訪問を受けた。訪れたのは柔道班所属で柔道・女子78キロ級で金メダルを獲得した濵田尚里1陸尉と、水泳班所属の高橋航太郎2海曹＝写真㊤。高橋2曹は出場した17人の選手中唯一の海上自衛官で、競泳の800メートルリレーで健闘した。

徳島　教空群の8人は10月23日、「松茂町総合防災訓練」に参加した＝写真㊤。「南海トラフ巨大地震が発生した」との想定で、各種訓練が行われた。隊員は避難所運営訓練の会場となった「マッシゲート」にブースを設置し、海自の災害派遣活動を紹介、地上救難班の給水車を展示した。また自治体や消防などとも連携し、関係強化を図った。

小月　基地で数学を教える佐々木淳教官がこのほど、山口県立下関南高校で授業を行った＝写真㊤。同校が3年生の希望者を対象に開催する夏期の勉強合宿の一環で、佐々木教官は「数学の講座」を担当。10人の生徒が参加した。当日は共通テストの対策や勉強方法、数学の魅力などを丁寧に解説し、受験に向けての準備をサポートした。

「白龍の炎神21」作戦発動

10即機連

総合戦闘射撃で敵を殲滅（せんめつ）

情報・火力・機動の連携

訓練

【10即機連＝滝川】「白龍連隊」の異名を持つ第10即応機動連隊は9月18日から21日まで、上富良野演習場で総合戦闘射撃訓練を行った。

上平期の戦闘訓練の集大成との位置付けで実施され、諸職種部隊の総合火力発揮の能力向上を図るとともに、ネットワーク化された連隊のC4ISR（指揮・統制・通信・コンピューター・情報・監視・偵察）機能を最大限活用し、情報・火力・機動の連携による戦闘力の組織化を推進、作戦の実効性を追求した。

編成完結式で岡田豊連隊長は部隊に「諸職種火力の弾先を集中し、敵を殲滅（せんめつ）せよ」と訓示、ここに「白龍の炎神21」作戦が発動された。

訓練では独立的に行動する即応機動連隊が遅滞戦闘を行う想定の下、偵察小隊が情報収集、機動戦闘車中隊が各統制線で普戦一体となった遅滞戦闘・反撃を実施する中、第一線救護、戦闘車両の回収なども各種火力の援護下で行った。

さらに連隊はドローンや衛星通信などC4ISRの機能を活用し、最後まで「一丸（ワンチーム）」を合言葉に流動的かつ強靭な戦闘を継続。敵の殲滅をもって「白龍の炎神21」作戦を完遂した。

「普戦一体」となった戦闘射撃を行う普通科隊員と機動戦闘車（奥）＝いずれも上富良野演習場で

主力を掩護するため「離脱支援射撃」を行う11特科隊の自走155ミリ榴弾砲

敵戦車に向け、中距離多目的誘導弾を発射した10即機連の車両

集中切らず破砕射撃

1普連 諸職種協同で技能練成

敵の指揮官が現れるのをじっと待つ1普連の狙撃手（東富士演習場で）

【1普連＝練馬】1普連は9月21日から24日まで、東富士演習場で総合戦闘射撃を行った。

諸職種協同による総合戦闘射撃を通し、各級指揮官の射撃指揮、火力調整、隊員の射撃技能を練成することが目的で、普通科中隊を基幹に、2個小銃小隊、狙撃班、対戦車小隊、迫撃砲小隊、重迫撃砲中隊、戦車小隊、特科中隊で編成し、中隊長の指揮で「陣地防御」を演練した。

隊員は素早く目標を発見し、直ちに射撃ができるよう、神経を研ぎ澄まして敵を待ち受けた。戦闘開始以降は、中隊長の的確な指揮の下、各級指揮官の射撃号令で隊員は目標に向け正確な弾を撃ち込んだ。

特に狙撃手は敵の指揮官を狙い、確実にこれを仕留めるなど、重要な役割を担った。また、霧の発生で視界が不良になりながらも、戦車や砲迫部隊は集中力を切らすことなく第一線中隊と連携した対機甲・対歩兵突撃破砕射撃を実施した。

市街地戦闘など演練

30普連が第2次連隊野営

【30普連＝新発田】30普連は9月16〜22日、宮城県の王城寺原演習場で3年度第2次連隊野営訓練を行い、第1次中隊等訓練検閲、市街地練成訓練、迫撃砲射撃訓練に挑んだ。

検閲は、本部管理中隊重迫撃砲小隊（小隊長・小山佳2尉）が受閲。120ミリ迫撃砲の実弾射撃を実施し、客観的・計数的な評価により、小隊の射撃技術の進歩向上を図った。

一方、3中隊迫撃砲小隊（小隊長・鈴木努曹長）は81ミリ迫撃砲を実射、市街地戦闘訓練隊は建物がある訓練場内でゲリラの掃討などを演練し、対処能力の向上を図った。

市街地戦闘訓練で建物への突入準備をする30普連の隊員（王城寺原演習場で）

「高い技術発揮せよ」 11施設群

312ダンプ車両中隊 骨材や採石運搬の長距離運行

2施設団、3演習場で検閲

【2施団＝船岡】2施設団は10月15日から23日まで、岩手山、王城寺原、白河布引山の3演習場で11施設群と312ダンプ車両中隊の訓練検閲を実施した。

隊容検査は福島、船岡両駐屯地で行い、戦闘機能点検（任務の理解、部隊装備火器の取り扱い、対特殊武器防護、車両点検など）と合わせ、隊員の物心両面の準備状況を確認した。

統裁官の圓林栄喜団長は、11施群に「指揮の要訣を実践」「高い施設技術の発揮」を求め、ダンプ中隊には「高度な車両操縦技術を含めた施設技術の発揮」を要望し、検閲がスタートした。

11施群の任務は「陣地防御を行う師団の直接支援に任ずる施設群の行動」で、築城、交通、障害処理のほか、簡易掩蓋掩壕の構築、自走架柱橋の架設、主要幹線道の維持、地雷原爆破装置の投射などを行った。

一方、ダンプ中隊は白河布引山から王城寺原への骨材輸送のほか、砕石運搬などを夜間の長距離運行で実施した。

両隊はそれぞれ分班訓練、小隊・中隊訓練で積み上げた練成成果を十分に発揮し、困難な状況を克服、統裁官の要望事項を確実に達成した。

大型トレーラーを使い、81式自走架柱橋の通過試験を行う11施設群の隊員

発煙や騒音で臨場感

コンセプトは「実弾での戦闘訓練」

21普連 第3次野営

【21普連＝秋田】21普連は9月5〜10日、岩手山演習場で第3次野営訓練を行った。

野営は「実弾での戦闘訓練」をコンセプトに、諸職種協同で総合戦闘射撃、重迫撃砲中隊の実射検閲、迫撃砲夜間射撃に挑み、戦闘力の向上を図った。

五十嵐雅康連隊長は訓示で「各隊員は本当の実戦で戦っているとの意識のもと臨め」と強く要望。

総合戦闘射撃は実際の戦場の在り方を追求し、敵の発煙での視界不良の中での射撃、ガス攻撃への対処、砲弾による負傷者の発生など、過酷な状況下で部隊は戦闘を続けた。

さらに大型スピーカーを演習場内に持ち込み、大音量で爆撃音や航空機音を現示、この騒音により命令・号令の伝達はいつも以上に困難となり、状況は過酷度を増した。

迫撃砲の夜間射撃は照明弾下で行われ、隊員は暗闇の中での射撃動作と正確な観測による射撃諸元を追求した。

照明弾下の射撃観測を受け、迫撃砲の夜間射撃を行う21普連の隊員（岩手山演習場で）

4師団が「国際緊急援助隊」訓練

被災地でけが人をヘリコプターに収容する訓練を行う4師団の国際緊急援助隊の要員

国外の災派活動想定

部外機関関係者と意見交換

【4師団＝福岡】4師団はこのほど、福岡駐屯地と十文字原演習場で「国際緊急援助隊」訓練を行った。

4後方支援連隊長を長に、「国外における地震・津波（被災地）に対する災害派遣活動」を想定、派遣先における指揮幕僚活動や部隊行動を演練した。

訓練後は、今回得られたさまざまな教訓事項を共有し、本番に向けた任務遂行の資としたほか、派遣時に予想される部外機関関係者との意見交換会も行った。

今回、国際緊急援助隊本部付隊要員として参加した隊員は「現地の人々との接し方や、自衛隊の活動を正しく世界に伝えることの難しさを知った。引き続き、平素から物心両面の準備を整え、出動態勢を万全にしたい」と語っていた。

自由意思で対処行動

47、49両連隊が激突

中方混成団の指揮所演習

【中方混団＝大津】中部方面混成団は9月9〜15日、中部方面指揮所訓練センターで47普連を防御部隊、49普連を攻撃部隊とする対抗方式による指揮所演習を行った。

今演習では時間的・地域的な縛りを最小限にとどめ、指揮官は任務を達成するため、いつ・何を判断しなければならないのか、補佐する幕僚活動はどうあるべきかを追求した。

両隊とも敵の企図を予測するのが難しい状況下、敵の包囲を予期した47普連長は後方地域に一部の部隊を転用し、新たな縦深を形成して対処。この防御部隊の行動を見破った49普連長が連隊のほぼすべてを投入して翼側から攻撃を開始したところで状況を終えた。

自由意思で行動する敵に対処するのは難しく、大局を判断し、いち早く部隊の行動方針を決め、それを具現化するのが必須となる。今演習では両隊がその教訓を学ぶよい機会となった。

104特科大隊、203ミリ自走榴弾砲で

全てを弾先に結集

203ミリ自走榴弾砲を射撃する104特科大隊の隊員（矢臼別演習場で）

【104特大＝上富良野】203ミリ自走榴弾砲を装備する104特科大隊は9月8日、矢臼別演習場で実射検閲を受閲した。

統裁官の徳留貴弘4特科群長は「全ての努力を弾先に帰一し、任務を完遂せよ」と隊員を激励。これを受けて大隊長の北條則幸3佐以下の隊員たちはこれまでの訓練で積み上げてきた練成成果を弾先に結集、目標に向けて次々と砲弾を撃ち込み、「優秀」の成果を獲得した。

5施設群、関山演習場で検閲

【5施群＝高田】5施設群は9月8〜13日、393、394両施設中隊の訓練検閲を関山演習場で行った。

統裁官の比嘉隼人群長は「部隊としての基本的行動、隊員としての基礎動作の確行」「施設技術力の発揮」など3点を要望、それを具現化すべく両中隊は検閲に臨んだ。

まず大沼地区で隊容検査を受けた後、両隊はそれぞれ70式地雷原処理装置を投射し、その結果は後日の障害処理の未処理時の状況に反映された。

引き続き両隊は作戦地域へ前進。この間、連隊の攻撃支援を行ったほか、経路上に設置された障害を処理。渡河器材小隊は道路が破壊された個所で自走架柱橋を架設した。

10日朝、連隊の攻撃に伴い陣前障害の処理を開始。394施中交通小隊の支援を受けた393施設中隊は地雷原処理装置によって開設された作業用通路を開設後、装薬による戦車壕の処理と約200メートルに及ぶ戦車用通路を開設した。対戦車壕はドーザーで戦車用通路に改修した。

集結地を占領した両隊は攻撃支援から防御準備へ移行し、行動を開始したところで状況を終えた。

ドラム缶130本 弾薬18トン補給

東北方面後方支援隊

【東北後支＝仙台】東北方面後方支援隊は9月6〜10日、王城寺原演習場で第2回隊訓練を実施した。

訓練では主に部隊の前方支援地域への進入、支援施設の開設、各種補給品の補給を演練した。

補給活動では実際に約130本のドラム缶、約18トン分の弾薬箱を現地に輸送（写真）。毎日一晩で100本を超えるドラム缶を補給しなければならず、過酷な肉体作業が続いたが、与えられた任務を完遂した。

後方支援隊では今後とも糧食・燃料・弾薬などの補給品を使用し、実際的な練成を続けていく計画だ。

2中隊制す

52普連射撃競技会

【52普連＝真駒内】52普連は9月17〜19日、3年度連隊射撃競技会を実施した。競技会は89式小銃の部と9ミリ拳銃の部に分かれ、激動後の射撃（40メートル早駆け、目標変換射撃、弾倉交換、至近距離射撃）を中隊対抗方式で競った。

競技会は即応予備自衛官招集訓練の中で即自隊員も参加する予定だったが、新型コロナの影響で不参加となり、常備自衛官のみの競技となった。

各中隊は練成成果を遺憾なく発揮し、2普通科中隊が僅差の激戦を制し、優勝の栄冠に輝いた。

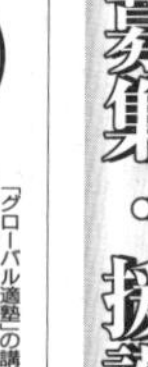

募集・援護 特集

防衛政策 豊富な国際経験で語る

一般市民や学生の間で安全保障への関心が高まる中、防衛に関する知識、国際的な勤務経験が豊富な地方協力本部長への講演依頼が各地で相次いでいる。兵庫地本長は関西の企業の幹部らを前に防衛政策などを説明、神奈川地本長は横浜市立大の学生たちに留学経験などを語った。

「グローバル適塾」の講座で日本を取り巻く安全保障環境について講話する兵庫地本長の高岡1陸佐（右奥）＝11月1日、大阪市の神戸大学大阪クラブで

民間企業の役割、今後の見通し… 安全保障テーマに意見続々

兵庫

【兵庫】兵庫地本長の高岡久1陸佐は11月1日、関西経済界における次世代リーダー育成を目的とした「グローバル適塾」の安全保障講座で、「我が国を取り巻く安全保障環境」と題して約1時間半にわたり講話を行った。

グローバル適塾は関西所在の企業から選出された若手・中堅幹部31人が受講する1年間のプログラム。「安全保障」を研究テーマに選んだグループ11人の指導を担当する神戸大学大学院法学研究科の簑原俊洋教授からの要請に応え、実施された。

高岡地本長は日本の安全保障・防衛政策の概要について説明した後、塾生からの質問に答える形で講座は進行。「我が国周辺の安全保障環境に関する今後の見通しは？」「安全保障に関し、民間企業に期待する役割は？」などのさまざまな質問があり、活発な意見が交わされた。

地本長は講話中、自衛官の募集や就職援護の現状についても紹介し、理解の促進に努めた。

塾生は今後、自衛隊の那覇基地や米軍嘉手納基地など南西方面の部隊研修を行う予定だ。

地本長が民間講座、大学で講話

学生たちに、グローバルな視点から自衛隊について説明する神奈川地本長の夏井1海佐（左奥）＝10月20日、横浜市金沢区の横浜市立大学で

語学力、歴史、文化などの教養を 人材論に「知識が重要」

神奈川

【神奈川】上大岡募集案内所は10月20日、神奈川地本長の夏井隆1海佐（現・佐世保地方総監部防衛部長）が横浜市金沢区の横浜市立大学で行った講義を支援した。

国際法を専門とする瀬田真准教授の「グローバル人材論」の講義にゲスト出演したもので、中條祐介副学長をはじめ、学生22人が受講した。

夏井地本長は留学経験をもとに、グローバルな視点での自衛隊について説明、「自衛官が海外で活動するためには語学力だけでなく、日本の安全保障環境や歴史、文化などの教養を身に付けていなければなりません」と知識の重要性を述べた。学生たちは熱心に聞き入ってうなずき、メモを取っていた。

質疑応答では、幹部自衛官から直接、現場視点での意見が聞ける機会とあって、学生たちからは「自衛隊は同盟国に補給支援を行う際は、他国から見て軍隊とみなされるのではないか？」「攻撃を受けると想定した場合、現場の指揮官はどう判断するのか？」――など、多くの鋭い質問が寄せられた。

聴講した学生は「興味深い講義だった。自衛隊にも興味を持った」と語り、夏井地本長も市立大生から刺激を受けるなど、双方にとって有意義な時間となった。

入校後の不安を払拭

幹候合格者に先輩隊員がフォロー

「個性磨き、困難立ち向かえ」

島根

幹部候補生の屋外での戦闘訓練を研修する入校予定者たち（10月21日、陸自幹部候補生学校で）

【島根】地本は10月21、22日、陸自幹部候補生学校（前川原）で行われた研修に、幹候試験合格者一人を引率した。中方と西方の合格者が対象で、合計49人が参加した。

参加者は入校中の候補生の屋外での訓練を見学。教育施設や学生隊舎などの生活関連施設を見て回った。食堂では幹候生たちと同じメニューを喫食、「自衛隊のご飯はボリュームだけではなく美味しかった」と好評だった。幹候生との懇談も行われ、さまざまな体験談や助言を受けて不安を払拭した。

2日目は藤岡史生学校長が講話。藤岡校長は入校に当たって準備しておくべきことやキャリアパスについて語り、「個性を磨き、困難に立ち向かえ」と激励した。

2日間通して参加者は「入校後のイメージを持つことができた」と語り、実りある研修に満足した様子だった。

参加者質問に実体験語る

青森

【青森】地本長の木村政和1空佐は10月21日、青森第2合同庁舎で大学生を対象に講話を行った。一般幹部候補生試験合格者2人と、次年度受験予定者2人の計4人が参加した。

木村本部長は「幹部候補生等採用案内」のパンフレットを活用しながら、幹部自衛官のキャリアアップの流れを説明。自らの職歴に照らしながら丁寧に解説した。

講話終了後はカレッジリクルーターによる懇談を実施。「幹部候補生学校の生活はどのような感じでしたか？」「防大卒と一般大卒で差を感じましたか？」と参加者が質問すると、リクルーターは実体験などを語り不安の解消に努めた。

参加者はメモをとりながら熱心に耳を傾け、自衛隊でのキャリア形成について理解を深めた。

大学生に幹部自衛官のキャリアアップについて説明する木村本部長（10月21日、青森第2合同庁舎で）

陸自展示ヘリに興味津々 高校生ら600人質問相次ぐ

石川

【石川】地本は10月9日、日本航空学園能登空港キャンパスの航空祭で、陸自中方航空隊（八尾）の支援を受けAH1S対戦車ヘリやUH1J多用途ヘリを展示した。生徒や教職員など約610人が機体の見学に集まった。

生徒たちは展示ヘリ近くにいた現役パイロットに、やりがいやキャリアについて積極的に質問。操縦席にも実際に座って感触を確かめた。当日は山梨県の学園本部から梅沢重雄理事長が駆けつけたほか、同校への入学希望者を対象としたオープンスクールも同時に開催され、幅広い層に自衛隊をアピールした。

地本は「これを機に自衛隊に通用する高い素養を持った若者に、国防の仕事を身近に感じてもらいたい」と話している。

対戦車ヘリＡＨ１Ｓの説明に聞き入る生徒たち（10月９日、日本航空学園能登空港キャンパスで）

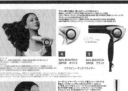

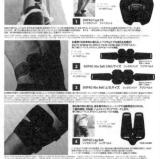

北空音は旭川地本広報大使の浅井さん（中央右）をゲストに、迫力の演奏を披露した（10月28日、たかすメロディーホールで）

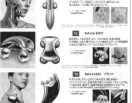

北の大地で浅井未歩さん大熱唱

北空音 鷹栖町で演奏会

【旭川】地本は「たかすメロディーホール」で10月28日、鷹栖町が主催する北空音（三沢）の演奏会を支援した。同音楽隊が鷹栖町で演奏するのは初めてで、地本広報大使でシンガーソングライターの浅井未歩さんもゲスト出演。約200人の観客が迫力ある演奏を楽しんだ。

演奏会に先立ち、北空音の佐藤哲也隊長と浅井さんが鷹栖町役場を表敬訪問。谷寿男町長から歓迎を受けた。佐藤隊長は「我々も久しぶりのホール演奏を楽しみにしています」と意気込みを語った。

演奏会はブルーインパルスのテーマ「ドルフィン・イン・ザ・スカイ」でスタート。童謡やミュージカル曲など次々と披露し、会場は一気に盛り上がった。また佐藤隊長が「航空自衛隊なのに船で来ました」とあいさつすると、場内は大きな笑いに包まれた。

アンコールは浅井さんがカバー曲「炎」を熱唱、鳴りやまない拍手の中、フィナーレを迎えた。来場した中学生は「凄い演奏だった。感動してドキドキしています」と感想を語った。

「感謝と努力を大事に」

島津3曹 母校訪問で後輩にエール

熊本

【熊本】地本は10月4、5の両日、東京五輪近代五種女子に出場した島津玲奈3陸曹（体校）の地元・熊本の表敬訪問を支援した。島津3曹は体校コーチの城竜也陸曹長とともに、熊本県庁や出身地の合志市役所、母校のルーテル学院高校などを訪れ、応援への感謝の言葉を届けた。

島津3曹は、母校のスポーツクラスの120人の生徒たちに「感謝と努力を大事にしてほしい」とエールを送った。県庁では県職員やくまモンが訪問を歓迎。蒲島郁夫県知事から「県民に勇気と感動を与えていただいた。将来オリンピックを目指す子どもたちへの道しるべになる」との言葉をかけられた。

記念写真に納まる（前列左から）橋本本部長、島津3曹、蒲島熊本県知事と城コーチ（後列中央）＝10月5日、熊本県庁で

神奈川地本長に 平井1佐が就任

11月1日付の異動で神奈川地本長が交代した。新任本部長の略歴は次のとおり。

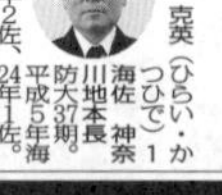

平井 克英（ひらい・かつひで）1海佐 神奈川地本長 防大37期。平成5年海自。19年2佐、24年1佐。統幕運用2課運営班長、掃海隊群水陸両用作戦幕僚、海幹候校学生隊長などを経て、令和2年3月1護衛隊司令。愛知県出身。51歳。

採用試験会場 5カ所に分散

宮崎・感染対策で

【宮崎】地本はこのほど、令和3年度の採用試験最盛期を迎え、コロナの感染防止対策を徹底している。

9月18日の一般曹候補生1次試験と自候生採用試験では、試験会場を県内5カ所に分散。検温・消毒を徹底し、仕切り板を設置した。また室内を換気し、受験者間の距離を確保するなど会場づくりに努めた＝写真。

指揮幕僚課程多国間セミナー

安全保障上の課題を議論

オンラインで19カ国参加

ウクライナなど4カ国が初

【空幹校＝目黒】「同世代の各国軍人と出会えたことは大きな宝です」——。航空自衛隊幹部学校（学校長・柿原国治空将）主催の第21回指揮幕僚課程学生多国間セミナーが11月5日から9日まで、同校とイギリスなど各国をつないでオンラインで開催された。背景や環境の異なる同世代の軍人たちが、英語で活発な議論を行った。

このセミナーの目的は、空幹校・指揮幕僚課程学生の国際感覚と視野の拡大、参加国間の相互理解の深化や信頼の醸成。新型コロナウイルスの影響でオンライン開催となったが、米、豪、英、フィリピン、インドネシアなど19カ国の軍人が参加した。バングラデシュ、エストニア、モルディブ、ウクライナの4カ国は初参加となった。

課程学生49人は、セミナーの計画、準備まで自分たちで行い、現在日本が直面している安全保障に関するテーマを8点選択し、数カ月にわたって準備を重ねて本番に臨んだ。

各国の置かれた状況は異なり、参加した学生たちはさまざまな国における安全保障上の課題に向き合った。議論を通じ、多国間協力推進のための方策は各国にとっても大きな課題であることを自覚するなど、世界を知る貴重な経験となった。

セミナーの学生代表を務めた金川あゆみ3佐は、「各国が考える優先課題が想像と異なり、実際に各国軍人の生の声を聴く大切さを知った。将来は地球規模の課題に直面する我々にとって、同世代の各国軍人と出会えたことは大きな宝」と振り返った。

柿原学校長は閉会式で「このセミナーを機に国際情勢にさらに目を向け、将来の安全保障を担うためにふさわしい専門的な知識と戦略的な視座を身に付けていってもらいたい」と要望した。

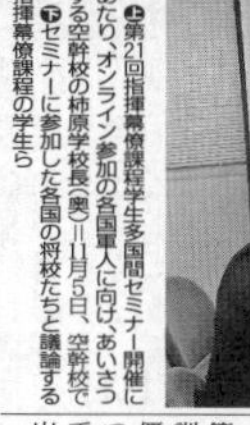

㊤第21回指揮幕僚課程学生多国間セミナー開催にあたり、オンライン参加の各国軍人に向け、あいさつする空幹校の柿原学校長（奥）＝11月5日、空幹校で　㊦セミナーに参加した各国の将校たちと議論する指揮幕僚課程の学生ら

不発弾処分時に資料作成

15旅団　部隊教育、住民説明に活用

不発弾の威力を目視するため、周囲に風船や標的を設置した処理現場（10月28日、沖縄県の中部訓練場で）

【那覇】15旅団101不発弾処理隊は10月28日、沖縄県の中部訓練場で米国製5インチ艦砲弾1発の爆破処理を行い、その爆破状況を部隊教育や自治体に説明を行うための資料としてまとめた。

艦砲弾1発を地面に布置し、爆風・破片の及ぶ危険範囲に複数の風船や標的などを設置。威力を後から目視できるように工夫を施した。

作成した資料は今後、同隊の不発弾処理教育で使用するとともに、各市町村で不発弾処理を行う際の自治体用の説明資料としても活用する予定となっている。

爆破処理に参加した同隊の川野清治曹長は、「いつも（普段の処理活動）と違い、地上で爆破処分することで、改めて不発弾の威力や怖さを認識することができた」と述べた。

沖縄県の本土復帰以降の同隊の処理実績は、3876件、1842トン（11月16日現在）。

秋田・横手市で鳥インフル

21普連　500人で14万羽殺処分支援

陸自21普連（秋田）は11月10、11の両日、秋田県横手市の養鶏場で発生した今季初の鳥インフルエンザに対し、後方支援要員を含む延べ約500人で鶏の殺処分支援などに係る災害派遣活動に従事した。

養鶏場では同9日に鳥インフルエンザの発生が疑われ、翌10日に陽性が確定したことから同日午前2時、佐竹敬久秋田県知事から五十嵐雅康21普連長に災害派遣が要請された。

隊員たちは直ちに深夜の駐屯地を出発し、午前7時50分から現地での支援活動を開始。鶏を処置した後、容器に入れて屋外まで運搬。24時間態勢でローテーションを組み、屋外では雨が降りしきる中、懸命な支援活動に当たった。

11日午前11時、処分対象の約14万羽のうち、陸自に割り当てられた鶏の殺処分支援が完了したため、秋田県知事による撤収要請を受け、活動を終えた。

容器にポリ袋を被せて鶏の殺処分支援の準備をする21普連の隊員たち（11月10日、秋田県の養鶏場で）

あさぐもパンフィルム　吉本どんど

よーし

40枚目にしてやっとうまく書けた

お寺の入口の掲示板に貼る今月の標語なんだがね…

限られた資源ムダにするな

無事故管制100万回達成

下総管制所で60年かけ

【下総】海自下総航空基地隊（司令・岩松恒徳1佐）はこのほど、203教育航空隊所属のP3C哨戒機5082号機（機長・瀬戸山隆二2佐）に対する離陸許可をもって、下総飛行場管制所での「無事故管制100万回」を達成した。

今回の記録は、昭和37年10月1日に管制所（タワー）の運用を開始して以降、約60年間の歳月を経て成し遂げたもの。

この記念すべき航空機を管制したのは、現在タワー訓練生として勤務する鶴岡優那3曹。達成の瞬間もいつもと変わらず基本通りの手順を踏み、離陸許可を発出した。

下総航空基地隊は「この記録に満足することなく、日々基本に忠実に管制業務を実施することで、さらなる記録を目指していく」と無事故継続に意欲を見せている。

「無事故管制100万回」達成を記念して管制タワーを背に記念写真に納まる（前列左3人目から）岩松下総航空基地隊司令、機長の瀬戸山2佐、井上竜三下総教空群司令以下隊員ら。その右は管制官訓練生の鶴岡3曹（下総航空基地で）

一関・盛岡間駅伝競走大会

岩手駐屯地　主催団体と駅伝支援で協定

【岩手】駐屯地は10月28日、「第80回一関・盛岡間駅伝競走大会」（開催・11月23日）に協力する協定の締結式を行った。主催団体の一つである岩手日報社の川村公司常務取締役とともに署名した。

この大会は、一関市から盛岡市まで約100キロの道のりをたすきをつないで北進するもの。箱根駅伝に次ぎ日本で2番目に伝統ある駅伝で、毎年多くのランナーが力走を見せる。

駐屯地は審判・監督・記録などの伴走車に隊員14人、車両11台で協力。調印した香川司令は「選手が持てる力を十分発揮できるよう全力でサポートする」と、支援への決意を語った。

協定書に調印した香川司令（左）と岩手日報社の川村常務取締役

小休止

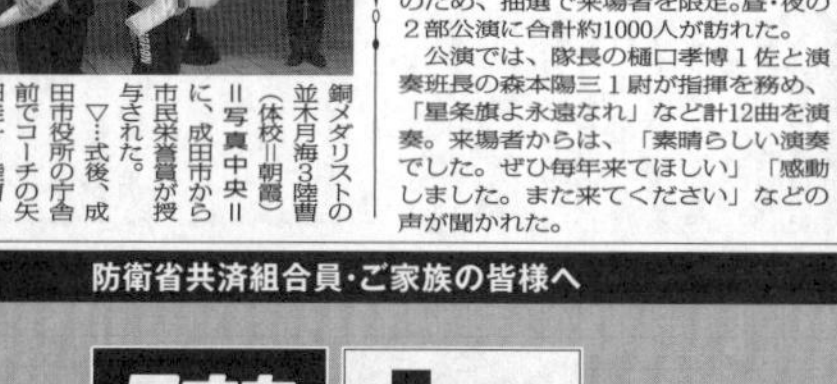

▽…千葉地本は10月25日、成田市役所で開催された市民栄誉賞授与式に協力した。

▽…式典では東京五輪ボクシング女子フライ級銅メダリストの並木月海3陸曹（体校＝朝霞）＝写真中央＝に、成田市から市民栄誉賞が授与された。

▽…式後、成田市役所の庁舎前でコーチの矢田圭一2陸曹＝写真左＝とともに記念撮影に応じた並木3曹。その後ろでは雨宮真吾市議長とマスコットキャラの「うなりくん」が拍手や身振り手振りのジェスチャーで、銅メダル獲得の栄誉をたたえた。（千葉地本）

中音が23年ぶりに鶴岡で公演

【山形地本】山形地本は10月2日、鶴岡市内の荘銀タクト鶴岡で開催された陸自中央音楽隊による「中央音楽隊鶴岡公演」を支援した。同市での中音公演は平成10年以来、23年ぶり。

2部公演 1000人来場

公演前日には、地元の中学・高校の吹奏楽部員に対し、中音隊員が演奏指導を実施。生徒たちは隊員から少しでも多くの技術を吸収しようと、終始真剣な眼差しで指導を受けていた。

今回は新型コロナウイルス感染防止のため、抽選で来場者を限定。昼・夜の2部公演に合計約1000人が訪れた。

公演では、隊長の樋口孝博1佐と演奏班長の森本陽三1尉が指揮を務め、「星条旗よ永遠なれ」など計12曲を演奏。来場者からは、「素晴らしい演奏でした。ぜひ毎年来てほしい」「感動しました。また来てください」などの声が聞かれた。

集まった地元市民に対し23年ぶりの生演奏を披露する陸自中音の隊員たち（10月2日、山形県の荘銀タクト鶴岡で）

こちら警務隊

文書遺棄・偽造①

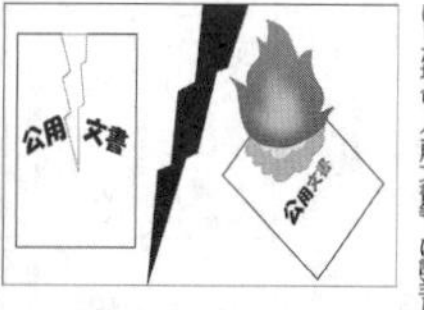

公用文書を隠した場合　3月以上7年以下の懲役

公用文書等毀棄罪とはどんな罪ですか？

公務所で使用するために保管している文書（公文書や私文書を問わない）やデータを公用文書といい、これらを捨てる・隠す・破る・燃やす等して、使用出来ない状態にした場合、公用文書等毀棄罪で3月以上7年以下の懲役に処せられます。

例えば、業務において書類の不備を隠す為に必要な書類を捨てる、データを消す、自宅に持ち帰って隠す等の行為が本罪に該当します。

行政文書を勝手に破棄することは、公文書等の管理違反に該当するだけではなく、刑事処分の対象にもなりますので、絶対にしてはいけません。

（東部方面警務隊）

実家のうどん店を切り盛りする牧野恭子さん

早期退職し、家業を継ぐ 「たまや」三代目
100年続く老舗うどん店を目指して

元1海尉 牧野 恭子（香川県善通寺市）

私は昨年9月、海上自衛隊第1術科学校給食係長を最後に約26年間の自衛隊勤務を終え、今は香川県善通寺市の実家で家業のうどん屋を手伝っています。

私は長女で実家も本家であることから、定年退職したら家業を継ぐつもりでしたが、年々衰えていく両親の姿を見て定年までもたないと思い、早期退職を決めました。周囲からは「定年まで勤めないのか」と言われましたが、さまざまな経験をし、やり切った感も十分あったため、潔く決断ができました。

ここで少し、これまで幹部自衛官として勤務した中で特に印象に残った三つの出来事を述べてみたいと思います。

一つ目は、平成17年3月、補給艦「おうみ」の補給士として乗艦し、通信士（現「やまぎり」艦長の山内由香子2佐）ほか十数名の女性曹士自衛官と共に、テロ対策特別措置法に基づき、インド洋への初の女性自衛官実任務派遣に携わることができたことです。

今でこそ女性初の艦長や潜水艦乗りなど、職域の門戸が次々と開かれていますが、当時はこのインド洋派遣が「女性自衛官のパイオニア」として大きな注目を集めた時代でした。

帰国後は、テロ特参加の歴代主要隊員数十名と共に皇居に招かれ、天皇皇后両陛下（現上皇、上皇后さま）に接見できたことも大変貴重な経験でした。

二つ目は、平成18年8月、厚生班長として着任した小松島航空隊（現24空）で翌春の「娯楽センター」の立ち上げに向けて怒涛の半年を過ごしたことです。関係者の皆さまのご指導とご協力のおかげで何とか乗り切り、オープニング式典を開催することができました。

三つ目は、最後の勤務となった1術校給食係長の時のことです。着任翌年の2月末、食器洗浄のアウトソーシング業者が突然倒産し、約1カ月、営内職員や学生をもって食器洗浄業務をやらざるを得なくなる事案が生起しました。その4カ月後には西日本豪雨災害が発生し、呉・江田島地区は断水に見舞われ、学生や営内者の食事は当分の間、缶飯や弁当食となり、大変な時期を過ごしました。

いざ退職時期が近づいた昨年4月には新型コロナウイルスによる初の緊急事態宣言が発令されたため、退職までの半年間も給食業務は最後までバタバタでしたが、今思えば全てが懐かしく思い出されます。

民間人になって早や1年が過ぎました。当店は自宅兼店舗で家族経営のため人件費等もかからず、常連客に支えられて、ありがたいことにコロナによる影響はそれほどありません。退職後は多くの元上司や同僚・同期、民間人の友人たちが来店してくれました。

在籍中に取得した調理師免許も今となって生きてきました。私自身も常連客とはすっかり顔なじみになり、現役の頃とはまた違った忙しさとやりがいをもって日々を過ごしています。

昭和34年に祖父の代から始まったこの店を、100年続く老舗店にすることを目標に、第2の人生を前向きに歩き始めたところです。

今は大変な世の中ではありますが、現役自衛官の皆さまのご健康とご活躍をお祈りすると共に、コロナが落ち着いて以前の日常が戻ってきた暁には、ぜひとも本場の讃岐うどんを食べにいらしてください。お待ちしています！

（世界の切手・台湾）

思い切り遊ぶと服は汚れますが、心はキレイになります。

木村 拓哉（俳優）

朝雲ホームページ
www.asagumo-news.com
会員制サイト
Asagumo Archive プラス
朝雲編集部メールアドレス
editorial@asagumo-news.com

みんなのページ

おはようからおやすみまで

3陸曹 竹内 達（とおる）（33普連4中・久居）

私は、今年の3月3日に本部管理中隊の山田麻弥3曹と入籍致しました。今月で早くも8カ月が経ちますが、毎日とても充実しています。

結婚して大きく変化した点は生活習慣です。出勤から帰宅及び帰宅後の流れが変化しました。特に課業外の行動は結婚前とは違い、自分自身だけの時間だけではなく、妻との時間でもあるので、今まで通り自分の時間を確保しつつ、妻との時間を大切にするように心掛けています。

もう一つは、やはり家事です。これに関しては大変と言うより、妻との分担が難しいと感じました。現在は子供もおらず、演習や教育等でどちらかが長期不在でも問題ありませんが、子供が出来た際は、どうしても妻への負担が大きくなってしまうので、今から努めて自分も家事を行い、私も妻もストレスを感じないようにしています。

現在、妻とはとても良好な関係を築けています。結婚生活はまだまだこれからで、月日が経つほどに、自分自身や周囲の環境が大きく変化していくことは確実です。その都度、夫婦で柔軟に対応していきます。特に、子供が出来た時は、夫婦でしっかりと支え合っていこうと考えています。

将来には、希望と不安等、様々な感情はありますが、一つだけ言えるのは、1日の始まりの「おはよう」と1日の終わりの「おやすみ」は忘れずに言い合っていこうと思います。

最後に、私たちは夫婦ともに自衛官として、自衛隊の使命を自覚し、責任感をもって日々の訓練に力を合わせて臨んでいこうと思います。

自衛官夫婦として充実した新婚生活を送る竹内3曹夫妻

草野球で一緒に汗ながそう

3空曹 坂本 章彦（7空団管理隊・百里）

私は健康のために月に2〜3回程度、百里基地の基地業務群のチーム（サンライズ）と、土浦市のチームで草野球をしています。早いときには早朝6時から試合ということもあります。

野球の好きなところは、ピッチャーとバッターによる1対1の闘いを経て、チームで助け合いながら勝利を目指すこと。そして、一人一人に出番や活躍の場が回ってくるということです。チームで声を掛け合って連携を図り、ピンチを乗り越え、チャンスをものにする。プレッシャーのかかる苦しい試合に勝利をしたときはとてつもなく幸せな時間です。

私は、普段はおとなしめな性格ではありますが、野球は自然とガッツポーズが出てしまうほど熱く、魅力的なスポーツです。また、最近はできていませんが、試合後の打ち上げも楽しみのひとつです。

草野球は老若男女すべての人ができるので、民間の方とのつながりが増えることもプラス要素です。

未経験者の方、趣味を見つけたい方も、草野球で一緒に汗を流しましょう。

草野球を楽しむ坂本3空曹

砂浜ドライブで代え難い爽快感

空士長 飯塚 光希（23警隊・輪島）

私が勤務する輪島分屯基地は、石川県能登半島北部の輪島市に所在しています。能登半島は自然がとても豊かで、都市部ではまず味わうことのできない自然の魅力あふれるスポットがたくさんあります。

その中でもぜひ紹介したいおすすめスポットは、基地から気軽に車でドライブを楽しみながら行くことができる「千里浜なぎさドライブウェイ」です。ここの最大の魅力は、何と言ってもマイカーで砂浜を走ることができる点です。

この海岸は日本で唯一、車やバイクで走れる海岸です。全長は8キロ、夏になると観光客が多くなるため、道路交通法が適用されるようになり、標識も設置されます。自分の車やバイクで砂浜を走っている瞬間は、何ものにも代え難い爽快感と感動で胸がいっぱいになること必至です。

また、デートや家族旅行にも最適で、忘れられない思い出になること間違いなし。コロナ禍が収束した時には、ぜひ訪れてみて下さい。

新刊紹介

「なぜ女系天皇で日本が滅ぶのか」

門田 隆将、竹田 恒泰著

明治天皇の玄孫にあたる旧皇族の憲法学者と反皇室勢力に詳しい気鋭のジャーナリストが20時間もの激論を交わし、万世一系の皇統を継承する意義とそのための具体的方法を提示した。

全9章で構成。男女平等などの現代的価値観では図れない男系男子で2千年以上にわたって受け継がれてきた皇統の重要性を、天皇と国民を結ぶ三つの縁「治縁」「心縁」「血縁」からひもとく。

男系を維持する最善の案として、GHQにより臣籍降下させられた旧宮家の復帰案より予算措置などがなくハードルが低い養子案を提言。

父方が天皇につながらないいわゆる女系天皇を推奨するリベラル勢力の真意と、その理論的根拠となっている八月革命説についても熱く意見を交わす。

終戦時にマッカーサー元師に「私の一身はどうなろうと構わない。どうか国民が生活に困らぬようお願いしたい」と語り、示した昭和天皇の大御心や、天皇陛下の宮中祭祀も紹介する。

皇位継承問題への疑問を解消させるとともに、それが日本人一人一人の問題であることに気づかせてくれる。（ビジネス社刊、1650円）

「サイバースパイが日本を破壊する」

井上 久男著

岸田新政権の発足により担当大臣が置かれたことで、一部関係者の間で議論されてきた「経済安全保障」が新政権の看板政策に急浮上した。しかし、国民の理解は十分ではない。政界、官界、学界の一部による専門的な議論から一歩距離を置いた本書は、経済ジャーナリストの著者が実例や最新の動向などを踏まえて平易な言葉で解説する。

防衛関係者が議論するいわゆる安全保障とは異なり、経済安全保障は非軍事領域で展開される情報戦だ。想定する主敵は「軍民融合」で各国の政治経済中枢に浸食を図る中国共産党であり、それを著者は孫子の兵法を引用して現代版「戦わずして勝つ」に例える。例えば、人民解放軍との繋がりが囁かれる中国IT大手テンセントが楽天に出資した事例などを取り上げ、その手口と日本企業の脇の甘さを指摘する。そして日本企業はもはや被害者として、加害者に責任転嫁できる時代ではないことも強調する。

自民党は昨年末に経済安全保障戦略策定に向けて提言を出しており、その中心人物が現在の岸田総裁や甘利前幹事長である。新政権の看板政策が実は昨年から周到に準備されてきた内容の延長線上にあることは大変興味深い。（ビジネス社刊、1650円）

小林武史（国会議員秘書）

OBがんばる

清水 悠平さん 28
平成30年3月、4補給処木更津支処を空士長で任期満了退職。メタウォーターテック（株）でグループ会社全体のネットワーク構築、管理を行っている。

信頼されるエンジニアに

私は航空自衛隊を平成30年3月に任期満了退職し、現在はメタウォーターテック（株）IT部門に勤めています。兼ねてよりコンピューターに関心があったため、再就職に当たってIT関連の職種を希望しました。援護室からいろいろと情報をいただき、その中から最終的にメタウォーターテックに入社しました。

当社への入社を決めた理由は次の二つです。一つは、メタウォーターグループは主に地域の水インフラを守る企業で、上下水道施設・設備の維持・管理、水ろ過システムの開発、さらには汚泥処理・資源ごみの処理も行っており、公共性の高い会社であることです。もう一つは、自衛隊OBが100人以上勤めているため、安心して働けると思えたことです。

現在は、グループ会社全体のネットワークの構築、管理をしています。一番苦労したのは、配属されたばかりのところに、働き方改革の一環である事業所のフリーアドレス化プロジェクトに参加し、ネットワークや新電話システムの構築に携わったことです。

いきなりの大仕事に四苦八苦しましたが、上長からのアドバイスを受けながら一歩一歩進めていった結果、何とか大きなトラブルもなく無事に完遂することができました。また、このことで年に1回の社内表彰である最優秀社長賞を受賞することができ、大きな達成感を得ることができました。

今後はITの知識と経験をより深く吸収して、周囲に一層信頼される優秀なエンジニアになることを目指して精進して参りたいと思っています。

あさぐも掲示板

■統幕校がシンポジウム

防衛省統合幕僚学校は12月3日（金）午後1〜4時、防衛省で「国際平和と安全シンポジウム2021」を開催する。

基調講演者にシェリル・ピアース豪州退役陸軍少将（前国連キプロス平和維持隊司令官）、モデレータに篠田英朗氏（東京外国語大学大学院総合国際学研究院教授）、パネリストに墓田桂氏（成蹊大学文学部教授）、ホアン・キム・フーン・ベトナム陸軍少将（ベトナム国防省PKO局局長）、松村五郎氏（元陸自東北方面総監・陸将）を招き、「パートナーシップPKOによる国際平和への貢献〜FOIP地域での国際平和協力に係る連携の意義〜」について討議等を行う。

新型コロナウイルス感染防止のため、国外被招へい者はオンラインでの参加となる。一般の希望者も事前の申請により、オンラインでの聴講が可能。詳しくは国際平和協力センターHP（https://www.mod.go.jp/js/jsc/jpc/）まで。

詰碁

第1271回出題

出題 日本棋院 九段 曲 励起

白先

『白を助けて下さい。最初と二手目が大切です』。5分でできれば中級です。

▶詰碁、詰将棋の出題は隔週です◀

詰将棋

出題 日本将棋連盟 九段 石田 和雄

≫第855回の解答≪

	7	6	5	4	3	2	1
一				玉（後手）			
二		と	歩		銀（後手）		
三				角		歩	
四							
五							

☗先手 持駒 金

【正解】☗5一歩成△3一玉☗4一と△同銀☗2一角成△同玉☗2二金まで七手詰め。

【解説】☗5一歩成から☗4一とが軽い手順。△4一同玉なら☗5二と△3一玉☗2二金。5手目☗2一角成が眼目の一手で△4二玉なら☗4三金まで。

朝雲

発行所 朝雲新聞社
〒160-0002 東京都新宿区
四谷坂町12－20 KKビル
電 話 03(3225)3841
FAX 03(3225)3831
振替00190-4-17600番
定価一部150円、年間購読料
9170円（税・送料込み）

本号は10ページ

日越防衛相が会談

サイバー、衛生で初の「協力覚書」

岸防衛相は11月23日、来日したベトナム国防相のファン・ヴァン・ザン陸軍大将と防衛省で会談し、日越間で初のサイバーセキュリティー分野と衛生分野における「協力の覚書」を踏まえ、具体的な取り組みに向けた議論を進めることで一致した。さらに岸大臣は、国連平和維持活動（PKO）に参加予定のベトナムに知見共有のための協力を行うことを表明した。会談後、岸大臣は「『新たな段階』に入った日越防衛協力の下、両国がそれぞれの持つ強みやリソース（資源や人材等）を生かしながら、地域と国際社会の平和と安定に向けてより積極的に貢献すべく、力強く防衛協力を推進していく考えだ」と記者団に語った。

岸防衛相（右）とベトナムのザン国防相（左）の立ち会いの下、サイバー分野と衛生分野に特化した初の「覚書」に署名した槌道防衛審議官（右から2人目）とチエン国防次官（11月23日、防衛省で）＝防衛省提供

岸防衛相「新たな段階の防衛協力を推進」

岸防衛相が今年4月に就任したザン国防相と会談するのは、6月のテレビ会談、9月のハノイでの会談に続き3回目。

前回の会談では日越の防衛協力が「新たな段階」に入ったことを確認。「防衛装備品・技術移転協定」も締結され、艦艇分野を念頭に日本からの具体的な装備品輸出に向けた協議の加速化で一致している。

今回の会談は約1時間50分にわたって行われ、両大臣の立ち会いの下、槌道明宏防衛審議官とベトナム国防次官のホアン・スアン・チエン陸軍上将が「サイバーセキュリティー分野での協力に関する覚書」と「衛生分野での協力に関する覚書」に署名した。日本が他国と個別具体的な分野に特化した「覚書」を交わすのは今回が初めて。具体的な内容は今後詰める。

会談の冒頭、岸大臣は「我々の間で3度目となる防衛相会談の実施は、両国の強固かつ緊密な絆を示すものだ」と歓迎の意を表明。

今年10～11月にかけて海自の護衛艦「しらぬい」「かが」「むらさめ」が相次いでベトナムに寄港し、親善訓練を行ったことについて言及し、「両国が緊密に協働している姿をしっかりと示すことができたと高く評価する」と述べた。

これに対し、ザン国防相は「ベトナムの政策は、一貫して日本との関係を重要視し、日本を最も重要なパートナー国として関係を築くことだ」と応え、安全保障などの分野で日本との協力を強化していくことに大きな期待感を示した。

会談でザン国防相は、ベトナムがPKO活動の一環として参加準備を進めるアフリカのスーダンと南スーダンにまたがる「国連アビエ暫定治安維持部隊（UNISFA）」に関し、日本側に知見共有に関する協力を要請した。

これを受け、岸大臣は陸上自衛官を中心とする要員をベトナムに派遣することなどを含め、防衛省・自衛隊として協力することを表明。両氏はこの協力を「新たな段階」に入った日越防衛協力のモデルケースとして積極的に進めていくことで一致した。

サイバー分野では、日本による能力構築支援の一環として、ベトナム南部のニャチャンにある教育施設「ソフトウエア・パーク」における将来的な協力支援に向けた連携を進める。

両氏はこのほか、地域情勢についても意見交換。会談で岸大臣は「日越両国を取り巻く安全保障環境は厳しさと不確実性を増しており、東・南シナ海における力による一方的な現状変更の試みは深刻の度を増している」と指摘した。

両氏は国際法順守の重要性を確認するとともに、力による一方的な現状変更の試みに強く反対することで一致。法の支配に基づく既存の国際秩序を維持するために日越が協働していくことを申し合わせた。

厳粛に殉職隊員追悼式

岸田首相「遺志を受け継ぐ」

令和3年度

令和3年度の自衛隊殉職隊員追悼式が11月20日、防衛省講堂で行われ、18柱（陸12柱、海3柱、空2柱、機関1柱）の殉職隊員の遺族をはじめ、自衛隊最高指揮官の岸田首相、岸防衛相、防衛省・自衛隊高級幹部ら約100人が参列し、昭和25年の警察予備隊創設以来の殉職隊員2019柱（陸1086柱、海470柱、空432柱、その他31柱）の冥福を祈った。

国歌清聴に続き、新たに昨年9月1日から今年8月31日までの間に公務による死亡の認定を受けた18隊員の名前が読み上げられ、岸大臣が18柱の名簿を奉納。陸自302保安警務中隊による特別儀仗隊が捧げ銃、陸自中央音楽隊が「国の鎮め」を演奏する中、参列者全員が拝礼、黙とうした。

追悼の辞で岸田首相は「強い覚悟と責任感を持って職務の遂行に全身全霊を捧げた皆さまは我が国の誇りだ。御霊は国のために尽くし、立派に使命を全うされ、大きな足跡を残された。その尊い犠牲を無にすることなく、ご遺志を受け継いでまいります」と決意を述べるとともに、「このような不幸なことが再び起こることのないよう、最善の努力を尽くす」と誓った。

岸大臣は「亡くなられた隊員は、自らの手でこの国を守り、人々を助けるという意志と、『事に臨んでは危険を顧みず、身をもって責務の完遂に努め、もって国民の負託にこたえる』との覚悟を持って隊員となられた。防衛省・自衛隊はその意志と覚悟をいつまでも引き継ぎ、これからも我が国を守っていくことを誓う」と述べた。

殉職隊員追悼式で「尊い犠牲を無にすることなく、ご遺志を受け継ぐ」と追悼の辞を述べる岸田首相（11月20日、防衛省講堂で）＝防衛省提供

この後、献花に移り、献花台に岸田首相、岸大臣、遺族に続いて遺族会の関係者、防衛省・自衛隊幹部の順に白菊を手向けた。

最後に遺族を代表して、植﨑廉偲1空尉（今年2月、米国での飛行訓練中の墜落事故により殉職、当時25歳）の母、朱実さんがあいさつ。「殉職隊員は遺族にとって最高に自慢の家族であり、心から誇りに思う。自衛官の皆さまが有事に備え、命の危険を顧みず、訓練や任務に就いておられることを多くの国民の皆さまにご理解いただき、少しでも寄り添っていただける社会でありますようにと願います」と述べた。

殉職隊員追悼式は任務遂行中に職に殉じた隊員を追悼するため、防衛大臣の主催で昭和32年から自衛隊記念日行事の一環として行われており、同年の岸信介首相（当時）をはじめ、多くの歴代首相が自衛隊最高指揮官として参列している。

今年は昨年度に続き、新型コロナウイルスの影響で歴代防衛相や国会議員などの来賓の参列を取りやめ、遺族と部内者のみに限定し、例年の3分の1以下に規模を縮小して行われた。

（2面に殉職隊員の氏名）

J—SLSを開催

統幕長と米インド太平洋軍司令官　南西地域の視察も

統幕と米インド太平洋軍（ハワイ）は11月9、10の両日、東京・市ヶ谷の防衛省で第10回「ジョイント・シニアリーダーシップ・セミナー（J—SLS）」を行った。

同セミナーは平成23年からほぼ毎年、市ヶ谷とハワイで交互に開催。今回は自衛隊から山崎統幕長、前田忠男陸上総隊司令官、湯浅秀樹自衛艦隊司令官、内倉浩昭航空総隊司令官らが出席。米軍からは来日した米インド太平洋軍司令官のジョン・アクイリーノ海軍大将、太平洋艦隊司令官のサミュエル・パパロ海軍大将をはじめ、在日米軍司令官のリッキー・ラップ空軍中将らが参加した。

沖縄・与那国島を訪れ、日本最西端の西埼灯台から東シナ海を望む山崎統幕長（手前）とアクイリーノ司令官（同右）＝撮影時のみマスク不着用

協議の中で山崎統幕長は「日米同盟は60年余、激変する安全保障環境の中で変わらず地域の平和と安定の礎であり続けてきた。今後もそうあり続けるためには、今回の協議のように日米が常に将来の方向性に関するビジョンを共有し、共同訓練など実効的な取り組みを重ね、あらゆる事態に対応していくことが重要だ」と述べた。

これに対し、アクイリーノ司令官は「自衛隊と米軍の間の強固な絆は日米同盟の重要な側面を代表するものだ。我々が共有する普遍的価値への献身は、日米の絆をより強固にし、今回のようなイベントが明日の課題へ共同して備えることについての助けになる」と応えた。

両者は、インド太平洋地域の平和と安定のために日米同盟が不可欠であり、日米の部隊が共に同盟の強化にコミットし続けることが重要との認識で一致。今後も共通の安全保障上の課題に的確に対応するため、継続的に議論していく必要性を確認し合った。

セミナーに先立ち、山崎統幕長とアクイリーノ司令官は11月8、9の両日、陸自の奄美、与那国両駐屯地、空自那覇基地を視察した。

両者は陸自ヘリで上空から南西地域の現状を把握するとともに、奄美警備隊に配備されている中距離地対空誘導弾（中SAM）を視察するなど各駐屯地・基地の状況を確認し、最前線で島嶼防衛に当たる隊員たちを激励した。

NATO会議に参加

コペンハーゲン　防研の齋藤所長

【防研＝市ヶ谷】防衛研究所の齋藤雅一所長と吉崎知典特別研究官（政策シミュレーション担当）は10月12～14日まで、デンマークの首都コペンハーゲンで開かれた第50回「NATO国防大学校長等会議（CoC2021）」に出席した。

同会議は、北大西洋条約機構（NATO）加盟国の国防大学が持ち回りで主催する年次会合で、NATO加盟国やパートナー国の国防大学校長等が一堂に会する場として大きな役割を担っている。

防衛研究所の齋藤雅一所長（右）とNATO国防大学校長のオリビエ・リッチマン仏陸軍中将（10月14日、デンマークで）

今回は「軍事専門教育と将来戦人材」をメインテーマに、▽戦争の将来▽将来戦人材に必要な技能▽軍事専門教育への影響――に焦点を当て、新型コロナワクチンの接種等を条件に対面参加が認められた参加者たちがフォーラム形式で意見や情報の交換を行った。

齋藤所長は会議の席で「コロナを乗り越え、NATO各国やパートナー国が対面とオンラインを組み合わせて議論できた今回の会合は大変有意義であり、とても喜ばしい」とスピーチ。

さらに、将来戦について「ハイブリッドな紛争の増加と新興技術の導入によって、人間の判断は従来以上に重要になる」と指摘した上で、「防衛研究所では主に社会科学のアプローチを用い、教養教育および批判的思考を育てる教育を実践している」と述べ、将来戦を見据えた取り組みについても紹介した。

中露爆撃機が共同飛行

両国艦艇は対馬海峡南下

中国軍のH6爆撃機2機とロシア軍のTu95爆撃機2機の計4機が11月19日、日本海から太平洋にかけて共同で長距離飛行したため、空自の中空、西空、南西空のF15戦闘機などが緊急発進して対応した。領空侵犯はなかった。

島根・竹島北方沖の日本海上空に飛来した中露軍の爆撃機4機は、竹島と隠岐島間を抜けて長崎・対馬海峡を通過し、東シナ海に進出した。同海域を南下した4機は、沖縄本島と宮古島間の宮古海峡を通過し、さらに太平洋に進出。この後、反転して再び宮古海峡を通過した。中国機は尖閣諸島北方沖で自国領方面に戻ったが、ロシア機は往路とほぼ逆のルートで日本海まで北東進して日本の領空から離れた。

これに先立ち、日本海では18日午後5時ごろ、ロシア海軍の「ウダロイI」級駆逐艦1隻が対馬の北東約65キロの海域を南西に向け航行。同日午後7時ごろには、中国海軍の「ルーヤンIII」級ミサイル駆逐艦と「ジャンカイII」級フリゲート各1隻が対馬の東方約40キロの海域を南西進した。海自佐世保警備隊の多用途支援艦「あまくさ」、3ミサイル艇隊のミサイル艇「おおたか」がそれぞれ確認した。

中国艦は11月13日に東シナ海から日本海に向け対馬海峡を航行した艦と同一で、中露艦はこの後、対馬海峡東水道をそれぞれ南下し、東シナ海に入った。

（2面に関連記事）

中国艦が領海侵入

4年ぶり4回目　鹿児島沖

防衛省は11月19日、中国海軍の「シュパン」級測量艦1隻が鹿児島県南方沖の日本領海を航行したとみられると発表した。中国軍艦による日本領海への侵入は2017年7月以来4回目。

17日午後8時40分ごろ、同測量艦が鹿児島・屋久島沖南方の我が国の接続水域を西に向け航行するのを海自1空群（鹿屋）のP1哨戒機が確認、警戒監視に当たった。

18日午前1時20分ごろには、同・口永良部島沖の西方の接続水域を西進する同艦をP1が確認しており、防衛省は「測量艦が我が国の領海を航行したものと判断している」と発表。日本政府は外交ルートを通じて中国側に懸念を伝えた。

春夏秋冬

太平洋戦争中の日本とバチカンの国交樹立

松本 佐保

2週間程前に上智大学で「バチカンと日本 100年プロジェクト」の公開シンポジウムが開催された。在日本バチカン大使の挨拶等、本プロジェクトは日本外務省とバチカン政府も関わる公式なので、バチカン文書館所蔵の機密外交文書によって明らかになった徳川期の隠れキリシタンから戦後の両国の関係についての内容である。筆者は戦中から戦後を担当し、なぜ日本とバチカンの公式国交樹立が太平洋戦争中であったのか、また戦後の両国の外交関係などについて講演した。

この戦中の二国の国交樹立に大いに貢献したのが海軍少将の山本信次郎（1877～1942年）で、彼は暁星出身のカトリック信者だった。山本は東郷平八郎の附属副官、イタリア大使館付武官、1919年（大正8年）～37年（昭和12年）に東宮御学問所御用掛として当時、皇太子であった昭和天皇に仕え、21年（大正10年）のヨーロッパ5カ国訪問に同伴、教皇ベネディクト15世との会見を実現した。

戦間期は日本カトリック教会と政府との間の軋轢を仲介、「神社参拝問題」の解決に努めた。教皇庁特派使節としてピウス11世に謁見し、南洋諸島の宣教者問題の解決に尽力し、大聖グレゴリオ勲章を叙勲された。38年には教皇ピウス11世の代理としてブラジルに派遣され、サンパウロ市で初海外派遣の日本人宣教師として1923年～40年ブラジルで活動した中村長八神父に大聖グレゴリオ勲章を授与した。正三位勲二等功五級であり、天皇陛下からも教皇からも絶大な信用を得ていた。山本の両国への働きかけにより1942年、遂に国交が樹立されたが、山本はこの年に死去した。

その後、満州にいたパウロ・マレラ大司教が実質上のバチカン大使として日本に派遣される。日本側はバチカンに原田健を公使として派遣、バチカンは戦時中、中立であったことから、敵国の外交官同士が水面下の交渉を行う環境があった。45年4月～5月に原田公使は、アメリカのルーズベルト大統領の個人特使マイロン・テーラーとの間で、終戦工作を試みる。両者はほぼ同意に至るが、原田がその旨を日本本国に電報するも、返信を受け取ることはなかった。その後、広島と長崎に原爆が投下された。

戦後は日本がサンフランシスコ講和条約で主権を回復すると、1952年に両国は国交を回復する。その時には昭和天皇と教皇ピウス12世の間に書簡のやり取りがあった。こうした書簡は数カ月前に公開されたばかりのバチカンの機密外交文書の中に見つかった。

（日本大学国際関係学部教授）

朝雲寸言

秋も深まり冬の足音が聞こえる季節になった。陸海空自衛隊にとって11月は一年で一番忙しい月かもしれない。それは職種を問わず野外で行動することが自衛隊の基本であるからだ▼年度の始まった年度の訓練の成果が深まるこの時期に検閲を迎える。長期間の演習や転地訓練、共同実動訓練などが冬の来るこの時期に行われることが多い▼特に東北や北海道の演習場で陸自部隊が迎える寒い朝は長く厳しい冬の到来を感じさせる。悪天候の続く冬の日本海で警戒監視任務に就く海自の艦上勤務も同様に厳しい寒さに晒される。雪の舞う山頂の空自レーダーサイトの深夜のシフト勤務も寒さの中で朝を迎える▼多くの国民はそのことを知らない。知って欲しいと思う半面、知られないことも自衛隊の行動の基本であると感じる▼この時期、市ヶ谷の防衛省に連日のように泊まり込み、国会対応や予算折衝のための膨大な資料を作成する担当者も厳しい冬を迎えている。寒さのせいではない。予算編成を担う彼ら彼女らの脳裏には寒さの中で任務に向き合うかつての同僚や部下たちがいるからだ▼国の防衛に必要な予算の必要性は専門的であるため説明が難しい。長いコロナ禍を経て国民の大多数は目に見える経済効果を期待するだろう、当然である。しかし現下の情勢を見れば我が国の防衛力整備は揺るがせにできない。間もなく12月、年末の予算編成は大詰めを迎える。

時の焦点

国内　経済安全保障

戦略描き抜本強化図れ

経済は経済、安全保障は安全保障、それぞれで国益を追求すれば良い、といった時代はとうに過ぎ去った。経済と安全保障が一体化した時代にふさわしい国家戦略を描かなければならない。

政府は、内閣の重要課題である経済安全保障に本格的に取り組むため、岸田首相を議長とする経済安保推進会議を設置した。初会合で首相が語った言葉が、その意義を的確に表している。

「世界各国が戦略的物資の確保や重要技術の獲得にしのぎを削る中、我が国の経済安全保障の取組を抜本的に強化することが重要です」

尖閣諸島沖での中国漁船衝突事件後、中国政府がレアアースの輸出規制を強化して交渉に使ったことは記憶に新しい。昨年来のコロナ禍では、ワクチンは無論、ありふれたマスクでさえも海外依存が問題になることを印象づけた。

レアアースや半導体、電気自動車用電池、医薬品といった重要物資は、単に経済活動に不可欠というだけでなく、国家の安全保障に直結する。政治的な意図を持って扱われればなおさらだ。

政府は、関係省庁の職員で構成する経済安保法制準備室を設置して準備を急ぎ、来年の通常国会に経済安全保障推進法案（仮称）を提出する予定という。

推進法案は、供給網の強靭化や基幹インフラの機能維持、技術基盤の確保、特許の非公開化について、総合的に取り組む内容になる見通しだ。国家戦略として経済安保を進める明確な節目となるだろう。

人工知能（AI）や量子技術に関する各国の競争は激しさを増している。中国やロシアが注力する極超音速兵器は典型だが、技術開発が安保の生命線を握ることを忘れてはなるまい。

中国は近年、民間技術の軍事利用や、軍事技術の民間転用を図る「軍民融合」を推進してきた。

日本の企業や大学などが有する民生用の技術が中国に流出すれば、日本の技術が日本の安全を脅かすという極めて深刻な事態となりかねない。

東西冷戦下で起きた東芝機械ココム違反事件では、ソ連の潜水艦技術の向上につながったとして日米の深刻な外交問題となった。同様の事態を繰り返してはならない。

難しいのは、日米などと中国の経済関係が、東西冷戦時の米ソとは比較にならないほど緊密であることだ。

まずは安保に直結する分野と、そうでない分野を的確に見極めて対応していく必要があろう。様々な技術や物資、製品について、民主主義国による供給網を強化していくことが求められる。

学術界に危機感が乏しいのは気がかりだ。日本の防衛力向上につながる研究を忌避する一方で、日本の安全保障とは相いれない国々への技術流出に注意を払わないという姿勢では、批判を免れまい。新しい時代にふさわしい意識改革も課題の一つである。

宮原 三郎（政治評論家）

海外　米中首脳会談

「戦略的曖昧さ」の消失

米中両国の首脳は11月15日夜、初めてオンライン形式で会談した。その数日前、中国側当局者が主要議題になると述べていた台湾問題では、議論の応酬に終わった。

会談は約4時間にわたったが、終了後にホワイトハウスが出したのは、わずか6パラグラフの発表文のみ。

ホワイトハウスの側近でさえ再三、大統領の発言は一貫性を欠くと認めてきた経緯からも、会談内容の公式記録が出されない理由も分かる。

また、特にサリバン大統領補佐官（国家安全保障担当）は、大統領が中国側の巧妙な情報操作、懐柔策のターゲットになるのを恐れ、対面の直接会談は避けるよう努めてきた事実もある。

だが、今回は加えてもう一つ。中国国家主席が米大統領を打ち負かし、従わせた実態が、短い発表文からも明らかなのである。

会談をリードしたのは習主席だった。

「大統領は台湾問題で、①米国は台湾関係法、三つの共同コミュニケ、六つの保証に基づく『一つの中国』政策を維持する②米国は台湾海峡の平和と安定を損なう一方的な現状変更の行動に強く反対する――と強調した」

発表のこの部分は米政府にとって必要だった。大統領が10月21日、CNNテレビ主催の市民集会で、「台湾が中国に攻撃されたら、米国は台湾を守るのか?」と質問され、「イエス、我々はその義務がある」と答えていたからだ。

現実はもっと複雑で、英ロイター通信が当時、「米政府は法律で、台湾に自衛手段の提供を求められているが、台湾防衛のために軍事介入するかどうかでは、長い間『戦略的曖昧さ』の政策を取ってきた」と解説していた。

ホワイトハウス報道官も大統領発言の修正に必死で、「米国と台湾との防衛関係は台湾関係法により処理される。同法の下での義務を守り、台湾の自衛を支持し続け、現状のいかなる一方的変更にも反対し続ける」と繰り返した。

台湾が攻撃されても、米国は軍事的に介入しない――と明確にしたのだった。

中国は米側のこの説明にも満足しなかった。外務省スポークスマンはこの時、「米中関係と台湾海峡の平和と安定を害さないために、米国に対し、『一つの中国』の原則と三つの米中共同コミュニケを厳格に守り、台湾問題での言動に注意し、『台湾独立』勢力に誤ったシグナルを送ることを慎むよう要求する」と強調したものだ。

今首脳会談での米大統領の発言は、米国は中国外務省の主張通りに行動すると保証したのに等しい。

「戦略的曖昧さ」は消え去った。

米国が中国に対し有してきたあらゆる抑止力、経済制裁など非軍事的な実効策ももう期待できない。中国は台湾に関して、本質的に自分の思う通りに行動でき、台湾も全く異なった将来に備えなければならないということである。

草野 徹（外交評論家）

空幕長

ドバイ国際会議に参加

各国空軍司令官らと意見交換

ノルキン・イスラエル空軍司令官（左）と会談する井筒空幕長（11月14日、アラブ首長国連邦ドバイの防衛省展示場で）

井筒空幕長は11月11日から16日までアラブ首長国連邦に出張し、ドバイで開かれた「第10回空軍司令官等ドバイ国際会議」と「ドバイ・エアショー2021」に参加、各国空軍司令官らと意見交換を行った。

同会議は「統合を超えて」をテーマに、マルチ・ドメイン作戦における航空、宇宙、サイバー空間の安全保障について議論が行われた。

空幕長は13日にフランス航空宇宙軍参謀長のステファン・ミル大将、14日にドイツ空軍総監のインゴ・ゲルハルツ中将、イスラエル空軍司令官のアミカム・ノルキン少将、オランダ空軍司令官のデニス・ラウト中将とそれぞれ会談し、「法の支配に基づく自由で開かれた国際秩序」の重要性を確認し、各国空軍との防衛協力・交流をさらに推進することで一致した。オランダ空軍司令官と空幕長の会談は初めて。

翌15日はマレーシア空軍司令官のタン・スリ・アクバル大将、カナダ空軍司令官のアレクサンダー・マインジンガー中将とも会談し、両国空軍種間の防衛協力・交流を一層推進していくことで合意した。

英空母打撃群と「ゆうぎり」が訓練

中東・アデン湾で

ソマリア沖・アデン湾で海賊対処任務に当たっている海自海賊対処行動水上部隊39次隊の護衛艦「ゆうぎり」（艦長・熊代威2佐）は11月11日、同湾で英空母打撃群（CSG21）と共同訓練を実施した。

訓練には、今年9月に来日した空母「クイーン・エリザベス」をはじめ、駆逐艦「ダイアモンド」「ディフェンダー」、補給艦「フォート・ビクトリア」「タイドスプリング」が参加し、「ゆうぎり」と戦術運動を行った。

CSG21と自衛隊はこれまで、7月のアデン湾での日英共同訓練を皮切りに、日英米蘭加5カ国の共同訓練「パシフィック・クラウン」、日米豪英4カ国の「マリタイム・パートナーシップEX」などを行ってきた。今回のアデン湾での訓練が派遣期間内に自衛隊と行う最後の訓練となった。

震災医療訓練に自衛隊員が参加

東日本大震災と同規模の災害を想定した内閣府主催の令和3年度「大規模地震時医療活動訓練」が10月30日、岩手、宮城、福島各県を中心に行われた。

自衛隊から統幕、陸空自の隊員約90人と陸自CH47JA輸送ヘリ2機、空自C2輸送機1機が参加。霞目、北宇都宮両駐屯地に広域搬送拠点臨時医療施設（SCU）を開設した。

訓練ではC2が福岡空港から岩手・花巻空港まで災害派遣医療チーム（DMAT）を空輸。CH47JAは霞目駐屯地―秋田空港、福島空港―北宇都宮駐屯地間で重症患者を航空搬送した。

南シナ海で初めて

日米共同の対潜訓練

南シナ海に展開している海自のインド太平洋方面派遣（IPD21）部隊は11月16日、同海域で初となる日米共同の対潜訓練を実施した。

訓練には海自から護衛艦「かが」「むらさめ」、潜水艦、P1哨戒機が参加。南シナ海でP1が対潜訓練を行うのも初めて。米海軍からは駆逐艦「ミリウス」とP8A哨戒機が加わった。

南シナ海で初となる日米共同の対潜訓練を行った海自潜水艦（手前）と米海軍の駆逐艦「ミリウス」（11月16日）

山村海幕長は同日の記者会見で「今回のように海域を問わずにハイエンドな訓練を実施できることは日米相互運用性の高さを示すものであり、海自と米海軍による抑止力・対処力を象徴するものだ」と語った。

同訓練に先立ち「かが」「むらさめ」は14日、南シナ海でフィリピン海軍のフリゲート「ホセ・リサール」と、7日にベトナムのカムラン沖で同国海軍のフリゲート「ディン・ティエン・ホアン」とそれぞれ親善訓練を実施した。このほか、同隊の「しらぬい」が10月26日にベトナムのハイフォン沖で同国海軍哨戒艇「266号」と戦術運動や通信訓練を行っている。

殉職された方々

昨年9月1日から今年8月31日までの間に公務による死亡の認定を受けた令和3年度の殉職隊員は次の通り。（氏名、所属、所在地はいずれも殉職時。日付は殉職日。階級等は殉職昇進、特昇）=1面参照。

陸自

▽金澤喜久生3佐=高射学校総務部（下志津）=平成28年4月17日▽上川誠1曹=43普連（都城）=平成29年5月19日▽今川昌彦1尉=川内駐屯地業務隊=平成29年8月31日▽古川秀和事務官=富士学校=平成30年3月17日▽井上恵・元3佐=元5高特中隊付（帯広）=令和元年8月10日▽大江幸男准尉=50普連（高知）=令和元年10月16日▽堤零花2曹=1特防（練馬）=令和2年5月11日▽川端良彌准尉=32普連（大宮）=令和2年6月9日▽中武亮太2曹=8後支連（北熊本）=令和2年6月29日▽高松哲哉1尉=7飛行隊（丘珠）=令和2年7月19日▽宮本栄一准尉=15後支隊（八重瀬）=令和2年7月20日▽原和司1尉=4後支連（福岡）=令和3年7月28日

海自

▽大越幸治・元曹長=元横須賀造補所=令和2年5月29日▽住田龍雄・元准尉=元木更津航空補給所=令和2年8月22日▽1名非公表

空自

▽大村一嘉3佐=航空総隊司令部（横田）=平成31年1月18日▽植崎廉偲1尉=航空教育集団司令部付（浜松）=令和3年2月19日

機関

▽常見宏史技官=防医大（所沢）=令和2年11月8日

共済組合だより

マイホームご購入等の際、組合員に対し、防衛省共済組合は「住宅貸付」を行っています。

組合員又は被扶養者の居住する住宅の新築、購入（中古住宅を含む）、増築、改築、修繕、宅地購入等に要する費用で、資金が必要な時、組合員期間が3年以上の組合員は「住宅貸付金」を借りられます。

貸付限度額は退職手当等の額の範囲内で最高2000万円で、公務員宿舎の建替えに伴う明渡しを要求された場合は200万円が加算されます。

弁済期間は貸付額に応じて最長360ヵ月以内、利率は年利1・31%です。

弁済方法は「元金均等弁済」と「元利均等弁済」の2種類があり、どちらかを選択することができます。

「元金均等弁済」は毎月の弁済時に一定の元金に利息を加算した額を弁済する方法で、貸付当初は毎月の弁済額が多くなりますが、元金の減少が元利均等弁済に比べ多いため、最終的には利息の支払額が元利均等弁済に比べ少なくなります。

「元利均等弁済」は毎回の弁済時に一定の金額（元金+利息）を弁済する方法で、元金均等弁済に比べ毎月の弁済額が少額で済みますが、元金の減少が少ないため、最終的には利息の支払額が元金均等弁済に比べ多くなります。

住宅貸付は組合員期間が「3年以上5年未満」で申込時の仮定退職金相当額が300万円に満たない場合は「300万円」、1200万円を超える場合は「1200万円」となっています。組合員期間が短い組合員の方もどうぞお申し込みください。

組合員期間が20年以上の方で、2年以内に自己の都合で退職又は5年以内に定年退職が予定される組合員は、自己の居住する住宅を新築、購入、増改築若しくは修繕する際、「特別住宅貸付金」を借りられます。

貸付限度額は、退職手当等の額の範囲内で最高2000万円で、公務員宿舎の建替えに伴う明渡しを要求された場合は200万円が加算されます。

貸付元利金の弁済は、退職までは年利1・31%の利息を毎月弁済し、元金を退職時に一括弁済していただきます。

このほか、財形貯蓄を50万円以上有している組合員が住宅を新築、購入、改良する場合も融資を受けられます。詳しくは共済組合ホームページの「住宅を購入するとき」をご覧ください。

マイホームご購入等の際は
共済組合の「住宅貸付」をご利用下さい

陸自と米海兵隊 国内で実動訓練

「レゾリュート・ドラゴン21」

陸自は12月4日から17日まで、主に東北と北海道で行われる米海兵隊との実動訓練「レゾリュート・ドラゴン21」に参加する。「レゾリュート・ドラゴン」は"不屈の龍"を意味し、昨年度までは「ノーザン・ヴァイパー」として北海道で実施されていた。

陸自からは東北方総監の梶原直樹陸将を担任官に、5普連（青森）、東北方特科隊（仙台）、東北方航（霞目）などから計約1400人、航空機7機が参加。米海兵隊からは第3海兵師団長（沖縄）のジェイ・バージェロン少将を担任官に、同師団第4海兵連隊[illegible]8大隊、第1海兵[illegible]第36海兵航空群[illegible]約2650人、航[illegible]が参加する。

訓練では陸自の領域横断作戦（CDO）と米海兵隊の機動展開前進基地作戦（EABO）の連携向上を目指し、MV22オスプレイを使ったヘリボーンなども演練する。

吉田陸幕長は11月18日の記者会見で、「従来のノーザン・ヴァイパーは、その名の通り北海道で行う訓練だったが、レゾリュート・ドラゴンは全国の陸自部隊が米海兵隊との相互運用性を向上させる目的で行う」（要旨）と述べた。

自衛隊統合演習 米軍初めて参加

自衛隊員は約3万人

陸海空3自衛隊の統合運用を演練する令和3年度「自衛隊統合実動演習」が11月19日、日本周辺海空域[illegible]め、陸自の陸上総隊と各方面隊、海自の自衛艦隊、各地方隊、空自の航空総隊、航空支援集団、共同部隊の情報保全隊、指揮通信システム隊から隊員約3万人と車両約1900両、艦艇約10隻、航空機約140機が参加。米軍からは第7艦隊、第3海兵機動展開部隊、太平洋空軍の約5800人が加わっている。

演習は自衛隊の各施設のほか、鹿児島県の種子島、長崎県の津多羅島、在日米軍の射爆撃場などを使用し、①水陸両用作戦②総合ミサイル防空③共同統合対艦攻撃④統合後方補給⑤基地警備⑥空挺作戦⑦宇宙状況監視⑧サイバー攻撃等対処⑨統合電子戦⑩指揮所活動――などを演練。従来の領域に宇宙・サイバー・電磁波などの新領域を含めた「領域横断作戦」に重点を置き、実効性を高める。

今回は総合ミサイル防空訓練に空自3空団（三沢）のF35A戦闘機が初めて加わるほか、実動部隊の運用に係る指揮所活動も初めて行う。30日まで。

課題と協力の方向性確認

海幕と米海軍作戦本部が幕僚協議

海幕防衛部長の大町克士将補は10月27日、米バージニア州の米海軍作戦本部を訪れ、運用計画戦略部長（N3/N5）のウィリアム・マーズ中将と幕僚協議（スタッフトークス）を行った。

両者は日米共通の課題と海軍種間協力の方向性について意見を交換し、今後も海幕と米海軍作戦本部の関係各部が横断的に協力していくことで一致した。

大町防衛部長は米海軍作戦本部の情報戦部長（N2/N6）のジェフリー・トラスラー中将、戦闘開発部長（N7）のジェフリー・ヒューズ中将、戦闘要求・能力部長（N9）のスコット・コン中将とも会談した。

海幕と米海軍作戦本部の幕僚協議で、日米協力の方向性を確認した海幕の大町防衛部長（右）とマーズ運用計画戦略部長（10月27日、米バージニア州の米海軍作戦本部で）

このほか、米国滞在中、25日に同州のノーフォーク海軍基地、29日にカリフォルニア州サンディエゴの海上開発部隊を訪問。水中無人機（UUV）や新型のミサイル駆逐艦「ズムウォルト」（満載排水量約1万6000トン）を視察し、米海軍の先端技術や運用に関する情報交換を行った。

中国艦が宮古・対馬海峡を通過

「ルーヤンⅢ」級ミサイル駆逐艦など

11月12日午前7時ごろ、中国海軍の「ルーヤンⅢ」級ミサイル駆逐艦（満載排水量約7500トン、艦番号155「南京」）、「ジャンカイⅡ」級フリゲート（同3900トン、578「揚州」）、「フチ」級補給艦（同2万3000トン、966）の計3隻が沖縄・宮古島の東北東約105キロの太平洋を北西に向け航行するのを海自5空群（那覇）のP3C哨戒機と46掃海隊（勝連）の掃海艇「ししじま」が確認し、情報収集活動を行った。中国艦3隻はこの後、沖縄本島と宮古島間の宮古海峡を北上して東シナ海に入った。

13日午後2時ごろには、中国海軍の「ルーヤンⅢ」級ミサイル駆逐艦（122「唐山」）、「ジャンカイⅡ」フリゲート（579「邯鄲」）の計2隻が長崎・対馬の南西約250キロの海域を東に向け航行するのを海自が確認した。2隻はこの後、対馬海峡西水道を北東進して日本海に入った。

同海域では16日午後1時ごろにも、中国海軍の「ジャンカイⅡ」級フリゲート（548「益陽」）1隻を確認。同艦は対馬海峡東水道を抜けて日本海に進入し、19日、再び同海峡を南下して東シナ海に戻った。

両日ともに、海自4空群（厚木）のP1哨戒機と3ミサイル艇（佐世保）のミサイル艇「おおたか」が確認し、警戒監視に当たった。（1面参照）

防衛省発令

▽練習艦隊司令部（情報本部）　1海佐 天野 晋介

▽解佐世保病院歯科診療部長事務取扱　佐世保病院長　同 田村 格

▽中部航空方面隊援護業務課長（11飛行教育団飛行教育群司令）　1空佐 谷口 利彦

▽同司令部付（中部航空方面隊援護業務課長）　同 北村 克昌

▽11飛行教育団飛行教育群司令（空幕事業計画1課）　同 前床 泰彦

（以上11月15日）

▽海自1術科学校研究部長事務取扱　1術科学校副校長　1海佐 西 和男

（11月19日）

強制力を向上させようとする北朝鮮

防研地域研究部アジア・アフリカ研究室主任研究官　渡邊　武氏

北朝鮮の核・ミサイル開発の裏に隠された真の狙いとは何か。防衛研究所地域研究部アジア・アフリカ研究室の渡邊武主任研究官に分析・執筆をお願いした。（個人の見解であり、所属組織を代表する公式見解ではありません）

わたなべ・たけし
1974年山形県生まれ、埼玉県育ち。東京都立大学法学部政治学科卒業、慶應義塾大学大学院法学研究科政治学専攻修士課程修了。2002年から防衛研究所勤務。09年アメリカン大学国際サービス大学院修士課程修了。専門分野は朝鮮半島の政治と安全保障。最近の主な業績として、「文在寅政権の移行期正義による韓国国防の政治化」「文在寅政権の国防と政軍関係：政治的中立の喪失がもたらす反リアリズム」（日本国際問題研究所、20年、21年）、「強制外交における政治的企図：北朝鮮による文在寅政権への脅迫」『安全保障戦略研究』（近刊）。

核・ミサイル開発の真の狙い

南北や米韓の首脳会談が行われるより前、2016年～17年にも北朝鮮はミサイル発射を集中させていた。そこから読み取れた意図は強制力の増強であり、19年からは同じ目標をより高性能なミサイルで追求している。

強制力を持とうとする意図がとりわけ明白だったのは、17年5月29日、「終末誘導機動弾頭（MaRV）」を装備したスカッド系のミサイルが発射された際である。

それまでは日本にある米軍基地に照準を合わせていたが、「日本が米国への追従を続けるなら、標的が変化し得る」――同日に発表された談話で北朝鮮はこのような脅しを展開したのだった。

米軍基地のような軍事施設や部隊に対する攻撃を、「対兵力攻撃」という。北朝鮮が述べた通り、そこから標的が変化するとすれば、市街地の人々が目標として想定される。このように市民を標的すれば「対価値攻撃」となる。

MaRVは精密に標的を叩くための弾頭であるため、広範囲に広がる市街地への対価値攻撃よりは、特定の地点にある施設や部隊への対兵力攻撃のための能力と言えよう。

しかし、北朝鮮は、MaRV試験に関連して対兵力と対価値、双方の可能性を述べた。より正確に言えば、北朝鮮はまず対兵力攻撃を想定し、「場合によって市民を巻き込む対価値攻撃に変更し得る」と日本側を脅したことになる。

これは強制力の在り方として合理的である。強制（Compellenceないしcoercion）は、相手の軍事力と社会を破壊し尽くす全面戦争とは異なる。実際の破壊よりは、相手に恐ろしいことが起きると伝え、それを恐れる相手に要求を飲ませるのが強制である。つまり、恐ろしい行為を最後まで実行してしまうのではなく、実行のオプションを留保していると脅すことで強制が成立する。

強迫に信憑性を持たせるために、限定的な攻撃をして見せることもあり得る。MaRVの誘導性でミサイル防衛を回避し、米軍基地への対兵力攻撃を成功させることは、それに該当する。

基地への着弾により、基地に近い人口密集地の住民に自らの生命が脅かされていると動揺を広める。北朝鮮はそのような強制外交の能力を欲しているのだろう。

対兵力攻撃と対価値攻撃

「要求拒めば実行する」の強制外交

そして今の北朝鮮は、17年まで試験発射していた液体燃料のスカッドではなく、イスカンデルと似ているともされるミサイルを発射している。イスカンデルは今のところ飛距離の実績で確実に日本に届くスカッドERに劣るが、即応性を高める固体燃料を採用し、迎撃を難しくする特殊な軌道をとるという優位性もある。

イスカンデル系の開発を進め、その特殊軌道と着弾直前に機動するMaRVが組み合わされば、基地攻撃の成功の見込みが高まると北朝鮮は期待しているのかもしれない。

今年3月25日に発射台付き車両（TEL）から、続いて9月15日に列車から、10月19日に潜水艦からそれぞれ発射したミサイルはいずれも、イスカンデルとの類似性が指摘された。また、北朝鮮は9月28日に極超音速ミサイルを発射したと発表したが、これもミサイル防衛網の突破を企図したものと見られる。

これらの軍事能力の構築は、長期的に市民への脅迫に信憑性を与え、北朝鮮が国際政治で用いる強制力を高めるだろう。そして短期的には、このような威嚇的な能力開発を進展させる、あるいは緊張を惹起する用意があると脅し、今後の交渉で米国と盟邦を離間させる意図があると考えられる。

まず、今年1月に北朝鮮の金正恩は極超音速ミサイルや射程1万5000キロの大陸間弾道ミサイル（ICBM）を開発する意思を表明した。同時に金正恩は、米国の対応次第で力と善意のいずれを用いるかを決める「強対強、善対善の原則」に従うとも述べた。

以降、3月17日、ミサイル発射を再開する中で北朝鮮外務省が、8月10日には金正恩の妹である金与正が、この原則を改めて強調している。

未だICBM関連の発射実験をしていないことは、おそらく緊張回避のためではなく、要求を拒否すれば実行する、すなわち「強」を選択するとの脅迫である。

4月に北朝鮮はいったんミサイル発射を止めているが、これも強制外交の一環であろう。同月に金正恩は、前年に断絶した南北通信線の回復を求める韓国の文在寅大統領の親書に応え始めた。金正恩は、発射再開のオプションをちらつかせつつ、「南北関係を回復させたいなら、米国との協調を大きく後退させよ」と要求したのだろう。

北朝鮮が通信線回復を受け入れたのは（7月）、韓国が米韓ワーキング・グループ「終了」を発表した後だった（6月）。米側は「終了」との立場ではなく、韓国の発表は一方的である。文在寅政権は北朝鮮の要求に応え、「終了」を表明したのだと考えられる。前年、北朝鮮が南北連絡事務所の爆破と対南軍事行動の意思表示をした際、要求していたのが米韓ワーキング・グループの廃止だった。

9月以降の北朝鮮は、ミサイル発射を再開しつつ、それに対し文在寅大統領が法的義務のないものとして提起した「終戦宣言」を、米韓に義務が伴うものとするよう要求している。それは、平和体制につなげることであり、北朝鮮は従来から平和体制を在韓米軍の正当性を否定するものとして主張してきた。

相手が関係安定を求めれば緊張を惹起すると言い、戦争の惨禍があってはならないと言えば市街を戦火に巻き込むと脅す。それが北朝鮮の行動に見える強制の論理であり、ミサイルと核が不可欠なツールとなっている。

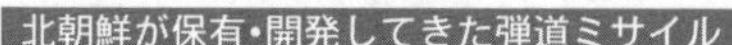
北朝鮮が保有・開発してきた弾道ミサイル

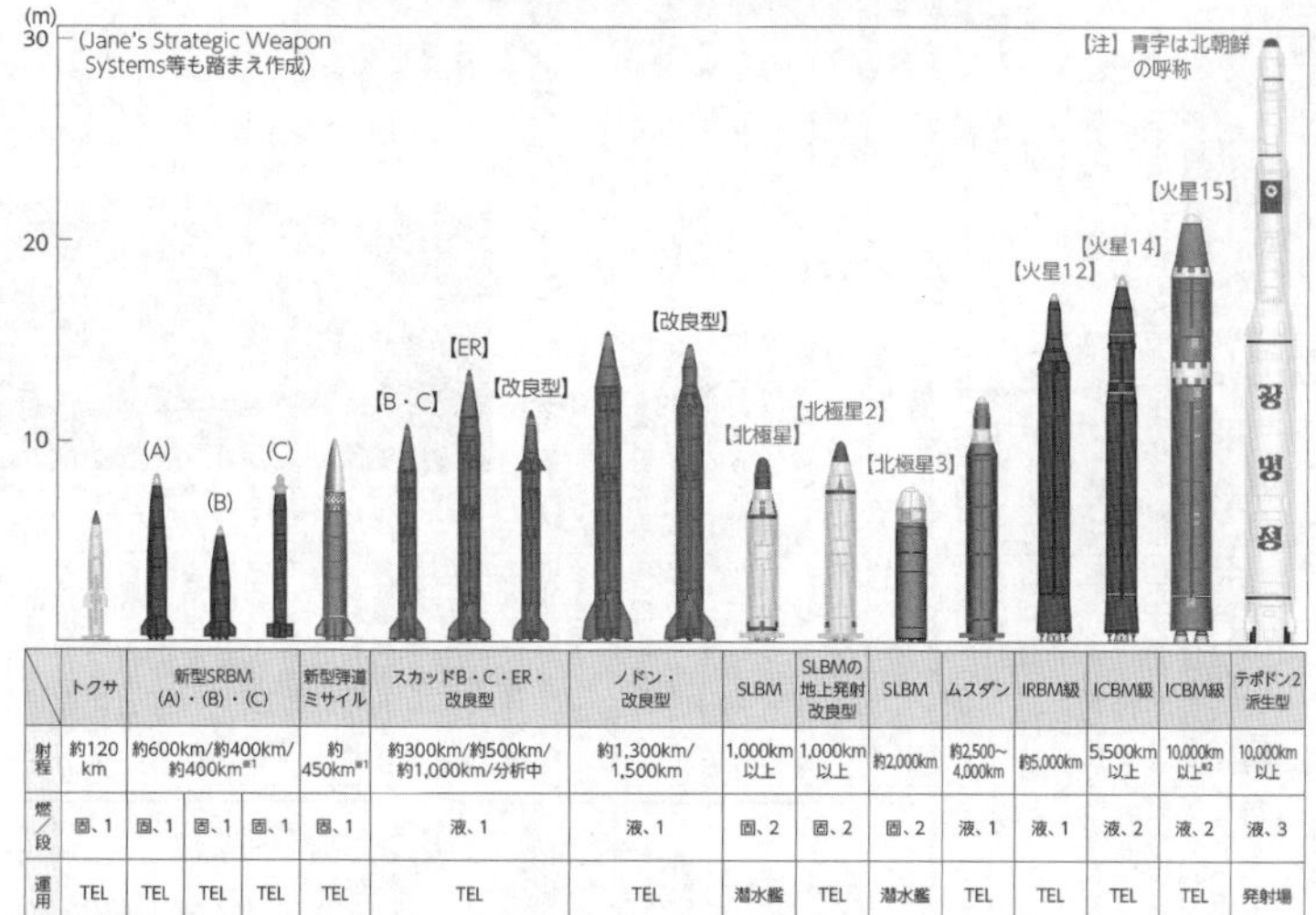

	トクサ	新型SRBM (A)・(B)・(C)			新型弾道ミサイル	スカッドB・C・ER・改良型	ノドン・改良型	SLBM	SLBMの地上発射改良型	SLBM	ムスダン	IRBM級	ICBM級	ICBM級	テポドン2派生型
射程	約120km	約600km/約400km/約400km※1			約450km※1	約300km/約500km/約1,000km/分析中	約1,300km/1,500km	1,000km以上	1,000km以上	約2,000km	約2,500~4,000km	約5,000km	5,500km以上	10,000km以上※2	10,000km以上
燃/段	固、1	固、1	固、1	固、1	固、1	液、1	液、1	固、2	固、2	固、2	液、1	液、1	液、2	液、2	液、3
運用	TEL	TEL	TEL	TEL	TEL	TEL	TEL	潜水艦	TEL	潜水艦	TEL	TEL	TEL	TEL	発射場

※1　新型SRBM (A)・(B)・(C)及び新型弾道ミサイルの射程は実績としての最大射程
※2　弾頭の重量等による

令和3年版防衛白書から

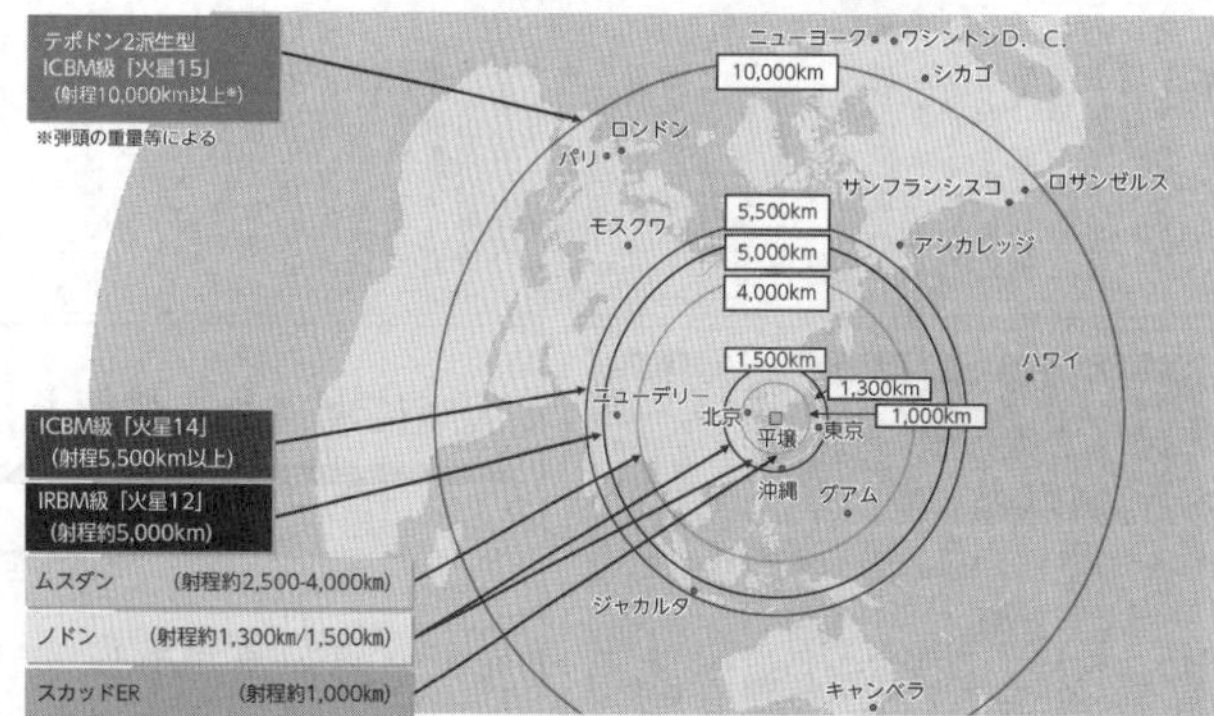

(注1)上記の図は、便宜上平壌を中心に、各ミサイルの到達可能距離を概略のイメージとして示したもの
(注2)「　」は北朝鮮の呼称

令和3年版防衛白書から

防衛省、10月19日発射の北ミサイル最新の分析結果

新型SLBM1発が「プルアップ機動」

防衛省は11月9日、北朝鮮が10月19日に発射した弾道ミサイルについてさらに分析を進めた結果、当初「2発」としていた弾数は「1発」だったとする最終結果を発表した。

その理由として「引き続き分析中」としてきた「もう1発」について、「諸情報の総合的な分析を通じ、諸条件が重なった結果、能力が向上した自衛隊の警戒監視レーダーが極めてまれな事象として偶然に宇宙物体を捉え、それを弾道ミサイルの航跡と判断した」ことを明らかにした。

さらに当初、「2発のうちの1発が潜水艦発射型弾道ミサイル（SLBM）の可能性」と指摘していた点についても、「新型のSLBM1発が飛翔時にとった変則軌道は、いったん下降してから再度機動して上昇するいわゆる『プルアップ機動』だった」とする最新の分析結果を公表した。

ミサイルは、10月19日午前10時15分頃、東部の新浦付近から東方向に発射され、変則軌道を描きながら、最高高度約50キロで約600キロ飛翔し、我が国の排他的経済水域（EEZ）外の日本海上に落下したと推定される。

防衛省は当該ミサイルに関し、同省の区分で2019年5月などに発射された「短距離弾道ミサイルA」＝北朝鮮の呼称で「新型戦術誘導兵器」＝をベースに開発された可能性があるとした上で、今回もそれと同様、「操舵翼と見られるものによって変則的な軌道での飛翔が可能となっていた」と推定した。

北朝鮮はSLBMを1発のみ搭載・発射可能な「コレ」級潜水艦1隻を保有している。今回のミサイルが16年に発射されたSLBM「北極星」よりも小さいことを踏まえると、「北朝鮮が発射管など一部を改修した上で、今回の新型SLBMを『コレ』級潜水艦から発射した」と結論付けた。

一方、北朝鮮側が「側面機動を導入した」と主張している点については、「顕著な水平方向への機動があったとは評価していない」との見解を示した。

防衛省では「変則軌道での飛翔などを含め、昨今の北朝鮮による核・ミサイル関連技術の著しい発展や、その多様化・複雑化は、我が国と地域の安全保障にとって看過できないものだ」と懸念を示した上で、「引き続き警戒監視・情報収集に万全を期すべく、対応の手順を見直すとともに、能力の向上に努めていく」とのコメントを発表した。

狙うは西側諸国のBMD突破
露・中・北朝鮮　極超音速滑空兵器の発射実験

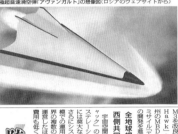

次代の"ゲーム・チェンジャー兵器"と目される「極超音速滑空弾」の開発競争が露・中・米間で激化している。先行するロシアはマッハ20の「アヴァンガルト」をまもなく実戦配備する計画。中国も今年夏、核搭載が可能な極超音速ミサイルの発射実験を行った。これに対し、米・欧は同弾を探知・追尾し、迎撃できる宇宙監視システムの構築に全力を傾注している。飛翔中に不規則に動く滑空弾は従来の弾道ミサイル防衛(BMD)では迎撃が不可能とされ、米・欧・日は「宇宙の側」から極超音速弾を探知・追尾し、確実に迎撃できる新システムの構築をめざしている。そのカギを握るのは軌道上に整備される「衛星コンステレーション(衛星群)」だ。

「衛星コンステレーション」で対抗

「陰」に隠れて飛翔　探知後も迎撃困難

極超音速滑空兵器は「過去40年で最大の軍事的ゲーム・チェンジャー」とも呼ばれる。ロシアはマッハ20の極超音速滑空弾「アヴァンガルト」を近く実戦配備する計画。中国もこの夏、核弾頭の搭載が可能な極超音速ミサイルの発射実験を行った。さらに北朝鮮も同様のミサイル開発を続けている。これらはいずれも西側のBMDシステムの突破が目標だ。

従来の弾道ミサイルは大気圏外を放物線の軌跡を描いて飛翔し、目標地点に向けて高空から落下してくるため、地上や海上のレーダーから探知・追尾しやすく、落下地点近くでイージス艦搭載のSM3や地上配備型PAC3など多重のBMD体制で迎撃することができた。

これに対し、極超音速滑空弾は打ち上げられてからの飛翔高度が30キロから80キロと低く、地上・海上のレーダーからでは地球の陰に隠れて探知が困難。さらに滑空弾は大気圏を飛翔中、上下左右に複雑に動くため、たとえ探知できても飛翔コースや着弾点を事前に予測し、これを迎撃するのは非常に難しい。このため、現有のBMDシステムでは極超音速滑空弾に対処できず、西側は早急の対応を迫られている。

早期警戒システム「宇宙の側」に整備

低高度をマッハ20で飛翔し、着弾までの時間も短い「アヴァンガルト」のような極超音速滑空弾を地上・海上のレーダーで捕捉・追尾するのは現状では困難。そこで地上ではなく「宇宙の側」に早期警戒システムを整備する計画が米・欧で進められている。

極超音速兵器は滑空中に弾体が高熱となるため、赤外線センサーを持つ早期警戒衛星なら探知しやすい。米国は小型の同衛星を軌道上に大量に配置し、宇宙に監視網を構築する「衛星コンステレーション(衛星群)」整備計画を進めている。

その一つが米国防高等研究計画局(DARPA)が進める「ブラックジャック」だ。同計画では小型衛星を最大200機程度、低軌道上に配置し、広域で飛翔体を警戒監視するネットワークを構築する。

さらに米軍の「極超音速弾道追跡宇宙センサー(HBTSS=Hypersonic and Ballistic Tracking Space Sensor)」と呼ばれるシステムは、弾道弾のほか、ステルス機や巡航ミサイルなどの飛翔体も宇宙の側から探知・追尾できるようになる。米国では順次衛星を打ち上げ、これら「衛星群」の整備を進めていく計画だ。

米国は同時に極超音速滑空弾を迎撃できる長射程の新型ミサイルの開発も進める。目標の滑空弾は飛翔中に複雑に動くため、これを確実に捕捉し直撃できる機動性の高いミサイルが求められる。そこで米国ではロッキード・マーティン社が車載型THAADの改良型「DART」を、レイセオン社はイージス艦搭載型SM3を改良した「SM3 Hawk」を開発中だ。欧州のMBDA社も新型迎撃ミサイル「TWISTER」の開発を進めている。

全地球規模の運用　西側共同で「盾」を

宇宙空間に「ブラックジャック」のような衛星コンステレーションを整備するには莫大な費用がかかる。さらにシステムは全地球規模での運用となるため、世界の複数の友好国間で共同運営したほうが効率的で、費用も低く抑えられる。このため、こうした大規模宇宙事業は米・欧・豪・日などが共同で推進していく計画だ。

要員の教育訓練も、米宇宙軍が主催する多国間の「シュリーバー演習」などを通じ、西側各国が共同で取り組み、情報を共有しながら新たな宇宙空間のBMDシステム構築に向け準備を進めている。

極超音速滑空兵器といった「矛」の分野では現在、ロシアや中国が先行しているが、これを阻止する「盾」の構築では西側が「衛星群」で対抗し、次のステージでは攻撃型滑空兵器の開発も計画。「宇宙はどこよりも高い戦略高地」である点を最大限生かし、米・欧はHBTSSシステムの整備を進めていく。

防衛技術

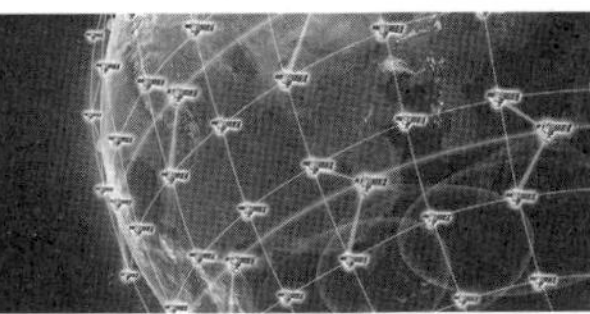
米国防高等研究計画局(DARPA)が計画する早期警戒用の衛星コンステレーション「ブラックジャック」のイメージ(DARPA提供)

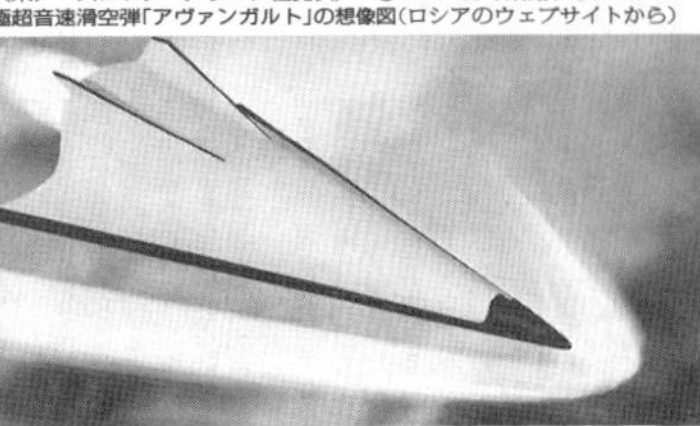
上　米国が整備を進める「極超音速弾道追跡宇宙センサー(HBTSS)」の運用イメージ。極超音速滑空弾(左)も新型ミサイルで確実に撃破する(米ノースロップ・グラマン社提供)　下　マッハ20で飛翔するロシアの極超音速滑空弾「アヴァンガルト」の想像図(ロシアのウェブサイトから)

ついに実現「空飛ぶバイク」
来年前半に発売予定

株式会社A.L.I.テクノロジーズ(本社・東京都港区)は10月26日、静岡・富士スピードウェイのレーシングコースで実用型ホバーバイク「XTURISMO Limited Edition」の発表会を開催した。

この「空飛ぶバイク」は1人乗りで、サイズは全長3.7メートル、幅2.4メートル、高さ1.5メートル。エンジンとリチウムイオン電池を搭載し、最高出力は170キロワット。プロペラで浮上・前進し、最高速度は約100キロ。

この日の発表会では、有人での飛行パフォーマンスなども披露。同時に受注も開始し、納車は2022年前半を予定している。標準価格は税込7770万円。

有人飛行する実用型ホバーバイク「XTURISMO Limited Edition」(A.L.I.テクノロジーズ社提供)

世界の新兵器 ―554
早期警戒衛星システム「クポール」露
米国からの弾道弾を検知・追尾し、弾着地も予測

「憂慮する科学者同盟」によると、2021年1月現在、活動中の衛星総数約3300基のうち、米国は約1900基、ロシアは約170基、中国は約410基である。中国の努力と成果は明白であるが、ロシアは「ミサイル警戒システムを持つのは米国とロシアだけ。中国の防衛能力を高めるのに手を貸します」と公言する。それもプーチン大統領が…。2019年10月、あるシンクタンクでの演説であったが、世界の宇宙アナリストは失笑した。

20年以上の長がある米国の(ミサイル)早期警戒衛星DSPは、1970年代半ばに完成した(静止衛星3基、予備1基)。ICBMだけでなくSRBMの発射さえも検知し、さらには弾頭追尾、弾着地の予測と機能を高め、現在の宇宙配備赤外線システムSBIRS(静止衛星8基、楕円軌道衛星4基、完全配備には至っていない)につないでいった。

これを追う旧ソ連は、同様の赤外線センサーを搭載した試験衛星が1976年にようやく稼働したものの、紫外線センサーは機能しなかった。静止衛星7基、楕円軌道衛星4基から成る「オコ衛星」(眼の意味)の開発が始まるが、ソ連崩壊による財政難から1991年までに8基が軌道に上ったまま打ち捨てられた。グロナス測位衛星の維持を優先させたからだ。民需・輸出の方が大切な時機であった。

新生ロシアの経済が安定する2009年からオコを改良した「クポール(大聖堂等のドーム)集積宇宙システム」と名付けられたミサイル早期警戒システムの開発が始まった。最初の4基の「ツンドラ衛星」が、計画した2009年よりも6年遅れ、2015年から2020年にかけて楕円軌道に載り、これだけでも米国領土から発射される弾道ミサイルを検知・追尾し、弾着地も予測して地上の早期警戒レーダー網と連携するという。だが、米国でさえ未だ手を焼いている弾頭追尾は、地上の赤外線ノイズ(クラッター)が相当低い場合でないと不可能であろうと西側の専門家はみている。

ロシアのミサイル早期警戒システム「クポール」を構成する「ツンドラ衛星」のイメージ(ロシアのウェブサイトから)

とはいえ、20年以上核戦争管理能力を喪失していたロシアの核・宇宙関係者の歓びはひとしおで、2019年暮にも軍高官が各国の駐在武官にツンドラ衛星を紹介している。システムの基幹となる静止衛星がまだ1基も配備できないのは不安だが、それを補うのが旧ソ連時代から誇ってきた地上設置の早期警戒レーダー網(伝統的にVHF帯を使用)である。その最新改良版・ヴォロネジ型は、2006年からセントペテルスブルグ近くで運用を開始し、現在ロシア各地で7基が稼働している。中国にお裾分けしたかったのは衛星ではなく、このレーダー技術だったのではなかろうか。

徳田　八郎衛(防衛技術協会・客員研究員)

技術屋のひとりごと
「創造的破壊」に繋がる議論を
渡辺　芳人(防衛装備庁・艦艇装備研究所・川崎支所長)

護衛艦や潜水艦は鋼鉄船であり、船体周辺に地球磁場の歪が生じる。機雷や対潜哨戒機等の磁気センサーは「磁場の変化」を検知するため、自艦からの磁場の歪をいかに減らすか、あるいは脅威艦からの微弱な磁場変化をどうやって探知するかが、第2次大戦中に磁気探知兵器が現れてから重要な課題になっており、川崎支所では昭和30年代の設立時からこの課題に取り組んでいる。

電磁界現象の基本原理は、約150年前の古典電磁気学で解明されているが、近年の計算機・シミュレーション技術の発展により解析手法や精度は格段に向上しており、脅威動向や情勢の変化に対応して、それをいかに艦艇に適用し、高精度の電磁界解析や消磁処理(船体の永久磁気の低減処理)を行うかという問題になる。研究開発に際しては、最終的には実艦での確認が必要であり、海自部隊からの緊密な協力のもと、試験評価を行っている。地道だが、自衛隊のニーズに直結する重要な活動である。

さて、最近、「創造的破壊」という言葉をよく聞くようになった。新たな効率的な方法が生み出されれば、同時に古い非効率的な方法は駆逐されていく一連の新陳代謝を指す経済用語だそうである。電磁気学の物理法則は年月を経ても不変だが、最近の人工知能、ドローン、量子科学等の発展は日進月歩であり、磁気探知技術の分野でも小型で高感度かつ安価なセンサーができれば、今まで想定しなかった使用方法も可能になるかもしれない。

技術イノベーションや情勢の変化に柔軟に対応し、進化しつづける自衛隊であるためには、これまでの地道な取り組みに加え、一歩踏み込んで現状を否定し、「創造的破壊」に繋がるような議論でも臆さずにチャレンジしていく心構えが大事だと思う。

米海兵隊　NSM発射試験成功
マルチミッションの一翼に

米海兵隊はこのほど、米海軍、レイセオン・ミサイルズ&ディフェンス社と共同で地対艦ミサイル「NSM(Naval Strike Missile)」の発射試験を行った。NSMは海上・陸上の目標を破壊するマルチミッション型の巡航ミサイルで、「海軍・海兵隊遠征船舶阻止システム(NMESIS)」の一翼を担う。試射されたミサイルは海上の標的船への攻撃に成功した。

NSMは米軍のほか、ノルウェー、ポーランド海軍の沿岸防衛隊にも配備されている。

車載ランチャーから発射された米海兵隊・海軍の地対艦巡航ミサイル「NSM」(レイセオン・ミサイルズ&ディフェンス社提供)

おことわり　「技術が光る」は休みました。

予告広告　本広告を行い取引を開始するまでは契約又は予約の申込に一切応じられません。また、申込の順位の確保に関する措置は講じられません。第2期販売開始予定時期：2022年2月中旬

UPDATE LIFE!
日常がエンターテインメントへアップデート！

「三井ショッピングパーク ららぽーと福岡」※1に隣接する全183邸※2。多彩な素敵が、ここから始まる。

「三井ショッピングパーク ららぽーと福岡」完成予想図（提供：三井不動産株式会社）

【共通物件概要】名称／●「ブライトクロス博多」(SOUTH・EAST)全体物件概要●所在地／福岡県福岡市博多区那珂6丁目333番1(SOUTH)、那珂6丁目333番3(EAST)(地番)●交通／JR鹿児島本線「竹下」駅徒歩8分(SOUTH)・徒歩11分(EAST)●総戸数／183戸(SOUTH118戸・EAST65戸)、別途管理室2戸(SOUTH1戸・EAST1戸)●用途地域／準工業地域●敷地面積／4,012.05㎡(SOUTH)・2,626.71㎡(EAST)●構造・規模／鉄筋コンクリート造一部鉄骨造地上14階建(SOUTH・EAST)●建築確認番号／SOUTH:第KJH20-03399-1号(令和3年1月25日)、EAST:第KJH20-03385-1号(令和3年1月25日)●分譲後の権利形態／敷地は共有、建物は区分所有●管理形態／SOUTH・EAST各棟で管理組合を結成し、管理組合と管理会社との間で管理委託契約を締結●管理会社／西鉄不動産株式会社●売主／西日本鉄道株式会社 〒812-0011 福岡県福岡市博多区博多駅前三丁目5番7号 宅地建物取引業者免許番号・国土交通大臣(2)第008543号 建設業許可番号・福岡県知事(般-28)第45209号 (一社)不動産協会会員 (一社)九州住宅建設産業協会会員●売主・販売代理／大和ハウス工業株式会社 マンション事業本部 〒102-8112 東京都千代田区飯田橋3丁目13番1号 Tel 03-5214-2143 建設業許可番号・国土交通大臣許可(特-2)第5279号 宅地建物取引業者免許番号・国土交通大臣(15)第245号 (公社)東京都宅地建物取引業協会会員 (公社)首都圏不動産公正取引協議会加盟●販売代理・販売復代理／バージョンes株式会社 〒810-0013 福岡県福岡市中央区大宮1-7-17 ミヤウイング203 宅地建物取引業者免許番号・国土交通大臣(1)第009899号 (公社)全日不動産協会会員 (一社)九州不動産公正取引協議会加盟●設計・監理／株式会社大建設計●施工／松本・西鉄建設 建設工事共同企業体●竣工予定／2022年10月下旬予定(SOUTH・EAST)●入居予定／2022年11月下旬予定(SOUTH・EAST) 【SOUTH第2期予告物件概要】●販売戸数／20戸●予定販売価格(税込)／未定●予定最多販売価格帯／未定●間取り／1DK～4LDK●専有面積／40.86㎡～81.86㎡●バルコニー面積／6.12㎡～26.13㎡●サービスバルコニー面積／4.40㎡・6.64㎡●専用庭面積／15.08㎡(月額:300円)●インターネット使用料(月額)／770円●管理費(月額)／4,200円～8,300円●修繕積立金(月額)／4,090円～8,190円●修繕積立基金(引渡時一括)／204,300円～409,300円●駐車場台数／107台(平置き52台※縦列区画4区画含む・機械式55台)(月額使用料:3,000円～22,000円)別途、来客用駐車場1台●駐輪場台数／156台(スライド式148台・平置き8台)(月額使用料:100円～300円)●バイク置場台数／11台(屋根有り7台・屋根無し4台)(月額使用料:500円～1,500円)●第2期販売開始予定時期／2022年2月中旬予定 【EAST第2期予告物件概要】●販売戸数／20戸●予定販売価格(税込)／未定●予定最多販売価格帯／未定●間取り／3LDK・4LDK●専有面積／70.23㎡～88.99㎡●バルコニー面積／12.40㎡～12.90㎡●サービスバルコニー面積／6.15㎡・7.18㎡●インターネット使用料／770円●管理費(月額)／7,600円～9,600円●修繕積立金(月額)／7,020円～8,900円●修繕積立基金(引渡時一括)／351,150円～444,950円●駐車場台数／65台(平置き33台・機械式32台)(月額使用料:4,000円～11,000円)別途、来客用駐車場1台●駐輪場台数／103台(スライド式103台)(月額使用料:200円)●バイク置場台数／5台(屋根有り)(月額使用料:1,500円)●第2期販売開始予定時期／2022年2月中旬予定 ※当物件の本広告は公式サイト(http://dhms.jp/brightcross-hakata/)にて2022年2月中旬に公開予定ですのでご確認ください。

※1:2022年4月開業予定、(SOUTH)約150m・徒歩2分／(EAST)約100m・徒歩2分。※2:2棟合計(SOUTH:118邸、EAST:65邸) ※3:JR「竹下」駅まで(SOUTH)約620m・徒歩8分／(EAST)約820m・徒歩11分、JR「竹下」駅より「博多」駅まで3分(JR鹿児島本線利用)※所要時間は日中平常時のものであり時間帯により異なります。待ち時間は含まれません。

BRIGHT CROSS 博多 EAST SOUTH
ブライトクロス

防衛省にお勤めの皆様へ　販売価格(税込)より　1%提携割引　提携割引をご利用いただくには「紹介カード」が必要です。初回来場前にコーサイ・サービス(株)へご請求ください。

三井ショッピングパーク ららぽーと福岡 隣接※1　JR「博多」駅まで1駅3分※3　SOUTH 118邸＋EAST 65邸＝183邸　全21タイプの豊富なプランバリエーション　テレワークにも利用できるスタディルーム等の充実の共用施設

まちに、夢を描こう。売主 Nishitetsu Group 西日本鉄道株式会社　売主・販売代理 Daiwa House 大和ハウス工業株式会社

〈お問い合わせ・資料のご請求は〉フリーダイヤルまたは公式サイトにて
0120-003-051　受付時間／10:00～18:00（火・水曜日定休※祝日除く）※携帯電話からもご利用いただけます

モデルルーム公開中　ブライトクロス博多　検索

《防衛省にお勤めの皆様へ》販売価格(税込)より1%提携割引　提携割引をご利用いただくには「紹介カード」が必要です。初回来場前にコーサイ・サービス(株)へご請求ください。

ACCESS　「池袋」駅へ13分、「新宿」駅へ18分という都心へのグッドアクセス。

東武東上線「池袋」駅13分※1　JR埼京線「新宿」駅18分※2

東武東上線　東京メトロ副都心線・有楽町線　プレミスト和光丸山台　東京メトロ有楽町線・副都心線・始発駅 東武東上線・快速急行・快速・急行停車駅「和光市」駅

※掲載の航空写真は、2021年2月に撮影したもので、一部CG加工を施しております。

LANDSCAPE　全戸東南向きの魅力を広げる開放感。

LOCATION　多彩な商業施設と住宅地の落ち着きと遊べる自然と。

エキアプレミエ和光 徒歩10分(約740m)　イトーヨーカドー和光店 徒歩10分(約780m)　市立大和中学校 徒歩2分(約160m)　市立第三小学校 徒歩12分(約980m)　和光樹林公園(約1,980m)

和光市広沢複合施設※3 2021年12月オープン予定(約1,520m)　……徒歩ルート

総戸数36邸のレジデンス「プレミスト和光丸山台」誕生　東武東上線／東京メトロ有楽町線・副都心線「和光市」駅徒歩10分(約780m)　東京メトロ有楽町線・副都心線 始発駅　全戸ディスポーザ付き

■「プレミスト和光丸山台」全体物件概要●所在地／埼玉県和光市丸山台2丁目8-1(地番)●交通／東武東上線、東京メトロ副都心線・有楽町線「和光市」駅から徒歩10分●総戸数／36戸(別途、管理事務室1戸)●構造・階数／鉄筋コンクリート造 地上5階建●敷地面積／1,193.12㎡●用途地域／第一種住居地域、第一種中高層住居専用地域●施工会社／新日本建設株式会社●管理形態／管理組合と管理会社(大和ライフネクスト株式会社)との間で管理委託契約を締結●分譲後の権利形態／敷地:専有面積割合による所有権の共有、建物:専有部分は区分所有権、建物:共用部分は専有面積割合による所有権の共有●工事完了予定年月／2022年2月予定●入居予定／2022年3月予定●駐車場／18台(機械式12台(昇降式)、平置6台)[月額使用料:12,000円～18,000円]、別途来客用兼身障者用平置1台、来客用平置1台●駐輪場／69台(2段ラック式47台、平面式22台)[月額使用料:200円～400円]●サイクルポート／4区画[月額使用料:1,000円]●ミニバイク置き場／4台[月額使用料:1,500円]●インターネット使用料／月額:660円●建築確認番号／第UHEC建確R02058号(令和2年12月25日)●売主・販売代理／大和ハウス工業株式会社 マンション事業本部 〒102-8112 東京都千代田区飯田橋3-13-1 TEL:03-5214-2143[宅地建物取引業者免許番号:国土交通大臣(15)第245号、建設業許可番号:国土交通大臣許可(特-2)第5279号、(公社)東京都宅地建物取引業協会会員(公社)首都圏不動産公正取引協議会加盟]●売主／三信住建株式会社 〒104-0061 東京都中央区銀座6-2-1 Daiwa銀座ビル9階 TEL:03-3569-1123[宅地建物取引業者免許番号:国土交通大臣(1)第9956号、(一社)全国住宅産業協会会員(公社)首都圏不動産公正取引協議会加盟]●販売代理・販売復代理／株式会社ハローホーム 〒133-0056 東京都江戸川区南小岩7-26-21 TEL:03-5612-8646[宅地建物取引業者免許番号:東京都知事(4)第83389号、(公社)全国宅地建物取引業保証協会会員(公社)首都圏不動産公正取引協議会加盟] ■先着順物件概要●販売戸数／9戸●間取り／2LDK・3LDK●専有面積／55.22㎡～72.33㎡●バルコニー面積／7.13㎡～14.72㎡●サービスバルコニー面積／2.00㎡・2.64㎡●テラス面積／9.48㎡●販売価格(税込)／5,070万円～6,650万円●最多販売価格帯(税込)／6,100万円台・6,300万円台(各2戸)●管理費／月額:12,400円～16,300円●修繕積立金／月額:7,800円～10,300円●管理準備金／一括:12,400円～16,300円●修繕積立基金／一括:414,200円～542,500円■先着順申込受付中■先着順申込受付場所／「プレミスト和光丸山台」マンションギャラリー※お申込みの際には、印鑑(認印可)、直近2年分の収入を証明する資料(源泉徴収票等)、本人確認資料(運転免許証等)をご持参ください。●取引条件有効期限／2021年12月31日

※1:東武東上線急行、準急、快速利用。通勤時は東武東上線急行利用で14分。※2:東武東上線急行、準急、快速利用、「池袋」駅でJR埼京線に乗り換え。通勤時は東武東上線急行利用、「池袋」駅でJR埼京線に乗り換えて20分。※所要時間は日中平常時のものであり時間帯により異なります。乗換え・待ち時間は含まれません。※3:南エリアの保健センター・児童発達支援センター認定こども園は開業しております。※掲載の外観完成予想図は、2021年2月に撮影した現地周辺写真に設計図書を基に描き起こした完成予想図を合成したもので実際とは多少異なる場合があります。雨樋、エアコン室外機、点検口、給湯器等設備機器は再現しておりません。植栽は特定の季節の状況を想定して描かれたものではありません。また、竣工時には外観完成予想図程度には成長しておらず、形状・位置などは実際とは多少異なる場合があります。樹種は一部変更となる場合があります。照明・カーテン・調度品等は販売価格に含まれません。※掲載の環境写真は、2021年2月・3月に撮影したものです。※徒歩分数は80mを1分として算出(端数切り上げ)したものです。■お客さまの個人情報の利用目的について(大和ハウス工業株式会社) 弊社は、個人情報保護法を遵守し、弊社または弊社グループ企業が行う次の事業【※】に関するご案内・ご提案、契約の締結・履行、アフターサービスの実施、お客さまへの連絡・通信、新しい商品・サービスの開発、およびお客さまに有益と思われる情報の提供などのために、お客さまの個人情報を利用させていただきます。【※】住宅、リフォーム、集合住宅、マンション、商業店舗開発、建築、不動産分譲、不動産仲介、環境・エネルギー、損害保険代理店、ホテル、インテリアなどの各事業

〈売主・販売代理〉DaiwaHouse 大和ハウス工業　〈売主〉三信住建　来場予約受付中（完全予約制）

お問い合わせは「プレミスト和光丸山台」マンションギャラリー
0120-050-229　営業時間／10:00～18:00 定休日／火・水曜日(祝日除く)

ダイワ和光　検索　wako36@daiwahouse.jp

NEW　オーベル習志野大久保　全82邸 新／発／表

予告広告　本広告を行うまでは、契約又は予約の申込に一切応じることができません。また、申込の順位の確保に関する措置は講じられません。販売予定時期／2022年2月上旬

WARM LIFE
ここから始まる
あたたかい暮らし―。

POSITION 習志野駐屯地 約2.2km圏 ※直線距離となります。

京成本線・快速停車「京成大久保」駅より フラットアプローチ 徒歩9分

西面外観完成予想CG

›家族と仲良くなれるプラン設計　›閑静な丘上の学園都市

南向き中心※1 | 3LDK・70㎡台中心※2

3LDK 2,900万円台より　予定販売価格 ※100万円単位

月々返済 6万円台より※3　ボーナス返済 0円※3　資料請求受付中　来春1月（予約制）事前案内会開催（予定）

資料請求・お問い合わせは「オーベル習志野大久保」販売準備室／受付時間：10:00～18:00 定休日：毎週水・木曜日(祝日を除く)

0120-610-082　オーベル習志野大久保

公式サイトはこちら

[売主] TAISEI 大成有楽不動産　[販売提携(代理)] HASEKO 長谷工アーベスト

提携割引特典　販売価格(税込)より 1%割引

■「オーベル習志野大久保」全体概要●所在地／習志野市大久保2丁目154-10(地番)●交通／京成本線「京成大久保」駅徒歩9分(上り線臨時口利用時[6:10～9:00])・徒歩11分(上り線・下り線改札口利用時)●総戸数／82戸●用途地域／第一種中高層住居専用地域、第一種住居地域●地域・地区／第一種高度地区●敷地面積／3,011.70㎡(建築確認対象面積)、3,012.26㎡(販売対象面積)●建築面積／1,697.70㎡●延床面積／6,561.52㎡●構造・規模／鉄筋コンクリート造 地上6階建●建築確認番号／第UHEC建確R030241(令和3年7月30日)●バリアフリー／千葉県福祉のまちづくり条例に適合●駐車場／32台(機械式32台)(他にカーシェアリング専用区画1台)[月額使用料:未定]●自転車置場／164台(平置16台、二段式148台)[月額使用料:未定]●バイク置場／3台[月額使用料:未定]●ミニバイク置場／1台[月額使用料:未定]●分譲後の権利形態／敷地:専有面積割合による所有権の共有 建物:専有部分は区分所有権、共用部分は専有面積割合による所有権の共有●管理形態／区分所有者全員により管理組合を構成し、管理会社に業務委託予定●管理会社／株式会社長谷工コミュニティ(予定)●竣工予定時期／2023年1月下旬(予定)●入居予定時期／2023年3月中旬(予定)●売主／大成有楽不動産株式会社 〒104-8330 東京都中央区京橋3-13-1有楽ビル 国土交通大臣(8)第3702号、(一社)不動産協会会員、(公社)首都圏不動産公正取引協議会加盟●販売提携(代理)／株式会社長谷工アーベスト 〒105-8545 東京都港区芝2-6-1 国土交通大臣(10)第3175号、(一社)不動産協会会員、(一社)不動産流通経営協会会員、(公社)首都圏不動産公正取引協議会加盟●設計・監理／株式会社長谷工コーポレーション●施工会社／株式会社長谷工コーポレーション■予告物件概要●予定販売戸数／未定●間取り／1LDK+S(納戸)～4LDK●専有面積／57.83㎡～85.90㎡●予定販売価格／2,900万円台～5,200万円台※100万円単位●予定最多価格帯／3,800万円台※100万円単位●バルコニー面積／9.84㎡～17.55㎡●管理費等／未定●販売予定時期／2022年2月上旬【予告広告】※本広告を行うまでは、契約又は予約の申込に一切応じることができません。また、申込の順位の確保に関する措置は講じられません。※上記概要は、販売予定の全住戸の内容を表示しています。販売住戸を一括して販売するか数期に分けて販売するかは確定していません。販売戸数、価格等は本広告にて表示致します。※上記概要は、2021年11月19日現在のもので今後変更となる場合があります。■提携ローン概要●取扱金融機関／住信SBIネット銀行●融資限度額／500万円以上1億円以下(10万円単位)●返済方法／元利均等返済●借入金利／0.395%(店頭金利より最大幅2.380%金利引き下げ※金利は実際にお借入れいただく月の金利が適用されます。融資手数料型。)●融資期間／1年～35年以内(1ヶ月単位)●融資手数料／借入金額×2.2%に相当する金額に消費税(地方消費税を含みます)を加算した金額※申込内容により希望条件にそえない場合がございますのでご了承ください。※上記融資条件詳細は2021年11月19日現在のものです。※借入申込資格及び融資条件など詳細は係員にお尋ねください。※ご購入の際には表面記載の支払い以外に諸費用および毎月の管理費、修繕積立金等がかかります。

※掲載の西面外観完成予想CGは設計段階の図面を基に描き起こしたもので実際とは異なる場合がございます。なお雨樋・エアコン室外機・給湯器・TVアンテナ・照明等の一部表現されていない設備機器があります。植栽は特定の季節・ご入居時の状態を想定して描かれたものではありません。周辺建物・電柱・電線等は一部簡略化して表現しています。※距離表示は地図上の概算距離を算出したもので、徒歩分数は1分=80mとして算出(端数切上げ)しています。※1.全82戸中、南向き住戸が69戸 ※2.全82戸中、3LDK・70㎡台住戸が54戸 ※3.返済例:3LDK・専有面積69.60㎡をご購入の場合●予定販売価格／2,998万円●頭金／258万円●借入金額／2,740万円●金利／変動金利0.395%●返済期間／35年●月々返済(予定)／69,862円(年12回)●ボーナス返済／0円[元金:2,740万円]※諸費用および毎月の管理費、修繕積立金等は含みません。※詳しくは係員にお問合せください。

ひろば

師走、春待月、暮古月、極月——12月。

7日神戸開港記念日、14日南極の日、18日国連加盟記念日、22日冬至、25日クリスマス、28日官庁御用納め、31日大晦日

針供養　法輪寺（京都市左京区）で平安時代から続く伝統行事。天皇の命により皇室で使用された針を供養したことが始まりとされる。使い古した針を納め、コンニャクに大針を刺して家庭円満を祈願する。8日

大頭祭　長野県千曲市の武水別神社で400年以上の歴史を持つ新嘗祭。国指定選択無形民俗文化財。氏子から選ばれた5人の「頭人」が裃姿で市内を練り歩き、供物を奉納して五穀豊穣を感謝する。10〜15日

東京メガイルミ2021—2022

夕刻に浮かぶ「光の競馬場」

家族連れ、カップルの姿も

Gフロント1階のスタンド席から見た「東京メガイルミ」の夜景。競馬ファンの熱狂が渦巻く普段の場内とは異なり、ロマンティックなムードに満ちている（いずれも11月11日、大井競馬場で）

「東京シティ競馬（TCK）」の愛称で知られる大井競馬場（東京都品川区）には、もう一つの〝華やかな顔〟がある。秋口から春先にかけ、レースのない日の夕刻に現れる煌びやかなイルミネーションがそれだ。毎年、クリスマス・シーズンをはさんで行われ、4回目の開催となる今季の「東京メガイルミ2021—2022」では、馬と写真が撮れる競馬場ならではのイベントも行われ、連日、家族連れやカップルで賑わいを見せている。レースに熱中する大人の娯楽施設から、若者も楽しめる華やかな〝アミューズメントパーク〟に変身を遂げた大井競馬場の新たな魅力に迫った。（写真・文　古川勝平）

日本初の〝ナイター競馬〟として知られる大井競馬場では、年間、100日ほど競馬が開催されている。その夜間開催ができる特性を生かし、日没後の競馬場をより多くの人に楽しんでもらおうと、2018年から冬季のイルミネーションイベントが始まった。

「お客さまの約7割が家族連れです。競馬がない日をどのように活用するか、さまざまな案が出た中でイルミネーションに決まりました。秋冬の定番イベントとして定着しつつあります」と東京都競馬イルミネーション推進室の中村駿さん。

ライトアップされた入口を抜けた先では、「お馬さんイベント」が催されている。Gフロントの券売機前でミニチュアホースやポニーが来場者を待っており、馬と一緒の写真撮影が可能。電飾で着飾った小型種の可愛らしい姿に、子供も大人も目がクギ付けだ。

「厩務員さんがその日のお馬さんの体調をみて、イベントに参加できるか判断するため、連れてくる子は毎回変わります」と中村さん。会えるミニチュアホースとポニーは合わせて13頭おり、自分の〝推し馬〟を見つけて何度もメガイルミに訪れるのもアリだ。

さらに土・日、祝日限定のイベントでは、今季から新設された「放牧場」でポニーらの自然な姿を眺められるほか、パドックで誘導馬のお披露目も行われる。

順路に従って場内を進むと前方に「和のきらめきエリア」が展開。ここでは日本の〝和〟がイメージされた広大なイルミネーションが見られる。中でも長さ100メートルもある「江戸桜トンネル」は、桜花をモチーフにした電飾に包まれて歩くことができ、カップルにとっては雰囲気もバッグンだ。

一番の見どころは、15分1セットで上演される「メガイルミショー」だろう。場内中央に設置された大噴水から放たれるレーザーを交えた水柱の演出に目を奪われる。ショーは全部で4種類あるため、何度見ても飽きることがない。

場内の飲食店では競馬場らしく「蹄鉄チュロス」などもある。ほかにもさまざまなオリジナルグッズがあるため、思い出作りに一役買ってくれるだろう。

今シーズンの開催期間は来年の4月10日まで。営業日やお馬さんイベントのスケジュールは変わることがあるため、来場者は事前にホームページのチェックを。

「東京メガイルミ2021—2022」の前売り券は大人800円、小人400円。

100メートルにわたって桜花をモチーフとした電飾の道が続く「江戸桜トンネル」。コロナも落ち着き、連日、家族連れやカップルで賑わっている

リボンや電飾で着飾り、愛らしい姿で来場者を迎えるポニーのサクラちゃん（14歳・牝馬）

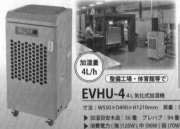

「和のきらめきエリア」内にある「虹色の大階段」（手前）と「虹色に輝く光の大噴水」（右奥）

読者プレゼント

「朝雲」読者に「東京メガイルミ2021—2022」のペア入場券を5名様にプレゼント。希望者は、はがきに郵便番号・住所・氏名・電話番号を記入し、〒160—0002東京都新宿区四谷坂町12—20　KKビル　朝雲新聞社編集部プレゼント係まで申し込む。締め切りは12月9日（当日消印有効）。

マイヘルス Q&A

月経困難症

原因突き止め早期治療を　病気でなければピルで改善

Q　月経困難症とはなんですか。

A　月経困難症とは、月経前や月経中に、下腹部痛、腰痛、腹部膨満感、嘔気、頭痛、疲労感・脱力感、食欲不振、イライラ、下痢、憂うつなどの症状が見られ、そのために仕事や学校を休まなくてはならない状態です。

月経困難症は、器質性月経困難症と機能性月経困難症に分類されます。前者は子宮内膜症や子宮筋腫、子宮腺筋症などの病気が原因となっており、後者は原因となる病気がないものです。

Q　月経困難症を疑う場合は受診した方が良いですか。

A　月経困難症では、子宮内膜症などの病気が原因となっている場合があります。病気の種類にもよりますが、治療によって症状を軽くできる場合もあり、また、将来の妊娠に影響する場合もあるので、一度受診して婦人科的な病気がないかを調べることが大切です。

婦人科受診で病気が否定された場合（機能的月経困難症）にも、漢方薬や低用量ピルなどのホルモン療法で月経困難症状を軽減することができます。

Q　月経困難症に対して使う低用量ピルってどんな薬ですか。

A　排卵を抑制することで月経困難症を改善します。以前は経口避妊薬として知られていましたが、2008年に月経困難症への保険適用が開始され、現在では広く使われている薬の一つです。

副作用としては吐き気や頭痛、不正出血、血栓症などがありますが、副作用の現れ方は人それぞれなので、合わない場合には異なる種類への変更や調整が必要になることがあります。また、片頭痛や高血圧がある場合や喫煙者では血栓症のリスクが上がるため内服できない場合もあります。

しかし、自分に合ったピルが見つかれば経血量も少なくなり、症状も軽減されるため、日常生活の質は大きく改善されます。低用量ピルの内服で将来妊娠しづらくなるということもないので、月経困難症で困っている方がいれば婦人科へ相談にいらしてください。

自衛隊中央病院診療科　産婦人科　川井　まりえ

BOOK NOW

私が読んだ　この一冊

太郎良盛幸、佐藤一則著「九州の南朝」（新泉社）
第4高射特科大隊（久留米）　合原政明1陸尉　52

私が勤務する久留米市は、その昔、九州南朝の鍵となる場所でした。この本は、その南北朝時代、後醍醐天皇の命を受け、幼くして九州へ赴いた懐良親王が征西大将軍として戦い、大宰府に南朝征西府を開き、後村上天皇の皇子・良成親王に後を託して南朝の再興と九州の平和を願った2人の親王の物語です。とても読みやすい小説で、この地の歴史をひもとくきっかけになる一冊です。是非読んでみて下さい。

羽生善治著「大局観—自分と闘って負けない心」（角川書店）
護衛艦「せとぎり」（舞鶴）　乾　悦一3海尉　26

本書は「将棋」という日々新しい戦略が生まれるゲームでトップを25年間走り続けた著者が、どのように勝ってきたかを説く書です。

人はなぜミスを犯すのか、新しいことを行う際のリスクをいかに軽減するかなどが著者の経験をもとに書かれていて、常に変化を求められる我々自衛官も参考になるファクターの多い書です。読み物としても面白く、将棋を知らない方でも将棋のプロ棋士がどのような世界で生きているのかを知ることができる良書です。

新居佳英、松林博文著「組織の未来はエンゲージメントで決まる」（英治出版）
中警団基地業務群業務隊長（入間）　山　勇3空佐　45

スターバックスなどの世界成長企業が重要視するエンゲージメント（組織に対する愛着心）。本書では「ワークエンゲージメント」と「従業員エンゲージメント」を合わせ、実践事例と理論をもとに分かりやすい内容でチームや組織に大切なことが書かれています。

また、エンゲージメントを高めるためにはサーバント（奉仕・支援型）リーダーが重要な役割と提唱されるなど、隊員の働きがいや生産性向上のヒントがこの一冊に込められています。興味がある方はぜひ、読んでみてください。

隊員愛読書ベスト5

＜入間基地・豊岡書房＞
❶令和3年版日本の防衛—防衛白書　防衛省編　日経印刷　¥1397
❷恐れのない組織　エイミー・C・エドモンドソン著、野津智子訳　英治出版　¥2420
❸F—4ファントムⅡ航空情報11月号別刊　せきれい社　¥1980
❹そしてバトンは渡された　瀬尾まいこ著　文藝春秋　¥814
❺空母いぶきGREAT GAME 5巻　かわぐちかいじほか著　小学館　¥650

＜防衛省・三陽堂書店＞
❶令和3年版日本の防衛—防衛白書
❷世界の動きとつなげて学ぶ日本国防史　宗像久男著　並木書房　¥2200
❸新たなミサイル軍拡競争と日本の防衛　森本敏、高橋杉雄ほか著　並木書房　¥2640
❹防大女子　松田小牧著　ワニブックス　¥990
❺岸田ビジョン—分断から協調へ　岸田文雄著　講談社　¥946

＜神田・書泉グランデミリタリー部門＞
❶世界の傑作機No.203 フォッケウルフTa154　文林堂　¥1466
❷アームズマガジンエクストラ自衛隊の銃器　ホビージャパン　¥2570
❸紫電改取扱説明書復刻版　藤森篤、野原茂著　太田出版　¥9900
❹空母「赤城」「加賀」「翔鶴」「瑞鶴」完全ガイド　イカロス出版　¥1980
❺アサルトライフルの撃ち方最新小銃射撃術　ホビージャパン　¥2200

＜トーハン調べ10月期＞
❶私が見た未来完全版　たつき諒著　飛鳥新社　¥1200
❷鬼滅の刃塗絵帳—橙—　吾峠呼世晴原作　集英社　¥880
❸聖域　コムドットやまと著　KADOKAWA　¥1430
❹鬼滅の刃塗絵帳—藍—　吾峠呼世晴原作　集英社　¥880
❺明るい暮らしの家計簿2022年版　ときわ総合サービス　¥792

吉本どんど

上体そらし

田中ちゃん 17センチ

山下さん
38センチ

戦没者慰霊祭を支援

千鳥ヶ淵戦没者墓苑　東京都隊友会の42人

慰霊祭の支援を前に編成完結式に臨む東京都隊友会の会員たち。右端はあいさつを述べる三田克巳会長（10月18日、都内の千鳥ヶ淵戦没者墓苑で）

【東京都隊友会】東京都隊友会（三田克巳会長）は10月18日、東京都千代田区の千鳥ヶ淵戦没者墓苑で営まれた「秋季慰霊祭」（千鳥ヶ淵戦没者墓苑奉仕会主催）を支援した。

式典は秋晴れの中、秋篠宮ご夫妻が臨席され、空自の航空中央音楽隊による国歌吹奏の後、献茶、昭和天皇・上皇陛下御製奉誦、童謡・唱歌奉唱、拝礼・黙とう、陸海空統合編成の小隊による部隊拝礼、各界代表者の献花と続き、参列者の焼香で終了した。

式典には秋篠宮ご夫妻をはじめ、岸防衛相ら関係大臣、遺族会・戦友会・各政党・都道府県の代表者、統陸海空の各幕僚長、隊友会理事長をはじめとする各団体の代表者125人が参列し、慰霊の誠を捧げた。

東京都隊友会は活動目的の一つである「戦没者の慰霊」事業として、平成11年から同慰霊祭を毎年支援しており、今年は42人が支援に当たった。

会員たちは早朝から準備を開始。コロナ対策を講じた配置や運営を心掛けながら、▽受付▽案内▽式典進行▽接遇▽駐車場整理▽救護――の各部門に分かれ、組織力を発揮して整然と業務を遂行し、式典の円滑な運営に大いに寄与した。

ラストフライトを終え、23飛行隊の教官や学生らと共に記念撮影に臨む米空軍防衛交換要員のベル中佐（最前列中央左）＝10月27日、新田原基地で

「ベル師匠ありがとう！」

防衛交換要員の米中佐が帰国

ユニークな指導で慕われる

飛行隊学生ら別れ惜しむ

【空幕】「ベル師匠ありがとう！米国でも活躍を祈ります」――。F15戦闘機操縦学生の教育を行う空自飛行教育航空隊23飛行隊（新田原）は10月27日、日米の防衛交換要員として同隊で空自パイロットの教育に携わった米空軍のナサニエル・ベル中佐のラストフライトを行った。ユニークな教育法で慕われた中佐の晴れの日を学生たちが集って盛り上げ、別れを惜しんだ。

防衛交換要員制度は日米相互に教官パイロットを現地に派遣するもので昭和50年代に開始。空自からは4空団（松島）から高橋達也3佐が今年1月から米国に派遣されている。ベル中佐は2019年に来日し、空自の戦闘機操縦課程の教官業務に携わった。

その指導法はユニークで、学生の英語力に応じて英語か日本語を選択し、正しく効果的な操縦法を伝授。戦闘機操縦者には高い英語力が求められるため、ベル中佐は空き時間を見つけては「英語いじめ」という授業を開講。学生に英語の文法を繰り返し教えることで、英語でのコミュニケーション力を各段に上達させた。さらに日米の異文化交流も行うことで、学生たちは英会話への自信を深めつつ、戦闘機の操縦技能を磨いた。

ベル中佐も学生たちから最新の映画や日本のアニメ、漫画を勧められ、実際に日本語版を読んで日本語を学習。そうした日々の交流から、中佐の優しさやユーモアあふれる人柄に加え、交換要員としての責任感の強さを全隊員が感じ、師として慕った。

ラストフライト当日、ベル中佐はF15戦闘機に搭乗して新田原基地を離陸、宮崎県東方の太平洋上の訓練空域で約1時間にわたって飛行し、帰投した。

F15から降り立った中佐に家族から花束が贈られ、鹿児島県初の女性航空学生出身で戦闘機パイロットを目指す立和田あかり3尉をはじめ、中佐を慕う学生たちが師匠の晴れの日を盛り上げた。

ベル中佐は「3年間、皆さんの優しさに助けてもらった。この感謝の気持ちは、日本語でも英語でも表す言葉が見つからない。教官や学生たちには、公私にわたってお世話になった。また空で会える日を楽しみに待っている」と語った。

23飛行隊長の齋藤三博2佐は「ベル中佐は優秀な人材で、貴重な戦力だった。帰国は非常に残念だが、米空軍でのさらなる活躍を期待している」とエールを送った。

F15戦闘機に搭乗し、ユニークな教育を行うベル中佐（右）を立和田3尉（左）は師匠と慕った

姫路市で鳥インフル

24時間態勢、530人が災派

陸自3特科隊（姫路）は11月17、18の両日、兵庫県姫路市の養鶏場で発生した鳥インフルエンザに対し、後方支援要員を含む延べ約530人で鶏の殺処分支援などに係る災害派遣活動を行った。

養鶏場では同16日に鳥インフルエンザの発生が疑われ、翌17日に陽性が確定したことから同日午前9時、齋藤元彦兵庫県知事から小松隆司3特科隊長に災害派遣が要請された。

隊員たちは直ちに駐屯地を出発し、午前10時32分から現地での支援活動を開始。4個部隊（各隊50人）を編成し、6時間交代でローテーションしながら24時間態勢で鶏の処置や梱包作業などに従事した。

18日午後8時、処分対象の約15万5000羽のうち、陸自に割り当てられた鶏の殺処分支援が完了したため、兵庫県知事による撤収要請を受け、活動を終えた。

鶏を入れた容器内にガスを注入して処置する3特科隊の隊員たち（11月17日、兵庫県姫路市の養鶏場で）

ブルーインパルスとドラゴンクエストのコラボCM動画の一場面。現実では実現が難しい敵キャラ「スライム」が上空にスモークで描かれた（スクウェア・エニックス提供）

©SQUARE ENIX

空に「スライムがあらわれた！」

CM動画が400万回超え

ブルーインパルスと「ドラクエ」がコラボ

空自4空団11飛行隊（松島）ブルーインパルスとスクウェア・エニックスの人気ゲーム「ドラゴンクエスト」がコラボしたCM動画が11月11日に「ユーチューブ」で公開され、視聴回数は400万回を超えるなど注目を集めている。

動画は1分48秒で、空自が提供したブルーインパルスの飛行動画にCG（コンピューターグラフィックス）が組み合わされた。特別に結成された〝ドラクエインパルス〟がゲームに登場する敵キャラ「キング、ホイミ、各種スライム」などを白いスモークで上空に〝描いて〟いる。

空自によると、ブルーインパルスがCMに登場するのは、1996年のテレビCM以来。今回は「ブルーが空を舞台にしたドラゴンクエストの新作のイメージに合っている」と制作会社側から協力依頼があり、空自が映像素材を提供して現実ではありえない〝夢の飛行〟が実現した。

動画を視聴した井筒空幕長は11月11日の記者会見で「（実際にブルーインパルスが描くとしたら）水平面にスライムは描けるが、目のところは一見描けそうでいて非常に難しい」と私見を述べた。

情報・保全標語で表彰

1師団 2隊員に優秀作品賞

【1師団＝練馬】師団はこのほど、司令部庁舎で情報・保全標語の優秀作品表彰を行った。師団隷下部隊で選考された14作品から2点が選ばれ、大庭秀昭師団長が受賞者に表彰状を授与した。

選ばれたのは　橋場友宣3尉（1通大）の「SNS業務をつぶやき　SOS」と、光畑亜美3曹（1特防）の「全隊員　全集中で　秘の呼吸」の二つ。

受賞した橋場3尉は「保全責任者として、隊員の意識を高揚させるにはどうしたらいいかを考え、特に若年隊員が多く利用するSNSの言葉にSOSをかけて作った。この標語を合言葉に保全事故絶無に努めていく」と話した。また光畑3曹は、「好きなアニメからヒントを得た。人気の作品なので隊員に覚えてもらえると思う」と標語に込めた意図を語った。

今後、優秀作品に選定された標語は部隊で掲示し、隊員の保全意識向上に活用される。

優秀作品賞を受賞した橋場3尉（右）と光畑3曹

小休止

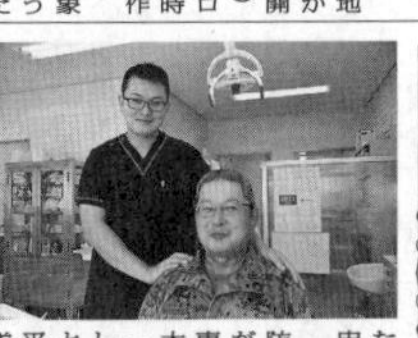

▽…国分駐屯業務隊に、幹部自衛官の親子が勤務している。父は昨年3月に補給科長として再任用された東中尾浩二3佐、息子は今年8月、西方衛生隊から異動してきた歯科医官の東中尾忠洋2尉だ＝写真。

▽…一度は息子に防大受験を勧めたが、断られたという東中尾3佐。しかし大学卒業時に再度、「就職先の一つ」としてアドバイスすると、親の思いが通じ、平成30年に息子が入隊した。

▽…同じ職場の勤務に忠洋2尉は「自衛官の先輩として父を参考にしつつ、自己の向上に努めたい」と語る。そんな息子に浩二3佐は「人として、自衛官として立派に成長して欲しい」とエールを送った。（国分）

こちら警務隊

文書遺棄・偽造②

印がある公文書を偽造したら 1年以上10年以下の懲役

有印公文書偽造罪とはどんな罪ですか？

国や役所、公務員が職務上作成する文書に印や署名があるものを有印公文書といい、これらを使用する目的で偽造した場合、有印公文書偽造罪に該当し、1年以上10年以下の懲役に処せられます。

有印には、印刷した署名や印章も含まれるので、運転免許証や住民票なども有印公文書となります。

例えば、運転免許証の有効期限切れを隠す為に数字を書き換えたり、複製したりする行為が本罪にあたります。

公文書の偽造は、公の文書に対する社会的信用を損なう行為ですので、絶対にやってはいけません。

（東部方面警務隊）

有印公文書偽造罪
外出証
駐屯地司令印
（令和8年）
複製
書き換え

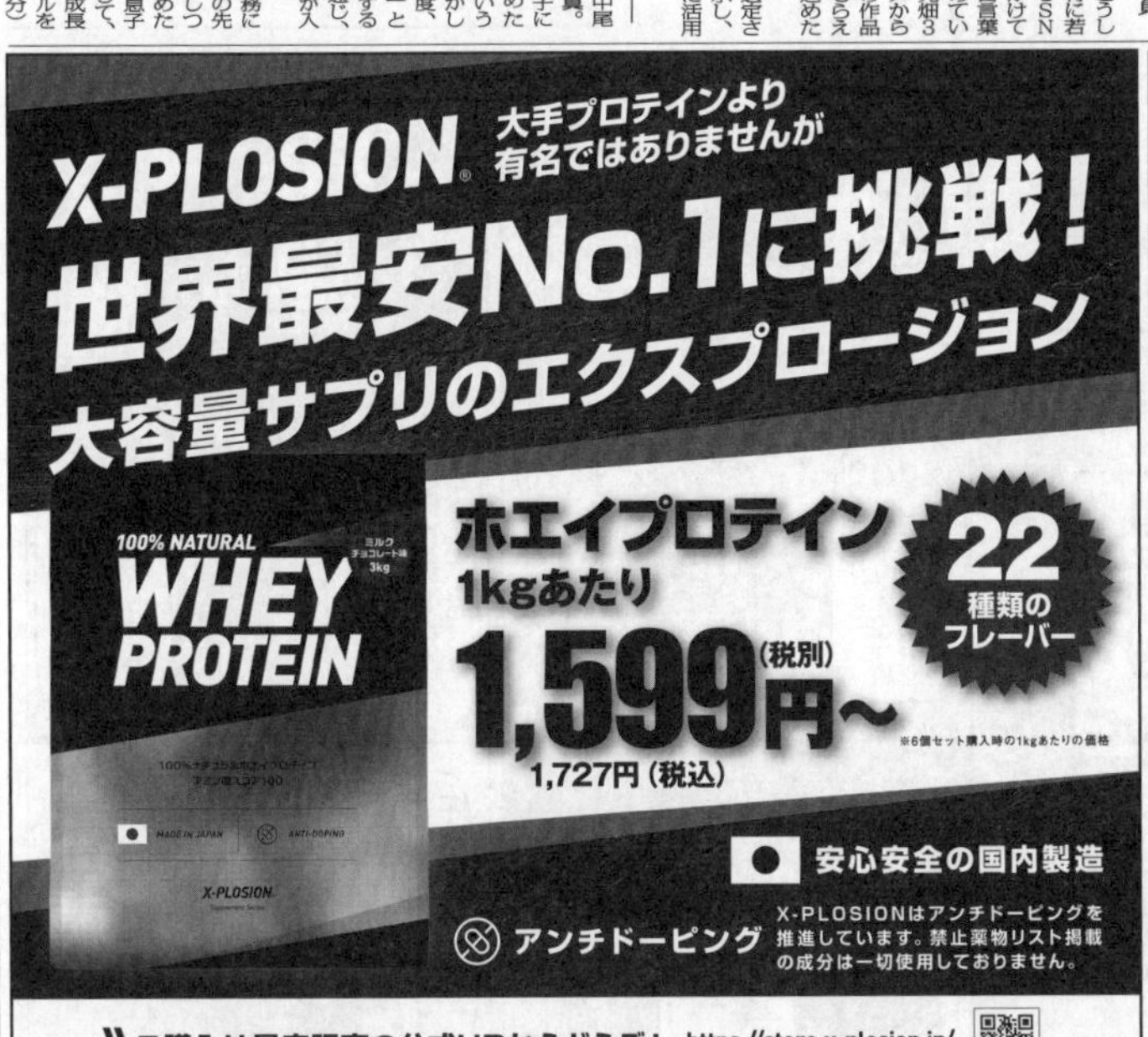

X-PLOSION
大手プロテインより
有名ではありませんが
世界最安No.1に挑戦！
大容量サプリのエクスプロージョン
100% NATURAL WHEY PROTEIN
ホエイプロテイン
1kgあたり
1,599円～（税別）
1,727円（税込）
※6個セット購入時の1kgあたりの価格
22種類のフレーバー
安心安全の国内製造
アンチドーピング
X-PLOSIONはアンチドーピングを推進しています。禁止薬物リスト掲載の成分は一切使用しておりません。
ご購入は最安販売の公式HPからどうぞ！ https://store.x-plosion.jp/

よろこびがつなぐ世界へ
KIRIN
おいしいとこだけ搾ってる。
一番搾り
Brewed from only the first press of genuine malt for a crisp, delicious flavor.
KIRIN'S PRIME BREW
KIRIN BEER
一番搾り
〈麦芽100%〉
ALC.5%　生ビール
お酒
ストップ！20歳未満飲酒・飲酒運転。お酒は楽しく適量で。
妊娠中・授乳期の飲酒はやめましょう。のんだあとはリサイクル。
キリンビール株式会社

元教育隊班長・レンジャー教官から教え子たちへ
『失敗することはある!!』
「その時は反省し、繰り返さないように」

松本市危機管理課防災専門官
元1陸佐　宮坂　政行

いくぞー！
おー！
松本市防災動画
パート1【地震編】

宮坂元1佐がメインで出演する松本市の防災動画

困ったことになりました。

「S君、もう一度撮り直さないか?」

「時間がないから無理です。何か問題ありましたか?」

「半長靴の紐の端末処理が、不十分だったんだよ」

「はあ??」――

自衛隊を定年退官し、松本市防災専門官として勤務して5年目になりました。主に防災訓練や防災講座、防災備蓄品の管理を担当していますが、新型コロナ感染症対策のため、訓練や出前講座ができなくなりました。

松本市は、本邦で活断層による直下型地震の発生確率が一番高い、糸魚川―静岡構造線断層帯の直上に位置しています。コロナ禍といえども大災害は待ってはくれません。若手職員のS君のアイデアで防災動画を作成し、ユーチューブで防災意識を向上してもらうことになりました。

「専門官、どうですか?」「いいね」と軽く返事をしたところ、「専門官がメインで説明するんですよ」と言われ、「私は前職の時、8秒通信を徹底していたので、早口なんだよ。滑舌悪いし」と固辞しましたが、結局メインで説明する役になりました。

撮影がこれほど大変とは、思いもしませんでした。業務の合間にやるので、準備時間はないに等しく、台本が覚えきれません。

結局、巨大なカンニングペーパーを準備してもらい、それらしく説明する、字が見えない所はアドリブでごまかす、何とか「うまくいった」と思いきや、「やり直しです。カラスの鳴き声が入りました」「専門官、ここは肝のところです。もっと強く語ってください」等々、監督・脚本・編集役のS君は厳しい。

後日、伝え聞いた視聴者の感想は「面白い」でした。真面目な防災動画のつもりでしたが、不思議です。

前置きが長くなりました。なぜ、撮り直しを提案したかというと、防災動画第3編「実践編」の私は防災服上下・半長靴・帽子の服装でした。ロケが終わり、後日、映像を見たところ驚愕しました。なんと、私の半長靴の紐の端末が見事にはみ出ており、プラプラしているではありませんか！

実は私、現役時代、教育隊班長、レンジャー教官等をやり、服装点検でさんざん厳しく指導していました。「困る。この映像を教え子たちに見られたら、言い訳できない」「年賀状で逆指導される」と、S君に説明しましたが、「無理です。台風の時期が来る前にアップしますので、時間がありません」で終わりました。

という訳で、新隊員の教え子、レンジャーの教え子たちよ。いまさらですが一言。「失敗することはある。その時はしっかり反省し、失敗を繰り返さないように」私も気をつけます。

※文中の防災動画は、素人の職員だけで作ったものです。低予算ですが、映像には松本市の美しい景色をふんだんに取り入れています。是非ご覧ください。

（世界の切手・ベルギー）

簡単すぎる人生に、生きる価値などない。

ソクラテス
（古代ギリシャの哲学者）

みんなのページ

私も将来は広報官に

空士長　川口　龍二（5空団整補群装備隊・新田原）

令和3年9月1日から1カ月間、自衛隊宮崎地方協力本部日向地域事務所で勤務する機会をいただきました。

地域事務所での勤務を通じて、自衛隊が地域の方々の支えがあって成り立っていることを改めて知ることができました。特に、自衛隊家族会の方々は、積極的に事務所に足を運んで行事に協力してくださっており、地域との交流はとても大切なことだと感じました。

私は主に、募集対象者に対して自衛隊生活や勤務環境について説明する仕事をさせて頂きました。その中で、説明会に参加してくれた学生から「高校生の私に近い自衛官や女性自衛官もいて、来やすかったです」「説明がすごく分かり易かったです。もっと早く来ればよかった」と言われたときは非常にうれしく、日向地域事務所に少し貢献できたかな?と勝手に想像してしまいました。

また、入隊を志願する学生たちは、様々な思いを持っていることを知りました。私自身多くの事を学ぶことができました。この事を忘れずに、部隊での後輩指導に生かしていきたいと思います。

最後になりますが、自衛官でありながら部外者と接する仕事を体験することができ、今までと違った世界を見て感じたことで、広報官という仕事の魅力や重要性を認識しました。私も将来は広報官になり、より良い自衛隊の発展に貢献したいと思います。

学生に自衛隊の生活や勤務内容について説明する川口空士長

「知行合一」を常に意識して

3陸曹　内田　雅之（33普連4中隊・久居）

令和3年7月1日をもって3等陸曹に昇任しました。

陸曹候補生から3曹昇任に際しては、プレッシャーを感じていました。特に体力、精神面が弱かったため、陸曹教育隊から帰隊移動中、しっかりやっていけるだろうかと、ずっと不安を感じていました。

しかし、親身に指導してくださった先輩方や一緒に体力練成してくれた後輩たち、陸曹教育間、苦楽を共にした同期から強い自信をもらいました。特に先輩方には、自衛隊体操から指導法、教育資料の作成等で私のために多くの時間を割いて助けて頂き、とても感謝しております。今後、これらのご恩、感謝の気持ちを表せるように陸曹として業務する際は、「知行合一」を常に意識して行動できるよう頑張ります。

私の考える「知行合一」は、何事も知っている事と実行できるかは別であるからこそ、これまで知り得た知識・技能・経験を実践できるように訓練・業務に取り組み、部隊の原動力として貢献できるよう努力することです。

時に失敗してしまう事もあると思いますが、そんな時、陸曹教育隊の助教の方に教えて頂いたのが「失敗してもポジティブに考えて今後の処置・対策を練る」ということです。起こってしまった事は、変えられないので気持ちを切り替えて、常に前に行けるようにすればいいという事でしたので、今後もその言葉を胸に訓練、業務にまい進したいと思います。

FTC訓練に参加

2陸曹　森本　健太郎（8普連3中隊・米子）

私は、FTC訓練に第3小隊第2分隊長として参加しました。

私たちの分隊は、敵のFEBA（主戦闘地域の前縁）の解明という任務を与えられていました。南防火帯道沿いを前進間、敵と接触して多数の損耗を受け、私が生存者を掌握し再度前進しました。

再編成後の前進間、企図の徹底及び現場での状況判断は非常に難しく、「この決断で良いのか?」「私の指示で隊員を死なせてしまうのではないか?」と常に不安がつきまとっていました。

そのような状況の中でも、今回私が任務を続行することができたのは、作戦準備において企図の徹底が成されていて、迷った際にも任務に立ち返るということができたからだと感じます。今後私が隊員を指揮する立場になった際、情報の共有及び企図の徹底を図ることは重要だと再認識しました。

本訓練を通じて得られた教訓事項をもとに、さらなる練度向上に努め、困難な状況下でも自信を持って適切な判断ができるよう練成し、連隊及び中隊の任務達成に寄与していきたいと感じました。

OBがんばる

佐々木　辰男さん　55
令和元年10月、陸自第9特科連隊（現・東北方面特科隊）を曹長で定年退職。現在、盛岡スポーツ施設株式会社で、スポーツ施設の維持管理等の業務に励む。

目標に向け一歩ずつ前進

私は令和元年10月に陸上自衛隊を定年退官し、盛岡スポーツ施設株式会社に入社しました。

再就職にあたり、自分は何をしたいのか、何が出来るのかをいろいろと考え悩みましたが、最終的にはスポーツ施設の建設に興味を持ちました。

岩手地本岩手地域援護センターから数社の情報提供を受け、その中で岩手県営球場の管理や球場等で使用する表層土（チャンピオンサンド）の製造販売をしている弊社の求人票を見て入社を希望しました。

弊社は、春から秋までは表層土の製造、野球場やテニスコート、相撲の土俵、学校グラウンド等の整備、冬は県営スケート場のスピードスケート用、アイスホッケー用リンクの整氷や氷の温度管理など、いわゆる裏方の業務を行っています。

入社に当たり、会社からの要望で2カ月の間に8種類の資格を取得し、入社後は大型重機等を使って仕事をしています。自衛隊で培った安全管理に対する高い意識、体力、忍耐力及び健康な身体を生かし、今は1級土木施工管理技士の国家資格取得を目標に一歩ずつ前進しています。

私は再就職に当たり、自分は何をしたいのか、何が出来るのかを考え、悩みました。今、振り返ると、何をしたいのか、何が出来るのかではなく、絶対に自分には向かない業種をピックアップして除外し、選択肢を絞ることから始めるのも一案だと思います。

これから再就職をする皆さん、第二の人生で自分に合った業種を選択するため、早い段階から援護センターへ頻繁に足を運び、相談することをお薦めします。

新刊紹介

「近未来戦の核心 サイバー戦」
情報大国ロシアの全貌
佐々木　孝博著

在ロシア防衛駐在官を務めた情報のプロ（元海将補）が、サイバーなどハイブリッド戦を駆使してウクライナからクリミア半島を奪ったロシアの情報戦の思想と、その戦い方を明らかにした書だ。著者はロシア語が堪能で、特殊な文化を持つロシアの情報ピラミッドの中に自在に出入りし、露政府発の生情報をダイレクトに分析しているのが最大の特徴だ。

著者は情報の原本を通して為政者の考えに迫り、公文書の行間を読み取り、ロシアの真意を解析し、それを読者に提供してくれる。自衛官時代には情報本部分析部課長、統幕サイバー企画調整官などを歴任した専門家だけに、露ハイブリッド戦の根幹となっている「ゲラシモフ論文（ドクトリン）」の分析などは圧巻だ。さらにロシアの安全保障観、外国への影響工作、AIの軍事適用などは著者のモスクワでの実体験なども交え、西側とは異なる異形の大国の姿を描き切っている。

（育鵬社刊、2750円）

「F-Xの真実」
次期戦闘機をめぐる日米の政治と技術の攻防史
相良　静造著

「国を護るのに、なぜ使う道具（装備品）を選ぶ際にぎくしゃくするのか」――。ジャーナリストの筆者はこうした問題意識から、70年に及ぶ日本の国産の戦闘機開発と、それに携わった人々の歴史の真実を明らかにする。本書は月刊誌『航空ファン』（文林堂）に寄稿した連載を、加筆してまとめたもの。

先の大戦で敗れた日本は、占領軍から航空機に係るすべての開発が禁止された。ここから「もがれた翼を取り戻そう」と、航空技術者の奮闘が始まる。筆者は膨大な資料を元に、彼らの「国産」への熱い思いが今日まで連綿と続いていることを紹介する。

一方で、日本の戦闘機開発はその時々の国際情勢に大きく左右され続けてきた。本書では「日米同盟最大の危機」と評される第2次FSX（F2戦闘機の開発）を巡る攻防を明らかにしていく。貿易摩擦を背景に圧力をかける米国と、けん制する日本。筆者はこの時の「深手」がF2の正当な評価を妨げていると指摘する。また最新の次期戦闘機（FX）については、他国と柔軟に共同開発を進めるため、「F2開発を教訓とすべき」とする。

歴史を振り返りつつ、今後、日本の戦闘機開発のあるべき方向性を指し示してくれる一冊だ。

（秀和システム刊、1980円）

詰将棋

第856回出題

出題　日本将棋連盟　九段　石田　和雄

▲先手　持駒　金銀

【ヒント】最終、角成が決め手（10分で初段）。

▶詰碁、詰将棋の出題は隔週です◀

詰碁

第1271回解答

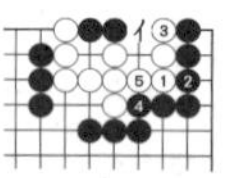

出題　日本棋院　九段　曲　励起

【解答図】白先、白活。白①がまず大切で黒❷の時、白③がまた大切です。黒❹には白⑤で白活きます。なお、この後黒『イ』と打ってもセキになり白は助かってます。

「朝雲」へのメール投稿はこちらへ！

▽原稿の書式・字数は自由。「いつ・どこで・誰が・何を・なぜ・どうしたか（5W1H）」を基本に、具体的に記述。所感文は制限なし。
▽写真はＪＰＥＧ（通常のデジカメ写真）で。
▽メール投稿の送付先は「朝雲」編集部（editorial@asagumo-news.com）まで。

朝雲

発行所 朝雲新聞社
〒160-0002 東京都新宿区四谷坂町12-20 KKビル
電話 03(3225)3841
FAX 03(3225)3831
振替00190-4-17600番
定価一部150円、年間購読料9170円（税・送料込み）

主な記事

岸田首相 観閲式で訓示

「任務に全身全霊捧げよ」

令和3年度

令和3年度「自衛隊記念日観閲式」が11月27日、自衛隊最高指揮官の岸田文雄首相を観閲官に迎え、陸自朝霞駐屯地で行われた。新型コロナの影響と任務増大に伴う部隊の負担軽減の観点から、昨年度に入間基地で実施された「航空観閲式」と同様、無観客で規模を大幅縮小した異例の開催となる中、朝霞駐屯地の隊員約800人が参加し、堂々の雄姿を披露した。岸田首相は訓示で、「皆さんの強い使命感と日々の努力に改めて敬意を表します。今後も国民を守るため、それぞれの持ち場で任務に全身全霊を捧げることを強く期待します」と激励の言葉を述べた。

（4、5面にグラフ特集、首相訓示全文）

防衛大綱「敵基地攻撃能力含め検討」

観閲官の岸田首相は午前9時54分、陸自特別輸送ヘリ隊（木更津）のEC225型「スーパーピューマ」要人輸送ヘリで朝霞駐屯地に到着。10時に儀仗広場で儀仗隊による栄誉礼を受けた後、同15分、輸送学校庁舎前の式典会場に入場し、観閲式が始まった。

今年の観閲式は岸防衛相の主催で、吉田陸幕長が実施責任者、前田陸上総隊司令官が執行者、小野塚東方総監が実行本部長をそれぞれ務めた。

壇上では岸大臣をはじめ、中曽根政務官、島田事務次官、芹澤官房長、山崎統、吉田陸、山村海、井筒空の各幕僚長らが待ち受ける中、岸田首相が観閲台に登壇。再び栄誉礼を受け、国旗掲揚の後、観閲部隊指揮官を務める東部方面総監部幕僚長の青木誠陸将補と共にオープンカーに乗り込み、朝霞駐屯地に所在する13個部隊の計約800人を巡閲した。

この後、訓示した首相は、日本を取り巻く安全保障環境がかつてないスピードで変化し、一層厳しさを増していることに言及。

極超音速兵器や変則軌道のミサイルなど、新たな技術の開発・向上を進める北朝鮮や、十分な透明性を欠いたまま軍事力を強化し、一方的な現状変更の試みを継続する中国を例に挙げ、「我々はこれまで以上に厳しい現実に直面している」と指摘した。

その上で「ひと昔前にはSF小説の世界だったものが、今、まさに現実になっている。その中にあって国民の命や暮らしを守るために何が求められるのか。冷静に、現実的に議論を突き詰めていくこと、国民の皆さんにしっかりとご理解いただくことが政治の責任だ」と述べ、「国家安全保障戦略」「防衛大綱」「中期防衛力整備計画」の改定に向けて「いわゆる敵基地攻撃能力の保有も含め、あらゆる選択肢を排除せず検討し、必要な防衛力を強化していく」と決意を表した。

一方で、防衛省・自衛隊が今年5月から東京と大阪で運営してきた新型コロナワクチンの「大規模接種センター」や、静岡県熱海市で今年7月に発生した土石流災害における災害派遣など、自衛隊員の献身的な活動ぶりをたたえ、「国民の命と平和な暮らしを守り抜くという崇高で気高い任務を担う誇りを胸に、より一層、鍛錬に励んでほしい」と要望した。

今年は新型コロナの影響などによる規模縮小で観閲行進は中止となった。式典終了後、岸田首相は大規模接種センターや熱海の災害派遣をはじめ、今年8月のアフガニスタンからの邦人等の退避など、困難な任務に携わった隊員たちと車座で意見交換した。

最後に装備品を視察し、最新鋭の「10式戦車」や「16式機動戦闘車」に試乗して性能などを確認した。

令和3年度「自衛隊記念日観閲式」で、オープンカーに乗って陸自の13個部隊を巡閲する岸田首相（中央）。その左は観閲部隊指揮官を務める東部方面総監部幕僚長の青木将補（写真はいずれも11月27日、陸自朝霞駐屯地で）

整列した約800人の隊員に対し、「崇高で気高い任務を担う誇りを胸に、より一層、鍛錬に励んでほしい」と訓示する岸田首相（演台）。その左は吉田陸幕長、岸防衛相

冨永3佐をNATO派遣

「国際機関／NGO協力班」に

防衛省は11月24日、冨永麻美3陸佐（35）＝写真＝をベルギーの首都ブリュッセルにある北大西洋条約機構（NATO）本部の「軍事幕僚部・協調的安全保障局」に派遣した。NATO本部への防衛省職員の派遣は4人目で、同局への派遣は初めて。任期は約2年間。

「女性・平和・安全保障分野における協力の推進」を掲げる令和2年6月改訂の「日・NATO国別パートナーシップ協力計画（IPCP）」に基づく派遣で、冨永3佐は同局政策計画課の「国際機関／NGO協力班」で、NATOの各種計画の立案や実行に関する幕僚業務に従事する。主にNATOと国連（UN）、アフリカ連合（AU）、欧州安全保障協力機構（OSCE）、NGOなどとの協力案件の調整に当たる予定だ。

これに先立ち11月18日、冨永3佐は岸防衛相に出国を報告。大臣室では吉田陸幕長、野口防衛政策局次長らが立会する中、岸大臣は「我が国の安全保障環境が非常に厳しい中、NATOとの協力は重要性を増している。国連南スーダン共和国ミッション（UNMISS）の第10次司令部要員として（2018～19年にアフリカの）南スーダンに派遣された経験を生かし、新たな環境、コロナ禍の中で健康に気を付けて頑張ってきてほしい」と激励した。

これに対し、冨永3佐は今年3月から防衛省防衛政策局国際政策課に配属され、任務に当たりながら派遣準備を進めてきたことに触れ、「非常に身の引き締まる思いだ。日本人の良いところをアピールし、NATOから必要とされるように頑張っていきたい」と応えた。

春夏秋冬

吉田茂の本懐

兼原　信克

1951年9月、吉田茂がサンフランシスコ平和条約と同時に締結した日米同盟は、戦後日本の命運を決めた。指導者個人の決断が国家の命運を決める。今日の日本の安全と繁栄は、吉田の孤高の決断の上にある。

当時、北方には強大なソ連赤軍が迫り、西方では北朝鮮が韓国を侵略し、人海戦術を取る人民解放軍が援軍として朝鮮半島になだれ込んでいた。米軍は日本を後方基地として懸命に中国軍を押し返していた。戦後の混乱期に日本国の最高権力を委ねられた吉田は、天皇陛下をお守りし、戦後復興を成し遂げ、外から内から迫る共産主義の脅威を跳ね返し、かつ、強大な政治勢力であった旧帝国陸海軍の復権を阻まねばならなかった。

一見して解の無いこの連立方程式に対して吉田が出した結論は、日米同盟によって占領軍であった米軍を同盟軍に切り替えることであった。しかし吉田の深く冷徹な戦略的思考を読み取れる人は少なかった。

戦後復興に尽力してくれた米国に対する感情は大きく好転していたが、二百数十万の日本人の命を奪い、空爆、原爆で国土を破壊しつくし、帝都を蹂躙した米国に対する反感は、占領下で羊のように振舞っていた日本人の心の底に炭火のように熾り続けていた。また、国粋主義的な右翼の革新勢力は姿を消していたが、逆に戦前弾圧されていた共産主義、社会主義を奉じる左翼の革新勢力は、ソ連が戦勝国となったこともあり、言論の解放された新しい政治空間で猖獗を極めていた。吉田の選択した西側諸国との講和は「片面講和」と呼ばれ、日米同盟の開始も、当時、ソ連の利益を代弁した左派政党から、政治メディアから、アカデミアから、激しく攻撃された。孤立無援の日米同盟締結であった。

吉田の選択は当たり、戦後民主主義は花開き、日本は高度経済成長を遂げ、自衛隊は先進国有数の新軍として生まれ変わった。共産主義、マルクス主義は、鼓腹撃壌の生活の中で朽ちていった。しかし、いつの日からか、多くの日本人が、今日の安全と繁栄が日米同盟の上に咲いた大輪の花であることを忘れた。吉田の功績は、日本の軽武装を実現したことだという歪んだ評価が定着してきた。吉田も草葉の陰で泣いているであろう。

今、冷戦後初めて、日本は日々強大化する中国軍という脅威、緊迫する台湾・尖閣情勢に直面している。「町人国家」から「サムライ国家」へ回天の時を迎えている。日本を救う令和の吉田は誰だろうか。

（元内閣官房副長官補・国家安全保障局次長、同志社大学特別客員教授）

防衛費、過去最大7738億円

4年度事業を前倒し

令和3年度補正予算案

政府は11月26日の臨時閣議で、新たな経済対策などを盛り込んだ令和3年度補正予算案を決定した。一般会計の歳出は35兆9895億円で、補正予算としては過去最大となる。12月上旬にも国会に提出し、年内の成立を目指す。

このうち、防衛省は補正予算案としては過去最大の7738億円を計上。令和3年度補正予算と4年度当初予算を「防衛力強化加速パッケージ」と位置づけ、4年度当初予算の概算要求に計上していたミサイル防衛能力や南西地域の島嶼部の防衛体制の強化などの事業を3年度に前倒しする。

岸防衛相は26日夕、自らを議長に省内で開いた「第2回防衛力強化加速会議」であいさつし、「安全保障環境がこれまでにない速度で厳しさを増す中、必要な防衛力を大幅に強化するため、各種事業の実施をより一層加速することが喫緊の課題だ」と強調。「令和4年度に実施する事業は、変化する国際情勢に的確に対応し、国家の安全保障をしっかりと確保するため、令和3年度にこれまでになかった規模で前倒しして実施する。防衛費は我が国防衛の国家意思を示す大きな指標だ。『防衛力強化加速パッケージ』のもと、令和4年度当初予算について必要な事業をしっかりと確保する必要がある」と述べた。

防衛省の補正予算案の主な内訳は次の通り。

◇総合ミサイル防空能力の強化【978億円】▽能力向上型迎撃ミサイル（PAC3MSE）▽地対空誘導弾ペトリオット・システム関連部品▽03式中距離地対空誘導弾・改善型（中SAM改）の構成品▽基地防空用地対空誘導弾

◇海空領域における能力の強化【825億円】▽P1固定翼哨戒機3機およびエンジン▽P3C固定翼哨戒機の機齢延伸▽垂直発射装置（VLS）2隻分

◇持続性・強靭性の強化【395億円】▽航空機行動用弾薬（AAM4B、AAM5B）▽12式短魚雷、18式長魚雷、15式機雷、07式垂直発射型ASROC▽F15戦闘機の可動確保関連部品

◇機動・展開能力の強化【619億円】▽C2輸送機1機およびエンジン▽UH2多用途ヘリコプター13機▽石垣駐屯地（仮称）宿舎の新設

◇防衛装備品の安定的な納入のための経費【4287億円】

◇隊員の生活・勤務環境の改善、衛生機能の強化【78億円】▽被服等の整備▽PCR検査装置などの整備

◇防衛施設の円滑な運営の確保【865億円】▽普天間飛行場代替施設の建設▽嘉手納飛行場以南の土地の返還▽新田原基地と築城基地の緊急時の使用のための施設整備（誘導路・駐機場・滑走路の改修など）

◇災害対処能力の強化【126億円】▽トラックなどの車両▽18式個人用防護装備▽災害用ドローンⅡ型改

◇インフラ基盤の強化【90億円】▽大雨被害を受けた[illegible]

軍の統合作戦能力を向上

「中国安全保障レポート2022」

防衛研究所

防衛研究所は11月26日、中国の中長期的な軍事動向に関する年次報告書『中国安全保障レポート2022』＝写真は表紙＝を公表した。

刊行12年目に当たる今年のテーマは「統合作戦能力の深化を目指す中国人民解放軍」。2012年11月に発足した習近平体制の下で建国以来最大規模となる軍改革が行われた結果、人民解放軍は多くの成果を得てその統合作戦能力を深化させたと結論付けた。

主な軍改革として、▽7大軍区の廃止と5大戦区の設置▽第2砲兵のロケット軍への格上げ▽海軍陸戦隊（海兵隊）の拡充▽平時と戦時が一体化した「平戦一体」の統合作戦指揮体制の構築――などを挙げた上で、人民解放軍が台湾周辺や南シナ海で訓練を活発化させ、ロシアとの合同演習でも統合作戦指揮能力の向上を図っていると指摘した。

さらに、人民武装警察部隊（武警）の指揮権を中央軍事委員会に一元化し、海警を武警の傘下に移管することで、「中央軍事委員会―武警―海警」による新たな海上国境警備管理体制が構築されたと分析した。

一方で、組織間の権限と役割の問題や、給与面で民間に劣る軍において高度な科学技術の知識を持つ人材の確保の難しさなど、多くの課題が残されていると指摘し、今後、軍の近代化の「節目の年」に設定されている2027年、35年、50年に注目して多角的に見積もっていくことが重要だとしている。

報告書はA4判、全97ページ。防研地域研究部中国研究室の杉浦康之主任研究官が単独執筆し、門間理良地域研究部長が編集長を務めた。防研のホームページ（www.nids.mod.go.jp）には日英中の3カ国語のPDF版が公開されている。

東京・大阪の大規模接種センター終了

全国の1％担う

防衛省・自衛隊が今年5月24日に東京と大阪に開設し、運営を続けてきた新型コロナワクチンの「大規模接種センター」が11月30日、運営を終了し、両会場でそれぞれ任務完了式典が行われた。

（次号に詳報）

これに先立ち11月26日、鬼木副大臣が防衛省内で記者会見し、東京・大阪両会場における25日までの累計の接種回数は、全国の総接種回数の約1％に当たる計約196万回に上ったことを紹介した上で、「防衛省・自衛隊は我が国の『最後の砦』として国民全体のワクチン接種の推進に大きく寄与した」と述べた。

朝雲寸言

「地震そのものにも驚いたが、お城が壊れたことは本当にショックだ」――。国内観測史上最大の震度を記録した2016年の熊本地震の時、同県出身で東京在住の知人が熊本城の受けた甚大な被害について、動揺を隠せない表情で語った。城が、その地に暮らす人、時折都会から帰省する人の別なく、故郷を象徴する場所であることを実感した▼明治のころ、全国の城の多くは荒れるがままとなり、土地も切り売りされる所も多かった。そんな中、城を再建すべく動き出した先人たちが現れた。弘前城や会津城のように桜が植えられ市民の憩いの場となったり、伊賀上野城のように天守が再建されたりした城もあった。そうした城は、今も多くの観光客を呼び寄せ、地域の活気を支えている▼先人の遺志に続こうとする営みもある。上田城では本丸櫓などを復元しようという構想があるほか、埋め立てられてしまった一部の堀を復元できないか探る地域もある。それぞれ実現すれば、より立派な城を後世に残す一歩となるだろう▼城は地域の人々の「心の結集軸」となっている。そう考えると、自衛隊が大阪城などで実施してきた石垣の清掃などの努力は、取り組んだ当事者が考える以上に、その土地の人々の心に響き、国民と郷土部隊を結ぶ絆になっているのかもしれない▼城を守る[illegible]

時の焦点

国内

自民党改革

政策立案の機能強化を

日本が抱える困難な課題を着実に解決し、将来の安定した基盤を築くことが、責任政党の責務だ。自民党内の政策論争を活発化させ、経済・社会の長い低迷からの脱却につなげねばならない。

自民党が、党改革実行本部（本部長・茂木幹事長）の初会合を開き、党運営の指針（ガバナンス・コード）を策定することを決めた。岸田首相が先の総裁選で掲げた役員任期の制限も検討するという。実行本部の上川陽子座長は「党の組織運営を大胆に見直す」と述べた。

7年9カ月続いた安倍政権は、多くの実績を残した一方で、森友学園や桜を見る会の問題などで行政の公平性や公平さを疑わせることもあった。参院広島選挙区を巡る大規模な買収事件など「政治とカネ」の問題も後を絶たなかった。

岸田政権が、国民の厳しい視線を受け止め、党の信頼回復に力を入れようとしているのは理解できる。国民への丁寧な説明や、透明性の確保に努めることは重要だ。

党改革を進める上では、政策立案機能の強化や、人材の育成、登用に取り組むことが欠かせない。

官邸主導の体制は、迅速な政策決定を実現した半面、党の劣化を招いたと言われる。政府の役職に就いていない自民党議員の存在感は薄れた。党政務調査会が機能不全に陥り、勉強不足の国会議員が増えた、という指摘は多い。

行政や業界団体と結び付き、既得権益の擁護を主張する「族議員」の弊害は大きいが、党の活力が失われてしまっては、政党政治は成り立たない。

人口減社会への対応、脱炭素の取り組み、激変する安全保障環境への対処など国の将来像やビジョンを活発に論じ、政府と協調して政策を実現する体制を構築する必要がある。

党改革の議論が、単なる権力闘争に堕してしまっては意味がない。

首相は総裁選で、党役員の任期について「1期1年、連続3期まで」と公約した。歴代最長となっていた二階俊博・前幹事長を交代させ、総裁選での支持につなげようとしたのだろう。風通しの良い組織を作っていくことが大切だ。

1955年体制下の自民党の派閥は、首相を目指す領袖の下に結束し、内閣・党人事のポスト獲得や、政治資金集めと配分などの機能を持っていた。

小選挙区制や政党交付金の導入で、派閥の力は衰えたとはいえ、今も人事や選挙での支援などを一定程度左右している。

「近代政党にふさわしいルール」（茂木氏）を構築する上で、派閥のあり方をどう考えるのか。執行部は、改革を上滑りに終わらせないようにしてほしい。

衆院選で世代交代が進んだ一方、世襲の新人議員も数多く生まれた。自民党は多様な人材の発掘に取り組むべきだ。

夏川　明雄（政治評論家）

海外

ハイブリッド攻撃

ポーランド国境の緊迫

ハイブリッド攻撃なる軍事用語が登場するようになったのは、2014年のロシアによるウクライナ南部クリミア半島の併合と、それに続く同国東部での紛争が勃発した頃と記憶する。ロシアが覆面部隊のクリミア派遣やウクライナ東部の親ロ武装勢力への支援、情報操作などの手段を組み合わせ、敵対する側の政治体制の弱体化を図る新戦術だった。

現在に至る欧米とロシアの関係悪化を決定づけた一連のウクライナ危機の出現から7年余りを経て、国際報道の現場で再び、ハイブリッド攻撃という言葉を頻繁に目にするようになった。今年夏以降に起きたベラルーシによる中東の移民・難民らの対ポーランド国境などへの意図的な送り込みに絡んでのことだ。

中東地域から遠く離れたベラルーシ経由でこれら難民らが相前後して殺到したのが隣国のリトアニア、ポーランドとの国境で、両国はともに欧州連合（EU）加盟国であり、対ベラルーシ国境はEU域外との境界にも当たる。紛争地域のイラクやシリア、イエメンの出身者が大半を占めるこれら難民がなぜ、わざわざベラルーシ入りしてポーランド国境などに向かったのかについては複雑な政治的、外交的背景があってのことだ。

看過できないのは、ルカシェンコ政権によるEU揺さぶりの巧妙な戦術として考案された点だ。ルカシェンコ氏は昨年8月の大統領選での不正を批判されたが、これに抗議する多数の市民を容赦なく弾圧し、EUから度重なる制裁を科されている。大統領就任も国際的に承認されていない。そこで、国内経済の打撃となっているEUの制裁緩和などを狙い、欧州行きを切望する難民らを半ばだます形で自国に呼び入れた上で国境地帯に送り込み、越境阻止を図るポーランドとの緊張を人為的につくり出す奇手に打って出たわけだ。

ベラルーシ西部の国境に集まった難民らは最大4000人に膨れ上がり、その多くが越境できないまま行き場を失い、帯同した女性や子供を含め自然環境が厳しい屋外での野営が何日にも及ぶ状況が続いた。先が読めずに苛立ちや焦燥感に駆られた一部難民が国境を挟んでポーランド治安部隊とも衝突するに及んで、ベラルーシの難民送り込みによる国境危機に国際的関心が集まった。

ルカシェンコ政権が「難民らを政治的な武器として利用するハイブリッド攻撃」（モラビエツキ・ポーランド首相）に打って出たのは、後ろ盾とされるロシアのプーチン大統領の暗黙の支援があってのこととみられている。現地の状況はベラルーシ側がメルケル独首相らの働き掛けもあって国境沿いの野営地を閉鎖し、難民らを国境からいったん遠ざける措置を取ったことで緊張が和らぐ兆しも見えるが、問題の根本的解決には程遠い。

EU首脳陣は今回の事態を安全保障上の脅威と捉えて警戒しており、2015年の難民危機のときと同様に、難民問題への対応いかんがEU内の分断を再び表面化させることを恐れている。EU揺さぶりという点でハイブリッド攻撃の効果が侮れないことが分かる。

伊藤　努（外交評論家）

統幕長、越軍総参謀長と会談

日越防衛協力の関係深化で一致

山崎統幕長は11月19日、ベトナム軍総参謀長兼国防副大臣のグエン・タン・クオン陸軍上将とテレビ会談を行った。

日越の参謀長級会談は2020年3月に山崎統幕長が同国を訪問して以来で、クオン総参謀長の着任後では初めて。

会談で山崎統幕長は、中東での情報収集活動やソマリア沖・アデン湾での海賊対処活動などに従事する自衛隊の航空機や艦艇のベトナム寄港など、継続した自衛隊部隊の受け入れに謝意を示した。

両者は日越防衛相会談などにより、「新たな段階」に引き上げられた日越防衛協力のさらなる前進と「自由で開かれたインド太平洋」の実現に向け、協力関係を深化させていく意義を確認するとともに、厳しさを増すインド太平洋地域の情勢認識を共有した。

自衛隊とベトナム軍は今後とも地域の平和と安定、グローバルな課題に対応していくため、さまざまなレベルで関係深化を図っていくことでも一致した。

ベトナム軍のグエン・タン・クオン総参謀長（円内）とのテレビ会談で、日越防衛協力の深化について意見交換を行う山崎統幕長（11月19日、統幕で）

日向灘で日米共同掃海訓練

機雷敷設・対機雷戦

海自は11月18日から28日まで、宮崎県の日向灘で令和3年度の「機雷戦訓練」と日米共同の「掃海特別訓練」を実施した。

掃海隊群司令の福田達也将補を訓練統制官に、掃海母艦「ぶんご」、掃海艦「あわじ」「えたじま」、掃海艇15隻、MCH101掃海・輸送ヘリ2機が参加。米海軍からは第7対機雷戦隊司令を訓練統制官に、掃海艦「ウォーリア」「チーフ」とMH53E掃海・輸送ヘリが加わり、日米共同で機雷敷設戦、対機雷戦など各種訓練を行った。

陸自と米陸軍が共同で実動訓練

陸自は12月1日から米ワシントン州ヤキマ演習場で米陸軍との実動訓練「ライジング・サンダー21」（RT21）を開始した。同15日まで。

自衛隊側は東方総監の小野塚貴之陸将、32普連長（大宮）の木場幸一1佐を訓練部隊長に、32普連、1戦闘ヘリコプター隊（目達原）、6情報隊（神町）から計約190人、航空機2機が参加。米陸軍からは第2－2ストライカー旅団戦闘団第1－17歩兵大隊、第16戦闘航空旅団などから計約340人、航空機6機が加わっている。

最初に日米共同の指揮機関訓練、陸自単独・日米共同の各種射撃など機能別訓練を行った後、総合訓練では日米の1個中隊基幹が情報、機動、火力を連携させた攻撃戦闘を行う。

東シナ海で日加共同訓練「カエデックス」

「じんつう」と「ウィニペグ」が戦術運動

日加共同訓練「カエデックス21」で、カナダ海軍のフリゲート「ウィニペグ」（奥）と並走する護衛艦「じんつう」（11月9日、東シナ海で）＝海自提供

海自は11月9日、東シナ海で日加共同訓練「KAEDEX（カエデックス）21」を実施した。

海自から護衛艦「じんつう」、カナダ海軍からは北朝鮮による「瀬取り」の監視活動のためアジア方面に展開しているフリゲート「ウィニペグ」（満載排水量約4800トン）が参加し、戦術運動など各種訓練を行った。

陸自が日米方面隊指揮所演習を開始

ヤマサクラ81

陸自は12月1日から伊丹、朝霞など全国の駐屯地で日米方面隊指揮所演習「ヤマサクラ81」（YS－81）を開始した。同13日まで。

自衛隊は吉田陸幕長を統裁官、中方総監の野澤真陸将を演習部隊長に、陸上総隊、中方、さらに海・空自などからも計約3500人が参加。米軍からは太平洋陸軍司令官のチャールズ・フリン大将を統裁官、第25歩兵師団長のジョセフ・ライアン少将を演習部隊長に、第1軍団、第25歩兵師団、第3海兵機動展開旅団などから計約1500人が参加している。

今回の訓練は、自衛隊の領域横断作戦と米軍のマルチ・ドメイン・オペレーションを踏まえた連携を目的に、今年度の日米共同実動演習「オリエント・シールド21」の成果も反映させて行う。

ミクロネシアでHA／DR訓練

1輸空が参加　C130Hも

空自1輸空（小牧）は12月1日、訓練指揮官の樋口美登里2佐以下約20人とC130H輸送機1機を米グアム島のアンダーセン空軍基地に派遣した。同基地を拠点に、ミクロネシア連邦、パラオ・北マリアナ諸島とその周辺空域で行われる人道支援・災害救援（HA／DR）共同訓練に参加する。

今回は物料梱包や物料投下訓練が13日まで行われ、同時に太平洋島嶼国などの住民たちに航空機から救援物資も投下する。空自は2015年度から参加し、今回で7回目。

共済組合だより

インフルエンザの予防接種を助成　来年1月31日まで

防衛省共済組合では、組合員の被扶養者を対象に「インフルエンザ予防接種」の助成を行っています。期間は来年1月31日まで。インフルエンザが流行する前に、ぜひ予防接種を受けましょう。

助成対象は予防接種を受けた被扶養者全員で、1人につき年1回助成します。助成額は接種1回につき1500円。接種料金が1500円未満の場合はその額（100円未満切り捨て）とします。

共済組合に助成金を請求する際は、接種後、「インフルエンザ予防接種助成金請求書兼受領書」にインフルエンザ予防接種を受けたことが分かる記載のある医療機関発行の領収書またはそれと同等の書類を添え、所属する支部に提出してください。請求期間は来年2月末日までとなっています。

なお、「経鼻インフルエンザ生ワクチン（フルミスト）」等、厚生労働省未承認のワクチンは助成の対象となりません。ご注意ください。

中国軍機2機が宮古海峡を往復

中国軍のY9情報収集機（機体番号9231）とY9哨戒機（同82015）各1機が11月24、25の両日、沖縄本島と宮古島間の宮古海峡上空を相次いで往復飛行したため、空自南西空のF15戦闘機が緊急発進して対応した。領空侵犯はなかった。

上海方面から飛来した情報収集機と哨戒機の各1機は24日午前から午後にかけ、宮古海峡を南下し、太平洋に進出。沖縄本島の南東沖で周回飛行した後、反転して往路と逆ルートで再び宮古海峡を通過し、自国領方面に戻った。両機は翌25日午前から午後にかけても前日とほぼ同ルートで宮古海峡を往復した。

統幕は両日、空自機が撮影した中国機の写真と航跡図を公表した。

中国フリゲート宮古海峡を北上

11月19日午後6時ごろ、中国海軍の「ジャンカイⅡ」級フリゲート1隻（満載排水量約3900トン、艦番号530「徐州」）が沖縄・宮古島の東北東約140キロの太平洋を北方に向け航行するのを海自46掃海隊（勝連）の掃海艇「くろしま」と1海上補給隊（横須賀）の補給艦「とわだ」（呉）が確認し、情報収集と警戒監視に当たった。

中国艦はこの後、沖縄本島と宮古島間の宮古海峡を北上して東シナ海に入った。

防衛省発令

▽中央病院総合診療科部長（中央病院救急科）1海佐　藤野　和浩

（11月23日）

▽21航空隊副長（海幕副監察官）同　児玉　浩光

（11月24日）

▽空幕人事教育計画課（3高射群副司令）1空佐　栗秋　健士

▽3高射群副司令（空幕人事教育計画課）同　若林　裕和

（以上11月26日）

▽大臣官房公文書監理官、同米軍再編調整官併任（大臣官房米軍再編調整官）　茂木　陽

（11月19日）

陸・空協同射撃訓練でペトリオット対空ミサイルのスタンダード弾を発射する空自の発射機

令和３年度ＡＳＰ終わる

米ニューメキシコ州のマクレガー射場で８月17日から約３カ月間にわたり行われていた空自の「令和３年度高射部隊実弾射撃訓練（ＡＳＰ）」が11月21日、終了した。参加した高射部隊は同時期に派遣された陸自中ＳＡＭ部隊と初の協同射撃訓練を行うなど、実戦に即した状況下で実弾発射の任務を遂行した。

一方、航空支援集団（府中）は作戦上必要な飛行場を一時的に拠点化する即応機動訓練を北海道の八雲分屯基地で実施した。

陸・空初 米で協同SAM実射

全目標の迎撃に成功

5高群は米第1防空砲兵連隊と

【空幕】ＡＳＰは高射部隊のミサイル実射など戦闘能力の向上を目的に行われており、３年度は内倉総隊司令官を指揮官に、1（入間）、2（春日）、3（千歳）、4（岐阜）、5（那覇）、6（三沢）の6個高射群と高射教導群（浜松）などから隊員計約380人が参加した。

今回使用された対空ミサイルは、ペトリオット初期段階に航空機対処用に開発されたスタンダード弾。期間中、各高射群が2発ずつ実射し、全ての目標の迎撃に成功した。

特に今回は陸自高射特科部隊とも協同し、実射訓練を実施。期間中の10月24日、陸自中距離地対空誘導弾（中ＳＡＭ）部隊である15高射特科連隊（八重瀬）と空自2高射群（春日）が対空情報を共有しながら、飛来する目標に向け、空自と陸自が順に実弾を発射する初の協同射撃訓練を行った。

また、日米共同でも射撃が実施され、11月7日には在日米陸軍第1防空砲兵連隊第1大隊（嘉手納）と空自5高射群（那覇）が2019年度以来2回目となる日米連携射撃訓練を行い、戦術技量を向上させた。

㊤初の陸空協同射撃訓練を行った空自2高群（左側）と陸自15高射特科連隊（右側）の隊員たち
㊦日米協同射撃を記念し、盾を交換する日米の指揮官。左は栗秋健士1佐、右は米陸軍のマシュー・ダルトン大佐（写真はいずれも米ニューメキシコ州のマクレガー射場で）

前事不忘 後事之師

第71回

ムッソリーニの焦燥と妬み

第二次大戦中のイタリアの指導者ムッソリーニとドイツのヒトラーとは、所謂（いわゆる）"鋼鉄協約"を結び、十数回の会談を重ねるなど親密とは言えないまでも、一定の信頼関係がありました。しかし、英国の歴史家イアン・カーショーの著書『運命の選択』を読むと、ムッソリーニにとっての陥穽（かんせい）はヒトラーとの関係にあったようです。

ムッソリーニ（左）とヒトラー

ムッソリーニはヒトラーより6歳年長であったことに加え、ヒトラーがドイツで政権を獲得する10年以上前からイタリアの指導者でした。このため彼にはファシスト政治家として自分の方が上であるとの自負がありました。ところが1930年代後半、ヒトラーがオーストリア併合など領土拡大の実績を重ねていくと立場は逆転。ムッソリーニは焦燥感と妬（ねた）みを持ち始めます。拍車をかけたのがヒトラーのイタリアに対する扱いでした。ヒトラーはムッソリーニを尊敬していましたが、イタリアという国は信頼しておらず、重要な行動を起こす時にはしばしばイタリアを蚊帳（かや）の外に置きました。

1938年9月のミュンヘン会談ではムッソリーニの仲介でチェコスロバキアからズデーテン地方を奪還したにもかかわらず、翌年3月のチェコスロバキアへの軍事侵攻に際し、ヒトラーはムッソリーニに相談もしませんでした。第二次大戦勃発時にムッソリーニは国民のドイツ嫌い、国王や軍部の非戦論などからドイツ側で参戦できず、ドイツの電撃戦によりフランスが降伏し、ドイツに和を乞う最中の1940年6月に漁夫の利を得ようと参戦しますが、イタリアは英仏軍の反撃にたじろぎ、ドイツの快進撃との違いが明白になります。

大戦中のムッソリーニの野心の方向は、地中海、北アフリカ、バルカン、ギリシアでした。このイタリアの勢力範囲についてはヒトラーも概ね了解していましたが、プロエシュティ油田のあるルーマニアにはヒトラーも重大な関心を持っていました。1940年10月、ムッソリーニは1万5千のドイツ兵からなる軍事使節団がルーマニアに入ったことを新聞で知ります。バルカンのドナウ川流域地域を自国勢力圏と考えていたムッソリーニは激怒し、重要な作戦を起こした後に既成事実を押しつけるヒトラーのやり方と同じことを自分もしようと決断します。狙いはギリシアでした。イタリアは1939年にアルバニアを併合して以来、アルバニアに隣接するギリシアの北西部を狙っていましたが、ムッソリーニはギリシア北西部にとどまらずアテネも含めたギリシア全体の併合を短期間で成功させ、ヒトラーの鼻を明かそうと考えます。しかしながら、問題はギリシア軍を見下していたことに加えて軍事作戦について事前の検討と準備が十分なされなかったことでした。1940年10月28日に開始されたギリシアへの軍事侵攻は悪天候とギリシア軍の抵抗のため大失敗に終わります。

この失敗は単にイタリアとギリシア間の問題にとどまらず、第二次大戦の戦域全体に大きな影響を与えました。その一つはムッソリーニの無謀な作戦に反応し、英国がギリシアに拠点を築く脅威に直面したヒトラーがギリシア侵攻を行い、その結果、翌春に予定していたソ連への侵攻作戦「バルバロッサ」の発動が6月まで遅延したことです。ヒトラーは後に独ソ戦敗北の原因はムッソリーニのギリシア侵攻の失敗が原因だと述べています。もう一つの影響はギリシア侵攻を優先させたため北アフリカへの戦力強化ができず、英軍の攻勢に晒（さら）された北アフリカのイタリア軍は敗北を喫し、枢軸側がアフリカで英国を牽制できなくなったことです。

プロシアの戦略思想家クラウゼヴィッツは「戦争は政治の延長である」と述べ、戦争は政策を実現する手段であると主張しましたが、イタリアのギリシア侵攻は政策実現というより指導者の焦燥感や妬みが起こしたものに見えます。

孫子の『火攻篇』には「主は怒りを以て軍を興す可（べ）からず、将は慍（いきどお）りを以て戦う可からず」とあり、指導者や将軍が一時の感情で戦争することを戒めています。

ムッソリーニは愚かだったと批判するのは簡単ですが、国の指導者や組織の長が焦燥感や妬みに駆られて失敗をすることは今でもよくあるのではと私は考えます。

鎌田　昭良（元防衛省大臣官房長、元装備施設本部長、防衛基盤整備協会理事長）

…… 前事（ぜんじ）忘れざるは後事（こうじ）の師 ……

航空支援集団 MCA化推進

演練最多10項目 八雲で総合訓練

【支援集団＝府中】空自航空支援集団は10月４日から８日まで、北海道の八雲分屯基地で「令和３年度即応機動総合訓練」を行った。

この訓練は作戦上必要な飛行場を一時的に拠点化することを目的に、移動式の器材類を活用して不足する機能を補完するもので、３回連続で八雲分屯基地で行われた。

今年の訓練は小林幹生１佐を訓練指揮官に、支援集団の各部隊から42人が参加。コロナ対策で規模を縮小したものの、①飛行場調査②拠点構築③通信回線構成④航空管制を含む飛行場管理⑤気象観測⑥衛生⑦警備⑧航空機整備⑨空輸支援⑩燃料給油――の過去最多となる計10項目を同時に訓練した。

◇隊員のマルチスキル化

今回は新たな取り組みとして１人が複数の能力を発揮できる隊員のマルチスキル（ＭＣＡ）化を推進。通信や警備特技の隊員が燃料補給の支援業務を行うなど、少人数で複数の機能を同時に発揮する能力を培った。ＭＣＡについて小林１佐は「１人の隊員が複数の能力を持ち、少数で多機能を発揮することは、混乱錯綜が予想される即応機動の現場では欠かせない能力だ。引き続きＭＣＡ化を推進し、少数の隊員でも任務を遂行できる能力を向上させる」と述べた。

◇飛行場調査で動的コーン貫入

滑走路下の地盤強度は目視では確認できないため、飛行場調査の一環として滑走路の健全性を確認する手法を研究。今回は米軍が被災滑走路の確認のために行う「動的コーン貫入試験」の検証も行い、同方法の実効性を確認した。

◇脅威下のシナリオで即応機動訓練

今回はテロなどの脅威下で即応機動訓練が行われ、参加隊員は刻々と変化する脅威状況を把握しながら対処することが求められた。

小林１佐は「不審者への警告や捕獲など警備活動、負傷者の応急処置・搬送を法令の範囲内で示された対処行動を的確に行うことができたことは大きな成果。昼夜を通じた訓練の実施により夜間対処能力の向上も図ることができた」と成果を述べた。

㊤即応機動総合訓練に参加した小林1佐（1列目中央）以下の支援集団の隊員たち
㊦燃料給油のため給油用ホースを接続する隊員たち。白い腕章の隊員がＭＣＡ要員（写真はいずれも空自八雲分屯基地で）

令和3年度　自衛隊記念日観閲式

朝霞駐屯地に整列した受閲部隊約800人（右側）をオープンカーで巡閲する岸田首相（左奥）

巡閲中に方向転換するオープンカー上の岸田首相（中央）。左奥の車両に乗っているのは岸防衛相

朝霞駐屯地に到着し、栄誉礼の後、儀仗隊を巡閲する岸田首相（中央）

駐屯地司令の青木誠将補（手前）以下の受閲部隊

中央音楽隊の林克成2曹と松永美智子3曹の混声二重唱による国歌が流れる中、国旗掲揚を見届ける観閲式参加者

岸田首相訓示（全文）

国民を守り抜く　誇りを胸に

本日、ここ朝霞の地で、我が国の防衛を担う隊員の皆さんの、規律正しく、また、士気旺盛な姿を前にし、自衛隊の最高指揮官である内閣総理大臣として、大変頼もしく思います。

「事に臨んでは危険を顧みず、身をもって責務の完遂に努め、もって国民の負託に応える」

この宣誓を胸に刻む、全国25万人の隊員の皆さん一人一人の、強い覚悟と責任感によって、日本と、日本国民は守られています。

「炎天下の中、活動する皆さんの献身的な姿に心を打たれた。自衛隊員の皆さんが必死に活動する姿が、被災された方々をどれだけ勇気づけたことか」

この夏、熱海で土石流災害の対応を行った自衛隊に、齊藤市長から寄せられた言葉です。ここ朝霞からも部隊が駆けつけ、連日の雨と猛暑で体力が奪われる中、隊員たちは土砂が流れ込んだ住宅を一軒一軒回り、「必ず助ける！必ず見つける！」との強い思いで行方不明者の捜索を続けました。自衛隊は、国民の命と暮らしを守るために、一瞬たりとも緊張感を途切れさせることなく、厳しい職務に日々取り組んでいます。

私は、2017年夏、外務大臣と防衛大臣を兼任し、北朝鮮による弾道ミサイル発射の対応に当たった際に、強く実感いたしました。私自身、我が国の安全保障に一刻の空白も、いかなる不備もあってはならない、こうした思いで、防衛省、自衛隊の皆さんと共に、必死に、全力で取り組んだことをよく覚えています。

昨日も、予断を許さないエチオピア情勢を踏まえ、情報収集を強化するため、外務省と防衛省からなる調査チームをジブチに派遣いたしました。皆さんの強い使命感と日々の努力に、改めて敬意を表します。そして、今後も、国民を守るため、それぞれの持ち場で、任務に全身全霊を捧げることを強く期待します。

今、我々はこれまで以上に厳しい現実に直面しています。北朝鮮は、安保理決議違反である弾道ミサイルの発射を続けています。極超音速滑空兵器や変則軌道のミサイルなど、昨今の新たな技術の開発・向上を見過ごすことはできません。中国は、十分な透明性を欠いたままで、軍事力を強化するとともに、一方的な現状変更の試みを継続しています。

隊員の皆さん、我が国の領土、領海、領空、そして、国民の生命と財産を断固として守り抜く。我々に課せられた最も重大な責務です。我が国を取り巻く安全保障環境は、これまでにないスピードで、大きな動きを見せています。

ひと昔前にはSF小説の世界だったものが、今、正に現実になっている。その中にあって、国民の命や暮らしを守るために何が求められるのか、冷静に、現実的に議論を突き詰めていくこと、そして、国民の皆さんにしっかりとご理解いただくことが、政治の責任です。このため、私は、「国家安全保障戦略」「防衛大綱」「中期防衛力整備計画」の改定を指示いたしました。

この中で、いわゆる敵基地攻撃能力の保有も含めて、あらゆる選択肢を排除せず検討し、必要な防衛力を強化してまいります。

岸田内閣では、外交・安全保障と並び、重点政策として、新しい資本主義の実現に総力を挙げて取り組んでいます。成長と分配の好循環を生み出し、成長の果実を国民の皆さん一人一人に実感してもらうことを目指しています。こうした経済の成長は、必要な防衛力を備え、我が国の平和と安定を守り抜いていくためにも重要な力となります。

そして、岸田内閣の最優先課題として、新型コロナ対応があります。自衛隊はこの新型コロナ対応においても、常に国民のことを第一に考え、任務に取り組み、その役割を大いに果たしてくれています。新型コロナワクチンの大規模接種センターに、千葉県から訪れた男性はこう語りました。

「接種は20分程度で全て終わり、滞りのないスムーズな素晴らしい動線だと感動しました。入口から出口まで、皆さん全員が笑顔で、私を含め高齢者たちは安心して接種を受けることができました。皆さんに感謝しています」

関係者の皆さんは、チーム一丸となって、緊密にコミュニケーションを重ね、課題を洗い出し、積極的に改善を続けた、と聞いています。その熱意と懸命な働きが、諸外国を上回るペースでワクチン接種を進めることができたという結果に貢献いたしました。

自衛隊の隊員一人一人の能力、志の高さ、そして組織としての団結力を力強く示してくれたと思います。

私は現場に出向き、そこにいる方々の声に耳を傾け、対話しながら、あるべき政策を考え、実現していきたいと思っています。今日はこの後、先の熱海の土石流災害や大規模接種センター、アフガニスタンからの出国支援など、自衛隊の任務の多様さを示す、さまざまな経験を持つ隊員の皆さんとの車座で、忌憚ない意見を伺えることを楽しみにしています。

難しい任務に当たった、それぞれの方の声をしっかりと受け止め、この国を守るために必要なこと、そして、隊員一人一人が最大限に能力を発揮できる環境について、しっかりと考えたいと思っています。

ご家族の皆さん、皆さんの大切な伴侶やお子さま、お父さまやお母さまを心から誇りに思います。彼らは、いつ、どんな時でも強い覚悟と責任感を持って任務を遂行してくれています。それは、ひとえに、皆さんが彼らを隊員として送り出してくださり、日頃から力強く、そして温かく、支えてくださっているからこそです。

ご家族の皆さんは、彼らにとって、どれほど大きな存在でしょう。最高指揮官として、皆さんに心から感謝申し上げます。

隊員の皆さん、皆さんには、皆さんを信頼し、頼りにする1億2000万人の日本国民がいます。国民の命と平和な暮らしを守り抜くという崇高で気高い任務を担う誇りを胸に、皆さんがより一層、鍛錬に励むことを切に望み、私の訓示といたします。

令和3年11月27日
自衛隊最高指揮官
内閣総理大臣　岸田　文雄

隊員の声聞き共

岸田首相 部隊視察

10式戦車など乗車体験

車座の懇談で、隊員たちの印象に残ったさまざまなエピソードを聞く岸田首相（左）。その右は岸防衛相＝防衛省提供

岸田首相は11月27日、令和3年度自衛隊記念日行事の「観閲式」で朝霞駐屯地の隊員約800人を巡閲した後、同駐屯地で部隊視察を行った。部隊からの状況報告を受けた後、在外邦人等輸送任務などに従事した隊員との車座による意見交換を行い、さらに各種装備品も視察。報道陣の前で10式戦車に乗車し、笑顔で写真撮影を受ける場面もあった。

◇

車座で岸防衛相も懇談

岸田首相は式典終了後、陸上総隊司令部で状況報告を受け、個室に移って車座で隊員と懇談。岸防衛相も同席した。陸幕監理部総務課長の黒川修1佐が進行役を務め、自衛隊大規模接種センターの運営に携わった対特殊武器衛生隊（三宿）、アフガニスタンからの邦人等の退避・輸送任務に当たった中央即応連隊（宇都宮）、静岡県熱海市の土石流災派に従事した34普連（板妻）の隊員（各2人）が参加した。

冒頭で岸田首相は「さまざまな現場・分野で活躍する皆さんの話を直接聞かせていただき、政策の参考にしたい」（要約）と発言。続いて隊員たちがそれぞれの任務で印象に残った出来事を話した。

ワクチン接種者に対応した対特殊武器衛生隊員は、「コロナ禍に不安を抱えるワクチン接種者との会話を通じて、自身の任務の役割について考え直した」と述べ、中即連のアフガン派遣要員は「時間が差し迫る中で、隊員同士が連携・状況共有でき、邦人等の安全を第一に任務を遂行できた」と回顧。

34普連の災派要員は「被災者の方々から応援の手紙や施設の提供、慰問品が届いたことなどを通じ、国民に支えられていることを強く感じた」と振り返った。

懇談後には駐屯地内の北グラウンドに移動し、装備品を視察。災害派遣に関する展示で災害用ドローン、水トレーラー車、野外炊具、野外入浴セットを確認した後、グレーゾーン事態や領域横断作戦に関する装備品も見た。

最後に陸自車両の体験搭乗が行われ、岸田首相がヘルメットを着けて報道陣の前に登場。10式戦車の車長席に収まり、笑顔で写真撮影に応えた後、スラローム走行や急旋回を体験した。その後、16式機動戦闘車に乗り換え、最高時速100キロ以上で移動できる同車の機動力も体感した。

儀仗広場に中央音楽隊（朝霞）の隊員が入場する上空を、首相を乗せて飛来した1ヘリ団特別輸送ヘリ隊（木更津）のEC225型「スーパーピューマ」＝手前＝

災害派遣関連の装備品展示で、隊員から野外炊具の説明を受ける岸田首相ら（右側）＝防衛省提供

10式戦車の車長席に乗車し、報道陣に笑顔を向ける岸田首相（いずれも11月27日、朝霞駐屯地で）

岸田首相を乗せてスラローム走行を披露する10式戦車

岸田首相からの訓示を受ける東方幕僚長兼朝霞駐屯地

ヘリで秋空をお散歩♪♫

各地で体験搭乗

「街並みの眺めに感動」

福岡

【福岡】地本は11月13日、飯塚駐屯地で今年度初となるCH47JA輸送ヘリの体験搭乗を行った。西方ヘリ隊3飛行隊（高遊原）の支援を受け、若者や募集協力者など51人が空の旅を楽しんだ。

隊員が搭乗前にヘリの概要を説明し、安全教育を実施。参加者はエンジン音やローターから吹き降ろす風に驚きながら機内に乗り込み、飯塚市上空を約15分間フライトした。また駐屯地広報班の協力を得て、厚生センター内も見学した。

搭乗を終えた参加者は、「住んでいる街並みの眺めに感動した」「初めてヘリに乗り、貴重な体験ができて良かった」などと感想を語った。

飛行前に安全教育を受ける参加者ら（11月13日、飯塚駐屯地で）

VRゴーグルも体験

広島

【広島】地本は海田市駐屯地で10月30日、若者ら55人を対象にUH1J多用途ヘリの体験搭乗を行った。

最初に、13飛行隊の本山達也2尉が、ヘリに搭乗する際の安全や注意事項について教育。参加者は緊張気味だったが、本山2尉のユーモア溢れる説明に、徐々に笑顔になった。搭乗時にはメインローターのダウンウォッシュに驚いたり、飛び立つ機体の中と外で手を振りあったりした。

また参加者は、VRゴーグルを体験。空自ブルーインパルスのコックピットからの景色が見られるもので、子どもたちに人気だった。さらに制服試着や装備品を見学し、記念撮影などを楽しんだ。

UH1J多用途ヘリに搭乗する参加者ら（10月30日、海田市駐屯地で）

高校生2人が防大合格を報告

神奈川

【神奈川】防大の推薦試験に合格した高校生2人が11月5日、横浜中央募集案内所を訪れ、本部長の平井克英1海佐を表敬した。

2人は緊張した面持ちで平井本部長に合格を報告。平井本部長が温かい激励の言葉をかけると顔をほころばせ、終始笑顔の懇談となった。

横浜中央所は「2人とも志が高く、将来の幹部自衛官としての活躍が楽しみ」と話している。

記念撮影に納まる防大に合格した高校生2人（手前）と、（後列左から）平井神奈川地本長、栄谷募集課長

3偵察隊が協力 部隊見学を実施

大阪

【大阪】地本は11月3日、千僧駐屯地で3偵察隊の協力を得て、受験者と保護者を対象に部隊見学を行った。

参加者は展示された装備品や広報資料館、厚生センターを見学した。

装備品は特に87式偵察警戒車が注目を集めた。受験者らはその迫力に驚き、隊員の説明に熱心に耳を傾けた。

また3偵察隊の隊員に、入隊に際しての心構えや訓練内容について質問するなどしていた。

見学者の一人は「知らなかったことがたくさん聞けて良かった」「来春の入隊が楽しみ」と感想を話し、参加した保護者も「入隊を応援したい」「隊員が立派で、うちの子もそんな自衛官になってほしい」などと語った。

空自の空上げについて基地隊員（右）にインタビューする静岡大成高校の生徒（10月20日、空自御前崎分屯基地で）

自衛隊に突撃インタビュー

高校生が「空自空上げ」を取材

静岡

【静岡】地本は10月20日、空自御前崎分屯基地で行われた静岡大成高校放送部による「空自空上げ」の取材を支援した。

この取材は空自各基地が地域の特産物を生かしたオリジナルの空上げを作っていることを知った放送部の生徒が、「静岡県高等学校放送新人コンクール」に向けた作品を撮りたいと地本に依頼したもの。

当日、生徒たちはインタビュー組と撮影組に分かれて取材を実施。インタビュー組は基地司令の村田一公2佐をはじめ、給養員や「静岡3種盛り空上げ」の開発に携わった管理栄養士に話を聞いた。撮影組は給養員の調理の動きをカメラにとらえ、食欲をそそる香りが立ち込めると「おいしそう」と笑顔を見せた。空自らしい映像を作製するため、隊員のラッパ吹奏や消防隊の訓練風景なども撮影した。

取材を終えた生徒は「今回の取り組みを通して、自衛隊のさまざまな仕事を知ることができた。協力してくださった方のためにも良い作品を作りたい」と上位入賞へ意欲を見せた。

富山県対策本部会議に出席し、県など関係機関と調整する富山地本の野崎地域・人事室長（右手前）＝11月10日、富山県庁で

緊急時、自治体と連携強化

募集・援護 特集

平和を、仕事にする。

ただいま募集中！

◇自衛官候補生◇貸費学生
◇高工校生徒（推薦・一般）
★詳細は最寄りの自衛隊地方協力本部へ

海自艦で避難を支援

富山「国民保護訓練」に参加

地本は国や地元自治体からの期待に応え、積極的に他機関との共同訓練に参加し、非常時の対処要領を演練している。富山地本はテロなど緊急事態に備えた「国民保護訓練」に参加。熊本地本は防災訓練中、募集広報用ブースを開設し、県民にいざという時に頼りになる自衛隊をアピールした。

【富山】地本長の平田浩二1陸佐以下の隊員7人は11月10日、内閣官房が主催した計23機関による「令和3年度富山県国民保護共同実動・図上訓練」に参加した。

訓練は、東京からリモートで警察庁、厚生労働省、国土交通省、海上保安庁、防衛省などの各担当者が参加。地元からは県、県警、富山市、高岡市、立山町の各消防、陸海空自衛隊、富山地本など関係機関の約350人が参集した。

訓練は、「富山県沖の日本海で不審船が発見され、国内ではサイバー攻撃とみられる不自然な通信障害などが確認された。富山市内に武装勢力が潜伏している可能性が高い」との想定で開始。

国が「緊急対処事態」に認定した上で、「富山県内で住民に被害が及ばないよう、富山市の住民の域外避難を検討する」という方針のもと、避難手順を確認した。

平田地本長は国の「合同対策協議会」の図上訓練に参加し、国の対処方針などについて新田八朗知事や関係機関の長と認識を統一。

その後、富山港での実動訓練に先立ち、県対策本部会議に地域連絡調整・人事室長の野崎忠弘2陸佐が出席し、「住民避難のため、富山港に入港する海自艦艇の支援と現地調整所要員を派遣します」と県危機管理局長に報告。これにより海自艦艇が住民を避難させるため、富山市から高岡市に海上輸送を行うことを決定した。

地本隊員たちは富山港に進出し、海自水中処分母船1号への入港支援や現地調整所での住民の避難状況、艦艇に関する情報収集を行い、住民避難の円滑な実施に貢献した。

訓練後、富山地本は「今後も国民保護訓練に積極的に参加し、緊急対処事態発生時の対応要領について継続的に演練したい。県、関係機関・部隊との連携を強化し、不測事態での対処能力の向上を図っていきたい」としている。

海上経由で高岡市に避難する住民を海自水中処分母船に誘導する富山地本の海自隊員（手前）＝富山港で

「熊本県総合防災訓練」に参加し、地図を前に大規模地震発生時の初動対処要領を演練する熊本地本の隊員たち（右奥）＝10月30日、上天草市役所で

警察、消防、6市町と対応確認

熊本 県総合防災訓練に参加

【熊本】地本は10月30日、熊本県主催の「県総合防災訓練」に隊区担当部隊の5地対艦ミサイル連隊（健軍）とともに参加した。

大規模地震を想定した訓練では、まず熊本県庁に災害対策本部を設置し、県下6市町や警察、消防、陸海空自などが参加。関係機関が共同で災害発生時の連携態勢や人命救助などの初動対応を相互に確認した。

地本は訓練参加にあたり、地本本部に指揮所を立ち上げ、本部と水俣地域事務所、天草駐在員事務所から熊本県庁、水俣市、芦北町、津奈木町や上天草市の計5自治体に連絡官を派遣した。

訓練前半は、県と市町との共通訓練「被害情報の収集・共有」が行われ、各連絡官は地図を用いた「図上訓練」で大規模地震発生時における初動対応要領を演練。被害状況の把握や自治体、関係機関の対応状況などに関する情報共有を行い、それぞれの連携強化を図った。

天草所は訓練後半の「実動訓練」に併せて、上天草市の松島運動公園に募集広報活動のためのブースを開設。訓練見学に訪れた上天草市民や参加した各関係機関の担当者に対し、自衛隊の災害派遣活動写真のパネル展示を行い、自衛隊の活動状況や重要性について理解を深めてもらった。

訓練への参加や広報活動を通じ、地本の隊員たちは昨年に続き今年の夏も大雨による災害に見舞われた天草地区を担当する機関としての役割とその重要性を深く認識し、災派に対する地域住民からの謝意を受け、自衛隊に対する期待感を実感することもできた。

熊本地本の担当者は、「各関係協力団体や地域の皆さまの協力のもと、これからも災害発生時には迅速な対応を部員一同努めていく」と話している。

統幕最先任交代行事

第6代に関准海尉が着任

澤田3尉からたすき受け継ぐ

統幕最先任の交代行事が11月26日、防衛省講堂で行われ、定年退官を迎える澤田茂3陸尉の後任として、27日付で関秀之准海尉が第6代統幕最先任に就任した。式典には山崎統幕長をはじめとする自衛隊関係者に加え、在日米軍からも横須賀、横田、沖縄の部隊から最先任上級曹長らが駆け付け、関准尉の着任と澤田3尉の定年を祝った。

陸海空3自衛隊の統合運用を担う統幕の最先任交代行事には、山崎統幕長、鈴木康彦副長、統幕各部長、各課長、統幕所属の准曹、陸自の根本和男最先任上級曹長、海自の東和仁先任伍長、空自の甲斐修准曹士先任ら約50人が出席。在日米軍からはウェンデル・J・スナイダー最先任上級曹長、在日米海軍、第7艦隊両先任伍長、第5空軍最先任上級曹長に加え、沖縄から駆け付けた第3海兵遠征軍最先任、同先任伍長も陪席した。

式典では、澤田3尉から山崎統幕長に「最先任識別章」が返納され、次いで関准尉の胸に統幕長から同章が着けられた。

6代目に着任した関准尉は昭和62年4月、第252期練習員として海自に入隊。木更津補給処、護衛艦「たかなみ」、砕氷艦「しらせ」などで補給員として活躍。艦船補給処、横須賀地方隊の先任伍長を経て、平成27年6月から令和元年12月まで海自先任伍長を務めた後、護衛艦「いずも」で勤務した。

統幕の目と耳に　関准尉

関准尉は「澤田3尉から心温まる熱い思いと目には見えない〝たすき〟を受け継ぎました。今後は靴がすり減るほど部隊を回り、統幕の目となり耳となり、また部隊隊員の声となり、この市ヶ谷に届けたいと思います」と決意を表明した。

一方、離任する澤田3尉は平成31年2月に北部方面隊最先任上級曹長から統幕最先任上級曹長に着任。同4月から約2年7カ月にわたり最先任として厳格な中にも温かく、情熱ある指導で准曹隊員を統率してきた。

澤田3尉は「(コロナで)各種行動の制限を受ける中でも部隊を訪問し、隊員との懇談で我が国を取り巻く安全保障環境について理解を促進してまいりました。微力ではありますが統合運用体制の強化に貢献できたと思っております」と感謝の言葉を語った。

使命完遂を期待　山崎統幕長

山崎統幕長は最先任として新たなスタートを切った関准尉に対し、「澤田3尉の意志を引き継ぎ、部隊任務で培った豊富な経験を生かして自主積極的な活動により本職と共に真に戦える自衛隊を目指し、使命完遂にまい進することを期待する」と激励。退官を迎える澤田3尉に「澤田最先任は人格申し分のない自衛官だ。まさに日本一の最先任上級曹長だと思っている。現在の統合運用体制の強化が図れているのも最先任の功績は大なるものがあり、私と共に汗を流してくれたことに心から感謝する」と述べ、長きにわたる功績をたたえた。

この後、澤田3尉は儀仗広場で整列した隊員らによる万歳三唱を受け、防衛省を後にした。

統幕最先任交代行事で、統幕長(壇上左)に敬礼する第6代統幕最先任の関准尉(右)と定年退官を迎えた澤田3尉(11月26日、防衛省講堂で)

ドバイ・エアショーにC2出展

日の丸輸送機 世界にアピール

3輸空　印、パ両空軍と部隊間交流も

【空幕】3輸空(美保)403飛行隊長の齋藤真吾2佐以下約20人は11月10日から17日まで、アラブ首長国連邦(UAE)のドバイで開かれた「ドバイ・エアショー2021」にC2輸送機204号機とともに参加し、同機の優れた能力をアピールした。同ショーへのC2の出展は3回目。

C2は8日に美保を出発し、マレーシアのクアラルンプール国際空港経由で9日にUAEのアール・マクトゥーム国際空港に到着。参加部隊は展示期間中、マレーシア空軍、インド、パキスタン空軍などと部隊間交流を実施し、C2の機内でクルーが丁寧に説明を行った。

このほか、同地で開催されていた第10回空軍司令官等ドバイ国際会議に出席した井筒空幕長も会場を訪れ、ショーに参加中の空自隊員を激励した。

ドバイ・エアショーの会場で部隊間交流を行った3輸空の隊員とパキスタン空軍の軍人。後方は展示したC2輸送機(写真はいずれも11月16日、アラブ首長国連邦のドバイで)

インド空軍軍人にC2の説明を行う403飛行隊の隊員(左)

あさぐも ドンマイ's　吉本どんど

この前山へ登った時…

女性だけのグループだったよね

山頂

頂上には あの時わたしたちの他はだれもいなかったよね

なのに…見て!!

アキちゃんの肩に男の人の手がそえられているの

こ…これって…

セクハラ!?

林家三平さんら慰問公演

沖縄基地隊で古典芸能

【勝連】海自沖縄基地隊(司令・伊藤拓也1佐)は10月26日、落語家の林家三平さん一行による「慰問公演」を開催した。慰問に訪れたのは三平さんのほか、太神楽曲芸師の翁家勝丸さん、講談師の神田あおいさん、女流落語家の春風亭ぴっかりさんの計4人。

公演は基地隊体育館で行われ、隊員約100人が聴講。トリで登場した三平さんは防衛省のオピニオンリーダーを務めていることもあり、防衛省との関係や主に市ヶ谷地区での活動内容もちりばめて噺を進めた。

ほとんどの隊員が日本の伝統芸能である落語や講談、曲芸を生で目にするのは初めてだったが、巧みな話術により、会場は笑いと拍手に包まれた。隊員たちは日々の緊張感ある勤務から一転、癒やしの時間を過ごすとともに、普段接することのない古典芸能を楽しんだ。

公演後には集合写真を撮影し、三平さんから隊員たちに「これからも国の守りをお願いします」と激励の言葉が贈られた。

高座に上がり、沖縄基地隊の隊員たちに〝癒やしの時間〟を提供する林家三平さん(奥)=10月26日、海自沖縄基地隊体育館で

「Kizuna」をありがとう

明治安田生命

自衛隊へメッセージカード

明治安田生命保険は防医大病院、中央病院、自衛隊東京大規模接種センターの自衛隊関連病院3カ所に対し、医療従事者への感謝を示すメッセージカードを贈呈した。

この事業は同社のブランド創造活動「Kizuna運動」の一環。2006年から始まった取り組みで、活動内容は地域の清掃ボランティアや図書寄贈など多岐にわたる。

今回は「お客さまとの絆」を深めることを目的に手書きでメッセージカードを作成。同社の特定公法人業務推進室の職員など計約40人が参加した。

カードはアルバムにまとめられ、11月10日に防医大病院、同12日に中央病院でそれぞれ行われた贈呈式で手渡された。自衛隊東京大規模接種センターには郵送で送付した。

アルバムを受け取った自衛隊の医療従事者からは「手書きで頂いたメッセージは本当に励みになる、ありがたい」「良い取り組みですね」などの感想があった。

防医大の酒井行信事務部長(右)にメッセージカードをまとめたアルバムを贈呈する明治安田生命保険の職員たち(11月10日、埼玉県所沢市の防医大病院で)

陸自無人偵察機が訓練中に行方不明

種子島周辺

統幕は11月24日、自衛隊統合実動演習に参加している陸自情報教導隊の小型無人偵察機(UAV)スキャンイーグル=写真=が23日午後8時半ごろ、鹿児島・種子島周辺を飛行中に行方不明になったと公表した。

同機は対艦攻撃訓練で情報収集活動の訓練を行っていたところ、旧種子島空港南東約25キロの海域上空で通信が途絶えた。機体は幅3メートル11センチ、長さ1メートル37センチ、重さ13・1キロで、同演習では初めて使用された。

通信途絶の原因は不明で、30日現在、陸上と海上の両面から陸自部隊などが捜索に当たっている。被害の情報などはない。

茨城で不発弾を処理

旧日本軍の砲弾1発

東方後支隊

【朝霞】陸自東部方面後方支援隊102不発弾処理隊は10月20日、茨城県阿見町で発見された不発弾1発(旧日本軍製12・7センチ砲弾)の現地爆破処理を行った。

自治体の用意した処理壕に不発弾を搬入し、警察・消防による交通規制や地域住民の避難を完了した後、現地での爆破処理を実施。爆破した不発弾の破片を確認し、安全確実に処理を終えた。

処理班として参加した同隊の川野龍之介3曹は「私自身、本土における現地爆破処理は初めてであり、現場での雰囲気、空気感に慣れないなかでの処理でしたが、事前の準備、練成を入念に行ったおかげで、円滑に任務を遂行できました」と述べた。

同隊の処理実績は、7685件、516・6トン(10月31日現在)。

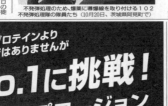

不発弾処理のため、爆薬に導爆線を取り付ける102不発弾処理隊の隊員たち(10月20日、茨城県阿見町で)

小休止

▽…陸自1師団はこのほど、東富士演習場で1飛行隊、1師団司令部付隊、1音楽隊の訓練検閲を行った。

▽…約30キロの徒歩行進と師団の陣地防御を検閲課目として実施。統裁官の大庭秀昭師団長は「創意を尽くして積極的に師団の作戦に寄与せよ」と要望し、戦闘支援職種であっても自ら考えて行動する意識を受閲部隊の隊員に植え付けた。

▽…音楽隊には、司令部付隊に配属された警備部隊として師団司令部を警備し、併せて指定充足要員の士気高揚のための音楽演奏の任務を付与。隊員たちは富士の裾野で力強い音楽を奏でた=写真。　(練馬)

こちら警務隊

飲酒関連犯罪①

飲酒運転のおそれある者に酒類提供したら懲役か罰金

運転する人に酒類を提供すると、どんな罪になりますか?

運転するおそれがある者に酒類を提供し、運転者が酒酔い運転をした場合、そのほう助者として3年以下の懲役または50万円以下の罰金に処せられます。(酒気帯び運転の場合、2年以下の懲役または30万円以下の罰金)

法律の適用は、飲食店に限らず、家に来た友人が運転して帰宅すると知りながら、酒を提供する行為も処罰の対象です。

酒類の提供は飲酒運転を助長し、危険な事故を誘発する行為です。

また、お酒を飲む場へ車で行くと、飲酒による判断力の低下から飲酒運転につながるので、やめましょう。

(中部方面警務隊)

みんなのページ

朝雲・栃の芽俳壇

畠中草史　選

深秋千振を干す山家かな　浜松・空OB　宮本　立勇

千振は干して煎じれば健胃剤となる。深秋は薪などの物置で山家の生活の一部が見える。

初冬の高座最後に小三治逝く　館山・海OB　斎藤　一向

落語家柳家小三治師匠、人間国宝。十月七日高座の五日後逝去、八十一歳。時宜を得た句。

夜叉神楽憑かれしごとき虎落笛　宮崎・空OB　高木　智念

温め酒だんだん口の軽くなる　大津・陸OB　丸岡　正男

ざくざくと日を散らしては稲を刈る　浜松・空OG　塩見　惇子

旅ゆるされぬえやみ禍を鳥渡る　町田・陸OB　岩原　滋利

演習の果て炊事車のきのこ汁　札幌・陸OB　坂元　順一

青空より金貨撒くごと銀杏散る　福生・空事務官　村松加珠彦

近道も抜け道もなし鳥渡る　あきる野・一般　小和田一男

物置に束ね納まる案山子かな　熊谷・空OB　明田　眞雅

里山の紫苑を供華の六地蔵　香川・陸OB　渡辺　成典

露天湯の色なき風に身をさらす　熊谷・空OG　關谷　桂子

吐く息を両手でつつむ今朝の冬　横浜・一般　福本　祥子

新米やたくあんを添え旅の宿　熊谷・空OB　工藤　敏雄

鳶の声湖畔の秋気深めをり　浜松・空OG　岩城　節子

今年米送る兄居る生家かな　富谷・陸OB　加川　師亨

河川敷日毎深まる草紅葉　熊谷・空OG　関田　絹江

数珠子玉遠き記憶の数へ歌　相模原・海OG　折口　桂子

近づけば遠ざかる声夜の虫　熊谷・空OB　蓮佛志向子

秋雨に水琴窟の奏でをり　東京・陸OG　杉山ふく美

敬老の日夫婦茶碗の届きをり　熊谷・空OG　佐藤　玲美

蝉の声絶えいつからか虫の声　西東京・空OB　水島　孝雄

もう誰も見ないアルバム夏嵐　相模原・一般　森　　謙二

選者作品

松原の松に鮫巻へだてなく

投句歓迎！

▽郵便はがきの裏面に未発表の自作3句以内と氏名、年齢、職業（自衛官・事務官＝所属部隊＝、OB、家族、一般など）、住所、電話番号を記入▽締め切り毎月15日▽宛先＝〒162－8801東京都新宿区市谷本村町5の1　防衛省D棟市ヶ谷記者クラブ朝雲俳句係☎03（5225）1750、専用線8・6・25515

14護衛隊、護衛艦「せんだい」、榎川清掃に参加
環境保全は日々の暮らしの中から

2海尉　瀬口　達也（14護衛隊・舞鶴）

第14護衛隊（舞鶴）及び隷下艦艇「せんだい」（艦長・榎本健児2佐）はこのほど、地元市民団体の「榎川を美しくする会」（会長・高橋秀策氏）と合同で榎川の清掃活動を行いました。

榎川は、舞鶴市中部を流れ、舞鶴地方総監部敷地内にも流れている景観の美しい川です。歴史をひもとくと、明治35年に旧海軍舞鶴鎮守府開設に伴う工事で川底の一部が石畳となり、川沿いにも旧海軍の施設が建設され、旧海軍、そして舞鶴地区の海上自衛隊にもなじみの深い川と言えます。

市民団体「榎川を美しくする会」は、この歴史ある川の清掃を「次世代の子供たちへ美しい舞鶴の川と海を残す」というコンセプトの下、年に数回のペースで清掃活動を継続しています。

当日は天候にも恵まれ、朝8時から14護衛隊司令の目賀田瑞彦1佐、榎本2佐、「せんだい」先任伍長の佐々木卓見曹長を含め、海自側14人、市民団体側約80人が参加。コロナ対策を徹底しつつ、和気あいあいと清掃を行いました。草が生い茂る榎川でしたが、清掃が終わった後はとてもきれいになり、伝統ある石畳が川床に映えるようになりました。

清掃終了後、市民団体の方々から「いつもよりきれいになりました。ありがとう」「若い人が手伝ってくれてとても助かりました」といった感謝の言葉を多数頂きました。また、参加した若年隊員からは「地域の方々の役に立てて、いい汗を流せました」「歴史ある石畳を市民の皆さんと清掃できてよかったです」といった感想がありました。

京都の思想家である石田梅岩の石門心学や近江商人の〝三方よし（売り手によし、買い手によし、世間によし）〟の精神は、日本的経営の原点としてCSR（企業の社会的責任）やSDGs（持続可能な開発目標）等を推進する現代において見直され、重要視されています。

特に〝世間よし〟という言葉は、まさに生活の場や自然環境も良くなるように日常の活動を配慮することが重要であると捉えることができます。

微力ではありますが、本活動を通じて地元市民の方々に海上自衛隊に対する理解をより深めてもらうとともに、京都や近江で生まれた精神を現代につなぎ、隊員一人一人が環境問題への理解を深め、日々の暮らしの中で環境保全に資する行動を取れるようになればと考えております。

清掃活動を終え、記念写真に納まる隊員と参加した市民

（世界の切手・タジキスタン）

あらゆる偉業の出発点は、目的を明確にすることから始まる。

クレメント・ストーン（米国の実業家）

朝雲ホームページ
www.asagumo-news.com
会員制サイト
Asagumo Archive プラス
朝雲編集部メールアドレス
editorial@asagumo-news.com

「那覇ハーリー」の思い出

2空曹　市川　敏（3空団広報班・三沢）

この写真は、平成13年に開催された「那覇ハーリー」の職域対抗レースで、空自那覇基地ハーリー部「レキオ・ウイング」が4連覇を達成した時のものです。

「那覇ハーリー」は、沖縄県那覇市で毎年ゴールデンウィークの3日間に行われる伝統行事で、32人の漕ぎ手による迫力あるレースが繰り広げられます。

大会に出場するため、2カ月前頃に体力に自信がある（?）那覇基地所在の精鋭40数人がエントリーし、訓練を開始。訓練内容は、プールサイドに木箱を並べて座り、オールを持って一定時間ひたすら漕ぐという単純なものでした。しかし非常にきつく、1週間ごとに1人、また1人と脱落者が出る過酷なものでした。

かく言う私も訓練開始から1カ月ほど経った頃に、訓練指揮官から戦力外通告を受け、万事休す…かと思いきや、なんと奇跡的に鐘たたきとしてオールのタクトを取ることになりました。

大会当日、「レキオ・ウイング」は予選で陸自と海自のチームと対戦し、2位の海自に大差をつけ圧勝しました。引き続き行われた決勝でも、2位の海自と3位の米海兵隊に予選と同じく大差をつけ、職域54チームの頂点に立てたことを今でも鮮明に覚えています。

あれから20年が過ぎ、去年今年と「那覇ハーリー」は開催されていませんが、コロナ禍が終息した際には沖縄に出向き、当時を振り返りながら「レキオ・ウイング」を応援したいと思います。

新刊紹介

「世界の動きとつなげて学ぶ日本国防史」

宗像　久男著

終戦後の常識となっている「日本の歴史」に疑問を持ち続けていた元陸自東北方面総監の著者が、約20年にわたり史実を追い求めた集大成。新たな視点から見る歴史書だ。自衛隊家族会発行の『おやばと』に「我が国の歴史を振り返る」のタイトルで連載された記事を再編集し、書籍化した。

江戸時代の鎖国を経て、明治維新の政策、日清・日露戦争、さらに大正時代から激動の昭和に至るまでの「国防史」をメインテーマに、周辺国など世界の動きとつなげて振り返る。西欧諸国の脅威に対処するため、先人たちがいかにして我が国の独立を保持し続けてきたかに焦点を当て、戦争に至る背景、敗因とその教訓を分析している。

「世界の動きと日本の動きを同時並行的に追うことで、その時代のリーダーの立場で歴史を見る目が育ち、これまでの歴史書と違った歴史が見えてきた」と著者。階層・階級を問わず歴史を学び、教訓を未来に生かす意義を強調する。

（並木書房刊、2200円）

「EV（電気自動車）推進の罠」「脱炭素」政策の嘘

加藤　康子、池田　直渡、岡崎　五朗著

「EV（電気自動車）は環境に優しく、脱炭素（二酸化炭素削減）のために必要だ」――。昨今メディアを通じて聞かれる論調だが、本書ではリチウムイオンバッテリーを始め、知られざるEVの課題を指摘。元内閣官房参与の加藤氏をはじめ、自動車に精通する3人が集い、EVについてさまざまな観点から徹底的な議論を展開したインターネット番組を再編集し、書籍化した。

3人は国内にとどまらず、中国の最新EV事情やEVマーケットを牽引する米テスラ社の功績、EV化の議論を急ぐEU（欧州連合）の真の意図について徹底的に論じ合い、その危うさを指摘する。

さらにEV推進の論拠となっている気候変動抑制に関する多国間協定「パリ協定」や日本の経済安全保障についても議論し、国の基幹産業である自動車産業を守ることが、国家の安全にも関わることを示唆する。

自動車に精通していない読者にとっても理解しやすく、EVを取り巻く諸々の問題点を体系的に把握できる一冊だ。

（ワニブックス刊、1650円）

OGがんばる

榎並　光さん　55
令和3年1月、海自補給本部会計課を1海尉で定年退職。現在、公益財団法人防衛基盤整備協会で国際規格等の認証業務に当たっている。

事前の準備とタイミング

私は、令和3年1月に定年退職し、市ヶ谷就職援護室の紹介で公益財団法人防衛基盤整備協会（以下BSK）に採用され、システム審査センター審査業務部業務第1課に配属されました。

BSKは、防衛思想の普及、防衛装備品等の生産及び調達、防衛施設の建設、情報セキュリティ及び国際規格等の認証に関する各種事業等を通じて、我が国の平和と安全確保に寄与することを目的に活動する公益財団法人です。

私の所属するシステム審査センターは、国際規格等の認証業務を行うマネジメントシステム認証機関です。

採用当初は、コロナ禍で常勤の職員等も在宅勤務をしており、名前と顔が一致せずに苦労しましたが、自衛隊OBの諸先輩方の指導を仰ぎながら、明るく、頼みやすい雰囲気を心がけ、やっと周囲を見渡せる余裕が出てきたところです。

再就職にあたっては、長く携わってきた事務関係の仕事を第一に探しましたが、定年退職を迎える女性自衛官はまだ少なく、求人もほとんどありませんでした。

そこで私は視点を変えて、事務職以外の職種を探し始めました。そんな中、援護担当の方からBSKを紹介して頂けました。

やはり、再就職には「タイミング」が重要だと思います。そして、そのタイミングを活かすためには「事前の準備」が大切です。私は退職前に再就職にあたっての心構えに関する本を読み、現実を認識し、資格の取得に挑戦しました。

再就職にあたっては、少しでも早くから「事前の準備」を開始し、より良い出会いの「タイミング」があることをお祈りいたします。

小隊検閲を受閲

陸士長　野々村　和也（8普連本管中・米子）

今回、小隊検閲を受閲して感じた点が2点あります。

1点目は、射撃精度の低さです。至近距離では命中していましたが、激動後の射撃になると射弾が散布しており、いかなる状況でも常に射撃精度を高めていく重要性を感じました。

2点目は、斥候員としての経験値の少なさです。バディを組ませていただいた陸曹の方は敵情の解明、火力要求、地図判読など様々な点において迅速・正確に任務を遂行しており、私も練度を向上し小隊の任務に寄与したいと感じました。

情報小隊は、連隊の耳目となり任務を遂行して所望の情報を獲得しなければなりません。そのため、今回得た教訓事項を糧に、日々の練成を怠ることなく精進していきます。

詰碁

第1272回出題

出題　日本棋院　九段　曲　励起

白先

『黒はどうなりますか。狭い所ながら案外変化の多い所です』。5分でできれば中級以上。

▶詰碁、詰将棋の出題は隔週です◀

詰将棋

出題　日本将棋連盟　九段　石田　和雄

≫第856回の解答≪

	5	4	3	2	1	
		v金		と		一
		v角				二
		角		v玉	v歩	三
						四
				歩		五
						六

▲先手　持駒　金銀

【正解】▲2四歩△同玉▲2五金△2三玉▲3二銀△同金▲3四角成までの七手詰め。

【解説】初手▲2四歩と軽く突き出すのが手筋。▲2四銀では△同角▲同歩△3三玉で失敗。五手目▲3二銀が好手で△同金と取らせ▲3四角成までがピッタリの手順となります。

朝雲

発行所 朝雲新聞社
〒160-0002 東京都新宿区
四谷坂町12−20 KKビル
電 話 03(3225)3841
FAX 03(3225)3831
振替00190-4-17600番
定価一部170円、年間購読料
9170円(税・送料込み)

本号は10ページ

大規模接種センター終了

防衛省　半年間で196万回

防衛省・自衛隊が今年5月24日に東京と大阪に開設し、運営を続けてきた新型コロナワクチンの「大規模接種センター」が11月30日、運営を終了し、同日、両会場をオンラインで結んで任務完了式典が行われた。東京会場にはセンターの開設を指示した菅義偉前首相が出席し、「隊員諸官の一致団結した努力と民間の看護師や事業者の皆さんの協力で官民一体となって191日間の長きにわたり見事に運営をしてくれ、約196万回の接種を行った」と関係者に謝意を表明。岸防衛相も「諸官は国家の危機管理上、重大な課題に果敢に取り組み、国民の期待に真正面から応えてくれた」と隊員の活躍をたたえ、労をねぎらった。(4、9面に関連記事)

「自衛隊大規模接種センター」の任務完了式典で訓示を述べる岸防衛相。その左側前列(着席)は菅前首相。中央のスクリーンには大阪会場(大阪市北区の府立国際会議場)が中継で映し出された(11月30日、東京都千代田区の大手町合同庁舎3号館の東京会場で)

岸防衛相「国民の期待に応えた」

東京会場には菅前首相を迎え、岸防衛相、岩本政務官、島田事務次官、山崎統、山村海、井筒空の各幕僚長、森下陸幕副長ら計約70人、大阪会場には鬼木副大臣、中曽根政務官、吉田陸幕長をはじめ、中山前副大臣、松川前政務官ら計約200人が出席した。

両会場をオンラインで結んで最初に訓示した岸大臣は、「今年4月27日に菅前首相から指示を受け、自衛隊の組織力を最大限に発揮し、わずか1カ月で準備を整え、5月24日から運営を開始した。前例のない官民共同の活動で、誰もが手探り状態の中、隊員諸君の献身的な努力によって、東京・大阪両会場で合計200万回近い接種を実施するなど、大きな成果を上げることができた。隊員諸官は国家の危機管理上、重大な課題に果敢に取り組み、国民の期待に真正面から応えてくれた」とその活躍をたたえた。

一方、民間事業者に対しても「皆さまのご活躍を拝見し、改めて民間の力を心強く感じた。受け付けや誘導、各種資材の調達、会場の確保など、民間の力が遺憾なく発揮されたことで円滑に運営することができた」と謝意を表し、「共にコロナと闘った仲間として、今後も防衛省・自衛隊にお力をお貸しいただければと思う」と述べた。

続いて、防衛省の大規模接種対策本部長を務める鬼木副大臣が訓示し、「4月27日に首相・防衛相指示が出された翌日、防衛省に中山泰秀前副大臣を本部長とする大規模接種対策本部を立ち上げ、以来17回の会議を開催した」と振り返り、「さまざまな創意工夫の下、官と民が力を合わせてセンターを運営したことにより、高い成果を上げることができた。隊員諸官は今回の任務の経験を生かし、今後も国民の期待に応えてほしい」と要望した。

最後に菅前首相があいさつ。「センターの設置・運営は防衛省・自衛隊にとっても初めての取り組みであり、さまざまな苦労、試行錯誤があったと思う。しかし、隊員諸官の一致団結した努力、民間の看護師や事業者の皆さんの協力を得て、官民一体となって191日間の長きにわたり見事に運営をしてくれた。その間、約196万回の接種を行い、国民の期待・信頼を裏切らない、素晴らしい成果を挙げていただいた」と謝意を示し、労をねぎらった。

さらに「センターの設置・運営は、全国の自治体による大規模接種センターの設置の先駆けとなり、接種率向上の大きな後押しとなった」と強調。「防衛省・自衛隊には我が国の『最後の砦』として、大規模接種センターだけでなく、新型コロナ拡大防止のために北海道、大阪府、沖縄県に看護官等を派遣するなど、さまざまな場面で活躍をいただいた」として、「センターの運営に関わった隊員諸官、民間看護師や事業者の皆さま、ぜひ今回の活動とその成果に対して誇りを持っていただきたい」と強く訴えた。

この後、東京会場では東京センター長を務める自衛隊中央病院診療技術部長の水口靖規1陸佐が担任官の福島功二中央病院長に対し、また、大阪では大阪センター長を務める自衛隊阪神病院副院長の小池啓司1陸佐が運営担任官で阪神病院長の平山健一陸将補に対し、それぞれ任務完了報告を行った。

東京会場では福島中央病院長が訓示し、「センターの運営に携わった全ての隊員がここでは『衛生が最前線』という気概で民間の皆さまと一丸となり、常により高いレベルを求めて任務を遂行してきた献身的な努力に対し、心から敬意を表する」と述べた。

この後、東京・大阪両センターに対し、岸大臣からそれぞれ1級賞状が授与され、東京では水口1佐が、大阪では鬼木副大臣からの伝達で小池1佐がそれぞれセンター長として組織を代表して受け取った。

また、センターの開設・運営に尽力した民間事業者7社に対し、岸大臣からの感謝状が贈られた。

日米防衛相が電話会談

「2プラス2」早期開催で一致

オースティン
米国防長官

岸防衛相は12月3日、米国のオースティン国防長官と電話会談し、外務・防衛担当閣僚による日米安全保障協議委員会(2プラス2)を可能な限り早期に開催することで一致した。また、厳しさを増す安全保障環境に対応するため、日米同盟の抑止力・対処力を一層強化していくことも確認した。

岸大臣は、米国防総省が11月29日(米東部時間)に公表した「世界規模の米軍態勢見直し(GPR=グローバル・ポスチャー・レビュー)」において、米国がインド太平洋地域の平和と安定に対するコミットメント(責任ある関与)の強化を示していることに歓迎の意を表した。

両氏は北朝鮮の度重なるミサイル発射を踏まえ、日米・日米韓の防衛当局間の連携の重要性を確認。

このほか、11月30日に米軍三沢基地のF16戦闘機がエンジントラブルのため燃料タンクを投棄して青森空港に緊急着陸したことなどを受け、岸大臣は在日米軍の安全な運用、事故への円滑な対応等について強く申し入れ、両氏は緊密に連携していくことを申し合わせた。

日米豪加独5カ国による「海上自衛隊演習」に参加した海自護衛艦「いずも」(左手前)、米空母「カール・ビンソン」(同右)など各国の艦艇群。上空は海自のP1哨戒機(右手前)など日米の航空機(11月21日、西太平洋で)=海自提供

日米豪加独5カ国で初の「海演」

海自と米豪加独4カ国の海軍艦艇による令和3年度「海上自衛隊実動演習」が11月21日から30日まで、日本周辺海域で実施された。海演にドイツ海軍が参加するのは初めて。

「日米共同演習」を組み込んだ海演に、海自からは自衛艦隊司令官の湯浅秀樹海将を統裁官に、護衛艦「いずも」など艦艇約20隻、航空機約40機が参加。米海軍から空母「カール・ビンソン」など艦艇約10隻、豪海軍から駆逐艦「ブリスベン」など艦艇2隻、加海軍からフリゲート「ウィニペグ」、独海軍からフリゲート「バイエルン」が加わり、対潜戦など実戦的な訓練を行った。

訓練最終日の30日には、湯浅自衛艦隊司令官と米海軍第7艦隊司令官のカール・トーマス中将が、米空母艦上で共同記者会見を開き、日米海上部隊の強固な連携をアピールした。

同会見で湯浅司令官は「力による一方的な現状変更の試みなど海洋安全保障に係る脅威が増大している情勢において海軍種間の連携は不可欠だ。自衛艦隊は米第7艦隊と共に行動し、グレーゾーン事態を含むさまざまな事態に対応するとともに、『自由で開かれたインド太平洋』の実現に向けて欧州諸国の友好国海軍との連携もさらに強めていく」と述べた。

トーマス司令官は「訓練で相互運用性の向上を図ることは、地域のあらゆる緊急事態に対応できる能力を確保するために必要だ。日米同盟は日々強化されており、今後もこの地域の安定の基盤であり続けるだろう」と語った。

UAE国防相と岸防衛相が会談

岸防衛相は11月9日、アラブ首長国連邦(UAE)のムハンマド・アフマド・アル・ボワルディ国防担当国務大臣と約25分間のテレビ会談を行った。

両氏は来年の日UAE外交関係樹立50周年に向けて緊密なコミュニケーションを継続するとともに、防衛協力・交流を推進していくことで一致した。

岸大臣は、今年8月の在アフガニスタン日本国大使館員のカブールからの出国に際してUAE政府から受けた支援に謝意を述べた。

また、岸大臣は中東地域における日本関係船舶の安全航行の確保を目的とした自衛隊による情報収集活動について言及し、両氏は中東地域における平和と安定、航行の安全の確保に向けて引き続き連携していくことを確認した。

千々和主任研究官が「猪木正道賞」を受賞

防衛研究所

【防研=市ヶ谷】防衛研究所(齋藤雅一所長)の戦史研究センター安全保障政策史研究室に所属する千々和泰明主任研究官=写真=が11月28日、「第7回猪木正道賞(猪木正道賞正賞)」を受賞した。

同日開かれた日本防衛学会(村井友秀会長)の秋季研究大会で発表された。受賞対象著作は『安全保障と防衛力の戦後史1971〜2010:「基盤的防衛力構想」の時代』(千倉書房、2021年)。

同賞は、我が国の防衛と安全保障、国際平和に関する分野で優れた業績を挙げた個人またはグループに授与される権威ある賞で、過去には小此木政夫慶応大学名誉教授、梅本哲也静岡県立大学教授、遠藤貢東京大学大学院教授などが受賞している。

朝雲新聞社の取材に対し、千々和主任研究官は「本書の受賞で戦後日本の防衛政策史に一人でも多くの方が関心を寄せていただく機会になればうれしい。これからも、現代的な安全保障課題と歴史がどのようにつながっているのかについて研究を深めていきたい」と話している。

春夏秋冬

リムパックと集団的自衛権

河野 克俊

リムパック(環太平洋合同演習)は、冷戦下の1971年に始まった西側諸国による合同演習だった。当初は、環太平洋の米国、カナダ、オーストラリア、ニュージーランドの4カ国の海軍がソ連を意識して合同演習をしていた。リムパックに日本が初参加したのは1980年であり、護衛艦「ひえい」と「あまつかぜ」が参加した。

「同盟国である日本もリムパックに参加しないか」と米海軍から誘いがあったのだが、国会では「集団的自衛権の行使ではないか」と大論戦となってしまった。日本と米国の2カ国での演習であれば、同盟国による演習だからかまわないが、他の国が入っていると集団的自衛権の行使に当たるというのである。

戦争シナリオに参加するのではなく、目的はあくまでも戦術技量の向上であるという理屈で国会を乗り切った。

防衛庁・海上自衛隊は、集団的自衛権の行使という批判を避けるため、さらに手を打った。米国に頼み込んで、参加国を二つのグループに分けてもらったのである。日米のみで編成されたバイラテラル・フォースと日本を除いた他の国で編成されるマルチラテラル・フォースである。結果として、米海軍を二分割することになった。日本は、折角の多国間合同演習であるリムパックをあくまでも日米共同訓練という形にしてもらった。しかし、これは国内事情を背景とした日本の理屈であり、米海軍としては「何で?」ということになる。

1998年に私が参加したリムパックでも、この二本立ての編成で演習が行われた。米国は、二つのグループに分けることを受け入れてくれたが、当時ある米海軍の幕僚から「日本はリムパックに面倒を持ち込む」と言われたことがある。米海軍としては、折角の多国間演習なのにわざわざ参加部隊を二つに分けなければならないのだから、米海軍の幕僚の思いは当然だろう。

ちなみに、西太平洋海軍シンポジウムという多国間の対話の枠組みがあり、2年に一度、主催国持ち回りで開かれている。日本として最初にこのシンポジウムを主催しようとした際にも、一部から集団的自衛権に抵触する恐れがあるとして懸念が示された。

今は問題なく主催しているが、そういう時代もあったわけである。

(前統合幕僚長、元海将)

朝雲寸言

今年も秋刀魚(さんま)が獲れない。年間20〜30万トンで推移していた漁獲量は2015年に10万トンに減り、その後も減少の一途をたどっている。一昨年は4万トン、昨年は3万トンに届かなかった▼店頭に並ぶ秋刀魚は高価格なのにどれも小振りで痩せている。とても庶民の秋の味覚とは呼べない魚になった。秋刀魚が獲れなくなった原因は周辺国が乱獲しているからだと主張している人もいる。秋刀魚は太平洋全域に広く生息する。この群れが日本付近に来遊する前に日本の排他的経済水域の外側の公海上で大型船が大量の秋刀魚を先獲りしているからだという▼しかし、秋刀魚が獲れなくなった最大の要因は日本近海に周遊する秋刀魚の総量が減ったからで、その原因は地球温暖化などによる生育環境の変化であることはほぼ間違いない▼振り返れば明治以降、日本海では鰊(にしん)が驚くほど獲れていた。その後、漁場は次第に北上し、戦後、北海道で鰊漁は絶頂を迎えた。ところが何故か突然、鰊は獲れなくなって現在に至っている。秋刀魚も鰊と同じ運命をたどるのだろうか▼1972年、英国とアイスランドは鱈(たら)の漁場を巡って再度衝突した。世に言う「タラ戦争」である。英国の庶民の味「フィッシュ・アンド・チップス」に対する思いはそれほどに強いものがあったのだろう▼捕鯨問題など食料を巡る国家間の対立は今後の世界の安全保障の大きなテーマとなるかもしれない。

時の焦点

国内

所信表明演説

演説で引用したケネディ米大統領の言葉に、自らの決意を込めているのだろう。

「屋根を修理するなら、日が照っているうちに限る」

岸田首相が臨時国会で所信表明演説を行った。

新型コロナウイルスの新たな変異株「オミクロン株」への対処をめぐり、首相は「大事なのは、最悪の事態を想定することです」と力説し、ケネディの名言を引いた。

国内における新型コロナの新規感染者数は、第5波に襲われた今夏とは比較できないほど低水準で推移している。

だが、海外では再拡大が目立ち、特に、ワクチンの効果が未知数というオミクロン株が広がり始めている。

ここで気を緩めて国内での流行を許してはならない。水際対策には限界があるとしても、流入までの時間を稼ぎ、ワクチン接種や医療提供体制の強化を急ぐことが不可欠である。

「最悪」想定に高い支持

昨年は、夏の第2波が収まった後、冬にかけてより大きな第3波を招いた。そこに、少なからぬ油断があったことは否めない。

首相は、コロナ対策について「細心かつ慎重に対応する」と強調した。国民の多くが望んでいる姿勢ではないか。

3回目のワクチン接種はこれまで、原則として2回目の接種から8カ月以上経過した人を対象としてきた。

しかし、首相はこれを改め、「8カ月を待たず、できる限り前倒しする」と表明した。

接種主体となる自治体へのワクチン供給や、自治体がいかに接種体制を整えられるかが今後の課題となろう。

政府と自治体、さらには職域接種を行う企業なども含めて、緊密な協力体制を構築して臨んでいきたい。

首相の政治姿勢をめぐり、興味深い世論調査結果が示された。

読売新聞が実施した全国世論調査によると、政府の水際対策について「評価する」と答えた人が89%に上ったのである。「評価しない」はわずか8%しかなかった。

オミクロン株流行の報に接し、速やかに外国人の新規入国を停止したことが支持されたのだろう。日本人帰国者を含む国際線の予約停止を要請して撤回する混乱もあったが、不適切とみるやすぐに修正したことで、世論はマイナス評価をつけなかった。

一般に、新首相は就任直後の支持率は高いが、徐々に低下していくのが普通だ。しかし、岸田内閣は62%と、先月より6ポイント上昇した。

かつての小渕内閣も同じような傾向を示した。自ら多くの人に電話をかけ「ブッチホン」という流行語を生んだ小渕元首相と、「聞く力」を重視する岸田首相には、共通する政治姿勢があるようにも思える。

首相は「信頼と共感」をキャッチフレーズに掲げる。政府の感染症対策に協力を得るのに、必要な要素でもある。

宮原 三郎（政治評論家）

海外

長津湖の戦い

北朝鮮東部の長津湖周辺で1950年11－12月、朝鮮人民軍を中国との国境付近まで追い込んだ国連軍と中国人民志願軍が交戦した「長津湖の戦い」。

朝鮮戦争の激戦の一つで、毛沢東は農民12万人に銃を与えて極寒の山地に送り、米軍中心の国連軍を包囲して攻撃、ついに撤退させた。

現在の米中対立の情勢を眺めた時、中国の権力者がこの史実の映画化を期待しても、不思議はない。そして映画『長津湖』が制作され、9月30日に公開以来、大ヒット中だそうだ。

米国では11月19日に『長津湖の戦い』のタイトルで公開され、メディアが話題に取り上げている。

「抗米」映画が超ヒット

「ニューヨーク・ポスト」紙（11月25日）によると、「米軍の敗北を描いた中国のプロパガンダ映画」が中国国内で公開されて以来、既に8億9200万ドルの興行収入を上げた。

これまでは、2017年公開のアクション映画『Wolf WarriorⅡ（戦狼2）』が8億8200万ドルで、中国国内の1位だったが、『長津湖』はこれを抜き、歴代首位になった。

エンターテインメント業界の専門誌「バラエティー」は11月24日、中国の映画市場の規模は世界最大なので、『長津湖』は今や、2021年に全世界で最も高い興行収入を上げた映画ということになる、と伝えている。

米軍はこの戦いで同地から撤退を余儀なくされ、これがひいては北朝鮮からの全面的撤退になっていくわけだ。

随分と前になるが、米国の公共テレビで、「長津湖の戦い」のドキュメンタリー番組を見たことがある。その中でいくつかのシーンは、今でも記憶に残る。

そのうちの一つ。米軍と戦った中国の農民のいで立ちを見ると、粗末な布製の衣服に、布製の靴のみ。毛沢東はこれら農民に銃は供与しても、凍て付く山地で戦う装備は与えず、前線に駆り出したようだ。

米軍に投降した彼らの足が画面に映ると、凍って、大きく腫れ上がっていて、まるで巨大な角氷か何かでも目にしているような印象だった。

「個人」より「集団」に重きをおき、何としても勝利をということだろうが、その同じ国が現在、軍事力を増強し続け、南シナ海で既存の島々を奪ったり、新島を造成し、新型コロナウイルス発生源の究明を主張するオーストラリアを脅し、台湾侵攻の可能性を否定しないでいる。

こうした国際情勢の下、装備の乏しい農民が国連軍、米軍に奇襲をかけ、撤退させたという内容の映画に国民が喝采を送っている事実は、世界の軍事制覇という野望に油を注いでいる形ではないか。

インド太平洋地域が専門の国際的オンライン誌「ディプロマット」が10月14日、①軍事紛争の可能性に国民の支持は増えている②『長津湖』の超人気は多分、中国の新しい戦争観に起因する――と指摘した通りかもしれない。

草野 徹（外交評論家）

防衛大臣感謝状

72団体、54人に贈呈

防衛基盤の育成などに貢献

自衛隊記念日行事の一つで、防衛基盤の育成や隊員募集・就職援護などに貢献した団体や個人を表彰する「令和3年度防衛大臣感謝状」の受賞者が12月1日、防衛省から発表された。3年度は企業や自治体など72団体と54個人が受賞。贈呈式は新型コロナウイルス感染症の影響で中止され、感謝状は郵送や部隊等を通じて個別に贈呈される。受賞団体・個人は次の通り。（敬称略）

◇防衛協力功労・一般功労＝団体（10団体）

▽須走彰徳山林会（静岡県）▽イースタン・カーライナー（東京都）▽海洋電子工業（神奈川県）▽航空救難団を支援する会（茨城県）▽自衛隊串本地区協力会（和歌山県）▽滝ヶ原自衛隊後援会（静岡県）▽奈良基地育親会（奈良県）▽新田原会（宮崎県）▽東日本電信電話（東京都）▽四日市港管理組合（三重県）

◇防衛協力功労・一般功労＝個人（48人）

▽相場博（青森県、三沢市防衛協会副会長）▽秋山紀夫（埼玉県、日本吹奏楽指導者協会名誉会長）▽朝山毅（鹿児島県、前奄美市長）▽新垣善博（沖縄県、沖縄県防衛協会理事）▽石破佳子（鳥取県、鳥取県防衛協会梨花会会長）▽岩倉博文（北海道、苫小牧自衛隊協力会連合会顧問）▽岩﨑良生（神奈川県、防衛大学校パラシュート部部外顧問）▽上原勝男（沖縄県、ひまわり保育園理事）▽越前陽悦（青森県、むつ市自衛隊家族会会長）▽遠藤幸四郎（千葉県、船橋市自衛隊協力会副会長）▽大嶽登茂子（静岡県、東部方面隊東桜会事務局次長兼理事）▽大槻裕喜（宮城県、柴田町自衛隊協力会顧問）▽荻原榮一（群馬県、吉井自衛隊後援会会長）▽柿﨑裕治（東京都、陸上自衛隊教育訓練研究本部後援会「陸援会」会長）▽加藤昌宏（山形県、第20普通科連隊協力団体「翔山会」会長）▽門上馨（青森県、前三沢市漁業協同組合代表理事組合長）▽茅原郁生（千葉県、拓殖大学名誉教授）▽河村治郎（愛知県、航空自衛隊小牧基地協力会幹事）▽河本英典（滋賀県、滋賀県防衛協会会長）▽藏園晴美（宮崎県、元えびの市議会議員）▽黒木正一（同、日向広域自衛艦艇協力会参与）▽小嶋修一（神奈川県、環境カウンセラー）▽小林信男（奈良県、奈良県防衛協会専務理事）▽小山正紀（東京都、小山正紀法律事務所弁護士）▽齋藤均（青森県、青森ボリューム会会長）▽佐久本武（沖縄県、沖縄二火会会長）▽新谷龍一郎（北海道、北海道自衛隊協力会連合会副会長）▽高橋定敏（同、留萌市自衛隊協力会顧問）▽高畠房一（香川県、高畠鉄工所会長）▽武内保（栃木県、宇都宮やまぶき会元会長）▽田嶋忠義（北海道、第11旅団友の会顧問）▽東矢憲一郎（熊本県、熊本県防衛協会理事）▽戸田安彦（北海道、白老町長）▽中博史（香川県、香川県防衛協会副会長）▽仲井間卓（沖縄県、第15旅団協力会シーサー同志会幹事長）▽長屋光男（北海道、上士幌町自衛隊協力会会長）▽丹羽毅（愛知県、犬山市自衛隊協力会相談役）▽橋本岩樹（埼玉県、自衛隊体育学校五輪後援会副会長）▽長谷川由喜枝（千葉県、木更津ボリューム会相談役）▽畠山圭一（東京都、学習院女子大学教授）▽濱田正隆（青森県、小川原湖漁業協同組合代表理事組合長）▽藤﨑隆生（福岡県、北九州自衛隊協力会副会長兼戸畑支部長）▽堀口哲彦（東京都、港区防衛親交会理事）▽馬郡謙一（長崎県、佐世保防衛経済クラブ会長）▽村上悦栄（東京都、練馬区防衛協会会長）▽本村康人（福岡県、久留米自衛隊協力会会長）▽矢毛石豊（熊本県、第42即応機動連隊後援会相談役）▽以下、1人は受賞者の希望により不開示

◇防衛協力功労・就職援護＝団体（29団体）

▽ALSOK高知（高知県）▽ALSOK埼玉（埼玉県）▽ALSOK福岡（福岡県）▽出雲ロイヤルホテル（島根県）▽日本血液製剤機構（東京都）▽えんしん総合サービス（静岡県）▽アクティオ岩手工場（岩手県）▽サンテック（山口県）▽SUBARU（東京都）▽全日警長野支社（長野県）▽道央環境センター美幌支店（北海道）▽東日（福島県）▽トークス（宮城県）▽森田自動車工業（北海道）▽友愛ビルサービス（秋田県）▽九州綜合サービス（熊本県）▽熊本国際空港（同）▽長崎県建設技術研究センター（長崎県）▽佐川急便北海道支店（北海道）▽新明工業（同）▽全国共済農業協同組合連合会福岡県本部（福岡県）▽大北土建工業（北海道）▽東京海上日動火災保険（東京都）▽西日本高速道路サービス関西福知山支店（京都府）▽日本赤十字社（東京都）▽日立造船（大阪府）▽広島ガスメイト（広島県）▽三菱電機特機システム（東京都）▽以下、1団体は受賞者の希望により不開示

◇防衛協力功労・就職援護＝個人（2人）

▽石田嵩（埼玉県、ユース代表取締役会長）▽名川昌之（東京都、東部方面総監部援護協力会理事）

◇防衛協力功労・予備自衛官等雇用＝団体（16団体）

▽旭川市水道協会（北海道）▽岩手三八五流通（岩手県）▽大槻理化学（北海道）▽シバタ（静岡県）▽アビーズ（山形県）▽セノン東京第一支社（東京都）▽トスネット茨城（茨城県）▽宮浄（宮城県）▽六五警備保障（熊本県）▽大葉開発（千葉県）▽帝国セキュリティ（北海道）▽北海道センコー（同）▽穂積建設工業（青森県）▽ライジングビルメインテナンス（大阪府）▽以下、2団体は受賞者の希望により不開示

◇自衛官募集功労・地方公共団体＝団体（10団体）

▽熊本県阿蘇市▽佐賀県嬉野市▽熊本県上天草市▽新潟県佐渡市▽山形県山形市▽青森県おいらせ町▽茨城県大洗町▽静岡県小山町▽宮崎県都農町▽岩手県山田町

◇自衛官募集功労・高等学校等＝団体（7団体）

▽大原スポーツ公務員専門学校甲府校（山梨県）▽大原法律公務員専門学校静岡校（静岡県）▽鹿屋高等学校（鹿児島県）▽大原学園大原法律公務員専門学校（北海道）▽熊本工業高等学校（熊本県）▽英明高等学校（香川県）▽妻高等学校（宮崎県）

◇自衛官募集功労・募集相談員等＝個人（4人）

▽川上雅俊（東京都、自衛隊東京地方協力本部・陸上自衛隊第1普通科連隊足立区後援会会長）▽久杉茂（秋田県、仲村保険サービス支店長補佐）▽柴田裕且（大阪府、大阪府自衛隊家族会ナンバ地区会会長）▽島田弘道（東京都、自衛隊東京地方協力本部三多摩地区隊懇話会副会長）

露新型潜水艦など 宮古、対馬を通峡

11月23日午後4時ごろ、浮上航行するロシア海軍の「キロ改」級潜水艦＝写真＝2隻と最新鋭の「ステレグシチーⅡ」級フリゲート（満載排水量約2500トン、艦番号337「グレシャシチー」）、「ドゥブナ」級補給艦、「イングル」級救難曳船各1隻の計5隻が沖縄・西表島の南方約170キロの太平洋上を北東に向け航行するのを海自が確認した。統幕が新型の「キロ」級改「ステレグシチーⅡ」級の確認を公表するのは初めて。

これら露艦艇群は、沖縄本島と宮古島間の宮古海峡を北上し、東シナ海に進出。その後、同27日に長崎・対馬海峡東水道を北東進して日本海に入った。

海自4空群（厚木）のP1哨戒機、5空群（那覇）のP3C哨戒機、12護隊（呉）の護衛艦「あぶくま」、14護隊（舞鶴）の「せとぎり」「せんだい」、46掃海隊（勝連）の掃海艇「くろしま」、3ミサイル艇隊（佐世保）のミサイル艇「おおたか」が情報収集と警戒監視に当たった。

防衛省発令

1佐職 定期異動

▽護衛艦隊司令部（かしま艦長）1海佐 小城 尚徳
▽かしま艦長（護衛艦隊司令部）同 小野 修司
（以上11月29日）
▽統幕運用1課（23航空隊司令）1海佐 小河 邦生
▽同防衛課（海自幹部学校主任教官）同 佐瀬 智之
▽防衛大学生課補導室長（教育訓練研究本部）1陸佐 柵木 徳之
▽陸幕防衛協力課防衛協力班長（同）同 野下 茂助
▽同通信電子課電子器材班長（同研究調整官）同 宮本 真也
▽同指揮通信システム課企画班長（システム通信団高級幕僚）同 石橋 良浩
▽同副警務管理官（警務隊）2陸佐 黒木幸二郎
▽北部方面後方支援隊北部方面輸送隊長（中央輸送隊副隊長）1陸佐 小島 一男
▽旭川駐屯地業務隊長（北部方面後方支援隊北部方面輸送隊長）同 山内 徹
▽東北方面総監部募集課長（中部方面総監部防衛課陸上連絡官）2陸佐 島田 昌樹
▽同装備課長（九州補給処計画課長）同 田中 仁人
▽2陸曹教育隊長（習志野駐屯地業務隊長）1陸佐 山口 尚
▽東部方面総監部広報室長（15旅団1部長）2陸佐 白山 智章
▽同援護業務課長（関西補給処計画課長）1陸佐 森山 直樹
▽同装備課長（陸上総隊日米共同部）2陸佐 浅川 陽二
▽同総監部付（東部方面総監部援護業務課長）1陸佐 原口 義寛
▽東部方面会計隊長（小平学校主任教官）同 山口 勇人
▽同衛生隊長（中央病院2歯科部長）同 相羽 寿史
▽3陸曹教育隊長（17普通科連隊長兼山口駐屯地司令）同 杵渕 賢一
▽習志野駐屯地業務隊長（武器学校総務部長）同 飯田 努
▽中部方面総監部防衛課陸上連絡官（富士学校）2陸佐 合田 英二
▽同航空隊副隊長（航空学校主任教官）1陸佐 小野栄二
▽同後方支援隊副隊長（関東補給処火器車両部長）同 瓜生 研二
▽西部方面総監部総務部長（指揮通信システム隊司令）同 井上 勝
▽同総務課長（陸幕通信電子課電子器材班長）同 吉冨 博康
▽同厚生課長（8師団監察官）2陸佐 高橋 圭
▽同装備課長（武器学校）同 荒川 洋一
▽2師団監察官（13旅団1部長）同 新井 広道
▽6師団4部長（通信保全監査隊保全隊長）同 髙川 雅規
▽8師団監察官（西部方面総監部厚生課長）1陸佐 松田 友宏
▽12旅団司令部付（東部方面総監部広報室長）同 浅野 正尚
▽システム通信団高級幕僚（6師団4部長）同 兒島 隆幸
▽1特科団高級幕僚（2師団監察官）同 湯浅 智文
▽1施設団高級幕僚（東部方面総監部総務部）同 松本 宏
▽中部方面混成団長兼大津駐屯地司令（西部方面総監部総務部長）同 青井 常治
▽17普通科連隊長兼山口駐屯地司令（関西補給処桂支処総務部長）同 山室 知由
▽東北方面警務隊長（陸幕副警務管理官）同 五箇 久義
▽中央業務支援隊総務部長（中央業務支援隊印刷補給部長）同 角本 武司
▽同印刷補給部長（関西補給処桂支処整備部長）2陸佐 三木 太郎
▽装備実験隊3実験科長（開発実験団本部）2陸佐 阿久津智宗
▽会計監査隊東部方面分遣隊長（補給統制本部調達管理課長）1陸佐 山根 浩佳
▽中央輸送隊副隊長（中央輸送隊）2陸佐 大石 和孝
▽情報学校＝小平（陸幕指揮通信システム課企画班長兼統幕運用2課）1陸佐 塩満 大吾
▽航空学校霞ヶ浦分校長（三重地方協力本部長）同 濵岡 清隆
▽航空学校付（東北方面総監部募集課長）同 水野 宏治
▽施設学校研究部長（施設学校）同 安部 透
▽武器学校副校長兼企画室長（教育訓練研究本部主任教官）同 酒巻 勝
▽同総務部長（補給統制本部装備計画課長）同 武石政之
▽需品学校付（3陸曹教育隊長）同 川上 陽
▽小平学校警務科部長（東北方面警務隊長）同 山本晋三
▽小平学校付（小平学校警務科部長）同 髙橋宏一郎
▽教育訓練研究本部主任教官（東北補給処装備計画部長）同 冨吉 直樹
▽同研究調整官（東北情報保全隊長）同 宮本 克洋
▽教育訓練研究本部（防衛大学生課補導室長）同 川瀬 広海
（東部方面会計隊長）同 安藤 裕一
（1特科団高級幕僚）同 宮地 英久
（施設学校研究部長）同 佐藤 洋
▽補給統制本部装備計画課長（北海道補給処計画課長）同 狩野 秀樹
▽同調達管理課長（西部方面総監部総務課長）同 加藤 恵一
▽同弾薬部長（東部方面総監部装備課長）同 髙橋 正尚
▽補給統制本部付（会計監査隊東部方面分遣隊長）同 池ノ本八郎
（北関東防衛局防衛補佐官）同 松井 一博
▽北海道補給処装備計画部長（情報本部）同 中村公多朗
▽同計画課長（東北方面総監部装備課長）2陸佐 仲村 晋
▽東北補給処装備計画部長（補給統制本部弾薬部長）1陸佐 池田 幸博
▽関東補給処火器車両部長（北海道補給処装備計画部長）同 加藤 和彦
▽関東補給処＝用賀（東部方面衛生隊長）同 近野 敏之
▽関西補給処企画課長（2陸曹教育隊長）同 天内 一雄
▽同計画課長（補給統制本部）2陸佐 石井 光洋
▽同桂支処長（中部方面後方支援隊副隊長）1陸佐 田中奈津夫
▽同桂支処総務部長（1師団総務課長）2陸佐 宮原 修
▽同整備部長（中央業務支援隊総務部長）1陸佐 簑輪 康二
▽九州補給処計画課長（西部方面総監部装備課長）2陸佐 櫻木 良文
▽情報保全隊東北情報保全隊長（情報本部）1陸佐 菅原 隆二
▽指揮通信システム隊司令（教育訓練研究本部）同 木村 顕継
▽三重地方協力本部長（中部方面航空隊副隊長）同 岸田 佳明
▽北関東防衛局防衛補佐官（1施設団高級幕僚）同 太田 耕輔
▽防衛装備庁長官官房装備開発官付高高度超音速飛しょう体システム研究室副室長（装備実験隊3実験科長）2陸佐 田久保 智
▽海幕教育課学校班長（海幕教育課）1海佐 田中 政臣
▽同運用支援課（統幕防衛計画部）同 行松 栄治
▽同情報課情報運用室長（海幕情報課）同 原 彰宏
▽同装備需品課企画班長（同装備需品課）同 上田 知史
▽同共同後方班長（同）同 作中 晶和
▽同装備需品課（航空補給処管理部長）同 眞鍋 太
▽同監察官付（1音響測定隊司令）同 平川 崇
▽自衛艦隊衛生主任幕僚（中央病院1内科）同 北垣 学
▽3護衛隊群司令部（海幕教育課学校班長）同 小野小百合
▽3航空隊副長（51航空隊）2海佐 堀ノ内秀志
▽22航空隊副長（かが副長）1海佐 坂口 健治
▽23航空隊司令（小月教育航空隊司令）同 白石 英史
▽5整備補給隊司令（航空補給処航空機部長）同 花田 博光
▽厚木航空基地隊司令（海自幹部学校企画部長）同 芳賀 基
▽館山航空基地隊司令（22航空隊副長）2海佐 徳田宏和
▽掃海隊群司令部（舞鶴警備隊司令）1海佐 小山 雅弘
▽1音響測定隊司令（海洋業務・対潜支援群司令部）同 手塚真理子
▽舞鶴警備隊司令（余市防備隊司令）同 大森 浩昭
▽余市防備隊司令（海自2術科学校教務部長）同 石谷 拓哉
▽大湊造修補給所副所長（同4術科学校教育2部長）同 中村 泰之
▽203教育航空隊司令（3航空隊副長）同 片山 稔文
▽小月教育航空隊司令（203教育航空隊司令）同 林 和昭
▽練習艦隊首席幕僚（練習艦隊司令部）同 天野 晋介
▽海自幹部学校企画部長（海自幹部学校）同 三上 大二
▽同主任教官（防衛研究所主任研究官）同 塚田 文彦
▽海自2術科学校教務部長（海幕装備需品課企画班長）同 青島 忠俊
▽同4術科学校教育2部長（同共同後方班長）同 岡村 雄二
▽航空補給処管理部長（大湊造修補給所副所長）同 髙橋 謙司
▽同航空機部長（航空補給処）同 佐藤 豊
▽中央病院小児科（自衛艦隊衛生主任幕僚）同 川村陽一
▽解横須賀病院医療安全評価官事務取扱、同検査研究課長事務取扱 横須賀病院副院長 同 松崎 宏治
▽横須賀病院医療安全評価官兼横須賀衛生隊（横須賀衛生隊長兼横須賀地方総監部衛生監理官兼横須賀病院）2海佐 田中 徹平
▽舞鶴病院長、舞鶴病院診療部長事務取扱（呉衛生隊長兼呉地方総監部衛生監理官兼呉病院）1海佐 庄野 聡
▽空幕防衛課兼空自幹部学校（空自幹部学校兼空幕防衛課）1空佐 巻田 明輝
（以上12月1日）
▽統幕総務課渉外班長（空幕情報課付）1空佐 松本 喬
▽統幕学校教育課1教官室学校教官（航空教育集団教育2課長）同 伊藤 寛人
▽同教育課（防衛装備庁航空機調達官）同 長谷川晃久
▽空幕人事教育計画課（統幕学校教育課1教官室学校教官）同 飛世 知則
▽航空総隊施設課長（空自幹部学校）同 森 孝二
▽北部航空方面隊総務部長（4航空団飛行群司令）同 藤崎 能史
▽2航空団副司令（北部航空方面隊総務部長）同 河野 学
▽西部航空方面隊援護業務課長（航空教育隊基地業務群司令）同 中井 教
▽南西航空方面隊防衛課長（空自幹部学校兼空幕防衛課兼空幕科学技術官付）同 眞部 誠司
▽3輸送航空隊基地業務群司令（西部航空方面隊援護業務課長）2空佐 西野 孝司
▽航空気象群副司令（統幕総務課渉外班長）1空佐 石渡 宏臣
▽航空教育集団教育2課長（空自幹部学校）同 稲留 仁
▽4航空団飛行群司令（南西航空方面隊防衛課長）同 佐藤 薫
▽航空教育隊基地業務群司令（航空気象群副司令）同 馬渡幸史郎
▽航空中央業務隊副司令（3輸送航空隊基地業務群司令）同 荒木 克美
▽航空中央業務隊付（航空中央業務隊副司令）同 若佐 博司
（近畿中部防衛局東海防衛支局装備課長）同 藤井 毅
（沖縄防衛局防衛補佐官）同 阿部 晋也
▽空自補給本部調達課長（防衛装備庁調達企画課連絡調整官）2空佐 福本 考祐
▽2補給処調達部長（4補給処調達部長）同 村岡 良雄
▽3補給処調達部長（防衛装備庁航空機調達官付）同 橋本 洋一
▽4補給処調達部長（空自補給本部）同 藤本 芳信
▽北関東防衛局首席検査官（同調達課長）同 小林昭洋
▽同装備2課長（北関東防衛局装備2課主任検査官）同 有留 功治
▽近畿中部防衛局東海防衛支局装備課長（2補給処調達部長）同 西岡 龍雄
▽沖縄防衛局防衛補佐官（航空総隊施設課長）1空佐 重久 伸一
▽防衛装備庁調達企画課連絡調整官（3補給処調達部長）2空佐 古川 孝治
▽同航空機調達官（2航空団副司令）1空佐 西 克洋
（以上12月3日）
▽統幕運用1課（5航空隊司令）1海佐 德留 秀和
▽5航空隊司令（海幕運用支援課）同 酒井 尚久
（以上12月6日）

中国、AUKUS設立に危機感

中露艦が津軽・大隅海峡同時通過

小原　凡司
笹川平和財団上席研究員

高知県沖を西進する中露計10隻の艦艇群

強力な武装をもつ中国海軍「ジャンカイII」級フリゲート（手前）とロシア海軍「ウダロイI」級駆逐艦

日本近海を並走する中国海軍「レンハイ」級ミサイル駆逐艦（手前）と大型レドームを搭載したロシア海軍「ネデリン」級ミサイル観測支援艦

中国海軍とロシア海軍艦艇の動き

（統幕の資料を基に作成）

中国海軍とロシア海軍の大型艦艇計10隻が共同で艦隊を組み、10月18日から24日にかけ、日本列島を右回りにほぼ周回した。中露艦隊の青森・津軽海峡と鹿児島・大隅海峡の同時通過も初めて確認され、これまでにない特異な事例として、自衛隊が警戒監視と情報収集に当たった。中露艦隊の日本への示威活動ともとれるその行動の背景には何があるのか。海自OBで、現在、笹川平和財団上席研究員を務める小原凡司氏にその意図を分析してもらった。

日本列島を周回した意図

◇日本に対する軍事的圧力

2021年10月18日、中国海軍艦艇5隻およびロシア海軍艦艇5隻の計10隻が日本海から津軽海峡を抜けて太平洋に出た後、日本列島に沿って航行し、同月23日に大隅海峡を抜けて、それぞれ帰途に就いた。

中国はこの航海を戦略合同巡航と呼称した。中国海軍がロシア海軍と共に行動することに戦略的な意義があるという意味だ。中国の艦隊には、3隻しか就役していない世界最大級の駆逐艦である055型駆逐艦1隻も含まれていた。

津軽海峡は、北海道と青森県に挟まれた海峡で、最も狭い部分で幅が20キロメートル強である。この狭い海峡を、排水量1万トンを超える駆逐艦を含む10隻の海軍艦艇が通ったのであるから、日本に対する軍事的圧力に他ならない。

領海は海岸を直線で結んだ基線から12浬（約22キロメートル）とされることから、本来であれば津軽海峡は全て日本の領海である。しかし、日本は宗谷海峡、津軽海峡、対馬海峡東水道、対馬海峡西水道、大隅海峡の5つの海峡を特定海域として、自ら領海を3浬に設定している。そのため、津軽海峡の中心には幅約10キロメートルの公海が存在するのである。

中露海軍艦隊はこの公海を航海したのであるから、中国が主張するとおり、国際法に違反した訳ではない。また、領海であっても、海軍艦艇は無害通航権を有しており、沿岸国に危害を及ぼさない限り、他国の領海を航行できる。問題は、中露海軍が日本を周回した意図である。

◇AUKUSに危機感

中国が軍事的手段を用いたということは、その理由も軍事的なものであると考えるのが妥当であり、AUKUSの設立が関係していると考えられる。豪州が8隻の攻撃型原子力潜水艦を保有することを英国と米国が支援するというプロジェクトを含む三カ国による軍事協力枠組みである。

AUKUSは、中国の対米核抑止の効果を低下させる可能性があるものだ。豪州と米国が海軍の運用を一体化させ、南シナ海で攻撃型原潜を行動させれば、海南島に配備されている中国の戦略原潜は出港時から両国の攻撃型原潜に追尾されてしまう。戦略原潜とは、核弾頭を搭載した大陸間弾道ミサイル（ICBM）を発射できる原子力推進潜水艦である。潜水艦は位置を秘匿できることから敵の第一撃を生き延びる可能性が高く、戦略原潜が核報復攻撃の最終的な保証になるのだ。

中国は、対米核抑止の効果を損ねるAUKUSに対する危機感を強めた。中国共産党系のメディアは、「AUKUSは軍拡のパンドラの箱を開けた」と報じている。それでも中国メディアは、「（同じファイブ・アイズのメンバーであっても）カナダとニュージーランドは反中姿勢が強くないからこの枠組みに参加しなかった」と報じ、米国の軍事協力は限定的であると主張した。

小原　凡司（おはら　ぼんじ）　1963年生まれ。85年防大卒、海自入隊。98年筑波大院（地域研究修士）修了。03～06年駐中国防衛駐在官、06年海幕情報班長、09年第21航空隊司令。13年東京財団、17年6月から現職。主な著書に『中国の軍事戦略』『米中新冷戦の幕開け』など。

高まる第一列島線の意義

しかし、10月上旬、フィリピン東方海域において6カ国海軍合同演習が実施され、日本、米国、英国、ニュージーランド、カナダ、オランダの艦艇が参加した。問題はニュージーランドとカナダの参加である。

中国の危機感は、同時期に大量の中国軍機が台湾南西空域の防空識別圏に侵入したことに現れている。中国大陸から台湾南西空域に向かって飛行すると、その先に太平洋と南シナ海を結ぶバシー海峡があるのだ。さらにその後、米海軍とカナダ海軍の艦艇が台湾海峡を通峡した。

米国は、AUKUSは終わりではなく、一つの段階に過ぎないことを示したのだと言える。AUKUSによって豪州が8隻の攻撃型原潜を配備するまでに約20年を要するという。今すぐに現状を変えるものではない。また、カナダやニュージーランドが米国と新たな軍事協力の枠組みを構築した訳でもない。これらは米国およびその同盟国から中国への政治的メッセージなのである。

同盟国と軍事行動を一体化させる意思を米国が示したことに対して、中国は反発するとともに、対米核抑止を確実なものにするための、例えば、極超音速飛翔体を用いた新しい核兵器などの開発を加速させている。そして、中国が懸念するもう一つの枠組みが日米同盟である。

◇中露協力の標的は日本

中国は第一列島線を「中国を縛る鎖」として意識している。日本が米国と軍事行動を一体化させれば、第一列島線の軍事的意義が高まる。米国が同盟国と軍事的一体化を進めれば、中国はロシアと軍事協力を進める。そして中国は、日本が米国と一体化しようとすれば、中露協力のターゲットになるのは日本だ、という政治的メッセージを送ったのである。

一方で、日本に送られる中国の政治的メッセージは軍事的圧力だけではない。中国は、伝統的に「強制」と「協調」の手段を同時に使い分けて相手国に影響力を及ぼそうとする。2021年11月18日に行われた日中外相電話会談において、王毅外相は「重要な問題について一線を越えない」よう要求しつつ、林外相に訪中を要請して対話モードも演出した。

中国の対日姿勢の背景には米中関係がある。中でも、AUKUSの設立は中国の危機感を高め、米中間の紛争回避への動きにつながり、対日姿勢にも影響を及ぼしている。日本は、中国の日本に対する政治的メッセージを正確に読み取り、日本の意図を正確に示す適切なメッセージを送らなければならない。

中国が防衛ラインとして設定する「第1列島線」「第2列島線」

第2列島線
中国
台湾
第1列島線
グアム
フィリピン
ベトナム
カンボジア
パラオ
マレーシア
インドネシア

日本列島を隊列を組み周回するロシア海軍の5隻（左側）と中国海軍5隻（右側）の大型艦
（写真はいずれも統幕提供）

「大規模接種センター」半年間の運営終幕

東京・大阪両会場のセンター長ら6人が振り返る

防衛省・自衛隊が今年5月24日に東京と大阪に開設した新型コロナワクチンの「大規模接種センター」が11月30日、運営を終了した（1、9面参照）。これに先立ち11月17日、東京と大阪の会場では両センター長や接種隊長らが報道陣のインタビューに応じた。

政府と国民の期待、大きく感じた

「自衛隊大規模接種センター」の任務完了式典で「センターの設置・運営は、接種率向上の大きな後押しとなった」と述べる菅前首相（11月30日、東京都千代田区の大手町合同庁舎3号館の東京会場で）

ワクチン接種の起爆剤

東京センター 132万回

問題点を日々改善

■東京センター長を務める自衛隊中央病院診療技術部長の水口靖規1陸佐の話

運営当初、メディアの皆さまにセンターの様子を報道していただいたことで、国民の方々には我々の活動をご理解いただいた上で安心してご来場いただき、感謝している。

振り返ると、この施設を使って1万人の来場者を迎えなくてはならないという準備段階が非常に苦労したところだ。レイアウトや実施要領を考え、初日からスムーズに活動ができたのは良かった。運営開始後はさまざまな問題点を改善しながら進め、大きな成果を得ることができた。

東京会場では国民の皆さまに約132万回の接種を行った。自治体や職域接種の皆さまに当センターを研修していただき、そのノウハウをしっかりとお伝えしたことで、全国的にワクチン接種が進んだのではないかと自負している。

また、モデルナワクチンの副反応の報告もまとめてお伝えできたことも、皆さまが安心してワクチンを受けられるきっかけになったのではないかと思う。

当初は3カ月間の開設予定だったのが半年間に延長される中で、感染状況も落ち着いておらず、我々はまだしっかりやるべきだということは思っていた。モデルナワクチンは2回接種しなくてはならないので、11月末まで運営できたことは非常に意義があった。

一方で、我々には長期間にわたる勤務のストレスや疲れが出てきたので、全員でワクチン接種の意味を考え、任務遂行の意義を浸透させつつ、適度に休養を取りながらやってきた。

印象に残ったのは、当時の菅首相が5月24日の初日に視察に来られて我々を激励していただいたことだ。政府の期待、国民の期待を非常に大きく感じた。我々は勇気付けられ、そうした思いでここまでやってくることができた。来場者の皆さまからの感謝の言葉や手紙、10代の人たちがアンケートに書いてくれた「ここで受けてよかった」という声に感動した。

規律や感染防護、医療安全といった点は徹底し、『さすが自衛隊』といわれるように目指してやってきた。官民合同なので、民間の方とそうした気持ちをいかに共有するかというところに苦労した。当初は互いの文化が違ったり、それぞれ得手不得手があったりしたが、話し合いをしながら徐々に向かう方向を一致させてきた。毎日必ずミーティングを開き、情報共有しながら進めたのも大きい。

初めて自衛隊が経験する任務で、新たなチャレンジだったが、短期間での準備や民間との連携の在り方について教訓を得た。

現場リーダーを務める自衛隊看護官（右端2人）のもと、接種開始前にミーティングを行い、当日の来場予定者数やピーク時間帯、シフトに関する情報を共有する民間の看護師ら（11月17日、東京都千代田区の大手町合同庁舎3号館の東京会場で）

ノウハウ広めた

■東京センターの接種隊長を務める自衛隊中央病院診療放射線室長兼呼吸器科医長の河野修一1陸佐の話

大規模接種センターは、日本全体としてワクチン接種を大きく進める起爆剤になったと思っている。国家的なプロジェクトかつ、衛生部門を主とする自衛隊初の官民合同オペレーションに携わることができて非常に大きなやりがいを感じている。国民の皆さま方には自衛隊をよく知っていただける一つの大きなきっかけになったのではと思う。

民間の看護師さんたちも非常に前向きに関わってくれて、とても良い雰囲気の中で官民共に良い面を参考にしながら働くことができた。

接種を受けに来た方から『身近な人たちが全員ここで受けていて、皆とても良かったと言っている』『よく話を聞いてくれる』『丁寧に説明してくれる』といったお褒めの言葉を多く頂き、勤務員一同、やりがいにつながった。

ゼロから手探り

■東京センターのワクチン管理支援係を務める対特殊武器衛生隊看護官の西田祐太郎1陸尉の話

立ち上げの段階が手探りで一番大変だった。ワクチン管理の要領、作業マニュアルの作成、不測事態への対処などについてゼロから考え、組み立てた。

半年間という長く、一見終わりが見えない任務に対するモチベーションの維持に苦労し、精神的な負担はあったものの、官民が協働して100万人以上の方に接種できたのは本当に良かったと今改めて感じている。

大阪センター 64万回

目的意識はっきり

■大阪センター長を務める自衛隊阪神病院副院長の小池啓司1陸佐の話

センター長として留意したことは、民間の看護師の方や業者の方など、自衛隊のことを知らない方と一緒に仕事をするので、それぞれ現場ごと、持ち場ごとにコミュニケーションをしっかりとってもらえるよう心掛けた。センター全体として、皆に同じ目的意識を持って意義を共有してもらおうと、『ともに安全・安心ありがとう』という合言葉を定め、バッジを作って配布するなど、官民一体で『一生懸命やっていくぞ』という雰囲気の醸成に努めた。

来場者の方には整斉粛々と接種を受けていただき、混乱もなくお帰りいただいた。来場者の方々からは手紙やSNSなどを通じて『自衛隊が運営していることに非常に安心感を覚えた』『接種を受けて安心した』などのコメントを頂き、我々としてもやりがいを持って任務に当たることができた。

センター設置の決定から開設までの準備期間はわずか3週間しかなく、大急ぎで準備をしたが、全国から派遣されてきた隊員たちは自らの使命をしっかりと自覚し、直ちに任務に就いていてくれ、自衛隊組織の強みを改めて実感した。

その後、大きな事故などもなく、大阪センターでは半年間で延べ約64万人の方に接種を受けていただいた。その間、第5波を乗り越え、現在は新規感染者数も激減し、それに伴い、会場の予約も減って落ち着いた状況となった。我々が必要とされなくなるというのは平和なことなのだと思う。

当センターは全国対象で、北海道から沖縄まで大阪府以外の多くの自治体から接種に来ていただいた。そうした意味でも接種率の向上に寄与できたと思っている。

「自衛隊大規模接種センター」の任務完了式典で岸防衛相（演台）から1級賞状を授与される東京センター長の水口靖規1陸佐（後ろ向き）＝11月30日、東京都千代田区の大手町合同庁舎3号館の東京会場で

「ともに安全・安心 ありがとう」合言葉に

官民相互フォロー

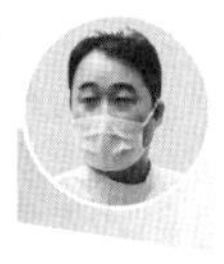

■大阪センターの接種隊長を務める自衛隊阪神病院耳鼻咽喉科部長の鈴木洋2陸佐の話

官民が相互にフォローする形で、例えばワクチンに異物が混入していないかなどの確認については何重ものチェック体制をとって細心の注意を払った。ラグビーのごとく『ワンチーム』で互いに助け合いながらやってこられたのは非常によかった。案内などでは自衛官が気付かないところを民間の方にフォローしていただいた。

来場者の方に安心・安全であることを示すことが大事だと思い、何か不安や疑問を感じておられることがあれば問診時などに時間をかけてご説明し、納得してもらえるよう、真摯に対応させていただいた。市民の皆さまにこの会場に足を運んでいただいたことに感謝しながら任務に当たってきた。

一人一人に実践

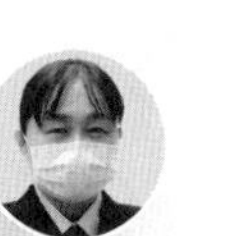

■大阪センターの運営支援班で勤務する看護官の増田美紀1陸尉（自衛隊阪神病院副看護部長・現在は看護部付）の話

民間の看護師の方々は非常に意識が高く、『自衛隊の人と一緒にこの国難に対して自分も力になりたい』と語っていただいた方が非常に多かった。官民の看護官・看護師等は『ともに安全・安心ありがとう』というセンターの合言葉を胸に、来場者一人一人に対してそれを実践したつもりだ。接種を受けに来られた方々が安心した表情で帰られていく姿がとても印象的だった。

東京・大阪大規模接種センターの運営

2021年4月27日	菅前首相が開設を指示
5月17日	東京と大阪で編成完結式。予約開始
5月24日	8月下旬までの予定で開設。東京23区と大阪市に住む65歳以上が対象
5月31日	接種本格化。東京1日1万人、大阪1日5千人に。1都2府4県の65歳以上に対象拡大
6月10日	全国65歳以上に対象拡大
6月15日	全国18歳以上に対象拡大
7月21日	9月下旬まで1カ月延長決定
9月2日	11月末まで延長決定
10月4日	16歳以上への接種開始
10月23日	1回目のコロナワクチン接種を終了
11月30日	東京と大阪で運営終了。任務完了式典

厚生・共済

特集

『さぽーと21』冬号完成

「退職時の手続き」特集

長野の名所、見どころ紹介

防衛省共済組合の広報誌『さぽーと21』冬号が出来上がりました。

巻頭では退職予定組合員向けに「よくわかる退職時の共済手続き」を特集。自衛官・事務官等は退職すると翌日から組合員でなくなるため、退職前に短期（医療）、長期（年金）、保健、貯金、貸付、物資、保険、防衛省生協（火災・災害共済、生命・医療共済、退職者生命・医療共済）の手続きを済ませておくことが必要です。

本号では必要な手続きをまとめた一覧を掲載していますので、本誌を見ながらご自身でチェックできます。ぜひご活用ください。

関連記事の「教えて！年金」は公的年金の支給開始年齢および繰り上げ、繰り下げ請求について解説しています。

「ベネフィット・ステーション活用術」は長野県を特集。「信州の古道・社寺巡りと軽井沢の話題スポット探訪」をテーマに、戸隠エリアの自然に囲まれた古の五社巡り、長野の名所善光寺と高原リゾート・軽井沢の見どころを紹介しています。各地のグルメも写真入りで紹介しているので、訪れる際にぜひ参考にしてください。

続いて、ベネフィット・ステーションの「得・ベネ通販」を紹介。年末年始のギフトにぴったりな銘柄牛5種セット、明太もつ鍋セット、ふぐちり、ウインターデザートなどが会員ならではの割引価格で購入できます。どうぞご利用ください。

「得・ベネ通販」などお得に活用を

巻末の「支部だより」では、令和2年度本部長表彰を受賞した帯広支部、久留米支部、下関基地隊支部、入間支部の福利厚生事業を、それぞれ詳しく紹介しています。

◇

『さぽーと21』はご自宅に持ち帰り、ご家族で一緒にご覧ください。

健診はお済みですか？

「ベネフィット・ワン」で申込み

生活習慣病である高血圧、糖尿病、脂質異常症などに、喫煙や肥満などが重なると、動脈硬化が進行して心筋梗塞などの重い病気の発症につながります。定期的に健診を受診し、健康を保ちましょう。

また、今年度も女性を対象に「巡回レディース健診」を行っています。ぜひご利用ください。

健診の受け付けは共済組合が委託する「ベネフィット・ワン」が行っていますので、次の方法でお申し込みください。

【WEB】パソコンはhttps://www.benefit-one.co.jp、スマートフォンはhttp://bnft.jp へ。アクセス後、「健診予約はこちら」のバナーをクリックしてお進み下さい。

【電話】ベネフィット・ワン健診予約受付センター（0800ー1702ー502、03ー6870ー2775）へ。午前10時から平日が午後9時、土日祝日は午後6時まで受け付け。年末年始は休みです。

【FAX】0800ー9199ー030、089ー900ー8281へ。お手元の冊子の「＜各種健診＞FAX・郵送申込書」または「＜婦人科単体検診＞FAX・郵送申込書」をご利用ください。

【郵送】〒790ー8790愛媛県松山市藤原2ー8ー8　株式会社ベネフィット・ワン健診予約受付センターまで。「＜各種健診＞FAX・郵送申込書」または「＜婦人科単体検診＞FAX・郵送申込書」に必要事項をご記入のうえ、お送りください。

申し込み後、「ご予約確定通知書」が送付されます。受診当日は「防衛省共済組合員証」または「自衛官診療証」を持参して受診してください。健診結果は1カ月程度で健診機関から本人に直接送付されます。

なお、健診時に個人負担金がある場合は健診機関窓口で当日お支払いください。

◇

このほか、健診機関に電話で直接申し込むこともできます。お手元の「健診機関リスト」に掲載された健診機関に、受診希望日の3週間前までに電話でお申し込みください。

予約後、受診希望日の3週間前までにベネフィット・ワン健診予約受付センターに電話・FAX・郵送で「ご予約確定通知書」の発行を依頼してください。後日、健診予約センターから同書を送付します。

その後は上記の方法で受診してください。

◇

一方、「巡回レディース健診」は12月20日まで申し込みを受け付けています（受診期間は来年2月末日まで）。

受診資格者は任継組合員、被扶養配偶者、当該年度において40歳以上74歳以下の被扶養者（女性、年度内1回）です。受診会場はベネフィット・ステーションWEBへアクセス後、「健診予約はこちら」→「巡回健診会場一覧」をクリックしてください。

健診料金は任継組合員・被扶養配偶者はすべて無料。一方、当年度40歳以上74歳以下の被扶養者（配偶者を除く）は、生活習慣病健診が5500円＋オプション検査費用は全額自己負担となっています。

この機会にぜひご利用ください。

インフルエンザ予防接種を助成

来年1月末まで

防衛省共済組合では、組合員の被扶養者を対象に「インフルエンザ予防接種」の助成を行っています。期間は来年1月31日まで。インフルエンザが流行する前に、ぜひ予防接種を受けましょう。

助成対象は予防接種を受けた被扶養者全員で、1人につき年1回助成します。助成額は接種1回につき1500円。接種料金が1500円未満の場合はその額（100円未満切り捨て）とします。

共済組合に助成金を請求する際は、接種後、「インフルエンザ予防接種助成金請求書兼受領書」にインフルエンザ予防接種を受けたことが分かる記載のある医療機関発行の領収書またはそれと同等の書類を添え、所属する支部に提出してください。請求期間は来年2月末日までとなっています。

なお、「経鼻インフルエンザ生ワクチン（フルミスト）」等、厚生労働省未承認のワクチンは助成の対象となりません。ご注意ください。

大切な方々に「ありがとう」と伝えたい

挙式・写真プラン「サンキュープラン」

共済組合の直営施設「ホテルグランドヒル市ヶ谷」（東京都新宿区）で結婚式を挙げてみませんか。グラヒルでは特別の挙式・写真プラン「サンキュープラン」（税込み特別価格39万円）をご用意しています。

このプランは「キリスト教式」となっており、結婚式には牧師と聖歌隊（女性2名）、オルガニストが加わり、さらに結婚証明書、リングピロー、装花、ブライダルカーが含まれます。さらに新郎・新婦の衣装、衣装小物、介添え、美容着付、記念写真、スナップ写真も含まれます。この機会にぜひご利用ください。

なお、結婚式は「チャペル内人前式」も承ります。

「サンキュープラン」では挙式3カ月前から婚礼衣装を着て写真撮影ができる「写真プラン」もご用意しています

HOTEL GRAND HILL
ICHIGAYA

「写真プラン」も

式の前に婚礼衣装をお召しになり、晴れの姿で写真撮影をしてみませんか。「サンキュープラン」では挙式3カ月前から婚礼衣装を着て写真撮影ができる「写真プラン」もご用意しています。こちらもどうぞご利用ください。

「サンキュープラン」「写真プラン」についての詳細はホテルスタッフまでお問い合わせください。ご予約・お問い合わせは、電話03ー3268ー0115（直通）、専用線8ー6ー28853（婚礼予約）まで。ホームページ（https://www/ghi.gr.jp）、メール（salon@ghi.gr.jp）でも受け付けています。

このほか、ブライダルのご相談もお電話・メール・オンラインにて受け付けております。お気軽にお問い合わせください。

「写真プラン」はチャペル内での写真撮影もできます

挙式3カ月前から撮影できます

年金Q&A

扶養中の大学生の子供が20歳になったら年金は？

学生でも20歳から第1号被保険者に

Q　現在、扶養中の大学生の子供が20歳になり、国民年金加入のお知らせと保険料納付の案内が届きました。国民年金の概要を教えてください。

A　はじめに、国民年金には自営業者や学生など被用者年金制度に加入していない方のほか、被用者年金制度の加入者やその被扶養配偶者も加入することになっています。学生であっても、20歳から国民年金の第1号被保険者となり、保険料の納付義務が生じます。

公的年金制度として全国民共通の基礎年金制度（国民年金）と、基礎年金制度の上乗せ部分としての被用者年金制度（厚生年金制度）に区分されます。

従って、厚生年金保険に加入している方は、同時に二つの年金制度に加入していることになります。

国民年金の保険料は全国の金融機関やコンビニ、インターネット等を利用して納めることができます。

●国民年金被保険者の種別

【第1号被保険者】日本国内に住所を持つ20歳以上60歳未満の方で、次の第2号または第3号の被保険者に該当しない方。（学生、農林漁業、商業などの自営業者や自由業の方とそれらの配偶者）

【第2号被保険者】共済組合員や会社員等、被用者年金制度の被保険者。

【第3号被保険者】第2号被保険者の被扶養配偶者で20歳以上60歳未満の方。

学生を対象とした特例として、国民年金保険料の納付が猶予される制度があります。保険料を納められないときは、放置せず学生納付特例を申請しましょう。

年金は老後に受け取るだけでなく、万一の病気やけがで障害が残ったときに、障害基礎年金を請求することができますが、保険料を納めていない場合や、学生納付特例の手続きを行わないまま未納があると、請求できない可能性があります。

●対象になる方

大学（大学院）、短期大学、高等学校、高等専門学校、専修学校および各種学校等に在籍する学生

※学校教育法で規定されている修業年限が1年以上の過程のある学校

国民年金のご相談は、最寄りの年金事務所や住民登録のある市区町村の国民年金窓口でお願いします。詳細は年金事務所、日本年金機構のホームページでご確認ください。

（本部年金係）

厚生・共済

特集

パイロットに熱々ランチ

8空団 飛行場地区で応急給食訓練

「対領空侵犯措置など国防の任に当たるパイロットたちに温かい食事を提供したい」――。空自操縦士や整備員は任務の特性上、「運搬食」という形で昼食を給養部隊に取りにいき、手が空いた時に食事をとっているが、冷めてしまい味も落ちてしまっているのが実情だ。そこで8空団業務隊（築城）では、空自で初となる「飛行場地区での給食」訓練を行い、熱々の食事をパイロットらにふるまった。この飛行場地区での食事の提供は今後も行われる計画だ。

空自初の飛行場地区での応急給食訓練でカレーを調理する給養小隊員（写真はいずれも11月12日、空自築城基地で）

給養小隊の9人参加

空自初の試み

【築城】8空団は11月12日、広大な飛行場地区で応急給食訓練を行った。団によると、空自の業務隊が飛行場地区に"出張"し、調理や配食を行うのは初。

これまで調理に必要な水、器材、食材がそろう厨房近くでの訓練は実施されているが、今回はパイロットら運用者側に寄り添った形で、給養員が出張して食事を調理し、提供した。

業務隊員たちは「温かい食事をとってほしい！」「運用者側の隊員に喜んでもらいたい」という思いを込め、広い飛行場地区で調理に臨んだ。給養員にとっても普段は厨房だけで調理するため、「野外調理」という新たな機会を作ることでマンネリ化を防止できる。

当日の訓練には業務隊給養小隊の9人が参加し、給食施設から離れた飛行場地区に炊事車を配置し、昼食のカレー百数十食分を調理した。

配食時間になると、F2戦闘機などのパイロットや整備員が続々と炊事車の周囲に集まり、熱々のカレーを受け取り、職場で胃袋を満たした。

調理した給養員は「パイロットや整備員と同じ空間で仕事をすることで、飛行運用の一体感を味わえた」と充実した表情で語り、一方、パイロットは「普段の運搬食と違ってできたての温かな食事が食べられるのはありがたい。おいしい食事は仕事の活力になる」と大好評だった。

訓練指揮官の大渕淳1尉は「平時、有事に関わらず、隊員の活力となる食事を提供するのが我々の仕事。今後もさまざまな場所で給食活動を行い、隊員に喜んでもらいたい」と述べた。

職場のすぐ近くでできたての料理を受け取る空自F2戦闘機パイロット（左端）ら

海自で初カーシェアリング

スマホから予約、利用まで

横須賀基地業務隊

海自初の「カーシェアリング・サービス」で配車された「アクア」をバックに記念撮影する上山修司基地業務隊司令（左）ら（横須賀基地で）

【横須賀】横須賀基地業務隊は10月25日、海自で初となる「カーシェアリング・サービス」を開始した。

共済組合横須賀支部がトヨタレンタリース横浜と委託契約を結び、実現。利用者がスマートフォンから「トヨタシェア」のアプリをダウンロードして会員登録すれば、車の空き状況の確認・予約から、返却、精算、ドアの開・施錠、エンジンの始動までスマホ一つで行える。

横須賀基地で利用できるのはトヨタのコンパクト車「アクア」2台で、ガソリン代、保険料込みで「15分150円」から利用可能。

トヨタレンタリースが週に1回、定期巡回して車内の内外装の汚れやタイヤの空気圧をチェックするため、清潔で安全なクルマが提供される。万が一、事故やトラブルが発生しても、24時間365日対応の窓口があるため、安心して利用できる。

車の設置場所は基地構内のほぼ中央にある厚生センター前駐車場で、艦艇乗員も利用しやすい。

サービスを導入した業務隊共済第2係長の中村力也事務官は「今後も隊員のニーズを的確にとらえ、より良いサービスを提供していきたい」と話している。

自慢の一品料理

塩山椒空上げ

紹介者：3空曹 川端 雄二（第17警戒隊・見島）

空自見島分屯基地の空上げと言えば空自調理競技会で銀賞に輝いた「見島みそ空上げ夏みかんソースがけ」が有名ですが、夏みかんは6～8月が旬のため、年中入手できる塩山椒を使った「塩山椒空上げ」を考案しました。

作り方はまず、鶏もも肉を2～3センチの角切りにした後、塩こしょう、山椒をふりかけます。ボールに肉、おろしにんにく、おろししょうが、料理酒を入れて約1時間漬け込み、さらにキャベツ、紫タマネギを千切りにしてバットに小麦粉、片栗粉、山椒を入れ、鍋に揚げ油をかけた後、鶏肉に混ぜた片栗粉などをつけて揚げて完成です。お好みで山椒をさらにふってもおいしく食べられます。

味と風味を生かすため、鶏肉に下味と揚げる直前の2回、山椒を入れることがポイント。片栗粉と小麦粉に混ぜて揚げることで、衣はサクサク、中は軟らかくなります。

今後も見島独自のさまざまな味付けの空上げを試作し、レシピの改良や味の追求をしていきたいと思います。

シンプルな塩味とピリッとくる山椒のハーモニーは絶品です。山椒にはカリウムが豊富に含まれ、さらに胃腸の働きを整えて新陳代謝を促進させる効果もあります。

営内のネット環境整う

厚生センター内にWi－Fi

美幌駐屯地 隊員に好評

美幌駐屯地厚生センターでワイファイを利用してTV通話する隊員

【美幌】美幌駐屯地厚生センターにこのほど、ワイファイ（Wi－Fi）環境が整備され、駐屯地隊員から好評を得ている。

現在、駐屯地隊員の半数以上がセンター内のワイファイを利用しており、隊員へのアンケートでは「コロナ禍でなかなか買い物に行けないので、ネットショッピングに利用させてもらっている。スマホでつながられるのが助かる」「営内で視聴する映画や音楽をダウンロードできるので、毎日」

地元の味弁当に

訓練部隊へ提供

湯布院駐業

【湯布院】湯布院駐屯地業務隊は10月1日から11月4日まで、湯布院町内の16カ所の飲食店や旅館の協力を受け、遠方から訪れた兵站検証部隊に対し、「湯布院味めぐり弁当」を提供した。

この企画は、日出生台演習場での訓練に参加する隊員が長期間、弁当生活となることを改善するため、湯布院の地域料理を提供するもの。コロナ禍で観光産業の冷え込む湯布院の地域経済への支援も目的とし、由布市商工会湯布院支部などの協力を受けて実現した。

自衛隊への納入や弁当製造が初めてという企業も多く、それぞれ試行錯誤を経て、「旅館幕の内弁当」「とり天弁当」「フレンチ弁当」など、計20種類の弁当が隊員たちに提供された。

本格的な湯布院料理を味わった隊員からは、「演習場で一流の旅館や食事処の味を堪能でき、夢のよう」「手作りの新鮮な総菜が多くてありがたかった。訓練で外出できなかったが湯布院の味を堪能できた」「お弁当に添えられたメッセージや紅葉に癒された」との感想があり大好評だった。

由布市商工会湯布院支部の木戸浩久支部長は「会員から『陸上自衛隊の駐屯地の方々が地域のことを考えてくれていると知り、とてもありがたい』との声が多く届いている。近年は観光地化により地域と自衛隊が疎遠になりつつあったが、これを機に一層の協力関係を築いていきたい」と語った。

地元企業と提携し、部隊に提供する「湯布院味めぐり弁当」の見本を見る湯布院駐業の小山田万恵隊長（手前）

余暇を楽しむ

中防群警通隊サバイバルゲームチーム

紹介者：3空曹 坂本 悠馬（中防群警通隊・入間）

体力錬成にも効果期待

朝雲新聞読者の皆さま、こんにちは。警戒通信隊（入間）のサバイバルゲーム愛好者の集い「中防群警通隊サバイバルゲームチーム」を紹介します。

サバイバルゲームとは敵味方のチームで分かれ、エアソフトガンでBB（バイオ）弾を互いに撃ち合うものです。メンバーは、入隊前からの経験者や警通隊に所属したことをきっかけに始めた初級者もいます。若手の空曹や空士を中心に活動し、基地近傍のゲームフィールドが主催するゲームに月1～2回程度参加しています。

中防群警通隊サバイバルゲームチームのメンバー。若手を中心に月に1～2回活動を行っている

参加者はおのおのが考えた戦闘方針に沿った装備に身を包み、機関銃で弾幕を作って敵の動きをけん制したり、自然に溶け込んで静かに敵の背後を取って奇襲したりするなどプレースタイルはさまざまですが、チーム一丸となって連携して勝利を目指します。

普段訓練に余念がない隊員だけに使用するエアガンや身にまとう装備品の拡張・改良にも全力で傾注し、その情報交換もメンバー相互に積極的に行うことで、チーム内はとても和気あいあいとし、団結も強化されています。

一般的には「コアなミリタリーマニアの遊び」という印象の強いサバイバルゲームですが、昨今はゲームフィールドの増加やプレースタイルの多様化などにより参加者も増えています。体力錬成や人格の錬磨にも一定の効果が期待できるなど、いいことずくめのゲームです。

チームもコロナ禍で活動を自粛していましたが、緊急事態宣言の解除以降は、小隊長や隊准曹士先任を招いて今年度初のゲームを行いました。

今後もコロナ対策に努めて活動を続けていきますので、入間基地や近傍部隊・機関の方はもちろん、それ以外の方の参加も大歓迎です。少しでも興味をお持ちの方は、ぜひ中防群警通隊までご連絡ください。

エアソフトガンで敵チームと"交戦"するメンバー。訓練を積んだ隊員同士で行うだけにさまざまな作戦が繰り広げられる

地方防衛局 特集

市道「笠神八幡線」が開通
多賀城駐屯地が土地を割譲
東北局

【東北局】宮城県多賀城市で10月26日、市道「笠神八幡線」の開通式典が行われ、事業実施主体である多賀城市の深谷晃祐市長をはじめ、東北防衛局の市川道夫局長ら関係者約60人が出席して道路の開通を祝った。

この道路は、東日本大震災を教訓に、災害発生時の避難や救援活動、支援物資の輸送、復興後の経済活動を支える道路として、2012年度に調査・設計が開始され、施工延長1520メートル、標準幅員11・5メートル、車道8・0メートル（片側1車線）として整備された。

これに先立つ前年の11年度、道路整備に際して同市から陸上自衛隊多賀城駐屯地に対し、駐屯地西側境界沿いの土地を道路用地として割譲を受けたいとの強い要望があり、陸上自衛隊は同市道の重要性を考慮して割譲を了解した。

東北防衛局は、自衛隊施設等の国有財産の管理業務を担っており、財務省をはじめとする関係機関との調整を重ね、割譲に必要な手続きを進めた結果、15年度に道路敷地として必要な約1・2ヘクタールの土地の割譲に至った。

式典で深谷市長は「この道路を『命の道』と位置付けている。ここを避難してもらえるような道にしていきたい」とあいさつし、緊急避難路や物流路としての役割を担うことに大きな期待感を示した。

これら一連の事業に携わってきた東北防衛局企画部施設管理課の担当者は「割譲した土地が、命と暮らしを支える道路として市民の方々に利用されることは大変うれしい」と話している。

（上）テープカットする関係者。後列右から2人目は東北防衛局の市川道夫局長。前列中央は多賀城市の深谷晃祐市長
（下）このほど開通した市道「笠神八幡線」。右側は土地を割譲して道路整備に協力した多賀城駐屯地（写真はいずれも10月26日、宮城県多賀城市で）

市川局長が講演
「防衛白書」をテーマに
東北局

【東北局】東北防衛局の市川道夫局長は10月28日、一般社団法人日本外交協会宮城県支部が主催する10月定例会に講師として招かれ、「令和3年版防衛白書について」をテーマに約1時間にわたって講演した。当日は会員約20人が聴講に訪れ、熱心に耳を傾けていた。

同協会は、平和な世界と新しい日本の国づくりを目指し、外交や安全保障、危機管理などに関する理論とその応用・実践について多角的な研究を深めつつ、大学、自治体、企業等へ送り込む人材を育成することを目的に1947年に発足し、宮城県支部は2018年6月に設立された。

定例会では高橋洋人事務局長から紹介を受けた市川局長が、我が国を取り巻く安全保障環境が一層厳しさを増していることについて、中国やロシア、北朝鮮の軍事動向をはじめ、バイデン政権下における安全保障政策などの国際情勢を中心に説明した。

このほか、今年の白書の表紙が墨絵アーティストの西元祐貴氏による躍動感あふれる騎馬武者で、防衛省・自衛隊の「力強さ」と我が国の「強固な防衛意思」を表現したものであることもアピールした。

講演終了後、聴講者から「中国は国際社会において何を目指しているのか」などの質問が寄せられ、市川局長はオーストラリア国防大学に留学した際のエピソードなどを交えながら、一つ一つ丁寧に回答した。

東北防衛局では「今後も地元や企業等のニーズに応えながら、防衛政策や自衛隊の活動、防衛問題に関して広く国民の理解と協力が得られるよう、同局職員や隊員を講師として派遣していきたい」としている。

「防衛白書」について講演する東北防衛局の市川局長（10月28日、仙台市で）

「防衛セミナー」を開催
中国四国局　コロナ対策でオンライン

永山博之氏

津屋尚氏

【中国四国局】中国四国防衛局（今給黎学局長）は10月9日、オンライン（YouTube）で第32回「防衛セミナー」を開催した。例年は対面形式での実施だが、今年は新型コロナウイルス対策のため、オンラインに切り替えた。

今回は、広島大学法学部長で同大学院人間社会科学研究科教授の永山博之氏と、NHK山口放送局放送部長の津屋尚氏が講師として招かれ、「我が国を取り巻く安全保障環境～最近の中国情勢と日本との関係」をテーマに講演した。

第1部では、永山教授が「中国人民解放軍と中国政治～社会主義国における党と軍」と題し、社会主義国における共産党と軍の関係や政治将校制度などの歴史を振り返りながら、中国における政治と軍、共産党と解放軍の関係について解説。

第2部では津屋氏が「中国の海洋進出にどう向き合うか」と題し、中国の海洋進出や尖閣諸島に関する状況、さらには中国四国防衛局の管内に所在する山口県の米軍岩国基地にも焦点を当てながら解説し、講演後、両氏は視聴者からの質問に丁寧に回答した。

セミナーの再生回数は約400回に上り、視聴者からは「普段あまり報道されない中国内部の事情や体制についての理解を深めることができた」「中国の海洋進出の現状などについて改めて整理することができた」など多くの感想が寄せられた。

中国四国防衛局は「今後も防衛政策や自衛隊の活動を広く国民に理解していただくため、『防衛セミナー』を開催するので、ぜひ多くの方々に参加していただきたい」と呼び掛けている。

リレー随想　伊藤　哲也

今年6月に着任した九州防衛局長の伊藤哲也です。

私、子供の頃に鹿児島に住んでいたことはあるのですが、博多には、初めて住むことになりました。いいところだとは聞いていたのですが、想像以上でした。ラーメン好きの私にとっては、チョイスに困るほどいろいろなラーメン店がありますし、その他の食事もレベルが高いです。

また、九州防衛局は博多駅まで歩いて5分くらいの場所に所在しているのですが、駅周辺は東京と同様の多種多様な店があり、東京でおなじみの店の支店も進出しているので、欲しいもの食べたいものが、すぐゲットできる環境です。

また、史跡巡りが趣味の私にとっては、魏志倭人伝の時代の頃から明治期に至る各種の史跡が北九州にはたくさんあり、見所も満載です。多くの史跡の中でも、九州が国境の最前線であることを意識させられるものが数多くあります。

今まで私が巡った中でも、三韓征伐の伝説で有名な神功皇后にまつわる香椎神宮、太宰府の防衛として築かれた水城跡、元寇の防塁、「敵国降伏」という額が飾られている箱崎神社、そして秀吉が築いた名護屋城跡などがあります。高速道路にハングル文字の標識があったりするのも驚きました。

九州に赴任して

さて、現在、九州には、数多くの防衛施設があり、九州防衛局では、オスプレイの佐賀配備、F35Bの宮崎県新田原基地への配備、鹿児島県馬毛島における施設整備など、国際情勢を踏まえた、国防のための着実な努力を行っています。

着任以来、私もさまざまな自治体を回っていますが、防衛省の取り組みにご理解と励ましのお言葉を頂けることがほとんどであり、非常に心強く感じています。現在の国際情勢の影響もあるでしょうが、九州の歴史・風土というのもあると思います。

現在、防衛省では、離島対処のため、陸上自衛隊水陸機動団の増強やオスプレイの佐賀空港配備などの取り組みを行っていますが、旧佐賀城内にある歴史資料館を訪問した際、鍋島直正（閑叟）公が藩校において、家臣と離島防衛の議論を行い、家臣が「日本は本土から遠方の島が多数存在するので、一部放棄することもやむを得ない」という意見を述べたのに対し、直正公が「話にならぬ！」と叱責する模様が漫画で紹介されていました。

私としても、九州の先人たちの思いを糧として、頑張っていきたいと思っております。

（九州防衛局長）

防衛施設と首長さん
北海道函館市　工藤　壽樹市長
陸海自の部隊と歩むまち
訓練や祭りで市民と交流

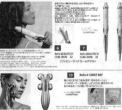

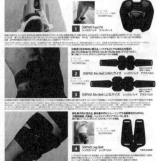

函館市は、北海道の南端部に位置し、北国としては比較的温暖な気候風土を持ち、早くから陸・海・空の交通の要衝として栄え、南北海道の中核都市へと発展を遂げてまいりました。

函館山から眺める夜景をはじめ、保存修理工事の実施により青灰色と黄色のコントラストの外観がよみがえった旧函館区公会堂や教会群などの異国情緒漂う歴史的建造物、北海道唯一の国宝「中空土偶」や特別史跡「五稜郭跡」などの多くの歴史文化遺産を有しているほか、新鮮な海の幸が楽しめるなど、さまざまな魅力に満ちています。

今年（2021年）7月には、「北海道・北東北の縄文遺跡群」の関連遺産である史跡「垣ノ島遺跡」と史跡「大船遺跡」が、ユネスコ世界遺産委員会で世界文化遺産としての登録が決定されました。

このような、函館が有する「歴史・景観・町並み」のほか、「食」をはじめとした数多くの資源を磨き上げ、まちの活性化を図っています。

また、若者の雇用の創出のほか、安心して子どもを産み育てることができ、老後も暮らしやすい環境の整備など、保健・医療・福祉・教育などの各分野にわたって、市民が安心して暮らすことができるまちづくりを進めています。

陸上自衛隊函館駐屯地は、市の東央部に所在し、道南防衛の要としての役割を果たしております。

海上自衛隊函館基地隊は、北方の海の最前線を担う基地として、津軽海峡およびその周辺地域の防衛警備に臨んでおります。

特に、陸上自衛隊函館駐屯地の隊員の方々は、約2万人が参加する「函館港まつり」のパレードで踊りに参加されるとともに、山車の制作に協力いただいているほか、駐屯地記念行事での一般開放などにより市民との交流も深めています。

（なお、「函館港まつり」「駐屯地記念行事」ともに20、21の両年は新型コロナの影響により中止されました）

さらに、市で実施している「防災総合訓練」においては、警察・消防をはじめとする各関係機関と連携し、情報収集や人命救助等の訓練を行うなど、地域の安全・安心のために活動されております。

くどう・としき　72歳。早大法卒。亀田市（現・函館市）入庁。函館市副市長などを経て、2011年4月に函館市長就任。現在3期目。北海道函館市出身。

北関東・南関東防衛局が合同で防衛問題セミナー
オンラインで1月20日（木）、29日（土）、視聴無料

北関東防衛局と南関東防衛局は来年1月20日（木）と29日（土）の両日、合同でオンライン（YouTube）による「防衛問題セミナー」を開催する。

視聴は無料で、事前の申し込みが必要。申し込み・問い合わせは、北関東防衛局地方協力基盤整備課（048-600-1844）または南関東防衛局地方協力確保室（045-211-7102）まで。

開催要領は次の通り。

◇1月20日（木）開催「首都直下地震に備えよ」

▽日時＝1月20日（木）午後2～4時。再配信は1月22日（土）午後2～4時
▽申し込み締め切り＝1月14日（金）
■第1部「巨大地震があなたを襲う～正しい知識で身に付ける備えと対処」＝濱口和久氏（拓殖大学大学院特任教授）、「伝えたい～知られざる自衛隊災害派遣活動の真実」＝井上和彦氏（ジャーナリスト）。第2部「首都直下地震から身を守る～私たちの備えと自衛隊の活動」をテーマにQ＆Aセッション

◇1月29日（土）開催「日本の宇宙開発～宇宙領域の安定的な利用のために」

▽日時＝1月29日（土）午後2時～。アーカイブで2月13日（日）午後11時59分まで視聴可能
▽申し込み締め切り＝1月26日（水）
■第1部「小惑星探査とPlanetary Defense」＝吉川真氏（JAXA宇宙科学研究所准教授）。第2部「航空自衛隊の宇宙状況監視（SSA）態勢整備の現状と課題」＝林育正1空佐（航空幕僚監部防衛部事業計画第2課長）。申込みはQRコードから。

陸演 30年ぶり全部隊対象

令和3年度陸上自衛隊演習

作戦開始までの準備確認

海上輸送により、米海軍佐世保基地に陸揚げされた陸自の16式機動戦闘車

陸自として30年ぶりに全部隊対象の大規模実動訓練となった「令和3年度陸上自衛隊演習（陸演）」が11月19日に終了した。平成5年以来となった今回の陸演は、「統合運用のもとで作戦を開始するまでの準備」が主要なテーマとなり、全国の陸自部隊が九州に機動展開するまでの一連の流れを5つの項目に分け、それぞれ演練した。

Ⓛ大型トレーラーのほか、鉄道も使って輸送された陸自の大型装甲車両
Ⓛ米陸軍の輸送艇（LCU）から浜辺に卸下される陸自の16式機動戦闘車

通信を先行、基盤構築

Ⓛ民間輸送船「はくおう」を使い、海上輸送された陸自の99式自走155ミリ榴弾砲
Ⓡ部隊の指揮・統制のためのシステム通信構成を行う通信科の隊員
Ⓣ大部隊の長距離機動に備え、燃料入りのドラム缶の準備にあたる隊員たち

主力の機動開始に先立ち、西方の演習場などに展開した通信部隊によって開設された野外通信システム

9月15日、全国で一斉に開始された陸演は、まず各駐・分屯地レベルで防衛出動のための出動準備訓練を実施。長距離機動に向けての弾薬、燃料、糧食等の受領から車両への積載、出発前の車両点検・整備など一連の流れを演練した。この際、駐屯地残留隊員への業務引き継ぎをはじめ、幼い子供がいる隊員向けに託児所の開設なども行った。

大規模な師・旅団の機動展開に先立ち、一部の通信科部隊は九州の演習場等に先行。現地でシステム通信構成を行い、主力の到着前に指揮・通信・統制のための作戦基盤を構築した。

一方、後方支援部隊は主力が作戦で使う各種物資の入ったコンテナ約800本や燃料の入った多数のドラム缶を先行して輸送。衛生部隊は空自C2輸送機の支援を受け、患者を輸送する訓練などを実施した。

高速道路を使い、九州に向けて陸上機動する軽装甲機動車などの陸自車両

機動中の中継地点となった駐屯地のグラウンドに天幕を張り、宿泊する展開部隊

車両3900両を機動展開

西方への転地準備を整えた北海道の2師団（旭川）、東北の6師団（神町）、四国の14旅団（善通寺）の3個師・旅団（人員計約1万2000人、車両3900両）は、それぞれ同時期に九州の各演習場に向けて機動展開を開始。高速道路や鉄道を使った陸上機動のほか、海上では海自輸送艦「しもきた」や米陸軍の汎用揚陸艇（LCU）の支援を受け、統合・日米共同輸送を行った。さらに民間輸送船「はくおう」なども利用し、戦車など大型車両を海上輸送した。

西方への部隊機動中、経路上にある各駐屯地は機動部隊の支援にあたり、車両への給油、隊員の宿泊支援などに従事した。

この転地演習で主力が留守になった駐屯地では、人員補充のための出動整備訓練に臨み、予備自衛官を招集、警備面などでの部隊強化を図った。

吉田陸幕長は陸演実施中の10月14日、会見で「いくつかの課題が明らかになった。演習後、短期的に改善できるもの、年度をかけて改善するものなど、解決方法を分類し、今後の部隊行動に反映させていきたい」と述べた。

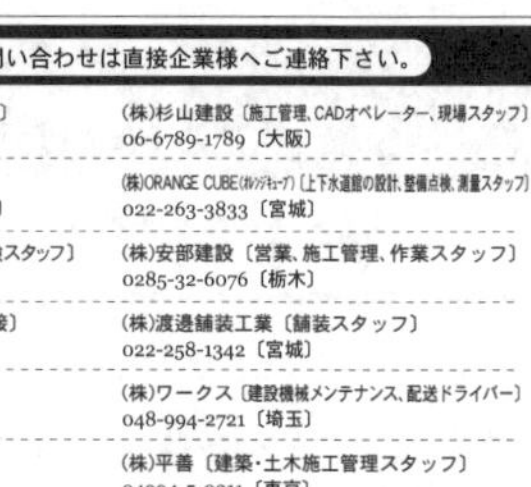

あさぐもバラエティS　吉本どんど

日本マスターズ水泳・4×25メートル・メドレーリレーを日本新で制した「DIABLO」の（左から）金子さん、藤野2佐、古賀2曹、平野さん（千葉県国際総合水泳場で）＝古賀2曹提供

海自2隊員、優勝に貢献

マスターズ水泳リレーで日本新

「第8回日本マスターズ水泳スプリント選手権」が11月27、28の両日、千葉県習志野市の同県国際総合水泳場で行われ、男子4×25メートルリレー（160～199歳＝4人の合計年齢＝クラス）で2人の海自隊員が、所属するチーム「DIABLO」で日本新記録を樹立しての優勝に貢献した。

大会は短水路（25メートル）プールで全32種目が行われ、このうち男子4×25メートル・メドレーリレーの160～199歳クラスは7チームで争われた。

「DIABLO」は古賀武文2海曹（防大総務部）が約4年前に立ち上げたサークルチームで、約40人（うち隊員6人）が在籍。そのうちの古賀2曹と藤野議章2海佐（体校スポーツ科学科長）、民間人の金子賢一さんと平野修也さんの4人が今大会のレースに臨んだ。

神奈川、東京、埼玉と居住地が異なり4人そろっての練習はできなかったが、個々に泳力向上に努めレースではその成果を発揮。1泳（背泳ぎ）金子さん、2泳（平泳ぎ）平野さん、3泳（バタフライ）古賀2曹、4泳（自由形）藤野2佐とベストな泳ぎを見せた。

海自水泳大会の男子50メートルバタフライ・40歳以上でも3連覇の活躍を見せている古賀2曹。「（自らの泳ぎで）隊員たちに生涯スポーツの輪が広がればうれしい」と語っている。

自衛隊に感謝のメッセージ

東京都新宿区立東戸山小の児童たちから防衛省に届いたカード

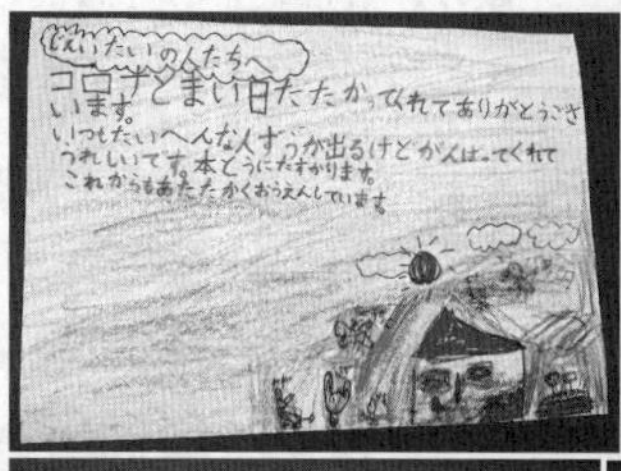

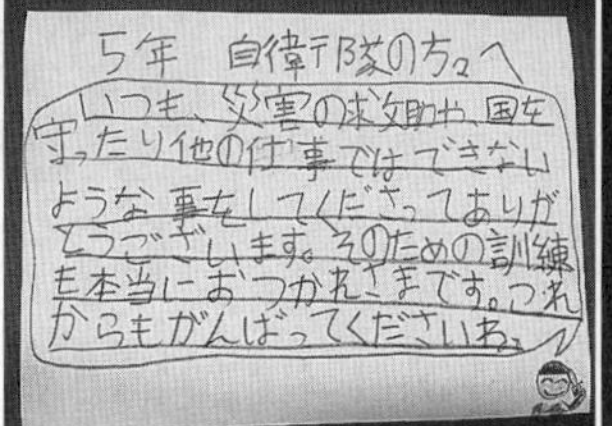

コロナ対処最前線の隊員を激励

「自衛隊のみなさん、コロナと毎日たたかってくれてありがとうございます」「がんばっている皆さんをおうえんしています」――。防衛省に届いた小学生たちからの温かいメッセージが、「大規模接種センター」をはじめ、新型コロナウイルス対処の最前線で任務に当たる隊員の心を支え続けてきた。（1、4面参照）

メッセージカードを送ったのは、防衛省と同じ東京都新宿区に所在する区立東戸山小学校（江原敦史校長）の児童たち。計53枚のカードには思い思いの絵画とともに、コロナ対応をはじめ、日々厳しい訓練に励み、災害派遣で活躍する自衛隊員への感謝の気持ちと激励の言葉がつづられている。

同校ではこうした激励のメッセージカードを、防衛省・自衛隊をはじめ、国立国際医療研究センターや東京消防庁牛込消防署など、コロナ対処の最前線で活躍する新宿区内の組織に送ってきた。

朝雲新聞社の取材に対し、1学年担任の鹿島正史先生は、同校が国立国際医療研究センターの近くにあることから、「感染症対策の最前線に従事する人々に何かできないかと考え、感謝の気持ちを伝えることにした」とそのきっかけを振り返る。

「小学生にとってそれまで自衛隊は必ずしも『身近に感じられる存在』ではありませんでしたが、災害派遣や自衛隊病院などにおける患者受け入れに関する報道、さらには『自衛隊式』の感染防止対策の動画などに触れる中で、患者を救う姿や国民の命と安全を守るために訓練に励む姿を知り、自衛隊の皆さまにもメッセージを伝えたいという気持ちが高まりました」

休校中に学校の上空を飛行した空自のブルーインパルスに勇気付けられた児童もいたという。

「『国民の命と安全を守る』という目的のために日夜活躍される自衛隊の皆さまには感謝の気持ちしかありません。まだまだ厳しい状況が続きますが、くれぐれもご自愛ください」と話している。

防衛省のコメント「心温まる感謝のメッセージをいただき、感謝申し上げます。皆さまからいただいたメッセージは、日々、災害派遣に携わる防衛省・自衛隊の隊員全てに対する励みとなり、任務遂行の力の源となります。災害派遣を含む防衛省・自衛隊の活動は、国民の皆さまのご理解とご協力があって初めて可能となるものです。今後とも、国民の皆さまから隊員への応援をよろしくお願いいたします」。

QCサークル事業所表彰

2空団が初受賞

民間外で初

犬塚世話人（左）から民間以外では初の「QCサークル活動優良企業・事業所表彰」の盾を授与される徳重2空団司令（11月4日、千歳基地で）

【2空団＝千歳】空自2空団は10月22日、日本科学技術連盟QCサークル本部から「QCサークル活動優良企業・事業所表彰」を受賞した。民間企業以外の受賞は2空団が初めて。

この賞は「経営者と管理者がQCサークル活動を人材育成と職場の活性化の重要な活動として位置づけ、リーダーやメンバーに自分たちの能力の発揮と向上の場を与え、生きがいのある職場をつくる希望、目標を与えている企業・事業所」に授与される。2空団は38年間にわたりQCサークル活動を牽引して人材育成の土台作りに貢献したことが評価された。

11月4日、同サークル北海道支部の犬塚昌彦世話人が千歳基地を訪れ、団司令の徳重広為智将補に「記念の盾」を贈った。

2空団は9月に行われた第5回空自QCサークル大会でも、整補群装備隊のQCサークル「パワーズ2020」が最高賞の「ゴールド賞」を受賞している。

八尾駐屯地で

ちびっ子剣道合宿

【八尾】駐屯地は11月15日、奈良県の体育クラブ「鹿ノ台剣心会」に通う小・中学生の「ちびっ子剣道合宿」支援を行った。

今年度は新型コロナウイルス感染拡大防止のため、日帰りで実施、小・中学生と指導者の計37人が参加した。

剣道の稽古に先立ち、UH1J多用途ヘリと救難消防車の見学・試乗体験を行い、子供たちはめったに見られない自衛隊の装備品に興味津々だった。

その後、体育館で約3時間にわたって行われた稽古には、駐屯地から剣道経験者の隊員2人が指導者として参加。少年・少女剣士たちとともに汗を流した。

参加した子供たちは「へりがかっこ良かった」「駐屯地で合宿ができて良かった」などと口々に話していた。

剣道の稽古に訪れた小・中学生ら（左側）に、UH1J多用途ヘリの説明を行う八尾駐屯地の隊員たち（中央）

小休止

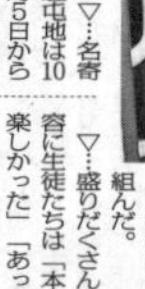

▽…名寄駐屯地は10月5日から7日まで、北海道名寄産業高校と美深中学校の生徒7人を受け入れ、「総合的な学習の時間」を活用した職場体験学習を行った。

▽…生徒たちは初めて戦闘服に袖を通し、基本教練やロープ体験に挑戦。音楽同好会の演奏や史料館を見学した。さらに警務隊による鑑識体験や救急法体験などに積極的に取り組んだ。

▽…盛りだくさんの内容に生徒たちは「本当に楽しかった」「あっという間の3日間でした。また来たいです」と満足した様子。最後に笑顔で敬礼して、駐屯地を後にした＝写真。（名寄）

自衛隊札幌病院

46期准看護師課程の戴帽式

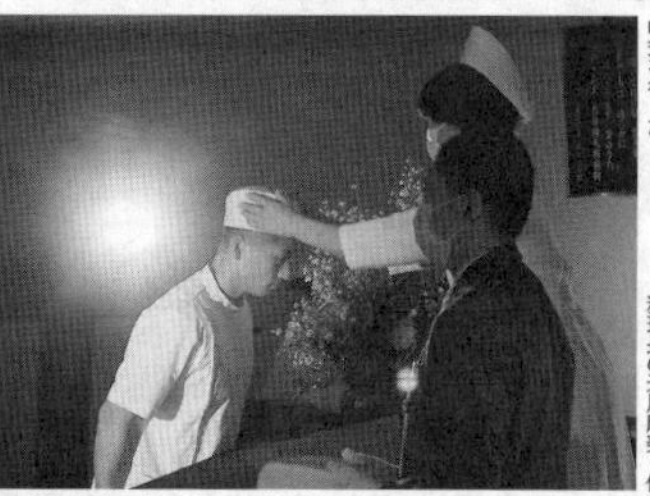

戴帽の儀で教務班長の米川3佐（右奥）からナースキャップを戴く男子学生

【札幌病院＝真駒内】自衛隊札幌病院准看護学院はこのほど、46期准看護師課程の戴帽式を行った。

純白の看護衣に身を包んだ25人（男性15人、女性10人）は、厳粛な雰囲気のなか、教務班長の米川麻美3佐からナースキャップを戴いた。その後、成瀬勇徳学生長の指揮の下、全員で「衛生科精神」を唱和。医療従事者として「勇敢かつ沈着冷静に任務に邁進する」と誓いをたてた。

鈴木智史病院長は「職務に対する尊き使命感のもと、心身を磨き技術を身に付け、人間力の強化に努めてもらいたい」と訓示した。続いて高橋俊幸准看護学院長が式辞で「努力を続けること」「責任感を持つこと」の2点を要望。「今日の自分より明日の自分に成長がみられるよう、謙虚に努力を続けることができる人になってもらいたい」と激励した。

学生たちは今後、実践的な臨床を学習する「臨地実習」に臨み、医療従事者として新たな一歩を踏み出す。

こちら警務隊

飲酒関連犯罪②

わいせつ行為のSNSによるライブ配信は公然わいせつ罪

酔った勢いでわいせつ行為をSNSでライブ配信したら、どんな罪になりますか？

わいせつ行為をSNSでライブ配信した場合、公然わいせつ罪に該当し、6月以下の懲役もしくは30万円以下の罰金または拘留もしくは科料に処せられます。

公然とは、不特定または多数の者が認識できる状態のことで、SNSでのライブ配信も該当します。

SNSは、気軽に投稿等ができますが、不適切な使用をすると、犯罪者にもなり得ます。

このような罪を犯すと刑事罰を受けるほか、世間に報道され、自分だけでなく、家族の日常生活にも多大な影響を及ぼすので、絶対にやめましょう。（中部方面警務隊）

父から私へ、そして息子へ
我が家は親子3代陸上自衛官

災派部隊見て息子は決意

陸曹長　松川　瑞彦（47普連重迫中・海田市）

我が家は、父、私、息子と親子3代陸上自衛官です。父は、昭和39年に入隊し、第4普通科連隊（帯広）等の勤務を経て、第46普通科連隊（海田市）勤務を最後に平成12年、定年退官しました。

私は、この父の背中を日々見ていたため、「自衛隊はとてもやりがいのある仕事」と確信して平成元年に入隊し、現在、第47普通科連隊で勤務していますが、月日の流れは早く、定年まであと数年という時期に至っています。

息子は令和3年3月に念願が叶い、46普連に自衛官候補生として入隊しました。幼い頃から記念式典や各種イベントを楽しみにしながら駐屯地によく足を運び、自衛官との接点が多かったことから「将来は陸上自衛官になりたい」と常々言っていました。また、「陸上自衛官の採用試験を受験するが、駄目だったら合格するまでチャレンジする」と言うほどの決意でした。

その決意の背景には、平成30年7月の西日本豪雨による水害で、通学していた高校が休校となり、週に1～2回、学校の復旧を兼ねた清掃のため登校していた際、北海道や京都から入浴支援や給水等のため駆けつけた陸自の災害派遣部隊の活動拠点を目の当たりにしたことがありました。

自衛官候補生課程を修了した息子は、私の勤務している47普連と同じ海田市駐屯地にある46普連本部管理中隊重迫撃砲小隊に配置されて、日夜練成訓練に励みつつ、即応態勢を維持しています。

同じ駐屯地、また同じ職種の隊員として勤務できる期間は限られていますが、息子ともども切磋琢磨して部隊の精強化、地域の方々の安全・安心な生活を守ることができるよう勤務して参ります。

同じ海田市駐屯地に勤務する同じ職種の松川瑞彦曹長（右）と息子の孔星2陸士

（世界の切手・ルーマニア）

人生には二つの選択肢がある。その状況を受け入れるのか、状況を変えるための責任を受け入れるのか。
デニス・ウエイトリー（元米海軍士官）

朝雲ホームページ
www.asagumo-news.com
会員制サイト
Asagumo Archive プラス
朝雲編集部メールアドレス
editorial@asagumo-news.com

空の安全のために

空士長　飯田　龍（百里管制隊）

管制業務に従事する飯田空士長

私は百里管制隊で航空管制員として勤務しています。主な業務内容は空の安全を確保することです。勤務場所は、タワー（管制塔）とラプコン（レーダー管制室）です。

タワーでは、飛行場とその周辺の半径約9キロの空域を業務範囲とし、主として目視で航空機や車両を見て、必要な指示、情報及び許可を発出して、安全かつ効率よく航空機を離着陸させています。

ラプコンでは、レーダーを使用して航空機の情報を入手し、タワーより広範な空域の管制業務を行っています。

タワー、ラプコンともに、同時に多数の航空機を取り扱いますので、管制官同士の連携がとても重要になります。管制業務は、同じシチュエーションになることがないので、変化に対応できるよう勉強の日々です。

タワーとラプコンではそれぞれ別の資格が必要となります。私はタワーの資格を取得したばかりでまだまだ未熟ですが、先輩方にご指導いただきながら、技量を向上させ、飛行安全の確保に尽力できるよう、努力していきたいと思います。

みんなのページ

自衛官めざす息子と体験搭乗

清水　加奈子（群馬県高崎市）

とある土曜日、相馬原飛行場で自衛隊輸送機の体験搭乗をさせて頂く機会に恵まれました。自衛官を志望する息子とともに、いつも地上から眺めている輸送ヘリコプターに乗り、空から自分の住む地域を見ることが出来てとても感激しました。

相馬原駐屯地から10分足らずの場所に生まれ育った私にとって、「自衛隊さん」は親しみと憧れを感じる存在でした。子供のころから、ドーンという演習の音を聞いていましたし、ジープなどの車両や徒歩訓練する隊員の皆さんの姿を見たりしていました。ですから息子が自衛隊を志願して受験することになり、うれしく思っています。

体験搭乗当日、若い隊員に質問する機会があり、「自衛隊は大変ですか？」と尋ねたところ、「はい、大変です」と即座に答えが帰って来ました。特に入隊して最初の訓練がきつかったこと、それでも仲間と励まし合いながら乗り切ったと笑顔で話してくれました。

息子の希望が叶うかわかりませんが、頑張って欲しいと思っています。親として全力でサポートし、応援したいと思っています。

自衛官を目指す息子の光さん（右）と母の清水加奈子さん

同期とともに初心を忘れず

2陸士　小西　里実（33普連本管中・久居）

後期教育を終えた今、振り返ると何よりも男性隊員がいる中での訓練のため、前期教育とは違い、体力面等で付いていけるのかという、入隊時とはまた違った不安だらけのスタートでした。

そんな不安を払拭してくれたのはいつも隣にいる同期たちでした。訓練中のしんどい状況の時は声を掛けてくれたり、分からないことは教え合い、毎日課業外に体力練成を一緒にするなど、馴れ合いではなくお互いに切磋琢磨できる同期たちに出会うことができました。この出会いは何にも代えがたいものだと思っています。

そんな同期たちと共に過ごした3カ月間はあっという間でしたが、とても濃く、学ぶことばかりでした。それぞれの中隊に配置され、バラバラにはなってしまいましたが、高め合える同期たちとこれからも精進していきたいです。

また、教育期間中、常に私たちのことを支えて下さり、熱い指導をして下さった区隊長をはじめとする区隊付、班長や班付、教育隊の方々には本当にお世話になりました。感謝しかありません。

教育期間が終わった今、初めて自衛官としてのスタートラインに立つことができたと考えています。これからたくさんのことを経験し吸収していく中で、努力を怠ることなく、常に周りを見ることのできる、また必要とされる自衛隊員になります。そして、この3カ月間で感じた初心を忘れず、同期たちと共にこれからの自衛官人生を歩んでいきたいです。

広報活動の大変さ知る

空士長　林　花音（空3術校管理課・芦屋）

今回、大分地方協力本部日田地域事務所に勤務し、広報活動の大変さを知ることができました。

自衛隊の魅力を伝えることは大変でしたが、私なりに女性自衛官としてできること、芦屋基地のことなど、たくさんのことを入隊希望者に伝えることができたと感じています。

また、大分県は空自の基地がないため、空自について知る機会が少ないからこそ、空自の魅力を伝える良い機会になったと思います。

今後もこのような機会があれば参加し、募集広報に貢献できればと考えています。

OBがんばる
必要な資格を事前に把握

甲斐　教一郎さん　55
平成31年3月、自衛隊函館地方協力本部を3陸佐で定年退職。現在、函館市清掃事業協同組合の技術員として同市リサイクルセンターで勤務している。

私は、自衛隊函館地方協力本部勤務を最後に平成31年3月31日に定年退職、函館市清掃事業協同組合の技術員として再就職し、現在、函館市リサイクルセンター内で勤務しています。

今回、投稿する機会を得ましたので、私の再就職後の拙い経験と勤務内容について述べさせて頂きます。

業務内容については、まず函館市役所の収集計画により業者が収集した資源ゴミ等をホイールローダーで処理ラインへ投入し、成形された製品とその他の残渣（ざんさ）ゴミ（ろ過した後に残ったゴミ）を廃棄処分します。私たち技術員はその作業間の中央制御管理、各種機材の故障時の対応、定期補修等を担任しています。

次にこれから再就職に向けて準備される方々に私の経験をお話しします。

まず、資格免許について入社面接時に分かったことですが、そのとき取得していた資格では業務に対応出来ないということでした。何とか「付配置」期間中に「玉掛け技能・車両用建設機械等」を受講し、入社できましたが、入社後も各種機材の操縦等幅広い資格技能が求められ、全て取得するのに約2年を要しました。やはり希望する業種に必要な資格技能は事前に十分掌握し、準備しておく必要がありました。

また、上司や先輩は私より若い方たちですが、再就職の現場では一切年齢は関係ありません。日々自己研さんし、先輩に少しでも早く追いつき、戦力となれるように取り組んでいます。

今後も厳しい就職環境が考えられますが、早くから準備を始めることが大事かと思います。準備を万全にし、次のステップへ進めるよう頑張ってください。

「朝雲」へのメール投稿はこちらへ！
▽原稿の書式・字数は自由。「いつ・どこで・誰が・何を・なぜ・どうしたか（5W1H）」を基本に、具体的に記述。所感文は制限なし。
▽写真はJPEG（通常のデジカメ写真）で。
▽メール投稿の送付先は「朝雲」編集部（editorial@asagumo-news.com）まで。

新刊紹介

「防衛外交とは何か」平時における軍事力の役割

渡部　恒雄、西田　一平太編

近年、軍事アセット（武器や装置など）を使って相手国との関係強化や地域の安定化を図る「防衛外交」が注目されている。本書は笹川財団の安全保障研究グループ「日本の防衛外交」が、長年の研究成果としてまとめたもの。13人の執筆陣は安全保障問題の第一人者である渡部恒雄氏をはじめ、鶴岡路人慶応大学准教授や3自衛隊の元幹部らが並ぶ。

「防衛外交」という概念は、そもそも冷戦後の欧州で旧社会主義国との関係構築上で登場したものだ。本書ではまず、この防衛外交の定義と理論について整理、続いて日本における防衛省・自衛隊の取り組みを紹介する。松村五郎元陸将、武居智久元海幕長、荒木淳一元空将らによる自衛隊の防衛外交の実績の解説は、現場を経験した人ならではの具体例と示唆に富み、今後の在り方を占う上で重要な視点となっている。

さらに、諸外国の事例も検討。とくに「先駆者」である英国は知見の蓄積が多大であり、参考にすべき点が多いとする。重要性が増す防衛外交の動向を本書は多面的に分析しており、日本の安全保障を考える上で押さえておきたい一冊だ。

（勁草書房刊、4400円）

「鎌倉殿と呪術」

島崎　晋著

来年1月から放送予定の大河ドラマ「鎌倉殿の13人」が注目される中、ドラマでは描かれない可能性が高い陰陽師の「呪術」という観点から鎌倉時代を読み解く。

本書ではまず、鎌倉幕府の初代将軍・源頼朝伝説を伝える場所が社寺に集中している点に着目。頼朝との戦いに敗れた源義経の捜索に呪術が使われたことも検証する。

さらに日本最大の怨霊とされる崇徳上皇、梶原景時や源氏に滅ぼされた平氏と奥州藤原氏の怨霊化を阻止した秘策など教科書やドラマには描かれない呪術の歴史をひもとく。

著者が鎌倉幕府の事跡を記した史書「吾妻鏡」を丹念に読み込み、実際に史跡を訪れて執筆しただけに紹介されるエピソードの数々は興味を引き、呪術の観点から歴史の疑問点を次々と解消していくさまは痛快。「鎌倉殿の13人」を視聴予定の隊員にとって、必見の書だ。

コラムでは現在も独裁者や軍人が恐れるミャンマーの黒魔術や人気漫画作品「キングダム」「呪術廻戦」について詳しく解説する。

（ワニテックス刊、1210円）

詰将棋

第857回出題

出題　日本将棋連盟　九段　石田　和雄

	5	4	3	2	1
一			銀（後手）	桂（後手）	香（後手）
二			金（後手）		玉（後手）
三		竜		歩	
四					
五					

先手　持駒　銀桂

【ヒント】桂打ちを急がず、手順に決める（10分で初段）。

▶詰碁、詰将棋の出題は隔週です◀

詰碁

第1272解答

出題　日本棋院　九段　曲　励起

【解答図】白先、黒劫。白①がまず大切で黒❷の時、白③がまた大切で、黒❹には白⑤がまたまた大切で、黒❻白⑦で劫になります。

朝雲

発行所 朝雲新聞社
〒160-0002 東京都新宿区四谷坂町12-20 KKビル
電話 03(3225)3841
FAX 03(3225)3831
振替00190-4-17600番
定価一部150円、年間購読料9170円(税・送料込み)

主な記事

岸防衛相

カナダ新国防相と会談

渡航制限解除後の訪加招待

岸防衛相は12月9日、カナダのアニタ・アナンド国防相と約30分間のテレビ会談を行い、「自由で開かれたインド太平洋」の維持・強化に向け、2国間で防衛協力・交流を活発に進めていくことで一致した。アナンド氏は10月26日に発足した第3次トルドー内閣において前職の公共サービス・調達相から国防相に就任したばかりで、両氏の会談は初めて。岸大臣が就任への祝意を述べると、アナンド氏は新型コロナの拡大に伴う渡航制限が解除され次第、岸大臣をカナダに招待したいとの強い希望を伝えた。実現すれば、日本の防衛大臣のカナダ訪問は1991年以来、約30年ぶりとなる。

防衛協力・交流の推進で一致

会談で両氏は東・南シナ海情勢をめぐって意見交換。力を背景とした一方的な現状変更の試みや、緊張を高めるいかなる行為にも強く反対するとの意思を改めて表明し、「法の支配に基づく自由で開かれた海洋秩序が重要」とのメッセージを明確に発信していくことを申し合わせた。

北朝鮮情勢については、度重なる弾道ミサイル等の発射を含め、「国際社会全体にとっての深刻な課題」であるとの認識を共有。

岸大臣は、北朝鮮船舶による国連制裁逃れのための「瀬取り」といった違法な海上活動を監視するため、カナダが継続的にアセット(航空機や艦艇)を我が国周辺に派遣していることを高く評価した。

両氏は北朝鮮による全ての大量破壊兵器とあらゆる射程の弾道ミサイルの「完全で検証可能、かつ不可逆的な廃棄(CVID)」の実現に向け、「瀬取り」対処を含めて引き続き連携していくことを確認した。

テレビ会談後、岸大臣は自身のツイッターで、アナンド国防相と「台湾海峡の平和と安定の重要性」について認識を共有したことを明らかにした。

カナダのアニタ・アナンド新国防相

カナダのアナンド新国防相(右側のテレビ画面)と初めての会談に臨む岸防衛相(左)=12月9日、大臣室で(防衛省提供)

政府

海賊対処とシナイ派遣 1年延長を決定

政府は11月16日の閣議と国家安全保障会議(NSC)で、自衛隊によるソマリア沖・アデン湾での海賊対処活動と、エジプト東部のシナイ半島でエジプト・イスラエル両軍の停戦監視に当たる「多国籍軍・監視団(MFO)」への自衛官派遣を、それぞれ1年間延長することを決めた。

海賊対処は来年11月19日まで、MFOは来年11月30日まで延長される。

海賊対処では海自から護衛艦1隻とP3C哨戒機2機を引き続き派遣し、人員約400人体制を維持する一方、新型コロナウイルスの感染拡大以降の部内外との調整業務の負担増大に対応するため、部隊交替時の支援隊の人員をこれまでの約230人から約240人に増員する。

岸防衛相は11月16日の記者会見で、海賊対処活動について「極めて重要な海上交通路における航行の安全確保に万全を期すとともに、国際社会の平和と安定に貢献するため、引き続き諸外国の部隊を含む国際社会と連携して確実に実施する」と発言。

MFOへの派遣についても「我が国の『平和と繁栄の土台』である中東の平和と安定に資するもので、『積極的平和主義』の実践例の一つだ。優秀な人材を派遣することでシナイ半島国際平和協力業務への貢献を継続していく」と述べた。

防研

「安全保障戦略研究」 第2巻第1号を刊行

【防研=市ヶ谷】防衛研究所(齋藤雅一所長)は11月30日、創刊2年目となる『安全保障戦略研究』第2巻第1号(通算3冊目)を刊行した。

庄司潤一郎研究幹事が編集委員長を務め、論文6本、研究ノート4本を掲載。ロシアの憲法改革や北朝鮮の強制外交をはじめとした今日的意義を有するものから、第2次世界大戦における地中海戦域や、第2次台湾海峡危機に関する精緻な戦史研究まで多様な議論を扱っている。

同誌は昨年8月の創刊以来、防研以外の研究者からも広く投稿を受け付けており、今号は4本の部外研究者の寄稿を掲載した。

ホームページには同誌のPDF版を公開しており、「興味のある方はぜひアクセスしてほしい」と呼び掛けている。(http://www.nids.mod.go.jp/)

春夏秋冬

日本の「経済安全保障」

土屋 大洋

欧州のシンクタンクが主催した非公開オンライン会議に参加した。テーマはアジアの接続性である。ここでいう接続性は通信だけではない。貿易や交通のネットワーク、金融取引、そして新型コロナウイルス対策までも含む広い意味での接続性である。

そこで何度も指摘されたのは、アジアへの日本のインフラ投資の質の高さである。日本の政府開発援助(ODA)は、2016年の日本が議長国を務めたG7伊勢志摩サミットで合意された「質の高いインフラ投資の推進のためのG7伊勢志摩原則」に基づいているのだから、当然と言えば当然である。

こうした欧州諸国の研究者たちの言葉の背景にあるのは、中国の「一帯一路」に基づくインフラ投資がうまくいっていないことへのいらだちである。

十年前、筆者は仲間の研究者たちと欧州諸国を回り、東アジアの安全保障環境の切迫した状況を説いた。しかし、彼らの関心はロシアであり、中国や北朝鮮の脅威にはまったく無関心であった。

ところが、今年の3月にオンラインで欧州諸国主催の会議に出ると、雰囲気が一変しているのに気がついた。欧州の研究者たちが臆することなく中国を批判する声を上げていた。今回のアジアの接続性会議でもその流れが続いていることが確認できた。

ところが、その欧州の研究者たちは、日本の「経済安全保障」シフトにも懸念を示していた。フランスの研究者は「自由で開かれたインド太平洋(FOIP)を謳っていた日本はどこへ行ったのか」と質問してきた。私はそれに対し、「私たちは自分たちの自由な暮らしを守りたいのだ。それを妨害するアクターには対抗しなくてはならない」と答えた。

来年の通常国会で審議が始まる予定の経済安全保障法案は、サプライチェーン、基幹インフラ、官民技術協力、特許非公開の四つを軸に進むと見込まれている。そこでは技術流出の規制や新興技術の促進に焦点が当たっている。

しかし、日本のFOIP構想に基づく質の高いインフラ輸出や途上国支援も、広い意味での経済安全保障である。日本への支持を強め、日本の影響力を広げるツールである。経済安全保障をポジティブなメッセージと行動で進めていくべきだろう。

(慶應義塾常任理事、慶應義塾大学大学院教授)

東方総監に森下陸幕副長

西佐世保総監、森川支援集団司令官

政府は12月10日の閣議で、陸自の小野塚貴之東部方面総監、野澤真中部方面総監、海自の出口佳努佐世保地方総監、空自の金古真一航空支援集団司令官の勇退を認め、新たな東部方面総監に森下泰臣陸幕副長、中部方面総監に堀井泰蔵8師団長、佐世保地方総監に西成人海幕副長、航空支援集団司令官に森川龍介航空開発実験集団司令官をそれぞれ起用する人事を了承した。将に10人、将補に14人が昇任する。いずれも12月22日付。

(将・将補昇任者の略歴次号)

防衛省発令

将・将補人事

将・将補昇任

(1課長) 同 岡本 秀史

▽空自幹部学校副校長(西部航空方面隊副司令官) 同 秋山圭太郎

▽同補給本部副本部長(防衛監察本部監察官) 同 上境 賢己

▽3補給処長(南西航空方面隊副司令官) 同 加藤 康博

▽防衛監察本部監察官(航空総隊防衛部長) 同 鮫島 建一

▽退職

(情報本部長) 陸将 納富 中

(東部方面総監) 同 小野塚貴之

(航空支援集団司令官) 空将 金古 真一

(航空総隊副司令官) 同 上ノ谷 寛

(水陸機動団長兼相浦駐屯地司令) 陸将補 平田 隆則

(教育訓練研究本部副本部長兼総合企画部長) 同 藤岡登志樹

(海自1術科学校長) 海将補 岩崎 英俊

(空自補給本部副本部長) 空将補 佐藤 幸喜

(以上12月22日)

〈以上内閣承認人事〉

(同運用支援課長) 同 櫻井 真啓

(統幕防衛課長) 同 西山 高広

▽空将補に昇任

(統幕運用1課長) 1空佐 柳 享範

(空幕事業計画1課長) 同 岡本 秀史

(同会計課長) 同 中島 隆幸

(同人事教育計画課長) 同 石引 大吾

(以上12月22日)

森下東方総監

山根陸幕副長

兒玉1師団長

堀井中方総監

小林8師団長

荒井3師団長

柿野関東補給処長

廣惠教研本長

福田護衛艦隊司令官

齋藤海幕副長

西佐世保地方総監

徳潜水艦隊司令官

森田航空総隊副司令官

小座間海補本長

谷嶋南西空司令官

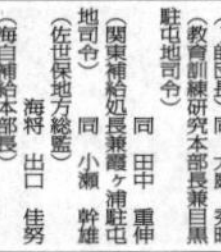
小笠原中空司令官

柿原開発集団司令官

森川支援集団司令官

尾崎情報本部長

影浦空自幹部学校長

朝雲寸言

新型コロナウイルスの蔓延で発令された一回目の緊急事態宣言が解除になったころ、疫病退散を祈願しようと神社にお参りした。手や口を清める手水舎の柄杓がすべて回収され、鈴紐さえも見当たらなかった。コロナ禍の重圧に、あって当たり前のものが消えてしまう寂しさが重なった▼先日、別の神社にお参りしたところ別の驚きに遭遇した。ここでも鈴紐はなかったが、柏手を打つとセンサーが感知し、録音した鈴の音を流してくれるシステムが配備されていた。「必要は発明の母」という通り、新たな状況が生じればそれに応じた新たな仕組みが普及する。京都で売られている生八つ橋も、以前は5個まとめて包装されていたものが、今では一つずつ個包装になっている。この2年の間にコロナは社会を実に変えた▼東京と大阪で自衛隊が運営した大規模接種センターがこのほど活動を終え、東京会場のプレハブの解体工事が進むのを目にした。ここで前例のない取り組みに懸命に挑んだ隊員たち、その活動を支えた無数の民間関係者らの顔が浮かび、感謝とねぎらいの気持ちがこみ上げた。国防、災害派遣、邦人輸送といった自衛隊の「国民を守る営み」は、今回の接種活動を通じて厚みを増した▼センターは解体されても、活動の実績は歴史となって残る。参加した方々にあっては、教訓をきちんと整理・消化して次に備えるのと併せ、ひと時でも疲れを癒してほしい。

時の焦点

国内　立憲民主党

政策提案の中身が重要だ

衆院選での敗北を受け、いかに党勢を回復し、政権交代の青写真を描くのか。まずは徹底した党内論議で、基本政策を練り上げてもらいたい。

立憲民主党の泉健太・新代表が、臨時国会で「党首デビュー」を果たした。

衆院の代表質問で、泉氏は、新型コロナウイルスの新たな変異株「オミクロン株」を巡る水際対策の強化や、18歳以下への10万円の全額現金給付を唱えた。金融所得課税の段階的な引き上げや、人権問題に関与した外国人に制裁を科す「マグニツキー法」の検討などを含め、政府への提案は17項目にのぼった。

立憲民主党は枝野幸男前代表時代、激しい言葉で政権を糾弾し、「政権批判一辺倒」というイメージが強かった。

そうした手法を改め、「政策立案型」政党に脱皮しようという泉氏の取り組みは評価できる。建設的な論戦を心がけ、実りある審議を実現してほしい。

泉氏は、各省庁の幹部を集めて追及する「野党合同ヒアリング」の見直しにも言及している。合同ヒアリングは、官僚たたきの場と批判されてきた。国会が行政監視機能を果たすことは重要だが、野党のアピールのために、省庁側に負担をかけ過ぎるのは問題だ。

一方で、立憲民主党内には、「（ヒアリングは）真実を明らかにするために、有用だった部分は大きい」（西村智奈美幹事長）と、見直しに慎重な声もある。野党が政権批判を封印すれば、埋没してしまうという懸念があるのだろう。どのように改善していくのか、泉氏の手腕が問われるところだ。

立憲民主党が自民党に対抗しうる存在になるには、政策を磨くことが欠かせない。

10月の衆院選では、消費税率の時限的な引き下げなど「分配」のメニューを並べたが、財源論は説得力を欠いた。外交・安全保障政策でも、自衛隊の将来的な廃止を掲げる共産党と協力を深めたことが、「政権を任せられない」という評価につながったと言える。

泉氏には、新たな党の基本理念や政策を打ち出すことが求められる。経済では十分な成長戦略を描き、安全保障政策では、日米同盟を基軸に現実的な対応を追求すべきだ。当面の課題に限らず、国や社会のあり方を考え、長期ビジョンを示す必要がある。

重要政策の変更や、党運営の見直しには、抵抗が予想される。しかし、摩擦を乗り越えなければ、万年野党の立ち位置からは抜け出せまい。

立憲民主党が来年の参院選で、共産党との共闘を続けるのかどうかも大きな論点だ。泉氏は、1人区の野党候補の一本化に前向きな姿勢を示している。共産党との距離を明確にしなければ、立憲民主党への期待は膨らまないだろう。

夏川　明雄（政治評論家）

海外　ドイツ新政権

核禁条約参加で左派色

欧州の経済大国であるドイツで12月8日、9月下旬の総選挙で第1党となった中道左派の社会民主党（SPD）のオラフ・ショルツ前副首相兼財務相を首班とする3党連立政権が発足した。2005年10月以降、4期16年続いたメルケル政権を引き継ぐ。2カ月近くに及んだ連立交渉でまとまった3党の合意文書では、技術革新や成長戦略とも密接に絡む気候変動対策で前政権の目標を大幅に前倒しする意欲的方針を掲げたほか、今年1月に発効した核兵器禁止条約へのオブザーバー参加を盛り込む「左派色」をにじませている。ショルツ氏も重鎮として閣内にいた前政権の路線との大きな違いはこの点だろう。

来年3月にウィーンで開催予定の核兵器禁止条約第1回締約国会議にオブザーバー参加する方針を表明したのは主要7カ国（G7）ではドイツが初めてで、同様に米国の「核の傘」に依存し、この問題をめぐり慎重姿勢を崩さないわが国への圧力にもなりそうだ。

ドイツは米欧の軍事同盟である北大西洋条約機構（NATO）に加盟し、一部加盟国とともに自国内に米国の戦術核兵器を配備する。ショルツ氏が率いるSPD、連立に加わる環境政党・緑の党はともに選挙公約に同条約へのオブザーバー参加を盛り込んでいた。第4党で経済界寄りの自由民主党（FDP）を含む連立3党は合意文書で、国際的な核軍縮において「主導的な役割を果たしたい」と表明し、「核なき世界とドイツを目指す」と明記した。ただ、連立3党は、核の使用や製造・保有などを禁じる核兵器禁止条約へのオブザーバー参加では合意した一方で、米国などの同盟国の間で密かに離脱も懸念されていたドイツ配備の核兵器運用を米国と共有するいわゆる「核共有」は維持するとしている。

ドイツの左派連立政権がオブザーバー参加を表明した核兵器禁止条約（これまでに50以上の国・地域が批准手続きを完了）について、米国のブリンケン国務長官は「核軍縮の目標達成に何の助けにもならないため、支持しない」と明言し、同盟国のドイツをけん制した。米国の歴代政権は一貫して、核保有5大国が加盟し、「誠実な核軍縮交渉を行う義務」を規定する核拡散防止条約（NPT）を核軍縮の中核と位置づけている。核兵器禁止条約はその段階的な削減議論を阻害するため、受け入れられないとの立場だ。

現行のNPT体制を維持したいという点では立場が一致する米国、ロシア、中国、英国、フランスの核保有5カ国は12月初め、パリで核軍縮・不拡散に関して協議する次官級会合を開いた。原則として5年に一度のNPT再検討会議の年明け開催を前に、核保有国としての擦り合わせを行ったとみられる。

日本政府は国会論戦などでオブザーバー参加に否定的な姿勢を示しているが、核保有国と非核保有国の「橋渡し役」を自任する唯一の被爆国として、広島選出の岸田文雄首相率いる自公連立の新政権の今後の対応に改めて国際社会の注目が集まりそうだ。

伊藤　努（外交評論家）

部外功労者に感謝状

陸海空幕僚長から61団体・62個人に

防衛基盤の育成や就職援護、教育、福利厚生などで功績のあった部外の団体・個人を表彰する、令和3年度「陸・海・空各幕僚長感謝状」の受賞者がこのほど決まった。陸は11月13日付で40団体、38個人、海は11月1日付で11団体・8個人、空は11月26日付で10団体・16個人が受賞した。例年行われている贈呈式は、新型コロナの影響で中止され、感謝状は郵送や部隊等を通じて個別に贈られる。受賞団体・個人は次の通り。（敬称略、陸自の2団体は受賞者の希望により不開示）

【陸自】

＜一般功労＞

◇団体＝▽パスコ▽関西防衛を支える会▽億行社▽シルバーリハビリテーション協会メディカルコート八戸西病院付属八戸西健診プラザ▽郡山自衛隊協力会▽田苑酒造

◇個人＝▽阿部正喜（滝沢市自衛隊協力会会長）▽飯田満治（水陸機動団全国後援協会幹事長）▽飯塚進一郎（東部方面隊東桜会会員）▽泉雅文（香川県防衛協会副会長）▽内田重義（第32普通科連隊秩父地区協力会会長）▽桂田光彦（豊友会顧問）▽門脇忠夫（美唄市自衛隊協力会副会長）▽菊地榮司（霞目飛行場周辺町内会連絡協議会事務局長）▽仲嶺眞助（知念自衛隊協力会会長）▽岸川力（大村東彼防衛協会青年部元特別顧問）▽儀保宣裕（第51普通科連隊後援会うるま会理事）▽桒田孝信（市ヶ谷自衛隊友の会事務局長）▽坂本義光（十条防衛懇話会顧問）▽佐々木久夫（大和駐屯地朋友会会長）▽新出水寛人（えびの自衛隊後援会会長）▽高澤大介（新発田市自衛隊協力会理事）▽高橋芳夫（船橋市自衛隊協力会常任理事）▽内藤直徳（自衛隊福岡地方協力本部後援会如月会会長）▽中井川栄和（東部方面懇話会副会長）▽中本健一（中標津自衛隊協力団体連合会会長）▽中山義雄（水戸市勝田自衛隊協力会顧問）▽西山武（高知県防衛協会香美支部支部長）▽野口好子（僚友会会長）▽畠山五郎（第2後方支援連隊協力団体北鎮清風会会長）▽林健治（東富士入会組合前組合長）▽日比嘉男（豊川駐屯地三河陣太鼓後援会会長）▽姫野清高（大分県防衛協会顧問）▽藤井英雄（周南地区自衛隊協力会前会長）▽古田孝雄（伊丹自衛隊協力会監事）▽星野範雄（新潟県隊友会顧問）▽松下秀夫（北千歳駐屯地OB会相談役）▽眞鍋高一（安平町自衛隊協力会副会長）▽真鍋正己（宮城県防衛協会副会長）▽丸岡利嗣（清交社芝蘭会相談役）▽南直之進（弘前市防衛協会副会長）▽安田容昌（北桜会会長）▽米川幸雄（武器学校後援会副会長）

＜就職援護功労＞

◇団体＝▽安全運送▽星槎グループ▽臼杵運送南九州支店▽NAAセーフティサポート▽湖東学園▽三泉▽全日警▽たかの▽東芝電波プロダクツ▽苗穂自動車学園釧路支店釧路自動車学校▽西日本シティ銀行▽ニデック▽ネクスコ・トール東北秋田事業部▽百五銀行▽ムトウ▽くれしんビジネスサービス▽弘済企業▽国際自動車▽函館博栄会函館渡辺病院▽神鋼真岡総合サービス▽セコム▽セコムジャスティック上信越▽東北公営企業▽東洋ワーク▽富士電気工事▽中電環境テクノス▽日本通運▽日本通運鹿児島支店▽東北海道いすゞ自動車▽日立Astemo福島工場▽豊産管理▽山口宇部空港ビルサービス

◇個人＝秋田勝次（佐賀県自衛隊退職者就職援護協議会事務局長）

【海自】

＜一般功労＞

◇団体＝▽パワー・アイ▽高知県隊友会津野山支部▽横須賀艦船造修事業協同組合▽三重県北勢防衛協会▽香川県防衛協会▽大室造船所▽エムエイチアイオーシャニクス

◇個人＝▽高橋通宏（メディカルコート八戸西病院長）▽河本正男（志布志市商工会会長）▽江頭啓介（九州海上自衛隊協力会会長）▽岡田久樹（浜田地区防衛協会会長）▽佐藤征次（滄海友の会副会長）▽平位敬二（余市町自衛隊協力会副会長）▽岡村俊雄（小月基地協力会会長）▽松本高明（神田外国語大学講師）

＜就職援護功労＞

◇団体＝▽ディスコ広島事業所▽リスコム▽レイズネクスト▽日本飛行機

【空自】

◇団体＝▽NECネットワーク・センサ▽キャスト▽くろこま会▽白島石油備蓄北九州事業所▽西翔会▽西都翔和会▽東芝インフラシステムズ▽日興技化▽日本飛行機▽メイラ

◇個人＝▽石割康友（航空自衛隊を励ます会会長）▽岩上喜佐美（天馬美保基地協力会副会長）▽岩村克昭（八雲町自衛隊協力会）▽久保田宣彦（武山高友会会長）▽熊澤英夫（岐阜県防衛協会各務原支部常任理事）▽坂下一彦（長翔会監査）▽清水孝志▽高井晉（笹川平和財団特別研究員）▽武田敏男（大栄商事代表取締役社長）▽冨田勝一（白山自衛隊協力会会計）▽中田伸也（稚内自衛隊協力会会長代行）▽中村家治（小禄地区自衛隊親睦会会長）▽長浜善巳（恩納分屯基地友の会）▽西正次（小松基地友の会会長）▽花柳千衛里（花柳千衛里・花柳秀衛日本舞踊研究所所長）▽山本裕章（府中基地協力会副会長）

防衛基盤整備協会賞　石川製作所など3社に贈呈

装備品研究開発に貢献

公益財団法人防衛基盤整備協会（鎌田昭良理事長）は11月25日、自衛隊向け装備品の研究開発で大きな貢献があった3社に対し、令和3年度「防衛基盤整備協会賞」を贈呈した。

同賞は防衛装備品に関し、民間で自主的に行われた研究開発や生産技術の向上など、特に優れた業績を挙げた研究者・技術者のグループや個人を表彰するもので、昭和54年度の第1回表彰以来、今年度で43回目を迎え、表彰の累計は225件に上る。

今回は、▽石川製作所東京研究所（15式機雷の開発）▽日立製作所（掃海艦ソーナーシステムOQQ－10の開発）▽IHI（NBC装備品（除染車）直前混合技術の開発）――の3社（3件）が表彰された。

例年は贈呈式を実施しているが、今年は新型コロナの影響で中止となったため、表彰状等は同日、受賞企業に送付された。令和4年度の応募要領は来年1月、同協会のホームページで公表される予定だ。

防衛協力一層強化で一致

陸幕長が独陸軍総監と会談

吉田陸幕長は11月19日、ドイツ陸軍総監のアルフォンス・マイス中将とテレビ会談を行い、日独陸軍種間の連携を今後、一層強化することで一致した。

会談では、インド太平洋地域の安全保障環境や、日独陸軍種間の防衛協力の方向性などについて幅広く意見交換。

同テレビ会談について、吉田陸幕長は25日の記者会見で「インド太平洋地域に対する関与を明確化しているドイツに対し、日独の防衛協力を一層強化する一環で行った。ドイツのみならず、法の支配に基づく自由で開かれた国際秩序を維持するという共通の目的を持つヨーロッパ諸国と連携を果たすことが、（陸自として）平和と安定に大きく寄与すると認識している」と述べた。

ドイツ陸軍総監のアルフォンス・マイス中将

米陸軍サイバーコマンド司令官が陸幕長を表敬

米陸軍サイバーコマンド司令官のスティーブン・フォガティ中将と米陸軍参謀本部第6部長のジョン・モリソン中将が来日し、11月22日、吉田陸幕長を表敬、陸幕指揮通信システム・情報部長の足立吉樹将補と会談を行った。

フォガティ司令官らは陸自側との会談で日米の相互運用性の強化に向けて意見交換。クロスドメイン、マルチドメイン作戦などによる日米部隊の抑止・対処能力の向上を図り、各種課題を共に解決していく強い意志を再確認した。この後、米司令官らは陸自のサイバー防護隊を視察した。

吉田陸幕長は12月2日の会見で「サイバー攻撃の脅威は、日々、高度化・巧妙化が進んでいる。陸自として（米国とともに）今後もサイバー分野における能力の強化を着実に推進していきたい」と述べた。

吉田陸幕長（右）と懇談する米陸軍サイバーコマンド司令官のフォガティ中将（左側中央）。その左隣はモリソン中将（11月22日、陸幕で）

ロシア艦艇2隻　宗谷海峡を東進

11月28日午前8時ごろ、ロシア海軍の「ナヌチカⅢ」級ミサイル護衛哨戒艇（艦番号450）、「ロプチャーⅠ」級戦車揚陸艦（同066）各1隻が、北海道・宗谷岬の西方約140キロの日本海を東に向け航行するのを海自2空群（八戸）のP3C哨戒機が確認し、情報収集と警戒監視に当たった。

露艦艇2隻はこの後、宗谷海峡を東進してオホーツク海に入った。

共済組合だより

入学金・授業料等に「教育貸付（特別貸付）」をご利用ください

組合員、被扶養者または被扶養者以外の組合員の子の受験料、入学金、授業料、及び留学費用等が必要な時、組合員（組合員期間6月以上）は共済組合から「教育貸付（特別貸付）金」を借りられます。

貸付限度額は月収額（俸給、俸給の特別調整額、初任給調整手当、扶養手当、研究員調整手当、地域手当、自衛官候補生手当、学生手当及び生徒手当の月額の合計額）の14月分（ただし1回の貸付は6月分）で、弁済期間は140月以内、年利は1・76％となっています。（利率は2021年4月1日現在）

※注　普通貸付の残高と特別貸付額の残高を含めた残高の合計額が月収額の20月分を超えることはできません。

弁済方法は毎月の給与等からの源泉控除（千円単位の額で元金均等弁済）で、ボーナス併用の場合は、ボーナス分の弁済額の合計額が貸付金の2分の1の範囲の額で、6月及び12月の各弁済額は同額となります。

教育貸付を受けるには、各種提出書類や添付書類などが必要です。詳しくは所属支部の貸付窓口へお問い合わせください。

海自「あぶくま」がペルー艦艇と訓練

東シナ海で初

海自12護衛隊（呉）の護衛艦「あぶくま」＝写真奥＝は11月27日、ペルー海軍のコルベット「ギセ」＝同手前＝と東シナ海で親善訓練を行った。

海自とペルー海軍はこれまで、遠洋練習航海などの派遣部隊が訓練を実施しており、4回目となる今回は日本周辺で行う初めての2国間訓練となった。

東シナ海に展開した「あぶくま」と「ギセ」は、戦術運動、通信訓練を行い、「自由で開かれたインド太平洋」の実現に向けた日ペルー海上部隊間の連携を強化した。

海賊対処部隊の交代要員が出国

即機連が初派遣

アフリカ東部のジブチ共和国を拠点にソマリア沖・アデン湾で警戒監視任務に当たっている海賊対処航空隊と支援隊の部隊交代のため、12月10日、航空隊46次隊の要員約30人と支援隊17次隊の第1波約30人がチャーター機で成田空港からジブチに向け、出発した。

航空隊46次隊は海自5空群（那覇）の屋宜純平2佐を指揮官に隊員約60人で編成。P3C哨戒機2機とクルー約30人は同7日、那覇基地を離陸した。

派遣隊員らは現地到着後、45次隊（指揮官・中川蔵太2佐＝2空群＝八戸＝基幹）から任務を引き継ぐ。任務を終える45次隊のP3C2機は同13日に八戸基地に帰投し、残る要員は16日に民航機で羽田に帰国する予定。

一方、支援隊17次隊は陸自10即応機動連隊（滝川）を基幹に陸・海の隊員約120人で編成。支援隊の基幹部隊に即応機動連隊が派遣されるのは初めて。指揮官は16次隊の桑原和洋1陸佐が引き続き務める。

第1波に続く第2波の隊員約90人は1月25日にチャーター機で出国し、来年2月上旬に16次隊と任務を交代する。

ジブチでの任務を終えた16次隊の隊員は第1波が12月23日に、第2波が来年2月6日に順次帰国する予定。

防衛省発令

▽海幕首席法務官兼海自幹部学校（海幕首席法務官付法務室長）　1海佐　加治　勇
▽同首席法務官付法務室長（5護衛隊司令）　同　長村　久光
▽3護衛隊群首席幕僚（3護衛隊群司令部）　同　小野小百合
▽5護衛隊司令（3護衛隊群首席幕僚）　同　江田　大興
▽呉地方総監部付（沖縄基地隊司令）　同　伊藤　拓也
▽沖縄基地隊司令（海幕首席法務官兼海自幹部学校）　同　森下　治彦
（以上12月8日）
▽統幕運用2課（航空支援集団防衛課長）　1空佐　内山　均
▽空幕防衛課防衛班長（空幕防衛課）　同　坂田　靖弘
▽中部航空方面隊防衛部長（7航空団飛行群司令）　同　那須誠一郎
▽7航空団飛行群司令（空幕防衛課防衛班長）　同　唯野　昌孝
▽9航空団副司令（中部航空方面隊防衛部長）　同　日高　大作
▽警戒航空団副司令（9航空団副司令）　同　菅原　謙一
▽航空支援集団防衛課長（1輸送航空隊副司令）　同　山田　眞也
▽1輸送航空隊副司令（岐阜地方協力本部長）　同　二木　裕昭
▽空自幹部学校主任教官兼空自幹部学校（警戒航空団副司令）　同　角谷　茂幸
▽岐阜地方協力本部長（空自幹部学校主任教官兼幹部学校）　同　井口　裕康
（以上12月10日）

領域横断作戦能力 着実に向上

自衛隊統合実動演習(03ＪＸ)

日米隊員３万5800人が参加

宇宙・サイバー・電磁波含め

陸海空3自衛隊の隊員約3万人と在日米軍の兵士約5800人が参加し、11月19日から行われていた令和3年度の「自衛隊統合実動演習（03ＪＸ）」が同30日に終了した。今回はＪＸの枠組みに米軍が初めて加わり、従来の領域に宇宙・サイバー・電磁波などの新領域を含めた「領域横断作戦」に重点を置いて演練。水陸両用作戦、宇宙状況監視など各種訓練に臨んだほか、日米共同で総合ミサイル防空、共同統合対艦攻撃などを実施した。統裁官を務めた山崎統幕長は期間中、陸自朝霞駐屯地、海自横須賀基地、空自三沢基地などを訪れ、3自部隊間の連携要領などを視察。演習終了後の12月2日の記者会見で「さまざまな部隊を視察し、自衛隊の領域横断作戦能力が着実に向上していることを確認した」と成果を語った。

（写真は府中基地を除き、いずれも統幕提供）

ヘリボン訓練で、ＣＨ47輸送ヘリで離島に降り立ち、直ちに作戦展開する陸自隊員たち（長崎県の津多羅島で）

㊤日米隊員約３万5800人が参加した「令和３年度自衛隊統合実動演習」の水陸両用作戦で、水陸両用車ＡＡＶ７（左）で先行した隊員らが海岸で81ミリ迫撃砲の発射準備を整える中、水しぶきをあげながら浜辺に揚陸する海自のエアクッション艇（ＬＣＡＣ）＝奥＝11月23日、鹿児島県の種子島で

㊨九州西方の五島列島に展開するため、海自輸送艦「おおすみ」に自走で乗艦する陸自のＡＡＶ７などの車両

（佐世保港の倉島岸壁で）

先行部隊（手前）が周囲の警戒に当たる中、海岸に上陸したＬＣＡＣから車両を卸下する水陸機動団の隊員たち（11月24日、種子島で）

㊧水陸両用作戦を空から支援するため、海自のヘリ搭載護衛艦「いせ」乗員の誘導で同艦に着艦する陸自のＡＨ64Ｄ戦闘ヘリ（11月26日）

㊦統合後方補給訓練で、負傷した陸自隊員をゴムボートで「おおすみ」（右）に後送してきた陸海自の隊員たち（11月24日、種子島周辺海域で）

㊤空挺作戦で、種子島上空を飛行するＣＨ47ＪＡヘリから次々と自由降下する空挺団の隊員たち（11月21日）

㊦空自三沢基地を訪れ、総合ミサイル防空の訓練を視察し、記者会見に臨む山崎統幕長（演台前）。後方は自衛隊統合実動演習に初めて加わった3空団のＦ35Ａステルス戦闘機（11月23日）

統合後方補給訓練で、空自築城基地から那覇基地へ展開するため、Ｃ２輸送機に搭載される空自車両

宇宙状況監視の訓練で、国際宇宙ステーションに物体が接近したと想定し「宇宙領域シミュレーター」で模擬解析する空自宇宙作戦隊の隊員（11月30日、府中基地で）

部隊だより////

陸

幌別　13施設群は10月21、22の両日、登別市役所職員14人の隊内生活体験を支援した。参加者は施設基礎作業や体力検定、自衛隊体操などを体験。行進訓練では仲間同士で助け合うなど、絆や一体感が深まる様子も見られた。参加した職員は「2日間耐えきれて良かった。私生活を見直すきっかけになった」などと感想を語った。

倶知安　駐屯地は10月14日、岩内第1中学校2年生の職場体験を支援した＝写真㊦。生徒たちは好奇心旺盛で、警務隊の鑑識体験や医務室の採血研修、消防ポンプ班での放水体験などに積極的に取り組み、齋藤誠駐屯地司令とも懇談した。隊員食堂では炭火焼ステーキやコーヒーゼリーなどを体験喫食、「とてもおいしい」と笑顔を見せた。

神町　20普連は11月11日、「男子57回・女子32回東北高等学校駅伝競走大会」を支援した。大会は山形県長井市の「ながい黒獅子ハーフマラソン」で開催され、市陸上競技場を発着点に選手が力走。協力隊は本管中隊の齋藤翔太隊長以下21人、車両10両で編成、役員の輸送や通信連絡に協力し、大会の円滑な運営に貢献した。

勝田　施設学校は10月10日から15日まで、福島県の白河布引山演習場で実爆総合教育を行った＝写真㊦。101期幹部初級課程と236期初級陸曹施設課程学生の計119人が参加した。学生たちは70式地雷原爆破装置や対戦車地雷など、12種類の爆破薬を設置。平素では分からない衝撃波や振動を体感し、爆破に関する技術や知識を身に付けた。

板妻　34普連は10月31日、熱海市の渚小公園で開催された「あたみ防衛防災フェスタ」に協力した。1戦車大隊（駒門）とともに、高機動車などを展示した。また7月の土石流に伴う災害派遣への貢献で、齋藤栄熱海市長が自衛隊などに感謝状を贈呈。代表あいさつで水野克輝連隊長が、「いかなる時も即応できるよう尽力する」と述べた＝写真㊦。

岩見沢　駐屯地は10月26日、駐屯地司令感謝状贈呈式を行った。駐屯地に協力する部外団体や企業に感謝状と記念品を贈呈するもので、今回は1企業・4人が受賞した。式後、受賞者は10即機連（滝川）の96式装輪装甲車に乗り体験走行。最後に、駐屯地の陶芸クラブが作った湯飲みに揮毫（きごう）し、「完成が楽しみです」と語った＝写真㊨。

滝川　駐屯地は10月21日、地元放送局のFMなかそらちのインタビューを受け、駐屯地のカレーをPRした＝写真㊧。「なぜ滝川駐屯地は木曜がカレーの日なのか」との質問に、栄養士の細川明子技官は「木曜は一番疲れが出る日。カレーで元気になってもらいたい」と答えた。この日はビーフとポークの「Wミートカレー」を提供、隊員にも好評だった。

T4練習機や救難ヘリの前で軽快に
空自基地で踊っちゃお
芦屋中学校のダンス撮影に協力

空自芦屋基地は10月18日、近傍の芦屋中学校のダンス映像の撮影に協力した。

文化祭に向け同校の3年生が、芦屋町内の各所で踊る映像の制作を企画。「コロナに負けるな！芦屋ダンスプロジェクト」と名付け、空自基地のほか、芦屋海浜公園、なみかけ大橋など地元の名所を選び撮影を行った。

生徒たちから依頼を受けた基地は、撮影に向けて格納庫前にT4中等練習機、UH60J救難ヘリ、救難消防車などを配置し、自衛隊らしさを演出した。撮影当日、制服姿で訪れた20人の生徒たちはズラリと並べられた装備品を見てビックリ。「すごい！」「かっこいい」と歓声をあげた。

リハーサルを終え、いよいよ本番の撮影へ。生徒たちはスペースいっぱいに広がると、「群青（YOASOBI）」の軽快なリズムに合わせてステップを踏み、コロナ禍のストレスを吹き飛ばすように、迫力あるダンスを披露した。

装備品を見学

撮影後、生徒たちは並べられた装備品を見学。消防車には実際に乗り込んで運転席でポーズを取るなど、思いがけない空自見学も楽しんだ。

後日、同校の山下高志校長が福岡県教育委員会の三桝賢二教育長を伴い基地を訪問。徳重勇一基地司令に「文化祭は大成功に終わりました。ありがとうございました」とお礼の言葉を述べるとともに、ダンス映像のDVDを手渡した。

基地隊員は「生徒たちの姿に私たちも元気をもらった。ダンス撮影に微力ながら協力できて嬉しい」と語っていた。　（芦屋）

㊧㊤T4練習機や救難消防車をバックに、元気いっぱいダンスを踊る芦屋中学校の生徒たち（いずれも10月18日、芦屋基地で）

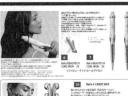

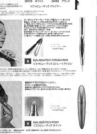

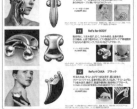

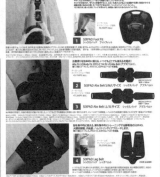

隊員（中央奥）からUH60J救難ヘリについて説明を受ける生徒たち

救難消防車（左）やT4練習機（右）など空自の装備品を見学する生徒たち

小平　駐屯地は11月9日、駐屯地創立67周年、小平学校創立21周年記念行事を職員と学生に限定して行った。駐屯地司令の大野真将補は訓示で「地域との共生」に触れ、支えてくれる周囲の人々への感謝の気持ちを忘れず、信頼される駐屯地を目指すことを要望。行事後、職員たちは敷地内の史跡や史料館を巡り、駐屯地の歴史を学んだ。

松本　駐屯地は11月12日、長野県隊友会と共催で自衛隊殉職隊員追悼式を行った。式では42柱の芳名を一人一人読み上げ名簿を奉納、参加者全員で献花した。さらに12音楽隊（相馬原）が「国の鎮め」を演奏し、13普連1中隊の岡本昂大3尉の指揮で儀仗隊が弔銃を発射＝写真㊤。殉職隊員の冥福を祈るとともに、我が国の平和と安全を祈念した。

富士　情報学校はこのほど修親活動の一環で、駐屯地が所在する小山町須走地区の清掃ボランティア活動を行った。休日の朝に集まった楠見晋一学校長以下42人の参加者は、2個グループに分かれて出発。すれ違う住民と笑顔であいさつを交わしながら、通勤で使用する歩道や側溝のゴミを2時間にわたり拾い集め、地域の美化に貢献した。

姫路　3特科隊はこのほど、青野ヶ原演習場の秋季整備を行った。3後支隊や3施設大隊などでつくる整備隊346人を編成。隊長の小松隆司1佐が「効率的な整備の追求」「安全管理」を要望した。参加者は確実な工程管理のもと、約50万平方キロメートルに及ぶ広範囲の整備を完了。作業前後の時間を活用し車両練成訓練も実施した。

那覇　15旅団は11月2日、在沖米軍とともに離島統合防災訓練に参加した。訓練は「本島南東沖で震度6強の地震発生」を想定して開始。日米共同で「被災者捜索・救助」などの訓練を行い、対処能力の向上を図った。治療後送小隊長として参加した15後支隊の松田直樹1尉は「米軍の衛生隊を研修でき、貴重な訓練になった」と語った。

空

百里　基地はこのほど、防衛、基地モニターを対象に防衛講座と基地見学を行った＝写真㊨。講座では「空自の概要」について説明。その後モニターたちは、百里管制隊、移動管制隊、消防小隊でそれぞれ部隊を見学し、隊員による説明に熱心に耳を傾けた。また課業終了時の国旗降下の様子を見学し、警衛隊員の節度ある動作に感銘を受けていた。

静浜　11飛行教育団はこのほど、新型コロナ感染対策を徹底した上で「防災応急対処訓練」を行った。訓練は「静岡県内で震度5弱の地震が発生した」との想定で始まり、人命救助システム器材の取扱い要領や、野外での仮設救護所の設置、救護活動訓練などに取り組んだ。参加者は訓練を通じて、大規模地震発生時の対処能力の維持・向上に努めた。

新田原　基地は11月7日、宮崎県の新富町商工会が主催する「散策ウォークラリー」を支援した＝写真㊧。同町を拠点とする女子サッカーチーム「ヴィアマテラス宮崎」のメンバーなど、県民約160人が基地を訪問。参加者はF15戦闘機や消防車を見学しながら約3・5キロを散策し、「隊員とのふれあいがあり、いい体験ができた」などと感想を語った。

海

木更津　航空補給処は10月21日、山村海幕長の視察を受けた。海幕長の視察は2000年の教育訓練検閲以来。海幕長は森真規処長にエスコートされ、各部の勤務状況や航空機部品の保管状況、車両ごと昇降できる8トンエレベーターを見て回った。処員と懇談したほか、業務に功績があった小笠原征将2曹と儀間多嘉士事務官にメダルを授与した＝写真㊤。

館山　基地は10月15日、基地開隊68周年記念行事を開催した。隊員200人が参加し、石川一郎21空群司令の訓示と展示飛行を行った。石川司令は「時代に応じて変化を恐れず、新しい歴史を共に作っていこう」力強く述べた。その後、同基地所属のSH60K哨戒ヘリ3機が新型コロナの終息を願い、館山市上空を編隊飛行した＝写真㊤。

横須賀　護衛艦「もがみ」の艤装員56人は10月25日、長崎市営陸上競技場の清掃活動を行った＝写真㊤。隊員たちは同競技場を管理しているシルバー人材センターから清掃道具を借用し、400メートルトラック内に生い茂った雑草を除去した。企画した重永剛志1尉は、「市民の方から感謝の言葉をいただき、とても有意義な活動ができた」と話した。

舞鶴　教育隊は10月25日、大縄飛びによるスポーツ交流を行い、302期海曹上級課程と11期海曹予定者課程学生の約180人が参加した。各チームに分かれた学生たちは、15人ずつが息を合わせ10メートルの大縄飛びに挑戦。声援が飛び交う中、各チームが分隊の名誉をかけて跳躍した。競技の結果、海曹予定者課程の12分隊が優勝した。

家族会版

＜連絡先＞
〒162－0845 東京都新宿区市谷本村町5－1 公益社団法人自衛隊家族会事務局
電話 03-3268-3111・内線 28863
直通 03-5227-2468

私たちの信条

【根本理念】
私たちは、隊員に最も身近な存在であることに誇りを持ち力をあわせて自衛隊を支えます

【心構え】
一、自らの国は　自ら守る防衛意識を高めます
一、自衛隊員の募集・就職援護及び家族支援に協力します
一、会員数を増大し　組織の活動力を高めます

歓迎！体校メダリスト

伊藤会長、宮下副会長が懇談

濵田1尉、乙黒2曹、並木3曹

東京・市ヶ谷の自衛隊家族会事務局に10月1日、自衛隊体育学校（朝霞）の豊田真学校長と東京オリンピックで活躍したメダリスト3人が訪れた。伊藤康成会長、宮下寿広副会長と懇談した選手たちは、東京五輪での成果や苦労話に花を咲かせるとともに、豊田学校長から家族会の支援に感謝の言葉が贈られた。

自衛隊家族会の伊藤会長（座席左）を訪れた豊田体育学校長（同右）と乙黒2曹（左）、並木3曹（その右）、濵田1尉（右から2人目）。右端は宮下副会長（いずれも10月1日、自衛隊家族会事務局で）

東京五輪開催に先立ち各都道府県の家族会は、体校選手らの活動を支援する基金への寄付のため募金協力を行ってきた。新型コロナウイルス感染症の影響で東京五輪の開催が1年延期されたため、活動は2年間にわたった。

防衛省を訪れた豊田学校長、濵田尚里1陸尉（柔道・女子78キロ級、金メダル）、乙黒拓斗2陸曹（レスリング・フリー65キロ級、金メダル）、並木月海3陸曹（ボクシング・女子フライ級、銅メダル）の4人は、岸防衛相らを表敬した後、家族会を訪問。事務局員らは壁に「祝！メダル獲得！歓迎！自衛隊体育学校」の文字を飾り、選手たちを出迎えた。

選手たちは家族会からの激励にお礼の言葉を述べ、伊藤会長に東京五輪参加選手の名前が入った記念プレートと選手のパネル写真2枚を手渡した。

この後の懇談で伊藤会長は、コロナ禍の厳しい環境の中で成果を挙げた選手たちに祝意を表し、苦労した点などを尋ねた。

濵田1尉は、対戦相手との体の接触が多い競技であることから、選手間の感染防止対策のために体調を万全にして試合に臨むなど、試合での戦いに加え、「コロナとの戦い」で苦労を強いられたと答えていた。

和気あいあいと東京五輪の話に花を咲かせる（左から時計回りに）宮下副会長、伊藤会長、濵田1尉、並木3曹、乙黒2曹、豊田学校長

「物心両面の支援感謝」豊田学校長

豊田学校長は、家族会の基金への寄付と選手たちへの激励に対し、「物心両面の支援に感謝いたします」と謝意を伝え、コロナの影響で選手たちの地元への凱旋や自衛隊内での成果報告会などが行えていないことから、今後は大々的な企画を設けるなどの方針を語った。

我が子の奮闘と重ねつつ

静岡家族会　空自静浜基地を研修

研修のために訪れた空自静浜基地で、隊員からT7初等練習機の説明を受ける静岡家族会の会員たち（11月12日）

【静岡】静岡自衛隊家族会は11月12日、静岡地方協力本部静岡募集案内所の支援を受け、空自静浜基地を研修した。

研修は我が子が活躍する自衛隊を見学することで防衛意識を高め、活動の資とすることを目的に開催。今回は河原清副会長をはじめ7人の会員が参加した。

基地に到着した会員たちは、広報資料館で空自の日々の活動や基地の概要説明を聞いた後、滑走路が見える屋外に移動し、破壊機救難消防車や人命救助システムII型などの各種装備品を見学した。さらに格納庫ではT7初等練習機の機体点検を真剣な面持ちで学ぶ航空学生の姿や飛行訓練の様子を見て回った。

会員の中には子供の幼なじみが基地で勤務している人もおり、久しぶりの再会に盛り上がる姿も見られた。

参加者は「勤務地は違っても、我が子もこのような環境で勤務や生活をしていることを知ることができて、安心した」、「子供の幼なじみの成長した姿を見ることができて良い思い出になった」などと話していた。

地域イベント 広報お手伝い

墨田区家族会

【東京】墨田区自衛隊家族会は10月24日、同区の複合商業施設・オリナス錦糸町で開催された「災害に強い街づくり～本所パートナーシップ」（警視庁本所警察署主催）に参加した東京地方協力本部江東出張所に協力した。

同イベントには地元の警察、自衛隊、京成バス、JAF（日本自動車連盟）の4団体が参加。それぞれブースなどを出展して広報活動を行った。

江東出張所は、自衛隊の制服や迷彩服の試着体験、南極の氷紹介、ロープワーク体験のコーナーを設けた。

当日は、午前11時から午後1時までの限られた時間で約2000人が来場。家族会の会員は、来場者に募集案内のティッシュを配ったほか、試着体験コーナーで子供たちの着替えを手伝うなどして協力した。

各コーナーともにぎわいを見せる中、南極の氷を目にした来場者は、「大昔の空気が詰まった氷が溶ける瞬間のはじける音を聞いて、とても神秘的で貴重な経験でした」「今日は自衛隊の制服を着てスカイツリーをバックに写真撮影ができて記念になりました」などの感想を話し、隊員に「自衛隊さん、これからも頑張ってください」と励ましの言葉を贈っていた。

島根女性部交流会に77人

地本長や西部地区隊長招き講話

【島根】島根県自衛隊家族会は11月14日、出雲市の浜山体育館多目的室で「女性部交流会」を開催し、島根地方協力本部長の高橋洋二1陸佐と西部地区隊長の田中統1陸尉による防衛講話を実施した。講話は島根県家族会員などに対する啓発活動の一環として行われたもので、会場には会員計77人が訪れた。

「自衛官って、どんな仕事」

島根県家族会が開催した「女性部交流会」で防衛講話を行う高橋島根地本長（奥）＝11月14日、島根県出雲市で

高橋地本長は、「自衛官って、どんな仕事」と題して、自衛官の生活、女性隊員数、ワークライフバランス、福利厚生など、さまざまなテーマに沿って紹介するとともに、自衛隊採用広報動画も併せて放映した。

一方、田中西部地区隊長は「体育学校で働く隊員たち」と題して講話を行った。参加者は地域手当や定年延長について質問したほか、聴講後は、「知らない話を聞くことができて大変面白かった」などの感想を語り、自衛隊への理解をより深める絶好の機会となった。

島根地本は今後もこのような機会を有効に活用し、県民に対して自衛隊への理解と関心の深化を図る方針だ。

兵庫地本長が防衛講話

神戸で近畿地域協議会

【兵庫】近畿地方2府4県の自衛隊家族会は11月23日、神戸市のホテル北野プラザ六甲荘で令和3年度「自衛隊家族会近畿地域協議会」を開催し、兵庫地方協力本部長の高岡久1陸佐を招いて防衛講話を実施した。

協議会には大阪府、京都府、兵庫、奈良、滋賀、和歌山各県の会長ら約30人が出席。防衛講話は「日本を取り巻く安全保障環境」と題して行われた。

高岡地本長はその中で、我が国の安全保障・防衛政策の概要について説明。このほか、自衛官募集の現状について話し募集に対する引き続きの協力を求めた。

この後の質疑応答では、家族会員から「将来の防衛力整備の方向性」に関しての質問や、「家族会と部隊との連携」について提言がなされるなど、活発な意見交換が行われた。

家族会近畿地域協議会の防衛講話で、高岡兵庫地本長（右奥演台前）の講話を聴講する会員ら（11月23日、神戸市のホテル北野プラザ六甲荘で）

全国表彰で最優秀賞

初の受賞、地本長にお礼

新潟県家族会

【新潟】新潟県家族会の早川澄夫会長は11月4日、新潟地方協力本部を訪問し、同会で初めて全国自衛隊家族会表彰最優秀賞を受賞したお礼を伝えた。

同県家族会は昭和35年5月に新潟県自衛隊父兄会として発足。平成29年に現在の名称に変更され、新潟地本と連携し、退職自衛官の再就職援護情報の提供や地本の広報活動などを支援してきた。

特に令和2年度は、就職援護に関する15件の情報提供を行うとともに、新入隊員家族の家族会入会促進に努めるなど、入会率50%を達成したことが初の受賞につながった。

新潟地本を訪れた早川会長は本部長の大倉正義1陸佐をはじめ、田中靖史副本部長、各課長と懇談。大倉地本長は今回の受賞を心から祝福するとともに、家族会の格別な尽力に深い感謝の気持ちを表した。

早川会長は「コロナ禍の大変な時代で行事も少ない中で表彰していただいたことに感謝している。今後も新潟地本と連絡を取り合い、就職援護などの支援を続けていく」と力強く語った。

新潟地本を訪れ、受賞のお礼を伝えた早川会長（右から3人目）。その左は大倉地本長（11月4日）

事務局だより

▽…定期総会（10月13日）にて承認された「令和2年度事業報告等」および「辞任理事の後任選任」について法務局への登記および内閣府への報告を完了しました。

▽…令和3年度第5回理事会（書面決議）において、「令和4年度自衛隊家族会事業計画（骨子・案）」など4件の議案が承認されました。今後、各県と同時並行的に年度事業計画、年度予算書などを作成し、3月の理事会にて承認を得る予定です。また、東京都自衛隊家族会長に佐竹正紀氏が、北海道地域協議会長に島村吉曜氏が、北関東地域協議会長に剱持省司氏がそれぞれ承認されました。さらに、運営委員として高田克樹氏、小和瀬一氏、小泉秀充氏、三原友子氏が新たに選任されました。

▽…北海道地域協議会が10月27日に、近畿地域協議会が11月23日に行われました。「コロナ禍における家族会活動」について各県家族会から事例の相互紹介が行われ、今後の活動の資を得ることができました。

▽…「北方領土返還要求全国大会」は令和4年2月7日に開催されます。時間短縮、参加者を制限するとともに映像配信を行い、全国でその様子を見ることができます。家族会は署名活動で貢献しておりますが、さらに頑張る機会になると思います。

▽…総合募集情報誌「ディフェンスワールド22」が1月末に完成します。今年は陸自高射学校（下志津駐屯地）、海自横須賀地方総監部等（横須賀基地）、空自第1航空団（浜松基地）などを取材し、さらに充実した内容といたしました。募集・援護活動の一助とし、また、中・高校生など若い世代をはじめ広く一般の方々に自衛隊を分かりやすく知っていただけるように編集しています。家族会記念行事や会議・講演会の際にもご来賓などへお配りし、好評をいただいております。購入希望者は事務局までご連絡ください。

（家族会事務局）

募集・援護　特集

平和を、仕事にする。
陸海空自衛官募集

ただいま募集中！
◇自衛官候補生◇貸費学生
◇高工校生徒（一般）
★詳細は最寄りの自衛隊地方協力本部へ

沖縄地本の「自衛官募集ポスター」で優秀作品に選ばれた学生（右から多和田さん、本部さん、仲川さん）を表彰する坂田地本長（左から2人目）。その左は引率したIDAの米須教諭（10月14日、空自那覇基地で）

これが沖縄地本の〃新年の顔〃

新ポスター完成　受賞3学生に感謝状

「これが沖縄地本の〃新年の顔〃です」――。新年を目前に控え、沖縄地本では新たな募集ツールとして「美ら島の未来を護る君の手で」をテーマにした広報ポスターを制作。そのデザインには専門学校生が当たり、このほど優秀作品が決定した。その力作揃いのポスターは今後、県内各地に掲示され、新春の地本の〃切り札〃として大活躍してくれそうだ。

「美ら島の未来を護る 君の手で」テーマに――

【沖縄】地本は10月14日、空自那覇基地の9空団304飛行隊の格納庫で、新たな「自衛官募集ポスター」をデザインした沖縄県浦添市の専門学校「インターナショナルデザインアカデミー（IDA）」の学生3人に対し感謝状を贈呈した。

沖縄地本は5年前から学生応募による自衛官募集ポスターを制作。今回の募集ポスターのキャッチコピーは「美ら島の未来を護る君の手で」。自衛隊の堅い印象を払拭し、爽やかなイメージをアピールするデザインで制作してもらった。

今回は約30点の応募作品があり、審査の結果、いずれもIDAの学生である仲川季美さん、多和田亜加梨さん、本部采郁さんの3作品が優秀作品に選ばれた。

式では、沖縄地本長の坂田裕樹陸将補から3人に感謝状が贈られた。終了後のF15戦闘機の見学会では、学生たちがコックピットに座り、笑顔で写真に納まる場面も見られた。

式後、3人は沖縄地本のラジオ番組「ぐくる君のゆんたくアワー」の収録にゲストとしても出演。それぞれのポスターの制作意図をリスナーに説明した。

仲川さんが描いた作品は、制服姿の空自幹部が笑顔で手を差しのべ、左下には沖縄の花「ハイビスカス」を配置。仲川さんは、「ポスターを見た人に優しく呼びかけるような表情と躍動感ある構図を意識した。隊員の表情も親近感が湧くような県民に親しみのある顔にした」と語った。

多和田さんの作品も仲川さんと似た構図ながら手を差し伸べるのは海自幹部で、後ろで空自の女性隊員が爽やかに敬礼している。多和田さんは「君も一緒に！と言って手を差し伸べている姿をイメージさせた。制服の細部を描くのに、ホームページなどに載っている画像や動画を参考にしたが、帽章のデザインが特に難しかった」と話した。

一方、本部さんの作品は他の2人とは構図が大きく異なり、迷彩服の陸自隊員がブルーインパルスの模型を手にした子供を肩車し、その傍らに海・空自隊員の凛々しい姿を配置。本部さんは「少年を肩車している自衛官の構図が頭の中に思い浮かんだ。島（沖縄）の未来である子供を自衛官が守り、支える姿を表現した」と意図を語った。

3人の作品は1200枚印刷される自衛官等募集ポスターに起用され、「自衛官募集の最前線」で活躍する。

沖縄地本では「このポスターを見た若者が一人でも多く自衛隊を志願するきっかけとなるよう、広報官一人一人が丁寧に各地にポスターを貼り、新年の募集につなげていきたい」と話している。

南国の雰囲気に　仲川さんの作品。ハイビスカスで南国の雰囲気を醸し出している

海自幹部が印象的　多和田さん制作のデザイン。手を差し伸べる海自幹部が印象的な作品

未来守る表現　本部さん作のデザイン。子供を登場させることで島の未来を守るコンセプトを表現した

各地で本部長が感謝状贈呈

福井

東本部長（中央）を囲み記念撮影に納まる受賞者たち（11月28日、福井県中小企業産業大学で）

「支援に心から感謝」　6団体・4個人が受賞

【福井】地本は11月28日、福井県中小企業産業大学で感謝状贈呈式を行った。

今年は福井県防衛協会に加盟する企業や高校、家族会会員や募集相談員など6団体・4個人が受賞した。

式で本部長の東良子1海佐は、一人ひとりに感謝状を贈呈。「日ごろから防衛基盤の育成、自衛官の募集、退職自衛官の再就職、そして即応予備自衛官などの雇用に支援いただき、心から感謝します」と謝辞を述べた。

また今回初の試みとして、式終了後に地本も支援している陸海空自衛隊による「福井市中パレード」の見学を行った。受賞者は、3自衛隊180人による勇壮なパレードや海自舞鶴音楽隊の演奏を満喫し、「とても良かったです」と惜しみない拍手を送った。

岩手

武本本部長（前列中央）を囲み記念撮影する受賞者たち（11月27日、ホテルメトロポリタン盛岡ニューウイングで）

「生徒の成長に感激」　13団体・11個人が表彰

【岩手】地本は11月27日、ホテルメトロポリタン盛岡ニューウイングで本部長感謝状贈呈式を行った。これは、地本の募集活動や就職援護、予備自衛官雇用などに協力した功労者を表彰するもので、今年は13団体・11個人が表彰された。

地本長の武本康博1陸佐が一人一人に感謝状と記念品を手渡し、長年にわたる募集活動への貢献に謝意を述べるとともに、引き続きの協力を依頼した。

防大の募集協力で受賞した盛岡市内の高校の校長は、「防大に入校して1年後の生徒がリクルーターとして帰ってきた時、彼の成長に感激した。学校としても引き続き、生徒に受験を勧めていきたい」と語った。

2人の「ミス」が広報大使に　大阪

ミス・ワールド・ジャパン2021大阪代表　橋谷 美香さん

準ミス・ワールド・ジャパン2021大阪代表　大城 沙耶さん

【大阪】地本は11月8日、令和2年度大阪地本広報大使の委嘱終了式と3年度大阪地本広報大使の委嘱式を行った。

2年度の広報大使は準ミス・ワールド2020日本代表の圓奈まりあさんで、護衛艦「はるさめ」の1日艦長や「いなづま」の艦艇広報で来場者対応にあたるなど、地本の活動を紹介することに貢献した。

地本長の柳裕樹陸将補から終了証を受け取った圓奈さんは、「自衛隊についていろいろ勉強になりました。自己研鑽できました」と1年間を振り返った。

また3年度の広報大使には、新たにミス・ワールド・ジャパン2021大阪代表の橋谷美香さんと、準ミス・ワールド・ジャパン2021大阪代表の大城沙耶さんの2人を任命、柳地本長から委嘱状が手渡された。

橋谷さんはプロバレエダンサーとして、大城さんは若手女優として活動。今後はイベントやSNSを通じて、自衛隊の魅力や地本の活動を伝えていく。「体験搭乗など楽しみにしています」と話す2人に、地本も「それぞれの特技を生かしてご活躍いただきたい」と期待している。

記念撮影に納まる（左から）柳裕樹本部長、橋谷美香さん、大城沙耶さん、前田誠毅副本部長（11月8日）

圓奈まりあさん 広報活動に貢献

柳本部長（左）から終了証を受け取る圓奈さん

曹友会と初の広報活動　旭川

【旭川】地本は11月1日から、陸自高等工科学校（武山）生徒の受験受付を開始した。これに伴い翌2日、上富良野地域事務所が初めて上富良野駐屯地の曹友会と連携し、広報活動を行った。

会長の髙椋賢司曹長をはじめとする曹友会のメンバーと事務所の広報官の計11人が、駐屯地の門に集合。退庁時の隊員に「隊員自主募集情報提供推進」や「高等工科学校生徒募集」のチラシなどを配り、子弟の受験を呼び掛けた。

上富良野所長の苅田隆一1陸尉は今回の取り組みについて、「曹友会の後ろ盾は大変ありがたい。今後も連携を強化して広報活動を展開していきたい」と話している。

退庁する隊員（左）に募集のチラシを渡す広報官（11月2日、上富良野駐屯地で）

三重地本長に　岸田1陸佐

12月1日付の異動で三重地本長が交代した。新任本部長の略歴は次のとおり。

岸田 佳明（きしだ・よしあき）1陸佐　三重地本長　防大35期。平成3年陸自。18年2佐、25年1佐。1師団2部長、5対戦車ヘリコプター隊長、航空学校研究部長、3師団監察官などを経て、令和2年12月中部方面航空隊副隊長。大阪府出身。53歳。

5旅団 NTTコミュと連携し震災対処訓練

最新の災害用ドローンも展示

【5旅団＝帯広】北海道東部の防衛を担う陸自5旅団（旅団長・廣惠次郎将補）は11月25日、帯広駐屯地と旅団地区内全域で「令和3年度旅団災害対処訓練」を行った。「釧路沖で最大震度7の巨大地震が発生した」という状況を想定した訓練で、民間企業の協力のもと、被害状況を迅速かつ的確に把握する様子を研修者や報道陣に公開。最新の災害用ドローンも実動展示され、旅団の対処力を道内に広くアピールした。

訓練は大規模災害発生時の情報収集・処理・共有と指揮幕僚活動を演練し、関係機関との連携強化や理解促進を図ることを目的に旅団の隊員ら約200人が参加して実施。海自大湊地方総監の乾悦久海将をはじめ、自治体、警察、消防、海上保安庁と指定公共機関・企業などの約60人が訓練を研修した。

訓練は同日午前8時21分、「釧路沖で震度7の巨大地震が発生し、沿岸部に津波が押し寄せた」との想定で開始され、ただちに各隊区担任部隊の初動偵察部隊と5飛行隊（帯広）のヘリが実動で沿岸部を偵察して被害情報を収集。今回、旅団のヘリ映像伝送装置に加え、NTTコミュニケーションズの協力により、現地の映像をリアルタイムで旅団の指揮所に伝送した。

指揮所では、この映像とSIP4D（全ての災害対応の現場に標準化された防災情報を流通させる情報パイプライン）により被害状況を把握。さらに「正蒼院（陸自クローズ系クラウドシステム）」により部隊の状況を逐次チェック、正面スクリーンでこれらを表示・共有して災害派遣部隊の投入先や前進経路などを迅速に決定した。これを受け、廣惠旅団長が各部隊長に対しVTC（ビデオ会議機能）で指示を出したところで、状況を終了した。

その後、訓練に合わせて練成した災害用ドローンによる画像の「オルソ化（歪み補正）」を災害対処部隊として初の実動で展示、研修者は興味津々の様子だった。

意見交換会も行われ、旅団長自らが壇上に立ってSIP4Dなどのシステムや映像、オルソ画像による情報共有の必要・有効性を説明した。

廣惠旅団長は報道陣に対し「過去の震災の教訓を生かすことが国民から期待されている。陸上自衛隊だけでなく関係自治体や公共機関、企業と一体となった協力体制を築きたい」と語った。

（上）災害用小型ドローンによる画像の「オルソ化」を実動で展示する5旅団2部情報班長の横井信人3佐　（下）旅団災害対処訓練で、指揮所からSIP4Dなど各種情報通信機器を活用し、情報共有を行う5旅団の隊員たち（写真はいずれも11月25日、陸自帯広駐屯地で）

大規模災害時の協定締結

24空と小松島市　基地を緊急避難場所に開放

【小松島】海自24航空隊は10月29日、徳島県小松島市と「大規模災害時における緊急避難場所等に関する協定」を締結した。

南海トラフを震源とする巨大地震の発生が危惧される中、基地が所在する和田島地区は、津波避難困難者数が市全体の8割を占める地域となっている。小松島市と部隊は、この問題の解消に向けた緊急的措置として基地施設の一部を津波避難施設として活用するために協議を重ねた。

協定締結により、大規模地震が発生して大津波警報などが発令された際、基地が一時的な緊急避難場所として住民らに開放される。避難場所を確保することで人的被害の軽減と生活の安全確保を図る。

締結式は小松島航空基地で行われ、小松島市の中山俊雄市長と24空の和田和起司令が協定書に署名した。

中山市長は「今回の協定締結を契機として、避難困難地域の解消をより一層加速させたい」と述べ、和田司令は「周辺住民の皆さまに安心安全を届けられるよう、引き続き市と協力していきたい」と話した。

「大規模災害時における緊急避難場所等に関する協定」の締結書を手にする和田24空司令（右）と中山市長（10月29日、海自小松島航空基地で）

あさぐも ドンマイ's　吉本どんど

合宿中

腹が減って寝つけない

ひつじの数でも数えたらどーだ

そーだな

ひつじが

ひつじが〜2枚〜

1枚

油流出対処訓練

滝川駐屯地業務隊　迅速に防護壁を構築

【滝川】滝川駐屯地業務隊は10月22日、駐屯地とその近傍にあるラウネ川で「油流出対処訓練」を実施した。

この訓練は「地震発生に伴い、駐屯地内の重油タンクから油漏えい事故が発生した」との状況付与で始まり、第1段階として業務隊は対処マニュアルに基づく編成・装備をもって迅速に油流出対処のための防護壁を構築した。

続く第2段階では、駐屯地外への油流出の兆候を予期し、ラウネ川では補給科を主体とした第1対処班が水面に「オイルフェンス」を展張し、油流出防護のための設備を速やかに設置した。

生地での実動訓練は実に3年ぶりで、一連の状況下における行動を駐屯地業務隊総出で確認した。

滝川駐屯地から重油が流出したとの想定で、ラウネ川にオイルフェンスを設置する駐屯地業務隊員（奥）

防研「日米開戦80周年」展示始まる

HPに「デジタル史料展示」を開設　山崎統幕長が初日に訪問

日米開戦80周年に関する展示品を視察する山崎統幕長（中央）。その左は齋藤防研所長。右は説明する戦史研究センター史料室の菅野室長＝12月8日、市ヶ谷の防衛研究所で（撮影時のみマスク不着用）

12月8日は1941（昭和16）年の太平洋戦争開戦から80周年。防衛研究所は同日から来年6月までの予定で、省内に勤務する隊員向けに日米開戦に関する史料の展示を開始した。

防研が所在する市ヶ谷庁舎「F1」棟1階のエントランスでは、▽開戦経緯▽マレー作戦▽真珠湾攻撃――に関する貴重な史料（複製）を解説文と共に時系列で紹介。

初日の8日は山崎統幕長が訪問し、齋藤雅一所長をはじめ、副所長の木口雄司陸将補、庄司潤一郎研究幹事ら幹部に出迎えられた後、戦史研究センター史料室の菅野直樹室長の説明を受けながら一つ一つ丁寧に史料を見て回った。

防研では来省が困難な各地の隊員や一般部外者にもこうした史料を身近に感じてもらおうと、ホームページに「デジタル史料展示」のコーナーを開設し、公開を開始した。

今後は庄司研究幹事を中心とした戦史研究センターの研究者らによる「開戦80周年」の座談会なども企画しており、引き続きホームページやツイッターなどで積極的に情報を発信していく予定だ。

こちら警務隊　飲酒関連犯罪③

酒に酔って他人の物を壊したら器物損壊罪

酒に酔った勢いで他人の物を壊したら、どんな罪になりますか？

他人の物を壊した場合、器物損壊罪に該当し、3年以下の懲役または30万円以下の罰金もしくは科料に処せられます。

たとえ酒に酔っていて物を壊した際の記憶が曖昧な場合であっても罪に問われます。

また、器物損壊罪は他人の物を物理的に破壊するだけでなく、居酒屋で酔っ払って客用の食器に放尿するなど、その物の効用を害し、本来の目的に使用できない状態にすることも該当します。

物を壊すなど、善悪が分からなくなるまで飲酒することは、絶対にやめましょう。

（中部方面警務隊）

3空団のF35が函館空港に緊急着陸

システム不具合

12月8日午前11時58分ごろ、3空団301飛行隊（三沢）のF35Aステルス戦闘機1機が三沢基地西方の日本海上空を飛行中、機体のコンピューターシステムの一部に不具合が発生。搭乗中のパイロットが緊急状態を宣言し、午後0時18分に函館空港に無事着陸した。パイロットにけがはなかった。

同日、三沢基地は同空港に隊員と機材を派遣し、原因調査の上でコンピューターを交換。安全確認後の同10日、同機は三沢基地に帰投した。

井筒空幕長は12月9日の記者会見で「地元、国民の皆さまにご心配とご迷惑をおかけしていることをおわび申し上げます。再発防止に努めるとともに、飛行安全に万全を期していきたい」と述べた。

日米共同方面隊指揮所演習ヤマサクラ

下士官同士で交流

陸自は12月1日から13日まで、伊丹など全国の駐屯地で日米共同方面隊指揮所演習「ヤマサクラ81」（YS81）を行った。

同訓練では、自衛隊の領域横断作戦と米陸軍のマルチ・ドメイン・オペレーションを踏まえた連携向上のための練成訓練も実施。自衛隊から吉田陸幕長を統裁官、中方総監の野澤真陸将を演習部隊長に陸自中方を主体として約3500人が参加、米軍からは1500人が加わった。

同5日、中方総監部で米陸軍第1軍団長ザビエル・ブランソン中将を迎えて行われた訓練開始式で野澤中方総監は「本演習の成功が日米同盟の絆をより一層深めるとともに、アジア太平洋地域の安定に大きく貢献する」と訓示を述べ、演習を通じて日米同盟による抑止力と対処力を強化することを強調。その後、在日米陸軍司令官のジョエル・ヴァウル少将との共同記者会見を実施した。

期間中、練成訓練のほか陸曹・陸士と米軍下士官の交流の一環として、陸自の女性隊員と米軍の女性兵士の間で、それぞれの勤務環境や職務に関する情報共有・意見交換を実施。「陸軍種における女性下士官の活躍を促進するためには」などのテーマに基づくグループ討議が行われた。

グループ討議で活発に意見を交わす日米の女性下士官（12月3日、伊丹駐屯地で）＝中部方面隊提供

小休止

▽…新田原基地の濵田義明3佐以下3隊員は宮崎県の木城町総合交流センターで開催された木城町主催の西空音（春日）演奏会を支援した。

▽…演奏会には約150人の地域住民が来場、濵田3佐らはホールに入場する際の誘導業務などを行った。出演した約20人の音楽隊員は、サクソフォン二重奏や金管六重奏などに分かれて演奏。小編成ごとに司会が代わり、美空ひばりの『川の流れのように』など、世代に合わせた話題曲を紹介し、会場を盛り上げた＝写真。

▽…来場者からは、「コロナ禍でイベントの少ない中、演奏会を楽しみにして来て良かった」「素晴らしい演奏で、元気をもらった」などの感想が寄せられた。（新田原）

架空の敵をつくり、いっとき強く団結する。けれどその団結は驚くほど脆い。
角田 光代（作家）

（世界の切手・カザフスタン）

朝雲ホームページ
www.asagumo-news.com
会員制サイト
Asagumo Archive プラス
朝雲編集部メールアドレス
editorial@asagumo-news.com

歯科医ときどき予備自衛官 ㊤

心に響いた『私たちの仲間になって』

予備2陸佐 久保田 敦（歯科医、愛媛・松山市）

私は、愛媛で開業医として日々患者さんの診療をしながら、定期的に渡米して大学で教鞭を執っています。そして今、日本国の緊急事態に備えて、陸上自衛隊の予備自衛官に任用されています。

予備自衛官への道は令和2年1月、愛媛地方協力本部で説明を受けたことから始まり、同年11月に採用試験を京都府の大久保駐屯地で受けることになりました。試験会場にはたくさんの受験生がおり、おまけに生まれて初めての自衛隊駐屯地のため、大変緊張しました。しかし、お世話係の自衛官の皆さんがとても親切で礼儀正しいのに驚きました。

その会場には阪神淡路大震災や東日本大震災での救助・救援活動の写真が展示してあり、休憩時間にお話した自衛官の方が私の職種を知っていたのか、「医療系の専門職の方にはぜひ入隊してほしいのです。災害派遣等の際には本当に助かります。私たちの〝仲間〟になってください」と言われたのが私の心に大きく響きました。

1カ月後に合格通知が届き、愛媛地本で本部長さんから予備自衛官補（技能）の辞令書を交付されました。趣味のロードバイクや登山で基礎体力には自信があるつもりでしたが、自衛隊で通用するのか。とりあえず毎日5キロのジョギングを始めました。

そして、予備自衛官補となった私は、大津駐屯地で教育訓練（技能）に参加することになりました。訓練の前日、診療を終えて大急ぎで飛行機、バス、電車を乗り継いで、駐屯地に着きました。

駐屯地の109教育大隊では、予備自補教育の他に、自衛官候補生、陸曹候補生などの若人が、朝から晩まで懸命に訓練に励んでいました。毎晩遅くまで、隊舎で訓練の復習をしている声も聞こえました。

最も驚いたのは、彼らを指導する教官たちです。区隊の同期には、教員免許を持った方がいましたが、彼から見ても、「自衛隊の教育にかける熱意と根気が凄い！」と言わしめたほどです。

私の担当班長さんは、私の長男と同じ年齢の隊員でしたが、「ここがわからないので教えて下さい」とお願いすると、嫌な顔など一切せず、夜遅くまで付きっきりで指導してくれました。恐縮して、頭が下がる思いでした。

私はこの駐屯地で自衛隊の概念が一変しました。自衛隊には、鉄拳制裁などの暴力、差別や不公平な扱いなど、全くありません。自分はその〝仲間〟になって、自衛隊の真の姿を見ることができました。そして、訓練はより高度な内容に進んでいきます。（つづく）

（「月刊愛媛ジャーナル」掲載文を一部修正し投稿）

歯科医の傍ら、訓練に励み、予備2等陸佐となった久保田さん

みんなのページ

規則は適切な見直しが必要

3空佐 松岡 淳（1移動警戒隊長・千歳）

我々の仕事には、必ず根拠となる規則等があります。根本となっているのは憲法であり、これに基づき各種法律、訓令、達等により規定されています。現場の部隊においては、これらに基づき業務手順書等が規定されていることも多いと思いますが、これらは適切に見直されているでしょうか？

履行することが困難なほどに厳しい内容であり、守られないことが常態となっているような規則は、規則の意味を成しません。一方で、何も規制できないような規則では、その存在意義が無いと言えます。規則は、そのバランスが重要であり、状況の変化に応じて適切に見直していかなければなりません。

1移警隊長として令和2年6月に着任し、部隊で制定された様々な規則を確認しましたが、特に古いままで更新されていない規則や現状に即していないものが散見されたため、いくつかの規則を改正しました。

「割れ窓理論（1枚の割られた窓をそのままにしていると、更に割られる窓が増え、やがて街全体が荒廃する）」という考え方がありますが、これは規則にも当てはまると思います。「規則ではこのように規定されているけど、今時、こんなことをやっていたら時間がかかるだけだし、省略しても大丈夫」などという意識を持ってしまうと、他の規則についても「守らなくても大丈夫」という考えに繋がり、やがて部隊の秩序が保たれなくなる恐れがあります。

指揮官として部下に対し、「根拠をしっかり調べ、それに基づいて実施せよ」と指導する以上、部隊で規定している規則については、最低限、現状に即したものに見直していく責任があると思っています。これにより、部隊の業務は適切に規制され、部隊の規律の維持にも繋がっていくのではないかと思います。

陸士から頼られる陸曹を目指す

即応予備3陸曹 嶋田 彩華（102補大・仙台）

私は3等陸曹に昇級して初めて訓練検閲に参加しました。今までは、陸曹の指示で任務に当たっていましたが、今回は自分で考えて行動し、時には陸士に指示をして、と大変良い経験ができました。

諸先輩方との連携を密にし、陸士の模範となるよう心掛けて任務を遂行しました。はじめはなかなかうまくいきませんでしたが、時間が経つにつれて次に何をするのかが分かり、スムーズに指示ができるようになっていくのが分かりました。

中隊長要望事項の「いつも通りやることをやる」を心掛け、日々の訓練を思い出して一つ一つこなすことにより、最後まで任務を遂行することができました。

これからも日々精進し、陸士から頼られる陸曹を目指していきたいと思います。

陸曹として初の訓練検閲に臨む嶋田即応予備3曹

新隊員後期教育の班長を務めて

3陸曹 安部 龍成（33普連2中隊・久居）

私は今年の7月1日付で3等陸曹に昇任し、そのまま新隊員後期教育の班長として勤務することが決まりました。

教育開始前の準備期間中は、知識と指導力が私に足りているのかという不安がありました。

しかし、一番の若手3曹として、体力とやる気を生かし、献身的な教育をしていこうと心掛けました。

教育期間中、私は個性豊かな新隊員と訓練をしていく中で、大きく二つのことを学びました。一つ目は物事を人に教えることの難しさです。

教育では小銃射撃の教育担当をしていましたが、ただ教範通りに教えても新隊員には理解しづらいので、自分なりのコツを教えることも大切だと学びました。

二つ目は新隊員が間違いをした時に指導するためには、自分自身が日頃から正しい行動をし、要点を押さえて指導しなければ新隊員の心には響かないことを学びました。

3カ月という短い期間でしたが、後輩隊員を教育することの難しさ、また新隊員の成長を感じることができ、とてもやりがいを感じました。この経験を生かし、今後は中隊の後輩隊員育成に寄与していきます。

OBがんばる

警備員として会社に貢献

北川 秀一さん 56
令和元年9月、空自第6航空団整備補給群補給隊（小松）を曹長で定年退職。石川製作所に再就職し、警備員として工場敷地内の警備全般を担っている。

私は令和元年9月に航空自衛隊小松基地を最後に退官し、基地援護室のご尽力により石川県白山市にある石川製作所に警備員として再就職しました。

弊社は今年、創業100年を迎え、主に段ボール製函印刷機、段ボール印刷機、防衛機器の製造など、幅広く事業を展開し、「ものづくり」を通して社会に貢献しています。

入社当初は、全てが初めての環境のため不安でしたが、弊社の警備室には私を含め陸自、空自のOB計5人が勤務しているため、早い段階で慣れることができました。

ここでの業務は工場敷地内の施設警備で、来客や取引業者等の受付対応、夜間は施設の巡回点検をはじめとする防火・防災に関する業務を行っています。特に受付対応の難しさを強く感じております。

これらの業務を確実かつ丁寧に遂行するために、各部署と情報を共有し、出入門される方々には心を込めたあいさつを励行すること、自ら積極的にコミュニケーションを取ることを心掛けています。また、起こりうる不測事態をあらかじめ想定し、対処要領について腹案を持って勤務するよう心掛けています。これらは自衛隊勤務で培ったもので、現在の仕事にも十分に生かされています。今後も一企業の警備員として丁寧で誠実な対応を心掛け、会社に貢献したいと思います。

最後に隊員の皆様もいずれは定年や任期満了退職を迎える時が来ると思います。自分に向いた職業を早期に見極め、再就職に向けた準備を万全に行い、後悔のない職業選択と充実した人生を送れますようお祈りいたします。

「朝雲」へのメール投稿はこちらへ！
▽原稿の書式・字数は自由。「いつ・どこで・誰が・何を・なぜ・どうしたか（5W1H）」を基本に、具体的に記述。所感文は制限なし。
▽写真はＪＰＥＧ（通常のデジカメ写真）で。
▽メール投稿の送付先は「朝雲」編集部（editorial@asagumo-news.com）まで。

新刊紹介

「日本分断計画」中国共産党の仕掛ける保守分裂と選挙介入
上念 司著

核抑止力が機能する限り、莫大な数の死者を出す世界大戦の勃発は考えづらい。しかし、戦争の手法は年々複雑かつ巧妙化し、敵がどこにいるのか、誰が敵なのかさえ分からない時代に突入している。私たちが気づかないうちにSNS上では日本も徐々に侵略されつつあると警告を発するのが、著者の言う「日本分断計画」である。

例えば、2020年の米大統領選の結果に納得しなかった日本国内の言論人の一部が、前大統領の落選に執拗に疑義を示し続け、見解を異にする著者を攻撃。保守派内の内ゲバである。

日本分断を企図する勢力は、国内での言論を通して「尖閣諸島上陸」など敢えて高いハードルを掲げ、世論を煽る。そして保守派言論人に賛否の踏み絵を迫ることで急進派と穏健派の間に埋めがたい亀裂を引き起こす。本来は左派の暴走に対抗すべき保守派の分裂で誰が得をするのか考える必要があると著者は問う。

一見ハッキリとした物言いは爽快だが、事実は単純ではない。情報の大波に飲み込まれないよう、事実と高い見識に基づいた判断力をもってしか、日本分断計画を止める手立てはない。（ビジネス社刊、1540円）

小林武史（国会議員秘書）

『安全保障と防衛力の戦後史 1971〜2010「基盤的防衛力構想」の時代』
千々和 泰明著

著者は防衛研究所戦史研究センター安全保障政策史研究室の千々和泰明主任研究官。新たな切り口で、戦後日本の安全保障と防衛力をめぐる政策史の実像を浮き彫りにした今年度「第7回猪木正道賞」の受賞作だ。

冷戦期のデタント（緊張緩和）の時代に当たる1976年に導入された「基盤的防衛力構想」。本来は時代と共に変わっていくはずの防衛構想が、その後も米ソ「新冷戦」の到来、冷戦終結、さらには9・11米同時多発テロを経て、2010年に至るまで34年間の長きにわたって日本の防衛構想であり続けた理由は何だったのか――。

日米の膨大な史料はもちろん、当時の貴重な記録や証言、さらには自らも背広組・制服組、現役・OBを問わず多くの防衛省（庁）・自衛隊関係者等に独自のインタビューを行った上で裏を取り、分析を重ね、その「謎」を解き明かす。

防衛大綱・中期防の改定に向けた作業が始まった今だからこそ、これまでになかった通時的な観点から防衛構想の変遷を振り返る意義は大きい。

学術書でありながら、その展開はテンポよく明快で、多くの示唆に富んだ第一級のドキュメンタリー作品でもある。（千倉書房刊、6050円）

詰碁

第1273回出題

出題 日本棋院 九段 曲 励起

白先

『包囲下の白はどうなりますか』。5分でできれば中級以上です。

▶詰碁、詰将棋の出題は隔週です◀

詰将棋

出題 日本将棋連盟 九段 石田 和雄

▲先手 持駒 銀桂

≪第857回の解答≫

【正解】▲2二歩成△同玉▲3四桂△1二玉▲1三銀△同桂▲3二竜△同銀▲2二金までの九手詰め。

【解説】初手▲2二歩成は手筋。▲2四桂では△1三玉以下上へ逃げられ失敗。△同玉に▲3四桂と打ち、△1二玉に▲1三銀と捨ててから▲3二竜と金を入手すれば▲2二金までの詰み上がり。

朝雲

発行所 朝雲新聞社
〒160-0002 東京都新宿区四谷坂町12−20 KKビル
電話 03(3225)3841
FAX 03(3225)3831
振替00190-4-17600番
定価一部150円、年間購読料9170円（税・送料込み）

主な記事

自衛隊法改正を検討

「在外邦人等の輸送」で首相指示

岸田首相は12月13日の衆院予算委員会で、今年8月にイスラム原理主義組織タリバンが暫定政権を樹立したアフガニスタンからの邦人等の退避に関し、自衛隊法84条の4「在外邦人等の輸送」の改善の検討を指示したと明らかにした。「海外で邦人が危機にさらされた際に全力で対応できるよう平素から準備をしておくことは重要だ」と説明した。これを受けて岸防衛相は翌14日の閣議後記者会見で「防衛省・自衛隊としても在外邦人等の安全確保に全力を尽くしていく所存だ」と述べた。

（3面に関連記事）

アフガニスタンの事例受け

岸防衛相は14日の閣議後の記者会見で「多くの日本人が今、海外で活躍する中で、在外邦人の生命・身体の保護に万全を期すべきだと考えている」と述べ、今年8月のアフガニスタンの事例を踏まえ、在外邦人等の輸送に関する「自衛隊法84条の4」について、さらに改善が可能か検討を行うよう岸田首相から指示を受けたことを明らかにした。

外国人のみの輸送の検討も含め、具体的な法改正の内容や、法案の提出時期などのスケジュールについては「現在検討中」とした上で、「例えば、現地の安全の確認の方法について、制度としてさらに改善の余地がないかなどの点について検討を行っているところだ」と説明した。

また、8月のアフガニスタンの実任務に際し、「自衛隊法がオペレーションの障害になった事実はない」と明言。「海外で邦人が危機にさらされた時、邦人の保護・退避に全力で当たることは国として当然の責務だ」と強調した。

防衛省は今年8月、アフガニスタンから邦人らを退避させるため、空自の輸送機3機（C2が1機、C130Hが2機）と陸・空自の隊員計約200人を隣国パキスタンの首都イスラマバードに派遣。3機は8月25～27日の間、拠点のイスラマバードとアフガンの首都カブールの空港を計5往復し、このうちC130Hが日本人1人とアフガン人14人を退避させた。

◇在外邦人等の輸送

防衛大臣は外国での災害、騒乱、その他の緊急事態に際し、外務大臣から依頼を受けて協議した上で、自衛隊法84条の4「在外邦人等の輸送」に基づき、「輸送を安全に実施することができる」と認められる場合に限り、邦人等の輸送を行うことができる。

防衛省・自衛隊は2004年以来、今年8月のアフガニスタンからの退避任務を含め、計5回の在外邦人等の輸送を実施している。8月の任務では外国人を退避させた初のケースとなった。

防衛省・自衛隊による在外邦人等の輸送実績	
2004年4月	イラクにおける邦人を含む外国人拘束事件に際し、空自C130H輸送機で邦人10人をイラクから隣国のクウェートまで輸送
2013年1月	アルジェリアの邦人拘束事件に際し、政府専用機で邦人7人と被害邦人の遺体（9人）を本邦に輸送
2016年7月	バングラデシュにおけるダッカ襲撃テロ事件に際し、政府専用機で被害邦人の遺体（7人）と家族らを本邦に輸送
2016年7月	南スーダンの情勢悪化に際し、空自C130H輸送機で大使館職員4人をジュバからジブチまで輸送
2021年8月	アフガニスタンの政変に際し、空自C130H輸送機で邦人1人とアフガン人14人をカブールから隣国パキスタンまで輸送

今年度補正予算成立

防衛費、過去最大7738億円

令和3年度補正予算は12月20日の参院本会議で自民、公明両党などの賛成多数で可決、成立した。一般会計の歳出は35兆9895億円で、補正予算としては過去最大となった。

このうち、防衛費は補正予算として過去最大の7738億円を計上。令和3年度補正予算と4年度当初予算を「防衛力強化加速パッケージ」と位置づけ、4年度当初予算の概算要求に計上していたミサイル防衛能力や南西地域の島嶼部の防衛体制の強化などの事業を3年度に前倒しする。

ロシア軍IL20と「推定ロシア機」の航跡図（統幕の資料を基に作成）

露9機が長距離飛行

空自機がスクランブル

ロシア軍のイリューシンIL20情報収集機1機と推定ロシア機8機の計9機が12月15日午前から午後にかけ、日本列島北東部沿岸の日本海からオホーツク海、太平洋上空を長距離飛行したため、空自北空、中空のF15戦闘機などが緊急発進して対応した。

推定ロシア機は、3機編隊でサハリン西方沖から飛来し、北海道北東部のオホーツク海を南東進して北方領土・色丹島南方沖まで往復飛行。うち1機はサハリン沖で日本の領空から離れたが、新たに2機が飛来し、4機編隊を組み、北海道・礼文島西方沖から奥尻島沖まで南下した。

この後、再度「推定ロシア機」が入れ替わり、5機編隊で列島沿いを南西進し、島根・隠岐の島北方沖で北上して自国領方面に戻った。このほか、推定ロシア機1機が石川・能登半島北方沖の日本海を周回するなど特異な飛行を行った。

一方、IL20は14、15の両日、宗谷海峡西方沖から飛来し、宗谷海峡からオホーツク海を経た後、国後水道を抜けて太平洋に進出。東北の三陸沖まで2日連続で往復飛行した。

統幕は両日、空自機が撮影した写真と航跡図を公表した。

相次ぐロシア機による日本周辺での飛行に対し、山崎統幕長は16日の記者会見で「事実としてロシア機の活動が活発化してきたということが言える。さまざまな方面に展開するということについて、しっかりと監視していく」と述べた。

中東に掃海艦を長期派遣

海自 米主催の訓練に参加

海自の掃海艦艇2隻が約3カ月半にわたり中東方面などを巡航する令和3年度「インド太平洋・中東方面派遣（IMED21＝Indo-Pacific and Middle East Dployment 21）」が12月12日から始まった。

IMED21部隊は、1掃海隊司令の野口泰志1佐を指揮官に掃海母艦「うらが」と掃海艦「ひらど」、乗員約200人で編成。海自はこれまでもインド洋方面などに掃海艦艇を長期派遣しているが、「IMED」と命名して部隊を派遣するのは初めて。今回はインド洋、西太平洋に加え、南シナ海、アラビア海、ペルシャ湾などを巡る。

派遣期間中、中東海域で実施される米国主催の「国際海上訓練（IMX22）」に参加するほか、ブルネイ、マレーシア、バングラデシュ、スリランカ、バーレーンに寄港し、各国海軍などと機雷戦や水中処分員による機雷処理などの各種訓練を行う。来年3月31日に帰国する予定。

中国空母が宮古海峡南下

「いずも」が警戒監視活動

統幕は12月17日、中国海軍の空母「遼寧」（排水量5万9400トン）＝写真＝がミサイル駆逐艦など4隻で艦隊を組み、東シナ海から太平洋に進出するのを確認したと公表した。海自1護隊（横須賀）のヘリ搭載護衛艦「いずも」などが情報収集を行った。

中国海軍の空母機動部隊は「遼寧」のほか、「レンハイ」級ミサイル駆逐艦、「ジャンカイⅡ」級フリゲート、「フユ」級高速戦闘支援艦各1隻で編成。15日午前11時ごろ、長崎県・男女群島の西方約350キロの東シナ海を南東進するのが確認され、翌16日、4隻は宮古海峡を南下し、太平洋に出た。

東シナ海、太平洋上では「遼寧」の艦載ヘリが発着艦するのが確認された。海自は「いずも」をはじめ、5護隊（佐世保）の護衛艦「あきづき」、4空群（厚木）のP1哨戒機、5空群（那覇）のP3C哨戒機が中国艦隊の警戒監視に当たった。

自衛隊が空母「遼寧」の宮古海峡通過を確認するのは今年4月以来で、計8回目。

中国艦隊は19日午前8時ごろには、「ルーヤンⅢ」級ミサイル駆逐艦、「ジャンカイⅡ」級フリゲート各1隻を加えた計6隻で沖縄県・北大東島の東方約300キロの太平洋を航行。同8時から9時にかけ、「遼寧」から艦載のJ15戦闘機とZ9、Z18ヘリの発着艦を確認したため、空自の戦闘機が緊急発進して対応した。

春夏秋冬

2021年をふり返って

松本 佐保

2021年も残り少しである。今年もコロナ感染症に翻弄され、国際ニュースでは多くの出来事があり、安全保障政策でもクワッドやオーカスなど多面的な議論が行われた。

1月は、前年11月の米大統領選挙の結果、僅差で敗北したトランプ前大統領の支持者が米国会議事堂に乱入する事件に始まったが、選出されたバイデンが無事に大統領に就任。トランプ政権に続いて、バイデン政権の米国の対中国の厳しい外交姿勢に伴い、日米同盟の下で日本も中国への強硬政策の選択が迫られている。

2月はミャンマーでのクーデターに伴い軍が政権を掌握、国民民主連盟（NLD）を解体し、サン・スー・チー氏を拘束、状況は改善されていない。3月には香港選挙制度変更で、民主的な自治政府が実質上潰され、中国の一国二制度が崩壊した。昨年、米国ミネアポリスで発生した黒人男性を白人警官が死亡させた事件に端を発し人種差別に対する抗議運動が世界的に広がったが、今年4月にこの白人警官に有罪判決が下った。5月には英国で開催されたG7外相会議で、ブリンケン米国務長官などを中心に「中国への最大の懸念」という点で一致した。6月には英国コーンウォールでG7首脳会談が開催。香港の言論の自由の象徴だったリンゴ日報が、26年の歴史に幕を下ろした。

7月には熱海で違法な盛土が原因とされる土石流被害が起き、26人が亡くなった。また東京オリンピックが開幕、コロナ感染症が拡大する中だったが8月に閉幕。また同月には米軍のアフガニスタンからの撤退で、タリバンが政権を掌握した。9月には日本デジタル庁が設置され、下旬には菅首相の退陣発表で自民党の新総裁選挙が行われ、岸田氏が選出された。10月には衆議院総選挙が行われ、岸田新内閣が正式に発足、11月にはイタリアでG20、英国グラスゴーでCOP26が開催され、石炭火力の削減が採択された。今月は英国リバプールでG7外相会談が開催され、ウクライナに軍事進攻の可能性があるロシアへの対応策が、話し合われた。

この様に世界的に民主主義の後退が顕著に見られ、また中国の脅威もさらに高まってきている。国内では自衛隊によるワクチン集団接種などで現在、感染数が顕著に抑えられ、また熱海の土石流災害現場が著者の住まいの隣接地域であることから、自衛隊による救援活動を日々目の当たりにした。

来年は安全保障面での厳しさがさらに増す可能性も指摘されている。感染症や災害面だけでなく、外交面でも日本国民を守る自衛隊への感謝の気持ちで新年を迎えたい。

（日本大学国際関係学部教授）

米空軍のB52戦略爆撃機を先頭に編隊航法訓練を行う日米の部隊。左側は空自のF2戦闘機、中央と右側は米空軍のF35Aステルス戦闘機（12月9日、日本海上空で）

空自 米空軍のB52、F35Aと共同訓練

空自と米空軍は12月9日、日本海上空で日米共同訓練を行い、両エアフォースの共同対処能力の向上を図った。

空自からは2（千歳）、6空団（小松）のF15戦闘機各4機、7（百里）、8空団（築城）のF2戦闘機各4機が参加。

米空軍からは、ルイジアナ州バークスデール基地から飛来したB52戦略爆撃機1機をはじめ、F35Aステルス戦闘機7機、KC135空中給油・輸送機1機が参加し、日米共同で編隊航法訓練などを行った。

「中高生記者」募集中

「はじめての防衛白書（第2版）」

「私たちと一緒に『はじめての防衛白書（第2版）』をつくりませんか?」――。防衛省では、今年8月にホームページ上に掲載して大きな反響を得た若年層向けのネットコンテンツ『はじめての防衛白書』の第2弾の作成に当たり、初の試みとして全国から〝中高生記者〟の募集を開始した。

中高生記者たちは、防衛省側が用意したリモート回線を使って自衛官にインタビューし、令和4年度中に完成予定の「はじめての防衛白書（第2版）」に掲載する記事を作成する。

対象となるのは、日本国内に所在する中学校または高校の新聞部や文芸部など（部単位）で、応募の際は保護者と学校の了承が必要。締め切りは令和4年1月20日(金)。詳しくは、防衛省のホームページから（https://www.mod.go.jp）。

企画した防衛省大臣官房広報課防衛白書事務室の柴田裕里室長は「日本の将来を担う若い世代の人たちに国の防衛について少しでも多くの関心を持ち、理解を深めてもらうきっかけにしたい」と話している。

ラワット印参謀長に

統幕長が哀悼の意

山崎統幕長は12月16日の記者会見で、同8日にインド南部タミルナド州で搭乗していたヘリコプターが墜落し、死亡したインド国防参謀長のビピン・ラワット陸軍大将（享年63）への哀悼の意を表した。

会見の冒頭、山崎統幕長は「ラワット大将は私が陸上幕僚長を務めていた時期からのカウンターパートであり、数多くの会談などを通じてインド太平洋における安全保障上の認識を共有しておりました」と長きにわたる親交について触れ、「ラワット大将は（自衛隊との）共同訓練や防衛交流などの成果を多く残され、日印の防衛交流の推進に大きく貢献されました。大変信頼できる私の友人でもあり、心からお悔やみを申し上げます」と述べた。

朝雲寸言

歴史は繰り返す。しかし寸分違わず同じことが繰り返されるわけではない。この世は螺旋階段のようなものだ。同じ場所をぐるぐる回りながらゆっくりと上昇しているのである▼厄災や無法が繰り返され、差別や格差が広がるように、紛争や専制がこの世から無くなることもない。それでも少しずつ変化していることも事実だ▼もし孫子やクラウゼヴィッツが現在の世界を見れば科学技術によって変わった戦争の様相に驚くだろうか。それともいまだに戦争が無くなっていないことに驚くだろうか。何百年経っても人類の所業は同じ場所を巡っている。人類は少しも賢くなっていないと嘆息するばかりである▼本年は防衛省・自衛隊にとって例年以上に多忙な一年だった。先月末をもって東京と大阪に設置された新型コロナウイルスワクチンの大規模接種センターが終了した。5月24日の開設以来、191日間に及ぶ医療従事者、関係者の真摯かつ献身的な活動に対し、一国民として深甚なる敬意を表したい▼今年も残り少なくなった。振り返り、自分と家族と国家にとって良かったこと、残念だったことを抜き書きしてみる。この一年、出来なかったこと、あきらめたことが例年以上に多い。良いことは多くなかったものの、それでも細やかながらこころ温まることもあった。それで良しとしよう▼この先もコロナウイルスとの戦いは続く。来る年がもう少し穏やかであることを祈りつつ。

時の焦点

国内

憲法審査会

建設的な議論を活発に

言うまでもなく、憲法は国の最高法規である。その条文と現実との乖離をなくし、よりよい内容にするよう努力することは、国会議員の責務であろう。

衆院憲法審査会が、今国会初めての自由討議を行った。実質的な議論をするのは約7カ月ぶりで、岸田政権の発足後は初めてだ。

一部の野党はこれまで、予算案審議中には憲法審査会を開催すべきではない、と主張してきた。今回は、参院で2021年度補正予算案を審議していたが、与野党が歩み寄って開催した。

重要な課題を同時並行で議論することに、なんら問題はあるまい。

野党が開催に応じたのは、先の衆院選で、憲法改正に前向きな日本維新の会や国民民主党が議席を増やしたことが影響している。

立憲民主党は、綱領に「未来志向の憲法議論」を行うと掲げながら、枝野前代表は「安倍政権下での憲法改正論議には反対」としてきた。こうした非論理的な姿勢では、世論に理解されないのは当然である。

すでに自民、維新、国民の3党は、具体的な改正項目を「たたき台」などとして公表している。

自民党の新藤義孝氏は審査会で、同党が主張する自衛隊の根拠規定明記について、「我が国が武力攻撃を受けた時に自衛の措置を担う自衛隊を憲法上、明確に位置づけるものだ」と説明した。

これに対し、公明党の北側一雄氏は「多くの国民は、現在の自衛隊の活動を理解し、支持しており、違憲の存在とは見ていない」と疑問を投げかけた。

すると、自民党の山田賢司氏が「自衛隊の明記だけではなく、いかにコントロールしていくかも含めて提示している」と理解を求めた。

国会でこうした応酬がなされることによって、憲法改正の論点に対する国民の理解が深まろう。現在の各党案は文字通り「たたき台」にすぎない。活発な論戦を経て、より望ましい条文案にまとめていってほしい。

最近、憲法学者に衝撃を与えた論文がある。境家史郎・東京大学大学院教授の「〝非〟立憲的な日本人」（『中央公論』12月号）だ。

境家氏は、4000人が回答した調査をもとに、「我が国では、多くの有権者が、『政府は、現実の必要に応じて、憲法の文言にとらわれず柔軟に政策決定すべき』と見ている」ことを明らかにした。

憲法の内容に反する政策であっても、必要があれば許される、ということでは、憲法は「国の最高法規」とはいえない。

憲法が本来の機能を取り戻すためにも、改正論議を建設的に進めなければならない。9条を、誰が読んでも矛盾と感じないようなあり方にすべきだろう。

憲法審査会では、毎週の開催や分科会の設置が提案されている。議論を重ねて、国民の期待に応えてもらいたい。

宮原 三郎（政治評論家）

海外

台湾来援に警告

対米「攻撃性」増す中国

「外交政策の経験豊富な大統領の指導力」（米ホワイトハウスのサキ報道官）と言われても、何のことか、いま一つピンと来ない。

むしろ、台湾問題に関する最近の中国の攻撃的な物言いの方が、世界における米リーダーシップの実相を理解できる。

中国共産党中央委員会の機関紙「人民日報」が出している英字紙「グローバル・タイムズ」（12月9日付）は社説で、もし中国が台湾と戦争を始めれば、中国は台湾を防衛しようとする米軍を攻撃すると、露骨な脅しをかけた。

「中国軍が、台湾救援に駆け付ける米軍に猛攻を加えるのは確実だ。その確実性は、米軍が有しているかもしれない抑止力をますます圧倒している」

中国は、ほぼ連日のように台湾周辺に戦闘機を飛行させているほか、12月上旬には、南シナ海で実弾演習を実施した。

同演習は、海軍爆撃機がいくつかの島々を爆撃したり、機雷を投下したりする内容で、台湾に対する威嚇、圧力強化の新たな手段である。

同社説は「もし米政府が、分離を求める台湾の方針を支持し、台湾を激励すれば、その時は、武力による再統一が確実に起きるだろう。米国と台湾が共謀すればするほど、武力による再統一が早まるだろう」と念を押した。

中国が戦いたくてうずうずしているようにも見えてくるが、中国のこうした〝空威張り〟は、決して珍しいことではない。しかし、今回のように、米軍を攻撃すると直接的な脅しに出たことは、かつてなかったのではないか。

アフガニスタン撤兵での大きな不手際にもかかわらず、何の責任も取らなかったミリー統合参謀本部議長やオースティン国防長官は、台湾問題の現状に一体何をしているのだろう。

西側にとっては、こうした中国の〝好戦性〟に直面するタイミングも悪い。ロシアが、多分2022年に侵攻する意図の下、ウクライナの国境付近に軍を大挙集結し、極度の緊張が続いている最中である。

その中ロ両国は11月23日、オンライン形式で国防相会談を行い、軍事演習や合同巡視活動の強化で一致した。

両国は同会談に先立つ10月、日本海や東シナ海で海軍艦艇が初の合同巡視活動を実施。11月19日には、日本海や東シナ海の上空で、戦略爆撃機による警戒監視活動を行っていた。

米外交政策の専門家は長年、米国は中ロ両国を団結させて西側に向かわせるのではなく、互いに争わせる「離間策」に全力を挙げるべきだと警告してきたではないか。

「外交政策の経験豊富」な主がどういう対抗措置を考えているのか、見当もつかないが、国家安全保障担当の大統領補佐官を名指しで、「サリバンに通告：大口をたたくな」（同社説）と〝助言〟する筆致は、中国の西側との戦いが間違いなく新たな段階に入った証だろう。

草野 徹（外交評論家）

FFM4番艦「みくま」進水

令和5年3月就役予定

海自の令和元年度計画多機能護衛艦（3900トン型、FFM）の命名・進水式が12月10日、長崎市の三菱重工業長崎造船所で行われ、同艦は「みくま（三隈）」と命名され、進水した。

「みくま」は、従来の対潜・対水上・対空の各装備に加え、掃海艦艇が担う対機雷戦能力を併せ持つ「もがみ」型FFMの4番艦。

式は佐世保地方総監の出口佳努海将の執行で行われ、山村海幕長と共に出席した鬼木副大臣が、防衛大臣の命名書を読み上げ、支綱を切断すると、「みくま」はゆっくりと長崎湾に進水した。

艦名は海自内で募集し、大臣が決定、九州・筑後川の上流で、大分県日田市を流れる「三隈川」に由来する。艦番号は「4」で、就役は令和5年3月の予定。

海自では同じ艦名をもつ護衛艦（「ちくご」型3番艦）が昭和46年8月から平成9年7月まで在籍していた。

「もがみ」型ＦＦＭ４番艦として進水した令和元年度計画護衛艦「みくま」（12月10日、長崎市の三菱重工業長崎造船所で）＝海自提供

場外着弾の原因「人為的ミス」

饗庭野演習場事故調

陸自饗庭野演習場（滋賀県高島市）で今年6月23日に発生した「120ミリ迫撃砲弾の演習場外着弾事案」で、陸幕は12月9日、事故調査結果を発表した。

同調査では、事故の直接的原因を「人為的ミス」としており、「編合済みの弾薬と未編合弾薬の取り違えや隊員の装薬点検の不十分」など、複数の要因を挙げ、その再発防止策も同時に公表した。

調査結果によると、射撃部隊は射撃準備間に使用予定の弾薬編合を終えていたが、短い間隔で射撃をする訓練プログラムの中で未編合弾薬と取り違える事案が発生。さらに、弾薬置き場から未編合弾薬の運搬を行った弾薬手が、装薬量を確認せずに副砲手に手渡し、その副砲手もそのまま装填してしまった、としている。

当時、訓練計画からの遅れも生じており、分隊長は時間計測に集中していたため、各隊員への行動確認や指導が不十分だったとする。

過去の事案で生じた照準の誤認や射撃方向の間違いなどはなかったという。

陸幕は再発防止策として、①弾薬支処で演習場外に出る可能性のある装薬量を計算し、あらかじめ該当量を取り外す②第三者による射撃部隊と勤務員の行動に対する安全点検③教範類に取り違え防止に関する事項を明文化④射向・射角を制限する安全ストッパーの装着と安全教育・予行の徹底⑤計画作成から射撃までの訓練管理などの教育を実施――の5点を、同迫撃砲を使用する全部隊に徹底した。

陸自はこの事故調査結果を受け、同事案に関係した射場指揮官を停職5日にするなど計12人を処分した。

ひと

サイバー攻撃への対処を担う空自システム監査隊長

佐々木（ささき） 千尋（ちひろ） 2空佐(40)

空自へのサイバー攻撃対処や部隊のシステム監査を担う航空システム通信隊システム監査隊（市ヶ谷）の隊長に着任。「生き生き」をモットーに隊員を率いる。

防大の機能材料工学科で炭素を研究した「リケジョ」。部隊勤務後にも防大大学院で再び同分野を学ぶなど、技術の奥深さにのめり込んだ。一方で体力不足から訓練の厳しさにくじけそうになったが、同期の協力で乗り越えたという。「この時のくやしさが原点」と語る。

通信職種の幹部として、レーダーサイトが置かれた大湊分屯基地（青森県）で小隊長を務めた。父親と同世代のベテラン隊員に範を見せるため、部隊では持続走を誰よりも率先して行い、英語競技会でも英語力に磨きをかけて空自大会で二度にわたって優勝。その熱意が認められ2007年、中東・クウェートのイラク復興支援派遣輸送航空隊に4カ月間、通訳として派遣された。

その後、艦艇装備職の海自幹部と結婚して長女を出産。職場復帰後の任務と育児の両立には苦労したが、部隊の配慮や夫のサポートの下、新領域であるサイバー防護の業務に奮闘中だ。

シス監隊長に就任後は難関のサイバー資格「CISSP」の取得を目指し、平均1日10時間の勉強を1年以上続けて今年7月、同資格を取得した。隊内では「隊長が取ったのなら、自分も！」との声が上がり、続々と合格者が出ているという。

幹部学校の指揮幕僚課程入校に向けた女子向けの勉強会も昼休みに開き、全員が合格。「女性自衛官は育児などで時間を取られ、学びたくても学べない人が多い。少しでも力になれたら」

たまの息抜きは「NCIS」などの海外ドラマ観賞。これも英会話力向上につなげている。

「泥臭く頑張っていけば道は開ける。そう信じて今後も走り続けたい」

（蓑川浩嗣）

将昇任者略歴

荒井 正芳（あらい・まさよし）陸将 防大34期。平成2年陸自。16年2佐、21年1佐、27年将補。西方幕僚副長、教訓研本研究部長、東京地本長、陸幕防衛部長などを経て、令和3年12月3師団長。神奈川県出身。54歳。

小林 弘樹（こばやし・ひろき）陸将 防大34期。平成2年陸自。16年2佐、21年1佐、27年将補。4施団長、東方幕僚副長、統幕運用部副長、陸幕装備計画部長などを経て、令和3年12月8師団長。静岡県出身。55歳。

廣惠 次郎（ひろえ・じろう）陸将 防大33期。平成元年陸自。15年2佐、20年1佐、27年将補。統幕指揮通信システム部長、通信学校長、5旅団長などを経て、令和3年12月教訓研本長兼目黒駐屯地司令。奈良県出身。55歳。

児玉 恭幸（こだま・やすゆき）陸将 防大33期。平成元年陸自。15年2佐、20年1佐、27年将補。6特連長、空挺団長、陸幕監察官、教訓研本副長、13旅団長などを経て、令和3年12月1師団長。宮崎県出身。54歳。

柿野 正和（かきの・まさかず）陸将 防大34期。平成2年陸自。16年2佐、21年1佐、27年将補。中央会計隊長、北方幕僚長、補統副長などを経て、令和3年12月関東処長兼霞ケ浦駐屯地司令。福岡県出身。53歳。

俵 千城（たわら・たてき）海将 防大33期。平成元年海自。16年2佐、20年1佐、27年将補。防大訓練部長、海洋業務・対潜支援群司令、海幕指揮通信情報部長などを経て、令和3年12月潜水艦隊司令官。島根県出身。54歳。

福田 達也（ふくだ・たつや）海将 防大34期。平成2年海自。16年2佐、21年1佐、27年将補。大監幕僚長、4護群司令、統幕計画部副長、掃海隊群司令などを経て、令和3年12月護衛艦隊司令官。大阪府出身。54歳。

影浦 誠樹（かげうら・せいき）空将 防大33期。平成元年空自。15年2佐、20年1佐、27年将補。中警団司令、南西空副司令官、空幕総務部長などを経て、令和3年12月空幹校長兼目黒基地司令。愛媛県出身。55歳。

小笠原 卓人（おがさわら・たくと）空将 防大34期。平成2年空自。16年2佐、21年1佐、27年将補。統幕学校副長、西警団司令、空幕人事教育部長などを経て、令和3年12月中空司令官。島根県出身。55歳。

谷嶋 正仁（やじま・まさひと）空将 防大34期。平成2年空自。16年2佐、20年1佐、28年将補。1空団司令、空幕運用支援・情報部長、同防衛部長などを経て、令和3年12月南西空司令官。埼玉県出身。55歳。

将補昇任者略歴

梨木 信吾（なしのき・しんご）陸将補 防大40期。平成8年陸自。22年2佐、27年1佐。陸幕防衛課業計班長、14普連長、統幕防計課長などを経て、令和3年12月水機団長兼相浦駐屯地司令。和歌山県出身。48歳。

伊藤 優一郎（いとう・ゆういちろう）陸将補 防大40期。平成8年陸自。22年2佐、27年1佐。陸幕総務課企画班長、37普連長、陸幕総務課庶務室長などを経て、令和3年12月1師団副長兼練馬駐屯地司令。東京都出身。49歳。

今井 俊夫（いまい・としお）陸将補 防大40期。平成8年陸自。22年2佐、27年1佐。陸幕装計課後方計画班長、15即機連長、陸幕補任課長などを経て、令和3年12月東北方総監部副長。栃木県出身。47歳。

石原 由尊（いしはら・よしたか）陸将補 防大40期。平成8年陸自。22年2佐、27年1佐。3地対艦ミサイル連隊長、陸幕運支課長などを経て、令和3年12月幹候校学校長兼前川原駐屯地司令。兵庫県出身。48歳。

柳田 常泰（やなぎだ・つねひろ）陸将補 法大社卒。平成2年陸自。16年2佐、21年1佐。韓国外務事務官、情本分析2課長、西方後支隊長などを経て、令和3年12月需品学校長兼松戸駐屯地司令。東京都出身。54歳。

深草 貴信（ふかくさ・たかのぶ）陸将補 防大37期。平成5年陸自。19年2佐、24年1佐。統幕計画課業計班長、中即連長、陸上総隊情報部副長、福岡地本長などを経て、令和3年12月情保隊司令。熊本県出身。51歳。

伊部 俊宏（いべ・としひろ）陸将補 防大36期。平成4年陸自。18年2佐、22年1佐。中国外務事務官、西方情報隊長、研本主任研開官、北方情報部長などを経て、31年3月情本情報官。北海道出身。52歳。

松浦 正裕（まつうら・まさひろ）海将補 防大37期。平成5年海自。19年2佐、24年1佐。空補処計画部長、横監管理部長、海幕総務課長などを経て、令和3年12月防衛装備庁総括装備調整官。徳島県出身。50歳。

櫻井 真啓（さくらい・まさひろ）海将補 龍谷大文卒。平成5年海自。19年2佐、24年1佐。海幕情報課情報班長、1掃海隊司令、海幕運用支援課長などを経て、令和3年12月舞監幕僚長。大阪府出身。50歳。

西山 高広（にしやま・たかひろ）海将補 防大39期。平成7年海自。21年2佐、26年1佐。統幕防衛課兼防政局防政課、4護隊司令、統幕防衛課長などを経て、令和3年12月1護群司令。東京都出身。49歳。

柳 享範（やなぎ・ゆきのり）空将補 防大39期。平成7年空自。21年2佐、26年1佐。空幕装体課装体1班長、6空団飛行群司令、統幕運用1課長などを経て、令和3年12月2空団司令兼千歳基地司令。東京都出身。48歳。

岡本 秀史（おかもと・ひでふみ）空将補 防大40期。平成8年空自。22年2佐、27年1佐。9空団整補群司令、空幕装体課長、同事業計画1課長などを経て、令和3年12月航安隊司令兼立川分屯基地司令。東京都出身。48歳。

中島 隆幸（なかしま・たかゆき）空将補 防大37期。平成5年空自。19年2佐、24年1佐。空幕会計課予算班長、西警団基群司令、空幕会計課長などを経て、令和3年12月統幕首席後方補給官。福岡県出身。50歳。

石引 大吾（いしびき・だいご）空将補 防大40期。平成8年空自。22年2佐、27年1佐。空幕庶務室長、同人事計画課長、同人事教育計画課長などを経て、令和3年12月6空団司令兼小松基地司令。茨城県出身。48歳。

訂正　本紙12月16日付6面の大阪地本の写真説明で、「終了証を受け取る圓奈さん」とあるのは「委嘱状を受け取る大城さん」の誤りでした。お詫びして訂正します。

共済組合だより

春の引越し準備は「らくらく引越し窓口」で　ベネフィット・ステーションのサービス

春は転勤の季節。防衛省共済組合の福利厚生サービス「ベネフィット・ステーション」のおススメは、「らくらく引越し窓口by引越しラクっとNAVI」。「らくらく引越し窓口」経由のお見積り・申込みで移転料請求に必要な3社の詳細な見積りの送付と対象引越会社の割引特典が受けられます。

面倒な引越しの見積取得をサポートデスクがお手伝いします。組合員の皆さまは各社の見積りを比較して、気に入った引越し会社を選ぶだけです。

なお、このサービスは異動に伴う引越し専用プランのため、ベネポの付与はありません。

また、「らくらくお部屋探し窓口」「らくらくネット窓口」といった賃貸物件やネット回線の見積りサービスもございます。お申込みの際は「防衛省共済組合専用」プランよりお申込みください。

※荷物が多い場合等、各社の訪問見積りが必要になる場合があります。

※3～4月の異動については繁忙期のため、極力2月中のお申込みをお願いします。

サポートデスク

1お申込み　会員専用サイトよりお申込み → 2ヒアリング　サポートデスクより組合員の方へご連絡 → 3比較・検討　引越各社より見積書提出 → 4決定！！　ご希望の会社・物件があればお申込み

お問い合わせは電話0800-1705-125へ。平日は10時から21時、休日は10時から18時まで受け付けています。

防衛省・自衛隊の「東京オリンピック・パラリンピック支援団」は夏の約1カ月半、両大会の各種支援に当たった。隊員約8500人からなる支援団は、国旗等の掲揚、警備、会場整備などを担当。写真はパラリンピック開会式の国旗掲揚を支援した陸海空の自衛官（8月24日、国立競技場で）＝NHKテレビから

来日した英海軍の空母「クイーン・エリザベス」（奥）と共同訓練後、帽振れで別れを告げる海自護衛艦「いせ」の乗員（手前）。両艦は米軍主催の日英米蘭4カ国の共同統合戦闘演習「大規模広域訓練2021」に参加した（8月24日、沖縄南方の太平洋で）＝統幕提供

東京五輪には自衛隊体育学校から17人の選手が出場し、4選手が金3、銀・銅各1のメダルを獲得した。写真は岸防衛大臣（右から2人目）に成果報告した（左から）メダリストの濱田尚里1陸尉、並木月海3陸曹、乙黒拓斗2陸曹（10月1日、防衛省大臣室で）＝防衛省提供

歓喜、災禍、新時代…歩んだ激動の1年

回顧2021

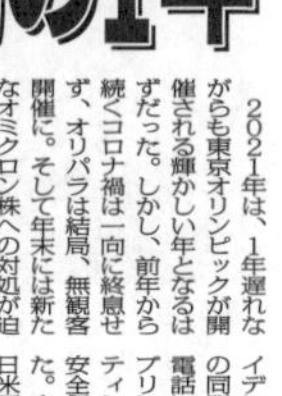

2021年は、1年遅れながらも東京オリンピックが開催される輝かしい年となるはずだった。しかし、前年から続くコロナ禍は一向に終息せず、オリパラは結局、無観客開催に。そして年末には新たなオミクロン株への対処が迫られるなど、今年もコロナに翻弄された1年になった。

日本周辺の安全保障では、北朝鮮が新型ミサイルを次々に発射、中国とロシアは大型艦10隻で合同艦隊を編成し、日本列島を周回するなど大胆な示威活動を行った。中国は台湾に対しても大量の航空機を飛ばし威嚇、ロシアは衛星破壊実験を強行して西側の宇宙システムを脅すなど不穏な状況が続いた。

これら専制主義国家に対抗するため、1月に就任したバイデン米大統領は西側各国との同盟強化に着手。日本とは電話による首脳会談に続き、ブリンケン国務長官、オースティン国防長官が来日、日米安全保障協議委員会を開催した。さらに菅首相が訪米し、日米同盟と台湾海峡の平和の重要性を再確認した。

クアッド（日米豪印）首脳会談も9月に米国で行われ、宇宙・サイバー分野で4カ国が協力していくことを決定。菅首相は帰国後に退陣、この日米外交は9月29日に発足した岸田新政権に引き継がれた。

VIPの往来がコロナで制限される中、英国とは2月に外務・防衛担当閣僚協議（2プラス2）が開かれ、「クイーン・エリザベス（Q・E）」空母打撃群の訪日が決定。豪州、ドイツとも同会議が行われ、豪軍を自衛隊が防護できる体制が整った。19年ぶりにドイツ艦も来日した。

「Q・E」は9月4日、横須賀に入港。前後して来日した仏、蘭、独艦などとの共同訓練も行われた。

コロナ対策では、東京と大阪に自衛隊の「大規模接種センター」を開設（5～11月）、計196万回のワクチン接種を実施した。災害派遣では1月の大雪災害で21普連（秋田）などが除雪に従事。7月の静岡県熱海市の土石流災害では34普連（板妻）が、8月の長崎県雲仙市の土砂崩れ、佐賀県武雄市などでの河川氾濫には3自衛隊がそれぞれ即応し、住民の救助などに当たった。

海外ではアフガニスタンで原理主義勢力タリバンが政権を掌握。国外脱出者が殺到し、防衛省・自衛隊は邦人等救出のため、空自C2、C130H輸送機計3機と陸自中央即応連隊を現地に派遣、邦人1人とアフガン人14人を国外に退避させた。

夏のオリパラでは、両開会式当日に空自ブルーインパルスが都心上空をスモークを引いて祝賀飛行。両大会を成功させるため自衛隊は約8500人からなる「オリパラ支援団」を編成し、式典運営や会場警備の支援を行った。

五輪には自衛隊体育学校からも選手17人が出場。柔道、レスリング、フェンシング、ボクシングで4選手が五つのメダルを獲得する成果を挙げた。

2021年の防衛省・自衛隊の主な出来事を写真で振り返る。

11月27日、自衛隊最高指揮官の岸田首相を観閲官に迎え、朝霞駐屯地で自衛隊記念日観閲式が行われた。コロナ禍などで今年も規模は縮小され、無観客開催となったが、秋晴れの下、首相はオープンカーで隊員800人を巡閲。「任務に全身全霊を捧げよ」と訓示した（朝霞駐屯地で）

短距離離陸・垂直着陸（STOVL）機の運用に向け飛行甲板などの改修を行っている海自護衛艦「いずも」は10月3日、米海兵隊所属のSTOVL機・F35B戦闘機の支援を得て初の「発着艦検証作業」を行った。写真は「いずも」から短距離離陸するF35B（10月3日、四国沖の太平洋上で）＝海自提供

コロナワクチンの接種を国として後押しするため、防衛省・自衛隊は5月24日、東京と大阪に「大規模接種センター」を開設。11月30日まで運営され、計196万回の接種が行われた。写真はセンター開設後、接種の予約方法などを記者に説明する中山泰秀副大臣（中央＝当時）＝5月31日、防衛省で（防衛省提供）

陸自は全部隊を対象とした「陸上自衛隊演習」を9月15日から11月19日まで全国で実施。「統合運用のもと作戦を開始するまでの準備」がテーマとなり、隊員1万2000人、車両3900両が陸・海・空の手段を使って九州に機動展開した。写真は民間輸送船で運ばれた90式戦車＝陸自提供

イスラム原理主義勢力タリバンの政権掌握で混乱が続くアフガニスタンから邦人等を退避させる任務を終えて入間基地に帰国した空自3輸空（美保）のC2輸送機と、出迎える陸自中央即応連隊（宇都宮）の隊員たち。現地では中即連隊員らが邦人1人とアフガン人14人を保護して機内に収容、隣国パキスタンに退避させた（9月3日、入間基地で）＝統幕提供

今年は「宇宙・サイバー・電磁波」の新領域で強化が進んだ。陸自には「サイバー防護隊」が約130人体制で市ケ谷に発足（写真）。電磁波領域では健軍に約80人で「第301電子戦中隊」が新編された。昨年、空自に新編された「宇宙作戦隊」の組織強化も進められた＝陸自提供

㊨東北地方は年明けから豪雪に見舞われ、秋田県横手市では積雪が例年の4倍以上の1メートル70センチに達した。民家倒壊の恐れもあることから秋田県は21普連（秋田）に災害派遣を要請。隊員は人海戦術で除雪に当たった（1月6日）＝21普連提供　㊧8月、各地で大雨災害が続いた。西日本では長崎県雲仙市で土砂崩れが発生し、佐賀県武雄市などでは六角川が氾濫した。写真は8月14日、佐賀県大町町で被災者を渡河ボートで救出する9施設群（小郡）の隊員たち＝5施団提供

ひろば

睦月、霞染月、正月、新春――1月。

1日元旦、4日官庁御用始め、7日七草の日、10日成人の日、29日南極昭和基地設営記念日。

筆始祭・天満書　菅原道真を祀る北野天満宮（京都市上京区）の新年の恒例行事。本殿に道真遺愛の硯など書道具を供えて神徳を偲び、氏子らが神前で一斉に書き初めを行い、書道の上達を願う。　2～4日

婿投げ・すみ塗り　新潟県十日町市の松之山温泉薬師堂の奇祭。前年に結婚した初婿を若い衆が境内から5メートル下の雪の上に投げ落とす。その後、賽の神を燃やした灰を顔に塗り無病息災を祈願する。　15日

防研　戦史研究センター安全保障政策史研究室

千々和泰明主任研究官に聞く

二つの著書　込めた思い

■『安全保障と防衛力の戦後史1971～2010―「基盤的防衛力構想」の時代』

■『戦争はいかに終結したか―二度の大戦からベトナム、イラクまで』

我が国を取り巻く安全保障環境がかつてないスピードで激変し、こうした分野に国民の関心が高まる中、今年は一人の著者がこれまでにないテーマに挑み、世に送り出した2冊の本が大きな話題となった。一つは5月に出版された『安全保障と防衛力の戦後史1971～2010―「基盤的防衛力構想」の時代』（千倉書房、6050円）と、もう一つは7月に出版された『戦争はいかに終結したか―二度の大戦からベトナム、イラクまで』（中央公論新社、1012円）。執筆したのは、防衛研究所の戦史研究センター安全保障政策史研究室に所属する千々和泰明主任研究官（43）だ。二つの著書に込めた思いを聞いた。

（日置文恵、写真も）

出発点は「問題意識」

これまでにないテーマへの挑戦

ちぢわ　やすあき

1978（昭和53）年、滋賀県甲賀市生まれ、福岡県飯塚市育ち。広島大学法学部卒。米ジョージ・ワシントン大学エリオット国際関係大学院シグール・アジア研究センター留学、大阪大学大学院国際公共政策研究科博士後期課程修了（国際公共政策博士）。2009年防衛研究所戦史部第二戦史研究室教官、11年内閣官房副長官補（安全保障・危機管理担当）付主査などを経て、13年から現職。2014～15年、米コロンビア大学ウェザーヘッド東アジア研究所客員研究員。著書に『大使たちの戦後日米関係―その役割をめぐる比較外交論1952―2008年』（ミネルヴァ書房、2012年）、『変わりゆく内閣安全保障機構―日本版ＮＳＣ成立への道』（原書房、2015年）など多数。

『安全保障と防衛力の戦後史1971～2010―「基盤的防衛力構想」の時代』は11月28日、日本防衛学会（村井友秀会長）から「第7回猪木正道賞（猪木正道賞正賞）」を授与された＝本紙12月9日付既報。

同著は2008年の論文を基に、その後13年間かけて完成させたもので、約40年間という通史の視点から初めて「基盤的防衛力構想」の全体像を明らかにした。

研究のきっかけは2006年、大学院時代に平和・安全保障研究所（ＲＩＰＳ）の安全保障研究奨学プログラム（現在は日米パートナーシップ・プログラム）に入り、論文執筆に取り組んだ時。

「1970年代に作られた『基盤的防衛力構想』が、当時もまだ“現役”で生きていることを知って大きな衝撃を受けました。なぜだろうと。あらゆる文献を読みあさったが、しっくりこなかった。自分なりに納得したくて、モヤモヤ感を解消したいとの思いから研究を始めました」

日米の膨大な史料はもちろん、当時の貴重な記録や証言、さらには自らも背広組・制服組、現役・ＯＢを問わず多くの防衛省（庁）・自衛隊関係

変化する基盤的防衛力構想

者等に独自のインタビューを行った上で裏を取り、分析を重ね、その「謎」を解き明かしていく。点と点をつないで全体像をあぶり出していく過程は実に明快で、学術書でありながら、第一級のドキュメンタリー作品に仕上がっている。

「基盤的防衛力構想は時代によって変化していきます。イメージも含めて多義的に解釈できる高度に政治的な概念だったため、いろんな人が関わっていく中で当初の思惑と違って話がどんどん膨らみ、そもそもは『脅威対抗論ではない』はずだったが、『脅威対抗論でもある』ことにもなり、さまざまな形で解釈されて、結果的に『意図せざる合意』として34年間も続いてきたのです」

歴史と現代的課題に着目

◇

もう一冊の『戦争はいかに終結したか―二度の大戦からベトナム、イラクまで』は、日本では全くといっていいほど研究されてこなかった「出口戦略」に焦点を当て、20世紀以降の主要な戦争の終結過程を精緻に分析、これからの日本の安全保障を考えるためのヒントを提示したもので、たちまち重版が決まった。

「日本では『戦争は起こらない』という前提でさまざまなことが成り立っているので、『戦争終結』という話は全く出てきません。こうしたテーマ自体が戦争を容認していると誤解され、タブー視される風潮があります。しかし、東日本大震災で我々は『原発事故は絶対に起こらない』ことを前提としてきた危険性を学んだはずです。有事でも戦争でも、同じことが言えると思います」

意義ある研究を目指す上で大切にしているのは「歴史と現代的な政策課題とのつながり」という視点だ。両著の根底に共通するのは「日本の防衛政策」であり、問題意識が全ての出発点となっている。

研究姿勢はコツコツと基本を重視し、「急がば回れ」。

「最近書かれた本でも結局は古典に依拠しているものも少なくありません。参考文献リストに上がっている本を片っ端から読み尽くすのですが、その際重要なのは何年かかっても根気強く読み続けることです」

次なるテーマは「歴史の呪縛と安全保障」だ。「これからも常識や直感に反する、『眼からうろこが落ちた』と思ってもらえるようなことを書いていきたい」と新たなチャレンジに意欲を見せている。

朝雲新聞社から各1冊読者プレゼント

朝雲新聞社から読者の皆さまに各1冊をプレゼントします。希望者はハガキに、①住所②氏名③電話番号④希望する本のタイトル――を明記の上、令和4年1月17日（月・必着）までに、〒160―0002東京都新宿区四谷坂町12―20　朝雲新聞社編集部「読者プレゼント係」へ。応募者多数の場合は抽選となります。当選者の発表はプレゼントの発送をもって代えさせていただきます。

マイヘルス Q&A

小児・胎児の受動喫煙

親の喫煙が主な原因　突然死などのリスクも

Q　「受動喫煙」とは何ですか。

A　周囲に喫煙者がいることで自分の意思とは関係なく喫煙してしまうことです。火のついたタバコの先端部分から立ち上がる煙（副流煙）はタバコのフィルターを通らないため、喫煙者本人が吸う煙（主流煙）より高濃度の有害物質が含まれています（タール3・4倍、ニコチン2・8倍など）。そのため、受動喫煙は喫煙者本人よりも喫煙による合併症のリスクが高い可能性があります。

Q　副流煙を防ぐには。

A　受動喫煙のうち、副流煙を直接吸入してしまう「二次喫煙」の有害性は広く知られており、受動喫煙防止法が制定されて以降、分煙が進められています。しかし一方で、副流煙を直接吸入しなくとも、室内物・塵・衣類などに沈着・蓄積したタバコの煙に含まれる有害物質が再放出されたものを吸入してしまう「三次喫煙」は、分煙だけでは防ぐことはできません。例えば、実際に煙を吸わなくても、部屋や衣服から「タバコ臭がする」と感じられれば、それは三次喫煙です。

Q　子供への影響は。

A　小児の受動喫煙は、親の喫煙が主たる原因です。特に乳幼児では、三次喫煙暴露のリスクが成人の100倍に達するとも言われています。そのため、分煙だけでは小児の受動喫煙は防ぎきれない可能性があります。

親の喫煙と関連した小児の合併症として、低身長、気管支喘息、肥満、乳幼児突然死症候群、注意欠陥多動性障害などが報告されています。中でも乳幼児突然死症候群は、親の禁煙により3分の1は防ぐことができるとも言われています。

Q　妊婦については。

A　妊婦の受動喫煙暴露によって、胎児の早産、死産、口唇口蓋裂、低出生体重などの危険性が増します。妊婦本人の禁煙はもちろんのこと、二次喫煙を避けるために分煙するだけでなく、三次喫煙を避けるためにタバコ臭い場所を避けることも必要です。

ただ、妊婦の受動喫煙（特に三次喫煙）を避けるためには、周囲の方の禁煙がとても重要です。生まれてくる赤ちゃんのため、妊娠中からの禁煙をぜひご検討ください。

自衛隊中央病院診療科
小児科医官
吉田　裕輔

BOOK NOW

私が読んだ　この一冊

堀田秀吾著「飲みの席には這ってでも行け！」（青春出版社）

8師団司令部総務課広報室（北熊本）
廣崎　敦1陸尉　47

いかにも“体育会系のしつけ”のような書名ですが、人と人との関わりについて書かれてあります。近ごろは希薄化が進み、それを許容するムードが広がっていますが、私は「関わり」が社会を円滑にしていると考えています。

社会人に必要なコミュニケーション能力などは「人との関わり」の中で成り立ち、その資質を伸ばすポイントがこの本にたくさん盛り込まれています。ぜひ多くの人に読んでほしいです。

外山滋比古著「思考の整理学」（筑摩書房）

護衛艦「せんだい」（舞鶴）
鳴原大地3海尉　25

「学校はグライダー人間の訓練所である」――。学校では教師に飛び方を教わり、その通り空を飛べば優秀とされる。自衛隊の教育も同様である。しかし、我々に必要なのは自ら思考し、空を飛べる飛行機人間である。

この本では物事の考え方を主眼に、論文のまとめ方、メモの活用法など人間の思考法について論述。日常あるいは有事における答えのない問いに対していかに解答を導き出すか、自衛官にとって思考をまとめるきっかけとなる良書である。

ダグ・ウィード著、藤井厳喜監修「トランプの真実」（ダイレクト出版）

横田気象隊（横田）
宮本康行1空尉　50

トランプ前大統領が公認した唯一の書籍で前大統領、息子や娘たち、多くのスタッフにインタビューを行い、大統領予備選から就任2年の出来事が詳細に描かれており、特に金正恩との個人的な手紙のやり取りなどメディアでは決して報じられないさまざまな事象が赤裸々につづられている。

アメリカではバイデン大統領に政権移行したが、トランプ前大統領がこれまで行ってきたことを振り返り、これからのアメリカの行く末を考える際に役立つ一冊だ。

隊員愛読書ベスト5

<入間基地・豊岡書房>
❶世界の動きとつなげて学ぶ日本国防史　宗像久男著　並木書房　¥2200
❷戦うことは「悪」ですか　葛城奈海著　扶桑社　¥1540
❸自衛隊最高幹部が語る令和の国防　岩田清文、武居智久、尾上定正、兼原信克著　新潮社　¥902
❹防大女子―究極の男性組織に飛び込んだ女性たち　松田小牧著　ワニブックス　¥990
❺中国「国恥地図」の謎を解く　譚璐美著　新潮社　¥968

<防衛省・三陽堂書店>
❶陸上自衛官服務小六法―令和3年版　学陽書房　¥3100
❷陸上自衛隊補給管理小六法―令和3年版　学陽書房　¥2800
❸先鋭化する米中対立　進む西側の結束　西原正監修　朝雲新聞社　¥2475
❹現代用語の基礎知識2022　自由国民社　¥1650
❺中国「見えない侵略」を可視化する　読売新聞取材班著　新潮社　¥858

<神田・書泉グランデミリタリー部門>
❶日独伊三国同盟「根拠なき確信」と「無責任」の果てに　大木毅著　KADOKAWA　¥990
❷海防艦激闘記　隈部五夫ほか著　潮書房光人新社　¥913
❸自衛隊機全集　松崎豊一解説　イカロス出版　¥2200
❹世界の名機シリーズSu―24フェンサー　イカロス出版　¥1800
❺F―Xの真実　相良静造著　秀和システム　¥1980

<トーハン調べ11月期>
❶世界一かんたん定番年賀状2022　角川アスキー総合研究所　¥437
❷はやわざ年賀状2022　インプレス年賀状編集部編　インプレス　¥429
❸明るい暮らしの家計簿2022年版　ときわ総合サービス　¥792
❹私が見た未来完全版　たつき諒著　飛鳥新社　¥1200
❺聖域　コムドットやまと著　KADOKAWA　¥1430

レーザー兵器装備のイージス艦をアジアに配備

ドローンや無人機の群れにも確実に対処　米海軍

米海軍は「対空レーザー兵器」を装備した最新型のイージス艦を優先的にアジアに配備している。これはドローン兵器を大量に保有する中国やイランへの対処能力を高めるためで、従来の個艦防衛用バルカン砲(CIWS)に換え、レーザー兵器「ODIN(Optical Dazzling Interdictor, Navy＝海軍光学眩惑阻止装置)」の搭載を進めている。このODINは襲来するドローンの群れにも対処できるほか、突入してくる高速ボートなどにも迅速に対応できる。海軍もレーザー兵器の時代に突入した。

「デューイ」が横須賀に

米海軍は9月8日、イージス艦「デューイ」(9650トン)が米第7艦隊(横須賀)の主力艦として前方配置に就いたと発表した。

同艦は「アーレイ・バーク」級駆逐艦の55番艦で、レーザー兵器「AN/SEQ4」を搭載しているのが特徴。同兵器は「ODIN」(海軍光学眩惑阻止装置)とも呼ばれ、接近する航空機やミサイル、高速艇などに強力なレーザーを照射することで、誘導センサーなどを眩惑させ、無力化することができる兵器だ。

ODINは「デューイ」艦橋前の一段高くなった場所に設置されている。従来艦はここにバルカン砲(CIWS)が搭載されていたが、その代替となっていることは、同兵器がCIWSと同等かそれ以上の個艦防御能力をもつことを意味する。

「ODIN」を姉妹艦にも装備

米海軍艦艇は「ODIN」の搭載を順次進めている。これまで「デューイ」のほか、姉妹艦の「ストックデール」にも装備。

「ストックデール」は中東方面を担当する「カール・ヴィンソン」空母打撃群に所属し、空母護衛などの任務を担っており、ODIN装備もその一環のようだ。アジア・中東では中国とイランが無人攻撃兵器を大量に装備しているとされ、そのドローン対策のため米海軍はODIN装備艦の優先配備を行っているとみられる。

ODINについては、レーザー出力など詳細は発表されておらず、その威力は明らかになっていない。しかし、米海軍がこれまで試験を行ったレーザー兵器「LWSD(Laser Weapon System Demonstrator)」については一部データを公表。それによると、LWSDはノースロップ・グラマン社が開発した150キロワット級の半導体レーザー砲で、米ドック揚陸艦「ポートランド」に搭載され、接近するドローンなどに向けて試射を行い、撃墜に成功したとされる。

横須賀配備の「デューイ」のODINにはカバーが掛けられ、その詳細は分からないが、このほど「ストックデール」の写真が公表された。それによるとODINにはレーザー照射装置、測距センサーなどの「目」が四つあり、これがCIWSと同様に接近する目標に向かって高速で動き、目標を素早く捕捉、レーザーを照射して無力化する機能となっているようだ。

レーザー照射装置は短時間のうちに電力を大量消費するため、ODIN導入に合わせ、艦側の電力供給システムなども強化されているとみられる。

㊤米海軍のイージス艦「ストックデール」の艦橋前に装備された「ODIN」(中央)。レーザー照射装置や測距センサーなど「四つの目」が確認できる　㊦米海軍のドック揚陸艦「ポートランド」に搭載された試験用の「LWSD」からレーザーが照射された瞬間(特殊撮影による映像)＝いずれも米海軍HPから

防衛技術

技術が光る　＞105＜

「ほぼ紙トイレ」　カワハラ技研

災害に備えて備蓄できる組み立て式の個室トイレ

自然災害の多い日本では、ライフラインの復旧が常に課題となっている。一般的に電気、水道、ガスの順に回復するが、最も時間がかかるのが下水道だ。

下水道は復旧が済むまで早くても1カ月以上はかかるとされ、その間、被災地域ではトイレが使えない。先の東日本大震災では水の流せない公衆トイレに被災者が殺到し、劣悪な衛生環境になったことが後に課題となった。こうした被災地での問題を解決するため、カワハラ技研(東京都中央区)は備蓄型の組み立て式個室トイレ「ほぼ紙トイレ」を開発した。

同トイレは、紙製の外壁などを梱包したボックス、発泡スチロール製の便器、し尿をためるタンクなど各パーツ一式がセットになっており、平時は屋内の冷暗所にボックスとタンクに二分割して保管できる。それぞれボックスは32キロ、タンクは28キロで、女性2人でも簡単に運べる。組み立ても容易で、工具を使うことなく、約20分で個室トイレが完成する。完成後の重量は43・5キロと軽く、組み立てた後でも移設可能だ。

「あらかじめ、バイオ製剤をタンクに投入しておくことで、トイレが約1600回(50人で1週間利用できる目安)使用できます」と開発に当たった同社企画開発部の小野奈々子部長が説明する。タンク内ではバクテリアが繁殖し、し尿を分解して菌や臭気を低減してくれる仕組みとなっている。

近年、袋に入れたし尿に凝固剤をかけて保存する「携帯トイレ」が一部の自治体に普及しているが、このタイプだと、事後処理を行うまでに袋が山積みとなり、何かのきっかけで袋が破れると、感染症の要因にもつながる。

これに対し、「ほぼ紙トイレ」はすべてをタンク1台に集約することから衛生面も安心で、避難所のスペースの節約にもなるという。さらに同トイレの本体は、選挙ボードと同じ耐水紙でできているため、屋外にも設置でき、長期の保存も問題ない。「使用後は、ほぼ全てのパーツを燃やせます。全部燃やせる防災用トイレはほかにないと思います」と小野部長。

被災地で使用されたほぼ紙トイレは、所轄自治体との協議の上、一部の付属品を除いてすべて可燃物として焼却できる。このため撤去も容易だ。

「ほぼ紙トイレ」の開発では、女性の意見が多く取り入れられたという。そのため「防犯対策も万全で、夜は人を感知する同梱のLEDライトで個室内が明るくなります。トイレ内も広く、お母さんがお子さんやお年寄りを連れて中に入ることもできます」と小野部長。

災害時にはプライバシーがなくなるため、同社では「トイレくらいはゆっくりしたい」との意見に応えられるトイレにしたという。本体を六角形にすることで内部にゆとりを持たせ、棚やペーパーホルダーまで完備し、便座も上げ下げが可能と、使用感を高めているという。

さらに台風災害でも使えるよう、付属の砂袋に重しを入れ、本体を支えることで風速25メートルの強風下でもトイレは倒れない。

自衛隊でも災害派遣活動中、隊員がトイレを使えず困ることがある。そんな時、この「ほぼ紙トイレ」があれば女性隊員も安心だ。これを装備しておけば災派時の隊員もトイレを心配することなく作業に打ちこめるだろう。

約20分で組み立てが可能で、使用後はほぼ全て焼却処分ができるカワハラ技研が開発した「ほぼ紙トイレ」(10月20日、都内で開かれた「危機管理産業展」で)

露、ミサイルで衛星破壊の実験

米国務省は11月15日、ロシアがミサイルを使い、軌道上の衛星破壊実験を実施したと記者会見で発表した。この破壊で宇宙ごみの発生も多数確認、国際宇宙ステーション(ISS)に接近したため、滞在中の宇宙飛行士が退避行動をとった。

米国務省によると、確認できるだけでも1500個以上の宇宙ごみが発生したという。

露紙「イズベスチヤ」は、この実験に対衛星攻撃ミサイル「ヌードリ」が使われた可能性が高いと報じた。地球周回中の衛星の破壊に初めて成功したという。

世界の新兵器　―――555

無人水上艇「シー・ハンター」 米

将来的に通常艦艇との混合編成めざす

今回は、米海軍とDARPA(国防高等研究計画局)の共同により2016年に建造された無人水上艇(USV、Unmanned Surface Vehicle)の一つである「シー・ハンター」を採り上げる。この実験艇は、ACTUV(Anti－submarine warfare Continuous Trail Unmanned Vessel)計画によるもので、16年にヴィガー・インダストリアル社で建造され就役したもので、現在もテストが継続中である。

基本性能要目は、基準排水量135トン、全長132フィート(40.2メートル)の船体に左右のアウトリガーを有する三胴船(トリマラン)で、ディーゼルエンジン2基、2軸、最大速力27ノット、巡航速力12ノットで航続距離1万マイル、約70日間の連続作戦行動が可能である。そして満載状態の145トンで、シーステート5で運用可能であり、最大シーステート7まで堪えられるとされている。

現在のものは、まずは非武装状態で船そのものとしての運用テストが行われており、完全な単独航行が可能と確認されるまでは、安全とバックアップのために仮の有人制御ステーションが設けられている。米海軍ではこの実験艇の成果を得て、将来的に通常艦艇との混合編成の部隊を構築することを考えているといわれ、その配備先は現在のところインド太平洋方面が最も有力視されている。

そして、2030年代半ばには全艦艇の約3分の1がこの種無人艇に置き換わることが期待されているのである。完全な無人化により、居住区、厨房・食堂、各科事務室、倉庫などの諸設備などはもちろんのこと、艦橋やCIC(CDC)、機関操縦室などが不要で、小型化と建造費の節約が可能となり、米海軍全体で艦艇勤務の将兵の〝3K任務〟の負担と人手不足を軽減できるものと考えられている。

現在のところ、非武装状態でのテストに合わせ、基本的な対潜システムのテストも行われていると聞いているが、実用化にはまだまだ程遠い段階と言わざるを得ない状況であろう。構想としては確かに魅力的ではあるものの、元船乗りの筆者としては、その実現には大きくは次の4点でいわゆる「軍艦」としての困難さを伴うものと判断している。

1　完全無人の単独独立運用

作戦海面の海上の状況はもちろん、海上戦の情勢・状況は複雑かつ千変万化で、他艦艇や陸上施設などからのモニターやオーバーライドの管制による補助機能までが無用となるとは現在の技術では無理ではないかと考えられる。

2　単能主義による制約

軍艦というものはその乗員数の多さによって多種多様な任務に適応できる多用途・汎用性を有することが大きなポイントの一つであって、いかに優れたAI技術を持ってしても、予めプログラムされた機能・能力以外で運用に対応することは極めて困難であろう。

巡航速力12ノットで航続距離1万マイル、約70日間の連続作戦行動が可能とされる米海軍とDARPAが開発した無人水上艇「シー・ハンター」。現在、運用テストが続けられている(米海軍提供)

3　故障・損傷時の対処能力

作戦運用中の自動診断プログラムによる不具合箇所の探求とバックアップ機能への切替は可能であろうが、完全無人であるが故に洋上で乗員整備・修理は不可能であり、不具合状況によっては直ちに後方への回航が必要となるであろう。それによる艦艇数の減少の補完をどうするのかは大きな問題である。

4　後方支援能力の必要性

3とも関連するが、約3カ月にわたり装備品以外の船体などは全く整備・管理が行われないことから、そのための造修など後方支援能力には非常に大きなものを要することになり、その費用も多大なものとなるであろう。

米海軍においては「ストリート・ファイター」をキャッチフレーズにして、乗員数と艦の機能を極端に制約・制限したLCS(沿海域戦闘艦)構想を打ち出したものの、現在ではこれは全く失敗であったことが証明されている。

にも関わらず、それをさらに一歩も二歩も進めた「完全無人の独立運用艦艇」を求めているわけである。もちろんその背景には艦艇勤務に充てる将兵の制約という止むに止まれぬ事情があるにせよ、これを実現するには上記のように克服しなければならない大きな課題を抱えているのであって、海上自衛隊の将来艦艇のことも含め、今後のこの無人艇の動向には注視していく必要がある。

堤　明夫(防衛技術協会・客員研究員)

技術屋のひとりごと

誘導弾システムの開発

稲石　敦(防衛装備庁・航空装備研究所・誘導技術研究部長)

入庁以来、私は幸いにも誘導弾の研究開発に係る仕事に従事し続けることができました。

中でも印象深いのは、現在陸自で運用されている03式中距離地対空誘導弾(新中SAM)の開発になります。新中SAMは当時運用されていたホークの後継として大幅な性能向上とシステム化が図られ、野心的な誘導弾システムを目指していました。それだけに事業の完遂を危惧する人も多く、事業開始当初はこれに積極的に関わろうとする者は僅かでした。

私は開発の当初からほぼ終了まで約7年間、誘導弾全般を担当しました。新規設計のため、ほぼすべての構成品に不具合が発生しました。度重なる不具合の解決に当たり、システムコンセプトに立ち返り、関係者と良く議論をしたことを懐かしく思い出します。

試作が進捗し、誘導弾を含む各サブシステムの一応の完成を受けて、ようやく米国での発射試験にたどり着くことができました。同試験での初弾が目標に直撃した時の感慨は言葉では言い表せません。この事業に携わった一人ひとりが真摯に業務に向き合い、多くの味方を得てきたからこそと信じています。

昨今、安全保障環境の厳しさから、スタンドオフ攻撃やマルチプラットホームを実現するため、各種誘導弾事業が目白押しとなっており、その早期装備化のため各事業の効率化が強く求められています。ファミリー化等により誘導弾の共通化を図っていくと個々のシステムコンセプトが形骸化され、設計や試験評価の検討が表層的になり、思い込みや検討の抜けが生じやすくなります。こんな折こそ、それぞれのシステムコンセプトをしっかり把握・共有して、設計や試験評価に臨んでいきたいと思いを新たにしています。

宮城県で豚熱災派

2施設団 200人態勢で活動

豚舎で宮城県職員らと共同して豚の追い込み作業を行う2施設団の隊員たち（12月13日、宮城県大河原町の養豚農場で）＝統幕提供

宮城県大河原町の養豚農場で豚熱（CSF）が発生し、12月12日以降、陸自2施設団（船岡）基幹部隊が24時間・約200人態勢で豚の殺処分等支援の災害派遣活動に当たった。

同農場（飼育頭数約9700頭）では11日、豚熱の疑いが発生し、翌12日に検査の結果、陽性が確定したことから同日午後6時、村井嘉浩宮城県知事が2施設団長の眞林栄喜将補に豚の殺処分等支援の災害派遣を要請。これを受けて2施設団を基幹とする災派部隊が直ちに出動した。

隊員たちは、同日午後8時から現地での活動を開始した。豚舎内で追い込み作業を行ったほか、処分された豚の車両積載などを実施。約200人態勢で3時間交代のローテーションを組み、24時間途切れることなく作業に従事した。

14日午後4時、県から要請されていた全ての作業が終了し、じ後の豚・餌の埋却、農場内の清掃や消毒作業などの防疫措置が自治体のみで対応可能になったことから撤収要請を受け、活動を終えた。

宮城県が発表した今回の殺処分頭数は、大河原町の農場と疫学関連農場に指定された白石市の農場を合わせて計約1万400頭（白石市約2200頭）。

防研で戦争史研究会

作家・堀川惠子氏が講演

「陸軍船舶輸送部隊と司令官たち」テーマに

ノンフィクション作家の堀川惠子氏（奥）の講演を聞く齋藤防研所長（手前中央）ら（11月26日、市ヶ谷の防衛研究所で）

【防研＝市ヶ谷】防衛研究所戦史研究センターは11月26日、ノンフィクション作家の堀川惠子氏を初めて講師に招き、「日本陸軍の船舶輸送部隊と司令官たち」をテーマに戦争史研究会を開催した。齋藤雅一所長、庄司潤一郎研究幹事以下25人が参加した。

堀川氏は今年7月に発表した最新作『暁の宇品―陸軍船舶司令官たちのヒロシマ―』（大佛次郎賞受賞作）＝写真＝で、広島県宇品に司令部を置いていた旧陸軍の船舶輸送部隊（通称「暁部隊」）を取り上げ、日中戦争から太平洋戦争にかけての活動を、防研所蔵の史料やインタビュー、現地取材などを通じて明らかにした。

研究会では「暁部隊」の歴代司令官の中から田尻昌次と佐伯文郎の二人の中将に着目し、堀川氏がその決断と行動を中心に史資料の紹介を交えて講演した。

堀川氏はまず、▽宇品と「暁部隊」に関心を抱くきっかけとなった米政府の原爆投下地点選定委員会の議事録▽海軍ではなく陸軍が海上輸送を担った理由▽台湾出兵と日清戦争での陸軍による民間船舶活用の史実——などについて言及。

さらに田尻に関し、大発動艇（大発）や上陸用舟艇母船「神州丸」などの開発と船舶工兵の教育訓練に尽力した知られざる功績や、第1次上海事変における上陸作戦の成功、1939（昭和14）年7月に参謀本部と陸軍省に対して行った船舶不足を訴える意見具申と罷免に至る経緯などを語り、民間を大切にし、海軍とも良好な関係を築いた田尻の人間性を伝える数々のエピソードにも触れた。

一方、原爆投下時に「暁部隊」司令官だった佐伯中将は、部隊の全力を被災者の救援に投入する決断を下し、自らも爆心地に前進して指揮を執るなどの果敢な行動を紹介。関東大震災時の戒厳司令部での経験が生かされたと指摘した。

質疑応答では、▽大発の開発や船舶工兵の教育訓練で海軍が組織的にどの程度支援したか▽田尻は罷免を覚悟で意見具申したのではないか▽「暁部隊」が戦後に残したものは何か——といった質問が上がり、活発な意見交換が行われた。

米焼夷弾を処理

東京都杉並区の空き地

102不発弾処理隊

【朝霞】陸自東方後支隊102不発弾処理隊は11月28日、東京都杉並区の住宅街にある空き地で発見された不発弾1発の信管離脱による現地安全化を行った。

同不発弾は10月に発見され、弾種は米国製100ポンド焼夷爆弾。処理に先立ち、現場から半径40メートルに住む20世帯約50人に避難が要請され、警察による周辺道路の交通規制が行われた。その後、不発弾を処理壕に搬入・設置して信管を離脱、現地安全化を完了した。

処理班として参加した同隊の澤入俊弥3曹は「初めての現地安全化で、現場の雰囲気に馴染めず緊張感が抜けない状況だったが、普段から練成している通りに処理できた」と述べた。

同隊のこれまでの処理実績は、7707件、約518トン（12月10日現在）。

信管に注油して処理準備を行う102不発弾処理隊の澤入3曹（11月28日、東京都杉並区で）

洋上補給2000回達成を記念して甲板上で「2000」の人文字を作る補給艦「ときわ」の乗員たち

「ときわ」が洋上補給2000回達成

【1海補隊】海自の補給艦「ときわ」（横須賀、艦長・斎藤夕祈雄2佐以下乗員約130人）は11月25日、「洋上補給2000回」を達成した。

「ときわ」は平成2年3月の就役以来、ペルシャ湾掃海派遣部隊として「湾岸の夜明け作戦」への参加を皮切りに、国内外で数多くの補給支援に従事した。記念すべき2000回目はヘリ搭載護衛艦「いせ」への補給で、就役から31年8カ月の歳月を経て成し遂げた。

斎藤艦長は「洋上補給2000回達成は歴代の乗員、諸先輩方から受け継がれた洋上補給作業を積み重ねた賜であり、乗員一同大いに誇りに思っている。今後も引き続き水上艦艇部隊を下支えする補給艦として愚直に支援に当たっていく」と偉業達成の喜びを語った。

北海道の美しさ表現

野原技官「釧美展」で協会賞

倶知安

賞状を手にする野原技官

【倶知安】駐屯地業務隊の野原恵一朗技官の油彩画「骸」が、9月に釧路市立美術館で開催された「第10回釧美展」において協会賞を受賞した。11月1日の駐屯地朝礼で、永年勤続隊員とともに活躍隊員として紹介された。野原技官はこれまで「令和2年度全自衛隊美術展」の「絵画部門」で内閣総理大臣賞を受賞するなど、数々の受賞歴がある。

子どもの頃から絵を描くことが好きだったという野原技官。高校の美術部で油絵にはじめて触れ、独学で描き始めた。前任地の別海駐屯地で、地区の美術サークルに入会。絵の上手い人たちと切磋琢磨することで、腕に磨きをかけた。また、そこでの交流を通じて、「人に絵を見てもらうことの楽しさ」も知った。

作品の「骸」は、タテ約117センチ、ヨコ約180センチの大作。阿寒摩周国立公園の原生林にある倒木が、朽ちてゆくなかでも生きようと抗う生命力の強さを表現した。

「絵画を評価されうれしく思っています」と受賞の喜びを語る野原技官。次回作のテーマは「羊蹄山」で、「これからも北海道の自然の美しさを表現し、大勢の人に見てもらいたい」と意欲を見せた。

献血功労者厚生労働大臣感謝状

東京都庁で小平駐屯地が受賞

賞状を手に記念撮影に納まる受賞者ら（前列右端が鳥羽3陸佐、中央右隣が東京都の田中技監）

【小平】駐屯地が令和3年度の献血功労者厚生労働大臣感謝状を受賞し、11月29日に東京都庁で伝達式が行われた。広報・援護班長の鳥羽智憲3陸佐が出席し、東京都福祉保健局の田中敦子技監から賞状を手渡された。今回は2団体が厚生労働大臣表彰状、6団体が厚生労働大臣感謝状、3団体が東京都知事感謝状を受賞した。

小平駐屯地は昭和47年から約50年にわたり、都の赤十字血液センターの献血に協力。毎回100人を目標に、定期的な献血を行っている。昨年は元陸自隊員でタレントのかざりさんを駐屯地モニターに起用し、隊員に広く協力を呼びかけるなど啓発活動も行った。こうした長年の取り組みが、評価された。

鳥羽3佐は「今年は駐屯地で3回献血したが、12月中にあと1回協力する予定。輸血を必要とする人のためにも少しでも役にたてるよう、これからも社会貢献していきたい」と話している。

酒に酔って他人の家に入ったら 3年以下の懲役、10万円以下の罰金

こちら警務隊

飲酒関連犯罪④

酒に酔って勝手に他人の家に入った場合、どんな罪になりますか？

正当な理由なく、他人の家に入った場合、住居侵入罪に該当し、3年以下の懲役または10万円以下の罰金に処せられます。

たとえ酒に酔っていて他人の家に入った記憶が曖昧な場合であっても罪に問われます。

住居には、塀や石垣で囲まれている家の庭や軒下など建物の付属地の部分も含まれます。

また、オートロックがあるマンションに不正に侵入した場合や異性のトイレに無断で入った場合も本罪に該当します。

勝手に他人の家に入るなど、善悪が分からなくなるまで飲酒することは、絶対にやめましょう。

（中部方面警務隊）

小休止

▽…13施設群383施設中隊の長田拓巳3曹は11月9日、73戦車連隊（南恵庭）に勤務する父・長田桐智准尉の定年退官行事にサプライズで参加した＝写真。

▽…退官のあいさつを終えた桐智准尉は、見送りの列から突然現れた息子にビックリ。喜びに顔をほころばせ、優しい父親の表情を見せた。息子との記念撮影で、こらえきれず涙を流す一幕も。

▽…約300人もの隊員に別れを惜しまれる桐智准尉を見て拓巳3曹は、「みんなに慕われていたのを感じて誇らしくなりました。改めて尊敬しました」と語り、父の晴れ姿を胸に刻んだ。

（幌別）

歯科医ときどき予備自衛官 (下)

予備2陸佐　久保田　敦（歯科医、愛媛・松山市）

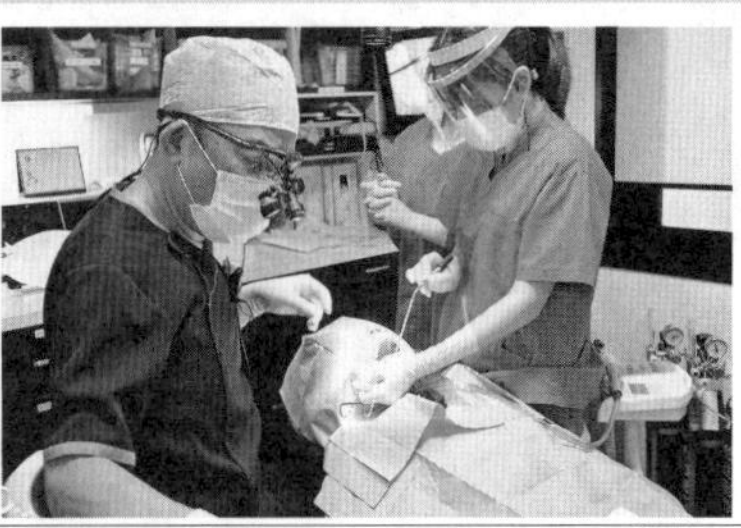
予備自衛官として「その時」に備える歯科医の久保田さん（左）

みんなで話し合った3つの決意

予備自衛官補の訓練が前期、後期と進んでいくと、同期の皆さんはどんどん自衛官らしくなりました。最初はチンプンカンプンだった自衛隊用語も理解できるようになり、駐屯地内を移動する時の足並みも揃ってきます。

私は5人部屋でしたが、ベッドも毛布もしっかりしていて、寝心地はとても快適でした。冷暖房も完備され、トイレも温水洗浄便座付き、トイレットペーパーも十分備えてありました。訓練後のお風呂も実に清潔でした。確かに新築、新品ではありませんが、掃除が隅々まで行き届いていて、生活には十分です。

特に食事は素晴らしかったです。隊員食堂はメニューも日替わりで、質量ともに十分、栄養満点でした。難を言えば、訓練スケジュールの都合上、食事をゆっくり味わう時間がなく、いつも全速力で食べたことくらいです（笑）。駐屯地内にはコンビニもあり、生活に必要な日用品から、訓練に必要な物品まで完備されています。

自分は大学時代、山岳部で、あらゆる場所で寝る経験をしました。すし詰め状態の山小屋や埃まみれのテントに比べれば駐屯地の生活は"天国"でした。

私が所属していた区隊では、訓練期間中、今後予備自衛官として、一般社会で何をするべきか、みんなで話し合っていました。その結論として、3つの意見がまとまりました。

1つは、訓練を通じて「自衛隊は本当に信頼できる、誠実で、素晴らしい国防組織である」と理解できたことを、広く一般社会へ告知すること。2つ目は、友人、知人にこの予備自衛官等制度を紹介して、仲間を増やすこと。3つ目は、日々自分の特技である技能を研さんし、体力練成を行って、有事の際に常備自衛官を支えること――の3つでした。

我々の決意は、修了式後のお礼の挨拶として、私が教育隊本部隊舎前で宣言しました。

私がいろいろな紙面や、さまざまな会合で予備自衛官になった過程を紹介しているのも、この趣旨に沿った活動です。決して美化した内容ではなく、私が本当に経験した事実をお伝えしています。

7月に起きた熱海市での土石流災害では、自衛隊が大変過酷な環境下での救助を行いました。コロナウイルス未接種の隊員も一部いる中で、酷暑の中、エアコンもないテントの中で、毎日泥だらけの作業です。マスコミは、全く報道しませんが、この事実は広く知られるべきだと思います。

近隣諸国の問題行動や、頻発する国内での自然災害も、予備自衛官になる前後で、見方や考え方が随分変化しました。今、私は万一自分が招集された場合を考えて、その時に備えています。（「月刊愛媛ジャーナル」掲載文を一部修正し投稿）

みんなのページ

リモートで平和について課題研究

1陸曹　田畑　亜沙美（群馬地本高崎地域事務所）

リモートで海上自衛官へのインタビューを終え、ガッツポーズする高校2年生の新井さん

群馬地本高崎地域事務所（所長・土屋章3陸尉）は、県立高崎北高校の「総合的学習の時間」の一環としての「課題研究」に協力した。

希望した生徒は、将来は海上自衛官になりたいという2年生の新井倫人さん。コロナ禍で海上自衛隊の見学ができない状況のため、海自隊員へのリモートインタビューの形で調整した。

新井さんの課題研究のテーマは「平和」について。「防衛省・自衛隊は『平和を仕事にする』というキャッチフレーズを掲げている。『平和』とは個人によって解釈や考え方がさまざまだと思うが、自衛官にとっての『平和』とは何かをインタビューして学びたい」と話していた。

インタビューは、事前に提出した質問内容に海幕広報室の福富司2海佐が回答する形式で行った。質問は「あなたの考える平和とは」「世界平和は存在すると思うか」など25項目。福富2佐は丁寧に、そして真摯に回答。インタビュー終了後も、海自志望の新井さんは凛々しい制服姿の海上自衛官と話ができたことに感激しながら、海自の仕事などについてさらに質問を重ねた。

インタビューから1カ月後、中間発表会で発表した内容とこれからの目標について、高崎地域事務所にメールがあった。新井さんは目標として「平和について学ぶ中で、海上自衛官になり、平和の一助になりたい。現在自衛官になる目標を持っているが、その目標に向けた努力や対策が甘く、至らないところが数多く残っているので、それを克服できるようなスキルやそれにつながるものを身に付けたいと思う。そしていつか平和を仕事にする海上自衛官になりたい」と記していた。

群馬地本では、コロナ下でも総合的学習の時間等の要望があれば、リモートなど非接触で参加することのできる場面を提供し、自衛隊の活動やその魅力をPRしていきたい。

高等工科学校の魅力発信

1陸尉　迫口　真也（鹿児島地本鹿児島募集案内所所長）

高工校生徒説明会で生徒育成会員（中央奥）の説明に聞き入る参加者

自衛隊鹿児島地方協力本部鹿児島募集案内所は、11月14日と21日、鹿児島市と日置市の合計8会場で、陸上自衛隊高等工科学校生徒説明会を行い、自衛隊に関心のある生徒が保護者とともに参加した。

ここ数年、志願者数が減少に転じているため、各会場の説明ブースでは、高工校の教育内容、採用試験の概要等を説明したほか、生徒育成会（鹿児島支部）との連携を図り、2人の高工校生徒保護者に参加していただいた。

保護者の視点から生徒の当時の志願動機・状況、体験談等を説明していただき、これから、志願を検討している生徒や保護者の不安軽減を図った。参加した生徒・保護者が自衛隊の説明そのものを聞くのが初めてのことであり、高工校教育の概要や卒業後の自衛隊におけるキャリアプランについて理解を深めてもらう絶好の機会となった。

参加者からは、「テレビ等で自衛隊を見ることが多くなり、自衛隊の高校に興味を持ちました」「ぜひ、入学して将来立派な自衛官になりたいです」「子供へのサポート態勢がしっかりと充実しており安心しました」など、さまざまな声が聞かれた。

両日で対象者14人と保護者16人が来場し、志願情報12件と志願票2件を獲得した。

鹿児島募集案内所は、今後も各種採用説明会を積極的に開催し、より多くの募集対象者に自衛隊の魅力を発信し、入隊意欲の高い適質人材の獲得に取り組んでいく。

OBがんばる

福田　智司さん　55

令和2年12月、海自1術校研究部長を最後に定年退職。東京海上日動火災保険・池袋損害サービス課で交通事故被害者に対する損害サービス業務に従事している。

日々学ぶ人としての所作

私は、令和2年12月、海上自衛隊を定年退職し、東京海上日動火災保険株式会社の損害サービス主任として勤務しています。

私の再就職に当たっての仕事に対するポリシーはただ一つ、「高齢になっても働く！」でした。その一方で、自衛隊定年後に何をするかは明確でなく、進路を見いだせたのは、定年数年前の管理講習で損害保険会社における損害調査の業務紹介を聞いた時でした。仕事を通じて、自分を鍛えたいとも考えていた私は、タフな仕事内容に、非常に興味を持ちました。

損害保険会社での私の職務は、交通事故で被害に遭われたお客様・被害者に対し、保険金をお支払いする「損害サービス」という業務であり、損害サービス担当者として事故の紛争の解決に向け、被害者、加害者、弁護士、税理士、調査会社、代理店…と広範に諸調整・交渉を進めます。

今の職場では、諸調整・交渉を通じて「人として生きていく上での所作を、日々、仕事の中で学ばせていただいている」と実感しています。

部下もなく、平社員からの再スタートですから、社会を一から知る上での気持ちの切り替えは極めて行いやすいと思います。弊社の教育プログラムは、3年勤務し、やっと一人前になるようになっておりますので、私なんて、まだまだです。

定年退職は大きな人生の転換期です。健康状態を万全に新たな環境に挑戦してください。皆さまのご健闘を祈ります。

「朝雲」へのメール投稿はこちらへ！

▽原稿の書式・字数は自由。「いつ・どこで・誰が・何を・なぜ・どうしたか（5W1H）」を基本に、具体的に記述。所感文は制限なし。

▽写真はJPEG（通常のデジカメ写真）で。

▽メール投稿の送付先は「朝雲」編集部（editorial@asagumo-news.com）まで。

詰将棋

出題　日本将棋連盟　九段　石田　和雄

第858回出題

	6	5	4	3	2	1	
		角			銀		一
				桂	歩		二
					玉		三
				歩		角	四
							五
						香	六
							七

先手　持駒　桂桂

【ヒント】桂を駆使し手順の詰み（10分で二級）。

▶詰碁、詰将棋の出題は隔週です◀

詰碁

出題　日本棋院　九段　曲　励起

第1273回解答

黒❹ホウリコム

【解答図】白先、白劫。白①の切りは当然です。黒も❷❹と頑張る手がありますが白⑤がまた大切で、黒❻、白⑦で劫になります。

（世界の切手・ウクライナ）

笑いは副作用のない鎮静剤である。

開高　健（作家）

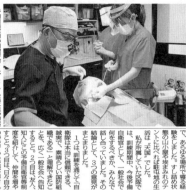

朝雲ホームページ
www.asagumo-news.com
会員制サイト
Asagumo Archive プラス
朝雲編集部メールアドレス
editorial@asagumo-news.com

新刊紹介

「船の食事の歴史物語」

丸木舟、ガレー船、戦艦から豪華客船まで

サイモン・スポルディング著、大間知　知子訳

古代の丸木舟から最新の潜水艦まで、船乗りたちは海の上で何を食べてきたのか。海事史家で船乗りでもある著者が"船の食"を焦点に、有史以来続いてきた人と海との関係を探った本だ。

一般に海の歴史といえば、海戦、海難事故、造船史などが取り上げられるが、本書はそうした側面にはあまり触れず、むしろ商船内の食器棚や、巡洋艦「オリンピア号」の製氷機、ビザンチン時代の厨房の構造などにスポットを当てる。船が大型化するのに伴い、食材の貯蔵や調理に影響を与えていく過程が丁寧に解き明かされる。

また著者は、船が他の地域へ寄港することによって、陸地の食事にも影響を与えてきたことを指摘。例えばバイキングがアイスランドで見つけた干し魚は、中世ヨーロッパに広がり庶民の食事になった。さらに冷蔵技術の発達で、果物や氷がどこでも手に入るようになった。航海のグローバル化で、世界の食卓が大きく変化していったことが分かる。

巻末では19世紀イギリス蒸気船の「マドラス風カレーライス」など、食事のレシピも紹介。「食」をテーマに据えることで、海の歴史に新たな視点を与える一冊だ。

（原書房、2200円）

「超訳　孫子の兵法」

許　成準著

"中国人の聖書"と呼ばれる「孫子の兵法」に記されている言葉を分かりやすい表現にかみ砕いた後、さまざまな現代ビジネスの事例や史実などを交えて解説する実用書。「孫子の兵法」はマイクロソフト創業者のビル・ゲイツ氏など成功した経営者らが愛読していることでビジネスの世界でも知られており、競争社会に生かせる経営のエッセンスが散りばめられている。

本書は2011年に出版された『超訳　孫子の兵法』を改訂・再編集したリニューアル版で、オリジナル版も出版してから10年以上売れ続けたベストセラー本だ。著者が孫子に対する理解をさらに深め、過去の著作に不足を感じたのを機に発展させたという。

「原文の意味に最も近く、最も理解しやすい現代語訳」を目指したとし、例えば「長期戦は百害あって一利なし」という言葉の解説には頓挫したプロジェクトを例に挙げ、開発に8年かけたゲームの商用化に失敗した企業の実例などを挙げている。仕事で窮地に立たされた時に必要な「正しい意思決定」とは何かを学べる一冊だ。

（彩図社刊、1000円）

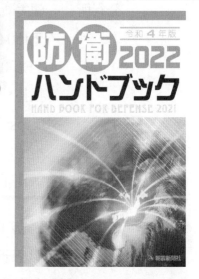

朝雲　縮刷版 2021

発　行　令和 4 年 3 月 25 日
編　著　朝雲新聞社編集部
発行所　朝雲新聞社
〒160-0002　東京都新宿区四谷坂町 12-20 KKビル
TEL 03-3225-3841　FAX 03-3225-3831
振替　00190-4-17600
https://www.asagumo-news.com
表　紙　小池ゆり（design office K）
印　刷　東日印刷株式会社

乱丁、落丁本はお取り替え致します。
定価は表紙に表示してあります。
ISBN978-4-7509-9121-4